F

Farbenentwicklung
Farbfernsehen
Farbphotographie
Farbstoffdiffusion
Farraday-Effekt
Felddesorption
Feld-Effekt
Feldelektronenemission und
   Schottkyeffekte
Feldionisation
Ferranti-Effekt
Festelektrolyte
Festigkeit
Festkörperverdampfung
Festkörperzerstäubung
Fletcher-Munson-Effekt
Fluoreszenz
Franz-Keldysh-Effekt
Frenkeleffekt

G

Gammastrahlen
Gasentladungen
Gauß-Effekt
Gedächtniseffekt
Geiger-Effekt
Gudden-Pohl-Effekt
Guillemin-Effekt
Gunn-Effekt
Gurevich-Effekt

H

Halbleiterphotoeffekt
Hall-Effekt
Hallwachs-Effekt
Hanle-Effekt
Heißleiter
Helligkeitswiedergabe
Herschel-Effekt
Hertz-Effekt
Hohlkatoden-Effekt
Holografie
Hydrodynamisches Paradoxon
Hysterese

I

Injektion
Injektionslaser
Injektionslumineszenz
Intensitätsveränderung bei Elektronen-
   übergängen
Interferenz
Ionenimplantation
Ionenleitung
Ionenstreuung
Ionisation
Isotopentrennung
Isotopie und Isotopieeffekte

J

Jahn-Teller-Effekt
Joffé-Effekt
Johnson-Rahbeck-Effekt
Josephson-Effekt
Joule-Thomson-Effekt

K

Kaiser-Effekt
Kaltgasmaschinenprozeß
Kanalisierungseffekt
Kernanregung
Kernfusion
Kernspaltung
Kernzerfall
Kirkendall-Effekt
Knight-Effekt
Körnung und Körnigkeit
Kohärente optische Transienteneffekte
Koinzidenz
Kompensation
Kossel-Effekt
Kristallbaufehler
Kryopumpe
Kumakhov-Strahlung

L

Langmuir-Effekt
Laser
Lawineneffekte
Lenard-Effekt
Lichthof
Lumineszenz

Effekte der Physik
und ihre Anwendungen

Effekte der Physik
und ihre Anwendungen

Herausgegeben von Manfred von Ardenne,
Gerhard Musiol und Siegfried Reball

898 Abbildungen und 245 Tabellen

VEB Deutscher Verlag der Wissenschaften
Berlin 1989

ISBN 3-326-00035-9
ISBN 13 978 3326000350
Verlagslektor: Karin Bratz
Verlagshersteller: Norma Braun
Typographie: Gisela Deutsch, Ursula Lindemann, Elke Warnstädt
Umschlaggestaltung und Vignetten: Lothar Schelhorn
© 1988 VEB Deutscher Verlag der Wissenschaften,
DDR – 1080 Berlin, Postfach 1216
Lizenz-Nr. 206/435/98/89
Printed in the German Democratic Republic
Lichtsatz: Karl-Marx-Werk Pößneck V 15/30
Druck: Grafische Werke Zwickau III/29/1
Buchbinderische Weiterverarbeitung: VOB Kunst- und Verlagsbuchbinderei
LSV 1107
Bestellnummer: 571 445 3
19900

Vorwort

Für das Verständnis des Aufbaus und der Verhaltensweisen der Materie in ihren unterschiedlichen Formen sowie für deren bewußte Nutzung durch den Menschen in Wissenschaft und Technik ist die Kenntnis der quantitativen Fassung der physikalischen Gesetze eine wesentliche Voraussetzung. Ein relativ leichter und zugleich praktischer Zugang zu dem umfangreichen Wissensfundus der Physik eröffnet sich über die beobachtbaren physikalischen Erscheinungen. Viele von ihnen wurden besonders in den frühen Jahren der Entwicklung der Physik mit dem Begriff des Effekts gekennzeichnet. Damit sollte der grundlegende Charakter zum Ausdruck gebracht werden. Allerdings hat sich für andere Erscheinungen mit der gleichen Tragweite dieses Attribut nicht eingebürgert. Wenn in dem vorliegenden Buch von Effekten die Rede ist, dann sind damit beide Gruppen gemeint.

Dementsprechend wurde bei der Erarbeitung dieses Buches eine Auswahl von sowohl seit langem bekannter als auch erst in jüngster Zeit gefundener wesentlicher beobachtbarer physikalischer Erscheinungen vorgenommen und in einheitlicher Form und im Umfange eines einbändigen Werkes zusammengestellt und aufbereitet. Rund 90 Autoren haben unter der Leitung von 9 federführenden Autoren 225 Beiträge zu Erscheinungen aus den Materiestrukturen des Atomkerns, der Atomhülle, der Moleküle und des Plasmas, über elektrische, elektromagnetische und Halbleitereffekte, über optische und photographische, mechanische und wärmetechnische Effekte verfaßt. Einige physiologische Erscheinungen, die bei der Beobachtung und Messung physikalischer Erscheinungen und Größen von Bedeutung sind, ergänzen dieses Spektrum.

Die Beiträge sind in sich abgeschlossen und enthalten jeweils neben historischen Anmerkungen und weiterführenden Literaturangaben Informationen zum Sachverhalt, zu den meßbaren oder aus der Theorie ableitbaren Kennwerten und funktionellen Zusammenhängen, besonders aber zu den Anwendungen des beschriebenen Effekts. Die Anwendungsseite war sogar wesentlichstes Auswahlkriterium. Querverweise führen, wo es notwendig erscheint, auf verwandte oder inverse physikalische Erscheinungen.

Das Buch ist in acht Sachgebiete aufgeteilt; innerhalb dieser Gebiete sind die zugehörigen Effekte alphabetisch geordnet. Darüber hinaus ermöglicht ein ausführliches Sachverzeichnis dem Nutzer einen schnellen Zugang zu den einzelnen Begriffen.

Leider ist Vollständigkeit weder vom Umfang des Buches aus betrachtet, noch von der vorgegebenen Bearbeitungszeit her möglich, und es bestehen eine Reihe von Lücken und andere Einengungen des Inhalts, besonders in den Grenzbereichen zur Chemie, zur physikalischen Chemie, zur Photochemie, zu den Technik- und Ingenieurwissenschaften, zu Biologie und Medizin. Eine sehr wichtige Aufgabe des Buches sehen wir darin, bei Bemühungen um die Weiterentwicklung von Schlüsseltechnologien das kreative Denken anzuregen und zu erleichtern.

Daher ist das vorliegende Buch in erster Linie gedacht für Physiker in Forschung und Lehre, für Technologen, Ingenieure und Techniker, die sich mit Meß-, Steuer- und Regelproblemen, mit Konstruktion, mit Werkstoffbe- und -verarbeitung und mit verfahrenstechnischen Problemen befassen, nicht zuletzt auch für Erfinder, Neuerer und Patentingenieure in produktionsvorbereitenden Bereichen sowie in der Produktion selbst.

Die Vielzahl der Autoren und der beschriebenen Effekte verleiht dem Wissensspeicher lexikalischen Charakter. Andererseits wurde aber versucht, durch straffe inhaltliche Gliederung der Beiträge nach möglichst dem gleichen Grundschema und durch vorgegebenen Umfang Homogenität und schnellen Zugriff zu sichern, unter Beachtung auch pädagogischer Belange. Kritische Hinweise von seiten der Leser sind erwünscht und sollten helfen, Inhalt, Form und Umfang einer vielleicht nötig werdenden zweiten Auflage noch zu verbessern.

Die Zahl derer, die seit Jahren durch kritische Hinweise und Gespräche sowie bei der Auswahl der Autoren das Gelingen dieses Werkes tatkräftig unterstützt haben, ist groß. Ihnen allen sei hiermit der Dank der Herausgeber und der Autoren ausgesprochen. Dank gilt auch dem Verlag, der geduldig auf das Manuskript gewartet hat.

Dresden, im November 1986

Manfred von Ardenne
Gerhard Musiol
Siegfried Reball

Inhalt

13 Sachgebiet I
Atomare und molekulare Effekte
Prof. Dr. Gerhard Musiol

14 Abschirmung ionisierender Strahlung
Dr. Birgit Dörschel

18 Aktivierung
Dr. Kurt Irmer

23 Annihilation
Prof. Dr. Alexander Andreeff

25 Auger-Effekt
Dr. Klaus Uhlmann

27 Ausheilung von Materialdefekten
Dr. Roland Klabes

30 Austausch-Effekt
Dr. Christian Edelmann

31 Bestrahlungseffekte in Festkörpern
Dr. Lothar Wuckel/Dr. Gerhard Dienel

39 Braggsche Reflexion
Dr. Egbert Wieser

42 Bremsstrahlung
Dr. Reiner Wedell

45 Brüten
Dr. Dietrich Hoffmann

47 Čerenkov-Effekt
Dr. Hans-Georg Ortlepp

49 Compton-Effekt
Prof. Dr. Alexander Andreeff

51 Elektronenbeugung
Dipl.-Phys. Werner Leikam

55 Elektronenstrahlen
Dr. Siegfried Panzer

64 Felddesorption, Feldverdampfung
Dr. Christian Edelmann

66 Feldionisation
Dr. Christian Edelmann

68 Festkörperverdampfung
Dipl.-Phys. Günther Beister

71 Festkörperzerstäubung
Dr. Karl Steinfelder/Dr. Wolfgang Hauffe

76 Gammastrahlen
Dr. Roland Göldner

78 Gasentladungen
Dipl.-Phys. G. Hartel

81 Hanle-Effekt
Prof. Dr. Alfred Rutscher

83 Hohlkatodeneffekt
Prof. Dr. Alfred Rutscher

86 Intensitätsänderungen bei Elektronenübergängen in ionisierenden Atomen
Dr. Günther Zschornack

88 Ionenimplantation
Dr. Roland Klabes

93 Ionenleitung
Dr. Jürgen Einfeld

95 Ionenstrahlen
Dr. Wolfgang Hauffe

99 Ionenstreuung
Dr. Werner Rudolph

103 Ionisation
Prof. Dr. Alfred Rutscher

107 Isotopentrennung
Dr. Günter Müller

110 Isotopie und Isotopieeffekte
Dr. Günter Müller

113 Kanalisierungs- und Blockierungseffekt
Dr. Roland Klabes

116 Kernanregung
Dr. Siegfried Tesch

119 Kernfusion
Prof. Dr. Alfred Rutscher

122 Kernreakton
Dr. Siegfried Tesch

129 Kernspaltung
Dr. Dietrich Hoffmann

132 Kernzerfall
Dr. Hans-Georg Ortlepp

136 Kossel-Effekt
Prof. Dr. Georg Otto

139 Kumakhov-Strahlung
Dr. Reiner Wedell

142 Magnetische Ordnung
Dr. Egbert Wieser

146 Magnetische Resonanz
Prof. Dr. Siegfried Wartewig

156 Malter-Effekt
Prof. Dr. Alfred Rutscher

159	Markierung *Dr. Kurt Irmer/Dr. Albert Zeuner*	243	Strahlfokussierung *Dr. Hans-Ulrich Gersch*
163	Matrixeffekt *Dr. Peter Jugelt/Prof. Dr. Ruth Rautschke*	247	Strahlkühlung *Dr. Hans-Ulrich Gersch*
168	Mößbauer-Effekt *Dr. Egbert Wieser*	249	Strahlungsdiffusion *Dipl.-Phys. G Hartel*
172	Myonenatome *Dr. Siegfried Tesch*	251	Strahlungstransport *Dr. Kurt Irmer/Dr. Peter Jugelt*
175	Neutronenstrahlen *Prof. Dr. Alexander Andreeff*	258	Synchrotronstrahlung *Prof. Dr. Winfried Blau*
180	Neutronenstreuung *Dr. Egbert Wieser*	263	Szilard-Chalmers-Effekt *Prof. Dr. Eckhard Herrmann*
184	Paarbildungseffekt *Dr. Siegfried Tesch*	265	Teilchenbeschleunigung *Dr. Hans-Ulrich Gersch*
186	Penning-Effekt *Prof. Dr. Alfred Rutscher*	270	Übergangsstrahlung *Dr. Reiner Wedell*
188	Photoeffekt *Dr. Klaus Uhlmann*	272	Vielfachionisationsprozesse *Dr. Günther Zschornack*
192	Plasmachemische Stoffwandlung *Prof. Dr. Alfred Rutscher*	274	Winkelkorrelationen *Prof. Dr. Alexander Andreeff*
195	Plasmahaltung *Prof. Dr. Alfred Rutscher*	276	Zeeman-Effekt *Prof. Dr. Siegfried Wartewig*
198	Plasmastrahlen *Dr. Harry Förster*		
200	Plasmastrahlung *Prof. Dr. Alfred Rutscher*	279	**Sachgebiet II** **Elektrische und elektromagnetische Effekte** *Prof. Dr. Hans-Joachim Dubrau*
202	Polarisation *Dr. Siegfried Tesch*		
206	Rekombination *Dr. Hansjörg Große*	280	Akustoelektrischer Effekt *Prof. Dr. Hans Pieper*
208	Richardson-Effekt *Dr. Werner Leikam*	282	Akustooptischer Effekt *Prof. Dr. Hans Pieper*
211	Röntgenenergieänderungen *Dr. Günther Zschornack*	284	Elektret *Prof. Dr. Hans-Joachim Dubrau*
213	Röntgenstrahlen *Dr. Peter Jugelt*	287	Elektrokinetische Effekte *Dr. Hans-Jörg Jacobasch*
221	Schottky-Effekt und Felelektronenemission *Dr. Werner Leikam*	292	Elektronisches Rauschen *Dr. Eberhard Schurz/Dr. Helmut Lange*
223	Schwerionenstrahlen *Prof. Dr. Karl-Heinz Kaun*	297	Elektrowärme *Dipl.-Ing. Dieter Bock*
232	Sekundärelektronen *Dr. Klaus Uhlmann*	299	Festelektrolyte *Dr. Jürgen Garche*
237	Sekundärionen *Dr. Klaus Uhlmann*	305	Hysterese *Dipl.-Ing. Dieter Bock*
240	Sorption *Dr. Christian Edelmann*	307	Koinzidenz *Prof. Dr. Hans-Joachim Dubrau*

309	**Kompensation** *Prof. Dr. Hans-Joachim Dubrau*	378	**Lumineszenz in Festkörpern** *Dr. Dietmar Genzow*
313	**Magnetoelastischer Effekt** *Dipl.-Ing. Dieter Bock*	381	**Magnetophonon-Effekt** *Dr. Wolfgang Hoerstel*
317	**Miller-Effekt** *Prof. Dr. Hans-Joachim Dubrau*	383	**Magnetowiderstandseffekt** *Dr. Wolfgang Hoerstel*
318	**Ryftin-Effekt** *Prof. Dr. Siegfried Kaiser*	387	**Metall-Halbleiter-Kontakt** *Prof. Dr. Joachim Auth*
320	**Skin-Effekt** *Dr. Kurt Lehmann*	390	**Moss-Burstein-Effekt** *Dr. Dietmar Genzow*
323	**Transversaler Ettingshausen-Nernst-Effekt** *Dipl.-Ing. Thomas Elbel*	392	**n-Leitung, p-Leitung** *Prof. Dr. Joachim Auth*
326	**Wirbelstrom** *Prof. Dr. Hans-Joachim Dubrau*	396	**Ovshinsky-Effekt** *Dr. Dietmar Genzow*
329	**Zenereffekt** *Prof. Dr. Hans Pieper*	399	**Peltier-Effekt** *Dr. Wolfgang Hoerstel*
		401	**Phonon-drag-Effekt** *Dr. Wolfgang Hoerstel*
331	**Sachgebiet III** **Halbleitereffekte** *Prof. Dr. Joachim Auth*	403	**Photoelektromagnetischer Effekt** *Dr. Dietmar Genzow*
		405	**Photoleitung** *Dr. Dietmar Genzow*
332	**Avalanche-Effekt** *Dr. Dietmar Genzow*	408	**Photon-drag-Effekt** *Dr. Dietmar Genzow*
336	**Dember-Effekt** *Dr. Dietmar Genzow*	410	**Pinch-Effekt (in Halbleitern)** *Dr. Wolfgang Hoerstel*
338	**Elektrolumineszenz** *Dr. Dietmar Genzow*	413	**pn-Photoeffekt** *Dr. Dietmar Genzow*
341	**Feldeffekt, Feldeffekttransistor** *Prof. Dr. Joachim Auth*	418	**Sasaki-Shibuya-Effekt** *Dr. Wolfgang Hoerstel*
347	**Franz-Keldysh-Effekt** *Prof. Dr. Joachim Auth*	420	**Seebeck-Effekt** *Dr. Wolfgang Hoerstel*
350	**Gunn-Effekt** *Dipl.-Phys. Florian Kugler / Dr. Hans Werner Mittenentzwei*	423	**Shubnikov-de Haas-Effekt** *Dr. Wolfgang Hoerstel*
353	**Halbleiterphotoeffekte** *Dr. Dietmar Genzow*	426	**Sperrschicht-Photoeffekt** *Dr. Dietmar Genzow*
356	**Halleffekt** *Dr. Wolfgang Hoerstel*	429	**Thermomagnetische Effekte** *Dr. Wolfgang Hoerstel*
360	**Heißleiter** *Dr. Albrecht Rost / Dr. Gunther Tschuch*	432	**Thyristoreffekt** *Dr. Klaus Lehnert*
363	**Injektion** *Prof. Dr. Joachim Auth*	438	**Transistoreffekt (bipolar)** *Prof. Dr. Joachim Auth*
367	**Injektionslager** *Dr. Dietmar Genzow*	442	**Tunneleffekt, Tunneldiode** *Dr. Albrecht Rost / Dr. Gunther Tschuch*
373	**Injektionslumineszenz** *Dr. Dietmar Genzow*	447	**Zyklotronresonanz** *Prof. Dr. Joachim Auth*

451 **Sachgebiet IV**
Mechanische Effekte
Prof. Dr. Wolfgang Pompe

452 Bauschinger-Effekt
Prof. Dr. Georg Backhaus

455 Diffusion
Dr. Hans-Jürgen Weiß

458 Festigkeit
Prof. Dr. Wolfgang Pompe

461 Gedächtniseffekt
Prof. Dr. Peter Paufler

463 Hydrodynamisches Paradoxon
Dr. Hans-Jürgen Weiß

465 Kristallbaufehler
Prof. Dr. Peter Paufler

471 Mechanische Ermüdung
Dr. Carl Holste

475 Nachwirkung
Prof. Dr. Peter Paufler

477 Piezoelektrischer Effekt
Dr. Hans-Jürgen Weiß

479 Plastizität
Prof. Dr. Ludwig Eberlein

481 Rekristallisation
Prof. Dr. Ludwig Eberlein

483 Schwimmen-Schweben-Sinken
Dipl.-Ing. Dieter Bock

485 Sintern
Dr. Gert Leitner

488 Spanen
Prof. Dr. Rolf Reinhold

492 Thermomechanische Behandlung
Dr. Gustav Zoŭhar

496 Verbund
Dr. Hans-Jürgen Weiß

501 **Sachgebiet V**
Optische Effekte
Prof. Dr. Witlof Brunner, Dr. Randolf Fischer

502 Optische Abbildung
Dr. Reiner Spolaczyk

509 Absorption des Lichtes
Dr. Jürgen Hirsch

512 Adaptive Optik
Dr. Reiner Spolaczyk

514 Optische Aktivität
Dr. Hans-Hermann Ritze

516 Optische Anisotropie-Effekte
Dr. Hans-Hermann Ritze

521 Lichtbeugung (Diffraktion)
Dr. Jürgen Hirsch

527 Bildwandlung
Dr. Claus Hartung

529 Optische Bistabilität
Dr. Hans-Hermann Ritze

532 Brechung des Lichtes
Dr. Jürgen Hirsch

535 Dispersion des Lichtes
Dr. Jürgen Hirsch

538 Doppler-Effekt
Dr. Jürgen Hirsch

540 Elektrooptische Effekte
Dr. Hans-Hermann Ritze

544 Erzeugung der zweiten optischen Harmonischen
Dr. Frank Fink

547 Fluoreszenz
Dr. Jürgen Hirsch

549 Holografie
Dr. Reiner Spolaczyk

552 Interferenz
Dr. Reiner Spolaczyk

557 Laser
Dr. Frank Fink

565 Lumineszenz
Dr. Claus Hartung

566 Optische Informationsübertragung
Dr. Peter Koppatz

573 Optische nichtlineare Effekte
Dr. Frank Fink

578 Optoakustischer Effekt
Dr. Claus Hartung

580 Optogalvanischer Effekt
Dr. Claus Hartung

582 Optothermischer Effekt
Dr. Claus Hartung

584 Phasenkontrast
Dr. Reiner Spolaczyk

586	Polarisation des Lichtes
Dr. Hans-Hermann Ritze	646	Photochromie
Prof. Dr. Joachim Epperlein
590	Raman-Effekt
Dr. Frank Fink	649	Photographischer Elementarprozeß
Prof. Dr. Peter Süptitz
594	Reflexion des Lichtes
Dr. Jürgen Hirsch	651	Photographische Modulationsübertragung
Dr. Eberhard Görgens
597	Optische Sättigungseffekte
Dr. Hans-Hermann Ritze	657	Photolyse
Prof. Dr. Joachim Epperlein
600	Streuung des Lichtes
Dr. Jürgen Hirsch	659	Photopolymerisation und Photovernetzung
Prof. Dr. Joachim Epperlein
604	Kohärente optische Transient-Effekte
Dr. Hans-Hermann Ritze	662	Schwarzschild-Effekt
Dr. Eberhard Görgens
		664	Schwarzweiß-Entwicklung
Dr. Heinz Brandenburger

607 Sachgebiet VI
Photographische Effekte
Prof. Dr. Peter Süptitz

608	Absorption und Lichtstreuung
Dr. Eberhard Görgens	667	Schwarzweiß-Photographie
Dr. Heinz Brandenburger
611	Belichtungseffekte
Dr. Eberhard Görgens	669	Silbersalzdiffusions-Verfahren
Prof. Dr. Joachim Epperlein
614	Bildfixierung und Stabilisierung
Dr. Heinz Brandenburger	671	Spektrale Sensibilisierung
Prof. Dr. Peter Süptitz
616	Diazotypie
Prof. Dr. Joachim Epperlein	674	Thermographie und Photothermographie
Prof. Dr. Joachim Epperlein
619	Elektrophotographie
Prof. Dr. Peter Süptitz	676	Umkehrentwicklung
Dr. Heinz Brandenburger
624	Entwicklungseffekte
Dr. Eberhard Görgens		
626	Farbentwicklung
Prof. Dr. Joachim Epperlein		

679 Sachgebiet VII
Physiologische Effekte
Prof. Dr. Hans-Georg Lippmann

681	Adaptation
684	Farbensehen
688	Unterschiedsempfindlichkeit
692	Wahrnehmungstäuschungen

628	Farbphotographie
Prof. Dr. Joachim Epperlein		
631	Farbstoffdiffusion
Prof. Dr. Joachim Epperlein		
633	Helligkeitswiedergabe
Dr. Eberhard Görgens		

695 Sachgebiet VIII
Wärmetechnische Effekte
Prof. Dr. Günter Heinrich

636	Körnung und Körnigkeit
Dr. Eberhard Görgens	696	Emission von Wärmestrahlung
Prof. Dr. Ludwig Walther
638	Lichthof
Dr. Eberhard Görgens	698	Energietransformation
Prof. Dietrich Hebecker
641	Nachbareffekt
Dr. Eberhard Görgens	701	Erzeugung hoher Drücke
Prof. Heiner Vollstädt
644	Optische Entwicklung
Prof. Dr. Joachim Epperlein		

706 Erzeugung von Temperaturen < 1 K
Dr. Alexander Gladun

708 Erzeugung von Temperaturen < 1 mK
Dr. Alexander Gladun

710 Josephson-Effekt
Dr. Bernhard Pietraß / Dr. Axel Handstein

712 Joule-Thomson-Effekt
Dr. Rainer Agsten

715 Kaltgasmaschinen
Dr. Rainer Agsten

722 Kreisprozesse
Dr. Dietrich Hebecker

726 Kryopumpe
Dr. Manfred Jäckel

728 Prinzipien der Temperaturmessung
Dr. Gisela Pompe

732 Pyroelektrischer Effekt
Dr. Volker Baier

735 Restwiderstand von Metallen
Dr. Dieter Elefant

738 Siedeverzug
Dr. Harry Trommer

740 Supraleitfähigkeit
Dr. Bernhard Pietraß / Dr. Axel Handstein

745 Thermodiffusion
Prof. Dr. Norbert Elsner

747 Thermoelastische Effekte
Prof. Dr. Ludwig Walther

749 Verdampfen, Kondensieren
Prof. Dr. Heinz Jungnickel

752 Wärmeisolation
Dr. Bernd Kluge

754 Wärmeleitung bei tiefen Temperaturen
Dr. Gisela Pompe

757 Wärmepumpe
Prof. Dr. Günter Heinrich

761 Wärmerohr
Dr. Ralf Müller

767 **Sachverzeichnis**

Atomare
und molekulare Effekte

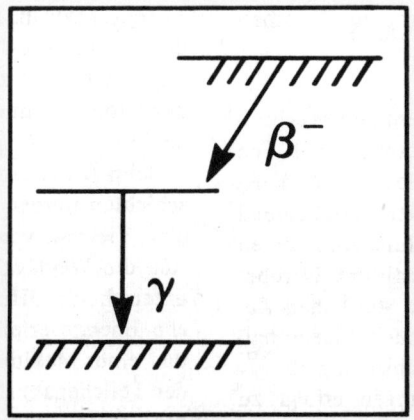

Abschirmung ionisierender Strahlung

Unmittelbar nach der Entdeckung der verschiedenen Arten ionisierender Strahlung durch W. C. Röntgen, H. Bequerel, M. und P. Curie, J. Chadwick u.a. stellte man fest, daß Materialschichten unterschiedlicher Art und Dicke die Strahlungsintensität verschieden stark reduzieren. Genaue Untersuchungen ergaben eine zum Teil erhebliche Abhängigkeit der Abschirmwirkung von den Eigenschaften der Strahlung. Es konnten daher aus den Resultaten wichtige Schlußfolgerungen über die Natur der registrierten Strahlungen gezogen werden. In der Folgezeit wurde die Abschirmung ionisierender Strahlung zu einer wesentlichen Voraussetzung für den gefahrlosen Umgang mit Strahlungsquellen, insbesondere in der Medizin, wobei das Ziel in einer Vermeidung oder Verringerung der Strahlenbelastung von Patienten und Personal besteht. Aber auch bei vielen technischen Anwendungen ist durch geeignete Abschirmanordnungen dafür zu sorgen, daß die Schwächung der Strahlungsintensität auf ein festgelegtes Maß erfolgt und die Anforderungen an den Strahlungsschutz erfüllt werden.

Sachverhalt

Die physikalische Grundlage für die Abschirmung ionisierender Strahlung besteht in der Wechselwirkung der einfallenden Strahlung mit dem Abschirmmaterial, wodurch es zu einer Veränderung des Strahlungsfeldes kommt. Dabei können folgende Prozesse im Abschirmmaterial stattfinden:
- vollständige Absorption von Teilchen oder Photonen,
- Änderung der Energie und Richtung von Teilchen oder Photonen,
- Erzeugung von Sekundärstrahlung.

Diesen Prozessen liegen die elementaren Wechselwirkungen von Teilchen oder Photonen mit den Atomkernen bzw. Atomhüllen zugrunde. Die Wirkung einer Abschirmanordnung wird daher entscheidend durch die Art der einfallenden Strahlung sowie deren Energie- und Richtungsverteilung bestimmt. Darüber hinaus hängt sie wesentlich von der stofflichen Zusammensetzung und den geometrischen Eigenschaften, insbesondere der Dicke der Abschirmung ab.

Die Verwendung von Abschirmungen erfolgt zu dem Zweck, die Flußdichte oder Dosisleistung von Teilchen bzw. Photonen am interessierenden Ort im Strahlungsfeld zu vermindern oder die Energie der Strahlung zu verringern. Dabei ist darauf zu achten, daß im Ergebnis der Wechselwirkungen keine oder ihrerseits leicht abschirmbare Sekundärstrahlung entsteht.

Die Bestimmung des veränderten Strahlungsfeldes hinter einer Abschirmung ist prinzipiell durch Lösung der Boltzmannschen Transportgleichung möglich, wenn die Eigenschaften der einfallenden Strahlung und die Parameter der Abschirmung bekannt sind. Die Lösung der Transportgleichung ist jedoch sehr schwierig, wobei die Resultate außerdem meist nicht als geschlossene analytische Ausdrücke angebbar sind. Zur Auswahl und Dimensionierung von Abschirmungen wird daher im allgemeinen auf einfache Näherungsbeziehungen zur Beschreibung des Strahlungstransports zurückgegriffen. Mit Hilfe von rechnerisch oder experimentell bestimmten Korrekturfaktoren werden die Ergebnisse entsprechend den jeweiligen Bestrahlungsbedingungen modifiziert.

Kennwerte, Funktionen

Da sich die Wechselwirkungsprozesse zwischen Strahlung und Stoff für verschiedene Strahlungsarten grundsätzlich unterscheiden, gelten für die Abschirmung von α-, β- und γ-Strahlung sowie von Neutronen unterschiedliche Gesetzmäßigkeiten.

Alpha-Teilchen, die von Radionukliden emittiert werden, besitzen eine kinetische Energie von einigen MeV. Da sich die Teilchenrichtung bei der Wechselwirkung mit Stoffen kaum ändert, stimmt die Reichweite annähernd mit der Länge der α-Teilchenbahnen überein. Für den Zusammenhang zwischen der Reichweite R_α in Luft und der Energie E_α der α-Teilchen gilt für $E_\alpha > 2{,}5$ MeV die empirische Beziehung

$$\frac{R_\alpha}{m} = 3{,}1 \cdot 10^{-3} \left(\frac{E_\alpha}{\text{MeV}}\right)^{\frac{3}{2}}. \tag{1}$$

Alpha-Teilchen weisen im allgemeinen ein diskretes Energiespektrum auf, so daß alle Teilchen annähernd die gleiche Reichweite besitzen. Die Teilchenanzahl bleibt daher bis zum Ende aller Teilchenbahnen nahezu konstant und sinkt dann relativ schnell auf Null ab.

Beim Durchgang von *Beta-Teilchen* durch Materialschichten werden die Teilchenbahnen dagegen durch eine Vielzahl von Streuprozessen gekrümmt, so daß sich die Weglänge von der Reichweite der Teilchen unterscheidet. Hinzu kommt, daß eine kontinuierliche Energieverteilung der β-Teilchen zwischen Null und einer Maximalenergie vorliegt. Die Abhängigkeit der Teilchenanzahl von der Abschirmdicke zeigt daher einen komplizierten Verlauf. Bei geringen Schichtdicken wird zunächst ein annähernd exponentieller Abfall entsprechend

$$z = z_0 \, e^{-\mu_a x} \tag{2}$$

beobachtet. Dabei bezeichnen z die während einer bestimmten Zeit registrierte Anzahl von β-Teilchen hinter einer Abschirmschicht der Dicke x und z_0 die entsprechende Anzahl ohne Abschirmung. Die Größe μ_a

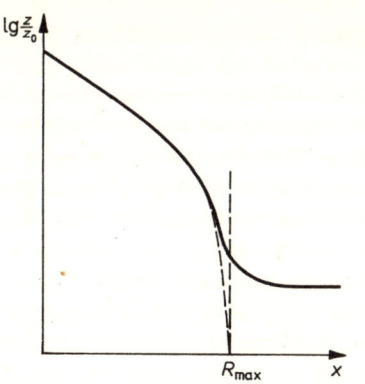

Abb. 1 Absorptionskurve für β-Strahlung (schematisch)

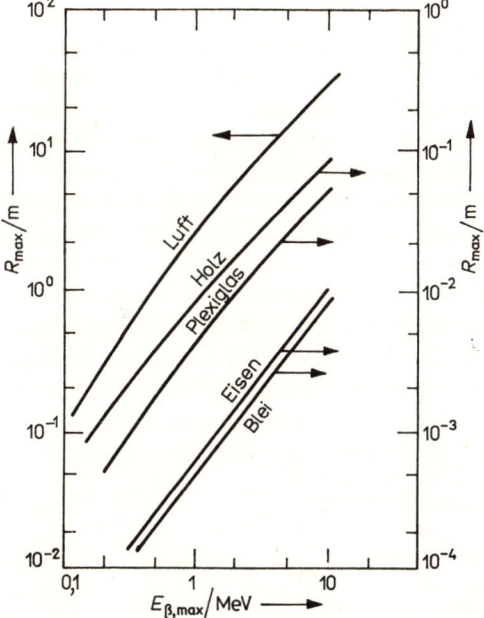

Abb. 2 Reichweite R_{max} von β-Strahlung in Abhängigkeit von der Energie $E_{\beta max}$ für verschiedene Abschirmmaterialien [9]

stellt den linearen Absorptionskoeffizienten dar, der von der Energie der β-Strahlung und der Dichte des Abschirmmaterials abhängt. Mit zunehmender Dicke der zu durchdringenden Abschirmschichten treten Abweichungen vom exponentiellen Absorptionsgesetz auf (Abb. 1). Der mit entsprechenden Meßgeräten registrierte Untergrund hat seine Ursache insbesondere in der Erzeugung von Bremsstrahlung bei der Wechselwirkung der β-Teilchen mit den Atomen des Abschirmmaterials. Diese Röntgenstrahlung besitzt Energien von Null bis zur Maximalenergie. Die Intensität der Bremsstrahlung ist um so höher, je größer die maximale Energie der β-Strahlung und je größer die Ordnungszahl des Abschirmmaterials ist. Durch Subtraktion des Untergrundes kann die maximale Reichweite R_{max} der β-Teilchen bestimmt werden. Im Energiebereich $0 < E_{\beta,max} < 3$ MeV gilt für den Zusammenhang mit der maximalen Energie $E_{\beta,max}$ die empirische Beziehung

$$\frac{R_{max}}{m} = \frac{1,1}{\left(\frac{\varrho}{\text{kg m}^{-3}}\right)} \left[\sqrt{1 + 22,4 \left(\frac{E_{\beta,max}}{\text{MeV}}\right)^2} - 1 \right]. \quad (3)$$

Beim Durchgang von γ-*Strahlung* durch eine Abschirmung gilt unter bestimmten Bedingungen ebenfalls ein exponentielles Schwächungsgesetz

$$\varphi = \varphi_0 \, e^{-\mu x}, \quad (4)$$

wobei φ die γ-Flußdichte hinter einer Abschirmung der Dicke x und φ_0 die Flußdichte ohne Abschirmung bedeuten. Der lineare Schwächungskoeffizient μ berechnet sich aus den Wirkungsquerschnitten der auftretenden Elementarprozesse. Da die Wirkungsquerschnitte von der Energie der γ-Strahlung und der Ordnungzahl des Abschirmmaterials abhängen, weist die Größe μ ebenfalls eine derartige Abhängigkeit auf. Das exponentielle Schwächungsgesetz gilt nur unter der Annahme, daß beim Durchgang eines parallelen Strahlenbündels durch die Abschirmung jedes γ-Quant durch einen einzigen Wechselwirkungsprozeß völlig aus dem Strahl entfernt wird. Da die Wahrscheinlichkeit hierfür an jeder Stelle der Abschirmschicht gleich ist, kann eine maximale Reichweite für γ-Strahlung nicht angegeben werden. Außerdem gilt die Beziehung (4) nur für schmale, vor und hinter der Abschirmung kollimierte Strahlenbündel. Die in der Abschirmung gestreuten γ-Quanten können dabei den Detektor nicht erreichen, so daß nur die primären γ-Quanten mit der Energie $E_\gamma = E_0$ registriert werden. Beim Einfall breiter Strahlungsbündel erreichen auch gestreute und sekundäre γ-Quanten den Detektor, so daß eine Vergrößerung des Detektormeßeffektes auftritt. Um diesen Umstand zu berücksichtigen und gleichzeitig die einfache Beschreibung mit Hilfe des exponentiellen Schwächungsgesetzes beizubehalten, werden zur Korrektur Aufbaufaktoren B (build-up-

Faktoren) verwendet. Für die Photonenflußdichte ($E_\gamma \leq E_0$) gilt dann

$$\varphi = B\,\varphi_0\,e^{-\mu x}. \qquad (5)$$

Die Auswahl der Aufbaufaktoren, die für viele Fälle in Form umfangreicher Tabellenübersichten und graphischer Darstellungen zur Verfügung stehen [1, 2, 3, 4], ist sehr sorgfältig vorzunehmen, da eine beträchtliche Abhängigkeit dieser Faktoren von der Energie- und Richtungsverteilung der γ-Strahlung sowie von der stofflichen Zusammensetzung und den geometrischen Eigenschaften der Abschirmung vorliegt. Außerdem sind die Aufbaufaktoren nur für die zugrunde gelegte Strahlungsfeldgröße gültig. Neben den Flußdichte-Aufbaufaktoren existieren weitere Aufbaufaktoren, z. B. für die Energiedosis, die Äquivalentdosis u. a.

Beim Durchgang von *Neutronen* durch Abschirmschichten verlieren diese durch eine Folge von Streuprozessen stufenweise ihre Energie. Diese Abbremsung wird dann beendet, wenn die thermische Energie erreicht ist oder die Neutronen von Atomkernen eingefangen werden. Vielfach wird bei den Streu- und Absorptionsprozessen sekundäre γ-Strahlung freigesetzt, deren Einfluß bei der Gestaltung von Neutronenabschirmungen zu berücksichtigen ist. Die Wahrscheinlichkeit für einen bestimmten Wechselwirkungsprozeß hängt in starkem Maße von der Neutronenenergie und von den Eigenschaften der Abschirmungen ab. Auf Grund der Kompliziertheit dieser Abhängigkeiten ist es kaum möglich, einfache Näherungsbeziehungen für die Schwächung von Neutronenstrahlung anzugeben, so daß auf kompliziertere Lösungsmethoden der Transportgleichung zurückgegriffen werden muß [1,5]. Für eine Reihe von Anwendungsfällen sind die Ergebnisse so aufbereitet worden, daß daraus Aufbaufaktoren abgeleitet wurden. Unter genauer Beachtung der Bestrahlungsbedingungen kann in diesen Fällen mit dem exponentiellen Schwächungsgesetz analog Gl. (5) gerechnet werden [1, 4, 5]. Für Spaltneutronen läßt sich darüber hinaus ein einfaches exponentielles Schwächungsgesetz für die Dosisleistung $\dot{D}$ hinter einer Abschirmung der Dicke x angeben [3]. In der Beziehung

$$\dot{D} = \dot{D}_0\,e^{-\Sigma_r x} \qquad (6)$$

bedeuten $\dot{D}_0$ die Dosisleistung ohne Abschirmung und Σ_r den effektiven Beseitigungsquerschnitt (effective removal cross section). Der makroskopische Querschnitt Σ_r ergibt sich aus

$$\Sigma_r = n\,\sigma_r \approx n\,(\sigma_u + 0{,}5\,\sigma_e), \qquad (7)$$

wobei σ_r den mikroskopischen Beseitigungsquerschnitt und σ_u bzw. σ_e die mikroskopischen Querschnitte für die unelastische bzw. elastische Neutronenstreuung darstellen. Mit n wird die Anzahldichte der Wechselwirkungspartner bezeichnet.

Anwendungen

Zur praktischen Realisierung von Abschirmanordnungen sind die Gesetzmäßigkeiten der Wechselwirkung von Strahlung mit Stoffen zugrunde zu legen.

Die Abschirmung von α-Strahlung ist sehr einfach möglich, da die Reichweite der α-Teilchen in Luft nur wenige Zentimeter beträgt. Zur Abschirmung ist z. B. ein Blatt Papier vollkommen ausreichend.

Die Abschirmung von β-*Strahlung* ist trotz der größeren Reichweiten von einigen 100 cm in Luft ebenfalls unproblematisch, da die β-Teilchen in Materialschichten von wenigen Zentimetern Dicke vollständig absorbiert werden. Die Reichweite ist dabei um so kleiner, je höher die Ordnungszahl des Abschirmmaterials ist (siehe Abb. 2). Eine Verwendung von Abschirmmaterialien hoher Ordnungszahl führt jedoch zur Entstehung intensiver Bremsstrahlung. Zur optimalen Abschirmung von β-Strahlung wird deshalb im allgemeinen eine Kombination zweier verschiedener Absorbermaterialien eingesetzt. Die Abschirmschicht auf der der β-Quelle zugewandten Seite besteht aus Material niedriger Ordnungszahl, dessen Dicke etwas größer als die maximale Reichweite der β-Strahlung sein soll. Daran schließt sich eine zweite Schicht aus Material möglichst hoher Ordnungszahl an, die zur Schwächung der entstehenden Bremsstrahlung dient. Die Dicke dieser Schicht richtet sich nach den Anforderungen an den Strahlenschutz hinter der Abschirmung. In Tab. 1 sind lineare Schwächungskoeffizienten von Blei für die Bremsstrahlung angegeben, die

Tabelle 1 Schwächungskoeffizient μ von Blei für Bremsstrahlung [6]

Absorbermaterial	μ/m^{-1}
Paraffin	260
Aluminium	220
Eisen	190
Blei	150

bei Absorption von β-Teilchen des ^{90}Sr/^{90}Y in verschiedenen Materialien entsteht. Eine in der Praxis sehr oft verwendete Abschirmung für β-Strahlung stellt die Kombination Plexiglas–Blei dar.

Zur Konzipierung von Abschirmungen für γ-*Strahlung* ist die Abhängigkeit der Schwächungskoeffizienten von der Energie der γ-Strahlung und von der Ordnungszahl des Abschirmmaterials zu berücksichtigen. Aus Tab. 2 ist diese Abhängigkeit für einige, im praktischen Strahlenschutz interessierende Abschirmmaterialien ersichtlich, wobei der Massenschwächungskoeffizient μ/ϱ (ϱ = Dichte des Abschirmmaterials) angegeben ist. Daraus geht hervor, daß zur Schwächung von γ-Strahlung Materialien hoher Ordnungszahl besonders geeignet sind. Bleiabschirmungen be-

Tabelle 2   Massenschwächungskoeffizient μ/ϱ (in m^2/kg) verschiedener Abschirmmaterialien in Abhängigkeit von der Energie E_γ der γ-Strahlung [1]

$E\gamma$/MeV	Luft	Wasser	Aluminium	Beton	Eisen	Blei
0,01	0,482	0,499	2,58	2,65	17,2	13,20
0,05	0,0196	0,0214	0,0334	0,0361	0,184	0,717
0,08	0,0162	0,0179	0,0189	0,0200	0,055	0,212
0,1	0,0151	0,0168	0,0162	0,0171	0,0342	0,562
0,2	0,0123	0,0136	0,0120	0,0125	0,0139	0,0969
0,4	0,00954	0,0106	0,00921	0,00957	0,00921	0,0221
0,6	0,00804	0,00894	0,00777	0,00807	0,00761	0,0120
0,8	0,00706	0,00785	0,00682	0,00708	0,00664	0,00856
1,0	0,00635	0,00706	0,00613	0,00637	0,00596	0,00689
2,0	0,00444	0,00493	0,00431	0,00447	0,00425	0,00450
4,0	0,00308	0,00340	0,00311	0,00319	0,00331	0,00415
6,0	0,00252	0,00277	0,00266	0,00270	0,00306	0,00435
8,0	0,00223	0,00243	0,00244	0,00245	0,00299	0,00460
10,0	0,00205	0,00222	0,00232	0,00231	0,00299	0,00487

Tabelle 3   Dosis-Aufbaufaktoren für Beton bei normalem Einfall eines breiten Strahlenbündels [1]

E_γ/MeV	μx 0,5	1,0	2,0	4,0
0,2	1,51	1,95	2,99	5,24
0,5	1,45	1,92	2,90	5,45
1,0	1,42	1,79	2,58	4,57
2,0	1,35	1,67	2,38	3,80

Tabelle 4   Parameter A, α und β zur Berechnung des Dosis-Aufbaufaktors für Betonabschirmungen [7]

E_γ/MeV	A	α	β
0,5	12,5	0,111	0,01
1	9,9	0,088	0,029
2	6,3	0,068	0,058
4	3,9	0,059	0,079
6	3,1	0,0585	0,083
8	2,7	0,057	0,0855
10	2,6	0,05	0,0835

Tabelle 5   Effektiver Beseitigungsquerschnitt σ_r für Spaltneutronen [3]

Material	$\sigma_r/10^{-28} m^2$
Aluminium	1,31
Beryllium	1,07
Blei	3,53
Bor	0,97
Eisen	1,98
Kupfer	2,04
Lithium	1,01
Nickel	1,89
Paraffin	2,84
B_4C	4,7
D_2O	2,76

sitzen deshalb im Strahlenschutz große Bedeutung (z. B. in Form von Containern, Abschirmblenden, Bleiziegeln, Bleiglasfenstern, Bleischutzkleidung). Zur Abschirmung größerer Räume dienen meist Wände aus Normal- oder Barytbeton.

Zur Dimensionierung von Abschirmungen müssen weiterhin die Aufbaufaktoren verfügbar sein, mit denen die Beeinflussung des Strahlungsfeldes durch die in der Abschirmung entstandene Streu- und Sekundärstrahlung berücksichtigt werden kann. Diese Aufbaufaktoren hängen von der Energie der γ-Strahlung, von der Größe μx des Abschirmmaterials und von den geometrischen Eigenschaften der Strahlungsquelle ab. Für Strahlungsschutzzwecke interessieren dabei besonders die Dosis-Aufbaufaktoren. In Tab. 3 sind Dosis-Aufbaufaktoren für normalen Einfall eines breiten Strahlenbündels auf Betonabschirmungen unterschiedlicher Dicke angegeben. Im Falle isotroper Punktquellen kann der Dosis-Aufbaufaktor nach der Näherungsbeziehung

$$B(\mu x) = A e^{\alpha \mu x} + (1 - A) e^{-\beta \mu x} \qquad (8)$$

bestimmt werden. Die Größen A, α und β sind für Betonabschirmungen in Tab. 4 angegeben.

Zur Abschirmung von *Neutronen* sind komplexe Anordnungen zu verwenden. Diese bestehen aus Komponenten, in denen vorzugsweise die Abbremsung der Neutronen auf niedrige Energien, die Absorption der abgebremsten Neutronen sowie die Schwächung entstehender Sekundärstrahlung erfolgt. Zur Abbremsung energiereicher Neutronen werden Materialien hoher Ordnungszahl (z. B. Eisen) eingesetzt, in denen die Neutronen durch unelastische Streuung einen großen Teil ihrer Energie verlieren. Die mittlere Neutronenenergie nach Passieren einer solchen Abschirmschicht von einigen cm Dicke liegt bei ca. 0,1 MeV...1 MeV. Daran schließt sich zur weiteren Abbremsung eine Abschirmschicht aus Materialien niedriger Ordnungszahl (wasserstoffhaltige Substanzen, Graphit) mit einer Dicke von einigen 10 cm an, in der die Neutronen durch eine Vielzahl elastischer Streuungen ihre Energie abgeben. Ist der Bereich thermischer Energien erreicht, können die Neutronen in Materialien mit hohem Einfangquerschnitt absorbiert werden. Solche Materialien sind z. B. Cadmium (Dicke einige mm, Ausnutzung der Reaktion $^{113}Cd(n,\gamma)^{114}Cd$) oder Bor (Dicke einige cm, Ausnutzung der Reaktion $^{10}B(n,\alpha)^{7}Li$). Insbesondere im ersten Falle entsteht hochenergetische sekundäre γ-Strahlung, die durch eine weitere Schicht aus Material hoher Ordnungszahl abzuschirmen ist. Günstiger ist daher die Verwendung von Borverbindungen als Neutronenabsorber (z. B. in Form von Borstahl, Boral, boriertem Graphit). Anstelle einer solchen komplizierten geschichteten Anordnung kann es in verschiedenen Fällen ökonomischer sein, ein homogenes, billigeres Material mit größerer Dicke (bis zu einigen m) als Abschirmung einzusetzen. Hierfür kommt Barytbeton, mitunter auch Normalbeton zur Anwendung. Genauere Angaben, insbesondere über die erforderlichen Abschirmdicken, können nur mit Hilfe spezieller Lösungen der Strahlungstransportgleichung erhalten werden (siehe z. B. [8]).

Für eine Abschätzung der Reduzierung der Dosisleistung von Spaltneutronen durch Abschirmungen kann die einfache Beziehung (6) zugrunde gelegt werden. Die dazu benötigten effektiven Beseitigungsquerschnitte sind für einige Beispiele in Tab. 5 angegeben.

Literatur

[1] JAEGER, R. G., Hrsg.: Engineering Compendium on Radiation Shielding. Volume 1. Shielding Fundamentals and Methods. – Berlin/Heidelberg/New York: Springer-Verlag 1968 (Russ. Ausgabe in 2 Bänden. – Moskau: Atomizdat 1972 u. 1973).

[2] MOISEEV, A. A.; IVANOV, V. I.: Spravočnik po dosimetrii i radiacionnoi gigiene. 2. Aufl. – Moskau: Atomizdat 1974.

[3] KOZLOV, V. F.: Spravočnik po radiacionnoi bezopasnosti. 2. Auflage. – Moskau: Atomizdat 1977.

[4] MAŠKOVIČ, V. P.: Zaščita ot ionizirujuščich izlučenij. 3. überarb. u. erg. Aufl. – Moskau: Atomizdat 1982.

[5] JAEGER, R. G., Hrsg.: Engineering Compendium on Radiation Shielding. Volume 3. Shield Design and Engineering. – Berlin/Heidelberg/New York: Springer-Verlag 1970.

[6] HERFORTH, L. u. a.: Praktikum der Radioaktivität und der Radiochemie. – Berlin: VEB Deutscher Verlag der Wissenschaften 1981.

[7] BRODER, D. D., u. a.: Beton v zaščite jadernych ustanovok. 2. überarb. u. erg. Aufl. – Moskau Atomizdat 1973.

[8] DÖRSCHEL, B., HERFORTH, L.: Neutronen-Personendosimetrie. – Berlin: VEB Deutscher Verlag der Wissenschaften 1977.

[9] DIMITRIJEVIĆ, Č.: Praktische Berechnung der Abschirmung von radioaktiver und Röntgenstrahlung. – Verlag Chemie GmbH Weinheim/Bergstraße 1972.

Aktivierung

Aktivierung ist die Erzeugung einer Radioaktivität. Im Jahre 1934 fand das Ehepaar F. und I. JOLIOT-CURIE, daß das Element Bor, wenn es mit α-Teilchen bestrahlt wurde, auch nach Aussetzen der Bestrahlung mehrere Minuten eine Strahlung emittierte, die sich später als β-Strahlung erkennen ließ [1]. Der zeitliche Abfall folgte einem Exponentialgesetz mit einer Halbwertszeit von 10,1 min. Damit war es gelungen, durch Bestrahlung eines Grundstoffes künstlich ein radioaktives Nuklid zu erzeugen. Es zeigte sich sehr bald, daß zur künstlichen Umwandlung von Atomkernen und damit zur Erzeugung neuer, in der Natur nicht vorkommender Nuklide grundsätzlich alle Strahlungen geeignet sind. Voraussetzung waren der Bau leistungsfähiger Beschleunigungsanlagen wie Linearbeschleuniger, Zyklotron und Betatron und die Entwicklung des Kernreaktors.

Die Aktivierung ermöglicht die Herstellung radioaktiver Nuklide aller Elemente. Sie ist die Grundlage für alle Arbeiten auf dem Gebiet der angewandten Radioaktivität. Es gibt zwei große Einsatzgebiete der Aktivierung: Die Herstellung von Strahlungsquellen, bei denen die Wirkung der Strahlung auf Stoffe ausgenutzt wird und die Herstellung radioaktiver Indikatoren, bei denen die Strahlung zum Nachweis des aktivierten Stoffes dient.

Sachverhalt

Die Aktivierung eines Stoffes erfolgt in der Praxis meist durch Bestrahlung mit Neutronen, geladenen Teilchen oder Gammaquanten. Im bestrahlten Stoff finden Kernreaktionen statt, wodurch radioaktive Nuklide entstehen.

Neutronen ergeben im Gegensatz zu geladenen Teilchen sehr viel größere Reaktionsausbeuten. Jedes freie Neutron beliebiger Anfangsenergie führt schließlich zu einer Kernreaktion, während geladene Teilchen weitaus am häufigsten durch Ionisationsverluste im beschossenen Material ihre Energie aufbrauchen und damit für den Kernprozeß verloren gehen. Der Kernreaktor ist die stärkste Neutronenquelle. Die während des Betriebes eines Reaktors im stationären Zustand vorhandene Menge an freien Neutronen wird für die Bestrahlung benutzt. Diese Menge wird angegeben als Neutronenfluß Φ, das ist die Anzahl der Neutronen, die je Sekunde durch 1 cm² Fläche hindurchtreten. Die Neutronenflüsse von Reaktoren erreichen Werte von $10^{11}...10^{12}$ cm^{-2}s^{-1}. Das im Reaktor vorhandene Neutronenenergiespektrum weicht vom Spaltspektrum (siehe Kernspaltung) ab. Es hat einen hohen Anteil thermischer Neutronen, deren Fluß etwa 10fach höher als der der schnellen Neutronen ist. Für die Aktivierung im Kernreaktor werden hauptsächlich Neutroneneinfangreaktionen genutzt, wie z. B. ^{23}Na (n,γ) ^{24}Na oder ^{59}Co (n,γ) ^{60}Co, die bei der Wech-

Tabelle 1 Radionuklidneutronenquellen

Kernreaktion	Quellentype	maximale Ausbeute	Halbwertszeit	Neutronenenergie
α, n	^{238}Pu/Be	$10^8 s^{-1}$	86 a	kontinuierliches Spektrum, $E_{max} = 11$ MeV
	^{241}Am/Be	$10^8 s^{-1}$	458 a	
γ, n	^{124}Sb/Be	$10^9 s^{-1}$	0,17 a	26 keV
Spaltung	^{252}Cf	$10^{11} s^{-1}$	2,65 a	Spaltspektrum

Tabelle 2 Aktivierungsausbeute für die Aktivierung am Zyklotron

Kernreaktion	Teilchenenergie MeV	Aktivierungsausbeute $10^5 \frac{Bq}{mA\,s}$	Zerfallskonstante s^{-1}
^{7}Li (p, n) ^{7}Be	22	25,2	1,51 (−7)
^{10}B (d, n) ^{11}C	15	72,2	5,66 (−4)
^{19}F (p, pn) ^{18}F	22	1100	1,05 (−4)
^{24}Mg (d, α) ^{22}Na	15	0,26	8,45 (−9)
^{27}Al (d, pα) ^{24}Na	30	326	1,28 (−5)
^{31}P (d, p) ^{32}P	30	59,3	5,61 (−7)
^{52}Cr (d, 2n) ^{52}Mn	15	12,0	1,41 (−6)
^{56}Fe (d, 2n) ^{56}Co	15	649	1,04 (−7)
^{65}Cu (d, 2n) ^{65}Zn	15	0,52	3,27 (−8)
^{197}Au (d, p) ^{198}Au	30	148	2,97 (−6)

selwirkung thermischer Neutronen vorherrschend sind. Neutronenquellen kleiner Abmessungen (z. B. 30 mm Ø, 60 mm lang) lassen sich unter Verwendung von Radionukliden durch Ausnutzung von Kernreaktionen mit ^{9}Be oder der spontanen Spaltung des Nuklids ^{252}Cf herstellen (Tab. 1). Auf Grund der begrenzten Ausbeute sind nur kleine Neutronenflüsse bis 10^7 cm^{-2}s^{-1} erreichbar. Neutronengeneratoren bestehen aus einem Beschleuniger und einem Target, in dem die beschleunigten Teilchen eine neutronenerzeugende Kernreaktion auslösen. Für die Aktivierung wird am häufigsten die Reaktion ^{3}H (d, n) ^{4}He verwendet. Diese hat einen maximalen Wirkungsquerschnitt bei 150 keV Deuteronenenergie, so daß mit kleinen elektrostatischen Beschleunigern gearbeitet werden kann. Die Neutronen sind nahezu monoenergetisch und besitzen eine Energie von 14 MeV. Der nutzbare Neutronenfluß beträgt maximal 10^{10}/cm^{2}s. Der Einsatz erfolgt zur Aktivierung von Stoffen, deren Atome auf Grund hoher Schwellwerte nicht mit thermischen Neutronen aktiviert werden können, z. B. ^{16}O (n,p) ^{16}N, ^{19}F (n,α) ^{16}N, ^{14}N (n,2n) ^{13}N.

Zur Aktivierung mit geladenen Teilchen (Protonen, Deuteronen, ^{3}He- und ^{4}He-Kerne) sind Teilchenenergien von 15...30 MeV erforderlich. Die Ionen verlassen den Beschleuniger annähernd monoenergetisch. Im bestrahlten Stoff verlieren sie infolge Ionisations- und Strahlungsbremsung sehr rasch ihre Energie. Daher ist die Aktivierung mit geladenen Teilchen auf dünne Schichten beschränkt. Die Kernreaktionen sind je nach Art des Geschosses, der Energie und des Targetmaterials verschieden und weisen eine sehr große Vielfalt auf, möglich sind z. B. (p,n)-, (p,α)-, (p,pn)- und (p,2n)-Reaktionen. Bei der Bestrahlung von Kupfer mit Deuteronen einer Energie von mehr als 10 MeV treten beispielsweise folgende Reaktionen auf: ^{63}Cu (d,p) ^{64}Cu, ^{65}Cu (d,2n) ^{65}Zn, ^{63}Cu (d,2n) ^{63}Zn und ^{65}Cu (d,2p) ^{65}Ni.

Die Aktivierung mit Gammastrahlung, auch Photoaktivierung genannt, verlangt eine hohe Quantenenergie, da die Aktivierungsreaktionen endoenergetisch sind und die Schwellenenergien bei 10...20 MeV liegen. Die Quanten werden als Bremsstrahlung von Elektronen einer Energie 15...30 MeV, die auf ein Target hoher Ordnungszahl geschossen werden, erzeugt. Als Elektronenbeschleuniger dienen Betatron, Mikrotron oder Linearbeschleuniger. Die Photoaktivierung kann durch Kernreaktionen mit Emission ein oder mehrerer Kernteilchen, z. B. (γ,n), (γ,p), (γ,pn) und (γ,α), erfolgen oder durch eine (γ,γ')-Reaktion, bei der der Kern nach der Resonanzabsorption des Gammaquants in einen langlebigen isomeren Zustand übergeht, der durch Emission einer Gammastrahlung zerfällt [2].

Kennwerte, Funktionen

Die Reaktionsrate R, das ist die Anzahl der je Sekunde durch Aktivierung eines bestimmten Isotops entstehenden radioaktiven Kerne, beträgt

$$R = \Phi \sigma \frac{h \cdot m \cdot N_A}{M} ; \qquad (1)$$

Φ = Flußdichte der aktivierenden Strahlung (Teilchen/cm^{2}s), σ = Wirkungsquerschnitt der Kernreaktion (cm^2), h = relative Häufigkeit des Isotops, M = Massenzahl, N_A = Avogadrosche Konstante $(6,022 \cdot 10^{23}/\text{mol})$.

Da die radioaktiven Kerne zerfallen können, sobald sie entstehen, beträgt die Aktivität am Ende der Bestrahlungszeit t_B

$$A = \Phi \frac{h\, m\, N_A}{M}(1 - e^{-\lambda t_B}) \qquad (2)$$

(λ = Zerfallskonstante).

Vergeht vom Bestrahlungsende bis zur Anwendung der Aktivität eine Zeit t_W, so gilt auf Grund des Zerfallsgesetzes

$$A = \Phi \frac{h\, m\, N_A}{M}(1 - e^{-\lambda t_B}) e^{-\lambda t_W}. \qquad (3)$$

Die Gesamtaktivität eines bestrahlten Stoffes ist die Summe der Aktivitäten, die sich für die einzelnen Isotope ergeben.

Bei der Bestrahlung mit geladenen Teilchen ist die

Gültigkeit dieser Aktivierungsgleichung auf sehr dünne Stoffschichten begrenzt, da sich Φ und σ sehr stark mit der Eindringtiefe ändern. Die Berechnung der Aktivität dicker Schichten kann nach der Beziehung

$$A = \eta I t_B \qquad (4)$$

erfolgen (Tab. 2). Dabei ist I der Strahlstrom des Beschleunigers und η die Aktivierungsausbeute, die sich nach der empirischen Beziehung

$$\eta = 6{,}24 \cdot 10^{12} \cdot k \frac{Bq}{mA\,s} \qquad (5)$$

abschätzen läßt. Die Zerfallskonstante λ ist in s^{-1} einzusetzen, und k ist ein Faktor von 0,1...1, der von den Bestrahlungsbedingungen abhängt.

Bei der Aktivierung mit Gammastrahlung durch eine (γ,n)-, (γ,p)- oder (γ,α)-Reaktion zeigt die Wirkungsquerschnittskurve über der Energie eine Riesenresonanz, die bei leichten Elementen zwischen 18 und 25 MeV liegt (Tab. 3) und deren Energie bei schwereren Elementen mit $Z > 20$ an Hand der Beziehung

$$E_R = 73\, M^{-1/3} \qquad (6)$$

berechnet werden kann. Der integrale Wirkungsquerschnitt läßt sich mit der einfachen Gleichung

$$\int_0^\infty (E_\gamma)\, dE_\gamma = 0{,}058\, \frac{(M-Z)Z}{M}\, 10^{-18}\, eV\,cm^2 \qquad (7)$$

berechnen. Dieser Wirkungsquerschnitt gibt bei mittelschweren Nukliden die Summe der (γ,p)- und (γ,n)- und bei schweren Elementen die Summe der (γ,n)- und $(\gamma,2n)$-Wirkungsquerschnitte an.

Anwendungen

Aktivierungsanalyse ist die qualitative und quantitative Analyse von Stoffgemischen, Verunreinigungen oder Spurengehalten durch Messung der in den zu analysierenden Stoffen infolge Bestrahlung erzeugten künstlichen Radioaktivität [2, 3, 4, 10]. Die Identifizierung der erzeugten Radionuklide erfolgt qualitativ an Hand der Art und Energie der Strahlung und der Halbwertszeit. Für die quantitative Analyse wird die der Menge des zu bestimmenden Elements proportionale Aktivität der gebildeten Radionuklide genutzt. Die *Empfindlichkeit* S der Aktivierungsanalyse kann als Produkt der *Aktivierungsempfindlichkeit* S_A und der *Meßempfindlichkeit* S_M ausgedrückt werden. Die Akti-

Tabelle 3 Resonanzenergien und Wirkungsquerschnitte für die Aktivierung mit Gammastrahlung bei leichten Elementen

Kernreaktion	Resonanzenergie MeV	Wirkungsquerschnitt $10^{-27} cm^2$	s^{-1}
$^{12}C (\gamma, n)\, ^{11}C$	22,8	10	$5{,}66 \cdot 10^{-4}$
$^{14}N (\gamma, n)\, ^{13}N$	23,5	10	$1{,}16 \cdot 10^{-3}$
$^{16}O (\gamma, n)\, ^{15}O$	21,9	14	$5{,}64 \cdot 10^{-3}$
$^{19}F (\gamma, n)\, ^{18}F$	19,2	14	$1{,}05 \cdot 10^{-4}$
$^{32}S (\gamma, n)\, ^{31}S$	20,1	14,2	$2{,}55 \cdot 10^{-1}$

Tabelle 4 Aktivierungsquerschnitte für verschiedene Nuklide mit thermischen Neutronen (n, γ-Reaktion)
(1) Targetkern, (2) Isotopenhäufigkeit in %, (3) Wirkungsquerschnitte in $10^{-24} cm^2$, (4) Zerfallskonstante in h^{-1}

(1)	(2)	(3)	(4)	(1)	(2)	(3)	(4)	(1)	(2)	(3)	(4)
^{19}F	100	0,01	2,33 (2)	^{64}Ni	1,2	1,6	2,71 (−1)	^{121}Sb	57,3	6,0	1,03 (−2)
^{22}Ne	8,8	0,04	6,21 (1)	^{64}Zn	48,9	0,4	1,18 (−4)	^{122}Sb	42,7	2,5	4,81 (−4)
^{23}Na	100	0,53	4,62 (−2)	^{69}Ga	60,2	1,7	3,24 (−2)	^{126}Te	18,7	0,8	7,41 (−2)
^{26}Mg	11,3	0,03	4,40 (0)	^{75}As	100	4,1	2,61 (−2)	^{127}J	100	6,7	1,66 (0)
^{27}Al	100	0,22	1,81 (1)	^{76}Ge	7,7	0,35	6,13 (−2)	^{132}Xe	26,9	0,53	1,31 (−2)
^{28}Si	3,1	0,11	2,62 (−1)	^{80}Se	48,8	0,50	3,81 (−2)	^{133}Cs	100	2,6	2,39 (−1)
^{31}P	100	0,21	2,02 (−3)	^{81}Br	49,5	3,1	1,93 (−2)	^{139}La	99,9	8,1	1,72 (−2)
^{34}S	4,2	0,26	3,32 (−4)	^{82}Kr	11,6	45,0	3,69 (−1)	^{142}Ce	11,1	0,94	2,10 (−2)
^{37}Cl	24,6	0,56	1,11 (0)	^{85}Rb	72,2	0,91	1,55 (−3)	^{181}Ta	100	19,0	2,58 (−4)
^{40}Ar	99,6	0,53	3,79 (−1)	^{86}Sr	9,9	1,65	2,48 (−1)	^{186}W	28,4	34,0	2,89 (−2)
^{41}K	11,6	1,2	5,55 (−1)	^{89}Y	100	1,27	1,08 (−2)	^{187}Re	62,9	69,0	4,08 (−2)
^{44}Ca	2,1	0,72	1,76 (−4)	^{93}Nb	100	1,0	6,61 (0)	^{190}Os	26,4	8,0	1,81 (−3)
^{45}Sc	100	22,0	3,40 (−4)	^{94}Zr	17,4	0,08	4,56 (−4)	^{191}Ir	38,5	700	3,88 (−4)
^{48}Ca	0,2	1,1	4,73 (0)	^{100}Mo	9,6	0,20	2,85 (0)	^{197}Au	100	98,0	1,07 (−2)
^{50}Ti	5,3	0,14	7,18 (−1)	^{104}Ru	18,7	0,7	1,54 (−1)	^{199}Pt	7,2	3,9	1,39 (0)
^{50}Cr	4,3	16,0	1,04 (−3)	^{104}Rh	100	140	5,94 (1)	^{202}Hg	29,8	3,8	6,31 (−4)
^{51}V	99,7	5,1	1,11 (1)	^{107}Ag	51,3	30	1,81 (1)	^{203}Tl	29,5	11,0	1,93 (−5)
^{54}Fe	5,8	2,5	2,69 (−5)	^{108}Pd	26,7	10	5,10 (−2)	^{208}Pb	52,3	0,001	2,09 (−1)
^{55}Mn	100	13,0	2,69 (−1)	^{114}Cd	28,9	1,1	1,31 (−2)	^{209}Bi	100	0,02	5,78 (−3)
^{59}Co	100	36,0	1,51 (−5)	^{115}In	95,8	160	1,28 (−2)	^{232}Th	100	7,5	1,88 (0)
^{63}Cu	69,1	4,3	5,42 (−2)	^{120}Sn	33,0	0,14	2,52 (−2)	^{238}U	99,3	2,7	1,77 (0)

vierungsempfindlichkeit entspricht der auf die Masse m bezogenen Aktivität am Ende der Bestrahlung. Sie wird mit Gl. (2) berechnet; die Parameter ausgewählter Isotope sind für verschiedene Bestrahlungsarten in den Tabellen 3, 4 und 5 angegeben.

Die Meßempfindlichkeit hängt vom zeitlichen Ablauf des Meßregimes und den Eigenschaften der Meßanordnung und des Detektors ab. Die Impulsdichte z' am Ausgang eines Kernstrahlungsmeßgerätes ist der gemessenen Aktivität proportional. Der Proportionalitätsfaktor ist die Meßausbeute K_M [5, 6]. Unter der Berücksichtigung der Meßzeit t_M folgt aus Gl. (3)

$$S_M = K_M \, e^{-\lambda t_w} \left(1 - e^{-\lambda t_M}\right). \tag{8}$$

Damit gilt für die Impulszahl Z, die für ein bestimmtes Isotop, das in einer Meßprobe der Masse m_P enthalten ist, gemessen wird

$$Z = S_A \, S_M \, m_P. \tag{9}$$

Dieser Impulszahl Z ist eine durch die Störaktivität und die Untergrundstrahlung hervorgerufene Impulszahl Z_S überlagert. Die Störaktivität entsteht durch die Aktivierung aller anderen in der Probe enthaltenen Nuklide. Die Impulszahl Z_S bestimmt die Nachweisgrenze m_{min} der Masse eines Elementes. Für eine Irrtumswahrscheinlichkeit von 0,3 % beträgt sie

$$m_{min} = \frac{3\sqrt{2\,Z_S}}{S}. \tag{10}$$

Die Tabellen 6, 7 und 8 zeigen die Nachweisgrenzen der zerstörungsfreien Aktivierungsanalyse für verschiedene Aktivierungsarten.

Durch die chemische Abtrennung der Störaktivitäten kann Z_S erheblich verkleinert und damit die Nachweisgrenze verringert werden. Diese Arbeitsmethode wird als *chemische Aktivierungsanalyse* bezeichnet.

Die Kalibrierung der Aktivierungsanalyse wird mit Hilfe von Standardproben durchgeführt. Unter denselben Bestrahlungs- und Meßbedingungen wie bei den Meßproben wird das Verhältnis Standardmasse zu Standardimpulszahl m_{St}/Z_{St} ermittelt. Die unbekannte Substanzmasse m_p wird als Proportion

$$m_p = Z \cdot m_{St}/Z_{St} \tag{11}$$

berechnet.

In der betrieblichen Meßtechnik werden Radionuklidneutronenquellen zur Analyse einiger gut aktivierbarer Elemente, vorzugsweise Si, Al, Cr, F und V eingesetzt [7, 8].

Aktivierungsdetektor. Beim Aktivierungsdetektor wird die Energieabhängigkeit des Aktivierungsquerschnittes bestimmter Stoffe ausgenutzt. Es können *Schwellwert-* oder *Resonanzdetektoren* verwendet werden. Bevorzugtes Anwendungsgebiet ist die Bestimmung der Energiespektren von Neutronen, wobei Schwellwertdetektoren zur Anwendung kommen.

Tabelle 5 Aktivierungsquerschnitte für 14-MeV-Neutronen
(1) Targetkern, (2) Isotopenhäufigkeit in %, (3) Radionuklid,
(4) Wirkungsquerschnitt in $10^{-27} cm^2$, (5) Zerfallskonstante in s^{-1}

(1)	(2)	(3)	(4)	(5)
^{11}B	80,4	^{8}Li	34	7,79 (−1)
^{14}N	99,6	^{13}N	6	1,16 (−3)
^{16}O	99,8	^{16}N	42	9,71 (−2)
^{19}F	100	^{16}N	50	9,71 (−2)
^{23}Na	100	^{20}F	222	6,07 (−2)
^{26}Mg	11,3	^{23}Ne	10	1,84 (−2)
^{27}Al	100	^{27}Mg	80	1,22 (−3)
^{28}Si	92,3	^{28}Al	250	5,16 (−3)
^{31}P	100	^{28}Al	150	5,16 (−3)
^{37}Cl	24,5	^{37}S	30	2,28 (−3)
^{41}K	6,9	^{38m}Cl	30	3,12 (−4)
^{50}Ti	5,3	^{50}Sc	27	6,72 (−3)
^{51}V	99,8	^{51}Ti	27	2,00 (−3)
^{52}Cr	83,8	^{52}V	80	3,97 (−3)
^{54}Fe	5,8	^{53}Fe	15	1,36 (−3)
^{55}Mn	100	^{52}V	50	3,97 (−3)
^{59}Co	100	^{56}Mn	40	7,47 (−5)
^{63}Cu	69,1	^{62}Cu	550	1,19 (−3)
^{64}Zn	48,9	^{63}Zn	170	3,01 (−4)
^{69}Ga	60,2	^{66}Cu	110	2,27 (−3)
^{70}Ge	20,6	^{70}Ga	130	5,78 (−4)
^{75}As	100	^{75}Ge	12	1,41 (−4)
^{79}Br	50,5	^{78m}Br	835	1,44 (−1)
^{80}Se	49,8	^{77m}Ge	40	1,31 (−2)
^{109}Ag	48,7	^{108}Ag	70	4,77 (−3)
^{121}Sb	57,3	^{120}Sb	120	7,27 (−4)

Tabelle 6 Nachweisgrenzen einiger Elemente bei Aktivierung im Kernreaktor
($\Phi_{en} = 5 \cdot 10^{13} cm^{-2} s^{-1}$; $t_B \leq 1 h$)

Masse /g	Elemente Ordnungszahl				
	1–10	11–18	19–36	37–54	55–92
10^{-14}				In	Eu Dy
10^{-13}			Mn		Re Ir Au
10^{-12}		Na Ar	V Co Cu Ga As Br Kr	Rh Pd Ag J	Cs La W
10^{-11}		Al Cl	K Sc Ge Se	Y Sb Xe	Ba Os Pt Hg Th U
10^{-10}		Si P	Cr Ni Zn	Sr Nb Ru Cd Sn Te	Ce Ta
10^{-9}	F Ne	Mg	Ti	Rb Mo	Tl Bi
10^{-8}		S	Ca	Zr	Pb
10^{-7}			Fe		

Idealisiert erfolgt die Aktivierung von Schwellwertsonden oberhalb einer Energieschwelle E_S, so daß zur Aktivität nur die Neutronen mit einer Energie $E > E_S$ beitragen. Zur Bestimmung eines Neutronenenergiespektrums müssen mehrere Schwellwertsonden mit

Tabelle 7   Nachweisgrenze einiger Elemente bei Aktivierung mit Bremsstrahlung (Linearbeschleuniger 30 MeV, 5 µA)

Masse /g	Elemente Ordnungszahl				
	1–10	11–18	19–36	37–54	55–92
10^{-9}		Na Ar	Mn Ni Cu Zn As	Ag Cd	Ta
10^{-8}	N O F	P S Cl	K Ti Cr Ge Co	Sr Y Zr Nb J Ru In Sn Sb	Re Au Hg
10^{-7}	C Ne	Mg Al Si	Fe Br	Mo	Ce Ir Pt Os Tl Pb
10^{-6}			Ca	Rh Pd Rb	La
10^{-5}		Na	Ga		Re Tl

Tabelle 8   Nachweisgrenzen einiger Elemente bei Aktivierung mit 14-MeV-Neutronen ($\Phi_{en} = 10^{10}$ cm^{-2}s^{-1}, $t_B \leq 1$ h)

Masse /g	Elemente Ordnungszahl				
	1–10	11–18	19–36	37–54	55–92
10^{-8}	F				
10^{-7}		Na Si P	Sc Cu Zn Ga Br	Ag Cd Sb Te	Ba Ce Ta
10^{-6}	B N O	Mg Al	V Cr Mn Fe Co Ni	Sr Zr Pd In Sn Xe	W Os Ir Hg Th
10^{-5}		Cl	K As Kr Rh J	Rb Nb Mo	Cs La Re Au Pb
10^{-4}			Ca Ti	Y Ru	Bi U
10^{-3}					Tl

unterschiedlichen Energieschwellen zur Verfügung stehen. Aus den gemessenen Impulsraten der einzelnen Sonden werden die Aktivitäten und daraus das vorliegende Energiespektrum bestimmt [5, 9].

Nachträgliche Aktivierung. Das Verfahren der nachträglichen Aktivierung ist eine Indikatormethode, die dann angewendet wird, wenn im zu untersuchenden Prozeß jede Strahlungsgefährdung vermieden werden muß. Dabei wird das zu untersuchende System mit einem inaktiven Stoff markiert. Dem System werden Proben entnommen, in denen die inaktive Markierungssubstanz aktivierungsanalytisch nachgewiesen wird. Als Markierungssubstanz werden Elemente mit hohem Aktivierungsquerschnitt und nicht zu langer Halbwertszeit, z. B. Mangan, benutzt.

Hauptanwendungsgebiet dieses Verfahrens ist die Lebensmitteltechnik. Vorteilhaft kann es auch in der Verschleißforschung eingesetzt werden, da hierbei die Verschleißteilchen im Schmierstoff als inaktiver Indikator wirken und die Zugabe eines zusätzlichen Stoffes entfällt [10].

Literatur

[1] CURIE, I.; JOLIOT, F., C. R. hebd. Séances Acad. Sci. **198** (1934) 254.
[2] HOLZHEY, J.: Aktivierungsanalyse, Anwendung in der Metallurgie. – Leipzig: B. G. Teubner Verlagsgesellschaft 1975.
[3] DE SOETE, D.; GIJBELS, R.; HOSTE, J.: Neutron Activation Analysis. – London: John Wiley & Sons 1972.
[4] DECONNINCK, G.: Introduction to Radioanalytical Physics. – Budapest: Akademia Kiado 1978.
[5] HERFORTH, L.; KOCH, H.: Praktikum der Radioaktivität und Radiochemie. – Berlin: VEB Deutscher Verlag der Wissenschaften 1984.
[6] STOLZ, W.: Radioaktivität. Messung und Anwendung Teil II. – Leipzig: B. G. Teubner Verlagsgesellschaft 1978.
[7] IRMER, K., Kernenergie **26** (1983) 336.
[8] MAUL, E.; NHIEN, P.: Beiträge zum Einsatz der Neutronenaktivierungsanalyse zur Kontrolle und Steuerung industrieller Prozesse. – Leipzig: Dissertation AdW der DDR 1980.
[9] HÜVÖNEN-DABEK, M.; NIKKINEN-VILKKI, R., Nuclear Instrum. and Methods **178** (1980) 451.
[10] W. HARTMANN (Hrsg): Meßverfahren unter Anwendung ionisierender Strahlung. – Leipzig: Akademische Verlagsgesellschaft Geest & Portig K.-G. 1969.

Annihilation

Die Annihilation ist der reziproke Prozeß der *Paarerzeugung*. Für Positronen wurde sie von ANDERSON [1] entdeckt. Theoretisch folgt sie aus der Relativitätstheorie.

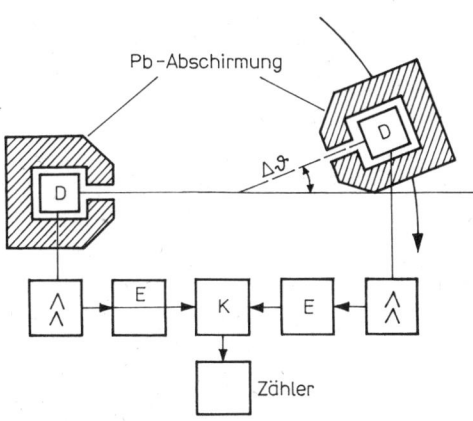

E: Einkanalanalysatoren
K: Koinzidenzmessung
D: Szintillationsdetektoren

Abb. 1 Schematische Darstellung der Meßmethoden
a) Messung der Winkelkorrelation

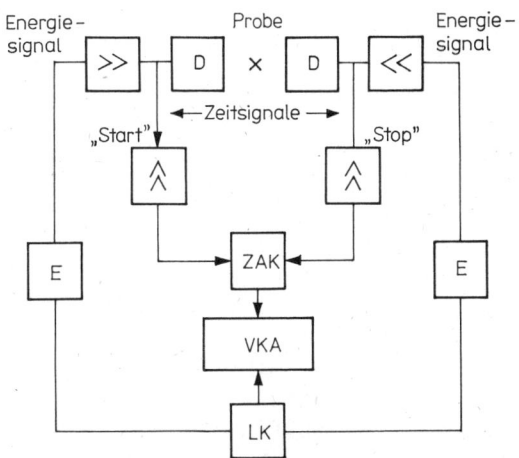

E: Einkanalanalysator; ZAK: Zeit-Amplituden-Konverter
VKA: Vielkanalanalysator; LK: „langsame" Koinzidenz;
D: Detektor

b) Messung der Lebensdauer

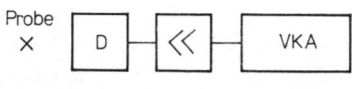

D: Detektor
VKA: Vielkanalanalysator

c) Messung der Energieverteilung

Sachverhalt

Unter Annihilation versteht man die Umwandlung der Masse eines Teilchen-Antiteilchenpaares in elektromagnetische Strahlungsenergie. Bei der Annihilation muß die Energie- und Impulserhaltung gewährleistet sein. Für die Anwendung am bedeutungsvollsten ist die Annihilation eines Positrons mit einem Elektron. Die Annihilation in zwei Quanten gleicher Energie und entgegengesetzter Ausbreitungsrichtung ist am wahrscheinlichsten [2]. Für kleine Positronengeschwindigkeiten ist die Annihilationswahrscheinlichkeit der Elektronendichte proportional. Die Winkelverteilung der Annihilationsstrahlung ist eine Folge der Impulserhaltung.

Im feldfreien Raum kann sich ein gebundener Zustand aus einem Elektron-Positron (Positronium) bilden [3]. Das Positronium existiert in einem Singulettzustand (Parapositronium, Spin des Elektrons und Positrons sind antiparallel) oder in einem Triplettzustand (Orthopositronium, Spin des Elektrons und des Positrons parallel orientiert). Die Annihilation des Parapositroniums erfolgt in zwei Quanten, die des Orthopositroniums in drei Quanten [4].

Dringt ein Positron in eine Probe ein, so wird es in etwa 10^{-12} s thermalisiert. Es nimmt die thermische Energie der Atome an (im Festkörper etwa meV). Während der Thermalisierung ist die Bildung von Positronium möglich. Nach der Thermalisierung diffundieren das Positron bzw. Positronium durch die Probe. Die mittlere Lebensdauer ist die Summe aus der Thermalisationszeit, der Diffusionszeit und der Lebensdauer in einem lokalisierten Zustand.

Die mittlere Lebensdauer wird durch die Elektronendichte in einem Material bestimmt. Die Abweichung des Winkels der Ausbreitungsrichtung der Vernichtungsquanten eines Zweiquantenzerfalls von 180° wird durch die Impulskomponente des Elektrons senkrecht zur Ausbreitungsrichtung eines Gammaquantes bestimmt. Die Energieabweichung von 511 keV ist proportional der Impulskomponente des Elektrons parallel zur Ausbreitungsrichtung. Die drei möglichen Meßmethoden sind in Abb. 1 dargestellt.

Kennwerte, Funktionen

Ladung des Positrons: $(1.6021 \pm 0.00002) \cdot 10^{-19}$ C;
Masse: $(9.10908 \pm 0.00013) 10^{-28}$ g; Spin: $\frac{1}{2}$;
Thermalisierungszeit: 10^{-12} s;
Bremsweglänge: 100 µm;
Diffusionsweglänge in Metallen: 0.1 µm;
mittlere Lebensdauer des freien Parapositroniums: 10^{-10} s;
mittlere Lebensdauer des freien Orthopositroniums: 10^{-7} s;

Energie der Vernichtungsquanten: $E = m_0c^2 \pm \frac{1}{2} c p_\parallel$;

Winkelabweichung von 180°: $= p_\perp / m_0 c$.

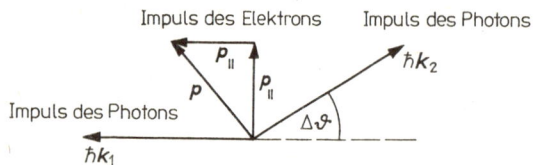

Mittlere Lebensdauer des Positroniums in Metallen: 110 ps.

Tabelle 1   Positronenemitter (Auswahl)

Nuklid	Halbwerts-zeit	Positronen-energie	Anteil	Erzeugungs-reaktion
^{22}Na	2.6 a	0.545 MeV	90 %	^{24}Mg (d, α) ^{22}Na
^{68}Ge	275 d	1.9 MeV	88 %	^{69}Ga (p, 2n) ^{68}Ge
^{44}Ti	48 a	1.47 MeV	90 %	^{45}Sc (p, 2n) ^{44}Ti

Anwendungen

Bestimmung der Fermi-Flächen. Die Winkelverteilungskurve der Annihilationsquanten ist direkt proportional der Impulsverteilung der Elektronen. Damit kann die Impulsverteilung (Fermi-Kugel) abgetastet werden [4]. Am häufigsten angewandt ist diese Methode für die Bestimmung der Fermi-Kugel in einfachen Metallen [5].

Defektuntersuchungen. Strukturdefekte in Festkörpern, die effektiv negativ geladen sind, wirken anziehend auf die Positronen. Die Positronen können in diesen Defekten eingefangen (getrappt) werden. Alle Annihilationsparameter (Lebensdauer, Energieverteilung, Winkelverteilung) werden dadurch beeinflußt. Besonders starke Einfangzentren sind: Einfachleerstellen, Doppelleerstellen, Voids, und teilweise Stufenversetzungen [4]. Zwischengitteratome, Stapelfehler und einzelne Fremdatome haben keinen Einfluß auf die Positronenvernichtung. Ausscheidungen können dagegen die Annihilationsparameter verändern [4]. Dadurch ist es möglich, relative Änderungen der Defektkonzentration zu untersuchen. Weitere Anwendungen: Leerstellenbildungsenergie, Ausheil- und Rekristallisationsvorgänge [4].

Chemische Untersuchungen. Die Struktur des Positroniums ähnelt weitgehend der Struktur des Wasserstoffatoms. In reinem Wasser zerfällt das Orthopositronium im wesentlichen durch „pick-off"-Vernichtung in zwei Gammaquanten. In wässrigen Lösungen können auch Reaktionen den Zerfall des Orthopositroniums merklich beeinflussen. Damit gestattet die Untersuchung des Positroniumzerfalls das Studium physikalisch-chemischer Vorgänge bei Phasenübergängen, der Änderung der zwischenmolekularen Kräfte, der kinetischen Parameter von chemischen Reaktionen in Lösungen, den Nachweis von Radikalen.

Medizinische Anwendungen. Die Positronenannihilationsstrahlung wird in der Medizin zur Diagnose verwandt. Sie ist unter dem Begriff „Positronen-Computer-Tomographie" bekannt. Dabei wird sowohl die Kollinearität der ausgesandten Annihilationsquanten als auch die Zeitverteilung ausgenutzt. Vorteile gegenüber normaler Gammascintigraphie sind:

– Durch Nutzung vieler Detektoren [6] wird eine hohe Ausnutzung der Positronenannihilationsstrahlung erreicht. Die normale Gammascintigraphie erfordert immer eine Kollimation und damit eine Absorption der Strahlung.
– Die Nachweisempfindlichkeit ist unabhängig von der Tiefe.
– Auf Grund der Kollinearität der Strahlung und der Koinzidenztechnik läßt sich ein Bild konstruieren.
– Es liegen genügend kurzlebige Isotope vor.
– Unter Ausnutzung der Messung der relativen Flugzeit lassen sich dreidimensionale Bilder konstruieren.

Angewandt wurde diese Methode auf die Untersuchung der Lungenfunktion, (Verteilung der Ventilation, Perfusion, Gasaustausch) [7], des lokalen zerebralen Blutflusses, des Sauerstoffverbrauches, der Glucose-Ausnutzung [6]. Die erreichte Ortsauflösung in der Lateralebene beträgt gegenwärtig etwa 16 mm und in einer Axialebene ungefähr 19 mm.

Nachteilig wirkt sich die Notwendigkeit eines Zyklotrons in der Nachbarschaft der Klinik aus, da die Nuklide durch Kernreaktionen in einem Zyklotron erzeugt werden müssen.

Literatur

[1] ANDERSON, C.D., Science 77 (1933) 432.
[2] HEITLER, W.: The Quantum Theory of Radiation. – London: Oxford University Press 1944.
[3] ACHE, H.J., Angew. Chem. 84 (1972) 234.
[4] HAUTOJÄRVI P., VEHANEN A.: In: Positrons in Solids, Hrsg. P. HAUTOJÄRVI, Berlin 1979 (Tropics in Current Physics Bd. 12).
[5] FUJIWARA; SUEOKA; J.phys. Soc. Japan 29 (1966) 1479.
[6] DERENZO, S. E.; BUDINGER, T. F.; CAHOON, J. L.; HUESMAN, R. H.; JACKSON, H. G., IEEE Trans. Nucl. Sci. NS-24 (1977) 544.
[7] BROWNELL, G.L.; BURNHAM, C.A.; WILEWSKY, S.; ARONSAR, S.: „New Developments in Positron Scintigraphy and the Application of Cyclotron-Produced Positronemitters". In: Proc. of a Symp. „Medical Radioisotope Scintigraphy" Salzburg, 6.–15.08.1968, S.163.

Auger-Effekt

Der Auger-Effekt wurde 1923 von P. Auger bei Experimenten zur Ionisation von Edelgasen durch Röntgenstrahlung in der Wilsonschen Nebelkammer gefunden [1]. Auger beobachtete paarweise Spuren gemeinsamen Ursprungs, wobei sich die Länge einer Spur, hervorgerufen vom ausgelösten Photoelektron (siehe *Photoeffekt*), mit der Wellenlänge der anregenden Strahlung änderte, während die Länge der zweiten Spur, und damit die Energie des sie verursachenden Teilchens, konstant blieb. 1926 erklärte Auger diese zweite Spur als Spur eines bei der inneren Reorganisation des Atoms emittierten Elektrons. Solche strahlungslosen Übergänge hatte S. Rosseland [2] 1923 vorhergesagt, indirekte Hinweise auf ihre Existenz waren bereits früher (ab 1911) gefunden worden (siehe [2, 3, 4]).

Sachverhalt

Ausgangspunkt für einen Auger-Prozeß ist ein Loch in einem inneren Niveau. Ein solches Loch kann entstehen durch innere Konversion und K-Einfang bei radioaktiven Elementen *Kernzerfall*, *Photoeffekt*, *Elektronen-* und *Ionenbeschuß*. Das primäre Loch wird durch ein Elektron einer höheren Schale aufgefüllt. Die dabei freiwerdende Energie wird entweder einem weiteren Elektron mitgeteilt, das das Atom verläßt (Auger-Elektron), oder als Röntgenquant abgestrahlt (siehe *Röntgenstrahlen*). Bei leichten Elementen bzw. kleinen Bindungsenergien der beteiligten Elektronen erfolgt der Zerfall des primären Lochs praktisch ausschließlich über einen strahlungslosen Auger-Prozeß [3, 4]. Im Ergebnis des Auger-Prozesses erhält man ein zweifach ionisiertes Atom. Die verbleibenden Leerstellen können Ausgangspunkt für weitere Auger-Übergänge sein.

Die Bezeichnung der Auger-Übergänge folgt der Bezeichnung der am Prozeß beteiligten Schalen. Der in Abb. 1 dargestellte Übergang wird demzufolge als KL_1L_3-Übergang bezeichnet (allgemeine Bezeichnung: *WXY*).

Befindet sich das primäre Loch in einer Schale, die aus mehreren Subschalen besteht (L, M usw.), wird es mit großer Wahrscheinlichkeit durch einen Übergang der Form W_iW_jY (z. B. $L_1L_3M_{45}$) aufgefüllt, sofern ein solcher Übergang energetisch möglich ist. Derartige Übergänge bezeichnet man als *Coster-Kronig-Übergänge*.

Die kinetische Energie der Auger-Elektronen ergibt sich als

$$E(WXY) = E(W) - E(X) - E(Y) - \Delta E(XY).$$

Dabei sind $E(WXY)$ die kinetische Energie der Augerelektronen (die gemessene Energie ist noch um die Austrittsarbeit des Analysators verringert; vgl. Abb. 1), $E(W)$, $E(X)$ und $E(Y)$ sind die Bindungsenergien der beteiligten Elektronen im neutralen Atom und $\Delta E(XY)$ ist der Zuwachs der Bindungsenergie des Y-Elektrons durch das X-Loch (Coulomb-Wechselwirkung, Spin-Bahn-Kopplung, Relaxation).

Die übliche Bezeichnung der Auger-Übergänge berücksichtigt nicht die tatsächliche Spin-Bahn-Kopplung, die Energie und Intensität der Auger-Linien wesentlich beeinflußt. Sie gilt strenggenommen nur für jj-Kopplung, wie sie bei sehr großen Bindungsenergien ($Z > 90$) auftritt. Für die meisten interessierenden Übergänge muß mit Russell-Saunders-Kopplung gerechnet werden. Die eindeutige Bezeichnung der Auger-Linien erfordert deshalb noch die Angabe eines Kopplungsterms (z. B. $KL_{23}L_{23}$, $^1D_2$).

Die Linienbreite der Auger-Linien ist bei Gasspektren im wesentlichen durch die Unschärferelation bestimmt (ca. 1 eV). In Festkörpern beobachtet man Linienverbreiterungen infolge unelastischer Prozesse (siehe Sekundärelektronen). Darüber hinaus enthalten Spektren von Übergängen, an denen das Valenzband beteiligt ist, Informationen über die Elektronenzustandsdichten im Band.

Die Intensität der Auger-Linien hängt ab von der Intensität der anregenden Strahlung, der Zahl der Atome des betreffenden Elements im angeregten Volumen, dem Wirkungsquerschnitt für die primäre Ionisation sowie der Übergangswahrscheinlichkeit für den konkreten Übergang. Dazu kommen bei Festkörpern Einflüsse von elastischen und unelastischen Streuprozessen.

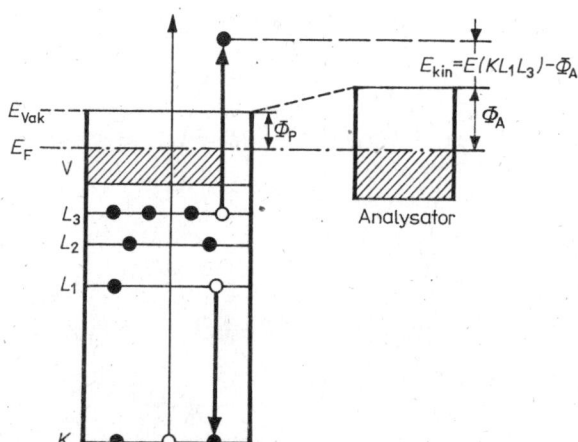

Abb. 1 Schematische Darstellung eines Auger-Überganges (K, $L_1...L_3$ – Rumpfniveaus; V – Valenzband; E_F – Fermi-Energie; E_{Vak} – Vakuumenergie; Φ_P, Φ_A – Austrittsarbeit der Probe bzw. des Analysators)

Kennwerte, Funktionen

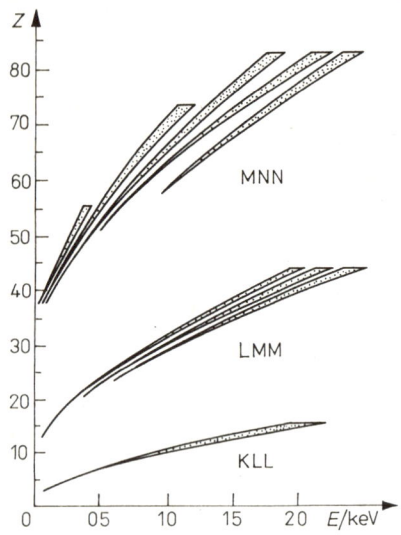

Abb. 2 Energiebereiche der wichtigsten Auger-Übergänge nach [5]

Bei Verwendung von Elektronen zur Primäranregung ist es notwendig, die relativ kleinen Auger-Signale vom starken Untergrund der → Sekundärelektronen zu trennen. Dies gelingt am einfachsten durch elektronische Differentiation der Spektren (Lock-in-Technik).

Informationsmöglichkeiten der AES (vgl. [10])

a) *Qualitativer Nachweis von Elementen und Verbindungen.* Anhand der Energien der gefundenen Auger-Elektronen ist eine Identifikation der im untersuchten Objekt vorhandenen Elemente (außer H, He) im allgemeinen eindeutig möglich. Bei einer Reihe von Systemen ist der Nachweis chemischer Verbindungen durch charakteristische Energieverschiebungen möglich (z.B. Si: $E(L_{23}VV) = 91$ eV im reinen Si und 76 eV im SiO_2).

b) *Quantitative chemische Analyse.* Aus dem gemessenen Auger-Elektronenstrom kann auf die Konzentration des betreffenden Elements im analysierten Volumen geschlossen werden. Trotz einer Reihe schwer erfaßbarer Fehlerquellen kann auch die quantitative

Anwendungen

Auger-Elektronenspektroskopie (AES) [6–10]. Seit Ende der sechziger Jahre hat sich die Auger-Elektronenspektroskopie zu einer Standardmethode der Oberflächenanalytik entwickelt. Sie nutzt niederenergetische Auger-Elektronen im Bereich von ca. 20 eV bis ca. 2 000 eV. Für solche Elektronen liegt die mittlere Austrittstiefe aus Festkörpern ohne Energieverlust zwischen 0,5 nm und 2,0 nm [6]. Wegen der daraus resultierenden Oberflächenempfindlichkeit setzt die AES Ultrahochvakuumapparaturen ($p < 10^{-7}$ Pa) voraus (Kontamination). Weitere wichtige Daten der AES sind:

- Nachweisgrenze (praktisch): 10^{12} cm^{-2} bzw. 10^{18} cm^{-3} [6],
- laterale Auflösung: bisher maximal ca. 10 nm [9], typisch ca. 1 µm (Aufnahme von Element-Verteilungsbildern durch Raster-AES möglich),
- Untersuchung von Konzentrationsprofilen senkrecht zur Oberfläche durch Kombination von AES mit Ionenbeschuß möglich.

Wegen des großen Ionisationswirkungsquerschnittes arbeitet man bei der AES häufig mit Primärelektronenanregung (typische Energie 3 keV). Zum Teil verwendet man zur Anregung Röntgenstrahlen.

Häufig verwendete Analysatoren für AES sind (vgl. [4, 6, 7]):
- Gegenfeldanalysator (siehe Elektronenbeugung),
- Zylinderspiegelanalysator (siehe Abb. 3),
- Halbkugelanalysator,
- sphärischer Sektor.

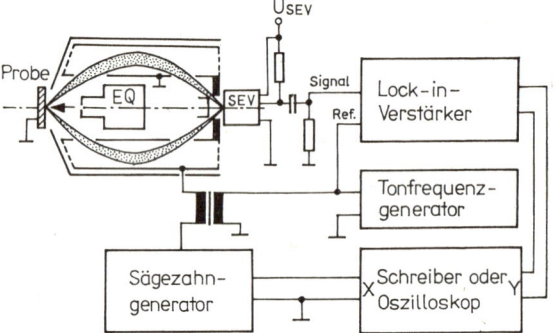

Abb. 3 Zylinderspiegelanalysator (Schaltung zur Aufnahme differenzierter Spektren mittels Lock-in-Technik)

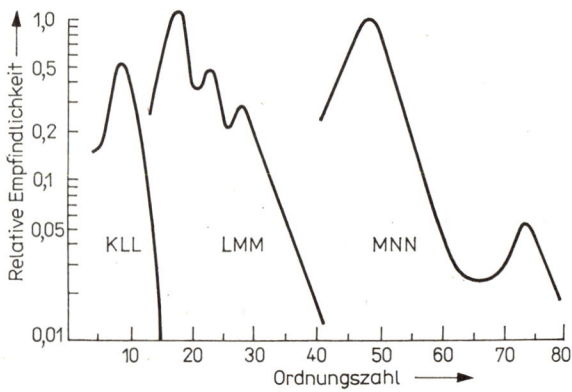

Abb. 4 Relative Empfindlichkeitsfaktoren für AES, bestimmt anhand der Peak-zu-Peak-Höhe in differenzierten Spektren bei Anregung durch Elektronen einer Energie von 3 keV (nach [5])

Analyse mittlerweile routinemäßig betrieben werden (Methoden und Fehler siehe [11]). Vorteil ist hier, daß sich die Nachweisempfindlichkeiten verschiedener Elemente um weniger als den Faktor 50 unterscheiden (vgl. Abb. 4).

c) *Bestimmung der lokalen Elektronenzustandsdichte.* Die Analyse der Linienform von Übergängen, an denen das Valenzband beteiligt ist, ermöglicht Rückschlüsse auf die Elektronenzustandsdichte der besetzten Niveaus.

d) *Analyse der Oberflächenstruktur und Bindungswinkel.* Vor allem an Einkristallen beobachtet man eine ausgeprägte Anisotropie der Auger-Elektronenemission, wobei hier sowohl die Anisotropie bei der Erzeugung der Auger-Elektronen als auch die Streuung der Elektronen am Kristallgitter eine Rolle spielen.

Literatur

[1] a) AUGER, P.: Sur les rayons β secondaires produits dans un gaz par des rayons X.
C.R.Acad. Sci. (Paris) **177** (1923) 3, 169–171.
b) AUGER, P.: The Auger Effect. Surf. Sci. **48** (1975) 1, 1–8.

[2] ROSSELAND, S.: Zur Quantentheorie der radioaktiven Zerfallsvorgänge. – Z. Phys. **14** (1923) 3/4, 173–181.

[3] BURHOP, E.H.S.: The Auger Effect and other Radiationless Transitions. – Cambridge: University Press 1952.

[4] SEVIER, K.D.: Low Energy Electron Spectrometry. – New York/London/Sydney/Toronto: Wiley-Interscience 1972.

[5] Handbook of Auger Electron Spectroscopy. 2. Aufl. – Minnesota: Physical Electronics Ind., Eden Prairie 1976.

[6] CHANG, C.C.: Auger Electron Spectroscopy. Surf. Sci. **25** (1971) 1, 53–79.

[7] JOSHI, A.; DAVIS, L.E.; PALMBERG, P.W.: Auger Electron Spectroscopy. In: Methods of Surface Analysis. Hrsg.: A.W. CZANDERNA – Amsterdam/Oxford/New York: Elsevier Scientific Publishing Company 1975. S.159–222.

[8] KLAUA, M.; OERTEL, G.: Auger-Elektronenspektroskopie. In: Festkörperanalyse mit Elektronen, Ionen und Röntgenstrahlen. – Berlin: VEB Deutscher Verlag der Wissenschaften 1980. S.295–314.

[9] GRANT, J.T.: Surface Analysis with Auger Electron Spectroscopy. Appl. Surf. Sci. **13** (1982) 1, 35–62.

[10] WEISSMANN, R.; MÜLLER, K.: Auger Electron Spectroscopy – A Local Probe for Solid Surfaces. – Surf. Sci. Reports **1** (1981) 5, 251–310.

[11] HOLLOWAY, P.H.: Quantitative Auger Electron Analysis of Binary Alloys: Chromium in Gold. Surf. Sci **66** (1977) 2, 479–494.

Ausheilung von Materialdefekten

Materialdefekte, die sich nicht im thermodynamischen Gleichgewichtszustand befinden und eine Änderung der makroskopischen Eigenschaften des Festkörpers bewirken, tendieren bei Temperaturen oberhalb des absoluten Nullpunktes zur Ausheilung. Derartige Defekte entstehen beispielsweise beim Beschuß eines Festkörpers mit energiereicher Strahlung, beim schnellen Abkühlen von hohen Temperaturen oder bei der Kaltverformung. Gläser stellen in diesem Sinne Festkörper mit einer sehr hohen Dichte verschiedenartiger Defekte dar. Die Ausheilung ist gleichbedeutend mit einer Kristallisation der Gläser.

Die unmittelbar nach der Defekterzeugung ablaufenden Prozesse, die zu einer Erholung, einer Umordnung eines Teils der Schäden oder dem Zerfall angeregter Moleküle in freie Radikale führen können, sind seit Jahren Gegenstand intensiver Untersuchungen (siehe *Bestrahlungseffekte in Festkörpern*). Die unter dem Begriff „Ausheilung" zusammengefaßten Prozesse haben für viele Anwendungsgebiete in der Technik Bedeutung.

Sachverhalt

Durch die defekterzeugenden Mechanismen können eine Vielzahl verschiedener Defektkonfigurationen im Festkörper entstehen, die von einzelnen Gitterfehlern bis hin zur vollständigen Amorphisierung des Kristallgitters reichen. Über die Wechselwirkungsmechanismen der einzelnen Defekte untereinander und mit den Gitteratomen andererseits gibt es zumeist nur qualitative Kenntnis, so daß vielfach Ausheil- oder Umordnungsvorgänge als experimentelle Erscheinung ohne theoretische Erläuterung wiedergegeben werden.

Prinzipiell können Defekte in Festkörpern bei endlichen Temperaturen ausheilen. Allerdings sind bei sehr tiefen Temperaturen unterhalb von etwa 10 K auch einfache Defekte, wie Leerstellen oder Zwischengitteratome, derart unbeweglich, daß eine thermisch induzierte Rekristallisation praktisch nicht stattfindet. Deshalb können bei solchen tiefen Temperaturen relativ hohe Defektkonzentrationen im Festkörper erzeugt werden. Die Defektakkumulation wird durch eine athermische Ausheilung begrenzt, die eine Folge der elastischen Wechselwirkung zwischen den Verzerrungsfeldern der Defekte ist. Entsteht ein Zwischengitteratom genügend nahe einer Leerstelle (≤ 4 Gitterabstände), dann tritt eine anziehende, elastische Kraft zwischen ihnen auf und die beiden Defekte rekombinieren miteinander (Abb. 1). Dieser Effekt begrenzt auch die Defektkonzentration in Deplazierungskaskaden (siehe *Bestrahlungseffekte in Festkörpern*).

Mit steigender Bestrahlungstemperatur werden die

erzeugten Defekte im Gitter beweglicher. In Abb. 2 ist für Metalle und Halbleiter das Ausheilverhalten einfacher Defekte in Abhängigkeit von der Temperatur schematisch dargestellt. In den Metallen sind, abhängig vom Gittertyp und der Schmelztemperatur, die Zwischengitteratome bereits ab 10 K beweglich [1]. Sie können in der Ausheilstufe I mit Leerstellen annihilieren oder Zwischengitteratom-Cluster bzw. einfache Komplexe mit Fremdatomen bilden, die sich dann in der Ausheilstufe II zu kleinen Versetzungsringen umwandeln. In der Ausheilstufe III werden ab etwa 150 K auch die Leerstellen beweglich. Es kommt entweder zur Ausbildung von Leerstellenclustern, oder durch Wanderung der Leerstellen zu den Zwischengitteratom-Clustern und zu den Versetzungsringen werden diese eliminiert. Nachdem in Ausheilstufe IV verschiedene Umordnungsprozesse erfolgen, dissoziieren schließlich in Ausheilstufe V auch die Vakanz- bzw. Leerstellen-Cluster.

In Halbleitern ist das Ausheilverhalten vom Ladungszustand der Leerstellen abhängig. Neutrale Leerstellen heilen bereits bei etwa 70 K aus, während doppelt geladene Leerstellen erst bei 150 K beweglich werden [2]. Einfache Zusammenlagerungen zwischen Leerstellen und Dotierungsatomen der III. und V. Hauptgruppe des Periodensystems, die als typische Dotierungsatome für die Elementhalbleiter in Frage kommen, sind dagegen bis zu Temperaturen zwischen 400 K und 500 K stabil [2].

Das von Zeit und Temperatur abhängige Ausheilverhalten wird analog den Vorgängen bei chemischen Reaktionen durch einen Ansatz der Form [3]

$$dC_D/dt = -K_0 C_D^n e^{E_W/RT} \qquad (1)$$

beschrieben. Hierin bedeuten C_D die Anzahl der Defekte, E_W die Aktivierungsenergie für die Wanderung der betreffenden Defektart und n die Reaktionsordnung, die angibt, wieviel Defekte miteinander reagieren müssen. K_0 ist die Reaktionskonstante für $T \rightarrow \infty$. Einfache Leerstellen oder Zwischengitteratome haben geringe Aktivierungsenergien, so daß sie schon unterhalb der Raumtemperatur ausheilen. Komplexe zwischen Leerstellen und Fremdatomen haben entsprechend höhere Aktivierungsenergien.

Bei einer anderen Art von Ausheilvorgängen werden die Defekte nicht spurlos eliminiert, sondern ändern ihre Konfiguration. In Metallen sind die bereits erwähnte Umwandlung von Zwischengitteratomen in Versetzungsringe und die Leerstellenanhäufung solche Vorgänge (Abb. 3) typisch. Auch bei Halbleitern können sich Leerstellenanhäufungen und Zwischengitteratome in Versetzungslinien umwandeln. Umordnung von Versetzungen mit gleichem Vorzeichen des Burgers-Vektors führen zu Kleinwinkelkorngrenzen und die Kondensation einer großen Zahl von Versetzungen zu Großwinkelkorngrenzen.

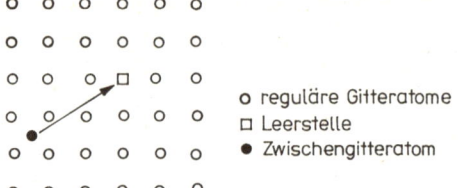

Abb. 1 Rekombination von Zwischengitteratomen mit Leerstellen

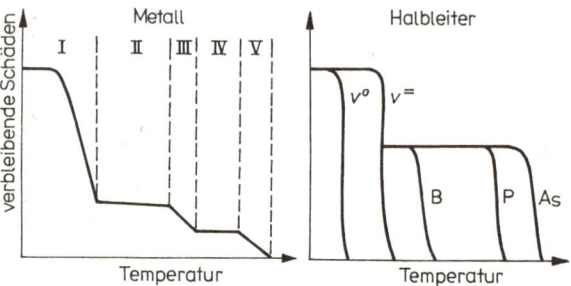

Abb. 2 Schematische Darstellung des Ausheilverhaltens einfacher Defekte in Metallen und Halbleitern in Abhängigkeit von der Temperatur

Abb. 3 Clusterung von Leerstellen zu Versetzungsringen

Die Bildung von Großwinkelkorngrenzen wird häufig bei Metallen beobachtet, die durch Verformung eine hohe Versetzungsdichte enthalten. Dieser Vorgang wird als Rekristallisation bezeichnet, da sich mit den Korngrenzen auch völlig defektfreie, einkristalline Gebiete bilden (sogenannte Körner). Der zeitliche Ablauf der Rekristallisation kann durch eine Gleichung des folgenden Typs beschrieben werden [4]:

$$V(t) = 1 - e^{-ct^m}. \qquad (2)$$

$V(t)$ stellt den relativen, rekristallisierten Volumenanteil des Gefüges dar, C und m sind Größen, die spezielle Daten über den Keimbildungsmechanismus und die Bewegung der Kristallisationsfront enthalten. Die Korngrößen und die Orientierung der kristallinen Körner bestimmen in weitem Maße die mechanischen und magnetischen Eigenschaften des Festkörpers. Die nach den Rekristallisationsvorgängen vorliegende Orientierungsverteilung wird auch als „Rekristallisationstextur" bezeichnet.

In ionenimplantierten Halbleitern können bei hohen Implantationsdosen die von den einzelnen Ionen erzeugten Strahlenschädencluster überlappen und eine amorphe Oberflächenschicht bilden, in der praktisch keine Fernordnung im Gitter mehr existiert (siehe Ionenimplantation). Während einer anschließenden Temperung rekristallisiert die amorphe Oberflächenschicht auf dem ungestörten, einkristallinen Material. Die Rekristallisationsfront dieses als „epitaktische Rekristallisation" bezeichneten Prozesses bewegt sich mit einer von der Ausheiltemperatur abhängigen Geschwindigkeit von dem ursprünglichen Grenzgebiet zwischen amorphem und einkristallinem Zustand in Richtung Oberfläche. Der Prozeß wird quantitativ durch eine Arrhenius-Gleichung beschrieben [5]:

$$v = v_0 e^{-E_A/kT} \qquad (3)$$

E_A ist die Aktivierungsenergie für den Epitaxieprozeß und v_0 die Rekristallisationsgeschwindigkeit für $T \to \infty$.

Anwendungen

Wohl als eines der ersten Anwendungsgebiete ist die Ausheilung von Defekten und die damit verbundene, gezielte Veränderung der physikalischen Eigenschaften von Metallen nach Kaltverformung zu nennen. Die Ausheilung bewirkt in diesem Zusammenhang neben der Strukturmodifikation eine Änderung der Härte und der elastischen Dehnbarkeit der Metalle.

In der Halbleiter-Bauelemente-Technologie sind die durch Ionenimplantation erzeugten Bestrahlungseffekte die zumeist den erwünschten Dotierungseffekt überdecken, für die Funktionsweise des elektronischen Bauelementes schädlich. Durch eine nachfolgende Temperung müssen diese Strahlungschäden wieder ausgeheilt werden (siehe Ionenimplantation). Das geschieht üblicherweise in Schutzgasatmosphäre oder im Vakuum bei Temperaturen zwischen 800 °C und etwa 1000 °C. Die typischen Temperzeiten liegen zwischen einigen Minuten und wenigen Stunden. Neben der Rekristallisation des Gitters dient die Temperung auch der elektrischen Aktivierung der implantierten Dotierungsatome, d. h. ihrem Einbau auf Gitterplätze. In Abb. 4 ist als Beispiel das elektrische Aktivierungsverhalten einer mit Bor implantierten Silizium-Probe in Abhängigkeit von der Ausheiltemperatur dargestellt. Bei niedrigen Dosen nimmt die Ladungsträgerkonzentration proportional mit der Temperatur zu. Steigt die Implantationsdosis, so zeigt sich zwischen 500 °C und 650 °C ein rückläufiger Verlauf der Ladungsträgerkonzentration (engl.: reverse annealing). Über die Ursache dieses Effektes besteht noch keine völlige Klarheit. Man nimmt an, daß in diesem Temperaturbereich Silizium-Zwischengitteratome gebildet werden, die aus Defektclustern stammen, und die ihrerseits mit den bereits auf Gitterplätzen befindlichen Boratomen wechselwirken und diese ins Zwischengitter treiben [6]. Erst bei weiter erhöhten Temperaturen über 700 °C hinaus, bei denen eine Vielzahl von Leerstellen im thermodynamischen Gleichgewicht existieren, wird ein Wiederansteigen der Ladungsträgerkonzentration durch ein Einfangen der Boratome in die Leerstellen beobachtet. Prinzipiell hat sich aber gezeigt, daß für eine gute Qualität des p-n-Überganges höhere Temperaturen notwendig sind als für die Einstellung der maximalen Aktivierung der implantierten Ionen. Dies ist eine Folge verbleibender Reststrahlenschäden (Versetzungen), die die Lebensdauer der Minoritätsträger empfindlich beeinflussen und deren Dichte erst bei höheren Temperaturen über 900 °C merklich reduziert wird.

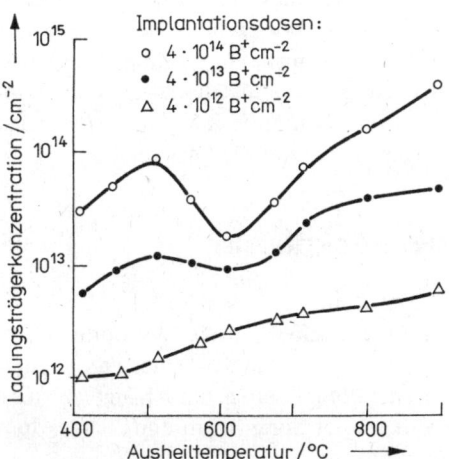

Abb. 4 Elektrische Aktivierung von borimplantierten Si-Schichten in Abhängigkeit von der Temperatur

Literatur

[1] BALLUFFI, R. W., J. Nucl. Materials **69/70** (1978) 240.
[2] CORBETT, J. W.; BOURGOIN, J. C.; CHENG, L. J.; CORELLI, J. C.; LEE, Y. H.; MOONEY, P. M.; WEIGEL, C., Inst. Phys. Conf. Ser. No. 31 (1977) 1.
[3] RYSSEL, H.; RUGE, I.: Ionenimplantation. – Leipzig: Akademische Verlagsgesellschaft Geest & Portig K.-G. 1978.
[4] CHRISTIAN, J. W.: The Theory of Transformations in Metals and Alloys. – Oxford: Pergamon Press 1965.
[5] CSEPREGI, L.; KENNEDY E. F.; MAYER, J. W.; SIGMON, T. W., J. Appl. Phys. **49** (1978) 3906.
[6] MAYER, J. W.; ERIKSSON, L.; DAVIES, J. A.: Ion Implantation in Semiconductors. – New York: Academic Press 1970.

Austausch-Effekt

Der Austausch-Effekt wurde erstmals 1944 von H. SCHWARZ bei der Untersuchung der elektrischen Gasaufzehrung in einer bestimmten Ausführungsform eines Glühkatoden-Ionisationsmanometers entdeckt und untersucht. Unter elektrischer Gasaufzehrung versteht man die Druckabnahme eines Gases infolge einer elektrischen Entladung zwischen kalten Elektroden (J. PLÜCKER 1858, E. PIETSCH 1926), der Kaltkatoden-Entladung, oder zwischen einer Glühkatode, einer Anode und einem Ionenkollektor, der sogenannten Glühkatoden-Entladung (N. R. CAMPBELL u. Mitarb. 1920 – 1924, W. v. MEYEREN 1933, H. SCHWARZ 1940). Die letztgenannte Elektrodenanordnung liegt bei Glühkatoden-Ionisationsmanometern vor. SCHWARZ beobachtete bei seinen Experimenten, daß durch die elektrische Aufzehrung eines Gases ein früher aufgezehrtes wieder freigesetzt werden kann. Die Folge dieses Austausch-Effektes ist eine Empfindlichkeitsänderung der Ionisationsmanometer-Meßröhre, die zu Fehlmessungen führt.

Bei dem Betrieb von Ionenzerstäuberpumpen tritt ein ähnlicher Effekt auf, der durch die Zerstäubung von Katodenmaterial und eine damit verbundene Befreiung früher aufgezehrter Gase verstärkt wird. Diesen Effekt bezeichnet man als Erinnerungs- oder *Memory-Effekt*.

In den meisten Fällen wird der Austausch-Effekt als ein Störeffekt angesehen, da er bei Druckmessungen die Gaszusammensetzung und damit die Empfindlichkeit der Ionisationsmanometer-Meßröhren verändert und die Ursache für Fehlmessungen des Druckes ist. Bei Ionenzerstäuberpumpen wird die Gaszusammensetzung im Rezipienten verändert.

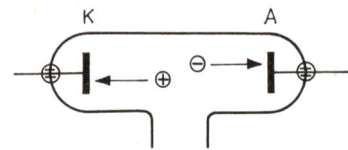

Abb. 1

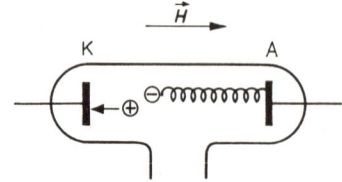

Abb. 2

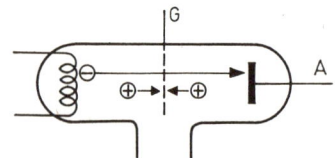

Abb. 3

Sachverhalt

In elektrischen Kalt- und Glühkatoden-Entladungen werden durch Elektronenstoß sowohl positive Gasionen erzeugt als auch die Elektronen der Atomhülle in angeregte, metastabile Energieniveaus gehoben. Die Gasionen werden beim Auftreffen auf die Festkörperoberflächen, die ein geeignetes Potential haben, in den Festkörper hineingeschossen. Dabei werden sie entladen und geben ihre Energie ab. Angeregte, metastabile Gasteilchen können beim Auftreffen auf Festkörperoberflächen infolge der bei der Rekombination mit dem Grundzustand freiwerdenden Energie bevorzugt absorbiert werden, wobei sie fester an die Festkörperoberfläche gebunden werden können als nichtangeregte Gasteilchen. Die Adsorption angeregter Gasteilchen und die Absorption von Ionen verursachen die *elektrische Gasaufzehrung*, deren Aufzehrungsrate und Bindungsfestigkeit gasspezifisch sind. Beide Größen sind bei Edelgasen im allgemeinen kleiner als bei chemisch aktiven Gasen (H_2, N_2, O_2 CO, CO_2 ...). Infolge der bei der Gasaufzehrung freigesetzten Energie können früher aufgezehrte Gase, die nur locker gebunden waren, wieder freigesetzt werden. Dadurch entsteht der Gasaustausch.

Beispielsweise beobachtete H. SCHWARZ bei der Gasaufzehrung von Stickstoff die Freisetzung von früher aufgezehrtem Argon und umgekehrt.

Während die Kaltkatoden-Entladung ohne Magnetfeld (Abb. 1) nur bei relativ hohen Gasdrücken ($p > 0{,}1$ Pa) brennt, kann man durch die Verwendung eines Magnetfeldes den Druckbereich, in dem die elektrische Entladung brennt, zu niedrigen Drücken hin verschieben (Abb. 2). Durch Verwendung einer Glühkatode bei der Glühkatoden-Gasentladung (Abb. 3) läßt sich der Arbeitsbereich ebenfalls zu niedrigen Drücken hin verschieben.

Bei der Kaltkatoden-Entladung, die beispielsweise in Glimmlampen, Glimmröhren oder in Ionen-Zerstäuberpumpen angewendet wird, erfolgen Gasaufzehrung und Gasaustausch vorwiegend an der Katode. Im Glühkatoden-Ionisationsmanometer hingegen erfolgen Gasaufzehrung und Gasaustausch vorwiegend an der Glaswand, da im Ionisationsmanometer mehr als 90% der erzeugten Ionen auf die Glaswand treffen.

Kennwerte, Funktionen

Allgemeingültige Kennwerte sind in der Literatur nicht veröffentlicht. Treffen Partikel der Sorte B auf eine Festkörperoberfläche, von der früher Partikel der Sorte A aufgezehrt worden waren, dann hängt die Ausbeute von Partikeln der Sorte A pro einfallendes Ion der Sorte B ab von:

– dem Material des Festkörpers,
– der Temperatur des Festkörpers,

- der Art, Intensität (Stromdichte × Beschlußzeit) und Energie der eingeschossenen Ionen der Sorte A,
- der Art, Stromdichte und Energie der Ionen der Sorte B.

Anwendungen

Die frühere Anwendung des gasspezifischen Saugvermögens bei der elektrischen Gasaufzehrung und wahrscheinlich auch des damit eng verbundenen Gasaustausches zur Reinigung von Edelgasen und Wasserstoff ist heute nahezu bedeutungslos (WEIZEL 1938).

Der Gasaustausch tritt als Störeffekt bei der Totaldruckmessung mit Glühkatoden-Ionisationsmanometern und Kaltkatoden-Ionisationsmanometern und bei der Vakuumerzeugung mittels Ionen-Zerstäuberpumpen auf. Maßnahmen zur Beseitigung dieses Effektes bei Kalt- und Glühkatoden-Ionisationsmanometern sind:
- Entgasen der Elektroden durch Glühen unter Hochvakuum vor jeder Messung,
- Betrieb des Ionisationsmanometers mit niedrigen Spannungen (kleinen Ionenenergien) und kleinen Elektronenströmen (kleinen Ionenströmen).

Der bei den Ionen-Zerstäuberpumpen als Memory-Effekt bezeichnete Austausch-Effekt wird heute durch geeignete konstruktive Maßnahmen reduziert.

Literatur

SCHWARZ, H.: Gasaufzehrung und Gasaustausch bei der Messung niedriger Drucke im Ionisationsmanometer, Z. Phys. **122** (1944) 437.
JAECKEL, R.: Kleinste Drucke, ihre Messung und Erzeugung. - Berlin/Göttingen/Heidelberg: Springer-Verlag; München: J. F. Bergmann 1950.
REDHEAD, P. A.; HOBSON, J. P.; KORNELSEN, E. V.: The Physical Basis of Ultrahigh Vacuum. - London: Chapman and Hall Ltd. 1968.
Autorenkollektiv unter Ltg. v. EDELMANN, CHR.; SCHNEIDER, H.-G.: Vakuumphysik und -technik. - Leipzig: Akademische Verlagsgesellschaft Geest & Portig K.-G. 1978.

Bestrahlungseffekte in Festkörpern

Die Entdeckung der energiereichen Strahlung hängt eng zusammen mit ihren in Gasen, Flüssigkeiten und Festkörpern erzeugten Veränderungen. Bereits W.C.RÖNTGEN hatte festgestellt, daß die 1895 von ihm entdeckte X-Strahlung die Luft ionisiert und Silbersalze in Photoplatten schwärzt. H.BEQUEREL berichtete im Februar 1896, daß die Kristalle von Uranyl-Salzen eine Strahlung emittieren, die ebenfalls photographische Platten schwärzt. P. und M.CURY beobachteten 1899 wie diese Strahlung Glas und Porzellan verfärbte.

Mit der Inbetriebnahme der ersten Kernreaktoren in den 40er Jahren erlangten die Probleme der Strahlenwirkung erstmalig technische Bedeutung. An den verschiedensten metallischen und nichtmetallischen Werkstoffen und biologischen Stoffen wurden mehr oder weniger starke Veränderungen festgestellt, wenn sie längere Zeit der Strahlung eines Kernreaktors ausgesetzt waren. Seit Beginn der friedlichen Nutzung der Kernenergie, die mit der Inbetriebnahme des ersten Atomkraftwerkes 1954 in der Sowjetunion eingeleitet wurde, erwies es sich als dringend notwendig die Bestrahlungseffekte systematisch zu untersuchen. Seitdem werden international große Anstrengungen unternommen, um die Strahlenschädigung in den verschiedensten Reaktormaterialien immer besser verstehen und auch beherrschen zu lernen, um den sicheren Betrieb von Kernreaktoren über viele Jahre garantieren zu können, da nur mit Hilfe der Kernenergie der ständig wachsende Energiebedarf der menschlichen Gesellschaft langfristig befriedigt werden kann. Davon ausgehend hat sich in den letzten Jahrzehnten ein neuer Zweig der Werkstoffwissenschaft herausgebildet, dessen Ziel die Entwicklung relativ bestrahlungsresistenter Werkstoffe ist.

Im Gefolge dieser Entwicklung erlangten auch solche Gebiete wie die Strahlenbiologie und die Strahlenchemie große Bedeutung. Die Strahlenchemiker konnten zeigen, daß die energiereiche Strahlung auch zur Stoffwandlung und Eigenschaftsverbesserung von Werkstoffen genutzt werden kann. So wird beispielsweise die Strahlenvernetzung von Polyethylen zur Verbesserung seiner Wärmebeständigkeit heute industriell genutzt.

Sachverhalt

Wechselwirkung hochenergetischer Strahlung mit Festkörpern [1]

Die Wechselwirkung hochenergetischer elektromagnetischer oder korpuskularer Strahlung mit Festkörpern wird durch die in ihnen erzeugten permanenten Veränderungen, den Strahlenschädigungen, wiedergespiegelt. γ-Quanten hinreichender Energie wechselwirken mit den Elektronen der Atomhülle (photoelektrische Absorption), wobei sie Sekundärelektronen erzeugen, die in Isolatoren Anregung und Ionisation von Molekülen bewirken können. In Metallen können hochenergetische γ-Quanten über Compton-Effekt oder Paarbildung hochenergetische Sekundärelektronen erzeugen, die ihrerseits in der Lage sind, Gitteratome zu displazieren.

Hochenergetische geladene Teilchen wie Elektronen, Protonen, α-Teilchen und schwere Ionen geben den überwiegenden Teil ihrer Energie an die Elektronen im Festkörper ab (Ionisationsbremsung oder elektronische Abbremsung) (siehe Abschirmung ionisierender Strahlung). Erst gegen Ende ihrer Bahn im Festkörper treten Wechselwirkungen (Stoßprozesse) mit den Atomkernen des Festkörpers auf (nukleare Abbremsung). Bei diesen Stößen können beträchtliche Energiebeträge auf die Atome des Festkörpers übertragen werden. Wegen ihrer elektrischen Neutralität wechselwirken die Neutronen nur mit den Atomkernen des Festkörpers (elastische und unelastische Stöße). Wegen der sehr geringen Reichweite der dafür verantwortlichen Kernkräfte sind Stöße mit den Gitteratomen relativ selten. Demzufolge können die Neutronen im Festkörper relativ große Wege zurücklegen.

Erzeugung von Defekten durch Bestrahlung

a) *Wechselwirkung mit der Elektronenhülle.* Bei der Wechselwirkung von Photonen und schnellen geladenen Teilchen mit der Elektronenhülle einzelner Atome bzw. von Atomen in Molekülen wird Energie an die Orbitalelektronen im Grundzustand abgegeben. Je nachdem, ob die übertragene Energie des getroffenen Atoms oder Moleküls kleiner oder größer als die Ionisationsenergie ist, entstehen elektronisch angeregte Atome oder Moleküle bzw. Ionen.

In einem bestrahlten Stoff, bestehend aus Molekülen der Zusammensetzung AB laufen (stark vereinfacht) folgende Primärreaktionen ab:

(1) $AB \rightarrow AB^+ + e^-$,
(2) $AB \rightarrow AB^*$ (angeregtes Molekül).

Die in Reaktion (1) freigesetzten Elektronen besitzen soviel Energie, daß sie in der Lage sind, auf ihrer Bahn zahlreiche weitere Moleküle anzuregen bzw. zu ionisieren. Elektronen, die den größten Teil ihrer Energie abgegeben haben, können an neutrale Moleküle angelagert werden:
(3) $AB + e^- \rightarrow AB^-$
oder von einem positiven Ion eingefangen werden:
(4) $AB^+ + e^- \rightarrow AB^{**}$ (hochangeregtes Molekül).
Angeregte Moleküle, die ihre Anregungsenergie nicht auf andere Weise abgeben, zerfallen in freie Radikale:
(5) $AB^* \rightarrow A^. + B^.$.
Derartige Prozesse sind im wesentlichen verantwortlich für die Strahlenschäden in organischen Systemen. Elastische Stoßprozesse können dabei vernachlässigt werden.

In einem organischen Stoff (z. B. organischen Lösungsmitteln, Polymeren) der unter Strahleneinwirkung steht, können also positive und negative Ionen, angeregte Moleküle und freie Radikale nachgewiesen werden [2]. Der Nachweis elektronisch angeregter Zustände sowie geladener Reaktions-Produkte erfolgt mit Hilfe optischer Absorptionsmessungen bzw. durch die auftretende elektrische Leitfähigkeit. Die freien Radikale tragen ein ungepaartes Elektron (gekennzeichnet durch den Punkt). Sie sind elektrisch neutral und aufgrund ihres Paramagnetismus mittels der Elektronenspinresonanz-Spektroskopie (ESR) leicht nachweisbar [2]. In bestrahlten Festkörpern können diese Zwischenprodukte wegen ihrer hohen Reaktionsfähigkeit längere Zeit existieren und Nacheffekte verursachen.

Energiereiche geladene Teilchen durchqueren Materie auf Bahnen, in denen sie ihre kinetische Energie durch Stöße mit Orbitalelektronen allmählich verlieren. Die meisten Sekundärelektronen besitzen kinetische Energien ≤ 100 eV. Daraus folgt, daß die gebildeten Ionen und angeregten Moleküle in der Nähe der Bahn des ionisierenden Teilchens lokalisiert sind und die Energieabsorption bei geladenen Teilchen (im Gegensatz zur Absorption von Photonen) sehr heterogen erfolgt. Ein schnelles Elektron bildet einzelne, voneinander isolierte Ionenpaar- und Anregungsgruppen, da es viele Moleküle passiert, bevor ein Primärakt eintritt. Bei einem schweren geladenen Teilchen folgen die Primärakte dagegen so dicht aufeinander, daß sich die einzelnen Gruppen überlappen [2]. Die Verteilung der Gruppen (engl. spurs) hängt ab vom spezifischen Energieverlust des Teilchens $\frac{dE}{dx}$, der die Abnahme der kinetischen Energie E des Teilchens pro Bahnelement dx angibt. Die Zahl der erzeugten Ionenpaare wird als spezifische Ionisation bezeichnet. Die spezifische Ionisation bzw. der spezifische Energieverlust nehmen zu mit der Ordnungszahl des bestrahlten Materials, der Masse und Ladung des einfallenden Teilchens.

b) *Sekundärreaktionen der Ionen und elektronisch angeregten Zustände.* Die Folgereaktionen der im Wechselwirkungsprozeß zwischen energiereichen Teilchen und Materie entstehenden Ionen und elektronisch angeregten Atome und Moleküle sind Gegenstand der Strahlenchemie (siehe weiterführende Literatur und [2]). Zu den wichtigsten Prozessen gehört die Bildung freier Radikale. Sie entstehen z. B. aus einem angeregten Molekül dadurch, daß eine kovalente Bindung in zwei Bruchstücke gespalten wird und jedes Bruchstück ein Bindungselektron behält:

$A : B^* \rightarrow A^. + B^.$.

Freie Radikale spielen eine große Rolle bei den chemischen Reaktionen, die in Wasser, wässrigen und organischen Lösungen studiert werden können und die in organischen Stoffen zu den Strahlenschäden führen. Ihre Reaktionen erklären u.a. den Abbau und die

Vernetzung von Polymerwerkstoffen. Aufgrund ihres freien, ungepaarten Elektrons, das bestrebt ist, sich durch eine Reaktion mit anderen Partnern abzusättigen, sind freie Radikale im allgemeinen sehr reaktionsfreudig. Sehr reaktive Radikale sind z. B. Wasserstoffradikale (H·); die bei der Bestrahlung organischer Flüssigkeiten und Polymere entstehen. Alkylradikale ($-CH_2-\dot{C}H-CH_2-$) werden bei der Bestrahlung des Polyethylens gebildet, in dem ein H-Atom von der Polymerkette abgespalten wird. Freie Radikale reagieren mit Sauerstoff, wobei stabile Oxydationsprodukte entstehen.

Die Endprodukte der strahlenchemischen Reaktionen in Festkörpern sind Gase, Oxydationsprodukte (in Gegenwart von Sauerstoff) und durch Bindungsspaltung oder Vernetzung veränderte Moleküle. Diese Veränderungen lassen sich quantitativ ausdrücken durch die 100 eV-Ausbeute der Produkte (Tab. 5). Zusammen mit den 100 eV-Ausbeuten der Radikale ergibt sich damit ein Bild über die Strahlenbeständigkeit z. B. eines bestimmten Polymerwerkstoffs.

c) *Displazierung von Gitteratomen durch direkte Impulsübertragung [1]*. Beim elastischen Stoß eines hochenergetischen Teilchens mit dem Kern eines Gitteratoms werden, ähnlich wie beim Stoß von zwei Billardbällen, Impuls und Energie auf das gestoßene Atom übertragen. Stöße dieser Art haben zentrale Bedeutung für die Strahlenschädigungsprozesse in Festkörpern. Werden bei diesen Stößen hinreichende Energiebeträge übertragen, dann erfolgt die Displazierung der gestoßenen Gitteratome. Die gerade noch zur Displazierung eines Gitteratoms ausreichende „Schwellenenergie der Displazierung" E_d entspricht in 1. Näherung der Bindungsenergie des Atoms im Gitter und ist vom Typ der Bindung und des Gitters sowie der Stoßrichtung – relativ zu den Gitterrichtungen – abhängig. Den kleinsten Wert besitzt E_d in der am dichtesten gepackten Gitterrichtung (Tab. 1).

Ist die beim Stoß übertragene Energie $< E_d$, dann wird das gestoßene Atom nur zu stärkeren Schwingungen um seine Gleichgewichtslage angeregt (Wärmebewegung).

Die maximale Energieübertragung E_{max} auf ein Gitteratom erfolgt beim zentralen Stoß. Da aber zentrale Stöße nur relativ selten auftreten, ist die mittlere Energie $\bar{E}$, die auf die Gitteratome übertragen wird, beträchtlich geringer. $\bar{E}$ ist stark abhängig vom angenommenen Streumechanismus ([2, 3], (2)).

d) *Bildung von Stoßkaskaden [3]*. Werden beim Primärstoß des energiereichen Teilchens auf das displazierte Festkörperatom (PKA) mehr als 2 E_d übertragen, dann besitzt dieses genügend Energie um weitere Atome in sekundären Stößen zu displazieren. Die Wiederholung dieses Vorgangs führt zur Ausbildung einer Stoßkaskade. Die Zahl der Defekte in so einer

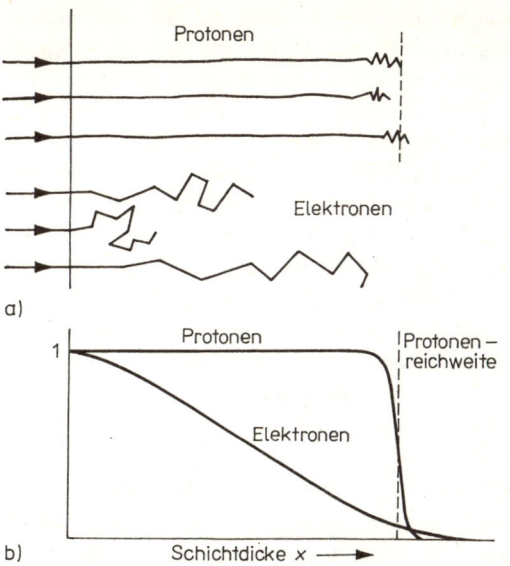

Abb. 1 Prinzip der Displazierungskaskade (Stoßkaskade)

Stoßkaskade (vgl. Abb. 1) ist der Energie des primär displazierten Gitteratoms proportional [4–6]. Das gilt nur, solange jeder Stoß in der Kaskade als ein von den weiteren Stößen unabhängiges Ereignis betrachtet werden kann. Mit zunehmender Masse von Ion und Festkörperatom nimmt auch der Wirkungsquerschnitt für elastische Stöße zu, was zu einer höheren Dichte der deplazierten Atome und damit auch zu einer höheren Rate der Energiedeponierung führt. Sobald sich die mittlere freie Weglänge zwischen Deplazierungsstößen dem interatomaren Abstand im Festkörper nähert, wird ein stark gestörtes Gebiet erzeugt, und die Annahmen der linearen Stoßkaskade werden nicht mehr erfüllt (BRINKMAN 1954). Abhängig von Energie und Masse der Ionen und der Masse der Gitteratome kann dieses stark gestörte Gebiet das Volumen der gesamten Stoßkaskade umfassen. In diesem „Energy Spike" („High Density Cascade") ist die Dichte der in 10^{-13} s bis 10^{-12} s deponierten Energie viel höher als die normale thermische Energiedichte. Die Energiedissipation aus dem Spike in die Umgebung erfolgt in 10^{-11} bis 10^{-10} s durch kollektive Prozesse. Alle nach Bestrahlung beobachteten Eigenschaftsänderungen sind das Resultat der Energy Spikes und deren schneller und vollständiger Abkühlung.

e) *Strahlenschäden durch Kernreaktionen*. Die Neutronen können im Festkörper bei unelastischen Stößen mit Atomkernen Kernreaktionen auslösen, bei denen meist große Energiebeträge freigesetzt werden, die von den Reaktionsprodukten getragen werden. Diese hochenergetischen Reaktionsprodukte können wie schwere Ionen im Festkörper Strahlenschäden erzeugen. Die größte Bedeutung hat diese Art der Strahlenschädigung vor allem in den Kernbrennstoffen aus ^{235}U oder ^{239}Pu. In Metallen sind die (n, d)- und (n, p)-Reaktionen von besonderer Bedeutung, da die dabei erzeugten Spaltgase He und H die mechanischen Eigenschaften der Metalle stark beeinträchtigen können.

f) *Sekundäre Defektreaktionen.* Die Eigenschaften des bestrahlten Festkörpers sind nicht nur von den Primärprozessen (Primärstöße, Kaskaden, Ionisation und Anregung) abhängig, sondern auch von solchen Folgeprozessen, die unmittelbar nach bzw. auch während der Defekterzeugung ablaufen, wie z. B. der athermischen und thermischen Umordnung bzw. Rekombination eines Teils der Strahlenschäden.

— Athermische Rekombination

Bei Temperaturen ≲ 10 K sind Leerstellen und Zwischengitteratome im Kristallgitter unbeweglich und können deshalb nicht miteinander rekombinieren. Deshalb können bei solchen tiefen Temperaturen relativ hohe Defektkonzentrationen im Festkörper erzeugt werden. Die Defektakkumulation wird jedoch durch die athermische Rekombination begrenzt, die eine Folge der elastischen Wechselwirkung zwischen den Verzerrungsfeldern der Defekte ist. Entsteht ein Zwischengitteratom genügend nahe an einer Leerstelle (≲ 4 Gitterabstände) dann tritt eine anziehende elastische Kraft zwischen ihnen auf, und die beiden Defekte rekombinieren miteinander (Defektannihilation). Dieser Effekt begrenzt z. B. die Defektonzentration in Displazierungskaskaden.

— Thermische Rekombination

Mit steigender Bestrahlungstemperatur werden die erzeugten Defekte im Gitter immer beweglicher. In den Metallen sind die Zwischengitteratome bereits ab ≳ 10 K und die Leerstellen ab ≳ 150 K beweglich (abhängig von Schmelztemperatur und Gittertyp). Erfolgt die Bestrahlung bei Temperaturen, bei denen die Zwischengitteratome oder auch die Leerstellen beweglich sind, dann kann ein beträchtlicher Anteil der erzeugten Defekte sofort rekombinieren oder von Haftzentren (Versetzungen, Korngrenzen) eingefangen werden, und die beobachtbare effektive Defekterzeugungsrate ist viel geringer als bei $T < 10$ K. Ein Teil der Defekte kann sich auch zu Clustern zusammenlagern. So können ab ≳ 30 K Versetzungsringe aus Zwischengitteratomen und ab ≈ 300 K bis ≳ 400 K solche aus Leerstellen entstehen.

Nach Hochdosis-Neutronenbestrahlung bei > 750 K wurden im Brennelement-Hüllenmaterial (austenitischer Stahl) schneller Reaktoren eine große Zahl mikroskopischer Hohlräume mit ≈ 100 nm Durchmesser (Voids) gefunden. Für die Bildung solcher Voids müssen folgende Bedingungen erfüllt sein:

a) Die Bestrahlungstemperatur muß so hoch sein, daß sowohl Zwischengitteratome als auch Leerstellen beweglich sind.

b) Im Metall müssen unlösliche Gasatome vorhanden sein, wie z. B. Spaltgase, die die kleinen Leerstellencluster, wie sie sich bevorzugt im Zentrum der Kaskaden bilden, stabilisieren.

Großen Einfluß auf die Keimbildung und das Wachstum von Voids haben solche Fremdatome, die Zwischengitteratome oder Leerstellen einfangen. Dadurch kann die Bildung von Versetzungsringen und Voids stark beeinflußt werden [4, 5].

Kennwerte

1. Schwellenenergie der Displazierung E_d

Tabelle 1   Schwellenenergie E_d einiger Metalle

Metall	Pb	Al	Cu	Fe	Ni	Nb	Mo	W
E_d/eV/	25	25	30	40	40	60	60	65
$E_{d_{min}}$/eV/	12	16	19	20	23	28	34	40*)

*) $E_{d_{min}}$: Schwellenenergie in einer niedrig indizierten (dichtgepackten) Gitterrichtung

2. Maximale Energieübertragung E_{max} beim zentralen Stoß eines energiereichen Teilchens der Masse m und der Energie E mit einem Gitteratom der Masse m_t

$$E_{max}/E = 4 m \cdot m_t/(m + m_t)^2 \qquad \text{solange } E \ll \frac{mc^2}{2} \qquad (1)$$

Tabelle 2 E_{max} einiger 1-MeV-Teilchen

Target	Teilchen Elektron	Neutron	Cu-Atom
H-Atom	4,3 keV	1 MeV	61 keV
Cu-Atom	69 eV	61 keV	1 MeV

3. Mittlere Energieübertragung $\bar{E}$

— „Harte-Kugel-Streuung": $\bar{E} = (E_{max} + E_d)/2$ (2)

Beim Stoß eines 1-MeV-Neutrons mit Cu-Atom erhält man mit

$E_{max} \simeq 61$ keV, $E_d \simeq 30$ eV: $\bar{E} \simeq 30$ keV

— „Rutherford-Streuung": bei Bestrahlung mit leichten geladenen Teilchen wie Elektronen und Protonen

$$\bar{E} = E_d \ln (E_{max}/E_d)/(1 - E_d/E_{max}) \qquad (3)$$

Beim Stoß eines 1-MeV-Protons mit Cu-Atom erhält man mit

$E_{max} \simeq 61$ keV, $E_d \simeq 30$ eV: $\bar{E} \simeq 230$ eV

4. Zahl der primären Displazierungen n eines hochenergetischen Teilchens im Festkörper

— Reaktorneutronenbestrahlung ($E \simeq 1$ MeV bis ≈ 5 MeV):

$$n \simeq N_0 x 4\pi \sigma(\Theta) (1 - E_d/E_{max}) \Phi t \qquad (4)$$

(Φ: Neutronenfluß /m^{-2}s^{-1}/; t: Bestrahlungszeit; x: Materialdicke;
$\sigma(\Theta)$: Wirkungsquerschnitt der Displazierung; N_0: Atomdichte)
In einem typischen Materialprüfreaktor mit $\Phi \simeq 10^{16}$ m^{-2}s^{-1} und $\sigma(\Theta) \simeq 1$ barn wird während 10^6 s (≈ 10 Tage) Bestrahlung etwa jedes 10^{-5}te Atom eines Festkörpers durch einen Primärstoß displaziert.

– Protonenbestrahlung:
$$n \simeq N_0 R \, (\pi/4) s_0^2 \, (E_{max}/E_d) \ln (E_{max}/E_d) \quad (5)$$

($s_0 \simeq Z \cdot e^2/4\pi \varepsilon_0 E$; $\varepsilon_0 = 8{,}85 \cdot 10^{-12}$ Fm^{-1}; R: Reichweite)
Bei Bestrahlung von Cu mit 1 MeV-Protonen ($R \simeq 5$ μm; $N_0 \simeq 8 \cdot 10^{28}$ m^{-3}; $s_0^2 \simeq 20$ barn $= 2 \cdot 10^{-27}$ m^2; $E_{max} \simeq 61$ keV; $E_d \simeq 30$ eV) werden je Proton etwa zehn Cu-Atome displaziert.

5. Kaskadenfaktor n_d

Die Stoßprozesse in einer Displazierungskaskade können in 1. Näherung als „Harte-Kugel-Stöße" betrachtet werden (Kinchin-Peace-Modell). Ausgehend von diesem Modell ergibt sich für die Zahl der displazierten Atome n_d, die ein primär displaziertes Atom der Energie E erzeugt:
$$n_d = \alpha \bar{E}/E_d. \quad (6)$$

(Diese Formel ergibt für $\bar{E} > 100$ keV zu hohe n_d-Werte (bei 1 MeV um den Faktor 2 bis 3 und bei 10 MeV um den Faktor 6 bis 10)).
$\alpha \simeq \frac{1}{2}$ berücksichtigt denjenigen Energieanteil, der in Portionen $< E_d$ auf Gitteratome übertragen und in Wärme umgesetzt wird.

Tabelle 3

Kaskadenfaktor n_d bei Bestrahlung von Cu mit 1 MeV Teilchen

Teilchen	Elektronen	Protonen	Neutronen	Cu-Ionen
$\bar{E}$	$\simeq 35$ eV	$\simeq 230$ eV	$\simeq 30$ keV	$\simeq 0{,}5$ MeV
n_d	≤ 1	$\simeq 3$ bis 4	$\simeq 500$	$\simeq 10^4$

6. Typische Neutronenflüsse und Displazierungsraten in der Nähe der Brennelemente von Kernreaktoren

Tabelle 4

Reaktortyp	schneller Neutronenfluß m^{-2}s^{-1}	Displazierungsrate Atome m^{-3}s^{-1}	Displazierungen pro Atom und Jahr /dpa a^{-1}/
thermischer Reaktor	10^{16}–10^{17}	10^{19}–10^{20}	10^{-2}–10^{-1}
schneller Reaktor	10^{19}–10^{20}	10^{22}–10^{23}	10–100

7. Verhalten wichtiger Polymerwerkstoffe bei Bestrahlung mit Elektronen- oder γ-Strahlung im Vakuum bei Zimmertemperatur

Tabelle 5

Polymer	G(S)	G(V)	G(R)
I. *Abbau überwiegt,*			
Polymethylmethacrylat	1,2–2,6	—	
Polytetrafluorethylen	0,1–0,2	—	
Polyvinylidenchlorid		—	
Polyisobuten	1,5–2,0		
II. *Vernetzung überwiegt,*			
Polyethylen		2,0	0,6
Polypropylen			
Polystyren	0,02	0,03	0,05
Polyethylenoxid		2,0	1,8
Polyvinylchlorid (stabilis.)			0,7
Polyamide			
Polydimethylsiloxan	0,07	2,3	

G = Anzahl der gebildeten, verbrauchten oder veränderten Atome bzw. Moleküle pro 100 eV absorbierter Energie (100 eV-Ausbeute)
G(S) = G-Wert für Molekülspaltung (Abbau)
G(V) = G-Wert für Molekülvernetzung (Knüpfung neuer Bindungen)
G(R) = G-Wert der Radikalbildung bei Raumtemperatur

8. Strahlenbeständigkeit von Kunststoffen, gemessen als Halbwertsdosis (Mrad). Bestrahlung und Ausprüfung bei 20 °C; Auszug aus [6], siehe Tab. 6.

Anwendungen

Werkstoffverhalten unter Bestrahlung

a) *Strahlenbelastung der Reaktorwerkstoffe [1, 7].* Seit in zunehmendem Umfang für die Energieerzeugung Kernreaktoren eingesetzt werden, in denen die unterschiedlichsten Konstruktionsmaterialien ständig hohen Strahlenbelastungen ausgesetzt sind, hat sich ein sehr großes technisches und wirtschaftliches Interesse herausgebildet, die dabei entstehenden Strahlenschäden und deren Wirkungen immer besser kennen und beherrschen zu lernen. Neben den metallischen Werkstoffen muß die Strahlenbeständigkeit einer großen Zahl von Materialien beachtet werden, die den unterschiedlichsten Stoffklassen angehören, wie z. B. Reaktorkühlmittel, Ionenaustauscher, Schmierstoffe, Behälterauskleidungen aus Plasten, Dichtungswerkstoffe und Kabelisolierungen aus Plasten oder Elasten, um nur die wichtigsten zu nennen. Obwohl viele der Strahlungsschädigungsprobleme in den Jahren, seitdem es Kernreaktoren gibt, gelöst wurden, werden immer noch eine Reihe von Grundaspekten der Strahlenschädigung ungenügend verstanden, so daß bei der Entwicklung neuer Reaktortypen oft neue und unvorhergesehene Schädigungsprobleme auftreten.

In den gegenwärtig betriebenen thermischen Reaktoren und den in der Zukunft immer häufiger zu er-

Tabelle 6

	Bei Sauerstoffausschluß (Dosisleistung beliebig)		In Luft (Probendicke etwa 0,3 mm)					
			1 Mrad/h		4000 rad/h		400 rad/h	
	RF	RD	RF	RD	RF	RD	RF	RD
Polyamid-6	>5000				11	4	2	2
Polyäthylen, niedrige Dichte	>5000	40	120	28				
Polyäthylen, hohe Dichte	>5000	10–30			4	3	2	1
Polyäthylenterephthalat	650	230	440	180	10–250	10–100	10–250	10–100
Polymethylmethacrylat	(20)	(15)						
Polypropylen	70	3	9	1,5	2	1	1	0,6
Polystyrol	>5000	2300	115	60				
Polytetrafluoräthylen	50		1	0,1				
Polyvinylchlorid, hart	4600	770	>700	7				
Polyvinylchlorid, weich	3000	200	55	55	15	10	13	12

wartenden schnellen Reaktoren laufen hauptsächlich Kernspaltungsreaktionen ab, wobei vorwiegend Neutronen mit Energien von 0,05 eV bis 10 MeV und γ-Strahlen auftreten.

Für die Erzeugung von Strahlenschäden in metallischen Konstruktionswerkstoffen haben nur schnelle Neutronen mit Energien > 0,1 MeV Bedeutung.

Bei den hohen Betriebstemperaturen der Leistungsreaktoren von ≳ 650 K sind alle Punktdefekte beweglich. Die Auswirkungen der Strahlenschädigung auf die Eigenschaften bestrahlter Werkstoffe werden deshalb von den sekundären Prozessen entscheidend mitbestimmt.

b) *Bestrahlungsinduzierte Dimensionsänderungen der Metalle (Swelling).* Das Swelling der Metalle, das bei Bestrahlung mit hohen Dosen schneller Neutronen (> 1 dpa) bei Temperaturen von ≈ 0,3 T_M bis ≈ 0,6 T_M auftritt (Abb. 2a) und erstmals 1966 an Hüllenmaterialien des schnellen Reaktors von Dounreay beobachtet wurde, war ein unerwarteter physikalischer Effekt. Das Swelling – eine Volumenvergrößerung des bestrahlten Metalls, die 10% und mehr betragen kann – ist auf die Bildung mikroskopischer Hohlräume (Voids) zurückzuführen. Dieser Effekt ist ein ernstes technologisches Problem für den ökonomischen Betrieb schneller Reaktoren und die in Zukunft zu erwartenden Fusionsreaktoren.

Wie in Abb. 2b zu erkennen, ist das Swelling nicht linear von der Dosis abhängig, sondern zeigt bei hohen Dosen ein ausgesprochenes Sättigungsverhalten. Die Kenntnis der Sättigungsmechanismen liefert den Schlüssel für die Entwicklung swellingresistenter Legierungen (z. B. die teuren Legierungen aus 40% bis 50% Ni, ≤ 15% Cr und Rest Fe). Das Sättigungsverhalten des Swelling kann durch den metallurgischen Zustand der Metalle (Legierungsbestandteile, Fremdatomgehalt, Ausscheidungen, Korngrenzen, Vernetzungsdichte u. a.) stark beeinflußt werden.

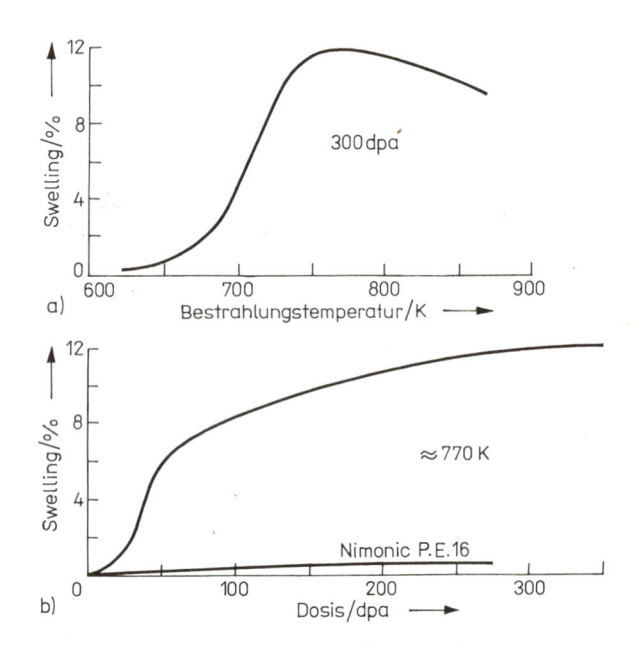

Abb. 2 a) Swelling von rostfreiem Stahl (Typ 316 – getempert) in Abhängigkeit von der Bestrahlungstemperatur
b) Dosisabhängigkeit des Swelling vom rostfreien Stahl (Typ 316 – getempert) und der Nimonic-Legierung P.E.16. (nach J. I. Brammon; Nelson, Physics Bull. **23** (1972) 397)

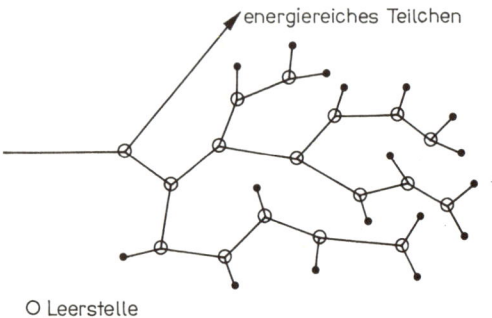

○ Leerstelle
● Zwischengitteratom

Abb. 3

c) *Bestrahlungsinduzierte Versprödung.* Die elastischen und besonders die plastischen Eigenschaften der Metalle sind von der Beweglichkeit der Versetzungen abhängig. Die während Bestrahlung bei höheren Temperaturen erzeugten Sekundärdefekte (Versetzungsringe, Voids) und besonders auch Ausscheidungen der Spaltgase können die Beweglichkeit der Versetzungen stark einschränken. Das bestrahlte Metall wird mit zunehmender Dosis immer spröder, und die Übergangstemperatur duktil-spröde, besonders der kubisch-raumzentrierten Metalle, wird zu immer höheren Temperaturen verschoben. So geht z. B. die Bruchdehnung von Stählen die mit $\approx 10^{23}$ Neutronen cm^{-3} bestrahlt wurden auf nahezu Null zurück.

Wegen der hohen Neutronenflüsse in schnellen Reaktoren ist für deren sicheren Betrieb die Beherrschung der bestrahlungsinduzierten Versprödung von größter Bedeutung.

d) *Bestrahlungsinduziertes Kriechen.* Bei hohen Temperaturen können belastete Metalle infolge Defektbewegung, wie z. B. durch diffusionsbestimmte Kletterprozesse der Versetzungen, ihre Form verändern, d. h., sie kriechen. Während Bestrahlung erzeugte Punktdefekte (vor allem Zwischengitteratome) können sich an die Versetzungen anlagern und dadurch die Kriechgeschwindigkeit beträchtlich erhöhen (siehe Abb. 3).

e) *Strahlenschädigung in Fusionsreaktormaterialien.* Die Neutronenflüsse und Arbeitstemperaturen, denen die Komponenten zukünftiger Fusionsreaktoren ausgesetzt sind, entsprechen etwa denen im schnellen Reaktor. Die höhere Energie der Fusionsneutronen von 14,1 MeV hat zur Folge, daß die Schädigungs- und Spaltgaserzeugungsraten bei gleichen Neutronenflüssen im Fusionsreaktor beträchtlich höher sind.

f) *Simulation der Reaktorstrahlenschädigung durch Bestrahlung mit schweren Ionen [4, 5].* Für die Entwicklung neuer Reaktorwerkstoffe mit verbesserter Strahlenbeständigkeit bezüglich Swelling, Versprödung und Kriechen sind Bestrahlungsexperimente erforderlich, um Aussagen über das Bestrahlungsverhalten zu erhalten. Für solche Untersuchungen stehen keine geeigneten hochintensiven Neutronenquellen, wie z. B. Materialprüfreaktoren, zur Verfügung, um solche Tests in Zeiträumen von Wochen bis Monaten durchführen zu können. Wegen der viel höheren Defekterzeugungsrate geladener Teilchen in Festkörpern wurde bereits 1969/70 in Harwell (UK) mit der Simulation der bei Neutronenbestrahlung erzeugten Defektstrukturen durch Bestrahlung mit 150 keV H-, C-, O- und Fe-Ionen begonnen. Die dadurch geschädigten Schichten von ≈ 10 nm bis ≈ 100 nm Dicke sind nur elektronenmikroskopischen Untersuchungen zugänglich. Um dickere geschädigte Schichten z. B. auch für mechanische Untersuchungen zur Verfügung zu haben, werden seit einigen Jahren vorwiegend Metallionen mit Energien von 3 MeV bis ≈ 50 MeV (z.T. auch Deutronen und Protonen mit 1 MeV bis 10 MeV) verwendet. Als gut geeignete Geräte für Strahlenschaden-Simulationsuntersuchungen haben sich auch die Hochspannungs-Elektronenmikroskope mit 0,6 MV bis $\gtrsim 1$ MV erwiesen, da sie die direkte Beobachtung der im Material ablaufenden Defektumordnungsprozesse während intensiver Elektronenbestrahlung ermöglichen.

Polymere

a) *Strahlenbeständigkeit von Polymerwerkstoffen (Abbau und Vernetzung).* Polymere sind aus Makromolekülen aufgebaut. Als Makromolekül wird dabei eine Verbindung angesehen, bei der die Atome (in den meisten der bekannten Polymerwerkstoffe Kohlenstoffatome) in einer Hauptkette durch gerichtete Valenzen gebunden sind und die Bindungselektronen bei beiden gebundenen Atomen anteilig werden. Diese Definition grenzt die polymeren Stoffe ab gegen Atomverbände, die über metallische oder ionische Bindungen aufgebaut sind.

Die Ursachen für die Strahlenschäden in Polymeren sind weniger in Veränderungen des Kristallbaues als in Veränderungen der Molekülstruktur zu sehen. Geringfügige Veränderungen in den Bindungsverhältnissen der Makromoleküle führen auf Grund ihrer Länge zu beträchtlichen Veränderungen der physikalischen Eigenschaften. Die nach Strahleneinwirkung beobachteten chemischen und physikalischen Eigenschaftsänderungen sind im wesentlichen auf folgende Reaktionen, die durch o. g. strahleninduzierte reaktive Zwischenprodukte ausgelöst werden, zurückzuführen [2]:

– Abbau von Makromolekülen (degradation). Die Hauptkette wird gespalten, und man kann eine Verringerung der Molmasse feststellen. Dieser Prozeß verschlechtert die mechanischen Eigenschaften von Polymeren, bei denen der Abbau überwiegt (Tab. 5). Sie werden spröde und brüchig. Der Prozeß ist oft von einer Gasabspaltung (Schaumbildung) begleitet.

– Vernetzung von Makromolekülen (crosslinking), d. h. Bildung von Brückenbindungen zwischen einzelnen Makromolekülen. Die damit verbundene Erhöhung der Molmasse führt zu einer Verminderung der Löslichkeit und in Polymeren, wo dieser Prozeß dominiert, zu einer Verbesserung der mechanischen Eigenschaften bei höheren Einsatztemperaturen. Er wird technisch genutzt, z. B. bei der Verbesserung der Wärmeformbeständigkeit von Folien, Draht- und Kabelisolierungen aus Polyethylen.

– Abspaltung von Wasserstoffatomen oder anderen Seitengruppen von der Hauptkette unter Bildung von H_2 oder niedermolekularen flüchtigen Produkten. Sie bewirken Risse und Hohlräume und können in größeren Mengen bei Temperaturerhöhung zum Aufblähen bzw. zur Blasenbildung führen. Chlorhaltige Polymere, wie z. B. Polyvinylchlorid (PVC), spalten Salzsäure ab, die zur schnellen Korrosion von Metallen führt.

Tabelle 5 enthält eine Zusammenstellung wichtiger Polymere nach ihrem Verhalten bei Strahleneinwirkung sowie die 100 eV-Ausbeute für die o. g. Reaktionsprodukte. Dafür wird auch der Begriff „G-Wert" verwendet. Seine Größe ist ein Maß für die Strahlenbeständigkeit. Mit wenigen Ausnahmen, zu denen Polymethylmethacrylat gehört, wo der Hauptkettenabbau der einzige Prozeß ist, laufen bei linear gebauten Polymeren Kettenabbau und Vernetzung nebeneinander als konkurrierende Prozesse ab. Als grobe Regel gilt, daß bei Polymeren mit tetrasubstituierten Kohlenstoff in der Kette der Abbau dominiert [2, 8], während in allen anderen Fällen die Vernetzung vorherrscht. Tabelle 5 dient lediglich der ersten, groben Orientierung. So kann ihr entnommen werden, daß die in der Gruppe 1 genannten Werkstoffe generell nicht im Strahlenfeld eingesetzt werden können. Die Werkstoffe in der Gruppe II können unter Einhaltung bestimmter Bestrahlungsbedingungen begrenzt eingesetzt werden. Einen Anhaltspunkt für die Einsatzdosis gibt Tab. 6.

Die in Tab. 5 vorgenommene Einstufung verändert sich völlig bei Bestrahlung in Gegenwart von Sauerstoff. Da Sauerstoff durch Reaktion mit Polymerradikalen die Vernetzungsreaktion behindert, dominiert bei Bestrahlung an Luft in allen Polymeren der Abbau. Dabei sind die Probendicke und die Dosisleistung der Strahlung zu beachten: Die Bestrahlung an Luft bei dicken Proben und nicht zu kleiner Dosisleistung führt bei vielen Polymeren zu ähnlichen Ergebnissen wie bei einer Vakuum- bzw. Inertgasbestrahlung. Bei Bestrahlung dünner Proben (Folien, Fäden) oder solchen mit großer Oberfläche und extrem kleiner Dosisleistung (entsprechend großen Bestrahlungszeiten) macht sich die zerstörende Wirkung des Sauerstoffs stark bemerkbar [9]. In diesen Fällen werden Polymere schon bei Bestrahlungsdosen abgebaut und zerstört, die bei einer Vakuumbestrahlung ohne Einfluß gewesen wären oder zur Vernetzung geführt hätten. Das wird in Tab. 6 berücksichtigt. Als „Strahlenbeständigkeit" wird hier die Bestrahlungsdosis angegeben, die ausreicht, um den Stoff soweit zu schädigen, daß die Reißfestigkeit (RF) bzw. die Reißdehnung (RD) auf die Hälfte ihres Ausgangswertes verkleinert wird [6]. Die Größe dieser Halbwertdosis ist von der Strahlenart unabhängig. Die angegebenen Dosiswerte können dem Anwender nur als Anhaltspunkt dienen. Eine zuverlässige Beurteilung der Strahlenbeständigkeit erfordert in jedem Falle Bestrahlungsversuche unter praxisnahen Bedingungen, da eine oder zwei untersuchte Eigenschaften (z. B. mechanische) zur Charakterisierung der wirklichen Strahlenbeständigkeit allein nicht ausreichen [11]. So müßte beispielsweise die sehr problematische HCl-Abspaltung in PVC, bzw. die H_2-Abspaltung in Polyethylen unbedingt berücksichtigt werden.

b) *Elektronen-, Röntgen- und Ionenstrahlresists in der Mikroelektronik.* Zur Erzeugung feinster Strukturen auf der Fläche von Halbleiterkristallen durch Photolithografie werden Photoresists benötigt. Man versteht darunter im allgemeinen Falle strahlungsempfindliche Massen, die ihre Löslichkeit bei Bestrahlung ändern und die gegen Ätzmittel resistent sind. Die zur Strukturerzeugung bei der Herstellung integrierter Schaltkreise verwendeten Elektronen- und Röntgenstrahlresists beruhen auf der Ausnutzung von strahleninduzierten Abbaureaktionen (positive Arbeitsweise) oder strahleninduzierten Vernetzungen (negative Arbeitsweise), die das zugrundeliegende Polymer löslicher oder unlöslicher gegenüber organischen Lösungsmitteln machen. Die Anwendung energiereicher Strahlung erfordert also Resists, die gegenüber der Strahlung empfindlich und differenzierbar sind, d. h., die bestrahlten und unbestrahlten Bereiche müssen sich in ihren Eigenschaften z. B. der Löslichkeit unterscheiden. Um in Dimensionen der wiederzugebenden Strukturen $< 1\ \mu m$ vorzustoßen, werden den Elektronen-, Ionen- und Röntgenstrahlen günstige Chancen eingeräumt [10]. Ein besonderer Vorteil der Elektronen- und Ionenstrahlen besteht in ihrer einfachen kontrollierbaren Ablenkbarkeit. Hierdurch ist es möglich, Strukturen ohne Maske direkt mit dem Strahl in einer strahlungsempfindlichen Schicht zu erzeugen.

Einer der bekanntesten, positiv arbeitenden Elektronenstrahlresists ist das allgemein leicht zugängliche Polymethylmethacrylat, das durch Bestrahlung abgebaut wird (s. o.). Seine Strahlungsempfindlichkeit und seine Adhäsionseigenschaften lassen aber zu wünschen übrig, so daß verschiedene Abwandlungen des Makromoleküls vorgenommen worden sind, oder andere Polymere, die strahlenempfindlicher sind, eingesetzt werden, wie z. B. Polyethylethylensulfon. Zur Erhöhung des Absorptionskoeffizienten enthalten Röntgenstrahlenresists meistens noch Elemente höherer Ordnungszahl, z. B. Halogenatome.

Ionenstrahlresists sind noch wenig untersucht, eröffnen aber zusätzliche Möglichkeiten [10].

Literatur

[1] HUGHES, A. E.; POOLEY, D.: Real Solids and Radiation. – London: Wykeham Publication Ltd., 1975.
[2] REXER, E.; WUCKEL, L.: Chemische Veränderungen von Stoffen durch energiereiche Strahlung. – Leipzig: VEB Deutscher Verlag für Grundstoffindustrie 1965.
[3] THOMPSON, D. A.: High Density Cascade Effects (Review Article). Radiation Effects 56 (1981) 105–150.

[4] Application of Ion Beams to Metals. Hrsg. S.T. Pieraux; E.P. Eer Nisse; F.L. Vook. – New York: Plenum Press 1974.
[5] Application of Ion Beams to Materials, Hrsg. G. Carter; J.S. Colligon; W.A. Grant. – London: The Institute of Physics 1976.
[6] Kunststoff-Taschenbuch. 17. Aufl. – München: Hanser-Verlag 1973.
[7] Radiation Damage in Metals. Hrsg. N.L. Peterson; S.D. Harkness. – New York: American Society for Metals 1975.
[8] Charlesby, A.: Atomic Radiation and Polymers. – Oxford: Pergamon Press 1960.
[9] Wuckel, L.; Koch, W., Isotopenpraxis 8 (1972) 1.
[10] Stephan, H.; Buhr, G.; Vollmann, H., Angew. Chemie 94 (1982) 471.

Weiterführende Literatur

- Vacancies and Interstitials in Metals. Hrsg. A. Seeger; D. Schumacher; W. Schilling; J. Diehl. – Amsterdam: North Holland 1970.
- Ziegler, J.F. et al.: Handbook of Range Distributions for Energetic Ions in all Elements (6 Bände). – New York: Pergamon Press 1980.
- Leibfried, G.: Bestrahlungseffekte in Festkörpern. – Stuttgart: Teubner-Verlag 1965.
- Chadderton, L.T.: Radiation Damage in Crystals. – London: Methuen 1965.
- Thompson, M.W.: Defects and Radiation Damage in Metals. – Cambridge: University Press 1968.
- Nelson, R.S.: The Observation of Atomic Collissions in Crystalline Solids. – Amsterdam: North Holland 1968.
- Bolt, R.O.; Carroll, J.G.: Radiation Effects in Organic Materials. – New York: Academic Press 1963.
- The Radiation Chemistry of Macromolecules. Hrsg.: M. Dole. – New York: Academic Press 1972
- Schönbacher, H.; Stolarz-Izycka, A.: Compilation of Radiation Damage Test Data – CERN-Report 79–04, Health and Safety Division. Geneva 1979.

Braggsche – Reflexion

1912 gelang es M.v. Laue, Friedrich und Knipping die Beugung von Röntgenstrahlen an einem Kristallgitter nachzuweisen. Es wurde gezeigt, daß in der Röntgenstrahlung, die eine dünne Scheibe eines Kristalls durchdringt, unter definierten Richtungen in bezug auf den Primärstrahl Intensitätsmaxima auftreten. Da die Atomabstände in einem Festkörper von gleicher Größenordnung wie die Wellenlängen der Röntgenstrahlung sind, führen die Phasenunterschiede der von unterschiedlichen Atomen ausgehenden Streuwellen im allgemeinen zu deren gegenseitiger Auslöschung. Wegen der periodisch regelmäßigen Anordnung der Atome in einer kristallinen Substanz lassen sich jedoch Richtungen für einfallenden und gestreuten Strahl finden, bei denen die Phasendifferenzen der Streuwellen zu Interferenzmaxima in der Streustrahlung führen.

W.H. und W.L. Bragg wiesen intensive Interferenzmaxima in der von einer Kristallfläche rückgestreuten Röntgenstrahlung nach.

Sachverhalt

Entspricht die streuende Fläche einer mit Atomen besetzten inneren Ebene des Kristalls, d.h. einer sogenannten Netzebene, so findet man Interferenzmaxima nur dann, wenn einfallender und gestreuter Strahl den gleichen Winkel mit der Streuebene bilden (Netzebenennormale = Winkelhalbierende beider Strahlen). Außerdem muß die *Braggsche-Gleichung* erfüllt sein:

$$2d \cdot \sin\Theta = n\lambda \; (n = 1, 2, \ldots). \tag{1}$$

λ ist hierbei die Wellenlänge, Θ der halbe Streuwinkel und d der kürzeste Abstand der betrachteten Netzebenenschar. Je nach dem Wert von n spricht man von Reflexion der Ordnung n. Wegen dieser Gesetzmäßigkeiten kann man das Auftreten der Interferenzmaxima phänomenologisch als eine selektive Reflexion an den Kristallebenen beschreiben und bezeichnet diesen Effekt als *Bragg-Reflexion* und die Interferenzmaxima als *Bragg-Reflexe*.

Jede mögliche Netzebenenschar einer Kristallstruktur kann durch einen Vektor beschrieben werden, dessen Richtung der Netzebenennormale entspricht, und dessen Betrag durch den Netzebenenabstand gegeben ist. Diese Vektoren bilden das sogenannte reziproke Gitter. Die *Millerschen-Indizes h, k, l* entsprechen den Koordinaten des die Netzebene kennzeichnenden Vektors im Achsensystem des reziproken Gitters. Bezüglich des Zusammenhangs zwischen dem Achsensystem des reziproken Gitters und dem des Kristallgitters sei auf Lehrbücher der Kristallphysik verwiesen [1]. Die Millerschen-Indizes dienen zur Kennzeichnung der Bragg-Reflexe. Für die verschiedenen Kristallstruktursysteme existieren Vorschriften für die Berechnung des Netzebenenabstandes d und damit des

Bragg-Winkels Θ aus den Millerschen-Indizes und den Gitterkonstanten des betreffenden Kristallgitters (Achsenlängen a, b, c und Achsenwinkel α, β, γ). So gilt z. B. für kubische bzw. rhomboedrische Strukturen:

kubisch:
$$\frac{1}{d^2} = \frac{h^2 + k^2 + l^2}{a^2} \qquad (2)$$

rhomboedrisch:
$$\frac{1}{d^2} = \frac{(h^2 + k^2 + l^2)\sin^2\alpha + 2(hk + kl + hl)(\cos^2\alpha - \cos\alpha)}{a^2(1 - 3\cos^2\alpha + 2\cos\alpha)} \qquad (3)$$

Es ist üblich, in der Braggschen-Gleichung die Ordnungszahl n gleich 1 zu setzen und Reflexionen höherer Ordnung durch Multiplikation der Millerschen-Indizes mit n zu beschreiben (z. B. 1. Ordnung – (100), 2. Ordnung – (200) usw.).

Aus der Braggschen-Gleichung erhält man mit $\sin\Theta = 1$ die maximale Wellenlänge, für die Bragg-Reflexion an einer gegebenen Netzebene möglich ist. Die maximale Wellenlänge, die dem größten Netzebenenabstand im betrachteten Kristall entspricht, wird als dessen Grenzwellenlänge für die Bragg-Reflexion bezeichnet.

Die Braggsche-Gleichung enthält keine Aussage über die Intensität eines Bragg-Reflexes. Diese wird im wesentlichen durch einen Strukturfaktor bestimmt, der außer von den Millerschen Indizes von den Koordinaten der Atome in der Elementarzelle der betreffenden Kristallstruktur abhängt. Nähere Angaben zur Berechnung der Intensität von Bragg-Reflexen findet man z. B. in [2, 3]. In Abhängigkeit von der Symmetrie der Elementarzelle liefern nur bestimmte Kombinationen der Millerschen Indizes von Null verschiedene Intensität. Eine Zusammenstellung der Formeln für Strukturfaktoren und der Auswahlregeln für die beobachtbaren Reflexe findet man in [5].

Kennwerte, Funktionen

Wichtige Kenngrößen für die Anwendung der Bragg-Reflexion sind charakteristische Röntgenwellenlängen. In Tab. 1 sind Wellenlängen für einige bei Röntgenröhren häufig verwendete Antikathodenmaterialien zusammengestellt.

Die Bragg-Reflexion ist jedoch auch für andere Strahlungsarten, deren Wellenlänge mit den Atomabständen im Kristall vergleichbar ist, von Bedeutung. So liegt das Maximum der Wellenlängenverteilung thermischer Neutronen in einem Reaktor mit einer effektiven Moderatortemperatur von 300 K bei $\lambda_{max} = 0{,}177$ nm (siehe Neutronenstrahlen). Bei Elektronenstrahlen gilt für die Energieabhängigkeit der Wellenlänge in guter Näherung $\lambda_e/\text{nm} = 3{,}879 \cdot 10^{-3}(E/\text{keV})^{-\frac{1}{2}}$. Die resultierenden Bragg-Winkel sind sehr klein (typisch Bogenminuten).

Wichtige Netzebenenabstände einiger Kristalle, die häufig zur Analyse von Röntgenwellenlängen eingesetzt werden, enthält Tab. 2. Weitere wichtige Tabellen und Formeln findet man in [2].

Anwendungen

Zusammenfassende Darstellungen der Anwendungen von Röntgenstrahlen, die auf der Bragg-Reflexion beruhen, enthalten [3, 4, 6, 7] (für Neutronenstrahlen siehe „Neutronenstreuung"). Dabei nimmt die Registrierung von Bragg-Reflexen mit dem Ziel, *Aussagen über den atomaren Aufbau einer kristallinen Substanz* zu erhalten, eine zentrale Stellung ein. Die folgenden Meßvarianten sind diesbezüglich besonders wichtig.

Untersucht man einen Einkristall mit fester Wellenlänge, so muß durch Drehung des Kristalls eine Netzebene in Reflexionsstellung gebracht werden. Durch Positionierung des Detektors ist der Streuwinkel einzustellen (z. B. 2:1 Kopplung der Drehung des Detektorarms und des Kristalls um eine sei-

Tabelle 1 Charakteristische Wellenlängen häufig eingesetzter Röntgenröhren

Antikathodenmaterial:	Cr	Fe	Co	Cu	Mo	Ag
Wellenlänge/nm:	0,2292	0,1938	0,1791	0,1542	0,0711	0,0561

Tabelle 2 Wichtige Netzebenenabstände d einiger Kristalle

Kristall:	LiF	NaCl	CaF	Al	SiO$_2$ (Quarz)	pyrol. Graphit
Reflexion:	(200)	(200)	(111)	(111)	(1011)	(002)
d/nm:	0,2014	0,2820	0,3156	0,2338	0,3343	0,3354

ner Achsen). Verwendet man polychromatische Strahlung und einen Film als Detektor, so wird gleichzeitig eine ganze Anzahl von Reflexen registriert (*Laue-Diagramm*). Da das Bild von der Orientierung des Kristalls zum Primärstrahl abhängt, wird diese Methode vorwiegend zur Kristallorientierung eingesetzt.

Bei einer polykristallinen Probe befinden sich wegen der Willkür in der Orientierung der Kristallite für alle Netzebenen eine Vielzahl in Reflexionsstellung. Fällt ein monochromatischer Strahl auf die Probe, so verteilt sich die Streuintensität einer Reflexion (*hkl*) auf einen Kegel mit dem Primärstrahl als Achse und 4Θ als Öffnungswinkel (*Debeye-Scherrer-Verfahren*). Die Reflexe können bei unbewegter Probe mittels Film gleichzeitig oder mit bewegtem Detektor zeitlich nacheinander aufgenommen werden. Beim *energiedispersiven Verfahren* arbeitet man mit polychromatischer Strahlung und festem Streuwinkel. Die Bragg-Gleichung wird für jede Reflexion durch eine andere Wellenlänge erfüllt. Ein energieauflösendes Detektorsystem registriert die Streuintensität in Abhängigkeit von der Wellenlänge.

Bei bekannter Wellenlänge kann man aus den beobachteten Bragg-Winkeln unter Benutzung der Gleichungen für die Netzebenenabstände die *Gitterkonstanten* bestimmen. Die Analyse der wirkenden Auswahlregeln an Hand der auftretenden (*hkl*) gibt Informationen über die *Symmetrie der Elementarzelle*. Falls genügend Bragg-Reflexe auswertbar sind, kann man aus deren Intensitäten über den Strukturfaktor die Koordinaten der *Atompositionen* in der Elementarzelle und die mittlere Streukraft pro Gitterplatz ermitteln. Aus der Streukraft läßt sich auf die Atomsorte auf dem betreffenden Gitterplatz schließen.

Besitzt eine polykristalline Probe eine *Textur* (Vorzugsorientierung der Kristallite bezüglich ausgezeichneter Probenrichtungen), so ist der Debeye-Scherrer-Kegel ungleichmäßig mit Intensität belegt. Man mißt für einzelne Bragg-Reflexe die Intensität als Funktion der Probenorientierung. Aus mehreren solchen Diagrammen (Polfiguren) läßt sich die Orientierungsverteilungsfunktion der Kristallite berechnen.

Liegen die *Teilchengrößen* einer Substanz im Größenbereich um 10 nm, so treten Verbreiterungen der Bragg-Reflexe auf, die zur Teilchengrößenbestimmung genutzt werden können.

Örtlich inhomogene *Spannungen* führen wegen der resultierenden Variation der Gitterkonstanten ebenfalls zu Reflexverbreiterungen, über die eine Spannungsanalyse möglich wird. Über größere Bereiche konstante Spannungen ergeben auswertbare Linienverschiebungen ([5], Kap. 27).

Auf der Bragg-Reflexion beruhen auch Verfahren zur Abbildung von Kristallbaufehlern (*Röntgentopographie* [7, 8]). Man realisiert eine ortsaufgelöste Registrierung der von verschiedenen Kristallbereichen ausgehenden Intensität eines Bragg-Reflexes. Bei Durchstrahlung bildet man Kristallschnitte ab (*Lang-Verfahren*) und bei Rückstreuung (*Berg-Barrett-Verfahren*) oberflächennahe Bereiche. Beugungskontraste entstehen durch Änderung der Reflexintensität (z. B. durch Versetzungen) oder der Reflexionsrichtung durch Gitterkonstantenänderung bzw. Desorientierung (z. B. von Subkörnern).

Die Bragg-Reflexion an einem Einkristall wird häufig zur *Wellenlängenanalyse* von Röntgen-, Gamma- oder Neutronenstrahlung eingesetzt. Wichtige Anwendungsfälle sind die Monochromatisierung der Primärstrahlung sowie die Analyse von Streu- oder Fluoreszenzstrahlung ([7], Kap. 3 und 5).

Literatur

[1] KLEBER, W.: Einführung in die Kristallographie. – Berlin: VEB Verlag Technik 1965.

[2] MIRKIN, L. I.: Rentgenostrukturni Analiz. – Moskau: Isdatelstvo Nauka (Glavnaja Redakzia Fiziko-Matematitscheskoi Literaturij) 1976.

[3] KLUG, H. P.; ALEXANDER, L. E.: X-ray diffraction procedures. – New York: Wiley Pp. 1954.

[4] JOST, K. H.: Röntgenbeugung an Kristallen. – Berlin: Akademie-Verlag 1975.

[5] International Tables for X-ray Crystallography. Hrsg.: N. F. M. HENRY; K. LONSDALE. – Birmingham: The Kynoch Press. Bd. I–III: 1952, 1959, 1962.

[6] GLOCKER, R.: Materialprüfung mit Röntgenstrahlung. 5. Aufl. – Berlin/Heidelberg/New York: Springer Verlag 1971.

[7] Festkörperanalyse mit Elektronen, Ionen und Röntgenstrahlen. Hrsg.: O. BRÜMMER; J. HEIDENREICH; K. H. KREBS; H. G. SCHNEIDER – Berlin: VEB Deutscher Verlag der Wissenschaften 1980.

[8] Dynamische Interferenztheorie. Hrsg.: O. BRÜMMER; H. STEPHANI. – Leipzig: Akademische Verlagsgesellschaft Geest & Portig K.-G. 1976.

Bremsstrahlung

Der erste experimentelle Nachweis einer Strahlung beim plötzlichen Abbremsen schnell bewegter Elektronen im Katodenstrahl wurde von W.C. RÖNTGEN im Jahre 1895 erbracht [1]. Durch die Untersuchungen von BARKLA [2] wurde gefunden, daß die Röntgenstrahlung aus der charakteristischen Strahlung (Übergänge in den Atomen) und der Bremsstrahlung besteht. H. BETHE und W. HEITLER [3] berechneten den differentiellen Streuquerschnitt für die Strahlung bei Ablenkung eines Elektrons in einem Atom- oder Kernfeld in Bornscher Näherung. Nach der Entwicklung von Teilchenbeschleunigern wurde auch für andere Teilchen (Positronen, Ionen) Bremsstrahlung nachgewiesen [4, 5].

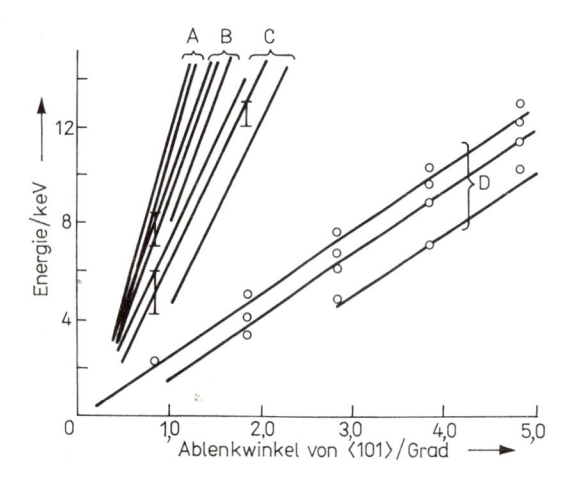

Abb. 1 Abhängigkeit der Lage der Maxima im Spektrum der kohärenten Bremsstrahlung von 2,58 MeV Elektronen in Siliziumeinkristallen als Funktion des Einschußwinkels bezüglich der Achse ⟨101⟩ in der Ebene (10$\bar{1}$) (offene Kreise) [7].

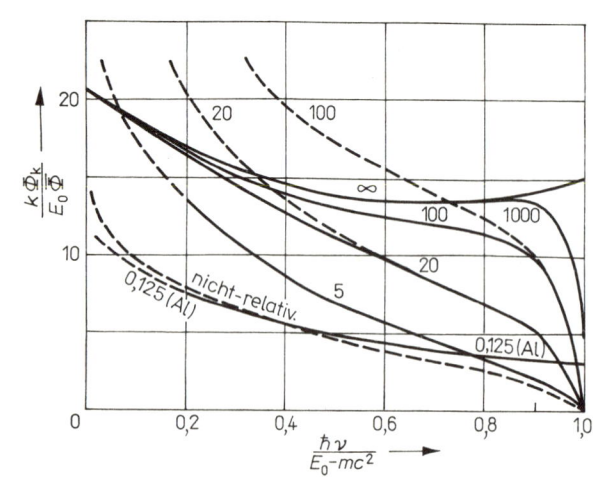

Abb. 2 Intensitätsverteilung der Bremsstrahlung [8].

Sachverhalt

Unter Bremsstrahlung versteht man im allgemeinen Fall die bei der Abbremsung geladener Teilchen in einem Feld entstehende Strahlung. In diesem Sinn gehört auch die Strahlung bei Bewegung geladener Teilchen im Magnetfeld, d. h. die Synchrotronstrahlung, zum Begriff der Bremsstrahlung. Im folgenden soll jedoch nur die Bremsstrahlung bei Wechselwirkung von geladenen Teilchen mit Festkörpern näher beschrieben werden.

Die Strahlungsintensität ist dem Quadrat der Beschleunigung und damit dem Quadrat der Masse der eintreffenden Teilchen indirekt proportional. Deshalb wird Bremsstrahlung in erster Linie von Elektronen und Positronen hervorgerufen. Die Bremsstrahlung von Protonen konnte ebenfalls experimentell nachgewiesen werden. Allerdings ist die emittierte Intensität um einen Faktor $\left(\frac{m_e}{M_p}\right)^2$ reduziert im Vergleich zu unter gleichen Bedingungen erzeugter Bremsstrahlung von Elektronen bzw. Positronen [5]. Die weiteren Ausführungen beziehen sich deshalb auf Elektronen und Positronen.

Wird ein amorphes Targetmaterial verwendet oder ist in einem kristallinen Material die Orientierung der Kristallachsen zum Teilchenstrahl so, daß die Teilchen im Target eine ungeordnete Bewegung ausführen, so entsteht inkohärente oder gewöhnliche Bremsstrahlung. Sind die Einschußbedingungen derart, daß bei der Teilchenbewegung eine große Zahl von periodisch angeordneten Gitteratomen kohärent erfaßt werden, so interferieren die bei der Wechselwirkung mit den Gitteratomen entstehenden Quanten, und kohärente Bremsstrahlung entsteht [6]. Die Maxima im Spektrum sind dabei eng mit den Einschußwinkeln bzgl. der Hauptkristallachsen korreliert (Abb. 1).

Kohärente Bremsstrahlung tritt auf, wenn die Kohärenzlänge größer wird als die Gitterkonstante d, d. h., es gilt

$$\frac{E(E - \hbar\nu)}{(m_e c^2)^2} \frac{4\pi c}{\nu} \geq d, \tag{1}$$

wobei $E = E_0 - m_e c^2$ die kinetische Teilchenenergie und ν die emittierte Frequenz ist [6].

Kennwerte, Funktionen

Die Spektren der Bremsstrahlung sind durch eine kurzwellige Grenze gekennzeichnet, die sich aus dem Energieerhaltungssatz ergibt und vom Targetmaterial unabhängig ist

$$\hbar\nu_{max} = E_0 - m_e c^2, \tag{2}$$

wobei E_0 die Gesamtenergie der auftreffenden Elektronen oder Positronen ist.

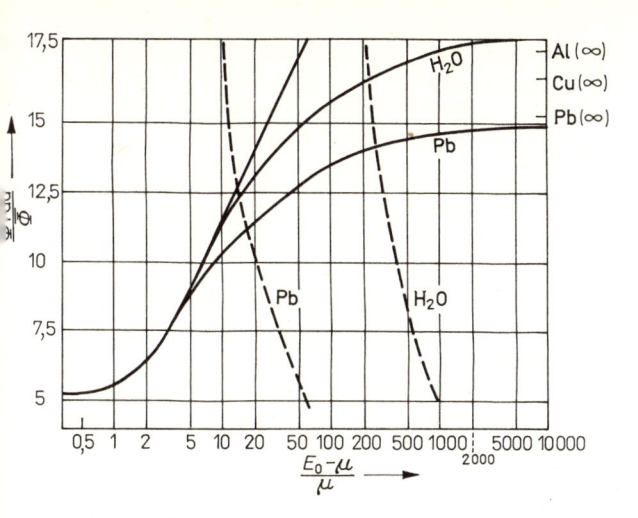

Abb. 3 Bremsquerschnitt Φ_{rad} für Strahlungsenergieverluste [8].

Die Intensitätsverteilungen der Bremsstrahlung als Funktion des Verhältnisses der Quantenenergie $k = \hbar\nu$ zur kinetischen Energie $E_0 - m_e c^2$ sind in Abb. 2 dargestellt. Die Wirkungsquerschnitte sind dabei in den Einheiten $\bar\Phi = Z^2 r_0^2 / 137$ angegeben, mit Z als Ordnungszahl des Targets und $r_0 = e^2/m_e c^2 = 2{,}818 \cdot 10^{-13}$ cm als der klassische Elektronenradius. Die Zahlen geben die primäre kinetische Energie in den Einheiten $m_e c^2$ an. Die gestrichelten Linien sind in Bornscher Näherung berechnet und berücksichtigen die Abschirmung nicht. Sie sind für alle Elemente gültig. Abweichungen der durchgezogenen Kurven von den gestrichelten Linien entsprechen dem Abschirmungseffekt für Pb-Targets. Im nichtrelativistischen Fall wurden die Berechnungen für Aluminium durchgeführt.

Die Abhängigkeit der Intensität der Bremsstrahlung von der Targetdicke kann durch die Strahlungsenergieverluste beschrieben werden. Diese sind gegeben durch

$$-\frac{dE_0}{dx} = N E_0 \Phi_{rad}, \quad (3)$$

wobei N die Zahl der Atome pro Volumeneinheit und Φ_{rad} der Strahlungsverlustquerschnitt ist,

$$\Phi_{rad} = \frac{1}{E_0} \int_0^1 k \Phi_k \, d\left(\frac{k}{E_0 - m_e c^2}\right). \quad (4)$$

Abbildung 3 zeigt Φ_{rad} in Einheiten $\bar\Phi$ für den Energieverlust eines Elektrons (Positrons) pro cm Weglänge durch Bremsstrahlung. Die durchgezogene unbezeichnete Kurve ist unter Vernachlässigung der Abschirmung berechnet und für alle Elemente gültig. Die gestrichelten Linien geben den unelastischen Energieverlust an. Rechts oben sind die asymptotischen Werte für Al, Cu und Pb angegeben [8].

Die Strahlungslänge t_0 ist die Targetdicke, bei der die Teilchenenergie im Mittel nur noch den e-ten Teil der Einschußenergie besitzt [9]:

$$t_0 = \frac{1}{N \Phi_{rad}^*} \quad \text{mit} \quad \Phi_{rad}^* = \frac{4 Z^2 r_0^2}{137} \ln\left(183 \, Z^{-1/3}\right). \quad (5)$$

Anwendungen

Bremsstrahlung, wie sie beim Betreiben von Röntgenröhren in einem Spannungsbereich von 80 kV bis 100 kV entsteht, wird in der medizinischen Röntgendiagnostik angewendet. Diese langwellige oder auch weich genannte Strahlung wird schon von Materialien geringer Schichtdicke stark absorbiert und liefert ein kontrastreiches Bild. Bei der Untersuchung korpulenter Patienten findet die medizinische Hartstrahltechnik Anwendung, die sich im Spannungsbereich 100 kV bis 150 kV bewegt. Durch Verwendung von Filtern, die den langwelligen Anteil der Streustrahlung absorbieren, kann die Bildqualität wesentlich verbessert werden. In der Werkstoffprüfung verwendet man ebenfalls weitgehend die kontinuierliche Röntgenstrahlung. Da jedoch auch dicke Materialien untersucht werden sollen, sind dort Quantenenergien im MeV-Bereich erforderlich, die durch Elektronen höherer Energie erreicht werden. Die Absorptionskoeffizienten nehmen jedoch nicht mit wachsender Quantenenergie monoton ab, sondern weisen Minima auf (für Cu, Fe bei 6 MeV–8 MeV, für Materialien mit höheren Atomzahlen Z bei 3 MeV–4 MeV – z. B. Pb–).

Da sich die Bremsstrahlung bei relativistischen Teilchenenergien in einem Kegel mit dem Winkelbereich $\Delta\Theta \lesssim m_e c^2/E$ konzentriert, müssen Ausgleichsfilter zur Homogenisierung des Strahlungsfeldes verwendet werden [10].

Breite Anwendung findet die Bremsstrahlung von Teilchen mit relativistischen Energien in der Kernphysik, speziell bei der Untersuchung des Kernphotoeffektes [4]. Insbesondere ist hier die scharfe Grenze des Spektrums bei der kinetischen Energie der erzeugenden Elektronen oder Positronen von Bedeutung. Ist das Spektrum der Bremsstrahlung als Funktion der Teilchenenergie bekannt, läßt sich die zu untersuchende Kernresonanz durch Variation der Energie abtasten und dann durch Entfaltung der Querschnitt der Kernreaktion bestimmen. Deshalb sind insbesondere monoenergetische Elektronenstrahlen und dünne Targetmaterialien erforderlich. Die Targets sollten etwa eine Dicke von 0,01 bis 0,1 Strahlungslängen t_0 haben (für Blei sind das 0,05 bis 0,5 mm) [4].

Besser als die Bremsstrahlung sind monoenergetische γ-Strahlen geeignet. Die bei (n, γ) und (p, γ)-Reaktionen entstehenden γ-Quanten besitzen jedoch nur eine geringe Intensität und sind bezüglich der Quantenenergie wenig variabel. Günstiger ist es, die bei der

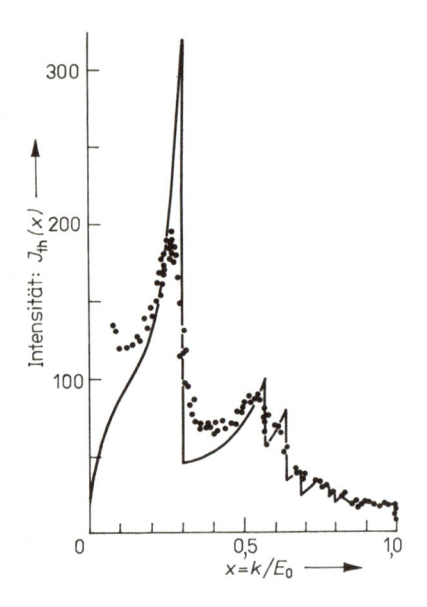

Abb. 4 Kohärente Bremsstrahlung von 4,8 GeV Elektronen in Diamant bei $\Theta = 3{,}44$ mrad zur $\langle 110 \rangle$ - Achse. (Durchgezogene Linie: Theorie, Punkte: Experiment) [11]

Annihilation von Positionen entstehende Strahlung zu verwenden. Als Annihilationstargets sollten Materialien geringer Ordnungszahl benutzt werden, da der Querschnitt der entstehenden Bremsstrahlung, die als Untergrund störend auftritt, Z^2 proportional ist, die Annihilationsquerschnitte sich jedoch linear in Z verhalten.

Da das Spektrum der kohärenten Bremsstrahlung mehrere Maxima mit relativ scharfen Kanten besitzt (Abb. 4) und diese sich durch Veränderung der Orientierung des Teilchenstrahls zum Kristalltarget variieren lassen, ist die kohärente Bremsstrahlung in dieser Beziehung besser zur Untersuchung des Kernphotoeffekts geeignet [11]. Jedoch ergeben sich Probleme wegen der erforderlichen exakten Kristalljustierung und der Defektfreiheit der zu verwendenden Kristalle.

Durch Messung der von einem Plasma emittierten Bremsstrahlung kann im Prinzip die Plasmatemperatur bestimmt werden, wenn eine Maxwell-Verteilung vorausgesetzt wird. Abweichungen von einer solchen Gleichgewichtsverteilung führen zu Fehlern in der Interpretation [12].

Literatur

[1] RÖNTGEN, W.C., Ann. Physik. Bd. 64, S. 1 – 1898.
[2] SOMMERFELD, A.: Atombau und Spektrallinien. 4. Aufl. – Braunschweig: Druck und Verlag von Friedrich Vieweg & Sohn Aktien-Ges. 1924.
[3] BETHE H.; HEITLER, W., Proc. Royal Soc. A. **146** (1934) 83.
[4] BOGDANKEVIČ, O.V.; NIKOLAEV, F.A.: Rabota s pučkom tormosnogo izlučenija – Moskau: Atomizdat 1964.
[5] TER-MIKAELIAN, M.L.: Vlijanije Sredy na elektromagnitnye prozessy pri vysokich energijach. – Jerevan: Izdatelstvo Akademii Nauk Armjanskoi SSR 1969.
[6] ÜBERALL, H., Phys. Rev. B. **103** (1956) 1055.
[7] WATSON, J.E.; KOEHLER, J., Phys. Rev. B. **25** (1982) 3079.
[8] HEITLER, W.: The Quantum Theory of Radiation. – Oxford: Clarendon Press 1954.
[9] KOCH, H.W.; MOTZ, J.W., Rev. mod. Phys. **31** (1959) 920–955. (Überblicksartikel mit vielen Formeln und Abbildungen zu Spektren und Winkelverteilungen der emittierten gewöhnlichen Bremsstrahlung).
[10] REGLER, F.: Einführung in die Physik der Röntgen- und Gammastrahlen. – München: Verlag Karl Thiemig KG. 1967.
[11] PALAZZI, G.D., Rev. mod. Phys. **40** (1968) 611–631.
[12] LAMOUREUX, M.; MÖLLER, C.; JAEGLE, P., Phys. Letters **95** (1983) 297.

Brüten

Das Prinzip des Brütens wurde bald nach der Entdeckung der Kernspaltung erkannt. Um das Jahr 1950 entstanden die ersten Nulleistungsreaktoren mit einem schnellen Neutronenspektrum in der SU, den USA und in Großbritannien. Im Gegensatz zu den thermischen Reaktoren war die Entwicklung des schnellen Brutreaktors durch eine gute internationale Zusammenarbeit und eine einheitliche Entwicklungskonzeption gekennzeichnet.

Die erste Generation von Brutreaktoren diente hauptsächlich dem Studium der Physik schneller Neutronen und der Demonstration der technischen Lösbarkeit. Betriebserfahrungen mit schnellen Brütern mit Flüssigmetallkühlung und Oxidbrennstoffen wurden in den sechziger Jahren gesammelt. Gegenwärtig arbeiten schnelle Brüter im industriellen Prototyp-Maßstab erfolgreich in der Sowjetunion, in Frankreich und in Großbritannien. Versuchsreaktoren und Kraftwerksprototypen schneller Brüter sind in der BRD, Japan, den USA, Italien und Indien im Bau.

Sachverhalt

Unter Brüten versteht man die Umwandlung von Brut-, d. h. Kernmaterial durch Neutroneneinfang und nachfolgende Betazerfälle in Spaltmaterial. Die zwei natürlich vorkommenden Brutstoffe sind ^{232}Th und ^{238}U. Diese Nuklide lassen sich nur durch Neutronen spalten, deren kinetische Energie $E_n > 1$ MeV beträgt. Neutronen mit geringerer Energie werden von ihnen unter gleichzeitiger Aussendung eines Gammaquantes absorbiert. Die Reaktion (n, γ) wird Einfangreaktion genannt. Damit ergeben sich folgende Brutreaktionen:

$$^{238}U + n \rightarrow\ ^{239}U \xrightarrow[23,5\ min]{\beta^-}\ ^{239}Np \xrightarrow[2,35d]{\beta^-}$$

$$^{239}Pu \xrightarrow[24360y]{\alpha}\ ^{235}U, \qquad (1)$$

$$^{232}Th + n \rightarrow\ ^{233}Th \xrightarrow[22,1\ min]{\beta^-}\ ^{233}Pa \xrightarrow[27,4d]{\beta^-}$$

$$^{233}U \xrightarrow[162000y]{\alpha}\ ^{229}Th. \qquad (2)$$

Als Ergebnis entstehen die Spaltmaterialien ^{233}U, ^{235}U und ^{239}Pu, die durch Neutronen mit beliebiger Energie gespalten werden können.

Die Endprodukte der Brutreaktionen sind ihrerseits der Anfang einer komplizierten Kette von Nukliden, die durch weitere Einfangsreaktionen und Betazerfälle entstehen [1].

Das Brüten neuer Spaltmaterialien ist möglich, wenn genügend Neutronen für die Einfangreaktionen zur Verfügung stehen. Als Neutronenquelle kann die Kettenreaktion eines Kernreaktors genutzt werden. Für die Aufrechterhaltung einer Kettenreaktion muß die mittlere Anzahl $\bar{\nu}$ der Neutronen, die pro Spaltung frei werden, größer 1 sein. Wenn der Wert $\bar{\nu} > 2$ wird, ist die Möglichkeit für eine Brutreaktion gegeben. Im Mittel kann ein Neutron pro Spaltung eine weitere Spaltung auslösen und damit die Kettenreaktion aufrechterhalten, während die zusätzlich vorhandenen Neutronen im Brutmaterial eingefangen werden. Dadurch erhöht sich die Menge des Spaltmaterials im Reaktor. Es führt jedoch nicht jede Wechselwirkung eines Neutrons mit dem Spaltmaterial zur Spaltung. Die Neutronen können auch durch andere Kernreaktionen im Reaktor absorbiert werden (z. B. im Kühlmittel oder in Konstruktionsmaterialien) oder aus dem Reaktorkern ohne Wechselwirkung entweichen. Diese Neutronen sind sowohl für die Kettenreaktion der Kernspaltung als auch für die Brutreaktion verloren. Der Brutreaktor muß deshalb so aufgebaut sein, daß die mittlere Anzahl der erzeugten Neutronen zur Anzahl der absorbierten Neutronen maximal ist.

Kennwerte, Funktionen

Die mittlere Anzahl der pro Spaltung erzeugten Neutronen zur Anzahl der absorbierten Neutronen ist definiert als Neutronenausbeute

$$\bar{\eta} = \bar{\nu} \cdot \sigma_f / (\sigma_f + \sigma_c), \qquad (3)$$

wobei σ_f der Spaltquerschnitt und σ_c der Absorptionsquerschnitt bedeuten.

Die Neutronenausbeute ist eine Funktion der Neutronenenergie. Abbildung 1 zeigt den Verlauf für die drei Spaltnuklide ^{233}U, ^{235}U und ^{239}Pu. Es ist ersichtlich, daß der Wert $\bar{\eta} > 2$ in verschiedenen Energiebereichen verwirklicht ist. Die höchsten Werte für die

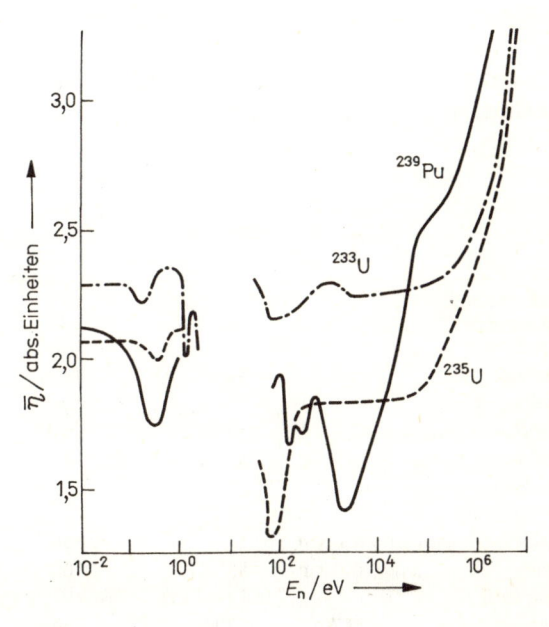

Abb. 1 Neutronenausbeute $\bar{\eta}$ als Funktion der Neutronenenergie

Neutronenausbeute erreicht das Nuklid ^{239}Pu im Energiebereich $E_n > 100$ keV. Im thermischen Energiebereich dominiert hingegen das Nuklid ^{233}U. Es existieren folglich auch zwei Varianten eines Brutreaktors. Ein thermischer Brutreaktor, der mit ^{233}U als Spaltmaterial arbeitet, und ein schneller Brutreaktor, der das Nuklid ^{239}Pu verwendet.

Die für das Brüten wichtige Größe ist das Verhältnis zwischen der Produktionsrate von neuem Spaltmaterial (^{233}U, ^{239}Pu), das kontinuierlich aus Brutmaterial erzeugt wird, und der Verbrauchsrate von Spaltmaterial. Diese Größe wird Konversionsverhältnis genannt (Formelzeichen C oder CR). Bei Werten größer 1 wird es auch als Brutverhältnis (BR) bezeichnet. Das Konversions- oder Brutverhältnis eines Reaktorkernes ergibt sich aus

$$\left.\begin{array}{c}CR\\BR\end{array}\right\} = \bar{\eta} - 1 - \bar{a} - \bar{l} + \bar{f}. \qquad (4)$$

Dabei sind:

$\bar{a}$ – die parasitäre Absorption, die den Neutronenverlust durch Absorption in dem Kühlmittel, den Struktur- und Kontrollmaterialien beschreibt,

$\bar{l}$ – die Größe, die das Entweichen der Neutronen aus dem Reaktorkern widerspiegelt und

$\bar{f}$ – der Beitrag der schnellen Spaltung des Brutmaterials.

Im thermischen Brutreaktor sind maximale Werte von CR = 0,9 ÷ 1,03 bei $\bar{\eta}$ = 2,28 erreichbar. Der Schnellspaltfaktor beträgt $\bar{f}$ = 0,01 ÷ 0,03. Für den schnellen Brüter liegen die Brutverhältnisse im Bereich von BR = 1,15 ÷ 1,30 bei einem $\bar{\eta}$ = 2,4. Der Schnellspaltfaktor erreicht hier Werte von $\bar{f}$ = 0,1 ÷ 0,15 [2]. Je höher das Brutverhältnis ist, desto mehr Brutmaterial wird in Spaltmaterial umgewandelt.

Das neu gebildete Spaltmaterial durchläuft einen geschlossenen Kernbrennstoffkreislauf. Außerhalb des Reaktors wird es von dem Brutmaterial chemisch getrennt. Es kann gemeinsam mit dem nicht verbrauchten Spaltmaterial zur Herstellung neuer Brennelemente verwendet und in dem Brutreaktor wieder eingesetzt werden. Bei einem mehrmaligen Ablauf dieses Zyklusses beträgt die Ausnutzung des Spaltmaterials für einen schnellen Brüter bis zu 60%. Das ist etwa 100mal mehr als bei den gegenwärtig eingesetzten Leichtwasserreaktoren (LWR). Mit der Einführung der schnellen Brüter neben den LWR wird es über längere Zeit möglich sein, den wachsenden Weltenergiebedarf unabhängig von den Uranvorkommen zu decken [3].

Anwendungen

Die Entwicklung eines Brüters hängt ab von der Wahl des Spaltmaterials (^{233}U oder ^{239}Pu) und des Brutmaterials (^{238}U oder ^{232}Th) und dem verwendeten Neutronenspektrum (thermisch oder schnell).

Der thermische Brutreaktor, der mit ^{233}U/^{232}Th-Brennstoff arbeitet, ist wegen seines niedrigen Konversionsverhältnisses technisch praktisch bedeutungslos. Im Gegensatz dazu ist der Schnelle Brüter bis zum kommerziellen Kraftwerk entwickelt worden. Die Tab. 1 enthält die wichtigsten Parameter der fortgeschrittensten Reaktoren.

Eine Besonderheit des Schnellen Brüters ist die Kühlung mit flüssigem Natriummetall. Die guten Wärmeeigenschaften des Natriums ermöglichen eine hohe thermische Effektivität des Reaktors von etwa 40%. Nachteilig sind die starke Aktivierung des Natriums durch Neutronen (Radioaktivität) und die große chemische Reaktionsfreudigkeit mit Wasser und Luft. Das macht zusätzliche konstruktive Maßnahmen erforderlich. Es werden mindestens drei Kühlkreisläufe verwendet, von denen die ersten beiden mit Natrium und der dritte mit Wasser zur Dampferzeugung für das Turbogeneratorsystem arbeiten.

Tabelle 1 Technische Parameter schneller Brutreaktoren [aus 2]

		Phenix Frankreich	Superphenix	PFR GB	BN 350 Sowjetunion	BN 600
Reaktorleistung						
thermisch	MW	568	3000	600	1000	1470
elektrisch	MW	250	1200	250	350	600
Bauweise		Tank	Tank	Tank	Schleife	Tank
Kühlmittel		Na	Na	Na	Na	Na
Eintrittstemperatur	°C	385	395	394	300	380
Auslaßtemperatur	°C	552	545	550	500	550
Durchmesser des Reaktorgefäßes	m	11,8	21	12,2	6,0	12,8
Reaktorkern Durchmesser	cm	139	366	147	158	206
Höhe	cm	85	100	91	106	75
Brennstoff		UO$_2$/PuO$_2$	UO$_2$/PuO$_2$	UO$_2$/PuO$_2$	UO$_2$	UO$_2$/PuO$_2$
Abbrand	MWd/t	72000	100000	75000	50000	100000
Brutverhältnis		1,16	1,18	1,2	1,4	1,3

Für den Primärkreislauf schneller Brüter haben sich zwei Bauweisen durchgesetzt, die nahezu gleichwertig sind. Bei der Tankbauweise befinden sich Reaktor, Zwischenwärmeaustauscher und Pumpen in einem einzigen großen, mit Natrium gefüllten Behälter. Bei der anderen Variante sind der Reaktor und die verschiedenen Anlagenteile durch Kühlmittelschleifen verbunden.

Der Reaktorkern eines Schnellen Brüters besteht aus einer zylindrischen Anordnung von hexagonalen Brennelementen, die das Spaltmaterial (^{239}Pu) und das Brutmaterial (^{238}U) als Mischoxide enthalten. Dieser Kern ist zusätzlich axial und radial von Brutmaterial (natürlichen oder abgereicherten Uranoxid) umgeben. Diese Brutmaterialzone wird Blanket genannt. Neben den Oxidbrennstoffen werden zukünftig auch Karbide und metallische Brennstoffe untersucht, um das Brennstoffinventar von etwa 3 t/GW weiter zu senken und das Brutverhältnis bis auf den Wert BR = 1,5 ÷ 1,7 zu erhöhen.

Literatur

[1] Judd, A. M.: Fast Breeder Reactors. – Oxford/New York: Pergamon press 1981.
[2] Kessler, G.: Nuclear Fission Reactors. In: Topics in Energy. Hrsg.: L. Bauer. – Wien/New York: Springer Verlag 1983.
[3] Morozov, I.G., Atomwirtschaft **4** (1983) 400.
[4] Spickmann, W.: Kernenergie – Tatsachen, Tendenzen, Probleme. – Leipzig/Jena/Berlin: Urania Verlag 1981.

Čerenkov-Effekt

Der Čerenkov-Effekt wurde 1934 von P.A. Čerenkov und S.I. Vavilov entdeckt [1]. Beim Durchgang radioaktiver Strahlung durch Stoffe wurde eine neuartige Leuchterscheinung beobachtet, deren Eigenschaften von den bekannten Phosphoreszenzerscheinungen abwichen. Strahlungsbremsung, bei der durch Abbremsung geladener Teilchen im Coulomb-Feld von Kernen Lichtquanten emittiert werden, konnte als Ursache ebenfalls ausgeschlossen werden, da keine Abhängigkeit von der Kernladungszahl Z des Stoffes festgestellt wurde. I.E. Tamm und I.M. Frank erklärten 1937 den Effekt mit Hilfe der klassischen Elektrodynamik [2]. Der Effekt fand später breite Anwendung in Detektionssystemen der Kern- und Elementarteilchenphysik, wodurch bedeutende Entdeckungen gemacht werden konnten. Daher wurde 1958 den sowjetischen Physikern Čerenkov, Tamm und Frank der Nobelpreis zuerkannt.

Sachverhalt

Bewegt sich in einem durchsichtigen Medium ein geladenes Teilchen mit einer Geschwindigkeit, die größer ist als die Lichtgeschwindigkeit in diesem Medium, so kommt es zur Emission elektromagnetischer Strahlung. Das Spektrum der Strahlung erstreckt sich über den gesamten Bereich, in dem das Medium durchsichtig ist. Die Abstrahlung erfolgt in einem bestimmten Winkel zur Teilchenbahn (Abb. 1). Als Analogie dazu kann der Machsche Kegel der Schallabstrahlung von mit Überschallgeschwindigkeit fliegenden Flugkörpern angesehen werden. Das *Čerenkov-Licht* ist polarisiert. Der magnetische Vektor steht senkrecht auf der durch Abstrahlungsrichtung und Teilchenflugrichtung aufgespannten Ebene. Der Energieverlust geladener Teilchen beim Durchgang durch ein Medium ist nur zu etwa 1% durch den Čerenkov-Effekt bedingt. Den Hauptanteil an der Abbremsung haben die Ionisationsverluste.

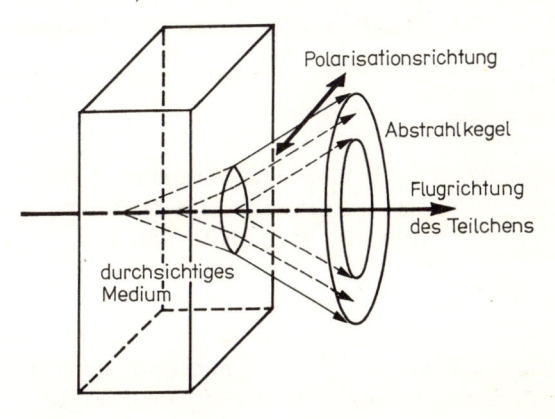

Abb. 1 Abstrahlgeometrie und Polarisationsrichtung des Čerenkov-Lichts

Kennwerte, Funktionen

Damit der Čerenkov-Effekt auftritt, muß die Geschwindigkeit v eines geladenen Teilchens größer sein als die Phasengeschwindigkeit c' der Lichtwellen im durchflogenen Medium. Obere Grenze für v ist die Vakuumlichtgeschwindigkeit c als Grenzgeschwindigkeit jeglicher Bewegung. Mit n als Brechungsindex des Mediums ergibt sich als Geschwindigkeitsbedingung

$$c' = \frac{c}{n} < v < c. \qquad (1)$$

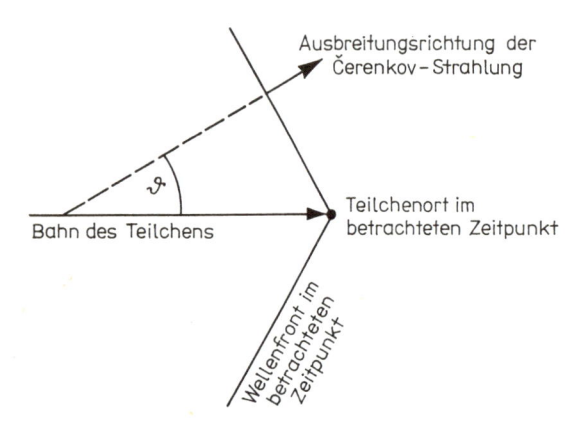

Abb. 2 Kegelförmige Wellenfront der Čerenkov-Strahlung

Abbildung 2 illustriert die Ausbildung einer kegelförmigen Wellenfront, zu der senkrecht die Ausbreitung der *Čerenkov-Strahlung* erfolgt. Für den Winkel ϑ zwischen Ausbreitungsrichtung der Čerenkov-Strahlung und Bewegungsrichtung des Teilchens gilt

$$\vartheta = \arccos \frac{c}{nv}. \qquad (2)$$

Für die untere Grenzgeschwindigkeit $v \to c'$ wird $\vartheta = 0$; die Ausbreitung der Strahlung erfolgt in Flugrichtung. Für den oberen Grenzfall $v \to c$ ergibt sich ein für das Medium charakteristischer maximaler Winkel

$$\vartheta_{max} = \arccos \frac{1}{n}. \qquad (3)$$

Die Anzahl N der in einem Frequenzintervall von ν bis $\nu + \Delta\nu$ entlang einer Wegstrecke x des Teilchens emittierten Lichtquanten ist durch die Beziehung

$$N = \frac{2Z^2\alpha}{c}\left(1 - \frac{c^2}{v^2 n^2}\right) x\, \Delta\nu \qquad (4)$$

gegeben. Dabei ist $\alpha = 1/137$ die Sommerfeldsche Feinstrukturkonstante und Z die Ladungszahl des Teilchens. N ist unabhängig von ν, d. h., in allen Frequenzintervallen $\Delta\nu$ werden gleichviel Photonen emittiert.

Betrachtet man ein Wellenlängenintervall von λ_{min} bis λ_{max}, so ändert sich (4) folgendermaßen:

$$N = 2Z^2\alpha\left(1 - \frac{c^2}{v^2 n^2}\right) x \left(\frac{1}{\lambda_{min}} - \frac{1}{\lambda_{max}}\right). \qquad (5)$$

Anwendungen

Der Čerenkov-Effekt wird im Čerenkov-Detektor ausgenutzt, um schnelle geladene Kernstrahlungsteilchen zu registrieren. Je nach Meßaufgabe existiert eine Vielzahl verschiedener Konstruktionen. Das Čerenkov-Licht entsteht in einem der zu untersuchenden Kernstrahlung ausgesetzten festen (z. B. Gläser, Plastmaterialien) flüssigen (z. B. H_2O, CCl_4) oder gasförmigen (z. B. Helium) Radiator und wird mit einem Photonendetektor, meist einem Sekundärelektronenvervielfacher (SEV), registriert. Bei der Zusammenstellung von geeigneten Kombinationen Radiator-Photonendetektor soll die spektrale Empfindlichkeit des Detektors möglichst den gesamten durchsichtigen Bereich des Radiators überstreichen. Für alle Čerenkov-Detektoren existiert aufgrund der Bedingung (1) ein

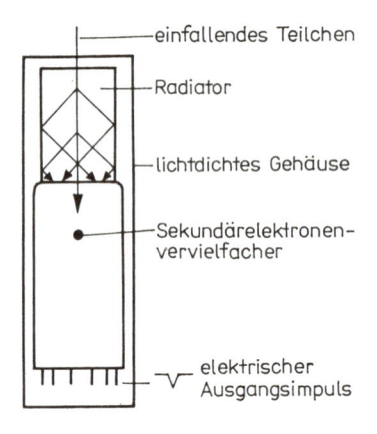

Abb. 3 Čerenkov-Detektor

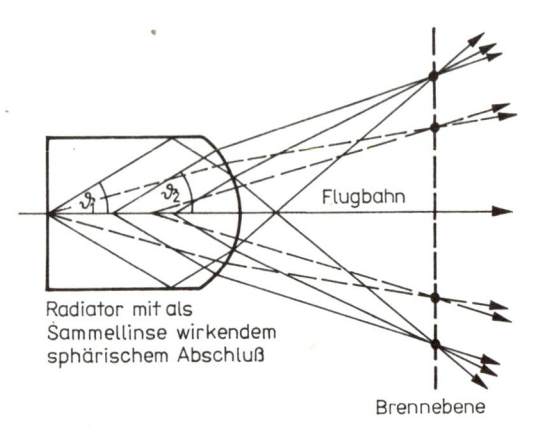

Abb. 4 Fokussierung des Čerenkov-Lichts auf Ringe bei zwei verschiedenen Teilchengeschwindigkeiten

Schwellwert der Geschwindigkeit der zu registrierenden Teilchen. Einfache Čerenkov-Detektoren arbeiten als Schwellwertdetektoren, um schnelle Teilchen in einem Untergrund langsamer zu registrieren. Die Geschwindigkeitsschwelle ist jedoch nicht sehr scharf, da das Čerenkov-Licht bei der Überschreitung von v' nicht abrupt einsetzt, sondern die Intensität laut Formel (5) mit steigendem v stetig ansteigt. Dadurch kommt es im unteren v-Bereich zu Ansprechunsicherheiten des Lichtdetektors. Außerdem können schwere Teilchen, die (1) nicht erfüllen, durch elastischen Stoß Elektronen des Radiatormaterials auf Geschwindigkeiten größer als v' bringen, wodurch Licht entsteht. Zumeist montiert man zylindrische oder sechskantige Radiatoren axial auf SEV. Von axial einfallenden Teilchen ausgehendes Licht gelangt durch Totalreflexion fast vollständig zur Fotokatode (Abb. 3). Schwärzt man die dem SEV gegenüberliegende Stirnseite des Radiators, so werden nur in Richtung des SEV fliegende Teilchen nachgewiesen. Im Bleiglas-Čerenkov-Detektor werden durch hochenergetische Elektronen, Positronen oder Gammaquanten Schauer von Elektron-Positronpaaren erzeugt, und die Ausgangssignale des SEV sind ein Maß für die Energie der Primärteilchen. Durch Ausnutzung der Beziehung (2) läßt sich die Geschwindigkeit der Teilchen bestimmen. Gelangt z. B. das aus dem Radiator austretende Licht auf eine Sammellinse, so wird es in deren Brennebene auf einen Ring fokussiert, dessen Radius ein Maß für die Teilchengeschwindigkeit ist (Abb. 4). Mit Ringblenden oder speziellen Spiegelsystemen [3] kann man erreichen, daß aus einem Teilchengemisch nur solche mit einer bestimmten Geschwindigkeit registriert werden. Mit speziellen Fokussierungssystemen wurden schon Genauigkeiten von $\frac{\Delta v}{v} \approx 10^{-7}$ erreicht [5].

Verwendet man anstelle von SEV spezielle koordinatenempfindliche Photonendetektoren, so läßt sich die fokussierte Čerenkov-Strahlung jedes einzelnen Teilchens direkt als ringförmiges Bild registrieren [4]. Außer der Geschwindigkeit jedes Teilchens (aus dem Ringradius) läßt sich auch aus der Lage des Rings die Flugrichtung sowie unter Ausnutzung der Beziehung (5) aus der Anzahl der registrierten Photonen die Ladung bestimmen.

Literatur

[1] ČERENKOV, P.A., C.R.Acad. Sci. USSR **8** (1934) 451.
[2] FRANK, I., TAMM I., C. R. Acad. Sci. USSR **14** (1937) 109.
[3] Handbuch der Physik. Bd. 45. Hrsg. S. FLÜGGE. – Berlin/Göttingen/Heidelberg: Springer-Verlag 1958.
[4] SEGUINOT, J.; Ypsilantis, T., Nucl. Instrum. Meth. **142** (1977) 377.
[5] LITT, S.J.; MENNIER, R., Ann. Rev. Nucl. Sci. **23** (1973).

Compton-Effekt

1904 untersuchte A.S. EVE [1] die Streuung von Gammastrahlen einer Radiumquelle an verschiedenen Stoffen. Er fand, daß die gestreute Strahlung geringere Energie besitzt. J.A. GRAY [2] fand, daß die Streustrahlung um so energieärmer wird, je größer der Streuwinkel ist. Eine Erklärung fanden diese experimentellen Befunde durch die Arbeiten von A.H. COMPTON [3], nach dem dieser Effekt seinen Namen hat.
Zwei Jahre zuvor hat P. DEBYE die Streuung von Lichtquanten entsprechend der Lichtquantenhypothese von A. EINSTEIN berechnet und dasselbe Resultat wie COMPTON erhalten, es aber erst nach Kenntnis der experimentellen Resultate von COMPTON publiziert [4].

Sachverhalt

Fällt energiereiche elektromagnetische Strahlung auf stoffliche Materie, so tritt neben dem Photoeffekt noch eine elastische Streuung an den Elektronen des Streuers auf. Auf Grund der Quantennatur des Lichtes wird bei diesem Stoßprozeß Energie und Impuls auf das Elektron übertragen. Besonders hoch ist die Wahrscheinlichkeit für diesen Prozeß für elektromagnetische Strahlung im Energiebereich größer Kiloelektronenvolt (Röntgen- oder Gammastrahlung). Für das System Gammaquant und Elektron gelten der Energieerhaltungssatz und der Impulserhaltungssatz. Daraus ergibt sich eine Wellenlängenverschiebung der gestreuten Gammaquanten an einem ruhenden Elektron, d. h., der Impuls des Elektrons vor dem Stoß ist gleich Null:

$$\Delta\lambda = 0.0486 \sin^2 \frac{\vartheta}{2}.$$

Der Winkel ϑ ist der Streuwinkel. Diese Wellenlängenänderung ist unabhängig vom Streuer. Sie ist am größten in Rückwärtsstreuung ($\vartheta = 180°$). Für sichtbares Licht ist die *Comptonstreuung* nicht mehr festzustellen.

Befindet sich das Elektron, an dem das Gammaquant gestreut wird, nicht in Ruhe, so wird die Wellenlängenänderung modifiziert. Ist p_z die Komponente des Elektronenimpulses senkrecht zur Bewegungsrichtung des stoßenden Gammaquantes der Wellenlänge λ_1 und ist λ_2 die Wellenlänge des Gammaquantes nach dem Stoß, so beträgt die Wellenlängenänderung

$$\Delta\lambda = 0{,}0486 \cdot \sin^2 \frac{\vartheta}{2} + 2(\lambda_1 \cdot \lambda_2)^{1/2} \frac{p_z}{mc} \cdot \sin\frac{\vartheta}{2}$$

(c = Lichtgeschwindigkeit, m = Masse des Elektrons).
Der zweite Term der rechten Seite der obigen Gleichung wird die *Dopplerverschiebung* genannt. Sie ist vom Impuls des Elektrons abhängig und verursacht

Kennwerte

Differentieller Streuquerschnitt an einem freien Elektron (Formel von KLEIN und NISHINA):

$$\frac{d\sigma}{d\Omega} = \frac{r_0^2}{2} \left\{ \frac{1}{[1+a(1-\cos\vartheta)]^2} \right.$$

$$\left. \times \left[1 + \cos^2\vartheta + \frac{a^2(1-\cos\vartheta)^2}{1+a(1-\cos\vartheta)} \right] \right\} \text{ mit } a = \frac{h\nu}{mc^2}.$$

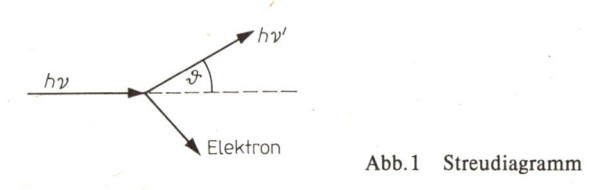

Abb. 1 Streudiagramm

In der „Impuls-Näherung":

$$\frac{d^2\sigma}{d\Omega dE} = \frac{e^4}{m_0^2 c^4} \frac{1}{2}(1+\cos^2\vartheta) \frac{E_2}{E_1} J(p_z).$$

Compton-Profil: $J(p_z) = \iint \varrho(p)\, dp_x\, dp_y$

$\varrho(p)$: Impulsdichteverteilung.

Anwendungen

Bestimmung der Impulsverteilung der Elektronen. Diese Anwendung der *Compton-Spektroskopie* beruht auf der Ausnutzung der Dopplerverschiebung der rückgestreuten Gammaquanten. Der Wirkungsquerschnitt für den Streuprozeß und damit die Intensität der registrierten Strahlung ist proportional der Verteilung der Impulskomponente in Richtung des Streuvektors. Die Auswertung der Ergebnisse verlangt eine Modellberechnung der *Compton-Profile*. Nur der Vergleich zwischen Experiment und Theorie gestattet eine Aussage über die Impulsverteilung bzw. die Gültigkeit der Modellwellenfunktion. An freien Atomen wurden die Compton-Profile für die Edelgasatome Helium, Krypton und Argon ermittelt [6].

Für Festkörper ist die Form der Compton-Profile durch den Zustand der Valenzelektronen bestimmt. Da die Compton-Streuung inkohärent erfolgt, ist das Ergebnis unabhängig von der Perfektion des Gitters. Aber auch hier bedarf es einer gründlichen theoretischen Analyse, um Aussagen über die Elektronenstruktur machen zu können.

Ausnutzung der Compton-Streuung zur Radiographie. Bei der Radiographie von dicken Proben muß die Energie der Strahlung erhöht werden, um noch eine hinreichende Transmission zu erreichen. Mit wachsender Energie nimmt aber auch der Schwächungskoeffizient des Materials ab. Kleine Störungen im Material (Lunker, Einschlüsse usw.) werden mit geringerem Kontrast abgebildet.

Nutzt man die Compton-Streuung, so bleibt der Kontrast bei wachsender Primärstrahlenergie annähernd konstant. Er ist in erster Näherung proportional zur relativen Dichteänderung. Diese Eigenschaft, hoher Kontrast bei gleichzeitig hoher Durchdringungsfähigkeit, ist besonders wertvoll für die Untersuchung des Einschlusses leichter Stoffe in schweren Umhüllungen (z. B. Untersuchung von Artilleriegeschossen [7]). Unter anderem wurde die Compton-Streutechnik zur Untersuchung der Dichte in zweiphasigen Kühlmittelströmen eines Kernreaktors eingesetzt [8]. Der prinzipielle Aufbau einer solchen Anlage ist in Abb. 1 dargestellt.

In der Medizin wird diese Technik in Verbindung mit einem Computer eingesetzt, um Dichteänderungen im Gewebe tomographisch abzubilden. Durch Verschieben der Detektor-Kollimator-Anordnung (Abb. 2) kann das Untersuchungsobjekt abschnittsweise abgetastet werden. Mit dieser Technik wurde ein Lungenödem untersucht. Ein Vergleich mit den Ergebnissen der konventionellen Röntgenstrahltechnik ist in [9] beschrieben.

Compton-Streuung in der Lasertechnik [10]. Es gibt theoretische Überlegungen und erste experimentelle Untersuchungen, die Compton-Streuung als Mittel zur Frequenzverschiebung von Maser-Strahlung einzusetzen. Grundprinzip ist die Einstrahlung von Maser-Licht parallel zur Richtung eines relativistischen Elektronenstrahles. Die Rückstreuung der Mikrowellen an diesen Elektronen bewirkt eine Doppler-, also Frequenzverschiebung. Wenn die Bewegungsrichtung der Elektronen entgegengesetzt zum Primärstrahl gerich-

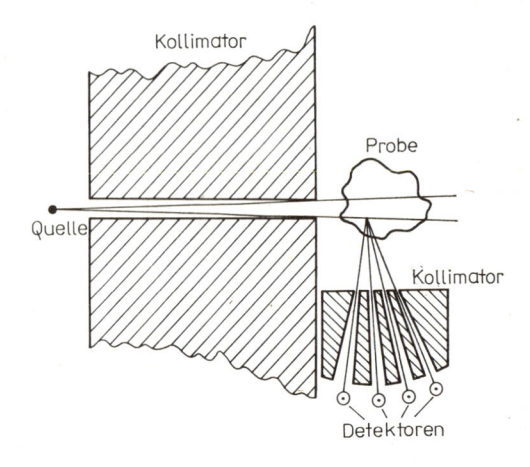

Abb. 2 Prinzipaufbau einer Radiographieanlage auf der Basis der Compton-Streuung

tet ist, so ist das Verhältnis der Frequenz ν_2 der rückgestreuten Photonen zur Frequenz ν_1 der Primärstrahlung

$$\frac{\nu_2}{\nu_1} \cong 4\left(\frac{E_0}{m\,c^2}\right)^2.$$

Bei einem Elektronenstrahl von 8 MeV Energie und Mikrowellen mit einer Wellenlänge von 10 cm wird die Wellenlänge ins ferne Infrarot (100 µm) verschoben. Durch Variation von E_0, der Energie des Elektronenstrahls, ist der Maser im Prinzip durchstimmbar. Diese gestreuten Photonen sind in einem Resonator eingeschlossen und stimulieren den Prozeß der Compton-Streuung.

Literatur

[1] Eve, A.S., Phil. Mag. **8** (1904) 669.
[2] Gray, J.A., Phil. Mag. **26** (1913) 611.
[3] Compton, A.H., Phys. Rev. **21** (1923) 207 und 483.
[4] Debye, P., Phys. Z. **24** (1925) 165.
[5] „Compton Scattering" Hrsg.: B. William. McGraw-Hill, Int. Book Comp. 1977.
[6] Mendelsohn, L.; Smith, V.H.; Atoms: In: [5].
[7] Stokes, J. A.; Alvar, K. R.; Corey, R. L.; Costello, D. G.; John, J.; Kocimski, S.; Lurie, N. A.; Thayer, D.D.; Trippe, A.P.; Young, J.C., Nucl. Instrum. Meth. **193** (1982) 261.
[8] Jacobs, A.M.; Anghaie, S.; Kondic, N.N., Trans. Amer. Nucl. Soc. **39** (1981) 1005.
[9] IEEE 1982: „Computer in Cardiology". Florenz, 23.–25.09.81, S. 69–74.
[10] Sprangle, P.; Drobot, A. T., J. appl. Phys. **50** (1979) 2652.

Elektronenbeugung

Der experimentelle Nachweis, daß Elektronen an Kristallen gebeugt werden können, war der direkte Beweis für die Wellennatur der bewegten Materie. W. Elsasser [1] griff eine Idee von de Broglie auf und wies 1925 auf die Möglichkeit der Beugung von Elektronen an Kristallen hin. C. Davisson und Kunsman, später L.H. Germer, untersuchten in lang ausgedehnten Versuchsreihen die Wechselwirkung von Elektronenstrahlen mit Metallen. Sie stellten zunächst fest, daß die Elektronen elastisch reflektiert wurden. Bei der Untersuchung der Winkelverteilung der reflektierten Elektronen registrierten sie eine Abhängigkeit von der Kristallorientierung. Davisson und Germer [2] veröffentlichten 1927 die Ergebnisse ihrer Arbeiten zur Streuung von Elektronen an Nickeleinkristallen. Sie beschossen die Kristalle mit niederenergetischen Elektronen und bestimmten die Intensitäten der gebeugten Strahlen. Dieses Beugungsverfahren ist heute unter dem Begriff *Low-Energy-Electron-Diffraction (LEED)* bekannt. Kurze Zeit danach beobachteten Thomson und Reid Debye-Scherrer-Ringe, die sie mit 10 keV-Elektronenstrahlen an dünnen Folien erzeugten. Stern [3] wies 1929 nach, daß die Beugung an Kristallen keine Besonderheit der Elektronen ist, indem er Helium- und Wasserstoffstrahlen interferieren ließ.

Die Elektronenbeugung ist ein Effekt, der vielfältig angewendet wird. Insbesondere in der Oberflächenphysik ist die Elektronenbeugung zu einer unentbehrlichen Analysenmethode geworden.

Sachverhalt

Bewegten Elektronen kann man nach de Broglie eine Wellenlänge zuordnen (siehe Abb. 1 und Gl. (1)). Die typischen Welleneigenschaften, Beugung und Interferenz, können beobachtet werden, wenn die interferierenden Wellenzüge Phasenunterschiede in der Größenordnung der Wellenlänge besitzen. Zur Beschreibung der Beugungserscheinungen kann man die geometrische, die kinematische oder die dynamische Theorie heranziehen.

Die geometrische Theorie stellt die gröbste Näherung dar. Es wird vorausgesetzt, daß die einlaufenden Wellenzüge nur einmal gestreut werden und daß von allen Streuzentren Kugelwellen ausgehen. Die Anwendung elementarer geometrischer Beziehungen auf den dreidimensional unendlich ausgedehnten Kristall führt zu den drei *Laue-Gleichungen* (siehe Gl. (2)). Der Differenzvektor von einlaufender und gesteuerter Welle muß ein Gittervektor des reziproken Kristallgitters sein. Formt man die Laue-Gleichungen um, so erhält man die Bragg-Gleichung (siehe Gl. (3)). Die von Ewald vorgeschlagene zweidimensionale Darstellung der Laue-Gleichung in einer Ebene des reziproken Gitters eignet sich sehr gut zur Deutung der Beugungserscheinungen (Abb. 2). Liegt ein Punkt des reziproken Gitters auf der Oberfläche der *Ewald-Kugel*, so kann ein Beugungsreflex beobachtet werden. Diese Bedingung wird noch etwas durch die *Laue-Intensitätsstacheln* aufgelockert [4]. Zur Ermittlung der Intensitäten der gebeugten Strahlen wird die Wechselwirkung der Elektronen mit dem Kristall quantenmechanisch berechnet. Die kinematische Theorie geht von der Näherung aus, daß die Intensität der gebeugten Strahlen klein ist gegenüber der des Primärstrahles. Die Elektronen werden nur einfach gestreut. Die dynamische Theorie der Elektronenbeugung berücksichtigt die Mehrfachstreuung. In der Literatur sind ausführliche Darstellungen der kinematischen und dynamischen Theorie veröffentlicht [4, 5].

Der Bereich der verwendeten Elektronenenergien erstreckt sich über etwa sechs Größenordnungen. Dadurch liegen verschiedenartige experimentelle Bedingungen vor. Dementsprechend unterscheidet sich auch die theoretische Beschreibung. Bis zu einer Elektronenenergie von etwa 250 eV spricht man von niederenergetischer Elektronenbeugung (*LEED*). Im Bereich von etwa 1 keV bis 5 keV bezeichnet man die Erscheinung als mittelenergetische Elektronenbeugung. Von hochenergetischer Beugung, *High-Energy-Electron-Diffraction (Heed)*, spricht man bei Elektronenenergien oberhalb von 10 keV. Außerdem unterscheidet man noch, ob die Beugung in Durchstrahlung (Transmission) oder in Reflexion erfolgt.

Die Elektronen werden hauptsächlich am Coulomb-Potential des Atomkerns gestreut. Die Wechselwirkung mit der Atomhülle ist demgegenüber vernachlässigbar. Die intensive Wechselwirkung der Elektronen mit stofflicher Materie hat zur Folge, daß die Intensität der gebeugten Strahlen sehr groß ist. Das Beugungsbild kann unmittelbar beobachtet und registriert werden. Die Untersuchung rasch ablaufender Vorgänge ist möglich. Die Eindringtiefe der Elektronen in den Kristall hängt von vielen Einflußgrößen ab. In [5] wurde der Einfluß der Oberflächentopographie ausführlich untersucht. Im Mittel kann man, je nach Elektronenenergie, mit Informationstiefen von 0,2 nm bis 1000 nm rechnen.

Die Beugungsdiagramme ähneln denen, die von der Röntgenbeugung her bekannt sind. Die Beugung an einkristallinen Substanzen führt zu Punktdiagrammen. Infolge der geringen Wellenlänge der Elektronen stellt das Beugungsdiagramm annähernd einen ebenen Schnitt durch das reziproke Gitter des Kristalls dar. Die Schnittfläche ist so orientiert, daß die Flächennormale mit der Richtung des Primärstrahles zusammenfällt. Polykristalline Substanzen führen zu den bekannten *Debye-Scherrer-Ring-Diagrammen*. Die Auswertung der Beugungsdiagramme ist sehr ausführlich in [6] beschrieben.

Der technische Aufbau der Beugungsapparaturen ist sehr unterschiedlich, je nachdem, welches Beugungsverfahren eingesetzt wird. Als Elektronenquelle wird häufig eine Glühkatode verwendet. Die freien Elektronen werden beschleunigt und fokussiert. Ein Manipulator ermöglicht gewisse Verschiebungen und Drehungen des Objektes relativ zum Elektronenstrahl. Der Nachweis der gebeugten Strahlen erfolgt meist mit einem Leuchtschirm, der fotografiert werden kann. Spezielle Apparaturen verfügen über Einrichtungen zur Intensitätsmessung der gebeugten Strahlen. Die Elektronenbeugung läßt sich nur im Hochvakuum bei einem Restgasdruck unter 1 mPa realisieren. Bei speziellen Verfahren, z. B. LEED, ist Ultrahochvakuum notwendig.

Die Elektronenbeugung ist ein Analysenverfahren, das sehr gut geeignet ist zur Untersuchung dünner Schichten, Oberflächen und Reaktionen auf Oberflächen. In erster Linie werden Informationen zur Kristallstruktur gewonnen. Von besonderer Bedeutung ist, daß mit der Elektronenbeugung Aussagen zur Reaktionskinetik möglich sind.

Kennwerte, Funktionen

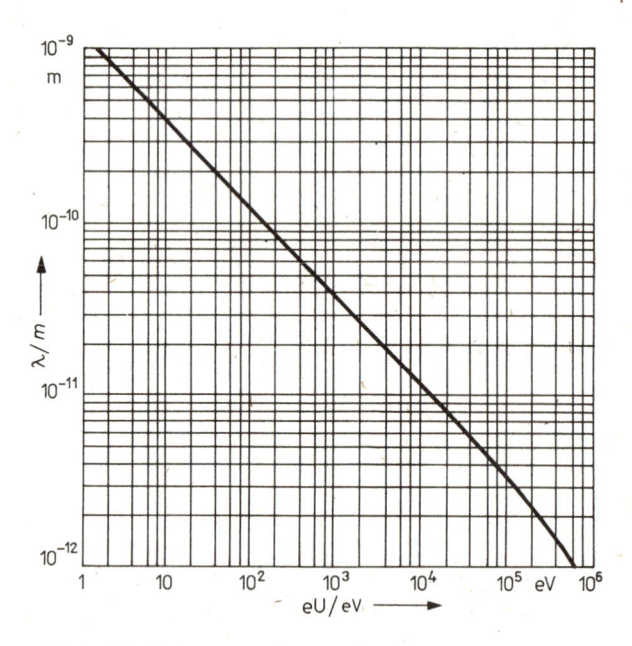

Abb. 1 Die Elektronenwellenlänge als Funktion der Beschleunigungsspannung U

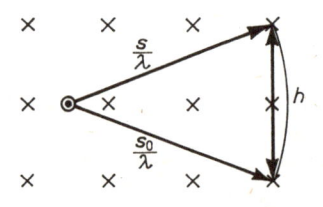

Abb. 2 Geometrische Veranschaulichung der Laue-Gleichungen (Gl.(2)) – Ewald-Konstruktion

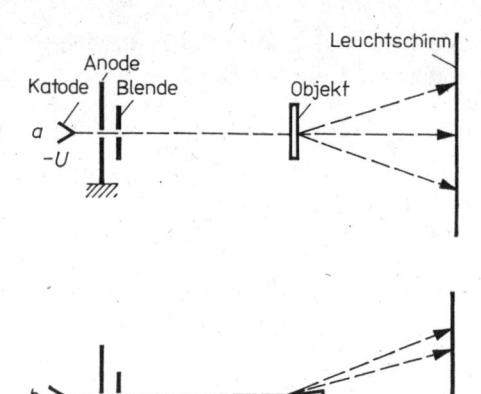

Abb. 3 Schematische Darstellung des Strahlenganges bei der Elektronenbeugung; a) Durchstrahlung, b) Reflexion

$$\lambda = \frac{\hbar}{mv} \qquad (1)$$

(λ – Elektronenwellenlänge; $\hbar$ – *Planck-Wirkungsquantum;* m – Masse des Elektrons; v – Elektronengeschwindigkeit)

$$s - s_0 = \lambda \cdot h \qquad (2)$$

(s – Einheitsvektor der gestreuten Welle; s_0 – Einheitsvektor d. einfallenden W.; λ – Elektronenwellenlänge;

h – Gittervektor des reziproken Gitters)

$$2 \cdot d \cdot \sin\vartheta = n \cdot \lambda \qquad (3)$$

(d – Netzebenenabstand; ϑ – halber Beugungswinkel; n – Beugungsordnung; λ – Elektronenwellenlänge)

Anwendungen

Allgemeines. Damit Elektroneninterferenzen entstehen können, muß bei der zu untersuchenden Substanz im atomaren Bereich ein Ordnungszustand vorliegen. Demzufolge wird zwischen Interferenzen an gasförmigen, flüssigen, amorphen und kristallinen Objekten unterschieden.

Bei mehratomigen Gasen entstehen die Beugungsdiagramme durch innermolekulare Interferenzen. Aus den Abmessungen der Beugungsringe können die Atomabstände bestimmt und Informationen über die Elektronendichteverteilung gewonnen werden. Mit der Elektronenbeugung an Gasen wurde ein wesentlicher Beitrag zur Molekülforschung geleistet [5].

Die Beugungsdiagramme von Flüssigkeiten sind auf intra- und innermolekulare Interferenzen zurückzuführen. Aus den Beugungsbildern können mittlere Atomabstände und Koordinationszahlen bestimmt werden. Untersucht wurden beispielsweise Ölfilme und Metallschmelzen [5, 7].

Die Beugungsbilder amorpher Substanzen bestehen aus einigen sehr breiten Debye-Scherrer-Ringen. Meist wurden bislang Elemente untersucht, die neben der amorphen noch eine kristalline Struktur besitzen. Wird die Temperatur erhöht, so wandelt sich die amorphe Phase in die kristalline um. Die Beugungsdiagramme von feinstkristallinen Polykristallen ähneln denen der amorphen Substanzen. Feinstkristalline Oberflächen entstehen u. a. durch die mechanische Bearbeitung von Metallen (*Beilby-Schicht*) [7].

Das Hauptanwendungsgebiet der Elektronenbeugung ist die Untersuchung kristalliner Substanzen. Aus der Anordnung der Reflexe kann auf das Kristallsystem, die Translationsgruppe und die Gitterabmessungen geschlossen werden. Bei Präzisionsapparaturen ist es möglich, die Gitterkonstanten mit derselben Genauigkeit wie bei der Röntgenbeugung zu bestimmen. Die Intensität der Reflexe liefert Aussagen zum Strukturfaktor und damit zur Atomanordnung in der Elementarzelle. Werden dünne Reaktionsschichten auf Festkörperoberflächen untersucht, so ist es möglich, die Orientierung der Schichten relativ zum Substrat (Epitaxiebeziehung) hinsichtlich der Fläche und der Richtung zu bestimmen. Alle Abweichungen vom idealen, dreidimensional unendlich ausgedehnten Kristall äußern sich in Reflexverschiebungen und in Änderungen der Intensität, Größe und Form der Reflexe. Die geringe Eindringtiefe der Elektronen ist der Grund dafür, daß stets nur zweidimensional unendlich ausgedehnte Kristalle untersucht werden. Dadurch entstehen die bereits erwähnten Laue-Intensitätsstacheln [4]. Die Auswirkungen von Gitterstörungen auf die Beugungsdiagramme sind in [5] ausführlich behandelt worden. Eine große Anzahl von Arbeiten wurde in [7] zusammengestellt, in denen Aufgaben aus allen Bereichen der Industrie gelöst wurden. Mit der Entwicklung der Methode LEED unter Ultrahochvakuum-Bedingungen wurde die Breite dieses Spektrums wesentlich erweitert.

Durchstrahlungselektronenbeugung (TED). Dieses Beugungsverfahren ist auf dünne, durchstrahlbare Schichten beschränkt. Untersucht werden Aufdampfschichten, abgedünnte Kristalle, Spaltflächen usw. Die Schichtdicke kann je nach Substanz und Elektronenenergie bis zu 1000 nm betragen. In Abb. 3a ist der Strahlengang schematisch dargestellt. Die TED wird sehr häufig in Verbindung mit der Durchstrahlungselektronenmikroskopie eingesetzt. Durch geringfügige Änderungen des Strahlenganges im Elektronenmikroskop wird das Beugungsbild des Objektes in die Leuchtschirmebene abgebildet [8]. In einer großen Anzahl von Arbeiten wurden dünne Schichten untersucht. Mit Hilfe der Elektronenbeugung entstanden wertvolle Beiträge zur Physik dünner Schichten. Insbesondere wurden die Wachstumsbedingungen und die kristallographischen Besonderheiten der Schichten untersucht.

Reflexionselektronenbeugung (RHEED). Der Primärelektronenstrahl fällt unter einem Winkel von etwa 3° bis 5° zur Objektoberfläche ein (Abb. 3b). Die Elektronen werden an den Netzebenen reflektiert. Das Beugungsbild weist zwei Besonderheiten gegenüber der TED auf. Infolge der geringen Eindringtiefe der Elektronen, 0,2 nm bis 10 nm, tragen nur sehr wenige Netzebenen zum Beugungsbild bei, so daß die Reflexe streifenförmig verzerrt werden [4]. Durch den Strahlengang bedingt, wird eine Hälfte des Beugungsbildes durch das Objekt abgeschattet. RHEED ist sehr gut zur Untersuchung von Festkörperoberflächen geeignet. Läßt man den Primärstrahl unter verschiedenen azimutalen Winkeln einfallen, so kann aus den Beugungsbildern das reziproke Gitter aufgebaut werden. RHEED hat in den letzten Jahren im Zusammenhang mit der *Molekular-Strahl-Epitaxie (MBE)* an Bedeutung gewonnen, da es die einzige Analysenmethode ist, die unmittelbare Aussagen zur Kristallstruktur zuläßt [9]. In Ultrahochvakuum-Apparaturen wird RHEED zur Lösung von Aufgaben der Korrosions- und Katalyseforschung eingesetzt [10, 11]. Zur Untersuchung von Adsorptionsschichten auf einkristallinen Substanzen ist RHEED ebenfalls geeignet [12]. Nachteilig wirkt sich aus, daß der Elektronenstrahl in Strahlrichtung auf den etwa 30fachen Wert des Durchmessers verzerrt ist.

Low-Energy-Electron-Diffraction (LEED). Die bereits von Davisson und Germer [2] angewendete Methode der Elektronenbeugung erlangte mit der Entwicklung der Ultrahochvakuumtechnik große Bedeutung für die Oberflächenphysik. Die Elektronen werden mit Energien um 100 eV auf die Festkörperoberfläche geschossen. Zum Nachweis der gebeugten Elektronen wird ein sphärischer Leuchtschirm benutzt. Der bei dieser Beugungsmethode vorhandene relativ starke unelastische Streuuntergrund wird mit einem sphärischen Gegenfeldanalysator herausgefiltert. Der Gegenfeldanalysator kann für die Auger-Elektronen-Spektroskopie (siehe *Auger-Effekt*) verwendet werden. Infolge der geringen Elektronenenergien werden mit LEED nur die obersten Monolagen der Festkörperoberfläche erfaßt. LEED liefert Aussagen zur Oberflächenstruktur, zur elektronischen Struktur und zur Gitterdynamik der Oberfläche [13, 14]. Nachteilig ist, daß nur einkristalline Substanzen untersucht werden können. Eine interessante Weiterentwicklung ist das *spinpolarisierte LEED (SPLEED)* [15]. SPLEED ist als Analysenverfahren und als Spin-Detektor verwendbar [16].

Transmissionselektronenmikroskopie (TEM). Die TEM ist kein Beugungsverfahren im eigentlichen Sinne, sondern eine elektronenmikroskopische Abbildung, bei der der Kontrast durch die Beugung der Elektronen entsteht. Bei der Durchstrahlung eines Kristalls werden die Elektronen im Gitter an den Netzebenenscharen gebeugt. Die in ganz bestimmte Richtungen abgelenkten Elektronen werden aus dem Strahlengang ausgeblendet. Alle stark beugenden Objektbereiche erscheinen daher im Bild dunkel. Dieser Beugungskontrast entsteht an dünnen, keilförmigen Kristallen (Extinktionskonturen) und vor allem an Kristallbaufehlern. Gitterstörungen haben zur Folge, daß in gewissen Bereichen Störungen der Netzebenen entstehen. Dadurch ändern sich die Beugungswinkel gegenüber der ungestörten Umgebung, und der Bereich der Gitterstörung erscheint dunkel. Mit dem Beugungskontrast lassen sich sehr gut Versetzungen, Stapelfehler und Zwillingsgrenzen nachweisen. Mit der TEM wurden viele Aufgaben aus der Metallphysik, insbesondere zur plastischen Verformung gelöst. Ausführliche Beschreibungen dieser Methode und Anwendungsbeispiele sind u. a. in [17] und [18] zu finden.

Weitere Anwendungen. Der bereits bei der TEM genannte Beugungskontrast wird auch zur Abbildung von Netzebenen kristalliner Objekte benutzt [19]. Kanten bzw. Objektstellen mit unstetiger Änderung der Massendicke führen zur sogenannten Fresnel-Beugung [19]. *Kikuchi-Linien* entstehen durch Mehrfachstreuung [18]. Sie können nur an unverformten Kristallen beobachtet werden.

Zur Feinstrahlbeugung siehe auch [21].

Literatur

[1] Elsasser, W.: Bemerkungen zur Quantenmechanik freier Elektronen. Naturwissenschaften **13** (1925) 711.

[2] Davisson, C.; Germer, L.H.: Diffraction of electrons by crystal of nickel. Phys. Rev. **30** (1927) 6, 705–740.

[3] Stern, O.: Beugung von Molekularstrahlen am Gitter einer Krystallspaltfläche. Naturwissenschaften **17** (1929) 21, 391.

[4] Laue, M. v.: Materiewellen und ihre Interferenzen. 2. Aufl. – Leipzig: Akademische Verlagsgesellschaft Geest & Portig K.-G. 1948.

[5] Raether, H.: Elektroneninterferenzen. In: Handbuch der Physik. Hrsg. S. Flügge. – Berlin/Göttingen/Heidelberg: Springer-Verlag 1957. Bd.32, S. 443–551.

[6] Andrews, K.W.; Dyson, D.J.; Keown, S.R.: Interpretation of Electron Diffraction Patterns. 2.Aufl. – London: Adam Hilger 1971.

[7] Bauer, E.: Elektronenbeugung. – München: Verlag Moderne Industrie 1958.

[8] Ardenne, M. v.: Tabellen zur angewandten Physik. Bd. 1. 2. Aufl. – Berlin: VEB Deutscher Verlag der Wissenschaften 1973.

[9] Cho, A. Y.: Recent developments in Molecular-Beam-Epitaxy (MBE). J. Vac. Sci. Technol. **16** (1979) 2, 275–284.

[10] Højlund Nielsen, P. E.: On The Investigation of Surface Structure by RHEED. Surf. Sci. **35** (1973) 194–210.

[11] Narusawa, T.; Shimizu, S.; Komiya, S.: A simultaneous RHEED/AES Combined System. Jap. J. appl. Phys. **17** (1978) 4, 721–722.

[12] Ino, S.: Some New Techniques in Reflection High Energy Electron Diffraction (RHEED). Jap. J. appl. Phys. **16** (1977) 6, 891–908.
[13] Ertl, G.; Küppers, J.: Low Energy Electrons and Surface Chemistry. – Weinheim: Verlag Chemie 1974.
[14] Pendry, J. B.: Low Energy Electron Diffraction. London: Academic Press 1974.
[15] Feder, R.: Spin-polarised low-energy electron diffraction. J. Phys. C **14** (1981) 15, 2049–2091.
[16] Kirschner, J.; Feder, R.; Wendelken, J. F.: Electron Spin Polarization in Energy- and Angle-Resolved Photoemission from W (001): Experiment and Theory. Phys. Rev. Letters **47** (1981) 8, 614–617.
[17] Hirsch, P. B.: Electron Microscopy of Thin Crystals. – London: Butterworths 1965.
[18] Heimendahl, M. v.: Einführung in die Elektronenmikroskopie: Verfahren zur Untersuchung von Werkstoffen und anderen Festkörpern. – Braunschweig: Friedr. Vieweg & Sohn GmbH. 1970.
[19] Picht, J.; Heydenreich, J.: Einführung in die Elektronenmikroskopie. Berlin: VEB Verlag Technik 1966.
[20] Raether, H.: Elektroneninterferenzen und ihre Anwendung. Erg. exakt. Naturwiss. **24** (1951) 54–141.
[21] von Ardenne, M., et al.: Feinstrahlelektronenbeugung im Universalelektronenmikroskop. Z. Physik **119** (1942) 352.

Elektronenstrahlen

Bei Untersuchungen an Gasentladungen (siehe *Gasentladungen*) entdeckte Pfluecker 1859 die Elektronenstrahlen, die zehn Jahre später J. W. Hittorf erstmals rein darstellte. Die Aufklärung ihrer Natur, die Beschreibung ihrer Eigenschaften sowie die Untersuchung ihrer Wechselwirkung mit stofflicher Materie sind eng mit den Namen Goldstein, Crooks, Hertz, Lenard und J. J. Thomson verbunden. Entsprechend ihrem Emissionsort in Gasentladungs- oder Glühkatodenröhren wurden sie lange Zeit als *Katodenstrahlen* bezeichnet. Die Entdeckung der Röntgenstrahlen 1895, die Entwicklung der Braunschen Röhre 1896 und das versuchsweise Schmelzen hochschmelzender Metalle mit Elektronenstrahlen durch von Pirani 1905 leiteten die technische Nutzung von Elektronenstrahlen ein. Die Entwicklung der Elektronenoptik führte zu einer Vielzahl elektronenoptischer Geräte, wie z. B. der Fernsehröhre durch von Ardenne 1930 /20/, zum Elektronenmikroskop durch Ruska 1934, zum Bildwandler durch von Ardenne 1934 /21/, zum Elektronenbeschleuniger durch Steenbeck 1935 und zum Rasterelektronenmikroskop durch von Ardenne 1937 /1/, /2/. Seit den sechziger Jahren erfolgt nach Schaffung von Elektronenstrahlern für Leistungen bis zu 1200 kW im Forschungsinstitut von Ardenne der Einsatz von Elektronenstrahlen zunehmend für technologische Prozesse, wie beispielsweise zum Schweißen, Schmelzen /22/, /23/, Oberflächenhärten, Beschichten und zur Mikrobearbeitung.

Sachverhalt

Begriffsbestimmung. Elektronenstrahlen sind gerichtete Bündel monoenergetisch beschleunigter Elektronen. Sie werden in künstlichen Einrichtungen auf willkürlichem, kontrolliertem Weg vom Ort ihrer Erzeugung zum Ort ihrer Bestimmung geführt. Damit gehören andere Phänomene bewegter freier Elektronen, wie sie u. a. bei Metallen, Halbleitern und Gasentladungen vorliegen, mit der Höhenstrahlung und Kernreaktionen (siehe *Kernreaktionen*) verbunden sind, nicht in das Gebiet der Elektronenstrahlen.
Eigenschaften. Die Eigenschaften von Elektronenstrahlen sind maßgeblich mit denen des Elektrons als massearmes, ladungsbehaftetes Elementarteilchen verbunden (Gln. (1) und (2)). Die anwendungsorientiert wichtigsten Eigenschaften und Merkmale von Elektronenstrahlen sind:

– Transport von Ladung,
– Übertragbarkeit und Transport von Energie,
– trägheitsarme Beeinflußbarkeit des Strahlenverlaufs durch elektrische und magnetische Felder,
– quasioptisches Verhalten,
– Konzentrierbarkeit auf kleinste Brennflecke,
– leichte Erzeugbarkeit,
– intensive, vielfältig nutzbare Wechselwirkungen mit Materie.

Elektronenstrahlen besitzen dualen Charakter, d. h., abhängig von den Wechselwirkungsbedingungen zeigen sie die Eigenschaften eines Teilchenstrahls oder einer Materiewelle mit der *de Broglie-Wellenlänge* nach Gl. (9). Die Welleneigenschaften beziehen sich auf Bezugs- und Interferenzerscheinungen bei Elektronenstrahlen (siehe *Elektronenbeugung, Interferenz*) und haben nichts mit elektromagnetischer Wellenstrahlung zu tun. Für die vorliegende Thematik ist das Verständnis als Korpuskularstrahl im allgemeinen ausreichend.

Erzeugung und Führung. Elektronenstrahleinrichtungen lassen sich häufig gemäß Abb. 1 in drei charakteristische Bereiche unterteilen:
- die Elektronenstrahlquelle, in der die Erzeugung des Elektronenstrahls erfolgt,
- das Strahlführungsteil, in dem die Strahlgeometrie, die charakteristischen Strahlparameter und die Strahlrichtung aufgabenspezifisch beeinflußt werden und
- das Target als der Bestimmungsort, an dem der Elektronenstrahl auf Materie einwirkt.

Die Erzeugung von Elektronenstrahlen setzt freie Elektronen voraus. Sie werden durch Elektronenemission aus Katoden gewonnen. Ihre Freisetzung erfolgt je nach Katodenart und Aufgabe vorrangig durch Glühemission (siehe *Richardson-Effekt*), aber auch durch Photoeffekt (siehe *Photoeffekt*), Extraktion aus Plasmen (siehe *Hohlkatodeneffekt*), Sekundärelektronenemission (siehe *Sekundärelektronen*) und durch Feldemission (siehe *Feldelektronenemission*). Der Elektronenstrahl wird durch Beschleunigung der freien Elektronen im elektrischen Feld, das durch Anlegen einer Beschleunigungsspannung zwischen Katode und Anode gebildet wird, erzeugt (Gln. (3) bis (8)). Die zwar geringe, aber endliche träge Masse der Elektronen ermöglicht es, die beschleunigten Elektronen durch eine Öffnung in der Anode als Elektronenstrahlbündel aus der Strahlquelle herauszuführen. Im evakuierten feldfreien Raum breiten sich Elektronenstrahlen ohne Energieverlust in ihrer Emissionsrichtung geradlinig aus. Zur Strahlformung und Strahlstromsteuerung ist in Katodennähe häufig eine zur Katode elektrisch negativ vorgespannte Steuerelektrode vorgesehen. Die geometrische Gestalt von Katode, Steuerelektrode und Anode und deren elektrische Potentiale bestimmen die Geometrie des Elektronenstrahls. Oft werden Bündel von Paraxialstrahlen (siehe *optische Abbildung*) benötigt, mitunter aber auch ausgedehnte Bündel mit kreisförmigem, rechteckigem oder komplizierterem Strahlquerschnitt. Im Strahlführungsteil wird der Elektronenstrahl durch geeignete elektrische und magnetische Felder – entsprechend ihren Kraftwirkungen gemäß Gl. (10) – in seinem weiteren Ausbreitungsverhalten aufgabenspezifisch beeinflußt. Dazu sind als wichtigste elektronenoptisch aktive Bauelemente magnetische oder elektrische Linsen und Ablenkeinheiten zu nennen. Sie gestatten – ähnlich wie Glaslinsen und Prismen für Lichtstrahlen – Elektronenstrahlen zu fokussieren und abzulenken (Gln. (11) und (12)). Ebenfalls in Analogie zur Lichtoptik werden Blenden als passive Bauelemente zur Strahlformung verwendet [3, 4].

Mit dem Auftreffen auf das Target endet der Elektronenstrahl. Die dabei auftretenden Wechselwirkungen hängen sowohl von den Parametern des Elektronenstrahls als auch von den Eigenschaften des Targetmaterials ab.

Elektronenstrahlgeräte sind grundsätzlich Hochvakuumgeräte mit einem Betriebsvakuum $\leq 10^{-2}$ Pa. Dieses Vakuum wird entweder im Gerät einmalig erzeugt und durch vakuumdichten Verschluß, wie z. B. Abschmelzen, über die Lebensdauer des Gerätes erhalten oder durch ständige Verbindung mit Vakuumpumpen aufrechterhalten.

Wechselwirkungen mit stofflicher Materie. Treffen Elektronenstrahlen auf stoffliche Materie, so lösen sie dort eine Reihe von Wirkungen aus. Umgekehrt wirkt auch die Materie auf das weitere Ausbreitungsverhalten des Elektronenstrahls zurück. Ursache dieser Wechselwirkung ist die elektrische Ladung des Elektrons und der atomare Aufbau der Materie aus ebenfalls elektrisch geladenen Teilchen.

Wirkungen auf den Elektronenstrahl. Die Strahlenelektronen werden an den Atomen des Targets elastisch und unelastisch gestreut. Sie erfahren dadurch eine Änderung ihrer Bewegungsrichtung und im zweiten Fall zusätzlich einen Energieverlust. Ist das Target genügend dick, so werden sie nach sehr vielen Stößen auf thermische Energie und isotrope Richtungsverteilung abgebremst. Bei sehr hohen Elektronenenergien von ≥ 10 MeV ist der Energieverlust durch Emission von Bremsstrahlung (siehe *Bremsstrahlung*) bestimmend. Die Reichweite der Elektronenstrahlen nach

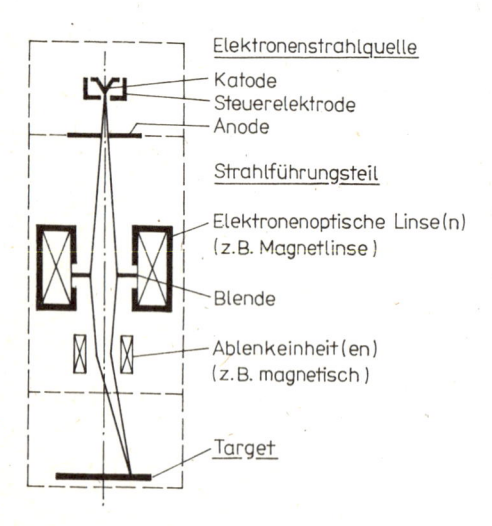

Abb. 1 Prinzipieller Aufbau einer Elektronenstrahleinrichtung

Elektronenstrahl
Energie $W = eU_B$
Leistung $P = I_B U_B$

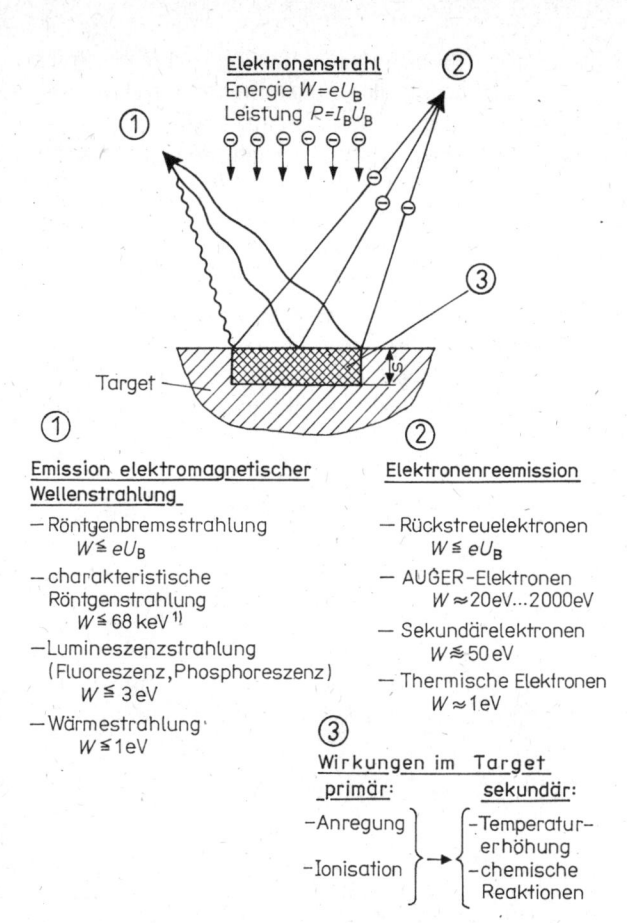

① Emission elektromagnetischer Wellenstrahlung
- Röntgenbremsstrahlung $W \lesssim eU_B$
- charakteristische Röntgenstrahlung $W \lesssim 68$ keV [1)]
- Lumineszenzstrahlung (Fluoreszenz, Phosphoreszenz) $W \lesssim 3$ eV
- Wärmestrahlung $W \lesssim 1$ eV

② Elektronenreemission
- Rückstreuelektronen $W \lesssim eU_B$
- AUGER-Elektronen $W \approx 20$ eV ... 2000 eV
- Sekundärelektronen $W \lesssim 50$ eV
- Thermische Elektronen $W \approx 1$ eV

③ Wirkungen im Target
primär:
- Anregung
- Ionisation

sekundär:
- Temperaturerhöhung
- chemische Reaktionen

Abb. 2 Wirkungen des Elektronenstrahls beim Auftreffen auf Materie
[1)] gilt für Wolfram, bei $eU_B \gtrsim 68$ keV, für Stoffe geringerer Ordnungszahl ist W kleiner (z. B. 7 keV für Eisen)

Gl. (13) (Abbremsung auf im Mittel 1 % ihrer Anfangsenergie) hängt von ihrer Energie und der Dichte des Targetmaterials ab. Ist die Targetdicke geringer als die Reichweite, so tritt der Elektronenstrahl mit entsprechend veränderter Richtungsverteilung und entsprechendem Energieverlust aus dem Target wieder aus. Dadurch können Elektronenstrahlen hinreichender Energie über vakuumdichte Metallfolienfenster auch in nicht- oder teilevakuierte Räume geführt werden [5].

Wirkungen auf Materie. Die wichtigsten primären Wirkungen des Elektronenstrahls auf das Target veranschaulicht Abb. 2. Sie sind auf das durch den Strahlquerschnitt und die Elektronenreichweite S bestimmte Volumen begrenzt und hängen von der Elektronenenergie und der Targetsubstanz ab. Der Hauptanteil der Strahlenenergie wird zur Anregung und Ionisation (siehe *Ionisation*) der Targetatome oder -moleküle verbraucht. Die angeregten und ionisierten Teilchen haben nicht minder wichtige, durch die Stoffeigenschaften bestimmte Sekundärwirkungen zur Folge. Die quantitativ bedeutendste ist die Erzeugung von Wärme durch Rückkehr der angeregten und ionisierten Atome und Moleküle in den Grundzustand unter Abgabe der Anregungs- bzw. Ionisierungsenergie. Chemisch reaktionsfähige Substanzen können außerdem ihre Bindungsverhältnisse ändern (siehe *Photopolymerisation und -vernetzung*).

Die Wärmewirkung und die damit verbundene Temperaturerhöhung breitet sich durch Wärmeleitung über das Absorptionsvolumen hinaus aus. Vom Strahlauftreffort werden im gesamten bis zur Energie des Elektronenstrahls reichenden Energiebereich sowohl Elektronen (siehe *Sekundärelektronen, Auger-Effekt*) als auch elektromagnetische Wellenstrahlung (siehe *Röntgenstrahlen*) emittiert. Der Anteil der in Röntgenbremsstrahlung (siehe *Bremsstrahlung*) umgesetzten Strahlleistung ist in Gl. (14) angegeben. Die Röntgenbremsstrahlung erfordert bei Elektronenenergien $\gtrsim 60$ keV oft besondere Abschirmmaßnahmen (siehe *Abschirmung ionisierender Strahlung*).

Kennwerte, Funktionen

Das Elektron trägt die negative elektrische Elementarladung

$$e = -1,602 \cdot 10^{-19} \text{ As} \tag{1}$$

und besitzt die Ruhemasse

$$m = 9,108 \cdot 10^{-31} \text{ kg}. \tag{2}$$

Im elektrischen Feld wirkt auf das Elektron die Kraft

$$F = eE, \tag{3}$$

E – elektrische Feldstärke,

und die Beschleunigung

$$b = \frac{F}{M} = \frac{e}{M} E, \tag{4}$$

M – relativistische Elektronenmasse.

Werden Elektronen aus der Ruhe heraus im elektrischen Feld beschleunigt, so entnehmen sie dem Feld die Energie

$$W = eU_B, \tag{5}$$

U_B – Potentialdifferenz der Beschleunigungsstrecke,

und erhalten dadurch die kinetische Energie

$$W = \frac{m}{2} v^2 = eU_B, \tag{6}$$

v – Elektronengeschwindigkeit.

Bei Elektronenenergien $E \gtrsim 100$ keV ist die relativistische Massenzunahme wesentlich, die sich in der Beziehung

$$M = \frac{m}{\sqrt{1 - \left(\frac{v}{c}\right)^2}}, \quad c = 2,99793 \cdot 10^8 \text{ ms}^{-1}, \tag{7}$$

c – Lichtgeschwindigkeit im Vakuum,

ausdrückt. Im relativistischen Energiebereich ergibt sich damit die kinetische Energie der Elektronen zu

$$W = \frac{m}{2} v^2 \left[1 + \frac{3}{4}\left(\frac{v}{c}\right)^2 + \frac{5}{8}\left(\frac{v}{c}\right)^4 + \ldots \right]. \quad (8)$$

Die Geschwindigkeits-Energieabhängigkeit in Abb. 3 zeigt, daß Elektronen mit Energien > 1 MeV praktisch Lichtgeschwindigkeit aufweisen. Der Elektronenstrahl als Materiewelle besitzt nach DE BROGLIE die von der Elektronengeschwindigkeit abhängige Wellenlänge

$$\lambda_e = \frac{\hbar}{m v} \sqrt{1 - \left(\frac{v}{c}\right)^2}, \quad h = 6{,}625 \cdot 10^{-34} \text{ Js}, \quad (9)$$

$\hbar$ – Plancksches Wirkungsquantum/2π.
Abbildung 4 zeigt die Abhängigkeit der Elektronenwellenlänge von der Elektronenenergie.

Der Verlauf von Elektronenstrahlen in elektrischen und magnetischen Feldern wird durch die Kraftwirkungen bestimmt, die sie auf Elektronen ausüben. Im allgemeinen Fall gilt

$$\boldsymbol{F} = e(\boldsymbol{E} + \boldsymbol{v} \times \boldsymbol{B}), \quad (10)$$

wobei $e\,\boldsymbol{v} \times \boldsymbol{B}$ die sogenannte Lorenz-Kraft ist und $\boldsymbol{E}$ die elektrische Feldstärke und $\boldsymbol{B}$ die magnetische Induktion bedeuten. Sind E und B zeitabhängig, so sind ihre gegenseitigen Verkopplungen entsprechend den Maxwellschen Gleichungen zu beachten. Zur Berechnung des Verlaufs von Elektronenstrahlen in elektrischen und magnetischen Feldern und hinsichtlich der darauf aufbauenden Elektronenoptik muß auf die Literatur verwiesen werden [3, 4]. Zwei für die Praxis wichtige Fälle sind aus Gl. (10) einfach ableitbar: die Strahlablenkung im begrenzten, transversalen, homogenen elektrischen und magnetischen Feld. Sie ergeben sich für das elektrische Ablenkfeld zu

$$\tan \vartheta = \frac{E l}{2 U_B} \quad (11)$$

und für das magnetische Feld zu

$$\sin \vartheta = \frac{e B l}{m v} = 2{,}97 \cdot 10^{-5} \frac{(l/m)(B/T)}{\sqrt{U_B/V}} \quad (12)$$

mit ϑ als dem Ablenkwinkel zwischen abgelenktem und unabgelenktem Strahl, wobei l die Feldlänge in Strahlrichtung und U_B die vom Elektronenstrahl durchlaufene Beschleunigungsspannung bedeuten. Bei der magnetischen Ablenkung ist zu beachten, daß wegen des Vektorprodukts in Gl. (10) die Ablenkung sowohl senkrecht zur Strahl- als auch zur Feldrichtung erfolgt. Außerdem ist die magnetische Ablenkung vom e/m-Verhältnis abhängig, die elektrische dagegen nicht.

Trifft ein Elektronenstrahl auf stoffliche Materie, so dringt er unter Abgabe seiner Energie in diese ein. Bei senkrechtem Strahleinfall auf einen homogenen Stoff ist seine Reichweite allein durch die Dichte des Stoffs und die Energie des Elektronenstrahls bestimmt (Abb. 5). Eine einfache Näherung für den besonders häufig genutzten Energiebereich von 10 keV bis 100 keV ist

$$S/\text{cm} \approx 2{,}1 \cdot 10^{-12} \frac{(U_B/V)^2}{\varrho/\text{gcm}^{-3}}. \quad (13)$$

In Gasen und Dämpfen ergeben sich damit um Größenordnungen höhere Reichweiten als in Feststoffen.

Für den relativen Anteil η_r der Strahlleistung, der am Target in Röntgenstrahlung umgesetzt wird, gilt

$$\eta_r \approx 10^{-9} (U_B/V) Z, \quad (14)$$

Z – Ordnungszahl des Targetwerkstoffs.

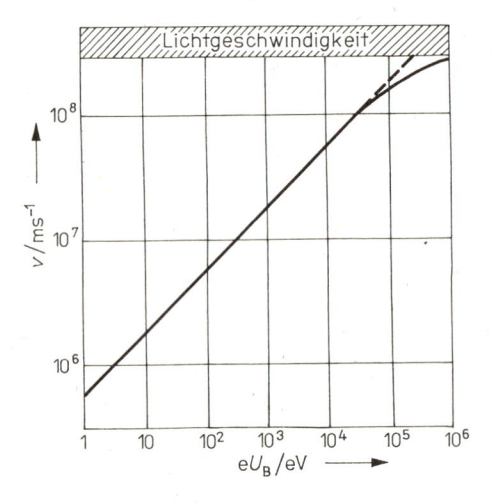

Abb. 3 Elektronengeschwindigkeit v in Abhängigkeit von der Elektronenenergie eU_B [5]

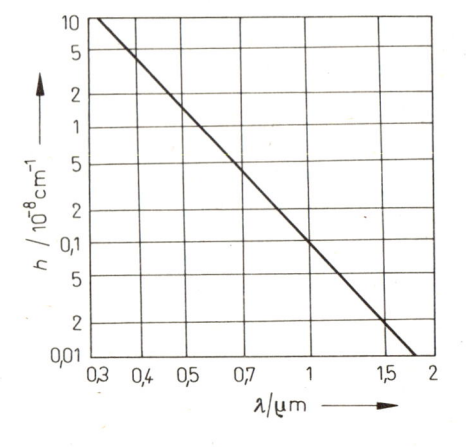

Abb. 4 De-Broglie-Wellenlänge λ_e von Elektronenstrahlen in Abhängigkeit von der Elektronenenergie eU_B [5]

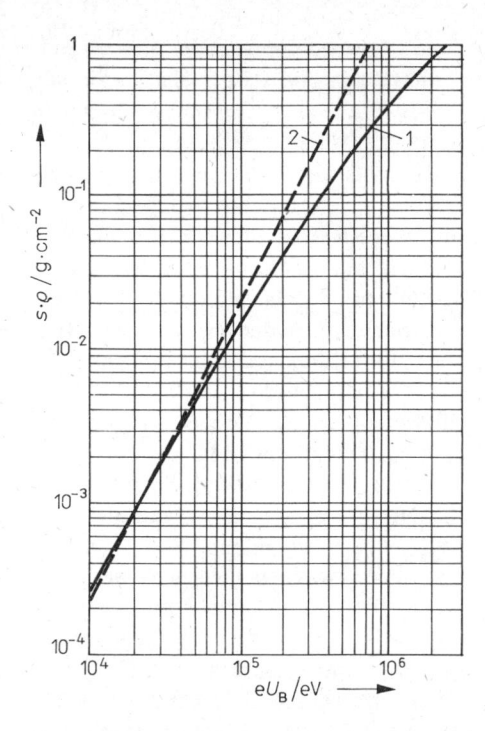

Abb. 5 Elektronenreichweite S in Substanzen der Dichte ϱ in Abhängigkeit von der Elektronenenergie eU_B, $S \cdot \varrho$ gibt die absorbierende Masse pro Flächeneinheit an.

Anwendungen

Die einzigartigen Eigenschaften von Elektronenstrahlen, ihre leichte Erzeugbarkeit und ihre vielfältigen Wechselwirkungen mit Materie haben zu einer breiten Anwendung für die verschiedensten Aufgaben geführt.

Der Ladungstransport und seine trägheitsarme, verlustlose Steuerbarkeit bilden die Grundlage der *Röhrentechnik* [6], die die Entwicklung der Schwachstrom- und Hochfrequenztechnik ermöglichte. Heute ist die Vielzahl der Röhren weitgehend durch Halbleiterbauelemente abgelöst worden. Als wichtige verbliebene Einsatzgebiete sind die Hochspannungs-, Hochleistungs- und Hochfrequenztechnik zu nennen. Hier finden Elektronenröhren z. B. als Hochspannungsgleichrichter und Höchstfrequenzleistungsverstärker mit Leistungen bis in den 100-kW-Bereich Anwendung. In der UHF-Sendetechnik werden Laufzeitröhren wie das *Klystron*, das *Magnetron* und die *Wanderfeldröhre* eingesetzt. In diesen Röhren ist neben dem Ladungstransport wesentlich, daß die Elektronen bestimmte Röhrenbereiche mit definierten Laufzeiten passieren.

Die Fähigkeit beschleunigter Elektronen aus einer Festkörperoberfläche Sekundärelektronen (siehe *Sekundärelektronen*) herauszuschlagen (aus Alkalimetalloxyd-Oberflächen bis etwa 10 pro Primärelektron) liegt dem *Sekundärelektronenvervielfacher* (SEV) zugrunde. Durch mehrstufige Vervielfachung mittels kaskadenartig angeordneter Elektroden werden Stromverstärkungsfaktoren bis 10^8 bei Pulsanstiegszeiten bis herab zu 1 ns erzielt. Die hohe Empfindlichkeit gestattet den Nachweis von Einzelelektronen. Der SEV wird meist in Kombination mit einer Photokatode (siehe *Photoeffekt*, Photomultiplier) zur Umsetzung kleiner Lichtströme in elektrische Signale verwendet.

Die Auslösung von Röntgenbremsstrahlung (siehe *Röntgenstrahlen, Bremsstrahlung*) beim Auftreffen von Elektronenstrahlen auf stoffliche Materie wird in der *Röntgentechnik* [7] genutzt. Der konzentrierte Elektronenstrahl wird dazu z. B. auf eine Wolframanode oder ein Wolframtarget geführt. Übliche Elektronenenergien liegen im Bereich einiger 10 keV bis einige 100 keV. Durch Pulsung des Elektronenstrahls lassen sich Röntgenstrahlimpulse bis in den Bereich 1 ns realisieren. Die Anordnungen zur Röntgenstrahlerzeugung sind dem Verwendungszweck der Röntgenstrahlen angepaßt. Häufig sind sie als abgeschlossene Röntgenröhren ausgeführt.

Die Fokussierbarkeit, die schnelle Ablenkbarkeit und die Auslösung von Lumineszenzstrahlung (siehe *Lumineszenz, Fluoreszenz*) sind die wichtigsten Eigenschaften von Elektronenstrahlen, die in der Braunschen Röhre Anwendung finden. Unter Einbeziehung der trägheitsarmen Steuerbarkeit des Strahlstroms bildet sie die Grundlage unserer heutigen Oszillographen- und Bildröhren. *Oszillographenröhren* gestatten die zeitliche Auflösung und Sichtbarmachung elektrischer Spannungsverläufe – und in solche gewandelte andere Vorgänge – mit einem zeitlichen Auflösungsvermögen bis zu etwa 1 ns. Sie sind zur Wiedergabe periodischer und nichtperiodischer Vorgänge geeignet [8]. Die darzustellende Spannung wird in eine proportionale Strahlenablenkung umgesetzt; die zeitliche Auflösung erfolgt durch eine dazu senkrechte zeitproportionale Strahlablenkung.

In *Bildröhren* [9] wie *Fernsehbildröhren, Bildschirmdisplays* und *Radarbildröhren* wird das Bild punktweise zusammengesetzt. Dazu tastet man den Bildschirm in geeigneter Weise, z. B. in einem Zeilenraster, punktweise ab und steuert die Strahlstromstärke entsprechend dem Helligkeitswert des jeweiligen Bildpunktes. Zur Erzeugung von Farbbildern dienen drei strommäßig unabhängig voneinander steuerbare Elektronenstrahlen, die gemeinsam abgelenkt, mit unterschiedlicher Neigung durch punkt- oder schlitzförmige Öffnungen einer Maske auf den Bildschirm gerichtet werden. Auf dem Bildschirm sind jedem Bildpunkt Tripel von rot, grün und blau fluoreszierenden Leuchtstoffflecken zugeordnet, die wegen der unterschiedlichen Neigung der drei Strahlen von jeweils nur einem Elektronenstrahl getroffen werden. Durch entsprechende Strahlstromstärke wird die Leuchtstärke der Komponenten und damit die resultierende Farbe und ihr Helligkeitswert gesteuert. Ein übliches Fernsehbild wird aus etwa $1,2 \cdot 10^6$ derartigen Bildpunkten zusammengesetzt.

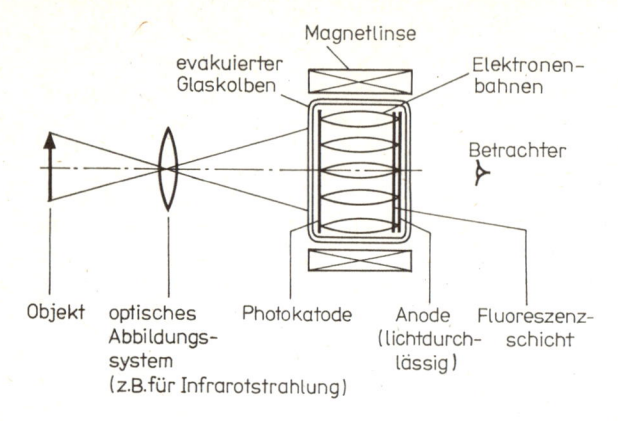

Abb. 6 Prinzip des elektronenoptischen Bildwandlers (ohne Bildfeldzerlegung)

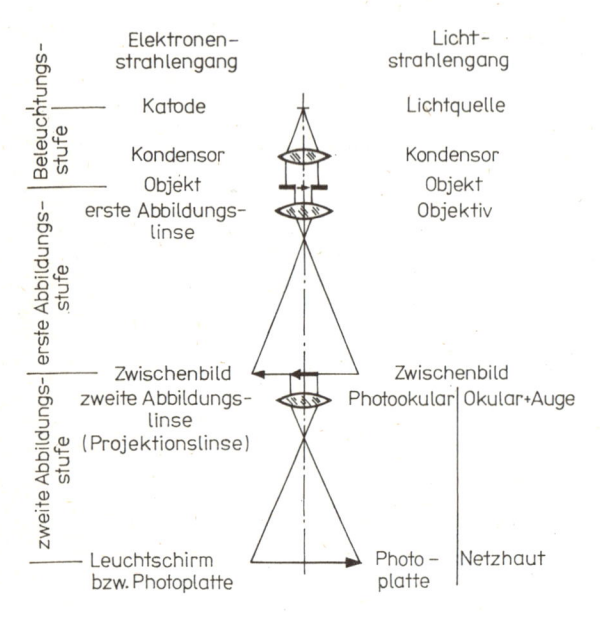

Abb. 7 Vergleich des Aufbaus des Durchstrahlungsmikroskops mit Elektronen- und Lichtstrahlen [2]

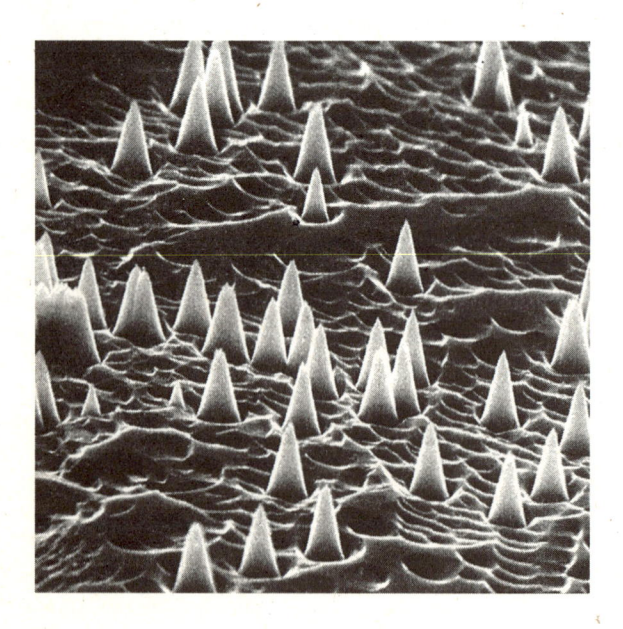

Abb. 8 Rasterelektronenmikroskopische Aufnahme einer ZnTe-Oberfläche nach Ionenätzung, Vergrößerung 3600fach, Aufnahme Hauffe, TU Dresden

Einen breiten Anwendungsbereich finden *elektronenoptische Bildwandler* [10] ([5], S. 302ff). Sie setzen ein optisches Bild (siehe *Abbildung*) über den Elektronenstrahl als Zwischenglied und gegebenenfalls weitere elektronische Mittel in ein sichtbares Bild um. Ihre Aufgabe ist es, lichtschwache Bilder in ihrer Helligkeit zu verstärken, oder in unsichtbaren Wellenbereichen erzeugte Bilder – wie z. B. dem Infraroten, Ultravioletten oder im Bereich der Röntgenstrahlung – in sichtbare Bilder umzusetzen. Bildwandler existieren in zahlreichen, dem Anwendungszweck angepaßten Versionen. Das Prinzip eines einfachen (1:1)-Bildwandlers zeigt Abb. 6. Das auf eine Photokatode projizierte optische Bild löst aus dieser Photoelektronen aus. Die örtliche Emissionsstromdichte ist helligkeitsproportional. Die Elektronen werden auf die als Leuchtschirm ausgebildete Anode beschleunigt. Ein zur elektrischen Feldstärke paralleles homogenes Magnetfeld angepaßter Stärke bewirkt, daß alle von einem Punkt auf der Katode ausgehenden Elektronen in einem entsprechenden Bildpunkt auf dem Leuchtschirm vereint auftreffen. Wesentlich ist, daß durch die Elektronenbeschleunigung im elektrischen Feld dem Strahlengang von außen Energie zugeführt wird. Bildwandler zur Bildfernübertragung, z. B. in der Fernsehaufnahmetechnik, arbeiten mit Bildzerlegung in Bildpunkte. Anstelle des Leuchtschirms in Abb. 6 befindet sich dann beispielsweise eine halbleitende Schicht. Die auftreffenden Elektronen erzeugen in dieser eine dem Bild entsprechende Ladungs- oder Leitfähigkeitsverteilung, die über eine Elektronensonde zeilenweise Punkt für Punkt abgetastet und in zur Fernübertragung geeignete elektrische Spannungen umgesetzt wird. Die Bildwiedergabe erfolgt dann auf der Empfangsseite mit dem synchron zur Bildabtastung gesteuerten Elektronenstrahl der Fernsehröhre. Bildwandler mit entsprechend angepaßten Katoden werden auch zur Darstellung und Sichtbarmachung von „Bildern" benutzt, die durch Elektronen-, Ionen-, Neutronen- oder Atomstrahlen erzeugt werden [5].

Eine weitere wichtige Kategorie der abbildenden Elektronenstrahlgeräte sind die *Elektronenmikroskope* [11]. Ihre beiden wichtigsten Hauptvarianten sind das elektronenoptisch abbildende *Durchstrahlungsmikroskop* (TEM – *Transmissionselektronenmikroskop*) und das Rastermikroskop (REM – *Rasterelektronenmikroskop*) [12]. Das Durchstrahlungsmikroskop entspricht in seinem grundsätzlichen Strahlengang gemäß Abb. 7 dem Lichtmikroskop. Sein bis zu einem Faktor 1000 höheres Auflösungsvermögen resultiert aus der um etwa den Faktor 10^5 kleineren Wellenlänge der ver-

Abb. 9 Beispiele zur technologischen Anwendung von Elektronenstrahlen
a) Mikrobearbeiteter Hybridschaltkreis, montiert, Strahlleistung 2,5 W, Bearbeitungsspurbreite 15 µm, Bearbeitungsgeschwindigkeit 2 ms^{-1}, Werkfoto VEB Keramische Werke Hermsdorf

b) Querschliff einer Schweißnaht, Strahlleistung 11,8 kW, Werkstückdicke 46 mm, Schweißgeschwindigkeit 0,65 m min^{-1}, Stahl, Werkfoto VEB Strömungsmaschinen Pirna

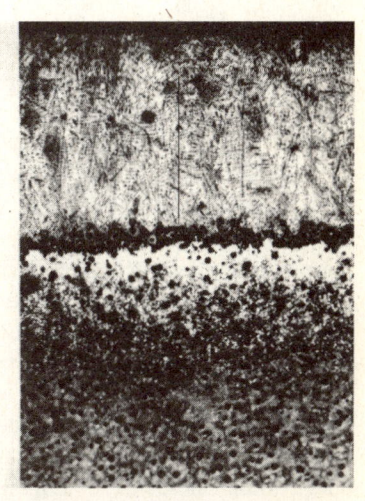

c) Thermische Oberflächenbehandlung der Hammerfläche eines Kipphebels, Teilansicht und Schliffbild. Die Oberfläche ist über 1 mm Tiefe in eine verschleißfestere kristalline Struktur (Ledeburit) gewandelt. Strahlleistung 4 kW, Behandlungsgeschwindigkeit 2 cm^2 s^{-1}, Schliffaufnahme TU Dresden

d) 13,5 t Edelstahlblöcke, Strahlleistung 1 200 kW, Werkfoto VEB Edelstahlwerk „8. Mai" Freital

wendeten Elektronenstrahlen gegenüber Licht und gestattet die Abbildung von Einzelheiten bis in die Größenordnung des Atomdurchmessers. Für die Bildentstehung ist die Streuung (siehe *Streuung*) der Elektronenstrahlen im durchstrahlten Objekt wesentlich. Die zulässigen Objektdicken liegen im Bereich 1% der Elektronenreichweite in der betreffenden Objektsubstanz. Durchstrahlungsmikroskope arbeiten mit Beschleunigungsspannungen von einigen 10 kV bis 100 kV, Sondergeräte mit z. T. mehr als 1 MV.

Beim *Rastermikroskop* wird das Objekt mit einer fein fokussierten Elektronensonde abgerastert und das Bild auf einem synchron gerasterten Monitor erzeugt (Abb. 8). Helligkeitsgesteuert wird das Bild durch rückgestreute Elektronen, Sekundärelektronen oder das Objekt durchdringende Elektronen. Durch Auswertung der charakteristischen Röntgenstrahlung kann die stoffliche Zusammensetzung eines Objekts in Mikrobereichen bestimmt werden (*Röntgenmikroanalysator*). Von den zahlreichen Sonderformen an Elektronenmikroskopen besitzt vor allem das *Emissionsmikroskop* (EEM – *Emissionselektronenmikroskop*) Bedeutung. In ihm ist die Katode gleichzeitig Abbildungsobjekt. Sie kann thermisch, durch Teilchen- oder Photonenbeschuß zur Emission angeregt werden. Die Auflösung des REM und des EEM liegt im Bereich von 10 nm. Auflösungen von weniger als 1 nm werden mit dem Raster-Tunnelmikroskop erzielt (siehe *Tunneleffekt*).

Von der prinzipiell unbegrenzten Übertragbarkeit der Energie auf Elektronen wird in *Elektronenbeschleunigern* [13, 14] (siehe *Teilchenbeschleunigung*) Gebrauch gemacht. Zu unterscheiden sind Linearbeschleuniger und Kreisbeschleuniger (*Betatron, Microtron, Elektronensynchrotron*). Die Elektronen durchlaufen darin schubweise und wiederholt z. B. ein zur Bahnbewegung phasensynchronisiertes elektrisches Wechselfeld, wobei sich ihre Energie mit jedem Felddurchgang entsprechend der Potentialdifferenz erhöht. In Kreisbeschleunigern werden die Elektronen durch ein zusätzliches Magnetfeld auf einer Kreisbahn gehalten. Beim Betatron erfolgt die Elektronenbeschleunigung in einem elektrischen Feld, das durch die zeitliche Änderung eines zusätzlich zur Kreisbahnführung genutzten Magnetfeldes erzeugt wird (Transformatorprinzip). Im Betatron und im Microtron werden Elektronenenergien bis etwa 30 MeV, im Elektronensynchrotron z. Zt. bis 12 GeV und in Linearbeschleunigern bis 24 GeV erzielt. Die beiden erstgenannten Gerätetypen werden in der Strahlentherapie, der Werkstofforschung und -Modifikation eingesetzt. Die Höchstenergiebeschleuniger dienen zur Erzeugung von Synchrotronstrahlung (siehe *Synchrotronstrahlung*) und zu Forschungen der Elementarteilchenphysik. Die größten Geräte haben Abmessungen von mehreren Kilometern.

Die zahlreichen Wirkungen von Elektronenstrahlen auf Materie und die dem Elektronenstrahl eigenen vorteilhaften Eigenschaften haben in den letzten 20 Jahren zu einer Reihe unterschiedlichster *technologischer Anwendungen* geführt [15, 17]. Der Elektronenstrahl als örtlich-zeitlich und intensitätsmäßig schnell steuerbare „Wärmequelle" wird zur *Mikrobearbeitung*, für das *Schweißen, Schmelzen, Verdampfen* (siehe *Festkörperverdampfung*) und für *thermische Oberflächenbehandlungsprozesse* eingesetzt. In Abb. 9 sind einige Beispiele zusammengestellt. Die für die thermischen Elektronenstrahlverfahren eingesetzten Strahlleistungen reichen von wenigen Watt bei der Dünnschichtbearbeitung bis zu mehreren MW beim Elektronenstrahlschmelzen; die Beschleunigungsspannungen betragen meist einige 10 kV bis zu etwa 200 kV. Die chemischen Folgereaktionen der Anregung und Ionisation in verschiedenen organischen Materialien werden in der *Elektronenstrahllithographie* zur Herstellung von Submikrometerstrukturen vor allem für die Mikroelektronik, zur Härtung von Lacken und zur Modifizierung von Kunststoffen sowie zur Strahlensterilisation genutzt. Die üblichen Beschleunigungsspannungen betragen aufgabenabhängig ca. 10 kV bis zu einigen MV, die Strahlleistungen einige mW (Elektronenstrahllithographie) bis zu einigen 100 kW. Bei Bestrahlungsanlagen mit Elektronenenergien ≳ 150 keV wird der Elektronenstrahl zur Prozeßführung oft über Metallfolienfenster, sogenannte Lenard-Fenster, an freie Atmosphäre geführt. Elektronenstrahlverfahren erweitern unsere technologischen Möglichkeiten (z. B.

Herstellung von Submikrometerstrukturen, Tiefschweißeffekt), sind meist hochproduktiv, energiesparend, automatisierungs- und umweltfreundlich. Im Leistungsbereich ≤ 2 kW konkurrieren mitunter Laserstrahlen (siehe *Laser*) mit Elektronenstrahlen.

Die Kenntnis der Eigenschaften von Festkörperoberflächen, wie z. B. ihre geometrische Struktur, Kristall- und Elektronenstruktur sowie ihre chemische Zusammensetzung, ist für viele Aufgaben in Wissenschaft und Technik von Bedeutung. Elektronenstrahlen sind zur diesbezüglichen *Oberflächenanalyse* [18, 19] aufgrund ihrer intensiven Wechselwirkung mit Materie prädestiniert (siehe *Elektronenbeugung*).

Die Emission von Auger-Elektronen (siehe *Auger-Effekt*) und unelastisch gestreuten Elektronen (siehe *Streuung*) wird in der AES (*Auger-Elektronenspektrometrie*) und der ELS (*Energieverlustanalyse*) herangezogen. Weitere wichtige Informationen insbesondere zur Oberflächenstruktur werden durch REM und EEM mit einer Auflösung bis etwa 10 nm gewonnen.

Abschließend sei auf die Anwendungsmöglichkeit von Elektronenstrahlen als Energiequelle zur *Erzeugung von hochionisierten Plasmen* in Lasergeneratoren (siehe *Laser*) und Kernfusionsanlagen (siehe *Kernfusion*) hingewiesen.

Literatur

[1] VON ARDENNE, M.: Elektronen-Übermikroskopie. – Berlin: Springer-Verlag 1940.
[2] BRUECHE, E.; RECKNAGEL, A.: Elektronengeräte. – Berlin: Springer-Verlag 1941.
[3] GRIVET, P.: Electron Optics. – Oxfort: Pergamon Press 1965.
[4] EL KAREH, A.B.; EL KAREH, J.C.: Electron beams, lenses and optics. Vol. 1. – New York: Academic Press 1970.
[5] VON ARDENNE, M.: Tabellen zur angewandten Physik. – Berlin: VEB Deutscher Verlag der Wissenschaften 1962.
[6] BARKHAUSEN, H.: Lehrbuch der Elektronenröhren und ihrer technischen Anwendungen. Hrsg.: E.G. WOSCHNI. 12. Aufl. – Leipzig: Verlag Hirzel 1969.
[7] Handbook of X-rays. – New York: Mc Graw – Hill Book Comp. 1967.
[8] Advanced oscilloscope handbook for technicians and engineers. Ed.: D. CAMERON. – Reaston: Reaston Publ. Comp. 1977.
[9] DILLENBURGER, W.: Einführung in die Fernsehtechnik. Bd. 1. 4. Aufl. – Berlin: Schiele & Schön 1975.
[10] ECKART, F.: Elektronenoptik, Bildwandler und Röntgenbildverstärker. 2. Aufl. – Leipzig: Johann Ambrosius Barth 1962.
[11] VON HEIMDAHL, M.: Einführung in die Elektronenmikroskopie. – Braunschweig: Friedr. Vieweg & Sohn GmbH. 1970.
[12] REIMER, L.: Raster-Elektronmikroskopie. 2. Aufl. – Berlin/Heidelberg/New York: Springer-Verlag 1977. – VON ARDENNE, M.: Das Elektronen-Rastermikroskop. Z. techn. Phys. 111 (1938), 152.
[13] DANIEL, H.: Beschleuniger – Stuttgart: B. G. Teubner 1974.
[14] Proceedings of the 11th International Conference on High-Energy Accelerators, Geneva, Switzerland 1980.
[15] SCHILLER, S.; HEISIG, U.; PANZER, S.: Elektronenstrahltechnologie. 2. Aufl. – Berlin: VEB Verlag Technik 1985. – VON ARDENNE, M.: Neuere Beiträge auf dem Gebiet der Elektronenstrahl-, Ionenstrahl- und Plasma-Technik. Die Technik 19 (1964), 673.
[16] Elektrotechnologie. Hrsg.: H. CONRAD; R. KRAMPITZ. – Berlin: VEB Verlag Technik 1983
[17] VON ARDENNE, M., et al.: Thermische Mikrobearbeitung mit Elektronenstrahlen. Feingerätetechnik 13 (1964), 293
[18] Festkörperanalyse mit Elektronen, Ionen- und Röntgenstrahlen. Hrsg. O. BRÜMMER, J. HEYDENREICH, K. H. KREBS, H. G. SCHNEIDER. – Berlin: VEB Deutscher Verlag der Wissenschaften 1980.
[19] STORBECK, F.; EDELMANN, CHR.: Oberflächenanalysenverfahren. Die Technik 33 (1978) 4, 226–230.
[20] VON ARDENNE, M.: Die Braunsche Röhre als Fernsehempfänger. Fernsehen 1 (1930), 193.
[21] VON ARDENNE, M.: Über die Umwandlung von Lichtbildern aus einem Spektralgebiet in ein anderes durch elektronenoptische Abbildung von Photokathoden. Elektr. Nachrichtentechn. 13 (1936), 230.
[22] VON ARDENNE, M., SCHILLER, S.: Ein 45 kW-Elektronenstrahl-Mehrkammerofen für das Schmelzen und Gießen beliebiger Metalle. Kernenergie 3 (1960), 507.
[23] VON ARDENNE, M.; SCHILLER, S., LENK, D.: Elektronenkanonen mit Leistungen von 5 kW bis 1200 kW und ihre technischen Anwendungen. Kernenergie 11 (1968), 81.

Felddesorption, Feldverdampfung

Der Begriff Felddesorption wurde 1941 und der Begriff Feldverdampfung 1956 von E.W. Müller eingeführt. Physikalisch gesehen, besteht zwischen beiden Prozessen kein Unterschied. Wird ein positives elektrisches Feld von einigen 10^{10} V/m an eine Kristalloberfläche angelegt, beginnen die Oberflächenatome in Form von Ionen zu verdampfen. Sind die Oberflächenatome Adsorbatatome, spricht man von *Felddesorption*, sind sie Gitteratome, spricht man von *Feldverdampfung*. 1956 untersuchte Müller die Felddesorption von Ba und Th auf Wolfram. Spätere experimentelle Arbeiten konzentrierten sich dann zunächst auf Adsorbate mit Bindungsenergien, die deutlich unter den Bindungsenergien der Matrix-Atome des Substratgitters lagen.

Felddesorption bzw. Feldverdampfung sind eine Grundlage für die allgemeine Anwendung des *Feldionenmikroskops*, für das Verständnis und die Interpretation der Resultate von Atomsonden-Feldionenmikroskop-Messungen. Die Feldverdampfung liefert auch eine Methode zur Bestimmung der Bindungsenergie von Oberflächenatomen, die an unterschiedlichen Haftstellen angeordnet sind. Feldverdampfung von Flüssigkeitsoberflächen liefert Punktionenquellen mit großen Stromdichten.

Zum Verständnis des Felddesorptions- bzw. Feldverdampfungseffektes wurden zwei verschiedene Theorien entwickelt, eine von E.W. Müller und eine von R. Gomer, beide 1960.

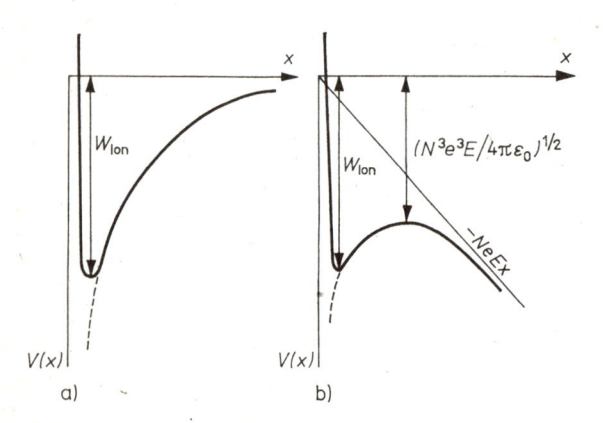

Abb. 1 a) Potentielle Energie eines Ions im feldfreien Raum
b) Potentielle Energie eines Ions in Anwesenheit eines elektrischen Feldes

Sachverhalt

Die Felddesorption bzw. -verdampfung wird als Verdampfung positiver Ionen mit der Ladung Ne aufgefaßt. Die Ionen müssen eine Potentialbarriere überwinden, um die Oberfläche verlassen zu können. Die Höhe derselben ergibt sich aus der Desorptionsenergie, die bei dem Anlegen eines elektrischen Feldes um einen Energiebetrag reduziert wird, der durch den *Schottky-Effekt* verursacht wird.

Die zur Feldverdampfung bzw. -desorption erforderlichen Feldstärken liegen in der Größenordnung von 10^{10} V/m oder darüber. Derart hohe elektrische Feldstärken lassen sich bevorzugt im Feldionenmikroskop erzeugen, so daß in diesem Gerät auch der Effekt der Felddesorption bzw. -verdampfung einerseits günstig untersucht werden kann, andererseits aber auch eine besondere Rolle spielt.

Kennwerte, Funktionen

Soll ein Adsorbatteilchen während der Zeit τ von einer Oberfläche desorbieren, dann ergibt sich aus der zur Desorption eines Ions nötigen Desorptionsenergie W_D

$$W_D = W_{Ion} - Ne(Ne\,E_D/4\pi\,\varepsilon_0)^{1/2} \qquad (1)$$

und der Frenkel-Gleichung

$$\tau = \tau_0 \exp(W_D/kt) \qquad (2)$$

die zur Desorption des Adsorbatteilchens nötige Mindestfeldstärke E_D (vgl. auch Abb. 1):

$$E_D = (W_{Ion} - kT \ln \tau/\tau_0)^2 \frac{4\pi\,\varepsilon_0}{(Ne)^3} \qquad (3)$$

mit τ_0 präexponentieller Faktor, k – Boltzmann-Konstante, T – Temperatur des Substrates (mit dem sich das Absorbat im Gleichgewicht befindet), W_{Ion} Bindungsenergie eines Ions an die Festkörperoberfläche, Ne Ladung des Ions, ε_0 Dielektrizitätskonstante für Vakuum.

Für $W_{Ion} = 10{,}3$ eV, $T = 300$ K, $\tau = 3$ s, $\tau_0 = 10^{-13}$ s und $N = 2$ (doppelt geladene Ionen) ergibt sich damit eine Mindestfeldstärke von $7{,}8 \cdot 10^9$ V/m. Je kürzer die Desorptionszeit sein soll, desto höher werden die erforderlichen elektrischen Feldstärken.

Anwendungen

Die Felddesorption und die Feldverdampfung haben gegenwärtig noch keine technische Bedeutung. Sie stellen z.Z. präparative Methoden in der Feldionenmikroskopie dar. Mit Hilfe dieses Effektes können Adsorbate von der Spitze des Feldionenmikroskops entfernt werden. Man kann dadurch die Spitze reinigen. Aber auch Atome der Spitzenoberfläche selbst lassen

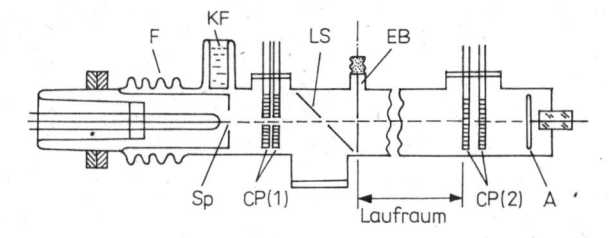

Abb. 2 Atomsonden-Feldionenmikroskop, schematisch (ohne Einzelheiten zur Vakuumanlage) KF Kühlfinder, Sp Spitze, CP (1) Channal Plates mit zentralem Loch, Cp (2) Channal-Plates ohne zentrales Loch, Ls Leuchtschirm, EB Eintrittsblende, A Auffänger. Über einen Faltenbalg F kann die Spitze justiert werden.

sich entfernen. Dadurch kann die Spitzengeometrie verändert werden. Bei gegebener Feldstärke und Temperatur stellt sich eine Gleichgewichtsform der Spitze ein.

Die Felddesorption (bzw. -verdampfung) ist die Grundlage für die *Atomsonden-Feldionenmikroskopie (atom probe field ion microscope)*. Gemäß Abb. 2 ist dieses Gerät ähnlich wie ein Feldionenmikroskop aufgebaut, wobei durch kurzzeitige, sehr hohe Feldstärkeimpulse Adsorbationen oder Ionen des Spitzenmaterials von der Spitze abgelöst und zum Leuchtschirm beschleunigt werden. Ausgewählte Desorbationen oder Ionen des Spitzenmaterials kann man durch eine Lochblende im Leuchtschirm in ein Flugzeit-Massenspektrometer (TOF-Massenspektrometer) schießen. Aus der Zeitdifferenz zwischen dem Passieren der Blende und dem Auftreffen auf dem Leuchtschirm kann man das Verhältnis Ladung/Masse bestimmen. Bei einem Laufraum von 3 m Länge hat man bei einfach geladenen Stickstoff-Ionen mit einer Flugzeit von ca. 2...3 µs zu rechnen. Um benachbarte Massen auflösen zu können, sind Zeitauflösungen von einigen zehn Nanosekunden erforderlich (siehe *Feldionisation*).

Die Felddesorption bzw. -verdampfung ist auch die Grundlage für das *Felddesorptionsmikroskop*, bei dem die Abbildung der Oberfläche durch die desorbierenden oder verdampfenden Ionen selbst erfolgt. Während bei dem Atomsonden-Feldionenmikroskop nur kleinste Bereiche der abgebildeten Spitzenoberfläche analysiert werden, wird beim Felddesorptionsmikroskop erreicht, daß durch Anlegen eines pulsförmigen Potentials der Leuchtschirm im richtigen Zeitpunkt aktiviert wird, so daß eine gleichzeitige Analyse des gesamten Feldionenbildes möglich wird (siehe *Feldionisation*).

Eine technologische Anwendung, die technisch interessant werden könnte, ist die Feldverdampfung von Flüssigkeitsoberflächen. Dadurch ist die Entwicklung punktförmiger Ionenquellen mit einer außerordentlich hohen Stromdichte möglich.

Literatur

MÜLLER, E. W.; TSONG, T. T.: Field Ion Microscopy, Field Ionization and Field Evaporation. In: Progress in Surface Science. Ed.: S. G. DAVISON. – Oxford/New York/Toronto/Sydney/Braunschweig: Pergamon Press, 1973. Vol. 4, Pt. 1.

HREN, J. J.; RANGANATHAN, S.: Field-Ion Microscopy. – New York: Plenum Press 1968.

MÜLLER, E. W., Field Ionisation and Field Ion Microscopy. Advances in Electronics and Electron Physics 13 (1960) 83–179.

MÜLLER, E. W., Abreißen adsorbierter Ionen durch hohe elektrische Feldstärken. Naturwissenschaften 29 (1941) 533–534.

GOMER, R.: Field Emission and Field Ionization. – Cambridge, Mass.: Harvard University Press 1960.

MÜLLER E. W.: Field Desorption. Phys. Rev. 102 (1956) 618–624.

MÜLLER, E. W.; MCLANÉ, S. B.; PANITZ, J. A.: Field Adsorption and Desorption of Helium on Neon. Surf. Sci. 17 (1969) 430–438.

MC LANE, S. B., MÜLLER, E. W.; KRISHNASWAMI, S. V.: Time dependence of field ionization following the evaporation pulse in the atom-probe FIM. Surf. Sci. 27 (1971) 367.

BRANDON, D. G.: The field evaporation of dilute alloys. Surf. Sci. 5 (1966) 137–146.

MILLER, M. K., SMITH, G. D. W.: An atom probe study of the anomaleous field evaporation of alloys containing silicon.

BASSETT, D. W.: The enhancement by inert gases of the field desorption of oxygen from tungsten. Brit. J. appl. Phys. 18 (1967) 12, 1753–1761.

BLOCK, J. H.; ZEI, M.-S.: Desorption of carbonium ions from zeolite surfaces; a comparison of reactive surface ionization with field ionization.

HEIL, H., GUCKENBERGER, R.: Die sehr hellen Feldionisations- und Feldverdampfungsquellen. Einige Anwendungen. Ein Strahl- und Ablenksystem.
Ber. MPI Plasmaphysik, Garching 1972, Nr. IPP 9/6, 16 S.

HEIL, H., GUCKENBERGER, R.: The very bright field ionization and field evaporation ion sources. Some uses. A beam formation and scanning system.
Proc. Symp. on ion sources and formation of ion beams. Upton, N. Y., USA, 19.–21. Oct. 1971, S. 183–191.

EVANS jr., C. A.; HENDRICKS, C. D.: An Electrohydrodynamic Ion Source for the Mass Spectrometry of Liquids. Rev. Sci. Instr. 43 (1972) 1527–1530.

Feldionisation

Unter Feldionisation versteht man die Ionisierung von Gasatomen, die sich im Grundzustand befinden, durch starke elektrische Felder. Theoretisch wurde die Feldionisation des Wasserstoffs erstmals 1928 durch R. OPPENHEIMER vorausgesagt und quantentheoretisch behandelt. Die zur Feldionisation erforderlichen außerordentlich hohen elektrischen Feldstärken von ca. 10^{10} V/m waren zu dieser Zeit unerreichbar. 1951 konnte E. W. MÜLLER durch geringe Modifikation des 1936 von ihm entwickelten Feldelektronenmikroskops (siehe *Feldelektronenemission*) die Feldionisation des Wasserstoffs sowohl im Volumen als auch unmittelbar vor Metalloberflächen nachweisen. Dabei wurde im Unterschied zum Feldelektronenmikroskop die Spitze auf ein positives Potential gelegt. Die an der Spitzenoberfläche entstandenen Gasionen wurden zum Leuchtschirm beschleunigt und bildeten die Spitzenoberfläche ab. Dieses Gerät wurde *Feldionenmikroskop* genannt. Es zeichnet sich durch eine wesentlich größere Auflösung als das Feldelektronenmikroskop aus, so daß atomare Strukturen aufgelöst werden können.

Weitere Rechnungen zur Feldionisation im inhomogenen Feld des Feldionenmikroskops wurden 1956 von E. W. MÜLLER und K. BAHADUR durchgeführt, 1960 von MÜLLER mit einem veränderten Ansatz wiederholt und bestätigt und im gleichen Jahr von BAHADUR experimentell überprüft. 1968 wurde von MÜLLER und Mitarbeitern das *Atomsonden-Feldionenmikroskop* (*atom probe field ion microscope*) entwickelt und 1972 das *Felddesorptionsmikroskop*.

Die Feldionenmikroskope und deren Weiterentwicklungen sind keine Routinegeräte. Sie stellen höchste Ansprüche an die Experimentierkunst, liefern dafür aber wichtige Informationen über Elementarprozesse im atomaren Bereich.

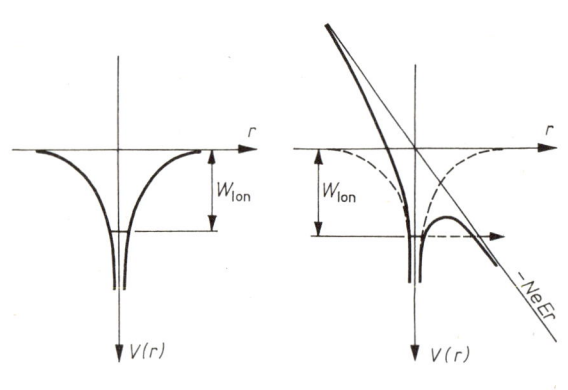

Abb. 1   Abb. 2

Abb. 3

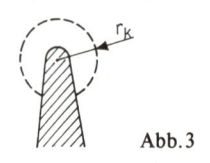

Sachverhalt

In einem hinreichend starken elektrischen Feld (elektrische Feldstärke $E > 10^{10}$ V/m) geeigneter Richtung wird das Potential eines Atomkerns (Abb. 1) so verformt (Abb. 2), daß das Leuchtelektron infolge des quantentheoretisch erklärbaren Tunneleffekts durch den bei der Potentialüberlagerung entstandenen Potentialwall dringen kann, wobei ein positiv geladenes Ion und ein Elektron entstehen. Dieser Effekt wird als Feldionisation bezeichnet.

Experimentell realisiert man die hohen elektrischen Feldstärken durch eine außerordentlich fein geätzte Spitze, die auf ein hohes positives Potential (in Bezug auf die Umgebung) gelegt wird. Das bei der Feldionisation entstandene Elektron tritt in die Metallspitze ein, während das positiv geladene Ion in radialer Richtung davonfliegt.

Bei einer definierten Feldgeometrie ist der durch Feldionisation erzeugte Feldionenstrom I_+ dem Druck proportional, wie Rechnungen von MÜLLER und BAHADUR (1956) und von MÜLLER (1960) in Übereinstimmung mit experimentellen Ergebnissen von BAHADUR (1960) zeigten. Bei diesen Rechnungen wurde eine ähnliche Geometrie wie im *Feldelektronenmikroskop* (siehe *Feldelektronenemission*) angenommen. In dem inhomogenen Feld der Spitze werden die Gasmoleküle polarisiert und zur Spitze hingezogen. Unter diesen Bedingungen läßt sich ein Einfangradius r_k definieren, bei dem die Anziehungskraft zur Spitze gleich der Zentralkraft ist. Alle Gasteilchen, die eine um die Spitze angeordnet gedachte Kugel (Abb. 3) mit dem Einfangradius r_k berühren, werden von der Spitze angezogen, so daß die auf die Spitze treffende Gasteilchenzahl pro Zeiteinheit größer ist als man es nur auf Grund der kinetischen Gastheorie mit Hilfe der flächenspezifischen Wandstoßrate annehmen würde.

Kennwerte, Funktionen

Der Einfangradius r_k wird definiert durch

$$\alpha E \, dE/dr = m_0 \, v^2 / r_k, \qquad (1)$$

E elektrische Feldstärke, α Polarisierbarkeit, r_k Einfangradius, m_0 mittlere Masse eines Gasteilchens, v mittlere thermische Geschwindigkeit der Gasteilchen.

Aus den Rechnungen von MÜLLER und BAHADUR folgt für den Feldionenstrom I_+

$$I_+ = \frac{4\pi \, r_s^2 \, p}{(2\pi \, m_0 \, kT)^{1/2}} \; \frac{\alpha E_s^2}{2kT} \, e, \qquad (2)$$

r_S Spitzenradius (die Spitze stellt man sich dabei als eine Kugelkalotte vor), E_S Feldstärke vor der Spitze, k Boltzmann-Konstante, T mittlere Temperatur des Gases, p Druck des Gases, e elektrische Elementarladung.

Anwendungen

Die Hauptanwendungen der Feldionisation erfolgt im Feldionenmikroskop, das in stark vereinfachter Form in Abb. 4 gezeigt ist. Die zur Feldionisation nötige, außerordentlich hohe elektrische Feldstärke wird durch eine fein geätzte Spitze (Spitzenradius einige hundert nm) erzeugt, die sich jedoch im Unterschied zum Feldelektronenmikroskop auf einem positiven Potential gegenüber der Umgebung befindet. In der Umgebung der Spitze wird ein Gasdruck von 10^{-1} Pa bis 10^{-4} Pa benötigt. Als Füllgas bevorzugt man Helium, da dieses eine besonders kleine Polarisierbarkeit hat und für ein hohes Auflösungsvermögen günstig ist. Aber auch Wasserstoff und Neon werden häufig als Abbildungsgase benutzt. Die infolge der hohen Feldstärke unmittelbar vor der Spitze erzeugten positiven Gasionen werden (im Interesse einer hohen Lichtausbeute meist unter Zwischenschaltung eines Channel-Plate-Konverters) geradlinig auf einen Leuchtschirm beschleunigt, auf dem sie eine stereographische Projektion des Spitzeneinkristallgitters liefern, wobei man – im Unterschied zum Feldelektronenmikroskop – sogar einzelne Atome noch auflösen kann. Die Auflösung des Feldionenmikroskops wurde von MÜLLER unter Verwendung einer halbempirischen Formel für die elektrische Feldstärke vor der Spitze ermittelt zu

$$d_{min} \approx \pi \beta r_S^{2/3} (3k T_S/eE)^{1/2} ; \quad (3)$$

β Bildkompressionsfaktor, bestimmt durch die Gesamtgeometrie, insbesondere durch den Spitzenhalter, wobei übliche Werte in der Größenordnung von $\beta = 1,5$ liegen, r_S Radius der Spitze, T_S Temperatur der Spitze, e elektrische Elementarladung, k Boltzmann-Konstante, E elektrische Feldstärke an der Spitze.

Wesentlich größere Aussagen liefert das *Atomsonden-Feldionenmikroskop (atom probe field ion microscop)*, bei dem durch einen hohen Feldstärkeimpuls (die Feldstärke ist dabei etwa 10- bis 100mal so groß wie diejenige, die man zur Ionisierung des abbildenden Gases benötigt) infolge der → *Felddesorption* oder → *Feldverdampfung* Adsorbationen oder Ionen des Materials, aus dem die Spitze besteht, von der Spitzenoberfläche heruntergerissen werden. Ausgesuchte Ionen, die man vorher auf dem Leuchtschirm anhand der Abbildung der Spitzenoberfläche ausgewählt hat, läßt man durch eine feine Lochblende in ein Massenspektrometer, in dem das Verhältnis von Ladung/Masse bestimmt wird. Als Massenspektrometer benutzt man meist Flugzeit-Massenspektrometer (*TOF-Massenspektrometer*), deren Länge in der Größenordnung von 3 m liegt. Die Zeitdifferenz zwischen dem Ablöseimpuls und dem Eintreffen der Ionen auf dem Auffänger liegt in der Größenordnung von Mikrosekunden oder auch darunter. Infolge der erforderlichen hohen Zeitauflösung (Nanosekunden-Impulstechnik) und des nötigen Nachweises einzelner Ionen (Ladung einige 10^{-19} As) bei Auslöseimpulsen von ca. 100 kV werden bei diesem Gerät höchste Anforderungen an die Elektronik gestellt.

Eine Weiterentwicklung der Atomsonde stellt das 1972 von MÜLLER und WALKO entwickelte Felddesorptionsmikroskop dar. Bei diesem werden die desorbierenden Ionen selbst zur Abbildung benutzt, wobei, wie bei der Flugzeit-Massenspektrometrie, unterschiedlich schwere Ionen zu verschiedenen Zeiten den Bildschirm erreichen. Durch das Anlegen eines geeigneten pulsförmigen Potentials kann der Bildschirm im richtigen Zeitpunkt aktiviert werden. Problematisch sind die Fragen der Bildintensität. Der direkte Nachweis der wenigen Ionen, die von der Spitze bei der Desorption einer Monoschicht herunterkommen, liegt unterhalb der Nachweisgrenze. Heute verwendet man zweistufige Channel-Plate-Bildverstärker und externe photoelektrische Bildverstärker. Auch eine kontinuierliche Ad- und Desorption wird diskutiert.

Alle diese Geräte liefern Aussagen über die atomare Struktur komplizierter Verbindungen. Einsatzgebiete sind die Metallurgie, wo atomare Perfektion von Gitterebenen, durch ionisierende Strahlung erzeugte Gitterdefekte, Bindungsfestigkeit und Masse definierter Gitterbausteine, Keimbildung und Kristallwachstum bestimmt und Legierungen analysiert werden, die Halbleiterphysik, wo man Dotierungen und Gitterdefekte studiert, und die organische Chemie, wo man versucht, die Struktur chemischer Verbindungen aufzuklären.

Von G. BARNES (1950) wurde versucht, die Feldionisation auf Grund von Gl. (2) zur Druckbestimmung einzusetzen. Es zeigte sich jedoch, daß dieses Meßverfahren zu störanfällig ist, als daß man es für technische Zwecke einsetzen könnte. Außerdem gibt es Anlaß zu zahlreichen groben Meßfehlern, so daß es keine praktische Bedeutung erlangt hat.

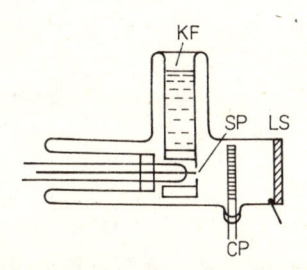

Abb. 4 Feldionenmikroskop, schematisch, ohne Angaben zur Vakuumanlage, KF Kühlfinger, SP Spitze, CP Channel-Plate, LS Leuchtschirm

Literatur

MÜLLER, E. W.; TSONG, T. T.: Field Ion Microscopy, Field Ionization and Field Evaporation. In: Progress in Surface Science. Ed.: S. G. DAVISON. Oxford/New York/Toronto/Sydney/Braunschweig: Pergamon Press 1973. Vol. 4, Pt. 1.

MÜLLER, E. W.; BAHADUR, K.: Field Ionization of Gases at a Metal Surface and the Resolution of the Field Ion Microscope. Phys. Rev. **102** (1956) 624–631.

MÜLLER, E. W.: Advances in Electronics and Electron Physics **13** (1960) 83.

BAHADUR, K., J. sci. Ind. Res. **19b** (1960) 177.

BARNES, G.: New Type of Cold Cathode Vacuum Gauge for the Measurement of Pressures below 10^{-3} mm Hg. Rev. sci. Instrum. **31** (1960) 608–611.

BARNES, G.: Erroneous Readings of Large Magnitude in a Bayard-Alpert Ionization Gauge and their Probable Cause. Rev. sci. Instrum. **31** (1960) 1121–1127.

MÜLLER, E. W.; PANITZ, J. A.; MC LANE, S. B.: The Atom-Probe Field Ion Microscope. Rev. Sci. Instrum. **39** (1968) 83–86.

EDELMANN, CHR.: Feldemissionsmikroskopie. In: Festkörperanalyse mit Elektronen, Ionen und Röntgenstrahlen. Hrsg.: O. BRÜMMER, J. HEYDENREICH, K. H. KREBS, H. G. SCHNEIDER – Berlin: VEB Deutscher Verlag der Wissenschaften 1980.

HREN, J. J.; RANGANATHAN, S.: Field-Ion Microscopy. – New York: Plenum Press 1968.

GOOD jr., R. H.; MÜLLER, E. W.: Field Emission, In: Handbuch der Physik. Hrsg.: S. FLÜGGE. – Berlin/Göttingen/Heidelberg. Springer-Verlag 1956. Bd. 21.

Festkörperverdampfung

Durch Heizen von Drähten mittels Stromdurchgang stellte NAHRWOLD[1] 1887 dünne Metallschichten her. KUNDT[2] wendet dieses Verfahren 1888 an, um dünne Schichten für die Bestimmung des Brechungsindex von Metallen aufzubringen. Von POHL und FRINGSHEIM[3] wird 1912 die Verdampfung für die Erzeugung von Metallspiegeln eingesetzt. Die technische Nutzung der Festkörperverdampfung beginnt 1935 mit der Aufdampfung von Entspiegelungsschichten auf Glas durch SMAKULA[4].

Sachverhalt

Wird einem festen Körper (Metall, Legierung, Verbindung) Wärmeenergie zugeführt, so erfolgt eine Stoffumwandlung von der festen in die dampfförmige Phase. Die Theorie geht von drei aufeinanderfolgenden Ereignissen beim Verdampfungsprozeß aus [1]:

1. Die Moleküle diffundieren von Gitterpunkten zu Defektpunkten der Festkörperoberfläche.
2. Die Moleküle diffundieren weiter auf der Festkörperoberfläche, bis sie an einem Defektpunkt mit geringer Bindungsenergie absorbiert werden.
3. Die Moleküle verlassen den absorbierten Zustand auf der Festkörperoberfläche.

Überwiegend wird die Verdampfung über die flüssige Phase (Schmelzen, Verdampfen), seltener direkt aus der festen Phase (Sublimieren) durchgeführt.

In einem geschlossenen Gefäß stellt sich in Abhängigkeit von der Temperatur ein Druck ein, der sich im Gleichgewicht mit der flüssigen oder festen Phase befindet. Dieser Druck wird als Sättigungsdampfdruck p_S bezeichnet. Er wird auf der Grundlage der Methoden nach KNUDSEN[5] und LANGMUIR[6] mittels der Gl. (3) aus der Masse des kondensierten Materials bzw. aus dem Masseverlust des Festkörpers ermittelt.

Die von der Festkörperoberfläche pro Flächen- und Zeiteinheit verdampfende Masse wird nach der *Hertz-Knudsen-Formel* (3) berechnet. Die Verdampfungsgeschwindigkeit wächst etwa exponentiell mit der Temperatur. Im Zustand des Gleichgewichts zwischen der gasförmigen und der flüssigen bzw. festen Phase ist die Kondensationsrate gleich der Verdampfungsrate. Falls nicht alle verdampfenden Teilchen kondensieren, reduziert sich die Verdampfungsgeschwindigkeit. Dieser Fall tritt beispielsweise auf, wenn die Tempera-

---

[1] NAHRWOLD, R. Wied. Ann. **31** (1887) 467.
[2] KUNDT, A. Wied. Ann. **34** (1888) 469.
[3] POHL, R.; PRINGSHEIM, P. Verh. d. D. Phys. Ges. **14** (1922) 50b oder **14** (1912) 546.
[4] SMAKULA, A. DRP 685767
[5] KNUDSEN, M. Ann. Phys. **29** (1909) 179–193.
[6] LANGMUIR, I. Phys. Rev. **2** (1913) 329–342.

tur der umgebenden Wände mit der Festkörpertemperatur vergleichbar ist. Er wird durch die Einführung des Verdampfungs- oder Kondensationskoeffizienten α berücksichtigt. In der Praxis kann bei der Verdampfung im allgemeinen mit $\alpha \lesssim 1$ gerechnet werden.

Wenn die verdampfenden Teilchen nicht vollständig von der dampfabgebenden Oberfläche abgeführt werden, wird die Verdampfungsgeschwindigkeit ebenfalls reduziert. Dieser Effekt, für den der Transmissionskoeffizient γ eingeführt wird, tritt bei einer Rückstreuung der verdampfenden Teilchen an einem Gas oder, bei hohen Dampfdrücken, auch am eigenen Dampf auf. Die Rückstreuung am umgebenden Gas kann im allgemeinen vernachlässigt werden, wenn die Festkörperverdampfung im Hochvakuum bei Drücken von höchstens 0,1 Pa durchgeführt wird.

Die kinetische Energie der verdampften Atome oder Moleküle liegt bei Verdampfungstemperaturen von 1 500 K...2 500 K zwischen 0,1 eV...0,2 eV.

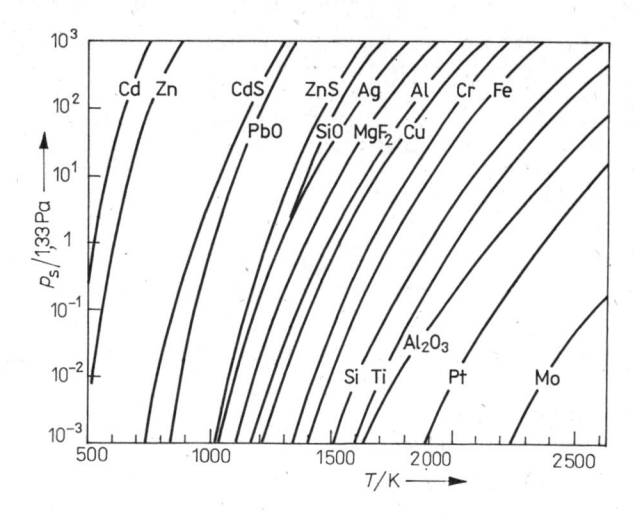

Abb.1 Abhängigkeit des Sättigungsdampfdruckes p_S von der Temperatur für einige ausgewählte Metalle und Verbindungen

Kennwerte, Funktionen [2, 3, 4]

Sättigungsdampfdruck p_S:
$$\log p_S = aT^{-1} + b\log T + cT¿Sdt^2 + e \quad (1)$$
allgemeinste Abhängigkeit nach [2];

$$\log p_S = A - BT^{-1} \quad (2)$$
Näherung für nicht zu große Druckwerte und Temperaturintervalle; mit T – Verdampfungstemperatur,
a, b, c, d, e, A, B – materialabhängige Kennwerte des Festkörpers;
ableitbar aus der *Clausius-Clapeyronschen Dampfdruckformel*.

Spezifische Verdampfungsgeschwindigkeit a_V:

$$a_V = 4{,}4 \cdot 10^{-4} \cdot \alpha \cdot \gamma \cdot p_S(T) \cdot \sqrt{\frac{M_r}{T}} \text{ g} \cdot \text{cm}^{-2} \cdot \text{s}^{-1} \quad (3)$$

Hertz-Knudsen-Formel

mit $p_S(T)$ in Pa – Sättigungsdampfdruck
M_r – relative Atom- bzw. Molekülmasse des verdampften Stoffes
T in K – Verdampfungstemperatur
α – Verdampfungs- oder Kondensationskoeffizient ($\alpha = 0...1$)
γ – Transmissionskoeffizient ($\gamma = 0...1$).

Anwendungen

Dünnschichttechnik [5, 6, 7]. Die dominierende Anwendung der Festkörperverdampfung ist die Herstellung dünner Schichten mit Dicken bis etwa 10 μm zum Zwecke der gezielten Veränderung der Oberflächeneigenschaften der zu beschichtenden Unterlagen (Substrate). In diesem Zusammenhang wird die Festkörperverdampfung den vakuumphysikalischen Beschichtungsverfahren (PVD-Verfahren) zugeordnet, zu denen auch die Festkörperzerstäubung gehört.

Haupteinsatzgebiete sind folgende Bereiche:

Optik – Filter, Strahlenteiler, Spiegel, Entspiegelungsschichten, Oberflächenschutz
Elektronik/Elektrotechnik – Kontakte, Leitbahnen, Widerstands- und Isolatorschichten, Diffusionsbarrieren, halbleitende Schichten, Speicherschichten
Metallurgie – Korrosionsschutz von Stahlblech
Werkstoffbearbeitung – Verschleißminderung bei Werkzeugen
Bauglasindustrie – Erhöhung der Wärmereflexion von Fensterglas.

Vielfältig genutzt wird auch die dekorative Wirkung aufgedampfter Schichten, z.B. in der Verpackungsindustrie, bei der Beschichtung von Kleinteilen (Armaturen, Spielwaren, Schmuck) und für die Herstellung von Heißprägefolien.

Bei der Festkörperverdampfung erfolgt die Zufuhr der Wärmeenergie durch direkte Heizung (Stromdurchgang durch draht- oder bandförmiges Verdampfungsmaterial), indirekte Heizung (Wärmestrahlung und/oder Wärmeleitung, Induktionsheizung) oder durch direkte Beheizung des Verdampfungsmaterials mit Elektronen- oder Laserstrahlen. Umfangreiche technische Anwendung haben hauptsächlich die indirekte Heizung über Drähte, Schiffchen und Tiegel sowie die Elektronenstrahlheizung gefunden. Die benötigten Verdampfungsraten liegen im Bereich zwischen 10^{-5} gcm^{-2}s^{-1}...10^{-2} gcm^{-2}s^{-1}.

Für die Aufgaben der Dünnschichttechnik werden eine Vielzahl von Metallen, Legierungen und Verbindungen eingesetzt. Die nachfolgende Tabelle gibt einen Überblick der gebräuchlichsten Aufdampfmaterialien.

Tabelle 1 Überblick über die gebräuchlichsten Aufdampfmaterialien in der Dünnschichttechnik[7]

Metalle	Ag, Al, Au, Cd, Co, Cu, Cr, Fe, Ga, Ge, In, Mn, Ni, Pb, Pd, Pt, Rh, Sb, Se, Si, Sn, Ti, Zn, Zr
Verbindungen	Al_2O_3, Bi_2O_3, CeO_2, MgO, PbO, SiO, SiO_2, Ta_2O_5, TiO, TiO_2, ZrO_2, CaF_2, CeF_3, LaF_3, LiF, MgF_2, Na_3AlF_6, PbF_2, CdS, ZnS, CdTe, PbTe, ZnTe, CdSe, ZnSe

Bei der Verdampfung von Legierungen sind die unterschiedlichen Dampfdrücke der Legierungskomponenten zu beachten. Um eine definierte Schichtzusammensetzung zu gewährleisten, werden verschiedene Methoden angewendet. Beispielsweise werden die Komponenten getrennt verdampft und in der Dampfphase gemischt, oder es werden kleine Mengen des kontinuierlich zugeführten Verdampfungsmaterials an heißen Flächen blitzartig verdampft (Flashverdampfung).

Bei der Verdampfung von Verbindungen tritt im allgemeinen eine thermische Dissoziation auf. Zum Ausgleich von Stöchiometrieverlusten kann der Druck z. B. für gasförmige Komponenten durch zusätzlichen Gaseinlaß erhöht werden („reaktive" Verdampfung). Dieses Verfahren wird auch angewendet, wenn bestimmte Stöchiometrien erzeugt werden sollen.

Eine für die Dünnschichttechnik wichtige Modifikation der Festkörperverdampfung ist die „ionengestützte" Verdampfung. Bei dieser Methode wirken während der oder alternierend zur Schichtbildung Ionen und angeregte Teilchen ein, die zu einer Verbesserung der Schichteigenschaften führen können.

Elektronenmikroskopie [8, 9]. Für die elektronenmikroskopische Präparationstechnik wird die Festkörperverdampfung zur Herstellung von Kontrast-, Objektträger- und Hülsenschichten eingesetzt. Zur Abbildung von Isolatoren werden leitfähige Schichten aufgedampft. Bevorzugt werden die Materialien Pt/C, C, SiO und Au.

Strukturierung dünner Schichten [10, 11]. Dünne Schichten können durch Materialabtrag mittels Festkörperverdampfung strukturiert werden. Die Zufuhr der Wärmeenergie erfolgt über Elektronen- oder Laserstrahlen mit Leistungsdichten im Bereich zwischen 10^6 W/cm^2...10^9 W/cm^2.

Vakuumtechnik [12]. Aufgedampfte Schichten können chemisch aktive Gase gettern. Dieser Effekt ist Basis für die Verdampfer- oder Sublimationspumpen, mit denen sich hohe Saugvermögen z. B. für O_2, N_2, CO_2 und H_2O realisieren lassen. Bevorzugtes Gettermaterial ist Titan.

Ionenquellen [13]. Für massenspektrometrische und kernphysikalische Untersuchungen an Stoffen, deren Dampfdruck bei Normal-Temperaturen gering ist, werden Ionenquellen eingesetzt, in denen der zu untersuchende Stoff verdampft und anschließend ionisiert wird (Festkörperionenquelle).

Literatur

[1] KNACKE, O.; STRANSKI, I. N.: Progress in Metal Physics. Vol. 6. p. 181. – New York: Pergamon Press 1956.
[2] HONIG, R. E., RCA-Review. Vol. 23, 567–586, 12/1962.
[3] DUSHMAN, S.: Scientific Foundations of Vacuum Technique. Second Edition. – London: John Wiley & Sons, Ltd., 1962.
[4] STULL, D. R., Ind. Engng. Chem. 39 (1947) 517.
[5] HOLLAND, L.: The Vacuum Deposition of Thin Films. New York: John Wiley & Sons, Ltd. 1956.
[6] MAYER, H.: Physik dünner Schichten. Vol. I, 1950; Vol. II, 1955. – Stuttgart: Wissenschaftliche Verlagsgesellschaft GmbH.
[7] SCHILLER, S.; HEISIG, U.: Bedampfungstechnik. – Berlin: VEB Verlag Technik 1975.
[8] KAY, H. D.: Techniques for Electron Microscopy. Second Edition. – Oxford: Blackwell Scientific Publications 1965.
[9] MÜLLER, H.: Präparation von technisch-physikalischen Objekten für die elektronenmikroskopische Untersuchung. – Leipzig: Akademische Verlagsgesellschaft Geest & Portig K.G. 1962.
[10] SCHILLER, S.; HEISIG, U.; PANZER, S.: Elektronenstrahltechnologie. – Berlin: VEB Verlag Technik 1976.
[11] STEFFEN, J.: Prozeßoptimierung bei materialabtragenden Bearbeitungsproblemen mit Laserstrahlung. Feinwerktechnik u. Meßtechnik 87 (1979) 7, 309–356.
[12] WUTZ, M.; ADAM, H.; WALCHER, W.: Theorie und Praxis der Vakuumtechnik. – Braunschweig/Wiesbaden: Friedr. Vieweg & Sohn GmbH. 1982.
[13] KAMKE, D. Elektronen- und Ionenquellen. In: Handbuch der Physik. Hrsg. S. FLÜGGE. – Berlin/Göttingen/Heidelberg: Springer-Verlag 1956. Bd. 33.
[14] VON ARDENNE, M.: Tabellen zur angewandten Physik. Bd. II. – Berlin: VEB Deutscher Verlag der Wissenschaften 1964. – ESPEL, W.; KNOLL, M.: Werkstoffkunde der Hochvakuumtechnik. – Berlin: Springer-Verlag 1936.

---

[7] Balzers-Katalog. Aufdampfmaterialien. Ausgabe 1978.

Festkörperzerstäubung

Die Zerstäubung von Festkörperoberflächen in einer Gasentladung wurde bereits 1852 von W.R.Grove [1] als Abbau des Kathodenmaterials beobachtet, das sich an den umgebenden Glaswandungen niederschlug („Kathodenzerstäubung"). Genauere Experimente folgten mehr als 50 Jahre später und führten zunächst zu gegensätzlichen Vorstellungen über die Ursachen der Teilchenemission bei Beschuß von Festkörpern mit Ionen oder Atomen (Verdampfungstheorie, Stoßkaskadentheorie). Beginnend mit den Arbeiten von G.K.Wehner [2] fand erst in den letzten 30 Jahren eine systematische experimentelle und theoretische Untersuchung des Zerstäubungsvorganges und parallel dazu eine bis heute immer stärker zunehmende praktische Anwendung statt. Zum theoretischen Verständnis trugen wesentlich die Arbeiten von P.Sigmund [3] bei, doch sind auch gegenwärtig noch zahlreiche Probleme ungeklärt. Der entscheidende Durchbruch zur Anwendung des Zerstäubens für die Beschichtung im industriellen Maßstab erfolgte durch die Entwicklung von Hochrate-Zerstäubungsquellen nach dem Magnetronprinzip in den Jahren 1974 bis 1978. Neben der Beschichtung wird die Zerstäubung in großem Umfang zur Strukturierung mikroelektronischer Bauelemente benutzt.

Sachverhalt

Trifft ein energiereiches Teilchen (Atom, Ion) auf eine Festkörperoberfläche, so kann es in das Material eindringen und seine Energie in Stoßprozessen an die Festkörperatome abgeben. Das eindringende Teilchen wird dabei vollständig abgebremst und eingelagert (siehe *Ionenimplantation*), kann aber auch nach wenigen Stößen mit Oberflächenatomen den Festkörper wieder verlassen (siehe *Ionenrückstreuung*). Der Zerstäubungseffekt tritt auf, wenn ein Festkörperatom in Oberflächennähe einen Impuls von ausreichendem Betrag in einer solchen Richtung erhält, daß es den Festkörperverband verlassen kann; es wird abgestäubt. Abbildung 1 zeigt schematisch den Prozeß. Das emittierte Atom kann auf einer Auffängerfläche kondensieren; es wird aufgestäubt. Die Ablösung eines Atoms hängt von den örtlichen Festkörpereigenschaften, insbesondere von den Bindungsverhältnissen, ab. Daher wird die Oberfläche im allgemeinen nicht gleichmäßig sondern selektiv abgetragen. Dabei wird nicht nur die oberflächennahe Schicht durch Teilcheneinlagerung und Defekterzeugung verändert, sondern auch die Oberflächengestalt.

Darüber hinaus sind mit dem Ionenbeschuß weitere Effekte verbunden (siehe *Ionenstrahlen*). Ein kleiner Teil der emittierten Atome ist geladen und kann daher massenspektrometrisch nachgewiesen werden (siehe *Sekundärionen-Massenspektrometrie*). Bei Beschuß mit chemisch reaktiven Ionen kommt zu der physikalischen Stoßwirkung (Physikalische Zerstäubung) eine chemische Wirkung (Chemische Zerstäubung).

Kennwerte, Funktionen

Die den Zerstäubungsprozeß kennzeichnende zentrale Größe ist die Zerstäubungsausbeute Y (Anzahl der emittierten Atome pro auftreffendes Primärteilchen). Außerdem interessieren die Verteilung des abgetragenen Materials über alle Raumrichtungen, die Energieverteilung sowie die Energie-Richtungsverteilung. Enthält das Festkörpermaterial mehrere Teilchenarten, so lassen sich diese Größen auch für jede Atomart einzeln bilden. Sie können von folgenden Eigenschaften der Beschußteilchen und des Festkörpers abhängen:

Beschußteilchen	Festkörper
Teilchenart	Atommasse(n)
Element(e)	Bindungsenergie(n)
Teilchenmasse	Struktur (kristallin, amorph, Gittertyp)
Teilchenenergie(n)	Oberflächenorientierung
Einfallsrichtung(en)	Oberflächengestalt
	Defektstrukturen (Korn- und Phasengrenzen, Versetzungen, Defektagglomerate)

Eine Zusammenstellung der bisher bekannten Daten enthält [4].

Einige Abhängigkeiten sind in Abb.2 in ihrem prinzipiellen Verlauf dargestellt.

Abbildung 2a zeigt die Zerstäubungsausbeute Y für polykristallines Kupfer über der Ionenenergie für verschiedene Edelgasionen. Der typische Verlauf (z. B. für Ar) enthält einen Anstieg bei Energien unter 10 keV, ein breites Maximum und ein Absinken bei hohen Energien, infolge größerer Eindringtiefe.

Abbildung 2b gibt die Zerstäubungsausbeuten für die Elemente in Abhängigkeit von der Ordnungszahl wieder. Der periodische Verlauf folgt den periodisch veränderlichen Bindungsenergien.

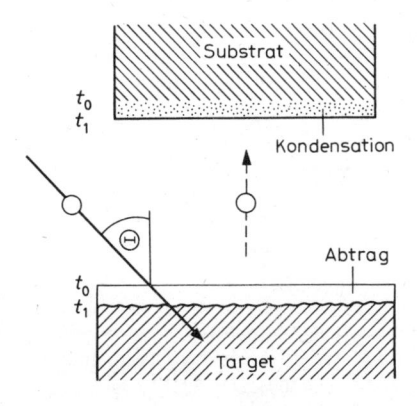

Abb.1   Zerstäubungsvorgang (schematisch)

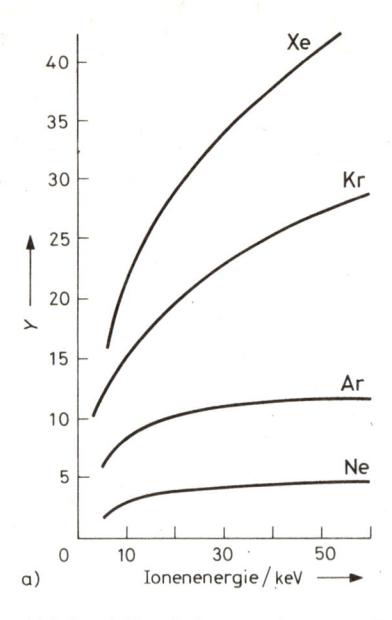

Abb.2 a) Zerstäubungsausbeute von Kupfer in Abhängigkeit von der Ionenenergie für verschiedene senkrecht einfallende Edelgasionen [2]

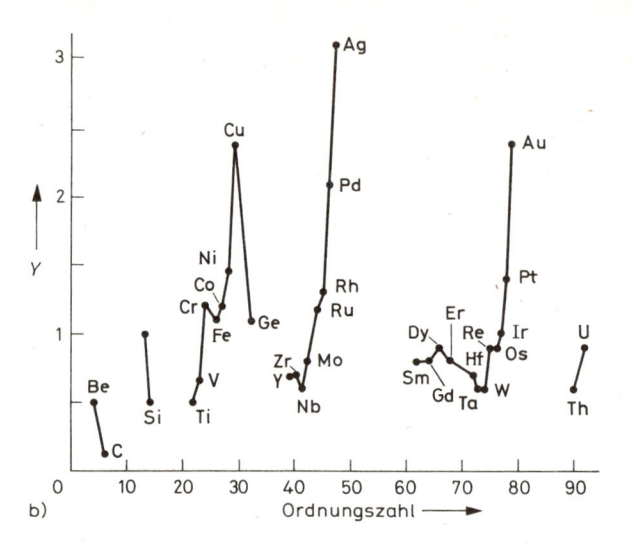

b) Zerstäubungsausbeute in Abhängigkeit von der Ordnungszahl des beschossenen Elementes für 500 eV Ar$^+$-Ionen [5]

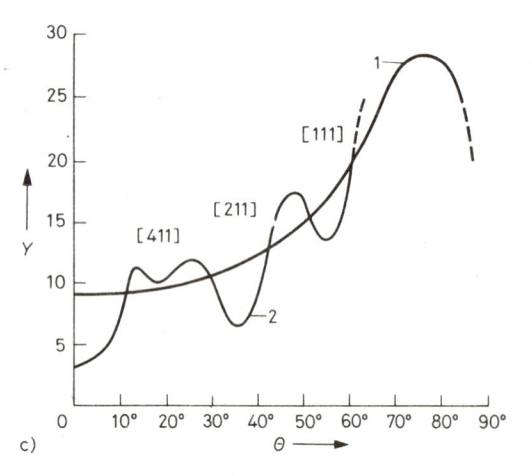

Abbildung 2c zeigt den Einfluß des Auftreffwinkels an polykristallinem Material (Kurve 1) und an einem Einkristall der Oberflächenorientierung (100) (Kurve 2). Die Zerstäubungsausbeute wächst mit dem Einfallswinkel bis zu einem Maximum bei $\Theta = 60°...80°$ (zur Normale) und fällt dann ab. Diesem Verhalten sind bei Einkristallen Minima bei Einschuß entlang dichtbesetzter („transparenter") Gitterrichtungen überlagert, da in diesen Richtungen die Ionen tiefer in das Gitter eindringen können.

Abbildung 2d gibt Beispiele für die Richtungsverteilung der emittierten Festkörperatome wieder. An amorphen und polykristallinen Stoffen wird das Material bei Ionenenergien von einigen keV etwa in einer cos-Verteilung (Kurve 1) emittiert. An Einkristallen erfolgt eine bevorzugte Emission in Richtung dichtbesetzter Gitterrichtungen (Kurve 2). In beiden Fällen bleibt die Verteilung symmetrisch zur Oberflächennormale, wenn man die Strahlrichtung ändert.

Die Eindringtiefe der Primärteilchen liegt bei Energien im keV-Bereich bei einigen nm. Die emittierten Teilchen besitzen überwiegend Energien von 1 eV...10 eV, es kommen jedoch auch höhere Energien vor.

Für die Zerstäubungsausbeute polykristalliner bzw. amorpher Stoffe gilt nach SIGMUND [3] im Energiebereich von 500 eV...1 keV:

$$Y = 0{,}3 \frac{M_i \cdot M}{(M_i + M)^2} \cdot \alpha\left(\frac{M}{M_i}\right) \cdot \frac{E}{U_0};$$

M_i — Masse des auftreffenden Teilchens,

M — Masse des Targetatoms,

c) Zerstäubungsausbeute in Abhängigkeit vom Einfallswinkel Θ bei Beschuß mit 27 keV Ar$^+$-Ionen für polykristallines Cu (1) und für eine Cu(100)-Einkristallfläche (2) [4]

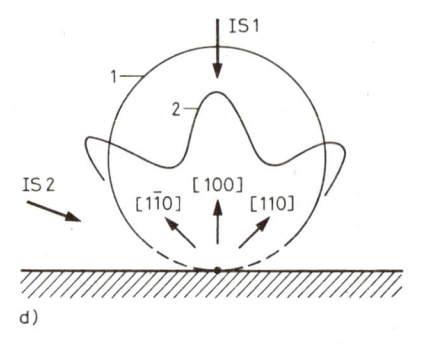

d) Richtungsverteilung der emittierten Atome an polykristallinem bzw. amorphem Material (1) (cos-Verteilung) und an einer Einkristallfläche (2) (Cu(100); $\Theta = 70°$ [2]) bei Beschuß mit 10 keV-Edelgasionen, IS Ionenstrahlrichtungen

$\alpha\left(\dfrac{M}{M_i}\right)$ – Geometriefaktor,
E – Energie der auftreffenden Teilchen,
U_0 – Bindungsenergie der Targetatome.

Anwendungen

Die Zerstäubung von Festkörperoberflächen (Targets) wird in Industrie und Labor in großem Umfang genutzt. Hauptsächliche Anwendungen sind:
- Zerstäubung von Targets (*Sputtern*) als Teilchenquelle für die physikalische Schichtabscheidung (*PVD*),
- Materialabtrag durch Zerstäubung zur Bearbeitung bzw. Untersuchung von Festkörperoberflächen sowie zur Vorbehandlung für die nachfolgende Beschichtung.

In einer Reihe anderer Einsatzgebiete des Ionenbeschusses tritt der Zerstäubungseffekt als negative Begleiterscheinung auf und muß klein gehalten werden. Darüber hinaus wurde die Zerstäubung als natürliche Erscheinung an festen Stoffen im Weltraum nachgewiesen.

Die gebräuchlichen Einrichtungen zur Nutzung des Zerstäubungseffektes können in zwei Gruppen eingeteilt werden:

1. *Gasentladungseinrichtungen.* Das Target wird als Katode einer Gasentladung geschaltet und durch energiereiche Neutralteilchen und Ionen mit unterschiedlicher Energie und Richtung zerstäubt.

a) Diodenanordnungen (Abb. 3a) werden mit Gleich- oder Hochfrequenzspannung betrieben. Es stellt sich eine homogene Leistungsdichte ($\approx 1\,\text{Wcm}^{-2}$) auf dem Target ein. Die Anordnung ist geeignet zum Ionenätzen und zum Beschichten mit geringer Rate.

b) Plasmatron-Zerstäubungsquellen (Abb. 3b) werden vorwiegend mit Gleichspannung betrieben. Es

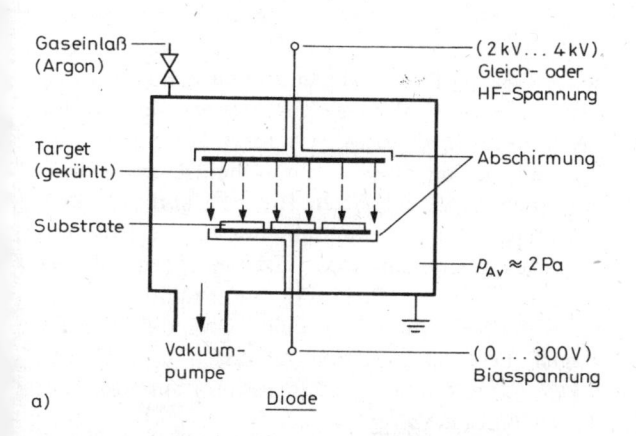

Abb.3 a) Zerstäubungseinrichtung (Diode)

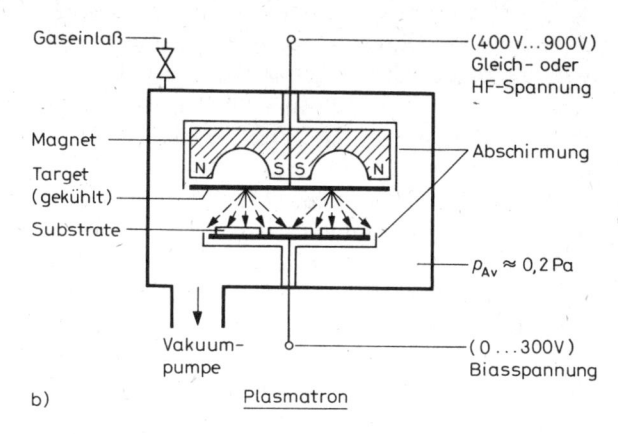

b) Hochrate-Zerstäubungsquelle (Plasmatron)

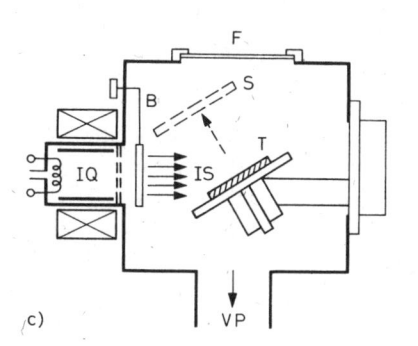

c) Ionenstrahlapparatur
IQ   Ionenquelle   T   Target
IS   Ionenstrahl   S   Substrat
VP   Vakuumpumpe   F   Fenster

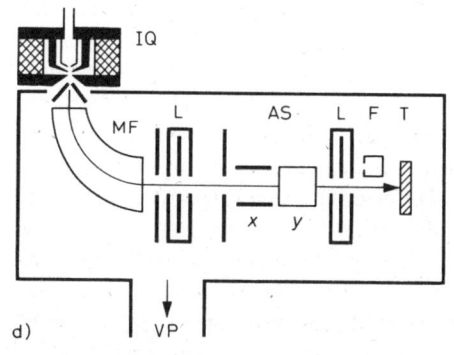

d) Ionenstrahlmikrosonde
IQ   Ionenquelle   L   Linsen
MF   Massenfilter   F   Faradaybecher
VP   Vakuumpumpe   T   Target
AS   Ablenksystem

wird eine hohe, jedoch stark inhomogene Leistungsdichte ($\approx 50\,\text{Wcm}^{-2}$) auf dem Target durch Anordnung eines Magneten auf der Targetrückseite erreicht. Plasmatronquellen werden zum Beschichten mit hoher Rate eingesetzt. Leistungen von 1 kW bis 100 kW mit Targetlängen von mehreren Metern sind technisch ausgeführt.

2. Ionenstrahleinrichtungen. Die Ionen werden in einer vom Zerstäubungsraum getrennten Ionenquelle erzeugt und treffen als paralleles Bündel und mit einheitlicher Energie auf das Target. Nach dem Strahldurchmesser unterscheidet man:

a) Ionenstrahlapparaturen (Abb. 3c) mit einem Strahldurchmesser bis zu 50 cm, geeignet zur Ätzung rotierender Targets und zur Beschichtung mit geringer Rate.

b) Ionenstrahlmikrosonden (Abb. 3d) mit programmgesteuertem, feinfokussiertem Ionenstrahl, überwiegend zur Analyse des abgestäubten Materials und zur Mikrobearbeitung.

Die Festkörperzerstäubung zur *Herstellung dünner Schichten* stellt neben der Festkörperverdampfung das wichtigste Verfahren der physikalischen Schichtabscheidung (PVD) dar [7]. Im Vergleich zum Verdampfen ergeben sich beim Zerstäuben kaum Einschränkungen in der Materialauswahl. Elektrisch leitfähige Targets werden mit Gasentladungseinrichtungen vorwiegend im Gleichstrombetrieb, dielektrische Targets ausschließlich im HF-Betrieb (MHz-Bereich) [8] zerstäubt. Es lassen sich großflächige Teilchenquellen herstellen, die an die Substratgeometrie angepaßt werden können. Hierdurch sind kurze Abstände zwischen Target und Substrat (≈ 50 mm) möglich, die bei hoher Schichtdickengleichmäßigkeit ($< 5\%$) eine gute Materialausnutzung gestatten. Mit Plasmatronquellen werden bei Metallen Kondensationsraten im Bereich von $1\ \mu m\ min^{-1}$ erreicht. Zerstäubungsquellen können über die Lebensdauer des Targets wartungsfrei betrieben werden. Hierdurch wird ihr Einsatz in Schleusenanlagen möglich. Besondere Vorteile ergeben sich beim Zerstäuben schwer verdampfbarer Materialien (W, Mo, Pt u.a.) und bei der Abscheidung von Legierungsschichten, da sich die Zerstäubungsraten der Metalle nur um den Faktor 10 unterscheiden. Außerdem stellt sich bei intensiver Kühlung durch Unterbindung der Diffusion auf der Targetoberfläche nach kurzer Zeit ein neuer Gleichgewichtszustand ein, da die Konzentration der Atome mit der höheren Zerstäubungsrate an der Oberfläche abnimmt. Abgesehen von sekundären Störgrößen besitzen daher Legierungsschichten annähernd die Zusammensetzung des Targets.

Die thermische Substratbelastung beim Zerstäuben hängt vom verwendeten Typ der Zerstäubungsquelle ab. Sie ist bei Hochrate-Zerstäubungsquellen (Plasmatron) etwa doppelt so groß ($0,2\ Wcm^{-2}...1\ Wcm^{-2}$) wie beim Bedampfen. Die Energie der kondensierenden Teilchen im Bereich von 1 eV (beim Bedampfen $\approx 0,1$ eV) wirkt sich günstig auf die Haftfestigkeit und andere Schichteigenschaften aus. Durch Hochratezerstäuben können wirtschaftlich Schichtdicken bis zu etwa 10 µm hergestellt werden. Dabei werden nur etwa 5% der in der Gasentladung umgesetzten Energie für die Zerstäubung wirksam [9]. Durch Anlegen einer Zusatzspannung an das Substrat (Biasspannung) können zusätzlich Ionen aus dem Plasma der Gasentladung zum Substrat beschleunigt werden, wodurch sich die Kondensationsbedingungen günstig beeinflussen lassen.

Zur Abscheidung von Verbindungen des Targetmaterials (z. B. Oxide, Nitride, Karbide) wird das *reaktive Zerstäuben* eingesetzt [10]. Die Gasentladung wird hierzu in einem Inertgas (Argon)/Reaktionsgasgemisch (Sauerstoff, Stickstoff, Äthin u. a.) betrieben. Die auf das Substrat auftreffenden Teilchen (Target- und Reaktionsgasatome) befinden sich zu einem erheblichen Prozentsatz im angeregten oder ionisierten Zustand, wodurch eine hohe Reaktionswahrscheinlichkeit gegeben ist. Durch Biasbetrieb läßt sich das Reaktionsgleichgewicht noch weiter beeinflussen. Über den Partialdruck des Reaktionsgases kann die Zusammensetzung der Schicht eingestellt werden. Dadurch lassen sich Schichten aus Verbindungen mit einer großen Vielfalt der Eigenschaften, wie spezifischer Widerstand, Brechungsindex, Transparenz, Farbe, Härte usw. herstellen. Bei geeigneter Führung des reaktiven Zerstäubungsvorganges werden mit Plasmatronquellen Abscheidungsraten von mehreren 100 nm min^{-1} für Oxid- und Nitridschichten erreicht. Hierbei spielt auch die bereits erwähnte chemische Zerstäubung bei den Vorgängen auf dem Target eine Rolle.

Die Getterwirkung kondensierender Teilchen wird in der Hochvakuumtechnik zur Herstellung von *Zerstäuberpumpen* genutzt.

Die verschiedenen Formen des *Materialabtrages durch Zerstäubung* lassen sich nach den Bearbeitungszielen zusammenfassen:

Eine Hauptaufgabe für viele Anwendungen ist der *glatte Materialabtrag* einschließlich der Beseitigung von vorhandenen Rauhigkeiten und der Entfernung von Fremdschichten, also das Ionenreinigen, Ionenpolieren und schichtweise Abtragen von Festkörperoberflächen. Dies wird als Vorbehandlung für die Beschichtung (wobei Reinigung und Schaffung günstiger Kondensationsbedingungen zusammenwirken), zur Präparation reiner Oberflächen (z.B. für Untersuchungen an atomar reinen und glatten Flächen) und zum schichtweisen Abtrag für Festkörperanalyseverfahren (*Sekundärionen-Massenspektrometrie, Röntgenmikroanalyse, Auger-Elektronenspektroskopie*) benutzt, aber auch zur Herstellung von Spiegeln und Oberflächenveredlungen anderer Art eingesetzt. Hierzu gehört außerdem die Präparation von Dünnschnitten für die Transmissionselektronenmikroskopie und der Ionenstrahl-Böschungsschnitt zur Freilegung ausgewählter Flächen an Festkörpern [6]. Die Abbaugeschwindigkeiten betragen bei Beschuß mit Ar$^+$-Ionen der Energie 1 keV...10 keV und Stromdichten von 1 mA cm^{-2} etwa 1 nm s^{-1}...10 nm s^{-1}.

Für die *selektive Ionenätzung* (Gefügeätzung) polykristalliner und heterogener Stoffe ist nicht die Absolutmenge des abgetragenen Materials entscheidend, sondern die Selektivität des Angriffs unterschiedlich orientierter oder zusammengesetzter Bestandteile einer Probe. Während für den gleichmäßigen Abbau der anisotrope Angriff verhindert werden muß, nutzt man ihn hier zur Darstellung des Gefüges. Korn- und Phasengrenzen werden durch Unterschiede in den Abbaugeschwindigkeiten der benachbarten Flächen oder bevorzugten Abbau (Grabenbildung) markiert. Das Ätzbild zeigt charakteristische Unterschiede zur chemischen Ätzung, die bei der Interpretation zu berücksichtigen sind [11]. Das Ionenätzverfahren ist anderen in der Metallographie üblichen naßchemischen Verfahren vielfach überlegen. Es ist universell anwendbar und geeignet für die Licht- und Elektronenmikroskopie. Besonders günstig ist der kombinierte Einsatz von Ionenätzung und Rasterelektronenmikroskopie [6].

Die *Mikrostrukturierung* von Festkörperoberflächen und Schichtsystemen hat das Ziel der Erzeugung eines Mikroreliefs mit vorgegebenem Muster oder mit unregelmäßiger Feinstruktur. Vorgegebene Muster sind für die Herstellung von integrierten Schaltkreisen in der Mikroelektronik erforderlich. Sie werden durch Maskenätzverfahren (analog zu naßchemischen Verfahren) mit hoher lateraler und vertikaler Auflösung (Submikrometerstrukturen) sowohl in Gasentladungen (insbesondere durch reaktives Ionenätzen) als auch durch Ionenstrahlverfahren erzeugt [12]. Künftig ist auch das „Schreiben" solcher Muster mit einem feinfokussierten und programmierten Ionenstrahl hoher Intensität möglich.

Bei folgenden Vorgängen tritt der Materialabtrag durch Ionenbeschuß als z. T. störende **Nebenwirkung** auf:

- Zerstäubung und Zerstörung von Elektroden in Gasentladungsröhren („Katodenzerstäubung"),
- Wanderosion in Kernreaktoren und Fusionsanlagen,
- Oberflächenabbau bei der Ionenimplantation,
- Ionenbeschuß als „Sonnenwind" verändert Material im Weltraum, z. B. die Mondoberfläche.

Literatur

[1] GROVE, W. R., Phil. Trans. Roy. Soc. (London) **142** (1852) 87.
[2] WEHNER, G. K.: The aspects of sputtering in surface analysis methods. In: CZANDERNA, A. W.: Methods of surface analysis. – Amsterdam/Oxford/New York: Elsevier 1975. Bd. 1, S. 5–37.
[3] SIGMUND, P.: In [4] S. 9–71.
[4] BEHRISCH, R.: Sputtering bei Particle Bombardment. – Berlin/Heidelberg/New York: Springer-Verlag 1981.
[5] SEAH, M. P., Thin Solid Films **81** (1981) 279–287.
[6] HAUFFE, W., Dissertation B. TU Dresden. 1978.
[7] SCHILLER, S.; HEISIG, U.; GOEDICKE, K., Vakuumtechnik **27** (1978) 51–55 und 75–86.
[8] JACKSON, G. N., Thin Solids Films **5** (1970) 209–246.
[9] SCHILLER, S.; HEISIG, U.; GOEDICKE, K., Vakuumtechnik **32** (1983) 35–48.
[10] SCHILLER, S.; et al., Vakuumtechnik **30** (1981) 3–14.
[11] HAUFFE, W.: Ionenätzung – Grundlagen und Anwendungen. Sonderdruck der Phys. Ges. der DDR; Berlin 1979.
[12] CURRAN, J. E., Thin Solid Films **86** (1981) 101–116.

Gammastrahlen

Die Gammastrahlen wurden 1900 als Bestandteil der von radioaktiven Präparaten ausgehenden Strahlungen durch PAUL VILLARD entdeckt [1, 2]. Ihre Existenz konnte 1903 von ERNEST RUTHERFORD bestätigt werden [3]. Der erste Nachweis, daß sie nicht nur von natürlichen radioaktiven Strahlern ausgehen können, wurde 1912 von JAMES CHADWICK erbracht, als er ihr Auftreten bei Beschuß stabiler Elemente mit Alphastrahlen bemerkte [4]. LISE MEITNER wies 1925 über den Effekt der inneren Konversion nach, daß die Gammastrahlen in den Tochterkernen des radioaktiven Zerfalls entstehen [5].

Neben der Bedeutung der Gammastrahlen für die Entwicklung der Kern- und Elementarteilchenphysik hat sie als Komponente der von radioaktiven Nukliden ausgehenden Strahlungen zu wichtigen Erkenntnissen geführt, deren Anwendung in vielfältiger Weise zur Verbesserung von Produktionsmethoden und -anlagen, zur Gesunderhaltung des Menschen und zur Mehrung des Wohlstandes beitragen können. Daran haben vor allem die Natur- und Technikwissenschaften mit einer großen Zahl von Gebieten einschließlich vieler Rand- und Grenzgebiete unmittelbaren Anteil.

Sachverhalt

Gammastrahlung ist eine elektromagnetische Strahlung, die sich mit Lichtgeschwindigkeit ausbreitet und Quantencharakter trägt. Während Licht- und Röntgenstrahlung in der Atomhülle bei der Abregung der Elektronenzustände entstehen, wird die Gammastrahlung bei der Abregung von Anregungszuständen der Atomkerne emittiert, wie sie im Gefolge des radioaktiven Zerfalls oder von Kernreaktionen entstehen können (siehe *Kernanregung, Kernreaktionen, Kernzerfall*). Gammastrahlen entstehen auch durch Annihilation von Teilchen und Antiteilchen, z. B. von Elektronen mit Positronen.

Im Falle der Kernabregung übernimmt der emittierte Gammaquant die Energiedifferenz zwischen den an der Abregung beteiligten Kernzuständen. Im allgemeinen kann die Abregung in mehreren Schritten über mehrere Zustände erfolgen, im Spezialfall direkt in den Grundzustand. Dabei ändert sich weder die Kernladungs- (Ordnungs-) noch die Massenzahl des Atomkerns. Im Falle der praktisch sofortigen Abregung spricht man von prompter Gammastrahlung, im Falle von Verzögerungen von Kernisomerie (siehe *Kernzerfall*). Die Übergangswahrscheinlichkeit und die Winkelverteilung der Gammastrahlung hängen von den Drehimpuls- und Paritätsquantenzahlen der beteiligten Kernzustände ab. Da die Energiedifferenz zwischen den Zuständen feste Werte haben und die Gammaabregung ein Zweiteilchenzerfall ist, hat das Gammaspektrum Liniencharakter.

Gammastrahlen treten mit Materie in Wechselwirkung. Die wesentlichsten Wechselwirkungsprozesse mit stofflicher Materie sind der Photoeffekt, der Compton-Effekt, der Paarbildungseffekt und bei sehr hohen Energien Kernreaktionen, bei denen ein Proton oder ein Neutron den Kern verläßt (Kernphotoeffekt). Der Nachweis von Gammastrahlen erfolgt durch die bei diesen Prozessen ausgelösten Photo-, Compton- und Paarbildungs-Elektronen.

Kennwerte, Funktionen

Die Intensität der Gammastrahlung nimmt nach Durchdringen der Schichtdicke d_x eines Stoffes um den Betrag dI ab, wobei gilt

$$dI = -\mu I \, dx. \quad (1)$$

Daraus folgt das exponentielle Schwächungsgesetz

$$I = I_0 \exp[-\mu x]. \quad (2)$$

μ ist der lineare Schwächungskoeffizient als Summe der Anteile des Photoeffekts μ_{ph}, der Compton-Absorption μ_{ca}, der Compton-Streuung μ_{cs} und des Paarbildungseffekts μ_p:

$$\mu = \mu_{ph} + \mu_{ca} + \mu_{cs} + \mu_p. \quad (3)$$

Die Energiedosis X, die ein Körper im Abstand a (in m) durch Bestrahlung mit einer punktförmigen Quelle der Aktivität A (in Bq) in einer Expositionszeit t (in s) erhält, ermittelt sich aus

$$X = \frac{A \cdot I_\gamma \cdot t}{a^2} \, i[X] = \left[\frac{C}{kg}\right]. \quad (4)$$

I_γ ist die strahlungsspezifische Dosiskonstante in $C \cdot m^2/kg \cdot s \cdot Bq$.

Bei den in der Praxis oft verwendeten Gammastrahlenquellen ^{60}Co und ^{137}Cs verläuft der Zerfallprozeß nach folgenden Schemata (Zerfallsschemata):

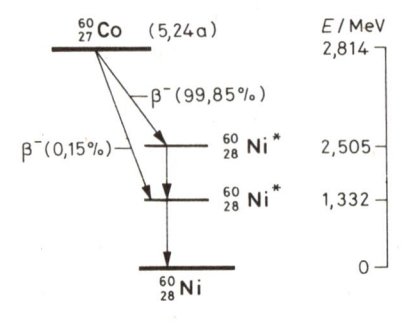

Abb. 1 Zerfallschema von ^{60}Co

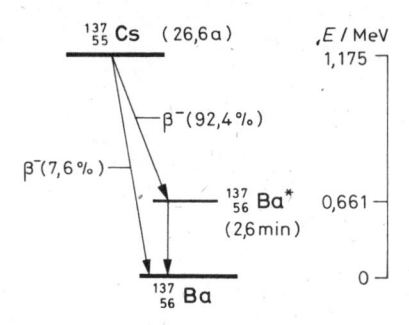

Abb. 2 Zerfallschema von ^{137}Cs

Die Gammastrahlung von ^{60}Co hat zwei Komponenten relativ hoher Energie (1,17 MeV und 1,33 MeV) und ist deshalb sehr durchdringungsfähig. Die bei ^{137}Cs auftretende Gammastrahlung stammt von der Tochtersubstanz ^{137}Ba, die mit ^{137}Cs im radioaktiven Gleichgewicht steht.

Anwendungen

Von den Gammastrahlen sind sehr viele Anwendungen bekannt (siehe *Kernanregung, Kernreaktionen, Kernzerfall*) [5–9]. Wie die Anwendungen der Radionuklide, so lassen sich auch die von Gammastrahlen in zwei Kategorien einteilen. Sie unterscheiden sich durch das Ziel der Nutzung der Gammastrahlen, das einerseits in ihrem Nachweis bestehen kann, andererseits in der Erzeugung von Veränderungen in einem Medium. Zur ersten Gruppe gehören auch Anwendungen, in denen ein Medium die Eigenschaften der Gammastrahlen definiert verändert, zur zweiten auch solche, in denen das Medium definiert verändert wird [5].

Die Indikator- oder Tracermethode (siehe *Markierung*) ist sehr vielseitig und weitgehend zerstörungsfrei. Sie wird zur Untersuchung chemischer Reaktionen, von Stoffwechsel-, Transport- und Bewegungsvorgängen sowie zur Analyse von Stoffen und Stoffgemischen benutzt [6]. Dabei wird das Verhalten eines Indikators meßtechnisch (meist Szintillations- oder Halbleiterdetektoren) verfolgt. Die Strahlung wird nur zum Nachweis des strahlenden Nuklids genutzt, jede andere Strahlenwirkung ist unerwünscht. Die hohe Durchdringungsfähigkeit der Gammastrahlung erlaubt in der Regel Außenwandmessungen und die hohe Nachweisempfindlichkeit den Zusatz geringster Mengen des gammastrahlenden Nuklids zum untersuchten System. Die Indikatoren werden so gewählt, daß ihre Zugabe die interessierenden Effekte nicht verfälscht und keine anhaltenden Kontaminationen sowie nur minimale Strahlenbelastungen auftreten. So ist z. B. bei der Untersuchung chemischer Verhaltensweisen die Identität von Indikator und Untersuchungsobjekt erforderlich (isotope Markierung), während ein Radiotracer beim Studium von Strömungsvorgängen sich nur bezüglich der Strömung so verhalten muß, wie die strömende Substanz (nichtisotope Markierung) [7]. In diese Kategorie gehören z. B. Ausbeutebestimmungen, Messungen von Adsorption und Diffusion, Dichtheitsprüfungen, nuklearmedizinische Diagnoseverfahren, Untersuchungen von Verschleiß und Korrosion, des Verweilzeitverhaltens in Anlagen der Homogenität von Mischungen und Legierungen, von reaktionskinetischen und Katalysatorvorgängen sowie von Filtrations- und Mahlvorgängen.

Die Bestrahlung mit *Gammastrahlenquellen* ruft an vielen Stoffen Veränderungen der physikalischen [6, 7], chemischen [8] oder biologischen [6, 7] Eigenschaften hervor, aber die Gammastrahlen erleiden auch selbst Änderungen bezüglich ihrer Intensität und Richtung.

Bei der Aktivierungsanalyse können Gammastrahlen sowohl Ursache (γ-Aktivierung) als auch Ergebnis sein und Auskünfte über Stoffzusammensetzungen liefern. Durch Gammastrahlen können optische (Verfärbung von Schmucksteinen und Gläsern) und elektrische Eigenschaften (Leitfähigkeit, Schaltverhalten von Halbleitern) verändert werden.

Beim strahlenchemischen Abbau erfolgt die Aufspaltung von Makromolekülen unter Einwirkung von Gammastrahlung. Das führt zur Verringerung der mittleren Molekularmasse, zur Verbreiterung der Molekularmasseverteilung und zu erheblichen Änderungen der Eigenschaften von Polymeren (z. B. strahlentechnische Behandlung von Abfällen zur Vernichtung oder Verwertung). Bei der strahlenchemischen Synthese werden chemische Verbindungen durch Reaktionen von Radiolyseprodukten gebildet. Durch Zugabe reaktionsfähiger Moleküle zu bestrahlten Substanzen kann eine gezielte Modifikation erfolgen (z. B. Oxidation, Sulfooxidation, Sulfochlorierung, Halogenierung, Polymerisation), was zur Beeinflussung mechanisch-thermischer Eigenschaften (PVC-Chlorierung, Isolationsvernetzung, Folienschrumpfung), des Oberflächenverhaltens (Wasseraufnahme, Anfärbbarkeit, Schmutzabstoßung von Textilien), von Härte, Biegefestigkeit und Abrieb (Polymerholz, Polymerbeton), führt.

In der Medizin und der Land-, Forst- und Nahrungsgüterwirtschaft kann man Gammastrahlen zur Geschwulstbehandlung (γ- und Kontakttherapie) und zum Sterilisieren, Konservieren und Abtöten von Kleinlebewesen und Schädlingen anwenden (Hygienisierung von Abwässern, Bestrahlung von Enzymen, Nahrungs- und Futtermitteln, Gewürzen u. a.). Die Strahlen rufen Veränderungen an Erbanlagen von Pflanzen und Tieren hervor (Wachstumshemmung bzw. -stimulierung).

Die Veränderungen von Eigenschaften der Gammastrahlen bei der Wechselwirkung mit Materie werden in speziellen Meßverfahren auf der Grundlage von

Durchstrahlungs- und Rückstreumessungen angewendet [9] (γ-γ-Karottage, Defektoskopie, Messungen von Dichte, Dicke und Füllstandshöhe, Aschegehaltsbestimmung an Kohle u. a.).

Literatur

[1] Kleine Enzyklopädie Atom. – Leipzig: VEB Bibliographisches Institut 1970.
[2] VILLARD, P., C. R. Seances Acad. Sci. Paris **130** (1900) 1010.
[3] RUTHERFORD, E., Phil. Mag. **5** (1903) 177.
[4] CHADWICK, J., Phil. Mag. **24** (1912) 600.
[5] MUSIOL, G., RANFT, J., REIF, R., SEELIGER, D.: Kern- und Elementarteilchenphysik. – Berlin: VEB Deutscher Verlag der Wissenschaften 1987.
[6] BRODA, E.; SCHÖNFELD, T.: Die technischen Anwendungen der Radioaktivität. 3. Aufl. – Leipzig: VEB Deutscher Verlag für Grundstoffindustrie 1962.
[7] Taschenlexikon Radioaktivität. Hrsg. J. LEONHARDT. – Leipzig: VEB Bibliographisches Institut 1982.
[8] Strahlenchemie, Grundlagen-Technik-Anwendung. Hrsg.: K. KAINDL, E. H. GRAUL. – Heidelberg: Dr. Alfred Hüthig Verlag GmbH. 1967.
[9] HARTMANN, W.: Meßverfahren unter Anwendung ionisierender Strahlung. – Leipzig: Verlag Geest & Portig K.G. 1969.

Gasentladungen

Vermutlich wies COULOMB 1750 [1] erstmalig die Entladung von zwei entgegengesetzt geladenen Metallkugeln durch das zwischen ihnen befindliche Gas nach, also über den Fluß elektrischer Ströme durch Gase. DAVY und RITTER erzeugten um 1810 eine zwischen horizontalen Holzkohlestäben brennende Bogenentladung. PLÜCKER, HITTORF, GOLDSTEIN und CROOKES berichteten nach 1850 von Untersuchungen elektrischer Entladungen in gasverdünnten Räumen.

Aus den zahlreichen Eigenschaften der Gasentladung ergeben sich außerordentlich vielfältige Anwendungen. Gasentladungslichtquellen nutzen die Strahlung des Entladungsplasmas in unterschiedlichen Spektralbereichen. Im Glaslaser dient die Entladung zur Schaffung einer Besetzungsinversion als Voraussetzung für die induzierte Emission. Mit Hilfe von Plasmatrons können Plasmastrahlen hoher Temperatur und Energiedichte zur Materialbearbeitung (Schneiden, Schmelzen, Aufsprühen) sowie zur Stoffwandlung (Plasmachemie) erzeugt werden. Die elektrischen Eigenschaften der Gasentladung dienen zur Steuerung von Stromkreisen (Thyratrons, Schaltbögen, Gleichrichter). Ionisierende elektromagnetische und Korpuskularstrahlung läßt sich mit Hilfe der Gasentladung nachweisen und messen (Ionisationskammer, Zählrohre). Zur Schaffung der Voraussetzungen für die gesteuerte Kernfusion werden mit Hilfe leistungsfähiger Gasentladungen in Magnetfeldern sehr hohe Temperaturen erzeugt (Tokamak). An der direkten Umwandlung thermischer Energie in Elektroenergie mit magnetohydrodynamischen Generatoren wird gearbeitet.

Sachverhalt

Gase werden durch Erzeugung von Ladungsträgern in ihrem Inneren (Ionisation durch Strahlung oder Teilchengröße, Feldionisation) oder durch Einbringen von solchen von außen (Einschuß von Ionen und Elektronen, Elektronenemission an den Grenzflächen) elektrisch leitend. Im elektrischen Feld werden die Ladungsträger beschleunigt, es fließt ein elektrischer Strom. Gewöhnlich wird das Feld durch Anlegen einer Spannung an wenigstens zwei Elektroden erzeugt. Es ist jedoch auch möglich, Entladungen durch Hochfrequenzfelder und Mikrowellen elektrodenlos zu erzeugen. Die Eigenschaften der Entladung werden von der Gasart, dem Druck, der elektrischen Feldstärke bzw. Stromstärke sowie äußeren Einflüssen wie Einschuß geladener Teilchen, Einfall ionisierender Strahlung, Elektroden sowie der Geometrie der Entladungsanordnung bestimmt.

Hinsichtlich des zeitlichen Verlaufes sind stationäre, Wechselstrom- und Impulsentladungen möglich. Bei instationären Entladungen haben die kapazitiven und induktiven Eigenschaften des Versorgungsstromkreises wesentlichen Einfluß.

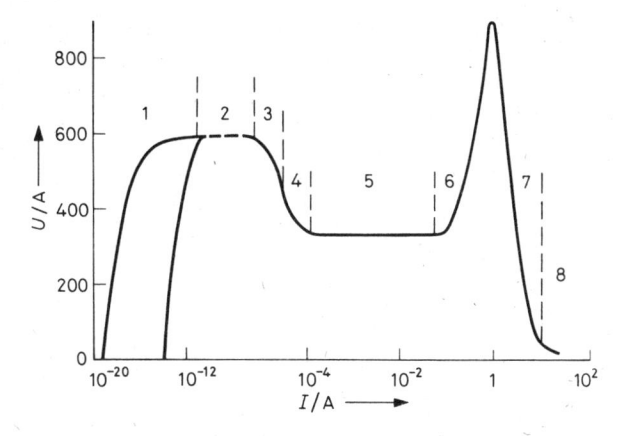

Abb. 1 Stromabhängigkeit der Spannung für unterschiedliche Entladungstypen [2]. 1 – Unselbständige Entladung, 2 – Townsend-Entladung (Dunkelentladung), 3 – Korona-Entladung, 4 – Subnormale Glimmentladung, 5 – Normale Glimmentladung, 6 – Anormale Glimmentladung, 7 – Übergangsgebiet, 8 – Bogenentladung

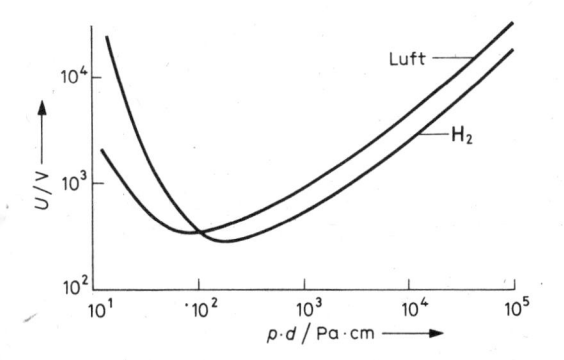

Abb. 2 Durchbruchsspannung in Luft und Wasserstoff (Paschen-Kurven) [3]

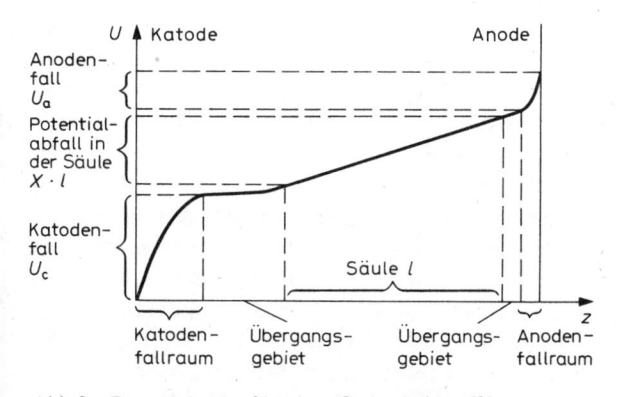

Abb. 3 Potentialverlauf in einer Gasentladung [3]

Das von der Entladungsstromstärke bestimmte Erscheinungsbild läßt eine Klassifizierung in Entladungstypen zu (Abb. 1) [2]. Bei Strömen unterhalb von 10^{-14} A ist eine Entladung nur durch Erzeugung von Ladungsträgern infolge äußerer Einflüsse (Ionisierende Strahlung, Photo-, Thermoemission von den Elektroden) möglich. Es liegt eine unselbständige Entladung vor. Oberhalb von 10^{-14} A erzeugen Stoßprozesse im Entladungsgas ausreichend viele Ladungsträger, so daß der Durchschlag zur selbständigen Townsend-Entladung erfolgt. Dabei sind Brennspannungen über 100–500 V je nach Gasart erforderlich. Wegen der vernachlässigbaren Strahlungsemission wird dieser Typ auch als Dunkelentladung bezeichnet. Bei Strömen über 10^{-6} bis 10^{-4} A findet unter Spannungsabfall ein Übergang über die Korona- und subnormale zur normalen Glimmentladung mit geschichteten Leuchterscheinungen statt. Dabei wird zunächst nur ein Teil der Katode vom Glimmlicht bedeckt. Mit Erhöhung des Stromes weitet sich das Katodenglimmlicht allmählich über die gesamte Katodenfläche ohne Änderung der Brennspannung aus.

Durch weitere Steigerung der Stromstärke steigt dann die Brennspannung an. Nach dieser anormalen Glimmentladung fällt die Spannung auf kleine Werte ab. Es erfolgt der Übergang zur thermisch bestimmten Bogenentladung [6] mit Stromstärken von 0,1 bis 10^5 A, in der die Ladungsträger durch thermische Ionisation erzeugt werden. In Hochstrombögen bei Strömen oberhalb von 10^4 A bestimmt das Eigenmagnetfeld die Bogeneigenschaften (*Pinchentladung*) mit. Welcher Entladungstyp sich herausbildet, hängt wesentlich vom Versorgungsstromkreis ab. Da meist eine fallende Strom-Spannungs-Charakteristik vorliegt, ist zur Strombegrenzung ein Vorwiderstand erforderlich.

Die Zündung einer selbständigen Gasentladung nach Vorlage eines elektrischen Feldes erfolgt nur dann, wenn eine äußere Ionisierungsquelle primäre Ladungsträger im Gas auslöst und die Ladungsträgerbilanz positiv ist, d. h. durch Stoßprozesse als auch durch Zu- und Abfluß die Anzahl der Ladungsträger zunimmt. Nach dem Gesetz von PASCHEN ist die Durchbruchspannung lediglich eine Funktion von $p \cdot d$ (p – Druck, d – Elektrodenabstand) (Abb. 2). Zur Erklärung des Zündvorganges werden der *Townsend-Mechanismus* bei niedrigen und der *Streamer-Mechanismus* bei hohen Drücken [4, 5] besonders häufig verwendet.

Technisch ist die Abreißzündung bei der mechanischen Trennung zweier stromführender Kontakte von Bedeutung (Schaltlichtbogen, Schaltfunke).

In der Gasentladung, außer der Dunkelentladung, sind Raumladungen vorhanden, welche den Feldstärkeverlauf beeinflussen. Besonders hohe Potentialänderungen entstehen in den Elektrodenrandschichten (*Anodenfall, Katodenfall*), zwischen denen sich die „Säule" der Entladung mit relativ geringer Feldstärke befindet (Abb. 3). Die Elektrodenfälle sind im Gegensatz zur Säule Voraussetzung für die Entladung. Können sich bei sehr kleinen Elektrodenabständen die Elektrodenfälle nicht voll ausbilden, so ergibt sich eine behinderte Entladung mit höherer Spannung. Für viele praktische Anwendungen ist die „Säule" jedoch der wichtigste Teil der Entladung (Lichtquellen).

Kennwerte [3, 6]

Gasentladungstyp	Stromstärke A	Katodenfall V	Ionisationsmechanismus
Unselbständige Entladung	$<10^{-14}$	—	äußere Einflüsse (Ionisierende Strahlung, Photo-Thermoemission)
Dunkelentladung (Townsend-Entladung)	$10^{-14}–10^{-7}$	—	Stoßionisation (Townsend-Mechanismus)
Glimmentladung	$10^{-7}–1$	groß 70–500	Stoßionisation im Gas Sekundäremission an der Katode
Bogenentladung	$\gtrsim 1$	klein <20	Thermische Ionisation im Gas. Thermoemission an der Katode

Anwendungen

Gasentladungslichtquellen [7]. Gasentladungslichtquellen nutzen die optische Strahlung des Entladungsplasmas. Durch unterschiedliche Mechanismen werden Moleküle, Atome, Ionen und Elektronen zur Emission kontinuierlicher oder diskreter Spektren angeregt.

Leuchtröhren für Werbezwecke und Glimmlampen als Anzeigeelemente nutzen die Strahlung einer Glimmentladung in Neon (rot), Argon-Quecksilber (blau) mit und ohne Leuchtstoff auf der Innenwand des Rohres. In Leuchtstofflampen emittiert die positive Säule einer Niederdruckbogenentladung in etwa 200 Pa Argon und 0,7 Pa Quecksilberdampf die Quecksilberresonanzlinien im ultravioletten Spektralbereich. Diese Strahlung wird mit Leuchtstoffen in sichtbares Licht umgewandelt. In Natriumniederdrucklampen wird in einem Edelgas Natriumdampf von etwa 0,5 Pa zur Emission der Natriumresonanzlinien angeregt. Wegen des monochromatischen gelben Lichtes ist diese Lampe nur bei geringen Anforderungen an die Farbwiedergabe einsetzbar. In Natriumhochdrucklampen tritt dieser Nachteil infolge der stark verbreiterten Natriumlinien zurück. Quecksilberhochdrucklampen nutzen die in einem Hochdruckbogen in Quecksilberdampf von 0,01–100 MPa emittierte Linienstrahlung. In Halogenmetalldampflampen werden durch Zusatz leicht verdampfbarer Metallhalogenide weitere Molekül- und Atomspektren erzeugt. Dies gestattet eine breite Variation der spektralen und energieökonomischen Eigenschaften der Lichtquellen. Daneben wird die Strahlung von Edelgasen wie in Xenonlampen für Projektionszwecke und Xenonblitzlampen in geeigneten Gasentladungsanordnungen angeregt. In Gaslasern wird eine Niederdruckentladung (Helium–Neon-Raster: 100 Pa He, 10 Pa Ne) in einem aus zwei Spiegeln gebildeten Resonator betrieben. Eine geeignete Wahl der Entladungsbedingungen führt zu Besetzungsinversionen unterschiedlicher Energiezustände mit nachfolgender Laserstrahlung.

Gasentladungen in Schaltstrecken [8]. Gasentladungen finden als Schaltelemente zur Einschaltung und Trennung von Stromkreisen Verwendung. Das Thyratron dient zum Einschalten. Durch Ansteuerung einer Zündelektrode wird eine Gasentladung in Quecksilberdampf oder Edelgas gezündet.

Da die Entladung nur durch Senken der Anodenspannung unter die Löschspannung unterbrochen wird, finden Thyratrons vorwiegend zur Steuerung von Wechselstrom Anwendung. Bei der Öffnung eines Stromkreises durch auseinandergehende Schaltkontakte entsteht durch Abreißzündung eine Bogenentladung, die verhindert, daß die Netzinduktivitäten im Moment der Kontakttrennung hohe Schaltüberspannungen erzeugen. Das technische Problem besteht darin, die Bogenentladung zu löschen. Dies geschieht durch Kühlung des Bogens in keramischen Löschkammern, in einem Ölbad (Ölschalter), durch Beblasung mit einem Löschgas (Druckluftschalter, SF_6-Schalter) oder durch Löschbleche. Bei der Trennung von Wechselstromnetzen verlischt der Schaltbogen beim Stromnulldurchgang. Die elektrische Leitfähigkeit des Bogenplasmas klingt jedoch nur mit endlicher Geschwindigkeit ab. Das Problem besteht darin, während der Strompause die Schaltstrecke so zu verfestigen, daß eine Wiederzündung während der nächsten Halbwelle verhindert wird.

Materialbearbeitung [8]. Mit Hilfe der Bogenentladung lassen sich Temperaturen von 5000 K und mehr erzeugen. In Plasmastrahlerzeugern wird die der Entladung zugeführte Elektroenergie zu 40–80% in Wärmeenergie eines Strahls aus einem Arbeitsgas (Wasserstoff 5400 K, Stickstoff 7600 K, Argon 14000 K, Helium 20000 K) umgewandelt. Der Plasmastrahl kann zum Brennschneiden von Metallen (Gußeisen, Aluminium, Kupfer), nichtleitenden Materialien, zum Aufsprühen hochschmelzender Substanzen (Wolfram, Karbide, Bromide) und zum Schmelzen von Hochtemperaturwerkstoffen Anwendung finden. Beim Elektroschweißen wird in einer Bogenentladung das Schweißstück an der Nahtstelle erhitzt und das Schweißmaterial in flüssiger Form auf die Nahtstelle gebracht. Schutzgase können dabei chemische Einflüsse auf die Schweißnaht (Oxidation) verhindern. Bei der Materialbearbeitung durch Funken zwischen der Oberfläche eines metallischen Werkstückes und einer Hilfselektrode läßt sich durch Gefügewandlung eine Oberflächenhärtung erzielen.

Durch geeignete Wahl des Elektrodenmaterials können Wolfram und Hartmetalle in dünnen und verschleißfesten Schichten auf andere Metalle aufgetragen werden. Das Betreiben der Funkentladung in einem flüssigen Dielektrikum ermöglicht eine Materialabtragung (Funkenerosion).

Magnetohydrodynamischer Generator [8]. In einer Brennkammer wird ein heißes und deshalb elektrisch leitfähiges Gas erzeugt. Dieses expandiert in einer Düse und strömt mit hoher Geschwindigkeit durch einen Arbeitskanal. Dort erzeugt ein quer zur Strömung gerichtetes Magnetfeld, das positive und negative Ladungen trennt, im Gas eine elektrische Feldstärke. An den in das Gas eintauchenden Elektroden kann eine Spannung abgenommen werden. Da die Umwandlung der kinetischen Energie bei der Verbrennungstemperatur abläuft, ergibt sich eine Erhöhung des Wirkungsgrades gegenüber der Dampfturbine. Thermisch und mechanisch hoch belastete bewegliche Teile entfallen. Neben Verbrennungsgasen ist auch die Verwendung eines Arbeitsgases mit optimalen Eigenschaften im Kreislauf denkbar, das durch Kernreaktoren erhitzt wird. Wegen der hohen Betriebstemperaturen ergeben sich schwierige Werkstoffprobleme.

Literatur

[1] COULOMB, C. A. DE: Mem. l'Acad. Sci (1785), S. 612.
[2] FRANCIS, G.: The Glow-Discharge at Low Pressure. In: Handbuch der Physik. Hrsg.: S. FLÜGGE. – Berlin/Göttingen/Heidelberg: Springer-Verlag 1956, Bd. 22, S. 53–208.
[3] HANTZSCHE, E.: Klassische Gasentladungsphysik. In: Einführung in die Plasmaphysik und ihre technische Anwendung. Hrsg.: G. HERTZ; R. ROMPE. – Berlin: Akademie-Verlag 1965, S. 35–70.
[4] LOEB, L. B.: Electrical Breakdown of Gases with Steady or Direct Current Impulse Potentials. In: Handbuch der Physik. Hrsg.: S. FLÜGGE. – Berlin/Göttingen/Heidelberg: Springer-Verlag 1956, Bd. 22, S. 445–530.
[5] BROWN, S. C.: Breakdown in Gases: Alternating and High Frequency Fields. In: ebenda, S. 530–575.
[6] FINKELNBURG, W.; MAECKER, H.: Elektrische Bögen und thermisches Plasma. In: ebenda, S. 254–444.
[7] ELENBAAS, W.: Light Sources. – London/Basingstoke: The Mac Millan Press Ltd. 1972.
[8] KLOSS, H.-G.: Technische Plasmaphysik. In: wie [3], S. 115–165.

Hanle-Effekt

Der Effekt wurde 1924 von W. HANLE bei der experimentellen und quantentheoretischen Untersuchung der Wirkung magnetischer Felder auf die Resonanzstrahlung der Quecksilberatome entdeckt [1]. Bereits 1923 hatte R. W. WOOD ähnliche Experimente ausgeführt. Der Hanle-Effekt stellt einen Spezialfall der magnetooptischen Interferenzeffekte bei Level-Crossing (LC), d. h. der Überlappung von Zuständen in Atomen oder Molekülen, dar. Beim Hanle-Effekt liegt eine solche Überlappung bereits ohne äußeres Magnetfeld vor (Nullfeld LC).

Sachverhalt

Das Schema des sogenannten *Hanle-Experimentes* zeigt Abb. 1. In Hg-Dampf geringer Teilchendichte (etwa 10^{-18} m^{-3}) wird linear polarisiertes Licht der Resonanzlinie mit $\lambda = 253{,}7$ nm eingestrahlt. Das senkrecht zur eingestrahlten Welle und senkrecht zu ihrem elektrischen Vektor beobachtete Fluoreszenzlicht ist in hohem Maße (100 % bei Hg-Atomen ohne Kernspin) linear polarisiert. Der Polarisationsgrad P und die Orientierung der Schwingungsebene des Fluoreszenzlichtes hängen empfindlich von der Stärke eines magnetischen Feldes ab, dessen Feldlinien die Resonanzzelle parallel zur Beobachtungsrichtung durchsetzen. Bereits Felder in der Größenordnung des Erdfeldes (10^{-5} T) erzeugen eine starke Abnahme des Polarisationsgrades und eine Drehung der Schwingungsebene im Umlaufsinn des elektrischen Stromes, der das Magnetfeld B erzeugt. Die Schlüsselinformation dieses Hanle-Effektes ist in der Depolarisationskurve $P(B)$ und der Drehwinkelabhängigkeit $\alpha = \alpha(B)$ enthalten (*Hanle-Kurven*; Abb. 2).

Die klassische Deutung des Hanle-Effektes geht von einem linearen Oszillator (schwingendes Elektron)

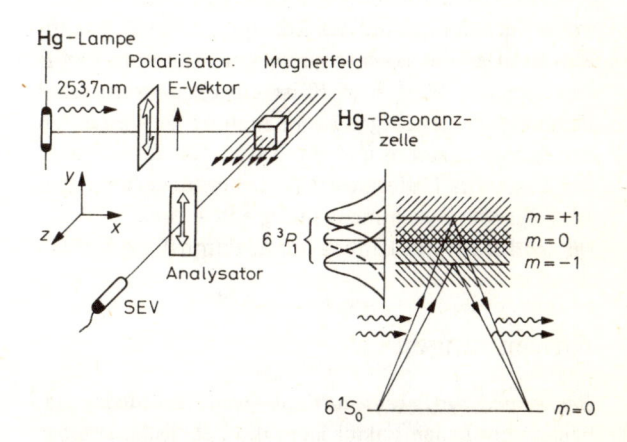

Abb. 1 Hanle-Experiment und Zeeman-Niveauschema für die Hg-Linie mit $\lambda = 253{,}7$ nm

aus, der durch die eingestrahlte Welle angeregt wird, im Magnetfeld abklingt und dabei eine Larmor-Präzession ausführt. Quantentheoretisch stellt der Effekt ein Interferenzphänomen kohärent angeregter Quantenzustände dar: Bei Abwesenheit eines äußeren Magnetfeldes sind die Zeeman-Unterniveaus des Ausgangszustandes der Hg-Resonanzlinie stark entartet (Abb. 1). Durch die Anregung in einer Vorzugsrichtung (Verwendung polarisierten Lichtes) erfolgt eine nichtstatistische Besetzung der Unterniveaus mit $m = \pm 1$. Innerhalb der Überlappung der Zustände emittiert das Atom anschließend die entsprechenden Zeeman-Komponenten mit einer festen Phasenrelation (Kohärenz der Quantenzustände). Die Interferenz der beiden Komponenten, die eine geringe Frequenzverschiebung aufweisen und bei der Zeeman-Aufspaltung zirkular polarisiert sind (σ-Komponenten), liefert das beobachtete Verhalten des Fluoreszenzlichtes. Seine Depolarisation und Drehung der Schwingungsebene im wachsenden äußeren Magnetfeld sind das Ergebnis der zunehmenden Aufhebung der Entartung der an der Ausstrahlung beteiligten Zustände (Abb. 2).

Wesentlich für den Hanle-Effekt ist, daß er am Einzelatom auftritt und deshalb nicht vom Doppler-Effekt der thermischen Bewegung beeinflußt wird. Zusammen mit der hohen Empfindlichkeit der Interferenzphänomene ist dies die Grundlage für die Anwendung des Effektes bei sehr genauen Messungen.

Kennwerte, Funktionen

Abbildung 2 zeigt den Verlauf des Polarisationsgrades P und des Drehwinkels der Fluoreszenzstrahlung beim Hanle-Experiment. Der Polarisationsgrad ist hierbei definiert durch $P = (I_y - I_x)/(I_y + I_x)$, wenn I_x und I_y die Lichtintensitäten darstellen, deren E-Vektoren in x- bzw. y-Richtung schwingen (Abb. 1). Für die Abhängigkeit $P(B)$ ergibt sich ein Lorentz-Profil (B: magnetische Flußdichte). Die Größe der Nullfeldpolarisation P_0 folgt aus der jeweiligen Zeeman-Niveaustruktur, wobei auch der Einfluß des Kernspins zu berücksichtigen ist. Der die Halbwertsbreite des Lorentz-Profils bestimmende Wert $B = B_c$ ist ein charakteristischer Parameter der jeweiligen Resonanzlinie. Er wird durch den Lande-Faktor g und die natürliche Linienbreite des Zustandes $1/\tau$ festgelegt (τ: Lebensdauer). Hierbei gilt folgender Zusammenhang: $g \tau B_c = m_e/e_0$ (m_e, e_0: Masse und Ladung des Elektrons).

Anwendungen

Bestimmung der Lebensdauer von Quantenzuständen. Bei bekanntem Lande-Faktor kann die Lebensdauer eines Zustandes aus der gemessenen Halbwertsbreite der Hanle-Kurve $P(B)$ bestimmt werden. Für die Hg-Reso-

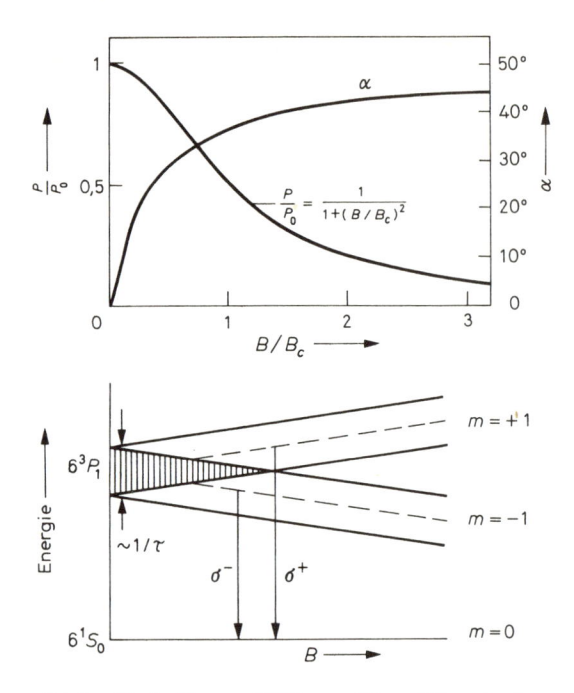

Abb. 2 Hanle-Kurven $P(B)$ bzw. $\alpha(B)$ und Energieschema

nanzlinie mit $\lambda = 253{,}7$ nm liefert das Experiment z. B.: $B_c = 3{,}5 \cdot 10^{-5}$ T. Mit $g = 3/2$ folgt dann aus der obigen Beziehung: $\tau = 1{,}1 \cdot 10^{-8}$ s.

Auf diese Weise wurden zunächst die Lebensdauern einer Reihe von Resonanzniveaus in Atomen bestimmt. Unter Einbeziehung stufenweiser Anregung bzw. Übergängen in Kaskaden konnte der Hanle-Effekt später verallgemeinert werden [2, 3] und auch höher liegende Zustände erfassen. Gegenwärtig gewinnt der Effekt bei der Untersuchung von Molekülzuständen wachsende Bedeutung. Als Anregungslichtquellen werden heute fast ausschließlich *Laser* benutzt. Die Anregung kann jedoch auch über Teilchenstrahlen erfolgen. Durch einen Strahl metastabiler He-Atome lassen sich z. B. mittels *Penning-Ionisation* (siehe *Penning-Effekt*) kohärente Zustände in den Ionen der Erdalkalien anregen und Lebensdauern auf der Grundlage des Hanle-Effektes messen [4].

Bestimmung des Lande-Faktors. Bei Kenntnis der Lebensdauer τ eines Zustandes kann in Umkehrung des obigen Vorgehens der g-Faktor ermittelt werden. In einzelnen Fällen (z. B. bei Molekülniveaus, wenn keine Lorentz-Form für $P(B)$ vorliegt) ist es möglich, g und τ getrennt zu bestimmen [5].

Bestimmung von Stoßquerschnitten für Depolarisation und Quenching. Bei ausreichend hohen Teilchendichten in der Resonanzzelle (z. B. 10^{21} m^{-3}) stößt das angeregte Atom vor der Ausstrahlung mit anderen Atomen zusammen. Dabei erfolgt eine Desorientierung (Depolarisation) oder Übertragung von Anregungsenergie (Quenching). Die Halbwertsbreite der Hanle-Kurve enthält unter diesen Bedingungen noch einen Stoßterm, in den die Wirkungsquerschnitte der genannten Wechselwirkungen eingehen.

Bestimmung von Feinstruktur- und Hyperfeinstruktur-Konstanten. Hierfür eignet sich besonders die Untersuchung des allgemeinen Level-Crossing (LC), bei dem im Unterschied zum Hanle-Effekt (Abb. 2) die Überlappung der Zustände nicht bei $B = 0$ (Nullfeld-LC), sondern bei höheren Magnetfeldstärken auftritt. Eine Überkreuzung von Zuständen kann auch durch ein äußeres elektrisches Feld E bzw. durch eine Kombination von E und B erzeugt werden [6].

Messung ultraschwacher Magnetfelder. Durch Ausnutzung des Hanle-Effektes am Grundzustand optisch gepumpter ^{87}Rb-Atome konnte ein neues Magnetometer entwickelt werden, dessen untere Meßgrenze bei 10^{-14} T liegt [7]. Das Prinzip ist folgendes: Das zu messende magnetische Feld B_0 durchsetzt die Rb-Zelle senkrecht zum zirkular polarisierten Pumplichtstrahl (D_1-Komponente der Resonanzlinie). Parallel zu B_0 wird zusätzlich ein magnetisches Wechselfeld (400 Hz) überlagert. Dieses ruft eine Modulation der absorbierten bzw. reemittierten Strahlung mit der Frequenz des angelegten Wechselfeldes und seiner Oberwellen hervor. In Abhängigkeit von B_0 zeigt die Amplitude dieser Modulationen den Verlauf der *Hanle-Signale* (Abb. 2) mit Halbwertsbreiten im Bereich von 10^{-10} T. Durch selektive Verstärkung und phasenempfindliche Gleichrichtung konnte das Signal/Rausch-Verhältnis auf $2{,}5 \cdot 10^3$ gesteigert werden.

Mit dieser Methode war es erstmalig möglich, das statische magnetische Feld orientierter Atomkerne in Gasen zu registrieren. Weitere perspektivische Anwendungen sind im Bereich der Astrophysik (schwache interstellare Magnetfelder), beim Biomagnetismus und bei der Messung der Magnetisierung extrem verdünnter magnetischer Proben zu erkennen.

Literatur

[1] Hanle, W.: Über magnetische Beeinflussung der Polarisation der Resonanzfluoreszenz. Z. Physik **30** (1924) 93–105.

[2] Kastler, A.: 50 Jahre Hanle-Effekt. Phys. Bl. **30** (1974) 394–404.

[3] Bhaskar, N. D., Lurio, A.: Lifetime of the 1 s$_2$ and 1 s$_4$ levels of neon by the cascade Hanle effect. Phys. Rev. A **13** (1976) 1484–1496.

[4] Fahey, D. W.; Parks, W. F.; Schearer, L. D.: The Hanle-Effect in Penning-excited Ions. J. Phys. B **12** (1979) L619–L622.

[5] Broyer, M.; Lehmann, J. C.: Rotational Lande-factors in the B^3 state of iodine. Phys. Letters **40** A (1972) 43–44.

[6] Hanle, W.; Pepperl, R.: Interferenzeffekte von Quantenzuständen. Phys. Bl. 27 (1971) 19–27.

[7] Novikov, L. N.; Skrockij, G. V.; Solomacho, G. I.: Der Hanle-Effekt. UFN 113 (1974) 597–625 (russ.), Dupont-Roc, J. et al.: Detection of very weak magnetic field by Rb zero-field level crossing resonances. Phys. Letters **28** A (1969) 638–639.

Hohlkatodeneffekt

An konkaven bzw. hohlen Katoden entsteht unter bestimmten Betriebsbedingungen ein spezieller Gasentladungstyp (F. Paschen 1916, H. Schüler 1921), der sich durch hohe Stromdichten bei kleinen Katodenfallspannungen auszeichnet (*Hohlkatodeneffekt*, HKE). Neben der Hohlkatode im Glimmregime finden zunehmend auch Hohlkatoden im Bogenregime Anwendung (Hohlkatoden-Bogenentladung, J. S. Luce 1958, L. M. Lidsky 1962).

Sachverhalt

Eine Gasentladungskatode heißt *Hohlkatode* (HK), wenn in Richtung der elektrischen Stromlinien die Katodenoberfläche im Mittel konkav ist. Beispiele sind Hohlzylinder oder Hohlquader einschließlich zweier paralleler Platten ohne seitliche Begrenzung (sogenannte *Doppelkatode*).

Hohlkatoden-Glimmentladung (HKG). In einer HKG wird das negative Glimmlicht der Entladung weitgehend von der Katodenoberfläche umschlossen. Damit ist gegenüber ebenen Katoden (EK) eine effektivere Rückwirkung dieses Glimmlichtes auf die sekundäre Auslösung von Elektronen durch Ionen, metastabile Atome und Photonen an der Katode verbunden [1]. Bei vorgegebener Katodenfallspannung U_K führt dies zu einer Erhöhung der Stromdichte (HKE). Obwohl die Stromdichte der HK ($j_{max} \approx 1...10$ A/cm^2) die einer hochanormalen EK bedeutend übertreffen kann, liegt U_{HK} nur wenig über dem normalen Katodenfall U_{NK}. Ein Verhältnis $U_{HK}/U_{NK} = 2...3$ kennzeichnet bereits extreme Bedingungen.

Hohlkatoden-Bogenentladung (HKB). Abbildung 1 stellt den prinzipiellen Aufbau einer HKB-Anlage dar [2]. Durch ein hochschmelzendes Metallröhrchen (siehe auch Abb. 3) strömt Gas in eine Vakuumkammer ($p < 10^{-3}$ Pa). Im Inneren des Röhrchens setzt eine stromstarke Entladung an ($I = 10...500$ A), die eine spezielle Temperaturverteilung $T_K(x)$ aufrecht erhält. Die höchste Temperatur (Bereich der sogenannten *aktiven Zone*, AZ) stellt sich einige Durchmesser vom Katodenende entfernt ein. Die Elektronenemission

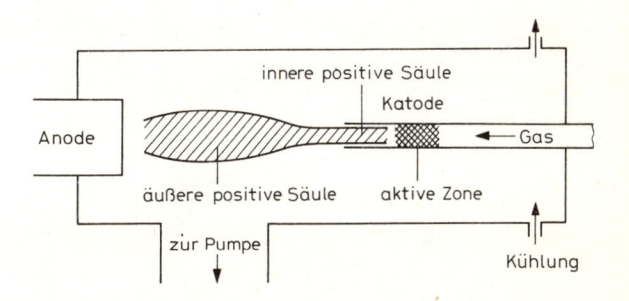

Abb. 1 Prinzipieller Aufbau einer HKB-Anlage

aus der AZ der Katode erfolgt hier durch glühelektrischen Effekt, eventuell ergänzt durch die Oberflächenionisation metastabiler Atome (*Bogenregime*). Vor der Katodenoberfläche liegt ein sehr dünner Fallraum, an den sich ein nichtisothermes Plasma (sogenannte *innere positive Säule*) anschließt. Außerhalb der HK bildet sich die übliche (*äußere*) positive Säule.

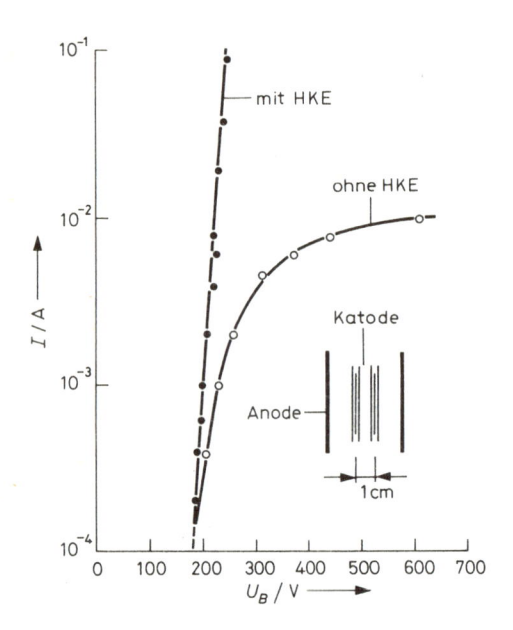

Abb. 2 Elektrische Charakteristik (Katodenzylinder: 2 × 15 cm²; elektrisch isolierte Innen- und Außenseite; Ni; p = 200 Pa; Ne; Mit HKE: nur Innenfläche der Katode angeschlossen und umgekehrt)

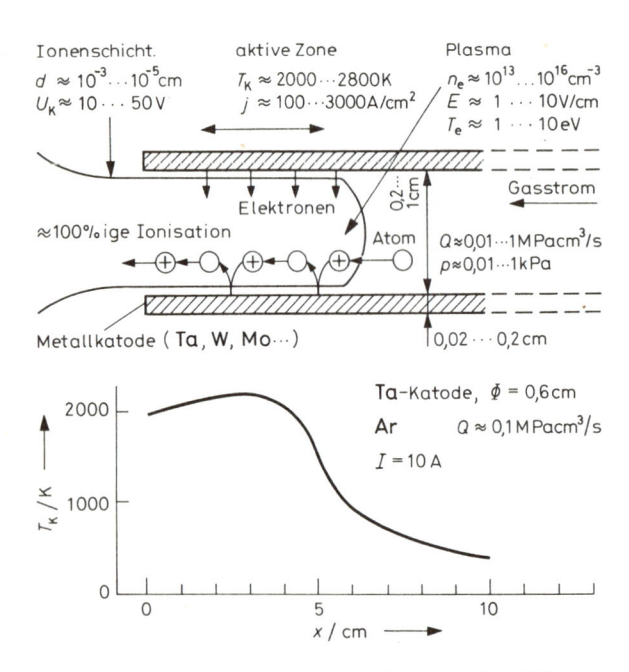

Abb. 3 Charakteristische Betriebsbedingungen der HKB

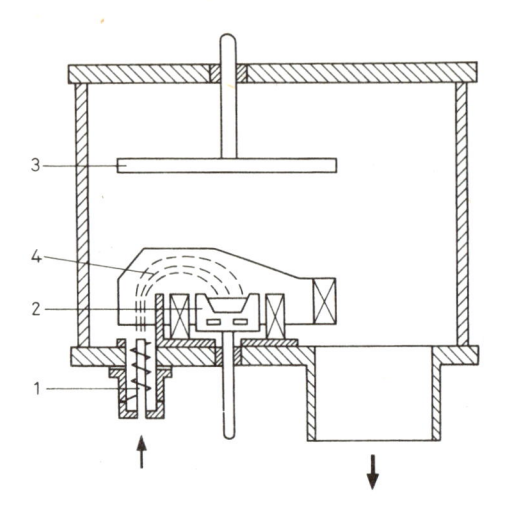

Abb. 4 HKB-Verdampfer 1 Hohlkatode, 2 wassergekühlte Tiegelanode, 3 Substrathalter, 4 Plasmastrahl

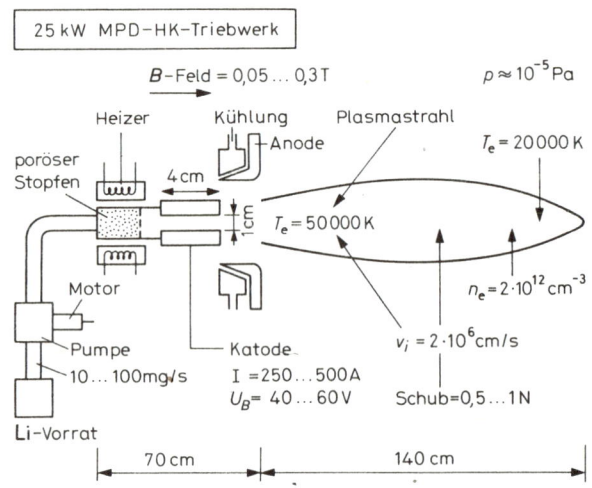

Abb. 5 Plasmatriebwerk

Kennwerte, Funktionen

Zur quantitativen Beschreibung der HKG dient die Stromverstärkung $q = j_{HK}/j_{EK}$ bei U_K = const. Werte bis etwa $q = 10^3$ sind erreichbar. Abbildung 2 demonstriert den HKE anhand der *U-I*-Charakteristik einer zylindrischen Anordnung. Der HKE tritt auf, wenn Katodendurchmesser R, Gasdruck p und Stromdichte j innerhalb bestimmter (noch von der Gasart abhängiger) Grenzen liegen. Richtwerte sind:

$p = 1...10^3$ Pa; $R = 0,1...10$ cm; $j \geq 10^{-4}$ A/cm².

Bei großem R erfordert der HKE kleine Werte p und umgekehrt. Setzt eine Entladung bei kleiner Stromstärke an der ebenen oder konvexen Außenfläche einer HK an, so erfolgt bei Stromerhöhung der Übergang zur HKG in der Regel sprunghaft, wenn die

Dicke des Katodenfallraumes im Verhältnis zur Öffnung der HK einen bestimmten Wert (etwa 0,4...0,8) unterschreitet. Der Übergang zeigt Hysteresis.

Die Länge der inneren positiven Säule einer HKB hängt vom Gasdurchsatz Q, dem Röhrchendurchmesser R und dem Gasdruck p in der Vakuumkammer ab. Für einen optimalen Betrieb der gasgespeisten HKB, d. h. hohe Standzeiten (bis einige 100 h), ist die richtige Lage der AZ wesentlich. Beim Vorrücken der AZ an die Katodenmündung (z. B. bei Erhöhung von p) erfolgt ein Übergang zur normalen Bogenentladung mit wesentlich höherer Temperatur und großen Erosionsraten. Abbildung 3 zeigt typische Betriebsbedingungen für eine HKB.

Anwendungen

Die Übersicht I faßt wichtige Anwendungen der HK-Entladungen zusammen.

Spektroskopische Lichtquelle. Die HKG findet breiten Einsatz als spektroskopische Lichtquelle (200...600 nm). Die Entladung brennt im jeweiligen Füllgas (meist Edelgas) und im durch Zerstäubung entstandenen Dampf des Katodenmaterials. Ausgenutzt werden vorwiegend die Resonanzlinien von Metallen. Praktisch alle Metalle, Legierungen und Halbleiter sind als Katode geeignet.

Übersicht I Physikalische Eigenschaften der HK-Entladungen und ihre Anwendungen

Eigenschaften	Anwendungen
Linienemission des negativen Glimmlichtes	→ Spektroskopische Lichtquelle
geringe Gastemperatur	→ kleine Linienbreite
hohe Elektronendichte	→ große Linienintensität
energiereiche Elektronen	→ Auftreten von Ionenlinien
Zerstäubung der Katode	→ und Metalldampflinien HK-Ionen-LASER HK-Metalldampf-LASER
Große Konzentration von Ionen, einschließlich mehrfachgeladener Ionen	→ Ionenquelle
Hohe Elektronenstoßraten	→ Plasmachemischer Reaktor
Große katodische Stromdichte der HKB	→ Starkstromkatode mit guten Standzeiten für: Plasmatrons (Plasmatechnologie), plasmagestützte reaktive Beschichtung Ionen-LASER Plasmatriebwerke
Quelle hochionisierter, rauscharmer Plasmen großer Trägerdichte	→ Grundlagenforschung

Infolge der geringen Gastemperatur (vergleichbar mit Zimmertemperatur; zusätzliche Kühlung ist möglich) weisen die emittierten Spektrallinien nur eine kleine Dopplerbreite auf. Es können minimale Linienbreiten von $10^{-1}...10^{-3}$ nm erhalten werden, die allgemein nur mit LASER-Lichtquellen zu unterbieten sind.

Plasmagestützte reaktive Bedampfung. Die HKB hat sich als stabile Plasmaquelle in reaktiven Beschichtungsanlagen bewährt [3]. Bisher konzentrierte sich ihr Einsatz auf die Erzeugung von Hartstoffschichten (TiN). Mittels der an der Anode abgegebenen Verlustleistung

$$P_a = I(2kT_e/e_0 + W_A + U_A)$$

(I: Entladungsstrom; T_e: Elektronentemperatur; W_A: Anodenaustrittsspannung; U_A: Anodenfallspannung) wird Metall (Ti) aus einem Tiegel verdampft und unter der Einwirkung des Plasmas der äußeren positiven Säule (Ar/N_2-Gemisch) auf dem Substrat reaktiv niedergeschlagen. Ein Ausführungsbeispiel für HKB-Verdampfer zeigt Abb. 4.

Plasmatriebwerk: Im Gegensatz zu den Ionentriebwerken (siehe *Ionisation*) erfolgt in Plasmatriebwerken die Schuberzeugung durch Beschleunigung des insgesamt quasineutralen Plasmas (Elektronen-Ionen-Gemisch). Das Prinzip eines HKB-Triebwerkes zeigt Abb. 5. Der Schub entsteht hier unter Ausnutzung der Lorentz-Kraft in einem magnetischen Fremdfeld B, sogenannten *Magneto-Plasma-Dynamischer Antrieb* (MPD): Im Anodenbereich wird ein starker azimutaler Elektronenstrom induziert, der eine Komponente der Lorentz-Kraft in Schubrichtung hat.

Literatur

[1] HELM, H.: Experimental Measurements on the Current Balance at the Cathode of a Cylindrical Hollow Cathode Glow Discharge. Beitr. Plasmaphys. 19 (1979) 233–257.
[2] DELCROIX, J.L.; TRINDADE, A.R.: Hollow Cathode Arcs. Adv. in Electronic and Electron Physics. Vol. 35 (1974) 87–190.
[3] LUNK, A.: in Wissensspeicher Plasmatechnik. – Leipzig: VEB Fachbuchverlag 1983.

Intensitätsänderungen bei Elektronenübergängen in ionisierten Atomen

Nach der Entdeckung der *Auger-* [1], *Coster-Kronig-* [2], *Autoionisations-* [3] und *Röntgenübergänge* [4] wurden vornehmlich die Intensitätsverhältnisse für die Emission von Elektronen und Röntgenquanten aus Atomen mit einzelnen Vakanzen untersucht. Das Interesse an der Untersuchung der Emissionslinien von Vielfachvakanzzuständen wuchs vor allem in den letzten Jahrzehnten beträchtlich. Dies hat seine Ursachen in den gewachsenen Möglichkeiten der Experimentiertechnik, dem sich auf der Grundlage von Fragestellungen der angewandten Physik und der Grundlagenforschung erweiternden Interessenbereich und in den mit der Entwicklung leistungsfähiger elektronischer Datenverarbeitungsanlagen entstandenen Möglichkeiten der quantitativen Interpretation und Voraussage einzelner Effekte.

Sachverhalt

Durch die Existenz zusätzlicher Vakanzen in der Elektronenhülle werden die Übergangswahrscheinlichkeiten für strahlende und nichtstrahlende Elektronenübergänge beeinflußt. Dies findet seinen Ausdruck in der Intensitätsänderung von Röntgenübergängen, strahlungslosen Übergängen (Coster-Kronig- und Auger-Übergänge) und damit auch in der Änderung der Fluoreszenzausbeute. Die letztere Größe gewinnt noch dadurch an Bedeutung, daß die Fluoreszenzausbeuten zur Konvertierung von Röntgenraten in Ionisationsquerschnitte benötigt werden. Ein Überblick über Charakteristika und Stärke von Elektronenübergängen wird in [5] gegeben.

Strahlende Elektronenübergänge. Experimentelle und theoretische Werte für atomare Übergangswahrscheinlichkeiten sind für hochgeladene Ionen und alle Ladungszustände nur bei leichten Elementen bekannt. Oberhalb $Z = 26$ existieren nur Werte für ausgewählte Ladungszustände. Ein Überblick über die gegenwärtige Situation und weiterführende Literatur sind in [6, 7] gegeben.

Umfangreiche numerische Berechnungen von Röntgenemissionsraten für Atome mit einzelnen Innerschalenvakanzen sind in [8, 9, 10] enthalten.

Strahlungslose Elektronenübergänge. Da nichtstrahlende Elektronenübergänge eine bedeutende Rolle in nahezu allen mit Innerschalenionisationsprozessen verbundenen Erscheinungen spielen, wurden bereits in einer Vielzahl von Arbeiten die Energie- und Intensitätsverhältnisse dieser Prozesse in Atomen mit einzelnen Innerschalenvakanzen untersucht. Über die Verhältnisse bei Vielfachvakanzzuständen im Atom liegen bisher nur unzureichende experimentelle Informationen vor. Ein Bild über die Änderung der Parameter nichtstrahlender Elektronenübergänge, dabei insbesondere der Auger-Übergangsintensitäten und der Fluoreszenzausbeuten, kann für Ionen mit komplizierten Ladungszuständen durch Berechnungen der jeweiligen Übergangsmatrixelemente erhalten werden. Eine Übersicht über verschiedene Berechnungsmethoden wird in [11] gegeben.

Kennwerte, Funktionen

Strahlende Elektronenübergänge. Als einfaches Verfahren zur Abschätzung der Intensität von Übergängen in ionisierten Atomen wurde von LARKINS [12] eine statistische Wichtungsprozedur vorgeschlagen, welche zur Berechnung von Fluoreszenzausbeuten und Oszillatorstärken in vielfach ionisierten Atomen auf der Basis von Einzelvakanzübergangsraten und -oszillatorstärken dient. Befinden sich n Elektronen in einer Unterschale, welche n_0 Elektronen im vollständig besetzten Zustand enthalten kann, so reduziert sich die Übergangsrate für die entsprechende Schale gegenüber dem Wert für die voll besetzte Schale um das Verhältnis n/n_0 für Einelektronübergänge und um $n(n-1)/n_0(n_0-1)$, wenn der Übergang zwei Elektronen von der teilweise aufgefüllten Unterschale enthält. Die Oszillatorstärke reduziert sich um n/n_0.

In Abb. 1 sind die Änderung der totalen K-Röntgenübergangsrate und die Änderung des K_β/K_α-Röntgenintensitätsverhältnisses als Funktion der Außenschalenionisation in Blei dargestellt [13]. Die graphische Darstellung der Übergangsraten in Abb. 1 zeigt deutlich Beiträge, die von der Reorganisierung des Atoms nach der Ionisierung herrühren. Die Reorganisationseffekte treten deutlich als Abweichungen von den mit der Larkinschen statistischen Wichtungsprozedur [12] (gestrichelte Linien) erhaltenen Resultaten hervor und sind für einen weiten Bereich charakteristisch, in dem d- und f-Elektronen ionisiert werden. Diese Elektronen tragen nur wenig zur strahlenden Abregung von K-Schalenvakanzen bei, schirmen jedoch stark p-Elektronen ab, welche für die K-Röntgenemission von größerer Relevanz sind.

Strahlungslose Elektronenübergänge. In Tab. 1 sind Auger-Übergangsraten für verschiedene Außenschalenvakanzzustände des Argonatoms angegeben [15]. Neben mit Wellenfunktionen aus self-consistent-field Rechnungen erhaltenen Übergangsraten werden Resultate, welche mit der Larkinschen statistischen Wichtungsprozedur erhalten wurden, angegeben. Die Differenz zwischen beiden Verfahren kann bis zu 25 % betragen. Die quantenmechanische Berechnung der K-Fluoreszenzrate im Argonatom für verschiedene Vielfachvakanzkonfigurationen ergibt gegenüber der Anwendung der statistischen Wichtungsprozedur von

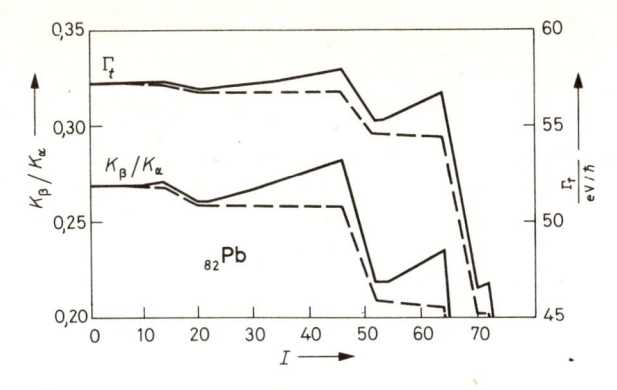

Abb. 1 Totale K-Röntgenübergangsrate Γ_t und K_β/K_α Intensitätsverhältnis als Funktion der Außenschalenionisation bei Blei [13]. Die gestrichelte Linie gibt die Ergebnisse der Larkinschen statistischen Wichtungsprozedur [12] an.

Tabelle 1 Übergangsraten für ausgewählte Auger-Übergänge im Argonatom. A – quantenmechanisch berechnete Werte [15] für die Konfiguration $1s^2\,2s^2\,2p^5\,3s^2\,3p^m\,3d^1$; B – mit der statistischen Wichtungsprozedur von LARKINS [12] für die Konfiguration $1s^2\,2s^2\,2p^5\,3s^2\,3p^m$ berechnete Werte. Alle Werte werden in 10^{-4} atomaren Einheiten angegeben.

Übergang	$m=5$ A	$m=5$ B	$m=4$ A	$m=4$ B	$m=3$ A	$m=3$ B
2p–3s3s	17,2	21,8	18,3	21,8	19,9	21,8
2p–3s3p	291,1	293,9	252,0	234,6	209,2	175,8
2p–3p3p	735,7	870,7	500,7	522,4	285,7	261,8
Total	1061,2	1186,4	770,0	778,2	514,3	459,8

Übergang	$m=2$ A	$m=2$ B	$m=1$ A	$m=1$ B
2p–3s3s	21,9	21,8	23,9	21,8
2p–3s3p	152,9	117,0	83,8	58,5
2p–3p3p	108,3	87,3	0,0	0,0
Total	283,0	226,1	107,8	80,3

Tabelle 2 Grenzionisationsstufen für nichtstrahlende Elektronenübergänge im Neodymatom für die Ionengrundzustände.
I_G – Grenzionisationsgrad; + – energetisch verboten

K-Serie	I_G	L_I-Serie	I_G	L_{II}-Serie	I_G
K-$L_I M_I$	49	L_I-$L_{II}L_{II}$+	–	L_{II}-$L_{III}N_I$+	11
K-$L_I M_{II}$	47	L_I-$L_{II}N_I$+	3	L_{II}-$L_{III}N_{II}$+	14
K-$L_I M_{III}$	45	L_I-$L_{II}N_{II}$+	6	L_{II}-$L_{III}N_{III}$+	14
K-$L_I M_{IV}$	41	L_I-$L_{II}N_{III}$+	7	L_{II}-$L_{III}N_{IV}$+	17
K-$L_I M_V$	37	L_I-$L_{II}N_{IV}$+	12	L_{II}-$L_{III}N_V$+	17
K-$L_I N_I$	31	L_I-$L_{II}N_V$+	12	L_{II}-$L_{III}L_{III}$+	–
K-$L_{II}N_{III}$	27	L_I-$L_{III}N_I$+	22		
K-$L_{III}N_{II}$	29	L_I-$L_{III}N_{II}$+	24		
K-$L_{III}N_{III}$	27	L_I-$L_{III}N_{III}$+	23		

LARKINS den gleichen qualitativen Verlauf der Änderung der Fluoreszenzrate, jedoch liegen die so ermittelten Werte ebenfalls um ca. 25 % zu hoch [14].

Neben der Verminderung der Auger-Raten durch zunehmenden Ionisationsgrad werden die Fluoreszenzausbeuten dadurch beeinflußt, daß von für jedes Atom typischen Ionisationszuständen bestimmte Auger- und Coster-Kronig Übergänge entweder energetisch nicht mehr möglich sind oder die entsprechenden Elektronenzustände nicht mehr vollständig oder gar nicht besetzt sind. Tabelle 2 gibt die Auger- bzw. Coster-Kronig-Kanäle an, die von einer bestimmten Zahl von Außenschalenvakanzen im Neodymatom aus energetischen Gründen bzw. infolge Nichtbesetzung des entsprechenden Elektronenniveaus geschlossen werden. Charakteristisch ist, daß das Schließen von Auger-Kanälen für Linien der K-Serie aus energetischen Gründen nicht auftritt, während dies bei Linien höherer Serien in zunehmendem Maße erfolgt.

Anwendungen

Die Kenntnis der Eigenschaften strahlender und strahlungsloser Elektronenübergänge und ihrer charakteristischen Änderungen unter dem Einfluß von Vielfachvakanzzuständen erlangt für viele Bereiche der angewandten wie auch der Grundlagenforschung bis hin zur Beherrschung technischer Prozesse in dem Maße an Bedeutung, wie sich die Vielzahl der Quellen für Röntgen- und Auger-Elektronenemissionen erweitert. Die Analyse von Röntgenemissionsspektren gibt Aufschluß über die sich bei Ion-Atom Stößen und beam-foil Anregungen vollziehenden Prozesse und enthält Informationen über den Zustand von im Labor erzeugten oder in der Natur vorkommenden Plasmaquellen, die beide gleichermaßen hochionisierte Atome enthalten. Besondere Bedeutung kommt hierbei der Analyse und Modellierung von Plasmen in Fusionsreaktoren zu [16]. Röntgenquanten, welche von Elektronen emittiert werden, die das Leitungsband eines Metalls verlassen, beinhalten Informationen über die Wellenfunktionen dieser Elektronen. Eine Übersicht über die Nutzung von Röntgenstrahlen zum Studium von Festkörpereffekten wird von FABIAN [17] gegeben. Strahlungslose Elektronenübergänge erlangen neben Anwendungen zum Studium des Atombaus Bedeutung bei der Analyse verschiedener Rekombinationsprozesse, der Potentialemission von Elektronen aus Metallen, bei Auger-Übergängen in Metallen, der Auger-Rekombination von Ladungsträgern in Halbleitern, der Erzeugung von Strahlungsdefekten in Kristallen und des Auger-Effektes in der Kern- und Strahlenchemie. Die Analyse der bei Stoßprozessen von energetischen Teilchen mit Atomen erzeugten Vakanzfiguration und des Kaskadenzerfalls von Innerschalenvakanzen kann über die Messung der Energien und

Intensitäten der emittierten Röntgenquanten bzw. Auger-Elektronen erfolgen. Die Theorie zur Beschreibung von Elektronenübergängen stellt ein Bindeglied für den Übergang von neutralen zu vielfach ionisierten Atomen dar: Nach der Prüfung der Theorie an experimentell einfachen Situationen wird sie zur Interpretation komplizierterer Fälle angewandt. Es wird die Theorie, welche exakt Einvakanzzustände beschreibt, zur Berechnung der Übergangsraten von Vielfachvakanzzuständen verwendet.

Literatur

[1] Auger, P., J. Phys. Radium **6** (1925) 205.
[2] Coster, D.; Kronig, R.L., Physica **2** (1935) 13.
[3] Kiang, A.T., et al., Phys. Rev. **50** (1936) 673.
[4] Röntgen, W.K., Sitzungsber. Würzburg Ges. 1898.
Röntgen, W.K., Ann. Phys. Würzburg Ges. **64** (1898) 1.
[5] Bambynek, W., et al., Rev. mod. Phys. **44** (1973) 716.
[6] Cowan, R. D.: The Theory of Atomic Structure and Spectra. Berkeley: University of California Press. 1981.
[7] Fuhr, J. R., et al.: Bibliography on Atomic Transition Probabilities (1914 through October 1977) NBS Spec. Publ. 505, also Suppl. 1 through March 1980.
[8] Scofield, J. H.: Radiative Transitions. In: Atomic Inner-Shell Processes. – New York: Academic 1975. Vol. 1, p. 265.
[9] Scofield, J.H., Phys. Rev. **179** (1969) 9.
[10] Scofield, J.H., Phys. Rev. **A9** (1974) 1041.
[11] Mc Guire, E.J.: Auger and Coster-Kronig Transitions. In: Atomic Inner-Shell Processes. – New York: Academic Press 1975. Vol. 1, p. 293.
[12] Larkins, F.P., J. Phys. **B4** (1971) L29.
[13] Arndt, E., Phys. Letters **83 A** (1981) 164.
[14] Bhalla, C.P., Phys. Rev. **A8** (1973) 2877.
[15] Bhalla, C.P.; Walters, D. L.: Proc. Int. Conf. Inn. Shell Ioniz. Phenomena Future Appl., Atlanta. US At. Energy Comm. Rep. No. CONF-720404. Oak Ridge, Tennessee 1973. p. 1572.
[16] Palumbó, D., Physica Scripta **23** (1981) 69.
[17] Fabian, D. J. Ed., Soft X-Ray Band Spectra. – New York: Academic Press 1968.

Ionenimplantation

Bei dem Verfahren der Ionenimplantation werden hochenergetische, ionisierte Atome oder Moleküle zur gezielten Beeinflussung von Materialeigenschaften in einen Festkörper eingeschlossen. Die Beschleunigungsenergie der Ionen liegt zwischen wenigen keV und einigen MeV. Entsprechend der Energie und der Masse der Ionen sowie der Masse der Festkörperatome variieren die Eindringtiefen in den Festkörper zwischen einigen Nanometern (nm) und einigen Mikrometern (µm).

In den fünfziger Jahren wurde die Ionenimplantation erstmals zur Dotierung von Halbleiterkristallen eingesetzt. Die gleichzeitig während der Implantation erzeugten Strahlenschäden im Gitter behinderten jedoch eine elektrische Aktivierung der implantierten Ionen [1]. In dem an Shockley im Jahre 1957 erteilten Patent zur Implantationstechnik wird auf die Notwendigkeit hingewiesen, durch Temperung des implantierten Kristalls die Gitterschäden auszuheilen und die eingebrachten Ionen auf Gitterplätze zu bringen, wo sie elektrisch aktiv sind [2]. Kernstrahlungsdetektoren [3] und Solarelemente [4] waren Anfang der sechziger Jahre die ersten funktionstüchtigen Halbleiter-Bauelemente, die durch Ionenimplantation dotiert waren.

Durch die anfänglichen Erfolge angeregt, setzte bald eine intensive Forschungstätigkeit ein. Die Meßverfahren zur Untersuchung der Energie-Reichweite-Beziehungen der Ionen, der Strahlenschäden, der elektrischen Eigenschaften und anderer Parameter wurden verbessert oder neu entwickelt [5–7]. Die theoretischen Untersuchungen zum Verständnis der Wechselwirkungsprozesse zwischen eingeschossenen Ionen und den Festkörperatomen wurden insbesondere durch die Pionierarbeiten von Lindhard, Scharff und Schiøtt [8] und Firsov [9] vorangetrieben.

In den siebziger Jahren setzte sich die Ionenimplantation als Dotierverfahren für elektronische Halbleiter-Bauelemente durch und steht heute gleichrangig neben den konventionellen Dotierungsmethoden, wie z.B. Diffusion oder Legierung. Mit zunehmender Komplexität der elektronischen Schaltkreise wird dieses Verfahren weiter an Bedeutung gewinnen.

Neben der Dotierung von Halbleitern hat sich in den siebziger Jahren das Anwendungsfeld der Ionenimplantation zunehmend auf die Veränderung der Materialeigenschaften von Nichthalbleitern, wie z.B. Metalle oder optische Materialien, erweitert [10, 11]. Dabei wurde besonderes Augenmerk auf die Beeinflussung der elektrochemischen und mechanischen Eigenschaften von Metalloberflächen (Korrosion, Härtung) und auf die Veränderung des Brechungsindex von Glas oder Quarz für die Herstellung von Lichtleitern gelegt.

Die stöchiometrische Implantation von Sauerstoff oder Stickstoff in Silizium bietet die Möglichkeit, dielektrische Schichten aus SiO_2 oder Si_3N_4 an der Oberfläche oder im Volumen (vergrabene Schichten) eines Siliziumkristalls herzustellen [12]. Nicht zuletzt findet die zum gegenwärtigen Zeitpunkt im Entwicklungsstadium befindliche Ionenstrahllithographie, die für die Erzeugung kleinster Strukturen in hoch integrierten, elektronischen Schaltkreisen prädestiniert ist, großes Interesse [13].

Die Aktualität der Ionenimplantation als Forschungsobjekt belegen die Internationalen Konferenzen. Ausführliche Darstellungen sind in [14–18] enthalten.

Sachverhalt

Implantationsanlagen. Abbildung 1 zeigt die schematische Darstellung einer Implantationsanlage. In einer Ionenquelle, für die meist Hochfrequenzionenquellen, Glühkatodenquellen, Duoplasmatronquellen, Sputterquellen oder Penningionenquellen in Betracht kommen, werden gasförmige, flüssige oder feste Stoffe ionisiert. Durch ein elektrisches Feld werden die Ionen aus der Quelle abgezogen und mittels eines elektrostatischen Linsensystems und eines magnetischen Massenseparators auf einen Spalt fokussiert. Das Magnetfeld wird dabei so eingestellt, daß nur die gewünschte Ionensorte den Spalt passieren kann. Unerwünschte Ionen, die aus dem Restgasanteil des Vakuums stammen oder in der Quellensubstanz mit enthalten sind, werden abgefangen. Anschließend werden die Ionen beschleunigt und durch eine Quadrupollinse auf das Target, das sich in einer gesonderten Kammer befindet, fokussiert. Die zur Beschleunigung benötigte Hochspannung wird durch einen Transformator und ein Gleichrichtersystem erzeugt, wobei der Massenseparator auf Hochspannungspotential liegt. Für hochenergetische Implantationsanlagen mit Spannungen von einigen hundert Kilovolt zieht man es allerdings vor, die Massenseparation nach der Beschleunigung der Ionen auf Erdpotential vorzunehmen. Um eine gleichmäßige Flächenbelegung zu garantieren, wird der Ionenstrahl mit Hilfe eines Ablenkplattensystems nach einem vorgegebenen Muster über das Target geführt, bis die gewünschte Ionendosis erreicht ist.

Wechselwirkungsprozesse der implantierten Ionen mit dem Festkörper. Dringen energiereiche Ionen in einen Festkörper ein, so erleiden sie eine Reihe von Zusammenstößen mit den Festkörperatomen, wobei sie allmählich ihre Energie verlieren und schließlich zur Ruhe kommen. Die dominierenden Wechselwirkungsprozesse sind die unelastischen Stöße mit den gebundenen Elektronen des Substratmaterials und die elastischen Kernstöße. Die Wechselwirkung der implantierten Ionen mit den Elektronen führt zu Anregungs- und Ionisationsprozessen, die elastischen Stoßprozesse, die durch Coulomb-Kräfte bestimmt werden, sind dagegen für die Verlagerung der Festkörperatome und daher auch für den Strahlenschaden verantwortlich.

Bei der Anwendung des Implantationsverfahrens interessiert man sich besonders für die Reichweiteverteilung der Ionen, den erzeugten Strahlenschaden und die Zerstäubung von Substratmaterial durch die auftreffenden Ionen (Sputtering). Alle drei interessierenden Größen lassen sich in guter Näherung aus den Wechselwirkungsprozessen herleiten.

a) *Reichweiteverteilung.* Der totale Energieverlust eines Ions pro Weglänge kann über die Summe von elektronischem Bremsquerschnitt S_{el} und Kernbremsquerschnitt S_K berechnet werden:

$$dE/dx = N\,S_{el} + N\,S_K \tag{1}$$

(N = Atomdichte des Materials).

In der Schreibweise der Gl. (1) werden die beiden Wechselwirkungsmechanismen als statistische und voneinander unabhängige Prozesse betrachtet. Im Bereich der üblichen Implantationsenergien ist der elektronische Bremsquerschnitt proportional zur Geschwindigkeit der Ionen und damit proportional zur Wurzel aus der Energie:

$$S_{el} = k \cdot E^{1/2}. \tag{2}$$

Im Modell von LINDHARD und Mitarbeitern [8] wird die direkte Abhängigkeit von der Geschwindigkeit durch die Annahme eines Elektronengases, in dem sich die Ionen wie in einem viskosen Medium bewegen, verständlich. Im Modell nach FIRSOV [9] bilden stoßendes Ion und Festkörperatom ein Quasimolekül, und während des Stoßes findet ein Austausch der Elektronen beider Stoßpartner statt. Durch diesen Elektronenaustausch wird Energie auf das Festkörperatom übertragen und das Ion gebremst. Die Konstante k in Gl. (2) ist eine von den Ordnungszahlen Z_1 und Z_2 der beiden Stoßpartner abhängige Größe.

Der nukleare Bremsquerschnitt S_K eines Ions ist proportional der Summe aller im Einzelstoß auf ein Festkörperatom übertragenen Energien T:

$$S_K(E) = \int_0^{T_m} T \cdot d\sigma(E,T). \tag{3}$$

Hierin sind T_m die maximal übertragbare Energie bei zentralem Stoß:

$$T_m = 4 \cdot M_1 \cdot M_2 \cdot E/(M_1 + M_2)^2 \tag{4}$$

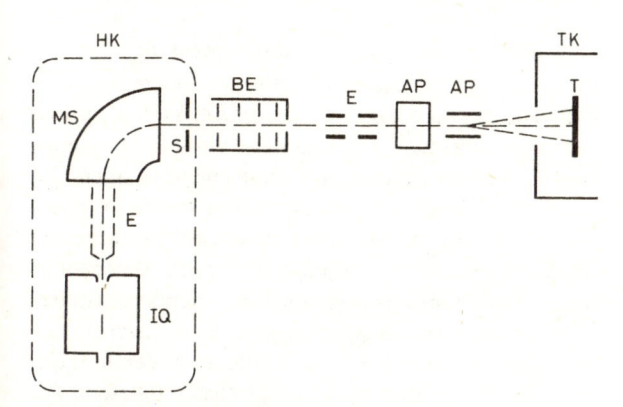

Abb. 1 Prinzipieller Aufbau einer Implantationsanlage
HK Hochspannungskäfig, IQ Ionenquelle, E elektrostatisches Liniensystem, S Spalt, MS Massenseparator, BE Beschleunigungselektroden, AP Ablenkplatten, TK Targetkammer, T Target

(M_1, M_2 = Massenzahlen der beiden Stoßpartner) und dσ der differentielle Wirkungsquerschnitt bei der aktuellen Energie E, die das Ion in einer Schichtdicke dx gerade aufweist. Für eine abgeschirmte Coulomb-Wechselwirkung zwischen Ion und Substratatom haben LINDHARD und Mitarbeiter den differentiellen Wirkungsquerschnitt dσ berechnet [8].

Die Gesamtweglänge R, die ein Ion zurücklegt, bis es zur Ruhe kommt, ist gegeben durch das Integral

$$R(E) = \int_0^E dE'/(NS_K + NS_{el}). \qquad (5)$$

Da das eingeschossene Ion während des Abbremsvorgangs eine Vielzahl von Zusammenstößen erleidet und bei jedem Stoß seine Richtung ändert, bewegt es sich nicht auf einer geraden Bahn, sondern führt vielmehr eine Zick-Zack-Bewegung aus, wie in Abb. 2 angedeutet. Die Endposition des zur Ruhe gekommenen Teilchens ist die im Experiment beobachtbare, projizierte Reichweite R_p, die die Projektion der Gesamtreichweite R auf die Einfallsrichtung des Ionenstrahls darstellt. Über den tatsächlich zurückgelegten Weg eines einzelnen Ions gibt es keinerlei Informationen, und die theoretischen Deutungen sind nur als Wahrscheinlichkeitsverteilungen, die statistische Aussagen über die Endpositionen vieler Teilchen treffen, aufzufassen. Die projizierte Reichweite R_p ist also ein statistischer Mittelwert, um den die Endpositionen der zur Ruhe gekommenen Ionen streuen. In erster Näherung ergibt sich für die Reichweiteverteilung der implantierten Ionen eine Gauß-Funktion

$$C(x) = \frac{C_\square}{\sqrt{2\pi}\,\Delta R_p} \exp\left(-\frac{(x-R_p)^2}{2\Delta R_p^2}\right), \qquad (6)$$

worin ΔR_p die Standardabweichung und $C_\square$ die implantierte Dosis (gemessen in Ionen/cm^2) bedeuten. Für einige, in der Halbleiter-Elektronik wichtige Dotierungselemente sind in Abb. 3 die Reichweiteparameter R_p und ΔR_p in Silizium als Funktion der Beschleunigungsspannung dargestellt.

Das Modell von LINDHARD und Mitarbeitern wurde unter der Voraussetzung abgeleitet, daß ein vollständig ungeordnetes Substrat vorliegt. Kanalisierungseffekte, die zu einer Reduzierung der Kernbremsquerschnitte und damit zu größeren Eindringtiefen führen, sind in den Modellansätzen nicht enthalten.

b) *Strahlenschaden.* Die binären Wechselwirkungsmechanismen, die für die Abbremsung verantwortlich sind, stellen auch die Grundlage für das Verständnis der Bestrahlungseffekte im Festkörper dar. Von Interesse sind die Folgeerscheinungen: interne Atomverlagerungen, externe Effekte, wie Emission von geladenen oder neutralen Substratatomen (Sputtering), von Sekundärelektronen oder Röntgenstrahlung.

Der für die Modifizierung von Festkörpereigenschaften wichtige, in vielen Anwendungsfällen auch

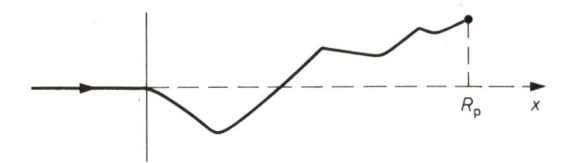

Abb. 2 Schematische Darstellung der Bahn eines Ions im Festkörper

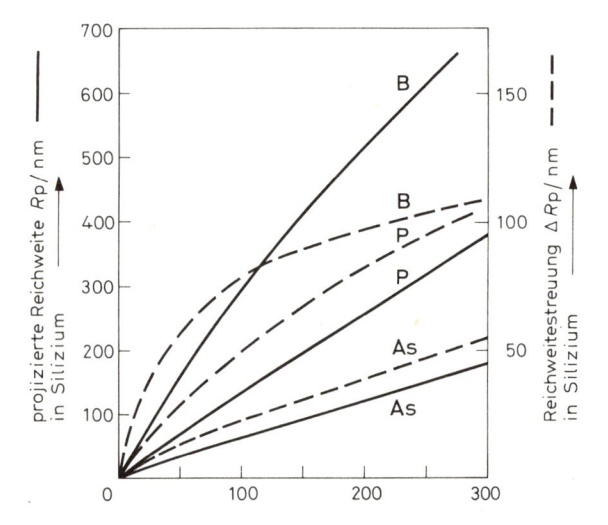

Abb. 3 Reichweite R_p und Standardabweichung (Reichweitestreuung) ΔR_p für verschiedene Ionen im Silizium in Abhängigkeit von der Beschleunigungsenergie

unerwünschte Prozeß der Strahlenschädigung läßt sich gemäß des zeitlichen Ablaufs in drei Schritte unterteilen:

1. Die Wechselwirkung des eingeschossenen Ions mit einem Gitteratom wird durch die Wahrscheinlichkeit charakterisiert, mit der auf ein primäres Atom die Rückstreuenergie T übertragen wird, d. h. durch den differentiellen Wirkungsquerschnitt dσ/dT. Dieser Prozeß läuft in sehr kurzer Zeit von der Größenordnung 10^{-20} s ab.

2. Das primäre Rückstoßatom bewegt sich von seinem Gitterplatz weg, wobei es durch Stöße mit anderen Gitteratomen abgebremst wird. Im Verlaufe dieses Abbremsvorgangs kann es an andere Gitteratome soviel Energie übertragen, daß diese ebenfalls ihren Gitterplatz verlassen können und selbst weitere Verlagerungen erzeugen. Als Ergebnis dieser Verlagerungskaskade entstehen Gitterfehlordnungen (Leerstellen und Zwischengitteratome). Die charakteristischen Größen, die den Verlagerungsprozeß bestimmen, sind die Schwellenenergie E_d und die sich daraus ergebende Zahl der Verlagerungen pro Rückstoßatom. Die Schwellenenergie E_d ist gleichbedeutend mit der Mindestenergie, die auf ein Festkörperatom übertragen werden muß, damit es seinen Gitterplatz verlassen kann. Sie liegt für die meisten Substanzen in der Größenordnung von 10 eV. Die Zeit, die vergeht, bis alle

Atome eine so kleine Energie haben, daß sie keine weiteren Verlagerungsstöße mehr ausführen, beträgt etwa 10^{-13} s.

3. Der dritte Prozeß ist schließlich die Energiedissipation, wobei die Rückstoßenergie aus dem Gebiet der Verlagerungskaskade abfließt. Wenn die Energie auf thermische Werte abgesunken ist, erfolgt dies hauptsächlich durch Phononen.

Nach dem Kinchin-Pease-Modell [19] errechnet sich die Gesamtzahl der Atome, die durch ein einzelnes Ion versetzt werden, zu

$$C_d = E_K/(2 \cdot E_d), \qquad (7)$$

wobei E_K die von einem Ion in Kernstößen übertragene Energie ist. Im Endeffekt findet bei entsprechend hoher Versetzungsdichte in lokalen Bereichen die Umwandlung eines ursprünglich kristallinen in einen amorphen Zustand statt. Bei Raumtemperatur-Implantation ist in Halbleiter-Materialien die amorphe Phase relativ stabil, so daß mit zunehmender Implantationsdosis die gestörten Gebiete überlappen und schließlich eine geschlossene, amorphe Schicht bilden.

Durch entsprechende thermische Behandlung können die erzeugten Strahlenschäden nachträglich wieder ausgeheilt werden. In der Halbleiter-Technologie dient die Temperung aber nicht nur der Rekristallisation des Gitters, sondern auch der elektrischen Aktivierung der implantierten Ionen.

c) *Ionenzerstäubung (Sputtering).* Infolge der räumlichen Ausdehnung der Stoßkaskade kann auch auf unmittelbar an der Oberfläche befindliche Substratatome kinetische Energie übertragen werden. Übersteigt diese Energie die Oberflächenbindungsenergie E_b, die um einen Faktor zwei bis drei niedriger liegt als die Schwellenergie E_d, so können neutrale oder ionisierte Festkörperatome emittiert werden. Quantitativ wird der Effekt, der in der Literatur auch als Sputtering bekannt ist, durch den Sputterkoeffizienten S beschrieben. Insbesondere für schwere Ionen und hohe Implantationsdosen kann wegen des ständigen Abtrags von Material die Reichweiteverteilung der Ionen beeinflußt werden. Praktisch genutzt wird der Effekt für die Mikroanalyse bei der Sekundärionen-Massenspektroskopie, für die Schichtabscheidung und in speziellen Ionenquellen.

Anwendungen

Dotierverfahren in der Halbleiter-Technologie. Im technologischen Prozeß der Halbleiter-Bauelemente-Herstellung hat sich die Ionenimplantation fest etabliert. Gegenüber der herkömmlichen Dotierung von Halbleitern, bei der die thermische Diffusion lange Zeit das dominierende Verfahren darstellte, gibt es einige wichtige Vorteile:

1. Durch eine einfache Stromintegration ist es möglich, eine vorgegebene Dotierung sehr genau einzuhalten, wobei durch Variation der Beschleunigungsspannung das Dotierungsprofil in verschiedenen Tiefen erzeugt werden kann. Mittels einer Mehrfach-Implantation lassen sich durch Überlagerung mehrerer Einzelprofile mit unterschiedlichen Reichweiteparametern beliebige Konzentrationsprofile genähert darstellen. Die Näherung wird um so besser sein, je mehr Einzelimplantationen durchgeführt werden.

2. Durch eine periodische Strahlablenkung (Wobblung) über der Probe ist eine sehr homogene Implantation (Inhomogenität $\leq 1\%$) selbst bei Probendurchmessern von etwa 10 cm möglich.

3. Wegen der geringen Eindringtiefen der Ionen können extrem oberflächennahe Schichtbereiche dotiert werden, und durch die ebenfalls geringe laterale Streuung sind voneinander schärfer abgegrenzte Dotierungsgebiete möglich. Beide Vorteile eröffnen nicht zuletzt die Möglichkeit zur Herstellung höchstintegrierter mikroelektronischer Schaltkreise.

4. Die Ionenimplantation stellt einen Niedertemperaturprozeß dar, wodurch die Kompatibilität mit anderen Prozeßschritten erhöht wird.

5. Die Ionenimplantation bietet die Möglichkeit der Dotierung durch dünne Abdeckschichten, die entweder eine passivierende Wirkung ausüben oder, insbesondere bei Verbindungshalbleitern, das Abdampfen einer Komponente des Halbleiters verhindern.

6. Für die lokale Dotierung mittels Ionenimplantation genügt ein relativ einfaches Maskierungsverfahren, das auf der Verwendung von ausreichend dicken Abdeckschichten beruht, in die an den entsprechenden Stellen Öffnungen geätzt werden.

7. Die Anforderungen an die Reinheit der Dotierstoffe ist gering, da wegen der Massenseparation nur die gewünschte Ionensorte implantiert wird.

Den aufgezählten Vorteilen stehen einige Nachteile gegenüber. Im wesentlichen sind dies die bei der Implantation auftretenden Strahlenschäden, die durch eine Temperung (Ausheilung) eliminiert werden müssen, und der Kanalisierungseffekt, der sich durch ein tieferes Eindringen der Dotierungsatome in den Halbleiter bemerkbar macht. Durch eine entsprechende Verkippung der Halbleiter-Scheibe gegen die Einfallsrichtung der Ionen oder durch Bedeckung mit einer dünnen, amorphen Oxidschicht läßt sich der Kanalisierungseffekt weitgehend reduzieren. Obwohl auch der höhere technische Aufwand für eine Dotierung mittels Ionenimplantation den der herkömmlichen Methoden beträchtlich übersteigt, haben die Erfolge, die zu einer Qualitätsverbesserung von Halbleiter-Bauelementen und zur Einsparung von Prozeßschritten führten, den industriellen Einsatz dieser Technik mehr als gerechtfertigt.

Neben dem Einsatz bei der Herstellung von Kernstrahlungsdetektoren, Solarelementen, Widerständen und speziellen Dioden wird die Ionenimplantation erfolgreich in der industriellen Fertigung von MOS-Transistoren und auch Bipolar-Transistoren angewendet. Hauptanwendungsbereiche beim MOS-Transistor sind die Reduzierung der Einsatzspannung durch Implantation in das Kanalgebiet [20], die Source- und Drain-Dotierung [14] und die Dotierung von Poly-Silizium [21], das als Gateelektrode und als Material für das Leitbahnsystem dient. In Bipolar-Transistoren werden sowohl Basis als auch Emitter implantiert [22].

Die Ionenimplantation findet auch in GaAs-Feldeffekt-Transistoren Anwendung, wobei hauptsächlich das Source- und Drain-Gebiet, aber auch der Kanal implantiert werden [23].

Implantation in Metalle. Untersuchungen zur gezielten Veränderung von Metalleigenschaften mittels Ionenimplantation wurden erst mit der Entwicklung von Hochdosis-Implantationsanlagen möglich. Während bei der Anwendung in der Halbleiter-Technologie Dosen im Bereich zwischen 10^{11} cm^{-2} und 10^{16} cm^{-2} ausreichend waren, sind üblicherweise bei der Metall-Implantation Dosen von 10^{17} cm^{-2} und höher erforderlich.

Die Herstellung korrosionsbeständiger, oberflächenpassivierter Metallschichten ist eines der Hauptanwendungsgebiete der Metall-Implantation. So ist es beispielsweise möglich, die Oxidationswirkung von Stahl durch Implantation von Bi-, In- oder Al-Ionen zu reduzieren [24]. Auch für andere Metall-Ion-Kombinationen wurden ähnliche Wirkungen erzielt.

Durch Ionenimplantation ist es möglich, verschiedene Elemente in einem Festkörper miteinander zu vermischen und damit eine Art „amorphe" Legierung herzustellen (*Ion Beam Mixing*). Durch schichtweises Aufdampfen dünnster Metallschichten aus Titan und Gold auf Quarzglas und anschließende Implantation von Xe-Ionen konnte ein glasartiger Zustand erzeugt werden, der sich durch eine große Festigkeit und Korrosionsbeständigkeit auszeichnet [25].

Ein wichtiges Anwendungsgebiet ist die Simulation von Strahlenschäden in Kernreaktor-Materialien. In den Reaktorwänden bilden sich durch den ständigen Beschuß mit energiereichen He-Atomen, die im Reaktorinneren durch (n, α)-Reaktionen entstehen, sogenannte Blasen (engl.: Blister oder Bubbles) aus, die die Stabilität des Materials stark herabsetzen. Die Ionenimplantation bietet die Möglichkeit, derartige Materialien in relativ kurzen Zeiten auf ihre Eignung für den Reaktorbau zu untersuchen [10].

Verbesserung der Verschleißfestigkeit von Metallen, die auf chemische Materialveränderungen an der Oberfläche zurückzuführen sind, und die Erhöhung der Sprungtemperatur in supraleitenden Materialien, sind weitere Anwendungsgebiete der Ionenimplantation [10].

Literatur

[1] Cussins, W.D., Proc. Phys. Soc. **B68** (1965) 213.
[2] Shockley, W., U.S. Patent Nr. 2787, 564 (1957).
[3] Alväger, T., Hansen, N.J., Rev. Sci. Instrum. **33** (1962) 367.
[4] King, W.J.; Burrel, J.T.; Harrison, S.; Martin, F.; Kellett, C.M.; Nucl. Instr. Meth. **38** (1965) 178.
[5] Proc. Int. Conf. on Appl. of Ion Beams in Semiconductor Technology. Ed. P. Glotin. – Grenoble 1967.
[6] Mayer, J.W.; Erikson, L.; Davies, J.A.: Ion Implantation in Semiconductors. – New York 1970.
[7] Proc. Int. Conf. on Atomic Collisions and Penetration Studies with Energetic Ion Beams. Chalk River 1967; Canad. J. Phys. **46** (1968).
[8] Lindhard, J.; Scharff, M.; Schiøtt, H.E.: Kgl. Danske Vid. Selskab., Mat.-Fys. Medd. **33** (1963) 14.
[9] Firsov, O.B., Zh. eksper. teor. Fiz. **36** (1959) 1517.
[10] Proc. Int. Conf. on Appl. of Ion Beams to Materials. Eds. G. Carter, J.S. Colligon, W.A. Grant. -Coventry: Inst. Phys. Conf. Ser. Nr. **28** (1976).
[11] Proc. Int. Conf. on Appl. of Ion Beams to Metals. Eds. Picraux, S.T.; Eer Nisse, E.P.; Vook, F.L. – New York: Plenum Press 1974.
[12] Dylewski, J.; Joski, M.L., Thin Solid Films **37** (1976) 241.
[13] Seliger, R.L.; Kubena, R.L.; Olney, R.D.; Ward, J.W.; Wang, V., J. Vac. Sci. Technol. **16** (1979) 1610.
[14] Dearneley, G.; Freeman, J.H.; Nelson, R.; Stephen, J.: Ion Implantation, – Amsterdam: North Holland 1973.
[15] Ryssel, H.; Ruge, I.: Ionenimplantation. – Leipzig: Akadem. Verlagsges. Geest & Portig 1978.
[16] Carter, G.; Grant, W.A.: Ion Implantation of Semiconductors. – London: Edwald Arnold 1976.
[17] Schade, K.: Halbleitertechnologie, Band 2. – Berlin: VEB Verlag Technik 1983.
[18] Kinchin, G.H.; Pease, R.S.: Rep. Progr. Phys. **18** (1955) 1.
[19] Mac Pherson, M.R., Appl. Phys. Letters **18** (1971) 502.
[20] Rideout, V.L., IEEE Trans. Electron Devices, Ed-26, 6 (1979) 837.
[21] Payne, R.S., IEEE Trans. Electron Devices, Ed-21, 4 (1974) 273.
[22] Dearneley, G.: In: New Uses of Ion Accelerators. Ed. J.F. Ziegler. – New York, Plenum Press 1975.
[23] Liu, B.X.; Nicolet, M.A.; Lau, S.S., phys. stat. sol. (a) **73** (1982) 183.

Ionenleitung

A. VOLTA (1745–1827) mit seiner „*Volta Säule*" und DANIELL (1836) schufen die ersten leistungsfähigen Stromquellen. 1832 formulierte M. FARADAY seine *Faradayschen Gesetze*, die den Zusammenhang von Ladungstransport und Stoffumsatz an Phasengrenzen bei der Ionenleitung beschreiben und Grundlage der Elektrolyse wurden. Der heutige Ionenbegriff wurde von H. v. HELMHOLTZ (1881) geprägt, der geladene Atome als Ursache der elektrolytischen Stromleitung einführte. Die Grundlage für eine theoretische Beschreibung von Systemen mit freien Ionen wurde 1923 von P. DEBYE und E. HÜCKEL mit ihrer „Interionischen Theorie" geschaffen. Für die Entwicklung des atomistischen Bildes von der Natur Ende des 19. Jahrhunderts spielte die Ionenleitung eine wesentliche Rolle.

Sachverhalt

Ionenleitung ist ein Ladungstransport durch bewegte Ionen als Folge eines Feldes.

In *Flüssigkeiten* [1, 2, 3], sieht man von flüssigen Metallen ab, ist die Ionenleitung der dominierende Ladungstransport, ebenso in Gläsern als unterkühlte Flüssigkeiten. Ionen stammen aus der Eigendissoziation des Lösungsmittels (z. B. Eigenleitung des Wassers) oder aus den in der Flüssigkeit gelösten Stoffen, die in der Lösung teilweise in Ionen zerfallen. Solche Stoffe heißen Elektrolyte. Die Zahl der Ionen der Sorte i ergibt sich aus der molaren Konzentration c des gelösten Elektrolyten zu

$$n_i = 10^{-3} N_A \alpha(c) v_i c$$

(v_i – Zerfallszahl des Elektrolyten, α – Dissoziationsgrad) kann mit Hilfe eines Massenwirkungsgesetzes, das ein chemisches Gleichgewicht zwischen freien Ionen und undissoziierten Molekülen annimmt, berechnet werden. Für symmetrische Elektrolyte ($v_+ = v_-$) liefert es:

$$(1-\alpha)/\alpha^2 = c \cdot f_{+-}(c)\, K_A(p,T)$$

(f_{+-} – mittlerer Aktivitätskoeffizient, K_A – Assoziationskonstante).

Die spezifische Leitfähigkeit σ für Ionenleiter berechnet sich als Summe über die Strombeiträge aller Ladungsträgerarten

$$\sigma = \sum_i z_i e\, n_i(c) u_i(c) = 10^{-3} (z_i v_i)\, c\, \alpha(c) \sum_i l_i$$

(z_i – Ladungszahl des Ions i, u_i – Beweglichkeit, $l_i = (N_A e) u_i$ – Ionenbeweglichkeit, N_A – Avogadro-Konstante).

In *Gasen* (siehe *Plasmachemische Stoffumwandlung*) entstehen durch Stoßprozesse Ionen und Elektronen aus neutralen Atomen. Bei normalen und hohen Gasdichten ist die Lebensdauer der Elektronen sehr klein. Sie bilden mit neutralen Atomen negative Ionen. Wegen der großen Masse der Ionen gegenüber den Elektronen, ist die Ionenbeweglichkeit allgemein gegen die Elektronenbeweglichkeit zu vernachlässigen. Die Ionenkonzentration ergibt sich aus einem kinetischen Gleichgewicht von Erzeugungs- und Vernichtungsreaktionen.

In *Festkörpern* [4, 5, 6] entsteht Ionenleitung durch Ionen auf Zwischengitterplätzen (sogenannten Punktdefekten). Die Konzentration der beweglichen Ionen hängt von Verunreinigungen der Kristalle, von der Vorgeschichte (thermodynamisches Nichtgleichgewicht) und von der Temperatur ab. Die Ionenwanderung im elektrischen Feld stellt einen aktivierten Sprungmechanismus dar und gehorcht dem Gesetz

$$\sigma = \sum_j \sigma_{0j} \exp(-\Delta W_j / kT)$$

(ΔW_j – Aktivierungsenergie für einen Platzwechsel der Sorte j).

In Isolatoren und Ionenkristallen erfolgt die Stromleitung durch Ionen. In Kristallen wie ZrO_2, AgJ, β-Al_2O_3 oder CaF_3 treten oberhalb einer bestimmten Sprungtemperatur sehr hohe Leitfähigkeiten ($\sigma \sim 10^{-1}$ bis $10^{-5}\,\Omega^{-1}\,cm^{-1}$) auf („Superionerleiter"), die als Phasenübergang eines ionischen Teilgitters des Kristalls in einen „quasi geschmolzenen" Zustand erklärt werden. Damit entstehen „flüssige" Ionenleiter, die kein Gefäß benötigen.

Die Ionenleitung ist durch einen positiven Temperaturkoeffizienten ($\partial\sigma/\partial T > 0$) charakterisiert. Heterogene Leitungssysteme, wie galvanische Zellen sind durch innere Phasengrenzen mit einem Wechsel des Leitungstyps gekennzeichnet. Ein Stromfluß über die Phasengrenzen ist mit Umladungsvorgängen der Ionen verbunden, die chemisch Red-Ox-Reaktionen entsprechen. Der chemische Stoffumsatz (Δm) wird durch die Faraday-Gesetze erfaßt

$$\Delta m = k\Delta Q \text{ und } k = M_i z_i^{-1}/e\, N_A$$

(k – elektrochem. Äquivalent, M – Molmasse).

Die sich im stromfreien Fall einstellenden elektrochemischen Gleichgewichte an den Phasengrenzen erzeugen eine Potentialdifferenz zwischen den beiden Phasen (Galvani-Spannung) und bilden die Grundlage für elektrochemische Spannungsquellen.

Kennwerte

Tabelle 1 Beweglichkeiten

Flüssigkeiten Ionen in H_2O, 25°C, $c \to 0$		Gase $2{,}69 \cdot 10^{-19}$ Teilchen pro cm^3, $E \to 0$	
Ion	$u/cm^2s^{-1}V^{-1}$	Ion	$u/cm^2s^{-1}V^{-1}$
H^+	$36{,}2 \cdot 10^{-4}$	H_2^+	13,4
Li+	$4{,}0 \cdot 10^{-4}$	He^+	10,0
K^+	$7{,}6 \cdot 10^{-4}$	N_2^+	2,3
Cl^-	$7{,}9 \cdot 10^{-4}$	O_2^+	1,6
NO_3^-	$7{,}4 \cdot 10^{-4}$	CO^+	1,8
OH^-	$20{,}5 \cdot 10^{-4}$	Ne^+	4,0

Anwendungen

Elektrochemische Stromquellen [7, 8]. Primärelemente (z. B. Leclanche-Element, Wheatstone-Normalelement), Akkumulatoren (Bleiakku, Edison-Akku oder Ni-Cd Akku) oder Brennstoffzellen wandeln direkt chemische Energie in elektrische um. Sie arbeiten bei Zimmertemperatur, besitzen keine bewegten Teile und sind gut transportabel. Sie können zur Speicherung elektrischer Energie und als Spannungsnormale eingesetzt werden.

Galvanotechnik [9]. Bei der Elektrolyse in einer galvanischen Zelle werden die chemischen Reaktionen an den Elektroden genutzt, um Metalle zu gewinnen (Al, Mg, Cu, Ni, Zn, Cd), um Metalle zu reinigen (Al, Cu, Ni, Sn) oder um metallische Überzüge (Cu, Cr, Ni, Zn, Ag, Au, Cd) herzustellen oder um Metalloberflächen elektrolytisch zu oxidieren (SiO, Eloxal). Bekannt ist auch das elektrolytische Ätzen zum Reinigen von Metall- und Halbleiteroberflächen. Von technischer Bedeutung ist die elektrolytische Wasserzersetzung und die Synthese chemischer Substanzen als Elektrodenprozeß (Elektrosynthese).

Korrosion [10]. Die Korrosion ist ein elektrochemischer Prozeß und hängt mit der Ionenleitung in der Umgebung der Metalloberfläche und dem Entstehen von Lokalelementen zusammen. Ein Schutz gegen Korrosion ist durch sogenannte Opferanoden zu erreichen, die die zu schützende Metalloberfläche zur Kathode werden läßt.

Chemische Analyseverfahren [11]. Mittels ionensensitiver Elektroden kann über Spannungsmessungen eine Konzentrationsmessung für die jeweiligen Ionen erfolgen. Bei der Elektrogravimetrie werden Metalle definiert an einer Edelmetallelektrode abgeschieden und können massenmäßig bestimmt werden. Bei der Coulometrie kann über die Strom-Zeitmessungen eine Massebestimmung einer an einer Elektrode abgeschiedenen Stoffmenge erfolgen. In der Polarografie wird über Zellspannungsmessung bei konstantem Stromfluß der chemische Elektrodenprozeß diagnostiziert.

Anwenden der Ionenleitung in Gasen → Plasmachemische Stoffumwandlung, Ionenstrahlen und Ionenimplantation.

Festelektrolyte [12] bieten für elektrochemische Stromquellen oder analytische Sensoren konstruktive Vorteile gegenüber flüssigen Ionenleitern, gehorchen aber den gleichen Wirkprinzipien. Als Beispiel sei eine ZrO_3-Zelle zur Messung des O-Partialdruckes bis zu 10^{-16} atm erwähnt.

Festkörper-Ionenleiter-Bauelemente [6]. „Ionic Devieces" ist eine Sammelbezeichnung für elektronische Bauelemente auf der Basis der Ionenleitung, wobei allgemein „Superionenleiter" zur Anwendung kommen. Zeitschalter auf der Basis von $Ag/RbAg_4J_5/Ag$-Zellen lassen Schaltzeiten zwischen Minuten und Monaten realisieren. Analog Memories sind Festkörperelektrolyt-Speicher deren EMK als Speicherinformation proportional zum Ladestrom ist. Kondensatoren auf der Basis von $RbAg_4J_5/Ag$-Strukturen liefern ein Speichervermögen von 10 F/cm^3 bei 0,6 V [5].

Wärmedurchbruch. Die Tatsache, daß die Durchbruchsspannung von Isolatoren einer bestimmten Temperatur schnell absinkt, ist ein Effekt der Ionenleitung [13].

Literatur

[1] SCHWABE, K.: Physikalische Chemie – Elektrochemie. Bd. 2. – Berlin: Akademie-Verlag 1974.
[2] FALKENHAGEN, H.: Theorie der Elektrolyte. – Leipzig: Hirzel-Verlag 1971.
[3] BARTHEL, J.: Ionen in nichtwäßrigen Lösungen. – Darmstadt: Steinkopf-Verlag 1976.
BARTHEL, J.; GORES, H.-J.; SCHMEER, G.; WACHTER, R.: Non-Aqueous Electrolytic Solution in Chemistry and Technology. – Berlin/Heidelberg/New York: Springer-Verlag 1982.
[4] RICKERT, M.: Z. angew. Chem. **90** (1978) 38.
[5] RICKERT, M.: Einführung in die Elektrochemie fester Stoffe. – Berlin/Heidelberg/New York: Springer-Verlag 1973.
[6] SCHOTTKY, W.: In Halbleiterprobleme. – Braunschweig: Friedr. Vieweg & Sohn GmbH. 1958. Bd. 14, S. 253.
[7] V. STURM, F.: Elektrochemische Stromerzeugung. – Weinheim: Chemie-Verlag 1969.
[8] BAUKAL, W.; KUHN, J.: J. Power Sources **1** (1976/77) 91.
[9] SCHMIDT, A.: Angewandte Chemie. – Weinheim: Chemie-Verlag 1976.
[10] SCHWABE, K.: Korrosionsschutzprobleme. – Leipzig: VEB Deutscher Verlag für Grundstoffindustrie 1969.
[11] BERGE, H.: Elektroanalytische Methoden. – Leipzig: Akademische Verlagsgesellschaft Geest & Portig K.-G. 1974.
[12] VAN GOOL, W.: Fast Ion Transport in Solid State Batteries and Devices. – Amsterdam: North-Holland Publ. Co. 1973.
[13] LUEDER, H.; SPENKE, E.: Z. tech. Phys. **16** (1935) 373.

Ionenstrahlen

Ionenstrahlen wurden zuerst 1886 von GOLDSTEIN als *„Kanalstrahlen"* beschrieben. Kanalstrahlen wurden sie genannt, weil sie in Gasentladungen durch Katodenkanäle austraten. Aus der im Vergleich zu Elektronen viel geringeren Ablenkung schloß W. WIEN auf die spezifische Ladung und begründete 1898 die Massenspektroskopie durch Trennung unterschiedlicher Ionenmassen (*Wien-Filter*). Analog zur Nutzung der *Elektronenstrahlen* entwickelten sich zahlreiche Anwendungen der Ionenstrahlen, die einerseits auf ihrer guten Beeinflußbarkeit durch elektrische und magnetische Felder beruhen, andererseits die vielfältigen Wechselwirkungen der Ionen mit Festkörpern ausnutzen (Materialanalyse, Materialbearbeitung, Materialmodifizierung). Viele dieser Anwendungen sind heute zu industrieller Reife entwickelt worden, z. B. die Ionenstrahlmaterialbearbeitung mikroelektronischer Bauelemente in der Form der Ionenimplantation. In Teilchenbeschleunigern werden Ionen bis hin zu höchsten Energien (GeV) für Experimente der Elementarteilchenphysik erzeugt. Zur Ergänzung des Begriffs der Ionenstrahlen hat man den der *Schwerionenstrahlen* (siehe dort) eingeführt.

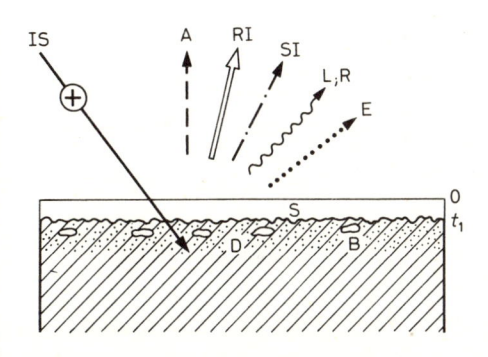

Abb. 1 Ionenstrahlwirkungen an einer Festkörperoberfläche: O Ausgangsoberfläche, IS Ionenstrahl, RI Reflektierte Ionen, A Atome, Atomgruppen, SI Sekundärionen, E Elektronen, L Licht, R Röntgenstrahlen, D Defekte, B Blasen, t_1 Beschußzeit, S Oberflächenstruktur

Sachverhalt

Ionenstrahlen bestehen aus einem Strom schnell fliegender Ionen. Sie können auf sehr unterschiedliche natürliche und künstliche Art entstehen. Natürliche Ionenstrahlen werden beim Kernzerfall als α-Strahlung oder im Weltraum als *„Sonnenwind"* (überwiegend Protonen) beobachtet, der die Mondoberfläche oder Raumflugkörper trifft.

Künstliche Ionenstrahlen können aus zahlreichen Elementen und Verbindungen hergestellt werden, wenn es gelingt, diese zu ionisieren und zu beschleunigen. Diesem Zweck dienen Ionenquellen, die aus gasförmigen, flüssigen und festen Stoffen Ionen erzeugen, die dann im elektrischen Feld beschleunigt werden und Ionenstrahlen bilden [1]. Sie erreichen im elektrischen Feld nach Durchlaufen der Potentialdifferenz U die Geschwindigkeit

$$v = \sqrt{\frac{2neU}{m}}$$

mit m als Ionenmasse und ne als Ionenladung. Sie können durch elektrische und magnetische Felder zu Bündeln hoher Stromdichte fokussiert, abgelenkt und auf vorgegebenen Bahnen geführt werden. Im Magnetfeld B durchlaufen Ionen der Geschwindigkeit v einen Kreis mit dem Radius

$$r = \frac{mv}{neB}.$$

Ein Bündel von Ionen unterschiedlicher Art kann mit diesen Mitteln in seine Bestandteile zerlegt werden (siehe *Massenspektroskopie, Isotopentrennung*).

Treffen Ionenstrahlen auf einen Festkörper (Target), so lösen sie eine Reihe von Wirkungen aus (Abb. 1) [2, 4, 6]:

- Die Beschußteilchen erleiden bei den Zusammenstößen mit Festkörperatomen Energieverluste, werden abgebremst und in einer dünnen Oberflächenschicht eingelagert (siehe *Ionenimplantation*).
- Ionen, die mit Festkörperatomen in Oberflächennähe zusammenstoßen, können zurückgestreut werden (siehe *Ionenstreuung*). Sie erfahren dabei Energieverluste, die für die Stoßpartner charakteristische Beträge besitzen. Ihre Richtungsverteilung hat Intensitätsminima in niedrig indizierten Kristallgitterrichtungen (siehe *Blockierungseffekt*).
- Durch Stoßprozesse (Stoßkaskade) entstehen Zwischengitteratome, Leerstellen, Defektagglomerate oder Blasen, und damit ändern sich die Eigenschaften der Oberflächenschicht bis hin zu Phasenumwandlungen, Amorphisierung und Schichtablösung.
- Oberflächenatome, die einen Impuls ausreichender Größe in geeigneter Richtung erhalten, werden aus dem Festkörperverband gelöst; die Oberfläche wird abgetragen (siehe *Festkörperzerstäubung*).
- Mit dem Zerstäubungsprozeß ist im allgemeinen eine Änderung der Oberflächenstruktur (*Topologie*) verbunden, die zu einem charakteristischen Mikrorelief führt.
- An dünnen Folien und bei ausreichender Ionenenergie können die Prozesse der Streuung und Zerstäubung auch in Transmission beobachtet werden (Protonentransmission).
- Bei Ionenbeschuß kommt es zur Emission von geladenen Teilchen (Ionen, Elektronen) und Photonen (Licht, Röntgenstrahlung).

Kennwerte, Funktionen

Ionenstrahlen werden durch folgende Parameter gekennzeichnet:
Ionenart (Elemente, Ladungszustand), Ionenmasse, Ionenenergie, Intensität (Gesamtstrom), Ionenstromdichte, Richtstrahlwert.

Diese Größen können in einem weiten Bereich gewählt und dem jeweiligen Verwendungszweck angepaßt werden. Von der Aufgabe wird auch der erforderliche Ionenstrahlertyp bestimmt. Abbildung 2 zeigt schematisch einige Ionenstrahlertypen. Der einfachste Ionenstrahler ist das Kanalstrahlrohr (Abb. 2a). Eine selbständige Gasentladung brennt zwischen Katode und Anode. Die Ionen treten durch eine Öffnung in der Katode aus. Bei dem Duoplasmatron (Abb. 2b) wird in einer unselbständigen Entladung eine hohe Plasmadichte durch elektrische und magnetische Konzentration erreicht [3]. Einen Ionenstrahl großen Durchmessers, z. B. für die großflächige Materialbearbeitung, liefert der Ionenquellentyp in Abb. 2c. Die Erzeugung einer sehr fein fokussierten Ionensonde gelang in den letzten Jahren mit Metallionenquellen, die die Feldionisation aus einem flüssigen Metallfilm auf einer Spitzenelektrode ausnutzen.

Die Detektion schneller Ionen und die Messung des Strahlstromes erfolgen in der Regel mit einem Faraday-Becher, jedoch können auch andere Wirkungen (z. B. Szintillation) zum Nachweis verwendet werden.

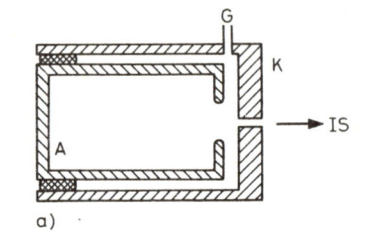

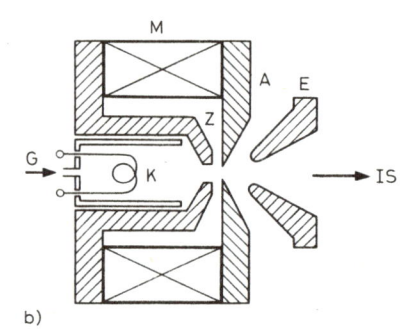

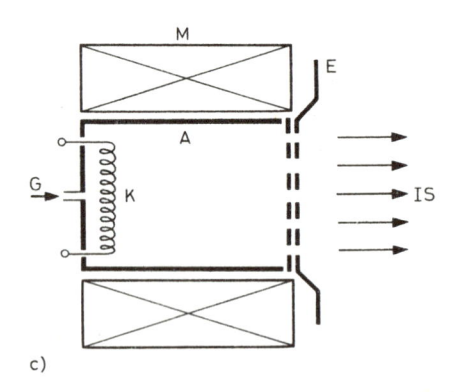

Abb. 2 Ionenstrahlerzeugung
a) Kanalstrahlrohr
b) Duoplasmatron
c) Breitstrahlionenquelle
K – Katode, A – Anode, G – Gaseinlaß,
E – Extraktionselektrode, M – Magnet,
Z – Zwischenelektrode, IS – Ionenstrahl

Anwendungen

Ionenstrahlen werden in so zahlreichen Anwendungen sowohl industriell als auch zu wissenschaftlichen Zwecken genutzt, daß hier nur eine Zusammenstellung der Einsatzbereiche mit kurzer Charakteristik und ein Verweis auf Literatur erfolgen kann. Einige der Anwendungsfälle werden jedoch wegen ihrer Bedeutung als selbständige Begriffe in diesem Buch behandelt und sind entsprechend gekennzeichnet.

Ionenstrahlmaterialabtrag. Durch den Zerstäubungseffekt (siehe *Festkörperzerstäubung*) wird Material von Festkörperoberflächen am Auftreffort des Ionenstrahls abgetragen. Die örtliche Abtragrate kann durch die Ionendosis mit hoher lateraler und vertikaler Auflösung gesteuert werden. Dies wird durch Maskierung der Teile des Werkstückes, die nicht angegriffen werden sollen, oder durch feine Bündelung und Programmsteuerung der Verweilzeit des Ionenstrahls erreicht. Lateral werden Strukturdimensionen im Submikrometerbereich erzeugt; vertikal kann der Abbau bis zu Monolagen gesteuert werden.

Der Prozeß wird im industriellen Maßstab zur Herstellung mikroelektronischer Bauelemente mit hohem Integrationsgrad genutzt, aber auch zur Präparation atomar glatter Oberflächen und zum schrittweisen Abtrag von Schichten in der Festkörperanalytik, wobei sich insbesondere die in-situ-Ionenbestrahlung im Analysegerät bewährt.

Um polykristalline Proben glatt abzutragen, ist die Anisotropie des Materialangriffs zu unterdrücken, z. B. durch Wechsel der Einschußrichtung (Probenrotation). Die physikalische Zerstäubung kann durch reaktive Wirkungen ergänzt werden, wenn chemisch aktive Ionenstrahlen eingesetzt werden. Während der physikalische Abbau jedoch universell an allen Substanzen wirkt, ist das reaktive Verfahren auf ausgewählte Ionen-Target-Kombinationen beschränkt, die jeweils abgestimmt werden müssen.

Ionenätzung. Der Materialangriff bei Ionenbeschuß erfolgt selektiv in Abhängigkeit von den örtlichen Festkörpereigenschaften, da die Zerstäubungsausbeute (siehe *Festkörperzerstäubung*) sich mit der Zusammensetzung, Realstruktur und Orientierung der beschossenen Gebiete ändert. An polykristallinen und heterogenen Festkörperoberflächen entsteht eine charakteristische Ätzstruktur, die Informationen über das Material liefert. Wegen der guten Dosierbarkeit des Ätzangriffs können Strukturen im Nanometerbereich freigelegt werden, so daß diese vorzugsweise mit dem Elektronenmikroskop auszuwerten sind [7]. Bei in-situ-Ionenbeschuß im Elektronenmikroskop kann der fortschreitende Abbau der Probenoberfläche unmittelbar beobachtet und im geeigneten Moment gestoppt werden. Die Untersuchung erfolgt dann ohne Vakuumunterbrechung und Probentransport.

Schichtaufstäubung. Das von einem Target bei Ionenbeschuß abgestäubte Material kann auf einer Substratfläche kondensieren. Dieser Prozeß wird industriell überwiegend in Gasentladungen realisiert (siehe *Festkörperzerstäubung*). Für spezielle Zwecke ist es günstig, ein oder mehrere Targets mit einem oder mehreren gerichteten Ionenstrahlen zu zerstäuben und die Teilchenströme zu Schichten mit besonderen Eigenschaften zu formieren, wobei auch der Kondensationsprozeß durch Ionenbestrahlung modifiziert werden kann. Der Vorteil dieses Verfahrens liegt in der unabhängigen Steuerung der Teilchenströme und damit in der Möglichkeit, komplizierte Schichtzusammensetzungen und -strukturen erzeugen zu können. Darüber hinaus kann der Prozeß durch chemisch reaktive Ionen oder durch Anteile reaktiver Ionen im Ionenstrahl, aber auch durch eine geeignete Gaszusammensetzung im Rezipienten beeinflußt werden.

Ionenstreuung. Die durch Stoßprozesse an den Festkörperatomen zurückgestreuten Beschußionen werden in ihrer Energie- und Richtungsverteilung analysiert. Aus diesen Messungen können Rückschlüsse auf die Stoßpartner gezogen werden. Damit sind Aussagen über die Kristallstruktur des Materials, aber auch über die Anwesenheit und Verteilung von Fremdatomen an der Festkörperoberfläche und in den oberflächennahen Schichten möglich. Zur Untersuchung der Kristallstruktur werden leichte Ionen mit hoher Energie (MeV-Bereich) benutzt (siehe *Ionographie*). Die *Rutherford-Rückstreuung* an Atomen in Oberflächenschichten gestattet den Nachweis von Fremdstoffen im Material. Aus der Energieverteilung reflektierter leichter Ionen niedriger Primärenergie kann die Oberflächenbelegung mit Fremdatomen rekonstruiert werden (*Ionenstreuspektroskopie; ISS*).

Sekundärionen-Massenspektroskopie. Ein Teil der bei der Festkörperzerstäubung durch Ionenbeschuß emittierten Teilchen ist geladen. Diese Sekundärionen können in elektrischen und magnetischen Feldern (Massenspektrometern) getrennt werden. Die Nachweisgrenze liegt im ppb-Bereich, und damit ist die Methode den klassischen Analyseverfahren weit überlegen. Sie kann bei feiner Fokussierung des Ionenstrahls zu einem Mikroanalyseverfahren mit hoher lateraler Auflösung im Submikrometerbereich gestaltet werden [5].

Massentrennung. Das Prinzip der Massenspektroskopie (vgl. vorhergehenden Abschnitt) kann dazu benutzt werden, Ionen unterschiedlicher Masse nach Durchlaufen des Massenseparators getrennt aufzufangen. Auf diese Weise können z. B. Isotope eines Elementes rein dargestellt werden.

Ionenstrahl-Abbildungsverfahren. Die Möglichkeit, Ionenstrahlen durch elektrische und magnetische Felder zu führen, wird analog zur Elektronenoptik genutzt, um Festkörperoberflächen abzubilden. Praktisch angewendet werden die Oberflächenabbildung im Emissionsionenmikroskop, im Rasterionenmikroskop („*Ionensonde*", vgl. folgenden Abschnitt) und im Feldionenmikroskop. Geringere Bedeutung hat die Protonentransmissionsmikroskopie erlangt.

Im Emissionsionenmikroskop wird ein Objekt durch Primärionenbeschuß zur Ionenemission angeregt. Die Sekundärionen liefern über ein Immersionsobjektiv und Ionenlinsen ein Bild der Objektoberfläche. Durch magnetische Massentrennung wird jeweils nur die gewünschte Ionensorte zur Bilderzeugung zugelassen, so daß die Bildinformation mit einer Elementanalyse verknüpft ist. Auf diese Weise kann die Verteilung der analysierten Elemente in der Objektoberfläche dargestellt werden [8]. Hinzu kommt durch den fortschreitenden Objektabbau bei Ionenbeschuß eine Aussage über die Tiefenverteilung der Elemente.

Das Feldionenmikroskop wird zur Abbildung spezieller Objekte in Form feinster Spitzen benutzt. Es liefert eine Projektionsabbildung der Halbkugelkalotte dieser Spitze, wobei Atomecklagen durch helle Punkte markiert werden. Einem derartigen Punkt entspricht ein Atom auf dem Objekt. Die Atomabbildung ist überwiegend an Wolframeinkristallen untersucht worden, wobei Fehlordnungen im Gitter, monoatomare Deckschichten usw. nachgewiesen wurden [10].

Eine weitere Möglichkeit der Abbildung feiner Strukturen eröffnet die *Schwerionenstrahlung*, da sie Materialschichten geradlinig ohne Beugungseffekte durchsetzt.

Ionenstrahl-Mikrosonde. Ein zu einem feinen Bündel fokussierter Ionenstrahl (Ionensonde) kann auf einer Festkörperprobe nach einem Programm geführt werden und z. B., wie der Elektronenstrahl im Rasterelektronenmikroskop, eine Fläche zeilenweise abtasten. Analog zu den entsprechenden Elektronenstrahlverfahren können verschiedene Wechselwirkungsprozesse an der Probenoberfläche als Signale genutzt werden. Diese werden verstärkt, ausgewertet und steuern z. B. die Helligkeit einer Bildröhre [5, 9]. In Abhängigkeit von der Feinheit der Sonde entstehen hochvergrößerte Bilder der Oberfläche im „Licht" des jeweils genutzten Signals. So liefern die Sekundärionen nach Durchlaufen eines Massenspektrometers die Verteilung aller vorhandenen Elemente. Diese analytische Mikroskopie erlaubt auch die Tiefenverteilung der Elemente zu bestimmen, da die Probe durch den Ionenbeschuß abgetragen wird.

Ionenstrahllithographie. Analog zur Elektronenstrahllithographie, der Exposition von Resistschichten für anschließende Entwicklung, Ätzung usw. können Ionen zur „Belichtung" genutzt werden. Ionen haben wegen der geringeren Reichweite und Streuung besondere Vorteile im Bereich hoher Auflösung und ermöglichen damit eine weitere Miniaturisierung bis in den Submikrometerbereich. Die Exposition kann durch Masken im Abbildungsmaßstab 1:1 oder mit bis zu 20facher Verkleinerung oder aber durch ein geführtes feines Ionenbündel erfolgen. Beide Verfahren sind im Laborbetrieb erprobt worden. Mit einer Ga-Flüssigmetall-Ionenquelle und einer elektrostatischen Optik ist bei 55 kV Beschleunigungsspannung eine Ionensonde von 30 nm Durchmesser erzeugt worden [11]. Durch Edelgasionen ist mit einem Maskenprojektionssystem eine in photolithographischer Technik hergestellte Maske 1:20 verkleinert abgebildet worden, wobei Strukturbreiten von 0,5 µm erreicht wurden [12]. Bei einer Exposition des Resists mit Schwerionenstrahlen hoher Energie kann die nachfolgende Entwicklung jeden einzelnen Einschußkanal freilegen, so daß auf diese Weise z. B. spezielle Mikrofiltersiebe entstehen.

Teilchenbeschleuniger. Ionen mit extrem hohen Energien (GeV) werden für Experimente der Kern- und Elementarteilchenphysik benötigt. Dazu dienen aufwendige Teilchenbeschleunigungsanlagen, u. a. Linearbeschleuniger, Zyklotrone, Synchrozyklotrone und Synchrotrone. Beschleunigt werden Protonen, Deuteronen, α-Teilchen und Kerne schwerer Elemente, sogenannte *schwere Ionen* (siehe *Schwerionenstrahlen*).

Ionenstrahlantriebe. Leistungsstarke Ionenstrahler können zum Antrieb von Raumflugkörpern genutzt werden. Ihr Vorteil liegt in der gegenüber chemischen Triebwerken höheren Ausströmgeschwindigkeit. Allerdings können sie nur im schwerefreien Raum verwendet werden, da die Schubkraft nicht zum Start von der Erdoberfläche ausreicht.

Negativwirkungen der Ionenstrahlung. Bei einigen Vorgängen in Natur und Technik treten Effekte der Wechselwirkung von Ionen mit Festkörpern als störende Nebenwirkung auf:
– Zerstäubung von Elektroden in Gasentladungsröhren (*Katodenzerstäubung*),
– Oberflächenangriff bei der Ionenimplantation und Ionenstreuung,
– Erzeugung von Defekten im Material bei der Präparation von reinen Oberflächen und Dünnschnitten,
– Wanderosion in Kernreaktoren,
– Veränderung von Materialoberflächen (Raumflugkörper) durch Ionenbeschuß im Weltraum („*Sonnenwind*").

Literatur

[1] KAMKE, D.: Elektronen- und Ionenquellen. In: Handbuch der Physik. Hrsg. S. FLÜGGE. – Berlin/Göttingen/Heidelberg: Springer-Verlag 1956. Bd. 33.

[2] CARTER, G.; COLLIGON, J. S.: Ion bombardment of solids. – New York: Verlag Elsevier 1968.

[3] ARDENNE, M. v.: Tabellen der Elektronenphysik, Ionenphysik und Übermikroskopie. Bd. 1. – Berlin: VEB Deutscher Verlag der Wissenschaften 1973.

[4] KAMINSKY, M.: Ion impact phenomena on metal surfaces. – Berlin/Heidelberg/New York: Springer-Verlag 1965.

[5] BRÜMMER, O.: Mikroanalyse mit Elektronen- und Ionensonden. – Leipzig: VEB Deutscher Verlag für Grundstoffindustrie 1978.

[6] NELSON, R. S.: The observation of atomic collisions in crystalline solids. – Amsterdam: North-Holland Publ. Co. 1968.

[7] HAUFFE, W.: Elektronenmikroskopische Untersuchungen zur Entwicklung der Abbaustruktur auf Metalloberflächen bei Beschuß mit 10 keV-Argonionen. Dissertation A. Technische Universität Dresden 1971.

[8] CASTAING, R.; SLODZIAN, G.: Analytical microscopy by secondary imaging techniques. J. Phys. E. Sci. Instrum. **14** (1981) 1119.

[9] LIEBL, H.: Ion microprobe mass analyzer. J. appl. Phys. **38** (1967) 5277.

[10] MÜLLER, E. W.: Advances in Electronics and Electron Physics. Bd. XIII, S. 83. – New York: Academic Press 1960.

[11] SELIGER, R. L.; WARD, J. W.; WANG, V.; KUBENA, R. L.: A high-intensity scanning ion probe with submicrometer spot size. Appl. Phys. Letters. **34** (1979) 310.

[12] STENGL, G.; KAITNA, R.; LÖSCHNER, H.; WOLF, P.; SACHER, R.: Ion projection system for IC production. J. Vac. Sci. Technol. **16** (1979) 1883.

[13] VON ARDENNE, M.: Das Duoplasmatron als Ionen- oder Elektronenspritze extrem hoher Emissionsstromdichte. Exp. Technik Phys. **9** (1961), 227.

Ionenstreuung

Im Jahre 1913 publizierten GEIGER und MARSDEN [1] die Ergebnisse ihrer Untersuchungen zur Streuung von α-Teilchen an dünnen Metallfolien. Durch diese Experimente wurde die von RUTHERFORD [2] aufgestellte Hypothese der Existenz eines schweren positiv geladenen Atomkerns glänzend bestätigt.

Bei diesen Streuexperimenten wurden α-Teilchen (He^{2+}-Ionen) natürlicher radioaktiver Strahler als Sonden eingesetzt. Diese Ionen mit Energien im MeV-Bereich können durch Wechselwirkungsprozesse mit den leichten Elektronen des streuenden Atoms nur geringfügig abgelenkt werden. Große Streuwinkel, wie sie experimentell beobachtet wurden, sind nur durch Streuung am Atomkern möglich.

Künstlich beschleunigte Ionen wurden etwa ab 1932 für die Auslösung von Kernprozessen eingesetzt, nachdem entsprechende *Teilchenbeschleuniger* zur Verfügung standen. Den Mittelpunkt dieser Arbeiten bildeten die Aufklärung der Struktur und der Niveauschemata der Atomkerne und die durch den Ionenbeschuß ausgelösten Kernumwandlungen. Die Ionenstreuung wurde bereits damals zur Identifizierung von Fremdatomen in den beschossenen Targetmaterialien genutzt. Die breite Anwendung der Ionenstreuung wurde jedoch erst möglich, nachdem Halbleiterdetektoren für den Nachweis von Teilchen- und Quantenstrahlung zur Verfügung standen. In Verbindung mit diesen Detektoren und durch den Einsatz von Kleinrechnern wurden niederenergetische Beschleuniger zu breit genutzten Analysengeräten. Die Nutzung der Ionenstreuung für analytische Anwendungen wurde durch die Einführung der *Ionenimplantation* zur Dotierung von Halbleitern stark beeinflußt. Diese neuartige Dotierungstechnologie machte die Messung von Defekt- und Dotantentiefenprofilen notwendig, was mittels der Ionenstreuung gelöst werden konnte [3]. Heute wird die Ionenstreuung, insbesondere die Streuung von He-Ionen mit Energien $E \leq 2$ MeV zur Analyse oberflächennaher Bereiche von Festkörpern breit genutzt.

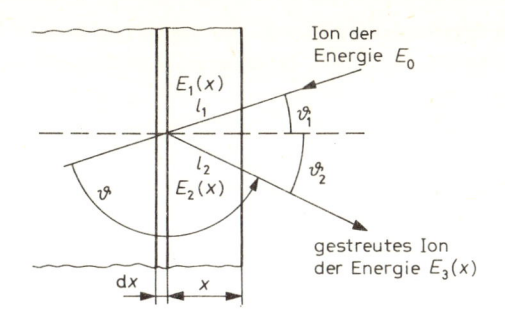

Abb. 1 Meßgeometrie bei der Ionenrückstreuung. Der elastische Streuprozeß erfolgt in der Tiefe x, längs der Wege l_1 und l_2 werden die Ionen gebremst. ϑ ist der Streuwinkel im Laborsystem, ϑ_1 und ϑ_2 sind Einschuß- und Austrittswinkel.

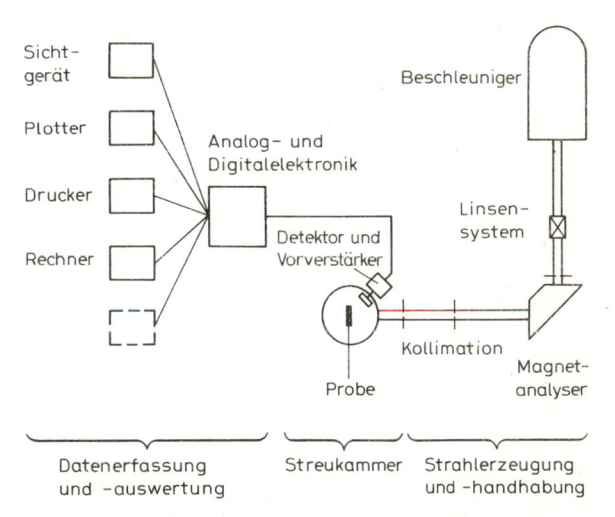

Abb. 2 Schematische Darstellung der experimentellen Anordnung zur Ionenstreuung

Sachverhalt

Die Ionen mit kinetischen Energien im MeV-Bereich werden auf die zu untersuchende Probe geschossen. Die Ion-Atom-Wechselwirkung führt zur Bremsung der Ionen und zum Auftreten gestreuter Ionen, die stark von ihrer Anfangsrichtung abgelenkt wurden.

Für MeV-Energien wird die Bremsung der Ionen hauptsächlich durch Ion-Elektron-Stöße verursacht. Wegen der praktisch geradlinigen Ionenbahnen im Probenmaterial läßt sich eine Energie-Tiefe-Beziehung angeben, welche die Grundlage für die Bestimmung von Tiefenprofilen bildet.

Im Gegensatz dazu können durch Streuung an den Atomkernen relativ große Ablenkungen der Ionen auftreten. Die Energie des elastisch gestreuten Ions hängt von der Masse des streuenden Atomkerns ab. Dieser Sachverhalt wird genutzt, um mittels der elastischen Ionenstreuung Aussagen über die im Probenmaterial enthaltenen Atomarten zu erhalten. Unelastische Streuprozesse an den Atomkernen führen zur Anregung derselben und zur Emission von γ-Strahlung. Diese ist charakteristisch für die emittierenden Atomkerne und kann ebenfalls zu deren Identifizierung genutzt werden [4].

Die Abb. 1 veranschaulicht das Zusammenwirken von Bremsung und elastischer Ionenstreuung. Die Ionen der Masse m fallen mit der Energie E_0 unter dem Winkel ϑ_1 zur Targetnormalen auf die Probenoberfläche und haben in der Tiefe x die mittlere Energie

$$E_1(x) = E_0 - \Delta E_1(x, \vartheta_1). \tag{1}$$

Die elastische Streuung um den Winkel ϑ im Laborsystem führt zur Energie $E_2(x)$ nach dem Streuprozeß,

$$E_2(x) = K(m, M, \vartheta) \cdot E_1(x). \tag{2}$$

Der Kinematikfaktor K hängt von den Massen der Stoßpartner und vom Streuwinkel ϑ ab. Auf dem

Wege zur Probenoberfläche wird das gestreute Ion erneut gebremst und tritt mit der Energie $E_3(x)$ aus der Oberfläche aus,

$$E_3(x) = E_2(x) - \Delta E_2(x, \vartheta_2). \tag{3}$$

Ionen, die in der Tiefe x gestreut wurden, haben somit die kinetische Energie

$$\begin{aligned} E_3(x) &= K(m, M, \vartheta) \cdot E_0 - \Delta E(x) \\ &= K \cdot E_0 - \{K \cdot \Delta E_1 + \Delta E_2\}. \end{aligned} \tag{4}$$

Die Energieverluste ΔE_1 und ΔE_2 der ein- und auslaufenden Ionen hängen von Ionenart und -energie, dem Probenmaterial und den Weglängen l_1 und l_2 in der Probe ab.

Die Abb. 2 zeigt schematisch den experimentellen Aufbau für Anwendungen der Ionenstreuung. Der hochenergetische Ionenstrahl des Beschleunigers wird mittels Linsensystem und Kollimation auf das Target fokussiert. Den Magnetanalyser können dabei nur Ionen einer bestimmten Art und Energie passieren.

Gestreute Ionen, die auf den Detektor treffen, lösen in diesem elektrische Impulse aus, deren Größe der Teilchenenergie proportional ist. Diese Signale werden verstärkt und mit Hilfe der Analog- und Digitalelektronik in Form eines digitalisierten Energiespektrums gespeichert. Die Analyse der Spektren bezüglich Energie und Intensität liefert Aussagen über die Zusammensetzung der Probe im oberflächennahen Bereich. Insbesondere können Tiefenverteilungen spezieller Atomsorten erhalten werden. Für einkristalline Materialien können weiterhin Tiefenverteilungen von Defekten bestimmt und Fremdatome im Gitter lokalisiert werden, indem der *Kanalisierungseffekt* ausgenutzt wird.

Die gemessenen Energiespektren werden gewöhnlich auf die Anzahl der auf das Target geschossenen Ionen normiert. Streukammer und Strahlführungssystem sind evakuiert, ein Vakuum mit einem Druck von 10^{-3} Pa...10^{-4} Pa ist im allgemeinen ausreichend. Ein möglichst treibmittelfreies Vakuum wird angestrebt, um Kontaminationen der Probenoberfläche während der Analyse auszuschließen.

Kennwerte, Funktionen

Der Kinematikfaktor $K(m, M, \vartheta)$ ist gegeben durch [3]

$$\begin{aligned} K(m, M, \vartheta) &= \frac{E_2(x)}{E_1(x)} \\ &= \left\{ \frac{m \cos \vartheta + [M^2 - m^2 \sin^2 \vartheta]^{1/2}}{m + M} \right\}^2, \end{aligned} \tag{5}$$

während der Energieverlust $\Delta E(x)$ durch Bremsung der ein- und auslaufenden Ionen beschrieben wird durch

$$\Delta E(x) = \left\{ \frac{K}{\cos \vartheta_1} \left. \frac{dE}{dx} \right|_1 + \frac{1}{\cos \vartheta_2} \left. \frac{dE}{dx} \right|_2 \right\} \cdot x. \tag{6}$$

Die spezifischen Energieverluste $(dE/dx)_{1,2}$ der ein- und auslaufenden Ionen sind material- und energieabhängig [3, 5]. Für kleine Tiefenbereiche können diese Energieverluste in ausreichender Näherung als konstant vorausgesetzt werden.

Die Intensität der Ionen, die in der Tiefe x an Atomen der Masse M (Tiefenverteilung $N_M(x)$) gestreut wurden, ist gegeben durch

$$H_M(x) = \sigma(E_1(x)) \cdot \Omega \cdot Q \cdot N_M(x) \cdot dx / \cos \vartheta_1. \tag{7}$$

Dabei sind $H_M(x)$ der Kanalinhalt bei der Energie $E_3(x)$, $E_1(x)$ die Energie der Inzidenzteilchen in der Tiefe x vor dem Streuprozeß, Ω der vom Detektor erfaßte Raumwinkel und Q die Anzahl der auf das Target geschossenen Ionen. $\sigma(E_1(x))$ ist der über den Raumwinkel Ω gemittelte differentielle Streuquerschnitt bei der Energie $E_1(x)$.

Entsprechend den Gln. (4) und (6) haben Ionen, die an Oberflächenatomen gestreut wurden, die Energie

$$E_3(x = 0) = K \cdot E_0, \tag{8}$$

während für $x > 0$ die Tiefe x, die dem Energieverlust $\Delta E(x)$ entspricht, aus der Energie-Tiefe-Beziehung (6) berechnet werden kann. Die Konzentration $N_M(x)$ der Streuzentren mit der Masse M folgt aus der gemessenen Intensität $H_M(x)$ bei der Energie $E_3(x)$, wenn der Streuquerschnitt bekannt ist. Für He-Ionen niedriger Energie ($E_0 \leq 2$ MeV) kann der Streuprozeß als Coulomb-Streuung beschrieben und für $\sigma(E)$ der bekannte Rutherford-Streuquerschnitt benutzt werden:

$$\begin{aligned} \sigma_R(E) &= \left\{ \frac{z Z e^2}{4 E} \right\}^2 \\ &\times \frac{4}{\sin^4 \vartheta} \frac{\left\{ \cos \vartheta + \left[1 - \left(\frac{m}{M} \sin \vartheta \right)^2 \right]^{1/2} \right\}^2}{\left[1 - \left(\frac{m}{M} \sin \vartheta \right)^2 \right]^{1/2}}. \end{aligned} \tag{9}$$

Hier sind z und Z die Ordnungszahlen von Projektil und streuendem Atom.

Abweichungen von der Rutherford-Formel können auftreten durch das Wirksamwerden der Kernkräfte und durch die abschirmende Wirkung der Elektronenhülle. Für Protonen als Inzidenzteilchen werden bereits bei Ionenenergien $E \leq 1$ MeV starke Abweichungen beobachtet, wenn die Streuung an leichten Atomen erfolgt. In derartigen Fällen muß der experimentell bestimmte Wirkungsquerschnitt benutzt werden [3, 4].

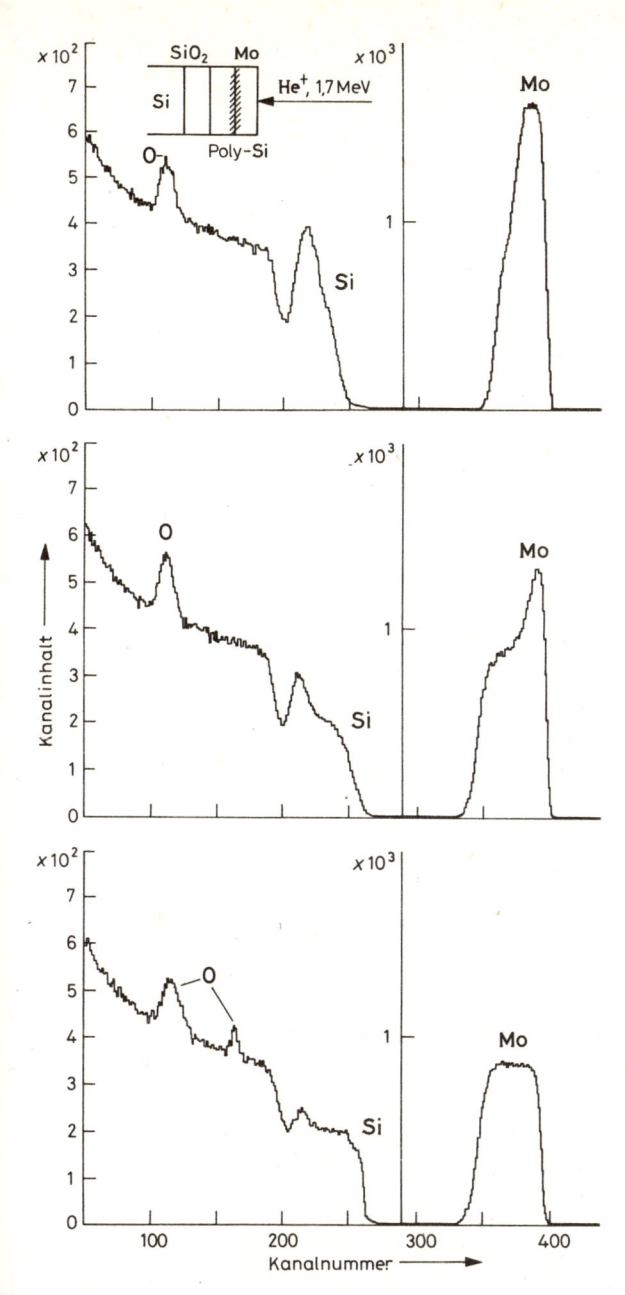

Abb. 3 He⁺-Rückstreuspektren, gemessen für ein Schichtsystem (100 nm SiO$_2$ + 200 nm Poly-Si + 90 nm Mo) auf dickem Si-Substrat, nach Blitzlampenbestrahlung; $E_0 = 1.7$ MeV, $\vartheta = 167.5°$, $\vartheta_1 = 0°$, $\vartheta_2 = 12.5°$

In Abb. 3 sind Energiespektren rückgestreuter He-Ionen gezeigt, die beim Beschuß eines Schichtsystems (100 nm SiO$_2$ + 200 nm Poly-Si + 90 nm Mo) auf dicken Si-Substrat erhalten wurden. Die Inzidenzenergie betrug $E_0 = 1.7$ MeV, die Messung erfolgte für einen Streuwinkel $\vartheta = 167,5°$. Der Ionenbeschuß erfolgte senkrecht zur Probenoberfläche ($\vartheta_1 = 0°$), und die gestreuten He-Ionen traten unter dem Winkel $\vartheta_2 = 12.5°$ aus dem Target aus. Die gezeigten Spektren wurden nach unterschiedlichen Temperbehandlungen gemessen.

Ohne Temperung wurde das oberste Spektrum erhalten. Die Streuung an den schweren Mo-Atomen der Deckschicht führt zu dem breiten Peak bei hohen Energien bzw. Kanalzahlen, wobei die Breite des Peaks von der Schichtdicke abhängt. Das Kontinuum bei niedrigeren Energien wird durch Streuprozesse an den leichten Si- und O-Atomen verursacht. Im Bereich der vergrabenen SiO$_2$-Schicht führt die geringere Konzentration an Si-Atomen zu dem gezeigten Ausbeuteminimum.

Entsprechend Gln. (4) und (6) läßt sich für jede Atomsorte eine Tiefenskala angeben. Der 0-Peak im Spektrum ist der gleichen Tiefe zuzuordnen wie das bereits betrachtete Minimum.

Durch den Temperprozeß erfolgt zunächst im Bereich der Mo-Si-Grenzschicht eine Durchmischung der beiden Komponenten. Dieser Prozeß ist mit einer Verschiebung der Si-Kante nach höheren Rückstreuenergien verknüpft und führt zu einer Abnahme der Si- und Mo-Konzentrationen im silizierten Tiefenbereich (mittleres Spektrum). Beim unteren Spektrum ist die Silizidbildung nahezu abgeschlossen. Hier tritt ein weiterer O-Peak auf, der einer Oxidschicht an der Oberfläche entspricht. Die Spektren in Abb. 3 sind ein Beispiel für die Untersuchung der bei der Silizidbildung auftretenden Transportprozesse.

Anwendungen

Ein Anwendungsgebiet der Ionenstreuung umfaßt die Untersuchung von Schichten und Schichtsystemen auf dicken Substraten. Die Abbildungen 3 und 4 zeigen dafür einige Beispiele. Dargestellt sind die gemessenen digitalisierten Energiespektren. Kanal-Nr. und Kanalinhalt charakterisieren dabei die Energie und die relative Intensität der gestreuten Ionen.

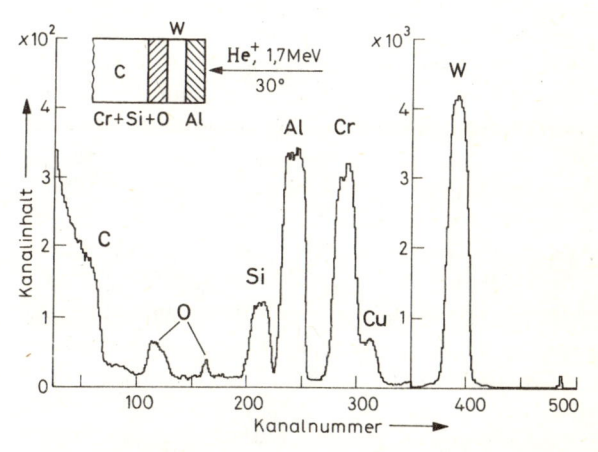

Abb. 4 He⁺-Rückstreuspektrum, gemessen für ein Schichtsystem ((Cr + Si + O)-Mischschicht + 45 nm W + 70 nm Al) auf dickem Kohlenstoffträger; $E_0 = 1.7$ MeV, $\vartheta = 167.5°$, $\vartheta_1 = 30°$, $\vartheta_2 = 42.5°$

Die Abb. 4 zeigt ein Rückstreuspektrum, das für $\vartheta_1 = 30°$ und $\vartheta_2 = 42.5°$ erhalten wurde. Untersucht wurde hier ein Schichtsystem ((Cr + Si + O)-Mischschicht + 45 nm W + 70 nm Al) auf dickem Kohlenstoff-Träger. Die Messungen dienten zur Bestimmung der Zusammensetzung der Mischschicht. Durch Messungen bei verschiedenen Meßgeometrien ($\vartheta_1 = 0°$ bzw. 30°, $\vartheta_2 = 12.5°$ bzw. 42.5°) wurde gezeigt, daß die nachgewiesene Cu-Kontamination der Mischschicht zuzuordnen ist, während die beiden O-Peaks einer Al-Oxidschicht an der Oberfläche (kleiner Peak bei höherer Kanal-Nr.) und der (Cr + Si + O)-Schicht entsprechen. Das hier verwendete C-Substrat führt im Bereich der Sauerstoff-Peaks zu einem niedrigen Untergrund.

Bei der Untersuchung von Defektprofilen in Einkristallen erfolgt der Ionenbeschuß in Richtung der niedrig indizierten Kristallachsen. Die Probe muß daher relativ zum Ionenstrahl orientiert werden. Zu diesem Zwecke wird das Target um zueinander senkrechte Achsen gekippt und die Rückstreuausbeute in Abhängigkeit von diesen Kippwinkeln bestimmt. Im Minimum dieser Ausbeuteverteilung werden dann die Energiespektren der rückgestreuten Ionen gemessen [3].

Als ein Beispiel zeigt die Abb. 5 Rückstreuspektren von He-Ionen ($E_0 = 1.2$ MeV), die für einkristalline Si-Targets gemessen wurden, welche mit 10^{15} As-Atomen/cm² implantiert worden waren (Implantationsenergie 65 keV). Die Targets wurden verschiedenen *Ausheilprozeduren* unterworfen (thermische Ausheilung bei 800 °C für 30 min sowie Laser-Ausheilung), und es wurden Spektren bei kanalisiertem und random-Einschuß der Ionen gemessen. Zum Vergleich sind die Energiespektren des nicht ausgeheilten und des nicht implantierten Targets ebenfalls gezeigt.

Der Peak bei hohen Energien wird durch die implantierten As-Atome verursacht, während das Kontinuum bei niedrigeren Energien durch Rückstreuung an den Si-Atomen entsteht. Ohne Ausheilbehandlung wird eine Si-Rückstreuverteilung gemessen, die einen breiten Peak bei hohen Energien enthält. Dieser Peak wird durch verlagerte Gitteratome verursacht. Durch die As-Implantation wurde das Silicium im oberflächennahen Bereich amorphisiert. Die Temperbehandlung führt zur Rekristallisation und für den gezeigten Fall der Laser-Ausheilung zu relativ niedrigen Restdefektkonzentrationen. Die gemessenen Verteilungen der an As-Atomen gestreuten He-Ionen zeigen, daß der überwiegende Teil der As-Atome auf Gitterplätzen eingebaut wird. Es ist hierbei zu beachten, daß in Abb. 5 nur Spektren für den Einschuß in ⟨111⟩-Richtung gezeigt sind. Die exakte Bestimmung der Gitterplätze der As-Atome erfordert die Messung der Rückstreuspektren für die verschiedenen Kristallachsen.

Mittels Rückstreuung von He-Ionen mit Energien $E_0 \leq 2$ MeV können Tiefenbereiche bis zu 300 nm ... 400 nm untersucht und Aussagen über Schichtfolge, Zusammensetzung und Defektkonzentrationen erhalten werden. Die Tiefenauflösung der Methode wird hauptsächlich durch Energieschärfe des Strahls, Detektorauflösung und Energiestraggling der Ionen begrenzt [3, 4]. In günstigen Fällen (Oberflächenkontaminationen, streifender Einschuß und/oder streifender Austritt der Ionen) sind Tiefenauflösungen von 4 nm ... 5 nm erreicht worden. Eng benachbarte schwere Elemente können mit dieser Methode nicht getrennt werden. Hier führt die Kopplung von Ionenstreuung und ioneninduzierter *Röntgenemission* zu weitergehenden Aussagen. Weiterhin ist die Nachweisempfindlichkeit für leichte Elemente stark begrenzt. Durch Einsatz prompter *Kernreaktionen* können diese leichten Elemente (einschließlich Wasserstoff) mit relativ guter Empfindlichkeit nachgewiesen werden [4].

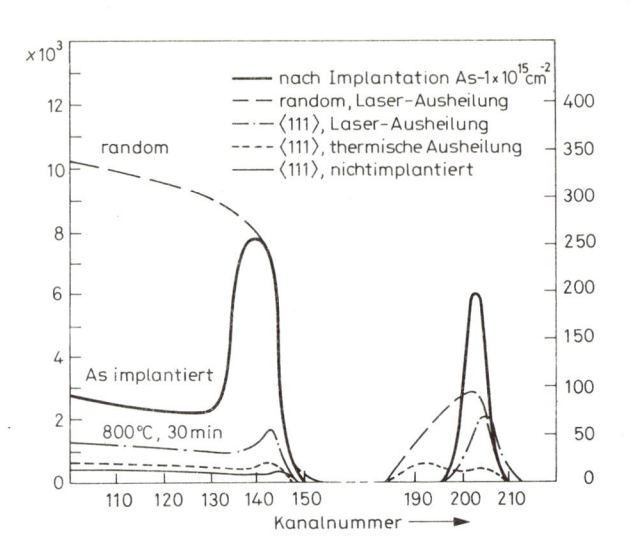

Abb. 5 He⁺-Rückstreuspektren, gemessen für einkristalline Si-Targets, nach Implantation mit 10^{15} As-Atomen/cm² ($E = 65$ keV) und verschiedenen Ausheilprozeduren; $E_0 = 1.2$ MeV.

Literatur

[1] GEIGER, H.; MARSDEN, E., Phil. Mag. 25 (1913) 606.
[2] RUTHERFORD, E.; Phil. Mag. 21 (1911) 669.
[3] CHU, W. K.; MAYER, J. W.; NICOLET, M. A.: Backscattering Spectrometry. – New York: Academic Press 1978.
[4] DECONNINCK, G.: Introduction to Radioanalytical Physics. – Budapest: Akadémiai Kiadó 1978.
[5] ZIEGLER, J. F.: Handbook of Stopping Cross Sections for Energetic Ions in All Elements. – New York: Pergamon Press 1980.

Ionisation

Die elektrische Leitfähigkeit der Flammen stellt das erste wissenschaftlich untersuchte Phänomen in ionisierten Gasen dar (W. GILBERT 1600). Daß die in Gasen beobachtete Leitfähigkeit auf der Erzeugung und Bewegung elektrisch geladener Teilchen beruht (Ionentheorie), ist eine Erkenntnis des ausgehenden 19. Jahrhunderts (Hypothese: W. GIESE 1882; endgültiger Beweis: J.J. THOMSON und E. RUTHERFORD 1896).

Sachverhalt

Mit Ionisation (auch Ionisierung) werden Elementarprozesse (ein- oder mehrstufig) bezeichnet, bei denen durch Abtrennung ($A \rightarrow A^+ + e^-$) oder Anlagerung ($A + e^- \rightarrow A^-$) von Elektronen (e^-) positive oder negative Ionen (A^+, A^-) entstehen bzw. ihr Ladung steigt (z. B.: $A^+ \rightarrow A^{++} + e^-$). Dazu gehört auch die Zerlegung neutraler Teilchen in geladene Bruchstücke ($AB \rightarrow A^+ + B^-$). Die größte Bedeutung besitzen Ionisierungsprozesse in der Gasphase. Ionisation kann jedoch auch im Festkörper stattfinden (z. B. Ionisierung der Störstellen in Halbleitern). Die Trennung von Ionen durch Teilchendissoziation in Elektrolyten wird allgemein nicht zur Ionisation gerechnet.

Klassifizierung der Ionisation

1. Klassifizierung nach dem prinzipiellen physikalischen Mechanismus bzw. der Art des ionisierenden Agens.

a) Ionisation durch Teilchenstoß (Stoßionisation). Als stoßende Teilchen können Elektronen, Ionen oder Neutralteilchen auftreten. Ihre Wirksamkeit ist unterschiedlich. Sie hängt u. a. von der Energie (kinetische und potentielle) des stoßenden Teilchens ab. Bei der Bildung positiver Ionen ist die Übertragung eines Mindestenergiebetrages notwendig (Ionisierungsarbeit E_I).

b) Ionisation durch Photonenstoß (Photoionisation). Die Ionenausbeute hängt von der Frequenz der Strahlung ab und setzt resonanzartig oberhalb einer Grenzfrequenz $h \nu_G \gtrsim E_I$ ein.

c) Ionisation durch Kontakt mit der Oberfläche fester Körper (Oberflächenionisation; Langmuir-Effekt). Beim Aufprall von Teilchen auf hocherhitzte feste Körper kann Ionisation stattfinden, wenn die Ionisierungsarbeit E_I kleiner als die Elektronenaustrittsarbeit W_A des festen Körpers ist. In günstigen Fällen, z. B. Cs($E_I = 3,9$ eV) an W($W_A = 4,5$ eV), beträgt die Ausbeute bei $T \gtrsim 1300$ K fast 100 %.

d) Ionisation durch starke elektrische Felder (siehe *Feldionisation*). In äußeren elektrischen Feldern der Stärke $E \gtrsim 10^7$ V/cm können Elektronen infolge des quantenmechanischen Tunneleffektes den Atomverband verlassen. Der Austritt aus hochangeregten Atomniveaus erfolgt bereits bei wesentlich kleineren Feldstärken (z. B. 10^5 V/cm).

e) Ionisation durch hohen Druck (Druckionisation). Bei extrem hohen Drücken ($p \gtrsim 10^{10}$ Pa) erfolgt in der stark verdichteten Substanz ein Abspringen der äußeren Atomelektronen.

2. Klassifizierung nach der Thermodynamik bzw. Kinetik des Prozesses.

a) Gleichgewichtsionisation (Thermische Ionisation). Im thermodynamischen Gleichgewichtsfall wird der Ionisierungsgrad eines Teilchensystems im wesentlichen durch die Zustandsgröße Temperatur festgelegt (*Saha-Eggert-Gleichung*). Als Elementarprozesse treten die Stoßionisation und Photoionisation im heißen Gas zusammen mit ihren Umkehrprozessen auf.

b) Nichtgleichgewichtsionisation. Die Ionisation erfolgt durch zielgerichtete Energieeinspeisung in das Teilchensystem, wobei bestimmte Freiheitsgrade (z. B. Termübergänge der Elektronen im Atom) bevorzugt angeregt werden. Nichtgleichgewichtsionisation tritt in den elektrischen Entladungen bei niedrigem Gasdruck auf.

3. Klassifizierung nach der Art der gebildeten Ladungsträger bzw. Besonderheiten des Reaktionsablaufes.

a) Einfachionisation/Mehrfachionisation/Vielfachionisation. Im ersten Fall entstehen einfach geladene (positive) Ionen, im zweiten mehrfach geladene bis zur Höhe der Kernladungszahl des betreffenden Elementes.

b) Stufenionisation. Die Ionisation erfolgt im zeitlichen Nacheinander einzelner Prozesse, z. B. durch zweimaligen Teilchenstoß (1. Stoß: Anregung; 2. Stoß: Ionisation des angeregten Teilchens).

c) Multiphotonenionisation. Die Ionisation erfolgt hier durch sukzessive Absorption von Quanten $h\nu < E_I$ in einer Reihe virtueller Atomzustände, deren Lebensdauer durch die Unbestimmtheitsrelation auf $1/\nu$ begrenzt ist. Voraussetzung für das Auftreten dieser Ionisation ist das Überschreiten einer Grenzdichte des Photonenflusses, die mit Laser-Strahlen erreicht werden kann.

d) Ionisation innerer Schalen (K- und L-Schalenionisation). Die Ionisation besteht hier in der Abtrennung von Elektronen aus der K- oder L-Schale des Atoms. Im Gefolge dieser Tiefenionisation treten Kaskadenübergänge der höherliegenden Elektronen und die Emission charakteristischer Spektralserien bzw. die Emission weiterer Elektronen (Autoionisation) auf.

e) Autoionisation. Befinden sich in einem Atom gleichzeitig zwei oder mehrere Elektronen in angeregten Zuständen, kann im Ergebnis des anschließenden Abregungsprozesses eine Ionisation des Atoms auftreten. Auf diese Weise ist z. B. nach der Ionisation innerer Schalen mit einer Autoionisation zu rechnen (sogenannter innerer Auger-Prozeß), die zur Bildung mehrfach geladener Ionen führt.

f) Chemoionisation. Darunter versteht man eine umfangreiche Klasse verschiedener Ionisierungsprozesse, die in Verbindung mit chemischen Elementarreaktionen (Auflösung chemischer Bindungen, Austausch von Atomen bzw. Energie) ablaufen. Beispiele sind:

g) Penning-Ionisation. Hierbei übertragen angeregte Teilchen A* (z. B. metastabile Atome) ihre Anregungsenergie E_A auf Teilchen, deren Ionisierungsarbeit kleiner ist ($E_I \leq E_A$):

$$A^* + B \rightarrow A + B^+ + e^-.$$

Die Penning-Ionisation kann mit Dissoziation, Assoziation oder chemischer Umordnung verknüpft sein.

h) Dissoziative Ionisation. Zum Beispiel:

$$A^* + BC \rightarrow B^+ + C + e^-,$$
$$AB + e^- \rightarrow A^+ + B + 2e^-.$$

i) Assoziative Ionisation. Zum Beispiel:

$$A + B \rightarrow AB^+ + e^-.$$

Dieser Ionisationstyp ist bei der Bildung von Edelgasmolekülionen von Bedeutung (*Hornbeck-Molnar-Prozeß*): zum Beispiel:

$$Ne^* + Ne \rightarrow Ne_2^+ + e^-.$$

j) Umordnungsionisation. Zum Beispiel:

$$A^* + BC \rightarrow AB^+ + C + e^-.$$

Kennwerte, Funktionen

Zur quantitativen Beschreibung der Ionisierung dienen die Begriffe: Ionisierungsquerschnitt und Ionisierungskoeffizient.

Ionisierungsquerschnitt σ_I: Wird ein Gas der Konzentration n durch einen Teilchenstrahl der Stromstärke I ionisiert, so gilt für die längs einer Strecke Δx pro Zeiteinheit erzeugte Zahl an Ionen: $\Delta z = \sigma_I I n \Delta x$. Der Proportionalitätsfaktor σ_I besitzt die Dimension einer Fläche (Querschnitt). Er hängt von der Art des Gases, der Art der Strahlteilchen und von deren Energie E ab. Die Abb. 1 zeigt $\sigma_I(E)$ für He-Atome beim Stoß von Elektronen, Photonen und Protonen.

Ionisierungskoeffizient k_I: Findet Ionisation im Gemisch zweier Teilchensorten mit den Konzentrationen n_1 und n_2 als Ergebnis der Zusammenstöße unterschiedlicher Teilchen statt, so berechnet sich die pro Volumen- und Zeiteinheit gebildete Zahl an Ionen aus: $Z_I = k_I n_1 n_2$. Das Produkt $k_I n_2$ bedeutet die Zahl der ionisierenden Stöße eines Teilchens 1 gegen Teilchen 2 pro Zeiteinheit (Ionisierungsfrequenz ν_I). Mit der Teilchenrelativgeschwindigkeit c wird: $k_I = \nu_I / n_2 = \sigma_I c$. Beim Vorliegen einer Geschwindigkeitsverteilung ist k_I als Mittelwert aufzufassen $k_I = \langle \sigma_I c \rangle$.

Tabelle 1

Ionisierungsenergien E_I einiger Atome und Moleküle
(Reaktion: $A + E_I \rightarrow A^+ + e^-$)

Gas	H	H_2	He	Cs	Hg	N_2	O_2
E_I/eV	13,6	15,4	24,6	3,9	10,4	15,8	12,5

Übersicht 1

Anwendung der IONISATION bei:	
Energiewandlung	MHD-Generatoren
	Thermionische Konverter
	Fusionsreaktoren (siehe Fusion)
	Wasserstoffbombe (siehe Fusion)
Erzeugung elektrischer Leitfähigkeit	Gasentladungsschalter (siehe Gasentladungen)
	Störlichtbogen (siehe Gasentladungen)
	Koronaverluste (siehe Gasentladungen)
	Leitfähigkeit der Atmosphäre
Emission von Strahlung	Gasentladungslichtquellen (siehe Plasmastrahlung)
	Plasma-Anzeigesysteme (siehe Plasmastrahlung)
	Gaslaser (siehe Laser)
	Rauschquellen (siehe Plasmastrahlung)
Materialbearbeitung	Schweiß-, Schmelz-, Spritz- und Schneidanlagen (siehe Plasmastrahlen)
	Beschichtungsanlagen (siehe Gasentladungen und Zerstäubung)
	Elektrofilter (siehe Gasentladungen)
Stoffwandlung	Plasmachemische Reaktoren (siehe plasmachemische Stoffwandlung)
Teilchenerzeugung	Teilchenquellen (siehe Gasentladungen und Ionenstrahlen)
Schuberzeugung	Plasma- und Ionentriebwerke
Meßverfahren	Funkenkammern
	Gaszähler
	Ionen-Analytik

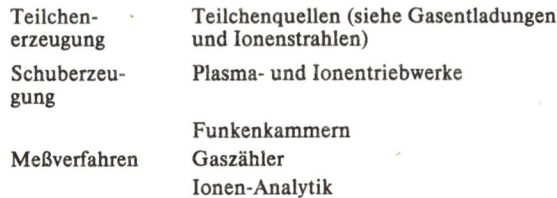

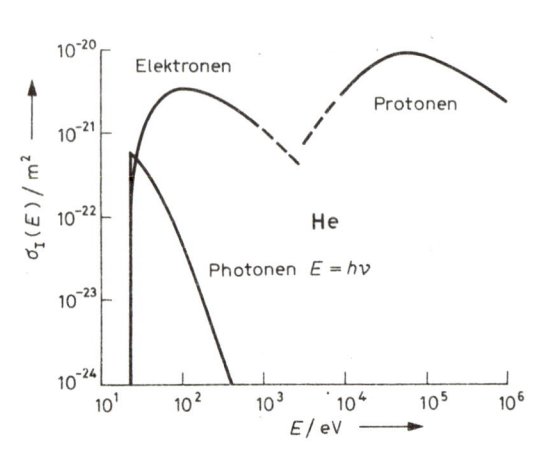

Abb. 1 Ionisierungsquerschnitt von He-Atomen gegenüber Photonen, Elektronen und Protonen

Besonders wichtig ist die Ionisation schwerer Teilchen (Atome, Moleküle) durch Elektronen. Dann gilt:

$$k_I = \int_0^\infty \sigma_I(c)\, cF(c)\, dc$$

(c – Elektronenmomentangeschwindigkeit, $F(c)$ – Geschwindigkeitsverteilungsfunktion der Elektronen).

Zur Charakterisierung der Ionisierung eines Gases durch einen Elektronenschwarm im elektrischen Feld dient der *Townsendsche Ionisierungskoeffizient* $\alpha = k_I n/v_D$ mit n – Gaskonzentration, v_D – Elektronendriftgeschwindigkeit. Häufig wird auch der Koeffizient $\eta_I = \alpha/E$ mit E (elektrische Feldstärke) benutzt. Er stellt die von einem Elektron pro durchlaufende Potentialdifferenz erzeugte Anzahl von Ionenpaaren dar. Abbildung 2 zeigt η_I für einige Edelgase.

Thermische Ionisierung: Im Zustand des thermodynamischen Gleichgewichtes wird der Ionisierungsgrad x_I eines Gases im wesentlichen durch die Temperatur T festgelegt. Es gilt die *Saha-Eggert-Gleichung*:

$$\frac{x_I^2}{1-x_I^2} = 2\left(\frac{2\pi m_e}{h^3}\right)^{3/2} \frac{g_1 E_I^{5/2}}{g_0 p} \left(\frac{kT}{E_I}\right)^{5/2} \exp\left(-\frac{E_I}{kT}\right)$$

(m_e – Elektronenmasse, g_0, g_1 – statistische Gewichte, p – Gasdruck). Die Abb. 3 stellt Kurven x_I = const. dar.

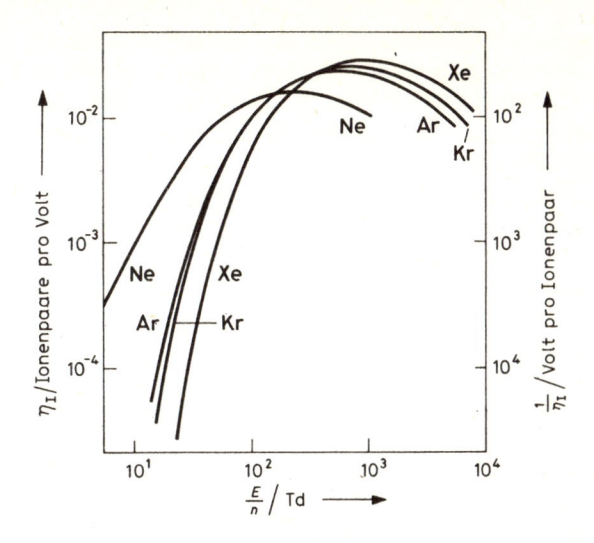

Abb. 2 Der Ionisierungskoeffizient η_I als Funktion der reduzierten elektrischen Feldstärke E/n für Edelgase (1 Td = 10^{-21} Vm²)

Anwendungen

Die Ionisation von Teilchen bzw. Gasen ist für eine Fülle von Anwendungen (Geräte und Verfahren) bedeutsam. Meist spielt dabei Ionisation in Verbindung mit elektrischen Gasentladungen und Plasmen eine Rolle. Aber auch als Teilchengeschosse gewinnen Ionen zunehmende Bedeutung (siehe Ionenimplantation, Ionenstrahlen, Schwerionenstrahlen). Eine Zusammenstellung der wichtigsten Anwendungen der Ionisation zeigt Übersicht 1.

MHD-Generator [1]. Der MHD-Generator stellt einen Energiewandler dar, der Wärme in Elektronenergie umformt. Abb. 4 zeigt das Prinzip. Hocherhitzte Gase (2000...3000 K) werden durch ein zur Strömungsgeschwindigkeit senkrecht stehendes Magnetfeld geführt, das die durch thermische Ionisation entstandenen Elektronen und Ionen räumlich trennt. An seitlichen Elektroden kann dann eine elektrische Spannung U abgegriffen werden. Physikalische Grundlagen zur Berechnung von U sind das Induktionsgesetz bzw. die Lorentz-Kraft. Im Leerlauf gilt unter vereinfachten Bedingungen $U_L = v_s B d$ (v_s – Strömungsgeschwindigkeit; B – magnetische Flußdichte, d – Elektrodenabstand). Im Kurzschluß fließt ein Strom der Dichte $j = \sigma v_s B$; (σ: Plasmaleitfähigkeit).

Als Strömungsmedien finden Luft und Verbrennungsgase Anwendung. Um bereits bei relativ niedri-

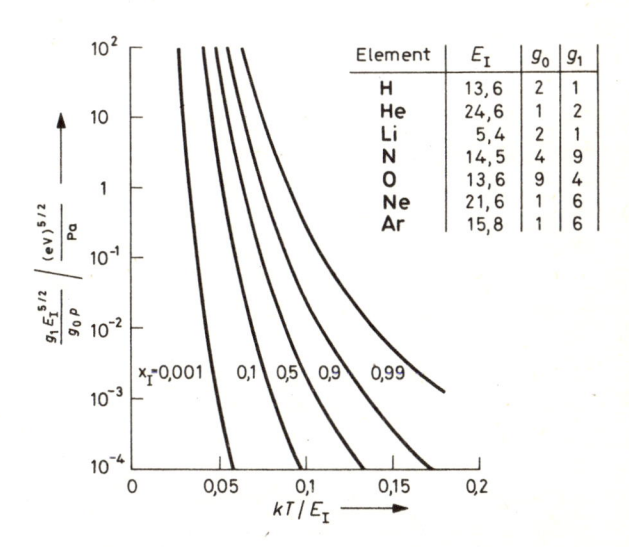

Element	E_I	g_0	g_1
H	13,6	2	1
He	24,6	1	2
Li	5,4	2	1
N	14,5	4	9
O	13,6	9	4
Ne	21,6	1	6
Ar	15,8	1	6

Abb. 3 Grafische Darstellung der Saha-Eggert-Gleichung ($x_I = n_{ion}/(n_{ion} + n_{neutral})$ mit $n_{ion} = n_{elektron}$; Einfachionisation)

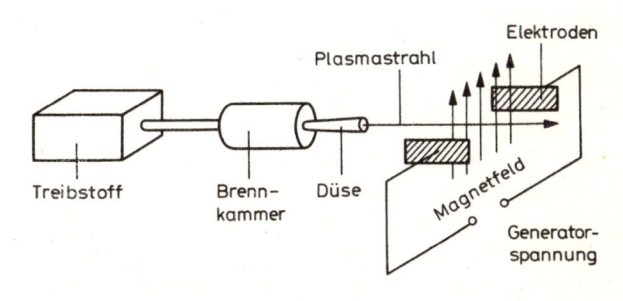

Abb. 4 Prinzip des MHD-Generators

gen Arbeitstemperaturen eine ausreichende elektrische Leitfähigkeit des Gases zu erhalten, werden geringe Mengen an Stoffen mit kleiner Ionisierungsenergie (z. B. 1% Kalium) zugemischt; vgl. Saha-Eggert-Gleichung.

Vorzüge des MHD-Generators sind:
– hoher Gesamtwirkungsgrad (bis etwa 60%)
– kurze Startzeit (Größenordnung Minuten).

Die wesentliche Schwierigkeit bei der Realisierung von MHD-Kraftwerken besteht in der extremen Materialbelastung der Hochtemperaturteile. In Betrieb genommene MHD-Kraftwerke erreichten Leistungen bis zu einigen MW.

Thermionischer Konverter [1]. Der thermionische Konverter besteht aus einer Diode mit eng benachbarten ebenen Metallelektroden (Spaltbreite 50...500 µm). Die eine Elektrode (Emitter) wird bis auf Temperaturen der Glühemission von Elektronen erhitzt, die andere Elektrode (Kollektor) wird gekühlt. Ist die Austrittsarbeit des Kollektors kleiner als die des Emitters, so entsteht beim Übergang der Elektronen an der Diode eine elektrische Spannung. Der sich bei außen geschlossenem Kreis einstellende Strom wird allerdings durch die negative Raumladung der Elektronen im Diodenspalt stark begrenzt. Dieser störende Effekt kann durch Zugabe positiver Ionen vermieden werden. Die Raumladungskompensation erfolgt meist durch Caesium, dessen Atome durch Oberflächenionisation an dem heißen Emitter ionisiert werden und außerdem durch Adsorption die Austrittsarbeiten der Elektroden vermindern. Thermionische Konverter erreichen Stromdichten bis zu 10 A/cm^2 bei Wirkungsgraden bis etwa 30%.

Ionentriebwerke [2]. In Ionentriebwerken werden die Atome oder Moleküle eines Treibmittels ionisiert und durch elektrische Felder beschleunigt. Dabei kann eine spezifische Schubkraft (= Schubkraft/Treibstoffdurchsatz) erzielt werden, die mit 5...10 kNs/kg mehr als eine Größenordnung über den Werten konventioneller Triebwerke liegt. Die Schubkraft selbst ist allerdings nur gering (10...100 mN). Die Perspektive von Ionentriebwerken liegt somit auf dem Gebiet der Manövrierung und dem interstellaren Antrieb von Raumflugkörpern.

Abbildung 5 zeigt den prinzipiellen Aufbau eines Ionentriebwerkes als Beispiel. Die in einer Glühkatodenentladung erzeugten Ionen werden durch ein Lochgitter extrahiert und zwischen zwei Elektroden beschleunigt ($U \approx 5$ kV). Nach Neutralisation mittels eines Schwarms langsamer Elektronen kann der erteilte Ionenimpuls abgeführt werden. In Plasmatriebwerken wird das gesamte (quasineutrale) Plasma beschleunigt und der Neutralisator entfällt.

Teilchen- und Strahlungsnachweis durch Ionisation. Ionisation kann sowohl mit extremer Empfindlichkeit als auch extremer Genauigkeit gemessen werden. Unter Verwendung von Laserstrahlung ist zusätzlich extreme Selektivität erreichbar. Diese Eigenschaften prädestinieren die Ionisation für den Einsatz bei der Teilchen- und Strahlungsdiagnostik. Beispiele sind:

a) Visuelle Darstellung der Spur von Elementarteilchen. Die längs der Bahn der Teilchen entstehenden Ionen wirken in übersättigten Dämpfen als Kondensationskeime (Wilsonsche Nebelkammer 1911) und in überhitzten Flüssigkeiten als Siedekeime (Blasenkammer 1952). Auch zwischen zwei oder mehreren alternierend gepolten Elektrodenplatten können Elementarteilchen lokalisierte Gasentladungen initiieren, die selbstleuchtende Elemente einer kontinuierlichen Teilchenspur darstellen (Funkenkammern) [3].

b) Intensitätsmessung ionisierender Strahlung bzw. Zählung von Kernen und Elementarteilchen. Die in einem Gas durch Ionisation entstandenen Ladungsträger werden an Elektroden direkt (Ionisationskammern) oder nach Lawinenvermehrung (Geiger-Müller-Zählrohre) gesammelt. Moderne Gaszähler enthalten zwischen ebenen Elektroden mehrere hundert Drahtanoden (Vieldrahtkammer) und gestatten unter Verwendung elektronischer Auswerteverfahren auch die Bestimmung von Raumpunkten der Elementarteilchenspuren [3].

c) Nachweis von Atomen und Molekülen. Nach der Ionisation der Teilchen durch Elektronenstoß werden die gebildeten Ionen in elektrischen und magnetischen Feldern separiert und identifiziert (Massenspektrometer). Atomstrahlen können durch Oberflächenionisation an heißen Festkörpern nachgewiesen werden. Die Überführung hochangeregter Teilchen gelingt durch Feldionisation. Bei dem Verfahren der Resonanz-Ionisations-Spektroskopie werden Teilchen in einem Laserstrahl durch Mehrstufenabsorption von Photonen ausgewählter Frequenz ionisiert und anschließend registriert. Das Verfahren ist außerordentlich selektiv und empfindlich. Es gestattet den Nachweis und die Lokalisation einzelner Atome [4]. Bedeutung hat auch die Elektronenanlagerung erhalten [5].

Elektrische Leitfähigkeit der Erdatmosphäre. In der At-

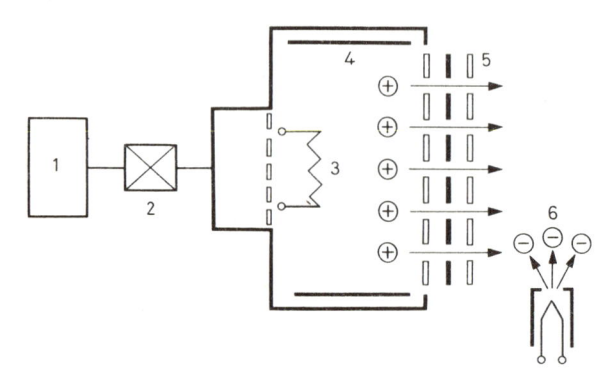

Abb. 5 Kaufmann-Ionentriebwerk: 1 – Treibstoff, z. B. Hg, 2 – Verdampfer, 3 – Glühkatode, 4 – Anode, 5 – Beschleunigungselektroden, 6 – Neutralisator

mosphäre findet Ionisation durch radioaktive Umgebungsstrahlung, durch die Höhenstrahlung und durch den UV-Anteil des Sonnenlichtes statt. Am Erdboden dominiert der radioaktive Einfluß. Damit ist eine elektrische Leitfähigkeit von etwa 10^{-16} S/cm verknüpft. In der Hochatmosphäre überwiegt die UV-Ionisation. Zwischen 70...400 km führt diese Ionisation zur Ausbildung verschiedener leitender Schichten (D-, E-, F_1- und F_2-Schicht der Ionosphäre).

Literatur

[1] WAGNER, S.: Direkte Gewinnung elektrischer Energie, Grundlagen. – Berlin: VEB Verlag Technik 1972.
[2] Wissensspeicher Plasmatechnik. – Leipzig: VEB Fachbuchverlag 1983.
[3] LEUTZ, H.; MINTEN, A.: Nachweisgeräte der Hochenergiephysik. Phys. Zeit 11 (1980) 36–42 und 78–82.
[4] HURST, G. S. et. al.: Resonance ionization spectroscopy and one-atom-detection. Rev. mod. Phys. 51 (1979) 767–819.
[5] VON ARDENNE, M., et. al.: Elektronenanlagerungs-Massenspektrographie organischer Substanzen. – Berlin/Göttingen/Heidelberg: Springer-Verlag 1971.

Isotopentrennung

Voraussetzung für die Anwendung von Isotopen als Materialien für die Kerntechnik oder als Tracer ist ihre Anreicherung gegenüber ihren natürlichen Häufigkeiten. Seit 1932 und besonders seit der Entdeckung der Kernspaltung (1938) wurden neue Trennverfahren entwickelt und bekannte modifiziert. Meilensteine dieser Entwicklung waren:
– H_2-Tieftemperatur-Destillation UREY, 1932;
– H_2O-Elektrolyse WASHBURN, 1932;
– Membrandiffusion HERTZ, 1932;
– Chemischer Austausch UREY, 1935;
– Photochemie ZUBER, 1935;
– Thermodiffusion CLUSIUS, DICKEL, 1938;
– Druckdiffusion (Trenndüse) BECKER, 1954;
– Laser-Photochemie 1970.

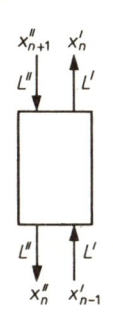

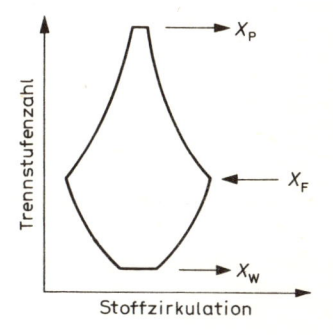

Abb. 1
Trennelement

Abb. 2
Profil einer idealen Trennkaskade

Sachverhalt

Grundlage der Isotopentrennung ist die verfahrenstechnische Nutzung von Isotopieeffekten. Dabei werden die Isotopieeffekte als Trennfaktoren α einer Prozeßstufe (Trennstufe) interpretiert. Für binäre Isotopengemische gilt $\alpha = x'(1-x'')/x''(1-x')$, wobei x' und x'' die relativen Häufigkeiten eines der Isotope oder isotopen Moleküle sind, die sich durch den Entmischungseffekt in einer Stufe einstellen. Da meist $\alpha - 1 \ll 1$, müssen praktisch viele Stufen kaskadenartig angeordnet und in jeder Stufe viele Trennelemente parallel geschaltet werden. Abbildung 1 zeigt die Stoffströme und Isotopenhäufigkeiten eines Trennelements in der n-ten Stufe einer Kaskade. Im entnahmelosen Zustand ist $L' = L''$. Jedes Isotopentrennproblem wird durch seinen Gesamttrennfaktor A charakterisiert: $A = X_P(1-X_W)/X_W(1-X_P)$. X_P und X_W beziehen sich auf das Produkt bzw. den Abfall; X_F auf das Ausgangsmaterial. Die minimal erforderliche Trennstufenzahl ist $N = \ln A / \ln \alpha$. Die Verteilung der parallel geschalteten Elemente (proportional der Stoffzirkulation) auf die Trennstufen bezeichnet man als Kaskadenprofil (Abb. 2). Es ergibt sich aus dem Trennfaktor sowie aus der Stoff- und Isotopenbilanz.

Tabelle 1 Entmischungsvorgang in verschiedenen Trennverfahren

Verfahren	Entmischung im Trennelement
Destillation [1, 2, 3]	zwischen Flüssigkeit und Dampf
Chemischer Austausch [1, 2, 3]	zwischen zwei Stoffen
Ultrazentrifuge [5]	senkrecht zur Drehachse
Membrandiffusion [5]	zwischen beiden Seiten der Membran
Druckdiffusion [5]	quer zur Strahlrichtung
Thermodiffusion [8]	in Richtung des Temperaturgradienten
Elektrolyse [4]	in Stromrichtung
Ionenwanderung [1]	in Stromrichtung
Elektromagnetische Trennung [1]	senkrecht zur Magnetfeld-Richtung
Photochemie	Nach isotopenselektiver Photoanregung Bildung neuer chemischer Verbindungen oder Ionisation

Tabelle 3 Wichtigste Anwendungen für angereicherte Isotope

Isotop	nat. Häuf. [Atom-%]	typ. Anr. [Atom-%]	Anwendungen
^{235}U	0.71	3	Reaktorbrennstoff
		50	Kernsprengstoff
D	0.016	99.8	KM, NM, TC, Lösungsmittel für NMR
^{10}B	18.83	99.8	Neutronenabsorber
^{6}Li	7.3	99.8	TM (Fusionsforschung, LiD)
^{13}C	1.1	90	TC (Chemie, Biochemie)
^{18}O	0.2	50	TC (Chemie, Biowissenschaften)
^{15}N	0.37	90	TC (Biowissenschaften)
^{196}Hg	0.15	20	TM (Nuklearpharmakaherstellg.)
^{38}Ar	0.063	50	TC (Geochronologie, K/Ar-Methode)
^{7}Li	92.7	99.8	KM

KM = Kühlmittel für Kernreaktoren, NM = Neutronenmoderator, TC = Traceristop (Anwendungsbereiche), TM = Targetmaterial zur Radionuklidherstellung (Anwendungsbereich)

Kennwerte, Funktionen

Einfache Funktionen für α-Werte:

Membrandiffusion:

$$\alpha = 1 + (M_1 - M_2)/(M_1 + M_2).$$

Thermodiffusion:

$$\ln \alpha = \frac{105}{118} R_T \frac{M_i - M_j}{M_i + M_j} \ln \frac{T_2}{T_1} \quad (R_T = 0{,}2 \text{ bis } 0{,}7).$$

Ultrazentrifuge:

$$-\ln \alpha = \frac{(M_1 - M_2) \omega^2 r^2}{2RT}$$

ω = Winkelgeschwindigkeit, r = Abstand von der Drehachse.

Totaler Stoffzirkulations-Strom L_T einer idealen Kaskade [1]:

$$L_T = \frac{8 P V}{(\alpha - 1)^2},$$

P = Produkt-Entnahmestrom Mol/h, V = Wertfunktion für die Trennaufgabe,

$$V = (2X_P - 1) \ln \frac{X_P(1 - X_F)}{X_F(1 - X_P)}$$
$$+ (2X_W - 1) \frac{X_P - X_F}{X_F - X_W} \ln \frac{X_W(1 - X_F)}{X_F(1 - X_W)}.$$

Der spezifische Energieaufwand hängt vom Prozeß und von der Arbeitssubstanz ab. Er ist besonders groß für irreversible Trennprozesse.

Anwendungen

^{235}U und ^{2}D sind die wichtigsten Nuklide, die in großtechnischen Anlagen mit Kapazitäten von $> 10^7$ mol/a zur Kernenergiegewinnung angereichert werden [7]. Nur das Uranisotop ^{235}U wird mit genügender Effektivität durch thermische Neutronen gespalten. Es kommt aber im Natururan nur mit 0.71 Atom-% vor und wird daher auf etwa 3 Atom-% angereichert. Das Wasserstoffisotop ist in D$_2$O als Reaktorkühlmittel und als Neutronenmoderator wegen seines geringen Neutroneneinfangquerschnitts besser geeignet als H$_2$O. Deuterium hat darüber hinaus große Bedeutung als stabiles Traceristop des Wasserstoffs. Mit ihm werden Hunderte verschiedener chemischer Verbindungen markiert und kommerziell angeboten. Wegen der hohen Energiekosten werden die klassischen Isotopentrennverfahren ständig weiterentwickelt. Vielversprechend sind die Verfahren der Laserisotopentrennung. Sie scheinen auch geeignet zu sein, Transurane und andere Nuklide aus hochaktiven Spaltnuklidgemischen zu extrahieren. Die potentiell hohen Trennfaktoren für einen einzigen Trennschritt stimulieren die Laserkonstrukteure zur wirtschaftlichen Erzeugung monochromatischen Lichts.

Zur magnetischen Isotopentrennung siehe [15].

Tabelle 2 α-Werte für die wichtigsten Isotopentrennverfahren

Verfahren	Maßstab	System Isotope	Stoff(e)	α	T[K]
Destillation	P	H_2/HD	H_2	1.60	23
	G	H_2O/HDO §	H_2O	1.12	273
				1.026	373
	P	$^{12}C/^{13}C$	CO	1.011	68
	P	$^{16}O/^{18}O$	CO	1.008	68
Chem. Austausch	G	H_2S/HDO	H_2S/H_2O	2.25	303
				1.70	403
	P	$^{10}B/^{11}B$	BF_3/BF_3-A.	1.032	298
	P	$^{14}N/^{15}N$	NO/HNO_3	1.055	298
Gegenstrom-U-Zentrif.	P	$^{235}U/^{238}U$	UF_6	1.2	
Membrandiffusion	G	$^{235}U/^{238}U$	UF_6	1.0043	300
Druckdiffusion (Düse)	P	$^{235}U/^{238}U$	UF_6/H_2	1.01	
Thermodiffusion	P	div.	Edelgase	s. Funktion	
Elektrolyse	G	H/D §	H_2O	5–6	320
Ionenaustausch	P	$^6Li/^7Li$	$LiCH_3COO$	1.01	300
Photochemie, klass. [6, 11]	L	$^{196}Hg/^{202}Hg$	$Hg + O_2 \rightarrow HgO$	>200	300
Photochemie, Laser [9]	L, P	H/D [14]	CH_2F_2-Diss.	>1000	300
	P	$^{12}C/^{13}C$ [13]	$CF_3J \rightarrow C_2F_6$	>50	300
	L	$^{32}S/^{34}S$ [12]	$SF_6 \rightarrow SF_5$	>100	300
	P?	$^{235}U/^{238}U$ [10]	$U \rightarrow U^+$	>10	

G = Großtechnische Anlagen, P = Pilotanlagen, L = Laborapparaturen, A = Anisol (Additonsverbindung)
§ heute insbesondere in kombinierten Anreicherungsverfahren

Literatur

[1] LONDON, H. (Hrsg.): Separation of isotopes. – London: George Newnes Ltd. 1961.

[2] PRATT, C. R.: Countercurrent separation processes. – Amsterdam/London/New York: Elsevier Publ. Co. 1967.

[3] SCHINDEWOLF, U.: Isotope, natürliche, und Isotopentrennung. In: Ullmanns Encyclopädie der technischen Chemie. – Weinheim: Verlag Chemie 1977. Bd. 13, 4. Aufl., S. 389–419.

[4] MYHRE, K.: Tidsskr. Kjemi Bergves. Metall. 21 (1961) 204.

[5] SCHÜTTE, R.: Diffusionstrennverfahren. In: Ullmanns Encyclopädie der technischen Chemie. – Weinheim: Verlag Chemie 1972. Bd.2, 4.Aufl. S.620.

[6] MORAND, J.P., G.NIEF, J.Chim. phys. 65 (1968) 2058.

[7] VILLANI, S.: Uranium Enrichment. (Topics. Applied Physics Vol.35.) – Berlin/Heidelberg/New York: Springer Verlag 1979.

[8] VASARU, G.; MÜLLER, G., REINHOLD, G.; FODOR, T.: The thermal diffusion column. – Berlin: VEB Deutscher Verlag der Wissenschaften 1969.

[9] LETOCHOW, W.S.: Nature (London) 277 (1979) 605.

[10] JANES, G. S.; ITZKAN, I.; PIKE, C. T.; LEVY, R. H.; LEVIN, L., IEEE J. Quantum Electronics 12 (1976) 111.

[11] MÜLLER, G.; HESSEL, D.; SCHMIDT, H.; HÄUSSLER, W.; OFFERMANNS, U., Isotopenpraxis 17 (1980) 200.

[12] BARANOW, W. JU. et. al.: Kwant. Elektr. (Moskau) 6 (1979) 1062.

[13] GAUTHIER, M.; WILLIS, C.; HACKETT, P. A., Canad. J. Chem. 58 (1980) 913;
MARLING, J. B.: Report UCID – 18604. – Livermore 1980.

[14] MARLING, J. B.; HERMAN, I. P.; SCOTT, J. T.: Report UCRL –83840. – Livermore 1980.

[15] VON ARDENNE, M.: Tabellen zur angewandten Physik. Bd. III. – Berlin: VEB Deutscher Verlag der Wissenschaften 1973.

Isotopie und Isotopieeffekte

Die im Jahre 1910 bekannten 40 radioaktiven Nuklide der natürlichen Zerfallsreihen und der Nachweis, daß in positiven Kanalstrahlen eines Elementes Ionen verschiedener Masse nachgewiesen wurden (THOMSON, ASTON, DEMPSTER, 1912) führten zu den Begriffen Isotop (SODDY, 1913) und Isotopie [1].

Tabelle 1 Physikalische Eigenschaften von D_2O und H_2O

		D_2O	H_2O
Molmasse	g/mol	20,028	18,016
Dichte (3)	g/cm³	1,105	0,9982
Dichtemaximum (2)	°C	11,23	3,98
Ionenleitfähigkeit von X_3O^+ (1)	cm²/Ω·mol	250,1	349,8
Ionenprodukt (1)	mol/l	$1,38 \cdot 10^{-15}$	$1,008 \cdot 10^{-14}$
Viskosität (3)	mPa·s	1,260	1,005
Schmelztemperatur (2)	°C	3,813	0,000
Siedetemperatur (2)	°C	101,43	100,0
Dampfdruck (20 °C)	mbar	20,3	23,4
(100 °C)	mbar	961,8	1013

Sachverhalt

Isotopie. Der Begriff Isotopie steht für den Sachverhalt, daß von jedem Element mehrere Atomarten bekannt sind, die wegen der gleichen Protonenzahl ihrer Kerne den gleichen Platz im Periodensystem einnehmen. Es sind dies die stabilen oder instabilen (radioaktiven) Isotope der Elemente, die man auch als deren isotope Nuklide bezeichnet. Sie unterscheiden sich durch die Anzahl der im Kern vorhandenen Neutronen. Wegen der gleichen Zahl der Hüllelektronen weichen sie in ihrem chemischen Verhalten nur sehr wenig voneinander ab. Daher ist es möglich, Isotope als Indikatoren oder Tracer zu verwenden. Indikatoren sind markierte Substanzen, in denen bestimmte Atome teilweise durch radioaktive Isotope substituiert sind oder bei denen sich die relativen Häufigkeiten der stabilen Isotope des betreffenden Elements von ihren natürlichen Werten unterscheiden. Zur Zeit sind mehr als 2000 radioaktive und stabile Isotope bekannt.

Gesamtzahl aller Nuklide eines Elements, d. h. seiner Isotope: 3(H) bis 32(Xe)
Gesamtzahl aller stabilen Nuklide: 267
Gesamtzahl aller natürlichen radioaktiven Nuklide: ca. 66
Gesamtzahl aller künstlichen radioaktiven Nuklide: > 1700
Zahl der Elemente mit nur einem stabilen Isotop: 21
Maximale Zahl der stabilen Isotope eines Elements (Sn): 10

Einen systematischen Überblick über die Isotopie der Elemente geben die sogenannten Nuklidkarten [17] (Auszug siehe Abb. 1), in welcher die Protonenzahl über der Neutronenzahl aller bekannten Nuklide aufgetragen sind. Alle isotopen Nuklide stehen jeweils in einer horizontalen Reihe.

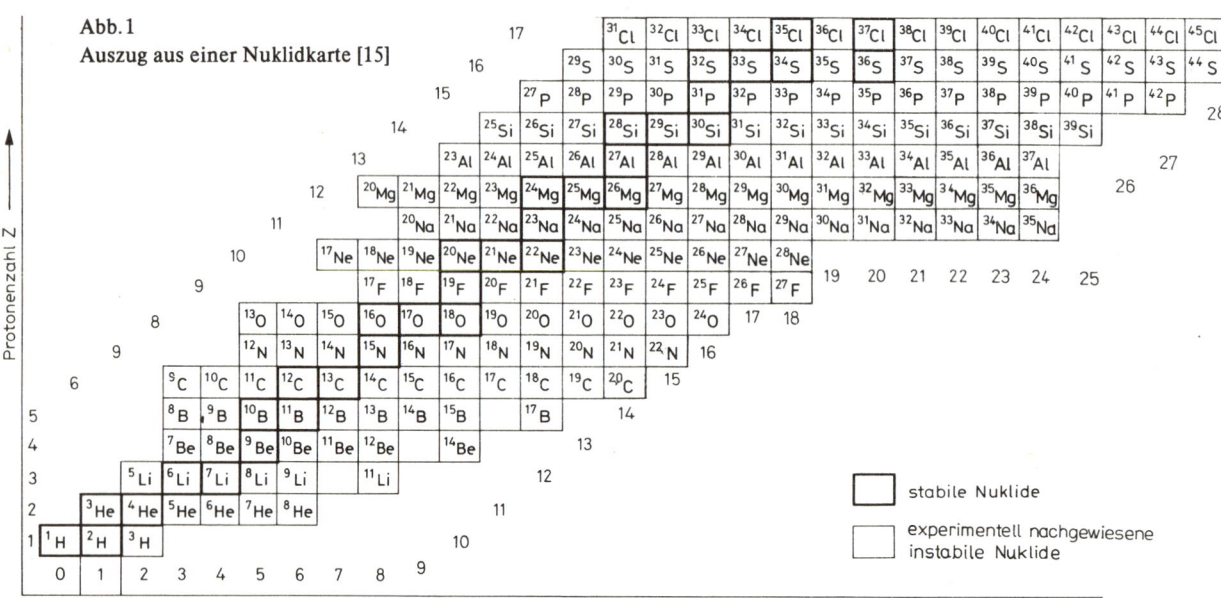

Abb. 1 Auszug aus einer Nuklidkarte [15]

Isotopieeffekte [1, 2, 16]. Isotopieeffekte sind allgemein die Unterschiede physikalischer Stoffeigenschaften, welche die Isotope eines Elementes aufweisen können (Beispiel: HID-Isotopieeffekte des Wassers, siehe Tab. 1). Ihre Größe hängt von der relativen Massendifferenz der Isotope und der Art der Stoffeigenschaft ab. Die Isotopieeffekte lassen sich auf Unterschiede von Kerneigenschaften zurückführen, die durch verschiedene Neutronenzahlen auftreten. Ursachen und Erscheinungsformen der wichtigsten physikalischen Isotopieeffekte sind in Abb. 2 dargestellt.

Chemische Isotopieeffekte sind isotopiebedingte Unterschiede im Gleichgewicht und in der Kinetik chemischer Reaktionen. Sie lassen sich auf physikalische Effekte, meist Quanteneffekte, zurückführen [2, 8].

Gleichgewichtsisotopieeffekte [6] äußern sich dadurch, daß die Gleichgewichtskonstante K chemischer Reaktionen, etwa der Art des chemischen Isotopenaustausches

$$HD + H_2O \rightleftarrows H_2 + HDO$$

von dem lediglich durch die Molekülsymmetrien gegebenen konstanten Wert abweicht und von der Temperatur abhängt (Beispiele siehe Tab. 2). Je größer diese Abweichung ist, desto mehr überwiegt im Gleichgewichtszustand die relative Häufigkeit eines Isotops in einer der beiden Reaktanten, die auch in verschiedenen Aggregatzuständen vorliegen können. Verantwortlich für diese nur beim Wasserstoff recht beachtlichen Isotopieeffekte sind die Verhältnisse der Zustandssummen der beiden Reaktionspartner.

Kinetische Isotopieeffekte [2, 5, 7, 8] sind die Differenzen der Geschwindigkeiten chemischer Reaktionen für verschiedene isotope Spezies. Sie lassen sich auf isotopiebedingte Unterschiede der Eigenfrequenzen der Bindungen zurückführen, die in den Übergangskomplexen vorliegen und zur Bildung der neuen Stoffe gebrochen werden müssen.

Die meisten Isotopieeffekte nehmen mit zunehmender Atommasse stark ab. Sie sind am größten beim Wasserstoff und müssen insbesondere bei Anwendung von D oder T als Tracer beachtet werden.

Die sehr viel größeren kernphysikalischen Unterschiede isotoper Nuklide werden im allgemeinen nicht zu den Isotopieeffekten gezählt.

Anwendungen

Hauptanwendungsgebiet der Isotopie sind die Tracermethoden. Dabei überwiegen diejenigen mit radioaktiven Isotopen. Stabile Isotope werden besonders in den Biowissenschaften eingesetzt oder in Fällen, in denen es an geeigneten readioaktiven Isotopen mangelt (N-15, 0–18, auch D).

Tabelle 2. Gleichgewichtskonstanten chemischer Austauschgleichgewichte [6]

System		T/K	K_{theor}	K_{exp}
$HD + H_2O$	$\rightleftarrows H_2 + HDO$	273	4,29	4,26
		600	1,66	1,72
$HT + H_2O$	$\rightleftarrows H_2 + HTO$	273	7,64	7,74
		600	1,99	2,08
$1/2 C^{16}O_2 + H_2^{18}O$	$\rightleftarrows 1/2 C^{18}O_2 + H_2^{16}O$	273	1,046	1,044
$^{15}NH_3 + {}^{14}NH_4^+$	$\rightleftarrows {}^{14}NH_3 + {}^{15}NH_4^+$	273	1,034	1,033
$^{12}CO_3^{2-} + {}^{13}CO_2$	$\rightleftarrows {}^{13}CO_3^{2-} + {}^{12}CO_2$	273	1,017	1,016

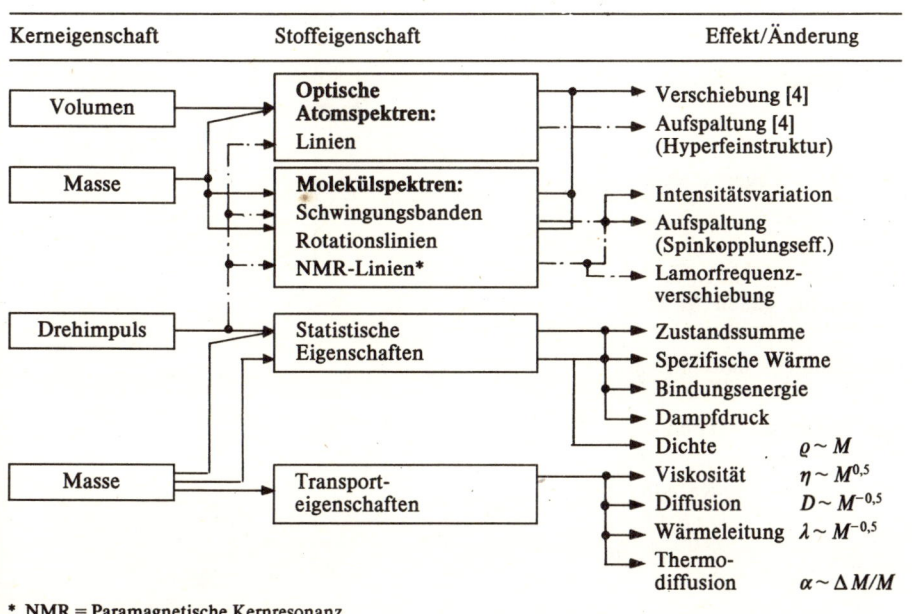

Kerneigenschaft	Stoffeigenschaft	Effekt/Änderung	
Volumen	Optische Atomspektren: Linien	Verschiebung [4] Aufspaltung [4] (Hyperfeinstruktur)	
Masse	Molekülspektren: Schwingungsbanden Rotationslinien NMR-Linien*	Intensitätsvariation Aufspaltung (Spinkopplungseff.) Lamorfrequenzverschiebung	
Drehimpuls	Statistische Eigenschaften	Zustandssumme Spezifische Wärme Bindungsenergie Dampfdruck	
Masse	Transporteigenschaften	Dichte Viskosität Diffusion Wärmeleitung Thermodiffusion	$\varrho \sim M$ $\eta \sim M^{0,5}$ $D \sim M^{-0,5}$ $\lambda \sim M^{-0,5}$ $\alpha \sim \Delta M/M$

Abb. 2 Ursachen und Erscheinungsformen der wichtigsten Isotopieeffekte

* NMR = Paramagnetische Kernresonanz
M = Atommasse der Isotope

Tabelle 3 Tracerherstellung und -nachweismethoden

Markierungsgrundlage	Tracerherstellung		Quantitativer Nachweis
	Isotop	Markierte Verb.	
Radioaktive Isotope	Kernreaktionen [15]	Radiochem. Markierung [15]	Analyse der Kernstrahlung [15]
Stabile Isotope	Isotopentrennung	Isotopenaustausch [15] Chemische Synthese [9, 10]	Analyse der Isotopenzusammensetzung – Massenspektrometrie [11] – NMR-Spektrometrie [3] – Optische Spektrometrie [12] – Nutzung anderer Isotopieeffekte [3]

1. Hauptanwendungen der Isotopie

Quantitative Stoffanalytik

Isotopenverdünnungsanalyse
Isotopenaustauschmethoden

Tracertechnik

Kinetische Untersuchungen
– Chemische Reaktionskinetik
– Transportprozesse (Diffusion, Phasenumwandlung, Trennprozesse)
– Analyse von Verweilzeiten und Stoffströmen in technischen und biochemischen Systemen

Gleichgewichtsuntersuchungen
– Chemische Gleichgewichte
– Verteilungs- und Lösungsgleichgewichte

2. Hauptanwendungen der Isotopieeffekte

Bedeutendste Anwendung der Isotopieeffekte ist die → *Isotopentrennung*.
Weitere Anwendungsbereiche:
– Nutzung der natürlichen Variationen der Isotopenzusammensetzung [13, 14]
  Geochronologie
  Genese geologischer Objekte (Lagerstättenforschung)
  Paläotemperaturbestimmung
– Nutzung spektroskopischer Isotopieeffekte
  Aufklärung von Molekülstrukturen (nach Markierung)
  Veränderte spektrale Strahlungseigenschaften: Deuteriumlampe

Die Nutzung der viel größeren kernphysikalischen Unterschiede isotoper Nuklide besitzt eine enorme Bedeutung für Kernenergetik, Kernchemie und Kernphysik (siehe *Isotopentrennung*).

Literatur

[1] BRODSKI, A. E.: Isotopenchemie. – Berlin: Akademie-Verlag 1961.
[2] KRUMBIEGEL, P.: Isotopieeffekte. – Berlin: Akademie-Verlag; – Braunschweig: Friedr. Vieweg & Sohn GmbH. 1970.
[3] MÜLLER, G.; MAUERSBERGER, K.; SPRINZ, H.: Analyse stabiler Isotope durch spezielle Methoden. – Berlin: Akademie-Verlag 1969.
[4] KOPFERMANN, H.: Kernmomente. – Frankfurt/M.: Akademische Verlagsgesellschaft 1960.
[5] WIBERG, K. B., Chem. Rev. 55 (1955) 713.
[6] UREY, H. C., J. Chem. Soc. (London) (1947) 562.
[7] BIGELEISEN, J., Science (Washington) 110 (1949) 14; 147 (1965) 463.
[8] COLLINS, C. J.; BOWMAN, N. S., (Hrsg.): Isotope effects in chemical reactions. Amer. Chem. Soc. Monograph 167 (1970).
[9] MURRAY III, A.; WILLIAMS, D. L.: Organic synthesis with isotopes. – New York/London: Interscience Publ. 1958.
[10] THOMAS, A. F.: Deuterium labeling in organic chemistry. – New York: Appleton 1971.
[11] KIENITZ, H.: Massenspektrometrie. – Weinheim: Verlag Chemie 1968.
[12] HERZBERG, G.: Molecular spectra and molecular structure. Vol. 1 and 2. – Princeton: Van Nostrand 1955.
[13] HOEFS, J.: Stable isotopes in geochemistry. – Berlin/Heidelberg/New York: Springer-Verlag 1973.
[14] CRAIG, H.; MILLER, S. L.; WASSERBURG, G. J.: Isotopic and cosmic chemistry. – Amsterdam: North-Holland Publ. Co. 1964.
[15] LIESER, K. H.: Einführung in die Kernchemie. 2. Aufl. – Weinheim: Verlag Chemie 1980.
[16] MAJER, V.: Grundlagen der Kernchemie. – Leipzig: J. A. Barth 1982.
[17] SEELMANN, – EGGEBERT, W.; PFENNIG, G.; MÜNZEL, H.: Nuklidkarte (4. Aufl.) – Karlsruhe: Gesellschaft für Kernforschung m. b. H. 1974.

Kanalisierungs- und Blockierungseffekt

Hochenergetische Ionen, die auf einen Festkörper treffen, erleiden eine Vielzahl von Zusammenstößen mit den Festkörperatomen. Neben der Auslösung von Kernreaktionen und der Emission von Sekundärelektronen und Röntgenstrahlung ist einer der dominierenden Wechselwirkungsprozesse die elastische Streuung an den Substratatomen (siehe *Ionenstreuung, Bestrahlungseffekte in Festkörpern*). Infolge dieser Prozesse werden die Ionen abgebremst und kommen nach einer gewissen Wegstrecke zur Ruhe.

Wird ein paralleler Ionenstrahl in Richtung einer der Kristallachsen in den Festkörper eingeschossen, so werden die Ionen entlang der Atomketten bzw. durch deren Potential wie in einem Kanal „geführt", die Stoßwahrscheinlichkeiten der Ionen mit den regulären Gitteratomen wird erheblich reduziert. Dieser Effekt, der zu einer größeren Eindringtiefe in den Kristall führt, wurde bereits 1912 von STARK theoretisch vorhergesagt, aber erst 50 Jahre später durch Untersuchungen von DAVIES und Mitarbeitern experimentell nachgewiesen [1]. In einer Vielzahl weiterer Experimente in einem ausgedehnten Energiebereich von einigen keV bis zu wenigen MeV wurde das anormale Eindringverhalten der Ionen bestätigt. NELSON und THOMPSON beobachteten 1963 scharfe Minima in den *Rutherford-Rückstreuausbeuten* von H^+-, He^+-, Na^+- und Xe^+-Ionen an Kupfereinkristallen für den Fall, daß die Einschußrichtung der Ionen mit einer der Kristallachsen übereinstimmt [2]. Diese Entdeckung führte in der Folge zu einer äußerst praktischen Anwendung in der Analyse von Strahlenschäden (siehe *Bestrahlungseffekte in Festkörpern*), die durch Ionenimplantation hervorgerufen werden.

Eine theoretische Beschreibung des Kanalisierungseffektes auf der Grundlage des Kontinuummodells gelang insbesondere durch die Arbeiten von LEHMANN und LEIBFRIED [3] sowie von LINDHARD [4] und ERGINSOY [5].

Ein zur Kanalisierung verwandter Effekt, die Blockierung von rückgestreuten Teilchen oder von Sekundärteilchen aus Kernreaktionen wurde 1965 von DOMEIJ [6] und von TULINOV und Mitarbeitern [7] entdeckt und wird heute für die Bestimmung von Lebensdauern angeregter Kernzustände genutzt.

Eine Darstellung des Kanalisierungs- und Blockierungseffektes mit besonderer Betonung des Anwendungsaspektes findet sich in [8, 9, 10].

Sachverhalt

Ein Ionenstrahl, der auf einen kristallinen Festkörper trifft, erfährt an den Gitteratomen eine korrelierte Kleinwinkelablenkung, wenn der Eintrittswinkel ψ_E gegen eine Kristallachse oder -ebene kleiner als ein kritischer Winkel ψ_K ist. Abbildung 1 veranschaulicht schematisch diesen Vorgang. Da an jedem Atom der Atomkette nur eine geringe Ablenkung stattfindet, laufen die Ionen auf geführten Bahnen innerhalb der „Atomkanäle" (Trajektorie a-a). Sie können sich den

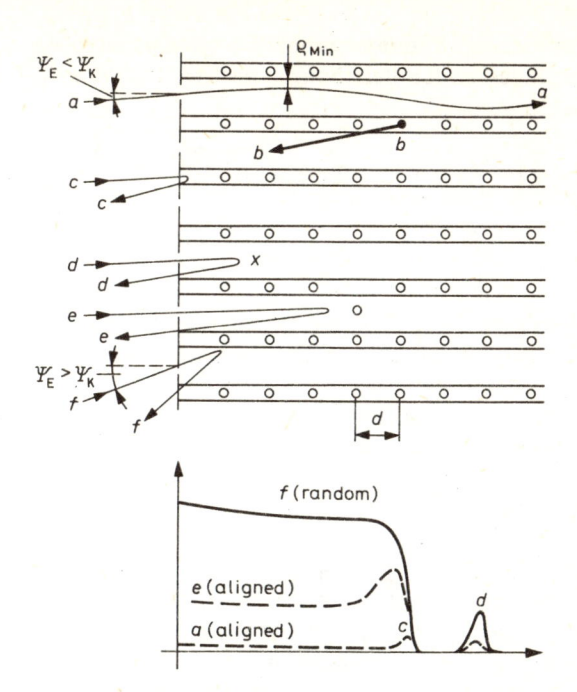

Abb. 1 Schematische Darstellung der Bahnen (Trajektorien) eines Ions beim Auftreffen auf einen kristallinen Festkörper und der entsprechenden Ausbeuten bei der Rutherford-Rückstreuung

Atomketten nur bis zu einer Entfernung ϱ_{Min} nähern, die in der Größenordnung des *Thomas-Fermischen Abschirmradius* a liegt (0.1 bis 0.2 Å). Alle Wechselwirkungsprozesse, die einen Stoßparameter $p < \varrho_{Min}$ erfordern, wie z. B. die *Rutherford-Weitwinkelstreuung* (siehe *Ionenstreuung*), die einer der ausschlaggebenden Prozesse für die Kernbremsung ist, werden stark eingeschränkt. Folglich können die Ionen viel weiter in den Kristall eindringen als bei einem Einschuß in eine nichtorientierte Richtung. Aber auch andere Wechselwirkungsprozesse, wie Kernreaktionen oder die Anregung charakteristischer Röntgenstrahlung, sind beträchtlich reduziert.

Nach dem klassischen Modell von LINDHARD [4], in dem die Kristallatome als lokalisierte und starre Bausteine betrachtet werden, bewegen sich die Ionen in einem kontinuierlichen Potential, das entweder durch die angrenzenden Atomketten oder -ebenen aufgebaut wird. Je nachdem, ob in eine Achsen- oder Ebenenrichtung eingeschossen wird, unterscheidet man zwischen axialer und planarer Kanalisierung.

Der kritische Winkel ψ_K für die axiale Kanalisierung ergibt sich aus der Forderung, daß die Komponente der Energie E des Ionenstrahls senkrecht zu der Kristallachse gleich dem abstoßenden Potential bei der größten Annäherung ist, d. h.

$$E_\perp = E \sin^2 \psi_K = U(\varrho_{Min}). \qquad (1)$$

Unter Zugrundelegung eines *Thomas-Fermi-Potentials* für die Wechselwirkung zwischen zwei Atomen ergeben sich im Kontinuumsmodell nach LINDHARD die folgenden beiden Beziehungen für den Winkel ψ_K in axialer Kanalisierung:

$$\psi_{K_1}^{ax} = \left(\frac{2Z_1 Z_2 e^2}{Ed}\right)^{1/2} \text{ für } E > \frac{2Z_1 Z_2 e^2}{a^2},$$

$$\psi_{K_2}^{ax} = \left(\frac{a\sqrt{3}}{d\sqrt{2}} \psi_{K_1}^{ax}\right)^{1/2} \text{ für } E < \frac{2Z_1 Z_2 e^2}{a^2}. \quad (2)$$

Hierin sind Z_1 und Z_2 die Ordnungszahlen des Ions und der Substratatome, e die Elementarladung und d der Abstand zweier Atome in einer Kette.

Analog ergibt sich für den kritischen Winkel ψ_K^P in planarer Kanalisierung der Ausdruck

$$\psi_K^P = C \left(\frac{Z_1 Z_2 e^2 N_0 d_p a}{E}\right)^{1/2}. \quad (3)$$

Hierin sind d_p der Ebenenabstand und N_0 die atomare Dichte des kristallinen Substratmaterials. C ist eine Konstante und hat einen Wert zwischen 1.5 und 2.0 [11]. Die kritischen Winkel, die sich aus den Beziehungen (2) und (3) ergeben, betragen in der Regel einige Grad.

Ein Ion, das in einer Kristallrichtung kanalisiert ist, bewegt sich nicht nur in dem Kanal, in den es eingeschossen wurde, es hat zumeist genügend „transversale" Energie, um in die angrenzenden Kanäle zu gelangen. Dabei geht aber die Kanalisierungsbedingung keineswegs verloren.

Bei sehr niedriger „transversaler" Energie, d. h. $\psi_E \approx 0$, tritt Hyperkanalisierung auf, die Ionen bewegen sich dann tatsächlich in den Kanälen, in die sie anfangs eingeschossen wurden. In sehr dünnen, defektfreien Kristallen und bei sehr kleinen Strahldivergenzen kann dieser Effekt nachgewiesen werden [12]. Planar kanalisierte Teilchen bewegen sich dagegen immer in der selben Ebene.

Prinzipiell können auch leichte Teilchen, wie Elektronen oder Positronen, kanalisieren. Für das negativ geladene Elektron ergibt sich aber ein grundlegend verschiedenes Verhalten, da bei kanalisiertem Einschuß das Potential in der Nähe der Atomketten oder -ebenen ein Minimum hat. Demzufolge bewegen sich die Elektronen vorrangig nahe den Atomketten oder -ebenen, wobei sie eine erhöhte Zahl von Wechselwirkungsprozessen erleiden. Im Ergebnis wird bei Transmissionsmessungen mit Elektronen eine niedrigere Ausbeute gemessen, wenn in Kanalrichtung eingeschossen wird.

Der zur Kanalisierung von Ionen inverse Effekt ist die Blockierung (Abb. 1, Trajektorie *b-b*). Dieser Effekt tritt z. B. auf, wenn durch Auslösen einer Kernreaktion oder durch Radioaktivität ein Teilchen von einem Atom emittiert wird. Dieses Teilchen kann wegen der Streuung an den benachbarten Atomen den Kristall nicht unter einem Winkel $\psi_E < \psi_K$, gegen die Richtung von Achsen oder Ebenen gemessen, verlassen.

Anwendungen

Analyse von Defektverteilungen in implantierten Kristallen. Wohl die wichtigste Anwendung des Kanalisierungseffektes ist die Analyse von Defektverteilungen in implantierten Kristallen. In Abb. 1 ist das Prinzip dieser Technik, die in Kombination mit der Rutherford-Rückstreuung angewandt wird, dargestellt. Bei Einschuß eines parallelen Ionenstrahls in einen kristallinen, ungestörten Festkörper unter einem Winkel $\psi_E < \psi_K$ ist die Zahl der rückgestreuten Ionen drastisch reduziert (Trajektorie *a-a*). Dagegen ergibt sich eine sehr hohe Rückstreuausbeute, wenn unter einem Winkel weitab von kristallographischen Vorzugsrichtungen eingeschossen wird (Trajektorie *f-f*). Der Ionenstrahl „sieht" unter diesen Bedingungen einen vollkommen ungeordneten Festkörper. Eine ebenso hohe Ausbeute würde man auch bei Einschuß in einen amorphen Festkörper erhalten. In Abgrenzung zu dem „aligned"-Fall, bei dem die Ionen kanalisiert sind und Wechselwirkungsprozesse mit Stoßparametern $p < a$ unterdrückt werden, bezeichnet man diese Fälle mit dem Begriff „random". In den „aligned"-Spektren wird je nach Güte des Einkristalls eine Ausbeute von etwa 1% bis 5% der „random"-Ausbeute gemessen.

Aber auch bei guter Kanalisierung tritt eine leicht erhöhte Ausbeute durch Streuung an den Oberflächenatomen auf, die gewissermaßen das Ende der Atomketten bilden (Trajektorie *c-c*). Im Rückstreuspektrum erscheint demzufolge ein kleiner Peak bei der höchstmöglichen Rückstreuenergie.

Infolge einer Ionenimplantation werden Gitteratome aus ihrem Gitterplatz herausgeschlagen und befinden sich im Zwischengitter. In diesem Fall erfolgt bei kanalisiertem Einschuß eine Streuung an den verlagerten Gitteratomen, die um mehr als 0.1 Å bis 0.2 Å vom Gitterplatz entfernt sind (Trajektorie *e-e*). Im Rückstreuspektrum wird eine gegenüber dem idealen Kristall erhöhte Ausbeute gemessen, die Rückschlüsse auf die Tiefenverteilung der verlagerten Gitteratome (Defekte) zuläßt. Die Rückstreuausbeute aus Schichten, die tiefer als das gestörte Gebiet liegen, geht jedoch nicht auf den Wert für einen vollkommen ungeschädigten Kristall zurück. Dies läßt sich dadurch erklären, daß die Ionen teilweise auch an den verlagerten Atomen unter einem Winkel vorwärts gestreut werden, der größer als der kritische Winkel ist. Diese Ionen verlassen die Kanäle und laufen in „random"-Richtung weiter (Dekanalisierung).

Durch Ionenimplantation eingeschossene Fremdatome befinden sich anfänglich auf Zwischengitterplätzen, wo sie elektrisch inaktiv sind. Falls diese Fremdatome eine größere Masse als die Wirtsgitteratome haben, ergibt sich im Rückstreuspektrum ein Signal mit höherer Rückstreuenergie (Trajektorie *d-d*). Im Laufe eines anschließenden Temperprozesses

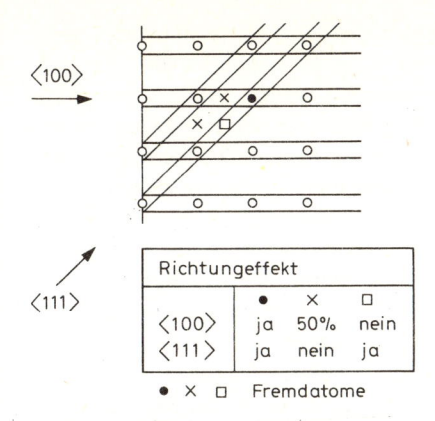

Abb. 2 Möglichkeit zur Lokalisierung von Gitterplätzen durch Einschuß des Sondenstrahls in verschiedene Kristallrichtungen

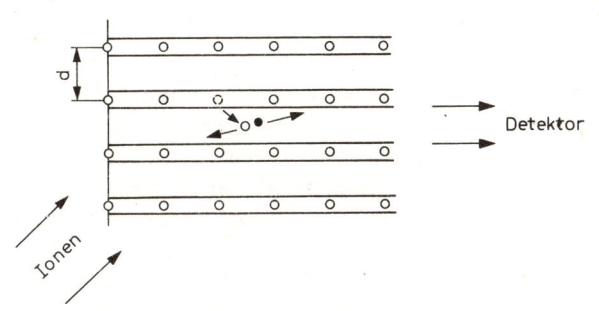

Abb. 3 Dünne, einkristalline Silizium-Folie für die Maskierung in der Ionenstrahllithografie

(Ausheilung) werden die Fremdatome auf Gitterplätze eingebaut, und die Rückstreuausbeute sinkt auf den für den „aligned"-Fall charakteristischen Wert.

Der Kanalisierungseffekt kann auch in Kombination mit der ioneninduzierten Röntgenstrahlung oder prompten Kernreaktion genutzt werden. Aufgrund der fehlenden Tiefeninformation bei der Röntgenstrahlung bzw. der komplizierten Energieabhängigkeit der Wirkungsquerschnitte in Kernreaktionen wird jedoch der Effekt relativ wenig angewandt.

Lokalisierung von Gitterplätzen. Aussagen über die Position von Fremdatomen im Kristallgitter sind möglich, wenn der Ionen-Sondenstrahl in verschiedene Kristallachsen eingeschossen wird. Die Abb. 2 illustriert diese Methode anhand einer zweidimensionalen Darstellung, wobei drei verschiedene Positionen für die Fremdatome angenommen wurden. Aus den orientierungsabhängigen Rückstreuausbeuten bei Einschuß in die verschiedenen Kanalrichtungen lassen sich Rückschlüsse auf die Gitterpositionen herleiten.

Messung von Lebensdauern angeregter Kernzustände. Ein Ionenstrahl wird in „random"-Richtung in einen Kristall eingeschossen. Durch Wechselwirkung mit einem der Kristallatome wird ein Compoundkern gebildet, der sich aufgrund einer ihm übertragenen kinetischen Energie mit einer Geschwindigkeit v von etwa 10^8 bis 10^9 cms^{-1} vom Gitterplatz fortbewegt. Wenn der Compoundkern durch Teilchenemission zerfällt, bevor er sich mehr als etwa 0.1 Å von der Atomkette oder -ebene entfernt hat, ist das emittierte Teilchen für die Kanal- oder Ebenenrichtung vollständig blockiert. Besitzt er eine längere Lebensdauer, so daß der Zerfall mit größerer Wahrscheinlichkeit erst im offenen Kanal erfolgt, wird die Blockierung aufgehoben (Abb. 3). Ein in Kanalrichtung positionierter Detektor registriert die Zahl der nichtblockierten Teilchen. Mit dieser Methode können Lebensdauern in einem für die Kernphysik interessanten Zeitbereich von etwa 10^{-16} s bis 10^{-18} s vermessen werden [10]. Die obere Grenze des Zeitbereichs ergibt sich aus der Beziehung $t = d/v$, wobei d der Gitterabstand ist.

Ionenstrahllithographie. Die Ionenstrahllithographie ist eine in der Mikroelektronik zukunftsträchtige Technik zur Erzeugung kleinster Strukturabmessungen. An die im Lithographieprozeß benötigten Masken werden extrem hohe Forderungen an Formstabilität der Strukturen und Standzeit gestellt. RENSCH und Mitarbeiter [13] schlugen vor, als Maskenmaterial einkristalline Silizium-Trägermembranen zu verwenden, auf die strukturierte Absorberschichten aufgebracht sind. Die orientierten Zwischenräume ermöglichen dann aufgrund des Kanalisierungseffektes einen leichten Durchgang der Ionen. Die Anwendbarkeit dieses Prinzips ist aber noch sehr umstritten, da Dekanalisierungseffekte nicht auszuschließen sind [14].

Literatur

[1] DAVIES, J. A.; FRIESEN, J.; MC INTYRE, J. D., Canad. J. Chem. **38** (1960) 1526.
[2] NELSON, R. S.; THOMPSON, M. W., Phil. Mag. **8** (1963) 1677.
[3] LEHMANN, C.; LEIBFRIED, G., J. appl. Phys. **34** (1963) 2821.
[4] LINDHARD, J., Phys. Letters **12** (1964) 126.
[5] ERGINSOY, C., Phys. Rev. Letters **15** (1965) 360.
[6] DOMEIJ, B., Nucl. Instrum. Meth. **38** (1965) 207.
[7] TULINOV, A. F.; KULIKAUSKAS, V. S.; MALOV, M. M., Phys. Letters **18** (1965) 304.
[8] RYSSEL, H.; RUGE, I.: Ionenimplantation. – Leipzig: Akademische Verlagsgesellschaft Geest & Portig K.-G. 1978.
[9] Festkörperanalyse mit Elektronen, Ionen und Röntgenstrahlen. Hrsg.: O. BRÜMMER, J. HEYDENREICH, K. H. KREBS und H. G. SCHNEIDER, – Berlin: VEB Deutscher Verlag der Wissenschaften 1980.
[10] GEMMEL, D. S., Rev. mod. Phys. **46** (1974) 1129.
[11] PICRAUX, S. T.; ANDERSEN, J. U.: Phys. Rev. **186** (1969) 267.
[12] APPLETON, B. R.; MOAK, C. D.; NOGGLE, T. S.; BARRETT, J. H., Phys. Rev. Letters **28** (1972) 1307.
[13] RENSCH, D. B.; SELIGER, R. L.; CSANKY, G.; OLNEY, R. D.; SLOVER, H. L., J. Vac. Sci. Technol. **16** (1979) 1897.
[14] CSEPREGI, L.; IBERL, F.; EICHINGER, P., Appl. Phys. Letters **37** (1980) 7, 630.

Kernanregung

Bei der Untersuchung der Eigenschaften der natürlichen Radioaktivität wurde beobachtet, daß eine Strahlung auftritt, die im Vergleich zu den bereits bekannten α- und β-Strahlen eine wesentlich größere Reichweite besitzt [1]. Bald erkannte man den elektromagnetischen Charakter dieser Strahlung (siehe *Gammastrahlen*) in völliger Analogie zur Röntgenstrahlung, die aber im Gegensatz zu letzterer nicht in der Atomhülle, sondern im Atomkern entsteht. Weitere Untersuchungen ergaben, daß sich die γ-Strahlung meist aus einer Gruppe verschiedener monochromatischer Linien entsprechend ihren Wellenlängen (Energien) zusammensetzt. ROSENBLUM und VALADARES stellten erstmals fest, daß die beim α-Zerfall auftretenden Energiedifferenzen zwischen den α-Linien genau den beobachteten γ-Linien entsprechen, die vom Tochterkern emittiert werden. Damit war erkannt, daß nach spontanem Kernzerfall Kernanregung auftritt, indem der Zerfall nicht nur in den Grundzustand des Tochterkerns, sondern auch in seine möglichen Anregungszustände erfolgt. Mit der intensiven Untersuchung der künstlichen Kernumwandlung zunächst mit α-Teilchen, dann aber auch mit beschleunigten Protonen und mit Neutronen wurden ebenfalls bald die ersten Kernanregungen des erzeugten Restkerns beobachtet (siehe *Kernreaktionen*). In dieser Zeit der ersten Hälfte der 30er Jahre fällt auch die Entdeckung der Kernisomerie (siehe *Kernzerfall*). Es handelt sich hierbei um angeregte Kernzustände mit großer Lebensdauer. Anfang der 50er Jahre gelang – theoretisch bereits lange vorausgesagt – die Erzeugung von Kernanregungen in der elektromagnetischen Wechselwirkung (Coulomb-Anregung). Mit der Entwicklung der Spektrometer auf der Basis der Szintillationsdetektoren aus NaJ(Tl) änderte sich die experimentelle Situation auf dem Gebiet der γ-Spektrometrie schlagartig. Seitdem hat sich eine der wesentlichen Arbeitsrichtungen der Kernphysik, die Kernspektroskopie, herausgebildet. Die in ihrem Rahmen durchgeführten Untersuchungen von angeregten Kernzuständen haben entscheidend zum Erkenntniszuwachs in der Kernphysik beigetragen. Theoretisch wurden diese Erkenntnisse in Konstruktionsmodellen, insbesondere im Schalenmodell [2] und Kollektivmodell der Atomkerne formuliert [3]. Heute sind die Eigenschaften von mindestens 50 Tausend angeregten Kernzuständen bekannt [4]. Ihre Eigenschaften stehen für viele Anwendungen zur Auswahl [5, 6, 7, 8].

Sachverhalt

Normalerweise befinden sich die Atomkerne in ihrem Grundzustand. Kernanregungen entstehen bei allen Formen des spontanen Zerfalls (siehe *Kernzerfall*), in der unelastischen Streuung, in allen Kernreaktionen (siehe *Kernreaktionen*) und in der Coulomb-Anregung (Abb. 1). Jeder Kern besitzt ein charakteristisches Spektrum diskreter Zustände oder Niveaus, das mit wachsender Kernanregung allmählich in ein kontinuierliches Spektrum übergeht. Jedes Niveau ist durch seine Energielage über dem Grundzustand, seine Quantenzahlen Isospin, Spin, Parität, sein elektromagnetisches Moment, seine Lebensdauer und die Art seiner Abregung charakterisiert. Zwischen den Anregungsenergien und den Quantenzahlen der Energieniveaus gibt es allgemeine Gesetzmäßigkeiten, die durch das Wechselwirkungsverhalten einzelner Nukleonen oder Nukleonengruppen bestimmt sind. Aus den einzelnen Zuständen entwickelt man das Zustands- oder Niveauschema, das ein Anregungs- oder Zerfallsschema oder beides sein kann.

In der Nähe abgeschlossener Schalen der Neutronen- und Protonen N und Z ist das Niveauschema („Einteilchenniveaus") hauptsächlich durch die Bewegung eines unpaarigen Nukleons in einem sphärisch-symmetrischen Kernpotential, die Spin-Bahn-Wechselwirkung und einer effektiven Restwechselwirkung (Paarungsenergie) bestimmt. Mit wachsender Kernanregung kommt es zu immer stärkerer Mischung verschiedener Nukleonenkonfigurationen. Komplizierte „Vielteilchenzustände" mit Teilchen-Loch-Anregungen lassen sich in Kernreaktionen erzeugen; wobei Zustände mit sehr großem Spin auftreten können. Auf Kerne in der Nähe abgeschlossener Schalen und nicht zu hohe Kernanregungen ist das Schalenmodell anwendbar [2].

Kerne mit nur teilweise gefüllten Schalen neigen zu Oberflächendeformationen. Die Steifigkeit der Kernoberfläche sinkt, so daß bei Anregung kollektive Volumen- und Oberflächenschwingungen entstehen, die sich in Niveaus mit nahezu äquidistanten Abständen äußern. Außerdem kann die Anregung zu Kernrotationen führen. Zur Beschreibung der Anregungszustände deformierter Kerne wurde das Kollektivmodell [3] entwickelt. Im Massengebiet $A \approx 150$ bis 190 und $A > 220$ existieren Bereiche permanenter Kerndeformation. Die Niveauschemata dieser Kerne sind durch Vibrations- und Rotationsbanden geprägt (Abb. 1). Da der rotierende Kern kein völlig starres Gebilde ist, kann mit wachsendem Drehimpuls eine sprunghafte Änderung des Trägheitsmoments eintreten (sogenannter „Backbending"-Effekt). Ein und derselbe Kern kann je nach seiner Anregungsenergie unterschiedlich deformiert sein.

Neben Einteilchenzuständen und kollektiven Anregungsmoden, bei denen alle Nukleonen außerhalb der abgeschlossenen Schale beteiligt sind, können auch Dichteschwingungen der Protonen und Neutronen auftreten, die den gesamten Kern erfassen. Diese Resonanzzustände werden als Riesenresonanzen bezeichnet und haben Breiten von einigen MeV.

Der Übergang aus angeregten Kernzuständen in den Grundzustand erfolgt meist durch spontane Emission von γ-Strahlung (Strahlungsübergang, Tab. 1). Als konkurrierende Prozesse können *innere Konversion* oder innere Paarbildung auftreten (siehe *Kernzerfall, Paarbildungseffekt*). Die Wahrscheinlichkeiten der

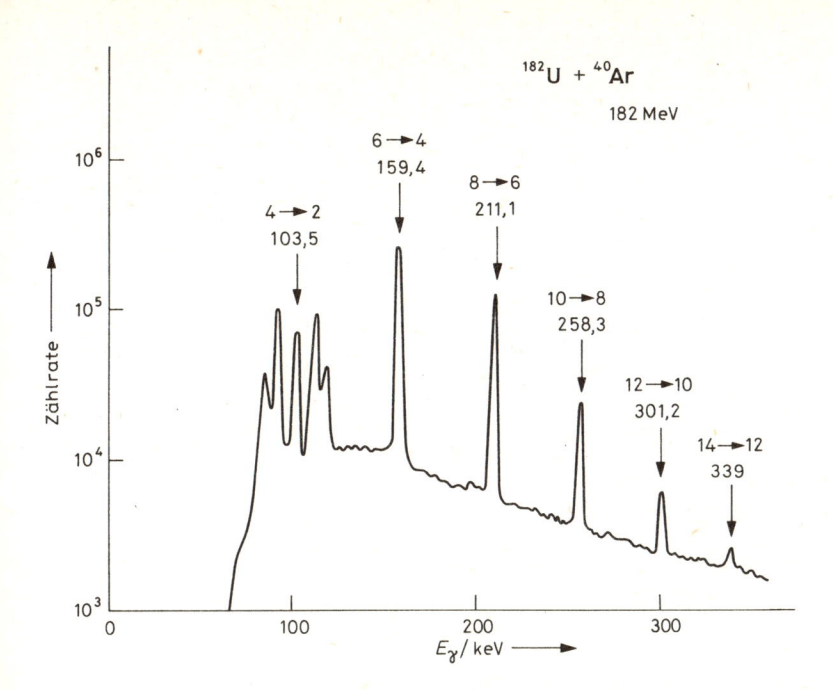

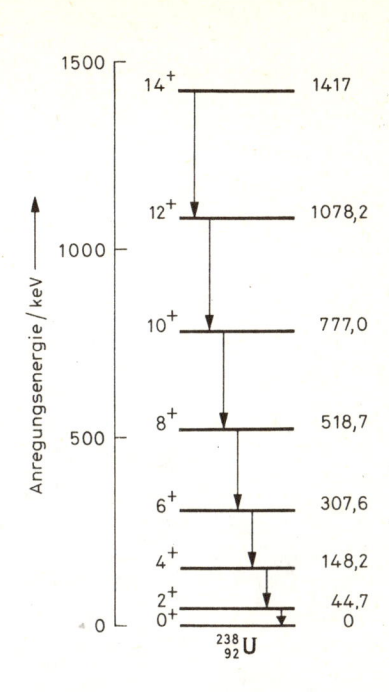

Strahlungsübergänge verschiedener Multipolordnung l lassen sich berechnen. Sie sinken beim Übergang von l nach $l + 1$ um viele Größenordnungen ab (Tab. 2), so daß meist nur der niedrigste Multipolzustand wirksam wird. Bei großem l (große Spindifferenz zwischen angeregtem und Grundzustandsniveau) wird die γ-Übergangswahrscheinlichkeit sehr klein. Hieraus resultieren angeregte Kernzustände mit extrem großer Lebensdauer; man spricht von *Kernisomerie*.

Abb. 1 Coulomb-Anregung der Rotationsbande des Grundzustands des Kerns ^{238}U mit Argonionen der Energie 182 MeV. Weitere Linien im unteren Teil des Spektrums entsprechen Röntgenübergängen. Rechts ist das Spektrum der Rotationsbande dargestellt, weitere, nicht zur Bande gehörige Niveaus des Anregungsspektrums von ^{238}U, sind nicht dargestellt.

Kennwerte, Funktionen

Energieabstände von Rotationsbanden-Zuständen deformierter Kerne:

$$E_{\text{Rot.}} = \frac{\hbar^2}{2\Theta} \; I(I+1) - I_0(I_0+1), \qquad (1)$$

I, I_0 – Spin vom Anregungs- und Grundzustand,
Θ – effektives Kernträgheitsmoment,
Spinfolge: ½, ³⁄₂, ⁵⁄₂, ⁷⁄₂, ... für ug-, gu-Kerne,
  0, 2, 4, 6, 8, ... für gg-Kerne.
Mittlere Niveaudichte angeregter Kernzustände:

$$\varrho(E,A) \approx \frac{1}{\sqrt{48}} \cdot \frac{1}{E} \cdot \exp\left[2\left(\frac{\pi^2}{6} g(\varepsilon_F) \cdot E\right)^{1/2}\right], \quad (2)$$

E – Anregungsenergie,
$g(\varepsilon_F)$ – Dichtefunktion, durch Grundzustandsenergie E_0 und Massenzahl A festgelegt,
ε_F – Fermi-Energie.

Tabelle 1 *Strahlungsübergänge verschiedener Multipolordnung für Spinänderungen /ΔI/ begleitet mit Paritätsänderung $P_i \cdot P_f = -1$ bzw. ohne Paritätsänderung (+1) von Anfangs (i)- und Endzustand (f). Die bevorzugten Übergänge sind unterstrichen.*

$P_i \cdot P_f$	$\Delta I = 0$	$\Delta I = 1$	$\Delta I = 2$	$\Delta I = 3$
−1	E1, M2	E1, M2	M2, E3	E3, M4
+1	M1, E2	M1, E2	E2, M3	M3, E4

Tabelle 2 *Halbwertszeiten $T_{1/2}$ (in Sekunden) für El- und Ml-Übergänge für verschiedene γ-Energien des Kerns $A = 125$. Die Werte sind mit Hilfe der „Weißkopf-Abschätzungen" gemäß $(T^{El}_{1/2})^{-1} \sim A^{2l/3} \cdot E^{2l+1}$ und $(T^{Ml}_{1/2})^{-1} \sim A^{2(l+1)/3} \cdot E^{2l+1}$ berechnet.*

	$E_\gamma = 0.1$ MeV		$E_\gamma = 1.0$ MeV		$E_\gamma = 10$ MeV	
	El	Ml	El	Ml	El	Ml
1	10^{-13}	10^{-11}	10^{-16}	10^{-14}	10^{-19}	10^{-17}
2	10^{-6}	10^{-4}	10^{-11}	10^{-9}	10^{-16}	10^{-14}
3	10	10^3	10^{-6}	10^{-4}	10^{-13}	10^{-11}
4	10^8	10^{10}	10^{-1}	10	10^{-10}	10^{-8}
5	10^{15}	10^{17}	10^4	10^6	10^{-7}	10^{-5}

Anwendungen

Die Anwendungen der Kernanregung beruhen gegenwärtig vorwiegend auf der Nutzung der bei der Abregung entstehenden Strahlungen mit ihren spezifischen Eigenschaften, besonders der Gammastrahlung, aber

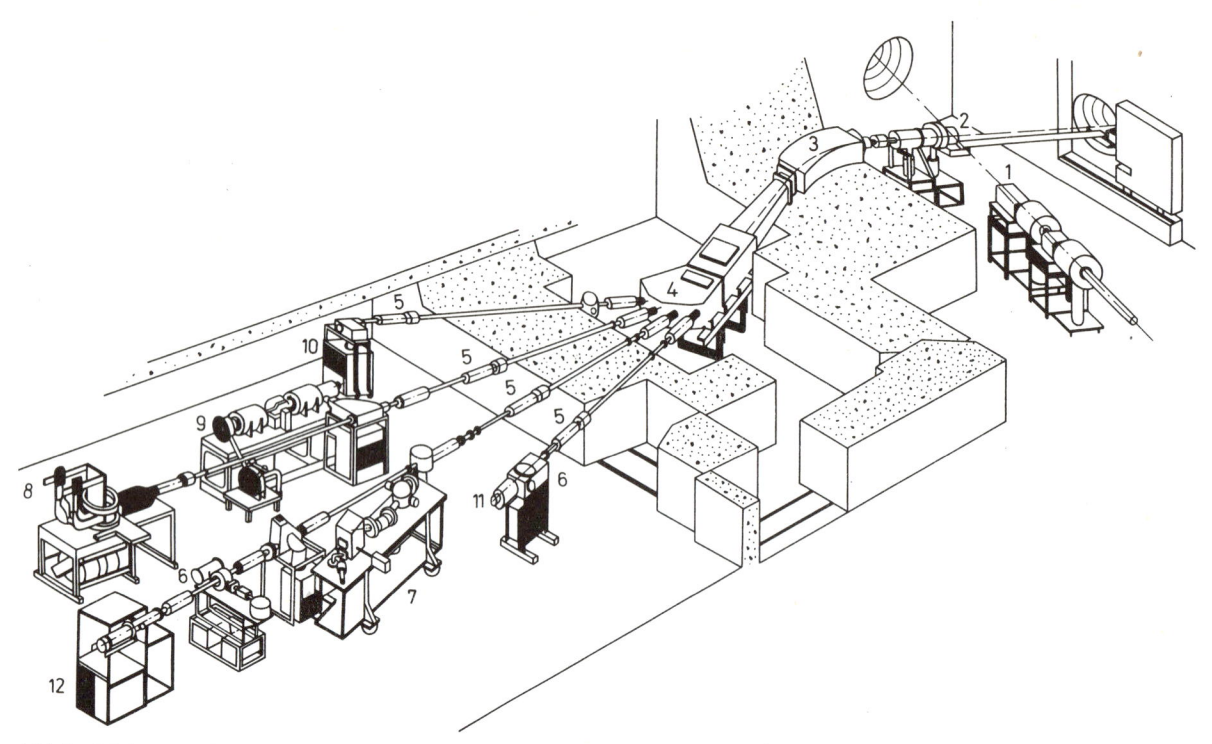

Abb. 2 Mehrzweck-Forschungsanlage am CERN-Synchrozyklotron. Mit 600 MeV-Protonen (1) werden in einer Target-Ionenquelle (2) Strahlen radioaktiver Ionen erzeugt. Sie gelangen über einen Massenseparator (3), einen Schaltmagneten (4) und verschiedene Strahlbündel zu den Experimentiereinrichtungen für Zerfallsspektroskopie (6), Massenspektroskopie (7), Laserspektroskopie (8), Atomstrahl-Magnetresonanz (9), Produktion radioaktiver Quellen (10), Untersuchung exotischer Zerfallsprozesse (11), Reichweitenmessung von Ionen in Gasen (12)

auch der Konversionselektronen. Zu diesen Eigenschaften gehören die Energie und die Halbwertszeiten des Radionuklids sowie des Anregungszustandes.

Die wohl bekannteste Kernan- und -abregung nutzende Anwendung besteht in der Resonanzabsorption der Gammastrahlen (siehe *Mößbauer-Effekt*). Die bei Kernabregungen auftretenden Gammakaskaden und Konversionselektronen zeigen für jeden Kernzustand ein charakteristisches Korrelationsverhalten, das durch äußere Felder gestört werden kann (siehe *Winkelkorrelationen*). Weitere wichtige Anregungen sind der Nachweis der Gammastrahlung in der Aktivierungsanalyse und bei der Markierung (siehe *Aktivierung* und *Markierung*), bei der Annihilation des Positroniums (siehe *Annihilation*), in der Strahlenchemie und -biologie (siehe *Gammastrahlen*). Die Gammastrahlen werden auch zur Auslösung von Kernreaktionen genutzt (siehe *Kernreaktionen* und *Aktivierung*).

Zur Aufklärung der Zustands- oder Niveauschemata der Atomkerne, eine Voraussetzung, die für den gezielten Einsatz von Strahlungen mit den jeweils erforderlichen Eigenschaften unabdingbar ist, werden mit den Mitteln der Kernspektroskopie die folgenden Messungen durchgeführt: Energiespektren der Strahlungen, wie sie bei den Übergängen zwischen den Zuständen entstehen, Koinzidenzen zwischen den Strahlungen der Zustände, Lebensdauermessungen der Zustände und Polarisationsverhältnisse der Strahlungen.

Da insbesondere zwei Strahlungsarten die Abregung bewirken, die Gammastrahlen und die Konversionselektronen, werden die Korrelations- und Polarisationsverhältnisse zwischen diesen gemessen. Viele Messungen werden heute nicht mehr an radioaktiven Präparaten durchgeführt, die vorher speziell über langdauernde Trennverfahren entstanden sind, sondern müssen wegen der Kurzlebigkeit der Nuklide direkt am Teilchenstrahl des Beschleunigers, in dem sie entstehen untersucht werden, d. h. im Rahmen der on-line- (Abb. 2) sowie der in-beam-Spektroskopie. Gegenwärtig werden immer exotischere Kerne mit ungewöhnlichen Neutron-Proton-Zusammensetzungen untersucht, die sehr kurzlebig sind und in der Nähe der Grenzen der Kernstabilität gegen Nukleonenemission liegen. Außerdem werden immer hochenergetischere Anregungszustände einer genaueren Untersuchung unterzogen.

Aus der riesigen Zahl heute bekannter Kernzustände mit den unterschiedlichsten Eigenschaften wird nur ein geringer Teil praktisch genutzt. Für viele Eigenschaften der Kernzustände werden gegenwärtig noch gar keine Nutzungsmöglichkeiten gesehen. Dazu gehören u. a. die Riesenresonanzen, Hochspinzustände und Zustände, bei deren Abregung die räumliche Parität verletzt wird [5].

Es werden aber in jedem Jahr neue Anwendungsmöglichkeiten berichtet [6, 7, 8].

Literatur

[1] CURIE, M.: Radioaktivität. – Moskau/Leningrad: Gostechizdat 1947. (Übers. aus d. Franz.).
[2] MAYER, M. G.; JENSEN, J. H. D.: Elementary Theory of Nuclear Shell Structure. – New York/London: Wiley 1955.
[3] BOHR, A.; MOTTELSON, B.R.: Struktur der Atomkerne. – Berlin: Akademie-Verlag 1980.
[4] Table of Isotopes. Hrsg.: C. M. LEDERER und V. S. SHIRLEY. 7. Aufl. – New York/Chichester/Brisbane/Toronto: Verlag John Wiley & Sons 1978.
[5] MUSIOL, G.; RANFT, J.; REIF, R.; SEELIGER, D.: Kern- und Elementarteilchenphysik. – Berlin: VEB Deutscher Verlag der Wissenschaften 1987.
[6] Konferenzen über die Nutzung neuer kernphysikalischer Methoden zur Lösung wissenschaftlich-technisch u. volkswirtschaftlicher Aufgaben. Dubna 1978/1981. Berichte P18–12147, P-18–82–117.
[7] Angewandte Kernspektroskopie, Atomizdat Moskau. Bd.1: 1970, bisher bis Bd.12: 1983 (in Russisch).
[8] Industrial Application of Radioisotopes and Radiation Technology. IAEA Vienna 1982.

Kernfusion

Im allgemeinsten Sinne versteht man unter Kernfusion eine Kernreaktion, bei der es zur Verschmelzung der Reaktionspartner kommt (siehe *Kernreaktionen*). Die erste künstliche Kernfusion in diesem Sinne gelang E. RUTHERFORD 1919 durch den Beschuß von Stickstoff-Kernen mit Helium-Kernen (α-Teilchen). N. BOHR erkannte 1936, daß die Kernfusion in Form der Bildung sogenannter Zwischenkerne einen wichtigen Mechanismus bei künstlichen Kernumwandlungen darstellt. Im engeren Sinn versteht man heute unter Kernfusion die Verschmelzung leichter Kerne (H, D, T, He …) bei Zusammenstößen infolge thermischer Bewegung (thermonukleare Fusion). Von dieser soll hier ausschließlich die Rede sein.

Sachverhalt

Die physikalische Grundlage der Freisetzung von Energie bei Kernumwandlungen ist die unterschiedliche Bindungsenergie der Kerne, d. h. das Energieäquivalent

$$\Delta E = mc^2$$

ihres Massendefekts Δm, der sich als Differenz der Summe der Massen der freien Nukleonen des Kerns und der Kernmassen ergibt (vgl. Abb. 1).

In Abhängigkeit von der Kernmassenzahl durchläuft die Masse der in Atomkernen gebundenen Nukleonen ein Minimum. Über die gleiche Energie-

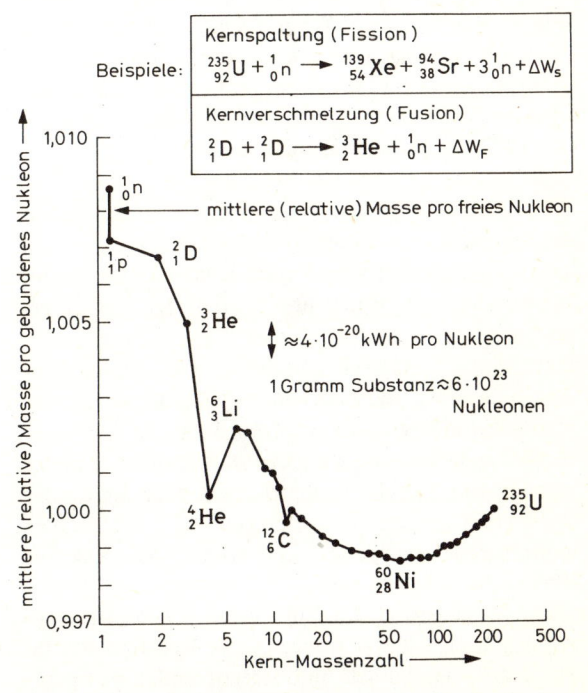

Abb. 1 Masse der im Kern gebundenen Nukleonen als Funktion der Kernmassenzahl

masse-Relation führt danach sowohl die Spaltung schwerer Kerne (Fission; siehe *Kernspaltung*) als auch die Verschmelzung leichter Kerne (Fusion) zu einer Freisetzung von Energie. Pro beteiligtes Teilchen übersteigt diese Energie die chemischer Reaktionen um den Faktor $10^6...10^8$.

Die Fusion zweier Atomkerne erfordert ihre vorherige starke Annäherung bis in die Reichweite der Kernkräfte (etwa 10^{-14} m). Bei diesem Prozeß muß zunächst gegen die weitreichenden coulombschen Abstoßungskräfte Arbeit verrichtet werden (10...100 keV), wobei wegen des quantenmechanischen Tunnel-Effektes nicht in jedem Fall die gesamte Höhe des Potentialwalls um den Kern herum zu überwinden ist. Die nach der Überwindung (bzw. Durchtunnelung) eintretende exotherme Fusionsreaktion setzt ein Vielfaches der aufgewandten Energie in Form kinetischer Energie des Synthesekerns und weiterer Reaktionsprodukte (z. B. Protonen, Neutronen) bzw. in Form elektromagnetischer Strahlung (Gamma-Quanten) frei.

Bei der thermonuklearen Fusion erfolgt die Kernverschmelzung als statistischer Prozeß im Ergebnis gaskinetischer Zusammenstöße. Die genügend zahlreiche Überwindung der Coulomb-Barriere erfordert hier die Aufheizung des Fusionsmaterials auf extrem hohe Temperaturen ($10^7...10^9$ K). Unter diesen Bedingungen liegt die Substanz stets als ein vollständig ionisiertes Plasma vor.

Kennwerte, Funktionen

Tabelle 1 (siehe auch *Kernreaktionen*, Tab. 2) enthält die für eine technische Anwendung wichtigsten Fusionsreaktionen und die dabei auftretenden Teilchenenergien. Die beiden Zweige der D-D-Reaktion kommen mit etwa gleicher Wahrscheinlichkeit vor.

Für die Rate Z_F der pro Volumen- und Zeiteinheit stattfindenden Kernverschmelzungen gilt: $Z_F = k_F n_1 n_2$, wobei n_1 und n_2 die Konzentrationen der Reaktionspartner (Deuterium D bzw. Tritium T) bezeichnen und k_F der Reaktionskoeffizient ist. Bei Vorliegen einer Maxwell-Verteilung der Teilchengeschwindigkeiten ergibt sich in Abhängigkeit von der kinetischen Energie kT (1 keV $\widehat{=}$ 1,16·10^7 K) für k_F der in Abb. 2 dargestellte Verlauf. Man erkennt, daß im ansteigenden Teil der beiden Kurven die Rate der D-D-Reaktion (gleiche Temperaturen und Teilchenkonzentrationen vorausgesetzt) nur etwa 1% der Rate für die D-T-Reaktion beträgt.

Die Leistungsdichte p_F im Fusionsplasma ist gegeben durch $p_F = Z_F Q_F$, wobei Q_F die Reaktionswärme (vgl. Tab. 1) bezeichnet. Im interessierenden Temperaturbereich (5...20 keV) liegen damit für die D-T-Reaktion bereits bei Teilchenkonzentrationen von $n_D = n_T = 5 \cdot 10^{20}$ m^{-3} die Leistungsdichten zwischen etwa 10...300 MW/m³. (Die genannte Teilchendichte stellt einen typischen Wert für zukünftige, stationär oder quasistationär arbeitende Fusionsreaktoren dar). Für die mittlere freie Weglänge, die ein Kern im Plasma bis zu seiner Fusion zurücklegen muß, gilt: $\lambda_{T,D} = c/k_F n_{D,T}$: c bedeutet hier die mittlere thermische Geschwindigkeit des Kernes. Abbildung 3 zeigt den Verlauf von λ in Abhängigkeit von der Konzentration n_D.

Tabelle 1 Fusionsreaktionen

D + T	^{4}He (3,52 MeV) + n (14,06 MeV)
D + D	^{3}He (0,82 MeV) + n (2,45 MeV)
	T (1,01 MeV) + p (3,03 MeV)

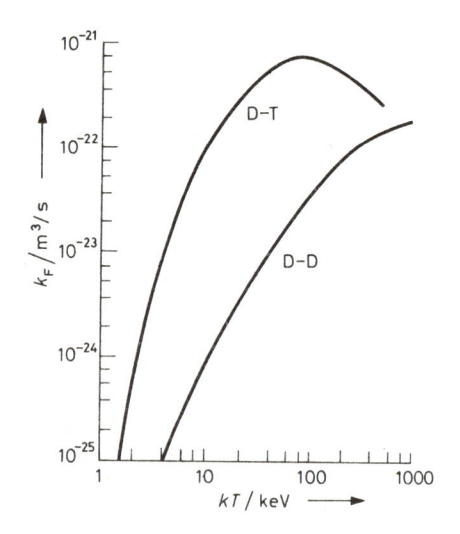

Abb. 2 Reaktionskoeffizient der Fusionsreaktionen

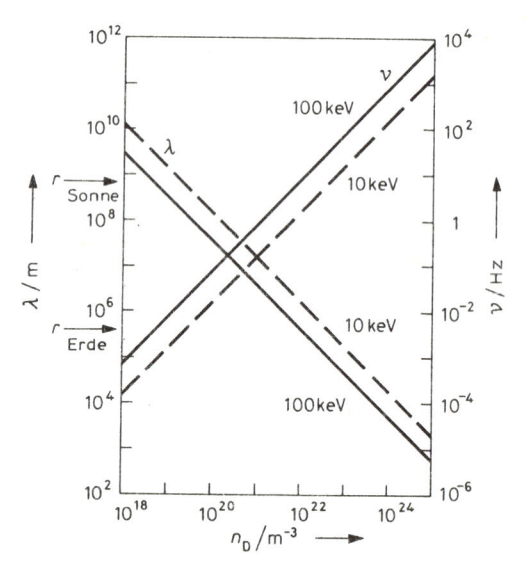

Abb. 3 Mittlere Weglänge und Stoßfrequenz für die D-T-Reaktion in Abhängigkeit von $n_D = n_T$ bei verschiedenem kT

Unter den oben genannten Bedingungen liegt die mittlere freie Weglänge mit $\lambda \approx 10^7$ m zwischen dem Radius der Erde und dem der Sonne.

Abbildung 3 enthält weiterhin den Verlauf der mittleren Stoßfrequenz $\nu = c/\nu$. Die Größe $1/\nu$ stellt die Zeit dar, die im Mittel verstreicht, bis ein Kern im Plasma verschmilzt. Der genannten Weglänge entsprechen ν-Werte zwischen etwa 0,1...0,5 Hz, d. h. Lebensdauern im Sekundenbereich.

Anwendungen

Kernfusionsreaktoren [1,2]. Die gesteuerte Realisierung der Verschmelzung leichter Atomkerne in Fusionsreaktoren stellt eine Möglichkeit zur Erschließung der größten Energiereserven der Erde in Form des Deuteriums der Weltmeere dar. Die in 1 l Wasser enthaltene Menge Deuterium (0,03 g) ist energetisch rund 300 l Benzin äquivalent. Insgesamt enthalten die Gewässer auf der Erde etwa 50 Billionen Tonnen Deuterium, also eine praktisch unerschöpfliche Reserve. Die D-T-Reaktion erfordert allerdings zusätzlich das in der Natur nicht vorkommende Tritium. Dieses radioaktive Nuklid (Halbwertszeit etwa 12 Jahre) kann jedoch im Reaktor durch eine Brutreaktion als Lithium bei Neutronenbeschuß erzeugt werden (Li → T + He). Die Häufigkeit des Lithium in der Erdkruste ist mit der des Urans vergleichbar.

Neben dem größeren energetischen Potential kennzeichnen den Fusionsreaktor einige weitere Vorteile gegenüber dem Kernspaltungsreaktor: kein langlebiger radioaktiver Abfall, höhere biologische Sicherheit (prinzipiell ist keine Leistungsexkursion möglich), kurzer Tritium-Brutzyklus.

Die außerordentlichen Schwierigkeiten der zu lösenden wissenschaftlichen und technologischen Probleme lassen allerdings den Bau kommerzieller Fusionskraftwerke nicht vor Beginn des nächsten Jahrhunderts erwarten.

Das Prinzip des Fusionsreaktors besteht in folgendem: Aufheizung einer kleinen Menge Brennstoff auf etwa 100 Mill K (D-T-Reaktion) bzw. 1 Mrd K (D-D-Reaktion). Genügend langes Zusammenhalten des entstandenen heißen Plasmas, so daß durch Kernverschmelzung mehr Energie freigesetzt wird, als zur Aufheizung notwendig war. Umwandlung der in Form schneller Teilchen anfallenden Energie in eine passende Form (Wärmeenergie, Elektroenergie).

Voraussetzung für eine positive Energiebilanz des Fusionsreaktors ist die Erfüllung des Lawson-Kriteriums [3]. Es besagt, daß zur Kompensation der Energieverluste das Produkt $n\tau$ einen gewissen (u. a. noch von der Temperatur abhängigen) Mindestwert übersteigen muß. Dabei bedeuten: n die Teilchendichte der Kerne (z. B. $n = n_D + n_T$) und τ die Plasma- oder Energieeinschlußzeit bzw. Energieumwälzzeit, die ein Maß für die Güte der Isolation des heißen Plasmas darstellt. Ein unvermeidlicher Energieverlustprozeß ist die Frei-Frei-Strahlung der Plasmaelektronen (siehe *Plasmastrahlung*). Unter Berücksichtigung dieser Strahlung ergibt sich für die D-T-Reaktion ein erforderlicher Mindestwert $n\tau \gtrsim 10^{20}$ s/m^3 (bei etwa 10 keV). Verunreinigungen des Plasmas mit schweren Kernen (die z. B. aus den Reaktorwänden stammen) erhöhen die Energieverluste (und damit auch $n\tau$) empfindlich. Bei der D-D-Reaktion erreichen bzw. übersteigen bereits die unvermeidlichen Verluste die durch Fusion freigesetzte Energie, so daß diese Reaktion für einen sich selbst unterhaltenden Reaktor praktisch ausscheidet.

Bei Konzentrationen von $n \approx 10^{20}$ m^{-3} (wie sie in quasistationär arbeitenden D-T-Reaktoren bei Leistungsdichten von etwa 10...100 MW/m^3 auftreten werden) erfordert dies Einschlußzeiten von rund einer Sekunde. Es wird erwartet, daß durch spezielle Magnetfeld-Konfigurationen in großen Toruskammern (kleiner Durchmesser 1...2 m) solche Einschlußzeiten erreicht werden. Methoden der Aufheizung des Plasmas sind hierbei: elektrischer Stromdurchgang (Ohmsche Heizung), magnetische Kompression und Injektion energiereicher Neutralteilchen.

Neben diesem Prinzip der magnetischen Halterung des Fusionsplasmas wird als ein zweiter aussichtsreicher Weg das sogenannte Inertialprinzip (Laser-Fusion, siehe *Plasmahalterung*) verfolgt. Als hybride Fusion bezeichnet man eine Kombination von Fusion und Spaltung, bei der die während der Fusionsreaktion freigesetzten Neutronen z. T. zur Erzeugung von spaltbarem Material aus Uran und Thorium eingesetzt werden [2].

Wasserstoffbombe (Kernsynthesewaffe). Das Prinzip der H-Bombe besteht in der Umkleidung einer A-Bombe (Kernspaltungsbombe) mit einem Mantel aus Deuterium bzw. Deuterium-Tritium-Gemisch (gasförmig oder als Metallhydrid). Durch die Zündung der A-Bombe werden die zur Einleitung der Fusionsreaktionen benötigten extremen Temperaturen erzeugt. Die Masse von 1 kg D-T-Gemisch entspricht einem Detonationsäquivalent von 80 kt TNT. Bei der Kernsynthesewaffe wird die Energie (Tab. 1) vorwiegend als Strom schneller Neutronen abgegeben. Neue Entwicklungen (Neutronenwaffe) weisen bis zu 80% der Energie in den Neutronen aus.

Energiehaushalt der Sterne. Die Kernfusion stellt die Hauptenergiequelle der Fixsterne einschließlich der Sonne dar. In Abhängigkeit von den Zustandsbedingungen (speziell der Temperatur) treten mehrere Reaktionskanäle auf. Die wichtigsten verschmelzen Wasserstoff zu Helium [4]: Proton-Proton-Kette und Kohlenstoff-Stickstoff-Zyklus. Bei höheren Temperaturen (über 100 Mill K) kann die sogenannte Helium-Reaktion hinzutreten, in der aus Helium Kohlenstoff aufgebaut wird.

Literatur

[1] RIBE, F. L.: Fusion Reactor systems. Rev. mod. Phys. **47** (1975) 7–41.
[2] PEASE, R. S.: Experimental Guide-Lines on Controlled Thermonuclear research. Physica 82 B + C (1976) 1–18.
SCHLÜTER, A.: Kernfusion und die Lösung des Energieproblems. Jahrburch der Max-Planck-Gesellschaft. S. 68–86. – Göttingen: Verlag *Vandenhoeck & Ruprecht* 1981.
[3] LAWSON, J. D.: Some Criteria for a Power Producing Thermonuclear Reactor. Proc. Phys. Soc. (London) **70 B** (1975) 6–10.
[4] WEIZSÄCKER, C. F. v.: Über Elementumwandlungen im Inneren der Sterne. Phys. Z. **38** (1937) 176–191; **39** (1938) 633–646.
BETHE, H. A.: Energy Production in Stars. Phys. Rev. **55** (1939) 434–456.

Kernreaktionen

Beim Beschuß von Kernen mit Teilchen oder Kernen werden Streuprozesse oder Reaktionen ausgelöst, die zu Kernanregungen oder Kernumwandlungen führen können. Die erste künstlich erzeugte Kernreaktion wurde 1919 von E. RUTHERFORD beobachtet [1]. Mit den Alphastrahlen des RaC' erzeugte er Wechselwirkungsprozesse mit Stickstoffkernen, in denen Protonen emittiert wurden. 1930 wurde eine neue Reaktionsart beobachtet [2], die über einen hoch angeregten Zustand des Produktkerns lief, bei deren Untersuchung J. CHADWICK 1932 das Neutron entdeckte [3]. Durch J. D. COCKROFT und E. WALTON wurden 1932 erste Kernreaktionen mit künstlich beschleunigten Protonen beobachtet [4]. In diese Zeit fällt auch die Entdeckung der künstlichen Erzeugung von Radionukliden durch F. JOLIOT und I. CURIE (siehe *Kernzerfall*). Von E. FERMI wurde 1932 entdeckt, daß langsame Neutronen besonders intensiv im sogenannten Resonanzeinfang Kernreaktionen auslösen können [5]. Ein völlig neuartiger Reaktionstyp, bei dem nicht leichte Teilchen emittiert werden, sondern der getroffene Targetkern spaltet, wurde 1938 von O. HAHN und F. STRASSMANN entdeckt [6]. Während anfangs die Kernreaktionen mit Teilchen aus natürlichen radioaktiven Strahlen ausgelöst wurden, dazu auch unter Ausnutzung der kosmischen Strahlung, ging man mehr und mehr zur Nutzung der durch die Beschleunigertechnik gegebenen neuen Möglichkeiten über. Diese Entwicklung führte zu immer höheren Energien, immer ungewöhnlicheren Elementarteilchen und schweren Ionen als Geschoßteilchen. So wurden beispielsweise in der Mitte der 50er Jahre die ersten Kernreaktionen mit Neutrinos ausgelöst.

Sachverhalt

Allgemeine Aspekte. Zur Auslösung von Kernreaktionen verwendet man die verschiedensten Projektilteilchen, die auf das Target mit den Targetkernen geschossen werden. Je nach ihren Eigenschaften können diese über eine oder mehrere der elementaren Wechselwirkungsarten reagieren. Stark wechselwirkende Teilchen sind Protonen p, Neutronen n, Deuteronen d, Alphateilchen und immer schwerere Kerne, sogenannte schwere Ionen, z. B. ^{20}Ne oder ^{132}Xe. Über die elektromagnetische Wechselwirkung können nur Teilchen wirken, die eine elektrische Ladung haben oder ein magnetisches Moment. Zu ihnen gehören die Elektronen e und die Gammaquanten. Schwach wechselwirkende Teilchen sind unter anderem die Neutrinos und die Myonen, aber auch die Elektronen. Welche der drei Wechselwirkungen dominiert, hängt von den Eigenschaften des Prozesses ab. Oft werden auch Mesonen als Geschoßteilchen eingesetzt, und besonders in der Elementarteilchenphysik die Antiteilchen.

Trifft ein Inzidenzteilchen auf einen Targetkern, so

können je nach der verfügbaren Energie verschiedene Kernreaktionen ausgelöst werden. In ihnen sind Informationen sowohl über den Wechselwirkungsprozeß, als auch über die Struktur der beteiligten Reaktionspartner enthalten. Die Vielfalt der Prozeßmöglichkeiten ist durch Erhaltungssätze und durch Symmetrieprinzipien der Wechselwirkungsarten stark eingeschränkt, man spricht in diesem Zusammenhang von Auswahlregeln, z. B. für den Drehimpuls oder den Isospin.

Die Wahrscheinlichkeit, mit der eine bestimmte Kernreaktion abläuft, wird mit Hilfe der Wirkungsquerschnitte beschrieben. Im Experiment wird meist der differentielle Wirkungsquerschnitt ermittelt. Für die Reaktion A (a,b) B ist er gemäß (1) festgelegt. In dieser Schreibweise der Kernreaktion bedeuten A den Targetkern, a das Geschoßteilchen, B den Produktkern, der bei Anregung als B* geschrieben werden kann und b das auslaufende Finalteilchen. Der Wirkungsquerschnitt für die elastische Streuung eines nichtrelativistischen Projektils mit der Ladungszahl z im Coulomb-Feld eines Targetkerns mit der Kernladungs- oder Ordnungszahl Z (als punktförmig gedacht) ergibt sich gemäß (2). Entsprechend lassen sich auch kompliziertere differentielle Wirkungsquerschnitte definieren, wenn mehrere Teilchen im Endzustand der Kernreaktion auftreten oder Polarisationseffekte einbezogen werden (siehe *Polarisation*).

Das ursprüngliche System oder der Eingangskanal a (Projektil) + A (Targetkern) wird durch den Wechselwirkungsprozeß verändert (außer im speziellen Fall der elastischen Streuung). Dabei können je nach Art der wechselwirkenden Teilchen und den sonstigen Anfangsbedingungen starke, elektromagnetische oder schwache Wechselwirkung sowie eventuell auch Mischungen dieser Wechselwirkungsarten auftreten. Sie legen den Reaktionsablauf (Reaktionsmechanismus) in der Kernreaktion fest und erzeugen die im Endzustand, dem Ausgangskanal b + B, vorhandene Nukleonenkonfiguration.

Einige typische Reaktionen sind in (3) zusammengestellt. Bei der elastischen Streuung (3a) ändert sich die Nukleonenkonfiguration des Targetkerns nicht, wohl aber die Impulsrichtung des Projektils. Wird der Targetkern in einen angeregten Zustand A* versetzt, spricht man von unelastischer Streuung (3b). (siehe *Kernanregung*). Der Übergang in den Grundzustand erfolgt durch Emission von γ-Quanten (siehe *Kernanregung* und *Gammastrahlen*). Die Kernanregung kann auch über rein elektromagnetische Wechselwirkung erfolgen (sogenannte Coulomb-Anregung). In diesem Falle bleiben die Stoßpartner außerhalb der Reichweite für starke Wechselwirkung.

Die meisten Kernreaktionsarten sind dadurch charakterisiert, daß sich die Zusammensetzung der beteiligten Kerne ändert. Beim Strahlungseinfang wird das Projektil vom Target eingefangen und vom Endkern γ-Strahlung emittiert (Ein typischer Vertreter dieses Reaktionstyps ist die (n, γ)-Reaktion (3c). Der Umkehrprozeß zum Strahlungseinfang wird als Photokernreaktion (3d) bezeichnet.

Ein oder mehrere Nukleonen werden in sogenannte Pickup- (3e) und Strippingreaktionen (3f) übertragen. Eine große Vielfalt von Endzuständen in der Reaktion ergibt sich in Stoßprozessen mit schweren Ionen (3g) (siehe *Schwerionenstrahlen*). Häufig treten im Endzustand der Reaktion mehr als zwei Finalteilchen auf (Mehrteilchenreaktion) (3h)). Hierzu gehört auch die Spallationsreaktion, in der durch ein energiereiches Projektil eine größere Anzahl von Nukleonen und Fragmenten erzeugt wird, der Targetkern zersplittert. In hochenergetischen Stoßprozessen spricht man von Fragmentierung, wobei neben den Nukleonen auch neue Teilchen entstehen können.

Insbesondere bei schweren Targetkernen beobachtet man, beispielsweise beim Neutroneneinfang oder der Photokernreaktion, eine Zerlegung in zwei etwa gleich große Bruchstücke (3i) (siehe *Kernspaltung*).

Hohe Anregungsenergie läßt sich in das Kernsystem einbringen, wenn außer kinetischer Energie die Ruheenergie des Projektils zur Verfügung steht, wie das beim Pioneneinfang (3j) der Fall ist. Die Fusionsreaktionen (3k) stellen die wichtigste Energiequelle in der Natur dar (siehe *Kernfusion*).

Um den Reaktionsmechanismus zu untersuchen, hat man gegenwärtig neue Bereiche der Projektil-Target-Kombination und der Einschußenergie erschlossen. In relativistischen Schwerionenstößen untersucht man Eigenschaften der Kernmaterie bei hohen Dichten und Temperaturen, wobei astrophysikalische Bezüge hergestellt werden. Bei Verwendung „exotischer" Elementarteilchen als Projektile (z. B. Mesonen oder Hyperonen) ergeben sich enge Verknüpfungen von Fragestellungen der Kern- und Elementarteilchenphysik. Während in den Kernreaktionen bei niedrigen Energien Änderungen von Nukleonenkonfigurationen vorherrschen, kommen bei höheren Energien spezifische neue Prozesse ins Spiel (Kern- und Projektilfragmentierungen, Teilchenproduktion u. ä.). Hochenergetische Stoßprozesse mit großen übertragenen Impulsen erlauben den Zugang zu Informationen, die häufig nur im Rahmen der Quantenchromodynamik interpretiert werden können, die einen direkten Zugang zur Quarkstruktur der Kernkonstituenten (Nukleonen) ermöglichen.

Abbildung 1 zeigt typische Werte von Wirkungsquerschnitten für verschiedene Geschoßteilchen. Für die meisten Anwendungszwecke spielen im allgemeinen nur solche Kernreaktionen eine Rolle, deren Wirkungsquerschnitte um oder oberhalb 1 mb liegen und die durch niederenergetische Teilchen (geladene Teilchen von Zyklotrons, Mikrotrons oder elektrostatischen Generatoren, Neutronen von Kernreaktoren oder Neutronengeneratoren) ausgelöst werden.

Hochenergetische Elektronen sind besonders günstige Proben, um Kerngröße und Kernform zu bestimmen [7]. Aus der elastischen und unelastischen Elektronenstreuung wurden diesbezüglich sehr genaue Daten erhalten, die später durch die Untersuchungen mit Müonenatomen ergänzt wurden. Für Anwendungszwecke werden im allgemeinen nicht die Elektronen direkt, sondern die durch sie erzeugte Bremsstrahlung ausgenutzt.

Kernreaktionen, die durch Neutrinos ausgelöst werden, spielen aufgrund der extrem kleinen Wirkungsquerschnitte in der Anwendung keine Rolle. Wir erwähnen lediglich, daß wegen der Betainstabilität des Neutrons jeder Kernreaktor einen Antineutrinostrom erzeugt.

Die Reaktionsenergie E_Q (Q-Wert) stellt in jeder Kernreaktion eine charakteristische Größe dar und ergibt sich aus den Bindungsenergien der an der Reaktion beteiligten Kerne (4). Im Falle einer Binärreaktion A (a,b) B kann man die Reaktionsenergie experimentell bestimmen, wenn man das Finalteilchen b spektrometiert (5). Kernreaktionen mit positivem Q-Wert werden als exotherm, solche mit negativem Q-Wert als endotherm bezeichnet. Eine Übersicht für die Energieschwellen typischer Kernreaktionen zeigt Abb. 2. Meist ist die Umrechnung vom Labor- in das Schwerpunktsystem oder umgekehrt erforderlich. Für niedrige Einschußenergien kann man nichtrelativistisch rechnen (6), (7), während man für den Fall hoher Energien von der relativistischen Lorentz-Transformation Gebrauch macht.

Je nach Projektil-Targetkern-Kombination, Einschußenergie und weiteren Parametern mit Meßprozeß selbst lassen sich bestimmte Kernreaktionen bevorzugt erzeugen und registrieren. Im allgemeinen tragen zum Reaktionsablauf aber verschiedene Mechanismen bei. Schematisch ist das in Abb. 3 dargestellt. Hier ist das „inklusive" Spektrum des Teilchens b aus der Reaktion A(a,b)B dargestellt, wobei z. B. a = n und b = p oder α sein könnte. Der hochenergetische Teil des Spektrums ist durch direkte Prozesse, die man Mechanismus der direkten Kernreaktionen nennt, charakterisiert (die Linien entsprechen bestimmten Anregungsenergien im Restkern). Der niederenergetische Teil wird durch die Gleichgewichtsemission bestimmt – die in den Kern eingebrachte Energie hat sich gleichmäßig über den gesamten Kern, den Compoundkern, verteilt. Man spricht von Compoundkern-Mechanismus. Als Bindeglied zwischen diesen beiden Extremfällen treten sogenannte Vorgleichgewichtsprozesse auf, die ebenfalls wesentlich zum Spektrum beitragen. Die Deutung des Datenmaterials von Kernreaktionen hinsichtlich des Reaktionsmechanismus mit entsprechenden Modellen ist eine der wesentlichen Aufgaben der kernphysikalischen Grundlagenforschung. Besondere Bedeutung haben in dieser Hinsicht z. B. das Optische Modell, das Compoundkernmodell, das Modell direkter Kernreaktionen und das hydrodynamische Modell erlangt.

Spezielle Reaktionen. Resonanzreaktionen sind durch starke Änderungen des Wirkungsquerschnitts innerhalb kleiner Energiebereiche gekennzeichnet. Der

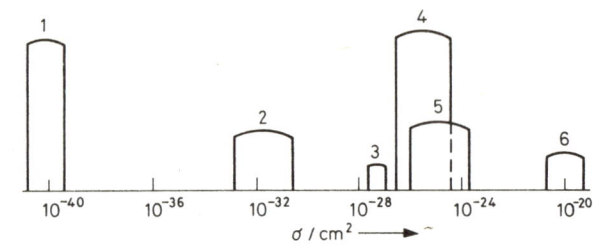

Abb. 1 Übersicht zur Größenordnung der Wirkungsquerschnitte in verschiedenen Kernreaktionen und Streuprozessen

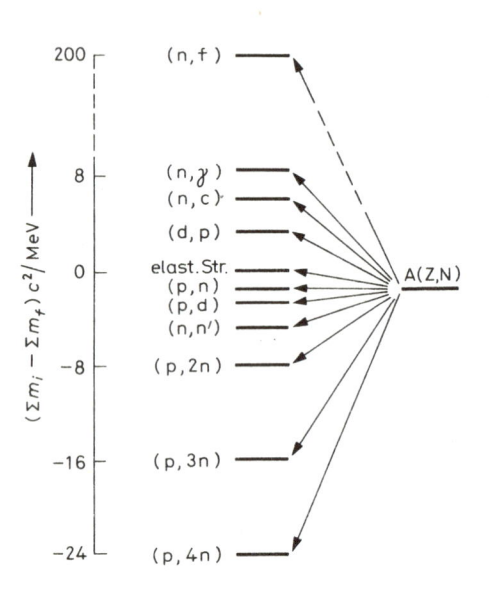

1 Neutrinoreaktionen
2 differentielle Streuwirkungsquerschnitte von Elektronen mit $E \approx 1$ GeV
3 $\gamma + d \longrightarrow n + p$ Photospaltung
4 Produktionswirkungsquerschnitte von Teilchen durch starke Wechselwirkung
5 Compoundkernreaktionen
6 Resonanzreaktionen thermischer Neutronen

Abb. 2 Schematische Übersicht für die Energieschwellen verschiedener Kernreaktionen

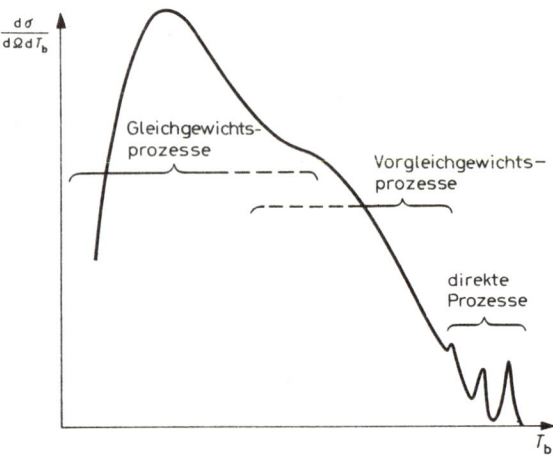

Abb. 3 Schematische Darstellung des Spektrums für das Teilchen b aus der inklusiven Reaktion a + A → b + ...

Tabelle 1 Wirkungsquerschnitte für den Strahlungseinfang thermischer Neutronen

Kern	^{1}H	^{2}H	^{12}C	^{40}Ca	^{113}Cd	^{206}Pb	^{208}Pb	^{238}U
$\sigma/10^{-24}$cm^2	0.33	$5.2 \cdot 10^{-4}$	$3.4 \cdot 10^{-3}$	0,41	$1.98 \cdot 10^4$	$3 \cdot 10^{-2}$	$5 \cdot 10^{-4}$	2.7

Verlauf des Wirkungsquerschnitts läßt sich oft durch die *Breit-Wigner-Formel* (8) beschreiben. Bei höhren Anregungsenergien des Kernsystems wächst die Zahl des Kernenergieniveaus außerordentlich rasch an, so daß sich viele Resonanzen überlappen. Hinzu kommt, daß mit steigender Energie auch die Partialbreiten der verschiedenen Resonanzen anwachsen. Resonanzreaktionen lassen sich mit vielen Projektil-Targetkern-Kombinationen beobachten. Von besonderem Interesse für Anwendungszwecke sind Resonanzreaktionen mit langsamen Neutronen. Typische Breiten der Resonanzniveaus liegen – z. B. in der elastischen Streuung – bei etwa 10 meV, so daß hier selbst bei schweren Kernen einzelne Niveaus auflösbar sind (Abb. 4). Die Resonanzquerschnitte für thermische Neutronen erreichen Werte von 10^{-20} cm^2. Während des Abbremsvorgangs von Neutronen im Reaktormoderator aus dem Energiebereich von einigen MeV bis zu thermischen Energien $\approx 0{,}025$ eV durchlaufen sie solche Resonanzzonen. Das wirft technologische Fragen des Moderatormaterials auf.

Bevorzugt bei höheren Energien treten Kernreaktionen auf, die hauptsächlich durch einen einzigen Wechselwirkungsakt ausgelöst werden (direkte Reaktionen). Neben elastischer und unelastischer Streuung sind es vor allem quasifreie Stoßprozesse, die zum totalen Wirkungsquerschnitt beitragen. Besonders überschaubar ist der Knockout-Prozeß (N,2N) eines Nukleons mit Nukleonen, wenn die Projektilenergie wesentlich höher als die Bindungsenergie des Nukleons im Targetkern ist. In der Kernphysik mißt man auf diese Weise die Impulsverteilung der Nukleonen im Targetkern.

Den direkten Anteil der elastischen Streuung des Projektils am Kern beschreibt man mit Hilfe eines effektiven Wechselwirkungspotentials (Optisches Potential), das mit einem reellen, ortsabhängigen Anteil die Nukleonendichteverteilung erfaßt. Unelastische Prozesse werden durch einen komplexen Term berücksichtigt, und zum Potential kommen weitere spezifische Abhängigkeiten hinzu, die die Spin-Bahn-Wechselwirkung und mögliche Tensorkräfte beschreiben.

Ebenfalls als direkter Prozeß wird der Strahlungseinfang verstanden, der durch elektromagnetische Wechselwirkung hervorgerufen wird. Ein typischer Vertreter ist die (n,γ)-Reaktion, deren Wirkungsquerschnitt für langsame Neutronen proportional zu $1/\sqrt{E_n}$ ist (sogenanntes $\frac{1}{v}$-Gesetz). Einfangprozesse dieses Energiebereichs sind von großem praktischen Interesse beim Einsatz von Neutronen (siehe Tab. 1). Auch

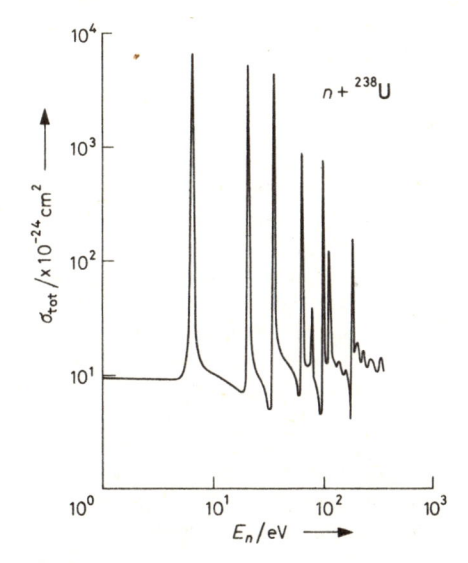

Abb. 4 Totaler Neutronenwirkungsquerschnitt für ^{238}U in Abhängigkeit von der Neutronenenergie

für geladene und schwerere Geschoßteilchen wird der Strahlungseinfang beobachtet (z. B. (α,γ)), aber wegen des Coulomb-Walls setzt dieser Prozeß erst bei höheren Energien ein. Unterhalb wird die bereits erwähnte Coulomb-Anregung beobachtet.

Bei den schwersten Atomkernen beobachtet man, daß der nach der Anlagerung des Projektils entstandene Compoundkern in zwei etwa gleich große Bruchstücke zerfällt. Diese Kernspaltung ist mit einer erheblichen Energiefreisetzung von etwa 200 MeV verbunden. Bei bestimmten Kernen läuft dieser Vorgang bereits bei Anlagerung eines langsamen Neutrons ab.

Kernreaktionen, in denen zwei meist leichte Kerne verschmelzen und im Ausgangszustand wieder zwei oder drei Teilchen produzieren, werden Fusions- oder thermonukleare Reaktionen genannt. Ihre Energiebilanz ist meist positiv; bei der Entstehung von ^{4}He-Kernen ist der q-Wert besonders groß. Einige Reaktionen dieses Typs sind in Tab. 2 zusammengestellt (siehe *Kernfusion*).

Tabelle 2 Fusionsreaktionen und ihre Q-Werte

Reaktion	E_Q/MeV	Reaktion	E_Q/MeV
^{2}H (p, γ) ^{3}He	5	^{6}Li (n, α) ^{3}H	4.56
^{2}H (d, n) ^{3}He	3.25	^{6}Li (d, α) ^{4}He	22.4
^{2}H (d, p) ^{3}H	4.0	^{6}Li (d, p) ^{7}Li	5.2
^{3}H (d, n) ^{4}He	17.6	^{7}Li (d, p) 2^{4}He	17.3
^{3}H (t, 2n) ^{4}He	11	^{7}Li (p, α) ^{4}He	17.2
^{3}He (d, p) ^{4}He	18.3	^{7}Li (d, n) 2^{4}He	14.6

In Stoßprozessen schwerer Kerne mit Energien größer als die Coulomb-Barriere können sehr schwere Compoundsysteme gebildet werden. Auf diese Weise werden in Schwerionenstößen Isotope immer schwerer Transuranelemente erzeugt. Im allgemeinen sind die Lebensdauern solcher Kerne infolge spontaner Zerfälle (α-Zerfall, spontane Spaltung, K-Einfang) kurz. Aus der Systematik des Schalenmodells erwartet man bei Kernen mit der Ladungszahl $Z = 114$ oder der Neutronenzahl $N = 184$ unter bestimmten Voraussetzungen wieder stabilere Kernkonfigurationen.

Mit höherenergetischen Projektilen werden in Kernreaktionen neue Elementarteilchen produziert, die ihrerseits in der Grundlagenforschung und für spezifische Anwendungen eingesetzt werden. Für spezifische Anwendungsaspekte werden an spezialisierten Beschleunigern, wie Mesonenfabriken, intensive Strahlen von Pionen und Müonen zur Verfügung gestellt. Aus Intensitätsgründen kommen heute hauptsächlich Pionen und deren Zerfallsprodukt Müonen für die Anwendung in Frage.

Ein typisches Spektrometer für diese Untersuchungen zeigt Abb. 5. Neben der elastischen und unelastischen Streuung ist in der Kernphysik vor allem der Pioneneinfang von Bedeutung. Während der Einfang an einzelnen Targetkernnukleonen über die elektromagnetische Wechselwirkung abläuft und daher mit vernachlässigbarer Intensität auftritt, erfolgt über die starke Wechselwirkung der Einfang an Wenig-Nukleonen-Gruppen im Kern. Wegen der Energie- und Impulserhaltung beim Einfangsprozeß müssen hier mindestens zwei Nukleonen beteiligt sein. Man beobachtet daher beim π-Einfang im Ausgangskanal hauptsächlich ein Neutron-Neutron-Paar (Einfang am Quasideuteron-np-System) oder ein Neutron-Proton-Paar (Einfang am pp-System). Auf die absorbierende Nukleonengruppe wird wegen der Pionenmasse 140 MeV erhebliche Energie übertragen, die sich besonders bei schweren Kernen durch sekundäre Wechselwirkungen auf weitere Nukleonen verteilt und den Kern hoch anregt. Ein Zerplatzen des Kerns in mehrere Bruchstücke ist möglich. Der Einfang des Pions erfolgt nach seiner Abbremsung im Target aus niedrigliegenden Atombahnen des Pionenatoms, während der konkurrierende Zerfall des Pions unbedeutend ist (siehe *Myonenatome*).

Kennwerte, Funktionen

Definition des differentiellen Wirkungsquerschnitts:
$$dN_b = N_a \cdot n \cdot l \cdot \sigma(\Theta, \varphi) d\Omega, \quad (1)$$

dN_b – Zahl der beobachteten Teilchen b im Raumwinkel $d\Omega$,
N_a – Zahl der Inzidenzteilchen,
n – Zahl der Targetkerne/cm³,
l – Dicke des Targets in Strahlrichtung/cm.

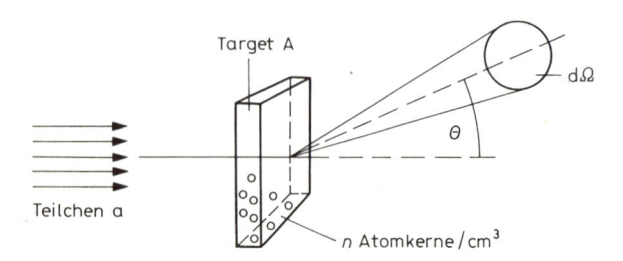

Rutherfordstreuung (nichtrelativistischer Fall, $E_{kA} = 0$):

$$\left(\frac{d\sigma}{d\Omega}\right)_\Theta = \left(\frac{zZe^2}{4\pi\varepsilon_0 E_{ka}}\right)^2 \frac{1}{\sin^4\frac{\Theta}{2}} \quad (2)$$

z, Z – Ordnungszahl von Geschoßteilchen und Targetkern,
m – reduzierte Masse.

Unter dem Wirkungsquerschnitt $\sigma(\Theta, \varphi)$ versteht man das Integral von (2) über den gesamten Raumwinkel 4π.

Übersicht wichtiger Kernreaktionen und Beispiele

Elastische Streuung	$a \triangleq b$	$^{16}O\,(p, p)\,^{16}O$	(3a)
Unelastische Streuung	$a \triangleq b$, B angeregt	$^{24}Mg\,(\pi, \pi')\,^{24}Mg^*$	(3b)
Strahlungseinfang	$b \triangleq \gamma$	$^{181}Ta\,(n, \gamma)\,^{182}Ta$	(3c)
Photokernreaktion	$a \triangleq \gamma$	$^{28}Si\,(\gamma, \alpha)\,^{24}Mg$	(3d)
Pickupreaktion	$a < b$	$^{14}N\,(d, \alpha)\,^{12}C$	(3e)
Strippingreaktion	$a > b$	$^{10}B\,(d, p)\,^{11}B$	(3f)
Schwerionenreaktion	a – schweres Ion	$^{16}O\,(^{20}Ne, ^{12}C)\,^{24}Mg$	(3g)
Mehrteilchenreaktion	Finalteilchenzahl > 2	$^{6}Li\,(p, pd)\,^{4}He$	(3h)
Kernspaltungsreaktion		$n + ^{235}U \rightarrow ^{138}Ba + ^{96}Kr + 2n$	(3i)
Pioneneinfang	$a \triangleq \pi^-$	$^{12}C\,(\pi^-, 2n)\,^{10}B$	(3j)
Fusionsreaktion	a, A – leichte Kerne	$D + T \rightarrow ^{4}He\,(3.5\,MeV) + n\,(14.1\,MeV)$	(3k)

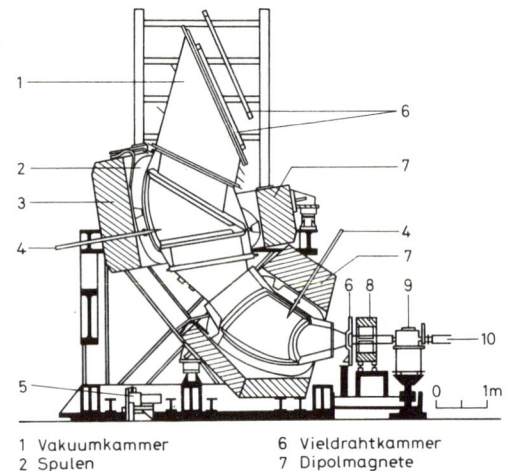

1 Vakuumkammer
2 Spulen
3 Joch
4 NMR-Probe
5 Treibermotor
6 Vieldrahtkammer
7 Dipolmagnete
8 Quadrupollinse
9 Streukammer
10 Pionenkanal

Abb. 5 Beispiel eines Pionenspektrometers hoher Energieauflösung für die Untersuchung von Pion-Kern-Wechselwirkungen [8]

Definition der Reaktionsenergie:

$$E_Q = \sum_f E_{Bf} - \sum_i E_{Bi}, \quad (4)$$

E_{Bi}, E_{Bf} – Bindungsenergien der in der Reaktion beteiligten Kerne im Anfangs- und Endzustand.
Bestimmung des Q-Wertes für die Reaktion A(a,b)B:

$$E_Q = \left(1 + \frac{m_b}{m_B}\right) E_{kb} - \left(1 - \frac{m_a}{m_B}\right) E_{ka}$$
$$+ \frac{E_{ka}^2 + E_{kb}^2 - E_{kB}^2}{2 m_B c^2} - 2 \frac{\sqrt{m_a m_b}}{m_B} \cdot \sqrt{E_{ka} E_{kb}}$$
$$\times \left(1 + \frac{E_{ka}}{2 m_a c^2}\right)^{1/2} \cdot \left(1 + \frac{E_{kb}}{2 m_b c^2}\right)^{1/2} \cos\Theta. \quad (5)$$

Kinetische Energie im Massenmittelpunktsystem (nichtrelativistisch) für die Reaktion A(a,b)B:

$$E_k^{(M)} = E_{ka} \cdot \frac{m_A}{m_a + m_A}. \quad (6)$$

Schwellenenergie E_s zum Auslösen der endothermen Reaktion A(a,b)B (Laborsystem):

$$E_s = -E_Q \frac{m_a + m_A}{m_A}. \quad (7)$$

Breit-Wigner-Formel (Resonanzreaktion für Bahndrehimpuls l und Teilchen ohne Spin):

$$\sigma_{\alpha\beta} = (2l + 1)\, \pi \lambda_\alpha^2 \frac{\Gamma_\alpha \Gamma_\beta}{(E - E_{res})^2 + (\tfrac{1}{2}\Gamma)^2}, \quad (8)$$

$\Gamma_\alpha, \Gamma_\beta$ – Partialbreiten des Eingangs- und Ausgangskanals,
Γ – Gesamtbreite des Zwischenniveaus,
$\pi \lambda_\alpha^2 \approx \dfrac{0{,}648}{E/\text{MeV}} \cdot 10^{-24}\,\text{cm}^2$.

Anwendungen

Das Feld der Kernreaktions-Anwendungen ist außerordentlich groß. Es reicht von der Energieumwandlung in volkswirtschaftlichen Maßstäben (siehe *Brüten, Kernfusion, Kernspaltung*) über Stoffwandlungsprozesse (siehe *Bestrahlungseffekte in Festkörpern, Ionenimplantation, Gammastrahlen, Schwerionenstrahlen*) bis hin zu feinsten Meßverfahren (siehe *Aktivierung, Müonenatome*). In diesem Artikel wird beispielhaft auf einige größere Anwendungsgebiete aufmerksam gemacht.
Aktivierungsanalyse. Man versteht darunter die Untersuchung der nukliden Zusammensetzung von Proben. Durch Bestrahlung werden künstlich Radionuklide erzeugt oder vorhandene Nuklide angeregt (siehe *Kernzerfall, Kernanregung*), deren Identifizierung über die von ihnen ausgehenden Strahlungen möglich ist. Aus der Intensität dieser Strahlungen kann auf die Konzentration der Nuklide in der Probe geschlossen werden. Meist führt man Relativmessungen durch, d. h., man vergleicht mit der Strahlung, die in einer Probe mit bekannter Zusammensetzung entsteht. Die verbreitetste Methode des Aktivierungsnachweises besteht in der Messung der Gammastrahlung. Zur Aktivierung dienen verbreitet Neutronen mit thermischer Energie bis hin zu 14 MeV, Bremsstrahlung, erzeugt mit Linearbeschleunigern, Betatrons und Mikrotrons und geladene Teilchen, wie Protonen, Deuteronen, ^{3}He$-$ und ^{4}He$-$ Ionen aus Zyklotronen. Die Aktivierungsanalyse hat in allen Bereichen der Volkswirtschaft und in den unterschiedlichsten Wissenschaftsgebieten Eingang gefunden [9].
Kernenergetik. Die Energieerzeugung durch die Spaltung von ^{235}U und ^{239}Pu mit langsamen Neutronen in den thermischen Reaktoren wird heute weltweit betrieben (siehe *Kernspaltung*). Erste Erfahrungen werden auch mit schnellen Brütern gesammelt (siehe *Brüten*). Das sind Anlagen, die über die Energieproduktion hinaus neuen Kernbrennstoff ^{233}U und ^{239}Pu durch den Einfang schneller Neutronen aus der Kernspaltung und anderen zusätzlich ablaufenden Kernreaktionen an ^{232}Th und ^{238}U erzeugen. Dadurch soll einer zu erwartenden Verknappung des Kernbrennstoffs ^{235}U entgegengewirkt werden. Als alternative Methode der Kernbrennstoffproduktion wird seit etwa zehn Jahren die sogenannte elektronukleare Methode diskutiert, d. h. die Umwandlung der genannten Nuklide mit Hilfe von Beschleunigerteilchen [10]. Gegenwärtig werden zwei Varianten betrachtet: die Verwendung von Protonenbeschleunigern mit einer Energie von etwa 1 GeV und einem Strom von einigen hundert mA (siehe *Teilchenbeschleunigung*) und die Verwendung einer Mesonenfabrik (d. i. im Prinzip der gleiche Beschleunigertyp) zur Auslösung von Fusionsreaktionen mit Hilfe von Müonen [11]. In beiden Fällen sollen äußerst intensive Neutronenquellen entstehen, die die genannten Umwandlungen auslösen. Mit Hilfe der Protonenreaktionen können in Targets aus den schwersten Elementen aus Spallationsreaktionen pro Proton mehr als 20 Neutronen erzeugt werden. In der Myonenkatalyse, einer durch Myonen katalytisch ausgelösten Kernfusion der leichtesten Kerne, kann die Neutronenausbeute bei Ausnutzung zu erwartender Resonanzeffekte noch größer sein.
Die zur direkten Kernfusionsenergetik betriebenen Forschungen gehen meist von der Kernreaktion (3k) aus (siehe *Kernfusion*). Die Verschmelzung von Deuterium- und Tritiumkernen soll entweder durch die magnetische Fusion, bei der die Teilchen durch Magnetfelder in der Reaktionszone gehalten werden (z. B. *Tokamak-Anlagen*) oder durch die Trägheitsfusion realisiert werden, in der die Verschmelzungsreaktion über Ionen- oder Laserstrahlen explosionsartig ausgelöst wird, noch bevor die Reaktionspartner auf Grund ihrer Trägheit auseinandergeflogen sind. Wenn diese Anlage von einem Uran- oder Thoriumtarget umgeben

wird, einem Blankett, in dem durch die schnellen Neutronen der Fusionsreaktion ein Brutprozeß vor sich geht, spricht man von Hybridreaktoren.

Erzeugung von Radionukliden. Voraussetzung für die Erzeugung größerer Mengen von Radionukliden sind intensive und gleichzeitig möglichst billige Strahlenquellen. Man verwendet in erster Linie die Neutronenstrahlung am Kernreaktor und die Strahlen geladener Teilchen an Zyklotronen [12]. Nach der Bestrahlung des Targets schließt sich im allgemeinen eine radiochemische Aufarbeitung zur Herstellung des gewünschten Präparats an. An Reaktoren nutzt man in erster Linie die hohen Aktivierungsquerschnitte in der (n,γ)-Reaktion mit thermischen Neutronen. Bis auf wenige Ausnahmen erzeugt man dadurch β^--Emitter. Für die Erzeugung spezieller Radionuklide werden auch andere Neutronenreaktionen – beispielsweise (n,p) oder (n,α) – ausgenutzt. Über die Spaltung von ^{235}U gelangt man zu Spaltnukliden, die den Elementebereich von Zn bis Dy überdecken.

Die mit geladenen Teilchen erzeugten Radionuklide (Zyklotronnuklide, Beschleunigernuklide) haben die Eigenschaft, neutronendefizit zu sein und ergänzen daher die Palette der meist protonendefiziten Reaktornuklide. Die von Zyklotrons (Isochronzyklotrons) beschleunigten Teilchenstrahlen p,d,^{3}He,α und auch schwere Ionen werden verwendet. Häufig ausgenutzte Reaktionen sind (p,2n), (d,n), (d,2n), (α,2n). Mit mittelenergetischen Protonen erzeugt man Radionuklide in der Spallationsreaktion. Wegen des Neutronendefizits wandeln sich Zyklotronnuklide durch β^+-Emission oder Elektroneneinfang um. Meist ist die Positronenstrahlung von einer γ-Strahlung begleitet. Zum überwiegenden Teil werden diese Radionuklide für Diagnoseverfahren in der Medizin verwendet. Beispielsweise kann man über die Annihilationsstrahlung (siehe *Annihilation*) die dreidimensionale Radioaktivitätsverteilung ermitteln (Positronemissionstomografie). Der Elektroneneinfang (meist K-Einfang) ist von einer charakteristischen Röntgenstrahlung begleitet. Auf diese Art zerfallende Radionuklide finden ihre Anwendung in der Röntgenfluoreszenzanalyse (siehe *Röntgenstrahlen*).

Strahlentherapie. In der Medizin finden Kernreaktionen in breitem Maße Anwendung, sowohl als Mittel der Therapie, als auch der Diagnostik. Als Diagnoseverfahren seien hier die Müonenröntgenanalyse genannt (siehe *Müonenatome*), und die Tumorsuche mit Hilfe der Protonenstreuung [11]. Aufgabe der Strahlentherapie mit beschleunigten Teilchen ist die gezielte und möglichst selektive Abtötung der malignen Zellen, so daß ein Weiterwachsen des Tumors unterbunden wird. Dieser Abtötungseffekt wird durch Kernreaktionen an den Atomkernen des Gewebes erreicht. Im Falle von Neutronen wird der Ionisationseffekt der erzeugten Rückstoßprotonen wirksam. Die Tiefendosisverteilung für 14 MeV-Neutronen entspricht etwa der mit γ-Strahlen des ^{60}Co erhaltenen. Günstiger in dieser Hinsicht sind aufgrund ihrer hohen lokalen Ionisationsdichte energiereiche Protonen, mittelschwere Ionen bis etwa Ne oder negative Pionen. Für diese Teilchenstrahlen ist die Zunahme der Energie-Deposition am Reichweitenende charakteristisch (Bragg-Maximum), während das dem Tumor vorgelagerte Gewebe nur gering belastet wird. Ungünstig ist der hohe Aufwand zur Erzeugung dieser Strahlen, da ein Beschleuniger für hohe Energien benötigt wird. Umfangreiche klinische Erfahrung bei der Bestrahlung von Patienten mit Protonen (Dubna) und α-Teilchen (Berkeley) liegen vor. Zur Tumorbekämpfung mit negativen Pionen werden an den existierenden Mesonenfabriken vielfältige Untersuchungen durchgeführt. Die Spezifik der Pion-Kern-Wechselwirkung, die durch den Einfang des Pions am Reichweitenende geprägt ist (Bildung von sogenannten Pionensternen), weist eine Reihe von Vorteilen gegenüber der γ-Strahlung auf. Dazu gehören insbesondere ein besseres Tiefendosisprofil, höhere Relative Biologische Effektivität besonders für anoxische Zellen, höherer Prozentsatz für nicht-reparierbare DNS-Schäden in den Tumorzellen und schnelleres kinetisches Ansprechen der Zellen auf die Bestrahlung [13].

Literatur

[1] RUTHERFORD, E., Phil. Mag. **37** (1919) 581.
[2] BOTHE, W.; BECKER, H., Z.Physik **66** (1930) 289.
[3] CHADWICK, J., Proc. royal Soc. (London) **A136** (1932) 692.
[4] COCKROFT, J.D., Proc. royal Soc. (London) **A137** (1932) 229.
[5] FERMI, E., Nature **133** (1934) 757 und 898.
[6] HAHN, O.; STRASSMANN, F., Naturwissenschaften **27** (1939) 11 und 89.
[7] HOFSTADTER, R., Rev. mod. Phys. **28** (1956) 214.
[8] ALBANESE, J.P.; ARVIEUX, J.; BOSCHITZ, E.T.; et. al., Nucl. Instrum. Meth. **158** (1979) 363.
[9] Symposium über die Anwendung neuer kernphysikalischer Methoden für die Lösung wiss.-techn. und volkswirtschaftlicher Aufgaben. Bericht P18-82-117 Dubna 1982.
[10] BARTHOLOMEW, N.N; FRASER, J.S.; GARVEY, P.M.: Accelerator Breeder Concept. Report AECL – 6363 Chalk River 1978; SCHRIBER, S.O.: Canadian Accelerator Breeder System Development. Report AECL – 7840 Chalk River 1982.
[11] MUSIOL, G.; RANFT, J.; RREIF, R.; SEELIGER, D.: Kern- und Elementarteilchenphysik. – Berlin: VEB Deutscher Verlag der Wissenschaften 1987.
[12] Wissensspeicher Isotopentechnik. Hrsg.: R. MÜNZE. – Leipzig: VEB Fachbuchverlag 1985; RABYKHIN, Yu. S.; SHALNOV, A.V.: Beschleunigerstrahlen und ihre Anwendungen. – Moskau: Atomizdat 1980 (in russ.).
[13] KfK Nachrichten (Kernforschungszentrum Karlsruhe) Jahrgang **11**, Heft 4/29.

Kernspaltung

Auf der Suche nach neuen schweren Elementen, den Transuranen, fanden O. Hahn und F. Strassmann 1938, daß beim Beschuß von Uran mit langsamen Neutronen Barium und Lanthan entsteht [1, 2, 3]. Diese neue Kernreaktion wurde von L. Meitner und O. Frisch als Kernspaltung erklärt [4]. Mit dem Tröpfchenmodell konnte der Mechanismus der Kernspaltung von N. Bohr, J. A. Wheeler [5] und unabhängig davon von J. Frekel beschrieben werden. Nach der induzierten Kernspaltung gelang G. N. Flerov und K. A. Petrčak im Jahre 1940 der Nachweis der spontanen Kernspaltung. Die technische Nutzung der bei der Kernspaltung freiwerdenden Energie wurde schon 1939 von S. Flügge vorgeschlagen. Zum ersten Male setzte im Dezember 1942 E. Fermi in Chicago eine sich selbst erhaltende Kettenreaktion von Kernspaltungen in Gang. Mit diesem ersten Kernreaktor begann die kontrollierte Freisetzung der Kernenergie. Im Jahre 1954 wurde das erste Kernkraftwerk der Welt in Obninsk (UdSSR) in Betrieb genommen.

Bei der Kernspaltung werden etwa 0,1% der Ruhemasse eines Kernes in Energie umgewandelt. Die vollständige Umsetzung von 1 g Uran durch Kernspaltung entspricht einer Energiefreisetzung von $9 \cdot 10^{10}$ J. Das sind $3 \cdot 10^6$ mal mehr Energie als bei der Verbrennung von 1 g Kohle entstehen. Mit der Kernenergie verfügt die Menschheit über eine ungeheure Energiequelle, deren friedliche Nutzung den wachsenden Energiebedarf der Zukunft für mehrere hundert Jahre sichern kann [6].

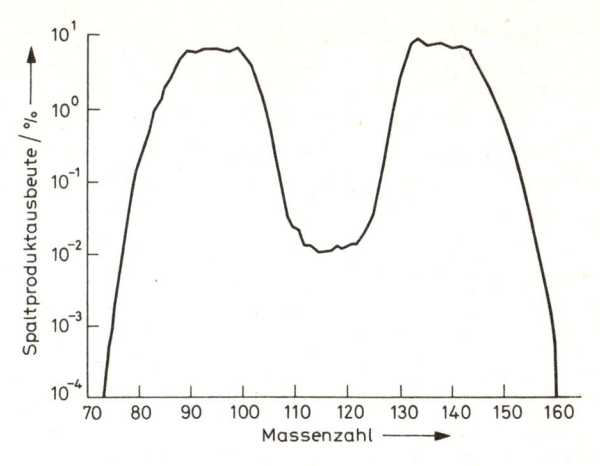

Abb. 1 Massenverteilung der Spaltprodukte für die thermische Spaltung von ^{235}U

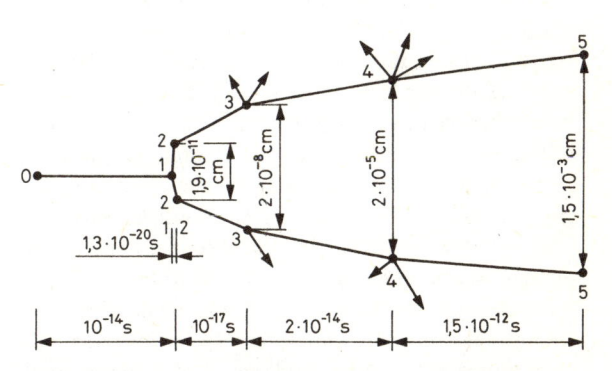

Abb. 2 Abstand der Spaltfragmente über dem zeitlichen Ablauf der Kernspaltung
0 – Anfangszustand, 1 – Abrißpunkt, 2 – Spaltfragmente haben 90% ihrer kinetischen Energie, 3 – prompte Neutronemission, 4 – prompte Emission von Gammaquanten, 5 – Stop der Spaltfragmente und β-Zerfälle

Sachverhalt

Die Kernspaltung ist eine Kernreaktion, die kollektiven Charakter trägt. An ihr sind eine Vielzahl von Nukleonen beteiligt. Sie kann spontan erfolgen (spontane Kernspaltung) oder durch das Eindringen eines Teilchens in den Kern (induzierte Kernspaltung) hervorgerufen werden. Besondere Bedeutung hat die neutroneninduzierte Kernspaltung im Gebiet der Aktiniden für die Energieerzeugung.

Die Kernspaltung beginnt mit einer Oberflächendeformation des Kernes. Die Oberfläche des Kernes gerät in Schwingungen. Bei großen Deformationen beginnt sich der Kern an einer Stelle einzuschnüren (Hantelform). Es kommt zum Auseinanderbrechen in zwei Spaltfragmente mit meist unterschiedlichen vergleichbaren Massen (Abb.1). Sehr selten werden mehr als zwei, z. B. drei Bruchstücke formiert (ternäre Spaltung). Die Spaltfragmente werden durch die abstoßend wirkenden Coulomb-Kräfte beschleunigt. Während der Beschleunigungsphase geben sie ihre große Anregungsenergie durch die Emission von prompten Neutronen und prompten Gammaquanten ab. Die Spaltfragmente werden im Medium abgebremst. Ihre kinetische Energie ist die Hauptenergiequelle der Kernspaltung. Die zur Ruhe gekommenen Spaltfragmente, die nun Spaltprodukte genannt werden, haben im allgemeinen einen Überschuß an Neutronen und sind deshalb radioaktiv. Sie wandeln sich durch eine Reihe von Betazerfällen in langlebige, radioaktive oder in stabile Nuklide um. Dabei können ebenfalls Gammaquanten und Neutronen (verzögerte Neutronen) emittiert werden. Die Abb. 2 zeigt den Abstand der Spaltfragmente als Funktion des zeitlichen Ablaufs der Kernspaltung [8].

Die Kernspaltung ist für Nuklide im Gebiet der Aktiniden energetisch besonders günstig. Sie ist auch für leichtere Nuklide bis zur Massenzahl $A \geq 100$ möglich, erfordert jedoch eine Energiezufuhr zur Überwindung der größer werdenden Spaltbarriere. Spontane Spaltung wird nur für Nuklide beobachtet, die schwerer als ^{232}Th sind.

Kennwerte, Funktionen

Nicht jede Spaltung eines bestimmten Nuklids führt zu dem gleichen Ergebnis. Vielmehr gibt es eine breite Massenverteilung der Spaltprodukte. Die Kurve für die Wahrscheinlichkeit des Auftretens eines Spaltprodukts mit der Massenzahl A pro Spaltung weist für die Auslösung mit thermischen Neutronen zwei Maxima auf, die nahe $A = 93$ und $A = 139$ liegen (Abb. 1). Die Spaltung verläuft vorwiegend asymmetrisch in ein leichtes und ein schweres Spaltprodukt. Die symmetrische Teilung ist etwa 600 mal unwahrscheinlicher. Für die Spaltung von Nukliden mit höheren Massenzahlen bleibt das „schwere" Maximum unverändert, während sich das „leichte" Maximum zu höheren Massenzahlen verschiebt. Mit wachsender Anregungsenergie des spaltenden Kernes erhöht sich der Anteil der symmetrischen Spaltung. Die Massenverteilung der Spaltprodukte und ihre Eigenschaften können durch Schaleneffekte in den Systemen der Neutronen und Protonen im Kern erklärt werden [7].

Die Zahl der pro Spaltung emittierten prompten Neutronen kann von Null bis Acht variieren. Die Verteilung ist für alle Nuklide sehr ähnlich. Die mittlere Anzahl $\bar{\nu}$ der je Spaltung freigesetzten Neutronen beträgt z. B. für die thermische Kernspaltung von ^{235}U − 2,416 ± 0,008. Mit wachsender Anregungsenergie wächst auch die Zahl der emittierten Neutronen. Es gilt $d\bar{\nu}/dE = 0,144$ Neutronen/MeV. Das Energiespektrum der prompten Spaltneutronen läßt sich theoretisch schwer erklären. Das experimentell gefundene Spektrum hat eine einfache Form. Es kann durch eine Maxwell-Verteilung angenähert werden.

Es gilt

$$\chi(E_n^f) = \frac{2}{\sqrt{\pi}} T^{-3/2} \sqrt{E_n^f} \, e^{-E_n^f/T} \quad (1)$$

mit der Normierung

$$\int_0^\infty \chi(E_n^f) \, dE_n^f = 1 \, . \quad (2)$$

Die Spaltfragmente besitzen nach dem Auseinanderbrechen des Kernes sehr viel Anregungsenergie, die sie primär durch Emission von Neutronen abgeben. Erst wenn die Anregungsenergie in die Nähe der Neutronenbindungsenergie kommt (5-6 MeV) wird die Emission von Gammaquanten wahrscheinlich. Die Zahl der Photonen pro Spaltung beträgt etwa 7. Die mittlere Energie pro Photon liegt bei 1 MeV.

Der Spaltquerschnitt ist ein Maß für die Wahrscheinlichkeit der induzierten Kernspaltung. Er ist abhängig von der Energie des Inzidenzteilchens. Als Beispiel zeigt Abb. 3 den Spaltquerschnitt für die neutroneninduzierte Kernspaltung von ^{235}U, ^{238}U und ^{239}Pu. Es lassen sich drei Bereiche unterscheiden. Bis zur Neutronenenergie $E_n = 1$ eV nimmt σ_f monoton ab,

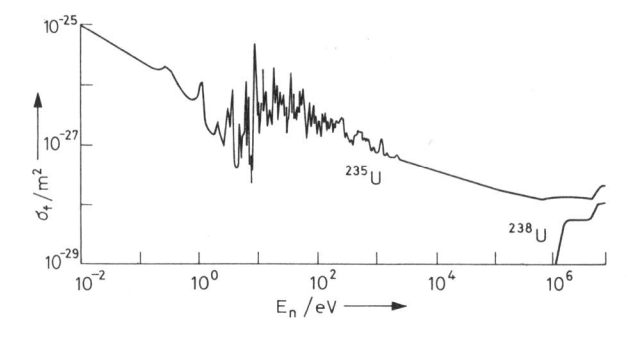

Abb.3 Spaltquerschnitte von ^{235}U und ^{238}U als Funktion der kinetischen Energie der Neutronen [9]

von 1 eV bis 1 000 eV folgt das Gebiet der Resonanzen. Für höhere Energien verläuft der Querschnitt wieder stetig und bleibt nahezu konstant. Nuklide, für die die Neutronenbindungsenergie $E_B^{(n)}$ größer als die Spaltbarriere B_f ist, können schon von Neutronen mit geringer Energie zur Spaltung angeregt werden. Die Energie $E_n = 25,3$ meV wird thermisch genannt, da sie der Energie der Neutronen bei Raumtemperatur ($T = 293$ K) entspricht. Der entsprechende thermische Spaltquerschnitt $\sigma_{nf}^{(th)}$ ist für Nuklide mit ungerader Neutronenzahl (z. B. ^{235}U, ^{239}Pu), für die im allgemeinen $E_B^{(n)} > B_f$ gilt, sehr hoch. Im Gegensatz dazu ist für Nuklide mit gerader Neutronenzahl $E_B^{(n)} < B_f$. Der Spaltquerschnitt dieser Nuklide (z.B. ^{232}Th, ^{238}U) weist eine deutliche Schwelle bei Neutronenenergien um 1 MeV auf.

Pro Kernspaltung des Nuklids ^{235}U mit thermischen Neutronen wird eine Energie $E = 202,76$ MeV frei. Davon werden $Q = 194,14$ MeV in Wärme umgewandelt, wobei die Energie $E = 169,75$ MeV aus der kinetischen Energie der Spaltbruchstücke resultiert.

Anwendungen

Die wichtigste technische Anwendung erfährt die Kernspaltung im Kernreaktor. Um die Kernspaltung als Energiequelle zu nutzen, müssen eine Vielzahl von Spaltungen gleichzeitig ablaufen, die sich gegenseitig induzieren. Voraussetzung ist eine sich selbst erhaltende Kettenreaktion. Dazu werden im Kernreaktor die bei jeder Spaltung emittierten Spaltneutronen ausgenutzt. Das Energiespektrum der Spaltneutronen liegt jedoch im Bereich niedriger Spaltquerschnitte. Nur bei Neutronenenergien unter 10^{-1} eV übertrifft die Kernspaltung andere konkurrierende Kernreaktionen. Es ist also eine Abbremsung der schnellen Spaltneutronen auf thermische Energien notwendig. Dazu werden Moderatoren eingesetzt. Als Moderatoren eignen sich Stoffe mit geringer Neutronenabsorption wie Schwerwasser D_2O oder Graphit. Im natürlichen Gemisch von Uran beträgt der Anteil des ^{235}U nur 0,72%.

Tabelle 1 Typische Werte für die technischen Parameter thermischer Reaktoren [aus 9]

		PWR	BWR	AGR	CANDU-PHWR
Thermische Leistung	MW	3780	3580	1493	2156
Elektrische Leistung	MW	1240	1220	621	633
Wirkungsgrad	%	32,8	34,1	41,6	29,4
Brennstoff		UO_2	UO_2	UO_2	UO_2
totale Brennstoffmenge	kg U	103 500	136 200	114 000	86 000
^{235}U Anreicherung	%	1,9/2,5/3,2	2–3	2,0–2,55	0,73
Moderator		H_2O	H_2O	Graphit	D_2O
Kühlmittel		H_2O	H_2O	CO_2	D_2O
Druck	bar	158	68	43	100
Einlaßtemperatur	°C	292	216	292	267
Auslaßtemperatur	°C	326	285	645	310
Mittlerer Abbrand	MWd/t	35 000	28 400	18 000	7000
Umladesequence		$^1/_3$ pro Jahr	$^1/_4$ pro Jahr	kontin.	kontin.
Reaktorkern Höhe	m	3,9	3,8	8,3	5,94
Durchmesser	m	3,6	4,9	9,1	6,28

Die Anreicherung auf etwa 2% erlaubt auch den Einsatz von Leichtwasser H_2O als Moderator. Zur Abführung der Wärme werden als Kühlmittel Leichtwasser oder Gase (CO_2, He) verwendet.

Im thermischen Reaktor wird als Kernbrennstoff vorwiegend das ^{235}U verbraucht. Damit wird das Uran nur zu einem geringen Prozentsatz ausgenutzt (siehe *Brüten*). Gegenwärtig basiert die Kernenergieerzeugung hauptsächlich auf Leichtwasserreaktoren (LWR). Diese arbeiten mit angereichertem Uran als Brennstoff. Sie werden als Druckwasserreaktoren (PWR) oder als Siedewasserreaktoren (BWR) gebaut. Im PWR wird die Wärme an das Wasser, das unter hohem Druck steht, im ersten Kreislauf übertragen. Über einen Dampferzeuger wird in einem zweiten Kreislauf Dampf produziert, der ein Turbogeneratorsystem betreibt. Im Gegensatz dazu wird im BWR der Dampf für das Turbogeneratorsystem direkt im Reaktor erzeugt.

Thermische Reaktoren mit schwerem Wasser (HWR) als Moderator und Kühlmittel können mit Natururan als Brennstoff arbeiten. Verschiedene Varianten des HWR wurden auch mit Leichtwasser und CO_2 als Kühlmittel entwickelt. Typischer Vertreter dieser Klasse ist der CANDU-PHW-Reaktor (Canada Deuterium Uranium Pressurized Heavy Water Reactor). Auch thermische Reaktoren mit Graphit als Moderator und Gas (CO_2 oder Helium) als Kühlmittel können mit Natururan arbeiten (AGR), werden aber wegen der besseren Neutronenbilanz in der Praxis mit angereichertem Uran betrieben.

In Tab. 1 sind die wichtigsten technischen Parameter der thermischen Reaktoren gegenübergestellt [11].

Literatur

[1] HAHN, O.; STRASSMANN, F., Naturwissenschaften 26 (1938) 755.
[2] HAHN, O.; STRASSMANN, F., Naturwissenschaften 27 (1939) 11.
[3] HAHN, O.; STRASSMANN, F., Naturwissenschaften 27 (1939) 89.
[4] MEITNER, L.; FRISCH, O.R., Nature 143 (1939) 239.
[5] BOHR, N.; WHEELER, I.A., Phys. Rev. 56 (1939) 426.
[6] MOROZOV, I.G., Atomwirtschaft 7 (1983) 400.
[7] VANDENBOSCH, R., HUIZENGA, J.R.: Nuclear Fission. – New York/London: Academic Press 1973.
[8] MICHAUDON, A.: Nuclear Fission and Neutron-Induced Fission Cross-Sections.-Oxford: Pergamon Press 1981.
[9] KESSLER, G.: Nuclear Fission Reactors. In: Topics in Energy. Hrsg.: L. BAUER u. a. – Wien/New York: Springer-Verlag 1983.
[10] SPICKERMANN, W.: Kernenergie; Tatsachen, Tendenzen, Probleme. – Leipzig/Jena/Berlin: Urania Verlag 1981.
[11] MUSIOL, G.; RANFT, J.; REIF, R.; SEELIGER, D.: Kern- und Elementarteilchenphysik. – Berlin: VEB Deutscher Verlag der Wissenschaften 1987.

Kernzerfall

Im Jahre 1896 entdeckte H. BECQUEREL, daß von Uranerzen ausgehende Strahlen photographische Platten schwärzen. Die Natur dieser Strahlung blieb zunächst unbekannt. 1898 gelang es MARIE und PIERRE CURIE, aus uranhaltigen Mineralen zwei bisher unbekannte intensiv strahlende Elemente, Polonium und Radium, zu gewinnen. E. RUTHERFORD und F. SODDY erklärten 1902 das Auftreten radioaktiver Strahlung als Folge der spontanen Umwandlung radioaktiver Substanzen. 1905 wurde von E. v. SCHWEIDLER der statistische Charakter dieses Prozesses erkannt. 1909 konnte E. RUTHERFORD α-, β- und γ-Strahlung unterscheiden und sicher charakterisieren. Der Zusammenhang zwischen dem Auftreten einer bestimmten Strahlungsart und der Änderung der Ordnungszahl der radioaktiven Substanz wurde 1913 von K. FAJANS und F. SODDY als Verschiebungssätze formuliert. Auf der Grundlage des 1911 von E. RUTHERFORD vorgeschlagenen Atommodells mit Hülle und Kern setzte sich die Erkenntnis durch, daß der radioaktive Prozeß eine spontane Kernumwandlung ist. Die Entstehung der γ-Strahlung wurde 1925 von LISE MEITNER mit der Abregung des bei α- oder β-*Zerfall* entstehenden Tochterkerns erklärt. 1928 folgte durch G. GAMOV sowie E. U. D. CONDON und R. W. HENRY die theoretische Erklärung des α-*Zerfalls*; 1934 durch W. PAULI die des β-*Zerfalls*. Ebenfalls 1934 entdeckten IRENE CURIE und F. JOLIOT die künstlich erzeugte Radioaktivität sowie den β⁺-*Zerfall*. Als weitere Zerfallsarten wurden der *Elektroneneinfang* 1937 von L. W. ALVAREZ und die *spontane Spaltung* 1940 von G. N. FLEROV und K. A. PETRŽAK entdeckt. Die *Kerniosomerie* konnte 1935 von I. V. KURČATOV, L. V. MYSOVSKIJ und L. I. RUSINOV sowie durch C. F. v. WEIZSÄCKER und LISE MEITNER erklärt werden [2]. Obwohl anfangs die praktische Bedeutung der Kernphysik kaum in Erwägung gezogen wurde, haben sich neben der Nutzung der Kernenergie eine Reihe eigenständiger mit dem Kernzerfall verbundener Fachrichtungen entwickelt. Die Erforschung der beim Kernzerfall ablaufenden Prozesse, die bei weitem noch nicht abgeschlossen ist, ist die Aufgabe der *Zerfallsspektroskopie* [1–6].

Die Radionuklidtechnik beschäftigt sich mit dem Einsatz von den Kernzerfall ausnutzenden Verfahren in der Analysenmeß- und BMSR-Technik. Meßanordnungen und -verfahren werden in der Kernstrahlungsmeßtechnik und Kernelektronik entwickelt und untersucht. Die Nuklearmedizin beinhaltet Diagnoseverfahren unter Einsatz von Radionukliden.

Sachverhalt

Außer den stabilen, d. h. zeitlich unveränderlichen Isotopen (siehe *Isotopie*) der chemischen Elemente existieren Nuklide, die einer spontanen Umwandlung, dem Kernzerfall unterliegen [1–6]. Wegen der dabei auftretenden Strahlung wird diese Erscheinung auch *Radioaktivität* genannt. Radionuklide kommen im natürlichen Isotopengemisch bestimmter Elemente vor. Eine weitaus größere Zahl kann mit Hilfe von Kernreaktionen künstlich erzeugt werden.

Der Kernzerfall erfolgt nach statistischen Gesetzmäßigkeiten. Für ein Einzelatom kann der Zerfallszeitpunkt nicht vorausgesagt werden, sondern nur die Wahrscheinlichkeit, daß der Zerfall in einem gegebenen Zeitintervall stattfindet. Die Anzahl der Zerfälle, die in einer Probe je Zeiteinheit im Mittel stattfinden, nennt man deren *Aktivität* und die Zeit, in der die Hälfte der am Anfang vorhandenen radioaktiven Ausgangssubstanz zerfällt, *Halbwertszeit*. Zwei Formen ein und desselben Nuklids, die mit unterschiedlichen Halbwertszeiten zerfallen, nennt man *Isomere*. Infolge des Kernzerfalls eines *Mutternuklids* entstehen ein oder mehrere *Tochternuklide*, die sich im allgemeinen vom Mutternuklid in ihrer Ordnungszahl unterscheiden. Ist die Tochtersubstanz auch instabil, so spricht man von einer Zerfallskette.

Es gibt verschiedene Arten des Kernzerfalls. Der *Alphazerfall* eines Mutternuklids mit der Massenzahl A_M und der Protonenzahl (Ordnungszahl) Z_M führt über die Aussendung eines Heliumkerns (Alphateilchen) zu einem Tochternuklid mit $A_T = A_M - 4$ und $Z_T = Z_M - 2$. Die kinetische Energie der Alphateilchen liegt innerhalb bestimmter engbegrenzter Bereiche. In Analogie zur optischen Spektrometrie spricht man von einem Linienspektrum.

Beim *Betazerfall* bleibt die Massenzahl erhalten. Die Ordnungszahl erhöht sich infolge β⁻-Zerfall um eine Einheit, wobei ein Elektron (β⁻-Teilchen) sowie ein elektronisches Antineutrino ausgesandt wird. Beim β⁺-Zerfall werden ein Positron (β⁺-Teilchen) und ein Neutrino ausgesandt, und die Ordnungszahl wird um eine Einheit kleiner. Das energetische Spektrum der Betastrahlung ist im Gegensatz zur Alphastrahlung kontinuierlich und erstreckt sich bis zu einer für jedes Nuklid charakteristischen Maximalenergie.

Eine weitere Zerfallsart, bei der die Massenzahl erhalten bleibt und die Ordnungszahl um eine Einheit abnimmt, ist der *Elektroneneinfang* (EC), bei dem ein Hüllenelektron vom Kern absorbiert und ein Neutrino ausgesandt wird.

Nach einem Alpha- oder Betazerfall oder einem Elektroneneinfang kann sich der entstehende Tochterkern in einem angeregten Zustand befinden. In den meisten Fällen geht der Kern daraufhin unter Aussendung elektromagnetischer Strahlung (siehe Gammastrahlen) in den Grundzustand über. In Konkurrenz dazu tritt *Innere Konversion* auf, bei der die Energie einem Hüllenelektron übertragen wird. Weitere, seltener auftretende Konkurrenzprozesse sind Alphaemission (langreichweitige Alphastrahlung), *Innere Paarbildung*, *Neutronenemission* (betaverzögerte Neutronen) und *Protonenemission* (betaverzögerte Protonen). Ist die Emission elektromagnetischer Strahlung infolge bestimmter Auswahlregeln (hohe Spindifferenz) stark behindert, so liegt Isomerie vor, und es kann in Konkurrenz auch Betazerfall erfolgen. Zur Halbwertszeit des Grundzustandes tritt dann beim gleichen Nuklid zusätzlich die des Isomers auf. Ist das Nuklid gegenüber Betazerfall stabil, so erfolgt nur Gammaemission und innere Konversion mit der Halbwertszeit des Isomers. Infolge Elektroneneinfang bzw. innerer Konversion entsteht eine Vakanz in der Atomhülle, und es kommt zur Emission charakteristischer Röntgen-Strahlung (siehe *Röntgenstrahlen*) oder Auger-Elektronen (siehe *Auger-Effekt*). Kerne mit sehr großer Massenzahl können durch spontane Spaltung (siehe *Kernspaltung*) aus dem Grundzustand oder einem isomeren Zustand zerfallen, wobei Neutronen ausgesandt werden. Bei einer Reihe instabiler Nuklide treten mehrere Arten des Kernzerfalls in Konkurrenz auf (z.B. Alpha- und Betazerfall, β^+- und β^--Zerfall. Alphazerfall und spontane Spaltung). Da es auch für die Abregung der angeregten Tochterkerne im allgemeinen verschiedene Möglichkeiten gibt, werden alle Wege des Verlaufs des Kernzerfalls mit ihren Wahrscheinlichkeiten sowie Energien in einer übersichtlichen graphischen Darstellung, dem Zerfallsschema zusammengefaßt (siehe z.B. *Gammastrahlen* für ^{60}Co und ^{137}Cs und *Kernanregung* für Coulomb-Anregung von ^{238}U).

Kennwerte, Funktionen

Sind in einer Probe N Atome eines instabilen Nuklids vorhanden, so erfolgt der Zerfall gemäß

$$-\frac{dN}{dt} = \lambda \cdot N. \qquad (1)$$

Der im Zerfallsgesetz (1) auftretende Proportionalitätsfaktor λ ist die Zerfallskonstante des entsprechenden Nuklids. Die Lösung der Differentialgleichung (1) liefert das exponentielle Zerfallsgesetz

$$N(t) = N_0\, e^{-\lambda t}, \qquad (2)$$

wobei N_0 die zum Zeitpunkt $t=0$ vorhandene Atomzahl ist. Die *Aktivität* fällt ebenfalls exponentiell mit der Zeit ab:

$$A(t) = \left| -\frac{dN}{dt} \right| = A_0\, e^{-\lambda t}. \qquad (3)$$

In der Praxis wird anstelle von λ meistens die *Halbwertszeit*

$$T_{1/2} = \frac{\ln 2}{\lambda} \qquad (4)$$

angegeben.

In einer zweistufigen Zerfallskette sei zum Zeitpunkt $t=0$ noch keine Tochtersubstanz (mit λ_2) vorhanden und die Aktivität der Muttersubstanz (mit λ_1) sei $A_1(0)$. Dann gilt für die Tochteraktivität:

$$A_2(t) = A_1(0)\, \frac{\lambda_2}{\lambda_2 - \lambda_1}\, \left(e^{-\lambda_1 t} - e^{-\lambda_2 t}\right). \qquad (5)$$

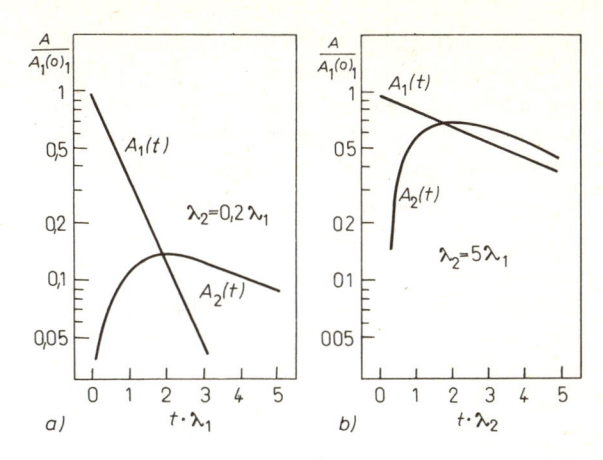

Abb. 1 Zeitlicher Verlauf von Mutter- und Tochteraktivität (siehe Text)

Die Abbildung illustriert den zeitlichen Verlauf der Aktivitäten von Mutter- und Tochtersubstanz für die Fälle $\lambda_1 > \lambda_2$ (a) und $\lambda_1 < \lambda_2$ (b). Ist die Halbwertszeit der Muttersubstanz einer Zerfallskette, die sich auch über mehrere Nuklide erstrecken kann, sehr viel größer als die aller instabilen Tochtersubstanzen, so stellt sich nach genügend langer Zeit ein radioaktives Gleichgewicht ein, was z. B. in guter Näherung für Uranium- und Thoriumerze gilt. Die Aktivitäten aller Tochtersubstanzen sind hierbei proportional zu der der Muttersubstanz.

Innerhalb eines Zeitintervalls $\Delta T \ll T_{1/2}$ kann die Aktivität einer Probe als konstant betrachtet werden, und der Erwartungswert der Anzahl der Zerfälle beträgt:

$$\Delta N = A \cdot \Delta T. \qquad (6)$$

Aufgrund des statistischen Charakters des Kernzerfalls weicht die Anzahl der innerhalb eines bestimmten ΔT tatsächlich zerfallenen Kerne im allgemeinen davon ab. Der Mittelwert $\overline{\Delta N}$ der in n gleichen Zeitintervallen $\Delta T_1 ... \Delta T_n$ stattfindenden Zerfälle $\Delta N_1 ... \Delta N_n$

$$\overline{\Delta N} = \frac{1}{n} \sum_{i=1}^{n} \Delta N_i \qquad (7)$$

nähert sich bei Vergrößerung von n immer mehr dem Erwartungswert ΔN. Ein Maß für die mittlere Abweichung der einzelnen Zerfallsanzahlen ΔN_i vom Mittelwert $\overline{\Delta N}$ ist die Standardabweichung:

$$s = \sqrt{\frac{1}{n-1} \sum_{i=1}^{n} (\Delta N_i - \overline{\Delta N})^2}. \qquad (8)$$

Bei genügend großem n liegen 68% aller Zahlen $\Delta N_1 ... \Delta N_n$ im Bereich $\overline{\Delta N} \pm s$; 95% in $\overline{\Delta N} \pm 2s$ und 99,7% in $\overline{\Delta N} \pm 3s$. Aufgrund des statistischen Charakters des Kernzerfalls sind die Häufigkeiten gleicher Werte innerhalb $\Delta N_1 ... \Delta N_n$ Poisson-verteilt, woraus die wichtige Beziehung

$$s = \sqrt{\overline{\Delta N}} \qquad (9)$$

folgt. Umgekehrt gilt für die Bestimmung der Aktivität aus der Anzahl ΔN_T in einem Zeitintervall ΔT zerfallenen Kerne (falls andere Meßfehler vernachlässigbar sind): Die Aktivität liegt mit einer Wahrscheinlichkeit von 68% im Intervall $(\Delta N_T \pm \sqrt{\Delta N_T})/\Delta T$, mit 95% Wahrscheinlichkeit in $(\Delta N_T \pm 2\sqrt{\Delta N_T})/\Delta T$ usw. Die gleichen Gesetzmäßigkeiten gelten für den Nachweis von Kernspaltung mit Detektoren, wobei anstelle von A die mittlere Ereigniszahl je Zeiteinheit auftritt und ΔN_T die Anzahl der innerhalb ΔT registrierten Kernstrahlungspartikel ist.

Anwendungen

Nahezu 1 500 Radionuklide werden zur Lösung einer großen Zahl von Problemen in Industrie, Landwirtschaft, Medizin, Archäologie, Kriminalistik und anderen Gebieten eingesetzt [3].

In den meisten Anwendungsfällen wird die bei deren Kernzerfall entstehende Strahlung mit Hilfe spezieller Meßanordnungen nachgewiesen. Dafür existiert eine Vielzahl von Kernstrahlungsdetektoren und an diese angepaßte meist elektronische Auswerteanlagen [2,4], mit deren Hilfe die Strahlungsintensität, deren räumliche (Radiographie) oder energetische (Spektrometrie) Verteilung oder deren zeitliche Änderung bestimmt werden kann. In anderen Anwendungsfällen werden strahlungsinduzierte Veränderungen in Festkörpern oder Folgeprodukte des Kernzerfalls nachgewiesen.

Die *wichtigsten Detektoren* sind Ionisationskammern, Proportionalzähler, Auslösezähler, Halbleiterdetektoren, Szintillationsdetektoren, spezielle Fotoemulsionen und Kernspurdetektoren. Es gibt eine Vielzahl von Typen spezieller Konstruktion, die in den einzelnen Anwendungsfällen zum Einsatz kommen. Weitverbreitet sind: Ionisationskammern zur Messung der Strahlungsintensität in Dosimetrie und Strahlenschutz, Zinksulfid-Szintillationszähler für Alphateilchen, Glockenzählrohre und Silicium-Halbleiterdetektoren für Betastrahlung, Geiger-Müller-Zählrohre für Gammastrahlung sowie Natriumjodid-Thallium-Szintillationsdetektoren (NaJ(Tl)) und Germanium-Lithium-Halbleiterdetektoren (Ge (Li)) für die Gammaspektrometrie.

Die in der BMSR-Technik eingesetzten Kernstrahlungsdetektoren oder spezielle Anordnungen von Radionuklidstrahlungsquellen und Detektoren werden auch als radiometrische Sensoren bezeichnet.

Die Strahlung der in den natürlichen Isotopengemischen einiger Elemente vorkommenden Radionuklide (Tab. 1) bzw. deren Folgeprodukte kann zur Konzentrationsbestimmung dieser in Proben genutzt werden. Derartige Messungen werden z. B. bei der Uranium- und Thoriumgewinnung und -verarbeitung von der Lagerstättenerkundung bis hin zum Endprodukt durchgeführt. Mit Hilfe des Radionuklids ^{40}K lassen sich in der Kaliumindustrie K_2O-Gehalte in Roh- und Mischsalz sowie in Löselaugen von 0 bis 65% bestimmen. Die Meßfehler betragen 0,15 bis 0,30% K_2O-Gehalt bei 1 min Meßzeit [3].

Unter Ausnutzung natürlicher Radionuklide läßt sich das Alter von Gesteinen, Mineralen, archäologischen Funden u. a. bestimmen [6]. Voraussetzung ist, daß zum zu datierenden Zeitpunkt (Absterben biologischer Systeme, Trennung hydrologischer Systeme vom natürlichen Wasserkreislauf, Erstarrung von Gesteinen usw.) Stoffaustauschprozesse bezüglich des entsprechenden Radionuklids oder dessen Folgeprodukten unterbrochen wurden. Infolge des Kernzerfalls kommt es dadurch zu einer Verringerung des Anteils der Radionuklide im Vergleich zum noch im Stoffkreislauf befindlichen natürlichen Isotopengemisch sowie zur Ansammlung von deren Folgeprodukten. In gewissen U-haltigen Mineralen kommt es zur Ansammlung von Strukturveränderungen, hervorgerufen durch die spontane Spaltung. Die Radiokarbonmethode nutzt das durch die kosmische Strahlung in der Atmosphäre gebildete Radionuklid Kohlenstoff-14 (Tab. 1), das im am biologischen Stoffkreislauf beteiligten Kohlenstoff mit einem Anteil vorhanden ist, bei dem sich Erzeugungsrate und Aktivität im Gleichgewicht befinden. Durch Messung des Kohlenstoffgehaltes und der ^{14}C-Aktivität läßt sich der Zeitpunkt des Absterbens bei archäologischen Funden in einem Bereich von 500 bis 50 000 Jahren mit einer Unsicherheit von etwa 100 Jahren am oberen Ende bestimmen. Die

Tabelle 1 Einige wichtige Radionuklide

Nuklid	$T_{1/2}$	Zerfall	Teilchenenergie/MeV	$E\gamma$/MeV	Bemerkungen
H-3	12,53 a	β^-	0,0186		„Tritium"
C-14	5730 a	β^-	0,156		„Radiokohlenstoff"
Na-22	2,6 a	EC, β^+	0,54	1,28	
K-40	$1,26 \cdot 10^9$ a	β^-, EC			nat. Radionuklid
Mn-54	312,2 d	EC		0,83	
Fe-55	2.7 a	EC		(0,06)	char. Röntgenstrahlung
Rb-87	$6,3 \cdot 10^{10}$ a	β^-	0,27		nat. Radionuklid
Tc-99m	6,05 h	I		0,14	
T-131	8,05 d	β^-	0,61	0,36	
Po-210	138 d	α	5,3		
U-238	$4,5 \cdot 10^9$ a	α	4,2		nat. Radionuklid
Pu-238	86,4 a	α	5,5		
Cf-252	2,6 a	α, f	6,12		Neutronenquelle

Kalium-Argon-Methode nutzt das beim Zerfall von ^{40}K entstehende Edelgas ^{40}Ar, das sich in Gesteinsproben, beginnend mit deren Erstarrung, ansammelt. Das Alter ergibt sich aus dem massenspektrometrisch bestimmten ^{40}Ar-Anteil sowie der ^{40}K-Restaktivität. Bei der Bahnspurmethode werden die durch die Produkte der spontanen Kernspaltung von ^{238}U in einer Probe hervorgerufenen Strukturveränderungen durch chemische Ätzprozesse sichtbar gemacht und ausgezählt. Andere Verfahren nutzen den Kernzerfall ^{235}U, ^{232}Th und ^{87}Rb.

Die meisten der zum Einsatz gelangenden Radionuklide werden künstlich mit Hilfe von Kernreaktionen an Teilchenbeschleunigern, durch Neutronenbestrahlung in Reaktoren (siehe *Aktivierung*) oder durch chemische Abtrennung von Spaltprodukten bzw. Transuranen von verbrauchtem Kernbrennstoff (siehe *Kernspaltung*) hergestellt. Mit Hilfe von Radionuklidgeneratoren lassen sich kurzlebige Tochternuklide gewinnen, indem diese durch geeignete chemische Methoden von der längerlebigen Muttersubstanz abgetrennt werden. Nach etwa drei bis vier Halbwertszeiten des Tochternuklids stellt sich erneut genügend Tochteraktivität ein, und es kann bei Bedarf eine weitere Abtrennung erfolgen (siehe *Markierung*). Durch den schnellen Zerfall des Tochternuklids wird die Gesamtstrahlenbelastung des Untersuchungsobjekts gering gehalten.

Bei der Radiometrie werden Veränderungen der Intensität oder des Energiespektrums von Kernstrahlung bei Durchgang durch Stoffe oder Rückstreuung von diesen oder von Sekundärstrahlung mit Hilfe von Detektoren (radiometrische Sensoren) registriert. Daraus lassen sich Daten über Füllstände, Schichtdicken, Dichten und Zusammensetzungen gewinnen und für die Steuerung von Produktionsprozessen, Gütekontrollen u. a. nutzen. Bei der Durchstrahlungsmethode mit Gammastrahlung wird das exponentielle Schwächungsgesetz für die Intensität

$$I = I_0\, e^{-\mu' d} \qquad (10)$$

genutzt (siehe *Gammastrahlen*), wobei μ' der von der chemischen Zusammensetzung und der Energie der Gammastrahlung abhängige Massenschwächungskoeffizient und $d = \varrho \cdot x$ die Flächenmasse einer Schicht der Dichte ϱ und Dicke x ist. Für Betastrahlung gilt ein ähnliches Gesetz (siehe *Abschirmung ionisierender Strahlung*). Die Auswahl geeigneter Radionuklide erfolgt nach deren Strahlungsenergie und der Flächenmasse des Meßobjekts (Tab. 2). Mit Hilfe der Radiographie werden Abbilder durchstrahlter Objekte gewonnen, um z. B. verborgene Defekte nachzuweisen. Als Strahlungsdetektoren kommen Silberhalogenidemulsionen zur Anwendung, deren Schwärzung auch quantitativ durch Densitometrie ausgewertet werden kann.

Zur Untersuchung von chemischen Reaktionen, Transport- und Bewegungsvorgängen sowie zur Analyse von Stoffen und Stoffgemischen kommen *Radioindikatoren* (Radiotracer) zum Einsatz (siehe *Markierung*). Bei der *Aktivierungsanalyse* werden Radionuklide durch Bestrahlung einer Probe (meistens mit Neutronen) erzeugt und zur Analyse der Probe genutzt (siehe *Aktivierung*).

Bei einigen Anwendungsfällen von Radionukliden werden Strahlungswirkungen auf bestimmte Objekte, z. B. für Sterilisationszwecke, für die Strahlentherapie, zur Beeinflussung chemischer Reaktionen u. a. genutzt (siehe *Gammastrahlen*).

Die beim Kernzerfall freiwerdende Energie kann in *Radionuklidbatterien* ohne mechanisch bewegte Teile in elektrische Energie umgewandelt werden. Genutzt wird die Ionisationswirkung der Strahlung oder die bei deren Absorption entstehende Wärme. Der mögliche Leistungsbereich liegt zwischen unter einem mW und 100 kW, der Wirkungsgrad bei 1 bis 20%.

Tabelle 2 Radionuklide für Durchstrahlungsverfahren (aus [2])

Nuklid	$T_{1/2}$	E_β/MeV	E_γ/MeV	Dickenbereich/gcm^{-2}
S-35	87 d	0,156		0,001…0,006
Ca-45	164 d	0,258		0,002…0,015
Kr-85	10,3 a	0,672		0,015…0,09
Tl-204	4,0 a	0,766	0,376	0,02…0,12
Sr-90/Y-90	27,7 a	2,27		0,1…0,6
Ru-106/Rh-106	1,0 a	3,53	0,51	0,18…1
Tm-170	127 d	0,968	0,084	1…16
Ir-192	74 d	0,675	0,14…1,16	9…55
Cs-137/Ba-137	26,6 a	1,18	0,662	11…70
Co-60	5,3 a	0,310	1,17; 1,33	15…90

Literatur

[1] STOLZ, W.: Radioaktivität (Mathematisch-naturwissenschaftliche Bibliothek, Bd. 67 ff). – Leipzig: BSB B.G. Teubner Verlagsgesellschaft 1976.

[2] MUSIOL, G.; RANFT, J.; REIF, R.; SEELIGER, D.: Kern- und Elementarteilchenphysik. – Berlin: VEB Deutscher Verlag der Wissenschaften 1987.

[3] BI-Taschenlexikon Radioaktivität. Hrsg. J. LEONHARD. 1. Aufl. – Leipzig: VEB Bibliographisches Institut 1982.

[4] KMENT, V.; KUHN, A.: Technik des Messens radioaktiver Strahlung. – Leipzig: Akademische Verlagsgesellschaft Geest & Portig K.-G. 1963.

[5] HERFORTH, L.; HÜBNER, K.; KOCH, H.: Praktikum der Radioaktivität und der Radiochemie. – Berlin: VEB Deutscher Verlag der Wissenschaften 1986.

[6] WILLKOMM, H.: Altersbestimmungen im Quartär – Datierung mit Radiokohlenstoff und andere kernphysikalische Methoden. (Thiemig-Taschenbücher Bd. 55 ff) – München: Thiemig-Verlag 1976.

Kossel-Effekt

Nachdem W. Kossel bereits 1924 „Röntgeninterferenzen aus Gitterquellen" vorausgesagt hatte, konnte er sie erst 1935 beim Beschuß von Kupferkristallen mit Elektronen experimentell nachweisen und ausführlich untersuchen[1]. Wenig später zeigte G. B. Borrman, daß auch durch „kalte" Anregung der „Gitterquellen" mit Röntgenstrahlen (Fluoreszenzanregung) analoge Interferenzerscheinungen erhalten werden [2]. 1974 gelang es V. Geist und R. Flagmeyer, intensive *Kossel-Reflexe* beim Beschuß von Halbleitereinkristallen mit Protonen zu erzeugen [3]. Der Nachweis protoneninduzierter Kossel-Reflexe an Metalleinkristallen erfolgte kurz darauf [4,5].

Die Anwendung von Elektronenstrahlmikrosonden und der Rasterelektronenmikroskopie mit feinfokussiertem Elektronenstrahl unter Berücksichtigung des Kossel-Effektes ergab ein neues aussagekräftiges röntgenographisches Mikrobeugungsverfahren [6]. Der protoneninduzierte Kossel-Effekt erweiterte wesentlich den Anwendungsbereich ionometrischer Meßverfahren (siehe *Ionenstreuung, Kanalisierungseffekt*).

Sachverhalt

Durch elektromagnetische Wechselwirkung energiereicher geladener Teilchen (z. B. Elektronen, Protonen) oder von Röntgenquanten mit den Atomen eines einkristallinen Targets wird die Emission der charakteristischen Röntgenstrahlung der Gitteratome („Gitterquellen") im beschossenen Probenbereich angeregt (siehe Abb. 1). Ein Teil dieser isotrop emittierten Röntgenstrahlung wird an den Netzebenen (h,k,l) des Kristalls unter dem Bragg-Winkel ϑ_{hkl} reflektiert, wenn die Bragg-Bedingung

$$\sin\vartheta_{hkl} = \frac{\lambda}{2 d_{hkl}}$$

erfüllt ist (siehe *Braggsche Reflexion*); λ ist die Wellenlänge der emittierten charakteristischen Röntgenstrahlung, d_{hkl} der Netzebenenabstand. Interferenzen der Primärstrahlung mit der reflektierten und der reflektierten Röntgenstrahlen miteinander führen entlang eines Kegelmantels zu Intensitätsänderungen. Die Achse dieses *Kossel-Kegels* steht senkrecht auf den reflektierenden Netzebenen; seine Spitze liegt im Emissionszentrum. Die Registrierung der als „Kossel-Reflexe" bezeichneten Intensitätsänderungen der charakteristischen Röntgenstrahlung außerhalb des Kristalls erfolgt mit geeignetem Filmmaterial oder mit Halbleiterdetektoren. Auf dem großflächigen Filmdetektor werden, entsprechend seiner Positionierung, die Kossel-Reflexe als Kegelschnittlinien (*Kossel-Linien*) registriert.

Aus Geometrie und Lage des Kossel-Kegels (Öff-

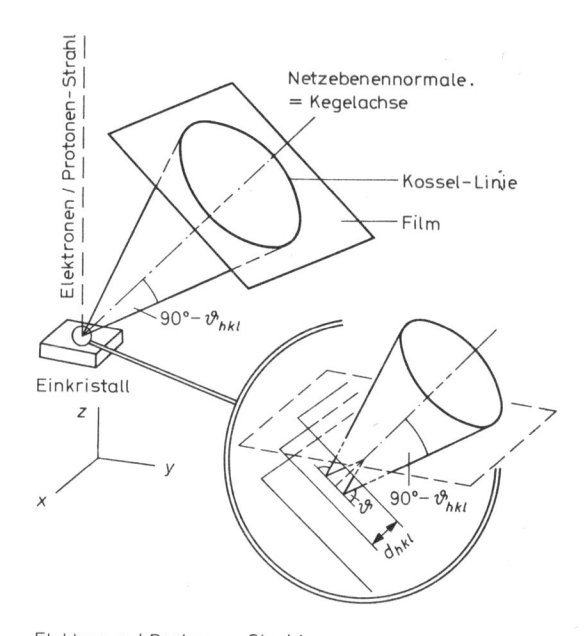

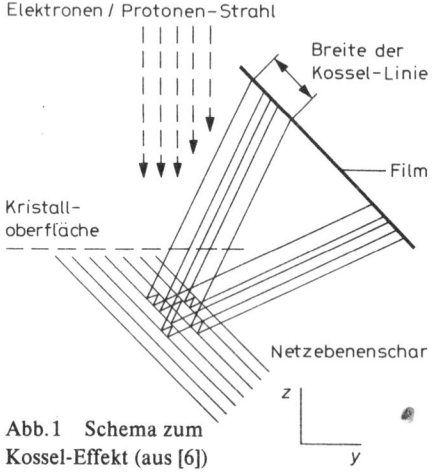

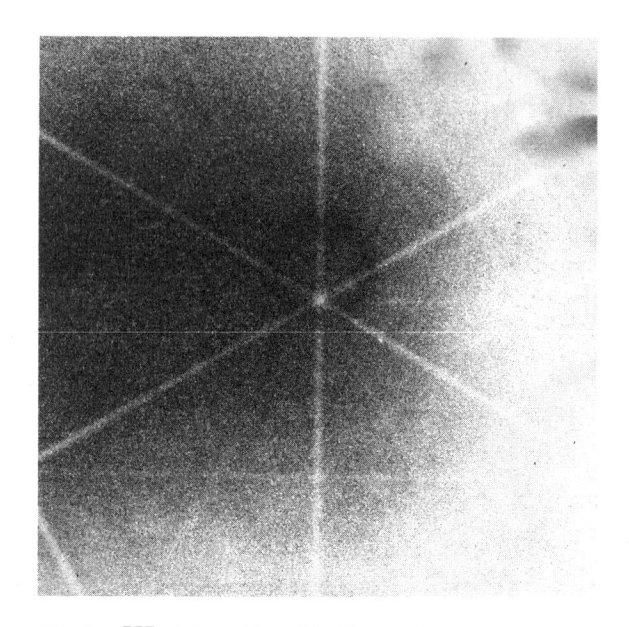

Abb.1 Schema zum Kossel-Effekt (aus [6])

Abb.2 $(\bar{1}\bar{1}2)$-P-K$\alpha_{1,2}$ Kossel-Reflex und Protonogramm eines ZnSiP$_2$-Einkristalls ($c/a = 1{,}934 \pm 0{,}002$)

nungswinkel $\varphi = \pi - 2\vartheta_{hkl}$) lassen sich Netzebenenabstände d_{hkl} bestimmen, aus dem Intensitätsprofil einer Kossel-Linie, das selbst Intensitätsstrukturen aufweist, folgen u. a. Aussagen zur Polarität des Kristalls. Das Intensitätsprofil wird bestimmt durch die Phasendifferenz zwischen Primär- und Reflexionsstrahlung und hängt damit empfindlich und direkt von den Positionen der emittierenden und reflektierenden Atome in der Gitterzelle ab. Die für Röntgeninterferenzen im allgemeinen gültige Friedelsche Regel gilt deshalb nicht für Kossel-Reflexe, d. h., die komplementären Reflexe (hkl) und $(\bar{h}\bar{k}\bar{l})$ an nichtzentrosymmetrischen Strukturen sind unterschiedlich. Eine genaue Berechnung des Linienprofils ist mit den Mitteln der dynamischen Theorie der Röntgenstrahlinterferenzen möglich [7]. Bei der gleichzeitigen Registrierung von photoneninduzierten Kossel-Linien und der Intensitätsverteilung der rückgestreuten Protonen (Protonogramm) erhält man zusätzliche Informationen über die Kristallstruktur, da das Protonogramm die Projektion des Raumgitters wiedergibt (siehe Abb. 2).

Kennwerte, Funktionen

Das emittierende und damit untersuchbare Kristallvolumen wird a) durch den Durchmesser des Inzidenzstrahls (für Elektronen: Strahldurchmesserminimum ca. 0,5 µm; für Protonen: Minimum ca. 0,3 mm) und b) durch eine mittlere Emissionstiefe t^* bestimmt (t^* von 1 µm bis 15 µm). Diese Werte zeigen die mögliche hohe lokale Auflösung. Typische Energien der Inzidenzteilchen sind für Elektronen 10 keV bis 50 keV, für Protonen liegen sie im MeV-Gebiet. Die „Belichtungszeiten" betragen in der Regel einige Minuten. Im Fall der Röntgen-Fluoreszenzanregung sind sie wesentlich größer.

Die Bedingung $\lambda < 2 d_{hkl}$ schränkt die Zahl der untersuchbaren Einkristalle ein. So können z. B. im Silicium- und Aluminiumeinkristall direkt keine Kossel-Reflexe erhalten werden, da die Wellenlängen der Si-K_α- bzw. Al-K_α-Strahlung im Vergleich zu den entsprechenden Gitterkonstanten zu groß sind.

Bei Kristallen mit schwereren Gitteratomen ($Z \geq 50$) werden sehr viele Reflexe der K-Strahlung erhalten, sie sind im Strahlungsuntergrund kaum erkennbar. In diesen Fällen sind oft Interferenzen der L- oder auch der M-Strahlung besser auswertbar.

Liefert die direkte Kossel-Technik keine Reflexe oder sind diese zu intensitätsschwach bzw. zu zahlreich, dann kann die Pseudo-Kossel-Technik angewandt werden. Dabei wird die eigentliche „Röntgenquelle" (durch äußere Strahlung angeregter geeigneter Röntgenemitter) entweder als dünne Schicht direkt auf der Kristalloberfläche (*Punkt-Pseudo-Kossel-Technik*) [6] oder in ihrer unmittelbaren Nähe angeordnet (*Weitwinkel-Kossel-Technik*). In beiden Fällen liegt eine bezüglich des reflektierenden Gitters inkohärente Quellenlage vor.

Die integrale Linienintensität und damit das Effekt/Untergrund-Verhältnis eines Kossel-Reflexes wird wesentlich von der Bremsstrahlung mitbestimmt. Die Kossel-Reflexe bei Protonenstoßanregung sind deshalb im allgemeinen wesentlich kontrastreicher als bei Elektronenstoßanregung.

Die Intensitäten der Kossel-Linien unterscheiden sich von den Untergrundwerten im Mittel um 2% bis 5%; Werte bis 25% konnten bei Anregung langwelliger Strahlung durch Protonenstoß erhalten werden. Diese Vorteile der Protonenstoßanregung werden aber durch die gleichzeitige Erzeugung von Strahlenschäden eingeschränkt. Die Kristallschädigung kann durch geeignete Wahl der Protonenenergie relativ klein gehalten werden. Andererseits gestattet der protoneninduzierte Kossel-Effekt, auch die Wirkung derartiger Strahlenschäden im Einkristall „in situ" zu studieren.

Anwendungen

Die Geometrie des Reflexsystems liefert Aussagen über Orientierung, Symmetrie und Gitterkonstanten des untersuchten Kristallvolumens (erreichbare Genauigkeiten: $\Delta d/d_0 \approx 10^{-5}$, Orientierung: 0,05°). Abweichungen von einer bestimmten Kristallsymmetrie, z. B. tetragonale Verzerrungen des kubischen Gitters sind an Vielfachschnitten von Kossel-Linien erkenn- und bestimmbar [6].

Bei der gleichzeitigen Aufnahme eines Protonogramms und der protonenstoßinduzierten Kossel-Reflexe werden – selbst beim Vorhandensein nur eines einzigen Kossel-Reflexes – tetragonale Verzerrungen im Kristall deutlich sichtbar; in Abb. 2 wird die asymmetrische Lage eines $\{\bar{1}\bar{1}2\}$-P-K_α-Reflexes bezüglich der $\langle\bar{2}\bar{2}\bar{1}\rangle$-Richtung im ZnSiP$_2$-Protonogramm gezeigt [8]. Diese Asymmetrie entspricht einer Stauchung des Gitters in $\langle 001 \rangle$-Richtung um 3,3 % ($\Delta d = 0,018$ nm). Infolge der hohen Ortsauflösung, insbesondere bei Elektronenstoßanregung, können derartige Bestimmungen auch an einzelnen Kristalliten polykristalliner Materialien, in der Nähe von Korngrenzen und an Grenzflächen von Epitaxieschichten vorgenommen werden. Mit dieser Methode wurden so der Einfluß von Kristallbaufehlern, mechanischen Spannungen, Fremdatomeinlagerungen, Stöchiometrieänderungen und anderen Größen auf die Gitterkonstante, Symmetrie und Orientierung untersucht.

Durch Variation der Targettemperatur ermöglicht der Kossel-Effekt, thermische Ausdehnungskoeffizienten zu bestimmen und Phasenumwandlungen und andere temperaturabhängige Prozesse zu untersuchen. Als Beispiel ist in Abb. 3 eine elektronenstoßinduzierte Kossel-Aufnahme eines Kupfereinkristalls (Orientierung: (001)) wiedergegeben, aufgenommen bei $T = 188{,}5\,°C$. Während bei dieser Temperatur die (042)-$K_{\alpha1}$- und (024)-$K_{\alpha1}$-Reflexe noch voneinander getrennt sind, kommt es bei $T = 262\,°C$ zu einer Berührung der Kossel-Kreise, und bei $T = 363\,°C$ bildet sich ein linsenförmiger Überlappungsbereich, der sich bei einer Vergrößerung oder Verkleinerung des Netzebenenabstandes hochempfindlich ändert [9]. Untersuchungen zur Phasenumwandlung wurden z. B. am Hochtemperatur-Supraleiter V_3Si ($T = -253\,°C$; Battermann-Barrett-Transformation) durchgeführt [4].

Der protoneninduzierte Kossel-Effekt ermöglicht insbesondere „in situ" Bestimmungen der genannten Einkristallparameter. Abbildung 4 zeigt eine derart gemessene Vergrößerung des $\{111\}$ – Netzebenenabstandes eines GaP-Einkristalls beim Beschuß mit Protonen der Energie von 1 MeV [10].

Das Profil der Kossel-Linien enthält Informationen über Versetzungsdichten, Gitterbaufehler, Strahlenschäden und über Streuphasen, Versetzungen im Bereich von $10^7\,cm^{-2}$ bis $10^{10}\,cm^{-2}$ führen zu auswertbaren Linienverbreiterungen, und bereits eine geringe Zahl von Gitterdefekten, z. B. durch Protonenimplantation hervorgerufen, hat eine deutliche Intensitätsänderung bestimmter Reflexe zur Folge; mechanische Störungen der Kristalloberfläche sind analog nachweisbar [11]. Diese Intensitätsbeeinflussung läßt sich durch Variation der Extinktionsverhältnisse theoretisch erklären.

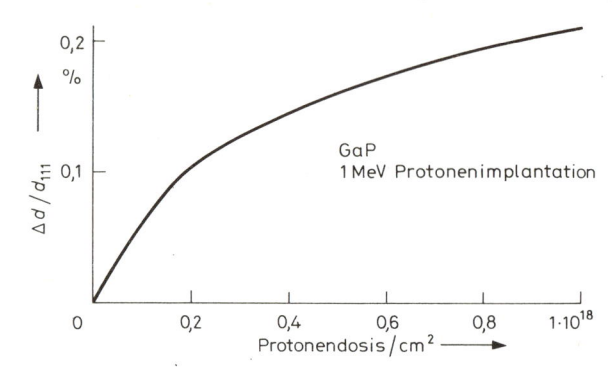

Abb. 4 Relative Änderung des $\{111\}$-Netzebenenabstandes im oberflächennahen Gebiet (1 µm bis 2 µm) von GaP-Einkristallen bei 1 MeV Protonenimplantation, „in situ", während des Protonenbeschusses, aufgenommen (aus [10]).

Die Streuphasenabhängigkeit des Linienprofils kann genutzt werden, um die polaren Flächen (hkl) und $(\bar{h}\bar{k}\bar{l})$ nichtzentrosymmetrischer Kristallstrukturen zu identifizieren. Für eine Reihe von binären und ternären Halbleitermaterialien, die in der Zinkblende-, Wurtzit- oder Chalkopyritstruktur kristallisieren, wurden derartige Experimente erfolgreich durchgeführt. Erscheint der polare Reflex der einen Fläche vorwiegend „dunkel" (hohe Intensität), liefert die gegenüberliegende Fläche einen überwiegend „hellen" Reflex.

Eine direkte und genaue Bestimmung der Streuphasen aus dem Linienprofil ist auf Grund der komplizierten Abhängigkeit des Profils von einer Vielzahl von Faktoren nicht ohne weiteres möglich [7]. Berechnungen der Linienprofile ermöglichen aber halbquantitative Vergleiche mit experimentellen Ergebnissen, damit auch Zuordnungen zu den polaren Flächen.

Abb. 3 Elektronenstoßinduzierte Kossel-Reflexe am [011]-Pol eines Cu-Einkristalls, aufgenommen mit 40 keV Elektronen bei $T = -188{,}5\,°C$. Brennfleckdurchmesser: 50 µm (aus [9])

Literatur

[1] Kossel, W., Erg. exakt. Naturwiss. 16 (1937) 295.
[2] Bormann, G., Ann. Phys. 27 (1936) 669.
[3] Geist, V.; Flagmeyer, R., phys. status solidi 26 (1974) K 1.
[4] Ullrich, H.-J.; Schatt, W.; Däbritz, S.; Geist, V., Mikrochimica Acsa (Wien) suppl. II (1977) 167.
[5] Roberto, J.-B.; Battermann, B.-W.; Kostroun, V. O.; Appleton, B. R., J. appl.-Phys. 46 (1975) 936.
[6] Ullrich, H.-J.; Schulze, G. E. R., Kristall u. Technik 7 (1972) 207.
[7] Stephan, D.; Blau, W.; Ullrich, H.-J.; Schulze, G. E. R., Kristall u. Technik 9 (74) 707; 11 (76) 475.
[8] Geist, V.; Flagmeyer, R., Kristall u. Technik 12 (77) K 29.
[9] Ullrich, H.-J.; Däbritz, S.; Schreiber, H., Proc. 5. Internat. Congr. on X-ray optics and microanalysis. S. 406. Tübingen 1968.
[10] Geist, V.; Ascheron, C.; Flagmeyer, R.; Ullrich, H.-J.; Stephan, D., Radiat. Eff. 54 (81) 105.
[11] Brümmer, O.; Schülke, W., Z. Naturf. 17a (62) 203.

Kumakhov-Strahlung

Seit der grundlegenden theoretischen Arbeit von J. LINDHARD [1] zur Kanalleitung von Ionen wurde dieser Effekt systematisch theoretisch und experimentell untersucht. Später wurden auch Kanalleitungseffekte von Positronen und Elektronen erforscht [2]. Ausgehend von diesen Vorstellungen sagte M. A. KUMAKHOV im Jahre 1975 [3] das Auftreten einer intensiven spontanen Strahlung bei Kanalleitung relativistischer Positronen und Elektronen vorher.

Quantenmechanische Rechnungen von M. A. KUMAKHOV und R. WEDELL [4] lieferten die gleichen Resultate. In einer Vielzahl von Laboratorien wurde der Effekt daraufhin experimentell überprüft und eindeutig nachgewiesen [5].

Sachverhalt

Wird ein Strahl relativistischer Positronen oder Elektronen in einen Einkristall entlang niedrigindizierter Atomketten oder -flächen eingeschossen, so üben die einzelnen Atome eine kollektive Wirkung auf die Positronen und Elektronen aus. In dem so entstehenden kontinuierlichen Ketten- oder Flächenpotential [1] führen die relativistischen Teilchen nichtrelativistische Transversalbewegungen aus. Unter Mitwirkung des Doppler-Effektes kommt es zur Ausstrahlung harter Röntgen- bzw. Gammaquanten in einem Winkelbereich $\Delta\Theta \leq m_e c^2 / E$ um die Strahlrichtung der eingeschossenen Positronen bzw. Elektronen, wobei E die Teilchenenergie ist. Die klassische Erklärung ergibt sich aus der transversalen beschleunigten Bewegung, quantenmechanisch erfolgen spontane Übergänge zwischen den sich im Transversalpotential ausbildenden stationären Energiezuständen. Der Doppler-Effekt führt zu einer Verschiebung der emittierten Frequenzen in dem Röntgen- bzw. Gammabereich.

Die Kumakhov-Strahlung ist deutlich von der kohärenten Bremsstrahlung zu unterscheiden, die ebenfalls bei der Wechselwirkung von relativistischen Positronen und Elektronen mit Einkristallen auftritt (siehe *Bremsstrahlung*). Die kohärente Bremsstrahlung wird jedoch durch die periodische Anordnung der Atome in den Atomketten des Kristallgitters hervorgerufen [5]. Die Lage der Maxima im Spektrum hängt vom Einschußwinkel ab, während bei der Kumakhov-Strahlung dies nicht der Fall ist (Abb. 1, [15]).

Neben der spontanen Strahlung bei Kanalleitung wurde von KUMAKHOV und BELOSHITSKY [3,6] die Möglichkeit einer induzierten Strahlung bei Kanalleitung von Positronen oder Elektronen vorhergesagt. Erforderlich ist dazu eine Inversion in der Besetzung der Energiezustände im kontinuierlichen Transversalpotential.

Kennwerte, Funktionen

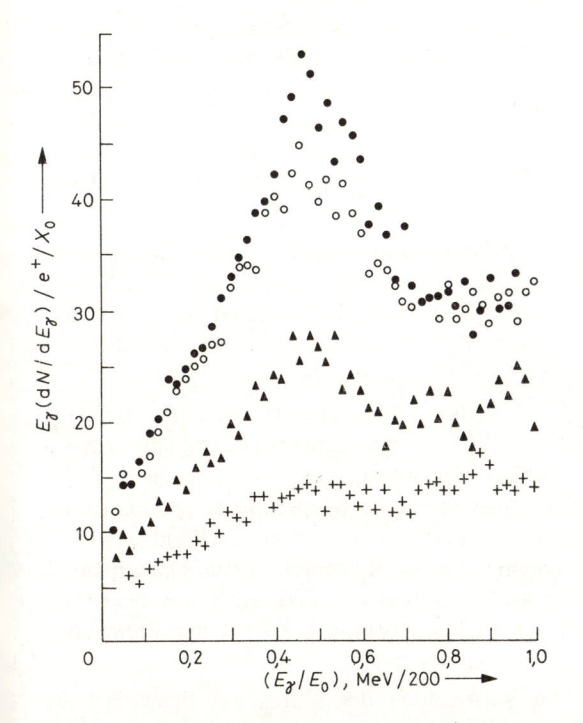

Abb. 1 Spektren der Kumakhov-Strahlung für 10 GeV Positronen in (110) Diamant für verschiedene Einschußwinkel (· 0,0 rad, ○ 4,6·10⁻⁵ rad, ▲ 9,2·10⁻⁵ rad, + 11,5·10⁻⁵ rad) [15]

Tabelle 1

	Axiale Kanalleitung	Planare Kanalleitung
Positronen	zweidimensionale aperiodische Transversalbewegung – keine ausgezeichnete Polarisierungsrichtung klassische Beschreibung	eindimensionale periodische Transversalbewegung – bei symmetrischem Potential→linear polarisiert bis etwa 30 MeV quantenmechanische Beschreibung, ab 30 MeV klassische Beschreibung
Elektronen	zweidimensionale periodische Transversalbewegung, keine ausgezeichnete Polarisationsrichtung bis etwa 10 MeV quantenmechanische Beschreibung ab 10 MeV klassische Beschreibung	eindimensionale periodische Transversalbewegung – bei symmetrischem Potential→linear polarisiert bis etwa 500 MeV quantenmechanische Beschreibung ab 500 MeV klassische Beschreibung

Abhängigkeit der emittierten Frequenzen von Energie und Emissionswinkel θ:

$$\omega(\theta) = \frac{\omega_0 \gamma^{-1/2}}{1 - \beta_z \cos\theta}, \quad (1)$$

wobei θ – Winkel zwischen Elektronen- bzw. Positronenstrahlrichtung und Emissionsrichtung, ω_0 – Frequenz der Transversalschwingungen im nichtrelativistischen Fall, $\beta_z = v_z/c$, v_z – Geschwindigkeit der Teilchen längs der Kanalachse, $\gamma = E/m_e c^2$ – Lorentz-Faktor. Für $\theta = 0$ ergibt sich die charakteristische Abhängigkeit:

$$\omega_m = \omega(0) \approx \omega_0 \gamma^{3/2} \qquad (2)$$

für $\gamma \lesssim m_e c^2 \beta / \frac{4 Z_2 e^2}{D}$ (Dipolbedingung) mit $\beta = v/c$,

v – Teilchengeschwindigkeit, Z_2 – Ordnungszahl des Targets.

$$D = \begin{cases} d & \text{axialer Fall,} \\ (3 N d_p a)^{-1} & \text{planarer Fall,} \end{cases}$$

d – Atomabstand in den Ketten, N – Atomzahldichte, d_p – Abstand der Atomflächen, a – Abschirmradius.

Spektralverteilung in Dipolnäherung. (Klassische Rechnung) [5]

$$\frac{dI}{d\omega} = \frac{e^2}{c} \sum_{l=1}^{\infty} \frac{|\vec{\beta}_{e\perp}|^2 \omega}{l^2 \Omega^2} \left[1 - 2\frac{\omega}{\omega_e} + 2\left(\frac{\omega}{\omega_e}\right)^2 \right]$$
$$\times \eta(\omega_e - \omega)$$

mit $\eta(x) = \begin{cases} 1, & x \geq 0, \\ 0, & x < 0, \end{cases} \qquad (3)$

$\omega_e = 2\gamma^2 l\Omega$, Ω – Schwingungsfrequenz im Laborsystem, $\beta_{e\perp}$ – ist die Fourier-Komponente der Beschleunigung pro Lichtgeschwindigkeit c.

Bei einem harmonischen Potential (planare Kanalleitung von Positronen) tritt nur das erste Glied auf.

Quantenmechanische Rechnungen. Lösung der Schrödinger-Gleichung für die Transversalbewegung:

$$\left(-\frac{\hbar^2}{2 m_e \gamma} \Delta + U(r_\perp) \right) \varphi_n(r_\perp) = E_{\perp n} \varphi_n(r_\perp). \qquad (4)$$

Im Planarfall ist die Gleichung eindimensional. Tabelle 2 zeigt diskrete Übergänge $\Delta E_{\perp n_1, n_2} = E_{\perp n_2} - E_{\perp n_1}$ für 56 MeV und 28 MeV Elektronen in (110) Silicium. Empirisches Flächenpotential für Elektronen [7]:

$$U(x) = -U_m \exp(-b|x|) + U_l \qquad (5)$$

x – Abstand von der Atomfläche; b, U_m, U_l – Anpassungsparameter.

Anwendungen

Durch die Eigenschaften der Kumakhov-Strahlung ergeben sich eine Reihe von Anwendungsmöglichkeiten [9]. Offensichtlich ist die Nutzung des Effektes zur Untersuchung von Kristallpotentialen im Energiebereich, wo quantenmechanische Rechnungen erforderlich sind. Hier werden diskrete Übergänge zwischen Energiezuständen im Transversalpotential gemessen und mit Rechnungen verglichen (Tab. 2). Ebenfalls können Wärmeschwingungen der Kristallatome untersucht werden [10]. Ein weites Einsatzfeld ergibt sich für die Kumakhov-Strahlung als Quelle von Röntgen- und Gammastrahlen. Abbildung 2 zeigt das Spektrum für 54 MeV Elektronen im Planarkanal (100) in Diamant. Besonders die Linie bei 120,9 KeV (Linienbreite 8 KeV) mit 0,044 Quanten/e⁻µmsterad ist gut als Quelle geeignet [11]. Die Quantenenergie läßt sich durch Änderung der Elektronenenergie variieren.

Von ATKINSON u. a. [12] wird vorgeschlagen, die durch Kompensation von Anharmonizität des Potentials und Einfluß des Nichtdipolcharakters der Kumakhov-Strahlung bei hohen Energien entstehende Kante im Spektrum als Strahlungsquelle zu nutzen. Abbildung 3 zeigt die Spektren für Kanalleitung von Positronen in (110) Silicium von 5 GeV – 55 GeV. Bei 5 GeV tritt der genannte Effekt auf. Es werden in einem 2 mm dicken Si – Kristall etwa 1 Photon im Energiebereich 10 MeV bis 30 MeV pro eingeschossenem Positron emittiert.

Der Polarisierungsgrad bei planarer Kanalleitung kann ebenfalls genutzt werden. Mit 900 MeV Elektronen in (110) in Diamant erreichten ADISHCHEV u. a. [13] einen Polarisationsgrad von 0,8, der mit Hilfe einer ($\gamma d \to pn$)-Reaktion bestimmt wurde.

Die Kumakhov-Strahlung als Quelle monochromatischer Röntgen- bzw. Gammastrahlung kann zur Untersuchung des Kernphotoeffektes, in der Röntgenstrukturanalyse von Festkörpern und organischen Materialien, in der Medizin und bei der Röntgenstrahllithographie eingesetzt werden. Erste experimentelle Untersuchungen bei der Erzeugung von Neutronen lieferten bessere Ergebnisse als bei der Verwendung von Bremsstrahlung [14].

Die Verwendung der bisher nur theoretisch beschriebenen induzierten Strahlung bei Kanalleitung zur Konstruktion eines abstimmbaren Lasers wurde ebenfalls in der Literatur diskutiert [5,9]. Hier sind jedoch noch vielfältige apparative Fragen zu klären.

Tabelle 2

Energie	e⁻ → (110) Si gemessene Linien [8]	berechnete Linien (4, 5) [7] (KeV)
(MeV)	(KeV)	
56	128	127
	94	92
	68	68
	52	53
	42	42
28	40	40
	25	25

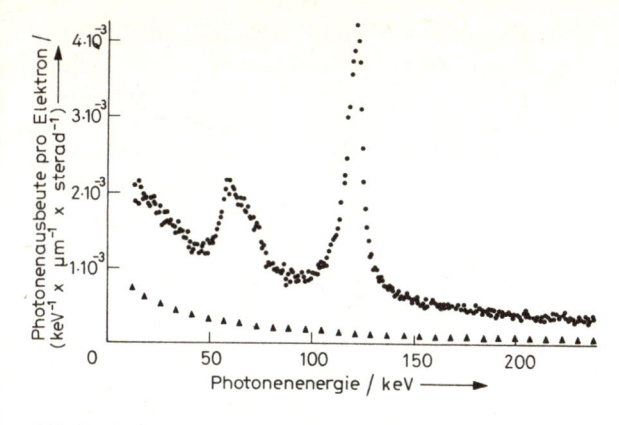

Abb. 2 Spektrum der emittierten Strahlung bei Kanalleitung von 54 MeV Elektronen in (100) Diamant (Dreiecke – Random – Einschuß) [11]

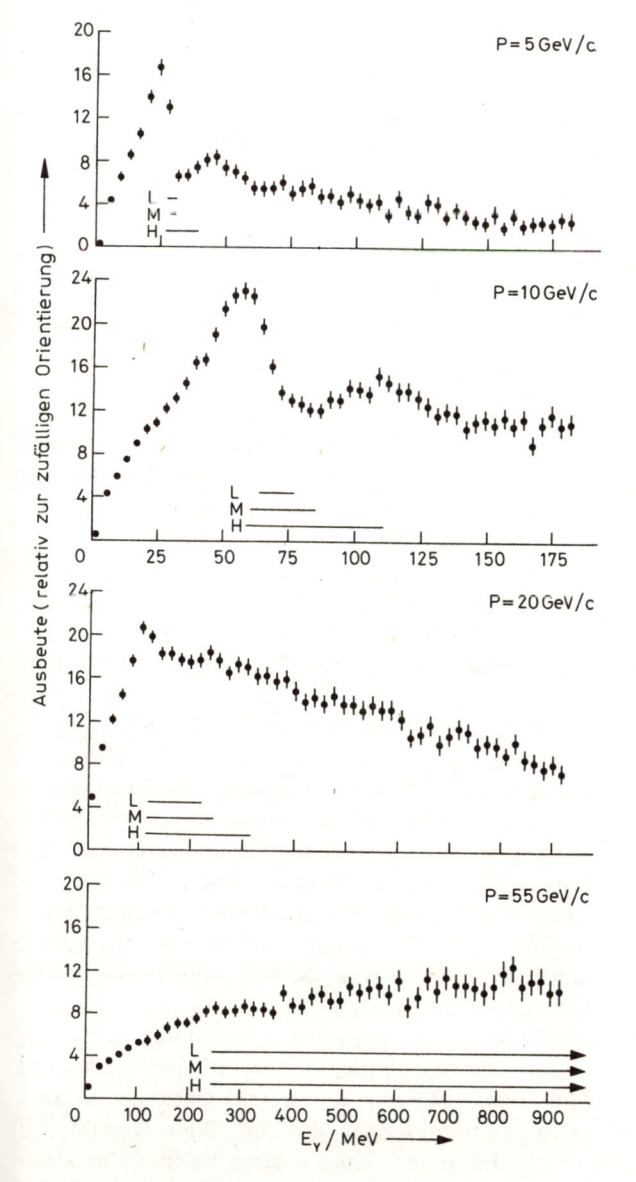

Abb. 3 Spektren der Kumakhov-Strahlung für Positronen verschiedener Energien in (110) Silicium [12]

Literatur

[1] LINDHARD, J., Kong. Danske Vid. Selsk., mat.-fys. Medd. **34** (1965) 14.
[2] ANDERSEN, J. U.; ANDERSEN, S. K.; AUGUSTYNIAK, M. W., Kong. Danske Vid. Selsk., mat.-fys. Medd. **39** (1977) 10.
[3] KUMAKHOV, M. A., Phys. Letters A **57** (1976) 17; phys. status solidi (b) **84** (1977) 41.
[4] KUMAKHOV, M. A.; WEDELL, R., Phys. Letters A **59** (1976) 403; phys. status solidi (b) **84** (1977) 581.
[5] BELOSHITSKY, V. V.; KOMAROV, F. F., Physics Rep. **93** (1982) 117–197.
[6] BELOSHITSKY, V. V.; KUMAKHOV, M. A., Phys. Letters A **69** (1978) 247.
[7] PANTELL, R. H.; SWENT, R. L., Appl. Phys. Letters **35** (1979) 910.
[8] SWENT, R. L.; et al., Phys. Rev. Letters **43** (1979) 1723.
[9] WEDELL, R., phys. status solidi (b) **99** (1980) 11–49. (Überblicksartikel mit Informationen über Anwendungsmöglichkeiten).
[10] ANDERSEN, J. U.; BONDERUP, E.; LAEGSGAARD, E.; SØRENSEN, A. H., Preprint, Institute of Physics University of Aarhus 1982.
[11] GOUANÈRE, M.; et al., Preprint LAPP-Exp. 05, 1981.
[12] ATKINSON, M.; et al., Phys. Letters B **110** (1982) 162.
[13] ADISHCHEV, Yu. N.; DIDENKO, A. N.; KAPLIN, V. V.; POTYLITSIN, A. P.; VOROBIEV, S. A., Phys. Letters **83** (1981) 337.
[14] ANTIPENKO, A. P. u. a., Voprosy Atom. Nauki Techn. Jad. Konst. **1** (1981) 25.
[15] MIROSNISHENKO, I. I.; MURRAY, J.; AVAKIAN, R. O.; FIEGUTH, Th., Zh. eksper. teor. Fiz. Pisma. **29** (1979) 786.

Magnetische Ordnung

Auf magnetischer Ordnung beruhende Erscheinungen sind der Menschheit schon sehr lange bekannt und wurden z.B. in Form des Kompasses genutzt. Grundlegende Fortschritte im Verständnis magnetischer Ordnungserscheinungen wurden jedoch erst seit Beginn dieses Jahrhunderts erreicht. Wichtige Etappen waren das *Curiesche Gesetz des Paramagnetismus* (1895), die Molekularfeldtheorie des Ferromagnetismus von WEISS (1907), die Theorie des Paramagnetismus metallischer Leitungselektronen (PAULI 1927) und die Erklärung des Ferrimagnetismus durch NÉEL (1948).

Sachverhalt

Voraussetzung für das Auftreten magnetischer Ordnung ist die Existenz von Atomen oder Molekülen, die Träger eines magnetischen Momentes sind. Dessen Ursache sind die magnetischen Bahn- und Spinmomente der Elektronen. Ein resultierendes magnetisches Moment der Elektronenhülle eines Atoms setzt nicht vollständig gefüllte Elektronenschalen voraus (paramagnetische Atome).

Bei magnetischen Ordnungserscheinungen haben wir zwischen der durch ein äußeres Magnetfeld induzierten Ordnung und spontanen Ordnungserscheinungen, deren Ursache innere Wechselwirkungen im Festkörper sind, zu unterscheiden.

Betrachten wir zunächst die unter dem Begriff *Paramagnetismus* zusammengefaßten magnetfeldinduzierten Ordnungserscheinungen. Zur phänomenologischen Beschreibung des Paramagnetismus gehen wir von der (abgesehen von tiefsten Temperaturen) meist gut erfüllten Proportionalität zwischen der Magnetisierung I und dem verursachenden Feld H aus:

$$I = \chi \mu_0 H \quad (\mu_0 = \text{Induktionskonstante}). \qquad (1)$$

Die paramagnetischen Eigenschaften einer Substanz werden danach durch deren magnetische Suszeptibilität χ gekennzeichnet.

Sind an den Atomen lokalisiert zu denkende magnetische Momente mit vernachlässigbarer gegenseitiger Wechselwirkung die Ursache des Paramagnetismus, so ist die Temperaturabhängigkeit des Zusammenhanges zwischen J und H durch die Brillouin-Funktion $B_J\alpha$ (siehe unten) gegeben. Für nicht zu hohe Feldstärken und nicht zu tiefe Temperaturen ist danach die Suszeptibilität der Temperatur umgekehrt proportional (Curie-Gesetz). Existiert eine Wechselwirkung zwischen den atomaren magnetischen Momenten, so gilt die Curie-Weiss-Beziehung

$$\chi = C/(T - \Theta_p) \qquad (2)$$

(C = Curie-Konstante, Θ_p = paramagnetische Curie-Temperatur).

Bei Metallen mit einem nicht voll gefüllten Leitungselektronenband beobachtet man Paramagnetismus auch dann, wenn die Atomrümpfe kein magnetisches Moment besitzen. Unter dem Einfluß eines äußeren Feldes werden im Leitungsband die Zustände mit zum Feld parallelem Moment mit größerer Wahrscheinlichkeit als die antiparallelen besetzt. Diese Erscheinung bezeichnet man als *Pauli-Paramagnetismus* der Leitungselektronen. Die zugehörige Pauli-Suszeptibilität ist praktisch temperaturunabhängig [1].

Auch in atomaren oder molekularen nichtmetallischen Systemen, die im freien Zustand diamagnetisch sind, kann ein äußeres Feld ein paramagnetisches Moment induzieren. Der Elektronenzustand ist dann durch eine Mischung dieses Grundzustandes mit einem energetisch höher liegenden, paramagnetischen Zustand gegeben. Ist der Energieabstand beider Zustände groß gegen die thermische Energie $k_B T$ (k_B = Boltzmann-Konstante), so wird die Suszeptibilität temperaturunabhängig (*Van-Vleckscher-Paramagnetismus*).

Ist die Wechselwirkung zwischen den einzelnen atomaren magnetischen Momenten stark genug, so werden kooperative magnetische Ordnungserscheinungen, d.h. das Auftreten einer spontanen magnetischen Ordnung ohne äußeres Magnetfeld, möglich. Die bekanntesten Formen sind Ferro-, Ferri- und Antiferromagnetismus. Die magnetische Ordnung wird unterhalb einer charakteristischen Ordnungstemperatur beobachtet und vervollkommnet sich mit sinkender Temperatur. Die Übergangstemperatur vom paramagnetischen in den geordneten Zustand bezeichnet man im Falle von Ferro- und Ferrimagnetismus als Curie-Temperatur T_C und beim Antiferromagnetismus als Néel-Temperatur T_N.

Je nachdem, ob die atomaren Momente nur parallel oder antiparallel zu einer vorgegebenen Achse orientiert sind oder Winkel miteinander bilden, unterscheidet man *kollineare* und *nichtkollineare* Magnetstrukturen.

Von *Ferromagnetismus* spricht man, wenn bei $T = 0$ alle magnetischen Momente parallel zueinander orientiert sind. Mit steigender Temperatur wird diese Ordnung durch thermische Anregung sich wellenförmig im magnetischen Gitter ausbreitender Auslenkungen (Magnonen) zunehmend gestört. Die Temperaturabhängigkeit der magnetischen Ordnung (makroskopisch der Sättigungsmagnetisierung I_S, siehe unten) wird ebenfalls durch eine Brillouin-Funktion beschrieben. Nach der phänomenologischen Theorie von WEISS ist im Argument (5) H durch $H + H_{WM}$ (H_{WM} – der Magnetisierung proportionale Weisssche Molekularfeldstärke) zu ersetzen. Oberhalb T_C gilt meist in guter Näherung das Curie-Weiss-Gesetz.

Ohne Einwirkung eines äußeren Feldes findet man in einer ferromagnetischen Probe eine Vielzahl von Domänen (Weissche Bezirke). Innerhalb einer Domäne sind alle Momente parallel zueinander orientiert. Die resultierenden magnetischen Momente der Domänen bilden jedoch definierte Winkel miteinander (häufig 180°). Ursache ist die damit verbundene Verringerung der magnetostatischen Energie. Der Übergangsbereich zwischen zwei Domänen wird als Domänen- oder Bloch-Wand bezeichnet. Eine Vorzugsorientierung der Domänen und damit eine makroskopisch meßbare Magnetisierung I wird erst durch ein äußeres Feld H erzeugt. Eine schematische Darstellung der Magnetisierungskurve $I(H)$ und der Feldabhängigkeit der magnetischen Induktion $B(H)$ zeigt Abb. 3. Für den Magnetisierungsprozeß ist zunächst das Wachsen günstig zum Feld H orientierter Domänen und bei höheren Feldstärken die Drehung von Domänen verantwortlich. Das Auftreten einer Hysterese bei der Ummagnetisierung einer Probe beweist die Irreversibilität eines Teils der Umorientierungsprozesse (siehe *Hysterese*). Der Flächeninhalt der Hystereseschleife in $B(H)$ entspricht der Ummagnetisierungsarbeit, einer wichtigen Kenngröße ferromagnetischer Werkstoffe. Weitere wichtige Kenngrößen sind im Zusammenhang mit Abb. 3 definiert.

In Einkristallen hängt die Magnetisierungsarbeit von der Kristallrichtung ab, zu der das äußere Feld parallel liegt. Die Richtung minimaler Magnetisierungsarbeit wird als leichte Richtung und die maximaler als harte Richtung bezeichnet (bei Eisen ⟨100⟩ bzw. ⟨111⟩). Die Differenz beider Magnetisierungsarbeiten charakterisiert die Kristallanisotropieenergie (auch magnetische Kristallenergie genannt). Für den Verlauf der Magnetisierungskurve ist weiterhin die magnetoelastische Energie, die mit der als Folge der Magnetisierung auftretenden spontanen Verzerrung verbunden ist (siehe *Magnetostriktion*) eine wesentliche Größe.

Als *Antiferromagnetismus* [1,2] bezeichnet man ein magnetisches Ordnungsschema, bei dem sich jeweils benachbarte, antiparallel orientierte Momente kompensieren. Eine solche Magnetstruktur kann man aus einer geraden Zahl sich durchdringender magnetischer Untergitter mit parallel (ferromagnetisch) orientierten Momenten aufbauen, die antiparallel gekoppelt sind. Die Temperaturabhängigkeit der Untergittermagnetisierung wird wieder durch eine Brillouin-Funktion beschrieben, d. h., die antiferromagnetische Ordnung ist nur bei $T = 0$ vollkommen. Im paramagnetischen Zustand oberhalb T_N gilt meist wieder in guter Näherung das Curie-Weiss-Gesetz (mit negativer paramagnetischer Curie-Temperatur). Im geordneten Zustand ist die Suszeptibilität im Vergleich zum Ferromagneten sehr klein und geht bei paralleler Orientierung von H zur magnetischen Achse (bei einer kollinearen Struktur) mit T gegen Null, da das äußere Feld der starken antiferromagnetischen Kopplung entgegenwirken muß. Bei senkrechter Orientierung von H zu den magnetischen Momenten ist χ temperaturunabhängig. Im allgemeinen Fall entspricht das gemessene χ einer Mittelung über unterschiedliche Orientierungen und fällt schwach mit sinkender Temperatur. Bei T_N besitzt χ ein Maximum.

Der Begriff Antiferromagnetismus wird auch für komplizierte nichtkollineare Strukturen verwendet, bei denen das resultierende magnetische Moment nur bei Summation über größere Kristallbereiche verschwindet. Als Beispiel sei die antiferromagnetische Spirale des Dysprosium erwähnt. Die Momente in einer Gitterebene sind ferromagnetisch geordnet. Die Orientierung aufeinanderfolgender Ebenen differiert um einen bestimmten Winkel (Abb. 4). Dysprosium ist auch ein Beispiel für Substanzen, die in Abhängigkeit von der Temperatur unterschiedliche magnetische Ordnungen aufweisen. Mit sinkender Temperatur erfolgen Übergänge vom paramagnetischen in den antiferromagnetischen und schließlich in den ferromagnetischen Zustand.

Für viele nichtkollineare Strukturen ist charakteristisch, daß sich das Moment eines Atoms in eine ferromagnetische und eine antiferromagnetische Komponente zerlegen läßt (z.B. Spiralstruktur mit einer ferromagnetischen Komponente parallel zur Spiralachse).

Als *metamagnetisch* werden Substanzen bezeichnet, die sich in schwachen äußeren Feldern antiferromagnetisch verhalten und in starken Feldern zu ferromagnetischer Ordnung übergehen (z.B. $MnAu_2$, $FeCl_2$).

Auch die Struktur eines *Ferrimagneten* besteht aus mehreren magnetischen Untergittern mit paralleler Momentorientierung. Diese Untergitter sind teilweise antiferromagnetisch gekoppelt. Ihre Zahl ist jedoch nicht notwendig gerade, und die mittleren magnetischen Momente der Untergitter sind im allgemeinen von unterschiedlicher Größe. Ein Ferrimagnet besitzt also ein resultierendes magnetisches Moment und ist makroskopisch nur schwer vom Ferromagneten zu unterscheiden. Die Temperaturabhängigkeiten der Untergittermagnetisierungen können unterschiedlich sein. So gibt es Substanzen, bei denen in der Temperaturabhängigkeit des resultierenden Momentes ein Kompensationspunkt auftritt (Abb. 2, Nulldurchgang des Betrages, Vorzeichenwechsel der Richtung, bezogen auf die der Untergittermagnetisierungen). Typische Ferrimagneten sind Oxide mit Spinellstruktur (z. B. Fe_3O_4, $MnFe_2O_4$) oder Magnetoplumbitstruktur (z. B. $BaFe_{12}O_{19}$) [3].

Die magnetische Ordnung ist nicht an die Existenz einer geordneten Kristallstruktur gebunden. So findet man Ferromagnetismus oder dem Ferrimagnetismus ähnliche Strukturen auch in amorphen Legierungen [4]. Sind die magnetischen Wechselwirkungen zwischen den Atomen schwach (z. B. durch die Konkurrenz etwa gleichstarker ferro- und antiferromagnetischer Kopplungen) im Vergleich zu ortsabhängig fluktuierenden Anisotropiekräften, so findet man Strukturen, bei denen zwar die Orientierung der atomaren

Momente im Zeitablauf fixiert bleibt, die Korrelationen in den Richtungsbeziehungen sind jedoch, insbesondere über größere Abstände, sehr schwach. Einen Extremfall stellen die sogenannten *Spingläser* dar (z.B. $Cu_{0,95}Mn_{0,05}$), deren Magnetstruktur der Momentaufnahme eines Paramagneten entspricht.

Kennwerte, Funktionen

Für die quantitative Beschreibung der Temperatur- und Feldabhängigkeit der magnetischen Ordnung spielt die *Brillouin-Funktion* $B_J(\alpha)$ eine wichtige Rolle. Es gilt

$$I = I_\infty \cdot B_J(\alpha) \qquad (3)$$

mit

$$B_J(\alpha) = \left[\left(J+\frac{1}{2}\right)/J\right] \coth\left(\frac{J+\frac{1}{2}}{J}\alpha\right) - \frac{1}{2J}\coth\left(\frac{\alpha}{2J}\right) \qquad (4)$$

(J = Drehimpulsquantenzahl des atomaren magnetischen Moments). Für einen Paramagneten ohne magnetische Wechselwirkung hat α die Form

$$\alpha = \mu_A \cdot H/k_B T \qquad (5)$$

(μ_A = atomares magnetisches Moment, k_B = Boltzmann-Konstante). Mit $\alpha \ll 1$ erhält man das *Curie-Gesetz* (C = Curie-Konstante)

$$\chi = I/\mu_0 H \approx C/T \text{ mit } C = n\mu_A^2/\mu_0 3 k_B \qquad (6)$$

(n = Anzahl der magnetischen Momente μ_A pro Volumeneinheit). Für Ferromagneten ist die Darstellung

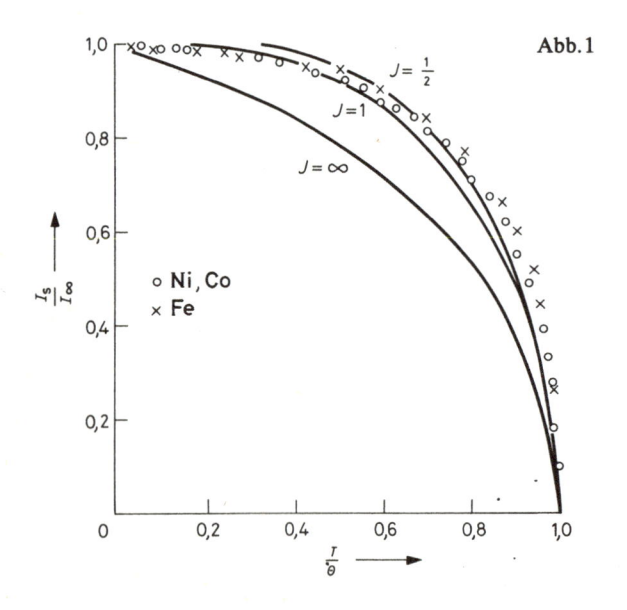

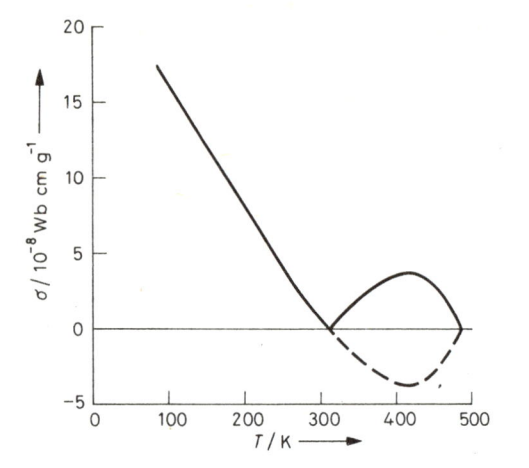

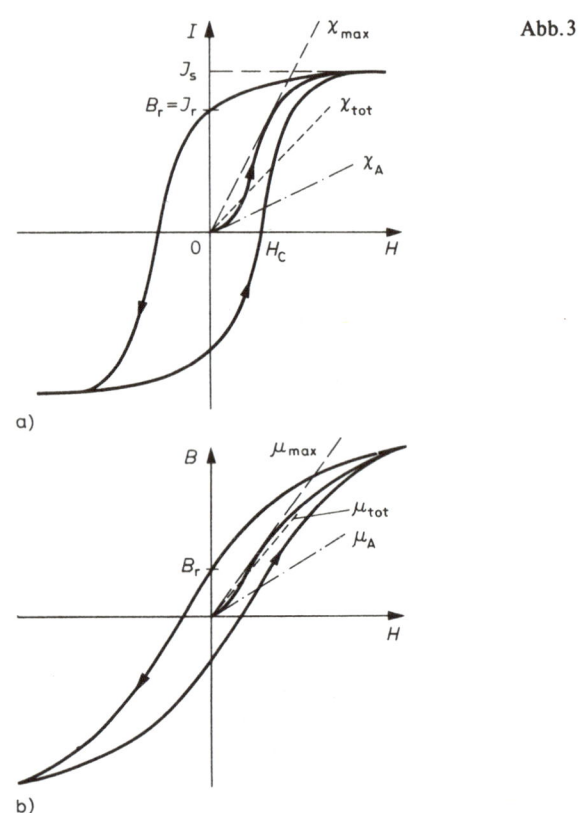

$$I_S/I_\infty = B_J\left(\frac{3J}{J+1} \cdot \frac{Ih\, IN1s/I_\infty}{T/\Theta_c}\right) \qquad (7)$$

(I_s = Sättigungsmagnetisierung, $I_\infty = I_S$ für $T \to 0$, Θ_C = Curie-Temperatur) sinnvoll. Danach gilt die gleiche Funktion $I_S/I_\infty = f(T/\Theta_C)$ für alle Substanzen mit gleichem J. In Abb. 1 werden berechnete Kurven mit experimentellen Werten für Fe, Ni und Co verglichen (nach [2]).

In Abb. 2 ist die Temperaturabhängigkeit der Magnetisierung von $Li_{0,5}Fe_{1,25}Cr_{1,25}O_4$ (nach [5]) als Beispiel für einen Ferrimagneten mit Kompensationspunkt gezeigt.

Eine schematische Darstellung von Magnetisierungskurven $I(H)$ bzw. $B(H)$ ($B = I + \mu_0 H$) eines Ferromagneten mit einer Kennzeichnung der dafür wichtigen Parameter enthält Abb. 3. Die Neukurve (beginnend bei I bzw. $H = 0$) wird nur bei zuvor entmagnetisierten Proben gemessen. Die angegebenen Kenngrößen sind wie folgt definiert:
I_S = Sättigungsmagnetisierung, I_r bzw. B_r = remanente Magnetisierung bzw. Induktion, H_C = Koerzitivfeldstärke, $\mu_A = \frac{1}{\mu_0} dI/dH \big|_{H=0}$ (Neukurve) = Anfangssuszeptiblität, $\chi_{tot} = I/\mu_0 H$ (Neukurve) = totale Suszeptibilität, χ_{max} = Maximalwert von χ_{tot} im Verlauf der Neukurve = maximale Suszeptibilität. Analog sind die Permeabilitäten μ_A, μ_{tot}, und μ_{max} definiert ($B = \mu \mu_0 H$).

Als Beispiel für eine nichtkollineare Magnetstruktur ist in Abb. 4 eine antiferromagnetische Spirale schematisch dargestellt.

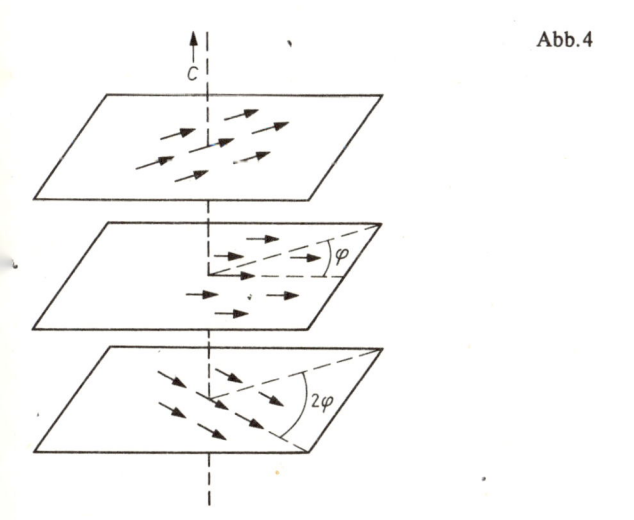

Abb.4

Anwendungen

Die *Anwendungen* magnetisch geordneter Strukturen konzentrieren sich naturgemäß auf *ferro-* und *ferrimagnetische Substanzen*, bei denen ein resultierendes magnetisches Moment wirksam wird. Bei dieser Art von Anwendungen nehmen die folgenden drei Gebiete den größten Umfang ein:
- die Erzeugung magnetischer Felder mittels Permanentmagneten,
- die Führung, Formung, Verstärkung und auch Abschirmung elektromagnetisch erzeugter Felder,
- die Informationsspeicherung.

Eine zusammenfassende Darstellung magnetischer Werkstoffe, die für solche Zwecke geeignet sind, enthält [6]. Da die wichtigsten Träger magnetischer Momente Atome mit nicht gefüllten 3d- bzw. 4f-Schalen sind, sind hierfür hauptsächlich Legierungen und Verbindungen der 3d-Übergangsmetalle und der seltenen Erden von Bedeutung.

Für *Permanentmagnete* benötigt man Werkstoffe mit großem H_C und möglichst großen Werten des Produkts $B \cdot H$ im Verlauf der Entmagnetisierungskurve, sogenannte hartmagnetische Substanzen. Ein großes H_C kann man auf der Basis einer hohen Kristallanisotropieenergie und durch Ausnutzen der Formanisotropie magnetischer Teilchen erzielen. Zur ersten Gruppe gehören die hexagonalen Ferrite (z.B. Ba-Ferrit) und Legierungen wie MnBi, MnAl, CoPt und (Fe,Co). Die höchsten Werte von $(B \cdot H)_{max}$ findet man gegenwärtig bei der Legierung SmCo$_5$. Legierungssysteme wie ALNICO werden hartmagnetisch durch die Bildung stabförmiger magnetischer Teilchen (als Folge der Entmischung der Legierung in eine magnetische und eine unmagnetische Phase) und deren Ausrichtung durch eine Magnetfeldglühung.

Von weichmagnetischen Substanzen, die der *Verstärkung* und *Führung magnetischer Felder* dienen, wird eine hohe Sättigungsmagnetisierung und bei Wechselfeldern eine geringe Ummagnetisierungsarbeit (d. h. kleine Koerzitivfeldstärke) gefordert. Bei Anwendungen für Hochfrequenzfelder sind höchste Werte der Permeabilität wesentlich. Diese findet man bei Substanzen mit sehr kleinen Werten der Kristallanisotropieenergie und der Magnetostriktion. Bekannt sind hierfür z. B. Ni-Fe-Legierungen (Permalloy-Typ) auf der Basis der geordneten Phasen NiFe und Ni$_3$Fe mit Zusätzen wie Mo, Cu, Cr, V und anderen.

Da sowohl weich – als auch hartmagnetische Eigenschaften längs spezieller Kristallrichtungen besonders ausgeprägt sind (harte bzw. weiche Richtung), kommt bei polykristallinen Werkstoffen der Textur, d. h. einer Vorzugsorientierung bestimmter Kristallachsen sehr große Bedeutung zu.

Zur Informationsspeicherung können ferromagnetische Werkstoffe genutzt werden, indem man beim Einschreiben der Information kleine Bereiche definiert magnetisiert (z. B. Ferritkernspeicher, Magnetband oder -platte). Wichtige Werkstoffe sind in dieser Hinsicht magnetische Oxide (z. B. kubische Ferrite, CrO$_2$). Ein noch wenig verbreitetes Speicherprinzip beruht auf speziellen Domänentypen („bubble"-Domänenspeicher). Als Informationsträger können isolierte Zylinderdomänen (Magnetisierung antiparallel zum Feld) z. B. in heteroepitaktischen Yttrium-Eisen-Granat-Schichten oder amorphen Cd-Co-Schichten erzeugt werden ([4] Kap. 4.6.).

Die nicht ferro- oder ferrimagnetischen Ordnungszustände sind vor allem für *spezielle Meßmethoden der Festkörperphysik* von Bedeutung. Zu nennen sind dabei die Neutronenstreuung (siehe *Neutronenstreuung*), Meßmethoden zur Bestimmung magnetischer Hyperfeinwechselwirkungen (siehe *Mößbauer-Effekt* und *Winkelkorrelationen*) sowie magnetische Resonanzmeßverfahren (siehe *Magnetische Resonanz*). Diese Resonanzverfahren nutzen den Umstand, daß die Präzessionsbewegung magnetischer Momente durch ein magnetisches Wechselfeld der entsprechenden Larmor-Frequenz meßtechnisch erfaßbar beeinflußt wird. So wird neben der ferromagnetischen Resonanz auch die antiferromagnetische und die paramagnetische Resonanz untersucht. In der Kernresonanz ist z. B. der Pauli-Paramagnetismus die Ursache der Knight-Shift.

Von den magnetokalorischen Effekten wird die adiabatische Entmagnetisierung paramagnetischer Salze (z. B. $FeNH_4(SO_4)_2 \cdot 12 H_2O$) zur Erzeugung tiefster Temperaturen (< 1 K) ausgenutzt [7]. Das Verfahren besteht aus folgenden wesentlichen Teilschritten: isotherme Magnetisierung (Abfuhr der freiwerdenden Wärme an ein He-Bad), Unterbrechung des Wärmetaktes zum Bad (Abpumpen eines Kontaktgases, supraleitender Wärmeschalter), adiabatische Entmagnetisierung und dabei Abkühlung. Die Suszeptibilitätsänderung paramagnetischer Salze wird auch zur Messung sehr tiefer Temperaturen verwendet.

Bezüglich magnetomechanischer und magnetoelektrischer Effekte sei auf den Abschnitt „Magnetische Effekte" verwiesen.

Da magnetische Kenngrößen wie H_C, χ und μ, die von der Bewegung von Bloch-Wänden und der Domänenstrukutur abhängen, empfindlich von der Realstruktur einer Probe (z. B. mechanische Spannungen, Ausscheidungen, Gitterdefekte) beeinflußt werden, kann ihre Messung zur Werkstoffdiagnostik (z. B. Ermüdung, Versprödung) eingesetzt werden. Das Studium magnetischer Nachwirkungen (zeitabhängige Änderungen magnetischer Größen wie z. B. χ nach einer Ummagnetisierung) liefert Informationen über die Dynamik von Punktdefekten im Kristallgitter (Leerstellen, Zwischengitteratome, Verunreinigungsatome) [8].

Literatur

[1] SCHULZE, G. E. R.: Metallphysik, Kap. N. – Berlin: Akademie-Verlag 1967.
[2] KNELLER, E.: Ferromagnetismus. – Berlin/Göttingen/Heidelberg: Springer Verlag 1962.
[3] SMIT, J.; WIJN, H. P. J.: Ferrites. – New York: John Wiley & Sons 1959.
[4] HANDRICH, K.; KOBE, S.: Amorphe Ferro- und Ferrimagnetika. – Berlin: Akademie-Verlag 1980.
[5] GORTER, E. W.; SCHULKES, S.: Reversal of Spontaneous Magnetization as a Function of Temperature in LiFeCr-Spinels. Phys. Rev. 90 (1953) 487–488.
[6] TEBBLE, R. S.; CRAIK, D. J.: Magnetic Materials. – London: Wiley-Interscience 1969.
[7] EDER, F. X.: Moderne Meßmethoden der Physik. Bd. 2. Kap. 6.8 – Berlin: VEB Deutscher Verlag der Wissenschaften 1956.
[8] SEEGER, A.: Die Untersuchung atomarer Fehlstellen in ferromagnetischen Metallen mit Hilfe magnetischer Methoden. – in: Magnetismus – Struktur und Eigenschaften magnetischer Festkörper. – Leipzig: VEB Deutscher Verlag für Grundstoffindustrie 1967.

Magnetische Resonanz

Die Magnetische Resonanz wurde 1944 in Kasan (UdSSR) von E. K. ZAVOISKI [1] an Elektronensystemen in Form der paramagnetischen Elektronenresonanz (electron paramagnetic resonance – EPR) entdeckt. Der erstmalige Nachweis dieser Resonanzerscheinung an Atomkernen (magnetische Kernresonanz – nuclear magnetic resonance – NMR) gelang 1946 in den USA durch PURCELL, TORREY und POUND [2] sowie BLOCH, HANSEN und PACKARD [3]. Die ferromagnetische Resonanz wurde 1946 von GRIFFITH [4] und die Kernquadrupolresonanz (nuclear quadrupol resonance – NQR) 1949 von DEHMELT und KRÜGER [5] nachgewiesen. Zur Magnetischen Resonanz ist auch die Zyklotronresonanz (diamagnetische Resonanz) an Ladungsträgern in Halbleitern und Metallen zu rechnen, die 1951 von DORFMAN und DINGLE [6] entdeckt wurde. Die größte Bedeutung hat zweifelsohne die NMR erlangt, die sich auf vielen Gebieten der Physik, Chemie, Biologie und Medizin als eine der aussagefähigsten spektroskopischen Methoden erwiesen hat. In Tabelle 1 wird ein Überblick über Teilgebiete der Magnetischen Resonanz gegeben. Die folgenden Ausführungen beschränken sich auf die EPR und NMR.

Tabelle 1   Teilgebiete der Magnetischen Resonanz

	Untersuchungsobjekt	experimentelle Technik	Literatur
EPR	Spin- und Bahnmoment der Elektronen	Mikrowellentechnik	[7–14]
NMR	Kernspins	Hochfrequenztechnik bis 500 MHz	[12–19]
NQR	elektrische Kernquadrupole	Hochfrequenztechnik	[20]
ferromagnet. Res.	Elektronenspinsystem in ferromagnetischen Stoffen	Mikrowellentechnik	[21]
Zyklotronresonanz	Bahnmoment von Ladungsträgern in Metallen und Halbleitern	Mikrowellentechnik, Kryotechnik	[22]

Sachverhalt

Die Magnetische Resonanz ist eine Erscheinung, die in magnetischen Systemen beobachtet werden kann, die einen Drehimpuls $\hbar J$ und damit verbunden ein magnetisches Moment μ besitzen ($h = \hbar \cdot 2\pi$ ist das Plancksche Wirkungsquantum). Die zu untersuchende Probe befindet sich in einem homogenen statischen Magnetfeld B_0. Als Folge des *Zeeman-Effektes* (siehe *Zeeman-Effekt*) spaltet ein Energieniveau, das mit dem Drehimpuls $\hbar J$ verknüpft ist, in $(2J + 1)$ äquidistante Zeeman-Niveaus auf (Abb. 1). Senkrecht zu B_0 steht

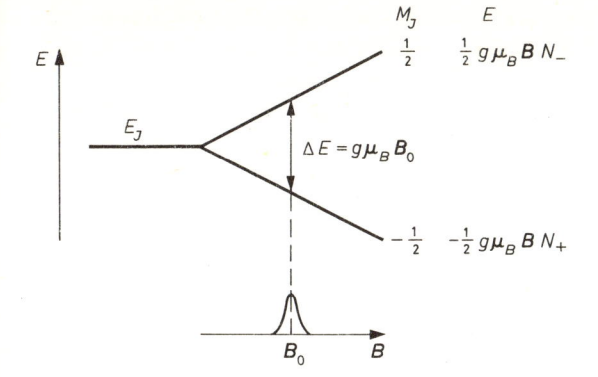

Abb. 1 Zeeman-Aufspaltung und Spektrum für ein System mit $J = 1/2$

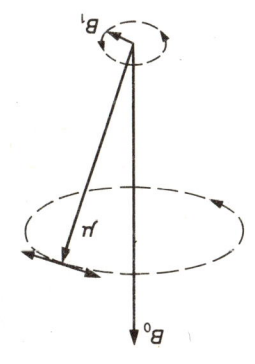

Abb. 2 Anordnung der Magnetfelder im Resonanzexperiment

ein schwaches magnetisches Wechselfeld B_1 ($B_1 \ll B_0$), das mit der Kreisfrequenz ω um B_0 rotiert (Abb. 2). Unter der Resonanzbedingung

$$\hbar\omega_0 = \Delta E = |E_{M_J} - E_{M_J-1}| = \gamma \hbar B_0 \quad \text{oder} \quad \omega_0 = \gamma B_0 \quad (1)$$

induziert das B_1-Feld magnetische Dipolübergänge zwischen benachbarten Zeeman-Niveaus und zwar mit gleicher Wahrscheinlichkeit vom unteren Niveau ins obere und umgekehrt. Da es in der makroskopischen Probe eine Vielzahl magnetischer Momente gibt, sind bei einer bestimmten Temperatur die Zeeman-Niveaus entsprechend der Boltzmann-Statistik besetzt. Auf Grund der damit gegebenen Besetzungszahldifferenz ($N_+ - N_-$) kommt es bei Resonanz zu einer Nettoenergieabsorption durch das sogenannte Spinsystem, die im Experiment elektronisch nachgewiesen wird. Diese vom Spinsystem absorbierte Energie wird über Relaxationsprozesse an das umgebende Wärmereservoir – an das Gitter – übertragen. In der Magnetischen Resonanz versteht man unter Gitter sämtliche nicht zum Spinsystem gehörende Freiheitsgrade. Ohne das Vorhandensein der Spin-Gitter-Wechselwirkung wäre das Resonanzsignal nicht nachweisbar. Ist nämlich die den thermischen Gleichgewichtszustand wiederherstellende Spin-Gitter-Wech-

selwirkung schwach, so gleichen sich bei entsprechend starker Einstrahlung des B_1-Feldes die Besetzungszahlen N_+ und N_- aus, und die Nettoenergieabsorption wird null. Der Sättigungseffekt tritt auf.

Für das Verständnis der dynamischen Effekte der Magnetischen Resonanz ist eine klassische Betrachtung nützlich. Ein magnetisches Moment präzediert bekanntlich in einem Magnetfeld B_0 mit der Larmor-Frequenz $\omega_0 = \gamma B_0$ um die Richtung von B_0. Das B-Feld erzeugt ein zusätzliches Drehmoment, das bei Resonanz $\omega = \omega_0$ bestrebt ist, das magnetische Moment um eine in der zu B_0 senkrechten Ebene liegende, der momentanen B-Richtung parallelen Achse zu drehen. Sind die Frequenzen ω und ω_0 merklich voneinander verschieden, so läßt die Wirkung des B-Feldes nach, da B_1 und ω_0 schnell „außer Tritt" kommen. Der Einfluß des B-Feldes auf die Bewegung von μ ist daher auch klein, wenn zwar $\omega = \omega_0$ ist, aber der Drehsinn von B_1 dem der Präzession mit ω_0 entgegengesetzt ist. Das bietet die Möglichkeit, experimentell an Stelle des rotierenden Feldes ein oszillierendes Feld zu verwenden, das man sich aus zwei rotierenden Feldern gleicher Frequenz und Amplitude, aber mit entgegengesetztem Drehsinn zusammengesetzt denken kann.

Die Theorie für die Bewegung eines isolierten magnetischen Moments μ im Zusammenspiel der Felder $B_0 + B_1$ ohne Berücksichtigung von Relaxationseffekten zeigt, daß in einem Koordinatensystem x', y', z', das mit der Winkelgeschwindigkeit ω um die Richtung von $B_0 = B_0 e_z$ rotiert (rotierendes Koordinatensystem), auf das Moment das effektive Feld

$$\boldsymbol{B}_{\text{eff}} = (B_0 - \omega/\gamma)\boldsymbol{e}_z + B_1 \boldsymbol{e}_x \quad (2)$$

wirkt (Abb. 3). Das bedeutet, daß μ um die Richtung von $\boldsymbol{B}_{\text{eff}}$ mit $\omega_{\text{eff}} = \gamma B_{\text{eff}}$ präzediert. Im Resonanzfall ($\omega = \omega_0 = \gamma B_0$) ist $\boldsymbol{B}_{\text{eff}} = \boldsymbol{B}_1$. Ein magnetisches Moment, das ursprünglich parallel zum statischen Feld lag, präzediert dann in der $y'z'$-Ebene um die Richtung

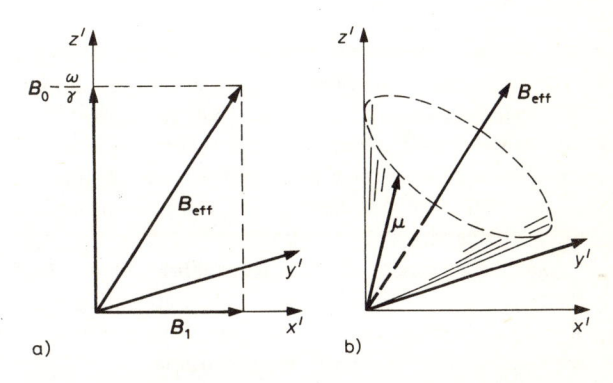

Abb. 3 a) Effektives Feld im rotierenden Koordinatensystem,
b) Bewegung des Moments μ im rotierenden Koordinatensystem. μ war zur Zeit $t = 0$ entlang der z'-Richtung orientiert.

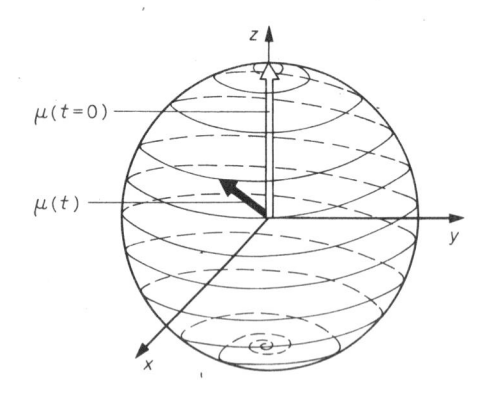

Abb. 4 Präzessionsbewegung des Moments μ im Laborkoordinatensystem bei Resonanz

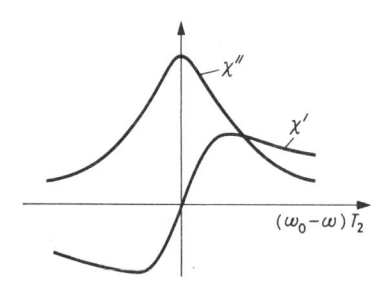

Abb. 5 $\chi'(\omega)$ und $\chi''(\omega)$ gemäß der Beziehungen (6) aufgetragen über $(\omega_0 - \omega) T_2$; $B_1 \to 0$

des hochfrequenten Feldes. Im Laborkoordinatensystem ergibt sich bei Resonanz die in der Abb. 4 dargestellte periodische Ab- und Aufwärtsbewegung.

Wird das Feld B_1 nur eine kurze Zeit t_w eingeschaltet, dann kippt das Moment um den Winkel

$$\theta = \gamma B_1 t_w . \tag{3}$$

Das Spinsystem kann so in gezielter Weise für weitere Untersuchungen „präpariert" werden. Für praktische Belange sind die beiden Fälle

$\theta = \pi/2$ $\quad \pi/2$-Impuls
und $\theta = \pi$ $\quad \pi$ -Impuls

von besonderem Interesse. Durch einen $\pi/2$-Impuls wird das magnetische Moment aus der z'-Richtung in die $x'y'$-Ebene gekippt, d. h., nach dem Impuls wird es im rotierenden Koordinatensystem ruhen bzw. im Laborkoordinatensystem in der xy-Ebene um B_0 präzedieren. Der π-Impuls dreht μ aus der z-Richtung in die $(-z)$-Richtung.

Da im Experiment alle magnetischen Momente der Probe erfaßt werden, ist die makroskopische Magnetisierung zu betrachten. Die Bewegung dieser Magnetisierung $M(t)$, die durch die Vektorsumme

$$M(t) = \sum_i \mu_i(t) \tag{4}$$

aller magnetischen Dipolmomente $\mu_i(t)$ pro Volumeneinheit gegeben ist, kann unter Berücksichtigung von Relaxationsprozessen durch die phänomenologischen Blochschen Gleichungen beschrieben werden. Im Laborkoordinatensystem lauten die *Blochschen Gleichungen*

$$\frac{dM_z}{dt} = \frac{M_0 - M_z}{T_1} + \gamma (M \times B)_z ,$$

$$\frac{dM_y}{dt} = \gamma (M \times B)_y - \frac{M_y}{T_2} , \tag{5}$$

$$\frac{dM_x}{dt} = \gamma (M \times B)_x - \frac{M_x}{T_2}$$

mit $B = B_0 + B_1$. M_0 ist die Magnetisierung der Probe im thermischen Gleichgewicht. Durch die Gleichungen werden die longitudinale Relaxationszeit T_1 und die transversale Relaxationszeit T_2 definiert. Vereinfacht gesehen charakterisiert T_1 die Wechselwirkung zwischen dem Spinsystem und dem Gitter (*Spin-Gitter-Relaxationszeit*), während T_2 ein Maß für die Stärke der Wechselwirkung innerhalb des Spinsystems ist (*Spin-Spin- oder Spin-Phasengedächtnis-Relaxationszeit*).

Die Lösung der Blochschen Gleichungen für den stationären Fall und langsamen Resonanzdurchgang ergibt für die komplexe Hochfrequenzsuszeptibilität $\chi(\omega) = \chi'(\omega) - \chi''(\omega)$ die Beziehung

$$\chi'(\omega) = \frac{1}{2} \frac{(\omega_0 - \omega) \cdot |\gamma| T_2^2 M_0 \cdot \mu_0}{1 + (\omega_0 - \omega)^2 T_2^2 + \gamma^2 B_1^2 T_1 T_2} ,$$

$$\chi''(\omega) = \frac{1}{2} \frac{|\gamma| T_2 M_0 \cdot \mu_0}{1 + (\omega_0 - \omega)^2 T_2^2 + \gamma^2 B_1^2 T_1 T_2} , \tag{6}$$

$\mu_0 = 4\pi \, 10^{-7} \, \text{VsA}^{-1}\text{m}^{-1}$ ist die Permeabilität des Vakuums. Die vom Spinsystem pro Periode absorbierte Leistung ist proportional zu $\chi''(\omega)$ (Absorptionssignal); mit $\chi'(\omega)$ ist das Dispersionssignal verknüpft (Abb. 5).

Kennwerte, Funktionen

Bei den experimentellen Anordnungen der Magnetischen Resonanz ist zwischen stationären und instationären Verfahren zu unterscheiden, d. h. zwischen kontinuierlicher und impulsförmiger Einstrahlung des Hochfrequenzfeldes. Die Grundbausteine eines Spektrometers für den *stationären Betrieb* sind:

1. der Magnet zur Erzeugung des statischen Magnetfeldes,
2. eine Einheit zur Modulation und definierten Änderung des Magnetfeldes bzw. der Meßfrequenz,
3. der Hochfrequenz- bzw. Mikrowellengenerator,
4. die Meßzelle, in der am Probenort das hochfrequente Magnetfeld erzeugt wird,
5. Empfänger, Verstärker und Registriereinheit.

Moderne Spektrometer sind mit Rechnern gekoppelt, die zur rechentechnischen Verarbeitung der Signale und zur Steuerung des Gerätes dienen.

Die *instationären Nachweisverfahren* beruhen darauf, daß durch eine impulsförmige Einstrahlung des Hochfrequenzfeldes die Magnetisierung um einen definierten Winkel aus der Anfangslage gekippt werden kann. Aus der Vielzahl der entwickelten Varianten seien zwei angeführt:

Verfahren der freien Induktion (free induction decay – FID). Die Probe befinde sich in einer Spule, deren Achse senkrecht zu B_0 orientiert ist. Im thermischen Gleichgewicht liegt die Magnetisierung entlang B_0. Mit Hilfe der Spule wird ein $\pi/2$-Hochfrequenzimpuls senkrecht zu B_0 auf die Probe eingestrahlt. Nach dem Impuls liegt dann die Magnetisierung senkrecht zu B_0 und präzediert mit der Kreisfrequenz $\omega_0 = \gamma B_0$ um B_0, so daß in der Spule eine Spannung der Kreisfrequenz ω_0 induziert wird. Auf Grund von Relaxationsprozessen im Spinsystem und unvermeidbaren Magnetfeldinhomogenitäten tritt ein zeitlicher Abfall dieses Resonanzsignals auf (Abb. 6). Gemäß der Blochschen Gleichungen – Magnetfeldinhomogenitäten werden in diesen nicht berücksichtigt – fällt das FID-Signal exponentiell mit der Zeitkonstanten T_2 ab. Typische NMR-Relaxationszeiten T_2 für Flüssigkeiten sind einige Millisekunden bis Sekunden, in Festkörpern liegt T_2 bei etwa 100 Mikrosekunden. In der EPR werden wesentlich kürzere Abfallzeiten oft im Nanosekundenbereich beobachtet.

Es läßt sich zeigen, daß die Einhüllende des FID-Signals die Fourier-Transformierte des unter stationären Bedingungen registrierten Resonanzsignals ist. Damit ist es möglich, eine Fourier-Transform (FT)-Spektroskopie zu realisieren.

Spin-Echo-Verfahren. Bei Einstrahlung einer definierten Hochfrequenzimpulsfolge auf eine Probe können nach dem Signal der freien Induktion weitere Signale – sogenannte Spin-Echos – beobachtet werden, die erstmals von HAHN [23] beschrieben wurden. Das Auftreten solcher Spin-Echos soll anhand der Einwirkung einer $\pi/2$-π-Impulsfolge auf ein Ensemble von Spins erläutert werden (Abb. 6). Über die Probe soll eine gewisse Inhomogenität des statischen Magnetfeldes angenommen werden, der mittlere Wert des Feldes sei B_0. Zunächst soll von Relaxationseffekten abgesehen werden. Die B_1-Amplitude der beiden Impulse wird genügend hoch eingestellt, so daß die Impulsdauer vernachlässigbar kurz ist. Durch das Anlegen des $(\pi/2, x')$-Impulses, dessen Frequenz auf die Resonanz beim Feld B_0 abgestimmt ist, klappt die Magnetisierung aus dem thermischen Gleichgewichtszustand in die y'-Richtung um. Nach dem Impuls wird die Feldinhomogenität wirksam. Infolge der unterschiedlichen Präzessionsfrequenzen $\omega_i = \omega_0 + \gamma \Delta B_i$ in verschiedenen Volumenelementen i der Probe erhalten die einzelnen Magnetisierungskomponenten unterschiedliche Phasenabweichungen $\gamma \cdot \Delta B_i \cdot t$ vom Mittelwert. Da sowohl positive als auch negative Phasenabweichungen vom Mittelwert auftreten, kommt es zu der in der Abb. 6 dargestellten Auffächerung der Komponenten. Im Verlauf der Zeit verringert sich der Vektor der makroskopischen Magnetisierung bis auf den Wert Null. Da Relaxationsprozesse zunächst unberücksichtigt bleiben, wird der Abfall der freien Induktion allein durch die Verteilungsfunktion des statischen Feldes bestimmt.

Der (π, x')-Impuls zur Zeit $t = \tau$ bewirkt eine Drehung aller Magnetisierungskomponenten um 180° um die x-Achse. Das hat zur Folge, daß unmittelbar nach dem π-Impuls alle diejenigen Komponenten, die phasenmäßig „vorausgeeilt" waren, nun „nachhinken" und umgekehrt, alle diejenigen Komponenten, die „nacheilten", nun einen Vorsprung besitzen. Zum Zeitpunkt $t = 2\tau$ sind alle Komponenten wieder in Phase, und es kommt zum Wiederaufbau der makroskopischen Magnetisierung in der y'-Richtung, der zum Erscheinen des Echosignals Anlaß gibt.

Berücksichtigt man Relaxationsprozesse im Sinne der Blochschen Gleichungen, so wird im ersten Zeitintervall τ die Magnetisierung in der $x'y'$-Ebene expo-

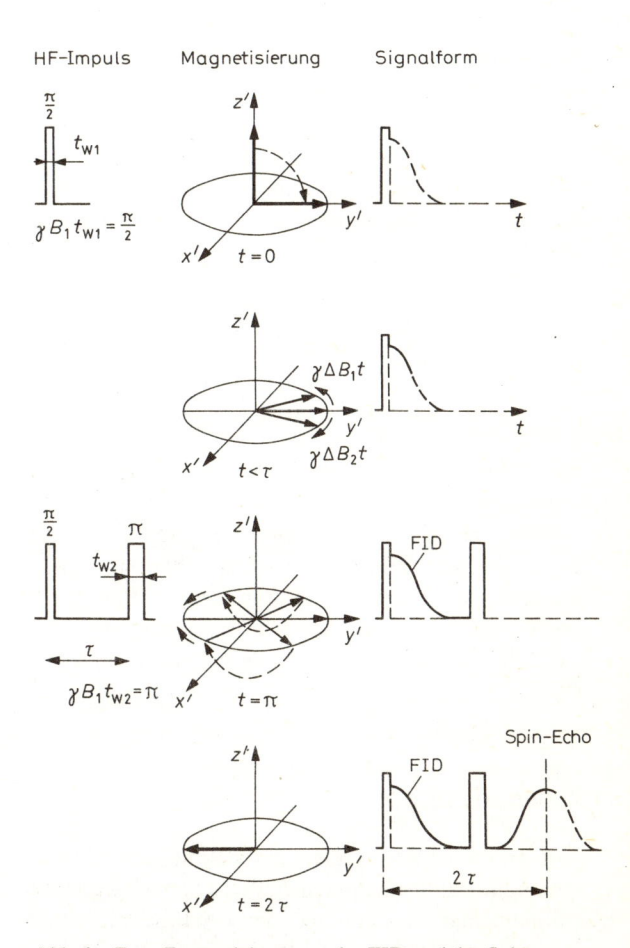

Abb. 6 Zum Zustandekommen des FID und des Spin-Echos, dargestellt im rotierenden Koordinatensystem

nentiell mit T_2 abgebaut und eine Komponente in z'-Richtung exponentiell mit T_1 aufgebaut. Der π-Impuls invertiert lediglich die in der Zeit τ aufgebaute z'-Komponente, so daß diese keinen Einfluß auf die Magnetisierung in der $x'y'$-Ebene hat. Im folgenden Zeitintervall wird die Magnetisierung in der $x'y'$-Ebene weiter mit T_2 abfallen, so daß die Magnetisierung, die die Amplitude des Spin-Echos bestimmt, durch

$$M(t = 2\tau) = M_0 e^{-2\tau/T_2} \qquad (7)$$

gegeben ist. Magnetfeldinhomogenitäten gehen darin nicht ein.

Durch ein π/2-π-Impulsexperiment kann die transversale Relaxationszeit T_2 bestimmt werden. Läßt man noch einen dritten Impuls einwirken, dann kann auch die longitudinale Relaxationszeit T_1 gemessen werden. Das Spin-Echo-Verfahren ist anwendbar, wenn $\tau < T_1$, T_2 ist. Angaben über weitere Varianten von Impulsfolgen findet man in der Literatur [13, 15, 17].

Die Unterschiede in der experimentellen Technik der EPR und NMR sind bedingt durch die um den Faktor annähernd 2000 unterschiedliche Größe des Elektronen- und Kernmoments:

Bohrsches Magneton:
$\mu_B = (9{,}274078 \pm 0{,}000036) \cdot 10^{-24} \text{JT}^{-1}$,
Kernmagneton:
$\mu_K = (5{,}050824 \pm 0{,}000020) \cdot 10^{-27} \text{JT}^{-1}$.

In einem Magnetfeld von $B_0 = 1$ T liegt die Resonanzfrequenz für freie Elektronen (g-Faktor $g_e = 2{,}0023$) bei 28,028 GHz und für Protonen bei 42,577 MHz. Aus Gründen einer guten Nachweisempfindlichkeit und eines hohen Auflösungsvermögens ist eine möglichst hohe Resonanzfrequenz anzustreben. Dieser Forderung sind aber technische Grenzen gesetzt.

Kommerzielle EPR-Spektrometer arbeiten im Mikrowellengebiet: X-Band ($\nu = 9{,}1$ GHz...10 GHz, $\lambda \approx 3{,}2$ cm), K-Band ($\nu = 23{,}6$ GHz...24,4 GHz, $\lambda \approx 1{,}2$ cm) und Q-Band ($\nu = 33{,}5$ GHz...35,5 GHz, $\lambda \approx 0{,}8$ cm). Die Grenze ist durch die verfügbare Mikrowellentechnik gegeben.

NMR-Spektrometer arbeiten mit Meßfrequenzen bis zu 500 MHz. Die erforderlichen hohen Magnetfelder bedingen hier die technische Grenze. Erst durch den Einsatz von supraleitenden Magnetspulen war es möglich, zu diesen hohen Meßfrequenzen zu kommen.

Anwendungen

EPR. In der EPR dominiert das stationäre Nachweisverfahren. Impulsmethoden finden gegenwärtig keine routinemäßige Anwendung, da die Erzeugung von π/2- bzw. π-Impulsen für Elektronenspin-Echo-Experimente mit technischen Problemen verbunden ist.

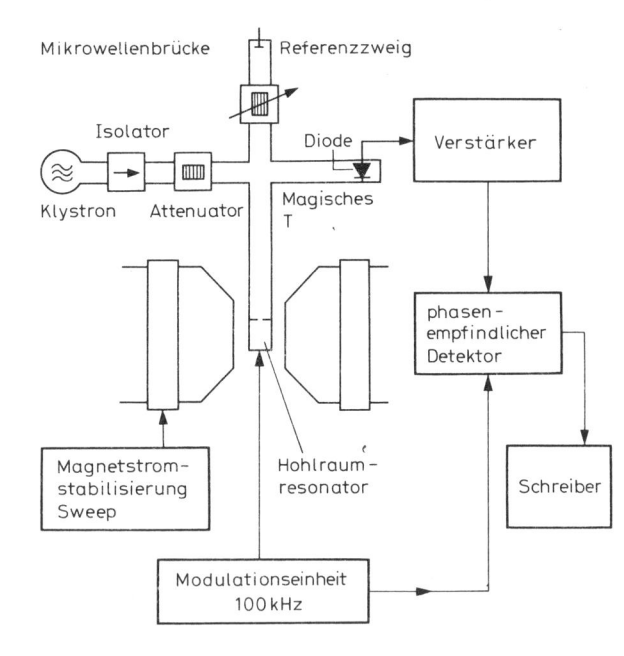

Abb. 7 Blockschaltbild eines EPR-Spektrometers

Im kontinuierlichen Betrieb arbeitet man mit einer festen Meßfrequenz und registriert das Spektrum durch lineare Variation des Magnetfeldes (Magnetfeldsweep), wobei im allgemeinen durch differentielle Abtastung die erste Ableitung der Resonanzsignale beobachtet wird. Die Mikrowelleneinheit ist meistens eine Brückenanordnung (Abb. 7).

Technische Daten eines X-Band-EPR-Spektrometers:

Meßfrequenz	9,5 GHz,
unbelastete Güte des Hohlraumresonators	
rechteckig	6000,
zylindrisch	20000.
Elektromagnet:	
Feldbereich	0,01 T...1,3 T,
Sweepbereich	0,2 mT...500 mT in Stufen,
Homogenität	$\pm 1{,}5 \cdot 10^{-6}$ T bei 0,34 T über Volumen mit 2,5 cm Durchmesser und 1,3 cm Länge,
Kurzzeitstabilität	10^{-6},
Langzeitstabilität	$< 5 \cdot 10^{-6}$,
Modulationsfrequenzen	100 kHz, 174 Hz,
Empfindlichkeit	$\leq 5 \cdot 10^{10}$ ungepaarte Elektronen/10^{-4} T,
Auflösungsvermögen bei HF-Modulation	$\leq 3 \cdot 10^{-6}$ T.

Die EPR setzt einschränkend voraus, daß die Probe ungepaarte Elektronen besitzt, also paramagnetisch sein muß. Somit können untersucht werden: Atome und Moleküle mit einer ungeraden Elektronenzahl, freie Radikale, Übergangsmetallionen mit einer nur teilweise aufgefüllten Elektronenschale, Moleküle in Triplettzuständen, Leitungselektronen in Metallen und Halbleitern sowie paramagnetische Störstellen in Festkörpern wie Farbzentren, Defekte, Oberflächenzustände, Dotierungen, Donatoren und Akzeptoren.

Die Wechselwirkungen der Elektronenspins mit der Umgebung im Molekül bzw. Festkörper führen zu Feinstruktur- und Hyperfeinstrukturaufspaltungen der Spektren (Abb. 8). Die Spektren von paramagnetischen Zentren in Einkristallen weisen im allgemeinen eine Winkelabhängigkeit bezüglich der Kristallorientierung zum statischen Magnetfeld auf. In Flüssigkeiten mittelt sich diese Anisotropie infolge der Brownschen Molekularbewegung aus, und es werden isotrope Spektren beobachtet. Zur Interpretation der EPR-Spektren wird der Spin-Hamilton-Operator [24] benutzt, der ein Polynom in den Komponenten des effektiven Elektronenspinoperator S und des Kernspinoperators I ist. Seine allgemeine Form lautet

$$H_S = \mu_B \boldsymbol{B} \cdot \boldsymbol{g} \cdot \boldsymbol{S} + \boldsymbol{S}\boldsymbol{D}\boldsymbol{S} + \boldsymbol{S}\boldsymbol{A}\boldsymbol{I} + ... \qquad (8)$$

Durch das Experiment sind der *g-Tensor* **g**, der *Feinstrukturtensor* **D** und der *Hyperfeinstrukturtensor* **A** zu bestimmen. In diesen Eigenschaftstensoren zweiter Stufe kommen die physikalischen Wechselwirkungen der paramagnetischen Spezies zum Ausdruck. Beiträge zum g-Tensor liefern der Bahn-Zeeman-Effekt, die Spin-Bahn-Wechselwirkung der Elektronen sowie die Zeeman-Wechselwirkung zwischen Magnetfeld und Elektronenspin. Der Hyperfeinstrukturtensor wird durch die Spin-Bahn-Wechselwirkung und die Wechselwirkung der Elektronen mit Kernspins bestimmt. In den Feinstrukturtensor, der nur in Systemen mit $S > 1/2$ auftritt, gehen die Spin-Spin- und die Spin-Bahn-Kopplung ein.

Von den vielfältigen Applikationen der EPR sind hervorzuheben:

- Störstellenanalytik, Mikrostruktur und Dynamik von paramagnetischen Störstellen in Festkörpern, Einfluß von Dotierungen auf die Eigenschaften eines Materials, Rolle der Störstelle bei Phasenübergängen, Oberflächenzustände in Halbleitern, Charakterisierung von Kristallen für den Einsatz als Maser-Material;
- Analytik und Charakterisierung von Übergangsmetallkomplexen in fester und flüssiger Phase;
- Analytik von freien Radikalen, Kinetik von Radikalreaktionen, radikalische Polymerisation;
- paramagnetische Zustände und Spezies in der Photochemie;
- molekulare Beweglichkeit in synthetischen Makromolekülen und Biomolekülen durch den Einsatz von Spinmarkern [25, 26];
- Molekularbiologie: Rolle von freien Radikalen und Übergangsmetallkomplexen in enzymatischen Reaktionen, biochemischen Redoxreaktionen, in der Photosynthese, Photolyse und Radiolyse sowie im lebenden Gewebe und in karzinogenen Substanzen; Test auf bestimmte Pharmaka;
- chemisch-induzierte dynamische Elektronenspinpolarisation (CIDEP).

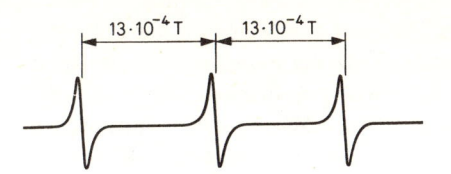

Abb. 8 EPR-Spektrum bei $\nu = 10$ GHz von ON(SO$_3$)$_2^{2-}$-Ionen in einer 0,01 molaren wäßrigen Lösung. Die Aufspaltung in drei Linien entsteht durch die Hyperfeinstrukturwechselwirkung mit ^{14}N. Registriert wurde die erste Ableitung des Absorptionssignals.

Eine EPR-Kurzzeitspektroskopie ist realisierbar durch schnelle Abtastung – rapid scan Technik, mit der Abtastzeiten von $t \geq 1$ ms erreichbar sind, und im Mikrosekundenbereich durch zeitauflösende Meßtechnik bei impulsförmiger Bildung paramagnetischer Spezies [27, 28, 29]. Mit der Elektronenspin-Echo-Technik wird ein Zeitauflösung von ca. 30 ns erzielt [30].

Der optische Nachweis der EPR erhöht zwar die Nachweisempfindlichkeit, ist aber nur an bestimmten Systemen möglich.

Eine Verbesserung der spektralen Auflösung wird durch das Elektron-Kern-Doppelresonanz – ENDOR (electron nuclear double resonance) – Verfahren und die Tripleresonanz erreicht [31, 32, 33]. Hierbei werden neben der Elektronenresonanzfrequenz eine bzw. zwei Kernresonanzfrequenzen im Hochfrequenzbereich auf die Probe eingestrahlt. Die ENDOR-Spektroskopie erreicht nicht die hohe Empfindlichkeit der konventionellen EPR und stellt weitere Bedingungen an die Probe, ist aber deshalb so attraktiv, weil damit mit sehr großer Präzision die Wechselwirkungstensoren der ungepaarten Elektronen mit den Kernmomenten der Ligandenatome (Superhyperfeinstruktur) bestimmt werden können und die Zuordnung der Kopplungskonstanten zu entsprechenden Kernen wesentlich erleichtert wird.

NMR. Zum Nachweis der präzedierenden Spinmagnetisierung kann im einfachsten Fall die Rückwirkung des Spinsystems auf die Resonanzeigenschaften eines Hochfrequenzschwingkreises benutzt werden; die Probe befindet sich dabei in der Schwingkreisspule. Zur eindeutigen Trennung von Absorptions- und Dispersionssignal ist eine Brückenschaltung günstiger. Durch eine Kreuzspulenanordnung wird eine Entkopplung zwischen Sende- und Empfangskreis erreicht. Eine einfache Anordnung ist der Autodyndetektor, der aus einem Schwingkreis besteht, der die

Probenspule enthält, und durch eine als negativer Widerstand wirkende elektronische Schaltung entdämpft und damit zu Schwingungen angeregt wird. Die experimentelle Technik der NMR ist unter Ausnutzung der Mikroelektronik und Rechentechnik so vervollkommnet worden, daß kommerzielle Spektrometer einen hohen Automatisierungsgrad und großen Bedienungskomfort aufweisen.

Breite Anwendung finden die verschiedensten Impulsverfahren. Die Einführung der Impuls-Fourier-Transform-Technik erbrachte wegen des „Vielkanal"-Vorteils eine beträchtliche Steigerung der Empfindlichkeit, so daß auch „seltene" Kerne wie ^{13}C, ^{29}Si, ^{31}P u. a. in natürlicher Häufigkeit der direkten Routineuntersuchung zugänglich geworden sind. Das vereinfachte Blockschaltbild eines FT-NMR-Spektrometers für Hochauflösung in Flüssigkeiten ist in Abb. 9 dargestellt.

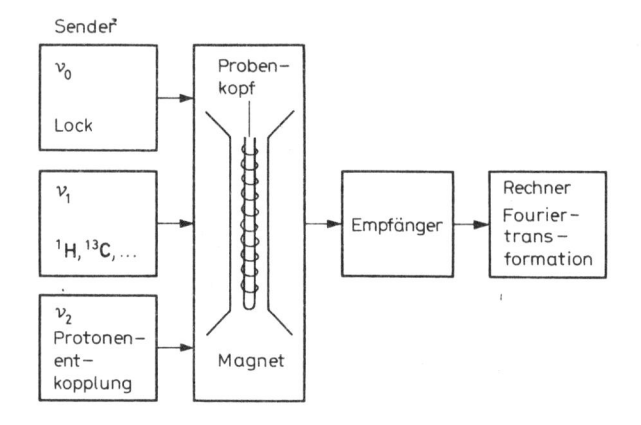

Abb. 9 Vereinfachtes Blockschaltbild eines FT-NMR-Spektrometers. Die Frequenz v_0 dient zur Frequenz-Feld-Stabilisierung.

Technische Daten eines FT-NMR-Spektrometers für Hochauflösung in Flüssigkeiten:

Meßfrequenz für Protonen 500 MHz,
Multikern-Probenkopf für den Frequenzbereich 62 Mhz...210 MHz,
Kryomagnet: Feldstärke 11,7 T,
  Langzeitstabilität $3 \cdot 10^{-8}$ h^{-1},
  Durchmesser der Bohrung 52 mm,
Auflösungsvermögen: ^{1}H-Spektrum von 15% o-Dichlorobenzen in Aceton-d$_6$, $\Delta v = 0{,}067$ Hz bei einer Abtastung und Raumtemperatur,
Empfindlichkeit: ^{1}H-Spektrum von 0,01% Ethylbenzen in CDCl$_3$ bei einer Abtastung und Raumtemperatur: Signal-Rausch-Verhältnis 20:1.

Für ein Kernresonanzexperiment ist erforderlich, daß die zu untersuchende Substanz Kerne mit einem Kernspin $I \ne 0$ enthält. In der Tabelle 2 sind die Zahlenwerte einiger Kerne zusammengestellt. Das ist aber keine wesentliche Einschränkung. In den Spektren spiegeln sich folgende Wechselwirkungen der Kernspins mit der molekularen Umgebung wider:

a) *Dipol-Dipol-Wechselwirkung der Kerne.* Das magnetische Dipolmoment μ_j eines benachbarten Kerns erzeugt am Ort des untersuchten Kerns k ein Zusatzfeld. Als Wechselwirkungsoperator für N Spins erhält man

$$H_{DD} = \frac{\hbar^2}{2} \sum_{j=1}^{N} \sum_{k=1}^{N} \gamma_j \gamma_k \left[\frac{I_j \cdot I_k}{r_{jk}^3} - \frac{3(I_j \cdot r_{jk})(I_k \cdot r_{jk})}{r_{jk}^5} \right], \quad (8a)$$

r_{jk} ist der Verbindungsvektor vom j-ten zum k-ten Kern. Diese Wechselwirkung führt in Festkörpern zu großen Halbwertsbreiten der Resonanzlinien und verhindert eine Hochauflösung in Festkörpern mit konventioneller Technik. In Flüssigkeiten werden die inneren magnetischen Felder durch die schnelle Umorientierung und Diffusion der Moleküle weitestgehend ausgemittelt, so daß hochaufgelöste Spektren beobachtet werden können. Die störende Wechselwirkung (8a) kann durch spezielle Vielimpulsfolgen in Kombi-

Tabelle 2 Zahlenwerte zu einigen Kernen, weitere Angaben in [15, 17]

Kern	natürliche Häufigkeit in %	Kernspin in Einheiten von $\hbar$	gyromagnet. Verhältnis γ in 10^8 T^{-1}s^{-1}	NMR-Frequenz in MH bei $B_0 = 2{,}3488$ T	Signalintensität bei gleichem Feld relativ zur gleichen Anzahl von Protonen
^{1}H	99,985	$^1/_2$	2,67519	100,000	1,00
^{2}H	$1{,}5 \cdot 10^{-2}$	1	0,4106	15,351	$9{,}65 \cdot 10^{-3}$
^{13}C	1,108	$^1/_2$	0,6725	25,144	$1{,}59 \cdot 10^{-2}$
^{14}N	99,63	1	0,1931	7,224	$1{,}01 \cdot 10^{-3}$
^{15}N	0,37	$^1/_2$	$-0{,}2710$	10,133	$1{,}04 \cdot 10^{-3}$
^{17}O	$3{,}7 \cdot 10^{-2}$	$^5/_2$	$-0{,}3628$	13,557	$2{,}91 \cdot 10^{-2}$
^{19}F	100	$^1/_2$	2,5168	94,077	0,83
^{29}Si	4,7	$^1/_2$	$-0{,}5316$	19,865	$7{,}84 \cdot 10^{-3}$
^{31}P	100	$^1/_2$	1,0829	40,481	$6{,}63 \cdot 10^{-2}$
^{33}S	0,76	$^3/_2$	0,2052	7,670	$2{,}26 \cdot 10^{-3}$
^{35}Cl	75,53	$^3/_2$	0,2622	9,798	$4{,}70 \cdot 10^{-3}$
^{37}Cl	24,47	$^3/_2$	0,2183	8,156	$2{,}71 \cdot 10^{-3}$

nation mit einer schnellen Rotation des Kristalls um den „magischen" Winkel künstlich ausgeschaltet werden, so daß auch eine hochauflösende Kernresonanz im Festkörper möglich ist [17,32].

b) *Wechselwirkung des Kerns mit der umgebenden Elektronenhülle – chemische Verschiebung.* Das statische äußere Magnetfeld induziert in der Elektronenhülle einen elektronischen Strom, der wiederum am Ort des Kerns ein zusätzliches Feld erzeugt, das proportional dem äußeren Feld, aber diesem entgegengerichtet ist. Am Kernort wirkt somit das effektive Feld

$$\boldsymbol{B}_{\text{eff}} = (1 - \sigma) \boldsymbol{B}_0. \tag{9}$$

Im Festkörper hängt die Abschirmkonstante σ von der Richtung des $\boldsymbol{B}_0$-Feldes zum Molekül ab und kann durch den symmetrischen Tensor σ gemäß

$$\sigma = \boldsymbol{B}_0 \cdot \sigma \cdot \boldsymbol{B}_0 / B_0^2 \tag{10}$$

beschrieben werden. In Flüssigkeiten wird die Anisotropie der chemischen Verschiebung ausgemittelt, und nur der isotrope Anteil wird gemessen. Da B_{eff} praktisch nicht angegeben werden kann, beschränkt man sich darauf, die Resonanzfrequenz ν_A des Kerns in einer Verbindung A mit derjenigen desselben Kerns in einer Standardsubstanz B zu vergleichen und die relative chemische Verschiebung

$$\delta = \frac{\nu_A - \nu_B}{\nu_B} \approx \frac{\nu_A - \nu_B}{\nu_A} \tag{11}$$

in ppm (10^{-6}) anzugeben. Die chemische Verschiebung hängt in empfindlicher Weise von der molekularen Umgebung des Kerns ab. Das erklärt die große Bedeutung der hochauflösenden NMR bei der Untersuchung molekularer Strukturen. Die chemische Verschiebung δ (^{13}C) verschiedener funktioneller Kohlenstoffe in einigen Stoffklassen bezogen auf Tetramethylsilan $(CH_3)_4 Si$ als Standard wird in Tabelle 3 angegeben.

In Metallen und Halbleitern tritt die sogenannte *Knight-Verschiebung* auf, die ihre Ursache in der Wechselwirkung der Kerne mit ungepaarten Elektronen hat, also mit dem Paramagnetismus der Leitungselektronen verknüpft ist.

c) *Indirekte Spin-Spin-Wechselwirkung.* Das magnetische Moment μ_A eines Kerns kann die Elektronenhülle eines Moleküls so polarisieren, daß durch die weitere Wechselwirkung der Elektronen mit dem Moment μ_B eines zweiten Kerns dessen Resonanzfrequenz geändert wird. In Flüssigkeiten ergibt sich eine skalare Wechselwirkung, die durch den Operator

$$H_J = J_{AB} \boldsymbol{I}_A \cdot \boldsymbol{I}_B \tag{12}$$

beschrieben werden kann. Diese auch J-Kopplung genannte Wechselwirkung macht sich in hochaufgelösten Spektren durch eine Multiplettstruktur bemerkbar (Abb. 10).

Für die Anwendung der NMR zur Bestimmung mo-

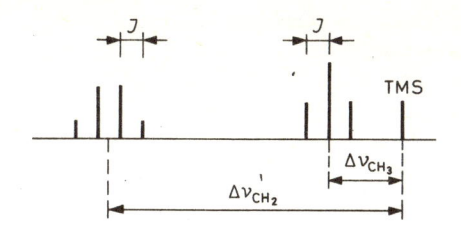

Abb. 10 Strichspektrum der ^{1}H-NMR von NO_2-CH_2-CH_3. Die Linien der CH_2- und CH_3-Gruppe spalten durch die indirekte Spin-Spin-Wechselwirkung (Kopplungskonstante J) in Multipletts auf. Referenzsubstanz: Tetramethylsilan (TMS)

lekularer Strukturen ist es erforderlich, die Einflüsse der chemischen Verschiebung und der indirekten Spin-Spin-Kopplung eindeutig zu trennen und die entsprechenden Parameter zu ermitteln. Als experimentelle Hilfsmittel werden durch Einstrahlung einer zweiten Kernresonanzfrequenz Doppelresonanzeffekte ausgenutzt: Spintickling, Spinentkopplung, INDOR-(Inter Nuclear Double Resonance) Technik, Kern-Kern-Overhausereffekt (Details siehe [13,15,16,17]). Die zwei-dimensionale (2D)-FT-NMR bietet in dieser Hinsicht weitere Vorteile, insbesondere im Hinblick auf Aussagen über dynamische Prozesse [33].

Die NMR ist eine der wichtigsten spektroskopischen Methoden, deren Anwendung von den verschiedenen Teilgebieten der Physik und Chemie über die Geologie, Archäologie und Agrarwissenschaft bis zur Molekularbiologie und Medizin reicht. Insbesondere hat sich die hochauflösende NMR an Flüssigkeiten auf Grund ihres hohen Gehaltes an strukturanalytischen Informationen als sehr aussagefähig für die Untersuchung von Molekülstrukturen erwiesen. Verbunden mit den enormen Fortschritten der experimentellen Technik ist in den letzten Jahren die ^{13}C-FT-NMR in den Vordergrund gerückt, da die ^{13}C – chemische Verbindung δ (^{13}C) mit maximal etwa 250 ppm einen wesentlich größeren Bereich als die ^{1}H – chemische Verschiebung δ (^1H) überstreicht und im allgemeinen empfindlicher auf Strukturänderungen im Molekül anspricht als die der Protonenresonanz. Ein Beispiel für ein ^{13}C-Spektrum ist in Abb. 11 wiedergegeben. Die NMR kann u. a. folgende Informationen zur Struktur und Dynamik von molekularen Systemen liefern:

– charakteristische Gruppen und magnetische Kerne im Molekül, Zahl benachbarter magnetischer Kerne bzw. Kerngruppen;
– Elementaranalyse, Isotopenzusammensetzung, Prozentgehalt von Gemischen;
– Molekülgeometrie, chemische Bindung, Bindungslängen, Bindungswinkel, Konfigurations- und Konformationsanalyse;

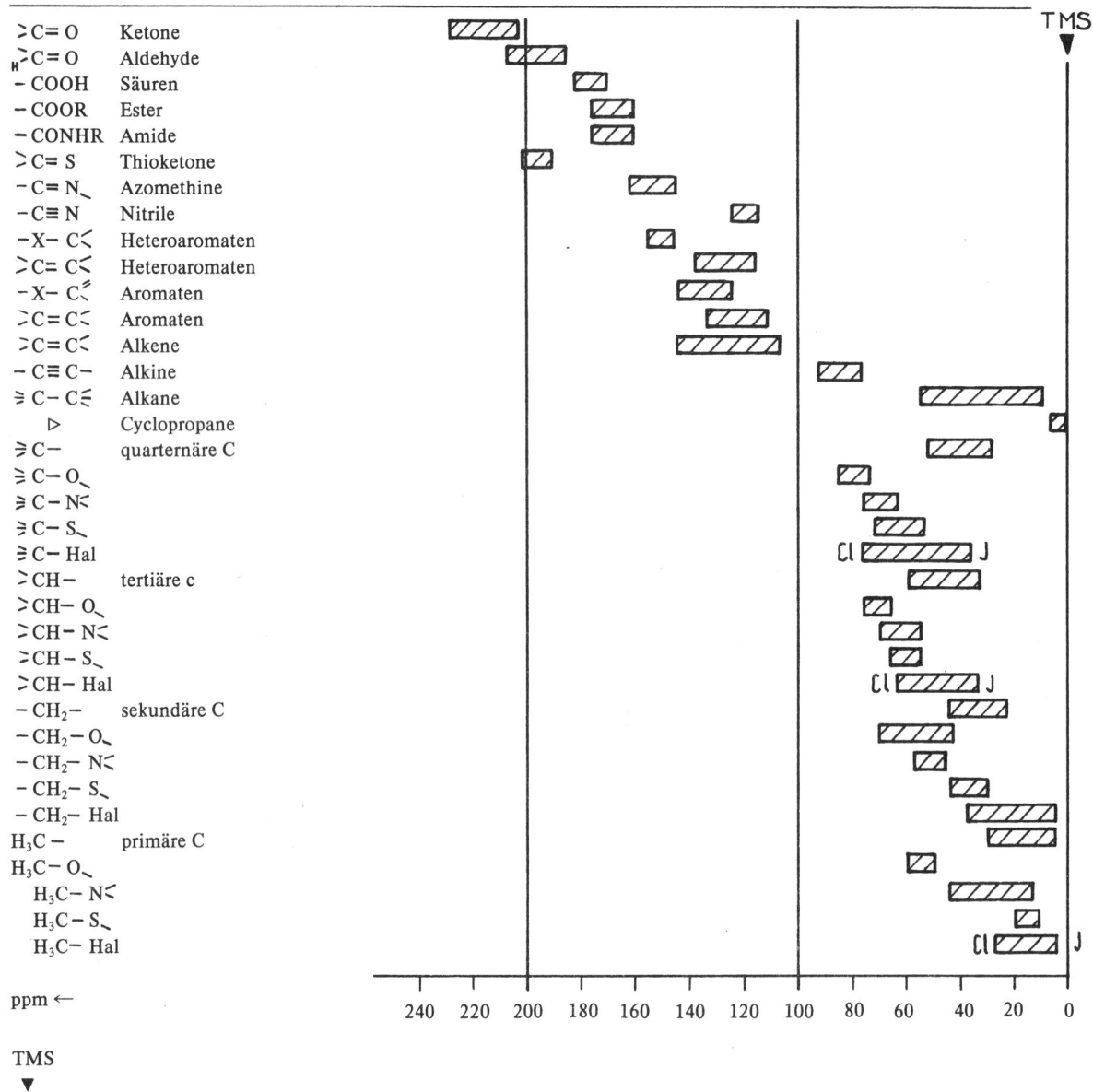

Tabelle 3 δ(¹³C) *funktioneller Kohlenstoff in einigen organischen Stoffklassen gegen Tetramethylsilan* (CH₃)₄Si *als Standard*

Gruppe	Stoffklasse
>C=O	Ketone
H>C=O	Aldehyde
−COOH	Säuren
−COOR	Ester
−CONHR	Amide
>C=S	Thioketone
−C=N−	Azomethine
−C≡N	Nitrile
−X−C<	Heteroaromaten
>C=C<	Heteroaromaten
−X−C<	Aromaten
>C=C<	Aromaten
>C=C<	Alkene
−C≡C−	Alkine
≥C−C≤	Alkane
▷	Cyclopropane
≥C−	quarternäre C
≥C−O−	
≥C−N<	
≥C−S−	
≥C−Hal	
>CH−	tertiäre c
>CH−O−	
>CH−N<	
>CH−S−	
>CH−Hal	
−CH₂−	sekundäre C
−CH₂−O−	
−CH₂−N<	
−CH₂−S−	
−CH₂−Hal	
H₃C−	primäre C
H₃C−O−	
H₃C−N<	
H₃C−S−	
H₃C−Hal	

ppm ← 240 220 200 180 160 140 120 100 80 60 40 20 0

TMS ▼
Cl   J
Cl   J
Cl   J

- Taktizität, Verzweigungen und Sequenzanalyse in Polymeren;
- zwischenmolekulare Wechselwirkungen, Wasserstoffbrücken, Assoziate, Ordnungsgrad in Flüssigkristallen;
- molekulare Beweglichkeit;
- chemischer Austausch von Atomen, Atomgruppen und Ionen zwischen verschiedenen Spezies, Austausch von Kernspins zwischen Lagen unterschiedlicher chemischer und magnetischer Umgebung (z.B. bei innerer Rotation von Atomgruppen in Molekülen);
- Bewegung von Molekülen als Ganzes (Umorientierung, Translation), Selbstdiffusion;
- Reaktionsgeschwindigkeiten mittelschneller Reaktionen, Kinetik schneller, reversibler Reaktionen;
- chemisch induzierte dynamische Kernpolarisation (CIDNP) und Mechanismus radikalischer Reaktionen;
- Phasenübergänge.

Der Effekt der Magnetischen Resonanz selbst legt nahe, über die Messung der Resonanzfrequenz Magnetfeldstärken zu bestimmen. Es gibt transportable

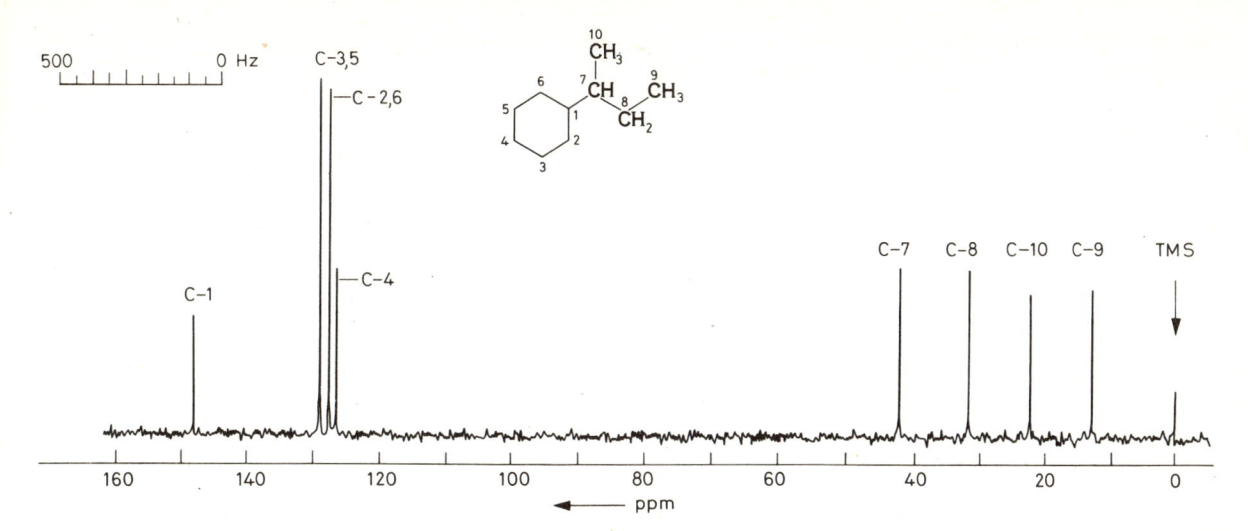

Abb. 11 Beispiel eines ¹H-entkoppeltes 20 MH_z – ¹³C-NMR-Spektrums: sec-Butylbenzen, 90 Vol.% in Hexadeuteroaceton bei 25 °C. Durch die Protonenentkopplung wird die Multiplettaufspaltung ausgemittelt und nur die chemische Verschiebung $\delta(^{13}C)$ der zehn Kohlenstoffkerne wird nachgewiesen.

Geräte, sogenannte Gaußmeter, mit denen Magnetfelder im Bereich von 0,08 T bis 1,5 T mit einer Genauigkeit von 10^{-6} T vermessen werden können. Unter Ausnutzung von Durchgangseffekten kann auch die Homogenität eines Magnetfeldes ermittelt werden [15].

Interessante Anwendungen der NMR zeichnen sich in der Medizin ab. Für die Untersuchung lebenden Gewebes eignen sich die ^{31}P- und ^{13}C-Resonanzen. Mikroskopisch kleine Lebewesen können in vivo mit der üblichen Technik vermessen werden. Für in-vivo-Messungen größerer Lebewesen ist eine spezielle Anordnung erforderlich. Bei peripheren Körperbereichen kann durch das Auflegen von Oberflächenspulen mit besonderer Konstruktion die nichtinvasive Aufnahme des ^{31}P-Spektrums einer ausgewählten Körperstelle im Abstand bis zu einigen Zentimetern erfolgen [34]. Allgemeiner, aber aufwendiger ist die *Topical* (lokale) *Magnetic Resonance* (TMR), bei der mit Magneten mit großen Öffnungen bis zu 60 cm Durchmesser gearbeitet wird, in die ein Mensch eingebracht werden kann [35]. Bei beiden Techniken wird durch eine entsprechende Spulengeometrie oder Zusatzspulen das Magnetfeld mit Ausnahme eines Kugelvolumens mit einem Durchmesser von ca. 2 cm inhomogen gemacht. Nur von diesem Kugelvolumen werden die NMR-Spektren registriert. So ist es z. B. möglich, an beliebigen Stellen eines inneren Organs phosphorartige Stoffwechselprodukte zu identifizieren und quantitativ zu bestimmen. Würde es in Zukunft gelingen, die so erhaltenen NMR-Ergebnisse von lebendem Gewebe mit klinischen Symptomen und Arzneimittelgaben zu korrelieren, könnte die TMR zur Diagnose und Therapie eingesetzt werden.

Unter *NMR-Tomographie* [36] versteht man die mehrdimensionale Abbildung von Objekten mittels NMR. Als Resonanzkerne werden meistens Protonen benutzt. Die Grundidee [37] besteht darin, durch einen örtlich genau definierten linearen Feldgradienten dem NMR-Signal eine Ortsabhängigkeit aufzuprägen, so daß das Signal ein eindimensionales Profil der Protonendichte in Richtung des jeweiligen Feldgradienten liefert. Die Summation aller dieser „Blickrichtungen" ergibt mit Hilfe der von der Röntgen-Computer-Tomographie bekannten Technik ein zwei- bzw. dreidimensionales Bild der Protonendichte gewichtet mit einer Funktion der Relaxationszeiten T_1 und T_2. So gewonnene „T_1-Bilder" können z. B. zur Gewebedifferenzierung dienen; es ist bekannt, daß die Relaxationszeit T_1 von malignem Gewebe länger ist als die von normalem Gewebe. In der NMR-Tomographie gibt es eine Vielzahl von technischen Varianten, denen gemeinsam ist, daß sie zur Vermeidung von Abbildungsfehlern bei relativ niedrigen Feldstärken (0,1 T...0,5 T) und Frequenzen (4 MHz...20 MHz) arbeiten. Ein technisches Problem ist die Konstruktion des Magneten mit einer möglichst guten Homogenität über ein großes Probevolumen; typische Werte sind eine Homogenität von $3 \cdot 10^{-6}$ über ein Kugelvolumen von 10 cm Durchmesser bei $B_0 = 0,117$ T. Inwieweit die NMR-Tomographie für den klinischen Einsatz von Bedeutung sein wird, ist gegenwärtig noch offen.

Literatur

[1] ZAVOISKI, E. K., J. Phys. UdSSR **9** (1945) 245; Ž. eksper. teor. Fiz. **16** (1946) 603 (russ.).

[2] PURCELL, E. M.; TORREY, H. C.; POUND, R. V., Phys. Rev. **69** (1946) 37.

[3] BLOCH, F.; HANSEN, W. W.; PACKARD, M., Phys. Rev. **69** (1946) 127; **70** (1946) 485.

[4] GRIFFITHS, J.H.E., Nature **158** (1946) 670.
[5] DEHMELT, H. G.; KRÜGER, H., Naturwissenschaften **37** (1950) 111.
[6] DORFMAN, J., Dokl. Akad. Nauk. SSSR **81** (1951) 765 (russ.).;
DINGLE, R.B., Proc. Internat.-Congr. on Very Low Temperatures Oxford (1951) S. 165; Proc. Roy. Soc. **A212** (1952) 38.
[7] ALTSCHULER, S. A.; KOSYREW, B. M.: Paramagnetische Elektronenresonanz. –Leipzig: BSB B.G. Teubner Verlagsgesellschaft 1963 (Übersetzung aus dem Russischen).
[8] BLJUMENFELD, L. A.; WOJEWODSKI, W. W.; SEMJONOW, A. G.: Die Anwendung der Paramagnetischen Elektronenresonanz in der Chemie. – Leipzig: Akademische Verlagsgesellschaft Geest & Portig K.-G. 1966 (Übersetzung aus dem Russischen).
[9] ABRAGAM, A.; BLEANEY, B.: Electron Paramagnetic Resonance of Transition. Ions. – Oxford: Clarendon Press 1970.
[10] WERTZ, J.E.; BOLTON, J.R.: Electron Spin Resonance – Elementary Theory and Practical Applications. – New York: McGraw-Hill Book Company 1972.
[11] Elektronenspinresonanz und andere spektroskopische Methoden in Biologie und Medizin. Hrsg.: S. J. WYARD. – Berlin: Akademie-Verlag 1973 (Übersetzung aus dem Englischen).
[12] CARRINGTON, A.; MC LACHLAN, A. D.: Introduction to Magnetic Resonance with Applications to Chemistry and Chemical Physics. – New York: Harpers & Row Publishers 1967.
[13] SLICHTER, C. P.: Principles of Magnetic Resonance. Springer Series in Solid-State Sciences. Bd.1, 2.Aufl. – Berlin/Heidelberg/New York: Springer-Verlag 1978.
[14] POOLE, CH. P., Jr.; FARACH, H. A.: The Theory of Magnetic Resonance. – New York/London/Sydney/Toronto: John Wiley & Sons 1972.
[15] LÖSCHE, A.: Kerninduktion. – Berlin: VEB Deutscher Verlag der Wissenschaften 1957.
[16] ZSCHUNKE, A.: Kernmagnetische Resonanzspektroskopie in der organischen Chemie. WTB-Reihe Bd. 88. – Berlin: Akademie-Verlag 1971.
[17] MICHEL, D.: Grundlagen und Methoden der Kernmagnetischen Resonanz. WTB-Reihe Bd. 266. – Berlin: Akademie-Verlag 1981.
[18] EMSLEY, J. W.; FEENEY, J.; SUTCLIFFE, L. H.: High Resolution Nuclear Magnetic Resonance Spectroscopy. – Oxford: Pergamon Press 1965.
[19] NMR – Basic Principles and Processes. Hrsg.: P. DIEHL, E. FLUCK, R. KOSFELD. – Berlin/Heidelberg/New York: Springer-Verlag 1969 (Bd.1) – 1982 (Bd.20).
[20] DAS, T.P.; HAHN, E.L.: Nuclear Quadrupol Resonance Spectroscopy. Solid State Physics, Suppl. 1. Hrsg.: F. SEITZ, D. TURNBULL. – New York: Academic Press 1958.
[21] GUREVIČ, A.G.: Magnetische Resonanz in Ferriten und Antiferromagnetika (russ.). – Moskau: Verlag Nauka 1973.
[22] LAX, B.; MAVROIDES, J.G.: Cyclotron Resonance. In: Solid State Physics. Hrsg.: F. SEITZ, D. TURNBULL. – New York/London: Academic Press 1960. Bd.11, S.261.
[23] HAHN, E.L., Phys. Rev. **77** (1950) 746.

[24] ABRAGAM, A., PRYCE, M. H. L., Proc. Roy. Soc. **A205** (1951) 135.
[25] Spin Labeling. Theory and Applications. Hrsg.: L.J.BERLINER. – New York: Academic Press 1976.
[26] Spin Labeling II. Theory and Applications. Hrsg.: L.J.BERLINER. – New York: Academic Press 1979.
[27] Time Domain Electron Spin Resonance. Hrsg.: L. KEVAN, R. N. SCHWARTZ. – New York: John Wiley & Sons 1979.
[28] KLIMES, N.; EBERT, B.; LASSMANN, G., Wirtschaftspatent: Gepulste Durchflußapparatur, WP GO1N/203936, 2.3.1978.
[29] HORE, P.J.; MC LAUCHLAN, K. A., Mol. Phys. **42** (1981) 533, 1009.
[30] TRIFUNAC, A.D.; NORRIS, J.R.; LAWLER, R.G., J. chem. Phys. **71** (1979) 4380.
[31] SEIDEL, H., Z. Phys. **165** (1961) 218.
[32] WAUGH, J.S.: Neue Methoden der NMR in Festkörpern (russ.) - Moskau: Verlag Mir 1978.
[33] BODENHAUSEN, G., Progress in NMR Spectroscopy **14** (1981) 137.
[34] ACKERMANN, J. J. H.; GROVE, T. H.; WONG, G. G.; GADIAN, D.G.; RADDA, G.K.; Nature **283** (1980) 167.
[35] GORDON, R.E., Phys. Bull. London **32** (1981) 178.
[36] BOTTOMLEY, P.A., Rev. Sci. Instrum. **53** (1982) 1319.
[37] LAUTERBUR, P.C., Nature **242** (1973) 190.

Malter-Effekt

Der Effekt wurde 1936 von L. MALTER [1] bei Untersuchungen zur Erhöhung der Sekundärelektronenausbeute an mit Cäsium bedampften Aluminiumoberflächen bei einer speziellen Wärme- und Sauerstoffbehandlung entdeckt. Er besteht in der (bis auf den 1000fachen Wert) gesteigerten Ausbeute infolge einer neben der Sekundärelektronenemission auftretenden Feldemission.

Sachverhalt

Bei reinen Metalloberflächen liegt die maximale Ausbeute an Sekundärelektronen zwischen etwa 0,5 (Lithium) und 1,8 (Platin). Unter Ausbeute wird dabei das Verhältnis $\delta = (S + R)/P$ verstanden (P-Zahl der einfallenden Primärelektronen; S-Zahl der ausgelösten Sekundärelektronen; R-Zahl der reflektierten bzw. rückdiffundierenden Primärelektronen).

Bei oxydierten Metallen, ausgewählten Legierungen und Halbleitern treten wesentlich größere Ausbeuten $\delta = 2...20$ auf. Extrem hohe Werte bis etwa $\delta = 1000$ können an Schichten mit einer speziellen Struktur, sogenannte Malter-Schichten), beobachtet werden (Abb. 1). Hierbei handelt es sich jedoch nicht mehr um den Elektronenaustritt durch Sekundäremission, sondern um eine durch die Sekundäremission eingeleitete Feldemission.

Der *Malter-Emitter* (Abb. 1) besteht aus einer metallischen Unterlage (Al), auf die (z. B. durch elektrolytische Oxydation) eine Isolationsschicht aufgebracht wurde (Al_2O_3). Auf dieser befindet sich eine metallische, eventuell ebenfalls anoxydierte Deckschicht (Cs bzw. Cs_2O). Wesentlich ist, daß diese Deckschicht eine Sekundärelektronenausbeute $\delta > 1$ besitzt. Aufprallende Primärelektronen P erzeugen unter diesen Bedingungen eine positive elektrische Aufladung der Deckschicht gegenüber der Al-Unterlage. In der gut isolierenden Zwischenschicht entsteht ein elektrisches Feld E, das Werte bis zu einigen 10^6 V/cm erreichen kann und zur Feldemission von Elektronen aus der metallischen Unterlage führt. Die Feldelektronen F durchqueren die Isolationsschicht fast ohne Energieverlust. Ihre Zahl übersteigt die der echten Sekundärelektronen S in der Regel um ein Vielfaches.

Neben diesem Emissionsmechanismus, der auf der elektrischen Auflladung einer makroskopischen Deckschicht beruht, kann der Malter-Effekt auch an einzelnen, in isolierenden Schichten eingebauten Metallatomen auftreten. Ein solches durch Sekundäremission ($\delta > 1$) an der Oberfläche ionisiertes Metallatom (Ion) vermittelt durch Feldemission den Austritt vieler Elektronen aus der metallischen Basis.

Zwischen dem Malter-Effekt und der Exoelektronenemission aus Isolatoren nach Anregung mit Elektronen besteht eine gewisse Analogie.

Beim Beschuß von Isolatoren (z. B. SiO_2, Al_2O_3) mit Elektronen mittlerer Energie (0,5...5 keV) bildet sich infolge $\delta > 1$ eine oberflächennahe positive Raumladungsschicht. Darunter entsteht durch das Einfangen der abgebremsten Primärelektronen in Haftstellen eine negative Raumladungszone. Übersteigt die Stärke des mit dieser Raumladungsstruktur verknüpften elektrischen Feldes etwa 10^5 V/cm, können thermisch oder optisch befreite Elektronen im Isolator zur Oberfläche beschleunigt werden und als Exoelektronen austreten (Feldgestütztes Emissionsmodell der Exoelektronenemission) [2].

Kennwerte, Funktionen

Tabelle 1   Kennwerte von Malter-Schichten

(i_F: Feldemissionsstrom; i_P: Primärelektronenstrom)

Dicke der isolierenden Zwischenschicht:	50...200 nm
Potential der Deckschicht	: 10...100 V
Verhältnis i_F/i_P	: 10...1000

Zeitverhalten des Malter-Effektes. Ein charakteristisches Kennzeichen des Malter-Effektes besteht in seiner zeitlichen Trägheit. Während die Sekundärelektronenemission trägheitslos erfolgt, treten beim Malter-Effekt ausgeprägte Verzögerungen auf (Abb. 2).

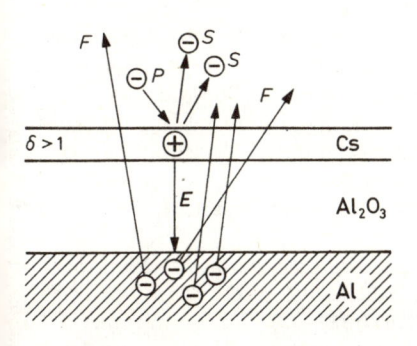

Abb. 1   Schematischer Aufbau einer Malter-Schicht

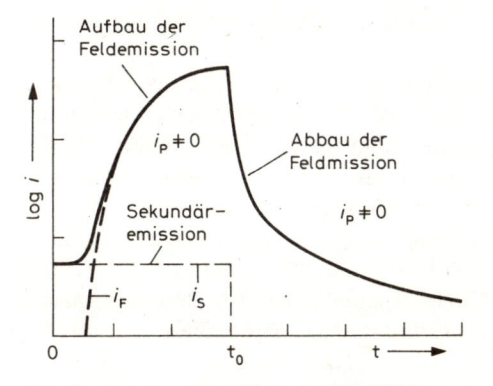

Abb. 2   Zeitcharakteristik des Malter-Effektes

Der momentan bei $t = 0$ mit dem Primärstrom i_P einsetzende Sekundärelektronenstrom i_s führt in Abhängigkeit vom Isolationswiderstand der Schicht und der Ausbeute δ an der Oberfläche zu einem allmählichen Aufbau der Potentialdifferenz und damit der Feldemission. Die Aufbauzeiten (t_0) liegen zwischen etwa 10 und 500 s. Bei einer Feldemission durch isoliert in die Schicht eingebaute Metallatome wird jedoch keine Verzögerung auftreten, wenn bereits einzelne Ionen zu ausreichend hohen elektrischen Feldstärken führen (trägheitsloser Malter-Effekt) [3].

Mit dem Abschalten des Primärstromes i_P ($t = t_0$ in Abb. 2) verschwindet auch der Strom der Sekundärelektronen i_S momentan. Demgegenüber erfordert das Abklingen der Feldemission eine endliche Zeit, im allgemeinen 1...10 min. In Sonderfällen ist auch nach mehreren Stunden eine Emission noch nachweisbar.

Temperatureinfluß. Mit wachsender Temperatur nimmt der Malter-Effekt infolge der erhöhten elektrischen Leitfähigkeit der Zwischenschicht ab.

Energieverteilung der emittierten Elektronen [4]. Die Energieverteilung der aus einer Malter-Schicht austretenden Elektronen entspricht weitgehend der Verteilung der Feldemissionselektronen aus Metallen. Im beobachteten Energiebereich (10...15 eV) stammen zumindest die schnellsten Elektronen aus der metallischen Unterlage, wobei in der isolierenden Zwischenschicht praktisch keine Energieverluste auftreten.

Elektrische Charakteristiken [5]. Mit wachsender Absaugspannung steigt der Emissionsstrom aus einer Malter-Schicht zunächst an und erreicht bei 500...1000 V einen Sättigungswert. In Abhängigkeit von der Energie der Primärelektronen durchläuft der Emissionsstrom zwischen etwa 200...500 eV ein Maximum.

Anwendungen

Infolge seiner großen zeitlichen Trägheit und der Instabilität der Emission hat der Malter-Effekt bisher keine Anwendung beim Bau von Elektronen-Emittern hoher Ausbeute gefunden. Man nimmt jedoch an, daß bei formierten Metalloxyd- und Legierungsschichten mit Ausbeuten $\delta = 10...15$, wie sie zur Messung kleinster Teilchenströme (Einzelnachweis von Elektronen, Ionen, Neutralteilchen) benutzt werden, der Malter-Effekt bereits zur Emission beiträgt.

Malter-Effekt als Störerscheinung. Der Malter-Effekt stellt eine der wichtigsten Ursachen für unkontrollierte Spannungsdurchbrüche in Elektronen- und Ionengeräten dar (z. B. Nachentladungen in Zählrohren). Er begrenzt damit die Höhe anliegender Absaug- und Beschleunigungsspannungen. Auch das Auftreten z. T. beträchtlicher parasitärer Malter-Ströme wechselnder Größe beeinträchtigt das Betriebsverhalten von Hochvakuumsystemen. Die unbeabsichtigte Bildung dünner, isolierender Schichten auf Metalloberflächen kann in Elektronen- und Ionengeräten auf verschiedene Weise erfolgen. Neben der Ablagerung isolierender Staubteilchen kommen besonders die Oxydation und die Abscheidung von Schichten durch Polymerisation aus Kohlenwasserstoffen in Frage. Auch Ölfilme der Treibmitteldämpfe von Vakuumpumpen sind hier zu nennen.

Die für das Auftreten des Malter-Effektes wesentliche positive Oberflächenladung der isolierenden Schichten kann außer durch die bereits genannte Emission von Sekundärelektronen (Energie der Primärelektronen ≥ 100 eV, $\delta > 1$) auch durch den Aufprall positiver Ionen oder neutraler Teilchen passender Energie bzw. durch die Auslösung von Photoelektronen erfolgen. Die Maßnahmen zur Vermeidung des Malter-Effektes richten sich in der Hauptsache gegen die Bildung der isolierenden Schichten (saubere Betriebsbedingungen, gute Vakuumbedingungen, effektive Kühlfallen und Baffles). Neben der mechanischen Reinigung eignet sich zur Beseitigung auftretender Isolationsschichten die Hochtemperaturbehandlung (Umsetzung organischer Schichten in elektrisch leitende Kohlenstoffschichten durch Ausheizen bei etwa 900°C, eventuell unter O_2-Zugabe bzw. Zersetzung von Oxydhäuten).

Spritzkatoden-Entladung [6]. Bereits 1933 beobachtete A. GÜNTHERSCHULZE ein spezielles Katodenregime der Glimmentladung, dessen Mechanismus dem des Malter-Effektes entspricht. Bei der Verwendung gesinterter SiC-Katoden setzte das negative Glimmlicht der Entladung unmittelbar an der Katodenoberfläche an. Es trat kein Dunkelraum und damit auch kein Katodenfall auf. Die Betriebsspannung einer solchen Entladung lag wesentlich unter dem bekannten Minimalwert (normaler Katodenfall). Als Ursache dieses Entladungstyps konnten isolierende Oxydschichten, die nach ihrer positiven elektrischen Aufladung eine Feldemission bewirken, erkannt werden. Die mit Energien zwischen etwa 10...30 eV austretenden Elektronen führten bereits unmittelbar an der Katode zur Anregung und Ionisation des Gases. Der Aufbau einer Beschleunigungsspannung (Katodenfallgebiet) war unter diesen Bedingungen nicht erforderlich.

Literatur

[1] MALTER, L.: Anomalous Secondary Electron Emission. A New Phenomenon. Phys. Rev. **49** (1936) 478; Thin Film Field Emission. Phys. Rev. **50** (1936) 48–58.

[2] GLAEFEKE, H.: Exoemission, Topics in Applied Physics. Vol. 37, S. 225–273. Berlin/Heidelberg/New York: Springer-Verlag 1979.

[3] TREY, F.: Sekundärelektronenausbeute. Phys. Z. **44** (1943) 38–47.

[4] MAHL, H.: Feldemission aus geschichteten Katoden bei Elektronenbestrahlung. Z. tech. Phys. **18** (1937) 559–563; **19** (1937) 313–320.

[5] GÜNTHERSCHULZE, A.; FRICKE, H.: Eine neue Art von Glimmentladung ohne HITTORFschen Dunkelraum und ohne Katodenfall. Z. Phys. **86** (1933) 451–463.

Markierung

Die Radioaktivität der Atomkerne ermöglicht es, in einfacher Weise durch Messung der Strahlung einzelne Atomkerne nachzuweisen. Bereits 17 Jahre nach Entdeckung der Radioaktivität durch HENRY BECQUEREL (1896) wurde 1913 durch FRIEDRICH ADOLF PANETH und GEORG VON HEVESY die Markierung, auch *Methode der „markierten Atome"* oder der *„radioaktiven Indikatoren"* genannt, begründet [1]. Sie fällten Bleichromat und Bleisulfid nach Zugabe radioaktiver Blei-Ionen, um die Löslichkeit dieser besonders schwer löslichen Salze durch Strahlungsmessung bestimmen zu können. Es wurden also radioaktive Atome in die zu untersuchenden chemischen Verbindungen eingebracht. Die Markierung erfuhr eine stürmische Entwicklung, nachdem es möglich war, künstlich radioaktive Nuklide von allen Elementen herzustellen (siehe *Aktivierung*).

Der Nachweis von Atomen durch ihre Radioaktivität bringt verschiedene Vorteile. Es sind außerordentlich geringe Substanzmengen leicht meßbar, die Erfassungsgrenze anderer Methoden kann oft um mehrere Größenordnungen unterboten werden. Charakteristisch ist, daß man zwischen markierten und chemisch gleichartigen, aber nicht markierten Atomen und Molekülen unterscheiden und so den Weg der markierten Atome auch in einem System verfolgen kann, in dem schon gleichartige chemische Verbindungen vorhanden sind. Dies gelingt nach keinem anderen Verfahren. Die Messung kann oft schnell und mühelos und häufig zerstörungsfrei und auch berührungslos durchgeführt werden. Elemente und Verbindungen lassen sich auch mit stabilen Isotopen markieren, deren relative Atommasse sich hinreichend von der mittleren des Elementes unterscheidet. Angewendet werden überwiegend die Isotope ^2H und ^{15}N.

Sachverhalt

Bei der Markierung mit Radionukliden wird die isotope und die nichtisotope Markierung unterschieden.

Bei der isotopen Markierung werden in der zu markierenden Substanz (Element, Verbindung, Stoffgemisch) vorhandene Atome durch Atome des radioaktiven Isotops des gleichen Elements ersetzt. Organische Verbindungen werden vorzugsweise mit den Radionukliden ^{14}C oder ^3H markiert. Die isotope Markierung ist gleichzeitig als identische Markierung anzusehen, wenn in der zu markierenden Substanz ein, manchmal sogar ein ganz bestimmtes Atom durch eines seiner Radioisotope ersetzt ist. Isotope, aber nichtidentische Markierung liegt vor, wenn die Substanz mit einem markierten Derivat vermischt wird, das Radioisotope von Atomarten der Substanz enthält.

Die isotope Markierung erfolgt durch Isotopenaustauschreaktionen oder durch Synthese der Verbindung unter Verwendung radioaktiver Reaktionspartner [2]. Die unmittelbare Bestrahlung einer Substanz im Kernreaktor führt durch (n,γ)-Reaktionen ebenfalls zur isotopen Markierung, jedoch ergeben sich Schwierigkeiten durch den *Szilard-Chalmers-Effekt* (siehe dort). Isotop markierte Substanzen werden benötigt zur Untersuchung von chemischen Reaktionen (Reaktionskinetik, Gleichgewichte) sowie von biologischen Prozessen.

Bei der nichtisotopen Markierung wird ein Radionuklid verwendet, das in der zu markierenden Substanz nicht enthalten ist. Die nichtisotope Markierung ist deshalb immer eine nichtidentische Markierung.

Beispiele:

zu markierende Substanz	Markierungssubstanz, nichtidentisch
Al-Schmelze	^{64}Cu, ^{59}Fe
Benzen	^{85}Br-Benzen
Sand	Sand, mit ^{140}La benetzt

Beispiele:

zu markierende Substanz	Markierungssubstanz	
	identisch	nichtidentisch
Zn-Schmelze	^{65}Zn	—
Benzen	^{14}C-Benzen	^{14}C-Toluen
Kalirohsalz	Aktivierung im Kernreaktor $^{23}Na(n,\gamma)^{24}Na$ $^{41}K(n,\gamma)^{42}K$	Kalirohsalz, mit $^{24}NaCl$-Lösung benetzt

Die Markierungssubstanz kann durch Aufsprühen und Eindiffundieren, durch Einbrennen oder durch Redox-Reaktionen fixiert werden. Bei organischen Substanzen werden häufig radioaktive Derivate der eigentlich interessierenden Substanz verwendet. Für die Auswahl eines oder mehrerer Nuklide für die Markierung ist bestimmend, welche Substanz (Gas, Flüssigkeit oder Feststoff) markiert werden soll und welchen Bedingungen die markierte Substanz während der beabsichtigten Untersuchung ausgesetzt ist (Temperatur, Druck, Phasenübergang, chemische Reaktionen). Die Halbwertszeit des Nuklides muß so groß sein, daß die Aktivität auch am Ende des untersuchten Vorganges noch eine ausreichende Meßgenauigkeit gestattet.

Für medizinische und in geringem Umfang auch für technische Markierungsreaktionen werden oftmals Radionuklide mit kurzer Halbwertszeit benötigt, für die der Transport zum Anwender und die Vorratshaltung beim Anwender uneffektiv ist. Hierfür sind Radionuklidgeneratoren geeignet (Tab. 2). In den Radionuklidgeneratoren ist ein langlebiges, sogenanntes Mutternuklid an einem Ionenaustauscher sorbiert. Das kurzlebige Tochternuklid, das bei der radioaktiven Umwandlung des Mutternuklides entsteht und mit diesem im radioaktiven Gleichgewicht steht, wird durch ein geeignetes Elutionsmittel unmittelbar vor seiner Verwendung abgetrennt.

Die markierte Substanz muß dem zu untersuchenden System in geeigneter Weise zugeführt werden. Insbesondere spricht man bei der Untersuchung von technischen Anlagen von der Markierung des Systems. Die technische Realisierung der Zugabe richtet sich ganz nach den Prozeßbedingungen: Zerstören von Ballons mit radioaktivem Gas bzw. von Glasampullen mit radioaktiver Lösung in Gas- bzw. Flüssigkeitsströmungen; Injektionen von radioaktiven Flüssigkeiten mit Spritzen, speziellen Zugabevorrichtungen oder mit Hilfe von By-pass-Leitungen; Aufschütten radioaktiver Feststoffe auf Förderbänder bzw. pneumatische Injektionen von Pulvern.

Die Anwendung der radioaktiven Markierungsmethode erfordert in jedem Falle die Messung der ionisierenden Strahlung der zur Markierung verwendeten Radionuklide. Es ist üblich, aus dem Material Proben zu entnehmen und in ihnen die Indikatorkonzentration zu bestimmen. Einer der Vorteile der Anwendung radioaktiver Indikatoren ist es aber auch, bei gammastrahlenden Indikatoren ohne Entnahme von Proben durch die Anlagenwand hindurch messen zu können. Dadurch wird eine Reihe von Untersuchungen überhaupt erst möglich. Hauptsächlich angewendet werden Szintillationsdetektoren und Zählrohre. Strahlenart und Energie der Strahlung des Radionuklides müssen bei der Auswahl des Detektionssystems berücksichtigt werden.

Kennwerte, Funktionen

Die Aktivität A ist der Anzahl N der radioaktiven Kerne proportional:

$$A = N \cdot \lambda. \tag{1}$$

Die Zerfallskonstante λ bestimmt die Abnahme der Aktivität in Abhängigkeit von der Zerfallszeit t durch das Zerfallsgesetz

$$A = A_0 \, e^{-\lambda t}, \tag{2}$$

wobei A_0 die Aktivität zum Zeitpunkt $t = 0$ ist. Die Halbwertszeit $T_{1/2}$ gibt an, in welcher Zeit die Aktivität auf die Hälfte abgenommen hat. Es gilt

$$T_{1/2} \cdot \lambda = \ln 2. \tag{3}$$

Tritt beim Zerfall eines radioaktiven Nuklides (Muttersubstanz, Aktivität A_1) ein radioaktives Folgeprodukt (Tochtersubstanz, Aktivität A_2) auf, so wird der Aktivitätsverlauf der Tochtersubstanz durch die Gleichung

$$A_2 = \frac{\lambda_1}{\lambda_2 - \lambda_1} A_{10} \left(e^{-\lambda_1 t} - e^{-\lambda_2 t} \right) + A_{20} \, e^{-\lambda_2 t} \tag{4}$$

ausgedrückt. Damit lassen sich z. B. Entnahmezeit und Aktivität von Radionuklidgeneratoren berechnen.

Zwischen der Impulsrate $\dot{Z}$ am Ausgang eines Kernstrahlungsdetektors und der Aktivität A besteht die Beziehung

$$\dot{Z} = K_\mathrm{M} \cdot A. \tag{5}$$

Die Meßausbeute K_M ist abhängig von der Art und Energie der Strahlung, von der Zahl der je Zerfall emittierten Teilchen oder Quanten, von der Absorption der Strahlung in der Meßprobe und vom Raumwinkel unter dem die von der Meßprobe emittierte Strahlung auf den Detektor fällt. Wege zur experimentellen und rechnerischen Bestimmung der Meßausbeute sind in [3] angegeben.

Der radioaktive Zerfall ist ein statistischer Prozeß. Dementsprechend unterliegen die gemessenen Zerfallszahlen Z (Produkt aus der Impulsrate $\dot{Z}$ und der Meßzeit t_m) statistischen Schwankungen. Die Standardabweichung ΔZ ist gleich der Quadratwurzel der mittleren Zerfallszahl $\bar{Z}$. Das bedeutet, daß 68,3% aller Meßwerte im Bereich $\bar{Z} \pm \sqrt{\bar{Z}}$, 95,4% im Bereich $\bar{Z} \pm 2\sqrt{\bar{Z}}$ und 99,7% im Bereich $\bar{Z} \pm 3\sqrt{\bar{Z}}$ liegen.

Jeder Detektor weist eine Untergrundzählrate $\dot{Z}_\mathrm{u}$ auf, die von der Höhenstrahlung und der Radioaktivität der Umgebung hervorgerufen wird. Der Meßeffekt einer radioaktiven Probe sollte mindestens so groß wie die 3fache Standardabweichung des Untergrundes sein. Aus den Gleichungen (1) und (5) folgt daraus für die Zahl N_min der gerade noch nachweisbaren radioaktiven Atomkerne

$$N_\mathrm{min} = \frac{3\sqrt{\dot{Z}_\mathrm{u}} \cdot T_{1/2}}{\ln 2 \cdot K_\mathrm{M} \cdot t_\mathrm{m}}. \tag{6}$$

Eine radioaktive Meßprobe enthält im allgemeinen eine große Zahl inaktiver Atomkerne. Die Konzentration wird durch die spezifische Aktivität A_s ausgedrückt, die sich aus der auf die Masse m oder das Volumen V bezogene Aktivität ergibt: $A_\mathrm{s} = A/m$ oder $= A/V$. Die kleinste nachweisbare Substanzmenge m_min berechnet sich zu

$$m_\mathrm{min} = \frac{3\sqrt{\dot{Z}_\mathrm{u}}}{A_\mathrm{s} \cdot K_\mathrm{M} \cdot t_\mathrm{m}}. \tag{7}$$

Weisen das zu markierende System eine Gesamtmasse m_ges und die entnommene Meßprobe eine Masse m_p auf, so ergibt sich die für eine Markierung notwendige Aktivität zu

$$A = \frac{3\sqrt{\dot{Z}_\mathrm{u}} \cdot m_\mathrm{ges}}{m_\mathrm{p} \cdot K_\mathrm{M} \cdot t_\mathrm{m}}. \tag{8}$$

Anwendungen

Die am häufigsten angewendeten radioaktiven Nuklide sind in Tab. 1 aufgeführt. Es gibt 35 Möglichkeiten, bei denen Mutter- und Tochternuklid den Aufbau eines Radionuklid – Generators gestatten [4]. Für vier Generatoren mit hoher praktischer Bedeutung sind die Daten in Tab. 2 enthalten.

Verweilzeitmessung. Mit radioaktiven Indikatoren sind beliebige Systeme, in denen Material transportiert wird, mit geringen Substanzmengen markierbar. Bei Industrieanlagen kann dies vorteilhaft ohne Unterbrechung der Produktion und ohne Beeinträchtigung der Produkte erfolgen. Am Eingang des Systems wird der Indikator in sehr kurzer Zeit zugegeben. Durch die unterschiedliche Transportzeit der markierten Teilchen bildet sich eine zeitabhängige Indikatorverteilung aus, die durch Probeentnahme oder direkt im System an ausgewählten Orten gemessen werden kann. Die gemessene Verweilzeitverteilung ermöglicht die Bestimmung der mittleren Verweilzeit, die Beurteilung der Vermischung und möglicher Verzweigungen während des Transportprozesses [5]. Abbildung 1 zeigt die Verweilzeitverteilung des Durchspinnkessels einer Chemiefaseranlage mit hochviskosem Material, in dem der direkte Durchfluß (a) von zwei Rückvermischungen (b,c) überlagert wird.

Mischungsuntersuchungen. Die Mischungskomponente, deren Verteilung beim Mischen interessiert, wird radioaktiv markiert und dem Mischer in der normalen Betriebsweise zugesetzt. Während des Mischvorganges werden dem Mischer an verschiedenen Orten gleichzeitig Proben entnommen. Diese Probenahme wird während der Mischzeit in bestimmten Zeitabständen wiederholt. In einer Meßeinrichtung werden die Zählraten $\dot{Z}_i$ der einzelnen Proben bestimmt. Für einen Zeitpunkt berechnet sich daraus der Variationskoeffizient v der Aktivitätsverteilung der Einzelproben, der ein Maß für die Güte der Mischung ist

$$v = \sqrt{\frac{(Z_i - \bar{Z})^2}{(n-1)\bar{Z}^2}} \qquad (9)$$

($\bar{Z}$ ist der Mittelwert der n Zählergebnisse). Über der Mischzeit ergibt sich der in Abb. 2 dargestellte typische Verlauf, aus dem die günstigste Mischzeit bestimmt werden kann. Zur Markierung sind spezifische Aktivitäten von 50–100 MBq/t erforderlich.

Die Anwendung geeigneter Radionuklide bietet die Möglichkeit, durch Autoradiografie einzelner Meßproben die Verteilung der markierten Mischungskomponente abbilden zu können.

Verdünnungsmethode. Die Verdünnungsmethode ist für die Bestimmung unbekannter Massen, Volumina oder Durchflußmengen einsetzbar. Dabei wird einem System mit der unbekannten Masse m und der spezifischen Aktivität A_s eine bekannte Masse m_1 mit der spezifischen Aktivität A_{s1} zugesetzt. Das Gemisch beider

Tabelle 1   Eigenschaften ausgewählter Radionuklide

Radionuklid	Strahlenart	Maximale Energie MeV Teilchen	Energie MeV Quanten	Halbwertszeit
^{3}H	β^-	0,018	—	12,35 a
^{14}C	β^-	0,156	—	5730 a
^{24}Na	β^-, γ	1,389	2,754	15,0 h
^{32}P	β^-	1,710	—	14,3 d
^{35}S	β^-	0,168	—	87,2 d
^{45}Ca	β^-	0,258	—	164 d
^{51}Cr	E, γ	—	0,320	27,7 d
^{56}Mn	β^-, γ	2,850	2,110	2,58 h
^{59}Fe	β^-, γ	0,462	1,292	44,5 d
^{60}Co	β^-, γ	0,310	1,332	5,27 a
^{64}Cu	β^-, β^+, E	0,656	0,511	12,7 h
^{65}Zn	β^+, E	0,327	1,115	244 d
^{82}Br	β^-, γ	0,444	1,044	35,4 h
^{85}Kr	β^-, γ	0,672	0,517	10,73 a
^{99m}Tc	γ	—	0,140	6,03 h
^{113}Sn	E, γ	—	0,255	115 d
^{113m}In	γ	—	0,393	99,5 m
^{131}J	β^-, γ	0,616	0,637	8,03 d
^{131}Ba	E, γ	—	0,373	12,0 d
^{132}J	β^-	2,120	0,955	2,29 h
^{133}Xe	β^-, γ	0,346	0,393	2,19 d
^{140}Ba	β^-, γ	1,040	0,537	12,83 d
^{140}La	β^-, γ	2,175	2,920	40,27 h
^{192}Ir	β^-, E	0,675	0,468	74,1 d
^{198}Au	β^-, γ	0,968	0,412	2,69 d

Tabelle 2   Radionuklid – Generatorsysteme

Mutternuklid	Halbwertszeit	Tochternuklid	Halbwertszeit	Zerfallsprodukt
^{99}Mo	66,7 h	^{99m}Tc	6,1 h	^{99}Tc[1]
^{113}Sn	115 d	^{113m}In	99,8 m	^{113}Cd
^{132}Te	77,7 h	^{132}J	2,26 h	^{132}Xe
^{140}Ba	12,8 d	^{140}La	40,2 h	^{140}Ce

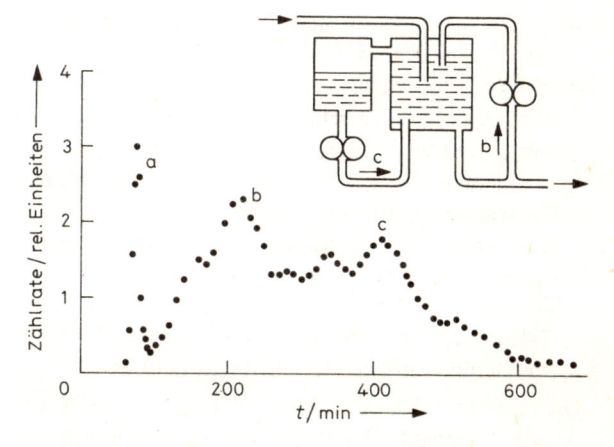

[1] radioaktiv

Abb. 1   Verweilzeitverteilung eines Durchspinnkessels

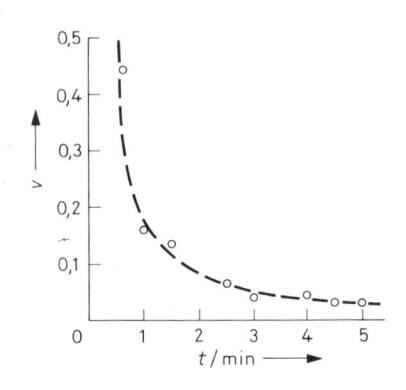

Abb. 2 Variationskoeffizient über Mischzeit bei der Mischung von Alt- und Neusand [6]

Massen hat die spezifische Aktivität A_{s2}. Für die unbekannte Masse gilt

$$m = \frac{A_{s1} - A_{s2}}{A_{s2} - A_s} m_1.$$

Aus den drei Werten der leicht zu messenden spezifischen Aktivitäten und dem Wert der zugeführten Masse läßt sich die unbekannte Masse bestimmen. Statt der Massen können auch Volumina (V, V_1) oder Durchflußmengen ($\dot{m}$, $\dot{m}_1$) bestimmt werden. Voraussetzung ist, daß die zugesetzte Tracermenge mit der unbekannten Menge gut durchgemischt wird. Die Verdünnungsmethode findet vielfältige Anwendung in der quantitativen Analysenmeßtechnik und bei der Bestimmung von Volumina und Massen in ausgedehnten, komplizierten Systemen (Blutvolumen im lebenden Organismus, Ausdehnung unterirdischer Gewässer, quantitative Analyse homologer Elemente, Leckratenbestimmung, Durchflußmengenmessung).

Verschleiß. Bei der Verschleißmessung ist die radioaktive Markierung besonders vorteilhaft, da in günstigen Fällen Abriebmengen bis zu 10^{-11} g nachgewiesen werden können und somit in kurzer Zeit Meßergebnisse vorliegen. Weiterhin ermöglicht die Strahlung die Messung des Verschleißes während des Betriebes einer Maschine, und letztlich können Verschleißteilchen durch Autoradiographie abgebildet werden.

Die Markierung der Verschleißteile kann auf verschiedene Art erfolgen:

– Aktivierung des Verschleißteiles durch Neutronenbestrahlung im Reaktor;
– Markierung der Schmelze, aus der das Verschleißteil gegossen wird;
– Aktivierung der Oberfläche des Verschleißteiles durch geladene Teilchen;
– Einsetzen von radioaktiven Metallstiften;
– Galvanische Abscheidung radioaktiver Schichten;
– Markierung von Gleitflächen durch Diffusion.

Die markierten Verschleißteile werden in die jeweilige Anlage eingebaut. Der durch den Verschleiß entstehende Abrieb wird im Schmiermittel nachgewiesen. Das kann bei Schmiermittelkreisläufen kontinuierlich erfolgen, in dem der Detektor vom Schmiermittel umströmt wird. Durch Filter die den Detektor umgeben, können die Verschleißteilchen zurückgehalten werden, wodurch die Empfindlichkeit des Verfahrens gesteigert wird.

Diffusion und Selbstdiffusion. Diffusionsvorgänge in Feststoffen weisen sehr kleine Wege auf, deren Messung hochempfindliche Methoden erfordert. Die Untersuchung der Selbstdiffusion ist überhaupt nur mit Radionukliden möglich. Das Ziel aller Diffusionsuntersuchungen ist die Bestimmung des Diffusionskoeffizienten.

Der radioaktive Diffusionspartner wird durch Sedimentation, Aufdampfen oder elektrolytisches Abscheiden auf die polierte Probenoberfläche aufgebracht. Verfolgt wird die Eindringtiefe der markierten Atome in Abhängigkeit von der Diffusionszeit bei verschiedenen Temperaturen und Materialbeschaffenheiten. Die Verteilung wird am Ende des Prozesses durch Messung der Aktivität dünner Scheiben, die mit dem Mikrotom abgetragen werden, bestimmt. Das Abtragen kann auch durch Schleifen oder elektrolytisch erfolgen. Eine sehr hohe Ortsauflösung wird durch schräges Abtragen der Probe und anschließende Autoradiographie der Verteilung erreicht. Mit Hilfe der Ionenätzung können Winkel von $10^{-4}...10^{-5}$ Grad und eine Ortsauflösung von 50...100 Å erlangt werden.

Anhand der Diffusionsgleichungen (siehe *Diffusion*) werden Lösungen unter Beachtung der durch das Experiment gegebenen Randbedingungen berechnet, mit deren Hilfe der Diffusionskoeffizient bestimmt wird.

Literatur

[1] HEVESY, G.; PANETH, F., Z. anorg. Chem. **82** (1913) 323.
[2] EVANS, E. A.; MURAMATSU, M.: Radiotracer Techniques and Applications. – New York/Basel: Marcel Dekker Inc. 1977. – VON ARDENNE, M.: Die physikalischen Grundlagen der Anwendung stabiler oder radioaktiver Isotope als Indikatoren. – Berlin: Springer-Verlag 1944.
[3] HERFORTH, L.; KOCH, H.: Praktikum der Radioaktivität und der Radiochemie. – Berlin: VEB Deutscher Verlag der Wissenschaften 1981.
[4] LEDERER, C. M.; HOLLANDER, J. M.; PERLMAN, J.: Table of Isotopes. 7. Aufl. – New York: John Wiley & Sons 1967.
[5] PIPPEL, W.: Verweilzeitanalyse in technologischen Strömungssystemen – Berlin: Akademie-Verlag 1978.
[6] OTTO, R.; HECHT, P.: Isotopenpraxis **16** (1980) 224–228.

Matrixeffekt

1950 wies O. LEUCHS erstmalig auf den Matrixeffekt bei der optischen Atomemissionsspektralanalyse (OES) mit thermischer Anregung hin [1]. In späteren Arbeiten [2–5] wurden die während der thermischen Anregung stattfindenden chemischen und physikalischen Prozesse eingehend untersucht, um ihren Einfluß auf die Intensität der Spektrallinien zu erkennen. Über die Veränderung des Verdampfungsverhaltens einer Probe und ihrer Anregung nach Zugabe thermochemischer Reagenzien berichten mehrere Autoren [6–9]. Bei der Atomabsorptionsspektrometrie (AAS) mit der Flamme und mit elektrothermischer Atomisierung wurde der Matrixeffekt ebenfalls beobachtet [10–12]. Wesentliche Beiträge zur Entwicklung physikalischer Modelle für die Korrektion des Matrixeffektes bei der Röntgenfluoreszenzanalyse (RFA) haben BLOCHIN [13,14], SHERMAN [15], SHIRAIWA und FUJINO [16] sowie LOSEV [17] geleistet. Mit der fundamentalen Arbeit von CASTAING [18] wurden 1951 die methodischen Untersuchungen zur Elektronenstrahlmikroanalyse (ESMA) eingeleitet. Grundlegende Arbeiten zur ZAF-Korrektion haben PHILIBERT zur Absorptionskorrektion [19], DUNCUMB und REED [20] zur Ordnungszahlkorrektion und REED [21] zur Fluoreszenzkorrektion veröffentlicht.

Sachverhalt

Mit Matrixeffekt wird in der Analysenmeßtechnik der Sachverhalt bezeichnet, daß die Bildung des zur Konzentrationsbestimmung eines Elementes benutzten spezifischen Signals durch die anderen Elemente der Probe (Matrix) beeinflußt wird. Matrixeffekte führen z.B. bei spektrometrischen Analysenverfahren zur Abhängigkeit der Intensität einer ausgewählten Spektrallinie von der Konzentration der Begleitelemente. Klar unterschieden werden muß dabei zwischen dem Beitrag der Begleitelemente zum elementspezifischen Signal – dem Matrixeffekt – und denjenigen Störungen, die von den Begleitelementen durch Linienüberlagerungen und durch Untergrundstrahlung verursacht werden. Die letztgenannten Störungen können durch Verbesserung des energetischen Auflösungsvermögens des Spektrometers und gegebenenfalls durch Verfahren der Spektrenauswertung herabgesetzt bzw. eliminiert werden, wovon der Matrixeffekt unberührt bleibt. Als Ursache für Matrixeffekte kommen eine Vielzahl chemischer und physikalischer Prozesse in Betracht: chemische Reaktionen in der Probe während der thermischen Behandlung (OES, AAS), physikalische Prozesse in der Anregungszone und im Plasma (OES, AAS), selektive Schwächung der Anregungsstrahlung durch Begleitelemente (neutronen- und röntgenphysikalische Analysenverfahren), zusätzliche Fluoreszenzanregung durch charakteristische Strahlung der Begleitelemente (RFA, ESMA).

Atomspektroskopie (OES, AAS). Bei der OES mit thermischer Anregung (z. B. Gleichstrombogen) besteht im Idealfall ein thermisches Gleichgewicht. Im Verlauf der Anregung finden in Abhängigkeit von der chemischen Zusammensetzung, von der Struktur und den physikalischen Eigenschaften der Probe chemische Reaktionen und physikalische Prozesse statt, wobei sich die in der Probe enthaltenen Elemente in Verbindungen umwandeln können, die sich hinsichtlich ihrer Verdampfbarkeit von den ursprünglich in der Probe enthaltenen Verbindungen unterscheiden und somit einen Matrixeffekt hervorrufen. Außerdem können bei der thermischen Anregung in Abhängigkeit von der Probenzusammensetzung und der Anregungsatmosphäre schwerflüchtige Verbindungen (z. B. Carbide) oder leichtflüchtige Reaktionsprodukte (z. B. Halogenide) entstehen, so daß die Konzentration der im Plasma vorhandenen Teilchen pro Volumeneinheit nicht mehr der wahren Konzentration der Elemente in der Probe entspricht. Damit erfolgt eine Veränderung jener Plasmaparameter wie Temperatur, Elektronendruck, Zahl der Atome, Ionen pro Volumeneinheit, die einen unmittelbaren Einfluß auf die Signalintensität ausüben.

Bei der *Atomabsorptionsspektrometrie* (AAS) treten während der Anregung der Probe unterschiedliche Matrixeffekte auf. So ergibt sich bei der Verdampfung der Probelösung in einer Flamme eine Beeinflussung des Signals durch veränderte Atomkonzentrationen im Plasma. Analyt und Matrix können gemeinsam schwer oder leicht verdampfbare Verbindungen bilden, z.B. Doppeloxide, Phosphate, Carbide oder Halogenide. Organische Matrices beeinflussen neben der Carbidbildung auch noch die Plasmatemperatur. Unvollständig verdampfte Teilchen, die Streulicht hervorrufen, beeinflussen den Untergrund.

Bei der elektrothermischen Atomisierung können ebenfalls leicht und schwer verdampfbare Substanzen gebildet werden. Das Atomisatormaterial, z. B. Graphit, übt einen starken Einfluß z. B. durch Carbidbildung aus. Sowohl in der Flamme als auch bei der elektrothermischen Atomisierung kann die Dissoziation der verdampfenden Moleküle wesentlich behindert werden durch die Bildung stabiler Moleküle wie MCl, MO, MN und MC (M = Element).

Röntgenphysikalische Analysenverfahren (→ Röntgenstrahlen; Tab. 1). In der *Röntgenfluoreszenzanalyse* treten Matrixeffekte infolge selektiver Schwächung (Absorption und Streuung) der Anregungs- und Nutzstrahlung sowie durch Interelementeffekt (Enhancement-Effekt) auf [14], [17], [22]. Daran können alle in der Probe enthaltenen Elemente beteiligt sein. Zur Demonstration des Sachverhaltes ist in Abb. 1 für die binären Probensysteme Fe/Cr, Fe/Mn und Fe/Ni die auf die Intensität einer Reinelementprobe bezogene Intensität der Fe-K_α-Strahlung in Abhängigkeit von der Konzentration des Elements Eisen dargestellt. Für das System Fe/Cr hat die Eichkurve eine positive Krümmung. Dies erklärt sich aus der selektiven Schwächung der Anregungs- und Fluoreszenzstrahlung. Da die zur Anregung des Eisens geeignete Strahlung eine Wellenlänge $\lambda < \lambda_{Fe,K\text{-Kante}}$ haben muß, wird sie geringfügig stärker vom Element Fe als von Cr geschwächt (Abb. 2). Andererseits ist jedoch die Schwächung der in der Probe erzeugten Fe-K_α-Strahlung durch das Element Cr stärker als durch Fe. Der lineare Verlauf der Eichkurve für das System Fe/Mn beruht auf den geringfügigen Unterschieden des Massenschwächungskoeffizienten beider Elemente. Für die Erklärung der Eichkurve des Systems Fe/Ni ist neben der selektiven Schwächung auch die Interelementanregung heranzuziehen, da die Ni-K-Strahlung die Fe-K-Strahlung anregen kann. Die Interelementanregung berücksichtigt alle Möglichkeiten der Anregung des Analyten durch die in der Matrix erzeugte Fluoreszenzstrahlung. So kann es z. B. bei einer Probe mit drei Elementen (A,B,C) zu einer Tertiäranregung des Elements C (vgl. Tab. 1) kommen (A → B → C), falls folgende Bedingungen erfüllt sind:

$\lambda_{A,K_\alpha} < \lambda_{B,K\text{-Kante}}$ und $\lambda_{B,K_\alpha} < \lambda_{C,K\text{-Kante}}$.

In der *röntgenographischen Phasenanalyse* (Röntgendiffraktometrie) sind insbesondere Matrixeffekte durch selektive Schwächung der Primär- und Sekundärstrahlung zu beobachten [24].

Kompliziertere Verhältnisse treten bei der *Elektronenstrahlmikroanalyse* (ESMA) auf [25], [26], da hierbei die Primäranregung durch Elektronen erfolgt. Die Gesamtheit der Wechselwirkungsprozesse der Elektronen (elastische Streuung, Ionisations- und Strahlungsbremsung) mit allen in der Analysenprobe enthaltenen Elementen bestimmt die Tiefenverteilung der primären Ionisationen und damit auch die Absorption der charakteristischen Röntgenstrahlung auf ihrem Weg vom Entstehungsort in der Probe zum Detektionssystem. Die Tiefenverteilung der Ionisationen ist von der Zusammensetzung der Probe und damit von der Matrix abhängig. Liegt eine Matrix mit hohem Rückstreukoeffizienten vor, so tritt ein merklicher Verlust an primären Ionisationen ein, wodurch die Intensität der Röntgenstrahlung des interessierenden Elements herabgesetzt wird. Interelementanregung muß bei der ESMA gleichermaßen berücksichtigt werden wie bei der RFA. Zusätzlich tritt noch Fluoreszenzanregung durch Bremsstrahlung auf.

Analysenverfahren mit Neutronen. Primäre Störreaktionen sind die in der *Neutronenaktivierungsanalyse* (NAA) typischen Matrixeffekte [23]. Sie führen – ausgehend von unterschiedlichen Nukliden – zu dem gleichen Radionuklid wie die zur Analyse benutzte Reaktion (Abb. 3). Führt das Folgeprodukt einer Kernreaktion noch während der Neutronenaktivierung über eine zweite Neutronenreaktion zum gleichen Radionuklid wie der Analyt, so liegt eine sekundäre Större-

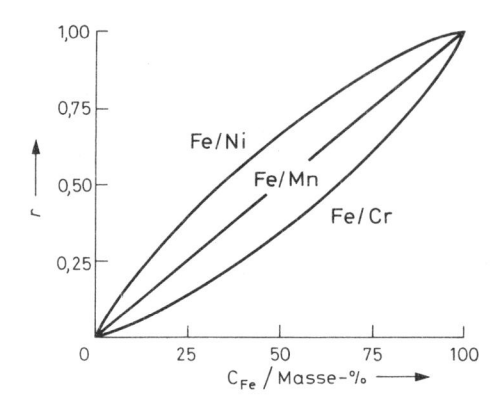

Abb. 1 Intensitäts-Konzentrations-Beziehung der RFA, demonstriert am Beispiel der Analyse von Fe in ausgewählten binären Systemen (nach [22])

$r = \dfrac{\text{Intensität der Fe-}K_\alpha\text{-Strahlung der Analys.-Probe}}{\text{Intensität der Fe-}K_\alpha\text{-Strahlung des Reinelement-Standards}}$

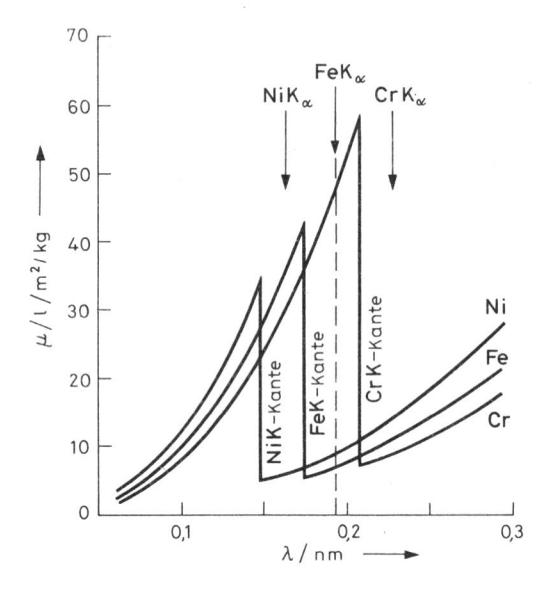

Abb. 2 Massenschwächungskoeffizient der Elemente Fe, Ni und Cr in Abhängigkeit von der Wellenlänge (entnommen aus [22])

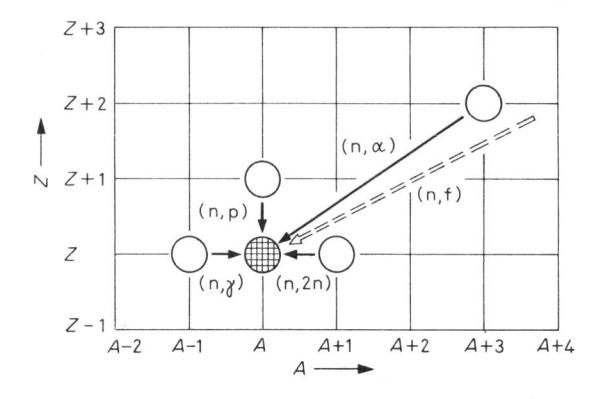

Abb. 3 Primäre Störreaktionen bei der Neutronenaktivierungsanalyse, die zur Bildung eines Radionuklids mit der Ordnungszahl Z und der Massenzahl A führen können

aktion vor. Sekundäre Störreaktionen werden auch durch die bei Neutronenreaktionen entstehenden geladenen Teilchen (Protonen, α-Teilchen) und gegebenenfalls durch leichte Reaktions-Produkte (z.B. ^{3}H bei der Reaktion ^{6}Li (n,α)^{3}H) verursacht. Außerdem können aufgrund von Rückstoßeffekten in der Umhüllung von Analysenproben (z. B. Bestrahlungskapseln) entstandene Reaktionsprodukte in die Analysenprobe selbst eindringen und sich in Oberflächenschichten einlagern. In diesem Fall ist das Material der Probenbehälter in die Betrachtung über mögliche Störreaktionen einzubeziehen. Bei der Nutzung der *Neutroneneinfang- γ-Spektrometrie* und der *unelastischen Neutronenstreuung* zur Elementanalyse treten Matrixeffekte über sekundäre Störreaktionen auf.

Begleitelemente mit hohem Absorptionsquerschnitt führen zur Selbstabsorption in der Analysenprobe und damit zum Matrixeffekt, wenn die Analyse des interessierenden Elements mit thermischen bzw. epithermischen Neutronen erfolgt. Begleitelemente mit hohem Streuquerschnitt bzw. mit großen Querschnitten für Schwellwertreaktionen können über eine Veränderung des Neutronenspektrums Matrixeffekte hervorrufen.

Kennwerte, Funktionen

Tabelle 1   Anteile der einzelnen Wechselwirkungsarten an der Anregung der Cr-K$_\alpha$-Strahlung im System 69,8% Ni, 20,3% Fe und 9,9% Cr (Primäranregung mit Mo-Spektroskopieröhre FS 60/35ö$^{1)}$, 40 kV) nach [29]

Art der Anregung (Wechselwirkung)		Beitrag zur Cr-K$_\alpha$-Intensität [%]
1. Ordnung		
Primäranregung durch charakteristische Strahlung und Bremsspektrum der Röhre		62,48
2. Ordnung		
Sekundäranregung durch	Ni-K$_\alpha$	19,59
	Ni-K$_\beta$	2,98
	Fe-K$_\alpha$	8,22
	Fe-K$_\beta$	1,12
Anregung über Streuung		
Primärstrahlung		
→ kohär. Streuung an Ni, Fe, oder Cr		0,45
→ inkohär. Streuung an Ni oder Fe		0,04
Cr-Fluoreszenzstrahlung		
→ kohär. Streuung		0,78
3. Ordnung		
Tertiäranregung durch	Ni-K$_\beta$→Fe-K$_\beta$	0,07
	Ni-K$_\alpha$→Fe-K$_\beta$	0,46
	Ni-K$_\beta$→Fe-K$_\alpha$	0,52
	Ni-K$_\alpha$→Fe-K$_\alpha$	3,29

$^{1)}$ Hersteller: VEB Röhrenwerk Rudolstadt

Tabelle 2   Experimentelle Verfahren zur Verminderung und Korrektur von Einflüssen der Matrix, der Korngrößenverteilung und der Oberflächenbeschaffenheit in der RFA (nach [22])

Verfahren	Einfluß		
	Selektive Absorption	Interelement-Anregung	Korngröße/Oberfläche
Äußerer Standard	x	x	x
Innerer Standard			
Additionsmethode	x	x	
Fremdelementzusatz	x	x	
Verdünnungsverfahren			
Absorberzusatz	x	x	
Lösungen	x	x	x
Verdünnung	x	x	
Streustrahlung	x		

Tabelle 3   Störfaktoren K_{st} ausgewählter Störreaktionen bei der NAA im Kernreaktor an zwei unterschiedlichen Bestrahlungspositionen I und II (nach [23])

Nachweisreaktion	Störreaktion	K_{st}(I) $\Phi_{th}/\Phi_s =^{1)}$ 6,6	K_{st}(II) $\Phi_{th}/\Phi_s =^{1)}$ 370
^{23}Na (n, γ) ^{24}Na	^{27}Al (n, α) ^{24}Na	$2,6 \cdot 10^{-4}$	$4,6 \cdot 10^{-6}$
^{31}P (n, γ) ^{32}P	^{32}S (n, p) ^{32}P	$4,4 \cdot 10^{-2}$	$7,9 \cdot 10^{-4}$
^{55}Mn (n, γ) ^{56}Mn	^{56}Fe (n, p) ^{56}Mn	$9,1 \cdot 10^{-6}$	$1,6 \cdot 10^{-7}$
^{63}Cu (n, γ) ^{64}Cu	^{64}Zn (n, p) ^{64}Cu	$6,7 \cdot 10^{-4}$	$1,2 \cdot 10^{-5}$

Φ_{th} – Fluenz thermischer Neutronen
Φ_s – Fluenz schneller Neutronen

Anwendungen

Die Kenntnis von den die Matrixeffekte verursachenden chemischen und physikalischen Prozessen gestattet es, diese bei der Konzentrationsbestimmung zu berücksichtigen bzw. ihren Einfluß herabzusetzen. Die methodischen Arbeiten zur Weiterentwicklung und Vervollkommnung analysenmeßtechnischer Verfahren, insbesondere auf der Spektralanalyse beruhender, haben in erheblichem Maße die Berücksichtigung, Elimination bzw. Herabsetzung der Matrixeffekte zum Gegenstand. Dabei ist der Trend zu erkennen, empirische und präparative Verfahren teilweise durch theoretisch fundierte Korrekturverfahren zu ersetzen. Dies gelingt dort, wo bereits ausreichende Kenntnisse der in der Analysenprobe ablaufenden physikalischen und chemischen Prozesse vorliegen und die zu ihrer quantitativen Erfassung erforderlichen Daten verfügbar sind. Die Realisierung derartiger Korrektionsverfahren ist mit der Abarbeitung umfangreicher Algorithmen verbunden und führt zunehmend zur Integration leistungsfähiger Rechner in die Analysengeräte.

Atomspektroskopie (OES, AAS). Der Matrixeffekt bei der OES mit thermischer Anregung kann durch geeignete Zusätze wie z. B. Alkali-, Erdalkalihalogenide und andere thermochemische Reagenzien unterdrückt werden, die eine Veränderung der Verdampfbarkeit der Elemente in der Probe und des Elektronendrucks im Plasma bewirken. Der Matrixeffekt ist vor allem zu berücksichtigen bei der Verwendung von Standardproben für Eichkurven, die in ihrer chemischen Zusammensetzung und ihren physikalischen Eigenschaften den zu untersuchenden Materialien entsprechen müssen. Bei der AAS mit Flammenanregung können die Matrixeffekte durch Zusatz von Stoffen, die die störende Matrix binden, z. B. Lanthanchlorid zur Bindung von Phosphat, Halogenzusatz zur Erhöhung der Verdampfbarkeit oder durch Veränderung des Flammentyps bzw. der Flammenparameter beseitigt werden. Außerdem ist eine Beseitigung der Matrixeffekte durch Veränderung der Flammengaszusammensetzung durch Zusatz von Stoffen, die die Molekülbildung zurückdrängen oder durch thermische Trennung des Spurenelements von der Matrix bzw. durch Variation der Atomisierungstemperatur möglich.

Röntgenfluoreszenzanalyse (RFA). Für die Röntgenfluoreszenzanalyse als einem leistungsfähigen Verfahren der Elementanalyse steht ein breites Spektrum von Verfahren zur Matrixkorrektur zur Verfügung. Eine Übersicht über experimentelle Methoden ist in Tab. 2 zusammengestellt. Voraussetzung für die Methode des äußeren Standards sind Proben, die in Zusammensetzung, Beschaffenheit der Oberfläche, hinsichtlich Korngrößenverteilung und Struktur den zu analysierenden Proben ähnlich sind und als Vergleichsproben bei der Eichung und bei der Analyse zur Verfügung stehen. Die Anwendung bleibt auf die Einzelelementanalyse beschränkt. Die Methode des inneren Standards beruht auf der definierten Zugabe des Analyten selbst bzw. eines geeigneten Fremdelements zum Probenmaterial und ist daher auf flüssige, pulverförmige oder durch Schmelzaufschluß hergestellte Proben beschränkt. Der Erfolg der Verdünnungsmethode beruht auf der Tatsache, daß bei ausreichend großer Verdünnung der Matrixeinfluß soweit herabgesetzt werden kann, daß eine lineare Intensitäts-Konzentrationsbeziehung entsteht. Die durch präparative Methoden bedingten Probleme (z. B. Bereitstellung analytfreier Matrices für die Verdünnungsmethode) werden bei der Anwendung gestreuter Primärstrahlung umgangen. Die Streustrahlungsmethode ist insbesondere mit dem Einsatz energiedispersiver Röntgenspektrometer in den Vordergrund gerückt und wird erfolgreich zur Analyse kompakter Proben eingesetzt, bei denen der Zusatz eines inneren Standards oder Verdünnungsmethoden nicht möglich sind (z. B. geologische Erkundung). Ungeachtet der Vielfalt bereits ausgereifter experimenteller Methoden werden diese in zunehmendem Maße durch mathematische Verfahren der Konzentrationsbestimmung verdrängt. Anfangs waren vorwiegend empirische Ansätze für die Intensitäts-Konzentrations-Beziehung vorherrschend, wobei sich die Koeffizientenbestimmung auf die Messung an Eichproben stützt. Mit der Verfügbarkeit der erforderlichen Atomdaten (Fluoreszenzausbeuten, Übergangswahrscheinlichkeiten, Massenschwächungskoeffizienten) und der exakten Kenntnis der speziellen Anregungs- und Meßbedingungen (spektrale und räumliche Verteilung des Anregungsspektrums, Geometrie) wurden die auf strahlungstransport-theoretischen Modellen beruhenden Korrektionsverfahren möglich (z. B. Fundamentalparameter-Modell), bei denen nur eine geringe Zahl Eichproben erforderlich ist bzw. die gänzlich ohne Standards auskommen (standardfreie Analyse). Ihre Realisierung mit in RFA-Geräte integrierten Rechnern ist Stand der Technik.

Elektronenstrahlmikroanalyse (ESMA). In der quantitativen Elektronenstrahlmikroanalyse entfallen entsprechend der Aufgabenstellung alle diejenigen Korrektionsverfahren, durch die die Zusammensetzung bzw. die Struktur der Analysenprobe verändert werden. Die sogenannte ZAF-Korrektion (Ordnungszahl-, Absorptions- und Fluoreszenzkorrektion) wird erfolgreich unter Bezug auf äußere Reinelementstandards durchgeführt, an die hinsichtlich chemischer Reinheit, Konsistenz und Homogenität höchste Forderungen zu stellen sind. Mit dem Einsatz energiedispersiver Röntgenspektrometer und mit der Verfügbarkeit der erforderlichen Atomdaten verstärkte sich der Trend zu standardfreien Korrektionsverfahren. Als besonders vorteilhaft hat sich die Nutzung des Linie/Untergrund-Verhältnisses sowohl bei auf Standards basierenden Verfahren als auch bei standardfreien erwiesen [27]. Dadurch wird es möglich, Proben mit rauher Oberfläche bzw. kleine Objekte mit schwer erfaßbarer Geometrie (Partikel) quantitativ zu analysieren. Voraussetzung dafür ist im allgemeinen Fall die exakte Beschreibung des Spektrenuntergrundes einschließlich der Absorptionskanten [28]. Die Abarbeitung der dafür erforderlichen Algorithmen ist untrennbar mit leistungsfähigen Rechnern verbunden, zumal beim Einsatz energiedispersiver Röntgenspektrometer vor der eigentlichen Konzentrationsbestimmung noch die rechnerische Bearbeitung des gemessenen Impulshöhenspektrums erfolgen muß.

Neutronenaktivierungsanalyse (NAA). Die Konzentrationsbestimmung auf der Grundlage absolut bestimmter Aktivitäten der Indikatornuklide und der strahlungs-transporttheoretischen Behandlung von Matrixeinflüssen wird in der NAA wegen der z. Z. noch begrenzten Genauigkeit der kernphysikalischen Daten (Wirkungsquerschnittsfunktionen, Zerfallskonstanten usw.) und insbesondere wegen der mit großem Fehler behafteten Bestimmung der Neutronenfluenz und des

Neutronenspektrums nicht angewendet. Deshalb kommt in der Praxis der NAA derzeit ein breites Spektrum von Verfahren zur Matrixkorrektion zum Einsatz. Dabei ist nicht zu unterschätzen, daß mit dem Einsatz dieser Verfahren gleichzeitig das Ziel verbunden ist, Störstrahlungskomponenten zu unterdrücken bzw. herabzusetzen.

Eine Möglichkeit besteht in der chemischen Abtrennung störender Begleitelemente vor der Neutronenbestrahlung[1]. Damit ist jedoch das Risiko verbunden, daß durch Reagenzien Spurenelemente in das Analysengut eingebracht werden oder unkontrollierte Verluste des zu analysierenden Elements auftreten. Deshalb findet die Voranreicherung[2] bei der NAA nur in Sonderfällen Anwendung (Spurenanalyse in Gegenwart von Begleitelementen mit hohem Absorptionsquerschnitt, Spurenanalyse von seltenen Erden in Uranverbindungen, Analyse von Gesteinsproben und armen Erzen auf spezielle Spurenelemente). Ein Verfahren zur Korrektur des Einflusses von Störreaktionen ist die Verwendung sogenannter Störkoeffizienten, deren Anwendung jedoch die Kenntnis über die Zusammensetzung der Analysenprobe (zumindest die Konzentrationen der Elemente mit den größten Störkoeffizienten) erfordert [23]. Die Bestimmung der Störkoeffizienten bedarf umfangreicher experimenteller Vorarbeiten, ist an die betreffende Bestrahlungsposition gebunden und bedingt konstante Meßbedingungen. Durch geeignete Wahl der Bestrahlungsposition kann z. B. im Kernreaktor der Einfluß der durch schnelle Neutronen bedingten Störreaktionen bei der NAA mit thermischen Neutronen herabgesetzt werden (vgl. Tab. 3)

Literatur

[1] LEUCHS, O., Spectrochim. Acta **4** (1950) 237–251.
[2] NICKEL, H.; PFLUGMACHER, A., Z. Anal. Chem. **184** (1961) 161–165.
[3] NICKEL, H., Spectrochim. Acta **23 B** (1968) 323–343.
[4] RAUTSCHKE, R., Spektrochim. Acta **23 B** (1968) 55–66.
[5] ROST, L., Spectrochim. Acta **23 B** (1968) 731–738.
[6] SCHROLL, E., Z. Anal. Chem. **198** (1963) 40–55.
[7] BOUMANS, P. W. J. M.: Theory of Spectrochemical Excitation.-London: Adam Hilger 1966; – New York: Plenum Press 1966.
[8] BOUMANS, P. W. J. M.: Excitation of Spectra. In: Analytical Emission Spectroscopy. Hrsg.: E. L. GROVE. – New York: Marcel Dekker 1972. Chapter 6.
[9] RAUTSCHKE, R.; UDELNOV, A., Bull. Soc. Chim. Beograd **46** (1981) 153–163.
[10] MASSMANN, H., Z. Anal. Chem. **225** (1967) 203.
[11] MATOUSEK, J. P., Progr. Analyt. Atom. Spectr. **4** (1981) 247–310.
[12] DITTRICH, K.: Atomabsorptionsspektrometrie. WTB 276. – Berlin: Akademie-Verlag 1982.
[13] BLOCHIN, M. A., Zavodskaja laboratorija **6** (1950) 681.
[14] BLOCHIN, M. A.: Methoden der Röntgenspektralanalyse. – Leipzig: BSB B. G. Teubner Verlagsgesellschaft 1963. (Übers. aus d. Russ.).
[15] SHERMAN, J., Spectrochim. Acta **7** (1955) 283.
[16] SHIRAIWA, T.; FUJINO, N., Jap. J. appl. Phys. **5** (1966) 886.
[17] LOSEV, N. F.: Količestvennyj rentgenospektral'nyj fluorescentnyj analiz. – Moskva: Izdatelstvo Nauka 1969.
[18] CASTAING, R., Dissertation, Universität Paris, 1951.
[19] PHILIBERT, J.: A. Method for Calculating the Absorption Correction in Electron-Probe Microanalysis, In: X-ray Optics and x-ray Microanalysis. Hrsg.: H. H. PATTEE; V. E. COSLETT, A. ENGSTROM. – New York: Academic Press 1963. S. 379–392.
[20] DUNCUMB, P.; REED, S. J. B.: The Calculation of Stopping Power and Backscatter Effects in Electron Probe Microanalysis. In: Quantitative Electron Probe Microanalysis. Hrsg.: K. F. J. HEINRICH. – NBS Spec. Publ. No. 298, 1968, S. 133–154.
[21] REED, S. J. B., Brit. J. appl. Phys. **16** (1965) 913–926.
[22] EHRHARDT, H.: Röntgenfluoreszenzanalyse. – Leipzig: VEB Deutscher Verlag für Grundstoffindustrie 1981.
[23] PFREPPER, G.; GÖRNER, W.; NIESE, S.: Spurenelementbestimmung durch Neutronenaktivierung. In: Moderne Spurenanalytik, 6. Hrsg.: H.-K. BOTHE, H. G. STRUPPE. – Leipzig: Akademische Verlagsgesellschaft GEEST & PORTIG K.-G. 1981. Band 6.
[24] KLIMANEK, P.: Röntgendiffraktometrie. In: Festkörperanalyse mit Elektronen, Ionen und Röntgenstrahlen. Hrsg.: O. BRÜMMER u. a. – Berlin: VEB Deutscher Verlag der Wissenschaften 1980. S. 25–26.
[25] BRÜMMER, O.: Mikroanalyse mit Elektronen- und Ionensonden. – Leipzig: VEB Deutscher Verlag für Grundstoffindustrie 1978.
[26] BEIER, W.; RÖDER, A.; BRÜMMER, O.: Elektronenstrahl-Mikroanalyse. In: Festkörperanalyse mit Elektronen, Ionen und Röntgenstrahlen. Hrsg.: O. BRÜMMER u. a. – Berlin: VEB Deutscher Verlag der Wissenschaften 1980. S. 99–129.
[27] HECKEL, J.; JUGELT, P., X-Ray Spectrometry (in Vorbereitung).
[28] HECKEL, J.; JUGELT, P., Exper. Tech. Phys. **31** (1983) 493–509.
[29] WEHNER, B., Dissertation A. TU Dresden, Fak. für Math. und Naturw. 1979.

---

[1] Die radiochemische Abtrennung nach der Bestrahlung führt nicht zu einer Elimination des Matrixeffektes, sondern hat vielmehr die Herabsetzung des die anschließende Messung störenden Strahlungsuntergrundes bzw. die Verhinderung von Linienüberlagerungen bei γ-spektrometrischen Messungen zum Ziel.

[2] Als Verfahren zur Anreicherung kommen die Gefriertrocknung, der Ionenaustausch, die Extraktion und die Adsorption zur Anwendung.

Mößbauer-Effekt

R. L. MÖSSBAUER entdeckte 1957 bei Experimenten zur Resonanzabsorption von Kernstrahlung, daß eine gewisse Wahrscheinlichkeit für die rückstoßfreie Emission und Absorption von Kerngammastrahlung durch in einem Festkörper gebundene Atome existiert [1]. Diese Erscheinung wird heute allgemein als Mößbauer-Effekt bezeichnet. Der Mößbauer-Effekt ist, wie weiter unten gezeigt wird, eine Voraussetzung für die Durchführbarkeit von Resonanzabsorptionsexperimenten mit Gammastrahlung.

Die Ausnutzung der Resonanzabsorption gestattet eine Spektroskopie der Kernstrahlung mit so hohem Auflösungsvermögen, daß sich die Hyperfeinwechselwirkungen meßtechnisch erfassen lassen. So entwickelte sich auf der Grundlage des Mößbauer-Effektes eine Meßmethode, die *Mößbauer-Spektroskopie*.

Nachdem sich herausstellte, daß eine ganze Reihe physikalisch, chemisch und technisch wichtiger Elemente, wie z.B. Eisen und Zinn, Isotope besitzen, (^{57}Fe bzw. ^{119}Sn), die für die Mößbauer-Spektroskopie sehr gut geeignet sind, erlangte dieses Meßverfahren für ein breites Spektrum naturwissenschaftlicher und technischer Disziplinen, insbesondere aber für Festkörperphysik und physikalische Chemie große Bedeutung. Zusammenfassende Darstellungen der Mößbauer-Spektroskopie und ihrer Anwendungen findet man in [2] bis [7].

Sachverhalt

Die Resonanzabsorption von Kerngammastrahlung ist das Analogon der seit langem bekannten Resonanzabsorption sichtbaren Lichtes (z.B. des Lichtes einer Natriumflamme in Natriumdampf). Ein Atomkern geht unter Emmission eines Gammaquants der Energie E_γ aus einem angeregten Zustand in den Grundzustand über. Diese Strahlung wird in einer Substanz, die die gleichen Kerne im Grundzustand enthält, mit hoher Wahrscheinlichkeit absorbiert. Die dabei angeregten Kerne fallen entsprechend ihrer Lebensdauer τ unter Emission von Resonanzfluoreszenzstrahlung der Energie E_γ in den Grundzustand zurück. Wegen der Gültigkeit der Impulserhaltung geht jedoch von der Anregungsenergie E_γ sowohl bei der Emmission als auch bei der Absorption jeweils die Rückstoßenergie $E_R = E_\gamma^2/2Mc^2$ (M – Masse des Kernes, c – Lichtgeschwindigkeit) im Falle eines freien Kernes verloren. Da im Gegensatz zum sichtbaren Licht bei der energiereichen Gammastrahlung die Rückstoßenergie wesentlich größer als die Energiebreite des angeregten Kernniveaus $\Gamma = \hbar/\tau$ ist, wird dabei die Resonanzbedingung verletzt.

Für Atome, die in einem Festkörper gebunden sind, existiert jedoch eine Wahrscheinlichkeit f für den Mößbauer-Effekt, d. h. dafür, daß Emission oder Absorption des Gammaquants mit vernachlässigbar kleinem Energieverlust erfolgen (Übertragung des Rückstoßimpulses) an den Festkörper als Ganzes). Der Faktor f wächst mit sinkender Rückstoßenergie, mit steigender Bindungsfestigkeit der Atome im Festkörper (z. B. ausgedrückt durch die Debeye-Temperatur) und mit sinkender Temperatur des Festkörpers.

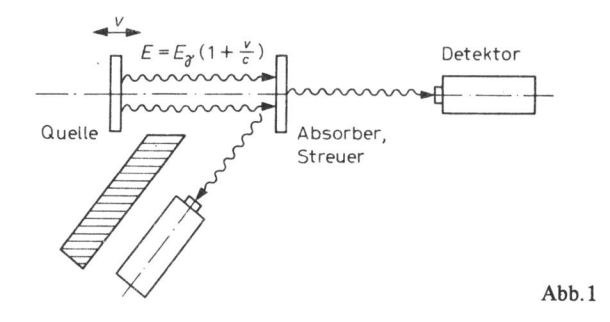

Der Mößbauer-Effekt gestattet es, die Resonanzabsorption für ein Meßverfahren auszunutzen (Abb. 1). Die Gammastrahlung einer radioaktiven Quelle fällt auf einen Absorber. Die Quelle wird relativ zum Absorber mit der Geschwindigkeit v bewegt und damit die Energie der emittierten Strahlung infolge des Doppler-Effektes um den Betrag $\Delta E = E_\gamma (v/c)$ geändert. Auf diese Weise kann die Resonanzbedingung definiert gestört werden. Man registriert die Intensität der Strahlung hinter dem Absorber als Funktion der Geschwindigkeit v (*Mößbauer-Spektrum*). Handelt es sich bei Quelle und Absorber um identische Substanzen, so findet man die maximale Absorption bei $v = 0$. Die Halbwertsbreite der Meßkurve ist bei einem sehr dünnen Absorber annähernd durch die doppelte Breite 2Γ des angeregten Kernniveaus gegeben.

Die Bedeutung dieses Meßverfahrens liegt darin, daß diese Linienbreite, die die energetische Auflösung dieses Verfahrens bestimmt, in günstigen Fällen kleiner als die Verschiebung bzw. Aufspaltung der Kernniveaus durch die Hyperfeinwechselwirkung ist. Man kann somit die Lage der Kernniveaus im Absorber durch Variation der von der Quelle emittierten Gammaenergie abtasten und so die Hyperfeinwechselwirkung meßtechnisch erfassen. Als Folge der Hyperfeinwechselwirkung zeigt ein Mößbauer-Spektrum bei Verwendung unterschiedlicher Substanzen für Quelle und Absorber im allgemeinen mehrere Intensitätsminima bei von Null verschiedenen Geschwindigkeiten.

In Abb. 2 sind der Einfluß der Hyperfeinwechselwirkungen auf den Grundzustand und das 14,4 keV Niveau des am häufigsten gemessenen *Mößbauer-Isotops* ^{57}Fe und die daraus resultierenden Übergangsmöglichkeiten für Emissions- und Absorptionsprozesse dargestellt. Die Abb. 2 zeigt auch die zugehörigen Grundtypen von ^{57}Fe Mößbauer-Spektren. Es ist angegeben, wie man aus den Linienlagen die Kenngrößen des Mößbauer-Spektrums Isomerieverschiebung, Quadrupolaufspaltung und magnetische Aufspaltung entnimmt, die den Einflußgrößen der Hyperfeinwechselwirkung Elektronendichte am Kernort, elektrischer Feldgradient und effektives Magnetfeld am Kernort proportional sind. Aus den Linienintensitäten kann die Wahrscheinlichkeit f des Mößbauer-Effektes bestimmt werden. Auf Aussagemöglichkeiten der relativen Linienintensitäten wird bei den Anwendungen hingewiesen.

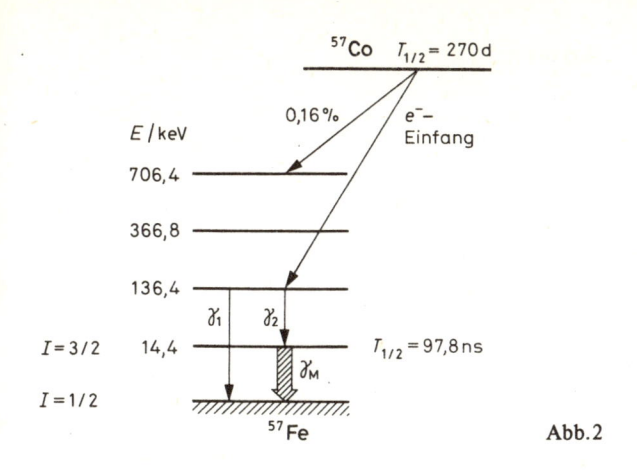

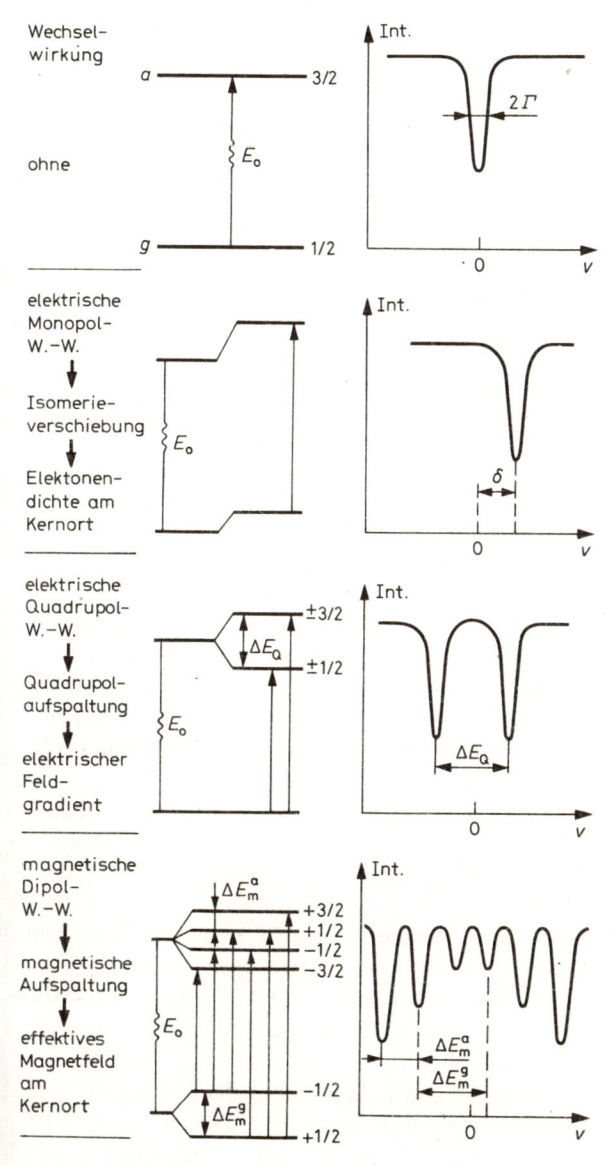

Aus den experimentellen Linienbreiten und -formen sind Informationen über Fluktuationen der oben genannten Feldgrößen zu erhalten.

Die wichtigsten Baugruppen eines Mößbauer-Spektrometers sind das Bewegungssystem für die Quelle (elektrodynamisches Prinzip analog Lautsprecher), ein Funktionsgenerator für die zeitabhängige Antriebsspannung, ein Gammaspektrometer (Detektor, Verstärker, Einkanalanalysator) sowie ein Vielkanalanalysator bzw. Mikrorechner zur Speicherung der Ausgangsimpulse des Gammaspektrometers als Funktion der Momentangeschwindigkeit der Quelle. Zur Geschwindigkeitseichung dienen Standardabsorber mit gut bekannten Aufspaltungsparametern (z. B. Armco-Eisen-Folie für ^{57}Fe).

Das bisher beschriebene Absorptionsexperiment verlangt dünne Proben (für Messungen an ^{57}Fe Metallfolien $\leq 50\ \mu$m Dicke oder Pulverproben entsprechender Korngröße). An dicken Proben kann man die Resonanzabsorption durch Registrierung der reemittierten Resonanzfluoreszenzstrahlung nachweisen (Anordnung des Detektors in Streugeometrie siehe Abb. 1). Soll nur eine dünne Oberflächenschicht von der Messung erfaßt werden, so kann man mit dem Nachweis reemittierter Konversionselektronen (siehe *Kernzerfall*) arbeiten. (Anordnung der Probe in einem Konversionselektronendetektor). Enthält eine interessierende Substanz keine für den Mößbauer-Effekt geeigneten Isotope, so kann man unter Umständen mit Mößbauer-Kernen in Form von Sondenatomen dotieren. Die kleinsten Konzentrationen erreicht man bei Dotierung mit dem radioaktiven Elternisotop (ppm-Bereich, Probe als Quelle).

Die Quelle enthält ein geeignetes, möglichst langlebiges Elternisotop des zu messenden Mößbauer-Isotops. Das Zerfallsschema von ^{57}Fe und seines Elternisotops ^{57}Co zeigt Abb. 3. Gemessen wird die Strahlung des 14,4 keV Niveaus. Als Matrix für die Quelle wählt man nach Möglichkeit eine diamagnetische Substanz kubischer Kristallsymmetrie, um Aufspaltungen der Kernniveaus zu vermeiden und die Emission einer einzelnen Linie der natürlichen Linienbreite Γ zu erreichen.

Kennwerte, Funktionen

Verwendet man das Debeye-Modell zur Beschreibung der Gitterschwingungen des betrachteten Festkörpers, so erhält man folgende Beziehung für die *Wahrscheinlichkeit f des Mößbauer-Effektes*

$$f = \exp\left\{(-3E_R/2k_B\Theta_D)\left[1 + (T/\Theta_D)^2 \int_0^{\Theta_D/T} x\,dx/(e^x - 1)\right]\right\} \quad (1)$$

(E_R – Rückstoßenergie, Θ_D – Debeye-Temperatur, k_B – Boltzmann-Konstante).

Die *Energieabhängigkeit des Wirkungsquerschnittes* für den Absorptions- bzw. Emissionsprozeß der Gammastrahlung ist durch eine Lorentz-Funktion gegeben:

$$\sigma(E) = \frac{\sigma_0\,\Gamma^2/4}{(E - E_\gamma^0)^2 + \Gamma^2/4} \quad (2)$$

(σ_0 – Wirkungsquerschnitt im Resonanzfall, E_γ^0 – Energie des Kernüberganges, Γ – Halbwertsbreite des angeregten Kernniveaus). Für einen sehr dünnen Absorber und vernachlässigbare Fluktuationen der Hyperfeinwechselwirkungen ist deshalb die Linienform im Mößbauer-Spektrum ebenfalls eine Lorentz-Funktion (Halbwertsbreite $\Gamma_{eff} \approx \Gamma$).

Für die Mößbauer-Spektroskopie gut geeignet sind Kernübergänge, bei denen f schon bei Raumtemperatur meßbare Werte erreicht und bei denen die Linienbreite Γ_{eff} klein gegen die für den betrachteten Kern typischen Hyperfeinwechselwirkungsenergien ist, d. h., E_R und damit E_γ dürfen nicht zu groß sein ($E_\gamma < 150$ keV) und die Lebensdauer τ des angeregten Niveaus nicht zu klein. In der folgenden Tabelle sind einige Kenngrößen wichtiger *Mößbauer-Isotope* zusammengestellt [2].

Tabelle 1

Isotop	Isotopenhäufigkeit	Quantenenergie E_γ	Halbwertszeit τ	nat. Linienbreite 2Γ	Elternisotope
	%	keV	ns	eV	
^{57}Fe	2,19	14,41	97,8	$9,34 \cdot 10^{-9}$	^{57}Co (^{57}Mn)
^{119}Sn	8,58	23,83	17,75	$5,14 \cdot 10^{-8}$	^{119m}Sn (^{119m}Sb)
^{121}Sb	57,25	37,2	3,5	$2,6 \cdot 10^{-7}$	^{121m}Te ^{121m}Sn
^{125}Te	6,99	35,5	1,49	$6,12 \cdot 10^{-7}$	^{125}Sb ^{125}J
^{151}Eu	47,82	21,6	9,5	$9,6 \cdot 10^{-8}$	^{151}Sm ^{151}Gd
^{161}Dy	18,88	25,7	28,5	$3,2 \cdot 10^{-8}$	^{161}Tb (^{161}Ho)
		43,8	0,78	$1,17 \cdot 10^{-6}$	
		74,6	3,21	$2,84 \cdot 10^{-7}$	
^{181}Ta	99,99	6,23	6800	$1,34 \cdot 10^{-10}$	^{181}W ^{181}Hf

Anwendungen

Den weitaus größten Umfang der Anwendungen des Mößbauer-Effektes nimmt die Untersuchung von Hyperfeinwechselwirkungen ein. Isomerieverschiebung und Quadrupolaufspaltung werden dabei üblicherweise nicht in die interessierenden Größen Elektronendichte am Kernort bzw. Hauptkomponente des Tensors des elektrischen Feldgradienten umgerechnet. Man gibt als deren Maß direkt die den Linienlagen bzw. -abständen entsprechenden Geschwindigkeiten an. Die Isomerieverschiebung enthält nur eine Relativaussage (Unterschied der Elektronendichten am Kernort in Quelle und Absorber), so daß stets der Bezugspunkt (Standardabsorber oder Quellenmatrix) anzugeben ist. Aus der magnetischen Aufspaltung wird meist das effektive Magnetfeld am Kernort berechnet und angegeben.

Bei mehr als 50% der Anwendungsfälle des Mößbauer-Effektes wird mit ^{57}Fe gearbeitet. An zweiter Stelle bezüglich der Anwendungshäufigkeit steht das ^{119}Sn. Günstige Bedingungen für Anwendungen der Mößbauer-Spektroskopie bietet auch die Gruppe der seltenen Erden, in der man viele Mößbauer-Isotope findet.

Die Hyperfeinwechselwirkungen spiegeln vorwiegend die elektronischen Eigenschaften eines betrachteten Atoms und seiner Umgebung wider. Die Mößbauer-Spektroskopie ist daher besonders effektiv beim Nachweis lokal unterschiedlicher Zustände (im Bereich atomarer Dimensionen). Die Wahrscheinlichkeit ihres Auftretens wird jedoch über den vom Strahl getroffenen Probenbereich gemittelt.

Anwendungen in der Chemie. Isomerieverschiebung und Quadrupolaufspaltung liefern Informationen über die Art der chemischen Bindung. Bei ionischer Bindung können unterschiedliche Wertigkeiten (Oxidationszustände) durch die Isomerieverschiebung identifiziert werden. Kovalente Bindungsanteile beeinflussen die Elektronendichte am Kernort und somit die Isomerieverschiebung empfindlich. Bei kovalent gebundenen Komplexen (insbesondere der Übergangsmetalle) können Donator- bzw. Akzeptoreigenschaften der Liganden studiert werden.

Das (z. B. temperaturabhängige) Auftreten unterschiedlicher Spinzustände eines Oxidationszustandes (z. B. Fe(II) high-spin und low-spin Zustände) kann nachgewiesen werden.

Ist die Umgebungssymmetrie eines Atoms geringer als kubisch, so wird eine Quadrupolaufspaltung verursacht. Ihr Studium kann somit Aussagen zur Molekülstruktur (z. B. cis-trans-Isomerie, Koordinationszahl) liefern.

Die genannten Möglichkeiten der Mößbauer-Spektroskopie können zur Analyse komplexer Vorgänge genutzt werden (Studium von Reaktionsabläufen, z. B. Redox-Reaktionen, Thermolyse, Radiolyse; Katalyse).

Für Biologie und Medizin ist das Studium biologischer Funktionen von eisenhaltigen Proteiden bedeutsam (z. B. Sauerstofftransport, Transport und Speicherung von Eisen).

Da der Mößbauer-Effekt an den festen Zustand gebunden ist, werden wässrige Lösungen im eingefrorenen Zustand untersucht. Bei sehr geringen Konzentrationen der Mößbauer-Atome kann die Nachweisempfindlichkeit durch Anreicherung des Mößbauer-Isotops (z. B. ^{57}Fe bei eisenhaltigen Substanzen) gesteigert werden.

Anwendungen in Festkörper- und Metallphysik. Einen Schwerpunkt stellt das Studium magnetischer Eigenschaften von Legierungen der 3d-Übergangsmetalle und der seltenen Erden durch die Analyse der effektiven Magnetfeldstärke H_{eff} am Kernort dar.

Die Temperaturabhängigkeit von H_{eff} wird zur Bestimmung magnetischer Umwandlungspunkte (Übergang von paramagnetischen zu geordneten oder zwischen unterschiedlichen geordneten Konfigurationen) und zur Untersuchung der Temperaturabhängigkeit der magnetischen Ordnung (insbesondere in Substanzen mit mehreren magnetischen Untergittern) eingesetzt.

Der Wert von H_{eff} liefert Informationen über die Größe der atomaren magnetischen Momente. So können Fragen wie die nach der Existenz lokalisierter magnetischer Momente in Legierungen und nach der Beeinflussung des magnetischen Momentes eines Atoms durch Art und Anordnung der Nachbaratome untersucht werden.

Die relativen Linienintensitäten eines magnetisch aufgespaltenen Mößbauer-Spektrums sind von der Orientierung der magnetischen Momente zur Gammastrahlrichtung abhängig. So kann man magnetische Vorzugsorientierungen in einer Probe (z. B. Texturblech) oder die Orientierung zu ausgezeichneten Kristallachsen studieren.

Die Abhängigkeit von H_{eff} eines magnetischen Atoms von dessen Nachbarschaftsbesetzung wird zur Untersuchung von Ordnungserscheinungen (z.B. Nahordnung und Bildung geordneter Phasen in Fe-Al- und Fe-Ni-Legierungen) genutzt. Auch die Wechselwirkung von Verunreinigungsatomen mit Gitterdefekten (Leerstellen, Zwischengitteratome) kann so beobachtet werden.

Das Auftreten eines elektrischen Feldgradienten beim Übergang von kubischen zu nichtkubischen Strukturen gibt Informationen über strukturelle Phasenumwandlungen. Besondere Bedeutung besitzt dabei der Nachweis lokaler Symmetriestörungen.

Unterschiedliche Phasen eines kompliziert zusammengesetzten Systems werden sich im allgemeinen in ihren Mößbauer-Spektren unterscheiden. Hauptverfahren der *Phasenanalyse* ist der Vergleich des Spektrums der Probe (Rechnerzerlegung in Teilspektren vorteilhaft) mit bekannten Spektren wahrscheinlicher Komponenten. Wichtige Anwendungsbeispiele sind: Ausscheidungsbildungen in Legierungen, Analyse chemischer Reaktionsprodukte (z. B. Korrosionsschichten), Mineralogie, Geologie und Archäologie. Vorteile der Mößbauer-Spektroskopie sind dabei: Selektivität (Nachweis nur eines Elementes), Zerstörungsfreiheit, Empfindlichkeit bezüglich struktureller und chemischer Unterschiede.

Meßtechnische Anwendungen. Die auf dem Mößbauer-Effekt beruhende Messung der Resonanzabsorption gestattet es, Energieänderungen der betrachteten Kerngammastrahlung mit extrem hoher Genauigkeit zu messen. Für ^{57}Fe liegt das energetische Auflösungsvermögen in der Größenordnung $\Delta E/E \approx \Gamma/E_\gamma \approx 3 \cdot 10^{-13}$. Es wurden Experimente zum Gravitationseinfluß auf Gammaquanten durchgeführt [8]. Inelastisch gestreute Komponenten (z. B. Streuung an Phononen im Festkörper) können separiert werden.

Ein Mößbauer-Experiment kann wegen seiner Empfindlichkeit bezüglich Relativbewegungen von Quelle und Absorber zum Nachweis kleine Geschwindigkeiten bzw. von Vibrationen genutzt werden [9,10].

Bei extrem tiefen Temperaturen (mK Bereich) macht sich die dann auftretende unterschiedliche Besetzung der Subniveaus eines magnetisch aufgespalteten Grundzustandes entsprechend der Boltzmann-Verteilung in den relativen Linienintensitäten des Spektrums bemerkbar. Dieser Effekt kann zur Temperaturbestimmung dienen [11].

Literatur

[1] MÖSSBAUER, R. L.: Kernresonanzfluoreszenz von Gammastrahlung. Z. Phys. **151** (1985) 124–143.
[2] BARB, D.: Grundlagen und Anwendungen der Mößbauerspektroskopie. – Bucuresti: Editura Academiei Republicii Socialiste Romania; Berlin: Akademie-Verlag 1980.
[3] WERTHEIM, G. K.: Mössbauer effect, principles and applications. – New York: Academic Press 1964.
[4] WEGENER, H.: Der Mößbauereffekt und seine Anwendung in Physik und Chemie. – Mannheim: Bibliographisches Institut AG 1965.
[5] GOLDANSKII, V. I.; HERBER, R. H. Hrsg.: Chemical applications of Mössbauer spectroscopy. – New York: Academic Press 1968.
[6] GREENWOOD, N. N.; GIBB, T. C.: Mössbauer spectroscopy. – London: Chapman and Hall 1971.
[7] GONSER, U. (Hrsg.): Mössbauer spectroscopy. – Berlin/Heidelberg/New York: Springer-Verlag 1975.
[8] POUND, R. V.; REBKA, G. A.: Apparent weight of photons. Phys. Rev. Letters **4** (1960) 7, 337–341.
[9] KLASS, Ph. J.: Velocity sensors apply Mössbauer effect. Aviat. Week and Space Techn **9** (1963) 89–95.
[10] BRAFMAN, H.; GILAD, P.; HILLMAN, P. et al.: Use of Mössbauer effect to measure small vibrations. Nucl. Instrum. Meth. **53** (1967) 1, 13–21.
[11] MALETTA, H.; SHENOY, G. K.: 151 Eu Low Temperature Mössbauer Thermometer. Z. Phys. **269** (1974) 241.

Myonenatome

Die mögliche Existenz von Mesoatomen wurde theoretisch von WHEELER [1] sowie FERMI und TELLER [2] vorausgesagt. Im Mesoatom ist eines der Hüllenelektronen durch ein Meson ersetzt. Entsprechend dem Einfang von Pionen oder Kaonen spricht man von Pionen- oder Kaonenatomen. In die Bezeichnung Mesoatom schließt man auch die Myonenatome oft ein, obwohl das eingefangene Myon nicht zur Klasse der Mesonen, sondern wie das Elektron zu den Leptonen gehört. Bis zur Entdeckung des Pions hatte man das Myon für das von YUKAWA vorausgesagte Meson als Mittler der starken Wechselwirkung zwischen den Nukleonen gehalten. Daher die Einbürgerung des falschen Sprachgebrauchs. Seit etwa 1970 erzeugt man auch andere exotische Atome dieser Art mit negativen Hadronen, wie Hyperonen und Antiteilchen anstelle eines Elektrons in der Atomhülle. Man spricht dann allgemein von Hadronenatomen [3].

Nach dem Einfang des negativen Teilchens vollführt es Quantensprünge, bis es sich auf dem Zustand der festesten Bindung befindet. Dabei wird in vollständiger Analogie zu den Vorgängen in der gewöhnlichen Atomhülle die charakteristische Röntgen-Strahlung emittiert. Im Falle der Myonenatome spricht man von *myonischer Röntgen-Strahlung*. Die erstmalige Registrierung einer Mesoröntgenstrahlung gelang 1949, wodurch nachgewiesen werden konnte, daß Mesoatome tatsächlich erzeugt werden können [4].

Im Unterschied zu den verschiedenen Hadronenatomen hat das Myonenatom in größerem Maße praktische Bedeutung für Anwendungen außerhalb der Kernphysik erlangt. Das Myon unterscheidet sich vom Elektron hauptsächlich durch seine viel größere Masse und seine endliche Lebensdauer, ist aber wie dieses ein Lepton und wird daher manchmal auch schweres Elektron genannt [5–8]. Während im Falle des Myonenatoms ein negatives Myon eingefangen wird, handelt es sich im Falle des Myoniums, der Analogie zum Positronium, um den Einfang eines positiven Myons durch ein Elektron.

Sachverhalt

Die theoretische Beschreibung des Myonatoms (System μ^- plus Kern) erfolgt mit der Dirac-Gleichung. Das Myon bewegt sich im Coulomb-Feld des Atomkerns. Die Abschirmung durch Elektronen entfällt, da sich die myonischen Niveaus mit der Hauptquantenzahl $n \approx 14$ bereits unterhalb der K-Schale der Elektronen befindet. Folgende Phasen treten bei der Bildung des Myonenatoms auf:

a) Abbremsen des Myons, zunächst hauptsächlich durch Ionisationsverlust, dann durch Stöße an Elektronen;
b) Einfang des Myons in eine der hochgelegenen Bohrschen Bahnen, nachdem die Energie des Myons ≤ 1 keV beträgt;
c) Abregung des Myonatoms über eine Kaskade, wobei bei großen n hauptsächlich Auger-Übergänge auftreten, danach Strahlungsübergänge (Mesoröntgenstrahlung).
d) Nachdem das Myon die K-Orbitale erreicht hat, erfolgt der Einfang durch ein Proton des Kerns oder das Myon zerfällt.

Die Phasen a, b, c sind sehr kurz (z. B. 10^{-13} s für das Mesoatom des Kohlenstoffs) im Vergleich zur Lebensdauer des Myons. Diese ist in jedem Falle kürzer als die des freien Myons. Das Mesoatom beendet seine Existenz, indem das Myon in der K-Schale zerfällt gemäß

$$\mu^- \to e^- + \bar{\nu}_e + \nu_\mu$$

oder es von einem Proton eingefangen wird

$$\mu^- + p \to n + \nu_\mu.$$

Prozeßphase b) nimmt bis zu Ordnungszahlen $Z \approx 35$ mit Z^4 zu und bleibt dann bei noch höherem Z etwa konstant.

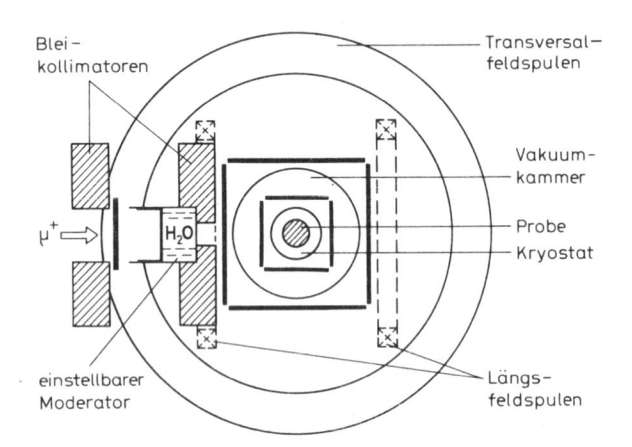

Abb. 1 Apparatur zur Untersuchung festkörperphysikalischer Eigenschaften bei tiefen Temperaturen (^{3}He-Kryostat bei 0.3 K) mit der μ^+ SR-Technik. Um die Probe herum sind Szintillationsdetektoren zum Nachweis der Positronen aus dem μ^+-Zerfall angeordnet [16].

Informationen über mesoatomare (und mesomolekulare) Prozesse erhält man hauptsächlich aus der Analyse der Mesoröntgenspektren (Abb. 1). Dazu wurden hochauflösende Ge(Li)-Detektoren und Kristallspektrometer eingesetzt. Von besonderem Interesse – auch theoretisch einfach zu behandeln – ist das μ^-p-System (Mesowasserstoff, myonisches Protium). Aufgrund seiner kleinen Abmessung (völlige Abschirmung der Ladung des Protons) verhält es sich ähnlich wie ein Neutron. Es kann daher die Elektronenhülle anderer Atome durchdringen, ohne die Coulomb-Abstoßung zu spüren. Aus dieser Tatsache ergeben sich spezifische mesoatomare Prozesse, die für die Anwendung von Bedeutung sind. Das Myon ist als Zerfallsprodukt des Pions $\lambda \to \mu + \bar{\nu}_\mu$ polarisiert (der Spinvektor ist dem Impulsvektor entgegengerichtet). Diese

Tatsache ermöglicht gleichfalls viele Anwendungen, insbesondere die Untersuchung magnetischer Eigenschaften von Festkörpern.

Kennwerte, Funktionen

Eigenschaften des Myons

Masse m_μ/MeV Spin: 105.65906 (91) ½;

magn. Moment Verhältnis μ_μ/μ_p: 3.183348 ± 0.000003;

Lebensdauer τ_0/s: (2.19714 ± 0.000007) · 10^{-6}.

Charakteristische Größen für das Myon auf der mesoatomaren Bahn mit der Hauptquantenzahl n (Bohrsche Theorie):

Bindungsenergie $\quad E_n = -mc^2 (\alpha Z)^2/2n^2;\quad$ (1)

Bahnradius $\quad r_n = \dfrac{\hbar^2}{me^2} \cdot \dfrac{n^2}{Z};\quad$ (2)

Geschwindigkeit $\quad v_n = \alpha cZ/n.\quad$ (3)

($m = \dfrac{m_\mu}{1 + m_\mu/A}$ ist die reduzierte Masse und

$\alpha = \dfrac{e^2}{\hbar c} \approx 1/137$ die Feinstrukturkonstante.)

Genauere Ausdrücke für die Beziehungen (1), (2) ergeben sich aus der Lösung der Dirac-Gleichung für Teilchen mit Spin 1/2 im Coulomb-Feld. Beispiel: Feinstrukturaufspaltung des Niveaus mit dem Zustand $j = l + 1/2$ (l – Bahndrehimpuls) im Mesoatom

$$E_{n,j} = -mc^2 \frac{(\alpha Z)^2}{2n^2} \cdot \left\{ 1 + \frac{(\alpha Z)^2}{n^2} \left(\frac{n}{l \pm 1/2} - 3/4 \right) \right\}. \quad (4)$$

Verschmierung der Energieniveaus infolge der Feinstrukturaufspaltung:

$$\Gamma = mc^2 \frac{(\alpha Z)^4}{n^3} \cdot \frac{n-1}{2n}. \quad (5)$$

Energieverschiebung ΔE für den 1s-Zustand aus der Störungstheorie aufgrund der Abweichung des Atomkerns von der Punktform:

$$\Delta E/E = \frac{4}{5} \cdot \frac{1}{n^3} \left(\frac{ZR}{r_B} \right)^2 \quad (6)$$

(R-Kernradius, r_B-Bohrscher Radius gemäß (2) für das 1s-Niveau). Gleichung (6) gilt für kleine Ordnungszahlen $Z \leq 10$, dagegen sind für $Z > 10$ genauere Rechnungen zur Ableitung von (6) erforderlich.

Präzessionsfrequenz des Myonenspins im Magnetfeld H

$$\omega_\mu = eH/m_\mu c. \quad (7)$$

Tabelle 1   Mittlere Lebensdauer τ von Myonenatomen in Abhängigkeit von der Ordnungszahl Z

Element	Z	$\tau/10^{-6}$s
Li	3	2.150 ± 0.090
C	6	1.92 ± 0.04
Al	13	1.04 ± 0.02
Fe	26	0.16 ± 0.01
Mo	42	0.096 ± 0.006
W	74	0.081 ± 0.002
Bi	83	0.079 ± 0.005

Anwendungen

Kernphysik. Im Vordergrund stehen hier Untersuchungen von Mesoröntgenspektren zum Testen verschiedener Kernmodelle [9]. Dazu sind Spektrometer mit sehr hoher Energieauflösung erforderlich, um die Hyperfeinstruktur der Mesoröntgenlinien aufzulösen. Die Messung der Ladungsverteilung der Atomkerne ist eine wichtige Ergänzung zu den Elektronenstreuexperimenten. Magnetische Dipolmomente (M1) und elektrische Quadrupolmomente (E2) der Kerne sind dabei die Bestimmungsgrößen. Über die Wechselwirkung der Myonen mit den Quadrupolmomenten, die zur Hyperfeinstruktur der myonischen Strahlungsübergänge führen, läßt sich auf die Struktur der deformierten Kerne schließen. Aufspaltungen der Spektrallinien werden neben Deformations- auch über Massen- und Volumeneffekte der Kerne erzeugt (Isotopen-, Isotonen- und Isomerieverschiebungen). Infolge strahlungsloser Übergänge im Myonenatom mit direkter Energieübertragung auf den Kern beobachtet man bei schweren Kernen auch Spaltung. Aus der myonischen Röntgenstrahlung läßt sich mit hoher Genauigkeit die Masse des Myons bestimmen.

Myonenkatalyse. Mit der Myonenkatalyse wurde ein prinzipiell neuer Zugang zur kontrollierten Kernfusion eröffnet. Das Myon wird hier als Katalysator der Kernfusion benutzt, die dabei in einem kalten Medium ablaufen kann (siehe *Kernfusion*). Da das myonische Wasserstoffatom auf Grund seines geringen Radius wie ein Neutron wirkt (die Protonenladung ist hier sehr gut abgeschirmt), spürt es die Coulomb-Abstoßung nicht. Theoretisch konnte gezeigt werden, daß im Falle des Deuterium-Tritium-Gemisches ein Resonanzmechanismus zum Tragen kommt, der auf die rasche Bildung von Mesomolekülen dtμ führt [10] (siehe die Prozesse innerhalb der gestrichelten Linie von Abb. 2). Durch Experimente konnte diese Voraussage bestätigt werden [11]. Infolge der großen Bildungsgeschwindigkeit der dtμ-Moleküle von mehr als 10^8 s^{-1} und der kleinen Wahrscheinlichkeit für das Hängenbleiben des Myons am Reaktionsprodukt ^{4}He werden pro Myon etwa 100 Kernfusionen d + t → ^{4}He + n katalysiert. Auf dieser Basis ist ein myonenkatalyti-

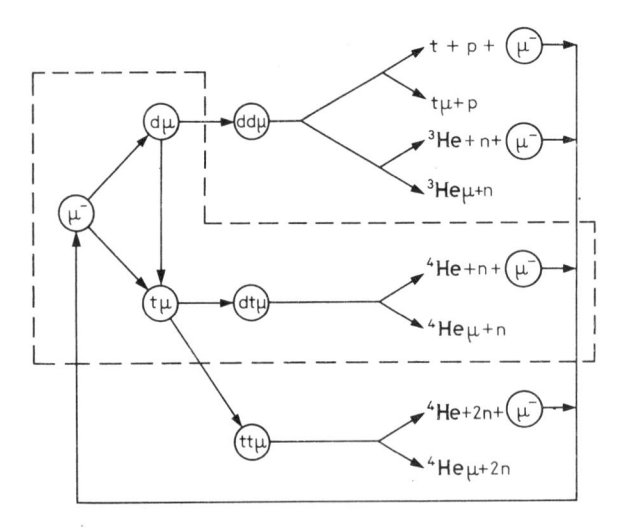

Abb. 2 Müonische Prozesse im Deuterium-Tritium-Gemisch und ablaufende Fusionsreaktionen. Die Prozeßkette innerhalb der gestrichelten Linie kann von einem Myon etwa 100mal durchlaufen werden.

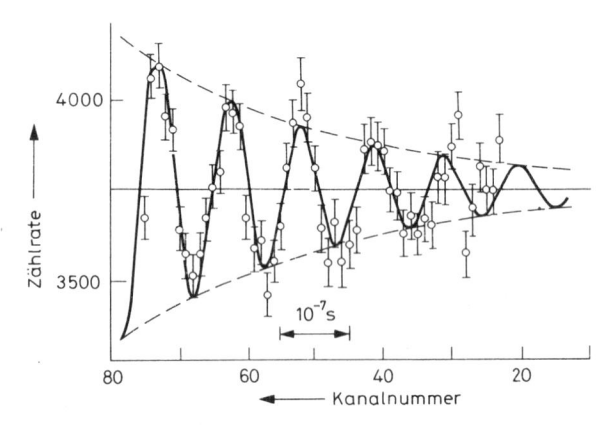

Abb. 3 Zeitspektrum der Präzessionsbewegung des Myoniums in kristallinem Quarz. Die Probe befindet sich in einem schwachen transversalen Magnetfeld.

scher Hybridreaktor mit einem Uranium-Lithium-Blankett diskutiert worden [12], der einen Wirkungsgrad von 0,30 erreichen könnte und damit vergleichbar wäre mit dem Tokamak-Hybridreaktor oder dem Beschleunigerbrüten [13] (siehe *Brüten, Kernreaktionen*).

Mesochemie. Über Meso- und Myonenatome lassen sich Untersuchungen der Elementzusammensetzungen von Proben sowie Stoffstrukturuntersuchungen mit zusätzlichen Informationen und zum Teil mit größerer Genauigkeit durchführen. Zur Ermittlung der Elementkonzentration in biologischem Gewebe z. B. bieten Myonenatome im lebenden Organismus große Vorteile, da die Myonen gleichverteilt an alle Stellen des Organismus gelangen, die charakteristischen myonischen Röntgenstrahlen auf Grund ihrer großen Energie praktisch unverfälscht in den außerhalb des Organismus aufgestellten Detektor gelangen können, die Strahlungsbelastung sehr gering ist und bei dem Prozeß keine langlebige Aktivität erzeugt wird. Der Nachteil solcher Invivo-Messungen besteht vor allem darin, daß die Myonen nur an den dafür am besten geeigneten Synchrozyklotronen bzw. Mesonenfabriken zur Verfügung stehen.

Mit Hilfe der bereits erwähnten Isotopen-, Isotonen- und Isomerieverschiebungen lassen sich innere Felder in Proben infolge kristalliner und magnetischer Eigenschaften von Substanzen oder infolge verschiedener chemischer Bindung mit Erfolg untersuchen. Diese Stoffstrukturuntersuchungen bedürfen der auf diesem Gebiet erreichten hohen energetischen Auflösung der Spektrometer für die myonische oder mesische Röntgenstrahlung.

Myonenspinrotation. Bei der Myonenspinrotation (µSR) positiver Myonen oder des Myonismus (Mu) nutzt man den Spin des Myons und Elektrons aus sowie die Tatsache, daß beim Zerfall des Myons μ^+ in ein Positron (e^+) und zwei Neutrinos die Parität nicht erhalten bleibt. Die Emissionsrichtung des e^+ ist mit der Spinrichtung des μ^+ korreliert. Infolge der Präzession des Myonenspins bei Anwesenheit eines Magnetfeldes mit der Frequenz (7) ändert sich auch die Intensität der Positronenausbeute bei einer bestimmten Beobachtungsrichtung (Abb. 3). Deshalb stellen μ^+ bzw. Mu-Markierungen in der Substanz dar, deren Schicksal man von ihrer Entstehung bis zum Zerfall verfolgen kann. Lokale Magnetfelder im Kristall wechselwirken mit dem Myonenspin und beeinflussen die Präzession. Hieraus kann man auf die Verteilung der Magnetfelder im Kristall schließen, die Diffusion des Myons in der Substanz verfolgen und Phasenübergänge beobachten, da diese mit einer magnetischen Strukturänderung verbunden sind. Das Mu-System μ^+e^- verhält sich völlig analog dem Wasserstoffatom. Deshalb kann man über die Mu-Reaktion in Substanzen auf das Verhalten atomaren Wasserstoffs in chemischen Reaktionen (absolute Geschwindigkeit der Reaktion) schließen, da sich beim Eintritt der Reaktion und damit Aufspaltung des μ^+e^--Systems der Charakter der Präzession schlagartig ändert. Die µSR-Technik – seit Anfang der 70er Jahre in stürmischer Entwicklung begriffen – stellt eine sehr wirksame Ergänzung der traditionellen NMR- und EPR-Techniken dar [7,14,15].

Literatur

[1] WHEELER, J. A., Phys. Rev. 71 (1947) 320.
[2] FERMI, E., TELLER, E., Phys. Rev. 72 (1947) 399.
[3] TAUSCHER, L., Hadronic Atoms In: Proceedings of the Int. Conf. on High Energy Physics and Nuclear Strukture, Santa Fe and Los Alamos 1975. Hrsg.: D. E. NAGLE u. a. – New York: American Institute of Physics, S. 541-561.

[4] CHANG, W. Y., Rev. mod. Phys. **21** (1949) 166.
[5] Muon Physics. Hrsg. V. W. HUGHES and C. S. WU, Band III. – New York: Academic Press 1975.
[6] Proceedings of the Int. Symp. on Meson Chemistry and Mesomolecular Processes in Matter. Dubna, D1, 2, 14 – 10908, 1977.
[7] Exotic Atoms '79, Fundamental Interactions and Structure of Matter. Hrsg. K. CROWE, J. DUCLOS, G. FIORENTINI und G. TORELLI – New York/London: Plenum Press 1979.
[8] KIRILLOV-UGRJUMOV, V. G.; NIKITIN, JN. P.; SERGEEV, F. M.: Atomy i Mesony. – Moskau: Atomizdat 1980.
[9] KIM, E.: Mesonnye atomy i jadernaja struktura. – Moskau: Atomizdat 1975.
[10] GERSHTEIN, S. S.; PONOMAREV, L. I., Phys. Letters **72B** (1977) 80.
[11] BYSTRICKIJ, V. M. u. a., Preprint OIJaI/LIaP D1-12696 Dubna 1979; Phys. Letters **94B** (1980) 476.
[12] PETROV, JU. V. Nature **285** (1980) 466; Materialy zimnoj školy LIJaF 1979, S. 139.
[13] TESCH, S., Kernenergie **25** (1981) 97.
[14] GUREVIČ, I. I. et. al., Fizika elementarnych častiz u atomnogo jadra **8**, S. 110–134. – Moskau: Atomizdat.
[15] Hyperfine Interactions (Zeitschrift). – Amsterdam: North-Holland Publ. Comp.
[16] BOSSY, H. et al., SIN Physics Report No. 3, 1981.

Neutronenstrahlen

1932 zog CHADWICK [1] aus Experimenten von JOLIOT und CURIE [2], die die Reaktion Be + α untersuchten, den Schluß, daß bei dieser Reaktion neben der Gammastrahlung neutrale Teilchen erzeugt werden. Dieses Teilchen nannte er Neutron (Symbol „n"). Die Reaktionsgleichung Be + $\alpha \to$ C + n formulierte CHADWICK. IVANENKOV und HEISENBERG schlossen 1932, daß alle Atomkerne aus Protonen und Neutronen aufgebaut sind.

Sachverhalt

Neutronenkernreaktionen. Neutronen sind neutrale Teilchen mit etwas größerer Masse als das Proton. Sie sind als freie Teilchen nicht stabil und zerfallen mit einer Halbwertszeit von ca. 12.8 min. Neutronen können an Atomkernen gestreut und von ihnen absorbiert werden. Fast alle Kernreaktionen mit Neutronen bis auf die an leichten Kernen verlaufen über die Bildung eines Zwischenkernes (Compoundkern). Fällt die Anregungsenergie (kinetische Energie des Neutrons plus Bindungsenergie des Neutrons im Zwischenkern) mit einem Energieniveau des Zwischenkernes zusammen, so ist der Reaktionsquerschnitt sehr groß (Resonanz). Der Zwischenkern kann über verschiedene Kanäle zerfallen: durch Aussendung eines Neutrons gleicher Energie (Resonanzstreuung), durch Emission von Gammaquanten ((n,γ)-Reaktion), durch Aussendung geladener Teilchen oder mehrerer anderer Neutronen, wenn die Anregungsenergie groß genug war.

Bei leichten Kernen (Relative Atommasse < 25) überwiegt die elastische Streuung. Nur in einigen Fällen treten Kernreaktionen auf, z. B. ^{10}B(n,α) Li, Li(n,α) H, He(n,p) H oder N(n,p) C. Der Wirkungsquerschnitt ist nur wenig von der Energie der Neutronen abhängig.

Bei Kernen mittlerer Massenzahlen sind elastische Streuung und der Neutroneneinfang am häufigsten. Es treten scharfe Resonanzen im Wirkungsquerschnitt auf.

Bei schweren Kernen (A = 80) ist die Hauptreaktion mit langsamen Neutronen der Neutroneneinfang und bei einigen sehr schweren Kernen die Kernspaltung. Es treten viele Resonanzen im Wirkungsquerschnitt auf.

Für kleine Neutronenenergien verläuft der totale Wirkungsquerschnitt proportional zu $1/v$ (v ist die Geschwindigkeit des Neutrons). Für Neutronen im Energiebereich von einigen keV bis 100 keV sind die Hauptreaktionen der Neutroneneinfang und mit wachsender Energie die elastische Streuung. Bei schnellen Neutronen überwiegen die Reaktionen (n,α), (n,p), (n,2n) und (n,n').

Die Streuquerschnitte kristalliner Substanzen zeigen für sehr kleine Neutronenenergien eine starke Energieabhängigkeit (siehe *Neutronenstreuung*).

Neutronenstrahlbrechung. Beim Auffall thermischer Neutronen der Wellenlänge λ auf einatomige Stoffe wird der Neutronenstrahl gebrochen. Die Brechungszahl ist gegeben durch

$$n^2 = 1 - \frac{\lambda^2 N \cdot b}{\pi},$$

wobei N die Zahl der Atome pro cm^3 und b die kohärente Streuamplitude ist. Aus der Beziehung folgt, daß für positive Streuamplitude b die Brechungszahl kleiner 1 ist. Das bedeutet, daß die Neutronenstrahlen beim Auftreffen aus dem Vakuum auf die Oberfläche total reflektiert werden, wenn der Auffallwinkel den Grenzwinkel unterschreitet. Der Grenzwinkel ist $\vartheta_{Gr} = \lambda\sqrt{N \cdot b/\pi}$. Für Kupfer beträgt der Grenzwinkel für $\lambda = 10^{-10}$ nm $\vartheta_{Gr} = 4.8'$ und für $\lambda = 10^{-9}$ nm $\vartheta_{Gr} = 48'$.

Sehr kalte Neutronen zeigen außergewöhnliche Wechselwirkungen mit der Oberfläche. Neutronen unterhalb einer bestimmten Energie zeigen eine Totalreflexion unabhängig vom Einfallwinkel. Solche Neutronen werden als *ultrakalte Neutronen* bezeichnet [7]. Sie haben Geschwindigkeiten von 3 bis 8 m/s. Das endspricht einer Energie von der Größenordnung 10^{-7} eV. In der gleichen Größenordnung liegt die Wechselwirkungsenergie von Neutronen mit dem Gravitationsfeld der Erde bzw. mit magnetischen Feldern. Deshalb können ultrakalte Neutronen im Gravitationsfeld oder im magnetischen Feld beschleunigt oder gebremst werden. Ihre Geschwindigkeit liegt in einem Bereich, der durch mechanische Systeme leicht erreicht werden kann. Das wird benutzt, um ultrakalte Neutronen durch Reflexion ursprünglich schnellerer Neutronen an bewegten Spiegeln zu erzeugen [7].

Neutronenquellen. Freie Neutronen existieren in der Natur entsprechend ihrer Halbwertszeit nur kurze Zeit. Sie müssen deshalb durch Kernreaktionen erzeugt werden. Reaktionstypen sind:

(α,n)-Reaktion z.B. Be + $\alpha \rightarrow$ C + n + Q(3.76 MeV)
B + $\alpha \rightarrow$ N + n + Q(0.28 MeV)
Li + $\alpha \rightarrow$ B + n – Q(2.86 MeV)
(d,n)-Reaktion z.B. H + $^2_1$H$_1 \rightarrow$ He + n + Q(17.57 MeV)
(p,n)-Reaktion z.B. Li + H $\rightarrow$ Be + n + Q(1.646 MeV)
(γ,n)-Reaktion z.B. Be + $\gamma \rightarrow$ Be + n – Q(1.67 MeV).

Als Neutronenquellen stehen der Kernreaktor, Neutronengeneratoren und Radionuklidquellen zur Verfügung. Der Kernreaktor liefert ein kontinuierliches Neutronenspektrum. Neutronengeneratoren erzeugen monoenergetische Neutronen (siehe *Kernreaktionen*). Am verbreitesten sind die Reaktionen ^{3}H(d,n)^{4}He (sie liefern 14.3 MeV Neutronen) und ^{2}H(d,n)^{3}He. Der Wirkungsquerschnitt für die ^{3}H(d,n)^{4}He-Reaktion hat bei 110 keV Deuteriumenergie ein Maximum. Die Ausbeute für 200 keV-Deuteronen beträgt $2 \cdot 10^8$ n/ µA · s. Als radioaktive Neutronenquellen werden am häufigsten Ra-Be-Quellen oder Am-Be-Quellen verwendet. Grundlage ist eine (α,n)-Reaktion. Die maximale Neutronenenergie ist etwa 10 MeV. Die mittlere Energie beträgt ca. 4 MeV.

Neutronen besitzen ein magnetisches Moment. In einem Neutronenstrahl sind die magnetischen Momente bezüglich ihrer Orientierung zur Ausbreitungsrichtung statistisch verteilt. Der Neutronenstrahl ist dann unpolarisiert.

Energieeinteilung der Neutronen. Die Neutronen werden entsprechend ihrer Energie in einzelne Gruppen eingeteilt. Neutronen, die sich mit dem umgebenden Medium im thermischen Gleichgewicht befinden, bezeichnet man als thermische Neutronen. Neutronen, deren Geschwindigkeitsverteilung nicht mehr einer Maxwell-Verteilung entspricht, werden epithermische Neutronen genannt. Neutronen mit Energien größer 10 keV sind schnelle Neutronen.

Neutronennachweis. Der Nachweis der Neutronen ist nur über eine Kernreaktion möglich. Für thermische Neutronen wird die Reaktion

^{10}B + n $\rightarrow$ ^{7}Li + α + Q (2.78 MeV)   7%
$\searrow$ ^{7}Li + α + Q (2.3 MeV)   93%
^{7}Li $\rightarrow$ ^{7}Li + γ + Q (0.48 MeV)

benutzt. Am häufigsten wird als Zählgas BF$_3$ verwendet. BF$_3$-Zähler sind Proportionalzähler, d.h., die Ausgangsimpulshöhe ist proportional der Energie der primär ionisierenden Teilchen. In diesem Falle sind es die α-Teilchen der ^{10}B (n,α) ^{7}Li-Reaktion. Es werden auch ^{3}He-Zählrohre eingesetzt. Ihnen liegt die Reaktion ^{3}He + n $\rightarrow$ ^{3}H + ^{1}H + Q (7 70 keV) zugrunde. Sie haben eine höhere Empfindlichkeit für langsame Neutronen als BF$_3$-Zähler.

Schnelle Neutronen lösen in wasserstoffhaltigen Substanzen Rückstoßprotonen aus. Diese können mit Ionisationskammern, Proportionalzählern oder Szintillationsmeßköpfen registriert werden [3]. Durch gleichzeitige Messung des Winkels ϑ zwischen Proton und Primärstrahl läßt sich die Energie nach der Beziehung $E_p = E_n \cdot \cos \vartheta$ bestimmen.

Die Spaltung des Urans durch Neutronen wird ebenfalls zum Nachweis der Neutronen verwendet (*Spaltkammer*) [3]. Wegen der hohen kinetischen Energie der Spaltprodukte (-fragmente) läßt sich die Diskrimination gegen Gammastrahlung leicht durchführen. Spaltkammern mit an ^{235}U angereichertem Uran werden zum Nachweis thermischer Neutronen verwendet. Wegen des Anwachsens des Spaltquerschnittes des ^{238}U von 0 auf $0.6 \cdot 10^{-24}$ cm^2 zwischen 1 und 1.8 MeV werden Spaltkammern mit reinem ^{238}U zur Registrierung schneller Neutronen oberhalb von 1.5 MeV verwendet.

Zum Neutronennachweis werden auch Aktivierungssonden eingesetzt. Es handelt sich dabei um Substanzen, deren Atomkerne durch eine Neutronenreaktion in radioaktive Atomkerne umgewandelt werden. In der Regel sind diese Reaktionen erst oberhalb einer Schwellenergie möglich. Es handelt sich meistens um (n,2n)-Reaktionen und (n,p)-Reaktionen. Diese gestatten eine grobe Energiebestimmung der Neutronen. Im Gebiet thermischer Neutronen werden Sondenkerne verwendet, deren Wirkungsquerschnitt ein $1/v$ – Verhalten zeigt. Solche Sonden haben eine Aktivierung, die proportional zur Neutronendichte ist.

Zur Messung des Flusses epithermischer Neutronen verwendet man in Kadmium eingehüllte Resonanzdetektoren. Hierbei werden die Resonanzen im Wirkungsquerschnitt einiger Atomkerne ausgenutzt.

Neutronenenergiebestimmung. Die Energiebestimmung der thermischen Neutronen kann durch Ausnutzung der *Bragg-Reflexion* (siehe dort) erfolgen. Für schnelle Neutronen können Rückstoßprotonenspektrometer verwendet werden. Große Bedeutung hat die Flugzeitspektrometrie. Ihre Grundlage ist die Messung der Zeit, die ein Neutron für eine bekannte Wegstrecke benötigt. Im Bereich bis 10 keV wird der kontinuierliche Neutronenstrom durch einen mechanischen Unterbrecher (Chopper) in kurze Impulse zerteilt. Durch Synchronisierung eines Zeitanalysators mit dem Chopper kann die Flugzeit der Neutronen für eine definierte Wegstrecke bestimmt werden. Für höhere Energie werden gepulste Neutronenquellen verwendet.

Neutronenbremsung. Schnelle Neutronen werden durch *Moderatoren* abgebremst [4]. Als Maß für die Bremsfähigkeit eines Atoms wird das mittlere logarithmische Energiedekrement betrachtet

$$\xi = \overline{\ln \frac{E_2}{E_1}}.$$

Dabei ist E_1 die Energie des Neutrons vor dem Stoß und E_2 die Energie des Neutrons nach dem Stoß. Ein Moderator bremst um so besser, je größer ξ ist.

Das Bremsvermögen eines Moderators wird außerdem noch dadurch bestimmt, wie oft das Neutron auf seinem Weg einen Stoß erleidet. Ein Maß dafür ist der makroskopische Streuquerschnitt Σ_s. Die Größe $\xi \cdot \Sigma_s$ wird als Bremsvermögen bezeichnet. Für einen guten Moderator muß gleichzeitig der makroskopische Absorptionsquerschnitt Σ_a klein sein, um Neutronenverluste zu vermeiden. Das Verhältnis $\xi \Sigma_s / \Sigma_a$ (Bremsverhältnis) charakterisiert die Qualität eines Moderators.

Neutronenkollimation und -polarisation. Neutronenstrahlen können mittels Kollimation in ein Bündel mit geringem Öffnungswinkel kollimiert werden. Der Kollimator besteht aus parallelen Blechstreifen. Das geeignetste Material ist Eisenblech, dessen Oberfläche kadmiert ist.

Eine Polarisation der Neutronenstrahlen tritt bei der Beugung, Brechung und Reflexion von Neutronen an hochmagnetischem Eisen oder Kobalt auf. Die wirksamste Methode ist die Reflexion an einem magnetisch gesättigten Kobaltspiegel.

Kennwerte

Masse des Neutrons: $1.6748 \cdot 10^{-24}$ g;
Halbwertszeit: $T_{1/2} = 12.8 \pm 2.3$ min;
Spin $1/2$;
magnetisches Moment: $\mu_n = -1.91298 \, \mu_K$.

Diffusionskoeffizient, Bremsvermögen, Bremsverhältnis

Material	D/cm	$\xi\Sigma_s$	$\xi\Sigma_s/\Sigma_a$
H_2O	0.143	1.35	71
D_2O	0.83	0.176	5670
Graphit	0.86	0.06	192

Substanzen für Schwellensonde

Ausgangskern	Schwelle/MeV	$T_{1/2}$	Reaktion
^{14}N	10.6	10.1 min	n, 2n
^{16}O	16.5	2.1 min	n, 2n
^{19}F	10.4	112 min	n, 2n
^{31}P	12.3	2.5 min	n, 2n
^{24}Mg	6.3	11.8 h	n, p
^{27}Al	2.1	10.2 min	n, p
^{31}P	1.1	170 min	n, p
^{32}S	1.0	14.3 d	n, p

Substanzen für Resonanzsonden

Material	Resonanzenergie/eV	$T_{1/2}$	Strahlungsart
^{115}In	1.44	54.1 min	β^-,
^{197}Au	4.9	2.7 d	β^-,
^{164}Dy	54	139 min	β^-,

Ausgewählte Elemente zur Aktivierungsanalyse mittels thermischer Neutronen [10]

Nuklid	Isotopenhäufigkeit/%	Aktivierungsquerschnitt/10^{-24} cm	Halbwertszeit/min	Empfindlichkeit/10^{-6} g
^{27}Al	100	0.21	2.3	0.02
^{37}Cl	24.6	0.56	37.5	0.04
^{59}Co	100	16.9	10.4	0.0006
^{63}Cu	69.1	4.5	774	0.004
^{164}Dy	28.2	2000	1.3	0.00004

Ausgewählte Elemente zur Aktivierungsanalyse mittels schneller Neutronen (14 MeV) [10]

Element	Halbwertzeit/min	Empfindlichkeit/10^{-6} g
N	10	200
O	0.12	100
F	112	40
Si	2.3	50
P	2.3	100
Cr	3.8	150

Anwendungen

Elastische Streuung (inkohärent)

Feuchtemessung [5]. Grundlage ist die Abbremsung schneller Neutronen einer Neutronenquelle, die hauptsächlich durch den Wasserstoffgehalt des zu untersuchenden Materials bestimmt wird. Wenn der Wasserstoff im Wasser der Probe enthalten ist, kann diese Technik zur Feuchtemessung bestimmt werden. Die Vorteile der Neutronenmethode zur Feuchtebestimmung sind Zerstörungsfreiheit, Kontaktfreiheit, Schnelligkeit, Wiederholbarkeit in situ und Mittelung über große Probenvolumen. Nachteile der Methode sind, daß nicht zwischen gebundenem Wasserstoff und freiem Wasserstoff unterschieden wird und nicht zwischen freiem Wasser und Kristallwasser. In der Probe muß ein minimaler Wassergehalt enthalten sein.

In der Landwirtschaft wird die Feuchtebestimmung durch Neutronenbremsung unter anderem zur Bestimmung des Wasserverbrauchs der Pflanzen, des Bodenfeuchtedefizits, der Bodenfeuchte und Wachstumsbeziehung, der Bodenfeuchtespeicherung, des Nachflusses und der Ergiebigkeit von Grundwasser führenden Schichten genutzt. Die Methode wurde auch zur Feuchtebestimmung von gelagertem Getreide verwendet. Im Feuchtebereich von 10–20% wurde eine Genauigkeit von 0.5% innerhalb einer Meßzeit von 3 Minuten unter Benutzung einer 100 m Ci-Ra-Be-Quelle erreicht [6].

Die physikalischen Eigenschaften des Erdbodens werden primär durch die Korngröße, die Dichte und den Wassergehalt bestimmt. Deshalb ist die Feuchte- und Dichtemessung für die Konstruktion von Autobahnen, Start- und Landebahnen und Erddämmen wichtig. Die Messung dieser Größen mittels der Neutronenbremsung ist 5 bis 15 mal effektiver als bisher übliche Methoden. Die Genauigkeit der Neutronenmethode ist zweimal höher als die Standard-Karbidmethode. Ihr wesentlicher Vorteil ist aber, daß sie eine Feldmethode ist.

In der Hydrologie wird die Neutronenfeuchtebestimmung zur Bestimmung des absoluten Feuchtegrades verdichteter und unverdichteter Bodenschichten und der zeitlichen Änderung ihres Feuchtegrades verwendet.

Häufig wird Koks bei Brennprozessen verwendet. Eine optimale chemische und Wärmebilanz in der Brennkammer verlangt ein bestimmtes Mischungsverhältnis von Rohmaterial und Koks. Da die Einwaage immer das Gesamtgewicht des Kokses bestimmt, tritt durch den Feuchtegehalt des Kokses eine Abweichung (1–15%) von dem optimalen Verhältnis auf. Eine Berücksichtigung des Feuchtegehaltes bei der Einwaage setzt die Feuchtemessung voraus. Diese Bestimmung der Feuchte wird durch die Neutronenmessung am effektivsten. Eine Genauigkeit von ± 0.5% wird erreicht.

Fertigbeton von bester Qualität setzt die genaue Einhaltung des Verhältnisses Wasser/Zement bei jeder Charge voraus. Wasser wird auch durch den Sand und Kies der Mischung zugeführt. Das verfälscht das Verhältnis. Aus diesem Grunde ist es ratsam, die Feuchte des Sandes bzw. Kieses zu messen. Eine Schwierigkeit besteht darin, daß Sand und Kies keine konstante Dichte haben. Aus diesem Grunde sind kombinierte Dichte- und Feuchtemessungen im technologischen Ablauf notwendig.

Jede Neutronenmeßapparatur zur Messung der Feuchte besteht aus einer Quelle schneller Neutronen (meistens eine Ra-Be- oder Am-Be-Quelle) und einem Detektor für thermische oder epithermische Neutronen. Die schnellen Neutronen werden in dem ungebundenen Medium abgebremst und diffundieren nach der Thermalisation. Die Zahl der abgebremsten Neutronen werden durch den Detektor gemessen. Sie sind proportional zum Bremsvermögen (siehe Kennwerte) der Atomkerne des umgebenden Mediums. Dieser Abbremsprozeß wird durch die elastische Streuung der Neutronen an den Wasserstoffatomen bestimmt. Aus dem Meßsignal kann nach einer Eichung die Information über den totalen Wasserstoffgehalt entnommen werden. Die erreichte Genauigkeit liegt bei 0.01 H_2O/cm^3.

Medizin-Neutronentherapie. Schnelle Neutronen wirken durch elastische Stöße direkt auf das Gewebe. Dazu kommen Kernreaktionen, die meistens α-Teilchen emittieren. Bei 14 MeV Neutronen übernehmen Rückstoßprotonen 70–90% der absorbierten Dosis. Diese Rückstoßprotonen erzeugen eine Spur mit hoher Ionisationsdichte. Die Neutronenbestrahlung erzeugt eine höhere Zerstörung in hypoxischen Tumorzellen als Röntgen- oder Gammastrahlen bei gleichem Schädigungsniveau in normalem Gewebe (siehe auch *Kernreaktionen*).

Elastische Streuung (kohärent) (siehe *Neutronenstreuung*).

Kernreaktionen.
Am weitesten verbreitet ist die Aktivierungsanalyse. Durch Neutronenbeschuß, in den

meisten Fällen mit thermischen Neutronen, werden radioaktive Nuklide gebildet. Sie zerfallen mit einer für dieses Nuklid charakteristischen Halbwertszeit und Energieverteilung der sekundären Strahlung. Daraus kann das Element und die Konzentration dieses Elementes in dem Probenvolumen berechnet werden. So wird die Neutronenaktivierung z. B. zur Spurenelementbestimmung im Rahmen der Umweltverschmutzungsuntersuchung verwendet. Der Vorteil ist die gleichzeitige Bestimmung vieler Elemente. Die Luft wird gefiltert und mit thermischen Neutronen aktiviert. Mittels eines Ge(Li)-Detektors und eines Vielkanalanalysators wurde das Gammaspektrum gemessen [8].

In der Geologie wird mittels Bohrlochsonden unter Ausnutzung verschiedener Reaktionstypen Prospektion in situ durchgeführt. Zur Uranprospektion wird die Kernspaltung verwendet. Ein gepulster Neutronengenerator vom (d, T)-Typ mit einer Beschleunigungsspannung von 90 kV und einer Intensität von $2 \cdot 10^7$ n/s wurde in die Bohrlochsonde eingebaut [9]. Es wird die Lebensdauer der Neutronen in der Umgebung der Sonde gemessen. In normalen Gesteinen nimmt die Intensität der in einem Detektor registrierten Neutronen exponentiell mit der Zeit ab. In uranhaltigem Material entstehen auf Grund der Spaltung durch schnelle Neutronen Spaltprodukte mit hoher Neutronenzahl. Sie zerfallen mit einer Halbwertszeit von einigen Minuten durch Emission von Neutronen. Diese „verzögerten" Neutronen sind ein Maß für den Urangehalt.

Bei der Kohleprospektion kommt es darauf an, die Qualität des Kohleflözes einzuschätzen. Dazu hat sich eine Bohrlochsonde bewährt, die die (n, γ)-Reaktion mit Elementen ausnutzt, die die Qualität der Kohle bestimmen.

Mittels einer Kernreaktion können Fremdatome homogen in einer Matrix erzeugt werden. Dieser Effekt wird zur Dotierung von Silizium mit Phosphor ausgenutzt.

Literatur

[1] CHADWICK, J.: Proc. Roy. Soc. London, Ser. **A 136** (1932) 692.
[2] CURIE, J.; JULIOT, F.: J. Phys. Radium **4** (1933) 21.
[3] ROSSI, B.; STAUB, H.: Ionisations Chambers and Counters. – New York/Toronto/London: McGraw-Hill 1949.
[4] WIRTZ, K.; BECKURTS, K.-H.: Elementare Neutronenphysik. Berlin/Göttingen/Heidelberg: Springer-Verlag 1958.
[5] Neutron Moisture Ganges. Techn. Reports Series No. 112. Internat. Atomic Energy Agency, Wien 1970.
[6] BALLARD, L. F.; ELY, R. L.: Moisture Determination in Corn by Neutron Moderation Rep. ORO-485 (1961).
[7] STEYERL, A., Very low Energy Neutrons. In: Springer-Tracts in modern Physics – Berlin/Heidelberg/New York: Springer-Verlag 1977. Bd. 80.
[8] DEGOEIJ, J.J.M; HOUTMAN, J.P.W.; DAS, H.A.: Neutron Activation Analysis used in Environments Pollution Problems. In: Proc. IV. Internat. Conf. of Peaceful Uses of Atomic Energy (1971) Bd. 14. JAEA, Wien 1972.
[9] CHRUŚCIEL, E.; MASSALSKIJ, J.; PIECZORA, K.; STARZEC, A., Nucl. Instrum. Meth. **71** (1969) 205.
[10] GLÄSER, W.: Einführung in die Neutronenphysik. München: Verlag Karl Thiemig 1972.

Neutronenstreuung

Mit dem in den fünfziger Jahren in größerem Umfang erfolgten Bau von Forschungsreaktoren waren die Voraussetzungen gegeben, um die Streuung thermischer Neutronen zur Untersuchung der Struktur und dynamischer Prozesse (z.B. Gitterschwingungen) in Festkörpern und auch in Flüssigkeiten einzusetzen. Die großen Fortschritte der Festkörperphysik in den vergangenen zwei Jahrzehnten beruhen in starkem Maße auf Ergebnissen dieser Art von Neutronenstreuung.

Einen Überblick über alle Formen der Wechselwirkung von Neutronen mit Stoff enthalten die Abschnitte *Neutronenstrahlen und Kernreaktionen*. Hier werden nur die Streuung thermischer Neutronen an kondensierter Materie und deren Hauptanwendungen in der Festkörperphysik, anderen Zweigen der Naturwissenschaften und der Werkstoffkunde betrachtet. Zusammenfassende Darstellungen findet man in [1] bis [6].

Sachverhalt

Ausgangspunkt für die Betrachtung der Streuung thermischer Neutronen ist die Tatsache, daß ein monochromatischer Neutronenstrahl durch eine sich ausbreitende ebene Welle der Wellenlänge λ beschrieben werden kann (siehe *Neutronenstrahlen*). Zwischen der Wellenlänge und der Energie der Neutronen dieses Strahls besteht der Zusammenhang

$$E_n = h^2 / 2m\lambda^2 \qquad (1)$$

(h – Plancksche-Konstante, m – Masse des Neutrons).

Bei einer effektiven Moderatortemperatur von 300 K liegt das Maximum der Wellenlängenverteilung thermischer Neutronen bei $\lambda = 0{,}177$ nm, d. h., die Wellenlängen thermischer Neutronen sind von gleicher Größenordnung wie die Wellenlängen charakteristischer Röntgenstrahlungen und wie die Atomabstände im Kristallgitter. Fällt ein monochromatischer Neutronenstrahl auf einen Festkörper, so beobachtet man in Analogie zur Röntgenstrahlbeugung auf der Bragg-Reflexion beruhende Neutronenbeugungseffekte. Man registriert z.B. die Intensität der gestreuten Neutronen in Abhängigkeit vom Streuwinkel. Aus der Lage und der Intensität der so beobachteten Bragg-Reflexe erhält man, wie im Abschnitt Bragg-Reflexion beschrieben, Aussagen über die Anordnung der Streuzentren, d.h. über die Kristallstruktur.

Als Streuzentren wirken die Atomkerne. Die Zusammensetzung eines Elementes aus verschiedenen Isotopen und die Tatsache, daß die Streukraft eines Kernes mit von Null verschiedenem Kernspin von der relativen Orientierung des Neutronenspins beim Streuakt abhängt, führt dazu, daß verschiedene Atome des gleichen Elements unterschiedlich stark streuen. Die Streustrahlung ist daher nicht voll interferenzfähig. Sie setzt sich aus einem kohärenten, die Strukturinformation enthaltenden und einem inkohärenten zu einem diffusen Untergrund führenden Anteil zusammen.

Ist das streuende Atom Träger eines magnetischen Momentes, so findet man neben der Kernstreuung noch eine magnetische Streuung infolge der Dipolwechselwirkung mit dem magnetischen Moment des Neutrons. Die Analyse der Winkelabhängigkeit der magnetischen Streuintensität liefert Informationen über die Größe, die räumliche Verteilung und die Orientierung der magnetischen Momente (Orientierung zueinander bzw. zu ausgezeichneten Kristallachsen). Bei Experimenten zur magnetischen Streuung ist es vorteilhaft, mit polarisierten Neutronen (definierte, einheitliche Orientierung der Neutronenspins im Strahl) zu arbeiten. Man erreicht eine erhöhte Nachweisempfindlichkeit und kann magnetische und Kernstreuung sicher separieren. Die magnetische Streuung wird unterdrückt, wenn man durch ein äußeres Magnetfeld alle magnetischen Momente der streuenden Probe parallel oder antiparallel zum Streuvektor (Differenz der Wellenvektoren von einfallendem und gestreutem Strahl) orientiert.

Enthält die streuende Probe unterschiedliche Atomsorten oder magnetische Momente unterschiedlicher Größe in unregelmäßiger Anordnung, so tritt neben der Bragg-Streuung in Analogie zur inkohärenten Streuung eine diffuse Streuung auf. Existieren in der Anordnung dieser unterscheidbaren Streuzentren Nahordnungseffekte (nur über einige Atomabstände reichende Korrelationen), so ist eine winkelabhängige Modulation der diffusen Streuung die Folge. Deren Analyse gestattet es, Nahordnungsparameter zu bestimmen.

Bei ausgedehnten räumlichen Inhomogenitäten in der Streukraft der Probe (z. B. Ausscheidungsbildung in Legierungen) findet man in Analogie zur Röntgenstrahlbeugung eine erhöhte Intensität bei sehr kleinen Streuwinkeln. Diese Neutronenkleinwinkelstreuung kann zur Bestimmung der Größe und teilweise auch der Form dieser Inhomogenitäten dienen.

Die Energien thermischer Neutronen (Maximum der Energieverteilung bei $E_n = 25$ meV für die effektive Moderatortemperatur $T = 300$ K) liegen in der gleichen Größenordnung wie charakteristische Anregungsenergien von Festkörpern. Typische Phononenenergien liegen z.B. ebenfalls bei einigen 10 meV. Die relativen Energieänderungen der Neutronen als Folge der Wechselwirkung mit solchen Anregungszuständen des Festkörpers (Erzeugung oder Vernichtung entsprechender Energiequanten) sind daher groß und experimentell leicht nachweisbar. Die Energieanalyse beim Streuprozeß (inelastische Neutronenstreuung) gibt somit wertvolle Informationen über atomare Bewegungsvorgänge und im Festkörper wirkende Kräfte (im Falle

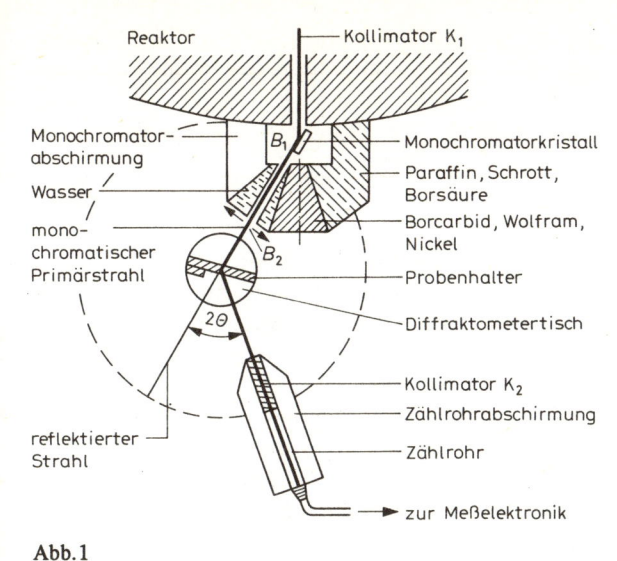

Abb. 1

Reaktor — Kollimator K₁
Monochromatorabschirmung — B₁ — Monochromatorkristall
Wasser — Paraffin, Schrott, Borsäure
monochromatischer Primärstrahl — Borcarbid, Wolfram, Nickel
B₂ — Probenhalter
2Θ — Diffraktometertisch
reflektierter Strahl — Kollimator K₂
— Zählrohrabschirmung
— Zählrohr
→ zur Meßelektronik

der magnetischen Streuung z. B. über magnetische Kopplungskräfte bzw. Austauschwechselwirkungen). Die Analyse bezüglich Energie- *und* Impulsänderung des Neutrons (Energie- und Winkelabhängigkeit der Streuintensität) gestattet bei kollektiven Anregungszuständen des Festkörpers (z. B. Phononen oder Magnonen) die Bestimmung ihrer Energie und der wirkenden räumlichen Korrelationen (z. B. Wellenvektor einer Gitterschwingung). Die hier betrachtete Art der inelastischen Neutronenstreuung ist von der im Abschnitt *Neutronenstrahlen* besprochenen zu unterscheiden, bei der der streuende Atomkern Anregungsenergie übertragen bekommt.

Den Prinzipaufbau einer *Neutronenstreuapparatur* für Strukturuntersuchungen (ohne Energieanalyse des gestreuten Strahls) an einem Reaktor zeigt Abb. 1. Zur Monochromatisierung des Primärstrahls dient die Bragg-Reflexion an einem Einkristall (Metallkristalle, pyrolytischer Graphit). Zum Ausgleich der im Vergleich zur Röntgenröhre geringeren Primärstrahlintensität wird meist mit großen Strahlquerschnitten (z. B. 50×50 mm²) und großen Probenvolumina gearbeitet. Man verwendet häufig zylindrische Proben (10–20 mm Durchmesser). Für stärker absorbierende Substanzen sind dünne (1–5 mm) plattenförmige Präparate in Transmissionsgeometrie vorteilhafter. Die geringe Absorption der Neutronen (siehe Tab. 2) gestattet dicke Proben, erfordert aber andererseits massive Abschirmungen (einige 10 cm).

Neben Reaktoren gewinnen neuerdings Impulsneutronenquellen auf der Basis von Protonen- oder Elektronenbeschleunigern an Bedeutung. Das ermöglicht Beugungsexperimente mit der Flugzeitmethode (siehe *Bragg-Reflexion*), energiedispersives Verfahren). Auf die Probe fallen polychromatische Neutronenimpulse. Die Streuintensität wird für einen festen Streuwinkel in Abhängigkeit von der Flugzeit und damit von der Wellenlänge registriert, (siehe *Neutronenstrahlen*, Zusammenhang Geschwindigkeit–Energie–Wellenlänge).

Bei Experimenten zur inelastischen Neutronenstreuung ist zum Nachweis der Energieänderung des Neutrons beim Streuprozeß eine Energiebestimmung vor und nach der Probe notwendig. So kann die in Abb. 1 skizzierte Apparatur zu einem Dreiachsenspektrometer erweitert werden, indem der gestreute Strahl erst nach Reflexion an einem Analysatorkristall in den Detektor gelangt. Die Energieanalyse kann außer durch Bragg-Reflexion an Einkristallen auch durch Flugzeitanalyse erfolgen. Das setzt gepulste Neutronenstrahlen (Einsatz von Choppern) voraus. Weitere wichtige Bauelemente von Neutronenstreuapparaturen sind Neutronenleiter, mit denen unter Ausnutzung der Totalreflexion (wellenlängenabhängiger kritischer Winkel in der Größenordnung von Bogenminuten; siehe *Neutronenstrahlen*) gut kollimierte Strahlen über große Entfernungen (z. B. 100 m) mit geringem Intensitätsverlust geführt werden können. Neutronendetektoren (hauptsächlich $^{10}BF_3$- und ^3He-Zählrohre) sind im Abschnitt *Neutronenstrahlen* beschrieben.

Die Schwerpunkte für die Anwendung der Neutronenstreuung ergeben sich aus den Besonderheiten der Streukraft der Elemente. Die Streufähigkeit wird durch die *Kernstreuamplitude b* und die *magnetische Streuamplitude p* beschrieben. Die magnetische Streuamplitude ist der Größe des betreffenden atomaren magnetischen Momentes μ proportional. Es gilt

$$p/10^{-12} \text{ cm} = 0{,}270 \, \mu/\mu_B \qquad (2)$$

(μ_B – Bohrsches-Magneton). p beschreibt die Streuung in Vorwärtsrichtung. Da Wellenlänge und lineare Ausdehnung des Streuzentrums (Elektronenhülle) von gleicher Größenordnung sind, nimmt die Streuamplitude mit wachsendem Streuwinkel ab. Dem trägt der magnetische Formfaktor f ($f = f(\sin\Theta/\lambda) \leq 1$, 2Θ = Streuwinkel, λ = Neutronenwellenlänge) Rechnung, der z. B. in [7] tabelliert ist. Das Produkt $p \cdot f$ ist das Analogon der Atomformamplitude der Röntgenstrahlenbeugung (z. B. in der Formel des Strukturfaktors, siehe *Bragg-Reflexion*).

Die kohärenten Kernstreuamplituden b einiger Elemente bzw. Isotope enthält die folgende Tabelle. Da der Kerndurchmesser sehr klein gegen die Wellenlänge ist, ist b von $\sin\Theta/\lambda$ unabhängig. Vollständige Zusammenstellungen findet man in [2, 3, 6, 8].

Für die Anwendung der Neutronenstreuung ist weiterhin von Bedeutung, daß die Absorption von Neutronen im Vergleich zur Röntgenstrahlung sehr gering ist. Dies belegt die folgende Tab. 2.

μ_a beschreibt nur die Strahlschwächung durch Absorption und nicht durch Streuung.

Tabelle 1 Kernstreuamplituden b nach [3]

Element:	H		O	Fe	Mn	Ni	
Isotop:		^{2}D					^{62}Ni
$b/10^{-12}$ cm:	−0,374	0,667	0,580	0,95	−0,37	1,03	−0,87

Tabelle 2 Lineare Absorptionskoeffizienten μ_a für Neutronen- und Röntgenstrahlen nach [2]

Element:	Al	Cu	Cd	Pb
μ_a/cm^{-1}: (Neutronen, $\lambda = 0{,}108$ nm)	0,008	0,19	121	0,003
μ_a/cm^{-1}: (Röntgenstr., $\lambda = 0{,}154$ nm)	131	474	2000	2630

Anwendungen

Im folgenden sollen einige besonders wichtige *Anwendungsgebiete* der Streuung thermischer Neutronen charakterisiert werden. Zu *Kristallstrukturuntersuchungen* wird man Neutronen dann verwenden, wenn gewichtige Vorteile gegenüber der weniger aufwendigen Röntgenstrahlbeugung zu erwarten sind.

Wie aus Tab. 1 zu ersehen ist, ist die Kernstreuamplitude leichter Elemente im Gegensatz zu den Atomformamplituden des Röntgenexperimentes nicht systematisch kleiner als die schwerer Elemente. So kann die Neutronenbeugung vorteilhaft zur *Positionsbestimmung leichter Elemente* in Substanzen, die vorwiegend aus schweren Elementen bestehen, eingesetzt werden (z. B. Metallhydride, Wasserstoffbrückenbindungen, biologische Substanzen wie Eiweißmoleküle). Bei wasserstoffhaltigen Proben stört die starke inkohärente Streuung des Wasserstoffs. Man arbeitet daher vielfach mit deuterierten Substanzen (Wirkungsquerschnitt für inkohärente Streuung: $\sigma_{inc}^H = 80 \cdot 10^{-24}$ cm^2, $\sigma_{inc}^D = 2{,}2 \cdot 10^{-24}$ cm^2). Wegen des unterschiedlichen Vorzeichens der Streuamplituden von H und D (siehe Tab. 1) verschafft der Vergleich normaler und deuterierter Proben bzw. die Erzeugung zusätzlicher Beugungskontraste durch die gezielte Deuterierung bestimmter Strukturanteile (z. B. Molekülgruppen) einen erhöhten Informationsgehalt.

Im Falle der Röntgenstrahlbeugung sind *im Periodensystem benachbarte Elemente* kaum zu unterscheiden. Für die Neutronenstreuung gilt diese Einschränkung im allgemeinen nicht. In ungünstigen Fällen kann man durch Anreicherung eines speziellen Isotops Abhilfe schaffen (siehe Tab. 1, z. B. Fe und Ni – Einsatz von ^{62}Ni). Gebiete, bei denen die Neutronenstreuung erfolgreich zur Untersuchung der Anordnung von Elementen mit nur wenig unterschiedlicher Ordnungszahl eingesetzt wurde, sind z.B. die Bestimmung der Kationenverteilung in Oxiden mit Spinell-Typ-Struktur oder der Nachweis von Ordnungserscheinungen in Legierungen der Übergangsmetalle. Eine große Streuamplitudendifferenz der beteiligten Atomsorten ist insbesondere bei der Untersuchung von Nahordnungserscheinungen wichtig, wo die im Vergleich zur Intensität der Bragg-Reflexe sehr schwache Modulation der diffusen Streuintensität auszuwerten ist. In [9] wurde bei Nahordnungsuntersuchungen an einer Ni-Cu-Legierung durch gezielte Isotopenzusammensetzung die Bragg-Streuung zum Verschwinden gebracht (mittlere kohärente Streuamplitude $\bar{b} = 0$) und gleichzeitig eine hohe Intensität der diffusen Streuung erzielt. Eine andere Möglichkeit zur Unterdrückung der Bragg-Streuung bietet die Benutzung einer Wellenlänge, die größer als die Grenzwellenlänge der Bragg-Streuung ist (siehe *Bragg-Reflexion*).

Bezüglich der direkten *Untersuchung magnetisch geordneter Strukturen* ist die Neutronenstreuung konkurrenzlos. Ist die Symmetrie der magnetischen Struktur geringer als die der kristallographischen (z. B. Antiferromagnetismus), so treten im Streudiagramm zusätzliche Reflexe rein magnetischen Ursprungs auf. Abbildung 2 zeigt dies am Beispiel der Legierung (Fe$_{0,75}$Mn$_{0,25}$)$_3$Si beim Unterschreiten der antiferromagnetischen Ordnungstemperatur (magnetische Reflexe mit $\frac{1}{2}$ (hkl) bezeichnet) [10]. Aus den Vektoren des reziproken Gitters (siehe *Bragg-Reflexion*), bei denen magnetische Reflexe auftreten, und aus der Reflexintensität ist die Größe und die gegenseitige Anordnung der magnetischen Momente in vielen Fällen vollständig zu bestimmen. Für Kristallstrukturen mit einer ausgezeichneten Achse (z. B. tetragonale oder hexagonale Strukturen) erhält man eine Information über den Winkel, den die magnetischen Momente mit dieser Achse bilden. In Substanzen mit mehreren magnetischen Untergittern (siehe *Magnetische Ordnung*, z. B. Ferrimagnete oder Legierungen mit Fernordnung) liefern die Beziehungen für die magnetischen Reflexintensitäten zusätzliche Gleichungen zur Berechnung der mittleren magnetischen Momente pro Untergitteratom.

Ein charakteristisches Gebiet für den Einsatz der *Neutronenkleinwinkelstreuung* ist die Untersuchung der Ausscheidungsbildung in Legierungen. Falls sich Ausscheidungen und Matrix im Produkt von mittlerer Streuamplitude und Teilchendichte unterscheiden, findet man eine zu kleinen Streuwinkeln ansteigende Intensität. Aus diesem Intensitätsverlauf lassen sich Informationen über die mittlere Größe der Ausscheidungen und in günstigen Fällen auch über Formparameter ableiten. In [11] wurde auf diese Weise zerstörungsfrei die Alterung von Turbinenschaufeln untersucht, die durch Größenzunahme der die Festigkeit der Legierung bestimmenden Ausscheidungen bedingt ist.

Bei *Texturuntersuchungen*, d. h. bei der Ermittlung von Vorzugsorientierungen in der Orientierungsverteilung der Kristallitachsen einer polykristallinen Probe, besitzt die Neutronenstreuung erhebliche Vorteile gegenüber der Röntgenstrahlenbeugung. Diese ergeben sich hauptsächlich aus der geringeren Schwächung der Neutronenstrahlen [12]. So sind ohne aufwendige Abdünnpräparationen die für exakte Untersuchungen notwendigen Kombinationen von Durchstrahlungs- und Rückstreumessungen zu verwirklichen. Die mittels Neutronenstreuung an dicken Proben (typisch einige mm) erhaltenen Ergebnisse stellen ein echtes Volumenmittel dar und können so auch bei Texturinhomogenitäten zum Vergleich mit makroskopischen Eigenschaften dienen.

In Analogie zu Röntgengrobstrukturuntersuchungen bzw. zur Radiographie mittels Gammastrahlung können auch gut kollimierte Neutronenstrahlen zur Durchstrahlung und zerstörungsfreien Abbildung von Gegenständen eingesetzt werden. Dieses Verfahren wird als *Neutronenradiographie* bezeichnet [13,14]. Die Einsatzgebiete ergeben sich aus den Besonderheiten der Schwächung und damit der Kontrasterzeugung von Neutronen- im Vergleich zu Röntgen- oder Gammastrahlung. So lassen sich mittels Neutronen wasserstoffhaltige Substanzen (z. B. Kunststoffteile oder Schmierfilme in kompakten metallischen Werkstücken) wegen der starken inkohärenten Streuung des Wasserstoffs gut abbilden. Starke Neutronenabsorber können zur Dekorierung bestimmter Komponenten verwendet werden. Abbildung 3 zeigt als Beispiel eine neutronenradiographische Aufnahme eines Bleiblocks (Querschnitt 35×35 mm^2) mit wassergefüllten Bohrungen unterschiedlichen Durchmessers (1; 1,5; 2; 3; 4 und 5 mm).

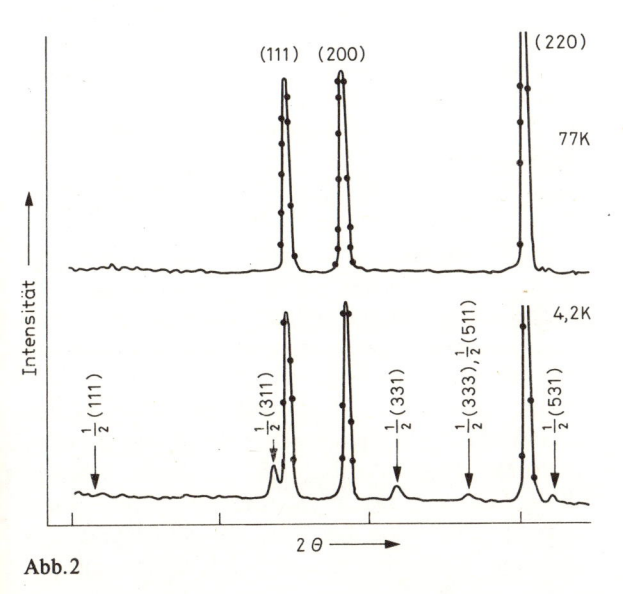

Abb. 3

Abb. 2

Literatur

[1] MARSHALL, W.; LOVESEY, S. W.: Theory of Thermal Neutron Scattering. – Oxford: Clarendon Press 1971.
[2] BACON, G. E.: Neutron Diffraction. 3. Aufl. – Oxford: Clarendon Press 1975.
[3] NOZIK, JU.; OSEROV, R. P.; HENNIG, K.: Strukturnaja Neitronografia. – Moskau: Atomisdat 1979.
[4] IZJUMOV, JU.; NAISCH, V. E.; OSEROV, R. P.: Neitronografia Magnetikov. – Moskau: Atomisdat 1981.
[5] B. T. M. WILLIS (Hrsg.): Chemical Applications of Thermal Neutron Scattering. – Oxford: University Press 1973.
[6] G. KOSTORZ (Hrsg.): Neutron Scattering. In: Treatise on Material Science and Technology. – New York/London/Toronto/Sidney/San Francisco: Academic Press 1979. Bd. 15.
[7] WATSON, R. E.; FREEMAN, A. J.: Hartree-Fock Atomic Scattering Factors for the Iron Transition Series. – Acta cryst. **14** (1961) 27–37.
[8] KOESTER, L.; YELON, W. B.: Summary of Low Energy Neutron Scattering Lengths and Cross Sections, Compilation 1982. ECN Netherlands Energy Research Foundation. Department of Physics, P. O. Box 1 1755 ZG Petten. The Netherlands.
[9] VRIJEN, J.; VAN DIJK, C.: Clustering in $^{65}Cu_{0,435}$ $^{62}Ni_{0,565}$ and its Temperature Dependence. In: Proceedings of the International Conference on Neutron Scattering. Hrsg.: R. M. MOON. Gatlinburg 1976. Bd. 1, S. 92–101.
[10] YOON, S.; BOOTH, J. G.: Magnetic properties and structures of some ordered (Fe, Mn)$_3$Si alloys. J. Phys. F7 (1977) 6, 1079–1095.
[11] CORTESE, P.; PIZZI, P.; WALTHER, H.; BERNARDINI, G.; OLIVI, A.: Non-destructive Characterization and Examination of Turbine Blads and Nickel Alloys by Small Angle Neutron Scattering. Material Science and Engineering **36** (1978) 81–88.
[12] KLEINSTÜCK, K.; TOBISCH, J.; BETZL, M.; MÜCKLICH, A.; SCHLÄFER, D.; SCHLÄFER, U.: Texturuntersuchungen von Metallen mittels Neutronenbeugung. Kristall u. Technik **11** (1976) 4, 409–429.
[13] HENNIG, K.; HÜTTIG, G.: Neutronenradiographie. Wiss. u. Fortschr. **33** (1983) 3, 108–110.
[14] BERGER, H.: Neutron Radiography. – Amsterdam/London/New York: Elsevier Publishing Company 1965.

Paarbildungseffekt

C.D. ANDERSON entdeckte 1932 das Positron in der kosmischen Strahlung [1]. Damit wurde erstmals die in der Dirac-Theorie vorhergesagte Elektron (e^-)-Positron (e^+)-Paarerzeugung bestätigt. In der kosmischen Strahlung entstehen e^+e^--Paare über die Bremsstrahlung relativistischer Teilchen. Die Entdeckung der e^+e^--Paarbildung durch γ-Strahlung radioaktiver Quellen erfolgte 1933 [2]. Die erste Version eines Magnet-Spektrometers, das zur Registrierung von e^+e^--Paaren geeignet war, wurde von DŽELEPOV entwickelt [3].

Die Theorie der Paarerzeugung wurde 1934 von BETHE und HEITLER entwickelt [4]. Zu ihren Ergebnissen sind seitdem nur unwesentliche Korrekturen hinzugekommen. Die Paarerzeugung von e^+e^- und schwerer Leptonen wird vielfach benutzt, um die Gesetzmäßigkeiten in der Quantenelektrodynamik (QED) zu testen, in der Hochenergiephysik an Speicherringanlagen stellt ihre Untersuchung eine der wichtigen Arbeitsrichtungen (als Bethe-Heitler-Prozesse bezeichnet) dar. Viele Elementarteilchen konnten über die Paarerzeugung in der Blasenkammer identifiziert werden.

Sachverhalt

Unter Paarbildung versteht man die gleichzeitige Erzeugung eines Teilchens und seines Antiteilchens. Wir interessieren uns hier im engeren Sinne für die Umwandlung eines Photons (γ) in ein e^+e^--Paar. Bei höheren γ-Energien (z. B. $E > 5$ MeV für Pb) ist das der dominierende Prozeß der Energieübertragung (siehe Photoeffekt, Comptoneffekt). Damit die Paarbildung eintritt, ist die Nähe eines Kerns oder Elektrons (Coulomb-Feld) erforderlich. Hauptsächlich tritt sie jedoch am Kern auf, wobei die Schwellenergie des Photons $E_s \approx 2m_ec^2 = 1.02$ MeV beträgt (die auf den Kern übertragene Rückstoßenergie ist vernachlässigbar). Für die Paarbildung am Elektron ist $E_s = 4m_ec^2$ erforderlich. Ein Teil der γ-Energie geht auf das gestoßene Elektron über, so daß sogenannte Elektrontripletts entstehen. Diese Paarerzeugung stellt nur einen geringen Beitrag dar. Für kleine Werte E_γ ist er vernachlässigbar, für $E_\gamma \gtrsim 10$ MeV ergeben sich Anteile zum Wirkungsquerschnitt von 10% für leichte Kerne und 1% für schwere Kerne.

Der Wirkungsquerschnitt für Paarbildung in Abhängigkeit von E_γ und Z ist experimentell gut bekannt. Mit wachsendem E_γ strebt er einem Grenzwert zu (etwa 45 barn für Pb), der durch die Abschirmwirkung der Hüllenelektronen auf das Kerncoulomb-Feld bedingt ist (Abb. 1). Unterhalb E_γ 20 MeV spielt die Elektronenabstimmung auch für schwerste Elemente noch keine Rolle. Wegen dieser Abschirmwirkung ergibt sich für den theoretischen Wirkungsquerschnitt in Abhängigkeit von E_γ ein kompliziertes Verhalten. In ana-

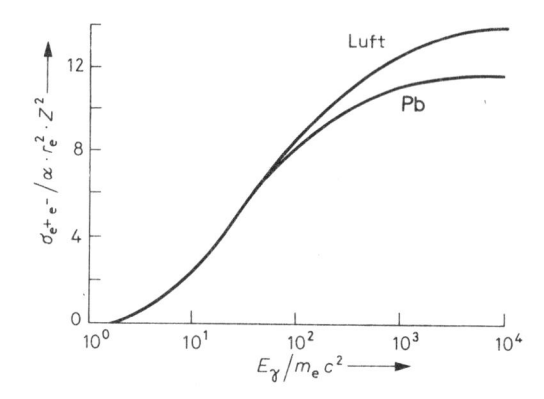

Abb. 1 Abhängigkeit des Wirkungsquerschnitts (in Einheiten von $\alpha r_e^2 Z^2$) für e^+-e^--Paarbildung in Abhängigkeit von der Photonenenergie (in Einheiten von m_ec^2).

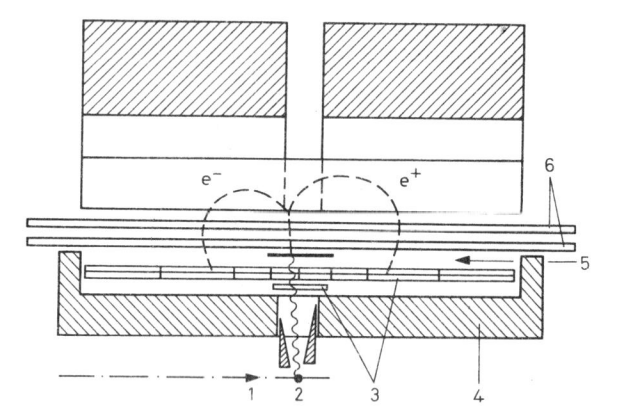

Abb. 2 Paarspektrometer für kernphysikalische Experimente am Beschleuniger (hier Untersuchung des Pioneneinfangs am Tritium, wobei γ-Quanten bis zu 130 MeV entstehen [6]). Die Zahlen bedeuten: (1) Teilchenstrahl, (2) Target, (3) Triggerzähler, (4) Bleiabschirmung, (5) Au-Konverter, (6) Vieldrahtproportionalkammern.

lytischer Form ist er nur in bestimmten Bereichen von E_γ angebbar (1), (2). Für andere Bereiche sind numerische Integrationen des differentiellen Wirkungsquerschnitts erforderlich. Auch empirische Korrekturformeln wurden angegeben. Umfangreiches Tabellenmaterial findet man in [5]. Eine bemerkenswerte Übereinstimmung der Rechnungen mit den experimentellen Wirkungsquerschnitten für Paarbildung wird erreicht, wenn die entsprechenden Korrekturen (Paarbildung am Elektron, Abschirmung der Kernladung durch die Hülle) berücksichtigt werden.

Ein angeregter Kern geht meist durch Emission von γ-Strahlung in den Grundzustand über (siehe Kernanregung, Kernzerfall). Unter bestimmten Umständen sind solche Übergänge durch Auswahlregeln behindert. Häufig wird dann innere Konversion beobachtet – die Anregungsenergie wird durch ein Hüllenelektron (meist aus der K-Schale) weggeführt. Für Strahlungsübergänge mit $E_\gamma > 1{,}02$ MeV kann ein weiterer Prozeß in Konkurrenz treten, die innere Paarbildung.

Dieser Abregnungsmechanismus stellt meist nur einen kleinen Beitrag dar (von der Größenordnung 10^{-3} des Strahlungsübergangs). Er tritt jedoch immer dann auf, wenn die γ-Emission verboten ist (elektrische Monopolübergänge). Die Energie E_γ des Übergangs ergibt sich gemäß (3) aus der Messung der Energien des Elektrons und Positrons.

Kennwerte, Funktionen

Wirkungsquerschnitt für Paarbildung
a) gültig für Energiebereich $m_e c^2 \ll E_\gamma \ll m_e c^2/\alpha Z^{1/3}$:

$$\sigma_{e^+e^-} = \alpha r_e^2 \, Z^2 \left(\frac{28}{9} \cdot \ln \frac{2E_\gamma}{m_e c^2} - \frac{218}{27} \right); \qquad (1)$$

b) gültig für Energiebereich $E_\gamma \gg m_e c^2/\alpha Z^{1/3}$:

$$\sigma_{e^+e^-} = \alpha r_e^2 \, Z12 \left[\frac{28}{9} \ln (183/Z^{1/3}) - \frac{2}{27} \right], \qquad (2)$$

$$\alpha = \frac{e^2}{\hbar c} = 1/137 \text{(Feinstrukturkonstante)},$$

$$r_e = \frac{e^2}{m_e c^2} = 2{,}8 \cdot 10^{-13} \text{ cm}$$

(klass. Elektronenradius).

Zerfallsenergie bei innerer Paarbildung

$$E_\gamma = E_{e^+} + E_{e^-} + 1{,}02 \text{ MeV}. \qquad (3)$$

Anwendungen

Neben β^+-Strahlen aus der Positronenaktivität ist die Paarbildung eine hauptsächliche Quelle zur Positronenerzeugung. Überall dort, wo γ-Strahlen mit Substanzen wechselwirken, tritt oberhalb der Schwellenenergie $E_s = 1{,}02$ MeV Paarbildung auf. Im γ-Spektrum eines Szintillationszählers beobachtet man neben dem Photopeak und der Compton-Kante ab etwa $E_\gamma \sim 1{,}5$ MeV seinen Beitrag. Nachdem das e^+e^--Paar erzeugt wurde, gibt es seine kinetische Energie $E_{e^+} + E_{e^-}$ an das Szintillatormaterial (meist NaJ (Tl)-Kristall) ab. Darauf folgt die Annihilation des Positrons, es entstehen zwei γ-Quanten mit jeweils der Energie 511 keV. Diese können über den Photo- und Compton-Effekt ebenfalls absorbiert werden oder entweichen (sogenanntes Escape-Peak). Auf der Grundlage dieser Annihilationsstrahlung basieren Kristall-Paarspektrometer in der Kernspektroskopie.

Während die E_{e^+}- und E_{e^-}-Spektren kontinuierlich sind, ist ihre Summe durch (3) verknüpft, und die γ-Energie kann bestimmt werden. Auf diesem Prinzip beruhen magnetische Paarspektrometer. Die γ-Strahlung wird in einer Folie (Material mit großem Z) in e^+e^--Paare konvertiert. Bei großen Werten E_γ wird das Paar mit kleinem Relativwinkel nach vorwärts emittiert. Eine Anwendung in einem modernen kernphysikalischen Experiment ist in Abb. 2 dargestellt.

Für kernspektroskopische Zwecke ist die Untersuchung der inneren Paarbildung von Bedeutung. Da sie nicht von Z abhängt, läßt sie sich im Gegensatz zur inneren Konversion im gesamten Bereich des Periodensystems gleich günstig untersuchen. Die Winkelkorrelation des e^+e^--Paars ist informativ, da sie kritisch von der Multipolordnung des Übergangs abhängt.

In der Hochenergiephysik spielt die Paarbildung eine zentrale Rolle. Strahlen von Antiteilchen (z. B. Antiprotonen $\bar{p}$) werden erzeugt, indem beim Beschuß eines Targets mit hochenergetischen Teilchen Paarerzeugungsprozesse ausgelöst werden. Antiteilchen können grundsätzlich nur paarweise mit ihrem Teilchen entstehen. Die Paarbildung ist selbst auch Untersuchungsgegenstand (z. B. $\mu^+\mu^-$-Paarerzeugung) in hadronischen Reaktionen, Stoßprozessen mit Neutrinos und in der e^+e^--Annihilation (Speicherringexperimente). Die Paarerzeugung schwerer τ-Leptonen wurde beobachtet und kürzlich auch die Beobachtung von μ^-e^+- und μ^+e^--Paarbildung mitgeteilt.

Auch für die Identifizierung von Elementarteilchen hat die Paarbildung Bedeutung. Viele der neutralen Teilchen (z. B. Pionen π^0) zerstrahlen in γ-Quanten. Über die Anwesenheit eines e^+e^--Paars (z. B. im Bild eines Blasenkammerereignisses) läßt sich auf das neutrale Teilchen schließen.

Einer der hauptsächlichen Abregungsmechanismen der kosmischen Strahlung in der Atmosphäre geht über die e^+e^--Paarbildung. Dementsprechend beobachtet man sehr häufig Elektron-Photon-Schauer (Kaskadenschauer). Für Anwendungszwecke hat vor allem der der Paarbildung inverse Prozeß, die e^+e^--Paarvernichtung, Bedeutung erlangt (siehe *Annihilation*).

Literatur

[1] ANDERSON, C.D., Phys. Rev. **43** (1933) 491.
[2] CURIE, I.; JOLIOT, F., C.R. Acad. Sci. **196** (1933) 1581.
[3] DŽELEPOV, B.S., Dokl. Akad. Nauk SSSR **23** (1939) 24.
[4] BETHE, H.; HEITLER, W., Proc. Roy. Soc. (London) **A 146** (1934) 83; BETHE, H.; ASHKIN, J.: Experimental Nuclear Physics. Hrsg.: E. SEGRE. – New York: John Wiley & Sons, 1953.
[5] Alpha-, Beta- and Gamma-ray Spectroscopy. Hrsg.: K. SIEGBAHN. Bd. 1. – Amsterdam: North-Holland Publ. Co. 1965.
[6] MILLER, J.P.; BISTIRLICH, J.A.; CROWE, K.M. et al., Nuclear Phys. **A 343** (1980) 347.

Penning-Effekt

Der Effekt wurde 1927 von F.M. PENNING bei der Untersuchung der elektrischen Durchschlagsspannung in Neon/Quecksilber-Gemischen entdeckt [1]. Er stellt ein Beispiel der Übertragung von Anregungsenergie bei Teilchenzusammenstößen dar und bildet einen Spezialfall der Chemoionisation.

Sachverhalt

Treten in einem Gasgemisch (z. B. Ne/Ar) angeregte Atome einer Teilchensorte auf (Ne*), deren Anregungsenergie gleich oder größer ist als die Ionisierungsenergie der zweiten Teilchensorte (Ar), dann kann bei Zusammenstößen eine Übertragung von Anregungsenergie mit dem Ergebnis der Ionisation des Stoßpartners (Ar) erfolgen.

$$Ne^* + Ar \rightarrow Ne + Ar^+ + e^-.$$

Im Ergebnis dieses Penning-Effektes, der als eine sekundäre Ionisierungsquelle wirkt, tritt eine Erhöhung des Townsendschen Ionisierungskoeffizienten im Gasgemisch und demzufolge eine Erniedrigung der elektrischen Durchschlagsspannung ein. Bereits kleinste Zumischungen (0,0001%) eines Gases mit niedriger Ionisierungsenergie (vorausgesetzt, im Grundgas existieren genügend hochangeregte Atome in ausreichender Konzentration) können auf diese Weise wirksam werden. Dies trifft z. B. häufig bei Edelgasatomen in metastabilen Zuständen (deren Lebensdauer die normal angeregten Zustände um Größenordnungen übertrifft) zu. Auch Edelgasatome in Resonanzzuständen erfüllen die Bedingungen des Penning-Effektes in zahlreichen Fällen, da ihre effektive Lebensdauer infolge der Diffusion der Resonanzstrahlung vergrößert wird.

Der Mechanismus der *Penning-Ionisation* ist in allen Einzelheiten gegenwärtig noch nicht aufgeklärt. Man nimmt an, daß beim Zusammenstoß das hochangeregte Atom mit dem Stoßpartner ein Quasi-Molekül bildet, das anschließend einem Autoionisationsprozeß mit Dissoziation unterliegt [2]:

$$A^* + B \rightarrow AB^* \rightarrow A + B^+ + e^-.$$

Die Penning-Ionisation (im erweiterten Sinn) kann auch als assoziativer Prozeß ablaufen (Assoziative Ionisation):

$$A^* + B \rightarrow AB^+ + e^-.$$

In Molekülgasen tritt der Penning-Effekt in Form eines breit gefächerten Spektrums verschiedener Reaktionskanäle auf. Er ist hier häufig mit der Dissoziation (Dissoziative Ionisation) oder der Umordnung (Umordnungsionisation) verknüpft.

Kennwerte, Funktionen

Metastabile Atome der leichteren Edelgase (He, Ne, Ar) stellen die wichtigsten Energieträger beim Penning-Effekt dar. Tabelle 1 zeigt Beispiele von *Penning-Mischungen*. Infolge der kleinen Ionisierungsenergie der Metallatome (≤ 10 eV), sind diese als *Penning-Reaktanten* besonders geeignet.

Bei der Erfüllung der energetischen Bedingung ($E_I \leq E_M$) ist die Wahrscheinlichkeit der Penning-Ionisation in einem Stoßprozeß groß ($\approx 100\%$). Der entsprechende Wirkungsquerschnitt Q_p ist mit dem gaskinetischen Querschnitt vergleichbar. Tabelle 2 enthält Wirkungsquerschnitte der Penning-Ionisation einiger Spezies durch metastabile Ne-Atome [3] bzw. He-Atome [4].

Mit dem Auftreten des Penning-Effektes in elektrischen Gasentladungen sind Erhöhungen der Ionisierungsraten und Erniedrigungen der Zünd- und Brenn-

Tabelle 1 Penning-Kombinationen (E_M: Anregungsenergie metastabiler Atome E_I: Ionisierungsenergie, in eV)

	E_I	He 21,0	Ne 16,6	Ar 11,6
Kr	11,8	×	×	×
Xe	12,1	×	×	
O₂	12,5	×	×	
H₂O	13,0	×	×	
H	13,5	×	×	
O	13,6	×	×	
N	14,5	×	×	
H₂	15,8	×	×	
F	17,5	×		

Tabelle 2 Penning-Querschnitte Q_p in 10^{-16} cm²

$A + B \rightarrow A + B^+ + e$

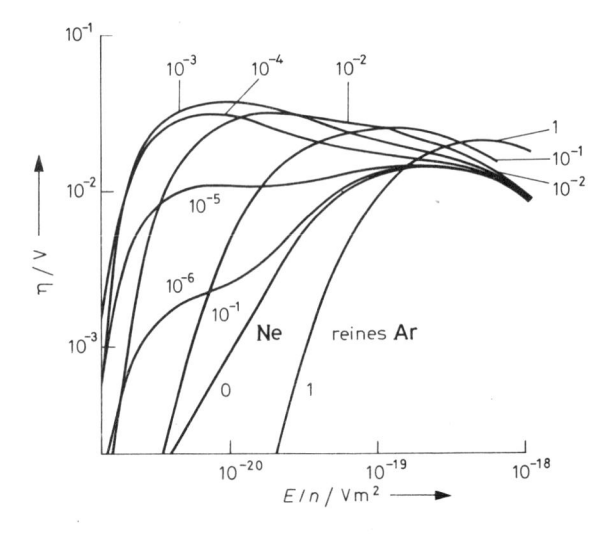

Energieträger A		Target B
He	Ne	
7,6	17	Ar
9,0	28	Kr
12,0	31	Xe
—	37	Hg
2,6	3,6	H₂
—	5,0	N₂

Abb. 1 Ionisierungskoeffizient in Ne/Ar-Mischungen (Kurvenparameter: Ar-Anteil)

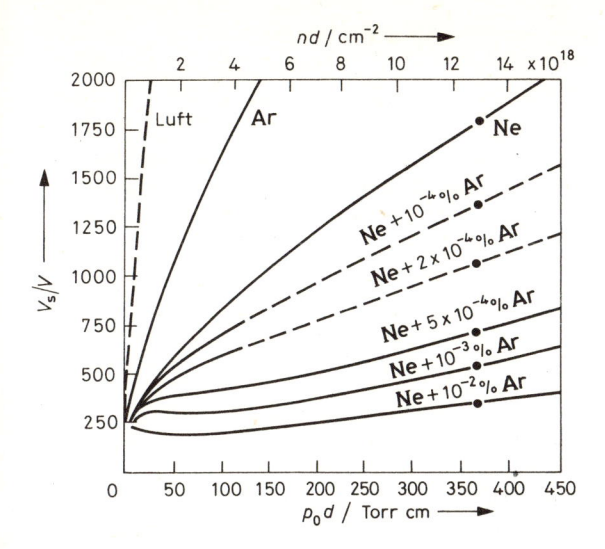

Abb. 2 Zündspannung V_S in Ne/Ar-Mischungen (p_0: Auf 0 °C reduzierter Druck; n: Konzentration; d: Elektrodenabstand)

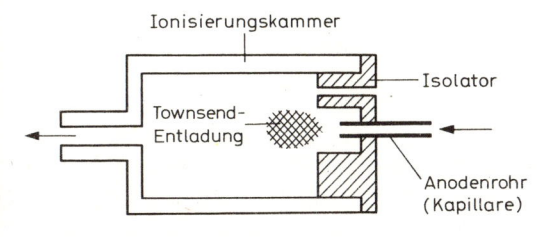

Abb. 3 Prinzip des Penning-Effekt-Detektors. (Arbeitsgas: He; Vor der Mündung des Anodenrohres liegt der Bereich größter Erzeugung von Metastabilen)

spannungen verbunden, da die Ionisierungsbilanz der Entladung durch zusätzliche Ausnutzung von Anregungsenergie verbessert wird. Abbildung 1 zeigt den Einfluß einer Ar-Zumischung auf den Ionisierungskoeffizienten η (siehe *Ionisation*) in Ne. Abbildung 2 enthält die entsprechenden Änderungen der Zündspannung bei verschiedenem Elektrodenabstand bzw. Druck.

Anwendungen

Reduktion der Betriebsspannung. Um bei elektrischen Gasentladungsgeräten mit möglichst kleinen Betriebsspannungen auszukommen, erfolgt häufig die (geringe) Zugabe einer Penning-Komponente zum Grundgas. Beispiele sind Glimm- und Anzeigelampen. Auch in den Leuchtröhren und den Plasmaanzeigesystemen wird der Penning-Effekt ausgenutzt.

Untersuchung von Festkörperoberflächen. Die moderne Oberflächenanalytik verfügt über eine Fülle verschiedener Methoden (LEED, AES, SIMS...). Zur Untersuchung der obersten Atomlagen eines Festkörpers (einschließlich seiner Adsorbate) eignet sich besonders die Elektronenemission aus dieser Schicht bei Einstrahlung von UV-Photonen oder Ionen. Eine neue Methode hoher Empfindlichkeit konnte auf der Grundlage des Penning-Effektes entwickelt werden. Dabei wird ein Strahl metastabiler He-Atome (z. B. im Zustand ^3S) auf die Oberfläche gerichtet [5]. Er stellt eine selektive, nicht in die Oberfläche eindringende Sonde dar. Die Informationen zur Charakterisierung der Oberfläche sind in den Elektronen enthalten, die mit hoher Wahrscheinlichkeit beim Aufprall und der anschließenden Abregung der Metastabilen aus der Oberfläche emittiert werden (Penning-Oberflächenionisation). Bei Kenntnis des Abregungsmechanismus können aus der Energieverteilung der emittierten Elektronen die elektronischen Zustandsdichten der Oberfläche ermittelt werden. Diese sind für die Beschreibung der chemischen Bindung zwischen einem Molekül oder Atom und der Festkörperoberfläche von besonderer Bedeutung. Mittels Penning-Ionisations-Elektronenspektroskopie gelang es z. B., die CO-Metall-Chemisorptionsbindung zu analysieren (Identifizierung der CO-Valenzorbitale).

Das Verständnis der elementaren Prozesse in Adsorptionsschichten ist eine wichtige Voraussetzung für die bessere Beherrschung praxisrelevanter Oberflächenprozesse wie Katalyse, Korrosion usw.

Penning-Spektroskopie in der Gasphase. Durch die Bestimmung der Energieverteilungsfunktionen von Elektronen, die mittels Penning-Effekt bei Teilchenstößen in der Gasphase ausgelöst wurden, können wertvolle Informationen über den Reaktionsablauf und die Wechselwirkungspotentiale der Stoßpartner erhalten werden [4].

Penning-Effekt-Detektoren (PED). Diese Detektoren dienen in der Gaschromatografie als einfaches Gerät extremer Empfindlichkeit zum Nachweis permanenter Gase oder Verbindungen (z. B. Perfluoralkane) mit hoher Ionisierungsenergie. Abbildung 3 zeigt den prinzipiellen Aufbau eines PED. In der Ionisierungskammer ($p \approx 10^5$ Pa) sorgt ein radioaktives Präparat ^{3}He oder ^{63}Ni für eine ausreichende Primärionisierung. Bei elektrischen Feldstärken im kV/cm-Bereich fließen Sättigungsströme von etwa 1...10 nA. Die Anregung des Arbeitsgases erfolgt durch eine Townsend-Entladung, deren Charakteristik empfindlich auf Penning-Ionisierungen reagiert. Die stark asymmetrische Bauart des PED sichert einen großen linearen Arbeitsbereich (1 : 10^4) und setzt die Tendenz der Townsend-Entladung zum Durchzünden (Übergang zur Glimmentladung) herab. Die Nachweisempfindlichkeit des PED liegt bei 10^8 Moleküle/s; die kleinste meßbare relative Konzentration bei 10^{-11}.

Literatur

[1] PENNING, F. M.: Ionisatie door metastabiele atomen. Physica 7 (1927) 321–324; Über Ionisation durch metastabile Atome. Naturwissenschaften 15 (1927) 818.
[2] SHAW, M., J.: Penning-Ionization. Contemp. Phys. 15 (1974) 445–464.
[3] PFAU, S.; RUTSCHER, A.: Wirkungsquerschnitte für die Penning-Ionisation von H_2, N_2, Ar, Kr, Xe und Hg durch metastabile Neonatome. Beitr. Plasmaphys. 25 (1970) 321–333.
[4] HOTOP, H.; NIEHAUS, A.: Reaction of Excited Atoms and Molecules with Atoms and Molecules. Z. Phys. 228 (1969) 68–88.
[5] KÜPERS, J.: Wechselwirkung metastabiler He-Atome mit Festkörperoberflächen. Phys. Bl. 36 (1980) 212–218.

Photoeffekt

Der äußere Photoeffekt (äußerer *lichtelektrischer Effekt, Hallwachs-Effekt*) wurde 1887 von H. HERTZ [1] und 1888 von W. HALLWACHS [2] gefunden. HERTZ beobachtete, daß die Funken auf einer Funkenstrecke mit geringerer Verzögerung überspringen, wenn eine der Elektroden mit ultraviolettem Licht bestrahlt wird. Der bekanntere Versuch von HALLWACHS zeigte, daß eine geladene Metallplatte ihre gesamte negative Ladung verliert, wenn ultraviolettes Licht auf sie fällt. Wesentlichen Anteil an der Aufklärung der Gesetzmäßigkeiten des Photoeffektes hatte P. LENARD, er wies auch nach, daß die aus dem Metall austretenden Ladungsträger Elektronen sind. Es zeigte sich, daß sich die gefundenen Gesetzmäßigkeiten des Photoeffektes nicht mit der klassischen Wellentheorie der elektromagnetischen Strahlung erklären lassen. Erst A. EINSTEIN [3] gelang es nach 1905, den Photoeffekt auf der Grundlage der Vorstellung von Lichtquanten (Photonen) zu erklären.

Sachverhalt [4, 5, 6]

Als Photoeffekt bezeichnet man die Wechselwirkung von elektromagnetischer Strahlung (Licht, Röntgenstrahlung usw.) mit stofflicher Materie, bei der die Photonen ihre Energie vollständig (vgl. im Gegensatz dazu *Compton-Effekt*) an die Elektronen der Atomhülle abgeben und diese anregen. Bei festen und flüssigen Körpern unterscheidet man zwischen dem *äußeren Photoeffekt*, bei dem die angeregten Elektronen den Körper verlassen (Photoelektronen) und dem *inneren Photoeffekt* (siehe *Halbleiter-Photoeffekt*), bei dem die Elektronen in angeregtem Zustand im Körper verbleiben. In Gasen führt der Photoeffekt zur *Photoionisation*.

Folgende Gesetzmäßigkeiten wurden für den äußeren Photoeffekt gefunden:

- Die kinetische Energie der Photoelektronen ist nur von der Wellenlänge der einfallenden Strahlung und nicht von deren Intensität abhängig.
- Mit steigender Intensität der Strahlung wächst lediglich die Zahl der ausgelösten Photoelektronen.
- Es existiert eine langwellige Grenzwellenlänge für die anregende Strahlung, jenseits derer keine Photoelektronen emittiert werden.
- Die Zeit zwischen dem Einfall eines Photons und der Emission des Photoelektrons ist kleiner als 10^{-8} s.

Diese Gesetzmäßigkeiten können mit Hilfe der Einstein-Gleichung erklärt werden (Abb. 1a):

$$h\nu = E_k + \Phi + E_B. \qquad (1)$$

Dabei ist $h\nu = E_\gamma$ die Energie eines Lichtquants mit h als Planckschem Wirkungsquantum und ν als Frequenz der anregenden Strahlung, E_k ist die kinetische

nen näher betrachten. Bei Metallen stammen die Photoelektronen überwiegend vom Fermi-Niveau (E_F). Für diesen Fall kann man aus (1) ableiten, daß

$$\frac{hc}{\lambda_0} = h\nu_0 = \Phi \tag{2}$$

mit c als Lichtgeschwindigkeit ist. Die aus Isolatoren und Halbleitern ausgelösten Photoelektronen kommen überwiegend von der Oberkante des Valenzbandes (V) bzw. von Störstellen in der Bandlücke. Die hierfür aufzubringende Ablösearbeit ist größer als die thermische Austrittsarbeit. Man erhält für die Grenzfrequenz

$$h\nu_0 = \Phi + \delta, \tag{3}$$

wobei δ die Bindungsenergie des obersten besetzten Zustandes ist.

Eine wichtige Größe für die Beschreibung des Photoeffektes ist die Quantenausbeute η. Sie gibt an, wie viele Photoelektronen je einfallendes Photon ausgelöst werden. Wesentlich ist dabei die Zahl der innerhalb der Austrittstiefe der Photoelektronen absorbierten Lichtquanten.

Da die mittlere Eindringtiefe der Photonen wesentlich größer als die Austrittstiefe der Elektronen ist, erhält man im allgemeinen Quantenausbeuten weit unter 1. Bei Metallen liegt η an der langwelligen Grenze in der Größenordnung 10^{-4}. Mit steigender Energie der Strahlung steigt η. Die Abhängigkeit $\eta(E_\nu)$ bezeichnet man als *charakteristisches Spektrum* des Photoeffektes oder *spektrale Empfindlichkeit*.

Das Ansteigen der Quantenausbeute bei bestimmten Frequenzen in Abhängigkeit von der Polarisationsrichtung und der Einfallsrichtung der Strahlung nennt man *selektiven Photoeffekt* oder *Lichtvektoreffekt*. Dieser Effekt tritt vor allem an dünnen Alkalimetallfilmen auf.

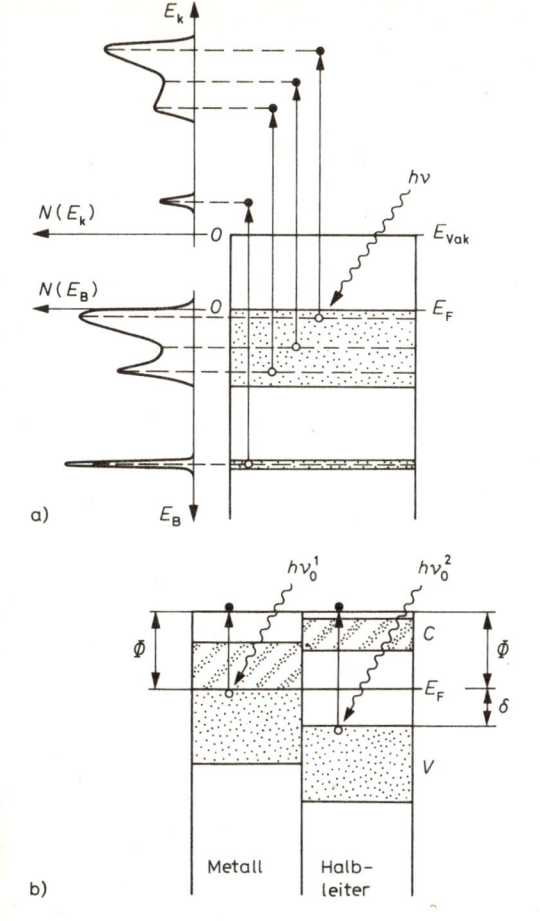

Abb. 1 a) Schematische Darstellung der Energiebilanz beim Photoeffekt (Erklärung im Text). Am linken Rand ist angedeutet, wie sich die Zustandsdichte der besetzten Elektronenzustände des Festkörpers $N(E_B)$ im Photoelektronenspektrum $N(E_k)$ wiederspiegelt.

b) Schematische Darstellung der Energiebilanz zur Erklärung der unteren Grenzfrequenz ν_0 des Photoeffektes (Gleichungen (2) und (3))

Energie des Photoelektrons, Φ die thermische Elektronenaustrittsarbeit (siehe *Richardson-Effekt* und E_B die von der Fermi-Energie (E_F) aus gerechnete Elektronenbindungsenergie.

In (1) ist berücksichtigt, daß durch den Photoeffekt nicht nur Elektronen mit kleinen Bindungsenergien ausgelöst werden können, sondern daß es bei genügend hoher Energie der anregenden Photonen (Röntgen-, γ-Strahlung) möglich ist, auch innere Niveaus zu ionisieren. Man findet dann, daß die Emission von Photoelektronen von der Emission von Röntgenquanten bzw. Auger-Elektronen (siehe *Auger-Effekt*) begleitet wird, die als Folge der inneren Reorganisation des Atoms entstehen.

Zur Erklärung der langwelligen Grenze für den Photoeffekt (λ_0) muß man die Herkunft der Photoelektro-

Kennwerte, Funktionen

Tabelle 1 *Photoelektrisch ermittelte Austrittsarbeiten von Metallen (nach [16])*
und langwellige Grenzen für den Photoeffekt

Element	Φ/eV	λ_0/nm	Element	Φ/eV	λ_0/nm
Be	4,98	249	K	2,28	544
Bi	4,34	286	La	3,5	354
Ca	2,87	432	Mg	3,66	339
Co	5,0	248	Mo	4,6	270
Cr	4,5	276	Na	2,36	525
Cs	1,95	636	Nb	4,3	288
Cu	4,65	267	Ni	5,15	241
Fe	4,5	276	Pt	5,64	220
In	4,09	303	W	4,6	270

Tabelle 2 Kenndaten von Photokathoden (nach [8])

	λ_0/nm	Empfindlichkeit µA/lm[1)]
A Zusammengesetzte Kathoden		
(Ag)-Cs$_2$O, Cs-Ag	1200–1400	25–40
(Ag)-Ag$_2$O, Rb	950	6–10
B Legierungskathoden		
Cs$_3$Sb	670–890	30–70
Li$_3$Sb	570	5–20
Cs$_3$Bi	800	8–25

[1)] bezogen auf Farbtemperatur 2640 K

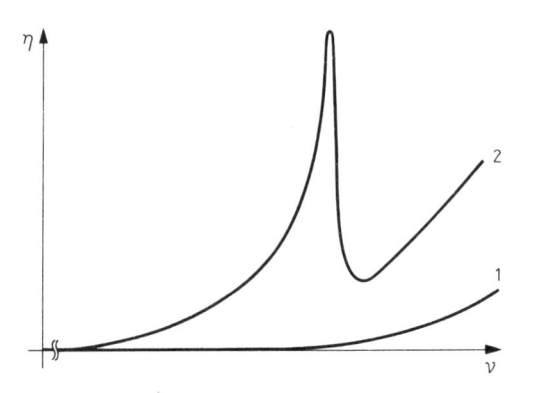

Abb. 2 Schematische Darstellung der spektralen Empfindlichkeit für ein Edelmetall (Kurve 1) und das gleiche Metall nach Aufbringen eines dünnen Alkalimetallfilmes (Kurve 2). Auffällig ist das starke selektive Maximum in Kurve 2. (Konkrete Daten finden sich in [4].)

Anwendungen

Photozelle, Photovervielfacher [4]. Photozellen und Photovervielfacher sind Geräte zum Nachweis von Lichtquanten mittels des äußeren Photoeffektes. Wichtigstes Bauelement ist die Photokathode, in der die Photoelektronen ausgelöst werden. Das Kathodenmaterial wird entsprechend dem nachzuweisenden Wellenlängenbereich (Austrittsarbeit) und hinsichtlich einer möglichst hohen Quantenausbeute ausgewählt. Mit Kathoden aus Alkalimetallen bzw. deren Oxiden läßt sich bereits infrarote Strahlung nachweisen. Häufig werden Schichtkathoden (z. B.: Ag-Cs$_2$O, Cs; Cs$_3$Sb, Cs; Bi-Ag-Cs) eingesetzt. Die ausgelösten Photoelektronen werden durch eine zwischen Kathode und Anode angelegte Spannung abgesaugt, und der der Intensität des einfallenden Lichtes proportionale Photostrom kann gemessen werden. Anode und Kathode befinden sich in einem evakuierten Glaskolben.

Die Empfindlichkeit von Photozellen läßt sich erhöhen, wenn man sie mit Edelgas mit einem Druck bis ca. 100 Pa füllt. Die Photoelektronen lösen dann auf ihrem Weg zur Anode durch Stoßionisation weitere Elektronen aus.

Beim Photovervielfacher schließt sich an die Photokathode ein Sekundärelektronenvervielfacher (siehe *Sekundärelektronen*) an.

Das Prinzip der Photozelle läßt sich auch zum Nachweis von Röntgen- bzw. γ-Strahlung nutzen. Wegen der großen Photonenenergien können dabei relativ einfache Kathodenmaterialien (z. B. Edelstahl) eingesetzt werden.

Mit dem Einsatz von Halbleiterbauelementen (siehe *Halbleiter-Photoeffekt, Sperrschicht-Photoeffekt*) haben Photozelle und -vervielfacher an Bedeutung verloren, sie sind jedoch für eine große Zahl von Anwendungsfällen weiterhin unersetzlich [7].

Bildwandler [8]. Bildwandler werden verwendet, um von bestimmten Objekten ausgehende Infrarotstrahlung bzw. intensitätsschwache Strahlung im sichtbaren Bereich sichtbar zu machen. Dazu wird das Objekt mittels einer Optik auf die Photokathode abgebildet, wo an jedem Bildpunkt eine der Bildhelligkeit entsprechende Menge von Photoelektronen ausgelöst wird. Diese Photoelektronen werden beschleunigt und elektronenoptisch auf einen Fluoreszenzschirm abgebildet.

Die Empfindlichkeit von Bildwandlern läßt sich durch Aneinanderfügen mehrerer Bildwandlerstufen oder durch Sekundärelektronenvervielfachung erhöhen. Fügt man eine zusätzliche Elektrode ein, kann der Photoelektronenstrom gesperrt werden. Damit lassen sich Bildwandler als Kurzzeitverschlüsse (Verschlußzeiten im µs-Bereich) einsetzen. Bildwandler finden auch Verwendung als Vorabbildungsstufen von Bildaufnahmeröhren und als Röntgenbildverstärker.

Bildaufnahmeröhren [9]. Bildaufnahmeröhren dienen der Umwandlung optischer Bilder in serielle elektrische Signale (Fernsehen). Dazu enthalten Bildaufnahmeröhren eine Speicherplatte (meist Mosaik von Kondensatoren) auf der zunächst ein Ladungsbild erzeugt wird. Dieses Ladungsbild entsteht durch

– äußeren Photoeffekt (z. B. Ikonoskop, Orthikon), d. h. Aufladen der Kondensatoren durch die ausgelösten Photoelektronen;

– inneren Photoeffekt (z. B. Vidikon, Plumbikon), d. h. Entladen der zunächst aufgeladenen Kondensatoren über Photowiderstände bzw.

– Sekundärelektronen (bei Röhren, die mit einer Vorabbildungsstufe ausgerüstet sind – z.B. Superikonoskop, Superorthikon), d. h. Aufladen der Speicherplatte durch die Sekundärelektronenemission beim Auftreffen der in der Bildwandlerstufe erzeugten und beschleunigten Photoelektronen.

Die Umwandlung des Ladungsbildes in elektrische Signale erfolgt beim Abtasten der Speicherplatte mit einem Strahl langsamer Elektronen. Dabei wird entweder der beim Entladen der Kondensatoren gegen Erde fließende Strom oder der Strom der von der Speicherplatte rückgestreuten Elektronen zur Signalgewinnung verwendet.

Emissions-Elektronenmikroskop [10]. BRÜCHE [11] zeigte 1933, daß sich Photoelektronen elektronenoptisch abbilden lassen. Er legte damit den Grundstein für die Anwendung des Photoeffektes in der Elektronenmikroskopie und bei Bildwandlern.

Beim Emissions-Elektronenmikroskop werden die aus der Probe ausgelösten Elektronen direkt zur Abbildung verwendet. Neben anderen Auslösearten (siehe *Richardson-Effekt, Sekundärelektronen*) spielt dabei das Auslösen von Elektronen durch elektromagnetische Strahlung (vor allem ultraviolette Strahlung) eine große Rolle. Die Emissions-Elektronenmikroskopie mit UV-Auslösung gibt sehr empfindlich Unterschiede der Austrittsarbeit an verschiedenen Stellen der Probe wieder. Man erhält so neben dem Topographiekontrast vor allem Material- und Orientierungskontrast. Da die Austrittsarbeit durch Oberflächenbedeckungen stark verändert werden kann, lassen sich auf diese Weise auch Adsorbatschichten gut abbilden. Aus diesem Grund erfordern emissionselektronenmikroskopische Untersuchungen mit UV-Auslösung jedoch auch extrem saubere Probenoberflächen (Ultrahochvakuum, Präparation in situ).

Photoelektronenspektroskopie [12,13]. Bestrahlt man eine Probe mit monochromatischer elektromagnetischer Strahlung geeigneter Energie, erhält man gemäß (1) ein Photoelektronenspektrum, das (mit dem Wirkungsquerschnitt für die Photoionisation gewichtet) die Dichte der besetzten Elektronenzustände als Funktion der Bindungsenergie wiedergibt (Abb. 3). Die Aufnahme der Photoelektronenspektren ermöglicht es somit, Aussagen über die Elektronenstruktur von Atomen an Festkörperoberflächen bzw. in Gasen zu gewinnen.

Obwohl bereits früher Photoelektronenspektren gemessen wurden, setzte die breite Anwendung der Photoelektronenspektroskopie erst ein, als ausreichend leistungsfähige Strahlungsquellen und Analysatoren mit einer Energieauflösung in der Größenordnung 0,1 eV zur Verfügung standen und Ultrahochvakuum ($p < 10^{-7}$ Pa) routinemäßig erzeugt werden konnte. Dies ist seit Anfang der siebziger Jahre der Fall, so daß sich die Photoelektronenspektroskopie seitdem zu einer Standardmethode der Oberflächenanalytik entwickelt hat.

Nach der Art der anregenden Strahlung unterscheidet man bei der Photoelektronenspektroskopie zwei Methoden:

a) *Röntgen-Photoelektronenspektroskopie* (engl.: X-Ray Photoelectron Spectroscopy -XPS-, Electron Spectroscopy for Chemical Analysis -ESCA-). Diese Methode wurde seit den fünfziger Jahren zunächst im wesentlichen von K. SIEGBAHN [14] und Mitarbeitern entwickelt. Zur Anregung werden hauptsächlich die Al-Kα- (1487 eV) oder die Mg-Kα-Strahlung (1254 eV) verwendet, in Spezialfällen setzt man jedoch auch andere Strahlung ein (z. B. Cu-Kα 8048 eV, Zr-Mζ 151 eV).

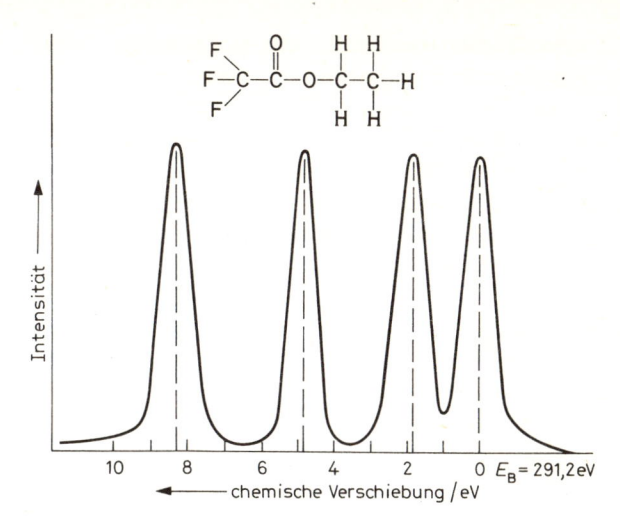

Abb. 3 Photoelektronenspektrum des Kohlenstoff-1s-Peaks von Ethyltrifluoracetat nach [15]. Entsprechend der chemischen Umgebung erhält man für die 4 Kohlenstoffatome unterschiedliche chemische Verschiebungen der 1s-Bindungsenergie.

Die Aufnahme der Photoelektronenspektren erfolgt z. Z. meist mit elektrostatischen energiedispersiven Analysatoren (Halbkugelanalysator, Doppelpaß-Zylinderspiegelanalysator).

Die Röntgen-Photoelektronenspektroskopie kann eingesetzt werden

– zur qualitativen chemischen Analyse für alle Elemente mit $Z > 2$ (Zuordnung anhand der Bindungsenergien der Rumpfniveaus),
– zur quantitativen chemischen Analyse (Messung des Photoelektronenstromes);
– zur Bestimmung des Oxydationszustandes und der Ionizität (Messung der chemischen Verschiebung der Rumpfniveaus).

Damit ist man häufig in der Lage anzugeben, in welchen Verbindungen die nachgewiesenen Elemente vorliegen.

Die Nachweisgrenze liegt im allgemeinen bei etwa 1 Vol.-% bzw. 0,2 % einer Monolage, die Informationstiefe hängt von der Energie der emittierten Photoelektronen ab und beträgt ca. 1 nm.

b) *Ultraviolett-Photoelektronenspektroskopie.* (Ultraviolet Photoelectron Spectroscopy -UPS-). Bei dieser Methode wird die Photoelektronenemission durch ultraviolette Strahlung angeregt. Am häufigsten verwendet man hierzu die Helium-Resonanzlinien in Gasentladungslampen (He I 21,2 eV; He II 40,8 eV). Entsprechend der niedrigen Energie der Primärstrahlung läßt sich auf diese Weise die Zustandsdichte des Valenzbandes gut untersuchen.

Bei beiden Methoden kann man zusätzliche Informationen über den Prozeß der Photoelektronenemission bzw. die Streuung der Photoelektronen im Festkörper erhalten, wenn man die Winkelverteilung der den Festkörper (Einkristall) verlassenden Elektronen mißt. Damit lassen sich auch Tiefeninformationen (z. B. an dünnen Oxidschichten) gewinnen.

Neue Aussagemöglichkeiten der Photoelektronenspektroskopie werden zur Zeit durch den Einsatz der Synchroton-Strahlung zur Primäranregung erschlossen. Die Vorteile dieser Strahlungsart bestehen vor allem darin, daß die Frequenz durchgestimmt werden kann und daß die Strahlung linear polarisiert ist.

Literatur

[1] Hertz, H. R.: Über den Einfluß des ultravioletten Lichtes auf die electrische Entladung. Ann. Phys. u. Chem. 31 (1887) 983.
[2] Hallwachs, W.: Über den Einfluß des Lichtes auf electrostatisch geladene Körper. Ann. Phys. u. Chem. 33 (1888) 301.
[3] Einstein, A.: Über einen die Erzeugung und Verwandlung des Lichtes betreffenden heuristischen Gesichtspunkt. Ann. Phys. 17 (1905) 132.
[4] Der lichtelektrische Effekt und seine Anwendungen. Hrsg.: H. Simon, R. Suhrmann. 2. Aufl. – Berlin/Göttingen/Heidelberg: Springer-Verlag 1958.
[5] Görlich, P.: Photoeffekte, Bd. 1 – Leipzig: Akademische Verlagsgesellschaft Geest & Portig K.-G. 1962.
[6] Photoemission in Solids. Hrsg.: M. Cardona; L. Ley (Topics in Applied Physics, Vol. 26, 27). – Berlin/Heidelberg/New York: Springer-Verlag 1978/1979.
[7] Kullmann, J.; Hartig, H.: Anwendung von Fotovervielfachern. radio fernsehen elektronik 26 (1977) 19/20, 635–639; 21/22, 702–708, 23/24, 789–792.
[8] Eckart, F.: Elektronenoptische Bildwandler und Röntgenbildverstärker. – Leipzig: Johann Ambrosius Barth 1956.
[9] Hein, K.: Fernsehaufnahmetechnik. Berlin: VEB Verlag Technik 1967.
[10] Elektronenmikroskopie in der Festkörperphysik. Hrsg.: H. Bethge; J. Heidenreich. – Berlin: VEB Deutscher Verlag der Wissenschaften 1982.
[11] Brüche, E.: Elektronenmikroskopische Abbildung mit lichtelektrischen Elektronen. Z. Phys. 86 (1933) 448.
[12] X-Ray Photoelectron Spectroscopy. Hrsg.: T. A. Carlson (Benchmark Papers in Physical Chemistry and Chemical Physics Vol. 2). – Stroudsburg/Pennsylvania: Dowden Hutchinson & Ross 1978.
[13] Electron Spectroscopy: Theory, Techniques and Applications. Hrsg.: C. R. Brundle; A. D. Baker. Bd. I – III. – London/New York/San Francisco: Academic Press 1977–1979.
[14] Siegbahn, K.: Electron Spectroscopy for Atoms, Molecules, and Condensed Matter. Rev. mod. Phys. 54 (1982) 3, 709–728.
[15] Gelius, U.; Basilier, E.; Svensson, S.; Bergmark, T.; Siegbahn, K.: A High Resolution ESCA Instrument with X-Ray Monochromator for Gases and Solids. J. Electron Spectr. Rel. Phen. 2 (1974) 5, 405–434.
[16] Hölzl, J.; Schulte, F. K.: Work Functions of Metals. In: Springer Tracts in Modern Physics. Hrsg.: G. Höhler. – Berlin/Heidelberg/New York: Springer-Verlag 1979. Vol. 85. S. 1–150.

Plasmachemische Stoffwandlung

Chemische Reaktionen in elektrischen Entladungen sind seit mehr als 200 Jahren bekannt. Wichtige historische Meilensteine waren:
– Synthese von H_2O in der H_2/O_2-Funkenentladung (H. Cavendish 1781);
– Fixierung des Luftstickstoffes in der Funkenentladung (H. Cavendish 1784, J. Priestley 1785);
– erster Ozonisator (W. v. Siemens 1857);
– erste industrielle Erzeugung von Stickoxyden in der Bogenentladung (*Birkeland-Eyde-Prozeß* 1905);
– erstes industrielles Hochleistungsplasmatron zur Synthese von Acetylen (*Hüls-Prozeß* 1940).

Gegenwärtig gewinnen sowohl thermische als auch nichtthermische Plasmen zunehmend bei der Stoffwandlung und der reaktiven Oberflächenbearbeitung (Plasmaätzen, Plasmabeschichten) Bedeutung.

Sachverhalt [1] [2]

Man unterscheidet zwei Arten plasmachemischer Stoffwandlungen:

Thermische Plasmachemie. Das Plasma wirkt hier primär als Wärmegenerator (Plasmaofen). Ausgenutzt wird seine hohe Temperatur ($10^3...10^4$ K) und große spezifische Enthalpie ($10^6...10^8$ Ws/kg). Die chemische Stoffwandlung verläuft nahe dem thermodynamischen Gleichgewichtszustand (*Plasmathermische Stoffwandlung*). Häufig handelt es sich um thermische Zersetzungen chemischer Verbindungen (Plasmapyrolyse). Das Prinzip der plasmathermischen Stoffwandlung zeigt Abb. 1.

Vorstufe: Erzeugung des Plasmas mittels einer leistungsstarken Entladung (1 kW...10 MW), meist Bogenentladung) in einem Trägergas.

1. Stufe: Einspeisung der Reaktanten und ihre Aufheizung. Umsetzung bei optimalen Plasmabedingungen.

2. Stufe: Quenchung, d. h. Abschreckung des Reaktionsgemisches mit Einfrieren des Hochtemperaturgleichgewichtes.

Endstufe: Abtrennung des Zielproduktes, Aufbereitung der Nebenprodukte, Wiedergewinnung des Trägergases und Rückführung der nicht umgesetzten Reaktanten.

Nichtthermische Plasmachemie. Das Reaktionsmedium befindet sich fernab vom Gleichgewichtszustand (anisothermes Plasma). Ausgenutzt wird die hohe Temperatur der Elektronen ($T_e \geq 10^4$ K) bei relativ niedriger Gastemperatur ($T_G \leq 10^3$ K). Die für die Einleitung der chemischen Prozesse notwendige Aktivierung erfolgt überwiegend durch Elektronenstöße (*Plasmaelektrische Stoffwandlung*).

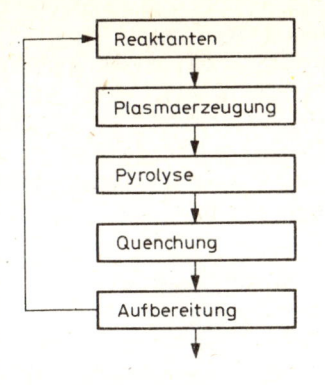

Abb. 1 Prozeßprinzip

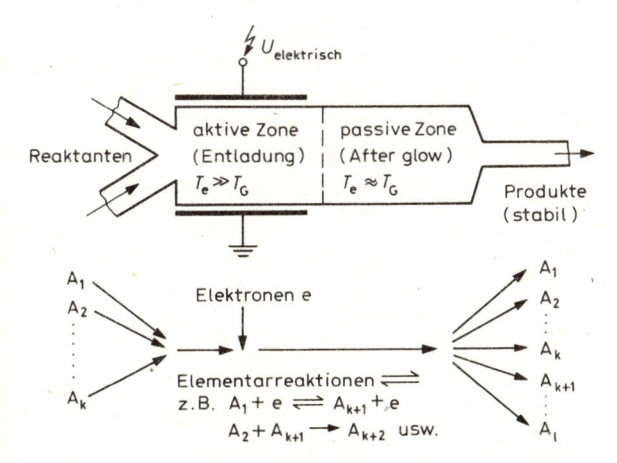

Abb. 2 Prinzip des nichtthermischen plasmachemischen Reaktors

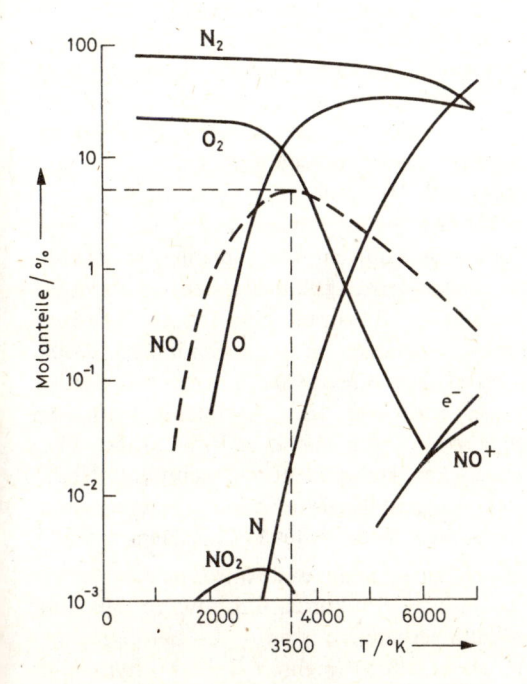

Abb. 3 Stimultangleichgewicht des N/O-Systems ($p = 10^5$ Pa, $N_2/O_2 = 79/21$, Luft)

Das Prinzip eines nichtthermischen Plasmareaktors zeigt Abb. 2. In der aktiven Zone (AZ) des Reaktors sorgt eine Entladung (z. B. Glimmentladung, Koronaentladung) für die Bereitstellung der heißen Elektronen, die im eingespeisten Stoffgemisch reaktive Spezies (freie Atome, Radikale ...) erzeugen. In der anschließenden passiven Zone (PZ) kühlen sich die Elektronen schnell ab, und durch Volumen- und Wandprozesse wandeln sich die instabilen Komponenten in stabile Endprodukte um. Für den Gesamtwirkungsgrad des Reaktors ist eine optimal abgestimmte Betriebsweise der AZ und PZ entscheidend.

Kennwerte, Funktionen

Besonderheiten der plasmathermischen Stoffwandlung sind:

- enorme Beschleunigung des Prozeßablaufes durch die hohe Plasmatemperatur (Reaktionsgeschwindigkeit steigt exponentiell mit T);
- Synthese hochreiner, hochschmelzender und hochendothermer Stoffe;
- Schnelles An- und Abfahren des Reaktors;
- Reduktion von Prozeßschritten und umweltfreundlicher Betrieb;
- hoher Umsetzungsgrad elektrischer Plasmaenergie in chemische Energie der Produkte (50...60 %);
- Modellierung des Reaktors auf der Grundlage des thermischen Gleichgewichtes bzw. Quasigleichgewichtes.

Abbildung 3 zeigt als ein Beispiel die thermodynamisch berechnete Stoffzusammensetzung im N_2/O_2-Gemisch bei verschiedenen Temperaturen (Simultangleichgewichte [1]). Die wichtigste Kenngröße für das Einfrieren eines optimalen Hochtemperaturgleichgewichtes ist die Quenchgeschwindigkeit $f(T) = dT/dt$. Quenchzeiten von $10^{-3}...10^{-5}$ s ergeben bei T-Änderungen von $10^3...10^4$ K Werte $f(T) = 10^6...10^9$ K/s.

Besonderheiten der plasmaelektrischen Stoffwandlung sind:

- Auftreten reaktiver Prozesse mit großer Aktivierungsenergie infolge hoher Elektronentemperatur ($T_e = 10^4...10^5$ K);
- kein thermischer Zerfall der Zielprodukte (geringe Gastemperatur, Quenchung nicht erforderlich);
- nur geringer Stoffumsatz (Reaktorleistung $1...10^3$ W, häufig Betrieb im Unterdruckbereich);
- mikrophysikalisch-kinetische Modellierung des Reaktors.

Die Berechnung des Stoffumsatzes unter anisothermen Plasmabedingungen erfordert im allgemeinen die Kenntnis der Elektronenenergieverteilung in der AZ des Reaktors und die Lösung eines komplizierten Systems von Bilanzgleichungen. Unter starker Vereinfachung läßt sich der Konzentrationsverlauf $n_i = n_i(z)$

einer Stoffkomponente längs der AZ durch die sogenannte kinetische Kurve beschreiben:

$n_i(z)/n_{i\infty} = 1 - \exp(-b_i A U z)$,

U – spezifische Energie (eingespeiste Energie pro Volumeneinheit), A – Reaktorquerschnitt; b_i – empirischer Koeffizient, $n_{i\infty}$ – Maximalkonzentration (z. B. bei $U \to \infty$).

Anwendungen [1, 2]

Trotz mehrerer Vorteile haben sich plasmathermische Stoffwandlungen bisher nur vereinzelt als Alternativen zur herkömmlichen chemischen Technologie durchgesetzt. Gründe dafür sind die ungenügende Beherrschung des Quenchprozesses und heterogener Reaktionsstufen sowie die noch ungenügende Verbesserung der Selektivität (z. B. durch Plasmakatalyse).
Hauptanwendungen sind gegenwärtig:

Acetylensynthese. Großtechnische Bedeutung haben zwei Varianten erlangt

a) Elektrokrackung von Methan (Erdgas) im sogenannten Hüls-Reaktor. Das Plasma wird durch einen Hochspannungsbogen (7000 V) von 8 MW Leistung erzeugt. Die Quenchung erfolgt mit Wasser. Pro Stunde fallen 850 kg C_2H_2 an (spezifischer Energieaufwand $\approx$ 10 kWh/kg, Umsetzungsgrad 50%).

b) Plasmastrahlprozeß. In einem Plasmatron (3...6 MW) wird mittels eines Trägergases (H_2) ein Plasmastrahl erzeugt, in dem die Umsetzung der Kohlenwasserstoffe stattfindet. Die Quenchung erfolgt mit leichten Heizölen. Insgesamt werden gegenüber dem HÜLS-Reaktor günstigere Parameter erzielt (Umwandlungsgrad 80%).

Plasmametallurgie. Der Einsatz thermischer Hochleistungsplasmen in der metallurgischen Industrie gewinnt zunehmend an Bedeutung. Bereits technisch erprobte Verfahren sind:

a) Reduktion von Eisenerzen im H_2/CH_4-Plasmastrahl. Es können auch relativ kleine Eisenerzpartikel verarbeitet werden. Das im Einstufenprozeß erhaltene Eisen (3,3 kWh/kg) ist bereits sehr rein. Die Erzeugung von Eisenlegierungen (z. B. Ferrovanadium) ist ebenfalls im Plasmastrahl möglich.

b) Oxydation von Metallchloriden zu Metalloxiden unter Verwendung sauerstoffhaltiger Trägergase. Große technische Bedeutung besitzt die plasmathermische TiO_2-Pigment-Synthese aus $TiCl_4$. Sie wird in elektrodenlosen HF-Entladungen (0,1...1 MW) bei einem spezifischen Energieaufwand von 0,4 kWh/kg TiO_2 realisiert. Auch ZrO_2 und SiO_2 lassen sich auf ähnliche Weise sehr kostengünstig und in hoher Reinheit herstellen.

c) Synthese metallkeramischer Verbindungen. Die Erzeugung harter und hitzebeständiger keramischer Metall-Nichtmetall-Verbindungen gewinnt in der Materialökonomie schnell an Bedeutung. Plasmathermische Verfahren besitzen dabei große Perspektiven. Gegenwärtig ist bereits die Produktion von Nitriden, Karbiden, Siliciden und Boriden (z. B. TiN, TiC, WC usw.) industriell erprobt.

Der Bereich der plasmaelektrischen Stoffwandlung ist durch eine außerordentlich breite Palette anorganischer und organischer Zielprodukte gekennzeichnet. Allerdings gestatteten eine ungenügende Selektivität und geringe Ausbeute nur in Einzelfällen technisch interessante Lösungen. Neben der Erzeugung von Spezialstoffen (z. B. völlig neuartigen Substanzen wie den Edelgasverbindungen) und dem zunehmenden Einsatz für präparative Zwecke beruht die technische Bedeutung der anisothermen Plasmachemie gegenwärtig auf der Oberflächenmodifizierung von Festkörpern und der Synthese von Ozon.

Plasmachemische Schichtherstellung. Unter Verwendung von Niederdruckentladungen (meist im HF-Betrieb) lassen sich sowohl anorganische als auch organische Schichten (Polymerschichten) erzeugen.

Ausgangsmonomere für Glimmpolymerschichten sind:

- fluorhaltige ungesättigte Verbindungen (z. B. Terafluorethylen);
- aromatische Verbindungen (z. B. Styren, Benzen);
- siliciumhaltige Verbindungen (z. B. Siloxane).

Als Einsatzgebiete zeichnen sich ab:

- Korrosionsschutz (z. B. bei Fahrzeugleuchten);
- Optoelektronik (z. B. Lichtleitermäntel, Filter);
- Elektronik (z. B. passivierende Schichten mikroelektronischer Bauelemente).

Plasmachemisch hergestellte anorganische Schichten dienen vorwiegend der Oberflächenveredlung. Sie finden auch in der Mikroelektronik Anwendung. Große Bedeutung besitzt das Ionennitrieren von Stahl mittels Glimmentladungen in N_2. Dadurch läßt sich die Randschichthärte von Werkzeugen, Kugellagern, Getriebeteilen usw. bedeutend erhöhen.

Plasmaätzen. Die Herstellung elektronischer Schaltkreise hoher und höchster Integrationsstufen erfordert die Ablösung der konventionellen chemischen Naßätzverfahren durch leistungsfähigere Trockenätzverfahren. Eine bereits industriell eingesetzte Alternative bildet das Plasmaätzen in HF-Entladungen. Dabei werden in halogenhaltigen Medien reaktive Spezies erzeugt (z. B. F-Atome), die an Halbleiteroberflächen flüchtige Verbindungen bilden (z. B. SiF_4). Der Plasmaätzprozeß ist außerordentlich komplex. Neben Neutralteilchen sind häufig auch Ionen beteiligt (reaktives Ionenätzen). Vorteile des Plasmaätzens sind:

- gute Ätzratenselektivität und Anisotropie;
- Erzeugung von Strukturen im Mikrometer- und Submikrometerbereich;
- Prozeßvereinfachung (mehrere Teilschritte in einer Apparatur).

Ozonsynthese. Die Erzeugung von O_3 stellt gegenwärtig

die einzige technisch genutzte Synthesereaktion unter anisothermen Bedingungen dar. In Korona-Reaktoren mit einem zwischen die Elektroden eingebrachten Isolator (*Barrieren*-Entladung) läßt sich O_3 sehr effektiv herstellen (10...20 kWh/kg O_3). Die hervorragenden Einsatzmöglichkeiten von O_3 als Oxydationsmittel in zahlreichen Industriezweigen eröffnen diesem Verfahren große Perspektiven. Breite Anwendung findet O_3 gegenwärtig bereits bei der Trink- und Abwasserreinigung.

Literatur

[1] Drost, H.: Plasmachemie. – Berlin: Akademie-Verlag 1978.
[2] Wissensspeicher Plasmatechnik. –Leipzig: VEB Fachbuchverlag 1983.

Plasmahalterung

Die Untersuchung der Wechselwirkung heißer, stark ionisierter Gase mit magnetischen Feldern kennzeichnet den Beginn der modernen Hochtemperatur-Plasmaphysik. Anfänglich (ab etwa 1950) dienten Pinch-Entladungen zur Aufheizung und Einschließung des Plasmas. Daraus entwickelte sich das Konzept der magnetischen Halterung. Seit 1963 (N. Basow) wird als zweites Halterungsprinzip der Trägheitseinschluß von Plasmen verfolgt.

Sachverhalt

Magnetfeldeinschluß [1]. In Plasmen entsteht durch die Wirkung magnetischer Felder eine ausgeprägte Anisotropie, wobei die Bewegung der Ladungsträger quer zu den magnetischen Feldlinien eingeschränkt ist. Im wesentlichen beschreiben Elektronen und Ionen um die Feldlinien spiralförmige Bahnen (*Gyrationsbewegung*). Durch Zusammenstöße wird die Bindung der Teilchen an die Feldlinien gelockert und eine gewisse Querdrift ermöglicht.

Im Rahmen des Modells einer leitenden Flüssigkeit (*magneto-hydrodynamische Theorie*, MHD) entsteht die Hemmung der Relativbewegung eines Plasmas quer zu den Magnetfeldlinien durch die Induktion elektrischer Ströme und deren elektrodynamische Rückwirkung. Im Grenzfall unendlich großer Leitfähigkeit (ideale MHD) ist eine solche Relativbewegung generell unmöglich („eingefrorenes" Magnetfeld). Das Magnetfeld wirkt analog einer festen Wand. Bei endlicher Leitfähigkeit des Plasmas ist dieser Einschluß unvollständig.

Entsprechend der Geometrie des einschließenden Magnetfeldes unterscheidet man:

a) Geschlossene Systeme. Die magnetischen Feldlinien besitzen eine torusartige Struktur, d. h., sie sind im Endlichen geschlossen.

b) Offene Systeme. Die magnetischen Feldlinien schließen sich erst im Unendlichen. Um das Entweichen des Plasmas längs der Feldlinien zu vermindern, sind zusätzliche Maßnahmen erforderlich (z. B. magnetische Spiegel).

Entsprechend der Art der Erzeugung des einschließenden Magnetfeldes unterscheidet man:

a) Magnetische Fallen. Das Magnetfeld wird überwiegend durch äußere Spulen erzeugt.

b) Pinche. Das Magnetfeld entsteht überwiegend durch Ströme im Plasma selbst.

Trägheitseinschluß. Bei diesem Einschluß kommt es darauf an, das Plasma durch extrem schnelle Energieeinspeisung so rasch aufzuheizen, daß vor dem durch die Schallgeschwindigkeit kontrollierten thermischen Zerfall die gewünschte hohe Temperatur (z. B. Zündtemperatur der Kernfusion) erreicht wird. Der Trägheitseinschluß ist prinzipiell nichtstationär. Zur Einspeisung der Energie dienen intensive Laserimpulse oder energiereiche Elektronen- bzw. Ionenstrahlen.

Kennwerte, Funktionen

Für die Kenngrößen der Gyrationsbewegung von Teilchen der Ladung Q um die magnetischen Feldlinien als Achsen gilt:

Gyrations- oder Zyklotronfrequenz: $\omega_G = QB/m$,
Gyrations- oder Lamor-Radius: $r_G = mv_\perp/|QB|$,

m – Teilchenmasse, B – magnetische Induktion, $v_\perp$ – Geschwindigkeitskomponente senkrecht zum Magnetfeld.

Mit $B \to \infty$ folgt $r_G \to 0$, d. h., die Teilchen sind dann an die Feldlinien „angeklebt". Zusammenstöße der Ladungsträger stören die Gyrationsbewegung. In der Regel wirft jeder Stoß das Zentrum der Gyration auf eine andere Feldlinie, so daß im zeitlichen Mittel eine Drift quer zum Magnetfeld (z. B. in einem Konzentrationsgefälle) ermöglicht wird.

Für das Verhältnis der Diffusionskoeffizienten senkrecht und parallel zu den magnetischen Feldlinien gilt:

$D_\perp/D_\| = 1/(1 + \omega_G^2/\nu^2)$, ν – Stoßfrequenz.

In fast stoßfreien Magnetoplasmen ($\nu \ll \omega_G$) folgt $D_\perp = (\nu^2/\omega_G^2) D_\| \sim 1/B^2 T^{1/2}$, d. h., je heißer das Plasma ist, desto besser sollte der magnetische Einschluß funktionieren. Bei $\nu = \omega_G$ ergibt sich ein Maximalwert $D_{\perp\,max} = kT/2QB$ (Bohm-Diffusion). Im Falle $\nu \gg \omega_G$ verliert das Magnetfeld seinen Einfluß auf die Teilchendiffusion.

Im Rahmen der MHD wird die Wechselwirkung zwischen Plasma und magnetischem Feld durch den Druckterm $p_M = B^2/2\mu_0$ (magnetischer Druck) beschrieben. Eine Kenngröße von grundlegender Bedeutung für alle magnetischen Einschlußsysteme ist das Verhältnis von kinetischem zu magnetischem Druck:

$\beta = p/p_M = 4nkT\mu_0/B^2$.

Der Einschlußparameter β kennzeichnet in Fusionsplasmen neben den Druckverhältnissen auch die Leistungsdichte (Proportional zu β^2).

Anordnungen mit $\beta \approx 0{,}001...0{,}01$ heißen *Niedrig-β-Systeme*. Bei $\beta \approx 0{,}1...1$ spricht man von *Hoch-β-Systemen*.

Für die Güte des magnetischen Einschlusses ist neben der Druckkompensation ($\beta \leq 1$) auch die Stabilität der Halterung entscheidend. Als *makroskopische Forminstabilität* (MHD-Instabilität) bezeichnet man ein Ausbrechen des Plasmas als Ganzes.

Mikroinstabilitäten führen zu einem Ansteigen der Wärmeleitung und des Teilchentransportes gegenüber den Werten der sogenannten klassischen Drifttheorie (z. B. Auftreten der Bohm-Diffusion auch im Falle $\nu \ll \omega_G$).

Anwendungen [2]

In der konventionellen Gasentladungstechnik werden Magnetfelder zur Reduzierung der Ladungsträgerverluste an begrenzenden Wänden eingesetzt. So läßt sich durch ein longitudinales Magnetfeld der radiale Trägerverlust eines zylindrischen Plasmas (z. B. in der sogenannten Q-Maschine) herabsetzen. Zur Aufbewahrung von Plasmen dienen magnetische Multipol-Konfigurationen unter Verwendung *permanenter* Magnete. Dabei kann das Plasmavolumen selbst fast magnetfrei gehalten werden.

Die größte Bedeutung besitzt der magnetische Einschluß bei der Erzeugung und Aufrechterhaltung von *Hochtemperatur-Plasmen*.

Pinch-Entladungen. Unter Pinch-Effekt versteht man die magnetische Eigenkompression eines stromführenden Plasmas. Abbildung 1 zeigt das Prinzip der beiden wichtigsten Ausführungsformen. Beim sogenannten *z-Pinch* fließt aus einer Kondensatorbatterie ein axialer Impulsstrom I_z durch eine Plasmasäule. Die Lorentz-Kraft des azimutalen Magnetfeldes B_Θ zeigt nach innen und bewirkt eine Plasmakompression, die zusammen mit der Stromwärme das Plasma aufheizt.

Beim sogenannten *Θ-Pinch* fließt der Impulsstrom durch eine (einwindige) Spule und erzeugt ein schnell ansteigendes axiales Magnetfeld B_z, in dem das durch Vorionisation erzeugte Plasma komprimiert wird. Pinche sind durch große Werte $\beta = 0{,}5...1$ gekennzeichnet und liefern hohe Plasmatemperaturen (bis etwa $5 \cdot 10^7$ K). Allerdings bleibt die Einschlußzeit klein (1...10 μs), da das Plasma zahlreiche Instabilitäten aufweist und leicht axial entweichen kann (offenes System). Zur Verbesserung der Einschlußzeit sind auch toroidale Pinche entwickelt worden. Sie erreichen gegenwärtig Einschlußzeiten bis zu 1 ms.

Eine Spezialform des z-Pinches ist der *Plasmafokus*, bei dem das Plasma längs eines koaxialen Elektrodensystems beschleunigt wird und an dessen Ende radial nach innen implodiert.

Spiegelmaschinen. Sie nutzen den Effekt der Reflexion von Ladungsträgern an inhomogenen Magnetfeldern aus. Abbildung 2 zeigt die prinzipielle Anordnung. Ein in das ansteigende Magnetfeld der Ringspulen einlaufender Ladungsträger wird allerdings nur reflektiert, wenn der Neigungswinkel der Gyrationsspirale gewissen Bedingungen genügt.

Tokamak (Toroidale Kammer im Magnetfeld). Dieses geschlossene System besteht im wesentlichen aus einem von Spulen umgebenen torusförmigen Metallgefäß, das einen Plasmaring als Sekundärwicklung eines

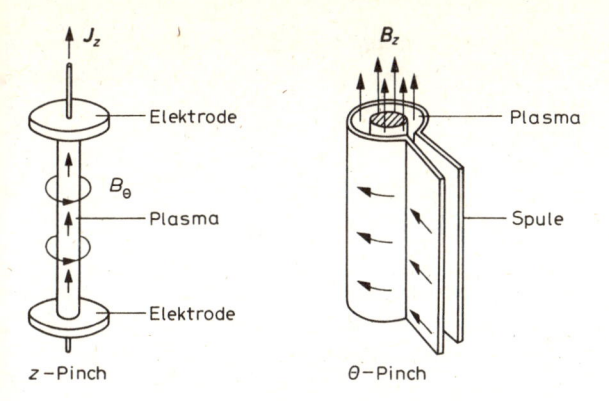

Abb. 1 Prinzip der Pinch-Entladung

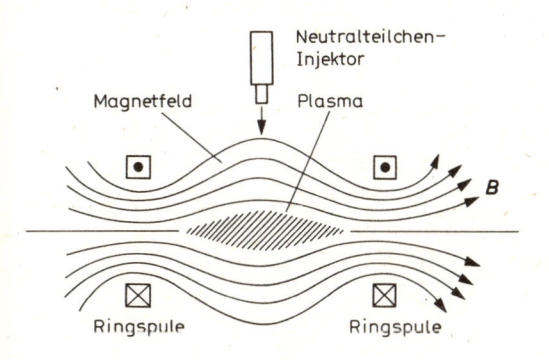

Abb. 2 Magnetischer Spiegel

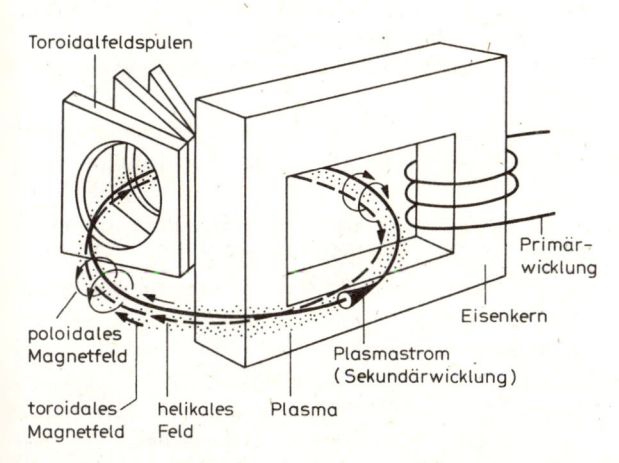

Abb. 3 Tokamak-Prinzip (1 – Toroidalfeldspulen, 2 – poloidales Feld, 3 – toroidales Feld, 4 – helikales Feld, 5 – Plasmaring, 6 – Plasmastrom (Sekundärwicklung 7 – Eisenkern, 8 – Primärwicklung)

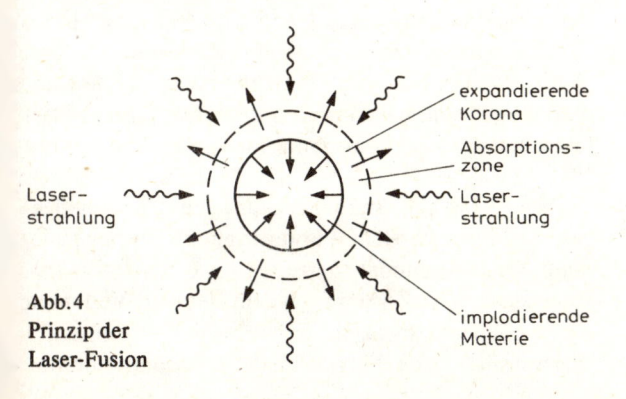

Abb. 4 Prinzip der Laser-Fusion

Transformators enthält (Abb. 3). Durch die Überlagerung des toroidalen Magnetfeldes der Spulen mit dem poloidalen Magnetfeld des Plasmastromes entstehen spiralförmige Feldlinien (*helikales Feld*). Bei passender Wahl der Flußdichten läuft keine Feldlinie in sich zurück, sondern bildet eine magnetische Fläche, die unter gewissen Voraussetzungen auch eine Fläche konstanten magnetischen Druckes ist. Die *Verwindung* der Feldlinien ist für den Plasmaeinschluß im Tokamak wesentlich.

Das von L. A. ARCIMOVICH (ab 1956) entwickelte Tokamak-Konzept wird gegenwärtig in zahlreichen physikalischen Großexperimenten angewandt und stellt das aussichtsreichste Verfahren zur erstmaligen Erreichung des Lawson-Kriteriums in Fusionsplasmen dar (siehe *Kernfusion*). Der gegenwärtige Stand ist gekennzeichnet durch:

– Plasmatemperaturen bis 10^8 K,
– Einschlußzeiten bis 0,1 s,
– Einschlußparameter bis $\beta = 0,1$.

Einen ähnlichen toroidalen Aufbau wie der Tokamak besitzt der *Stellarator*, bei dem jedoch das poloidale Magnetfeld nicht durch den elektrischen Strom im Plasma, sondern durch zusätzliche Spulen erzeugt wird.

Laser-Fusion. Abbildung 4 zeigt das Prinzip der Trägheitshalterung bei der sogenannten Laser-Fusion. Durch symmetrische Bestrahlung einer kleinen Kugel aus erstarrtem D-T-Gemisch mit kurzen und intensiven Laser-Impulsen erfolgt eine starke Kompression und Aufheizung des Kernbrennstoffes. Falls für die Dichte des komprimierten D-T-Gemisches ϱ und den Pelletradius R Werte von $R\varrho > 1$ g/cm^2 erreicht werden, liefert die anschließende Fusions-Mikroexplosion mehr Energie als zur Zündung aufgewandt wurde. Damit eröffnet sich ein weiterer Weg zur Realisierung der gesteuerten thermonuklearen Fusion.

Literatur

[1] PINKAU, K.; SCHUMACHER, U.: Kernfusion mit magnetisch eingeschlossenen Plasmen. Phys. in unserer Zeit **13** (1982) 138–154. – VON ARDENNE, M.: Tabellen zur angewandten Physik. Bd. II. – Berlin: VEB Deutscher Verlag der Wissenschaften 1964.
[2] Wissensspeicher Plasmatechnik. Leipzig: VEB Fachbuchverlag 1983.

Plasmastrahlen

Ein Verfahren zum Schmelzen, Löten und Schweißen, in welchem die kombinierte Wirkung von elektrischem Lichtbogen und strömendem Gas genutzt wird, stellte 1899 ZERENER[1)] vor. Einen durch einen elektrischen Lichtbogen dissoziierten Wasserstoffstrahl verwendete 1926 LANGMUIR[2)] speziell zum Schweißen; dieses Verfahren wurde als Arcatom-Schweißen bekannt. Eine umfangreiche industrielle Nutzung der Plasmastrahlen begann in den 60er Jahren vor allem mit den Verfahren des Plasmaschneidens und Plasmaspritzens.

Sachverhalt [1]

Zur Erzeugung eines Plasmas muß einem Gas Ionisationsenergie zugeführt werden. Dies erfolgt meist über Elektronen hoher kinetischer Energie, die durch elektrischen Stromdurchgang erzeugt worden sind. Im Katodenfall einer Hochdruckentladung werden Elektronen beschleunigt und in die Lage versetzt, ionisierende Stöße auszuführen. Brennt die Entladung in einem strömenden Gas, entsteht ein Plasmastrahl. Durch die geometrische Gestaltung des Entladungsraumes und der Düse des Plasmabrenners sowie durch den Gasdruck wird ein axialer, laminarer oder turbulenter Plasmastrahl erzeugt. Der Energietransport erfolgt durch den Plasmastrahl und durch den resultierenden Elektronenstrom (Bogenstrom) in Richtung Anode. Ist das Werkstück als Anode geschaltet (direkte Betriebsweise), fließen beide Leistungsanteile zum Werkstück bzw. Reaktionsort; ist die Düse Anode (indirekte Betriebsweise), wird nur die Energie des Plasmastrahls zum Werkstück transportiert, der Bogenstrom fließt zur Düse.

Die Ionisation eines Gasstrahls kann auch über elektrische oder elektromagnetische Felder erfolgen, die kapazitiv oder induktiv erzeugt werden (HF-Plasma).

Wichtig für die Nutzung des Plasmastrahls als Werkzeug sind seine hohen Temperaturen und Leistungsdichten sowie seine effektiven Leistungsübertragung. Die Druckwirkung des Plasmastrahls kann durch die Strömungsgeschwindigkeit des Gases in gewissem Umfange eingestellt werden; sie führt bei hohen Strömungsgeschwindigkeiten zum Wegblasen des aufgeschmolzenen Materials. Der hohe Ionisierungsgrad und Anregungszustand im Plasmastrahl bewirken hohe Reaktionsfreudigkeit, es laufen chemische Reaktionen ab, die unter normalen Bedingungen nur sehr langsam oder gar nicht stattfinden. Durch Verwendung von Inertgasen als Trägergas für den Plasmastrahl kann dies im störenden Fall weitgehend vermieden werden.

Kennwerte, Funktionen

Das Schema eines Plasmabrenners direkter Betriebsweise und die thermischen Vorgänge am Beispiel des Plasmaschneidens zeigt Abb. 1.

Temperatur des Plasmastrahls am Prozeßort $T_P = 3500 - 30000$ K. Wichtige Parameter industriell genutzter Plasmastrahlverfahren sind in Tab. 1 zusammengestellt. Dabei bedeuten

Bogenstrom I_B/A,
Bogenspannung U_B/V,
Plasmabrennerleistung P_{E_2}/kW,
Leistungsdichte p/kW cm,
Plasmastrahldurchmesser d_F/mm,
Düsendurchmesser d_D/mm.

Anwendungen [1] [2]

Plasmaschneiden [3]. Trennen metallischer Werkstoffe in direkter Betriebsweise des Plasmabrenners und nichtmetallischer, elektrisch nichtleitender Werkstoffe mit indirekter Betriebsweise. Feinstrahlprinzip [4] brachte durch Erhöhung der Leistungsdichte weitere Vorteile bzw. Schnittbreite und Schneidgeschwindigkeit.

Geringer Wärmeeintrag, hohe Schnittgeschwindigkeiten und gute Automatisierbarkeit.

Plasmaspritzen [5]. Beschichten thermisch, chemisch bzw. mechanisch hochbeanspruchter Teile, z. B. Raumfahrt; Ventile und Ventilsitze. Hohe Schichtdichten.

Plasmaschweißen [6]. Verfahrensvarianten: Mikroplasmaschweißen, Plasmadünnblechschweißen, Plasmastichlochschweißen, Plasma-MIG-Schweißen und Plasmafüllschweißen sowie Plasmaauftragsschweißen. Geringer Wärmeeintrag, schmale Schweißnähte.

Plasmaschmelzen. Schmelzen von Stahl und NE-Metallen sowie keramischer Materialien. Erzielung kurzer Schmelzzeiten, Verringerung des Abbrandes.

Weitere Anwendungen im Maschinenbau, die Sonderfälle des Plasmaschneidens sind: Plasmakörnen, Plasmawarmspanen, Plasmaabtragen, Plasmaschmelzbohren.

Plasmachemie [7]. Strahlerzeugung im Überschallgeschwindigkeitsbereich. Verwendung für Windkanäle. Antriebe für Raumfahrzeuge.

Einkristallziehen. Ziehen nach dem Verneuil-Verfahren mit HF-Plasmastrahl [8].

Plasmazündtechnik. Einsatz für Verbrennungsmotore.

[1)] ZERENER, H.: Verfahren zum elektrischen Schmelzen, Löten und Schweißen von Metallen. DRP 154335 (1899).
[2)] LANGMUIR, J.: Gen. Electr. Rev. 29.153 (1926) 96.

Tabelle 1

Anwendung	Hauptparameter	Trägergas	Katodenmaterial	Verfahrensparameter	genutzte Plasmastrahleigenschaften
Plasmaschneiden	$I_B = 5–1000$ A $U_B = 100–250$ V $P_E = 0,5–200$ kW $d_F = 0,1–15$ mm $p \leq 2 \cdot 10^6$ Wcm^{-2}	Ar, Ar/H$_2$ N$_2$ Preßluft	W (dot.) Hf, Zr und Leg.	Schneiddicken: 0,5–200 mm	Temperatur und Leistungsdichte sowie Druck
Plasmaspritzen	$P_E = 10–100$ kW (meist indirekte Betriebsweise)	Ar, Ar/H$_2$ N$_2$, CO$_2$	W (dot.)	Schichtdicken: 0,1–1 mm Schichtwerkstoffe: Karbide, Nitride, Boride und Silizide der hochschmelzenden Metalle; Oxide des Al, Cr, Ti, Zr	Temperatur, Gasströmung und Schutzgaswirkung
Plasmaschweißen	$I_B = 0,1–1500$ A $U_B = 30–50$ V $P_E = 3$ W bis 100 kW $d_D = 0,5–15$ mm $p \leq 5 \cdot 10^6$ W.cm^{-2}	Ar, He (Ar/H$_2$)	W (dot.)	Materialdicken: 0,01–80 mm	Leistungsdichte, Schutzgaswirkung
Plasmaschmelzen	$I_B \leq 9000$ A $U_B = 200–700$ V $P_E \leq 6000$ kW $d_F = 100–300$ mm	Ar	W (dot.)	Plasmastrahllänge = 1 m Einsatzmasse: 50 t Stahl	Effektive Leistungsübertragung und Schutzgaswirkung

dot. – dotiert

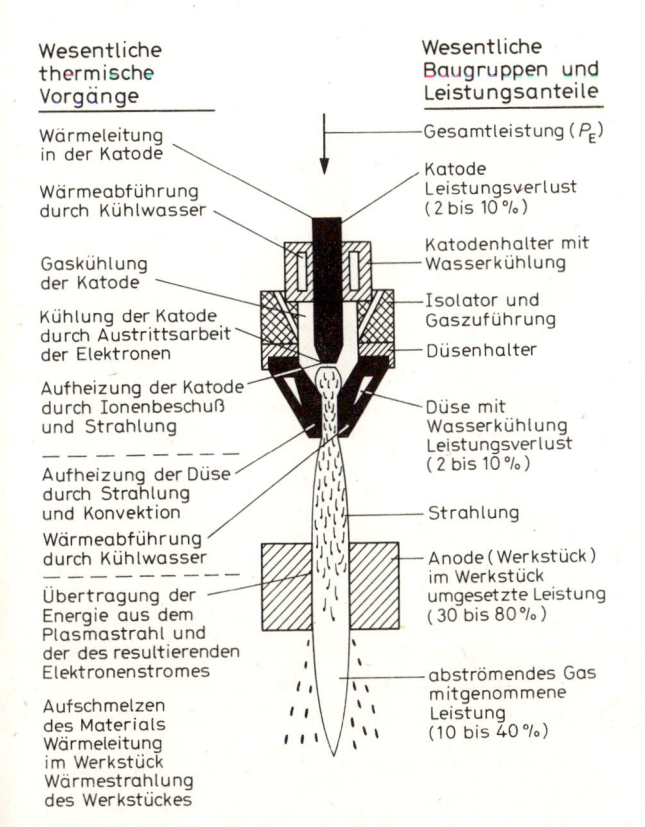

Abb. 1

Literatur

[1] SCHILLER, S.; FÖRSTER, H.; WIESE, P.: Plasmastrahlen. In: Elektrotechnologie. Hrsg.: H. CONRAD; R. KRAMPITZ – Berlin: VEB Verlag Technik 1983. S. 175–204.

[2] PIETERMAAT, F. P.; STEFENS, P.: Plasmaerwärmung. In: Elektrowärme, Theorie und Praxis. – Essen: Verlag W. Girardet 1974, S. 541–577.

[3] FÖRSTER, H.; BÖHME, J.; ODRICH, D.; WIESE, P.: Zum Einsatz des Plasmaschneidens. Schweißtechnik 32 (1982) 9, 397–401.

[4] ARDENNE, M. VON; POCHERT, R.; ROGGENBUCK, W.; WACHTEL, H.; WIESE, P.: Der Plasmafeinstrahlbrenner, ein neuer Brennertyp für wirtschaftliches Schmelzschneiden. Schweißtechnik 14 (1964) 10, 441.

[5] KRETSCHMAR, E.: Oberflächenschutz durch thermisches Auftragen. – Halle: Technisch-wissenschaftliche Abhandlung des ZIS 1979.

[6] MARQUARDT, E.: Anwendung und Weiterentwicklung des Plasmaschweißens. ZIS-Mitteilungen 23 (1981) 1, 53–61.

[7] DROST, H.: Plasmachemie. – Berlin: Akademie-Verlag 1978.

[8] ARDENNE, M. VON; BÖHME, J.; KNEBEL, E. D.: Zu Betriebsweisen und Einsatzmöglichkeiten des Hochfrequenz-Plasmabrenners. Kristall und Technik 3 (1968) 1, 79–84.

Plasmastrahlung

Das erste Leuchten elektrischer Entladungen in verdünnten Gasen wurde beim Schütteln des Quecksilbers in *Torricellischen Röhren* beobachtet (J. PICARD 1676). Bereits 1744 schlug J. H. WINKLER eine Leuchtanzeige mittels Glimmentladungen vor. Die Entwicklung moderner Plasmastrahlungsquellen setzt mit den ersten Quecksilber-Hochdrucklampen (1930) und den ersten Leuchtstofflampen (1938) ein.

Sachverhalt

Die hohe kinetische Teilchenenergie (speziell der Elektronenkomponente) und das damit zusammenhängende Auftreten zahlreicher angeregter Teilchen führen im Plasma zur Emission elektromagnetischer Strahlung. Die Plasmastrahlung reicht vom thermischen Rauschen der Elektronen im Mikrowellengebiet bis in den Bereich harter Röntgen-Linien bei Elektronenübergängen in hochionisierten Metallatomen. Plasmen sind sowohl Quellen für Linien- als auch kontinuierliche Strahlung. Abbildung 1 zeigt wichtige Emissionsmechanismen.

Spektrallinien werden aus Atomen, Molekülen oder Ionen abgestrahlt, wenn in *diskreten* Zuständen gebundene Elektronen in wiederum gebundene Zustände übergehen (*gebunden-gebunden*-Strahlung, gg-Übergang).

Kontinuierliche Strahlung wird emittiert, wenn ein Zustand oder beide Zustände des Elektronenüberganges im Energiekontinuum liegen, d.h. freie Elektronen repräsentieren. Kontinuierliche *frei-frei*-Strahlung (ff-Übergang) entsteht durch die Wechselwirkung der Elektronen mit Ionen (*Elektronen-Ionen-Bremskontinuum*) oder Atomen (*Elektronen-Atom-Bremskontinuum*). *Frei-gebunden*-Strahlung (fg-Übergang) liegt vor, wenn ein freies Elektron mit einem Ion rekombiniert und in einen gebundenen Zustand übergeht. Diese Art kontinuierlicher Strahlung tritt auch beim Einfang freier Elektronen durch Neutralteilchen und der Bildung negativer Ionen auf (z. B. H^--Kontinuum).

Molekül-Kontinua entstehen, wenn der untere Zustand des Elektronenüberganges mit einer Dissoziation des Moleküls verknüpft ist (gf-Übergang). Moleküle wie Hg_2 und besonders die Edelgasdimere (He_2, Ar_2 ...) weisen angeregte Zustände mit stabiler Bindung des Systems auf (Eximer-Zustände). Beim Übergang in den Grundzustand tritt jedoch Dissoziation und damit Emission eines Kontinuums auf.

Kennwerte, Funktionen

Die aus einem Plasma emittierte Strahlung ist das integrale Ergebnis der Emission (spontan und induziert) und der Absorption im Plasmainneren. Die Änderung der spektralen Strahldichte L_ν längs einer vorgegebenen Richtung z im Plasma wird beschrieben durch die *Gleichung des Strahlungstransportes*:

$$dL_\nu(z)/dz = \varepsilon_\nu(z) - \varkappa'(\omega, z) L_\nu(z)$$

$\varepsilon, \varkappa'$ – Emissions- bzw. effektiver Absorptionskoeffizient.

Für homogene Plasmen folgt:

$$L_\nu(d) = (\varepsilon_\nu/\varkappa')(1 - e^{-\varkappa'd}).$$

Die Größe $\varkappa'd$ heißt optische Tiefe einer Plasmaschicht der Dicke d. Von besonderem Interesse sind zwei Grenzfälle:
- $\varkappa'd \ll 1$, optisch dünnes Plasma ($L = \varepsilon_\nu d$),
- $\varkappa'd \gg 1$, optisch dickes Plasma ($L_\nu = \varepsilon_\nu/\varkappa'$).

Im Falle thermischer Gleichgewichtsplasmen ist L_ν durch das Plancksche Strahlungsgesetz gegeben.

Emissionskoeffizient von Spektrallinien. Es gilt für einen Übergang zwischen zwei Quantenzuständen n und m

$$\varepsilon_L = \int_0^\infty \varepsilon_\nu d\nu = (1/4\pi) A_{nm} h\nu n_n,$$

A_{nm} – Einsteinsche Übergangswahrscheinlichkeit; n_n – Konzentration der abstrahlenden Teilchen.

In Gleichgewichtsplasmen folgt näherungsweise

$$\varepsilon_L = (1/4\pi)(g_n/g_0) A_{nm} h\nu n \cdot \exp(-E_n/kT),$$

g_n, g_0 – statistische Gewichte, n – Gesamtteilchenkonzentration, E_n – Anregungsenergie des Zustandes n.

Emissionskoeffizient des Elektronen-Ionen-Kontinuums. In Näherung lassen sich die ff- und fg-Übergänge der Elektronen bei Stößen gegen Ionen in einem gemeinsamen Emissionskoeffizienten zusammenfassen (Kramers-Formel):

$$\varepsilon_K = \int_0^\infty \varepsilon_\nu d\nu = CZ^2 T^{1/2} n_e n_p,$$

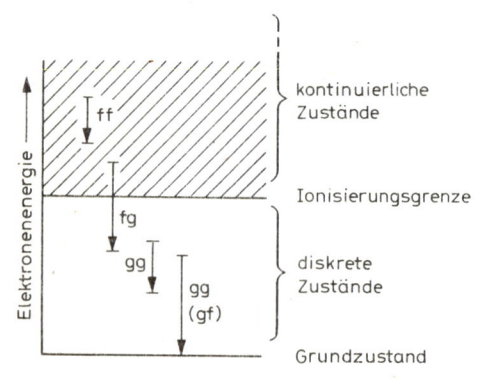

Abb. 1 Emissionsmechanismen für EM-Strahlung

$C = 1{,}13 \cdot 10^{-41}\, Wm^3/(K^{1/2}sr)$, Z – Ionenladungszahl, n_e, n_p – Konzentration der Elektronen bzw. Ionen.

Das Auftreten von Z^2 führt in Hochtemperaturplasmen zu großen Bremsstrahlungsverlusten, wenn als Verunreinigungen Elemente mit hoher Kernladungszahl auftreten.

Der Vergleich zwischen Linien- und Kontinuumstrahlung aus Plasmen zeigt, daß erstere bei niedrigen, letztere bei hohen Temperaturen dominiert. Das Verhältnis ist wenig druckabhängig.

Anwendungen

Die breite Palette unterschiedlicher Strahlungsmechanismen hat zu zahlreichen Anwendungen der Plasmastrahlung geführt. Die Änderung der Plasmabedingungen (T, n_e, n ...) in weiten Grenzen gestattet dabei eine gute Anpassung an den jeweiligen Zweck. Wichtige Anwendungsbeispiele sind: Gasentladungslichtquellen einschließlich der Gaslaser und Plasma-Anzeigesysteme.

Gasentladungslampen. Abbildung 2 vergleicht die Lichtausbeute verschiedener Strahlungsquellen. Die wesentlich höhere Ausbeute der Gasentladungsstrahler führt zu einem ständigen Rückgang des Einsatzes von Glühlampen, die gegenwärtig noch etwa 50% des Energieverbrauches für die Beleuchtung ausmachen. Durch die Verbesserung der Leuchtstoffe und die Optimierung der Entladungsbedingungen ist eine weitere Steigerung der Lichtausbeute von Gasentladungslampen möglich.

Niederdrucklampen. Bei ihnen wird die Strahlung der positiven Säule von Niederdruckentladungen in Gemischen aus Edelgas und Metalldämpfen genutzt.

Leuchtstofflampen enthalten in einem langgestreckten Glaskolben meist eine Ar-Füllung mit Hg-Zusatz (p_{Ar} = 0,1...1 kPa; p_{Hg} = 0,6...1,4 Pa). Der zwischen Oxidkatoden betriebene Niedervoltbogen brennt überwiegend in der wesentlich leichter anregbaren und ionisierbaren Hg-Komponente. Das Edelgas dient als neutraler Puffer zur Reduzierung der Zündspannung und der Diffusionsverluste von Ladungsträgern an der Rohrwand. Die Umsetzung elektrischer Energie in Strahlung erfolgt über Elektronenstoßanregung der Hg-Resonanzzustände. Die dabei emittierten Linien liegen im UV (185 und 254 nm). Durch den auf der Kolbeninnenwand aufgetragenen Leuchtstoff erfolgt eine *Lichttransformation* in den sichtbaren Spektralbereich. Bei einem hohem Wirkungsgrad (bis zu 50%) muß der Leuchtstoff weißes Licht bei guter Farbwiedergabe emittieren. Dieser Forderung wird bereits durch eine Emission in drei schmalen Wellenlängenbereichen (Blau, Grün, Rot) entsprochen, sogenanntes *Dreibandenprinzip.*

Moderne Leuchtstofflampen, die Spitzenwerte der

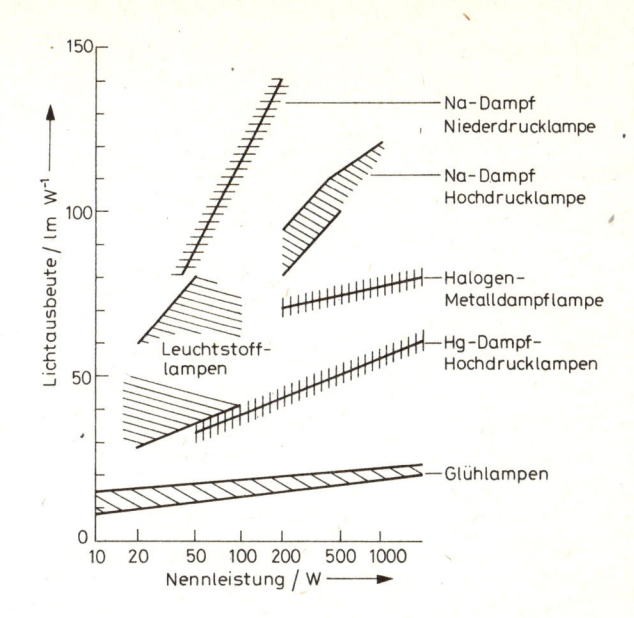

Abb. 2 Lichtausbeute verschiedener Strahlungsquellen

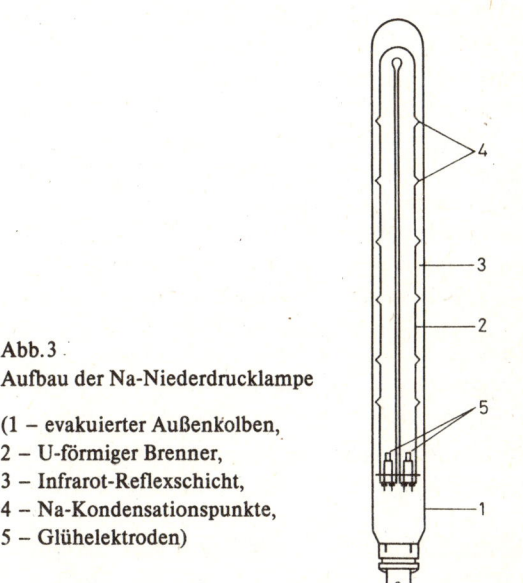

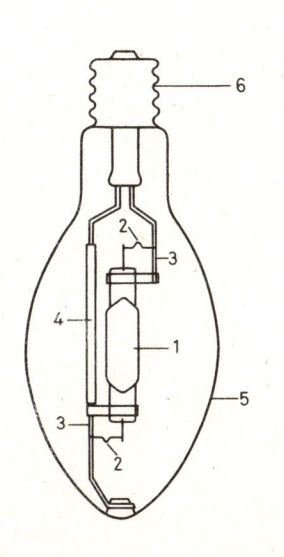

Abb. 3
Aufbau der Na-Niederdrucklampe

(1 – evakuierter Außenkolben,
2 – U-förmiger Brenner,
3 – Infrarot-Reflexschicht,
4 – Na-Kondensationspunkte,
5 – Glühelektroden)

Abb. 4
Aufbau einer Hochdrucklampe

(1 – Brenner,
2 – Stromzuführung,
3 – Halter,
4 – Isolation,
5 – evakuierter Außenkolben,
6 – Sockel)

Lichtausbeute von 95 lm/W erreichen, stellen hochentwickelte Entladungssysteme mit einer gut optimierten Auswahl der Betriebsparameter (p_{Hg}, p_{Ar}, Geometrie, Leuchtstoff, Vorschaltgerät ...) dar.

Natrium-Niederdrucklampen enthalten meist eine Ne/Ar-Penning-Füllung (siehe *Penning-Effekt*) mit Na-Zusatz. Der erforderliche Na-Partialdruck 0,4 Pa) wird durch die Betriebstemperatur der Kolbenwand aufrechterhalten. Die Lichterzeugung erfolgt durch Anregung der Na-Resonanzstrahlung, die im Sichtbaren liegt (Na-D-Linie, 589 nm). Eine Lichttransformation durch Leuchtstoffe ist nicht erforderlich, so daß außerordentlich hohe Ausbeuten erzielt werden können (bis 400 lm/W im Laborbetrieb). Abbildung 3 zeigt den Lampenaufbau. Der Brenner besteht aus natriumfestem Material (Borsilikatglas). Da die Lampen monochromatisches Licht (gelb) abstrahlen, werden sie vorwiegend zur Außenbeleuchtung eingesetzt.

Hochdrucklampen. Bei ihnen wird die Strahlung des thermischen Plasmas elektrischer Lichtbögen ausgenutzt. Als Entladungsmedien finden Xe, Hg, Na bzw. Halogen-Metallverbindungen bei Drücken zwischen 01...1 MPa (Hochdrucklampen) bzw. 2...8 MPa (Höchstdrucklampen) Anwendung. Abbildung 4 zeigt den Aufbau einer Hochdrucklampe. Das Kernstück der Lampe ist der Brenner. Er besteht in der Regel aus einem Quarzkolben mit Wolframelektroden. Zur Zünderleichterung enthalten Metalldampflampen eine zusätzliche Ar-Füllung (4...8 kPa).

Plasma-Anzeigesysteme (PAS). Bei ihnen wird die Strahlung von Mitteldruck-Glimmentladungen ($p \approx 10$ kPa) in Penning-Mischungen genutzt. Moderne PAS sind flache, die gesamte Frontfläche ausnutzende Punktraster mit Kreuzgitterelektroden an den Deckflächen. Die Ansteuerung der punktförmigen Entladungen zwischen den Kreuzungsstellen der Elektroden (Punktmatrix) erfolgt elektronisch. Einsatzgebiete für PAS sind Datenverarbeitungsanlagen, Informationszentren, digitale Maschinensteuerung u. a. m.

Literatur

[1] Wissensspeicher Plasmatechnik. – Leipzig: VEB Fachbuchverlag 1983.

Polarisation

Wir verstehen hier unter Polarisation einen charakteristischen Zustand von Elementarteilchen oder Kernen, der mit ihrem Spin verkoppelt ist. Ein Teilchen (mit Ruhemasse verschieden von Null) und Spin I besitzt 2 I + 1 Quantenzustände entsprechend den möglichen Projektionen auf eine physikalisch ausgezeichnete Achse. Unter bestimmten äußeren Bedingungen gelingt es, ein Ensemble von Teilchen oder Kernen zu polarisieren, zu orientieren, d.h. ihre Spins in eine bevorzugte Richtung zu bringen (siehe *Magnetische Resonanz, Zeeman-Effekt*).

Wir interessieren uns hier in engerem Sinne für Polarisationserscheinungen in der Kernphysik (siehe *Kernreaktionen*). Ende der 40er Jahre zeigte SCHWINGER [1], daß infolge der Wechselwirkung der magnetischen Momente bei der Streuung schneller Neutronen an Kernen eine Neutronenpolarisation auftritt. Er entwickelte auch die Idee des Doppelstreuexperiments (2). In der ersten Streuung wird die Polarisation erzeugt und in der zweiten Streuung der mit der Polarisation verbundene Effekt beobachtet. Die erstmalige Verwirklichung dieses Experiments erfolgte in der p⁴He-Streuung [2]. In den 50er Jahren wurden die theoretischen Grundlagen der Polarisationserscheinungen in der Elementarteilchen- und Kernphysik gelegt. Die Basis hierfür stellt eine allgemeine Theorie des Dichtematrixformalismus dar [3,4,5].

Zu einem Durchbruch auf experimentellem Gebiet kam es in den 60er Jahren, als man in der Lage war, Ionenquellen polarisierter Teilchen und polarisierte Targets herzustellen [6]. Die Fortschritte bei der Untersuchung von Polarisationserscheinungen in der Kernphysik wurden in den Materialien der Internationalen Konferenzen über Polarisationsphänomene von Basel (1960), Karlsruhe (1965), Madison (1970), Zürich (1975), Santa Fe (1980) aufgezeigt. Analoge Konferenzen finden für das Gebiet der Hochenergiephysik mit polarisierten Strahlen und polarisierten Targets statt (z.B. Lausanne 1980, Dubna 1981).

Sachverhalt

Die Polarisation tritt nur in Teilchensystemen mit Spin auf. Wir verstehen darunter die beliebige, aber gemeinsame Ausrichtung des Spinzustands eines Ensembles von Teilchen. Die theoretische Beschreibung dieser Zustände erfolgt mit Hilfe der Dichtematrizen (Pauli-Matrizen im Falle von Teilchen mit Spin $s = 1/2$). Für diese Teilchen (z. B. Nukleonen) ist die Beschreibung verhältnismäßig einfach, da hier nur zwei Energiezustände mit den Projektionen ± 1/2 existieren und der Polarisationsvektor drei Komponenten p_x, p_y, p_z (3 Parameter) enthält. Für Teilchen mit $s \geq 1$ treten weitere Polarisationsparameter auf. Eine einheitliche Definition dieser Parameter existiert seit 1970 (Madison-Konvention [7]). Für Reaktionen zwischen Teilchen mit der Spinstruktur 1/2 + 1/2 → 1/2 + 1/2 (z. B. Nukleon-Nukleon-Streuung) hat sich eingebürgert, die entsprechenden beobachtbaren Größen als Wolfensteinparameter zu bezeichnen [5].

Das allgemeine Prinzip der Polarisationsmessung besteht darin,

a) bei bekannter Anfangspolarisation die Analysierstärke zu ermitteln (bei Teilchen mit $s = 1/2$ Messung der Rechts-Links-Asymmetrie) oder

b) bei bekannter Analysierstärke die Polarisation des Anfangszustandes zu bestimmen.

Die Hauptschwierigkeit bei der Doppelstreuung ist, daß man mit geringen Intensitäten der zu registrierenden Teilchen auskommen muß. Darum wurden Ionenquellen zur Erzeugung polarisierter Strahlen und Methoden zur Erzeugung polarisierter Targets entwickelt. Für die Erzeugung der Kernpolarisation nutzt man die Hyperfeinwechselwirkung durch das inneratomare Magnetfeld aus. Im äußeren Magnetfeld tritt eine zusätzliche Zeeman-Aufspaltung (Stern-Gerlach-Methode) der Atomniveaus auf (Abb. 1). Für Teilchenstrahlen gibt es zwei Arten von Quellen: solche, die den $1 S_{1/2}$-Zustand des Wasserstoffatoms benutzen (*Atomstrahlquellen;* Abb. 2) und solche, die den $2 S_{1/2}$-Zustand benutzen (*Lamb-Shift-Quellen*). Die Atomstrahlquellen sind gegenüber den Lamb-Shift-Quellen universeller anwendbar, da man mit ihnen nicht nur polarisierte Ionen der Wasserstoffisotope, sondern auch andere Teilchenstrahlen (z. B. ^{6}Li, ^{23}Na) erzeugen kann. Lamb-Shift-Quellen eignen sich besonders für Tandem-Generatoren, da man aus ihnen unmittelbar negative Ionen H$^-$ erhalten kann [8,9].

Erzeugung polarisierter Neutronenstrahlen (siehe *Neutronenstrahlen*). Langsame Neutronen läßt man magnetisierte Ferromagnetika durchlaufen oder reflektiert sie an magnetisierten Kobaltspiegeln. Mittelschnelle Neutronen (bis etwa 100 keV) polarisiert man, indem sie ein polarisiertes Wasserstofftarget durchlaufen (Polarisationsübertragung; siehe Abb. 3). Polarisierte schnelle Neutronen entstehen in speziellen Kernreaktionen (z. B. ^{3}H (d,n) ^{4}He).

Zur Erzeugung eines Ensembles orientierter Kerne, das als Target verwendet werden kann, wurden verschiedene Methoden entwickelt. Verbreitet sind dynamische Verfahren der Polarisationserzeugung, bei denen die Spinorientierung der Elektronen, die man verhältnismäßig einfach erzeugen kann, auf die Kerne übertragen wird. Dazu benutzt man die Methoden der paramagnetischen Elektronenresonanz oder der magnetischen Kernresonanz. Mittels hochfrequenter elektromagnetischer Felder bestimmter Frequenz werden Übergänge zwischen den Energiezuständen der magnetischen Kern- und Elektronenmomente angeregt. Doppelresonanzverfahren (siehe *Overhauser-Effekt, Festkörpereffekt*) werden hauptsächlich zur Polarisation von ^{1}H-Kernen verwendet. Protonentargets werden z. B. mit Substanzen wie LMN (Nb) (mit Neodymionen dotiertes Lanthan-Magnesium-Doppelnitrat) oder Kohlenwasserstoffen erzeugt. In den Spinrefrigeratoren, in denen man die Anisotropie magnetischer Eigenschaften von Kristallen ausnutzt (die Probe rotiert in einem starken Magnetfeld bei tiefer Temperatur), lassen sich Kerne wie z. B. ^{59}Co, ^{165}Ho, ^{159}Tb, ^{235}U polarisieren. Durch Induktion optischer

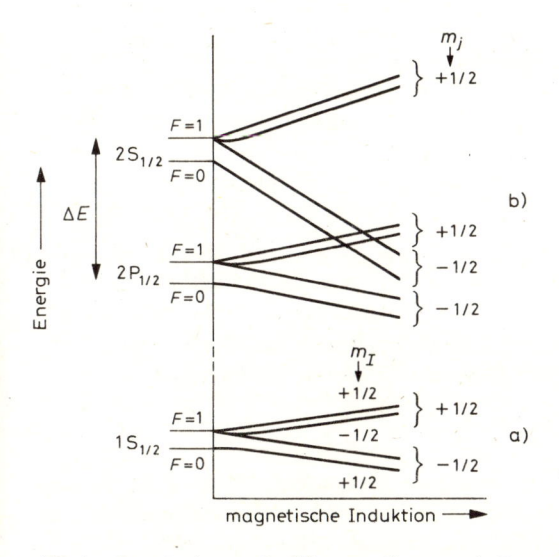

Abb.1 Energieniveaus des Wasserstoffatoms mit Zeeman-Aufspaltung im äußeren Magnetfeld (j – Spin des Elektrons, I-Spin des Protons, Gesamtspin des Atoms $F = I + j$. (a) $1 S_{1/2}$-Zustand (Grundzustand). (b) Metastabiler $2 S_{1/2}$-Zustand mit einer Lebensdauer von etwa 0,14 s. Der Energieunterschied zum $2 P_{1/2}$-Zustand beträgt $\Delta E = 1056$ MHz entsprechend $4{,}4 \cdot 10^{-6}$ eV (Lamb-Shift). Bei $H \approx 575$ G sind die Niveaus des $2 S_{1/2}$-Zustands mit $m_j = -1/2$ mit denen des $2 P_{1/2}$-Zustandes mit $m_j = +1/2$ entartet.

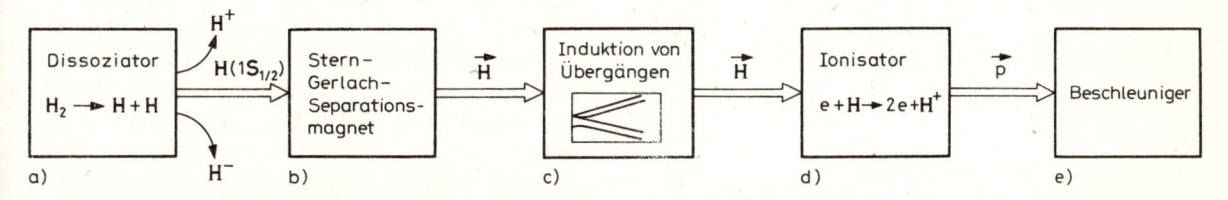

Abb.2 Schema einer Ionenquelle zur Erzeugung polarisierter Teilchen (Protonen) mit Hilfe der Atomstrahlmethode. (a) Erzeugung und Formierung des Atomstrahls, (b) Polarisation des Strahls in einem inhomogenen Magnetfeld, (c) Besetzung spezieller Hyperfeinstrukturniveaus (vgl. Abb.1), (d) Stoßionisation durch Elektronen, (e) Beschleunigung der Teilchen im elektrostatischen Generator, Zyklotron oder Synchrotron.

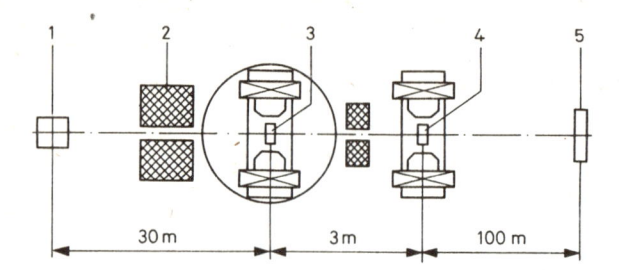

Abb. 3 Schema einer Apparatur zur Untersuchung von Resonanzreaktionen mit polarisierten Neutronen. Typische Abstände sind angegeben. 1 – Neutronenquelle (Reaktor), 2 – Kollimator, 3 – Neutronenpolarisator (hier ein polarisiertes Protonentarget), 4 – zu untersuchendes Target (ev. polarisiert), 5 – Neutronendetektor

Tabelle 1 Beispiele für polarisierte Targets für kernphysikalische Experimente [10]

Kern	Substanz	Polarisationsgrad	Temperatur K	Magnetfeld T
^{1}H	LMN (Nd)	0.7	1	20
^{1}H	Butanol	0.7	1	25
^{2}H	deuteriertes LMN (Nd)	0.1	1	6
^{3}He	Gas 4 Torr	0.2	300	10^{-2}
^{59}Co	Polykristall	0.5	0.03	10
^{159}Tb	Polykristall	0.6	1	20

Übergänge in Festkörpern oder Gasen (^{3}He) erreicht man ebenfalls eine Kernorientierung (optisches Pumpen).

Bei den statischen Methoden zur Kernorientierung kann man zwei Grundtypen unterscheiden. Auf starken äußeren Magnetfeldern bei tiefen Temperaturen beruht die brute-force-Methode. Oder man verwendet spezielle Substanzen mit unpaarigen Elektronen, die ein starkes inneratomares H-Feld erzeugen, oder wählt Kristalle, die im Innern ein inhomogenes elektrisches Feld besitzen (Feldgradienten bis 10^{18} V/cm^2). Tabelle 1 enthält einige typische Beispiele polarisierter Targets. Die am besten geeignete und damit meistens verwendete Methode zur Kontrolle der Kernorientierung im Target beruht auf der NMR-Technik.

Kennwerte, Funktionen

Zur Bezeichnungsweise binärer Kernreaktionen und Beispiele

a) Polarisation

$A (a, \vec{b}) B$ z. B. $\qquad$ ^{3}H $(d, \vec{n})$ ^{4}He, (1a)

b) Analysierstärke

$A (\vec{a}, b) B$ $\qquad$ ^{12}C$(\vec{d}, d)$ ^{12}C, (1b)

c) Polarisationstransfer

$A (\vec{a}, \vec{b}) B \; \vec{A} (a, \vec{b}) B$ $\qquad$ D $(\vec{d}, \vec{p})$ ^{3}H, (1c)
$A (\vec{a}, b) \vec{B} \; \vec{A} (a, b) \vec{B}$

d) Spinkorrelation

$\vec{A} (\vec{a}, b) B \; A (\vec{a}, \vec{b}) \vec{B}$ $\qquad$ ^{1}H $(\vec{p}, p)$ ^{1}H, (1d)

A – Targetkern, a – Geschoßteilchen, b – registriertes Teilchen, B – Endkern.

Doppelstreuung

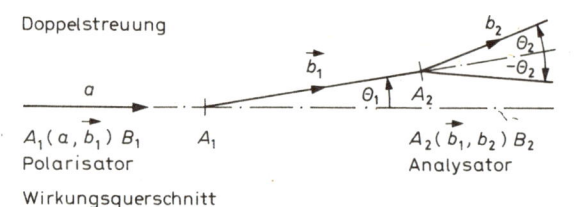

$A_1 (a, \vec{b}_1) B_1$ A_1 $\qquad$ $A_2 (\vec{b}_1, b_2) B_2$
Polarisator $\qquad\qquad\qquad\qquad$ Analysator

Wirkungsquerschnitt

$\sigma (\theta_2, \varphi_2) = \sigma_0 (\theta_2) [1 + P_y (\theta_1) A_y (\theta_2) \cos \varphi_2]$

Kernpolarisation für den Spin 1/2:

$p = \tanh (\mu H / kT)$,

μ – magnetisches Moment, H – äußeres Magnetfeld, k – Boltzmann-Konstante, T – Temperatur.
Beispiel für Protonen: Mit $H = 3\,T$ und $T = 10^{-2}$ K erreicht man $p = 0.3$.

Anwendungen

Die Wechselwirkung äußerer und inneratomarer Felder mit dem Spin der Atomkerne, die die Untersuchung von Polarisationserscheinungen in der kernphysikalischen Grundlagenforschung ermöglicht, wird vor allem in der magnetischen Kernresonanzspektroskopie auf den verschiedensten Anwendungsgebieten – Molekül- und Festkörperphysik, Chemie, Biologie, Medizin usw. – benutzt (siehe NMR-Technik). Wir beschränken uns hier auf die Kernphysik.

Test von Symmetrieprinzipien

a) *P-Invarianz.* Es handelt sich hier um Symmetrieeigenschaften von Stoß- und Zerfallsprozessen bezüglich Rauminversion (Parität – P). Für diese Untersuchungen nehmen Polarisationsexperimente eine Art Monopolstellung ein. Erstmals wurde die Nichterhaltung der Parität in kernphysikalischen Prozessen (schwache Wechselwirkung) beim Betazerfall polarisierter Kerne ^{60}Co nachgewiesen [11]. Heute ist bekannt, daß in der Wechselwirkung zwischen Hadronen ein Anteil (von der Größenordnung 10^{-7}) enthalten ist, der durch paritätsverletzende Effekte geprägt ist. Diese äußern sich beim Zerfall angeregter Kernzustände durch das Auftreten von paritätsverbotenen Übergängen in einer bestimmten Zirkularpolarisation der Gammastrahlung. Auch in verschiedenen Reaktionen (z. B. zwischen polarisierten Nukleonen oder der Streuung von polarisierten Protonen an Kernen) wurden paritätsverletzende Effekte beobachtet.

b) *T-Invarianz.* Der bisher einzige Prozeß, in dem die T-Invarianz (Verhalten der Wechselwirkung bezüglich Zeitumkehr) verletzt ist, wurde beim Zerfall neutraler K-Mesonen beobachtet. In Kernprozessen sollten sich diese Effekte äußern, wenn man unabhängige Messungen zur Polarisation P_y und der Analysierstärke A_y ausführt. Verletzungen der T-Invarianz drücken sich durch $|A_y - P_y| > 0$ aus. Die bisherigen Experimente haben die erforderliche hohe Präzision noch nicht erreichen können, um über eventuelle Effekte der Zeitumkehrinvarianz Aussagen zu machen.

c) Isospineigenschaften. Hier sollen die Effekte erwähnt werden, die mit der Änderung des Ladungszustandes der Nukleonen verkoppelt sind. Insbesondere in der niederenergetischen Kernphysik sind Fragen der Ladungssymmetrie der Kernkräfte vielfach untersucht worden. Ein wichtiger Test hierzu ist der Vergleich der Streulängen für die nn- und pp-Wechselwirkung (nach Abzug der Coulomb-Kraft). Untersuchungen zur Isospininvarianz können durch Polarisationsexperimente unterstützt werden. Geeignet sind Spiegelreaktionen vom Typ (p,n) – (n,p) oder (d,p) – (d,n), in denen jeweils eine Ladungseinheit ausgetauscht wird.

Spinabhängigkeit in der nuklearen Wechselwirkung. Alle Wechselwirkungspotentiale enthalten Anteile, die vom Spin der beteiligten Teilchen abhängen. Für Untersuchungen zur Spinabhängigkeit der Wechselwirkung sind deshalb Polarisationsexperimente besonders geeignet. Mit ihrer Hilfe konnten phänomenologische NN-Potentiale (z. B. vom Typ Reid) oder das OBEP (One-Boson-Exchange-Potential) getestet werden. Bei hohen Energien erhält man zusätzliche Informationen über die Quarkstruktur der Hadronen (Quarks sind Fermionen mit dem Spin 1/2). Für die Beschreibung von Streuprozessen von Nukleonen an Kernen hat sich das Modell mit komplexem Potential (optisches Modell) bewährt, das gleichfalls einen spinabhängigen Anteil enthält. Auch für kompliziertere Geschoßteilchen (schwere Ionen) erwies sich dieser Zugang als geeignet.

Untersuchungen zum Reaktionsmechanismus. Die bei den verschiedenen Kernreaktionen auftretenden Mechanismen sind eng mit den Fragen nach den Kernkräften und der Kernstruktur verkoppelt. Den Polarisationsexperimenten kommt besondere Bedeutung zu, da die in der Reaktion beobachtbaren Größen durch die Drehmoment- und Spineigenschaften der beteiligten Teilchen geprägt ist, so daß Feinheiten des Stoßprozesses „sichtbar" werden. Bestimmte Verfahren zur Experimentanalyse wie die Methoden der gestörten Wellen oder der gekoppelten Kanäle konnten präzisiert werden. Erweitert wurden die Kenntnisse über die Deformationseigenschaften von Kernen mit ihren kollektiven Freiheitsgraden (Rotation, Vibration). In Resonanzreaktionen (siehe *Kernresonanz*) wird häufig eine derartige Überlappung verschiedener Resonanzen beobachtet, so daß ihre Trennung nur im Polarisationsexperiment gelingt. Direkte Knockoutprozesse bei höheren Energien (einige 100 MeV) ermöglichen den Zugang zu Stoßprozessen an Subgruppen von Nukleonen (Clustern) im Kern. Überhaupt kommt den Wenig-Nukleonen-Systemen besondere Bedeutung zu, da sie einerseits theoretisch recht exakt handhabbar sind, andererseits Reaktionen zwischen wenigen Teilchen sehr genaue Standards für Eichmessungen liefern.

Spektroskopische Informationen. Mit Hilfe orientierter Kerne lassen sich die Quantencharakteristiken von Kernzuständen und ihre Wellenfunktionen bestimmen. Spin- und Multipolzustände von Gammaübergängen nach dem α- oder β-Zerfall (siehe *Kernzerfall, Kernanregung*) wurden häufig untersucht. Da beim α-Zerfall orientierter Kerne die Spin vom Anfangs- und Tochterkern sowie das vom α-Teilchen weggeführte Drehmoment eingehen, läßt sich die Theorie dieses Zerfallsprozesses testen. Die gemessene α-Energie entspricht bestimmten Energieniveaus des Anfangskerns (in allgemeinen Niveaus von Rotationsbanden deformierter schwerer Kerne). Mit polarisierten Neutronen lassen sich magnetische Momente von Compound-Zuständen und Spins von Neutronenresonanzen bestimmen. Eine besonders wirksame Methode beim Untersuchen von Polarisationseffekten sind Richtungskorrelationsmessungen (z. B. Koinzidenzmessungen zwischen α-Teilchen und Gammaquanten). Diese Methode hat auch in der Festkörperphysik Eingang gefunden (siehe *Winkelkorrelation*).

Literatur

[1] SCHWINGER, J.: On the polarization of fast neutrons. – Phys. Rev. 73 (1948) 407.

[2] HEUSINKVELD, M.; FREIER, G.: The production of polarized protons and inversion of energy levels of $p_{1/2} - p_{3/2}$ doublet in ^{5}Li. Phys. Rev. 85 (1952) 80.

[3] FANO, U.; RACAH, G.: Irreducible tensorial sets. – New York: Academic Press 1959.

[4] DEVONS, S.; GOLDFARB, L. J. B.: Angular correlation. Handbuch Phys. 42 (1957) 443–485.

[5] WOLFENSTEIN, L.: Polarization of fast nucleons. Ann. Rev. nuclear Sci. 6 (1956) 43–76.

[6] Proceedings of the Internat. Conf. on Polarized Targets and Ion Sources, Saclay 1966. Hrsg.: Direction de la Physique Centre d'Etudes Nucléaires de Saclay 1967.

[7] Proceedings Internat. Symposium on Polarization Phenomena, Madison 1970. Hrsg.: H. H. BARSHALL and W. HAEBERLI – Madison: University of Wisconsin Press 1971.

[8] PLIS, JU. A.; SOROKO, L. M.: Sovremennoje sostojanije fisiki i techniki polučenija častiz – Usp. fig. Nauk 107 (1972) 917.

[9] HAEBERLI, W.: Polarized beams. In: Nuclear spectroscopy and reactions, Part A. Hrsg.: J. OERNY. – New York/London: Academic Press 1974.

[10] NEMETS, O. F.; JASNOGORODSKIJ, A. M.: Poljarisazionnye issledovanija v jadernou fisike. – Kiew: Verlag Naukova Dumka 1980.

[11] ABOV, JU. G.; KRUPČIZKIJ, P. A.: Paritätsverletzung in Kernwechselwirkungen. Usp. fig. Nauk 118 (1976) 141–173.

Rekombination

Die durch unterschiedlichste Wechselwirkungsprozesse verursachte Neutralisierung von Ladungsträgern entgegengesetzten Vorzeichens in ionisierten Gasen, Elektrolyten und Halbleitern wird als Rekombination bezeichnet. Da dieser Effekt gegenwärtig ausschließlich in der Gasphase technisch genutzt wird, wird im folgenden nur die Rekombination in ionisierten Gasen behandelt.

Die Wiedervereinigung der Kleinionen der Luft wurde bereits 1896 von [1] in einer mit Röntgenstrahlung bestrahlten Ionisationskammer beobachtet und beschrieben. Weiterführende Arbeiten [2] berücksichtigen zusätzlich die durch Kleinionenanlagerung an Aerosole verursachte Rekombination. Obwohl dieser Effekt bereits 1922 [3] erstmalig technisch genutzt wurde, erfolgte seine breite Anwendung erst ab etwa 1950 und ist gegenwärtig noch nicht abgeschlossen [4,7]. Hauptanwendungsgebiete sind die Brandwarntechnik (Ionisationsrauchdetektor IRD), die Staubmessung (Staubdetektoren SD) und die Gasanalysenmeßtechnik (Elektronenanlagerungsdetektor ECD, Aerosoldetektoren AID) [4,7]. IRD und ECD sind gegenwärtig die zahlenmäßig häufigsten Anwendungen radiometrischer Verfahren.

Sachverhalt

Bei der Rekombination von Ladungsträgern in ionisierten Gasen finden in Abhängigkeit von der Gasart (Elektronegativität, Atome oder Moleküle, Masse, Verunreinigungen), der Dichte und räumlichen Verteilung der Ladungsträger sowie von Gasdruck und -temperatur die in Tab. 1 angegebenen Elementarprozesse statt, wobei zwischen Elektron-Ion- und Ion-Ion-Rekombination unterschieden wird. Die bei der Wiedervereinigung frei werdende Energie wird auf unterschiedliche Art abgeführt: Abgabe von Strahlung, Anregung, Dissoziation, kinetische Energie der Spezies, Energieabgabe an die Wand. Das Maß für die Rekombination ist der Rekombinationskoeffizient α, der in Abhängigkeit vom jeweils ablaufenden Elementarprozeß (siehe Tab. 1) 10^{-14} bis 10^{-6} cm^{3}s^{-1} beträgt [5,6]. Bei Anwesenheit von Aerosolteilchen bzw. Großionen ist zusätzlich der Anlagerungskoeffizient β [2] zu berücksichtigen (1), (2).

Eine experimentelle Bestimmung von α kann nach [1] mit einer bestrahlten Ionisationskammer erfolgen, indem die Strahlungsquelle ausgeschaltet und nachfolgend die zeitliche Änderung der Ionisierungsdichte beobachtet wird. Neuere Meßmethoden (z. B. Mikrowellenmethode, Licht- und Massenspektrometer) sind in [5,6,8] dargestellt.

Kennwerte, Funktionen

Die zeitliche Änderung der Dichten positiver und negativer Ladungsträger dn^+/dt bzw. dn^-/dt infolge Rekombination wird nach [1,2,8] durch

$$\frac{dn^+}{dt} = -\alpha n^+ n^- - n^+ \left[\beta_0^+ Z_0 + \sum_{\nu=1}^{\infty} (\beta_{1,\nu}^+ Z_\nu^+ + \beta_{2,\nu}^+ Z_\nu^-) \right] \quad (1)$$

und

$$\frac{dn^-}{dt} = -\alpha n^+ n^- - n^- \left[\beta_0^- Z_0 + \sum_{\nu=1}^{\infty} (\beta_{1,\nu}^- Z_\nu^- + \beta_{2,\nu}^- Z_\nu^+) \right] \quad (2)$$

beschrieben, wobei β_0^+, β_0^-, $\beta_{1,\nu}^+$, $\beta_{1,\nu}^-$, $\beta_{2,\nu}^+$, $\beta_{2,\nu}^-$ die Anlagerungskoeffizienten der positiven und negativen Kleinionen bzw. Elektronen an neutrale Aerosolteil-

Tabelle 1 Elementarprozesse der Rekombination [5, 6]

	Elementarprozeß	Reaktion	Bemerkungen
Elektron-Ion-Rekombination	Strahlungskombination	$A^+ + e^- \rightarrow A^{(*)} + h\nu$	Plasma niederer Dichte; hν – Kontinuum
	Dielektronische Rekombination	$A^+ + e^- \rightleftharpoons A^{**} \rightarrow A^{(*)} + h\nu$	
	Dissoziative Rekombination	$(AB)^+ + e^- \rightarrow A^{(*)} + B^{(*)}$	molekulare Vibration mit Dissoziation
	Dreierstoßrekombination	$A^+ + e^- + C \rightarrow A^{(*)} + C$	Energieabfuhr durch 3. Partner
	Dreierstoß (elektronen-stabilisiert)	$A^+ + e^- + e^- \rightleftharpoons A^* + e^-$	Plasma hoher Dichte
Ion-Ion-Rekombination	Zweikörperneutralisation	$A^+ + B^- \rightarrow A^* + B^* + \Delta E$ (AB + hν)	nur bei kleinen Drücken wahrscheinlich
	Dreierstoßrekombination	$A^+ + B^- + C \rightarrow A + B + C$ (AB + C)	wichtiger Prozeß bei hohen Drücken

A, B-Atome/Moleküle, neutrale Aerosolpartikel; A^+, B^--Klein-(Atom-, Molekül-, Komplex-) bzw. Großionen; (AB)±molekulares Ion bei Dissoziation, C-Wand oder A, B, e^--Elektronen, hν-Photon, ΔE-kinetische Energie der Spezies, * – angeregt, ** – 2fach angeregt, (*) kann, aber braucht nicht angeregt zu sein.

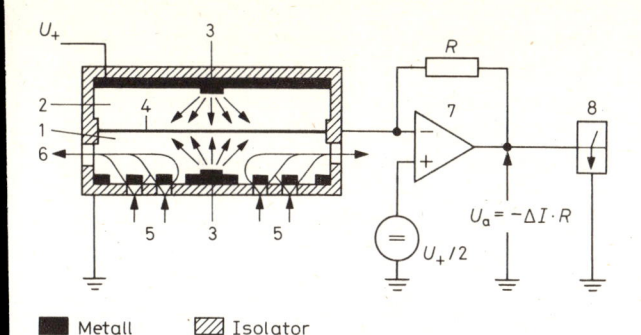

Abb. 1 Schematischer Aufbau eines IRD (Doppelkammer-Anordnung mit elektronischer Schaltung)
1 – Kammer (1), 2 – Kammer (2), 3 – Strahlungsquellen, 4 – gemeinsame Elektrode, 5 – Gaseintritt, 6 – Gasaustritt, 7 – Verstärkerschaltung, 8 – Grenzwertschaltung

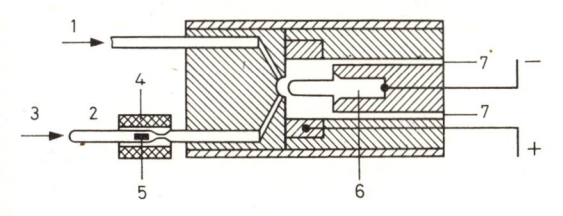

Abb. 2 Schematischer Aufbau eines AID-GC [4, 7]
1 – Reagenszuspülung, 2 – GC-Trennsäule, 3 – Trägergas, 4 – Ofen, 5 – Reagens (z. B.: CuO), 6 – Strahlungsquelle, 7 – Gasaustritt

chen und Großionen (Konzentrationen: Z_0, Z_ν^+, Z_ν^-) und ν die Zahl der Ladungen sind.

Falls die Ladungsträgerdichten gleich sind ($n^+ = n^- = n$), gilt nach [2,8] angenähert

$$\frac{dn}{dt} = -\alpha n^2 - n\beta_0 Z, \qquad (3)$$

wobei Z die Konzentration des als neutral angenommenen Aerosols ist.

Eine näherungsweise Berechnung des Rekombinationskoeffizienten für unterschiedliche Elementarprozesse (siehe Tab. 1) erfolgte in [5,6], wobei eine befriedigende Übereinstimmung mit dem Experiment erreicht wurde. Bei inhomogener Verteilung der primär erzeugten Ladungsträger durch β- bzw. α-Strahlung wird die Rekombination durch die zeitabhängigen Anfangs- bzw. Kolonnenrekombinationskoeffizienten α_i bzw. α_K beschrieben [5], die nach entsprechender Zeit in den Volumenrekombinationskoeffizienten α_T übergehen. Dieser beträgt in Luft [5] unter Laborbedingungen nach einer Zeit von etwa 1 s $\alpha_T = 1,6 \cdot 10^{-6}$ cm^3 s^{-1}.

Eine Berechnung der Anlagerungskoeffizienten nach (1) und (2) kann mit Hilfe der in [8] angegebenen Beziehungen erfolgen. Für Aerosolteilchen mit Radien $r \geq 10^{-5}$ cm gilt in Luft unter Laborbedingungen $\beta_0 \approx 0,47$ r.

Anwendungen

Die auf dem Effekt der Rekombination beruhenden Anwendungen nutzen Unterschiede zwischen den Wahrscheinlichkeiten von Elektron-Ion- oder Ion-Ion-(Kleinionen) Rekombination (ECD) bzw. Elektron-Ion- oder Ion-Ion-(Kleinionen) Rekombination und der bei Anwesenheit von Aerosolen anwachsenden Ion-Ion-(Großionen) Rekombination (IRD, SD, AID). Grundbaustein aller derartigen Meßanordnungen ist eine für den jeweiligen Anwendungszweck modifizierte Ionisationskammer mit interner Strahlungsquelle, die im Anstiegsbereich der Strom-Spannungs-Charakteristik betrieben wird. Durch Messung und Vergleich der bei Ab- und Anwesenheit der Meßkomponente fließenden Ionisationsströme wird die Änderung der Rekombinationsrate als Ionisationsstromänderung ΔJ erfaßt, die ein Maß für die Konzentration des nachzuweisenden Gases oder Aerosols ist.

Die erforderliche Änderung der Rekombinationsrate wird beim ECD für die Gaschromatographie erreicht, in dem sich die freien Elektronen des kontinuierlich durch den Detektor strömenden elektropositiven Trägergases (z. B.: hochreiner N_2) an neutrale, elektroaffine Moleküle der Meßkomponente unter Bildung negativer Ionen anlagern. Empfindlichkeit und Nachweisgrenze des ECD werden durch den Anlagerungsquerschnitt der Meßkomponente, die Strahlungsquelle (Aktivität, Art und Energie der Strahlung, z. B. ^{3}H, ^{63}Ni), die Detektorgeometrie sowie die Feldverhältnisse bestimmt. Für Verbindungen mit extrem hohem Elektronenanlagerungsquerschnitt (z. B. CCl_4, SF_6, halogenierte Pestizide) wurden Nachweisgrenzen um 10^{-14} gs^{-1} erreicht [4]. Der prinzipielle Aufbau des ECD entspricht dem AID-GC (siehe Abb. 2) ohne aerosolerzeugenden Vorrichtungen.

IRD [7] sind Ionisationskammern mit interner Strahlungsquelle, in die durch spezielle Öffnungen das beim Brandprozeß entstehende Aerosol ($r=10^{-6}...10^{-4}$ cm) eindringt, das durch Kleinionenanlagerung eine Ionisationsstromänderung bewirkt. Bei Überschreiten eines Grenzwertes wird mittels einer elektronischen Schaltung ein Alarmsignal ausgelöst. Um Fehlalarme infolge Änderungen der Umgebungsbedingungen (Temperatur, Luftdruck und -feuchte) zu verhindern, werden vorzugsweise Doppelkammer-Anordnungen (siehe Abb. 1) verwendet, die aus einer für das Aerosol offenen Kammer (1) und einer geschlossenen Kammer (2) bestehen. IRD können gegenüber anderen Branddetektoren bereits Entstehungs- und auch Schwelbrände erkennen.

Bei SD [7] wird die zu analysierende Luft kontinuierlich durch die Ionisationskammer gesaugt, wobei die durch Kleinionenanlagerung bewirkte Ionisationsstromänderung ein Maß für die Staubkonzentration m (mg m^{-3}) ist. Empfindlichkeit und Nachweisgrenze werden durch die Geometrie der Kammer, die Strahlungsquelle sowie Radius r und Dichte ϱ der Staubpartikel bestimmt, wodurch eine Eichung erforderlich wird. Da SD vor allem für lungengängige Feinstäube günstige Nachweisgrenzen besitzen (0,06 bzw. 6,0 mg m^{-3} für $r = 10^{-5}$ und 10^{-4} cm, $\varrho = 2,5$ g cm^{-3} [10]), ist ihr Haupteinsatzgebiet die Arbeitsplatzüberwachung.

AID für kontinuierlichen Betrieb (AIG) bzw. für die Gaschromatographie (AID-GC) [4,7] dienen zum Nachweis gasförmiger Spurenkomponenten. Hierzu wird die Meßkomponente durch eine geeignete chemische Reaktion (z.B. Pyrolyse, Gas-Fest- und Gas-Gas-Reaktionen ohne und mit Vorreaktionen) in ein gut detektables ($r \approx 3 \cdot 10^{-6}$ cm) Aerosol gewandelt, das in einer Ionisationskammer mit interner Strahlungsquelle eine Ionisationsstromänderung hervorruft. Empfindlichkeit und Nachweisgrenze von AID werden durch den Umwandlungsgrad des Gases in Aerosol η, Teilchenradius r und -dichte ϱ, die Geometrie der Kammer und die Strahlungsquelle bestimmt. Im allgemeinen ist deshalb eine Eichung mit einem Prüfgas erforderlich.

AIG zeichnen sich durch eine große Zahl kontinuierlich meßbarer Komponenten (mehr als 50 Metallcarbonyle, Halogenkohlenwasserstoffe, basisch und sauer reagierende Verbindungen [4,7]), ein gutes Ansprechverhalten und günstige Nachweisgrenzen (ppb- bzw. ppm-Bereich) aus. Der AID-GC (siehe Abb. 2) ermöglicht durch die gaschromatographische Trennung den gleichzeitigen, hochselektiven Nachweis mehrerer Komponenten innerhalb einer Substanzgruppe [4,7]. Als Trägergase können N_2 und Luft verwendet werden, wobei im zuletzt genannten Fall bei Luftproben kein störender Luftpeak erscheint. Nach [4,7] liegen seine Nachweisgrenzen zwischen 10^{-13} und 10^{-11} mol cm^{-3}. Hauptanwendungsgebiet von AIG und AID-GC ist die Überwachung lufthygienischer Grenzwerte im MIK-, MAK-, MEK-Bereich.

Literatur

[1] Thomson, J. J.; Rutherford, E., Phil. Mag. **42** (1896) 392.

[2] v. Schweidler, E., Wiener Berichte **127** (1918) 953; **128** (1919) 947.

[3] Greinacher, H., Bull. SEV **8** (1922) 356.

[4] Leonhardt, J.; Grosse, H.-J.; Popp, P., Isotopenpraxis **12** (1980) 352; **12** (1980) 383, 388.

[5] Loeb, L. B.: Basic Processes of Gaseous Electronics. – Berkeley, Los Angeles: Univ. California Press 1955.

[6] Mc Daniel, E. W.; Mc Dowell, M. R. C. (Ed.): Case Studies in Atomic Collision Physics I, II. – Amsterdam/London: North-Holland Publ. Co. 1969.

[7] Grosse, H.-J.: Die Anlagerung von Kleinionen an Aerosole und ihre technischen Anwendungen. – Leipzig: AdW der DDR, Diss. B 1983.

[8] Davies, C. N. (Ed.): Aerosol Science. – London/New York: Academic Press 1966.

Richardson-Effekt

Richardson [1] entwickelte 1902 auf der Grundlage der Drudeschen Theorie der freien Elektronen eine Vorstellung über die thermische Emission von Elektronen aus Metallen. Er stellte die These auf, daß die Elektronen nur dann das Kristallgitter verlassen können, wenn sie eine genügend hohe Geschwindigkeit senkrecht zur Oberfläche besitzen. Der Begriff der Austrittsarbeit als ein Maß für die notwendige Energie, die ein Elektron besitzen muß, um in den feldfreien Raum zu gelangen, wurde in diesem Zusammenhang eingeführt. Die Temperaturabhängigkeit des Emissionsstromes wurde noch nicht richtig erfaßt. In einer späteren Arbeit präzisierte Richardson [2] die Theorie der thermischen Elektronenemission und leitete den bekannten Zusammenhang zwischen der Kristalltemperatur und dem Emissionsstrom ab. Fowler und Nordheim [3] bestätigten diese Gleichung, indem sie die Quantenstatistik anwendeten. Die thermische Emission oder auch Glühemission, wie der Richardson-Effekt meist bezeichnet wird, ist die am häufigsten angewandte Methode zur Erzeugung freier Elektronen.

Sachverhalt

Im Innern von Metallen ist eine gewisse Anzahl von Elektronen frei beweglich. Diese Leitungselektronen sind an den Kristall als Ganzes gebunden. Die Elektronen können nur dann den Kristall verlassen, wenn sie eine Arbeit gegen die Bindungskräfte verrichtet haben. Das ist gleichbedeutend mit einer Zunahme der potentiellen Energie der Elektronen. Das Potentialtopfmodell (Abb. 1a) spiegelt die energetischen Verhältnisse stark vereinfacht wider. Der Potentialverlauf an der Oberfläche wird durch das Bildkraftpotential beeinflußt. Die Metallionen ziehen mit einer elektrostatischen Kraft die freien Elektronen vor der Oberfläche an. Dadurch liegt das Oberflächenpotential unter dem Vakuumniveau. Im Metall wird die potentielle Energie als konstant angenommen. Bei $T = 0$ K sind alle Energieniveaus bis zum Fermi-Niveau besetzt. Die Fermi-Energie ist bei Metallen nur sehr schwach temperaturabhängig. Die Potentialdifferenz zwischen der Fermi-Energie und dem Vakuumniveau wird als Austrittsarbeit bezeichnet. In Tab. 1 sind die Austrittsarbeiten einiger Substanzen zusammengestellt. Damit Elektronen das Metall verlassen können, muß Energie zugeführt werden, die mindestens so groß ist wie die Austrittsarbeit. Nimmt man an, daß die freien Elektronen am thermodynamischen Gleichgewicht des Metalls teilnehmen, so steigt mit der Metalltemperatur die mittlere kinetische Energie der Elektronen. Mit zunehmender Temperatur kann eine immer größer werdende Anzahl von Elektronen die Potentialmulde des Kristalls verlassen. Diese Erscheinung ist als

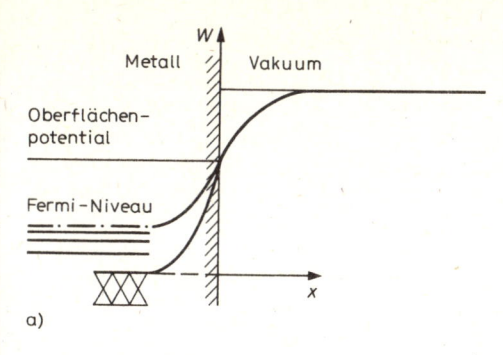

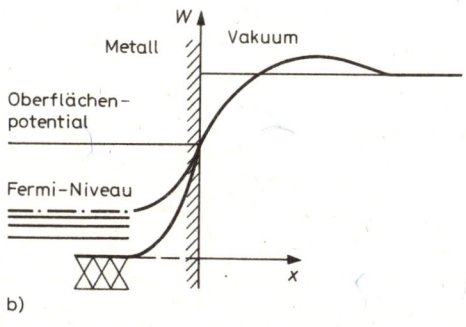

Abb. 1 Schematischer Potentialverlauf an der Grenzfläche Metall – Vakuum [6]
a) Bildkraft berücksichtigt, ohne Raumladung
b) Bildkraft und Raumladung berücksichtigt

Tabelle 1 Austrittsarbeiten W_A und Mengenkonstanten A einiger Metall-, Metallfilm- und Oxidkatoden [5]

Katodenmaterial	W_A/eV	A/Acm^{-2}K^{-2}
Mo	4,29	...388
Ni	4,91	30...1380
Pt	5,30	64...170
Th	—	—
W	4,50	15...156
W–Cs	1,4	3
	2,8	5...16
BaO	1,0...1,5	0,001...0,1
ThO$_2$	2,6	3...8

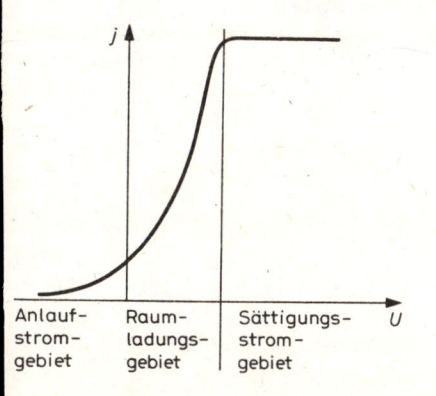

Abb. 2 Qualitativer Verlauf der Emissionsstromdichte j von Metallen als Funktion der Anodenspannung U (Diodenkennlinie)

Glühemission oder auch als Richardson-Effekt bekannt.

Wird zwischen das Metall und eine gegenüberliegende Anode eine elektrische Spannung angelegt, so erhält man qualitativ die in Abb. 2 dargestellte Abhängigkeit der Emissionsstromdichte von der Anodenspannung. Im Anlaufstromgebiet können infolge der bremsenden Wirkung des Feldes nur sehr wenig Elektronen den Kristall verlassen. Im Raumladungsgebiet werden nicht alle emittierten Elektronen abgesaugt, so daß vor der Katode eine negative Ladungswolke entsteht, die den Potentialverlauf beeinflußt (Abb. 1b). Das Raumladungspotential und das Bildkraftpotential überlagern sich. Die potentielle Energie durchläuft vor der Oberfläche ein Maximum. Mit zunehmender Feldstärke werden immer mehr Elektronen abgesaugt. Vor der Metalloberfläche gibt es keinen Punkt mehr, der ein negativeres Potential als die Katode besitzt. Im Sättigungsstromgebiet bleibt der Emissionsstrom trotz steigender Spannung konstant. Die Stromdichte hängt exponentiell von der Temperatur und der Austrittsarbeit ab (1). Die Mengenkonstanten der Substanzen (Tab. 1) weichen vom theoretisch erwarteten Wert ab. Ursachen dafür sind u. a. Meßfehler der Temperatur und der emittierenden Fläche. Die Austrittsarbeit der meisten Metalle liegt bei etwa 5 eV. Nennenswerte Emissionsströme treten erst bei Temperaturen von etwa 2500 K auf. Eine ausführliche mathematische Beschreibung des Richardson-Effektes ist in [4] zu finden. Unter Einbeziehung des Bändermodells kann die thermische Emission von Halbleitern beschrieben werden.

Kennwerte, Funktionen

Sättigungsstromdichte:

$$j_s = A \cdot T^2 \cdot \exp\left(-\frac{W_A}{kT}\right) \qquad (1)$$

($A = (4\pi\, mk^2)/h^3 = 120\ \text{Acm}^{-2}\text{K}^{-2}$ – Mengenkonstante; T – Metalltemperatur; W_A – Austrittsarbeit; k – Boltzmann-Konstante; m – Ruhemasse d. Elektrons; h – Planck-Wirkungsquantum)

Anwendungen

Metallkatoden. Reine Metallkatoden werden meist aus Wolfram oder Tantal bzw. aus Legierungen dieser Elemente hergestellt. Die Lebensdauer der Katoden liegt bei etwa 10000 h. Bei einer Katodentemperatur von 2600 K beträgt die Emissionsstromdichte etwa 0,5 Acm^{-2}. Die physikalischen Eigenschaften von Metallkatoden sind in der Literatur [8,9] ausführlich dargestellt. Metallkatoden werden vorrangig dort eingesetzt, wo robuste Katoden benötigt werden, deren

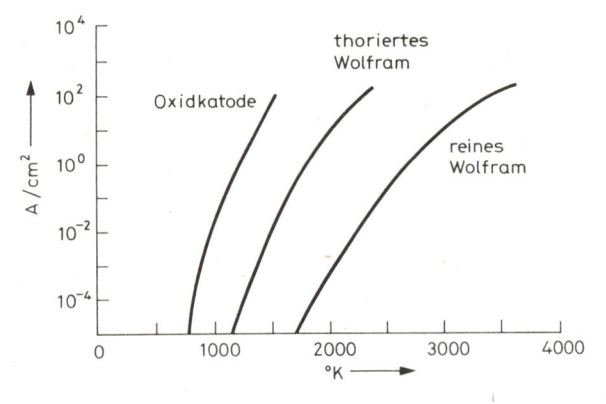

Abb. 3 Spezifische Sättigungsströme verschiedener Katoden [7]

Emissionseigenschaften sich auch nach mehrmaligem Belüften der Vakuumapparatur nicht verschlechtern. Vorwiegend handelt es sich um Elektronenmikroskope, Elektronenmikrosonden und Elektronenbeugungsgeräte. In der technischen Ausführungsform überwiegen Haarnadel- und Wendelkatoden.

Metallfilmkatoden. Überzieht man Wolfram mit einer dünnen Schicht Thorium, so sinkt die Austrittsarbeit der Katode unter den Wert der Austrittsarbeiten der beiden reinen Metalle (Tab. 1). Dem Wolframdraht wird etwa 1% ThO zugesetzt, das bei 2000 K zerfällt, wobei das Thorium an die Oberfläche diffundiert. Die Arbeitstemperatur der Katoden liegt zwischen 1800 K und 2000 K. Die Emissionsstromdichte ist höher als bei reinen Wolfram-Katoden trotz der niedrigeren Temperatur (Abb. 3). Die Metallfilmkatoden werden vorteilhaft eingesetzt, wenn der Restgasdruck kleiner als 0,001 mPa ist. Bei höherem Druck werden die Restgasmoleküle ionisiert und zur Katode hin beschleunigt. Die Gasionen stäuben die Thoriumatome ab. Dadurch sinkt die Emissionsfähigkeit der Katode, und sie muß erneut aktiviert werden. Betreibt man die Katode im Ultrahochvakuum, so kann mit einer Lebensdauer von 5000 h gerechnet werden.

Oxidkatoden. Auf ein Trägermetall, z. B. Wolfram oder Thorium, wird eine bis zu 0,1 mm dicke Schicht aus Bariumkarbonat aufgebracht. Mit einem speziellen Aktivierungsprozeß wird erreicht, daß sich auf dem Trägermetall eine Bariumoxidschicht ausbildet. Die Austrittsarbeit der Oxidkatoden liegt bei etwa 1 eV (Tab. 1). Die Emissionsstromdichte beträgt 1 mAcm^{-2}, wenn die Katodentemperatur etwa 1300 K erreicht. Es kann dann mit einer Lebensdauer von etwa 9000 h gerechnet werden. Die Oxidkatoden reagieren mit Sauerstoff. Dadurch verschlechtern sich die Emissionseigenschaften, und die Katode muß erneut aktiviert werden. Die Oxidkatoden sind gut geeignet für Elektronenquellen, die ständig im Vakuum oder unter Schutzgas arbeiten, wie z. B. Oszillographenröhren, Fernsehbildröhren und Elektronenröhren. Eine ausführliche Darstellung über Oxidkatoden findet man im [10].

Metall-Kapillar-Katoden. Diese Katoden stellen eine Weiterentwicklung der Oxidkatoden dar. In einer kleinen Kammer, die mit einer porösen Wolframscheibe abgedeckt ist, befindet sich Bariumkarbonat, das erhitzt wird. Das dabei entstehende Bariumoxid gelangt in die Poren der Wolframscheibe und diffundiert an deren Oberfläche. Durch die Diffusion des Bariumoxides wird die Katode ständig aktiviert, und die guten Emissionseigenschaften bleiben erhalten. Die Emissionsstromdichten liegen höher als bei den Oxidkatoden. Die Metall-Kapillar-Katoden, auch als Vorratskatoden bezeichnet, können auch in Vakuumapparaturen eingesetzt werden, die von Zeit zu Zeit belüftet werden. Detailliertere Angaben zu den Vorratskatoden findet man in [11].

Weitere Anwendungen. Neben dem Hauptanwendungsgebiet des Richardson-Effektes, der Erzeugung freier Elektronen für Elektronenstrahlgeräte (siehe *Elektronenstrahlen*), ist die Glühemission bei einer Vielzahl von Effekten zur Aufrechterhaltung des Vorganges notwendig. Dazu gehören u. a. die Bogenentladung mit statistischem Brennfleck (siehe *Gasentladungen*), die Hohlkatodenentladung (siehe *Hohlkatoden-Effekt*) und die Erzeugung von Ionen (siehe *Ionenstrahlen*).

Literatur

[1] RICHARDSON, O. W.: Proc. Cambridge Phil. Soc. **11** (1902) 286 ff.
[2] RICHARDSON, O. W.: Phil. Mag. **23** (1912) 594 ff.
[3] FOWLER, R. H.; NORDHEIM, L. W.: Proc. Roy. Soc. London **A 119** (1928) 173 ff.
[4] OLLENDORF, F.: Grundlagen der Kristallelektronik. – Wien: Springer-Verlag 1966.
[5] KOHLRAUSCH, F.: Praktische Physik. Bd. 3. 22. Aufl. – S. 96. Stuttgart: B. G. Teubner-Verlag 1968.
[6] KNOLL, M.; EICHMEIER, J.: Technische Elektronik. Bd. 1. Berlin/Heidelberg/New York: – Springer-Verlag 1965.
[7] BRÜCHE, E.; RECKNAGEL, A.: Elektronengeräte. S. 107. – Berlin: Springer-Verlag 1941.
[8] MÖNCH, G. C.: Neues und Bewährtes aus der Hochvakuumtechnik. S. 712–735. – Berlin: VEB Verlag Technik 1961.
[9] ARDENNE, M. v.: Tabellen zur angewandten Physik. Bd. 1. 2. Aufl. – Berlin: VEB Deutscher Verlag der Wissenschaften 1973.
[10] HERRMANN, G.; WAGENER, S.: Die Oxydkathode. 2. Aufl. – Teil 1 u. 2 Leipzig: Johann Ambrosius Barth 1948.
[11] KAMKE, D.: Elektronen- und Ionenquellen. In: Handbuch der Physik. Hrsg.: S. FLÜGGE. Berlin/Göttingen/Heidelberg: Springer-Verlag 1956. Bd. 33, S. 1–122.

Röntgenenergieänderungen

Historisch wurden $K_{\alpha 1}$-Satellitenlinien erstmals 1916 von SIEGBAHN und STENSTROM [1] in den K-Emissionsspektren der Elemente von Natrium bis Zink beobachtet. Über Satellitenlinien in den Röntgenemissionsspektren der L-Serie wurde 1922 von COSTER [2] berichtet. Erste Satellitenlinien der M-Emissionsspektren wurden 1918 durch STENSTROM [3] bekannt. COATES [4] berichtete 1934 von einem Schwerionenstoßexperiment, bei dem das Auftreten von Röntgenlinien beobachtet wurde, welche sich in ihrer Energie sowohl von den charakteristischen Linien der sich im Strahl befindlichen Atome als auch von denen des Targetmaterials unterschieden.

Das Auftreten chemischer Verschiebungen wurde 1924 von LIND und LUNDQUIST [5] gemessen, und Pionierarbeit bei der Bestimmung chemischer Röntgenenergieverschiebungen leisteten SUMBAEV u.a. [6]. Röntgenenergieverschiebungen treten dann auf, wenn das Potentialfeld, in dem sich die Elektronen des Atoms bewegen, eine Änderung erfährt. Da sich das effektive Atompotential aus Beiträgen vom Kernfeld und verschiedenen Wechselwirkungen der Elektronen untereinander zusammensetzt, beeinflussen sowohl Änderungen im Kern als auch Veränderungen in der Atomhülle die Energien der charakteristischen Röntgenstrahlung. Als Quellen für die Änderung des effektiven Atompotentials sind mit dem Kern verbundene Effekte wie Isotopieeinflüsse, Hyperfeinwechselwirkungen und Elektroneneinfang sowie Struktur- und Wechselwirkungsprozesse in der Atomhülle bekannt. Eine Änderung des auf die Elektronen wirkenden Potentials durch Hüllenwechselwirkungen erfolgt in der Regel durch Ionisationsprozesse infolge Wechselwirkung mit ionisierender Strahlung, durch Einfangsprozesse exotischer Teilchen wie Müonen und Kaonen oder durch Änderung des Valenzzustandes infolge chemischer Bindung. Die Größe der auftretenden Energieverschiebungen bewegt sich zwischen MeV bis zu einigen hundert eV. Eine Beschreibung des Sachverhaltes wird in [7] gegeben.

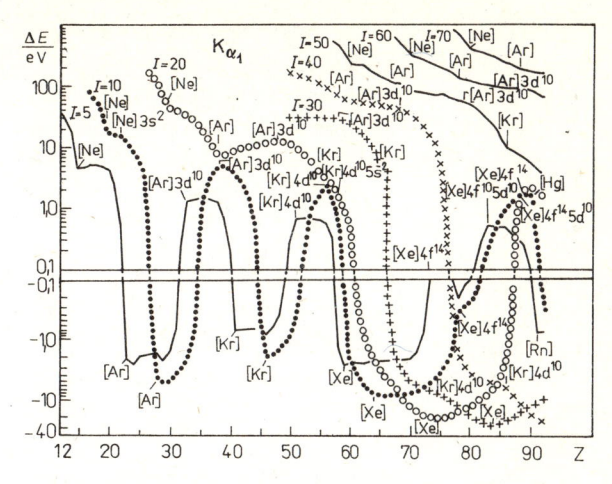

Abb. 1 Röntgenübergangsverschiebungen ΔE der $K_{\alpha 1}$-Linien aller Elemente mit $Z \leq 92$ für ausgewählte Ionisationsstufen I [7]

Tabelle 1 *Energiedifferenzen zwischen Satellitenlinien für zusätzliche Vakanzen in L- und M-Orbitalen [11]. Z_L und Z_M sind abgeschätzte abgeschirmte Ladungen: $Z_L = Z-4{,}15$; $Z_{M_{I,II,III}} = Z-11{,}25$; $Z_{M_{IV,V}} = Z-21{,}15$*

Übergang	Anfangs-vakanz	Endvakanz	Verschiebung pro L-Vakanz/eV	Verschiebung pro M-Vakanz/eV
K_α	K	$L_{II,III}$	$1{,}66\,Z_L$	$0{,}06\,Z_M$
$K_{\beta_{3,1}}$	K	$M_{II,III}$	$4{,}38\,Z_L$	$0{,}91\,Z_M$
L_α	L_{III}	$M_{IV,V}$	$2{,}24\,Z_L$	$0{,}56\,Z_M$
L_{β_1}	L_{II}	M_{IV}	$2{,}24\,Z_L$	$0{,}56\,Z_M$
L_{β_2}	L_{III}	N_V	$3{,}71\,Z_L$	$1{,}72\,Z_M$

Kennwerte

Der Einfluß des Atomkerns

a) Isotopieeffekte. Durch die Hinzufügung von Neutronen wird die für den Kern charakteristische Ladungsverteilung radial verbreitert. Damit ändert sich die Überlappung der Elektronenwellenfunktion mit den Kernwellenfunktionen. Die Hinzufügung eines Neutrons bewirkt eine Isotopieverschiebung von ca. 60 meV für $Z = 60$ und wächst bis etwa 600 meV bei $Z = 90$ [8].

b) Hyperfeinstrukturaufspaltung. Die Wechselwirkung der magnetischen Momente der Elektronen und des Atomkerns führt zur Hyperfeinstrukturaufspaltung der Atomzustände, die im allgemeinen sehr klein und von der Größenordnung von 0,1 bis 1 eV ist [8].

c) Elektroneneinfang. Beim Elektroneneinfang wird ein Elektron aus den inneren Elektronenorbitalen vom Kern eingefangen und von diesem über den Prozeß $p + e^- \to n + \nu_e$ absorbiert, d. h., das Atom mit der ursprünglichen Ordnungszahl Z wird in ein Atom der Ordnungszahl $Z - 1$ umgewandelt. Für den $K_{\alpha 1}$-Übergang von Holmium ergibt sich z. B. durch die Anwesenheit eines zusätzlichen 4f-Elektrons eine Energieverschiebung von mehreren hundert meV [9].

Atomhülleneffekte

a) Röntgensatelliten bei Außenschalenvakanzen. Die Existenz von Außenschalenvakanzen beeinflußt den Verlauf bzw. die Stärke von Wechselwirkungs- und Strukturprozessen in der Atomhülle und von Hülle-Kern Wechselwirkungen. Bisher sind in der Literatur nur wenige Arbeiten zu experimentellen Untersuchungen der energetischen Verschiebungen einzelner Röntgenlinien bei einer wachsenden Anzahl von Außenschalenvakanzen bekannt. Es besteht aber die Möglichkeit, die Röntgenverschiebungen in Abhängigkeit von der Außenschalenionisation über self-consistent-field Rechnungen zu bestimmen. Die dabei erreichbare Übereinstimmung mit experimentellen Werten liegt bei 5 % [7].

Abbildung 1 gibt eine Übersicht über die Energieverschiebungen der $K_{\alpha 1}$-Linien aller Elemente bis $Z \leq 92$ für ausgewählte Ionisationsstufen.

b) Röntgensatelliten bei Innerschalenvakanzen. Charakteristisch für Elektronen- und Photonenbeschuß ist, daß hauptsächlich die Diagrammlinie angeregt wird, welche von einer isoliert auftretenden Primärvakanz herrührt [10]. Dabei tritt nur geringe Mehrfachionisation in Innerschalen auf (KL^{-1} und KL^{-2}). Mit mittelschweren Projektilen wird das gesamte Satellitenspektrum angeregt. Die Anregung in äußere Schalen sowie die Intensität der Hypersatelliten K^2L^{-i} ist noch gering. Erst mit sehr schweren Ionen ergeben sich große Ionisationswahrscheinlichkeiten, so daß Wenigelektronensysteme beobachtet werden können. Wie bei mit leichten Ionen angeregten Weniglochzuständen ist auch bei den Wenigelektronenzuständen eine Vereinfachung der Spektren, d. h. wenig spektrale Überlappung, typisch.

Tabelle 1 gibt die Größenordnung der Röntgenenergieverschiebung pro zusätzliche L- und M-Schalenvakanzen für Linien der K- und L-Serie an. Eine detaillierte Beschreibung der bei Ion-Atom-Stößen ablaufenden Prozesse wird in [12] gegeben.

c) Chemische Verschiebungen. Chemische Verschiebungen modifizieren die Röntgenemissionsspektren durch die Entfernung von Valenzelektronen aus dem Atom. Dabei erfolgt eine Reduktion der Abschirmung gegenüber dem Kernpotential für die anderen Elektronen, und die verbleibenden Elektronen erfahren einen Bindungsenergiezuwachs. Die beobachteten Röntgenenergieverschiebungen liegen in der Größenordnung von 0,1 eV. Ein Überblick über chemische Verschiebungen wird in [8, 13, 14] gegeben.

Anwendungen

Im Verlaufe der letzten Jahre wuchs die Leistungsfähigkeit von Ionenquellen für Schwerionenbeschleuniger bei der Erzeugung positiv geladener Ionen bis zu Ladungen $q \leq 52$ im Falle von Xenon [15].

Die zunehmende Aktualität von Untersuchungen an Modellen zukünftiger Fusionsreaktoren stimuliert die Analyse heißer Plasmen, in denen die Atome einen Teil ihrer Orbitalelektronen verloren haben. Die charakteristische Röntgenstrahlung, welche an derartigen Plasmakonfigurationen gemessen werden kann, enthält eine Reihe signifikanter physikalischer Informationen über den Zustand des Plasmas (Temperatur, Ionisationszustand, Teilchendichte, Anwesenheit äußerer Felder, Fremdatombeimischungen) [16].

Fortschritte bei der Schaffung von Teilchenbeschleunigern, die nach dem Prinzip der kollektiven Beschleunigungsmethode arbeiten, erfordern ein detailliertes Studium der Ionisationsprozesse, welche bei der Einlagerung von Schwerionen in das beschleunigende Medium auftreten. Die Analyse dieser Prozesse erfolgt über die Messung der emittierten Nichtdiagrammröntgenlinien [17].

Die Anregung von Röntgensatellitenlinien kann für die Analyse der Tiefe von Oberflächenbeschichtungen eingesetzt werden. Weiter ist es möglich, auf die chemische Struktur der untersuchten Proben über die Änderung der Satellitenintensitäten zu schließen [18].

Mit der Entwicklung der K_{α}-Satellitenspektroskopie wurde eine Möglichkeit gefunden, Informationen über die chemische Zusammensetzung einzelner Proben in speziellen Situationen zu erhalten. Da diese Technik auch Informationen über tiefer liegende Stoffschichten liefert, ist sie komplementär zu den vielgenutzten Methoden der Auger- und Röntgenphotoelektronenspektroskopie, welche nur Informationen über die Probenoberfläche vermitteln.

Eine genaue Kenntnis der Energieverschiebungen und Intensitätsänderungen von Nichtdiagrammröntgenlinien trägt bei der Auswertung von Röntgenfluoreszenzspektren für die Elementenanalyse zur Vereinfachung der physikalischen Interpretation und zur Verringerung des Meßfehlers bei.

Astrophysikalische Entwicklungen ermöglichen die Spektrometrie von Röntgenstrahlung außerirdischen Ursprungs. Die Röntgenstrahlung von außerirdischen Quellen verfügt über ein Energiespektrum, welches vergleichbar mit irdischen Laborplasmaquellen ist und die ablaufenden physikalischen Prozesse für die Erzeugung der Röntgenstrahlung besitzen eine Reihe gemeinsamer Aspekte.

Literatur

[1] SIEGBAHN, M.; STENSTROM, W., Phys. Z. **17** (1916).
[2] COSTER, D., Phil. Mag., **43** (1922) 1070 und 1088.
[3] STENSTROM, W., Ann. Phys. 57 (1918) 57, 347.
[4] COATES, W.M., Phys. Rev., **46** (1934) 542.
[5] LIND, A.E.; LUNDQUIST, O., Ark. Mat. Fys. **18** (1924) 3.
[6] SUMBAEV, O.I.; MEČENTSOV, A.F., JETF **50** (1965) 859.
[7] ZSCHORNACK, G., EČAJA **14** (1983) 835.
[8] BOEHM, F., Isotope Shifts, Chemical Shifts and Hyperfine Interactions of Atomic K X-Rays. In: Atomic Inner-Shell Processes. – New York a. o.: Academic Press 1975. Vol. I.
[9] BORCHERT, C.L. et al. In: Notes from the Nordic Spring Symposium on Atomic Inner-Shell Phenomena. – Geilo: Norway 1978. Vol. I, p.83.
[10] BEYER, H.F., GS I-Report 79–6. Darmstadt 1979.
[11] MOKLER, P.H.; FOLKMAN, F.: X-Ray Production in Heary Ion-Atom Collisions. In: Structure an Collisions of Ions and Atoms. – Berlin/Heidelberg/New York: Springer-Verlag 1978. p.214.
[12] RICHARD, P.: Ion-Atom Collisions. In: Atomic Inner-Shell Processes. – New York: Academic Press 1975. p.74.
[13] DYSON, N.A.: X-Rays in Atomic and Nuclear Physics. – London: Longman Group Limited 1973.

[14] Meisel, A. u.a.: Röntgenspektren und chemische Bindung. – Leipzig: Akademische Verlagsgesellschaft Geest & Portig K.-G. 1977.

[15] Donets E.D., EČAJA **13** (1982) 941.

[16] Reports of Working Groups. In: Proc. of the Second Technical Committee Meeting on Atomic and Molecular Data for Fusion, Fortenay – aux – Roses, France, 19–22 May 1980. Issued erschienen in Physica Scripta **23** (1981) 204.

[17] Zschornack, G., et al., Nuclear Instrum. and Methods **173** (1980) 457.

[18] Watson, R. L., et al., Nuclear Instrum. and Methods **142** (1977) 311.

Röntgenstrahlen

W. C. Röntgen entdeckte am 8. November 1895 bei Experimenten mit Kathodenstrahlen durchdringende Strahlen, denen er die Bezeichnung X-Strahlen gab [1,2]. 1912 gelang M. von Laue und Mitarbeitern [3] durch Beugungsexperimente an Kristallgittern der experimentelle Nachweis der elektromagnetischen Natur der Röntgenstrahlung. Die Entdeckung der charakteristischen Röntgenstrahlung geht auf die von C. G. Barkla und C. L. Sadler im Jahre 1909 veröffentlichten Untersuchungen zurück [4].

Sachverhalt

Erzeugung. Röntgenstrahlung bildet gemeinsam mit der Gammastrahlung den kurzwelligen Grenzbereich im elektromagnetischen Spektrum ($\lambda < 10^2$ nm bzw. $h\nu > 10$ eV). Hinsichtlich Erzeugung und Eigenschaften unterscheidet man zwischen charakteristischer Röntgenstrahlung und *Bremsstrahlung* (siehe dort). *Charakteristische Röntgenstrahlung* kann bei der Auffüllung von Innerschalenvakanzen emittiert werden, wobei sowohl Elektronen- als auch Myonenatome in Betracht kommen[1]. Im weiteren wird nur die elektronische Röntgenstrahlung betrachtet. Die Erzeugung einer Innerschalenvakanz als Voraussetzung für die Emission charakteristischer Röntgenstrahlung kann durch Stoßionisation geladener Teilchen, Ion-Atom-Stöße, photoelektrische Absorption, Elektronen-Einfang und innere Konversion erfolgen. In den als Quelle von Röntgenstrahlung am häufigsten eingesetzten Röntgenröhren wird die Wechselwirkung beschleunigter Elektronen mit dem Anodenmaterial ausgenutzt. Damit ist der Vorteil verbunden, bereits bei relativ niedrigen und derzeit technisch mit geringem Aufwand realisierbaren Hochspannungen (bis etwa 200 kV) eine intensive Strahlung beider Komponenten (Bremsstrahlung und charakteristische Strahlung) zu erhalten. Zur Erzeugung monochromatischer Strahlung werden den Röntgenröhren Kristallmonochromatoren nachgeschaltet. Weiterhin finden als Quellen von Röntgenstrahlen Radionuklide (Bremsstrahlungsquellen, K-Einfang-Strahler (z. B. ^{55}Fe, ^{109}Cd)) und Elektronenbeschleuniger[2] Verwendung.

Röntgenemissionsspektrum einfach ionisierter Atome und Röntgenabsorptionsspektrum. Eine Innerschalenvakanz kann durch einen Röntgen-, Auger- oder Coster-Kronig-Übergang aufgefüllt werden. Das *Emissionsspektrum* einfach ionisierter Atome entsteht beim Rönt-

---

[1] Aufgrund der im Vergleich zu Elektronenbahnen wesentlich kernnäheren Myonenbahnen ist myonische Röntgenstrahlung energiereicher (z. B. Pb-$K_{\alpha1}$: 5982 keV (Pb^{208}, myonisch); 74,969 keV (elektronisch)).

[2] Linearbeschleuniger, Betatron, Synchrotron

genübergang, bei dem die freiwerdende Bindungsenergie in Form eines Photons emittiert wird und dessen Endzustand wiederum ein einfach ionisiertes Atom ist. Die Klassifizierung der einzelnen Elektronenterme erfolgt in der Röntgenspektroskopie so, daß den Atomkernen mit den Hauptquantenzahlen $n = 1, 2, 3, 4, \ldots$ die Buchstaben K, L, M, N, ... zugeordnet werden. Für die Bezeichnung der Werte des Bahndrehimpulses l (übliche Notierung $l = 0, 1, 2, 3,$) finden die Buchstaben s, p, d, f, ... Verwendung. Indizes an den Buchstaben bezeichnen die Werte des Gesamtdrehmoments j des Elektrons.

In Analogie zu den optischen Spektren werden diejenigen Röntgenübergänge, deren erzeugende Elektronensprünge auf derselben Schale enden, zu Serien zusammengefaßt. Entsprechend unterscheidet man nach steigender Wellenlänge die K-, L-, M-, N-Serie usw., die aus einer zunehmenden Anzahl von Linien bestehen. Die Auffüllung der Vakanzen aus höheren Elektronenniveaus erfolgt entsprechend bestimmten Auswahlregeln [5]. Die intensitätsreichsten Linien entstehen bei Dipolübergängen mit $l = \pm 1$ und $j = 0$ oder ± 1 (Abb. 1). Die Abhängigkeit der Energie einer Röntgenlinie von der Ordnungszahl Z wird durch das Moseley-Gesetz [6] beschrieben (Abb. 2). Danach berechnet sich z. B. die Frequenz der K_α-Linie[1]) zu

$$\nu_{K_\alpha} = \frac{3}{4} R (Z - 1)^2 \qquad (1)$$

(R – Rydberg-Konstante). Die Energien bzw. Wellenlängen der Röntgenlinien der Elemente aus dem Ordnungszahlbereich $3 \leq Z \leq 95$ sind in [7] tabelliert.

Das Emissionsspektrum charakteristischer Röntgenstrahlung wird von der chemischen Bindung beeinflußt. Deshalb gelten die getroffenen Aussagen, wie z. B. das Moseley-Gesetz, in Strenge nur für ein isoliertes Atom. Bei Veränderung der Valenzelektronenkonfiguration werden die inneren Niveaus eines Atoms in der Größenordnung von 10 eV verschoben.

Das *Absorptionsspektrum* enthält für jede Serie bzw. Unterserie charakteristische Absorptionskanten (K-, L_I-, L_{II}- ... Kante), da nur für diejenigen Photonen die Möglichkeit der Absorption besteht, deren Energie oberhalb eines für das jeweilige Niveau charakteristischen Wertes liegt (Abb. 3). Bestimmend für die Lage der Absorptionskante ist dabei der jeweils auf dem ersten nicht voll besetzten Niveau stattfindende Elektronenübergang. Die Absorptionsspektren von Festkörpern und Flüssigkeiten weisen im Gegensatz zu einem isolierten Atom eine Feinstruktur auf, die durch die jeweils benachbarten Atome bestimmt wird [8].

Wechselwirkung von Röntgenstrahlung mit Stoff. Röntgenstrahlung tritt beim Durchgang durch Stoff ebenso wie Gammastrahlung mit den Hüllenelektronen, den

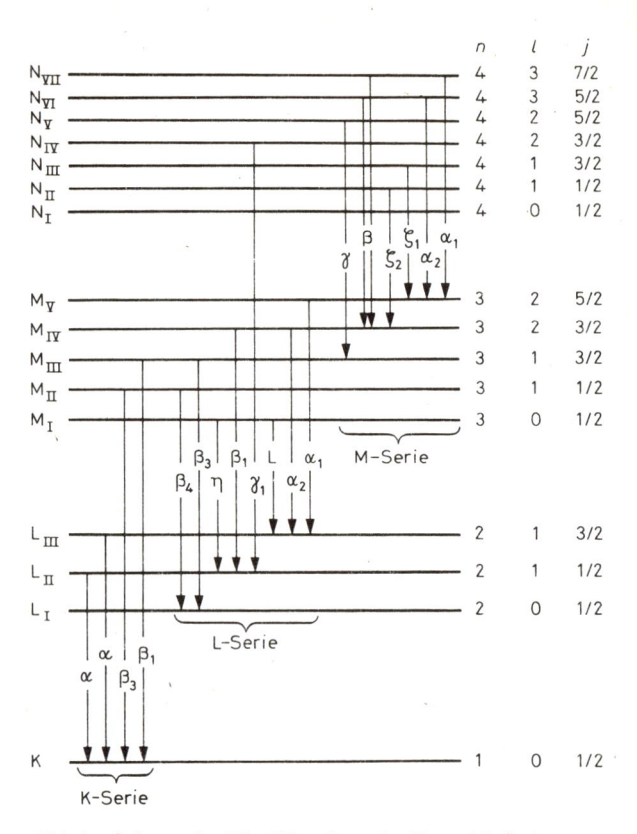

Abb. 1 Schema der Dipolübergänge der K- und L-Serie

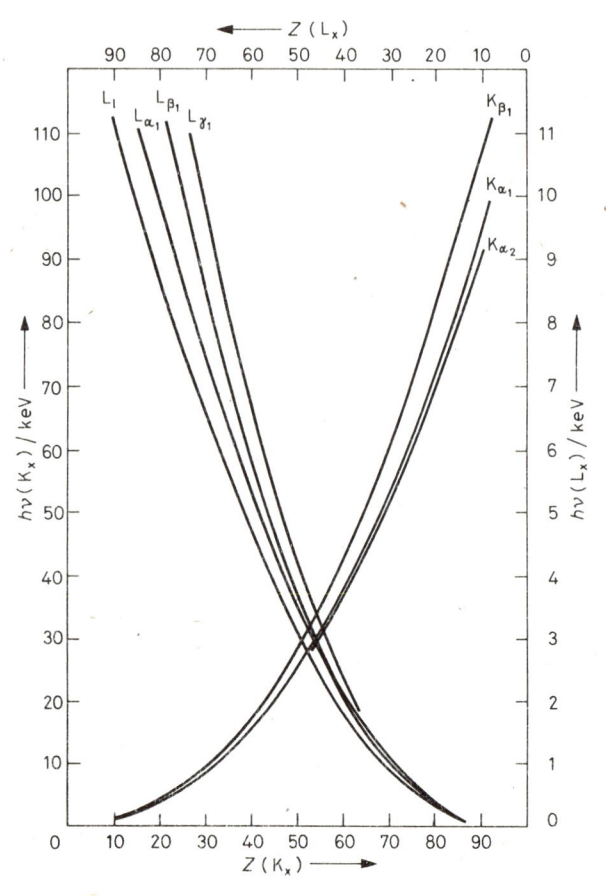

Abb. 2 Energien ausgewählter Röntgenlinien in Abhängigkeit von der Ordnungszahl

[1]) Die Aufspaltung des K_α-Dubletts wird beim Moseley-Gesetz nicht berücksichtigt.

Coulomb-Feldern der Atomkerne und mit den Atomkernen selbst in Wechselwirkung. Im praktisch interessierenden Energiebereich unterhalb von 1 MeV sind die in Abb. 4 schematisch dargestellten Wechselwirkungsprozesse entscheidend. Für den einfachen Fall der Schwächung eines kollimierten schmalen Bündels Röntgenstrahlung der Energie $h\nu$, das senkrecht auf eine ebene Schicht der Dicke x fällt, gilt das Schwächungsgesetz

$$I = I_0 \cdot \exp(-\mu(h\nu, Z) \cdot x). \quad (2)$$

Hierbei kennzeichnen I_0 die Intensität der einfallenden Strahlung und I die Intensität der Röntgenstrahlung, die das Target ohne Richtungsablenkung wieder verläßt. Der *lineare Schwächungskoeffizient* $\mu(h\nu, Z)$ berechnet sich für eine monoatomare Schicht (Ordnungszahl Z) zu

$$\mu(h\nu, Z) = (\varrho \cdot N_A \cdot {}_a\sigma(h\nu, Z))/A, \quad (3)$$

wobei N_A die Avogadro-Konstante, A das Atomgewicht und ϱ die Dichte des Stoffes sind. Der atomare Wirkungsquerschnitt ${}_a\sigma$ setzt sich dabei aus den Querschnitten der beteiligten Wechselwirkungsprozesse zusammen. Oft ist es gebräuchlich, anstelle des linearen Schwächungskoeffizienten den *Massenschwächungskoeffizienten* $\mu_m = \mu/\varrho$ anzugeben (tabellarische Zusammenstellungen siehe z. B. [9]). Der Massenschwächungskoeffizient einer chemischen Verbindung oder einer homogenen Mischung berechnet sich annähernd aus der gewichteten Summe der Koeffizienten der einzelnen Bestandteile:

$$(\mu/\varrho) = \sum_i w_i \cdot (\mu/\varrho)_i, \quad (4)$$

wobei w_i der Massenanteil des i-ten Elements ist.

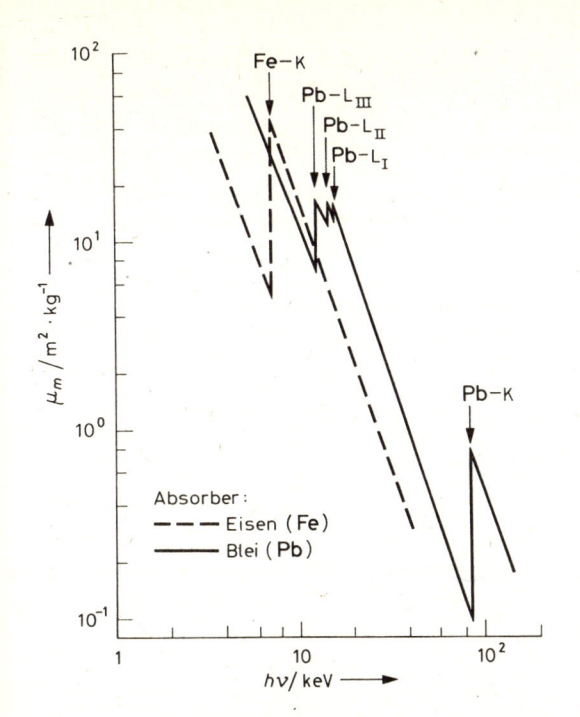

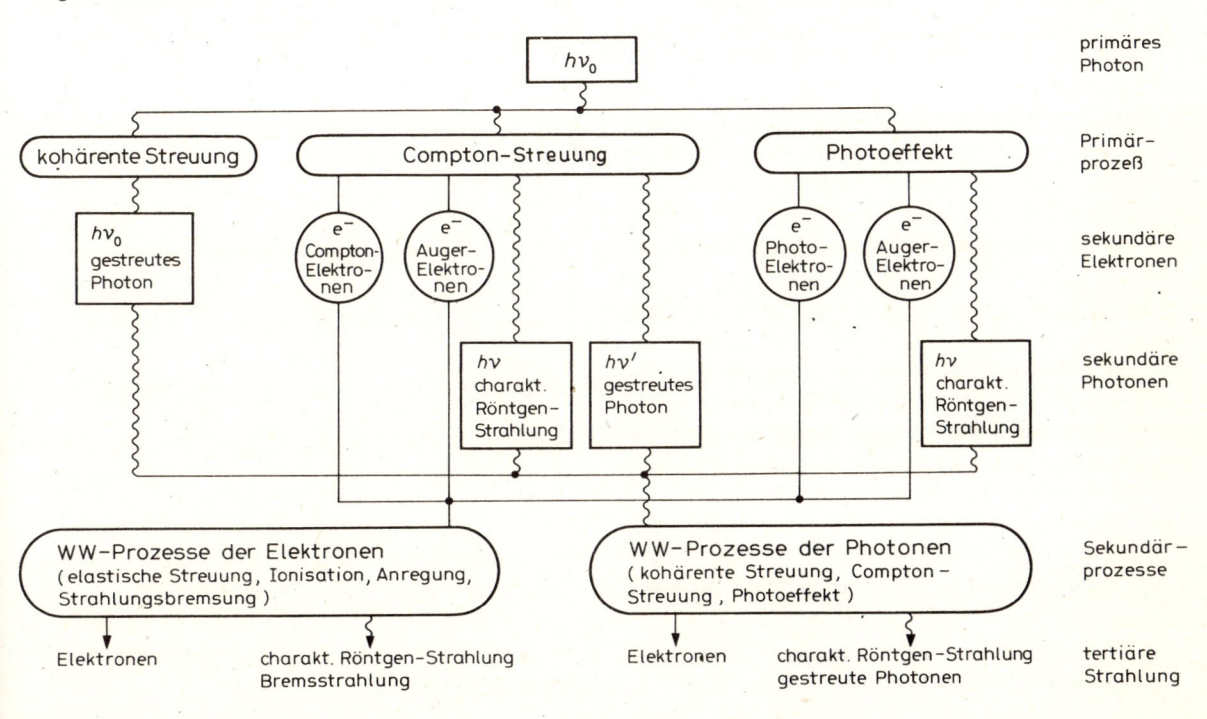

Abb. 3 Massenschwächungskoeffizient in Abhängigkeit von der Photonenenergie
a) Koeffizient μx (relative Einheiten) für Kupfer als Funktion der Photonenenergie T in der Nähe der K – Kante ($T = h\nu - E_{K\alpha,abs}$, mit $E_{K\alpha,abs}$ – Energie der K-Absorptionskante von Kupfer; vgl. [24])
b) Massenschwächungskoeffizient μ/ϱ für Blei und Kupfer in Abhängigkeit von der Photonenenergie $h\nu$

Abb. 4 Schema der Wechselwirkungsprozesse für Photonenenergien unterhalb von 1 MeV

Ausbeute an charakteristischer Röntgenstrahlung. Die Wahrscheinlichkeit für die Emission der i-ten Linie der k-ten Serie eines isolierten Atoms wird durch den Röntgenproduktionsquerschnitt $\sigma_p = \sigma_{ion,k} \cdot \omega_k \cdot q_{k,i}$ bestimmt mit $\sigma_{ion,k}$ als Ionisationsquerschnitt, ω_k als Fluoreszenzausbeute und $q_{k,i}$ als Übergangswahrscheinlichkeit. In der Praxis wird zur Berechnung der Ionisationsquerschnitte (Abb. 5) oft auf halbempirische Beziehungen zurückgegriffen, die unter Benutzung umfangreichen experimentellen Materials abgeleitet wurden [10,11]. Bei der Bestimmung der Fluoreszenzausbeute (Abb. 6) ist zu berücksichtigen, daß die Abregung einer Innerschalenvakanz über drei konkurrierende Prozesse, den Röntgen-, den Auger- und den Coster-Kronig-Übergang erfolgen kann[1]). So wird z. B. die $L_{\alpha 1/2}$-Strahlung nicht nur nach der primären Ionisation der L_{III}-Schale emittiert, sondern kann auch nach der Ionisation der L_I- bzw. L_{II}-Schale und anschließendem Coster-Kronig-Übergang entstehen. Das dadurch bedingte Anwachsen der Fluoreszenzausbeuten ν_{LI} und ν_{LII} berücksichtigt [12]. Anstelle der Übergangswahrscheinlichkeiten sind bisher vorwiegend relative Emissionsraten veröffentlicht [13]. Sie betragen für die K-Serie der Elemente mittlerer Ordnungszahl im Durchschnitt

$\alpha_1 : \alpha_2 : \beta_1 : \beta_2 = 100 : 53 : 18 : 5$

und für die Linien der L-Serie

$\alpha_1 : \alpha_2 : \beta_1 : \beta_2 : \beta_3 : \beta_4 : \gamma_1 = 100 : 11 : 52 : 20 : 10 : 6 : 10$.

Bei dünnen Targets der Dicke dx, bei denen sowohl der Energieverlust der primären geladenen Teilchen bzw. die Absorption und Streuung der primären Photonen als auch die Absorption der austretenden Röntgenstrahlung vernachlässigt werden können, berechnet sich die Anzahl dN der von einer gegebenen Meßanordnung (Nachweiseffektivität ε) registrierten Photonen zu $dN = \sigma_p \cdot \varepsilon \cdot n \cdot N \cdot dx / \cos\alpha$. (5)
Hierbei sind N die Anzahl der Atome je Volumeneinheit des Targets, n die Zahl der Primärteilchen bzw. -photonen und α der Winkel zwischen Targetnormale und Primärstrahlrichtung. Die Berechnung der Ausbeute dicker Targets (Abb. 7) erfordert die Berücksichtigung des *Strahlungstransportes* (siehe dort) sowohl der anregenden Strahlung (Elektronen, Photonen) vom Eintrittsort bis zum Ort der Ionisation als auch der erzeugten Röntgenstrahlung vom Entstehungsort bis zum Austritt aus der Grenzfläche. Bei aus unterschiedlichen Atomsorten zusammengesetzten dicken Targets sind außerdem *Matrixeffekte* (siehe dort) zu berücksichtigen.

Optik der Röntgenstrahlen. Das Reflexionsvermögen für Röntgenstrahlung ist extrem gering ($\approx 10^{-12}$), der Realteil des Brechungsindex $n = 1 - \delta$ liegt nahe bei 1 ($\delta \approx 10^{-6}$). Wegen $n < 1$ erscheint für Röntgenstrahlung das Vakuum optisch dichter als jeder andere Stoff. Es tritt Totalreflexion ein, wenn der Winkel zwischen einfallendem Strahl und Grenzfläche den Grenzwinkel $\varphi_T = \sqrt{2\delta}$ (Grenzwinkel der Totalreflexion) unterschreitet. Brechungslinsen, Prismen oder Spiegel, wie sie für sichtbares Licht eingesetzt werden, sind für die Abbildung von Röntgenstrahlen nicht geeignet. Im Bereich der weichen Röntgenstrahlung kann unter Ausnutzung der Beugung mit Fresnel-Zonenplatten [15], mit Spiegeloptiken bei streifendem Einfall unter Ausnutzung der Totalreflexion [16] sowie mit Spiegeloptiken unter Ausnutzung der Reflexion an Vielfachschichten abgebildet werden.

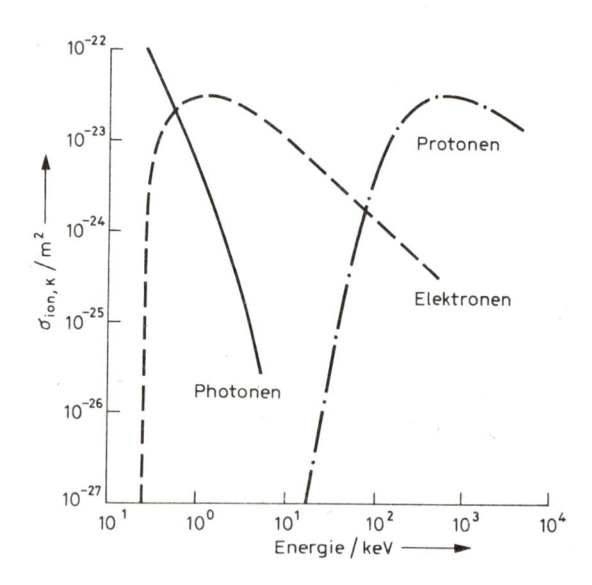

Abb. 5 Ionisationsquerschnitte für Photonen, Elektronen und Protonen in Abhängigkeit von der Energie (Targetelement Kohlenstoff)

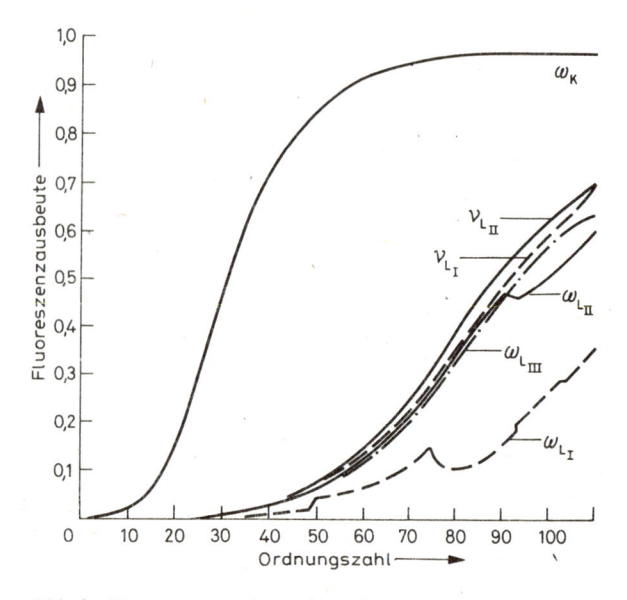

Abb. 6 Fluoreszenzausbeute in Abhängigkeit von der Ordnungszahl [12]

---

[1]) Bei der Abregung einer K-, L_{III}- und M_V-Schalen-Vakanz treten z. B. keine Coster-Kronig-Übergänge auf.

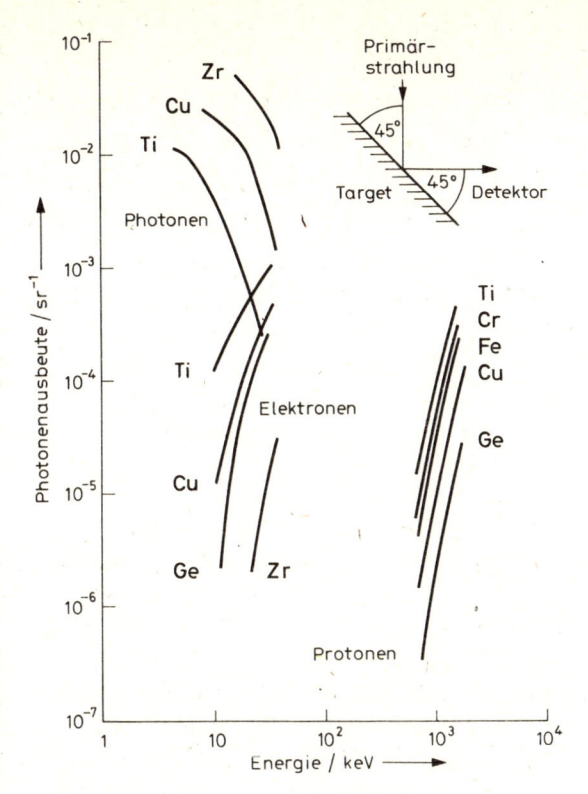

Abb. 7 Photonenausbeute ausgewählter dicker Ein-Element-Targets [14]

Anwendungen

Alle bekannten Verfahren des *Nachweises* von Röntgenstrahlen beruhen auf deren ionisierender Wirkung (siehe *Ionisation*). Das gilt auch für die photographische Registrierung, wobei in der Emulsionsschicht von Röntgenfilmen bei einer Wellenlänge von 10^{-10} m (ca. 12 keV) etwa 30% und nur noch 1% bei einer Wellenlänge von $0{,}4 \cdot 10^{-10}$ m (ca. 31 keV) absorbiert werden. Aufgrund der Entwicklung von Ionisationskammern, von Proportionalzählrohren, Szintillations- und Halbleiterdetektoren einschließlich der zugehörigen Nachfolgeelektronik wird die photographische Registrierung nur noch dort bevorzugt angewendet, wo räumlich ausgedehnte Strahlungsfelder bzw. breite Spektralbereiche simultan erfaßt werden müssen. Der Vorteil der Strahlungsdetektoren liegt in ihrer hohen Empfindlichkeit (Einzelphotonenmessung) und in der Möglichkeit der unmittelbaren digitalen Weiterverarbeitung der Informationen begründet. Dabei zeichnet sich gegenwärtig der Trend ab, durch Entwicklung großflächiger Detektionseinheiten (ein- und zweidimensionale ortsempfindliche Detektoren, Detektormosaiks) das Einsatzgebiet der photographischen Registrierung weiter einzuschränken.

Für die *Spektrometrie* von Röntgenstrahlen werden bevorzugt wellenlängen- bzw. kristalldispersive Spektrometer und zunehmend auch energiedispersive Spektrometer mit Halbleiterdetektoren eingesetzt [17,18]. Für die Auswahl sind ausgehend von der Aufgabenstellung das energetische Auflösungsvermögen und die Nachweiseffektivität bzw. Lichtstärke entscheidend (Abb. 8). Zu den wellenlängendispersiven Spektrometern, bei denen die spektrale Zerlegung der

Kennwerte, Funktionen

Zusammenhang zwischen Energie ($h\nu$) und Wellenlänge (λ):

$h\nu = 1{,}23981$ keV $\cdot$ nm$/\lambda$

Fluoreszenzausbeute (siehe Abb. 6):

$(\omega_k/(1-\omega_k))^{1/4} = -A + B \operatorname{lex3} Z - C \cdot Z^2$
$Z =$ Ordnungszahl
$A = 6{,}40 \cdot 10^{-2}$
$B = 3{,}40 \cdot 10^{-2}$
$C = 1{,}03 \cdot 10^{-6}$

$\omega_L = n_I \cdot \nu_{L_I} + n_{II} \cdot \nu_{L_{II}} + n_{III} \cdot \nu_{L_{III}}$
$\nu_{L_{III}} = \omega_{L_{III}}$

Anregung	Photonen	Elektronen
n_I	$\frac{1}{6}$	$\frac{1}{4}$
n_{II}	$\frac{1}{3}$	$\frac{1}{4}$
n_{III}	$\frac{1}{2}$	$\frac{1}{2}$

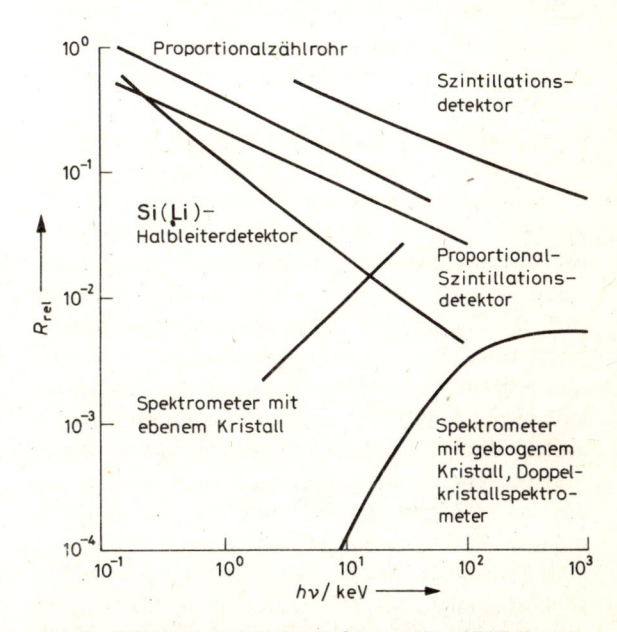

Abb. 8 Relative energetische Auflösung ($R = $ HWB$/h\nu$ mit HWB als Linienhalbwertsbreite) ausgewählter Photonenspektrometer in Abhängigkeit von der Photonenenergie

Röntgenstrahlen auf der Beugung an Kristallen (siehe *Braggsche Reflexion*) beruht und zum anschließenden Nachweis einer der genannten Strahlungsdetektoren eingesetzt wird, gehören die einfachen Bragg-Spektrometer mit Soller-Kollimatoren, die teilweise fokussierenden Spektrometer nach JOHANN und CHAUCHOIS und die exakt fokussierende Anordnung nach JOHANNSON. Für die Erfassung eines großes Wellenlängenbereiches wird ein Sortiment von Kristallen mit aufeinander abgestimmten d-Werten benötigt. Durch die Verwendung von Analysatorkristallen (Reflexionsvermögen etwa 10^{-4} bis 10^{-7}) ist die Lichtstärke von wellenlängendispersiven Anordnungen geringer als bei energiedispersiven Spektrometern, bei denen die spektrale Zerlegung ohne ein spezielles dispergierendes Element ausschließlich auf der Grundlage der im empfindlichen Volumen des Strahlungsdetektors erzeugten Ladungsträgermenge erfolgt, die der Energie des eingestrahlten Photons proportional ist (Proportionalzählrohre, Szintillations- und Halbleiterdetektoren).

Der überwiegende Teil aller Röntgeneinrichtungen dient medizinischen Anwendungen [19], wobei Geräte für die Röntgendiagnostik dominieren. Die *Röntgendiagnostik* beruht auf der Absorption und nutzt Unterschiede der Massenschwächungskoeffizienten der abzubildenden Objekte (Skelett-Teile, Organe usw.) und der angrenzenden Umgebung. In der klinischen Praxis findet vorwiegend die Bremsstrahlung von Drehanodenröhren Verwendung (in der Mammografie z. T. die charakteristische Strahlung), wenngleich der Einsatz von *Synchrotronstrahlung* (siehe dort) in Zukunft erhebliche Bedeutung gewinnt. Das entscheidende Element moderner Diagnostiksysteme ist der Röntgenbildverstärker (siehe *Photoeffekt*) und die sich anschließende Fernsehkette. Im Gegensatz zur herkömmlichen Übersichtsaufnahme ermöglicht die *Tomographie* (Abb. 9) die Abbildung einer ausgewählten Schicht. Während der gegenläufigen Translationsbewegung von Röhre und Film (Röhrenfokus- und Filmbewegung sind mechanisch gekoppelt) werden all diejenigen Objektpunkte (z. B. P_1, P_2), die auf der Drehpunktebene E liegen, stets auf dieselbe Filmstelle scharf projiziert. Die Abbildung der ober- und unterhalb liegenden Punkte (z. B. P_o, P_u) erfolgt dagegen unscharf. Sind sehr geringe Dichteunterschiede nachzuweisen (Weichteildiagnostik, z. B. Untersuchung von Gehirntumoren), kommt die *Computertomographie* zum Einsatz, bei der anstelle des Films einzelne Detektoren bzw. Detektormosaiks verwendet werden. Ein Rechner rekonstruiert aus den Meßwerten das Bild, das auf einem Fernsehmonitor sichtbar gemacht wird. Hinsichtlich der Informationsdichte ist die Computertomographie bereits gegenwärtig der herkömmlichen um etwa das 100fache überlegen. Bei der klinischen Computertomographie kann eine räumliche Auflösung von 1,5 mm (Bestwerte 0,3 bis 0,2 mm) bei einer Schichtauflösung von 8 mm

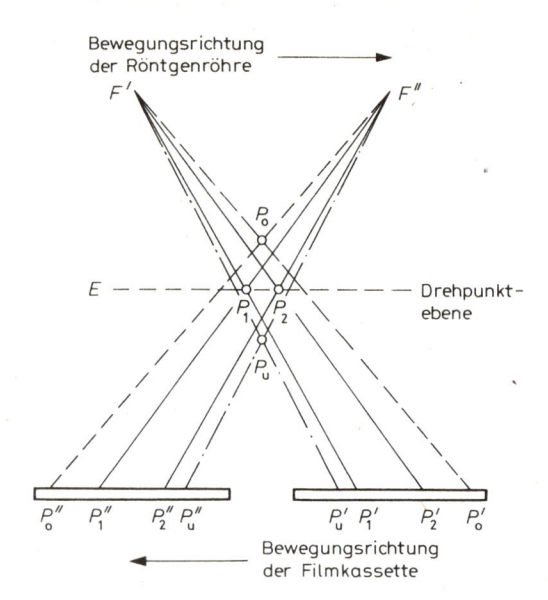

Abb. 9 Prinzip der linearen horizontalen Tomographie

bis 10 mm erreicht werden. Die Auflösung hinsichtlich der Dichte des Gewebes liegt bei 0,5 % bis 0,2 %.

Apparaturen für die *Röntgentherapie* dienen der Behandlung von Erkrankungen, insbesondere der Geschwulstbehandlung, wobei Bremsstrahlung von Röntgenröhren (Maximalenergie zwischen 10 keV und 300 keV) eingesetzt wird. Die erfolgreiche Anwendung beruht auf der Tatsache, daß Tumorzellen infolge ihres schnellen Wachstums empfindlicher auf ionisierende Strahlung reagieren als die Zellen gesunden Gewebes. Die Tiefenwirkung wird bei gegebenem Objekt von der Energie der Strahlung und vom Abstand zwischen Strahlenquellen und Tumorbereich bestimmt. Die Forderung nach Erhöhung der relativen Tiefendosis und nach Verlagerung des Dosis-Maximums in größere Gewebtiefen führt gegenwärtig zur verstärkten Anwendung von Elektronenbeschleunigern (Betatron und Linearbeschleuniger), wobei die bei der Abbremsung der Elektronen im Target erzeugte Bremsstrahlung (Maximalenergien zwischen 10 MeV und 50 MeV) zur Therapie genutzt wird.

Ziel der zerstörungsfreien Werkstoffprüfung mit Röntgenstrahlen (*Röntgendefektoskopie*) ist die Erkennung von makroskopischen Fehlstellen in kompaktem Material, wie Risse, Einschlüsse und Hohlräume [20]. Mit Röntgendefektoskopie-Einrichtungen bis 400 kV Maximalspannung können z. B. Stähle mit Maximaldicken bis zu 125 mm untersucht werden. Zur Untersuchung größerer Materialdicken findet hochenergetische Quantenstrahlung Anwendung, die mit van-de-Graaff-Generatoren und in zunehmendem Maße mit Betatron erzeugt wird. So können z. B. mit einem 30-MeV-Betatron noch Stahldicken bis zu 500 mm durchstrahlt werden.

Vielfältig ist die Anwendung von Röntgenstrahlen in der *Festkörperanalytik* [21] (Tab. 1). Unter den Ver-

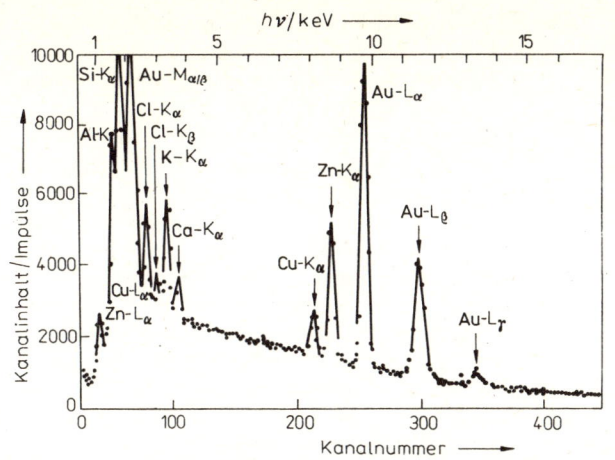

Abb. 10 Impulshöhenspektrum einer Verunreinigung auf Golddraht (energiedispersive Elektronenstrahlmikroanalyse)

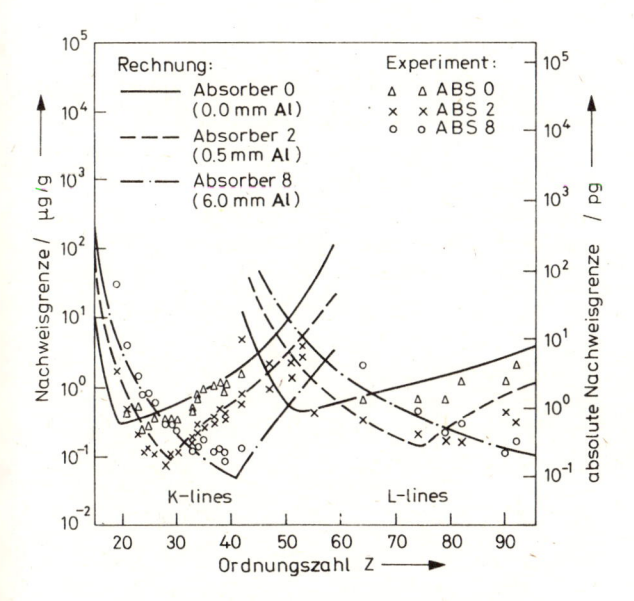

Abb. 11 Konzentrationsgrenzen bei der Röntgenfluoreszenzanalyse mit *Synchrotronstrahlung*

Tabelle 1 Übersicht über Festkörperanalyseverfahren auf der Grundlage der Anregung bzw. des Nachweises von Röntgenstrahlen (A-Absorption, B-Beugung, E-Emission)

Anregung	Nachweis		Analysenverfahren	Information
Röntgenstrahlen	Röntgenstrahlen	E	Röntgenfluoreszenzanalyse (RFA)	chemische Zusammensetzung
		B	Röntgendiffraktometrie	Gitterstruktur Präzisionsgitterkonstantenbestimmung, Phasenanalyse
		B	Röntgentopografie	Abbildung von Gitterdefekten
		E	Hochauflösende Röntgenspektrometrie	Parameter der Elektronenstruktur
		A	Röntgenabsorptionsspektrometrie (EXAFS)	Abstände benachbarter Atome, Debye-Waller-Faktor
		E	Röntgenmikroanalyse, Röntgenmikroskopie	Morphologie Realstruktur chemische Zusammensetzung
	Elektronen	E	Photoelektronenspektrometrie (XPS/ESCA)	Elektronenstruktur chemische Zusammensetzung
Elektronen	Röntgenstrahlen	E	Elektronenstrahlmikroanalyse (ESMA)	chemische Zusammensetzung
		E	Rasterelektronenmikroskopie	Elementverteilung
Protonen	Röntgenstrahlen	E	Protoneninduzierte Röntgenemissionsanalyse (PIXE)	chemische Zusammensetzung
Ionen	Röntgenstrahlen	E	Ioneninduzierte Röntgenemissionsanalyse	chemische Zusammensetzung

fahren zur Elementanalyse dominieren die Elektronenstrahlmikroanalyse (ESMA) und die Röntgenfluoreszenzanalyse (RFA), die sich als Routinemethoden zur Klärung werkstofftechnischer Probleme umfassend bewährt und breiten Einsatz in Industrielabors gefunden haben. Bei der *Elektronenstrahlmikroanalyse* [22] regt ein feinfokussierter Elektronenstrahl (Durchmesser: 1 μm bis 0,01 μm) die Probe zur Emission von Röntgenstrahlung an, die bei Elektroneneinschußenergien von 10 keV bis 50 keV einem Volumen von einigen μm³ entstammt. Unter optimalen Bedingungen sind Konzentrationen bis zu einigen ppm bestimmbar. Neben Punktanalysen können bei Ablenkung des anregenden Elektronenstrahls über die Probenoberfläche (Rasterelektronenmikroskop) sowohl Elementprofile als auch flächenhafte Elementverteilungen ermittelt werden. Typische Anwendungsbereiche sind die Metallurgie (Untersuchungen von Diffusions- und Korrosionsprozessen, von Grenzflächenreaktionen und Oberflächenuntersuchungen an Brüchen und Abdrücken) sowie die Mikroelektronik (Analyse von Dotierungsprofilen, Nachweis von Läpp- und Poliermittelresten bei verschiedenen Technologieschritten; vgl. Abb. 10). Die *Röntgenfluoreszenzanalyse* [23] dient der qualitativen und quantitativen Elementanalyse makroskopischer Probenbereiche (1 mm² bis 20 cm², erfaßbare Schichtdicke in der Größenordnung von 100 μm) im Ordnungszahlbereich $Z \geq 9$ bei Konzentrationen von einigen ppm bis zu 100%. In der industriellen Praxis finden zur Anregung bevorzugt

Röntgenspektroskopieröhren Verwendung; der Einsatz von *Synchrotronstrahlung* (siehe dort) ist aber auch hier erfolgversprechend und führt zur Herabsetzung der Nachweisgrenzen (Abb. 11). Die Haupteinsatzgebiete der Röntgenfluoreszenzanalyse sind die Schwarz- und Buntmetallurgie, die Silikatindustrie, die chemische Industrie und die Umweltüberwachung. Beiden Verfahren (ESMA, RFA) ist gemeinsam, daß die Konzentrationsberechnung einer Komponente aus der Intensität der zugehörigen charakteristischen Linie in Abhängigkeit von Art und Konzentration der Begleitelemente erheblich durch *Matrixeffekte* (siehe dort) erschwert werden kann. Zur Korrektur dieses Einflusses finden empirische und auf *Strahlungstransportmodellen* beruhende Verfahren Verwendung, die im allgemeinen eine Eichung mit Standardproben erfordern. Zur Röntgenprojektionsmikroskopie siehe [25, 26].

Literatur

[1] RÖNTGEN, W.C., Science 3 (1896) 227.
[2] RÖNTGEN, W.C., Science 3 (1896) 726.
[3] LAUE, M.; FRIEDRICH, W.; KNIPPING, P., Ann. Phys. 41 (1913) 971.
[4] BARKLA, C.G.; SADLER, C.L., Phil. Mag. 7 (1909) 739.
[5] BLOCHIN, M.A.: Physik der Röntgenstrahlen. 2. Aufl. – Berlin: VEB Verlag Technik 1957. (Übers. aus d. Russ.)
[6] MOSELEY, G.J., Phil. Mag. 26 (1913) 1024.
[7] BEARDEN, J.A., Rev. mod. Phys. 39 (1967) 78–124.
[8] MEISEL, A.; LEONHARDT, G.; SZARGAN, R.: Röntgenspektren und chemische Bindung. 1. Aufl. – Leipzig: Akademische Verlagsgesellschaft Geest & Portig K.-G. 1977.
[9] HENKE, B.L., Atomic Data and Nuclear Data Tables 27 (1981) 1.
[10] POWELL, C.J., Rev. mod. Phys. 48 (1976) 33.
[11] JOHANSSON, S.A.E.; JOHANSSON, T.B., Nuclear Instrum. and Methods 137 (1976) 437.
[12] KRAUSE, M.O., J. Phys. Chem. Ref. Data 8 (1979) 307.
[13] SALEM, S.I.; PANOSSIAN, S.L.; KRAUSE, R.A., Atomic Data and Nuclear Data Tables 14 (1974) 91.
[14] BIRKS, L.S.; SEEBOLD, R.E.; BATT, A.P.; GROSSO, J.S., J. appl. Phys. 35 (1964) 2578.
[15] SCHMAHL, G.; RUDOLPH, D.; NIEMANN, B., Phys. Bl. 38 (1982) 283.
[16] GOSCH, J., Electronics 54 (1981) 80.
[17] BLOCHIN, M.A.: Methoden der Röntgenspektralanalyse. – Leipzig: BSB B.G. Teubner Verlagsgesellschaft GmbH. 1963. (Übers. aus d. Russ.).
[18] KUHN, A.: Halbleiter- und Kristallzähler. – Leipzig: Akademische Verlagsgesellschaft Geest & Portig K.-G. 1969.
[19] ANGERSTEIN, W.: Grundlagen der Strahlenphysik und radiologischen Technik in der Medizin. 3., bearb. Aufl. – Leipzig: VEB Georg Thieme 1982.
[20] RUMJANCEV, S.V.; DOBROMYSLOV, V.A.; BORISOV, O.I.: Tipovye metodiki radiacionnoi defektoskopii i zaščity. – Moskva: Atomzizdat 1979.
[21] Festkörperanalyse mit Elektronen, Ionen und Röntgenstrahlen. Hrsg.: O. BRÜMMER, J. HEYDENREICH, K.H. KREBS, H.G. SCHNEIDER. – Berlin: VEB Deutscher Verlag der Wissenschaften 1980.
[22] Mikroanalyse mit Elektronen- und Ionensonden. Hrsg.: O. BRÜMMER. 2., durchgesehene Aufl. – Leipzig: Deutscher Verlag für Grundstoffindustrie 1980.
[23] Röntgenfluoreszenzanalyse – Anwendung in Betriebslaboratorien, Hrsg.: H. EHRHARDT. 1. Aufl. – Leipzig: VEB Deutscher Verlag für Grundstoffindustrie 1981.
[24] LEE, P.A.; PENDRY, J.B.: Phys. Rev. B 11 (1975) 2795.
[25] VON ARDENNE, M.: Tabellen zur angewandten Physik. Bd. I. – Berlin: VEB Deutscher Verlag der Wissenschaften 1962.
[26] COSSLETT, V.E.; NIXON, W.C.: X-ray microscopy. – Cambridge: University Press 1960.

Schottky-Effekt und Feldelektronenemission

SCHOTTKY [1] veröffentlichte 1923 eine Arbeit, in der er die Elektronenemission an kalten Metallen untersuchte. Er führte das Potentialtopfmodell ein und verband die Feldemission mit der thermischen Emission (siehe *Richardson-Effekt*). Ein äußeres elektrisches Feld verringert den Potentialwall an der Oberfläche des Metalls und erniedrigt die effektive Austrittsarbeit. Diese Erscheinung wird als Schottky-Effekt bezeichnet. FOWLER und NORDHEIM [2] wendeten die Fermi-Dirac-Statistik an und berechneten den Emissionsstrom bei einem angelegten Feld. Sie konnten zeigen, daß auch Elektronen, die eine geringere Energie als die Austrittsarbeit besitzen, das Metall verlassen können (siehe *Tunneleffekt*). Angewendet wird die Elektronenemission unter dem Einfluß elektrischer Felder vorrangig zur Erzeugung von Elektronenstrahlen mit geringem Durchmesser und zur elektronenmikroskopischen Abbildung von Festkörperoberflächen.

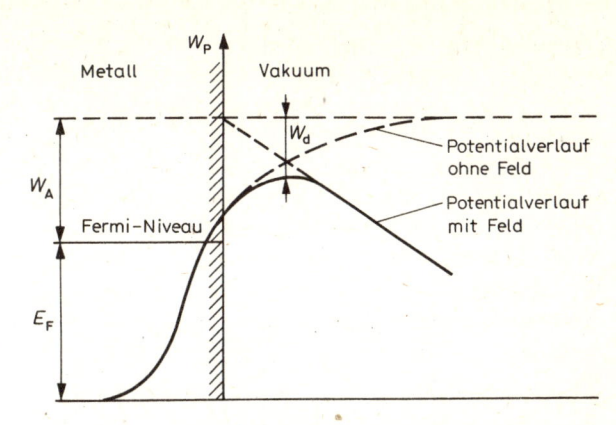

Abb. 1 Potentialverlauf an der Grenzfläche Metall-Vakuum bei höheren elektrischen Feldstärken

Tabelle 1 Berechnete Stromdichten in Acm^{-2} der Feldemission in starken elektrischen Feldern [3]

Feldstärke E/MV cm^{-1}	cm^{-1}	1	10	20	30
Austrittsarbeit	2 eV	≈0	100	$4 \cdot 10^6$	$7 \cdot 10^8$
	3 eV	≈0	$4 \cdot 10^6$	500	$3 \cdot 10^5$
	5 eV	≈0	$3 \cdot 10^{-24}$	$3 \cdot 10^{-7}$	0,18

Sachverhalt

An ein Metall, das thermische Elektronen emittiert, wird ein elektrisches Feld gelegt. Erhöht man die elektrische Feldstärke allmählich bis auf etwa 1 kVcm^{-1}, so fließt ein Sättigungsstrom, der größer ist als der durch den Richardson-Effekt erwartete Wert. Die Sättigungsstromdichte steigt mit der elektrischen Feldstärke an. An der Grenzfläche Metall-Vakuum steigt die potentielle Energie der Elektronen sehr steil bis zum Vakuumniveau an (siehe Abb. 1). Dieser Potentialverlauf und der des äußeren Feldes überlagern sich. Aus der Superposition der Felder ergibt sich ein Maximum der potentiellen Energie der Elektronen. Das Maximum liegt um den Betrag W_d (1) unter dem Wert des Vakuumniveaus. Die Elektronen können nur dann das Metall verlassen, wenn ihre kinetische Energie gleich oder größer ist als die Differenz $W_A - W_d$. Das äußere elektrische Feld verringert das Emissionsniveau, so daß bei gleicher Temperatur eine größere Anzahl von Elektronen emittiert werden kann als durch den Richardson-Effekt zu erwarten ist. Der Sättigungsstrom (2) hängt von der Temperatur und der elektrischen Feldstärke ab. Bei verschwindendem Feld ergibt sich die Sättigungsstromdichte der thermischen Elektronenemission.

Für sehr hohe Feldstärken ($E > 1$ MVcm^{-1}) gibt (2) nicht mehr die tatsächliche Abhängigkeit der Stromdichte von der Feldstärke und der Temperatur wieder. Infolge der hohen Feldstärke ändert sich der Potentialverlauf. In der Höhe des Fermi-Niveaus wird der Potentialwall mit zunehmender Feldstärke schmaler. Mit einer gewissen Wahrscheinlichkeit können Elektronen, die die Fermi-Energie besitzen, den Wall durchdringen (siehe *Tunneleffekt*). Im Gegensatz zum Schottky-Effekt kommt es bereits bei $T = 0$ K zu einer merklichen Elektronenemission. Die Feldemission kann nur quantenmechanisch gedeutet werden. FOWLER und NORDHEIM [2] erhielten für die Stromdichte als Funktion der elektrischen Feldstärke E folgende Abhängigkeit: $j \sim E^2 \cdot \exp\left(-\frac{1}{E}\right)$. Die vollständige Formel enthält noch zwei tabellierte Hilfsfunktionen, die die Erniedrigung der Austrittsarbeit durch den Schottky-Effekt beschreiben. Bemerkenswert ist, daß die Feldemission in derselben Weise von der Feldstärke abhängt, wie die Glühemission von der Temperatur. In Tab. 1 sind für einige Feldstärken und Austrittsarbeiten die Stromdichten berechnet worden. Die tatsächlich gemessenen Emissionsströme liegen bis um eine Zehnerpotenz über den mit der Fowler-Nordheim-Gleichung berechneten. Bei der Ableitung dieser Gleichung wurde vorausgesetzt, daß die elektrische Feldstärke über die gesamte emittierende Fläche konstant ist. Mikroskopische Rauhigkeiten haben zur Folge, daß die Feldstärke lokal beträchtlich ansteigen kann. Damit verbunden ist eine Zunahme des Emissionsstromes. Die innere Feldemission ist ein Halbleitereffekt und wird an anderer Stelle behandelt (siehe *Zenereffekt*).

Kennwerte, Funktionen

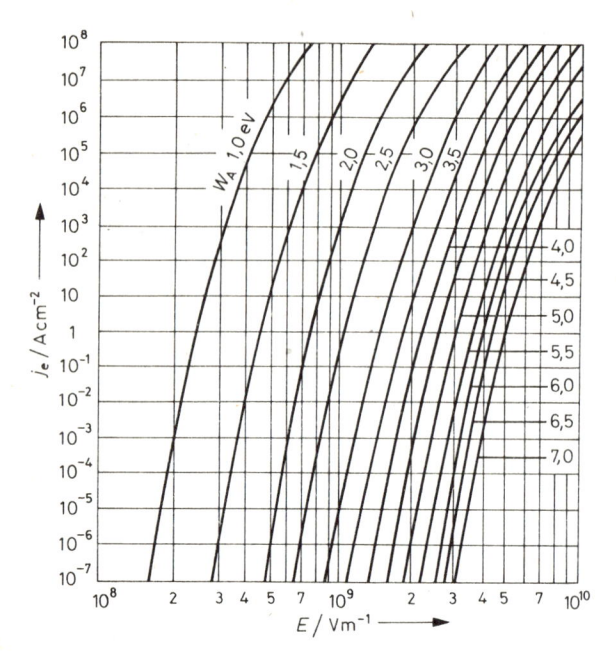

Abb. 2 Feldemissionsstromdichte j_e als Funktion der elektrischen Feldstärke E und der Austrittsarbeit W_A [4]

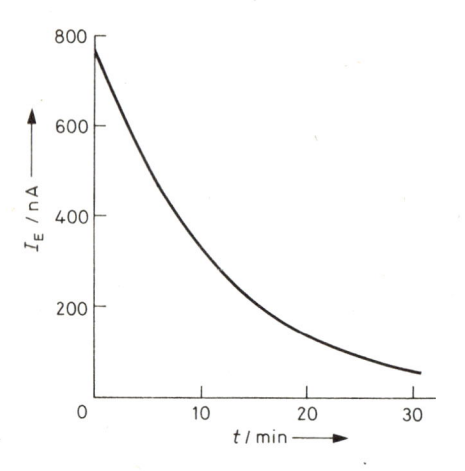

Abb. 3 Abnahme des Feldelektronenstromes I_E einer Wolframkatode mit der Zeit t infolge der wachsenden Gasbedeckung [7]

$$W_d = e\sqrt{\frac{eE}{4\pi\varepsilon_0}} \qquad (1)$$

(W_d – Potentialdifferenz; e – Elementarladung; E – Elektrische Feldstärke; ε_0 – Influenzkonstante);

$$j = j_s \cdot \exp\left[\frac{W_d}{kT}\right] \qquad (2)$$

(j – Sättigungsstromdichte infolge Schottky-Effekt; j_s – Sättigungsstromdichte bei thermischer Emission; k – Boltzmann-Konstante; T – abs. Temperatur; W_d – Potentialdifferenz durch Schottky-Effekt).

Anwendungen

Feldelektronenmikroskop (FEM). Die Beobachtung der Feldelektronenemission an ebenen, großflächigen Objekten ist nicht möglich, da die dazu erforderlichen Feldstärken nicht erreicht werden können. MÜLLER [5,6] nutzte bei der Entwicklung des FEM die Tatsache aus, daß die elektrische Feldstärke und der Krümmungsradius der Katode zueinander umgekehrt proportional sind. An die Metallspitze wird eine Spannung von einigen kV gelegt. Die elektrische Feldstärke beträgt annähernd 10 MVcm^{-1}. Die Anode, meist als Durchsichtleuchtschirm gestaltet, ist so angeordnet, daß ein kugelsymmetrisches Feld entsteht. Die durch Feldemission ausgelösten Elektronen verlassen radial die Katode und werden geradlinig zum Leuchtschirm hin beschleunigt. Auf dem Leuchtschirm entsteht ein stark vergrößertes Bild der Katodenoberfläche. Das Verhältnis der Krümmungsradien des Leuchtschirms und der Katode bestimmt die Vergrößerung. In dem linsenlosen Elektronenmikroskop sind Vergrößerungen bis zu 10^6 möglich. Die Auflösung liegt bei etwa 2 nm. Die Untersuchungen müssen im Ultrahochvakuum erfolgen, da sonst die Spitzenkatode durch den Ionenbeschuß aus dem Restgas zerstört würde.

Zur Untersuchung von Festkörperoberflächen ist das FEM sehr gut geeignet [6,7]. An reinen Metallen und Halbleitern wurden die kristallographische Struktur, das Kristallwachstum, die Legierungsbildung und die Oberflächendiffusion untersucht. Adsorptionsvorgänge können mit dem FEM verfolgt werden. Adsorbierte Gase bewirken eine Erhöhung der Austrittsarbeit. Der Emissionsstrom fällt mit zunehmender Oberflächenbedeckung ab (Abb. 3). Auf dem Gebiet der Korrosionsforschung wurde die Adsorption aggressiver Gase untersucht. Die Wechselwirkung von Gasgemischen mit Festkörperoberflächen, insbesondere im Zusammenhang mit der Katalyseforschung, ist ebenfalls ein Einsatzgebiet des FEM.

Elektronenstrahlquellen. HIBI [8] entwickelte für die Elektronenmikroskopie eine heizbare Spitzenkatode. Die elektrische Feldstärke ist noch nicht so groß, daß reine Feldemission auftritt. Durch den Schottky-Effekt steigt jedoch der Emissionsstrom pro Raumwinkeleinheit auf den annähernd 100fachen Wert, der mit herkömmlichen Glühkatoden erreicht wird.

Im Zusammenhang mit der Entwicklung der Ultrahochvakuumtechnik werden seit einigen Jahren immer häufiger Feldemissionskatoden eingesetzt. Die Katoden emittieren Elektronenstrahlen, die einen geringeren Durchmesser und einen kleineren Öffnungswinkel als die Glühkatoden besitzen. Vorrangig werden Feldemissionskatoden in Rasterelektronenmikroskopen und Scanning-Auger-Elektronen-Spektrometern (siehe *Auger-Effekt*) verwendet. Ein Beispiel dafür sind die neuentwickelten Feldemissions-Ultravakuum-Rasterelektronenmikroskope.

Weitere Anwendungen. Der Schottky-Effekt und die Feldelektronenemission treten bei einer großen Zahl von Vorgängen als notwendige Elementarprozesse auf. Dazu gehören u. a. die durch Sekundärelektronen initiierte Feldemission (siehe *Maltereffekt*), die Zündung von Bogenentladungen (siehe *Gasentladungen*) und der Spannungsdurchschlag im Vakuum.

Literatur

[1] Schottky, W.: Über kalte und warme Elektronenentladungen. Z. Phys. **14** (1923) 1, 63–106.

[2] Fowler, R. H.; Nordheim, L. W., Proc. Roy. Soc. (London) **A 119** (1928) 173.

[3] Sommerfeld, A.; Bethe, H.: Elektronentheorie der Metalle. – Berlin/Heidelberg/New York: Springer-Verlag 1967. S. 109.

[4] Ardenne, M. v.: Tabellen zur angewandten Physik. Bd. 2., 2. Aufl., S. 119. – Berlin: VEB Deutscher Verlag der Wissenschaften 1973.

[5] Müller, E. W.: Elektronenmikroskopische Beobachtungen von Feldkatoden. Z. Phys. **106** (1937) 9, 541–550.

[6] Good jr., R. H.; Müller, E. W.: Field Emission. In: Handbuch der Physik. Hrsg. S. Flügge. – Berlin/Göttingen/Heidelberg: Springer-Verlag 1956. Bd. 21, S. 176–231.

[7] Edelmann, C.: Feldemissionsmikroskopie. In: Festkörperanalyse mit Elektronen, Ionen und Röntgenstrahlen. Hrsg.: O. Brümmer, J. Heydenreich, K. H. Krebs, H. G. Schneider. – Berlin: VEB Deutscher Verlag der Wissenschaften 1980. S. 263–280.

[8] Hibi, T.: Pointed Filament: Its Production and Its Applications. J. Electr. Micr. **4** (1956) 1, 10–15.

Schwerionenstrahlen

In der Kernphysik werden im Unterschied zu beschleunigten Ionen des Wasserstoffs und Heliums (Protonen, Deuteronen, Alphateilchen) energiereiche Ionenstrahlen der schwereren Elemente generell als Schwerionenstrahlen bezeichnet. Begründet ist diese spezielle Begriffsbildung durch Besonderheiten der nuklearen Wechselwirkung von Schwerionenstrahlen. Während in Kernreaktionen mit Neutronen und den genannten leichten Projektilen die Wechselwirkung von Nukleonen mit Atomkernen untersucht wird, dienen hochenergetische Schwerionenstrahlen dem Studium von Kern-Kern-Stößen, die sich durch komplexe Strukturen beider Reaktionspartner sowie größere Mannigfaltigkeit der Wechselwirkungsprozesse auszeichnen und sehr starke Veränderungen in ausgedehnten Kernsystemen hervorrufen.

Schwerionenstrahlen des Kohlenstoffs wurden erstmalig 1940 von Alvarez mit Hilfe eines klassischen Zyklotrons erhalten. Ausgangspunkt für die Entwicklung spezieller Beschleuniger zur Erzeugung hochenergetischer Schwerionenstrahlen (Teilchenbeschleuniger) war in den 50er Jahren das Bestreben, immer schwerere in der Natur nicht vorkommende Transuranelemente durch Kernverschmelzung zu synthetisieren. Zentren dieser Entwicklung waren das Laboratorium für Kernreaktionen im Vereinten Institut für Kernforschung Dubna und das Lawrence Laboratory in Berkeley, USA. Während die Transuranelemente bis Mendelevium ($Z = 101$) in Kernreaktionen mit Neutronen, Protonen oder Alphateilchen erzeugt werden konnten, erfolgte die Synthese der weiteren Elemente bis $Z = 109$ ausschließlich durch Fusionsreaktionen (Kernverschmelzung) mit Hilfe von Schwerionenstrahlen. Die Entstehung des bisher schwersten künstlichen Elements mit der Ordnungszahl $Z = 109$ wurde z. B. 1982 am gegenwärtig leistungsstärksten Schwerionenbeschleuniger „UNILAC" der Gesellschaft für Schwerionenforschung Darmstadt in der Fusionsreaktion ^{58}Fe + ^{209}Bi nachgewiesen. An diesem Beschleuniger können intensive Schwerionenstrahlen aller Elemente von Neon bis Uran mit spezifischen Energien bis zu 20 MeV/A (Megaelektronenvolt pro Nukleon) erzeugt werden.

Schwerionenstrahlen dieses Energiebereiches werden gegenwärtig noch beinahe ausschließlich für Experimente der kernphysikalischen Grundlagenforschung eingesetzt. Ziel der Kernphysik mit schweren Ionen ist die Untersuchung der nuklearen Prozesse und spezieller Kerneigenschaften, die sich beim Aufeinandertreffen von relativ großen Stücken Kernmaterie offenbaren. Mit Schwerionenstrahlen noch höherer Energie hofft man in bisher völlig unerforschte Gebiete vordringen zu können und auf qualitativ neue nukleare Erscheinungen zu stoßen. In Dubna (UdSSR) und in Berkeley (USA) wurden Protonenbeschleuniger für die Erzeugung von relativistischen Schwerionenstrahlen umgerüstet, in denen Teilchenenergien von einigen GeV/A erreicht werden. Inzwischen werden sowohl im VIK Dubna als auch in Forschungszentren der USA, BRD und Japan neue Beschleunigeranlagen für schwere Ionen projektiert und aufgebaut, welche die Energiebereiche von einigen 100 MeV/A bis 100 GeV/A für den gesamten Massenbereich bis Uran erschließen sollen. Die wissenschaftliche Motivation für den Bau dieser Beschleuniger beruht auf der Vorstellung, mit sehr hochenergetischen Schwerionenstrahlen Kernmaterie unter solchen extremen Bedingungen darstellen und untersuchen zu können, wie sie bisher in keinem Laboratorium realisiert werden konnten. Möglicherweise läßt sich in hochenergetischen Kern-Kern-Stößen Kernmaterie auf ein Mehrfaches ihres Normalwertes verdichten und so extrem aufheizen, daß Phasenumwandlungen auftreten, z.B. die Entstehung eines „plasmaähnlichen" Zustandes aus Quarks und Gluonen. Diese kurze Darstellung zeigt, daß Schwerionenstrahlen große Bedeutung für Forschungsarbeiten über fundamentale Fragestellungen der Struktur der Materie im subatomaren Bereich erlangt haben [1–3]. Mit der Entwicklung der Beschleunigerbasis haben sich aber auch schon heute Forschungsrichtungen und Anwendungsgebiete herausgebildet, in denen Schwerionenstrahlen außerhalb der kernphysikalischen Grundlagenforschung genutzt werden. Als sehr wertvolles Instrument haben sich Schwerionenstrahlen z.B. in der Atomphysik, in der Werkstofforschung, für die Herstellung und Abbildung feinster Mikrostrukturen in Festkörpern, aber auch in der strahlenbiologischen sowie medizinischen Grundlagenforschung erwiesen.

Sachverhalt

Schwerionenstrahlen sind gebündelte energiereiche Ionenstrahlen der auf Wasserstoff und Helium folgenden, also schwereren Elemente. Die Minimalenergie zur Auslösung von Kernreaktionen beträgt einige Megaelektronenvolt pro Nukleon (MeV/A). Sie wird in der Kernphysik als „Coulomb-Barriere" bezeichnet (Abb. 1). Sie muß aufgebracht werden, um die zwischen zwei Atomkernen bei ihrer Annäherung wirkende elektrostatische Abstoßung zu überwinden und in den Bereich der anziehenden, aber sehr kurzreichweitigen Kernkräfte vorzudringen (siehe *Kernreaktionen*). Schwerionenstrahlen extrem hoher Energie (bis zu 10^{20} eV) sind Bestandteil der primären kosmischen Strahlung. Bei Höhenexperimenten mit Kernspuremulsionen sowie in Mondgestein und in Meteoriten wurden Spuren von hochenergetischen Kernen selbst der schwersten Elemente wie Uran nachgewiesen, allerdings in verschwindend kleiner Zahl. Ihre Entstehung verdanken sie wahrscheinlich solchen Prozessen wie Supernovaausbrüchen und Beschleunigung in Magnetfeldern des interstellaren Raumes. Interessant sind diese natürlichen Schwerionenstrahlen im Zusammenhang mit der Kosmosforschung. Für die Kern- und Elementarteilchenphysik sowie für Anwendungen in anderen Bereichen von Wissenschaft und Technik haben nur die künstlich an Beschleunigern erzeugten Schwerionenstrahlen Bedeutung [4].

Schwere Ionen lassen sich um so wirksamer beschleunigen, je höher sie geladen sind, denn ihr Energiezuwachs beim Durchlaufen einer Potentialdifferenz im elektrischen Beschleunigungsfeld ist proportional dem Quotienten aus Ionenladung und Ionenmasse. Deshalb sind am Anfang eines jeden Schwerionenbeschleunigers speziell entwickelte Hochleistungs-Ionenquellen installiert, aus denen intensive Ströme vielfach geladener Ionen mit möglichst hohem Ladungs-Masse-Verhältnis extrahiert werden können. Diese Ionen lassen sich dann durch verschiedenartige Konfigurationen elektrischer und magnetischer Felder beschleunigen und zu Strahlbündeln hoher Stromdichte fokussieren. Hochenergetische Ionenstrahlen schwerer Elemente werden durch stufenweise Beschleunigung erzeugt, wobei die Ionenladung zwischen den Stufen durch Abstreifen weiterer Elektronen in dünnen Folien erhöht wird. In einem Linearbeschleuniger für die Endenergie von 10 MeV/A werden z.B. die von der Ionenquelle erzeugten zehnfach geladenen Uran-Ionen in einer ersten Beschleunigerstufe auf die Energie von 1,4 MeV/A gebracht. Danach durchlaufen die Uran-Ionen eine sehr dünne Kohlenstoff-Folie oder einen Überschall-Gasstrahl, in denen ihnen weitere Elektronen entrissen werden und die mittlere Ionenladung auf den Wert 40 ansteigt. Die Endenergie von 10 MeV/A wird dann in einer zweiten Beschleunigerstufe mit 40fach geladenen Uran-Ionen erreicht. Die Erzeugung von Schwerionenstrahlen im Energiebereich GeV/A und darüber erfolgt in Ringbeschleunigern vom Synchrotron-Typ nach Vorbeschleunigung auf eine notwendige Einschußenergie der Größenordnung 10^2 MeV/A und bei maximal möglicher Ionenladung, d.h. als „nackte Kerne".

Die Wechselwirkungsprozesse hochenergetischer Schwerionenstrahlen mit Materie sind vielfältiger als die der niederenergetischen Ionenstrahlen: Schwerionenstrahlen mit Energien oberhalb der Coulomb-Barriere rufen Kernreaktionen hervor, in denen sich z.B. bei der Fusion der an der Reaktion beteilig-

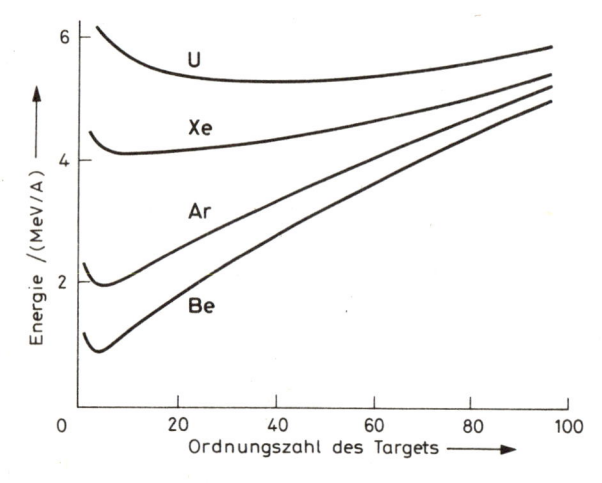

Abb. 1 Energie der Coulomb-Barriere für Schwerionenstrahlen der Elemente Be, Ar, Xe und U in Abhängigkeit von der Ordnungszahl des Targetelements. Schwerionenstrahlen rufen Kernreaktionen hervor, wenn ihre kinetische Energie die der Coulomb-Barriere übertrifft.

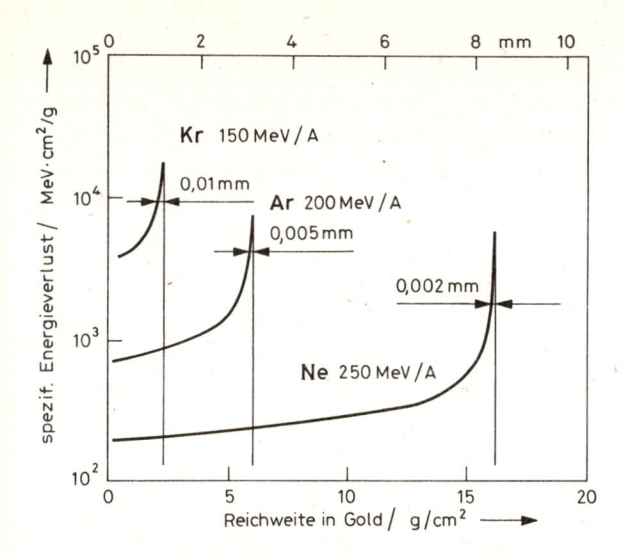

Abb. 2 Spezifischer Energieverlust hochenergetischer Schwerionenstrahlen des Kr, Ar und Ne in einem Gold-Target, aufgetragen über ihrer Reichweite (obere Skala – in mm, untere Skala – in g/cm²). Die Halbwertsbreiten im Bragg-Maximum sind außerordentlich klein. Deshalb können mit Schwerionenstrahlen geringste Dichteschwankungen in bestrahlten Objekten mit hoher Genauigkeit festgestellt werden.

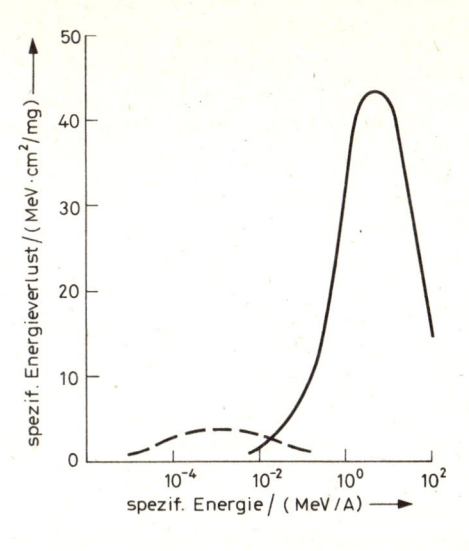

Abb. 3 Abbremsverhalten von Schwerionenstrahlen in Festkörpern [6]: Abhängigkeit des spezifischen Energieverlusts von Blei-Ionen in Gold von der spezifischen Ionenenergie. Schwerionenstrahlen übertragen ihre Energie vor allem an die Elektronen der Targetatome, während niederenergetische Ionenstrahlen diese in wenigen Einzelstößen mit den Atomen verlieren (gestrichelte Kurve).

ten Kerne oder durch den Austausch einer großen Zahl von Nukleonen bei gleichzeitigem starkem Impuls- und Energietransfer exotische Atomkerne und Kerne in außergewöhnlichen Anregungszuständen bilden. Das sind z. B. die erwähnten superschweren Transuranelemente, aber auch Atomkerne mit einem ungewöhnlichen Verhältnis der Zahl von Protonen und Neutronen wie leichte Kerne mit hohem Neutronenüberschuß, sehr schnell rotierende Atomkerne, die ungewohnte Gestalt annehmen können (z. B. die eines beinahe hantelförmigen Doppelkernsystems), Kerne mit sehr hoher innerer „thermischer" Anregungsenergie u. a. Bei noch höheren Energien der Schwerionenstrahlen werden neuartige Prozesse der Emission von Teilchen beobachtet. Im Energiebereich GeV/A erfolgt eine ungewöhnliche Vielfacherzeugung von Nukleonen, Pionen, Kaonen sowie deren Antiteilchen, die auf die Ausbildung lokal überhitzter Wechselwirkungsbereiche in relativistischen Kern-Kern-Stößen hinweisen. Diese Prozesse sind gegenwärtig noch sehr wenig erforscht. Hier dienen hochenergetische Schwerionenstrahlen in erster Linie noch als Werkzeug intensiver Grundlagenforschung für die weitere Aufklärung der Struktur und der Erscheinungsformen der Materie im subatomaren Bereich [1–3].

Schwerionenstrahlen rufen in Ion-Atom-Stößen auch sehr starke Anregungen und Umordnungsprozesse in den Elektronenhüllen der Stoßpartner hervor. Schießt man z. B. schwere Ionen hinreichend hoher Geschwindigkeit durch ein Gasvolumen oder durch dünne Folien hindurch, so werden dabei viele ihrer Elektronen abgestreift, und es bilden sich hochionisierte Atome. Das eröffnet die Möglichkeit der spektroskopischen Untersuchung der Elektronenstruktur hochionisierter Atome und des Studiums von Austausch- und Umladungsprozessen bei deren Wechselwirkung. Kenntnisse darüber sind sehr wichtig, z. B. in der Astrophysik für die Zuordnung und das Verständnis der Sternspektren oder in der Plasmaphysik für die Erklärung der Ausbildung und des Energietransports sehr heißer Plasmen. Bei der Streuung schwerer Ionen an Atomen können sich kurzzeitig, wenn die streuenden Atomkerne sehr nahe kommen, gemeinsame Elektronenhüllen beider Kerne ausbilden. Dabei erscheinen die nahe beieinander befindlichen winzigen Kerne den Elektronen praktisch als ein einziger Kern. In diesen als Quasi-Atome bezeichneten Systemen lassen sich im Stoßprozeß Atomhüllen für Kernladungen herstellen und untersuchen, die weit jenseits der sonst zugänglichen Ordnungszahlen liegen. Beim Stoß von zwei Uran-Ionen mit der Ordnungszahl $Z = 92$ entsteht so z. B. ein Quasi-Atom mit $Z = 184$ [5].

Schwerionenstrahlen unterscheiden sich in ihrer Wechselwirkung mit Festkörpern erheblich von den klassischen Ionenstrahlen, deren spezifische Energie gewöhnlich um mehrere Größenordnungen niedriger ist. Während diese nur in wenigen oberflächennahen Atomschichten Veränderungen bewirken, dringen Schwerionenstrahlen auf Grund ihrer hohen Energie sehr viel tiefer in Festkörper ein und rufen entlang ihrer Bahn starke Strukturänderungen hervor. Die Reichweiten von schweren Ionen in Festkörpern betragen bei Energien von 1 MeV/A etwa 10 µm und von 10 MeV/A ungefähr 100 µm. Schwerionenstrahlen mit

Energien von über 100 MeV/A haben Eindringtiefen von einigen Millimetern (siehe Abb. 2). Das Abbremsverhalten der schweren Ionen im Festkörper wird vor allem durch Energieübertragung auf die Elektronen bestimmt (siehe Abb. 3). Durch Stoß-Kaskaden von Elektronen und weitere sekundäre Kaskaden von Stößen der ionisierten Atome entsteht um den Einschußkanal herum eine Schadenszone in der Struktur des Festkörpers, die sogenannte „latente Spur" des Ions mit einem Durchmesser von etwa 10 nm (siehe Abb. 4). Weil schwere Ionen eine im Vergleich mit Elektronen um viele Größenordnungen höhere Masse haben, werden sie beim Durchgang durch einen Festkörper aus ihrer Einschußrichtung praktisch nicht abgelenkt, erleiden infolge ihrer sehr kleinen Wellenlänge auch keine Richtungsänderung durch Beugungseffekte. Schwerionenstrahlen hinterlassen deshalb in Festkörpern beinahe ideal geradlinige, sehr enge Kanäle, in denen das Gefüge des Festkörpers zerstört ist (siehe *Bestrahlungseffekt in Festkörpern*). Diese Besonderheiten der Wechselwirkung von Schwerionenstrahlen mit Festkörpern sind die Grundlage für ihre Anwendung außerhalb der kernphysikalischen Grundlagenforschung, insbesondere für die Abbildung und Schaffung feinster Strukturen [6].

Kennwerte, Funktionen

Schwerionenstrahlen werden durch folgende Parameter gekennzeichnet, die teilweise ganz allgemein für Ionenstrahlen gelten:
Ionenart – Bezeichnung des Elements und seines Isotopes durch Angabe des Elementsymbols und der Nukleonenzahl A sowie des Ladungszustandes durch Angabe des Ionisationsgrades, z. B. $^{84}Kr^{10+}$.
Ionenmasse – Angabe in absoluten Masseneinheiten oder relativ in „atomaren Masseneinheiten" (1 μ ≡ $1,6605 \cdot 10^{-27}$ kg, entspricht $\frac{1}{12}$ der Masse des Kohlenstoffnuklids ^{12}C).
Ionenenergie – Angabe gewöhnlich in den Einheiten MeV (Megaelektronenvolt, 1 MeV = $1,602 \cdot 10^{-13}$ J) oder GeV (Gigaelektronenvolt). Meist wird jedoch die „spezifische Energie" der Schwerionenstrahlen in „Megaelektronenvolt pro Nukleon" (MeV/A) oder für noch höhere Energien in GeV/A angegeben, weil diese Maßeinheit unabhängig von der Ionenart einer festen Geschwindigkeit entspricht. Schwerionenstrahlen mit der spezifischen Energie GeV/A haben Geschwindigkeiten, die der Lichtgeschwindigkeit c nahekommen und werden deshalb häufig als „relativistische Schwerionenstrahlen" bezeichnet (siehe Abb. 5).
Intensität – Charakterisiert durch die Angabe des Ionenstroms oder der Ionenstromdichte in Einheiten n/s bzw. $n/cm^2 \cdot s$ (n = Zahl der Ionen). Häufig wird die Intensität der Schwerionenstrahlen durch ihren direkt meßbaren elektrischen Strom in den Einheiten μA oder mA angegeben, wobei allerdings bei der Umrechnung auf die Zahl der Ionen deren Ladungszustand zu berücksichtigen ist. An modernen leistungsfähigen Schwerionenbeschleunigern werden Strahlintensitäten von 10^{12} bis 10^{14} Ionen/s erreicht.

Weitere Parameter zur Charakterisierung von Schwerionenstrahlen werden durch technische Kennwerte der Beschleuniger bestimmt. Dazu gehören z. B. die Energieschärfe $\Delta E/E$, die für viele Untersuchungen und Anwendungen bedeutsam ist und in Abhängigkeit vom Beschleunigertyp Werte zwischen 10^{-2} und 10^{-4} hat. Beschleuniger sind von vornherein so ausgelegt, daß Teilchenbündel hoher Parallelität und Stromdichte entstehen. Darüber hinaus können durch die Art der Beschleunigung sowie durch magnetische und elektrische Fokussierungssysteme dem Schwerionenstrahl unterschiedliche räumliche und zeitliche Konfigurationen gegeben werden. In elektrostatischen Beschleunigern entsteht z. B. ein zeitlich kontinuierlicher Strahl. Dieser kann durch spezielle präzise Linsen- und Spaltsysteme zum Mikrostrahl für den μm-Bereich formiert werden. Höherenergetische Schwerionenstrahlen werden an HF-Beschleunigern erhalten. Das gestattet z. B. die Erzeugung von zeitlich gepulsten Schwerionenstrahlen hoher Leistung mit extrem kleinen Impulsbreiten im Bereich von Nanosekunden bei variabler Folgefrequenz.

Die Detektion von Schwerionenstrahlen und die Bestimmung ihrer Intensität erfolgt im einfachsten Falle durch Strommessung mit einem Faraday-Becher. Für die Bestimmung ihrer weiteren Parameter dienen kompliziertere Detektorsysteme wie ortsempfindliche Ionisationskammern hoher Energieauflösung oder Halbleiterdetektoren. Mit Hilfe schneller Zähler lassen sich durch Flugzeitmessungen Geschwindigkeiten und zeitliche Strukturen der Schwerionenstrahlen bestimmen.

Anwendungen

Hochenergetische Schwerionenstrahlen finden ihre Anwendung vor allem in der kernphysikalischen Grundlagenforschung und Elementarteilchenphysik. Für andere Bereiche von Wissenschaft und Technik stellen sie im Vergleich zu den ihnen verwandten niederenergetischen Ionenstrahlen noch ein sehr „exotisches" Instrument dar, schon weil ihr Einsatz an die Nutzung recht komplizierter, großer und damit teurer Beschleuniger gebunden ist. Trotzdem haben sich an diesen Beschleunigern immer mehr Forschungsarbeiten zur Anwendung von Schwerionenstrahlen als Werkzeug für die Mikrostrukturierung und spezielle Mikroskopie entwickelt, die u. a. schon bis zur Produktion und zum industriellen Einsatz von feinsten Kernspur-Mikrofiltern geführt haben. Weitere Forschungsarbeiten betreffen die Anwendung hochenergetischer

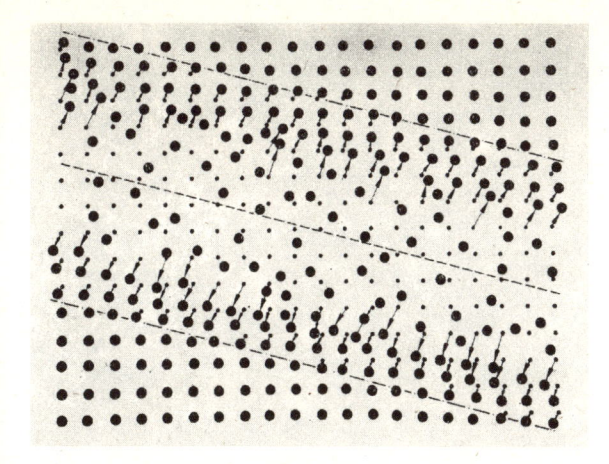

Abb. 4 Schematische Darstellung der Bildung der „latenten Spur" von schweren Ionen in einem Kristall. Entlang der geradlinigen Ionenbahn wird durch Elektronen-Stoßkaskaden eine positiv geladene Plasmazone ionisierter Atome gebildet, die sich explosionsartig ausweitet und das Gefüge um die Teilchenbahn herum zerstört [6].

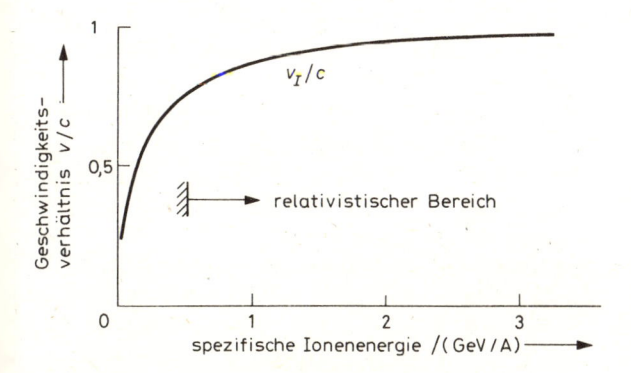

Abb. 5 Schwerionenstrahlen mit Energien ab etwa 0,5 GeV/A haben Geschwindigkeiten, die der Lichtgeschwindigkeit c nahekommen. Ihre Bewegung wird damit zunehmend relativistisch.

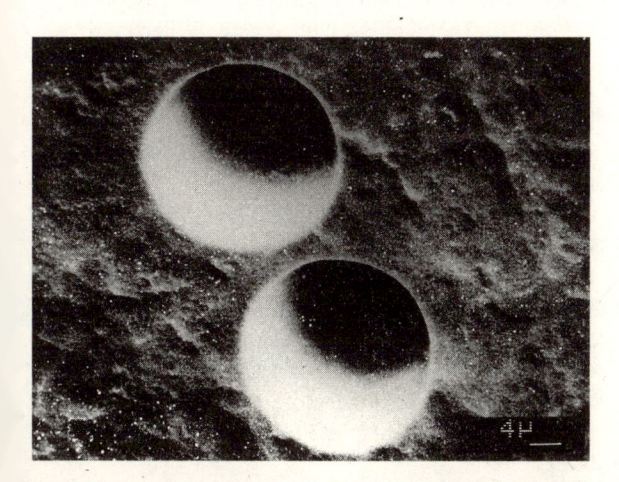

Abb. 6 Kernspur-Mikrofilter: Durch Aufätzen der Schwerionenspur lassen sich wie hier in Glas feinste Kanäle mit einheitlichen Durchmessern herstellen [6].

Schwerionenstrahlen zur Lösung von Werkstoffproblemen in der Kernenergie, zur Zündung der Kernfusion in einem Deuterium-Tritium-Pellet sowie ihren Einsatz in der biologischen und medizinischen Forschung. Im weiteren wird ein Überblick über die Anwendung von Schwerionenstrahlen außerhalb der kernphysikalischen Grundlagenforschung und Hochenergiephysik anhand einzelner Beispiele aus unterschiedlichen Gebieten gegeben. Probleme der Mikrostrukturierung mit Hilfe der Kernspur-Technik sind ausführlich in [6] beschrieben. Populäre Darstellungen über die Anwendung hochenergetischer Schwerionenstrahlen enthalten die Arbeiten [7–10].

Herstellung von Kernspur-Mikrofiltern. Ihrer Idee nach wohl am einfachsten und zugleich überaus perspektivreich ist der Einsatz von Strahlen schwerer Ionen als „Mikronadel" zur Herstellung von sehr feinporigen und qualitativ einmaligen Kernspurfiltern [7]. Dafür sind Strahlen möglichst schwerer Ionen mit Energien der Größenordnung MeV/A und 10 MeV/A notwendig. Durchdringt ein solches Ion eine dünne Schicht von Glimmer, Glas oder eines polymeren Materials, so bildet sich entlang der Teilchenbahn ein Kanal mit einer starken Strahlenschädigung aus, wo z. B. im Polymer die komplizierten Moleküle des bestrahlten Stoffes aufbrechen und in kleinere Komponenten (Radikale) zerlegt werden. In einer Sauerstoffatmosphäre oder unter der Einwirkung noch wirksamerer Oxidationsmittel fangen diese überaus reaktiven Radikale Sauerstoffatome ein und bilden Säuren. Durch nachfolgendes Ätzen überführt man diese Säuren in leicht lösliche Salze, die sich anschließend auswaschen lassen. Auf diese Weise entstehen an den Stellen der Polymerfolie, die von Ionen getroffen wurden, durchgehende kanalartige Öffnungen. Deren Durchmesser hängen von der Art und Energie des Ions, vom bestrahlten Material und von den Ätzbedingungen ab [11]. Unter gegebenen Bedingungen haben die Poren sehr gleichmäßige kreisförmige Querschnitte mit sehr geringer Dispersion des Durchmessers (siehe Abb. 6). Durch Variation der Bestrahlungs- und Ätzbedingungen lassen sich Porendurchmesser im Bereich zwischen 10 nm und etwa 10 µm herstellen. Bei einer Strahlintensität von 10^{13} Ionen/s kann man an einem entsprechenden Beschleuniger täglich hunderte bis tausende Quadratmeter Filterfolie bestrahlen. Im VIK Dubna wurden in den letzten Jahren die dafür notwendigen Bestrahlungs- und Ätztechnologien entwickelt, wobei als Ausgangsmaterial verschiedene polymere Folien mit Schichtdicken von etwa 10 µm verwendet werden.

Die Einsatzmöglichkeiten für Kernfilter sind außerordentlich verschiedenartig. Sehr wirkungsvoll werden sie bereits heute z. B. zum Reinigen des Trinkwassers von Bakterien eingesetzt, zum Filtern von Aerosolen, zum Reinigen gasförmiger und flüssiger Stoffe, die bei der Produktion mikroelektronischer Bauelemente benutzt werden. Weitere Einsatzgebiete liegen im Bereich der Mikrobiologie und Medizin, z. B. Dialysetechnik. Kernspurfilter sind in biologischer Hinsicht passiv. Sie werden nicht von Bakterien zerstört und haben keine bakteriziden Eigenschaften. Man kann sie thermisch und chemisch behandeln. Dadurch sind sie für biologische und medizinische Zwecke besonders wertvoll. Da Bakterien größer als 0,2 μm sind, kann man Kernspurfilter mit Erfolg insbesondere zur Sterilisation biologischer Medien in der Mikrobiologie benutzen sowie mit ihrer Hilfe verschiedene Virusarten und Eiweißmoleküle abfiltern bzw. voneinander trennen. In der Abb. 7 sind einige Beispiele für die Anwendungsmöglichkeit zur Filtration unterschiedlicher Objekte im μm-Bereich aus gasförmigen und flüssigen Medien angeführt. Kernfilter in verschiedensten Bereichen von Wissenschaft und Volkswirtschaft zu nutzen, erweist sich schon deshalb als aussichtsreich, weil sie sich einfach herstellen lassen, ihre Kosten niedrig und ihre Eigenschaften bei einer Massenproduktion in hohem Grade reproduzierbar sind.

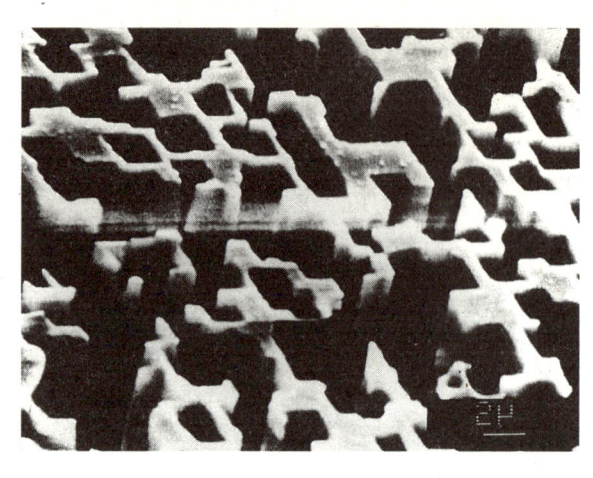

Abb. 8 Erzeugung spezieller Oberflächenstrukturen: Die durch Bestrahlung mit schweren Ionen und Ätzung stark strukturierte superisolierende Oberfläche eines Isolators sperrt den Strom auch noch nach Verschmutzung [6].

Erzeugung spezieller Oberflächenstrukturen mit Hilfe geätzter Kernspuren. Die Mikrobearbeitung von Festkörperoberflächen mit Schwerionenstrahlen ermöglicht die Herstellung relativ tiefer Strukturen mit großem Streckungsverhältnis. Die wohldefinierte Reichweite der schweren Ionen bestimmt die Ätztiefe und ist unabhängig von der Bestrahlungsdosis. Die lateralen Dimensionen sind von den Grundstrukturen des Materials abhängig, können aber durch den Ätzprozeß in weiten Grenzen verändert werden. Schwerionenstrah-

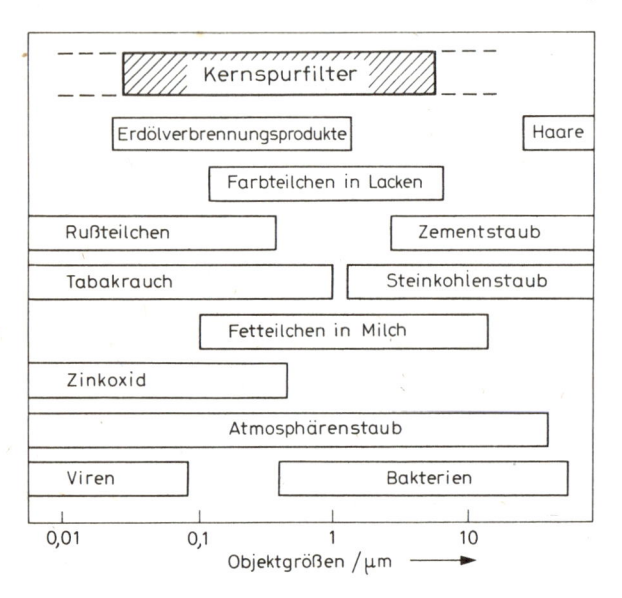

Abb. 7 Anwendungsmöglichkeiten für Kernspurmikrofilter zur Abtrennung ausgewählter Objekte im μm-Bereich aus flüssigen und gasförmigen Medien.

len sind damit ein Werkzeug für die zunehmende Verfeinerung der modernen Halbleitertechnologie. Aber auch völlig neue Effekte lassen sich erzielen. Dazu einige Beispiele:

Eine elektrisch superisolierende Oberflächenstruktur wurde zufällig gefunden, als eine mit Ionen bestrahlte und geätzte Glimmerfolie durch Aufsputtern einer Goldschicht nicht elektrisch leitend gemacht werden konnte [6]. Die Ursache dafür ist eine durch Bestrahlen und Ätzen erzeugte mikroskopische „Irrgarten-Struktur" (siehe Abb. 8). Zwar sind die im Bild sichtbaren Wege und Wand-Oberseiten unter der Einwirkung von Metalldämpfen leitend geworden, aber es entstehen keine zusammenhängenden leitenden Bereiche mehr. Dadurch bleiben die Isolatorflächen auch nach erheblicher Kontamination durch Metalldampfniederschläge elektrisch isolierend. Beispielsweise hatten Proben mit „Irrgartenstruktur" und 0,7 μm dicker Goldschicht einen Widerstand von $2 \cdot 10^{10}$ Ohm, während ansonsten gleichartige Proben ohne Mikrostruktur einen Widerstand von nur 2 Ohm zeigten. Die Wichtigkeit der Anwendung solcher Isolatoren, insbesondere in Vakuumapparaturen, ist offensichtlich.

Mit derselben Kernspur-Technologie lassen sich Glas- und Plastikflächen mit stark reduzierter Lichtreflexion herstellen. Bestrahlt man diese mit 10^{11} bis 10^{12} Ionen/cm² und ätzt anschließend die latenten Spuren etwa eine halbe Wellenlänge tief, wobei die Öffnungen der Ätzkegel an der Oberfläche wesentlich kleiner als die Wellenlänge des Lichtes gehalten wird, erhält man eine entspiegelte Oberfläche ohne Trübung.

Mit Hilfe einer Replika-Technik lassen sich Oberflächen mit feinsten Metallnadeln großer Flächendichte herstellen. Eine Plastfolie wird dazu mit schwe-

Abb. 9 Herstellung feinster Feldemissions-Spitzen hoher Dichte: Die mikroskopisch kleinen Metallnadeln entstehen durch Kupferbeschichtung einer Plastfolie, die vorher mit schweren Ionen beschossen und konisch aufgeätzt wurde. Danach wurde die Unterlage chemisch aufgelöst [6].

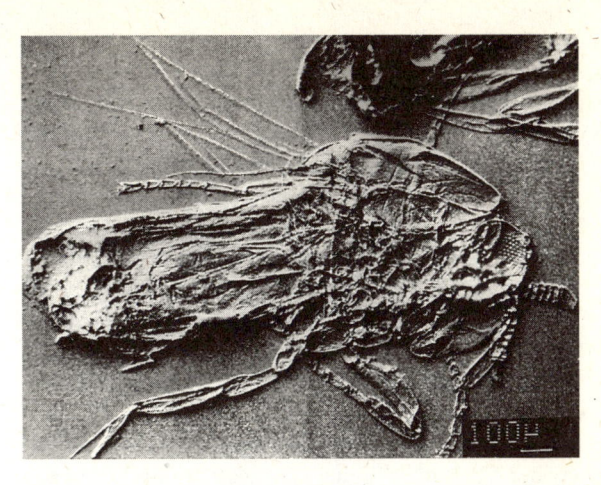

Abb. 11 Schema der Schwerionen-Mikrolithographie (oben) und rasterelektronenmikroskopische Aufnahme der ausgeätzten Registrierunterlage (unten) nach Durchstrahlen eines Insekts [6].

ren Ionen beschossen und konisch aufgeätzt. Die geätzte Folie wird anschließend z. B. mit Kupfer beschichtet und chemisch aufgelöst. Zurück bleibt die Metallschicht mit den nadelartigen Spitzen (siehe Abb. 9). Die hohe Flächendichte der Nadeln mit kleinstem Spitzenradius machen die auf diese Art strukturierten Oberflächen zu einem höchst interessanten Material z. B. für Feldemissions-Kathoden oder neuartige Ionenquellen.

Erhöhung der Informationsdichte in magneto-optischen Speicherschichten. Die Domänenstruktur magneto-optischer Speicher aus epitaktisch hergestellten Eisengranat-Kristallschichten läßt sich durch Ionenbeschuß verdichten und stabilisieren [6]. Durch die z. B. mit Uran-Ionen erzeugten Kernspuren (10^9/cm^2) wird die Defektdichte in den Speicherschichten soweit erhöht, daß die sonst hohe Wanderbeweglichkeit und das Zusammenfließen der Domänen stark herabgesetzt werden. Der durch Ionenbeschuß erzeugte Effekt ist in der mikroskopischen Aufnahme der Abb. 10 gezeigt. Hier wurde der kreisförmige innere Bereich einer magnetooptischen Granatschicht der Zusammensetzung $(Gd, Bi)_3(Fe, Al, Ga)_5O_{12}$ mit Uran-Ionen der Energie 1,4 MeV/A und der Dosis von 10^8/cm^2 bestrahlt.

Schwerionen-Lithographie und Mikroskopie. Die wohldefinierte Reichweite von Schwerionenstrahlen gestattet in Verbindung mit der Kernspur-Ätztechnik ihre Verwendung zum Abbilden von Massenbelegungsunterschieden im Prozentbereich. Die Grenze der lateralen Auflösung wird dabei durch den kleinsten erreichbaren Durchmesser geätzter Kernspuren bestimmt, d. h., er liegt bei etwa 0,01 µm. Das Prinzip der Schwerionen-Lithographie ist in der Abb. 11 dargestellt. Als kernspurempfindliches Material kann nahezu jeder Isolator verwendet werden, z. B. das in der Halbleitertechnik gebräuchliche SiO_2. Für jeden Bildrasterpunkt der Mikrolithographie ist nur ein Ion notwendig. Das Höhenprofil läßt sich sehr genau über elektronenmikroskopische Stereoaufnahmen auswerten. Nur Schwerionenstrahlen gestatten, durch relativ dicke Objekte mit so extrem hoher Auflösung hindurchzuschauen [6]. Die Kombination ablenkbarer Bündel von Schwerionenstrahlen mit geeigneten ortsempfindlichen Detektorsystemen gestatten darüber hinaus den Aufbau hochauflösender Systeme für die Schwerionen-Rastermikroskopie. Extrem schnelle Schwerionen mit Energien von einigen Hundert MeV/A wurden nach derselben Methode bereits für die Abbildungen von Organen des menschlichen Körpers benutzt. Es wurden bei einer starken Reduzierung der Strahlendosis im Vergleich mit anderen Strahlungsquellen sehr gute Aufnahmen von Weichteilen erreicht.

Abb. 10 Die Inseln einer magneto-optischen Speicherschicht werden nach Bestrahlung des inneren Kreises mit Xe- oder U-Ionen stark verkleinert. Dadurch erhöht sich die Speicherdichte der Eisengranat-Kristallschichten um ein Mehrfaches [6].

Simulation von Strahlenschäden in Werkstoffen für Kernreaktionen durch Bestrahlung mit schweren Ionen. Als ein ernstes Problem für die weitere Entwicklung der Kernenergetik wird heute die Strahlenresistenz der wärmeübertragenden Bauelemente und der Konstruktionswerkstoffe von Kernreaktoren angesehen. Schnelle Neutronen schlagen Atomkerne aus ihren Kristallgitterplätzen heraus und vermitteln ihnen einen erheblichen Energiebetrag. Über Ersetzungsstoßfolgen können diese Kerne ihrerseits weitere Strahlenschäden hervorrufen, die die Struktur des bestrahlten Materials verändern (siehe Abb. 12). Diffusionsprozesse der primär gebildeten Punktdefekte führen zur mikroskopischen Porenbildung und makroskopisch zum Aufquellen der bestrahlten Teile („Swelling"). Das Volumen des Materials kann sich dabei als Folge der Schwellung um 10 bis 15% vergrößern. Besonders intensiv spielen sich diese Prozesse bei höheren Temperaturen ab, bei denen die Punktdefekte leichter beweglich sind, z. B. im Falle nichtrostender Stahlsorten bei 400°–800 °C. Das ist aber gerade der Bereich der Arbeitstemperatur von modernen Kernreaktoren mit Flüssigmetall-Wärmeträgern. Da die Neutronenströme und Temperaturen im Kernreaktor recht ungleichmäßig verteilt sind, werden dessen Konstruktionsteile unterschiedlich deformiert, und es entstehen große Spannungsgradienten. Häufig verändert sich gleichzeitig das Kriechverhalten der Werkstoffe.

Forschungsarbeiten über Strahlenresistenz von Reaktorwerkstoffen werden prinzipiell dadurch erschwert, daß die skizzierten Veränderungen der Materialeigenschaften gewöhnlich erst nach einer integralen Bestrahlungsdosis der Größenordnung 10^{22} Neutronen/cm^2 auftreten. Zur Untersuchung der Materialbeständigkeit für die gesamte Brenndauer des Spaltstoffes in modernen Reaktoren (integrale Dosis mehr als 10^{23} Neutronen/cm^2) sind dann Experimentierzeiten von mehreren Jahren bei Neutronenflüssen von 10^{15} n/cm$^2 \cdot$ s erforderlich. Die experimentellen Untersuchungen werden weiter durch die hohe Radioaktivität der Proben nach Langzeitbestrahlungen sehr erschwert. Aus all diesen Gründen hat man begonnen, die Neutronenbestrahlungen durch die wesentlich effektivere Bestrahlung mit geladenen Teilchen zu simulieren [12]. Schwere Ionen haben bis zu sechs Größenordnungen höhere Streuquerschnitte als Neutronen, so daß sie hinsichtlich der Strahlenschädigung um ein Vielfaches wirkungsvoller sind. Die Strahlwirkung, die man in den z. Z. leistungsstärksten Kernreaktoren im Laufe einiger Jahre erreicht, kann von Schwerionenstrahlen einer Intensität der Größenordnung µA innerhalb weniger Stunden hervorgerufen werden. Einige weitere Vorteile gegenüber Neutronenbestrahlungen sind offensichtlich: praktisch keine Aktivierung der Proben, genauere Reproduzierbarkeit der Bestrahlungsbedingungen, der Temperaturverhältnisse, mechanischer Einwirkungen, und die Möglich-

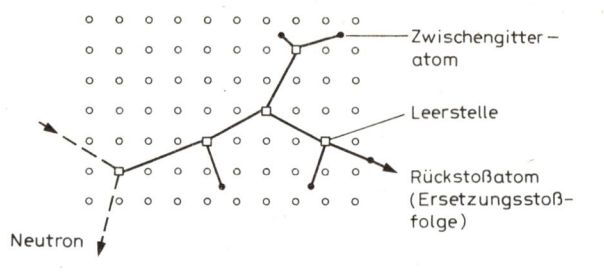

Abb. 12 Schema der Bildung von primären Strahlenschäden in Reaktorwerkstoffen durch schnelle Neutronen (oben). Wirkungsquerschnitte für Verlagerungen von Atomen in Nickel bei Bestrahlung mit schnellen Neutronen und mit Nickel-Ionen als Funktion der Eindringtiefe (unten).

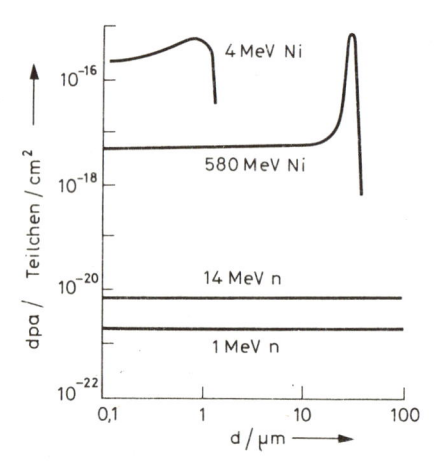

keit ihrer Variation. Durch den Einsatz verschiedener Ionenarten kann man die Strahlendefekte in „reiner Form" untersuchen, ohne in das Material Fremdatome einzubringen. Der Informationsgehalt von Untersuchungen mit schweren Ionen im Vergleich mit Neutronen ist aber auch begrenzt. Die Hauptursache dafür besteht darin, daß die Reichweite von Neutronen einige Zentimeter beträgt und Strahlendefekte gleichförmig über große Schichtdicken verteilt sind, während schwere Ionen mit Energien von einigen MeV/A Eindringtiefen von etwa 20 µm haben bei sehr ungleichförmiger Verteilung der Strahlenschädigung. Mit höheren Innenenergien ist es jedoch möglich, relativ homogene Durchstrahlungsschichten genügender Dicke zu erhalten, die auch für mechanische Messungen geeignet sind. Die leistungsfähigen Schwerionenbeschleuniger der Kernphysik bieten breite Variationsmöglichkeiten bezüglich Ionenart und Energie und ermöglichen damit die Optimierung entsprechender Bestrahlungen.

Kernfusion mit hochenergetischen Schwerionenstrahlen. Seit einigen Jahren wird neben Laserstrahlen und Elektronen die Verwendung von hochenergetischen sehr schweren Ionen wie Uran für die Fusions-Zündung [1] diskutiert (siehe *Kernfusion*). Es hat sich erwiesen, daß schwere Ionen beträchtliche Vorteile aufweisen können, insbesondere, daß Schwerionenbeschleuniger mit großem Wirkungsgrad und ausreichender Repetitionsrate technisch realisierbar sind und daß die Ionen-Pellet-Wechselwirkung effizienter und besser verstanden ist als z. B. die zwischen Laserstrahlung und Pellet. Die Besonderheiten des spezifischen Energieverlustes energiereicher schwerer Ionen (ausgeprägtes Maximum am Ende der Reichweitekurve) gestatten die Kompression eines Pellets mit dem DT-Gemisch bis zur Zündung der thermonuklearen Reaktion durch einen gepulsten Ionenstrahl mit der Impulsleistung von etwa 100 TW. Eine vereinfachte Darstellung des Prinzips ist in Abb. 13 gezeigt. Die notwendige Impulsleistung wird durch Uran-Ionen mit der Energie 26 GeV (109 MeV/A) bei einer Strahlintensität von $2 \cdot 10^{14}$ Teilchen erreicht. Das entspricht bei einfach geladenen Uran-Ionen einer Strahlstromstärke von 3,85 kA. Diese ist in der notwendigen Geometrie prinzipiell erreichbar, weil bei einfach geladenen Uran-Ionen Raumladungseffekte noch relativ gering und damit unkritisch bleiben. Die Beschleunigung von U^{1+}-Ionen bis zur Energie von über 100 MeV/A und die geometrische und zeitliche Fokussierung solcher sehr intensiver Teilchenstrahlen auf das Pellet ist technisch sehr aufwendig. Wie aber Projektstudien für Beschleunigeranlagen dieser Art zeigen, gibt es Varianten, die als durchaus realisierbar angesehen werden.

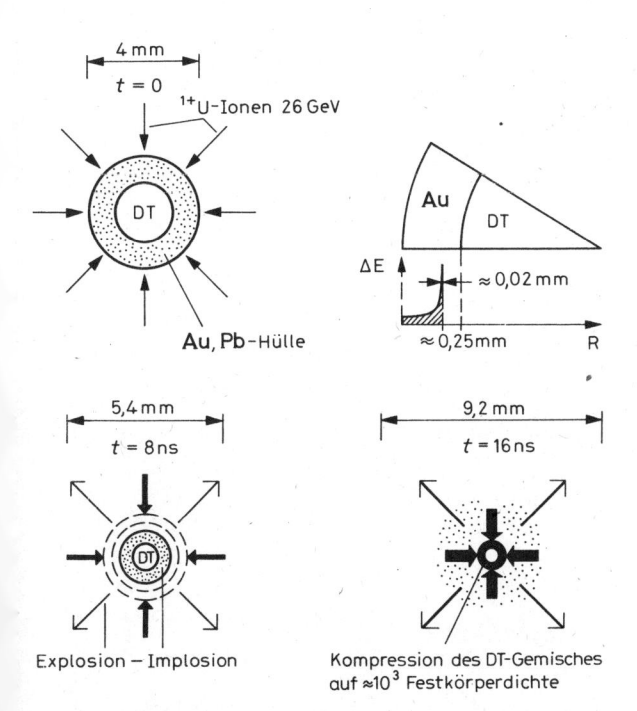

Abb. 13 Prinzip der Zündung eines DT-Gemisches in einem Pellet mit Schwerionenstrahlen. In wenigen Nanosekunden wird die hohe Energie der Uran-Ionen der Schwermetallhülle des Pellets übertragen. Die Implosion deren innerer Zone führt zur extremen Kompression des DT-Gemisches und zündet es.

Anwendung von hochenergetischen Schwerionenstrahlen in der strahlenbiologischen Grundlagenforschung und Medizin. Schwerionenstrahlen im Energiebereich von einigen 100 MeV/A werden in Zukunft weitere Anwendungen vor allem in biomedizinischen und strahlenbiologischen Bereichen erfahren. Sie haben für biomedizinische Zwecke folgende herausragende Eigenschaften: Es handelt sich um eine Strahlenart mit wohldefinierter Reichweite. Für Neon-Ionen der Energie 250 MeV/A beträgt diese z. B. in Wasser reichlich 10 cm. Die Bragg-Kurve so hochenergetischer Schwerionenstrahlen (siehe auch Abb. 2) zeichnet sich durch ein langes Plateau sowie ein sehr scharfes Bragg-Maximum am Ende der Teilchenbahn aus. Der spezifische Energieverlust ist hoch (10^1 bis 10^4 keV/µm), verbunden mit einer entsprechend hohen lokalen Ionisationsdichte und damit einem sehr günstigen Dosisprofil. Aus diesen Eigenschaften ergeben sich bedeutende Vorteile und Verbesserungen für die strahlenbiologische Grundlagenforschung an Elementarbausteinen von Zellen und Gewebe sowie in der Radiographie und Radiotherapie. Die spezifische Tiefenverteilung der Dosis und wohldefinierte Reichweite, die genaue räumliche Justierbarkeit der Schwerionenstrahlen sowie zeitlich beliebig wählbare Bestrahlungsregimes erlauben z. B. in der Therapie eine maximale Schädigung von Tumorherden bei gleichzeitiger optimaler Schonung des umliegenden gesunden Gewebes. Gegenwärtig konzentrieren sich die Forschungsarbeiten mit Schwerionenstrahlen aber noch auf strahlenbiologische Grundlagenuntersuchungen über Parameter der Zellschädigung, z. B. Überleben, Proliferation, Mutation, Zellkommunikation, Stoffwechselgrößen, Reparaturmechanismen u. a. [1].

Literatur

[1] Proceedings of the Symposium on Relativistic Heavy Ion Research. Darmstadt 1978, Vol. 1 and 2. Ed. R. Bock and R. Stock. Gesellschaft für Schwerionenforschung, GSI-P-5-78. Darmstadt 1978.

[2] Proceedings of the International Conference on Extreme States in Nuclear Systems. Dresden 1980, Vol. 1 and 2. Ed. H. Prade and S. Tesch, Zentralinstitut für Kernforschung Rossendorf, ZfK-430, Rossendorf 1980.

[3] Proceedings of the International School-Seminar on Heavy Ion Physics. Alushta 1983, Ed. Yu. Z. Oganesyan, J.I.N.R. Dubna, D7-83-644, Dubna 1983.

[4] Grunder, H. A.; Selph, F. B.: Heavy-Ion Accelerators. In: Annual Review of Nuclear Science. Ed. E. Segre. Annual Review Inc., Palo Alto 1977. Vol. 27.

[5] Quantum Electrodynamics of Strong Fields. Ed. W. Greiner. – New York/London: Plenum Press 1983.

[6] Fischer, B. E.; Spohr, R.: Production and use of nuclear tracks: imprinting structure on solids. Rev. mod. Phys., 55 (1983) 4, 907–948.

[7] Flerov, G. N.; Barasenkov, V. S.: Strahlen schwerer Ionen. Grundlagen und Einsatzmöglichkeiten. Teil I und

Teil II. Wiss. u. Fortschr. 25 (1975) 10, 460–465 und 25 (1975) 11, 512–516.

[8] Barasenkov, V. S.: Neue Berufe schwerer Ionen. – Moskau: Atomizdat 1977 (in Russisch).

[9] Zu Putlitz, G.; Siegert, G.: Expedition ins Innere der Atome. Bild der Wiss. 12 (1979).

[10] Fischer, B. E.; Spohr, R.: Werkzeug im Mikrokosmos. Die Umschau 17 (1982).

[11] Lück, H. B.: Kinetik und Mechanismus der Bildung und Ätzung von Teilchenspuren in Polyethylenterephthalat. Zentralinstitut für Kernforschung Rossendorf, ZfK-473, 1982.
Fleischer, R. L.; Price, P. B.; Walker, R. M.: Nuclear Tracks in Solids – Principles and Application. – Berkeley/Los Angeles/London: University of California Press 1975.

[12] Application of Ion Beams to Metals. – New York: Plenum Press 1974.

Sekundärelektronen

Die Emission von Sekundärelektronen wurde erstmals 1902 von L. Austin und H. Starke [1] beobachtet. Bei der Untersuchung der Gesamtreflexion von Elektronenstrahlen an verschiedenen Metallen in Abhängigkeit vom Einfallswinkel fanden sie, daß der von der Probe zur Erde fließende Strom mit wachsendem Einfallswinkel abnimmt, Null wird und schließlich ab etwa 70° ein positiver Strom zu fließen beginnt, der wieder wächst, je flacher die Elektronen auf die Probe treffen. Sie erklärten den Effekt als sekundäre Emission negativ geladener Teilchen.

Sachverhalt

Treffen Elektronen auf einen Festkörper, beobachtet man neben anderen Erscheinungen, wie Röntgenstrahlen, Lumineszenz, vom Festkörper emittierte Elektronen. Die schematische Darstellung eines Sekundärelektronenspektrums ist in Abb. 1 wiedergegeben. Das Spektrum kann in drei wesentliche Teile unterteilt werden: (I) die „echten" Sekundärelektronen, (II) die rückgestreuten oder rückdiffundierten Elektronen und (III) die elastisch bzw. quasielastisch reflektierten Elektronen. Die Grenze zwischen den Bereichen (I) und (II) ist nicht scharf, sie wird im allgemeinen bei etwa 50 eV angegeben. Im Sekundärelektronenspektrum findet man darüber hinaus zwei Typen kleinerer Strukturen: a) Peaks, die bei Variation der Energie der Primärelektronen ihre Energie beibehalten und b) Peaks, die stets mit gleicher Energiedifferenz zum Primärelektronenpeak (III) auftreten. Peaks des Typs a) wurden erstmals 1953 von J. J. Lander [3] beobachtet und als Auger-Elektronen (siehe *Auger-Effekt*) identifiziert. Strukturen des zweiten Typs wurden bereits 1930 von E. Rudberg [4] gefunden. Sie werden durch Elektronen hervorgerufen, die charakteristische Energieverluste erlitten haben.

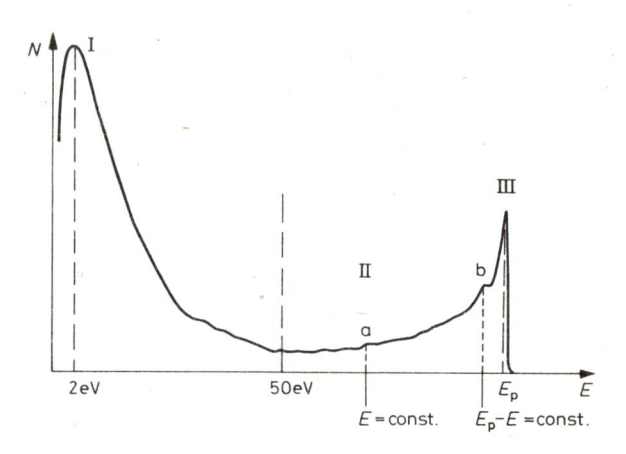

Abb. 1   Sekundärelektronenspektrum (Erklärung im Text)

Die elastisch bzw. quasielastisch reflektierten Elektronen. Die Primärelektronen können im Festkörper eine gewisse Strecke ohne Energieverlust zurücklegen. Die mittlere freie Weglänge ohne Energieverlust [5] hängt von der Energie der Primärelektronen E_p und in geringerem Maße von der Natur des Festkörpers (Ordnungszahl, kristallographische Struktur u. ä.) ab. Auf ihrem Weg im Festkörper können die Elektronen elastisch gestreut werden. Bei niedrigen Energien überwiegt die elastische Rückwärtsstreuung, bei hohen Energien (im keV-Bereich) beobachtet man nur eine starke Vorwärtsstreuung (siehe *Elektronenbeugung*). Der Strom der elastisch reflektierten Elektronen ist bei Energien unter 10 eV am größten, er beträgt hier 10%...50% des Primärstromes. Bei höheren Energien sinkt er ab ($E_p > 100$ eV: ca. 1%) [6].

Im allgemeinen rechnet man zu den elastisch reflektierten Elektronen auch Elektronen, die Energieverluste unter 1 eV erlitten haben. Solche Verluste im meV-Bereich treten durch die Anregung kollektiver Gitterschwingungen (Phononen) auf.

Die rückgestreuten Elektronen, Elektronen mit charakteristischen Energieverlusten [2b,7]. Bei Energien unterhalb E_p findet man im Sekundärelektronenspektrum ein breites Kontinuum, das von Elektronen hervorgerufen wird, die nach unelastischen und elastischen Wechselwirkungen mit dem Festkörper diesen wieder verlassen (Bereich II in Abb. 1). Diesem sind die Peaks von Elektronen mit charakteristischen Energieverlusten überlagert.

Solche Energieverluste entstehen durch Anregung von Oberflächen- und Volumenplasmonen (Plasmaverluste) und durch Anregung von Intra- und Interbandübergängen (Ionisationsverluste). Beim Durchgang durch den Festkörper regen die Elektronen kollektive longitudinale Schwingungen des Gases der Leitungselektronen an. Die Energiequanten dieses Schwingungszustandes werden Plasmonen genannt. Ionisationsverluste entstehen, wenn durch die Wechselwirkung mit Primärelektronen Elektronen aus dem Valenzband oder aus Rumpfniveaus in das Leitungsband angehoben werden. Der Energieverlust der Primärelektronen entspricht dann gerade der Differenz der Bindungsenergien der beteiligten Niveaus.

Die „echten" Sekundärelektronen [2a,8,9]. „Echte" Sekundärelektronen (Abk.: SE) findet man im Energiebereich unter 50 eV (Bereich I in Abb. 1). Sie machen den weitaus größten Teil der vom Festkörper emittierten Elektronen aus. Zur Beschreibung der Sekundärelektronenemission (SEE) dient die Energie-Winkel-Verteilung $j(E,\Omega)$. Sie drückt den Strom der SE, bezogen auf den Primärelektronenstrom, aus, die mit der Energie E in Richtung des Einheitsvektors Ω emittiert werden. Die Energie-Winkel-Verteilung liefert die meisten Informationen über den Prozeß der SEE, ist jedoch der Messung erst in den letzten Jahren zugänglich geworden (siehe *Sekundärelektronenspektroskopie*).

Leichter als diese können von ihr abgeleitete Größen gemessen werden: die Energieverteilung $j(E)$, die Winkelverteilung $j(\Omega)$ und die Ausbeute δ. Die beobachtete Energieverteilung der SE ähnelt einer Boltzmann-Verteilung. Ihr Maximum liegt bei etwa 2 eV, die Halbwertsbreite beträgt ca. 5 eV. Für eine Vielzahl von Metallen liegen die Energieverteilungskurven innerhalb eines engen Streubereiches [9]. Die Winkelverteilung der SE läßt sich in guter Näherung als Kosinusverteilung beschreiben. Die SEE ist in weiten Grenzen praktisch temperaturabhängig. Die Auslösezeiten für SE liegen bei ca. 10^{-10} s.

Die im Hinblick auf die technische Anwendung der SEE wichtigste Größe ist die Ausbeute δ. Sie gibt das Verhältnis des emittierten Stromes zum Primärstrom an. δ ist eine Funktion der Energie der Primärelektronen (Abb. 2) und des Einfallswinkels. Die Ausbeute wird um so größer, je flacher die Primärelektronen auf die Oberfläche treffen. Normalerweise gibt man nur die Ausbeute für senkrechten Einfall an. Für Metalle und Elementhalbleiter liegt die maximale SE-Ausbeute δ_m etwa zwischen 0,5 (Li) und 1,8 (Ir,Pt,Au). Die Ausbeuten an anderen Halbleitern und an Isolatoren können erheblich größer sein. Die deutlichsten Abweichungen vom Verhalten der Metalle findet man bei einigen Oxiden und Alkalihalogeniden, wo δ_m Werte > 10 annehmen kann [8,9]. Außer von den genannten Größen ist die SE-Ausbeute auch in starkem Maße von der Oberflächenbeschaffenheit der Probe abhängig; an rauhen Proben können Abschattungseffekte auftreten.

Um die Entstehung der SE erklären zu können, müssen drei Prozesse betrachtet werden [10]:

a) die Anregung von Elektronen durch die einfallenden Primärelektronen infolge Coulomb-Wechselwirkung [11];

b) die Stoßkaskade, bei der die zunächst angeregten Leitungselektronen ihre Energie an Valenzelektronen abgeben, die dadurch ebenfalls ins Leitungsband angehoben werden und bei der eine große Zahl angeregter Leitungselektronen entsteht [12,13]. (Bei weiteren Stoßprozessen können die Leitungselektronen so viel Energie verlieren, daß sie ins Valenzband zurückfallen, weshalb für die SEE nur Kaskaden eine Rolle spielen, die in Oberflächennähe ablaufen.);

c) der Durchgang durch die Oberfläche, wobei infolge des Potentialsprungs die schließlich außerhalb des Festkörpers beobachtete Energie- und Richtungsverteilung zustande kommt.

Darüber hinaus tragen andere Prozesse, wie der Zerfall von Plasmonen, in geringerem Maße zur Entstehung der SE bei.

Die Emission von SE beobachtet man nicht nur bei primärem Elektronenbeschuß. „Echte" Sekundärelektronen entstehen z. B. auch bei Wechselwirkung von Ionen mit dem Festkörper.

Kennwerte, Funktionen

Tabelle 1 Ausgewählte Werte für SE-Ausbeuten und charakteristische Energien [9, 14]

Stoff	δ_m	$\dfrac{E_{pm}}{eV}$	$\dfrac{E_{p1}}{eV}$	$\dfrac{E_{p2}}{eV}$
1. Metalle				
C (Grahpit)	1,0	300	—	—
Al	0,95	300	—	—
K	0,7	200	—	—
Fe	1,3	350	120	1400
Cu	1,3	600	200	1500
Pt	1,8	700	150	>2000
2. Elementhalbleiter				
Si	1,1	250	90	650
Se	1,3–1,5	400		
3. Isolatoren u. Halbleiter				
KCl	7,0–9,0	800–1200	15	
NaCl	6,0–7,0	600	20	1400
BeO	5–10	2000		
Oxidkathode	5–12	1400–1500		
4. Intermetallische Verb. u. Legierungen				
Cs$_3$Sb	8	200		
Ag-Mg (2%)-MgO	9,8	500		

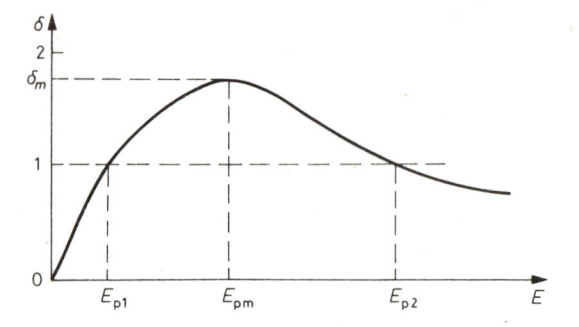

Abb. 2 Schematischer Verlauf der SE-Ausbeute δ als Funktion der Energie E der Primärelektronen (nach [8]) ($\delta_m(E_{pm})$ – maximale SE-Ausbeute; E_{p1}, E_{p2} – Primärenergien für $\delta = 1$)

Anwendungen

Sekundärelektronenvervielfacher (SEV) [14,15]. Die Entdeckung der SEE führte schon früh zu Versuchen, diese zur Verstärkung elektrischer Signale auszunutzen. Erste Erfindungen, die zur Entwicklung der SEV beitrugen, datieren aus den Jahren um 1920.

Das Prinzip des SEV besteht darin, daß einzelne Elektronen mit geeigneter Energie auf eine Schicht mit großer SE-Ausbeute treffen, dort mehr Elektronen auslösen als zunächst aufgefallen sind, die ausgelösten SE wieder auf eine solche Schicht beschleunigt werden, an jener wieder eine größere Zahl von SE erzeugen usw., so daß nach mehrfacher Wiederholung des Vorganges der SEE schließlich Stromverstärkungen bis 10^{10} erzielt werden können.

Bis jetzt wurde eine Vielzahl verschiedener SEV-Typen entwickelt, die sich hinsichtlich ihrer Einsatzmöglichkeiten und Arbeitsprinzipien unterscheiden. Es gibt

a) offene SEV zum Nachweis von Teilchen (Elektronen, Ionen usw.), wobei die nachzuweisenden Teilchen ohne Zwischenstufe selbst die ersten SE auslösen,

b) Photovervielfacher zum Nachweis von Photonen, bei denen zunächst in einer Photokathode mit Hilfe des *Photoeffektes* die ersten Elektronen ausgelöst werden sowie

c) SEV mit Szintallationskristall, in dem die nachzuweisenden Teilchen Lichtblitze und diese ihrerseits in der Photokatode die SE auslösen,

d) SEV mit Glühkathode zur Stromverstärkung.
Übliche Bauformen sind:

e) SEV mit diskreten Dynoden (Dynodenmaterial z.B. CuBe, AgMg, Cs$_3$Sb), vgl. Abb. 3a,

f) kontinuierliche SEV (Platten oder Röhrchen aus halbleitendem Material), vgl. Abb. 3b.

Die Beschleunigung der SE erfolgt entweder durch ein hochfrequentes Wechselfeld (dynamischer SEV) oder durch eine Beschleunigungsgleichspannung (statischer SEV). Die SE werden durch elektrische oder magnetische Felder geführt.

Die Entscheidung, ob im konkreten Einsatzfall ein SEV eingesetzt wird und welche Bauform man wählt, richtet sich nach den Anforderungen hinsichtlich Verstärkung, Effektivität des Nachweises, Rauschen (Dunkelstrom), Zeitverhalten (Impulsfolge), Linearität, Voraussetzungen für den Betrieb (Vakuum, Hochspannung, Platzbedarf) und Umweltbedingungen (z.B. Temperatur). Hinsichtlich der Kombinationen der o.g. Konstruktions- und Einsatzprinzipien gibt es darüber hinaus technologisch bedingte Einschränkungen.

Sehr weit verbreitet sind Photovervielfacher mit diskreten elektrostatisch fokussierenden Dynoden. Bei offenen SEV werden verstärkt Kanal-SEV (*Channeltron*), kontinuierliche SEV in Röhrchenform, angewandt. Eine Besonderheit stellen *Kanalplatten* dar, die in sich eine Vielzahl integrierter Kanal-SEV enthalten und zur Verstärkung kompletter Bilder u.a. in der Elektronenmikroskopie, bei der *Elektronenbeugung* und beim Sekundärionen-Mikroskop (siehe *Sekundärionen*) eingesetzt werden.

Dynatronröhre. Die Dynatronröhre nutzt die sonst bei Elektronenröhren unerwünschten SE-Effekte (Auslösen von SE aus der Anode, wodurch die I_a-U_a-Kennlinie in einem gewissen Bereich fällt) aus. Sie arbeitet in dem Bereich negativen Innenwiderstandes und kann daher zur Erzeugung ungedämpfter Schwingungen ohne Rückkopplung eingesetzt werden.

SE-Spektroskopie. Die SE-Spektroskopie wird in einer begrenzten Zahl von Laboratorien betrieben und hat Bedeutung für die Grundlagenforschung. Sie beschäf-

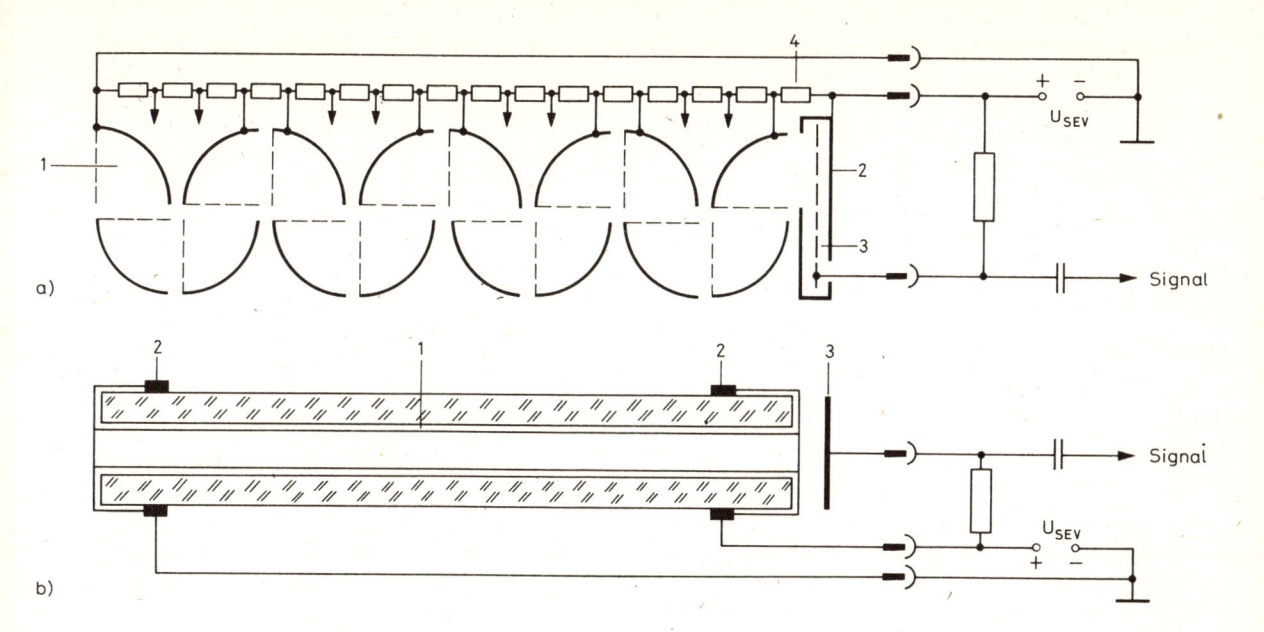

Abb. 3 a) Schematische Schnittdarstellung eines offenen SEV mit diskreten Dynoden (Kästchenvervielfacher): 1 – erste Dynode, 2 – letzte Dynode, 3 – Kollektor, 4 – Widerstandskette

b) Schematische Schnittdarstellung eines Kanalvervielfachers [15]: 1 – halbleitende Schicht, 2 – Kontakte, 3 – Kollektor. Abweichend von dieser Darstellung haben Kanalvervielfacher im allgemeinen eine trichterförmige Öffnung und sind zur Vermeidung von Ionenrückwirkungen gebogen.

tigt sich mit der Messung der Energie-Winkel-Verteilung der SE. Mit den hauptsächlich erst seit den siebziger Jahren zur Verfügung stehenden hochauflösenden Spektrometern konnte gefunden werden, daß den ansonsten strukturlosen SE-Spektren Peaks überlagert sind, die Informationen über die Zustandsdichten der unbesetzten Bänder oberhalb des Vakuumniveaus enthalten [16].

Raster-Elektronenmikroskopie [18]. Das erste Raster-(engl.: Scanning) Elektronenmikroskop wurde 1935 von M. KNOLL [17] gebaut. Sein Prinzip besteht darin, daß ein Festkörper mit einem feinfokussierten Elektronenstrahl (Durchmesser bis ≤ 1 nm) abgerastert, die dabei ausgelösten SE erfaßt und das so erhaltene Signal zur Helligkeitssteuerung eines synchron zum Elektronenstrahl des Mikroskops geführten Strahls einer Kathodenstrahlröhre verwendet werden. Der Bildkontrast entsteht durch unterschiedliche SE-Ausbeuten auf der Probe (Materialkontrast, Orientierungskontrast) und durch Topografie-Effekte (unterschiedliche Neigung von Flächen auf der Probe, Abschattung, Kanteneffekte).

Obwohl mit dem Raster-Elektronenmikroskop keine so hohe Auflösung wie mit einem Durchstrahlungsmikroskop erreicht wird, bietet es Vorteile, die zu seiner weiten Verbreitung geführt haben. Es lassen sich kompakte Proben untersuchen (relativ einfache Probenpräparation), die „Abbildung" rauher Objekte erfolgt mit großer Tiefenschärfe, bei Anlegen einer Spannung lassen sich die Potentialverhältnisse auf der Probe darstellen (Schaltkreisinspektion), durch Erweiterung des apparativen Aufbaus lassen sich leicht weitere Informationen gewinnen (Rückstreuelektronen-, Probenstrombild, Kombination mit verschiedenen Analysatoren).

Die vom Festkörper durch Elektronen- bzw. Ionenbeschuß ausgelösten Sekundärelektronen lassen sich auch direkt elektronenoptisch abbilden. Dieses Prinzip verwendet man im *Emissions-Elektronenmikroskop*.
Elektronen-Energieverlust-Spektroskopie [7]. Die Energieverlust-Spektroskopie (engl.: Energy Loss Spectroscopy -ELS-) liefert zahlreiche Informationen über Festkörperoberflächen. Gegenstand dieser Methode ist das Studium der durch charakteristische Energieverluste der rückgestreuten Primärelektronen entstehenden Peaks im Sekundärelektronenspektrum (Abb. 1). Dabei werden sowohl Peaks, die durch die Anregung von Elektronenübergängen entstehen (z. T. als Ionization Loss Spectroscopy (ILS) bezeichnet), als auch Oberflächen- und Volumenplasmonenpeaks untersucht. Die Verlustspektren geben sehr empfindlich Eigenschaften der Elektronenstruktur der Festkörperoberflächen wieder, die Interpretation der Spektren stößt jedoch bisher noch auf einige theoretische Schwierigkeiten.

Eine Besonderheit stellt die hochauflösende Energieverlustspektroskopie (engl.: High Resolution Electron Energy Loss Spectroscopy HREELS) dar. Mit Hilfe eines speziellen Spektrometers [19] und bei Primärelektronenenergien von wenigen eV lassen sich Verluste im meV-Bereich nachweisen. Die so nachzuweisenden Peaks entstehen durch die Anregung von Phononen. Die mit der HREELS erhaltenen Resultate korrespondieren mit den Ergebnissen optischer Methoden (IR-Spektroskopie, Raman-Spektroskopie).

Mit ihr können die Bindungsverhältnisse von Adsorbatmolekülen an Festkörperoberflächen aufgeklärt werden (Katalysatorforschung).

Eine spezielle Anwendung hat die Energieverlust-Spektroskopie in Durchstrahlung gefunden. Spektrometer, die die Elementanalyse leichter Elemente anhand der charakteristischen Energieverluste ermöglichen, werden zusammen mit Durchstrahlungs-Elektronenmikroskopen angeboten.

Schwellpotential-Spektroskopie [20]. Die Schwellpotential-Spektroskopie (engl.: Appearance Potential Spectroscopy -APS-) stellt im Prinzip auch eine Anwendung der Mechanismen dar, die zur Entstehung von Ionisationsverlusten führen. Die Probe wird hierbei mit einem Primärelektronenstrahl veränderlicher Energie beschossen. Reicht die Primärenergie aus, um Elektronen aus einem bestimmten Niveau in die freien Zustände des Leitungsbandes anzuheben, so findet man eine Abnahme des Stromes der von der Probe elastisch reflektierten Elektronen und eine Zunahme der von der Probe emittierten Auger-Elektronen und Röntgenstrahlung, die beim Auffüllen des entstandenen Lochs entstehen. Alle genannten Erscheinungen werden in entsprechenden Spektrometern genutzt. Die APS ist zur Elementanalyse (jedoch nicht aller Elemente) geeignet und liefert Informationen über die Zustandsdichten der unbesetzten Elektronenzustände oberhalb der Fermi-Energie. Der Vorteil der Methode ist, daß sie sich mit einfachen, nichtdispersiven Analysatoren realisieren läßt.

Literatur

[1] Austin, L.; Starke, H.: Über die Reflexion der Kathodenstrahlen und damit verbundene neue Erscheinung secundärer Emission. Verh. d. Dt. Phys. Ges. 4 (1902) 6, 106–126.

[2] Seah, M. P.: Slow Electron Scattering from Metals. Surf. Sci. 17 (1969) 1.
a) I The Emission of True Secondary Electrons, S. 132–160;
b) II The Inelastically Scattered Primary Electrons, S. 161–180.
c) III The Coherently Elastically Scattered Primary Electrons, S. 181–213.

[3] Lander, J. J.: Auger Peaks in the Energy Spectra of Secondary Electrons from Various Materials. Phys. Rev. 91 (1953) 6, 1382–1387.

[4] Rudberg, E.: Characteristic Energy Losses of Electrons Scattered from Incandescent Solids. Proc. Roy. Soc. A 127 (1930) 111.

[5] Powell, C. J.: Attenuation Lengths of Low-Energy Electrons in Solids. Surf. Sci. 44 (1974) 1, 29–46.

[6] Estrup, P. J.; McRae, E. G.: Surface Studies by Electron Diffraction. Surf. Sci. 25 (1971) 1, 1–52.

[7] Raether, H.: Excitation of Plasmons and Interband Transitions by Electrons (Springer Tracts in Modern Physics Vol. 88). – Berlin/Heidelberg/New York: Springer-Verlag 1980.

[8] Bronstejn, I. M.; Frajman, B. S.: Vtoričnaja èlektronnaja èmissija. – Moskva: Izdatel'stvo Nauka 1969.

[9] Kollath, R.: Sekundärelektronen-Emission fester Körper bei Bestrahlung mit Elektronen. In: Handbuch der Physik. Bd. XXI. Hrsg.: S. Flügge – Berlin/Heidelberg/New York: Springer-Verlag 1956, S. 232–303.

[10] Brauer, W.: Einführung in die Elektronentheorie der Metalle. 2. Aufl. – Leipzig: Akademische Verlagsgesellschaft Geest & Portig K.-G. 1972.

[11] Streitwolf, H. W.: Zur Theorie der Sekundärelektronenemission. Der Anregungsprozeß. Ann. Phys. (7) 3 (1959) 3/4, 183–196.

[12] Wolff, P. A.: Theory of the Secondary Electron Cascade in Metals. Phys. Rev. 95 (1954) 1, 56–66.

[13] Stolz, H.: Zur Theorie der Sekundärelektronenemission von Metallen. Der Transportprozeß. Ann. Phys. (7) 3 (1959) 3/4, 197–210.

[14] Der lichtelektrische Effekt und seine Anwendungen. Hrsg.: H. Simon; R. Suhrmann. 2. Aufl. – Berlin/Göttingen/Heidelberg: Springer-Verlag 1958.

[15] Ajnbund, M. R.; Polenov, B. V.: Vtorično-èlektronnye umnožiteli otkrytogo tipa i ich primenenie. – Moskva: Ènergoizdat 1981.

[16] Christensen, N. E.; Willis, R. F.: Secondary Electron Emission from Tungsten. Observation of the Electronic Structure of the Semi-Infinite Crystal. J. Phys. C 12 (1979) 1, 167–207.

[17] Knoll, M.: Aufladepotential und Sekundäremission elektronenbestrahlter Körper. Z. tech. Phys. 16 (1935) 11, 467–475.

[18] Reimer, L.; Pfefferkorn, G.: Raster-Elektronenmikroskopie. – 2. Aufl. – Berlin/Heidelberg/New York: Springer-Verlag 1977. – von Ardenne, M.: Elektronen-Übermikroskopie. – Berlin: Springer-Verlag 1940.

[19] Froitzheim, H.; Ibach, H.: Interband Transitions in ZnO Observed in Low Energy Electron Spectroscopy. Z. Phys. 269 (1974) 1, 17–22.

[20] Park, R. L.; Houston, J. E.: Soft X-Ray Appearance Potential Spectroscopy. J. Vac. Sci. Technol. 11 (1974) 1, 1–18.

Sekundärionen

Die Emission von Sekundärionen wurde erstmals 1936 von F.L. ARNOT [1] und Mitarbeitern bei Untersuchungen zur Kathodenzerstäubung beobachtet.

Sachverhalt [2, 3, 6–8]

Beim Beschuß eines Festkörpers mit Ionen läuft eine Reihe eng miteinander verknüpfter Prozesse ab: Die primären Ionen werden entweder am Festkörper elastisch oder unelastisch gestreut, wobei sie z. T. auch entladen werden, und verlassen den Festkörper wieder (siehe *Ionenstreuung*), oder sie bleiben nach Abgabe ihrer gesamten Energie im Festkörper stecken (siehe *Ionenimplantation*). Die Energieabgabe erfolgt durch elastische und unelastische Stöße mit den Atomen des Festkörpers. Die gestoßenen Atome stoßen ihrerseits weitere Atome und bilden so Stoßkaskaden. Bei den Stößen wird auch Energie auf die Elektronenhülle übertragen, die Atome des Festkörpers gehen z. T. in angeregte Zustände über. Die angeregten Leitungselektronen geben ihrerseits die Energie in Stoßkaskaden ab, was in Oberflächennähe zur Emission von *Sekundärelektronen* (ionenstrahlinduzierte Elektronenemission [4]) führt. Die bei der Neutralisation von Primärionen an der Oberfläche des Festkörpers ablaufenden Elektronenübergänge sowie die Übergänge bei der Reorganisation der angeregten Atome (siehe *Auger-Effekt*) bewirken außerdem die Emission von Elektronen mit charakteristischer Energie bzw. von Photonen (siehe *Röntgenstrahlen, Lumineszenz*) (Anwendungen dazu siehe [5]).

Der bedeutendste Effekt, der bei Beschuß eines Festkörpers mit Ionen auftritt ist die *Zerstäubung des Festkörpers*. Die Stoßkaskaden der Festkörperatome oder der Stoß durch ein Primärion können dazu führen, daß Atomen oder Atomgruppen an der Oberfläche Energie und Impuls vermittelt werden, die ausreichen, den Festkörperverband zu verlassen. Diese Atome bzw. Atomgruppen (Cluster) befinden sich überwiegend in neutralem Zustand (Grundzustand oder angeregter Zustand), können jedoch auch ionisiert sein. Der Anteil der positiven oder negativen Sekundärionen an der Gesamtzahl der abgestäubten Teilchen liegt bestenfalls in der Größenordnung 1%.

Ein großer Teil der genannten Prozesse läuft auch ab, wenn der Festkörper mit primären Neutralteilchen beschossen wird.

Wichtigste Größe zur Charakterisierung der Sekundärionenemission ist die Sekundärionenausbeute $S_i^\pm$, die angibt, wieviel positive oder negative Sekundärionen einer bestimmten Masse i (bzw. eines bestimmten Verhältnisses Masse/Ladung) je einfallendes Primärion emittiert werden, wenn die Probe ausschließlich aus dem betreffenden Element besteht. Sie wird meist als Produkt aus der Zerstäubungsrate S_i (Zahl der abgestäubten neutralen oder geladenen Teilchen pro Zahl der Primärionen) und der Ionisierungswahrscheinlichkeit $\beta_i^\pm$ (Zahl der als positive bzw. negative Ionen abgestäubten Teilchen pro Zahl der insgesamt abgestäubten Teilchen) dargestellt. Der Sekundärionenstrom $I_i^\pm$, der mit einem Spektrometer der Transmission T nachzuweisen ist, ergibt sich dann als

$$I_i^\pm = I_p \cdot S_i \cdot \beta_i^\pm \cdot c_i \cdot T, \tag{1}$$

wobei I_p der Primärionenstrom und c_i die Konzentration des Elements mit der Masse i in der Probe sind. Bei Elementen, die in mehreren Isotopen vorkommen, hat man in (1) noch die Isotopenhäufigkeit zu berücksichtigen.

Die Sekundärionenausbeute hängt in starkem Maße von der Art, der Energie, der Stromdichte und dem Einfallswinkel des Primärionenstrahls sowie von der Beschaffenheit der Probe (Zusammensetzung, Oberflächenbedeckung, Temperatur u. a.) ab [2]. Die Abhängigkeiten der Sekundärionenausbeuten von der Masse, der Energie und dem Einfallswinkel der Primärionen sowie die Winkelverteilung der emittierten Sekundärionen entsprechen den bei der Zerstäubung beobachteten Gesetzmäßigkeiten. Die Energieverteilung der Sekundärionen ist für verschiedene Atom- und Molekülionen unterschiedlich. Das Maximum der Energieverteilung liegt im Bereich von einigen eV bis zu einigen 10 eV.

Die Sekundärionenausbeute wird wesentlich durch die Ionisierungswahrscheinlichkeit bestimmt. Diese hängt vom Element (Ionisierungspotential), der Matrix sowie der Anwesenheit elektropositiver oder -negativer Elemente ab und ist daher schwer zu erfassen. So kann sich die Sekundärionenausbeute allein durch Bedeckung der Probe mit einer dünnen Oxidschicht um mehrere Größenordnungen ändern (Tab. 1).

Zur theoretischen Beschreibung des Prozesses der Sekundärionenemission wurde eine Reihe unterschiedlicher Modelle entwickelt [2, 3, 6, 8], die in gewissen Grenzen brauchbare quantitative Resultate liefern. Ein universelles Modell der Sekundärionenemission gibt es jedoch noch nicht.

Kennwerte, Funktionen

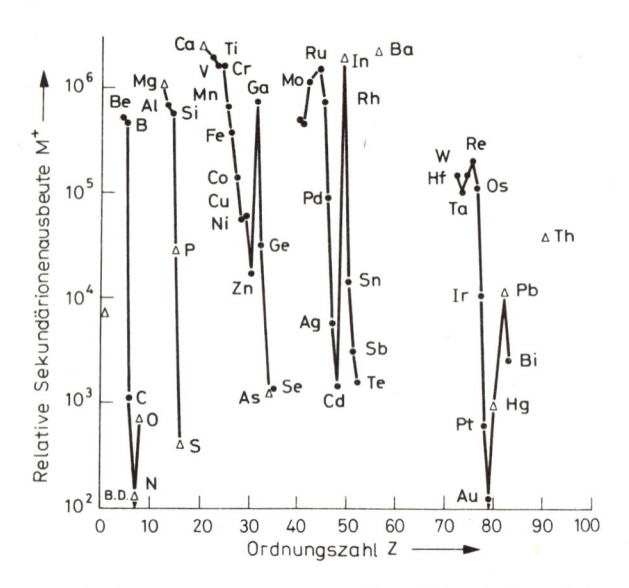

Abb. 1 Relative Ausbeuten der positiven Sekundärionen bei Beschuß mit O^--Ionen (E_p = 13,5 keV) als Funktion der Ordnungszahl (● Reine Elemente, △ Verbindungen, Bd. D. – kaum nachweisbar) (nach [10])

Tabelle 1 Sekundärionenausbeuten der einfach positiv geladenen Ionen einiger Elemente für saubere und oxidbedeckte Metalloberflächen [5]

Element	S^+_{sauber}	$S^+_{ox.}$	Element	S^+_{sauber}	$S^+_{ox.}$
Mg	0,01	0,9	Cu	0,003	0,07
Al	0,007	0,7	Ge	0,0044	0,02
Si	0,0084	0,58	Nb	0,0006	0,05
Cr	0,0012	1,2	Mo	0,00065	0,4
Fe	0,0015	0,35	Ta	0,00007	0,02
Ni	0,0006	0,045	W	0,00009	0,035

Anwendungen

Die wichtigste Anwendung ist die *Sekundärionen-Massenspektroskopie* (SIMS) [6–8], die hier allein betrachtet wird. Sie hat sich seit den sechziger Jahren zu einer Standardmethode der Oberflächenanalytik entwickelt. Abb. 2 zeigt ein Beispiel. Das Prinzip der Methode besteht darin, daß die Probe mit Ionen einer Energie von einigen keV beschossen und die emittierten Sekundärionen von der Probe abgesaugt und hinsichtlich ihres Verhältnisses Masse/Ladung analysiert werden. Die Methode wurde zunächst hauptsächlich zur Volumen-Analyse eingesetzt, es entstanden Geräte zur Mikroanalyse. Seit Ende der sechziger Jahre wird die Sekundärionen-Massenspektroskopie auch zur Dünnschicht-Analyse und zur Aufnahme von Konzentrations-Tiefenprofilen eingesetzt sowie für Untersuchungen an monomolekularen Deckschichten

verwendet [9]. Ein Beispiel für ein SIMS-Spektrum zeigt Abb. 2.

Charakteristik der Methode [8].

Nachzuweisende Ionen: Atomionen aller Elemente, Molekülionen (Cluster);

Nachweisgrenze: stark element- und matrixabhängig, im Mittel 1 ppm;

Informationstiefe: im Mittel 0,6 nm, mehratomige Ionen stammen nur aus den obersten ein bis zwei Monolagen;

laterale Auflösung: bis 0,1 μm, typisch 1 μm;

quantitative Analyse: mit Standards oder Korrekturmodellen möglich,

Proben: Leiter, Halbleiter, Isolatoren (Ladungskompensation durch Elektronenstrahl) sowohl anorganische als organische Substrate;

Zerstörung der Probe: Abtrag durch Zerstäubung, Abtrageraten meist zwischen 0,1 nm/h und 5 μm/h;

Probenpräparation: einfach, Beseitigen von Kontaminationsschichten in situ.

Vorteile der Methode sind die hohe Nachweisempfindlichkeit, die geringe Informationstiefe (Oberflächenempfindlichkeit) sowie die Möglichkeit des Nachweises von allen Elementen einschließlich Wasserstoff und von Verbindungen. Nachteilig ist, daß SIMS eine destruktive Methode ist und außerdem nur in begrenztem Umfang quantitative Aussagen ermöglicht.

Die weitgefächerten Möglichkeiten der Methode haben zur Entwicklung spezieller Geräte geführt, die sich anhand bestimmter Parameter klassifizieren lassen [8]:

a) Stromdichte der Primärionen [9]

$I_p = (10^{-3}...10^{-1})$ A cm^{-2}: dynamische Sekundärionen-Massenspektroskopie, Abbaugeschwindigkeiten 10...1000 Atomlagen je Sekunde (Aufnahme

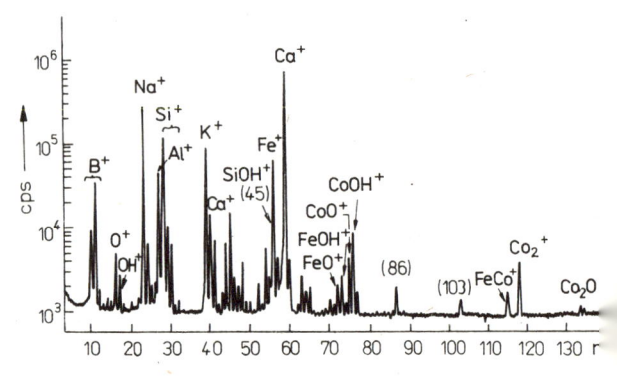

Abb. 2 Sekundärionenspektrum einer $Fe_5Co_{70}Si_{15}B_{10}$-Probe (Ar^+, E_p = 3 keV, I_p = 10^{-7} A, Messung in Sauerstoffatmosphäre p_{O_2} = 6,65 · 10^{-5} Pa)

von Tiefenprofilen, Schichtanalyse, Volumenanalyse);

$I_p \approx 10^{-9}$ A cm^{-2}: statische Sekundärionen-Massenspektroskopie, Abbauzeit für eine Monoschicht mehrere Stunden (Untersuchungen von Oberflächenreaktionen, Adsorption, Katalyse);

b) Durchmesser des Primärionenstrahls

$d_p \approx 1$ mm: Übersichtsanalyse eines größeren Probenbereiches (Makrosonde);

$d_p \approx 300$ µm: Sekundärionen-Mikroskop, ionenoptische Abbildung der Sekundärionen nach Massenseparation;

$d_p \lesssim 1$ µm: Sekundärionen-Mikrosonde, Punktanalyse oder Abrastern der Probe nach dem Prinzip des Raster-Elektronenmikroskops (siehe *Sekundärelektronen*).

c) Massenauflösungsvermögen

$m/\Delta m \approx 300$: einfach fokussierende Spektrometer;

$m/\Delta m \approx 10000$: doppelt fokussierende Spektrometer.

d) Bauweise

Hochvakuum- ($10^{-5}...10^{-6}$ Pa) oder Ultrahochvakuumapparatur ($p < 10^{-7}$ Pa);

Einzel- oder Kombinationsgerät (Kombination von SIMS mit anderen Oberflächenanalysemethoden, z.B. AES *Auger-Effekt, ESCA → Photoeffekt*).

Zur Massentrennung werden meist elektrostatische Quadrupol- oder magnetische Sektor-Analysatoren eingesetzt. Diesen Analysatoren ist häufig ein elektrostatischer Energieanalysator vorgesetzt.

Als Quellen für die Primärionen findet man meist Bayard-Alpert-, Penning-, Hochfrequenz- oder Duoplasmatronquellen (siehe *Ionenstrahlen*). Häufigste Primärionenarten sind Ar$^+$, O$^-$, Cs$^+$. Bei Beschuß mit O$^-$- bzw. Cs$^+$-Ionen nutzt man die Tatsache, daß die Anwesenheit von elektronegativen bzw. elektropositiven Elementen auf der Probenoberfläche zur Erhöhung der Ausbeute der positiven bzw. negativen Ionen führt.

Literatur

[1] ARNOT, F.L., Nature **138** (1936) 162.
[2] VEKSLER, V.I.: Vtoričnaja ionnaja ėmissija metallov. – Moskva: Nauka 1978.
[3] WILLIAMS, P.: The Sputtering Process and Sputtered Ion Emission. Surf. Sci. **90** (1979) 2, 588–634.
[4] KREBS, K.H.: Ioneninduzierte Elektronenemission. In: Festkörperanalyse mit Elektronen, Ionen und Röntgenstrahlen. Hrsg.: H. BETHGE, J. HEYDENREICH, K.H. KREBS, H.G. SCHNEIDER. – Berlin: Deutscher Verlag der Wissenschaften 1980, S.335–343.
[5] ČEREPIN, V.T.; VASIL'JEV, M.A.: Metody i pribory dlja analiza poverchnosti materialov (Spravočnik). – Kiev: Naukova dumka 1982.
[6] DÜSTERHÖFT, H.: Sekundärionen-Massenspektroskopie. In: Festkörperanalyse mit Elektronen, Ionen und Röntgenstrahlen. Hrsg.: H. BETHGE, J. HEYDENREICH, K.H. KREBS, H.G. SCHNEIDER. – Berlin: Deutscher Verlag der Wissenschaften 1980, S.373–398.
[7] WITTMAACK, K.: Aspects of Quantitative Secondary Ion Mass Spectrometry. Nuclear Instrum. and Methods **168** (1980) 1–3, 343–356.
[8] WERNER, H.W.: Introduction to Secondary Ion Mass Spectrometry (SIMS). In: Electron and Ion Spectroscopy of Solids. – New York/London: Plenum Press 1978, S.324–441.
[9] BENNINGHOVEN, A.: Die Analyse monomolekularer Festkörperoberflächenschichten mit Hilfe der Sekundärionenemission. Z. Phys. **230** (1970) 403–417.
[10] STORMS, H.A.; BROWN, K.F.; STEIN, J.D.: Evaluation of a Cesium Positive Ion Source for Secondary Ion Mass Spectrometry. Anal. Chem. **49** (1977) 13, 2023–2030.

Sorption

Der Begriff Sorption wurde 1909 von J. W. McBain eingeführt. Er bezeichnet die Bindung von Teilchen, die aus der Gasphase stammen, sowohl an der Oberfläche eines Festkörpers (*Adsorption*) als auch im Inneren des Festkörpers (*Absorption*, seltener *Occlusion*), ohne daß man sich dabei auf den Anteil des einen oder anderen Prozesses festlegt.

Sorptionsprozesse spielen bei der Erzeugung von Vakuum (in Sorptionspumpen, Kryosorptionspumpen, Ionen-Getterpumpen, Sorptionsfallen) und seiner Aufrechterhaltung (durch Getter oder Sorptionsmittel), bei der Katalyse, beim Kristallwachstum, bei der Herstellung dünner Schichten für unterschiedlichste Zwecke, aber auch in der Halbleitertechnik, wo sie Oberflächen- und Grenzflächeneigenschaften verändern können, eine Rolle. Sie sind die Vorstufe von Korrosionsprozessen und vielen chemischen Reaktionen zwischen Festkörperoberfläche und Gasphase.

Erste Untersuchungen über Adsorptionsprozesse wurden bereits Anfang dieses Jahrhunderts durchgeführt. Die dabei erzielten Resultate sind jedoch kritisch zu beurteilen, da es erst durch die Einführung der UHV-Technik nach 1950 möglich wurde, saubere Oberflächen zu erzeugen und der physikalischen Untersuchung zugänglich zu machen.

Sachverhalt

Treffen Gasatome oder -moleküle (= Gasteilchen) auf eine Festkörperoberfläche auf, können sie an dieser gebunden werden. Dieser Prozeß wird im allgemeinen als *Adsorption* bezeichnet. Kräfte, die eine solche Bildung bewirken, unterteilt man nach ihren Ursachen in van-der-Waals-Kräfte, elektrostatische Kräfte, Valenzkräfte.

Die durch *van-der-Waals-Kräfte* verursachte Bindung heißt *Physisorption*. Die dabei auftretenden Wechselwirkungskräfte und -energien sind gering. Die Physisorption ist im allgemeinen reversibel. Durch Physisorption können viele Adsorbatschichten auf einer Festkörperoberfläche gebunden werden.

Die durch *elektrostatische Kräfte* und *Valenzkräfte* verursachte Bindung bezeichnet man als *Chemisorption*. Bei dieser sind die Wechselwirkungskräfte und -energien wesentlich größer als bei der Physisorption. Zum Zustandekommen der Chemisorption ist häufig eine Anregungsenergie, z.B. eine Dissoziationsenergie oder Ionisierungsarbeit, nötig. Bei der Chemisorption kann sich meist nur eine monomolekulare oder monoatomare Adsorbatschicht (= Monoschicht) ausbilden. Sowohl bei der Physisorption als auch bei der Chemisorption wird Energie frei.

Zum Zustandekommen der *Absorption* ist ein Lösen des Adsorbates im Festkörper und ein Eindiffundieren in den Festkörper nötig. Die Löslichkeit ist stoffspezifisch und auch in stoffspezifischer Weise von der Temperatur abhängig. Die Diffusionskoeffizienten sind stoffspezifisch und hängen exponentiell von der Temperatur ab.

Der einer Adsorption entgegengerichtete Prozeß, also die Abgabe von Adsorbaten an die umgebende Gasphase wird als *Desorption* bezeichnet. Sie erfordert eine Energiezufuhr, die durch Erwärmung des Festkörpers oder durch Elektronen-, Ionen- oder Photonenbeschuß der Festkörperoberfläche erfolgen kann. Je nach der Anregung spricht man entsprechend von thermischer Desorption, Elektronenstoßdesorption, Ionenstoßdesorption und Photodesorption. Ad- und Desorptionsprozesse überlagern sich an einer Festkörperoberfläche, so daß sich in der Regel eine Gleichgewichtsbedeckung ausbildet, die von den jeweiligen Betriebsparametern (Gasart, Gasdruck, Temperatur usw.) abhängt.

Zum Zustandekommen einer Gasadsorption muß die Festkörperoberfläche adsorbatfrei sein. Saubere Festkörperoberflächen erzeugt man durch Heizen des Festkörpers unter Hochvakuum, durch Elektronen- oder Ionenbeschuß unter Hochvakuum, durch Aufdampfen oder Aufstäuben gewünschter Materialien im Hoch- oder Ultrahochvakuum. Sorptionsmittel, bei denen das Gas bevorzugt durch Physisorption gebunden wird, werden während des Adsorptionsprozesses gekühlt. Sie geben u. U. bei Erwärmung auf Zimmertemperatur wesentliche Adsorbatmengen ab.

Kennwerte, Funktionen

Die flächenspezifische Adsorptionsrate wird bei der Physisorption durch

$$d\sigma_P/dt = cp \, (2\pi \, m_0 kT)^{-1/2} \qquad (1)$$

und bei Chemisorption durch

$$d\sigma_C/dt = sp \, (2\pi \, m_0 kT)^{-1/2} \qquad (2)$$

angegeben (p – Druck, m_0 – mittlere Masse eines Gasteilchens, k – Boltzmannkonstante, T – mittlere Gastemperatur, σ_C – Zahl der chemisorbierten Teilchen je Flächeneinheit, σ_P – Zahl der physisorbierten Teilchen je Flächeneinheit, dt – Zeitelement, c – Kondensationskoeffizient, Haftkoeffizient).

Der Haft- und der Kondensationskoeffizient sind temperaturabhängig und systemspezifisch. Während der Kondensationskoeffizient sich nur geringfügig mit der Bedeckung ändert, beginnt der Haftkoeffizient mit wachsender Bedeckung zu fallen.

Mit Hilfe von (1) und (2) läßt sich das spezifische Saugvermögen von Sorptionsflächen berechnen. Während bei der Physisorption die maximale Gasmenge, die gebunden werden kann, von der Wärmeleitfähigkeit der Adsorbatschicht abhängt und nur bei sehr dicken Adsorbatschichten eine Grenze hat, gibt es bei der Chemisorption eine maximale Bedeckung, die nicht überschritten werden kann. Diese liegt in der

Tabelle 1 Kondensationskoeffizienten einiger Gase beim Auftreffen auf die eigene, feste Phase (nach DAWSON und HAYGOOD 1965)

Oberflächen-temperatur in K	N_2-Gas bei 77 K	300 K	400 K	Ar-Gas bei 77 K	300 K	400 K
10	1,0	0,65	0,49	1,0	0,68	0,50
15	0,96	0,62	0,49	0,90	0,67	0,50
20	0,84	0,60	0,49	0,80	0,66	0,50
25	0,79	0,60	0,49	0,79	0,66	0,50
	CO-Gas bei 77 K	300 K	400 K	CO_2-Gas bei 195 K	300 K	400 K
10	1,0	0,90	0,73	1,0	0,75	
15	1,0	0,85	0,73	0,96	0,67	0,50
20	1,0	0,85	0,73	0,90	0,63	0,49
25	1,0	0,85	0,73	0,85	0,63	0,49
77				0,85	0,63	0,49
	O_2-Gas bei 77 K	300 K				
20	1,0	0,86				

Tabelle 2 Kondensationskoeffizient für das Kryosorptionspumpen von Helium auf Molekularsieb 5 A bei $T = 4,2$ K (nach GRENIER und STERN, 1966)

He-Einströmung in Pa. l. s^{-1}	Gleichgewichtsdruck des He in Pa	adsorb. He am Versuchsende in cm^3/g*)	Kondensationskoeffiz.
$1,9 \cdot 10^{-2}$	$4,9 \cdot 10^{-6}$	0,127	0,91
$2,7 \cdot 10^{-2}$	$7,7 \cdot 10^{-6}$	0,377	0,82
$3,7 \cdot 10^{-2}$	$1,0 \cdot 10^{-5}$	0,529	0,89
$6,0 \cdot 10^{-2}$	$1,9 \cdot 10^{-5}$	0,789	0,77
$7,0 \cdot 10^{-2}$	$2,3 \cdot 10^{-5}$	0,930	0,74
$1,0 \cdot 10^{-1}$	$3,3 \cdot 10^{-5}$	1,42	0,72
$1,5 \cdot 10^{-1}$	$5,1 \cdot 10^{-5}$	3,05	0,70
$2,0 \cdot 10^{-1}$	$7,2 \cdot 10^{-5}$	4,08	0,67
$2,7 \cdot 10^{-1}$	$8,0 \cdot 10^{-5}$	6,23	0,80

*) Das Volumen wird bei Normalbedingungen gemessen.

Größenordnung von einer monomolekularen oder -atomaren Schicht (= Monoschicht), die die elektrostatischen Kräfte oder Valenzkräfte weitgehend absättigt. Bei konstanter Temperatur stellt sich auf dem Sorptionsmittel eine Gleichgewichtsbedeckung, die vom umgebenden Gasdruck bestimmt und durch die Adsorptionsisotherme beschrieben wird, ein. Je nach dem Adsorptionsprozeß ergeben sich unterschiedliche Adsorptionsisothermen, von denen nachfolgend die wichtigsten genannt seien:

$$\Theta = bp(1 - \Theta), \quad (3)$$

Langmuir-Isotherme, Adsorption ohne Dissoziation, Θ – Bedeckungsgrad = σ/σ_{max}, b – Konstante, p – Gasdruck.

$$\Theta = bp, \quad (4)$$

Henry-Isotherme, Sonderfall der Langmuir-Isotherme für kleine Bedeckungen.

$$\Theta^n = b'p(1 - \Theta)^n, \quad (5)$$

Langmuir-Isotherme für Adsorption mit Dissoziation (Zerfall eines Moleküls in n Bruchstücke), b' – Konstante.

$$\Theta^n = b'p, \quad (6)$$

Freundlich-Isotherme, Sonderfall von Gl. (5) für kleine Bedeckungen.

$$\Theta = \frac{b''p(1 - \Theta)}{1 + b''\Theta(1 - \Theta)}, \quad (7)$$

Magnus-Isotherme für Adsorption, bei der starke Wechselwirkung zwischen den Adsorbatteilchen auftritt, so daß sich das Adsorbat wie ein reales Gas verhält; b'' – Konstante.

Tabelle 3 Kondensationskoeffizient einiger Gase auf einer Glasoberfläche bei verschiedenen Temperaturen (nach SCHÄFER und TEGGERS 1953)

Gas	273 K	323 K	373 K
He	0,24	0,17	0,13
Ne	0,484	0,408	0,340
H_2	0,638	0,567	0,495
N_2	0,812	0,761	0,704
O_2	0,857	0,816	0,766
Ar	0,890	0,855	0,815

Tabelle 4 Anfangshaftwahrscheinlichkeit s_0, maximale Bedeckung σ_{max} und kritischer Bedeckungsgrad Θ_{kr}, bei dem der Haftkoeffizient zu sinken beginnt, für verschiedene Gase auf Wolfram bei $T = 300$ K nach Messungen verschiedener Autoren, zusammengestellt von REDHEAD, HOBSON, KORNELSON

Gas	s_0	$10^{-14}\sigma_{max}$	Θ_{kr}	Oberfläche
CO	0,36	6,5	0,54	Band, (411)-Fläche
CO	0,18	5,3	0,66	Band, (311)-Fläche
CO	0,62	5,0	0,30	Band
CO	0,3–0,5	4,5	0,49	Draht
CO	0,5	9,5	0,40	Draht
CO	0,97	—	0,5	Feldemissionspunkt
N_2	0,55	3,0	0,33	Band, (411)-Fläche
N_2	0,30	5,5	0,33	Band, (311)-Fläche
N_2	0,42	1,8	0,28	Band
N_2	0,3	3,0	0,50	Band, (311)-Fläche
N_2	0,11–0,28	2,8	0,27–0,14	Draht
N_2	0,2	1,5	0,74	Draht
O_2	0,14	5,2	0,4	Draht
O_2	0,15		0,7	Band
H_2	0,2	4,0	0,5	Band, (411)-Fläche
H_2	0,3	7,0	0,43	Band, (311)-Fläche
H_2	0,078	7,6	0,26	Blech
H_2	0,11	4,5	0,5	Draht

$$\frac{p}{(p_s - p)V} = \frac{1}{V_m c'} + \frac{c'-1}{V_m c'} + \frac{c'-1}{V_m c'} \cdot \frac{p}{p_s}, \quad (8)$$

Brunauer-Emmett-Teller-Isotherme (BET-Isotherme), gültig für die Physisorption bei Drücken unterhalb des Sättigungsdampfdruckes p_s. V ist das auf Normalbedingungen reduzierte Gasvolumen, das adsorbiert wurde, V_m das für eine Monoschicht erforderliche Gasvolumen, c' ist eine temperaturabhängige Konstante. Diese Isotherme wird häufig für die Bestimmung der Oberfläche von Pulvern herangezogen.

Anwendungen

Erzeugung des Vakuums

a) *Sorptions- und Kryosorptionspumpen.* Als Sorptionsmittel werden bevorzugt Molekularsiebe oder Zeolithe (= Al-Mg-Silikate, bei denen durch Erhitzen das Kristallwasser entfernt wurde, ohne daß der Kristallaufbau zerstört wurde), Gele (= Substanzen mit großer Oberfläche, die unter besonderen Bedingungen aus kolloidalen Lösungen ausgefällt wurden, z. B. Al_2O_3,) oder Aktivkohle (meist für Laborzwecke) benutzt. Durch Kühlung mit flüssigem Stickstoff oder tiefer siedenden kryogenen Flüssigkeiten (im Fall der Kryosorptionspumpen) erfolgt eine starke Physisorption, von Gas am Sorptionsmittel, das guten Wärmekontakt mit der durch das Kühlmittel gekühlten Fläche haben und dem zu adsorbierenden Gas gut zugänglich sein muß. Sorptionspumpen können – vom Atmosphärendruck aus beginnend – die in der atmosphärischen Luft enthaltenen Gase abpumpen. Niedrige Drücke (unter 0,1 Pa) werden durch sukzessive Inbetriebnahme mehrerer Pumpen erzielt. Das erzeugte Vakuum ist treibmitteldampffrei. Kryosorptionspumpen können Drücke, die weit unterhalb der Sättigungsdampfdrücke bei der Temperatur der Kühlfläche liegen, erzeugen.

b) *Ionen-Getter-Pumpen.* Im Unterschied zu den Sorptionspumpen wird das Gas durch Chemisorption gebunden. Die saubere Oberfläche des Sorptionsmittels wird durch Verdampfen oder Zerstäuben erzeugt. Das Gas wird in ionisierter oder angeregter Form in das Sorptionsmittel (= Gettermaterial, meist Titan) geschossen. Bei Ionen-Zerstäuberpumpen erfolgt die Erneuerung des Getterfilms durch Ionenzerstäubung (Dioden- und Triodenpumpen, in denen die Ionen in einer Kaltkatodenentladung erzeugt werden). Bei Ionen-Verdampferpumpen wird das Gettermaterial durch direkte Heizung oder durch Elektronenstoß erhitzt und sublimiert. Von einer Glühkatode erzeugte Elektronen ionisieren das Gas (bekannte Anordnungen: Orbitron-Pumpe und Binion-Pumpe).

c) *Sorptionsfallen.* Gekühlte, mit Sorptionsmitteln belegte Strömungsleitwerte halten die Treibmitteldämpfe infolge der Ad- bzw. Absorption vom Rezipienten fern. Als Sorptionsmittel werden für technische Zwecke bevorzugt Molekularsiebe benutzt, in Laborversuchen wurde früher (ALPERT) mit Erfolg reines Kupfer eingesetzt.

d) *Katalysatorfallen.* Öldämpfe werden an einem Katalysator gecrackt und zu H_2O und CO_2 oxydiert.

Aufrechterhaltung des Vakuums. Hierzu nutzt man die Chemisorption und Absorption von Gasen an festen Substanzen, sogenannten Gettern, aus. Nach der Vorbereitung unterscheidet man Schicht- und Verdampfungsgetter. *Schichtgetter* sind Substanzen mit hoher Schmelztemperatur und kleinem Dampfdruck, die in Elektronenröhren meist in Form von dünnen Schichten eingesetzt werden (z. B. Nb, Ta, Th, Ti, Zr, Mischgetter, bestehend aus 80 % Th und 20 % Ce, auch Ceto-Getter genannt). *Verdampfungsgetter* sind Substanzen mit hohem Dampfdruck und niedrigem Schmelzpunkt. Sie werden in hochreiner Form verkapselt in die Röhren eingebracht. Durch Erhitzen wird infolge des ansteigenden Dampfdruckes die Kapsel gesprengt. Das verdämpfende Gettermaterial bildet hochreine Filme, die Gase binden. Getter werden vorwiegend in der Röhrenindustrie eingesetzt. Durch den Betrieb der Röhre (Erzeugung von Ionen oder angeregten Gasteilchen) wird das Saugvermögen der Getter vergrößert.

In Ausnahmefällen, wenn Kühlung ohnehin vorhanden ist, werden auch Sorptionsmittel, die Gase durch Physisorption binden, zur Aufrechterhaltung des Vakuums eingesetzt, z. B. bei IR-Detektoren oder in Vakuummänteln von Metalldewargefäßen. Der Verwendungszweck des Dewargefäßes bestimmt die Auswahl des Sorptionsmittels. Dewargefäße für flüssigen Sauerstoff dürfen keine Aktivkohle enthalten! Hohe Wasserstoffpartialdrücke in Vakuummänteln von Dewargefäßen aus Baustahl kann man mit Hilfe von Palladium-Kontakt, der gekühlt werden muß, reduzieren. Diesen Sorptionsmitteln ist die Reversibilität des Physisorptionsprozesses gemeinsam: Bei Erwärmung auf Zimmertemperatur wird der größte Teil des sorbierten Gases freigesetzt.

Messung von Gasdrücken. Durch Sorptionseffekte kann sich der elektrische Widerstand dünner Schichten (meist Halbleiterschichten) ändern, so daß der Widerstand dieser Schichten ein Maß für den Druck ist. Problematisch sind gegenwärtig noch Alterungsprozesse, die den Schichtwiderstand verändern und Gasadsorption vortäuschen. Da die Adsorption sehr gasspezifisch ist, lassen sich derartige Anordnungen für den Nachweis bestimmter Gaskomponenten verwenden.

Bestimmung von Oberflächen. Durch Physisorption geeigneter Gase, Aufnahme und Auswertung der BET-Isotherme, ist es möglich, die Oberfläche körniger oder pulverisierter Substanzen und evtl. auch die mittlere Korngröße derselben zu messen.

Literatur

DUSHMAN, S.; LAFFERTY, J. M.: Scientific Foundations of Vacuum Technique. 2nd ed.; – New York/London: John Wiley & Sons, Inc. 1962.

REDHEAD, P. A.; KORNELSEN, E. V.; HOBSON, J. P.: The Physical Basis of Ultrahigh Vacuum. – London: Chapman & Hall Ltd. 1968.

JAECKEL, R.: Kleinste Drucke, ihre Messung und Erzeugung. – Berlin/Göttingen/Heidelberg: Springer-Verlag; München: J. F. Bergmann 1950.

MILLER, A. R.: The Adsorption of Gases on Solids. – Cambridge: University Press 1949.

YOUNG, D. M.; CROWELL, A. D.: Physical Adsorption of Gases. London: Butterworths 1962.

Autorenkollektiv (Ltg.: CHR. EDELMANN, H.-G. SCHNEIDER): Vakuumphysik und -technik. – Leipzig: Akademische Verlagsgesellschaft Geest & Portig K.-G. 1978.

ROGINSKI, S. S.: Adsorption und Katalyse an inhomogenen Oberflächen. – Berlin: Akademie-Verlag 1958. (Übers. aus d. Russ.)

EDELMANN, Chr.: Druckmessung, Durckerzeugung. – Berlin: Akademie-Verlag 1982.

STEYSKAL, H.: Arbeitsverfahren und Stoffkunde der Hochvakuumtechnik, Technologie der Elektronenröhren. – Mosbach/Baden: Physik-Verlag 1955.

PATEL, S. M.; MAHAJAN, M. D.: Usc of GaSb films as residual gas pressure moniters. J. Phys. E. (Sci. Instrum.) 14 (1981) 3, 378–380.

FAITH, J.; IRVES, R. S.; O'NEILL jr., J. J.; TAMS, F. J.: Oxygen monitors for aluminium and Al-O thin films. J. Vac. Sci. Technol. 19 (1981) 3, 709.

Strahlfokussierung

Aufgabe der Fokussierung ist es, die im allgemeinen divergent auseinanderlaufenden Bestandteile eines Teilchenstrahles wieder in einem begrenzten Bereich zusammenzuführen. Sie wird in Analogie zur Lichtoptik durch Methoden der Elektronen- bzw. Ionenoptik gelöst [1–4]. 1919 verwendete F. W. ASTON die Fokussierung der Ionen im homogenen Magnetfeld zur Erhöhung der Genauigkeit des Massenspektrographen. Seine Entwicklung bis zur höchsten Auflösung durch J. MATTAUCH, R. HERZOG und H. HINTENBERGER war im wesentlichen ein ionenoptisches Problem (siehe *Isotopentrennung*). 1926 erkannte H. BUSCH die Bedeutung elektrischer und magnetischer Linsen für die Abbildung von Strukturen durch Elektronenstrahlen. Die fokussierende Wirkung eines axialsymmetrischen elektrostatischen Feldes wurde Anfang der 30er Jahre studiert und ermöglichte die Entwicklung von Ionenquellen, Teilchenbeschleunigern und Elektronenmikroskopen.
E. RUSKA und B. VON BORRIES überboten 1934 mit dem Durchstrahlungs-Elektronenmikroskop und M. VON ARDENNE 1938 mit dem Raster-Elektronenmikroskop das Auflösungsvermögen optischer Mikroskope. Seit 1939 werden leistungsfähige kommerzielle Elektronenmikroskope hergestellt. Auch die Elektronenröhren (Senderöhren, Klystrons) und Fernsehbildröhren, deren Entwicklung in die 30er Jahre fällt, besitzen elektronenoptische Elemente zur Fokussierung des Teilchenstrahles.

In Teilchenbeschleunigern und den Strahlleitungen zu den Experimenten sind eine Vielzahl von ionenoptischen Elementen angeordnet. Die Wirkungsweise aller Beschleuniger ist nur durch das Prinzip der wiederholten Fokussierung der Teilchenstrahlen beim komplizierten Vorgang der Beschleunigung zu erreichen (siehe *Teilchenbeschleunigung*).

Sachverhalt

Elektronen- und Ionenstrahlen, die von einem begrenzten Gebiet (Quelle) ausgehen, lassen sich durch geeignete elektrische und/oder magnetische Felder so ablenken, daß sie wieder in einem begrenzten Gebiet zusammentreffen. Der Vorgang wird *Fokussierung* oder genauer *Abbildung* genannt.

Auf diese Weise kann ein Strahl über relativ große Abstände geführt werden, ohne daß die Teilchendichte durch die anfänglich vorhandene Divergenz abfällt. Weiterhin kann seine Intensität auf ein bestimmtes Gebiet konzentriert werden (im kernphysikalischen Experiment z. B. auf das Target).

Analog zum Lichtmikroskop wird die elektronen- oder ionenoptische Abbildung zur Sichtbarmachung der Strukturen von Mikroobjekten benutzt. Einrichtungen zur Fokussierung von Teilchenstrahlen werden als Linsen bezeichnet. Sie werden technisch verschiedenartig realisiert.

Elektrostatische Linsen. Die Linsenwirkung wird durch elektrische Felder zwischen Lochblenden oder zylindrischen Elektroden erzielt, welche in Achsenrichtung hintereinander angeordnet sind und zwischen denen gewölbte Potentialflächen entstehen. Die Brennweite ist durch die Energie der Teilchen und die Potentiale der Elektroden bedingt.

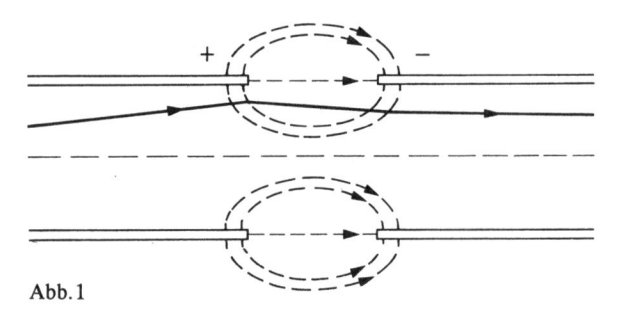

Abb. 1

Die Immersionslinse besteht im Allgemeinen aus zwei Elektroden mit unterschiedlichen elektrischen Potentialen (Abb. 1) ·

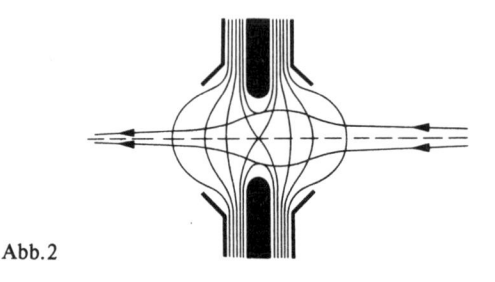

Abb. 2

Die elektrostatische *Einzellinse* besteht aus drei Elektroden, deren äußere dasselbe Potential besitzen wie der angrenzende feldfreie Raum. Die Linse besteht aus einer fokussierenden und einer defokussierenden Zone. Da die Wirkung der fokussierenden Zone überwiegt, arbeitet die Anordnung als Sammellinse (Abb. 2).

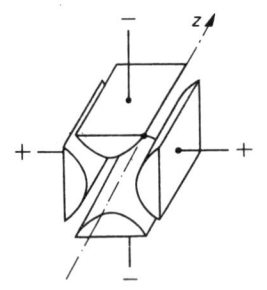

Abb. 3

Elektrostatischer Quadrupol. Durch Anordnung von vier Elektroden (Abb. 3) werden transversal zum Teilchenstrahl elektrostatische Felder erzeugt, welche teils fokussieren, teils defokussieren. Die Wirkungsweise ist der des magnetischen Quadrupols analog (siehe dort).
Magnetische Linsen. Die Linsenwirkung wird durch magnetische Felder erzeugt, deren Feldlinien im wesentlichen senkrecht zur Strahlachse oder parallel dazu verlaufen.

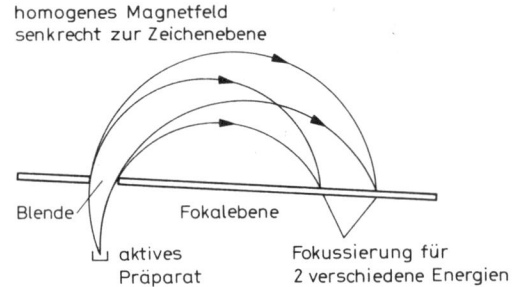

Abb. 4

a) *Fokussierung in magnetischen Querfeldern.* (v ⊥ B) Das einfachste Beispiel stellt ein homogenes Magnetfeld dar, in dem benachbarte Teilchen gleicher Energie Kreise mit dem gleichen Radius beschreiben und sich demzufolge nach angenähert 180° Ablenkung wieder vereinigen (Abb. 4). Fokussierende Eigenschaften hat auch ein magnetischer Sektor mit geeigneten Randkonturen [5].

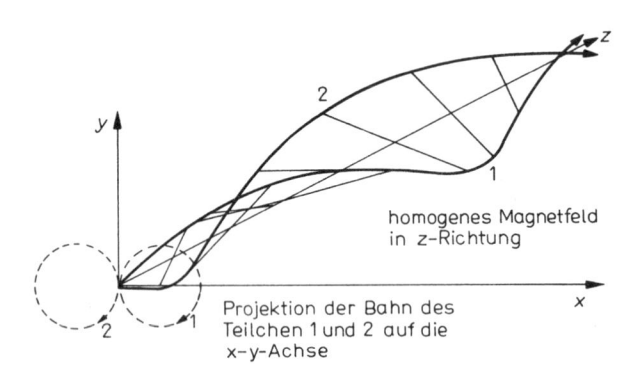

Abb. 5

b) *Fokussierung im magnetischen Längsfeld.* (v ⊥ B) Der Effekt beruht darauf, daß die Bahn der Teilchen spiralförmig verläuft und wieder zur Ausgangsachse zurückführt. Es werden unterschieden:
Lange magnetische Linsen (*Solenoid*) mit einem angenähert homogenen Längsfeld (Abb. 5) und

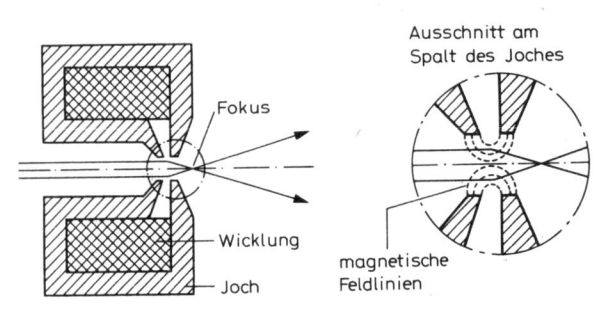

Abb. 6

Kurze magnetische Linsen mit einem stark inhomogenen (jedoch rotationssymmetrischen) Längsfeld (Abb. 6).

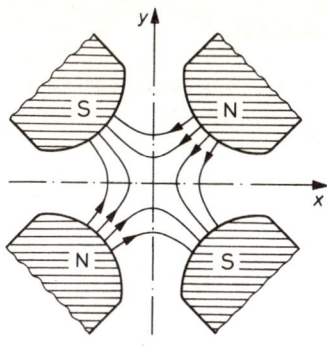

Abb. 7 Strahlachse in z-Richtung (senkrecht zur Zeichenebene)

c) *Fokussierung mit magnetischen Quadrupolen.* Die Wirkung beruht auf der linear ansteigenden Abhängigkeit des transversalen Magnetfeldes von der Strahlachse aus. Das Magnetfeld wird zwischen vier Polschuhen erzeugt, welche Äquipotentialflächen für das magnetische Potential darstellen (Abb. 7). Gute Fokussierungseigenschaften werden erreicht, wenn die Potentialflächen Ausschnitte aus hyperbolischen Zylindern darstellen. Die ionenoptischen Eigenschaften sind nicht rotationssymmetrisch. Die Fokussierung in einer Richtung senkrecht zur Strahlachse ist verbunden mit der Defokussierung in der Richtung senkrecht dazu. Eine Fokussierung in beiden Richtungen kommt durch Kopplung mehrerer Quadrupole (mindestens zwei) zustande. Die Stärke der Fokussierung ist wesentlich größer als im magnetischen Längsfeld gleicher Feldstärke [6].

Im allgemeinen ist für die Fokussierung der Gradient des Magnetfeldes senkrecht zur Strahlachse verantwortlich. Deshalb besitzt jedes Magnetfeld mit einer Komponente dieses Gradienten eine ionenoptische Wirkung.

Effekte, die der Fokussierung entgegenwirken (Defokussierung) [1]

a) *Raumladung der Teilchenstrahlen.* Da die Teilchen gleiche elektrische Ladung besitzen, stoßen sie sich gegenseitig ab. Das führt zu einer Strahlaufweitung.

b) *Beugungsfehler aufgrund der De Broglie-Wellenlänge der Teilchen.* Die Teilchen besitzen nach dem Dualitätsprinzip der Quantenmechanik Welleneigenschaften und sind somit an Kanten von Hindernissen Beugungs- und Streueffekten unterworfen.

c) *Farbfehler.* Teilchen verschiedener Energie werden optisch verschieden beeinflußt. Verschiedene Energien entstehen durch statistische Effekte in der Quelle (thermische Bewegung). Einen analogen Einfluß haben Instabilitäten der ionenoptischen Elemente.

d) *Öffnungsfehler.* Im allgemeinen verhalten sich achsennahe (paraxiale) und achsenferne Strahlen ionenoptisch verschieden. Die Fehler wachsen bei größer werdenden Abmessungen des Teilchenstrahles mit verschiedenen Ordnungen.

Optimale Auflösung der ionenoptischen Abbildung erfordert im Allgemeinen einen Kompromiß zwischen den einzelnen Klassen von Linsenfehlern. – Höchste Auflösung erfordert einen Kompromiß zwischen Beugungs- und Öffnungsfehlern [7].

Kennwerte, Funktionen

Ablenkung elektrisch geladener Teilchen mit dem Impuls p, der Ladung q und der Masse m

$$F = \frac{dp}{dt} = q(E + v \times B); \quad p = mv,$$

$$q(v \times B) = \text{(Lorentz-Kraft)}$$

F – Vektor der Kraft,
v – Vektor der Geschwindigkeit,
E – Vektor der elektrostatischen Feldstärke,
B – Vektor der magnetischen Induktion.

a) *Ablenkung im magnetischen Feld*
Kreisbewegung der Teilchen in der Ebene senkrecht zu B mit dem Bahnradius ϱ: $B\varrho = p/q$. E_{kin} wird nicht geändert.

Für nichtrelativistische Geschwindigkeiten gilt ($\beta \simeq 0$)

$$\varrho B = 3{,}372 \cdot 10^{-3} \sqrt{E_{kin}} \quad \text{(für Elektronen)}$$

$$= \frac{1{,}445}{z} \cdot 10^{-1} \sqrt{E_{kin} \cdot A} \quad \text{(für Ionen)},$$

A = Massenzahl, z = Ladungszahl;
für relativistische Geschwindigkeiten ($\beta \approx 1$)

$$\varrho B = \frac{10^{-2}}{2{,}99} p,$$

E_{kin}/MeV, p/MeVc^{-1}, B/T, ϱ/m.

Im Energiebereich, in dem relativistische Abweichungen nicht mehr zu vernachlässigen sind (aber noch $\beta \ll 1$ gilt), ist E_{kin} zu ersetzen durch $E_{kin} = E_{kin}(1 + \varepsilon \cdot E_{kin})$ mit $\varepsilon = z/2\,E_0$,
$E_0 = m \cdot c^2$ – Ruheenergie des Teilchens.

Tabelle 1

E_{kin}/MeV	$\beta = 0{,}1$	$\beta = 0{,}5$	$\beta = 0{,}9$	ε/MeV^{-1}
Elektron	0,0257	0,0791	0,661	1/1,022
Proton	4,69	144	1205	1/1876,6

b) *Ablenkung im elektrischen Feld*
Ablenkung in Richtung des elektrischen Feldes und gleichzeitige Beschleunigung (Verzögerung) (siehe *Teilchenbeschleunigung*).
Spezialfälle: $p \parallel E$ – reine Beschleunigung ohne Ablenkung,
$p \perp E$ – Ablenkung ohne Beschleunigung mit dem Radius ϱ:

Elektronen und Ionen $\quad \varrho = \frac{p^2}{m \cdot q \cdot E_\perp} = \frac{2 \cdot E_{kin}}{z \cdot E_\perp}$

(nichtrelativistischer Fall)

$E_\perp$ – elektrische Feldstärke/V · m^{-1}, E_{kin}/eV, ϱ/m.

Brennweiten f einiger ausgewählter ionenoptischen Linsen (bei anfänglich parallelem Teilchenstrahl)

a) *Elektrostatische Einzellinse*:

$$\frac{1}{f} = \frac{3}{16} q^2 \int_{-\infty}^{\infty} \frac{E_\parallel^2(z)}{E_{kin}^2(z)} \, dz,$$

$E_\parallel$ – elektrische Feldstärke auf der Strahlachse (z-Achse).

b) *Magnetisches Längsfeld*:
Lange magnetische Linse: Sammlung von Teilchen, die von einem Punkt der Achse ausgehen, nach der Länge $l = \frac{2\pi \cdot p_\parallel}{q \cdot B_\parallel}$.

Kurze magnetische Linse:

$$\frac{1}{f} = \frac{q^2}{8 \cdot E_{kin} \cdot m} \int_{-\infty}^{\infty} B_\parallel^2(z) \, dz,$$

$B_\parallel$ – magnetische Feldstärke auf der Strahlachse (z-Achse).

c) *Magnetischer Quadrupol* (falls $f \ll L$, d.h. bei dünnen Quadrupollinsen):

$$f_{x,y} = \pm \frac{p}{q \cdot G \cdot L},$$

L – Länge des magnetischen Quadrupolfeldes. Im allgemeinen wird die Inhomogenität des Gradienten $G(z)$, bedingt durch den Randfeldverlauf, durch eine effektive Länge L_{eff} berücksichtigt.
$G(z)$ – Gradient des magnetischen Feldes $B_x = G(z) \cdot y$; $B_y = G(z) \cdot x$. (Die Formeln für magnetische Linsen werden zu Zahlenwertgleichungen, wenn für $2 E_{kin} \cdot m = p_\parallel^2$ und für $\frac{p_\parallel}{q}$ der $B\varrho$ – Wert des Teilchens verwendet wird.)

Für ein System aus zwei *gekoppelten dünnen Linsen* mit dem Abstand a gilt

$$\frac{1}{F} = \frac{1}{f_1} + \frac{1}{f_2} - \frac{a}{f_1 \cdot f_2}.$$

In Analogie zur dicken optischen Linse werden Fokalabstände und Hauptebenen definiert, die hier jedoch für die x-z-Ebene und die y-z-Ebene verschieden sind.

Auflösungsgrenzen. Die Auflösungsgrenze ist gegeben durch die Beugungserscheinungen an der Apertur des abbildenden Systems und der Wellenlänge der Teilchen. Die theoretische Auflösungsgrenze beträgt im Elektronenmikroskop $d_{theor.} = A \sqrt[4]{\lambda \cdot C_s}$;

A – Konstante $A \simeq 0,4...0,8$, C_s – Öffnungsfehler des Objektives $C_s \simeq 0,3...1$ mm.
Heute wird im 100 kV-Elektronenmikroskop ($\lambda = 3,7$ pm) eine Auflösung von 0,2 nm erreicht.

Anwendungen

Die Strahlfokussierung ist ein Spezialfall der Teichenoptik. Ihre Anwendungen sind so weit verbreitet, daß die Tab. 2 lediglich einen Überblick über die hauptsächlichen Anwendungsgebiete geben kann.

Tabelle 2

Einrichtung	Teilchenart	Art der bevorzugt verwendeten Linsen[*]
Fernsehbildröhre, Kathodenstrahloszillograph	Elektr.	EF
Bildwandler, Bildverstärker	Elektr.	IL
Elektronenmikroskop	Elektr.	IL, EL, MKL
Elektronenmikroprobe	Elektr.	IL, EL, MKL
Teilchenbeschleuniger	Elektr., Ionen	MQ, MD
Strahlleitung an Beschleunigern	Elektr., Ionen	MQ
Ionenquellen	Ionen	IL
Ionenmikroproben	Ionen	MQ, EQ
Massenspektrograph[**]	Ionen	MD, MQ, EF
Massentrenner	Ionen	MD
Spektrometer in der Kernphysik	Elektr., Ionen	EQ, MD, MQ, MLL

[*] EF – Elektrostatische Felder
    IL – Immersionslinse
    EL – Einzellinse
    EQ – Elektrostatisches Quadrupolfeld
    MD – Magnetisches Dipolfeld
    MQ – Magnetisches Quadrupolfeld
    MLL – Magnetische lange Linse
    MKL – Magnetische kurze Linse

[**] Der Begriff des doppelt fokussierenden Massenspektrographen von ASTON und MATTAUCH bezieht sich auf die Fähigkeit der Fokussierung verschiedener Anfangsrichtungen und Anfangsenergien (Achromat), d. h. Energie- und Richtungsfokussierung.

Literatur

[1] SEPTIER, A. (Hrsg.): Focusing of Charged Particles. Volume I, II – New York/London: Academic Press 1967.

[2] GLASER, W.: Elektronen- und Ionenoptik. In: Handbuch der Physik. Hrsg.: S. FLÜGGE. – Berlin/Göttingen/Heidelberg: Springer-Verlag 1956, Bd. 33.

[3] GLASER, W.: Grundlagen der Elektronenoptik. – Wien: Springer-Verlag 1952.

[4] KLEMPERER, O.: Electron Optics. – 2. Aufl. Cambridge: Cambridge University Press 1953.

[5] STEFFEN, K.G.: High Energy Beam Optics. – New York: Interscience 1965.

[6] KOTOV, V.I.; MILLER, V.V.: Fokusirovka i razdelenie po massam častic vysokich energii. – Moskau: Atomizdat 1969.

[7] v. ARDENNE, M.: Tabellen zur Angewandten Physik. Band 1: Elektronenphysik. – Berlin: VEB Deutscher Verlag der Wissenschaften 1973.

Strahlkühlung

Mit der Entwicklung von großen Speicherringbeschleunigern für höchste Energien entstand das Bedürfnis nach Verringerung der Abmessungen der Teilchenbündel, ohne an Intensität einzubüßen. G.I. BUDKER schlug 1966 dazu eine Methode vor, welche einen Elektronenstrahl nutzt [1]. Der erste experimentelle Nachweis dieser sogenannten Strahlkühlung gelang in Novosibirsk 1975 am Speicherring NAP-M (Modell für einen Antiprotonen – Speicherring) [2]. Unabhängig davon entwickelte S. VAN DER MEER bei CERN mit der gleichen Zielstellung die Methode der stochastischen Kühlung für Strahlen hoher Energien [3]. Sie wurde 1975 am ISR in CERN erprobt [4].

Heute sind drei Projekte der Strahlkühlung an den energiereichsten Protonenbeschleunigern in Vorbereitung:
- In Serpuchov (UdSSR) am UNK (Beschleuniger-Speicher-Komplex) für 3 TeV,
- bei CERN in Genf (Schweiz) am SPS (Super Proton Synchrotron) für 270 GeV,
- im Fermilab in Batavia (USA) am Tevatron für 1 TeV.

Sachverhalt

In einem Beschleuniger haben die elektrisch geladenen Teilchen keine exakt gleichen Lage- und Geschwindigkeitsparameter. Ursache dafür sind die ursprüngliche Geschwindigkeitsverteilung bei der Teilchenerzeugung sowie Streuprozesse mit dem Restgas im Vakuum der Beschleunigungskammer. Räumlich sind die Teilchen um die sogenannte Sollbahn verteilt, ihre longitudinalen Impulse verteilen sich um den mittleren Impuls längs der Sollbahn. Durch verschiedene Fokussierungsprinzipien (siehe *Teilchenfokussierung*) wird der Strahl trotz seines großen Laufweges im Beschleuniger zusammengehalten. Dabei führen die Teilchen sogenannte Betatronschwingungen um die Sollbahn aus. Die transversale Impulsverteilung (senkrecht zur Sollbahn) steht dabei in Beziehung zur Ausdehnung des Strahles, die longitudinale Impulsverteilung (längs der Sollbahn) indirekt ebenfalls, da sie im Magnetfeld des Beschleunigers zu verschiedenen Krümmungen der Teilchenbahnen führt. Außerdem tritt durch die Geschwindigkeitsverteilung im Impulsbetrieb eine unerwünschte Verbreiterung des Teilchenimpulses auf.

Die Impulsverteilung wird in Analogie zu einem Gas durch eine Temperatur charakterisiert. Methoden, die zur Verringerung der Impulsverteilung führen, werden deshalb als Strahlkühlung bezeichnet. Die Kühlung erfolgt mit Hilfe von zwei grundsätzlich verschiedenen Prinzipien.

Elektronenkühlung [5,6,7]. Der Teilchenstrahl zirkuliert in einem Speicherring (Abb. 1). Ein demgegenüber „kälterer" Elektronenstrahl wird mit ihm in Kontakt gebracht, indem in einem feldfreien Abschnitt des Speicherringes beide Strahlen auf derselben Sollbahn laufen. Die Elektronen müssen dabei dieselbe mittlere Geschwindigkeit besitzen wie die schwereren Teilchen. Entsprechend thermodynamischen Gesetzen tauschen Teilchen und Elektronen ihre thermischen Energien aus, was einer Verringerung der transversalen und longitudinalen Temperatur der schweren Teilchen gleichkommt. Der Vorgang ist analog der Mischung von Gasen mit verschiedener Temperatur und der dabei zu beobachtenden Einstellung einer Gleichgewichtstemperatur. Die Elektronen werden am Ende der Laufstrecke ausgekoppelt und am Anfang der Strecke wieder in den Teilchenstrahl eingeführt. Inzwischen haben sie die aufgenommene thermische Energie durch *Synchrotronstrahlung* (siehe dort) abgestrahlt, d. h., sie haben sich wieder „abgekühlt". Die Methode ist nur für relativ geringe Teilchenenergien effektiv.

Stochastische Kühlung [6,7,8]. Die Abweichung der Teilchenimpulse von der Sollgröße äußert sich in Fluktuationen der Parameter des Gesamtstrahles und kann somit durch elektronische Sensoren (pick-up Elektroden) aufgenommen werden (Abb. 2). Nach schneller Verstärkung können diese Signale in einem späteren Strahlabschnitt des Speicherringes zur Korrektur verwendet werden. Es findet also eine pauschale Beeinflussung des Strahles aufgrund eines win-

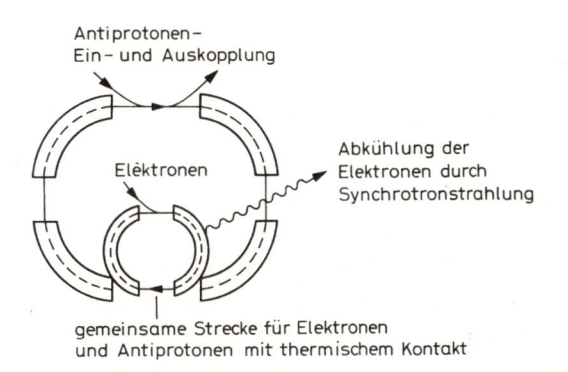

Abb. 1

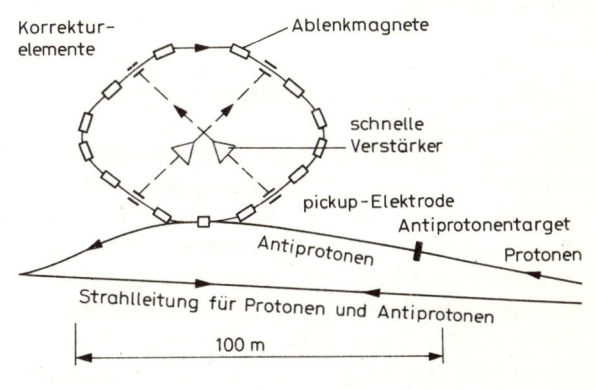

Abb. 2

zigen Übergewichtes von Teilchen statt, die nicht den Sollbedingungen entsprechen. Diese Korrektur trifft aber auch Teilchen, die die Bedingungen der Sollbahn bereits erfüllten. Im Endeffekt tritt dennoch eine „Abkühlung" des Strahles ein, das Verfahren ist aber sehr langsam. Es eignet sich jedoch im Gegensatz zur Elektronenkühlung auch für hochenergetische Teilchenstrahlen.

Kennwerte und Funktionen

Temperaturen:

Transversale Temperatur $T_\perp$: $kT_\perp = \frac{2}{\sqrt{\pi}} m \langle v_\perp \rangle^2$,

Longitudinale Temperatur $T_\parallel$: $kT_\parallel = \frac{\pi}{2} m \langle v_\parallel \rangle^2$,

$\langle v_\perp \rangle$, $\langle v_\parallel \rangle$: Mittelwerte der transversalen und longitudinalen Geschwindigkeiten (letztere im mitgeführten Koordinatensystem),
m – Teilchenmasse,
k – Boltzmann-Konstante $k = 0,861836 \cdot 10^{-4}$ eV·K^{-1}.
Sind mehrere Teilchensorten im thermischen Gleichgewicht, gilt $T_e = T_p$
(e ≙ Elektron, p ≙ Proton oder Antiproton) und damit $\langle v_p \rangle = \sqrt{\frac{m_e}{m_p}} \langle v_e \rangle = \langle v_e \rangle / 42$. Demzufolge ist die mittlere Winkeldivergenz wegen der gleichen Geschwindigkeiten der Teilchen in Bahnrichtung $\langle \Theta_p \rangle = \langle \Theta_e \rangle / 42$; d. h., ein gut gebündelter Elektronenstrahl erzeugt im thermischen Gleichgewicht einen wesentlich besser gebündelten Protonenstrahl.

Erzeugung von Antiprotonen. Die im Generierungstarget erzeugten Antiprotonen besitzen einen mittleren transversalen Impuls $\langle \Delta p_\perp \rangle \cong 300$ MeV/c, was einer transversalen „Temperatur" $T_\perp \cong 5 \cdot 10^6$ eV entspricht. Dagegen entspricht die Akzeptanz des Speicherringes einer transversalen Teilchentemperatur $T_\perp \cong 10^4$ eV.

Anwendungen

Protonen-Antiprotonen-Speicherringbeschleuniger [6]. Derartige Beschleuniger werden für das Studium von Stößen zwischen Elementarteilchen bei höchsten Energien verwendet (siehe *Teilchenbeschleunigung*). Dabei treffen in speziellen Abschnitten des Beschleunigers die gegenläufigen Teilchenstrahlen (etwa Protonen und Antiprotonen) aufeinander, so daß dem Stoßprozeß die volle Summe der kinetischen Energien zur Verfügung steht (Tab. 1).

Die Erzeugung von Antiprotonen ist jedoch nur in Stößen von hochenergetischen Protonen an Atomkernen im selben Beschleunigerkomplex möglich. Dabei

Tabelle 1 Verfügbare Reaktionsenergien E_r für Experimente mit Protonen
a) bei ruhendem Wasserstofftarget
und b) bei zwei gegenläufigen Protonenstrahlen (oder Proton- und Antiprotonstrahlen) mit der Energie E_{kin}

β^*	E_{kin}/GeV	a) E_r/GeV	b) E_r/GeV
0.9	1.3	.65	2.6
0.99	6.1	2.02	12.2
0.999	21.4	4.8	42.8
0.9999	70	10	140
0.99999	223	19	446
0.999999	706	36	1412
0.9999999	2235	65	4470

* $\beta = u/c$ mit u – Teilchengeschwindigkeit, c – Lichtgeschwindigkeit

werden etwa 10^5 Protonen benötigt, um ein Antiproton zu erzeugen. Anderseits werden für die Stoßexperimente mit Antiprotonen im Speicherring mindestens 10^{11} Antiprotonen benötigt. Diese Anzahl kann bei den verfügbaren Protonenströmen innerhalb eines Tages erzeugt werden und muß demzufolge auch über derartig lange Zeiten gespeichert werden.

Erschwerend kommt hinzu, daß die Antiprotonen zum Zeitpunkt der Erzeugung eine transversale und longitudinale Geschwindigkeitsverteilung besitzen, welche vom Speicherringbeschleuniger nicht aufgenommen werden kann. Die transversale Temperatur, welche der transversalen Geschwindigkeitsverteilung entspricht, ist $T_\perp \cong 5 \cdot 10^6$ eV und äußert sich in einer Divergenz des Antiprotonenstrahles, die weit über der Akzeptanz des Speicherringes von $\varepsilon_x \cong \varepsilon_y \cong 100$ mm mrad liegt. Letztere wird ausgedrückt durch eine vom Speicherring akzeptierte transversale Temperatur $T_\perp \cong 10^4$ eV.

Die longitudinale Geschwindigkeitsverteilung führt zu relativ ausgedehnten Teilchenimpulsen, so daß der Speicherring nicht in der erforderlichen Weise dicht mit Teilchenimpulsen beladen werden kann. Die somit ebenfalls notwendige Phasenraumkompression vor der Injektion in den Speicherringbeschleuniger auf $\Delta p/p \cong 2\%$ ist gleichbedeutend mit einer Verringerung der longitudinalen Temperatur des Teilchenstrahles. Das geschieht in einem speziellen Speicherring des Beschleunigerkomplexes, der bei relativ niedrigen Teilchenenergien gleichzeitig Kühlung und Akkumulation der Teilchen des Strahles gestattet. Nach der Akkumulation werden die Antiprotonen gemeinsam mit den Protonen, aber gegenläufig, in den Hochenergie-Speicherringbeschleuniger injiziert. Damit wird die Möglichkeit eröffnet, nach neuen massiven Elementarteilchen zu suchen, welche von der Theorie als Träger der schwachen Kernkräfte vorhergesagt wurden [8].

Strahlkühlung von leichten Ionen für kernphysikalische

Untersuchungen [9]. Nach einem Projektvorschlag soll an das Zyklotron für leichte Ionen der Universität Indiana (USA) ein Speicherring für Elektronenkühlung angeschlossen werden. Ziel ist die extreme Verringerung der Energieverbreiterung und der Emittanz des Ionenstrahles. Damit könnte die Technik der physikalischen Experimente grundlegend modifiziert werden. Das ultradünne Target (etwa ein Atomstrahl) wird direkt in den Ionenstrahl des Speicherringes gebracht, dessen Stromstärke um mehrere Größenordnungen über dem ausgeführten Teilchenstrom eines konventionellen Beschleunigers liegt. Durch Kleinwinkelstreuung findet eine sukzessive „Erwärmung" des Ionenstrahles statt. Diese thermische Energie wird jedoch in einer Sektion des Speicherringes an den „kühlenden" Elektronenstrahl wieder abgegeben.

Vorteile sind: extreme Energieschärfe des Experimentes, hoher Ionenstrom, extrem dünnes Target, Möglichkeit der Verwendung von sehr seltenen Targetmaterialien, der Elektronenstrahl kann dazu benutzt werden, die Ionenenergie in feinsten Schritten energetisch durchzustimmen.

Literatur

[1] BUDKER, G.I., Atomnaja ėnergija **22** (1967) 346.
[2] BUDKER, G.I. et al., Particle Accelerators **7** (1976) 197.
[3] VAN DER MEER, S., CERN-ISR, PO/72–31 (1972).
[4] BRAMHAM, P. et al., Nuclear Instrum. and Methods **125** (1975) 201.
[5] RANFT, J., Wiss. u. Fortschr. **27** (1977) 11.
[6] CLINE, D.B.; RUBBIA, C., Phys. today August 1980, p. 44.
[7] CERN COURIER **12** (1976) 423.
[8] CLINE, D.B.; RUBBIA, C.; VAN DER MEER, S.: Sci. Amer. März 1982, p. 38.
[9] Phys. today März 1982, p. 21.

Strahlungsdiffusion

Die Strahlungsdiffusion wurde u.a. von CHANDRASEKHAR (1950) [1], KOURGANOFF (1952) [2] und UNSÖLD [3] hauptsächlich im Zusammenhang mit dem Energietransport in Sternatmosphären untersucht.

Sachverhalt

Bei der Strahlungsdiffusion geht es um Strahlungsausbreitung in einem Medium mit aufeinanderfolgender Emission, Absorption und erneuter Emission der absorbierten Strahlung. Solche Medien können heiße Plasmen, Gläser oder lumineszierende Stoffe sein. Wegen der endlichen Zeitdifferenz zwischen Absorption und Emission (Lebensdauer der angeregten Energiezustände) erfolgt diese Form der Strahlungsausbreitung langsamer als im absorptionsfreien Falle.

Die Fundamentalgleichung des Strahlungstransportes

$$\frac{dI_\nu}{ds} = -K_\nu I_\nu + J_\nu \qquad (1)$$

bestimmt die Änderung der spektralen Strahldichte I_ν (W/cm² nm sr) in Richtung s als Differenz zwischen absorbierter und emittierter Strahlung. Dabei sind K_ν (1/cm) der spektrale Absorptionskoeffizient und J_ν (W/cm³ nm sr) der spektrale Emissionskoeffizient. Falls im betrachteten Medium lokales thermisches Gleichgewicht vorliegt, so ist der Emissionskoeffizient durch $J_\nu = K_\nu B_\nu$ gegeben, wobei B_ν die Flächenstrahldichte des Planckschen Strahlers ist. Aus (1) folgt damit die Strahlungstransportgleichung

$$\frac{dI_\nu}{ds} = K_\nu (B_\nu - I_\nu), \qquad (2)$$

in der die Eigenschaften des Mediums bez. der Strahlung allein durch den Absorptionskoeffizienten K_ν wiedergegeben werden. Ein Strahlbündel mit der ursprünglichen Flächenstrahldichte $I_{\nu 0}$ verliert beim Durchgang durch ein selbst nicht emittierendes Medium nach der Beziehung

$$I_\nu = I_{\nu 0} \, l^{-\int K_\nu ds} \qquad (3)$$

an Intensität. Die Größe $\tau_\nu = \int K_\nu ds$ heißt die optische Dicke der Schicht. Schichten mit $\tau_\nu \ll 1$ werden als optisch dünn, solche mit $\tau_\nu \gg 1$ als optisch dick bezeichnet.

Bei hinreichend starker Absorption kann lokal mit der Strahlungsdichte des Hohlraumes gerechnet werden [5]. Dies ist die Voraussetzung zur Anwendung der Diffusionsnäherung. In Analogie zur Teilchendiffusion diffundiert Strahlungsenergie proportional zum Gradienten der Strahlungsdichte u_ν

$$I_\nu = -\frac{c}{3K_\nu} \text{grad } u_\nu; \qquad (4)$$

c ist die Lichtgeschwindigkeit. Da die Strahlungsdichte der Hohlraumstrahlung

$$u_\nu = \frac{8\pi h \nu^3}{c^3} \frac{1}{e^{h\nu/kT}-1} \qquad (5)$$

nur von der Temperatur abhängt, gilt

$$I_\nu = -\frac{c}{3K_\nu} \frac{du_\nu}{dT} \text{grad } T. \qquad (6)$$

Hier sind h das Plancksche Wirkungsquantum, k die Boltzmann-Konstante und T die Temperatur. Die Abhängigkeit vom Temperaturgradienten gestattet in diesem Falle, den Strahlungstransport als Beitrag zur Wärmeleitung (Strahlungswärmeleitung) anzusehen.

Da die Wirksamkeit der Strahlungsdiffusion entscheidend durch die Frequenzabhängigkeit des Absorptionskoeffizienten bestimmt wird, können Schichten sehr unterschiedlicher Dicke in einem physikalischen Objekt gleichzeitig vorliegen. Dadurch ist eine völlige Analogie zwischen der Diffusion von Gasteilchen und Photonen (COMPTON 1922) nicht möglich.

Die Berechnung der Strahlungsdiffusion stellt ein im allgemeinen sehr aufwendiges Problem dar. Außer in einigen speziellen Fällen, die analytisch lösbar sind [6], müssen meist vereinfachende Annahmen zur Frequenzabhängigkeit von K_ν getroffen werden [4,7,8]. Weiterhin ist die Geometrie des Objektes in den Frequenzbereichen zu berücksichtigen, für welche die optischen Schichtdicken innerhalb der Objektdimensionen nahe dem Wert 1 liegen. Dabei sind Integrale über die Frequenz und die Raumkoordinaten numerisch zu lösen [7,9].

Anwendungen

Strahlungstransport in Hochdruck-Plasmalichtquellen.
Hochdruck-Plasmalichtquellen nutzen die optische Strahlung einer Bogenentladung in einem Grundgas (Quecksilber, Xenon), dem intensiv emittierende Leuchtzusätze (Metallhalogenide) zugesetzt sind. Die Strahlung erfolgt häufig aus optisch dicker Schicht. So werden durch die Wechselwirkung zwischen Emission und Absorption beim Durchlaufen von Plasmaschichten unterschiedlicher Strahlungseigenschaften Spektrallinien zum Teil beträchtlich verbreitert (Na-Resonanzlinien) und selbstumgekehrt. Dies ermöglicht eine gezielte Beeinflussung des Spektrums solcher Lichtquellen und damit ihrer Farbwidergabe und Lichtausbeute [10].

Strahlungstransport in heißem Glas [11]. Durch den Strahlungstransport steigt die scheinbare thermische Leitfähigkeit von Glas bei Temperaturen über 1 000 °C stark an. Die Strahlungswärmeleitung des Glases wird durch die starke Abhängigkeit des Absorptionskoeffizienten von der Wellenlänge des Lichtes oberhalb von 1 µm, die Temperatur und chemische Zusammensetzung beeinflußt.

Sie bestimmt neben der konduktiven Wärmeleitung die Erwärmung einer Glasschmelze durch die Strahlung von Gasflammen oder heißen Ofenwänden. Die stark temperaturabhängige Wärmeleitung hat großen Einfluß bei der spannungsfreien Abkühlung oder der Fertigung von Glaserzeugnissen mit abgeschreckter und damit mechanisch widerstandsfähiger Oberflächenschicht.

Literatur:

[1] CHANDRASEKHAR, S.: Radiative Transfer. – London: Oxford University Press 1950.
[2] KOURGANOFF, V.: Basic Methods in Transfer Problems. – London: Oxford University Press 1952.
[3] UNSÖLD, A.: Physik der Sternatmosphären. – Berlin/Göttingen/Heidelberg: Springer-Verlag 1955.
[4] SIBULKIN, M., J. Quantum Spectroscopy Radiat. Transfer **8** (1968) 1, 451–470.
[5] FINKELNBURG, W.; MAECKER, H.: Elektrische Bögen und thermisches Plasma. In: Handbuch der Physik. Hrsg.: S. FLÜGGE. – Berlin/Göttingen/Heidelberg: Springer-Verlag 1956. Bd. 22, S. 254.
[6] VAN TRIGT, C., Phys. Rev. **181** (1969) 1, 97–114; 5, 1298–1314.
[7] CROSSBIE, A. L.; DOUGHERTY, R. L.; KOTHARY, H. V., J. Quantum Spectroscopy Radiat. Transfer **18** (1977) 1, 69–91.
[8] SMIRNOV, B. M.; SLIJAPNIKOV, G. V., Usp. fiz. Nauk **130** (1980) 3, 377–414.
[9] CHURCH, CH., H.; SCHLECHT, R. G.; LIBERMAN, I.; SWANSON, B. W., AIAA Journal **4** (1966) 4, 1947–1953.
[10] DE GROOT, J. J.; VAN VLIET, J. A. J. M.: J. Phys. D, Appl. Phys. **8** (1975) 6, 651–662.
[11] CONDON, E. U., J. Quantum Spectroscopy Radiat. Transfer **8** (1968) 1, 369–385.

Strahlungstransport

1872 Ausarbeitung der kinetischen Transportgleichung für Moleküle durch BOLTZMANN
1904–1905 Grundlegende Untersuchungen zur elastischen Streuung geladener Teilchen durch RUTHERFORD
1906 Phänomenologische Diffusionstheorie zur Wechselwirkung von Betastrahlen mit dicken Absorberschichten (SCHMIDT, MC CLELLAND)
1930–1933 Arbeiten zur Theorie des Energieverlustes geladener Teilchen durch BETHE
1933 Transporttheorie für Elektronen (BOTHE)
1936 Transporttheorie für Neutronen (FERMI)
1937 Aufstellung der Boltzmann-Transportgleichung zur Beschreibung der Neutronenabbremsung und -diffusion durch ORNSTEIN und UHLENBECK
1949 Begründung der Monte-Carlo-Methode durch NEUMANN und ULAM

Sachverhalt

Als Strahlungstransport wird in Zusammenhang mit Atom-, Molekül-, Kern- und Plasmaeffekten der räumliche, durch Konvektion und durch Wechselwirkung mit Atomen bewirkte Transport einer von geladenen bzw. neutralen Teilchen oder Photonen mitgeführten Größe, wie z.B. Masse, Energie, Impuls oder auch einfach Teilchenzahl durch dicke Stoffschichten bzw. ausgedehnte Materialien bezeichnet. In der Mehrzahl der Fälle kann der komplizierte Prozeß des Strahlungstransports als Aufeinanderfolge voneinander unabhängiger *Elementarprozesse* (Streuung, Absorption, Erzeugung neuer Teilchen) dargestellt werden. Da die einzelnen Wechselwirkungsprozesse oft mit der Erzeugung von Sekundärteilchen verbunden sind (z. B. Photo- bzw. Auger-Elektron bei der photoelektrischen Absorption, Photonenstrahlung beim Annihilationsprozeß, Gammastrahlung beim Neutronen-Einfang), ist die isolierte Betrachtung des Transports einer einzelnen Teilchenart nur unter stark eingeschränkten Bedingungen möglich.

Elektronen. Der Transport energiereicher Elektronen[1] wird entscheidend durch elastische Streuung an Atomkernen, durch Ionisations- und Anregungsprozesse bei Wechselwirkung mit Hüllenelektronen und durch Strahlungsbremsung bestimmt [1]. Die elastische Streuung an Atomkernen, denen aufgrund der geringen Masse der Elektronen keine merkliche Energie übertragen wird, gehorcht in erster Näherung dem Rutherford-Streugesetz. Die Zahl der elastischen Stöße bis zur Abbremsung eines Elektrons beträgt bei niederen Primärenergien etwa 10^2 und erreicht bei Energien über 10 MeV die Größenordnung 10^4. Aufgrund der geringen Masse der Elektronen ist bei der elastischen Streuung die Wahrscheinlichkeit für große Winkelablenkungen höher als bei schweren geladenen Teilchen. Trifft z.B. ein kollimiertes Bündel energiereicher Elektronen auf eine Stoffschicht, so erfolgt aufgrund des Überwiegens der elastischen Streuung mit wachsender Schichtdicke eine Auffächerung des Bündels. Nach Durchlaufen ausreichend großer Wege geht die Anfangsorientierung der Elektronen verloren, es ist eine richtungsisotrope Ausbreitung zu beobachten (Diffusion). Beim überwiegenden Teil der Wechselwirkungen mit Hüllenelektronen werden so kleine Energien (einige eV) übertragen, daß keine merklichen Richtungsablenkungen auftreten. Neben Ionisationsakten kommt es im betrachteten Energiebereich vorwiegend zur Anregung der Atome. Ionisations- und Anregungsprozesse führen zur Emission charakteristischer Röntgenstrahlung. Richtungsablenkungen der Elektronen können außerdem mit der Emission von Bremsstrahlungsphotonen verbunden sein (Strahlungsbremsung). Die Energieverluste durch Ionisationsbremsung (Tab.1) führen längs der Bahn zu einer kontinuierlichen Energieabnahme, so daß Elektronen gleicher Primärenergie nach vollständiger Abbremsung im Mittel gleiche Bahnlängen[1] durchlaufen haben [2]. Die mittlere Eindringtiefe $\bar{x}_E$ Abb.2) ist bei Elektronen im Gegensatz zu schweren geladenen Teilchen aufgrund des Überwiegens zur Streuung merklich kleiner als die mittlere Bahnlänge $\bar{L}$.

Photonen. Bei *Photonen*[2] mit Energien unterhalb von 20 keV dominieren der *Photoeffekt* (siehe dort) und die kohärente Streuung, so daß in diesem Fall die Beschreibung des Strahlungstransports elementar ist. Oberhalb dieser Energie gewinnt beginnend im Bereich kleiner Z die inkohärente Streuung (siehe *Compton-Effekt*) Bedeutung, wobei neben dem gestreuten Photon das Compton-Elektron als Sekundärteilchen entsteht, das seinerseits in der Lage ist, über Ionisations- und Anregungsprozesse charakteristische *Röntgenstrahlen* (siehe dort) bzw. infolge Strahlungsbremsung *Bremsstrahlung* (siehe dort) zu erzeugen (siehe *Röntgenstrahlen*, Abb.4). Im Bereich großer Photonenenergien dominiert als Primärprozeß die *Paarbildung* (siehe dort) (Schwellenergie 1,02 MeV) und infolge dessen die vom Strahlungstransport der dabei entstehenden Elektronen und Positronen herrührenden *Effekte*.

Für den Fall der Schwächung eines parallelen Bündels von Photonen der Energie $h\nu$, das senkrecht auf eine ebene Schicht der Dicke x trifft, gilt das *Schwächungsgesetz*

$$I = I_0 \cdot \exp(-\mu(h\nu, Z) \cdot x) \qquad (1)$$

(I_0 – Intensität der einfallenden Strahlung, I – Intensität der Strahlung, die das Target ohne Wechselwirkung in Transmissionsrichtung verläßt). Der lineare Schwächungskoeffizient μ[3] berechnet sich aus den Schwächungskoeffizienten der beteiligten Prozesse (siehe Abb. 1).

---

[1] Hier seien Elektronen aus dem Energiebereich von 1 keV bis 30 MeV betrachtet.

[1] Die infolge der Sekundärelektronenerzeugung und der Erzeugung der Bremsstrahlung bei gleicher Primärenergie der Elektronen beobachteten Bahnlängenunterschiede werden als „Straggling" bezeichnet.

[2] Unter Photonenstrahlung soll hier elektromagnetische Strahlung (siehe *Gammastrahlen, Röntgenstrahlen*) verstanden werden, deren Energie oberhalb der des ultravioletten Lichtes liegt ($\lambda < 10^2$ nm, $h\nu > 10$ keV).

[3] Für Photonenstrahlung ist es oft gebräuchlich, anstelle des linearen Schwächungskoeffizienten μ, den auf die Dichte des Absorbers bezogenen Massenschwächungskoeffizienten (μ/ϱ) anzugeben.

Tabelle 1 *Ionisationsbremsung geladener Teilchen*

	Elektronen	Ionen
nicht relativistisch	$-\left(\dfrac{dT_e}{dx}\right) = \dfrac{4\pi\,\varepsilon^4}{m_e\,v_e^2}\cdot N\cdot Z\cdot \ln\dfrac{m_e\,v_e^2}{I}$	$-\left(\dfrac{dT_G}{dx}\right) = \dfrac{4\pi\,Z_G^2\cdot\varepsilon^4}{m_o\,v_G^2}\cdot N\cdot Z\cdot \ln\dfrac{m_o\,v_G^2}{I}$
	bei Berücksichtigung der Nichtunterscheidbarkeit zwischen Geschoß und Hüllenelektron	$m_o = \dfrac{m_G\cdot m_e}{m_G + m_e}$
	$-\left(\dfrac{dT_e}{dx}\right) = \dfrac{4\pi\,\varepsilon^4}{m_e\,v_e^2}\cdot N\cdot Z\cdot \ln\left\{\dfrac{m_e\,v_e^2}{2I}\sqrt{\dfrac{e}{2}}\right\}$	
	e = 2,71828... (Basis des natürlichen Logarithmus)	
relativistisch	$-\left(\dfrac{dT_e}{dx}\right) = \dfrac{2\pi\,\varepsilon^4}{m_e\,v_e^2}\cdot N\cdot Z\cdot\left[\ln\dfrac{m_e\,v_e^2\cdot T_e}{2I^2(1-\beta^2)} - A\cdot\ln 2 + B\right]$	$-\left(\dfrac{dT_G}{dx}\right) = \dfrac{4\pi\,Z_G^2\cdot\varepsilon^4}{m_e\,v_G^2}\cdot N\cdot Z\left[\ln\dfrac{2m_e\,v_G^2}{I(1-\beta^2)} - \beta^2\right]$
	$A = 2\sqrt{1-\beta^2} - 1 + \beta^2$	Gültigkeitsbereich: $T_G \lesssim 0{,}1\,m_G c^2$; $m_G \gg m_e$
	$B = 1 - \beta^2 + \dfrac{1}{8}(1 - \sqrt{1-\beta^2})^2$	$S = 0$ (α-Teilchen, π-Mesonen)
		$S = \dfrac{1}{2}$ (Protonen, Müonen)

$m_e = 9{,}108\cdot 10^{-31}$ kg
$\varepsilon^4 = 5{,}324\cdot 10^{-56}$ (Ws·m)²
$\beta = \dfrac{v}{c}$

I – Ionisierungsenergie
$I = k\cdot Z$ BLOCH: $k = 13{,}5$ eV (const.)
BERGER/SELTZER: $k = (9{,}76 + 58{,}8\cdot Z^{-1,19})$ eV
DUNCUMB/REED: $k = (14(1 - \exp(-0{,}1\cdot Z)) + 75{,}5/Z^{Z/7,5} - Z/(100+Z))$ eV

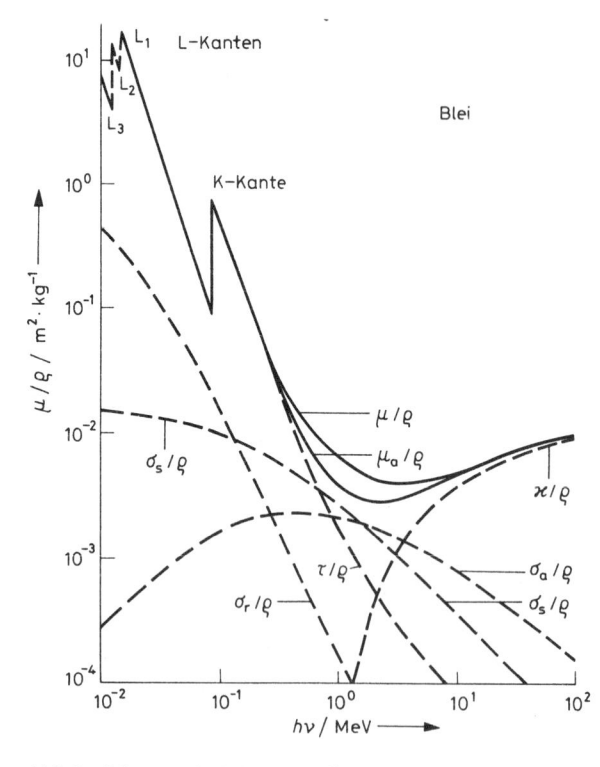

Abb. 1 Massenschwächungskoeffizient (μ/ϱ) für Photonenstrahlung in Blei. (Zuordnung der Massenschwächungskoeffizienten der Einzelprozesse: τ/ϱ – Photoeffekt, σ_r/ϱ – Rayleigh-Streuung, σ_a/ϱ, σ_s/ϱ – Compton-Streuung (Absorptions- und Streuanteil), $\varkappa/\varrho$ – Paarbildung)

Neutronen. Aussagen über Wechselwirkungsprozesse von *Neutronen* liegen für den Energiebereich von 10^{-7} eV bis 10^{10} eV vor, wobei – bedingt durch die Hauptanwendungsgebiete und die z. Z. verfügbaren Neutronenquellen – umfassende Kenntnisse im Energiebereich von 0,025 eV (thermische Neutronen) bis zu etwa 30 MeV existieren. Die Wechselwirkungen sind wesentlich von der kinetischen Energie der Neutronen abhängig. Die einzelnen Energieintervalle, in denen bestimmte Elementarprozesse ablaufen, werden aber auch von den Eigenschaften des Stoffes, bei *Kernreaktionen* (siehe dort) insbesondere von der Massenzahl A bestimmt. Ultrakalte Neutronen ($T_n < 10^{-5}$ eV) besitzen derart große Wellenlängen ($\lambda > 10^{-9}$ m), daß sie mit nahezu makroskopischen Bereichen von Festkörpern in Wechselwirkung treten und an Oberflächen fester Körper reflektiert werden. Kalte Neutronen (10^{-5} eV...$5\cdot 10^{-3}$ eV) und thermische Neutronen ($5\cdot 10^{-3}$ eV...0,5 eV) besitzen Wellenlängen, die mit den Atomabständen in Molekülen und Festkörpern vergleichbar sind, so daß durch Streuung Rotations- und Vibrationszustände der Moleküle angeregt bzw. bei Streuung an kristallinen Festkörpern die für die Braggsche Reflexion typischen Interferenzen beobachtet werden (siehe *Neutronenstreuung*). Im Energiebereich der thermischen und schnellen Neutronen finden vorwiegend Wechselwirkungen mit einzelnen Atomkernen statt, wobei sich die dabei wirkenden Kernkräfte auf Entfernungen der Größenordnung 10^{-15} m erstrecken (siehe *Kernreaktionen*). Aufgrund der Abhängigkeit des Wirkungsquerschnittes von der Neutronenenergie bzw. wegen des Vorhandenseins von Schwellwertreaktionen finden beim Durchgang schneller Neutronen durch Stoff im zeitlichen Nacheinander bestimmte Reaktionen bevorzugt statt. Diese Zeitabhängigkeit ist bei Verwendung gepulster Quellen schneller Neutronen direkt beobachtbar.

Strahlungstransporttheorie. Grundlage der *Strahlungstransporttheorie* ist die *Boltzmann-Transportgleichung*, die von einer Bilanz der Teilchen- bzw. Photonenzahl in einem durch den Ortsvektor *r* gekennzeichneten Volumenelement d*V* ausgeht [3] und in differentieller Form lautet:

$$\frac{\partial n(r,\omega,T)}{\partial t} = \frac{1}{v}\frac{\partial \varphi(r,\omega,T)}{\partial t}$$

$$= -\omega \cdot \mathrm{grad}\,\varphi(r,\omega,T) - \Sigma(T) \cdot \varphi(r,\omega,T)$$

$$+ \int_{4\pi}\int_0^\infty \Sigma_s(\omega' \to \omega, T' \to T) \cdot \varphi(r,\omega',T')$$

$$\mathrm{d}\Omega'\,\mathrm{d}T' + q(r,\omega,T).$$

Das erste Glied auf der rechten Seite der Bilanzgleichung berücksichtigt das Ausströmen von Teilchen aus dem betrachteten Volumenelement, das zweite sämtliche Teilchen, die eine Wechselwirkung erleiden (Absorption und Streuung, $\Sigma = \Sigma_a + \Sigma_s$) und damit der Bilanz verloren gehen. Das dritte und vierte Glied stellen die Gewinne dar (Streuung in das betreffende Raumwinkel- und Energieintervall, Quellterm). Es sind im einzelnen:

$n(r,\omega,T)\,\mathrm{d}V\cdot\mathrm{d}\Omega\cdot\mathrm{d}T$ – Zahl der Teilchen bzw. Photonen im Volumenelement d*V*, deren Bewegungsrichtung, gekennzeichnet durch den Einheitsvektor ω, im Raumwinkelelement dΩ um ω liegt und die eine kinetische Energie im Intervall $T...T+\mathrm{d}T$ besitzen;

$\varphi(r,\omega,T)$ – differentielle Teilchenflußdichte definiert durch $\varphi(r,\omega,T)\cdot\mathrm{d}\Omega\cdot\mathrm{d}T = n(r,\omega,T)\cdot v\cdot\mathrm{d}\Omega\cdot\mathrm{d}T$,

v – Teilchengeschwindigkeit ($v = \sqrt{2T/m}$);

$\Sigma(T)$ – makroskopischer Wirkungsquerschnitt;

$\Sigma_s(\omega' \to \omega, T' \to T)$ – makroskopischer Querschnitt derjenigen Streuprozesse, bei denen Teilchen bzw. Photonen mit der Bewegungsrichtung ω' und der kinetischen Energie T' in das Raumwinkelelement dΩ um die Richtung ω und in das Energieintervall $T...T+\mathrm{d}T$ gestreut werden;

$q(r,\omega,T)$ – differentielle Quellendichte je Einheit von Richtungs- und Energieintervall.

Im speziellen Fall des Photonentransportes unter stationären Bedingungen ergibt sich für Photonen der Wellenlänge λ [4]:

$\omega\,\mathrm{grad}\,\varphi(r,\omega,\lambda)$

$$= -\mu(\lambda)\,\varphi(r,\omega,\lambda)$$

$$+ \int_0^\lambda \mathrm{d}\lambda' \int_{4\pi} N_e \cdot \frac{\partial^2 \sigma(\omega',\lambda')}{\partial \omega'\partial \lambda'} \varphi(r,\omega',\lambda')\,\mathrm{d}\omega'$$

$$+ q(r,\omega,\lambda). \qquad (3)$$

Hierbei sind:

$\varphi(r,\omega,\lambda)$ – Flußdichte der Photonen (Bewegungsrichtung ω, Wellenlänge λ);

$\frac{\partial^2\sigma}{\partial \omega'\cdot\partial \lambda'}$ – differentieller Querschnitt für Streuung, bei der Photonen der Bewegungsrichtung ω' und der Wellenlänge λ' in das Raumwinkelelement dΩ um die Richtung ω und in das Wellenlängenintervall $\lambda...\lambda+\mathrm{d}\lambda$ gestreut werden (im Bereich von Photonenenergien > 20 keV hinreichend durch den differentiellen Compton-Querschnitt beschrieben);

μ – linearer Schwächungskoeffizient;

N_e – Anzahl der Elektronen je Volumeneinheit.

Die in der Strahlungstransportgleichung auftretenden Wirkungsquerschnittsfunktionen und daraus abgeleitete Größen (z. B. linearer Schwächungskoeffizient μ) sind komplizierte Funktionen der Energie bzw. Wellenlänge, des Streuwinkels und der Eigenschaften des streuenden Stoffes. Besondere Schwierigkeiten treten bei der Lösung der Transportgleichung auf, wenn die Wechselwirkungen in einem begrenzten Stoffvolumen stattfinden. Eine allgemeine Lösung ist daher nicht angebbar. Durch Wahl geeigneter Randbedingungen und der damit verbundenen Reduzierung der Variablenzahl wird der Zugang zu analytischen Lösungen möglich. Eine einfache Näherungslösung wird durch Einführung sogenannter Aufbaufaktoren (build-up-Faktoren) erreicht [5], wodurch das Schwächungsgesetz (1) auch für komplizierte Geometrien anwendbar wird[1]. Ein Spezialfall der Lösung der Transportgleichung für Elektronen ist das Lenard-Gesetz, das die Transmission monoenergetischer Elektronen beschreibt und ebenso wie das Schwächungsgesetz für Photonen einen energie- und stoffabhängigen Schwächungskoeffizienten (Lenard-Koeffizient) fordert. Bei der Behandlung des Elektronentransportes haben weiterhin besonders Näherungen Bedeutung erlangt, bei denen die kinetische Energie als umkehrbar eindeutige Funktion des zurückgelegten Weges dargestellt wird. Bezüglich der Streuprozesse werden Einzelstreu- (Vernachlässigung der Kleinwinkelstreuung), Mehrfach- und Vielfachstreu- (Kleinwinkelstreuung) sowie Diffusionsmodelle unterschieden, bei denen zwar für die Verteilungsfunktion des resultierenden Streuwinkels analytische Ausdrücke angebbar sind, die für sich allein aber nur unter speziellen Randbedingungen Gültigkeit besitzen [1].

Ein weiteres Beispiel für Näherungslösungen ist die *Diffusionsgleichung*[2]. Sie beschreibt den Strahlungstransport in homogenen Materialien und wird vorteilhaft zur Lösung von Transportproblemen bei thermischen Neutronen angewendet, wobei die Absorptions- und Streuquerschnitte als energieunabhängig betrachtet werden [3].

Gelingt die Reduktion der Variablen durch Wahl geeigneter Randbedingungen nicht, so erfordert die Lösung der allgemeinen Transportgleichung numerische Methoden. Die direkte numerische Lösung der Transportgleichung beruht auf dem Ersetzen der Inte-

---

[1] Der Aufbaufaktor *B* hängt von einer Vielzahl von Einflußgrößen ab (z. B. Art und Dicke der Stoffschicht, Energie der Strahlung) und muß vorher berechnet oder experimentell bestimmt werden.

[2] Entwickelt man die Boltzmann-Gleichung nach Kugelfunktionen und bricht mit dem zweiten Glied ab, so erhält man die P_1-Approximation, die ihrerseits eng mit der Diffusionsgleichung zusammenhängt. Die Diffusionsgleichung ist somit als elementare Näherung der Boltzmann-Gleichung zu betrachten.

grale und Ableitungen durch Summen und Differenzen und führt letztlich auf ein algebraisches Gleichungssystem das mit bekannten numerischen Verfahren gelöst werden kann. Insbesondere für die Behandlung des Strahlungstransportes von Photonen hat sich die Methode der sukzessiven Streuungen (Iterationsverfahren) bewährt, bei dem die Photonen nach der Zahl der erlittenen Streuvorgänge sortiert und die Teilströme unterschiedlicher Streuordnung getrennt berechnet werden [4]. Die Zahl der für die Berechnung der Photonenflußdichte $n$fach gestreuter Photonen erforderlichen Integrationen beträgt $3n$ und wächst somit rasch mit steigender Streuordnung. Außerdem treten weitere Komplikationen durch geometrische Randbedingungen auf. Demgegenüber treten bei der Anwendung der *Monte-Carlo-Methode* zur Lösung der Transportgleichung im Prinzip keinerlei Beschränkungen auf [6]. Die Anwendung dieser Methode beruht darauf, daß der Integralkern der integralen Form der allgemeinen Transportgleichung in einen Transportterm und einen Wechselwirkungsterm aufspaltbar ist. Der Transportterm stellt dabei die Wahrscheinlichkeitsdichte dafür dar, daß ein Teilchen mit der Energie T' und der Richtung ω' vom Ort r' zum Ort r gelangt und dort eine Wechselwirkung erleidet. Der Wechselwirkungsterm beschreibt die Wahrscheinlichkeitsdichte dafür, daß ein Teilchen mit der Energie T' und der Richtung ω' nach der Wechselwirkung die Energie T und die Richtung ω besitzt. Die Trajektorien der einzelnen Teilchen werden auf der Grundlage bekannter Wechselwirkungsprozesse simuliert, indem sowohl die Orte der Wechselwirkung als auch die Zustandsänderungen (Änderung der Bewegungsrichtung, der Energie usw.) auf der Basis der Wirkungsquerschnittsfunktionen und unter Benutzung von Zufallszahlen ermittelt werden. Die statistische Sicherheit der mittels Monte-Carlo-Methode gewonnenen Aussagen ist von der Zahl der durchgespielten Teilchenschicksale abhängig. Zur Reduzierung des Rechenaufwandes wird von analytischen Teillösungen (z. B. Vielfachstreu-Näherung bei der Behandlung des Elektronentransportes) sowie von rechentechnischen Verfahren der Komprimierung Gebrauch gemacht. Mit der breiten Verfügbarkeit leistungsfähiger Rechenanlagen hat die Monte-Carlo-Methode entscheidende Bedeutung für die Lösung von Strahlungstransportproblemen erlangt und bisher eingesetzte Verfahren in den Hintergrund gedrängt.

Kennwerte, Funktionen

Mittlere freie Weglänge λ (mittlere Weglänge, die ein Teilchen ohne Wechselwirkung zurücklegt)

$$\lambda = 1/\Sigma_{tot} \qquad (4)$$

(Σ_{tot} – totaler makroskopischer Wirkungsquerschnitt);

$$\Sigma_{tot} = \frac{\varrho \cdot N_A}{A} \cdot \sigma_{tot} \qquad (5)$$

(ϱ – Dichte des Stoffes, N_A – Avogadro-Konstante, A – relative Atommasse, σ_{tot} – totaler atomarer Wirkungsquerschnitt, der sich aus den Querschnitten aller möglichen Wechselwirkungsprozesse zusammensetzt $\left(\sigma_{tot} = \sum_n \sigma_n\right)$.

Transportweglänge λ_{tr} (Maß für diejenige Strecke, auf der ein Teilchen seine anfängliche Bewegungsrichtung im Mittel ändert)

$$\lambda_{tr} = \frac{\lambda_s}{1 - \overline{\cos\vartheta}} \qquad (6)$$

$$= \frac{1}{\Sigma_s(1 - \overline{\cos\vartheta})} \qquad (7)$$

(λ_s – Streuweglänge, Σ_s – makroskopischer Streuquerschnitt, ϑ – Streuwinkel im Laborsystem).
Wenn Streuung im Laborsystem isotrop, gilt $\lambda_{tr} = \lambda_s$ (z. B. Streuung von Neutronen an Atomkernen mit großem A)
Diffusionslänge λ_d (wichtige Größe in der Theorie der Neutronendiffusion; charakterisiert den Abfall der Exponentialfunktion, die die Ortsabhängigkeit des Neutronenflusses beschreibt)

$$\lambda_d = \sqrt{\lambda_{tr} \cdot \lambda_a / 3} \qquad (8)$$

λ_a – mittlere freie Weglänge für Absorption.
Energieverlust geladener Teilchen. Energieverlust durch Ionisationsbremsung $\left(\frac{dT}{dx}\right)_{Ion}$ (siehe Tab. 1) Energieverlust durch Strahlungsbremsung $\left(\frac{dT}{dx}\right)_{Br}$ (Elektronen)

$$\left(\frac{dT_e}{dx}\right)_{Br} \approx \frac{Z \cdot T_e}{1600 \cdot E} \cdot \left(\frac{dT_e}{dx}\right)_{Ion}, \qquad (9)$$

T_e – kinet. Energie des Elektrons, E – Ruhenergie des Elektrons (0,51 MeV), Z – Ordnungszahl des Absorbers.
Reichweite geladener Teilchen. Der bis zum Verlust der kinetischen Energie von einem geladenen Teilchen im Absorber zurückgelegte Weg (totale Reichweite R bzw. Bahnlänge) berechnet sich zu

$$R = \int_0^T dT/(-dT/dx) \qquad (10)$$

(dT/dx – Bremsvermögen, Ionisations- und Strahlungsbremsung). Bei schweren geladenen Teilchen (Protonen, α-Teilchen usw.) unterscheidet sich die Bahnlänge nur unwesentlich von ihrer Projektion R_p auf die Einfallsrichtung (Abb. 2a). Deshalb beschränkt man sich hierbei auf die Angabe der projizierten Reichweite und bestimmt diese aus der Abhängigkeit der Teilchenzahl $N(x)$ von der Absorberdicke x für den

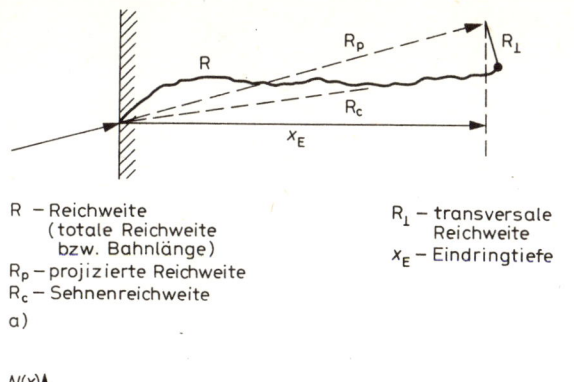

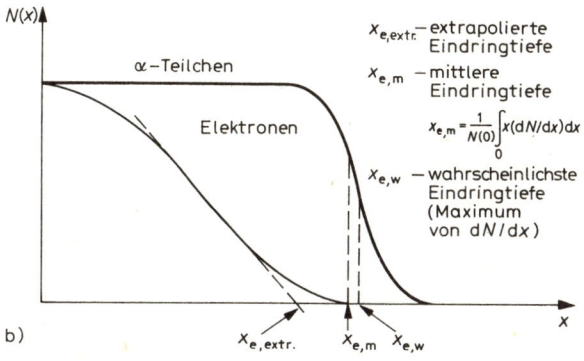

Abb. 2 Zur Definition von Reichweite, Bahnlänge und Eindringtiefe geladener Teilchen

R – Reichweite (totale Reichweite bzw. Bahnlänge)
R_p – projizierte Reichweite
R_c – Sehnenreichweite
$R_\perp$ – transversale Reichweite
x_E – Eindringtiefe

$x_{e,\text{extr.}}$ – extrapolierte Eindringtiefe
$x_{e,m}$ – mittlere Eindringtiefe
$$x_{e,m} = \frac{1}{N(0)} \int_0^\infty x(dN/dx)\,dx$$
$x_{e,w}$ – wahrscheinlichste Eindringtiefe (Maximum von dN/dx)

Fall eines senkrecht auf die Absorberschicht auftreffenden kolliminierten parallelen Bündels (Abb. 2b). Bei Elektronen, insbesondere im nichtrelativistischen Gebiet, ist wegen des Überwiegens der elastischen Streuung die Bahnlänge wesentlich größer als die projizierte Reichweite. Der Umwegfaktor [1], definiert als Verhältnis der mittleren Bahnlänge zur mittleren projizierten Reichweite der Elektronen, erreicht bei kleinen Energien und Absorbern mit hohem Z den Wert 5 (z. B. Umwegfaktor ≈ 5 für $Z = 79$ (Au) und $T_0 = 10$ keV).

Reichweite von β-Strahlung (Formel von FLAMMERSFELD).

$$R_{\max}/\text{kg/m}^2 = 1{,}1 \cdot 10^{-2}\left(\sqrt{22{,}4 \cdot (T_{\max}/\text{MeV})^2 + 1} - 1\right), \tag{11}$$

$T_{\max}$ – maximale kinetische Energie der β-Teilchen.

Anwendungen

Mit der Anwendung des Strahlungstransports und der Strahlungstransporttheorie verbinden sich folgende Zielstellungen:

– Analyse experimentell ermittelter Verteilungsfunktionen zur Gewinnung von Aussagen über die Eigenschaften des Stoffes bzw. des Strahlungsfeldes (Analysenmeßtechnik, Dosimetrie),

– Beiträge zu Grundlagenuntersuchungen von Wechselwirkungsprozessen (atomare Prozesse und Vielfachwechselwirkungen) durch Vergleich transporttheoretischer und experimenteller Ergebnisse,

– Berechnung von Verteilungsfunktionen, deren experimentelle Erfassung erschwert bzw. aus ökonomischen Gründen nicht vertretbar ist (Strahlenschutz, Konstruktion von Kernenergieanlagen, Strahlungsmeßtechnik),

– Aussagen zu Eigenschaftsänderungen von Stoffen bei Strahleneinwirkung (Strahlentechnik).

Für einen *Kernreaktor* ist der zyklische Charakter des Neutronenhaushaltes charakteristisch. Abbildung 3 zeigt die möglichen Schicksale der Neutronen im Reaktor. Diese Prozesse sind in allen Reaktortypen mehr oder weniger ausgeprägt. Der thermische Reaktor moderiert die Neutronen über einen großen Energiebereich. Im schnellen Reaktor werden die Neutronen mit hoher Energie ausgenutzt; er hat nur einen kleinen oder keinen Moderator. Die Diffusionsnäherung der Neutronentransporttheorie gehört zu den am meisten verwendeten Berechnungsverfahren für Kernreaktoren, weil in großen Leistungsreaktoren bei geeigneter Modellierung die Bedingungen für ihre Anwendbarkeit gut erfüllt werden. Bei der Berechnung von Reaktoren erfolgt zur Vereinfachung eine Einteilung sämtlicher Neutronen in verschiedene Gruppen, innerhalb deren sie als monoenergetisch angenommen werden. Im einfachsten Fall, der sogenannten Eingruppentheorie, wird ausschließlich mit thermischen Neutronen gerechnet. Unterscheidet man zwischen schnellen, mittelschnellen, epithermischen und ther-

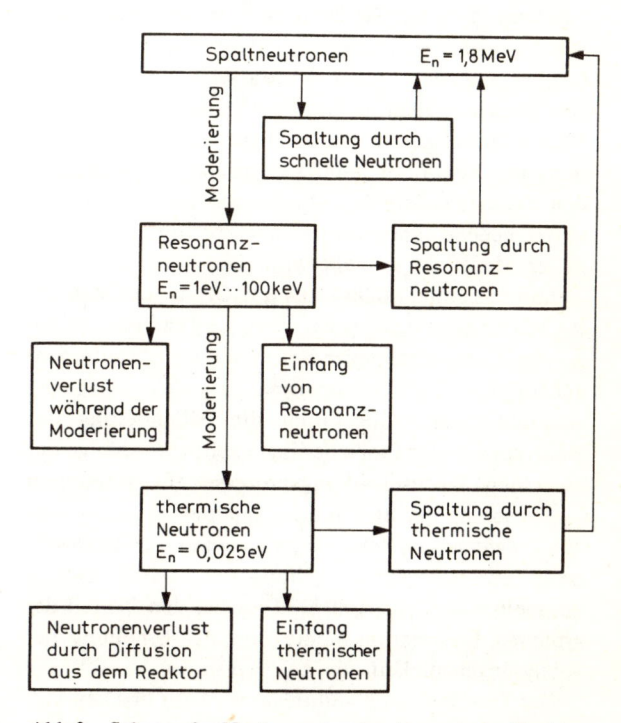

Abb. 3 Schema der Neutronentransportprozesse im Reaktor

mischen Neutronen, entspricht dies einer Viergruppentheorie. Die Berechnungen werden um so genauer, je größer die Anzahl der Gruppen ist. Bei der Mehrgruppentheorie wird der Moderationsprozeß durch die Fermialter-Methode beschrieben.

Tabelle 2 Atomare Neutronenabsorptionsquerschnitte ausgewählter Elemente (entnommen aus [7])

Element	B	Cl	Cd	In	Eu	Gd	Dy	Hg	Au
$\sigma_a/10^{-28} m^2$	758	31	2537	194	4400	46620	936	374	99

Der Transport thermischer Neutronen wird erheblich durch Einfangsreaktionen geprägt. Der Wirkungsquerschnitt σ_a ist für einige Elemente (Tab. 2) sehr groß, so daß geringe Gehalte dieser Elemente die *Transmission thermischer Neutronen* stark beeinflussen. Diese Tatsache wird zur *Gehaltsbestimmung in Flüssigkeiten und Schüttgütern* angewendet. Die entsprechenden Meßanordnungen sind dadurch gekennzeichnet, daß die Meßprobe den Neutronendetektor umgibt, damit die diffundierenden Neutronen diesen nur durch die Meßprobe hindurch erreichen können (Abb. 4). Die Meßmethode hat sich zur Bestimmung des Borgehaltes bewährt [8].

Beim *Transport schneller Neutronen* erfolgen vorwiegend elastische Stöße, bei denen die Neutronen abgebremst werden. Die Bremsung der Neutronen ist um so stärker, je geringer die relative Atommasse der Bremssubstanz ist. Beim Neutron-Proton-Stoß kann im günstigsten Fall die gesamte Neutronenenergie auf einmal an den Partner übertragen werden. Die starke Abbremsung schneller Neutronen durch Wasserstoffkerne wird in der Technik zur Wasserstoffgehaltsmessung angewendet. Sofern der Wasserstoff nur in Form von Wasser vorliegt, ist die Feuchtemessung möglich. Da die Dichte der schnellen Neutronen in der Umgebung der Neutronenquelle am größten ist, werden in den Feuchtemeßsonden Quelle und Detektor unmittelbar nebeneinander angeordnet, wodurch ein optimaler Meßeffekt erreicht wird. Der Meßbereich des Verfahrens umfaßt 0,004...0,4 g H_2O/cm^3, der Meßfehler beträgt etwa 0,002 g/cm³. Bei Verwendung von gepulsten Quellen schneller Neutronen (z. B. Neutronengenerator) zur Elementanalyse ausgedehnter Analysenproben kann die durch die Moderierung der Neutronen in der Probe bedingte zeitliche Abfolge der einzelnen Wechselwirkungsprozesse zur getrennten Registrierung der Strahlungskomponenten und damit zur *Unterdrückung von Störstrahlung* aus der Analysenprobe und aus der Umgebung der Meßeinrichtung ausgenutzt werden (Abb. 5). Dies hat den Vorteil der größeren Informationsdichte und der Erhöhung der Analysengenauigkeit [9].

Der *Transport von β^--Strahlung* wird zur Flächenmassebestimmung, zur Messung von Auflagedicken und

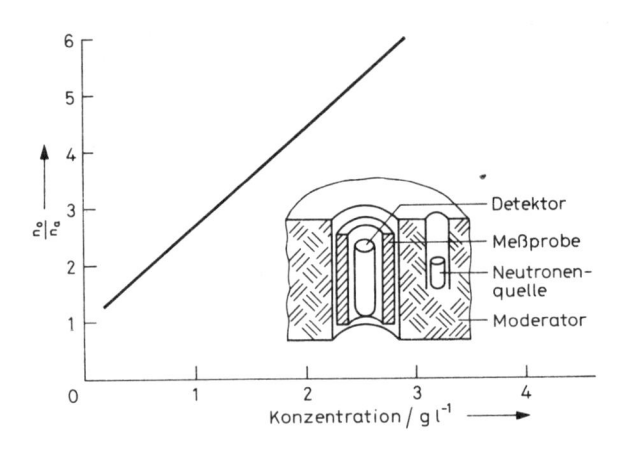

Abb. 4 Meßanordnung zur Elementgehaltsbestimmung durch Neutronenabsorption

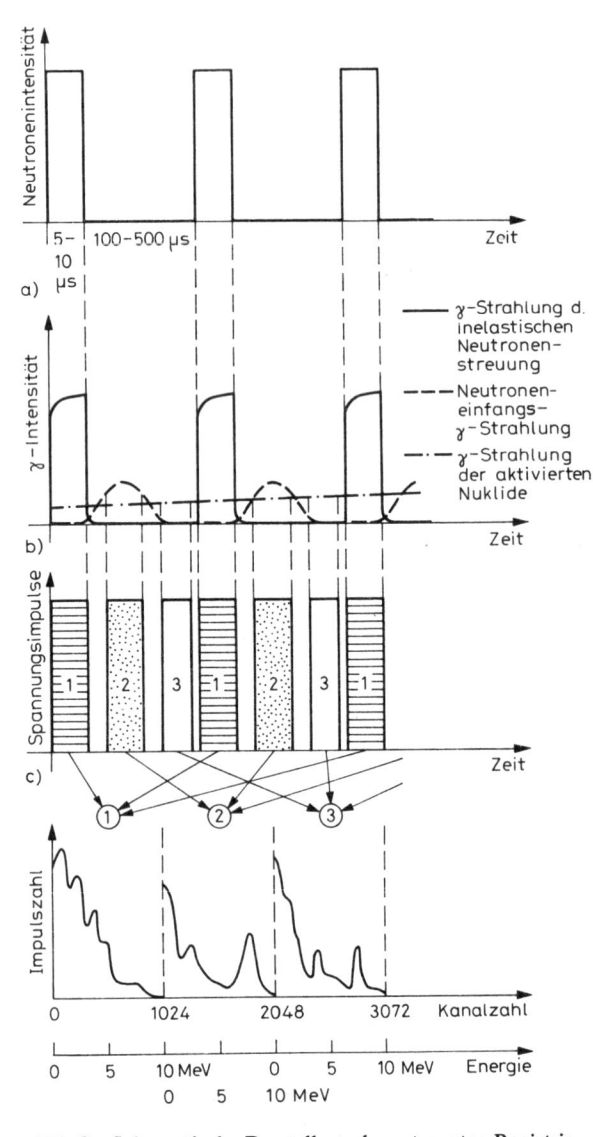

Abb. 5 Schematische Darstellung der getrennten Registrierung von Streu-, Einfang- und Aktivierungsstrahlung bei Beschuß einer dicken Analysenprobe mit einem gepulsten Neutronenstrom

zur Bestimmung der Zusammensetzung von Zweistoffsystemen angewendet. Dabei kompliziert das kontinuierliche β^--Spektrum der Radionuklide die transporttheoretische Behandlung.[1] Aus praktischen Erwägungen heraus wird bei Transmissionsmessungen die Schwächung der Betastrahlung durch eine Exponentialfunktion angenähert, was erfahrungsgemäß bis zu einer Schicht von drei Halbwertsdicken in guter Übereinstimmung mit experimentellen Ergebnissen steht:

$$\frac{n}{n_0} = \exp(-\frac{s}{s_{1/2}} \cdot \ln 2) \quad \text{und}$$

$$s_{1/2}/\text{kgm}^{-2} = 4{,}6 \cdot 10^{-3} (T_{\max}/\text{MeV})^{2/3} \qquad (12)$$

mit n = Zählrate der Betateilchen mit Absorber s, n_0 = Zählrate der Betateilchen ohne Absorber, $T_{\max}$ = maximale kinetische Energie der Betateilchen. Ebenso kann die Rückstreuung von Betastrahlung an Materialoberflächen durch eine empirische Beziehung beschrieben werden:

$$n = n_{sA}(1 - e^{-2s_A/s_{1/2}}) + n_{sU} e^{-2s_A/s_{1/2}} \qquad (13)$$

mit n_{sA} = Zählrate bei unendlich dicker Auflageschicht, n_{sU} = Zählrate bei unendlich dicker Unterlageschicht. Diese Beziehung gilt für die Beschreibung der Rückstreuung an beschichteten Materialien, bei n_{sU} = Null für unbeschichtete Materialien. Bei der Messung von Auflageschichten muß der Ordnungszahlunterschied $/Z_A - Z_U/$ zwischen Auflage und Unterlage größer als 5 sein, da für das Verhältnis der Zählraten bei unendlich dicken Schichten mit der Beziehung

$$n_{sA}/n_{sU} = (Z_A/Z_U)^{\text{mIN1X}}$$

darstellbar ist, wobei m ein von der Meßeinrichtung abhängiger Faktor $m = 0{,}5 \ldots 0{,}8$ ist.

Die Berechnung des *Transports energiereicher Photonen* ist für zahlreiche Gebiete der Kerntechnik notwendig, so z. B. beim Strahlenschutz (*Abschirmung ionisierender Strahlung*), der Bestrahlungstechnik und meßtechnischen Anwendungen. In der betrieblichen Meßtechnik sind es vor allem die Dichte-, Dicken- und Füllstandsmeßtechnik, bei der gammastrahlende Radionuklide eingesetzt werden. Bei Meßmethoden, die auf der Transmission von Photonenstrahlung beruhen, lassen sich bei Vernachlässigung der Streustrahlung mit Hilfe des Schwächungsgesetzes (1) befriedigende Ergebnisse erreichen, die um so besser mit dem Experiment übereinstimmen, je besser die Strahlung kolliminiert ist. Ebenso läßt sich die Intensität der rückgestreuten Strahlung (Rückstreuung von Photonen) innerhalb kleiner Raumwinkel mit geringem Aufwand berechnen, wenn nur die einfach gestreute Strahlung berücksichtigt wird. Dabei ist jeweils für die Primärstrahlung und die einfachgestreute Strahlung ein der Photonenenergie entsprechender Schwächungskoeffizient zu verwenden. Bei großen Raumwinkeln, wie sie z. B. bei der $\gamma\gamma$-Karottage auftreten, überwiegt bei geringen Dichten die Zunahme der Photonenflußdichte im Detektor durch zunehmende Streuung und bei größeren Dichten die Abnahme durch Schwächung der gestreuten Strahlung. Eine befriedigende Berechnung der Photonenflußdichte ist nur durch Anwendung der Monte-Carlo-Methode möglich. Besondere Bedeutung hat die Behandlung des Photonentransports mittels Monte-Carlo-Methode für die Berechnung der Ansprechfunktionen von Gammaspektrometern (z. B. Szintillationsdetektoren) erlangt.

Die Ermittlung des Gehaltes eines Elementes anhand der gemessenen Intensitäten der charakteristischen Röntgenstrahlung erfordert bei der quantitativen Elektronenstrahlmikroanalyse (siehe *Röntgenstrahlen*) eine Korrektur, die sowohl die Wechselwirkung der Elektronen mit der Probe (insbesondere Rückstreuung) als auch die Absorption der Röntgenstrahlung auf ihrem Weg aus der Probe und die Interelementanregung (Röntgenfluoreszenz) berücksichtigt. Ein oft begangener Lösungsweg ist dabei, die Flußdichteverteilung der Elektronen als Funktion der Eindringtiefe bzw. die Tiefenverteilungsfunktion $\Phi(\varrho z)$ der charakteristischen Röntgenstrahlung zu ermitteln,

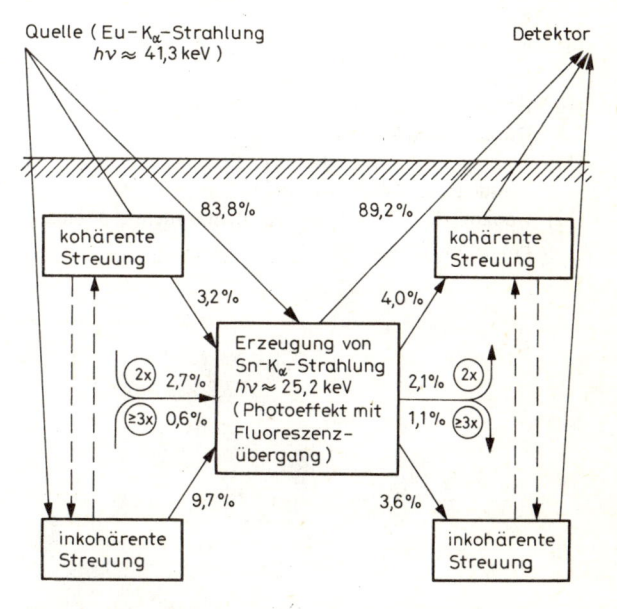

Abb. 6 Schematische Darstellung des Ergebnisses einer Monte-Carlo-Rechnung (10^6 ausgespielte Photonenlebensgeschichten) zur Untersuchung der Anteile einzelner Photonenwechselwirkungsprozesse bei der energiedispersiven Röntgenfluoreszenzanalyse (Zinngehaltsbestimmung in Erz durch Anregung mit Eu-K_α-Strahlung [12])

---

[1] Charakteristisch für ein betainstabiles Nuklid ist die kontinuierliche Energieverteilung der emittierten Elektronen, deren Energie zwischen Null und einer Maximalenergie liegt. Die Energieverteilung kann mit Hilfe der Fermi-Theorie des Betazerfalls berechnet werden.

um daran anschließend die Absorptionskorrektur für die Röntgenstrahlung durchzuführen. Neben halbempirischen Ansätzen für die energie- und ordnungszahlabhängige Näherungsfunktion der Tiefenverteilung hat sich die numerische Berechnung mittels Monte-Carlo-Methode bewährt [10]. Eine ähnliche Aufgabe ist bei der quantitativen Röntgenfluoreszenzanalyse (siehe *Röntgenstrahlen*) zu lösen [11], wobei auch hier zunehmend Monte-Carlo-Rechnungen zur Lösung der transporttheoretischen Probleme eingesetzt werden (Abb. 6).

Literatur

[1] Thümmel, H.-W.: Durchgang von Elektronen- und Betastrahlung durch Materieschichten. – Berlin: Akademie-Verlag 1974.
[2] Bethe, H., Ann. Phys. 5 (1930) 325–400.
[3] Beckurts, K. H.; Wirtz, K.: Neutron Physics. – Berlin/Göttingen/Heidelberg: Springer-Verlag 1964.
[4] Fano, U.; Spencer, L. V.; Berger, M. J.: Penetration and Diffusion of X-rays. In: Handbuch der Physik. Hrsg.: S. Flügge. – Berlin/Göttingen/Heidelberg: Springer-Verlag 1959. Bd. 38/2, S. 660–817.
[5] Chilton, A. B., Build-up-Factor. In: Engineering Compendium on Radiation Shielding. Hrsg.: R. G. Jaeger. – Berlin/Heidelberg/New York: Springer-Verlag 1968. Vol. I, S. 210–226.
[6] Marucka, I. I.: Metod Monte-Karlo v probleme perenosa izlučenij. – Moskva: Atomizdat 1967.
[7] Tablicy fizičeskich veličin. Hrsg.: I. K. Kikoina. – Moskva: Atomizdat, 1976.
[8] Knorr, J.; Irmer, K., Silikattechnik 26 (1975), S. 45–48.
[9] Koch, S.; Schreiber, H.-J.; Jugelt, P.; Knorr, J., Isotopenpraxis 12 (1976) 350–354.
[10] Heckel, J., Dissertation A. Technische Universität Dresden, Fak. Math.-Nat., 1983.
[11] Wehner, B., Dissertation A. Technische Universität Dresden, Fak. Math.-Nat. 1979.
[12] George, R., Dissertation A. Bergakademie Freiberg, Fak. Math.-Nat. 1984.

Synchrotronstrahlung

1945	wahrscheinlich erste Beobachtung durch Blewett [1]
1947	Untersuchung der Eigenschaften der Strahlung am 70-MeV-Synchrotron von General Electric (USA)
1950	Beginn der Nutzung der Strahlung an den Elektronen-Synchrotrons (1. Generation der Strahlungsquellen)
1963	Inbetriebnahme des ersten Speicherrings in Nowosibirsk (UdSSR) durch Budker und Mitarbeiter (2. Generation)
1981/82	Inbetriebnahme der ersten Speicherringe, die ausschließlich der Ss.-Produktion dienen (3. Generation)
1983	Strahlungslabors an über 20 Speicherringen in USA, UdSSR, Japan, BRD und in weiteren Ländern in Betrieb

Sachverhalt

Wenn sich geladene Teilchen mit nahezu Lichtgeschwindigkeit auf gekrümmten Bahnen (z. B. im Magnetfeld) bewegen, wird tangential zur Bahn (Abb. 1) eine intensive elektromagnetische Strahlung erzeugt, deren Spektrum vom infraroten bis in den harten Röntgenbereich reicht. Da sie zuerst an Elektronen-Synchrotron-Beschleunigern (siehe *Teilchenbeschleunigung*) beobachtet wurde, wird sie Synchrotronstrahlung genannt. Sie ist ebenso wie die Laserstrahlung keine neue Strahlenart; ihre herausragenden Anwendungsleistungen werden durch die quantitativen Eigenschaften der Quelle begründet: 1. hohe Intensität, die die aller herkömmlichen Quellen mit Ausnahme der Laser im sichtbaren Bereich um zwei bis drei Größenordnungen übertrifft, 2. kontinuierliches Spektrum, 3. hoher Polarisationsgrad, 4. scharfe Bündelung (im mrad-Bereich), 5. Impulsstruktur (Impulse von

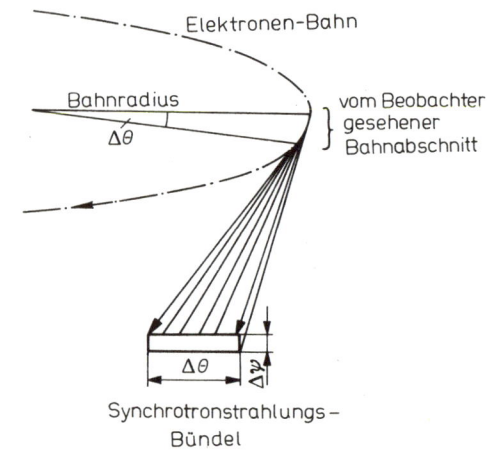

Abb. 1

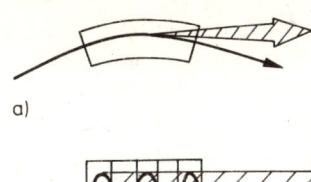

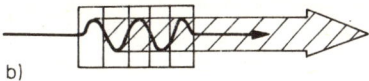

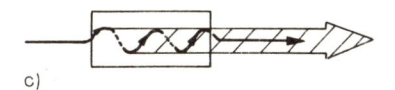

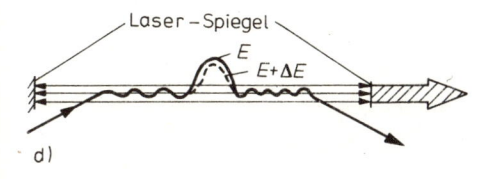

Abb.2 Spezielle Bauarten von Synchrotronstrahlungsquellen; (a) Ablenkmagnet, (b) Wiggler, Sibirische Schlange; (c) Spiral-Undulator (d) Freier-Elektronen-Laser (optisches Klystron); → Elektronen-Bahn, ⇨ Synchrotronstrahlungsbündel

0,2 ns–0,4 ns im Abstand bis zu 1 μs), 6. exakte Berechenbarkeit von Intensität und Spektral-Verteilung aus den Parametern der Quelle (Verwendung als Strahlungsnormal), 7. Stabilität.

Eine einfache Erklärung des Effektes ist folgendermaßen möglich. Jede beschleunigt bewegte Ladung (z. B. in einem Antennendipol oder auf einer Kreisbahn schwingend) sendet elektromagnetische Strahlung aus. Die hohe Geschwindigkeit der Elektronen in den Synchrotronstrahlungsquellen nahe der Lichtgeschwindigkeit bewirkt, daß zwei Effekte der Relativitätstheorie wirksam werden: 1. die Vorwärtsstreuung, d. h., die Photonen werden fast ausschließlich in Bewegungsrichtung der Elektronen ausgesandt, 2. der Doppler-Effekt, d. h., die Frequenz der emittierten elektromagnetischen Strahlung wird vom MHz-Bereich (Umlauffrequenz der Elektronen im Beschleuniger) um den Faktor 10^6–10^9 vergrößert.

Inzwischen wird die Synchrotronstrahlung vor allem mit Speicherring-Beschleunigern erzeugt, in denen ein Elektronenstrom, nachdem er einmal eingespeist wurde, mit konstanter Geschwindigkeit mehrere Stunden lang ringförmig umläuft. Der Durchmesser der Speicherringe beträgt je nach der Energie der Elektronen, von der das Spektrum der Synchrotronstrahlung wesentlich bestimmt wird, wenige Meter bis zu Kilometern. Gewöhnlich wird die Synchrotronstrahlung an den sowieso notwendigen Ablenkmagneten des Speicherrings entnommen. Speziell konstruierte Magnete dienen als Synchrotronstrahlungsquellen mit weiter verbesserten Eigenschaften, z. B. „Sibirische Schlangen", „Wiggler", „Freier-Elektronen-Laser" (Abb. 2).

Kennwerte, Funktionen

Spektrale Intensitätsverteilung

Maßgebend sind der relativistische Faktor $\gamma = E/mc^2$ (E Gesamtenergie, $mc^2 = 511$ keV Ruheenergie der Elektronen) und der Bahnradius R (siehe Abb. 1).

Kritische Wellenlänge: $\lambda_c = \dfrac{4\pi}{3} \gamma^3 R$ (1)

Kritische Photonenenergie: $\varepsilon_c = 12{,}39$ keV$/\lambda_c/\text{Å})$ (2)

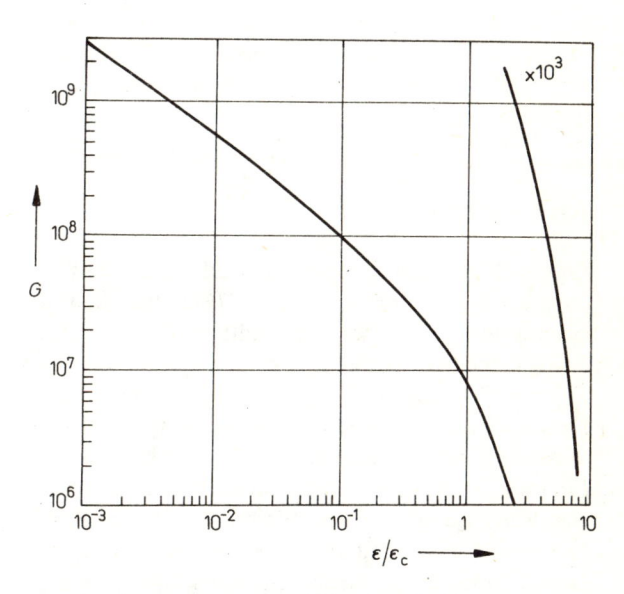

Abb.3 Universelle spektrale Verteilungsfunktion

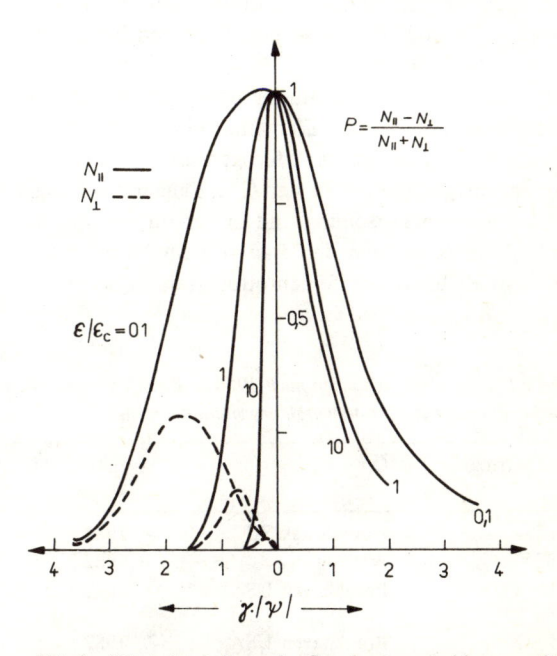

Abb.4 Winkelverteilung der Synchrotronstrahlung vertikal zur Bahnebene; relative Intensität der parallel und senkrecht polarisierten Komponenten (links) und Polarisationsgrad (rechts)

Photonenzahl pro Zeitintervall (Δt), Energieintervall ($\Delta \varepsilon$) und horizontaler Bündeldivergenz ($\Delta \Theta$):

$$\frac{\Delta N(\varepsilon)}{\Delta t \cdot \Delta \varepsilon \cdot \Delta \Theta} = \frac{\gamma \cdot I/\text{mA}}{\varepsilon_c/\text{keV}} \cdot G(\varepsilon/\varepsilon_c) \cdot (\text{s} \cdot \text{eV} \cdot \text{mrad})^{-1} \quad (3)$$

(I Elektronenstrom im Speicherring, G universelle Funktion (Abb. 3)).

Winkelverteilung: Die Photonenzahl nach (3) entspricht der gesamten vertikalen Bündelöffnung. Bei Abweichung ψ der Strahlrichtung von der Bahnebene der Elektronen nimmt die Intensität entsprechend Abb. 4 (linke Seite) ab. Polarisation: Für Strahlen in der Bahnebene ($\psi = 0$) ist die Strahlung vollständig parallel zur Bahnebene polarisiert. Bei $\psi \neq 0$ verhält sich der Polarisationsgrad P entsprechend Abb. 4 (rechte Seite).

Anwendungen

Entsprechend ihrer Eigenschaften erfolgt die Anwendung der Synchrotronstrahlung auf Gebieten, die vom Grundprinzip her schon mit traditionellen UV- und Röntgenquellen erschlossen wurden (siehe *Röntgen-Strahlen, Braggsche Reflexion, Ionisierung*), nur daß die Empfindlichkeit, Auflösung, Geschwindigkeit der Messung usw. wesentlich höher sind. Von besonderem Interesse für die Praxis ist die Möglichkeit, zeitabhängige Vorgänge aus Chemie, Werkstofftechnologie und Physiologie in-situ mit hoher Geschwindigkeit zu verfolgen. Einen ausführlichen Überblick über alle hier besprochenen Anwendungen gibt die Arbeit [2]. Details, auch experimenteller Art, finden sich in den Monografien [3] und [4] und in den Konferenzberichten [5] und [6].

War die Synchrotronstrahlung ursprünglich nur ein Abfallprodukt der für die Elementarteilchenforschung gebauten Anlagen, so rechtfertigen die vielfältigen Nutzungsmöglichkeiten in der Grundlagenforschung, technologischen Forschung und in der unmittelbaren Produktion inzwischen den Bau von Speicherringen, die ausschließlich der Synchrotronstrahlungsproduktion dienen (Tab. 1, Abb. 5). Die besondere Bedeutung für die Mikroelektronik kommt darin zum Ausdruck, daß die Kosten für den Betrieb der Synchronisationsstrahlungszentren zu etwa einem Drittel von der mikroelektronischen Industrie getragen werden.

Die wichtigsten Anwendungen und die sich bei Verwendung von Synchronisationsstrahlung ergebenden Vorteile sind im folgenden zusammengestellt.

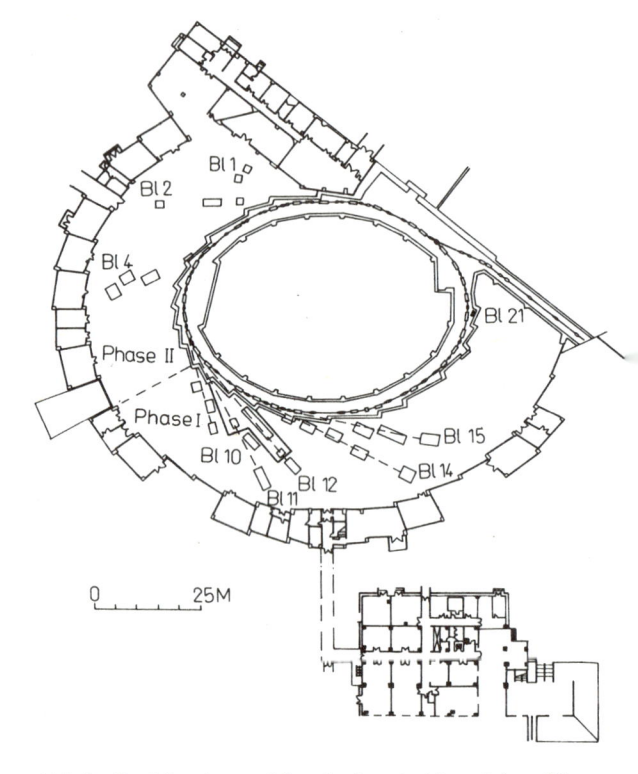

Abb. 5 Speicherring und Synchrotronstrahlungslabor „Photon Factory" in Tsukuba/Japan; die Belegung einiger Synchrotronstrahlungsbündel (BL), die sich in Teilbündel verzweigen, mit Experimenten ist skizziert [7].

Tabelle 1 Daten von typischen nach 1980 in Betrieb genommenen Speicherringen, die (mit Ausnahme von VEPP-4) ausschließlich der Synchrotronstrahlungsproduktion dienen

Speicherring	Ort	Inbetriebnahme	E/GeV	I/mA	ε_c/keV	Bündel × Divergenz
VEPP-4	Novosibirsk/SU	1981	5,5	20	16,9	2
BESSY	Westberlin	1982	0,8	300	0,63	30
NSLS-VUV	Brookhaven/USA	1981	0,7	1000	0,4	8 × 75 mrad 8 × 90 mrad
NSLS-X	Brookhaven/USA	1982	2,5	500	5,0/25[1]	20 × 50 mrad
Photon Factory	Tsukuba/Japan	1982	2,5	500	4,0/25[1]	20 × 26 mrad
Plamja I	Moskau/SU	1983	0,45	100	0,2	8 × 262 mrad

[1] Supraleitender Wiggler-Magnet

Röntgendiagnostik und Mikroskopie

a) Medizinische Diagnostik. Bei der Angiokardiographie, einem röntgendiagnostischen Verfahren zur Sichtbarmachung der Blutgefäße und Herzkammern, wird dem Patienten über einen Katheter eine jodhaltige Kontrastflüssigkeit in der Nähe des Herzens in die Blutbahn injiziert. Die Kathetisierung und die große Menge des benötigten Kontrastmittels bedeuten ein hohes Risiko für den Patienten. Trotzdem ist der Kontrast oft nicht ausreichend.

Die Verwendung von Synchronisationsstrahlung erlaubt auf Grund ihrer hohen Intensität den Einsatz eines speziellen Verfahrens, das zugleich den Kontrast zu steigern und die Menge des Kontrastmittels zu senken gestattet. Das Kontrastmittel kann in üblicher Weise (d. h. ohne Katheter) intravenös injiziert werden.

Dazu wird die Röntgenstrahlung durch Reflexion an einem Einkristall monochromatisiert und je eine Aufnahme mit Photonenenergien oberhalb und unterhalb der Jod-Absorptionskante bei 30 keV gemacht. Die Bilder werden on-line digital aufgezeichnet und im Computer voneinander substrahiert. Bei dieser Subtraktion hebt sich jeder Kontrast, der durch Knochen, Muskeln usw. auf den Einzelbildern vorhanden ist, heraus, und nur die das Kontrastmittel Jod enthaltenden Blutgefäße bleiben sichtbar.

Röntgenmikroskopie. Die hohe Intensität der Synchronisationsstrahlung im weichen Röntgengebiet von 2 mm bis 4 mm und zugleich ihre scharfe Bündelung erlaubt Auflösungen von etwa 15 nm, so daß damit erstmalig die Röntgenmikroskopie für die Anwender interessant wird. Bei biologischen Objekten weist sie einige Vorteile gegenüber der Elektronenmikroskopie auf: 1. Es können lebende Zellen oder Zellorganellen einschließlich ihres wässrigen Umgebungsmediums mit Dicken bis zu einigen µm durchstrahlt werden. 2. Die Strahlenschädigung ist um den Faktor 10^3–10^4 kleiner als bei Elektronenstrahlen. 3. Nach ähnlichen Prinzipien, wie im vorangegangenen Abschnitt besprochen, kann der Kontrast für speziell chemische Elemente erhöht werden (N, C, S).

Folgende Methodiken sind in Gebrauch: 1. Kontakt-Mikro-Radiographie (Aufzeichnung des Projektionsbildes auf Photolack und Nachvergrößerung mit Raster-Elektronenmikroskop), 2. Raster-Röntgenmikroskop, 3. abbildendes Mikroskop (Kondensor und Objektiv als Mikro-Zonen-Linse gestaltet (Abb. 6).

Spektroskopie

a) UV- und weiche Röntgenspektroskopie. Vorteilhaft sind die höhere und zugleich konstante Intensität und die Durchstimmbarkeit der Photonenenergie der Synchronisationsstrahlung. Die Zeitstruktur der Synchronisationsstrahlung erlaubt die Durchführung der Kurzzeit-Fluoreszenzspektroskopie auch im UV-Bereich. Die exakte Berechenbarkeit der spektralen Intensitätsverteilung gestattet den Einsatz als Strahlungsnormal zur Eichung von Detektoren und anderen Quellen. Einige nationale Institutionen für das Eich- und Prüfwesen besitzen zu diesem Zweck eigene Synchronisationsstrahlungsquellen.

b) UV- und Röntgen-Photoelektronenspektroskopie. Die Energie- und Winkelauflösung der Spektren ist wesentlich besser. Die durchstimmbare Photonenenergie gestattet die Messung von Tiefenprofilen an der Oberfläche der Probe.

c) Röntgenabsorptionsspektroskopie. Die Untersuchung der kantenfernen Feinstruktur der Röntgenabsorptionsspektren erfolgt erstmalig in großem Maßstab, seit Synchrotronstrahlung zur Verfügung steht. Aus dieser Feinstruktur wird die Atomanordnung in Molekülen, Flüssigkeiten und Festkörpern bestimmt. Interessenten sind die Chemie, die Werkstofforschung und die Biologie.

d) Röntgenfluoreszanalyse. Neben der hohen Intensität wird die Polarisation der Synchrotronstrahlung vorteilhaft ausgenutzt. Es wird nur der Teil der von der Probe ausgehenden Sekundärstrahlung gemessen, der unter 90° zum Primärstrahl und parallel zu dessen Polarisationsrichtung ausfällt. Unter diesen Bedingungen nimmt die Intensität der Streustrahlung, die die Nachweisempfindlichkeit der charakteristischen Fluoreszenzstrahlung einschränkt, ein Minimum an. Erreicht werden Nachweisempfindlichkeiten von 10^{-7} g/g bis 10^{-8} g/g (siehe *Röntgen-Strahlen*). Bei einigen chemischen Elementen ergeben sich Vorteile gegenüber anderen höchstempfindlichen Verfahren wie Atomspektroskopie und Neutronenaktivierungsanalyse.

e) Mößbauer-Effekt (siehe dort). Mit Synchrotronstrahlung können chemische Elemente untersucht werden, die keine geeigneten radioaktiven Isotope haben.

Beugungsuntersuchungen

a) Röntgenstrukturanalyse. Die hohe Intensität erlaubt technische Meßnahmen zur extremen Steigerung der Empfindlichkeit. Im Prinzip wäre ein Präparat beste-

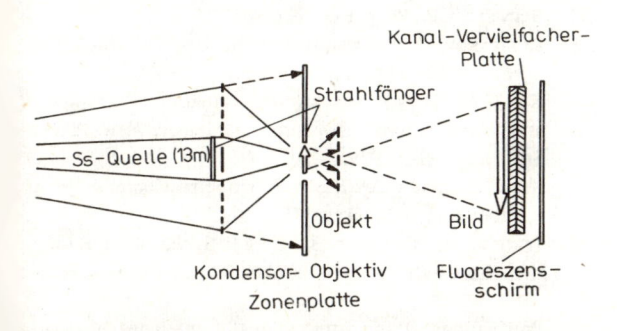

Abb. 6 Röntgenmikroskop (nach [8]); das Objektiv hat 11 µm Durchmesser, besteht aus 100 Ringen und vergrößert 250 ×.

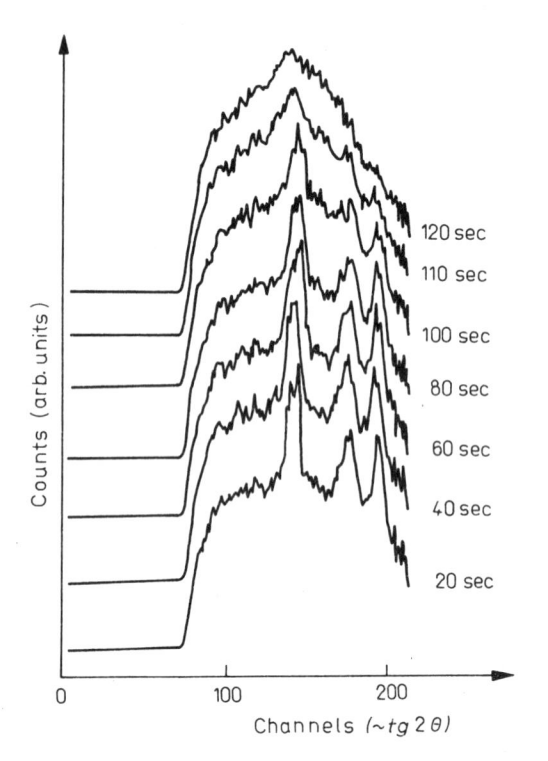

Abb. 7 Während des isothermen Schmelzens von Polyethylenterephtalat bei 265 °C aufgenommene Röntgenbeugungsdiagramme; die Temperatur liegt oberhalb des Schmelzpunktes, trotzdem ist die den kristallinen Anteil repräsentierende Beugungslinie noch längere Zeit sichtbar (Schmelzverzögerung) [9]

hend aus einem einzigen Eiweißmolekül ausreichend. Bei anderen Anwendungsfällen aus Biochemie und Kristallographie ist die durchstimmbare Wellenlänge der Synchrotronstrahlung wichtig: Messungen im Bereich der anomalen Dispersion erleichtern die Aufklärung komplizierter Strukturen. Eine große Zahl von Anwendungsfällen betrifft die zeitabhängige in-situ Untersuchung von Strukturveränderungen während des Ablaufs von Prozessen. Einige Beispiele sollen das illustrieren [6]: 1. Untersuchung des Schmelzens und der Kristallisation von Halbleiterscheiben bei der Laser-Ausheilung im Zeitbereich von 150 ns (siehe *Ausheilungseffekte*), 2. Gel-Flüssigkristall-Umwandlung von Biomembranen im Sekunden-Bereich, 3. Schmelzen und Kristallisation von Polymerwerkstoffen (Abb. 7), 4. Erholung von verformten Metallen,

Entmischung von Gläsern.

a) *Röntgenkleinwinkelstreuung.* Besonders bekannt geworden ist die Untersuchung der Strukturveränderungen von Eiweißen in lebenden Muskeln während der Kontraktion im ms-Bereich.
b) *Röntgentopographie.* Die topografische Abbildung von Spannungsfeldern und Gitterfeldern erfordert sehr kurze Belichtungszeiten. Fortlaufende Ultraschallwellen, bewegte Versetzungen während der Verformung und bewegte Domänengrenzen während der Ummagnetisierung sind kinematographisch aufgezeichnet worden. Projekte sehen vor, die topographische Untersuchung von Halbleiterscheiben mittels Synchrotronstrahlung routinemäßig in der Prozeßkontrolle der Produktion von mikroelektronischen Schaltkreisen einzusetzen.

Strahlenchemische Anwendungen.

a) *Röntgenlithographie.* Die Röntgenlithographie gilt perspektivisch als eines der gewinnbringendsten Anwendungsgebiete der Synchrotronstrahlung. Die hiermit theoretisch erreichbare und auch praktisch schon erreichte Auflösungsgrenze der Erzeugung von Strukturen auf Halbleiterscheiben liegt bei 15 nm–20 nm. Ökonomisch und allen anderen Verfahren zur Massenproduktion von VLSI-Schaltkreisen überlegen wird die Röntgenlithographie mit Synchrotronstrahlung dann, sobald die Gesamtheit der technologischen Faktoren den Übergang zu Strukturbreiten < 500 nm gewährleistet. Spezielle Speicherringe, die im Hinblick auf die Lithografie hin optimiert sind und unmittelbar an den Produktionsstätten aufgestellt werden, befinden sich in der Entwicklung.
b) *Genchirurgie.* Durch die Kombination des Röntgenmikroskops und eines „Strahlenskalpells" will man den Ort von erzeugten Mutationen schärfer eingrenzen (in Entwicklung).

Militärische Anwendungen. Synchrotronstrahlungsquellen in der Bauart des Freien-Elektronen-Lasers sind in den USA für zukünftige Satelliten- und Raketenabwehrsysteme vorgesehen. Als Verstärker einem CO_2-Laser nachgeschaltet, sollen sich Dauerleistungen von 2 MW erreichen lassen. Der Vorteil der freien, im Vakuum von Magnetfeldern geführten Elektronen als aktives Laser-Medium besteht darin, daß sich bei hoher Energiedichten gegenüber Festkörper- und Gaslasern geringere Materialprobleme im Medium bzw. an den Wandungen ergeben.

Literatur

[1] BLEWETT, J. P., Phys. Rev. 69 (1946) 87.
[2] KULIPANOV, G. N.; SKRINSKIJ, A. N., Usp. fiz. Nauk 122 (1977) 3, 369–418.
[3] KUNZ, C. (Hrsg.): Synchrotron Radiation: Techniques and Applications. – Berlin/Heidelberg/New York: Springer-Verlag 1979.
KUNC, K. (pod red.): Sinchrotronnoe izlučenie: svojstva i primenenie. – Moskva: Mir 1981.
[4] WINICK, H.; DONIACH, S. (Hrsg.): Synchrotron Radiation Research. – New York/London: Plenum Press 1980.
[5] Proceedings of the International Conference on Synchrotron Radiation Instrumentation and New Developments, Orsay, France. September 12–14, 1977, Nuclear Instrum. and Methods 152 (1978). V–XXI, 1–333.

[6] Proceedings of the International Conference on X-Ray and vuv Synchrotron Radiation Instrumentation, Desy, Hamburg, FRG. August 9–13, 1982, Nuclear Instrum. and Methods in Physics Research. **208** (1983) 1–3, V–XVI, 1–865.
[7] KOHRA, K.; SASAKI, T., siehe [6]. S. 25, Abb. 2.
[8] NIEMANN, B.; RUDOLPH, D.; SCHMAHL, G., siehe [6], S. 367–371.
[9] PRIESKE, W.; RIEKEL, C.; KOCH, M. H. J.; ZACHMANN, H. G., siehe [6]. S. 437, Abb. 4.

Szilard-Chalmers-Effekt

Bei der Bestrahlung von Ethyliodid mit Neutronen stellten SZILARD und CHALMERS [1] 1934 fest, daß der größte Teil der durch die Neutroneneinfangreaktion ^{127}I(n,g) ^{128}I gebildeten ^{128}I-Atome beim einfachen Ausschütteln mit Wasser in die wässerige Phase übergeht und so vom Targetmaterial abgetrennt werden kann. Das Iod verändert also durch die Kernreaktion nicht nur seinen physikalischen, sondern auch seinen chemischen Zustand. Damit war eine elegante Methode gefunden worden, das gebildete radioaktive Nuklid von seinem Ausgangsnuklid abzutrennen, also eine „chemische" Isotopentrennung durchzuführen. Eine theoretische Deutung dieses nach seinen Entdeckern benannten Effektes durch den bei der (n, g)-Reaktion auftretenden Kernrückstoß gaben FERMI und Mitarbeiter [2].

Unter dem Szilard-Chalmers-Effekt im erweiterten Sinne versteht man heute die Erscheinung, daß ein Atom nach einer Kernreaktion oder Kernumwandlung in einer anderen chemischen Form vorliegt als vorher. Neben der direkten Anwendung des Effektes hat sich die Untersuchung der chemischen Folgen von Kernreaktionen und Kernumwandlungen zu einer eigenen Disziplin, der „Chemie heißer Atome" entwickelt.

Sachverhalt

Bei einer Kernreaktion, einem Kernzerfall oder einer spontanen Kernumwandlung erhält der entsprechende Kern durch Einfang oder Emission von Teilchen sowie auch durch Emission von Photonen einen Rückstoß. Die Rückstoßenergie kann dabei die Energie einer chemischen Bindung um ein Vielfaches übertreffen. Befindet sich dieser Kern in einer chemischen Verbindung, kann es durch den Rückstoß zu einem Bruch der chemischen Bindung kommen.

Der Bruch der chemischen Bindung wird durch einen weiteren Prozeß unterstützt. Treten bei den Kernprozessen Gammaübergänge auf, die einer inneren Konversion unterliegen, oder verläuft als Kernumwandlung ein Elektroneneinfangprozeß, entstehen in den inneren Schalen des Atoms Elektronenvakanzen. Die nachfolgend ablaufenden Leerstellenkaskaden werden vom *Auger-Effekt* begleitet und führen so zu hoch geladenen Teilchen [3]. Eine schnelle intramolekulare Ladungsverteilung bewirkt dann eine „Explosion" des Moleküls durch Coulomb-Abstoßung.

Die entstehenden „heißen Atome" reagieren mit ihrer Umgebung, wobei auch solche chemischen Reaktionen ablaufen können, die wegen ihrer hohen Aktivierungsenergie bei „normalen" chemischen Reaktionen nicht beobachtet werden. Das entsprechende Atom wird im Ergebnis dessen nach der Kernreaktion oder Kernumwandlung bei Auswahl geeigneter experimenteller Bedingungen in einer anderen chemischen Form vorliegen als vorher. Eine chemische Abtrennung der Reaktionsprodukte vom Ausgangsmaterial wird dadurch möglich.

Zur Gewinnung der Produkte von Kernprozessen durch den Szilard-Chalmers-Effekt verwendet man das Ausgangsnuklid in Form einer stabilen chemischen Verbindung, die möglichst keine Tendenz zu Stoffaustauschvorgängen mit der Umgebung aufweist. Nach Bestrahlung des Targets oder erfolgter Kernumwandlung wird die Trennung durch ein geeignetes Verfahren, wie Extraktion, Ionenaustausch, Filtration, Chromatographie oder ähnliches vorgenommen.

Störungen können unter anderem durch radiolytische Zersetzung der Ausgangsverbindung und Austauschreaktionen auftreten.

Kennwerte, Funktionen

Energie der chemischen Bindung: etwa 2 eV bis 6 eV. Rückstoßenergie nach Emission eines Gammaquants:

$$E_R \approx \frac{537}{A} \cdot (E/\text{MeV})^2$$

(A = Massenzahl des Rückstoßkerns, E = Energie des Gammaquants); Z.B. bei $E = 2$ MeV und
$A = 50$ ist $E_R = 43$ eV,
$A = 120$ ist $E_R = 18$ eV,
$A = 200$ ist $E_R = 11$ eV.

Mittlere Rückstoßenergie nach der Copoundkernreaktion $X(a,b)Y$ [4]:

$$\bar{E}_Y = E_a \left\{ \frac{M_Y \cdot M_a}{(M_Y + M_b)^2} + \frac{M_b(M_Y + M_b - M_a)}{(M_Y + M_b)^2} \left[1 + \frac{Q \cdot (m_Y + M_b)}{E_a \cdot (M_Y + M_b - M_a)} \right] \right\}$$

(E_a = kinetische Energie des Geschoßteilchens, M = Atommassen der einzelnen Teilchen, Q = Q-Wert der Reaktion). Die Werte für die Rückstoßenergie liegen in der Regel im keV bis MeV-Bereich.

Maximale Rückstoßenergie bei der β-Umwandlung:

$$E_R/\text{eV} \approx \frac{537}{A} \cdot (E_{\text{max,el}}/\text{MeV})^2 + \frac{549}{A} \cdot (E_{\text{max,el}}/\text{MeV})$$

($E_{\text{max, el}}$ = Maximalenergie der β-Teilchen).

Da sich der Gesamtimpuls auf des β-Teilchen, das Neutrino und das Restnuklid verteilt, ist der tatsächliche Rückstoß meist wesentlich kleiner. Durch die plötzliche Änderung der Ordnungszahl beim β-Prozeß kommt es zu einer starken Anregung der Elektronenhülle. Bei Atomen einer Ordnungszahl von etwa 50 werden dadurch in etwa 20% aller Zerfälle ein oder mehrere Elektronen abgegeben („electrone shake off") [5].

Maximum der Ladungsverteilung beim isomeren Übergang von ^{131m}Xe: + 8 [5].

Anteil der Rückstoßenergie, der in einem Molekül als innere Energie für die Sprengung der chemischen Bindung zur Verfügung steht:

$$E_i = E_R \cdot \frac{(m - m_R)}{m}$$

(m_R = Masse des Rückstoßkerns, m = Masse des Moleküls).

Ausbeute: $N \ni n_s/n_{\text{geb}} \cdot 100\%$
(n_s = Stoffmenge der abgetrennten Kernreaktions- bzw. Kernumwandlungsprodukte, n_{geb} = Stoffmenge der gebildeten Produkte).

Retention: Ret = $n_a/n_{\text{geb}} \cdot 100\%$
(n_a = Stoffmenge der in der Ausgangsverbindung verbliebenen Kernreaktions- bzw. Kernumwandlungsprodukte).

Anwendungen

Herstellung von radioaktiven Präparaten hoher spezifischer Aktivität. Will man durch (n,γ), (γ,n), (p,d) oder ähnliche Kernreaktionen ein radioaktives Präparat erzeugen, ist die maximal erreichbare spezifische Aktivität durch die Sättigungsaktivität gegeben. Durch Anwendung des Szilard-Chalmers-Effektes ist es möglich, auch mit Bestrahlungsquellen geringer Quellstärke oder bei kurzen Bestrahlungszeiten Präparate hoher spezifischer Aktivitäten zu erhalten. Dabei können gasförmige, flüssige oder feste Targets eingesetzt werden. Bestrahlt werden Organoelementverbindungen (Halogenkohlenwasserstoffe, Organoarsine, -stibine, -germanane, Ferrocen usw.), Verbindungen von Elementen, die in verschiedenen Oxydationsstufen vorkommen (ClO_4^-, JO_3^-, MnO_4^-, CrO_4^{2-} u.a.) sowie stabile Metallkomplexe (z.B. $Fe(CN)_6^{4-}$ Chelatkomplexe). Anreicherungsfaktoren von 10^3 bis 10^4 können erzielt werden. Die Ausbeuten liegen in den interessanten Fällen bei 50% bis 100%. Eingesetzt wurden Szilard-Chalmers-Reaktionen für die Darstellung von z.B. ^{32}P, ^{34}Cl, ^{38}Cl, ^{51}Cr, ^{56}Mn, ^{59}Fe, ^{69}Ge, ^{74}As, ^{82}Br, ^{122}Sb, ^{126}J und ^{128}J [6, 7, 8, 9, 10, 11].

Schnelle Trennung von Targetmaterial und Kernreaktionsprodukt. Der Szilard-Chalmers-Effekt kann bei der Abtrennung kurzlebiger Kernreaktionsprodukte vom Targetmaterial eine wertvolle Hilfe leisten, besonders dann, wenn Targetmaterial und Reaktionsprodukt chemisch sehr ähnliche Elemente sind. Für die Darstellung von neutronendefizilen Radionukliden der Lanthanoiden hat sich z.B. die Bestrahlung von pulverförmigen Targets der Zusammensetzung $(NH_4)_2[Ln\ DTPA] \cdot 2H_2O$ (Ln = Er, Dy, Gd, DTPA = Diethylentriaminpentaacetat) oder von Suspensionen schwerlöslicher Metalloxide bewährt. Neue Radionuklide konnten durch Anwendung dieser Systeme entdeckt werden [12].

Trennung genetisch verknüpfter Nuklidpaare. Chemische Folgen der Kernumwandlung stellen die einzige präparative Möglichkeit dar, Kernisomere voneinander zu trennen. So läßt sich z. B. gebildetes ^{80}Br von seinem isomeren Mutternuklid ^{80m}Br durch einfaches Ausschütteln mit einer wäßrigen Bromidlösung abtrennen, wenn jenes als Brombenzen vorliegt [11]. Metallionen kann man in Phthalocyanin- oder DTPA-Komplexe überführen und die durch die Kernumwandlung entstehenden Tochterprodukte extraktiv oder durch Ionenaustausch abtrennen [13, 14]. Diese Methoden eignen sich nicht nur für Kernisomere, sondern allgemein zur Abtrennung kurzlebiger Tochternuklide von ihren radioaktiven Vorgängern, wie z. B. ^{161m}Ho ($T_{1/2}$ = 6,7 s).

„Heiße Synthese". Die durch die Kernreaktion oder -umwandlung entstehenden „heißen Atome" können zur Synthese radioaktiv markierter Verbindungen ausgenutzt werden („Chemie der heißen Atome" [8]). Die Rückstoßmarkierung wird dann eingesetzt, wenn es sich um kurzlebige Radionuklide, wie z. B. ^{13}N ($T_{1/2}$ = 10 min), ^{15}O ($T_{1/2}$ = 2,1 min), ^{18}F ($T_{1/2}$ = 110 min) oder reine Radioelemente, wie das Astat [15] handelt.

Literatur

[1] SZILARD, L.; CHALMERS, T. A., Nature [London] **134** (1934) 462.
[2] AMALDI, E.; D.'AGOSTINO, O.; FERMI, E.; POMTECORVO, B.; RASETTI, F.; SEGRÈ, E.; Proc. Roy. Soc. [London] Ser. A **149** (1935) 522.
[3] PLEASONTON, F.; SNELL, A. H., Proc. Roy. Soc. [London] Ser. A **211** (1957) 141.
[4] LIBBY, W. F., J. Amer. Chem. Soc. **69** (1947) 2523.
[5] SHELL, A.; PLEASONTON, F.; CARLSON, T. a.: Proceedings Series, Chemical Effects of Nuclear Transformations. Vol. I, IAEA Vienna 1961. S. 147.
[6] MURIN, A. N.; NEFEDOV, V. D.; BARANOVSKIJ, V. I.; POPOV, D. K., Usp. chimii **26** (1957) 164 (russ.).
[7] HARBOTTLE, G.; SUTIN, N. In: Advances in Inorganic Chemistry and Radiochemistry. Hrsg.: H. J. EMELEUS, A. G. SHARPE. – New York: 1959. Academic Press Bd. 1, S. 273.
[8] STÖCKLIN, G.: Chemie heißer Atome, Chemische Reaktionen als Folge von Kernprozessen. – Weinheim: Verlag Chemie 1969.
[9] LIESER, K. H.: Einführung in die Kernchemie. 2. erw. Aufl., S. 325 bis 357. – Weinheim: Verlag Chemie 1980.
[10] MAJER, V.: Grundlagen der Kernchemie. – Kapitel 2.3, S. 283 bis 338: – Leipzig: Johann Ambrosius Barth 1982.
[11] HERFORTH, L.; KOCH, H.: Praktikum der Radioaktivität und der Radiochemie. S. 369 bis 389. – Berlin: VEB Deutscher Verlag der Wissenschaften 1981.
[12] BEYER, G.-J.; HERRMANN, E.; TYRROFF, H., Isotopenpraxis **13** (1977) 193.
[13] PFREPPER, G.; HERRMANN, E.; CHRISTOV, D.: Radiochim. Acta **13** (1970) 196.
[14] BEYER, G.-J.; GROSSE-RUYKEN, H.; KHALKIN, V. A., J. Inorg. Nucl. Chem. **31** (1969) 1885.
[15] CHALKIN, W. A.; HERRMANN, E.; NORSEEV, J. W.; DREYER, I.: Chemiker-Zeitung **101** (1977) 470.

Teilchenbeschleunigung

Die Geschichte der Teilchenbeschleunigung begann Mitte des 19. Jahrhunderts mit der Untersuchung zur Gasentladung. Die beim Anlegen einer elektrischen Spannung in einem verdünnten Gas beobachteten Kathodenstrahlen führten zur Entdeckung des Elektrons durch J. J. THOMSON (1897) und der *Röntgen-Strahlen* (1895). Elektronen werden in jeder Verstärkerröhre bzw. Oszillographenröhre (Fernsehbildröhre) beschleunigt. Die Beschleunigung von Ionen (geladenen Atomen) ist eng mit der Entwicklung von Ionenquellen verbunden, deren erste wichtige Anwendung in den Massenspektrographen (J. J. THOMSON 1910) erfolgte. Die Kernphysiker der ersten Jahrzehnte unseres Jahrhunderts erkannten die Notwendigkeit beschleunigter Ionenstrahlen für die Experimente zur Kernumwandlung. 1931 wurden fast gleichzeitig die Grundprinzipien des Zyklotrons von E. O. LAWRENCE und M. S. LIVINGSTON und des elektrostatischen Beschleunigers von J. D. COCKCROFT, E. T. S. WALTON und R. J. VAN DE GRAAFF entwickelt. Auch die ersten Hochfrequenz-Linearbeschleuniger entstanden in dieser Zeit. Die ersten Kernreaktionen mit künstlich beschleunigten Teilchen wurden 1932 von J. D. COCKCROFT und E. T. S. WALTON durch Beschuß von ^{7}Li-Kernen mit Protonen hervorgerufen, wobei als Ergebnis zwei α-Teilchen (^{4}He-Kerne) entstanden. Wesentlich für den Übergang zu höheren Energien waren die Erfindung des Synchrotronprinzips und die Entdeckung der Autophasierung durch V. I. VEKSLER 1944 und E. M. MC MILLAN 1945 sowie der Vorschlag der starken Fokussierung mit dem Prinzip der alternierenden Gradienten in den Ringbeschleunigern durch N. CHRISTPHILOS u. a. 1952.

In der 60jährigen Geschichte der Beschleunigertechnik, welche fast ausschließlich durch die Forderungen der Kern- und Elementarteilchenphysik bestimmt wurde, erhöhte sich die Energie der beschleunigten Teilchen bis in den TeV-Bereich (Abb. 1). In den letzten 20 Jahren fanden die Teilchenbeschleuniger in der angewandten Forschung und in der Produktion eine breite Nutzung. Dabei haben sich einige prinzipielle Entwicklungslinien herausgebildet [1–4].

Sachverhalt

Beschleunigt werden geladene Teilchen mit Hilfe eines elektrischen Feldes, welches als statisches Feld, elektrisches Wechselfeld oder als Wirbelfeld eines veränderlichen Magnetfeldes vorliegen kann. Die verschiedenen Massen der Teilchen sowie die unterschiedlichen Endenergien gestatten kein einheitliches Beschleunigungsprinzip.

Lineare Beschleuniger

Elektrostatische Beschleuniger [5]. Die in einer Ionenquelle erzeugten Ionen treten in die evakuierte Beschleunigungsstrecke zwischen zwei Hochspannungselektroden. Weitere Elektroden sorgen für die ionen-

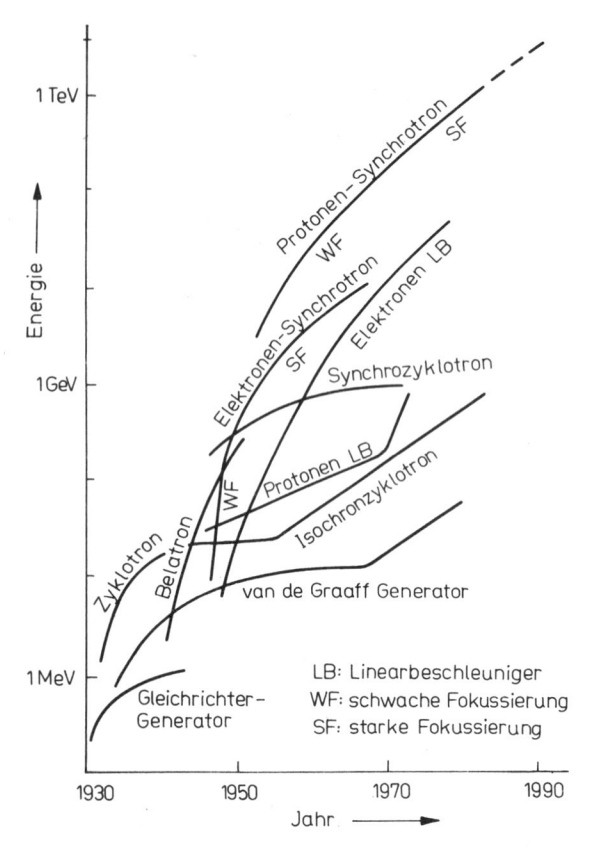

Abb. 1

optische Führung der Teilchen. Die notwendige Hochspannung wird verschiedenartig erzeugt:
1. Der *Kaskadengenerator* basiert auf dem von GREINACHER (1921 angegebenen Prinzip der Spannungsvervielfachung. Dabei wird eine Wechselspannung von etwa 100 kV in eine Gleichspannung von mehreren MV umgewandelt.
2. Im *Van-de-Graaff-Generator* (1931) erfolgt der Ladungstransport zur Hochspannungselektrode durch ein Gummiband oder eine Kette aus isolierten Gliedern (*Pelletron, Laddertron*). Hohe Spannungen oberhalb von 1 MV erfordern aus Isolationsgründen die Installation der Anlage in einem Druckkessel. Heute werden Feldstärken bis zu 30 MV/m beherrscht. Durch Umladung der Ionen läßt sich im Tandem-Van-de-Graaff-Generator die Spannung für den Beschleunigungsprozeß zwei- bzw. mehrfach ausnutzen (Abb. 2).

HF-Linearbeschleuniger [6]

a) Beschleuniger für Elektronen und Ionen mit stehenden Wellen (d. H. SLOAN, E. O. LAWRENCE 1932). Höhere Energien lassen sich durch Vervielfachung der Beschleunigungsstrecken erzielen, an welche eine hochfrequente Beschleunigungsspannung angelegt ist. Die Beschleunigung erfolgt zwischen Driftröhren, deren Längen auf die jeweilige Geschwindigkeit der Teilchen abgestimmt sind. Räumlich werden die Teilchen in den Driftstrecken durch ionenoptische Elemente (siehe *Fokussierung*) zusammengehalten. Die Methode wurde 1928 von R. WIDERÖE vorgeschlagen. Wirkungsvolle Beschleuniger wurden jedoch erst mit der Verfügbarkeit der UKW-Technik und der Beherrschung der Physik der Hohlraumresonatoren gebaut (L. W. ALVAREZ 1946). Die technische Grenze ist bei etwa 1,5 MeV/m erreicht.
b) Beschleuniger mit fortschreitenden Wellen (D. W. Fry, J. C. SLATER, E. L. GINZTON 1947). Die Beschleunigung der Teilchen erfolgt an der Flanke einer *Wanderwelle*. Voraussetzung ist eine Teilchengeschwindigkeit bereits nahe der Lichtgeschwindigkeit. Deshalb ist das Prinzip besonders für Elektronen geeignet.
c) Kollektivbeschleuniger für Ionen (G. BUDKER, I. W. VEKSLER 1956) [7]. Die positiv geladenen Ionen werden durch eine beschleunigte Elektronenwolke mitgeführt. Bei Beschleunigung der Elektronen in den relativistischen Bereich werden die Ionen auf die gleiche Geschwindigkeit mitgezogen und erlangen damit relativistische Energien.

Kreisbeschleuniger

Die Ablenkung geladener bewegter Teilchen in einem Magnetfeld gestattet es, die Dimensionen des Beschleunigers auch bei steigenden Endenergien gegenüber linearen Beschleunigern zu reduzieren.
a) Klassisches Zyklotron (E. O. LAWRENCE 1929) [8]. Ein nichtrelativistisches Teilchen bewegt sich im homogenen Magnetfeld auf einer Kreisbahn mit einer Umlaufzeit, die unabhängig von seiner Energie ist. Das gestattet ein Beschleunigungsprinzip mit fester Frequenz. Die Beschleunigung von Teilchenpaketen erfolgt phasenrichtig durch eine HF-Spannung, welche an zwei D-förmigen Elektroden in einer Vakuumkammer zwischen den Polschuhen eines Magneten liegt (Abb. 3).
b) Isochronzyklotron (L. H. THOMAS 1938, W. P. DIMITRIEVSKI 1959). Bei Beschleunigung zu hohen Energien tritt relativistischer Massenzuwachs der Teilchen ein. Für die phasentreue Beschleunigung mit fester Frequenz muß das Magnetfeld des Zyklotrons mit wachsendem Radius zunehmen. Das führt jedoch zu Unstabilitäten. Eine Stabilisierung des Strahles kann durch ionenoptische Prinzipien herbeigeführt werden: Bei der *Thomas-Fokussierung* wird dazu das Magnetfeld azimutal variiert. Zu diesem Zweck haben die Polschuhe des Zyklotrons eine sektorförmige Struktur. Dieses Prinzip wird bei geringen Annäherungen an relativistische Geschwindigkeiten benutzt. Eine stärkere Stabilisierung des Strahles wird erreicht, wenn die Feldsektoren zusätzlich eine spiralförmige Geometrie haben (Abb. 4) oder auch durch vollständige Trennung der Feldsektoren (*Sektorfokussierung*). Isochronzyklotrons sind durch gute Strahleigenschaften charakterisiert.

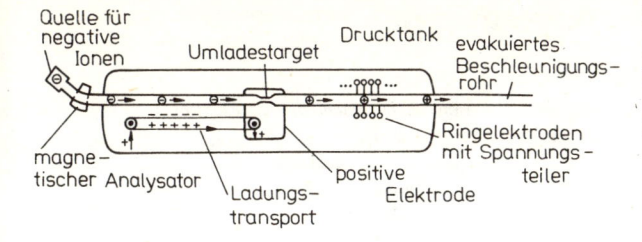

Abb. 2

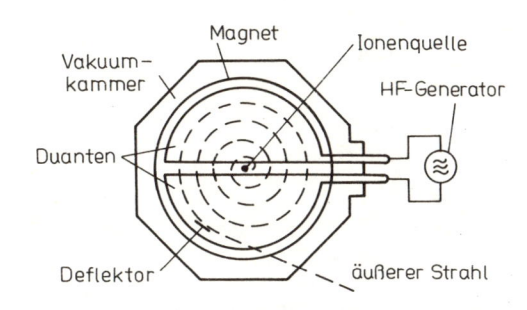

Abb. 3

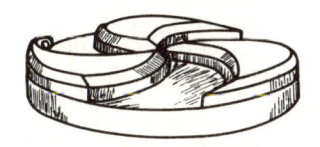

Abb. 4

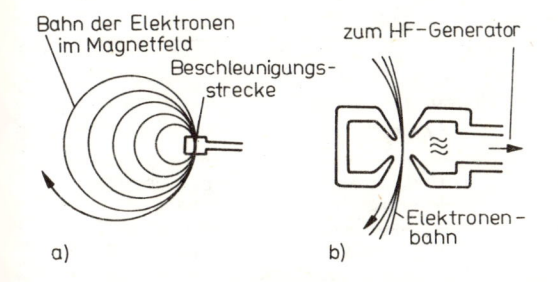

Abb. 5

hen Aufwand an Elektromagneten begrenzt. Erst die Einführung neuer ionenoptischer Methoden starker Fokussierung führte zu einer wesentlichen Verringerung des Strahlquerschnittes und zum Vorstoß der Teilchenenergien in den TeV-Bereich. Dabei werden heute auch supraleitende Ablenkmagnete eingesetzt. Beschleunigungskomplexe für höchste Energien bestehen aus mehreren Vorbeschleunigern, dem Hauptbeschleuniger oder einem Speicherringbeschleuniger und einem Strahlleitungssystem, welches die Teilchen zu den Experimenten führt.

Spezielle Beschleuniger für Elektronen

a) Betatron (D. W. KERST 1939) [9]. Die Beschleunigungsspannung entsteht durch Induktion eines magnetischen Wechselfeldes. Die Forderung nach der entsprechenden Krümmung der Teilchenbahn führt zum Zusammenhang zwischen dem magnetischen Beschleunigungsfeld und dem Führungsfeld (*Wideröe-Bedingung*). Die Teilchen führen *Betatronschwingungen* und den Sollkreis aus, sofern das Feld den ionenoptischen Bedingungen gehorcht. Für Ionen eignet sich das Prinzip nicht. Die Grenze der Energie ist durch die Strahlungsdämpfung gegeben und liegt bei etwa 500 MeV.

b) Mikrotron (V. I. VEKSLER 1945) [10]. Elektronen können im Zyklotron nicht beschleunigt werden, da sehr bald die durch den relativistischen Massenzuwachs bedingte Grenze erreicht ist. Ein phasenrichtiger Durchgang der Elektronen in einem homogenen Magnetfeld ist jedoch möglich, wenn die Teilchen in jedem Beschleunigungsschritt einen Energiezuwachs von 0,51 MeV (Ruheenergie des Elektrons) erhalten (Abb. 5). In Diesem Falle beträgt die Umlaufzeit immer ein Vielfaches der Grundperiode. Eine Weiterentwicklung erfuhr dieser Beschleunigertyp in den letzten Jahren im *Racetrack-Mikrotron* [6]. Es werden Elektronenenergien bis 600 MeV erreicht.

c) Elektronensynchrotron. Elektronen werden nach dem Synchrotronprinzip beschleunigt, jedoch wegen der Strahlungsdämpfung nur bis zu etwa 20 GeV. Ihre Vorbeschleunigung kann im selben Ring durch Induktionsbeschleunigung nach dem Betatronprinzip erfolgen. Da Elektronen sehr schnell relativistische Energien erreichen, bleibt die Frequenz konstant.

Spezielle Beschleuniger für schwere Ionen [11]. Beschleuniger für schwere Ionen unterscheiden sich im Prinzip nicht von denen für Protonen oder leichte Teilchen. Besonderheiten ergeben sich aus dem höheren Verhältnis der Masse zur Ionenladung. Zur Beschleunigung auf hohe Energien wird ein möglichst großes derartiges Verhältnis angestrebt. Das wird erreicht durch spezielle Ionenquellen im einstufigen Zyklotron oder durch Umladungsprozesse im Verlaufe der Beschleunigung. Charakteristisch für moderne Schwerionenbeschleuniger höherer Energien ist die Kopplung mehrerer Beschleuniger zu einem Beschleunigerkomplex.

c) Synchrozyklotron (W. I. VEKSLER, E. M. MC MILLAN 1945). Eine phasentreue Beschleunigung ist auch im konventionellen Zyklotronfeld durch Verringerung der Frequenz während des Beschleunigungsprozesses möglich. Die Hochfrequenz der Beschleunigungsspannung ist moduliert, in einer Modulationsperiode kann nur ein Teilchenpaket beschleunigt werden.

d) Synchrotron (E. D. COURANT, M. S. LIVINGSTON, H. S. SNYDER 1952). Die weitere Erhöhung der Energien wurde durch die Führung der Teilchen in ringförmig angeordneten Magneten, d. h. bei gleichbleibendem Radius der Umlaufbahnen möglich. Notwendig ist hierbei, sowohl das Magnetfeld als auch die Frequenz während des Beschleunigungsvorganges eines Teilchenpaketes zu verändern. Die erste Generation dieser Ringbeschleuniger wies große Strahlquerschnitte auf. Damit war die Endenergie durch den ho-

Beschleuniger für Makroteilchen [12]. Makroskopische geladene Teilchen lassen sich prinzipiell mit den Methoden der elektrostatischen Beschleunigung auf relativ hohe Geschwindigkeiten bringen. Derartige Teilchenstrahlen haben jedoch keine breite Anwendung gefunden.

Kennwerte, Funktionen

Teilchenenergie

E_{kin}: kinetische Energie der beschleunigten Teilchen; Einheit: 1 eV (Elektronvolt); d. i. die Energie eines Teilchens mit der Elementarladung e nach Durchlaufen der Potentialdifferenz von 1 V

$1 \text{ eV} = 1{,}6022 \cdot 10^{-19}$ J;

E_0: Ruheenergie der Teilchen, entspricht der Einsteinschen Masse-Energie-Äquivalenz $E_0 = m_0 \cdot c^2$;

Tabelle 1

Teilchen	E_0/MeV
Elektron	0.511
Proton	983.280

E: Gesamtenergie der beschleunigten Teilchen: $E = E_{kin} + E_0$; es gilt streng relativistisch $E^2 - E_0^2 + p^2 \cdot c^2$ (p: Impuls).

Endenergie verschiedener Beschleunigertypen

Elektrostatischer Beschleuniger (*Van-de-Graaff-Generator*)

$E_{kin} = z \cdot e \cdot U$,

z: Ladungszustand des Teilchens in Einheiten der Elementarladung e; U: Beschleunigungsspannung.

Tandem – Van-de-Graaff-Generator

$E_{kin} = (|z_1| + |z_2|) eU$,

z_1, z_2: Ladungszustand vor und nach dem Umladungsprozeß.

Zyklotron (nicht relativistisch)

$$E_{kin} = \frac{e^2}{2 \cdot m_p} R_f^2 \cdot B^2 \frac{z^2}{A},$$

R_f: Radius der größten Teilchenbahn;
B: mittleres Magnetfeld auf diesem Radius;
Die Umlaufzeit ist unabhängig vom Radius

$$\tau = \frac{2 \cdot \pi \cdot m}{e \cdot B}.$$

Isochronzyklotron

Mittlerer Anstieg des Magnetfeldes $B = \gamma \cdot B_0$ mit dem Faktor des relativistischen Massenzuwachses $\gamma = \frac{1}{\sqrt{1-\beta^2}}$ ($\beta = v/c$).

Anwendungen

Tabelle 2 Anwendungen beschleunigter Elektronen (siehe *Elektronenstrahlen*)

Gerät	Hauptsächliche Einsatzgebiete	Energiebereich
Verstärkerröhre	Verstärkung von elektronischen Signalen für Empfänger und Sender, Regelung und Automatisierung	10 eV–1 keV
Oszillographenröhre	Darstellung elektronischer Signale, Fernsehbildröhre	1 keV–10 keV
Sekundärelektronenvervielfacher	Bildverstärker, Signalverstärker	100 eV–1 keV
Röntgenröhre	(siehe *Röntgenstrahlen*)	10 keV–100 keV
Elektronenmikroskop	Diagnostik (siehe *Fokussierung*)	10 keV–1 MeV
Betatron	Bremsstrahlungsquelle zur Diagnostik in Medizin und Metallurgie	1 MeV–30 MeV
Mikrotron	Kernphysik, Bremsstrahlungsquelle	5 MeV–500 MeV
Hochstromelektronenbeschleuniger	Fusion mit Trägheitshalterung (siehe *Kernfusion*)	100 keV–5 MeV
Synchrotron (Elektronenspeicherring)	Synchrotronstrahlungsquelle (siehe *Synchrotronstrahlung*) Kern- und Elementarteilchenphysik	1 GeV–20 GeV
Linearbeschleuniger	Elementarteilchenphysik, Neutronenquellen	20 MeV–1 GeV

Tabelle 3 Anwendungen leichter beschleunigter Ionen (Protonen bis ^{4}He-Kerne)

Gerät	Hauptsächliches Einsatzgebiet	Energiebereich
Zyklotron	Kernphysik, Herstellung radioaktiver Nuklide, Aktivierungsanalyse, Diagnostik in Medizin und Metallurgie, Neutronenquelle für Krebstherapie	10 MeV–500 MeV
Synchrozyklotron	Kernphysik, Erzeugung von Müonen und Pionen für Kernphysik und Krebstherapie (Mesonanfabriken [13])	500 MeV–1 GeV
Elektrostatischer Beschleuniger	Kernphysik mit hoher Energieauflösung, Diagnostik in Biologie, Medizin, Geologie, Metallurgie	1 MeV–50 MeV
Linearbeschleuniger	Neutronenquellen, Injektor für Synchrotrons, Mesonanfabriken [13], Injektion neutraler Teilchenströme in das Fusionsplasma	1 MeV–1 GeV

Tabelle 4   Anwendungen schwerer beschleunigter Ionen (siehe Schwerionenstrahlen). Mögliche perspektivische Anwendung [14]: Fusion mit Trägheitshalterung, Zuführung der Energie an das Fusionspellet durch einen Schwerionenstrahl (siehe Kernfusion)

Gerät	Hauptsächliches Einsatzgebiet	Energiebereich
Ionenquelle	Herstellung von Ionenströmen für Beschleuniger, Rückstoßtriebwerke für Raumfahrzeuge	10 keV–100 keV
Massenspektrometer	Chemische Analyse, Isotopenanalyse	10 keV–100 keV
Massentrenner	(siehe *Isotopenanreicherung*)	10 keV–100 keV
Ionenimplanter	Herstellung elektronischer Bauelemente (siehe *Ionenimplantation*)	10 keV–100 keV
Zyklotron	Kernphysik, Herstellung von Kernspurfiltern, Simulation von Strahlenschäden, Diagnostik	1 MeV/A–100 MeV/A
Elektrostatischer Generator	Kernphysik mit hoher Energieauflösung	1 MeV/A–10 MeV/A
Linearbeschleuniger	Kernphysik, Vor- bzw. Nachbeschleunigung in Beschleunigerkomplexen [14]	1 MeV/A–10 MeV/A

Literatur

[1] Struktur der Materie. – Leipzig: VEB Bibliographisches Institut 1982.
[2] G. HERTZ (Hrsg.): Lehrbuch der Kernphysik. Band 1. – Leipzig: BSB B.G. Teubner Verlagsgesellschaft 1966.
[3] Instrumentelle Hilfsmittel der Kernphysik I. In: Handbuch der Physik. Hrsg. S. FLÜGGE. – Berlin/Göttingen/Heidelberg: Springer-Verlag 1959. Bd. 44.
[4] ROSENBLATT, J.: Particle Acceleration. – London: Methuen & Co. Ltd. 1968.
[5] BROMLEY, D. A., Nuclear Instrum. and Methods **122** (1974) 1.
[6] P. M. LAPOSTOLLE, A. L. SEPTIER (Hrsg.) Linear Accelerators. – Amsterdam: North-Holland Publ. Co. 1970.
[7] Collective Ion Acceleration. In Springer Tracts in Modern Physik. – Berlin/Heidelberg/New York: Springer-Verlag 1979. Bd. 84.
[8] Proc. 7th Int. Conf. on Cyclotrons and their Applications in Zürich. – Basel: Birkhäuser Verlag 1975.
[9] MOSKALEV, V. A.: Betatrony. – Moskva: Energoisdat 1981.
[10] KAPITZA, S. P.: Modern developments of the microtron. In: Proc. 5th Int. Conf. High Energy Accelerators. Frascati 1965. Rome: Nat. Comm. for Nuclear Energy 1966. p. 665.
[11] BALL, J. B., IEEE Trans. Nuclear Sci. **24** (1977) 969.
[12] SHELTON, H.; HENDRICKS, C. D.; WUERKER, R. F., J. appl. Phys **31** (1960) 1243.
[13] HAGERMAN, D. C., IEEE Trans. Nuclear Sci. **24** (1977) 1605.
[14] 6. Allunionskonferenz über Beschleuniger geladener Teilchen in Dubna. Okt. 1978, – Dubna 1979 (in russisch).
[15] WIDEROE, N.: Arch. Elektrotechn. **21** (1928), 387.

Übergangsstrahlung

Im Jahre 1934 wurde die *Vavilov-Čerenkov-Strahlung* entdeckt [1]. Die charakteristischen Eigenschaften dieser Strahlung werden hauptsächlich durch Ladung und Geschwindigkeit der verwendeten Teilchen und des Brechungsindex des Mediums bestimmt. Ausgehend von diesen Ergebnissen wies FRANK [2] darauf hin, daß noch andere Strahlungsarten schneller Teilchen mit den optischen Eigenschaften des Mediums in Verbindung stehen. Zu diesen gehört die Übergangsstrahlung, für die von GINZBURG und FRANK [3] 1946 eine Theorie veröffentlicht wurde. Eine systematische experimentelle Untersuchung des Effektes begann erst Ende der 50er Jahre [4].

Sachverhalt

Übergangsstrahlung (transition radiation) entsteht beim Eindringen eines geladenen Teilchens von einem Medium mit der Dielektrizitätskonstante ε_1 in ein anderes Medium mit der Dielektrizitätskonstante ε_2. Die Ursache für das Entstehen der Übergangsstrahlung ist also die Inhomogenität des Mediums. Der einfachste Teil ist der Eintritt eines geladenen Teilchens vom Vakuum ins Medium. Die entstehenden Strahlungsarten (Bremsstrahlung und Übergangsstrahlung) beim Einschuß von 30 KeV Elektronen in Silber zeigt Abb. 1 [5]. Der Polarisationsgrad der Übergangsstrahlung ist bei nichtrelativistischen Energien sehr hoch ($P \approx 0{,}7 - 0{,}9$).

Eine Verstärkung der Strahlung wird in Medien erreicht, die eine sich periodisch ändernde Dielektrizitätskonstante aufweisen. Die einfachste technische Realisierung ist die periodische Anordnung von Folien gleicher Dicke im Vakuum oder in einem Edelgas. Werden bestimmte Beziehungen zwischen der Periodenlänge, der Flugzeit der verwendeten Teilchen und der untersuchten Frequenz ω erfüllt, treten Interferenzerscheinungen auf. Diese Modifikation der Übergangsstrahlung wurde erstmalig von *Ter-Mikaelian* [6] ausführlich beschrieben und von ihm Resonanzstrahlung genannt.

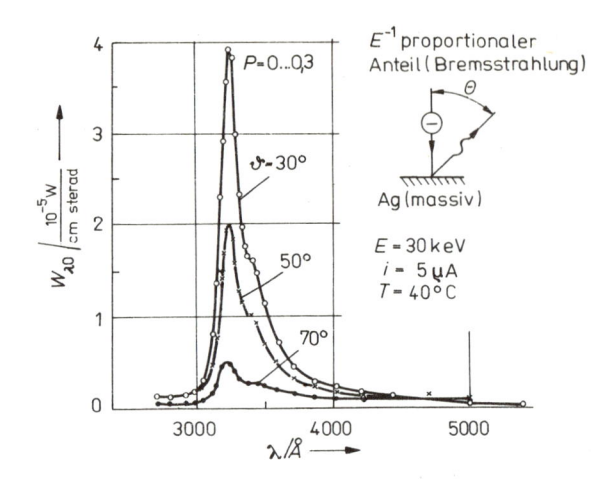

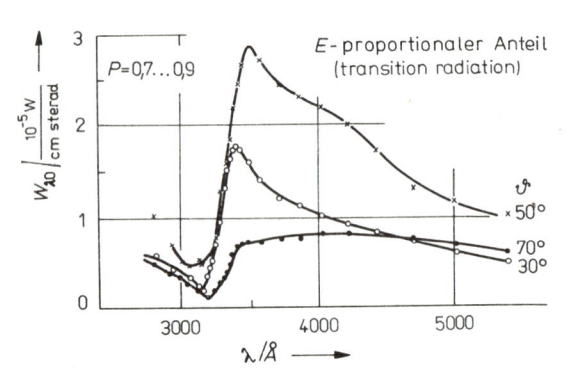

Abb.1 Bremsstrahlung und Übergangsstrahlung für 30 KeV-Elektronen im Silbertarget [5].

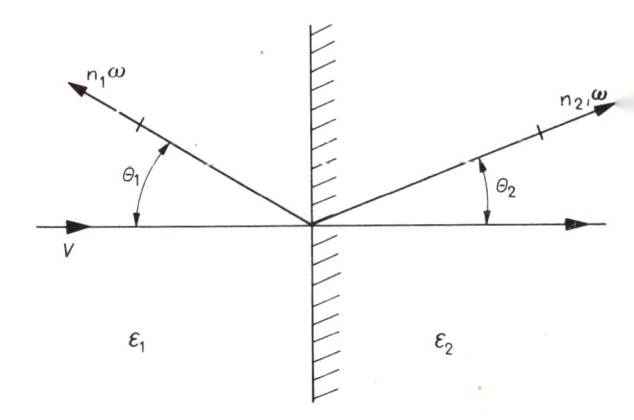

Abb.2 Illustration zur Entstehung der Übergangsstrahlung [6].

Kennwerte, Funktionen

Spektral- und Winkelverteilung der ins Medium ε_1 emittierten Übergangsstrahlung (Abb. 2):

$$\frac{d^2 W_1(n_1, \omega)}{d\omega d\Omega} = \frac{(z_1 e)^2 v^2 \varepsilon_1^{1/2} \sin^2\Theta_1 \cos^2\Theta_1}{\pi^2 c^3} \times$$

$$\times \left| \frac{(\varepsilon_2 - \varepsilon_1)(1 - \beta^2 \varepsilon_1 + \beta\sqrt{\varepsilon_2 - \varepsilon_1 \sin^2\Theta_1})}{(1 - \beta^2 \varepsilon_1 \cos^2\Theta_1)(1 + \beta\sqrt{\varepsilon_2 - \varepsilon_1 \sin^2\Theta_1})(\varepsilon_2 \cos\Theta_1 + \sqrt{\varepsilon_1 \varepsilon_2 - \varepsilon_1^2 \sin^2\Theta_1})} \right|^2.$$

Dabei sind $\varepsilon_1(\omega)$ und $\varepsilon_2(\omega)$ die Dielektrizitätskonstanten der Medien 1 und 2, v die Geschwindigkeit, $\beta = v/c$ und $z_1 e$ die Ladung des einfallenden Teilchens [6].

Aus (1) erhält man durch Ersetzen von β durch $-\beta$ und durch Vertauschen von 1 und 2 die Spektral- und Winkelverteilung der ins Medium ε_2 emittierten Übergangsstrahlung:

$$\frac{d^2 W_2 (n_2,\omega)}{d\omega \, d\Omega}.$$

Experimente zeigen ebenfalls die Energieproportionalität ($\sim v^2$) im nichtrelativistischen Falle für die Spektral- und Winkelverteilungen (Abb. 1).

In der Grenze hoher Frequenzen und relativistischer Energien ($\beta \to 1$) findet man für die Zahl der Quanten $\hbar\omega$ im Bereich $\omega \ll \omega_{kr}$ für den Übergang ins Vakuum:

$$\frac{dN}{d\omega} = \frac{2 z_1^2}{137\pi} \frac{1}{\omega} \left[\ln \frac{\omega_{kr}}{\omega} - 1 \right] \qquad (2)$$

mit $\omega_{kr} = \omega_p/(1-\beta^2)^{1/2}$, $\omega_p = (4\pi N Z_2 e^2/m_e)^{1/2}$ (Plasmafrequenz), Z_2 – Ordnungszahl der Targetatome, N – Atomzahldichte. In der Nähe der kritischen Frequenz ω_{kr} und darüber fällt das Spektrum stark ab.

Für Teilchen mit der Elementarladung e ergibt sich für den durch Übergangsstrahlung entstehenden Energieverlust

$$\Delta E = \frac{1}{411} \hbar \omega_p \gamma, \qquad (3)$$

wobei $\gamma = 1/(1-\beta^2)^{1/2}$. Es sind also Radiatoren mit großen $\hbar \omega_p$ effektiv, die jedoch andererseits eine geringe Ordnungszahl Z_2 besitzen, um die Selbstabsorption zu verringern [7]. Tabelle 1 zeigt einige Beispiele.

Tabelle 1   Materialien für Radiatoren [7]

Material	$\hbar\omega_p$/eV	Bemerkungen
Li	14	die besten Radiatoren, jedoch Sicherheitsprobleme
LiH	19	
Be	27	
B	31	nicht in dünner Form herstellbar
B_4C	32	
C	28	Fasergefüge
Mylar ($C_5H_4O_2$)	24	Aufwand gering, jedoch weniger effektiv
Polyäthylen (CH_2)	19	

Tabelle 2 [10]

Material	Foliendicke µm	Anzahl der Folien	Peakenergie eV	Verhältnis zur Bremsstrahlung im Maximum
Be	1,0	23	800	6:1
Mylar	1,5	25	1.000	2:1
Al	1,0	30	1.100	2:1

Anwendungen

Im Bereich relativistischer und ultrarelativistischer Energien wird die Übergangsstrahlung zur Teilchenseperation und zur Energiebestimmung bei Elementarteilchen verwendet. Bei relativistischen Energien strebt das Verhältnis $\beta = v/c$ immer stärker gegen 1, so daß Effekte, die der Teilchengeschwindigkeit proportional sind, immer unempfindlicher werden. Die Strahlungsintensität der Übergangsstrahlung ist jedoch zum Lorentz-Faktor γ proportional. Eine weitere Verstärkung der Ausbeute ergibt sich durch Verwendung von mehreren periodisch angeordneten Radiatoren, wobei sich in den Zwischenräumen Vakuum oder Gas befindet. Dabei müssen Foliendicke und Periodenabstand so gewählt werden, daß unter Berücksichtigung von Absorption und Interferenz durch die erwähnte Periodizität ein Optimum entsteht [6, 8]. Für die Separation von Elektronen von schweren geladenen Teilchen im Energiebereich einiger GeV geben J. Cobb u. a. [8] Lithiumradiatoren mit einer Foliendicke von 53 µm ± 5 µm, einem gleichen Folienabstand von 300 µm über einen Bereich von 700 Folien an. Die Unterscheidung der Teilchen unterschiedlicher Masse M_1 bei gleicher Energie E erfolgt nach unterschiedlichem $\gamma_{1,2} = E/M_{1,2} c^2$.

Diese Methode ist für $\gamma \gtrsim 3000$ anwendbar [9], da die durch Übergangsstrahlung hervorgerufene Ionisierung wesentlich größer als die durch die Teilchen hervorgerufene Ionisierung im Detektor ist. Für $\gamma \sim 1000$ werden jedoch beide Ionisierungen vergleichbar. Hier wird von M. Deutschmann u. a. [9] die Nutzung der Winkelverteilung der Übergangsstrahlung vorgeschlagen, um beide Ionisierungsarten räumlich zu trennen.

Als Quelle für weiche Röntgenstrahlung kann die Übergangsstrahlung ebenfalls verwendet werden [10]. Die experimentelle Anordnung ist in Abb. 3 gezeigt. Beschossen wurden Al-, Mylar- und Be- Radiatoren mit 90 MeV Elektronen. Es wurde nicht versucht, Resonanzbedingungen [6] zu realisieren. Die Versuchsbedingungen und Ergebnisse zeigt Tab. 2.

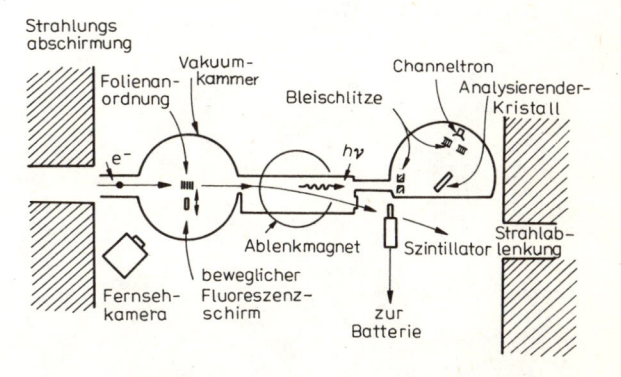

Abb. 3   Apparatur zur Erzeugung weicher Röntgenstrahlung [10].

Da die Übergangsstrahlung stark von den optischen Konstanten des verwendeten Mediums abhängt, wurde bereits von FRANK [4] vorgeschlagen, sie zur Bestimmung dieser Konstanten für stark absorbierende Medien (Metalle) zu verwenden. Es sind relativistische Elektronen als anregende Teilchen nötig, da der Untergrund (Luminiszenz, Bremsstrahlung) in diesem Fall gering ist [6].

Die Verwendung von nichtrelativistischen Elektronen zur Untersuchung der Oberflächenrauhigkeit wurde von F. R. ARUTYUNYAN u. a. [11] empfohlen. Sie stellten experimentell fest, daß bei großen Einschußwinkeln zur Oberflächennormale die entstehende Strahlung nur noch etwa 40 % polarisiert ist und ihre Intensität um etwa eine Größenordnung die der Übergangsstrahlung bei normalem Einschuß übersteigt.

Literatur

[1] ČERENKOV, P.A., Dokl. Akad. Nauk SSSR **8** (1934) 451; VAVILOV, S.I., Dokl. Akad. Nauk SSSR **8** (1934) 457.

[2] FRANK, I. M., Izv. Akad. Nauk SSSR. Ser. Fiz. **6** (1942) 3.

[3] GINZBURG, V. L.; FRANK, I. M., Zh. eksper. teor. Fiz. **16** (1946) 2.

[4] FRANK, I. M., usp. fiz. nauk **87** (1965) 179.

[5] VON BLANKENHAGEN, P.; BOESCH, H.; FRITSCHE, D.; SEIFERT, H.G.; SAUERBREY, G., Phys. Letters **11** (1964) 296.

[6] TER-MIKAELIAN, M.L.: Vlijanije sredy na elektromagnitnye processy pri vysokich energijach. – Jerevan: Izdatelstvo Akademii Nauk Armyanskoi SSSR 1969.

[7] BAUCHE, B.; COMMICHAU, V.; DEUTSCHMANN, M.; HANGARTER, K.; HAWELKA, P.; LINNHÖFER, D.; STRUCZINSKI, W.; TONUTTI, M.: Preprint Technische Hochschule. Aachen (BRD) 1983.

[8] COBB, J. u. a., Nuclear Instrum. and Methods **140** (1977) 413–427. (Arbeit zeigt die Berechnung der optimalen Parameter für Teilchendiskriminatoren).

[9] DEUTSCHMANN, M. u.a.: Nuclear Instrum. and Methods **180** (1981) 409–412.

[10] CHU, A. N.; PIESTRUP, M. A.; PANTELL, R. H.; BUSKIRK, F.R., J. appl. Phys. **52** (1981) 22–24.

[11] ARUTYUNYAN, F. R.; MKHITARYAN, A. Kh.; OGANESYAN, R. A.; ROSTOMYAN, B. O.; SARINYAN, M. G.: Zh. Eksper. teor. Fiz. **77** (1979) 1788–1898.

Vielfachionisationsprozesse

Vielfachionisationsprozesse wurden über die Spektrometrie von Vielfachvakanzzuständen in der Atomhülle entsprechenden Röntgensatellitenlinien erstmals 1916 von SIEGBAHN und STENSTROM [1] in den K-Emissionsspektren von Natrium bis Zink beobachtet. Über L-Röntgensatellitenlinien wurde 1922 von COSTER [2] und über M-Satelliten 1918 von STENSTROM [3] berichtet. Die erste Erklärung für den Ursprung der Satellitenlinien wurde 1921 von WENTZEL [4, 5] und 1927 durch DRUYVESTEYN [6] gegeben. Die Multiplizität der Energieniveaus wurde erstmalig 1929 von RAY [7] berücksichtigt. Über die Fortführung der Untersuchung des Ursprunges von K-Satellitenlinien unter Verwendung der Hartree-self-consistent-field-Methode wurde von KENNARD und RAMBERG [8] berichtet. Die bis dahin ungeklärte Frage der korrekten Beschreibung von L- und M-Satellitenlinien wurde durch die 1935 bekannt gewordene Theorie von COSTER und KRONIG [9] gelöst, welche vor allem die Frage nach dem Erzeugungsmechanismus von Innerschalenvakanzkonfigurationen beantwortete.

Sachverhalt

Vielfachionisationsprozesse treten infolge von Stoßprozessen energetischer Teilchen mit Atomen oder Ionen bzw. nach Umordnungsprozessen der Elektronenhülle des Atoms in der Folge der Auffüllung einer primären Innerschalenvakanz auf. Bei einem Stoßakt ist sowohl die direkte Bildung eines Vielfachvakanzzustandes als auch die Bildung einer Primärvakanz wahrscheinlich, welche Ausgangspunkt für strahlungslose Umordnungsprozesse wie *Coster-Kronig-Übergänge* und Auger-Kaskaden ist.

Der Nachweis für die Existenz von Vielfachvakanzzuständen wurde durch eine Vielzahl verschiedener Experimente erbracht [10]. Bekannt wurden Röntgensatellitenlinien, welche auf der Hochenergieseite der Elterndiagrammlinien erscheinen. Treten Vakanzen in entsprechenden Elektronenzuständen auf, erscheinen in der Regel Gruppen von Satellitenlinien, wobei jede Linien einer bestimmten Anzahl von Vakanzen entspricht. Analog zu den Röntgensatelliten erscheinen Auger-Elektronensatelliten auf der niederenergetischen Seite der Elterndiagrammlinien. Eine gute Möglichkeit, simultane Anregungs- und Ionisationsprozesse zu studieren, stellt die Analyse von Photoelektronenspektren dar. Koinzidenzen zwischen Röntgensatelliten zeigen die Existenz von Doppel-K- und Doppel-L-Vakanzen [11]. Koinzidenzen zwischen Ionen und gestreuten Elektronen erlauben das Studium von Vielfachvakanzzuständen in äußeren Schalen und dienen der Bestimmung der Energieabhängigkeit von Vielfachionisationsprozessen [12].

Kennwerte, Funktionen

Bei der Entstehung von Vielfachvakanzzuständen im Atom ist der Erzeugungsprozeß der primären Vakanzverteilung von besonderer Bedeutung. Eine Übersicht über Ionisationsprozesse, wie sie bei Ion-Atom Stößen ablaufen, wird in [13] gegeben.

Von den infolge Photonen- oder Elektronenstoßionisation denkbaren Möglichkeiten der Bildung von Vielfachvakanzfigurationen sind wegen der geringen Lebensdauer eines Elektronenlochzustandes (K-Vakanz: bei $Z = 40$ ca. $2 \cdot 10^{-16}$ s, bei $Z = 90$ ca. $8 \cdot 10^{-18}$ s) nur die indirekte Mehrfachionisation durch nichtstrahlende Elektronenübergänge und die direkte Mehrfachionisation (shake-off Prozeß) wahrscheinlich. Besondere Bedeutung erlangen Prozesse des Typs $X_i \rightarrow X_j Y$, bei denen die Vakanzzustände X_i und X_j zu verschiedenen Unterschalen der gleichen Hauptschale gehören. Derartige Prozesse sind als Coster-Kronig-Übergänge bekannt [9]. Grundlagen der shake-off Theorie und numerische Werte werden u. a. in [14–17] dargestellt.

Viele experimentelle Informationen wurden über das Auftreten von KL-Vakanzen für Elemente bis $Z = 32$ gesammelt. Wenig systematische Arbeiten liegen für XY-Innerschalenvakanzzustände vor, bei denen die Vielfachvakanzen in anderen als den K- und L-Schalen lokalisiert sind.

Eine Innerschalenvakanz wird entweder durch einen strahlenden Elektronenübergang oder durch einen Auger-Prozeß aufgefüllt. Die bei diesen Prozessen neu gebildeten Vakanzen können wiederum durch weitere Übergänge aufgefüllt werden. Dieser Prozeß setzt sich fort, bis alle Vakanzen die äußerste besetzte Unterschale bzw. den Ionengrundzustand erreicht haben. Mit Ausnahme der K- und L-Schalen von Schwerionen sind Auger-Prozesse wahrscheinlicher als strahlende Elektronenübergänge. Da bei jedem Auger-Prozeß ein Elektron emittiert wird, führt eine Serie derartiger Prozesse, eine Vakanzkaskade, zu hochionisierten Atomen. In Abb. 1 sind die relativen Raten von Ionen eines bestimmten Ladungszustands dargestellt, welche bei der Erzeugung einer primären Vakanz in einer definierten Unterschale durch Vakanzmultiplikationsprozesse (Kaskaden) beobachtet werden können [17]. Für Ionen mit mehreren besetzten Unterschalen geben im allgemeinen folgende Effekte zum Gesamtquerschnitt für die Ionisierung eines Elektrons aus äußeren Schalen zusätzliche Beiträge:
– Auger-Kaskaden [18],
– Anregung und Zerfall von Autoionisationszuständen [19],
– Bildung und Ionisierung langlebiger angeregter Ionenzustände [20].

Ein Überblick über Vielfachionisationsquerschnitte bei Schwerionenstößen wird in [13] und für Elektronenstöße in [21] gegeben. Größenordnungsmäßig liegt der Querschnitt für Schwerionenbeschuß bei 10^4 bis 10^7 barn und variiert mit der Ordnungszahl und Energie des Projektils. Für Protonen und α-Teilchen sinkt der Ionisationsquerschnitt in Abhängigkeit von der Inzidenzenergie in Größenordnungen von 10^1 bis 10^4 barn.

Anwendungen

Vielfachionisationsprozesse spielen in der Technik und in der Grundlagenforschung oftmals eine wichtige Rolle, da sie als Begleiterscheinungen verschiedenster Prozesse und Effekte auftreten können.

Bei der Berechnung des zeitlichen Verlaufs der Ionisierung in Elektronenstrahlionenquellen ist es notwendig, den Beitrag von Vielfachionisationsprozessen zu berücksichtigen, da diese Effekte den Beitrag von Kontinuumsionisationsprozessen für niedrige Ionisationszustände überschreiten können [18]. Daraus ergibt sich eine wesentliche Verringerung der charakteristischen Ionisationszeiten und somit eine Erhöhung der Effektivität der Arbeit der Ionenquelle. Dieser Umstand erlangt für den Betrieb von Schwerionenkollektivbeschleunigern ebenfalls Bedeutung, da in dem kollektiven Teilchenensemble – den Elektronen-Ionen-Ringen – der Ionisationszustand der in den Elektronenring eingelagerten Atome durch das Auftreten von Vakanzkaskaden schnell einen für den Betrieb des Beschleunigers genügend hohen Wert erreicht.

Die Erzeugung von Vielfachvakanzen beeinflußt die Meßgenauigkeit von Elementanalysemethoden und kann über die Ausnutzung der Intensitätsabhängigkeit der Röntgensatellitenlinien von der chemischen Umgebung (Elektronendichte) zur Diagnostik chemischer Verbindungen unter speziellen Bedingungen verwendet werden.

Die Abhängigkeit der relativen Satellitenintensitä-

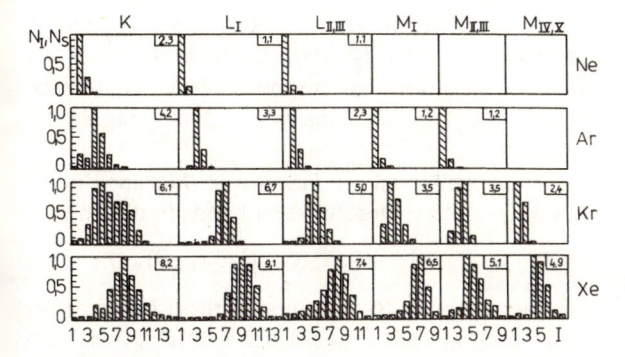

Abb. 1 Relative Raten für Vielfachionisationsprozesse bei der Auffüllung einer Primärvakanz in verschiedenen Unterschalen ausgewählter neutraler Atome [21]. Die in der rechten oberen Ecke jeweils eingerahmten Zahlen entsprechen dem mittleren Ionisationsgrad, welcher sich in Folge von shake-off Prozessen einstellt.

ten von der Projektilenergie des den Vielfachvakanzzustand erzeugenden Teilchens wird zur Bestimmung der Dicke von Oberflächenbeschichtungen genutzt [21].

Kenntnisse der Entwicklung von Vakanzkaskaden aus verschiedenen Unterschalen der Atome sind von Nutzen für das Studium von Strahlungsschäden in Strahlungsdetektoren [17].

Das Studium von Vielfachionisationsprozessen für Atome in Gasen, im Festkörper und im Plasma und der damit verbundenen Umordnungsmechanismen in der Atomhülle erlangt im zunehmendem Maße für eine Reihe von Forschungsrichtungen an Bedeutung, so für die Fusionsforschung, die Atomphysik, die Festkörperphysik und die Astrophysik.

Literatur

[1] SIEGBAHN, M.; STENSTROM, W., Phys. Z. 17 (1916).
[2] COSTER, D., Phil. Mag. 43 (1922) 1070 und 1088.
[3] STENSTROM, W., Ann. Phys. 57 (1918) 347.
[4] WENTZEL, G., Ann. Phys. 66 (1921) 437.
[5] WENTZEL, G., Ann. Phys. 31 (1925) 445.
[6] DRUYVESTEYN, M.J., Z. Physik 43 (1927) 707.
[7] RAY, B.B., Phil. Mag. 8 (1929) 772.
[8] KENNARD, E.H.1 RAMBERG, E.C., Phys. Rev. 46 (1934) 1048.
[9] COSTER, D.; DEL KRONIG, R., Physica. 2 (1935) 13.
[10] KRAUSE, M.O.: Proc. Int. Conf. Inn. Shell Ioniz. Phenomena Future Appl., Atlanta, US At. Energy Comm. Rep. No. CONF-720404. Oak Ridge, Tennessee 1973. S. 1586.
[11] BRIAND, J.P., Phys. Rev. Letters 27 (1971) 777.
[12] VAN DER WIEL, M.J.; WIEBES, G., Physica 54 (1971) 411.
[13] RICHARD, P.: Ion-Atom Collisions. In Atomic Inner-Shell Processes. Vol. I, New York a.o.: Academic Press 1975.
[14] CARLSON, T.A., a.o. Phys. Rev. 169 (1968) 27.
[15] CARLSON, T.A.; NESTOR, Jr., C.W. Phys. Rev. A8 (1973) 2887.
[16] ABERG, T., Phys. Rev. A4 (1971) 1735.
[17] CARLSON, M.O., a.o., Phys. Rev. 151 (1966) 41.
[18] SALOP, A., Phys. Rev. A8 (1973) 3022; A9 (1974) 2496.
[19] HENRY, R.J.W., J. Phys. B12 (1979) 1309.
[20] MAYCE, N.H., a.o., Los Alamos Sci. Lab. Rep. LA 6691 (1977) 109.
[21] WATSON, R.L. et al. Nuclear Instrum. and Methods, 142 (1977) 311.

Winkelkorrelationen

BRADY und DEUTSCH [1] haben 1950 gezeigt, daß die Winkelkorrelation einer Gamma-Gamma-Kaskade durch ein Magnetfeld gestört wird. FRAUENFELDER [2] wendete dies 1952 auf die Messung des magnetischen Momentes eines metastabilen Zustandes in ^{111}Cd an.

Sachverhalt

In einer Kaskade zweier sukzessiv emittierter Gammaquanten aus einem radioaktiven Atomkern ist die Emissionswahrscheinlichkeit des zweiten Gammaquantes vom Winkel zwischen seiner Emissionsrichtung und der Emissionsrichtung des ersten Gammaquantes abhängig. Diese Winkelabhängigkeit der Emissionswahrscheinlichkeit wird als Winkelkorrelation bezeichnet. Die Ursache dieser Winkelkorrelation liegt im Erhaltungssatz des Drehimpulses. Die Winkelverteilung wird mathematisch durch eine Wahrscheinlichkeitsfunktion $W(\Theta)$ beschrieben:

$$W(\Theta) = 1 + \sum_i A_{ii} P_i(\cos\Theta) \cong 1 + A_{22} \cdot P_2(\cos\Theta).$$

$P_i(\cos\Theta)$ sind die Legendreschen Polynome. Die Summe läuft über geradzahlige i bis zum kleinsten Wert der Drehimpulse. In der Regel beschränkt sich die Summe auf das erste Glied.

Mit dem Drehimpuls I des Atomkerns in einem energetischen Zustand ist ein magnetisches Moment $\mu = g \cdot \mu_k \cdot I$ verbunden (μ_k = Kernmagneton, g = Gyromagnetisches Verhältnis). Wirkt am Kernort ein Magnetfeld mit der Stärke H, so erzeugt die Wechselwirkung zwischen diesem Magnetfeld und dem magnetischen Moment eine Aufspaltung der Energieniveaus (siehe *Zeeman-Effekt*). Klassisch kann diese Energieaufspaltung als Larmor-Präzession des magnetischen Momentes des Zwischenzustandes um das Magnetfeld H gedeutet werden. Ist das Magnetfeld senkrecht zur Detektorebene gerichtet, so rotiert die Winkelkorrelation mit der Larmor-Frequenz ω_L um die Magnetfeldrichtung.

Abbildung 1 zeigt ein Schema der Meßanordnung. Die Winkelkorrelationsfunktion hat dann die Form:

$$W(\Theta - \omega_L \cdot t) = 1 + A_{22} \cdot P_2(\cos(\Theta - \omega_L \cdot t)).$$

Da das angeregte Niveau, das für diese Messung benutzt wird, mit der Lebensdauer τ zerfällt, mißt man für die Koinzidenzrate

$$N(\Theta, t) = N_0 \cdot e^{-t/\tau} \cdot W(\Theta - \omega_L \cdot t).$$

Trägt man die Koinzidenzrate als Funktion der Zeit t auf, so entsteht eine Abklingkurve, der eine periodische Funktion mit der Frequenz ω_L überlagert ist.

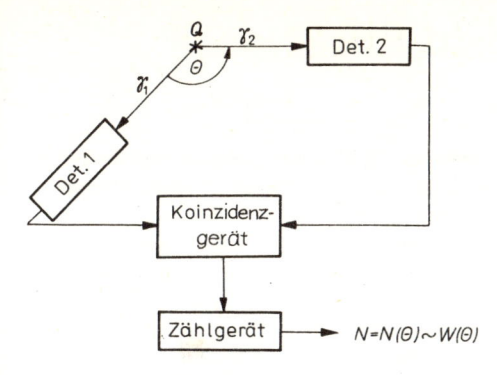

Abb.1 Schema der Meßanordnung

Treten im Kristallgitter elektrische Feldgradienten auf und besitzt der Sondenkern ein Quadrupolmoment, so besteht zwischen beiden eine Wechselwirkung. Als Folge dieser Quadrupolwechselwirkung spalten die Energieniveaus des Atomkerns ebenfalls auf. Die Niveauabstände sind aber nicht mehr äquidistant wie bei der magnetischen Hyperfeinwechselwirkung. Klassisch kann wieder diese Wechselwirkung als Präzession des Quadrupolmomentes um die Symmetrieachse des Feldgradienten gedeutet werden. Die Folge ist eine Modulation der Winkelkorrelationsfunktion mit einem zeitabhängigen Schwächungskoeffizienten $G(t)$:

$$W(\Theta, t) = 1 + A_{22} \cdot G_2(t) \cdot P_2(\cos\Theta).$$

Dieser Schwächungskoeffizient wird durch die Wechselwirkungsfrequenzen ω_0 bestimmt.

Kennwerte, Funktionen

Durch zwei Messungen bei unterschiedlichen Winkeln oder bei entgegengesetzten Magnetfeldeinstellungen kann man die Konstanten in $W(\Theta - \omega_L t)$ und die Exponentialfunktion in $N(\Theta, t)$ eliminieren und über die Anisotropie der Winkelkorrelation $R(t)$ die Größe A_{22} ermitteln, in der die gesuchten Strukturinformationen enthalten sind.

Magnetfeld

a) senkrecht zur Detektorebene:

$$R(t) = \frac{N(135°, H^+, t) - N(135°, H^-, t)}{N(135°, H^+, t) + N(135°, H^-, t)}$$

$$= \frac{\frac{3}{4} A_{22} \cdot \sin 2\omega_L \cdot t}{1 + \frac{1}{4} A_{22}},$$

b) in der Detektorebene:

$$R(t) = \frac{N(180°, t) - N(90°, t)}{\frac{1}{2} N(180°, t) + N(90°, t)} = \frac{3}{4} A_{22} \cdot \cos(\omega_L t),$$

c) ohne Magnetfeld:

$$R(t) = \frac{N(180°, t) - N(90°, t)}{\frac{1}{2} N(180°, t) + N(90°, t)} = A_{22} \cdot G_2(t),$$

$$G_2(t) = \frac{1}{5}(1 + 2 \cdot \cos\omega_2 t + 2 \cdot \cos 2\omega_2 t),$$

d) elektrischer Feldgradient:

$$R(t) = \frac{N(180°, t) - N(90°, t)}{\frac{1}{2} N(180°, t) + N(90°, t)} = A_{22} \cdot G_2(t),$$

$$G_2(t) = b_0 + \sum_i b_i \cdot \cos\omega_i t.$$

Tabelle 1   Am häufigsten verwendete Sondenkerne:

Tochterkern	Mutterkern	Kaskade
^{111}Cd	←^{111}In	172 keV–247 keV
^{181}Ta	←^{181}Hf	132 keV–480 keV

Tochterkern	Spin	Lebensdauer des Zwischenniveaus	Lebensdauer des Mutterkerns
^{111}Cd	$5/2^+$	85 ns	2,8 d
^{181}Ta	$5/2^+$	10.8 ns	42,5 d

Larmor-Frequenzen: $\omega_L = \dfrac{-g \cdot \mu_K}{\hbar} \cdot H^z_{hf}$

Quadrupolfrequenz für axialsymmetrischen Feldgradienten: $(V_{xx} = V_{yy})$

$$\omega_Q = \frac{3m^2 - I(I+1)}{I(2I-1)} \cdot \frac{e \cdot Q}{4h} \cdot V_{zz},$$

μ_k = Kernmagneton; Q = elektrisches Quadrupolmoment des metastabilen Zustandes.
e = Elementarladung; h = Plancksches Wirkungsquantum;
I = Gesamtdrehimpuls des metastabilen Zustandes,
m = Projektion des Gesamtdrehimpulses auf eine ausgezeichnete Achse.

Anwendungen

Die Störung der Winkelkorrelation wird benutzt, um Aussagen über das innere magnetische Feld oder den elektrischen Feldgradienten zu erhalten. In diesen Größen sind implizit Informationen über die Struktur der Umgebung des Sondenatoms, den Relaxationsprozeß und die elektronische Struktur enthalten.

Ein Beispiel ist die Untersuchung der Position von Cadmium in Nickel nach Rückstoßimplantation [3]. Dabei wird ein Nickelblech mit Silber bedampft und in einem Zyklotron mit Alphateilchen beschossen. Es wird ^{111}In gebildet und in das Nickelblech implantiert. Das ^{111}In zerfällt in Cadmium-111, das als Sondenatom in Nickel verwendet wird. Es wird das magnetische Hyperfeinfeld und seine Änderung mit der Anlaßtemperatur bestimmt. Der Verlauf ist abhängig von der Gitterumgebung des Indiumatoms nach der Implantation.

Wenn das magnetische Hyperfeinfeld durch eine molekulare Wechselwirkung hervorgerufen wird, so enthält die Störung der Winkelkorrelationsfunktion eine Information über die Dynamik dieses Moleküls. So wurden Blutplättchen mit ^{111}In markiert und für kinetische Untersuchung am Blut und zur szintigraphischen Registrierung von vascularer Thrombose und Lungenembolie verwendet [4]. Dabei wird die Kenntnis der intracellularen Lokalisierung von ^{111}In in den Blutkomponenten vorausgesetzt. In allen diesen Untersuchungen stellt die relativ schwache Bindung von Indium ein Problem dar.

Der Vorteil der Methode der gestörten Winkelkorrelation im Vergleich zur NMR liegt in der sehr geringen notwendigen Konzentration von Sondenatomen ($10^{-6} - 10^{-12}$). Die Orientierung der Atomkerne wird nicht durch die Temperatur, d.h. den Boltzmann-Faktor, beeinflußt. Ebenfalls werden keine Hochfrequenzströme benötigt, so daß der Skineffekt nicht auftritt.

Der Nachteil ist der Einsatz radioaktiver Sondenatome mit metastabilen Zuständen von Lebensdauern im Nanosekundengebiet.

Literatur

[1] BRADY, E.L.; DEUTSCH, M.; Phys. Rev. **78** (1950) 558.
[2] AEPPLI, H.; ALBERS-SCHÖNBERG, H.; BISHOP, A. S.; FRAUENFELDER, H.; HEER, E.; Helv. phys. Acta **25** (1952) 339.
[3] ANDREEFF, A.; HUNGER, H.-J.; UNTERRICKER, S.; phys. status solidi (b) **66** (1974) K23.
[4] PANDIAN, S.; MATHIAS, C.J.; WELCH, M.J.; Internat. J. appl. Radiation and Isotopes **33** (1982) 33.

Zeeman-Effekt

Der niederländische Physiker PIETER ZEEMAN entdeckte 1896, daß die Frequenzen der Atomspektrallinien beeinflußt werden, wenn ein äußeres Magnetfeld auf die Atome einwirkt[1]. Dieser Effekt, der 1895 von H.A. LORENTZ im Rahmen der klassischen Elektronentheorie vorausgesagt worden war, ist somit in seiner ursprünglichen Form eine magnetooptische Erscheinung. Im Jahre 1913 gelang es J. STARK, den analogen elektrooptischen Effekt, also die Aufspaltung der Spektrallinien bei Einwirkung eines äußeren elektrischen Feldes auf Atome, zu finden. Beide Effekte haben breite Anwendung in der Spektroskopie gefunden. Durch den *Zeeman-Effekt* wurde experimentell gezeigt, daß die Spektrallinien von Atomen durch Elektronenübergänge zwischen entsprechenden Energieniveaus der Atomhülle entstehen.

Sachverhalt

Unter dem Zeeman-Effekt versteht man die Verschiebung bzw. Aufspaltung der Energieniveaus in Atomen, Molekülen und Festkörpern unter dem Einfluß eines äußeren homogenen und zeitlich konstanten Magnetfeldes. Diese Aufspaltung entsteht durch die Wechselwirkung des magnetischen Dipolmoments μ eines Teilchens mit dem anliegenden Magnetfeld der Induktion B, die durch die *Zeeman-Energie*

$$E_{ZE} = -\mu \cdot B \qquad (1)$$

beschrieben wird. Die *Zeeman-Aufspaltung* der Spektrallinien ist nur sehr gering. So spaltet die Cadmiumlinie der Wellenlänge $\lambda = 643{,}8$ nm in einem Magnetfeld von $B = 10$ T in drei Linien auf, bei denen die

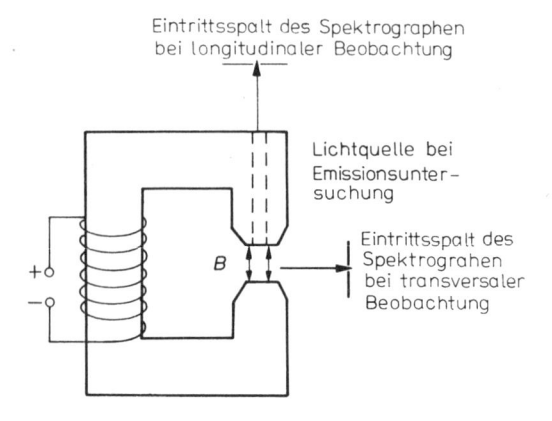

Abb. 1 Anordnung zum Nachweis des Zeeman-Effekts bei longitudinaler bzw. transversaler Beobachtung zum Magnetfeld B. Die longitudinale Beobachtung wird durch eine Bohrung durch den Magneten ermöglicht.

[1] ZEEMAN, P.: Amsterdam Akad. **6** (1897), 13, 99, 260.

beiden äußeren Linien nur einen Abstand von etwa 0,8 nm voneinander haben. Zum Nachweis des Zeeman-Effektes in der optischen Spektroskopie sind deshalb starke Magnetfelder und Spektralapparate mit hohem Auflösungsvermögen (Gitter- oder Interferenzanordnungen) erforderlich. Das Schema der experimentellen Anordnung zur Beobachtung des Effektes im optischen Gebiet ist in Abb. 1 dargestellt. Es ist zu unterscheiden zwischen transversaler und longitudinaler Beobachtung. Der Effekt ist sowohl in Emission als auch in Absorption nachweisbar.

Kennwerte, Funktionen

Die vollständige Erklärung aller mit dem Zeeman-Effekt in Verbindung stehenden Erscheinungen kann nur durch eine quantenmechanische Behandlung erfolgen [1, 2]. Das magnetische Moment μ eines Teilchens ist mit dem Drehimpuls ($\hbar J$) des Teilchens nach der Beziehung

$$\mu = \gamma \hbar J \quad (2)$$

verbunden, wobei $h = \hbar \cdot 2\pi$ das Plancksche Wirkungsquantum und γ das gyromagnetische Verhältnis ist. Vereinbarungsgemäß wird der Drehimpuls in Einheiten von $\hbar$ gemessen, so daß J dimensionslos ist. Der Drehimpuls kann ganz- oder halbzahlig sein. In einem homogenen statischen Magnetfeld führt der Elementarmagnet μ die sogenannte Larmor-Präzession mit der Winkelgeschwindigkeit

$$\omega_L = |\gamma| \cdot B \quad (3)$$

um die Richtung von B derart aus, daß der Winkel zwischen μ und B konstant bleibt. Die Quantenmechanik besagt, daß der Drehimpuls eines Systems gequantelt ist: der Drehimpulsvektor J stellt sich bezüglich einer ausgezeichneten Richtung (im Falle des Zeeman-Effektes die Magnetfeldrichtung) so ein, daß seine Komponente in dieser Richtung die Größe $\hbar M_J$ hat, wobei M_J die $(2J+1)$ Werte $-J, -J+1 \ldots (J-1), J$ annehmen kann. Somit besitzen der Drehimpuls und das damit verbundene magnetische Moment in einem äußeren homogenen statischen Magnetfeld $(2J+1)$ diskrete Einstellmöglichkeiten (Richtungsquantisierung). Für die Zeeman-Energie (1) erhält man $(2J+1)$ unterschiedliche Werte, und das Energieniveau, charakterisiert durch J, spaltet in $(2J+1)$ Subniveaus auf.

Bei Elektronen der Atomhülle ist J der Gesamtdrehimpuls, der sich aus den Bahndrehimpulsen und den Eigendrehimpulsen (Elektronenspins) vektoriell zusammensetzt. Für leichte Atome gilt die Russel-Saunders- oder L-S-Kopplung, bei der zunächst die einzelnen Bahndrehimpulse und Spins zu einem Gesamtbahndrehimpuls L bzw. Gesamtspin S koppeln und dann erst diese zu J zusammengesetzt werden; dabei ist J mindestens gleich dem Betrag $|L-S|$ der Differenz bei Antiparallelstellung und höchstens gleich der Summe $L+S$ bei Parallelstellung von L und S. Die Energieniveaus der Elektronenhülle unterscheiden sich nach den Werten für J, L und S und ordnen sich als Terme von Multipletts $^{2S+1}L_J$. Im Falle eines schwachen Magnetfeldes zeigt die Quantentheorie, daß jeder einzelne Term eines Feinstruktur-Multipletts mit $J \neq 0$ in $(2J+1)$ äquidistante Niveaus entsprechend der Beziehung

$$E_{JLM_J} = E_{JL} + g\mu_B B M_J; \quad g\mu_B/\hbar = \gamma \quad (4)$$

aufspaltet. E_{JL} ist die Energie des Terms ohne Einwirkung eines Magnetfeldes, $\mu_B = e\hbar/2m_e = (9{,}274078 \pm 0{,}000036) \, 10^{-24} \, \text{JT}^{-1}$ ist das Bohrsche Magneton und

$$g = \frac{3J(J+1) + S(S+1) - L(L+1)}{2J(J+1)} \quad (5)$$

der *Landé-Faktor*. In Tabelle 1 sind einige Landé-Faktoren angegeben. Schwaches Magnetfeld bedeutet, daß die Aufspaltung der Energieniveaus im Magnetfeld klein gegen die Feinstrukturaufspaltung ist. Für die Elektronenübergänge zwischen den Niveaus gelten die Auswahlregeln $\Delta M_J = \pm 1, 0$ und $\Delta L = \pm 1$.

Tabelle 1 Landé-Faktoren
$$g = \frac{3J(J+1) + S(S+1) - L(L+1)}{2J(J+1)}$$

Spinsingulett $S=0$	L bel.		$g=1$
Spindublett $S=1/2$	L	J	g
	0	1/2	2
	1	1/2	2/3
	1	3/2	4/3
	2	3/2	4/5
	2	5/2	6/5
Spintriplett $S=1$	L	J	g
	0	1	2
	1	1	3/2
	1	2	3/2
	2	1	1/2
	2	2	7/6
	2	3	4/3
Spinquartett $S=3/2$	L	J	g
	0	3/2	2
	1	1/2	8/3
	1	3/2	26/15
	1	5/2	8/5

Für Zustände mit dem Gesamtspin $S = 0$ und damit $J = L$ (Singuletterme bei Atomen mit einer geraden Anzahl von Elektronen) ist $g = 1$. Der Abstand zwischen benachbarten Niveaus ist dann $\Delta E = \mu_B B$. Das entspricht dem *normalen Zeeman-Effekt* (Abb. 2), der z. B. in den Atomspektren von Zink und Cadmium beobachtet wird. Charakteristisch für den normalen Zeeman-Effekt ist die Aufspaltung in drei Linien, die ohne den Elektronenspin erklärt werden kann. Bei longitudinaler Beobachtung werden nur die beiden σ-Komponenten beobachtet, die zirkular polarisiert

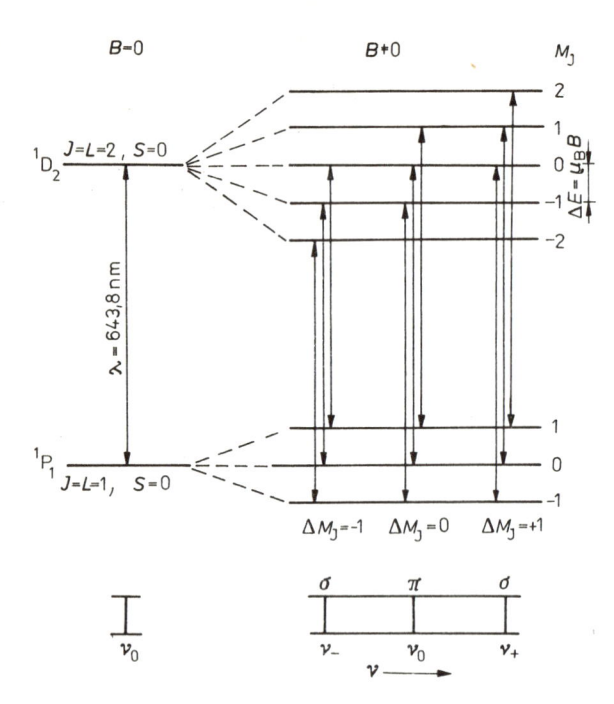

Abb.2 Normaler Zeeman-Effekt: Termschema der Cadmiumspektrallinie $\lambda = 643{,}8$ nm

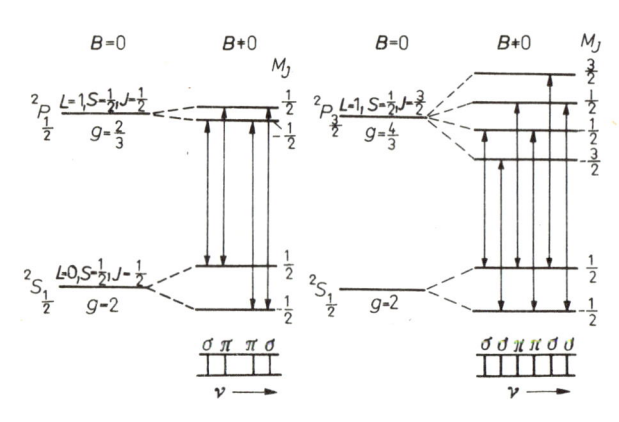

Abb.3 Anomaler Zeeman-Effekt: Termschema des Natrium-D-Dubletts; $^2P_{1/2} \leftrightarrow {}^2S_{1/2}$: $\lambda_{D_1} = 589{,}5930$ nm, $^2P_{3/2} \leftrightarrow {}^2S_{1/2}$: $\lambda_{D_2} = 588{,}9963$ nm

sind. Bei transversaler Beobachtung ergeben sich drei linear polarisierte Komponenten, wobei die beiden äußeren Linien senkrecht und die mittlere unverschobene π-Linie parallel zum Magnetfeld polarisiert sind.

Beim *anomalen Zeeman-Effekt* sind sowohl das Bahnmoment als auch das Spinmoment der Elektronen beteiligt. Die g-Faktoren der einzelnen Terme unterscheiden sich im allgemeinen voneinander, und das Aufspaltungsbild wird komplizierter (Abb. 3). Die Landé-Faktoren einiger Terme sind in der Tabelle zusammengestellt.

In sehr starken Magnetfeldern geht der anomale Zeeman-Effekt in den sogenannten *Paschen-Back-Effekt* über. Die Kopplung an das äußere Feld wird so stark, daß die innere Kopplung zwischen L und S zerstört wird. Die auf der Spin-Bahn-Wechselwirkung beruhende Multiplettaufspaltung ist dann klein gegenüber der Wechselwirkungsenergie im äußeren Magnetfeld. Der Bahndrehimpuls L und der Spin S präzedieren deshalb unabhängig voneinander um die Magnetfeldrichtung. Die Zeeman-Energie nimmt die möglichen Werte $\mu_B(M_L + 2M_S)B$ an, mit $-L \leq M_L \leq L$ und $-S \leq M_S \leq S$.

Der Zeeman-Effekt setzt die Existenz von magnetischen Momenten voraus, also ist ein solcher Effekt auch für ein System zu erwarten, das einen Kernspin I und damit verbunden ein magnetisches Kernmoment besitzt. Es handelt sich dann um den *Kern-Zeeman-Effekt*, dessen Aufspaltung durch

$$E_{IM_I} = E_I - g_N \mu_K B M_I; \quad \gamma_K = g_K \mu_K / \hbar \qquad (6)$$

gegeben ist.

$\mu_K = e\hbar/2M = (5{,}050824 \pm 0{,}000020) \cdot 10^{-27}$ JT^{-1} *ist das Kernmagneton*, g_K der Kern-g-Faktor und M die Protonenmasse. M_I kann die $(2I+1)$ Werte $-I, -I+1, \ldots, I-1, I$ annehmen.

Anwendungen (siehe *Magnetische Resonanz*)

Der Zeeman-Effekt spielt eine wichtige Rolle in der Analyse von Atomspektren.

Das umfangreiche Gebiet der Magnetischen Resonanz baut auf diesem Effekt auf.

Die unterschiedliche Polarisation der Zeeman-Komponenten wird beim *optischen Pumpen* und in *Doppelresonanzverfahren* (Anregung mit Licht und Hochfrequenzstrahlung) ausgenutzt. Dabei kann man durch eine geeignet gewählte Polarisation des Anregungslichtes selektiv einzelne Zeeman-Niveaus bevölkern und so eine Spin-Orientierung der Atome erzeugen (siehe *Hanle-Effekt*).

Literatur

[1] Dawydow, A. S.: Quantenmechanik. – Berlin: VEB Deutscher Verlag der Wissenschaften 1981.
[2] van den Bosch, J. C.: The Zeeman-Effect. In: Handbuch der Physik. Hrsg.: S. Flügge – Berlin/Göttingen/Heidelberg: Springer-Verlag 1957. Bd. 28, S. 296–332.

Elektrische
und elektromagnetische Effekte

Akustoelektrischer Effekt

Der akustoelektrische Effekt wurde 1953 von PARMENTER [1] vorausgesagt. An der Weiterentwicklung der Theorie dieses Effektes hat neben PARMENTER [2] vor allem WEINREICH [3] maßgebend Anteil; erste experimentelle Ergebnisse wurden von WEINREICH, SANDERS und WHITE [4] vorgelegt.

Als akustoelektrischer Effekt wurde dabei das Entstehen eines Gleichstroms bei Durchgang einer akustischen Welle durch ein leitendes Medium verstanden.

Heute interessiert unter den akustoelektrischen Effekten vor allem der umgekehrte Vorgang: Die Erzeugung bzw. Verstärkung akustischer Wellen durch Stromdurchgang in Halbleitern, die erstmalig experimentell an dem piezoelektrischen Photoleiter CdS nachgewiesen wurde [5].

Sachverhalt

Legt man an einen Halbleiter der Länge L eine so große Spannung U, daß die Driftgeschwindigkeit $v_d = \mu \cdot F$ der Ladungsträger mit der Beweglichkeit μ im elektrischen Feld $F = U/L$ größer als die Schallgeschwindigkeit c_S in diesem Halbleiter wird, so werden in Richtung des elektrischen Stromes laufende Schallwellen verstärkt. Es handelt sich um ein Analogon zur Wanderfeldröhre in der Vakuumelektronik oder auch im gewissen Sinne um einen Phononenlaser [6]. Die Emission der Schallquanten erfolgt im Gegensatz zur Phononenemission beim üblichen Leitungsprozeß, wo nur Wärme erzeugt wird, kohärent.

Ebenso bestehen teilweise Analogien zur Čerenkov-Strahlung.

Der akustoelektrische Effekt ist um so ausgeprägter, je stärker die Kopplung zwischen der Elektronendichtewelle und dem Kristallgitter ist. Darum haben piezoelektrische Halbleiter hier eine besondere Bedeutung [7]. Aber auch in Elementhalbleitern, insbesondere bei Vieltalstruktur wie in Ge tritt dieser Effekt auf [8]. Bei den benötigten Feldstärken entsteht gewöhnlich eine Aufheizung der Träger, deshalb darf die benötigte Feldstärke nicht ohne weiteres aus der Nullfeldbeweglichkeit berechnet werden [9]. Nichtlinearitäten in der Stromspannungskennlinie und Instabilitäten werden auch durch das Einsetzen des akustoelektrischen Effektes selbst bedingt [10].

Kennwerte, Funktionen

Es wird der klassisch behandelbare piezoelektrische Halbleiter mit nur einer Ladungsträgersorte betrachtet. Ausgangspunkt sind die Zustandsgleichungen für das Piezoelektrikum

$$\mathbf{T} = c\mathbf{S} - e\mathbf{F}, \quad (1)$$
$$\mathbf{D} = e\mathbf{S} + \epsilon \mathbf{F}, \quad (2)$$

hierin sind $\mathbf{T}$ der Spannungs- und $\mathbf{S}$ der Dehnungstensor zweiter Stufe, c der Tensor 4. Stufe der elastischen Konstanten, e der piezoelektrische Tensor 3. Stufe, ϵ der dielektrische Tensor 2. Stufe, $\mathbf{D}$ bzw. $\mathbf{F}$ der elektrische Verschiebungs- bzw. Feldvektor. Aus der Raumladungsgleichung div $\mathbf{D} = -q\Delta n$ und der Bilanzgleichung für die Ladungsträgerkonzentration $n = n_0 + \Delta n$ folgt eine Gleichung

$$\frac{\partial}{\partial x}\left(qn_0\,\mu F_1 - \mu \frac{\partial D}{\partial x} F_0 - D_n \frac{\partial^2 D}{\partial x^2}\right) = -\frac{\partial^2 D}{\partial t \partial x}, \quad (3)$$

die zunächst $D(x,t)$ mit dem elektrischen Feld $F = F_0 + F_1 = F_0 + F_{10}\exp[i(kx - \omega t)]$ verknüpft. F_0 ist das von außen angelegte Feld, F_1 und Δn werden als so klein angenommen, daß die in Gl. (3) erfolgte Linearisierung zulässig ist. Für D und S werden analoge Ansätze wie für F gemacht.

Mit der Lösung von (3) und (2) erhält man einen Zusammenhang zwischen F_1 und S_1, der dann in (1) eingehen kann. Aus der Bewegungsgleichung

$$\varrho \frac{\partial^2}{\partial t^2} S_{ij} = \frac{\partial^2}{\partial x_j \partial x_k} T_{ik} \quad (4)$$

folgt dann die Wellengleichung für $\mathbf{S}$. Für die ebene Welle S_1 findet man aus dem komplexen Ausbreitungsvektor $k_s = (\omega/c_s) + i\alpha_e$ eine Verstärkung, wenn der akustoelektrische Schwächungskoeffizient

$$\alpha_e = \frac{K^2 \omega_0}{2 c_s} \frac{\gamma}{\gamma^2 + (\omega_0/\omega + \omega/\omega_0)^2} < 0. \quad (5)$$

Hier sind $K^2 = e^{*2}/\varepsilon c^*$, $\gamma = (c_s - v_d)/v_s$; $\omega_0 = qn_0 u/\varepsilon$; $D = c_s^2/D_n \cdot c^*$ und e^* sind aus den Polarisationsrichtungen $\vec{\pi}$ der akustischen, $\vec{\chi}$ der hier longitudinalen elektrischen Welle sowie c und e gemäß $c^* = \pi_i \chi_j C_{ijke} \pi_k \chi_e$ bzw. $e^* = \chi_i c_{ijk} \pi_j \chi_k$ zu bilden [7]. Für longitudinale akustische Wellen in Richtung der c-Achse beträgt in ZnO $K^2 = 0{,}12$ und in CdS $K^2 = 0{,}025$. Für Scherungswellen, die sich in einer 30° zur c-Achse geneigten Richtung ausbreiten, gilt $K^2 = 0{,}14$ bzw. $0{,}057$; senkrecht zur c-Achse $0{,}038$ bzw. $0{,}035$.

Es ist zu beachten, daß auch nichtelektrische Verluste auftreten, die in (5) nicht berücksichtigt wurden. Wird $2\pi/k_s$ größer als die freie Weglänge der Elektronen, so gilt die hier angedeutete Behandlung nicht mehr.

Bei Umkehrung des soeben betrachteten Effektes kommt eine akustoelektrische Stromdichte I_{ae} zustande. Es gilt die Weinreich-Beziehung [11]

$$I_{ae} = 2\,ud_e W, \quad (6)$$

mit der akustischen Energiedichte W im Halbleiter. Entsprechend ergibt sich das akustoelektrische Feld

$$F_{ae} = 2\alpha_0 W/qn_0. \quad (7)$$

Handelt es sich bei der akustischen Welle um eine Oberflächenwelle, so sind die Zusammenhänge komplizierter. Die Verringerung der Wellenamplitude mit zunehmender Eindringtiefe führt dazu, daß der akustoelektrische Effekt vorwiegend an der Oberfläche wirkt. Untersuchungen von GULJAJEW [12] zeigen, daß ein weiterer, senkrecht zur Oberfläche gerichteter akustoelektrischer Strom zustande kommt und Oszillationen auftreten. Diese Oszillationen der akustoelektrischen Ströme bewirken Kreisströme und folglich ein magnetisches Moment.

Experimentelle und berechnete Werte des Schwächungskoeffizienten α_e für Scherungswellen in CdS bei 300 K für 50 MHz und eine aktive Länge des Kristalls von 0,245 cm [13]:

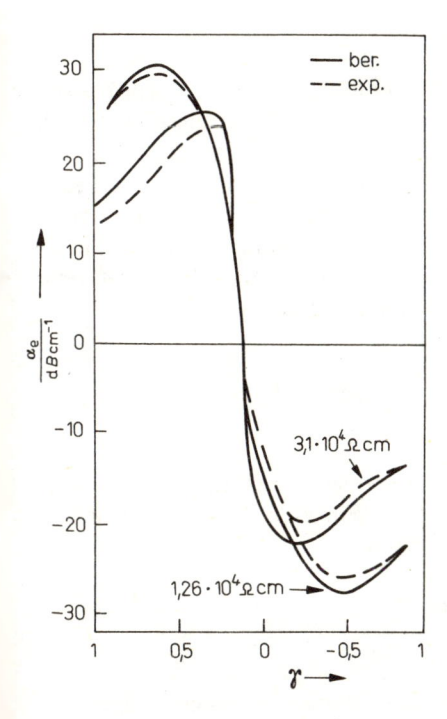

Abb. 1

lithischen AOW-Verstärkers wieder. Da akustische Oberflächenwellen auf einem piezoelektrischen Material von einem elektrischen Feld begleitet werden, das auch oberhalb der freien Substratoberfläche existiert, ist es möglich, die Ausbreitungsmedien für die AOW (z. B. LiNbO$_3$) und den elektrischen Strom (z. B. InSb) zu trennen. Als Dielektrikum dient ein Luftspalt oder eine dünne Oxidschicht [16]. Akustische Oberflächenwellen finden heute z. B. in Fernseh-Zwischenfrequenzfiltern und Verzögerungsleitungen verbreitet Anwendung, so daß eine technisch akzeptable Lösung der akustoelektrischen Verstärkung zu integrierten aktiven akustoelektronischen Bauelementen führen könnte.

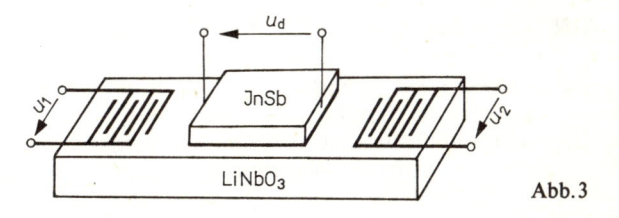

Abb. 2

Abb. 3

Als Beispiel für mögliche Signalverarbeitungsbauelemente mag der AOW-Konvolver [17] dienen. Er ermöglicht neben der Faltung zweier Signale auch die Verstärkung der Konvolution, da in ihm sowohl die Wechselwirkungen zwischen zwei akustischen Oberflächenwellen als auch zwischen AOW und Ladungsträgern ausgenutzt werden. Mögliche Materialkombinationen sind CdS$_e$ und L$_i$NbO$_3$. Eine ausführliche Übersicht zu AOW-Bauelementen und der möglichen Nutzung der akustoelektronischen Verstärkung gibt [18].

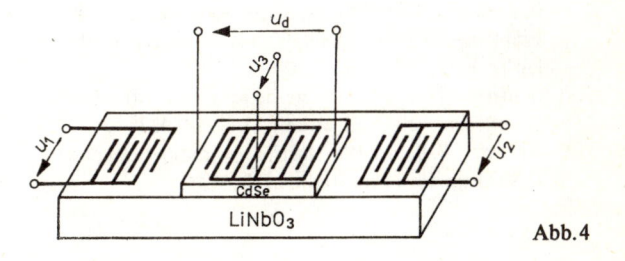

Anwendung

Der akustoelektrische Effekt wurde bislang vorwiegend zur Verstärkung und Verarbeitung elektrischer Signale angewendet. Eine breite Anwendung in der Elektronik steht gegenwärtig noch aus.

Nach Obigem ist das Prinzip des monolithischen Verstärkers naheliegend, mit dem sich sowohl Volumen [14] als auch Oberflächenwellen [15] verstärken lassen. Bei akustischen Oberflächenwellen (AOW) läßt sich die Ankopplung der elektrischen Signale an das elastische Wellenfeld durch Interdigitalwandler leicht und verlustarm bewerkstelligen. Die folgende Abbildung gibt den prinzipiellen Aufbau eines mono-

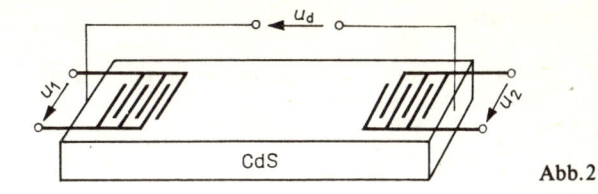

Abb. 4

Mit der Weiterentwicklung der Akustoelektronik [19, 20], international auch oft als Mikroakustik bezeichnet, werden auch weitere Anwendungsmöglichkeiten des akustoelektrischen Effektes, bis hin zur CCD-Speichertechnik und Optoelektronik, entstehen.

Literatur

[1] PARMENTER, R. H.: The acousto-electric effect. Phys. Rev. **89** (1953) 990–998.

[2] PARMENTER, R. H.: Acoustoelectric effect. Phys. Rev. **113** (1959) 102–109,

[3] WEINREICH, G.: Acoustodynamic effect semiconductors. Phys. Rev. **104** (1956) 321–324.

[4] WEINREICH, G.; SANDERS, T. M.; WHITE, H. G.: Acoustoelectric effect in n-type germanicum. Phys. Rev. **114** (1959) 33–44.

[5] HUTSON, A. R.; MCFEE, J. H.; WHITE, D. L.: Ultrasonic ampfication in CdS. Phys. Rev. Letters **7** (1961) 237–239.

[6] PROHOFSKY, E. W.: Simulated phonon emission by supersomic electrons and collective phonon propagations. Phys. Rev. **134** (1964) A 1302–A 1312.

[7] MEYER, N. I.; JÖRGENSEN, M. H.: Acoustoelectric effects in piezoelectric semiconductors with main emphasis on CdS and ZnO. In: Festkörperprobleme. Hrg.: O. MADELUNG. – Berlin: Akademie-Verlag 1970, S.21–124.

[8] POMERANTZ, M.: Amplification of microwave phonons in germanium. Phys. Rev. Letters **13** (1964) 308–310.

[9] CONWELL, E. M.: Amplification of acoustic waves at microwave frequencies. Proc. IEEE **52** (1964) 964–965.

[10] YAMASCHITA, I.; ISHIGURO, T.; TANAKA, T.: Jap. J. appl. Phys. **4** (1965) 470–471.

[11] WEINREICH, G.: Ultrasonic attenuation by free carriers in germanium. Phys. Rev. **107** (1957) 317–318.

[12] LJAMOV, W. E.; SULEJMANOV, S. CH.: Akustoelektričeskie effekty na uprugich poverchnostnye volnach. In: Uprugie Poverchnostnye Volny. – Novosibirsk: Verlag Nauka 1974, S.38.

[13] WHITE, D. L.; HANDELMANN, E. T.; HANLON, J. T.: Proc. IEEE **53** (1965) 2157.

[14] WHITE, D. L.: Amplification of ultrasonic waves in piezoelectric semiconductors. J. appl. Phys. **33** (1962) 2547–2554.

[15] TSENG, C. C.: Propagation and amplification of surface elastic waves on hexogonal piezoelectric crystals. Ph. D. Diss. Univ. of Calif. Berkeley 1966.

[16] LAKIN, K. M.: Acoustoelectric surface wave amplification. Ph. D. Diss. Stanford Univ. 1970.

[17] SOLLE, L. P.: Acoustic surface wave convolver with bidirectional amplification. Appl. Phys. Letters **25** (1974) S.7–10.

[18] KOEPP, S.; FRÖHLICH, H.-J.: Grundlagen und Anwendungen der Oberflächenwellen – Akustoelektronik. In: Probleme der Festkörperelektronik. – Berlin: VEB Verlag Technik 1976. Bd.8, S.220–300.

[19] SCHMITT, E. J.: Signalverarbeitung mit akustischen Oberflächenwellen. Elektronik **23** (1974) 433–436.

[20] RECICKIJ, V. I.: Akusto-elektronnye radio-komponenty. – Moskau: Sovetskoe Radio 1980.

Akustooptischer Effekt

Der akustooptische Effekt ist die Beugung oder Streuung von Licht an einer durch ein transparentes elastisches Material laufenden Schallwelle.

Die Wechselwirkung von Licht mit Schallwellen wurde 1922 von L.BRILLOIN [1] vorausgesagt. 1932 gelang es P.DEBYE und F.W.SEARS [2] nachzuweisen, daß Lichtwellen beim Durchgang durch eine zu elastischen Schwingungen angeregte Flüssigkeit gebeugt werden, da die periodischen Dichtemaxima und -minima wie ein Beugungsgitter wirken. Seit mit dem Laser eine kohärente Lichtquelle zur Verfügung steht und dank der Akustoelektronik die Erzeugung akustischer Wellen im Mikrowellenbereich möglich wurde, besteht an der technischen Anwendung größeres Interesse.

Sachverhalt

Breitet sich eine akustische Welle in einem Material aus, so bewirkt die Teilchenauslenkung eine Verdichtung bzw. Verdünnung des Substrats im betroffenen Abschnitt. Die periodischen Deformationen führen zu lokal differenten Brechungsindices. Eine ebene Schallwelle der Frequenz f, die sich im Substrat in x-Richtung mit der Geschwindigkeit V_a ausbreitet, verursacht eine Änderung des Brechungsindex von

$$\Delta n(x,t) = \Delta n \sin\left(\omega t - \frac{\omega}{V_a} x\right) \qquad (1)$$

mit $\omega = 2\pi f$.

Es entsteht somit ein sich bewegendes Phasengitter, an dem unter dem Winkel Θ auftreffende optische Wellen gebeugt werden:

$$\Theta_m = \arctan\left(\tan\Theta - m\frac{c}{V_a \cos\Theta}\right), \qquad (2)$$

m = Beugungsordnung = $\pm 0, 1, 2, \ldots$,
und die zudem eine Frequenzänderung erfahren:

$$\gamma_m = \gamma + m\frac{f}{V_a}. \qquad (3)$$

Kennwerte, Funktionen

Mit Hilfe des Kriteriums

$$Q = \frac{2\pi \lambda \cdot L}{\Lambda^2 \cos\Theta}, \qquad (4)$$

Λ = Akustische Wellenlänge, L = Breite der akustischen Welle, unterscheidet man zwei Fälle:

1. Für $Q \ll 1$ gilt die von RAMAN und NATH [3] gefundene Lösung [4]:

Tabelle 1   Konstanten einiger Materialien für die Akustooptik bei λ = 633 nm (nach [5])
R_t Durchlässigkeitsbereich, Γ akustische Dämpfung, L longitudinale Schallwelle, S Scherwelle

Material	R_t/μm	Art der Schallwelle	$v/10^5 cms^{-1}$	$\Gamma/dBcm^{-1}GHz^{-2}$	n	$M/10^{-18}s^3g^{-1}$
Quarzglas	0,2…4,5	L	5,96	12	1,457	1,56
PbMoO$_4$	0,42…5,5	L	3,63	15	2,386	36,1
TeO$_2$	0,35…5	S	0,616	290	2,26	793
LiNbO$_3$	0,4…4,5	L	6,57	0,15	2,20	7,0
Wasser	0,2…0,9	L	1,49	2400	1,33	126
Te	5…20	L	2,2	60	4,8	4400

(bei λ = 10,6 μm)

$$I_m = J_m^2\left(Z\frac{\sin\frac{\pi L \tan\Theta}{\Lambda}}{\frac{\pi \cdot L \cdot \tan\Theta}{\Lambda}}\right) \qquad (5)$$

mit J_m Bessel-Funktion m-ter Ordnung und

$$Z_\perp = \frac{2\pi \cdot L}{\lambda \cdot \cos\Theta} \cdot \frac{\Delta n}{n},$$

$$Z_\parallel = \frac{2\pi \cdot L}{\lambda \cos\Theta}\cos 2\Theta \cdot \frac{\Delta n}{n} \qquad (6)$$

für Polarisation des Lichts senkrecht bzw. parallel zur Einfallsebene.

2. Im Fall $Q \gg 1$ ist die Intensität des gebeugten Lichts stark vom Einfallswinkel abhängig. Sie erreicht ihr Maximum für

$$\sin\Theta_B = \frac{\lambda}{2\Lambda} \quad \text{(Bragg-Bedingung)}. \qquad (7)$$

Die Intensität höherer Beugungsordnungen ist dann vernachlässigbar klein, und es tritt neben der 0. nur noch eine 1. Beugungsordnung auf. Für deren Intensität gilt [4]:

$$I_1 = \left(\frac{Z}{2\sigma}\right)^2 \sin\sigma \qquad (8)$$

mit

$$\sigma^2 = \left[\frac{\pi L}{\Lambda \cos\Theta}(\sin\Theta - \sin\Theta_B)\right]^2 + \left(\frac{Z}{2}\right)^2, \text{ für } \Theta \text{ nahe } \Theta_B. \qquad (9)$$

Eine für die Intensität des gebeugten Lichts wesentliche Größe ist die erreichbare Brechzahlmodulation Δn. Sie wird durch den akustooptischen Gütefaktor eines Substrats

$$M = \frac{n^6 p^2}{\varrho V^3}, \qquad (10)$$

ϱ = Dichte, p = fotoelastische Konstante, bestimmt [4]:

$$\Delta n = \left(\frac{M \cdot P_a}{2HL}\right)^{1/2}, \qquad (11)$$

P_a = akustische Leistung, $H \cdot L$ = Querschnitt des Schallfeldes senkrecht zur Ausbreitungsrichtung.
Die Tabelle 1 zeigt wichtige Materialkonstanten einiger akustooptischer Materialien.

Anwendungen

Deflektorzelle. Ein Laserstrahl fällt in das von einer akustischen Welle durchlaufene Substrat ein und wird an dem Phasengitter in verschiedenen Ordnungen gebeugt (vgl. Gl.(2)). Es wird der Bragg-Fall angewendet, um maximale Intensität für nur eine Beugungsordnung zu erhalten (vgl. Gln. (7) und (8)). Als Substrat wird bevorzugt LiNbO$_3$ verwendet [6]. Mit der Deflektorzelle läßt sich auch ein akustooptischer Schalter realisieren.

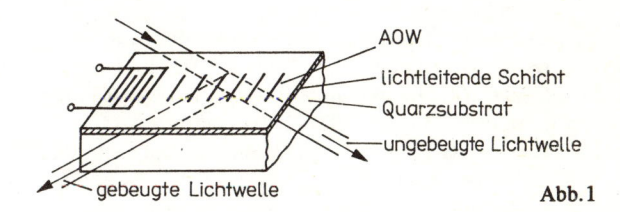

Abb. 1

Ein Teil des einfallenden Lichts wird – je nachdem ob die akustische Oberflächenwelle ausgestrahlt wird oder nicht – durch Beugung in eine durch die Parameter der Anordnung festgelegte Richtung geleitet. Wegen der sich einstellenden Frequenzänderung (vgl. Gl. (3)) lassen sich so auch Modulatoren aufbauen [7, 8].

Optisches Filter. Ein abstimmbares optisches Filter läßt sich durch Beugung von Licht an einer stehenden akustischen Welle mit veränderbarer Frequenz erhalten [9].

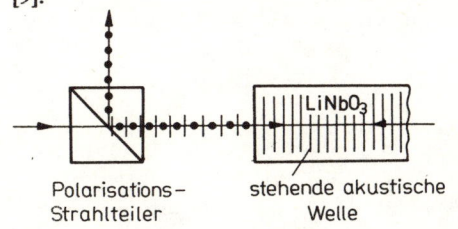

Abb. 2

Die Schallfrequenz bestimmt dabei, für welche optische Wellenlänge eine Beugung entgegen der Einfallsrichtung stattfindet. Die Doppelbrechung des verwendeten akustooptischen Materials bewirkt, daß die Polarisationsebene der reflektierten Welle um 90° gegenüber der einfallenden gedreht ist.

Frequenzverstimmung. Bei der Beugung von Licht an einer laufenden Schallwelle stellt sich gemäß Gl. (3) eine Veränderung der Lichtfrequenz ein, die durch die Größe der Schallfrequenz bestimmt ist. Die Überlagerung von frequenzverstimmter und unverstimmter Welle ergibt so ein zeitlich mit der Schallfrequenz periodisches Interferenzmuster. Das wird in der Heterodyninterferometrie ausgenutzt, um über eine elektronische Phasenmessung optische Wegdifferenzen zu ermitteln [10].

Literatur

[1] BRILLOUIN, L.: Diffusion de la lumière et des rayons X par un corps transparent homogène (Streuung von Licht und Röntgenstrahlen in einem homogenen transparenten Stoff). Ann. Phys. (Paris) 17 (1922) 88–122.

[2] DEBYE, P.; SEARS, F. W.: On the seattering of light by supersonic waves. Proc. Nat. Academy of Science 18 (1932) 409–414.

[3] NATH, N. S. N.: The diffraction of light by high frequency sound waves. – Generalized theory. Proc. Indian Acad. Sci. 4A (1937) 222–242.

[4] MAHAJAN, V. N.: Diffraction of light by sound waves Optical Science Center. University of Arizona, Tucson. Technical report 83, Juni 1974.

[5] UCHIDA, N.; NIIZEKI, N.: Acoustooptic deflection materials and techniques. Proc. IEEE 61 (1973) 1073–1092.

[6] QUATE, C. F.: Interaction of light and microwave sound Proc. IEEE 53 (1965) 1604–1623.

[7] GORDON, E. J.: A review of acoustooptical deflection and modulation devices. Proc. IEEE 54 (1966) 1391–1401.

[8] FLINCHBAUGH, D. E.: Current design considerations for bulk acousto-optic devices in deflection and modulation applications. In: Acoustic surfacs waves and acousto-optic devices. – New York: Optosonic Press 1971, S. 139–149.

[9] HARRIS, S. E.; NIAH, S. T. K.; WINSLOW, D. K.: Electronically tunable acousto-optic filter. Appl. Phys. Letters 15 (1969) 325–326.

[10] MASSIE, N. A.: Real-time digital heterodyne interferometry: A system. Appl. Optics 19 (1980) 154–160.

Elektrete

Der erste Elektret wurde 1922 von dem japanischen Physiker JOHUTSI [1] hergestellt. Bis etwa zum Jahre 1970 hatten Elektrete nur geringe technische Bedeutung, da Lebensdauer und Reproduzierbarkeit mit den bis dahin bekannten Materialien nur gering waren. Lediglich Fotoelektrete erlangten Bedeutung [2]. Seit 1970 wurden mit dem Einsatz neuer Materialien, in erster Linie polymerer Folien, viele Anwendungsgebiete für Elektrete erschlossen.

Sachverhalt

Der Elektret weist eine geordnete Struktur elektrischer Ladungsträger auf, die zur Ausbildung eines konstanten elektrischen Feldes außerhalb des Elektreten führt (Abb. 1). Er ist das elektrische Analogon des Permanentmagneten. Im Gegensatz zum Magnetismus, der nur magnetische Dipole aufweist, treten elektrische Ladungen sowohl als Monopole (Elektronen, Löcher) als auch als Dipole auf. Abbildung 2 zeigt fünf unterschiedliche Arten der Erzeugung einer dielektrischen Polarisation unter dem Einfluß eines äußeren elektrischen Feldes, und zwar atomare, Dipol-, Grenzflächen- oder Sperrschicht-, Raumladungs- und äußere oder Randschichtpolarisation nach [3]. Dielektrische Polarisation tritt unter dem Einfluß eines elektrischen Feldes bei allen Dielektrika auf. Als Elektrete bezeichnet man solche Dielektrika, bei denen die dielektrische Polarisation nach Entfernung des äußeren elektrischen Feldes über Zeiten von Minuten bis zu vielen Jahrzehnten (infolge der erst kurzen Anwendungszeit langlebiger Elektrete liegen bisher nur Abschätzungen über erreichbare Lebensdauern vor) erhalten bleibt [4]. Im Gegensatz zu Magneten kann bei der Elektretpolarisierung das elektrische Feld nicht so stark gewählt werden, daß eine Sättigung eintritt. Es kommt vorher zum elektrischen Durchbruch der Luft bzw. des Elektretmaterials. Die Elektretherstellung beruht daher vorwiegend auf Maßnahmen zur Veränderung der Beweglichkeit der Ladungsträger bzw. Dipole oder zu ihrer Erzeugung während der Elektretherstellung. So werden flüssige Materialien dem elektrischen Feld ausgesetzt und nach der erfolgten Polarisation zur Erstarrung gebracht (Schmelzen, Polymerisationsfähige Lösungen, Gefrieren von Flüssigkeiten) oder Ladungsträger in Materialien erzeugt, in denen sie praktisch keine Beweglichkeit besitzen (Foto- und andere Bestrahlungsprozesse). Auch die mechanische Erzeugung von Vorzugsrichtungen für Makromoleküle, die als Dipole wirken, durch Streckung von Folien sowie Reibung und Koronaentladungen ermöglichen Elektretherstellungsverfahren. Man unterscheidet dementsprechend [1]:

schichtpolarisation zu einer Umkehr der Polarität, da nach dem (z. B. über Isolationswiderstände) erfolgten Abfluß der positiven bzw. negativen Ladungsträger am Rand die umgekehrt gerichtete Dipolpolarisation verbleibt (Abb. 3). Ein Berechnungsmodell für Elektrete schuf SESSLER [7, 8].

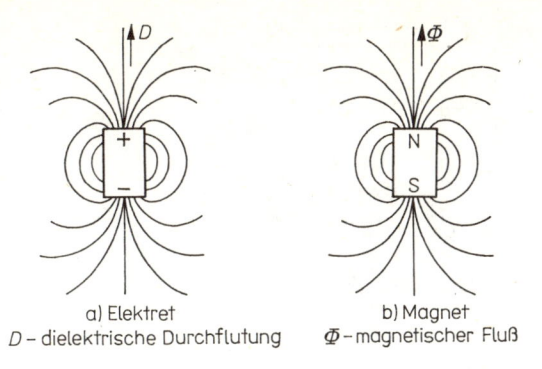

Abb. 1 Dielektrische und magnetische Durchflutung
a) Elektret, D – dielektrische Durchflutung
b) Magnet, Φ – magnetischer Fluß

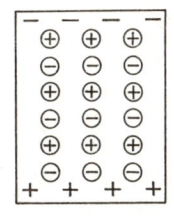

Abb. 3 Elektret mit Randflächen- und Dipolpolarisation. Bei kurzer Lebensdauer der Randflächenpolarisation erfolgt eine Polaritätsumkehr gemäß der Dipolpolarisation.

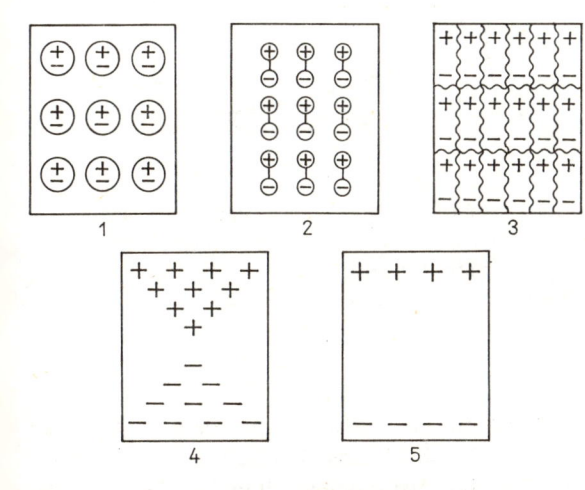

Abb. 2 Arten der dielektrischen Polarisation [3]
1 – atomare Polarisation, 2 – Dipolpolarisation,
3 – Grenzflächen- oder Sperrschichtpolarisation,
4 – Raumladungspolarisation, 5 – äußere Polarisation

- Thermoelektrete (Schmelzen und Wiedererstarren im starken elektrischen Feld, z. B. von Wachs, Paraffin, Asphalt) [5, 6];
- Mechanoelektrete (mechanische Deformationen, wie Streckung, von Polymeren);
- Triboelektrete (Reibung von Elektretoberflächen);
- Koronaelektrete (Koronaentladung an Elektretoberflächen);
- Kryoelektrete (Gefrieren organischer Lösungen im starken elektrischen Felde);
- Elektroelektrete (alleinige Einwirkung eines starken elektrischen Feldes);
- Magnetoelektrete (Einwirkung eines dem starken elektrischen Felde überlagerten magnetischen Feldes);
- Strahlungselektrete (radioaktive Bestrahlung im starken elektrischen Felde);
- Fotoelektrete (Lichtbestrahlung im starken elektrischen Felde).

Werden bei der Polarisation des Elektretes sowohl die Dipol- als auch die Randschichtpolarisation wirksam, so kommt es bei geringer Lebensdauer der Rand-

Anwendungen

Elektrete werden hauptsächlich als Flächenelektrete eingesetzt. Dabei wird durch zwei parallele Flächenelektroden, die elektrisch leitend über einen Arbeitswiderstand miteinander verbunden sind, in den Luftspalten (siehe Abb. 4) ein homogenes elektrisches Feld mit einer von der Dicke der Luftspalte abhängigen Feldstärke erzeugt. Da für die entsprechenden Anwendungsfälle meist nur eine bewegliche Elektrode benötigt wird, wird die zweite Elektrode auf den Elektreten aufgedampft, so daß $d_{A'} = 0$ wird. Die der Elektrode 2 zugewandte Fläche des Elektreten kann als Äquipotentialfläche betrachtet werden, die zur Elektrode 1 die Kapazität C_1 mit dem Elektretmaterial als Dielektrikum (Dielektrizitätskonstante $\varepsilon_0 \varepsilon_1$) und zur Elektrode 2 die Kapazität C_2 mit Luft als Dielektrikum (Dielektrizitätskonstante ε_0) bildet. Somit ergibt sich das Ersatzschaltbild nach Abb. 4b. Als virtuelle Spannung U_E auf beiden Kapazitäten ergibt sich die aus der Flächenladung ϱ des Elektreten durch Multiplikation mit der Fläche A des Elektreten bestimmte virtuelle Ladung Q_E dividiert durch die Gesamtkapazität $C_1 + C_2 = C_{ges}$:

$$U_E = \frac{\varrho A}{C_{ges}}.$$

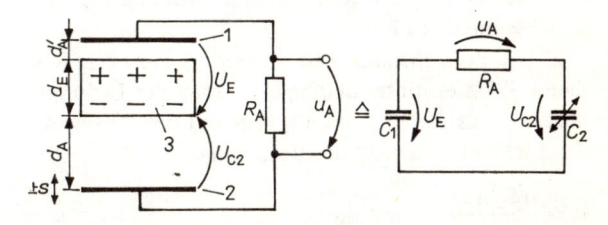

Abb. 4 Elektret in einem mechanoelektrischen Wandler
1 – Elektrode 1, 2 – Elektrode 2, 3 – Elektret

Eine Bewegung der Elektrode 2 senkrecht zur Elektretoberfläche um einen Wert Δs führt zu einer Kapazitätsänderung von C_2, wodurch eine Ladungsumverteilung zwischen C_1 und C_2 als Strom i_A durch den Arbeitswiderstand R_A erfolgt. Dieser bildet mit der Reihenschaltung der Kapazitäten C_1 und C_2 der Elektretanordnung sowie seiner Parallelkapazität C_A die Zeitkonstante

$$\tau = R_A \left(\frac{C_1 C_2}{C_1 + C_2} + C_A \right).$$

Entsprechend dem Verhältnis der Periodendauer T der mechanischen Schwingungen bzw. einmaligen Auslenkung der Elektrode 2 um $\pm \Delta s$ zur Zeitkonstante τ sind zwei Bereiche zu unterscheiden:

1. Die Zeitkonstante τ ist sehr viel größer, als T. Unter dieser Bedingung erfolgt kein Ladungsausgleich zwischen C_1 und C_2. Jede Veränderung der Kapazität C_2 führt infolge der konstanten Ladung Q_2 zu einer Spannungsveränderung u_A, die als Differenz zwischen der konstant bleibenden Spannung U_E über C_1 und der nunmehrigen Spannung $U_{C2}(\Delta s)$ über R_A abgegriffen werden kann:

$$u_A = U_{C2}(\Delta s) - U_E$$

bzw. mit $U = \frac{Q}{C}$ und $Q_{C2} = U_E A \frac{1}{\varepsilon_0 d_A}$

$$u_A = \frac{U_E A \varepsilon_0}{\varepsilon_0 d_A A} (d_A \pm \Delta s) - U_E,$$

$$u_A = \pm \frac{\Delta s}{d_A} U_E$$

bzw. für $\pm \Delta s = \widehat{\Delta s} \sin \omega t$

$$u_A = \frac{U_E}{d_A} \widehat{\Delta s} \sin \omega t.$$

U_E/d_A ist die Feldstärke zwischen Elektret und Elektrode 2, die hier als Wandlerfaktor für die Umsetzung der mechanischen Auslenkung Δs in die Spannung u_A erscheint.

Die Anwendung dieser Beziehung bzw. Anordnung ist sehr vielseitig. Sie reicht von Elektret-Kondensatormikrofonen, die sich durch Unempfindlichkeit gegen magnetische und elektrische Störfelder auszeichnen, über Tonaufnehmer, Schwingungsaufnehmer, Druckmeßkapseln bis zu elektrostatischen Lautsprechern, da der Effekt umkehrbar ist, d. h. eine entsprechende Spannungsdifferenz, die über R_A erzeugt wird, zu einer entsprechenden Kraftwirkung zwischen Elektret und Elektrode 2 führt.

2. Die Zeitkonstante τ ist kleiner als die Periodendauer T. Unter dieser Bedingung erfolgt der Ladungsausgleich als Strom i_A unmittelbar mit der Bewegung der Elektrode 2 gemäß der Beziehung

$$i_A = \frac{d C_2(\Delta s)}{dt}.$$

Die Amplitude des Stromes ist abhängig von der Geschwindigkeit der Abstandsveränderung zwischen Elektrode 2 und Elektret. Für periodische Abstandsveränderungen ergibt sich somit ein geschwindigkeitsproportionales Signal, so daß entsprechende Schwingungsaufnehmer realisiert werden können. Eine weitere Anwendung (Abb. 5) nach [4] sei noch als Beispiel angeführt. Für einen kontaktlosen Taster ist die Elektrode 2 als Stahlfeder 2 ausgeführt, die im Ruhezustand am Magneten 1 mit einer Kante anliegt. Bei Betätigung des Tasters 3 wird die Feder 2 vorgespannt, bis sie vom Magneten abreißt und auf die Elektretfolie 4 aufschlägt. Für die Aufschlagzeit gilt die Bedingung $T_A < \tau$. Somit entsteht eine Schaltflanke konstanter Amplitude unabhängig von der Betätigungsgeschwindigkeit. Die Rückflanke des Impulses wird durch die Zeitkonstante τ bestimmt, die ihrerseits kürzer als die minimale Betätigungsdauer ist. Bei Lösen der Taste ergibt sich ein Signal umgekehrter Polarität.

Der Taster zeichnet sich durch eine hohe Betätigungsgeschwindigkeit (20 Hz), lange Lebensdauer ($\geq 10^7$ Schaltspiele) und die Möglichkeit der Gewinnung mehrerer unabhängiger Ausgangsimpulse durch eine Aufteilung der Elektrode 1 in mehrere Sektoren aus. Eine umfassende Darstellung von Elektretanwendungsmöglichkeiten enthält [1]. Weitere Anwendungen siehe [9 bis 16].

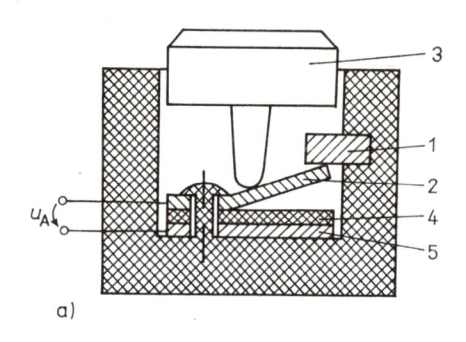

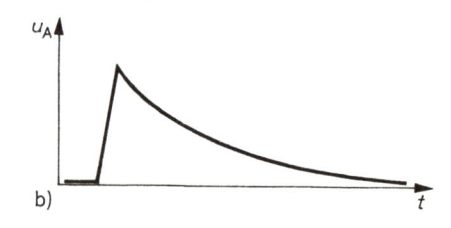

Abb. 5 Elektret-Taster
a) 1 – Permanentmagnet, 2 – Stahlfeder, 3 – Tastknopf, 4 – Elektretfolie, 5 – Gegenelektrode, ein oder mehrere elektrisch getrennte Sektoren
b) Zeitverlauf der Ausgangsspannung u_A

Literatur

[1] GUBKIN, A. N.: Élektrety. – Moskva: Isdat. Radio i svjaz' 1978.
[2] FRUDKIN, W. M.; ŽELUDEV, I. S.: Fotoeléktrety i elektrofotografičeskii proces. – Moskva: Isdat. Radio i svjaz' 1960.
[3] GROSS, B.: Der Elektret. das elektron 21/24 (1971) 385–389.
[4] EISENBLÄTTER, H.; SEMSKOW, A. P.; TAIROW, W. N.: Elektrettaster – ein Bauelement zur Dateneingabe. Nachrichtentechnik Elektronik 32 (1982) 4, 141–143.
[5] GUTMANN, F.: Rev. mod. Phys. 20 (1948) 457.
[6] EULER, J.: ETZ 71 (1950) 14, 373.
[7] SESSLER, G. M.; WEST, J. E.: J. acoust. Soc. Amer. 34 (1962) 1787.
[8] SESSLER, G. M.; WEST, J. E.: Bell. Labs. Rev., 47 (1969) 245.
[9] WERNER, E.: Kondensatormikrofone mit Elektretmembran. Funkschau (1972) 8, 267–270.
[10] GRIESE, H.-J.: Elektretmikrofonkapseln. radiomentor (1972) 8, 377–379.
[11] WEBB, R. C.; WEBB, J. R.: Capacitive electric signal device and keyboard using said device. Patent USA No. 3.653.038. 1972.
[12] Data input key apparatus, Patent Großbritannien No. 1.320.479. 1973.
[13] SESSLER, G. M.: Analysis of the operation of electret transducerssubjects to large electrode displacements. J. acoust. Soc. Amer. 55 (1974) 2, 345–349.
[14] ALJABEVA, I. I., Ustroistva dla vvoda dannych. Patent der UdSSR Nr. 582511, 1977.
[15] HACKMEISTER, D.: Focus on keyboards: The real challenge is, interfacing the computer user to the right one. Electronic design 11 (1979) 11, 169–175.
[16] HINZMANN, G.: Elektrostatische Schallwandler mit Elektretmembran. In: Taschenbuch Elektrotechnik. Hrsg. E. PHILIPOW – Berlin: VEB Verlag Technik 1978. Bd. 3, 806.
[17] BOLDADE, V.; PINTSHUK, L.: Elektretnije plastmassy. Fisika i materialovedenie – Minsk: Isdat. Nauka i Technika 1987.

Elektrokinetische Effekte

REUSS beobachtete 1807, daß das Anlegen eines Potentials an ein mit einer Flüssigkeit gefülltes Diaphragma zu einem Stromfluß führt. Diese Erscheinung gehört zu den elektrokinetischen Effekten.

Sachverhalt [1 bis 3]

Unter elektrokinetischen Effekten im weitesten Sinne versteht man das Auftreten von elektrischen Potentialdifferenzen bei der relativen Bewegung von Stoffen, die in unterschiedlichen Phasen vorliegen, sowie die relative Bewegung der Phasen beim Anlegen eines elektrischen Potentials.

Im engeren Sinne betreffen elektrokinetische Effekte die im System feinverteilter Festkörper/Elektrolytlösung auftretenden Wechselbeziehungen zwischen elektrischen und mechanischen Kräften. Phänomenologisch läßt sich diese Wechselbeziehung durch die folgenden Gleichungen beschreiben:

$$q = L_{11} \Delta p + L_{12} \Delta E, \qquad (1)$$
$$I = L_{21} \Delta p + L_{22} \Delta E \qquad (2)$$

(q = Volumenstrom der Flüssigkeit, I = elektrischer Strom, Δp = hydrostatischer Druck, ΔE = elektrische Potentialdifferenz, L_{11}, L_{12}, L_{21}, L_{22} = phänomenologische Koeffizienten). Da nach dem Onsagerschen Reziprozitätssatz

$$L_{12} = L_{21}, \qquad (3)$$

gilt

$$\left(\frac{q}{\Delta E}\right)_{p=0} = \left(\frac{I}{\Delta p}\right)_{E=0} \qquad (4)$$

und

$$\left(\frac{E}{\Delta p}\right)_{I=0} = -\left(\frac{q}{I}\right)_{p=0}. \qquad (5)$$

Beziehung (4) sagt aus, daß der durch eine elektrische Potentialdifferenz erzeugte Flüssigkeitsstrom gleich dem durch eine hydrostatische Druckdifferenz hervorgerufenen elektrischen Strom ist.

Der Mechanismus der elektrokinetischen Effekte (im engeren Sinne) beruht auf der Ausbildung elektrochemischer Doppelschichten an der Oberfläche von Festkörpern, die sich in Elektrolytlösungen befinden. Es liegt an der Phasengrenze eine andere Verteilung elektrischer Ladungsträger als im Inneren der festen bzw. flüssigen Phase vor. Eine Anreicherung von Ladungsträgern an der Phasengrenze wird an elektrischen Nichtleitern vorwiegend durch die Dissoziation von Molekülgruppen und/oder die unterschiedlich

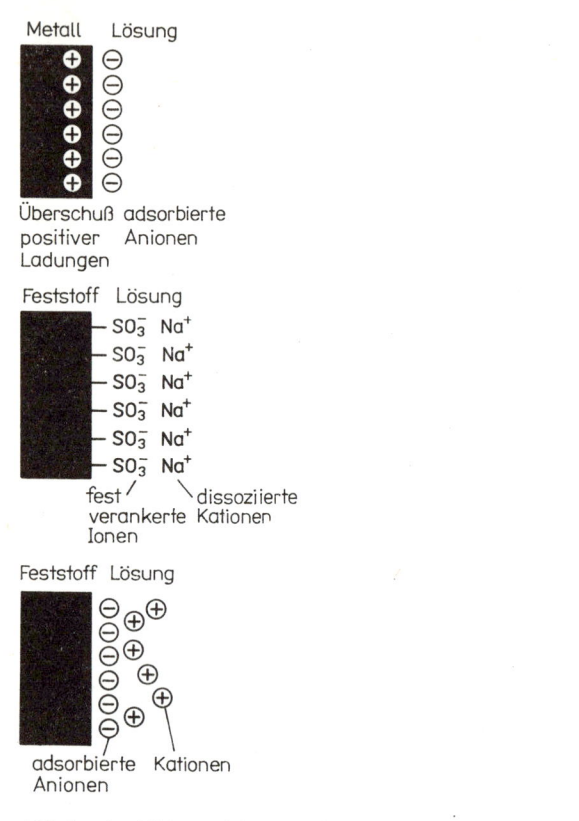

Abb. 1 Ausbildung elektrochemischer Doppelschichten an der Phasengrenze fest/flüssig

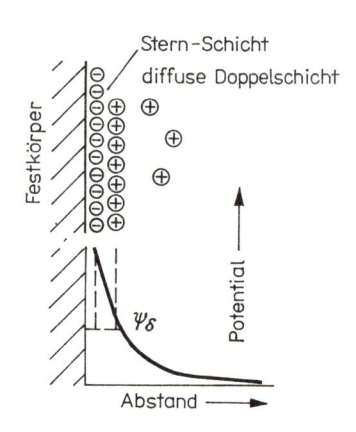

Abb. 2 Aufbau der elektrochemischen Doppelschicht nach Stern

a) Elektroosmose

b) Strömungspotential

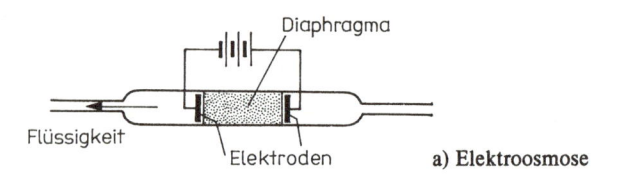

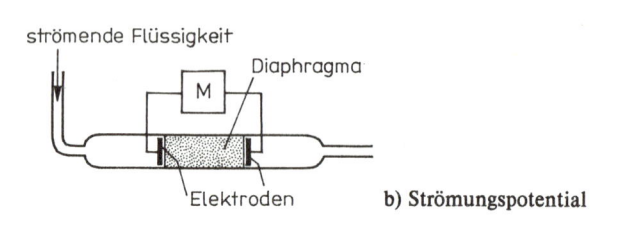

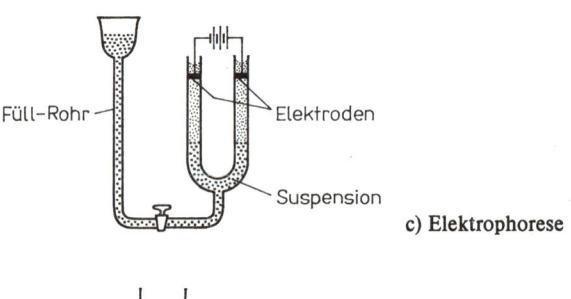

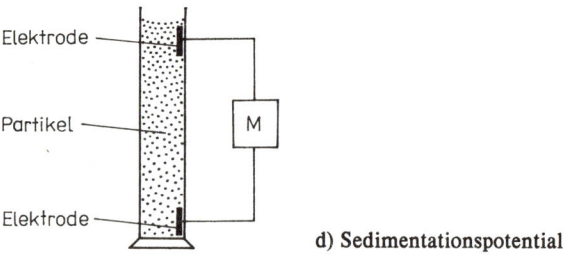

c) Elektrophorese

d) Sedimentationspotential

Abb. 3 Meßanordnungen für die elektrokinetischen Effekte

also in einen „starren" und einen „diffusen" Teil unterteilt werden [4]. In der starren oder Stern-Schicht nimmt das Potential linear mit dem Abstand ab, in der diffusen oder Gouy-Schicht exponentiell. Das Potential an der Grenze starre/diffuse Doppelschicht wird als ψ_δ- oder Stern-Potential bezeichnet. Bewegt sich eine Elektrolytlösung in einer Kapillare oder einem Kapillarbündel unter einem äußeren Druck, so verbleibt ein Teil der Ladungsträger der Doppelschicht am Festkörper, so daß eine Potentialdifferenz zwischen Anfang und Ende der Kapillaren gemessen werden kann (Abb. 3a).

Diese Potentialdifferenz wird als Strömungspotential E_p, der entsprechende elektrische Strom als Strömungsstrom I_p bezeichnet. Für die Größe dieser elektrischen Erscheinungen wurden unter den Voraussetzungen, daß

– das elektrische Potential über die gesamte Oberfläche konstant ist,

starke Adsorption von Anionen und Kationen verursacht, bei Metallen ist der Austritt von Elektronen möglich (Abb. 1).

Die Ladungen der unmittelbar an der Phasengrenze befindlichen Ladungsträger werden teils durch Gegenionen, die sich starr gegenüber den Wandladungen befinden, sowie teilweise durch Gegenionen, die sich, durch die Wärmebewegung bedingt, in größerem Abstand von der Grenzfläche befinden, kompensiert (Abb. 2). Die elektrochemische Doppelschicht kann

- der Kapillardurchmesser groß im Vergleich mit der Dicke der elektrochemischen Doppelschicht ist,
- eine laminare Strömung vorliegt,

die folgenden Beziehungen abgeleitet:

$$E_p = \frac{\zeta \cdot \varepsilon \cdot \varepsilon_0 \cdot R \cdot A \cdot \Delta p}{\eta \cdot l} = \frac{\zeta \cdot \varepsilon \cdot \varepsilon_0 \cdot \Delta p}{\eta \cdot \varkappa}, \quad (6)$$

$$I_p = \frac{\zeta \cdot \varepsilon \cdot \varepsilon_0 \cdot A \cdot \Delta p}{\eta \cdot l} \quad (7)$$

abgeleitet [5]. Dabei ist

ζ = elektrokinetisches oder Zeta-Potential,
ε = relative Dielektrizitätskonstante,
R = elektrischer Widerstand,
$\varkappa$ = spezifische elektrische Leitfähigkeit,
} der Meßlösung im Kapillarsystem
η = dynamische Viskosität,
l = Kapillarlänge,
A = Kapillarquerschnitt,
Δp = Druckdifferenz,
ε_0 = Influenzkonstante.

Das Potential der Scherebene wird als elektrokinetisches oder Zeta-Potential bezeichnet. Man nimmt an, daß bei der Flüssigkeitsbewegung die Ionen der Stern-Schicht am Festkörper und die der Gouy-Schicht in der Lösung verbleiben, so daß demzufolge das Zeta-Potential gleich dem ψ_δ-Potential gesetzt wird. Ein experimenteller Beweis für diese Annahme steht jedoch noch aus.

Der dem Strömungspotential inverse Effekt, die elektroosmotische Flüssigkeitsüberführung, tritt beim Anlegen eines elektrischen Potentials an mit einer Elektrolytlösung gefüllte Kapillaren auf.

Unter dem Einfluß des elektrischen Feldes wandern die Ionen der diffusen Doppelschicht und mit ihnen, durch die innere Reibung bedingt, Flüssigkeitsmoleküle.

Wird an in Elektrolytlösungen dispergierte Partikel ein elektrisches Feld angelegt, dann wandern diese auf Grund ihrer Überschußladungen (Elektrophorese).

Der Volumenstrom bzw. die elektrophoretische Bewegung sind durch die folgenden Beziehungen definiert:

$$\left(\frac{dV}{dt}\right)_{EO} = \frac{\zeta \cdot \varepsilon \cdot \varepsilon_0 \cdot A \cdot E}{\eta \cdot l} = \frac{\zeta \cdot \varepsilon \cdot \varepsilon_0 \cdot i}{\eta \cdot \varkappa} \quad (8)$$

$\left(\left[\dfrac{dV}{dt}\right]_{EO}\right.$ = elektroosmotische Flüssigkeitsüberführung [cm³/s], i = Stromstärke $\left.\right)$,

$$v_{EP} = \frac{\zeta \cdot \varepsilon \cdot \varepsilon_0 \cdot E}{\eta} \quad (9)$$

(v_{EP} = elektrophoretische Wanderungsgeschwindigkeit [cm²/s]). Die Umkehrung der Elektrophorese ist das *Sedimentationspotential* E_S (*Dorn-Effekt*): aus der Bewegung dispergierter Teilchen unter dem Einfluß der Gravitation resultiert ein elektrisches Potential.

$$E_S = \frac{4\pi \zeta \cdot \varepsilon \cdot \varepsilon_0}{2\eta \cdot \varkappa} r^3 \Delta \varrho \cdot c \cdot g \quad (10)$$

(r = Partikelradius, $\Delta \varrho$ = Dichtedifferenz zwischen den Partikeln und der Lösung, c = Konzentration der Partikel in der Lösung, g = Erdbeschleunigung).

Das für die Größe der elektrokinetischen Effekte verantwortliche elektrokinetische Potential hängt außergewöhnlich stark von der Zusammensetzung der festen und flüssigen Phase ab. Für das Vorzeichen von biologischen Systemen, Mineralien und Polymeren, an denen die elektrokinetischen Erscheinungen die größte wissenschaftliche und wirtschaftliche Bedeutung haben, gilt:

- ζ ist in destilliertem Wasser und verdünnten Lösungen 1-1-wertiger Elektrolyte negativ, wenn bei der Dissoziation entsprechender Molekülgruppen eine negative Wandladung auftritt (z.B. Dissoziation von -COOH- und -SO$_3$Na-Gruppen) und positiv, wenn bei der Dissoziation positive Ladungen an der Festkörperoberfläche verbleiben (z.B. Dissoziation von -NH$_3$Cl-Gruppen). Substanzen ohne dissoziationsfähige Gruppen zeigen in diesen Lösungen ein negatives Zeta-Potential. Die meisten natürlich vorkommenden Substanzen zeigen ein negatives Zeta-Potential.
- Ionen in der Lösung beeinflussen das Zeta-Potential entsprechend ihrer Adsorption am Feststoff, d.h. in der Stern-Schicht. Diese hängt von ihrer Wertigkeit und Konzentration ab (Abb. 4): in Lösungen von Salzen ein- und zweiwertiger Kationen tritt im Vergleich mit destilliertem Wasser eine Erhöhung des meist negativen Zeta-Potentials von Feststoffen ein, Salze drei- und vierwertiger Kationen führen zu positiven Zeta-Potentialen. Der Wirkung von normalen Elektrolyten analog ist der Einfluß von grenzflächenaktiven Stoffen und Polyelek-

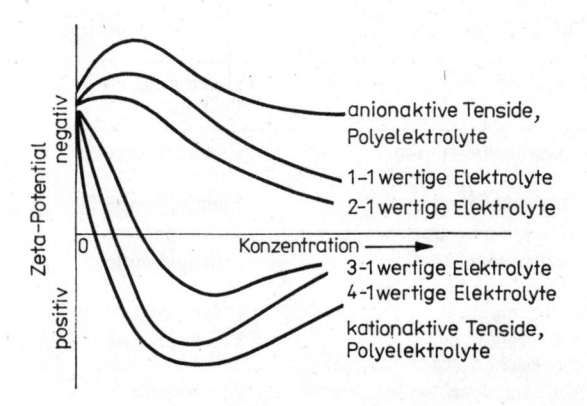

Abb. 4 Zeta-Potential von Feststoffen in Elektrolyt- und Tensidlösungen (schematisch)

trolyten auf das Zeta-Potential: anionaktive Substanzen negativieren es, kationaktive führen zu einem positiven Vorzeichen.

Das Zeta-Potential von in Kapillarsystemen vorkommenden bzw. in Flüssigkeiten dispergierten Feststoffen läßt sich mit Hilfe der in Abb. 3 schematisch dargestellten Meßmethoden und der Gleichungen (6) bis (10) bestimmen. Für die Bestimmung des Zeta-Potentials von realen Systemen aus der elektrophoretischen Wanderung ist die rechte Seite von Gl. (9) mit einem Korrekturfaktor zu multiplizieren, der eine Funktion der Partikelgestalt, des Zeta-Potentials und der Dicke der Doppelschicht ist.

Anwendungen

Das Vorliegen elektrochemischer Doppelschichten an feinverteilten Festkörpern oder Flüssigkeiten im Kontakt mit wäßrigen Lösungen beeinflußt zahlreiche biologische Vorgänge und technische Prozesse infolge elektrostatischer Wechselwirkungen [6]. Es gelten folgende Gesetzmäßigkeiten:

– Bei Partikelabständen > 5 nm führt gleiches Vorzeichen der Ladung zu elektrostatischer Abstoßung. Die Wechselwirkungsenergie ist dem ψ_δ-Potential (näherungsweise gleich dem Zeta-Potential) und der Dicke der diffusen Doppelschicht proportional. Die Dicke der Doppelschicht wird durch Elektrolytzusätze verringert.

– Bei Partikeln < 5 nm tritt trotz gleichen Ladungsvorzeichens eine Anziehung ein, wenn sich die ψ_δ-Potentiale unterscheiden. Gelöste ionogene Substanzen (Elektrolyte, ionogene Tenside, Makromoleküle mit ionogenen Gruppen) werden durch entgegengesetzt geladene Substrate stärker als durch gleichsinnig geladene sorbiert. Werden die Ladungen der Stern-Schicht überkompensiert, tritt eine Vorzeichenänderung des Zeta-Potentials ein.

Die Höhe und das Vorzeichen des ψ_δ-(Zeta-)Potentials

Tabelle 1 Kolloidchemische Systeme, die durch das elektrokinetische Potential der beteiligten Stoffe beeinflußt werden (vgl.[7])

System	Gebiet	beeinflußte Erscheinung
Feststoff/Lösung	Verfahrenstechnik (Filtration)	Filtrationsgeschwindigkeit
Mineral/Wasser	Verfahrenstechnik (Flotation)	Adsorption von Flotationsreagenzien
Asbest, Zement/Wasser	Baustoffindustrie	Adsorption von Zementteilchen an Asbestfasern
Feststoff/Wasser	chemische Industrie	Flockungsgeschwindigkeit kolloiddisperser Stoffe in Flüssigkeiten (z. B. Wasserreinigung, Solereinigung)
Mineral/Wasser, Erdöl	Geotechnik	Fließvorgänge in erdölführenden Speichergesteinen
Kieselgel/Arzneistoffdispersion	Pharmazie	Sorption von Arzneistoffen an kolloiden Trägersubstanzen aus wäßriger Dispersion
Zellmembran/Asbest/ Zellflüssigkeit	Biologie Medizin	Membrantransportprozesse hämolytische Aktivität von Asbest in biologischen Systemen
Faserstoff/Färbeflotte	Färberei	Färben von Faserstoffen
Faserstoffe/Textilhilfsmittellösung	Textilveredlung	Appretur von Textilien
Zellstoff/Papierhilfsmittellösung	Papierproduktion	Absetzen von Zellstoff auf dem Papiermaschinensieb und dessen Leimung

Tabelle 2 Beispiele für die direkte Nutzung elektrokinetischer Phänomene (vgl. [7])

Verfahren	elektrokinetisches Phänomen	prinzipielles Resultat
Trägerelektrophorese,	Elektrophorese	analytische und präparative Trennung verschiedener Stoffe (insbesondere in Biologie und Medizin)
Tauchlackierung	Elektrophorese	Lackieren von Fahrzeugkarosserien
Produktion keramischer Massen	Elektrophorese	Abscheiden von Tonteilchen aus wäßriger Dispersion
Elektrodekantation	Elektrophorese	Herstellung konzentrierter Feststoffdispersionen (z. B. Polytetrafluoräthylen, Latex)
Bodenvergütung	Elektroosmose	Entwässern von Baugrund
Bodenvergütung (elektrochemische Injektion)	Elektrophorese	gerichteter Transport verfestigender chemischer Substanzen in den Baugrund
Isolierung feuchten Mauerwerks	Elektroosmose	Trockenlegen feuchter Bauwerke
Sammelfeldsperre	Elektroosmose, Strömungspotential	Verhindern des Aufsteigens von Feuchtigkeit in Mauerwerk

lassen sich durch Modifizierung des Substrates oder durch die Zugabe von Elektrolyten, ionogenen Tensiden oder Makromolekülen zur flüssigen Phase entsprechend den Aussagen von weiter oben beeinflussen.

Die *elektroviskosen Effekte* – die Abhängigkeit der Viskosität kolloider Lösungen vom Zeta-Potential – sind auf

- die Streckung verknäuelter Makromoleküle infolge elektrostatischer Abstoßung der Molekülsegmente (1. elektroviskoser Effekt),
- die elektrostatische Abstoßung zwischen den gelösten Teilchen (2. elektroviskoser Effekt),
- Aggregation bzw. Entaggregationsvorgänge infolge elektrostatischer Wechselwirkung (3. elektroviskoser Effekt)

zurückzuführen.

Eine Übersicht über technische Systeme, die stark durch das Vorliegen elektrochemischer Doppelschichten, d. h. elektrostatischer Wechselwirkungen beeinflußt werden, ist in Tab. 1 gegeben (vgl. [7]). Die aufgeführten Prozesse lassen sich durch Änderungen des Zeta-Potentials und der Dicke der Doppelschicht in der gewünschten Richtung ändern.

Weiterhin werden elektrokinetische Effekte, vorwiegend die Elektrophorese und die Elektroosmose, in der Analytik und in der Technik selbst genutzt (Tab. 2) (vgl. [7]).

Die Anwendung der Elektrophorese in der Analytik – vorwiegend in der biologischen Forschung und in der medizinischen Diagnostik – beruht darauf, daß biologische Substanzen, z. B. Proteine, auf Grund unterschiedlicher Ladungen eine unterschiedliche Wanderungsgeschwindigkeit zeigen. Bei der technischen Anwendung der Elektroosmose und Elektrophorese wird mit Hilfe eines äußeren elektrischen Feldes ein Stofftransport verursacht.

Die elektrokinetischen Meßmethoden stellen weiterhin ein wichtiges Instrumentarium zur Untersuchung der an Phasengrenzen ablaufenden Vorgänge, z. B. von Adhäsions- oder Adsorptionserscheinungen dar [8].

Literatur

[1] KRUYT, H. R.: Colloid Science. – Amsterdam: Elsevier Publ. Comp. 1952.
[2] HUNTER, R. J.: Zeta Potential in Colloid Science. – New York: Academic Press 1981.
[3] DUCHIN, S. S.; DERJAGIN, B. V.: in MATIJEVIC, E. (Hrsg.): Surface and Colloid Science. Vol. 7. – New York: Wiley Interscience 1974.
[4] STERN, O.: Z. Elektrochemie **30** (1924) 508–516.
[5] V. SMOLUCHOWSKI, M.: Phys. Z. **6** (1905) 530.
[6] SONNTAG, H.: Lehrbuch der Kolloidwissenschaft. – Berlin: VEB Deutscher Verlag der Wissenschaften. 1977.
[7] KADEN, H.; JACOBASCH, H.-J.: Wiss. u. Fortschr. **29** (1979) 178–182.
[8] JACOBASCH, H.-J.: Oberflächenchemie faserbildender Polymerer. – Berlin: Akademie-Verlag 1984.

Elektronisches Rauschen

Da freie Elektronen in einem metallischen Leiter unterschiedliche kinetische Energie besitzen, gelangte W. SCHOTTKY 1918 zu dem Schluß, daß bei der Elektronenröhre die Dichte der an der Katode austretenden Elektronen nicht genau konstant ist. Der Emissionsstrom unterliegt somit zufälligen zeitlichen Schwankungen (Schrotrauschen, Schroteffekt) um seinen linearen Mittelwert $\overline{i(t)}$ [1].

Aus thermodynamischen Überlegungen folgerte H. NYQUIST 1928, daß an den Enden eines passiven Netzwerkes eine statistisch um Null schwankende Spannung (thermisches Rauschen, Nyquist-Rauschen, Johnson-Rauschen) auftreten muß [2]. Noch im gleichen Jahr konnte J. B. JOHNSON hierfür den experimentellen Nachweis erbringen [3]. Untersuchungen zum Funkelrauschen (1/f-Rauschen, Flikker-Rauschen) begannen in breiterem Umfang erst Ende der 40er Jahre, wobei sich der Einfluß der Grenz- und Oberflächeneffekte bei Widerständen und Halbleitern als wesentlich erwies [4]. Die physikalischen Ursachen des Funkelrauschens konnten bis jetzt noch nicht lückenlos aufgeklärt werden.

Sachverhalt

Das elektronische Rauschen ist ursächlich auf die quantenhafte Natur der Elektrizität und den atomaren Aufbau ihrer Leiter zurückzuführen. Es kann durch sehr unterschiedliche physikalische Vorgänge, die ebenfalls statistische Prozesse sind, verursacht werden. Unter elektronischem Rauschen sind allgemein die den Gesetzen der Statistik unterliegenden Schwankungen von Strom und Spannung zu verstehen, wobei stationäre Rauschprozesse auf Grund ihrer vom Beobachtungszeitpunkt unabhängigen statistischen Rauschkenngrößen (bei gleichen Versuchbedingungen) die bedeutendste Gruppe bilden. Weißes Rauschen liegt vor, wenn alle im betrachteten Frequenzbereich liegenden Frequenzen den gleichen Beitrag zum Gesamtrauschen liefern, die spektralen Rauschkenngrößen also frequenzunabhängig und zudem die Schwankungsgrößen normalverteilt sind. Mit dem elektronischen Rauschen ist eine natürliche untere Grenze für den Nachweis elektrischer Signale aber auch eine besondere Möglichkeit zur Informationsgewinnung gegeben.

Stationäres elektronisches Rauschen ist durch folgende quadratische Rauschstrommittelwerte charakterisierbar:

Schrotrauschen: $\overline{i^2(t)} = 2 e I_0 \Delta f$ (1)

mit Elektronenladung e, Gleichstrom I_0, Meßbandbreite Δf. Schrotrauschen ist unabhängig von der Frequenz (weißes Rauschen). Gleichung (1) gilt bis zu einer oberen Grenzfrequenz, bei Dioden ca. 5 MHz.

Thermisches Rauschen: $\overline{i^2(t)} = 4 k T \Delta f / R$ (2)

mit Boltzmann-Konstante k, absoluter Temperatur T, Wirkwiderstand R. Thermisches Rauschen ist ebenfalls frequenzunabhängig (weißes Rauschen). Gleichung (2) gilt bis zu Grenzfrequenzen im mm-Bereich, z. B. für Al-Draht $4 \cdot 10^{11}$ Hz.

Funkelrauschen: $\overline{i^2(t)} = C I_0^2 \Delta f / f$ (3)

mit technologischer (experimentell zu bestimmender) Konstante C, Gleichstrom I_0, Frequenz f. Funkelrauschen weist ein ausgeprägtes $1/f$-Rauschspektrum bei niedrigen Frequenzen auf.

Kennwerte, Funktionen

Rauschkenngrößen können entsprechend der Natur des Rauschens nur statistische Mittelwerte sein. Geeignet sind der quadratische Mittelwert bzw. der Effektivwert von Strom und Spannung, die Wirkleistung sowie Leistungsdichten, Korrelationsfunktionen und Wahrscheinlichkeitsfunktionen. Mit der Rauschleistung wird das für die Nachrichtentechnik wichtige Signal-Rauschverhältnis Q = Signalleistung/Rauschleistung bzw. $Q^+ = 10 \lg Q$ (in dB) gebildet.

Jeder Wirkwiderstand R ist eine Rauschquelle. An den Enden eines Wirkwiderstands mit der Temperatur T tritt bei Leerlauf das mittlere Rauschspannungsquadrat

$$\overline{u^2(t)} = 4 k T R \Delta f \quad (4)$$

und bei Kurzschluß das mittlere Rauschstromquadrat

$$\overline{i^2(t)} = 4 k T G \Delta f \text{ mit } G = 1/R \quad (5)$$

innerhalb der Meßbandbreite Δf auf. Damit ist die im Widerstand erzeugte Rauschleistung

$$P = 4 k T \Delta f. \quad (6)$$

Die maximal verfügbare Rauschleistung $P_v = k T \Delta f$ gibt der Widerstand R an einen rauschfrei gedachten Lastwiderstand R_L bei Anpassung ($R = R_L$) ab.

Für den rauschenden Widerstand sind Ersatzschaltungen angebbar, in denen der Widerstand R (Leitwert G) als rauschfrei betrachtet wird und die Raucheffektivwerte U bzw. I durch Ersatzrauschquellen (schraffiert) dargestellt sind (Abb. 1).

Entsprechend Gln. (4) und (5) läßt sich die Rauschspannung durch den äquivalenten Rauschwiderstand $R_{äq}$ und der Rauschstrom durch den äquivalenten Rauschleitwert $G_{äq}$ ausdrücken. Hierbei ist die Bezugstemperatur auf 290 K festgelegt und die Bandbreite definiert.

Für einen rauschenden Vierpol lassen sich Ersatzschaltungen angeben, in denen dieser als rauschfrei angesehen und die Wirkung aller inneren Rauschquellen durch zwei äußere Ersatzrauschquellen nachgebil-

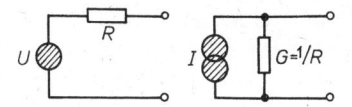

Abb. 1 Ersatzschaltungen für einen Wirkwiderstand als Rauschquelle

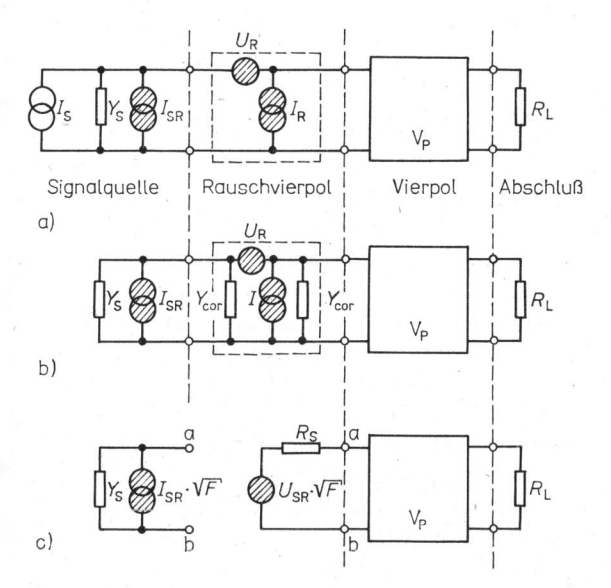

Abb. 2 a) Rauschersatzschaltung mit rauschfreiem Ersatzvierpol Vp
b) Rauschersatzschaltung ohne korrelierte Rauschquellen
c) Rauschersatzschaltung mit nur einer Rauschquelle

det wird. Dabei werden die in einem Rauschvierpol vereinten Ersatzrauschquellen zweckmäßig vor dem Ersatzvierpol angeordnet. Mit einem Signalgenerator, dessen Admittanz Y_S mit I_{SR} rauscht und dem rauschfrei angenommenen R_L, ergibt sich die Ersatzschaltung nach Abb. 2a. Die im allgemeinen vorhandene Korrelation der Rauschsignale I_R und U_R läßt sich zur einfacheren Berechnung in der Ersatzschaltung berücksichtigen (Abb. 2b). Hierbei ist der Rauschstrom aufgeteilt in den mit U_R unkorrelierten Anteil I und den mit U_R vollständig korrelierten Anteil I_{cor}, der U_R proportional ist. Damit kann für den Rauschstrom $I_R = I + I_{cor} = I + Y_{cor} U_R$ geschrieben werden. Der komplexe Proportionalitätsfaktor (Korrelationsleitwert) $Y_{cor} = G_{cor} + jB_{cor}$ rauscht nicht und ist somit auch als rauschfreies Schaltelement in Abb. 2b anzusehen. Die Rauschspannung U_R läßt sich durch den äquivalenten Rauschwiderstand $R_{äq}$ und der Rauschstrom durch den äquivalenten Rauschleitwert $G_{äq}$ ausdrücken. Das Rauschen des Vierpols ist dann durch die vier Kennwerte $R_{äq}$, $G_{äq}$, G_{cor} und B_{cor}, die auch aus Messungen bestimmbar sind, vollständig beschrieben [5 bis 8].

Der Rauscheinfluß des aktiven Vierpols unter Einbeziehung des Signalgenerators läßt sich durch die Rauschzahl (Rauschfaktor) F oder das Rauschmaß $F^+ = 10 \lg F$ kennzeichnen. Die Rauschzahl F ist festgelegt als das Verhältnis der im Lastwiderstand R_L wirkenden Rauschleistungen P_{R2}, zum Anteil P_{R2}^+ dieser Rauschleistung, der allein vom Rauschen des Generatorwiderstands herrührt. Weitere gleichwertige Beziehungen für die Rauschzahl sind u. a. in [9 bis 13] angegeben. Die vom rauschenden Generatorwiderstand dem Vierpol zugeführte Rauschleistung P_{R1} wirkt um die Leistungsverstärkung V_P vergrößert im Lastwiderstand R_L. In ihm wirkt zusätzlich die vom Vierpol herrührende Rauschleistung P_z. Damit gilt

$$F = \frac{P_{R2}}{P_{R2}^+} = \frac{V_P P_{R1} + P_z}{V_P P_{R1}} = 1 + F_z. \tag{7}$$

Die Rauschzahl gibt an, daß die Rauschleistung P_{R1} am Eingang des Vierpols durch die Wirkung des Rauschvierpols um den Faktor F vergrößert erscheint. Drückt man das Vierpolrauschen durch erhöhtes Generatorrauschen aus, so ist das mittlere Rauschspannungsquadrat $\overline{u_{SR}^2}$ bzw. das Rauschstromquadrat $\overline{i_{SR}^2}$ scheinbar um das F-fache angestiegen.

Die zugehörige Ersatzschaltung, in welcher F und der Effektivwert U_{SR} oder I_{SR} benutzt werden, zeigt Abb. 2c. F läßt sich aus den Rauschkenngrößen des Vierpols und dem Generatorwiderstand berechnen und auch messen. Oft wird die zusätzliche Rauschzahl F_z zur Kennzeichnung der Rauschverhältnisse benutzt. Die Rauschzahl F ist von den Blindleitwerten abhängig, die in der Ersatzschaltung der Abb. 2a oder 2b auftreten können. Ein relatives Minimum stellt sich ein, wenn die Summe der Blindleitwerte $B_S + B_{cor} = 0$ ist. Dann liegt Rauschabstimmung vor; die zugehörige Rauschzahl heißt minimale Rauschzahl.

Die Rauschzahl F ändert sich mit dem Wert des Generatorwiderstandes, wobei ein optimaler Generatorwiderstand existiert, bei dem F minimal ist. In diesem Fall spricht man von Rauschanpassung und der optimalen Rauschzahl.

Das absolute Rauschminimum wird erreicht, wenn sowohl Rauschabstimmung als auch Rauschanpassung vorliegen.

F kann frequenzabhängig sein. Die Frequenzabhängigkeit wird mittels der spektralen Rauschzahl dargestellt, die sich auf ein schmales Frequenzband um die Mittenfrequenz f bezieht. Für ein breiteres Übertragungsband Δf um die Mittenfrequenz f gibt man die integrale Rauschzahl $\bar{F}$ an.

Bei der Registrierung von Ladungsimpulsen, z. B. bei kernphysikalischen Strahlungsdetektoren, wird die äquivalente Rauschladung $Q_{Rä}$ zur Charakterisierung der Eingangsstufe angegeben. Sie ist die Ladungsmenge, die als Ladungsimpuls auf den Verstärkereingang gegeben einen Impuls am Verstärkerausgang bewirkt, dessen Amplitude gleich der effektiven Rauschspannung am Verstärkerausgang ist [19 bis 21]. $Q_{Rä}$ ist, außer seiner Abhängigkeit vom Eingangstransistor, auch von der Generatorkapazität und den Werten der

Zeitkonstanten für die Impulsformung im Verstärker abhängig. Zum Beispiel wird die äquivalente Rauschladung für den Feldeffekt-Transistor KT303 durch den Hersteller für eine Generatorkapazität von 10 pF sowie je eine Differentiations- und Integrationszeitkonstante mit $\tau = 1\,\mu s$ mit $0,6 \cdot 10^{-16}$ As angegeben [22], d. h., 375 Elektronen, die in einer Zeit $t < 1\,\mu s$ auf den Verstärkereingang, dessen Eingangskapazität um 10 pF vergrößert wurde, gelangen, erzeugen einen Verstärkerausgangsimpuls von der Amplitude der effektiven Rauschspannung am Verstärkerausgang.

Anwendungen

Rauschen tritt als unvermeidliche Störung (negativer Aspekt) in allen elektrischen Geräten und Einrichtungen in Erscheinung. Alle Leiter, Bauelemente, Antennen, Gasentladungsröhren usw. sind Rauschquellen, durch welche die „Meßschwelle" von Meßgeräten und die „Eingangsempfindlichkeit" von Funkempfängern, allgemein die untere Nachweisgrenze für elektrische Signale, maßgeblich bestimmt wird. Eine wesentliche Aufgabe besteht daher in der Herabsetzung des Rauscheinflusses auf das Nutzsignal. Dies geschieht zweckmäßig in der das Rauschen eines Gerätes hauptsächlich bestimmenden Eingangsstufe durch Verwendung rauscharmer Bauelemente, Herstellung günstiger Betriebsbedingungen sowie mit Hilfe rauscharmer elektronischer Schaltungen (z. B. Kaskodeschaltung). Redundante periodische Signale können auch unter bestimmten Voraussetzungen durch Averaging sowie Auto- und Kreuzkorrelation aus dem Rauschen herausgehoben werden.

Die Nutzbarkeit des Rauschens (positiver Aspekt) zur Informationsgewinnung ist in jüngerer Zeit besonders durch die Rauschthermometrie sowie Untersuchungen zur Werkstoffanalyse mittels Barkhausen-Rauschens erweitert worden.

Negativer Aspekt des elektronischen Rauschens. Im folgenden sind die wichtigsten physikalischen Vorgänge genannt, die Rauschen verursachen.

Schrotrauschen tritt nur in Zusammenhang mit einem Ladungsträgerfluß auf. Die Stromschwankungen der aus der Katode einer Elektronenröhre oder aus der Sperrschicht von Halbleiterdioden und Transistoren austretenden Elektronen oder Defektelektronen sind dem fließenden Gleichstrom proportional (siehe Gl. (1).

In Halbleitern werden während des Generationsprozesses Ladungsträger gebildet und bei Rekombination wieder vereinigt. Das dadurch entstehende Generations-Rekombinationsrauschen ist Schrotrauschen.

Wird der mit Schrotrauschen überlagerte Strom über zwei oder mehrere Elektroden abgeleitet, so erfolgt die Aufteilung der Elektronen statistisch, wodurch das Rauschen zunimmt. Dieser Rauschbeitrag tritt bei Transistoren und Mehrgitterröhren auf und wird als Stromverteilungsrauschen bezeichnet.

Sekundärelektronenströme in Elektronenröhren und Sekundärelektronenvervielfachern zeigen ebenfalls Schrotrauschen.

Bei der Stromleitung in Gasen werden durch den Zusammenprall von Elektronen mit Gasmolekülen in statistischer Folge Ionen und Elektronen freigesetzt, die sich an der Strombildung beteiligen und einen Beitrag zum Schrotrauschen liefern.

Befinden sich Leitungen oder Detektoren im Kernstrahlungsfeld, so werden durch Wechselwirkung der Neutronen- und Gammastrahlung mit den Atomen der Konstruktionsmaterialien Ladungsträger freigesetzt. Dabei entstehen ladungsinduzierte Gleichströme [14] mit Schrotrauschen. Wegen der unterschiedlichen Flugrichtung der Ladungsträger fließen die Teilströme I_+ und I_- einander entgegen, während deren Rauschanteile sich überlagern.

Bei lichtempfindlichen Bauelementen tritt durch die statistische Schwankung der eintreffenden Photonen das Photonenrauschen hinzu.

Induziertes *Gitterrauschen* macht sich bei Elektronenröhren oberhalb 20 MHz deutlich bemerkbar. Es wird durch den hochfrequenten Rauschanteil des Anodenstroms verursacht, von dem über die Anoden-Gitter-Kapazität ein Teil in den Gitterkreis abfließt und eingangsseitig wiederum den Katodenstrom steuert. Entsprechendes gilt für den bipolaren und den Feldeffekttransistor. Das induzierte Gitterrauschen ist eine Ursache für die Zunahme des Rauschmaßes zu hohen Frequenzen hin (vgl. Abb. 4).

Thermisches Rauschen entsteht durch die ungeordnete thermische Eigenbewegung (Brownsche Bewegung) der Moleküle und freien Ladungsträger. Über der Impedanz $Z(f)$ mit dem Realteil $\text{Re}\{Z(f)\}$ stellt sich eine um Null schwankende Leerlaufrauschspannung ein, deren mittleres Quadrat $\overline{u^2(t)} = 4kT\,\text{Re}\{Z(f)\}\,\Delta f$ ist. Diese Gleichung beschreibt das Rauschen eines jeden passiven unbelasteten elektrischen Zweipols unabhängig vom speziellen Leitungsmechanismus (z. B. Metalle, Dielektrika, Elektrolyte usw.).

Bei Spulen mit Kern liefern im Ferromagnetikum ablaufende Vorgänge einen Beitrag zum thermischen Rauschen. Durch Anregung der Bloch-Wände infolge thermischer Energie und Spinwellen werden durch Platzwechselvorgänge (bei eingebauten Fremdatomen im Kristallgitter) und bei guter Leitfähigkeit ggf. auch durch lokale Wirbelströme in Spulen Induktionsrauschspannungen erzeugt [7].

Das frequenzabhängige Funkelrauschen rührt bei Elektronenröhren mit Oxydkatode von den statistischen örtlichen Schwankungen der Emission her.

Bei Halbleitern und Widerständen wird das Funkelrauschen wesentlich durch die Verhältnisse an der Oberfläche bestimmt. Nachgewiesen ist der Einfluß der Oberflächenbehandlung (Ätzen, Schleifen), der umgebenden Atmosphäre (Stickstoff, Tetrachlorkohlenstoff) sowie der von Magnetfeldern, wodurch die Ladungsträgerdichte an der Oberfläche verändert wird. Die Konstante C in Gl. (3) ist dem Volumen des Widerstands umgekehrt proportional, dünne Schichtwiderstände, Spitzenkristalldioden und -transistoren rauschen daher besonders stark. C ist nur wenig temperaturabhängig. Das Funkelrauschen dominiert je nach Bauelement bis zu Frequenzen von 1 Hz bis 100 kHz [4].

Wenn ein Gleichstrom durch Kohlewiderstände, sehr dünne Metallschichten, Halbleiter, gesinterte oder gepreßte Materialien oder Kontaktstellen fließt, stellt sich ein zusätzliches Rauschen ein, welches als Strom- oder Belastungsrauschen bezeichnet wird und aus Funkel- und Schrotrauschen besteht. Dieses Rauschen entsteht durch die sich an den Grenzen kleinster Stoffbezirke immer wieder neu ausbildenden Stromübergänge.

In aktiven Bauelementen sind stets mehrere Rauschquellen wirksam. Das Rauschen ist abhängig von der Schaltung, der Frequenz, der Temperatur sowie dem Arbeitspunkt des ausgewählten Bauelements. Eine Rauschminimierung kann erfolgen an Hand der Verläufe des Rauschmaßes in Abhängigkeit vom Gleichstrom, dem Generatorwiderstand und der Frequenz. Als Beispiel ist in Abb. 3 das Rauschmaß F^+ eines Si-Planar-Transistors in Abhängigkeit vom Kollektorstrom I_c und dem Generatorwiderstand R_S bei 1 kHz angegeben. Die Frequenzabhängigkeit des optimalen Rauschmaßes für einen HF-Si-Planar-Transistor zeigt Abb. 4. Ähnliche Verläufe ergeben sich für den Feldeffekttransistor und die Elektronenröhre. Die Herabsetzung des Rauschens durch Rückkopplung ist nicht möglich. Rück- oder Gegenkopplungen erhöhen das Rauschen von Schaltungen durch das Rauschen und die zusätzlichen Impedanzen der zu ihrer Realisierung erforderlichen passiven Bauelemente [19, 20]. Neben den genannten stationären Schwankungserscheinungen treten auch *instationäre* auf:

Das Barkhausen-Rauschen ist eine Eigenschaft der Ferromagnetika, wobei die Rauschspannung durch Schwankungen im Ablauf der Magnetisierung, vor allem durch plötzliche lokale Änderung der magnetischen Polarisation (Barkhausen-Sprünge), in Spulen- und Trafokernen entsteht. Da Größe und Häufigkeit der Sprünge von der dynamischen (differentiellen) Steilheit der Hysteresekurve abhängig sind, entstehen bei sinusförmiger Erregung Rauschimpulsgruppen mit Maxima jeweils bei Nulldurchgang des Erregerstromes [7]. Die Struktur der Rauschimpulsgruppen ist abhängig vom ferromagnetischen Material und bietet somit auch Ansatzpunkte zur Werkstoffanalyse.

Lokale Spannungsdurchschläge in mineralisolierten Kabeln, Durchführungen, Steckern u. a., die bei Gleichspannungen über 300 V und hohen Temperaturen größer 300 °C entstehen, verursachen das Breakdown-Pulse-Noise (BPN). Die Impulsrate ist stark temperaturabhängig (Impulsdaten: Amplituden 10^{-6} A, Anstiegszeiten 10^{-9} s, Dauer 10^{-7} s) [15].

Äußere statistische Störungen können als zusätzliches Antennenrauschen in Erscheinung treten. Ursachen sind die industrielle Tätigkeit des Menschen (elektrische Maschinen, Kraftfahrzeuge, Energieentladungen u. a.), Vorgänge in der Atmosphäre (Gewitter, schwankende Reflektionen u. a.) und kosmische Störungen.

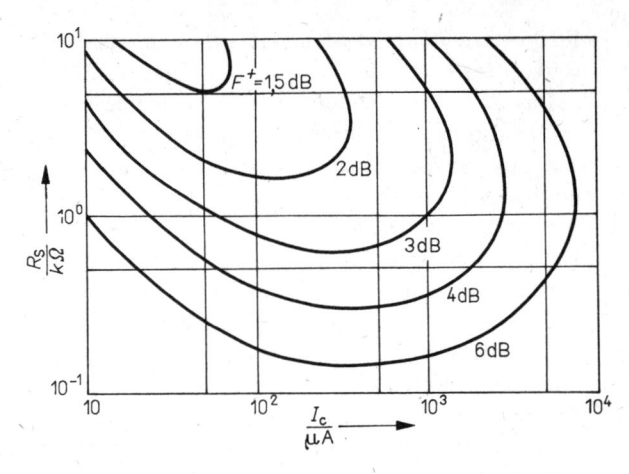

Abb. 3 Rauschmaß F^+ eines Si-npn-Planar-Transistors in Abhängigkeit von Generatorwiderstand R_s und Kollektorstrom I_c (u_{ce} = 5 V; f = 1 kHz; Δf = 200 Hz)

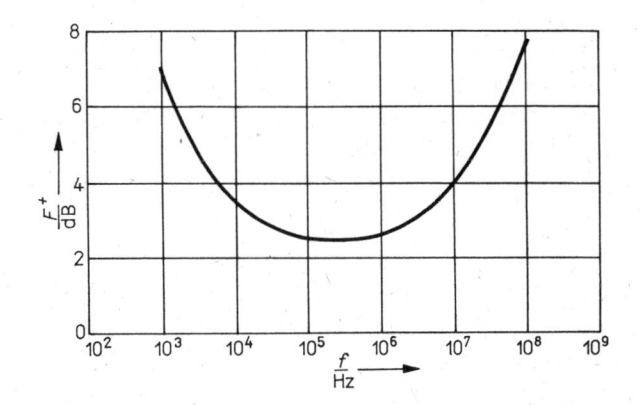

Abb. 4 Optimales Rauschmaß F^+_{opt} des HF-Si-Planar-Transistors SF 131 in Abhängigkeit von der Frequenz, $R_S = R_{S\,opt}$ (70 bis 600 Ohm), $I_c = I_{c\,opt}$ (0,2 bis 2 mA)

Positiver Aspekt des elektronischen Rauschens

Weißes bandbegrenztes Rauschen wird verwendet zur Messung des Eigenrauschens von Vierpolen und zur Simulierung von Störungen in Nachrichtenkanälen und BMSR-Systemen. Breitbandrauschen spielt als Testsignal bei der Korrelationsanalyse eine wichtige Rolle. Die erforderlichen Rauschgeneratoren enthalten eine Normalrauschquelle (Widerstand), für höhere

Frequenzen Rauschdioden und ggf. Filter und Verstärker [16].

Das Rauschen elektronischer Bauelemente enthält Informationen über deren Zuverlässigkeit und dient auch als Indikator zur Fehlerlokalisierung in elektronischen Schaltungen.

Nach dem Nyquist-Theorem, Gl. (2), läßt sich die absolute Temperatur bestimmen, indem ein Metallwiderstand mit dem bekannten und jederzeit nachmeßbaren Wert R als Temperaturfühler ausgebildet und die von diesem Widerstand erzeugte Leerlaufrauschspannung ermittelt wird. Da die Bandbreite durch die Auslegung der Meßapparatur festgelegt ist, besteht bei dem Rauschthermometer zwischen der absoluten Temperatur und der Rauschspannung bei allen denkbaren Umweltbedingungen ein definierter Zusammenhang [17]. Aufgrunddessen zählt das Rauschthermometer zu den sogenannten fundamentalen Thermometern.

Das Barkhausen-Rauschen enthält Informationen über den als Kern eingesetzten ferromagnetischen Werkstoff (siehe unter „Neg. Aspekte"), die z. B. zur Qualitätskontrolle nutzbar sind. Die Anregung dazu kann sowohl elektromagnetisch als auch rein mechanisch erfolgen [18].

Literatur

[1] SCHOTTKY, W.: Über spontane Stromschwankungen in verschiedenen Elektrizitätsleitern. Ann. Phys. 57 (1918) 541/567.

[2] NYQUIST, H.: Thermal agitation of electric charge in conductors. Phys. Rev. 32 (1928) 110/113.

[3] JOHNSON, J. B.: Thermal agitation of electricity in conductors. Phys. Rev. 32 (1928) 97/109.

[4] PFEIFER, H.: Elektronisches Rauschen. Teil 1: Rauschquellen. – Leipzig: BSB B. G. Teubner Verlagsgesellschaft 1959.

[5] ROTHE, H.; DAHLKE, W.: Theorie rauschender Vierpole. AEÜ 9 (1955) 117/121.

[6] HERCHNER, D.: Rauschkennwerte eines modernen Si-Planartransistors im NF-Gebiet. Frequenz 21 (1967) 31/39.

[7] BITTEL, H.; STORM, L.: Rauschen. – Berlin/Heidelberg/New York: Springer-Verlag 1971.

[8] BENEKING, H.: Praxis des elektronischen Rauschens. – Mannheim/Wien/Zürich: Bibliographisches Institut 1971.

[9] TGL 200-8200.

[10] IEC-Empfehlung 151-4.

[11] TGL 200-8161/02.

[12] DIN 45004.

[13] MEINKE, M.; GRUNDLACH, F. W.: Rauschen. In: Handbuch der Hochfrequenztechnik. Hrsg.: C. RINT. – Berliln/Göttingen/Heidelberg: Springer-Verlag 1962.

[14] SCHRUFER, E.: Strahlung und Strahlungsmeßtechnik in Kernkraftwerken – Berlin: Elitera-Verlag 1974.

[15] BOCK, H.: Die Eigenschaften mineralisolierter Kabel in der Reaktormeßtechnik. Atomkernenergie (ATKE) 28 (1976) 229/237.

[16] LANGE, F.-H., MÜLLER, W.; Korrelationsanalyse. In: Taschenbuch Elektrotechnik. Hrsg.: E. PHILIPPOW. – Berlin: VEB Verlag Technik 1977. Bd. 2.

[17] BRIXY, H.: Die Rauschthermometrie als Temperaturmeßmethode in Kernreaktoren. Dissertation. TH Aachen 1972.

[18] WOLLMANN, G.: Beitrag zur Gewinnung von Informationen aus dem Barkhausen-Rauschen. Dissertation. Bergakademie Freiberg 1984.

[19] DUBRAU, J.: Ladungsverstärkung, Rauschen und Konstanz gegengekoppelter ladungsempfindlicher Vorverstärker. Kernenergie 5 (1962) 10/11, 752–765.

[20] DUBRAU, H. J.: Untersuchung rauscharmer Röhren für Vorverstärker. Nuclear Instrum. and Methods 15 (1962) 77–86.

[21] KUHN, A.: Halbleiter- und Kristallzähler. – Leipzig: Akademische Verlagsgesellschaft Geest & Portig K.-G. 1969.

[22] GÖTTEL, E.: Sowjetische Transistoren. radio fernsehen elektronik 22 (1973) 22, 731–732.

Elektrowärme

Die Elektrowärme, auch als Stromwärme oder Joulesche Wärme bezeichnet, wurde 1840 von J.P. Joule nachgewiesen und gehört zur Klasse der elektrothermischen Effekte.

Sachverhalt

Unter der Wirkung der Feldkräfte bewegen sich die freien Ladungsträger im Leiter. In Leitern, für die das Ohmsche Gesetz gilt, ist die Bewegung der Ladungen wegen der Wechselwirkung zwischen den freien Ladungsträgern und den im Kristall gebundenen Ladungen gehemmt, so daß im homogenen Feld die Geschwindigkeit konstant bleibt. Bei der Wechselwirkung wird die den bewegten Ladungen vom elektrischen Feld erteilte Energie dem Kristallgitter übertragen (Wärmebewegung), wodurch die Leistung in Wärme umgesetzt wird (Joulesches Gesetz).

Die Elektrowärme tritt in allen stromdurchflossenen, widerstandsbehafteten Leitern auf.

Die Elektrowärme hat außer dem positiven Aspekt, wie er anwendungsseitig ausgenutzt wird, auch noch einen negativen Aspekt, d. h., sie ist sehr oft unerwünscht. So kann die thermische Erwärmung elektrischer und elektronischer Bauelemente und Geräte zu nicht vorhersehbaren Ausfällen führen, falls der ausreichenden Verlustwärmeabführung entwicklungsseitig, konstruktiv und technologisch nicht die entsprechende Beachtung geschenkt wird. Für einen vom Strom durchflossenen homogenen Leiter ist die sekundlich erzeugte Stromstärke proportional dem Produkt $I^2 \cdot R$. Sie ist die thermische Leistung des Stromes, die unabhängig von der Stromrichtung immer positiv ist (I^2). Da außerdem gilt

$$R = \varrho \cdot \frac{l}{A},$$

hängt unter sonst gleichen Bedingungen die entwickelte Wärme noch vom spezifischen Widerstand bzw. von der elektrischen Leitfähigkeit

$$\varkappa = \frac{1}{\varrho}$$

des Leitermaterials ab.

Durch die Erwärmung steigt außerdem der Widerstand nach der Beziehung

$$R = R_0(1 + \alpha \cdot \Delta \vartheta)$$

an, so daß sich die Verlustleistung mit steigender Erwärmung (wenn auch nur geringfügig) weiter erhöht.

Kennwerte, Funktionen

Für die zur Erzeugung der Jouleschen Wärme aufgewendete elektrische Energie, die der entstandenen Wärmemenge gleich ist, gilt das Joulesche Gesetz:

$$W = I^2 \cdot R \cdot t \, [\text{WS}]$$

Die für die rechnerische Ermittlung der Elektrowärme benötigten Kennwerte sind für die wichtigsten Metalle in Tab. 1 (S. 298) angegeben (nach [1]).

Anwendungen

Positiver Aspekt der Elektrowärme:
1. elektrische Heiz- und Kochgeräte (Heizplatte, Heizkissen, Tauchsieder, elektrischer Heizofen),
2. elektrische Drehrohr-, Lichtbogen-, Widerstands- und Induktionsöfen,
3. elektrische Beleuchtung (auch negativer Aspekt),
4. elektrischer Überlastungsschutz (Schmelzsicherungen, Reed-Kontakte),
5. elektrische Messung – Hitzdrahtinstrument (Anwendung nur noch selten),
6. elektrolytische Unterbrecher.

Da mit der elektrischen Erwärmung auch eine Ausdehnung (Längenänderung) verbunden ist, kann die Elektrowärme auch für folgende Anwendungen genutzt werden:

7. Metall- Ausdehnungsthermometer,
8. Bimetall- Kontaktthermometer.

Negativer Aspekt der Elektrowärme:
1. Halbleiterbauelemente. Für die entstehende Wärme beim Betreiben von Halbleiterbauelementen muß eine entsprechende Wärmeableitung vorgesehen werden.
2. Motoren. In allen Motoren wird die in den Kupferwicklungen entstehende Wärme durch eine entsprechende Gestaltung der Gehäuse bzw. durch zusätzliche Gebläse nach außen abgeleitet.
3. Glühlampen. Bei den herkömmlichen Glühlampen wird nur etwa 7% der zugeführten Energie in Licht, aber 93% in Wärme umgewandelt, die nach außen abgeführt wird.
4. Transformatoren. Bei Transformatoren ist die Dimensionierung in Abhängigkeit von der entstehenden Verlustleistung (Eisen- und Kupferverluste) auszuführen. Für die Nennlast ist $P_{\text{Fe}} = P_{\text{Cu}}$ zu wählen und danach die Dimensionierung der Wicklungen auszuführen. Mit steigendem Belastungsstrom I_2 steigt P_{Fe} durch die Erwärmung nur geringfügig an, während P_{Cu} nach der Beziehung

$$P_{\text{Cu}} \approx 2 \cdot I_2^2 \cdot R$$

– wenn die Wicklungsquerschnitte für Primär- und Sekundärwicklung etwa gleich groß sind – parabelförmig ansteigt (siehe Abb. 1).

Tabelle 1

Metall	Spezifischer Widerstand ϱ $\vartheta=20°C$ $10^{-9}\Omega\cdot m$	Elektr. Leitfähigkeit $\varkappa$ $\vartheta=20°C$ $10^6 \frac{1}{\Omega\cdot m}$	Schmelztemp. ϑ_s °C	Linearer Temp. koeff. d. Widerstandes α $\vartheta=0\ldots100°C$ $10^{-3}\cdot K^{-1}$	Widerst. And. bei $l=1$ m; $A=1$ mm²; $\Delta\vartheta=10°K$ ΔR $\vartheta=20°C$ $10^{-6}\Omega$
Aluminium	27,8…32,2	35,9…31	658	3,6…4	111…121
Beryllium	66	15,1	1283	6,7	440
Blei	210	4,8	327,3	3,9	819
Chrom	130	7,7	1890	5,88	
Eisen	86 800°C: 1060	10,4 800°C: 0,94	1532	6,4	615
Weicher Stahl	< 149	> 6,7	≈ 1350	4,5	
Gold	22	45,4	1063	4	88
Iridium	46	21,7	2454	4,1	189
Kadmium	68	14,7	320,9	4,2	286
Kobalt	≈ 50	≈ 20	1490	6,5	325
Kupfer	17,2	58	1083	4,27	68
Magnesium	46	21,7	650	4,41	203
Mangan α	1850		1250		
β	950				
γ	450				
Molybdän	48…56	20,8…17,9	2630	4,57	219…256
Nickel	87…95,2	11,5…10,5	1455	4,65	391…428
Niob	≈ 180	5,56	≈ 2500	≈ 2,7	485
Osmium	95,2	10,5	2700	4,2	400
Palladium	109	9,8	1554	3,68	735
Platin	108 1000°C: 435	9,8 1000°C: 2,3	1773	3,98	430
Rhenium	210	4,76	3176	4,73	363
Rhodium	43	23,3	1966	4,4	189
Ruthenium	145	6,9	2500		
Silber	16,3	61,3	960,5	4,1	67
Tantal	155 1130°C: 610 2130°C: 1450	6,5 1130°C: 1,6 2130°C: 0,7	≈ 3000	≈ 3,5	543
Titan	≈ 475	≈ 2,11	≈ 1700	≈ 5,5	≈ 2600
Wismut	1070	0,94	271	4,4	5000
Wolfram	54,9 1000°C: 332,4 2000°C: 659,4 3000°C: 1023	18,2 1000°C: 3 2000°C: 1,5 3000°C: 0,98	3380	3,1…4,5	78
Zink	60,6	16,5	419,4	4,17	253
Zinn	115 100°C: 156	8,7 100°C: 6,4	231,8	4,6	529
Zirkonium	410	2,38	1857	4,4	1800

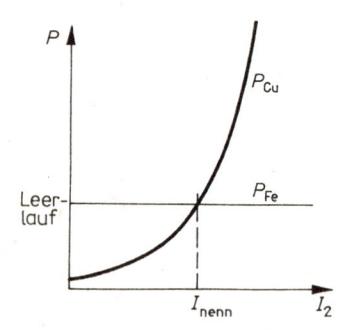

Abb. 1 Verlustleistung durch Elektrowärme bei Transformatoren

Literatur

[1] PHILIPPOW, E.: Taschenbuch Elektrotechnik. Band 1. – Berlin: VEB Verlag Technik. 1976.
[2] N. N.: Elektrowärme – Theorie und Praxis. – Essen: Girardet 1974.

Festelektrolyte

Bereits 1853/54 wurde im Labor durch die Herstellung stromliefernder galvanischer Zellen mit Festelektrolyten von GAUGAIN und BUFF bewiesen, daß auch Festkörper als Elektrolyte wirken können. Die Nernst-Lampe um 1900 war die erste kommerzielle Anwendung von Festelektrolyten [1].

Zum Verständnis des Leitungsmechanismus fester Elektrolyte trugen jedoch erst die Arbeiten zur Fehlordnung der Ionenkristalle von FRENKEL, SCHOTTKY und WAGNER (1926–1935) bei [2]. Entscheidende Impulse erhielt dieses Fachgebiet vor allem durch die thermodynamischen und kinetischen Untersuchungen mit Festelektrolytzellen von C. WAGNER sowie die verstärkte Entwicklung von Brennstoffzellen (ab 1950) und Akkumulatoren (ab 1967) mit Festelektrolyten.

Sachverhalt

Die totale elektrische Leitfähigkeit (σ) von Festkörpern setzt sich zusammen aus dem Anteil der Kationen (σ_K) und Anionen (σ_A), d. h. der ionischen Leitfähigkeit (σ_i) sowie dem Anteil der Elektronen (σ_-) und Defektelektronen (σ_+), d. h. der elektronischen Leitfähigkeit (σ_e).

$$\sigma = \sigma_K + \sigma_A + \sigma_- + \sigma_+ = \sigma_i + \sigma_e. \qquad (1)$$

Die Festkörper, die sich durch $\sigma_i \gg \sigma_e$ und eine relativ hohe ionische Leitfähigkeit auszeichnen, werden *Festelektrolyte* (solid electrolytes, solid state ionics, tverdyj elektrolit) genannt.

Sie sind darüberhinaus meistens auch durch $\sigma_K \gg \sigma_A$ bzw. $\sigma_A \gg \sigma_K$ charakterisiert, d. h., der Ladungstransport wird durch eine Ionenart übernommen. Festelektrolyte können polykristalline Keramiken, kristallin erstarrte Schmelzen, Gläser und kristalline oder amorphe Filme sein.

Wie jede Ladungsträgerleitfähigkeit, ist auch die ionische Leitfähigkeit proportional der Konzentration der leitfähigen Teilchen, d. h. der Ionen (n_i), ihrer Ladung ($z_i e$) und ihrer Beweglichkeit (u_i):

$$\sigma_i = n_i \cdot z_i e \cdot u_i . \qquad (2)$$

Die Beweglichkeit ist mit dem Komponentendiffusionskoeffizienten ($D_{k,i}$) durch die Nernst-Einstein-Gleichung verknüpft

$$u_i = \frac{z_i e \cdot D_{k,i}}{kT} . \qquad (3)$$

$D_{k,i}$ ist proportional dem Quadrat der Sprungweite (a) (praktisch mit Gitterparameter identisch) und der Sprungfrequenz. Die oberste Grenze der Sprungfrequenz ist erreicht, wenn die Teilchen sich mit thermischer Geschwindigkeit (v) von einer Punktlage zur anderen bewegen. Daraus folgt ein maximaler Diffusionskoeffizient

$$D_{k,i} = \frac{1}{6} v \cdot a , \qquad (4)$$

der im Bereich von etwa 10^{-5} cm^2/s liegt [3].

Die Konzentration der leitfähigen Ionen hängt wesentlich von der Art der Fehlordnung der Festelektrolyte ab. Folgende Fehlordnungen werden in der Regel unterschieden:
a) totale Ionenteilgitter-Fehlordnung reiner Stoffe,
b) punktuelle Eigenfehlordnung reiner Stoffe,
c) Mischphasenfehlordnung.

Bei der *Ionenteilgitterfehlordnung* verhält sich ein Teilgitter (Kationen- oder Anionenteilgitter) im anderen Gitter nicht kristallin, sondern quasi wie eine Flüssigkeit oder ein komprimiertes Gas.

Deshalb ist die Konzentration der Ladungsträger groß sowie temperaturunabhängig. Ebenso ist die Beweglichkeit der Ladungsträger groß und zeigt nur eine relativ geringe Temperaturabhängigkeit. Dieser Zustand kann bei Temperaturanstieg plötzlich oder allmählich eintreten bzw. in einigen nichtstöchiometrischen Stoffen von vornherein vorliegen. Letztere weisen vor allem Schicht- oder Tunnelstruktur auf.

Festkörper, die zu dieser Fehlordnungsart zählen, werden auch *Superionenleiter* (superionic conductors, fast ion conductors) oder optimierte Ionenleiter genannt.

Die *punktuelle Eigenfehlordnung* reiner Stoffe ist dadurch gekennzeichnet, daß Gitterfehlstellen durch Einbau von Ionen auf Zwischengitterplätzen (Frenkel-Typ) oder unbesetzte Gitterplätze (Schottky-Typ) auftreten. Die Zahl dieser Gitterfehlstellen bestimmt in erster Näherung die Konzentration der mobilen Ionen (n_i).

Da diese mit der Temperatur zunehmen, findet man auch eine große Temperaturabhängigkeit der Ladungsträgerkonzentration. Ebenso wird eine starke Zunahme der Ladungsträgerbeweglichkeit mit der Temperatur beobachtet.

Die *Mischphasenfehlordnung* tritt bei heterotypen Verbindungen auf. Durch Dotieren des Wirtsgitters mit in Bezug auf den Wirt höher- oder niederwertigen Ionen können gezielt Kationen- oder Anionenleerstellen geschaffen werden. Somit liegt die Ladungsträgerkonzentration durch die Dotierung fest und ist temperaturunabhängig. Hingegen wird auch hier eine relativ starke Zunahme der Ladungsträgerbeweglichkeit mit ansteigender Temperatur beobachtet.

Die Temperaturabhängigkeit der ionischen Leitfähigkeit folgt in der Regel der Gleichung

$$\sigma_i = \frac{\sigma_{i,0}}{T} \exp\left(- \frac{\Delta H}{RT} \right) . \qquad (5)$$

Aus ihr bzw. aus der Aktivierungsenthalpie der Leitfähigkeit (ΔH) kann man Rückschlüsse auf den Fehlordnungstyp ziehen. Im Falle der Ionenteilgitterfehlordnung ist ΔH mit etwa 10–20 kJ/mol nur etwa 2 bis 4mal größer als die molare thermische Energie RT. Bei der Mischphasenfehlordnung hingegen liegt sie bei etwa 100 kJ/mol. Den größten Wert weist die Eigenfehlordnung auf, ΔH kann bis 200 kJ/mol betragen.

Der präexponentielle Faktor ($\sigma_{i,0}$) hat für die drei Fehlordnungsarten die gleiche Tendenz wie die Aktivierungsenthalpie [4, 5].

Die Materialien mit punktueller Eigenfehlordnung und Mischphasenfehlordnung neigen bei sehr hohen Temperaturen zur thermischen Zersetzung, z. B. der Oxidionenleiter ZrO_2 durch Abgabe von Sauerstoff. Die zurückbleibenden Sauerstoffleerstellen werden formal durch Elektronen besetzt, die zu einer merklichen elektronischen Leitfähigkeit führen können.

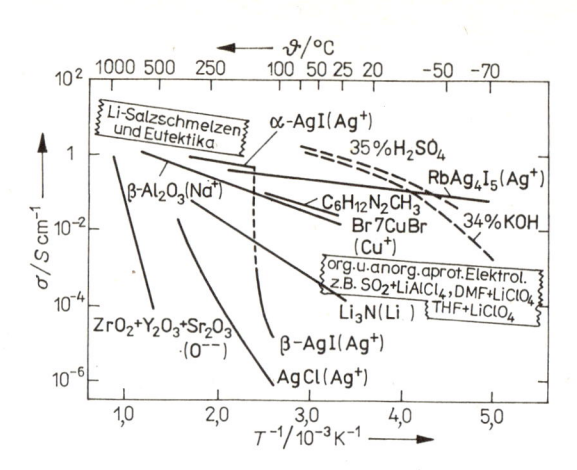

Abb. 1 Temperaturfunktion der Leitfähigkeit einiger Festelektrolyte

Kennwerte, Funktionen

Festelektrolyte werden vielseitig charakterisiert [6]. Eine der wesentlichsten Kenngrößen ist ihre ionische Leitfähigkeit und deren Temperaturfunktion. Für einige wichtige Festelektrolyte ist diese im Vergleich mit anderen ionisch leitenden Systemen in Abb. 1 dargestellt, wobei das leitfähige Ion in Klammern angegeben ist.

Bedeutung haben vor allem die folgenden Systeme erlangt:

Oxidionen-Leiter [4, 5, 7]. Mischphasen des ZrO_2, ThO_2, CeO_2 oder HfO_2 mit 5 Mol%–25 Mol% Erdalkalioxiden (z. B. CaO) oder Oxiden seltener Erden (z. B. Y_2O_3).

Durch die Zusätze werden Anionenleerstellen geschaffen sowie z. B. bei ZrO_2 oder HfO_2 die monokline in die kubische (Fluorit) Struktur umgewandelt und diese stabilisiert. Deshalb wird für die ZrO_2-Mischphasen häufig auch von stabilisiertem Zirkondioxid gesprochen.

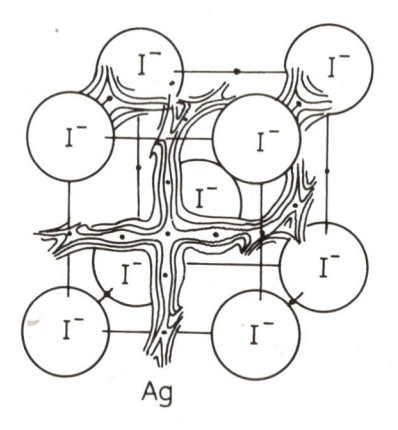

Abb. 2 Kristallgitter des α-Silberjodids mit Bereichen für die Silberionen [3]

Silberionen-Leiter [4, 5, 7]. Grundtyp dieser Leiter ist das AgI. Bei 146 °C tritt Umwandlung der β-AgI-Phase (Zinkblenden-Struktur) in das bis 555 °C beständige α-AgI (raumzentrierte kubische Struktur) auf. Damit verbunden ist ein Leitfähigkeitsanstieg um 10^3. Die Ag-Ionen sind statistisch im raumzentrierten Jod-Gitter verteilt (Abb. 2).

Ähnliche, jedoch bei Normaltemperatur stabile Gittertypen, erhält man durch Zusätze, wie z. B. das $RbAg_4I_5$.

Natriumionen-Leiter [4, 5, 7, 8]. Hauptvertreter ist das β-Aluminiumoxid; die wichtigsten Phasen sind β-Al_2O_3 ($Na_2O \cdot 11 Al_2O_3$) mit hexagonaler Struktur und das etwas leitfähigere β″-Al_2O_3 ($Na_2O \cdot 5,33 Al_2O_3$) mit rhomboedrischem Bau. In beiden Phasen sind mit Sauerstoff und Aluminium dichtgepackte, spinellähnliche Blöcke durch Sauerstoff verbunden. In dieser

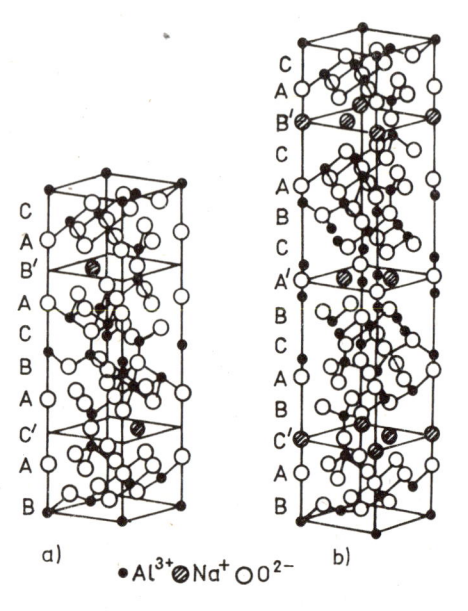

Abb. 3 Schematische Darstellung der β-Aluminiumoxid-Struktur a) β – Al_2O_3, b) β″ – Al_2O_3

Verbindungsschicht geringer Dichte sind in quasi flüssiger Form die zweidimensional wandernden Natriumionen gelöst (Abb. 3).

Auch Festelektrolyte mit dreidimensionaler Natriumionenleitfähigkeit sind bekannt, wie $Na_{1+x}Zr_2P_{3-x}Si_xO_{12}$ (NASICON) und $Na_5YSi_4O_{12}$ (NYS). Sie weisen eine sehr gute Leitfähigkeit auf, sind aber in Gegenwart von flüssigem Natrium relativ unbeständig.

Lithiumionen-Leiter [9, 10]. β-Li_2SO_4 (monokline Struktur) geht bei 585 °C in das sehr gut leitfähige kubische α-Li_2SO_4 über ($\sigma_{600\,°C} \approx 0,3$ S·cm^{-1}). Abkömmlinge des γ_{II}-Li_3PO_4 wie $Li_{3,5}Zn_{0,25}GeO_4$ oder feste Lösungen von Li_4GeO_4-Li_3VO_4, Li_4SiO_4-Li_3VO_4, Li_4SiO_4-Li_3PO_4, die dreidimensionale „framework" Struktur haben, weisen bei Raumtemperatur eine Leitfähigkeit um 10^{-5} S cm^{-1} auf.

Li_3N besteht aus hexagonalen Li_2N-Schichten, die durch Lithiumionen, die N-Li-N-Brücken formen, verbunden sind (Abb. 4). Die zweidimensionale Leitfähigkeit beträgt bei Raumtemperatur 10^{-3} S cm^{-1}. Die niedrige Zersetzungsspannung (0,45 V) kann durch Bildung ternärer Systeme Li_3N-LiI-LiOH (1:2:0,77 im Molverhältnis) auf etwa 1,6 V erhöht werden.

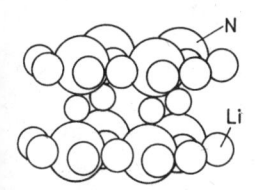

Abb. 4 Schematische Darstellung des Li_3N

Anwendungen

Festelektrolyte finden in einem breiten Temperaturbereich von ≤ 0 °C bis ≥ 1000 °C Anwendung, hauptsächlich in galvanischen Zellen mit Stofftransport (elektrochemische Stromquellen, Elektrolysezellen) und ohne Stofftransport (elektrochemische Analysezellen). Erstere befinden sich zum größten Teil noch in der Entwicklung, letztere sind bereits in großer Stückzahl in die Praxis eingeführt.

Elektrochemische Stromquellen, Elektrolysezellen. Außer möglichst kleinen Polarisationswiderständen der Elektroden sind für diese Anwendung kleine Elektrolytwiderstände wesentlich. Dafür wird nicht unbedingt eine große spezifische Leitfähigkeit des Festelektrolyten gefordert. Auch mit extrem dünnen Schichten und großen Flächen kann dies erreicht werden [11]. Für *Akkumulatoren* wird zur Verringerung von Reaktionshemmungen eine hohe Arbeitstemperatur und zur Erzielung hoher spezifischer Energien der Einsatz von Alkalimetallen angestrebt. Man benötigt dafür nichtwäßrige, auch bei 300 bis 400 °C stabile Elektrolyte mit $\sigma_i \geq 1$ S cm^{-2}.

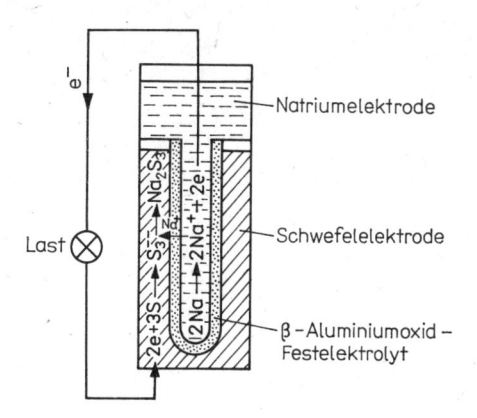

Abb. 5 Prinzipskizze eines Na-S-Akkumulators

Für den Na-S-Akkumulator [8] (Arbeitstemperatur ca. 350 °C) erwies sich β-Aluminiumoxid als Elektrolyt geeignet (siehe Abb. 5). Hauptprobleme bei der Entwicklung des Akkumulators sind die Langzeitstabilität des Festelektrolyten sowie die Korrosionsbeständigkeit von Behälter- und Dichtungsmaterialien.

Die z. Z. erreichte spezifische Energie liegt bei etwa 100–150 Wh/kg.

In *Primärzellen* mit wäßrigen Elektrolyten geht ein großer Teil der Ah-Kapazität infolge von Selbstentladereaktionen verloren, vor allem dann, wenn der Energiebedarf des Verbrauchers so gering ist, wie der mikroelektronischer Geräte (z. B. Herzschrittmacher). Diese Selbstentladung wird durch den Festelektrolyten weitestgehend verhindert. Zum Beispiel ist die kommerzielle verfügbare und bei Normaltemperatur arbeitende Li/LiI/I$_2$-Polyvinylpyridin-Zelle über 10 Jahre nutzbar [12]. Der Li-ionenleitende LiI-Festelektrolyt bildet sich in einer dünnen Schicht erst bei Kontakt der Reaktanten. Zellen mit Ag-ionenleitenden Elektrolyten haben sich aufgrund der geringen Energiedichte kaum durchsetzen können [12].

Gemischte Leiter (Intercalations- oder Insertionsverbindungen), die sowohl hohe ionische als auch elektronische Leitfähigkeit aufweisen, wie z. B. TiS_2, werden oft auch für Sekundärzellen als Elektrodenmaterial eingesetzt [7, 13, 14].

In *Brennstoffzellen* erfordert der Abbau von Reaktionshemmungen entweder teure Katalysatoren oder hohe Arbeitstemperatur. Letzteres führte zu Hochtemperaturbrennstoffzellen [8], bei denen man versucht, mit stabilisiertem ZrO_2 als Festelektrolyt bei etwa 1000 °C zu arbeiten (siehe Abb. 6a).

Elektrolysezellen [15] befinden sich ebenfalls in der Entwicklung. Die Hochtemperatur-Wasserdampfelektrolyse für die Wasserstoffgewinnung arbeitet nach einem der Hochtemperaturbrennstoffzelle analogen Prinzip (siehe Abb. 6b). Die Arbeitsweise der elektrochemischen Sauerstoffpumpe, einsetzbar zur Erzeugung hochreinen Sauerstoffs, zur Einstellung ge-

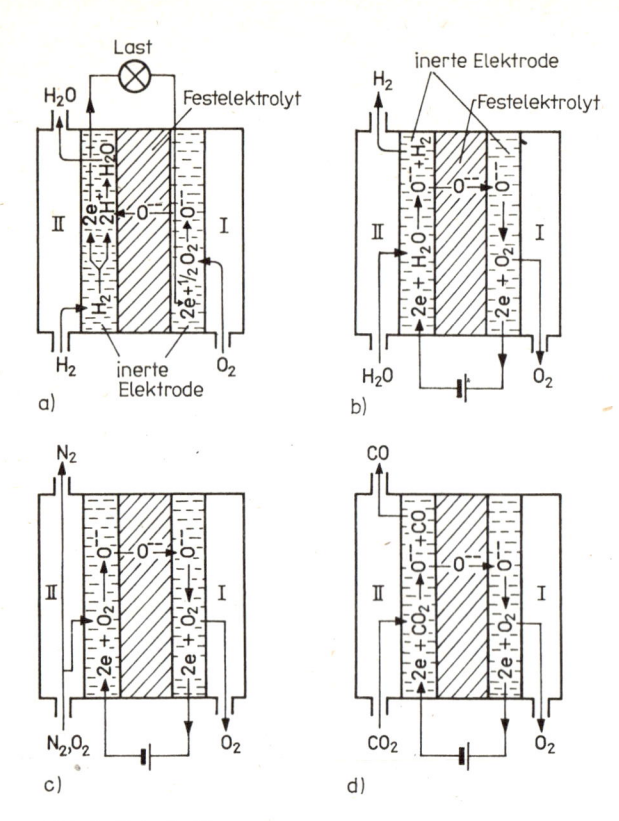

Abb. 6 Prinzipskizze
a) einer H_2-O_2-Hochtemperaturbrennstoffzelle
b) einer Hochtemperatur-Wasserdampf-Elektrolysezelle zur Wasserstoffgewinnung
c) einer Hochtemperatur-Sauerstoffpumpe
d) einer Hochtemperatur-Kohlendioxid-Elektrolysezelle

Als ein präzises Coulombmeter kann z. B. das System $Ag/RbAg_4I_5/Au$ in einen Stromkreis eingeschaltet werden (siehe Abb. 9). Die geflossene Ladung ist der zur Goldelektrode übergeführten Silbermenge proportional. Zum Lesen dieser Information wird bei konstanter Stromstärke Silber zurücktransportiert. Ist dies erfolgt, steigt die Zellspannung sprunghaft an, gleichzeitig ist die Information gelöscht.

Ähnliche Systeme, hauptsächlich mit Ag-ionenleitenden Festelektrolyten, können als Zeitschaltuhr, Ladungszustandsanzeiger, Memoryzellen usw. eingesetzt werden.

In *elektrochromen Bauelementen* übernehmen Festelektrolyte (z. B. β-Al_2O_3) die Injektion von monovalenten Ionen (z. B. Na^+) in dünne WO_3-Filme und bewirken damit die Farbänderung [19].

Elektrochemische Analysenzellen. Stellen sich an Festelektrolysezellen reproduzierbare Spannungen ein, so

wünschter Sauerstoffkonzentrationen oder zur selektiven Entfernung von Sauerstoff aus Gasgemischen ist in Abb. 6c dargestellt.

Kohlendioxid kann ebenfalls elektrolysiert werden (siehe Abb. 6d). Eine mögliche Anwendung ist die Atemgasregeneration in Raumschiffen, U-Booten usw.

Auch die Chloralkalielektrolyse versucht man, mit β-Al_2O_3 als Festelektrolyt zu verwirklichen [16] (siehe Abb. 7). Gegenüber dem Diaphragmaverfahren kann eine Energieeinsparung erreicht werden.

Bei der Entwicklung des mit β-Aluminiumoxid arbeitenden *thermoelektrischen Generators* [17] (siehe Abb. 8) wird die Natriumdampfdruckabhängigkeit des Na^+/Na-Potentials zur direkten Umwandlung von Wärme in elektrische Energie mit einem relativ hohen Wirkungsgrad ausgenutzt. Die theoretisch erzeugbare Energie ist der isothermalen Expansion des Natriums von p_1 auf p_2 äquivalent.

Chemotronische Bauelemente [15, 18] erlauben die Aufzeichnung und das Lesen von Informationen. Dies erfolgt z. B. durch Messung des elektrochemischen Stoffumsatzes. Festelektrolyte, bei denen der Ladungstransport nur von einer Ionensorte übernommen wird, schließen störende Nebenreaktionen aus.

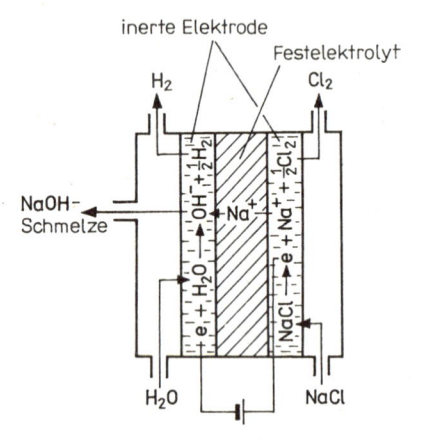

Abb. 7 Chloralkalielektrolyse mit β-Al_2O_3

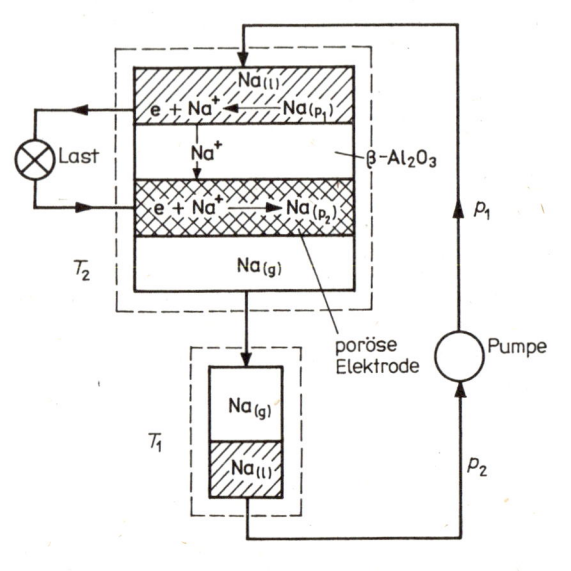

Abb. 8 Thermoelektrischer Generator mit β-Aluminiumoxid

eignen sie sich zu potentiometrischen Analysen. Die Leitfähigkeit steht bei dieser Anwendungsart nicht im Vordergrund. Zum Beispiel folgt bei der Zelle

$Pt/O_{2(p_1)}$, stabilisiertes ZrO_2, $O_{2(p_2)}/Pt$

die Gleichgewichtszellspannung (U_{eq}) der Gleichung

$$U_{eq} = \frac{RT}{4F} \ln \frac{p_{O_{2(1)}}}{p_{O_{2(2)}}}. \qquad (6)$$

Die Messung von unbekannten *Sauerstoffkonzentrationen* ($p_{O_{2(2)}}$) ist möglich, wenn T und $p_{O_{2(1)}}$ bekannt sind.

Für obige Zelle existieren verschiedene Ausführungsformen von Gasanalysezellen [20]. Die Mantelzelle, die kommerziellen Geräten vom VEB Junkalor Dessau zugrunde liegt, ist in Abb. 10 dargestellt.

Neben rein analytischen Problemen ist diese Methode auch der Prozeßkontrolle angepaßt. Zum Beispiel hat die Sauerstoffmessung in Metallschmelzen in die Praxis ebenso Eingang gefunden [21] wie Abgassensoren zur Kontrolle und Regelung des Verbrennungsprozesses in Motoren und Feuerungen. In letzterem Beispiel fällt durch den Übergang von Brennstoff- zum Luftüberschuß beim optimalen Brennstoff-Luft-Verhältnis (λ) von Eins die Gleichgewichtszellspannung um mehrere 100 mV ab (siehe Abb. 11). Dieses Signal wird zur Regelung der Luftzufuhr benutzt [22].

Wenn der Sauerstoff im Elektrodenraum im thermodynamischen Gleichgewicht mit solchen Systemen wie H_2 und H_2O, CO und CO_2, Metall (Me) und MeO_x usw. steht, sind auch die Konzentrationen der Systempartner bestimmbar.

Das wird praktisch ausgenutzt, z. B. in Kernkraftwerken zur Kontrolle der Dichtheit von Natriumkühlkreisläufen, deren Na_2O-Gehalt bei einem Leck beträchtlich ansteigt.

Auch kann mit obiger Zelle der Verschmutzungsgrad von Gewässern durch organische Substanzen (bis 0,001 %) ermittelt werden. Diese werden bei ca. 750 °C oxydiert und senken dadurch den Sauerstoffpartialdruck.

Auch thermodynamische Größen wie Aktivitäten, Fugazitäten oder Bildungsenthalpien, freie Bildungsenthalpien, Bildungsentropien usw. verschiedener Oxide sind ebenso wie kinetische Daten (z. B. Diffusionskoeffizient) durch Verfolgung der Zeitabhängigkeit von $p_{O_{2(2)}}$ über diese Methode zugänglich [23].

Durch Verwendung anderer Festelektrolyte (FE) ist zumindestens im Labor die Bestimmung von SO_x (FE: K_2SO_4), N_2 (FE: AlN), C (FE: $BaF_2 - BaC_2$) S (FE: $CaS - Y_2S_3$) u. a. möglich geworden [5].

Die *thermodynamische Temperatur* ist bei Kenntnis von $p_{O_{2(1)}}$ und $p_{O_{2(2)}}$ berechenbar.

Zur Bestimmung von Ionenaktivitäten in wäßrigen Medien werden *ionensensitive* Elektroden auf der Basis von Festelektrolyten eingesetzt. Damit sind auch solche Ionenarten wie Chlorid, Fluorid, Sulfid oder Ni-

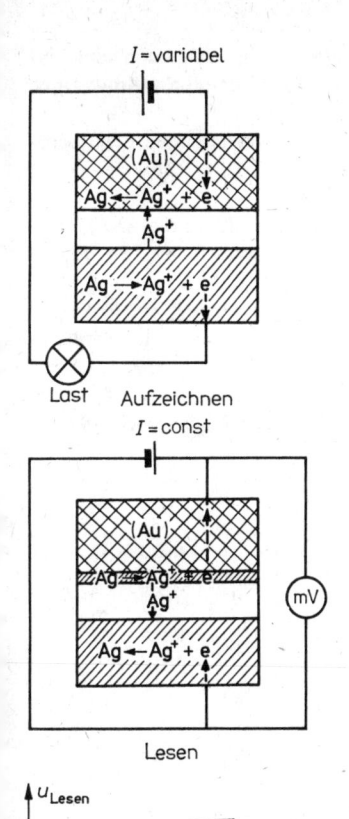

Abb. 9 Prinzipschema eines $Ag/RbAg_4I_5/Au$-Coulometers

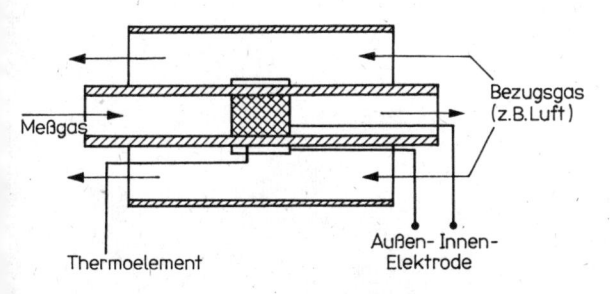

Abb. 10 Prinzipschema einer Mantelzelle zur Gasanalyse

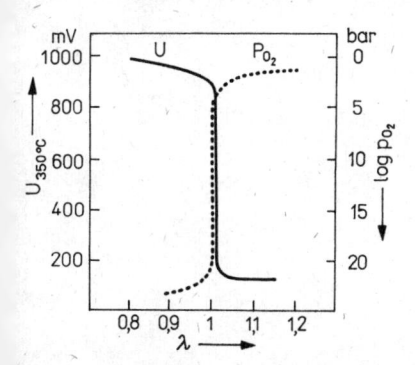

Abb. 11 Gleichgewichtszellspannung einer stabilisierten ZrO_2-Festelektrolytzelle als Funktion der Sauerstoffkonzentration

trat bestimmbar [24]. Zum Beispiel wird für die Fluoridelektrode LaF_3 und die Sulfidelektrode Ag_2S eingesetzt.

Literatur

[1] Möbius, H.-H.: Die Nernst-Masse, ihre Geschichte und heutige Bedeutung – Naturwissenschaften 52 (1965) 529–536.

[2] Rickert, H.: Einführung in die Elektrochemie fester Stoffe. – Berlin: Springer-Verlag 1973.

[3] Rickert, H.: Feste Ionenleiter, Grundlagen und Übersicht – Chem.-Ing.-Techn. 50 (1978) 270–273.

[4] Huggins, R. A.: Ionically Conducting Solid-State Membranes. In: Advances in Electrochemistry & Elektrochemical Engineering. Hrsg.: H. Gerischer, C. W. Tobias. – New York: John Wiley & Sons 1977. Vol. 10.

[5] Hooper, A.: Fast Ionic Conductors. – Contemp. Phys. 19 (1978) 147–168.

[6] Lindford, R. G.; Hackwood, S.: Physical Techniques for the Study of Solid Electrolytes. Chem. Rev. 81 (1981) 327–364.

[7] Whitmore, D. H.: Ionic and Mixed Conductors for Energy Storage and Conversion Systems. J. Crystal Growth 39 (1977) 160–179.

[8] Wiesener, K.; Garche, J.; Schneider, W.: Elektrochemische Stromquellen. – Berlin: Akademie-Verlag 1981.

[9] Kudo, T.; Uetani, Y.; Kawakami, A.: New Solid Electrolytes: Properties and Applications. New Material & New Processes 1983, 2, 64–72.

[10] Baukamp, B. A.; Huggins, R. A.: Fast Ionic Conductivity in Lithium Nitride – J. Lithium Institute 2 (1980) 61–71.

[11] Kennedey, J. H.: Thin film solid electrolyte systems. Thin Solid Films 43 (1977) 41–92.

[12] Dickinson, T.: Room temperature cells with solid electrolytes. In: Electrochemical Power Sources. Hrsg.: M. Barak. – London/New York: IEE 1980, S. 464–481.

[13] Owen, J. R.: Development in Solid State Batteries. In: Power Sources 8. Hrsg. J. Thompson. – London/New York/Toronto/Sydney/San Francisco: Academic Press 1981. S. 77–89.

[14] Fast Ion Transport in Solid Electrodes and Electrolytes, Hrsg: P. Vashishta; J. N. Mundy; G. K. Shenoy. – New York/Amsterdam/Oxford: North-Holland Publ. Co. 1979.

[15] Baukal, W.: Knödler, R.; Kuhn, W.: Überblick über die Anwendungsmöglichkeiten von Festelektrolyten. Chem.-Ing. Techn. 50 (1978) 245–249.

[16] Ito, Y.; Yoshizawa, S.; Nakamatsu, S.: A new measured for the electrolysis of sodium chloride using a β-alumina molten salt system. J. appl. Electrochem. 6 (1976) 361–364.

[17] Weber, N.: A Thermoelectric Device Based on Beta-Alumina Solid Electrolyte. Energy Conversion 14 (1974) 1.

[18] Takahashi, T.; Yamamoto, O.: Solid state ionics – the electrochemical analog memory cell with solid electrolyte. J. appl. Electrochem. 3 (1973) 129–135.

[19] Green, M.; Kang, K. S.: Solid state electrochemical cells: The M-β-Alumina/WO_3 System – Thin Solid Films 40 (1977) L 19–L 21.

[20] Möbius, H.-H.: Zur Entwicklung der Elektrochemie mit Festelektrolyten. Wiss. Z. Ernst-Moritz-Arndt-Univ. Greifswald 23 (1974) 45–49.

[21] Fischer, A. W.: Janke, D.: Metallurgische Elektrochemie. Berlin/Heidelberg/New York: Springer-Verlag 1975. S. 318–330.

[22] Fischer, W.; Rohr, F. J.: Beispiele für die Anwendung von Festelektrolyten. Chem.-Ing.-Techn. 50 (1978) 303–305.

[23] Goto, K. S.; Pluschkell, W.: Oxygen concentration cells. In: Physics of Electrolytes. Hrsg.: J. Hladik. – London: Academic Press 1972. Vol. 2, S. 539–622.

[24] Ion Selective Electrode Methodolygy. Hrsg.: A. K. Covington. – Boca Raton/Florida: CRC Press Inc. 1979.

Hysterese

Bekannt sind die drei Arten: magnetische Hysterese, mechanische Hysterese und Lichtbogenhysterese. Die erstere wurde 1880 von E. Warburg entdeckt und von J.A. Ering 1882 als magnetische Hysterese (Nachwirkung) bezeichnet.

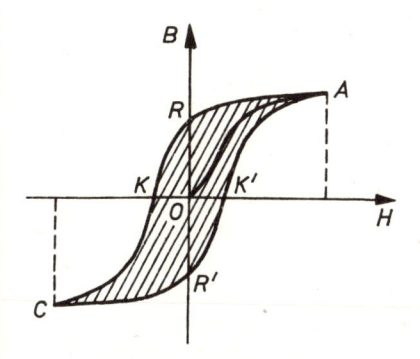

Abb. 1 Hystereseschleife mit Neukurve

Sachverhalt

Nach der in Abb. 1 gezeigten Hysteresekurve (Hystereseschleife) soll der Hysterese-Effekt erklärt werden [1]. Wird ein unmagnetischer ferromagnetischer Stoff (Fe, Ni, Co oder eine ihrer ferromagnetischen Legierungen) durch das Anlegen eines äußeren Magnetfeldes bis zur Sättigung magnetisiert, so geht dieser Vorgang nach der jungfräulichen oder Neukurve OA vor sich. Während dieser Zeit erfolgt die Ausrichtung der bereits vorhandenen Molekularmagnete (seit 1907 auch Weißsche Bezirke genannt, nach P.-E. Weiss, 1865–1940), die in unmagnetischen Stoffen mit ihren Achsen nach allen Richtungen willkürlich gelagert sind. Die Sättigung ist erreicht, wenn alle Molekularmagnete entsprechend der Feldrichtung ausgerichtet sind.

Wird das angelegte äußere Magnetfeld bis Null verringert, so gehen nicht alle einmal ausgerichteten Molekularmagnete in ihre ungeordnete Lage zurück, sondern infolge der zwischen ihnen vorhandenen starken Wechselwirkungen behält ein Teil seine neue Lage bei, woraus bei der Feldstärke $H=0$ die magnetische Induktion OR, als Remanenz oder Restmagnetismus bezeichnet, erhalten bleibt. Mit wachsender, aber jetzt entgegengesetzt gerichteter Feldstärke wird der ferromagnetische Werkstoff mit umgekehrter Polarität magnetisiert, wobei bei einer bestimmten Feldstärke die magnetische Induktion den Wert 0 erreicht, jetzt als Gleichgewicht bereits ummagnetisierter und noch in der vorhergehenden Richtung magnetisierter Elementarbezirke. Die dazu benötigte Feldstärke OK bezeichnet man als Koerzitivkraft. Wird in dieser Richtung weiter magnetisiert, so tritt bei C wiederum eine Sättigung ein. Eine abermalige Feldumpolung ergibt den Kurvenzug $CR'K'A$ und damit die geschlossene Hysteresekurve (siehe Abb. 1). Die Form der Hysteresekurve ist von der Art des ferromagnetischen Materials abhängig.

Eine wesentliche Rolle bei der Magnetisierung spielt die Temperatur. Eine steigende Temperatur wirkt der Magnetisierung entgegen, da die Wärmebewegung (Brownsche Molekularbewegung) der richtenden Kraft des äußeren Feldes auf die Weiß'schen Bezirke als auch der durch die Struktur des Kristalls innerhalb dieser Bezirke gegebenen Richtkraft entgegenwirkt. Oberhalb der Curie-Temperatur ist keine spontane Magnetisierung mehr vorhanden, da die Richtkraft zur Ordnung innerhalb der Weiß'schen Bezirke gegenüber der Kraft aus der Wärmebewegung nicht mehr ausreicht. Der ferromagnetische Werkstoff wird paramagnetisch.

Der Flächeninhalt der Hystereseschleife ist ein Maß für die bei einem Magnetisierungszyklus des betreffenden Materials aufzubringende bzw. verbrauchte Arbeit. Diese zur Ummagnetisierung erforderliche Arbeit tritt als Wärmeenergie – als sogenannte Hysteresewärme (Verlustwärme) – in dem magnetischen Material auf. Sie ist fast immer unerwünscht. Die Veränderung der Hysteresekurve durch mechanische Spannungen ist die Folge des magnetoelastischen Effektes (*siehe dort*). Zur Feinstruktur der Hystereseschleife siehe [5].

Kennwerte, Funktionen

Hystereseverluste: Für Materialien, bei denen die Hysterese unerwünscht ist – siehe Tab. 1.
Güteziffer: Für Materialien, für die eine großflächige Hystereseschleife gewünscht wird – siehe Tabelle 2.
Curietemperatur: Fe = 770 °C, Ni = 360 °C, Co = 1120 °C.

Tabelle 1 *Hystereseverluste P_h unterschiedlicher Blechsorten bei Magnetisierung mit Wechselstrom von 50 Hz bei verschiedenen Magnetisierungsstärken (Blechstärke 0,35 mm)*

Induktion B Gauß	Unleg. Blech P_h W/kg	mit 1 % Si P_h W/kg	mit 2,5 % Si P_h W/kg	mit 4 % Si P_h W/kg
2 500	0,2	0,19	0,18	0,11
5 000	0,64	0,59	0,52	0,32
7 500	1,26	1,13	1,00	0,63
10 000	2,20	1,90	1,68	1,06
12 500	3,75	2,98	2,55	1,65
15 000	6,31	5,13	3,76	2,52

Tabelle 2 *Güteziffer von Materialien für Dauermagnete (breite Hystereseschleife)*

Material	Zusammensetzung in Gew.-%	B Gauß	H Oersted	Güteziffer $B \cdot H$ Gauß-Oersted
Federstahl	Fe mit ≈ 1 % C	13 500	21,3	$2,87 \cdot 10^5$
Wolframstahl	5…6,5 % W; 0,5…0,8 % C Rest Fe	10 800	68	$7,34 \cdot 10^5$
Co-Cr-Stahl	34 % Co; 1,5…5 % Cr; 0…4,5 % Mo; 0,8…1,1 % C; Rest Fe	9 300	243	$2,27 \cdot 10^6$
Oerstit	24…30 % Ni; 9…13 % Al; 5…10 % Cu; Rest Fe	6 100	750	$4,57 \cdot 10^6$
Alnico V	15 % Ni; 25 % Co; 9 % Al; 3 % Cu; Rest Fe	12 250	597	$7,3 \cdot 10^6$

Anwendungen

Die Hysterese ist meistens unerwünscht und sollte deshalb so gering wie möglich gehalten werden. Erwähnt sei hier der unerwünschte Energieverlust bei elektrischen Maschinen, bei denen eine fortwährende Ummagnetisierung von Eisen stattfindet (Transformatoren, Generatoren, Elektromotoren usw.). Die hierfür verwendeten Dynamobleche sollen möglichst extrem schmale Hystereseschleifen besitzen.

Es sind aber auch Anwendungen bekannt, bei denen die Hysterese erwünscht ist.

Dauermagnete. Das hierfür verwendete Material muß eine hohe Remanenz und eine große Koerzitivkraft, d. h. eine breite Hystereseschleife besitzen. Das ist erforderlich, um den remanenten Magnetismus des Dauermagneten nicht durch äußere Gegenfelder schon erheblich zu verkleinern. Das Produkt aus remanenter Induktion B und Koerzitivkraft H ist die Güteziffer des Materials (siehe Tab. 2).

Hysteresemotor. Geeignet zum Antrieb von Zeitmeßeinrichtungen und für die zeitsynchrone Fortbewegung der Aufnahmestreifen von Registriergeräten [2].

Abbildung 2 zeigt das Prinzip, bestehend aus einem zweipoligen Stator 1 aus lamelliertem Eisen, der Erregerwicklung 2, den Kurzschlußringen 3, die je zur Hälfte auf den gespaltenen Polen sitzen, und dem aus runden gehärteten Stahlscheiben bestehenden Rotor 4.

Durch die Spaltanordnung wird der Gesamtfluß in zwei phasenverschobene Flüsse aufgeteilt, die ein elliptisches Drehfeld bilden, wodurch der leichte Anker asynchron anläuft. Er wird radial magnetisiert und läuft nach wenigen Umdrehungen infolge der Hysterese synchron mit dem Drehfeld um.

Hysterese-Meßwerk. Wird der in einem Induktionsmeßwerk gelagerte Hohlzylinder durch einen Werkstoff mit großer magnetischer Hysterese ersetzt, so unterliegt letzterer im magnetischen Drehfeld ebenfalls einer Kraftwirkung. Die Bedeutung ist heute nur noch begrenzt [3].

Magnetband-Speichertechnik. Zum Schreiben einer Information auf ein Magnetband wird die magnetisierbare Schicht des Bandes durch die zu schreibende Information magnetisiert. Dazu wird die Information einer Ringkernspule in Form eines elektrischen Stromes zugeführt, der in dem Ringkern ein magnetisches Feld erzeugt, das aus dem Luftspalt des Kerns als Streufeld austritt. Das an dem Luftspalt vorbeilaufende Magnetband wird unter dem Streufeldeinfluß magnetisiert. Dabei ist das Feld der ablaufenden Kante des Aufnahmekopfes für die im Band verbleibende Remanenz und damit für die Hysterese und die Güte der gespeicherten Information verantwortlich.

Magnetkern (Ferritkern-) Speicher. Dieser speichert nur eine Information (Ein-Bit-Speicherzelle). Er ist ein Magnetkern, der abhängig von dem Strom, der durch eine um ihn gelegte Spule fließt, in positiver oder negativer Richtung gesättigt wird. Das Magnetkernmaterial besitzt eine hohe Remanenz und damit eine beinahe rechteckige Hystereseschleife, wodurch nach dem Umschalten der gesättigte Zustand fast vollkommen erhalten bleibt. Diese Speicher hatten große Bedeutung in der Computertechnik [4].

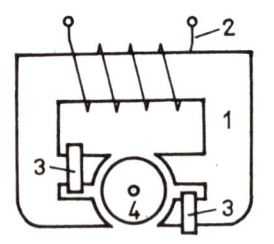

Abb. 2 Schema eines zweipoligen Hysteresemotors

Literatur

[1] Bergmann, L.; Schäfer, C.: Lehrbuch der Experimentalphysik. Bd. 2. – Berlin: Walter de Gruyter & Co. 1961.

[2] Grave, H. F.: Elektrische Messung nichtelektrischer Größen. – Leipzig: Akademische Verlagsgesellschaft Geest & Portig K.-G. 1965.

[3] Rohrbach, C.: Handbuch für elektrisches Messen mechanischer Größen. – Düsseldorf: VDI-Verlag 1967.

[4] Murphy, J. S.: Elektronische Ziffernrechner. – Berlin: VEB Verlag Technik 1968.

[5] von Ardenne, M.: Tabellen zur angewandten Physik. Bd. I. – Berlin: VEB Deutscher Verlag der Wissenschaften 1962, S. 271.

Koinzidenz

Der Begriff Koinzidenz (lat. coincitare – gemeinsam antreiben) wurde in kernphysikalischen Messungen für die Nutzung der Information aus zeitlich gekoppelten Prozessen nach 1920 eingeführt (z.B. [1, 2]). Nach 1945 wurde er mit dem Übergang vieler während des zweiten Weltkrieges in der Kernforschung ausgebildeter Kader in die Automatisierungstechnik auch in der Steuerungstechnik numerisch gesteuerter Werkzeugmaschinen gebräuchlich [3]. Seit etwa 1960 wird als Koinzidenz auch der mittlere Transinformationsgehalt (je Symbol) in der Nachrichtenübertragung über den gestörten Kanal bezeichnet, wobei der Begriff Koinzidenz hier mit dem Begriff Synentropie zusammenfällt [4, 5].

Sachverhalt

Als Koinzidenz wird in der (kernphysikalischen) Meß- und Steuerungstechnik das zeitliche oder räumliche Zusammentreffen von Signalen im Sinne eines logischen UND verstanden. Eine Koinzidenzeinrichtung bewertet innerhalb ihrer Auflösungsbreite die Gleichheit zweier (Einfachkoinzidenz) oder mehrerer (Mehrfachkoinzidenz) Zeit- bzw. geometrischer Parameter als wahr (Koinzidenz) oder nicht wahr (Antikoinzidenz). Es lassen sich mit ihr auch Zeitabstände bestimmen, indem ein Signal um eine bekannte Zeit verzögert und dann der Koinzidenzeinrichtung zugeführt wird (verzögerte Koinzidenz). Abbildung 1 zeigt die Signalverläufe für die beiden Kanäle A und B sowie den Verlauf des Koinzidenzsignales $A \wedge B$. Entsprechend der zeitlichen Auflösung unterscheidet man langsame Koinzidenzanordnungen, bei denen Impulslängen im Milli- und Mikrosekundenbereich verarbeitet werden und schnelle Koinzidenzanordnungen für Impulslängen im Nano- und Pikosekundenbereich. Abbildung 2 verdeutlicht die Wirkung einer Antikoinzidenzschaltung, die das Ausgangssignal $A \wedge \bar{B}$ bildet.

Unter örtlicher Koinzidenz wird beim Betrieb numerisch gesteuerter Werkzeugmaschinen die Übereinstimmung beweglicher Maschinenteile, wie z. B. der Schneidkanten von Werkzeugen, mit der im Arbeitsprogramm vorgesehenen Position verstanden. Das bei Übereinstimmung gebildete Koinzidenzsignal führt zur Stillsetzung des Werkzeugvorschubes. Aus dynamischen Gründen muß mit einer Vorkoinzidenz gearbeitet werden, d. h., es wird vor dem Erreichen des Koinzidenzwertes das Signal für die Abschaltung des Antriebes gebildet. Dabei ist der Unterschied zwischen Koinzidenz- und Vorkoinzidenzwert so bemessen, daß bei Erzeugung des Abschaltsignales im Moment der Vorkoinzidenz der Stillstand des Werkzeuges bei Koinzidenz erfolgt.

In der Informationstheorie wird als Koinzidenz K

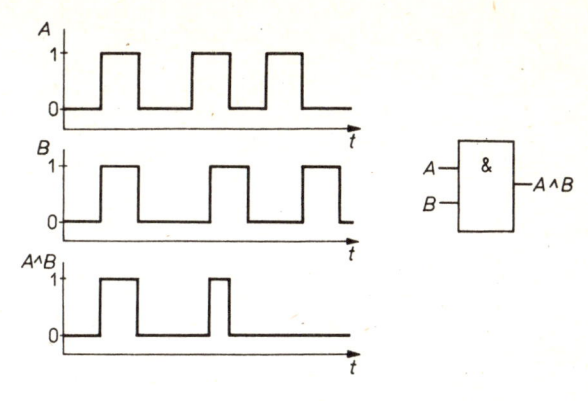

Abb. 1 Signalverläufe in einer Koinzidenzschaltung

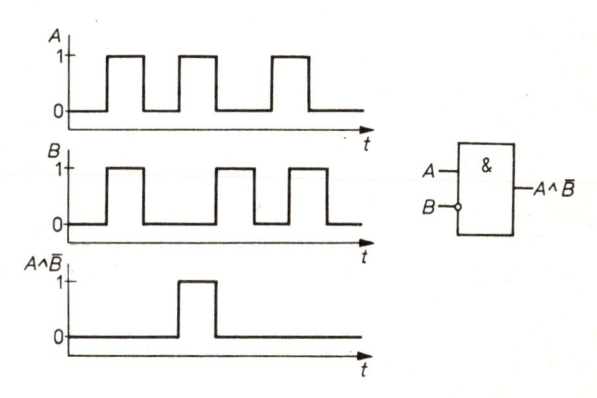

Abb. 2 Signalverläufe in einer Antikoinzidenzschaltung

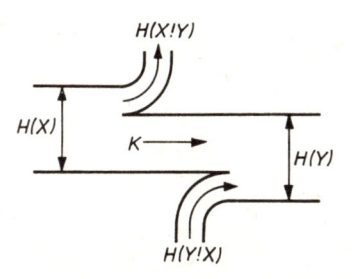

Abb. 3 Entropien der gestörten Informationsübertragung [5] K-Koinzidenz

der Informationsanteil bezeichnet, der bei gestörtem Kanal von der Quelle zur Senke gelangt (siehe Abb. 3) [5]. Es gilt

$$K = H(X) + H(Y) - H(X, Y)$$

mit $H(X, Y) = H(X) + H(Y/X) = H(Y) + H(X/Y)$.

Anwendungen

Die Anwendung zeitlicher Koinzidenzen erbrachte in der Kernphysik umfangreiche Ergebnisse bei der Bestimmung der Zerfallsschemata radioaktiver Elemente, beim Nachweis kurzlebiger Elementarteilchen

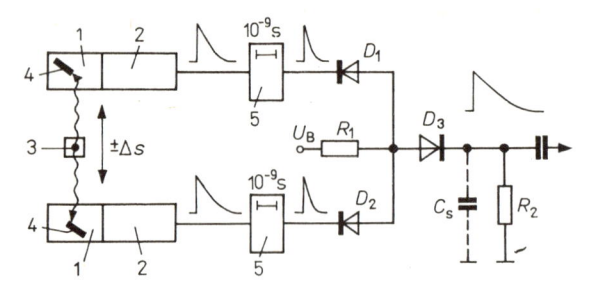

Abb. 4 Koinzidenzmeßeinrichtung zur Messung der Lebensdauer von Positronen [8]
1 – Szintillatoren, 2 – SEV, 3 – Anihilations-Quelle, 4 – Positronenwege im Szintillator, 5 – Impulsformer, D_1, D_2, R_1 – Koinzidenzglied, D_3, C_s, R_2 – Impulsdehner

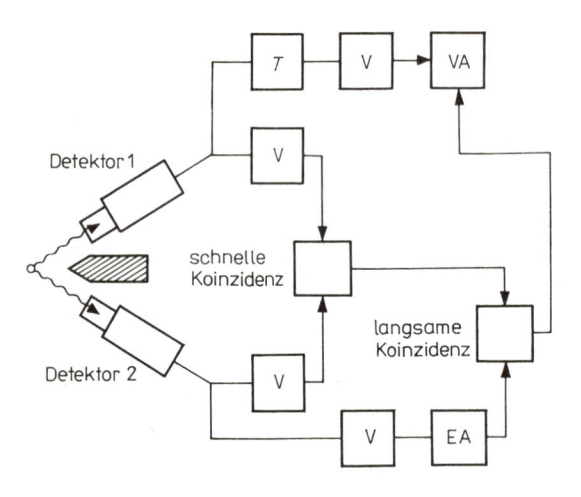

Abb. 5 fast-slow-Koinzidenzspektrometer
T – Verzögerungsstufe, V – Verstärker, VA – Vielkanalanalysator, EA – Einkanalanalysator

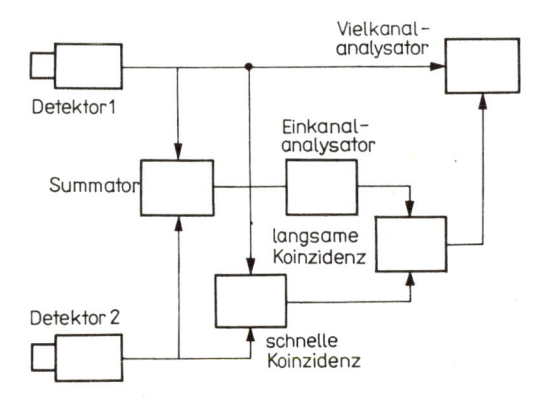

Abb. 6 Summenkoinzidenzverfahren

und bei der Bestimmung von Lebensdauern angeregter Zustände, von Kernen oder Elementarteilchen.

Von REINES und COWAN [6] wurde 1952 ein Großexperiment zum erstmaligen Nachweis des Neutrinos vorgeschlagen, der 1956 damit erbracht wurde [7]. Als Nachweisreaktion diente der Einfang eines Neutrinos ν durch ein Proton p^+, das daraufhin sich unter Aussendung eines Positrons β^+ in ein Neutron verwandelt:

$$p^+ + \nu = n + \beta^+.$$

Das Positron zerfällt unter Aussendung der Vernichtungsstrahlung (1,1 MeV bis 8 MeV) innerhalb von 10^{-9} s. Das Neutron wird von Cadmiumatomen eingefangen, die der als Reaktionsvolumen für den Neutrinonachweis dienenden Szintillatorflüssigkeit beigemischt wurden. Beim Einfang wird ein γ-Quant von ca. 1 MeV abgestrahlt, wobei die mittlere Lebensdauer der Neutronen in der Szintillatorflüssigkeit einige Mikrosekunden beträgt. Als eindeutiger Nachweis der Reaktion dient die Registrierung der Vernichtungsstrahlung zusammen mit der darauf folgenden Einfangstrahlung des Neutrons. Hier handelt es sich um eine verzögerte Koinzidenz, die mittels eines Speicheroszillographen registriert wurde.

DE BENEDETTI und RICHINGS [8] bestimmten mit der in Abb. 4 angegebenen Meßanordnung die Lebensdauer von Positronen. Die Positronen werden gleichzeitig durch zwei γ-Quanten einer Anihilations-γ-Strahlenquelle in zwei Szintillatoren erzeugt, solange die Quelle den gleichen Abstand zu beiden Szintillatoren hat. Eine Verschiebung der Quelle um den Weg Δs in Richtung eines Szintillators ergibt einen Wegunterschied von $2\Delta s$ für die γ-Quanten und somit einen Zeitunterschied von $\Delta t = \dfrac{2\Delta s}{c}$ (c – Lichtgeschwindigkeit) für die Entstehung der Positronen. Die Koinzidenzschaltung registriert die in beiden Szintillatoren gleichzeitig vorhandenen Positronen während ihrer gesamten Lebensdauer (einige 10^{-10} s). Wird die Laufzeitdifferenz größer als die Lebensdauer, so ergeben sich keine Koinzidenzen mehr. Die Auflösung der Apparatur betrug 10^{-11} s (entspr. $\Delta s = 1{,}5$ cm).

Eine weitere Nutzung der einfachen Koinzidenz stellt das Compton-Spektrometer dar [9]. Hierbei sondert die Koinzidenzschaltung nur die Ereignisse aus, bei denen es zur Rückstreuung eines Compton-Elektrons unter einem Winkel von $\geq 135°$ kommt. Da in diesem Falle (siehe → Compton-Effekt) das rückgestreute Elektron einen konstanten Energiebetrag aufweist, ergibt sich eine hohe Energieauflösung.

Eine zweifache Anwendung des Koinzidenz-Prinzips erfolgt in den fast-slow-Koinzidenzspektrometern (Abb. 5). In einer schnellen Koinzidenzschaltung wird zunächst die zeitliche Übereinstimmung zweier Signale geprüft. Darauf folgt die Auswahl einer energetischen Bedingung mittels eines (langsamen) Einkanalanalysators, ehe die so ausgewählten Impulse einen

Vielkanalamplitudenanalysator zur Impulshöhenanalyse zugeführt werden. Eine weitere Variation ist das Summenkoinzidenzverfahren, bei dem als zusätzliche Bedingung die Gleichheit der Energiesumme zweier zu registrierender Ereignisse geprüft wird (Abb. 6), um z. B. Strahlungskaskaden, verursacht durch sehr kurzlebige Energieniveaus, zu analysieren. Winkelverteilungsmessungen sind ebenfalls unter Einsatz von Koinzidenzschaltungen realisierbar.

Neben Koinzidenzschaltungen mit schnellen Halbleiterbauelementen, insbesondere Dioden, werden immer mehr schnelle Logikschaltkreise eingesetzt [10], die Zeiten bis in den Nanosekundenbereich auflösen. Sie erlauben vor allem die Nutzung der hohen Zählfrequenzraten dieser Schaltkreisfamilien. Mit einem Vierfach-UND in ECL-technik werden z. B. 300 MHz Zählfrequenz bei einer Koinzidenzauflösung von 0,7 ns erreicht [11].

Literatur

[1] BOTHE, W.: Zur Vereinfachung von Koinzidenzzählungen. Z. Phys. 59 (1930) 1, 1.
[2] ROSSI, B.: Method of registering simultaneous impulses of several Geigers counters. Nature London 125 (1930) 636.
[3] Brockhaus abc automatisierung. – Leipzig: VEB F. A. Brockhaus Verlag 1975.
[4] Taschenbuch der Informatik. Bd. 1: Grundlagen der technischen Informatik. Hrsg. K. STEINBUCH, W. WEBER. – Berlin/Heidelberg/New York: Springer-Verlag 1974.
[5] Taschenbuch der Elektrotechnik. Bd. 2: Grundlagen der Informationstechnik. 2. Aufl. Hrsg. E. PHILIPPOW. – Berlin: VEB Verlag Technik 1982.
[6] REINES, F.; COWAN, C. L., Phys. Rev. 90 (1953) 492.
[7] REINES, F.; COWAN, C. L.: Nature 178 (1956) 446.
[8] DE BENEDETTI, S.; RICHINGS, H. I.: Rev. sci. Instrum. 23 (1956) 37.
[9] HOFSTADTER, R.; MC INTYRE, J. A.: Phys. Rev. 78 (1950) 619.
[10] MALEŠKO, E. A.: Integralnye Schemy v nanosekundnoj jederncj elektronike. – Moskva: Atomisdat 1977.
[11] ALTHAUS, R. A. F.; NAGEL, I. M.: NIM Fast Logic Modules utilizing MECL III Integrated Circuits. IEEE Trans. Nuclear Sci. 1971, v. NS-19, N 1, S. 520–525.

Kompensation

Die Kompensation (lat. compēnsāre – zusammenwägen, ausgleichen, entschädigen) ist ein in physikalischen und technischen Prozessen sowie auch in anderen Bereichen (z. B. Ökonomie und Psychologie) eingesetztes Verfahren, mit dessen Hilfe die Wirkung einer Größe annähernd oder vollständig durch die Wirkung einer zweiten, als Kompensationsgröße bezeichneten, aufgehoben bzw. ausgeglichen wird. Es lassen sich dabei zwei Hauptzielstellungen für den Einsatz der Kompensation unterscheiden:
– Anwendung der Kompensation zur Aufhebung oder Reduzierung einer Wirkung, die eine Beeinträchtigung eines notwendigen oder gewünschten Zustandes darstellt, jedoch nicht entfernt werden kann.
– Bestimmung (Messung) des Wertes einer Größe aus dem Wert der bekannten Kompensationsgröße.

In jedem Falle gilt

$W_1 - W_2 = \Delta W,$

W_1 – zu kompensierende Größe, W_2 – Kompensationsgröße, ΔW – nach erfolgter Kompensation verbleibende Differenz. Kompensiert werden können die Wirkungen ungerichteter (z. B. Massen, Flächen), vorzeichenbehafteter (z. B. elektrische Spannungen oder Ladungen), gerichteter (z. B. Kräfte, Geschwindigkeiten, Wege) oder auch Feldgrößen (z. B. elektromagnetische Felder). Der Begriff Kompensation ist nicht klar definiert. Vorgänge, die der Reduzierung elektrischer Einflüsse dienen, werden teilweise als Kompensation bezeichnet, teilweise als Gegenkopplung (→ Rückkopplung mit einem Übertragungsfaktor des Rückkopplungssystems von −1). Messen ist immer ein Vergleich einer Größe unbekannten Wertes mit einer Größe bekannten Wertes, ohne daß dieser Vergleich immer als Kompensation bezeichnet wird.

Anwendung der Kompensation zur Aufhebung oder Reduzierung einer Wirkung. Für diese Anwendung lassen sich hinsichtlich der Wahl der Kompensationsgröße drei Verfahren unterscheiden:
– Die Parameter der Kompensationsgröße werden nach ihrer Festlegung (Einstellung) konstant gehalten (Amplitude, Polarität, Richtung).
– Die Parameter der Kompensationsgröße werden durch die gleichen Einflußfaktoren (z. B. Umgebungstemperatur, Betriebsspannung) so variiert, daß durch die Kompensation der Einfluß dieser Faktoren auf die zu kompensierende Größe ausgeglichen wird. In diesem Falle ist sowohl ein teilweiser als auch vollständiger Ausgleich erreichbar. Es kann sogar eine stärkere Abhängigkeit der Kompensationsgröße vorgesehen werden, so daß sich die Richtung der Abhängigkeit umkehrt (Überkompensation).

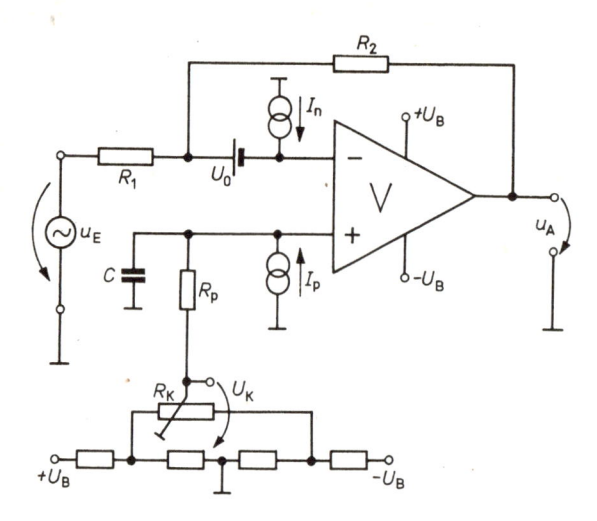

Abb. 1 Operationsverstärker mit Offsetspannungs- und Driftstromkompensation

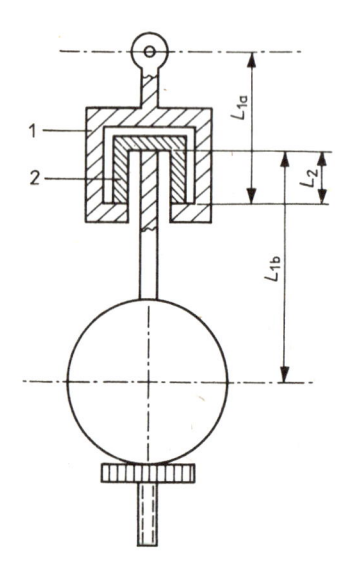

Abb. 2 Kompensationspendel, 1 – Invar, 2 – Messing

- Die Parameter der Kompensationsgröße werden aus den Parametern der zu kompensierenden Größe abgeleitet.

Kompensation mit konstanten Parametern der Kompensationsgröße. Der Einsatz von Kompensationsgrößen mit konstanten Parametern ist weit verbreitet sowohl zur Behebung technischer Unzulänglichkeiten als auch für die technische Realisierung der Subtraktion. Beispiele für den Einsatz konstanter Kompensationsgrößen sind:

- Kompensation der durch Eingangsspannungsdifferenzen (Offsetspannungen) oder Eingangsströme bei Differenzverstärkern verursachten Nullpunktverschiebungen der Ausgangsspannung (Abb. 1). Die als Spannungsquelle U_0 darstellbare Offsetspannung wird durch eine mittels Spannungsteiler erzeugte und durch R_K in Amplitude und Polarität einstellbare Kompensationsspannung U_K kompensiert. Die Kompensation des Einflusses der Eingangsruheströme I_n und I_p auf die Ausgangsspannung erfolgt durch eine entsprechende Wahl der Widerstände in den von diesen Strömen durchflossenen Stromkreisen, die der Bedingung

$$I_n \cdot R_n = I_p \cdot R_p$$

genügen müssen, um gleiche und damit kompensierende Spannungen am invertierenden und nichtinvertierenden Eingang zu erzeugen. Für $I_n = I_p$ ergibt sich $R_n = R_p$ bzw. mit den Widerständen gemäß Abb. 1

$$R_p = \frac{R_1 \cdot R_2}{R_1 + R_2}$$

für $R_p \gg R_K$ [1, 2].

- Kompensation des Phasenganges von Operationsverstärkern. Frequenz- und Phasengang gegengekoppelter Verstärker (Operationsverstärker insbesondere) müssen der Bedingung genügen, daß die Verstärkung ohne Gegenkopplung, bei der die Phasendrehung 360° erreicht, kleiner sein muß als die durch die Gegenkopplung eingestellte Verstärkung. Das ist ohne besondere Maßnahmen, insbesondere bei hohen Gegenkopplungsgraden, nicht erreichbar. Daher werden durch eine oder mehrere RC-Kombinationen Korrekturen des Amplituden- und Phasenganges vorgenommen, die als Phasenkompensation bezeichnet werden [1, 2].

Kompensation mit definierter Abhängigkeit von Einflußfaktoren. Weist der Wert einer Größe reproduzierbare Abhängigkeiten von äußeren Faktoren auf, die reduziert werden sollen, so muß eine Kompensationsgröße bereitgestellt werden, die eine entgegengesetzt wirkende Abhängigkeit von diesen Faktoren aufweist. Zur Erläuterung dieses Prinzips seien zwei Beispiele angeführt:

a) Temperaturkompensiertes Pendel (Kompensationspendel). Die Schwingungsdauer vom Pendel wird über den linearen Wärmeausdehnungskoeffizienten des Materials des Pendelstabes von der Umgebungstemperatur beeinflußt. Zur Kompensation dieser temperaturproportionalen Längenänderung wird ein Material mit negativem Ausdehnungskoeffizienten benötigt, das es jedoch nicht gibt. Da die Temperatur eine gerichtete Längenänderung bewirkt, läßt sich durch Umkehr der Wirkungsrichtung der Kompensationsgröße die Kompensation auch mit einem Material gleicher Richtung der Längenänderung erreichen (Abb. 2).

Es gilt die Beziehung

$$L_1 \alpha_1 \Delta T - L_2 \alpha_2 \Delta T = 0,$$

L_1 – Länge des Pendelstabanteiles mit dem linearen Wärmeausdehnungskoeffizienten α_1,
L_2 – Länge des Pendelstabanteiles mit dem linearen Wärmeausdehnungskoeffizienten α_2.

Die Temperaturänderung ΔT bleibt wirkungslos, solange α_1 und α_2 unabhängig von der Temperatur sind.

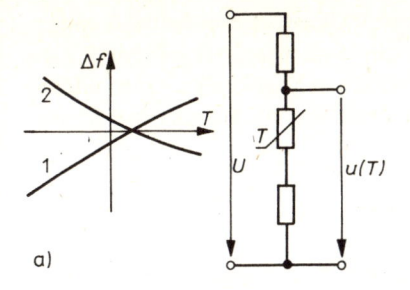

Abb. 3 Temperaturkompensation von Schwingquarz-Oszillatoren
a) Korrekturglied für annähernd lineare Temperaturabhängigkeit 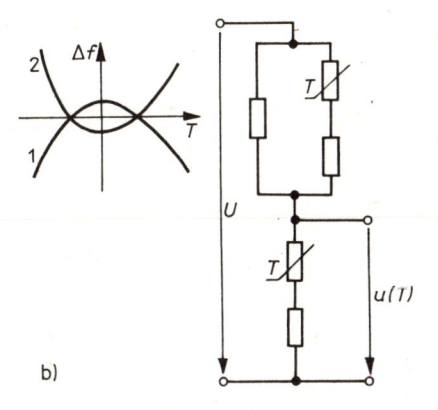
b) Korrekturglied für annähernd quadratische Temperaturabhängigkeit 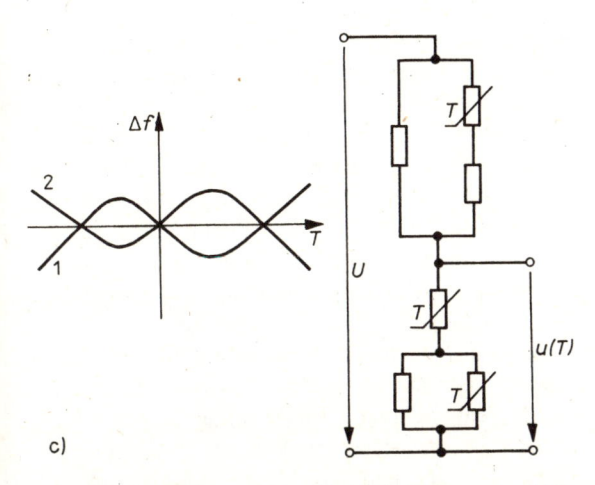
c) Korrekturglied für annähernd kubische Temperaturabhängigkeit
1 – Frequenzgang des Quarzresonators als Funktion der Temperatur des Resonators
2 – Frequenzgang des durch die Steuerspannung $u(T)$ verstimmten Oszillators als Funktion der Temperatur des Widerstandsnetzwerkes

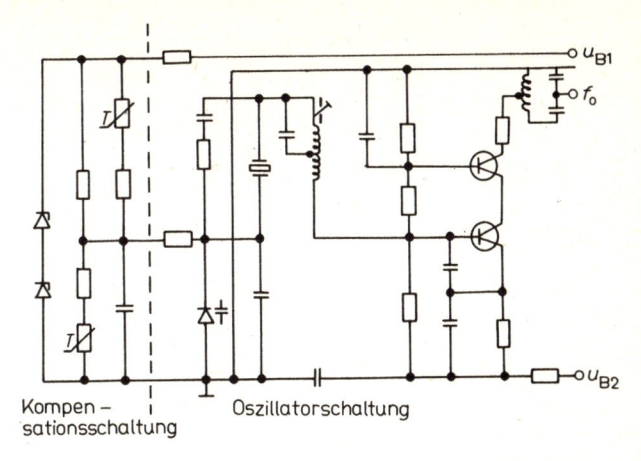

Abb. 4 Schwingquarz-Oszillatorschaltung mit quadratischer Temperaturkompensation
Frequenzgang des Quarzresonators von $-30\,°C$ bis $+50\,°C$: $\pm 7 \cdot 10^{-6}$, Frequenzgang des kompensierten Oszillators im gleichen Temperaturintervall: $\pm 7 \cdot 10^{-7}$

Typische Materialien für Kompensationspendel sind Invar mit $\alpha = 1{,}6 \cdot 10^{-6}\,K^{-1}$ und Messing mit $\alpha = 19{,}6 \cdot 10^{-6}\,K^{-1}$. Für die Länge der Kompensationsstrecke L_2 ergibt sich

$$L_2 = \frac{\alpha_1}{\alpha_2} L_1$$

bzw. mit den oben angegebenen Materialien $L_2 = 0{,}082\,L_1$.

b) Temperaturkompensierte Schwingquarzoszillatoren. Bei Einsatz geeigneter Wandler lassen sich Kompensationen über unterschiedliche Wirkungsmechanismen realisieren. Als Beispiel sei hier die Kompensation der Abhängigkeit der Resonanzfrequenz von Schwingquarzen, die durch den linearen Wärmeausdehnungskoeffizienten des Quarzmaterials verursacht wird, durch die Temperaturabhängigkeit von Spannungsteilern angegeben. Abbildung 3 zeigt drei Beispiele, wie temperaturabhängige Frequenzgänge von Quarzresonatoren (jeweils Kurven 1) durch gegenläufige Spannungsverläufe kompensiert werden (jeweils Kurven 2), die durch die angegebenen Anordnungen von temperaturabhängigen und nicht temperaturabhängigen Widerständen in Spannungsteilern entstehen [3]. Die temperaturabhängigen Spannungen werden dabei Kapazitätsdioden zugeführt, die eine zur angelegten Spannung proportionale Verstimmung des Quarzoszillators bewirken. Eine ausgeführte Schaltung zeigt Abb. 4.

Kompensation mit Gewinnung des Wertes der Kompensationsgröße aus der zu kompensierenden Größe. Die oben angeführten Kompensationsmethoden arbeiten ohne Rückführung, d. h., die Kompensationsgröße wird unabhängig von der zu kompensierenden Größe gebildet. Die Genauigkeit der Kompensation hängt daher von der Konstanz sowohl der zu kompensierenden als auch der Kompensationsgröße bzw. vom Gleichlauf

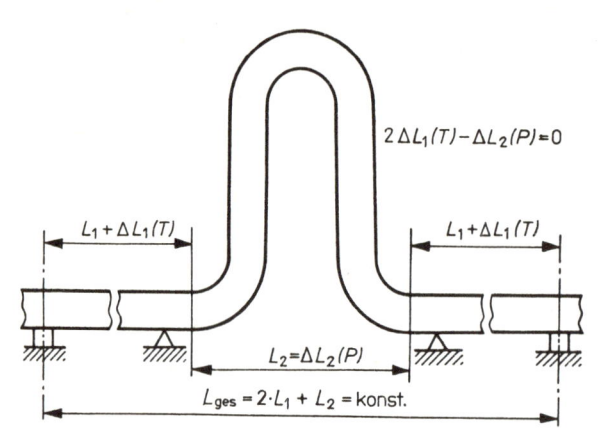

Abb. 5 Rohrleitungskompensator

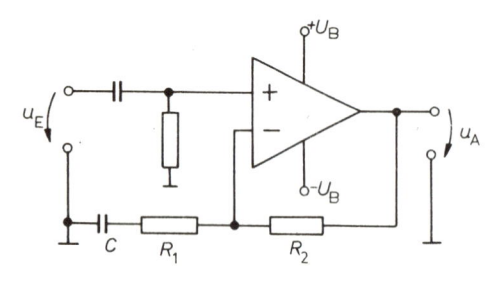

Abb. 6 Offsetspannungskompensation für integrierte Wechselspannungsverstärker durch Gleichstromgegenkopplung

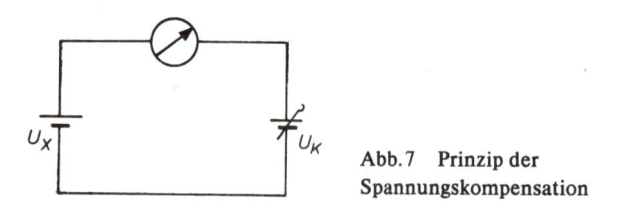

Abb. 7 Prinzip der Spannungskompensation

der genutzten Abhängigkeiten ab. Diese Nachteile vermeidet die Kompensation, bei der die Kompensationsgröße fortlaufend proportional zur zu kompensierenden Größe gebildet wird. Das typische Beispiel dafür ist der Kompensator zum Ausgleich der temperaturbedingten Längenänderung von Rohrleitungen (Abb. 5). Die Längenänderung ΔL infolge von Temperaturänderungen wird am Kompensator durch eine entsprechende elastische Verformung ausgeglichen. Ein typisches Anwendungsbeispiel aus der Schaltungstechnik ist die Arbeitspunktstabilisierung von Wechselspannungsverstärkern mit Gleichstromkopplung vom Eingang auf den Ausgang (Operationsverstärker- und Leistungsverstärkerschaltkreise). Während die Wechselspannungsverstärkung durch die Gegenkopplungswiderstände R_1 und R_2 auf den Wert

$$V = (R_2 + R_1)/R_1$$
$$= \frac{R_2}{R_1} + 1$$

eingestellt ist, stellt für Gleichspannung der Kondensator C, dessen Scheinwiderstand für Wechselspannungen gegen R_1 zu vernachlässigen ist, einen unendlich großen Widerstand dar, so daß sich die Gleichspannungsverstärkung zu

$$V = \frac{R_2}{\infty} + 1 = 1$$

ergibt. Somit wird eine Offsetspannung des Differenzverstärkereinganges in ihrer Wirkung auf den Verstärkerausgang durch die frequenzabhängige Gegenkopplung kompensiert. Abbildung 6 zeigt die entsprechende Schaltung.

Meßverfahren mit Kompensation

Als Kompensationsmeßverfahren werden Verfahren bezeichnet, bei denen die Meßgröße aus bekannten Vergleichsgrößen nachgebildet wird, bis mittels eines Nullindikators die Gleichheit von Meßgröße und Vergleichsgröße, in diesem Falle als Kompensationsgröße bezeichnet, festgestellt wird. Als Meßwert ergibt sich die Summe der zur Realisierung der Kompensationsgröße notwendigen Vergleichswerte. Nach der Meßgrößenart unterscheidet man Spannungs-, Strom-, Widerstands-, Kraft-, Licht- und Strahlungskompensatoren. Nicht unter Kompensationsmeßverfahren wird die Tafelwaage eingestuft, obwohl sie ebenfalls nach dem Kompensationsprinzip arbeitet. Andererseits werden als Kompensationsmeßverfahren auch solche bezeichnet, bei denen am Meßwandlereingang eine Gegenkopplung wirkt, wie z. B. beim Kompensationsbandschreiber. Hier wird die Eingangsspannung durch den Wandler in eine Länge umgesetzt, die durch Vergleich mit der Skala den Meßwert ergibt.

Der Vorteil der Kompensation sowohl bei Meßkompensatoren als auch bei Wandlereingängen besteht darin, daß durch den Nullabgleich dem Meßobjekt fast keine Energie entzogen wird und somit Meßfehler z. B. infolge eines Spannungsabfalles durch die Stromaufnahme des Meßgerätes minimiert werden. Automatische Kompensatoren entsprechen in ihrer Funktionsweise Gegenkopplungen, jedoch mit dem Unterschied, daß die Kompensationsspannung keine analoge Größe ist, sondern eine endliche Menge quantisierter Vergleichsgrößen, die den Meßwert ergeben. Auch bei manuell abzugleichenden Kompensatoren sind die einstellbaren Kompensationsspannungen über Schalter digital einstellbar, d. h. quantisiert.

In Anpassung an unterschiedliche Meßbedingungen und Genauigkeitsforderungen entstanden eine ganze Reihe technischer Ausführungen, die nach ihren Erfindern benannt wurden (z. B. Kompensatoren nach FEUSSNER, DIESELHORST, RUMP, RAPS, HOHLE und STANEK). Zusammenfassende Beschreibungen sind in [3], [4] und [5] enthalten. Eine systematische Einteilung und Darstellung für Strom-, Spannungs-

und Widerstandskompensatoren erarbeitete HOFMANN [6].

Infolge der Entwicklung und immer breiteren Einführung hochauflösender Analog-Digital-Umsetzer sowie von Präzisionsgleichrichtern ist die Bedeutung der Kompensatoren als Präzisionsmeßgeräte stark zurückgegangen. Ihr Grundprinzip, d. h. der Vergleich einer unbekannten Größe mit einer bekannten (siehe Abb. 7), liegt jeder Messung zugrunde. Der Nullindikator wird zunehmend als Komparator oder Meßkomparator bezeichnet. Wird die Meßgröße unmittelbar dem Meßkomparator zugeführt, wie z. B. bei einem Stufenumsetzer (ADU, dessen Vergleichsspannung stufenweise variiert wird) [4], so ergibt sich das Funktionsprinzip eines automatischen Kompensators für die Spannungsmessung, jedoch wird der Stufenumsetzer bereits nicht mehr als Kompensator bezeichnet. In der Optik werden Vorrichtungen zum Ausgleich und zur Messung von Phasenverschiebungen sowie Polarisationsebenendrehungen von Lichtwellen mittels doppelbrechender Kristallkeile als (optische) Kompensatoren bezeichnet.

Der Begriff Kompensation in anderen Bereichen

In der Ökonomie wird in internationalen Handelsbeziehungen unter Kompensation ein Austausch Ware gegen Ware ohne gegenseitige Valutazahlung verstanden (Kompensationsgeschäft). In der Psychologie bezeichnet man mit Kompensation den Ausgleich erlebter psychischer Mängel durch intensives Anstreben und Erreichen von Erfolgen auf anderen Gebieten. Es sind dabei positive Wirkungen der Kompensation (Überwindung von Depressionen) als auch negative (übersteigertes sogenanntes kompensatorisches Geltungsbedürfnis) zu beachten.

Literatur

[1] BALCKE, E.; KRAUSE, H.: Grundlagen der analogen Schaltungstechnik. 2. Aufl. – Berlin: VEB Verlag Technik 1981.
[2] HERPY, M.: Analog Integrated Circuits. – Budapest: Verlag Akadémiai Kiadó 1980.
[2a] CHERPÍ, M.: Analogovye integralnýe sehemy. – Moskau: Verlag Radio i svjaź 1983.
[3] AL'TŠULLER, G. B.: Kvarcevaja stabilizacija častoty. – Moskau: Verlag Svjaź 1974.
[4] FRÜHAUF, U.: Grundlagen der elektronischen Meßtechnik. – Leipzig: Akademische Verlagsgesellschaft Geest & Portig K.-G. 1977.
[5] PHILIPPOW, E.: Taschenbuch Elektrotechnik. Bd. 1. 2. Aufl. – Berlin: VEB Verlag Technik 1983.
[6] HOFMANN, H.: Handbuch Meßtechnik und Qualitätssicherung. 2. Aufl. – Berlin: VEB Verlag Technik 1979.
[7] Autorenkollektiv: Taschenbuch Betriebsmeßtechnik. 2. Aufl. – Berlin: VEB Verlag Technik 1982.

Magnetoelastischer Effekt

Der magnetoelastische Effekt wurde 1847 von P. A. MATTEUCI entdeckt und 1865 von E. VILLARI bestätigt. Die Magnetisierbarkeit bestimmter Elemente (Veränderung der Hysteresekurve) ändert sich mit der aufgebrachten mechanischen Spannung durch Zug oder Druck. Der Effekt stellt die Umkehrung der Magnetostriktion (inverse Magnetostriktion) dar. Der Effekt ist positiv, wenn die mechanische Spannung durch Zug die Magnetisierbarkeit des Werkstoffes erhöht und der Druck sie erniedrigt. Bei negativem Effekt ist es umgekehrt.

Sachverhalt

Als magnetoelastischen Effekt bezeichnet man die Beeinflussung und Veränderung der magnetischen Größen Induktion und magnetische Feldstärke durch die mechanischen Größen Spannung und Dehnung. Alle bedeutungsvollen magnetoelastischen Werkstoffe sind Ferromagnetika (polykristalline Stoffe) und bestehen aus einer Vielzahl von Elementarbezirken (Weiß'sche Bezirke). Durch einen ferromagnetischen Kreis um eine Spule kann dadurch erreicht werden, daß sich durch Kraftaufnahme ihre Induktivität und in einem Wechselstromkreis ihr Scheinwiderstand ändert. Für das wahrnehmbare magnetische Verhalten sind die Richtungen der Vektoren der spontanen Magnetisierung in diesen Bezirken und ihr einzelner Volumenanteil ausschlaggebend. Ohne äußeres Feld und ohne mechanische Spannungen orientieren sich diese Vektoren parallel oder antiparallel zu den Achsen der leichtesten Magnetisierbarkeit. Diese Achsen sind bei Eisen die Kanten des kubischen Kristallgitters (kristallographische Richtungen [100], [010] oder [001] und bei Nickel die Raumdiagonale [111].

Dieser Gleichgewichtszustand wird gestört, wenn ein äußeres Magnetfeld H, innere elastische Spannungen σ_i oder äußere Spannungen σ_a als Folge der angelegten und zu messenden äußeren Kräfte auftreten, d. h., es erfolgt eine Gitterverzerrung und damit eine Änderung der Hysteresekurve. Bei stationären Werten von H, σ_i und σ_a stellt sich ein neuer Gleichgewichtszustand der spontanen Magnetisierung ein, daß in jedem Weißschen Bezirk die Gesamtenergie jeweils minimal wird, indem sich die Vektoren der einzelnen Bezirke so lange in die Feldrichtung drehen, bis sie bei Sättigung mit ihr parallel sind. Die Drehprozesse gehen um so leichter vonstatten, je geringer der Widerstand ist, den der Magnetisierungsvektor beim Herausdrehen aus den Anisotropieachsen des Kristalls überwinden muß und je größer die auf ihn wirkenden Drehmomente sind. Die Meßinformation kann für diesen Effekt auf zwei Arten gewonnen werden:

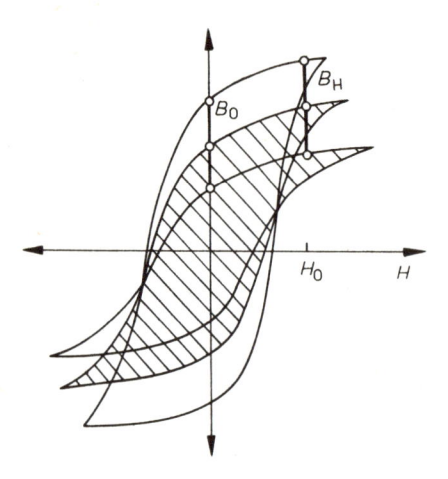

Abb. 1 Veränderung der Hysteresekurve

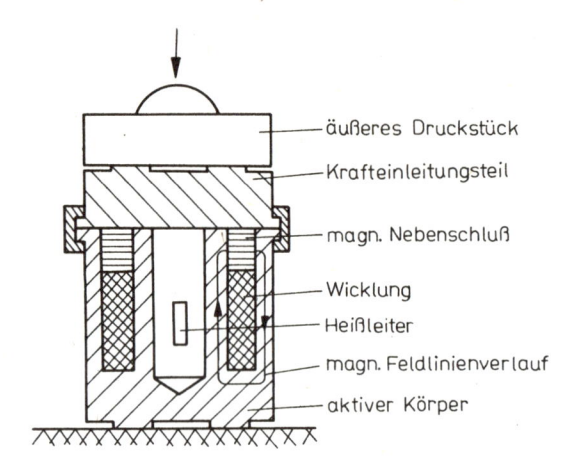

Abb. 2 Magnetoelastischer Intensitätswandler

1. Als Maß für die mechanische Belastung dient die Veränderung der remanenten Induktion B_0 bzw. der vorhandenen Induktion B_H. Komplizierte Auswertung durch meßtechnisch schwer lösbare zeitliche Integration.
2. Als Maß für die mechanische Belastung dient die pauschale Veränderung der gesamten Hysteresekurve (siehe Abb. 1). Durch periodische Abfragung mittels einer Trägerfrequenz ergibt sich die für magnetoelastische Verfahren typische große Leistung, die die technischen Meßprobleme sehr vereinfacht und deshalb heute technisch ausschließlich genutzt wird.

Zusammenfassend kann gesagt werden, daß das Prinzip des magnetoelastischen Effektes in der Veränderung der Permeabilität μ durch Einwirkung einer äußeren mechanischen Spannung σ oder Kraft F besteht.

Kennwerte, Funktionen

Der Koeffizient $\lambda = \dfrac{\Delta l}{l}$ ist das Maß für den eigentlichen Elementarvorgang des magnetoelastischen Effektes und wird als Längenänderung unter Einwirkung eines magnetischen Feldes definiert. Er kann positiv (Fe) oder negativ (Ni) sein, je nachdem, ob unter Magnetfeldeinwirkung eine Verlängerung oder Verkürzung der Materialprobe eintritt. Zug und Druck rufen bei Materialien mit positivem bzw. negativem magnetoelastischen Effekt gegensinnige Änderungen hervor, während die Änderungen bei Torsion und Biegung bei beiden Materialien die gleiche Tendenz aufweisen. Neuerdings wird die Tatsache ausgenutzt, daß bei den meisten ferromagnetischen Materialien eine Druckspannung eine Verringerung der Permeabilität in Spannungsrichtung und eine etwa gleichgroße Erhöhung der Permeabilität senkrecht dazu erzeugt. Danach sind die sogenannten 45°-Wandler ausgelegt (wichtigste Gruppe der magnetoelastischen Wandler).

Der magnetoelastische Effekt hängt stark vom verwendeten Werkstoff und dessen Vorbehandlung sowie von der Temperatur ab und ist für Zug und Druck verschieden groß. Bei Temperaturen oberhalb des Curie-Punktes verschwindet er. Werkstoffe mit kleiner Magnetostriktion haben einen hohen magnetoelastischen Effekt.

Den magnetoelastischen Effekt besitzen Fe und Fe-Legierungen, Ni und die ferromagnetisch seltenen Erden Dy, Tb, Ho und Er. In letzteren treten außerordentlich große magnetoelastische Effekte auf, die dieselben von Fe und Ni um zwei bis drei Größenordnungen übertreffen.

Für Dy beträgt $\Delta l/l = 8 \cdot 10^{-3}$ bei 100 °K und einem magnetischen Feld von 150 kOe; für Tb beträgt $\Delta l/l = 5{,}5 \cdot 10^{-3}$. Der magnetoelastische Effekt (und die Magnetostriktion) der Polykristalle Dy, Tb und Ho ist positiv, von Er negativ. Als bevorzugt eingesetzte Materialien haben sich bewährt:

1. Eisen-Nickel-Legierungen mit 50 bis 80% Ni, wichtigste Legierung Permalloy C mit 78,5% Ni; 18% Fe; 3% Mo und 0,5% Mn,
2. Eisen-Silizium-Legierungen mit 2 bis 4% Si,
3. Eisen-Aluminium-Legierungen mit 12% Al und 0,2% Si.

In Tab. 1 sind die wichtigsten Eigenschaften dieser drei Materialien zusammengestellt.

Anwendungen

Das Hauptanwendungsgebiet des magnetoelastischen Effektes sind die Kraft-(Gewichts-) und die Druck-(Spannungs-)messungen und alles, was sich darauf zurückführen läßt. Weiterhin lassen sich Drehmomente und Temperaturen unter Ausnutzung dieses Effektes messen.

Die Klassifizierung magnetoelastischer Wandler zeigt Tab. 2. Die beiden großen Gruppen sind der Intensitätswandler und der Anisotropiewandler.

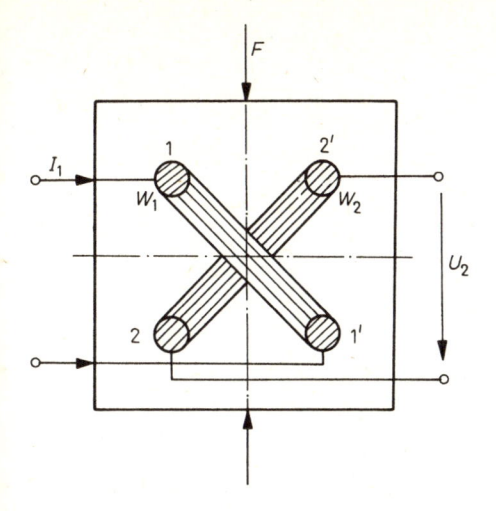

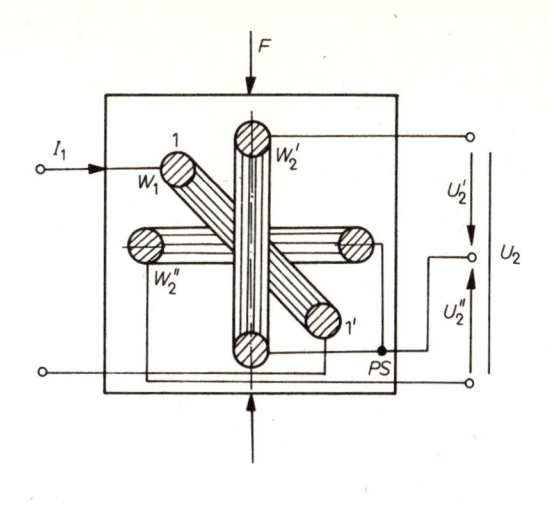

Abb.3 45° – Wandler   a) Zweiwicklungssystem   b) Dreiwicklungssystem

Tabelle 1

Eigenschaften	Eisen-Nickel-Legierungen [(50...80)% Ni]	Eisen-Silizium-Legierungen [2...4)% Si]	Eisen-Aluminium-Legierungen [12% AL]
Spannungsempfindlichkeit $\frac{(\Delta\mu/\mu)}{\tau}$	$\approx 0{,}5 \cdot 10^{-7} m^2/N$	$\approx 0{,}2 \cdot 10^{-7} m^2/N$	$\approx 0{,}5 \cdot 10^{-7} m^2/N$
Mechanische Nennspannung	(5...8) N/mm²	(10...20) N/mm²	
Eindringtiefe des Feldes	klein	mittel	groß
Mechanische Empfindlichkeit	groß	klein	
Wärmebehandlung	schwierig	einfach	normal
Mechanische Bearbeitbarkeit	schlecht	gut	sehr gut
Reproduzierbarkeit der magnetoelastischen Eigenschaften	schwierig	gut	sehr gut
Preis	hoch	niedrig	normal
Vorzugsweise Anwendung	Für besondere Einsatzbedingungen, z. B. extrem kleine oder extrem steife Aufnehmer	relativ billige Aufnehmer für universellen Einsatz	preislich vertretbar, beste Eigenschaften, universellste Verwendung

Tabelle 2

Bezeichnung		Intensitätswandler	Anisotropiewandler			
Kennzeichen		geführtes Magnetfeld	freies Magnetfeld			
Mechanische Feldform		Annähernd homogenes Normalspannungsfeld				Inhomogenes oder Schubspannungsfeld
Unterart			45°-Wandler	90°-Wandler	0°-Wandler	Sonderformen
Erklärung des Meßeffektes		Kraft veränd. Betr. d. Permeabilität	Kraft veränd. Betr. d. Permeabilität	Kraft verändert Betrag des Vektors der Induktion		Mischeffekte
Induktivitätsänderung	unsymmetrisch	häufigste Nutzung	—	—	—	—
	symmetrisch	Nutzung	—	—	—	—
Gegeninduktivitätsänderung (Transformat. Wandler)	unsymmetrisch	Nutzung	—	Nutzung	Nutzung	—
	symmetrisch	Nutzung	häufigste Nutzung	Nutzung	Nutzung	Nutzung

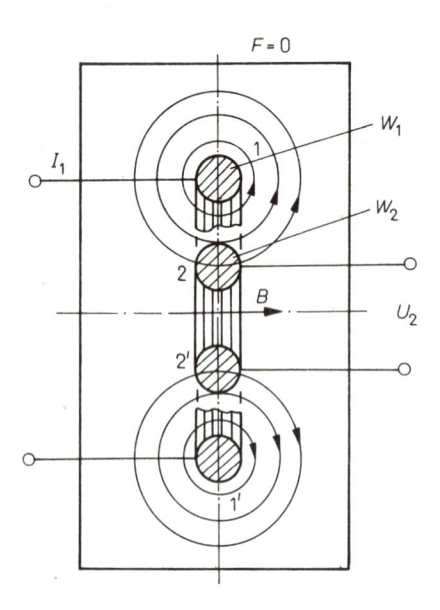

Abb. 4   90° – Wandler (unbelastet)

Intensitätswandler. Bei ihm ist der aktive Körper so gestaltet, daß die Form des Magnetfeldes auch bei mechanischer Belastung praktisch konstant bleibt; das Magnetfeld wird „geführt". Die aufgebrachte Kraftänderung bewirkt eine Änderung der Permeabilität μ. Eine Ausführung zeigt Abb. 2. In dieser Bauweise können Kräfte bis 1 000 kN gemessen werden. Der Heißleiter dient zur Kompensation des zusätzlichen Wicklungswiderstandes durch Temperaturerhöhung. Die von diesen Wandlern abgegebene Leistung reicht im allgemeinen zur verstärkerlosen Ansteuerung von Anzeigegeräten und Schreibern aus.

Anisotropiewandler. Bei ihm ist der aktive Körper so gestaltet, daß sich die Form des Magnetfeldes wesentlich mit der mechanischen Belastung ändern kann, d. h., der Wandler besitzt ein freies Magnetfeld. Zu ihm gehören der 45°-Wandler als Zwei- oder Dreiwicklungssystem (Abb. 3) und der 90°-Wandler (Abb. 4). Bei beiden Wandlern handelt es sich um einen aus gewalzten Trafoblechen geschichteten Kern mit zwei bzw. drei eingebrachten Spulen.

Elektrisch betrachtet sind beide Ausführungen des 45°-Wandlers Differentialtransformatoren, deren Symmetrie durch die mechanische Belastung verändert wird.

Beim 90°-Wandler wird die Symmetrie nicht durch die Grundanordnung selbst erzwungen, sondern zur Symmetrierung ist stets ein identisches Zweit-System erforderlich.

Literatur

[1] BAUMANN, E.: Elektrische Kraftmeßtechnik. – Berlin: VEB Verlag Technik 1976.
[2] LENK, A.: Elektromechanische Systeme. Band 3. – Berlin: VEB Verlag Technik 1975.
[3] ROHRBACH, C.: Handbuch für elektrisches Messen mechanischer Größen. – Düsseldorf: VDI-Verlag 1967.
[4] KAUTSCH, R.: Meßelektronik nichtelektrischer Größen. Teil 2. – Bad Wörishofen: Hans Holzmann Verlag KG 1975.
[5] Autorenkollektiv: Magnetismus – Struktur und Eigenschaften magnetischer Festkörper. – Leipzig: VEB Deutscher Verlag für Grundstoffindustrie 1967.
[6] WONSOWSKI, S. W.: Moderne Lehre vom Magnetismus. – Berlin: VEB Verlag der Wissenschaften 1956.
[7] DEEG, T.: Grundlegende Untersuchungen über das magnetoelastische Druckmeßverfahren. Dissertation. TH München 1940.
[8] SCHRÖDEL, W.: Bericht über die Demonstration magnetomechanischer Effekte durch Herrn Prof. Dr. H. Kortum am 22. 3. 1977. Wiss. Z. Friedrich-Schiller-Univ. Jena, Math.-Naturwiss. R. 27 (1978) Nr. 2/3, 361–365.

Miller-Effekt

Der Miller-Effekt wurde als Störgröße bei der Erforschung der Elektronenröhre bemerkt und z.B. 1928 als störender Einfluß der Gitter-Anoden-Kapazität auf die Hochfrequenzverstärkung von Trioden durch BARKHAUSEN berechnet. Der gleiche Autor erkannte auch die Anwendbarkeit der durch die Verstärkung steuerbaren Kapazität in Form der Impedanzröhre. Die Bezeichnung Miller-Effekt für diese Erscheinung der „verstärkten Kapazität" ging aus dem von MILLER vorgeschlagenen Miller-Integrator nach Abb. 1 [1] hervor, der zum Ausgangspunkt der auf dem Einsatz von Operationsverstärkern beruhenden analogen Integratoren und damit der Analog-Rechentechnik wurde.

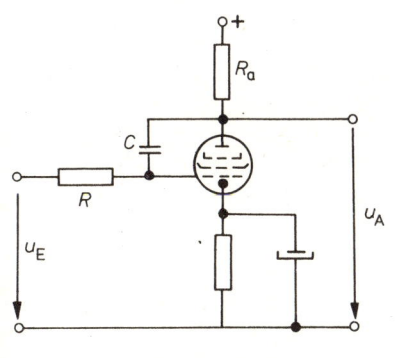

Abb. 1 Miller-Integrator [1]

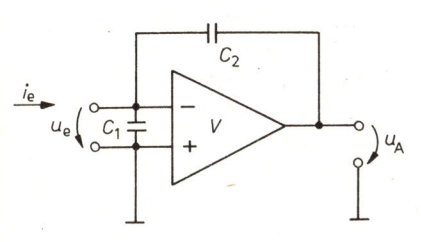

Abb. 2 Miller-Kapazität

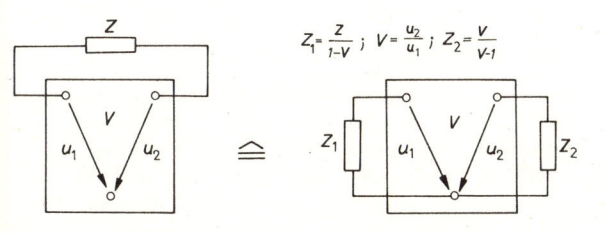

Abb. 3 Darstellung des Millerschen Theorems [2]

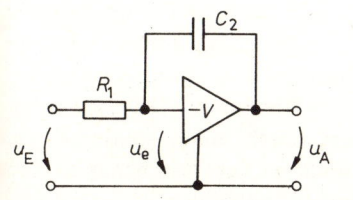

Abb. 4 Analoger Integrator mit Operationsverstärker

Sachverhalt

Wird ein invertierender Verstärker mit der Verstärkung $-V$ zwischen Ein- und Ausgang durch eine Kapazität C_2 verbunden, wie es bei Elektronenröhren durch die Kapazität Gitter-Anode, bei Transistoren durch die Kapazität Basis-Kollektor bzw. Gate-Drain konstruktionsbedingt immer der Fall ist, so ergibt sich unter Vernachlässigung eines reellen Eingangswiderstandes gemäß Abb. 2 der Eingangsstrom i_e als Funktion der Eingangsspannung u_e zu

$$i_e = u_e \, j\omega (C_1 + C_2 + VC_2)$$

bzw. mit $C_2(1+V) = C_M$ (Miller-Kapazität)

$$i_e = u_e \, j\omega (C_1 + C_M).$$

Die Schaltung nach Abb. 2 verhält sich eingangsseitig wie eine Kapazität, deren Größe durch V gesteuert werden kann. Es lassen sich dabei zwei Effekte erzielen:

– Mit relativ kleinen Kapazitäten C_2 lassen sich große Kapazitätswerte realisieren.
– Durch Veränderungen von V sind Kapazitätsveränderungen erreichbar.

Voraussetzung ist dabei, daß die Verstärkerausgangsspannung $u_A = -Vu_e$, die in diesen Fällen nicht genutzt wird, innerhalb des linearen Aussteuerbereiches des Verstärkers verbleibt. Der Miller-Effekt wird heute oft in einer allgemeineren Form gesehen [2]. Abbildung 3 stellt diesen allgemeinen Zusammenhang (Millersches Theorem) dar, wobei anstelle der Kapazität C_2 eine Impedanz Z eingesetzt wird. Ein Eingangswiderstand zwischen den Klemmen 1 und 2 wird nicht betrachtet, er tritt als Parallelwiderstand zu Z_1 auf. Wird die Verstärkung positiv (wobei nur Werte von $V < 1$ zulässig sind, da sonst Selbsterregung eintritt), so kommt es zu einer Vergrößerung der auf Z zurückzuführenden Impedanz Z_1, was als Bootstrap-Effekt bezeichnet wird.

Anwendung

Der Einsatz der Miller-Kapazität als steuerbare Impedanz hat mit dem Einsatz der Halbleiterbauelemente an Bedeutung verloren. Aus dem Miller-Integrator heraus entwickelten sich die analogen Integratoren mit Operationsverstärkern (Abb. 4) [2 bis 4]. Hierbei wird über einen Widerstand die Miller-Kapazität bei der Integration aufgeladen, d.h., es gilt die Beziehung

$$u_e = \frac{1}{C_M} \int \frac{u_E}{R_1} \, dt.$$

Als Ausgangssignal wird jedoch nicht die Spannung über der Miller-Kapazität genommen, die aufgrund des hohen Wertes der Miller-Kapazität sehr gering ist und direkt von V abhängt, sondern die Ausgangsspannung des Operationsverstärkers, so daß sich ergibt

$$u_A = \frac{-V}{(1+V)R1\,C2} \int u_E \, dt.$$

Die Spannung u_A besitzt zwar die umgekehrte Polarität zu u_E, jedoch ist sie praktisch unabhängig von V und somit von entsprechenden Störeinflüssen.

Die Miller-Kapazität läßt sich wie jede Kapazität in RC-Gliedern für Siebschaltungen verwenden. Auch hier wird jedoch, wie bei der Integration, die Spannung am Verstärkerausgang als Ausgangssignal verwendet, d. h der Integrator mit Operationsverstärker als Tiefpaß eingesetzt. Außer dem einfachen Tiefpaß wurden eine ganze Reihe von mehrpoligen Schaltungen entwickelt, so daß heute das Gebiet der aktiven RC-Filter zu einem selbständigen Teil der Schaltungstechnik wurde [5, 6].

Werden (Miller-)Integratoren mit konstanten Eingangsströmen gespeist und nach dem Erreichen einer vorgegebenen Ausgangsspannung automatisch auf Null zurückgesetzt, so erhält man Präzisionssägezahngeneratoren, die als Kippspannungsgeräte in Oszillographen und Sägezahngeneratoren in Analog-Digital-Umsetzern eine weite Verbreitung gefunden haben [7, 8].

Literatur

[1] Völz, H.: Elektronik – Grundlagen, Prinzipien, Zusammenhänge. 3. Auflage. – Berlin: Akademie-Verlag 1981.
[2] Seifart, M.: Analoge Schaltungen und Schaltkreise. – Berlin: VEB Verlag Technik 1980.
[3] Herpy, M.: Analog Integrated Circuits. – Budapest: Verlag Akadémiai Kiadó 1980.
[4] Tietze, U.; Schenk, Ch.: Halbleiterschaltungstechnik. 5. Aufl. – Berlin/Heidelberg/New York: Springer-Verlag 1980.
[5] Heinlein, W. E.; Holmes, W. H.: Active Filters for Integrated Circuits, Fundamentals and Design Methods. – München/Wien/London/New York: R. Oldenbourg Verlag, Prentice-Hall International Inc., Springer-Verlag 1974.
[6] Fritsche, G.: Aktive Analogfilter. In: Taschenbuch Elektrotechnik. Hrsg.: E. Philippow. – Berlin: VEB Verlag Technik 1978, Bd. 3.
[7] Frühauf, U.: Grundlagen der elektronischen Meßtechnik. – Leipzig: Akademische Verlagsgesellschaft Geest & Portig K.-G. 1977.
[8] Sahner, G.: Digitale Meßverfahren. 2. Aufl. – Berlin: VEB Verlag Technik 1981.
[9] von Ardenne, M.; Stoff, W.: Über die Kompensation der schädlichen Kapazitäten bei Elektronenröhren. Jahrb. drahtlose Telegraphie u. Teleph. 31 (1928) 122.

Ryftin-Effekt

Die als Ryftin-Effekt bezeichnete Erscheinung wurde von J. A. Ryftin 1953 beschrieben [1], in der Folgezeit von ihm und seinen Schülern für verschiedene Anwendungsfälle präzisiert [2 bis 8]. Der Ryftin-Effekt tritt bei der Abtastung einer homogenen Signalplatte mit einer auf ihr verteilten Ladung mit Hilfe eines fokussierten, kontinuierlich über diese Platte bewegten Elektronenstrahles auf, z. B. bei der Abtastung in Fernsehaufnahmeröhren mit homogenen Signalplatten und mit Signalspeicherung und in Speicherröhren.

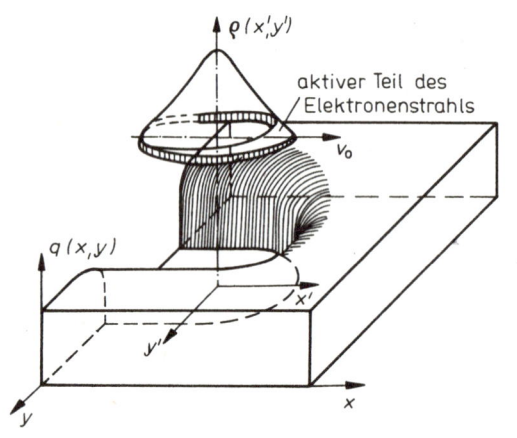

Abb. 1 Spur des Abtaststrahles mit der Dichteverteilung $\varrho(x',y')$ auf einer Signalplatte mit $q(x,y) = $ const

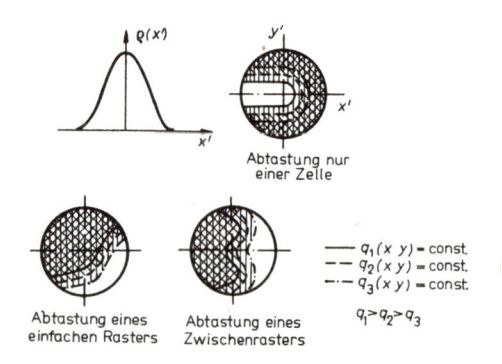

Abb. 2 Darstellung des „aktiven" Teiles des Abtaststrahles für verschiedene Abtastmethoden und unterschiedliche Ladungen bei sonst gleichen Abtastparametern (Abtastgeschwindigkeit, Stromdichte im Abtaststrahl, Abtastschritt)

Sachverhalt

Auf einer ebenen, homogenen Signalplatte sei zunächst eine ortsunabhängige, d. h. konstante positive Ladungsdichte $q(x,y)$ angenommen. Die Abtastung der Signalplatte erfolge durch einen kontinuierlich mit der konstanten Geschwindigkeit v_0 bewegten, fokussierten Elektronenstrahl. Abbildung 1 zeigt das Ladungsrelief der Signalplatte mit der bei diesem Abtastprozeß entstehenden Spur des Elektronenstrahls. Dabei wird angenommen, daß die Verteilung der Stromdichte im fokussierten Brennfleck des Elektronenstrahles durch $\varrho(x',y')$ beschrieben werden kann, mit x', y'-Koordinaten, deren Ausgangspunkt im Mittelpunkt des sich bewegenden Brennfleckes liegt. Der Ryftin-Effekt besteht darin, daß (bei zunächst vorausgesetztem $q(x,y) = $ const) der wirksame („aktive") Teil des Brennfleckes sich vom tatsächlichen unterscheidet (Abb. 1) und sich als Ergebnis des dynamischen Gleichgewichtes zwischen $q(x,y)$, $\varrho(x',y')$ und den Abtastparametern (Abtastreihenfolge, Abtastgeschwindigkeit, relative Größe des Brennfleckes zum Abstand benachbarter Abtastspuren) herausbildet. Bei $q(x,y) \ne $ const und/oder $v_0 \ne $ const impliziert dieses dynamische Gleichgewicht ein Pulsieren des „aktiven" Teiles des Brennfleckes, das als Adaptionsprozeß der für die Abtastung zur Verfügung stehenden Ladung an die jeweils vorhandene Ladungsdichte gedeutet werden kann. Für drei verschiedene Werte von $q(x,y)$ sowie für drei verschiedene Abtastmethoden ist die prinzipielle Form des „aktiven" Teiles des Brennfleckes sowie seine Pulsation in Abb. 2 angedeutet.

Die Einschwingprozesse bei der Abtastung nach der hier besprochenen Art hängen von folgenden Größen ab [2]:
- Höhe (h) und Breite (l) der abzutastenden Fläche,
- Anzahl der Zeilen z,
- Reihenfolge der Abtastung der Zeilen,
- Stromdichteverteilung im fokussierten Elektronenstrahl $\varrho(x',y')$,
- Ladungsdichte auf dem jeweils abzutastenden Element $a(x,y)$ im Punkt (x,y),
- Abtastgeschwindigkeit v_0.

Es kann der Abtastschritt $\delta = h/z$ sowie der relative Abtastschritt $g_ä = \delta/r_ä = \dfrac{h}{Z \cdot r_ä}$ definiert werden, mit $r_ä$ – äquivalenter Brennfleckdurchmesser. Bei der Annahme

$$\varrho(x',y') = j_0\, e^{-\left[\left(\frac{x'}{r_ä}\right)^2 + \left(\frac{y'}{r_ä}\right)^2\right]}$$

(j_0 – Stromdichte bei $x' = y' = 0$), d.h. bei Gauß-verteilter Stromdichte, ergibt sich die vom Strahl auf das Flächenelement ds (Abb. 3) maximal übertragbare Ladungsdichte zu $\sigma_\infty = \dfrac{\sqrt{\pi}\, r_ä j_0}{V_0}$, deren Verhältnis zu der auf ds tatsächlich vorhandenen Ladungsdichte $\sigma_0 \dfrac{\sigma_\infty}{\sigma_0} = \dfrac{\varkappa g_ä}{\sqrt{\pi}}$ sich als wichtiger Parameter zur Beschreibung der Einschwingprozesse erweist, mit k – Faktor, der vom Strahlstrom J_{Str} und dem im Signalplattenkreis J_{Pl} fließenden Strom abhängt. Mit diesen Koordinaten ergeben sich für die Einschwingprozesse bei der Abtastung nach der behandelten Art folgende Abhängigkeiten (Abb. 4 und 5).

Abb. 3 Gaußsche Stromdichteverteilung im Abtaststrahl

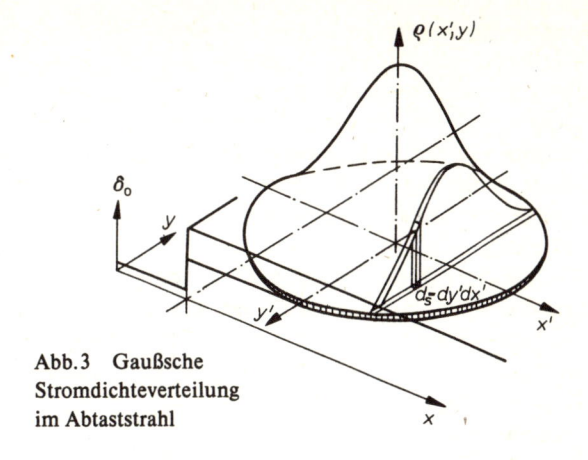

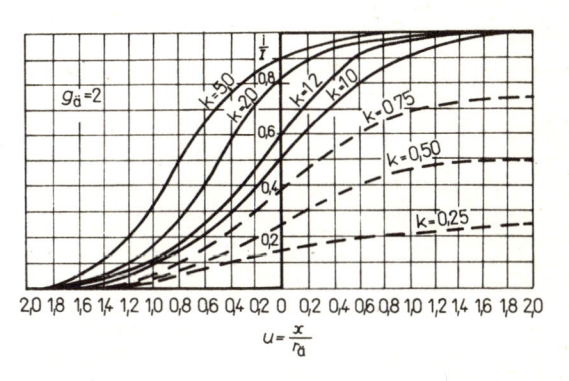

Abb. 4 Einschwingprozesse des Signalstroms bei $g_ä = 2$ bei unterschiedlichem k

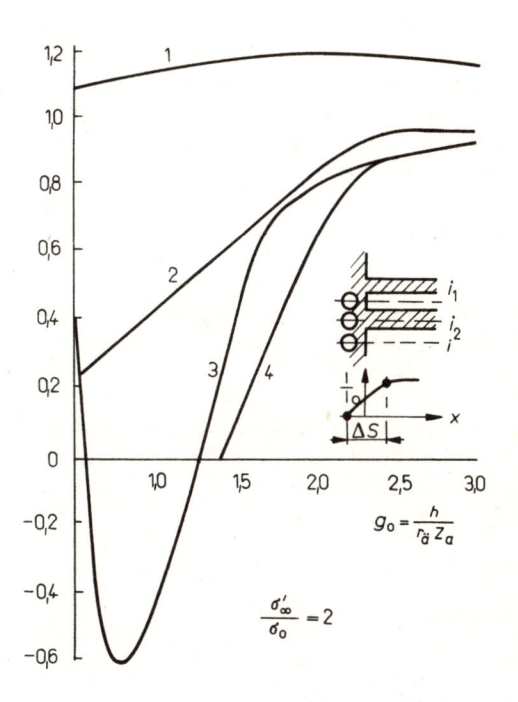

Abb. 5 Einfluß des relativen Abtastschrittes $g_ä$ auf die Schärfe (1), die Empfindlichkeit (2) und den Kontrast (3) bei idealer Abtastung eines einfachen Rasters bei $\dfrac{\sigma_\infty}{\sigma_0} = 2$. Der Kontrast bei Zwischenzeilenabtastung ist durch (4) dargestellt.

Anwendungen

- Bestimmung des sogenannten „normalen" Auflösungsvermögens [3] entsprechender Abtasteinrichtungen mit Hilfe Fresnelscher Ringe. Die Anwendung beruht auf der Tatsache, daß bei der Abtastung von Ladungsdichteverteilungen in Form Fresnelscher Ringe durch ein Zeilenraster in der Abbildung Moire-Erscheinungen auftreten, die ihrerseits die Form Fresnelscher Ringe besitzen. Aus dem Kontrast der auftretenden Moire-Erscheinungen kann auf die tatsächliche („normale") Auflösung geschlossen werden.
- Anwendung des Ryftin-Effektes für die automatische Fokussierung von Elektronenstrahlen auf der abzutastenden Signalplatte nach SELLE [7, 8].

Literatur

[1] RYFTIN, JA. A.: Perechodnye processy v peredajuščich televisionnych trubkach s nakopleniem ėnergii. Žurnal techničeskoj fisiki XXIII (1953) 9, 1591–1608.

[2] RIFTIN, JA. A.: O mechanisme ėlektronnoj kommutacii v televisionnych trubkach s nakopleniem ėnergii. Žurnal techničeskoj fisiki XXVII (1957) 8, 1870–1885.

[3] RIFTIN, JA. A.; ANTIPIN, M. V.: Novaja metodika ocenki rasrešajaščej sposobnosti peredajuščich televisionnich trubok. Žurnal techničeskoi fisiki XXIX (1959) 2, 252–260.

[4] RIFTIN, JA. A.: Ėffekt pul'sacii-adaptacii pjatna na mišeni trubki. Technika kino i televidenija (1967) 2, 30–42.

[5] ĖJZENGARDT, G. A.; MAGOMEDOV, K. A.: O nabljudenii aktivnoj časti pučka v vidikonach. Technika kino i televidenija (1974) II, 48–51.

[6] RIFTIN, JA. A.: Ėffekt pul'sacii-adaptacii „pjatna" na mišeni ėlektronnolučevoj trubki s nakopleniem ėnergii (Zarjada). Patent SSSR Nr. 43277, 1961.

[7] SELLE, H.-G.: Verfahren zur automatischen Fokussierung des Elektronenstrahls in Bildaufnahmeröhren auf der Grundlage des Ryftin-Effektes. Nachrichtentechnik 22 (1972) 12, 422–427.

[8] SELLE, H.-G.: Über die Möglichkeit der automatischen Fokussierung des Elektronenstrahls in Bildaufnahmeröhren auf der Grundlage des Effektes der Anpassung des Brennflecks. Dissertation A. LETI 1974.

Skineffekt

Der Skineffekt – auch als Haut- oder Stromverdrängungseffekt bezeichnet – wurde in seinen Erscheinungsformen Ende des 19. Jahrhunderts/Anfang des 20. Jahrhunderts theoretisch begründet. Bereits mit den Rayleighschen bzw. Stefanschen Formeln [1, 2] konnten der induktive Widerstand bzw. die Selbstinduktionskoeffizienten zylindrischer, massiver Leiter näherungsweise berechnet werden.

Auf der Grundlage einer allgemeinen axialsymmetrischen Lösung der Maxwellschen Gleichungen für das Innere eines Leiters bzw. für die gegenseitige Beeinflussung zweier paralleler langer Leitungen lieferte MIE [3] bereits 1900 eine Theorie zur Berechnung der Strom- und Potentialverteilung innerhalb und außerhalb der stromdurchflossenen Leitungen, wobei er bei der Diskussion der Ergebnisse zeigte, daß der mit der Frequenz ansteigende Widerstand massiver Leiter durch die Stromverdrängung aus dem Leiterinneren auf die äußeren Schichten des Drahtes, d.h. auf die Drahtoberfläche, bedingt ist und daß die Stromdichte im Leiter exponentiell von der Leiteroberfläche aus abnimmt.

DOLEZALEK [4] wies schließlich 1903 experimentell die frequenzabhängige Widerstandsänderung an Spulen aus massivem Leitermaterial nach, die er auf eine ungleichmäßige Verteilung der Stromdichte im Leiterquerschnitt zurückführte. Ihm gebührt das Verdienst, herausgefunden zu haben, daß der in massiven Leitern störende Skin-Effekt durch den Einsatz von Litzen, d.h. dünner, isolierter und miteinander verdrillter Drähte bedeutend verringert werden kann. SOMMERFELD [5] lieferte schließlich eine Theorie zur Klärung der von DOLEZALEK vermuteten Stromverdrängung in Spulen.

Eingehende experimentelle Untersuchungen über die Frequenzabhängigkeit des Widerstandes in Spulen aus Litze sind von LINDEMANN [6] und von MEISSNER [7] ausgeführt worden. Theoretisch wurde der Skineffekt in Litzenspulen von MÖLLER [8], von ROGOWSKI [9] und von BUTTERWORTH [10] untersucht.

Sachverhalt

Unter dem Skineffekt versteht man die Erscheinung, daß hochfrequente Wechselströme nur in einer dünnen Oberflächenschicht fließen, da bei höheren Frequenzen der durch einen Leiter fließende Wechselstrom nicht mehr den gesamten Querschnitt des Leiters erfüllt, sondern die Stromdichte von der Oberfläche zum Leiterinneren stark abnimmt. Dieser Effekt ist dadurch bedingt, daß der im Leiterinneren verlaufende magnetische Wechselfluß dort nach dem Induktionsgesetz zusätzliche Spannungen und Ströme (Wirbelströme) erzeugt, die zu einer Stromverteilung über den Querschnitt und rückwirkend auch zu einer Umverteilung des magnetischen Flusses führen, wobei der Strom im inneren Teil des Leiters mit wachsender Frequenz zunehmend geschwächt und an der Leiter-

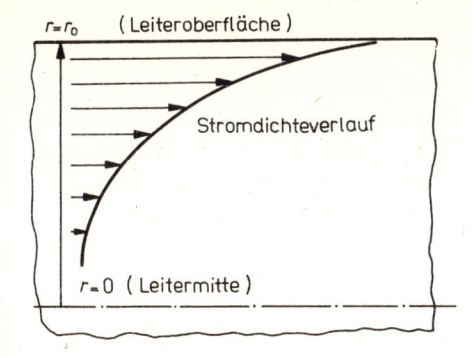

Abb. 1 Verlauf der Stromdichte *j(r)* in einem zylindrischen Leiter

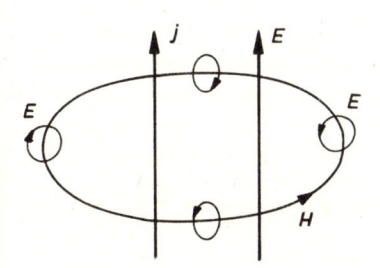

Abb. 2 Zur Entstehung des Skineffektes

oberfläche konzentriert wird (siehe Abb. 1). Anders ausgedrückt ist das durch die angelegte Wechselspannung bedingte, ebenfalls periodische Magnetfeld $\vec{B}$ im Leiterinneren nach dem Induktionsgesetz rot $\vec{E} = -\dot{\vec{B}}$ seinerseits wiederum von elektrischen Feldlinien umgeben. Diese elektrischen Feldlinien sind im Inneren des Leiters dem dort herrschenden elektrischen Feld entgegengerichtet und verstärken es an der Oberfläche (Abb. 2). Daher ist nach dem Ohmschen Gesetz $j = \sigma \vec{E}$, wobei σ die elektrische Leitfähigkeit des Materials darstellt, der Betrag der Stromdichte j an der Leiteroberfläche größer als im Inneren.

Die Strom- und Fluß- bzw. Feldverdrängung nimmt zu mit der Frequenz des Wechselstromes und mit der Leitfähigkeit und hängt außerdem ab von der Form des Querschnittes und von der Einwirkung benachbarter Leiter.

Während bei den niedrigen Frequenzen der Starkstromtechnik eine wesentliche Stromverdrängung nur bei größeren Leiterquerschnitten oder bei ferromagnetischen Leitern auftritt, ist die Stromverdrängung bei Hochfrequenz meist so stark, daß der Strom praktisch nur in einer dünnen Schicht unter der Leiteroberfläche fließt (Hauteffekt).

Andererseits sei bemerkt, daß auch in Leitern, denen anstelle eines Wechseltroms ein magnetischer Wechselfluß zugeführt wird (z. B. Eisenkernen), Wirbelströme (siehe *Wirbelstrom*) und damit Flußverdrängung (und Wirbelstromverdrängung) auftreten.

Der anomale Skineffekt tritt in sauberen Metallen bei tiefen Temperaturen bei Radio- und Mikrowellenfrequenzen auf, wenn die Eindringtiefe der Welle etwa $10^{-4} \ldots 10^{-5}$ cm beträgt und kleiner ist als die mittlere freie Weglänge oder der Bahndurchmesser der Elektronen im homogenen Magnetfeld. Der anomale Skineffekt ist dadurch gekennzeichnet, daß die Eindringtiefe proportional zu $\omega^{-1/3}$ mit wachsender Frequenz ω abnimmt, während beim normalen Skineffekt eine $\omega^{-1/2}$-Abhängigkeit charakteristisch ist.

Kennwerte, Funktionen

Für die Stromdichte $j(r)$ als Funktion des Abstandes r von der Leitermitte innerhalb eines zylindrischen Leiters mit dem Radius r_0 erhält man ausgehend von den Maxwellschen Gleichungen:

$$j(r) = \frac{I}{2\pi r_0} \sqrt{\omega \sigma \mu r_0 / r} \exp\left\{-\sqrt{\omega \sigma \mu / 2} \, (r - r_0)\right\}$$

mit I – Stromstärke, $\omega = 2\pi f$ – Kreisfrequenz des Wechselstroms, σ – Leitfähigkeit des Leiters, $\mu = \mu_0 \mu_r$ – Permeabilität des Leiters.

Diese Bezeichnung ist gültig für die Bedingung $r\sqrt{\omega \sigma \mu} \gg 1$, d. h. für hinreichend hohe Frequenzen bzw. große Leiterradien. Aus der Beziehung für die Stromdichte ist ersichtlich, daß diese annähernd exponentiell zur Leitermitte abnimmt. Für die Eindringtiefe δ, die ein Maß für die Stromverdrängung ist, ergibt die Rechnung

$$\delta/\text{cm} = 1/\sqrt{\omega \sigma \mu / 2} = 1/\sqrt{\pi f \sigma \mu_r \mu_0}.$$

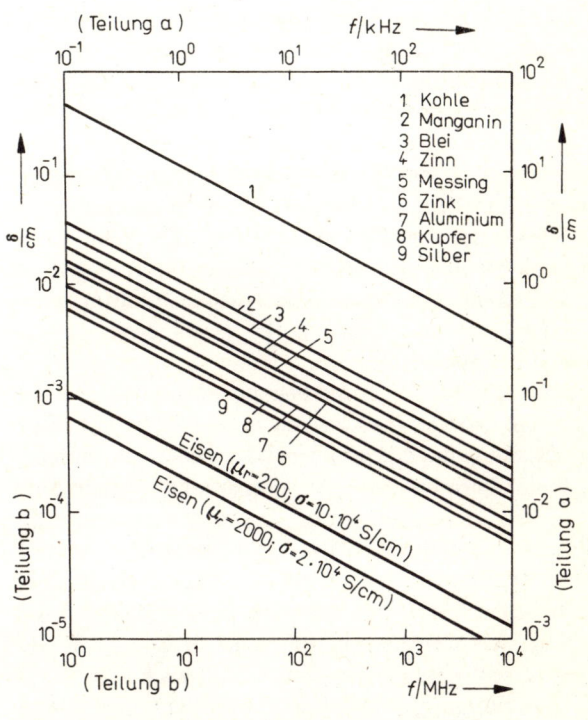

Abb. 3 Leitschichtdicke σ als Funktion der Frequenz f

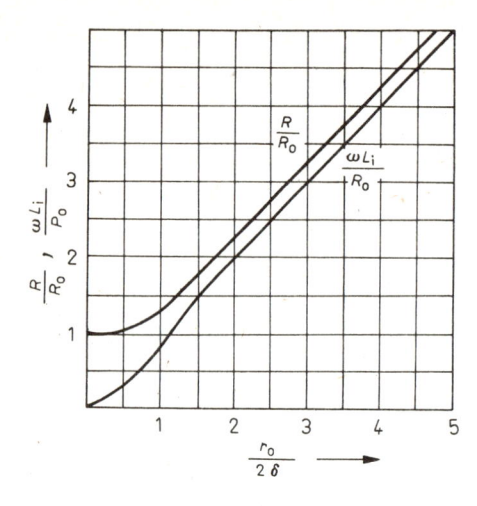

Abb. 4 Wechselstromwiderstand eines zylindrischen Leiters

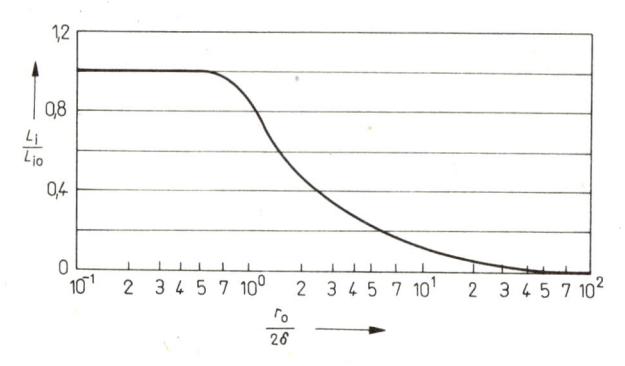

Abb. 5 Innere Induktivität eines zylindrischen Leiters

Diese Eindringtiefe bzw. Leitschichtdicke ist für einen kreisrunden Leiter dadurch gekennzeichnet, daß die Stromdichte in einer unter der Leiteroberfläche gedachten „Leitschicht" auf den $1/e$-ten Teil des Oberflächenwertes, d. h. um 1 Neper, abgeklungen ist. So beträgt z. B. bei 50 Hz die Eindringtiefe bei Kupfer ($\sigma = 580$ kS/cm, $\mu = 1$) $\delta = 9{,}4$ mm, im Stahl ($\sigma = 100$ kS/cm, $\mu = 1000$) $\delta = 0{,}74$ mm. Bei einer Erhöhung der Frequenz auf 0,5 MHz verringert sich δ um den Faktor 100. In der Abb. 3 ist die Eindringtiefe δ als Funktion der Frequenz für verschiedene Materialien dargestellt.

Durch die Stromverdrängung wird nicht nur der Wechselstromwirkwiderstand R des Leiters mit wachsender Frequenz gegenüber seinem Gleichstromwiderstand R_0 erhöht, weil der wirksame Leiterquerschnitt für die Stromleitung sinkt, sondern es tritt infolge der inneren Selbstinduktivität L_i ein zusätzlicher induktiver Widerstand ωL_i auf, der eine Phasenverschiebung zwischen Strom und Spannung bewirkt. Abbildung 4 zeigt den relativen Wirkwiderstand R/R_0 und den relativen induktiven Widerstand $\omega L_i/R_0$ als Funktion von $r_0/2\delta$ für einen zylindrischen Leiter der Länge l, bezogen auf den Gleichstromwiderstand $R_0 = l/\sigma \pi r_0^2$. In Abbildung 5 ist die innere Induktivität eines zylindrischen Leiters als Funktion von $r_0/2\delta$ dargestellt, woraus ersichtlich ist, daß die innere Induktivität L_i mit wachsender Frequenz nach 0 abnimmt, während die meist viel größere äußere Induktivität L_a bei Stromkreisen ohne Eisenkern praktisch konstant bleibt.

Anwendung

In der Mehrzahl der technischen Realisierungen spielt der Skineffekt eine negative Rolle, die man durch entsprechende Lösungen zu verringern sucht. Da im Falle sehr großer Stromverdrängungen ($r_0/2\delta \gg 1$) der Strom praktisch nur in einer dünnen Haut unter der Oberfläche fließt, werden stärkere Leiter bei Hochfrequenz meist als Rohrleiter realisiert, wodurch z. B. bei Sammelschienen u. ä. durch entsprechende konstruktive Lösungen eine bedeutende Materialeinsparung erreicht werden kann. In der HF-Technik wird die Stromverdrängung durch Verwendung von HF-Litze mit gegeneinander isolierten, ideal verdrillten Adern feinster Kupferdrähte verringert, wobei die feinen Drähte so miteinander verdrillt sind, daß jedes einzelne Drähtchen an jeder Stelle des Gesamtquerschnittes gleich oft vorkommt und auch an der Oberfläche in regelmäßigen Abständen immer wieder erscheint. Auf diese Weise wird erreicht, daß der Strom den Querschnitt der Litze im ganzen gleichmäßig erfüllt. Allerdings ist die HF-Litze ebenfalls nur bis zu einer bestimmten Grenzfrequenz einsetzbar, da ihre Wirksamkeit aus verschiedenen Gründen (Aderkapazität, Stromverdrängung in den Einzeladern usw.) nachläßt.

Eine Möglichkeit der Verringerung des Einflusses des Skineffektes – nicht nur bei HF-Litze, sondern auch in massiven Leitermaterialien – ist das Aufbringen von Materialien mit besonders hoher Leitfähigkeit. So kann z. B. HF-Kupferlitze versilbert sein, wodurch einer weiteren Widerstandserhöhung entgegengewirkt wird, da die versilberte Oberfläche eine bessere Leitfähigkeit aufweist.

Besondere Aufmerksamkeit verdienen in diesem Zusammenhang alle Steckverbindungen der HF-Technik, die zur Verringerung des Skineffektes eine entsprechende Oberflächenveredlung erfahren. Direkt angewendet wird der Skineffekt z. B. bei Härteverfahren, bei denen durch eine HF-Einspeisung nur eine Oberflächenerwärmung erzielt werden soll. Nützlich erweist sich der Skineffekt in den Fällen, wenn es auf eine Strom- und Flußverdrängung ankommt, wie z. B. in Tief- und Mehrnutläufen bei Asynchronmotoren („Stromverdrängungsläufer"), bei der Abschirmung von Meßgeräten und Meßräumen gegen elektromagnetische Felder durch entsprechende Abschirmkonstruktionen mit Blechen von hoher Leitfähigkeit oder hoher Permeabilität.

Literatur

[1] Rayleigh, Phil. Mag. 21 (1886) 369.
[2] Stefan, J., Wied. Ann. 22 (1884) 114.
[3] Mie, G.: Elektrische Wellen an zwei parallelen Drähten. Ann. Phys. 2 (1900) 6, 201–249.
[4] Dolezalek, F.: Über Präzisionsnormale der Selbstinduktion. Ann. Phys. 12 (1903) 12, 1142–1152.
[5] Sommerfeld, A.: Über das Wechselfeld und den Wechselstromwiderstand von Spulen und Rollen. Ann. Phys. 15 (1904) 14, 673–708.
[6] Lindemann, R.: Verh. Dt. Phys. Ges. 11 (1909) 682; 12 (1910) 572; 15 (1913) 219.
[7] Meissner, A.: Jahrb. drahtl. Telegr. 3 (1909) 57.
[8] Möller, H.G.: Ann. Phys. 36 (1911) 738.
[9] Rogowski, W.: Arch. Elektrot. 3 (1915) 264; 4 (1906) 61, 293; 8 (1920) 269.
[10] Butterworth, S.: Phil. Trans. 222 (1921) 57.

Transversaler Ettingshausen-Nernst-Effekt

Der Ettingshausen-Nernst-Effekt wurde von W. Nernst und A. Ettingshausen 1886 an einer Wismutplatte entdeckt [1]. Der Effekt gehört zu den thermomagnetischen Transporterscheinungen, die mit der Bewegung von Ladungsträgern im Festkörper, der einem Temperaturgradienten und gleichzeitig einem elektrischen und einem magnetischen Feld ausgesetzt ist, verbunden sind. Der Effekt wurde bis 1950 kaum beachtet, von A. F. Joffe [2] erstmals zur Charakterisierung von Halbleitern angewendet und wird seit etwa 1968 auf dem Gebiet der thermischen Sensoren genutzt.

Sachverhalt

Befindet sich ein Halbleiter, Halbmetall oder Metall in einem magnetischen Feld und existiert ein durch einen Temperaturgradienten ausgelöster gerichteter Energiestrom, so entsteht eine elektrische Feldstärke. Der Ettingshausen-Nernst-Effekt existiert in den beiden Erscheinungsformen Transversal- und Longitudinaleffekt. Der longitudinale Ettingshausen-Nernst-Effekt, bei dem ein elektrisches Feld in Richtung des Temperaturgradienten entsteht, kann als Änderung der Thermokraft im Magnetfeld interpretiert werden. Beim transversalen Ettingshausen-Nernst-Effekt entsteht eine elektrische Feldstärke E senkrecht zum Temperaturgradienten ∇T und zum Magnetfeld

$$E = Q[B \times \nabla T]. \tag{1}$$

Wenn die magnetische Induktion $B\,(0, 0, B)$ und der Temperaturgradient $\nabla T \left(\dfrac{dT}{dx}, 0, 0\right)$ senkrecht aufeinanderstehen (Abb. 1), ergibt sich

$$E_y = \frac{U}{a} = Q \cdot B \cdot \frac{dT}{dx}. \tag{2}$$

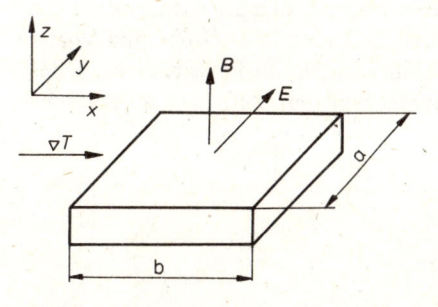

Abb. 1 Feldrichtungen

Tabelle 1 Ettingshausen-Nernst-Koeffizient Q

	schwache Felder ($\mu B \ll 1$)	starke Felder ($\mu B \gg 1$)	
nur eine Ladungsträgerart	$\left(\frac{1}{2} - r\right) a_r \frac{k}{e} \mu$	$\left(\frac{1}{2} - r\right) c_r \frac{k}{e} \frac{1}{\mu B^2}$	
		$n \neq p$	$n = p$
bipolarer Effekt	$a_r \frac{k}{2e\sigma_o^2} \left[(1-2r)(\sigma_n^2 \mu_n + \sigma_p^2 \mu_p) - \sigma_n \sigma_p (\mu_n + \mu_p)\left(7 + 6r + \frac{2\Delta\varepsilon}{kT}\right)\right]$ $\sigma_n = e n \mu_n,\ \sigma_p = e_p \mu_p,\ \sigma_o = \sigma_n + \sigma_p$	$c_r \frac{k}{2e} \frac{1}{(n-p)^2 \mu_n \mu_p} \left[(1-2r)(p^2 \mu_n + n^2 \mu_p) - np(\mu_n + \mu_p)\left(11 - 2r + \frac{2\Delta\varepsilon}{kT}\right)\right]\frac{1}{B^2}$	$-\frac{1}{c_r}\frac{k}{e}\frac{\mu_n \mu_p}{\mu_n + \mu_p}\left(5 + \frac{\Delta\varepsilon}{kT}\right)$

$\tau = \tau_o \varepsilon^{r-\frac{1}{2}}$; $a_r = \frac{3\sqrt{\pi}}{4} \frac{\Gamma\left(\frac{3}{2} + 2r\right)}{\Gamma^2(2+r)}$; $c_r = \frac{16}{9\pi} \Gamma(3-r)\Gamma(2+r)$.

n Elektronendichte, p Löcherdichte, μ Beweglichkeit, μ_n Elektronenbeweglichkeit, μ_p Löcherbeweglichkeit, $\Delta\xi$ Bandabstand, k Boltzmannkonstante, e elektrische Elementarladung, τ Relaxationszeit, ε Energie, Γ Gammafunktion

Der Effekt wird dann als transversaler isothermer Ettingshausen-Nernst-Effekt bezeichnet, wobei U die an den Seiten der Probe meßbare Spannung ist und der Ettingshausen-Nernst-Koeffizient Q die Materialeigenschaften beschreibt. Die erzeugte elektrische Feldstärke E_y ändert beim Umpolen des Magnetfeldes ihr Vorzeichen. Der transversale Ettingshausen-Nernst-Effekt kann unter der Annahme, daß nur Elektronen am Ladungstransport beteiligt sind, folgendermaßen erklärt werden [3, 4]: Ein Temperaturgradient erzeugt in einem Leiter einen Elektronenfluß von seinem wärmeren zum kälteren Ende. Dadurch lädt sich das kältere Ende negativ auf, und es entsteht ein Driftstrom in entgegengesetzter Richtung. Der Gesamtstrom ist im Gleichgewichtszustand gleich Null, weil sich Diffusionsstrom und Driftstrom kompensieren. Die Energie der Elektronen, die sich vom wärmeren zum kälteren Ende bewegen, ist jedoch größer als die der entgegengesetzt gerichteten. Im Magnetfeld werden die energiereicheren Elektronen stärker abgelenkt, sammeln sich an der Seitenfläche des Leiters an und rufen die Feldstärke E_y hervor. Das gilt aber nur, wenn die Relaxationszeit der Ladungsträger nicht von der Energie abhängt oder eine Potenzfunktion ihrer Energie mit einem positiven Exponenten ist. Für den Fall eines negativen Exponenten werden die Elektronen, die sich vom kälteren zum wärmeren Ende bewegen, stärker abgelenkt, wodurch sich die Richtung der entstehenden Feldstärke ändert: Aus Größe und Vorzeichen der Ettingshausen-Nernst-Feldstärke kann deshalb der Streumechanismus der Ladungsträger bestimmt werden.

Kennwerte, Funktionen

Ettingshausen-Nernst-Koeffizient Q. Unter den Bedingungen, daß die Maxwell-Boltzmann-Statistik angewendet werden kann, daß die effektive Masse der Ladungsträger skalar ist und daß die Relaxationszeit τ eine Potenzfunktion der Energie ε ist, kann der Ettingshausen-Nernst-Koeffizient für die Spezialfälle schwacher und starker Magnetfelder bei Anwesenheit nur einer Ladungsträgerart und im bipolaren Fall nach Tab. 1 berechnet werden [5]. Für tensorielle effektive Masse ist Q in [6] und für nichtparabolische Bänder in [7] angegeben.

Thermomagnetische Kraft α_{tm}. In Analogie zu thermoelektrischen Effekten wird das Produkt

$$\alpha_{tm} = QB \qquad (3)$$

als thermomagnetische Kraft bezeichnet.

Thermomagnetische Effektivität Z_{tm}. Die Güte eines thermomagnetischen Materials wird durch die thermomagnetische Effektivität

$$Z_{tm} = \frac{\alpha_{tm}^2 \sigma}{\lambda} \qquad (4)$$

(σ elektrische Leitfähigkeit, λ Wärmeleitfähigkeit) charakterisiert.

Substanzen. Prinzipielle Forderungen für einen großen Ettingshausen-Nernst-Effekt: Das Material sollte ein Eigenhalbleiter oder Halbmetall mit gleicher Anzahl von Elektronen und Löchern sowie hoher, ungefähr gleicher Elektronen- und Löcherbeweglichkeit sein.

Anisotrope Eutektika, bei denen im Grundmaterial nicht lösliche, elektrisch gut leitende zweite Phasen nadelförmig eingebaut sind, können einen wesentlich höheren Ettingshausen-Nernst-Effekt als das homogene Grundmaterial zeigen. In Tab. 2 ist die thermomagnetische Kraft der am häufigsten untersuchten Substanzen angegeben.

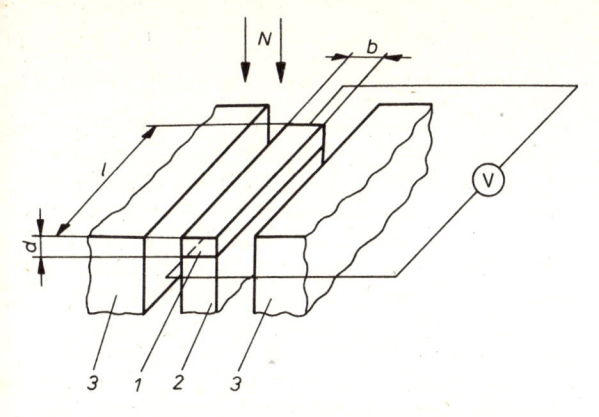

Abb.2 Schematische Darstellung eines Ettingshausen-Nernst-Detektors (1 – aktive Schicht, 2 – Wärmesenke, 3 – Polschuhe des Permanentmagneten)

Tabelle 2 Thermomagnetische Kraft

Substanz	thermo-magn. Kraft α_{tm}	exp. Beding.	Bemer-kungen	Lite-ratur
InSb	$-43 \frac{\mu V}{K}$	$B = 0{,}7$ T $T = 294$ K	eigen-leitend	[8, 9]
$Bi_{97}Sb_3$	$40 \frac{\mu V}{K}$	$B = 1$ T $T = 300$ K	Vorzugs-[1)] orientie-rung	[10]
Bi	$238 \frac{\mu V}{K}$	$B = 1$ T $T = 200$ K	Vorzugs-orientie-rung	[11]
Te	$170 \frac{\mu V}{K}$	$B = 1{,}45$ T $T = 155$ K	ein-kristallin	[12]
InSb-NiSb	$-750 \frac{\mu V}{K}$	$B = 0{,}7$ T $T = 300$ K	Eutek-tikum	[9]
Cd_3As_2-NiAs	$-15 \frac{\mu V}{K}$	$B = 1$ T $T = 300$ K	Eutek-tikum	[13]

[1)] $B \parallel$ Bisektrix; $\nabla T \parallel$ digonale Achse; $E \parallel$ trigonale Achse

Tabelle 3 Technische Daten von Ettingshausen-Nernst-Detektoren

Daten	InSb-NiSb [14, 15]	Wismut-Zinn-Aufdampf-schicht [16, 17]	InSb-NiSb [16]
Bestrahlte Fläche	0,7 mm × 10 mm	1 mm × 5 mm	1,2 mm × 4,8 mm
Schicht-dicke	100 µm	100 nm	100 µm
Empfind-lichkeit	43 mV/W	0,8 mV/W	22,5 mV/W
Zeitkon-stante	100 µs (für 9,5 µm Wellenlänge)	100 ns	100 µs (für 10,6 µm Wellenlänge)

Anwendungen

Ettingshausen-Nernst-Detektoren. Ettingshausen-Nernst-Detektoren sind thermische Strahlungsempfänger. Die zu messende Strahlung wird von der Detektorschicht, die sich auf einer Wärmesenke befindet, absorbiert und in Wärme umgewandelt, so daß ein Temperaturgradient senkrecht zur Schichtoberfläche entsteht. Die Detektorschicht ist zwischen den Polen eines Permanentmagneten angeordnet. Als Ausgangssignal entsteht eine elektrische Spannung. Die prinzipielle Anordnung ist auf Abb. 2 dargestellt. Die Empfindlichkeit S

$$S = \frac{U}{N} \qquad (5)$$

ist unabhängig von der Schichtdicke d

$$S = \frac{\alpha_{tm}}{\lambda \cdot b} \qquad (6)$$

und die Zeitkonstante τ dem Quadrat der Schichtdicke proportional

$$\tau \approx 0{,}4 \frac{\varrho c}{\lambda} d^2 \qquad (7)$$

(ϱ Dichte, c spezifische Wärme).
Das bevorzugte Anwendungsgebiet von Ettingshausen-Nernst-Detektoren liegt in der örtlichen und zeitlichen Abtastung der Strahlungsfelder von Infrarot-Lasern, z. B. von CO_2-Lasern für die Materialbearbeitung. In Tab. 3 sind die Daten einiger Empfänger zusammengestellt.

Umwandlung von Wärme in elektrische Energie [18]. Durch eine Anordnung, bei der das Temperaturgefälle durch möglichst viele hintereinandergeschaltete thermomagnetisch aktive Leiterbahnen im Magnetfeld hindurchgreift, kann eine technisch nutzbare Spannung erzeugt werden.

Thermomagnetische Verstärker [19]. Beim thermomagnetischen Verstärker wird die Abhängigkeit der Ettingshausen-Nernst-Feldstärke vom Magnetfeld genutzt. Als Magnet wird ein Elektromagnet verwendet, und das Eingangssignal wird an die Spule des Magneten gelegt. Die Ausgangsspannung entsteht über dem thermomagnetischen Material, das sich zwischen Heizer und Wärmesenke befindet.

Messung hoher Magnetfelder [20]. Bei konstantem Temperaturgradienten, der durch eine Heizschicht über der thermomagnetisch aktiven Schicht erzeugt wird, ist die Signalspannung ein Maß für die magnetische Induktion.

Literatur

[1] ETTINGSHAUSEN, A.; NERNST, W.: Über das Auftreten electromotorischer Kräfte in Metallplatten, welche von einem Wärmestrome durchflossen werden und sich im magnetischen Felde befinden. Wied. Ann. 29 (1886) 343.

[2] JOFFE, A. F.: Fizika poluprovodnikov – Moskva: Jzd. Akad. Nauk SSSR 1957.

[3] GUREVIC, L. E.; KONBORSKIJ, E. I.: Nernsta-Ettingsgauzena javlenie. In: Fizičeskij enciklopedičeskij slovar' – Moskva: Gosudarstvennoe naučnoe izd. „Sovetskaja enciklopedija" 1963. S. 423–424.

[4] KIREEV, P. S.: Fizika poluprovodnikov – Moskva: Vysšaja Škola 1975.

[5] CIDIL'KOVSKIJ, I. M.: Termomagnitnye javlenija v poluprovodnikach. – Moskau/Leningrad: Fizmatgiz 1960.

[6] HORST, R. B.: Thermomagnetic Figure of Merit: Bismuth, J. appl. Phys. **34** (1963) 11, 3246–3254.

[7] WAGINI, H.: Transporttheorie für isotrope Zweibandleiter. Z. Naturf. **19a** (1964) 1527–1541.

[8] WAGINI, H.: Die thermomagnetischen Effekte von Indiumantimonid oberhalb Zimmertemperatur. Z. Naturf. **19a** (1964) 1541–1560.

[9] WAGINI, H.; WEISS, H.: Die galvano- und thermomagnetischen Effekte des InSb – NiSb Eutektikums; Solid State Electronics **8** (1965) 241–254.

[10] CUFF, K. F. u. a.: The Thermomagnetic Figure of Merit and Ettingshausen Cooling in Bi-Sb-Alloys. Appl. Phys. Letters **2** (1963) 8, 145–146.

[11] WASHWELL, E. R.; HAWKINS, S. R.; CUFF, K. F.: The Nernst Detector: Fast Thermal Radiation Detection. Appl. Phys. Letters **17** (1970) 4, 164–166.

[12] EICHLER, W.: Thermomagnetic Effects in Pure Imperfect Tellurium Single Crystals, phys. status solidi (a) **42** (1977) K 107–K 110.

[13] GOLDSMID, H. J.; SAVVIDES, N.; UHER, C.: The Nernst effect in Cd_3As_2 – NiAs. J. Phys. D **5** (1972) 1352–1357.

[14] PAUL, B.; WEISS, H.: Anisotropic InSb-NiSb as an infrared detector. Solid State Electronics **11** (1968) 979–981.

[15] Infrarot – Detektoren OEN-Serie. Siemens AG, Druckschrift E 48, Jan. 1970.

[16] ELBEL, T.; SOA, E. A.: Ettingshausen-Nernst-Detektoren zum Nachweis thermischer Strahlung. Feingerätetechnik **28** (1979) 6, 243–246.

[17] SOA, E. A.; ELBEL, T.: Thermomagnetischer Strahlungsdetektor. DDR-Wirtschaftspatent 122 315 vom 19.12.74.

[18] HEYMANN, A.: Thermomagnetischer Konverter. BRD-Offenlegungsschrift 2600 868 vom 12.1.76.

[19] GOLDSMID, H. J.: The transverse thermomagnetic amplifier, J. Phys. D. **10** (1977) 9, 1253–1260.

[20] ELBEL, T.; WÄCHTER, F.: Vorrichtung zum Messen von Magnetfeldern. DDR-Wirtschaftspatent 123 022 vom 28.11.75.

Wirbelstrom

Als Wirbelströme bezeichnet man die infolge der elektromagnetischen Induktion (1831 von FARADAY entdeckt) von einem magnetischen Wechselfluß in einem elektrischen Leiter induzierten elektrischen Wechselströme, deren Strompfade sich innerhalb eines Leiterquerschnittes schließen (Abb. 1). Sie wurden von dem französischen Physiker LEON FOUCAULT (1819–1868) entdeckt und werden daher auch als Foucault-Ströme bezeichnet [1]. Es treten praktisch bei allen Anwendungen von Wechselströmen, insbesondere im Zusammenhang mit elektromagnetischen Elementen, sowie bei der Bewegung von elektrischen Leitern in Magnetfeldern Wirbelströme als parasitäre oder Nutzeffekte auf. Die grundlegenden theoretischen Untersuchungen entstanden im Zusammenhang mit der Analyse des elektrischen und magnetischen → Skineffektes.

Sachverhalt

Entsprechend der zweiten Maxwellschen Gleichung besteht folgender Zusammenhang zwischen dem Vektor der magnetischen Induktion B, der relativen Geschwindigkeit v von Ladungsträgern (Strömen) zum Magnetfeld und der durch beide Effekte induzierten Feldstärke E_{ind} der elektrischen Wirbel (→ Elektromagnetische Induktion)

$$\text{rot } E_{ind} = -\frac{\partial B}{\partial t} + \text{rot}(v \times B). \tag{1}$$

Die beiden Summanden der rechten Seite der Gl. (1) beschreiben die beiden unabhängig voneinander wirkenden Induktionsanteile

– Induzierung einer elektrischen Feldstärke durch zeitliche Änderung der magnetischen Flußdichte $\partial B/\partial t$ (Abb. 1a).

– Induzierung einer elektrischen Feldstärke durch die Bewegung von Ladungen (Strömen) mit der Geschwindigkeit v zum Magnetfeld (Abb. 1b).

Die induzierte Urspannung u_{ind} ergibt sich als

$$u_{ind1} = \oint E_{ind} ds = \oint (v \times B) ds \tag{2}$$

für die Relativbewegung und

$$u_{ind2} = \frac{d}{dt} \int B\, dA = \frac{d\Phi_g}{dt} \tag{3}$$

für die Magnetfeldänderung, wobei Φ_g der Gesamtfluß ist, mit dem der Stromleiter verkettet ist, und dA die bei der Bewegung des Leiterelementes ds in der Zeit dt überstrichene Fläche [2]. Die Urspannungen u_{ind} bewirken Ströme im Material, die wir als Wirbelströme bezeichnen. Sie verursachen eine Erwärmung des Leitermaterials, die allgemein als Wirbelstromverlust bezeichnet wird. Eine numerische Berechnung ist angesichts der geometrisch komplizierten Stromverläufe,

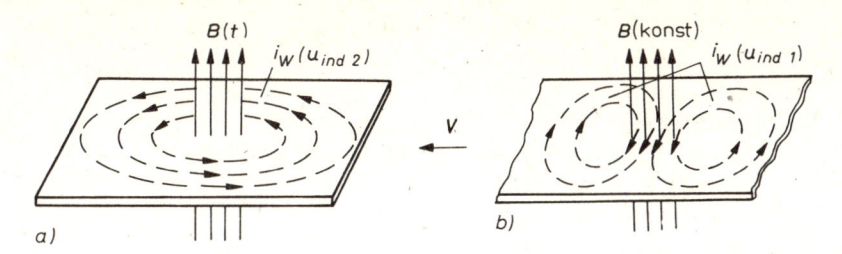

Abb. 1 Erzeugung von Wirbelströmen in einem elektrischen Leiter durch ein Magnetfeld

a) Zeitlich veränderliches Feld, dessen Komponente $d\Phi_g/dt$ Wirbelströme erzeugt, b) Mit der Geschwindigkeit v im Magnetfeld bewegter Leiter als Wirbelstromgenerator

bedingt durch die konstruktiven Abmessungen der Leiter, die Verteilung des Magnetfeldes sowie die Strom- und Feldverdrängung schwierig.

Ein weiterer Effekt (außer der Erwärmung) ist die Kraftwirkung, die entsteht, wenn in Gl. (2) nicht v und B vorgegeben werden (wodurch u_{ind} erzeugt wird), sondern B und u, wodurch es zu einer Bewegung des Leiters vds kommt (aus dem Generator wird ein Motor).

Anwendungen

Wirbelstromverluste. Da in elektrischen Maschinen (Transformatoren, Generatoren, Motoren) in den Magnetkreisen ferromagnetische Materialien eingesetzt werden, die auch über eine relativ gute elektrische Leitfähigkeit verfügen, müssen besondere Maßnahmen gegen die Wirbelstromverluste getroffen werden. Diese bestehen darin, den elektrischen Leitwert für die Strompfade der Wirbelströme maximal zu senken. Das erfolgt durch

- Unterteilung der Magnetkreise in eine Vielzahl dünner Bleche in Richtung der elektrischen Feldstärke E_{ind}, d. h. parallel zum magnetischen Fluß.
- Verringerung des elektrischen Leitwertes des Magnetkernmaterials durch entsprechende Legierungszusätze, wie z. B. Si.
- Einsatz hochpermeabler Magnetkernmaterialien, wie z. B. von Texturblechen.

Für den in der Praxis immer zutreffenden Fall, daß die Dicke d der Magnetkernbleche klein ist im Vergleich zu Länge und Breite betragen die Wirbelstromverluste P_W pro Volumeneinheit V des Magnetkernes nach [2]

$$\frac{P_W}{V} = \frac{1}{24} \omega^2 \varkappa^2 d^2 B_m^2$$

mit ω – Kreisfrequenz des magnetischen Flusses, $\varkappa$ – spezifische Leitfähigkeit des Magnetkernmaterials, B_m – Mittelwert des magnetischen Flusses.

Ferraris-Motor [3]. Der Ferrarismotor hat einen Stator mit mindestens zwei räumlich gegeneinander versetzten Wicklungen, die durch eine entsprechende Phasenlage ihrer Betriebsströme ein Drehfeld erzeugen. Als Rotor dient ein Aluminium-Zylinder, auf den durch das Drehfeld über die in ihm erzeugten Wirbelströme ein Drehmoment erzeugt wird. Die Drehzahl ist durch die Betriebsspannung oder/und durch die Phasenlage der das Drehfeld erzeugenden Ströme regelbar. Vorteilhaft sind die geringe Ankermasse, die ein schnelles Anlaufen und Abbremsen ermöglicht, sowie die hohe Überlastbarkeit, die auch einen Rotorstillstand bei maximaler Betriebsspannung erlaubt, und der bürstenfreie (wartungsarme) Betrieb. Eingesetzt werden Ferraris-Motore als Stellmotoren in Meßgeräten, ferngesteuerten Ventilen und anderen Fernsteuereinrichtungen. G. FERRARIS (1847–1897), ital. Physiker und Elektrotechniker, Begründer der praktischen Wechselstromtechnik, entwickelte diesen Motor.

Ferraris-Zähler [4]. Ferraris-Motor mit ebenem (kreisförmigen) Rotor, auf dem drei magnetische Flußbereiche (Abb. 2) mittels phasenverschobener magnetischer Flüsse eine linear wirkende Kraft erzeugen, die durch die Rotorscheibe in eine Drehbewegung umgesetzt wird. Da die Drehzahl vom Produkt der Intensität der Magnetfelder beider Antriebsspulen sowie ihrer Phasenlage zueinander abhängt, ist sie der Leistung eines elektrischen Verbrauchers proportional, wenn eine Magnetfeldspule spannungs- und die andere stromproportional angesteuert wird. Dieses Prinzip liegt der Elektroenergiemessung für Haushalte und andere Verbraucher zugrunde.

Ferraris-Instrument [4]. Wird bei einem Ferraris-Motor der Rotor mit einer Spiralfeder elastisch am Stator fixiert, so bewirkt ein durch die Wirbelströme hervorgerufenes Drehmoment eine Auslenkung des Rotors, die z. B. als Zeigeranzeige sichtbar gemacht werden kann. Sie ist proportional zur Frequenz und zur Intensität des Magnetfeldes, so daß sowohl Spannungs- bzw. Strom- als auch Frequenzmesser mit diesem Prinzip realisiert werden. Strom- und Spannungsmesser (nur für Wechselgrößen) werden aufgrund der relativ großen Leistungsaufnahme kaum eingesetzt. Weite Verbreitung hat das Ferraris-Instrument als Tachometeranzeige in Kraftfahrzeugen gefunden. Ein topfförmiger Permanentmagnet wird über die Tachometerachse angetrieben und wirkt durch Wirbelstromerzeugung auf einen Aluminiumzylinder, der über einen Zeiger die Geschwindigkeitsanzeige realisiert. Da das Magnetfeld konstant ist, ergibt sich eine Auslenkung proportional zur Drehzahl, wobei bis zu 270° Skalenwinkel genutzt werden. Da keinerlei elektrische Kontakte erforderlich sind ist das Instrument sehr robust.

Wirbelstrombremse [5]. Wird entsprechend Abb. 3 eine Scheibe aus leitendem Material (Aluminium) zu einem bestimmten Flächenanteil von einem magnetischen Feld durchsetzt, so entstehen bei einer Drehung der Scheibe Wirbelströme. Die durch diese Ströme in Wärme umgesetzte Verlustleistung muß durch die mechanische Energie zum Antrieb der Scheibe aufgebracht werden, so daß das in Abb. 3 dargestellte System eine Bremswirkung realisiert. Vorteilhaft ist, daß weder mechanische noch elektrische verschleißende Kontaktstellen vorhanden sind. Hauptanwendungsgebiet der Wirbelstrombremse ist ihr Einsatz als Belastung des Ferraris-Motors in Ferraris-Zählern. Durch das gleichartige Wirkprinzip von Motor und Last kompensieren sich Störeffekte wie z. B. Temperatureinflüsse.

Unipolarmaschine [5, 6]. Wird eine wie bei der Wirbelstrombremse angetriebene metallische Scheibe einem konzentrischen gleichförmigen Magnetfeld ausgesetzt (Abb. 4), so wird eine elektrische Feldstärke $E_{ind}(\omega)$ erzeugt, die an jeder Stelle der Scheibe von der Achse zum Scheibenrand (bzw. je nach Drehrichtung entgegengesetzt) gerichtet ist, so daß sich keine geschlossenen Strompfade ausbilden können. Diese Spannung kann über Schleifkontakte auf der Achse und am Scheibenrand abgegriffen werden. Die Unipolarmaschine ist somit ein Gleichstromgenerator, der ohne Kommutator arbeitet. Nachteilig ist ihre relativ geringe Ausgangsspannung.

Induktive Schichtdickenmessung [7, 8]. Bei der induktiven Schichtdickenmessung wird mittels einer Spule oder einer komplizierteren Anordnung induktiver Bauelemente (Transformator, Differentialtransformator) ein magnetisches Wechselfeld erzeugt, dem elektrisch leitende Materialien ausgesetzt werden, z. B. Rundmaterial als Spulenkern, dünne Schichten als Streufeldabschirmung. In jedem Falle werden Wirbelströme erzeugt, die dem magnetischen Feld Energie entziehen. Durch geeignete Meßverfahren für die

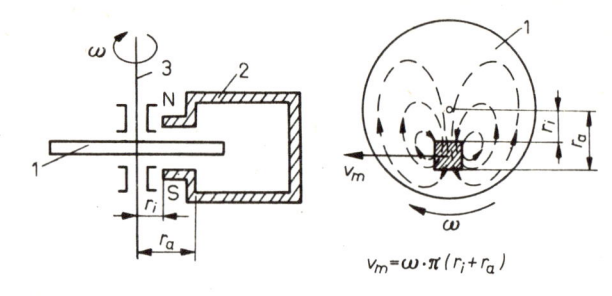

Abb. 3 Wirbelstrombremse
1 – Scheibe aus elektrisch leitendem Material (z. B. Aluminium), 2 – Permanentmagnet, 3 – Antriebsachse v_m – Mittelwert der Geschwindigkeit des Leitermaterials (Ladungsträger) im Magnetfeld

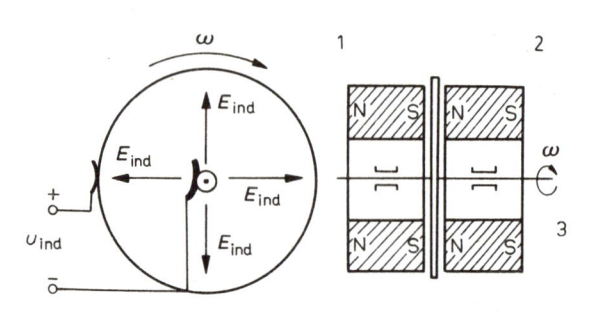

Abb. 4 Unipolarmaschine
1 – Scheibe aus elektrisch leitendem Material, 2 – Permanentmagnet, kreisförmig mit achsialsymmetrischem Feld, 3 – Antriebsachse

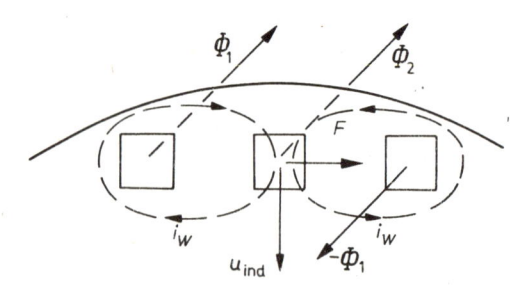

Abb. 2 Erzeugung einer Kraft F durch ein mittels dreier magnetischer Wechselfelder (1,2 und 3) mit entsprechender Phasenverschiebung erzeugten Wanderfeldes („Drehfeld" entlang einer Geraden) nach [4]

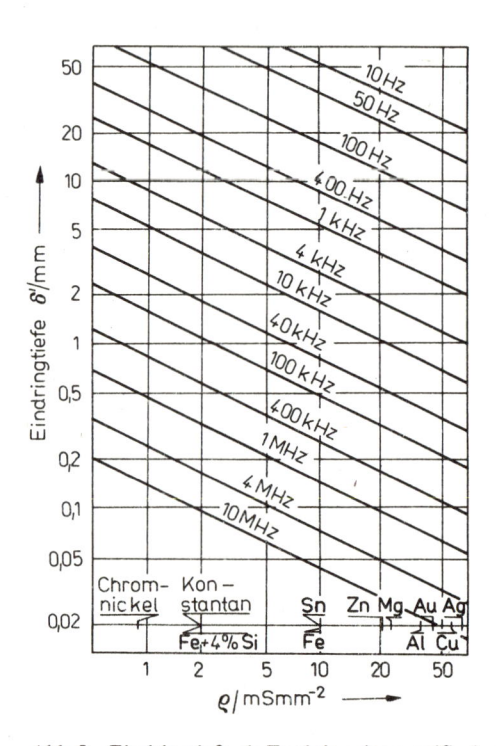

Abb. 5 Eindringtiefe als Funktion des spezifischen Leitwertes und der Meßfrequenz für die induktive Schichtdickenmessung mit Angabe der spezifischen Leitwerte einiger Metalle bzw. Legierungen

Energieaufnahme der Spule (direkte Messung, Differential-Meßverfahren) läßt sich eine hohe Meßempfindlichkeit für eine Vielzahl praktischer Anwendungsfälle erreichen. Als Eindringtiefe δ', die der mit induktiven Schichtdickenmeßverfahren erfaßbaren Schichtdicke entspricht, bezeichnen HEPTNER und STROPPE [7]

$$\delta' = \frac{500}{\sqrt{f \gamma \cdot \mu_{rel}}} \qquad (3)$$

(f in Hz; γ in 10^6 Sm^{-1}; δ' in mm).

Gl. (3) ist in Abb. 5 für δ-Werte von 0,5 bis $70 \cdot 10^6$ S·m^{-1} und Meßfrequenzen von 10 Hz bis 10 MHz dargestellt. Es sind praktisch leitende Schichten von wenigen Nanometern bis zu über 10 Zentimetern Dicke mit diesem Verfahren zu erfassen. Bei bekannter Geometrie können andererseits auch Defekte, wie Risse, oder bei bekanntem Material Leitfähigkeitsunterschiede infolge von Entkohlungsvorgängen, Legierungsschwankungen und Gefügeveränderungen festgestellt werden. Ausführliche Darstellungen induktiver Schichtmeßverfahren und -geräte mit umfangreichen Literaturverzeichnissen liegen mit [7] und [8] vor.

Elektromagnetische Abschirmungen [2, 7, 8]. Infolge der Wirbelströme haben elektromagnetische Felder nur eine bestimmte Eindringtiefe in leitende Materialien. Das beruht einerseits auf dem Energieentzug und andererseits auf den elektrischen und magnetischen → Skineffekten. In Abhängigkeit von der elektrischen und magnetischen Leitfähigkeit der Materialien sowie der Frequenz des elektromagnetischen Feldes ergeben sich unterschiedliche Erfordernisse an die Dicke der Materialien, wobei hier ähnliche Gleichungen, wie bei der Schichtdickenmessung herangezogen werden können.

Literatur

[1] Vichrevye toki. In: Fisčeskij ėnziklopedičeskij slovar'. – Moskva: Verlag Sovetskaja ėnziklopedija 1983.
[2] FRITZSCHE, G.: Systeme, Felder, Wellen. – Berlin: VEB Verlag Technik 1975.
[3] Taschenbuch Elektrotechnik. Hrsg. E. PHILIPPOW, Berlin: VEB Verlag Technik 1980. Bd. 5.
[4] DRACHSEL, R.: Grundlagen der elektrischen Meßtechnik. 2. Aufl. – Berlin: VEB Verlag Technik 1968.
[5] v. WEISS, A.: Übersicht über die theoretische Elektrotechnik. Erster Teil: Die physikalisch-mathematischen Grundlagen. – Leipzig: Akademische Verlagsgesellschaft Geest & Portig K.-G. 1954.
[6] NERTINOV, A. I.; ALIEVSKIJ, B. L.; TROICKIJ, S. R.: Unipoljarnye ėlektričeskie mašiny s židko-metalličeskim tokos'emom. – Moskau/Leningrad: Verlag Ėnergija 1966.
[7] HEPTNER, H.; STROPPE, H.: Magnetische und magnetinduktive Werkstoffprüfung. – Leipzig: VEB Deutscher Verlag für Grundstoffindustrie 1973.
[8] NITZSCHE, K.: Schichtmeßtechnik. – Leipzig: VEB Deutscher Verlag für Grundstoffindustrie 1975.

Zener-Effekt

Dieser Effekt wurde erstmalig von C. ZENER 1934 beschrieben.[1] Er gehört zu den Tunnelmechanismen, die in Halbleitern und an Metall-Halbleiter-Grenzflächen auftreten können.

Sachverhalt

Bei genügend hoher Feldstärke können in einem Halbleiter Valenzelektronen in das Leitband gelangen, ohne dabei Energie aufzunehmen.

Man kann dieses Phänomen mit einem Modell beschreiben, bei dem sich Teilchen der Energie W_1 vor einem Potentialwall der Höhe W_2, ($W_1 < W_2$), befinden. Die Wellenmechanik zeigt, daß hinter dem Potentialwall auch dann eine Aufenthaltswahrscheinlichkeit für Elektronen besteht, wenn ihnen keine Energie zur Überwindung des Walls zugeführt wurde, d.h., ein Teil der Elektronen kann den Wall durchtunneln (Abb. 1).

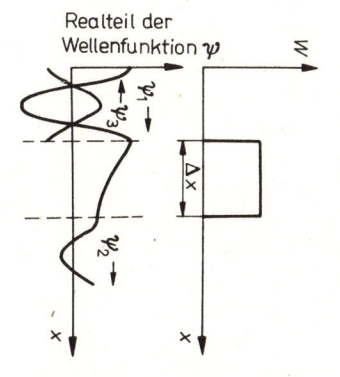

Abb. 1

Den praktischen Verhältnissen kommt die Annahme eines parabelförmigen Walls sehr nahe, allerdings hat die Randform des zu durchtunnelnden Potentialwalls keinen wesentlichen Einfluß auf die Durchtrittswahrscheinlichkeit [1]. Sie verringert sich dagegen exponentiell mit zunehmender Höhe $\Delta W = W_2 - W_1$ und wachsender Breite Δx des Potentialwalls. Nur für eine Potentialschwelle, deren Breite im Bereich der Materiewellenlänge des Elektrons liegt, ergibt sich eine beachtenswerte Tunnelwahrscheinlichkeit.

In praktischen Anwendungen wird dieser Elementarprozeß in den meisten Fällen an einem pn-Übergang genutzt, so daß die genannten Energiebänder zu Halbleitern unterschiedlichen Leitungstyps gehören

---

[1] ZENER, C.: Theory of the electrical breakdown of solid dielectrics. Proc. Roy. Soc. A 145 (1934), 523–529.

Abb. 2

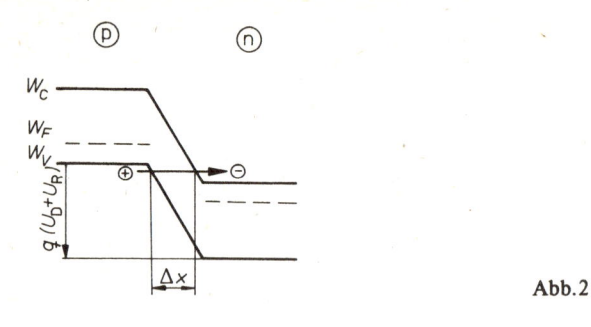

(Abb. 2). Mit wachsender Sperrspannung U_R nimmt im Bereich der Raumladungszone die Neigung der Bandstruktur gegen die Horizontale zu. Wird eine Bandüberlappung erreicht, d.h. gilt $W_v > W_c$, unterscheiden sich Bereiche mit hohen Elektronenkonzentrationen energetisch nicht mehr von Bereichen mit geringer Konzentration. Liegt zudem noch ihr räumlicher Abstand Δx in der Größenordnung der Materiewellenlänge, setzt ein steil ansteigender Sperrstrom, der Zenerstrom, ein. Die kritische Feldstärke liegt bei $E \gtrsim 10^5 \text{ V cm}^{-1}$ [2, 3], ihr entspricht an der Strom-Spannungskennlinie die Durchbruchspannung U_{BR} (Abb. 3).

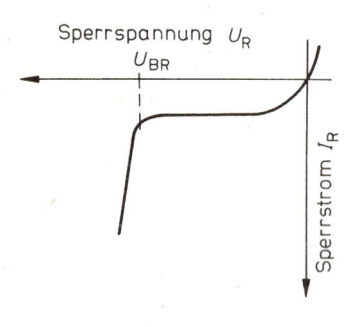

Abb. 3

Der Zenereffekt ist reversibel, wenn die Beschaltung des Bauelements durch eine Strombegrenzung sichert, daß keine thermische Überlastung auftritt, die den irreversiblen thermischen Durchbruch bewirken würde. Ein weiteres Durchbruchsphänomen am pn-Übergang, der Lawineneffekt, ist auf andere innere Vorgänge zurückzuführen und tritt erst bei höheren Sperrspannungen auf.

Kennwerte, Funktionen

Durchbruchspannung U_{BR}: $\lesssim 4$ V;
Temperaturkoeffizient der Durchbruchspannung c_u: < 0;
differentieller Anstieg des Zenerstroms g_i: $10^{-2} \text{ AV}^{-1} \dots 10^0 \text{ AV}^{-1}$;
Tunnellaufzeit t_T: im ps-Bereich.

Anwendungen

Tunneldiode. Sie basiert auf einem abrupten pn-Übergang mit hohen Dotierungsdichten von etwa $10^{19} \text{ cm}^{-3} \dots 10^{21} \text{ cm}^{-3}$ [4] und folglich äußerst geringen Sperrschichtbreiten. Ihre Strom-Spannungs-Charakteristik im Bereich negativer Spannungen wird im wesentlichen durch den Zenereffekt bestimmt.

Z-Diode. Diese Sonderform der Halbleiterdiode wird im Durchbruchbereich betrieben, wobei die Durchbruchspannung, hier Z-Spannung genannt, zwischen 0,5 und 300 V liegen kann. Je nach den gewählten konstruktiv-technologischen Daten wird entweder der Zenereffekt ($U_Z \approx 0,5 \text{ V} \dots 4 \text{ V}$, Temperaturkoeffizient < 0) oder – bei schwächerer Dotierung und größerer Sperrschichtbreite – der Lawineneffekt ($U_Z \gtrsim 5$ V, Temperaturkoeffizient > 0) ausgenutzt.

Metall-Halbleiter-Übergang. Einige elektronische Bauelemente, z. B. Schottky-Diode, Metall-Basis-Transistor, beruhen auf elektronischen Vorgängen am Metall-Halbleiter-Kontakt. Sie sind vor allem durch sehr geringe Laufzeiten der Ladungsträger gekennzeichnet [5].

Zu den an diesem Kontakt möglichen Stromflußmechanismen [6], wählbar durch die Auslegung des Übergangs, gehört auch das Tunneln durch die Potentialbarriere.

Literatur

[1] PAUL, R.: Halbleiterphysik. 1. Aufl. – Berlin: VEB Verlag Technik 1974.
[2] MIERDEL, G.: Elektrophysik. 2. Aufl. – Berlin: VEB Verlag Technik 1972.
[3] MÜLLER, R.: Grundlagen der Halbleiter-Elektronik. Berlin/Heidelberg/New York: Springer-Verlag 1971.
[4] HARTMANN, H. J.; MICHELITSCH, M.; STEINHÄUSER, W.: Die Tunneldiode – Physikalische Grundlagen, Herstellung und Anwendung. A.E.Ü. **15** (1961) 125–144.
[5] CHANG, C. Y.; SZE, S. M.: Carrier transport across metal-semiconductor barriers. Solid State Electronics **13** (1970) 727–740.
[6] PAUL, R.: Halbleiterdioden. 1. Aufl. – Berlin: VEB Verlag Technik 1976.

Halbleitereffekte

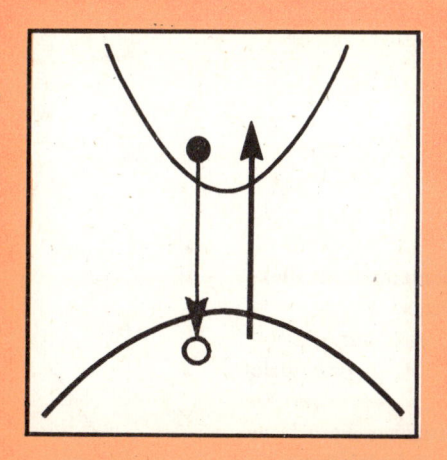

Avalanche-Effekt

Der Lawinen- (Avalanche-) Durchbruch infolge Stoßionisation von Ladungsträgern im Halbleiter war lange ein unerwünschter Nebeneffekt, der insbesondere die Sperreigenschaften von Halbleiterdioden ungünstig beeinflußte. Als Anfang der 60er Jahre die Herstellung „perfekter" Halbleiterstrukturen gelang, in denen nicht mehr infolge lokal erhöhter elektrischer Felder inhomogene Durchbrüche erfolgten, konnte man den Avalanche-Effekt in unterschiedliche Bauelementekonzeptionen einbeziehen.

Sachverhalt

Durch elektrische Felder werden Energie und Impuls der Ladungsträger im Halbleiter soweit erhöht, bis Energie- und Impulsaufnahme aus dem elektrischen Feld im Mittel gleich der Energie- und Impulsabgabe durch Stöße an das Kristallgitter werden. Bei genügend hohen Feldern erreichen einige Ladungsträger so hohe Energien, daß sie Teilchen aus einer Störstelle oder über die Energielücke E_G hinweg anregen können (Stoßionisation, siehe Abb. 1). Das stoßende Teilchen verliert dabei seine Energie und fällt in die Nähe der Bandkante zurück. Da bei diesem Prozeß die Erhaltungssätze für Energie und Impuls erfüllt sein müssen, ist die Schwellenergie E_i des stoßenden Teilchens im Fall der Elektron-Loch-Paarerzeugung im allgemeinen größer als E_G. E_i hängt von der Bandstruktur des Halbleiters ab. Diese muß für Berechnungen von E_i bis zu Energien der Größenordnung E_G oberhalb der Bandkanten bekannt sein. Für eine spiegelsymmetrische parabolische Bandstruktur

$$E_n(k) = -E_p(k) = \frac{E_G}{2} + \frac{\hbar^2}{2m} k^2 \qquad (1)$$

erhält man

$$E_{in} = E_{ip} = \frac{3}{2} E_G. \qquad (2)$$

(Im allgemeinen werden die Schwellenergien für Elektronen E_{in} und Löcher E_{ip} verschieden sein.)

Zur quantitativen Beschreibung wird der Ionisierungskoeffizient α eingeführt. Er gibt an, wie viele Elektron-Loch-Paare durch einen Ladungsträger erzeugt werden, wenn dieser im elektrischen Feld 1 cm driftet. α hängt von der Bandstruktur des Halbleiters, den wirksamen Streumechanismen und vom elektrischen Feld E ab. Für die Stoßionisation mit Paarerzeugung sind Feldstärken von einigen 10^5 V cm^{-1} erforderlich, wie sie etwa in der Verarmungszone von in Sperrichtung gepolten p-n-Übergängen erzeugt werden können.

Aus der Spannungsabhängigkeit der Multiplikation des Photostromes einer in Sperrichtung gepolten

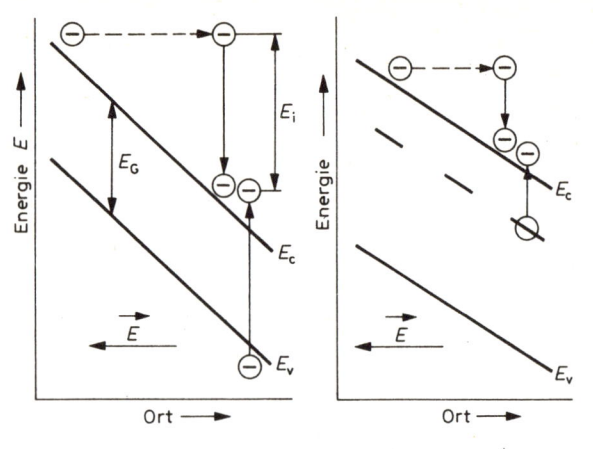

Abb. 1 Stoßionisation
a) Paarerzeugung (im Energieband E_v lies ⊕),
b) Ionisierung einer Störstelle

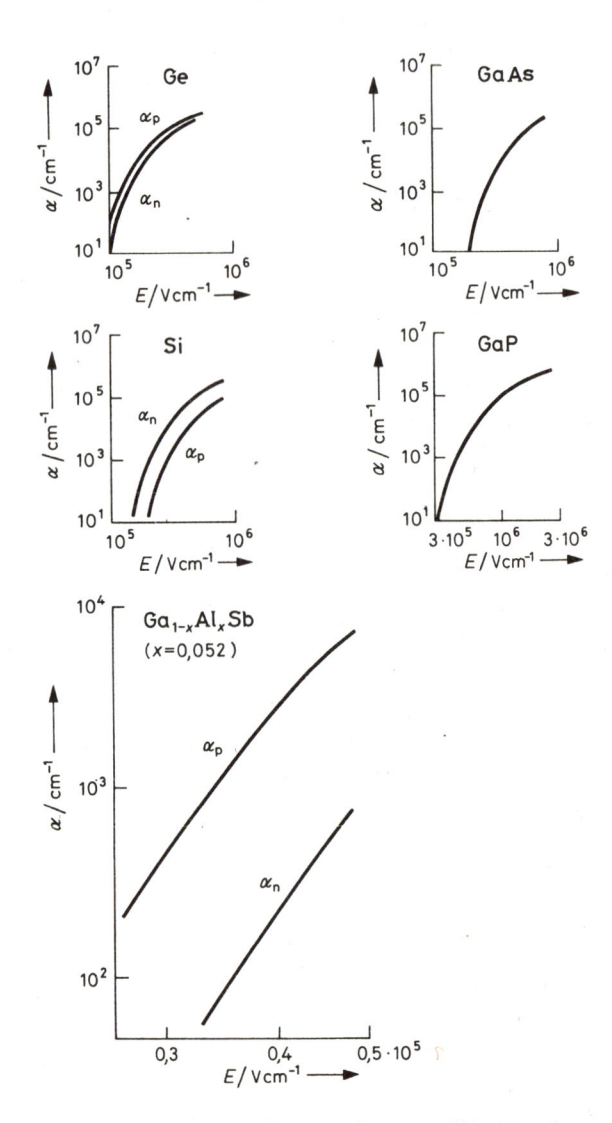

Abb. 2 Ionisierungskoeffizienten für ausgewählte Materialien in Abhängigkeit vom elektrischen Feld bei 300 K nach [1,5]

Diode wird der Multiplikationsfaktor M experimentell bestimmt:

$$M_n(V) = j(V)/j_{n_0}. \tag{3}$$

Falls $\alpha_n = \alpha_p$ und $M_n = M_p$, sind α und M durch folgende Beziehung verknüpft

$$1 - \frac{1}{M} = \int_0^W \alpha(E(x))\,dx. \tag{4}$$

W ist die Breite der Hochfeldzone. Bei bekanntem $E(x)$, d. h. bekanntem Dotierungsprofil gestattet (4) die Bestimmung von α.

Solange $\alpha < W^{-1}$ ist, findet zwar Ionisation durch einzelne Elektronen statt ($M > 1$), aber die entstehenden Elektronen-Loch-Paare werden abgesaugt, ohne weitere ionisierende Stöße auszuführen. Bei $\alpha \to W^{-1}$ führt jeder Träger, der in das Hochfeldgebiet eindringt, Stoßionisation aus. Die entstehenden Paare werden im Feld getrennt und ionisieren erneut, bevor sie W verlassen ($M \to \infty$). Die Zahl der Ladungsträger steigt lawinenartig an (Lawinendurchbruch).

Die durch Stoßionisation angeregten zusätzlichen Ladungsträger werden entweder durch das starke elektrische Feld aus dem Halbleiter abgesaugt, oder sie rekombinieren (teilweise unter Emission elektromagnetischer Strahlung) (siehe *Elektrolumineszenz*).

Kennwerte, Funktionen

Abbildung 2 zeigt die Ionisierungskoeffizienten von Germanium, Silicium, Galliumarsenid und Galliumphosphat in Abhängigkeit von der elektrischen Feldstärke nach OKUTO und OROWELL [1]. Ihre theoretischen Kurven lassen sich besser an die experimentellen Werte anpassen, als die von BARAFF [2] berechneten Werte für $\alpha(E)$. Im Bereich sehr starker bzw. relativ schwacher Felder läßt sich α sehr gut durch die von WOLFF bzw. SHOCKLEY angegebenen analytischen Ausdrücke approximieren:

$$\alpha \sim \exp\left(-\frac{3E_i E_R}{e^2 \lambda_R E^2}\right) \text{ für } E \gg \frac{E_R}{e\lambda_R}, \tag{5}$$

$$\alpha \sim \exp\left(-\frac{E_i}{e\lambda_R E}\right) \text{ für } E \ll \frac{E_R}{e\lambda_R} \tag{6}$$

(E_i – Energieschwelle für Stoßionisation, E_R – Energie der optischen Phononen, λ_R – mittlere freie Weglänge für Streuung an optischen Phononen). Merkliche Stoßionisation setzt für Feldstärken $E > 10^5$ V cm^{-1} ein.

Die Tab. 1 zeigt einige für die Stoßionisation charakteristischen Parameter für ausgewählte Materialien bei 300 K nach [1,3 bis 5].

In den meisten Materialien ist $E_{ip} \geq E_{in}$ und $E_i \approx 1,5 E_G$ eine gute Näherung. In Silicium ist $\alpha_n > \alpha_p$ auf die höhere Ionisationsschwelle für die Löcher zurückzuführen, in Germanium ergibt sich $\alpha_p > \alpha_n$ aus der wesentlich größeren freien Weglänge für die Löcher. $\alpha_p \gg \alpha_n$ in Ga$_{1-x}$Al$_x$Sb ist die Folge einer Besonderheit der Valenzbandstruktur dieses Materials. Sowohl die Energielücke E_G als auch der Ab-

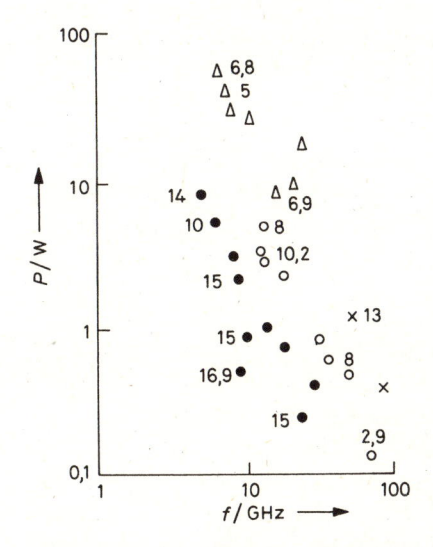

Abb. 3 Zusammenhang zwischen Frequenz und Leistung von Silicium- und Galliumarsenid – IMPATT-Dioden nach [6]

$\triangle$ = Si (Impulsbetrieb)
$\bigcirc$ = Si (Dauerstrichbetrieb)
$\bullet$ = GaAs (Dauerstrichbetrieb)

Tabelle 1

Material	E_G [eV]	$1,5 \cdot E_G$ [eV]	E_i [eV]	E_R [meV]	λ_R [Å]	
Si	1,1	1,6	n: 1,1÷1,8 p: 1,8	51	n: 48 p: 47	$\alpha_n > \alpha_p$
Ge	0,67	1,0	n: 0,8÷0,9 p: 0,9÷1,3	19	n: 39 p: 51	$\alpha_p > \alpha_n$
GaAs	1,5	2,3	1,7÷2,1	22	33	$\alpha_n = \alpha_p$
GaP	2,3	3,4	2,6÷3,5	38	31	$\alpha_n = \alpha_p$
Ga$_{1-x}$Al$_x$Sb x=0,052	$\frac{\Delta}{E_G}=1,02$		$E_{ip} \approx E_G$ $E_{in} > E_{ip}$		22	$\alpha_p \gg \alpha_n$

stand Δ des obersten Valenzbandes zum durch Spin-Bahn-Wechselwirkung abgespaltenen Band ändern sich kontinuierlich mit der Zusammensetzung x. Bei $T = 300$ K wird für $x = 0,065$ $\Delta = E_G$. In diesem Resonanzfall nimmt die Ionisierungsschwelle der Löcher den kleinsten überhaupt möglichen Wert an ($E_{ip} = E_G$), und es wird $\alpha_p > 20\,\alpha_n$.

Voraussetzung für Störstellenionisation sind hinreichend tiefe Temperaturen, so daß thermische Ionisation fehlt. Die erforderlichen elektrischen Feldstärken nehmen mit abnehmender Aktivierungsenergie der Störstelle ab. In n-Ge : Zn beträgt $E_i = 0,03$ eV und die für die Ionisierung erforderliche Feldstärke bei $T = 8$ K $E \approx 300$ Vcm^{-1}.

Anwendungen

Die Trägermultiplikation in der Hochfeldzone von in Sperrichtung vorgespannten p-n-Übergängen bzw. Schottky-Kontakten wird u. a. in folgenden Bauelementen genutzt: Lawinendiode, Z-Diode, Avalanche-Injektionsdiode, Lawinen-Laufzeitdiode, Avalanche-Photodiode.

Z-Diode. Erreicht die Feldstärke in der Raumladungszone bei genügend hohen Sperrspannungen Werte von einigen 10^5 Vcm^{-1}, setzt Lawinendurchbruch ein: der Sperrstrom steigt bei geringfügiger Spannungserhöhung um mehrere Größenordnungen an. Die Durchbruchsspannung U_B hängt von der Feldverteilung in der Diode ab, die vom Dotierungsprofil und insbesondere von der Weite der Raumladungszone bestimmt wird.

Abrupt durchbrechende Dioden werden zur Spannungsstabilisierung und -Begrenzung eingesetzt.

Lawinen-Laufzeit-Diode (IMPATT: Impact Ionization Avalanche and Transit Time). Bei Anlegen einer Sperrspannung ausreichender Größe an einen p-n-Übergang mit speziellem Dotierungsprofil wird eine Feldstärkeverteilung realisiert, die zu einem Lawinendurchbruch in einem eng begrenzten Gebiet führt, während im angrenzenden Bereich die Feldstärke so eingestellt wird, daß dort keine Stoßionisation mehr stattfindet, die Ladungsträger aber mit ihrer feldunabhängigen Sättigungsgeschwindigkeit driften. Dadurch werden Strom und Spannung eines zusätzlich in die Struktur eingekoppelten Mikrowellenfeldes phasenverschoben. In einem bestimmten Frequenzbereich wird diese Phasenverschiebung größer als 90°. Das Bauelement besitzt für diese Frequenzen einen negativen differentiellen Widerstand und wird zur Generation und Verstärkung von Mikrowellen eingesetzt. Einen Überblick über erreichte Daten bez. Frequenz und Leistung von Impatt-Dioden gibt Abb. 3. Die Zahlenangaben in der Abbildung beziehen sich auf den Wirkungsgrad der Dioden:

$$\eta = \frac{1}{2} \frac{vi}{VI}, \qquad (7)$$

V, I – angelegte Gleichspannung bzw. Gleichstrom in der Diode,

v, i – Spitzenwerte von Spannung und Strom der Mikrowelle.

Lawinen-Photodiode. In Sperrichtung betriebene Photodioden (siehe p-n-Photoeffekt, Sperrschicht-Photoeffekt) werden bei so hohen Sperrspannungen $U < U_B$ betrieben, daß eine merkliche Multiplikation der optisch erzeugten Ladungsträger in der Hochfeldzone erfolgt, $M > 1$. Eine möglichst homogene Multiplikation wird u. a. durch relativ kleine Empfängerflächen und Schutzringstrukturen, bei denen das eigentliche Multiplikationsgebiet von einer ringförmigen Region mit höherer Durchbruchspannung umgeben ist, erreicht. Der Stromverstärkungsfaktor M wird durch die Sperrspannung eingestellt. Dabei muß man aus verschiedenen Gründen deutlich unter der Durchbruchspannung bleiben (d. h., M bleibt wesentlich unter den maximal möglichen Werten):

Tabelle 2 Eigenschaften von Avalanche-Photodioden nach [7 bis 10]

Material	Wellenlängenbereich [μm]	lichtempfl. Fläche [cm^2]	Dunkelstrom	Durchbruchspannung U_B [V]	M_{max}	Verstärkungs-Bandbreiteprodukt [GHz]
Si–n$^+$p	0,4÷1	2·10^{-5}	50 pA (bei −10 V)	23	10^4 (nahe U_B) 400 (typ.)	100
Si–n$^+$ip$^+$	0,5÷1,1	5·10^{-4}÷10^{-1}	0,5÷1,5 μA	140÷2000	75÷500	$\tau = 10^{-8}$ s
Pt–nSi	0,35÷0,6	4·10^{-5}	1 nA (bei −10 V)	50	400	40
Ge–n$^+$p	0,4÷1,55	2·10^{-5}	2·10^{-8} A (bei −16 V)	16,8	250	60
Pt–GaAs	0,3÷0,9	⌀125 μm	—	60	100	50
In$_{1-x}$Ga$_x$–As$_y$P$_{1-y}$/InP	1,3÷1,6	⌀110 μm	5 nA (bei 0,9 U_B)	56	13	$\tau = 160$ ps
In$_{1-x}$Ga$_x$As (pn)	0,9÷1,7	—	7,8·10^{-4} A/cm^2	60÷100	60 M = 10 (bei 0,95 U_B)	$\tau = 100$ ps
Ga$_{1-x}$Al$_x$Sb (pn)	1,0÷1,8	⌀200 μm	10^{-4} A/cm^2	95	40	$\tau = 150$ ps

1. Neben dem Photostrom wird auch das Rauschen der Diode verstärkt, und infolge von Fluktuation des Multiplikationsprozesses entsteht zusätzliches Rauschen (stark unterschiedliche α_n, α_p wirken sich hier günstig aus). Eine Verbesserung des Signal-Rausch-Verhältnisses mit Avalanche-Photodioden tritt überhaupt nur ein, wenn das Rauschen des nachgeschalteten Verstärkers größer ist, als das Rauschen des ohne Trägermultiplikation betriebenen Detektors. In diesem Fall wächst das multiplizierte Rauschen erst bei höheren M aus dem Systemrauschen heraus, als der multiplizierte Photostrom. Das optimale M ergibt sich unter diesem Gesichtspunkt aus der Bedingung: multipliziertes Rauschen = Systemrauschen.

2. Das Frequenzverhalten der Diode wird durch die Laufzeit τ_t der primären (durch das Licht erzeugten) und der sekundären (durch Stoßionisation erzeugten) Ladungsträger durch die Hochfeldzone bestimmt. Je größer M ist, desto länger finden sich sekundäre Trägerpaare in der Hochfeldzone. Als charakteristische Größe wird daher für Avalanche-Photodioden das Verstärkungs-Bandbreite-Produkt eingeführt. Dieses ist umgekehrt proportional zu τ_t und hängt vom Verhältnis α_n/α_p ab. (Auch hier wirken sich stark unterschiedliche α günstig aus). Höhere M ergeben in jedem Fall schlechtere Zeitkonstanten der Diode.

3. Schließlich kann bei sehr großen M ein Sättigungseffekt eintreten, der auf einen durch die erzeugten Ladungsträger bedingten Feldabfall in der Raumladungszone zurückzuführen ist.

Besonders im Zusammenhang mit der Lichtleiternachrichtentechnik ist die Entwicklung der Avalanche-Photodioden als schnelle, empfindliche Empfänger für den Spektralbereich 0,4 µm bis 1,6 µm in den letzten Jahren entscheidend vorangetrieben worden. Charakteristische Parameter einiger Avalanche-Photodioden sind in Tabelle 2 zusammengestellt.

Literatur

[1] Okuto, Y.; Crowell, C. R.: Ionization coefficients in semiconductors: A nonlocalized property. Phys. Rev. **B 10** (1974) 4284.

[2] Baraff, G. A.: Distribution Functions and Ionization Rates for Hot Electrons in Semiconductors. Phys. Rev. **128** (1962) 2507.

[3] Chynoweth, A. G.: Charge multiplication phenomena. Semiconductors and Semimetals. Ed. R. K. Willardson; A. C. Beer. Vol. 4, S. 263–325. – New York: Academic Press 1968.

[4] Mönch, W.: On the Physics of Avalanche Breakdown in Semiconductors. phys. status solidi **36** (1969) 9.

[5] Hildebrand, O. et al.: $Ga_{1-x}Al_xSb$ Avalanche Photodiodes: Resonant Impact Ionisation with very High Ratio of Ionization Coefficients. IEEE J. Quantum Electronics **QE–17** (1981) 284.

[6] Hambleton, K. G.: Microwaveavalanche Devices. J. Phys. E **7** (1974) 1–9.

[7] Murray, L. A.; Wang, K.; Hesse, K.: A Review of Avalanche Photodiodes. Optical Spectra (April 1980), S. 54–59.

[8] Melchior, H. et al.: Photodetectors for Optical Communication Systems. Proc. IEEE **58** (1970) 1466.

[9] Forrest, S. R. et al.: Performance of $In_{0,53}Ga_{0,47}As/InP$ Avalanche Photodiodes. IEEE J. Quantum Electronic **QE–18** (1982) 2040–2048.

[10] Susa, N. et al.: Characteristics in InGaAs/InP Avalanche Photodiodes with Separated Absorption and Multiplication Regions. IEEE J. of Quantum Electronics **QE–17** (1981) 243.

Dember-Effekt

Bei Belichtung eines Halbleiters mit Licht aus dem Wellenlängenbereich der Grundgitterabsorption entsteht ein elektrisches Feld in Lichtausbreitungsrichtung. An geeignet angebrachten Kontakten kann eine elektrische Spannung abgegriffen werden. Dieser Effekt wurde zuerst von H. Dember 1931 an CuO_2 beobachtet [1]. Diese longitudinale Demberspannung läßt sich experimentell nur sehr schwer bestimmen, weil sie von Sperrschicht-Photoeffekten an Potentialbarrieren an Metall-Halbleiter-Kontakten bzw. der freien Halbleiteroberfläche, die wesentlich größer sind als der Dember-Effekt, überlagert wird. Der Effekt spielt technisch keine Rolle, ist aber für das Verständnis des Verhaltens von Nichtgleichgewichtsträgern in Halbleiterstrukturen von grundlegender Bedeutung.

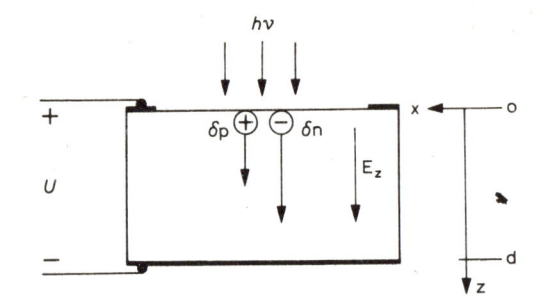

Abb. 1   Zur Entstehung des longitudinalen Dember-Effekts ($\mu_n > \mu_p$)

Sachverhalt

In homogenen Halbleitern entstehen Photospannungen, wenn Überschußladungsträger mit unterschiedlichen Beweglichkeiten unter dem Einfluß von Ladungsträgergradienten diffundieren [2]. Abbildung 1 zeigt schematisch die Entstehung des longitudinalen Dember-Effektes.

In Halbleitern, in denen die Diffusionslänge der Nichtgleichgewichtsträger wesentlich größer ist als die Debye-Länge, herrscht annähernd Raumladungsfreiheit. Wird Licht aus dem Wellenlängengebiet der Grundgitterabsorption des Halbleiters eingestrahlt, werden die Nichtgleichgewichtsträger (δn: Elektronen, δp Löcher) nahe der Probenoberfläche erzeugt und diffundieren in Richtung der Konzentrationsgradienten ins Probeninnere. Sind Elektronenbeweglichkeit μ_n und Löcherbeweglichkeit μ_p unterschiedlich, wird die Raumladungsfreiheit $\delta n = \delta p$ und (bei offenem Stromkreis) das Verschwinden des elektrischen Stromes in der Probe dadurch erzwungen, daß sich ein inneres elektrisches Feld E_z aufbaut, das so gerichtet ist, daß es die langsamer diffundierenden Ladungsträger beschleunigt, die anderen bremst. E_z sorgt dafür, daß sich Elektronen und Löcher mit gleicher Geschwindigkeit bewegen. Es fließt ein Teilchenstrom in z-Richtung, während der elektrische Strom verschwindet (ambipolare Diffusion). Die ambipolare Diffusion spielt nicht nur bei optisch erzeugten Nichtgleichgewichtsträgergradienten eine Rolle, sondern in allen Fällen, in denen solche Gradienten bei Ladungsträgerinjektion bzw. verstärkter Rekombination an Oberflächen oder inneren Grenzflächen entstehen.

In Halbleitern mit anisotroper elektrischer Leitfähigkeit entsteht bei Lichteinstrahlung auf eine geeignet orientierte Probe zusätzlich ein elektrisches Feld E_x senkrecht zur Einstrahlungsrichtung (Abb. 2).

In anisotropen Halbleitern sind die Diffusions- und Driftströme im allgemeinen nicht in Richtung der

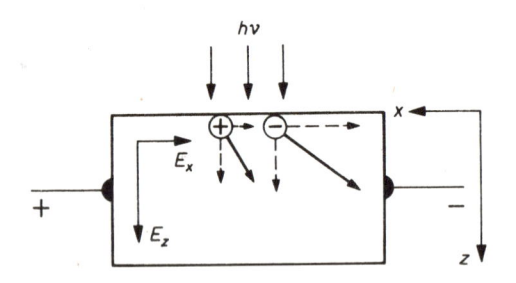

Abb. 2   Zur Entstehung des transversalen Dember-Effekts ($\mu_n'' > \mu_p''$ m $\mu_n^\perp > \mu_p^\perp$)

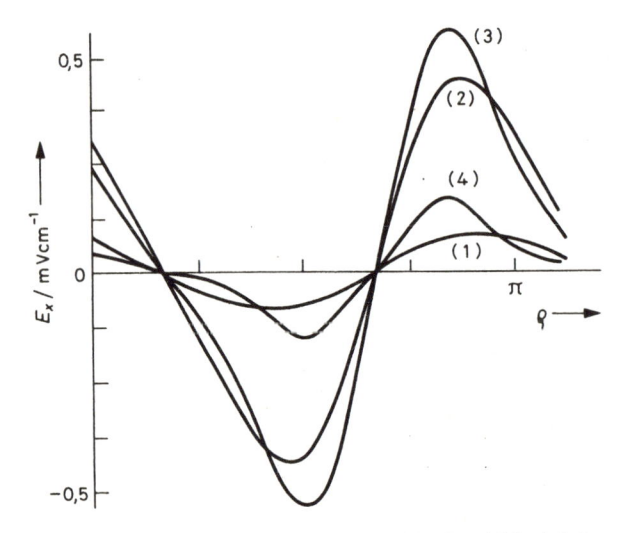

Abb. 3   Transversales Dember-Feld in PbTe in Abhängigkeit von der Polarisationsrichtung

Konzentrationsgradienten bzw. elektrischen Felder gerichtet. Um auch die x-Komponente der Diffusionsströme zu kompensieren, baut sich neben dem longitudinalen das transversale Dember-Feld E_x auf. Die Messung der transversalen Dember-Spannung bietet keine Schwierigkeiten, da Störeffekte vermieden werden können, indem man die Kontakte in hinreichendem Abstand vom belichteten Gebiet anbringt.

Der transversale Dember-Effekt tritt an natürlich anisotropen Substanzen, wie z. B. Tellur, auf [3] bzw.

an Substanzen, die unter dem Einfluß äußerer Einwirkungen anisotrop werden. Hier sind besonders die kubischen Vieltalhalbleiter, wie z. B. n-Germanium, n-Silicium, PbTe, von Interesse, die bei ungleicher Besetzung der Energietäler mit Ladungsträgern anisotrop werden. Dies tritt ein, wenn durch uniaxialen Druck die Äquivalenz der Täler aufgehoben wird [4] oder linear polarisierte Strahlung in den Tälern unterschiedlich stark absorbiert wird [5].

Kennwerte, Funktionen

Für den longitudinalen Dember-Effekt gilt

$$U = \frac{KT}{e} \frac{(\mu_n - \mu_p)}{n_0 \mu_n + p_0 \mu_p} [\delta n(0) - \delta n(d)]. \tag{1}$$

Hier sind μ_n, μ_p die Beweglichkeiten der Elektronen und Löcher n_0, p_0 die Konzentrationen der Elektronen und Löcher im thermischen Gleichgewicht, $\delta n(0)$, $\delta n(d)$ die Konzentrationen der optisch erzeugten Überschußelektronen an der belichteten bzw. rückseitigen Oberfläche der Halbleiterprobe.

Auch das transversale Dember-Feld wird durch die Konzentrationen der Nichtgleichgewichtsträger an der Probenoberfläche und die Differenzen der Komponenten des Beweglichkeitstensors $\mu_{n,p}^{\parallel,\perp}$ bestimmt. $\parallel$ und $\perp$ bezeichnen die Richtungen parallel und senkrecht zur Rotationsachse eines Energieellipsoids.

Der transversale Dember-Effekt in den Bleichalkogeniden zeigt eine charakteristische Abhängigkeit von der Polarisationsrichtung der Lichtwelle. Abbildung 3 zeigt das transversale Dember-Feld in PbTe nach [5].

Anwendungen

Die Spannungsempfindlichkeit des Dember-Effektes ist geringer als $1\frac{mV}{W}$ und damit wesentlich kleiner, als die der meisten anderen Photoeffekte im Halbleiter. Wegen der Störeffekte wird der longitudinale Effekt überhaupt nicht genutzt. Da der transversale Effekt in genau der gleichen Weise von der Konzentration der Nichtgleichgewichtsträger abhängt wie der photoelektromagnetische Effekt, ist das Verhältnis beider Effekte unabhängig von der Lebensdauer der Nichtgleichgewichtsträger, der optischen Generationsrate, Reflexionskoeffizienten der Probe usw. und kann zur Beweglichkeitsbestimmung genützt werden [3,6].

Der transversale Dember-Effekt in den Vieltalhalbleitern bietet die Möglichkeit der Bestimmung der Zwischentalstreuzeit. Darüber hinaus kann die empfindliche Polarisationsabhängigkeit des Effektes zum Nachweis linear polarisierter Strahlung eingesetzt werden.

Literatur

[1] DEMBER, H.: Über eine photoelektromotorische Kraft in Kupferoxydul-Kristallen. Phys. Z. **32** (1931) 554.
[1a] DEMBER, H.: Über eine Kristallphotozelle. Phys. Z. **32** (1931) 856.
[1b] DEMBER, H.: Über die Vorwärtsbewegung von Elektronen durch Licht. Phys. Z. **33** (1932) 207.
[2] SCHETZINA, J. F.; MCKELVEY, J. P.: Ambipolar Transport of Electrons and Holes in Anisotropic Crystals. Phys. Rev. B **2** (1970) 1869.
[2a] SHAH, R. M.; SCHETZINA, J. F.: Excess-Carrier Transport in Anisotropic Semiconductors: The Photovoltaic Effect. Phys. Rev. B **5** (1972) 4014.
[3] GENZOW, D.: Tranverse Dember-Effekt and Anisotropy of Carrier Mobilities in Tellurium Single Crystals. phys. status solidi b **55** (1973) 547.
[4] VAN ROOSBROECK, W.; PFANN, W. G.: Transport in a Semiconductor with Anisotropic Mobilities and the Photopiezoresistance Effect. J. appl. Phys. **33** (1962) 2304.
[5] GENZOW, D.: Transverse Dember-Effect in Lead Chalcogenides under Linearly Polarized Light Excitation. phys. status solidi b **118** (1983) K 159.
[6] ZHADKO, I. P. et al.: Sovmestnoe issledovanie poperečnogo ėffekta Dembera i fotomagnitnogo ėffekta v monokristallach tellura. Fiz. Tech. Poluprov. **8** (1974) 105.

Elektrolumineszenz

1936 beobachtete G. Destriau [1], daß pulverförmige mit Kupfer aktivierte Zinksulfid-Phosphore durch ein starkes elektrisches Wechselfeld zum Leuchten angeregt werden können. Jahrzehntelange Bemühungen zur Entwicklung eines praktisch anwendbaren Bauelements auf der Grundlage dieses Effekts blieben ohne Erfolg. Insbesondere Probleme der Langzeitstabilität konnten nicht überwunden werden. Gleichspannungs-Elektrolumineszenzzellen [2] zeigen einen zu geringen Wirkungsgrad. Alle Elektrolumineszenzzellen mit pulverförmigen Phosphoren besitzen aufgrund der Lichtstreuung unbefriedigende Kontrasteigenschaften bereits bei mittlerer Umgebungsbeleuchtung. 1974 gelang der Durchbruch durch den Einsatz von dünnen Halbleiterfilmen in einer Isolator-Halbleiter-Schichtstruktur [3]. Filme sind transparent, eine dunkle Hintergrundelektrode absorbiert das Umgebungslicht, so daß auch bei heller Umgebung ein sehr guter Kontrast erzielt wird. Obwohl gleichspannungsgetriebene Dünnfilmzellen bestimmte Vorteile gegenüber wechselspannungsbetriebenen Zellen haben (wie z.B. sehr niedrige Betriebsspannungen), stehen zur Zeit letztere im Mittelpunkt des Interesses [4]. Erste Prototypen werden auf dem Markt angeboten.

Sachverhalt

Die von Destriau benutzten Pulverzellen enthielten ZnS-Körner von ~ 1μm Durchmesser, die in einem dielektrischen Medium eingebettet waren. Das für die Entstehung des Effekts notwendige Cu bildet Cu_xS-Komplexe, die zur Konzentration des elektrischen Feldes in bestimmten Gebieten beitragen. In diesen Hochfeldregionen entstehen Elektron-Loch-Paare durch Stoßionisation (siehe *Avalanche-Effekt*). Diese Nichtgleichgewichtsträger werden in Gebiete geringerer Feldstärke injiziert und rekombinieren dort strahlend über Donator-Akzeptor-Paare (siehe *Lumineszenz*). Die bei der Pulverzelle für die Entstehung des Effekts notwendigen Inhomogenitäten sind gleichzeitig eine der Ursachen für das schnelle Altern der Zelle.

Dünnfilm-Elektrolumineszenz wird in symmetrischen Mehrschichtstrukturen bei Anlegen einer Wechselspannung erzeugt (siehe Abb. 1)

Nachdem die angelegte Spannung einen Schwellwert U_s überschritten hat, steigt die Lumineszenzintensität steil an und geht danach langsam in eine Sättigung über (Abb. 2).

Die Entstehung des Effektes ist in Abb. 3 veranschaulicht. An der (jeweiligen) Kathode werden Elektronen durch das elektrische Feld aus flachen Niveaus an der Isolator-Halbleiter-Grenzfläche befreit (siehe *Tunneleffekt*) und in dem in der Halbleiterschicht (im Beispiel ZnS) herrschenden elektrischen Feld (einige 10^6 Vcm^{-1}) in Richtung Anode beschleunigt. Sie stoßen dabei auf die Aktivator-Zentren (im Beispiel M_n^{2+} – Ionen, die auf Zn^{2+}-Plätzen eingebaut sind) und regen, falls ihre Energie ausreicht, d.h. die angelegte Spannung den Schwellwert U_s überschreitet, Elektronen innerer Schalen dieser Leuchtzentren durch Stoßanregung an. Die angeregten Elektronen fallen unter Lichtemission auf ihr Ausgangsniveau zurück, das stoßende Elektron setzt seinen Weg (unter weiteren Anregungsstößen) zur Anode fort und wird in Grenzflächenzuständen eingefangen. Während der nächsten Halbwelle des angelegten Wechselfeldes läuft der Vorgang in umgekehrter Richtung ab.

Wesentlich ist, daß die Elektronen im Wirtsgitter nur wenig Energie durch Stöße mit Phononen verlieren und daß möglichst keine Valenzband-Leitungsband-Stoßionisation einsetzt. Letzteres ist bei einer Energielücke von $E_G = 3,7$ eV in ZnS und einer Akti-

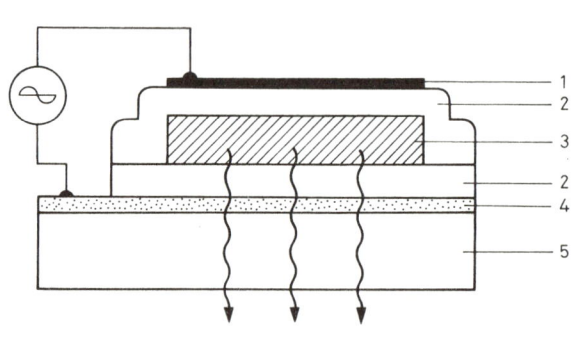

1 Metallelektrode (Al; 200 nm)
2 Isolator ($d_i \sim 200$ nm)
3 aktive Schicht (ZnS:Mn $d_a \sim 500$ nm)
4 transparente Elektrode (ITO = In_2O_3 : SnO_2)
5 Glas-Substrat

Abb. 1 Wechselspannungs-Dünnfilm-Elektrolumineszenzzelle nach [3]

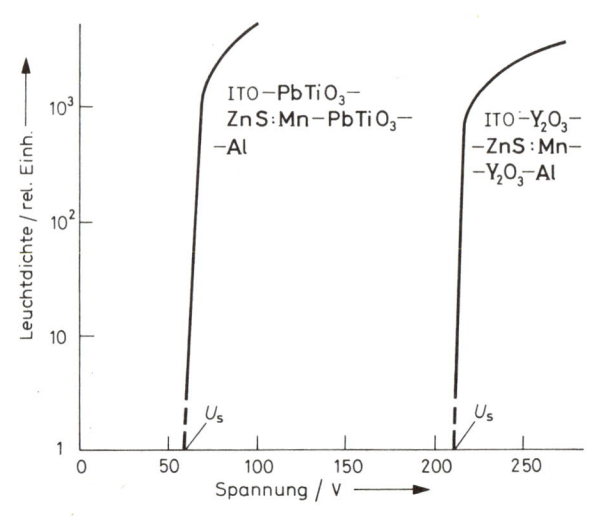

Abb. 2 Leuchtdichte als Funktion der Spannung zweier ZnS:Mn-Zellen mit unterschiedlicher Isolatorschicht nach [6]

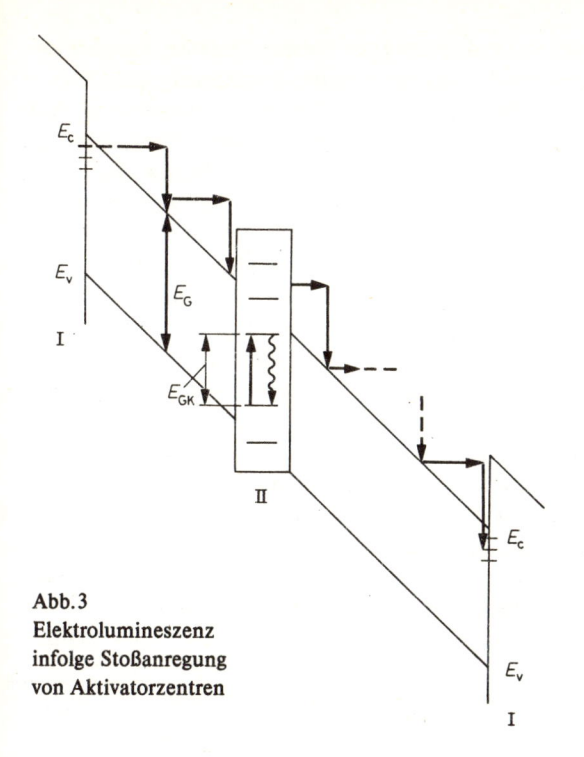

Abb. 3 Elektrolumineszenz infolge Stoßanregung von Aktivatorzentren

vierungsenergie $E_{ak} = 2{,}12$ eV des Mangan-Zentrums erfüllt. Das Leuchtzentrum muß möglichst lose an das Wirtsgitter gekoppelt sein, damit strahlungslose konkurrierende Rekombinationsprozesse ausgeschlossen werden. Der Isolator hat die Funktion, einen möglichen elektrischen Durchbruch der Halbleiterschicht zu stabilisieren und zusammen mit dem Halbleiter geeignete Grenzschichtzustände als Quelle für die Nichtgleichgewichtselektronen bereitzustellen.

In speziell präparierten Leuchtzellen (z. B. in Y_2O_3-ZnS: Mn – Y_2O_3 mit Mn $\geq 0{,}8$ mol %) tritt ein Hysterese-Effekt auf (Abb. 4), der mit der Raumladung von in tiefen Haftstellen eingefangenen Defektelektronen zusammenhängt.

Die tiefen Haftstellen sind mit der Mangan-Konzentration und den Bedingungen an der Isolator-Halbleiter Grenzfläche verknüpft.

Dieser Effekt erlaubt es, den Zustand der Lumineszenzzelle durch zusätzliche Spannungsimpulse, Licht-, Röntgen- oder energiereiche Elektronenstrahlen zu schalten. Wenn die Zelle mit einer Serie von Impulsen angesteuert wird, hängt die Helligkeit von der Polarität des vorhergehenden Impulses ab (Speichereffekt).

Kennwerte, Funktionen

Als Halbleitermaterial in Dünnfilmlumineszenzzellen wird hauptsächlich ZnS eingesetzt. ZnSe benötigt zwar nur etwa halb so große Schwellspannungen, jedoch ist die Helligkeit wegen der Temperaturtilgung bei Zimmertemperatur wesentlich geringer. Die Farbe der Lumineszenzstrahlung hängt allein von der Natur des Aktivatorzentrums ab. Sie ist unabhängig von der Treibspannung und deren Frequenz. Infolge von Interferenzeffekten in der Schichtstruktur ist das emittierte Spektrum in geringem Maße von den Schichtdicken und vom Blickwinkel abhängig. Die spektrale Emissionskurve einer ZnS: Mn-Zelle zeigt Abb. 5.

Das Emissionsmaximum liegt entsprechend der Aktivierungsenergie von 2,12 eV bei 585 nm (gelborange). Das Spektrum ist durch Phononenkopplung stark verbreitert ($\Delta \lambda \sim 50$ nm). Neben Mangan kommen die seltenen Erden als Leuchtzentren in Frage. Damit sind alle Farben darstellbar, allerdings sind die

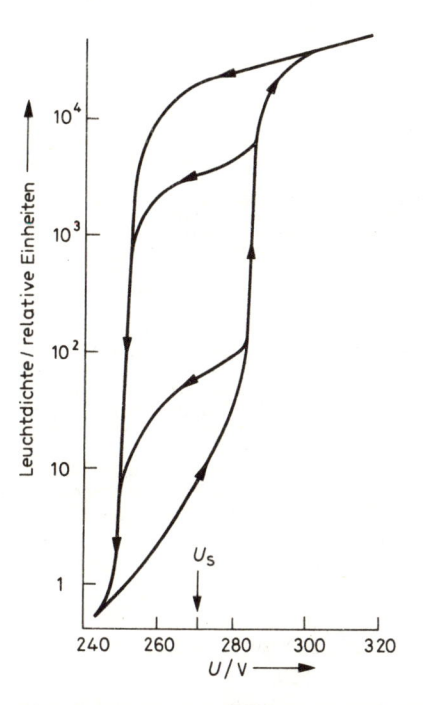

Abb. 4 Hysterese-Verhalten an Al-Y_2O_3-ZnS:Mn-Y_2O_3-ITO nach [7]

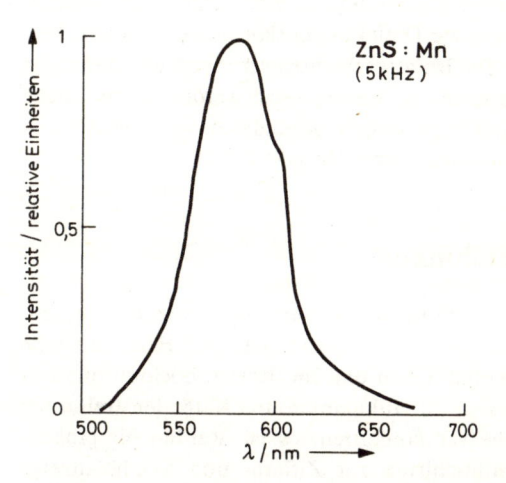

Abb. 5 Lumineszenzspektrum einer ZnS:Mn-Zelle

Tabelle 1   Leuchtzentren in ZnS nach [4]
(Isolator Y_2O_3, Frequenz 5 kHz)

Aktivator	Leuchtdichte [cdm^{-2}]	Farbe	Dicke der aktiven Schicht [Å]
Mn	bis 10^4	gelb-orange	5000
TbF_3	1650	grün	4800
SmF_3	680	rot	5300
TmF_3	7	blau	5600
DyF_3	480	gelb	5500

Tabelle 2   Daten von ZnS : Mn-Wechselspannungs-Elektrolumineszenzzellen nach [5]

Eigenschaft	typische Werte
Spannung	200 V (60 V bei ferroelektrischen Isolatoren)
Ausbeute	10 lm/W
Leistungseffektivität $\eta = \dfrac{P_{Licht}}{P_{elektrisch}}$	1%
Größe eines Bildelements	$50 \div 150$ µm
max. Displaygröße	1000 cm² (monolithisch)
Anklingzeit	<10 µs
Abklingzeit	200 µs $\div$ 2,3 ms (je nach Mn-Gehalt)
Aktivatorkonzentration	$10^{20} cm^{-3}$ bzw. $5 \cdot 10^{20} cm^{-3}$ in Zellen mit Speichereffekt
Lebensdauer (bestimmt durch Abfall der Leuchtdichte von 100% auf 50% bei konstanter Spannung)	10^5 h in Zellen ohne Speichereffekt. In Zellen mit Speichereffekt bisher wesentlich geringer.

erreichten Leuchtdichten wesentlich geringer, als die mit Mn erzielten (siehe Tab. 1).

Als Isolatoren werden amorphe Oxide und Nitride (A_2O_3, SiO_2, Y_2O_3, TiO_2 ...) und ferroelektrische Materialien ($BaTiO_3$, $PbTiO_3$ ...) eingesetzt. Letztere besitzen eine hohe Dielektrizitätskonstante, wodurch Verluste in den Isolatorschichten verringert und damit die Schwellspannung herabgesetzt werden kann (siehe Abb. 2). Einige weitere Kenndaten von ZnS: Mn – Elektrolumineszenzzellen gibt Tab. 2.

Anwendungen

Während sich für die Anwendung in niederinformativen Displays Lumineszenzdioden und Flüssigkristalle durchgesetzt haben und im Bereich hochinformativer Displays ($\gtrsim 10^6$ Bildpunkte) die Kathodenstrahlröhre nach wie vor konkurrenzlos ist, werden für großflächige Bildschirme zur Ziffern- und Symbolanzeige mit $10^3 \div 10^5$ Bildelementen Plasma- und Elektrolumineszenzdisplays zum Einsatz kommen. Letztere haben den Vorzug einer reinen Festkörperlösung.

Einige Prototype mit 240×320 Bildpunkten auf 9×12 cm² Fläche sind bereits auf dem Markt. Ein entscheidendes Problem der Matrix-Adressierung dieser Module ist die Abnahme der Bildhelligkeit eines m-Zeilen Displays auf $1/m$ der Helligkeit, die ein einzelner Bildpunkt bei gleicher Treibspannung erreichen würde. Dieser Nachteil, der daraus resultiert, daß jede Zeile nur $1/m$ der Zeit angesteuert wird, kann durch Einsatz eines Bauelements mit Speichereffekt überwunden werden. Darin liegt der entscheidende Vorzug der Wechselspannungselektrolumineszenz. Voraussetzung allerdings ist eine wesentliche Steigerung der Lebensdauer der Zellen mit Speichereffekt.

Vorgestellt wurde u. a. ein hochauflösendes, Elektronenstrahl-angesteuertes Display mit $3 \cdot 10^6$ Bildelementen (1500 Zeilen, 2000 Spalten, Durchmesser eines Bildpunktes 150 µm, Fläche des Bildschirmes $22,5 \times 30$ cm², Schreibzeit 240 ms = 40 ns/Bildpunkt).

Literatur

[1] DESTRIAU, G.: Scintillation of zinc-sulphide with α-rays. J. Chem Phys. 33 (1936) 587–620.

[2] VECHT, A.: Electroluminescent display. J. Vac. Sci. Technol. 10 (1973) 789–795.

[3] INOGUCHI, T.; MITO, S.: „Phosphor Films". In Topics in Applied Physics. Ed. by J. I. PANKOVE. – Berlin/Heidelberg/New York: Springer-Verlag 1977. Vol. 17: Electroluminescence. S. 197–210.

[4] MACH, R.; MÜLLER, G. O.: Physical Concepts of High-Field, Thin-Film Electroluminescence Devices. phys. status solidi (a) 69 (1982) 11.

[5] DEAN, P. J.: Comparisons and Contrasts between Ligth Emitting Diodes and High Field Electroluminescent Devices. J. Luminescence 23 (1981) 17–53.

[6] OKAMOTO et al., IEEE J. Electron. Dev. ED 28 (1981) 698.

[7] YOSHIDA, M. et al., Jap. J. appl. Phys. Suppl. 17.1 (1978) 127.

Feldeffekt, Feldeffekttransistor

Der Feldeffekt wurde 1932 erstmalig physikalisch experimentell untersucht [1] und 1934 von DEUBNER [2] an dünnen Silberschichten zweifelsfrei nachgewiesen. Erste Vorschläge zur Schaffung von verstärkenden elektronischen Bauelementen machten bereits 1930 LILIENFELD [3] und 1935 O. HEIL [4], wobei letzterer bereits alle Merkmale eines Halbleiterdünnschicht-Feldeffekttransistors beschrieb. Funktionierende Realisierungen in damaliger Zeit scheiterten jedoch wohl an außerordentlichen technologischen Schwierigkeiten. Die Forschungsarbeiten in den Bell Laboratorien in der zweiten Hälfte der 40er Jahre zur Schaffung von Festkörperbauelementen, die eine Röhre ersetzen könnten, waren ebenfalls zunächst auf den physikalisch plausiblen Feldeffekttransistor ausgerichtet. Es gelang zwar, den Effekt nachzuweisen, für eine praktische Verwertung war das Ergebnis jedoch unzureichend [5,6]. Untersuchungen zur Klärung der Ursachen, zum Einfluß der Oberflächenzustände auf Potentialverteilungen um Spitzenkontakte auf Halbleitern, führten dabei zur Erfindung des bipolaren Transistors, die die Entwicklung der modernen Halbleitertechnik und Mikroelektronik einleitete. Erst im Zuge dieser Entwicklung entstanden technologische Verfahren, die funktionierende Feldeffektransistoren herzustellen erlaubten. Dabei war der Shockleysche unipolare Feldeffekttransistor [7] aus dem Jahre 1952 noch weit ab von dem ursprünglichen Konzept. Mit dem Entstehen und Beherrschen der Silicium-Diffusionstechnologie gelang es 1960 schließlich ATALLA und KHANG [8] erstmalig ein den ursprünglichen Absichten entsprechendes, brauchbares Bauelement zu schaffen. Eine gründliche theoretische Analyse dieses MOSFET (Metal-Oxide-Semiconductor Field-Effect-Transistor) schloß sich an [9 bis 12], und es entwickelte sich ein neuer Zweig der Halbleitertechnik, die Unipolartechnik. Auf ihrer Basis wurde der erste Mikroprozessor geschaffen und am 15. November 1971 von der Fa. Intel der Weltöffentlichkeit vorgestellt. Es handelte sich um einen mikroprogrammierbaren Rechnerschaltkreis mit 4 Bit Verarbeitungsbreite, der auf einem einzigen Siliciumplättchen untergebracht war. Hiermit wurde eine neue Etappe in der Entwicklung der Mikroelektronik eingeleitet.

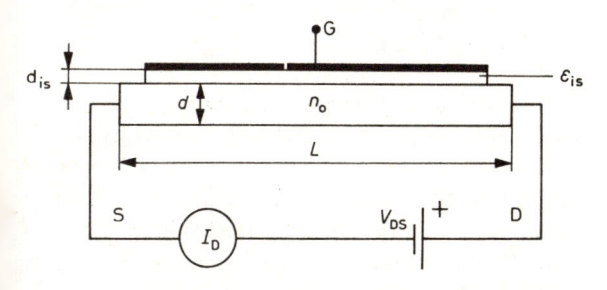

Abb. 1 Schematische Darstellung zur Erläuterung des Feldeffekts an einer Halbleiterschicht der Dicke d mit der Gleichgewichtselektronenkonzentration $n_0 \gg p_0$. Das Gate G ist durch eine Isolatorschicht der Dicke d_{is} mit der relativen Dielektrizitätskonstanten ϵ_{is} von der Halbleiterschicht getrennt. Source S und Drain D haben den Abstand L.

Sachverhalt

Erzeugt man senkrecht zur Oberfläche eines leitenden Mediums ein elektrisches Feld F, so entsteht nach den Gesetzen der Elektrostatik dort eine Oberflächenladung

$$Q = \epsilon_{is} \epsilon_0 F, \qquad (1)$$

die, falls es sich bei dem Medium um eine dünne elektronenleitende Schicht der Dicke d, der Länge L und der Breite W handelt, ihren Leitwert G um ΔG

$$\Delta G = - Q \mu_n W/L \qquad (2)$$

erhöhen sollte (Abb. 1). Das ergibt eine relative Leitwertänderung

$$\Delta G/G = - \epsilon_{is} \epsilon_0 F/q n_0 d. \qquad (3)$$

Der relative Effekt ist um so größer, je kleiner die Dicke d und die Konzentration der Leitfähigkeitselektronen n_0 der Schicht ist. Das erklärt, warum der Feldeffekt bevorzugt an dünnen Schichten aus Halbleitern untersucht wurde. Bei Verwendung von p-Halbleitern kehrt sich das Vorzeichen um. Die in Abb. 1 gezeigte Anordnung kann man auch als ein Dreielektroden-Verstärkerbauelement auffassen: den Feldeffekttransistor (FET). Seine drei Elektroden bezeichnet man mit S (source-engl. Quelle), D (drain-engl. Senke) und G (gate-engl. Tor). Seine Steilheit g_m ergibt sich mit $F = V_{GS}/d_{is}$ nach einer ganz groben Abschätzung zu

$$g_m = \frac{\partial I_D}{\partial V_{GS}}\bigg|_{V_{DS} = \text{const}} = \frac{\epsilon_{is} \epsilon_0 \mu_n V_{DS} W}{d_{is} L}. \qquad (4)$$

Für SiO$_2$ als Isolator auf Si erhalten wir mit $\epsilon_{is} = 3{,}7$, $\mu_n = 1500$ cm^2/Vs, $d_{is} = 200$ nm, $W/L = 100$ und $V_{DS} = 5$ V den beachtlichen Wert von $g_m = 12$ mA/V. Dieser Wert reduziert sich jedoch, weil die Beweglichkeit μ_n an der Oberfläche gegenüber dem Wert im hochreinen Halbleitervolumen reduziert ist und weil ein Teil der Oberflächenladung nicht als quasifrei bewegliche Leitfähigkeitselektronen, sondern gebunden in sogenannten Oberflächenzuständen vorliegt, deren Existenz bereits 1932 von I. TAMM [13] theoretisch begründet wurde. Neben diesen durch den Abbruch des periodischen Potentials prinzipiell bedingten Oberflächenzuständen gibt es weitere, die mit den speziellen Verhältnissen an der Grenzfläche Halbleiter-Isolator zusammenhängen oder durch Verunreinigungen bedingt sind. Vor allem diese Oberflächenzustände führten dazu, daß die ersten Versuche an Halbleitern Ergebnisse brachten, die weit hinter den Erwartungen zurückblieben [5].

Kennwerte, Funktionen

Abbildung 2 zeigt einen n-Kanal MOSFET, der heute wohl wichtigsten Variante des Feldeffekttransistors. Wesentliches Kennzeichen und Unterscheidungsmerkmal zu dem Sperrschichtfeldeffekt-Transistor ist, daß das Gate durch eine Isolatorschicht vom Halbleitermaterial getrennt ist. Darum spricht man manchmal auch vom IGFET (von engl. insolated gate) oder, da der Isolator nicht notwendig ein Oxid sein muß, verallgemeinernd auch vom MISFET (von engl. metal insulator semiconductor).

Bei der in Abb. 2 gezeigten Anordnung wirken die beiden in das p-leitende Substratmaterial eindiffundierten n$^+$-Gebiete (siehe auch n-Leitung, p-Leitung, S. 392) als Source S und Drain D. Bei Anlegen der gegenüber S positiven Spannung V_{DS} an D ist der pn-Übergang bei D in Sperrichtung vorgespannt, darum kann, abgesehen von dem geringen Sperrstrom (Drainreststrom) kein Drainstrom I_D fließen. Legt man nun an das Gate G eine gegenüber S positive hinreichend große Gatespannung $V_{GS} > 0$, so muß sich die Halbleitergrenzfläche Metall-Isolator wieder negativ aufladen, was dann zur Inversion des Leitungstyps und zur Herausbildung eines n-leitenden Kanals an der Oberfläche des Halbleiters führt, der Source und Drain verbindet und durch den ein Strom $I_D > 0$ fließen kann. Der hier beschriebene MOSFET wäre normalerweise ($V_{GS} = 0$) als Schalter betrachtet ausgeschaltet, wir bezeichnen ihn als n-MOSFET vom Anreicherungstyp.

Es ist jedoch auch möglich, daß durch feste positive elektrische Ladungen (Flächendichte Q_{fs}) im Oxid bzw. an der Grenzfläche Halbleiter-Isolator bereits bei $V_{GS} = 0$ eine solche Inversion und damit ein n-Kanal an der Halbleiteroberfläche erzeugt wird, dann wäre der MOSFET normalerweise eingeschaltet. Durch Anlegen einer negativen Gatespannung $V_{GS} < 0$ können wir hier dann umgekehrt den n-Kanal wieder abbauen und damit den MOSFET ausschalten. Einen solchen FET würden wir als n-MOSFET vom Verarmungstyp bezeichnen. Durch Eindiffusion von p$^+$-Gebieten in einen n-Halbleiter können ganz analog p-Kanal MOSFET erzeugt werden. Auch dabei gibt es den Verarmungs- und den Anreicherungstyp, alle Spannungen und Ströme kehren sich jedoch in der Richtung um.

Um die Kennlinie eines n-MOSFET zu erhalten, muß man den Stromtransport im Kanal untersuchen. Wir unterscheiden zwischen dem linearen oder aktiven Bereich $V_{DS} < V_{DSsat}$, indem I_D der Drainspannung V_{DS} noch annähernd proportional ist. Hier gilt die Kennliniengleichung

$$I_D = \frac{W}{L} \mu_n C_{is} \left[(V_{GS} - V_T) V_{DS} - \frac{V_{DS}^2}{2} \right], \tag{5}$$

sofern $V_{GS} - V_T > 0$. Dabei ist μ_n die effektive Beweglichkeit der den Drainstrom tragenden Elektronen im Kanal, $C_{is} = \epsilon_{is} \epsilon_0/d_{is}$ ist die Gatekapazität pro Flächeneinheit, und V_T ist eine Schwellspannung. Bei n-MOSFET entspricht $V_T < 0$ dem Verarmungstyp, $V_T > 0$ dem Anreicherungstyp. Bei $V_{DS} \geq V_{DSsat}$ schließt sich der Sättigungsbereich an, für den in einfachster Näherung

$$I_D = \frac{W}{L} \cdot \mu_n C_{is} \frac{(V_{GS} - V_T)^2}{2}, \tag{6}$$

der Drainstrom also spannungsunabhängig ist. Letzteres ist eine Folge des „pinch-off", des Abschnürens des Kanals in dem Gebiet, wo das Oberflächenpotential $\psi_s(y)$ bereits $> V_{GS} - V_T$ ist, wo also keine eine Kanalausbildung bewirkende, sondern eine entgegengesetzte Oberflächenladung entsteht (siehe Abb. 2). Für die Steilheit g_m erhalten wir

$$g_m = W\mu C_{is} V_{DS}/L \text{ für } V_{DS} < V_{DSsat}, \tag{7a}$$

$$g_m = W\mu C_{is} (V_{GS} - V_T)/L \text{ für } V_{DS} > V_{DSsat}. \tag{7b}$$

Da bei Überschreiten von V_{DSsat} die Raumladungszone

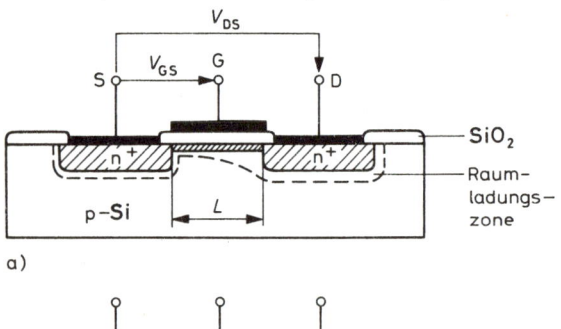

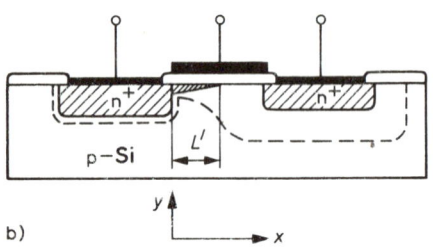

Abb. 2 Schematische Darstellung eines n-Kanal-MOSFET auf p-Silicium. Auf dem Si befindet sich eine isolierende SiO$_2$-Schicht, die als Diffusionsmaske und als Isolatorschicht für die Gateelektrode dient. Durch Öffnungen in dieser Schicht werden Source S und Drain D durch Eindiffusion von Donatoren (z.B. Phosphor) als stark n-leitende Gebiete (hier mit n$^+$ bezeichnet) erzeugt. Das Gate und die Kontakte an Source und Drain werden durch Aufdampfen einer Metallschicht (schwarz gezeichnet) hergestellt. Ist $V_{GS} - V_T > 0$, so bildet sich ein n-leitender Kanal an der Oberfläche (eng schraffiert) aus.
a) Fall kleiner Drainspannungen $V_{DS} < V_{GS} - V_T = V_{DSsat}$. Die Raumladungszone oder Verarmungsgrenzschicht umschließt die pn-Übergänge von Source und Drain eng, der n-Kanal hat über seine ganze Länge L eine etwa gleiche Dicke).
b) Fall großer Drainspannungen $V_{DS} > V_{GS} - V_T = V_{DSsat}$. Der n-Kanal wird im Abstand L' von der Source abgeschnürt (pinch off). Die Raumladungszone des Drain-pn-Überganges reicht weit in das Gebiet zwischen Source und Drain.

um das Draingebiet sich verbreitert, kommt es effektiv zu einer Kanalverkürzung auf eine Länge L'. Es gilt

$$L - L' = \sqrt{2\,\varepsilon_s\,(V_{DS} - V_{DSsat})/qN_A}\,, \qquad (8)$$

wenn ε_s die Dielektrizitätskonstante des Halbleiters und N_A die Substratdotierungskonzentration unseres n-MOSFET ist. Kanalverkürzung bedeutet Erhöhung seines Leitwerts. Darum gilt (6) nicht streng; auch im Sättigungsbereich gibt es eine allerdings schwache Abhängigkeit des Drainstromes von der Drainspannung. Es gilt

$$g_D = \left.\frac{\partial I_D}{\partial V_{DS}}\right|_{V_{GS}=\text{const}} =$$

$$\frac{W\mu_n C_{is}\sqrt{2\varepsilon_s/qN_A}\;V_{\text{sum}}^2}{12\left[L\sqrt{V_{DS}-V_{DSsat}} - \sqrt{2\varepsilon_s/qN_A}\,(V_{DS}-V_{DSsat})\right]} \quad (9)$$

mit

$$V_{\text{sum}} = \left[(V_{DSsat} + 2\psi_B)^2 + (V_{GS} - V_T)(V_{DSsat} + 2\psi_B)\right.$$
$$\left. - 12\psi_B\left(V_{GS} - V_T - \psi_B - \frac{4}{3}\sqrt{\psi_B}\right)\right]^{1/2} \quad (10)$$

und

$$K = \sqrt{\varepsilon_s q N_A}\,/\,C_{is}\;\;(11a), \quad \psi_B = \frac{kT}{q}\ln\frac{N_A}{n_i}. \quad (11b)$$

Der Effekt ist um so ausgeprägter, je kleiner L ist. Er ist also besonders beim Kurzkanal-FET zu beachten. Ist z. B. $N_A = 10^{16}\,\text{cm}^{-3}$, $L = 4\,\mu\text{m}$, $W = 840\,\mu\text{m}$, $\mu_n = 200\,\text{cm}^2/\text{Vs}$, $\varepsilon_{is} = 3{,}7\,(\text{SiO}_2)$, $d_{is} = 150\,\text{nm}$, $V_{DS} = 10\,\text{V}$, so erhalten wir für $V_G - V_T = 5\,\text{V}$ ein $r_D = 1/g_D = 450\,\text{K}\Omega$ und für $V_G - V_T = 10\,\text{V}$ einen Wert $r_D = 8{,}5\,\text{K}\Omega$ [14]. Zur Theorie der Kennlinie von MOSFET siehe neben [14] insbesondere [15,16]. Ein Beispiel eines Kennlinienfeldes zeigt Abb. 3.

Neben den konstruktiv bestimmten Größen W, L, N_A, d_{is} gehen die weitgehend physikalisch gegebenen Größen μ und V_T in die Kennlinie ein. Bei der Beweglichkeit μ ist zu beachten, daß es sich hier um eine Beweglichkeit dicht unter der Oberfläche in einem sehr dünnen Inversionskanal handelt. Sie kann gegenüber dem Volumen wesentlich reduziert sein. Ursachen dafür sind: die Streuung an der Oberfläche, die spiegelnd oder diffus sein kann; die Streuung an geladenen Zentren, die an oder in der Nähe der Grenzfläche Halbleiter-Isolator angereichert sein können; Streuung an technologisch bedingten Rauhigkeiten der Oberfläche sowie Quanteneffekte in dem dünnen Inversionskanal. Man fand experimentell im Bereich von Oberflächenladungsdichten Q_s von 10^{11} bis $10^{12}\,q/\text{cm}^2$ für Si konstante μ-Werte

$\mu_n = 350\ldots600\,\text{cm}^2/\text{Vs}$,
$\mu_p = 150\ldots300\,\text{cm}^2/\text{Vs}$,

die bei weiterer Erhöhung von Q_s auf $10^{13}\,q/\text{cm}^2$ auf etwa 50% abnahmen [17]. Spätere Untersuchungen ergaben auch für den Bereich 10^{11} bis $10^{12}\,q/\text{cm}^2$ einen eindeutigen Zusammenhang zwischen μ_n und Q_s, bei $2\cdot10^{11}\,q/\text{cm}^2$ einen Abfall von μ_n auf $850\,\text{cm}^2/\text{Vs}$ und bei $10^{12}\,q/\text{cm}^2$ auf $500\,\text{cm}^2/\text{Vs}$ [18]. Einen Überblick dazu bietet [19].

V_T wird wesentlich durch die Differenz der Austrittsarbeiten von Metall und Halbleiter Φ_{ms} und durch die festen, d. h. mit der angelegten Gatespannung V_{GS} sich nicht ändernden elektrischen Oberflächen- bzw. Grenzflächenladungen Q_{fs} bestimmt. Es gilt

$$V_T = \Phi_{ms} + \frac{Q_{fs}}{C_{is}} + 2\psi_B + \sqrt{4\,\varepsilon_s q N_A \psi_B}\,. \quad (12)$$

Zu beachten ist, daß man nicht ohne weiteres bei der Bestimmung von Φ_{ms} von Vakuumaustrittsarbeiten ausgehen kann, da eine gewisse Umordnung des Halbleitergitters an der Grenzfläche erfolgt, die zu einer Änderung der Austrittsarbeiten führt (siehe *Metall-Halbleiter-Kontakt*).

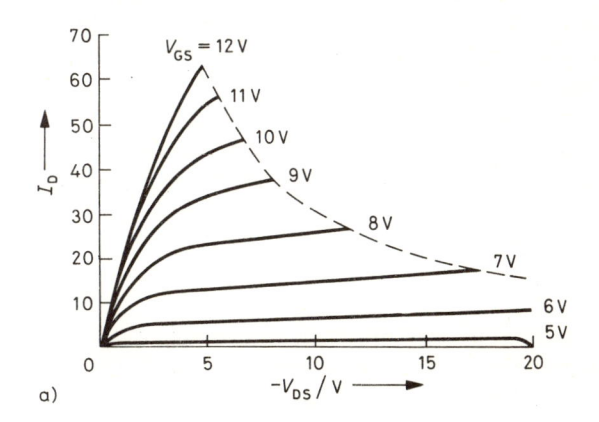

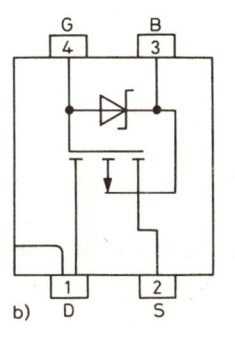

Abb. 3

a) Kennlinienfeld eines p-Kanal-MOSFET vom Anreicherungstyp des SMY 52 des VEB FWE. Die Kennlinien brechen jeweils bei der maximal zulässigen Verlustleistung von 300 mW ab, die Eingangskapazität C_{GS} bei $V_{DS} = V_{GS} = 0$ beträgt 38 pF (I_0 in mA).

b) zeigt die Anschlußbelegung der SMY 52 im DIL-Plastgehäuse. Das Gate ist mit einer in den Transistor integrierten Z-Diode zum Substrat (mit B entsprechend engl. Bulk bezeichnet) hin schutzbeschaltet. Das getrennte Herausführen des Substratanschlusses B gibt zusätzliche Schaltungsmöglichkeiten.

Vereinfacht gilt

$$\Phi_{ms} = \Phi_m - \left(\chi + \frac{E_g}{2q} \mp \psi_B\right), \qquad (13)$$

wobei Φ_m die Austrittsarbeit des Metalls, χ die Elektronenaffinität des Halbleiters ist; für n-Halbleiter gilt das Minuszeichen. Beim n-MOSFET aus Si ist für das häufig verwendete Aluminium $\Phi_{ms} = -0,66\,V + \psi_B$, für polykristallines hoch p-dotiertes Gate-Silicium ist $\Phi_{ms} = +0,55\,V + \psi_B$, für n$^+$-Gate-Si dagegen $\Phi_{ms} = -0,55\,V + \psi_B$ bei n-MOSFET. Um kleine stabile V_T-Werte zu erreichen, sind möglichst geringe und stabile Q_{fs}-Werte zu gewährleisten, was durch eine geeignete Oxydationstechnologie und Vermeidung von Na-Verunreinigungen der Oxidschicht erreicht wird. Q_{fs} ist auf der (100)-Oberfläche des oxydierten Siliciums kleiner als auf (111) [21].

Um eine gute Steilheit zu erhalten und Hysterese und zusätzliches Rauschen zu vermeiden, muß die Dichte der umbesetzbaren Oberflächenzustände möglichst klein gehalten werden. Im System SiO$_2$/Si sind in der Mitte der Si-Bandlücke im Minimum Termdichten von 10^{12} bis unter 10^{10} cm^{-2} eV^{-1} in Abhängigkeit von der Oxydationstechnologie möglich [22].

Die Frequenzgrenze f_m eines MOSFET ist erreicht, wenn der kapazitive Strom durch das Gate $2\pi f_m C_{GS} V_{GS}$ dem gesteuerten Drainstrom $g_m V_{GS}$ gleich wird. Aus dieser Überlegung erhalten wir

$$f_m = \frac{\mu V_{DS}}{2\pi L^2}. \qquad (14)$$

Formel (14) zeigt die große Bedeutung von L für schnelle MOSFET, darum verwendet man Kurzkanaltransistoren. Bei der Verkleinerung von L sind Ähnlichkeitsgesetze zu beachten („scaling down", s. z. B. [20]). Zur Erhöhung der Frequenzgrenze empfiehlt sich der Einsatz von Halbleitermaterialien hoher Beweglichkeit μ_n, insbesondere A^{III}B^V-Halbleiter und zunächst das GaAs, beste Werte lassen InAs erwarten [23]. Bei weiterer Verkürzung der Kanallänge sind verschiedene neue physikalische Effekte zu erwarten: ballistischer Transport, Overshooting und im Extremfall Quanteneffekte (siehe z. B. [24]). Spezielle Schichtstrukturen im Halbleiter ermöglichen extreme Beweglichkeiten bei tiefen Temperaturen, z. B. 162.000 cm^2/Vs bei 2 K [25].

Anwendungen

Mikroprozessoren und Speicherschaltkreise (RAM). MOSFET sind die aktiven Elemente in allen unipolaren integrierten Schaltkreisen der modernen Elektronik. Aufgrund ihres Aufbaus eignen sie sich besonders für die Integration. Sie benötigen im Gegensatz zu bipolaren Transistoren keine besondere Isolierwanne auf dem Chip. Sie sind im integrierten Festkörper-

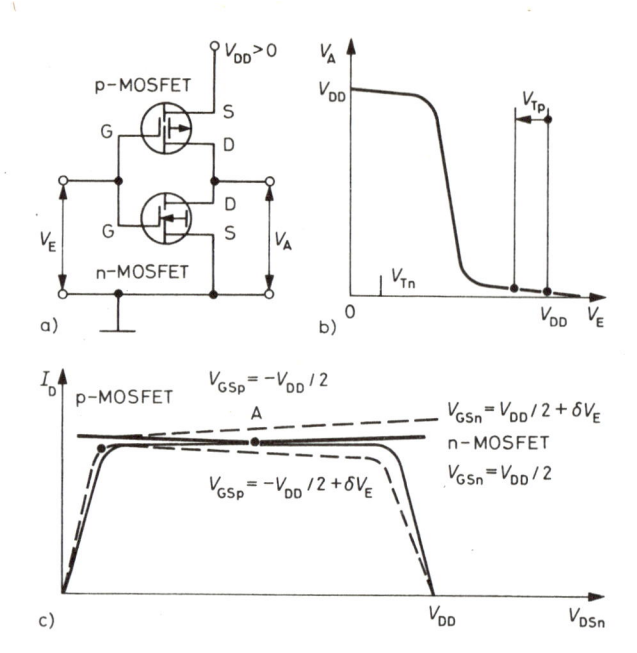

Abb. 4
a) Prinzipschaltung eines Inverters in CMOS-Technik aus einem n- und einem p-MOSFET vom Anreicherungstyp. Aus derartigen Invertern lassen sich Speicherzellen und logische Schaltungen aufbauen. Unterschreitet V_E die Schwellspannung V_{Tn} des n-MOSFET und gleichzeitig um mehr als V_{Tp} die positive Betriebsspannung V_{DD}, so ist der n-MOSFET gesperrt, der p-MOSFET leitend, V_A wird also einen Wert dicht bei V_{DD} annehmen. Ist $V_E \approx V_{DD}$, so wird umgekehrt $V_A = 0$. Dieses Verhalten zeigt die Inverterkennlinie.
b) Der Übergang von $V_A = V_{DD}$ zu $V_A = 0$ erfolgt in einem schmalen V_E-Bereich, wie aus c) ersichtlich ist.
c) Befindet sich die als völlig symmetrisch angenommene Schaltung im Zustand $V_E = V_A = V_{DD}/2$, so führt eine kleine Erhöhung von V_E um σV_E zu einer starken Änderung von V_A um δV_A, weil $\delta I_D = g_m \delta V_{GSn} + g_{Dn} \delta V_{DSn}$ = $g_m \delta V_{GSp} + g_{Dp} \delta V_{DSp}$ gelten muß. Mit $\delta V_{GSn} = \delta V_E$ = $-\delta V_{GSp}$ und $\delta V_{DSn} = \delta V_A = \delta V_{DSp}$ folgt δV_A = $-[(g_{mn} + g_{mp})/(g_{Dn} + g_{Dp})] \delta V_E$. Für $g_D \ll g_m$, wie für MOSFET allgemein gilt, ist also $|\delta V_A| \gg |\delta V_E|$. Der geringe Leistungsbedarf rührt daher, daß auf diese Weise V_A und damit V_E der Folgestufen stets entweder bei 0 oder bei V_{DD} liegt und stets einer der beiden in Reihe liegenden MOSFET gesperrt ist, also kein Strom fließt.

schaltkreis etwas einfacher herzustellen als bipolare Transistoren. Sie benötigen weniger Maskierungsschritte, darum ist die Fehlerdichte auf den fertig bearbeiteten Si-Scheiben geringer, und es gelang hier zuerst, den für komplette Rechnerschaltkreise (Mikroprozessoren) notwendigen Integrationsgrad mit vertretbarer Ausbeute zu realisieren.

Kleine Kanallängen bedingen große Justierschwierigkeiten von Gateelektrode und Kanal. Verwendet man hochdotiertes Si als Gateelektrode, das äußerlich oxydiert werden und zugleich als Diffusionsmaske für die Source- und Draindiffusion verwendet werden kann, so haben wir hier eine Art Selbstjustage. Die entsprechende Technik bezeichnen wir als SGT (vom engl. silicon gate) (siehe auch Abb. 5); sie wird heute breit angewendet. Zum Beispiel wird der Mikroprozessor U 880 des VEB FWE in n-SGT hergestellt. Wichtiges Konstruktionsmerkmal eines MOSFET ist die kleinste in der Struktur verwendete Stegbreite. 1981 wurden in der Produktion als Spitzenwert 2 µm beherrscht, was 64 kBit Speicher (DRAM) auf einem Chip zu produzieren gestattet [26].

Mikroleistungselektronik. Die Tatsache, daß MOSFET praktisch keine Steuerleistung benötigen und daß sie sowohl als n- als auch als p-MOSFET herstellbar sind, die einander entgegengesetzte Betriebs- und Steuerspannungen brauchen, gestattet eine mit sehr geringer Verlustleistung auskommende sogenannte CMOS-Technik zu realisieren, die mit dem komplementären Einsatz von n- und p-MOSFET arbeitet (Abb. 4; Abb. 5). CMOS-Schaltkreise werden besonders in kleinen tragbaren Geräten verwendet, um den Aufwand für Batterien zu senken. Taschenrechner- und Uhrenschaltkreise sind z. B. oft in CMOS-Technik ausgeführt, so z. B. der Rechnerschaltkreis U 826 G im wissenschaftlichen Taschenrechner MR 610 des VEB Röhrenwerk Mühlhausen.

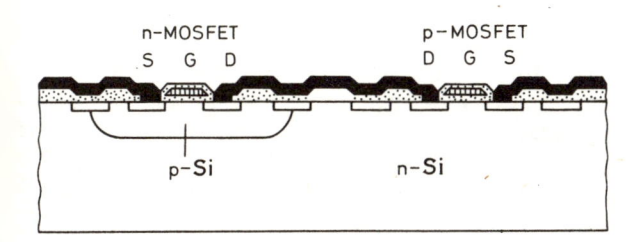

Abb. 5 Schnitt durch eine CMOS-Schaltung in SG-Technik. Zunächst wurde in die Siliciumscheiben das p-Gebiet relativ tief eindiffundiert, indem anschließend der n-MOSFET erzeugt wurde. Auf dem Oxid über den vorgesehenen Kanälen wurde durch chemische Gasphasenabscheidung (CVD) hochdotiertes polykristallines Silicium abgeschieden (senkrecht schraffiert), das als Gateelektrode dienen kann, aber zugleich selbst oxydierbar ist und damit für die Source- und Draindiffusion als Maske wirkt. So erfolgt eine Selbstjustage von Gate zu Source und Drain. Den Frequenzgang u.a. Parameter nachteilig beeinflussende Kapazitäten durch die Überlappung von Gate einerseits und Source und Drain andererseits können so minimiert werden. Oxydierte polykristalline Siliciumbahnen können auch als eine zweite Verdrahtungsebene dienen, auf diese Weise werden Leiterbahnkreuzungen auf dem Festkörperschaltkreis realisierbar. Die n$^+$- und p$^+$-Gebiete dienen als Source und Drain für den n- bzw. p-MOSFET sowie als sogenannte Kanalstopper zur Unterbrechung unbeabsichtigt entstandener Inversionsschichten an der Grenze Si/SiO$_2$, die unerwünschte Nebenschlüsse in der integrierten Schaltung bewirken könnten. Die Source und Draingebiete werden mit aufgedampften Al-Leiterbahnen (schwarz) kontaktiert und entsprechend den Erfordernissen der Schaltung verbunden.

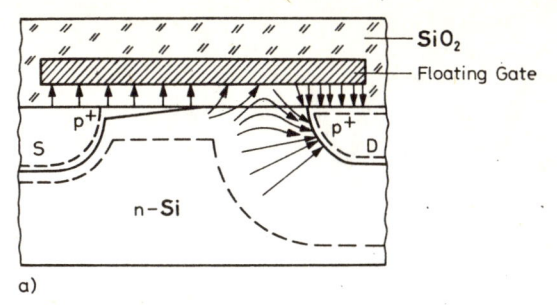

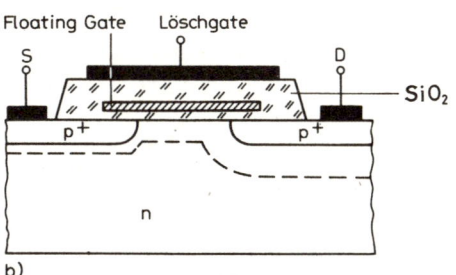

Abb. 6 Floating-Gate-Transistoren besitzen ein allseitig von SiO$_2$ umschlossenes Gate aus polykristallinem Silicium. Das Gate kann daher bei Anliegen hinreichend großer Spannungen V_{DS} bleibend elektrisch aufgeladen werden.
a) zeigt die Feldverteilung im p-Kanal und am Gate eines solchen Transistors. Bei hinreichend hohen Feldern kann im Isolator ein Strom fließen, der das Gate auf einen entsprechenden positiven Wert auflädt. Dieser Aufladungszustand bleibt bei normalen Betriebsbedingungen und auch bei Abschaltung der Betriebsspannungen praktisch für dauernd erhalten. Bei 125 °C wurden mehrere Jahre Standzeit nachgewiesen. Der Ladungszustand beeinflußt nun den Leitwert des Kanals und ist so ablesbar. Durch hinreichend starke UV-Bestrahlung wird das SiO$_2$ leitend, und der Ladungszustand wird gelöscht. Wir haben also einen löschbaren elektrisch programmierbaren nur-Lese-Speicher EPROM (von engl. erasable and programmable Read-Only-Memory.
b) wird am Floating Gate-Transistor ein zusätzliches Löschgate angebracht, so kann durch Anlegen einer hinreichend großen Spannung an dieses Gate das Floating Gate auf einen zweiten definierten Ladungszustand gebracht, d.h. entladen werden. Auf die Anwendung von UV-Licht zum Löschen kann also verzichtet werden. Wir haben dann einen elektrisch löschbaren programmierbaren nur-Lese-Speicher EAROM oder EEPROM (von engl. electrical alterable oder electrical erasable) [30].

Löschbare Festwertspeicher (EPROM). Durch Anlegen einer hinreichend hohen Spannung zwischen Source und Drain oder an das Gate von eigens dafür konstruierten MISFET können Ströme durch den Isolator gezwungen werden. Dadurch kann eine völlig in den Isolator eingebettete leitende Elektrode, das Floating-Gate, umgeladen werden (Abb. 6). Diese Veränderung kann man als Speicherprinzip verwenden. Die Löschung erfolgt durch Bestrahlung mit ultraviolettem Licht. Die auf diesem Prinzip beruhenden elektrisch programmierbaren, UV-löschbaren Festwertspeicher haben eine große Bedeutung für die gesamte Mikro-

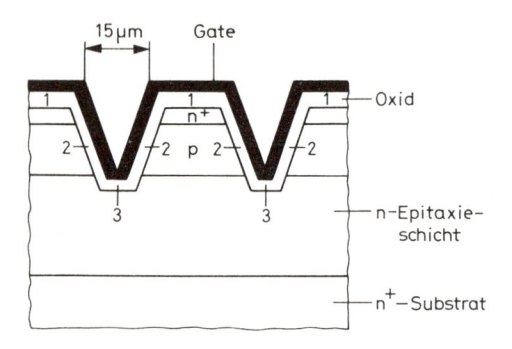

Abb. 7 Ausschnitt aus der Vertikalgeometrie eines VMOS-Leistungs-FET, der leitende Kanal bildet sich an den Seitenflächen der trapezförmigen Gräben unter dem Gebiet 2 aus, die Oxidschicht ist unterschiedlich dick: im Gebiet 1 etwa 600 nm, bei 2 etwa 100 nm und bei 3 etwa 70 nm. Die Epitaxieschicht wird in Dicke und Dotierung so gewählt, daß bei vorgegebener Sperrspannung des MOSFET ein minimaler Durchlaßwiderstand im leitenden Zustand des Bauelements erreicht wird. Da das Bauelement für Frequenzen unter 10 MHz konstruiert wurde, konnte die Gate-Drain-Überlappung im Gebiet 3 zugelassen werden. Durch sie wird bei positivem Gate in der Epitaxieschicht unter (3) eine Elektronenanreicherung bewirkt, was den Ausbreitungswiderstand der Drainelektrode reduziert. Um die theoretische Sperrspannung möglichst zu erreichen, wird die Feldstärke am Drainrand reduziert. Hierzu erfolgt eine schwache p-Dotierung unter dem Gebiet 3, die im gesperrten Zustand des FET zu einer Ausdehnung der Raumladungszone des Draingebiets unter das Gebiet 3 führt. Die schwache p-Dotierung erfolgt durch Ionenimplantation. Mit diesem Aufbau wurden für ein 0,4 mm – 0,02 Ω cm Substrat für 600 V-FET im leitenden Zustand Widerstände von R_{DS} = 5,7 Ω erreicht bei 1000 pF Gatekapazität und Ein- bzw. Ausschaltzeitkonstanten von 25 ns [27].

prozessor- bzw. Mikrorechnertechnik. Auch elektrisch löschbare Festwertspeicher sind in ähnlicher Weise mit einem Floating-Gate realisierbar (siehe z. B. [20,29]).

Eingangsstufen. Diskrete FET, insbesondere als MESFET (engl. Metal-Semiconductor FET) mit Schottky-Barriere (siehe *Metall-Halbleiter-Kontakt*) zur Gateisolation auf GaAs-Basis, eignen sich als rauscharme hochempfindliche Eingangsstufen für UHF-Empfänger und bis in den GHz-Bereich. Hochohmige Eingangsstufen für die Meßtechnik sind ebenfalls zweckmäßig mit FET zu realisieren; in der Infrarotnachweistechnik, die ohnehin wegen des nachzuweisenden Wellenlängenbereichs mit gekühlten Empfängern arbeiten muß, wird oft auch diese Eingangsstufe gekühlt.

Leistungs-MOSFET. Durch Integration vieler parallel geschalteter MOSFET mit hinreichend hoher Drainspannung auf einem Chip entstehen Leistungs-MOSFET, mit denen man relativ hohe Ströme und Spannungen schalten kann. Verschiedene Realisierungsvarianten wurden vorgeschlagen und erprobt, u. a. als sogenannte VMOS mit vertikalem Aufbau (siehe z. B. [20], dabei wurden z. B. zu schaltende Ströme von 60 A bei 600 V erreicht [27] (siehe Abb. 7).

Chemische Sensoren. Speziell dafür konstruierte MOSFET können als chemische Sensoren eingesetzt werden. Ausgenutzt wird die Abhängigkeit der Schwellspannung V_T und damit des Drainstromes von Verunreinigungen am oder im Oxid. MOSFET mit einem Gate aus Pd eignen sich z. B. zum Nachweis von H_2, zur Bestimmung des pH-Wertes, aber auch zur Bestimmung des O_2-Partialdrucks [28].

Ladungsverschiebe-Bauelemente oder CCD (engl. charge coupled devices; siehe z. B. [30]) beruhen auf der Kombination von Feldeffekt mit der Injektion, insbesondere der Photogeneration oder -injektion. Sie werden für serielle Speicher (Schieberegister) und zur Bildaufnahme verwendet, wie z. B. die CCD-Zeile L 110 C des VEB WF, die mit 256 Bildpunkten und einer Transporttaktfrequenz von 5 MHz eine hochempfindliche und sehr schnelle Bilderkennung gestattet.

Literatur

[1] Pierucci, M., Nuovo Cimento 9 (1932) 33.
[2] Deubner, A., Naturwissenschaften 22 (1934) 239.
[3] Lilienfeld, J. E., U.S. Patent No. 1, 745, 175 (1930).
[4] Heil, O., British Patent No. 439, 457 (1935).
[5] Shockley, W.; Pearson, G. L., Phys. Rev. 74 (1948) 232.
[6] Shockley, W., Electrons and Holes in semiconductors. – Toronto, New York, London: D. v. Nostraud Company: INC. 1950.
[7] Shockley, W., Proc. IRE 40 (1952) 1365.
[8] Khang, D.; Atalla, M. M.: Silicon-Silicon Dioxide Field Induced Surface Devices. IRE Solid-State Device research Conference, Carnegie Inst. of Tech., Pittsburgh, Penn. 1960.
[9] Ihantola, H. K. J.: Design Theory of a Surface Field-Effect Transistor. Stanford Electronics technical Report No. 1661-1 (1961).
[10] Ihantola, H. K. J.; Moll, L. J., Solid State Electronics 7 (1964) 423.
[11] Sah, C. T., IEEE Trans. Electron Devices ED-11 (1964) 324.
[12] Hofstein, S. R.; Heiman, F. P., Proc. IEEE 51 (1963) 1190.
[13] Tamm, I.: Physik. Z. Sowjetunion 1 (1933) 733.
[14] Sze, S. M., Physics of Semiconductor Devices. – New York: John Wiley & Sons Ltd. 1969. S. 524 ff.
[15] Pao, H. C.; Sah, C. T., Solid State Electronics 10 (1966) 927.
[16] Reddi, V. G. K.; Sah, C. T., IEEE Trans. Electron Devices ED-12 (1965) 139.
[17] Leistiko, O.; Grove, A. S.; Sah, C. T., IEEE Trans. Electron Devices ED-12 (1965) 248.
[18] Sah, C. T.; Ning, T. H.; Tschopp, L. L., Surf. Sci. 32 (1972) 561.

[19] Lippmann, H.: Festkörperphysikalische Einführung in die Problematik der MIS-Strukturen. In: Halbleiterbauelementeelektronik. – Berlin: Akademie-Verlag 1977. S. 32–71.
[20] Reimer, H.; Beneš, O.: Fortschritte auf dem Gebiet des MIS-Transistors. Ebenda S. 72–96.
[21] Leuenberger, F., Proc. IEEE *54* (1966) 1985.
[22] Flietner, H.; Ngo Duong Sinh, phys. status solidi (a) **37** (1976) 533–539.
[23] Cappy, A.; Carnez, B.; Fauquembergues, R.; Salmer, G.; Constant, E., IEEE Trans. Electron Devices **ED-27** (1980) 2158–2160.
[24] Auth, J., Nachrichtentechnik. Elektronik **31** (1981) 450–452.
[25] Herse, S. D.; Hirtz, J. P.; Baldy, M.; Duchemin, J. P., Electronics Letters **18** (1982) 1076.
[26] Balarin, M., Nachrichtentechnik Elektronik **32** (1982) 444–446.
[27] Temple, V. A. K.; Love, R. P.; Gray, P. V., IEEE Trans. Electron Devices **ED-27** (1980) 343–349.
[28] Poteat, T. L.; Lalevic, B., IEEE Trans. Electron Devices **ED-29** (1982) 123–133.
[29] Buff, W.: Ladungstransport und Ladungsspeicherung in Isolatorschichten als Grundlage für speichernde Feldeffekttransistoren. In: Halbleiterbauelementeelektronik. – Berlin: Akademie-Verlag 1977. S. 164–180.
[30] Köhler, E.: Wirkungsweise von Ladungsverschiebebauelementen. – Ebenda S. 148–163.

Franz-Keldysh-Effekt

Die Beeinflussung der optischen Absorption im Bereich der Grundgitterabsorptionskante von Halbleitern wurde 1958 unabhängig voneinander von W. Franz [1] und L. V. Keldysh [2] theoretisch gedeutet und kurz darauf von Böer, Hänsch und Kümmel [3] zum Nachweis von sich bewegenden Gebieten hoher elektrischer Feldstärke, sogenannter Domänen, in CdS genutzt.

Sachverhalt

Der Franz-Keldysh-Effekt kann als ein von Photonen assistierter Tunneleffekt aufgefaßt werden. Liegt an einem Halbleiter das elektrische Feld F an und wird ein Elektron aus dem Valenzband durch Absorption eines Lichtquants $\hbar\omega < E_L - E_V = E_g$ angeregt, so bleibt ein im Maximum $E_g - \hbar\omega$ hoher und $\Delta x = (E_g - \hbar\omega)/qF$ breiter dreiecksförmiger Potentialwall zu durchtunneln (Abb. 1a). Die Wahrscheinlichkeit für diesen Tunnelprozeß ist, wenn man sie nach der Wentzel-Brillouin-Kramers-Methode ähnlich wie beim Zener-Effekt [4,5] berechnet, proportional

$$\exp\left\{-\frac{4}{3}\left[\frac{2m}{\hbar^2}\frac{(E_g - \hbar\omega)^3}{q^2 F^2}\right]^{1/2}\right\}, \qquad (1)$$

wobei m die effektive Masse des Elektrons im Kristallgitter ist. Kleine effektive Massen m lassen einen großen Franz-Keldysh-Effekt erwarten. Genauere quantenmechanische Berechnungen mit modernen Vielteilchen-Methoden für starke elektrische Felder wurden inzwischen durchgeführt [6,7]. Den Zusammenhang zu Transportprozessen in starken elektrischen Feldern erkennt man, wenn man den Franz-Keldysh-Effekt als einen Absorptionsprozeß auffaßt, der unter Verletzung der Energieerhaltung virtuell ein Elektron-Loch-Paar am gleichen Ort erzeugt, an den sich dann im Feld F ein Transportprozeß um die Strecke Δx anschließt, der die Energieerhaltung wiederherstellt (Abb. 1b). Beziehungen bestehen auch zum Stark-Effekt, der Aufspaltung der Energieniveaus in starken elektrischen Feldern, die bereits aus der Atomphysik bekannt ist.

Neben einer Veränderung der Absorption durch starke elektrische Felder tritt auch eine Änderung des Brechungsindexes n auf, insbesondere werden isotrope Kristalle doppelbrechend (quadratischer Kerr-Effekt und linearer Pockels-Effekt). Dieser elektro-optische Effekt hängt mit der Veränderung der Absorption zusammen, da für den komplexen Brechungsindex $n + \mathrm{i}k$ und die komplexe Dielektrizitätskonstante $\varepsilon = \varepsilon_1 + \mathrm{i}\varepsilon_2$ der Zusammenhang

$$(n + \mathrm{i}k)^2 = \varepsilon_1 + \mathrm{i}\varepsilon_2 \qquad (2)$$

und für ε die Kramers-Kronig-Relation

$$\varepsilon_1(\omega) = 1 + \frac{2}{\pi} P \int_0^\infty \frac{\omega' \varepsilon_2(\omega')}{\omega'^2 - \omega^2} \, d\omega' \qquad (3)$$

gilt [8]. Allerdings geht in $\varepsilon_1(\omega)$ die durch $\varepsilon_2(\omega')$ beschriebene Absorption im gesamten Spektralbereich von $\omega = 0$ bis $\omega = \infty$ ein, während wir den Franz-Keldysh-Effekt als Absorptionsänderung im Gebiet um ω_g verstehen.

Kennwerte, Funktionen

Formel (1) zeigt, daß eine zusätzliche Absorption bereits unterhalb der Grundgitterabsorptionskante $\hbar\omega_g = E_g$ auftreten kann, was im experimentellen Ergebnis sich ähnlich wie eine Verschiebung der Grundgitterabsorptionskante auswirken kann. Für den feldabhängigen optischen Absorptionskoeffizienten α läßt sich die Formel

$$\alpha = K\omega_F^{1/2} \int_{(\omega_g - \omega)/\omega_F}^\infty dx \, |Ai(x)|^2 \qquad (4)$$

berechnen [6].
Darin sind $\omega_F = (q^2 F^2 / 2\hbar m)^{1/3}$,

$K = \frac{2}{c} \left(\frac{2m}{\hbar}\right)^{3/2} \left(\frac{q}{m_0}\right)^2 \cdot \frac{|P_{LV}|^2}{\hbar\omega}$ und P_{LV} das Impuls-

matrixelement zwischen Valenz- und Leitfähigkeitsband. Die Airy-Funktion [9]

$$Ai(x) = \frac{1}{\sqrt{\pi}} \int_0^\infty \cos\left(\frac{1}{3} u^2 + ux\right) du \qquad (5)$$

hat einen oszillatorischen Charakter.

Der Effekt wurde vor allem an Halbleitern mit einer Absorptionskante im sichtbaren oder im nahen infraroten Spektralbereich untersucht, z. B. an CdS [10], CdTe [11], GaP [12]. Meßergebnisse für die indirekte Kante von GaP zeigt Abb. 2; an der direkten Kante ($\hbar\omega \approx 2{,}84$ eV) wurde bei 77 K im Maximum bei $F = 3{,}5 \cdot 10^4$ V/cm eine wesentlich größere zusätzliche Absorption $\Delta\alpha = 110$ cm^{-1} gefunden [12]. Im CdTe mit $E_g = 1{,}60$ eV fand man ebenfalls entsprechend dem oszillatorischen Charakter von (4) bei 1,585 und 1,680 eV eine Absorptionszunahme und bei 1,621 eV eine Abnahme. Bei 80 K betrug $\Delta\alpha = 4 \cdot 10^2$ cm^{-1} bei $F = 10^4$ V/cm und $3 \cdot 10^3$ cm^{-1} bei $F = 6 \cdot 10^4$ V/cm [11].

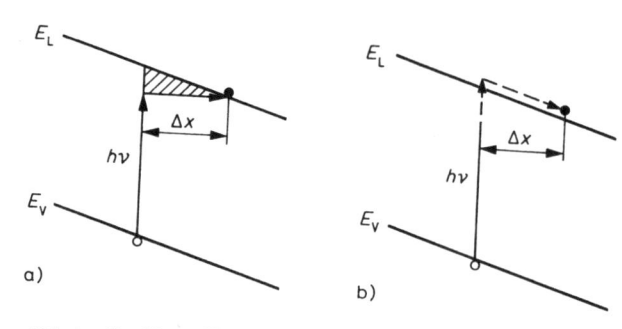

Abb. 1 Der Franz-Keldysh-Effekt im Bändermodell
a) als von Photonen assistierter Tunneleffekt
b) als virtuelle Elektron-Loch-Paarerzeugung mit nachfolgendem Transportprozeß

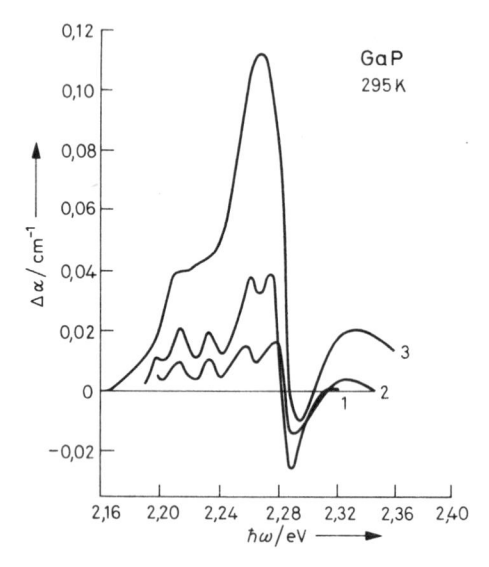

Abb. 2 Die Änderung des Absorptionskoeffizienten $\Delta\alpha$ durch den Franz-Keldysh-Effekt an der indirekten Absorptionskante von GaP bei 295 K. Kurve 1: $1 \cdot 10^4$ V/cm, 2: $2 \cdot 10^4$ V/cm, 3: $4 \cdot 10^4$ V/cm [12]

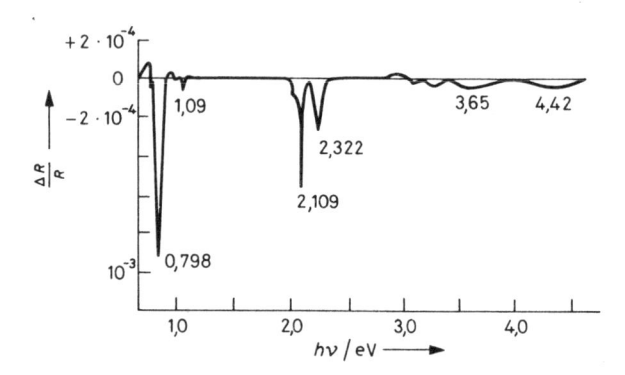

Abb. 3 Elektroreflexionsspektrum von Ge zwischen 0,5 eV und 4,5 eV [16]

Anwendungen

Der Franz-Keldysh-Effekt wird vor allem in der Halbleitermeßtechnik angewendet. Er dient zum Nachweis von Hochfelddomänen in Halbleitern, er wird in der Modulationsspektroskopie genutzt, und im Prinzip könnte er auch zur Modulation monochromatischen Lichtes in der Optoelektronik verwendet werden.

Hochfelddomänen treten in Halbleitern mit negativer differentieller Leitfähigkeit auf [13], sie wurden erstmalig an CdS gefunden [3], als praktisch wichtigster Fall hat sich jedoch der besonders an GaAs beobachtete *Gunn-Effekt* (siehe S. 350) erwiesen. Zur Beobachtung der sich bewegenden Hochfelddomänen muß der Halbleiterkristall mit möglichst monochromatischem Licht einer Frequenz dicht unter der Absorptionskante beleuchtet werden. In den Gebieten mit geringer elektrischer Feldstärke ist der Kristall transparent, in den Hochfelddomänen wird das Licht dagegen zum Teil absorbiert, und die Lage der Hochfelddomäne wird dadurch sichtbar. Nachteilig ist hierbei, daß durch das absorbierte Licht Photoleitung erzeugt wird, die den zu beobachtenden Effekt stören kann.

In der Modulationsspektroskopie [14] kann der Franz-Keldysh-Effekt zur Modulation der Absorption der Probe oder wegen der Kramers-Kronig-Relation (3) auch zur Modulation der Reflexion dienen. Im letzteren Fall spricht man von Elektroreflexion [15]. In Halbleitern mit einer gewissen Leitfähigkeit kann das elektrische Feld nur an der Oberfläche in Verarmungsrandschichten aufrechterhalten werden. Diese Randschichten können durch Einbringen des Halbleiters in einen Elektrolyten [16] oder durch Aufbringen einer Metall-Isolator-Struktur auf denselben mit einer entsprechenden elektrischen Vorspannung erzeugt und moduliert werden. Modulationstechniken zeichnen sich durch große Nachweisempfindlichkeiten aus, sie eignen sich besonders zur Untersuchung von kritischen Punkten im Spektrum des Halbleiters (Abb. 3). Andererseits ist ein Elektroabsorptions- oder -reflexionsspektrum nicht leicht zu interpretieren. Zum Beispiel ist der Stark-Effekt an der Absorptionskante vorgelagerten Excitonenbanden zu beachten, bei isotropen Halbleitern zerstört das elektrische Feld die Symmetrie, und bei der Modulation von Verarmungsrandschichten bis zum Flachbandfall kann bei hohen Dotierungen des Halbleiters die *MOSS-Burstein-Verschiebung* (siehe S. 390) einen Einfluß haben.

Metall-Isolator-Strukturen der oben erwähnten Art befinden sich auch auf den integrierten Schaltkreisen der Mikroelektronik. Es ist daher möglich, durch Abtasten mit einem Laserstrahl geeigneter Wellenlänge aus der Elektroreflexion auch Informationen über die Feldverteilung auf dem integrierten Schaltkreis zu erhalten.

Die Anwendung des Franz-Keldysh-Effekts zur Modulation von Laserstrahlung hat den Vorteil, bis zu höchsten Modulationsfrequenzen anwendbar zu sein, nachteilig für die Modulation höherer Laserleistungen ist die damit verbundene Absorption im Halbleiter. Dennoch könnte in einer künftigen integrierten Mikrooptoelektronik der Franz-Keldysh-Effekt als Wirkprinzip der Verknüpfung optischer und elektrischer Größen eine Rolle spielen.

Literatur

[1] FRANZ, W., Z. Naturf. **13a** (1958) 484–489.
[2] KELDYŠ, L. V., Žh. èksper. teor. Fiz. **34** (1958) 1138–1141, (russ.); Soviet Phys. JETP **7** (1958) 788–790 (engl.).
[3] BÖER, K. W.; HÄNSCH, H.-J.; KÜMMEL, U., Z. Phys. **155** (1959) 460.
[4] ZENER, C., Proc. Roy. Soc. London A **145** (1934) 523.
[5] FRANZ, W., Erg. exakt. Naturwiss. **27** (1953) 16.
[6] ENDERLEIN, R.; KEIPER, R., phys. status solidi **19** (1967) 673–681.
[7] ENDERLEIN, R.; KEIPER, R., phys. status solidi **23** (1967) 127–136.
[8] KRONIG, R. L. DE, J. Opt. Soc. Amer. **12** (1926) 547–557.
[9] Handbook of Mathematical Functions. Hrsg. M. ABRAMOWITZ; I. A. STEGUN. – Washington: U. S. Gov. Print. Off. 1964.
[10] GUTSCHE, E.; LANGE, H.: In: Proc. Conf. Int. Semic. Phys. Hrsg. M. HULIN. – Paris: Dunod 1964. S. 129.
[11] BABONAS, G. A.; KRIVAITE, E. Z.; RAUDONIS, A. V.; SHILEIKA, A. J.: In: Proc. IX. Int. Conf. Phys. Semic. Hrsg. S. M. RYVKIN. – Leningrad: Nauka 1968. S. 400.
[12] SUBASHIEV, V. K.; CHALIKYAN, G. A.: ebenda S. 375.
[13] BONČ-BRUEVIČ, V. L.; ZVJAGIN, I. P.; MIRONOV, A. G.: Domennaja električeskaja neustojčivost' v poluprovodnikach. – Moskva: Nauka 1972.
[14] CARDONA, M.: Modulation Spectroscopy of Semiconductors. In: Festkörperprobleme X. Hrsg.: O. MADELUNG. – Berlin: Akademie-Verlag 1970. S. 125–173.
[15] FISCHER, J. E.; ASPNES, D. E.: Electroreflectance: A Status Report. phys. status solidi (b) **55** (1973) 9–32.
[16] SERAPHIN, B. O.; HESS, R. B.: Phys. Rev. Letters **14** (1965) 138.

Gunn-Effekt

1963 entdeckte J. B. Gunn, daß an sperrfrei kontaktierten GaAs-Quadern beim Anlegen einer hinreichend hohen elektrischen Feldstärke sehr hochfrequente Stromschwingungen entstehen [1]. Dieser Effekt, der von Ridley, Watkins und Hilsum [2, 3] vorausgesagt wurde (daher auch RWH-Mechanismus genannt), ist von Krömer als Elektronentransferprozeß erklärt worden [4]. In der Folgezeit wurde der Effekt theoretisch und experimentell gründlich untersucht [5 bis 8].

Die Forderung nach hochreinem Galliumarsenid für die technische Anwendung des Effektes löste eine intensive Entwicklungstätigkeit auf dem Gebiet der Kristallzüchtung und Epitaxie aus. Die Untersuchung von Gunn-Elementen im Resonator führte zur Entdeckung der für die Mikrowellen-Leistungserzeugung wichtigen LSA-Betriebsart [9 bis 11].

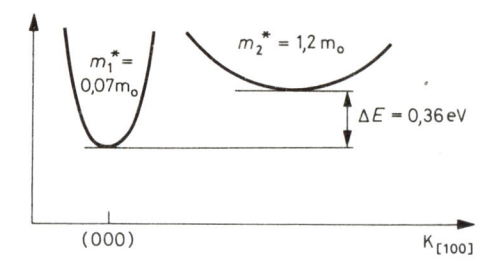

Abb. 1 Leitungsbandstruktur von GaAs

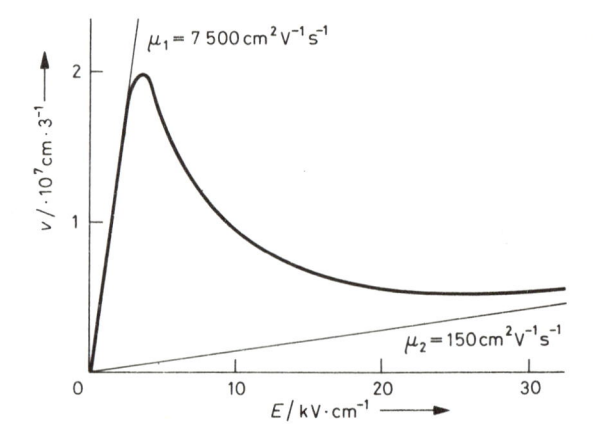

Abb. 2 Geschwindigkeits-Feldstärke-Diagramm von GaAs

Sachverhalt

Bei einer Reihe von Halbleitermaterialien besitzt das Leitungsband neben dem Hauptminimum im Zentrum der Brilloin-Zone ein Nebenminimum am Rand dieser Zone (bei GaAs in der [100]-Richtung des Wellenzahlvektors k), das energetisch höher liegt und eine geringere Krümmung aufweist als das Hauptminimum (Abb. 1). Infolge der geringeren Krümmung ist die effektive Masse m_2^* der Elektronen in diesem Nebenminimum größer (schwere Elektronen) als die effektive Masse m_1^* der Träger im Hauptminimum (leichte Elektronen) und damit deren Beweglichkeit μ_2 niedriger als die der Träger im Hauptminimum. Eine solche Bandstruktur und eine größere Zustandsdichte $N_2 > N_1$ im Nebenminimum sind Voraussetzung für den RWH-Mechanismus. Dabei werden im elektrischen Feld stark beschleunigte Elektronen (heiße Elektronen) durch Wechselwirkung mit dem Kristallgitter (Phononenstreuung) aus dem Haupt- in das Nebental gestreut (Elektronentransfer), was eine Verringerung der Beweglichkeit der gestreuten Elektronen und damit eine Herabsetzung der mittleren Beweglichkeit der Elektronen im Kristall

$$\bar{\mu} = \frac{\mu_1 n_1 + \mu_2 n_2}{n}$$

(μ_1, μ_2 – Beweglichkeit der Elektronen im Haupt- bzw. Nebenminimum, n_1, n_2 – Dichte der Elektronen im Haupt- bzw. Nebenminimum, $n = n_1 + n_2$ = Gesamtelektronendichte) zur Folge hat. Das führt auf eine Geschwindigkeits-Feldstärke-Kennlinie gemäß Abb. 2, in der die Elektronengeschwindigkeit $v = \bar{\mu}(E) \cdot E$ als Funktion von E dargestellt ist. Der durch die Verringerung der Trägerbeweglichkeit oberhalb einer kritischen Feldstärke E_k fallende Teil der Kennlinie ent-

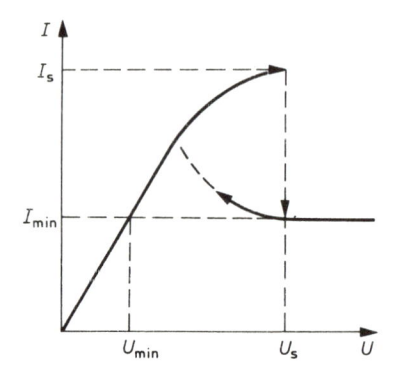

Abb. 3 Strom-Spannungskennlinie eines Gunn-Elements

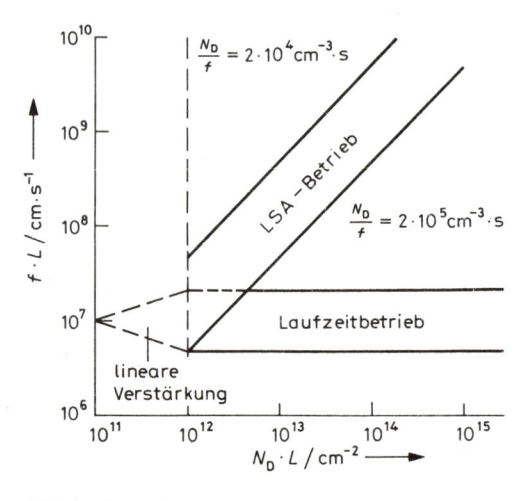

Abb. 4 Betriebsarten eines Gunn-Elements

spricht einem negativen Widerstand und erklärt schaltungstechnisch das Auftreten von Schwingungen bei Aussteuerung der Probe in diesem Teil der Kennlinie.

Infolge der negativen differentiellen Beweglichkeit bauen sich kleine Ladungsträgerinhomogenitäten in einem solchen Halbleiterkörper nicht ab (Relaxation), sondern verstärken sich, weil die Ladungsträger innerhalb dieser Inhomogenität eine andere Geschwindigkeit besitzen als die benachbarten. Das führt zur Bildung von Dipoldomänen, die den Kristall unter dem Einfluß des elektrischen Feldes durchwandern, sich dabei immer mehr aufbauen und schließlich bei Ankunft an der Anode als Stromstoß in der äußeren Schaltung registriert werden.

Beim Betrieb eines Gunn-Elementes in einem Mikrowellenresonator ist es durch die der Gleichspannung überlagerte Wechselspannung möglich, daß die Gesamtspannung an der Probe während eines Teils der Periode unter die Schwellenspannung sinkt und daher ein weiterer Aufbau der Raumladungsschicht verhindert wird. Dabei entsteht keine Dipoldomäne, aber die gesamte Probe befindet sich im Bereich des negativen differentiellen Widerstandes; die Schwingungserzeugung erfolgt mit beträchtlich höherem Wirkungsgrad als in der Laufzeit-Betriebsart. Man nennt diese Betriebsweise LSA-Betrieb (limited space charge accumulation – begrenzte Raumladungs-Anhäufung). Die Oszillatorfrequenz wird durch den Resonator bestimmt, sie muß aber oberhalb der Laufzeitfrequenz des verwendeten Gunn-Elementes liegen. Für den LSA-Betrieb ist besonders homogen dotiertes Halbleitermaterial erforderlich.

Kennwerte, Funktionen

Prinzipiell tritt der Gunn-Effekt bei allen Halbleitermaterialien auf, die ein Nebenminimum des Leitungsbandes besitzen

- in dem die Elektronen eine höhere effektive Masse besitzen als im Hauptminimum,
- das energetisch höher liegt als das Hauptminimum,
- dessen energetischer Abstand kleiner ist als der Bandabstand des Halbleiters, damit nicht vor der Schwelle Stoßionisation einsetzt.

Es hat sich aber bisher nur GaAs durchgesetzt, weil es von den in Frage kommenden Materialien das größte Verhältnis $\mu_1/\mu_2 = 40$ bis 50 und die größte Niederfeldbeweglichkeit besitzt.

Aus der Geschwindigkeits-Feldstärke-Beziehung (Abb. 2) folgt unmittelbar die Strom-Spannungs-Kennlinie eines Gunn-Elementes (Abb. 3). Beim Anlegen einer Spannung an das Element wächst der Strom durch die Probe zunächst gemäß Kurventeil 1 mit steigender Spannung. Wenn die Schwellenspannung U_s erreicht ist, wird das Element unstabil, der Strom sinkt auf I_{min} (Kurventeil 2), eine Domäne bildet sich aus und durchwandert den Kristall. Bei Ablösung der Domäne an der Anode erfolgt wieder der Übergang auf den Kurvenast 1. Die Differenz zwischen I_s und I_{min} ist der im äußeren Kreis nutzbare Stromsprung. Die Frequenz der dabei entstehenden Schwingungen wird im Laufzeitmodus durch die Elementlänge L bestimmt:

$$f = \frac{v_d}{L}, \qquad (1)$$

wobei v_d die Driftgeschwindigkeit der Domänen ist ($v_d = 1,5 \cdot 10^7$ cms^{-1} in GaAs). Aus der für den Aufbau der Domäne erforderlichen Zeit, die größer sein muß als die dielektrische Relaxationszeit, folgt die Bedingung $L \cdot N_D > 10^{12}$ cm^{-2} für die Domänenbildung. Bei $L \cdot N_D < 10^{12}$ cm^{-2} kommt es nur zu Kleinsignal-Raumladungswellen, die zur Verstärkung von Mikrowellen ausgenutzt werden können.

Die Schwellenspannung der Elemente folgt aus der Schwellenfeldstärke $E_s \approx 3,2$ kV · cm^{-1} und der nach Gl. (1) erforderlichen Länge des aktiven Gebietes.

Beim LSA-Betrieb wird die Frequenz durch den Resonator bestimmt und muß oberhalb der Laufzeitfrequenz des verwendeten Elementes liegen. Daraus folgt für das Element die Dotierungsbedingung $2 \cdot 10^4$ s · cm$^{-3} < N_D/f < 2 \cdot 10^5$ s · cm^{-3}.

Die möglichen Betriebsarten eines Gunn-Elementes sind in Abb. 4 dargestellt. Die Maximalfrequenz für die Ausnutzung des Gunn-Effektes wird durch die erforderliche Streuzeit $t_s \approx 10^{-12}$ s auf einige 100 GHz begrenzt.

Anwendungen

Die Anwendung des Effektes erfolgt überwiegend in Gunn-Dioden, die als Sender in Richtfunknetzen, in Kurzstrecken-Radaranlagen (Verkehrsradar), als Lokal-Oszillatoren in Mikrowellen-Empfängern (Satelliten-Fernsehen) als Pumpquellen in parametrischen Verstärkern usw. genutzt werden. Entsprechend den Anwendungen in Hohlraumresonatoren oder Streifenleitungsanordnungen werden die Elemente entweder in Metall-Keramik-Gehäusen (Patrone, pill prong pakkage) eingebaut oder als Chips direkt auf den Streifenleiter montiert.

Die Elemente bestehen aus einem dünnen Einkristallplättchen (50 µm bis 100 µm dick) mit Ladungsträgerkonzentrationen von 10^{13} bis 10^{16} cm^{-3} (für den Bereich 1 bis 2 GHz) oder aus Sandwich-Strukturen, auf niederohmiges Material aufgebrachten Epitaxieschichten von einigen Mikrometer Dicke (3 bis 5 µm $\cong$ 30 bis 20 GHz). Auch Planarstrukturen, auf hochohmigem Substrat (semiinsulating GaAs) abgeschiedene etwa 5 µm dicke aktive Schichten, in denen der Stromfluß lateral erfolgt, sind bekannt. Sie haben den Vorteil einer besonders guten Wärmeableitung senkrecht zum Stromfluß und werden häufig als

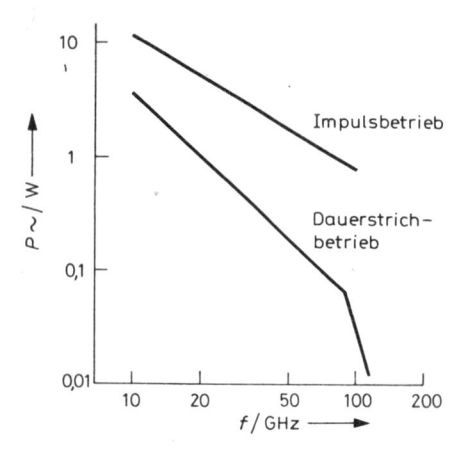

Abb. 5 Erreichte Leistungen von Gunn-Elementen als Funktion der Frequenz

Hochleistungselemente im LSA-Betrieb eingesetzt. Auch Mesa-Strukturen sind bekannt geworden; dabei ist der Mesa-Kontakt stets die Katode.

Die Epitaxieschichten werden bevorzugt durch Epitaxie aus der flüssigen Phase (liquid phase epitaxy, LPE) erzeugt. Damit sind höhere Reinheit und bessere Homogenität der Schichten zu erreichen. An die sperrfreie Kontaktierung der Elemente werden hohe Anforderungen gestellt; die Kontakte dienen ja gleichzeitig zur Abführung der hohen Verlustwärme. Kontaktsysteme wie z. B. AuGe-Ni werden bevorzugt eingesetzt.

Die mit Gunn-Dioden erreichten HF-Leistungen in Abhängigkeit von der Frequenz zeigt Abb. 5 für Dauerstrich- und Impulsbetrieb [14]. Dabei werden Wirkungsgrade bis etwa 6% im Dauerstrichbetrieb angegeben. Die höchste mit einem Gunn-Element erzeugte Frequenz liegt bei 230 GHz [15]. Auch InP-Gunn-Elemente werden beschrieben, sie erreichen bei gleichem Wirkungsgrad etwa die doppelte Frequenz gegenüber GaAs-Elementen [14].

Die Schwellenspannungen liegen entsprechend Abb. 2 für den Laufzeitbetrieb bei 1 V (für 30 GHz) bis etwa 30 V (bei 1 GHz), die Betriebsspannungen im Arbeitspunkt etwa um den Faktor 2 bis 3 höher.

Die Schwingfrequenz wird im Laufzeitmodus durch die Länge der aktiven Schicht bestimmt, kann jedoch in gewissen Grenzen durch die äußere Beschaltung (z. B. Yttriumgranat-Keramik im Hohlraumresonator) verändert werden.

Die Anwendung von Gunn-Elementen zur Verstärkung ist untersucht worden, jedoch wegen der hohen Rauschzahlen (> 15 dB) nicht sehr vorteilhaft.

Dagegen ist die Erzeugung von Impulsen im Nano- und Subnanosekundenbereich aussichtsreich, zumal die Impulsform durch Feldbeeinflussung mit Hilfe von Zusatzelektroden, durch Gestaltung des Dotierungsprofils bzw. des Probenquerschnittes längs des Domänenweges beeinflußbar ist [12]. Auch eine Triggerung der Impulse durch Erhöhung der knapp unter U_s eingestellten Betriebsspannung oder über Zusatzelektroden ist untersucht worden [13]. Wegen des gegenüber herkömmlichen Logiken niedrigeren Verlustleistungs-Verzögerungszeit-Produktes könnte der Gunn-Effekt für den Aufbau extrem schneller Logik-Systeme Bedeutung erhalten. Über diese Möglichkeiten findet sich ein ausführlicher Überblick bei PAUL [5].

Literatur

[1] GUNN, J. B.: Microwave oscillations of current in III-V semiconductors. Solid State Commun. **1** (1963) 88–91;
GUNN, J. B.: Instabilities of current in III-V semiconductors. IBM J. Res. and Devel. **8** (1964) 141–159.

[2] RIDLEY, B. K.; WATKINS, T. B.: The possibility of negative-resistance effects in semiconductors. Proc. Phys. Soc. (London) **78** (1961) 239–304.

[3] HILSUM, C.: Transferred electron amplifiers and oscillators. Proc. Inst. Radio Engng. **50** (1962) 185–189.

[4] KRÖMER, H.: The theory of the Gunn-effect. Proc. Inst. Electr. Electron. Eng. **52** (1964) 1736.

[5] PAUL, R.: Halbleitersonderbauelemente. – Berlin: VEB Verlag Technik 1981. S. 218–310, 247 Lit.

[6] BOSCH, B. G.: Gunn-Effekt-Elektronik. Elektronenröhren- und Halbleiterphysik. Heft 16. München 1968. S. 13–102.

[7] HEIME, K.: Der Gunn-Effekt. Der Fernmeldeing. **25** (1971) Heft 11 und 12.

[8] BONČ-BRUEVIČ, V. L.; ZVJAGIN, J. P.; MIRONOV, A. G.: Domennaja električeskaja neustojčivost' v poluprovodnikach. – Moskau: Nauka 1972.

[9] COPELAND, J. A.: A new mode of operation for bulk negative-resistance oscillators. Proc. Inst. Elect. Electron. Eng. **54** (1966) 1479–1480;
COPELAND, J. A.: LSA-oscillator diode theory. J. appl. Phys. **38** (1967) 3096–3101.

[10] COPELAND, J. A.: Stable space charge layers in two-valley semiconductors. J. appl. Phys. **37** (1966) 3602–3609.

[11] COPELAND, J. A.: Characterization of bulk negative resistance diode behavior. IEEE-Trans. Electron Devices **ED-14** (1967) 461–463.

[12] SANDBANK, C. P.: Synthesis of complex electronic functions by solid-state bulk effects. Solid State Electronics **10** (1967) 369–380.

[13] HEEKS, J. S.; WOODE, A. D.; SANDBANK, C. P.: Coherent high-field oscillations in long samples of GaAs. Proc. Inst. Elect. Electron Eng. **55** (1967) 584–585.

[14] KUNER, H. J.: Solid-state millimeter wave power sources and combiners. Microwave J. **24** (1981) 6, 21–34.

[15] KAL'FA, A. A.; PORESH, S. B.; TAGER, A. S.: Fiz. Tekh. Poluprov. **15** (1981) 2309–2313.

Halbleiterphotoeffekt

Unter Halbleiterphotoeffekt verstehen wir alle Erscheinungen des sogenannten inneren Photoeffektes, bei dem im Gegensatz zum äußeren Photoeffekt die Elektronen des Festkörpers durch die Absorption von Lichtquanten nicht aus dem Festkörper herausgelöst, sondern im Halbleiterinnern auf energetisch höhere Zustände angeregt werden, wodurch sich die elektrischen Eigenschaften des Halbleiters ändern. In Abhängigkeit von Wellenlänge und Intensität der Belichtung, den Eigenschaften des Halbleiters sowie äußeren Einflüssen, wie elektrischen und magnetischen Feldern, entstehen eine ganze Reihe von Effekten. Die wichtigsten werden in gesonderten Kapiteln dargestellt. Eine detaillierte Übersicht über die Geschichte der Photoeffekte gibt P. GÖRLICH [1], eine komprimierte Darstellung der photoelektrischen Erscheinungen im Halbleiter, ihre physikalischen Grundlagen und technischen Anwendungen geben J. AUTH u. a. [2].

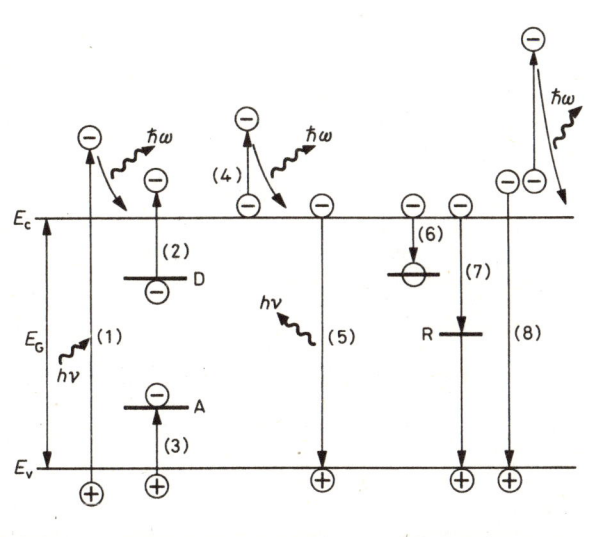

Abb. 1 Anregungs-, Rekombinations- und Relaxationsprozesse im Halbleiter (bei D lies ⊕)
(E_C – Leitungsbandkante, E_V – Valenzbandkante, E_G – Energielücke, D – Donator, A – Akzeptor, R – Rekombinationszentren)

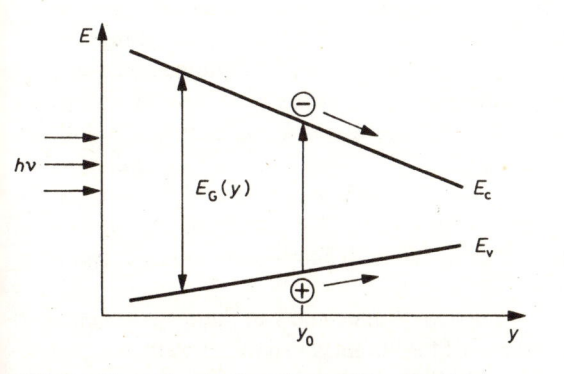

Abb. 2 Absorption in einer Graded-Gap-Struktur

Sachverhalt

Durch die Absorption eines Photons wird ein Elektron im Halbleiter energetisch angehoben (siehe *Moss-Burstein-Effekt*). Je nach Art des Übergangs (siehe Abb. 1) wird dabei die Konzentration der quasifreien Ladungsträger im Halbleiter (d. h. derjenigen Ladungsträger, die dem Einfluß von elektrischen und magnetischen Feldern bzw. Konzentrationsgradienten folgen können) erhöht (Übergänge (1), (2) und (3)) bzw. nur deren mittlere Energie erhöht (4).

Dem Prozeß der Anregung entgegengesetzt wirken die Prozesse der Rekombination und Relaxation. Bei der Rekombination verschwinden die durch das Licht zusätzlich angeregten sogenannten Nichtgleichgewichtsträger. Die dabei freiwerdende Energie kann als Photon abgestrahlt werden (5, 6) (siehe *Lumineszenz*). Bei Rekombination über Zentren (7) wird die Energie durch Emission von Phononen an das Kristallgitter abgeleitet. Bei der Auger-Rekombination (8) übernimmt das zweite Elektron im Leitungsband die Energie und gibt sie dann durch Phononenemission an das Gitter weiter. Die für die Rekombination typischen Zeitkonstanten liegen im Bereich 10^{-9} s $\leq \tau \leq 10^{-3}$ s. Bei der Relaxation fallen die innerhalb eines Bandes „aufgeheizten" Ladungsträger unter Phononenemission in den Bereich mittlerer Energien zurück. Typische Zeitkonstanten für diesen Prozeß sind $\tau_{\text{Relax}} \sim 10^{-12}$ s.

Werden durch den Generationsprozeß Nichtgleichgewichtsträger δn erzeugt, sind diese wegen $\tau_{\text{Relax}} \ll \tau_{\text{Rek}}$ (falls nicht extreme Bedingungen vorliegen) abgekühlt und besitzen die gleiche Beweglichkeit wie die bereits ohne Belichtung im Band vorhandenen Ladungsträger. Es entsteht eine Leitfähigkeitsänderung infolge δn (siehe *Photoleitung*). Bei Anlegen eines Magnetfeldes entsteht der *Photo-Hall-Effekt*.

Werden die Nichtgleichgewichtsträger räumlich inhomogen im Halbleiter erzeugt, entstehen → *Dember-Effekt* und → *PEM-Effekt* infolge der Diffusion dieser Träger.

Bei Belichtung inhomogener Halbleiter entstehen innere elektrische Felder, die als Modulation der Tiefe der mit der Inhomogenität verbundenen Potentialschwellen durch die Nichtgleichgewichtsträger verstanden werden können. Ist die Inhomogenität auf relativ kleine Dotierungsschwankungen beschränkt, spricht man von der Volumen-Photo-EMK [3], bei stärkerer Inhomogenität in der Umgebung eines p-n-Überganges vom → *p-n-Photoeffekt* bzw. in der Umgebung eines Metall-Halbleiterkontaktes vom → *Sperrschicht-Photoeffekt*.

In Mischkristallen wie $Ga_{1-x}Al_xAs$ oder $Hg_{1-x}Cd_xTe$ ändert sich die Bandlücke E_G monoton mit dem Mischungsverhältnis x. Strukturen mit ortsabhängigen x besitzen daher eine ortsabhängige Energielücke und infolgedessen ortsabhängige effektive Massen, Lebensdauern und Absorptionskoeffizienten. Bei Einstrahlung von der Seite mit der größeren Energielücke (Abb. 2) klingt die Anregungsfunktion nicht exponentiell ab, wie im Halbleiter mit ortsunabhängigem E_G, sondern besitzt die Form einer Glockenkurve mit dem Maximum bei y_0, gegeben durch $h\nu_0 = E_G(y_0)$.

Die durch das Licht erzeugten Elektronen und Löcher driften unter der Wirkung von grad E_c und grad E_v. Damit der Gesamtstrom (im offenen Stromkreis) verschwindet, entsteht ein zusätzliches elektrisches Feld. Bei Anlegen eines Magnetfeldes senkrecht zu grad E_G werden die Elektronen und Löcher (ähnlich wie beim photoelektromagnetischen Effekt) in unterschiedliche Richtungen abgelenkt und erzeugen eine weitere Photospannung.

Bei Anregung der Ladungsträger innerhalb eines Bandes bleibt die Konzentration ungeändert. Die angeregten Träger können aber (wenn bei tiefen Temperaturen des Kristallgitters der Energietransport von den Elektronen an das Gitter nicht effektiv genug ist) eine höhere mittlere Energie besitzen, als es der Gittertemperatur entspricht. Wegen der Energieabhängigkeit der Streuprozesse besitzen diese „heißen" Elektronen eine gegenüber den „kalten" Elektronen geänderte Beweglichkeit. Die daraus resultierende, sogenannte μ-Photoleitung wurde zuerst von Moss [4] untersucht.

Die Berücksichtigung der Änderung der Impulsverteilung der Elektronen im Halbleiter durch das absorbierte Licht führt zum → *Photon-Drag-Effekt*.

Kennwerte, Funktionen

An jeder Dotierungsstufe eines Halbleiters entsteht ein inneres elektrisches Feld, das den durch den Konzentrationsgradienten bedingten Diffusionsstrom der Ladungsträger durch einen gleich großen, entgegengesetzt gerichteten Driftstrom kompensiert (Abb. 3).

Der mit diesem Feld verknüpfte Potentialsprung ist nach außen nicht meßbar, da er durch entsprechend geänderte Kontaktpotentiale aufgehoben wird. Durch Belichtung zusätzlich erzeugte Elektron-Loch-Paare werden in diesem Feld getrennt, und das innere Feld wird soweit verringert, bis die Summe aus Diffusionsstrom und Driftstrom wieder Null wird. Diese Änderung ist nach außen als Photo-EMK meßbar und ist gegeben als Differenz der Quasiferminiveaus im belichteten Gebiet. Wird mit einer schmalen Lichtsonde am Ort y_0 angeregt, ist die Photospannung proportional dem Dotierungsgradienten an dieser Stelle:

$$U \sim \frac{1}{p_0^2} \frac{dp_0}{dy}\bigg|_{y=y_0} \qquad (1)$$

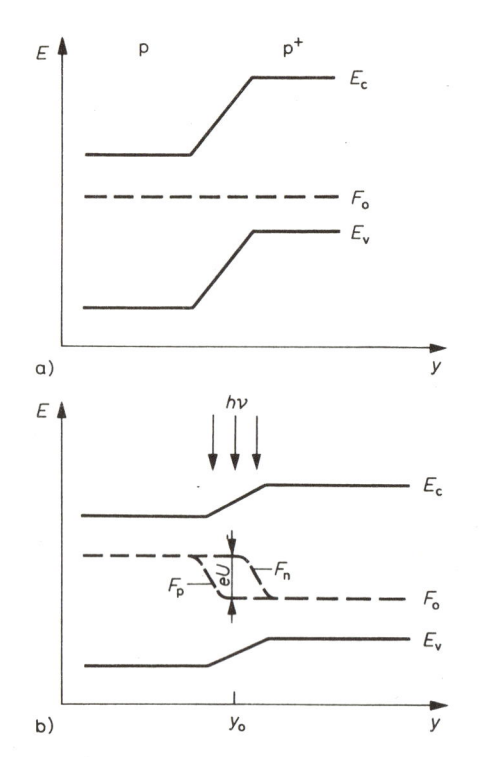

Abb. 3 Zur Entstehung von Photospannungen in inhomogenen Halbleitern (nach [2])
a) unbelichteter Zustand b) belichteter Zustand

Die infolge der Beweglichkeitsänderung aufgeheizter Ladungsträger entstehende μ-Photoleitung

$$\Delta\sigma = en_0\Delta\mu \qquad (2)$$

ist ein verglichen mit anderen Photoeffekten sehr kleiner Effekt. $\frac{\Delta\sigma}{\sigma_0} = \frac{\Delta\mu}{\mu_0}$ ist von der Größenordnung 10^{-4} bei Einstrahlung von 10^{24} Quanten/cm²s. Der Effekt ist daher nur schwer von Störeffekten, wie z.B. die Leitfähigkeitsänderung infolge Erwärmung der Halbleiterprobe durch die Bestrahlungsenergie (Bolometer-Effekt), abtrennbar. Eine Möglichkeit bietet die geringe Zeitkonstante der Effekte heißer Elektronen, die im Picosekundenbereich liegt. Allerdings muß einschränkend gesagt werden, daß diese Zeitkonstante meist nicht ausgenutzt werden kann. Die μ-Photoleitung an n-InSb z.B. wird bei 4,2 K beobachtet. Wegen der hohen Elektronenbeweglichkeit und eines sehr flachen Donators bei 0,69 meV in InSb besitzt dieses Material selbst bei dieser Temperatur einen außerordentlich geringen Widerstand, der besondere schaltungstechnische Maßnahmen erfordert, um die Signale zu verstärken. Die Zeitkonstante wird dann durch den äußeren Meßkreis bestimmt und liegt nicht unter 10^{-7} s.

Der niedrige Widerstand kann durch Anlegen eines schwachen Magnetfeldes vergrößert werden (*Magnetowiderstands-Effekt*). Ein starkes Magnetfeld führt zur

Tabelle 1 Kenndaten von Mikrowellendetektorsystemen auf der Grundlage der μ-Photoleitung von InSb

Autor	Arbeits-temperatur [K]	Rauschäquivalentleistung [WHz$^{-1/2}$]	Zeitkonstante [s]	Empfindlichkeit [A/W]	Wellenlänge max. Empfindlichkeit [mm]
PUTLEY [5]	1,5	$5 \cdot 10^{-12}$	$2 \cdot 10^{-7}$	—	0,5
KINCH u. ROLLIN [6]	4,2	$6 \cdot 10^{-13}$	10^{-3}	—	0,5÷8
NAKAJIMA u. a. [7]	4,2	$4 \cdot 10^{-13}$	10^{-7}	1,5	1

Landau-Quantelung der Energiezustände im Halbleiter. Der Abstand der Landau-Niveaus ist $\Delta E = \hbar \omega_c$ (wobei $\omega_c = \frac{e}{mc} \cdot B$ die Zyklotronresonanzfrequenz bedeutet). Die optischen Übergänge finden jetzt zwischen den Landau-Niveaus statt. Damit wird die spektrale Empfindlichkeit der μ-Photoleitung stark selektiv und mit Hilfe des Magnetfeldes durchstimmbar.

Anwendungen

Alle Halbleiterphotoeffekte lassen sich im Prinzip zum Nachweis elektromagnetischer Strahlung ausnutzen. Heute existieren solche Detektoren für das breite Wellenlängengebiet von den γ-Strahlen bis zu den Mikrowellen. Die wichtigsten Detektoren, insbesondere Photodioden und Photowiderstände, sind in den Abschnitten *p-n-Photoeffekt* und *Photoleitung* dargestellt.

Der *Photo-Hall-Effekt* wird eingesetzt, um zu entscheiden, ob ein Photoeffekt durch Generation von zusätzlichen Ladungsträgern eines Typs, von Elektronen-Loch-Paaren oder durch Änderung der Beweglichkeit bereits vorhandener Träger hervorgerufen wird.

Die *Volumen-Photo-EMK* gestattet die Ausmessung der räumlichen Verteilung elektrisch aktiver Störstellen im Halbleiter. Die Temperatur des Halbleiters wird so gewählt, daß Störleitung vorliegt. Auflösbar sind Strukturen von der Größenordnung der Diffusionslänge der Minoritätsträger.

Die *μ-Photoleitung* wird zum Strahlungsnachweis im Submillimeter- und Millimeterbereich genutzt. Eingesetzt wird InSb (vgl. Tab. 1).

Der *Zyklonenresonanz-Detektor* [8] nutzt die selektive Absorption infolge Übergängen zwischen Landau-Niveaus und die Durchstimmung der Wellenlänge maximaler Empfindlichkeit mittels Magnetfeld.

Literatur

[1] GÖRLICH, P.: Photoeffekte. Bd. 1. – Leipzig: Akademische Verlagsgesellschaft Geest & Portig K.-G. 1962.
[2] AUTH, J.; GENZOW, D.; HERRMANN, K. H.: Photoelektrische Erscheinungen. Wissenschaftliche Taschenbücher. Mathematik, Physik, Bd. 196. – Berlin: Akademie-Verlag 1977.
[3] TAUC, J., Rev. mod. Phys. 29 (1957) 308.
[4] MOSS, T. S., J. Phys. Chem. Solids 22 (1961) 117.
[5] PUTLEY, E. H., Proc. Phys. Soc. 76 (1960) 802.
[6] KINCH, M. A.; ROLLIN, B. V., Brit. J. appl. Phys. 14 (1963) 672.
[7] NAKAJIMA, F.; KOBAYASHI, M.; NARITA, S.: New Millimeter and Submillimeter Wave Detecting System Utilizing n-InSb Electronic Bolometer. Jap. J. appl. Phys. 17 (1978) 149.
[8] PUTLEY, E. H.: Appl. Optics 4 (1965) 649.

Hall-Effekt

Den Hall-Effekt fand der US-amerikanische Physiker E. HALL 1879, zuerst an einer dünnen Goldschicht [1]. Der Hall-Effekt zählt zu den galvanomagnetischen Effekten, die in Medien mit elektronischer Leitfähigkeit, insbesondere in elektronisch leitenden Festkörpern (Metallen, Halbleitern) auftreten.

Sachverhalt

Ein langgestrecktes Plättchen der Dicke d und der Breite b ist an beiden Schmalseiten mit Elektroden versehen, durch die der Strom I_1 fließt, hervorgerufen durch die Spannung U_1. Etwa auf der Mitte der beiden Längsseiten sind zwei weitere Elektroden einander gegenüberliegend angebracht (Abb. 1). Wird das Plättchen so in den Luftspalt eines Magneten gebracht, daß die magnetische Induktion B senkrecht auf den Verbindungslinien zwischen den Elektroden steht, dann tritt zwischen den beiden auf den Längsseiten angebrachten Elektroden eine zusätzliche Spannung U_2, die Hall-Spannung

$$U_2 = R_H \cdot \frac{1}{d} \cdot I_1 \cdot B \tag{1}$$

auf, die proportional zum Magnetfeld und zum Strom ist. Bei Änderung der Magnetfeld- oder der Stromflußrichtung wechselt das Vorzeichen der Hall-Spannung. R_H ist der im Bereich schwacher Felder vom Magnetfeld unabhängige Hall-Koeffizient.

Ursachen für das Entstehen der Hall-Spannung sind die auf bewegte Ladungsträger im Magnetfeld wirkende Lorentz-Kraft und die Begrenztheit des Leiters. Die Lorentz-Kraft versucht eine Auslenkung der Ladungsträger senkrecht zum Magnetfeld und zur ursprünglichen Bewegungsrichtung. Da die Ladungsträger aber nicht aus dem Material austreten können, wird die eine Längsseite negativ, die andere positiv aufgeladen. Die Oberflächenladungen führen zu einem elektrischen Feld, dem sogenannten Hall-Feld E_H, das im Mittel die Wirkung der Lorentz-Kraft kompensiert. Aus der Gleichheit der Beträge von mittlerer Lorentz-Kraft $K_L = q \cdot v \times B$ und der Kraft des Hall-Feldes $K_H = q \cdot E_H$ folgt mit $E_1 = \dfrac{U_1}{l}$ und wegen $v = \mu_H \cdot E_1$ (v – gemittelte Geschwindigkeit der Ladungsträger, μ_H – Proportionalitätsfaktor zwischen v und E_1, auch Hall-Beweglichkeit der Ladungsträger genannt, l – Länge des Plättchens)

$$E_H = \mu_H \cdot B \times E_1 \tag{2}$$

und $U_2 = E_H \cdot b$. Für R_H gilt im einfachsten Fall, wenn nur eine Sorte Träger mit der Ladung q und der Konzentration n vorhanden ist (das folgt aus einem Vergleich von (1) und (2))

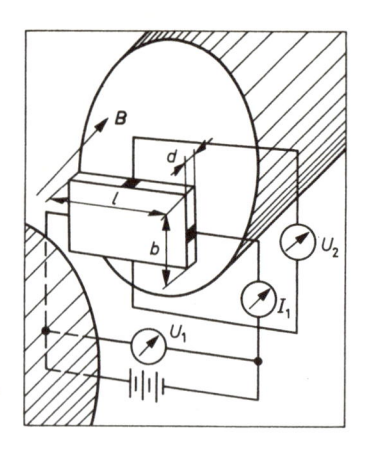

$$R_H = \frac{A}{q \cdot n} \tag{3}$$

mit $A = \mu_H/\mu_D$; μ_D ist die Driftbeweglichkeit der Ladungsträger, die neben der Ladungsträgerkonzentration in den Ausdruck für die spezifische elektrische Leitfähigkeit des Materials eingeht und sich nur wenig von der Hall-Beweglichkeit unterscheidet. A ist also ungefähr 1, hängt aber etwas von der Art der Wechselwirkung der Ladungsträger mit dem Gitter und der elektronischen Struktur des Materials ab und kann bei mittleren Magnetfeldern $B \approx \dfrac{1}{\mu_D}$ auch schwach magnetfeldabhängig sein.

Der Winkel zwischen dem angelegten elektrischen Feld E_1 und dem resultierenden Feld $E_1 + E_H$ wird als Hall-Winkel α bezeichnet. Es gilt $\tan \alpha = \mu_H \cdot B$. Bei ungünstiger Geometrie (kurze Plättchen, großflächige Kontakte) wird die Ausbildung des Hall-Feldes behindert [2].

Der Hall-Effekt ist besonders stark in Materialien mit geringer Ladungsträgerkonzentration. Ein hoher Wirkungsgrad wird erzielt, wenn das Material gleichzeitig auch niederohmig ist, also eine hohe Trägerbeweglichkeit besitzt.

Sind mehrere, z. B. zwei Ladungsträgersorten im Material zu berücksichtigen, gilt für den Hall-Koeffizienten

$$R_H = \frac{A}{q} \cdot \frac{p - b^2 n}{(p + bn)^2}, \quad b = \mu_n/\mu_p, \tag{4}$$

wenn Elektronen der Konzentration n und der Beweglichkeit μ_n und Löcher der Konzentration p und der Beweglichkeit μ_p vorhanden sind bzw.

$$R_H = \frac{A}{q} \cdot \frac{n_1 + b^2 n_2}{(n_1 + bn_2)^2}, \quad b = \frac{\mu_2}{\mu_1},$$

falls Ladungsträger gleichen Vorzeichens, aber unterschiedlicher Konzentration und Beweglichkeit (z. B. in n-GaAs bei höheren Temperaturen, aber noch in der Störleitung, d. h. $n_1 + n_2 = n =$ const.) vorliegen. Wegen $\mu_n/\mu_p > 1$ (in den meisten Halbleitern) wechselt R_H in p-dotiertem Material beim Übergang von der Störleitung ($n \ll p$) in die Eigenleitung ($p = n = n_i$) das Vorzeichen. In diesem Temperaturbereich ist die Temperaturabhängigkeit von R_H in p-leitendem Material stärker als in n-leitendem. Da außerdem auch noch der Wirkungsgrad in p-leitendem Material wegen der geringeren Beweglichkeit kleiner als in n-Material ist, kommt p-leitendes Material nicht zum Einsatz.

In Material mit $\mu_n \approx \mu_p$ tritt dann, wenn n $\approx$ p realisiert ist (z. B. in der Eigenleitung oder bei starker Injektion), ein bemerkenswertes Phänomen auf: Da die Lorentz-Kraft auf Elektronen und Löcher so wirkt, daß sie in dieselbe Richtung mit derselben Stärke abgelenkt werden, entsteht senkrecht zu Magnetfeld und angelegtem elektrischem Feld ein Konzentrationsgradient, ohne daß eine Raumladung (und damit ein Hall-Feld) auftritt. Das folgt auch aus Gl. (4): bei $n = p$ und $\mu_n = \mu_p$ gilt $R_H = 0$. Dieser Effekt führt bei ortsabhängiger Rekombinationsgeschwindigkeit von Elektron-Loch-Paaren zur Leitfähigkeitsmodulation (magnetische Gleichrichtung, Magnetodioden; siehe magnetische Widerstandsänderung).

Liegt das Magnetfeld in der durch die Verbindungslinien zwischen den Elektroden aufgespannten Ebene, kann ebenfalls eine Hall-Spannung, die planare Hall-Spannung, beobachtet werden (*planarer Hall-Effekt*). Die planare Hall-Spannung hängt quadratisch von der magnetischen Induktion ab und steht in ursächlichem Zusammenhang mit der magnetischen Widerstandsänderung.

In der Regel sind (die bisher vorausgesetzten) isothermen Meßbedingungen durch guten Wärmekontakt mit dem umgebenden Medium realisiert (*isothermer Hall-Effekt*). Besteht kein Wärmeausgleich durch Wärmeleitung im Material und durch Wärmekontakt mit der Umgebung, so bewirkt der ebenfalls zu den galvanomagnetischen Effekten zählende Ettingshausen-Effekt eine von der Stärke und der Polung des Magnetfeldes abhängige Temperaturdifferenz zwischen den Hall-Elektroden. Diese Temperaturdifferenz ruft eine Thermospannung hervor, die sich der Hall-Spannung überlagert (*adiabatischer Hall-Effekt*).

Im sogenannten zweidimensionalen Elektronengas, wie es sich in Inversionsschichten bzw. in Anreicherungsrandschichten an Grenzflächen Metall-Isolator, zwischen zwei Halbleitern (Heteroübergang) oder in Korngrenzen ausbildet, ist der Halleffekt bei tiefen Temperaturen nicht mehr proportional B, sondern er hat einen stufenförmigen Verlauf. Die Plateaus der Hallspannung liegen bei

$$U_2 = \frac{\hbar}{q^2 i} I_1.$$

In MOS-Inversionsschichten [9] fand man für i eine Folge von ganzen Zahlen $i = 1, 2, 3 \ldots$

An GaAs-AlGaAs-Heteroübergängen [10] wurden für i auch einfache Brüche, z. B. $i = \frac{1}{3}$ und an InSb-Korngrenzen [11] eine Folge des Doppels ungerader Zahlen $i = 2(2n + 1)$, $n = 1, 2, 3 \ldots$, gefunden. Diese Erscheinung bezeichnet mal als Quanten-Hall-Effekt. Sie beruht auf der Quantelung der Bewegung senkrecht zur Schichtebene und der Ausbildung von Landau-Niveaus im Magnetfeld für die Bewegung in der Schichtebene (vgl. dazu Zyklotronresonanz und Magnetophonon-Effekt).

Kennwerte, Funktionen

Abbildung 2 zeigt die Temperaturabhängigkeit des Hall-Koeffizienten, $R_H(T)$, für ausgewählte Materialien und typische Dotierungen (nach [3, 4]). In der Tab. 1 sind Hall-Koeffizient und Ladungsträgerbeweglichkeit verschiedener Halbleiter bei Zimmertemperatur zusammengestellt. Die Dotierungen sind so gewählt, daß der Hall-Koeffizient nur einen kleinen Temperaturkoeffizienten besitzt (nach [3, 5]).

Die Geometrie der Hall-Elemente ist mitbestimmend für ihre Eigenschaften und wird deshalb für den jeweiligen Anwendungszweck optimiert. Das Hall-Element ist ein nicht rückwirkungsfreier und nicht reziproker Vierpol. Die Impedanzen sind reell, aber magnetfeldabhängig. Der materialbedingte Linearitätsfehler bezüglich der Magnetfeldabhängigkeit kann im Induktionsbereich $B = 10^{-4}$ T...3 T kleiner als 1% gehalten werden. Die Zeitkonstante wird durch die dielektrische Relaxationszeit und die Impulsrelaxation der Ladungsträger bestimmt und ist $\leq 10^{-13}$ s. Der Wirkungsgrad einer 4-Elektrodenstruktur beträgt etwa 6% bei $B = 1$ T und 2% bei $B = 0,3$ T. Höhere Wirkungsgrade lassen sich in Hall-Generatoren erreichen,

Tabelle 1

Material	$-R_H(295\text{ K})/$ cm^{3}A^{-1}s^{-1}	$\mu(295\text{ K})/$ cm^{2}V^{-1}s^{-1}	$\frac{dR_H}{dT} \cdot \frac{1}{R_H} \vert 295\text{K}$
Metalle	$\approx 10^{-4}$	< 100	10^{-3}
Si	10^6	1900	-10^{-3}
Ge	10^3	3900	-10^{-3}
GaAs	$3 \cdot 10^2$	8500	$-5 \cdot 10^{-4}$
InAs	10^2	27000	$-7 \cdot 10^{-2}$
InSb	$5,5 \cdot 10^1$	55000	-10^{-1}
InP	$1,4 \cdot 10^3$	4200	
InAs$_{0,8}$P$_{0,2}$	$2 \cdot 10^2$	14000	$-4 \cdot 10^{-2}$
CdHgTe	$3 \cdot 10^1$	19000	$-3 \cdot 10^{-1}$

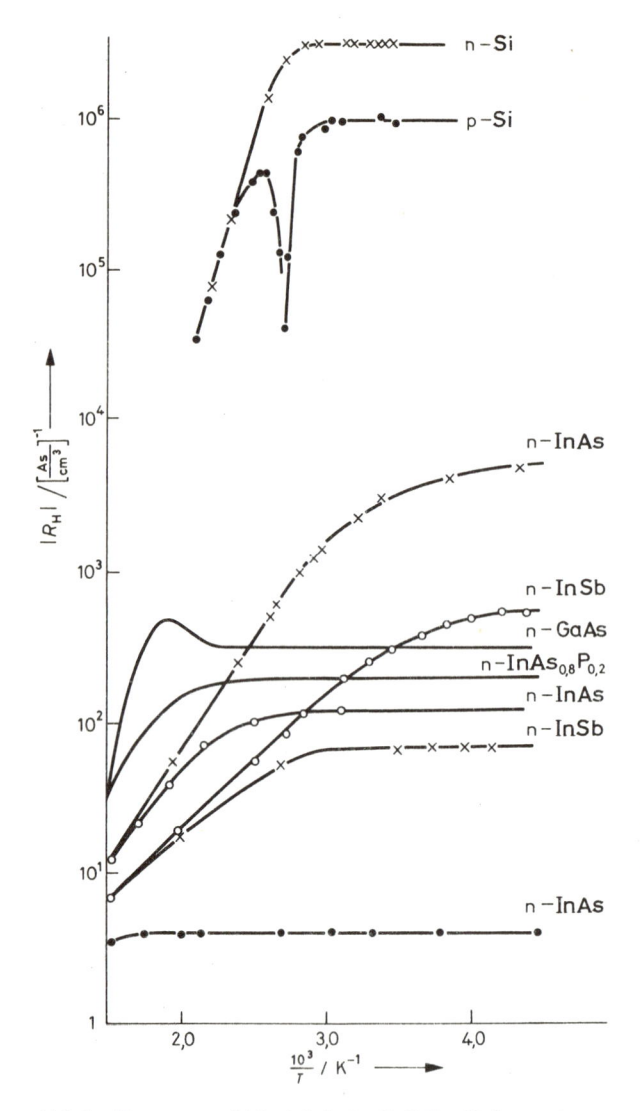

Abb. 2 Temperaturabhängigkeit des Hall-Koeffizienten in ausgewählten Halbleitermaterialien (nach [3, 4]).

die mit mehreren Hall-Elektrodenpaaren versehen sind. Eine leistungsgünstige galvanische Entkopplung von Eingangs- und Ausgangsseite ist mit einem Transformator realisierbar.

Anwendungen

Meßmethode zur Bestimmung des Leitungstyps, der Ladungsträgerkonzentration und der Trägerbeweglichkeit in Halbleitern und Metallen in einem weiten Temperaturbereich. Die Temperatur- und die Magnetfeldabhängigkeit des Hall-Effekts und der Hall-Effekt im starken elektrischen Feld erlauben Aussagen über die elektronische Struktur des Materials und die Wechselwirkung der Ladungsträger mit dem Gitter. Verschiedene Meßtechniken und die Ausschaltung von Fehlerquellen sind in [6] behandelt.

Messung von Magnetfeldern. Der Hall-Generator besteht im einfachsten Fall aus einem rechteckigen, möglichst dünnen Halbleiterplättchen, ungefähr doppelt so lang wie breit, mit vier Elektroden wie in Abb. 1 gezeigt. Am häufigsten wird n-InSb oder n-InAs als Material eingesetzt. Der Halbleiter wird auf einen isolierenden Träger aufgebracht, die Drähte zu den Elektroden werden annähernd induktionsfrei geführt. Zur Reduzierung des effektiven Luftspalts im magnetischen Kreis kann ein ferromagnetischer Träger verwendet werden. Typische Kenndaten eines InAs-Hall-Generators: Steuerstrom $I_1 \approx 100$ mA, Empfindlichkeit (Hall-Spannung bezogen auf Steuerstrom und magnetische Induktion) ≈ 1 V/T·A, Widerstand ≈ 10 Ohm, Linearitätsfehler $< 1\%$ bei optimalem Lastwiderstand im Bereich 10^{-4} T...3 T und $< 3\%$ bei $B \leq 17$ T. Die Nachweisgrenze von Hall-Sonden wird durch die nicht magnetfeldbedingte statistische Schwankung der Spannung zwischen den Hall-Sonden bestimmt. Beim Nachweis von konstanten Magnetfeldern ist die durch lokale Temperaturschwankungen bedingte niederfrequente Nullpunktswanderung entscheidend, bei Wechselfeldern das thermische Rauschen. Experimentell sind mit InAs-Hall-Sonden Nachweisgrenzen von $2 \cdot 10^{-7}$ T bei Gleichfeldern im Langzeitbetrieb und 10^{-9} T bei Wechselfeldern erreicht worden. Ausgedehnte schwache magnetische Felder lassen sich im Luftspalt zwischen zwei ferromagnetischen Stäben konzentrieren. Damit können Verstärkungsfaktoren von $4 \cdot 10^2$ und somit Nachweisgrenzen für statische Magnetfelder von $5 \cdot 10^{-10}$ T erreicht werden.

Miniatursonden gestatten eine hohe räumliche Auflösung. Mittels Fotolithografie lassen sich aus dünnen Halbleiterschichten auf Isolatorsubstrat Hall-Sonden mit feldempfindlichen Flächen von etwa 10 µm × 10 µm realisieren. Bei geeigneter geometrischer Anordnung und elektrischer Verschaltung mehrerer Hall-Generatoren sind Feldgradienten direkt meßbar.

Messung von Größen, die proportional zu einer magnetischen Induktion B sind, z. B. Messung starker Gleichströme: Der Leiter wird von einem ferromagnetischen Joch mit Luftspalt umgeben. Die magnetische Induktion im Luftspalt und damit die Hall-Spannung eines dort angeordneten Hall-Generators ist proportional zum fließenden Strom.

Kontaktlose Signalgabe. Die Größe des Hall-Signals ist nur abhängig von der Position und der Stärke des erregenden Magneten in Bezug auf das Hall-Element, unabhängig von der Bewegungsgeschwindigkeit!

So sind Winkelmessungen über die Drehung eines Permanentmagneten in Bezug auf geeignet angeordnete Hall-Elemente möglich. Als Positionssensor wird das Hall-Element z. B. zur Feldsteuerung in kollektorlosen Gleichstrommotoren und zur elektronischen Steuerung der Zündung in Otto-Motoren eingesetzt.

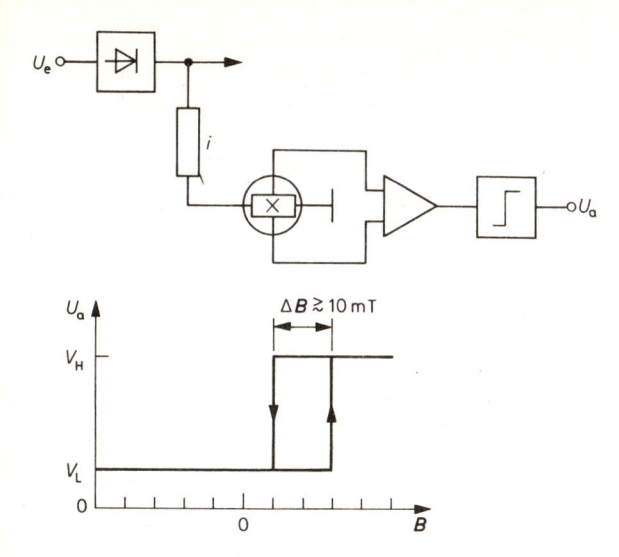

Abb. 3 Integrierter Schaltkreis zur kontaktlosen Signalgabe mittels Hall-Effekt

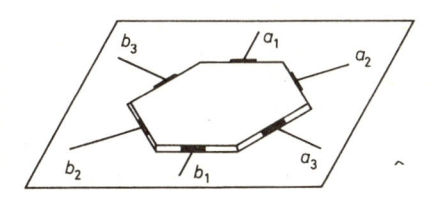

Abb. 4 Einfachste Geometrie eines Hall-Effekt-Zirkulatorelements

Als kontaktloser Signalgeber wird das Hall-Element in Zähl- und Sortieranlagen und zur Zielsteuerung von magnetisch markierten Objekten sowie in Hall-Element-Tastaturen verwendet.

In integrierten Schaltkreisen wird vorteilhaft Silicium als Hall-Effekt-Material eingesetzt, obwohl es keinen optimalen Hall-Wirkungsgrad besitzt. Abbildung 3 zeigt ein Beispiel, wo Spannungsstabilisierung für den gesamten Schaltkreis, Stabilisierung des Steuerstroms, Differenzverstärker, Schmitt-Trigger und Leistungsstufe neben dem eigentlichen Hall-Generator in einem Schaltkreis integriert sind.

Multiplikation. Der Hall-Multiplikator ist ein Sechspol, über zwei Anschlußpaare werden die beiden Eingangsgrößen Steuerstrom I_1 durch das Hall-Element und Erregerstrom I_M für das magnetische Feld zugeführt und über das dritte Paar die Hall-Spannung U_2 abgegriffen. Typische Kennwerte eines Hall-Multiplikators: Steuerstrom $I_1 = 500$ mA, Erregung 50...100 A Wdg., Hall-Spannung $U_2 \approx 200$ mV, Multiplikationsfehler $< 0,5\%$, Temperaturkoeffizient $|\beta| < 0,1\%$/Grad.

Der Hall-Multiplikator wird angewendet zur Analogmultiplikation in Analogrechenmaschinen und zur Messung der elektrischen Leistung in den Fällen, wo das Meßergebnis in Form eines elektrischen Signals vorliegen muß.

Modulation. Das zu modulierende Signal liefert den Steuerstrom durch den Hall-Generator, die Modulation wird über ein magnetisches Wechselfeld erzeugt, und das modulierte Signal erscheint als Hall-Spannung. Das magnetische Wechselfeld kann in einem Elektromagneten oder durch die Bewegung von magnetischem Material erzeugt werden. Letzteres findet Anwendung beim Abtasten von Magnetspeichern (Hall-Element-Leseköpfe). Die Amplitude des Lesesignals ist unabhängig von Bandgeschwindigkeit und Aufzeichnungsfrequenz, die Auslesefunktion des Hall-Kopfes kann über den Steuerstrom beeinflußt werden, und es gibt kaum Abschirmprobleme.

Hall-Effekt-Isolator und -Zirkulator. Der Hall-Generator ist im Magnetfeld ein nicht reziproker Vierpol. Durch geeignete Geometrie des Bauelements und äußere Beschaltung ist ein Isolator realisierbar, dessen Wirkungsgrad durch eine Vielelektroden-Geometrie erhöht werden kann. In [7] wird ein Wirkungsgrad in Vorwärtsrichtung von 0,83 und in Rückwärtsrichtung kleiner 10^{-4} erreicht, wobei jeweils neun Elektrodenpaare an n-leitendem InSb angeordnet waren. Der Frequenzgang wird entscheidend durch die verwendeten Transformatoren bestimmt, im Frequenzbereich 450 kHz...1,3 MHz ändert sich der Wirkungsgrad um weniger als 25%.

In analoger Weise ist auch ein Hall-Effekt-Zirkulator realisierbar, wenn anstelle der quadratischen Geometrie beim Isolator zu einer sechseckigen Geometrie, wobei die jeweils gegenüberliegenden Elektroden einen Eingang bilden, übergegangen wird (Abb. 4). Im Frequenzbereich 9,5 kHz...2,1 MHz ist mit einer optimierten Vielelektrodengeometrie ein Wirkungsgrad $\eta \approx 0,6$ bei einem Sperrwirkungsgrad von $< 10^{-4}$ erreichbar [7].

Bestimmung von q^2/h. Beim Quanten-Hall-Effekt (z. B. in Si-MOSFETs) bei sehr tiefen Temperaturen und starken Magnetfeldern wird die Hall-Spannung unabhängig von Materialparametern und Geometrie sowie innerhalb eines Plateaus unabhängig vom Magnetfeld

$$U_2 = \frac{h}{q^2 \cdot i} \cdot I_1, \qquad i = 1, 2, 3, \ldots,$$

allein durch die beiden Naturkonstanten h – Plancksches Wirkungsquantum und q – Elementarladung bestimmt [8]. Diese Erscheinung erlaubt eine sehr genaue Bestimmung der Größe q^2/h und damit der Sommerfeldschen Feinstrukturkonstanten. Andererseits kann, wenn der Wert $h/q^2 = 25\,812,8\ldots$ Ohm genügend genau bekannt ist, mit dem Quanten-Hall-Effekt ein Widerstandsstandard realisiert werden.

Literatur

[1] HALL, E.: On a new action of the magnet on electric currents. Phil. Mag. **10** (1880) 225.
[2] KUHRT, F.; LIPPMANN, H. J.: Hallgeneratoren, Eigenschaften und Anwendungen. Berlin/Heidelberg/New-York: Springer-Verlag 1968.
[3] WEISS, H.: Physik und Anwendung galvanomagnetischer Bauelemente. Leipzig: Akademische Verlagsgesellschaft Geest & Portig K.-G. 1969.
[4] PUTLEY, E. H.: The Hall effect and related phenomena. - London: Butterworth 1960.
[5] KOBUS, A.: Problemy optymalizacji konstrukciji hallotronow. - Warszawa: Panstwowe Wydavnictwo, Naukowe 1974.
[6] KUCIS, E. V.: Methody issledovanija effekta Cholla. - Moskva: Sovetskoe Radio 1974.
[7] GRÜTZMANN, S.: Proc. IEEE **51** (1963) 1584.
[8] KLITZING, K.; EBERT, G.: Proc. 16th Internat. Conf. Phys. Semiconductors. Montpellier 1982, Teil 2, Physica **118 B** (1983) 682.
[9] VON KLITZING, K.; DORDA, G.; PEPPER, M., Phys. Rev. Lett. **45** (1980) 494.
[10] TSUI, D. C.; STORMER, H. L.; GOSSARD, A. C., Phys. Rev. Lett. **48** (1982) 1559.
[11] HERRMANN, R.; KRAAK, W.; GLINSKI, M., phys. stat. sol. (b) **125** (1984) 85.

Heißleiter

Die ersten hohen negativen Temperaturkoeffizienten bei Leitern fand FARADAY 1834. Aber erst 1933 führten umfangreiche Vorarbeiten von MEYER und BERG [1] zur Herstellung technisch brauchbarer Heißleiter aus Urandioxid. Die Firma Osram brachte diese Widerstände unter dem Namen „Urdox" auf den Markt. Diese Bezeichnung wurde auch beibehalten, nachdem bereits ein Jahr später der teure Importrohstoff durch Mg-Ti-Spinell ersetzt wurde. Die Firma Siemens verwendete dagegen längere Zeit Kupferoxid als Heißleitermaterial. Moderne NTC-Thermistoren (*n*egative *t*emperature *c*oefficient *therm*al sensitive res*istor*) bestehen ausschließlich aus Metalloxid-Spinellen unterschiedlicher Zusammensetzung.

Sachverhalt

Der Anstieg der Leitfähigkeit bei Temperaturerhöhung ist durch die thermische Anhebung von Elektronen ins Leitungsband bedingt. Für die Herstellung von Heißleitern findet meist Oxidkeramik Verwendung. Dadurch beeinflussen weitere Effekte die Temperaturabhängigkeit der Leitfähigkeit des Materials. Zu berücksichtigen sind einerseits Einflüsse von Verunreinigungen und Korngrenzen in der Keramik, andererseits die beim Sintern in reduzierender oder oxidierender Atmosphäre im Kristallgitter entstehenden Störstellen. Je nach Wahl der Zusammensetzung der mischkristallinen Oxidkeramik sowie der Korngröße und der Sintertechnologie entsteht n- oder p-halbleitendes Material. Ebenso läßt sich die temperaturabhängige Ladungsträgerdichte beeinflussen. Qualitative Betrachtungen ergaben für den spezifischen Widerstand ϱ in Abhängigkeit von der Temperatur T

$$\varrho(T) = aT^n \cdot e^{\frac{\Delta E}{2kT}} \qquad (n < 1) \qquad (1)$$

(a, ΔE materialabhängige Stoffkonstanten). Die Energie ΔE, die notwendig ist, um ein Elektron ins Leitungsband anzuheben, hat bei Thermistorwerkstoffen einen Wert von etwa 0,5 eV. Für nicht zu große Temperaturänderungen kann der Term T^n gegenüber der Exponentialfunktion als näherungsweise konstant angesehen werden, und aus (1) ergibt sich

$$\varrho(T) = A \cdot e^{B/T} \qquad (2)$$

mit $A = aT^n$ und $B = \Delta E/2k$. Genauere Untersuchungen zeigen jedoch, daß auch B bei großen Temperaturänderungen nicht konstant ist. Die einfachen Vorstellungen, die zur Aufstellung von Gl. (1) führten, spiegeln das komplizierte elektrische Verhalten von Mischkristallkeramik nur unvollständig wieder. Für praktische Berechnungen in elektronischen Schaltungen ist aber Formel (2) im allgemeinen hinreichend genau [2].

Kennwerte, Kennlinien

Zur Herstellung von Heißleitern werden Oxide der Übergangsmetalle aus der 3. Periode (Mn, Fe, Co, Ni, Cu, Zn) verwendet. Die Kristalle enthalten die Ausgangsoxide sowie Spinelle $A^{II}B_2^{III}O_4$ (häufig $NiO \cdot Mn_2O_3$). Die Oxide und Spinelle sind gut miteinander mischbar, so daß feste Lösungen entstehen, deren temperaturabhängige Leitfähigkeit sich in weiten Grenzen auf vorgegebene Werte einstellen läßt.

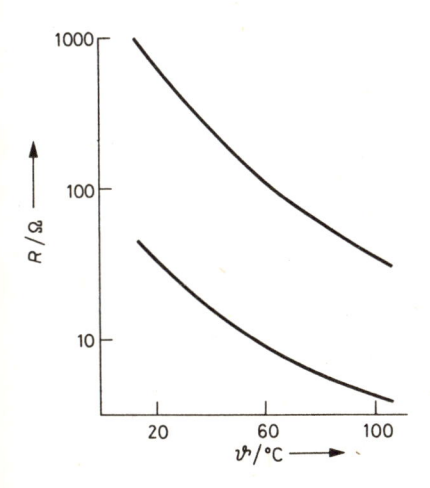

Abb. 1 Widerstands-Temperaturkennlinien von Heißleitern mit unterschiedlichen Kennwerten $R(T_0)$ und B (schematisch; nach [3])

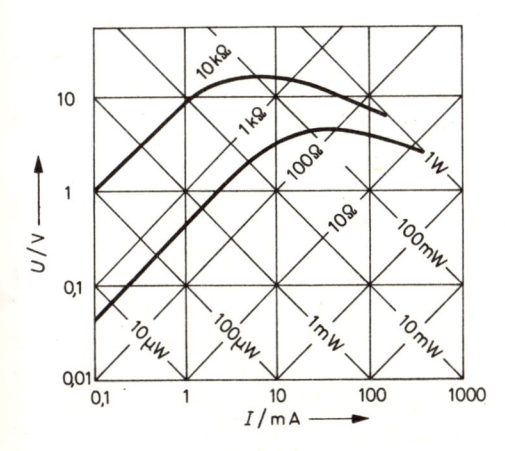

Abb. 2 Strom-Spannungskennlinien (doppelt-log.) von Heißleitern mit unterschiedlichen Kennwerten $R(T_0)$ und B (schematisch; nach [3])

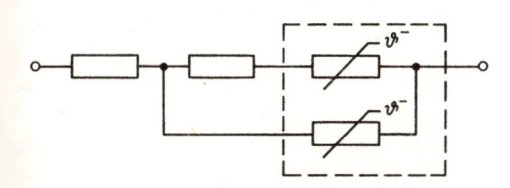

Abb. 3 Schaltung zur Linearisierung der $R(T)$-Kennlinie

Die Hersteller geben als Kennwerte den Widerstand R_∞ oder den Kaltwiderstand $R(T_0)$, meist bezogen auf 20 °C oder 25 °C, und den Regelfaktor (Energiekonstante) B an. Der Kaltwiderstand kann im Bereich von einigen Ohm bis zu einigen Megaohm liegen. Für den Widerstand in Abhängigkeit von der Temperatur ergibt sich damit

$$R(T) = R_\infty e^{B/T} \tag{3.1}$$

oder

$$R(T) = R(T_0) \cdot e^{B\left(\frac{1}{T} - \frac{1}{T_0}\right)}. \tag{3.2}$$

Weitere Daten sind die Nennspannung, der maximal zulässige Strom und die thermische Abkühlkonstante. Letztere liegt meist bei einigen Sekunden, es sind aber Werte zwischen 0,4 s und 10 min möglich. Die zulässige Grenztemperatur ist vom Sinterprozeß abhängig. Typisch sind Grenztemperaturen von 100 °C bis 150 °C; durch besondere Technologien werden aber auch Werte um 1000 °C erreicht. Außer vom Material hängen die Kennwerte auch von der Bauform der Heißleiter ab. Für die verschiedenen Anwendungsfälle werden stab-, scheiben- und perlenförmige Bauelemente angeboten. Als Kennlinien werden vom Hersteller je nach Verwendungszweck die Widerstands-Temperaturkennlinie (Abb. 1) oder die Strom-Spannungskennlinie (Abb. 2) angegeben.

Anwendungen [2 bis 5]

Unmittelbar aus der $R(T)$-Kennlinie (Abb. 1) ergibt sich die Verwendung als Temperatursensor. Vorteile bei der Verwendung von Heißleitern sind der gegenüber den Zuleitungen hohe Widerstandswert und Temperaturkoeffizient (der Einfluß der Zuleitungen kann im allgemeinen vernachlässigt werden) und der in weiten Grenzen wählbare Kaltwiderstand (dadurch kann der Signal/Rauschabstand optimiert werden). Gegenüber Metallwiderstandsthermometern zeichnen sich Heißleiter außerdem durch ihre Kleinheit aus (geringere Wärmekapazität und thermische Zeitkonstante). Nachteilig ist die auch in kleinen Bereichen kaum vernachlässigbare Nichtlinearität der Kennlinie. Möglichkeiten zur Linearisierung der Kennlinie in Teilbereichen bietet das Zusammenschalten von einem oder mehreren thermisch gekoppelten Heißleitern mit Festwiderständen. Die Parallelschaltung eines Heißleiters mit einem konstanten Widerstand ergibt eine Kennlinie mit einem Wendepunkt, die in dessen Umgebung als näherungsweise linear angesehen werden kann. Mit einer Schaltung nach Abb. 3 kann der Linearitätsfehler bis auf ± 0,2 K im Bereich von 0 °C bis 100 °C verringert werden.

Weitere Verwendungsmöglichkeiten, die sich aus

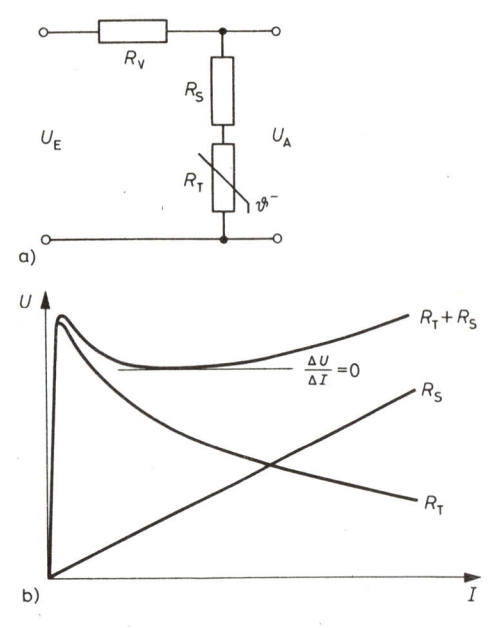

Abb. 4 Spannungsstabilisation mit Heißleiter
a) Schaltung b) Kennlinien

der $R(T)$-Kennlinie ergeben, sind die Temperaturkompensation in elektronischen Schaltungen, die Messung der Wärmeleitfähigkeit des umgebenden Mediums sowie die Mikrowellen- und Ultraschalleistungsmessung. Bei Anwendungen zur Temperaturkompensation wirkt die Widerstandsänderung des Thermistors unmittelbar den thermisch bedingten Parameteränderungen eines oder mehrerer Bauelemente entgegen. Wichtig ist ein guter thermischer Kontakt zwischen dem Thermistor und den betreffenden Bauelementen. Bei der Leistungsmessung und der Bestimmung der Wärmeleitung wirkt der Thermistor als Sensor, wobei die Widerstandsänderung ein Maß für die sich unter dem Einfluß der Meßgröße ergebende Temperaturänderung ist. Zur Messung der Wärmeleitfähigkeit wird der Thermistor elektrisch aufgeheizt und die sich infolge der Wärmeableitung in das umgebende Medium einstellende Temperatur durch Vergleich mit einem Referenzhalbleiter in einer Brücke gemessen. Daraus ergeben sich Möglichkeiten zur Messung der chemischen Zusammensetzung oder der Strömungsgeschwindigkeit von Gasen und Flüssigkeiten, zur Füllstandsmessung sowie zur Messung kleiner Gasdrucke (Pirani-Vakuummeter).

Die älteste Anwendung des Heißleiters ist die Verwendung als Regelelement zur Stabilisierung von Gleichspannungen und niederfrequenten Wechselspannungen aufgrund seiner stark nichtlinearen $U(I)$-Kennlinie (siehe Abb. 2 und 4). Im Gegensatz zu den bisher beschriebenen Anwendungen, bei denen man mit einer möglichst geringen Verlustleistung arbeitet, wird bei der Anwendung als Regelelement der sich durch die Eigenerwärmung ergebende fallende Teil der $U(I)$-Kennlinie ausgenutzt. Das Prinzip einer solchen Regelschaltung mit den zugehörigen Kennlinien zeigt Abb. 4. Die resultierende Kennlinie für die Serienschaltung des Thermistors mit einem konstanten Widerstand weist einen relativ großen Bereich auf, in dem $\Delta U/\Delta I$ annähernd Null ist, der zur Stabilisierung ausgenutzt wird. Vorteilhaft ist, daß die Regelschaltung wegen ihrer thermischen Trägheit bei Frequenzen oberhalb 20 Hz praktisch keine Oberwellen erzeugt.

Die thermische Trägheit von Heißleitern wird ausgenutzt zur Unterdrückung von Einschaltstromstößen, zur Anzugs- und Abfallverzögerung von Relais und in Anlaßschaltungen für Motoren. Besondere Anwendungen ergeben sich für fremdgeheizte Heißleiter. Sie werden als veränderbare Spannungsteiler, als Stellglieder in Regelschaltungen sowie als Abgleichelemente in Hochfrequenzmeßbrücken eingesetzt. Die Vorteile gegenüber anderen Lösungen sind die galvanische Trennung von Steuer- und Regel- bzw. Meßkreis bei gleichzeitig sehr geringer kapazitiver Kopplung (wenige Pikofarad) und die Dämpfung von Regelschwingungen aufgrund der thermischen Trägheit. Auch bei diesen Anwendungen muß der Strom durch den Heißleiter so gering sein, daß die Eigenerwärmung vernachlässigbar ist.

Literatur

[1] WEISE, E.: Technische Halbleiterwiderstände. – Leipzig: Johann Ambrosius Barth 1949.
[2] HAHN, H.: Thermistoren. – Hamburg/Berlin: R. v. Dekkers Verlag, G. Schenk 1965.
[3] Halbleiter-Handbuch. 2. Ausgabe. VEB Keramische Werke Hermsdorf 1969.
[4] EDER, F.: Moderne Meßmethoden der Physik. Bd. 3. – Berlin: VEB Deutscher Verlag der Wissenschaften 1972.
[5] SCHEFTEL, I. T.: Thermowiderstände. – Moskau: Verlag Nauka 1973 (in Russ.).

Injektion

Die Minoritätsträgerinjektion im Halbleiter wurde von BARDEEN und BRATTAIN 1947 in Zusammenhang mit Experimenten zur Aufklärung der Rolle von Oberflächenzuständen für die Funktion von Spitzenkontakten gefunden [1] und unmittelbar danach im Spitzentransistor [2] genutzt. SHOCKLEY erklärte das Wesen dieses Effektes theoretisch [3] und erschloß damit den Weg zu seiner breitesten Anwendung in der Halbleitertechnik und Mikroelektronik sowie in der Halbleitermeßtechnik.

Physikalisch ist die Minoritätsträgerinjektion mit der Erzeugung von Elektron-Lochpaaren in homogenen Halbleitern durch optische Anregung verwandt; man spricht darum dann manchmal auch von Photoinjektion.

Sachverhalt

Bringt man in einen Halbleiter zusätzlich zu den im thermodynamischen Gleichgewicht mit den Konzentrationen n_0 bzw. p_0 vorhandenen (Leitfähigkeits)elektronen bzw. Löchern Ladungsträger (siehe n-*Leitung*, p-*Leitung*) z. B. Löcher mit der ortsabhängigen Konzentration $\Delta p(r) = p(r) - p_0$ ein, so bedeutet das zunächst das Bestehen einer Raumladung $\varrho(r) = q\Delta p(r)$, die ein elektrisches Feld $F(r)$ entsprechend der Poissonschen Raumladungsgleichung erzeugt:

$$\operatorname{div} F(r) = \frac{1}{\varepsilon\varepsilon_0} \varrho(r). \tag{1}$$

Andererseits führt das elektrische Feld zu einem elektrischen Strom der Dichte $j(r)$, für den die Kontinuitätsgleichung

$$\partial\varrho/\partial t = -\operatorname{div} j \tag{2}$$

gilt. Ist die elektrische Leitfähigkeit $\sigma = e(\mu_n n + \mu_p p)$ annähernd räumlich konstant, so gilt $j = \sigma F$, und aus (2) und (3) folgt

$$\partial\varrho/\partial t = \frac{-\sigma}{\varepsilon\varepsilon_0} \varrho. \tag{3}$$

Dies bedeutet, daß jede in homogenen Halbleitern erzeugte Raumladung mit einer Zeitkonstanten, der Maxwellschen dielektrischen Relaxationszeit, $\tau_M = \varepsilon\varepsilon_0/\sigma$ wieder exponentiell abklingt. Ist $\sigma \approx 1\ \Omega^{-1} \mathrm{cm}^{-1}$ und $\varepsilon\varepsilon_0 \approx 10^{-12}$ As/Vcm (beides typische Größenordnungen für technisch interessante Halbleiter) so ist $\tau_M \approx 10^{-12}$ s.

Nun wird jedoch in einem annähernd homogen und hinreichend stark dotierten Halbleiter der elektrische Strom fast ausschließlich von Majoritätsträgern getragen. Es kann sich durch ihn also nur die Majoritätsträgerkonzentration merklich ändern. Damit folgt in unserem Fall des Bestehens einer zusätzlichen Löcherkonzentration $\Delta p(r,t)$ zur Zeit $t = 0$ ein völlig unterschiedliches Verhalten, je nachdem ob es sich um einen n- oder p-Leiter handelt. Der Abbau der Raumladung

$$\varrho(r,t) = q(\Delta p(r,t) - \Delta n(r,t)) \tag{4}$$

erfolgt im n-Leiter durch einen Elektronenstrom und folglich durch den Aufbau einer zusätzlichen Elektronenkonzentration

$$\Delta n(r,t) = \Delta p(r,0)\,[1 - \exp(-t/\tau_M)]. \tag{5a}$$

Die zusätzliche Konzentration der Löcher, die in diesem Fall die Minoritätsträger sind, bleibt dagegen konstant

$$\Delta p(r,t) = \Delta p(r,0). \tag{6a}$$

Im p-Leiter dagegen würde sich zur Kompensation einer anfänglich vorhandenen zusätzlichen Löcher-, hier also Majoritätsträgerkonzentration, eine zusätzliche Elektronenkonzentration nicht aufbauen können. Es müßte gelten

$$\Delta n(r,t) = 0, \tag{5b}$$

und statt dessen würde sich die zusätzliche Löcherkonzentration gemäß

$$\Delta p(r,t) = \Delta p(r,0)\exp(-t/\tau_M) \tag{6b}$$

selbst abbauen.

Wir sehen also, daß es möglich ist, Minoritätsträger in homogene Halbleiter einzubringen, ohne daß dabei Raumladungen und zusätzliche Felder entstehen. Diesen Effekt nennt man Minoritätsträgerinjektion. Eine Majoritätsträgerinjektion ist auch möglich, sie setzt aber zusätzliche Felder voraus wie bei den raumladungsbegrenzten Strömen in semiisolierenden Halbleitern oder beim Feldeffekttransistor (siehe *Feldeffekt*). Im Falle von Eigenhalbleitern spricht man von Doppelinjektion, wenn Elektronen und Löcher in gleicher Konzentration zusätzlich eingebracht werden. Bei der Photoinjektion ist die Raumladungsfreiheit von vornherein gegeben.

Unsere bisherigen Betrachtungen zeigten, daß zusätzliche Minoritätsträgerkonzentrationen sich in Halbleitern erhalten können, ohne durch den elektrischen Feldstrom $j = \sigma \cdot F$ abgebaut zu werden; nicht berücksichtigt wurde die Diffusion, die zu einer Verbreiterung einmal vorhandener Konzentrationsverteilungen $\Delta p(r,t)$ führt, und die Rekombination, die eine Vernichtung von Elektron-Loch-Paaren gemäß der Formel

$$\frac{\partial \Delta n}{\partial t} = \frac{\partial \Delta p}{\partial t} = -\frac{\Delta p}{\tau} \tag{7}$$

bedeutet. Die Minoritätsträgerlebensdauer τ liegt in praktisch interessanten Fällen im Bereich der Größenordnungen 10^{-8} bis 10^{-3} s, eine zusätzliche Minoritätsträgerkonzentration besteht also in typischen Fällen 10^4 bis 10^9 mal länger, als zur Herstellung der Raumladungsneutralität notwendig ist. Minoritätsträgerinjektion tritt auf beim Stromtransport durch pn-Übergänge. Wird ein pn-Übergang in Durchlaßrichtung (positiver Pol an p-Seite) vorgespannt, so werden Minoritätsträger, d.h. Löcher, in die n-Seite und Elektronen in die p-Seite injiziert. Bei entgegengesetzter Polung (Sperrichtung) werden die Löcher aus dem n-Gebiet und die Elektronen aus dem p-Gebiet abgesaugt. Es ist dann Δp bzw. $\Delta n < 0$, man spricht dann von Minoritätsträgerextraktion. Unsere vorn gegebene Betrachtung bezieht sich beim pn-Übergang auf die hinreichend weit vom eigentlichen pn-Übergang entfernten annähernd homogen dotierten p- bzw. n-leitenden Gebiete.

Kennwerte, Funktionen

Ein pn-Übergang (Abb. 1) läßt sich gedanklich in drei Bereiche aufteilen: in die annähernd homogen dotierten p- bzw. n-leitenden Bereiche (Dotierungskonzentration N_A bzw. N_D), in denen gemäß der vorstehenden Betrachtung Raumladungsneutralität herrschen muß ($\Delta n = \Delta p$), und in den Bereich um den eigentlichen, im folgenden als abrupt angenommenen Übergang von p- zur n-Dotierung, in dem eine Raumladung $\varrho \neq 0$ herrscht, nämlich in die Raumladungszone der Dicke W. Im thermodynamischen Gleichgewicht muß das Fermi-Niveau E_F im gesamten Halbleiter konstant sein, daher muß sich zwischen dem n- und dem p-Gebiet eine Potentialdifferenz $V_D > 0$, die die unterschiedliche Lage des Fermi-Niveaus E_F im p- und n-Gebiet relativ zur Leitfähigkeitsbandkante E_L ausgleicht, befinden. Es gilt

$$qV_D = E_g - \frac{kT}{q}\left(\ln\frac{N_L}{N_D} + \ln\frac{N_V}{N_A}\right) \quad (8)$$

(zur Bedeutung der Symbole vgl. hier und im folgenden S. 393 sowie Tab. 1). Aus V_D und der Poissonschen Raumladungsgleichung (1) folgt

$$W = \left[\frac{2\varepsilon\varepsilon_0 V_D}{q}\left(\frac{1}{N_A} + \frac{1}{N_D}\right)\right]^{1/2}. \quad (9)$$

Dabei wurde angenommen, daß in der Raumladungszone Elektronen bzw. Löcher völlig extrahiert sind und die Donatoren bzw. Akzeptoren völlig ionisiert sind ($\varrho = qN_D$ bzw. $= -qN_A$ im n- bzw. p-dotierten Gebiet).

Im n-leitenden raumladungsfreien Gebiet gilt bei kleinen elektrischen Stromdichten für die Minoritätsträger die Diffusionsgleichung

$$\frac{\partial p}{\partial t} = -\frac{\Delta p}{\tau_p} + D_P \operatorname{divgrad} p \quad (10)$$

und eine analoge durch Vertauschen von p mit n für das p-Gebiet. Dabei sind τ_p bzw. τ_n die Lebensdauern

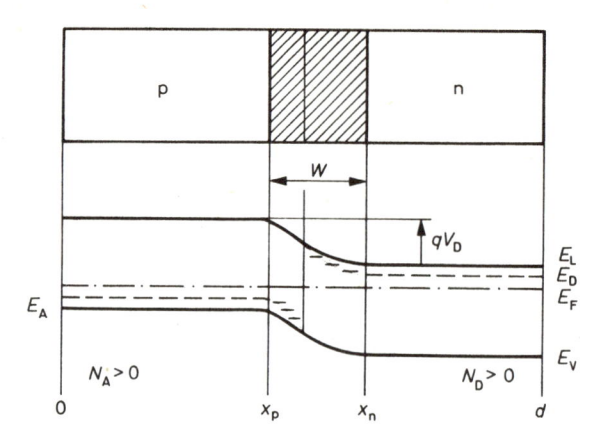

Abb. 1 Schematische Darstellung eines pn-Überganges sowie des zugehörigen Bändermodells für das thermodynamische Gleichgewicht. Erläuterung der Symbole im Text.

Tabelle 1 Einige Parameter von Halbleitern (undotiert) bei 300 K [7]

	Si	Ge	GaAs
E_g [eV]	1,12	0,66	1,43
N_L [cm^{-3}]	$2,8 \cdot 10^{19}$	$1,04 \cdot 10^{19}$	$4,7 \cdot 10^{17}$
N_V [cm^{-3}]	$1.02 \cdot 10^{19}$	$6,1 \cdot 10^{18}$	$7,0 \cdot 10^{18}$
n_i [cm^{-3}]	$1,6 \cdot 10^{10}$	$2,4 \cdot 10^{13}$	$1,1 \cdot 10^7$
$\mu_n \left[\frac{cm^2}{Vs}\right]$	1500	3900	8500
$\mu_p \left[\frac{cm^2}{Vs}\right]$	600	1900	400
χ [eV]	4,05	4,0	4,07
Φ [eV]	4,8	4,4	4,7
ε	11,8	16	10,9

χ ist die Elektronenaffinität, Φ die Austrittsarbeit (siehe *Metall-Halbleiter-Kontakt*). D_p und D_n ergeben sich aus μ_p bzw. μ_n durch die Einstein-Beziehung $D_p = (kT/q) \cdot \mu_p$ usw.; $kT/q = 0.0259$ V bei 300 K.

der jeweiligen Minoritätsträger, Löcher bzw. Elektronen und D_p bzw. D_n die Diffusionskoeffizienten.

In Gl. (10) konnte das elektrische Feld vernachlässigt werden, weil jede äußere Spannung durch die hohe Majoritätsträgerkonzentration praktisch kurzgeschlossen wird. Innere Felder bauen sich in diesem Gebiet wegen der Raumladungsneutralität nicht auf.

Mit (10) läßt sich der von den Minoritätsträgern jeweils getragene Anteil an der elektrischen Stromdichte in den Punkten x_n und x_p leicht berechnen. Es gilt mit den Randbedindungen $\Delta n(0) = \Delta p(d) = 0$ unter der Voraussetzung, daß die Diffusionslängen der Minoritätsträger $L_n = \sqrt{D_n \tau_n}$ bzw. $L_p = \sqrt{D_p \tau_p}$ klein gegen die Dicke der feldfreien Gebiete x_p bzw. $(d-x_n)$ (vgl. Abb. 1) sind:

$$j_n(x_p) = \frac{qD_n}{L_n} \Delta n(x_p), \quad (11a)$$

$$j_p(x_n) = \frac{qD_p}{L_p} \Delta p(x_n). \quad (11b)$$

Zur Berechnung der elektrischen Stromdichte $j = j_n(x) + j_p(x)$ beachten wir nun, daß $j_n(x_n) = j_n(x_p) + j_r$ gelten muß, wobei j_r den Rekombinationsstrom pro Flächeneinheit in der Raumladungszone darstellt (Abb. 2). In der Raumladungszone gelten dagegen für die Teilströme $j_n(x)$ und $j_p(x)$ die vollständigen Transportgleichungen mit Feldstrom- und Diffusionsstromanteil

$$j_n = q\mu_n F + qD_n \operatorname{grad} n, \tag{12a}$$

$$j_p = q\mu_p F - qD_p \operatorname{grad} p. \tag{12b}$$

Zur Berechnung von $\Delta n(x_p)$ bzw. $\Delta p(x_n)$ in Abhängigkeit von der äußeren angelegten Spannung V (siehe Abb. 2) wird gewöhnlich angenommen, daß die resultierenden Stromdichten j_n bzw. j_p im Vergleich zu Feld- bzw. Diffusionsstrom einzeln vernachlässigbar sind, $\Delta n(x_p)$ und $\Delta p(x_n)$ als Funktion von V näherungsweise darum wie im thermodynamischen Gleichgewicht bei $j = j_n = j_p = 0$ berechnet werden können. Das ergibt die Kennliniengleichung

$$j(v) = \left(\frac{qD_n n_i^2}{L_n p_p} + \frac{qD_p n_i^2}{L_p n_n} \right) \left[e^{\frac{qV}{kT}} - 1 \right] + j_r(V). \tag{13}$$

p_p und n_n sind die Majoritätsträgerkonzentrationen im p- bzw. n-Gebiet im Gleichgewicht ($p_p = N_A$; $n_n = N_D$ in Abb. 1). Haben wir einen stark unsymmetrischen p-n-Übergang, z. B. einen p$^+$n-Übergang mit $p_p \gg n_n$, dann kann der Elektronenanteil mit p_p im Nenner in (13) vernachlässigt werden. Die Kennlinie wird also durch die schwächer dotierte Seite des pn-Überganges bestimmt. Der Shockleysche Sonderfall eines pn-Überganges ist erfüllt, wenn $L_n, L_p \gg W$, dann ist j_r in (13) für alle V vernachlässigbar, und die Kennlinie ist vollständig berechnet [3]. Andernfalls muß $j_r(V)$ noch berechnet werden.

Ist $L_n, L_p \gg W$ nicht erfüllt bzw. wenn große Sperrspannungen $V \ll -kT/q$ anliegen, so ist j_r in (13) zu berücksichtigen. Für ihre Berechnung brauchen wir Aussagen über die Rekombinationsrate U in der Raumladungszone. Für die Rekombination von Elektronen und Löchern mit der thermischen Geschwindigkeit v_{th} über Zentren mit der Energie E_t, der Konzentration N_t und den Einfangquerschnitten s_n und s_p gilt [4, 5]

$$U = \frac{s_p s_n v_{th}(pn - n_i^2) N_t}{s_n \left[n + n_i \exp\left(\frac{E_t - E_i}{kT}\right) \right] + s_p \left[p + n_i \exp\left(\frac{E_i - E_t}{kT}\right) \right]} \tag{14}$$

(siehe Abb. 3). E_i entspricht der Lage des Terminiveaus im Falle der Eigenleitung $n_0 = p_0 = n_i$ (vgl. S. 575). Die Rekombinationsstromdichte $j_r(V)$ ist aus (14) gemäß

$$j_r(V) = \int_{x_p}^{x_n} qU \, dx \tag{15}$$

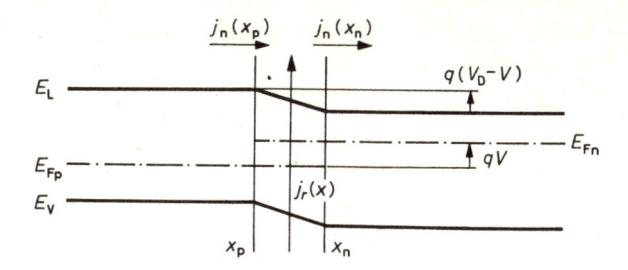

Abb. 2 Die Injektion im Bändermodell bei Anliegen der äußeren Spannung V. Die Rekombinationsstromdichte j_r wird durch einen Pfeil nach oben angedeutet, weil dem Übergang der negativ geladenen Elektronen ins Valenzband (Rekombination) ein elektrischer Strom aus dem Valenzband ins Leitfähigkeitsband entspricht. Weitere Erläuterung der Symbole im Text.

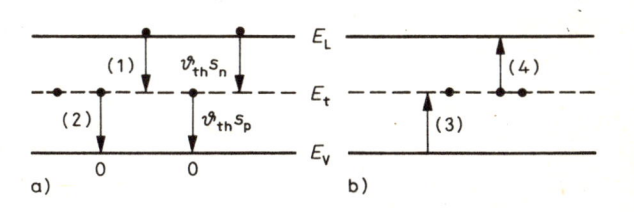

Abb. 3 Rekombination a) und Generation b) im Bändermodell. Im thermodynamischen Gleichgewicht sind die den Prozessen (1) bis (4) entsprechenden Übergangsraten einzeln einander gleich. Bei Injektion überwiegen zur Wiederherstellung des Gleichgewichts die im stationären Fall einander gleichen Raten (1) und (2), bei Extraktion wird dagegen durch Überwiegen von (3) und (4), d.h. der Generation, das Gleichgewicht wiederhergestellt.

zu berechnen, wozu man wiederum $p(x)$ und $n(x)$ in der Raumladungszone kennen muß [6]. $j_r > 0$ bedeutet einen Rekombinations-, $j_r < 0$ einen Generationsstrom.

Im Sperrfall $V < 0$ mit $\Delta p, \Delta n < 0$ und $p, n \ll n_i$ ist durch einfaches Vernachlässigen von p und n neben n_i in (14) j_r leicht zu berechnen.

$$j_r\left(V \ll -\frac{kT}{q}\right) = -q \frac{n_i}{\tau_e} \cdot W(V) \tag{16}$$

mit der effektiven Lebensdauer

$$\tau_e = \frac{1}{v_{th} N_t} \left[\frac{1}{s_p} \exp\left(\frac{E_t - E_i}{kT}\right) + \frac{1}{s_n} \exp\left(\frac{E_i - E_t}{kT}\right) \right] \tag{17}$$

und der Dicke der Raumladungszone

$$W(V) = \left[\frac{2\varepsilon\varepsilon_0}{q} \left(\frac{1}{N_A} + \frac{1}{N_D} \right) (V_D - V) \right]^{1/2}. \tag{18}$$

Im Durchlaßfall $V > 0$ ist nur eine recht grobe Näherung einfach berechenbar, die vom Maximalwert von U an der Stelle mit $p = n = n_i \exp(qV/2kT)$ ausgeht.

Wir erhalten hier unter den weiter vereinfachenden Annahmen $s_p = s_n = s$ und $E_t = E_i$

$$j_r(V > 0) = q \cdot s v_{th} n_t n_i W(V) \sinh (qV/2kT). \quad (19)$$

Ausführliche Darstellungen hierzu finden sich z. B. in [7,8].

Anwendungen

Die wichtigsten Anwendungen der Injektion erfolgen in der Halbleitertechnik bzw. Mikroelektronik in Gleichrichterdioden und als Emitter im bipolaren Transistor. Die Kennlinie z. B. einer p⁺n-Diode mit der Fläche A ergibt sich aus den Formeln (13), (16), (18) und (19). Es gilt für die Durchlaß- oder Flußrichtung $V > 0$ (siehe Abb. 4).

$$I = qA \left\{ \sqrt{\frac{D_p}{\tau_p}} \cdot \frac{n_i^2}{n_n} \left(e^{\frac{qV}{kT}} - 1 \right) \right.$$
$$\left. + \frac{n_i \cdot W(V)}{\tau_p} \sinh \left(\frac{qV}{2kT} \right) \right\} \quad (20)$$

und für die Sperrichtung $V < 0$ im „Sättigungs"-fall $-qV \gg kT$

$$I = -qA \left\{ \sqrt{\frac{D_p}{\tau_p}} \frac{n_i^2}{n_n} + \frac{n_i}{\tau_e} W(V) \right\}. \quad (21)$$

Die Kennlinien (21) bzw. (20) berücksichtigen auf der Sperrseite nicht den Durchbruch (siehe *Avalanche-Effekt* und *Tunneleffekt*) und auf der Durchlaßseite nicht den Hochinjektionsfall ($\Delta p \gtrsim n_n, \Delta n \gtrsim p_p$).

Beides sind für die Funktion der Diode sehr wesentliche Erscheinungen, die im Einsatz beachtet werden müssen. Ferner wurden Oberflächen-Leckströme in (21) nicht beachtet, diese sind in guten Dioden in Si-Planartechnik in der Regel gegenüber dem Generationsstrom zu vernachlässigen.

Wir sehen, daß bei vergleichbaren Werten von τ_p, τ_e, W, D_p in (20) bzw. (21) der Rekombinations- bzw. Generationsstrom relativ um so stärker Einfluß hat, je kleiner n_i ist. Er muß daher besonders bei Si beachtet werden. Sein Einfluß nimmt jedoch mit wachsendem V ab.

Bei der Nutzung der Injektion im bipolaren Transistor (siehe *Transistoreffekt* [bipolar]) kommt es auf den Emitterwirkungsgrad γ_n im npn-Transistor bzw. γ_p im pnp-Transistor an. γ gibt an, wie hoch der Anteil der betreffenden Minoritätsträger am gesamten Emitterstrom ist. Es ist z. B.

$$\gamma_p = j_p/(j_p + j_n + j_r). \quad (22)$$

Da für sehr kleine V gemäß (20) $j_r \gg j_p$ und für hinreichend große V dagegen $j_r \ll j_p$ sein kann, ist γ_p abhängig von V, was man zur Verstärkungsregelung in Tran-

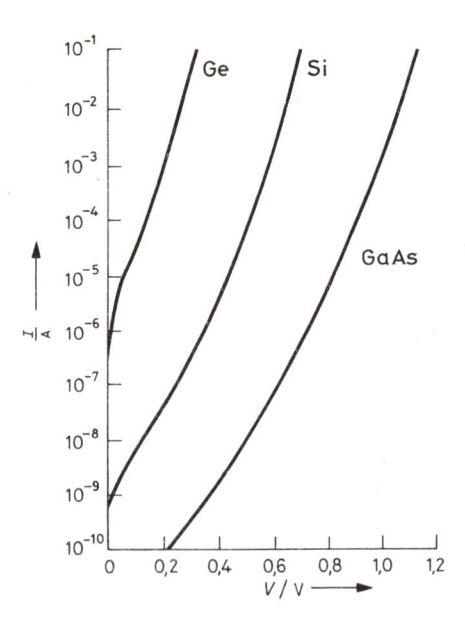

Abb. 4 Kennlinie von p⁺n-Übergängen gemäß Formel (2) mit $n_n = 10^{15}$ cm⁻³, $\tau_p = 10^{-8}$ s und $A = 10^{-4}$ cm² bei 300 K.

sistoren nutzen kann. Im Hochinjektionsfall wird auch für unsymmetrische pn-Übergänge $j_n \approx b j_p$ mit $b = \mu_n/\mu_p$, darum nimmt für noch größere V der Emitterwirkungsgrad wieder ab [8]. Die Funktionen $\gamma_p(V)$ und $\gamma_n(V)$ haben also ein Maximum.

Die Injektion von Minoritätsträgern kann auch in der Halbleitermeßtechnik angewendet werden. Die erste direkte Bestimmung der Driftbeweglichkeit von Elektronen und Löchern in Germanium μ_n bzw. μ_p erfolgte durch Laufzeitmessungen von injizierten Minoritätsträgern in einem Halbleiterstäbchen [9].

Literatur

[1] BRATTAIN, W. H.; BARDEEN, J., Phys. Rev. 74 (1948) 231–232.
[2] BARDEEN, J.; BRATTAIN, W. H., Phys. Rev. 74 (1948) 230–231.
[3] SHOCKLEY, W.: The Theory of p-n-Junctions in Semiconductors and p-n-Junction Transistors. Bell Syst. Tech. J. 28 (1949) 435.
[4] HALL, R. N., Phys. Rev. 87 (1952) 387.
[5] SHOCKLEY, W.; READ, W. T., Phys. Rev. 87 (1952) 835.
[6] SAH, C. T.; NOYCE, R. N.; SHOCKLEY, W.: Proc. IRE (1957) 228.
[7] SZE, S. M.: Physics of Semiconductor Devices. – New York usw.: Wiley-Interscience 1969. S. 46 ff, S. 102 ff.
[8] MÖSCHWITZER, A.; LUNZE, K.: Halbleiterelektronik. 2. bearbeitete Aufl. – Berlin: VEB Verlag Technik 1975. S. 92 ff, S. 144 ff, S. 160 ff.
[9] HAYNES, J. R., SHOCKLEY, W., Phys. Rev. 81 (1951) 835.

Injektionslaser

Bereits 1959 hatten VUL und POPOW [1] vorgeschlagen, die von A. EINSTEIN 1917 im Zusammenhang mit theoretischen Untersuchungen zur Wärmestrahlung eingeführte stimulierte Emission zur Erzeugung und Verstärkung elektromagnetischer Schwingungen in Halbleitern zu nutzen. 1961 schlugen BASOW, KROCHIN und POPOW vor, die zur Erzielung des Lasereffekts erforderliche Besetzungsinversion durch Injektion von Ladungsträgern an pn-Übergängen entarteter Halbleiter zu erreichen [2]. Kurze Zeit später wurde über die Realisierung von GaAs-pn-Injektionslasern in verschiedenen Laboratorien der UdSSR und USA berichtet [3, 4]. Wegen der hohen Stromstärken, die in pn-Homoübergängen zur Erzielung der Laserwirkung erforderlich sind, ist Dauerstrichbetrieb nur bei intensiver Kühlung möglich. Für viele Anwendungszwecke, wie z.B. die Lichtleiternachrichtenübertragung, stellte daher der Injektionslaser zunächst keine Konkurrenz zur Lumineszenzdiode dar. Die Situation änderte sich, als es 1968 ALFEROV und Mitarbeitern gelang, Laserwirkung in epitaktisch hergestellten Heterostrukturen zu erzielen [5]. Durch Verfeinerung der Technologie und Optimierung der Strukturen konnten in den folgenden Jahren die für den Laserbetrieb erforderlichen Ströme drastisch herabgesetzt, Dauerstrichbetrieb bei Zimmertemperatur sowie Lebensdauern der Bauelemente von über 10^6 Stunden erreicht werden.

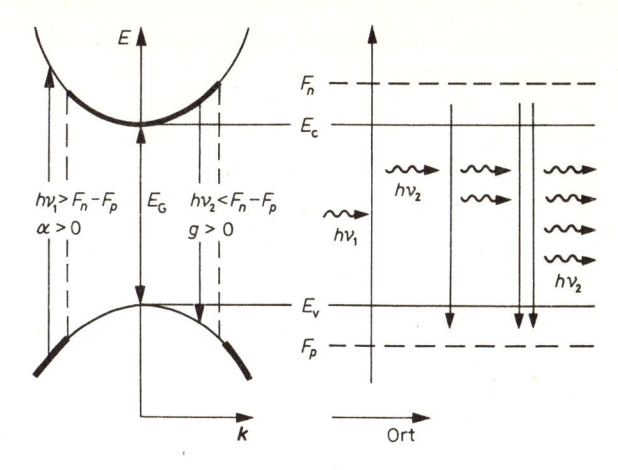

Abb. 1 Zur stimulierten Emission im Halbleiter

Sachverhalt

Voraussetzung für die Laserwirkung ist die Besetzungsinversion der bei den strahlenden Übergängen beteiligten Energiezustände (siehe *Laser*). Bei Halbleitern, bei denen strahlende Übergänge zwischen den Bandkanten von Leitungs- und Valenzband erfolgen, ist dies erfüllt, wenn die Differenz der Quasi-Ferminiveaus (siehe *Moss-Burstein-Effekt*) größer ist als die Bandlücke des Halbleiters:

$$\Delta F = F_n - F_p > E_G \tag{1}$$

Abbildung 1 zeigt im linken Teilbild die Energiebandstruktur $E(k)$ eines Halbleiters bei Besetzungsinversion.

Für Photonen mit Quantenenergien $h\nu_1 > F_n - F_p$ sind Übergänge aus besetzten Valenzbandzuständen in freie Leitungsbandzustände möglich. Diese Photonen werden absorbiert. Der Absorptionskoeffizient ist positiv: $\alpha > 0$.

Photonen mit $h\nu_2 < F_n - F_p$ können wegen der Besetzungsinversion nicht absorbiert werden, sie stimulieren den Übergang eines Elektrons aus dem (besetzten) Leitungsband in das (freie) Valenzband bei gleichzeitiger Emission eines Photons mit genau der gleichen Energie (Frequenz), Richtung, Phase und Polarisation des anregenden Photons. Durch die stimulierte Emission wird die einfallende Strahlung ver-

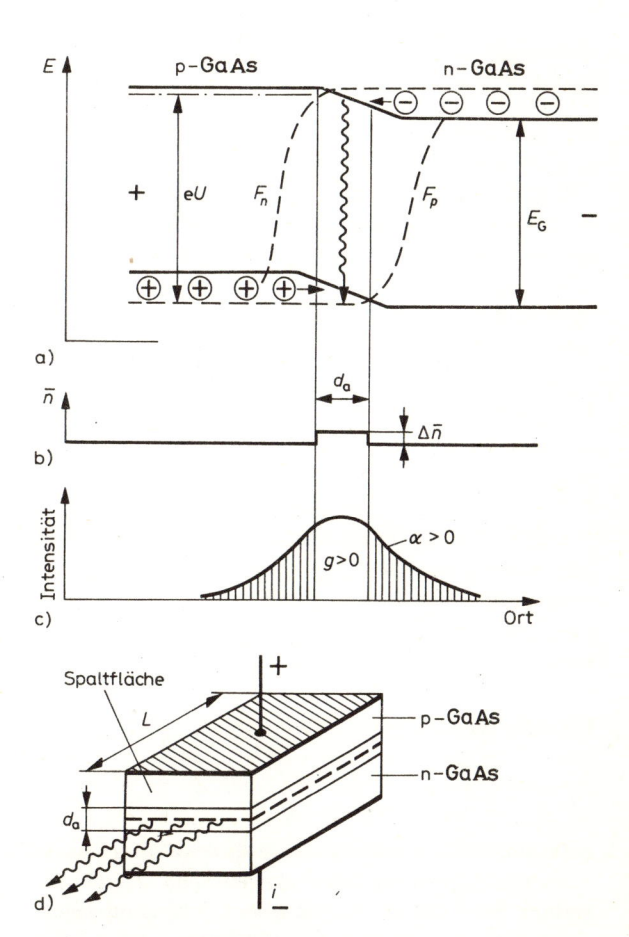

Abb. 2 GaAs-pn-Homolaser
a) Energiebandstruktur und Quasiferminiveaus am pn-Übergang bei Vorspannung in Flußrichtung; d_a: Breite der aktiven Schicht
b) Verlauf des Brechungsindex $\bar{n}$ am Übergang
c) Verteilung der generierten Strahlung
d) GaAs-Homolaser (schematisch)

stärkt. Ein z.B. durch spontane Rekombination entstehendes Photon mit einer Energie $h\nu_2$ wird durch die stimulierte Emission vervielfacht (angedeutet auf der rechten Seite der Abb. 1). Der Absorptionskoeffizient ist unter diesen Bedingungen negativ, der Gewinn positiv:

$$g = -\alpha > 0. \tag{2}$$

Die Besetzungsinversion im Halbleiter kann auf unterschiedliche Art und Weise durch Energiezufuhr (sogenanntes Pumpen) erzeugt werden. Praktisch stehen die gleichen Möglichkeiten zur Verfügung, wie zur Anregung der Lumineszenz [6]:
– optische Anregung,
– Beschuß mit energiereichen Elektronenstrahlen,
– Injektion von Nichtgleichgewichtsträgern am pn-Übergang.

Die Pumpleistungen allerdings müssen höher sein, als die zur Anregung der bei der Lumineszenz genutzten spontanen Emission, die keine Besetzungsinversion erfordert.

Um bei Injektion am in Flußrichtung betriebenen pn-Übergang in der Raumladungszone Besetzungsinversion überhaupt erreichen zu können, müssen die Halbleiter entartet sein, d.h. so hoch dotiert sein, daß die Fermi-Niveaus im n- und im p-Gebiet in den Bändern liegen. Abbildung 2a zeigt die Energiebänder eines pn-Homoüberganges unter einer Flußspannung U. Infolge der Injektion entsteht eine Zone der Breite d_a, das aktive Gebiet, in dem Besetzungsinversion vorliegt.

Die stimulierte Emission erfolgt hauptsächlich in Bandkantennähe, d.h., die Strahlung wird mit einer Frequenz

$$\nu = \frac{E_G}{h} \tag{3}$$

bzw. der Wellenlänge

$$\lambda[\mu m] = \frac{1.24}{E_G[eV]} \tag{4}$$

emittiert.

Da diese Strahlung in der aktiven Schicht nicht absorbiert wird (siehe *Burstein-Moss-Effekt*) sind Injektionslaser auch mit solchen Halbleitermaterialien realisierbar, bei denen Band-Band-Rekombination vorherrscht (wie etwa bei den Bleichalkogeniden) und bei denen Lumineszenzdioden wegen der starken Reabsorption der Rekombinationsstrahlung im nicht besetzungsinvertierten Material sehr ineffektiv sind.

Obwohl stimulierte Emission auch im indirekten Halbleiter GaP:N bei sehr hohen Anregungsdichten erreicht wurde, kommen wegen der wesentlich größeren optischen Übergangswahrscheinlichkeiten in direkten Halbleitern nur diese für die Realisierung von Injektionslasern in Betracht.

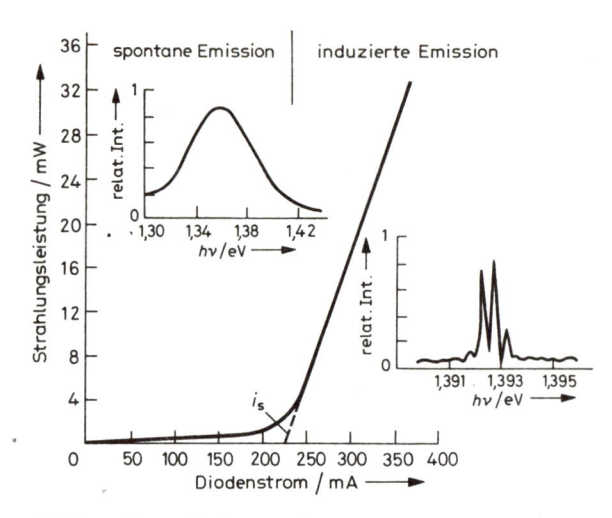

Abb. 3 Abhängigkeit der emittierten Strahlungsleistung vom Diodenstrom. j_s = Schwellstrom. Das linke Teilbild zeigt das Spektrum der Strahlung einer LED das bei $j < j_s$ auftritt. Rechts sind die Moden der bei $j > j_s$ emittierten Laserstrahlung dargestellt.

Um aus einer durch spontane Emission angeregten und durch stimulierte Emission verstärkten elektromagnetischen Welle eine Laserschwingung zu erzeugen, wird mit Hilfe eines Resonators ein Teil der Schwingungsenergie in das aktive Medium zurückgekoppelt. Beim Halbleiterlaser wird dazu die Reflexion an den planparallelen Spaltflächen des Laserkristalls benutzt (Fabry-Perot-Resonator). Eine Schwingung wird im Resonator erst dann aufrechterhalten, wenn der durch die Injektion erzeugte Gewinn g gleich der Summe aller Verluste, wie Absorption durch freie Ladungsträger und Reflexion an den Resonatorendflächen, ist:

$$R \exp[(g - \alpha_i)L] \geq 1 \tag{5}$$

(L – Resonatorlänge, R – Reflexionskoeffizient).
Der Lasereffekt setzt also nicht bereits bei $g > 0$, sondern wegen der Verluste im Resonator erst bei

$$g \geq g_s = \alpha_i + \frac{1}{L} \ln\left(\frac{1}{R}\right) \tag{6}$$

ein. Da der Gewinn beim Injektionslaser proportional zur Diodenstromdichte j ist, setzt Laserwirkung erst bei Überschreiten eines Schwellstromes j_s ein (siehe Abb. 3). Unterhalb j_s arbeitet die Diode wie eine Lumineszenzdiode, das durch spontane Rekombination erzeugte Emissionsspektrum ist relativ breit. Oberhalb j_s wächst die emittierte Lichtleistung steil an, die Strahlung ist kohärent, und das Spektrum zerfällt in mehrere Moden sehr geringer spektraler Breite. Die Wellenlängen der Moden sind durch die Interferenzbedingung für stehende Wellen im Resonator gegeben:

$$m \frac{\lambda_L}{2} = \bar{n} L \tag{7}$$

(m = ganze Zahl, $\bar{n}$: Brechungsindex in der aktiven Schicht).
Der Abstand der (longitudinalen) Moden ergibt sich zu

$$\Delta\lambda_L = \frac{\lambda^2}{2L\bar{n}_{eff}} \tag{8}$$

mit

$$\bar{n}_{eff} = \bar{n} - \lambda\frac{d\bar{n}}{d\lambda}. \tag{9}$$

Beim pn-Homoübergang verteilen sich die injizierten Ladungsträger über ein relativ breites Gebiet, das durch die Diffusionslängen der Minoritätsträger bestimmt ist. Die Breite der aktiven Zone beträgt deshalb einige Mikrometer. Unterschiede im Brechungsindex zwischen aktiver Zone und Randgebiet resultieren hier im wesentlichen aus der Abhängigkeit des Brechungsindex von der Ladungsträgerkonzentration und sind daher relativ gering ($\Delta\bar{n} \lesssim 1\%$). Die Lichtwelle kann deshalb leicht in die nichtinvertierten Randgebiete eindringen, wo sie absorbiert wird. Aus diesen Gründen ist die Schwellstromdichte von Homolasern sehr hoch (100 kA cm^{-2} bei 300 K).

In einem mittels Flüssigphasenepitaxie hergestellten Heteroübergang kann die aktive Schicht wesentlich schmaler gemacht werden [7]. Im in Abb. 4 dargestellten Beispiel ist d_a durch die p-GaAs-Epitaxieschicht gegeben ($d_a \lesssim 0{,}05$ μm sind möglich). Die injizierten Minoritätsträger können das aktive Gebiet wegen der Potentialbarrieren an den Grenzen zu den n- bzw. p-GaAlAs-Schichten nicht verlassen. Der Unterschied im Brechungsindex zwischen GaAs und GaAlAs ist durch die unterschiedlichen Energielücken bestimmt und erreicht einige Prozent. An den Sprüngen im Brechungsindex wird die Lichtwelle total reflektiert und dadurch im aktiven Gebiet gehalten (Wellenleitereffekt). Diese Vorteile erlauben Schwellstromdichten unter 1 kA cm^{-2} bei 300 K in Heterolasern.

Bei gleichbleibender Stromdichte in der aktiven Schicht kann der Diodenstrom durch die Nutzung von Streifenkontakten, die das elektrische Feld und den Strom auf ein schmales Gebiet begrenzen, weiter reduziert werden. Bei Streifenbreiten um 10 μm sind Schwellströme unter 100 mA möglich.

Wird die Breite der aktiven Schicht auf Werte unter 400 Å verringert, verschlechtern sich die Wellenleitereigenschaften des Resonators, und die Schwellstromdichte steigt an. Gleichzeitig werden die Elektronenzustände in der aktiven Schicht quantisiert.

Durch periodische Variation des Brechungsindex in der aktiven Schicht wird eine räumlich verteilte Rückkopplung im Resonator erreicht und die Laserwirkung weiter verbessert.

Bei Heterostrukturen kann die Gitterfehlanpassung

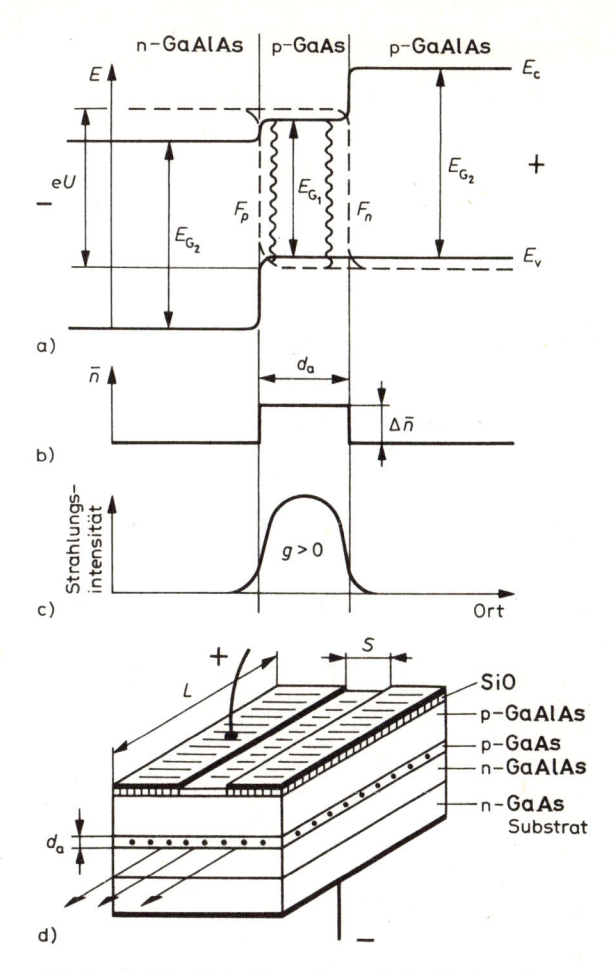

Abb. 4 GaAlAs/GaAs-Heterolaser mit Streifenkontakt
a) Bandstruktur und Quasiferminiveaus bei Vorspannung in Flußrichtung
b) Verlauf des Brechungsindex in der Umgebung des aktiven Gebiets
c) Verteilung der generierten Strahlung
d) Heterolaser (schematisch)
d_a = Breite des aktiven Gebietes
s = Breite des Streifenkontaktes

zwischen den Komponenten zu zusätzlichen Rekombinationszentren in der Grenzschicht führen, welche die Effektivität der strahlenden Rekombination reduzieren. Das System Al$_x$Ga$_{1-x}$As/GaAs ist ungewöhnlich gut angepaßt (a_{AlAs} = 5.6390 Å, a_{GaAs} = 5.6535 Å bei 300 K). Im System InAs$_y$P$_{1-y}$/InP wird Gitteranpassung durch Hinzunahme einer 4. Komponente erreicht. Die Gitterkonstanten der verschiedenen Schichten eines In$_x$Ga$_{1-x}$As$_y$P$_{1-y}$/InP – Heteroüberganges stimmen sehr gut überein, wenn $y = 2{,}16(1-x)$ gewählt wird.

Kennwerte, Funktionen

Laserwirkung durch Ladungsträgerinjektion am pn-Übergang wurde in allen direkten Halbleitermaterialien nachgewiesen, die Injektionslumineszenz zeigen. Insbesondere lassen sich mit den III-V- und IV-VI-Mischkristallen Laser für den gesamten Wellenlängenbereich von 0,63 µm bis 35 µm realisieren (siehe Tab. 1 und Abb. 3 in *Injektionslumineszenz*). Typische Parameter von Injektionslasern sind in Tab. 2 zusammengestellt. Halbleiterinjektionslaser für Wellenlängen bis 1,6 µm arbeiten bei 300 K im Dauerstrichbetrieb. Laser für $\lambda > 8$ µm erfordern Kühlung unter 100 K. Laser für Wellenlängen im Bereich um 7 µm arbeiten im Impulsbetrieb noch bei 230 K, eine Temperatur, die mit mehrstufigen Peltier-Kühlern erreichbar ist.

Die von den Laserdioden emittierte Wellenlänge ist gemäß (4) durch die Energielücke des Halbleitermaterials gegeben. Diese läßt sich durch den Einsatz bestimmter Materialien, durch Variation des Mischungsverhältnisses x bei mehrkomponentigen Materialien, durch äußeren Druck, äußere Magnetfelder und Änderung der Temperatur in weiten Grenzen variieren (siehe Tab. 1). Bei vorgegebenem Material und x-Wert

Tabelle 1 Übersicht über Halbleiterinjektionslaser nach [8]

Material	x-Bereich für direkte Halbleiter	Wellenlängenbereich [µm]
GaAs	—	0,82–0,92
InP	—	0,91–0,99
GaSb	—	1,55–1,60
InAs	—	3,0–3,2
InSb	—	4,8–5,3
$Ga_xIn_{1-x}P$	0–0,63	0,56–0,90
$Al_xGa_{1-x}P$	0–0,37	0,64–0,90
GaP_xAs_{1-x}	0–0,45	0,63–0,90
$In_xGa_{1-x}As$	0–1	0,85–3,2
$InAs_xP_{1-x}$	0–1	0,9–3,2
$Al_xGa_{1-x}As$	0–0,37	0,85–0,65
$InAs_{1-x}Sb_x$	0–1	3,1–5,3
$In_{1-x}Al_xAs$	0–0,68	1,04–3,44
$In_{1-x}Al_xP$	0–0,40	0,55–0,91
$In_xGa_{1-x}As_yP_{1-y}$	$y = 2,16(1-x)$	0,6–3,0
$Al_xGa_{1-x}Sb_yAs_{1-y}$	—	0,62–1,6
$Al_xGa_{1-x}P_yAs_{1-y}$	—	0,62–0,9
$Pb_{1-x}Sn_xTe$	0–0,32	6,5–35
$Pb_{1-x}Sn_xSe$	0–0,1 und 0,19–0,4	8–35
PbS_xSe_{1-x}	0–1	4,3–8,5
$Pb_{1-x}Ge_xTe$	0–0,05	4,4–6,5
$Pb_{1-x}Cd_xTe$	0–0,058	2,5–4,1

Tabelle 2 Typische Parameter von Injektionslasern nach [7, 9]

Material	Struktur	Arbeitstemperatur [K]	Wellenlänge λ [µm]	Schwellstromdichte j_s [Acm^{-2}]
GaAs	HS[1]	77	0,85	$0,2 \div 0,4 \cdot 10^3$
GaAs	HS	300	0,89	$2,0 \div 4 \cdot 10^4$
AlGaAs/GaAs	DHS, $d_a = 0,5$ µm	77	0,89	$3 \cdot 10^2$
AlGaAs/GaAs	DHS	300	0,89	$8 \cdot 10^2$
$In_xGa_{1-x}As_yP_{1-y}$ $x=0,88$ $y=0,23$	DHS, $d_a = 0,6$ µm	300	1,1	$0,6 \div 3 \cdot 10^3$
$Pb_{1-x}Sn_xTe$ $x=0,12$	HS	10, $T_{max, cw} = 30$ K	$8,8 \div 13$	$50 \div 200$
	SHS	10, $T_{max, cw} = 65$ K	$9,2 \div 10,8$	50
	DHS	10	$8,2 \div 10,5$	$1,6 \cdot 10^3$
		77, $T_{max, cw} = 114$ K, $T_{max, p} = 150$ K	$8,2 \div 10,5$	$4,2 \cdot 10^3$
$Pb_{1-x}Sn_xSe$ $x=0,068$	HS	77, $T_{max, cw} = 100$ K, $T_{max, p} = 150$ K	$14,2 \div 16,4$	$3 \cdot 10^3$
$PbS_{1-x}Se_x$ $x=0,18$	HS	10, $T_{max, cw} = 20$ K, $T_{max, p} = 130$ K	—	40
$PbS_{1-x}Se_x$ $x=0,4$	DHS	77, $T_{max, cw} = 120$ K, $T_{max, p} = 230$ K	$6,5 \div 8,5$	10^3

[1] HS – Homostruktur, DHS – Doppelheterostruktur; $T_{max, cw}$ = maximale Arbeitstemperatur für Dauerstrichbetrieb; $T_{max, p}$ = maximale Arbeitstemperatur für Impulsbetrieb

kann λ_e am bequemsten mit Hilfe der Temperatur durchgestimmt werden (siehe Abb. 5). Bei PbSnTe erreicht man

$$\frac{\partial \lambda_e}{\partial T} \approx -3{,}6 \cdot 10^{-2}\,\mu m\,K^{-1}, \qquad (10)$$

bei GaAlAs

$$\frac{\partial \lambda_e}{\partial T} \approx 2{,}8 \cdot 10^{-4}\,\mu m\,K^{-1}. \qquad (11)$$

Feinabstimmung der Wellenlänge einer Mode λ_L erfolgt infolge Temperaturabhängigkeit des Brechungsindex des Resonatormaterials gemäß (7)

$$\frac{\partial \lambda_L}{\partial T} \sim \frac{\partial \bar{n}}{\partial T} \approx 2 \cdot 10^{-3}\,\mu m\,K^{-1} \qquad (12)$$

bei PbSnTe. Infolge der unterschiedlichen Abstimmungsraten zwischen Laserfrequenz (10) und Resonatorfrequenz (12) erfolgt nach kontinuierlicher Durchstimmung einer Mode um etwa $5 \cdot 10^{-3}\,\mu m$ ein Sprung in die nächste Mode. Die erforderliche Temperaturdifferenz von 2 K zur Durchstimmung einer Mode wird am einfachsten mit Hilfe des Diodenstroms erreicht. Je nach Aufbau der Laserdiode beträgt die Abstimmungsrate

$$3 \cdot 10^{-6} \div 3 \cdot 10^{-4}\,\mu m\,(mA)^{-1}.$$

Der Modenabstand beträgt gemäß (8) etwa $1{,}7 \cdot 10^{-2}\,\mu m$ bei PbSnTe ($L - 500\,\mu m$, $\bar{n} - 6$, $\lambda = 10\,\mu m$) und $2 \cdot 10^{-4}\,\mu m$ bei GaAlAs ($L - 500\,\mu m$, $\bar{n} - 3{,}6$, $\lambda = 0{,}87\,\mu m$). Infolge des relativ großen Modenabstandes bei den Bleisalzlasern lassen sich einzelne Moden mit Hilfe eines hochauflösenden Monochromators aus dem Spektrum selektieren. Einmodenbetrieb des Lasers wird mit Diodenströmen dicht oberhalb der Laserschwelle bzw. spezieller geometrischer Gestaltung der Diode erreicht. Die Linienbreite einer Mode hängt von der emittierten Leistung ab. Für GaAlAs-Diodenlaser beträgt die Linienbreite 10^{-2} nm, für PbSnTe 10^{-3} nm (der beste bisher erreichte Wert war 10^{-5} nm bei $\lambda = 10{,}6\,\mu m$ und einer Leistung von 0,28 mW pro Mode).

Die pro Mode abgestrahlte Leistung im Dauerstrichbetrieb liegt zwischen einigen µW und einigen Hundert mW (bei elektrischen Eingangsleistungen von $0{,}2 \div 0{,}5$ W, $1 \div 2$ V Flußspannung, einigen 100 mA Diodenstrom).

Die Modulation der Ausgangsleistung erfolgt mit Hilfe des Diodenstromes bis zu einigen GHz.

Die Bündelung der Strahlung eines Diodenlasers ist wegen der geringen Dimensionen des Resonators nicht besonders gut. Öffnungswinkel bis 20° (senkrecht zur Ebene des pn-Überganges) treten auf.

GaAlAs/GaAs-Laserdioden zeigen bei konstanter Ausgangsleistung eine Zunahme des Diodenstromes um 10% nach 10^4 h Dauerstrichbetrieb bei 125 °C. Daraus wird auf eine Lebensdauer von 10^6 h bei 300 K extrapoliert. Für InGaAsP/InP – Dioden werden 10^7 h angegeben.

Anwendungen

GaAlAs/GaAs-Laserdioden werden für den Einsatz in der Lichtleiternachrichtenübertragung bei Wellenlängen um 0,85 µm entwickelt. InAsGaP/InP-Dioden sind für die Bereiche um 1,3 µm bzw. 1,55 µm vorgesehen (siehe *Injektionslumineszenz*). Sie sind den Lumineszenzdioden durch höhere Strahlungsleistung, höhere Modulationsbandbreite und wesentlich geringere optische Bandbreite überlegen [10, 11].

Mit InGaAsP/InP-Doppelheterostrukturlasern für 1,55 µm Wellenlänge wurde Dauerstrichbetrieb bei 27 °C mit Schwellströmen unter 160 mA und Streifenkontaktbreiten von 13 µm erreicht. Bei hinreichend kleinen Streifenbreiten ($S < 6\,\mu m$) ist Einmodenbetrieb möglich [12].

Die Bleisalzlaser werden vor allem in der Infrarotspektroskopie eingesetzt [13, 14]. Im Wellenlängenbereich von 2,5 µm bis 35 µm, der mit den Bleisalzlasern lückenlos abdeckbar ist, liegen Absorptionslinien einer Vielzahl von Gasmolekülen (HCl, CH_4, C_2H_4, CO, CO_2, H_2O, NH_3, SF_6, NO, NO_2, SO_2, HNO_3, H_2SO_4 ...). Diodenlaser haben eine Reihe von Vorteilen gegenüber konventionellen Instrumenten mit Temperaturstrahler und dispersivem Element.

Infolge der außerordentlich geringen Linienbreite der Lasermoden ist das Auflösungsvermögen von Laserspektrometern um Größenordnungen besser, als

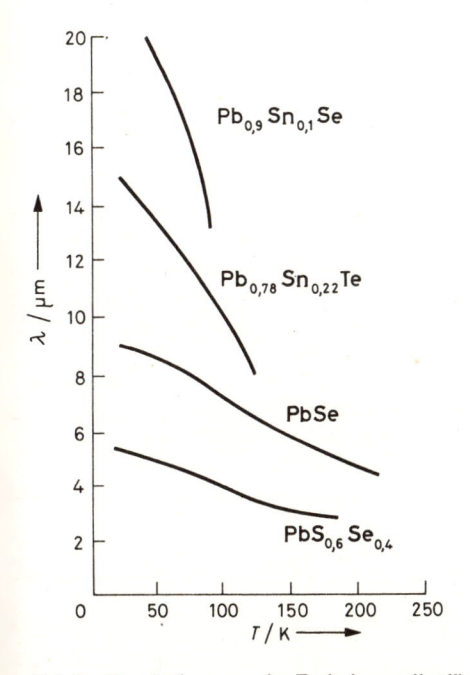

Abb. 5 Durchstimmung der Emissionswellenlänge einiger Bleisalzlaser mit Hilfe der Temperatur

das der besten Gitterspektrometer. Spektroskopie unterhalb der Dopplerbreite der Spektralien ist möglich. Damit sind Feinheiten der Linienstruktur erfaßbar und wesentlich erweiterte Informationen über die Molekülstruktur möglich. Selbst mit einer Laserdiode kann durch Temperaturabstimmung ein Wellenlängenbereich von 3 µm überstrichen und damit eine Vielzahl von Absorptionslinien erfaßt werden (Abb. 6). Die leichte Durchstimmbarkeit der Laser erlaubt, die unterschiedlichen Methoden der Differentialspektroskopie anzuwenden.

Besonders deutlich werden die Vorteile der Bleisalzlaser beim Nachweis von Spurengasen. Gasförmige Verunreinigungen der Atmosphäre, wie SO_2, NO_x, HCl, CO, C_2H_4 ..., sind bei Einsatz von Retroreflektoren in offenen Meßstrecken von 0,6 km Länge noch in Konzentrationen von einigen ppb (1 ppb = 10^{-7}%) nachweisbar. Dabei erlaubt die geringe Linienbreite der Laserstrahlung und ihre Feinabstimmung die optimale Einstellung auf eine charakteristische Absorptionslinie des nachzuweisenden Gases. Damit werden störende Interferenzen mit Absorptionslinien anderer Gase (wie z. B. Wasserdampf, der in diesem Wellenlängenbereich zahlreiche Absorptionslinien besitzt) weitgehend ausgeschlossen. Die schnelle Modulation der Laserintensität ermöglicht Signalverarbeitungstechniken, die Störeffekte aufgrund von Turbulenzen in der Atmosphäre u. ä. stark reduzieren. Beim Einsatz von Vielfachreflexionsmeßzellen, in denen der Druck und die Temperatur kontrolliert eingestellt werden können, werden bei 5 m Zellenlänge und 200 m optischer Weglänge noch 0,01 ppb SO_2 und 0,003 ppb CO (Integrationszeit 100 s) nachgewiesen.

Der empfindliche Nachweis von Verbrennungsprodukten bzw. Reaktionsprodukten chemischer Prozesse ermöglicht die Überwachung und optimale Führung dieser Prozesse. Mit der mit Bleisalzlaser-Spektrometern erreichten Empfindlichkeit ist es möglich, Bodenschätze, z. B. Erdöl in über 1 000 m Tiefe, anhand der geänderten Konzentration der für diese Bodenschätze spezifischen Gase, die aus der Tiefe bis an die Erdoberfläche diffundieren, aufzuspüren. Ebenso können defekte Gasleitungen lokalisiert werden.

Literatur

[1] Vul, B. M.; Popow, Ju, M.: Quantenmechanische Halbleitergeneratoren und Verstärker elektromagnetischer Schwingungen. Žurnal ekspr. teor. Fiz. **37** (1959) 587–588.

[2] Basow, N. G.; Krochin, O. N.; Popow, Ju. M.: Erreichung eines Zustandes mit negativer Temperatur in pn-Übergängen entarteter Halbleiter. Žurnal ekspr. teor. Fiz. **40** (1961) 1879–80.

[3] Hall, R. N. et al.: Coherent Light Emission from GaAs Junctions. Phys. Rev. Letters **9** (1962) 9, 366; Hall, R.N., Solid State Electronics **6** (1963) 405–416.

[4] Bagaew, W. S. et al.: Halbleiter-Quantengenerator aus GaAs-pn-Übergängen. Dokl. Akad. Nauk SSSR **150** (1963) 2, 275–278.

[5] Alferov, J. I. et al.: Kohärente Strahlung in Epitaxie-Strukturen, welche Heteroübergänge enthalten. Fiz. Tekh. Poluprov. **2** (1968) 1545.

[6] Basov, N. G.: Semiconductor Lasers. J. Luminescence 25/25 (1981) 11–20.

[7] Casey, H. C.; Panish, M .B.: Heterostructure Lasers. – New York: Academic Press 1978.

[8] Bogdankevich, O. V.; Darsnek, S. A.; Eliseev, P. G.: Halbleiterlaser. – Moskau: Nauka 1976.

[9] Herrmann, Ka. et al.: Eigenschaften von Injektionslasern auf der Basis von $Pb_{1-x}Sn_xTe$ Wiss. Z. HUB. Math.-Nat. R.XXX (1981) 107–118.

[10] Kressel, H.; Butler, J. K.: Semiconductor Lasers and Heterojunction LEDs – New York: Academic Press. 1977.

[11] IEEE J. Quantum Electronics **QE-19**, No. 6, June 1983. Special Issue on Semiconductor Lasers.

[12] Kawaguchi, H. et al.: Characteristics of Diffused-Stripe InP/InGaAsP: InP Lasers Emitting Around 1,55 µm. IEEE J. Quantum Electronics **QE-17** (1981) 469.

[13] Mooradian, A.; Jaeger, T.; Stokseth, P. (Editors): Tunable Lasers and Applications. Berlin/Heidelberg/New York: Springer-Verlag 1976.

[14] Eng, R. S.; Butler, J. F.; Linden, K. J.: Tunable Diode Laser Spectroscopy: an invited review. Optical Engeneering **19** (1980) 6, 945–960.

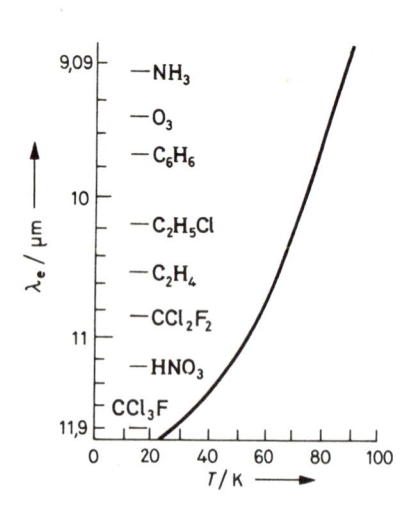

Abb. 6 Änderung der Emissionswellenlänge eines PbSnSe-Heterolasers mit der Temperatur und Absorptionslinien einiger mit diesem Laser nachweisbarer Gase nach [14].

Injektionslumineszenz

Bereits um die Jahrhundertwende wurde in SiC unter Einwirkung elektrischer Felder Lumineszenzstrahlung beobachtet [1,2]. Der Mechanismus wurde endgültig erst nach den grundlegenden Arbeiten zum p-n-Übergang in den 50er Jahren geklärt. Danach handelt es sich um die Rekombinationsstrahlung von Ladungsträgern, die durch das elektrische Feld in das Verarmungsgebiet eines p-n-Übergangs injiziert werden.

Sachverhalt

Wird eine Sperrschicht (siehe *Sperrschicht-Photoeffekt*) insbesondere ein p-n-Übergang (siehe *p-n-Photoeffekt*) in Flußrichtung betrieben, werden Ladungsträger in die Raumladungszone injiziert. Die auf diese Weise erzeugten Nichtgleichgewichtsträger rekombinieren über die verschiedenen Rekombinationskanäle, zum Teil unter Emission elektromagnetischer Strahlung (siehe *Lumineszenz*). Bauelemente auf der Grundlage dieses Effektes heißen Lumineszenzdioden bzw. Licht emittierende Dioden (LED), wobei unter „Licht" im weiteren Sinne auch Infrarot-Strahlung verstanden wird. Abbildung 1 zeigt die Verhältnisse für einen p-n-Homoübergang. Die am p-n-Übergang generierte Strahlung gelangt nur zu einem Bruchteil nach außen. Ein Teil der Strahlung wird an der Halbleiteroberfläche infolge Totalreflexion in das Probeninnere zurückgeworfen, ein Teil wird in der Diode absorbiert. Das gilt besonders für die Strahlung, die bei Übergängen in der Umgebung der Bandkanten mit $h\nu \approx E_G$ entsteht. Im Beispiel der Abb. 1 muß daher die p-Schicht sehr dünn gemacht werden oder so hoch dotiert sein, daß das Fermi-Niveau im Band liegt (siehe *Moss-Burstein-Effekt*).

Noch effektiver ist der Einsatz eines Heteroüberganges (Abb. 2). Hier ist einerseits die Injektionseffektivität größer, andererseits wird die im Material mit der kleineren Energielücke generierte Lumineszenzstrahlung im Material mit der größeren Lücke kaum absorbiert. Allerdings müssen die Gitterkonstanten der Materialien gut übereinstimmen, da andernfalls Rekombinationszentren für strahlungslose Rekombination in der Grenzschicht entstehen.

Lassen sich Materialien nicht amphoter dotieren, d. h. sind p-n-Homoübergänge nicht herstellbar, kann die Ladungsträgerinjektion an p-n-Heteroübergängen, Metall-Halbleiter-Kontakten und MIS-Strukturen genutzt werden.

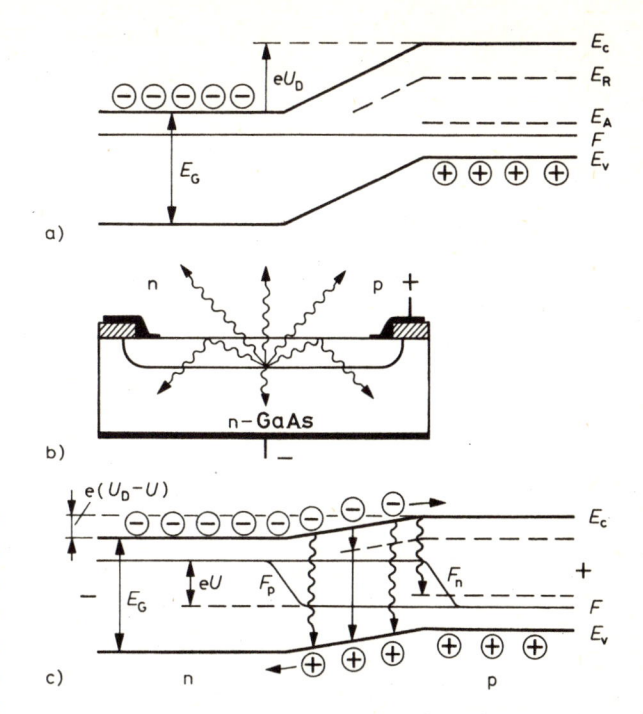

Abb. 1 Injektionslumineszenz am p-n-Homoübergang
a) Übergang ohne angelegte Spannung
b) pn-GaAs-Homoübergang (schematisch)
c) Übergang unter Spannung U in Flußrichtung
 ⁓⁓ – strahlende Übergänge
 ⟶ – strahlungslose Übergänge

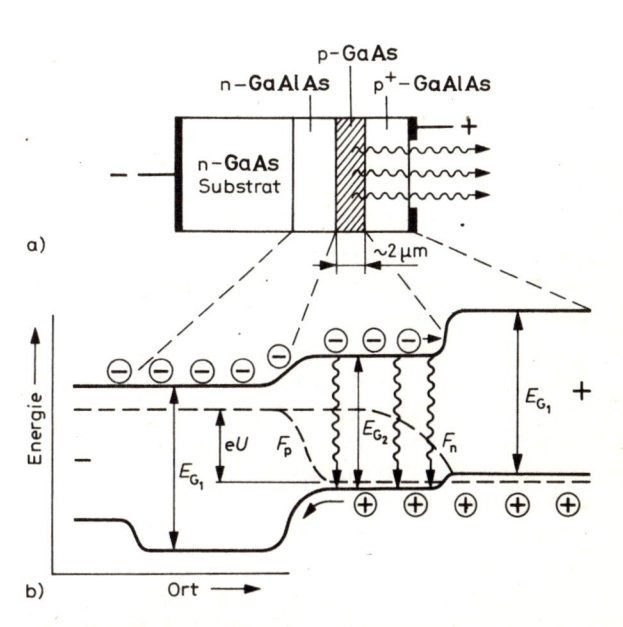

Abb. 2 Injektionslumineszenz am GaAlAs/GaAs Doppelheteroübergang
a) schematische Darstellung der Heterodiode
b) Heteroübergang unter Spannung U in Flußrichtung

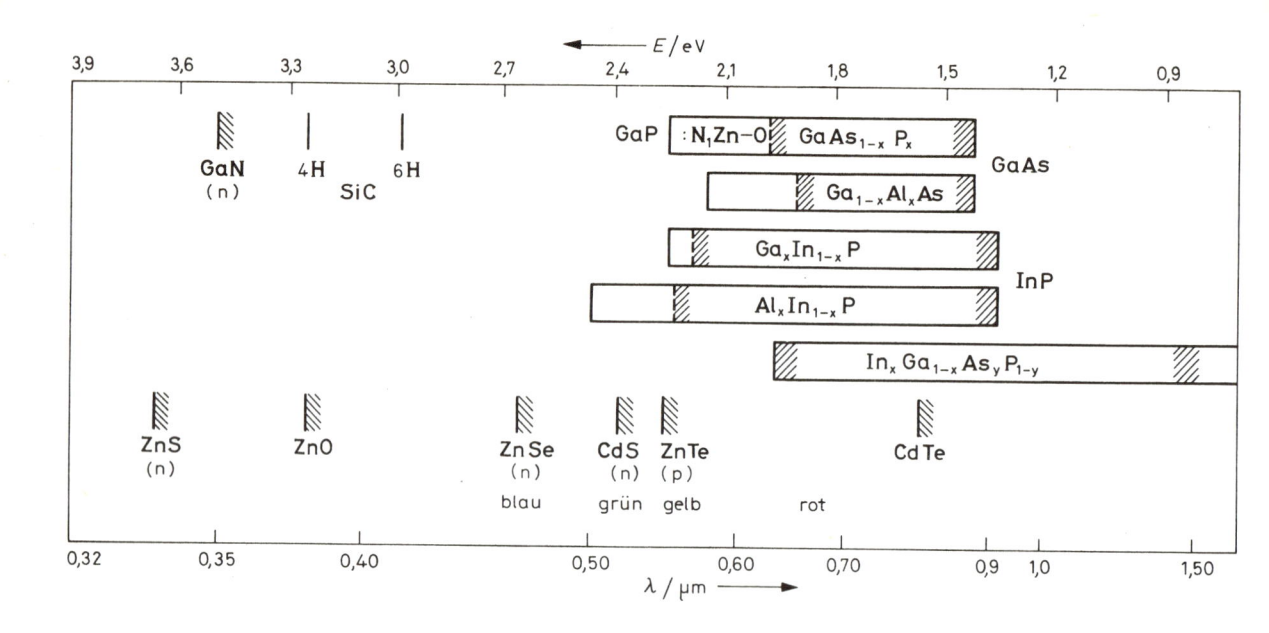

Abb. 3 Energielücken einiger Halbleiter bei $T = 300$ K

Symbol	Symbol	Bedeutung
◪	▨	– Halbleiter mit direkter Bandlücke
|	☐	– Halbleiter mit indirekter Bandlücke
(n)	(p)	– Halbleiter nur n-Typ bzw. nur p-Typ dotierbar

Kennwerte, Funktionen

Die Wellenlänge der Lumineszenzstrahlung wird durch die beim strahlenden Übergang überwundene Energiedifferenz bestimmt

$$\lambda\,[\mu m] = \frac{1{,}24}{\Delta E\,[eV]}. \qquad (1)$$

ΔE ist nach oben durch die Energielücke des verwendeten Halbleiters begrenzt, d.h.

$$\lambda \geq \frac{1{,}24}{E_G}. \qquad (2)$$

In Abb. 3 sind die Energielücken wichtiger Halbleiter bei $T = 300$ K zusammengestellt. Hier und in den folgenden Abschnitten wurde im wesentlichen folgende Literatur genutzt: [3 bis 7].

Zur Erzielung effizienter Injektionslumineszenz muß das eingesetzte Material effektive strahlende Rekombination zeigen und amphoter dotierbar sein. Die erste Forderung wird besonders von direkten Halbleitern und von indirekten Halbleitern mit isoelektronischen Störstellen erfüllt (siehe *Lumineszenz*). Wie Abb. 3 zeigt, sind von den III-V-Halbleitern einschließlich der pseudobinären Mischkristalle nur diejenigen mit $E_G < 2{,}3$ eV direkt. Eine Ausnahme bildet GaN, das aber nur n-Typ dotierbar ist. Mit diesen Halbleitern erreicht man somit nur den gelbgrünen Spektralbereich. Durch Einstellung des Mischungsverhältnisses x kann die gewünschte Wellenlänge eingestellt werden. Im indirekten Bereich von $GaAs_{1-x}P_x$ werden die strahlenden Übergänge an den isoelektronischen Störstellen N und Zn-O genutzt.

Im Bereich $E_G > 2{,}3$ eV liegen einige II-VI-Verbindungen, GaN und SiC.

Die meisten II-VI-Verbindungen sind direkte Halbleiter und zeigen ausgeprägte Photo- und Kathodolumineszenz. Die für tiefgrüne und blaue Lumineszenz interessanten II-VI-Verbindungen CdS, ZnSe und ZnS sind jedoch nicht genügend hoch amphoter dotierbar. Versuche, Injektionslumineszenz an Heteroübergängen oder Schottky-Kontakten zu erzielen, ergaben bisher nur unbefriedigende Resultate ($\eta \leq 10^{-4}$, [7, 8]).

GaN: Zn zeigt blaue Kathodolumineszenz, in SiC ist blaue und gelbe Injektionslumineszenz nachgewiesen worden [9]. Bauelemente sind bisher aber nur im Labormaßstab realisiert, die Technologie für eine großtechnische Fertigung wird nicht beherrscht.

Für die Lichtleiternachrichtentechnik ist der Wellenlängenbereich von 0,85 μm bis 1,55 μm interessant. Dieser Bereich wird von den 4-komponentigen Mischkristallen $In_xGa_{1-x}As_yP_{1-y}$ abgedeckt. Die Hinzunahme der 4. Komponente erlaubt die Anpassung der Gitter-Konstanten der Epitaxieschicht an das Substrat InP [10]. Im vorliegenden Fall ist dies bei $y = 2{,}16 (1-x)$ erfüllt. Mit x wird E_G und damit die Emissionswellenlänge eingestellt.

Die IV-VI-Halbleiter $Pb_{1-x}Sn_xTe$, $Pb_{1-x}Sn_xSe$ und $PbS_{1-x}Se$ haben eine direkte Energielücke, und p-n-Übergänge sind leicht realisierbar. Im Wellenlängenbereich von 4 μm bis 40 μm tritt strahlende Rekombination auf. Trotzdem sind diese Materialien für Lumineszenzdioden nicht von Interesse, da die aus Band-Band-Übergängen resultierende Rekombinationsstrahlung sehr stark reabsorbiert wird (siehe *Injektionslaser*).

Abbildung 4 zeigt die spektrale Verteilung der Injektionslumineszenz einiger Halbleiter.

Die abgestrahlte Lichtleistung in Abhängigkeit vom Diodenstrom für eine $In_{0,71}Ga_{0,29}As_{0,61}P_{0,39}/InP$-LED ist in Abb. 5 dargestellt.

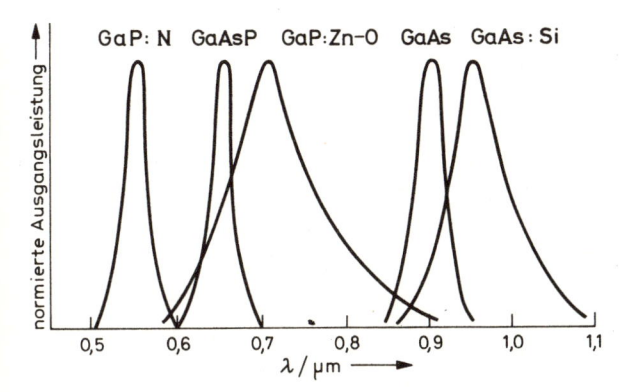

Abb. 4 Spektrale Verteilung der Injektionslumineszenz einiger Halbleiter

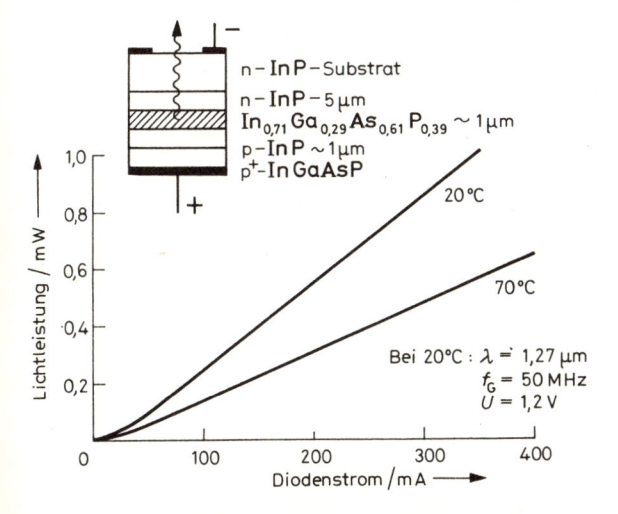

Abb. 5 Lichtleistung einer InGaAsP/InP-Doppelheterolumineszenzdiode in Abhängigkeit vom Diodenstrom

Die Lichtintensität einer LED läßt sich über den Injektionsstrom modulieren. Die Grenzfrequenzen liegen im allgemeinen bei einigen 100 MHz, jedoch wurden bereits GHz erreicht [11].

Der Wirkungsgrad η, d. h. das Verhältnis von optischer Ausgangsleistung zu elektrischer Eingangsleistung, ist für die meisten Materialien relativ gering. Die Ursachen dafür sind hauptsächlich die geringe Effektivität der strahlenden Rekombination im p-n-Übergang und die Reabsorption der Lumineszenzstrahlung. Strahlende Rekombination erfolgt hauptsächlich am Rand der Raumladungszone, während im Innern nichtstrahlende Rekombination über Zentren überwiegt.

Anwendungen

Die Injektionslumineszenz wird in den Lumineszenzdioden genutzt. Tabelle 1 gibt einen Überblick über wichtige Parameter von Lumineszenzdioden im sichtbaren und infraroten Spektralbereich. Blaue LEDs sind bisher nicht auf dem Markt. Mehrfarbige Dioden, bei denen mehrere unterschiedliche p-n-Übergänge auf einem Chip integriert sind, werden im sichtbaren Spektralbereich angeboten und wurden auch im infraroten Bereich bereits realisiert.

Lumineszenzdioden zeichnen sich durch folgende Vorteile aus:

– geringe Zeitkonstanten $\leq 10^{-8}$ s,
– Kompatibilität mit Halbleiter-Schaltkreisen (Durchlaßspannungen zwischen 1,2 V und 2,5 V; Injektionsströme zwischen 10 mA und 500 mA),
– hohe Lebensdauer $\geq 10^6$ h.

Der Hauptnachteil der LED-Bauelemente ist der geringe Wirkungsgrad, der zu einem relativ hohen Stromverbrauch führt. Bei optischen Ausgangsleistungen von 5 mW liegen die erforderlichen elektrischen Eingangsleistungen zwischen 0,2 und 0,5 W.

Die Anwendungsmöglichkeiten der Lumineszenzdioden sind außerordentlich umfangreich. LEDs mit Emission im sichtbaren Spektralbereich werden als In-

Tabelle 1 Parameter von Lumineszenzdioden nach [3 bis 10,12]

Material	Farbe	Emissionswellenlänge λ_{max} [µm]	Halbwertsbreite $\Delta\lambda$ [µm]	Wirkungsgrad η^* [%]	Zeitkonstante τ [ns]
GaP : ZnO/GaP	rot	0,69	0,09	4 (15)	100
GaP : N/GaP	grün	0,58	0,03	0,1 (0,7)	20
$GaAs_{0,35}P_{0,65}$/GaP	rot-orange	0,63	—	0,3 (0,5)	10
$GaAs_{0,6}P_{0,4}$/GaAs	rot	0,65	0,03	0,2 (0,5)	10
$GaAs_{0,15}P_{0,85}$: N/GaP	gelb	0,59	—	0,05 (0,2)	10
GaAs : Zn	IR	0,90	0,03	0,5 (2)	4
GaAs : Si	IR	0,88–0,94	0,1	12 (28)	200
$Ga_{0,65}Al_{0,35}As$/GaAs	rot	0,66	0,05	— (9)	10
$In_{0,71}Ga_{0,29}As_{0,61}P_{0,39}$/InP	IR	1,27	0,1	— (3)	5

*) In Klammern beste Laborwerte

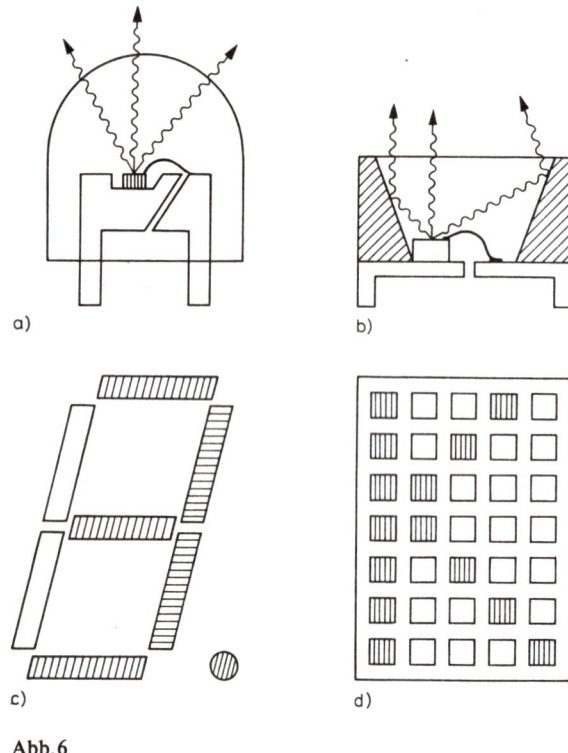

Alphanumerische Anzeigen zur Ziffern-, Buchstaben- und Symbol-Wiedergabe werden in Matrixform (5 × 7, 7 × 9 ...) aufgebaut (Abb. 6d). Matrizen mit 49000 Einzeldioden auf einer Fläche von 75 × 100 mm² wurden realisiert.

In monolithisch aufgebauten Displays werden die einzelnen Lichterzeugungselemente auf einem Kristall integriert. Ökonomisch sind Displays mit bis zu 5 mm Zeichenhöhe fertigbar. Derartige Bauelemente (mit Kunststofflupen zur Vergrößerung) waren einige Zeit in Armbanduhren und Taschenrechnern eingesetzt, sind inzwischen aber wegen ihres relativ hohen Energieverbrauchs durch die Flüssigkristallanzeigen (LCD = Liquid Crystal Display) verdrängt worden.

Optokoppler enthalten Lumineszenzdiode und Photodiode diskret in einer gemeinsamen Plasteumhüllung (Abb. 7a) oder monolithisch integriert. Eine oft genutzte Kombination setzt GaAs-Lumineszenzdioden als Sender und Si-Photodioden als Empfänger

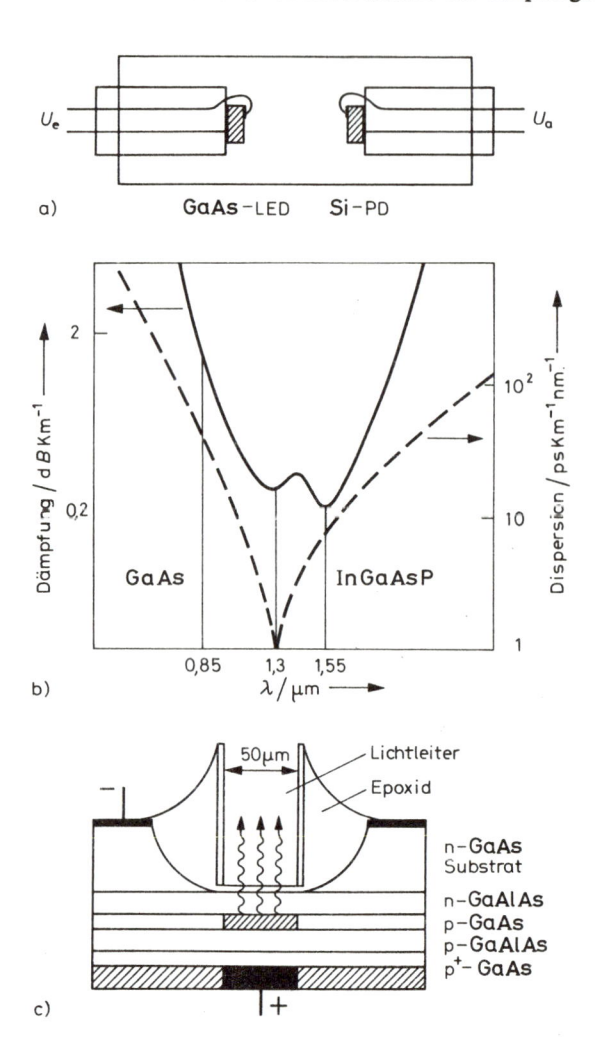

Abb. 6
a) Einzel-LED
b) Lichtschachtbauelement
c) 7-Segment-Anzeige
d) 7 × 5-Matrix-Anzeige

formationsausgabe – Bauelemente in allen Bereichen der Geräte- und Anlagenindustrie eingesetzt. Lumineszenzdioden mit Emission im infraroten Spektralbereich werden in Optokopplern genutzt und werden neben Halbleiter-Injektionslasern eine große Rolle in der Lichtleiter-Nachrichtenübertragung spielen.

Einzeldioden werden zur Anzeige des Betriebszustandes bzw. eines Schaltzustandes von Geräten z. B. der Konsumindustrie eingesetzt. Sie sind hier miniaturisierten Glühlampen durch ihre große Verläßlichkeit überlegen. (Sie besitzen eine große Lebensdauer und fallen nicht plötzlich aus.) Mehrfarben-LEDs können das Erreichen bestimmter Betriebszustände (wie etwa einer kritischen Geschwindigkeit oder optimaler Belichtungsbedingungen) durch Farbumschlag signalisieren.

Die Abb. 6a zeigt schematisch den Aufbau einer Einzel-LED. Das Plastgehäuse dient dem mechanischen Schutz der Diode, einer gewissen Farbkorrektur und der Erhöhung des Wirkungsgrades durch Anpassung der Brechzahlen des Halbleiters und der Luft.

Die Abb. 6b zeigt ein Lichtschachtbauelement, in welchem die Einzeldiode in einer Reflektorwanne sitzt. Mit Hilfe solcher Bauelemente werden Ziffernanzeigen in Form von 7-, 13-, und 16-Segment-Anzeigen realisiert. Die Abb. 6c zeigt eine 7-Segment-Anzeige.

Abb. 7
a) Optokoppler
b) Dämpfung und Materialdispersion von Glasfaser-Lichtleitern
c) Kopplung LED-Lichtleiter

ein. Im Optokoppler werden elektrische Eingangssignale in der LED in optische Signale umgewandelt, die in der Empfängerdiode in elektrische Ausgangssignale zurücktransformiert werden. Elektrischer Eingangs- und Ausgangskreis sind galvanisch entkoppelt. Isolationsspannungen größer 6 kV werden erreicht.

In den letzten Jahren konnte durch verbesserte Technologien die Dämpfung von Lichtleitfasern auf SiO_2-Basis erheblich reduziert werden. Abbildung 7b zeigt Dämpfung und Materialdispersion derartiger Fasern, die die für dieses Material theoretisch möglichen Werte nahezu erreichen. Für Lichtleiternachrichtenübertragung über kürzere Abstände (z. B. innerhalb von Fluggeräten und Schiffen oder zur Steuerung von Maschinen) kann eine höhere Dämpfung in Kauf genommen werden. GaAs-Lumineszenzdioden als Sender und Si-Avalanche-Dioden als Empfänger bei $\lambda \approx 0{,}85$ µm werden hier bereits eingesetzt. Mit Hilfe des Diodenstromes können die Dioden bis zu einigen 100 MHz intensitätsmoduliert und damit Informationsflüsse von einigen 100 Mbit/s übertragen werden. Eine Variante der Ankopplung einer Multimode-Faser an eine GaAs-GaAlAs-Doppelhetero-Lumineszenzdiode zeigt Abb. 7c. Eine um 1 Größenordnung geringere Dämpfung wird im Bereich 1,3 µm ÷ 1,55 µm erreicht. Lumineszenzdioden für diese Wellenlängen werden auf der Basis von InGaAsP realisiert. Auch bei diesen Wellenlängen konnte 2-Farbenbetrieb erreicht werden, was die Möglichkeit eines Wellenlängen-Multiplex und damit einer weiteren Steigerung der übertragbaren Informationsflüsse eröffnet.

Literatur

[1] ROUND, H. J., Electr. World **19** (1907) 309.
[2] LOSSEW, O. W., Telegrafia i Telefonia **18** (1923) 61.
[3] BERGH, A. A.; DEAN, P. J.: Lumineszenzdioden, Grundlagen, Halbleitende Verbindungen, Anwendungen. – Heidelberg: Alfred Hüthig Verlag GmbH. 1976.
[4] THIESSEN, K.: Optoelektronik, Umfang, Stand und Tendenzen ihrer Entwicklung. In: Probleme der Festkörperelektronik. – Berlin: VEB Verlag Technik 1978. Bd. 10.
[5] Semiconductor Devices for Optical Communication. Ed. H. KRESSEL. – Berlin/Heidelberg/New York: Springer-Verlag 1980.
[6] DEAN, P. J.: Comparisons and contrasts between light emitting diodes and high field electroluminescent devises. J. Luminescence **23** (1981) 17–53.
[7] HARTMANN, H.; MACH, R.; SELLE, B.: Wide Gap II-VI-Compounds as Electronic Materials. In: Current Topics in Materials Science. Ed. E. KALDIS. – Amsterdam: North-Holland Publ. Co. 1982.
[8] LAWTER, C.; WOODS, J.: Blue Light emission in forward-biased ZnS Schottky Barrier Diodes. J. Luminescence **18/19** (1979) 724–728.
[9] KÜRZINGER, W.: Siliziumkarbid – ein Halbleitermaterial nur für blau leuchtende Dioden? Nachrichtenelektronik **33** (1979) 362–364.
[10] Special Issue on quarternary compound semiconductor materials and devices sources and detectors. IEEE J. Quantum Electronics QE-17 (1981).
[11] GROTHE, H.; PROEBSTER, W.; HARTH, W.: Mg-doped InGaAsP/InP LEDs for high-bit-rate optical communication systems. Electronics Letters **15** (1979) 702.
[12] BHARGAVAR, R. N., IEEE Trans. Electron. Devices ED-22 (1975) 691.

Lumineszenz in Festkörpern

Unter Lumineszenz versteht man alle Lichterscheinungen außer der reinen Temperaturstrahlung und der kohärenten Laserstrahlung.

Voraussetzung für die Emission von Lumineszenzstrahlung ist die energetische Anregung eines Systems über den thermischen Gleichgewichtszustand hinaus. Bei der Rückkehr in das Gleichgewicht wird ein Teil der dabei freiwerdenden Energie als Strahlung emittiert. Lumineszenz von Flüssigkeiten und Gasen sowie von organischer Materie ist seit langem bekannt. Technisch genutzt wird die Lumineszenz von Festkörpern, auf die wir uns hier beschränken.

Sachverhalt

Elektronen, die durch Energiezufuhr auf energetisch höhere Zustände angehoben werden, fallen nach einiger Zeit in die Ausgangszustände zurück (Rekombination, Relaxation), wobei ein Teil der dabei freiwerdenden Energie als elektromagnetische Strahlung abgegeben, ein Teil auf das Kristallgitter übertragen wird (siehe *Photoleitung*).

Nach der Art der Anregung der Nichtgleichgewichtsträger unterscheidet man
– Photolumineszenz,
– Kathodolumineszenz,
– Injektionslumineszenz,
– Elektrolumineszenz.

Bei der Photolumineszenz werden die Elektronen mittels elektromagnetischer Strahlung angeregt, wobei Strahlung aus dem infraroten, sichtbaren oder ultravioletten Spektralbereich bzw. Röntgen- oder γ-Strahlen angewendet werden. Im allgemeinen ist die Photonenenergie der Anregungsstrahlung größer als die der Lumineszenzstrahlung. In speziellen Fällen kann jedoch auch der umgekehrte Fall eintreten: Anti-Stokes-Lumineszenz bei Zweistufenanregung oder Zwei-Photonen-Anregung mit kohärenter Laserstrahlung.

Anregung mittels energiereicher Teilchen (Elektronen, Ionen, α-Teilchen) führt zur Kathodolumineszenz.

Nichtgleichgewichtselektronen können auch im Verarmungsgebiet von in Flußrichtung betriebenen p-n-Übergängen, Schottky-Kontakten und MIS-Strukturen erzeugt werden (siehe *Injektionslumineszenz*) bzw. durch in starken elektrischen Feldern beschleunigte Ladungsträger mittels Stoßionisation entstehen (siehe *Elektrolumineszenz*).

Kennwerte, Funktionen

Einige Möglichkeiten für die Rekombination angeregter Nichtgleichgewichtsträger zeigt Abb. 1.

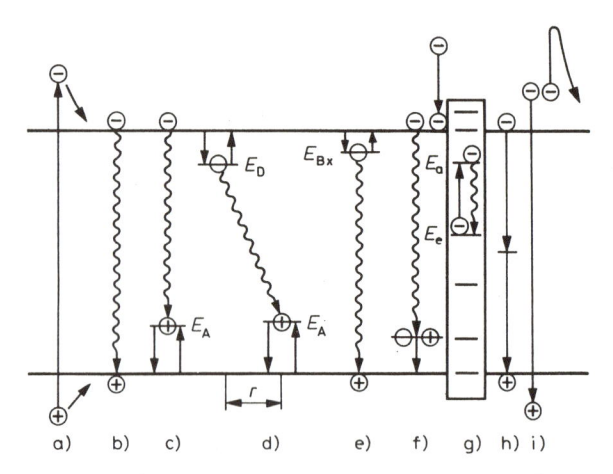

Abb. 1 Strahlende (⤳) und nichtstrahlende (→) Übergänge im Festkörper
a) – Generation
b) – strahlende Band-Band-Rekombination; $h\nu \geq E_G$
c) – strahlende Rekombination über Akzeptor-Zentren; $h\nu = E_G - E_A$
d) – strahlende Rekombination zwischen Donator-Akzeptor-Paaren; $h\nu = E_G - (E_A + E_D) + \dfrac{e^2}{\varepsilon r}$
e) – strahlende Rekombination eines gebundenen Exzitons-$h\nu = E_G - E_x - E_{Bx}$; $E_x = \dfrac{m_r e^4}{2\hbar^2 \varepsilon^2 n^2}$ sind die Energiezustände des freien Exzitons, E_{Bx} ist die Bindungsenergie des Exzitons an die Störstelle)
f) – strahlende Rekombination eines an einer isoelektronischen Störstelle gebundenen Exzitons.
g) – strahlende Rekombination eines inneren Elektrons einer Substitutionsstörstelle nach Anregung durch Stoßionisation;
h) – strahlungslose Rekombination an Zentren im Kristallvolumen, an der Oberfläche bzw. inneren Grenzflächen.
i) – Auger-Rekombination

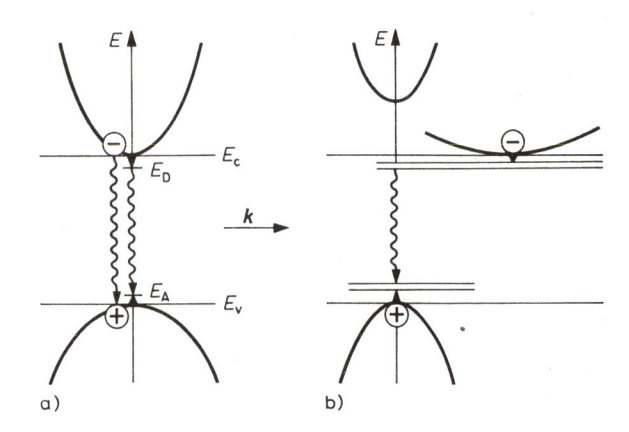

Abb. 2 Optische Übergänge im direkten a) und im indirekten b) Halbleiter

Das Verhältnis von strahlender Rekombination (charakterisiert durch die Lebensdauer für strahlende Übergänge τ_s) zu nichtstrahlender Rekombination (charakterisiert durch τ_{ns}) bestimmt die innere Quantenausbeute

$$\eta_i = \left(1 + \frac{\tau_s}{\tau_{ns}}\right)^{-1}. \qquad (1)$$

Auch bei bevorzugter strahlender Rekombination, d. h. η_i nahe 100%, ist $\eta_{ext} \ll 1$, da infolge von Reflexion und Reabsorption der Lumineszenzstrahlung im Kristall nur ein Bruchteil der Strahlung nach außen gelangt.

Zwischen der Frequenz v bzw. Wellenlänge λ der emittierten Strahlung und der überwundenen Energiedifferenz ΔE bestehen die Beziehungen

$$hv = \Delta E, \quad \lambda[\mu m] = \frac{1.24}{\Delta E[eV]}. \qquad (2)$$

Welche der in Abb. 1 angedeuteten Rekombinationskanäle tatsächlich wirksam werden, hängt von der Bandstruktur des Kristalls, der Dotierung, der Temperatur und dem Anregungsmechanismus ab. Je nach Material und Übergang wird Lumineszenzstrahlung im sichtbaren bzw. infraroten Spektralbereich mit Linienbreiten zwischen 0,1 meV und 0,5 eV emittiert.

Wegen der Impulserhaltung und der Kleinheit des Photonenimpulses (siehe *Photon-drag-Effekt*) erfolgen optische Übergänge bei einem bestimmten k-Wert (siehe Abb. 2; $\hbar k$ ist der Teilchenimpuls).

In direkten Halbleitern, wie etwa GaAs oder $Pb_{1-x}Sn_xTe$ ist dies ohne zusätzliche Stoßpartner möglich. Besonders in den IV-VI-Halbleitern mit schmaler Energielücke ist Band-Band-Rekombination gegenüber Störstellenrekombination bevorzugt. Abbildung 3 zeigt die Temperaturabhängigkeit des Maximums der Photolumineszenz von $Pb_{0,84}Sn_{0,16}Te$ nach [1].

Reine Bandkantenübergänge sind für die Lumineszenz praktisch wenig interessant, weil die Reabsorption dieser Strahlung zu hoch ist. Wichtiger sind Übergänge unter Beteiligung flacher Störstellen, wie etwa Si in GaAs, deren Energieniveaus bei starker Dotierung mit den Bandzuständen verschmelzen können.

In indirekten Halbleitern, wie z.B. GaP, müssen zusätzliche Stoßpartner für die Erhaltung des Gesamtimpulses sorgen. Für Übergänge mit Phononenbeteiligung ist die Übergangswahrscheinlichkeit gering. Bei Beteiligung von Störstellen kann auch in indirekten Halbleitern die strahlende Rekombination sehr effektiv werden. Das trifft besonders für im Ortsraum stark lokalisierte Zentren zu, die wegen der Heisenbergschen Unschärferelation im k-Raum weit ausgedehnt sind (wie in Abb. 2 angedeutet). Stark lokalisierte Zentren sind z.B. die isoelektronischen Störstellen, bei denen ein Atom des Wirtsgitters durch ein Atom aus der gleichen Spalte des Periodensystems ersetzt ist und

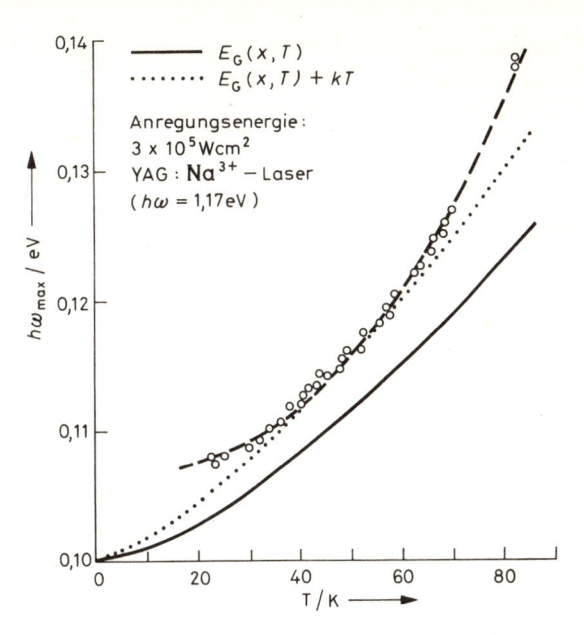

Abb. 3 Maximale Photonenenergie der Photolumineszenzstrahlung von $Pb_{0,84}Sn_{0,16}Te$ in Abhängigkeit von der Temperatur nach [1]

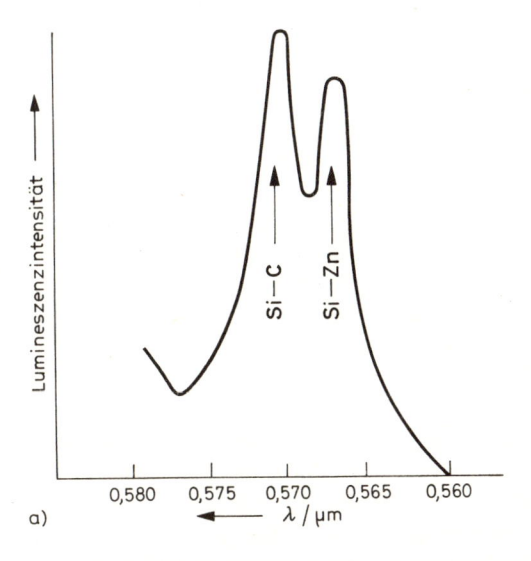

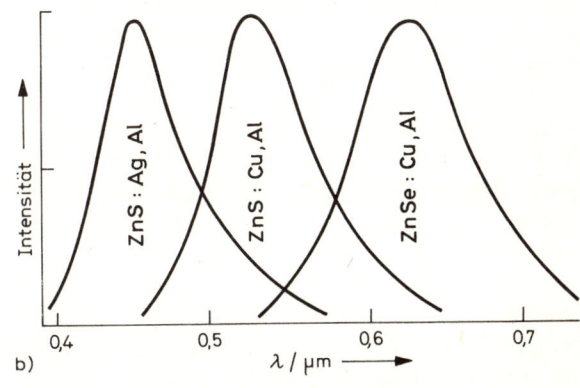

Abb. 4 a) Photolumineszenzspektrum von GaP nach [3]
b) Kathodolumineszenzspektren nach [4]

die deshalb kein langreichweitiges Coulomb-Potential besitzen. Beispiele für isoelektronische Zentren sind Stickstoff bzw. der Zink-Sauerstoffkomplex in GaP, (N ersetzt P; Zn – O ersetzt Ga-P) bzw. Te in ZnS.

In den II-VI-Halbleitern mit breiter Energielücke wie CdS, ZnS und ZnSe dominiert bei Zimmertemperatur Rekombination von Exzitonen, die an tiefe isoelektronische Störstellen gebunden sind, sowie an Paaren aus flachen Donatoren und tiefen Akzeptoren [2]. Übergänge zwischen inneren Schalen eingebauter Ionen von Übergangsmetallen oder seltenen Erden, wie z. B. Mn in ZnS, werden bei Photolumineszenz kaum angeregt, werden aber bei Stoßanregung sehr effizient (siehe *Elektrolumineszenz*).

Abbildung 4 zeigt Photolumineszenzspektren von GaP mit Donator-Akzeptor-Paarübergängen nach [3] sowie Kathodolumineszenzspektren von ZnS:Ag, Al bzw. ZnS:Cu, Al nach [4].

Anwendungen

Photolumineszenz und Kathodolumineszenz werden als empfindliche, zerstörungsfreie Untersuchungsmethoden in der Festkörperphysik eingesetzt. Die Messung der Lumineszenzspektren in Abhängigkeit von der Frequenz der anregenden Strahlung, der Intensität und der Temperatur, die Untersuchung der Lumineszenz bei gleichzeitigem Ausleuchten bzw. thermischer Entleerung von Zentren sowie zeitaufgelöste Messungen (Abklingen der Lumineszenz nach einem Anregungsimpuls) erlauben Rückschlüsse auf die Energiebandstruktur des untersuchten Materials, die Aktivierungsenergien von Zentren und insbesondere auf die Rekombinationsmechanismen. Speziell am Ausgangsmaterial für Leuchtdioden (d. h. bevor durch weitere technologische Schritte p-n-Übergänge erzeugt und elektrische Kontakte angebracht werden) kann auf diese Weise geklärt werden, welche Dotierungselemente in welcher Konzentration maximale Strahlungseffizienz ermöglichen. Der Einsatz fokussierter Laserstrahlung als Anregungsquelle ermöglicht ortsaufgelöste Messungen mit einer Auflösung im Bereich 20 µm. Ortsauflösung unterhalb 1 µm wird bei Anregung mit Elektronenstrahlung erreicht. Die Kathodolumineszenz hat den weiteren Vorteil, daß hohe Anregungsdichten leicht realisierbar sind. Bei Anregung im 10 KeV-Bereich werden Elektronenübergänge zwischen inneren Schalen der Atome angeregt, die zu charakteristischer Lumineszenzstrahlung im Röntgengebiet führen. Damit wird eine ortsaufgelöste chemische Analyse des Materials möglich. Nachteile der Kathodolumineszenz sind die Beeinflussung der Kristalltemperatur bei hoher Strahlleistung und insbesondere die große Eindringtiefe, die die Untersuchung µm-dicker Epitaxieschichten ausschließt.

Technisch wird die Photolumineszenz zur Wellenlängenkonversion genutzt, in der überwiegenden Zahl der Fälle zur Umwandlung kurzwelliger Strahlung in für das menschliche Auge sichtbare Strahlung.

Silikate, Phosphate und Borate, aktiviert mit Mn, werden auf der Innenwand von Leuchtstofflampen aufgebracht, um die bei der Gasentladung (neben der sichtbaren Strahlung) freiwerdende UV-Strahlung in sichtbare Strahlung zu transformieren und damit den Wirkungsgrad der Lampe zu erhöhen.

Mit II-VI-Halbleitern, insbesondere ZnS, CdS und $Zn_xCd_{1-x}S$ mit Cu, Ag und Mn als Aktivatoren sind die Innenflächen von Röntgenschirmen belegt.

In Szintillationszählern werden Alkalihalogenide mit Tellur als Aktivator eingesetzt. Der von γ-Quanten angeregte Phosphor emittiert Lichtquanten, die an der Fotokathode eines Sekundärelektronenvervielfachers Elektronen auslösen.

Materialien wie LiF:Mn oder $Li_2B_4O_7$:Mn speichern eingestrahlte γ- oder Röntgenstrahlung und geben sie erst bei Erwärmung als sichtbare Strahlung ab (Einsatz als Strahlungsdosimeter).

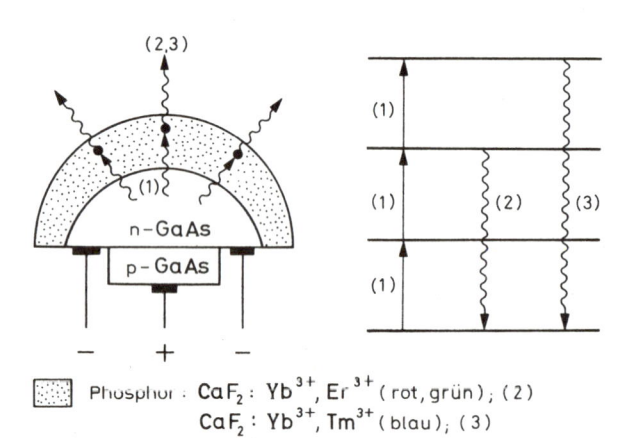

Abb. 5 Wellenlängentransformation nach [5]

Als Leuchtdioden für den sichtbaren Spektralbereich noch nicht zur Verfügung standen, hat man versucht, die Infrarotstrahlung von GaAs-Leuchtdioden (siehe *Injektionslumineszenz*) mittels Anti-Stokes-Lumineszenz in sichtbare Strahlung zu transformieren [5]. Abbildung 5 zeigt die mit dem Phosphor belegte GaAs-LED und (stark vereinfacht) die Übergänge im Phosphor. Voraussetzung für die Up-Conversion infolge eines Mehrstufenprozesses ist die Absorption eines 2. Photons, bevor das zuerst absorbierte emittiert wird. Die Wirkungsgrade dieser Bauelemente und ihre Lebensdauer sind jedoch sehr gering, so daß sie heute, wo Leuchtdioden für den sichtbaren Spektralbereich auf der Grundlage von Mischkristallen realisiert werden können, kaum noch von Interesse sind.

Bildschirme von Oszillographen, Fernsehapparaten, Radaranlagen, α- und β-Zählern nutzen die Kathodolumineszenz von ZnS und CdS, die mit Cu, Ag, Al und Mn aktiviert sind. Gute Helligkeiten werden bereits mit Beschleunigungsspannungen unter 50 V erreicht. Je nach Einsatz werden Phosphore mit unterschiedlichen Abklingzeiten benötigt (z .B. $\frac{1}{30}$ s für Fernsehbildröhren, $10 \div 100$ s für Radarschirme) [6].

Literatur

[1] Tomm J. W. et al.: Direct Comparison of Photo- and Electroluminescence in $Pb_{1-x}Sn_xTe$ Diode Lasers. Phys. status solidi (a) 77 (1983) 175.
[2] Hartman, H., Mach, R.; Selle, B.: Wide Gap II-VI-Compounds as Electronic Materials. Vol. 9. Ed. E. Kaldis. Current Topics in Materials Science. – Amsterdam: North Holland Publ. Co. 1982.
[3] Clerjaud, B.; Gendron, F.; Porte, C.: Chromium-induced up conversion in GaP. Appl. Phys. Letters 38 (1981) 212.
[4] Kukimoto, H.; Nakayama, T.; Oda, S.: Preparation and Characterization of Low-Voltage Cathodoluminescent ZnS. J. Luminescence 18/19 (1979) 365–368.
[5] Galginaitis, S. V.; Tenner, G. E.: Proc. II. Internat. Symp. on GaAs. London (1968) 131.
[6] von Ardenne, M.: Tabellen zur angewandten Physik. Bd. I. – Berlin: VEB Deutscher Verlag der Wissenschaften 1962, S. 185.

Magnetophonon-Effekt

Der Magnetophonon-Effekt (MPE) wurde 1961 von Gurevič und Firsov [1] theoretisch vorhergesagt und 1963/64 in n-InSb bei Untersuchung der longitudinalen und der transversalen magnetischen Widerstandsänderung bei magnetischer Induktion B zwischen 1 und 3,5 T und Temperaturen um 77 K gefunden [2,3]. In der Folgezeit ist dieser Effekt an einer größeren Zahl von Halbleitermaterialien nachgewiesen und zur Untersuchung der Energiebandstruktur, des Phononspektrums und der Elektron-Phonon-Wechselwirkung herangezogen worden.

Sachverhalt

Der MPE stellt einen besonderen Typ von im Magnetfeld auftretenden oszillatorischen galvanomagnetischen und thermomagnetischen Effekten, annähernd periodisch in $1/B$, dar. Er unterscheidet sich vom ebenfalls in B^{-1} periodischen Shubnikov-deHaas-Effekt dadurch, daß die Lage der Extrema fast unabhängig von der Ladungsträgerkonzentration ist und meistens auch in einem anderen Temperaturbereich und bei niedrigen Ladungsträgerkonzentrationen beobachtet wird.

Er hat seine Ursache in der Wechselwirkung zwischen Ladungsträgern in durch das Magnetfeld gequantelten Energiezuständen (Landau-Niveaus) und Gitterschwingungen bei dominierender inelastischer Streuung an optischen Phononen [4,5]. Es wird zwischen dem transversalen MPE, der in senkrecht zum Magnetfeld beobachteten Transporteigenschaften in Erscheinung tritt und dem longitudinalen MPE, der in Transporteffekten parallel zum Magnetfeld auftritt, unterschieden. Der transversale MPE beruht auf der resonanten Streuung eines Elektrons zwischen zwei Landau-Niveaus durch Wechselwirkung mit optischen Phononen, die Resonanzgleichung lautet:

$$E_{N,s}(0) - E_{N,s}(0) = \hbar\omega_0. \qquad (1)$$

Dabei gibt

$$E_{N,s}(k_z) = \frac{\hbar^2 k^2_z}{2m^*} + \hbar\omega_c\left(N + \frac{1}{2}\right) + s \cdot g \cdot \mu_B \cdot B \qquad (2)$$

den Zusammenhang zwischen Energie $E_{N,s}$ und Wellenzahlvektor k_z in Richtung des Magnetfeldes B für jedes Landau-Niveau $N = 0, 1, 2, \ldots$ und die beiden möglichen Spinzustände $s = \pm\frac{1}{2}$ an, m^* ist die effektive Ladungsträgermasse, $\omega_c = \frac{q \cdot B}{m^*}$ die Zyklotronfrequenz, μ_B das Bohrsche Magnetron und g der effektive Landé-Faktor. $\hbar\omega_0$ ist die Energie der optischen Phononen, $\hbar = h/2\pi$, h – Plancksches Wirkungsquantum.

Resonanz tritt also bei den Magnetfeldern auf, bei welchen die Zyklotronfrequenz die Bedingung

$(N - N') \hbar\omega_c = \hbar\omega_0$ bei $s = s'$ bzw. (3)

$(N - N') \hbar\omega_c = \hbar\omega_0 \pm g\mu_B B$ (4)

erfüllt, letztere, wenn infolge genügend starker Spin-Bahn-Wechselwirkung Spin-Übergänge auftreten (Spin-MPE). Die den longitudinalen MPE hervorrufenden Streuprozesse sind nicht resonant, ändern aber immer dann, wenn die Bedingung

$E_N - E_{N'} = 2\hbar\omega_0$ (5)

erfüllt ist, plötzlich ihre Intensität. Diese sogenannten Pseudoresonanzen sind infolge der Beteiligung elastischer Streuung häufig verwaschen.

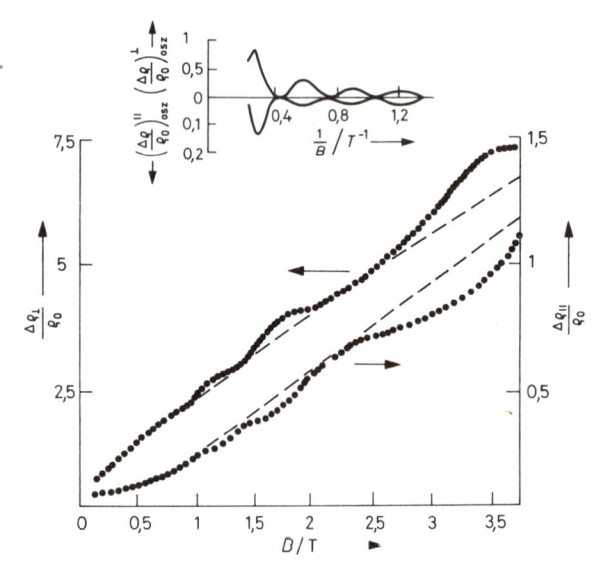

Abb. 1 Verlauf des transversalen ($\Delta\varrho_\perp/\varrho_0$) und des longitudinalen ($\Delta\varrho_\parallel/\varrho_0$) Magnetowiderstands in n-InSb bei 90 K in Abhängigkeit von der magnetischen Induktion B [2]. Im oberen Teil ist die Abhängigkeit des oszillatorischen, vom MPE herrührenden Anteils von $1/B$ dargestellt.

Tabelle 1 *Optimale Temperatur T_{opt} und maximales Magnetfeld B_{max} für den MPE, Phononenfrequenz ω_0 und effektive Masse m^*/m_e einiger Halbleitermaterialien*

Material	T_{opt}/K	B_{max}/T	$\omega_0/10^{13}$ s^{-1}	m^*/m_e
n-Ge	120	45	5,7	0,14
p-Ge	85	16	5,7	0,05
n-InSb	104	3,4	3,7	0,016
p-InSb	90	70	3,7	0,33
n-InAs	290	6,9	4,5	0,022
n-GaAs	140	22	5,5	0,071
p-GaAs	120	200	5,5	0,64
n-InP	130	32	6,5	0,086
n-CdTe	80	32	4,0	0,14
n-PbTe	66	6,7	2,1	0,0494

Kennwerte, Funktionen

Der MPE ist bei der Messung des Magnetowiderstandes, des Seebeck-Effekts im Magnetfeld, des Nernst-Ettingshausen-Effekts, der Photoleitung und des photoelektromagnetischen Effekts, im akustoelektrischen Effekt, im Hall-Effekt und bei der Raman-Streuung beobachtet worden. Abbildung 1 zeigt den Einfluß des MPE auf den longitudinalen und transversalen Magnetowiderstand in reinem n-leitendem InSb bei 90 K. Für das Beobachten des MPE gibt es eine vom Material abhängige optimale Temperatur T_{opt}, die durch die Phononenenergie und die Trägerbeweglichkeit bestimmt wird. Das maximale Magnetfeld B_{max}, oberhalb welchem Einphonen-Resonanzübergänge verschwinden, hängt über $\omega_c = \omega_0$ von der Phononenenergie und der effektiven Masse m^* ab. In der Tab. 1 sind einige Zahlenwerte aus [4] angegeben. Die untere Magnetfeldgrenze wird durch die thermische bzw. Stoßverbreiterung der Landau-Niveaus gegeben.

Anwendungen

Der MPE wird zur Untersuchung von Materialeigenschaften von Halbleitern herangezogen. Der Effekt ist in den Transportgrößen nicht sehr stark ausgeprägt. Zur genauen Erfassung sind differentielle Meßtechniken erforderlich [6].

Untersuchungen zur Energiebandstruktur. Gemäß den Gleichungen (1) bzw. (5) und (2) ist es möglich, die Landau-Aufspaltung von Valenz- und Leitungsband und daraus die effektiven Massen und den Zusammenhang zwischen Energie und Quasiimpuls im Energiebereich bis zu mehreren $\hbar\omega_0$ ohne Variation der Dotierung, also an einer Materialprobe, zu bestimmen. Voraussetzung ist die genaue Kenntnis der Phononenenergie. Neben den Übergängen zwischen Landau-Niveaus können auch Übergänge zwischen Störstellen und Landau-Niveaus zu Resonanzpiks führen.

Bestimmung der Elektron-Phonon-Kopplung. Umgekehrt gibt die Auswertung des MPE in Halbleitern mit bekannter Bandstruktur die Möglichkeit, die Energie der an der Streuung beteiligten optischen Phononen und eventuell auch der akustischen Phononen mit geringer Dispersion vom Rand der Brillouin-Zone zu bestimmen. Die relativen Streuwahrscheinlichkeiten von verschiedenen inelastischen Elektron-Phonon-Wechselwirkungen, die gleichzeitig auftreten, beispielsweise Intra- und Intervalley-Streuprozesse, können aus einem Vergleich der Höhen der entsprechenden Resonanzsignale ermittelt werden. Mehrphononenübergänge lassen sich nachweisen, und die Wahrscheinlichkeit für Spin-Umklapp-Streuprozesse kann abgeschätzt werden.

Bestimmung von Deformationspotentialen. Aus der Verschiebung der Resonanzlagen unter hydrostatischem

Druck kann unter der meist erfüllten Voraussetzung, daß die Phononenenergie nur wenig beeinflußt wird, der Druckkoeffizient der effektiven Masse berechnet werden. Bei Untersuchungen unter uniaxialem Druck lassen sich außerdem Energieparameter der Elektron-Phonon-Wechselwirkung, insbesondere die Deformationspotentiale, bestimmen [7].

Untersuchung der Trägeraufheizung bei optischer und elektrischer Anregung. Die Amplituden der MP-Serien widerspiegeln die Elektronenbesetzung höherer Landau-Niveaus. Aus dem Vergleich der Fourier-Komponenten der MP-Oszillationen ist die Berechnung der Energieverteilung, insbesondere der Elektronentemperatur, möglich. Auch aus der Untersuchung der Resonanzbreiten lassen sich Elektronentemperaturen angeregter Ladungsträgerverteilungen bestimmen [8]. Bei elektrischer Anregung wird meistens der longitudinale MPE untersucht, bei optischer Anregung, wo das Magnetfeld keinen Einfluß auf den Anregungsmechanismus hat, der transversale.

Literatur

[1] GUREVIĆ, V. L.; FIRSOV, JU. A., Ž. èksper. teor. Fiz. **40** (1961) 199.
[2] PARFEN'EV, R. V.; ŠALYT, S. S.; MUŽDABA, V. M., Ž. Eksper. teor. Fiz **47** (1961) 444.
[3] PURI, S. M.; GEBALLE, T. H., Bull. Amer. Phys. Soc. **8** (1963) 309.
[4] PETERSON, ROBERT L.: The Magnetophonon Effect. In: Semiconductors and Semimetals. Hrsg.: R. K. WILLARDSON; ALBERT C. BEER. - New York/San Francisco/London: Academic Press 1975. Bd. 10, Transport Phenomena. S. 221-289.
[5] CIDIL'KOVSKIJ, I. M.: Zonnaja struktura poluprovodnikov. Moskau: Izdatel'stvo Nauka 1978. S. 274-282.
[6] BLAKEMORE, J. S., J. Phys. E **8** (1975) 227.
[7] SEILER, D. G.; JOSEPH, T. J.; BRIGHT, R. D., Phys. Rev. B **9** (1974) 716.
[8] HAMAGUCHI, C.; SHIMOMAE, K.; TAKAYAMA, J.: Magnetophonon Effect of Hot Electrons in n-InSb and n-GaAs. In: Springer Series in Solid-State Sciences. Hrsg.: S. CHIKAZUMI, M. MIURA. - Berlin/Heidelberg/New York: Springer Verlag 1981. Bd. 24, Physics in High Magnetic Fields, S. 169-173.

Magnetowiderstandseffekt

Die Zunahme des elektrischen Widerstands unter Wirkung eines Magnetfeldes, auch Gauß-Effekt genannt, wurde bereits 1856 von W. THOMSON [1] entdeckt. Systematische Untersuchungen an Metallen und einigen Halbleitermaterialien in starken Magnetfeldern bis 30 T hat erstmals KAPITZA [2] durchgeführt. Der Effekt wird in der Festkörper-Forschung zur Bestimmung der Fermi-Energieflächen und zur Messung der Konzentration und der Beweglichkeit von Ladungsträgern herangezogen.

Sachverhalt

Wird eine stabförmige Probe mit ihrer Längsachse senkrecht in ein Magnetfeld B gebracht, so beobachtet man ein Ansteigen des Widerstandes R (transversaler Magnetowiderstandseffekt). Die Widerstandsänderung $\Delta R = R(B) - R(B = 0)$ ist in schwachen Magnetfeldern $\mu \cdot B < 1$ (μ – Trägerbeweglichkeit) annähernd proportional B^2. Die Größe des Proportionalitätsfaktors hängt von Materialparametern und der Geometrie ab. Weiterhin hängt die magnetische Widerstandsänderung von der Orientierung zwischen Probe und Magnetfeld ab. Insbesondere tritt unter bestimmten Bedingungen auch dann eine Widerstandsänderung auf, wenn Stromfluß und Magnetfeld parallel zueinander liegen (longitudinaler Magnetowiderstandseffekt). In starken Magnetfeldern $\mu B \gg 1$ werden Abweichungen vom Verlauf $\Delta R/R \sim B^2$ in Richtung schwächerer Magnetfeldabhängigkeiten bis hin zur Sättigung festgestellt. Diese Erscheinungen können von oszillatorischen Effekten (siehe *Shubnikov-de Haas-Effekt* und *Magnetophonon-Effekt*) überlagert oder sogar überdeckt werden.

Die Widerstandsänderung im Magnetfeld wird verursacht durch die Ablenkung der Ladungsträger infolge der Lorentz-Kraft, wodurch der pro Zeiteinheit in Probenlängsrichtung zurückgelegte Weg verringert wird. Zwar wirkt der Lorentz-Kraft das Hall-Feld (siehe *Hall-Effekt*) entgegen, aber die Kompensation ist nicht vollständig.

Im Ausdruck für die transversale magnetische Widerstandsänderung einer stabförmigen Probe im schwachen Magnetfeld für einen isotropen Halbleiter mit zwei Sorten Ladungsträgern (Elektronen der Konzentration n und der Beweglichkeit μ_n und Defektelektronen der Konzentration p und der Beweglichkeit μ_p)

$$\frac{\Delta R}{R} = \left[C \cdot \frac{n\mu_n^3 + p\mu_p^3}{n\mu_n + p\mu_p} - A^2 \frac{(p\mu_p^2 - n\mu_n^2)^2}{(p\mu_p + n\mu_n)^2} \right] B^2 \quad (1)$$

zeigt sich diese Tatsache, daß der Effekt das Resultat zweier gegeneinanderwirkender Mechanismen ist, in der Differenz der beiden Ausdrücke in der eckigen

Klammer [3]. Der zweite, den Effekt verringernden Term rührt vom Hall-Effekt her. Die Größen A und C sind Streufaktoren. Unter besonderen Umständen kann der Magnetowiderstandseffekt im starken elektrischen Feld oder bei sogenannter Störbandleitung sein Vorzeichen ändern.

Kennwerte, Funktionen

Die Größe der magnetischen Widerstandsänderung wird durch vier Faktoren bestimmt:

1. Trägerbeweglichkeit μ. Wegen $\Delta R/(R_0 B^2) \sim \mu^2$ wird der Magnetowiderstandseffekt um so größer, je höher die Trägerbeweglichkeit ist. In Halbleitern ist die Beweglichkeit und damit auch die magnetische Widerstandsänderung stark temperaturabhängig. In Abb. 1 ist die magnetische Widerstandsänderung in stabförmigen Proben als Funktion des Magnetfeldes für verschiedene Materialien und Temperaturen nach [4, 5] dargestellt.

2. Geschwindigkeitsverteilung der Ladungsträger. Die Größe der Streufaktoren A und C wird durch die Geschwindigkeitsverteilung der Träger und die Energieabhängigkeit der Streuprozesse bestimmt, d. h., der Magnetowiderstand hängt empfindlich von der Ladungsträgerstatistik und den wirkenden Streumechanismen ab [3]. Bei starker Entartung werden beide Faktoren annähernd Eins, so daß dann, und wenn nur eine Sorte Ladungsträger vorhanden ist (in einfachen Metallen), der Magnetowiderstandseffekt sehr klein wird.

3. Verringerung des Hall-Feldes durch materialspezifische Eigenschaften und äußere Einflüsse. Aus Gl. (1) ist er-

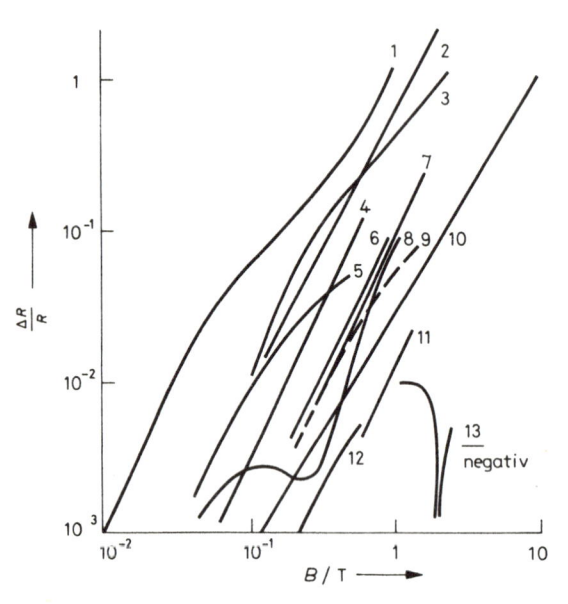

Abb. 1 Magnetische Widerstandsänderung in stabförmigen Proben als Funktion des Magnetfeldes nach [4, 5].

Kurve	Material	Orientierung	Ladungsträgerkonzentration/cm^{-3}	Temperatur/K
1	n-InSb	transversal	$2,4 \cdot 10^{15}$	78
2	InSb	transversal	eigenleitend	300
3	n-InAs	transversal		77
4	n-Si	transversal I$^{\parallel}$(100)		78
5	p-InSb	transversal	$2,3 \cdot 10^{15}$	78
6	n-GaAs	transversal	$1,2 \cdot 10^{16}$	77
7	n-GaSb	transversal	$1,5 \cdot 10^{18}$	77
8	n-InSb	longitudinal	$2,4 \cdot 10^{15}$	78
9	p-GaSb	transversal	$1,1 \cdot 10^{17}$	77
10	n-InAs	transversal	$5 \cdot 10^{16}$	300
11	n-InP	transversal	$6 \cdot 10^{15}$	300
12	p-InSb	longitudinal	$2,3 \cdot 10^{15}$	78
13	n-InAs	longitudinal		77

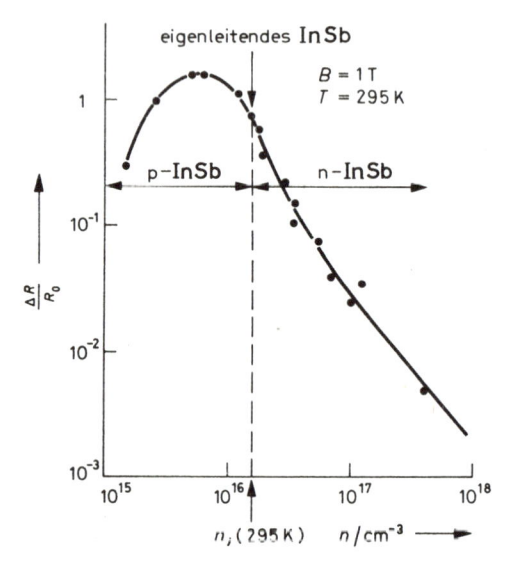

Abb. 2 Abhängigkeit der transversalen magnetischen Widerstandsänderung von der Elektronenkonzentration in InSb bei Zimmertemperatur und einem Magnetfeld von 1 T nach [6].

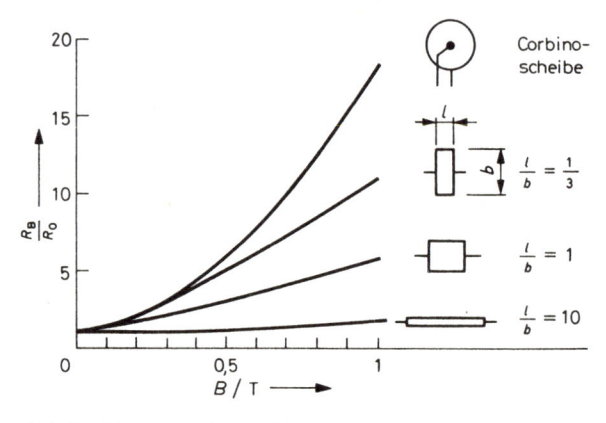

Abb. 3 Magnetowiderstand in InSb bei Zimmertemperatur in Abhängigkeit von der Probengeometrie nach [7]

sichtlich, daß bei gleichzeitiger Anwesenheit von Elektronen und Löchern annähernd gleicher Konzentration und Beweglichkeit $p\mu_p \approx n\mu_n$ das kompensierende Hall-Feld verschwindet. Das Maximum des Magnetowiderstands in fast eigenleitendem p-InSb (Abb. 2) wird durch diesen Mechanismus hervorgerufen. In Halbmetallen wie z.B. Wismut und in eigenleitenden entarteten Halbleitern ist $A = C = 1$ und $n = p$, woraus aus Gl. (1) $\Delta R/RB^2 = \mu_n \cdot \mu_p$ folgt. Dieser Effekt ist um Größenordnungen größer als der Magnetowiderstand in Metallen mit nur einer Trägersorte. Durch spezielle geometrische Formen oder das Aufbringen bzw. den Einbau von das Hall-Feld kurzschließenden metallisch leitenden Streifen kann die kompensierende Wirkung des Hall-Feldes unterdrückt werden, im Idealfall so weit, daß der zweite Term in Gl. (1) verschwindet. Abbildung 3 zeigt den Einfluß verschiedener Geometrien auf die Größe des Magnetowiderstands.

4. Anisotropie der Energiebandstruktur. Die Anisotropie der Energiebandstruktur bedingt sowohl eine zusätzliche Orientierungsabhängigkeit des Magnetowiderstands als auch das Auftreten eines Anisotropiefaktors zusätzlich zu den Streufaktoren in Gl. (1). Insbesondere kann in solchen Materialien auch ein longitudinaler Magnetowiderstandseffekt auftreten.

Anwendungen

Untersuchung der Bandstruktur-Anisotropie. Aus der Anisotropie des Magnetowiderstands (Richtung des Stromes bezüglich der Kristallachsen und Orientierung des Magnetfeldes in bezug auf die Stromrichtung) können Aussagen zur Anisotropie der elektronischen Struktur gewonnen werden. Diese Untersuchungen sind eine Ergänzung zu anderen Methoden, sie erfordern eine hohe Materialhomogenität und eine störungsfreie Technologie zur Probenherstellung [8].

Bestimmung der Beweglichkeit. Gemäß Gl. (1) läßt sich aus der magnetischen Widerstandsänderung die Beweglichkeit der Ladungsträger und zusammen mit der gleichzeitig meßbaren spezifischen Leitfähigkeit die Ladungsträgerkonzentration bestimmen. Voraussetzung ist, daß die Streufaktoren sowie der aus der Probengeometrie folgende Korrekturfaktor bekannt sind [3].

Feldplatte. Mit einer speziellen Züchtungstechnik gelingt es, in das InSb gut leitende NiSb-Nadeln orientiert einzulagern, so daß der Hall-Effekt weitgehend kurzgeschlossen wird [6]. Damit kann von der relativ niederohmigen Corbino-Scheibe (Abb. 3) zu Streifen- oder Mäanderanordnungen mit größerem Widerstand übergegangen werden. In Abb. 4 sind der prinzipielle Aufbau und die Kennlinie einer Feldplatte angegeben. Typische Kennwerte sind: Grundwiderstand R_0 bei 25 °C: 100 − 500 Ohm; Temperaturkoeffizient $\Delta R(B)/$

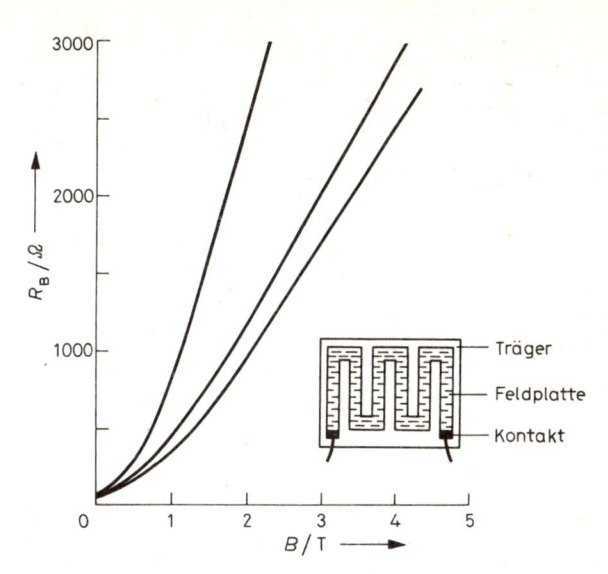

Abb. 4 Prinzipieller Aufbau und Kennlinien einiger handelsüblicher Feldplatten

$(\Delta T \cdot R(B)$ bei 25 °C: 0,2 − 3%/Grad im Magnetfeldbereich 0 − 1 T und je nach Dotierung; Temperaturbereich kommerzieller Feldplatten: − 40 ... + 150 °C, spezielle Ausführungsformen sind auch bei 4 K einsetzbar. In schwachen Magnetfeldern ist die Widerstandsänderung proportional zu B^2, in stärkeren Feldern ($B \geq 1,5$ T bis $T = 25$ °C) hängt sie nahezu linear von B ab. Mittels Brückenschaltung oder durch geeignete Anpassung an andere Halbleiterbauelemente ist eine Temperaturkompensation möglich.

Anstelle des InSb mit kurzschließenden NiSb-Nadeln kann auch homogenes Halbleitermaterial eingesetzt werden, welches mit kurzschließenden metallischen Streifen senkrecht zur Längsrichtung versehen wird.

Einsatz von Feldplatten [9].
a) *Messung von Magnetfeldern und zum Magnetfeld proportionalen Größen;* vorteilhaft ist der geringe schaltungstechnische Aufwand für den Zweipol, nachteilig die starke Temperaturabhängigkeit und die Nichtlinearität. Die Meßgröße hängt nicht (im Gegensatz zum Hall-Effekt) vom Vorzeichen der magnetischen Induktion ab.

b) *Feldplattenpotentiometer zur kontaktlosen Widerstandsänderung;* durch die Form der ferromagnetischen Steuerscheibe im magnetischen Kreis können verschiedene Funktionen realisiert werden. Typische Kenndaten sind: Widerstand 50...500 Ohm, Leistung 0,5 W, Drehwinkel 0...270°, Linearitätsabweichung ± 0,6%, Temperaturkoeffizient ca. 0,25%/Grad bei 25 °C. Vorteilhaft sind das geringe Rauschen, die nahezu unbegrenzte Lebensdauer sowie die Frequenzunabhängigkeit. Einfache Strukturen sind bis 10 GHz einsetzbar. Nachteilig sind der starke Temperaturkoeffizient und der eingeschränkte Widerstandsbereich.

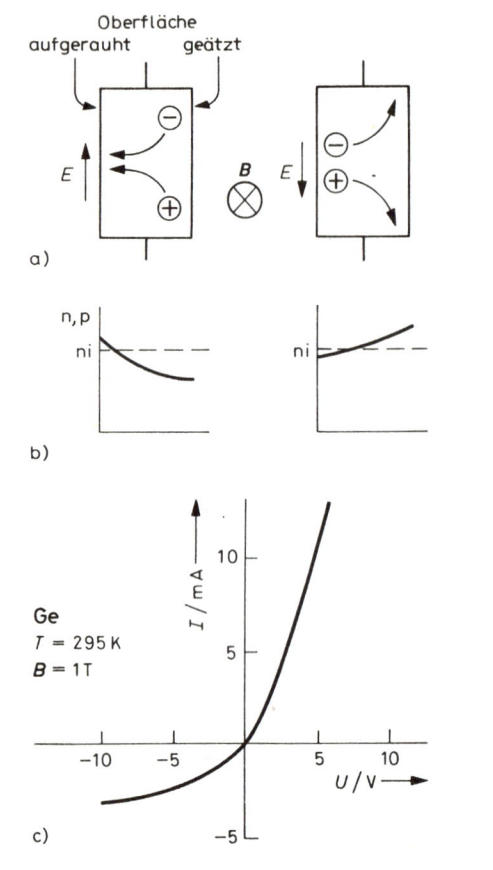

Abb. 5 Ladungsträgerbewegung a), Ladungsträgerverteilung über den Probenquerschnitt b) und Strom-Spannungs-Charakteristik c) [10] in einer Ge-Probe mit extrem hoher Oberflächenrekombination auf einer Probenseite in einem Magnetfeld von 1 T

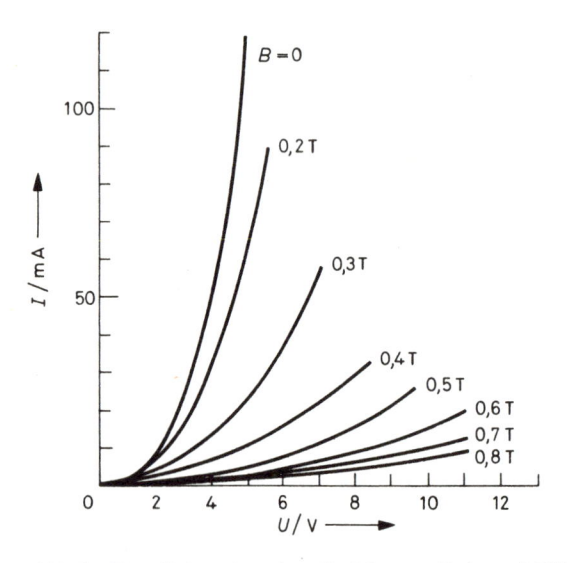

Abb. 6 Kennlinienschar einer Ge-Magnetodiode nach [11]

c) *Kontaktloses Steuern;* durch Bewegung eines Permanetmagneten (Tastenhub, Positionsänderung) wird die Feldplatte beeinflußt. Mit nachgeschaltetem Schmitt-Trigger und Verstärker kann das Signal verstärkt werden.

d) *Weitere Einsatzmöglichkeiten* ergeben sich aus der funktionellen Abhängigkeit des Widerstands vom Magnetfeld, die die Modulation kleiner Gleichströme und Gleichspannungen und die Realisierung von Multiplikationsschaltungen sowie quadratische Charakteristiken erlaubt. Diese Einsatzmöglichkeiten sind in [6] behandelt.

Magnetische Sperrschicht [10]. In eigenleitendem Material werden Elektronen und Löcher infolge der Lorentz-Kraft in dieselbe Richtung abgelenkt. Das führt zu einer Erhöhung der Ladungsträgerkonzentration an der einen und zur Trägerverarmung an der gegenüberliegenden Probenseite. In der Regel sind diese Abweichungen vom thermodynamischen Gleichgewicht gering. Wenn die Lebensdauer der Nichtleichtgewichtsträger aber nicht mehr klein ist im Vergleich zur Zeit, in der sich die Ladungsträger durch die Probe bewegen, können Konzentrationsabweichungen zusätzlich den Widerstand beeinflussen. Wird die Generation auf der trägerverarmten Seite z. B. durch mechanische Bearbeitung erhöht, so steigt der Leitwert (im Gegensatz zum „normalen" Magnetowiderstandseffekt). Beim Umpolen der Stromrichtung oder des Magnetfeldes sinkt er infolge beschleunigter Rekombination an dieser Oberfläche. Damit ergibt sich eine unsymmetrische Kennlinie. Abbildung 5 zeigt eine an entsprechend präpariertem Germanium bei $B = 1$ T gemessene Strom-Spannungs-Charakteristik. Beim Umpolen des Magnetfeldes werden Fluß- und Sperrichtung vertauscht.

Magnetodiode [11]. Über die Magnetfeldabhängigkeit der Trägerbeweglichkeit wird die Diffusionslänge und damit die Konzentration der durch einen p-n-Übergang injizierten Ladungsträger beeinflußt. Bei starker Injektion liegen die zusätzlichen Elektronen und Defektelektronen in etwa gleicher Konzentration vor, so daß alle diffundierenden Träger im Magnetfeld stark abgelenkt werden. Damit wird die effektive Diffusionslänge weiter verringert. Beide Mechanismen führen in geeignet dimensionierten p-n-Übergängen zu einer starken Verringerung des Flußstromes durch das Magnetfeld (Abb. 6). Aus dem Funktionsprinzip ergeben sich folgende Materialanforderungen: hohe Trägerbeweglichkeit, geringe Eigenleitungskonzentration und ein hoher Injektionsgrad. InSb ist wegen der geringen Breite der verbotenen Zone nur für niedrige Betriebstemperaturen $T \leq 100$ K geeignet. Si ist thermisch stark belastbar, Betriebstemperaturen bis 100 °C sind möglich. Somit kann durch hohe Trägerinjektion der Nachteil einer geringen Trägerbeweglichkeit ausgeglichen werden. Von den Materialparametern besonders geeignet ist GaAs. Die verbotene Zone ist genügend breit, um Betriebstemperaturen über 100 °C zu ermöglichen, und die Trägerbeweglichkeit ist größer als im Si. An Ge-Magnetodioden sind bisher die meisten Untersuchungen durchgeführt worden. Es ist zwar thermisch nicht stark belastbar, hat aber den Vorteil einer relativ hohen Trägerbeweglichkeit. Magnetodioden sind hinsichtlich ihrer Empfindlichkeit Feldplatten und Hall-Generatoren bis zu Feldstärken von etwa 0,2 T überlegen. Für spezielle Anwendungszwecke sind auch Transistoranordnungen, die die magnetfeldabhängige Injektion ausnutzen, vorgeschlagen worden.

Literatur

[1] Thomson, W., Phil. Trans. **146** (1856) 736.
[2] Kapitza, P., Proc. Roy. Soc. London Ser. A. **123** (1929) 292.
[3] Kirejew, P. S.: Physik der Halbleiter. 1. Aufl. – Berlin: Akademie-Verlag 1974, (Übers. aus d. Russ.).
[4] Becker, W. M.: Band characteristics near principal minima from magnetoresistance. In: Semiconductors and Semimetals. Hrsg.: R. K. Willardson; Albert C. Beer. – New York/London: Academic Press 1966. Bd. 1. Physics of III-V-Compounds. S. 265–287.
[5] Weiss, H.: Magnetoresistance. In: Semiconductors and Semimetals. Hrsg.: R. K. Willardson, Albert C. Beer. – New York/London: Academic Press 1966. Bd. 1. Physics of III-V-Compounds. S. 315–376.
[6] Weiss, H.: Physik und Anwendung galvanomagnetischer Bauelemente. – Leipzig: Akademische Verlagsgesellschaft Geest & Portig K.-G. 1969.
[7] Weiss, H.; Welker, H., Z. Phys. **138** (1957) 322.
[8] Cidil'kovskij, I. M.: Zonnaja struktura poluprovodnikov. – Moskau: Izdatel'stvo Nauka 1978. S. 248.
[9] Feldplatten – neue Bauelemente für die Elektronik. In: radio – fernsehen – elektronik **24** (1975) 413.
[10] Madelung, O.; Tewordt, L.; Welker, H., Z. Naturf. **10a** (1955) 476; Weisshaar, E., Z. Naturf. **10a** (1955) 488.
[11] Stafeev, V. I.; Karakušan, E. I.: Magnitodiody. – Moskau: Izdatel'stvo Nauka 1975.

Metall-Halbleiter-Kontakt

Seitdem in der Physik elektrische Untersuchungen an Halbleitern durchgeführt werden, werden auch Metall-Halbleiter-Kontakte verwirklicht. So muß bereits Faraday 1833 bei der Untersuchung des Stromdurchgangs durch Silbersulfid Metall-Halbleiter-Kontakte benutzt haben. Jedes Halbleiterbauelement, angefangen bei dem Spitzendetektor von Ferdinand Braun (1874) bis zu den modernsten höchstintegrierten Festkörperschaltkreisen, enthält solche Kontakte. Mit der Entwicklung der Quantentheorie und ihrer Anwendung auf den Festkörper um 1930 wurden die gefundenen Erscheinungen prinzipiell theoretisch erklärbar (Frenkel, Joffe, Wilson, Nordheim, Mott, Davydov, Schottky) [1, 2]. Tiefere Einsichten in die konkreten Zusammenhänge und quantitativ zutreffende theoretische Erklärungen wurden erst in neuester Zeit unter Nutzung der Ultrahochvakuumtechnik und der vielfältigen neuen Oberflächenanalysenmethoden möglich.

Sachverhalt

Bringt man ein Stück Halbleiter und ein Stück Metall auf einer Fläche A zur direkten Berührung, so entsteht dabei in der Regel eine elektrisch leitende Verbindungsstelle, der Kontakt. Sein elektrischer Widerstand heißt Kontaktwiderstand. Er ist in der Regel A umgekehrt proportional und kann sich als groß oder als klein gegenüber dem Widerstand des Halbleiters erweisen. Im ersten Fall wird er meist auch von der Größe und der Richtung des Stromes I abhängig sein und Gleichrichterwirkung zeigen. Man spricht dann von einem gleichrichtenden Kontakt. Im zweiten Fall wird der Spannungsabfall U an der Kontaktstelle selbst gegenüber dem Spannungsabfall am homogenen Halbleiter zu vernachlässigen sein. Dann wird keine Abweichung vom Ohmschen Gesetz in einem den Halbleiter enthaltenden Stromkreis beobachtet. Wir sprechen dann von einem Ohmschen Kontakt, obwohl U keineswegs proportional I zu sein braucht. In letzterem liegt eine gewisse Ungenauigkeit, die sich aber eingebürgert hat.

Metall-Halbleiter-Kontakte werden meistens durch Aufdampfen, durch Kathodenzerstäubung (Sputtern), durch Galvanisieren, durch Auflöten oder durch das Aufsetzen einer Spitze erzeugt.

Kennwerte, Funktionen

Das elektrische Verhalten eines Metall-Halbleiter-Kontakts kann man im Rahmen des Bändermodelles verstehen (Abb. 1). Im thermodynamischen Gleichgewicht muß das Fermi-Niveau der Elektronen im Metall E_{FM} mit dem im Halbleiter E_{FH} übereinstimmen,

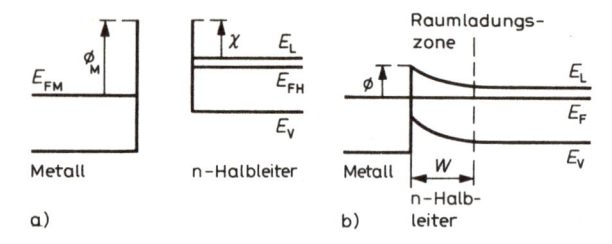

Abb. 1 Der Metall-Halbleiterkontakt im Bändermodell
a) Metall und Halbleiter sind noch von einander getrennt und nicht im Gleichgewicht.
b) Der Kontakt und mit ihm das thermodynamische Gleichgewicht sind hergestellt.

andererseits muß das makroskopische elektrische Potential an der Kontaktstelle stetig sein. Hierdurch ergibt sich im Halbleiter eine Bandverbiegung um den Betrag $E_{FH} - E_{FM}$, die durch das elektrische Feld in der Raumladungszone der Dicke W bedingt ist. Die Raumladung entsteht entweder durch Ladungsträgerverarmung oder durch Ladungsträgeranreicherung. Wenn das Energietermsystem der Elektronen im Metall und im Halbleiter durch die Herstellung des Kontaktes nicht verändert wird, wie man früher gewöhnlich annahm, entsteht an der Kontaktfläche eine Barriere für die Leitfähigkeitselektronen der Höhe

$$\Phi = \Phi_M - \chi, \qquad (1)$$

dabei ist Φ_M die Elektronenaustrittsarbeit des Metalls, χ die Elektronenaffinität des Halbleiters. Positive Barrierenhöhen führen beim Kontakt mit einem n-Halbleiter zu einer Verarmungsrandschicht. In diesem Fall ist ein erhöhter spannungsabhängiger Kontaktwiderstand zu erwarten. Im Rahmen der einfachsten Theorie gilt für die Strom-Spannungs-Kennlinie des Kontakts

$$I = I_s \left(\exp\left(\frac{qU}{kT}\right) - 1 \right), \qquad (2)$$

wobei U die Spannung am Kontakt (zwischen Metall und Grenze der Raumladungszone zum Halbleiter; $U > 0$, wenn positiver Pol am Metall) ist. Für I_s gilt im Fall der thermischen Emissionstheorie (freie Weglänge der Elektronen $\lambda > W$)

$$I_s = \frac{A}{\sqrt{6\pi}} q v_{th} N_L \exp\left(\frac{-\Phi}{kT}\right), \qquad (3)$$

wobei v_{th} die thermische Geschwindigkeit der Elektronen und N_L die effektive Termdichte im Leitfähigkeitsband des Halbleiters ist. Im Fall der Diffusionstheorie ($\lambda < W$) gilt

$$I_s = A q^2 \mu_n \frac{N_D \cdot W}{\varepsilon_H \varepsilon_0} N_L \exp\left(\frac{-\Phi}{kT}\right), \qquad (4)$$

wobei μ_n die Beweglichkeit der Elektronen, ε_H die relative Dielektrizitätskonstante und N_D die Dotierungskonzentration im Halbleiter sind. Für die Dicke der Raumladungszone W gilt bei Anliegen der Spannung U

$$W = \left[\frac{2\varepsilon_H \varepsilon_0}{N_D \cdot q^2} (\Phi - E_L + E_{FH} - qU) \right]^{1/2}. \qquad (5)$$

Nach (1) ist zu erwarten, daß bei n-Halbleitern das Vorliegen von gleichrichtenden Kontakten ($\Phi > 0$) oder von Ohmschen Kontakten ($\Phi < 0$) eindeutig von der Austrittsarbeit Φ_M des Metalls abhängt. Bei p-Halbleitern müßte der Befund umgekehrt ($\Phi < 0$ für gleichrichtende, $\Phi > 0$ für Ohmsche Kontakte) sein. Ein solcher Zusammenhang wurde jedoch experimentell nicht gefunden. Die Ursache sind Veränderungen im Energietermsystem an der Grenzfläche Metall-Halbleiter, Verunreinigungen an der Kontaktfläche. Erstere können heute weitgehend theoretisch berechnet und durch Oberflächenanalysenmethoden nachgewiesen werden. Letztere sind durch Kontaktieren im Ultrahochvakuum vermeidbar. Praktisch bleibt Φ eine experimentell für den konkreten Kontakt zu bestimmende Größe. Übersichten hierzu geben z. B. [3] und [4].

Anwendungen

Gleichrichtende Metall-Halbleiter-Kontakte werden heute meist als Schottky-Dioden bzw. -Übergänge bezeichnet. Ihre Eigenschaften sind für bestimmte Anwendungen sehr vorteilhaft. Erstens ist der Sättigungsstrom I_s gemäß Formel (3) im Vergleich zu den p-n-Übergängen hoch. Es gilt $I_s = AA^*T^2 \exp(-\Phi/kT)$, mit der effektiven Richardson-Konstanten $A^* = a \cdot 120$ A/cm^{2}K^2, wobei a ein von der Bandstruktur des Halbleiters abhängiger Faktor der Größenordnung 0,1 bis 10 ist. Darum haben Schottky-Dioden in Durchlaßrichtung einen geringeren Spannungsabfall als p-n-Übergänge. Zweitens sind sie reine Majoritätsträgerbauelemente. Es erfolgt also keine Minoritätsträgerspeicherung, die eine hohe Sperrträgheit bedingt.

Leistungsschottkydioden in Schaltnetzteilen zur Erzeugung kleiner Versorgungsspannungen für die Mikroelektronik erlauben die Anwendung hoher Frequenzen zur Spannungstransformation (Fehlen der Sperrträgheit) und ergeben geringere Verluste bei der Gleichrichtung der Sekundärspannung. In Schaltnetzteilen für 1,7 V/60 A kann durch den Einsatz von Schottky-Dioden anstelle üblicher Dioden der Wirkungsgrad z. B. von 50 auf 65 % erhöht werden.

In Transistor-Transistor-Logik-Schaltkreisen (TTL) verhindern den Basis-Kollektorübergängen parallel geschaltete Schottky-Dioden wegen ihrer geringeren Durchlaßspannung, daß die Transistoren bis tief in die Sättigung geschaltet werden. Dies führt, da Schottky-Dioden selbst keine Sperrträgheit besitzen, zu einer sehr schnellen Schottky-TTL bzw., wenn keine Steigerung der Arbeitsgeschwindigkeit beabsichtigt ist, zu einem geringeren Leistungsbedarf und der Low-Power-Schottky-TTL.

Bei den bisher erwähnten Anwendungen handelt es sich stets um Metall-Silicium-Schottky-Dioden, ihre Herstellung fügt sich gut in die Technologien zur Herstellung von diskreten Silicium-Bauelementen und integrierten Siliziumschaltkreisen ein. Schottky-Übergänge ermöglichen darüber hinaus die Herstellung von GaAs-Feldeffekt-Transistoren. Ein in Sperrichtung betriebener Metall-Halbleiter-Übergang dient hier als Gate. Wir gelangen so zum GaAs-MES-FET, der bereits 1966 von C. A. Mead vorgeschlagen wurde und besonders für Höchstfrequenzanwendungen bedeutungsvoll ist [5]. Auf dieser Grundlage lassen sich auch integrierte GaAs-Schaltkreise als Schottky-Dioden-FET-Logik (SDFL) verwirklichen [6]. Mit dieser Technik werden beste Silicium-Schaltungen um ein Mehrfaches übertroffen z. B. werden Gatterverzögerungszeiten von 82 ps bei 3 mW Verlustleistung erreicht. Der Schottky-Übergang wird auch im Permeable Base Transistor (PBT) angewendet. Hier wird ein 50 nm dickes, durch Aufdampfen erzeugtes Wolfram-Gitter in eine durch Dampfphasenepitaxie erzeugte GaAs-Schichtstruktur eingebracht, das Ganze wirkt wie ein vertikal aufgebauter GaAs-MES-FET. Inzwischen werden Schottky-Übergänge auch auf anderen halbleitenden Verbindungen und daraus gebildeten Mischkristallen für Photoempfänger bzw. zur Erzeugung von Elektrolumineszenz [7] erprobt.

Schottky-Übergänge werden in der Halbleitermeßtechnik vielfältig angewendet, wenn gleichrichtende Übergänge benötigt werden und diese z.B. ohne Hochtemperaturprozesse erzeugt werden müssen; z. B. bei der Kapazitäts-Spannungs (C-V)-Methode oder bei der EBIC(Electron Beam Induced Current)-Methode im Rasterelektronenmikroskop.

Bei Ohmschen Kontakten kommt es darauf an, eine möglichst kleine Barrierenhöhe Φ zu erhalten. Ein Weg zur Erzeugung Ohmscher Kontakte besteht darüberhinaus darin, durch eine sehr hohe Dotierung N_D des n-Halbleiters gemäß Formel (5) die Dicke der Raumladungszone W so klein zu machen, daß die Barriere durchtunnelt werden kann. Darum werden gewöhnlich zur Kontaktierung in Halbleiterschaltkreisen mit den Mitteln der Halbleitertechnologie erst sehr stark n- bzw. p-leitende ($n^±$ bzw. p^+) Gebiete erzeugt.

Aluminium und Gold sowie neuerdings Silicide von Übergangsmetallen (PtSi, Pt_2Si, Pd_2Si, RhSi, NiSi, WSi_2) sind sehr geeignete Kontaktmaterialien für Silicium [8, 9].

Literatur

[1] Schottky, W., Naturwissenschaften **26** (1938) 843; Z.Phys. **113** (1939) 367; Z. Physik **118** (1942) 539.
[2] Spenke, E.: Elektronische Halbleiter. – Berlin/Göttingen/Heidelberg: Springer-Verlag 1955.
[3] Obernik, H.; Munte, H.-J.; Treske, A.: Metallkontakte an Halbleitern. In: Probleme der Festkörperelektronik. – Berlin: VEB Verlag Technik 1970. Bd. 3, S.147–178.
[4] Mach, R., Zentralinstitut für Elektronenphysik der AdW der DDR, Preprint 79–11, 1979.
[5] Mead, C.A., Proc. IEEE **54** (1966) 307–308.
[6] Eden, R.C.; Welsch, B.M.; Zucca, R., IEEE J. Solid-State Circuits SC-13 (1978) 419.
[7] Mach, R.; Bochkov, J. u. V.; Selle, B.; Georgobiani, A.N., phys. status solidi (a) **53** (1979) 263–270.
[8] van Gurp, G.J.: The Growth of Metal Silicide Layers on Silicon. In: Semiconductor Silicon 1977. Hrsg. H. R. Huff, E. Sirtl. – Princeton: The Electrochemical Society 1977, S.342–358.
[9] Poate, J.M.; Tu, K.N.; Mayer, J.W.: Thin Films – Interdiffusion and Reactions. – New York: John Wiley & Sons Ltd. 1978.

Moss-Burstein-Effekt

In stark dotierten Halbleitern ist die Absorptionskante im Vergleich zum undotierten Halbleiter zu kürzeren Wellenlängen verschoben. Dieser Effekt wurde 1954 von E. BURSTEIN [1] an InSb entdeckt und von ihm und T. S. MOSS [2] theoretisch erklärt.

Sachverhalt

Bei der Absorption elektromagnetischer Strahlung aus dem Wellenlängengebiet der Grundgitterabsorption werden Elektronen aus dem Valenzband des Halbleiters in das Leitungsband angeregt (Abb. 1a). Wegen der Kleinheit des Photonenimpulses bleibt der Elektronenimpuls nahezu erhalten (solange keine Phononen beteiligt sind). Der Energieerhaltungssatz liefert für den Zusammenhang zwischen der Photonenenergie $h\nu$, dem Ausgangszustand E_1 und dem Endzustand E_2 des am Übergang beteiligten Elektrons

$$h\nu = E_2 - E_1. \qquad (1)$$

Im nichtentarteten Halbleiter liegt das Fermi-Niveau F_0 in der Energielücke E_G und soweit von den Bandkanten E_c und E_v entfernt, daß fast alle Valenzbandzustände besetzt und die des Leitungsbandes fast leer sind. Somit sind alle energetisch möglichen Übergänge auch tatsächlich erlaubt. Die minimale für einen optischen Übergang erforderliche Photonenenergie, welche die Absorptionskante charakterisiert, ist daher

$$h\nu_0 = E_c - E_v = E_G. \qquad (2)$$

Im stark dotierten, entarteten Halbleiter liegt das Fermi-Niveau in einem der Bänder (im n-Halbleiter im Leitungsband; Abb. 1b). Die Zustände des Leitungsbandes unterhalb des Fermi-Niveaus sind praktisch vollständig besetzt und Übergänge in diese Zustände nach dem Pauli-Prinzip nicht möglich. Der Übergang mit der minimal möglichen Photonenenergie ist jetzt charakterisiert durch

$$h\nu_1 = E_G + \Delta E_c + \Delta E_v. \qquad (3)$$

Die Absorptionskante ist somit um

$$\nu_1 - \nu_0 = \frac{1}{h}(\Delta E_c + \Delta E_v) \qquad (4)$$

zu höheren Frequenzen bzw. um

$$\lambda_0 - \lambda_1 = c\left(\frac{1}{\nu_0} - \frac{1}{\nu_1}\right) \qquad (5)$$

zu kürzeren Wellenlängen verschoben.

Neben dem Moss-Burstein-Effekt infolge starker Dotierung gibt es einen analogen Effekt infolge starker Anregung von Nichtgleichgewichtsträgern durch intensive optische Anregung oder durch Injektion am p-n-Übergang (sogenannter dynamischer Burstein-Effekt). Die Konzentration der Nichtgleichgewichtsträger wird im Halbleiter durch Quasiferminiveaus F_n und F_p charakterisiert (Abb. 1c). Bei sehr starker Anregung von Nichtgleichgewichtsträgern wird

$$F_n - F_p > E_G, \qquad (6)$$

d. h., es tritt Besetzungsinversion ein. Elektronenübergänge infolge Photonenabsorption können jetzt nur für

$$h\nu_2 \geqq F_n - F_p \qquad (7)$$

stattfinden, während Übergänge unter Photonenemission an der Bandkante, d. h. gemäß

$$h\nu_0 = E_G \qquad (8)$$

möglich sind.

Kennwerte, Funktionen

Wird die Wellenlängenabhängigkeit des Absorptionskoeffizienten im schwach dotierten Halbleiter durch $K_0(\lambda)$ beschrieben, so gilt im stark dotierten Halbleiter näherungsweise [3, 4]

$$K(\lambda) = K_0(\lambda) \cdot f_{MB}. \qquad (9)$$

f_{MB} ist der Moss-Burstein-Faktor, der von der Wellenlänge des absorbierten Lichtes, von den Bandstrukturparametern des betreffenden Halbleiters und von der Dotierungskonzentration abhängt. Besonders ausgeprägt ist die Moss-Burstein-Verschiebung in Halbleitern mit kleiner Energielücke E_G, wie z. B. InSb, HgCdTe und PbSnTe, da die mit dem kleinen E_G verbundene geringe Zustandsdichte in den Bändern zu besonders schneller Bandauffüllung führt. Abbildung 2 zeigt die Moss-Burstein-Verschiebung der Absorptionskante von $Pb_{0,75}Sn_{0,25}Te$ in Abhängigkeit von

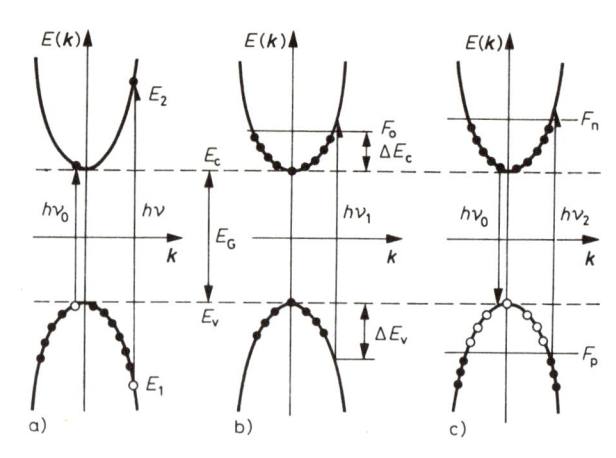

Abb. 1 Zur Entstehung des Moss-Burstein-Effeks

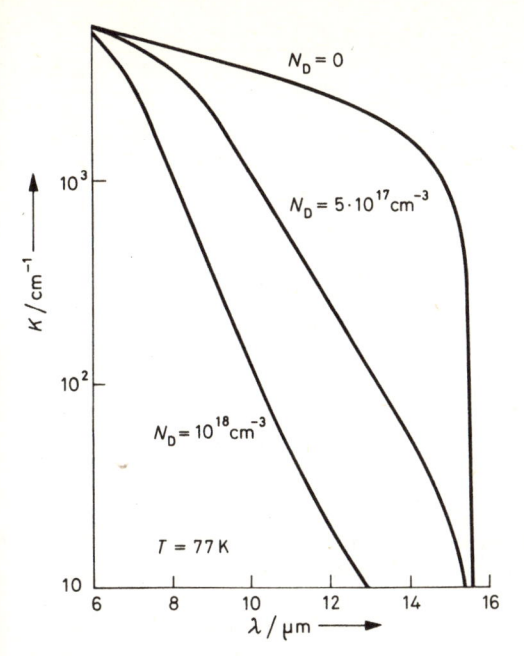

Abb. 2 Moss-Burstein-Effekt in $Pb_{0,75}Sn_{0,25}Te$

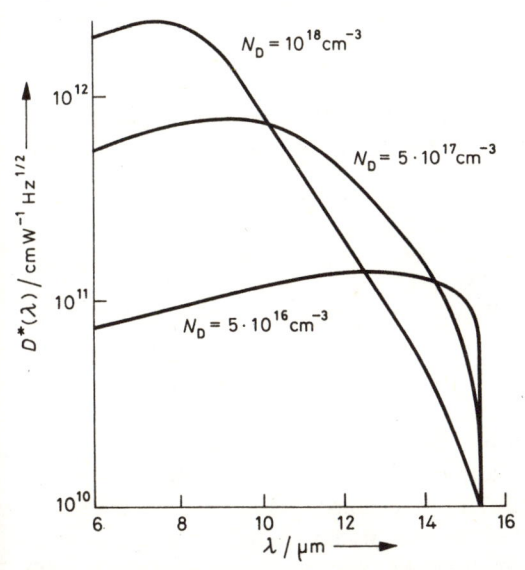

Abb. 3 Einfluß der Moss-Burstein-Verschiebung auf die spektrale Verteilung der Detektivität einer PbSnTe-Photodiode

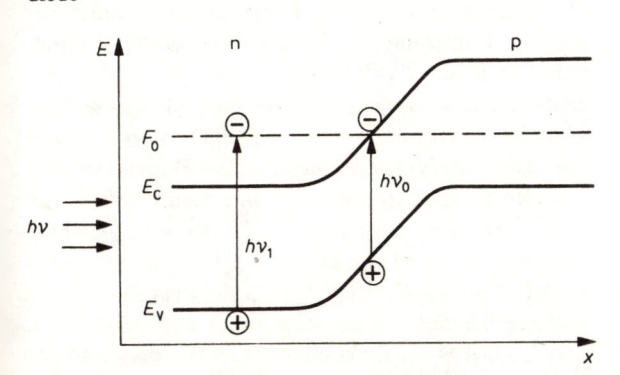

Abb. 4 Photodiode mit Moss-Burstein-Effekt im Frontfensterbereich

der Dotierungskonzentration nach [3]. Die Energielücke dieses Materials beträgt $E_G = 0{,}08$ eV bei 77 K, was einer Grenzwellenlänge von $\lambda = \dfrac{hc}{E_G} = 15{,}5\,\mu m$ entspricht.

Anwendungen

Dominieren in Halbleiter-Photodioden (siehe *p-n-Photoeffekt*) bei entsprechendem Verhältnis von Breite des Raumladungsgebietes zur Diffusionslänge der Minoritätsträger die Beiträge aus den Bahngebieten, wird die spektrale Charakteristik der Dioden durch die in den hochdotierten Bahngebieten auftretende Moss-Burstein-Verschiebung beeinflußt. In Abb. 3 ist dies für die spektrale Verteilung der Detektivität von PbSnTe-Photodioden dargestellt. Mit wachsender Dotierung der Bahngebiete verlagert sich das Maximum von $D^*(\lambda)$ zu kürzeren Wellenlängen. Die Dioden bleiben jedoch (infolge des nicht zu vernachlässigenden Beitrages des Raumladungsgebietes) bei allen Dotierungsniveaus bis zur durch E_G bestimmten Grenzwellenlänge empfindlich. In der von Ladungsträgern weitgehend entblößten Raumladungszone spielt der Moss-Burstein-Effekt keine Rolle.

Um zu erreichen, daß die Absorption und damit die Erzeugung von Nichtgleichgewichtsträgern tief im Innern des Bauelements direkt am p-n-Übergang stattfindet und so den störenden Einfluß der Oberfläche gering zu halten, werden Heteroübergänge bzw. Halbleiter mit ortsabhängiger Energielücke eingesetzt. Derselbe Effekt kann mit Hilfe des Moss-Burstein-Effektes erzielt werden (Abb. 4). Strahlung mit $h\nu \approx E_G$ wird in der Umgebung des p-n-Überganges, nicht aber im hochdotierten n-Gebiet absorbiert. Kurzwellige Strahlung dagegen wird in Oberflächennähe absorbiert und erreicht den p-n-Übergang nicht. Die spektrale Empfindlichkeit der Diode wird dadurch auch nach kurzen Wellenlängen abgeschnitten.

Der dynamische Burstein-Effekt spielt eine wichtige Rolle beim Halbleiter-Laser. Die mit annähernd $h\nu_0$ emittierte Strahlung kann im besetzungsinvertierten Halbleiter nicht reabsorbiert werden (siehe *Halbleiter-Injektionslaser*).

Literatur

[1] BURSTEIN, E.: Anomalous optical absorption limit in InSb. Phys. Rev. 93 (1954) 632.
[2] Moss, T. S.: The interpretation of the properties of indium antimonide. Proc. Phys. Soc. **B67** (1954) 775.
[3] ANDERSON, W. W.: Absorption constant of $Pb_{1-x}Sn_xTe$ and $Hg_{1-x}Cd_xTe$ alloys. Infrared Phys. 20 (1980) 363.
[4] ELLIS, B.: The spectral response of Pb/SnTe detectors. Infrared Phys. 17 (1977) 365.

n-Leitung, p-Leitung

Mit der Anwendung der Quantenmechanik auf den kristallinen Festkörper [1, 2] wurde die bereits früher mit dem anomalen Hall-Effekt an Fe, Co, Zn, Cd, Pb beobachtete Tatsache verständlich [3–5], daß sich manche Metalle und Halbleiter so verhalten, als wären die in ihnen den elektrischen Strom transportierenden Träger positiv geladen, obwohl sonst alles auf einen rein elektronischen Stromtransport hindeutet. Etwa zur gleichen Zeit wurde erkannt, daß Verunreinigungen einen entscheidenden Einfluß auf die Leitfähigkeit von Halbleitern haben [6]. Klare experimentelle Nachweise für die Richtigkeit der quantenmechanischen Ergebnisse über den Leitungsmechanismus in Halbleitern wurden erst ein Jahrzehnt später in Zusammenhang mit dem Entstehen der modernen Halbleitertechnik an Ge gegeben [7, 8]. Hinweise auf das Auftreten von Gleichrichtereffekten, wenn n- und p-Leiter direkt miteinander kontaktiert werden und damit erste Hinweise auf die bewußte Nutzung der n- und p-Leitung für die Halbleitertechnik, fanden sich bereits bei [9] und [10]. Mit der Erfindung und theoretischen Erklärung des Transistors 1947/48 wurden diese Vermutungen bestätigt (weiteres siehe *Transistoreffekt*).

Sachverhalt

Die elektrische Leitfähigkeit eines kristallinen Halbleiters entsteht durch die thermische Anregung der Elektronen sowohl der Atome des ungestörten Halbleitergrundmaterials (Eigenleitung) als auch der immer im Kristall vorhandenen Gitterstörungen (Stör- oder Störstellenleitung). Die Gitterstörungen können dabei durch Verunreinigungen (Fremdatome) oder durch Störungen im periodischen Aufbau des reinen Halbleiters (Eigenstörstellen) verursacht sein. Im Bändermodell, das sich aus der quantenmechanischen Behandlung des Elektrons im periodischen Potential ergibt, liefern dann nicht nur die negativen Elektronen im Leitfähigkeitsband einen Beitrag zur Leitfähigkeit, sondern auch die unbesetzten Terme im Valenzband, die als Defektelektronen oder Löcher bezeichnet werden und die sich wie positiv geladene Ladungsträger verhalten (vgl. Abb. 1). Bei Eigenleitung muß aus Neutralitätsgründen die Konzentration der Elektronen und Löcher gleich sein, bei Störleitung kann je nach Art und Konzentration der Verunreinigungen die Konzentration der Elektronen stark über die der Löcher überwiegen oder umgekehrt. Daher unterscheidet man bei Störleitung n-Leitung (die negativen Elektronen überwiegen) und p-Leitung (die positiven Löcher überwiegen). n- bzw. p-Leitung kann man in Halbleitern durch das bewußte Hinzufügen von geeigneten Verunreinigungen gezielt erzeugen. Man spricht dann von *Dotieren*. Verunreinigungen, die Elektronen erzeugen, heißen *Donatoren*, solche, die Löcher erzeugen,

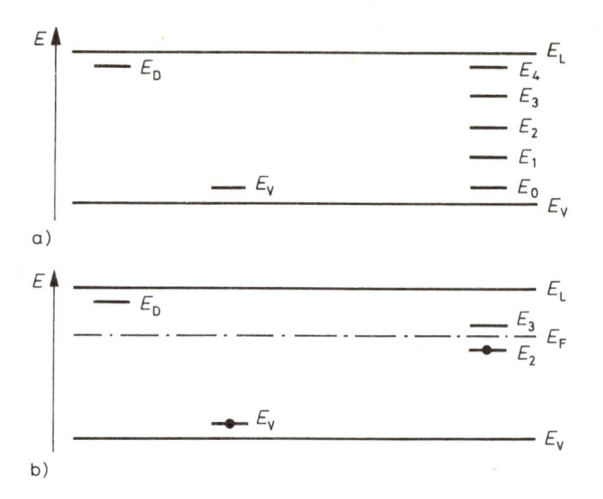

Abb. 1 a) Veranschaulichung der Terme von Störstellen im Bändermodell. Die Ordinate bezeichnet die Energie, die Abszisse hat hier keine physikalische Bedeutung, sie dient lediglich zur getrennten Darstellung der Terme unterschiedlicher Störstellen. Die Terme E_0 bis E_4 gehören zu ein und derselben Störstelle, darum sind sie übereinander gezeichnet. Zu beachten ist, daß z. B. E_2 nur besetzbar ist, also als Term existiert, wenn E_0 und E_1 besetzt sind. Ist E_2 unbesetzt, existieren die Terme E_3 und E_4 noch nicht. Die Terme E_i einer mehrfachbesetzbaren Störstelle bezeichnen also einen anderen Sachverhalt als eine Termserie, wie sie genaugenommen zu jeder Störstelle gehört (Bohrsches Atommodell, Balmer-Terme), was wir bei E_D und E_A jedoch einfach weggelassen haben.
b) Die Besetzung der Terme, wenn die fermische Grenzenergie oder das Fermi-Niveau bei E_F liegt. Auch hier hat die Abszisse keine besondere physikalische Bedeutung. Es ist zu beachten, daß in anderen Fällen (siehe z. B. *Injektion*; Abb. 1, S. 364) die Abszisse die Bedeutung einer Ortskoordinate erhalten kann.

Akzeptoren. Ersetzt das Fremdatom ein Atom des Halbleiters auf einem Gitterplatz, so spricht man von einer Substitutionsstörstelle. Fremdatome, die ein Valenzelektron mehr als das ersetzte normale Gitteratom besitzen, ergeben Donatoren (z. B. P, As, Sb in Ge oder Si, Si auf Ga-Platz in GaAs). Ihnen entspricht ein zusätzlicher Term bei E_D im Energiespektrum in der verbotenen Zone des Halbleiters dicht unter der unteren Kante des Leitfähigkeitsbandes E_L. Fremdatome mit einem Valenzelektron weniger ergeben Akzeptoren (z. B. B, Ga, In in Ge oder Si; Zn auf Ga-Platz in GaAs) mit dem Term E_A dicht über der oberen Kante des Valenzbandes E_V. Die Donatoren bzw. Akzeptoren sind „ionisiert", d. h. haben ein Elektron abgegeben bzw. aufgenommen (letzteres ist gleichbedeutend mit „ein Loch abgegeben"), wenn ihre Aktivierungsenergie $E_L - E_D$ bzw. $E_A - E_V$ klein gegen die bzw. vergleichbar mit der thermischen Energie kT ist (vgl. Tab. 1, 2). Aus der Elektronenkonzentration n und der Löcherkonzentration p berechnet sich mit der Elektronen- bzw. Löcherbeweglichkeit μ_n bzw. μ_p die Leitfä-

Tabelle 1 Aktivierungsenergie von Störstellen (in eV)

Flache Donatoren [20, 22]	ΔE_D	
	Si	Ge
Li	0,033	0,0095
P	0,044	0,012
As	0,049	0,013
Sb	0,069	0,096
Flache Akzeptoren [19]	ΔE_A	
B	0,0444	0,0105
Al	0,0689	0,0108
Ga	0,0767	0,0110
In	0,156	0,0116
Tl	—	0,0131
Tiefe mehrfach besetzbare Störstellen [20, 22]		
Fe	$E_L - 0{,}55$ eV	$E_L - 0{,}27$ eV
	$E_V + 0{,}40$ eV	$E_V + 0{,}34$ eV
Cu	$E_V + 0{,}52$ eV	$E_L - 0{,}26$ eV
	$E_V + 0{,}37$ eV	$E_V + 0{,}32$ eV
	$E_V + 0{,}24$ eV	$E_V + 0{,}04$ eV
Au		$E_L - 0{,}04$ eV
	$E_L - 0{,}54$ eV	$E_L - 0{,}20$ eV
		$E_V + 0{,}15$ eV
	$E_V + 0{,}35$ eV	$E_V + 0{,}05$ eV

Tabelle 2 Akzeptoren in $A^{III}B^{V}$-Halbleitern [21]
[alle Energien in eV]

	GaAs	InP	GaSb	InSb
ΔE_A für Zn	0,014		0,037	0,0075
ΔE_A für Cd	0,021	0,05		0,0075
E_g bei 4 K	1,52	1,42	0,81	0,24

higkeit $\sigma = q(\mu_n n + \mu_p p)$. Grenzt in einem Halbleiter ein p-leitendes an ein n-leitendes Gebiet, so entsteht dort ein pn-Übergang.

Kennwerte, Funktionen

Die Besetzung der erlaubten Terme mit der Energie E eines Festkörpers mit Elektronen wird durch die Fermische Verteilungsfunktion

$$f(E) = 1/\{1 + \exp[(E - E_F)/kT]\} \qquad (1)$$

bestimmt. Leitfähigkeitsband und Valenzband kann man, wenn keine Entartung vorliegt, d. h., wenn die Dotierungen nicht zu hoch und die Temperaturen nicht zu tief sind, durch effektive Terme mit der räumlichen Konzentration N_L und N_V bei den Energien E_L bzw. E_V beschreiben. Die Donatoren und Akzeptoren ergeben entsprechend ihrer atomaren Konzentration N_D und N_A Terme bei E_D bzw. E_A. E_F ist die Fermi-Energie; sie berechnet sich aus der Forderung nach elektrischer Neutralität für den Halbleiter

$$n + (N_A - p_A) = p + (N_D - n_D). \qquad (2)$$

n_D ist die Konzentration der Elektronen in Donatoren, p_A die der Löcher in Akzeptoren, also der nichtionisierten Störstellen. Beachtet man, daß $n = N_L f(E_L)$, $p = N_V[1 - f(E_L)]$, $n_D = N_D f(E_A)$, $p_A = N_A[1 - f(E_A)]$, so kann man aus (1) und (2) die Fermi-Energie E_F berechnen.

Ist $E_L - E_F \gg kT$ und $E_F - E_V \gg kT$, so besteht Nichtentartung; die Fermische Verteilungsfunktion kann dann durch die Boltzmannsche $\exp[(E_F - E)/kT]$ ersetzt werden. Man findet, daß unabhängig von den Dotierungen gilt

$$n \cdot p = n_i^2 \, . \qquad (3)$$

Dabei ist die Inversionsdichte $n_i = (N_L N_V)^{1/2} \exp[-E_g/2kT]$, mit der Breite der verbotenen Zone (Bandlücke, engl. Gap) $E_g = E_L - E_V$. Für einen n-Halbleiter mit $N_L \gg N_D \gg n_i$, $N_D \gg N_A$ und hinreichend große T gilt $n \approx N_D$, d. h., alle Störstellen sind ionisiert, es besteht Störstellenerschöpfung. Ist $N_D \gtrsim N_A$, gilt dagegen $n = N_D - N_A < N_D$, der Halbleiter ist teilweise kompensiert. Hochgradige Kompensation $N_D \approx N_A$ mit räumlich schwankenden Dotierungen führt zum Auftreten von zufälligen p-n-Übergängen, die das elektrische Verhalten des Halbleiters stark verändern und bereits einfache Leitfähigkeitsmessungen in Frage stellen können. Für kleinere T folgt allgemeiner aus (1) und (2) im Falle $N_D > N_A$ und $n \gg p$, p_A eine Art Massenwirkungsgesetz

$$\frac{n(n + N_A)}{(N_D - N_A - n) N_L} = \exp\left(-\frac{E_L - E_D}{kT}\right), \qquad (4)$$

das $n(T)$ und $\sigma(T)$ zu berechnen gestattet, sofern die Temperaturabhängigkeit $\mu_n(T)$ bekannt ist (vgl. Abb. 2). Für p-Halbleiter, d. h. für $N_A > N_D$ und $p \gg n$, n_D gelten analog abgewandelte Beziehungen.

Die Aktivierungsenergie der Donatoren $\Delta E_D = E_L - E_D$, die in (3) eingeht bzw. ihr Analogon für die Akzeptoren $\Delta E_A = E_A - E_V$ läßt sich im Rahmen des Standard-Bändermodells näherungsweise zu

$$\Delta E_D = \frac{13{,}6 \, \text{eV} \cdot m_n^*}{\varepsilon^2 m_0} \qquad (5)$$

als die Bindungsenergie des Elektrons mit der effektiven Masse m_n^* eines „Wasserstoffatoms" in einem Medium der relativen Dielektrizitätskonstante ε näherungsweise berechnen [11]. In üblichen Halbleitern ist ε von der Größenordnung 10 und $m_n^* < m_0$, d. h., ΔE_D beträgt etwa 0,01 eV, man spricht dann von flachen Störstellen. Die gleiche Betrachtung gilt für Fremdatome mit einem Valenzelektron auf Zwischengitterplatz, z. B. Li in Si oder Ge.

Hat das Fremdatom mehr als ein überschüssiges oder fehlendes Valenzelektron, so entstehen mehrfach besetzbare Terme in der Bandlücke mit vom Beset-

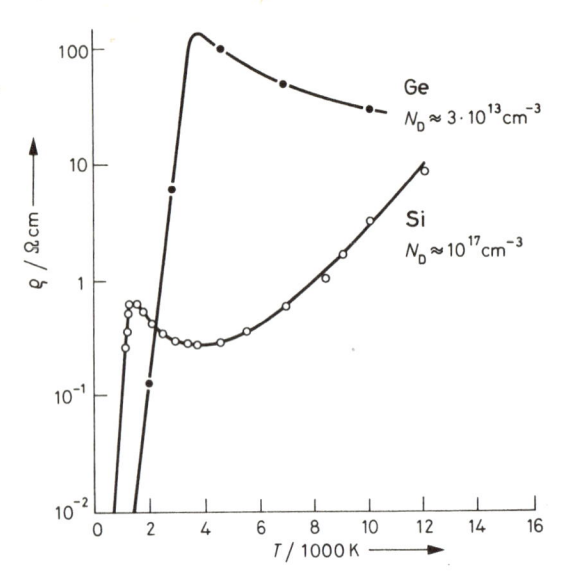

Abb. 2 Temperaturabhängigkeit des spezifischen Widerstandes von n-dotiertem Germanium und Silicium $\varrho = (q\mu_n n)^{-1}$. Die Meßkurven stammen von E. M. CONWELL, Proc. IRE **40** (1952) 1327 und G. L. PEARSON und J. BARDEEN, Phys. Rev. **75** (1949) 865. Die Kurven, die jeweils dem hochohmigsten Kristall der Meßreihe entsprechen, spiegeln den unterschiedlichen Stand der Reinigungstechnologie zu den verschiedenen Zeiten und von Ge und Si wider. Bei den Kristallen der Si-Meßkurve wurden $4{,}7 \cdot 10^{17}\,\text{cm}^{-3}$ Phosphor der Schmelze zugegeben. Daß N_D dennoch nur $10^{17}\,\text{cm}^{-3}$ beträgt, ist Folge des Verteilungskoeffizienten von P in Si ($k = 0{,}35$) und der Phosphorverdampfung beim Ziehprozeß. Im Bild erkennen wir links die Eigenleitungsgeraden und rechts, bei der Störleitung, eine dem Temperaturgang der reziproken Beweglichkeit $\mu_n^{-1}(T)$ entsprechenden Verlauf. Das Beweglichkeitsmaximum liegt bei der Si-Kurve entsprechend der höheren Störstellenkonzentration bei einer höheren Temperatur als bei der Ge-Kurve. Im hier dargestellten Temperaturbereich bis 100 K sind bei Ge praktisch alle, bei Si dann nur noch etwa 10 % der Störstellen ionisiert ($\Delta E_D(\text{Ge}) \approx 0{,}01$ eV, $\Delta E_D(\text{P in Si}) = 0{,}044$ eV).

zungszustand i abhängigen Energien E^i (siehe Abb. 1), sogenannte tiefe Terme. Tiefe Terme in der Mitte der Bandlücke wirken als Rekombinationszentren (z. B. Au in Ge oder Si), sie drängen die Fermi-Grenze zur Mitte der Bandlücke und verringern so die Leitfähigkeit (semiisolierendes GaAs durch Cr-Dotierung). Bei übereinstimmender Valenzelektronenzahl des Fremdatoms spricht man von isoelektronischen Störstellen, sie beeinflussen die Leitfähigkeit wenig, können aber strahlende Rekombination ermöglichen (N in GaP für grüne Leuchtdioden). Für tiefe Terme gilt nicht Formel (5), für mehrfach besetzbare Terme sind die Formeln (1), (2) und (4) zu modifizieren (näheres hierzu findet man z. B. in [12] oder [13], S. 174 ff.). Sehr hohe Dotierungen führen zur Entartung. Außerdem überlappen sich die Elektronenbahnen benachbarter flacher Störstellen. Es entstehen Störleitungsbänder (siehe z. B. [13], S. 575 ff.).

Anwendungen

Die n- und die p-Leitung von Halbleitern wird vor allem in der Halbleitertechnik, insbesondere in der Mikroelektronik und in der Optoelektronik angewendet. Zur Herstellung von p-n-Übergängen für Dioden, Transistoren und Thyristoren als diskrete Bauelemente oder für die entsprechenden Strukturen in integrierten Festkörperschaltkreisen sowie für Solarzellen muß n- bzw. p-Leitung in Gebieten bestimmter geometrischer Struktur mit definierten Dotierungskonzentrationen erzeugt werden. Für Schaltkreise höchsten Integrationsgrades (VLSI) müssen dabei für die Lateralstruktur Abmessungen von etwa 1 μm und in der Tiefe von 0,1 μm beherrscht werden. Zur Kontaktierung werden sehr stark n- oder p-leitende Gebiete (n^+- oder p^+-Gebiete) benötigt. Die Mikroelektronik benutzt heute als Halbleitermaterial fast ausschließlich Silicium [14, 15], die Optoelektronik $A^{III}B^V$-Verbindungen, vor allem GaAs, GaP, InP und Mischkristalle wie (Ga, Al)As, Ga(As, P), deren halbleitende Eigenschaften erstmalig 1950 in [24] nachgewiesen und dann in [25] genauer untersucht wurden.

Zur definierten Erzeugung von p- und n-leitenden Gebieten werden zweckentsprechend verschiedene Methoden verwendet. Die homogene Dotierung des Halbleitergrundmaterials erfolgt entweder durch ein Dotieren der Schmelze, aus der der Einkristall gezogen wird. Zu beachten ist, daß die Konzentration der Dotierung im Kristall c_s sich um den Verteilungskoeffizienten k von der der Schmelze c_L unterscheidet (vgl. Tab. 3). Es gilt im Gleichgewicht $c_s = k \cdot c_L$, für den realen Züchtungsprozeß gilt ein von Ziehgeschwindigkeit u. a. Parametern abhängiges $k_{eff} > k$, sofern $k < 1$ [12, 23]. Bei Si wird heute zur Erreichung höchster Homogenität eine Dotierung durch Bestrahlung mit thermischen Neutronen gemäß der Kernreaktion

$^{30}\text{Si}(N,\gamma) \rightarrow {}^{31}\text{Si} \xrightarrow{2{,}6\,h} {}^{31}\text{P} + \beta^-$ verwendet [16, 17];

der natürliche Anteil von ^{30}Si ist 3,09 %. Bei der Abscheidung von dünnen einkristallinen Epitaxieschichten aus der Gasphase erfolgt die Dotierung durch die Beimischung entsprechender gasförmiger Verbindungen des Dotierungsstoffes. Die Dotierung der Epitaxischicht ist dann annähernd homogen.

Zur Erzeugung von lateral und in der Tiefe begrenzten n- bzw. p-Gebieten wird die Eindiffusion der Fremdatome oder die Ionenimplantation in den einkristallinen festen Halbleiter angewendet. Zur seitlichen Begrenzung dient bei Si eine Maskierung durch SiO_2 oder Si_3N_4, die durch Oxydation bzw. durch chemische Abscheidung aus der Gasphase (CVD, chemical vapor deposition) thermisch oder in einem elektrischen Entladungsplasma erzeugt und mit photolithographischen Verfahren strukturiert wird.

SiO_2 und Si_3N_4 sind thermisch genügend stabil, um bei üblichen Diffusionstemperaturen von 1200 °C

Tabelle 3   Verteilungskoeffizienten k und maximale Löslichkeiten $c_{s\,max}$ in Ge und Si [12, 14, 22, 23]

	Si		Ge	
	k	$c_s$max [cm^{-3}]	k	$c_s$max [cm^{-3}]
Li	0,010	$6 \cdot 10^{19}$	0,002	$7 \cdot 10^{18}$
P	0,35	$1,5 \cdot 10^{21}$	0,08	$1 \cdot 10^{20}$
As	0,30	$2 \cdot 10^{21}$	0,02	$9 \cdot 10^{19}$
Sb	0,023	$7 \cdot 10^{19}$	0,003	$1,3 \cdot 10^{19}$
Bi	$7 \cdot 10^{-4}$	$8 \cdot 10^{17}$	$4,5 \cdot 10^{-5}$	$6 \cdot 10^{16}$
B	0,8	$6 \cdot 10^{20}$	17	
Al	$2 \cdot 10^{-3}$	$2 \cdot 10^{19}$	0,073	$4 \cdot 10^{20}$
Ga	$8 \cdot 10^{-3}$	$4 \cdot 10^{19}$	0,087	$5 \cdot 10^{20}$
In	$4 \cdot 10^{-4}$	$6,7 \cdot 10^{20}$	0,001	$6 \cdot 10^{18}$
Te			$4 \cdot 10^{-5}$	
Cu	$4 \cdot 10^{-4}$	$1,5 \cdot 10^{18}$	$1,5 \cdot 10^{-5}$	$3,5 \cdot 10^{16}$
Ag	$4 \cdot 10^{-4}$	$2 \cdot 10^{17}$	$4 \cdot 10^{-7}$	$9 \cdot 10^{14}$
Au	$3 \cdot 10^{-5}$	$1 \cdot 10^{17}$	$1,3 \cdot 10^{-5}$	$2 \cdot 10^{16}$
Fe	$8 \cdot 10^{-6}$	$1,5 \cdot 10^{16}$	$3 \cdot 10^{-5}$	$1,5 \cdot 10^{+15}$
Co	$8 \cdot 10^{-6}$	$1 \cdot 10^{16}$	10^{-6}	
Ni	$8 \cdot 10^{-6}$	$1 \cdot 10^{16}$	$3 \cdot 10^{-6}$	$8 \cdot 10^{15}$

Tabelle 4   Reichweite R und Reichweitenstreuung ΔR von Ionen in Si bei Ionenimplantation [18]

Ionen-energie [keV]	R bzw. ΔR in µm für							
	B		P		As		Au	
	R	ΔR	R	ΔR	R	ΔR	R	ΔR
10	0,06	0,01	0,02	0,008	0,01	0,004	0,009	0,003
50	0,24	0,03	0,09	0,03	0,04	0,013	0,027	0,007
100	0,40	0,04	0,17	0,05	0,08	0,02	0,045	0,011
150	0,54	0,05	0,25	0,07	0,11	0,03	0,061	0,014
200	0,65	0,05	0,33	0,08	0,14	0,04	0,076	0,018
250	0,80	0,06	0,41	0,09	0,17	0,05	0,097	0,022
300	0,86	0,06	0,48	0,10	0,21	0,06	0,106	0,024
400	1,04	0,06	0,62	0,11	0,28	0,07	0,134	0,031
500	1,21	0,06	0,75	0,13	0,35	0,09	0,163	0,037

verwendet werden zu können. Die Tiefe Δx der erzeugten n- bzw. p-leitenden Gebiete wird durch die temperaturabhängigen Diffusionskoeffizienten $D = D_0 \exp(-W_D/kT)$ und durch die Diffusionszeit Δt bestimmt. Eine grobe Abschätzung für die Größenordnung von Δx ergibt $\Delta x = \sqrt{D \cdot \Delta t}$. Für B in Si ist $D_0 = 25 \frac{cm^2}{s}$, $W_D = 3{,}51$ eV; für P in Si ist $D_0 = 1400 \frac{cm^2}{s}$, $W_D = 4{,}4$ eV. Bei 1300 °C werden D-Werte von 10^{-11} cm^{2}s^{-1} erreicht, damit sind Diffusionstiefen von 10 µm durchaus realisierbar [14].

Bei der Ionenimplantation werden die Fremdatome in ionisierter Form auf eine Energie W beschleunigt und in den Einkristall geschossen [18]. Die Eindringtiefe Δx ist hier abhängig von der Energie W (vgl. Tab. 4). Praktisch werden hier Eindringtiefen bis zu etwa 1 µm verwendet. Hier können einerseits Masken aus Photokopierlacken verwendet werden, andererseits kann durch dünne Oxidschichten (Gateoxid bei MOSFET) hindurch implantiert werden. Die implantierten Schichten sind durch den Beschuß in ihrem Kristallaufbau gestört; sie müssen thermisch ausgeheilt und die Dotierung so aktiviert werden.

Ionenimplantation und Diffusion werden entsprechend den Erfordernissen der Bauelementestruktur verwendet, wenn nötig, auch kombiniert. Dem breiten Einsatz der ersteren kommt heute der Übergang zu immer feineren Strukturen in der Mikroelektronik entgegen.

Homogene Dotierungen werden auch in Hallsonden zum Nachweis und zur Messung von Magnetfeldern (z. B. n-InSb) sowie in Peltier-Kühlelementen und Thermogeneratoren verwendet.

Literatur

[1] BLOCH, F., Z. Phys. 52 (1928) 555.
[2] PEIERLS, R., Ann. Phys. Leipzig (5) **4** (1930) 121.
[3] PEIERLS, R., Z. Phys. 53 (1929) 255.
[4] HEISENBERG, W., Ann. Phys. Leipzig (5) **10** (1931) 888.
[5] WILSON, A. H., Proc. Roy. Soc. London A**133** (1931) 458.
[6] GUDDEN, B., Sitz.-Ber. phys.-med. Soz. Erlangen **62** (1930) 289.
[7] STUKE, J., Dissertation. Göttingen 1947.
[8] LARK-HOROVITZ, K.; JOHNSON, V. A., Phys. Rev. **69** (1946) 258.
[9] DAVYDOV, B., Techn. Phys. UdSSR **5** (1938) 87–95.
[10] SOSNOWSKI, L., Phys. Rev. **72** (1947) 642.
[11] BETHE, H.A., R.L. Report No. 43–12, 1942.
[12] MADELUNG, O.: Halbleiter. In: Handbuch der Physik. Hrsg.: S. FLÜGGE, – Berlin/Göttingen/Heidelberg: Springer-Verlag 1957. Band 20. Elektrische Leitungsphänomene II.
[13] BONČ-BRUEVIČ, V. L.; KALAŠNIKOV, S. G.: Halbleiterphysik. – Berlin: VEB Deutscher Verlag der Wissenschaften 1982.
[14] WOLF, H. F.: Silicon Semiconductor Data. – Oxford/London: Pergamon Press 1969.
[15] Semiconductor Silicon 1981. Hrsg.: H. R. HUFF; R. J. KRIEGLER; YOSHIYUKI TAKEISHI. – Pennington/NJ: The Electrochemical Society 1981.
[16] LARK-HOROVITZ, K.: In: Proc. Conf. Univ. Reading. – London: Butterworth 1951.
[17] HERZER, H.: Neutron Transmutation Doping. In: Semiconductor Silicon 1977. Hrsg. H. R. HUFF; E. SIRTL. – Princeton: The Electrochemical Society 1977. S. 106–115.
[18] RYSSEL, H.; RUGE, I.: Ionenimplantation. – Leipzig: Akademische Verlagsgesellschaft Geest & Portig K. G. 1978.
[19] MORGAN, T. N.: Shallow Acceptor States in Semiconductors – The local strain Field. In: Proc. Xth Int. Conf. Phys. Semic. Hrsg. S. P. KELLER; J. C. HENSEL; F. STERN. – Oak Ridge/Tennessee. USAEC 1970, S. 266–271.

[20] Sze, S. M.; Irvin, J., Solid State Electronics 11 (1968) 599.
[21] Constantinescu, C. et al.: J. Phys. Chem. Solids 28 (1976) 2397.
[22] Möschwitzer, A.: Halbleiterelektronik, Wissensspeicher. – Berlin: VEB Verlag Technik 1971.
[23] Halbleiterwerkstoffe. Hrsg. H.-F. Hadamovski. 2. Aufl. – Leipzig: VEB Deutscher Verlag für Grundstoffindustrie 1972
[24] Gorjunowa, N. A.: Graues Zinn. Kandidatendissertation. Leningrad: Staatl. Universität 1950.
[25] Welker, H., Z. Naturf. 7a (1952) 744.

Ovshinsky-Effekt

Seit Anfang der 60er Jahre wurde von einer Reihe von Autoren über Schalteffekte in dünnen Schichten amorpher Materialien berichtet [1, 2]. Die Phänomene und ihre physikalischen Ursachen sind in den verschiedenen Materialien sehr unterschiedlich. Wir beschränken uns auf den von Ovshinsky und Mitarbeitern [3, 4] an Chalcogenid-Gläsern ausführlich untersuchten Schalteffekt.

Sachverhalt

Eingebettet zwischen zwei Metallelektroden befindet sich eine amorphe, glasartige Halbleiterschicht der Dicke d (siehe Abb. 1). Bei Anlegen einer Wechselspannung U an die Elektroden verhält sich die Anordnung zunächst ohmsch, die Impedanz ist recht hoch. Bei Vergrößerung von U setzen im Feldstärkebereich um 10^4 Vcm^{-1} nichtohmsche Effekte ein, die Kennlinie wird nichtlinear (siehe Abb. 2). Schließlich erfolgt bei einer Spannung U_s (welcher Feldstärken von etwa 10^5 Vcm^{-1} in der Schicht entsprechen) ein sprunghafter Übergang in einen Zustand höherer Leitfähigkeit. Dieser bleibt erhalten, bis Strom oder Spannung einen Mindestwert (i_H, U_H) unterschreiten. Dann kehrt das System in den Zustand höherer Impedanz zurück.

Dieser Schaltprozeß ist reproduzierbar. Die Kennlinie ist völlig symmetrisch. Diese Symmetrie wird durch die Verwendung unterschiedlicher Kontaktmaterialien nicht beeinflußt.

Unter bestimmten Voraussetzungen, bevorzugt an Glaszusammensetzungen, die leicht zur Kristallisation neigen, bleibt der niederohmige Zustand auch nach dem Abschalten jeglicher Strom- bzw. Spannungsversorgung beliebig lange erhalten (Gedächtnis-Schalter). Mittels eines kräftigen Stromimpulses kann der hochohmige Zustand wieder hergestellt werden.

Eine quantitative Theorie des Effekts steht aus; selbst ein widerspruchsfreies Modell, das die wesentlichsten Aspekte des Effekts qualitativ befriedigend erklären könnte, wurde bisher nicht gefunden. Das Glas wird als amorpher Festkörper aufgefaßt. Infolge der fehlenden Fernordnung ist das vom kristallinen Festkörper her bekannte Bild der Energiebandstruktur dahingehend abzuändern, daß keine scharfen Bandkanten existieren, sondern sich „Schwänze" lokalisierter Zustände tief in die verbotene Zone erstrecken. Die Elektronen in diesen Zuständen sind von den Elektronen, die sich in „ausgebreiteten" Bandzuständen befinden, durch eine sprunghafte Änderung der Beweglichkeit getrennt. Es wird angenommen, daß sich im „eingeschalteten", d. h. gutleitenden Zustand Kanäle mit quasi metallischem Transport von Ladungsträgern oberhalb der Beweglichkeitskanten ausgebildet haben. Die rein thermische Entstehung dieses Zustandes kann in den Chalcogenidgläsern ausgeschlossen werden. Nach MOTT [6] kommt es bei hohen Feldstärken zu einer Doppelinjektion von Elektronen und Löchern in das Halbleiterinnere. Die dabei entstehende Raumladung, die in früheren Arbeiten mit der Besetzung von Haftstellen in der Beweglichkeitslücke erklärt wurde, wird heute mit dem Transport heißer Ladungsträger in Verbindung gebracht. Unklar ist auch der Mechanismus des Umschaltens. Stoßionisation und Lawinendurchbruch (siehe *Avalanche-Effekt*) kommen nicht in Frage, da die Ladungsträger bei Feldstärken von 10^5 Vcm^{-1} und mittleren freien Weglängen von 10 Å zwischen zwei Stößen nur 0,01 eV Energie aufnehmen.

Bei den Gedächtnis-Schaltern erfolgt eine Kristallisation des Glases im stromführenden Kanal. Ob diese infolge Erwärmung erfolgt, oder durch die hohe Ladungsträgerkonzentration stimuliert wird, ist offen.

Kennwerte, Funktionen

Die amorphen Glasschichten werden durch Verdampfen, Kathodenzerstäubung u. a. mit Dicken zwischen 0,1 und einigen µm hergestellt. Eingesetzt werden z. B. die Systeme $Ge_{20}As_{30}Te_{50}$, As Se Te, As Te Tl, $Si_{10}Ge_7As_{43}Te_{37}P_3$. Die Elektroden bestehen vorzugsweise aus Graphit, Tantal, Molybdän und Wolfram.

In Abhängigkeit von der Zusammensetzung des Glases und der Ausführung des Bauelements lassen sich dessen Parameter in weiten Grenzen variieren. Typische Werte sind [7]:
Schwellspannung: $U_s = 2 \div 200$ V,
Widerstand im hochohmigen Zustand: $R_H = 10^6$ Ω,
Widerstand im niederohmigen Zustand: $R_N = 10^2 \div 10^3$ Ω,
Haltespannung: $U_H \sim 1$ V,
Haltestrom: $I_H \sim 1$ mA.

Während R_N nahezu temperaturunabhängig ist, wächst R_H mit abnehmender Temperatur stark an. Bei 77 K wurden Widerstandsverhältnisse $R_H/R_N \sim 10^{12}$ gemessen.

Die Schwellspannung U_s nimmt mit steigender Temperatur annähernd linear, mit steigendem Druck exponentiell ab.

Bis zu Schichtdicken von einigen µm nimmt U_s linear mit der Schichtdicke zu. In diesem Bereich ist U_H unabhängig von d. Bei größeren Schichtdicken wächst U_s schwächer und wird schließlich unabhängig von d.

Die Schaltzeit zerfällt in drei Bestandteile:

$t_{s'} = t_E + t_V + t_s$,

(t_s = eigentliche Schaltzeit, t_V = Verzögerungszeit, t_E = Erholzeit). Für t_s werden 0,15 ns angegeben, t_V nimmt mit der Schichtdicke quadratisch zu, mit zunehmender Spannung exponentiell ab (z. B. $t_V = 3$ µs bei $U \approx U_s$; $t_V = 0,01$ µs bei $U = U_s + 11$ V).

t_V wächst mit steigender Temperatur.
t_E ist die Zeit, die vergehen muß, bevor sich nach Abschalten der Spannung wieder der hochohmige Zustand einstellt. Sie liegt in der Größenordnung µs und begrenzt die Schaltzyklen auf einige MHz.

Dauertestmessungen zeigten nach > 10^9 Schaltzyklen keine Änderungen der Schalteigenschaften.

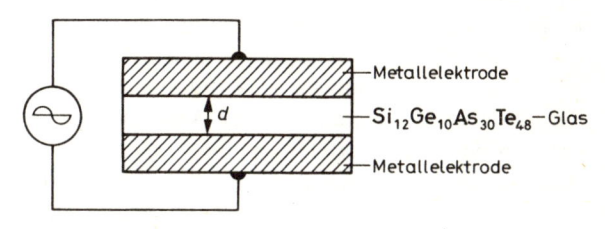

Abb. 1 Ovonic (schematisch)

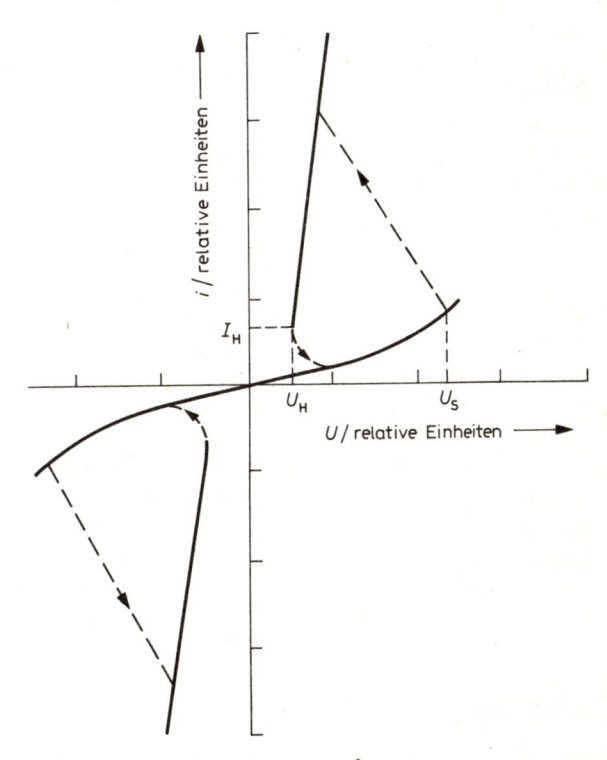

Abb. 2 Strom-Spannungs-Charakteristik eines Ovonic nach [5]

Anwendungen

Beiden Effekten wurde größte praktische Bedeutung zugemessen. Es gab Stimmen, die die Ablösung der bisherigen Halbleitertechnik, die auf der Nutzung von Effekten in kristallinen Halbleitern basiert, prophezeiten. Die Hauptargumente waren
- Einfachheit der Bauelementestruktur, Einfachheit der Technologie, Möglichkeit der Ausnutzung bekannter technologischer Verfahren der Halbleiter- bzw. der Dünnschichttechnik,

- Schnelligkeit des Schaltens,
- Symmetrie der Kennlinien,
- Möglichkeit, leistungslos zu speichern ...

Diese Eigenschaften machen die sogenannten Ovonics sehr interessant. Die optimistischen Prognosen haben sich jedoch nicht erfüllt.

Mit den erreichten Schaltzeiten kann der Schwellwertschalter nicht mit den auf der Grundlage der Si-Epitaxie-Planar-Technologie realisierten Bauelementen für schnelle Logik-Schaltungen konkurrieren.

Für logische Schaltungen stellt die Symmetrie der Kennlinie keinen Vorteil dar. Für Anwendungen in der Leistungselektronik sind maximale Schwellwertspannungen von 200 V zu gering. Zur Ansteuerung von Wechselspannungs-Elektrolumineszenzzellen scheinen Ovonics gut geeignet [8].

Die Druckabhängigkeit von U_s kann zur Realisierung eines Druckschalters genutzt werden [9].

Besonders interessant ist die Möglichkeit, mit Ovshinsky-Gedächtnisschaltern Information leistungslos zu speichern. Joulesche Erwärmung tritt nicht auf, und die gespeicherte Information geht selbst bei Ausfall der Versorgungsspannung nicht verloren.

Bisher ist die technologische Reproduzierbarkeit der Ovonics unzureichend. Ob die Nachteile des Effekts, insbesondere die langen Verzögerungs- und Erholzeiten, überwunden werden können, bleibt offen, da es zur Zeit keine gesicherten Modellvorstellungen gibt, die eine Entscheidung darüber zuließen, inwieweit diese Nachteile prinzipieller Natur sind.

Eine Ablösung der heutigen Halbleitertechnik durch Ovshinsky-Bauelemente wird es nicht geben. Eventuell werden sie zur Realisierung einiger Funktionen, die mit bisherigen Halbleiterbauelementen überhaupt nicht, unvollkommen oder nur mit sehr hohem Aufwand darstellbar sind, eingesetzt [10].

Literatur

[1] Pearson, D. D. et al., Adv. in Glass Technol. **1** (1962) 357; **2** (1963) 144.
[2] Kolomiets, B. T.; Lebedev, E. A., Radiotechnika i Elektronika **8** (1963) 2097.
[3] Ovshinsky, S. R.: Symmetrical Current Device. US-Patent 3. 271. 591 (Erteilung: 6.9.1966).
[4] Reversible Electrical Switching Phenomena in Disordered Structures. Phys. Rev. Letters **21** (1968) 1450.
[5] Mott, N. F.; Davis, E. A.: Electron Processes in Non-Crystalline Materials. – Oxford: Clarendon Press, 1979 (Russ. Ausgabe: Izd. „Mir", Moskau 1982).
[6] Mott, N.F., Phil. Mag. **19** (1969) 835.
[7] Feltz, A.: Glashalbleiter – Werkstoffe, Eigenschaften, Anwendungen. In: Grundlagen aktiver elektronischer Bauelemente. – Leipzig: VEB Deutscher Verlag für Grundstoffindustrie 1972.
[8] Fleming, G.R.: Ovonic – Electroluminescent Arrays. J. non-crystall. Solids **2** (1970) 540–549.
[9] Höft, H.; Dippmann, C.: Realisierungsmöglichkeiten von Schwellwerttasten auf der Basis von Glashalbleitern. Nachrichtentechnik – Elektronik **25** (1975) 28–29.
[10] Auth, J.: Bauelemente-Effekte in amorphen Halbleitern. In: Festschrift des wissenschaftlichen Kolloquiums zum 65. Geburtstag von Robert Rompe. (Hrsg.: W. Brauer, G. Lotz, G. O. Müller, K. Werner. – Berlin: Akademie-Verlag 1973. S.31–37.

Peltier-Effekt

1834 berichtete der französische Uhrmacher und Physiker JEAN PELTIER über Temperaturbesonderheiten, die an der Berührungsstelle zweier verschiedener Leiter bei Stromfluß auftreten: je nach Stromflußrichtung kühlt sich der Kontakt ab oder er erwärmt sich. Die Größe des Effekts ist von der Materialkombination abhängig. Erst mit der Entwicklung spezieller Halbleitermaterialien ab etwa 1950 wurde eine praktische Anwendung dieses Effekts zur Kühlung aktuell.

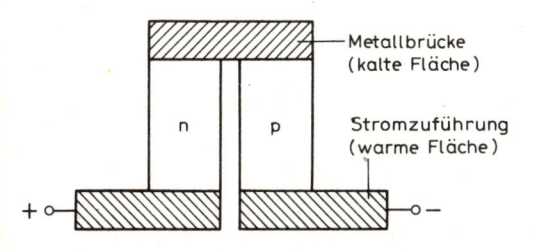

Abb. 1 Prinzipdarstellung eines Peltier-Elements

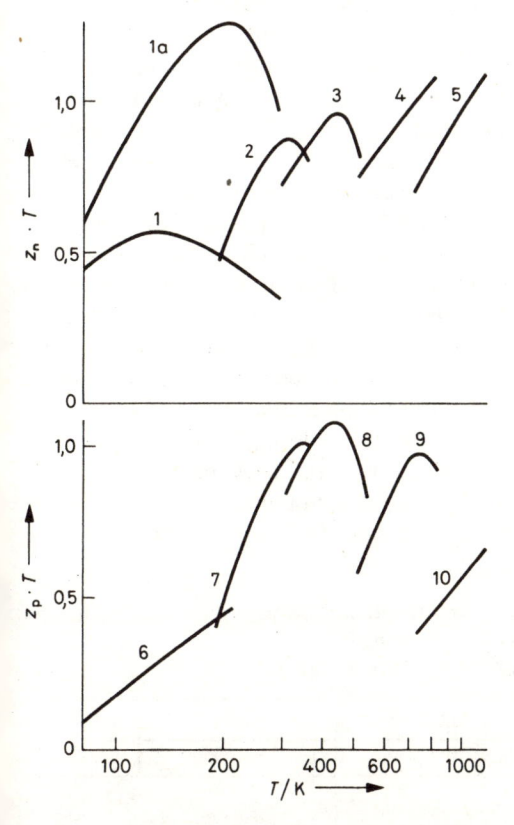

Abb. 2 Thermoelektrischer Effektivitätskoeffizient $z \cdot T$ von optimal dotierten halbleitenden Legierungen, die in Peltier-Elementen und Thermogeneratoren verwendet werden, als Funktion der Temperatur T, nach [3, 5].
z_n, z_p – Effektivitätskoeffizient n- bzw. p-leitender Materialien. 1: Bi-Sb; 1a: Bi-Sb im Magnetfeld $B \approx 1$ T; 2: $Bi_2Te_{2,7}Se_{0,3}$; 3: $Bi_2Te_{2,1}Se_{0,9}$; 4: PbTe-SnTe; 5: Si-Ge; 6: $Bi_{1,6}Sb_{0,4}Te_3$; 7: $Bi_{0,6}Sb_{1,4}Te_3$; 8: $Bi_{0,4}Sb_{1,6}Te_3$; 9: GeTe-$AgSbTe_2$; 10: Si-Ge

Sachverhalt

Wenn ein Strom I durch einen Übergang zwischen zwei verschiedenen Materialien A und B (Metallen oder Halbleitern) fließt, dann wird an diesem Übergang Wärmeenergie absorbiert oder freigesetzt. Dieser Effekt tritt zusätzlich zur Jouleschen Wärmeentwicklung auf. Während letztere proportional I^2 ist, ist die Peltier-Wärme proportional I. Mit Änderung der Stromflußrichtung ändert auch die Peltier-Wärmeentwicklung ihr Vorzeichen. Der Effekt wird durch den Peltier-Koeffizienten Π beschrieben, der als Proportionalitätsfaktor zwischen dem Strom und dem im Übergang absorbierten Wärmestrom N definiert ist:

$$N = \Pi_{A \to B} \cdot I. \tag{1}$$

Der Peltier-Effekt (PE) wird durch den mit dem Stromfluß verbundenen Energietransport der Ladungsträger hervorgerufen. Er steht in unmittelbarer Beziehung zum *Seebeck-Effekt*:

$$\Pi_{A \to B} = \Pi_A - \Pi_B = (\alpha_A - \alpha_B) T \tag{2}$$

(α_A, α_B – Seebeck-Koeffizienten der Materialien A bzw. B, T – Temperatur). Neben dem PE existiert der praktisch unbedeutendere, aber für die geschlossene theoretische Beschreibung der thermoelektrischen Effekte wichtige Thomson-Effekt; siehe z. B. [1–3]. Wegen der experimentellen Schwierigkeiten wird der PE in der Regel nicht direkt gemessen, sondern aus dem einfacher zu bestimmenden Seebeck-Koeffizienten gemäß der Beziehung $\Pi = \alpha \cdot T$ berechnet [4]. Der PE tritt nicht ungestört auf: Die an der kalten Kontaktstelle erzeugte Kälteleistung ist gleich der je Zeiteinheit absorbierten Peltier-(P-)Wärme, vermindert um die durch Wärmeleitung zuströmende Wärme und um die Hälfte der im P-Element entstehenden Jouleschen Wärme (die andere Hälfte der Jouleschen Wärme wird zum warmen Kontakt geleitet). Zur Erzielung einer großen Kühlleistung ist also nicht nur ein großer Seebeck-Effekt (α), sondern gleichzeitig eine geringe Wärmeleitung λ und eine hohe spezifische elektrische Leitfähigkeit σ erforderlich. Diese Forderungen werden in der Effektivitätskennzahl $z = (\alpha^2 \cdot \sigma)/\lambda$ berücksichtigt. Optimal sind einige stark dotierte Halbleiterlegierungen. In der Praxis werden jeweils zwei Halbleitermaterialien mit großem z, aber unterschiedlichem Leitungstyp kombiniert. Die beiden Halbleiter werden nicht direkt zusammengefügt, sondern mit einer gutleitenden Metallbrücke, die gleichzeitig die gekühlte Fläche bildet, verbunden (Abb. 1).

Kennwerte, Funktionen

Große Seebeck- und damit große P-Koeffizienten besitzen Halbleiter mit niedriger Ladungsträgerkonzentration (siehe *Seebeck-Effekt*). Allerdings ist ihre elektrische Leitfähigkeit klein und die Wärmeleitfähigkeit λ recht hoch. Im allgemeinen haben Materialien mit $/\alpha/ > 200...300$ μV/grad keine größeren Effektivitätskoeffizienten z, weil σ zu klein wird. Die besten gegenwärtig verfügbaren Materialien haben Werte von $(z(T) \cdot T)_{max} \approx 1$. Es handelt sich um einige stark dotierte Halbleiterlegierungen mit geringer Breite der verbotenen Zone (Abb. 2). Sie sind bei einem relativ großen $/\alpha/$, d. h. nicht zu hoher Ladungsträgerkonzentration, genügend niederohmig, weil sie eine hohe Trägerbeweglichkeit besitzen. Außerdem ist die Wärmeleitung bei den großen Atommassen der Materialkomponenten und der starken Phononenstreuung in Legierungen gering. $z(T) \cdot T$ steigt mit zunehmender Temperatur solange, bis die Eigenleitung einsetzt und bipolare Effekte die Thermokraft stark verringern. Je nach Arbeitstemperatur sind unterschiedliche Materialien optimal. Bei niedrigen Temperaturen $T < 200$ K wird der PE sehr schwach. In n-leitendem Bi-Sb kann z durch ein Magnetfeld erhöht werden; die Verstärkung wird durch den transversalen thermomagnetischen Effekt hervorgerufen (siehe *Thermomagnetische Effekte*).

Anwendungen

Thermoelektrische Kühlung. P-Kühler werden eingesetzt zur Kühlung elektronischer Bausteine, die bei höheren Umgebungstemperaturen arbeiten müssen, zur Steuerung temperaturabhängiger elektronischer Parameter (elektronisches Rauschen, Wellenlänge von Halbleiterinjektionslasern), zur Kühlung von Infrarot-Strahlungsdetektoren [6]. In der Meß- und Labortechnik werden sie eingesetzt zur Kühlung von Öldampfsperren in Vakuumpumpen, in isothermen Mikrokalorimetern und in verschiedenartigen Laborthermostaten. In der Medizin finden thermoelektrische Kühler in der Kryochirurgie und Kryotherapie Verwendung. Es gibt thermoelektrisch betriebene Kleinkühlschränke und Klimaanlagen. Eine ausführliche Übersicht ist in [5] gegeben.

Die P-Elemente sind entweder als Kühlbatterie (elektrische Reihenschaltung, aber thermische Parallelschaltung mehrerer Elemente) oder als Kühlkaskade (thermische Reihenschaltung der Elemente) angeordnet. Da jede Kaskadenstufe die in der vorgeschalteten Ebene transportierte und erzeugte Energie ableiten muß, muß die Zahl der Elemente etwa um das Vierfache von Stufe zu Stufe zunehmen. Die maximal erzielbare Temperaturdifferenz ΔT_{max} einer optimal gestalteten Stufe beträgt für den Fall, daß der Wirkungsgrad gegen Null geht [1, 2]

$$\Delta T_{max} = (T_{warm} - T_{kalt})_{max} = \frac{1}{2} z T_{kalt}^2 . \qquad (3)$$

Durch Verwendung einer Kaskade kann die Temperaturdifferenz gesteigert werden. Wegen Gl. (3) ist die Temperaturabsenkung der folgenden Stufe stets geringer als die der vorhergehenden. Daher ist die Zahl der Stufen einer Kaskade in der Regel auf maximal vier begrenzt. Der Wirkungsgrad einer Kaskade ist gegenüber dem einer Stufe nur unbedeutend erhöht.

Der maximale Wirkungsgrad eines bezüglich der Geometrie optimierten P-Kühlers, das Verhältnis der Leistung, die vom kalten Kontakt aufgenommen wird, zu der im Element umgesetzten elektrischen Leistung, ist in Tab. 1 für verschiedene Temperaturdifferenzen und Effektivitätskennzahlen angegeben. Typische Kenndaten von P-Kühlern bei einer Temperatur der warmen Seite von $T = 300$ K sind: $I = 3–30$ A, $U = 1–13$ V, $\Delta T_{max} = 40–60$ Grad, $N_{max} = 1–40$ W bei einer Stufe und $I = 4$ A, $U = 6–18$ V, $\Delta T_{max} = 110–120$ Grad, $N_{max} \approx 0{,}5$ W bei einer vierstufigen Kaskade. In [7] wird von einer 7stufigen Kaskade berichtet, die einen Halbleiterlaser auf 150 K abkühlt!

Die maximale Kühlleistung pro Flächeneinheit eines einstufigen Kühlers liegt bei 3 W/cm², die durchschnittliche (bei der optimalen Temperaturdifferenz) zwischen 0,5 und 1,5 W/cm². In allen Fällen, wo

Tabelle 1 Wirkungsgrad $\eta_{max\,Kühlung}$ für verschiedene Effektivitätskennzahlen z und Temperaturdifferenzen $\Delta T = T_{warm} - T_{kalt}$ bei $T_{warm} = 300$ K sowie die maximal erreichbare Temperaturdifferenz für $\eta \rightarrow 0$ in ein- und zweistufigen Anordnungen und Wirkungsgrad $\eta_{max\,Heizung}$ der thermoelektrischen Wärmepumpe bei $T_{kalt} = 300$ K nach [1]

$z \cdot 10^3$	1,0		2,0		3,0		1,0	2,0	3,0
Stufen	1	2	1	2	1		1	1	1
ΔT_{max}/Grad	33	60	56	93	72	117			
bei ΔT/Grad				$\eta_{max\,Kühlung}$				$\eta_{max\,Heizung}$	
5	3,6	3,7	6,3	6,3	8,9	8,9	4,9	7	9,7
10	1,4	1,6	2,8	2,85	4,1	4,15	3,1	4	5,2
20	0,44	0,52	1,1	1,1	1,8	1,85	1,8	2,3	3,0
30	0,1	0,23	0,56	0,65	0,96	1,06	1,3	1,65	2,15
40	–	0,11	0,29	0,38	0,58	0,7	1,0	1,45	1,8
50	–	0,03	0,11	0,24	0,33	0,47	1,0	1,25	1,6

nur eine geringe Kühlleistung benötigt wird, ist die P-Kühlung der Kältemaschine überlegen. Die Vorteile sind: billiger und bei kleinem ΔT höherer Wirkungsgrad, keine rotierenden Teile, völlig geräuschlos, ohne Verschleiß, raumsparend und wenig störanfällig.

Thermoelektrische Heizung (Wärmepumpe). Die an der warmen Seite eines P-Elements abgegebene Energie setzt sich zusammen aus der umgesetzten elektrischen Energie und der von der kalten Fläche aufgenommenen Wärmeenergie. Der Wirkungsgrad η_{Heizung}, das Verhältnis von abgegebener Wärmeenergie zur umgesetzten elektrischen Energie, überschreitet unter realistischen Bedingungen und wenn die Temperaturdifferenz nicht größer als 30 Grad ist, den Wert 2 (siehe Tab. 1). Die Umkehrung von der Heizung zur Kühlung kann in einfacher Weise durch Umkehr der Stromflußrichtung erreicht werden (z. B. in etwa bei Umgebungstemperatur arbeitenden Thermostaten). Die hohe Effektivität der Umwandlung von elektrischer Energie in Wärmeenergie unter Ausnutzung des Wärmepumpen-Effekts legt die Anwendung in hochempfindlichen thermoelektrischen Wandlern nahe [8].

Beeinflussung der Kristallisation aus der Schmelze [1]. Der Unterschied der Seebeck-Koeffizienten zwischen fester und flüssiger Phase von bis zu etwa 40 µV/Grad für einige Verbindungshalbleiter erlaubt die Steuerung des Kristallisationsprozesses über einen elektrischen Strom durch die Phasengrenze. Auch zur Regelung der Schmelzzone im Zonenschmelzverfahren wird die Ausnutzung des PE vorgeschlagen.

Literatur

[1] JOFFÉ, A. F.: Halbleiter-Thermoelemente. – Berlin: Akademie-Verlag 1957 (Übers. aus dem Russ.).
[2] STECKER, K.; SÜSSMANN, H.: Physikalische Grundlagen thermoelektrischer Bauelemente. In: Halbleiterbauelementeelektronik. – Berlin: Akademie-Verlag 1977, S. 347–375.
[3] GOLDSMID, H. J.: Thermoelectric refrigeration. – New York: Plenum Press 1964.
[4] OCHOTIN, A. S.; PUŠKARSKIJ, A. S.; BOROVIKOVA, R. P.; SIMONOV, V. A.: Metody izmerenija charakteristik termoėlektričeskich materialov i preobrazovatelej. – Moskau: Izd. Nauka 1974.
[5] ANATYČUK, L. I.: Termoėlementy i termoėlektričeskie ustrojstva – spravočnik. – Kiev: Naukova dumka 1979.
[6] ZESKIND, D. A., Electronics 53 (1980) 109.
[7] PREIER, H.; BLEICHER, M.; RIEDEL, W.; PFEIFFER, H.; MEIER, H., Appl. Phys. 12 (1977) 277.
[8] BUGAEV, A. A.; ZACHARČENJA, B. P.; PYŽKOV, L. G.; STIL'BANS, L. S.; ČUDNOVSKIJ, F. A.; ŠER, È. M., Fiz. Tekh. Poluprov. 13 (1979) 1446.

Phonon drag-Effekt

Den Einfluß einer Abweichung der Phononenverteilung vom Gleichgewicht auf die thermoelektrischen und thermomagnetischen Effekte in Metallen hat erstmals GUREVICH [1] theoretisch untersucht: Ein gerichteter Phononenstrom kann die Elektronen durch Impulsübertragung mitschleppen (engl.: drag) und bei tiefen Temperaturen in reinen Metallen und Halbleitern zu extrem großen Seebeck-Koeffizienten führen. Eine Erhöhung der Effektivität thermoelektrischer Bauelemente durch Ausnutzung dieses Effekts scheint allerdings kaum möglich. Der Effekt hat für Grundlagenuntersuchungen zur Elektron-Phonon- und Phonon-Phonon-Wechselwirkung Bedeutung erlangt.

Sachverhalt

Wird in einem Metall oder Halbleiter durch einen Temperaturgradienten ein Wärmestrom (Phononenstrom) erzeugt, überträgt der Phononenfluß einen Teil seines Impulses durch Wechselwirkung (Stoß) an die Elektronen. Die Elektronen werden dadurch in Richtung des kalten Endes gedrängt. Die Folge ist, daß das kalte Ende gegenüber dem warmen ein negatives Potential bekommt. Diese Potentialdifferenz tritt als zusätzliche Thermokraft in Erscheinung.

Umgekehrt kann auch ein Elektronenstrom durch Elektron-Phonon-Wechselwirkung einen Teil seines Impulses in einen gerichteten Phononstrom übertragen (electron drag), wodurch ein zusätzlicher Temperaturgradient entsteht, der den rein elektronischen Peltier-Effekt verstärkt.

Der phonon drag-Effekt ist auch in den thermomagnetischen Effekten beobachtbar [2].

Im Unterschied zum akustoelektrischen Effekt (siehe *Akustoelektrische Effekte*) ist der „phonon drag" auf die Wechselwirkung mit nicht kohärenten Phononen beschränkt.

Kennwerte, Funktionen

Bedingungen für das Auftreten des phonon drag-Effekts sind schwache Phonon-Phonon-Streuung – dadurch wird der Effekt auf langwellige akustische Gitterschwingungen bei tiefen Temperaturen begrenzt – und schwache Streuung der Phononen an Defekten (Störstellen, Versetzungen, Korngrenzen, Oberflächen), weshalb der Effekt besonders in perfekten und reinen Einkristallen ausgeprägt ist. Für die durch diesen Effekt hervorgerufene zusätzliche Thermospannung α_{ph} gilt vereinfacht nach [3]

$$\alpha_{\text{ph}} = \frac{m^* v^2}{3qT} \cdot \frac{\tau_{\text{ph}}}{\tau_{\text{e}}} \qquad (1)$$

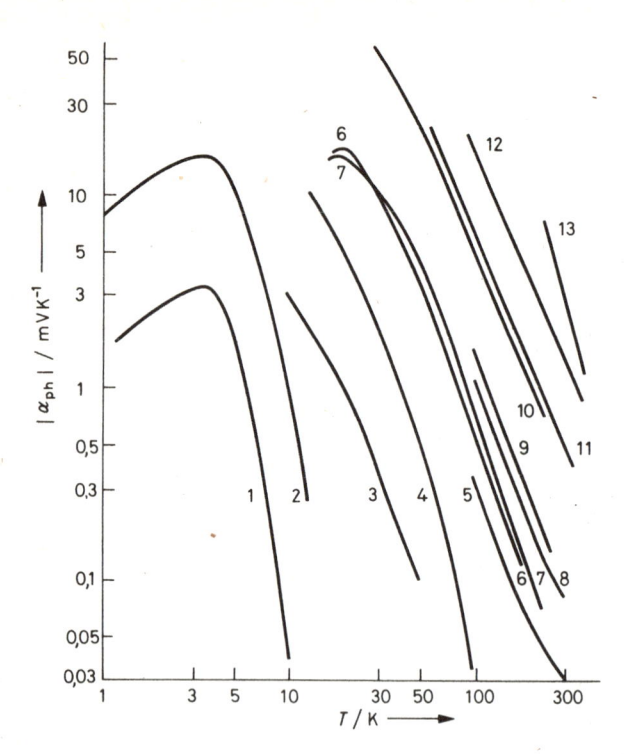

Abb. 1 Temperaturabhängigkeit des phonon drag -Anteils an der Thermokraft (Kurven 3, 5–13), am Nernst-Ettingshausen-Koeffizienten (multipliziert mit der magnetischen Induktion) (Kurve 4) und an der Magneto-Thermokraft (Kurven 1 und 2), nach [3–5]. Kurve: Material, Ladungsträgerkonzentration/cm³ (Bemerkungen): 1: Bi ($B = 1,8$ T, parallel zur binären Achse); 2: Bi ($B = 0,5$ T); 3: Te, $p = 3 \cdot 10^{14}$; 4: Ge, $n = 9 \cdot 10^{13}$ ($Q \cdot B$ für $B = 0,1$ T); 5: Se, $p = 1,5 \cdot 10^{14}$; 6: Ge, $n = 1 \cdot 10^{13}$; 7: Ge, $p = 5 \cdot 10^{13}$; 8: MoS$_2$, $p = 2 \cdot 10^{16}$ (bei 100 K); 9: GaAs, $p = 2 \cdot 10^{16}$; 10: Si, $n = 2,8 \cdot 10^{14}$; 11: Si, $p = 8 \cdot 10^{14}$; 12: ZnO, $n = 4 \cdot 10^{12}$ (bei 150 K); 13: Diamant (p-leitend)

(m^* – effektive Elektronenmasse, v – Schallgeschwindigkeit, q – Elementarladung, T – Temperatur, τ_{ph} – Phonon-Phonon-Relaxationszeit, τ_e – Elektron-Phonon-Relaxationszeit). Bei dominierender Deformationspotentialstreuung an langwelligen transversalen akustischen Gitterschwingungen gilt $\tau_e \sim T^{-1,5}$ und annähernd $\tau_{ph} \sim T^{-4}$. Die Zunahme von τ_{ph} zu tiefen Temperaturen wird aber begrenzt durch die Streuung der Phononen an Gitterdefekten und der Oberfläche; τ_{ph} erreicht bei genügend tiefen Temperaturen einen konstanten Wert. Daraus folgt $\alpha_{ph} \sim T^{-3,5}$ für höhere Temperaturen und $\alpha \sim T^{0,5}$ für $T \to 0$. In Abb. 1 ist $\alpha_{ph}(T)$ für einige Materialien dargestellt. Die Abhängigkeit $\alpha_{ph} \sim T^{-3,5}$ ist nicht durchweg erfüllt; meistens ist die Temperaturabhängigkeit etwas schwächer. Die Lage des Maximums von $\alpha_{ph}(T)$ und der Wert hängen empfindlich von der Perfektion des Kristalls und seinen Abmessungen ab.

Ein Anwachsen des phonon drag-Effekts ist im Magnetfeld zu verzeichnen, in erster Näherung ist er proportional dem Magnetowiderstand. Er tritt nicht nur im Magneto-Seebeck-Effekt, sondern auch im Ettingshausen-Nernst-Effekt auf. In Halbmetallen und in eigenleitenden Halbleitern ist diese Erscheinung wegen der bipolaren Leitfähigkeit und der hohen Ladungsträgerkonzentration bei gleichzeitig niedriger Defektkonzentration besonders stark, z. B. in Bi im Temperaturbereich unter 10 K (Abb. 1). Es werden auch phonon drag-Erscheinungen in Supraleitern untersucht [5].

Anwendungen

Untersuchung der Phonon-Phonon-Wechselwirkung. Die Stärke des phonon drag-Effekts hängt gemäß Gl. (1) nicht nur von auch auf andere Weise bestimmbaren Materialparametern ab, sondern wird empfindlich durch die Stärke der Phonon-Phonon- und der Elektron-Phonon-Wechselwirkung mitbestimmt. Seine Untersuchung eröffnet die Möglichkeit, die Art der bei tiefen Temperaturen durch Elektron-Phonon-Streuung angeregten Phononen festzustellen und die Intensität der Phonon-Phonon-Streuung zu ermitteln. Insbesondere für die Untersuchung der Phonon-Phonon-Wechselwirkung langwelliger akustischer Phononen hat der phonon drag Bedeutung erlangt. Im wesentlichen sind drei Untersuchungsmethoden zu nennen:

a) Messung des Seebeck-Effekts bei niedrigen Temperaturen. Unter der Voraussetzung, daß Elektronen- und Phononensystem nur schwach miteinander gekoppelt sind, setzt sich der Seebeck-Koeffizient additiv aus dem Elektronen- und Phononenanteil zusammen. Nach Abtrennung des elektronischen Anteils ergibt sich also direkt α_{ph} und mit Gl. (1) die Größe τ_{ph}/τ_e.

b) Transmitted phonon drag [6]. In einer Anordnung Quelle–Medium–Empfänger wird in der Quelle mit Hilfe des electron drag-Effekts ein gerichtetes Phononenfeld erzeugt, das sich durch das Medium Halbleiter mit definierten physikalischen Eigenschaften (Kristallperfektion, Ladungsträgerkonzentration) ausbreitet und im Empfänger unter Ausnutzung des phonon drag-Effekts nachgewiesen wird. Die elektrische Trennung zwischen Empfänger und Sender erfolgt durch p-n-Übergänge, die die Phononen ungestört passieren.

c) Phonon drag im quantisierenden Magnetfeld [7]. Aus der Magnetfeldabhängigkeit des phonon drag-Anteils der Thermokraft kann der Typ der Phonon-Phonon-Wechselwirkung abgelesen werden. Dabei wird ausgenutzt, daß die Phonon-Phonon-Streuung für jeden Mechanismus in charakteristischer Weise vom Phononen-Ausbreitungsvektor abhängt und sich dieser Zusammenhang in der Magnetfeldabhängigkeit von α_{ph} äußert. Von Vorteil bei dieser Methode ist, daß der phonon drag-Anteil durch das Magnetfeld verstärkt wird und dadurch auch sicherer zu erfassen ist.

Einfluß auf die Effektivität der Peltier-Kühlung. Der Phononen-Seebeck-Koeffizient hat in Halbleitern dasselbe Vorzeichen wie der normale Seebeck-Effekt, Elektronen- und Phononanteil wirken also in gleicher Richtung, der Seebeck-Effekt wird verstärkt. Allerdings sind die Forderungen für einen starken phonon drag-Effekt (gute Gitterwärmeleitfähigkeit, d. h. großes v und τ_{ph}, und geringe elektrische Leitfähigkeit, d. h. großes m^* und kleines τ_e) denen nach einer großen thermoelektrischen Gütekennziffer z entgegengesetzt; diese Parameter sind zu ungünstig, als daß z. B. in Si oder Ge eine effektive Kühlung in dem Bereich, in dem der phonon drag besonders stark auftritt (60...100 K), erreicht werden könnte. Abschätzungen zeigen [8], daß selbst unter günstigsten Bedingungen die Gütekennzahl $z \cdot T$ für phonon drag eine obere Grenze $z_{ph} \cdot T < 0{,}25$ besitzt, so daß er nur bei allertiefsten Temperaturen für die thermoelektrische Kühlung interessant werden könnte.

Ettingshausen-Kühler [5]. In einkristallinem Bi erhöht sich bei optimaler Orientierung der Nernst-Ettingshausen-Koeffizient bei Temperaturerniedrigung von 100 auf 4,2 K um das 10^6fache und erreicht bei $B = 0{,}05$ T sein Maximum. Dieser Effekt in Bi ist von besonderem Interesse, weil zur praktischen Ausnutzung – im Gegensatz zum thermoelektrischen Kühler – nur Material eines Leitungstyps erforderlich ist.

Phonon drag in Supraleitern. Durch ihn kann auch in Supraleitern eine Thermospannung erzeugt werden. Dieser Effekt hat meßtechnisch Bedeutung, weil bei der Absolutmessung der Thermokraft eines Materials gegen einen Supraleiter im allgemeinen angenommen wird, daß dieser keinen Beitrag zum Seebeck-Effekt liefert. Die Beeinflussung des Stromes durch einen Temperaturgradienten und die Umkehrung dieser Erscheinung sind für die praktische Anwendung im Bereich tiefster Temperaturen bedeutsam [5].

Literatur

[1] GUREVIČ, L. E., ŽETF **16** (1946) 193, 416.
[2] ČIDILKOVSKIJ, I. M.: Termomagnitnye javlenija v poluprovodnikach. – Moskva: Gos. izd. fiz.-mat. lit. 1960.
[3] HERRING, C.: The role of low frequency phonons in thermoelectricity and thermal conduction. In: Halbleiter und Phosphore. Hrsg.: M. SCHÖN, H. WELKER. – Braunschweig: Friedr. Vieweg & Sohn GmbH. 1958, S. 184–235.
[4] STUKE, J.; WENDT, K., phys. status solidi **8** (1965) 533.
[5] OSIPOV, E. V.: Tverdotel'naja kriogenika. – Kiev: Naukova dumka 1977.
[6] HÜBNER, K.: Transmitted phonon drag. In: Festkörperprobleme. Hrsg.: F. SAUTER. – Berlin: Akademie-Verlag 1965. Bd. IV. S. 155–182.
[7] PURI, S. M.; GEBALLE, T. H.: Thermomagnetic effects in the quantum region. In: Semiconductors and Semimetals. Hrsg.: R. K. WILLARDSON, A. C. BEER. – New York/San Francisko/London: Academic Press 1966. Bd. 1, S. 203–264.
[8] KEYES, R. W. In: Thermoelectricity – science and engineering. – New York: Interscience 1961. S. 389.

Photoelektromagnetischer Effekt

1934 beobachteten KIKOIN und NOSKOV [1] eine Photospannung an einer Kupferoxydul-Probe, die sich in einem Magnetfeld befand. Die richtige Erklärung für diesen photoelektromagnetischen (PEM) – Effekt gab FRENKEL, die erste genaue Theorie VAN ROOSBROCK [2]. Der inzwischen an allen Halbleitern, in denen bewegliche Minoritätsträger angeregt werden können, nachgewiesene Effekt, wird zur Bestimmung charakteristischer Halbleiterparameter und zum Nachweis elektromagnetischer Strahlung genutzt.

Sachverhalt

Auf eine Halbleiter-Probe falle Licht mit Wellenlängen aus dem Gebiet der Grundgitterabsorption, so daß infolge Anregung von Elektronen aus dem Valenzband des Halbleiters ins Leitungsband räumlich inhomogen Elektron-Loch-Paare erzeugt werden (Abb. 1). Diese Paare diffundieren ambipolar in Richtung des Konzentrationsgefälles (siehe *Dember-Effekt*).

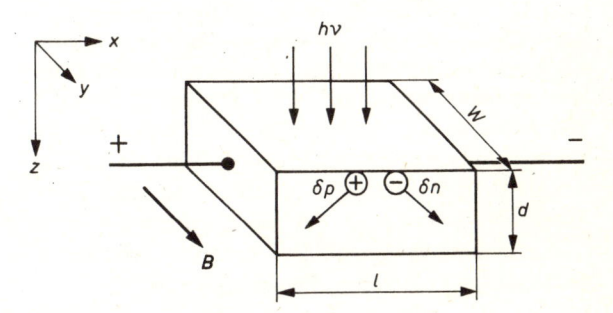

Abb. 1 Zur Entstehung des PEM-Effekts

Ein senkrecht zur Diffusionsrichtung der Ladungsträger angelegtes Magnetfeld lenkt die Träger infolge der Lorentz-Kraft ab und zwar Elektronen und Löcher in unterschiedliche Richtungen. Dadurch entsteht in x-Richtung ein Strom, der sogenannte PEM-Kurzschlußstrom I_{PEM} bzw. im offenen Stromkreis die Spannung $U_{PEM} = -\dfrac{I_{PEM}}{G}$, wobei G der Leitwert der Probe ist.

Voraussetzung für die Entstehung des stationären PEM-Effekts ist die Generation beweglicher Minoritätsträger, da andernfalls das Dember-Feld den Teilchenstrom in z-Richtung zu Null macht und somit keine Ablenkung im Magnetfeld erfolgen kann. Speziell existiert kein stationärer PEM-Effekt bei Anregung allein von Majoritätsträgern aus Störstellen.

Kennwerte, Funktionen

Unter den Bedingungen kleiner Magnetfelder ($\mu_i B \ll 1$, μ_i: Beweglichkeiten der Ladungsträger, B – magnetische Induktion) und schwacher Anregung ($\delta n = \delta p \ll n_0 + p_0$; n_0, p_0: Konzentrationen der Elektronen und Löcher im thermischen Gleichgewicht; δn: Konzentration der optisch angeregten Nichtgleichgewichtselektronen) ergibt sich

$$I_{PEM} = weBD_0(\mu_n + \mu_p)[\delta n(0) - \delta n(d)]. \quad (1)$$

Hier ist D_0 der ambipolare Diffusionskoeffizient:

$$D_0 = \frac{n_0 + p_0}{\frac{n_0}{D_p} + \frac{p_0}{D_n}} = \frac{kT}{e}\mu_n\mu_p\left(\frac{n_0 + p_0}{n_0\mu_n + p_0\mu_p}\right), \quad (2)$$

wobei die Einstein-Beziehung

$$D_i = \frac{kT}{e}\mu_i \quad (3)$$

ausgenutzt wurde. k ist die Boltzmann-Konstante.

Die spektrale Verteilung des PEM-Effektes wird durch $\delta n(0) - \delta n(d)$ bestimmt. Da es hier nicht wie bei der Photoleitung auf die Gesamtzahl der erzeugten Träger, sondern auf den Gradienten ankommt, wird erstens der für die Photoleitung charakteristische Abfall bei kurzen Wellenlängen nicht beobachtet, zweitens verschwindet der PEM-Effekt bereits bei den Wellenlängen an der Absorptionskante, bei denen die Photoleitung ihr Maximum erreicht. Dies ist die Folge der annähernd homogenen Anregung bei schwacher Absorption (falls nicht die Oberflächenrekombinationsgeschwindigkeiten an der Vorder- und Rückseite der Probe sehr unterschiedlich sind).

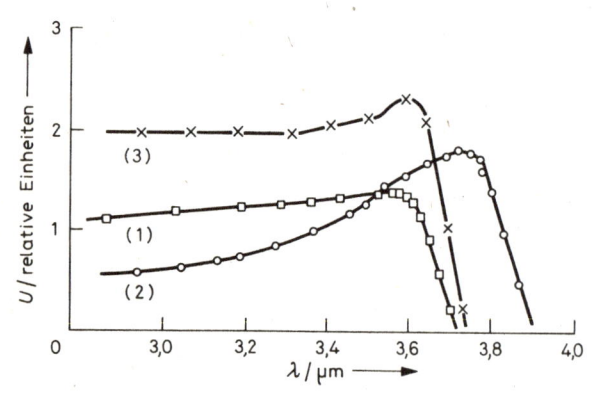

Abb. 2 Spektrale Verteilung des PEM-Effektes (1), der Photoleitung (2) und des transversalen Dember-Effektes (3) in Tellur

Anwendungen

Zur Bestimmung charakteristischer Halbleiterparameter werden spezielle Probengeometrien gewählt: Wird die Probendicke d groß gegen die Diffusionslänge der Minoritätsträger $L = (D_0\tau)^{1/2}$ (τ ist die Lebensdauer der Nichtgleichgewichtsträger) gemacht und wird Licht verwendet, das im Halbleiter stark absorbiert wird, so daß $\alpha \cdot d \gg 1$ ist (α ist der Absorptionskoeffizient), so gilt

$$\frac{I_{PL}}{I_{PEM}} = \frac{F}{B}\left(\frac{\tau}{D_0}\right)^{1/2} \quad (4)$$

I_{PL} ist der Photoleitungsstrom (siehe *Photoleitung*), der bei einer von außen an den Halbleiter angelegten elektrischen Feldstärke F entsteht. Die Messung von PEM-Strom und Photoleitungsstrom unter den gleichen Belichtungsbedingungen bietet nach (4) eine Möglichkeit zur Bestimmung der Lebensdauer der Nichtgleichgewichtsträger, die frei von allen Fehlerquellen infolge ungenauer Kenntnis der Lichtintensität, der Quantenausbeute und des Reflexionsvermögens ist.

In Proben mit $d/L \ll 1$ wird

$$\frac{I_{PL}}{I_{PEM}} = \frac{F}{B}\left(1 + \frac{S_2 d}{2D}\right)\left(S_2 + \frac{d}{2\tau}\right), \quad (5)$$

woraus die Oberflächenrekombinationsgeschwindigkeit an der unbelichteten Rückseite der Halbleiterprobe S_2 bestimmt werden kann.

Ist infolge von Hafteffekten $\delta n \neq \delta p$ und $\tau_n \neq \tau_p$, so ist τ durch $\tau_{PEM} = \dfrac{\tau_n p_0 + \tau_p n_0}{n_0 + p_0}$ zu ersetzen. Im p-Halbleiter ($p_0 \gg n_0$) wird somit $\tau_{PEM} = \tau_n$. Der PEM-Effekt wird durch die Lebensdauer der Minoritätsträger bestimmt (die Lebensdauer der Photoleitung dagegen durch die Lebensdauer der Majoritätsträger). Vergleichende Messungen der Zeitkonstanten von PEM-Effekt und Photoleitung erlauben daher Aussagen über die Wirksamkeit von Haftstellen.

Obwohl der PEM-Effekt in einer Vielzahl von Halbleitermaterialien nachgewiesen wurde, haben sich

Tabelle 1 Kennwerte von PEM-Detektoren

Material	InSb [3]	Hg$_{1-x}$Cd$_x$Te [4]
Arbeitstemperatur (K)	295	295
Wellenlängenbereich (µm)	$5 \leq \lambda \leq 7$	$8 \leq \lambda \leq 14$
Empfindlichkeit $\left(\dfrac{V}{W}\right)$	5	10^{-2}
Detektivität[1] (cm Hz$^{1/2}$W^{-1})	$D^*(\lambda = 6{,}2\,\mu m)$ $= 3 \cdot 10^8$	$D^*(\lambda = 10{,}6\,\mu m)$ $= 2 \cdot 10^7$
Zeitkonstante (s)	$2 \cdot 10^{-7}$	$3 \cdot 10^{-9}$

[1] Die Begriffe Empfindlichkeit und Detektivität von Photodetektoren werden im Abschnitt *p-n-Photoeffekt* erklärt.)

Strahlungsdetektoren auf der Grundlage dieses Effekts kaum gegenüber Photodioden und Photowiderständen durchsetzen können. Eine Ausnahme bilden PEM-Detektoren aus InSb bzw. HgCdTe. Diese Bauelemente sind mit Miniatur-Permanentmagneten mit Feldstärken bis 1 T ausgestattet. Ihre wesentlichen Vorteile sind kleine Zeitkonstanten und die Möglichkeit auf Kühlung zu verzichten (vgl. Tab. 1).

In InSb und HgCdTe ist wegen der hohen Ladungsträgerbeweglichkeiten die Bedingung $\mu B \ll 1$ nicht erfüllt. In HgCdTe ist darüber hinaus die Absorption bei 300 K und 10.6 µm relativ schwach, so daß bei der Optimierung des Effekts die Vielfachreflexion der Strahlung in der Probe beachtet werden muß. In HgCdTe-Dünnfilm-Detektoren, bei denen die Probendicke in der Größenordnung der Wellenlänge des eingestrahlten Lichtes liegt, wird die räumliche Verteilung der Lichtintensität und damit der Nichtgleichgewichtsträger durch die Interferenz der Strahlung in der Probe bestimmt. Die Empfindlichkeit dieser Detektoren kann durch die richtige Wahl der Probendicke entscheidend gesteigert werden [5].

Literatur

[1] KIKOIN, I. K., NOSKOV, M. M., Phys. Z. Sowjetunion 5 (1934) 586.
[2] VAN ROOSBROECK, W.: Theory of the Photo – Magneto-Electric Effect in Semiconductors. Phys. Rev. 101 (1956) 1713.
[3] KRUSE, P. W.; MC GLAUCHLIN, L. D.; MC QUISTAN, R. B.: Infrarottechnik. – Stuttgart: Verlag Berliner Union GmbH 1971.
[4] GENZOW, D.; GRUDZIEN, M.; PIOTROWSKI, J.: On the Performance of Non-Cooled CdHgTe Photoelectromagnetic Detectors for 10,6 µm Radiation. Infrared Phys. 20 (1980) 133.
[5] NOWAK, M.: Thin-Film Photoelectromagnetic Detectors for Infrared Radiation. Infrared Phys. 23 (1983) 35.

Photoleitung

1873 entdeckte W. SMITH [1], daß sich der elektrische Widerstand von Selen in Abhängigkeit von der Belichtung verändert. In den 20er Jahren wurde von GUDDEN und POHL [2] die Quantennatur des Effekts aufgeklärt und der Zusammenhang zwischen Photoleitung und Photolumineszenz gezeigt. 1933 wurde die Photoleitfähigkeit von PbS entdeckt. Insbesondere dank verbesserter Methoden der Kristallzüchtung wurden in den letzten drei Jahrzehnten eine große Anzahl neuer photoleitender Materialien entwickelt [3, 4].

Sachverhalt

Durch die Absorption von Lichtquanten der Energie $h\nu$ werden die Elektronen im Halbleiter auf energetisch höhere Zustände angehoben: $h\nu = \Delta E$ (siehe *Halbleiterphotoeffekt*). Ist die Energie des Photons größer als die Bandlücke des Halbleiters (Grundgitterabsorption), werden zusätzlich zu den bereits im Dunkelzustand vorhandenen Ladungsträgern (sogenannte Gleichgewichtsträger) Elektron-Loch-Paare erzeugt (bipolare Generation). Photonen geringerer Energie können Ladungsträger aus Störstellen (Donatoren, Akzeptoren) in die entsprechenden Bänder anregen (Störstellenabsorption). Hierbei werden jeweils nur Elektronen oder Löcher erzeugt (unipolare Generation). Voraussetzung für eine merkliche Generation von zusätzlichen Ladungsträgern durch das Licht (sogenannten Nichtgleichgewichtsträgern) ist eine hinreichend tiefe Temperatur des Kristallgitters, so daß die Ausgangszustände des Kristallgitters noch nicht durch thermische Anregung entleert sind. Je geringer die Photonenenergie und damit die durch Absorption überwindbaren Energiedifferenzen sind, um so tiefer muß der Halbleiter gekühlt werden.

Werden pro s und cm³ g Elektron-Loch-Paare erzeugt, ist die Konzentration der Nichtgleichgewichtselektronen und -löcher gegeben durch

$$\delta n = g \cdot \tau_n, \quad \delta p = g \cdot \tau_p. \tag{1}$$

τ_n und τ_p sind die Lebensdauern der Elektronen und Löcher, die durch die im entsprechenden Halbleitermaterial wirkenden Rekombinationsmechanismen (siehe *Halbleiterphotoeffekt*) bestimmt werden. In diesem Abschnitt, der die klassische Photoleitung behandelt, setzen wir voraus, daß die Lebensdauern der Nichtgleichgewichtsträger sehr groß gegenüber der Energierelaxationszeit sind, so daß die optisch erzeugten Ladungsträger ihre bei der Generation erhaltene Überschußenergie so schnell an das Kristallgitter abgeben, daß sie praktisch während ihrer gesamten Lebensdauer nicht von den Gleichgewichtsträgern zu unterscheiden sind, insbesondere die gleichen Beweglichkeiten besitzen wie diese. Die durch die optische Einstrahlung hervorgerufene Änderung der elektrischen Leitfähigkeit des Halbleiters ist dann allein durch die Konzentrationserhöhung der Ladungsträger bestimmt:

$$\delta\sigma = e(\mu_n \delta n + \mu_p \delta p). \qquad (2)$$

μ_n und μ_p sind die Beweglichkeiten der Elektronen und Löcher.

$\delta\sigma$ kann auch bei bipolarer Generation monopolar sein, wenn bei $\tau_n \gg \tau_p$ (etwa infolge von Hafteffekten) $\delta n \gg \delta p$ wird.

Kennwerte, Funktionen

Die Photoleitung wird im allgemeinen in einer Anordnung untersucht, wie sie in Abb. 1 schematisch dargestellt ist. In der angegebenen Geometrie ergibt sich für die Leitwertänderung der Probe

$$\Delta G = e\mu_p \left(1 + \frac{\mu_n}{\mu_p} \cdot \frac{\delta n}{\delta p}\right) \frac{w}{l} \Delta p, \qquad (3)$$

wobei

$$\Delta p = \int_0^d \delta p(z)\, dz$$

ist und $\delta n/\delta p$ als von z unabhängig angenommen wurde.

Bei schwacher Anregung ($\Delta G \ll G_0$, G_0 ist der Dunkelleitwert der Probe) bevorzugt man die Messung mit konstantem Strom durch den Photoleiter, d. h., man wählt $R_L \gg 1/G_0$. Dann ist die am Photoleiter auftretende Signalspannung U_s proportional zu ΔG:

$$U_S = -\frac{U_B}{R_L} \frac{1}{G_0^2} \Delta G. \qquad (4)$$

Für die Gesamtzahl der erzeugten Nichtgleichgewichtsträger gilt allgemein

$$\Delta p(t) = \eta Q_0 (1-R) f(t, \tau, L, s, K, d). \qquad (5)$$

Hier bedeuten:

η – Quantenausbeute, Q_0 – Zahl der pro s und cm² einfallenden Photonen, R – Reflexionskoeffizient, $L - \left(\frac{KT}{e} \mu\tau\right)^{1/2}$: Diffusionslänge der Minoritätsträger, K – Absorptionskoeffizient, d – Probendicke, τ – Lebensdauer der Ladungsträger (beschreibt die im Probenvolumen stattfindenden Rekombinationsprozesse, z.B. strahlende Rekombination, Rekombination über Zentren), s – Oberflächenrekombinationsgeschwindigkeit (beschreibt zusätzliche Rekombination an den Halbleiteroberflächen infolge zusätzlicher Rekombinationszentren, hervorgerufen z.B. durch abgerissene Bindungen, Anlagerungen, Defekte ...).

Abb. 1

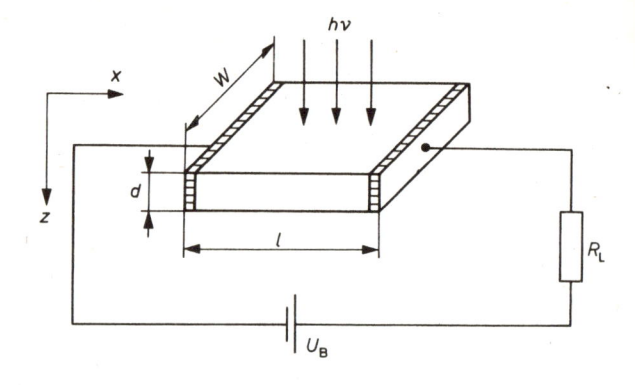

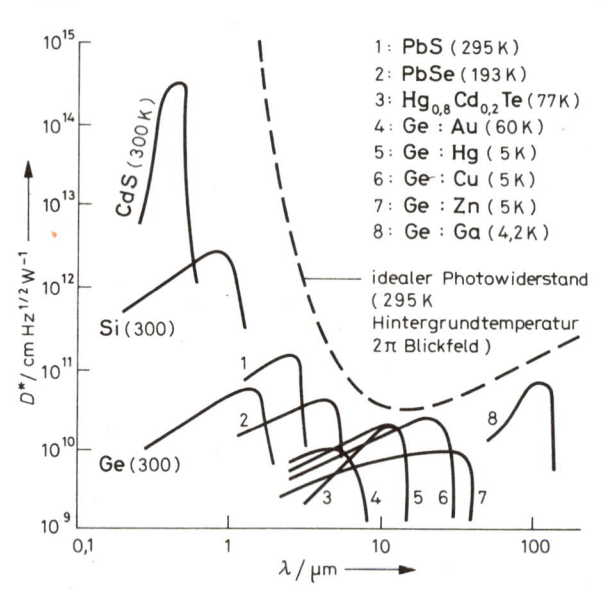

Abb. 2 Spektrale Verteilung der Detektivität einiger Photowiderstände
(In Klammern hinter dem Material ist die Arbeitstemperatur der Detektoren angegeben.)

Anwendungen

Aus dem zeitlichen Verhalten der Photoleitung, insbesondere aus dem Abklingen nach stationärer Anregung bzw. aus dem Frequenzverhalten bei Anregung mit sinusförmig intensitätsmoduliertem Licht, können die Lebensdauer τ der Nichtgleichgewichtsträger und die Oberflächenrekombinationsgeschwindigkeit s bestimmt werden. Die Untersuchung der Wellenlängenabhängigkeit der Photoleitung im Gebiet schwacher Absorption ist eine empfindliche Methode zur Bestimmung von Absorptionskoeffizienten, aus der spektralen Verteilung der Photoleitung im Gebiet starker Absorption kann s ermittelt werden. Aus der zusätzlichen Untersuchung der Temperatur- und Intensitätsabhängigkeit ergeben sich Aussagen über die wirksamen Rekombinationsmechanismen sowie die Ionisierungsenergien und Einfangsquerschnitte lokaler Zentren.

Photowiderstände zum Nachweis elektromagneti-

Tabelle 1 Kenngrößen von Photowiderständen auf der Grundlage der Grundgitterphotoleitung

Material	Arbeits-temperatur [K]	E_G [eV]	λ_G [µm]	λ_{max} [µm]	D^*_{max} [cm Hz$^{1/2}$ W^{-1}]	τ [s]
CdS	295	2,4	0,52	0,5	$2 \cdot 10^{14}$	10^{-1}
CdSe	295	1,8	0,83	0,7	$2 \cdot 10^{11}$	—
Si	295	1,12	1,1	0,9	$2 \cdot 10^{12}$	$2 \cdot 10^{-7}$
Ge	295	0,67	1,8	1,5	$5 \cdot 10^{10}$	10^{-5}
PbS	295	0,42	2,9	2,4	$1,5 \cdot 10^{11}$	10^{-4}
PbSe	195	0,23	5,4	4,6	$4 \cdot 10^{10}$	$5 \cdot 10^{-6}$
Te	77	0,33	3,8	3,5	$6 \cdot 10^{10}$	$5 \cdot 10^{-5}$
InSb	77	0,22	5,6	5,3	$6 \cdot 10^{10}$	10^{-6}
Hg$_{0,8}$Cd$_{0,2}$Te	77	0,09	14	12	$2 \cdot 10^{10}$	10^{-7}
HgCdTe	295	0,1	12	10,6	$5 \cdot 10^6$	10^{-9}

Tabelle 2 Kenngrößen von Photowiderständen auf der Grundlage der Störstellenphotoleitung (Die Zeitkonstanten dieser Photowiderstände liegen bei 100 ns bei Standardausführungen und bei 1 ns in schnellen Detektoren.)

Material und Stör-stelle	Arbeits-temperatur [K]	E_i [eV]	λ_G [µm]	λ_{max} [µm]	D^*_{max} [cm Hz$^{1/2}$ W^{-1}]
Ge : Au	77	0,15	8,3	5	$9 \cdot 10^9$
Ge : Hg	27	0,09	14	10,5	$2 \cdot 10^{10}$
Ge : Cu	4,2	0,041	30	23	$2 \cdot 10^{10}$
Ge : Zn	4,2	0,033	38	35	$1 \cdot 10^{10}$
Ge : B	4,2	0,0104	120	108	$4 \cdot 10^{10}$
Ge : Ga	4,2	0,0104	120	105	$6 \cdot 10^{10}$
Si : S	77	0,19	6	5	$2 \cdot 10^{10}$
Si : Ga	20	0,0723	17	16	$9 \cdot 10^9$
Si : As	20	0,0537	24	22	10^{10}

scher Strahlung sind die wichtigste Anwendung der Photoleitung. In den Tabellen 1 und 2 sowie in der Abb. 2 sind charakteristische Daten von Photowiderständen anhand der Literatur [5–9] zusammengestellt.

Die langwellige Grenze der Photoleitung ergibt sich aus dem Energiesatz $h\nu = \Delta E$ nach Umrechnung auf Wellenlängen zu

$$\lambda_G = \frac{hc}{\Delta E} = \frac{1,24}{\Delta E}, \tag{6}$$

wenn ΔE in eV und λ in µm gemessen werden. Bei Grundgitterphotoleitung ist $\Delta E = E_G$ (Bandlücke), bei Störstellenphotoleitung ist $\Delta E = E_i$ (Ionisierungsenergie der Störstelle). Detektivität D^* und Zeitkonstante τ von Photodetektoren werden im Abschnitt *p-n-Photoeffekt* erklärt.

CdS-Photowiderstände werden als Belichtungsmesser eingesetzt, da ihre spektrale Charakteristik der des menschlichen Auges sehr ähnlich ist. Die heute für den gesamten Spektralbereich von 2 µm bis 15 µm durch Variation von x optimal herstellbaren Photowiderstände aus Hg$_{1-x}$Cd$_x$Te, die u. a. bei der berührungslosen Temperaturmessung eingesetzt werden, benötigen wesentlich geringere Kühlung, als die Störstellen-Photowiderstände für den gleichen Spektralbereich.

Literatur

[1] SMITH, W.: Effect of Light on Selenium during Passage of an Electric Current. Nature 7 (1873) 303.
[2] GUDDEN, B.; POHL, R., Phys. Z. 23 (1922) 417.
[3] BUBE, R. H.: Photoconductivity of Solids. – New York/London: John Wiley & Sons Ltd. 1960.
[4] GÖRLICH, P.: Photoconductivity in Solids. Ed. by L. JACOB. – London: Routledge & Kegan Paul Ltd; New York: Dover Publications Inc. 1967.
[5] Optical and Infrared Detectors. Ed. R. J. KEYES. – Berlin/Heidelberg/New York: Springer-Verlag 1980 (Topics in Applied Physics, Vol 19).
[6] LUSSIER, F. M.: Choosing an infrared detector. Laser Focus. October 1976, S.66.
[7] WALTHER, L.; GERBER, D.: Infrarotmeßtechnik. – Berlin VEB Verlag Technik 1981.
[8] SEIB, D. H.; AUKERMAN, L. W.: Photodetectors for the 0,1 to 1.0 µm Spectral Region. In: Adv. in Electronics and Electron Phys. 34 S. 95. Ed. L. MARTON. – New York: Academic Press 1973.
[9] AUTH, J.; GENZOW, D.; HERRMANN, K. H.: Photoelektrische Erscheinungen. Wissenschaftliche Taschenbücher Mathematik, Physik. Bd. 196. – Berlin: Akademie-Verlag 1977.

Photon-drag-Effekt

Den Lichtdruck, d.h. die Übertragung des Photonenimpulses auf die Elektronen im Festkörper diskutierte bereits 1931 H. DEMBER [1] neben der Diffusion der durch das Licht erzeugten Nichtgleichgewichtsträger als mögliche Ursache für die von ihm an CuO_2 gefundene Photospannung. Wegen der Kleinheit des Impulses der Photonen ist der Effekt sehr gering und der sichere experimentelle Nachweis gelang erst 1970 S. M. RYVKIN und Mitarbeitern [2] sowie A. F. GIBSON u. a. [3] an p-Ge, nachdem mit dem CO_2-Laser eine leistungsstarke Strahlungsquelle zur Verfügung stand.

Der Photon-drag-Effekt wird in Detektoren und Monitoren zum Nachweis kurzer Laserimpulse genutzt.

Sachverhalt

Bei Belichtung einer Halbleiterprobe mit intensiver Strahlung geeigneter Wellenlänge wird im Halbleiter ein elektrischer Strom erzeugt, der im äußeren Stromkreis je nach Meßbedingungen als Strom bzw. Spannung nachgewiesen werden kann. Der elektrische Strom im Halbleiter wird durch die Übertragung des Impulses der Photonen auf die quasifreien Ladungsträger im Halbleiter hervorgerufen.

Der Photon-drag-Effekt wurde an verschiedenen Materialien (p-Ge, p-Te, p-GaAs, n-InSb, n-GaSb, n-InAs u. a.) bei Intervalenzbandabsorption, Absorption durch freie Ladungsträger und Anregung aus Störstellen beobachtet.

Die Bewegung der Elektronen in der Energiebandstruktur des Halbleiters und der damit verbundene Tensorcharakter ihrer effektiven Massen bewirkt, daß der durch den Lichtdruck im Halbleiter hervorgerufene Strom im allgemeinen nicht in Lichtausbreitungsrichtung fließt. Es treten longitudinale und transversale Komponenten auf, wobei insbesondere die transversalen Effekte von der Polarisation des Lichtes abhängen.

Die Zeitkonstante des Effekts wird durch die Impulsrelaxationszeit der freien Ladungsträger bestimmt. In dieser Zeit, die zwischen 10^{-14} und 10^{-12} s liegt, geben die Ladungsträger ihren von den Photonen übernommenen Überschußimpuls durch Streuung an das Kristallgitter ab. Die Zeitkonstante der auf der Grundlage des Photon-drag-Effekts realisierten Detektoren ist jedoch wesentlich größer, da die Lichtlaufzeit durch den Detektorkristall der zeitbegrenzende Effekt ist:

$$\tau = \frac{\bar{n}}{c} L \qquad (1)$$

$\bar{n}$ – Brechungsindex des Detektormaterials, c – Vakuumlichtgeschwindigkeit, L – Länge des Detektorelements. In Germanium ist $\bar{n} \approx 4$ und L wird etwa 1 cm gewählt, um im Haupteinsatzgebiet der Detektoren bei 10,6 μm Wellenlänge noch ausreichende Absorption zu erzielen. Damit wird $\tau \approx 1,3 \cdot 10^{-10}$ s.

Kennwerte, Funktionen

Phänomenologisch läßt sich der Photon-drag-Strom in der Form schreiben:

$$j_i = \frac{N}{S} \sigma_{ikem} \varkappa_k e_e e_m. \qquad (2)$$

Hier sind j_i – Komponenten der Stromdichte, $\varkappa_k$ – Komponenten des Lichtimpulses $\hbar\varkappa$, e_e, e_m – Komponenten des Polarisationsvektors e der Lichtwelle, σ_{iklm} den Detektor fallende Laserleistung, S – Detektorfläche.

Die Anzahl der tatsächlich auftretenden Tensorkomponenten wird durch die Kristallsymmetrie und infolge der Transversalität der Lichtquelle (d.h. $e \perp \varkappa$) erheblich eingeschränkt. In isotropen Medien besitzt σ_{ikem} nur eine linear unabhängige Komponente, und nur longitudinale Effekte sind möglich. In Halbleitern mit kubischer Symmetrie, wie Germanium, treten zwei, im hexagonalen Tellur elf linear unabhängige Komponenten und damit neben longitudinalen eine Vielzahl transversaler Effekte auf. In Germanium tritt bei Einstrahlung $\varkappa \parallel$ [100]-Richtung nur ein polarisationsunabhängiger longitudinaler Effekt auf:

$$j_3 = \frac{N}{S} \sigma_{3311} \varkappa_3. \qquad (3)$$

Bei Einstrahlung $\varkappa \parallel$ [111]-Richtung entsteht außerdem ein transversaler Effekt [4]

$$j_1' = \frac{\sqrt{2}}{6} \frac{N}{S} (\sigma_{3333} - \sigma_{3311}) \varkappa_3 \cdot \sin 2\varphi. \qquad (4)$$

φ ist der Winkel zwischen e und der Orientierung der transversalen Kontakte.

Die Temperatur- und Wellenlängenabhängigkeit des Photondrag-Effekts wird durch die Energiebandstruktur des Halbleiters und die Streumechanismen der Ladungsträger bestimmt. Bei $\lambda = 10{,}6$ μm, der Wellenlänge des CO_2-Lasers, ist der Photon-drag in p-Ge bei 300 K positiv und ändert sein Vorzeichen nahe 77 K (die genaue Temperatur des Vorzeichenwechsels hängt von der Löcherkonzentration ab). Bei 300 K wird der Effekt bei 8,5 μm negativ und ändert bei 5 μm erneut das Vorzeichen.

Für die Photon-drag-Spannung im offenen Kreis erhält man [5]

$$U = \frac{N}{S} \left[\frac{1-r}{1+re^{-KL}} \right] \left[\frac{1-e^{-KL}}{K\sigma} \right] \frac{\sum \varkappa}{\left(1 + \frac{R}{R_L}\right)} \qquad (5)$$

mit r – Reflexionskoeffizient, K – Absorptionskoeffizient, R – Probenwiderstand, R_L – Lastwiderstand, σ – spezifischer Widerstand der Probe, $\sum$ – entsprechende Komponente des Photon-drag-Tensors (Größenordnung $10^{-12} \frac{cm}{V}$).

Anwendungen

Praktisch eingesetzt wird bisher nur der Photon-drag-Detektor mit p-Ge als Probenmaterial für den Nachweis von Impulsen eines gepulsten CO_2-Lasers. Tellur zeigt bei Zimmertemperatur einen zu geringen Effekt [6], Gallium-Arsenid-Detektoren arbeiten bei $\lambda = 1,06$ μm, sind also zum Nachweis von Neodym-Glass-Laserimpulsen einsetzbar [7], jedoch existieren für diesen Wellenlängenbereich schnelle Photodioden mit wesentlich höherer Empfindlichkeit. Die technischen Daten kommerzieller p-Ge-Photon-drag-Detektoren sind in Tab. 1 angegeben:

Tabelle 1   Kennwerte von Ge-Photon-drag-Detektoren

Responsivität	10^{-6} V/W bei $\lambda = 10,6$ μm
Arbeitstemperatur	300 K
Zeitkonstante	< 1 ns
Detektorfläche	20 mm²
Ausgangswiderstand	50 Ω
Kapazität	8 pF
Linearität	besser 10 % bis 20 MW/cm² für ns-Impulse
Zerstörungsschwelle	100 MW/cm² für ns-Impulse

Die geringe Responsivität beschränkt den Einsatz der Detektoren auf den Nachweis der Impulse von CO_2-Lasern. Die geringe Zeitkonstante erlaubt die Auflösung der Impulsfeinstruktur. Der Detektor kann ohne Schädigung der Strahlung eines TEA-CO_2-Lasers ausgesetzt werden, die große Detektorfläche erspart die Verwendung von Fokussiersystemen. Versorgungsspannungen und Kühlung sind nicht erforderlich, was die Abschirmung gegen induktive Einkopplung stark vereinfacht.

Die Nutzung des transversalen Photon-drag-Effektes ermöglicht die Zeitkonstante des Detektors noch weiter zu verkleinern [8]. Darüber hinaus ändert bei einer Drehung der Polarisationsebene des Lichtes die Photon-drag-Spannung das Vorzeichen. Dies kann mit einem einfachen Detektor mit vorgeschaltetem Polarisator nicht erreicht werden.

Laser-Monitoren nach dem Photon-drag-Prinzip sind so konstruiert, daß etwa 25 % der Lichtenergie beim Durchgang durch den Detektorkristall absorbiert werden und dabei eine elektrische Spannung erzeugen, die der Strahlungsleistung proportional ist. 75 % der Strahlung durchsetzen den Detektor und stehen für weitere Anwendungen zur Verfügung. Besonders vorteilhaft ist, daß der Monitor Polarisation und Modenstruktur des Strahls nicht beeinflußt.

Da das Vorzeichen der Photon-drag-Spannung von der Einstrahlungsrichtung abhängt, kann der Photon-drag-Detektor als Nullindikator benutzt werden. In optischen Brückenschaltungen ist damit die zeitliche Koinzidenz zweier Laserimpulse bis auf 0,1 ns meßbar.

Literatur

[1] DEMBER, H.: Über eine Kristallphotozelle. Phys. Z. 32 (1931) 856.

[2] VALOV, P. M. et. al.: Photon Drag of Free Current Carriers in Semiconductors. Proc. 10 th Intern. Conf. Phys. of Semicond. Cambridge/Mass. (1970). S. 683.

[3] GIBSON, A. F. et al.: Photon Drag in Germanium. Proc. 10 th Intern. Conf. Phys. of Semicond. Cambridge/Mass. (1970). S. 690.

[4] VALOV, P. M. et. al.: An Anisotropic Photon Drag Effect in Nonspherical – Band Cubic Semiconductors. phys. status solidi (b) 53 (1972) 65.

[5] GENZOW, D.; NORMANTAS, E.: Theory of the Photon-Drag Effect in Semiconductors with Elliptical Isoenergetic Surfaces and Its Application to Tellurium Crystals. phys. status solidi (b) 77 (1976) 667.

[6] AUTH, J. et al.: Longitudinal Photon Drag in p-Type Tellurium. phys. status solidi (b) 65 (1974) 293.

[7] GIBSON, A. F.; KIMMITT, M. F.: Photon-drag detection. Laser Focus 7 (1972) 26.

[8] AGAFONOV, V. G. et al: Fotopriemniki na osnove effekta uvlečenija svetom nositelej toka v poluprovodnikach. Fiz. Tekh. Poluprov. 7 (1973) 2316.

Pinch-Effekt (in Halbleitern)

Die Wirkung des Pinch-Effekts in Halbleitern stellten erstmals GLICKSMAN und STEELE [1] 1959 bei der Untersuchung des Einflusses eines longitudinalen Magnetfeldes auf den durch Band-Band-Stoßionisation hervorgerufenen Durchbruch in n-InSb bei 77 K fest. Zum Zeitpunkt dieser Beobachtung lagen bereits umfangreiche Kenntnisse zum Pinch-Effekt im Gasplasma vor, die unter Beachtung einiger Besonderheiten des Plasmas im Festkörper übernommen werden können. Der Pinch-Effekt im Plasma des Festkörpers ist Gegenstand von Grundlagenuntersuchungen. Er kann unter Umständen in bipolaren Leistungsbauelementen mit hohen Stromdichten eine Rolle spielen.

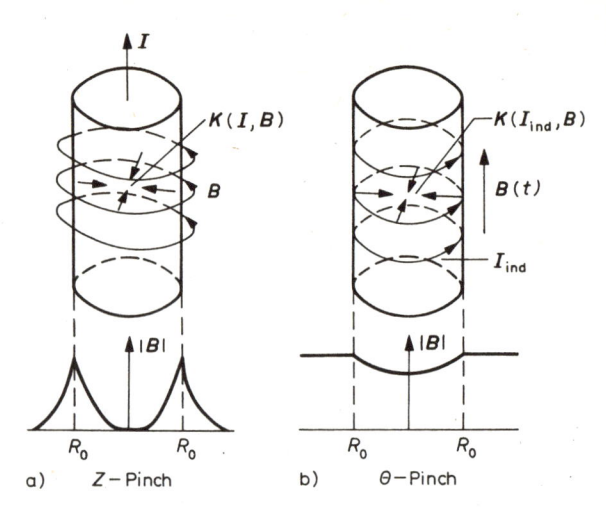

Abb. 1 Prinzipdarstellung zum Z-Pinch (a) und Θ-Pinch (b). Jeweils unter dem Leiterstück ist der radiale Verlauf des Betrags der magnetischen Induktion als Maß für die radiale Druckverteilung zu Beginn der Kompression dargestellt.

Sachverhalt [2, 3]

Jeder stromdurchflossene Leiter wird von einem Magnetfeld umgeben. Das Magnetfeld ist so gerichtet, daß die driftenden Ladungsträger infolge der Lorentz-Kraft (siehe *Hall-Effekt, magnetische Widerstandsänderung*) unabhängig vom Leitungstyp in den Leiter hineingedrückt werden (Abb. 1). Solange nur bewegliche Ladungsträger eines Vorzeichens vorhanden sind, baut sich in Analogie zum Hall-Effekt ein radiales elektrisches Feld auf, das der Kompression der Ladungsträger entgegenwirkt. Wenn aber in dem Leiter bewegliche Ladungsträger beiderlei Vorzeichens in gleicher Konzentration vorhanden sind, also ein neutrales Plasma vorliegt, tritt kein Hall-Feld auf, und die Ladungsträger können in der Mittelachse des Leiters konzentriert werden (pinch – zusammendrücken). Damit erhöht sich im Zentrum die Plasmakonzentration, während die äußeren Bereiche des Leiters an Ladungsträgern verarmen. Der Erhöhung der Plasmadichte im Zentrum des Leiters wirken drei Prozesse entgegen: die ambipolare Diffusion im Konzentrationsgradienten, die meist nichtlineare Trägerrekombination und die Elektron-Loch-Streuung.

Ebenso wie im Gasplasma gibt es zwei Mechanismen zur Erzeugung des Pinch-Effekts. In der bereits geschilderten Anordnung wird er ursächlich durch den Strom I hervorgerufen (Z-Pinch). Daneben besteht die Möglichkeit, durch ein anwachsendes Magnetfeld eine Plasmakompression zu erreichen (Θ-Pinch): Das anwachsende Magnetfeld induziert Ringströme im Leiter. Auf die sich im Kreis bewegenden Träger wirkt wieder die Lorentz-Kraft, die das Plasma zur Leitermitte drängt. In Abb. 1a, b ist außerdem der radiale Verlauf des Betrags des Magnetfeldes schematisch bei beginnender Kompression dargestellt. Die Größe ist ein Maß für den Druck, mit welchem das Plasma komprimiert wird.

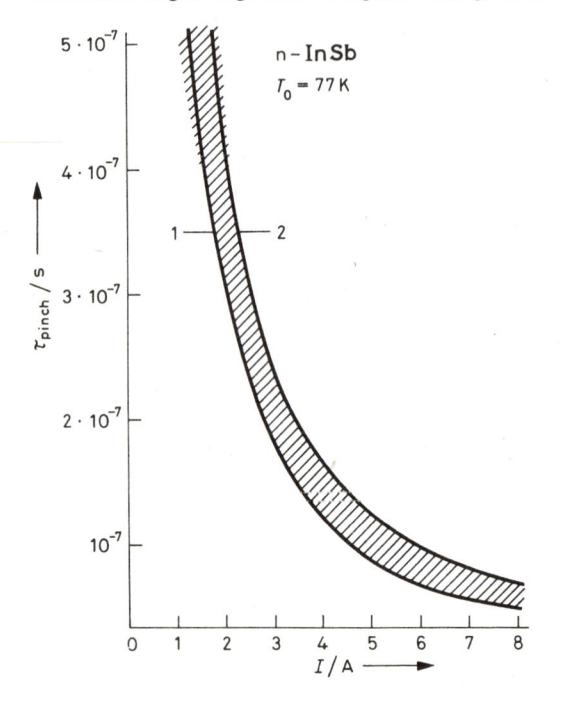

Abb. 2 Zeitkonstante für die Ausbildung des Pinch-Kanals als Funktion des Plasmastroms in n-InSb bei 77 K nach [6]. Ladungsträgerkonzentration $n = 10^{13} \ldots 2 \cdot 10^{14}$ cm^{-3}, Probendurchmesser ca. 0,5 mm. Kurve 1, 2: theoretische Verläufe für $\mu_p = 10^4$ cm^2/(V·s) bzw. $7 \cdot 10^3$ cm^2/(V·s), schraffiertes Gebiet: Bereich der Meßpunkte

Kennwerte, Funktionen

Der Pinch-Effekt kann in Halbleitern mit hoher Beweglichkeit der Träger und verhältnismäßig großer Lebensdauer entstehen. Bisher ist nur an einer kleinen Zahl von Halbleitermaterialien der Pinch-Effekt untersucht worden: InSb, Ge, Bi$_{1-x}$Sb$_x$.

Ein notwendiges Kriterium zur Entstehung des Z-Pinch ist das von BENNETT. Der Druck, mit dem das azimutale Magnetfeld die driftenden Ladungsträger zur Probenmitte drängt, muß den durch die thermische Bewegung der Ladungsträger bedingten gaskinetischen Druck überschreiten. Daraus ergibt sich der Plasmastrom I

$$I \geq I_c = \frac{8\pi \, k(T_n + T_p)}{\mu_0 \cdot q \cdot v_d} + \frac{\pi \, a^2 \, B^2}{\mu_0^2 \, I_C} \, ; \qquad (1)$$

I_c – kritischer Plasmastrom, T_n, T_p – Temperatur des Elektronen- bzw. des Löchersystems, k – Boltzmann-Konstante $8{,}6 \cdot 10^{-5}$ eV grad^{-1}, q – Elementarladung $1{,}6 \cdot 10^{-19}$ As, μ_0 – magnetische Permeabilität des Vakuums $1{,}26 \cdot 10^{-8} \frac{Vs}{Acm}$, $v_d = (\mu_n + \mu_p)E$, μ_n, μ_p – Beweglichkeit der Elektronen und Löcher, B – äußeres longitudinales Magnetfeld.

Unter dem Einfluß eines äußeren stationären longitudinalen Magnetfeldes B wird der kritische Strom I_c für die Pinch-Bildung erhöht. Bei niedrigen Temperaturen und hohen Ladungsträgerkonzentrationen kann das Elektron-Loch-Plasma entartet sein, es gilt dann ein modifiziertes Bennett-Kriterium.

In Tab. 1 sind experimentelle Werte für die kritischen Ströme und die Driftgeschwindigkeiten beim Z-Pinch und die daraus folgenden Elektronen- und Löchertemperaturen angegeben. Die Trägertemperaturen sind höher als die Gittertemperaturen, was auf eine starke Aufheizung des Plasmas hindeutet. Im InSb-Stoßionisationsplasma sind Pinch-Durchmesser zwischen 0,02 und 0,2 mm experimentell nachgewiesen worden. Die Kontraktionszeit des Plasmas ist vom Probenquerschnitt, vom Strom sowie von der Driftbeweglichkeit der langsameren Trägersorte abhängig. Abbildung 2 zeigt den Zusammenhang für n-InSb. Im Stoßionisationsplasma kann das Wechselspiel zwischen Stoßgeneration und Pinch-Effekt zu starken Stromoszillationen führen, deren Frequenz etwa der Pinch-Dauer entspricht. In Abhängigkeit vom Strom liegen die Frequenzen im InSb (bei 77 K) und im $Bi_{1-x}Sb_x$ (bei 4,2 K) im Bereich zwischen 1 und 30 MHz. Die Modulationstiefe erreicht mehr als 30 %.

Tabelle 1 Experimentelle Daten zum Bennett-Kriterium [1, 3, 4]

Material	Art des Plasma	Gittertemperatur T_0/K	I_c/A	v_d/cms^{-1}	$T_n + T_p$ /K
n-InSb	Stoßionisationsplasma	77	4	$3 \cdot 10^7$	600
p-InSb	Injektionsplasma	77	4	—	430
n-$Bi_{1-x}Sb_x$ $x = 0{,}088$	Stoßionisationsplasma entartet	4,2	2–4	10^7	120

Anwendungen

Kontaktlose Erzeugung eines Nichtgleichgewichtsplasmas. Mit Hilfe des Θ-Pinch ist es möglich, ohne Verwendung elektrischer Kontakte Nichtgleichgewichtsplasmen im Halbleiter zu erzeugen. Dazu sind hohe impulsförmige Magnetfelder erforderlich. In [5] wurden die in Tab. 2 angegebenen Mindestbedingungen für die Erzeugung eines merklichen Pinch-Effekts abgeschätzt. In den Experimenten werden allerdings meist schärfere Bedingungen zur Beobachtung des Pinch realisiert, z. B. in Ge $B_{max} = 12{,}5–50$ T, $t_B = 2–4$ μs, in InSb $B_{max} = 2–3$ T, $t_B \leq 1$ μs. Damit ist eine etwa 10fache Erhöhung der Trägerkonzentration in der Längsachse der Probe möglich [2].

Tabelle 2 Mindestbedingungen für die Erzeugung eines merklichen Pinch-Effekts nach [5]

Material	Magnetische Induktion B_{max}	Anstiegszeit des Magnetfeldes t_B
InSb	$\geq 1{,}0$ T	$< 10^{-6}$ s
InAs	$\geq 1{,}6$ T	$< 4 \cdot 10^{-5}$ s
Ge	$\geq 2{,}3$ T	$\leq 10^{-3}$ s
Si	$\geq 8{,}0$ T	$\leq 10^{-3}$ s
PbS	$\geq 10{,}5$ T	$< 10^{-5}$ s

Rekombinationsstrahlung im komprimierten Plasma; Θ-Pinch-Laser. Im Nichtgleichgewichtsplasma hoher Dichte, das im Ergebnis des Pinch-Effekts entsteht, findet eine intensive Rekombination der Elektron-Loch-Paare statt. Bei der anteiligen strahlenden Rekombination wird dabei Licht mit der Energie des Bandabstandes emittiert. Die Rekombinationsstrahlung ist ein Mittel zur Diagnostik des Plasmas. Bei genügender Kompression ist eine Besetzungsinversion erzielbar. Damit ist die Voraussetzung für die induzierte Laseremission erfüllt.

Durch die Ausnutzung des Θ-Pinch zur Erzeugung der Besetzungsinversion kann eine Kontaktierung und damit eine mechanische Belastung des Kristalls umgangen werden. Besonders interessant erscheint die Legierung $Bi_{1-x}Sb_x$ $x = 0{,}065...0{,}22$, in der mit Hilfe des Θ-Pinch sehr hohe Plasmendichten bei Temperaturen um 20 K erzeugt werden können, und deren Rekombinationsstrahlung mit Wellenlängen größer 50 μm im fernen Infrarot liegt [2].

In manchen Fällen tritt der Pinch-Effekt störend oder sogar als Ursache für die Zerstörung von Bauelementen in Erscheinung:

Beeinflussung der Durchbruch-Kennlinie bei Stoßionisation. Abbildung 3 zeigt die Strom-Spannungs-Charakteristik von n-InSb bei 77 K. Bei Feldstärken um 150 V/cm setzt der durch Band-Band-Stoßionisation bedingte Durchbruch ein. Über 180 V/cm wird die Kennlinie, bedingt durch den Pinch-Effekt, wieder flacher. Ein longitudinales Magnetfeld unterdrückt die

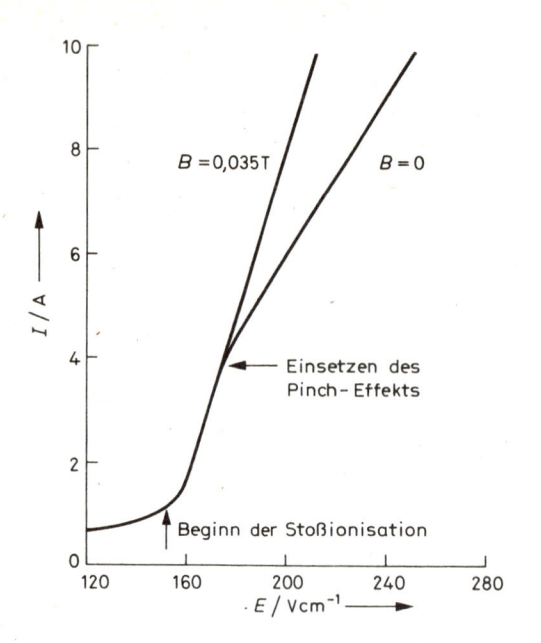

Abb. 3 Strom-Spannungs-Charakteristik in n-InSb bei 77 K im Bereich der Stoßionisation und des Pinch-Effekts nach [7]. Ein schwaches longitudinales Magnetfeld unterdrückt den Pinch-Effekt

Ausbildung des Stromkanals (Gl. 1). Im dargestellten Beispiel hält bereits eine magnetische Induktion von $B = 0{,}035$ T die homogene Stoßionisation aufrecht.

„Thermischer" Pinch. Unter Pinch-Bedingungen wird die elektrische Leistung praktisch vollständig im Pinch-Kanal umgesetzt. Genügend lange Stromimpulse verursachen so eine beträchtliche Erwärmung des Gitters im Bereich des Stromfadens. Dabei wird die Plasmakonzentration durch thermische Trägeranregung stark vergrößert. Es handelt sich dann im wesentlichen nicht mehr um ein komprimiertes Nichtgleichgewichtsplasma, sondern um ein durch thermische Anregung erzeugtes (inhomogen verteiltes) Gleichgewichtsplasma (magnetothermischer Pinch). Unter bestimmten Bedingungen bewirkt die schnelle radiale Ausbreitung dieses Plasmas infolge Diffusion und die dadurch veränderte Verteilung des Energieumsatzes über den Probenquerschnitt einen Stromschlauch mit im Zentrum kleiner Stromdichte („hollow-pinch"). Auch dieses Plasma kann zu Stromschwingungen führen [3].

Im Extremfall schmilzt der Kristall im Plasmakanal auf und rekristallisiert nach Impulsende wieder. Das hat meist irreversible Änderungen der elektrischen Parameter zur Folge (thermischer Pinch). Ausführlich sind diese Studien an n-Ge durchgeführt worden: 50 Ohm·cm n-Ge (Probenlänge 0,4 cm, Durchmesser 0,24 cm) zeigt bei einer Feldstärke von 900 V/cm bei 300 K eine Kompressionszeit von ca. 1 µs, anschließend für 1 µs den magnetothermischen Pinch und danach für etwa 0,5 µs die Entwicklung des thermischen Pinch [8].

Die Ausbildung einer störenden Plasmaschnur in Hochinjektionsbauelementen kann durch Verkürzung der möglichen Plasmasäule in Stromflußrichtung (beispielsweise in InSb-Injektionslaserdioden auf unter 0,15 mm [9]) oder durch ein longitudinales Magnetfeld ($B \leq 1$ T) unterdrückt werden.

Literatur

[1] STEELE, H. C.; GLICKSMAN, M., J. Phys. Chem. Solids **8** (1959) 242; GLICKSMAN, M.; STEELE, H. C., Phys. Rev. Letters **2** (1959) 461.

[2] VLADIMIROV, V. V.; VOLKOV, A. F.; MEJLICHOV, E. Z.: Plazma poluprovodnikov. – Moskau: Atomizdat 1979. S. 144–199.

[3] ANCKER-JOHNSON, B.: Plasmas in Semiconductors and Semimetals. In: Semiconductors and Semimetals. Hrsg. R. K. WILLARDSON, A. C. BEER. – New York/London: Academic Press 1966. Bd. 1, S. 379–481.

[4] BRANDT, N. B.; SVISTOV, E. A.; SVISTOVA, E. A.; JAKOVLEV, G. D., Fiz. Tkh. Poluprov. **6** (1972) 654.

[5] BRUHNS, H.; HÜBNER, K., Phys. Letters **43 A** (1971) 89.

[6] GLICKSMAN, M., Jap. J. appl. Phys. **3** (1964) 354.

[7] CHYNOWETH, A. G.; MURRAY, A. A., Phys. Rev. **123** (1961) 515.

[8] DOBROVOL'SKIJ, V. N.; VINOSLAVSKIJ, M. N., Žn. èksper. teor. Fiz. **62** (1972) 1811.

[9] ŠOTOV, A. P.; GRIŠEČKINA, S. P.; MUMINOV, R. A., Trudy IX. meždunar. konf. po fizike poluprovodnikov. – Moskva 1968, Bd. 1, S. 570, Bd. 2, S. 891. – Leningrad: Izd. Nauka 1969.

p-n-Photoeffekt

Sieht man von Photoeffekten an Mikro-p-n-Übergängen, wie sie bei der Formierung von Metall-Halbleiter-Kontakten entstehen können, ab, wurde der Photoeffekt an einem Si-p-n-Übergang erstmals 1941 von R. S. OHL [1] beschrieben. Heute ist dieser Effekt an zahlreichen Materialien nachgewiesen und wegen der mannigfaltigen Anwendungen die wichtigste Erscheinung des inneren Photoeffekts (siehe *Halbleiterphotoeffekt*).

Sachverhalt

Der Photoeffekt am p-n-Homoübergang (p- und n-Gebiet bestehen hier aus dem gleichen Halbleitermaterial) ist ein Sonderfall des Photoeffekts an Dotierungsinhomogenitäten (siehe *Halbleiterphotoeffekt*). Der Übergang liegt in diesem Fall so dicht unter der Halbleiteroberfläche, daß er von Licht mit Wellenlängen aus dem Bereich der Grundgitterabsorption erreicht wird. Die von Strahlung mit $h\nu > E_G$ in der Raumladungszone (RLZ) des p-n-Übergangs erzeugten Elektron-Loch-Paare bzw. die in Abständen bis zu einer Diffusionslänge von der RLZ in den Bahngebieten erzeugten und zur RLZ diffundierenden Minoritätsträger werden im elektrischen Feld der RLZ getrennt und bilden den Photostrom. Im Leerlauffall entsteht eine Photo-EMK (Abb. 1).

Der p-n-Übergang kann als Photoelement (Abb. 2a) oder als Photodiode (Abb. 2b) betrieben werden.

Bei Betrieb als Photodiode wird der Übergang durch eine äußere Spannung in Sperrichtung vorgespannt. Der Dunkelstrom, der bei guten Photodioden im Bereich einiger nA liegt, wird durch die Belichtung um Größenordnungen geändert. Die Strom-Spannungs-Kennlinie einer Photodiode zeigt Abb. 3.

Bei einem p-n-Heteroübergang berühren sich zwei Materialien mit unterschiedlicher Energielücke und Leitungstyp (Abb. 4). Auf diese Weise können p-n-Übergänge auch mit Materialien realisiert werden, die sich nicht amphoter dotieren lassen, wie etwa CdS. Licht wird von der Seite des Materials mit der größeren Energielücke eingestrahlt. Strahlung mit $h\nu = E_{G_2}$ wird direkt am Übergang absorbiert, nicht aber im Material mit der Bandlücke $E_{G_1} > E_{G_2}$. Daher kann in diesem Fall der Übergang weiter entfernt von der Oberfläche liegen, als im Fall des Homoübergangs, und Schwierigkeiten mit der Oberflächenrekombination gibt es nicht. Allerdings treten bei Gitterfehlanpassung der beiden Materialien lokale Zustände in der Grenzschicht auf, die als effektive Rekombinationszentren wirken. Strahlung mit $h\nu > E_{G_1}$ wird weit vor dem Übergang absorbiert und trägt somit nicht zum Photoeffekt bei. Die spektrale Charakteristik des p-n-Photoeffekts an Heteroübergängen zeigt deshalb

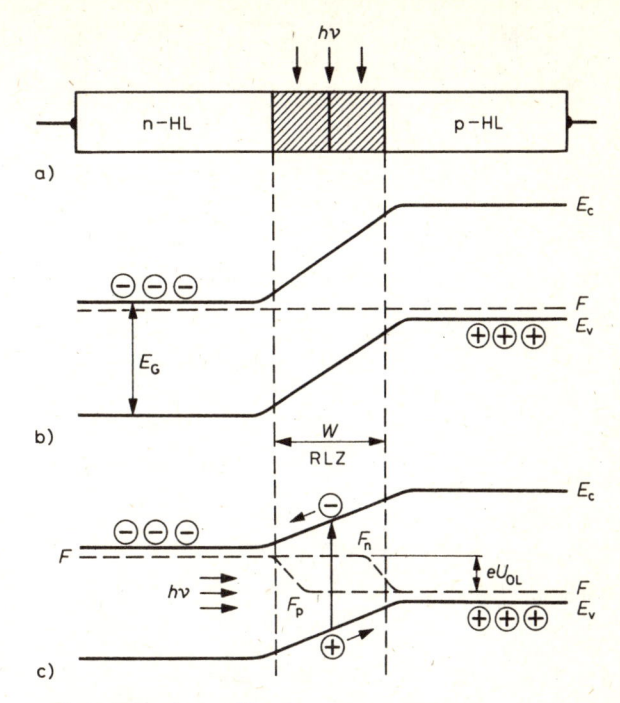

Abb. 1 Entstehung einer Photospannung an einem p-n-Homoübergang
a) pn-Übergang mit Lichteinstrahlung senkrecht zum Dotierungsgradienten
b) Bandstruktur und Ferminiveau F im Dunkelzustand
c) Bandstruktur und Quasiferminiveaus im belichteten Zustand (Leerlauffall)
U_{OL}: Leerlaufphotospannung

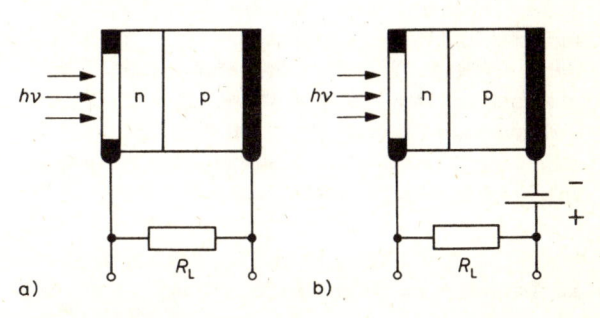

Abb. 2 p-n-Übergang bei Lichteinstrahlung in Richtung des Dotierungsgradienten
a) Photoelement, b) Photodiode

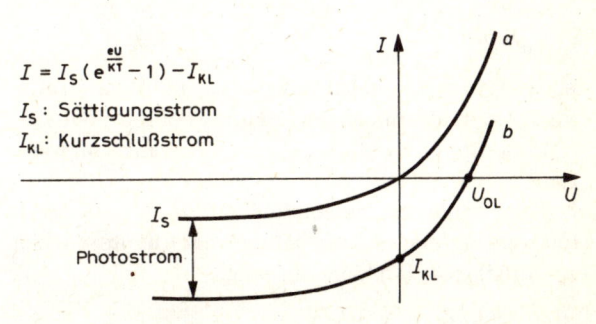

$$I = I_S(e^{\frac{eU}{kT}} - 1) - I_{KL}$$
I_S: Sättigungsstrom
I_{KL}: Kurzschlußstrom

Abb. 3 Strom-Spannungs-Charakteristik einer Photodiode
a) Dunkelzustand, b) unter Belichtung

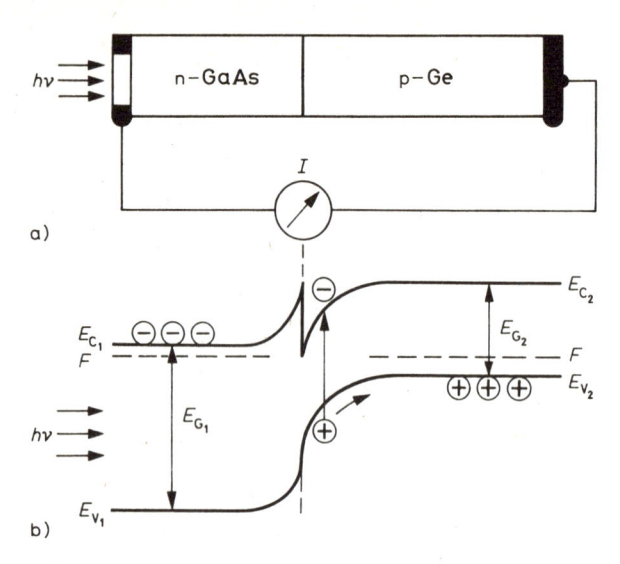

Abb. 4 p-n-Heteroübergang
a) Struktur
b) Bandstruktur und Ferminiveau bei Belichtung (Kurzschlußfall)

Bandpaßcharakter, d. h., die Diode ist empfindlich für $E_{G_1} \geq h\nu \geq E_{G_2}$.

Das elektrische Feld in der RLZ kann durch Erhöhung der Sperrspannung soweit erhöht werden, daß die in der RLZ driftenden Ladungsträger genügend Energie aufnehmen, um durch Stoßionisation weiter Elektron-Loch-Paare zu erzeugen (siehe *Avalanche-Effekt*).

Die Erzeugung von Elektron-Loch-Paaren kann auch durch ionisierende Teilchen, wie α- oder β-Teilchen erfolgen. Während bei elektromagnetischer Strahlung mit $h\nu \approx E_G$ pro absorbiertes Photon ein Elektron-Loch-Paar entsteht, reicht die Energie der ionisierenden Teilchen im allgemeinen zur Bildung einer großen Anzahl solcher Paare.

Kennwerte, Funktionen

Ein wesentlicher Kennwert eines Photodetektors ist seine langwellige Empfindlichkeitsgrenze λ_G. Sie ist gegeben durch

$$\lambda_G = \frac{hc}{E_{akt}} = \frac{1{,}24}{E_{akt}}, \qquad (1)$$

wobei λ_G in μm gegeben ist, wenn E_{akt} in eV eingesetzt wird. Als Aktivierungsenergie E_{akt} ist bei p-n-Photodetektoren die Energielücke E_G am Übergang einzusetzen.

Unter der Spannungsempfindlichkeit R_u des Detektors versteht man das Verhältnis von Ausgangssignal zu auffallender Strahlungsleistung:

$$R_u(\lambda) = \frac{U_S(\lambda)}{P} \left[\frac{V}{W}\right]. \qquad (2)$$

Die Stromempfindlichkeit ist definiert als

$$R_i(\lambda) = \frac{R_u(\lambda)}{R_0} \left[\frac{A}{W}\right] \qquad (3)$$

(R_0 ist der Dunkelwiderstand des Detektors).

Die Empfindlichkeit vieler Detektoren verhält sich bei Belichtung des Detektors mit sinusförmig intensitätsmoduliertem Licht der Frequenz f gemäß

$$R_u(f) = R_u(0)[1 + (2\pi f \tau)^2]^{-\frac{1}{n}} \qquad (4)$$

(n hängt von der Art des Detektors ab), τ heißt Zeitkonstante des Detektors. Die Zeitkonstante von Photodioden wird beeinflußt durch

- die Laufzeit der in der RLZ erzeugten Träger durch diese (sie liegt bei optimal dimensionierten Dioden unter 100 ps),
- die Diffusionszeit der in den Bahngebieten angeregten Träger zur RLZ (sie ist etwa gleich der Lebensdauer der Minoritätsträger),
- die RC-Zeitkonstante der mit einem Lastwiderstand beschalteten Diode (abhängig von der Weite der RLZ und der DK des Diodenmaterials).

Die kleinste vom Detektor nachweisbare Strahlungsleistung ist durch Rauschen im Detektor (siehe Abb. 5) und der Hintergrundstrahlung begrenzt. Als äquivalente Rauschleistung NEP des Detektors bezeichnet man diejenige Strahlungsleistung, die am Detektorausgang ein Ausgangssignal erzeugt, das gleich dem auf eine Bandbreite von 1 Hz bezogenen Detektorrauschen ist. Die Detektivität D ist als Kehrwert der NEP definiert. Da häufig die Rauschspannung U_R proportional zu $(A)^{1/2}$ (A ist die lichtempfindliche Detektorfläche) ist, führt man die spezifische Detektivität D^* ein:

$$D^*(\lambda, f) = D\sqrt{A} \quad [\text{cm Hz}^{1/2}\,\text{W}^{-1}]. \qquad (5)$$

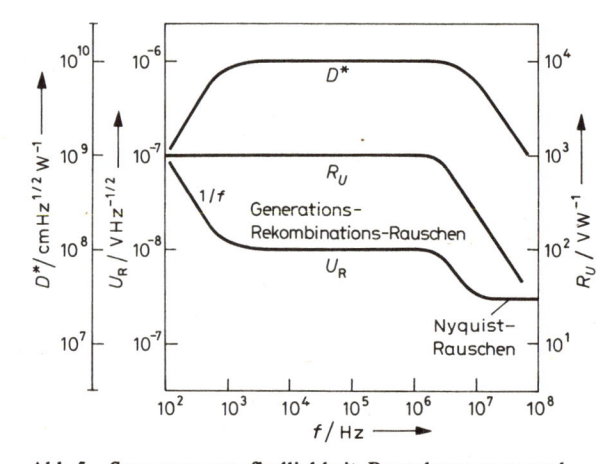

Abb. 5 Spannungsempfindlichkeit, Rauschspannung und spezifische Detektivität eines HgCdTe-Detektors in Abhängigkeit von der Modulationsfrequenz des einfallenden Lichtes

$$P_m = U_m^* \cdot I_m = U_{OL} \cdot I_{KL} \cdot F$$
(F: Füllfaktor)

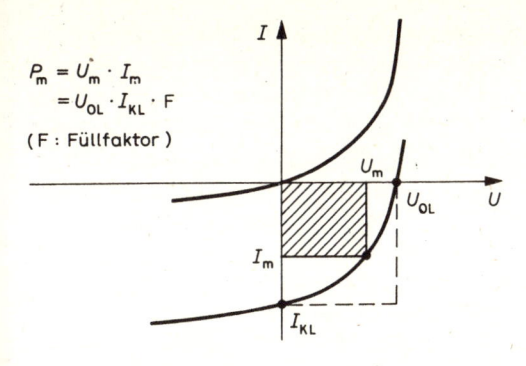

Abb. 6 Kennlinien und Arbeitspunkt einer Solarzelle

Ein Detektor heißt ideal, wenn er bei einem Gesichtsfeld von 2π durch die 300 K Hintergrundstrahlung begrenzt ist. Durch Einengung des Gesichtsfeldes mittels gekühlter Blenden kann die Detektivität dieser Detektoren weiter erhöht werden:

$$D^*(\Theta) = \frac{D^*(2\pi)}{\sin \Theta}. \tag{6}$$

Abbildung 5 zeigt Spannungsempfindlichkeit, Rauschspannung und spezifische Detektivität für einen HgCdTe-Detektor in Abhängigkeit von der Modulationsfrequenz f der Strahlung. Bei niedrigem f fällt D^* wegen des zunehmenden Rauschens, bei hohen f wegen der infolge der relativ großen Zeitkonstante des gezeigten Detektors abnehmenden Empfindlichkeit.

In sehr schnellen Photodioden muß der Diffusionsanteil des Photostromes möglichst ausgeschaltet und die RC-Zeitkonstante klein gehalten werden. Beides gelingt durch Zwischenschalten eines fast eigenleitenden Bereiches zwischen n- und p-Gebiet. Damit erreicht man eine weite RLZ, die annähernd das eigenleitende Gebiet umfaßt. Diese sogenannten PIN-Photodioden erreichen Zeitkonstanten $\tau < 100$ ps.

Beim Einsatz des p-n-Photoeffekts zur Umwandlung elektromagnetischer Strahlung in elektrische Energie (Solarzelle), arbeitet die Zelle ohne äußere Spannungsquelle als Photoelement. Infolge der erzeugten Photospannung ist die Zelle jedoch in Flußrichtung vorgespannt (siehe Abb. 6).

Als Wirkungsgrad η einer Solarzelle definiert man das Verhältnis der maximal von der Zelle abgegebenen elektrischen Leistung $P_m = U_m I_m$, die durch entsprechende Wahl des Lastwiderstandes eingestellt wird, zur auf die Zelle fallenden Strahlungsleistung P_L.

$$\eta = \frac{P_m}{P_L}. \tag{7}$$

Das Sonnenspektrum außerhalb der Erdatmosphäre (sogenannte AM0 –, d. h. Air Mass 0, Bedingung) entspricht annähernd dem Spektrum eines Schwarzen Strahlers mit $T = 6000$ K und $P_L = 135$ mW/cm². Die spektrale Verteilung der Sonnenstrahlung in Meereshöhe (AM1-Bedingung: Meereshöhe, Sonne im Zenith, klares Wetter) ist durch Streuung und Absorption wesentlich geändert und erreicht einen integralen Wert $P_L = 100$ mW/cm².

Über 50% der Strahlungsleistung gehen in der Solarzelle durch nicht optimale Absorption verloren. In Silicium-Zellen werden 23% der Sonnenenergie nicht genutzt, weil die entsprechenden Photonen wegen $h\nu < E_G$ keine Elektron-Loch-Paare erzeugen, 32% werden nicht genutzt, weil die entsprechenden Photonen eine zu große Energie $h\nu > E_G$ haben, die als Wärmeenergie an das Kristallgitter abgeführt wird.

Bei der Optimierung des Wirkungsgrades einer Solarzelle ist deshalb der Einsatz von Halbleitermaterialien mit optimaler Energielücke entscheidend, wobei das Einsatzgebiet der Zelle unter AM0 – bzw. AM1-Bedingungen zu berücksichtigen ist. Bereits 1956 hat LOFERSKI [2] den maximalen Wirkungsgrad von p-n-Homoübergang-Solarzellen berechnet: Ge: $E_G = 0{,}68$ eV, $\eta_{max} = 10\%$ Si: $E_G = 1{,}1$ eV, $\eta_{max} = 19\%$; GaAs: $E_G = 1{,}43$ eV, $\eta_{max} = 23\%$; AlSb: $E_G = 1{,}65$ eV, $\eta_{max} = 25\%$; CdS: $E_G = 2{,}4$ eV, $\eta_{max} = 17\%$.

Der bei Homoübergängen maximal erreichbare Wirkungsgrad von 25% kann wesentlich dadurch gesteigert werden, daß Zellen aus unterschiedlichen Materialien hintereinander angeordnet werden, wobei die Energielücken der Materialien von Zelle zu Zelle abnehmen. Dadurch absorbiert die jeweils folgende Zelle optimal, d. h. mit Elektron-Loch-Paarerzeugung an den Bandkanten, die von der vorhergehenden Zelle durchgelassene Strahlung. $\eta_{max} = 68\%$ (bzw. 81% bei 2000facher Konzentration der Sonnenstrahlung) wurden abgeschätzt. Eine andere Möglichkeit der Steigerung des Wirkungsgrades von Solarzellen bietet die Anpassung des Strahlungsspektrums an die Energielücke des Zellenmaterials mittels lumineszierender Substanzen.

Anwendungen

Halbleiterphotodioden lassen sich für den Wellenlängenbereich 0,1 µm bis über 30 µm herstellen. Gegenüber Photowiderständen haben Photodioden im allgemeinen eine höhere Grenzfrequenz und wesentlich geringeren Dunkelstrom. Silicium-Photodioden sind normalerweise im Spektralbereich 0,4 ÷ 1,2 µm empfindlich. Die spektrale Charakteristik kann aber wegen des mit der indirekten Bandlücke des Si-verbundenen relativ kleinen Absorptionskoeffizienten an der Absorptionskante weitgehend durch das Dotierungsprofil beeinflußt werden. Durch große Weiten der RLZ kann die Empfindlichkeit im langwelligen Bereich erhöht werden, was für den Einsatz der Si-Photodioden in der Lichtleiternachrichtenübertragung im 0,9 µm-Gebiet besonders vorteilhaft ist. Die Empfindlichkeit im kurzwelligen Bereich wird verbessert, wenn der p-n-Übergang möglichst dicht unter die Frontoberfläche gelegt wird. Mit Hilfe der Ionimplantation erreicht man Abstände Oberfläche-Übergang < 0,2 µm. Derartige Dioden besitzen erhöhte Empfindlichkeit im blauen Bereich des Spektrums und sind z. T. bis 0,1 µm einsetzbar.

Moderne Lichtleitfasern auf SiO_2-Basis besitzen ein relatives Minimum der Dämpfung sowie verschwindende Materialdispersion bei 1,3 µm und ein absolutes Dämpfungsminimum bei 1,55 µm. Als Strahlungsdetektoren für diesen Spektralbereich werden zur Zeit $In_{1-x}Ga_xAs$-Photodioden favorisiert, da sich aus dem gleichen Material auch Laser mit niedrigen Schwellströmen herstellen lassen. Durch Variation des Mischungsverhältnisses x und damit der Energielücke $E_G(x)$ der Mischkristalle, können die Photodioden optimal an Wellenlängen aus dem Bereich 1,0 ÷ 1,6 µm angepaßt werden. Die Dioden werden durch epitaktisches Abscheiden der einzelnen Komponenten auf InP-Substrat hergestellt. Zur besseren Anpassung der Gitterkonstanten werden anstelle der ternären Mischkristalle die quaternären Systeme $In_{1-x}Ga_xAs_yP_{1-y}$ eingesetzt, die bei $y = 2,2\,x$ besser als 0,1% an das InP-Gitter angepaßt sind. Im Mittelpunkt des Interesses stehen die Systeme mit $x = 0,30$ ($E_G = 0,92$ eV $\cong \lambda_G = 1,35$ µm) und $x = 0,47$ ($E_G = 0,75$ eV $\cong \lambda_G = 1,65$ µm).

$Hg_{1-x}Cd_xTe$- und $Pb_{1-x}Sn_xTe$-Photodioden werden hauptsächlich für die Wellenlängenbereiche 3 ÷ 5 µm und 8 ÷ 12 µm (atmosphärische Fenster) optimiert und als Detektoren bei der Temperaturfernmessung, insbesondere der Termographie sowie der hochauflösenden Spektroskopie, u. a. beim Nachweis von Schadstoffmolekülen in der Atmosphäre, eingesetzt.

Integrierte Anordnungen gleichartiger Detektoren in Zeilen- oder Matrixform werden für die optische Strukturerkennung und Bildaufnahme eingesetzt (Si-Dioden-Target siehe z. B. [3], CCD-Konzept siehe Abschnitt *Sperrschicht-Photoeffekt*). Kenndaten einiger Photodioden sind in Tab. 1 und 2 zusammengestellt.

Der breite Einsatz der Solarzellen ist heute ein technisch-ökonomisches Problem. Sie können zur Zeit wegen zu hoher Herstellungskosten nicht mit konventionellen Energieerzeugungsmethoden konkurrieren und werden vor allem dort eingesetzt, wo die wartungsfreie Energieversorgung schwacher Verbraucher auf andere Weise kaum möglich ist, wie in der Raumfahrt, in Repeaterstationen in Gebirgen und Wüsten, in Leuchtfeuern usw.

Vor allem wegen der am weitesten entwickelten Technologie ist Silicium das wichtigste Material für Solarzellen, obwohl andere Materialien höhere Wirkungsgrade besitzen und der durch die indirekte Bandlücke bedingte relativ kleine Absorptionskoeffizient Zellendicken von über 250 µm erfordert. Um die

Tabelle 1   Kenndaten von p-n-Homophotodioden (zusammengestellt nach [4–6])

Material	Arbeitstemperatur [K]	Wellenlängenbereich [µm]	D^*_{max} [cm Hz$^{1/2}$ W^{-1}]	Zeitkonstante τ [s]
Si	300	0,4–1,2	$5 \cdot 10^{12}$	$<10^{-9}$
Ge	300	0,5–2,0	$5 \cdot 10^{10}$	10^{-9}
InAs	77	0,5–3,5	$7 \cdot 10^{11}$	$5 \cdot 10^{-7}$
InSb	77	0,4–5,5	10^{11}	10^{-8}
$Pb_{1-x}Sn_xTe$ ($x=0,16$)	77	5–12	$2 \cdot 10^{10}$	10^{-9}
$Hg_{1-x}Cd_xTe$ ($x=0,17$)	77	5–14	$3 \cdot 10^{10}$	$<10^{-9}$
$In_{0,53}Ga_{0,47}As/InP$	300	1,0–1,65	—	10^{-10}
$In_{0,70}Ga_{0,30}As_{0,66}P_{0,34}/InP$	300	1,0–1,35	—	$2 \cdot 10^{-10}$

Tabelle 2   Kenndaten von p-n-Heteroübergängen (zusammengestellt nach [7, 8])

Material	Arbeitstemperatur [K]	Wellenlängenbereich [µm]	λ_{max} [µm]	belichtete Oberfläche
nGe-pSi	298	0,75–2,3	1,1	Si
nInSb-pCdTe	300	0,6–5,5	0,8 u. 4,8	CdTe
nGaAs-pAl$_{0,5}$Ga$_{0,5}$As	300	0,56–0,95	0,7–0,8	AlGaAs
nGaAs-pGaP	300	0,4–0,95	0,85	GaP
pCdTe-nCdS	300	0,5–0,9	0,57	CdS
nCdS-pPbS	300	0,54–3,1	0,54	CdS
pCu$_2$O-nCdS	300	0,6–1,0	0,64	CdS
pPb$_{0,82}$Sn$_{0,18}$Te-nPbTe	77	8–11	9,8	PbTe

Tabelle 3   Erzielte maximale Wirkungsgrade von Solarzellen unter AM 1-Bedingungen nach [7, 9, 10]

Material	Struktur	η_{max} [%]	Bemerkungen
Si	einkristallin, Homoübergang ($F = 2 \times 4$ cm^2 für Raumfahrt; $7{,}5 \times 7{,}5$ cm^2 für terrestrischen Einsatz)	18 16 15	„blauempfindl. Zelle" bei $C = 50$ bei $C = 300$
Si	polykristallin $F > 100$ cm^2	7 ÷ 14	
GaAs	einkristallin, Homoübergang	22	
GaAs-GaAlAs	einkristallin, Heteroübergang ($F \sim 1$ cm^2)	26 23 20	bei $C = 180$ bei $C = 1500$ bei Zellentemperatur 100 °C
CdS-Cu$_2$S	polykristalline Dünnschicht, Heteroübergang	9 7	bei $F = 1$ cm^2 bei $F = 100$ cm^2
CdS-CdTe	einkristalliner Heteroübergang Dünnfilm	8 6	
AlGaAs-Si	monolithische „Tandem"-Zelle (2 p-n-Übergänge)	28,5	$C = 165$

$C = x$ bedeutet x-fache Sonnenlichtkonzentration, F ist die empfindliche Fläche der Solarzelle

hohen Kosten, die bei der Einkristallzüchtung entstehen, zu senken und die großen Materialverluste (50 ÷ 70%) beim Schneiden der Scheiben zu vermeiden, wird polykristallines Material eingesetzt bzw. die Züchtung von einkristallinen Si in Bandform nach unterschiedlichen Verfahren entwickelt.

Die geringe Leistungsdichte der Sonnenstrahlung (maximal 1 KW/m^2, 200 W/m^2 im Durchschnitt) macht den Einsatz billiger großflächiger Solarzellen oder die Konzentration der Strahlung auf kleinflächige Zellen hohen Wirkungsgrades erforderlich. GaAs-GaAlAs-Zellen, bei denen Wirkungsgrade über 20% selbst bei 2000facher Sonnenlichtkonzentration und Zellentemperaturen von 100 °C erreicht werden, sind hier anderen Zellen weit überlegen (vgl. Tab. 3).

Großflächige Dünnfilm-Solarzellen lassen sich durch unterschiedliche Techniken, wie z.B. Aufdampfen oder Aufsprühen auf eine Glasunterlage, kostengünstig herstellen. Durch Einsatz von Halbleitermaterialien mit großen Absorptionskoeffizienten, wie sie in Halbleitern mit direkter Bandlücke, aber auch in amorphem Silicium, auftreten, sind Schichtdicken von einigen µm ausreichend. Die besten Aussichten werden polykristallinen CdS-Cu$_2$S-Schichten und amorphen hydrogenisierten Si-Schichten eingeräumt.

Die Ortsabhängigkeit der Photospannung am p-n-Übergang bei Einstrahlung mit einer schmalen Lichtsonde in Richtung senkrecht zum Dotierungsgradienten bietet die Möglichkeit, Diffusionslängen von Minoritätsträgern zu bestimmen (Abb. 7).

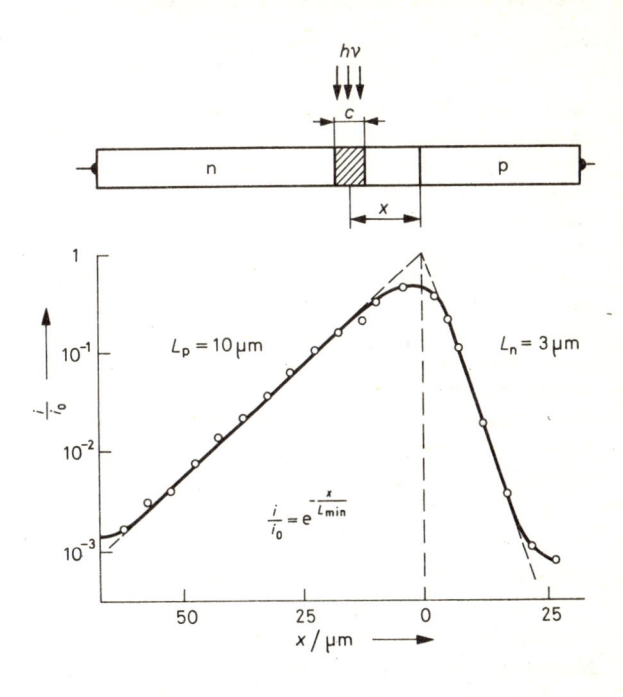

Abb. 7   Abhängigkeit des Photostromes vom Abstand Lichtsonde – p-n-Übergang in PbS$_{0,1}$Se$_{0,9}$. T = 293 K, Breite der Laserlichtsonde $c = 5$ µm.

Literatur

[1] OHL, R. S., US Patent 2402 662; 27. Mai 1941.

[2] LOFERSKI, J.: J. appl. Phys. 27 (1956) 177.

[3] MORAWSKI, D.; EHWALD, K. E.; SCHMIDT, H.: Bildaufnahmeröhren mit Si-Dioden-Target. Probleme der Festkörperelektronik. Bd. 10. – Berlin: Verlag Technik 1978. S. 110.

[4] AUTH, J.; GENZOW, D.; HERRMANN, K. H.: Photoelektrische Erscheinungen. Wissenschaftliche Taschenbücher Bd. 196. – Berlin: Akademie-Verlag 1977.

[5] LUSSIER, F. M.: Choosing an infrared detector; Laser Focus. Oct. 1976, S. 66.

[6] IEEE J. of Quantum Electronics. Vol. QE – 17, No 2 (1981) 117–284.

[7] HARTMANN, H.; MACH, R.; SELLE, B.: Wide Gap II–VI Compounds as Electronic Materials. Current Topics in Materials Science. Vol. 9. Ed. E. KALDIS – Amsterdam: North-Holland Publ. Co. 1982.

[8] SHARMA, B. L.; PUROHIT, R. K.: Semiconductor Heterojunctions. – Oxford/New York/Toronto/Sydney: Pergamon Press 1974.

[9] WINSTEL, G. H.: Elektrische Energie aus Solarzellen. Siemens-Energietechnik 2 (1980) 266.

[10] Solar Energy Conversion. Topics in Applied Physics 31. Hrsg. B. O. SERAPHIN. – Berlin/Heidelberg/New York: Springer-Verlag 1979.

Sasaki-Shibuya-Effekt

In Halbleitern mit kubischer Symmetrie, in denen die elektrische Leitfähigkeit isotrop ist, kann ein starkes elektrisches Feld eine Leitfähigkeitsanisotropie hervorrufen. Diese Erscheinung hat M. SHIBUYA 1955 für kubische Halbleiter mit einer Vieltalstruktur (n-Ge, n-Si) vorhergesagt [1] und etwas später gemeinsam mit W. SASAKI experimentell an n-Ge nachgewiesen [2]. Es handelt sich dabei um eine spezielle Transporterscheinung von im elektrischen Feld erhitzten Ladungsträgern. Der Effekt hatte für grundlegende physikalische Untersuchungen zur Ladungsträgererhitzung und zur Elektronenumverteilung zwischen Teilbändern Bedeutung erlangt. Er kann einen schwachen Einfluß auf die Domänenbewegung in Gunn-Dioden (siehe *Gunn-Effekt*) haben.

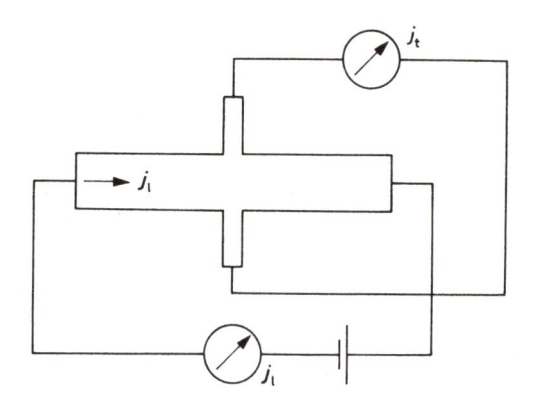

Abb. 1 Meßanordnung zum Nachweis des Sasaki-Shibuya-Effekts

Sachverhalt [3]

In Abb. 1 ist schematisch die Meßanordnung zum Nachweis des Sasaki-Shibuya-Effekts dargestellt: In Richtung der Probenlängsachse wird ein starkes elektrisches Feld angelegt, es fließt der longitudinale Strom i_l. Senkrecht dazu kann nun – ähnlich wie bei der Anordnung zur Messung des Hall-Effekts, nur daß hier kein Magnetfeld angelegt ist – ein transversaler Strom i_t auftreten, wenn das elektrische Feld genügend stark ist. Gewöhnlich werden im Experiment nicht direkt die Ströme, sondern die entsprechenden Feldstärken E_l, E_t gemessen, aus welchen gemäß der Beziehung $E_t/E_l = j_t/j_l = \tan\psi$ der Winkel ψ zwischen angelegtem und resultierendem Feld bzw. den entsprechenden Stromdichten j ausgerechnet wird. ψ wird als Sasaki-Winkel bezeichnet. Der Erscheinung liegt die Tatsache zugrunde, daß das angelegte starke elektrische Feld in ursprünglich bezüglich der Leitfähigkeit isotropen Materialien eine Anisotropie hervorruft.

Kennwerte, Funktionen [3, 4]

Erste Bedingung für das Auftreten des Sasaki-Shibuya-Effekts ist, daß der Impuls eines Ladungsträgers im Halbleiter bei konstanter Energie richtungsabhängig ist. In der Elektronentheorie des Festkörpers spricht man in diesem Fall von nichtsphärischen Isoenergieflächen im Impulsraum (k-Raum). Besonders stark anisotrop ist das Leitungsband des Ge, des Si und der $A^{III}B^V$-Verbindungen mit indirekter Energielücke, das aus vier bzw. sechs bezüglich der energetischen Lage äquivalenten Teilbändern (Tälern) in verschiedenen Punkten des k-Raumes besteht. Die Isoenergieflächen haben die Form von Rotationsellipsoiden.

Zweite Bedingung ist, daß die Elektronen in den

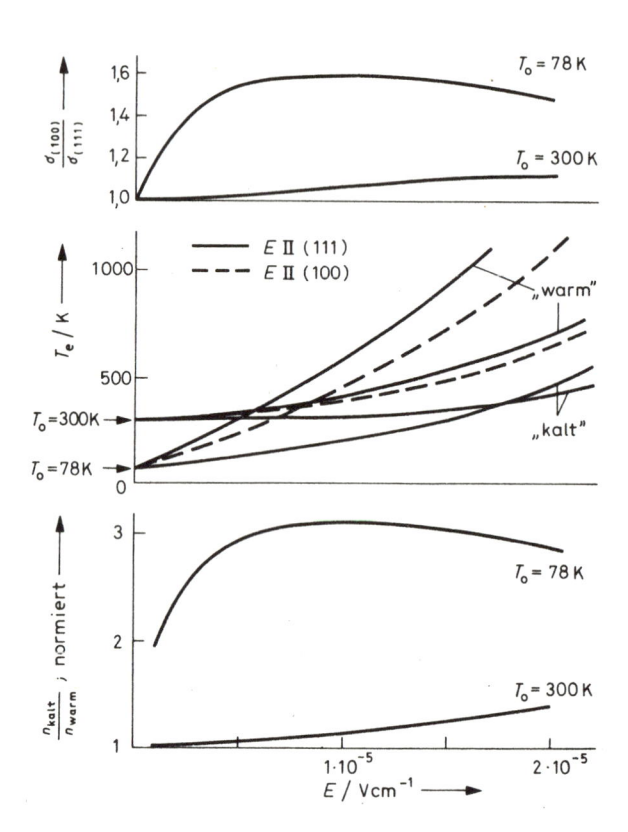

Abb. 2 Feldstärkeabhängigkeit der Anisotropie der Leitfähigkeit σ (obere Darstellung), der Elektronentemperaturen in den Teilbändern bei zwei unterschiedlichen Feldorientierungen (mittlere Darstellung) und der Trägerumbesetzung zwischen den energetisch äquivalenten, aber unterschiedlich stark erhitzten Tälern in n-Ge nach [4]. $\sigma(E = 0, T = 78\,\text{K}) = 0{,}025\,[\text{Ohm cm}]^{-1}$, $\sigma(E = 0, T = 300\,\text{K}) = 0{,}1\,[\text{Ohm cm}]^{-1}$.

energetisch äquivalenten Tälern durch das elektrische Feld unterschiedlich stark erhitzt werden. Das geschieht, wenn die elektrische Feldstärke so gerichtet ist, daß nicht alle Täler symmetrisch zum Feldvektor liegen. Zeigt beispielsweise in Ge der Feldvektor in die $\langle 111 \rangle$-Richtung des Kristallgitters, dann ist er in einem Tal parallel zur Rotationsachse des Energieellipsoids und damit in Richtung der größten Elektronenmasse orientiert. In den restlichen drei Tälern liegt er fast senkrecht zur Rotationsachse annähernd in Richtung der kleinsten Elektronenmasse. In diesen Tälern werden die Elektronen wegen der kleinen Masse in Feldrichtung stark erhitzt, im ersten Tal bleiben sie fast kalt. Abbildung 2 (Mitte) zeigt die Feldabhängigkeit der Elektronentemperaturen für diesen Fall und bei einem Feldvektor parallel zur $\langle 100 \rangle$-Richtung des Kristallgitters, wo die Erwärmung in allen Tälern gleich ist.

Aufgrund der Energieabhängigkeit und der Anisotropie der Ladungsträgerstreuung innerhalb eines Tales ist bei unterschiedlicher Trägererwärmung in den Tälern die resultierende Leitfähigkeit selbst bei in allen Tälern gleicher Ladungsträgerkonzentration nicht mehr isotrop. Die Anisotropie wird noch wesentlich verstärkt durch die Umverteilung der Ladungsträger zwischen den Tälern: Durch Elektron-Phonon-Wechselwirkung werden bevorzugt Elektronen aus den stärker erwärmten Bändern in das kalte Tal gestreut, so daß das Verhältnis der Ladungsträgerkonzentration n_{kalt}/n_{warm} mit dem Feld ansteigt (Abb. 2, unten). Der stärkste Umbesetzungseffekt wird in n-Ge bei $E \| \langle 111 \rangle$ und in n-Si bei $E \| \langle 100 \rangle$ beobachtet. Bei tiefen Temperaturen $T < 77$ K können die transversalen Feldstärken die Größenordnung der angelegten elektrischen Feldstärke erreichen. Durch eine intensive Zwischentalstreuung werden die Temperaturunterschiede wieder ausgeglichen, die Trägerumverteilung und die Anisotropie verringern sich. Auch in p-Ge ist der Sasaki-Shibuya-Effekt nachgewiesen worden [5].

Der experimentelle Nachweis des Effekts ist bisher auf Halbleiter beschränkt, obwohl auch in den meisten Metallen die Isoenergieflächen nicht sphärisch sind. In Metallen, die eine sehr hohe Ladungsträgerkonzentration besitzen, dominiert im Gegensatz zu den Halbleitern die Streuung der Elektronen untereinander. Diese Streuung bewirkt einen schnellen Energieausgleich innerhalb des Elektronenensembles. Mit den experimentell realisierbaren Feldstärken läßt sich deshalb kaum eine von der Richtung abhängige Elektronentemperatur einstellen, und die möglichen Umverteilungseffekte liegen unter der Nachweisgrenze.

Anwendungen

Anisotropienachweis. Tritt der Sasaki-Shibuya-Effekt auf, dann kann diese Erscheinung als experimenteller Nachweis dafür verwendet werden, daß die Isoenergiefläche der den Ladungsträgertransport bestimmenden Bänder in kubischen Kristallen anisotrop ist. Voraussetzung ist, daß die zur Untersuchung verwendeten Meßproben extrem homogen sind. Der bandkantennahe Bereich der Energiebandstruktur ist allerdings durch andere Meßmethoden experimentell einfacher und genauer erfaßbar. Die Methode kann aber in den Fällen von Bedeutung sein, wo durch Wirkung des starken elektrischen Feldes energetisch höherliegende stark anisotrope Bänder überhaupt erst besetzt werden.

Bestimmung der Trägertemperatur. Aus der Anisotropie der Leitfähigkeit kubischer Kristalle im starken elektrischen Feld ist eine Abschätzung der Trägertemperatur in den verschiedenen Tälern möglich (vgl. Abb. 2). Hierzu muß insbesondere die Anisotropie des Ladungstransports in einem Tal bereits bekannt sein. Eine Übersicht über die Methoden zur Berechnung der Umbesetzung und der Trägertemperatur ist z.B. in [4] gegeben.

Untersuchung der Zwischentalstreuung. Vergleicht man die experimentell ermittelte Trägertemperatur mit theoretischen Rechnungen zur Wechselwirkung zwischen Elektronen und Phononen, so gestattet die Analyse Aussagen zur Stärke der Innertal- und der Zwischental-Streuung. Besonders günstig ist für die experimentellen Untersuchungen eine Mikrowellenanregung, weil über Kristallinhomogenitäten gemittelt wird und eine einfachere Erfassung der durch Anisotropie bedingten Umbesetzung möglich ist [4]. In [4] ist eine Übersicht über theoretische Formalismen, die der Auswertung zugrunde liegen, enthalten.

Beeinflussung der Trägeraufheizung durch das Sasaki-Shibuya-Feld. Beim Sasaki-Shibuya-Effekt können beträchtliche transversale elektrische Felder in der Größenordnung des angelegten Feldes entstehen, die den Aufheizungseffekt mit beeinflussen und bei der Analyse der I-U-Charakteristik von Vieltalhalbleitern bei Kristallorientierungen, bei denen der Effekt nicht verschwindet, beachtet werden müssen. In einem isotropen Halbleiter mit einem spannungsgesteuerten negativen differentiellen Widerstand werden beim Auftreten des Sasaki-Shibuya-Effekts die Fronten der entstehenden Hoch- und Schwachfelddomänen um einen bestimmten Winkel gegenüber der Senkrechten zur Stromrichtung geneigt. Durch das Sasaki-Shibuya-Feld wird die Trägeraufheizung, die die Ursache sowohl für den negativen differentiellen Widerstand als auch für die Anisotropie ist, merklich beeinflußt. Das Besondere dieser Erscheinung besteht in der Verkopplung von Gunn-Effekt und Sasaki-Shibuya-Effekt [6].

Mehrdeutiger Sasaki-Shibuya-Effekt. Für bestimmte Kristallorientierungen ist der Sasaki-Shibuya-Effekt mehrdeutig, so z. B. in n-Si, wenn der Strom in $\langle 110 \rangle$-Richtung fließt [7]. Die Vorzugsrichtung ist durch ein schwaches äußeres Magnetfeld beeinflußbar. Es besteht die Möglichkeit, daß sich Domänen innerhalb des Kristalls bezüglich des transversalen Sasaki-Shibuya-Feldes bilden, die durch schwache Magnetfelder $B < 0{,}1$ T umgeschaltet werden können [8].

Literatur

[1] SHIBUYA, M., Phys. Rev. **99** (1955) 1189.
[2] SASAKI, W.; SHIBUYA, M., J. Phys. Soc. Japan **11** (1956) 1202. SASAKI, W.; SHIBUYA, M.; MIZUGUCHI, K., J. Phys. Soc. Japan **13** (1958) 456; SASAKI, W.; SHIBUYA, M.; MIZUGUCHI, K.; HATOYAMA, G., J. Phys. Chem. Solids **8** (1959) 250.
[3] CONWELL, E. M.: High field effects in semiconductors. Solid State Physics. Suppl. 9 Hrsg.: F. SEITZ, D. TURNBULL, H. EHRENREICH. – New York: Academic Press 1967.
[4] DENIS, V.; POŽELA, JU.: Gorjačie ėlektrony. Vilnius: izd. Mintis 1971.
[5] GIBBS, W. E. K.: J. appl. Phys. **33** (1962) 3369.
[6] GRIBNIKOV, Ž. S., Zh. ėksper. teor. Fiz. **83** (1982) 718.
[7] GRIBNIKOV, Ž. S.; MITIN, V. V.: Fiz. Tkh: Poluprov. **9** (1975) 276.
[8] ASCHE, M.; KOSTIAL, H.; SARBEY, O. G., J. Phys. C.: Solid-State Physics **13** (1980) L 645.

Seebeck-Effekt

Der Seebeck-Effekt ist nach THOMAS J. SEEBECK benannt, der über ihn 1822 erstmals berichtete. THOMSON konnte 1858 eine thermodynamisch begründete Erklärung für diesen und den inzwischen entdeckten Peltier-Effekt geben. Eine erste breite Anwendung fand der Seebeck-Effekt in der Temperaturmessung mit aus Metallkombinationen bestehenden Thermoelementen. Seit den 50er Jahren dieses Jahrhunderts, basierend auf Arbeiten von JOFFÉ [1] und der Entwicklung geeigneter Halbleitermaterialien, hat die thermoelektrische Energieumwandlung für spezielle Anwendungsfälle Bedeutung erlangt.

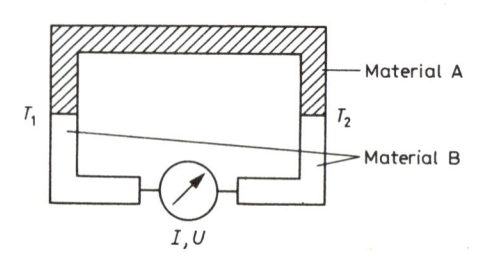

Abb. 1 Thermoelektrischer Stromkreis

Sachverhalt

Der Seebeck-Effekt gehört gemeinsam mit dem Peltier- und dem Thomson-Effekt zur Gruppe der thermoelektrischen Erscheinungen. Der Seebeck-Effekt, auch thermoelektrischer Effekt genannt, besteht in folgendem (Abb. 1): Bringt man zwei verschiedene, elektrisch leitende Materialien A und B so miteinander in Kontakt, daß ein geschlossener Leiterkreis entsteht, und erzeugt einen Temperaturunterschied $\Delta T = T_2 - T_1$ zwischen den beiden Kontaktstellen, dann fließt ein (sogenannter thermoelektrischer) Strom. Wenn der Stromkreis an beliebiger Stelle unterbrochen wird, tritt zwischen den beiden Enden des offenen Kreises eine Potentialdifferenz, die Thermospannung ΔU auf. Es gilt $\Delta U = (\alpha_A - \alpha_B) \cdot \Delta T$, α_A und α_B sind die Seebeck-Koeffizienten beider Materialien.

Insgesamt drei Faktoren tragen zum Seebeck-Effekt bei: Die Änderung der kinetischen Energie der Ladungsträger infolge des Temperaturunterschiedes, die Änderung des Fermi-Niveaus vom heißen zum kalten Kontakt und die Ladungsträgerdiffusion im Temperaturgradienten.

Kennwerte, Funktionen

Die Theorie liefert für den Seebeck-Koeffizienten den Ausdruck [2]

$$\alpha_n = -\frac{k}{|q|}\left(r + \frac{5}{2} - \frac{\zeta}{kT}\right) \quad (1)$$

im nichtentarteten n-Halbleiter, d.h.

$\zeta = E_F - E_C < -4\,kT$,

und den sehr viel kleineren Wert

$$\alpha_n = -\frac{k}{|q|}\left(r + \frac{3}{2}\right)\frac{\pi^2}{3}\cdot\frac{kT}{\zeta} \quad (2)$$

für ein entartetes Elektronengas, d.h. $\zeta = E_F - E_C \gg kT$ mit k – Boltzmann-Konstante, q – Elektronenladung, T – Temperatur, E_F – Fermi-Energie, E_C – Energie der Leitungsbandkante, r – von der Art der Ladungsträgerstreuung abhängender Parameter (Tab. 1). Das Vor-

Tabelle 1 *Größe des von der Art der Ladungsträgerstreuung abhängenden Parameters r (Gl. (1), (2))*

Streuung an	r	
optischen Phononen	0	unterhalb der Debye-Temperatur
	$+\frac{1}{2}$	oberhalb der Debye-Temperatur
akustischen Phononen	$-\frac{1}{2}$	
ionisierten Störstellen	$+\frac{3}{2}$	

zeichen von α wird durch den Leitungstyp bestimmt, bei Elektronenleitung ist α negativ, bei Löcherleitung positiv. Entscheidend für den Betrag von α ist der von Materialparametern, von der Dotierung und der Temperatur abhängige energetische Abstand zwischen dem Fermi-Niveau E_F und der Bandkante E_C. Einige diesen Sachverhalt illustrierende Kurvenverläufe sind in Abb. 2 zusammengestellt. Besonders hohe Thermospannungen werden erreicht, wenn zwei Materialien mit betragsmäßig großen Seebeck-Koeffizienten unterschiedlichen Vorzeichens kombiniert werden. Bei gemischter Leitung und in eigenleitenden Halbleitern gilt

$$\alpha = \alpha_n \frac{\sigma_n}{\sigma} + \alpha_p \frac{\sigma_p}{\sigma}, \quad (3)$$

wobei $\sigma = \sigma_n + \sigma_p$ die spezifische Leitfähigkeit und σ_n bzw. σ_p der Elektronen- bzw. Löcheranteil an der spezifischen Leitfähigkeit sind.

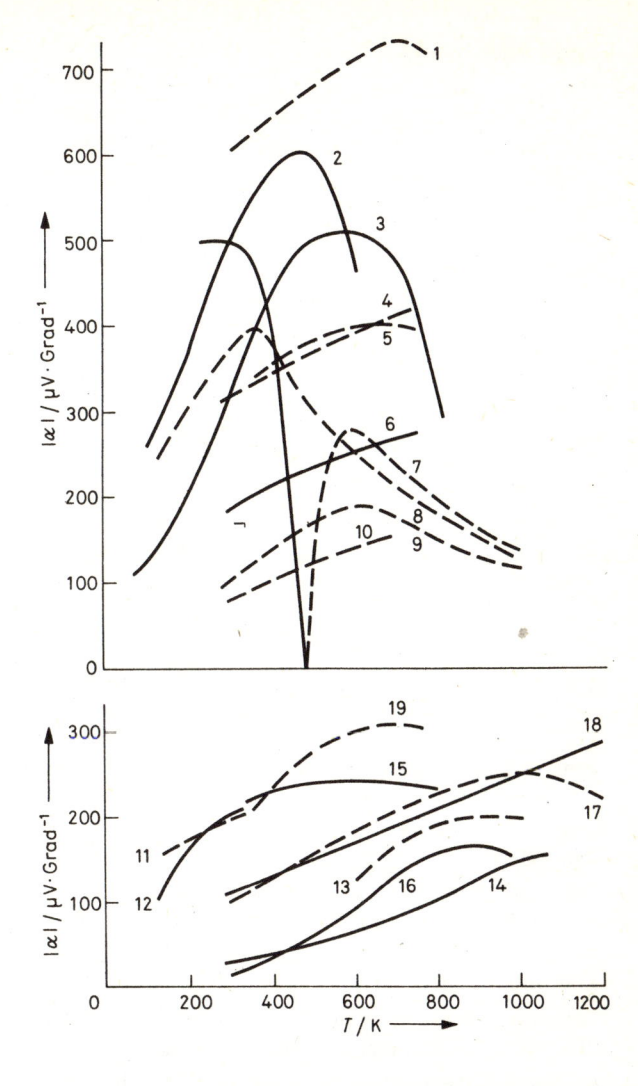

Abb. 2 Temperatur- und Konzentrationsabhängigkeit des Seebeck-Koeffizienten α in einigen Halbleitern (Kurven 1–10) nach [3] sowie Temperaturabhängigkeit von α bei optimal dotierten Halbleitermaterialien für thermoelektrische Generatoren (Kurven 11–19) nach [4].

——— – α positiv (p-Leitung)
- - - - – α negativ (n-Leitung)

Kurve – Material (Dotierung/cm^{-3}):

1 – InP (n = $7 \cdot 10^{15}$), 2 – GaSb (p = $6 \cdot 10^{16}$),
3 – GaSb (p = $8 \cdot 10^{17}$), 4 – GaAs (n = $3{,}5 \cdot 10^{17}$),
5 – InP (n = $2 \cdot 10^{17}$), 6 – GaAs (p = $6{,}4 \cdot 10^{19}$),
7 – InAs (p = $5 \cdot 10^{17}$), 8 – InAs (n = $4 \cdot 10^{16}$),
9 – InAs (n = $7 \cdot 10^{17}$), 10 – GaAs (n = $7{,}7 \cdot 10^{18}$),
11 – $Bi_2Te_{2{,}7}Se_{0{,}3}$, 12 – $Bi_{0{,}5}Sb_{1{,}5}Te_3$,
13 – $Pb_{0{,}75}Sn_{0{,}25}Te$, 14 – SnTe,
15 – $AgSbTe_2$, 16 – GeTe,
17 – $Si_{0{,}85}Ge_{0{,}15}$, 18 – $Si_{0{,}85}Ge_{0{,}15}$,
19 – PbTe

Anwendungen

Bestimmung des Leitungstyps von Halbleiter-Materialien. Auf die auf einer kalten Metallplatte liegende Halbleiter-Probe wird eine warme Metallspitze aufgesetzt. Beim n-Halbleiter tritt an der warmen Spitze eine positive Spannung gegenüber der kalten Unterlage auf, beim p-Halbleiter ist die Polarität umgekehrt.

Bestimmung der Zustandsdichtemasse m^*. Gemäß der für nichtentartete Halbleiter geltenden Beziehung

$$-\frac{\zeta}{kT} = \ln \frac{2(2\pi m^* kT)^{3/2}}{n h^3} \qquad (4)$$

läßt sich bei bekannter Ladungsträgerkonzentration n und bekanntem Streumechanismus (r in Gl. (1)) m^* aus α bestimmen. Bei bekanntem m^* (bestimmt z. B. aus der Zyklotronresonanz) sind Rückschlüsse auf den Streumechanismus möglich.

Temperaturmessung [5]. Zur direkten Temperaturmessung werden Thermoelemente aus Metallkombinationen in großem Umfang eingesetzt. Dagegen haben Halbleiter-Thermoelemente nur in Spezialfällen Anwendung gefunden, so zur Temperaturdifferenzmessung in Mikrokalorimetern und bei anderen Messungen unter hoher räumlicher Auflösung, bei denen aufgedampfte Miniatur-Thermoelemente eingesetzt werden [4].

Thermoelektrische Wandler. Die Nachteile, die thermoelektrische Wandler mit Metall-Thermoelementen besitzen, nämlich die notwendige starke Erwärmung des Meßwiderstandes und die demzufolge geringe Überbelastbarkeit, können durch den Einsatz der empfindlichen Halbleiter-Thermoelemente umgangen werden. Typische Werte von thermoelektrischen Wandlern mit einem Halbleiterthermoelement sind: Eingangswiderstand 200 Ohm, Strom 1 mA, Ausgangswiderstand 500 Ohm, Thermospannung 10 mV, Koppelkapazität zwischen Eingang und Ausgang 0,3 pF, Empfindlichkeit 50 V/W, Zeitkonstante 2 s, Stromüberhöhung maximal 250% [4]. Lineare thermoelektrische Verstärker mit Differenzwandlern auf Halbleiterbasis, die zur Verstärkung schwacher Signale, zur Fourier-Analyse und als Komperatoren verwendet werden können, wurden in [6] diskutiert.

Thermoelektrische Strahlungsempfänger. In den empfindlichsten thermoelektrischen Strahlungsempfängern werden Thermoelemente aus halbleitenden $Bi_{2-x}Sb_xTe_{3-y}Se_y$-Verbindungen verwendet. Typische Daten für ein solches Vakuum-Thermoelement sind:
Empfindlichkeit 30 V/W,
Detektivität $D^* = 3,2 \cdot 10^9$ cm $Hz^{1/2}$ W^{-1},
Nachweisgrenze $2 \cdot 10^{-11}$ W, Zeitkonstante 20 ms [4].

Die Realisierung von Thermosäulen ist an die Entwicklung von Aufdampftechnologien für geeignete Halbleiter geknüpft. Im Handel befinden sich solche aus halbmetallischen Bi-Sb-Legierungen neben denen mit konventionellen Metall-Thermoelementen.

Messung der Leistung von Mikrowellenimpulsen. Ein n^+-n-n^+-Halbleiterstab wird teilweise in den Hohlleiter eingetaucht, so daß die Elektronen in der Nähe des einen Kontakts erhitzt werden, am anderen Kontakt aber kalt bleiben. Es ist ein rein elektronischer Effekt (keine merkliche Materialerwärmung), die Zeitkonstante ist größenordnungsmäßig die Energierelaxationszeit $\tau_e \lesssim 10^{-10}$ s. Die Empfindlichkeit für Si-Detektoren beträgt ca. 30 mV/kW, Umgebungstemperatur $-50...+60$ °C, absorbierte Mikrowellenleistung bei 10 GHz < 3% [8].

Thermoelektrische Generatoren. Für eine optimale Energieumwandlung ist nicht allein die Größe des Seebeck-Koeffizienten α ausschlaggebend. Zusätzlich sind eine möglichst geringe Wärmeleitung λ (realisiert durch den Einsatz von Legierungen) und eine möglichst hohe Leitfähigkeit σ (hohe Trägerbeweglichkeit bei optimaler Ladungsträgerkonzentration) anzustreben. Als dimensionslose thermoelektrische Kennziffer wird die Größe $z \cdot T = (\alpha^2 \cdot \sigma \cdot T)/\lambda$ eingeführt. Sie durchläuft als Funktion der Temperatur für ein gegebenes Material ein Maximum, für verschiedene Temperaturbereiche gibt es unterschiedliche optimale Materialkombinationen (siehe *Peltier-Effekt*). In bekannten Materialien überschreitet die maximale Effektivitätskennziffer kaum den Wert 1, und der Wirkungs-

Tabelle 2 Parameter der wichtigsten Halbleitermaterialien für Leistungsthermoelemente nach [4, 7]

Material	Temperaturbereich/°C	Leitungstyp	$(z \cdot T)$max
Bi_2Te_3	0...300	p	0,6
$Bi_2Te_{2,4}Se_{0,6}$	0...300	n	0,7
$Pb_{1-x}Sn_xTe$	150...600	n	1,1
$x = 0...0,25$		p	1,0
$Si_{1-x}Ge_x$	600...1200	n	1,0
$x = 0,15...0,30$		p	0,7

Tabelle 3 Typische Kenndaten thermoelektrischer Generatoren

Generatortyp	elektrische Leistung	Wirkungsgrad	Verwendete Materialien	Anwendung
Radionuklidbatterie	5 W–100 W	5%	Si-Ge und $Pb_{1-x}Sn_xTe$	Navigationsbojen, autom. Wetterstationen, Raumfahrt
	0,05 W	3%	Bi_2Te_3	Medizin
Kernreaktor	0,5 kW –10 kW	2%	Si-Ge und PbTe	frühe unbemannte Raumfahrt
Sonnenbatttterie	15 W/m²	2,5%	Bi_2Te_3-Bi_2Se_3 und Bi_2Te_3-Sb_2Te_3	
für fossile Brennstoffe	1 W–5 kW	4%	PbTe GeBiTe	mobile, wartungsarme Generatoren

grad einer Generatorstufe bleibt gegenwärtig noch unter 6%. Zur Theorie des Wirkungsgrades thermoelektrischer Generatoren siehe z. B. JOFFÉ [1]. In Tab. 2 sind die wichtigsten Halbleitermaterialien für Leistungsthermoelemente angegeben. In Tab. 3 sind typische Kenndaten thermoelektrischer Generatoren zusammengestellt.

Literatur

[1] JOFFÉ, A. F.: Halbleiter-Thermoelemente. – Berlin: Akademie-Verlag 1957 (Übers. aus d. Russ.).

[2] SEEGER, K.: Semiconductor Physics. – Wien/New York: Springer Verlag 1973; STECKER, K.; SÜSSMANN, H.: Physikalische Grundlagen thermoelektrischer Bauelemente. In: Halbleiterbauelementeelektronik. – Berlin: Akademie-Verlag 1977. S. 347–375.

[3] URE, R. W.: Thermoelectric effects in III–V compounds. In: Semiconductors and Semimetals. Bd. 8. Hrsg.: R. K. WILLARDSON, A. C. BEER. – New York/London: Academic Press 1972. S. 67–102.

[4] ANATYČUK, L. I.: Thermoèlementy i termoèlektričeskie ustrojstva. Kiev: Naukova dumka 1979.

[5] EDER, F. X.: Moderne Meßmethoden der Physik. Teil 2: Thermodynamik. – Berlin: VEB Deutscher Verlag der Wissenschaften 1956.

[6] STIL'BANS, A. S.; TERECHOV, A. D.; FRALOVA, E. N.; ŠER, E. M., Fiz. Tkh. Poluprov. 12 (1978) 1646.

[7] SCHMIDT, E. F.: Unkonventionelle Energiewandler. – Heidelberg/Mainz/Basel: Dr. Alfred Hüthig Verlag GmbH 1975.

[8] DENIS, V.; POŽELA, JU.: Gorjačie elektrony. – Vilnius: Izd. Mintis 1971.

Shubnikov-de Haas-Effekt

Periodische Änderungen des elektrischen Widerstands bei Erhöhung des Magnetfelds sind erstmals von SHUBNIKOV und DE HAAS 1930 an Wismut gemessen worden [1]. Die Beobachtung des oszillatorischen Magnetowiderstands stellte einen experimentellen Nachweis der Quantierung der Energiezustände im Magnetfeld (Landau-Niveaus) [2] dar. Eine breitere Anwendung dieses Effekts für die Charakterisierung von Halbleitermaterialien ist seit etwa 1960 zu verzeichnen, nachdem die Erzeugung starker Magnetfelder im Bereich einiger Tesla auch für nicht spezialisierte Forschungseinrichtungen technisch möglich wurde.

Sachverhalt

Der elektrische Widerstand von hinreichend stark dotierten Halbleitern zeigt bei niedrigen Temperaturen bei Erhöhung der magnetischen Induktion B auf Werte über etwa 1 T einen oszillatorischen Anteil, der periodisch in $1/B$ ist. Die Amplitude nimmt mit steigendem Magnetfeld und abnehmender Temperatur zu, sie kann dieselbe Größenordnung wie der Schwachfeld-Widerstand erreichen (Abb. 1). Der Shubnikov-de Haas-Effekt (SdH-Effekt) tritt sowohl in transversaler Anordnung (Magnetfeld senkrecht zur Stromrichtung orientiert) als auch in longitudinaler (Stromfluß in Richtung des Magnetfeldes) auf. Die Amplituden des transversalen SdH-Effekts sind in der Regel um etwa einen Faktor 2 größer als die des longitudinalen SdH-Effekts. Voraussetzung für das Auftreten des SdH-Effekts ist die Quantisierung der Energiezustände $E_{N,s}(k_z, B)$ der Elektronen im Magnetfeld B:

$$E_{N,s}(k_z, B) = \left(N + \frac{1}{2}\right) \hbar \omega_c + \frac{\hbar^2 k_z^2}{2m^*} + s g \mu_B B \qquad (1)$$

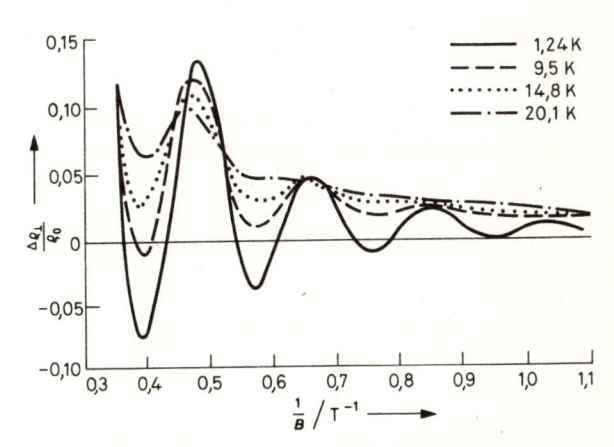

Abb. 1 Magnetfeldabhängigkeit des Widerstands in einkristallinem n-InAs bei transversalem Magnetfeld. Aufgetragen ist die relative Änderung des spezifischen Widerstands $(\varrho(B) - \varrho(0))/\varrho(0)$ als Funktion des reziproken Magnetfeldes $1/B$ bei vier verschiedenen Temperaturen (nach [4])

mit $\omega_c = qB/m^*$ – Zyklotronfrequenz, m^* – effektive Elektronenmasse, $\mu_B = q\hbar/(2m_0)$ – Bohrsches Magnetron, g – Landé-Faktor, k_z – Wellenzahlvektor in Richtung des Magnetfeldes, m_0 – freie Elektronenmasse, $\hbar = h/(2\pi)$ mit h – Planck'sches Wirkungsquantum, $N = 0, 1, 2, 3, \ldots$ – Magnetquantenzahl, $s = \pm 1/2$ – Spinquantenzahl.

Kennwerte, Funktionen

Sobald der energetische Abstand zwischen zwei Landau-Niveaus größer wird als die mittlere thermische Energie der Elektronen, d. h.

$$E_{N+1,s}(0,B) - E_{N,s}(0,B) = \hbar\omega_c > kT \quad (2)$$

(T – Temperatur, k – Boltzman-Konstante), und größer wird als die durch die Stoßzeit τ bedingte Energieunschärfe der Niveaus, also

$$\hbar\omega_c > \frac{\hbar}{\tau}, \quad (3)$$

kann die Landau-Quantelung in den elektronischen Eigenschaften sichtbar werden. Der SdH-Effekt tritt nur in stark dotierten Halbleitern auf, wo die Fermi-Energie E_F im Leitungs- oder Valenzband liegt. Ein Extremum in der Leitfähigkeit erscheint, wenn ein Landau-Niveau $E_{N,s}(0,B)$ das Fermi-Niveau E_F kreuzt: $E_F = \left(N + \frac{1}{2}\right)\hbar\omega_c + s g \mu_B B$. Bei Vernachlässigung der Spinaufspaltung sind die Oszillationen periodisch in $1/B$ mit der Periodenweite

$$\Delta\frac{1}{B} = \frac{q\hbar}{m^* E_F}. \quad (4)$$

Fällt die Fermi-Energie mit der Bandkante eines Landau-Niveaus zusammen, werden die Streuprozesse besonders intensiv. In der longitudinalen Anordnung verringert diese resonante elastische Streuung die Leitfähigkeit. In der transversalen Anordnung, bei der Beitrag der Leitfähigkeit in Richtung des elektrischen Feldes ohne Streuung verschwinden würde, steigt sie infolge der resonanten Streuung an.

Die Amplitude A des oszillatorischen Magnetowiderstands ist proportional zu

$$A(B,T) \sim T B^{-1/2} \frac{\exp -\dfrac{2\pi^2 m^* k(T_D + T_i)}{\hbar q B}}{\text{sh}\,\dfrac{2\pi^2 m^* kT}{\hbar q B}}. \quad (5)$$

Dabei ist

$$T_D = \frac{\hbar}{2\pi k\tau} \quad (6)$$

die Dingle-Temperatur, welche mit der Stoßzeit τ in Verbindung steht und T_i ein Parameter, der proportional zur relativen Amplitude der Schwankungen der Ladungsträgerkonzentration in der Meßprobe ist („Unordnungs"-Temperatur). In der Tabelle sind einige experimentelle Daten angegeben. In Halbleitern mit geringer effektiver Masse und schwacher Ladungsträgerstreuung können SdH-Oszillationen bereits unterhalb 1 T beobachtet werden, in Materialien mit größerer effektiver Masse und kleinerer Stoßzeit sind stärkere Magnetfelder, in n-GaAs z. B. über 10 T [5] und in n-Si über 15 T [6] erforderlich.

Anwendungen

Der SdH-Effekt wird zur Untersuchung von Materialeigenschaften in Halbleitern mit hoher Ladungsträgerkonzentration herangezogen. Die Messungen müssen bei Helium-Temperaturen durchgeführt werden.

Bestimmung der Ladungsträgerkonzentration. Aus der Oszillationsperiode läßt sich, wenn die Spinaufspaltung vernachlässigbar und die Bandstruktur isotrop ist, direkt die Ladungsträgerkonzentration n bestimmen, und zwar unabhängig von der Größe und der

Tabelle 1 Experimentelle Daten zum SdH-Effekt

Material	Meßtemperatur T / K	Ladungsträgerkonzentration / cm^{-3}	Oszillationsperiode $\Delta(\frac{1}{B})/T^{-1}$	$\frac{m^*}{m_0}$	$T_D + T_i$ / K
InAs	1,2…20	$7,6 \cdot 10^{16}$	0,184	0,02	16,8
GaSb		$1,3 \cdot 10^{18}$	0,028	0,05	6,6
InSb	1,7	$2,3 \cdot 10^{15}$	1,96	0,01	
α-Sn	1,2	$1,14 \cdot 10^{16}$	0,584	0,024	3,2
$PbSe_{0,84}Te_{0,16}$	1,2…4,2	$1,6 \cdot 10^{19}$	0,0078 ($B\|\|(100)$)		
$Cd_{2,7}Zn_{0,3}As_2$		$1,56 \cdot 10^{18}$	0,024	0,035	
PbTe	1,8…4,2	$6 \cdot 10^{16}$	0,426 ($B\|\|(111)$)	0,023	
$Zn_{0,07}Hg_{0,93}Se$	1,6…10	$1,9 \cdot 10^{16}$	0,47	0,010	4,8
$Pb_{0,82}Sn_{0,18}Te$	2,1…4,2	$1,4 \cdot 10^{17}$	0,356	0,027	6,8
GaAs	4,2	$2,5 \cdot 10^{18}$	0,017	0,07	

Energieabhängigkeit der effektiven Masse nach der Beziehung

$$\Delta \frac{1}{B} = 3{,}18 \cdot 10^{10}\,\text{T}^{-1}\,\text{cm}^{-2} \cdot n^{-2/3}.$$

Bei nicht isotroper Bandstruktur müssen die Geometrie der Fermi-Fläche und die Orientierung des Magnetfeldes mit berücksichtigt werden.

Charakterisierung von hochdotierten, nicht homogenen Strukturen [5]. Da die Oszillationsperiode ein direktes Maß für die Elektronenkonzentration ist, treten in nicht homogenen Meßproben, z. B. Mehrschichtstrukturen, mehrere Oszillationsfrequenzen auf. Über eine Fourier-Analyse des oszillatorischen Magnetowiderstands können die unterschiedlichen Frequenzen bestimmt und daraus die verschiedenen Konzentrationen unabhängig von der Schichtdicke berechnet werden. Diese Meßmethode wird beispielsweise zur Konzentrationsbestimmung von n^+, n^{++}-Vielschichtstrukturen in Mikrowellenbauelementen eingesetzt. Aus der Halbwertsbreite der Frequenzpiks können außerdem die Konzentrationsschwankungen abgeschätzt werden.

Bestimmung der effektiven Masse. Das Verhältnis der Amplituden gleicher Piks bei zwei unterschiedlichen konstanten Temperaturen T_1 und T_2

$$\frac{A(T_1)}{A(T_2)} = \frac{T_1}{T_2} \cdot \frac{\operatorname{sh}\frac{2\pi^2 k T_2}{\hbar \omega_c}}{\operatorname{sh}\frac{2\pi^2 k T_1}{\hbar \omega_c}}, \quad \omega_c = \frac{q B}{m^*} \qquad (7)$$

hängt nur noch von B/m^* ab, so daß aus der Messung direkt die effektive Masse der Ladungsträger ermittelt werden kann.

Untersuchung zweidimensionaler Bandstrukturen [6]. Quasi-zweidimensionale Elektronensysteme, wie sie in grenzflächennahen Raumladungsschichten vorkommen, werden durch die Landau-Quantisierung als auch durch die Oberflächen-Quantisierung beeinflußt. Oszillationen vom SdH-Typ treten auf, wenn entweder das magnetische Feld oder die Trägerdichte im Oberflächenkanal einer MOS-Struktur variiert werden. Aus der Analyse der SdH-Oszillationen können die elektronischen Eigenschaften der Raumladungsschichten, wie Bandaufspaltung in Abhängigkeit von der Oberflächenorientierung und Trägerkonzentration als Funktion der Gate-Spannung, ermittelt werden.

Charakterisierung von Halbleiterstrukturen mit Über-Gittern. Der SdH-Effekt wird erfolgreich zur Bandstrukturuntersuchung in durch Molekularstrahl-Epitaxie erzeugten periodischen Schichtfolgen verschiedener Halbleitermaterialien eingesetzt. Untersuchungen in Abhängigkeit von der Orientierung gestatten zusätzlich zu der unter „Bestimmung der effektiven Masse" genannten Meßmöglichkeit Aussagen über die Dimension der Subbänder. Außerdem kann der Elektron-Transfer-Prozeß und der magnetfeldinduzierte Halbmetall-Halbleiter-Übergang in speziellen Schichtstrukturen erfaßt werden [7].

Untersuchungen zu Ladungsträger-Streuprozessen. Die Amplitudenform wird durch die Dingle-Temperatur T_D (Gl. (5)) mitbestimmt, aus der nach Gl. (6) die Stoßzeit ermittelt werden kann.

Bestimmung der Elektronentemperatur [8]. Die SdH-Amplituden sind von der Temperatur der Elektronen, nicht von der Gittertemperatur, abhängig. Durch optische Anregung oder im starken elektrischen Feld kann das Elektronenensemble erhitzt werden, ohne daß sich die Gittertemperatur merklich ändert. Die Höhe der Elektronentemperatur läßt sich bei bekannter Masse nach Gl. (7) aus dem Amplitudenverhältnis kalter und erhitzter Elektronen ermitteln.

Literatur

[1] SHUBNIKOV, L.; DE HAAS, W.J., Nature **126** (1930) 500.
[2] LANDAU, L.D., Z. Phys. **64** (1930) 629.
[3] ROTH, L. M.; ARGYRES, P. N.: Magnetic Quantum Effects. In: Semiconductors and Semimetals. Hrsg.: R.K. WILLARDSON, ALBERT C. BEER. – New York: Academic Press 1966. Bd.1, S.159–202.
[4] SLADEK, R.J., Phys. Rev. **110** (1958) 817.
[5] AULOMBARD, R.L.; BOUSQUET, C.; BERNARD-MERLET, C.; RAYMOND, A.; ROBERT, J.L., Revue de Physique Appliquée **13** (1978) 787.
[6] ENGLERT, T.: Electron Transport in Silicon Inversion Layers at High Magnetic Fields. In: Springer Series in Solid-State Sciences. Hrsg.: S. CHIKAZUMI, N. MIURA. – Berlin/Heidelberg/New York: Springer-Verlag 1981, Bd.24. Physics in High Magnetic Fields. S.274–283.
[7] VOOS, M.; ESAKI, L.: InAs-GaSb superlattices in high magnetic fields. In: Springer Series in Solid-State Science. Hrsg.: S. CHIKAZUMI, N. MIURA. – Berlin/Heidelberg/New York: Springer-Verlag 1981. Bd. 24: Physics in High Magnetic Fields. S.292–300.
[8] BAUER, G.: Determination of Electron Temperatures and of Hot Electron Distribution Functions in Semiconductors. In: Springer Tracts in Modern Physics. Hrsg.: G. HÖHLER. – Berlin/Heidelberg/New York: Springer-Verlag 1974. Bd. 74, S.1–106.

Sperrschicht-Photoeffekt

1876 beobachteten W. G. Adams und R. E. Day [1], daß bei Belichtung eines Selen-Metallkontaktes eine Photospannung auftritt. 1904 fand J. C. Bose [2] einen photovoltaischen Effekt bei Lichteinstrahlung in der Nähe einer auf Bleiglanz aufgesetzten Metallspitze. Der Zusammenhang dieser und weiterer in der Folgezeit gefundener Photoeffekte mit im Material vorhandenen Sperrschichten wurde im wesentlichen durch die theoretischen und experimentellen Arbeiten von W. Schottky [3] aufgeklärt.

Sachverhalt

Eine wesentliche Ursache von Photospannungen in Halbleitern sind Potentialbarrieren und die mit ihnen verknüpften Raumladungen und inneren elektrischen Felder. Durch Licht in diesen Gebieten generierte oder sie durch Diffusion erreichende Elektron-Loch-Paare werden im Feld der Raumladungszone getrennt und bilden den Photostrom bzw. unter Leerlaufbedingungen eine Photospannung (siehe Abschnitte *p-n-Photoeffekt* und *Halbleiterphotoeffekt*).

Potentialbarrieren (Sperrschichten), die im Bändermodell einer Bandverbiegung entsprechen, bilden sich aus, wenn es beim Kontakt unterschiedlicher Materialien zu einem Ladungsträgeraustausch kommt. Dieser kann durch unterschiedliche Austrittsarbeiten der Materialien und durch Umladung von Grenzflächenzuständen hervorgerufen werden. Letztere sind stets infolge Gitterfehlanpassung der Materialien, beim Kontakt zusätzlich eingebauter Defekte, Fremdatome usw., aber auch bei ideal sauberen Oberflächen durch den Abbruch des periodischen Potentials (Tammsche Zustände) in großer Zahl vorhanden.

Folgende Sperrschichten sind im Zusammenhang mit Photoeffekten untersucht worden:

Metall-Halbleiter-Kontakt (Schottky-Kontakt). Die Strom-Spannungs-Kennlinie eines Schottky-Kontakts ähnelt der eines p-n-Übergangs, allerdings wird der Dunkelstrom nur von den Majoritätsträgern getragen, woraus wesentlich höhere Grenzfrequenzen resultieren. Es ist nicht klar, welcher Mechanismus der von Bose 1904 patentierten Spitzendiode zugrunde lag. Moderne Punktkontaktdioden sind keine Schottky-Dioden. Der z. B. durch eine auf einen n-Germanium-Kristall aufgesetzte, mit Indium galvanisch bedeckte Wolframspitze hergestellte Metall-Halbleiter-Kontakt wird gewöhnlich mittels starker Stromstöße in Flußrichtung formiert. Dabei entsteht bei lokaler starker Erwärmung durch Eindiffusion von In eine p-Schicht unter der Wolframspitze. Es handelt sich somit um einen Subminiatur-p-n-Übergang, bei dem die Wolframspitze nur als mechanischer Kontakt dient.

Metall-Isolator-Halbleiter-Kontakt. (MIS: Metal-Insulator-Semiconductor; MOS: Metal-Oxide-Semiconductor, wenn der Isolator aus einem Eigenoxyd des Halbleiters besteht).

Isotype Heteroübergänge, z. B. n-Ge/n-Si.

Halbleiter-Isolator-Halbleiter-Übergänge (SIS: Semiconductor-Insulator-Semiconductor).

Supraleiter-Halbleiter-Kontakt (Super-Schottky-Diode).

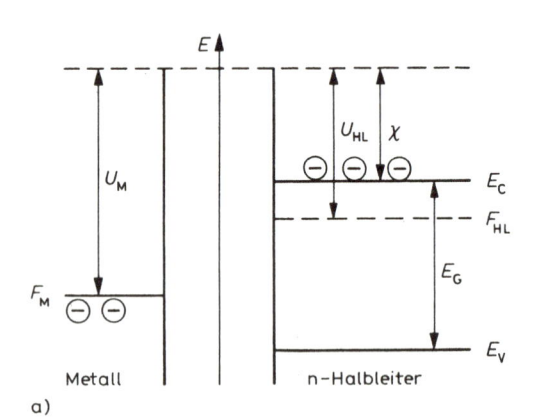

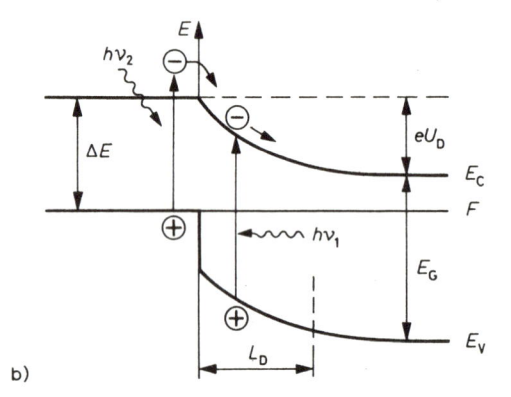

Abb. 1 Metall-Halbleiter-Kontakt ($\Delta E = U_M - \chi$, $eU_D = U_M - U_{HL}$)

Tabelle 1a ΔE in eV für einige Metall-Halbleiter-Kontakte

Metall	Si ($E_G = 1{,}12$ eV)	Ge ($E_G = 0{,}68$ eV)
Ag	0,56–0,79	0,47
Cu	0,65–0,79	0,37
Au	0,82	0,47
Fe	0,65	0,42
Al	0,5	0,45

Tabelle 1b Spektrale Empfindlichkeitsbereiche einiger isotyper Heteroübergänge

Übergang	Spektralbereich [µm]
n-Ge-n-Si	0,6–2,1
n-Ge-n-GaP	0,35–1,39
n-Si-n-CdS	0,4–1,0
n-InSb-n-GaAs	0,88–1,38

Kennwerte, Funktionen

Abbildung 1 zeigt die Energiebandschemata für ein Metall und einen n-Halbleiter a) vor und b) nach dem Kontakt. Im dargestellten Fall treten Elektronen aus dem Halbleiter ins Metall über, bis das Fermi-Niveau ortsunabhängig wird. Im Halbleiter bildet sich eine Verarmungsrandschicht aus, die sich über eine Debye-Länge L_D erstreckt:

$$L_D = \left(\frac{kT\,\varepsilon_0\,\varepsilon_r}{e^2\,n}\right)^{1/2}. \tag{1}$$

In Metallen und entarteten Halbleitern ist die Ladungsträgerkonzentration n so groß, daß eine Bandverbiegung praktisch nicht auftritt.

Tabelle 1a gibt die Barrierenhöhen ΔE für einige Metall-Halbleiter-Kontakte an.

Bei Einstrahlung mit Photonenenergien $h\nu_1 > E_G$ werden im Halbleiter Elektron-Loch-Paare erzeugt, die im elektrischen Feld der Raumladungszone getrennt werden. Photonen mit $E_G > h\nu_2 > \Delta E$ können Elektronen aus dem Metall über die Barriere anheben. Dieser Effekt ist etwa zwei Größenordnungen geringer als der Effekt durch Grundgitteranregung. Die Grenzwellenlängen der beiden Effekte ergeben sich zu $\lambda_{G1} = hc/E_G$ bzw. $\lambda_{G2} = hc/\Delta E$.

Begrenzt durch die Laufzeit der Ladungsträger durch die schmale Raumladungszone ist dieser Photoeffekt extrem schnell.

Neben den beschriebenen Photoeffekten, die auf der Quantennatur der elektromagnetischen Strahlung beruhen, kann auch die nichtlineare Kennlinie einer Schottky-Diode zur Gleichrichtung höchstfrequenter elektrischer Felder genutzt werden. Mit extrem kleinen Kontaktflächen (bis 10^{-10} cm^2) und ultrakleinen Kapazitäten (10^{-15} F) werden bis zu $3 \cdot 10^{13}$ Hz ($\lambda = 10$ µm) aufgelöst.

Die Energiebandstruktur eines isotypen Heteroübergangs zwischen zwei n-Halbleitern unterschiedlicher Bandlücke sowie einige mögliche optische Übergänge zeigt Abb. 2. Infolge der vielen Möglichkeiten optischer Anregung zeigen die Photoeffekte an diesen Strukturen oftmals mehrfache Vorzeichenwechsel in Abhängigkeit von der Wellenlänge. Tabelle 1b zeigt die spektralen Empfindlichkeitsbereiche einiger isotyper Heteroübergänge bei 300 K [4].

Die Energiebandstruktur einer Metall-SiO$_2$-p-Si-MIS-Struktur ist in Abb. 3 dargestellt. Die Parameter für einige Metallkontakte sind angegeben.

Beim Einsatz derartiger Strukturen als Solarzellen beträgt $d_i < 50$ Å, so daß Tunnelströme durch die Isolatorschicht einen wesentlichen Beitrag zum Stromtransport bei Belichtung liefern.

Durch Anlegen einer Spannung an eine MIS-Struktur mit Isolatorschichtdicken im Bereich von 1000 Å entsteht an der Isolatorschicht gegenüber der Metallelektrode eine Verarmungszone für die Majoritätsträ-

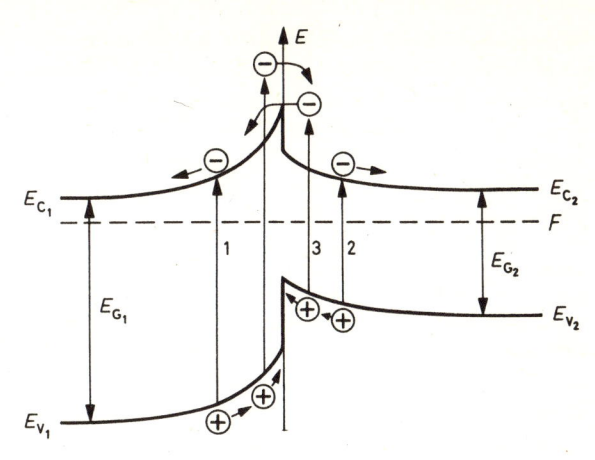

Abb. 2 Isotyper Heteroübergang (n – HL/n – HL)

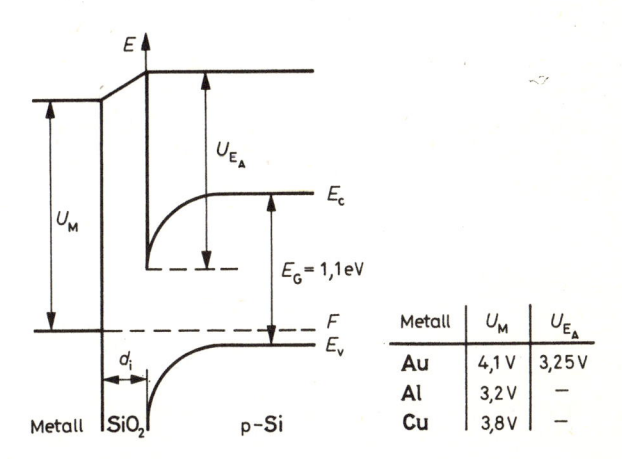

Abb. 3 MIS-Bandstruktur

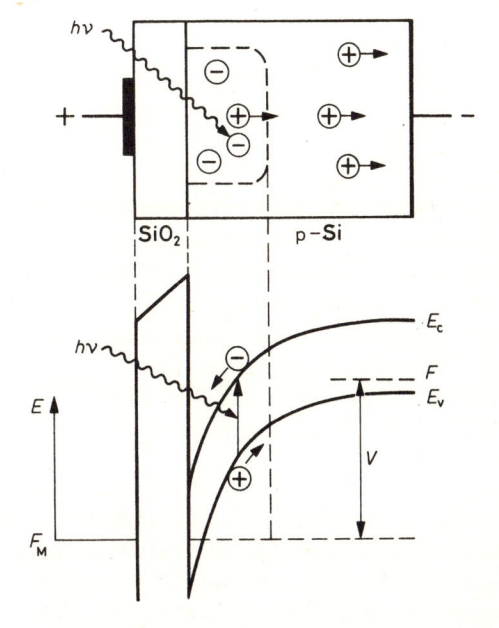

Metall	U_M	U_{E_A}
Au	4,1 V	3,25 V
Al	3,2 V	—
Cu	3,8 V	—

Abb. 4 MIS-Struktur mit angelegter elektrischer Spannung V

ger (siehe Abb. 4). Werden durch Einstrahlung von Licht Elektron-Loch-Paare erzeugt, driften die Minoritätsträger im Feld der Raumladungszone in die Potentialsenke an der Halbleiter-Isolator-Grenzfläche und werden dort eine bestimmte Zeit gespeichert. Durch Aneinanderreihung von MIS-Strukturen erhält man ladungsgekoppelte Bauelemente (charge coupled devices, CCD) in Zeilen- oder Matrixform (siehe z. B. [5]). Bei Belichtung einer solchen Struktur entsteht ein der örtlichen Intensitätsverteilung des Lichtes entsprechendes Ladungsbild, das auf eine Speicherfläche übertragen und durch sukzessive Verschiebung der Ladungspakete ausgelesen wird. Monolithische Ladungstransferbauelemente sind u. a. auf der Grundlage von Si-MIS-Strukturen ($\lambda_G = 1{,}1$ µm), Si/Pt-Schottky-Barrieren ($\lambda_G = 4{,}6$ µm), InSb-MIS und $Hg_{0,7}Cd_{0,3}Te$-MIS ($\lambda_G = 5{,}5$ µm) als photoempfindliche Elemente realisiert worden. Für größere Wellenlängen bringt die Realisierung monolithischer CCD-Sensoren erhebliche technologische Probleme mit sich. Hier konzentriert man sich auf hybride Anordnungen mit konventionellen Infrarotdetektoren, die ihre photoelektrisch erzeugten Ladungen an ein Si-CCD-Schieberegister weitergeben.

Anwendungen

Schottky-Dioden können zum Strahlungsnachweis eingesetzt werden. Vorteilhaft ist die sehr kleine Zeitkonstante der Empfänger. Typische Werte für letztere und für die Wellenlänge der nachzuweisenden Strahlung gibt Tabelle 2 an.

Tabelle 2 Schottky-Dioden als Detektoren

Material	Wellenlängenbereich [µm]	Zeitkonstante [ps]	Bemerkungen
Au/nSi	0,633	< 500	$F = 2$ cm² Absorption im HL
Pt/nSi	0,35–0,60	120	$F = 2 \cdot 10^{-5}$ cm², Absorption im HL
Pd/n-Si	1,4	—	Absorption im Metall
Pt/p-Si	4,6	—	Absorption im Metall
Pt/n GaAs	70	0,2	$F = 2 \cdot 10^{-9}$ cm², $C = 1{,}3 \cdot 10^{-15}$ F, $R = 20\,\Omega$; Gleichrichtung
W/nGe [6]	10	0,03	$F = 10^{-10}$ cm²; Gleichrichtung

Solarzellen. Sperrschicht-Photoeffekte haben gute Aussichten bei der Realisierung großflächiger, billiger Dünnfilm-Solarzellen. Schwierigkeiten bei der Beherrschung der Halbleiter-Metall-Grenzfläche konnten durch eine dünne Isolatorzwischenschicht ($d_i < 50$ Å) herabgesetzt werden (vgl. Tab. 3).

Tabelle 3 Sperrschicht-Solarzellen [7–9]

Material	Struktur	Wirkungsgrad %	Bemerkungen
Cr/pSi	Schottky-Kontakt einkristall. Si	9,5	$V_o = 0{,}5 \div 0{,}53$ V, $I_k = 26$ mA/cm²
Au/GaAs$_{0,6}$P$_{0,4}$	Schottky-Kontakt einkristall. HL	12	$V_o = 1{,}0$ V, $I_k = 18$ mA/cm²
Pt/Si	Schottky-Kontakt Dünnfilm polykristallin	8	$d_{si} = 10$ µm
Pt/Si	Schottky-Kontakt Dünnfilm polykristallin	10	$d_{si} = 25$ µm
Pt/a : Si	amorphes Silizium	5	—
Pt/GaAs	Schottky-Kontakt Dünnfilm	12	$d_{GaAs} = 2$ µm
Al/SiO$_2$/GaAs	MIS, einkristallines Substrat	15	—
Al/SiO$_2$/Si	MIS einkristallines Substrat	17,6	$V_o = 0{,}64$ V, $I_k = 35{,}6$ mA/cm², $F = 3$ cm²
ITO/SiO$_2$/Si (ITO = Indium Tin) Oxide	SIS	19,9	$V_o = 0{,}52$ V, $I_k = 32$ mA/cm², $d_i = 12$ µm

Tabelle 4 Einige realisierte monolithische CCD-Zeilen- und Flächensensoren

Material	λ_G [µm]	Elementenzahl
Si/MIS	1,1	1728 (Zeile)
Si/MIS	1,1	496×475 (Matrix)
Si/Pt (Schottky)	4,6	256 (Zeile)
InSb (MIS)	5,6	20 Zeile
Hg$_{0,7}$Cd$_{0,3}$Te (MIS)	4,5	50 (Zeile), 4×16 (Matrix)

Die Flächen der einzelnen lichtempfindlichen Elemente betragen ca. 20 µm × 20 µm.

Detektor-Zeilen und -Matrizen werden das Kernstück einer reinen Festkörperlösung zur Bildaufnahme sein, d. h. das heute im sichtbaren Spektralbereich verwendete Vidikon-Prinzip (mit der Elektronenstrahlabtastung des vom Licht auf dem Dioden-Target erzeugten Ladungsbildes) und im infraroten Spektralbereich die mechanisch-optischen Bildabtasteinrichtungen ersetzen (vgl. Tab. 4).

Literatur

[1] ADAMS, W.G.; DAY, R.E., Proc. Roy. Soc. 25 (1876) 113.
[2] BOSE, J.C., US Patent No. 755840 (1904).
[3] SCHOTTKY, W., Phys. Z. 32 (1931) 833; Phys. Z. 31 (1930) 913.

[4] SHARMA, B. L.; PUROHIT, R. K.: Semiconductor Heterojunctions. – Oxford, New York/Toronto/Sydney: Pergamon Press, 1974.
[5] TROMPTER, H.; STEPHANI, R.: CCD-Strukturen in der Optoelektronik. Probleme der Festkörperelektronik. Band 10. – Berlin: VEB Verlag Technik 1978, S. 71.
[6] DAH-WEN TSANG; SCHWARZ, S. E.: Detection of 10 μm-radiation with point-contact Schottky diodes. Appl. Phys. Letters 30 (1977) 263.
[7] MC QUAT, R. F.; PULFREY, D. L.: A model for Schottky-barrier solar cell analysis. J. appl. Phys. 47 (1976) 2113.
[8] GODFREY, R. B.; GREEN, M. A.: 655 mV open circuit voltage, 17,6 % efficient silicon MIS solar cells. Appl. Phys. Letters 34 (1979) 790.
[9] SCHEWCHUN, J., et al.: The operation of the semiconductor-insulator-semicontuctor solar cell. J. appl. Phys. 50 (1979) 2832.

Thermomagnetische Effekte

Erstmals wurden thermomagnetische Effekte bei der Untersuchung des Einflusses eines Magnetfeldes auf das thermoelektrische Verhalten von Metallen und Halbmetallen durch NERNST und ETTINGSHAUSEN 1886 gefunden. Sie sind als zusätzliche bzw. Störeffekte bei galvanomagnetischen Untersuchungen zu beachten. Die Anwendung einiger dieser Effekte in Halbmetallen und Halbleitern zur Erzeugung von Temperaturdifferenzen bei niedrigen Temperaturen und zum Strahlungsnachweis wird gegenwärtig diskutiert und erprobt.

Sachverhalt [1]

Die thermomagnetischen Effekte entstehen durch die Wirkung des Magnetfeldes auf die Bewegung der Elektronen, die sowohl eine Ladung als auch Energie transportieren. Es wird unterschieden zwischen transversalen Effekten, bei denen das Magnetfeld senkrecht zur ursprünglichen Bewegungsrichtung der Ladungsträger liegt, und den longitudinalen Effekten. Die ursprüngliche Bewegungsrichtung wird durch einen Temperaturgradienten (thermomagnetische Effekte im engeren Sinne) oder ein angelegtes elektrisches Feld vorgegeben. Die Effekte bestehen im Auftreten zusätzlicher Temperaturgradienten bzw. elektrischer Felder (Tab. 1). Es muß zwischen adiabatischen und isothermen Meßbedingungen unterschieden werden.

Kennwerte, Funktionen

Die beiden wichtigsten Effekte, der Ettingshausen- und der einfacher zu messende Nernst-Ettingshausen-Effekt, sind thermodynamisch über die Bridgman-Relation miteinander verknüpft: $P \cdot \lambda = Q \cdot T$. In nichtentartetem störleitendem Material ist Q [2]

$$Q_{\text{störl.}} = \frac{k}{q} \cdot \frac{\mu_H \cdot r}{1 + \mu^2 B^2} = \frac{\mu_H \cdot r}{1 + \mu^2 B^2} \cdot 86 \, \mu\text{V} \cdot \text{K}^{-1}, \quad (1)$$

während in eigenleitendem Material mit nicht zu großem Unterschied zwischen μ_n und μ_p der größere ambipolare Anteil dominiert:

$$Q_{\text{eigenl.}} = \frac{k}{q} \cdot \frac{\mu_p \mu_n}{\mu_p + \mu_n} \left(2r + 5 + \frac{E_g}{kT} \right) \quad (2)$$

(k – Boltzmann-Konstante; q – Elementarladung; μ_H, μ_n, μ_p – Hall- bzw. Elektronen- und Löcherbeweglichkeit; r – durch die Energieabhängigkeit der Stoßzeit gegebener Parameter (siehe *Seebeck-Effekt,* Tab. 1); E_g – Breite der verbotenen Zone). Das Vorzeichen von Q wird nicht durch den Leitungstyp, sondern durch r bestimmt! Im starken Magnetfeld $\mu \cdot B \gg 1$ wird $|Q|$ bei

Tabelle 1 Systematik der thermomagnetischen Effekte

gegeben	gemessen	isotherme Meßbedingung	Bezeichnung
transversale thermomagnetische Effekte			
j_x, B_z	$\frac{dT}{dy} = P j_x B_z$	$\frac{dT}{dx} = 0$	Ettingshausen-Effekt
$\frac{dT}{dx}, B_z$	$E_y = Q \frac{dT}{dx} B_z$	$\frac{dT}{dy} = 0$	Nernst-Ettingshausen-Effekt
$\frac{dT}{dx}, B_z$	$E_x(B) \curvearrowright$ $\alpha = \alpha\left(B \frac{dT}{dx}\right)$		Magneto-Seebeck-Effekt (longitudinaler Nernst-Ettingshausen-Effekt)
$\frac{dT}{dx}, B_z$	$\frac{dT}{dy} = S \frac{dT}{dx} B_z$		Righi-Leduc-Effekt
j_x, B_z	$\frac{dT}{dx} = N j_x B_z$	$\frac{dT}{dy} = 0$	Nernst-Effekt
longitudinale thermomagnetische Effekte			
$\frac{dT}{dx}, B_x$	$E_x(B) \curvearrowright$ $\alpha = \alpha\left(B \frac{dT}{dx}\right)$		Magneto-Seebeck-Effekt
$\frac{dT}{dx}, B_x$	$\lambda = \lambda(B)$		magnetothermischer Widerstandseffekt
j_x, B_x	$\frac{dT}{dx} = N_\| j_x B_x$		longitudinales Analogon zum Nernst-Effekt

Erklärung der Symbole: *j* – Stromdichte; *E* – elektrische Feldstärke; *B* – magnetische Induktion; Indizes x, y, z – Vektorkomponente in x-, y- bzw. z-Richtung; d*T*/dx, d*T*/dy – Temperaturgradienten in x- bzw. y-Richtung; Koeffizienten (K): α – Seebeck-K; λ – Wärmeleitungs-K; *P* – Ettingshausen-K; *Q* – Nernst-Ettingshausen-K; *S* – Righi-Leduc-K; *N* – Nernst-K.

Störleitung, bedingt durch den Hall-Effekt, sehr schnell klein. Diese Erscheinung kann durch den gerichteten Einbau kurzschließender metallischer Ausscheidungen, z. B. im System n-InSb-NiSb unterdrückt werden.

In Analogie zur Effektivitätskennzahl bei thermoelektrischen Materialien wird die Größe

$$z_{E,i} = \frac{(Q \cdot B)^2 \cdot \sigma}{\lambda} \qquad (3)$$

eingeführt (σ – elektrische Leitfähigkeit, Index i: isotherme Meßbedingung). Abbildung 1 zeigt z_E für Materialien mit relativ großem thermomagnetischen Effektivitätskoeffizienten. Ebenso wie der Nernst-Ettingshausen-Effekt ist auch der Magneto-Seebeck-Effekt in Bi-Sb-Legierungen besonders stark (siehe *Peltier-Effekt*, Abb. 2). Bezüglich weiterer Kenndaten auch der anderen thermomagnetischen Effekte, muß auf die Literatur verwiesen werden [1–5].

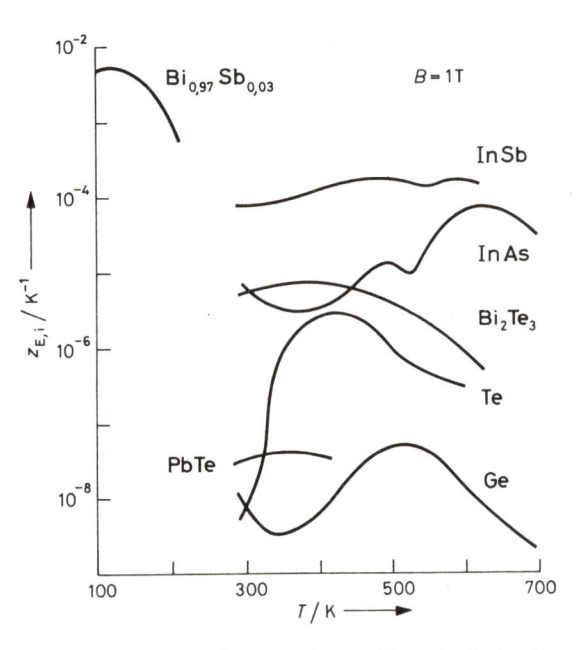

Abb. 1 Isotherme Effektivitätskennzahl $z_{E,i}$ des Ettingshausen- bzw. Nernst-Ettingshausen-Effekts für einige Materialien mit großem thermomagnetischem Effekt (nach [3]).

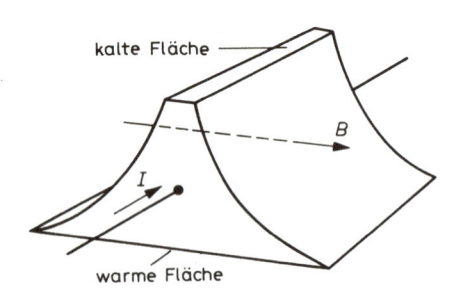

Abb. 2 Optimale Form eines Ettingshausen-Kühlers

Anwendungen

Thermomagnetische Kühlung bei niedrigen Temperaturen. Bei tieferen Temperaturen sind diese Kühler den thermoelektrischen wegen des größeren z-Wertes und des einfacheren Aufbaus überlegen. Bei einem exponentiell verjüngten Querschnitt (Abb. 2), der einer thermoelektrischen Kaskade äquivalent ist, werden mit $Bi_{0,97}Sb_{0,03}$ folgende Werte erzielt [4]: $T_{warm} = 120...200$ K, Flächenverhältnis $A_{warm}/A_{kalt} = 25...50$, $\Delta T = T_{warm} - T_{kalt} = 50...70$ K, $I = 20...50$ A, $B = 1,5$ T, $z_{E,i} \cdot T = 0,3...0,5$. In kombinierten Kühlkaskaden, wo in den wärmeren Stufen der Magneto-Seebeck-Effekt und in den kälteren der Ettingshausen-Effekt ausgenutzt werden, wurde mit $B = 0,3$ T und $N = 8$ mW Kühlleistung eine Abkühlung von 300 auf 128 K erzielt. Kaskaden, die $T_{kalt} \approx 70$ K erreichen, sind in der Perspektive denkbar [5]. Im Temperaturbereich $T = 2...10$ K wird der Einsatz von Graphit ($z_E \cdot T \approx 0{,}013$ bei 4,2 K) diskutiert. Beispielsweise wurde der Einsatz von thermomagnetischen Kühlern zur Kühlung von supraleitenden Spulen patentiert [3].

Nernst-Ettingshausen-Thermoelemente. Der Wirkungsgrad thermomagnetischer Generatoren ist mit $\eta = 2...2{,}5\%$ bei $B = 1$ T und $T = 400$ K den thermoelektrischen Generatoren (siehe *Seebeck-Effekt*) unterlegen. Es gibt aber Sonderfälle, wo es auf kleine Zeitkonstanten ankommt, z. B. bei der Leistungsmessung kurzer Lichtimpulse. Hier sind Nernst-Ettingshausen-Thermoelemente denen auf der Basis des Seebeck-Effekts überlegen [6]. Folgende Spannungsempfindlichkeiten sind bei $B = 1$ T und $T = 300$ K erreicht: InSb-NiSb-Legierungen: 15 mV/W; InSb: 3 mV/W; BiSn: 0,9 mV/W; Bi: 0,5 mV/W; BiSb: 0,4 mV/W. Dabei liegt die Zeitkonstante τ in BiSn-Schichten der Dicke $d \approx 100$ nm bei $\tau = 100$ ns und in InSb mit $d = 0{,}1$ mm bei $\tau \leq 0{,}2$ ms [7].

Störeffekt bei galvanomagnetischen und thermoelektrischen Messungen. Bei der Messung des Hall-Effekts unter adiabatischen Bedingungen ruft der Ettingshausen-Effekt einen Temperaturgradienten in Richtung des Hall-Feldes hervor. Der entstehende Temperaturunterschied zwischen beiden Hall-Kontakten verursacht eine Thermospannung (siehe *Seebeck-Effekt*), die der Hall-Spannung überlagert ist. Außerdem bewirkt bei Anwesenheit eines Temperaturgradienten in Stromrichtung (hevorgerufen z. B. durch den *Peltier-Effekt*) der Nernst-Ettingshausen-Effekt eine zusätzliche transversale Spannung. Besonders in stärker dotierten Halbleitern (Ladungsträgerkonzentration $\geq 10^{18}$ cm^{-3}) können diese Effekte den Hall-Effekt merklich verfälschen (Störung $\geq 10\%$) [8].

Bei der Messung des Nernst-Ettingshausen-Effekts lassen sich in der Regel nicht völlig isotherme Meßbedingungen realisieren (siehe Tab. 1), so daß in Richtung des Nernst-Ettingshausen-Feldes infolge des Righi-Leduc-Effektes auch ein Temperaturgradient auftritt. S liegt in der Größenordnung $\mu \cdot \lambda_e / \lambda$ (μ – Beweglichkeit, λ_e – elektronischer Anteil an der Gesamtwärmeleitung λ). Solange $\lambda_e \ll \lambda$, ist selbst bei $\mu \cdot B \approx 1$ $dT/dy \ll dT/dx$. In Materialien mit großem z kann dennoch der transversale Temperaturgradient so groß werden, daß die über den Seebeck-Effekt entstehende zusätzliche Spannung in die Größenordnung der Nernst-Ettingshausen-Spannung kommt [2].

Untersuchungen zur Ladungsträgerstreuung. Gemäß Gl. (1) und (2) hängt Q empfindlich von r ab, d. h. vom Mechanismus der Ladungsträgerstreuung. Damit ist der Nernst-Ettingshausen-Effekt zur Untersuchung der Streuprozesse besonders geeignet [1].

Magneto-Seebeck-Effekt im quantisierenden Magnetfeld. Von den thermomagnetischen Effekten eignet sich besonders die Magnetfeldabhängigkeit des Seebeck-Koeffizienten zur Untersuchung der Elektron-Phonon-Wechselwirkung (siehe auch *Magnetophonon-Effekt*). Im Gegensatz zum Magnetowiderstand im quantisierenden Magnetfeld (siehe *Shubnikov-de Haas-Effekt*) machen sich geringfügige Materialinhomogenitäten und Oberflächeneffekte weniger störend bemerkbar [9].

Literatur

[1] Čidil'kovskij, I. M.: Termomagnitnye javlenija v poluprovodnikach. – Moskva: Gos. izd. fiz.-mat. lit. 1960.

[2] Seeger, K.: Semiconductor Physics. – Wien/New York: Springer Verlag 1973.

[3] Anatyčuk, L. I.: Termoélementy i termoélektričeskie ustrojstva. – Kiev: Naukova dumka 1979.

[4] Osipov, È. V.; Varič, N. I.; Mitikej, P. P., Fiz. Tekh. Poluprov. 7 (1973) 176.

[5] Osipov, È. V.: Tverdotel'naja kriogenika. – Kiev: Naukova dumka 1977.

[6] Soa, E. A.; Ebel, T. Exper. Tech. Phys. 25 (1977) 63.

[7] Ebel, T.; Soa, E. A.: Proc. 8th Internat. IMEKO-Symp. on Photon Detectors, Prague 22.–25.8.1978, S.272.

[8] Kučis, E. V.: Metody issledovanija éffekta Cholla. – Moskva: Sov. Radio 1974.

[9] Puri, S. M.; Geballe, T. H.: Thermomagnetic effects in the quantum region. In: Semiconductors and Semimetals. Hrsg.: R. K. Willardson, A. C. Beer. – New York/London: Academic Press 1966. Bd. 1, S.203–264.

Thyristoreffekt

Im Jahre 1948 wurde von BARDEEN und BRATTAIN die Injektion von Minoritätsträgern in einem p-n-Übergang entdeckt. Daraufhin sagte SHOCKLEY den aus drei unterschiedlich dotierten Schichten (npn oder pnp) bestehenden Injektionstransistor voraus, der im Jahre 1951 erstmals realisiert werden konnte. Durch Hinzufügen einer weiteren dotierten Schicht wurde im Jahre 1956 von MOLL, TANNENBAUM, GOLDEY und HOLONYAK [1] erstmals der Thyristoreffekt nachgewiesen.

Sachverhalt

Wird eine Siliciumscheibe mit vier abwechselnd p- und n-leitenden Zonen versehen, entsteht die in Abb. 1 dargestellte Struktur eines Thyristors. Wird eine Spannungsquelle (U_{RO}) derart an den Thyristor angeschlossen, daß ihr Pluspol mit der Katode und ihr Minuspol mit der Anode verbunden ist, sind die beiden äußeren p-n-Übergänge S1 und S3 in Sperrichtung polarisiert und es fließt – ähnlich wie bei einer gesperrten Gleichrichterdiode – der vernachlässigbar kleine Sperrstrom I_{RO} (siehe Abb. 2). Der Thyristor arbeitet im *Sperrbereich*.

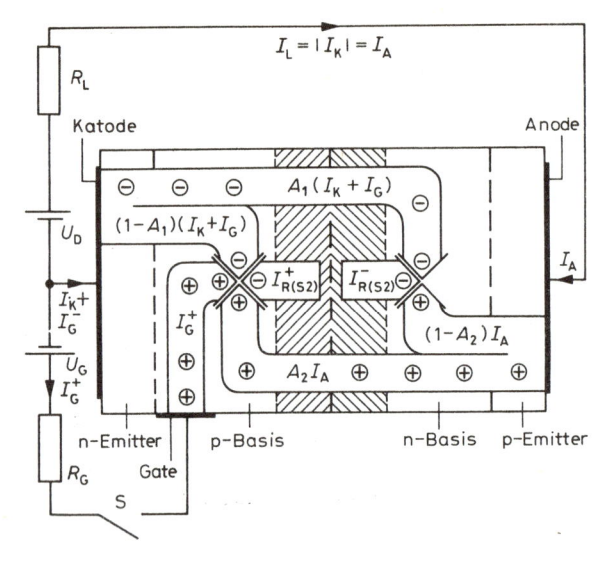

Abb. 1 npnp-Thyristoranordnung mit Elektronen- und Löcherstromkomponenten während des Zündvorganges

Ähnliches Verhalten ergibt sich bei Umpolung der Spannungsquelle (Pluspol an Anode, Minuspol an Katode), weil jetzt der mittlere p-n-Übergang (S2) in Sperrichtung polarisiert ist. Der Thyristor arbeitet im *Blockierbereich*. Wird nun entsprechend Abb. 1 über die dritte Elektrode (Gate) des Thyristors durch Schließen des Schalters S ein positiver Strom I_G einge-

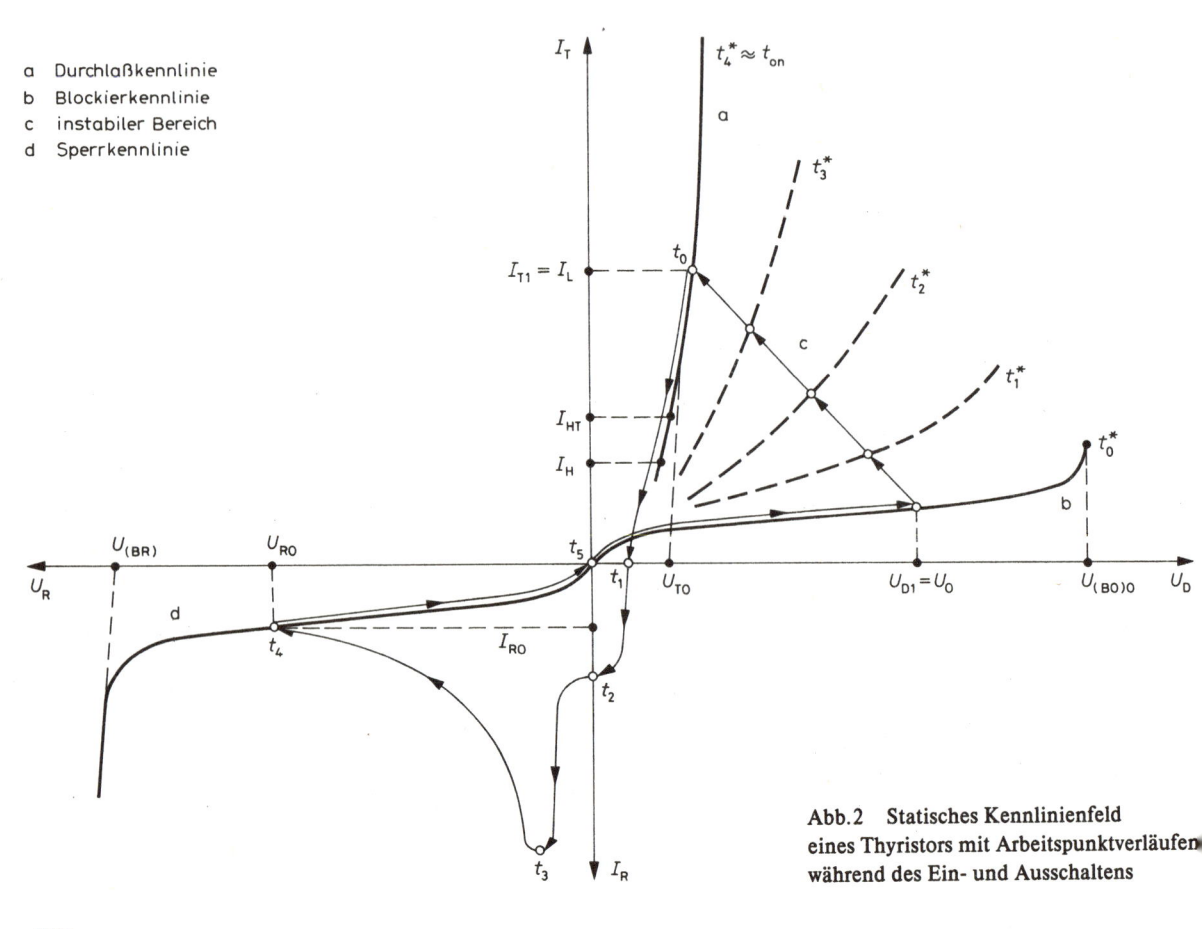

a Durchlaßkennlinie
b Blockierkennlinie
c instabiler Bereich
d Sperrkennlinie

Abb. 2 Statisches Kennlinienfeld eines Thyristors mit Arbeitspunktverläufen während des Ein- und Ausschaltens

speist, bricht die über dem mittleren p-n-Übergang S2 abfallende Spannung U_{D1} bis auf etwa 1 V zusammen. Im Anoden-Katodenkreis fließt nun der durch die Spannung U_0 ($\gg$ 1 V) angetriebene Laststrom I_L. Der Thyristor ist gezündet und arbeitet im *Durchlaßbereich*. Dieser Zündvorgang (Thyristoreffekt) soll im folgenden näher erläutert werden (Abb. 1).

Bei angelegter Blockierspannung werden von der Anode (p-Emitter) positive Ladungsträger (Löcherstrom I_A) in die schwach dotierte n-Basis injiziert. Die Katode (n-Emitter) injiziert Elektronen (I_K) in die p-Basis. Diese Injektion wird noch durch die Steuerstromeinspeisung verstärkt. Die Stromkomponenten $I^+_{R(S2)}$ und $I^-_{R(S2)}$ repräsentieren den Sperrstrom des mittleren p-n-Überganges.

In den beiden Basisgebieten kommt es nun zu einer Rekombination der eingespeisten Ladungsträger. Mit Beginn der Steuerstromeinspeisung laufen die folgenden Vorgänge ab:

Ein Teil des vom Emitter in die p-Basis injizierten Elektronenstromes $A_1(I_K + I_G)$ erreicht die als Kollektor arbeitende Sperrschicht S2, durchdringt sie und rekombiniert in der n-Basis. Der Rest $(1 - A_1)(I_K + I_G)$ rekombiniert in der p-Basis. Ähnliches geschieht in der n-Basis. Die beiden Stromanteile $A_2 I_A$ und $(1 - A_2) I_A$ rekombinieren in der p- bzw. n-Basis. Die verwendeten Faktoren A_1 und A_2 – aus der Transistortechnik her bekannt als Stromverstärkungsfaktoren in Basisschaltung – sind kleiner 1 und nicht konstant; sie wachsen mit steigender Stromdichte und Temperatur.

Durch Aufstellen der Rekombinationsbilanzen kann nun die Zündbedingung recht anschaulich dargestellt werden. Bei den nachfolgenden Ausführungen wurde $I_K = I_A$ und $I^+_{R(S2)} = I^-_{R(S2)} = I_{R(S2)}$ gesetzt. Diese Umformungen sind zulässig, weil aus Kontinuitätsgründen die aufgeführten Strombeträge gleich groß sein müssen.

Da Löcher und Elektronen jeweils paarweise rekombinieren, gelten in den beiden Basisgebieten die folgenden Beziehungen:

n-Basis: $(1 - A_2) I_A = A_1(I_A + I_G) + I_{R(S2)}$, (1)

p-Basis: $(1 - A_1)(I_A + I_G) = A_2 I_A + I_G + I_{R(S2)}$. (2)

Aus den Gleichungen (1) bzw. (2) folgt für den Anodenstrom I_A die Beziehung

$$I_A = \frac{I_{R(S2)} + A_1 I_G}{1 - (A_1 + A_2)}.\quad (3)$$

Nach Gl. (3) geht der Thyristor dann in den Durchlaßbereich über, wenn die Summe der mit dem Anoden- und Steuerstrom anwachsenden Faktoren $(A_1 + A_2)$ gegen 1 geht. Der Anodenstrom strebt in diesem Fall gegen unendlich. In der Praxis wird dieser Strom durch den Lastwiderstand R_L begrenzt.

Statisches Kennlinienfeld und Schaltverhalten. Abbildung 2 zeigt das prinzipielle Kennlinienfeld eines Thyristors. Die drei oben beschriebenen Bereiche sind durch die Blockier-, Durchlaß- und Sperrkennlinie charakterisiert. Im folgenden werden die wichtigsten Parameter dieser drei Kennlinien kurz erläutert.

Die Nullkippspannung $U_{(BO)0}$ charakterisiert die maximal mögliche Blockierfähigkeit des Thyristors. Bei Erreichen dieses Wertes schaltet der Thyristor ohne Steuerstromeinspeisung ein.

Die Durchbruchspannung $U_{(BR)}$ charakterisiert die maximal mögliche Sperrfähigkeit des Thyristors.

Der Einraststrom I_{HT} ist der Strom, der im Lastkreis fließen muß, damit der Thyristor auch nach Abschalten des Steuerstroms im gezündeten Zustand verbleibt.

Der Haltestrom I_H ist der Strom, der im Lastkreis unterschritten werden muß, damit der Thyristor ausschaltet, d. h. vom Durchlaß- in den Blockierbereich übergeht.

Die Schleusenspannung U_{T0} ist die Spannung, die überschritten werden muß, damit ein nennenswerter Durchlaßstrom fließen kann (vgl. Gleichrichterdiode).

Während sich auf den drei Kennlinienästen alle beliebigen Arbeitspunkte einstellen lassen, sofern die vom Hersteller angegebenen Grenzdaten nicht überschritten werden, ist dies im *instabilen Bereich* nicht möglich. Er wird in wenigen Mikrosekunden durchlaufen, in denen die im vorangegangenen Abschnitt dargestellten Vorgänge vonstatten gehen.

Für einen konkreten Blockierspannungswert $U_{D1} = U_0$ ist der Arbeitspunktverlauf während des Einschaltvorgangs durch Pfeile dargestellt. Die Verbindung aller möglichen Arbeitspunkte zu jeweils gleichen Zeiten $t_1^*...t_3^*$ ergibt die gestrichelten Linien im instabilen Bereich. Sie sollen den Zündvorgang (Thyristoreffekt) mit grafischen Mitteln veranschaulichen.

Die prinzipiellen zeitlichen Verläufe von Thyristorstrom und -spannung sowie vom Steuerstrom während des Ein- und Ausschaltvorganges sind in Abb. 3 dargestellt. Nach Beginn der Steuerstromeinspeisung vergeht eine gewisse Verzugszeit t_{gd} bis sich eine Thyristorspannungsabsenkung einstellt. Danach läuft die sogenannte Durchschaltzeit t_{gr} ab, nach deren Ende die Thyristorspannung U_D bis auf 10 % ihres Anfangswertes abgeklungen ist.

Die Summe beider Zeitabschnitte ist die Einschaltzeit t_{on}. Aus Bild 3 kann außerdem noch die Mindestimpulsdauer des Steuerstroms t_{min} abgelesen werden; er muß mindestens solange fließen, bis der Thyristorstrom i_T den Einraststrom I_{HT} erreicht hat.

Der nachfolgend beschriebene Ausschaltvorgang ist komplizierter. Im allgemeinen wird nicht nur der Haltestrom I_H unterschritten, sondern es wird durch Anlegen einer Sperrspannung der Ausschaltvorgang beschleunigt. Dabei laufen die folgenden Vorgänge ab (siehe Abb. 2 und 3): Zum Zeitpunkt t_0 fließt der Thyristorstrom $I_{T1} = I_L$. Danach beginnt durch Anlegen einer Sperrspannung ein Stromabfall $(-di_T/dt)$ bis zur

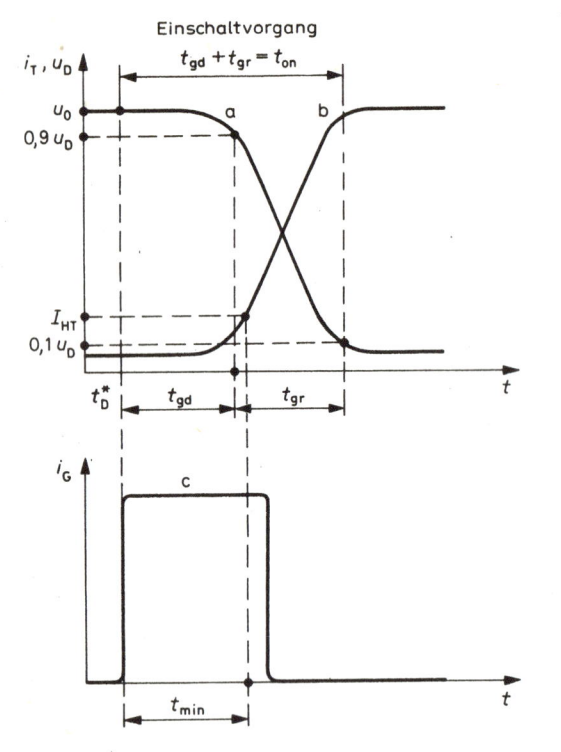

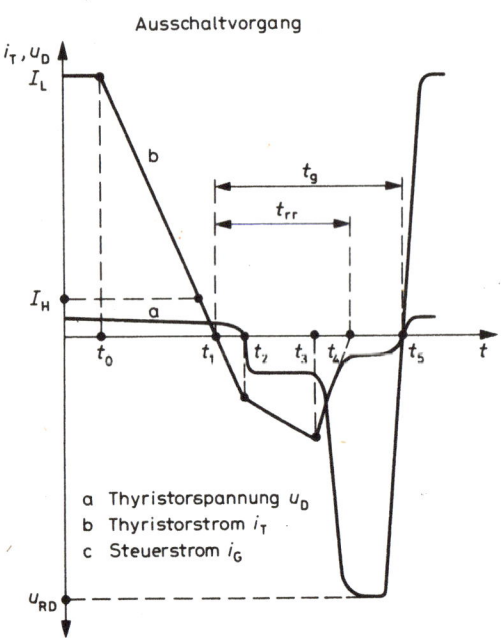

Abb. 3 Zeitliche Verläufe von Thyristorstrom- und spannung während des Ein- und Ausschaltens

ringen Teil der angelegten Sperrspannung. Ab Zeitpunkt t_3 ist nun auch die anodenseitige Sperrschicht S3 von Ladungsträgern befreit und übernimmt nahezu die gesamte angelegte Sperrspannung. Dieser Ausschaltvorgang, beginnend bei t_1 und endend mit der Übernahme der gesamten Sperrspannung (t_4), wird charakterisiert durch die in Abb. 3 eingezeichnete Sperrverzugszeit t_{rr}. Eine erneute Blockierbelastung darf erst dann erfolgen, wenn nach der Sperrspannungsübernahme zum Zeitpunkt t_4 noch eine gewisse Zeit vergangen ist, bis die in der Sperrschicht S2 verbliebenen Ladungsträger rekombiniert sind. Andernfalls schaltet der Thyristor sofort wieder ein.

Die den gesamten Vorgang charakterisierende Zeit zwischen Stromnulldurchgang (t_1) und frühestmöglicher Wiederkehr der Blockierspannung (t_5) wird als Freiwerdezeit t_q bezeichnet.

Anwendungen

Der im vorangegangenen Abschnitt beschriebene Thyristoreffekt wurde anhand der rückwärtssperrenden Thyristortriode erläutert, die auch am häufigsten angewendet wird und unter der Bezeichnung Thyristor bekannt ist. Streng genommen umfaßt dieser Begriff eine große Bauelementefamilie, deren Gemeinsamkeit in der Ausnutzung des Thyristoreffekts besteht. Einteilungsprinzipien können [2] und [3] entnommen werden.

Im folgenden werden technisch wichtige Bauelemente und deren grundlegenden Eigenschaften sowie typische Einsatzfälle in der Leistungselektronik beschrieben. Auf Ansteuerprobleme wird dabei nicht eingegangen.

Rückwärtssperrende Thyristortrioden (Thyristoren). Diese Bauelemente kommen beispielsweise in netzgelöschten Schaltungen zur Anwendung, in denen der Ausschaltvorgang durch den Polaritätswechsel des speisenden Wechsel- oder Drehstromnetzes erfolgt. Hierzu zählen die in Abb. 4 dargestellten gesteuerten Gleichrichter.

Wegen des vorwählbaren Zündzeitpunktes der Thyristoren kann ein variierbarer Gleichspannungsmittelwert eingestellt werden. Er bewegt sich zwischen Null und einem Maximalwert, der sich bei Einsatz von Gleichrichterdioden anstelle von Thyristoren ergeben würde.

Abbildung 5 zeigt charakteristische Strom- und Spannungsverläufe von Ein-, Zwei- und Dreipulsgleichrichtern bei ohmscher Last. Der Zündverzögerungswinkel α ist ein Maß für die Zeitdifferenz zwischen der möglichen und der tatsächlichen Stromübernahme, die erst nach Einspeisung eines Steuerstroms I_G erfolgt.

Triacs (Bidirektionale Thyristoren). Diese Bauelemente wirken wie zwei antiparallel geschaltete Thyristoren,

Zeit t_2. Die Zeitpunkte t_1 und t_2 werden durch den Strom- bzw. Spannungsnulldurchgang bestimmt.

Die auftretende Phasenverschiebung ist auf eine Ladungsträgerspeicherung in den Sperrschichten zurückzuführen (Kondensatorprinzip). Weiterhin hat zum Zeitpunkt t_2 die katodenseitige Sperrschicht S1 (Abb. 1) ihre Sperrfähigkeit wiedererlangt und übernimmt aufgrund ihres Dotierungsprofils nur einen ge-

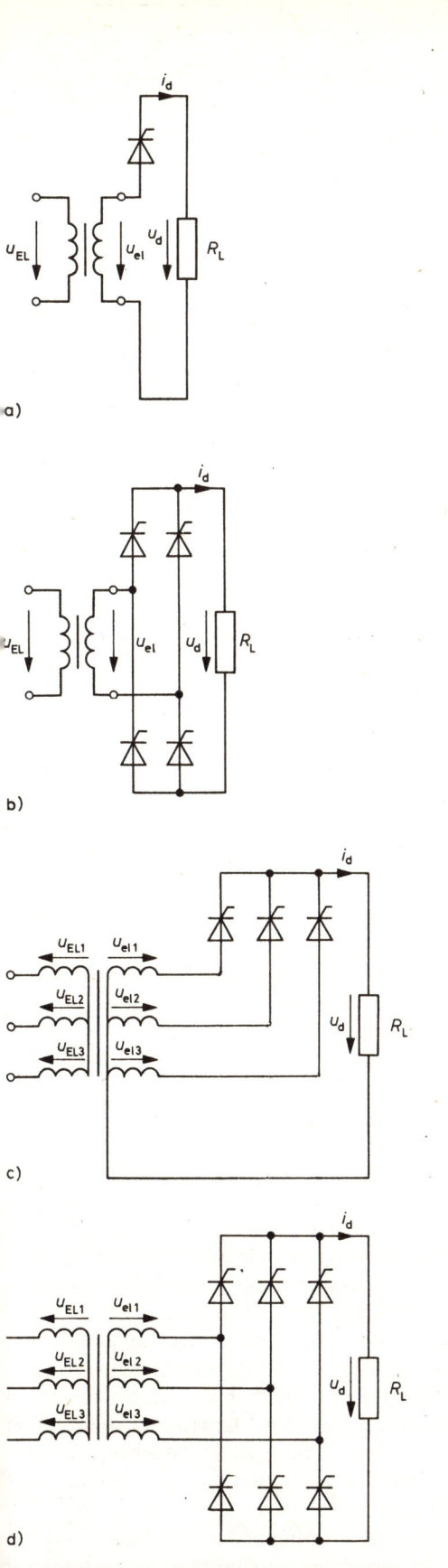

Abb. 4 Schaltungsvarianten gesteuerter Gleichrichter (Auswahl)
a) Einpulsgleichrichter, b) Zweipulsgleichrichter,
c) Dreipulsgleichrichter, d) Sechspulsgleichrichter

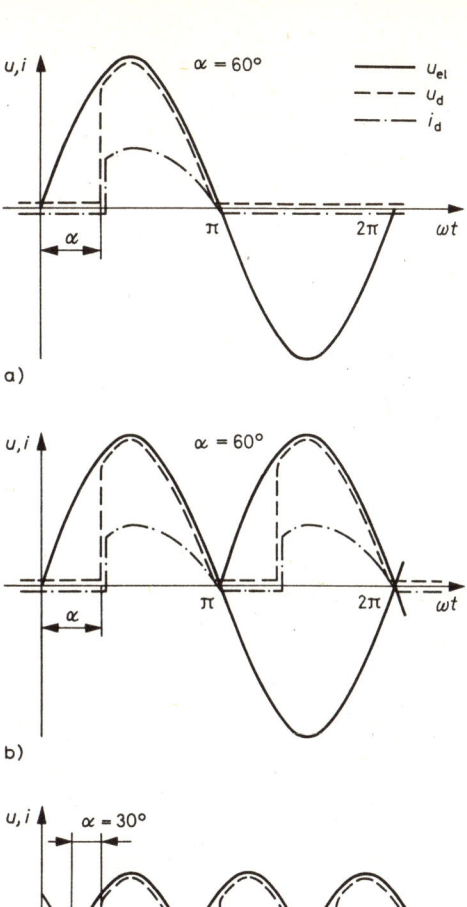

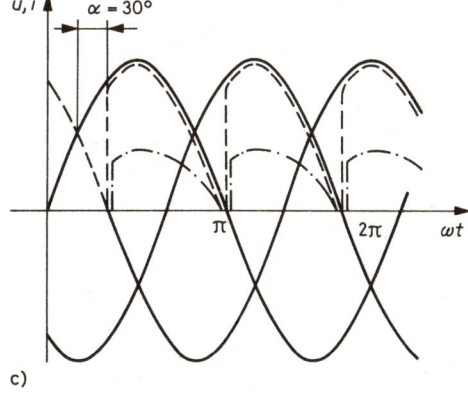

Abb. 5 Ein- und ausgangsseitige Gleichrichterspannungen sowie Gleichstrom von
a) gesteuerter Einpulsgleichrichter, b) gesteuerter Zweipulsgleichrichter, c) gesteuerter Dreipulsgleichrichter

d. h., sie können in beiden Polaritäten sowohl Blockierspannung übernehmen als auch Durchlaßstrom führen. Abbildung 6 illustriert diesen Sachverhalt anhand der statischen Kennlinie und der Zonenfolge [2]. Diese Zonenfolge ist so gestaltet, daß jeweils links und rechts der gestrichelten Linie eine Vierschichtstruktur gemäß Abb. 1 entsteht, die entsprechend der angelegten Spannung wie ein mit Blockierspannung beaufschlagter Thyristor wirkt. Die Ansteuerung beider „Teilthyristoren" erfolgt über den Steueranschluß G, wobei die Polarität des Steuerstroms I_G beliebig ist. Im Falle der vier möglichen Polaritätskombinationen der Spannung an den Hauptanschlüssen (HA1, HA2) und

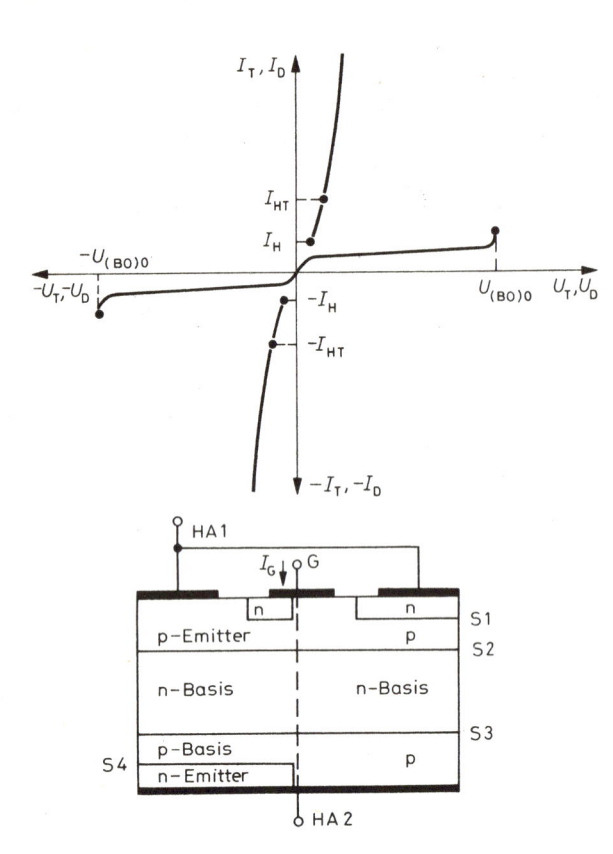

Abb. 6 Kennlinienfeld und Zonenfolge eines Triacs

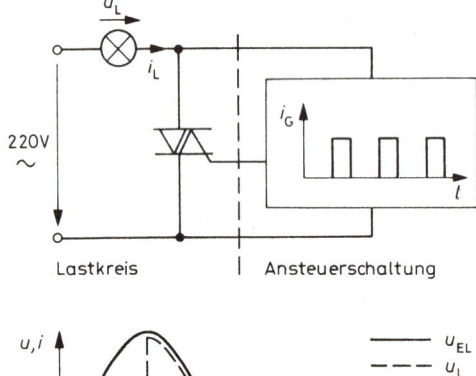

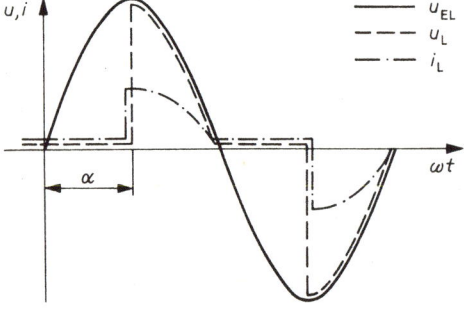

Abb. 7 Lastkreis, Ansteuerschaltung sowie typische Strom- und Spannungsverläufe eines Lichtstellers

der Steuerspannung laufen die folgenden Vorgänge ab:

a) Rechter Teilthyristor zündfähig (HA1; negativ, HA2 positiv): Bei positivem Steuerstrom verläuft der Zündvorgang analog dem eines Thyristors (Abb. 1). Negativer Steuerstrom hat durch die am Gate angeordnete n-Zone eine Elektroneninjektion zur Folge, die die n-Basis mit Elektronen auffüllt und damit S2 aufsteuert.

b) Linker Teilthyristor zündfähig (HA1 positiv, HA2 negativ): Ein positiver Steuerstrom injiziert über die in Durchlaßrichtung gepolte Sperrschicht S2 Löcher in die n-Basis. Der durch die Sperrschicht S3 gelangende Löcherstromanteil reichert die p-Basis mit Löchern an, so daß diese aufgesteuert wird. Negativer Steuerstrom hat – wie oben – eine Elektroneninjektion zur Folge, die die Sperrschicht S3 aufsteuert.

Diese Bauelemente eignen sich vorzugsweise zur Leistungsstellung wechsel- bzw. drehstromgespeister Lasten. Triacs kleiner Leistung werden hauptsächlich in der Konsumgüterelektronik zur Drehzahlsteuerung und Lichtstellung eingesetzt. Das Prinzip eines solchen Lichtstellers sowie die wichtigsten Kurvenverläufe sind in Abb. 7 enthalten.

Abschaltbare Thyristoren (GTO). Eine wesentliche Weiterentwicklung auf dem Gebiet der Leistungshalbleiterbauelemente stellt der abschaltbare Thyristor (Gate-Turn-Off Thyristor) dar. Durch ihn ist es möglich, den Laststrom mit Hilfe eines negativen Steuerstromimpulses abzuschalten. Bei allen anderen Thyristorbauelementen kann dies nur durch Unterschreitung des Haltestroms – d. h. also im Lastkreis selbst – realisiert werden. Hauptanwendungsgebiete dieser Bauelemente sind die sogenannten zwangsgelöschten Schaltungen der Leistungselektronik. Der abschaltbare Thyristor kann demzufolge überall dort vorteilhaft eingesetzt werden, wo Gleichströme ein- und ausgeschaltet werden müssen. Das ist beispielsweise bei statischen Frequenzumrichtern für drehzahlveränderliche Drehstromantriebe notwendig. Ein weiterer typischer Einsatzfall für abschaltbare Thyristoren sind Gleichspannungssteller, die durch periodisches Ein- und Ausschalten des Bauelementes den Spannungsmittelwert über der Last verändern. Sie werden u. a. (Abb. 8) zur Drehzahlsteuerung von Gleichstrommotoren eingesetzt. Die Drehzahl des Motors ist dabei etwa proportional dem eingestellten Spannungsmittelwert $(T_e/T) U_D$. Aufgrund der wirksamen Induktivitäten (Motor) steigt der Laststrom I_L nur relativ langsam an und fällt auch entsprechend langsam ab, wobei dieser abfallende Strom nicht durch den abschaltbaren Thyristor T1, sondern durch die sogenannte Freilaufdiode D1 fließt.

Weitere Bauelemente. Aufgrund der Forderung nach höheren Betriebsfrequenzen sind eine Reihe spezieller Thyristorbauelemente entwickelt worden, die sich durch geringe Schaltzeiten auszeichnen. Von besonderem Interesse ist dabei die Verringerung der Frei-

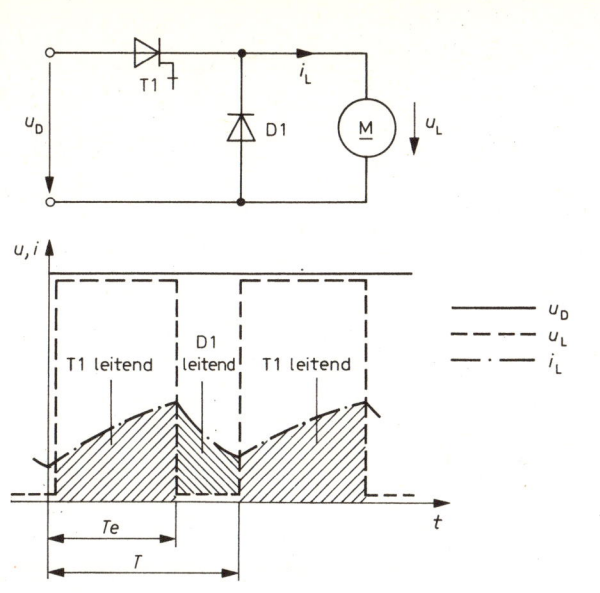

Abb. 8 Gleichspannungssteller mit einem abschaltbaren Thyristor (GTO) sowie Strom- und Spannungsverläufe bei Speisung eines Gleichstrommotors

werdezeit t_q, die in erster Linie die obere Betriebsfrequenz begrenzt.

Als erster Vertreter dieser Gruppe seien die *Frequenzthyristoren* genannt. Hierbei handelt es sich um rückwärtssperrende Thyristortrioden, deren Freiwerdezeit ($\leq 20\,\mu s$) durch ein spezielles Dotierungsprofil minimiert wird. *Abschaltunterstützte Thyristoren* (GATT) sind ebenfalls rückwärtssperrende Thyristortrioden, deren Ausschaltvorgang durch Einspeisen eines negativen Steuerstroms zusätzlich beschleunigt wird.

In verschiedenen Anwendungsfällen (z. B. Abb. 8) wird das Thyristorbauelement nicht mit Sperrspannung beansprucht. Man kann also von vornherein ein Bauelement ohne Sperrvermögen konzipieren und das Dotierungsprofil so gestalten, daß u. a. gutes dynamisches Verhalten (geringe Freiwerdezeit t_q) entsteht. Bei derartigen Bauelementen ist zwischen *rückwärts nichtsperrenden* und *rückwärts leitenden* Thyristoren zu unterscheiden. Die letztgenannten Bauelemente können aufgrund einer zusätzlich integrierten Diodenstruktur mit Rückwärtsstrom belastet werden.

Bei *lichtzündbaren Thyristoren* [4] wird das mit Blockierspannung beanspruchte Bauelement durch Bestrahlung eines Teils der n^+-Emitterfläche eingeschaltet. Die in den Kristall eindringenden Photonen erzeugen durch den Photoeffekt Elektronen-Loch-Paare. Die so entstandenen freien Ladungsträger haben die gleiche Wirkung wie der positive Steuerstrom herkömmlicher Thyristoren.

Die Anwendung lichtzündbarer Thyristoren konzentriert sich auf Anlagen mit hohen Spannungen und großen Potentialunterschieden zwischen den Bauelementen. Als Beispiel sei hier die Hochspannungs-Gleichstrom-Übertragung (HGÜ) genannt.

Abschließend seien noch zwei Bauelemente aufgeführt, deren Funktionsweise ebenfalls auf dem oben erläuterten Prinzip beruht, die aber nicht mit einem Zündstrom, sondern durch Überschreiten der Nullkippspannung $U_{(BO)0}$ eingeschaltet werden. Es handelt sich hierbei um die *Vierschichtdiode* und den *Diac*. Die Bauelemente kann man sich als Thyristor bzw. Triac jeweils ohne Steuerelektrode vorstellen. Sie sind zur Ansteuerung leistungselektronischer Bauelemente gut geeignet, da durch das schnelle Zusammenbrechen ihrer Blockierspannung ein steiler Steuerstromimpuls realisierbar ist. Aufgrund dieses Anwendungsgebietes (Konsumgüterelektronik) werden hauptsächlich Typen mit geringer Strombelastbarkeit gefertigt.

Literatur

[1] Moll, J.L.; Tannenbaum, M.; Goldey, J.H.; Holonyak, N.: pnpn-transistor switches. Proc. IRE 44 (1956) 1174.
[2] VEM-Handbuch „Leistungselektronik". – Berlin: VEB Verlag Technik 1978.
[3] Paul, R.: Transistoren und Thyristoren. – Berlin: VEB Verlag Technik 1977.
[4] Halbleiterelektronik. Hrsg.: W. Heywang und R. Müller. – Berlin/Heidelberg/New York: Springer-Verlag 1979. Bd. 12 – Gerlach, W.: Thyristoren.

Transistoreffekt (bipolar)

Der bipolare Transistor wurde im Dezember 1947 von BARDEEN, BRATTAIN und SHOCKLEY bei Versuchen, den Feldeffekt in Germanium nachzuweisen und damit ein Verstärkerbauelement zu realisieren [1], erfunden [2]. Transistor ist ein Kurzwort für Transfer Resistor (engl.).

Die Erfindung des Transistors war Ausgangspunkt für eine die gesamte Technik verändernde Entwicklung der Elektronik zur modernen Mikroelektronik. Entscheidend dafür war, daß das physikalische Wesen der Erscheinungen in dem zunächst praktisch noch wenig brauchbaren Spitzentransistor richtig erkannt wurde [3]. Ausgehend von dieser Erkenntnis konnten eine Reihe wesentlicher weiterer Erfindungen gemacht werden, die schließlich zu dem heute erreichten Stand führten: der legierte Flächentransistor [4], gezogene p-n-Übergänge [5], Reinigung durch Zonenschmelzen [6], der Germanium-Hochfrequenztransistor mit diffundierter Basis [7]. Für die Schaffung der integrierten Festkörperschaltkreise, der Grundlage für die Schaffung der Mikroelektronik, war der Übergang zum Silicium entscheidend. Hier wurden Durchbrüche erreicht durch: die Diffusionstechnik zur Herstellung von Transistorstrukturen [8], die für die Leistungselektronik vorrangig wichtige Abscheidung von hochreinem Silicium an Siliciumseelen [9], die tiegelfreie Zonenfloatingtechnik [10], die SiO_2-Maskierung [11], die Epitaxietechnik [12], die Planartechnik [13], die Ionenimplantation [14]. Es ist nicht möglich, hier die gesamten weiteren wichtigen technologischen Durchbrüche aufzuführen, die auf solchen Gebieten wie z.B. der Kontaktierung oder der Photolithographie notwendig waren, um den heutigen Stand zu erreichen.

Ein wichtiges treibendes Moment der Transistorentwicklung war stets, dieses Bauelement für immer höhere Frequenzen einsetzbar zu machen. Mit dem Erreichen des UKW-Bereichs durch den Legierungsdiffusionstransistor [15] war ein wichtiger Fortschritt für den Masseneinsatz in der Unterhaltungselektronik erreicht. Hierher rührte auch zuerst der Druck, zu geometrisch immer feineren Transistorstrukturen überzugehen und den Einsatz anderer Halbleitermaterialien, insbesondere des GaAs, voranzutreiben, der dann auch zu anderen sehr bedeutenden Entwicklungen in der Halbleitertechnik führte.

Sachverhalt

Erzeugt man in einem einheitlichen Halbleiterkristall eng räumlich benachbart zwei p-n-Übergänge (Abb. 1) und spanne ich dann den einen p-n-Übergang in Flußrichtung vor, so werden von diesem Emitter genannten p-n-Übergang Minoritätsträger in die gemeinsame Basis beider p-n-Übergänge injiziert (siehe *Injektion*). Wird nun der andere p-n-Übergang, der Kollektor, in Sperrichtung vorgespannt, so fließt bei Injektion im Kollektorstromkreis ein sehr viel höherer Strom, als normalerweise der Sperrkennlinie (S. 366, Formel (21)) entspricht. Dieser Effekt beruht darauf, daß die Minoritätsträger einen sperrgespannten pn-Übergang ohne Schwierigkeiten durchlaufen können. Dies ist in Analogie zur Photodiode gut zu verstehen.

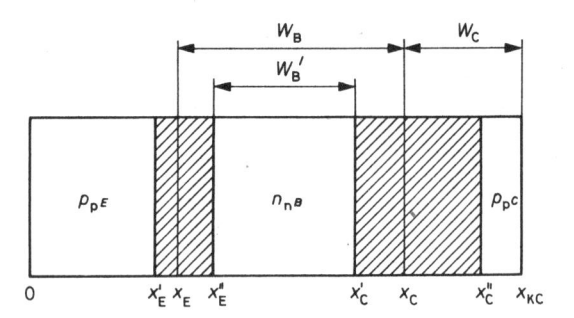

Abb. 1 Schematische Darstellung eines pnp-Transistors. Die schraffierten Gebiete sind die Raumladungszonen (x'_E, x''_E am Emitter- und (x'_C, x''_C) am Kollektorübergang. Ihre Größenverhältnisse entsprechen im Prinzip dem Fall $p_{pE} > n_{nB} > p_{pC}$. Die wirksame Basisweite $W'_B = x'_C - x''_E$ unterscheidet sich von der durch die Dotierungswechsel bei x_E und x_C bestimmten Basisweite $W_B = x_C - x_E$ je nach anliegenden Spannungen mehr oder weniger stark. Bei x_{KC} liegt der Kollektorkontakt.

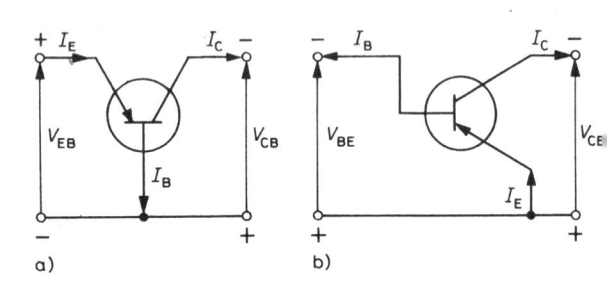

Abb. 2 a) pnp-Transistor in Basisschaltung; b) pnp-Transistor in Emitterschaltung. Bei npn-Transistoren kehren sich die Polungen aller Spannungen um.

Die eben beschriebene Anordnung wird als Transistor bezeichnet. Da für seine Funktion neben den ohnehin am Stromtransport beteiligten Majoritätsträgern die Minoritätsträger wesentlich sind, wird, wenn von den Feldeffekttransistoren abgegrenzt werden soll, vom bipolaren Transistor gesprochen. Wird der Emitterstromkreis mit dem Strom I_E an Emitter und Basis, der Kollektorstromkreis mit dem Strom I_c an Kollektor und Basis angeschlossen, so sprechen wir von Basisschaltung (Abb. 2). Die Stromverstärkung in Basisschaltung bei konstanter Kollektorspannung U_c wird gewöhnlich als α oder h_{21b} bezeichnet, es ist

$$\alpha = h_{21b} = \frac{\partial I_c}{\partial I_E} < 1. \tag{1}$$

Die Möglichkeit, mit Bipolartransistoren in Basisschaltung elektrische Signale zu verstärken, beruht auf der Impedanzwandlung zwischen dem niederohmigen Emitter- und dem hochohmigen Kollektorstromkreis als Eingang bzw. Ausgang. Niederohmiger Eingang der Verstärkerschaltung und Stromverstärkung kleiner eins ergaben eine von der bis dahin üblichen Röhrentechnik stark abweichende Situation, die den Einsatz der Transistoren zunächst behinderte. Mit dem Aufkommen der Emitterschaltung (Abb. 2) wurden diese Nachteile partiell überwunden; für die Stromverstärkung β oder h_{21e} gilt hier

$$\beta = h_{21e} = \frac{\alpha}{1-\alpha} ; \qquad (2)$$

um $\beta \gg 1$ zu erreichen, muß α also möglichst dicht bei 1 liegen.

Kennwerte, Funktionen

Die Stromverstärkung in Basisschaltung läßt sich ausgehend von der Berechnung der Kennlinie eines p-n-Übergangs (siehe *Injektion*) bestimmen. Für einen pnp-Transistor ist zunächst $\alpha_T = I_p(x'_c)/I_p(x_{E''})$, der sogenannte Transportfaktor, der die Minoritätsträgerverluste durch Rekombination in der Basis beschreibt, wesentlich. Da für die Basisweite $x'_c - x''_E = W_B \ll L_{pB}$ anzunehmen ist und für Δp eine Randbedingung $\Delta p(x'_c) \leq 0$ gelten sollte, tritt bei der Lösung der Diffusionsgleichung (siehe S. 364, Gleichung (10)) an die Stelle von Exponentialfunktionen der sinh $[(x'_c - x)/L_{pB}]$, und wir erhalten für den Transportfaktor

$$\alpha_T = \frac{\partial p}{\partial x}\bigg|_{x=x'_c} \bigg/ \frac{\partial p}{\partial x}\bigg|_{x=x_{E''}} = [\cosh(W'_B/L_{pB})]^{-1}. \qquad (3)$$

Außerdem ist der Emitterwirkungsgrad γ_p (siehe S. 366) zu berücksichtigen. Für γ_p erhalten wir mit den Randbedingungen $\Delta p(x'_c) = 0$ und $\Delta n(0) = 0$ sowie $x'_E \gg L_{nE}$, die meistens erfüllt sein dürften,

$$\gamma_p \approx \frac{1}{1 + \left(\frac{n_{nB}}{p_{pE}} \frac{D_{nE}}{D_{pB}}\right) \frac{L_{pB}}{L_{nE}} \cdot \tanh\left(\frac{W'_B}{L_{pB}}\right)} . \qquad (4)$$

Die Indizes E, B an n_n, L_p usw. erinnern daran, daß es sich hier um die betreffenden Größen im Emittergebiet bzw. in der Basis handelt.

Die Stromverstärkung α ergibt sich aus (3) und (4) als Produkt

$$\alpha = \gamma_p \, \alpha_T . \qquad (5)$$

Um α-Werte dicht bei 1 oder $\beta \gg 1$ zu erhalten, müssen also sowohl α_T als auch γ_p dicht bei 1 liegen. Daher muß einerseits $W_B \ll L_{pB}$ sein, d. h., es muß die Minoritätsträgerlebensdauer in der Basis $\tau_{pB} \gg W'^2_B/D_{pB}$ sein. Andererseits muß $n_{nB} L_{pB} \ll p_{pE} L_{nE}$ sein. Die letztgenannte Bedingung ist nicht immer leicht zu erfüllen, besonders wenn n_{nB} bereits relativ hoch und L_{nE} in dem sehr stark dotierten Emittergebiet bereits sehr klein ($L_{nE} \ll x'_E$) ist.

In Formel (4) wurde der Rekombinationsstrom [vgl. S. 366, Formel (22)] nicht berücksichtigt, der anders als

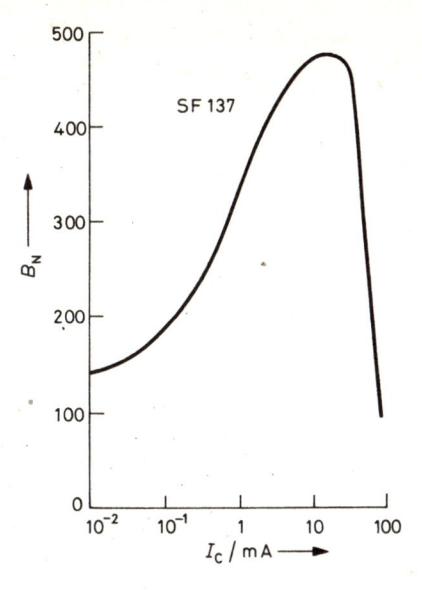

Abb. 3 Die Abhängigkeit des Großsignalstromverstärkungsfaktors (Emitterschaltung) $B_N = I_C/I_B$ für den npn-Silizium-Epitaxie-Planartransistor SF 137 des VEB Halbleiterwerk Frankfurt/Oder [17] vom Kollektorstrom I_C.

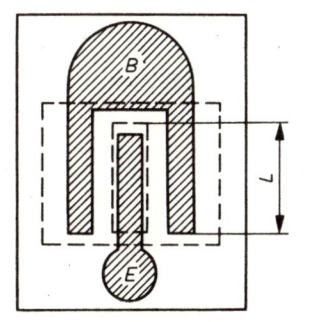

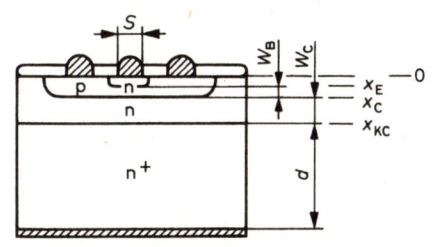

Abb. 4 Streifenstruktur eines Hochfrequenz-Epitaxie-Planartransistors. Als aktiver Kollektorbereich wirkt die Epitaxieschicht der Dicke $x_E + W_B + W_C = x_{KC}$, die mit der funktionsgerechten Dotierung n_{nC} auf eine sehr hoch dotierte Substratscheibe der Dicke d ($\approx 200...300$ μm) und der Dotierungskonzentration $n^+ \gg n_{nC}$ aufgebracht wird. Letzterer wirkt praktisch als Kontakt, und der Kollektorwiderstand r_C wird wesentlich reduziert, ohne C_C zu vergrößern.

der injizierte Minoritätsträgerstrom $I_p(x'_E)$ von der Spannung V_{EB} am Emitterübergang abhängt [vgl. S. 366, Formel (19)]. Beachtet man diesen sowie die Änderungen im Hochinjektionsfall, so erhalten wir eine starke Abhängigkeit der Stromverstärkung in Emitterschaltung β von V_{EB} bzw. von dem entsprechenden Kollektorstrom I_c (Abb. 3).

Das Hochfrequenzverhalten von Transistoren. Transistoren werden durch verschiedene Grenzfrequenzen beschrieben. Besonders wichtig sind die Übergangsfrequenz f_T und die maximale Schwingfrequenz f_{max}. f_T geht von der näherungsweisen Darstellbarkeit der Frequenzabhängigkeit von h_{21e} in der Form

$$|h_{21e}(f)| = \frac{f_T}{f} \qquad (6)$$

für große f aus. f_T ist zahlenmäßig gleich der f_1-Grenzfrequenz, für die $|h_{21e}(f_1)| = 1 \cdot f_{max}$ ist die Frequenz, für die der neutralisierte Transistor die Leistungsverstärkung 1 hat. Es gilt

$$f_{max} = [f_T/8\pi r_b C_c]^{1/2}. \qquad (7)$$

Dabei ist r_b der Ohmsche Widerstand zwischen aktivem Basisbereich des Transistors und Basiskontakt, C_c ist die Kollektorkapazität.

f_T läßt sich aus den verschiedenen Verzögerungszeiten berechnen:

$$f_T = \frac{1}{2\pi}\left[\frac{kT}{qI_E}(C_E + C_C) + \frac{W_B^{\prime 2}}{\eta D_B}\right.$$
$$\left. + (x_c'' - x_C')/2v_{sL} + r_c C_c\right]^{-1}. \qquad (8)$$

C_E und C_C sind die Kapazitäten der Emitter- bzw. Kollektorsperrschicht zuzüglich eventueller parasitärer Kapazitäten; η ist ein Faktor, der bei inhomogener Basisdotierung entstehende innere Felder berücksichtigt (homogene Basis entspricht $\eta = 2$), v_{sL} ist die durch die Streuung bestimmte Grenzgeschwindigkeit der Minoritätsträger und r_c der Widerstand zwischen aktivem Kollektorbereich und Kollektorkontakt.

Hohe Emitterströme reduzieren die Emitteraufladezeit, ferner kann in einem geeignet dotierten Epitaxie-Transistor r_c sehr klein gemacht werden. Dann wird f_T durch die Laufzeiten der Träger durch die Basis und die anschließende Raumladungszone zum Kollektor hin (die beiden mittleren Summanden in (8)) bestimmt. r_b und C_c in (7) werden durch die Basis- und die Kollektordotierung (n_{nB} und p_{pc} in Abb. 1) sowie die Geometrie der Transistorstruktur festgelegt. Für einen pnp-Transistor mit Streifenstruktur (Abb. 4) ist $r_b = (q\mu_n n_{nB} W_B')^{-1} \cdot S/L = r_0 \cdot S/L$ und $C_c = \varepsilon\varepsilon_0 SL/(x_c'' - x_C') = C_0 \cdot SL$. Die Dicke der Raumladungszone berechnet sich aus Dotierung und anliegender Spannung wie nach Formel (18) im Abschnitt *Injektion* (für C_E gilt eine analoge Rechnung). Hiermit erhalten wir

$$f_{max} \approx \frac{1}{2S}\left[\frac{f_T}{2\pi r_0 C_0}\right]^{1/2}. \qquad (9)$$

Die Formel zeigt die enorme Bedeutung der Streifenbreite S. Letztere wurde in der modernen Halbleitertechnik-Mikroelektronik mit den Mitteln der Photolithographie in den letzten Jahren immer weiter reduziert. Eine Reduzierung der Streifenbreite erlaubt zugleich den Flächenbedarf der Transistoren auf der Halbleiterscheibe zu reduzieren und damit höhere Integrationsgrade sowie geringere Kosten pro aktives Bauelement im Schaltkreis zu erreichen.

Tabelle 1 Halbleiterparameter bei 300 K und einer Dotierung von $4 \cdot 10^{17}$ cm^{-3} [16]

	Si	Ge	GaAs
μ_n [cm^2/Vs]	480	2300	2800
μ_p [cm^2/Vs]	270	540	200
v_{sLn} [cm/s]	10^7	$6 \cdot 10^6$	10^7
v_{sLp} [cm/s]	$6 \cdot 10^6$	$6 \cdot 10^6$	10^7
ϵ	12	16	12
F_B [V/cm]	$3,4 \cdot 10^5$	$2 \cdot 10^5$	$3,8 \cdot 10^5$

Tabelle 2 Theoretische Grenzfrequenz f_T und Leistungsverstärkungen G bei 4 GHz von Streifentransistoren mit der Streifenbreite $S = 1 \mu m$, einer Basisweite $W_B = 0,15 \mu m$ und der Kollektorweite $W_c = 1 \mu m$ (Epitaxietechnik) [16]

		Si	Ge	GaAs
f_T [Ghz]	npn	8,6	10,4	18,5
	pnp	5,2	6,7	5,0
G (4 GHz) [dB]	npn	12,4	18,1	16,1
	pnp	12,6	22,1	19,8

Tabelle 1 gibt einige Parameter für Si, Ge, GaAs, die zur Berechnung von f_{max} bzw. der Verstärkung wesentlich sind. Für einen Transistor mit $W_B = 0,15 \mu m$, $W_C = 1 \mu m$ (Epitaxietransistor) und $S = 1 \mu m$ erhalten wir bei einer Basisdotierung von $4 \cdot 10^{17}$ cm^{-3} und einer Emitterstromdichte von 1000 A/cm^2 die in Tab. 2 aufgeführten Grenzfrequenzen und Leistungsverstärkungen G. Bei der Berechnung von f_T ist dabei $\eta = 6$ angenommen, was sich gemäß [16, 18, 19] aus der Formel

$$\eta \approx 2\left[1 + \left(\frac{F_i}{F_0}\right)^{3/2}\right], \qquad (10)$$

mit $F_0 = 2D_B/\mu_p W_B$ für einen exponentiellen Abfall der Dotierung in der Basis von $N_B = 4 \cdot 10^{17}$ cm^{-3} auf den Wert $N_B = N_C = 10^{15}$ cm^{-3} mit dem inneren Feld

$$F_i = -\frac{kT}{q}\frac{1}{N_B(x)}\frac{dN_B(x)}{dx} \qquad (11)$$

ergibt. Bei der Berechnung von r_b ist zu beachten, daß μ_p in der Basis von N_B abhängt. Es ist also

$$I_b = \frac{S}{L} \Big/ \int_{x'_E}^{x''_C} q\mu_p(N_B) N_B(x) \, dx . \qquad (12)$$

Bei der Berechnung von C_C für $V_{CB} = 2\,V$ ist zu berücksichtigen, daß hier die ganze Kollektorschicht der Dicke W_C von der Raumladungszone erfüllt wird, d. h. $C_C \approx \varepsilon \varepsilon_0 S / W_C$. Für npn-Transistoren ist f_T in der Regel höher, weil μ_n und folglich D_n in den üblichen Halbleitern größer als μ_p bzw. D_p ist. Die Leistungsverstärkung $G = \frac{f_{max}^2}{f^2}$ wird für Höchstfrequenztransistoren mit extrem kleinen Basisweiten W_B und sehr hohen Emitterstromdichten jedoch in pnp-Transistoren leicht höher sein, weil eine höhere Beweglichkeit der Majoritätsträger in der Basis r_b stärker reduziert, als eine entsprechend höhere Diffusionskonstante f_T erhöhen würde, da f_T auch noch durch weitere Glieder, wie Formel (8) zeigt, bestimmt wird. Für Basisweiten, die so groß sind, daß der Summand $W_B^2 / 2 D_B$ die Grenzfrequenz praktisch allein bestimmt, hängt f_{max} für npn- und pnp-Transistoren gleichermaßen von dem Produkt $\mu_p \mu_n / \varepsilon$ ab.

Die maximal zulässige Kollektorspannung $V_{CB\,max}$ wird durch drei verschiedene Faktoren bestimmt. Der Lawinendurchbruch (siehe *Avalanche-Effekt*) setzt ein, wenn die maximale Feldstärke in der Kollektorraumladungszone die Durchbruchsfeldstärke F_B (siehe Tab. 1) überschreitet. Zu fordern ist $V_{CB\,max} \leq \frac{1}{2} F_B(x''_C - x'_C)$ oder wenn n_{nC} bzw. $p_{pC} = N_C \ll p_{pB}$ bzw. $n_{nB} = N_B$

$$V_{CB\,max} \leq \frac{\varepsilon_0 F_B^2}{2 q N_C} . \qquad (13)$$

Weiter ist zu beachten, daß mit wachsendem V_{CB} die effektive Breite der Basis $W'_B = x'_C - x''_E$ abnimmt. Hierdurch verändern sich die Transistorparameter (*Early-Effekt* [20]). Insbesondere darf W'_B nicht bis auf Null abnehmen (Punch-through). Schließlich können thermische Effekte zum sogenannten zweiten Durchbruch führen. Wegen der starken Temperaturabhängigkeit der Inversionsdichte n_i, die wiederum die Sperrströme (hier den Kollektorreststrom) bestimmt, führen Inhomogenitäten zur Aufheizung eng begrenzter Gebiete des Kollektors („hot spots"), in denen sich der mit der Temperatur stark zunehmende Sperrstrom weiter konzentriert und wiederum zu weiterer Aufheizung führt usw. bis zur Zerstörung des Transistors [21, 22]. Der zweite Durchbruch setzt ein, wenn T örtlich einen Wert erreicht, der $n_i(T) \approx n_{nC}$ bzw. p_{pC} entspricht, er ist im praktischen Betrieb unbedingt zu vermeiden.

Anwendungen

Transistoren sind die Grundlage der modernen Elektronik, knappe Ausführungen zu ihrer Anwendung erübrigen sich daher eigentlich, ausführliche würden bei weitem den Rahmen dieser Darstellung sprengen. Bipolare Transistoren haben als einzelnes, diskretes Bauelement heute große Bedeutung als Hochspannungsschalttransistor in der Leistungselektronik, z. B. zur Hochfrequenzerzeugung für Schaltnetzteile. Weiter werden sie als Höchstfrequenz- bzw. Mikrowellentransistoren für röhrenlose Sender- und Empfangsgeräte eingesetzt. Dabei kann der beherrschte Frequenzbereich durch Frequenzvervielfachung mit Kapazitätsdioden bzw. parametrischer Verstärkung noch erweitert werden.

Bipolare Transistoren in „normalen" Spannungs- und Frequenzbereichen sind heute meistens in Festkörperschaltkreise integriert, vorrangig in solche der Analogtechnik. Die Digitaltechnik verwendet bipolare Transistoren in integrierten Festkörperschaltkreisen, wenn extreme Arbeitsgeschwindigkeit gefordert wird (Transistor-Transistor-Logik).

Die Beherrschung feinster Lateral-Strukturen (Streifenbreite $S \approx 1\,\mu m$) macht auch die Verwendung von sogenannten Lateraltransistoren in integrierten Schaltkreisen möglich. Bei diesen liegen der Emitter-, Basis- und Kollektorbereich nicht über, sondern nebeneinander in dem Halbleiterplättchen. Lateraltransistoren werden bei der sogenannten I²L-Technik (integrierte Injektionslogik) verwendet.

Lassen die Bedarfszahlen für eine bestimmte Schaltung die monolithische Integration im Festkörperschaltkreis nicht zu, so empfiehlt sich oft eine Integration in Hybridtechnik auf Keramik oder anderem isolierendem Träger. Hierzu werden diskrete Transistoren in geeigneten Gehäusen oder unverkappt als nackte Transistorchips eingesetzt.

Bipolare Transistoren können für verschiedene physikalische Größen als Sensoren eingesetzt werden. Zum Beispiel kann die Temperaturabhängigkeit der Emitter-Basis-Spannung V_{EB} zur Temperaturmessung [23] oder die Druckabhängigkeit der Bandlücke E_g über die Abhängigkeit der Ströme im Transistor von $n_i \sim \exp(-E_g / 2\,kT)$ zur Druckmessung genutzt werden.

Literatur

[1] SHOCKLEY, W.; PEARSON, G. L., Phys. Rev. **74** (1948) 232–233.
[2] BARDEEN, J.; BRATTAIN, W. H., Phys. Rev. **74** (1948) 230–231.
[3] SHOCKLEY, W., Bell Syst. tech. J. **28** (1949) 435.
[4] HALL, R. N.; DUNLAP, W. C., Phys. Rev. **80** (1950) 467.
[5] TEAL, G. K.; SPARKS, M.; BUEHLER, E., Phys. Rev. **81** (1951) 637.
[6] PFANN, W. H., Trans. AIME **194** (1952) 747.

[7] LEE, C.A., Bell Syst. tech. J. **35** (1956) 23.
[8] THOMAS, D. E.; TANNENBAUM, M.: Bell Syst. tech. J. **35** (1956) 1.
[9] SANGSTER, R. C.; MAVERICK, E. F.; CROUTCH, M. L., J. Electrochem. Soc. **104** (1957) 317.
[10] KECK, P.H.; GOLAY, M.J.E., Phys. Rev. **89** (1953) 1297.
[11] FROSCH, C. J.; DERRICK, L., J. Electrochem. Soc. **104** (1957) 547.
[12] THEURER, H.C.; KLEIMACK, J.J.; LOAR, H.H.; CHRISTENSON, H., Proc. IRE **48** (1960) 1642.
[13] HOERNI, J. A.: IRE Electron Devices Meeting. – Washington, D.C. 1960.
[14] SHOCKLEY, W.: US-Patent 2, 787, 564 (1954); vgl. auch den Übersichtsartikel von GIBBONS, J.F.: Proc. IEEE **56** (1968) 295, der etwa den Zeitpunkt bezeichnet, zu dem die Ionenimplantation praktisch Bedeutung erhielt.
[15] BEALE, J. R. A.: Proc. Phys. Soc. (London) **70** (1957) 1087.
[16] SZE, S. M.: Physics of Semiconductor Devices. – New York: John Wiley & Sons Ltd. 1969.
[17] MÖSCHWITZER, A.; LUNZE, Klaus: Halbleiterelektronik. – Berlin: VEB Verlag Technik 1973.
[18] KROEMER, H., Transistor-I. RCA Laboratories 1956, S.202.
[19] DAW, A. N.; MITRA, R. N.; CHOUDHURY, N. K. D., Solid State Electron. **10** (1967) 359.
[20] EARLY, J.M., Proc. IRE **40** (1952) 1401.
[21] THORNTON, C. G.; SIMMONS, C. D., IRE Trans. Electr. Dev. **ED 5** (1958) 6.
[22] SCHAFFT, H.A.: Proc. IEEE **55** (1967) 1272.
[23] SMEINS, G.L.: Electronics **53** (1980) 7, 138–139.

Tunneleffekt, Tunneldiode

Der Tunneleffekt wurde erstmalig 1928 von dem theoretischen Physiker GAMOV zur Erklärung des α-Zerfalls herangezogen. Später konnten mit Hilfe des Tunneleffektes die spontane Kernspaltung, die Feldemission von Elektronen aus Metalloberflächen, die Elektronenleitung an oxidierten Kontaktstellen und die Josephson-Effekte erklärt werden. 1957 entdeckte ESAKI, daß sich auch die Vorgänge an hoch dotierten Halbleiterübergängen mittels des Tunneleffektes beschreiben lassen [1].

Sachverhalt

Der Tunneleffekt ist eine quantenmechanische Erscheinung und läßt sich daher nicht mit den Gesetzen der klassischen Physik erklären. Ausgehend von der eindimensionalen stationären Schrödinger-Gleichung kann man die Aufenthaltswahrscheinlichkeit von Elektronen außerhalb eines Gebietes berechnen, das durch eine Potentialbarriere begrenzt ist. Diese wird auch dann nicht Null, wenn die Energie des Potentialwalles größer ist als die der Elektronen und nimmt mit abnehmender Dicke der Potentialbarriere zu.

Bei halbleitenden pn-Übergängen tritt der Tunneleffekt erst bei hoher Dotierung auf [2]. Normale Halbleiterdioden weisen Störstellenkonzentrationen von 10^{16} cm^{-3} bis 10^{17} cm^{-3} auf. Durch Erhöhung dieser Konzentration auf das tausendfache erreicht man, daß der Halbleiter entartet. Im Bändermodell drückt sich das dadurch aus, daß das Fermi-Niveau im p-leitenden Bereich in das Valenzband und im n-leitenden Bereich in das Leitungsband eintaucht. Die Folge ist eine Bandüberlappung, d. h., die Diffusionsspannung ist größer als E_G/e (E_G Bandabstand, e Elementarladung). Im spannungslosen Zustand stehen den unbesetzten Niveaus im Leitungsband des n-Gebietes bzw. im Valenzband des p-Gebietes energetisch gleichwertige Elektronen im jeweils anderen Gebiet gegenüber (Abb. 1a). Außerdem erhöht sich durch die hohe Störstellenkonzentration die Raumladungsdichte am pn-Übergang, und die Sperrschichtdicke sinkt unter 10 nm.

An einem derartig hoch dotierten pn-Übergang existieren im spannungslosen Zustand nicht nur Diffusions- (I_D) und Feldströme (I_F), die sich gegenseitig aufheben, sondern auch gleichgroße, durch den Tunneleffekt hervorgerufene Hin- und Rückströme, die man als Zener- (I_Z) und Esaki-Strom (I_E) bezeichnet. Das Anlegen eines äußeren elektrischen Feldes bewirkt eine Bandverschiebung und beeinflußt diese Teilströme unterschiedlich. Mit wachsender Feldstärke in Flußrichtung der Diode nimmt der Zener-Strom stark ab, während der Esaki-Strom ansteigt, bis der Bereich zwischen Leitungsbandunterkante und

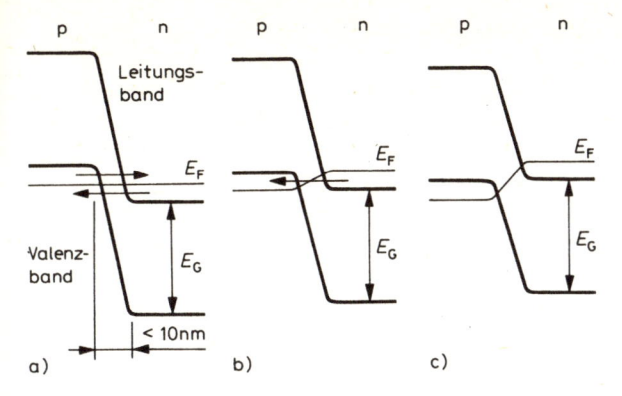

Abb. 1 Bändermodell zum Tunneleffekt am pn-Übergang
a) ohne äußeres elektrisches Feld
b) mit Feld in Durchlaßrichtung, $U = U_H$
c) mit Feld in Durchlaßrichtung, $U = U_T$
(die Pfeile kennzeichnen den Tunnelstrom)

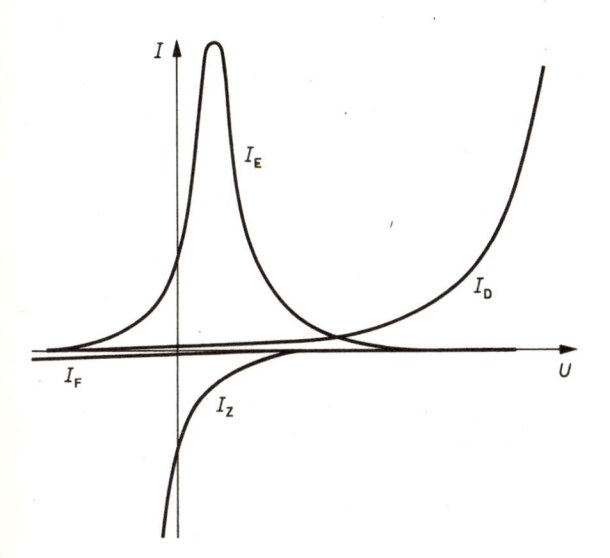

Abb. 2 Spannungsabhängigkeit der Teilströme einer Tunneldiode

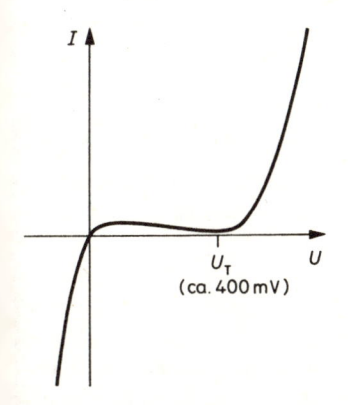

Abb. 3 Kennlinie einer Backwarddiode (schematisch)

Fermi-Niveau im n-Gebiet dem Bereich zwischen Valenzbandoberkante und Fermi-Niveau im p-Gebiet energetisch gleichwertig ist (Abb. 1b). Der Diodenstrom nimmt daher bei einer bestimmten Spannung, der Höckerspannung U_H, ein Maximum an (Höckerstrom I_H). Mit weiterer Erhöhung der Feldstärke geht der Esaki-Strom auf Null zurück (Abb. 1c), und oberhalb der Talspannung U_T zeigt der Strom den exponentiellen Anstieg des Flußstromes eines normaldotierten pn-Übergangs (Abb. 2). Beim Anlegen eines Feldes entgegengesetzter Polarität nimmt die Bandüberlappung zu und der Esaki-Strom sinkt mit steigender Feldstärke auf Null ab, aber der Zener-Strom steigt stark an, so daß Tunneldioden auch in der sonst üblichen Sperrichtung des pn-Übergangs leitend sind (Abb. 2).

Zwei andere Diodenkennlinien ergeben sich bei geringerer Dotierung. Stellt man die Störstellenkonzentration so ein, daß das Fermi-Niveau gerade die Bandkanten berührt, verschwindet der Höcker in der Strom-Spannungskennlinie fast vollständig. Bis zur Talspannung sperrt die Diode, bei größeren Spannungen und in der Gegenrichtung ist sie leitend (Abb. 3). Dieses Bauelement wird als Backwarddiode bezeichnet. Eine noch weitere Verringerung der Dotierung führt dazu, daß erst eine bestimmte Spannung in Sperrichtung an den pn-Übergang angelegt werden muß, damit es zu einer Bandüberlappung kommt und dadurch ein Zener-Strom fließt. Bei Sperrspannungen, die kleiner als diese Durchbruchspannung sind, sperrt die Diode. Dieser Effekt tritt aber nur in einem Spannungsbereich bis etwa 6 V in Erscheinung. Bei höheren Spannungen überwiegt wegen der größeren Sperrschichtdicke der Avalanche- oder Lawineneffekt. Beide Effekte beeinflussen Funktion und Eigenschaften der Z-Diode.

Kennwerte, Funktionen

In Abb. 4 ist schematisch die Kennlinie einer Ge-Tunneldiode dargestellt. Wichtige Kennwerte der Tunneldioden sind die Höcker- und Talspannungen und -ströme und der negative differentielle Widerstand, der sich für den fallenden Teil der Strom-Spannungskennlinie ergibt. Die Differenz zwischen Höcker- und Talspannung ist materialabhängig und liegt bei Germanium zwischen 50 mV und 300 mV, bei Galliumarsenid zwischen 100 mV und 700 mV. Der Höckerstrom beträgt meist einige Milliampere. Er wird von der effektiven Masse der beteiligten Ladungsträger bestimmt. Das Verhältnis I_H/I_T ist ein Maß für die Güte der Tunneldiode und kann bei Germanium Werte bis 10 und bei Galliumarsenid bis > 50 annehmen. Die Höckerspannung hat die Größenordnung von 100 mV. Der negative differentielle Widerstand $-R_n$ nimmt im Arbeitsbereich Werte um 10 Ω bis 150 Ω an.

443

Für Kleinsignalanwendungen im Bereich des fallenden Kennlinienastes kann man die Tunneldiode durch die in Abb. 5 wiedergegebene Ersatzschaltung beschreiben. Darin bedeuten C_S die Sperrschichtkapazität, R_B den Bahn- und Kontaktwiderstand, L_Z die innere Zuleitungsinduktivität und C_G die Gehäusekapazität. Der Realteil der Diodenimpedanz bleibt danach unterhalb der Grenzfrequenz

$$\omega_g = \frac{1}{R_n C_S} \sqrt{\frac{R_n}{R_B} - 1} \qquad (1)$$

negativ (C_G wurde vernachlässigt). Da der Tunneleffekt nahezu trägheitslos abläuft, sind Kenndaten und Ersatzschaltung bis zu sehr hohen Frequenzen gültig. Man erreicht Grenzfrequenzen bis oberhalb 100 GHz. Wegen der extrem hohen Störstellenkonzentration ist die Minoritätsträgerdichte in Tunneldioden sehr gering, so daß die Kennwerte nur wenig temperaturabhängig sind.

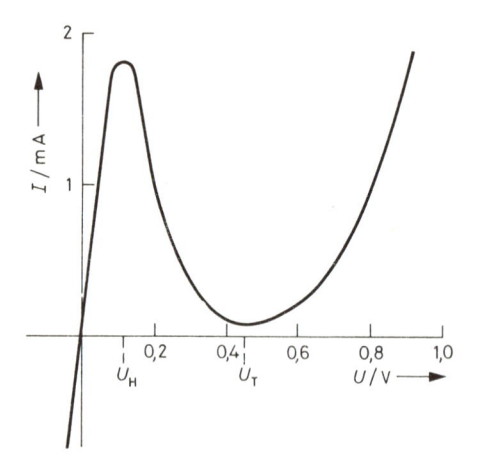

Abb. 4 Kennlinie einer Ge-Tunneldiode

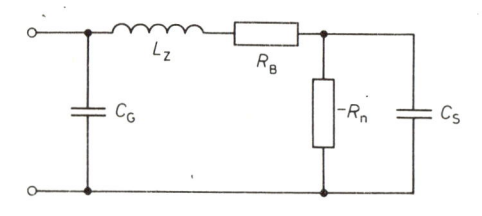

Abb. 5 Kleinsignal-Ersatzschaltbild

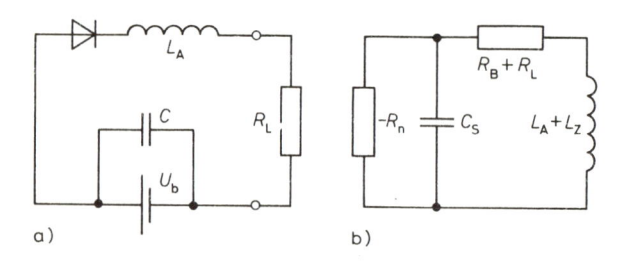

Abb. 6 Tunneldiodenoszillator
a) Schaltung
b) Ersatzschaltung (C_G wurde vernachlässigt)

Anwendung [3–5]

Z-Dioden mit kleineren Durchbruchspannungen (< 4 V) haben einen relativ großen differentiellen Widerstand und sind daher für Anwendungen in Stabilisierungsschaltungen wenig geeignet. Zur Stabilisierung kleiner Spannungen ist die Ausnutzung der Flußspannung von Ge-, Si- und GaAsP-Dioden günstiger. Vorteilhaft ist, daß Lawinen- und Zener-Strom entgegengesetzte Temperaturkoeffizienten besitzen. Z-Dioden mit einer Durchbruchspannung von etwa 6 V weisen daher, bedingt durch das Auftreten beider Effekte, einen sehr geringen Temperaturkoeffizienten auf und haben den kleinsten differentiellen Widerstand. Sie werden vorzugsweise als Referenzelemente eingesetzt.

Backwarddioden werden als Höchstfrequenzgleichrichter benutzt. Aufgrund ihrer Kennlinie (Abb. 3) werden sie in Rückwärtsrichtung betrieben. Vorteilhaft ist die geringe Temperaturabhängigkeit, das Fehlen einer Schleusenspannung und das geringe Rauschen, nachteilig der geringe Aussteuerbereich, der auf Spannungen unterhalb U_T begrenzt ist. Moderne pin- und Schottky-Dioden besitzen vergleichbare, z.T. bessere Eigenschaften.

Im Bereich des fallenden Kennlinienzweiges wirken Tunneldioden aufgrund ihres negativen differentiellen Widerstandes entdämpfend. Das nutzt man aus zum Aufbau von Verstärkern und Generatoren. Weitere Anwendungen ergeben sich durch ihre Verwendung als Schalter. Wegen der geringen Temperatur- und Frequenzabhängigkeit und des geringen Rauschens eignen sich Tunneldioden besonders für Mikrowellenanwendungen und als schnelle Schalter. Allerdings ist ihr Spannungsaussteuerbereich begrenzt (Ge: typisch 0,25 V; GaAs: typisch 0,4 V), und da sich in der Mikrowellentechnik kleine Impedanzen nur schwer realisieren lassen, kann man Verstärkern und Oszillatoren nur geringe Hochfrequenzleistungen entnehmen (wenige Milliwatt).

Das Prinzip einer Oszillatorschaltung zeigt Abb. 6a. Unter Vernachlässigung der Gehäusekapazität C_G (siehe auch Abb. 5) erhält man dafür die in Abb. 6b wiedergegebene Ersatzschaltung. Aufgrund ihrer Kennlinie stellt die Tunneldiode einen spannungsgesteuerten negativen Widerstand dar, der kurzschlußstabil und leerlaufinstabil arbeitet. Harmonische Schwingungen können daher durch Beschalten mit einem Parallelschwingkreis erzeugt werden. Dieser wird durch $L_A + L_Z$ und C_S gebildet. Damit es zur Selbsterregung kommt, muß für den Dämpfungswiderstand

$$R = R_B + R_L < \frac{L_Z + L_A}{R_n C_S} \qquad (2)$$

gelten. Die Amplitudenbegrenzung wird durch die gekrümmte Kennlinie bewirkt. Geringe Klirrfaktoren erreicht man durch eine möglichst geringe Entdämp-

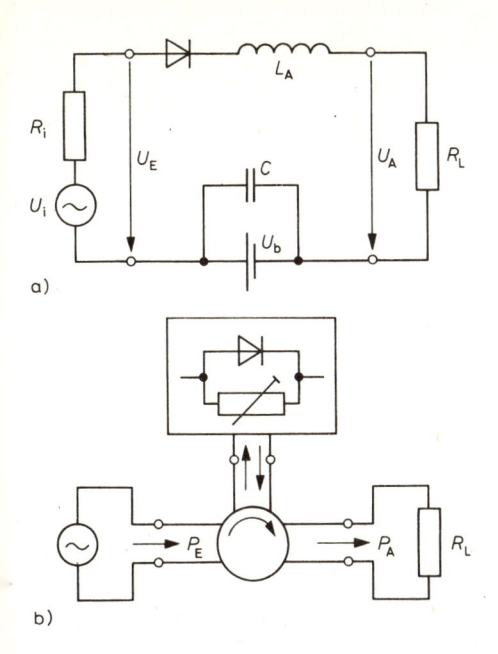

Abb. 7 Tunneldiodenverstärker
a) Grundschaltung
b) Prinzipschaltung eines Reflexionsverstärkers

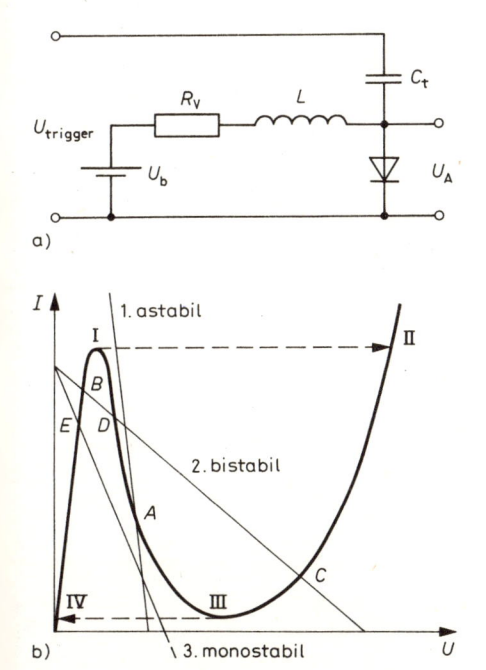

Abb. 8 Tunneldiode als Schalter
a) Grundschaltung eines Multivibrators
b) Kennlinie mit Widerstandsgeraden (1. astabiler, 2. bistabiler, 3. monostabiler Multivibrator)

fung, so daß die Begrenzung bereits bei geringer Aussteuerung einsetzt, und durch die Verwendung von passiven Zweipolen hoher Güte.

In der Mikrowellentechnik wird die Tunneldiode vor allem zum Aufbau rauscharmer Verstärker benutzt. Die Prinzipschaltung eines Verstärkers zeigt Abb. 7a. Der Verstärker arbeitet stabil, wenn

$$R > \frac{L_Z + L_A}{R_n C_S} \qquad (3)$$

ist. Ein Nachteil ist die fehlende Entkopplung zwischen Eingang und Ausgang. Diesen Nachteil vermeidet eine in der Mikrowellentechnik übliche Schaltung, bei der Steuerspannungsquelle, Tunneldiode mit Anpassungs- und Abstimmnetzwerk und Lastwiderstand über einen dreiarmigen Zirkulator zusammengeschaltet werden (Abb. 7b). Dieses Schaltungsprinzip wird als Reflexionsverstärker bezeichnet.

Wie bei den Anwendungen in Verstärkern oder Oszillatoren ergeben sich auch für die digitalen Anwendungen der Tunneldiode sehr einfache Grundschaltungen. Das Schaltungsprinzip ist in Abb. 8a dargestellt. Je nach Wahl des Arbeitswiderstandes R_v kann diese Schaltung als astabiler, bistabiler oder monostabiler Multivibrator arbeiten (siehe Abb. 8b). Während der Arbeitswiderstand R_v die Lage der Widerstandsgeraden im Kennlinienfeld und damit die Funktionsart der Schaltung bestimmt, entkoppelt die Induktivität L die Tunneldiode von der Betriebsspannungsquelle, so daß sie auch Arbeitspunkte außerhalb der Widerstandsgeraden durchlaufen kann. Beide Bauelemente zusammen bestimmen die Zeitkonstante der Schaltung, die aber außerdem von der Kapazität der Tunneldiode, der Koppelkapazität C_t für das Triggersignal und der Belastung abhängt. Auch hierin erweist sich der Nachteil der Zweipoleigenschaften der Tunneldiode. Ohne die Induktivität L arbeitet die Schaltung als monostabiler oder bistabiler Schwellwertschalter. Die Funktionsweise der Schaltung verdeutlicht Abb. 8b. Als Beispiel sei die bistabile Schaltung betrachtet. Die entsprechende Widerstandsgerade weist drei Schnittpunkte mit der Kennlinie auf, von denen jedoch nur die Punkte B und C stabile Arbeitspunkte darstellen. Befindet sich die Diode im Arbeitspunkt B, kann sie durch einen positiven Triggerimpuls, wenn die resultierende Spannung größer als U_H ist, über I, II in den Arbeitspunkt C umgeschaltet werden. Aus diesem kann sie durch einen negativen Triggerimpuls, wenn die resultierende Spannung kleiner als U_T wird, wieder nach B zurückgeschaltet werden. Man erkennt aber auch, daß besonders die Schaltschwelle für das Umschalten aus dem Arbeitspunkt B in den Arbeitspunkt C und damit die Störsicherheit der Schaltung sehr gering ist. Ganz ähnlich läßt sich die Wirkungsweise eines bistabilen Schwellwertschalters beschreiben (Abb. 9). So lange die Eingangsspannung kleiner als der Schwellwert U_{E2} ist,

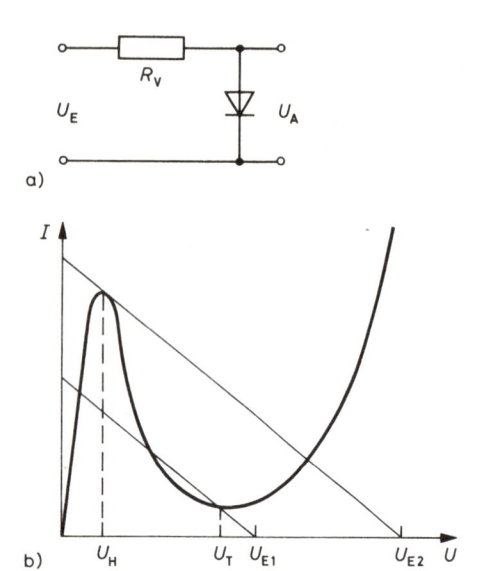

Abb. 9 Tunneldiode als Schalter
a) Grundschaltung eines Schwellwertschalters
b) Kennlinie mit Widerstandsgeraden für einen bistabilen Schwellwertschalter

liegt der Arbeitspunkt der Diode auf dem ersten ansteigenden Zweig der Kennlinie, d. h., die Ausgangsspannung ist kleiner als U_H. Überschreitet die Eingangsspannung die Einschaltschwelle U_{E2}, schaltet die Diode in einen Arbeitspunkt oberhalb der Talspannung U_T um. Dieser bleibt so lange stabil, wie $U_E > U_{E1}$ ist.

Bedingt durch die Fortschritte in der ECL-Technik sowie durch den geringen Störabstand und die relativ hohen Herstellungskosten werden Tunneldioden heute in der Digitaltechnik nur wenig eingesetzt. Anwendung finden sie vor allem dann, wenn nur wenige sehr schnelle digitale Schaltstufen benötigt werden.

Raster-Tunnel-Mikroskop (STM-Scanning Tunnelling Microscopy). Eine Anwendung auch außerhalb der Halbleitertechnik hat der Tunneleffekt neuerdings im Raster-Tunnel-Mikroskop gefunden [6]. Bringt man eine sehr feine Drahtspitze in einen extrem kleinen Abstand s zu der Oberfläche eines Metalls oder eines Halbleiters und legt eine geeignete Spannung U an, so fließt ein Tunnelstrom I_T, der sehr stark von s abhängt. Es gilt näherungsweise

$$I_T \sim U \exp(-A\Phi^{1/2}s). \qquad (4)$$

Φ ist die mittlere lokale Höhe der Tunnelbarriere und hängt eng mit der Austrittsarbeit zusammen, $A = 1{,}025 \, (\text{eV})^{-1/2}(\text{Å})^{-1}$. Ändert sich s um 1 Å, so ändert sich I_T näherungsweise um eine Größenordnung.

Praktisch wird unter Verwendung von piezoelektrischen Antriebselementen durch Regelung von s der Tunnelstrom I_T während des Abrasterns der Oberfläche konstant gehalten und so das Oberflächenprofil bestimmt. Es wird bisher ein Auflösungsvermögen von 0,05 Å vertikal und von 1 bis 6 Å lateral erreicht. Der mechanische Aufbau erfolgt in einem Quarzglas-Käfig (geringe thermische Ausdehnung), der erschütterungsfrei in einem Hochvakuum angebracht ist. Mit der Raster-Tunnel-Mikroskopie können auch Aussagen über die chemischen Bindungsverhältnisse und Fremdatome an Oberflächen sowie die Oberflächenkonstruktion gewonnen werden [7].

Literatur

[1] ESAKI, L.: New phenomenon in narrow Germanium p-n-junctions. Phys. Rev. **109** (1958) 603–604.
[2] MÖSCHWITZER, A.; LUNZE, K.: Halbleiterelektronik (Lehrbuch) 3. Aufl. – Berlin: VEB Verlag Technik 1977.
[3] EDER, F. X.: Moderne Meßmethoden der Physik. Bd. 3. – Berlin: VEB Deutscher Verlag der Wissenschaften 1972.
[4] PHILIPPOW, E. (Hrsg.): Taschenbuch Elektrotechnik. Bd. 3, 1969; Bd. 4. 1979. – Berlin: VEB Verlag Technik.
[5] RINDT, C. (Hrsg.): Handbuch für HF- und Elektrotechniker. Bd. 2, 12. Aufl. 1978; Bd. 5, 1. Aufl. 1981. – Heidelberg: Dr. A. Hüthig Verlag
[6] BINNIG, G.; ROHRER, H.; GERBE, CH; WEIBEL, E.: Phys. Rev. Lett. **49** (1982) 57; **50** (1983) 120.
[7] BINNIG, G.; ROHRER, H.: Scanning Tunnelling Microscopy. In: Proc. of the 6th General Conference of the European Physical Society, Prague 1984, S. 38–46. – Geburt und Kindheit der Rastertunnelmikroskopie. Phys. Bl. **43** (1987) 7, 282–290.

Zyklotronresonanz

JA. G. DORFMAN [1] und R. B. DINGLE [2] sagten 1951 bzw. 1952 das Auftreten von Zyklotronresonanzen in Festkörpern voraus. W. SHOCKLEY [3] wies 1953 darauf hin, daß in den damals aus der Halbleitertechnik zur Verfügung stehenden Germaniumeinkristallen dieser Effekt tatsächlich nachweisbar sein sollte; was dann auch kurz darauf durch zwei voneinander unabhängige Gruppen experimentell gezeigt wurde [4, 5]. Die Methode wurde im Folgenden weiterentwickelt und auch auf andere Halbleiter, insbesondere auch auf Silicium [6] angewendet. Aus Zyklotronresonanzuntersuchungen stammen die zuverlässigsten Informationen über die Energiespektren der Halbleiter im Valenz- und im Leitfähigkeitsband, d.h. über die meist anisotrope Energie-Impuls-Abhängigkeit der quasifreien Elektronen und Löcher sowie ihre effektiven Massen. Später wurden eine Reihe weiterer Festkörperresonanzerscheinungen in Magnetfeldern gefunden, z.B. die Azbel-Kaner-Zyklotronresonanz und der magnetoakustische Effekt.

Sachverhalt

Befindet sich ein Halbleiter in einem statischen Magnetfeld, so bewegen sich die quasifreien Ladungsträger in Valenz- und Leitfähigkeitsband zwischen den Stößen an Verunreinigungen oder thermischen Gitterschwingungen infolge des Wirkens der Lorentzkraft senkrecht zum Magnetfeld auf Kreisbahnen (Abb. 1). Fällt gleichzeitig in den Halbleiter eine elektromagnetische Welle ein, deren elektrischer Vektor senkrecht auf dem statischen Magnetfeld steht, so kann das Elektron bzw. Loch aus der elektromagnetischen Welle Energie aufnehmen oder an diese abgeben. Liegt Resonanz vor, d. h., stimmt die Umlaufzeit des Ladungsträgers mit der zeitlichen Periode der Welle überein, so nimmt der Träger aus der Welle laufend Energie auf und wird wie bei einem Zyklotron in der Kernphysik beschleunigt. Aus dieser Analogie erklärt sich der Name des Effekts. Damit es zu ausgeprägten Resonanzerscheinungen kommt, muß die Umlaufzeit des Trägers t_c klein gegen seine Impulsrelaxationszeit τ_{Relax} in dem Halbleiter sein. Darum ist dieser Effekt in der Regel nur an hochreinen Einkristallen, bei tiefen Temperaturen und im Mikrowellenbereich zu beobachten. Die aufgenommene Energie wird durch Stöße an das Gitter bzw. durch ionisierende Stöße mit flachen Störstellen an das Elektronengas wieder abgegeben.

Handelt es sich bei dem untersuchten Festkörper um einen sehr stark dotierten Halbleiter oder ein Metall, so ist der Skin-Effekt zu berücksichtigen. Liegt das Magnetfeld parallel zur Festkörperoberfläche und ist die Eindringtiefe der Mikrowelle kleiner als der Bahnradius der Träger, so sprechen wir von Azbel-Kaner-Resonanzen, die auch auftreten, wenn die Frequenz der Mikrowelle ein ganzzahliges Vielfaches der Umlaufsfrequenz der Träger ist [7]. Findet die Wechselwirkung nicht mit einer Mikrowelle, sondern mit einer Ultraschallwelle statt, so sprechen wir vom akustomagnetischen Effekt. Er tritt auf, wenn der Bahndurchmesser ein ungeradzahliges Vielfaches der halben Wellenlänge der Schallwelle beträgt. Wir sprechen hier auch von geometrischer Resonanz. Fällt der Bahndurchmesser mit einer Probenabmessung zusammen, so tritt der Gantmacher- oder Radiofrequenz-Größeneffekt [8] auf. Übersichten über die verschiedenen Effekte finden wir z. B. in [9] oder [10].

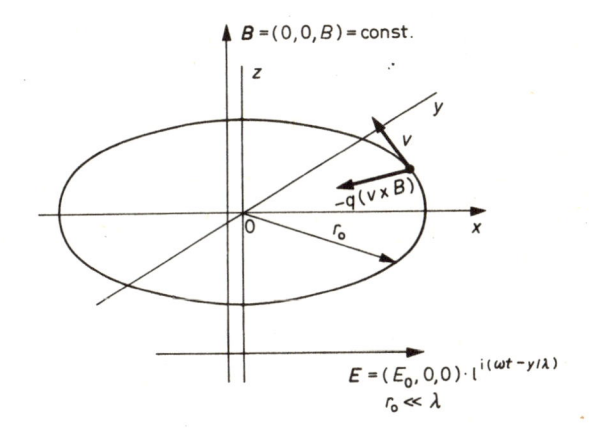

Abb. 1 Schematische Darstellung zur Zyklotronresonanz im Ortsraum für kugelsymmetrische Energieflächen

Kennwerte, Funktionen

Wird das Energiespektrum der quasifreien Ladungsträger im Halbleiter im Valenz- oder im Leitfähigkeitsband durch $E(k)$ beschrieben, so gilt für die Bewegung der Träger mit der Geschwindigkeit $v(k)$ im konstanten homogenen Magnetfeld B für den k-Raum die Bewegungsgleichung

$$\hbar \dot{k} = \pm qv \times B = \pm \frac{q}{\hbar} \mathrm{grad}_k E(k) \times B. \qquad (1)$$

wobei das positive Vorzeichen für Löcher im Valenzband, das negative für Elektronen im Leitfähigkeitsband gilt. Da $\dot{k}$ sowohl auf $\mathrm{grad}_k E(k)$ als auch auf B senkrecht steht, wird die Bahn des Trägers im k-Raum durch die geschlossene Schnittkurve einer Fläche $E(k) = \mathrm{const.}$ mit einer Ebene $kB = \mathrm{const.}$ beschrieben. Dieser Bewegung entspricht im Ortsraum die Bewegung auf einer Art Schraubenbahn bzw. im Grenzfall einer verschwindenden Geschwindigkeitskomponente in B-Richtung auf einer geschlossenen Bahnkurve. Die Kreisfrequenz des Umlaufs $\omega_c = 2\pi/t_c$ berechnet sich aus dem Weg-Integral über diese Bahnkurve im k-Raum zu

$$\omega_c = \frac{2\pi qB}{\hbar}\left[\oint dk/|v_\perp|\right]^{-1}, \tag{2}$$

$v_\perp$ ist die v-Komponente senkrecht auf B.

Bei komplizierten $E(k)$-Flächen, insbesondere bei Fermi-Flächen in Metallen, können auch nichtgeschlossene Bahnen entstehen. Im einfachsten Fall kugelsymmetrischer Energieflächen ergeben sich für die Träger Kreisbahnen, und mit der effektiven Masse (Zyklotronmasse)

$$m_c^* = \hbar k/|v_\perp| = \hbar^2 k [E/\partial k]^{-1} \tag{3}$$

folgt für ω_c

$$\omega_c = \frac{qB}{m_c^*}. \tag{4}$$

Der Drehsinn der Trägerbewegung ergibt sich aus dem Vorzeichen des Trägers. Bei üblichen Magnetfeldern der Größenordnung 0,3 T und $m_c^* = m_0 \approx 0{,}91 \cdot 10^{-30}$ kg ist $\omega_c \approx 5{,}3 \cdot 10^{10}$ s^{-1}; die Resonanzen liegen also tatsächlich im Mikrowellenbereich um 8,4 GHz. Um scharfe Resonanzen zu erhalten, muß $\tau_{Relax} \gg 1/\omega_c$ sein. In unserem Beispiel wäre also $\tau_{Relax} \gg 2 \cdot 10^{-11}$ s zu fordern. Bei $m^* = m_0$ wäre also eine Beweglichkeit $\gg 35.000$ cm^2/Vs nötig, damit im Halbleiter Resonanzen nachweisbar sind. Solche Werte werden in Germanium und Silicium nur bei sehr tiefen Temperaturen sowie höchster Kristallperfektion und -reinheit erreicht. Wendet man höhere Magnetfelder (Impulsfelder, supraleitende Spulen) an und liegen kleine effektive Massen m_c^* vor, so verschieben sich die Zyklotronresonanzfrequenzen bis in den Submillimeter- und den Infrarotbereich. Mit $B = 10$ T und $m_c^* = 0{,}03\, m_0$ erhalten wir $\omega_c = 5{,}86 \cdot 10^{13}$ s^{-1}, was 9330 GHz oder $\lambda = 32{,}2$ µm entspricht. Quantenmechanisch verstehen sich Zyklotronresonanzen als Mikrowellen bzw. optische Übergänge zwischen Landau-Niveaus (siehe z. B. *Magnetophonon-Effekt*, Formel (2), S. 381).

Anwendungen

Die Hauptanwendung der Zyklotronresonanzen besteht in der Bestimmung der Energiebandstruktur von Festkörpern, der Bestimmung der effektiven Massen in Halbleitern sowie der Form von Fermi-Flächen in Metallen. Hierzu werden die zu untersuchenden Halbleiterproben in einen Mikrowellenhohlraumresonator gebracht, der sich in einem mit flüssigem Helium gekühlten Kryostaten im Magnetfeld befindet. Dabei muß das elektrische Feld der Mikrowelle senkrecht zum Magnetfeld schwingen. Da die Träger bei so tiefen Temperaturen in den Donatoren bzw. Akzeptoren (siehe *n-Leitung*, *p-Leitung*) „eingefroren" sind, ist oft eine zusätzliche Anregung der Träger ins Leitfähigkeits- bzw. Valenzband durch Licht nötig. Gewöhnlich wird bei fester Mikrowellenfrequenz das Magnetfeld

variiert, um die Absorptionsmaxima aufzusuchen. Über Formel (4) kann man dann das Magnetfeld B in effektiven Massen m^*/m_0 eichen.

Im Gegensatz zu den Erwartungen für den einfachsten Fall einer kugelsymmetrisch parabolischen $E(k)$-Funktion findet man statt nur einer mehrere Resonanzen, deren Lage von der Orientierung der Kristallprobe zum Magnetfeld abhängt. Liegt im n-Germanium z. B. das Magnetfeld in der (110)-Ebene, so finden wir in der Regel drei Elektronenresonanzen, die vom Winkel Θ zwischen der [001]-Richtung und dem Magnetfeld, wie in Abb. 2 angegeben, abhängen. Man konnte diesen experimentellen Befund erklären, wenn man von einer etwas komplizierteren Energiebandstruktur des Germaniums ausging. Tatsächlich sind die Flächen konstanter Energie für die Leitfähigkeitselektronen in Germanium Rotationsellipsoide um die [111]-Achsen des k-Raums. Die Minima (Täler) der $E_L(k)$-Fläche liegen in den Zentren dieser Rotationsellipsoide (Vieltalstruktur). In der Umgebung eines Minimums bei k_0 läßt sich $E_L(k)$ wie folgt darstellen.

$$E_L(k) = E_L + \frac{\hbar^2}{2 m_l^*} k_\parallel^2 + \frac{\hbar^2}{2 m_t^*} k_\perp^2, \tag{5}$$

wobei $k_\parallel$ und $k_\perp$ von k_0 aus gerechnet werden und die Komponenten ∥ bzw. ⊥ zur [111]-Richtung bedeuten. Für eine solche Funktion $E(k)$ erhält man für die Resonanzen ausgedrückt in m_c^* gemäß (4)

$$m_c^* = m_t^* \left[\frac{m_l}{m_t + (m_l - m_t)\cos^2\varphi}\right]^{1/2}, \tag{6}$$

wobei φ der Winkel zwischen Rotationsachse und

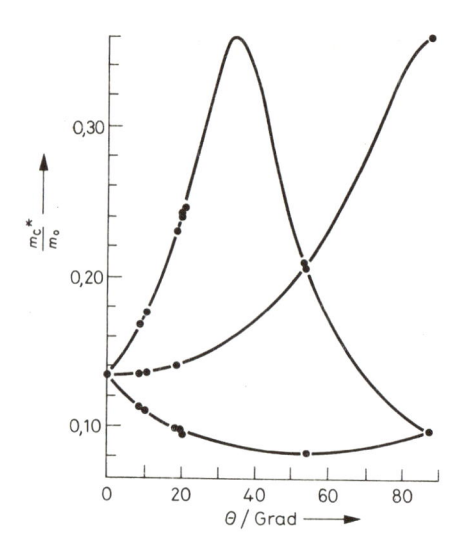

Abb. 2 Zyklotronresonanzen im n-Germanium, angegeben in effektiven Massen m_c^*/m_0 für Magnetfelder B in der (110) Ebene, die mit der [001]-Richtung den Winkel Θ bilden.
· Meßpunkte, durchgezogene Kurve berechnet nach Formel (5) mit $m_t = 0{,}08152\, m_0$ und $m_l = 1{,}588\, m_0$ (nach [11]).

Magnetfeld ist. Ähnliche Befunde erhielt man in n-Silicium, dort liegen die Minima von $E_L(k)$ allerdings auf den [100]-Achsen. In p-Germanium und p-Silicium erhält man etwas andere Ergebnisse. Dort liegen die Maxima von $E_v(k)$ bei $k=0$, wir finden jeweils zwei Resonanzen für „leichte" und „schwere" Löcher, die aber von der Richtung des Magnetfeldes deutlich schwächer abhängen als im n-Material.

Literatur

[1] Dorfman, Ja. G., Dokl. Akad. Nauk SSSR **81** (1951) 765.
[2] Dingle, R. B., Proc. Roy. Soc. (London) **A212** (1952) 38.
[3] Shockley, W., Phys. Rev. **90** (1953) 461.
[4] Dresselhaus, G.; Kip, A. F.; Kittel, C., Phys. Rev. **92** (1953) 827.
[5] Lax, B.; Zeiger, H. J.; Dexter, R. N.; Rosenblum, E., Phys. Rev. **93** (1954) 1418.
[6] Kip, A. F., Physica **20** (1954) 813.
[7] Azbel, M. Ja.: Kaner, E., A., Z. eksperim. i teoret. Fiz. **32** (1957) S. 896
[8] Gantmacher, V. F.: Žh. eksper. teor. Fiz. **43** (1962) 345.
[9] Ziman, J. M.: Prinzipien der Festkörpertheorie. – Berlin: Akademie-Verlag 1974 (dt. Übers. von Ziman, J. M.: Principles of the Theory of Solids. – London Cambridge 1972) S. 288–312.
[10] Herrmann, R.; Preppernau, U.: Elektronen im Kristall. – Berlin: Akademie-Verlag 1979. S. 335–366.
[11] Levinger, B. W.; Frankl, D. R.: J. Phys. Chem. Solids **20** (1961) 281–288.

Mechanische Effekte

Bauschinger-Effekt

Der Bauschinger-Effekt wurde erstmals 1886 von J. BAUSCHINGER beschrieben [1]. Die Berücksichtigung des Effekts in der analytischen Darstellung des Übergangs vom rein elastischen in den elastisch-plastischen Zustand erfolgte 1935 durch W. PRAGER [6] mittels der sogenannten kinematischen Verfestigung. Eine weitgehende Anpassung an experimentelle Ergebnisse ermöglichte die Einführung der Bauschinger-Relaxationsfunktion durch G. BACKHAUS [2].

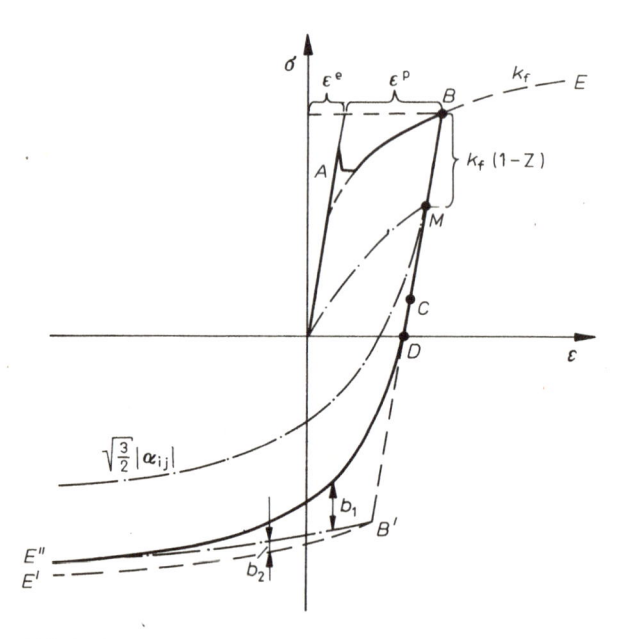

Abb. 1 Spannungs-Dehnungs-Kurve bei Belastungsumkehr.

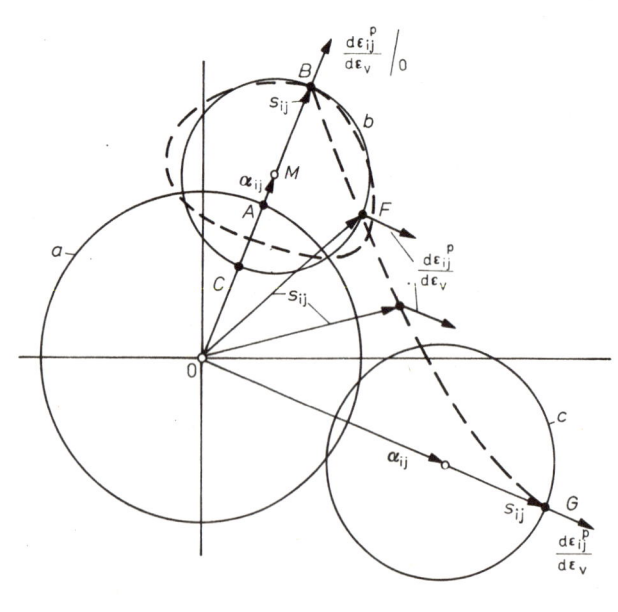

Abb. 2 Ausgangsfließfläche (a) und Folgefließflächen (b, c).

Sachverhalt

Der Bauschinger-Effekt beeinflußt in erheblichem Maße das Spannungs-Dehnungs-Verhalten kristalliner Werkstoffe im plastischen Bereich. Er kennzeichnet zunächst das verfrühte Einsetzen der plastischen Rückverformung nach einer Umkehr der Verformungsrichtung, in erweitertem Sinne umfaßt er die nach einer beliebigen Änderung der Verformungsrichtung auftretenden Besonderheiten des Spannungs-Dehnungs-Verhaltens. Er tritt in einem großen Temperaturbereich auf.

Abbildung 1 zeigt qualitativ den Spannungs-Dehnungs-Verlauf eines Zugstabes mit anschließender Belastungsumkehr bei B. Die plastische Verformung in der neuen Richtung kann bei größerer plastischer Vorverformung ε^p bereits während des Entlastungsvorganges eintreten (bei C), also vor Erreichen der vollständigen Entlastung (D). Der weitere Verlauf anschließend an C weist die in Abb. 1 dargestellten Abweichungen von der Kurve $B'-E'$ auf, die dem Kurvenstück $B-E$ der sogenannten Fließkurve $k_f(\varepsilon^p)$ entspricht. Die Spannungswerte k_f der Fließkurve A-B-E werden auch mit Formänderungsfestigkeit bezeichnet.

Die physikalischen Ursachen für das Auftreten des Bauschingereffekts wurden früher in dem Auftreten von Inhomogenitäten der plastischen Verformung infolge unterschiedlicher Orientierung der Kristallite gesehen, die zu elastischen, der plastischen Verformung entgegenwirkenden Verspannungen führen. Nach neueren Vorstellungen entsteht der Bauschinger-Effekt aus der Behinderung von Versetzungsbewegungen (die ja die Grundlage einer plastischen Verformung darstellen), deren Gegenspannungen bei der Entlastung bzw. Lastumkehr zu einer vorzeitigen plastischen Rückverformung führen.

Aufgrund von Meßergebnissen und deren Analyse [2] können die in Abb. 1 mit b_1 und b_2 bezeichneten Bauschinger-Anteile unterschieden werden. Der erste Anteil verschwindet mit zunehmender plastischer Verformung wieder vollständig. Er hat vektoriellen Charakter. Der zweite Anteil von skalarem Charakter ist zunächst null und wirkt sich mit zunehmender Verformung in einer bleibenden Entfestigung aus.

Die Größe des Bauschinger-Effekts wird durch die Bauschinger-Kennzahl erfaßt:

$$2z = \frac{\sigma_F^+ + \sigma_F^-}{\sigma_F^+}. \tag{1}$$

Hierin bedeuten σ_F^+, σ_F^- die den Punkten B bzw. C zugeordneten (vorzeichenbehafteten) Fließspannungen. Setzt die plastische Rückverformung bereits während der Entlastung ein, so ist $2z > 1$. Der Wert von $2z$ ist stark abhängig von der Definition des Fließbeginns (Proportionalitätsgrenze, Streckgrenze) und erreicht, beginnend mit null bei $\varepsilon^p = 0$ nach wenigen Prozenten plastischer Verformung, einen praktisch konstanten Wert [3].

Zur analytischen Erfassung des verallgemeinerten Bauschinger-Effektes ist der Übergang vom einachsigen auf den allgemeinen räumlichen Spannungs- und Verformungs-Zustand erforderlich. An die Stelle der einachsigen Fließ- bzw. Streckgrenze tritt im räumlichen Fall die *Fließgrenzfläche*, die im Spannungsraum den Bereich rein elastischer Verformungen einschließt. Auf der Basis der *Fließbedingung* nach VON MISES[1] [4] ist sie gegeben durch:

$$(s_{ij} - \alpha_{ij})(s_{ij} - \alpha_{ij}) = 2/3\, k^2 \quad {}^{2)}. \tag{2}$$

Im (neundimensionalen) Raum der Deviatorspannungs-Komponenten s_{ij} stellt diese Gleichung eine Hyperkugel vom Radius $\sqrt{2/3}\, k$ dar (Abb. 2), deren Mittelpunkt (M) durch die Deviatorspannungen α_{ij} festgelegt ist (Abb. 1). Der Spannungstensor α_{ij} entspricht dem oben genannten, durch die plastische Verformung hervorgerufenen Mikro-Eigenspannungszustand.

Obige Fließbedingung ist bei erstmaliger Belastung eines anfänglich isotropen Materials (Ausgangsfließfläche a) in guter Übereinstimmung mit Meßergebnissen und stellt auch für die nach einer plastischen Verformung vorhandene *Folgefließfläche* b), bei der experimentell eine Verzerrung auftritt (in Abb. 2 gestrichelt angedeutet), eine praktisch ausreichende Annäherung dar.

Die jedem Punkt einer Fließfläche zugeordnete Verformungsrichtung – der *Richtungstensor* $d\varepsilon_{ij}^p/d\varepsilon_v$, $d\varepsilon_v = \sqrt{2/3\, d\varepsilon_{ij}^p d\varepsilon_{ij}^p}$ – ist nach der *Normalitätsbedingung* durch die zugehörige Außennormale festgelegt. Während daher im Belastungsfall A-B-C Spannungs- und Richtungs-Tensor koaxial sind, ist das bei beliebiger Richtungsänderung von $d\varepsilon_{ij}^p/d\varepsilon_v|_0$ auf $d\varepsilon_{ij}^p/d\varepsilon_v$ (z. B. Punkt F) anfangs nicht der Fall. Koaxialität der beiden Bildvektoren wird hier erst allmählich mit zunehmender Verformung (bei Punkt G) erreicht.

Die Folgefließflächen der Abb. 2 sind durch den Bildvektor des Spannungstensors α_{ij} und den Radius $\sqrt{2/3}\, k$ bestimmt. Letzterer ergibt sich [3, 5] aus:

$$k(\varepsilon_v) = k_w(\varepsilon_v)(1 - z(\varepsilon_v)). \tag{3}$$

Dabei ist ε_v die sogenannte *Vergleichsdehnung*:

$$\varepsilon_v = \int \sqrt{2/3\, d\varepsilon_{ij}^p d\varepsilon_{ij}^p}. \tag{4}$$

Die Größe k_w enthält den skalaren Anteil b_2 des Bauschinger-Effektes, der sich vor allem bei zyklischen Verformungen in einer Entfestigung bemerkbar macht. Bei stetigen Änderungen der Verformungsrichtung entfällt dieser Effekt. Es entspricht dann $k_w(\varepsilon_v)$ der Fließkurve $k_f(\varepsilon_v)$. Bei Vorhandensein einer Entfestigung kann diese durch Einführung einer *wirksamen Vergleichsdehnung* $\varepsilon_w < \varepsilon_v$ Berücksichtigung finden [3, 5].

Der vektorielle Anteil b_1 des Bauschinger-Effektes wird durch den Eigenspannungstensor α_{ij} bestimmt, der die sogenannte *kinematische Verfestigung* bewirkt und ein Maß für die *Verformungsanisotropie* ist. Für den Verformungsfall der Abb. 1 ist der Verlauf des Betrages $\sqrt{3/2}\,|\alpha_{ij}|$ durch die strichpunktierte Kurve angegeben. Bei B stellt M die Mitte des elastischen Bereiches mit dem Radius $k_f(1-z)$ dar. Der Verlauf von $|\alpha_{ij}|$ zeigt, daß die Anwendung des Ansatzes von PRAGER [6]

$$\alpha_{ij} = c\, \varepsilon_{ij}^p \tag{5}$$

zu keiner befriedigenden Übereinstimmung mit Meßergebnissen führen kann.

Die rasche Abnahme von α_{ij} nach der Lastumkehr bedeutet eine entsprechende Relaxation des Eigenspannungszustandes. Zu ihrer Erfassung wurde von BACKHAUS die *Bauschinger-Relaxationsfunktion* eingeführt [7, 2]:

$$\varphi(\varepsilon_v - \bar{\varepsilon}_v) = \exp(-\varkappa(\varepsilon_v - \bar{\varepsilon}_v)^\varrho). \tag{6}$$

$\bar{\varepsilon}_v$ ist die Vergleichsdehnung an der Stelle einer Richtungsänderung, $\varkappa$ und ϱ sind Materialwerte. Die Anwendung dieser Funktion führt auf den folgenden Ausdruck für α_{ij} [3, 5]:

$$\alpha_{ij} = 2/3 \int_0^{\varepsilon_v} \partial/\partial \bar{\varepsilon}_v [z(\bar{\varepsilon}_v)\, k_w(\bar{\varepsilon}_v)\, \varphi(\varepsilon_v - \bar{\varepsilon}_v)]\, d\varepsilon_{ij}^p/d\bar{\varepsilon}_v(\bar{\varepsilon}_v)\, d\bar{\varepsilon}_v. \tag{7}$$

Aus Versuchen [9] gewonnene Materialwerte zeigt die folgende Tabelle:

Tabelle 1

Werkstoff	Temperatur	$k_f(\varepsilon_v)$	$2z(\varepsilon_v > 1{,}5\%)$	$\varkappa$	ϱ
St 38	Raum-	nach	1,5	9,4	0,37
Ms 58	temperatur	Messung	1,5	15,9	0,49

Anwendungen

Für Aufgaben der Konstruktion und der Umformtechnik ist die Kenntnis des Zusammenhanges zwischen Spannungs- und Verformungszustand von grundlegender Bedeutung. Für einen beliebigen Verformungsvorgang $d\varepsilon_{ij}^p/d\varepsilon_v(\varepsilon_v)$ im plastischen Bereich gilt bei Berücksichtigung des Bauschinger-Effektes in einem materialgebundenen Bezugssystem die folgende Spannungs-Dehnungs-Beziehung [3, 5, 12]:

---

[1] Unabhängig voneinander kamen außer VON MISES auch HUBER (Techn. Hochschule Lemberg, 1904) und HENCKY (Mechanikkongreß Delft 1924) zu der gleichen Bedingung.

[2] Hier wie auch bei den weiteren analytischen Ausdrücken ist die Summations-Konvention zu beachten.

$$s_{ij}(\varepsilon_v) = \frac{2}{3} k_w(\varepsilon_v) \frac{d\varepsilon_{ij}^p}{d\varepsilon_v}(\varepsilon_v)$$
$$- \int_0^{\varepsilon_v} \frac{2}{3} z(\bar{\varepsilon}_v) k_w(\bar{\varepsilon}_v) \varphi(\varepsilon_v - \bar{\varepsilon}_v) \frac{d^2 \varepsilon_{ij}^p}{d\bar{\varepsilon}_v^2}(\bar{\varepsilon}_v) d\bar{\varepsilon}_v. \quad (8)$$

Bei unstetigen Verformungsvorgängen ist hierbei der oben erwähnte Entfestigungseffekt ($k_w(\varepsilon_v) = k_f(\varepsilon_w)$; $\varepsilon_w < \varepsilon_v$) zu beachten. Bei zyklischer Verformung mit vorausgehender Vorverformung tritt an die Stelle von φ die von der Lastwechselgeschichte beeinflußte Funktion φ_s nach [10].

Mit wachsender Zyklenzahl verschwindet der Einfluß der Vorverformung. Es stellt sich ein stationärer (stabiler) Zustand mit symmetrischen Spannungszyklen ein.

Die Nachrechnung von Versuchen mit unterschiedlicher Verformungsgeschichte mittels obiger Beziehung ergibt gute Übereinstimmung mit Meßergebnissen [3,8]. Zur Illustration mögen die beiden folgenden Beispiele dienen.

In [11] werden Rechnungs- und Versuchsergebnisse für den in einer Ebene (ε_1^p, ε_3^p) darstellbaren Fall von Verformungstrajektorien konstanter Krümmung (Abb. 3a) mitgeteilt. Dem Bildvektor $d\varepsilon_i^p$ des plastischen Verformungszuwachses eilt der analog definierte Spannungsvektor s_i um den Winkel ϑ nach. Abbildung 3b zeigt den Nacheilwinkel ϑ_∞ des stationären Zustandes in Abhängigkeit vom Krümmungsradius.

Den Vergleich zwischen Rechnung und Versuch für eine zyklische Torsionsverformung rohrförmiger Stahlproben mit $n = 10$ Lastwechseln und anschließender einsinniger Torsion bis zum Bruch zeigt Abb. 4 (entnommen aus [3]). Zur Darstellung wurden die absoluten Größen der Vergleichsspannung ($\sigma_v = \sqrt{3/2\, s_{ij} s_{ij}}$) und der schon oben definierten Vergleichsdehnung benutzt.

Hinsichtlich der Möglichkeit einer Nutzung des Bauschingereffekts bei technologischen Prozessen sei auf [13] verwiesen.

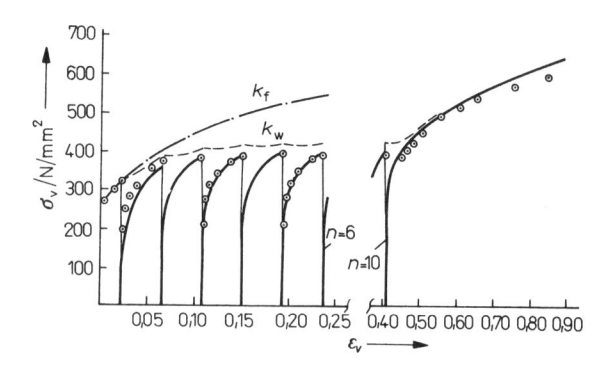

Abb. 4 Spannungsverlauf für symmetrische Verformungszyklen
nach Rechnung (−) und Versuch (°)

Literatur

[1] BAUSCHINGER, J.: Die Veränderungen der Elastizitätsgrenze. Mitt. Mech.-Techn. Labor, Techn. Hochschule. München 1886.

[2] BACKHAUS, G.: Zur analytischen Erfassung des allgemeinen Bauschingereffekts. Acta Mechanica 14 (1972) 31−42.

[3] BACKHAUS, G.: Deformationsgesetze. − Berlin: Akademie-Verlag 1982.

[4] VON MISES, R.: Mechanik des festen Körpers im plastisch deformablen Zustand. Göttinger Nachrichten, math. phys. Klasse 1 (1913) 582−592.

[5] BACKHAUS, G.: Fließspannungen und Fließbedingung bei zyklischen Verformungen. ZAMM 56 (1976) 337−348.

[6] PRAGER, W.: Einfluß der Deformation auf die Fließbedingung von zähplastischen Körpern. ZAMM 15 (1935) 76−80.

[7] BACKHAUS, G.: Zur analytischen Darstellung des Materialverhaltens im plastischen Bereich. ZAMM 51 (1971) 471−477.

[8] BACKHAUS, G.; RICHTER, K.: Deformationsgesetze des plastischen Materialverhaltens auf der Grundlage von Versuchsergebnissen. Techn. Mech. H.2 (1981).

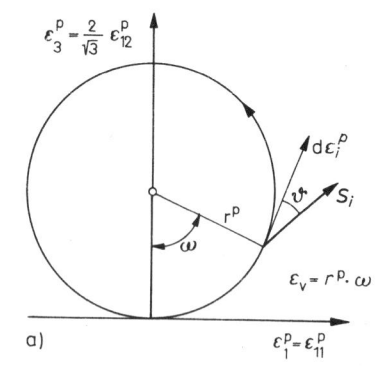

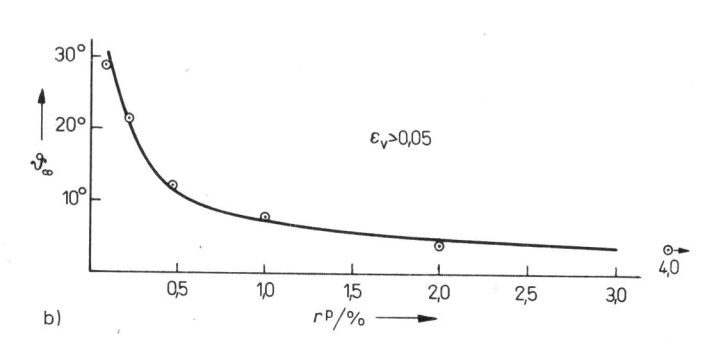

Abb. 3 Plastische Verformung längs Trajektorien konstanter Krümmung nach [11]

a) Verformungstrajektorie
b) Nacheilwinkel ϑ_∞ nach Rechnung (−) und Versuch (°)

[9] RICHTER, K.: Experimentelle und theoretische Untersuchungen zum Spannungs-Verformungs-Verhalten von St 38 und Ms 58 bei Zug-Torsions-Belastung im plastischen Bereich. Dissertation Technische Universität Dresden 1978.
[10] BACKHAUS, G.: Anisotropic Behaviour at Cyclic Plastic Deformation. In: BOEHLER, J.P. (ed.): Mechanical Behaviour of Anisotropic Solids. – Paris: Editions Scientifiques du CNRS 1982.
[11] BACKHAUS, G.: Plastic Deformation in Form of Strain Trajectories of Constant Curvature – Theory and Comparison with Experimental Results. Acta Mechanica **34** (1979) 193–204.
[12] BACKHAUS, G.: Ein objektives Stoffgesetz des plastischen Materialverhaltens. ZAMM **65** (1985) 525–535.
[13] TIETZ, H.; DIETZ, M.: Praktische Bedeutung des Bauschingereffekts. Neue Hütte **26** (1981) 109–112.

Diffusion

Die Kenntnis verschiedenster Diffusionserscheinungen gehört seit jeher zum praktischen Allgemeinwissen. In mathematischer Formulierung wurde die Diffusion erstmalig 1855 von A. FICK beschrieben.

Sachverhalt

Alle Vorgänge, bei denen ein „Strom" einer physikalischen Größe ϱ sich in der Weise ausbildet, daß die „Stromdichte" ϱv proportional zum Gradienten dieser Größe, grad ϱ, ist, kann als Diffusion im weiteren Sinne betrachtet werden

$$\varrho v = - D \cdot \operatorname{grad} \varrho. \tag{1}$$

Die hier als ϱ bezeichnete Größe kann dabei unterschiedliche Bedeutung haben, z. B. Konzentration eines Fremdstoffes (Diffusion im engeren Sinne), Konzentration von Leerstellen (Leerstellendifussion), Temperatur (Wärmeleitung), Impulsdichte (Zähigkeit von Flüssigkeiten und Gasen) und andere. In abgeschlossenen Systemen bewirkt die Diffusion, daß Unterschiede in der räumlichen Verteilung der Größe ϱ im Laufe der Zeit sich ausgleichen und damit der Diffusionsstrom verschwindet.

Nimmt man eine Bilanzgleichung der diffundierenden Größe hinzu

$$\frac{\mathrm{d}}{\mathrm{d}t}\varrho + \operatorname{div} \varrho v = 0, \tag{2}$$

erhält man die Diffusionsgleichung in der Form

$$\frac{\mathrm{d}}{\mathrm{d}t}\varrho - D \cdot \Delta \varrho = 0, \qquad \Delta \equiv \frac{\mathrm{d}^2}{\mathrm{d}x^2} + \frac{\mathrm{d}^2}{\mathrm{d}y^2} + \frac{\mathrm{d}^2}{\mathrm{d}z^2}. \tag{3}$$

Wenn die Gesamtmenge der diffundierenden „Substanz" nicht erhalten bleibt, sondern im Zeitablauf zu- oder abnimmt, ist in (3) statt 0 ein „Quellterm" zu setzen. Da die Diffusionsgleichung (3) linear ist, überlagern sich ihre Lösungen, ohne sich zu stören. So läßt sich die zeitliche Entwicklung einer beliebigen Anfangsverteilung $\varrho(x,y,z)$ berechnen, indem man die Diffusion der in jedem Volumenelement enthaltenen Substanzmenge $\varrho \mathrm{d}x\mathrm{d}y\mathrm{d}z$ einzeln betrachtet und die Lösungen überlagert. Eine anfangs punktförmig vorgegebene Konzentration fließt gemäß einer sich verbreiternden Gaußschen Glockenkurve auseinander. Die Ausbreitung erfolgt dabei mit einer charakteristischen Geschwindigkeit $\sqrt{D/t}$, so daß eine anfangs punktförmige Verteilung etwa nach der Zeit s^2/D auf die Breite s zerlaufen ist. Somit unterscheidet sich die Ausbreitung einer Substanz durch Diffusion wesentlich von anderen Ausbreitungsvorgängen wie Strömung oder Wellenausbreitung: Die Ausbreitungsgeschwindigkeit ist proportional zu D/s, also umgekehrt proportional zur Entfernung. Deshalb ist die Diffusion innerhalb kleiner Raumbereiche ein sehr schneller und wirksamer Transportmechanismus, während sie im makroskopischen Erfahrungsbereich des Menschen als ein sehr langsamer Vorgang empfunden wird. Dementsprechend werden Transportvorgänge innerhalb von Mikroorganismen oder zwischen sinternden Pulverteilchen fast ausschließlich durch Diffusion bewirkt. Dagegen sind in größeren Lebewesen oder beim Mischen von Flüssigkeiten in Behältern Konvektionsströme erforderlich, damit die entsprechenden Zeiten nicht zu groß werden.

Wenn die Diffusionskonstante D nicht als empirisch gegeben, sondern als eine zu berechnende Größe aufgefaßt werden soll, muß man die makroskopische Betrachtungsweise verlassen und dafür die mikroskopischen Mechanismen analysieren, die den unterschiedlichen Diffusionsvorgängen zugrundeliegen. In Gasen erfolgt die Diffusion durch die ungeordnete thermische Bewegung der Gasmoleküle. Im Vergleich zur thermischen Geschwindigkeit ist die Diffusionsgeschwindigkeit bei Normaldruck sehr klein infolge der häufigen Zusammenstöße der Gasmoleküle nach kurzer freier Weglänge. Im Festkörper erfolgt die Diffusion durch schrittweise Ortsveränderung von Atomen. Dazu muß eine Energieschwelle, die sogenannte Aktivierungsenergie, durch thermische Fluktuationen überwunden werden. Deshalb ist die Diffusion stark temperaturabhängig:

$$D = D_0 \cdot \exp(-U/kT). \qquad (4)$$

In Tabellen wird der temperaturabhängige Diffusionskoeffizient D zweckmäßig in Form der beiden Materialwerte D_0 und U angegeben. Dabei ist erforderlich, auch den Temperaturbereich anzugeben, in dem diese Werte gelten, denn in realen Werkstoffen können mehrere Diffusionsmechanismen zugleich wirken, so daß D nicht für beliebige Temperaturen durch ein einheitliches Gesetz (4) mit konstantem D_0 und U dargestellt werden kann. Auch ist zu beachten, daß D_0 und U von der Richtung im Kristallgitter abhängen.

Für die Diffusion von Substanz in Kristallen kommen folgende Mechanismen in Betracht: Wandern von Leerstellen und Zwischengitteratomen, Platzwechsel von zwei oder mehreren Gitteratomen. Entlang der Versetzungen und Korngrenzen sind diese Mechanismen und damit die Diffusion um einige Zehnerpotenzen schneller als im ungestörten Gitter. Infolgedessen hängt die effektive, d.h. räumlich gemittelte Diffusion im Festkörper stark von dessen Realstruktur ab.

Eine spezielle Diffusionserscheinung ist der Kirkendall-Effekt. An der Grenzfläche zweier Metalle treten zwei entgegengesetzte Diffusionsströme unterschiedlicher Intensität auf. Dadurch verschiebt sich die ursprüngliche Grenzfläche in Richtung auf die schneller diffundierende Komponente. Außerdem bleiben in der schneller diffundierenden Komponente Leerstellen zurück, die wiederum durch Diffusion sich zu Hohlräumen zusammenlagern können (Lochbildung).

Oft werden weitere molekulare Transportphänomene als Diffusion bezeichnet: Thermodiffusion, Elektrodiffusion, Berg-auf-Diffusion und andere. Sie haben mit der Diffusion von Substanz im Sinne von (1) und (3) nur gemeinsam, daß die thermische Molekularbewegung wesentlicher Bestandteil des Phänomens ist. Zwecks größerer begrifflicher Klarheit werden neuerdings dafür andere Bezeichnungen bevorzugt, wie Thermotransport, Elektrotransport, Entmischung u.a.

Tabelle 1 Stofftransport durch Diffusion
Die Diffusionskonstante D gilt für die in der folgenden Spalte angegebene Temperatur und für Normaldruck. D_0 und U beschreiben die Temperaturabhängigkeit von D gemäß Gl. (4). In der letzten Spalte ist der Temperaturbereich angegeben, in welchem diese Werte gelten.

	D cm^2/s	T °C	D_0 cm^2/s	U $\frac{kJ}{mol}$	T °C
Gase	0,1...1	20			
Flüssigkeiten	10^{-5}	20			
Hg in Hg	$3 \cdot 10^{-5}$	20	$1,1 \cdot 10^{-4}$	4,8	0...100
Metalle in Hg	$8 \cdot 10^{-6}$...$7 \cdot 10^{-5}$	20			
C in Fe flüss.	$9 \cdot 10^{-5}$	1550			
Na$^+$ in NaCl	$5 \cdot 10^{-9}$	700			
Cl$^-$ in NaCl	$7 \cdot 10^{-10}$	700			
J$^-$ in NaCl	$4 \cdot 10^{-9}$	700			
Na$^+$ in Na-Ca-Glas	$3 \cdot 10^{-7}$	700	0,013	84	635...780

Tabelle 2
Temperaturleitfähigkeit bei 20 °C und Normaldruck,
$D = \lambda/\varrho c$,
λ = Wärmeleitfähigkeit,
ϱ = Dichte,
c = spezifische Wärme.

	D cm^2/s
Luft	0,21
Wasserstoff	1,5
Wasser	0,0013
Kupfer	1,15
Cr-Ni-Stahl	0,04
Beton	0,005
Jenaer Glas	0,005

Tabelle 3
Kinematische Viskosität bei 20 °C und Normaldruck
$D = \eta/\varrho$,
η = dynamische Viskosität,
ϱ = Dichte.
(In diesem Zusammenhang wird D oft als γ bezeichnet und cm^2/s als Stokes.)

	D cm^2/s
Luft	0,15
Wasserstoff	0,98
Wasser	0,01
Äther	0,003
Quecksilber	0,0015
Cyclohexanol	1
Getriebeöl	10...100
Pech	$3 \cdot 10^7$
turbulente Luft bei Re = 10^4	3

Kennwerte, Funktionen

Bei Vergleich der Werte D für Gase in Tab. 1 bis 3 fällt auf, daß sie von ungefähr gleicher Größe sind. Das ist darin begründet, daß die Gasmoleküle Träger von Substanz, Energie und Impuls sind und daher die Diffusion dieser Größen durch den gleichen Mechanismus erfolgt, nämlich durch Stöße der sich mit thermischer Geschwindigkeit bewegenden Moleküle. Die großen Unterschiede zwischen den Tabellen 1 bis 3 bei den Werten für Flüssigkeiten und Festkörper weisen darauf hin, daß völlig andere Mechanismen wirksam sind, z. B. Ausbreitung und Stoß von Phononen.

Anwendungen

Diffusion ist eine Erscheinung, die überall abläuft, auch ohne „angewandt" zu werden. Als Anwendungen werden hier deshalb nur solche Beispiele genannt, wo die Kenntnis der Diffusionsgesetze für die Beherrschung des Prozesses wesentlich ist.
Dekorieren von Kristallbaufehlern. Da Fremdatome in Kristallen bevorzugt längs Versetzungen und Korngrenzen diffundieren, reichern sie sich dort an und lassen sich sichtbar machen.
Wärmebehandlung von Metallen. Gezielte Gefügeänderungen in Metallegierungen können dadurch erreicht werden, daß man die Diffusion mittels eines Temperaturregimes so steuert, daß die erforderlichen Transportvorgänge in technologisch annehmbaren Zeiten ablaufen (Diffusionsglühen).
Verfestigung von Gläsern. In einer dünnen Oberflächenschicht können Metallionen des Glases in einem Diffusionsprozeß durch größere ersetzt werden. Der dadurch erzeugte Druckspannungszustand vermindert die bruchauslösende Wirkung von Oberflächendefekten.
Pulvermetallurgie. Das Sintern von Pulver zu einem kompakten Werkstoff wird wesentlich durch die Diffusion von Atomen längs der Oberfläche der Pulverteilchen und durch die Diffusion von Leerstellen im Volumen bestimmt.
Halbleitertechnologie. Bei der Herstellung von Halbleiter-Bauelementen wird die erforderliche Konzentrationsverteilung der Dotierungssubstanz durch Diffusion eingestellt. Oberflächenveredlung von Metallen: Der zu veredelnde Gegenstand wird in Pulver eingebettet und erhitzt. Die Temperatur ist so zu wählen, daß die Pulversubstanz in die Oberfläche des Gegenstandes diffundiert, ohne daß das Pulver sintert.

Literatur

LANDAU, L. D.; LIFSCHITZ, E. M.: Lehrbuch der Theoretischen Physik, Bd. X Physikalische Kinetik. – Berlin: Akademie-Verlag 1983.
SCHULZE, G. E. R.: Metallphysik. 2. Aufl. – Wien/New York: Springer-Verlag 1974; – Berlin: Akademie-Verlag 1974.
Kleine Enzyklopädie „Struktur der Materie". – Leipzig: VEB Bibliographisches Institut 1982.
LANDOLT – BÖRNSTEIN, Zahlenwerte und Funktionen. 6. Auflage. II. Band, 5. Teil: Bandteil b, Transportphänomene II. – Berlin/Heidelberg/New York: Springer-Verlag 1968.

Festigkeit

Das Phänomen Festigkeit begleitet den Menschen seit urgeschichtlichen Zeiten. Obwohl bewundernswerte Beweise hohen handwerklichen Geschicks hierzu aus allen Epochen gegeben sind, sind erste wissenschaftliche Untersuchungen von LEONARDO DA VINCI (Lastaufnahme von Eisendrähten) und GALILEO GALILEI (Bruchlastbestimmungen an Balken) erst in unserem Jahrhundert in breitem Umfang fortgesetzt worden. Während in den 20er bis 30er Jahren durch grundlegende Arbeiten von FRENKEL, OROWAN, POLANYI u. a. die theoretischen Grenzwerte der Festigkeit abgesteckt wurden, vollzog sich etwa seit 1940 mit der Entwicklung der Bruchmechanik eine Synthese zwischen Festkörperphysik und Mechanik. Darauf aufbauend gewinnt in den letzten 10 bis 15 Jahren das mikrostrukturelle Konstruieren als Schlüssel für eine „Werkstoffentwicklung nach Maß" zunehmend an Bedeutung.

Sachverhalt

Der technische Festigkeitsbegriff vereint in sich sowohl die Festigkeit des Werkstoffes als auch die des Bauteils. Festigkeit des Werkstoffes ist der Widerstand gegen Bruch und größere Verformungen, die Fähigkeit, eine mechanische Spannung zu ertragen. Entsprechend den Eigenschaften des Werkstoffes sowie den zeitlichen und geometrischen Belastungsbedingungen gibt es verschiedene Werkstoffestigkeiten [1]. Die wesentlichsten sind:

Zugfestigkeit ist die im Zugversuch bei einmaliger Belastung ermittelte und auf den Ausgangsquerschnitt des Zugstabes bezogene Maximalkraft. Der Zugversuch liefert nicht nur die Maximalkraft, sondern die Spannungs-Dehnungs-Kurve, solange sich der Zugstab gleichmäßig verformt. Man bezieht dabei die Kraft auf den Ausgangsquerschnitt und die Verlängerung auf die Ausgangslänge. Die Spannungs-Dehnungs-Kurve hat für jeden Werkstoff eine charakteristische Form. Häufig wird die 0,2 %-Dehngrenze als Kennwert benutzt, das ist die Spannung, die eine bleibende Dehnung von 0,2 % erzeugt. Bei manchen Werkstoffen, z. B. Baustahl, zeigt die Spannungs-Dehnungs-Kurve eine deutlich ausgeprägte Streckgrenze, die als Kennwert zur Charakterisierung des Fließbeginns geeignet ist und meist mit der 0,2 %-Dehngrenze zusammenfällt.

Die Verformbarkeit des Werkstoffes wird durch die Bruchdehnung, d. h. die Verlängerung des Zugstabes beim Bruch, bezogen auf die Ausgangslänge, besser jedoch durch die Brucheinschnürung (Querschnittverminderung an der Bruchstelle, bezogen auf den Ausgangsquerschnitt) charakterisiert. Für spröde Werkstoffe ermittelt man auch die Festigkeit bei statischer Druck- oder Biegebeanspruchung.

Werkstoffe, deren Verformung unter statischer Last mit der Zeit zunimmt (Kriechen von Plasten, Beton, Stahl bei hohen Temperaturen) werden auf ihr Zeitstandverhalten geprüft (Bestimmung der Spannung, die eine gewisse Zeit ertragen wird oder bei der eine festgelegte bleibende Dehnung bis zu einer gewissen Zeit eintritt).

Werkstoffe für schwingend belastete Bauteile müssen eine Mindestdauerfestigkeit aufweisen, die möglichst unter der jeweiligen Belastungsgeometrie und dem vergleichbaren zeitlichen Regime für bestimmte Lastwechselzahlen bestimmt wird. Die Gewinnung der Festigkeitskennwerte des Werkstoffes aus Versuchen an einfachen Prüfkörpern ist Voraussetzung für den rechnerischen Nachweis der Festigkeit von Bauteilen und Konstruktionen [2].

Unter Angabe der Belastungen und Berücksichtigung anzunehmender Sicherheiten sind Festigkeitsnachweise zu führen:
- Die Tragfähigkeit bei einmaliger Belastung ist bei plastisch gut verformbaren Werkstoffen (z. B. Baustahl) durch die sogenannte Traglast bestimmt, eine maximale Belastung, bei der größere Bereiche des Bauteiles plastische Verformungen erleiden können. Spannungsspitzen infolge Kerben und Eigenspannungen spielen hier keine Rolle.
- Bei spröden Werkstoffen darf die mittels Elastizitätstheorie berechnete Spannung eine durch die Bruchspannung festgelegte zulässige Spannung nicht überschreiten. Spannungsüberhöhungen und Eigenspannungen sind zu beachten, bruchmechanische Überlegungen einzubeziehen.
- Kriecht der Werkstoff, so ergeben sich die zulässigen Spannungen aus den Spannungen beim Erreichen des Bruchs oder gewisser bleibender Dehnungen im Langzeitversuch.
- Die Ermüdungsfestigkeit bei häufigen kleineren oder selteneren großen Belastungsänderungen ist gesichert, wenn die ertragbare Lastwechselzahl größer als die zu erwartende ist. Als Berechnungsgrundlage dienen die elastischen Spannungen oder Dehnungen im Vergleich mit zulässigen Spannungs- oder Dehnungsamplituden aus den Dauerschwingversuchen.

Ein Schlüssel zur Optimierung der technischen Festigkeit liegt in der Beachtung und Nutzung des wechselseitigen Zusammenhanges von Elastizität, theoretischer Festigkeit und Bruchzähigkeit. Die Untersuchung dieses Zusammenhanges und seine Zurückführung auf mikroskopische Ursachen ist Gegenstand der Festkörperphysik: Alle Eigenschaften der Werkstoffe sind schließlich durch Art und Anordnung der Atome bestimmt.

Es läßt sich eine theoretische Festigkeit in dem Sinne definieren, daß man alle Mechanismen ausschließt, die ein Abgleiten oder Aufreißen begünstigen (Versetzungsbewegung, Rißwachstum). Da letztere in realen Festkörpern fast stets vorliegen, ist die reale Festigkeit meist um Zehnerpotenzen geringer als die theoretische. Umgekehrt ist die Situation bei der Bruchzähigkeit. Die reale Bruchzähigkeit kann wesentlich höher sein als die eines (angenommenen) ideal spröden Bruches, bei dem nur Energie zur Erzeugung der freien Oberfläche aufgebracht werden muß. Das ist darauf zurückzuführen, daß bei den meisten realen Bruchvorgängen für plastisches Fließen oder Gefügeumwandlungen nahe der Rißspitze wesentlich höhere Energiebeträge aufzubringen sind.

Die Festigkeit hat einen kinetischen Aspekt [3]: Die thermischen Fluktuationen können die durch die äußere Belastung beanspruchten atomaren Bindungen aufbrechen, was sich besonders bei höheren Temperaturen oder längeren Belastungszeiten auswirkt. Diesem Vorgang überlagert ist die Kinetik von Relaxationsvorgängen der Realstruktur des Festkörpers.

Kennwerte, Funktionen

Die *theoretische Zugfestigkeit* σ_{max} kann näherungsweise bei Kenntnis des Elastizitätsmoduls E, des mittleren Atomabstandes a_0 sowie der Abklinglänge der Bindungskräfte b_0 abgeschätzt werden.

$$\sigma_{max} = \frac{1}{\pi} \cdot E \cdot \frac{b_0}{a_0} \approx \frac{E}{10}. \tag{1}$$

Die *theoretische Scherfestigkeit* τ_{max} berechnet sich analog aus dem Schermodul G, dem Abstand der abgleitenden Netzebenen c_0 sowie der Periode der Gittertranslation in der Netzebene a_0.

$$\tau_{max} = \frac{1}{2\pi} \cdot G \cdot \frac{a_0}{c_0} \approx \frac{G}{10}. \tag{2}$$

Theoretische Festigkeiten sowie experimentell ermittelte Festigkeiten einiger wichtiger Werkstoffe sind in Tab. 1 zu entnehmen.

Tabelle 1 Theoretische Festigkeit σ_{max} und experimentell nachgewiesene Festigkeitsbereiche σ_{exp} ausgewählter Werkstoffe

	σ_{max}/MPa	σ_{exp}/MPa
Stahl	20000	300…4000
Grauguß	10000…16000	150…600
Aluminiumlegierungen	7000	200…600
Wolfram	35000	400…4000
Al$_2$O$_3$	35000	300…16000
Kohlenstoff (Faser)	40000	1800…2800
Glas	5000…12000	100…4500
Polystyrol	400	50…100

Eine genauere Abschätzung der theoretischen Festigkeiten σ_{max} ist bei Kenntnis der Bindungsenergie U_c, dem Gleichgewichtsabstand r_0 der Atompaare sowie dem Kompressionsmodul K möglich [4].

Hohe Grenzwerte für die Festigkeit ergeben sich bei Festkörpern, die aus Atomen mit kleinen Atomradien und einer großen Zahl von Valenzen pro Atom aufgebaut sind. (Verbindungen der Elemente Be, B, C, N, O, Al, Si).

Die reale Festigkeit von Festkörpern wird wesentlich durch das Vorhandensein beweglicher Versetzungen bestimmt. Als charakteristischer Kennwert für das Abscheren eines Kristallgitters bei Anwesenheit einer einzelnen Versetzung kann die Peierls-Spannung τ_P angesehen werden [5]. Sie hängt stark vom Charakter der atomaren Bindung ab.

Peierls-Spannungen für ausgewählte Festkörper:

	Si	Ge	Bi	Fe	Cu	Ag	Al
τ_P/MPa	4600	2500	150	150	1,4	1,3	7,5
Bindungstyp	kovalent		gemischt		metallisch		

Die kinetische Festigkeit ist durch den stochastischen Charakter der Mikrorißbildung und -ausbreitung sowie der Makrorißbildung und -ausbreitung bestimmt [6]. Für die Dauer t_i der einzelnen Stadien i gilt in guter Näherung ein Zusammenhang der Form

$$t_i = t_0 \cdot \exp\left(\frac{U_i - V_i \sigma}{kT}\right), \tag{3}$$

wobei U_i und V_i charakteristische Aktivierungsenergien bzw. Volumina der bei einer Temperatur T im Spannungsfeld σ ablaufenden Prozesse darstellen. Experimentelle Untersuchungen der Langzeitfestigkeit unterschiedlicher Festkörper ergeben für die den Gesamtprozeß beschreibenden Parameter, t_0, U, V nach [3] die in Tab. 2 zusammengefaßten Größenordnungen.

Tabelle 2 Charakteristische Parameter für das Langzeitverhalten unter konstanter Belastung

Bindungstyp	t_0/s	U/kcal·Mol^{-1}	V/l·Mol^{-1}
Metalle	10^{-11}–10^{-14}	30–170	0,3–4
Ionenkristalle	10^{-12}–10^{-13}	30–70	6–25
kovalent gebundene Kristalle	10^{-13}	90–115	
silikatische Gläser	10^{-12}	80–90	
Polymere	10^{-12}–10^{-13}	25–60	0,06–0,4

Die durch äußere Belastung erzeugte Spannung im Innern des Materials konzentriert sich an Inhomogenitäten. So entsteht z. B. nahe der Spitze eines scharfen Risses eine Spannungskonzentration der Form

$$\sigma_{ij}(r, \vartheta) = K \cdot \frac{g_{ij}(\vartheta)}{\sqrt{2\pi r}}, \qquad K = \xi \cdot \sigma_A \cdot l^{1/2}. \tag{4}$$

Hier bedeuten r und ϑ Polarkoordinaten bezüglich der Rißspitze, l ist die Rißlänge, und $\xi \approx 1$ ist ein Faktor,

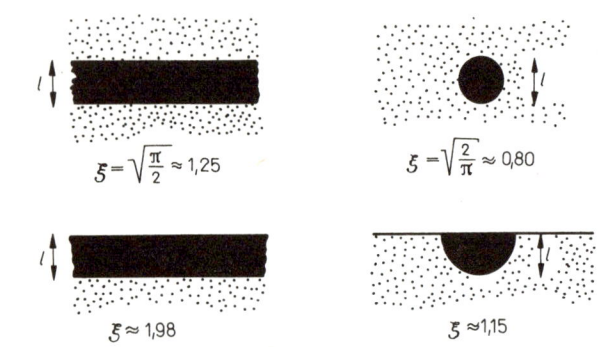

Abb. 1 Formfaktor ξ für die Spannungsintensität an der Rißspitze (beim halbkreisförmigen Riß an der angekreuzten Stelle);
schwarz = Rißfläche in Draufsicht

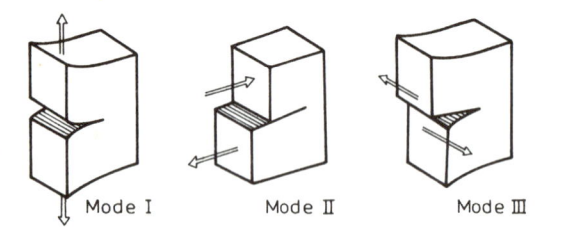

Abb. 2 Belastungsarten eines Risses

der die Form des Risses berücksichtigt (Abb. 1). Die Winkelabhängigkeit wird von den Funktionen $g_{ij}(\vartheta)$ beschrieben. Im speziellen Fall einer von außen angelegten einachsigen Spannung σ_A, die senkrecht zur Rißfläche steht (Mode I), haben die g_{ij} die Form

$g_{xx} = \cos \vartheta/2 \, (1 - \sin \vartheta/2 \cdot \sin 3\vartheta/2)$

$g_{yy} = \cos \vartheta/2 \, (1 + \sin \vartheta/2 \cdot \sin 3\vartheta/2)$

$g_{zz} = \nu \cdot \cos \vartheta/2$

$g_{xy} = \cos \vartheta/2 \cdot \sin \vartheta/2 \cdot \cos 3\vartheta/2$

$g_{yz} = g_{xz} = 0$.

Für die übrigen Belastungsarten des Risses, (Mode II und III, Abb. 2) gelten entsprechende Abhängigkeiten. Die daraus folgenden Konsequenzen sind jedoch nicht wesentlich anders als für die Belastungsmode I. Außerdem hat letztere die größere praktische Bedeutung für Bruchvorgänge, so daß die Aussagen hier auf diese beschränkt werden.

Mittels (4) läßt sich ein quantitatives Bruchkriterium formulieren: Ein Riß breitet sich aus, wenn die Spannungsintensität K einen materialspezifischen Wert K_c, die kritische Spannungsintensität, überschreitet. Die Kombination K_c^2/E wird oft als Bruchzähigkeit G_c oder als Rißwiderstandskraft bezeichnet.

Tabelle 3 enthält kritische Spannungsintensitäten K_{Ic} einiger Werkstoffe. Die außerdem angegebene Streckgrenze charakterisiert den Aushärtungszustand, in welchem K_{Ic} gemessen wurde.

Tabelle 3   Kritische Spannungsintensitäten K_{Ic} ausgewählter Werkstoffgruppen

	$\sigma_{0,2}$/MPa	K_{Ic}/MPa m$^{1/2}$
Niedrig legierter Vergütungsstahl	1900...1250	60...110
Aushärtbarer martensitisch-austenitischer Stahl	2400...1700	30...90
Martensitaushärtender Ni-Stahl	1600	180
Grauguß		15...30
Al-Legierungen		25...40
Ti-Legierungen		60...130
Al$_2$O$_3$-Keramik		3...9
Si$_3$N$_4$-Keramik		5...10
Glas		0,3...0,6

Anwendungen

Hochfeste faserförmige Einlagerungen für Verbundwerkstoffe. Bei Fasern mit Durchmessern von wenigen μm bis zu 100 μm kann die nutzbare Festigkeit eines Stoffes die Größenordnung der theoretischen Festigkeit erreichen. Fasern finden umfassend Anwendung als Verstärkungskomponente von Polymeren, Metallen, Keramiken, Gläsern und Baustoffen.

Verschleißschutzschichten. Stoffe mit hoher theoretischer Festigkeit weisen zugleich eine große Härte auf. Da sie zugleich eine hohe Warmfestigkeit aufweisen, finden sie als Verschleißschutzschicht (erzeugt über chemische oder physikalische Beschichtungstechniken) und als Hauptbestandteil von Schneid- und Umformwerkzeugen [8] (erzeugt über pulvermetallurgische Verfahren) Verwendung.

Glasartige metallische Folien. Durch das Erzeugen amorpher Metalle über Schnellabschrecken metallischer Schmelzen gelingt es, die Versetzungsbewegung als Träger plastischer Verformungsvorgänge praktisch auszuschließen. Damit weisen amorphe Metalle bis zur Bruchdehnung nahezu linear-elastisches Verhalten auf [9]. In Verbindung mit bemerkenswerten

Tabelle 4   Ausgewählte Kennwerte typischer Hartstoffe[1]

	E/GPa	Vickershärte/HV	Schmelzpunkt/K
Al$_2$O$_3$	400	2800	2320
TiC	450	3000	3420
TiN	251	2000	3480
WC	700	1800	2990
ZrC	350	2900	3800
TiB$_2$	530	3300	3250
B$_{12}$C$_3$ (rhomboedr.)	440	5000	2720
BN (kub.)	900	8000	3300
Diamant	1000	10000	3970

[1] Meßwerte verschiedener Autoren weichen oft mehr oder weniger stark voneinander ab.

weich- oder hartmagnetischen Eigenschaften (vgl. Tab. 4) oder auch minimaler thermischer Ausdehnung sind Anwendungen als Sensor- oder Übertragungselemente denkbar.

Quasi-zerstörungsfreie Festigkeitsprüfung. Lasttragende Elemente mit endlicher Lebensdauer können mittels Schallemissionsanalyse [10] hinsichtlich ihrer wahrscheinlichen Lebensdauer geprüft werden. Bei geeigneter Wahl der Belastungsparameter werden die von Frühstadien der Mikrorißbildung erzeugten Ultraschallwellen analysiert. Die Schädigung ist dabei noch weit unterkritisch.

Literatur

[1] Fronius, St., Tränkner, G.: Taschenbuch Maschinenbau. Band 1/II. – Berlin: VEB Verlag Technik 1975.
[2] Wölfel, J.: Grundlagen der Festigkeitsberechnung für Behälter und Apparate. Chem. Techn. 27 (1975) 463–466.
[3] Regel, W. R., Sluzker, A. I.; Tomaschevskij, E. J.: Kinetitscheskaja Priroda Protschnosti twerdich tel. – Moskau: Nauka 1974.
[4] Cherepanov, G. P.: Mechanics of Brittle Fracture. – New York: Mc Graw-Hill 1979.
[5] Vladimirov, V. I.: Einführung in die physikalische Theorie der Plastizität und Festigkeit. – Leipzig: VEB Deutscher Verlag für Grundstoffindustrie 1976. S. 72.
[6] ebenda, S. 249 ff.
[7] Blumenauer, H.; Pusch, G.: Bruchmechanik. – Leipzig: VEB Deutscher Verlag für Grundstoffindustrie, 1973.
[8] Schatt, W.: Pulvermetallurgie, Sinter- und Verbundwerkstoffe. – Leipzig: VEB Deutscher Verlag für Grundstoffindustrie 1979.
[9] Pompe, W.: 14. Metalltagung in der DDR „Amorphe metallische Werkstoffe".
Dresden: ZFW der AdW der DDR 1981, S. 349.
[10] Pompe, W.; Morgner, W.: Sitzungsberichte der AdW der DDR, 10 N, Mathematik – Naturwissenschaften – Technik. – Berlin: Akademie-Verlag 1981.

Gedächtniseffekt

Längen- bzw. Gestaltänderungen im Zusammenhang mit martensitischer Phasenumwandlung im Festkörper wurden schon von Scheil 1932 [1] sowie von Chang und Read 1951 [2] untersucht. Über das eng damit verknüpfte thermoelastische Verhalten einer Messinglegierung berichteten Greninger und Mooradian 1938 [3]. Durch die Arbeiten von Buehler, Gilfrich und Wiley an NiTi [4] rückte die Erscheinung in das Interessenfeld einer größeren Zahl von Forschern. Bald erwies sich ihr allgemeinerer Charakter und es zeichneten sich auch Anwendungsmöglichkeiten ab.

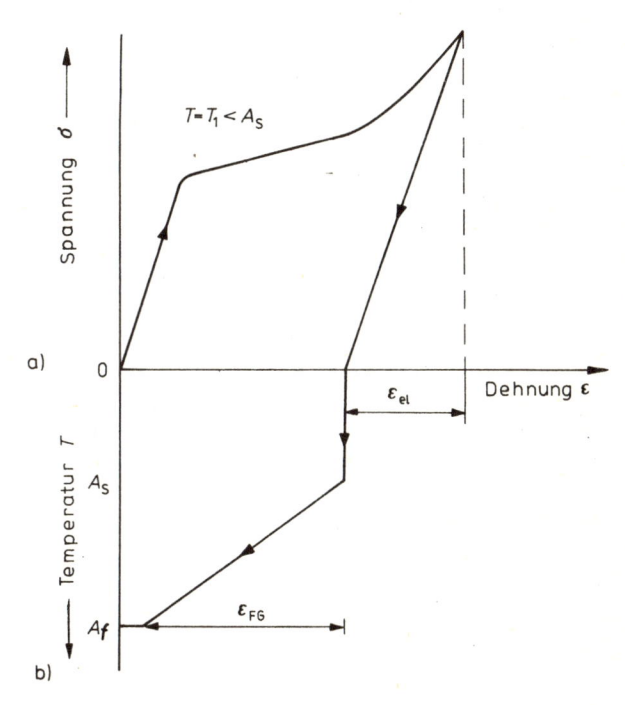

Abb. 1 Spannungs-Dehnungs-Kurve (schematisch) mit Formgedächtniseffekt (a) im Verformungsstadium bei $T = T_1 < A_S$, (b) Rückbildung der Gestaltänderung während des Erwärmens, ε_{el} elastischer Anteil, ε_{FG} Formgedächtnis [5]

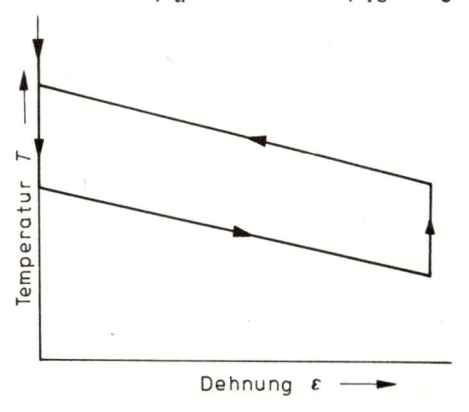

Abb. 2 Zwei-Weg-Gedächtnis-Effekt (schematisch). Während der Abkühlung wird eine makroskopische Formänderung ohne äußere Spannung erzeugt, die nach Erwärmen wieder verschwindet [5].

Sachverhalt

Bestimmte Werkstoffe entwickeln ein „Gedächtnis" in folgendem Sinne: a) Werden sie bei konstanter Temperatur einer zunächst bleibenden Gestaltänderung unterworfen und anschließend erwärmt, dann nehmen sie ihre ursprüngliche Form wieder an (Formgedächtniseffekt oder plastischer Formgedächtniseffekt; Abb. 1) oder b) nach Abkühlung ohne äußere Spannung entsteht eine makroskopische Gestaltänderung, die beim Erwärmen wieder verschwindet (Zwei-Weg-Formgedächtniseffekt; Abb. 2) [5].

Kennwerte, Funktionen

Der Formgedächtniseffekt beruht darauf, daß unter Einwirkung der äußeren Spannung σ_s eine martensitische Phasengrenzfläche verschoben wird, die nach Entlastung nicht zurückgeht. Die Rückbildung erfolgt erst mit dem Erwärmen (Abb. 3). Sie ist vollständig solange die Formänderung bei tiefen Temperaturen allein durch Verschiebung von Martensit-Phasengrenzen realisiert wird.

Notwendige Bedingung für den Formgedächtniseffekt ist: a) Die Martensitphase bildet sich kontinuierlich mit abnehmender Temperatur und verschwindet kontinuierlich mit wachsender Temperatur, b) die Verformung ohne Strukturänderung geht mehr durch Zwillingsbildung als durch Gleiten vor sich, c) die Martensit-Phase wird aus einer geordneten Matrix gebildet.

Der Zwei-Weg-Formgedächtniseffekt beruht auf einer reversiblen thermisch induzierten Austenit-Martensit-Umwandlung mit Vorzugsorientierung der Martensit-Phase. Das „Gedächtnis" ist weniger vollständig und löschfähig. Die hochsymmetrische Hochtemperaturphase bietet der Martensit-Phase zahlreiche Anordnungsmöglichkeiten. Diese werden ihrerseits je nach Richtung innerer Spannungen unterschiedlich genutzt. Das erklärt die Gestaltänderung. Eine äußere Spannung kann andererseits leicht eine Umlagerung der inneren Spannungsquellen auslösen und den Effekt unterdrücken.

Die Martensit-Phase kann vor der Belastung vorhanden sein (thermisch gebildet im Temperaturbereich $M_f < T < M_S$) oder unter Spannungseinfluß entstehen (Belastung im Temperaturbereich $M_S < T < A_f$, notwendige Spannungen 10...100 MPa). Das Formgedächtnis verschwindet bei Verformungstemperaturen oberhalb $T = A_f$.

Gedächtniseffekte werden an Substanzen mit martensitischer Umwandlung gefunden, bei der sich die Teilchen gekoppelt über Abstände < Atomabstand bewegen. Die Ausgangslagen der Atome können nach Rückumwandlung wieder erreicht werden [7]. Die Umwandlung verdankt ihren Namen einer beim Abkühlen von Stahl auftretenden Transformation des Austenits in Martensit. Sie ist im allgemeinen von Volumenänderung begleitet, in Stählen z.B. von ≈ 4%. Die Form des umgewandelten Kristallbereichs ist vorzugsweise platten- oder lattenförmig. Die Verschiebung der Grenzfläche zwischen Matrix und martensitischer Phase erfolgt so, daß die mit der Umwandlung verbundene Orientierungs- und Volumenänderung dem äußeren Zwange nachgibt (Abb. 4).

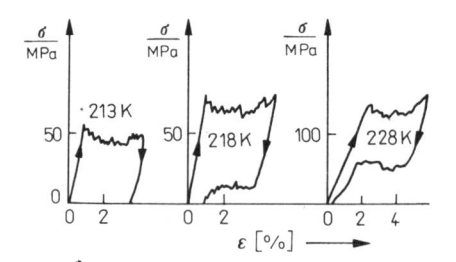

Abb. 3 Spannungs-Dehnungs-Kurven von Ag-45At.%Cd-Einkristallen (Zugachse ∥ [133]) für verschiedene Verformungstemperaturen. Bei $T = 213$ K ist nach Entlasten eine bleibende Formänderung zu beobachten, die bei $T = 228$ K stark zurückgeht [6].

Abb. 4 Unter Einwirkung einer Schubspannung verschieben sich die Grenzflächen der martensitischen Phase (schraffiert) so, daß der Volumenanteil dieser Phase mit wachsender Scherung steigt

Der Formgedächtniseffekt ist bisher an Legierungen der folgenden Systeme gefunden worden (vgl. [5]): Ag-Cd, Al-Cu, Al-Cu-Ni, Al-Ni, Au-Cd, Au-Cu-Zn, C-Fe-Mn, Cd-In, Cr-γ-Fe-Ni, Cr-Mn, Cu-Mn, Cu-Si-Zn, Cu-Sn, Cu-Sn-Zn, Cu-Zn, Fe-Ni, Fe-Pt, In-Tl, Nb-Ti, Ni-Ti.

Der Zwei-Weg-Formgedächtniseffekt tritt in folgenden Legierungen auf [5]: Al-Cu, C-Fe-Mn, In-Tl, Ni-Ti.

Es ist damit zu rechnen, daß auch nichtmetallische Systeme diese Effekte zeigen.

Anwendungen

Die bisher am weitesten getriebenen Anwendungen beruhen auf Legierungen, die die intermetallische Verbindung NiTi („Nitinol") enthalten ([8]). Typische Beispiele sind: schweißlose Verbindungsstücke für Rohrsysteme; sich selbstentfaltende räumliche Strukturen, wie z. B. Faltantennen an Satelliten, die unter Einwirkung der Sonnenstrahlung ihre volle Größe erreichen: Federführungen an Bandschreibern, Bremsregler, implantierbare Filter für Blutgerinnsel, orthopädische Geräte, Vorrichtungen zur Nutzung von Prozeßwärme u. a. In allen Fällen wird die bedeutende Gestaltänderung unter Wärmeeinwirkung unmittelbar genutzt, die dem Betrage nach weit über der durch thermische Ausdehnung liegt und bei geeigneter Vorbehandlung auch bizarre Formen reproduzieren läßt.

Literatur

[1] SCHEIL, E.: Über die Umwandlung des Austenits in Martensit in Eisen-Nickellegierungen unter Belastung. Z. Anorg. Allg. Chem. **207** (1932) 21–40.
[2] CHANG, L. C.; READ, T. A., Trans. Met. Soc. AIME **191** (1951) 47.
[3] GRENINGER, A. B.; MOORADIAN, V. G., Trans. Met. Soc. AIME **128** (1938) 337.
[4] BUEHLER, W. J.; GILFRICH, J. V.; WILEY, R. C.: Effect of Low-Temperatures Phase Changes on the Mechanical Properties of Alloys near Composition TiNi. J. appl. Phys. **34** (1963) 1475–77.
[5] DELAEY, L.; KRISHNAN, R. V.; TAS, H.; WARLIMONT, H. (Part 1); KRISHNAN, R. V.; DELAEY, L.; TAS, H.; WARLIMONT, H. (Part 2); WARLIMONT, H.; DELAEY, L.; KRISHNAN, R. V.; TAS, H. (Part 3): Thermoelasticity, pseudoelasticity and the memory effects associated with martensitic transformations. J. Mater. Sci. **9** (1974) 1521–55.
[6] KRISHNAN, R. V.; BROWN, L. C.: Pseudoelasticity and the Strain-Memory Effect in an Ag-45 At Pct Cd Alloy. Metallurg. Trans. **4** (1973) 423–429.
[7] WARLIMONT, H.; DELAY, L.: Martensitic Transformations in Copper-Silver- and Gold-Based Alloys. – Oxford: Pergamon Press 1974.
[8] WESTBROOK, J. H.: Intermetallic Compounds: Their Past and Promise. Metallurg. Trans. **8A** (1977) 1327–1360.

Hydrodynamisches Paradoxon

Trotz beachtlicher hydrotechnischer Bauten war man in der Antike von einem Verständnis der Strömungsvorgänge noch weit entfernt. Der dafür unerläßliche Begriff des hydrostatischen Druckes wurde erstmalig 1749 von Euler eingeführt. Erst danach konnte die Bernoullische Gleichung in die heute übliche Form gebracht werden.

Sachverhalt

Die Energieerhaltung in strömenden Medien hat in speziellen Situationen Konsequenzn, die zunächst so unerwartet sind, daß man sie als paradox empfindet: Gegenstände, von denen man erwartet, daß sie weggeblasen werden, bewegen sich der Strömung entgegen, oder sie bewegen sich aufeinander zu, wenn man erwartet, daß sie vom strömenden Medium auseinandergedrängt werden. Ein übersichtliches Beispiel für das Hydrodynamische Paradoxon wird von der abgebildeten Anordnung verwirklicht. Trotz der Tatsache, daß der aus dem Rohr austretende Luftstrom auf die bewegliche Platte prallt, wird diese angehoben.

Die Energieerhaltung in inkompressiblen reibungsfrei strömenden Medien wird durch die Bernoullische Gleichung beschrieben: Längs einer Stromlinie ist die Summe aus Druck, kinetischer Energiedichte und potentieller Energiedichte konstant

$$p + \varrho v^2/2 + \varrho gh = \text{const.} \qquad (1)$$

Da die in Betracht kommenden Medien mehr oder weniger kompressibel und reibungsbehaftet sind, sind Überlegungen zur Anwendbarkeit dieser Gleichung in jedem speziellen Fall erforderlich. Gleichung (1) ist in dieser Form verwendbar, wenn Reibungskräfte gegenüber Trägheitskräften vernachlässigbar sind. Die Bedingung der Inkompressibilität ist in Flüssigkeiten gewöhnlich in guter Näherung erfüllt. Für Gase bedeutet sie, daß auftretende Druckdifferenzen viel kleiner bleiben müssen als der Gesamtdruck, was gleichbedeutend mit der Forderung ist, daß die auftretenden Geschwindigkeiten viel kleiner als die Schallgeschwindigkeit bleiben müssen. In Gasen kann man wegen der geringen Dichte ϱ den Schweredruck ϱgh meist vernachlässigen, so daß sich (1) auf die Aussage reduziert, daß die Summe aus statischem Druck und kinetischer Energiedichte konstant bleiben muß. Folglich wird in einem Rohr mit veränderlichem Querschnitt der statische Druck an engen Stellen des Rohres kleiner sein als an weiten Stellen. Am Ende des Rohres herrscht aber der Außendruck p_a, folglich muß dort, wo der Rohrquerschnitt geringer ist als am Ende, ein Unterdruck gegenüber dem Außendruck herrschen.

Die Anordnung in Abb. 1 kann als speziell geformtes Rohr aufgefaßt werden, dessen Querschnitt sich nach dem Ende zu erweitert. Das „Ende" wird dabei durch den kreisförmigen Spalt gebildet, aus dem die Luft am Rande der Platten austritt. Folglich herrscht zwischen den Platten Unterdruck (mit Ausnahme eines Bereiches im Zentrum, wo der Strahl auftrifft und umgelenkt wird).

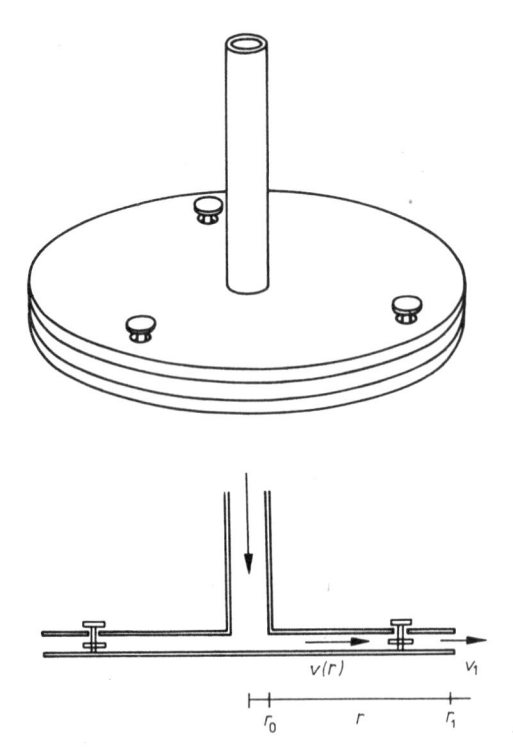

Abb. 1 Eine mögliche Anordnung zum Veranschaulichen des Hydrodynamischen Paradoxons

Zum Zwecke einer quantitativen Beschreibung betrachtet man den am Rande der Platten, also bei r_1, austretenden Massestrom $\dot{m} = \varrho \dot{V} = 2\pi\varrho r_1 v_1 d$. Die Bilanz des Massestromes liefert

$$r \cdot v(r) = r_1 \cdot v_1. \tag{2}$$

Der Massestrom hat bei r_1 den statischen Druck p_a (= Außendruck) und die kinetischen Energiedichte $\varrho v_1^2/2$. Wegen der Energieerhaltung (1) muß die Summe aus beiden an jeder Stelle r die gleiche sein wie bei r_1:

$$p(r) + \varrho v(r)^2/2 = p_a + \varrho v_1^2/2. \tag{3}$$

Damit ergibt sich der Unterdruck zwischen den Platten zu

$$p_a - p(r) = \varrho v_1^2 (r_1^2/r^2 - 1)/2 \quad \text{für } r > r_0. \tag{4}$$

Im Zentrum der unteren Platte ist $v = 0$, folglich herrscht dort nach (3) ein Überdruck $\varrho v_1^2/2$. Wegen der Kleinheit der Fläche wird dieser Beitrag im folgenden vernachlässigt. Die Kraft zwischen den Platten ergibt sich dann durch Integration des Unterdrucks über die Plattenfläche

$$F \approx \varrho v_1^2/2 \cdot A_1 (\ln(A_1/A_0) - 1), \tag{5}$$

wobei A_0 und A_1 die Querschnitte des Rohres und der Platten bedeuten. Wird der Massestrom von einem Druckbehälter mit dem Überdruck Δp geliefert, so kann man statt (5) schreiben

$$F \approx \Delta p \cdot A_1 (\ln(A_1/A_0) - 1). \tag{6}$$

Hierbei kommt der paradoxe Charakter noch einmal auf andere Weise zum Ausdruck: Verbindet man zwei Behälter miteinander, in denen unterschiedlicher Druck herrscht, so kann der Druck in der Verbindungsleitung niedriger sein als jeder der beiden Drücke in den Behältern.

Anwendung

Der Effekt eignet sich zum Anheben kleinerer Objekte, wobei das Objekt, falls es ein geeignetes Stück glatter Oberfläche besitzt, selbst als bewegliche Platte im Sinne des abgebildeten Beispiels wirken kann. Das Anheben und Festhalten erfolgt damit ohne mechanisch bewegte Teile. Als weiterer Vorteil ist zu vermerken, daß zum Erreichen der Sogwirkung keine Vakuumpumpe erforderlich ist, sondern die meist verfügbare Preßluft. Da der Abstand der Platte nach (6) keinen Einfluß hat, sollte man einen möglichst geringen Abstand wählen, um damit den benötigten Massestrom und den Energieverbrauch gering zu halten. (Die bewegliche Platte kann im folgenden stets als Objekt aufgefaßt werden). Nachteilig ist dabei, daß ein kleiner Abstand eine kleine Hubhöhe bedingt. Außerdem verschwindet der Effekt bei sehr kleinem Plattenabstand, weil dann die Reibungskräfte größer als die Trägheitskräfte werden und folglich keine Energieerhaltung (1) gilt. Auf diese Weise entsteht eine periodische Bewegung, die wesentlich durch die Trägheit der beweglichen Platte bestimmt wird. Soll die periodische Bewegung vermieden werden, ist ein Anschlag vorzusehen, der die untere Platte in einer Stellung hält, wo die Kraft (5) bzw. (6) noch wirksam ist.

Der Strahl läßt sich verlustarm umlenken, wenn er mit der gleichen Geschwindigkeit, mit der er aus der Zuleitung kommt, bei $r = r_0$ radial zwischen die Platten tritt. Das ist gewährleistet, wenn man den Plattenabstand $d = r_0/2$ wählt.

Literatur

RECKNAGEL, A.: Physik. Mechanik. – Berlin: VEB Verlag Technik 1965.

Kristallbaufehler

Erst nachdem sich die Vorstellung von der kristallinen Struktur fester Stoffe mit der Entdeckung der Röntgenstrahlinterferenzen 1912 endgültig durchgesetzt hatte, wurde der Begriff des Kristallbaufehlers als Abweichung von der Idealstruktur hypothetisch eingeführt [1,2], um unverständliche Beobachtungen zu erklären. Nach dem 2. Weltkrieg gelang die direkte Abbildung derartiger Störungen mit dem Elektronen- und Feldionenmikroskop [3]. Seither gilt ihre Existenz als gesichert. Das Interesse konzentriert sich nun auf Wechselwirkungen von Baufehlern untereinander und die quantitative Beschreibung ihres Einflusses auf physikalisch-chemische Meßgrößen. Die Untersuchung von Kristallbaufehlern erhielt in jüngster Zeit besonders im Zusammenhang mit der Herstellung und dem Betrieb elektronischer Bauelemente Bedeutung, da Art und Verteilung der Störungen Ausbeute und Lebensdauer der Produkte stark beeinflussen.

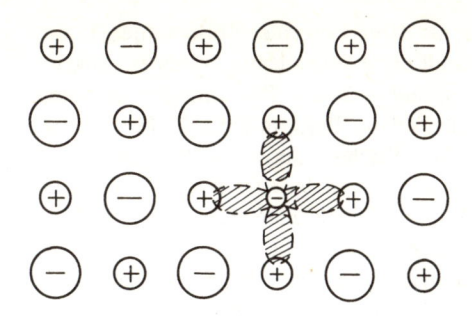

Abb. 1 Schematische Darstellung eines F-Zentrums. Ein Elektron ist von einer Anionen-Leerstelle eines Alkalihalogenid-Kristalls eingefangen worden [4].

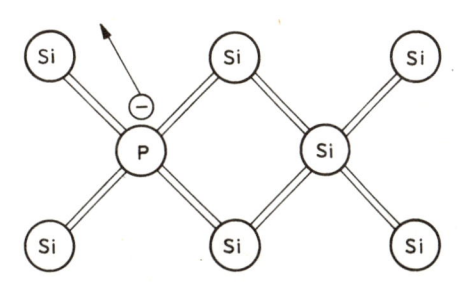

Abb. 2 Silicium-Kristall mit Phosphor-Fremdatom, das das überschüssige Elektron leicht abgibt (Donator)

Sachverhalt

Wirkmechanismus. Durch Baufehler ändert sich die freie Enthalpie $G = H - TS$ eines Systems, da sowohl Enthalpie H als auch Entropie S im allgemeinen wachsen. Vom atomistischen Standpunkt führen Baufehler zu lokaler Symmetriebrechung und Änderung der Koordinationszahl. Damit werden in den Elektronen-, Phononen- und Magnonenzuständen Veränderungen ausgelöst, die sich auf praktisch alle physikalisch-chemischen Eigenschaften auswirken.

Einteilung und Beschreibung der Kristallbaufehler. Der Begriff des Kristallbaufehlers baut auf dem der Idealstruktur des Kristalls auf. Danach ist ein ungestörter Kristall durch eine streng periodische Anordnung der Atome in drei Dimensionen gekennzeichnet (Translationssymmetrie) des Kristallgitters. Tatsächlich werden mannigfache Abweichungen von diesem Idealbild beobachtet. Darunter finden sich nicht nur Kristalle mit hoher Verdünnung der Störungen (nahezu perfekte Kristalle), sondern auch Grenzfälle des stark gestörten Kristalls im amorphen Zustand.

Es hat sich bewährt, die Baufehler nach ihrer geometrischen Ausdehnung zu klassifizieren. Fehler eines Typs weisen dann Gemeinsamkeiten auf, die sie auch vom Standpunkt des Ingenieurs als Verwandte erscheinen lassen.

a) *Punktfehler.* Das Gebiet starker Störung erstreckt sich in keiner Dimension über atomare Abstände hinaus (daher auch nulldimensionale Fehlordnung; vgl. Abb. 1). Man unterscheidet atomare und elektronische Fehlstellen, je nachdem, ob die Störungen primär durch fehlende Atomkerne gekennzeichnet sind oder nicht. Einfache Beispiele für atomare Fehlstellen sind Substitution eines Wirtsatoms (bzw. -ions) durch ein Atom der gleichen Ordnungszahl Z, aber unterschiedlicher Masse (Isotop), oder verschiedenem Z (Fremdatom). Einzelne Atomlagen können leer bleiben (Leerstellen, Abb. 1), andererseits können sich zusätzliche Atome dazwischen aufhalten (Zwischengitteratome). In allen Fällen verschieben sich auch die Lagen der Nachbaratome. Weiterhin werden Kombinationen der genannten Fehler beobachtet, die als Defektagglomerat infolge anziehender Wechselwirkung einen gewissen Grad von Selbständigkeit erlangen können (z. B. Leerstelle-Zwischengitteratom [Frenkel-Defekt], Leerstelle-Leerstelle).

Elektronenüberschuß oder -mangel stört die Translationssymmetrie, wenn er lokalisiert auftritt. Beispiele für diese elektronischen Fehlstellen sind überschüssige oder fehlende (Löcher) Elektronen in Halbleiterkristallen (Abb. 2) und von Anionenleerstellen eingefangene Elektronen in Ionenkristallen (F-Zentren; Abb. 1). Auch hier sind Kombinationen in Form gebundener Zustände zu beobachten (z. B. Elektron-Loch).

Als Maß für die Störung durch Punktfehler wird ihre Konzentration (Anzahl der Fehler/Anzahl der Strukturelemente) oder Dichte (bezogen auf das Kristallvolumen) verwendet.

b) *Linienfehler.* Das stark gestörte Gebiet erstreckt sich in einer Dimension über atomare Abstände hinaus (eindimensionale Fehlordnung). Da die Umgebung eines Linienfehlers wieder Translationssymmetrieeigenschaften besitzen muß, ergeben sich topologische Zwänge, als deren Folge der Linienfehler im ungestörten Kristall nicht enden kann. Durch ein Gedankenexperiment läßt sich der Zustand des gestörten Systems gut übersehen (Volterra-Prozeß). Der Kristall werde längs einer Fläche S aufgeschnitten, deren Begrenzungslinie die Tangente $e_s(r)$ habe. Die beiden Schnittufer S' und S'' denkt man sich ohne Änderung ihrer Form gegeneinander um den (infinitesimalen) Vektor $U = b + \omega \times r$ verschoben und anschließend wieder verschweißt, nachdem ggf. überschüssiges oder fehlendes Kristallgebiet entfernt oder hinzugefügt und die für die Verschiebung notwendigen Spannungen wieder beseitigt worden sind. Die Linie $e_s(r)$ markiert den Ort des Fehlers (Abb. 3).

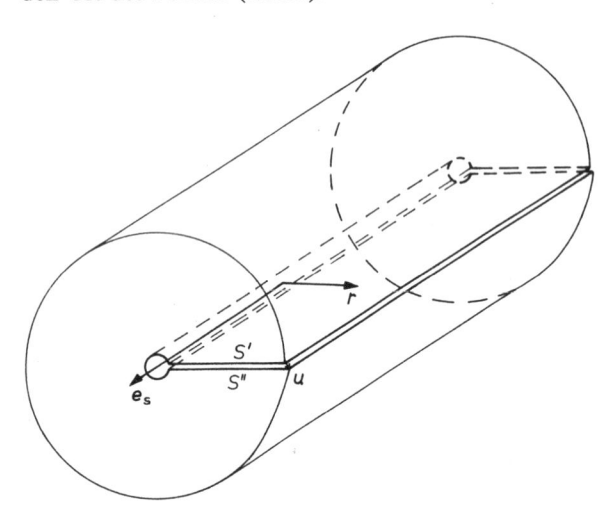

Abb. 3 Erzeugung eines linienhaften Baufehlers e_S durch Verschieben der Schnittufer S' und S'' um U

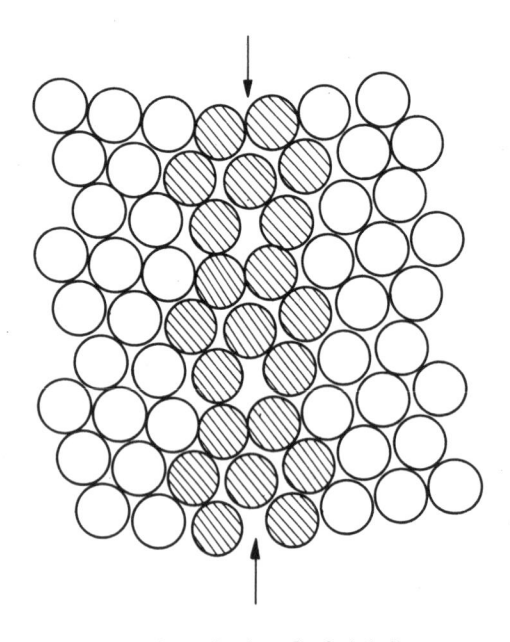

Abb. 4 Atomanordnung in einer Großwinkelkorngrenze. Der gestörte Bereich (schraffiert) trennt zwei um 38° gegeneinander um die Normale zur Zeichenebene getrennte Kristalle (nach [5]).

Die verschiedenen Typen der Linienfehler werden nach der Größe der Vektoren b (Burgers-Vektor, Parallelverschiebung von S' gegenüber S'') und ω (Drehung von S' gegenüber S'' um Achse e_D) bezogen auf die Translationsperioden R des Kristalls unterschieden: a) *Versetzungen* ($\omega = 0$), vollständige ($b = nR$, $n = 1, 2, ...$) und unvollständige ($b \neq nR$, $n = 1, 2, ...$); b) *Disklinationen* ($b = 0$), vollständige ($\omega = (2n\pi/m) e_D$, $n = \pm 1, \pm 2, ...$) und unvollständige ($\omega \neq (2n\pi/m) e_D$, $n = \pm 1, ...$; m Zähligkeit von e_D.

Außerdem bezieht man sich bei der Diskussion des gestörten Zustandes der Einfachheit halber gern auf zwei Spezialfälle der relativen Orientierung von b bzw. ω bezüglich e_s. Diese sind Stufenversetzungen ($b \cdot e_s = 0$), Schraubenversetzungen ($b \times e_s = 0$), Drehdisklinationen ($\omega \cdot e_s = 0$) und Keildisklinationen ($\omega \times e_s = 0$). Die Eigenschaften der allgemeinen Orientierungen lassen sich näherungsweise auf die dieser speziellen zurückführen.

Als Maß für den Gehalt an linearen Baufehlern wird die Dichte = Länge/Volumen verwendet.

c) *Flächenfehler.* Die zugehörige Störung ist in zwei Dimensionen wesentlich über atomare Abstände hinaus ausgedehnt.

Ein Flächenfehler ist makroskopisch durch die relative Orientierung der zwei Bereiche gekennzeichnet, die er voneinander trennt. Die Basisvektoren der zugehörigen Elementarzellen seien a_i und c_i. Zwischen beiden Koordinatensystemen bestehe über die Matrix M die Beziehung

$a_i = M_{ij} c_j + t$ \qquad ($i = 1, 2, 3$).

Der Normalenvektor der Grenzfläche sei N. Nach der Form von M_{ij} und t unterscheiden wir folgende Typen:

Freie Oberflächen:	$M_{ij} = 0$, $t = 0$,
Korngrenzen:	det $M_{ij} = 1$,
	$M_{ij} = \delta_{ij} - (\delta_{ij} - e_i e_j)(1 - \cos \vartheta) - \varepsilon_{ijk} e_k \sin \vartheta$, $t = 0$,
Kleinwinkelkorngrenzen:	$\vartheta < 20°$, $\vartheta \approx b/d$,
Kippkorngrenzen:	$e \cdot N = 0$,
Drehkorngrenzen:	$e \times N = 0$,
Großwinkelkorngrenzen:	$\vartheta \geq 20°$ (vgl. Abb. 4),
Domänenwände:	wie Korngrenzen, jedoch unter Berücksichtigung von magnet. und elektr. Momenten,
Phasengrenzen:	$M_{3i} = M_{i3} = 0$, $i = 1, 2, 3$, $t = 0$,
kohärente Phasengr.:	det M_{ij} = ganzzahlig,
Koinzidenzgrenzen:	det M_{ij} = rational,
inkohärente Phasengr.:	det M_{ij} = irrational,
Stapelfehler, Antiphasengrenzen:	$M_{ij} = 1$, $t = nR$, n rational,

Zwillingsgrenzen: wie Stapelfehler, jedoch irrationales n.

Erklärung der Symbole: R Translationsperiode, e Drehachse, ϑ Drehwinkel, d Abstand der Versetzungen,

$$\delta_{ij} = \begin{cases} 1 & \text{für } i = j \\ 0 & \text{für } i \neq j \end{cases},$$

$$\varepsilon_{ijk} = \begin{cases} 1 \\ -1 \\ 0 \end{cases} \text{ für } i,j,k = \begin{cases} 1,2,3;\ 2,3,1;\ 3,1,2 \\ 3,2,1;\ 2,1,3;\ 1,3,2 \\ \text{sonst.} \end{cases}$$

Als Maß für den Flächenfehlergehalt wird die Dichte (Fläche/Volumen) verwendet.

d) Volumenfehler. Gelegentlich werden auch dreidimensionale Störungen mit in die Systematik aufgenommen, obwohl man diese vom atomistischen Standpunkt auf die bereits erwähnten und neue Phasen zurückführen kann. Die wichtigsten damit erfaßbaren Phänomene sind Seigerungen und Spezialfälle davon, wie Strudel (swirls) und Schleier (hazes) [6]. Sie entstehen durch räumliche Schwankungen der Punktfehlerdichte.

Kennwerte, Funktionen

Erzeugung und Vernichtung von Kristallbaufehlern. Art und Verteilung von Baufehlern läßt sich auf verschiedene Weise beeinflussen. Erzeugt werden können sie
– im Prozeß der Herstellung des Festkörpers aus der Gas- oder Flüssig-Phase (Kristallisation), wozu auch nachträgliche Änderungen der chemischen Zusammensetzung (Dotieren, Legieren) gehören. Auf diesem Wege können die meisten Baufehlertypen erzeugt werden. Punktfehlerdichten schwanken zwischen $\approx 10^{16}$ cm^{-3} und etwa 10^{23} cm^{-3}, Versetzungsdichten liegen zwischen 0 und 10^7 cm^{-2} und Korngrenzendichten zwischen 0 und 10^4 cm^{-1};
– durch thermische Aktivierung. Auf diesem Wege werden vor allem Punktfehler erzeugt, die auch im thermodynamischen Gleichgewicht existieren und dort die Konzentration $c = c_0 \exp(-\Delta H/k_B T)$ erreichen (ΔH Bildungsenthalpie des Fehlers ≈ 1 eV für Ionen, $\approx 10^{-2}$ eV für Elektronen, k_B-Boltzmann-Konstante, T-Temperatur). Durch schnelles Abkühlen kann eine Übersättigung mit Punktfehlern herbeigeführt werden;
– infolge Bestrahlung mit Lichtquanten und Teilchen verschiedener Masse. Durch Stoß mit den verwendeten Geschossen verlassen die Kristallbestandteile ihre Position, wenn die übertragene Energie einen kritischen Wert überschreitet (Wigner-Energie, $\approx 10...40$ eV für Kerne, ≈ 5 eV für Elektronen);
– im Verlaufe plastischer Verformung, deren wichtigster Vorgang die Versetzungsbewegung ist.

Vernichtet werden Baufehler durch
– Reaktion von Baufehlern gleichen Typs aber entgegengesetzten Vorzeichens (z. B. Elektron/Loch; positive/negative Versetzung);
– Anlagerung an einen Baufehler anderen Typs (z. B. Punktfehler an Versetzung; Versetzung an Oberfläche);
– Umwandlung in einen Baufehler anderen Typs (z. B. Kondensation von Punktfehlern zu Versetzungen).

Spannungsfelder. Die überwiegende Zahl der Baufehler ist mit einem Verzerrungs- bzw. Spannungsfeld umgeben, das mit wachsendem Abstand r vom Fehler abnimmt und über das die Störungen untereinander oder mit einem äußeren Spannungsfeld in Wechselwirkung treten können. Die genaue Form der Ortsabhängigkeit ist abhängig von seinem Typ und Charakter sowie von den elastischen Konstanten des Materials [10].

Elektronische Zustände. Die Störung der Translationssymmetrie durch den Baufehler betrifft auch die Ladungsverteilung. Die Wirkung der Störladung im Ortsraum auf freie Ladungsträger kann näherungsweise durch ein abgeschirmtes Coulomb-Potential $U_{St} \sim (1/r) \exp(-\lambda r)$ beschrieben werden. Der Abschirmradius ist für Metalle $\lambda^{-1} \approx a_i$, für Halbleiter und Isolatoren $\lambda^{-1} \gg a_i$. Je nach Verschiebbarkeit der Elektronen ergibt sich eine unterschiedliche Änderung der Elektronenbandstruktur (für Metalle vgl. Abb. 5; für Halbleiter und Ionenkristalle Abb. 6).

Phononenzustände. In der Nähe von Baufehlern entstehen Schwingungszustände, deren Amplitude stark mit zunehmendem Abstand von der Störung abnimmt und deren Frequenzen in einer Bandlücke liegen können. Es sind auch resonanzartige innerhalb des Spektrums der ungestörten Zustände möglich, deren Amplitude in Defektnähe lediglich ansteigt. Die quantitativen Verhältnisse sind vom Bindungstyp abhängig (z. B. Ersetzung eines Si-Atoms durch Ge: $\omega \approx 390$ cm^{-1} [8]).

Magnonenzustände. Auch im Magnonenspektrum treten Veränderungen auf, die denen bei Elektronen- und Phononenzuständen erwähnten analog sind. Ma-

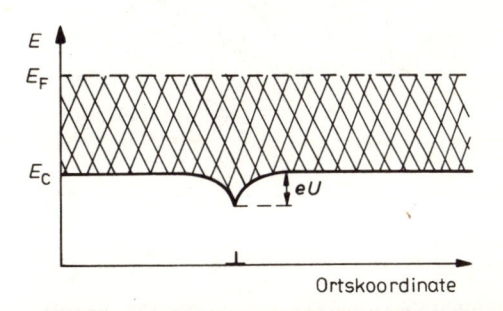

Abb. 5 Energiezustände E der Elektronen im Metall nahe einer Versetzungslinie ($\perp$). E_F Fermi-Energie, E_C untere Grenze des Leitungsbandes.

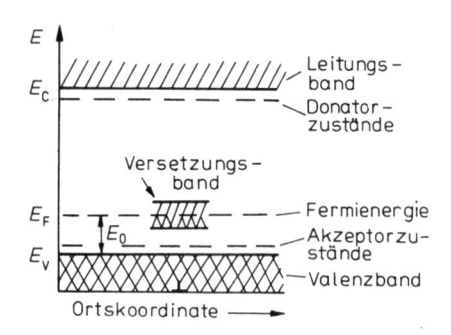

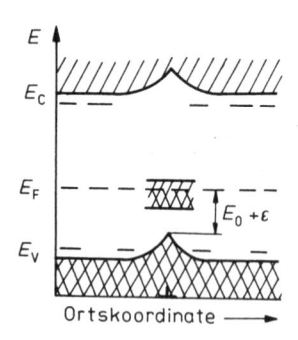

Abb. 6 Energiezustände E der Elektronen im Halbleiter, der Punktfehler (Donatoren, Akzeptoren) und eine Versetzung ($\perp$) enthält. a) Versetzungslinie elektrisch neutral, b) negativ geladen. E_V obere Kante des Valenzbandes [7].

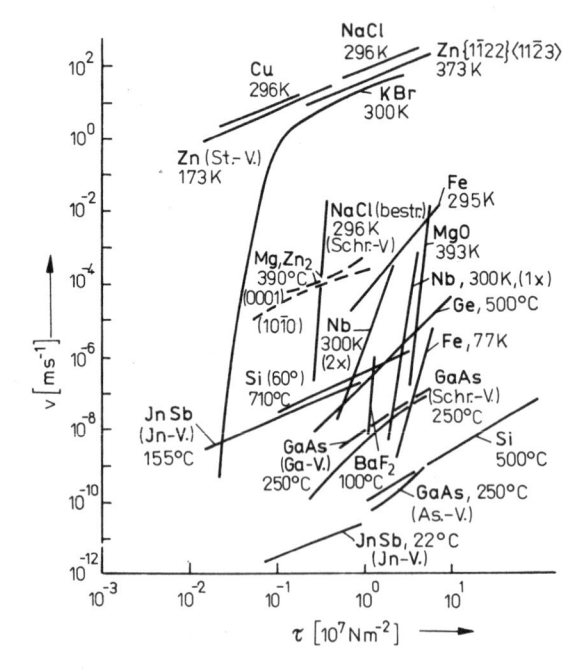

Abb. 7 Mittlere Versetzungsgeschwindigkeit v für verschiedene Substanzen und Temperaturen (St.-V. = Stufenversetzung, Schr.-V. = Schraubenversetzung, 60° = 60°-Versetzung; bestr. = bestrahlt) [10].

gnetische Fremdionen in einer nichtmagnetischen metallischen Matrix (z. B. Mn in Cu) führen zu einer lokalisierten Magnetisierung der Leitungselektronen [9].

Bewegung von Kristallbaufehlern

a) *Punktfehler.* Die Punktfehlerdichte c am Orte r ändert sich mit der Zeit t nach dem 2. Fickschen Gesetz $\partial c/\partial t = \frac{\partial}{\partial r} \cdot \left(\mathbf{D} \frac{\partial c}{\partial r} \right)$. Die Koeffizienten des Tensors $\mathbf{D}$ sind temperaturanhängig in der Form $D = D_0 \exp(-Q/k_B T)$ mit Q als Aktivierungsenthalpie, k_B – Boltzmann-Konstante und D_0 als Vorfaktor. Für Leerstellen in Cu ist z. B. $Q = 2{,}23$ eV/Atom.

b) *Linienfehler.* Unter dem Einfluß einer Spannung σ wirkt auf das Linienelement des Linienfehlers ds die Peach-Koehler-Kraft $\mathbf{K} = \mathbf{b} \cdot \boldsymbol{\sigma} \times \mathrm{d}\mathbf{s}$. Bewegung in einer Ebene n mit $\mathbf{b} \cdot \mathbf{n} = 0$ (Gleiten) läuft im Unterschied zu der mit $\mathbf{b} \cdot \mathbf{n} \neq 0$ (Klettern) ohne Erzeugung oder Vernichtung von Punktfehlern ab. Für den Zusammenhang zwischen Schubspannung $\tau = \mathbf{n} \cdot \boldsymbol{\sigma} \cdot \mathbf{b}$ und Geschwindigkeit wird $v = v_0 \, (\tau/\tau_0)^m$ gefunden (Abb. 7).

c) *Flächenfehler.* Bezüglich ihrer Beweglichkeit sind Flächenfehler in zwei Gruppen einzuordnen: 1. solche, deren Verschiebung atomare Diffusion (also unabhängige Bewegung einzelner Teilchen) erfordert und 2. solche, die durch gekoppelte Atombewegungen in der Grenzfläche bewegt werden können. Zur ersten Gruppe gehören z. B. Großwinkelkorngrenzen und ein Teil der Phasengrenzen. Der zweiten sind zuzurechnen z. B. Kleinwinkelkorngrenzen, Zwillingsgrenzen, Phasengrenzen vom martensitischen Typ.

Anwendungen

Im folgenden werden Beispiele angegeben, wo die Wirkung von Baufehlern bewußt genutzt wird oder wenigstens als Ursache technisch wichtiger (oft unerwünschter) Eigenschaften identifiziert worden ist. Obwohl der Anwender aus den Kennwerten das prinzipielle Vorgehen für eine gezielte Eigenschaftsmodifikation durch Baufehler ableiten kann, stößt die Steuerung von Art, Dichte und Verteilung der Baufehler im Material noch auf viele praktische Schwierigkeiten.

Verzerrungs- und Spannungsfelder. Diese Eigenschaften der Baufehler werden genutzt, um eine Verfestigung, d. h. eine Zunahme der zur Aufrechterhaltung plastischer Verformung notwendigen mechanischen Spannung σ zu erzielen. Damit dσ/d$\xi > 0$ werden kann, wo ξ für Verformungsgrad, aber auch Legierungsgehalt (Abb. 8) und -verteilung, Ordnungsgrad, Bestrahlungsdosis oder Temperatur steht, muß eine Wechselwirkung der Baufehler (auch verschiedenen Typs) untereinander über ihre Spannungsfelder möglich sein und sogar anwachsen können. Technisch bedeutsame Beispiele sind die verschiedenen Formen der hochfesten Stähle und der aushärtbaren Aluminiumlegierungen.

Häufung innerer Spannungen an Baufehlern hat Mikrorißbildung zur Folge und löst schließlich Bruch aus (auch Ermüdungsbruch) [11].

Technische Anwendung finden Spannungsfelder auch über Kopplungseffekte mit physikalischen Eigenschaften. Baufehler lassen sich sichtbar machen über ihre piezooptischen Wirkungen. Hohe kritische Magnetfelder von Supraleitern entstehen durch Verankerung der Flußlinien an Baufehlern, hohe Koerzitivfeldstärke und Remanenz hartmagnetischer Werkstoffe durch entsprechende Verankerung magnetischer Domänenwände an Baufehlern. Hier wirkt vor allem die piezomagnetische Kopplung der Spannungsfelder.

Elektronische Zustände. Lokalisierte Energiezustände von Baufehlern (vor allem Punktfehlern) werden in Halbleitern und Ionenkristallen umfassend genutzt. Sie ermöglichen den für die Transistorwirkung notwendigen p-n-Übergang innerhalb eines Grundmaterials. Weiterhin erhöhen diese Zustände den Wirkungsgrad der Lumineszenz (Fluoreszenz, Phosphoreszenz) von Festkörpern (z. B. Tl in KCl) und ermöglichen in vielen Fällen erst den Betrieb eines Festkörpers als Maser oder Laser (z. B. Cr^{3+} in Al_2O_3). Für das Funktionieren eines Fotoleiters ist die Wirkung von Baufehlern als Haftstellen für Ladungsträger von grundsätzlicher Bedeutung. In Metallen wird der Streuquerschnitt der Baufehler zur Einstellung des elektrischen Widerstandes technisch genutzt (Heizleiterlegierungen, Widerstandswerkstoffe).

Phononenzustände. Von praktischer Bedeutung ist die Änderung des Wärmewiderstandes durch Baufehler [12] (Abb. 9).

Magnonenzustände. Auch hier ist der Vorteil, das mittlere magnetische Moment/Atom durch Baufehler (in erster Linie Fremdatome) kontinuierlich verändern zu können, Anreiz zur Konzeption technischer Magnetlegierungen (Abb. 10).

Baufehlerbewegung. Ein breites Anwendungsgebiet bezieht sich auf den Transport von Baufehlern durch den festen Körper bzw. die Verhinderung des Transports. Der elektrische Strom in Halbleitern ist ein Beispiel für bewegte elektronische Störstellen. Der schnelle Transport geladener atomarer Punktfehler wird bei superionischer Leitung ausgenutzt [14]. Alle Formen der chemischen Reaktion im festen Zustand beruhen auf Transportmechanismen über Punkt-, Linien- und Flächenfehler. Dazu gehören die Korrosion, das Zundern (Abb. 11), das Löten, das Schweißen und das Sintern (auch Heißpressen und Kriechen) [15].

Die Erscheinungen von Hysterese in mechanischen, magnetischen und dielektrischen Eigenschaften beruhen ganz überwiegend auf der Bewegung von Punktfehlern und den damit verbundenen Energieverlusten über Anregung von Elektronen-, Magnonen- und Phononenzuständen.

Bewegte Liniendefekte ermöglichen bleibende

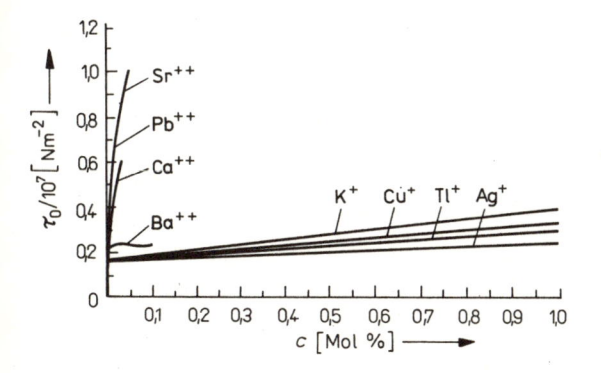

Abb. 8 Kritische Schubspannung τ_0 zu Beginn der plastischen Verformung in Abhängigkeit vom Gehalt des gelösten Chlorids für verschiedene ein- und zweiwertige Kationen [10]

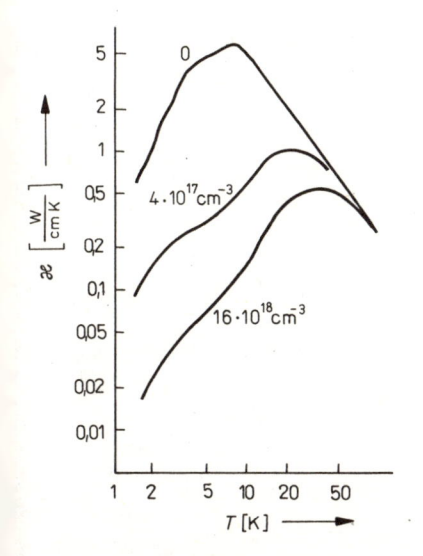

Abb. 9 Wärmeleitfähigkeit $\varkappa$ von KCl mit verschiedenen Zusätzen von KNO_2 [12]

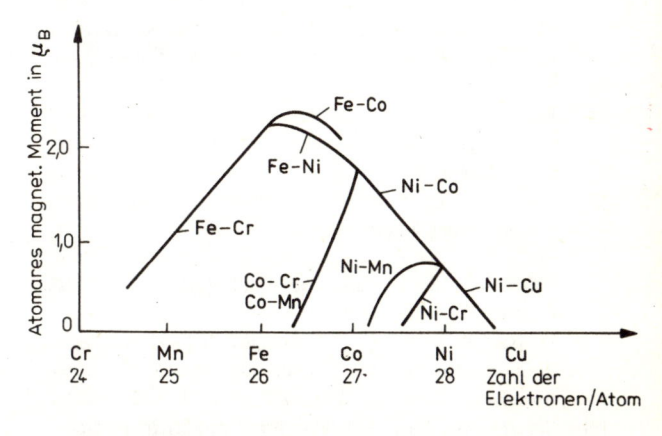

Abb. 10 Mittleres magnetisches Moment verschiedener ferromagnetischer Legierungen [13]

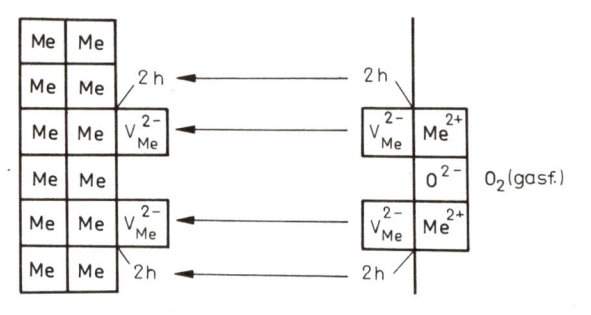

Abb. 11 Transport von Metallionen Me^{2+} durch die Metalloxidschicht $Me_{1-\delta}O$ hindurch über Leerstellen V_{me}^{2+} in der Oxidstruktur bei gleichzeitigem Transport positiver Ladungsträger (Löcher h) [15]

Formänderung eines Festkörpers oder Flüssigkristalls ohne Aufgabe des atomaren Zusammenhangs. Alle Umformprozesse beruhen hierauf.

Bewegte Korngrenzen beherrschen Rekristallisationsvorgänge, die z. B. beim „Weichglühen" prozeßbestimmend sind.

Literatur

[1] FRENKEL, J.: Über die Wärmebewegung in festen und flüssigen Körpern. Z. Phys. 35 (1926) 652–669; SCHOTTKY, W.; WAGNER, C., Z. phys. Chemie 2 (1930) 163.

[2] DEHLINGER, U., Metallwirtschaft 28 (1928) 1172; OROWAN, E.: Zur Kristallplastizität I-III. Z. Phys. 89 (1934) 605–659; POLANYI, M.; Über eine Art Gitterstörung, die einen Kristall plastisch machen könnte. Z. Phys. 89 (1934) 660–664; TAYLOR, G. I.: The mechanism of plastic deformation of crystals. Part I-Theoretical. Proc. Roy. Soc. (London) A 145 (1934) 362–415.

[3] BOLLMANN, W.: Interference effects in the electron microscopy of thin crystal foils, Phys. Rev. 103 (1956) 1588–89; HIRSCH, P. B.; HORNE R. W.; WHELAN, M. J.: Direct Observations of the Arrangement and Motion of Dislocations in Aluminium. Phil. Mag. 1 (1956) 677–684; MÜLLER, E. W.: Study of atomic structure of metal surfaces in the field ion microscope. J. appl. Phys. 28 (1957) 1–6.

[4] PAUFLER, P.; LEUSCHNER, D.: Kristallographische Grundbegriffe der Festkörperphysik. – Berlin: Akademie-Verlag 1975.

[5] WEINS, M.; CHALMERS, B.; GLEITER, H.; ASHBY, M. F., Scripta metall. 3 (1969) 60.

[6] FÖLL, H.; GÖSELE, U.; KOLBESEN, B. O.: Microdefects in silicon and their relation to point defects. J. Crystal Growth 52 (1981) 907–916.

[7] HAASEN, P.; SCHRÖTER, W.: Charged dislocations in the diamond structure. In: Fundamental aspects of dislocation theory, NBS Spec. Publ. 317, II, 1970, 1231–1258.

[8] SPITZER, W.: Localized vibrational modes in semiconductors infrared absorption. Festkörperprobleme XI. – Berlin: Akademie-Verlag 1971.

[9] KONDO, J.: Theory of dilute magnetic alloys. phys. status solidi 23 (1969) 184.

[10] PAUFLER, P.; SCHULZE, G. E. R.: Physikalische Grundlagen mechanischer Festkörpereigenschaften. – Berlin: Akademie-Verlag 1978.

[11] VLADIMIROV, V. I.: Einführung in die physikalische Theorie der Plastizität und Festigkeit. – Leipzig: 1976. VEB Deutscher Verlag für Grundstoffindustrie.

[12] POHL, R. O.: Thermal conductivity and phonon resonance scattering. Phys. Rev. Letters 8 (1962) 481.

[13] BOZORTH, R. M.: Ferromagnetism. – New York: Van Nostrand 1951.

[14] RABENAU, A.: Lithium Nitride, Li_3N, an Unusual Ionic Conductor. Festkörperprobleme XVIII (1978) 77–108.

[15] SCHMALZRIED, H.: Festkörperreaktionen. – Berlin: Akademie-Verlag 1973.

Mechanische Ermüdung

In den Jahren 1852 bis 1870 wurden von AUGUST WÖHLER erste systematische Laborversuche zum Bruchverhalten von Stählen bei wechselnder äußerer Beanspruchung durchgeführt. Die Wöhler-Experimente und später in großem Umfang folgende empirische Untersuchungen zeigten, daß bei der wiederholten Einwirkung von äußeren Lasten auf ein Bauteil oder auf eine glatte Laborprobe selbst dann ein Materialbruch möglich ist, wenn die Kräfte bedeutend kleiner sind als diejenigen, bei deren einmaliger Wirkung ein Zerreißen des betrachteten Werkstoffteils eintritt. Dieser Effekt wurde seit WÖHLERS Grundversuchen bis in die 40er Jahre des 20. Jahrhunderts als mechanische Ermüdung bezeichnet. Seit Mitte der 50er Jahre unseres Jahrhunderts hat ein intensives Studium der physikalischen Vorgänge in wechselbelasteten Metallen eingesetzt. Damit einhergehend ist heute der ursprüngliche Begriff „mechanische Ermüdung" modifiziert und weitergefaßt. Man versteht darunter alle Prozesse, die im Material bei wechselnder mechanischer Beanspruchung auf submikroskopischer (Größenordnung Atomabstand), mesoskopischer (Größenordnung 1 µm) und makroskopischer Maßstabsebene ablaufen und infolge ihres kumulativen und irreversiblen Charakters zu einer bleibenden Veränderung der Materialstruktur führen.

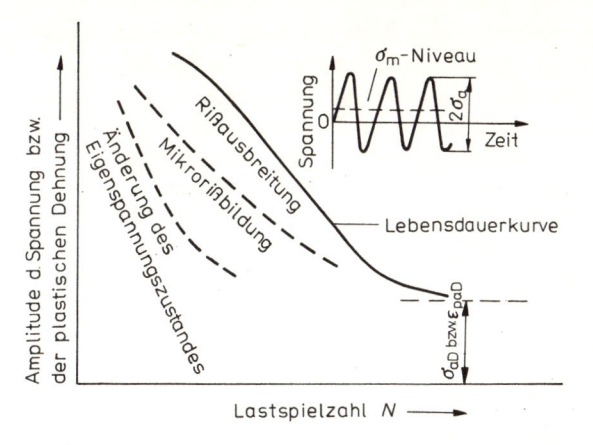

Abb. 1 Hauptprozesse der Ermüdung – doppeltlogarithmische Darstellung charakteristischer Spannungs- bzw. Dehnungsamplituden als Funktion der Lastspielzahl N (schematisiert); rechts oben: mögliche Spannungs-Zeitverlauf bei Ermüdungsversuchen, σ_m Mittelspannung

Sachverhalt

Gesamtprozeß. Materialtypisch sind die Ermüdungserscheinungen, die bei homogener Spannungsbelastung in ungekerbten, glatten Proben auftreten. Die am häufigsten verwendete Darstellung zur Kennzeichnung des Bruchverhaltens eines Werkstoffes bei wechselnder Belastung ist die Wöhler-Kurve $\sigma_a(N_B)$. Gemessen wird die Lastspielzahl bis zum Bruch, N_B, in Abhängigkeit von der vorgegebenen äußeren Spannung σ_a. Je kleiner σ_a, um so größer ist N_B. Die Spannungsamplitude, bei der nach 10^7 Lastspielen der Bruch nicht mehr eintritt, wird als Dauerfestigkeit σ_D bezeichnet. Verantwortlich für die irreversiblen Veränderungen im Material, die den Ermüdungsbruch zur Folge haben, ist die wiederholte plastische Verformung. Neben der Wöhler-Kurve wird daher in jüngerer Zeit auch die sogenannte Manson-Coffin-Kurve $\varepsilon_{pa}(N_B)$ mit der Amplitude der plastischen Dehnung ε_{pa} als Lebensdauerkurve benutzt [1]. Obwohl die Dauerfestigkeit sehr unterschiedliche Werte bei verschiedenen Metallen besitzt, liegt die zugehörige Dehnungsamplitude ε_{paD} bei allen Metallen in der Größenordnung von 10^{-5} [1].

Der Gesamtvorgang der Ermüdung läßt sich in drei aufeinanderfolgende und teilweise ineinandergreifende Hauptprozesse einteilen: (a) die Änderung des Eigenspannungszustandes durch Ver- oder Entfestigungsvorgänge, (b) die Bildung von Mikrorissen und (c) die Rißausbreitung, die mit dem Bruch endet. In Abb. 1 ist der Ablauf des Ermüdungsgeschehens schematisiert dargestellt. Die eingezeichneten Kurven kennzeichnen grob qualitativ den Abschluß der genannten Hauptprozesse.

Änderung des Eigenspannungszustandes. Bei Ver- und Entfestigungsvorgängen (σ_a wächst bzw. verringert sich bei vorgegebener Dehnungsamplitude ε_{pa} mit größer werdender Lastspielzahl N) ändert sich die Dichte und die räumliche Anordnung vorwiegend der linearen Gitterfehler (Versetzungen). Dabei bildet sich eine ermüdungstypische Versetzungsanordnung heraus, die in den meisten Fällen durch ein Nebeneinander von versetzungsarmen und versetzungsdichten Strukturbereichen gekennzeichnet ist. Es werden „Bündel-", „Zell- oder „Flecken"strukturen [2] versetzungsdichter Gebiete beobachtet. Die Abmessungen der Materialbereiche mit hoher Versetzungsdichte sind von mesoskopischer Größenordnung. Bei kfz-Metallen kommt es im Verlaufe der Ermüdung neben der Formierung von versetzungsdichten Bereichen zur Herausbildung einer weiteren Strukturinhomogenität. In dünnen (einige Mikrometer dicken) Materialschichten, die als persistente Gleitbänder (PSB) bekannt sind, entwickeln sich spezifische Anordnungen versetzungsdichter und versetzungsarmer Gebiete, die hohe plastische Verformungen zulassen.

Die bei der Wechselbelastung entstehenden Versetzungsanordnungen sind mit einem ermüdungsspezifischen inneren Spannungsfeld verbunden, dessen Spitzenwerte entsprechend der inhomogenen Verteilung der Versetzungen eine räumliche Periodizität in submikroskopischem, mesoskopischem und makroskopischem Maßstab aufweisen können. Dieses innere Spannungsfeld kennzeichnet den Eigenspannungszustand des Materials und kann auch als Folge einer räumlich inhomogenen plastischen Verformung im Metall verstanden werden.

Bei sehr vielen Metallen kommt es im Anfangsstadium der Wechselbelastung (einige Prozente der Lebensdauer) zu einer Stabilisierung der mechanischen Eigenschaften und des Eigenspannungszustandes. Für Dehnungsamplituden $\varepsilon_{pa} > 10^{-4}$ gilt als gesichert, daß die Beständigkeit des Eigenspannungszustandes durch ein Gleichgewicht von Generation und Annihilation der Gitterfehler bedingt wird. In den letzten Jahren ist die quantitative Beschreibung der Plastizierungsprozesse auf einer mesoskopischen Betrachtungsebene vorangetrieben worden (z. B. [3]). Dabei werden die versetzungsreichen Materialgebiete kontinuumsmechanisch als härtere Phase in einer weicheren Matrix behandelt.

Mikrorißbildung. Infolge von Spannungskonzentrationen (d. h. auch Dehnungskonzentrationen), die in der oberflächennahen Schicht selbst in ursprünglich „glatten" Proben durch die „Berg-Tal"-Gleitstufentopologie (bedingt durch austretende Versetzungen) immer vorhanden sind, geht die Rißkeimbildung im allgemeinen von der freien Oberfläche aus. Verschiedenartigste ermüdungsspezifische Oberflächengleiterscheinungen sind in [4] zusammenfassend beschrieben. Die Wahrscheinlichkeit der Rißbildung wird um so größer, desto räumlich inhomogener die Gleitung im oberflächennahen Bereich erfolgt. Charakteristisches Beispiel für diesen Sachverhalt ist die Rißentstehung infolge der Ausbildung der erwähnten PSB in kfz-Metallen am Ende des Ermüdungsstadiums (a). Durch die Lokalisation der plastischen Verformung in diesen Materialschichten entstehen an der Oberfläche Grobgleitspuren (siehe z. B. [1]), die mit zungenartigen „Auspressungen" von Material (Extrusionen) und scharfen Materialeinschnitten (Intrusionen) verbunden sind und die dann ausschließlich die Stellen für die Mikrorißinitiierung bilden.

Nach [1] lassen sich vier Grundmechanismen der Rißkeimbildung unterscheiden: a) kontinuierliche Vertiefung von Intrusionen bzw. Gleitstufen„tälern" durch Gleitprozesse im Kerbgrund; b) lokaler Sprödbruch durch Spannungskonzentrationen; c) Agglomeration von Leerstellen; d) lokale Zerstörung der Atombindungen durch Akkumulation von Gitterfehlern, wenn deren Gesamtenergie einen kritischen Wert erreicht, z. B. nach [5] den der Schmelzwärme.

Rißausbreitung. Die Oberflächenrißkeime breiten sich im Stadium I des Rißwachstums meist transkristallin unter einem Winkel von etwa 45° zur Belastungsachse entlang kristallographischer Richtungen aus. In diesen ausgezeichneten Richtungen fortschreitende Risse erreichen nur in Ausnahmefällen Längen, die größer als einige Zehntel Millimeter sind. Im allgemeinen weichen die größer werdenden Mikrorisse mit zunehmender Länge von ihrer Ursprungsorientierung ab und tendieren zu einer Ausbreitungsrichtung senkrecht zur Beanspruchungsachse. Im Stadium II der Rißausbreitung wächst gewöhnlich nur noch ein Hauptriß senkrecht zur Belastungsrichtung.

Im Stadium II kommt es in duktilen Materialien infolge der von Halbzyklus zu Halbzyklus wiederholten Spannungsüberhöhung an der Rißspitze in der Umgebung des Rißgrundes zur Ausbildung einer *plastischen Zone*. Die zyklische plastische Verformung, die ständige Änderung der Ausdehnung der plastischen Zone vom Zug- zum Druckhalbzyklus und die damit verbundene Ausbildung von Druckeigenspannungen vor der Rißspitze sind entscheidend für die ermüdungsspezifischen Rißausbreitungsprozesse. Die Werte der ermüdungstypischen äußeren Spannungen sind relativ niedrig, die Größe der plastischen Zone ist daher im allgemeinen klein im Vergleich zu den Abmessungen der Probe und zur Rißlänge. In diesem Falle (Kleinbereichs-Fließen) können die Methoden der linearen Bruchmechanik zur näherungsweisen Berechnung des Spannungs- und Dehnungsfeldes vor der Rißspitze verwendet werden (siehe z. B. [1]). Für den Fall der senkrecht zur Rißebene wirkenden Belastung σ_a im einachsigen Zug-Druck-Versuch gilt für die Amplitude des elastischen Spannungsintensitätsfaktors $K_a = g\sigma_a \sqrt{\pi l}$, wobei l die Rißlänge und g ein Geometriekorrekturfaktor der Größenordnung 1 ist.

Der Rißfortschritt erfolgt nach LAIRD [6] durch das wiederholte Abstumpfen und Zuspitzen des Rißgrundes infolge der zyklisch plastischen Verformung vor der Rißspitze. Durch diesen Mechanismus lassen sich die typischen *Ermüdungsriefen* auf der Ermüdungsbruchoberfläche verstehen. Der Abstand der Bruchriefen (Größenordnung 0,1 µm bis 1 µm) kennzeichnet den Rißfortschritt während eines wachstumsaktiven Lastzyklus. In spröderen Materialien, die unter anderem keine ausgeprägten Ermüdungsbruchriefen aufweisen, kann der Ausbreitungsmechanismus nach LAIRD durch andere Prozesse stark überdeckt werden.

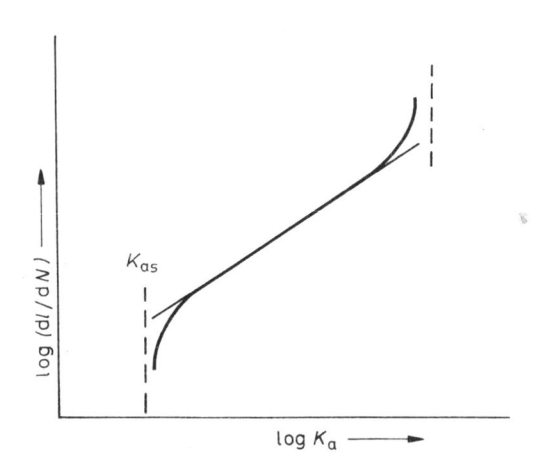

Abb. 2 Schematische Darstellung der Rißausbreitungsrate dl/dN als Funktion des Spannungsintensitätsfaktors $K_a \cdot K_{as}$ Schwellwert des Spannungsintensitätsfaktors

In Übereinstimmung mit der bruchmechanischen Konzeption ist die *Rißausbreitungsgeschwindigkeit* dl/dN unabhängig von der im einzelnen vorliegenden Belastungssituation und Proben-Riß-Geometrie allein eine Funktion der Amplitude des Spannungsintensitätsfaktors, wenn die plastische Zone vor der Rißspitze nicht zu große Ausmaße annimmt. Für alle Materialien ergibt sich ein Verlauf der Funktion $dl/dN = f(K_a)$ wie er schematisch in Abb. 2 dargestellt ist. Bei sehr kleinen K_a-Werten ($K_a \rightarrow K_{as}$) kommt es zum Stopp des Rißwachstums. Die Rißausbreitungsgeschwindigkeit wird stark durch korrosive Medien beeinflußt, die in den meisten Fällen eine Erhöhung der Ausbreitungsgeschwindigkeit und eine Verringerung des Schwellwertes K_{as} bedingen.

Ermüdungsgrenze. Zur Deutung des Auftretens einer Ermüdungsgrenze müssen zwei Sachverhalte berücksichtigt werden: 1. unterhalb kritischer Amplituden der lokalen plastischen Dehnungen und Spannungen können keine Rißkeime mehr entstehen und 2. unterhalb einer bestimmten äußeren Spannung wird der Spannungsintensitätsfaktor so klein, daß ein Wachstum der entstandenen Mikrorisse nicht mehr möglich ist.

Kennwerte, Funktionen

Mechanisches Antwortverhalten im Bereich der Stabilisierung. Der Zusammenhang zwischen der Spannung σ und der plastischen Dehnung ε_p im einzelnen Lastzyklus ist als *mechanische Hystereseschleife* (siehe Abb. 3a) bekannt. Ein Hystereseschleifenast $\sigma_f(\varepsilon_{pf})$ läßt sich angenähert durch die Potenzfunktion $\sigma_f/2\sigma_{as} = (\varepsilon_{pf}/2\varepsilon_{pas})^{n'}$ beschreiben. Der Exponent n' erweist sich als wenig materialspezifisch und liegt bei ca. 0,2. Aus der zweiten Ableitung des σ_f-ε_{pf}-Zusammenhanges folgt nach [3] eine Aussage über das Fließspannungsspektrum und damit verbunden über das Eigenspannungsspektrum mesoskopischer Materialbereiche, wenn von vereinfachenden Annahmen über die mesoskopisch inhomogene plastische Verformung im ermüdeten Probenvolumen ausgegangen wird.

Das dynamische Verformungsverhalten bei zyklischer Belastung wird durch die *zyklische Spannungs-Dehnungskurve* (ZSD) charakterisiert. Die ZSD verbindet die Spannungsamplituden σ_{as} im Bereich der Stabilisierung der mechanischen Eigenschaften mit den zugehörigen Amplituden der plastischen Dehnung ε_{pas}. Der ZSD kommt eine besondere Bedeutung zu, weil sie für viele Metalle weitgehend unabhängig von der Verformungs- und Temperaturvorgeschichte ist und damit als universelle materialcharakteristische Funktion während des größten Teils der Lebensdauer das zyklische Verformungsverhalten widerspiegelt. Für die meisten vielkristallinen Metalle findet man im Bereich mittlerer Amplituden ($10^{-4} < \varepsilon_{pa} < 10^{-2}$) experi-

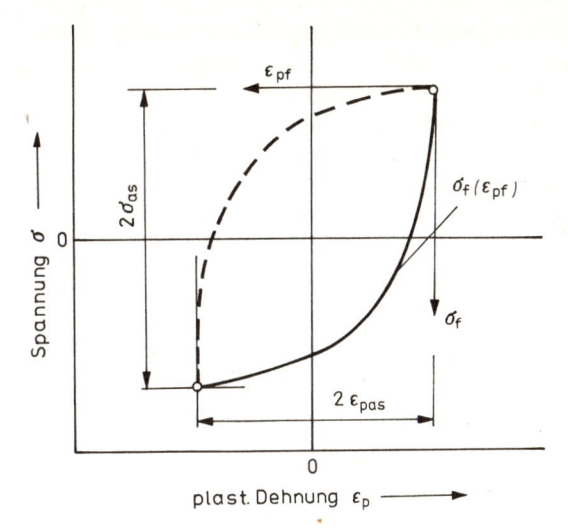

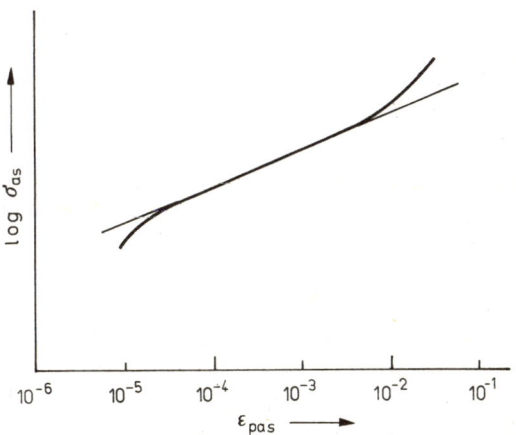

Abb. 3 Stabilisierte mechanische Hystereseschleife $\sigma(\varepsilon_p)$ mit den Hilfskoordinaten σ_f und ε_{pf} und zyklische Spannungs-Dehnungskurve (schematisiert).

mentell $\sigma_{as} = K_{ZSD}(\varepsilon_{pas})^n$ wobei K_{ZSD} eine Materialkonstante ist und n bei vielen Metallen Werte um 0,18 aufweist (siehe auch Abb. 3b) [1].

Mikrostruktur. Die Versetzungsdichten in den versetzungsarmen Materialbereichen liegen in Größenordnungen von 10^{12} m^{-2} bis 10^{13} m^{-2}, in Gebieten hoher Versetzungsdichte (Bündel, Zellwände) werden Dichten zwischen 10^{15} m^{-2} und 10^{16} m^{-2} vermutet [2]. Typisch für ermüdete Metalle ist die relativ hohe atomare Leerstellenkonzentration von ca. 10^{-5} [7]. Der Abstand d zwischen den versetzungsdichten Gebieten (z. B. Zelldurchmesser) in Gleitrichtung ist von mesoskopischer Größenordnung (1 μm). Für verschiedene Metalle wurde für $\varepsilon_{pa} > 10^{-4}$ experimentell nachgewiesen, daß $d \sim (\sigma_{as})^{-1}$ gilt (siehe z. B. in [2]).

Plastische Zone. Alle Messungen des Radius r_z der plastischen Zone vor der Rißspitze zeigen, daß im Stadium II der Rißausbreitung r_z proportional zum Quadrat des Spannungsintensitätsfaktor ist, wie es nach dem bruchmechanischen Konzept erwartet werden muß.

Rißausbreitungsgeschwindigkeit bei symmetrischer Belastung ($\sigma_m = 0$; siehe Abb. 1). Der mittlere Teil der dl/dN-K_a-Kurve (siehe Abb. 2) kann durch einen empirischen Ansatz der Form dl/d$N = A K_a^\beta$ beschrieben werden [8]. Dabei sind A und β Materialkonstanten, wobei die experimentell bestimmten Werte von β gewöhnlich zwischen 2 und 4 liegen.

Lebensdauerkurven. Einfache, häufig benutzte Ansätze zur Beschreibung der Wöhler-Linie und der Manson-Coffin-Kurve sowohl im niederzyklischen ($10^2 < N_B < 10^5$) als auch im hochzyklischen ($N_B > 10^5$) Bereich sind die Gleichungen

$$\sigma_a = \sigma'_B (2 N_B)^b \text{ bzw. } \varepsilon_{pa} = \varepsilon'_B (2 N_B)^c$$

mit den Materialkonstanten σ'_B, ε'_B, b und c. Die Exponenten b und c lassen sich bei vielen Metallen im Fall der symmetrischen Belastung ($\sigma_m = 0$) unter vereinfachender Annahme mit dem Kennwert n der ZSD korrelieren. Man findet die empirisch bestätigten Abhängigkeiten $b = -n/(1 + 5n)$ und $c = -1/(1 + 5n)$ [1].

Anwendungen

Etwa 80% aller Bauteile unterliegen einer dynamischen Beanspruchung. In den meisten Fällen treten neben mehrachsigen wechselnden Belastungen, die häufig stochastischen Charakter besitzen, auch komplexe statische Beanspruchungen auf. In der technisch orientierten, den realen Betriebsbedingungen angepaßten Ermüdungsforschung stehen daher andere Aspekte als die oben betrachteten im Vordergrund.

Bei *Betriebsfestigkeitsuntersuchungen* [9] geht es vorwiegend darum, durch geeignete Klassierverfahren Größe und Häufigkeit der realen Belastungsparameter zu erfassen und für Ermüdungsversuche spezifische Lastkollektive zusammenzustellen, die der gegebenen Betriebssituation möglichst gut Rechnung tragen.

Die technischen Verfahren zur *Lebensdauervorhersage* bzw. zur Abschätzung der Restlebensdauer [9] sind rein empirischer Natur. Sie können nicht auf der Grundlage einer detaillierten Analyse der physikalischen Ermüdungsvorgänge hergeleitet werden, weil sie zur Zeit in keiner Weise den qualitativ unterschiedlichen Prozessen in den einzelnen Ermüdungsstadien Rechnung tragen. Eine direkte Anwendung der Wirkung physikalischer Ermüdungsprozesse ist bei der Abschätzung der Dauerfestigkeit σ_D möglich. Der Ermüdungsgrenzwert der Dehnungsamplitude ε_{paD} liegt bei den meisten Metallen zwischen 8×10^{-5} und 12×10^{-5}. Aus dem Spannungsintervall der ZSD für diese Dehnungen folgt dann sofort der Bereich, in dem die Dauerfestigkeit vermutet werden muß. Troščenko [10] arbeitete auf dieser Grundlage Methoden aus, die direkt in der Ingenieurpraxis verwendbar sind.

Bei der Entwicklung technologischer *Methoden zur Lebensdauererhöhung* eines Materiales bietet die Kenntnis physikalischer Ermüdungsprozesse besonderen Anreiz für ingenieur-technische Konzeptionen. Das betrifft z. B. alle Verfahren zur Behandlung der Oberfläche (Verfestigen durch Kugelstrahlen oder Hämmern, Kornverfeinerung durch lokale Wärmebehandlung u. a.), die letztlich die Rißkeimbildung verzögern sollen. Das gilt auch für Methoden zur Veränderung der Gesamtmaterialeigenschaften, die makroskopische Verformungslokalisationen in der Art der PSB oder ähnlicher Gleitkonzentrationen im Verlauf des Stadiums (a) der Ermüdung ausschließen (siehe z. B. in [11]).

Literatur

[1] Klesnil, M.; Lukás, P.: Fatigue of metallic materials. – Prag: Verlag der Akademie der ČSSR 1980.

[2] Grosskreutz, J. C.; Mughrabi, H.: Description of the workhardened structure at low temperature in cyclic deformation. In: Constitutive equations in plasticity. Hrsg.: A. S. Argon. HIT Press Cambridge (Mass.)/London 1975. 251–326.

[3] Holste, C.; Burmeister, H.-J.: Change of long range stresses in cyclic deformation. phys. status solidi a 57 (1980) 269–280.

[4] Kocańda, S.: Fatigue failure of metals. – Warschau: Wydawnictwa Naukowo-Techniczne 1978.

[5] Ivanova, V. S.; Terentjev, V. F.: Priroda ustalosti metallov. – Moskva: AN SSSR 1975.

[6] Laird, C.: The influence of metallurgical structure on the mechanism of fatigue crack propagation. In: Fatigue crack propagation, 69. annual meeting of ASTM. Antlantic City 1966, ASTM STP no. 415.

[7] Kleinert, W.; Schmidt, W.: Point defects in push-pull fatigued nickel polycrystals. phys. status solidi a 60 (1980) 69–78.

[8] Paris, P. C.; Erdogan, F., J. Basic Eng./Trans. ASME Vol. 85, Series D (1963) 528–534.

[9] Autorenkollektiv: Werkstoffermüdung – Verhalten metallischer Werkstoffe unter wechselnden mechanischen und thermischen Beanspruchungen. Hrsg.: G. Schott; 1. Aufl. – Leipzig: VEB Deutscher Verlag für Grundstoffindustrie 1976.

[10] Troščenko, V. T.: Deformirovanie i razrušenie metallov pri mnogociklovom nagruženii. – Kiew: Naukova Dumka 1981.

[11] Mughrabi, H.: Cyclic deformation and fatigue of multiphase materials. In: Deformation of multi-phase and particle containing materials. Proc. 4th Risø international symposium on metallurgy and material science. Risø national laboratory, Rosklide/Denmark 1983.

Nachwirkung

Der Begriff wurde von WEBER 1835 [1] bei Untersuchungen zum elastischen Verhalten von Seidenfäden eingeführt, um den Umstand zu beschreiben, daß sowohl die Ausbildung als auch die Rückbildung einer Formänderung bei unveränderter Last eine gewisse Zeit erfordert. Dadurch wird das Verhalten eines Körpers unter einer veränderten Belastung von der vorangegangenen Beanspruchung und der Belastungsdauer abhängig. Später zeigte sich, daß neben mechanischen auch andere wie thermische, magnetische und elektrische Eigenschaften Nachwirkung zeigen (als „Last" fungiert dort das entsprechende Feld) [2].

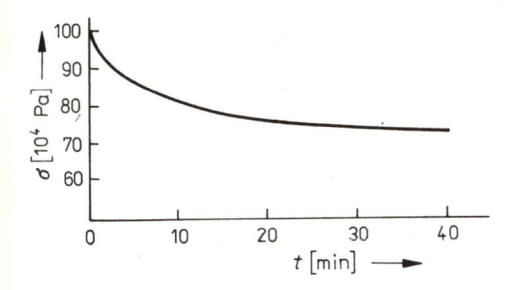

Abb. 1 Relaxation der Spannung σ eines NaCl-Kristalls bei Raumtemperatur [4]

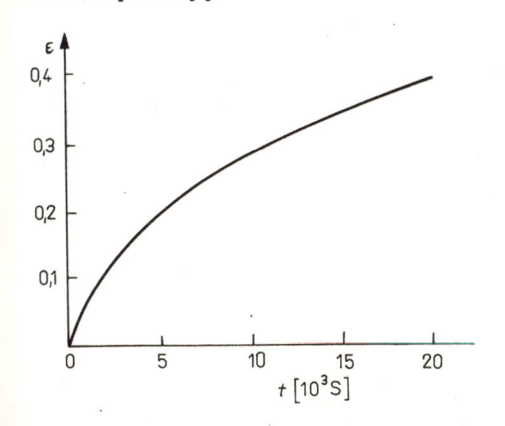

Abb. 2 Kriechkurve eines NaCl-Einkristalls. Belastung $\sigma_0 = 1{,}55$ MPa, Temperatur $T = 657$ °C [7]

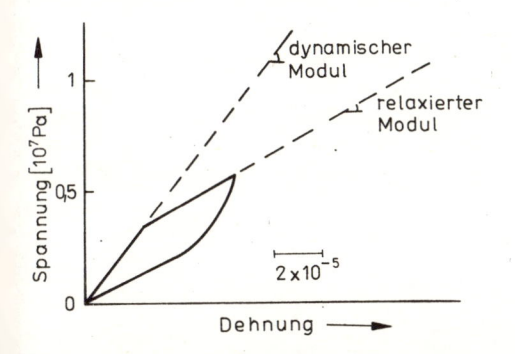

Abb. 3 Spannungs-Dehnungs-Beziehung für zonengereinigtes Eisen mit 15 ppm C, kein N_2, O_2 und H_2 nachweisbar, Korngröße 36 µm, bei Raumtemperatur (nach MEAKIN, aus [3])

Sachverhalt

Nachwirkung äußert sich allgemein in einer Zeitabhängigkeit von Materialgrößen wie Elastizitätsmodul, Suszeptibilität usw. Je nach Versuchsführung überträgt sich diese Zeitabhängigkeit auf die von Zustandsgrößen. Wird ein Material z. B. im Druckversuch einer relativen Längenänderung ε_0 unterworfen und dafür gesorgt, daß sich von einem Zeitpunkt $t = 0$ an ε_0 nicht mehr ändert, dann bleibt die erreichte Spannung nicht ebenfalls konstant wie es nach dem Hookeschen Gesetz zu erwarten wäre, sondern sinkt vielmehr ab und nähert sich asymptotisch einer relaxierten Spannung (Spannungsrelaxation; Abb. 1).

Wird umgekehrt eine Spannung σ_0 angelegt und auf diesem Niveau gehalten, ist eine mit der Zeit abklingende Änderung der Dehnung ε_0 (Kriechen) zu beobachten (Abb. 2).

Phänomenologisch wird Spannungsrelaxation durch die Spannungs-Dehnungs-Beziehung

$$\sigma(t) = M(t)\,\varepsilon = \{M_R + (M_U - M_R)\,e^{-t/\tau_\varepsilon}\}\,\varepsilon \quad (1)$$

und Kriechen durch

$$\varepsilon(t) = J(t)\,\sigma = \{J_U + (J_R - J_U)(1 - e^{-t/\tau_\sigma})\}\,\sigma \quad (2)$$

beschrieben. $M_R = M(t \to \infty)$ und $J_R = J(t \to \infty)$ haben die Bedeutung von relaxierten Modul bzw. relaxierten Koeffizienten, M_U und J_U sind die entsprechenden unrelaxierten Größen. Das Abklingverhalten beschreiben Relaxationszeiten τ_ε oder τ_σ, die im allgemeinen verschieden sind.

Im Verlaufe eines Belastungs-Entlastungs-Zyklus $\sigma(\varepsilon)$ wird eine Hystereseschleife durchlaufen, die mit dem Energieverlust ΔW verbunden ist (Abb. 3). Wegen des Verlustes spricht man von innerer Reibung als zunächst nicht näher erklärter Ursache. Die Energie wird zur Anregung von Schwingungen der Ionen, der Elektronen und gegebenenfalls der magnetischen Momente verbraucht und schließlich als Wärme an die Umgebung abgegeben.

Die „Reibungsmechanismen" sind thermisch aktiviert, d. h., es ist

$$\tau = \tau_0\,e^{\Delta H/k_B T} \quad (4)$$

mit der Aktivierungsenthalpie ΔH und dem temperaturunabhängigen Vorfaktor τ_0. Wird eine Zustandsgröße mit der Frequenz ω geändert, tritt Resonanz mit dem zu τ_0, ΔH gehörigen Mechanismus ein, sofern

$$\omega\,\tau_0\,e^{\Delta H/k_B T} = 1 \quad (5)$$

ist [3]. Bei vorgegebener Anregungsfrequenz ω ist dies eine Bedingung für die Versuchstemperatur T. Als Maß der inneren Reibung wird die reziproke mechanische Güte $\Delta W/2\pi W \equiv Q^{-1}$ benutzt, wo $W = (1/2) \int \sigma_0\,\varepsilon_0\,dV$ ist.

Obwohl viele Details noch nicht aufgeklärt sind,

können einige Gruppen atomistischer Vorgänge angegeben werden, die Anlaß zu Maxima in Q^{-1} geben. Dazu gehören unter anderem (vgl. auch „Kristallbaufehler"): a) Bewegung von Punktfehlern in zeitlich veränderlichem Spannungsfeld, b) Wechselwirkung von Versetzungen mit anderen Kristallbaufehlern und dem Kristallpotential, c) Fließvorgänge an Phasen- und Korngrenzen, d) Phasenumwandlungen. Zahlenbeispiele enthält die folgende Tabelle:

Tabelle 1

Substanz	ΔH/eV [5]	Ursache
Fe–C	1,5	Versetzung-Fremdatom
Ag, Au, Cu	0,02...0,2	Versetzung-Kristallpotential
Si	1,45	Ladungsträgerrekombination

Anwendungen

Da sich Resonanzerscheinungen in der Regel gut messen lassen, wird die Nachwirkung als eine spektroskopische Methode zum Nachweis der atomistischen Ursachen betrieben. Zu deren Identifizierung sind allerdings oft aufwendige Modellrechnungen notwendig [5]. Die Methode wird z. B. zum Nachweis geringer Verunreinigungen mit Elementen niedriger Ordnungszahl (nach entsprechender Eichung) benutzt [6], weil auf diesem Gebiet andere Verfahren oft versagen. Auch Isotope lassen sich trennen [8].

Die mit der Nachwirkung verbundene Phasenverschiebung zweier Zustandsgrößen (wie Spannung und Dehnung) und die zugehörigen Hystereseverluste sind meist unerwünscht, werden in der Materialentwicklung aber auch gelegentlich zur Dämpfung von Schwingungen in bestimmten Frequenzbereichen genutzt.

Literatur

[1] WEBER, W.: Über die Elastizität der Seidenfäden, Ann. Phys. u. Chem. [2] **34** (1835) 247–257.
[2] NOWICK, A. S.; BERRY, B. S.: Anelastic Relaxation in Crystalline Solids. – New York: Academic Press 1972.
[3] PAUFLER, P.; SCHULZE, G. E. R.: Physikalische Grundlagen mechanischer Festkörpereigenschaften I. – Berlin: Akademie-Verlag 1978.
[4] RAKOVA, N. K.; PREDVODITELEV, A. A.: Relaksatsionnye javlenija v tverdych telach. Hrsg.: V. S. POSTNIKOV. – Moskau: Izd. Metallurgija 1968. S. 283.
[5] POSTNIKOV, V. S.: Vnutrennee trenie v metallach. – Moskva: Izd. Metallurgija 1974.
[6] SCHLÄT, F.: Untersuchung zum Einfluß von interstitiellen Fremdatomen auf die Erholung von kaltverformten Tantal, Niob und Vanadin durch Messung von Modul, Dämpfung und plastischer Nachwirkung. Dissertation TU Dresden 1968.
[7] BLUM, W.; ILSCHNER, B.: Über das Kriechverhalten von NaCl-Einkristallen. phys. status solidi **20** (1967) 629–642.
[8] KRONMÜLLER, H.: Magnetic Aftereffects of Hydrogen Isotopes in Ferromagnetic Metals and Alloys. Topics in Applied Physics Vol. **28** (1978) 289–320.

Piezoelektrischer Effekt

Im Jahre 1880 fanden die Gebrüder CURIE, daß sich Teile der Oberfläche mancher Kristalle elektrisch aufladen, wenn man die Kristalle in Richtung bestimmter Achsen einer Druckspannung aussetzt. Es zeigte sich, daß die Ladung proportional zur Belastung ist, d.h. bei Entlastung verschwindet und bei Übergang zu Zugbelastung ihr Vorzeichen ändert. Später entdeckte man, daß sich diese Eigenschaft mancher Kristalle noch in anderer Weise äußert: Das Anlegen einer elektrischen Spannung führt zu einer Deformation des Kristalls. Obwohl beide Erscheinungsformen des piezoelektrischen Effekts als ein und dieselbe Materialeigenschaft aufzufassen sind, hat sich für die Aufladung unter Last die Bezeichnung *direkter piezoelektrischer Effekt* eingebürgert, für die Deformation im elektrischen Feld die Bezeichnung *umgekehrter piezoelektrischer Effekt*.

Sachverhalt

Der piezoelektrische Effekt besteht darin, daß ein mechanischer Spannungszustand eine elektrische Polarisation im Kristall erzeugt bzw. daß ein Kristall im elektrischen Feld eine Deformation erfährt. Der Zusammenhang zwischen Ursache und Wirkung ist dabei linear. Der Effekt tritt nur in solchen Kristallgittern auf, die kein Symmetriezentrum besitzen, denn nur dann lassen sich die unterschiedlich geladenen Gitterbausteine durch Belastung des Gitters so verschieben, daß eine Vorzugsrichtung bezüglich der Ladungsverteilung entsteht.

Das piezoelektrische Verhalten von Kristallen ist eine Materialeigenschaft, zu deren Beschreibung bis zu 18 Zahlenangaben erforderlich sind. Diese werden als piezoelektrische Moduln bezeichnet. In Abhängigkeit von der Symmetrie des Kristalls können Zusammenhänge zwischen diesen Größen bestehen oder einige von ihnen Null sein, so daß Kristalle höherer Symmetrie bereits durch eine geringere Anzahl von Zahlenangaben hinsichtlich ihres piezoelektrischen Verhaltens beschrieben werden [1]. So haben z. B. manche Kristallklassen nur einen piezoelektrischen Modul.

Die piezoelektrischen Moduli lassen sich zweckmäßig in Form einer Tabelle (Matrix) anordnen, deren Gebrauch an den in Tabelle 1 angeführten Beispielen verdeutlicht wird.

P_x, die Komponente des Polarisationsvektors in x-Richtung, erhält man als

$$-P_x = d_{11}\sigma_{xx} + d_{12}\sigma_{yy} A d_{13}\sigma_{zz} + d_{14}\sigma_{yz} + d_{15}\sigma_{zx} + d_{16}\sigma_{xy},$$

wobei σ_{ij} die Komponenten des Spannungstensors sind. So liefert z. B. einachsiger Druck in x-Richtung $P_x = d_{11}\sigma_{xx}$, $P_y = d_{21}\sigma_{xx}$.

Derartige Angaben besitzen nur dann einen Aussagewert, wenn vorher vereinbart wurde, wie man den Kristall in das Koordinatensystem legt. Deshalb gibt es für jede Kristallklasse eine Vorschrift für die Zuordnung der Koordinatenachsen zu den Symmetrieachsen des Kristalls [2–4]. Die gleichen piezoelektrischen Moduli beschreiben den umgekehrten Effekt, nämlich die infolge eines äußeren elektrischen Feldes E auftretenden Deformationen ε_{ij}, und zwar in der Weise

$$\varepsilon_{xx} = d_{11}E_x + d_{21}E_y + d_{31}E_z.$$

(Die übrigen Beziehungen werden auf analoge Weise aus der Tabelle gebildet.)

Andere mögliche Beschreibungsweisen des piezoelektrischen Effektes bestehen darin, die Polarisation durch die Deformation auszudrücken oder die im Kristall entstehende mechanische Spannung durch das äußere elektrische Feld oder die elektrische Verschiebung. Die zugehörigen Konstanten sind über den elastischen Tensor mit den d_{ij} gekoppelt. Da in der Literatur Bezeichnungen wie „piezoelektrische Moduli" oder „piezoelektrische Koeffizienten" nicht einheitlich verwendet werden, ist sorgfältig darauf zu achten, auf welche Darstellungsweise sich die jeweiligen Zahlenangaben beziehen.

Weiterhin ist zu beachten, daß dem piezoelektrischen Effekt ein anderer Effekt, die Elektrostriktion, überlagert ist. Sie unterscheidet sich vom piezoelektrischen Effekt dadurch, daß die durch ein äußeres elektrisches Feld erzeugte Deformation quadratisch von der Feldstärke abhängt, also bei Umkehr des Feldes nicht ihr Vorzeichen ändert.

Alle Ferroelektrika, das sind Materialien, die in bestimmten Temperaturbereichen spontane Polarisation zeigen, sind auch piezoelektrisch. Bei Bariumtitanat und anderen ferroelektrischen Substanzen kann die Richtung der spontanen Polarisation durch Anlegen eines äußeren Feldes geändert werden und damit die Orientierung der piezoelektrischen Eigenschaften. Auf diese Weise ist es möglich, polykristalline Substanzen mit Piezoelektrizität zu erhalten, die piezoelektrische Keramik.

Tabelle 1

	σ_{xx}	σ_{yy}	σ_{zz}	σ_{yz}	σ_{zx}	σ_{xy}
P_x	d_{11}	d_{12}	d_{13}	d_{14}	d_{15}	d_{16}
P_y	d_{21}	d_{22}	d_{23}	d_{24}	d_{25}	d_{26}
P_z	d_{31}	d_{32}	d_{33}	d_{34}	d_{35}	d_{36}

Kennwerte

Tabelle 2 Piezoelektrische Konstanten d_{ij} (Maßeinheit 10^{-12} m/V) einiger ausgewählter Substanzen. Zusätzlich sind die relative Dielektrizitätskonstante und die Meßtemperatur angegeben.

ij	Quarz	Turmalin	Seignette Salz	Bariumtitanat	Ammonium-Dihydrogen-Phosphat	Piezolan S	Piezolan S2	Piezolan T
11	2.26							
12	−2.26							
14	−0.66		468		167			
15		3.62		246		380	520	370
16		0,45						
21		0.22						
22		−0.22						
24		3.62		246				
25	0,66		−23,2					
26	−4.52							
31		0,24		−77		−90	150	−80
32		0.24		−77				
33		1.9		187		215	380	210
36			11.1		−49.3			
ε_r	4.5	6,6	15…40	1200…1700	14…58	320…1040	665…2200	1200…1430
T_C [°C]	573			120	125	350	270	350

Anwendungen

Da mittels piezoelektrischer Kristalle mechanische Energie in elektrische umgewandelt werden kann und umgekehrt, können diese im Prinzip als Generator und Motor verwendet werden. Die dabei umgesetzten Leistungen sind sehr klein, was aber für viele Anwendungsfälle keinen Nachteil bedeutet. Durch Anlegen einer Wechselspannung wird ein Körper aus piezoelektrischem Material zu Schwingungen angeregt. Deren Amplitude wird besonders groß, wenn die Anregung mit einer Frequenz erfolgt, die in der Nähe der mechanischen Eigenfrequenz des Schwingers liegt. Durch geeignete Wahl von Form, Größe und Orientierung des Schwingers läßt sich ein gewünschter Wert der Eigenfrequenz einstellen. So erhält man z. B. aus einem Quarzkristall durch geeignete Schnittführung Schwingquarze für hohe oder niedrige Frequenzen und für verschwindenden Temperaturkoeffizienten. Das Auswählen einer bestimmten aus der Gesamtheit aller Eigenschwingungen erfolgt durch geeignete Formgebung der Elektroden sowie durch eine geeignete Aufhängung des Schwingers. Neben der üblichen Zuführung elektrischer Energie über Drahtleitungen und Elektroden ist es auch möglich, elektromagnetische Wellen zur Anregung zu verwenden. So sind mechanische Schwingungsfrequenzen von 10^{10} Hz erreichbar.

Als piezoelektrischer Werkstoff wird häufig Quarz eingesetzt. Seine Vorzüge bestehen in geringer Dämpfung, guter zeitlicher Konstanz der elastischen Eigenschaften, hoher chemischer Beständigkeit und Unempfindlichkeit gegen Feuchtigkeit. Die Schwingquarze werden aus dem Einkristall geschnitten, nachdem dieser mittels Röntgenstrahlen orientiert wurde. Zur weiteren Verminderung der Dämpfung zum Zwecke der Verschärfung der Resonanz wird der Schwingquarz oft im Inneren einer Vakuumröhre betrieben. Er kann so anstelle eines Schwingkreises in HF-Generatoren eingesetzt werden, wobei eine Langzeitstabilität der Frequenz von 10^{-10} erreichbar ist (Quarzuhr).

Der andere Extremfall, nämlich möglichst starke Kopplung an das umgebende Medium, wird dort angestrebt, wo man Schallwellen erzeugen will. Der beherrschbare Frequenzbereich erstreckt sich von 10^4 bis 10^{10} Hz. Dabei werden beträchtliche Leistungsdichten des Schallstrahls in Flüssigkeiten und Festkörpern erreicht (2 kW/cm^2 in Wasser). Die Leistungsdichte wird durch die begrenzte mechanische Festigkeit des Kristalls eingeschränkt.

Die Möglichkeit, mechanische in elektrische Größen umzuwandeln, ermöglicht zahlreiche Anwendungen in der Meßtechnik (statische und dynamische Messung von Kraft und Druck bis 500 °C, Ultraschall-Meßkopf) und in der Tontechnik (Mikrofon, Telefon, Tonabnehmer, Frequenzfilter).

Um die Empfindlichkeit bei der Aufnahme von Schallwellen aus Gasen zu erhöhen, verwendet man Materialien mit größerem piezoelektrischen Effekt, z. B. Bariumtitanat. Durch Zusammenkleben unterschiedlich orientierter dünner Platten kann die Empfindlichkeit zusätzlich gesteigert werden (Bimetall-Prinzip).

Literatur

[1] SHELUDEW, I. S.: Elektrische Kristalle. WTB. – Berlin: Akademie-Verlag 1975.
[2] LANDOLT-BÖRNSTEIN: Zahlenwerte und Funktionen. 6. Auflage. II. Band, 6. Teil: Elektrische Eigenschaften I. – Berlin/Göttingen/Heidelberg: Springer-Verlag 1959.
[3] LANDOLT-BÖRNSTEIN: Zahlenwerte und Funktionen. Neue Serie, Gruppe III, Band 1, 2 – Berlin/Heidelberg/New York: Springer-Verlag 1969.
[4] FLÜGGE, S. (Ed.): Handbuch der Physik. Band XVII. – Berlin/Göttingen/Heidelberg: Springer-Verlag 1956.
[5] Piezolan-Katalog. Kombinat VEB Keramische Werke Hermsdorf 1980.
[6] ROHRBACH, C.: Handbuch für elektrisches Messen mechanischer Größen. – Düsseldorf: VDI-Verlag 1967.
[7] JÜTTEMANN, H.: Grundlagen des elektrischen Messens nichtelektrischer Größen. – Düsseldorf: VDI-Verlag 1974.
[8] Taschenbuch Betriebsmeßtechnik. – Berlin: VEB Verlag Technik 1974.

Plastizität

Schon 5000 Jahre vor unserer Zeitrechnung wurde nachweisbar die Plastizität von Kupfer, Silber und Gold zum Schmieden von Waffen, Werkzeugen und Schmuck genutzt. Erstmals hat sich im 19. Jahrhundert TRESCA [1] vom theoretischen Standpunkt aus mit den plastischen Eigenschaften von Metallen beschäftigt. Das Wesen der Plastizität blieb unverstanden, woran auch die Entdeckung der kristallinen Struktur der Metalle zunächst nichts änderte. Ein Verständnis wurde erst 1934 auf der Grundlage der Arbeiten von POLANYI [2], TAYLOR [3] und OROWAN [4] zur atomistischen Erklärung des Umformvorganges erreicht.

Sachverhalt

Durch die Einwirkung einer äußeren mechanischen Beanspruchung auf einen kristallinen Körper entsteht in ihm ein Spannungsfeld, das in den Kristalliten Normal- und Schubspannungen zur Folge hat. Wenn die Schubspannung die sogenannte Fließschubspannung erreicht, ohne daß dadurch die Festigkeit des Werkstoffes überschritten wird, läßt sich der Werkstoff umformen, d. h. plastisch deformieren. Atomistisch kann der Umformvorgang durch die Versetzungstheorie erklärt werden.

Die Fließschubspannung realisiert die Umformung durch das Wandern und Bilden von Versetzungen, wobei mit fortschreitender Umformung die Versetzungsdichte zunimmt, so daß einerseits zur Fortsetzung der Umformung eine immer größere Fließschubspannung notwendig und andererseits dem Umformvermögen eine Grenze gesetzt wird.

Die Plastizität eines kristallinen Werkstoffes ist daher abhängig vom kristallinen Aufbau des Werkstoffes (Kristallisationsklasse – kubisch, tetragonal, hexagonal usw.; Einkristall oder Vielkristall; Gitter mit oder ohne Fremdatome), von dem Spannungszustand bei der Umformung (ein- oder mehrachsig), von der Umformtemperatur ($T \lessgtr T_R$, Kalt- oder Warmumformung → Rekristallisation) und der Umformgeschwindigkeit. Das Ausmaß der möglichen Umformung wird durch den Grenzumformgrad φ_{Gr} beschrieben. Für die Größe der notwendigen äußeren Beanspruchung ist die Fließspannung σ_f die entscheidende Kenngröße.

Bei Einkristallen ist die mögliche Umformung von der Lage der Gleitebenen zur gewünschten Deformationsrichtung abhängig, d. h., in manchen Fällen ist die gewünschte Umformung gar nicht möglich. Bei Vielkristallen mit regelloser Verteilung der Kristallite im Werkstoff, d. h. bei vielkristallinen Werkstoffen ohne Textur, wird die Umformung durch die Beanspruchungsrichtung bestimmt. Eine besondere Erscheinung ist die Superplastizität bei einigen metallischen Werkstoffen mit bestimmter Gefügestruktur.

Die Superplastizität ist durch eine große Abhängigkeit der Fließspannung und des Grenzumformgrades von der Umformgeschwindigkeit gekennzeichnet. Unter bestimmten Umformbedingungen (Gefügestruktur, niedrige Umformgeschwindigkeit) sind wesentlich größere Grenzumformgrade bei kleinerer Fließspannung realisierbar.

Die Plastizität eines Werkstoffes wird hinsichtlich seines Umformvermögens durch den Grenzumformgrad φ_{Gr} und bezüglich der notwendigen äußeren Beanspruchung durch die Fließspannung σ_f beschrieben. Der Grenzumformgrad ist der Umformgrad, bei dem sich im Werkstoff erste Anrisse zeigen. Die Fließspannung ist als die Spannung definiert, die bei einem einachsigen Spannungszustand das Eintreten bzw. bei schon vorangegangener Umformung das Aufrechterhalten des plastischen Zustandes bewirkt.

Kennwerte, Funktionen

In Abb. 1 [5] ist die Abhängigkeit des Grenzumformgrades vom Spannungszustand, ausgedrückt durch das Verhältnis der mittleren Hauptspannung σ_m zur Fließspannung σ_f, für den Stahl C 35 bei Raumtemperatur- und statischer Belastung dargestellt. Von Gefügeumwandlungen abgesehen, nimmt mit steigender Temperatur im allgemeinen das Umformvermögen eines metallischen Werkstoffes zu. Abnehmende Umformgeschwindigkeit $\dot\varphi$ wirkt in gleicher Richtung.

Die Fließspannung σ_f ist vom Werkstoff, dem Umformgrad, der Umformgeschwindigkeit und der Umformtemperatur abhängig. Abbildung 2 [6] zeigt den Einfluß des Werkstoffes auf die Fließspannung bei Kaltumformung; den Einfluß der Umformtemperatur läßt Abb. 3 [7] erkennen.

Schematisch zeigt Abb. 4 den Einfluß der Umformgeschwindigkeit auf die Fließspannung bei Warm- und Kaltumformung für einen metallischen Werkstoff.

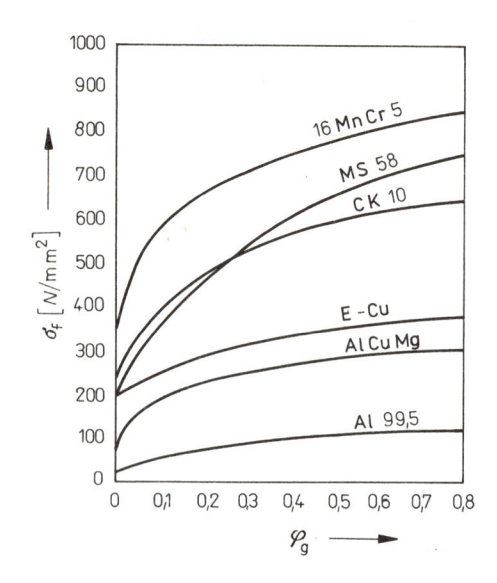

Abb. 2 Fließkurven verschiedener Werkstoffe im weichgeglühten Zustand in Abhängigkeit vom Umformgrad

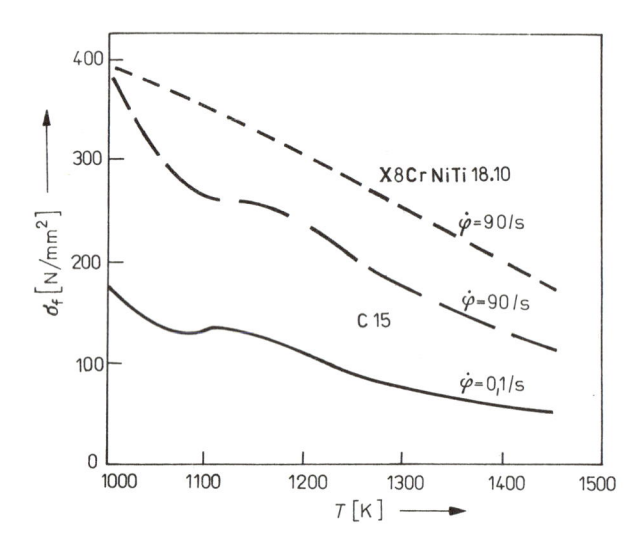

Abb. 3 Einfluß der Umformtemperatur auf die Fließspannung, $\varphi = 0{,}2$

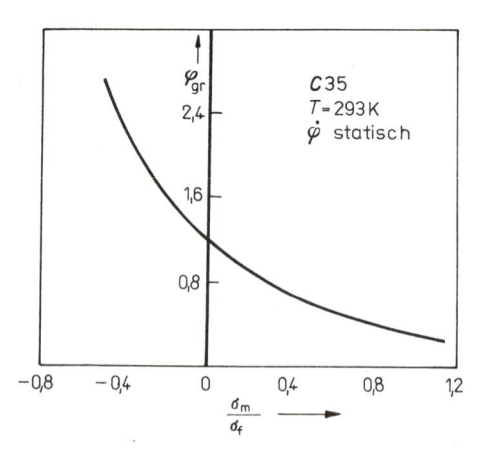

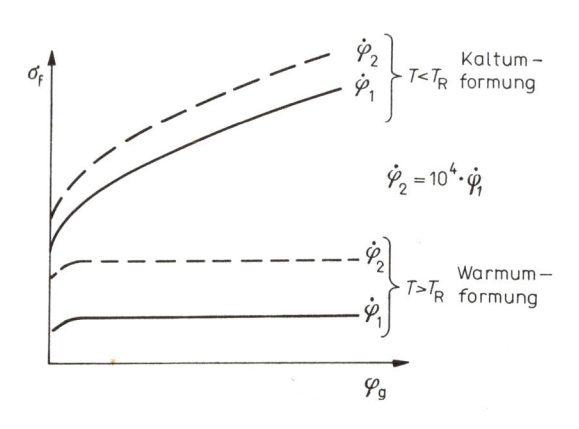

Abb. 1 Abhängigkeit des Grenzumformgrades von Spannungszustand

Abb. 4 Schematische Darstellung der Fließkurven bei Warm- und Kaltumformung

Anwendungen

Die plastischen Eigenschaften metallischer Werkstoffe werden in der Fertigungstechnik und in der Metallurgie praktisch genutzt. So werden für das Walzen, Schmieden, Strangpressen, Strangziehen, Fließpressen, Tiefziehen, d. h. für die technische Nutzung der Umformverfahren metallische Werkstoffe mit entsprechenden Plastizitäts-Eigenschaften benötigt [8, 9]. Der Grenzumformgrad ist dabei ein Maß für das Umformvermögen, das für die Gestaltung des Umformprozesses von Bedeutung ist. Die Fließspannung ermöglicht einerseits die Ermittlung der zur Umformung notwendigen Kräfte und Energien andererseits die Ermittlung der Beanspruchung von Werkzeug und Maschine.

Literatur

[1] Tresca, H.: Mémoire sur l'écoulement des corps solides soumis á des fortes pressions. C. R. Acad. Sci. Paris 59 (1864) 754/58.
[2] Polanyi, M.: Über eine Art Gitterstörung, die einen Kristall plastisch machen könnte. Z. Phys. 89 (1934) 660/664.
[3] Taylor, G. J.: Translation durch Wanderung von Versetzungen durch den Kristall. Proc. Roy. Soc. (London) A 145 (1934) 362.
[4] Orowan, E.: Zur Kristallplastizität. Z. Phys. 89 (1934) 605/659.
[5] Frobin, R.: Praxisgerechte Aufbereitung von Erkenntnissen der Umformtechnik – Untersuchung des Umformvermögens und der Umformgrenze. Dissertation B TH Karl-Marx-Stadt 1979.
[6] Fließkurven metallischer Werkstoffe: Grundlagen und Anwendung. Arbeitsblatt VDI-5–3 200 (1954).
[7] Fritzsch, G.; Siegel, R.: Kalt- und Warmfließkurven von Baustählen. Zentralinstitut für Fertigungstechnik Karl-Marx-Stadt (1965).
[8] Hensel, A.; Spittel, T.: Kraft- und Arbeitsbedarf bildsamer Formgebungsverfahren. 1. Aufl. – Leipzig: VEB Deutscher Verlag für Grundstoffindustrie 1978.
[9] – Datenspeicher Umformverfahren. Hrsg. Forschungszentrum für Umformverfahren Zwickau im VEB Kombinat Umformtechnik Erfurt.
[10] Vladimirow, V. J.: Einführung in die physikalische Theorie der Plastizität und Festigkeit. – Leipzig: VEB Deutscher Verlag für Grundstoffindustrie 1976.
[11] Schulze, G. E. R.: Metallphysik. 2. Aufl. – Berlin: Akademie-Verlag 1974.
[12] Houwink, R.: Elastizität, Plastizität und Struktur der Materie. – Dresden/Leipzig: Verlag Theodor Steinkopff 1950.

Rekristallisation

Die Rekristallisation ist eine Kornneubildung, die in metallischen Werkstoffen nach vorangegangener Umformung (plastischer Deformation) auftritt.

Sachverhalt

Durch die Umformung metallischer Werkstoffe nimmt in den Kristalliten die Versetzungsdichte zu. Sie ist der entscheidende Träger der durch die Umformung erzeugten latenten Energie. Die mit der inneren Energie anwachsende Instabilität des Gefügezustandes tendiert bei Temperaturerhöhung zum Energieabbau durch eine thermisch aktivierte Änderung der Gitterfehlerstruktur. Dabei tritt eine Rückbildung der durch die Umformung veränderten Eigenschaften des metallischen Werkstoffes ein. Die Rückbildung der mechanischen Eigenschaften wird, ausgehend von einem Keimbildungsvorgang, duch Neubildung und Wachstum versetzungsarmer Kristallite realisiert. Der Keimbildungsvorgang wird neben der Reinheit der metallischen Werkstoffe entscheidend vom Umformgrad, dem Ausmaß der Umformung, und der thermischen Aktivierung beeinflußt. Diese Kornneubildung wird zur Abgrenzung ähnlicher Erscheinungen als primäre Rekristallisation bezeichnet.

Die Rekristallisation tritt ein, wenn beim Umformen metallischer Werkstoffe ein Mindestwert des Umformgrades, der sogenannte kritische Umformgrad, und die Rekristallisationstemperatur erreicht werden.

Die Höhe der Rekristallisationstemperatur ist vom Werkstoff, dessen Reinheit und Zusammensetzung, und vom Umformgrad abhängig. Der kritische Umformgrad eines Werkstoffes wird in seiner Größe im wesentlichen von dessen Reinheit und Zusammensetzung bestimmt. Die Korngröße des neu gebildeten Gefüges wird in erster Linie vom Umformgrad und der Umformtemperatur beeinflußt. Die Umformung metallischer Werkstoffe unter der Rekristallisationstemperatur wird als Kaltumformung bezeichnet, die bei oder über der Rekristallisationstemperatur als Warmumformung. Bei der Warmumformung verlaufen die Rekristallisation und Umformung parallel. Bei der Kaltumformung setzt die Rekristallisation erst nach der Erwärmung auf die Rekristallisationstemperatur ein.

Tritt bei höherer Glühtemperatur eine diskontinuierliche Kornvergrößerung ein, so wird diese auch als sekundäre Rekristallisation bezeichnet, die texturbedingt oder auch verunreinigungsbedingt verursacht werden kann. Im Anschluß an die sekundäre Rekristallisation erneut auftretendes diskontinuierliches Kornwachstum wird auch als tertiäre Rekristallisation bezeichnet.

Kennwerte, Funktionen

Tabelle 1 [1] vergleicht die Rekristallisationstemperatur T_R einiger technisch reiner Metalle nach großer Umformung mit deren Schmelztemperatur T_S. Näherungsweise gilt

$$T_R \approx 0{,}43\, T_S. \tag{1}$$

Tabelle 1 Rekristallisationstemperaturen reiner Metalle [1]

Metall	T_R K	T_S K	T_R/T_S —
Sn	273	505	0,54
Pb	273	600	0,46
Zn	293	692	0,42
Al	423	931	0,45
Ag	473	1234	0,38
Cu	523	1356	0,39
Fe	723	1808	0,40
W	1473	3643	0,40

Die nachfolgenden Diagramme [1] stellen die Abhängigkeit

a) der Rekristallisationstemperatur T_R vom Umformgrad φ bei konstanter Glühdauer t,

b) der Korngröße K vom Umformgrad φ bei konstanter Glühdauer t und konstanter Temperatur T,

c) der Korngröße K von der Glühtemperatur T bei konstanter Glühdauer t

d) der Korngröße von der Glühdauer bei konstanter Glühtemperatur T

dar (vgl. Abb. 1).

Eine zusammenfassende übersichtliche Darstellung der Wirkung der Haupteinflußgrößen in einem räumlichen Rekristallisationsschaubild erfolgte erstmals durch CZOCHRALSKI (vgl. Abb. 2) [2].

Mit zunehmendem Umformgrad, d. h. mit zunehmender Versetzungsdichte, nimmt die für eine Rekristallisation notwendige Temperatur ab (Abb. 1a). Beim kritischen Umformgrad ist die Instabilität des Gefügezustandes für eine Rekristallisation ausreichend, die Anzahl der Keime jedoch gering, so daß ein grobkörniges Gefüge entsteht. Mit steigendem Umformgrad wird die Anzahl der Keime größer, so daß das Gefüge feinkörniger wird (Abb. 1b). Sowohl eine erhöhte Glühtemperatur (Abb. 1c) als auch eine verlängerte Glühdauer (Abb. 1d) verursachen eine Kornvergrößerung. Die notwendige Glühdauer verkürzt sich mit steigendem Umformgrad.

Anwendungen

Die Rekristallisation wird in Verbindung mit der Umformtechnik genutzt

- zur Kornverfeinerung bei nicht umwandlungsfähigen Metallen und Legierungen,
- bei der Warmumformung zur Erzielung eines für die Weiterverarbeitung des metallischen Werkstoffes günstigen Gefüges,
- bei der Kaltumformung zur Beseitigung der Kaltverfestigung,
- bei der Kaltumformung zur Erzeugung von Rekristallisationstexturen, z. B. der Würfeltextur oder Goss-Textur in Elektroblechen,
- bei der Weiterverarbeitung nach der Kaltumformung zur Beurteilung von Gefügeveränderungen durch technologisch bedingte Erwärmungen des Werkstoffes.

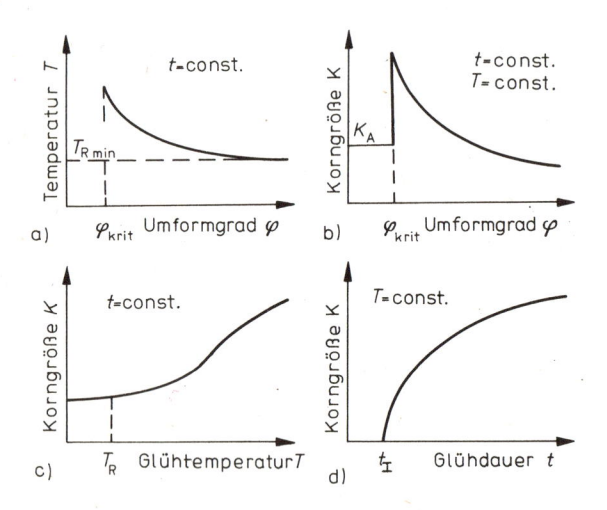

Abb. 1 Schematische Darstellung der Abhängigkeiten [1]
K_A – Korngröße des Gefüges vor der Umformung
t_I – Inkubationszeit der Rekristallisationskeimbildung

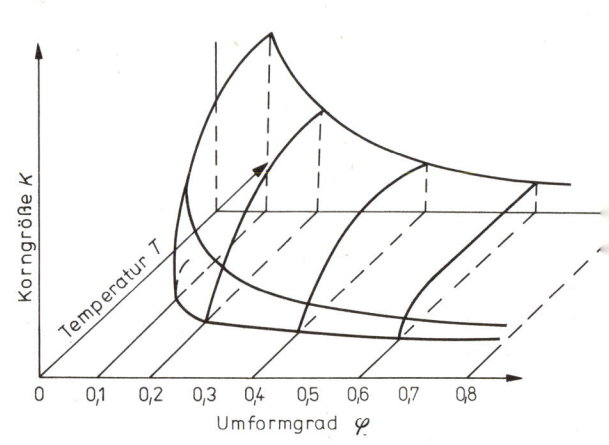

Abb. 2 Schematisches räumliches Rekristallisationsschaubild

Literatur

[1] SCHATT, W.: Einführung in die Werkstoffwissenschaft. 4. Aufl. – Leipzig: VEB Deutscher Verlag für Grundstoffindustrie 1981.
[2] CZOCHRALSKI, J.: Moderne Metallkunde in Theorie und Praxis. – Berlin: Verlag Julius Springer 1924.
[3] LARIKOV, L. N.: Zalečivanie defektov v metallach. – Kiew: Naukova gužka 1980.
[4] GORELIK, S. S.: Rekrystallization in Metals and Alloys. – Moscow: Mir Publishers 1981.
[5] HAESSNER, F.: Rekrystallization of Metallic Materials. 2. Aufl. – Stuttgart: Dr. Riederer Verlag GmbH 1978.
[6] Rekristallisation metallischer Werkstoffe. – Leipzig: VEB Deutscher Verlag für Grundstoffindustrie 1966.

Schwimmen – Schweben – Sinken

„Der Auftrieb eines in eine Flüssigkeit eingetauchten Körpers ist gleich dem Gewicht der von ihm verdrängten Flüssigkeitsmenge."
Dieses Gesetz wurde von ARCHIMEDES (287 bis 212 v.d.Z. in Syrakus/Sizilien) etwa um 250 v.d.Z. entdeckt. Er war vom Tyrannen HIERON mit der Untersuchung einer Krone auf ihren Goldgehalt beauftragt worden. Der Überlieferung zufolge entdeckte er anläßlich eines Bades das Gesetz vom Auftrieb, mit dessen Hilfe er den Goldgehalt bestimmen konnte, ohne die Krone zu beschädigen (Heureka = ich hab's gefunden!).

Sachverhalt

Auf jedes Volumenelement eines Körpers wirkt die Schwerkraft. Bei einem starren Körper kann die Wirkung der Schwerkraft durch eine einzige Kraft beschrieben werden, die im Massenmittelpunkt angreift. Diese Kraft wird als Gewicht G_K bezeichnet. Befindet sich ein Körper in einer Flüssigkeit, wirkt auf jedes Oberflächenelement der Flüssigkeitsdruck. Bei einem starren Körper können diese Oberflächenkräfte durch eine einzige Kraft ersetzt werden, die im Massenmittelpunkt der verdrängten Flüssigkeit angreift. Diese Kraft ist gleich dem Gewicht der verdrängten Flüssigkeit. Sie wird als Auftrieb F_A bezeichnet. Je nach dem, ob gilt

$$F_A \gtreqless G_K$$

steigt, schwebt oder sinkt der Körper, falls man von einem unbewegten Anfangszustand ausgeht.

Hat ein aufsteigender Körper die Flüssigkeitsoberfläche erreicht, so schwimmt er. Sein Auftrieb hängt dann von der Eintauchtiefe ab, da ein schwimmender Körper nur teilweise in eine Flüssigkeit eintaucht. Im Gleichgewicht ist $G_K = F_A = G_F$, wobei die Auftriebskraft F_A auch gleich dem Gewicht G_F der vom teilweise eintauchenden Körper verdrängten Flüssigkeitsmenge ist.

Bei einer Störung dieses Gleichgewichts durch äußere Einwirkung entstehen Schwingungen, bei denen beim gleichen Körper zeitlich nacheinander die Zustände $F_A \gtreqless G_K$ verwirklicht sind. Von größerer praktischer Bedeutung ist die Stabilität des Gleichgewichts eines schwimmenden Körpers gegenüber Drehung. Ein schwimmender Körper hat zwei oder mehr Gleichgewichtslagen, von denen mindestens eine stabil ist. Die Zahl der Gleichgewichtslagen hängt von der Form des Körpers ab.

Liegt der Massenmittelpunkt des Körpers, S_K, tiefer als der der verdrängten Flüssigkeit, S_F, so ist die betrachtete Gleichgewichtslage stabil gegenüber Drehung. Andernfalls, d. h. wenn S_K oberhalb von S_F liegt, erfordert die Untersuchung der Stabilität der Schwimmlage eine genauere Betrachtung. Es ist zu ermitteln, in welche Position S'_F der Massenmittelpunkt der verdrängten Flüssigkeit gelangt, wenn der Körper wenig aus der Gleichgewichtslage gedreht wird. Das entstehende Kräftepaar aus dem bei S_K angreifenden Gewicht und dem bei S'_F angreifenden Auftrieb kann die Auslenkung aus der Ruhelage entweder vergrößern (labiles Gleichgewicht) oder rückgängig machen (stabiles Gleichgewicht). Als Maß für die Stabilität einer Schwimmlage verwendet man die Strecke $\overline{S_K M}$, die metazentrische Höhe. Die Konstruktion des Metazentrums M ist aus Abb. 1 b und 1 c ersichtlich.

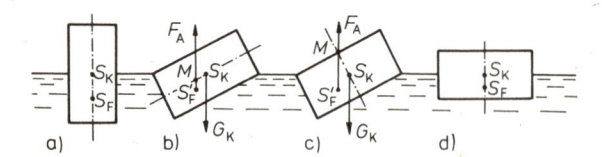

Abb. 1 Schwimmender homogener Quader der Dichte ϱ in einer Flüssigkeit der Dichte 2ϱ
a) labile Gleichgewichtslage,
b) Nichtgleichgewichtslage; Metazentrum bezüglich der Gleichgewichtslage a,
c) Nichtgleichgewichtslage; Metazentrum bezüglich der Gleichgewichtslage d,
d) stabile Gleichgewichtslage
Bezeichnungen siehe Text

Ein Schwimmen in hier betrachteten makroskopischen Sinne ist im molekularen Größenbereich nicht möglich: Ein leichtes Atom kann nicht an der Oberfläche einer schweren Flüssigkeit schwimmen. Auch bei wesentlich größeren Teilchen (10^{-5} mm) macht sich bereits die thermische Bewegung der Flüssigkeitsmoleküle bemerkbar, d. h., der Körper erfährt durch die unregelmäßigen Stöße der Flüssigkeitsmoleküle größere Kräfte als durch Gewicht und Auftrieb (Brownsche Bewegung; 1827 von ROBERT BROWN entdeckt). Suspensionen kleiner Tropfen oder fester Teilchen in Gasen oder Flüssigkeiten entmischen sich deshalb nicht.

Anwendungen

Schiffbau. Im Schiffbau wird der Stabilität der Schwimmlage große Aufmerksamkeit gewidmet. Die metazentrische Höhe ist ein Maß für die Stabilität gegen Kentern. Eine große metazentrische Höhe ist aber mit einer starken rücktreibenden Kraft verbunden, was eine geringe Schwingungsdauer zur Folge hat, die zu unerwünschten Resonanzschwingungen mit den Meereswellen führen kann. Entsprechende Berechnungen sind für unterschiedliche Beladung des Schiffes auszuführen. Die Lage der Punkte S_F und S'_F erhält man einfach durch numerische Integration über die Form des Schiffsrumpfes. Schwierig ist S_K zu bestimmen, da die Anordnung aller Massen im Innern des Schiffes berücksichtigt werden muß.

Flotation. Zum Zwecke der Trennung von Mineralgemischen wurde bereits im Mittelalter das Erz pulverisiert und in Wasser aufgeschwemmt. Das je nach Dichte und Korngröße unterschiedlich schnelle Absinken des Pulvers wurde zur Trennung ausgenutzt. Ein wesentlicher Nachteil des Verfahrens war die geringe Selektivität, da z. B. kleine Körner höherer Dichte ebenso schnell sinken wie größere Körner mit etwas geringerer Dichte. Außerdem hat sehr feines Pulver eine sehr geringe Absetzgeschwindigkeit. Beide Nachteile werden beim Flotationsverfahren beseitigt: Man nutzt den Auftrieb von Öltropfen oder Luftblasen, an die sich die Pulverteilchen anlagern. Hohe Effektivität und Selektivität wird durch den Einsatz organischer Hilfsmittel erreicht. Als Sammler bezeichnete Substanzen machen das Erzpulver wasserabweisend, so daß es sich bei Berührung mit Luftblasen an diese anlagert. Die Luftblasen befördern das Erz schnell nach oben, wo es sich im Schaum anreichert und leicht entfernt werden kann. Das taube Gestein wird vom Wasser benetzt und sinkt nach unten. Durch aufeinanderfolgende Zugabe weiterer Hilfssubstanzen kann erreicht werden, daß die verschiedenen nutzbaren Mineralbestandteile des gemahlenen Erzes zeitlich nacheinander wasserabweisend werden und damit gesondert gewonnen werden können. Jährlich werden im Weltmaßstab 2 Milliarden Tonnen Stoffgemische mittels Flotation getrennt.

Dichtemessung. Die Eintauchtiefe eines schwimmenden Körpers hängt von der Dichte der Flüssigkeit ab. Folglich ist es möglich, an einer geeichten Skala, die an einen schwimmenden Körper angebracht ist, direkt die Dichte abzulesen (Aräometer).

Den Auftrieb $F_A = \varrho_{Fl} V$ eines untergetauchten Körpers mit dem Volumen V erhält man aus der Differenz zwischen seinem Gewicht G_L (an Luft) und dem verminderten Gewicht im untergetauchten Zustand, G_{Fl}. Bei Vernachlässigung der Dichte der Luft erhält man wegen $G_L = \varrho V$ einen Zusammenhang zwischen den Dichten des Körpers ϱ und der Flüssigkeit ϱ_{Fl}:

$$\varrho = \frac{G_L}{G_L - G_{Fl}} \cdot \varrho_{Fl}.$$

Bei bekanntem ϱ_{Fl} läßt sich damit ϱ bestimmen oder umgekehrt. Für diese Messung eignet sich im Prinzip jede Waage; es gibt aber spezielle Waagen für diesen Zweck (Hydrostatische Waage, Jollysche Federwaage). Bei höheren Genauigkeitsforderungen ist die Dichte der Luft und die Temperaturabhängigkeit der Dichte zu beachten.

Die Dichte sehr kleiner Substanzmengen (µg) läßt

sich indirekt messen, indem man die Dichte einer geeigneten Flüssigkeit durch Zugabe löslicher Stoffe so weit erhöht, bis die zu untersuchende Substanz darin schwebt. Voraussetzung ist gute Benetzung, um das Anhaften von Luftblasen zu vermeiden. Die Dichte der Flüssigkeit ist dann nach der zuvor genannten Methode leicht meßbar. Die Schwebemethode ist auf Stoffe mit Dichten unterhalb ≈ 3 g/cm³ beschränkt, da geeignete Lösungen höherer Dichte nicht zur Verfügung stehen.

Füllstandsmessung. Schwimmkörper werden je nach Einsatzbedingung in unterschiedlicher Ausführung und auf unterschiedliche Weise zur Füllstandsmessung verwendet. Die Position des Schwimmers, die den Füllstand anzeigt, wird dabei mechanisch oder magnetisch vom Innern des Behälters nach außen übertragen. So kann z. B. der Schwimmer an einem senkrechten Rohr geführt werden, das durch einen Druckbehälter geht, selbst aber drucklos ist. Die Position des Schwimmers läßt sich dann vom Innern des Rohres, d. h. von außerhalb des Druckbehälters, magnetisch ermitteln.

Eine weitere Möglichkeit zur Füllstandsmessung ist das Verdrängerprinzip. Hier nutzt man nicht das Schwimmen, d. h. die Bindung eines Körpers an die Flüssigkeitsoberfläche, sondern den Auftrieb eines festgehaltenen eintauchenden Stabes. Dabei wird die Kompensationskraft gemessen, die erforderlich ist, den Stab beim jeweiligen Flüssigkeitsstand in seiner Position zu halten. Gegenüber dem Schwimmerprinzip besteht hier der Vorteil, daß schnelle unregelmäßige Schwankungen der Flüssigkeitsoberfläche infolge Sieden oder Turbulenz weniger stören.

Literatur

[1] BERGMANN, L.; SCHAEFER, CL.: Lehrbuch der Experimentalphysik. Band I. – Berlin: Walter de Gruyter & Co. 1961.
[2] RECKNAGEL, A.: Physik. Mechanik. – Berlin: VEB Verlag Technik 1958.
[3] Taschenbuch Betriebsmeßtechnik. – Berlin: VEB Verlag Technik 1974. Seite 396–402.
[4] Freiberger Forschungshefte: Theorie und Praxis der Flotation. – Leipzig: VEB Deutscher Verlag für Grundstoffindustrie 1966.

Sintern

Die Verdichtung eines Pulverhaufwerks oder eines Preßkörpers durch Sintern ist ein seit langer Zeit bekannter und technisch angewandter Prozeß der Wärmebehandlung in der Pulvermetallurgie.

Die physikalische Erforschung dieser Vorgänge begann 1946 mit theoretischen Arbeiten von JA. I. FRENKEL (über das viskose Fließen fester Körper) [1] und B. JA. PINES (über die Sinterung in der festen Phase) [2] sowie 1949 mit experimentellen Untersuchungen von G. C. KUCZYNSKI (zur Aufklärung des Stofftransportmechanismus während des Sinterprozesses) [3].

Sachverhalt

Phänomenologie. Unter Sintern versteht man die Gesamtheit der Vorgänge, die bei einem noch lose gebundenen porösen Pulverhaufwerk oder einem porösen festen Körper unter dem Einfluß einer erhöhten Temperatur zu einer mehr oder weniger vollständigen Auffüllung des Porenraums führen.

Wichtige Einflußgrößen sind der Ausgangszustand (Teilchengröße, Teilchengrößenverteilung, Teilchenform, Vorverdichtungsgrad, Defektkonzentration, Defektverteilung, Homogenisierungsgrad bei mehrkomponentigen Werkstoffen u. a.) und die Sinterbedingungen (Sintertemperatur, Sinterdauer, Aufheizgeschwindigkeit, Abkühlgeschwindigkeit, Druck während des Sinterns, Atmosphäre u. a.).

Triebkräfte. Treibende Kraft des Sintervorganges ist die Differenz der freien Enthalpien von Ausgangs- und Endzustand. Beiträge werden geliefert sowohl durch eine wesentliche Reduzierung aller äußeren und inneren Oberflächen (z. B. offene bzw. geschlossene Porenfläche) als auch durch einen möglichst weitgehenden Abbau von Strukturdefekten und Ungleichgewichtszuständen. Weiterhin können angelegte äußere elektrische und magnetische Felder sowie Temperaturfelder sinterfördernd wirken.

Transportprozesse. Für den Materialtransport im sinternden Pulverhaufwerk können je nach Art und Zustand des Systems unterschiedliche Mechanismen verantwortlich sein. Die Dominanz bestimmter Mechanismen kann auf einzelne Stadien des Sinterprozesses begrenzt sein (Unterscheidung in Sinteranfangs-, Mittel- und Endstadium mit sinkender Verdichtungsgeschwindigkeit). Dabei gibt es Mechanismen, die zu einer Schwindung des Körpers führen, andere tragen nur zur Vergrößerung der Kontaktfläche zwischen den Teilchen bei.

Diskutiert werden Mechanismen des Materialtransports [4]
– durch viskoses Fließen,

- durch Volumen-, Korngrenzen- und Oberflächendiffusion (→ Diffusion),
- über Versetzungen, insbesondere über die während des Sinterns infolge Versetzungsvervielfachung generierten Versetzungen [5],
- durch Teilchenumordnung [6],
- über die Gasphase.

Kennwerte, Funktionen

- Sintertemperaturen für ausgewählte metallische und nichtmetallische Werkstoffe [7]

Tabelle 1

Material	Sintertemperatur T/°C
Aluminium	... 600
Bronzen	600... 850
Kupfer	600... 900
Nickel	1000...1150
Maschinenteile aus Eisenpulvern	1000...1300
nichtrostender Stahl	1100...1300
Weich- und Hartmagnete (Fe-Basis)	1200...1300
Schwermetalle (W-Basis)	1300...1600
Hartmetalle	1400...1500
Nitride	1400...2000
Heizleiter ($MoSi_2$)	...1700
Schneidkeramik (Al_2O_3)	1800...1900
hochschmelzende Metalle (W, Mo, Ta)	2000...2900

- Festigkeitseigenschaften sind stark dichteabhängig. Beispiel: Sintereisen [7]

Tabelle 2

Dichte ϱ/gcm^{-3}	Zugfestigkeit σ_B/MPa	Bruchdehnung δ/%
6,0	110	2
6,4	140	5
7,0	160	15
7,5	280	25

- Quantitative Vorhersagen des Sinterverhaltens realer Pulver sind nur begrenzt möglich, da Ausgangszustand und Sinterbedingungen die Eigenschaften komplex beeinflussen. Die Aussagekraft sintertheoretischer Modelle ist begrenzt [8, 9].
- Die Triebkraft für Verdichtungsvorgang (Schwindung beim Festphasensintern) wird anfangs bestimmt durch einen effektiven äußeren hydrostatischen Druck p_H, unter dessen Wirkung die Pulverteilchen über Korngrenzengleiten eine dichtere Packung einnehmen und Porenraum auffüllen [5]:

$$p_H \sim (\gamma/\bar{R}) \Theta$$

(γ Oberflächenspannung, Θ Porosität, $\bar{R}$ mittlerer Porenradius).

Beispiel. Sintereisen 1...2% Gesamtschwindung.

- Die Schwindungsrate beim Festphasensintern mit diffusionsbestimmtem Materialtransport läßt sich als Produkt zweier Faktoren beschreiben, von denen einer nur von geometrischen Parametern bestimmt wird, der andere nur von der Defektstruktur im sinteraktiven Volumen abhängt [9]:

$$\dot{\varepsilon} = a \cdot G \cdot \Phi$$

(a Konstante, G geometrische Aktivität, Φ strukturelle Aktivität.)

Beispiel. Sintereisen

- Die Schwindungsrate nimmt mit wachsender Aufheizgeschwindigkeit zu; Zunahme ist am stärksten ausgeprägt bei kurzen Sinterzeiten [10].

Beispiel. Sintereisen ($\varrho = 6,0$ gcm^{-3}) bei Sintertemperatur 1 200 °C; Parameter: isotherme Sinterzeit.

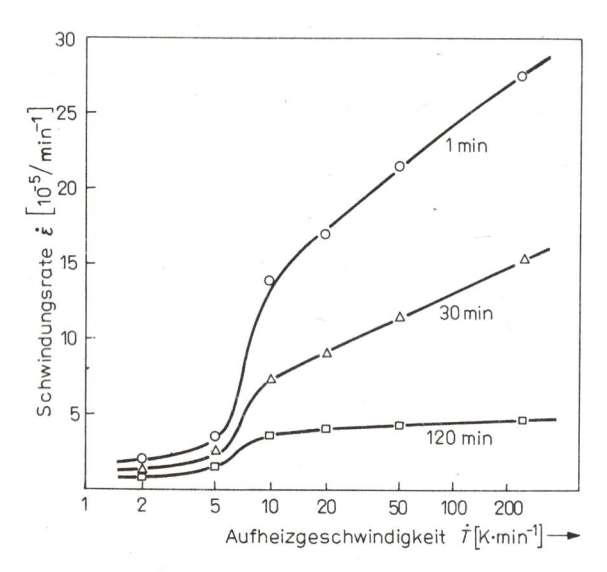

Abb. 1

Anwendungen

Festphasensintern. Herstellung von ein- und mehrkomponentigen Werkstoffen durch Sintern im festen Zustand [7].

Typische Beispiele sind gesinterte Massenformteile auf Eisenbasis (Sintereisen, Sinterstahl) oder auf Kupferbasis (Filter, Lagerwerkstoffe, Kontaktwerkstoffe). Aber auch hochschmelzende Metalle, wie z. B. Wolfram, Molybdän und Tantal, oder Hartstoffe (z. B. Al_2O_3 als Sinterkorund) werden im festen Zustand gesintert. Weitere Beispiele sind teilchenverstärkte Sinterlegierungen (z. B. Sinteraluminium) oder Sintermagnete (z. B. Sintereisenmagnete).

Flüssigphasensintern

a) Herstellung von Werkstoffen mit ineinander unlöslichen Komponenten [7]. Mengenanteil, Zeitdauer des Bestehens der Schmelze und Benetzbarkeit der Festphase durch die Flüssigphase sind wichtige Einflußgrößen auf die Eigenschaften. Typische Beispiele sind die Systeme Al_2O_3-Glas, Wolfram-Kupfer oder Wolfram-Silber. Die Verdichtung erfolgt hier nur über den Teilchenumordnungsmechanismus.

Hauptanwendungsgebiete der W-Cu- bzw. W-Ag-Verbunde liegen auf dem Gebiet der Kontaktwerkstoffe (hohe Abbrandfestigkeit, geringe Schweißneigung).

b) Herstellung von Werkstoffen aus Komponenten mit begrenzter gegenseitiger Löslichkeit [5,7]. Typische Beispiele sind die Systeme Wolfram-Nickel, Eisen-Kupfer oder Wolframcarbid-Kobalt.

Dominante Verdichtungsmechanismen sind neben der Teilchenumordnung besonders Auflösungs- und Wiederausscheidungsvorgänge, in bestimmten Systemen (z. B. W-Ni oder Fe-Cu) ist zusätzlich der Penetrationsmechanismus [11] von Bedeutung; dabei dringt Schmelze entlang von Korngrenzen in polykristalline Pulverteilchen ein und verursacht Schwellung der äußeren Abmessungen als auch Kornzerfall.

Hauptanwendungsgebiete dieser Werkstoffgruppen sind beispielsweise Hartmetalle (z. B. WC-Co) für Zerspanungs- und Umformprozesse, Schwermetalle (z. B. W-Ni) als Werkstoffe mit hoher Dichte und guten mechanischen Eigenschaften oder kupferlegierter Sinterstahl.

Sintern unter Druckeinwirkung

a) Drucksintern, Heißpressen. Formgebungs- und Sintervorgänge laufen bei genügend hoher Temperatur gemeinsam ab.

Typische *Beispiele* sind:

- Hartmetalle [7]: Heißpressen in Graphitformen bei hohen Anforderungen an die Porenfreiheit (alternativ dazu das heißisostatische Pressen – HIP – schon fertiggesinterter, v. a. großformatiger Hartmetallteile),
- Schnellarbeitsstahl [12],
- Konstruktionskeramik [13], wie z. B. Si_3N_4, SiC oder SiC-Si, mit sehr guten hochtemperaturmechanischen Eigenschaften.

b) Sinterschmieden [14]. Hochverdichtung auch kompliziert geformter Teile. Anwendung für hochfeste Sinterstähle und -legierungen.

Schnellerwärmungssintern. Anwendung der induktiven Sintertechnik, z. B. für das Kurzzeitsintern von Hartmetall-Formteilen [15]. Sintern mit direktem Stromdurchgang (Coolidge-Verfahren), z. B. für die Herstellung von gesintertem Wolfram, Molybdän oder Tantal [16].

Literatur

[1] Frenkel, Ja..I.: J. Phys. UdSSR (1945) 9, 385; Žh. eksper. teor. Fiz. **16** (1946) 1, 29.

[2] Pines, B. Ja.: Žh. techn. Fiz. **16** (1946) 6, 137.

[3] Kuczynski, G.C.: J. Metals **1** (1949) 2, 189.

[4] Geguzin, Ja. E.: Physik des Sinterns. – Leipzig: VEB Deutscher Verlag für Grundstoffindustrie 1973. (Übers. aus d. Russ.)

[5] Schatt, W.: Pulvermetallurgie. In: Autorenkollektiv: Pulvermetallurgie, Korrosionstheorie. Hrsg.: W. Schatt. – Leipzig: VEB Deutscher Verlag für Grundstoffindustrie 1983. S. 5–54.

[6] Exner, H. E.: Grundlagen von Sintervorgängen, Materialkundlich-Technische Reihe; 4. – Berlin/Stuttgart: Gebrüder Borntraeger 1978; Rev. Powder Metall. and Phys. Ceram. **1** (1979) 7–251.

[7] Autorenkollektiv: Pulvermetallurgie, Sinter- und Verbundwerkstoffe, Hrsg.: W. Schatt. – Leipzig: VEB Deutscher Verlag für Grundstoffindustrie 1979.

[8] Exner, H. E.: Solid-state sintering: critical assessment of theoretical concepts and experimental methods. Powder Metallurgy **23** (1980) 4, 203.

[9] Schatt, W.; Hermel, W.; Friedrich, E.; Lanyi, P.: On the status of sintering theory of one-component systems. Sci. Sintering **15** (1983) 1, 5.

[10] Hermel, W.; Leitner, G.; Krumphold, R.: Review of induction sintering: foundamentals and applications. Powder Metallurgy **23** (1980) 3, 130.

[11] Petzow, G.; Kaysser, W.: Liquid Phase Sintering. Sci. Ceramic **13** (1981) 269.

[12] Hellmann, P.; Larker, H.; Pfeffer, J.; Strömblad, I.: The ASEA-STORA Process. 1970 International Powder Metallurgy Conference, New York, July 1970.

[13] Thümmler, F.: Sintering and High Temperature Properties of Si_3N_4 and SiC, Sintering Process. Hrsg.: G. C. Kuczynski, New York: Plenum Publishing Corporation 1980.

[14] Fischmeister, H. F.; Olsson, L.; Easterling, K. E.: Powder Forging. Powd. Met. Internat. **6** (1974) 30.

[15] Hermel, W.; Förster, W.; Krumphold, R.; Leitner, G.; Voigt, K.: Short-time induction sintering of hardmetals. Powder Metallurgy **26** (1983) 4, 217.

[16] Kieffer, R.; Jangg, G.; Ettmayer, P.: Sondermetalle. – Wien/New York: Springer Verlag 1971, 111.

Spanen

Der Spanungsvorgang wird seit dem Altertum genutzt, wissenschaftliche Untersuchungen dazu setzten um 1800 ein [2, 3]. Die Spanbildung wird 1877 von THIME, St. Petersburg erstmals beschrieben.

Allgemeines

Durch die Relativbewegung zwischen dem Schneidkeil eines Werkzeugs und dem zu bearbeitenden Werkstück wird das Material oberhalb der Keilschneidenbahn mit fortschreitendem Eindringen als Span abgetrennt. Für das Abtrennen kommen zwei Mechanismen in Betracht: Reißen und plastisches Abscheren. Sehr spröde Werkstoffe sind nicht zu plastischer Deformation befähigt. Steigende Scherspannung, verursacht durch den eindringenden Schneidkeil, führt dort zum Scherbruch, d.h. zum Abplatzen eines Materialstücks. Dieser Vorgang wiederholt sich periodisch bei kontinuierlich vordringendem Schneidkeil. Bei duktilen Werkstoffen ist dagegen eine kontinuierliche Spanbildung möglich. In realen Werkstoffen treten beide Mechanismen kombiniert auf, wobei der eine oder andere stark überwiegen kann.

Notwendige Voraussetzungen für die Spanbildung sind

- das Vorhandensein eines Schneidkeils, der härter ist als das zu spanende Werkstück,
- ausreichend tiefes Eindringen des Schneidkeils in das Werkstück, um wirklich eine Schicht abzuscheren statt die Oberfläche nur elastisch-plastisch zu quetschen,
- eine Relativbewegung zwischen Schneidkeil und Werkstück in Schnittrichtung.

Im Prinzip ist jeder Werkstoff mittels eines härteren Werkstoffs spanbar.

Um den Vorgang der Spanbildung zu verstehen, kann man eine idealisierte Situation betrachten, die durch folgende Forderungen charakterisiert ist:

1. duktiler Grenzfall, d.h. Abwesenheit von Rißvorgängen,
2. Ideal plastisches Material,
3. Stationärer Vorgang.

Die letzte Forderung besagt, daß man nicht den Beginn der Spanbildung betrachtet, sondern eine Situation, wo die Spanbildung bereits im Gange ist (Abb. 1). Unter diesen Voraussetzungen läßt sich dann die Spanbildung folgendermaßen beschreiben: Das Material des Werkstücks wird an der Spanfläche des eindringenden Schneidkeils gestaucht. Die damit verbundene räumliche Spannungsverteilung ist so beschaffen, daß auf einer bestimmten Fläche (Linie AB in Abb. 1) die Scherfestigkeit des Werkstoffs überschritten wird und der Werkstoff folglich längs dieser

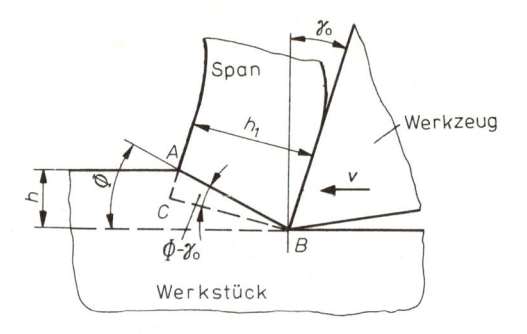

Abb. 1 Spanbildungsmodell nach MERCHANT (kann wahlweise als bewegtes Werkzeug an ruhendem Werkstück oder umgekehrt aufgefaßt werden.)

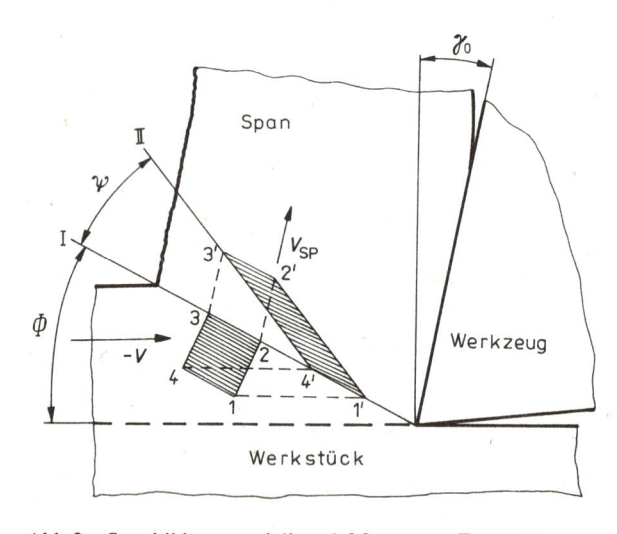

Abb. 2 Spanbildungsmodell nach MERCHANT; Texturbildung im Span.
I Scherlinie
II Fließlinie (Kristalldehnungsrichtung).
In dieser Darstellung wird das Werkzeug als ruhend betrachtet. Das Material erreicht mit der Geschwindigkeit $-v$ die Fließlinie und läuft von dort aus mit der Spangeschwindigkeit v_{SP} weiter. Das schraffierte Quadrat wird folglich in der dargestellten Weise deformiert.

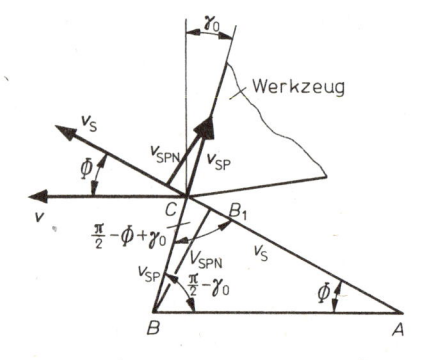

Abb. 3 Geschwindigkeiten im Spanbildungsmodell nach MERCHANT (v und v_s, im ruhenden System, v_{SP} und v_{SPN} im bewegten System dargestellt).

Fläche abschert. Unter den gegebenen Randbedingungen wird das gescherte Material, das den Span darstellt, zwangsläufig parallel zur Spanfläche des Werkzeugs abgeführt.

Zur quantitativen Beschreibung der Spanbildung beschränkt man sich zweckmäßig auf den orthogonalen Schnitt und betrachtet den Vorgang als zweidimensional. Damit genügt es (wie in Abb. 1), nur eine Normalebene zur Hauptschneide zu betrachten. Die auftretenden Spannungen (Flächenbelastungen) werden vereinfachend durch die entsprechenden Kräfte beschrieben. Trägheitskräfte werden gegenüber Reibungs- und Umformkräften vernachlässigt. Damit hat man das einfachst-mögliche Modell, das eine quantitative analytische Beschreibung der wesentlichsten Aspekte der Spanbildung gestattet (Spanbildungsmodell nach MERCHANT).

Kinematik

Durch die Verformung wird der Span kürzer als der während seiner Bildung zurückgelegte Schnittweg w, breiter als die Spanungsbreite b und dicker als die Spanungsdicke h (Abb. 1). Das Materialvolumen bleibt dabei erhalten

$$h \cdot b \cdot w = h_1 \cdot b_1 \cdot w_1. \qquad (1)$$

Das Verhältnis der Spandicke h_1 zur Spanungsdicke h wird als Spanstauchung oder Stauchfaktor λ_h bezeichnet. Der Scherwinkel Φ, die Schergeschwindigkeit v_s und der Verformungsgrad ε_0 lassen sich durch λ_h ausdrücken.

Im Dreieck ABC in Abb. 1 gilt

$$\lambda_h \equiv \frac{h_1}{h} = \frac{\cos(\Phi - \gamma_0)}{\sin \Phi}. \qquad (2)$$

Daraus folgt

$$\tan \Phi = \frac{\cos \gamma_0}{\lambda_h - \sin \gamma_0}. \qquad (3)$$

Zusätzlich zur Stauchung λ_h erleidet das Material eine Scherung mit dem Verformungsgrad ε_0. Unter Verformungsgrad des betrachteten Flächenelements versteht man das Verhältnis von Verschiebung zu Schichtdicke, also $\cot \psi$ in Abb. 2. Das Verhältnis der Strecken ist gleich dem Verhältnis der zugehörigen Geschwindigkeiten v_s und v_{SPN} (Abb. 3), so daß man für den Verformungsgrad beim Scheren schreiben kann

$$\varepsilon_0 = \frac{v_s}{v_{SPN}} = \cot \psi \qquad (4)$$

(v_{SPN} ist die Normalkomponente der Spangeschwindigkeit bezüglich der Scherfläche).

ψ wird als Strukturwinkel bezeichnet, weil das Abscheren auf der Scherfläche die Kristallite des Gefüges so deformiert, daß der Span eine Vorzugsorientierung bzw. Struktur mit dem Winkel ψ zur Scherfläche erhält. Mittels trigonometrischer Relationen im Dreieck ABC in Abb. 3 erhält man aus (4)

$$\varepsilon_0 = \cot \Phi + \tan(\Phi - \gamma_0). \qquad (5)$$

Somit läßt sich bei gegebenen Spanwinkel γ_0 aus der gemessenen Spanstauchung mittels (3) der Scherwinkel und mittels (5) der Verformungsgrad beim Scheren berechnen. Die Spanstauchung und der Verformungsgrad dienen als Maß der Spanverformung. Die hier dargelegten Zusammenhänge verbinden die Spanbildungstheorie mit der praktischen Spanungsmechanik.

Kräfte am Schneidkeil

Um die beim Spanen auftretenden Kräfte zu verstehen, wird der freie orthogonale Schnitt in einfachster Näherung betrachtet (Abb. 4; nach MERCHANT [6]). Die vom Werkstück auf das Werkzeug ausgeübte (zunächst unbekannte) Kraft F_Z kann nur vom Span auf die Spanfläche des Werkzeugs übertragen werden. Um eine Aussage über die Richtung von F_Z zu erhalten, zerlegt man F_Z bezüglich der Spanfläche in Normal- und Tangentialkomponente. Das Verhältnis beider Komponenten ist durch den Reibungskoeffizienten bestimmt:

$$F\gamma_0 / F\gamma_{0N} = \tan \varrho = \mu. \qquad (6)$$

Somit ist nur der Betrag von F_Z noch unbekannt. Um ihn zu bestimmen, zerlegt man F_Z bezüglich der Scherfläche zwischen Span und Werkstück, die mit der Werkstückoberfläche den zunächst unbekannten Winkel Φ bildet. Die in der Scherfläche liegende Komponente F_Φ muß gleich der zum Abscheren benötigten Kraft sein:

$$F_\Phi = F_Z \cdot \cos(\Phi + \varrho - \gamma_0) = A \cdot \tau / \sin \Phi. \qquad (7)$$

Hier ist $A/\sin \Phi$ die Größe der Scherfläche, τ ist die Scherspannung auf dieser Fläche, also die Scher-

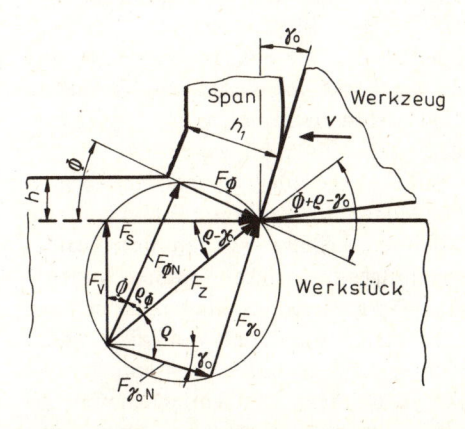

Abb. 4 Kräfte im Spanbildungsmodell nach MERCHANT. Es ist die Reaktionskraft dargestellt, die das Werkstück dem eindringenden Werkzeug entgegensetzt, sowie deren Zerlegungen bezüglich dreier verschiedener Richtungen.

Fließspannung des Materials. A ist der Spanungsquerschnitt, also h mal Spanungsbreite (senkrecht zur Zeichenebene). Da ϱ durch die Reibung und γ_0 durch das Werkzeug vorgegeben ist, ist in

$$F_Z = \frac{A \cdot \tau}{\sin \Phi \cdot \cos (\Phi + \varrho - \gamma_0)} \tag{8}$$

nur Φ unbekannt. Φ ist kein freier Paramter, sondern stellt sich abhängig von den übrigen Parametern auf einen bestimmten Wert ein. Eine theoretische Berechnung von Φ ist schwierig, deshalb wird dieser Winkel hier als experimentell zu bestimmender Wert aufgefaßt.

Für praktische Fragen, wie Energieverbrauch, interessiert schließlich die Schnittkraft F_S; folglich ist F_Z auch noch bezüglich der Keilschneidenbahn in Komponenten zu zerlegen:

$$F_S = F_Z \cos (\varrho - \gamma_0). \tag{9}$$

Einsetzen von F_Z liefert schließlich für die spezifische Schnittkraft $k_S = F_S/A$

$$k_s = \tau \frac{\cos (\varrho - \gamma_0)}{\sin \Phi \cdot \cos (\Phi + \varrho - \gamma_0)}. \tag{10}$$

Beziehung zwischen Spanbildungsmodell und Realität

Das Spanbildungsmodell nach MERCHANT und die daraus folgenden Aussagen sind für das Verständnis der wesentlichen Vorgänge und Zusammenhänge nützlich. Es darf aber nicht übersehen werden, daß es eine vereinfachende Beschreibung der Realität darstellt. Es kann nicht den experimentellen Zugang zur Beschreibung des Spanens ersetzen. In der Praxis hat sich die empirische Formel mit tabellierten Konstanten nach KIENZLE bewährt:

$$k_S = K_1 \cdot h^{K_2}. \tag{11}$$

Diese wurde zunächst nur für das Drehen eingeführt, läßt sich aber mittels bestimmter Umrechnungsfaktoren auf andere Verfahren übertragen.

Für die Beherrschung des Spanungsprozesses sind Art und Form der Späne von Bedeutung. In diesem Zusammenhang werden die Abweichungen vom Spanbildungsmodell nach MERCHANT wesentlich, die bei realen Werkstoffen mehr oder weniger stark ausgeprägt sind. Das Modell beschreibt die Bildung des sogenannten Fließspans. Diese wird in der Realität durch hohe Schnittgeschwindigkeit, großen Spanwinkel und zähen Werkstoff begünstigt. Beim Fließspan ist die Verformbarkeit des Materials viel größer als der im Spanbildungsprozeß erzeugte Verformungsgrad. Um den Span zu brechen, ist nachträgliche Verformung erforderlich.

Je mehr das Material vom ideal plastischen Modellwerkstoff abweicht, d. h. je stärker das Material verfestigt, um so mehr verliert sich die Konzentration des Schervorganges auf die Scherfläche. Das Abscheren erfolgt dann in einer breiten Scherzone. Die Verformbarkeit stark verfestigender Werkstoffe ist bald erschöpft, so daß oft die Situation eintritt, daß die Scherdeformation ε_0 größer wird als die Verformbarkeit und folglich der Span reißt. Der Span wird dann als Scherspan bezeichnet. Seine Entstehung wird durch kleinen Spanwinkel und niedrige Schnittgeschwindigkeit begünstigt. Verminderte Zähigkeit fördert ebenfalls den Übergang vom Fließspan zum Scherspan; der Scherspan tritt aber bereits bei Werkstoffen auf, die noch als zäh bezeichnet werden. Die Spanbildung bei sehr geringer Zähigkeit des Werkstoffs kommt dem anfangs erwähnten spröden Abplatzen nahe. Die plastische Verformbarkeit ist dann unbedeutend oder fehlt ganz, so daß die Spanbildung nicht gemäß dem Modell von MERCHANT erfolgt. Dieser Span wird als Reißspan bezeichnet (z. B. Gußeisen).

Das gleichzeitige Auftreten von Fließen und Reißen bei der Spanbildung zeigt sich darin, daß beim Spanen vieler Materialien ein Riß dem eindringenden Werkzeug stationär vorausläuft.

Die zu erwartende Spanart kann durch die Messung der Verformbarkeit am Torsionsstab ermittelt werden. Die hier genannten drei Spanarten führen auf acht Spanformen (TGL 8927).

Aus mehreren Gründen sind kurze und gebrochene Späne erwünscht. Wenn diese unter gegebenen Spanungsbedingungen nicht von selbst entstehen, werden Hindernisse in den Spanablaufweg eingebaut, wie z. B. Spanleitstufen. Die bedienarme Spanungstechnik fordert die Beherrschung der Spanformen; ohne diese funktioniert der automatische Fertigungsprozeß nicht.

Im Zusammenhang mit der Fließspanbildung tritt eine weitere Erscheinung auf, die im einfachen Spanbildungsmodell nicht enthalten ist: Zusätzlich zur Scherdeformation ε_0 im gesamten Span bildet sich zwischen Unterseite des Spans und der Spanfläche des Werkzeugs eine stark gescherte und dabei plastifizierte dünne Schicht, die sogenannte fließende Schicht. Unter bestimmten Bedingungen haftet diese an der Spanfläche und bildet die Aufbauschneide, welche zerbricht, nachdem sie eine bestimmte Größe erreicht hat. Ihre Bruchstücke können sich in die geschaffene Werkstückoberfläche eindrücken. Dieser Vorgang ist unerwünscht und durch bekannte Gegenmaßnahmen im Spanungsprozeß zu vermeiden.

Energiebetrachtungen

Die beim Spanen zugeführte mechanische Leistung

$$P_S = F_S \cdot v \tag{12}$$

wird bis auf vernachlässigbar kleine Reste in Verformungs- und Reibungsarbeit umgewandelt, die schließlich fast vollständig als Wärme erscheint. Um das Werkzeug zu schonen, soll möglichst viel Wärme mit dem Span abgeführt werden. Erfahrungsgemäß bleiben von der entstehenden Wärme ca. 80% im Span, ca. 10% fließen in das Werkzeug, ca. 5% in das Werkstück und ca. 5% gelangen in die Umgebung. Die Wärmebilanz liefert für die Temperaturerhöhung im Span

$$\Delta \vartheta_{SP} = \frac{k_s}{\varrho c} \cdot 0{,}8. \qquad (13)$$

Der in das Werkzeug fließende Anteil erzeugt dort ein Temperaturfeld, dessen Maximum auf der Spanfläche in der Nähe der Schneide liegt und größenordnungsmäßig 1000 K höher als die Umgebungstemperatur ist. Das Werkzeug kann durch Hilfsstoffe gekühlt werden. In speziellen Fällen wird durch die Beschichtung des Werkzeugs die Reibung herabgesetzt, um die in das Werkzeug gelangende Wärme bereits am Ort ihrer Entstehung zu vermindern.

Die erforderliche Energie, bezogen auf das Volumen des abgetrennten Materials, ist beim Spanen mit bestimmter Schneide vergleichsweise gering (in Ws/mm³):

Drehen, Bohren, Fräsen	1...10,
Schleifen	10...200,
Elektroerosion	100...1000,
Schmelzen (Stahl)	10.

Verschleiß und Standvermögen

Die bloße Möglichkeit der spanenden Bearbeitung eines gegebenen Werkstoffs mittels eines bestimmten Werkzeugs bedeutet noch nicht, daß diese Bearbeitung ökonomisch sinnvoll ist. Es ist dazu erforderlich, daß das Standvermögen des Werkzeugs oberhalb einer gewissen Schranke liegt. Das Standvermögen kann durch das Ende der Schneidfähigkeit des Werkzeugs direkt erschöpft oder durch technologisch bedingte Grenzen, wie Maßabweichung und Oberflächengüte, beendet sein. Zur Bewertung des Standvermögens dienen die auf ein Standkriterium bezogenen Standgrößen, z.B. Schnittzeit T, Schnittweg w, abgespantes Volumen und dergleichen.

Verschleißabhängige Standkriterien sind z. B. das Erliegen, das ist der plötzliche Verlust der Schneidfähigkeit an Schnellarbeitsstahlwerkzeugen, die Verschleißmarkenbreite an der Werkzeugfreifläche oder der Kolkfaktor an Hartmetallwerkzeugen. Der hier zugrunde liegende Werkzeugverschleiß ist ein Prozeß der Schneidwerkstoffzerstörung als Resultat mehrmaliger Verletzung von Reibungsschlüssen unter begleitenden thermischen Einflüssen aus der beim Spanen entstehenden Schnittemperatur. Allgemein ist festzustellen, daß der Verschleiß keinesfalls nur von der Härte der beteiligten Stoffe abhängt. So unterliegen z. B. Stahlwerkzeuge beim Spanen weicher Plastwerkstoffe einem unerwartet hohen Verschleiß. Diffusions- und Oxidationsvorgänge liefern Beiträge zum Verschleiß, die unabhängig von der Härte der Stoffe sind.

Der Fortschritt des Verschleißes während des Spanens wird an der Verschleißform abgebildet und damit zur Meßgröße. Darauf ist die Grundgleichung des Spanens nach TAYLOR begründet [8]. Die klassische Darstellung dieses Zusammenhangs erfolgt im doppeltlogarithmischen Koordinatensystem, dem Standzeitdiagramm oder T-v-Diagramm; Abb. 5.

$$T = A_3 \cdot v^{A_2} \cdot s^{A_4}. \qquad (14)$$

Auf dieser Basis sind für den praktischen Gebrauch Richtwerttabellen ermittelt worden oder im fortgeschrittenen „Schnittwertspeicher für Spanungsrichtwerte" entsprechende Algorithmen verfügbar, um Primärdaten verschiedener Art für die Standfunktion und andere Restriktionen im Maschinenbelastungsdiagramm zu verarbeiten.

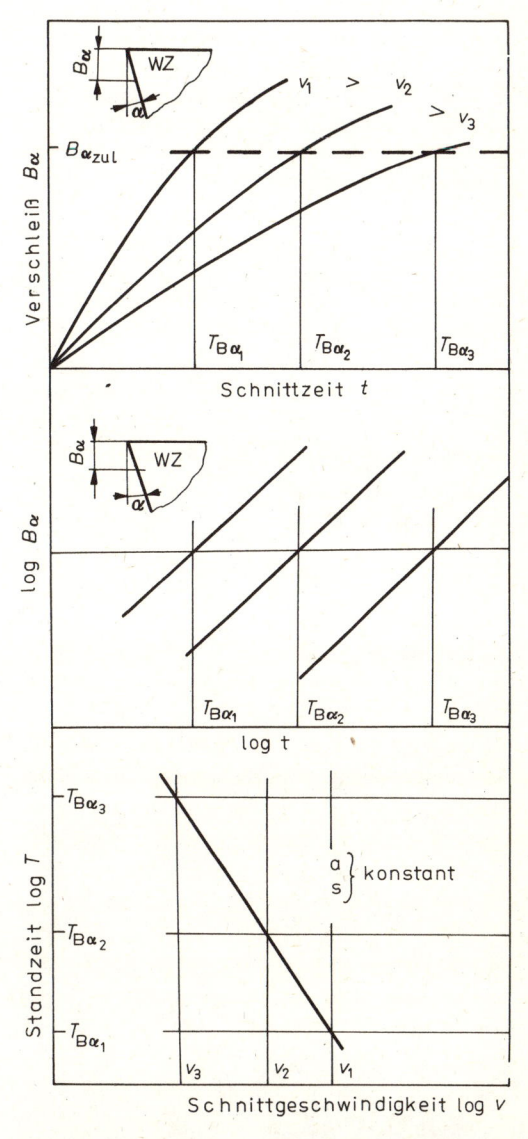

Abb. 5 Standzeitdiagramm für den Freiflächenverschleiß mit dem Kriterium Verschleißmarkenbreite B_α bei einer gegebenen Paarung Schneidwerkstoff/Werkstoff.

Literatur

[1] TGL 21639 Fertigungsverfahren. Einteilung der Begriffe. Okt. 1965.
[2] BECKMANN, J.: Anleitung zur Technologie. – Göttingen: Verlag Vandenhoek 1780.
[3] SMEJKAL, E.: Kurzer Abriß der Geschichte der Spanungsforschung (1850 bis 1940). Wiss. Z. TH Karl-Marx-Stadt 11 (1969) 5, 641–645.
[4] KRONENBERG, M.: Grundzüge der Spanungslehre. Bd. 1. – Berlin/Göttingen/Heidelberg: Springer-Verlag 1954.
[5] Autorenkollektiv: Einführung in die Fertigungstechnik. Abschnitt Trennen. – Berlin: VEB Verlag Technik 1975.
[6] MERCHANT, E.; ZLATIN, N.: New Methods of Analysis of Machining Processes. Exper. Stress Anal. 3 (1946) 2, 4–27.
[7] VIEREGGE, G.: Zerspanung der Eisenwerkstoffe. – Düsseldorf: Verlag Stahleisen mbH. 1959.
[8] TAYLOR, F. W.: On the Art of Metal Cutting. Transactions of the ASME 28 (1907).
[9] TGL 36717 Spanungstechnik. Kinematik und Geometrie des Spanungsvorgangs. Begriffe. Februar 1982.
[10] TGL 36716 Spanungstechnik. Geometrie am Schneidteil spanender Werkzeuge. Begriffe. Februar 1982.

Thermomechanische Behandlung (TMB)

1954 entdeckten LIPS und VAN ZUILEN [1] den Effekt der gleichzeitigen Erhöhung der Festigkeit, Duktilität und Zähigkeit martensitischer Stähle durch plastische Umformung des metastabilen Austenits vor der Martensitumwandlung (Abb. 2b; Verfahren wird mit Ausforming, Austenitformhärten oder Tieftemperaturthermomechanische Behandlung, TTMB, bezeichnet). 1955 wurde die Hochtemperaturthermomechanische Behandlung (HTMB) mit Martensitumwandlung durch SMIRNOV, SOKOLKOV und SADOVSKIJ [2] bekannt (plastische Umformung des stabilen Austenits mit unmittelbar darauffolgender Martensitumwandlung; Abb. 2a, an die sich wie bei der TTMB noch ein Anlassen anschließt).
In der Folgezeit sind weitere TMB-Verfahren [3–10] entwickelt worden, unter denen das kontrollierte Walzen [5,8,9] (HTMB mit Ferrit-Perlit-Umwandlung und mit Zwischenstufen-(Bainit)-Umwandlung) die größte technische Bedeutung erlangt hat.

Sachverhalt

Die TMB verfolgt zwei Ziele:

a) die Verbesserung der Gebrauchs-, Ver- und Bearbeitungseigenschaften metallischer Konstruktionswerkstoffe bei gleichbleibendem oder verringertem Aufwand an Legierungselementen,

b) die Senkung des Fertigungsaufwandes in der Metallurgie und metallverarbeitenden Industrie durch Einsparung von Prozeßstufen, Energie und Arbeitskräften.

Unter dem Begriff „Thermomechanische Behandlung" wird die aufeinander abgestimmte Kombination von plastischer Formgebung und Wärmebehandlung verstanden. Dabei werden die aus der plastischen Formgebung resultierenden Gitterfehler gezielt für die Herausbildung der erforderlichen Werkstoffstruktur und damit bestimmter Eigenschaften verwendet [3]. Abbildung 1 zeigt dies schematisch.

Die plastische Formgebung allein verfolgt primär das Ziel, eine vorgegebene Querschnittsform aus einer Ausgangsform herzustellen. Die Einstellung eines bestimmten Strukturzustandes zur Erzielung definierter Werkstoffeigenschaften erfolgt in herkömmlicher Weise durch die Wahl einer geeigneten chemischen Zusammensetzung und eine separate Wärmebehandlung im Anschluß an die plastische Formgebung. Bei der TMB wird das Spektrum der einstellbaren Strukturzustände und der damit verbundenen mechanischen Eigenschaften wesentlich erweitert. Im Vergleich zur konventionellen Wärmebehandlung bieten sich mehr Möglichkeiten für die Variation und Kombination der für die mechanischen Eigenschaften

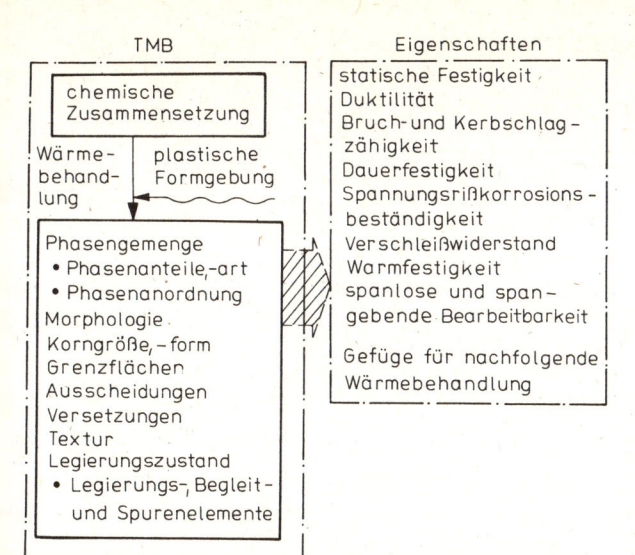

Abb. 1 Relation Struktur – Eigenschaften – Technologie bei der TMB (statt Dauerfestigkeit lies Dauerschwingfestigkeit)

maßgeblichen festigkeitssteigernden Mechanismen [11–15]: Korngrenzen-, Mischkristall-, Ausscheidungs-, Versetzungs-, Umwandlungs- und Texturhärtung. Es sind TMB-spezifische Strukturzustände, wie z. B. sehr feinkörnige Gefüge, verformungsinduzierte Ausscheidungen und ausgeprägte Versetzungssubstrukturen sowie Eigenschaftskombinationen erreichbar, wie sie mit herkömmlicher Wärmebehandlung oder plastischer Formgebung allein nicht erzielt werden können. Untersuchungen, die vorrangig an Stählen, aber auch an Nichteisenmetallegierungen durchgeführt wurden, zeigen, daß durch die TMB im Vergleich zur konventionellen Wärmebehandlung eine Steigerung der Festigkeit, Duktilität, Zähigkeit, Bruch- und Ermüdungsresistenz sowie Verschleißfestigkeit bewirkt werden kann [3, 5, 15]. Die an Laborproben und für unterschiedliche Formgebungsverfahren, wie Walzen, Schmieden, Tiefziehen, Drahtziehen und Strangpressen, nachgewiesenen Eigenschaftsverbesserungen konnten erfolgreich auf technische Erzeugnisse (z. B. Grobbleche, Warmband, Feinstahl und Draht, Stabstahl, Rohre, Profile, geschmiedete Teile) übertragen werden.

Kennwerte, Funktionen

Zur optimalen Ausnutzung der Härtungsmechanismen werden Legierungssystem und Formänderungs-Temperatur-Zeit-Regime der TMB aufeinander abgestimmt. Daraus ergeben sich die Forderungen an die Anlagentechnik sowie eine nahezu unübersehbare Vielfalt an TMB-Verfahren. Abbildung 2 zeigt eine Auswahl für Stähle.

Diese Vorgehensweise stützt sich auf Erkenntnisse zur Erholung und Rekristallisation [16], zu Ausscheidungsprozessen, zum Einfluß der Gitterdefekte auf Phasenumwandlungen und Umwandlungsprodukte sowie auf Erkenntnisse zum Zusammenhang zwischen der Werkstoffstruktur, den damit verbundenen Härtungsmechanismen und den mechanischen Eigenschaften (Tab. 1, S. 494).

Die für die TMB maßgeblichen Verfahrensparameter, wie Temperaturen, Zeiten, Aufheiz- und Abkühlungsgeschwindigkeiten, Umformungsgrade, Pausenzeiten zwischen aufeinanderfolgenden Umformungsschritten, Umformungsgeschwindigkeiten richten sich nach dem Legierungssystem, den angestrebten Eigenschaftskombinationen und den hierfür zu nutzenden Härtungsmechanismen, wobei sich in der Regel Kompromißlösungen zwischen Werkstoff und TMB-Verfahren ergeben.

Anwendungen

HTMB mit Ferrit-Perlit-Umwandlung. Als einziger Härtungsmechanismus ermöglicht die Kornfeinung neben der Festigkeitssteigerung zugleich eine Absenkung der Duktil-Spröd-Übergangstemperatur T_U der Kerbschlagzähigkeit, d. h. eine Verbesserung der Tieftemperaturzähigkeit (Abb. 3). Deshalb wird die Kornfeinung im breiten Umfang beim kontrollierten Walzen von Grobblechen und Warmband sowohl zur Absenkung der Übergangstemperatur T_U als auch in Verbindung mit anderen Härtungsmechanismen, z. B. der Ausscheidungshärtung (Abb. 3 und 4), zur Festigkeitssteigerung mikrolegierter höherfester schweißbarer Baustähle technisch genutzt. Diese Festigkeitssteigerung gestattet eine weitestgehende Verringerung des Kohlenstoffgehaltes in diesen Stählen, wodurch eine ausreichende Schweißbarkeit gewährleistet ist.

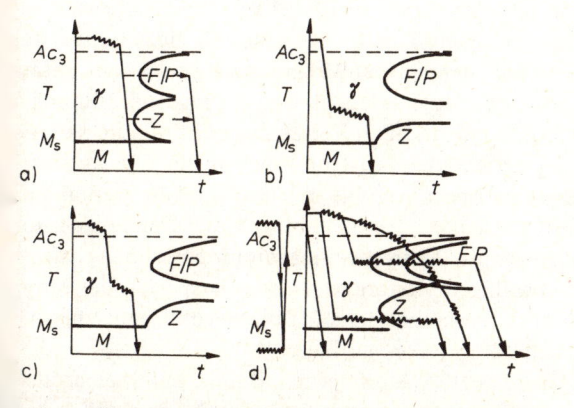

Abb. 2 Übersicht über TMB-Verfahren bei Stählen im Zeit-Temperatur-Umwandlungsschaubild (schematisch) F/P – Ferrit/Perlitstufe, Z – Zwischenstufe, M – Martensitstufe, γ – Austenit, gezackte Linie – Umformung

Tabelle 1 Härtungsmechanismen und ihre Beiträge zur Streckengrenzenerhöhung (nach E. HORNBOGEN) [14]

Härtungsmechanismen	Prinzip	Streckgrenzenerhöhung
Mischkristallhärtung		$\Delta\sigma_M = aGc^{1/2}$; $c^{1/2} \sim d^{-1}$
Versetzungshärtung		$\Delta\sigma_V = \alpha Gb\varrho^{1/2}$; $\varrho^{1/2} \sim d^{-1}$
Korngrenzenhärtung		$\Delta\sigma_K = k\,d^{-1/2}$
Ausscheidungshärtung		$\Delta\sigma_A \leq \beta Gbd^{-1}$

a – dimensionslose Konstante, kennzeichnet spezifische Härtungswirkung eines gelösten Atoms; G – Schubmodul; c – Konzentration der gelösten Atome (●); d – Abstand der Hindernisse für Gleitversetzungen (⊥); α, $\beta \approx 0{,}5$; b – Burgers-Vektor der Versetzung; ϱ – Versetzungsdichte; k – Konstante, kennzeichnet spezifische Härtungswirkung durch Korngrenzen.

Beispiel. $R_{p0,2} = 555$ MPa; $R_m = 630$ MPa; $T_Ü$ (50% Sprödbruchanteil) = -90 °C. Werkstoff: 0,10% C; 0,26% Si; 1,70% Mn; 0,03% Nb; 0,12% V [17].

Die Mikrolegierungselemente, welche im Werkstoff als feindispers verteilte Nitride und/oder Karbide vorliegen, haben neben der Ausscheidungshärtung im Ferrit die Aufgabe, über die Verzögerung des Kornwachstums und der Rekristallisation des stabilen Austenits zur Kornfeinung beizutragen. Die Rekristallisations- und Ausscheidungsprozesse werden beim kontrollierten Walzen auf der Grundlage wissenschaftlich begründeter Technologien gezielt gesteuert. Rechnergesteuerte Hochleistungswalzstraßen für das kontrollierte Walzen gehören zum Stand der Technik. Diese Entwicklung ist vor allem durch die wachsenden Forderungen nach Baustählen mit verbesserten Zähigkeits-, Duktilitäts- und Schweißeigenschaften bei ständig steigendem Festigkeitsniveau (Erschließung von Kältegebieten, neuen Rohstoffquellen; Anwendung des Leichtbaus) vorangetrieben worden, sowie durch das Bestreben, das üblicherweise notwendige Normalisierungsglühen einzusparen, um so Kostensenkungen bzw. Produktionssteigerungen ohne Erweiterung der Glühkapazität zu erreichen.

HTMB mit Martensitumwandlung. Stählen mit höchster Festigkeit liegt die Härtung durch martensitische Umwandlung in Kombination mit weiteren Härtungsmechanismen zugrunde [13, 14]. Die HTMB mit Martensitumwandlung ist vor allem für Federstähle von Interesse. Hohe statische und dynamische Belastbarkeit von Federn erfordert eine hohe statische Festigkeit des Federwerkstoffes, verbunden mit einer hohen Elastizitätsgrenze in Kombination mit einer hohen Brucheinschnürung. Die HTMB mit Martensitumwandlung gehört zu den wenigen Verfahren, die es ermöglichen, die beim konventionellen Vergüten bestehende Gegenläufigkeit von Zugfestigkeit und Brucheinschnürung zu „durchbrechen" und gleichzeitig durch einen geeigneten Anlaßprozeß eine hohe Elastizitätsgrenze einzustellen [18, 19].

Beispiel. $R_m = 1800$ MPa; $R_{p0,2} = 1730$ MPa; $R_{p0,01} = 1640$ MPa; $A_5 = 10\%$; $Z = 58\%$; Werkstoff: HTMB-Federstahldraht der Stahlmarke 50 SiMn7 [19].

Abbildung 5 zeigt schematisch, wie durch eine gezielte Entwicklung der ehemaligen Austenitstruktur (Kornfeinung oder Versetzungssubstrukturentwicklung) bei der HTMB Duktilität und Festigkeit von niedrigangelassenem hochfestem Martensit bei einachsiger Zugverformung gleichzeitig angehoben werden können. Die strukturellen Ursachen für den gleichzeitigen Duktilitäts- und Festigkeitszuwachs sind vor allem in der Veränderung der Größe, Form und Lage der Martensitkristalle zu suchen. Sowohl Kornfeinung als auch Versetzungssubstrukturentwicklung im stabilen Austenit ergeben ein feindisperses martensitisches Gefüge mit gleichmäßig verteilten, verringerten lokalen Spannungen und Dehnungen, so daß sich die Wahrscheinlichkeit für die Bildung wachstumsfähiger Mikrorisse während und nach der Martensitumwandlung als auch bei nachfolgender plastischer Deformation verringert [24].

Bei der HTMB erfolgt das Härten unmittelbar aus der Warmformgebungswärme nach dem Walzen, Schmieden oder Strangpressen mit nachgeschaltetem Anlaßprozeß. Das bisher als gesonderter Arbeitsgang üblicherweise in der Härterei durchgeführte Vergüten

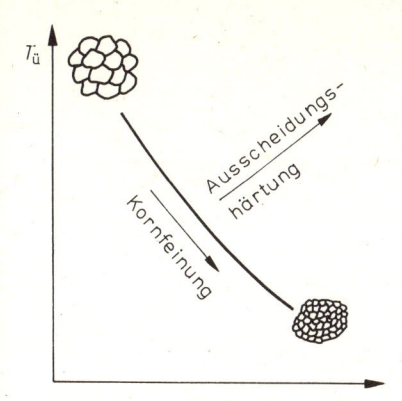

Abb. 3 Einfluß von Kornfeinung und Ausscheidungshärtung auf die Duktil-Spröd-Übergangstemperatur $T_Ü$ der Kerbschlagzähigkeit und die Streckgrenze R_e mikrolegierter höherfester schweißbarer Baustähle (schematisch)

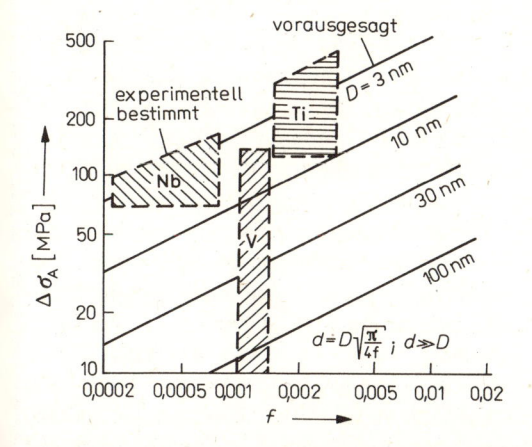

Abb. 4 Streckgrenzenerhöhung durch Ausscheidungshärtung, $\Delta \sigma_A$ in Abhängigkeit vom Durchmesser D und Volumenanteil f der Ausscheidungen für unterschiedliche Mikrolegierungszusätze (nach T. GLADMAN u. a. [9]).
d – siehe Tabelle

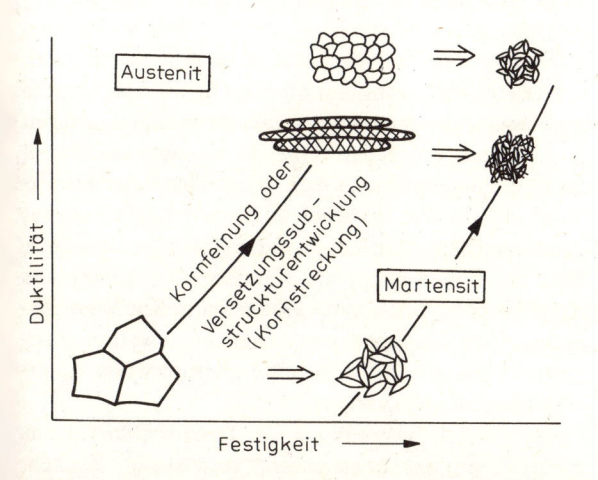

Abb. 5 Gleichzeitige Steigerung der Duktilität und Festigkeit des niedrigangelassenen Martensits durch HTMB (schematisch)

wird mit dem Warmumformungsprozeß direkt gekoppelt. Die Warmumformungsanlagen werden deshalb mit Kühlstrecken ausgerüstet, deren Kühlintensität auf den Querschnitt und die Durchlaufgeschwindigkeit des Umformgutes abgestimmt wird. Aus Produktivitätsgründen und zur Vermeidung von Härterissen ist es zweckmäßig, auch das Anlassen in den Produktionsfluß einzubeziehen, indem den Kühlstrecken Anlaßeinrichtungen nachgeschaltet werden. Ein solcher HTMB-Prozeß wird z. B. für die Herstellung des Spannbetonstahls St 140/160 verwendet. Die Vorteile gegenüber der bisher angewendeten konventionellen Vergütung des Spannbetonstahls bestehen vor allem in der Einsparung von Prozeßstufen und Arbeitskräften sowie in einer beträchtlichen Steigerung der Arbeitsproduktivität [20].

Die Herstellung von Federringen für Pufferfedern von Schienenfahrzeugen über die HTMB mit Martensitumwandlung ermöglicht sowohl die Einsparung von Prozeßstufen (Wegfall der bei konventioneller Vergütung erforderlichen Erwärmung auf Härtetemperatur) als auch eine Verbesserung der Gebrauchseigenschaften des Fertigerzeugnisses (Erhöhung der Belastbarkeit der Pufferfedern) [21,22].

Darüberhinaus wurde über die Herstellung von Blattfedern für Kraftfahrzeuge über die HTMB mit Martensitumwandlung berichtet, wodurch eine Masseeinsparung von 25% (40% weniger Federlagen als in konventionell hergestellten Blattfederpaketen) und eine 1,5- bis 2fache Lebensdauererhöhung erzielt werden konnte [23].

Literatur

[1] LIPS, E. M. H.; van ZUILEN, H., Metal Progress 66 (1954) 2, 103.
[2] SMIRNOV, L. V.; SOKOLOV, Ja. N.; SADOVSKIJ, V. D., Dokl. Akad. Nauk SSSR 103 (1955) 4, 609.
[3] BERNSTEIN, M. L.: Termomehaniceskaja obrabotka metallov i splavov. – Moskau: Izd. Metallurgija 1968.
[4] KOPPENAAL, T. J., Transact. of the ASM, vol. 62 (1969) 24.
[5] KULA, E. B.; AZRIN, M.: Thermomechanical Processing of Ferrous Alloys. In: Advances in Deformation Processing. Ed. J. J. BURKE; V. WEISS. – New York/London: Plenum Press 1978, S. 245.
[6] WALDMAN, J.; SULINSKI, H.; MARKUS, H.: Thermomechanical Processing of Aluminium Alloy Ingots. – New York/London: Plenum Press 1978. S. 301.
[7] MC ELROJ, R. J.; SZKOPIAK, Z. C.: Internat. Metallurg. Reviews. Review 167, 1972.
[8] PICKERING, F. B.: Low Carbon High Strength Structural Steels – a Status Report. In: Low Carbon Structural Steels of the Eighties, Spring Residential Course. The Institution of Metallurgists, März 1977, Series 3, Nr. 6, 1001-77-Y, S. 1–11.
[9] GLADMAN, T.; MC IVOR, L. D.; DUDLIEV, D.: Structure Property Relationships in Micro-Alloyed Steels. Conf. „Microalloying 75", 1.–3. 10. 75, Washington.

[10] Beck, H.: Stahl und Eisen 101 (1981), April, 541.
[11] Brown, L. M.; Ham, R. K.: Dislocation – Particle Interactions. In: Strengthening Methods in Crystals. Ed. A. Kelly; R. B. Nicholson. – London: Applied Science Publishers LTD 1971. s. 9–135.
[12] Embury, J. D.: Strengthening by Dislocation Substructures. In: Strengthening Methods in Crystals. Ed. A. Kelly; R. B. Nicholson. – London: Applied Science Publishers LTD 1971, S. 331–402.
[13] Christian, J. W.: The Strength of Martensite. In: Strengthening Methods in Crystals. Ed. A. Kelly; R. B. Nicholson. – London: Applied Science Publishers LTD 1971. S. 261–330.
[14] Hornbogen, E.: Kombination der verschiedenen Mechanismen zur Festigkeitssteigerung. In: Grundlagen des Festigkeits- und Bruchverhaltens. Hrsg. W. Dahl. – Düsseldorf: Verlag Stahleisen mbH. 1974. S. 112.
[15] Zouhar jr., G.: Thermomechanische Behandlung von Metallen und Legierungen. In: Wissenschaftliche Berichte der AdW der DDR, Zentralinstitut für Festkörperphysik und Werkstoffforschung Dresden, 13. Metalltagung in der DDR „Mechanisches Verhalten von Eisenwerkstoffen", Dresden, Dezember 1979, S. 382.
[16] Mc Queen, H. J.; Jonas, J. J.: Recovery and Recrystallization during High Temperature Deformation. In: Treatise on Materials Science and Technology. vol. 6. Plastic Deformation of Materials. – New York/San Francisco/London: Academic Press Inc. 1975.
[17] Räsänen, E.; Alarsaarela, P.; Mielityinen, K.: Metals Technol. 4 (1977) 11, 509.
[18] Winderlich, B.; Zouhar, G.: Neue Hütte 27 (1982) 7, 265.
[19] Winderlich, B.; Zouhar jr., G.: Neue Hütte 27 (1982) 4, 139.
[20] Friese, G.; Lankau, G.; Joachim, A.: Vortrag zum XXXIII. Berg- und Hüttenmännischen Tag. Freiberg 1982.
[21] Lippmann, S.; Zouhar jr. G.: Fertigungstechnik und Betrieb 29 (1979) 8, 489.
[22] –: Patentschrift WP Nr. 141 038, C21 D, 9/02.
[23] Bock, R. A.; Justusson, W. M.: SAE Journal 77 (1969) März, 44.
[24] Zouhar, G.: Grundlagen des Zusammenhangs zwischen Werkstoffstruktur, Werkstoffeigenschaften und Technologie bei hochtemperatur-thermomechanischer Behandlung mit Martensitumwandlung. In: Wissenschaftliche Berichte der AdW der DDR, Zentralinstitut für Festkörperphysik und Werkstoffforschung Dresden, 1985, Nr. 31.

Verbund

Das Prinzip, Werkstoffe mit günstigen Eigenschaften durch Kombination gegebener Werkstoffe zu erzeugen, wird in Einzelfällen schon lange genutzt. Bereits vor Jahrtausenden wurden Lehmziegel mit Stroh verstärkt. Der Bedarf an bruchzähen hochfesten Spezialwerkstoffen hat seit Mitte dieses Jahrhunderts zu einer intensiven wissenschaftlichen Bearbeitung des Verbundprinzips geführt.

Wirkungsweise festigkeitssteigernder Einlagerungen

Miteinander verbundene Komponenten aus unterschiedlichem Material und die daraus sich ergebenden Besonderheiten treten bereits bei klassischen Werkstoffen auf, deren Gefüge unterschiedliche Bestandteile enthält. Die vorliegenden Ausführungen beschränken sich auf das mechanische Zusammenwirken der Komponenten, wobei sowohl die Erläuterung des Prinzips als auch die Angabe von Anwendungsbeispielen auf die Verbundwerkstoffe im engeren Sinne eingeschränkt wird.

Der einfachste Verbund-Typ ist der Langfaser-Verbund. Er besteht aus parallelen durchgehenden „Fasern", womit Fäden, Stäbe oder auch Schichten gemeint sein können, die in eine kontinuierliche „Matrix" eingelagert sind. Hier soll der fast immer verwirklichte Fall betrachtet werden, daß die Fasern einen höheren Elastizitätsmodul besitzen als die Matrix. Wird ein solcher Verbund in Längsrichtung gedehnt, so entsteht in den Fasern wegen des höheren Moduls eine höhere Spannung als in der Matrix: Die Fasern nehmen bevorzugt Last auf, die Spannung konzentriert sich auf die Fasern. Bei gegebener Gesamtlast wird folglich die Matrix entlastet. Somit bietet sich die Möglichkeit an, schwache, weiche Matrices durch hochfeste, hochmodulige Einlagerungen zu verstärken. Dabei entsteht folgendes Problem: Da alle äußeren Kräfte an der Matrix angreifen, müssen Kräfte von der Matrix auf die Fasern übertragen werden. Das kann nur über Scherspannungen an der Grenzfläche geschehen. Da diese Scherspannung durch die Scherfestigkeit von Grenzfläche und Matrix begrenzt ist, sind zuweilen größere Längen für die Krafteinleitung erforderlich. Diese Tatsache ist besonders bei Verstärkung mit Kurzfasern zu beachten. Liegt die Faserlänge unter einem kritischen Wert $2l_c$, so kann die Festigkeit der Fasern nicht voll genutzt werden, weil die für die Krafteinleitung vorhandene Oberfläche zu klein ist.

Bei paralleler Anordnung der Fasern wirken diese natürlich nur in Längsrichtung verstärkend. Verstärkung in allen Richtungen der Ebene erreicht man durch gekreuzte Faserlagen oder durch in der Ebene unregelmäßig verteilte Kurzfasern, dreidimensionale

Verstärkung durch räumlich unregelmäßig verteilte Kurzfasern.

Die Verstärkungswirkung kann auch auf andere Weise zustandekommen als auf dem zuvor erläuterten Weg einer Spannungskonzentration in der hochmoduligen Komponente durch elastische Umverteilung der Spannung. Wenn sich in der belasteten Matrix durch Sprödbruch oder Ermüdung Risse bilden, konzentriert sich die Spannung in den Fasern, die die Risse überbrücken, wobei die Rißspitze entlastet und am weiteren Fortschreiten gehindert wird. Auf diese Weise können natürlich auch solche Fasern festigkeitssteigernd wirken, deren Modul niedriger ist als der der Matrix. Entsprechend dem hier skizzierten Mechanismus wird nicht nur die Festigkeit im engeren Sinne, sondern auch die Bruchzähigkeit und die Ermüdungsfestigkeit erhöht. Eingelagerte Teilchen, d. h. Gebilde, die nicht wie die Fasern mindestens eine sehr große und eine sehr kleine Abmessung haben, können die Matrix nicht entlasten. Sie können aber in bestimmten Fällen festigkeitssteigernd wirken, z. B. zähe Teilchen in spröder Matrix oder als Zentren der Bildung von Mikrorissen, die unter bestimmten Bedingungen die Ausbreitung von Makrorissen behindern.

Mischungsregeln

Das Ziel theoretischer Arbeiten zu Verbundwerkstoffen besteht darin, die zu erwartenden Eigenschaften aus denen der Komponenten zu berechnen. Derartige Berechnungsvorschriften sind deshalb nützlich, weil die Zahl der möglichen Werkstoffkombinationen sehr groß ist und folglich die experimentelle Bestimmung der mechanischen Eigenschaften für alle Spezialfälle zu aufwendig wäre.

Offensichtlich gilt eine Formel für die mittlere Dichte eines hohlraumfreien Gemisches aus zwei Stoffen: Es ist das gewichtete Mittel aus den beiden Dichten ϱ_1 und ϱ_2:

$$\varrho = v_1\varrho_1 + v_2\varrho_2, \qquad (1)$$

wobei v_1 und v_2 die Volumenanteile der beiden Komponenten sind. Gl. (1) ist die „Mischungsregel" in ihrer ursprünglichen Bedeutung. Eine derartige Mischungsregel gilt für den Elastizitätsmodul von einachsigen Langfaser-Verbunden bei Belastung in Verstärkungsrichtung:

$$E = v_1 E_1 + v_2 E_2. \qquad (2)$$

Dabei wird vorausgesetzt, daß die Unterschiede in den Poissonschen Querkontraktionszahlen beider Stoffe vernachlässigbar sind. Das ist im Rahmen der Meßgenauigkeit für E praktisch immer erfüllt.

Auch für die beliebige Anordnung der Komponenten sind Aussagen über den E-Modul angebbar, und zwar in Form von Grenzen, innerhalb derer der E-Modul liegen muß. Fordert man makroskopische Isotropie, werden die Grenzen enger (Abb. 1). Besonders bei metallischen Verbundwerkstoffen kann deutlich ausgeprägt die Erscheinung auftreten, daß eine Komponente (meist die Matrix) bereits plastisch fließt, während die andere noch elastisch deformiert wird. In der Spannungs-Dehnungs-Kurve zeigt sich der Beginn des plastischen Fließens einer Komponente als ein mehr oder weniger plötzlicher Übergang zu einem geringeren Anstieg, dem meist vereinfachend, aber nicht ganz zutreffend, ein „sekundärer E-Modul" E_{II} zugeordnet wird. Entsprechend wird der E-Modul im eigentlichen Sinne (2) mit E_I bezeichnet.

Es kann als Erfahrungstatsache gelten, daß die Komponenten sich im Verbund in vieler Hinsicht so verhalten, als seien sie allein vorhanden, obwohl infolge der Wechselwirkung über die Querkontraktion eine Abweichung von der additiven Überlagerung des Spannungs-Dehnungs-Verhaltens der Komponenten zu erwarten wäre. So erhält man für E_{II} bei fehlender Verfestigung der Komponente 2

$$E_{II} = v_1 E_1. \qquad (3)$$

Nicht nur der Elastizitätsmodul, sondern ganze Spannungs-Dehnungs-Kurven lassen sich für Verbundwerkstoffe vorausberechnen, wenn die entsprechenden Kurven der Komponenten gegeben sind.

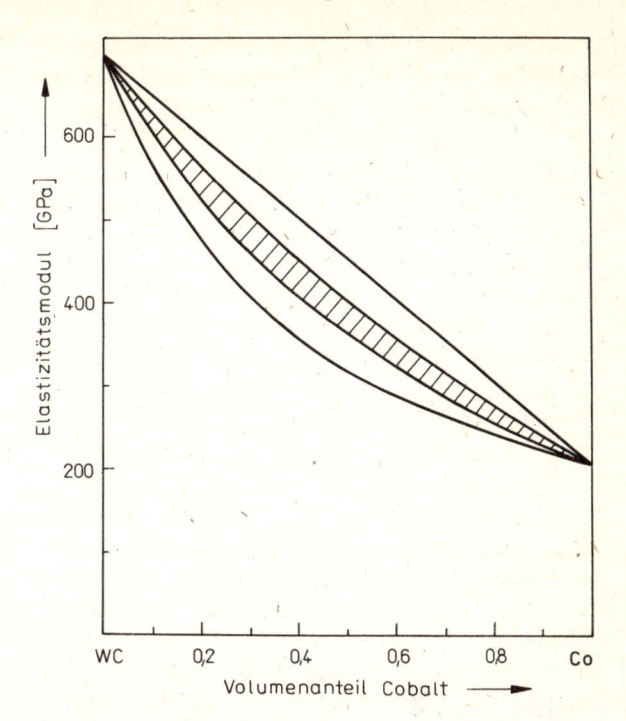

Abb. 1 Elastizitätsmodul von WC-Co-Hartmetall in Abhängigkeit vom Volumenanteil;
äußere Linien: Grenzen bei beliebiger Anordnung der Komponenten,
schraffierter Bereich: Grenzen bei makroskopisch isotroper Anordnung (nach HASHIN)
Die experimentellen Werte liegen fast vollständig im schraffierten Bereich.

Allerdings hängt das Ergebnis vom Wert der anfänglichen Eigenspannung ab, die man als praktisch stets vorhanden annehmen muß. Die Eigenspannung (z. B. Matrix auf Zug, Faser auf Druck vorgespannt) entsteht bereits beim Darstellungsprozeß des Verbundwerkstoffs. Sie kann so ungünstige Werte annehmen, daß der Dehnungsbereich mit dem Modul E_I ganz unterdrückt wird. Durch Erzeugung günstiger Eigenspannung, z. B. durch geringes Recken des Werkstoffs, kann der nützliche Bereich mit dem hohen Modul E_I vergrößert werden. Es ist zu beachten, daß Eigenspannungen besonders bei plattenartigen Bauteilen zu unerwünschten Deformationen führen können.

In den Spannungs-Dehnungs-Kurven bei wiederholtem Wechsel von Be- und Entlastung zeigen sich besonders bei metallischen Verbundwerkstoffen deutliche Unterschiede gegenüber üblichen Werkstoffen. Charakteristisch ist das Auftreten großer Hystereseschleifen, wenn gewisse Bedingungen zwischen den Materialparametern erfüllt sind. Die Vorausberechnung derartiger Spannungs-Dehnungs-Kurven ist möglich. Das Ergebnis läßt sich jedoch selbst für einfache Modellwerkstoffe praktisch nicht formelmäßig angeben, jedoch zweckmäßig in Form spezieller $\sigma(\varepsilon)$-Kurven darstellen (Abb. 2).

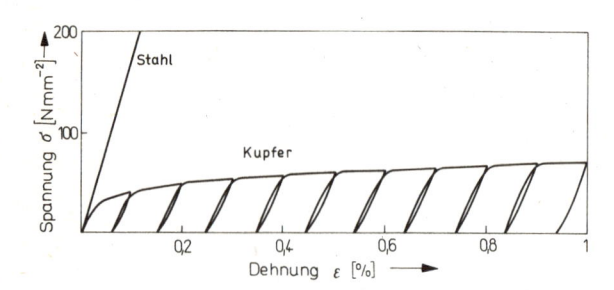

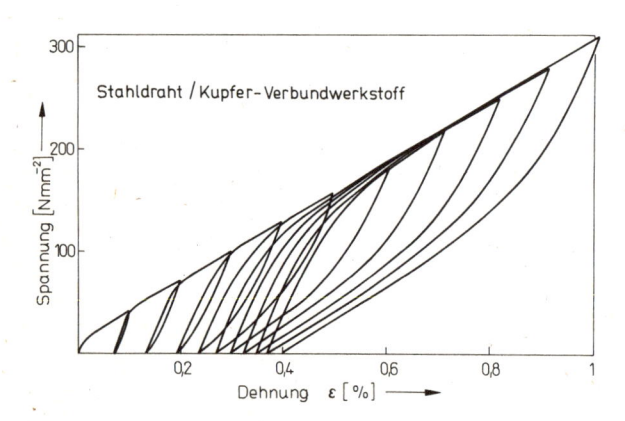

Abb. 2 Spannungs-Dehnungs-Kurven bei wiederholter Dehnung mit schrittweise gesteigerter Amplitude;
1. 18 Ni-Maraging-Stahl, ausgehärtet (keine plastische Dehnung unterhalb $\varepsilon = 1\%$),
2. weichgeglühtes Kupfer,
3. Verbundwerkstoff aus 1. und 2., Volumenanteil Stahl $v = 0{,}17$ (nach R. KRUMPHOLD, W. FÖRSTER, H.-J. WEISS. VI. Internat. Pulvermet. Tagung, DDR, Dresden 1977).

Die Festigkeit von Verbundwerkstoffen befolgt nicht eine Mischungsregel der Art (1) bzw. (2), obwohl das fälschlich gelegentlich so dargestellt wird. Das wird daraus ersichtlich, daß bei Ausfall einer Komponente die Festigkeitsreserve der verbliebenen bei weitem noch nicht ausgeschöpft zu sein braucht. Eine formelmäßige Angabe der Festigkeit σ_c erfordert Fallunterscheidungen, z. B. bei Belastung in Längsrichtung und Bruch im elastischen Dehnungsbereich:

$$\sigma_c = \max \begin{cases} (\sigma_{1c} - \sigma_{1E}) E_I/E_1 \\ v_2\, \sigma_{2c} \end{cases} \quad (4)$$

Hier ist die zuerst brechende Komponente mit 1 bezeichnet; „max" bedeutet hier, daß der größere von beiden Werten zu nehmen ist. σ_{1E} ist die Eigenspannung der Komponente 1 in Längsrichtung.

Auf ähnliche Weise lassen sich Formeln angeben, die die Ermüdungsfestigkeit des Verbundwerkstoffes bei bekannter Ermüdungsfestigkeit der Komponenten unter Berücksichtigung von Eigenspannung und Belastungsregime angeben. Derartige Ergebnisse stellen trotz ihrer komplizierten formalen Struktur jeweils das einfachst-mögliche Modell dar. Sie berücksichtigen nicht die Änderung der Eigenschaften der einen Komponente durch die Anwesenheit der anderen (Fließbehinderung usw.), liefern aber nützliche Anhaltspunkte bei der Entwicklung von Verbundwerkstoffen.

Es sei darauf hingewiesen, daß eine exakte Beschreibung der mechanischen Eigenschaften von Verbundwerkstoffen unter Berücksichtigung aller Komponenten des Spannungstensors und der Anisotropie des elastischen Tensors und der Fließbedingung erfolgen muß. Es wird jedoch dringend empfohlen, die Aussagefähigkeit vereinfachter Modelle zur Lösung von Teilproblemen zu nutzen und den Einsatz der Methoden der theoretischen Mechanik auf jene Fälle zu beschränken, die diesen Aufwand rechtfertigen.

Charakteristische Längen

Die Krafteinleitung von der Matrix in die Faser wird von zwei charakteristischen Längen unterschiedlichen Ursprungs bestimmt. Im Falle rein elastischer Deformation stellt sich längs der Faser eine Scherspannungsverteilung ein, die am Faserende den größten Wert hat und in der Mitte der Faser Null ist. In einer Entfernung vom Faserende in der Größenordnung

$$l_r \approx d \cdot \sqrt{\frac{E_1}{E_2}}, \; d \text{ Faserdurchmesser,} \quad (5)$$

ist die Scherspannung auf die Hälfte abgefallen (1 = Faser). (5) kann deshalb als charakteristische Länge der elastischen Krafteinleitung in die Faser betrachtet werden. Erhöht man die Belastung des Verbundwerkstoffs, so erhöht sich auch die Scherspannung, bis entweder die Scherfestigkeit der Grenzfläche oder die Fließspannung der Matrix erreicht ist. Faser und Matrix gleiten dann an der Grenzfläche gegeneinander bei nahezu konstanter Scherspannung längs des gleitenden Bereiches. Es ergibt sich die Frage, wie lang der abgleitende Bereich sein darf, damit die eingeleitete Scherkraft nicht größer ist als die Zerreißkraft der Faser. Die Kräftebilanz liefert

$$l_c = d \cdot \frac{\sigma_{1c}}{4\tau}, \qquad (6)$$

wobei σ_{1c} die Festigkeit der Faser und τ die als konstant angenommene Scherspannung an der abgleitenden Grenzfläche ist. Fasern, die kürzer als $2 l_c$ sind, können bei Belastung des Verbundes nicht zerrissen werden; allerdings wird auch ihre Tragfähigkeit nicht voll genutzt. $2 l_c$ oder l_c wird deshalb als kritische Faserlänge bezeichnet. Genaugenommen wird die kritische Faserlänge nicht allein von (6) bestimmt, da (5) stets wirksam ist. Bei Verbunden mit duktiler Matrix oder schlechter Bindung an der Grenzfläche kann aber oft in guter Näherung (5) gegenüber (6) vernachlässigt werden.

Besonderheiten und Probleme der Anwendung

Das Prinzip der „Arbeitsteilung" im oben erläuterten Sinne zwischen zwei Komponenten unterschiedlichen Materials wird in sehr vielen Fällen genutzt, wobei keine klare Abgrenzung zwischen „Werkstoffverbund" und „Verbundwerkstoff" möglich ist. Eines der wichtigsten derartigen Beispiele ist Stahlbeton, wo es mittels der Bewehrung sehr effektiv gelingt, die billige, aber spröde Betonmatrix so zu verstärken, daß ein vielseitig verwendbarer Baustoff entsteht. Da die Anordnung der Bewehrung jedem speziellen Fall angepaßt wird, spricht man hier nicht von einem Verbundwerkstoff. Diese Bezeichnung trifft aber in vollem Maße auf stahlfaserverstärkten Beton und mit Kurzglasfasern verstärkte Polymere zu, die wie ein homogener Werkstoff verarbeitet werden. Bei diesen Verbunden ist zu beachten, daß die Verstärkungswirkung durch die Existenz einer kritischen Faserlänge (6) und durch Kriechen der Matrix beeinträchtigt werden kann.

Die Verwendung der Fasern extrem hoher Festigkeit (z. B. Whisker) ermöglicht die Herstellung von Verbundwerkstoffen, deren Festigkeit die der üblichen Konstruktionswerkstoffe weit übertrifft. Allerdings ist es problematisch, diese hohe Festigkeit zu nutzen. Die Bauteile sind zwar ohne Schaden hoch belastbar, jedoch werden dabei die elastischen Deformationen so groß, daß die ganze Konstruktion funktionsunfähig werden kann.

Eine weitere Schwierigkeit besteht darin, daß das Problem Krafteinleitung nicht nur für die Faser, sondern für das ganze Bauteil besteht. Analog zu (6) gibt es eine erforderliche Länge L_c für die Krafteinleitung in das Bauteil:

$$L_c = D \cdot \frac{\sigma_c}{2 \cdot \sigma_{2c}}, \qquad (7)$$

D = Dicke des Bauteils quer zur Verstärkungsrichtung,
σ_c = Festigkeit des Verbundes,
σ_{2c} = Matrix-Fließspannung.

Beispiel: Hochfester Stahldraht mit der Festigkeit σ_{1c} = 3 000 MPa sei mit dem Volumenanteil v = 0,5 in eine weiche Al-Matrix mit der Fließspannung 30 MPa eingelagert. Die Festigkeit dieses Verbundwerkstoffs erreicht nach (4) 1 500 MPa. Aus (7) folgt L_c = 25 · D. Da sich die Festigkeit dieses Werkstoffs nur nutzen läßt, wenn das 25fache der Dicke des Bauteils für die Krafteinleitung zur Verfügung steht, könnten zweckmäßig z. B. Drahtseile, nicht aber Turbinenschaufeln aus diesem Werkstoff gefertigt werden.

Aus dem angegebenen Beispiel geht hervor, daß es nicht etwa ausreicht, die Schwäche der Matrix durch hochfeste Fasern zu kompensieren. Eine hinreichend feste Matrix ist in den meisten Fällen unerläßlich für die Nutzung des Verbundwerkstoffes. Das gilt auch für Bauteile mit endlosen Fasern, z. B. ringförmige Teile. Die Probleme der Krafteinleitung in das Bauteil wurden oft übersehen.

Es gibt Anwendungsfälle mit für Verbundwerkstoffe untypischer Belastung, wie Druckbelastung in Verstärkungsrichtung, z. B. beim Einsatz als elektrische Kontakte oder Punktschweißelektroden. Die Zerstörung des Verbundwerkstoffs unter Drucklast ist meist ein komplizierter Vorgang. Die in der Literatur häufig angegebenen Formeln zur Druckfestigkeit, die auf einer elastischen Instabilität der eingebetteten Fasern beruhen, sind in den meisten Fällen nicht anwendbar, da der Verbund bereits zuvor durch andere Mechanismen zerstört wird. Verbunde aus duktilen Komponenten (Metallverbund) beginnen unter Druck ebenso zu fließen wie unter Zug, werden jedoch bald durch einsetzende Forminstabilitäten zerstört.

Die günstige Auswirkung der Faserverstärkung bei schlagartiger oder Wechselbelastung tritt besonders bei stahldrahtverstärktem Beton in Erscheinung. Als zweckmäßig haben sich Stahldrähte von ≈ 40 mm Länge und ≈ 0.4 mm Stärke erwiesen.

Beim Einsatz von Kurzfasern treten Probleme der Einarbeitung in die Matrix auf. Ein Haufwerk kurzer steifer Fasern hat eine geringe Raumfüllung, z. B. ≈ 3 % bei einem Schlankheitsgrad l/d = 100. Der maximal mögliche Volumenanteil bei ungeordneter Einarbeitung dieser Fasern in die Matrix kann dann kaum größer sein. Beim Versuch, größere Volumenanteile einzuarbeiten, bilden die Fasern durch gegenseitiges Verklemmen große starre Klumpen, wodurch die Mischung unverarbeitbar wird. Die Verarbeitbarkeit von Stahlfaserbeton, zum Beispiel, hängt von der Parameterkombination $v \cdot (l/d)^{1,4}$ ab (kleiner Wert ≙ gute Verarbeitbarkeit). Will man z. B. den Volumenanteil verdoppeln, ohne die Verarbeitbarkeit zu beeinträchtigen, muß der Schlankheitsgrad l/d um $2^{1/1,4} = 1,64$ vermindert werden, was sich auf die Effektivität des Materialeinsatzes auswirkt.

Die Einarbeitung pulverförmiger Füllstoffe in polymere Werkstoffe geschieht vorwiegend zwecks Einsparung hochwertiger Matrixwerkstoffe. Bei Vorhandensein guter Bindung wird dabei die Steifigkeit erhöht und das Kriechen vermindert. Die Wirkung der eingelagerten Teilchen ist dabei nicht eine rein kontinuumsmechanische, was an der Abhängigkeit der Verbundeigenschaften von der Teilchengröße zu erkennen ist. Ein wesentlicher Teil der Wirkung erfolgt über die Beeinflussung des molekularen Ordnungszustandes der Matrix. Das kommt in der Erfahrungstatsache zum Ausdruck, daß die technologischen Parameter der Herstellung und Verarbeitung des Gemisches einen größeren Einfluß auf die mechanischen Eigenschaften haben als die Modifizierung des Füllstoffs durch Haftvermittler.

Der Begriff „Verbundwerkstoffe" wird gewöhnlich auf solche Werkstoffe beschränkt, die aus den zunächst getrennt vorliegenden Komponenten künstlich zusammengesetzt werden. Es besteht aber kein prinzipieller Unterschied zwischen derartigen Verbundwerkstoffen und heterogenen Werkstoffen, deren Gefüge sich durch Kristallisationsvorgänge gebildet hat. Die Verbundbildung wird dort genutzt, wo ein gewünschtes Gefüge auf natürlichem Wege nicht erreichbar ist. Technisch wichtige Beispiele sind die sogenannten Hartmetalle mit WC-Co als dem bekanntesten Vertreter sowie keramische Werkstoffe. Die Festigkeit derartiger Werkstoffe wird von den unterschiedlichen Eigenspannungen in den Komponenten beeinflußt. Die Berechnung der zu erwartenden Eigenspannungen erfordert ein statistisches Modell des Werkstoffs. Abbildung 3 zeigt theoretische Ergebnisse für ein Glas-Korund Verbundsystem.

Literatur

JONES, R. M.: Mechanics of Composite Materials. – Washington D.C.: Scripta Book Co. 1975.

HASHIN, Z.: Theory of Fiber Reinforced Materials. University of Pennsylvania 1974.

SKUDRA, A. M.; BULAVS, F. JA.; ROCENS, K. A.: Kriechen und Zeitstandverhalten verstärkter Plaste. – Leipzig: VEB Deutscher Verlag für Grundstoffindustrie 1975. (Übers. aus d. Russ.)

PIGGOT, M. R.: Load-bearing Fiber Composites. – Oxford: Pergamon Press 1980.

WEISS, H.-J.: Fatigue of continuous fibre composites. J. Mater. Sci. **13** (1978) 1388–1400.

WEISS, H. J.: Zur Berechnung der Lebensdauer belasteter Verbundwerkstoffe. Acta Polymerica **30** (1979) 178–179.

POMPE, W.; KREHER, W.: Informationstheorie des mechanischen Verhaltens heterogener Festkörper. ZAMM. **64** (1984) 10, M487.

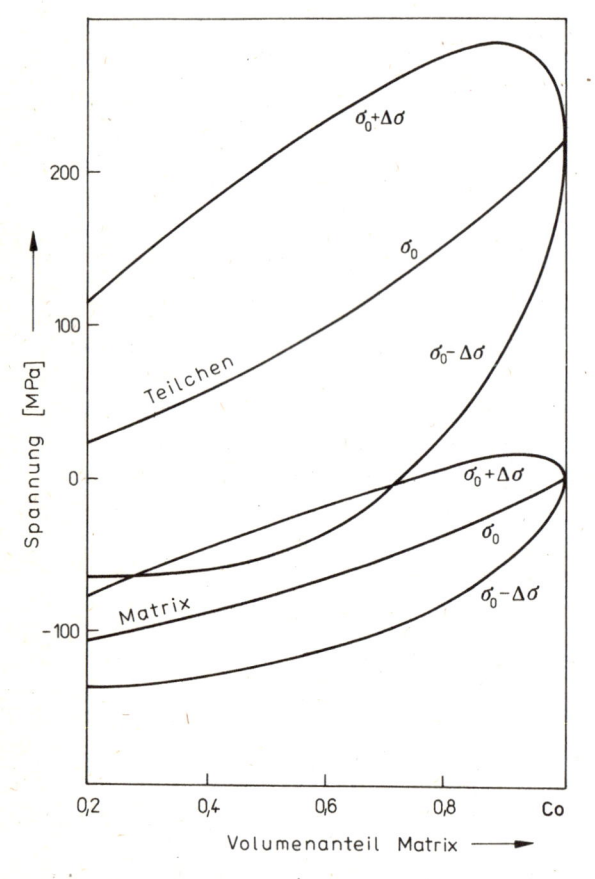

Abb. 3 Theoretische Ergebnisse für die Eigenspannungen (Mittelwerte σ_0 und Fluktuationen $\Delta\sigma$) in einem Verbundwerkstoff bestehend aus einer Glasmatrix und darin eingelagerten Korundteilchen (nach POMPE und KREHER). Ursache für die Eigenspannungen sind die unterschiedlichen thermischen Schrumpfungen der Komponenten bei Abkühlung von Herstellungs- auf Raumtemperatur.

Optische Effekte

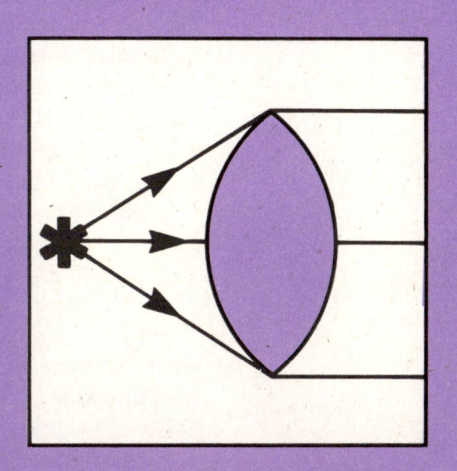

Optische Abbildung

Die optische Abbildung ist eine Transformation wesentlicher Teile der optischen Information eines Objektes aus einem Objektraum in einen Bildraum mit Hilfe eines optischen Systems. Als Form der optischen Abbildung wird der Brennspiegel schon seit der Antike verwendet. Obwohl bis in diese Zeit zurückreichende Linsenfunde bekannt sind, stammt die erste Beschreibung über die Verwendung einer Linse zu Abbildungszwecken von dem Araber ALHAZEN aus dem 11. Jahrhundert. Im 13. Jahrhundert sind Brille und Lupe als abbildende Elemente bekannt und Anfang des 17. Jahrhunderts das Fernrohr, wenig später das Mikroskop [1]. Heute sind optische Abbildungsverfahren weit verbreitet und zu finden in der Augenoptik, Mikroskopie, Fotografie, Lithografie, Astronomie, Meßtechnik, Bildverarbeitung und anderen Gebieten.

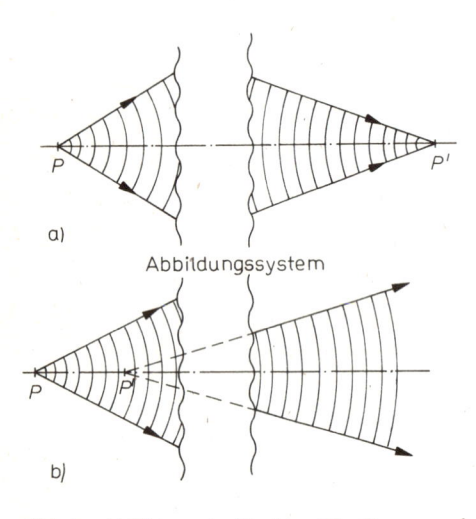

Abb. 1 Abbildung des Punktes P in P'
a) reelles b) virtuelles Bild

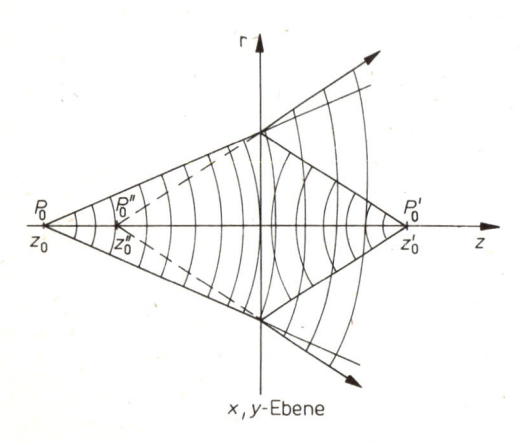

Abb. 2 Abbildung des Punktes P_0 durch Beugung in der x, y-Ebene, $r^2 = x^2 + y^2$; P_0' reeller, P_0'' virtueller Bildpunkt

Sachverhalt [2, 10]

Um eine Abbildung eines optischen Objektes aus einem Objektraum in einen Bildraum zu erzielen, muß die von einem Objektpunkt ausgehende Lichtwelle (Kugelwelle) durch ein optisches System so beeinflußt werden, daß im Bildraum wieder eine Kugelwelle entsteht. Läßt sich das für alle wesentlichen Punkte des Objektes erreichen, so erhält man im Bildraum dessen Abbild. Konvergiert die bei der Abbildung entstehende Kugelwelle eines Punktes im Bildraum, so ist das Punktbild direkt zu betrachten, z. B. auf einem Schirm. Es entsteht ein reelles Bild (Abb. 1a). Ist das Zentrum der entstehenden Kugelwelle nicht real vorhanden (divergierende Kugelwelle), sondern nur durch Extrapolation zu erhalten, liegt ein virtuelles Bild vor (Abb. 1b). Der durch Abbildung aus P entstehende Punkt P' heißt zu P konjugiert.

Die Beeinflussung der Lichtwelle im abbildenden optischen System kann durch Reflexion, Brechung oder Beugung erfolgen. Die Ausbreitung der Welle wird dabei durch die aus den Maxwellschen Gleichungen abgeleitete Wellengleichung beschrieben. Für die Feldstärke E einer monochromatischen Welle gilt:

$$\Delta E + (k\bar{n})^2 E = 0 \qquad (1)$$

mit $k = \dfrac{2\pi}{\lambda}$, λ Wellenlänge, $\bar{n} = n(1 - i\alpha)$ komplexe Brechzahl, n Brechzahl, α Absorptionskoeffizient, Δ Laplace-Operator.

Abbildung durch Beugung. Fällt eine von $P_0(z_0)$ ausgehende Kugelwelle auf ein in der x, y-Ebene befindliches Medium (Abb. 2), dessen Brechzahl n oder Absorption α moduliert ist, so ergibt die Anwendung der Wellengleichung die Lösung des Beugungsproblems, d. h. die nach dem Durchgang durch das Medium resultierende Welle. Bei geeigneter Wahl der Modulation wird wieder eine Kugelwelle und somit eine Abbildung des Punktes P_0 erhalten.

Ist die Amplitudentransparenz τ des Mediums durch:

$$\tau = A + B\cos\left[\dfrac{2\pi}{\lambda}\left(\sqrt{r^2 + z_0^2} - \sqrt{r^2 + z_0'^2}\right)\right] \qquad (2)$$

gegeben, so entsteht durch Beugung ein reelles Bild P_0' des Punktes bei z_0' und ein virtuelles Punktbild P_0'' bei $z_0'' = -z_0'$ (Abb. 2).

Mit komplizierteren Beugungsstrukturen lassen sich auch bekannte Punktmengen volumentreu abbilden. Dabei bleibt aber die Anwendung der Beugungsstruktur auf die betrachtete Punktmenge beschränkt (vgl. holografisch-optische Elemente). Die gleichzeitige Abbildung mehrerer beliebiger Punkte ist nur näherungsweise für einen begrenzten Raum möglich.

Die größte Bedeutung für die optische Abbildung besitzen Reflexion und Brechung. In diesen Fällen sind Änderungen in der Amplitude der Feldstärke der Lichtquelle im allgemeinen groß gegen die Wellenlänge. Unter diesen Bedingungen ist der Übergang von der wellenoptischen Beschreibung zur geometrischen Optik möglich. Die Wellengleichung (1) geht dann bei vernachlässigbarer Absorption über in die Eikonalgleichung:

$$|\mathbf{grad}\, E|^2 = n^2, \qquad (3)$$

wobei das Eikonal

$$E = \int n \, ds \qquad (4)$$

die optische Weglänge ist.

Gleichung (3) stellt die Differentialgleichung für den Verlauf von Lichtstrahlen in der geometrischen Optik dar. Lichtstrahlen sind die Orthogonaltrajektorien der Wellenflächen. Eine Kugelwelle wird also durch ein Bündel von Strahlen beschrieben, die von einem Konvergenzpunkt ausgehen.

Eine geometrisch-optische Beschreibung ist nicht mehr möglich in der Nähe von Konvergenzpunkten und an Schattengrenzen, weil hier die oben genannte Voraussetzung nicht mehr erfüllt ist.

Abbildung durch Reflexion oder Brechung. Ein auf eine reflektierende Fläche treffender Lichtstrahl wird entsprechend dem Reflexionsgesetz reflektiert, d. h. seine Richtung geändert. Durchläuft der Lichtstrahl ein Gebiet, in dem sich die Brechzahl ändert, so wird er, dem Brechungsgesetz folgend, abgelenkt. In beiden Fällen kann erreicht werden, daß ein von einem Punkt ausgehendes Strahlenbündel zu einem reellen oder virtuellen Bildpunkt transformiert wird.

Die einfachste und zugleich einzige Form einer volumentreuen optischen Abbildung einer Punktmenge mittels brechender oder reflektierender Elemente ist der Planspiegel, der ein virtuelles Bild des Objektes erzeugt. In jedem anderen Fall ist eine volumentreue Abbildung prinzipiell unmöglich [2]. Ein praktisches System zur optischen Abbildung erfüllt daher nur näherungsweise die Forderungen nach einer idealen Abbildung und muß deshalb dem jeweiligen Anwendungsfall angepaßt sein. In den meisten Fällen ist für die optische Abbildung Rotationssymmetrie erforderlich.

Als Elemente für die optische Abbildung sind Hohlspiegel (Konkavspiegel), Wölbspiegel (Konvexspiegel) und Linsen verschiedenster Bauform, die durch die Kombination der verschiedenen Begrenzungsflächen (plan, konvex, konkav) entstehen, gebräuchlich. Eine einfache quantitative Beschreibung abbildender Systeme ist für den Fall sogenannter Paraxialstrahlen möglich. Das sind Strahlen, deren Neigungswinkel σ zur Symmetrieachse des optischen Systems und deren Einfallhöhe h relativ zum Krümmungsradius r der Flächen klein gegen Eins sind. Für den so definierten fadenförmigen Raum um die Achse gilt

$$\sin\sigma \approx \tan\sigma \approx \sigma, \qquad (5)$$

$$\frac{h}{r} \ll 1,$$

und ein Objektpunkt wird bei monochromatischem Licht exakt in einen Bildpunkt abgebildet.

Die Abbildung in diesem paraxialen Gebiet ist kollinear (*Gaußsche Abbildung*).

Für reale Systeme ist diese Bedingung nicht erfüllt, so daß Abweichungen von der idealen Abbildung auftreten. Diese Abweichungen werden als *Abbildungsfehler (Aberrationen)* bezeichnet. Sie kennzeichnen jedoch nicht technische Unvollkommenheiten, sondern sind prinzipieller Art. Im Rahmen der geometrischen Optik liefert eine Approximation 3. Ordnung die sogenannten *Seidelschen Bildfehler*.

1. *Sphärische Aberration.* Von einem Achspunkt des Objektes ausgehende und in verschiedenen Einfallhöhen durch das System tretende Strahlen vereinigen sich nicht in einem Bildpunkt.
2. *Koma.* Von Objektpunkten außerhalb der optischen Achse ausgehende Strahlenbündel können durch Blenden so begrenzt sein, daß sie das Abbildungssystem unsymmetrisch durchsetzen. Anstelle eines Bildpunktes entsteht ein ovaler Fleck.
3. *Astigmatismus.* Ein von einem außeraxialen Objektpunkt ausgehendes Strahlenbündel wird in verschiedenen Bildpunkten vereinigt, wenn zum einen die Abbildung in einer Ebene, die die optische Achse enthält (Meridionalschnitt), betrachtet wird, zum anderen die dazu senkrechte Ebene (Sagittalschnitt).
4. *Bildfeldwölbung.* Bei beseitigtem Astigmatismus ist das scharfe Abbild eines unter den gleichen Bedingungen abgebildeten flächenhaften Objektes gekrümmt.
5. *Verzeichnung.* Durch Veränderung des Abbildungsmaßstabes bei zunehmendem Abstand eines Punktes von der Achse werden flächenhafte Objekte verzerrt dargestellt. Bei Abnahme des Abbildungsmaßstabes mit dem Abstand liegt kissenförmige (positive), bei Zunahme tonnenförmige (negative) Verzeichnung vor.

Durch Kombination mehrerer abbildender Elemente können einige für den jeweiligen Anwendungszweck besonders störende Aberrationen minimiert werden. Hierfür ist es günstig, wenn die Begrenzungsflächen der abbildenden Elemente asphärisch sind. Aus Gründen der einfacheren Herstellbarkeit werden aber in den meisten Fällen sphärische Flächen verwendet.

Für die Berechnung hochgenauer Abbildungssysteme reicht die Berücksichtigung der Seidelschen Bildfehler nicht aus. Es muß eine Strahldurchrechnung (*raytracing*) durchgeführt werden. Wird nicht mit monochromatischem Licht gearbeitet, treten auch im paraxialen Gebiet chromatische Aberrationen auf, wenn das abbildende System brechende oder beugende Elemente enthält (Brechzahl und Beugungswinkel sind wellenlängenabhängig). Große Bedeutung für die Eigenschaften eines Abbildungssystems besitzen *Blenden*. Das sind alle Elemente in einem optischen System, die den Durchmesser oder den Öffnungswinkel eines Strahlenbündels begrenzen. Eine Blende, die den Winkel eines von einem Objektpunkt auf der Achse ausgehenden Bündels begrenzt, heißt *Öffnungsblende (Aperturblende)*. Eine Blende, die das abbildbare Objektfeld begrenzt, heißt *Feldblende*.

(Ein abbildendes System, das nur aus einer kleinen Blende besteht, ist die Lochkamera.)

Grundsätzliche Wirkungen von Blenden im abbildenden System sind:
- Begrenzung der Apertur, der Beleuchtungsstärke und des Feldes,
- Perspektive,
- Schärfentiefe (Ausdehnung eines Gebietes längs zur optischen Achse, dessen Bild noch als scharf akzeptiert wird).

An den Blendenrändern ist die geometrische Optik nicht anwendbar. Es tritt Beugung auf, die Bildqualität und Auflösungsvermögen beeinflußt.

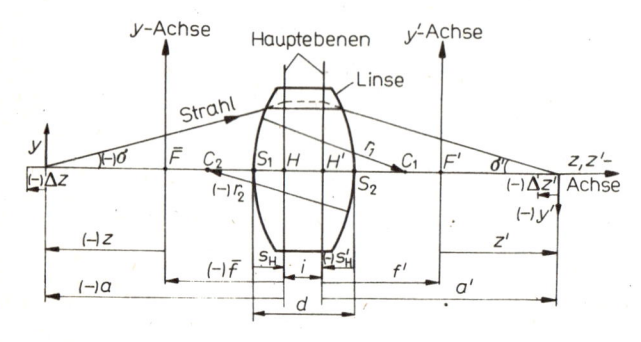

Abb. 3 Größen bei der Abbildung durch eine Linse
a Ding-, a' Bildweite; $\bar{f}$ ding-, f' bildseitige Brennweite; y Ding-, y' Bildgröße; r_1, r_2 Krümmungsradien der Flächen; d Linsendicke; i Abstand der Hauptebenen; C_1, C_2 Krümmungsmittelpunkte der Flächen; $\bar{F}$ ding-, F' bildseitiger Brennpunkt; H, H' Hauptpunkte; S_1, S_2 Scheitelpunkte

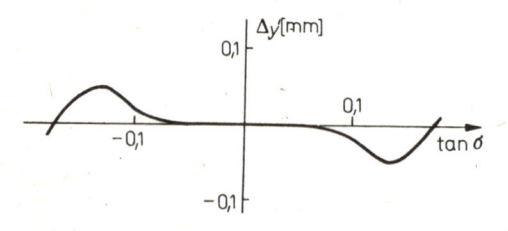

Abb. 4 Queraberrationen eines praktischen Systems bei sphärischer Aberration nach [4]

Kennwerte, Funktionen [2, 12]

Paraxiale optische Abbildung. Hierfür gelten einfache Beziehungen, die die Transformation vom Objekt- in den Bildraum beschreiben. Die dabei verwendeten Begriffe und Größen einschließlich der Vorzeichenkonvention sind in der TGL 20249, Blatt 1 bis 3 (Begriffe der technischen Strahlenoptik) festgelegt. In Abb. 3 sind einige wichtige Größen im Fall einer Linse dargestellt. Dabei wird Rotationssymmetrie bezüglich der z-Achse angenommen. Weiterhin soll die Einfallsrichtung des Lichtes eine positive z-Komponente besitzen. Strecken werden als gerichtet betrachtet und bei positiver z-Komponente als positiv sonst als negativ gerechnet. Im paraxialen Gebiet gelten:

Abbildungsgleichung: $\dfrac{\bar{f}}{a} + \dfrac{f'}{a'} = 1,$ (6)

$$zz' = \bar{f}f',$$ (7)

lateraler Abbildungsmaßstab:
$$\beta' = \frac{y'}{y} = -\frac{\bar{f}}{f'} \cdot \frac{a'}{a},$$ (8)

Tiefenabbildungsmaßstab:
$$\alpha' = \frac{\bar{f}f'}{z(z+\Delta z)}, \quad (\alpha' \neq \beta'!).$$ (9)

Die Gleichungen (6) bis (9) gelten auch für Spiegelflächen. Hier ist $f' = \bar{f} = r/2$ zu setzen.

Die Brennweite einer Linse (Brechzahl n_L) ergibt sich zu:

$$\bar{f} = -f' \cdot \frac{n}{n'}$$

$$= \frac{n_L\, n\, r_1 r_2}{n_L r_1 (n_L - n') - (n_L - n)[n_L r_2 + (n_L - n')d]}$$ (10)

wobei n und n' die Brechzahlen im Ding- bzw. Bildraum sind. Die Größe

$$D' = \frac{1}{f'}$$ (11)

heißt *Brechkraft* und wird in Dioptrien ($1\,\text{dpt} = \dfrac{1}{\text{m}}$) gemessen. Linsen mit positiver Brechkraft D' werden als *Sammellinsen* mit negativer Brechkraft als *Zerstreuungslinsen* bezeichnet. Für die Strecken von den Scheitelpunkten zu den Hauptpunkten gilt bei der Linse:

$$S_H = \frac{n\, r_1 (n_L - n')\, d}{n_L r_1 (n_L - n') - (n_L - n)[n_L r_2 + (n_L - n')d]},$$ (12)

$$S'_H = \frac{n'\, r_2 (n_L - n)\, d}{n_L r_1 (n_L - n') - (n_L - n)[n_L r_2 + (n_L - n')d]}.$$ (13)

Bei Spiegelflächen fallen Haupt- und Scheitelpunkt zusammen. Weitere häufig verwendete Begriffe sind:

Öffnungswinkel: Größter Winkel σ, unter dem noch Strahlen durch das System verlaufen,

Apertur: $\sin\sigma$ dingseitige, $\sin\sigma'$ bildseitige, numerische Apertur: $n\sin\sigma$ bzw. $n'\sin\sigma'$,
Hauptstrahl: Der von einem Objektpunkt ausgehende und durch das Zentrum der Öffnungsblende verlaufende Strahl,
Eintritts-/Austrittspupille: Bild der Öffnungsblende im Ding-/Bildraum.

Für die Größe eines vom Auge wahrgenommenen Objektes ist nur die Neigung σ_s des vom Objektrand ausgehenden Hauptstrahls (*Sehwinkel*) maßgebend. Objekte mit gleichem Sehwinkel erscheinen gleich groß. Als Vergrößerung wird die Erhöhung des Sehwinkels durch ein optisches Instrument bezeichnet.

$$\Gamma' = \frac{\tan\sigma'_s}{\tan\sigma_s} \approx \frac{\sigma'_s}{\sigma_s}. \tag{14}$$

Wichtige Beziehung für die optische Abbildung: *Abbesche Sinusbedingung*

$$\beta' = \frac{n\sin\sigma}{n'\sin\sigma'}. \tag{15}$$

Sie ist die Voraussetzung dafür, daß bei der von sphärischer Aberration freien Abbildung eines Achspunktes auch die orthogonale Umgebung des Punktes fehlerfrei abgebildet wird. Eine Abbildung, die diese Bedingungen erfüllt, heißt *aplanatisch*.

Ein reales optisches System liefert kein ideales Bild. Zu den physikalisch bedingten Aberrationen kommen noch zusätzliche durch Materialfehler (z. B. Inhomogenitäten, Spannungen) und Fertigungstechnik (z. B. Oberflächen-, Dicken-, Radienabweichungen) verursachte Aberrationen. Ein Beispiel für die lateralen Abweichungen der Durchstoßpunkte von unter σ einfallenden Strahlen vom idealen Bildpunkt in der Gaußschen Bildebene (Queraberrationen) bei sphärischer Aberration eines praktischen Systems zeigt Abb. 4.

Für viele Anwendungen ist die Unterdrückung der chromatischen Aberration notwendig. Das ist nur für eine diskrete Anzahl von Wellenlängen möglich – Polychromate (Korrektur für 2 Wellenlängen – Achromate, 3 Wellenlängen – Apochromate).

Zur Beurteilung der Leistungsfähigkeit eines Abbildungssystems wurden eine Reihe von Gütekriterien eingeführt, deren Aussagekraft von der jeweiligen Anwendung des Systems abhängt. Solche Kriterien sind [2–4]:

1. *Gauß-Moment.* Quadratischer Mittelwert der auf den Hauptstrahl bezogenen geometrisch-optischen Queraberrationen.
2. *Wellenaberration.* Durch Beugung und Aberrationen ist die zum Bildpunkt konvergierende (bei virtuellem Bildpunkt divergierende) Welle keine ideale Kugelwelle. Die Abweichungen der realen Wellenfront von einer Kugelwelle ist die Wellenaberration (siehe z. B. Abb. 5a).
3. *Punktbildverwaschungsfunktion.* Normierte Intensitätsverteilung im Bild eines Punktes. Sie ergibt sich

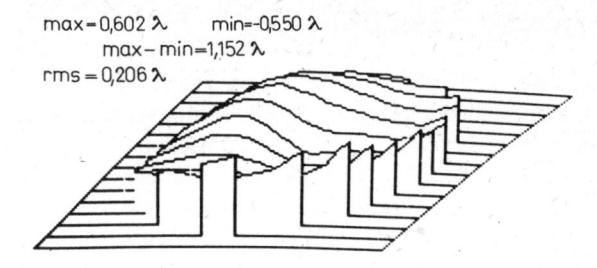

Abb. 5 a) Wellenaberration eines Objektivs

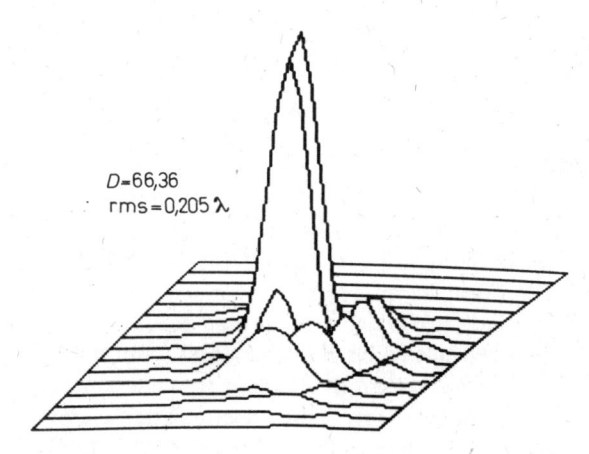

b) Punktbildverwaschungsfunktion eines Objektivs (qualitativ)
D-Strehlsche Definitionshelligkeit

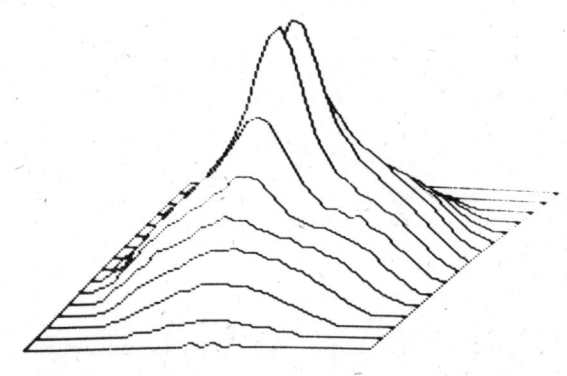

c) Modulationsübertragungsfunktion eines Objektivs (qualitativ)

für einen abzubildenden Objektpunkt als Quadrat der Fouriertransformierten der aberrationsbehafteten Welle am Ausgang des Abbildungssystems (siehe z. B. Abb. 5b).

4. *Strehlsche Definitionshelligkeit.* Verhältnis der Intensität einer realen Welle im Bildpunkt zur Intensität dieser Welle ohne Aberrationen. Sie entspricht dem Maximum der Punktbildverwaschungsfunktion (siehe z. B. Abb. 5b).
5. *Modulationsübertragungsfunktion.* Verhältnis von Bild- und Objektkontrast. Sie ergibt sich bei der inkohärenten Abbildung als Fourier-Rücktransformation der Punktbildverwaschungsfunktion (siehe z. B. Abb. 5c).

Anwendungen [11]

Das wichtigste „Instrument" zur optischen Abbildung ist das menschliche Auge. Die Bedeutung technischer Abbildungssysteme liegt darin begründet, daß der Mensch den größten Teil seiner Informationen auf optischem Wege wahrnimmt. Daher ist die optische Abbildung in fast allen Bereichen des menschlichen Lebens anzutreffen. Hier können nur einige Beispiele und Grundanordnungen angeführt werden.

Brille [5]. Der Mensch nimmt optische Informationen aus der Umwelt durch Abbildung auf die Augennetzhaut wahr. Eine Fehlsichtigkeit des menschlichen Auges kann durch Vorsetzen eines abbildenden Elements korrigiert werden.
Die häufigsten Augenfehler sind Kurz- und Übersichtigkeit. Bei der Kurzsichtigkeit ist die Brennweite des Auges in bezug auf den Augendurchmesser zu kurz. In der Ferne liegende Objekte können daher nicht mehr scharf abgebildet werden. Eine Korrektur kann mit zerstreuenden Linsen (Minusgläser) erfolgen. Bei der Übersichtigkeit ist die Augenbrennweite zu groß. Das Auge ist dann auch bei Betrachtung weit entfernter Objekte nicht entspannt. Die Korrektur erfolgt durch Sammellinsen (Plusgläser).
Da die Abbildungsgüte auch bei Augendrehung möglichst erhalten bleiben soll, sind Brillengläser meniskusförmig durchgebogen.

Lupe. Die Lupe ist ein System mit den Eigenschaften einer Sammellinse. Durch sie wird das virtuelle Bild eines Objektes betrachtet. Die Normalvergrößerung einer Lupe ist das Verhältnis des Sehwinkels durch die Lupe, wenn das Objekt in der dingseitigen Brennebene steht, zum Sehwinkel des Objektes in der deutlichen Sehweite ($S = 250$ mm) (vgl. Abb. 6)

$$\Gamma'_L = \frac{250 \text{ mm}}{f'_L}. \tag{16}$$

Gebräuchlich sind Lupen mit Vergrößerungen bis $\Gamma' = 40$. Lupen werden als Leselupe, Meßlupe oder zur Beobachtung von Zwischenbildern (dann als Okular bezeichnet) eingesetzt.

Mikroskop. Das Mikroskop liefert eine Vergrößerung des zu betrachtenden Objektes mittels einer zweistufigen Abbildung (siehe Abb. 7). Ein nahe der dingseitigen Brennebene befindliches Objekt O wird mittels des Objektivs Ob vergrößert in eine Zwischenbildebene abgebildet. Diese befindet sich in einem Abstand t (Tubuslänge) hinter der bildseitigen Brennebene des Objektivs. Der Abbildungsmaßstab beträgt dabei:

$$\beta'_{Ob} = -\frac{t}{f'_{Ob}}. \tag{17}$$

Das reelle Zwischenbild liegt in der dingseitigen Brennebene eines Okulars. Betrachten des Zwischenbildes durch das Okular liefert ein vergrößertes virtuelles Bild. Für die Gesamtvergrößerung des Mikroskops gilt:

$$\Gamma'_M = -\frac{t}{f'_{Ob} \cdot f'_{Ok}} \cdot 250 \text{ mm}. \tag{18}$$

Das Auflösungsvermögen (Kehrwert zweier noch getrennt wahrnehmbarer Punkte) eines Mikroskops wird durch Beugung an den wirksamen Blenden begrenzt. Es gilt:

$$AV = 1{,}64 \frac{n \sin \sigma}{\lambda} \tag{19}$$

mit $n \sin \sigma$ numerische Aperatur, λ verwendete Wellenlänge. Eine Vergrößerung, die ausreicht, Punkte an der Auflösungsgrenze gerade noch zu erkennen, heißt *förderliche Vergrößerung*. Sie liegt bei Mikroskopen zwischen 500 und 1000. Jede weitere Erhöhung der Vergrößerung liefert keine zusätzlichen Informationen – *leere Vergrößerung*. Die Kennzeichnung von Mikroskopobjektiven erfolgt daher auch in der Form $\beta'_{Ob}/n \sin \sigma$. Liegt das Zwischenbild etwas außerhalb der Okularbrennweite, entsteht ein vergrößertes reelles Bild zur Mikroprojektion. Mikroskope werden als Meßmikroskop, Betrachtungsmikroskop, Ablesemikroskop, Interferenzmikroskop eingesetzt.

Teleskop (Fernrohr) [1, 6]. Das Teleskop dient zur Beobachtung weit entfernter Objekte. Das Bild eines unendlich fernen Objektes wird in der bildseitigen Brennebene eines Objektivs Ob erzeugt. Dieses Zwischenbild wird durch ein Okular Ok beobachtet (Abb. 8). Die dabei entstehende Gesamtvergrößerung ergibt sich zu:

$$\Gamma'_T = -\frac{f'_{Ob}}{f'_{Ok}} = \frac{D_{EP}}{D_{AP}} \tag{20}$$

mit D Durchmesser von Eintritts- bzw. Austrittspupille. Die mit der förderlichen Vergrößerung erreichbare Winkelauflösung beträgt

$$\sigma_{AV} = 1{,}22 \frac{\lambda}{D_{EP}}. \tag{21}$$

Die Helligkeit eines betrachteten Bildes ist proportional zu D_{EP}^2.

Fernrohre finden Anwendung als Betrachtungsfernrohr für Skalenbeobachtung, Feldstecher, Theaterglas, Meßfernrohr und als wichtiges Instrument in der Astronomie. Für Anwendungen des Fernrohres in der Meßtechnik kann in der Zwischenbildebene eine Marke angebracht werden – Zielfernrohr. Mit Hilfe eines Kollimators wird erreicht, daß Objektpunkte in endlicher Entfernung ins Unendliche abgebildet werden, wenn sie sich in der Brennebene des Kollimators befinden. Auf diese Weise werden Richtungs- und Fluchtungsprüffernrohre realisiert, die bei der Vermessung und für Justierarbeiten z. B. im Maschinenbau eingesetzt werden.

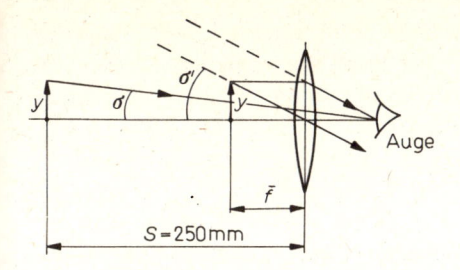

Abb. 6 Strahlengang bei der Beobachtung ohne und durch eine Lupe, *S* deutliche Sehweite (= 250 mm)

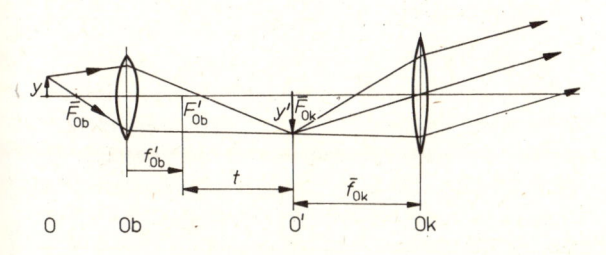

Abb. 7 Strahlengang am Mikroskop

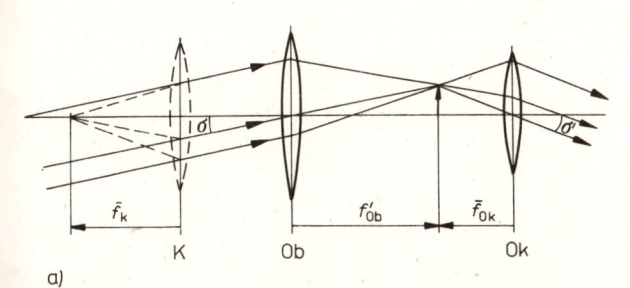

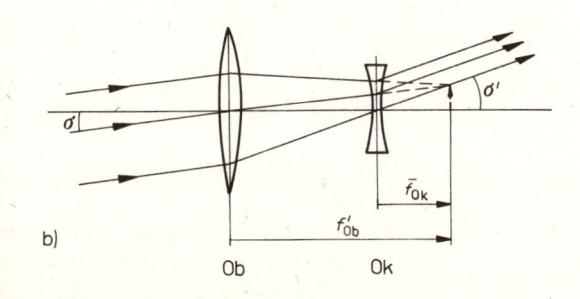

Abb. 8 Strahlengang am Fernrohr
K einsetzbarer Kollimator (Brennweite $\bar{f}_k$)
a) Keplersches   b) Galileisches Fernrohr

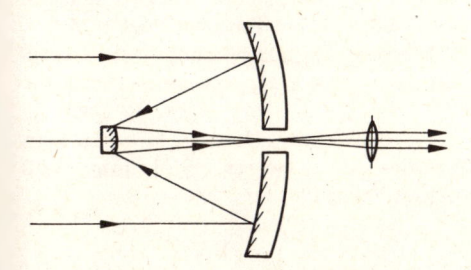

Abb. 9 Spiegelteleskop nach CASSEGRAIN

In der Astronomie werden hauptsächlich Teleskope mit Spiegeloptik eingesetzt, weil damit größere Durchmesser und folglich höhere Lichtstärke und Auflösung erreichbar sind. Eine mögliche Anordnung zeigt Abb. 9.

Das Auflösungsvermögen astronomischer Teleskope wird zum einen durch technische Schwierigkeiten bei der Herstellung und Beherrschung großer Spiegel, hauptsächlich aber durch atmosphärische Störungen begrenzt. Die Beseitigung atmosphärischer Einflüsse führt zu Teleskopen im Weltraum und zur adaptiven Optik.

Fotoobjektive [7]. Im Gegensatz zur direkten Beobachtung beim Mikroskop oder Fernrohr wird ein Fotoobjektiv zur reellen Abbildung auf einen feststehenden Schirm (Projektionsschirm, Film, Aufnahmeröhre) verwendet. Anforderungen an das Fotoobjektiv sind ebenes Bildfeld, möglichst lichtstarke und für bestimmte Anwendungen (z. B. Luftbildfotografie, Reproduktionstechnik) verzeichnungsfreie Abbildung. Die Anforderungen an das Auflösungsvermögen sind abhängig von der konkreten Anwendung und werden bei Empfängerschichten häufig durch das Auflösungsvermögen dieser Schicht bestimmt.

Zur Kennzeichnung von Fotoobjektiven werden die Öffnungszahl (Blendenzahl)

$$k = \frac{f'}{D_{EP}} \quad (22)$$

und die Brennweite *f'* benutzt. Die Blendenzahl bestimmt die Lichtstärke der Abbildung.

Durch Vergrößern der Blendenzahl kann geometrisch-optisch die Schärfentiefe des abgebildeten Objekts bis zur kritischen Blendenzahl (Unschärfe durch Beugung) erhöht werden. Der Winkel des abgebildeten Objektfeldes wird durch die Brennweite bestimmt.

Eine besondere Objektivform ist das Varioobjektiv, bei dem die Brennweite kontinuierlich in gewissen Grenzen veränderbar ist.

Fotoobjektive werden verwendet für Fotografie, Fernsehaufnahme, Projektion, Reproduktion.

Besondere Anforderungen werden an Objektive zur Fotolithografie gestellt, die große Bedeutung für die Herstellung von mikroelektronischen Schaltkreisen besitzt. Fotolithografisch werden Mikrostrukturen bis unter 1 μm Abmessung auf Bildfeldern von ca. 20 mm Durchmesser durch Verkleinerung von Vorlagen erzeugt. Als vorteilhaft hat sich hier die Verwendung von Spiegeloptik erwiesen.

Filterung bei der optischen Abbildung [8]. Die Beeinflussung einer auf ein optisches System einfallenden Welle kann zu einer komplexen Größe, der Pupillenfunktion *T*, zusammengefaßt werden. Es gilt dann für die Austrittspupille (*x, y*-Ebene):

$$T(x, y) = \tau(x, y)\, e^{i\varphi(x,y)} \quad (23)$$

507

mit τ Amplitudentransparenz
$\left.\begin{array}{l}\tau \neq 0 \text{ innerhalb} \\ \tau = 0 \text{ außerhalb}\end{array}\right\}$ der Austrittspupille

und φ durch das System hervorgerufene Phasenänderung. Das Produkt der Pupillenfunktion mit der komplexen Amplitude der einfallenden Lichtwelle ergibt die komplexe Amplitude unmittelbar hinter der Austrittspupille. Das System stellt also ein komplexes Amplitudenfilter dar.

Wird ein ebenes Objekt mit der komplexen Amplitudentransparenz $D(x_1, y_1)$ in der x_1, y_1-Ebene von einer ebenen kohärenten Welle beleuchtet, so entsteht in der Brennebene (x_2, y_2-Ebene) eines ideal abbildenden optischen Systems die komplexe Amplitude

$$B(x_2, y_2) = A \iint_{-\infty}^{\infty} D(x, y) e^{2\pi i \left[x \cdot \left(-\frac{x_2}{\lambda f'}\right) + y \cdot \left(\frac{y_2}{\lambda f'}\right)\right]} dx dy \quad (24)$$

mit A komplexe Konstante.

Das ist die Fourier-Transformierte der Objekttransparenz. Die Größen $x_2/\lambda f'$ und $y_2/\lambda f'$ sind Ausbreitungsrichtungen von Teilwellen. Ihnen entsprechen im Objekt vorkommende Ortsfrequenzen (Kehrwert einer Gitterkonstanten):

$$u = \frac{x_2}{\lambda f'}, \quad v = \frac{y_2}{\lambda f'}. \quad (25)$$

In der Brennebene liegt also ein Ortsfrequenzspektrum des Objektes vor. Ein Eingriff in dieser Ebene führt zur Veränderung des Ortsfrequenzspektrums. Das ist für die Bildverarbeitung von großer Bedeutung.

Die Unterdrückung bzw. Phasenverschiebung der Welle bei $u = v = 0$ führt zur Dunkelfeldabbildung bzw. zum Phasenkontrastverfahren.

Wird nur ein bestimmter Teil des Ortsfrequenzspektrums durchgelassen, kann das Objekt auf das Vorhandensein bestimmter Strukturen hin untersucht oder störende Frequenzen beseitigt werden.

Abbildung von Laserstrahlen [9]. Der Intensitätsquerschnitt der Strahlung eines im axialen Grundmodus schwingenden Lasers wird durch:

$$I(r) = I_0 e^{-\frac{2r^2}{w^2}} \quad (26)$$

beschrieben. Dabei ist w eine charakteristische Größe des Strahls $I(w) = \frac{I_0}{e^2}$. Die Strahlung divergiert hyperbelförmig mit dem Divergenzwinkel

$$\Theta = \frac{\lambda}{\pi w_0} \quad (27)$$

für die Asymptoten, wobei w_0 die engste Einschnürung (Bündeltaille) bezeichnet.

Bei der optischen Abbildung wird die Bündeltaille nicht nach den Gesetzen der geometrischen Optik transformiert. Die Taillen vor und nach dem Abbildungssystem sind keine konjungierten Größen. Für die Transformation mit einem Abbildungssystem der Brennweite f' gilt:

$$-(a+f)(a'-f') = f'^2 - \left(\frac{\pi w_1 w_2}{\lambda}\right)^2 \quad (28)$$

mit w_1 Taillengröße vor und w_2 nach der Transformation. Liegt die Taille w_1 z. B. in der dingseitigen Brennebene eines abbildenden Systems, wird die Taille

$$w_2 = \frac{f' \lambda}{\pi w_1} \quad (29)$$

in der bildseitigen Brennebene erzeugt.

Die Transformationseigenschaften von Laserstrahlen werden gebraucht, um Divergenz und Bündelquerschnitt für den Anwendungsfall anzupassen. Das spielt eine Rolle bei der Fokussierung der Laserstrahlung für Materialbearbeitung, Chirurgie oder lasergesteuerte Kernfusion.

Literatur

[1] RIEKHER, R.: Fernrohre und ihre Meister. – Berlin: VEB Verlag Technik 1957.

[2] HOFMANN, C.: Die optische Abbildung. – Leipzig: Akademische Verlagsgesellschaft Geest & Portig K.-G. 1980.

[3] O'NEILL, E.L.: Introduction to statistical optics (Einführung in die statistische Optik). – Reading (Massachusetts): Addison-Wesley Publishing Comp., Inc. 1963.

[4] HAFERKORN, H.: Optik. 2. Aufl. – Berlin: VEB Deutscher Verlag der Wissenschaften 1984.

[5] SCHOBER, H.: Das Sehen. – Leipzig: VEB Fachbuchverlag. Bd.1 1957; Bd.2 1958.

[6] KÖNIG, A.; KÖHLER, H.: Die Fernrohre und Entfernungsmesser. 3. Aufl. – Berlin/Göttingen/Heidelberg: Springer-Verlag 1959.

[7] FLÜGGE, J.: Das photographische Objektiv. – Wien: Springer-Verlag 1955.

[8] STARK, H.: Application of optical Fourier transform (Anwendung der optischen Fourier-Transformation). – New York: Academic Press 1982.

[9] KOGELNIK, H.: Imaging of optical modes – resonators with internal lenses (Abbildung optischer Moden-Resonatoren mit inneren Linsen). Bell Syst. tech. J. **44** (1965) 455–494.

[10] BORN, M.; WOLF, E.: Principles of optics (Grundlagen der Optik). 5.Aufl. – Oxford: Pergamon Press 1975.

[11] SMITH, W.J.: Modern optical engineering (Moderne optische Technik). – New York: McGraw-Hill Publ. Co. 1966.

[12] Brockhaus, ABC der Optik. – Hrsg.: K. MÜTZE, L. FOITZIK, W. KRUG, G. SCHREIBER. – Leipzig: VEB F.A.Brockhaus-Verlag 1961.

Absorption des Lichtes

Die Absorption des Lichtes ist die Verminderung der Energie einer Lichtwelle bei deren Ausbreitung in einem Stoff infolge einer Umwandlung der Lichtenergie in andere Energieformen.

Tabelle 1 Wellenlängenbereiche der einzelnen Spektralgebiete

Spektralgebiet	Wellenlängen in mn	
	von	bis
Fernes UV	100	190
UV	190	400
Sichtbares Licht	400	800
Nahes IR	800	2 500
IR	2 500	25 000
Fernes IR	25 000	333 000

Sachverhalt

Die Absorption eines Lichtquantes (Photon) ist möglich, wenn sich der absorbierende Stoff (Atome, Moleküle usw.) in einem Strahlungsfeld befindet, das Photonen mit der Energie $h\nu$ enthält, die der Energiedifferenz zwischen zwei Energieniveaus E_1 und E_2 des Mediums entspricht: $(E_1 - E_2) = h\nu$, ν Frequenz, h Plancksche Konstante. Das Atom oder Molekül geht dann durch Einfang (Absorption) eines Photons der Energie $h\nu$ von E_1 in den energetisch höher gelegenen Zustand E_2 über, so daß die Absorption stets einer Dämpfung des Strahlungsfeldes entspricht.

Als Folgeerscheinungen der Lichtabsorption kann es zu einer Erwärmung des Stoffes, zur Ionisation der Atome oder Moleküle, zu photochemischen oder photophysikalischen Reaktionen im weitesten Sinne, zu Erscheinungen der Fluoreszenz, Lumineszenz usw. kommen [1, 2].

Die Lichtabsorption ist ein Vorgang, der statistischen Gesetzen unterliegt. Die Wahrscheinlichkeit W für die Absorption eines Lichtquantes ist der Anzahl der im Probenvolumen vorhandenen Photonen proportional. Die Photonenzahl wird durch die spektrale Energiedichte $u(\nu)$ (Energie pro Volumen- und Frequenzeinheit) ausgedrückt. Außerdem hängt die Absorptionswahrscheinlichkeit von der für den speziellen Übergang charakteristischen atomaren Konstante B, der Einsteinschen Übergangswahrscheinlichkeit, ab.

Die Lichtabsorption wird durch das Lambert-Beersche-Gesetz beschrieben, in dem als wesentliche Größe der Absorptionskoeffizient α des Mediums eingeht.

Das Absorptionsspektrum eines Stoffes wird durch die Art der Frequenzabhängigkeit von α bestimmt. Ein verdünntes Gas, das aus Atomen besteht, weist, da sich die Atome kaum gegenseitig stören, ein Linienspektrum auf.

Ein verdünntes, aus Molekülen bestehendes Gas besitzt ein Bandenspektrum, wobei die genaue Struktur der Absorptionsbanden durch die Struktur der Energieniveaus der Moleküle festgelegt ist. Im allgemeinen findet man im Fernen Infrarotbereich (siehe Tab. 1) ein durch die Drehbewegung des polaren Moleküls hervorgerufenes Linienspektrum (Rotationsspektrum).

Im infraroten Spektralbereich werden mehrere Rotations-Schwingungs-Banden beobachtet, die aus einzelnen eng beieinander liegenden Absorptionslinien gebildet werden. Nicht mehr in Linien aufgelöste Banden (kontinuierliches Spektrum) sind schließlich im sichtbaren und ultravioletten Spektralbereich durch Elektronenübergänge bedingt.

Bei Flüssigkeiten und Festkörpern sind die Verhältnisse komplizierter. Zum Beispiel besitzen Halbleiter ein durch eine Bandlücke (Verbotenes Band) getrenntes Valenz- und Leitungsband /13/. Die Absorption von Photonen erfolgt „kontinuierlich", wenn ihre Energie $\hbar\omega$ größer oder gleich der Energielücke $\hbar\omega_g$ des verbotenen Bandes ist. Für Photonen geringerer Energie ist der Halbleiter nahezu transparent. Es kommt folglich zur Herausbildung einer Absorptionskante bei der Frequenz ω_g (vgl. Abb. 1).

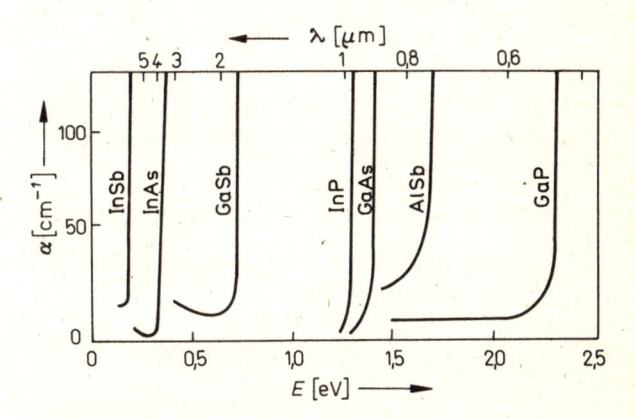

Abb. 1 Absorptionskoeffizient als Funktion der Photonenenergie für einige Halbleiter. Deutlich ist der Übergang zwischen dem starken kurzwelligen und dem schwachen langwelligen Absorptionsgebiet (Absorptionskante), wie er für Halbleiter typisch ist, zu erkennen.

Flüssigkeiten und feste Körper besitzen über verhältnismäßig breite Frequenzbereiche nahezu kontinuierliche Absorptionsspektren. Durch eine selektive Absorption (Absorption bei nur einer Wellenlänge) ist die Farbe vieler Mineralien und Farbstoffe bedingt.

Solange das Lambert-Beersche-Gesetz gültig ist, heißt die Absorption linear. Bei höheren Lichtintensitäten werden jedoch Abweichungen vom Lambert-Beerschen-Gesetz beobachtet, die Absorption wird nichtlinear, d. h., der Absorptionskoeffizient ändert sich mit der Lichtintensität. Diese Abhängigkeit des Absorptionskoeffizienten von der Lichtintensität wurde durch die hohen Strahlungsdichten, die mittels Laser erzeugt werden können, experimentell nachgewiesen [3].

Neben der Absorption kann auch die Streuung (siehe *Streuung*) eine Strahlungsdämpfung verursachen.

Kennwerte, Funktionen

Übergangswahrscheinlichkeit für die Absorption:

$$W = u(\nu) B, \qquad (1)$$

$u(\nu)$ – Spektrale Strahlungsenergiedichte;

$$B = \frac{c^3}{8\pi h\nu^3 \delta\nu} \frac{1}{\tau} \text{ – Einstein-Koeffizient}, \qquad (2)$$

ν – Frequenz des Lichtes, c – Lichtgeschwindigkeit, $\delta\nu$ – Linienbreite, τ – Lebensdauer des angeregten Niveaus, festgelegt durch spontane Emission in alle Eigenschwingungen des Systems, h – Plancksche Konstante.

Linearer Absorptionskoeffizient[1]:

$$\alpha = \frac{Nh\nu B}{c} = N\sigma, \qquad (3)$$

N – Teilchendichte, σ – Absorptionsquerschnitt, beschreibt Schwächung der Intensität des Lichtes beim Durchgang durch ein Medium der Dicke d gemäß dem Lambert-Beerschen-Gesetz

$$I = I_0 e^{-\alpha d}, \qquad (4)$$

I_0 – eintretende Lichtintensität, I – austretende Lichtintensität, d – Probendicke.

Dekadischer Absorptionskoeffizient:

$$m = \alpha \lg e \approx 0{,}4343\, \alpha \qquad (5)$$

Durchlässigkeit $D = \frac{I}{I_0} = e^{-\alpha d} = 10^{-md}$ gibt an, wieviel des einfallenden Lichtes nach Durchgang durch ein Medium der Dicke d noch vorhanden ist.

Eindringtiefe der Welle $d_e = 1/\alpha$ gibt die Dicke des Stoffes an, bei der die Lichtintensität auf den e-ten Teil abgesunken ist.

Anwendungen

Während die Absorption vielfach bei der Ausbreitung elektromagnetischer Strahlung als störender Effekt auftritt, wird sie zum Nachweis und zur Beeinflussung der Strahlung wie auch zum Nachweis von Substanzen (vorzugsweise kleinster Konzentrationen) ausgenutzt.

Strahlungsempfänger [4]. Der Nachweis elektromagnetischer Strahlung erfolgt durch die Feststellung und Sichtbarmachung ihrer Wechselwirkung mit Materie. Man unterscheidet vier grundlegende Methoden:

a) Umwandlung von Strahlungs- in Wärmeenergie, gemessen als Temperaturerhöhung (kalometrische Methode),

b) direkte Umwandlung von Strahlung in ein elektrisches Signal durch Erzeugung freier Ladungsträger (Fotoelektronen, Elektron-Loch-Paare) infolge Absorption (fotoelektrische Methode),

c) Ausnutzung Fotolyse, Fotosynthese infolge Strahlungseinwirkung; quantitative Bestimmung der fotochemischen Reaktionsprodukte (fotochemische Methode),

d) Ausnutzung nichtlinearer optischer Effekte zur Bestimmung der Dauer ultrakurzer Lichtimpulse.

Für die jeweiligen Einsatzgebiete der Methoden und Meßgeräte sowie deren Empfindlichkeit siehe [4].

Absorptionsspektroskopie. Bei der Absorptionsspektroskopie werden mit spektroskopischen Methoden der Aufbau und die Struktur von Atomen und Molekülen untersucht. Je nach den Wellenlängenbereichen, in denen beobachtet wird, werden die in der Tab. 1 angegebenen Arten der Absorptionsspektroskopie unterschieden.

Umfangreiche Literatur und Tabellenwerke (s. z. B. [5–8] existieren zu dieser Problematik. Das Grundprinzip besteht darin, daß die zu untersuchenden Substanzen durchstrahlt und die Strahlungsdämpfung gemessen wird. Absorption bei verschiedenen Frequenzen macht sich dann durch eine starke Strahlungsdämpfung bemerkbar; es treten Absorptionslinien auf.

Die Anwendung des Lasers in der Absorptionsspektroskopie führte sowohl zur Verbesserung bekannter als auch zur Entwicklung völlig neuer extrem empfindlicher spektroskopischer Verfahren (z. B. Intracavity-Absorptionsspektroskopie), mit denen die Spektroskopie innerhalb der Doppler-Breite möglich wird und der Nachweis extrem schwacher Absorptionslinien sowie der Nachweis einzelner Atome und Moleküle gelingt (siehe [9, 10] sowie [4]).

Weitere Vorzüge der Laserspektroskopie sind die Möglichkeit einer lokalen Spektralanalyse in sehr kleinen Volumina durch Fokussierung des Laserlichtes in Bereiche von einem 10fachen des Wellenlängenkubus sowie die Spektralanalyse über große Entfernungen bis zu 10^5 m.

Bestimmung der Breite der Bandlücke von Halbleitern. Die Energielücke (Bandlücke) $E_g = \hbar\omega_g$ eines Halblei-

---

[1] Dämpfung in Dezibel (db) je Kilometer: 1 db/km entspricht einem Absorptionskoeffizienten von etwa $0{,}25 \cdot 10^{-5}$ cm^{-1}.

ters wird im allgemeinen durch die Schwelle (Absorptionskante) für die kontinuierliche optische Absorption bei der Frequenz ω_g bestimmt [13]. Eine andere Methode nutzt z. B. den Hall-Effekt.

Nichtlineare Absorption. Viele organische Farbstoffe zeigen eine verminderte oder erhöhte Absorption bei hohen Strahlungsdichten (Abb. 2), d. h., der Absorptionskoeffizient nimmt mit steigender Lichtintensität zu oder ab [11, 12]. Diese Erscheinung ist dadurch bedingt, daß bei Stoffen, deren Moleküle verhältnismäßig lange im angeregten Zustand (E_2) verbleiben, der Anteil an angeregten Molekülen im Verhältnis zur Gesamtzahl sehr hoch werden kann und um so mehr zunimmt, je intensiver in den Stoff gestrahlt wird. Eine Absorption ist dann nicht mehr bzw. nur noch im geringen Maße möglich.

Substanzen mit derartigen Eigenschaften (Schaltfarbstoffe, sättigbare Absorber) können als nichtlineare Filter eingesetzt werden. Eine große technische Bedeutung haben diese Substanzen als intensitätsabhängige Güteschalter für Hochleistungslaser. Für weitere Anwendungen siehe [4].

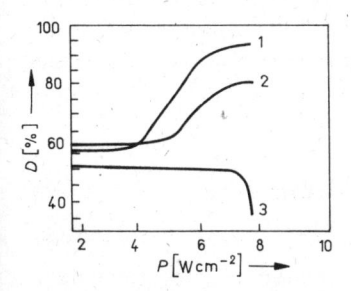

Abb. 2 Durchlässigkeit D von Vanadyl-Phthalozyamin in Toluol (1), Neues Methylenblau in 3n-Salzsäure (2) und Sudanschwarz B in Essigsäure (3) in Abhängigkeit von der Laserleistungsdichte

Mehrphotonenabsorption [9, 10]. Bei hohen Strahlungsdichten kann durch simultane Absorption mehrerer Photonen eine zusätzliche Absorption in bisher durchlässigen Frequenzbereichen erfolgen. Voraussetzung ist, daß die Summe der Photonenenergie gleich der Energiedifferenz zweier Energieniveaus des Stoffes ist.

Anwendung findet die Zweiphotonenabsorption bei der spektroskopischen Untersuchung von Energieniveaus, die wegen gleicher Parität sonst nicht zugänglich sind, in der hochauflösenden Spektroskopie innerhalb der Doppler-Breite sowie zur Messung der Dauer ultrakurzer Lichtimpulse durch Messung der Fluoreszenz [4].

Literatur

[1] POHL, R. W.: Optik und Atomphysik. – Berlin/Göttingen/Heidelberg: Springer-Verlag 1963.

[2] BORN, M.: Optik. 2. Aufl. Berlin/Heidelberg/New York: Springer-Verlag 1965.

[3] HERCHER, M.: An analysis of saturable absorbers (Eine Analyse der sättigbaren Absorber). Appl. Optics 6 (1967) 5, 947–954.

[4] Wissensspeicher Lasertechnik. – Leipzig: VEB Fachbuchverlag 1982.

[5] DERKOSCH, I.: Absorptionsspektralanalyse. – Leipzig: Akademische Verlagsgesellschaft Geest & Porting K.G. 1967.

[6] HERSHENSON, H. M.: Infrared Absorption Spectra (Infrarote Absorptionsspektren). – New York: Academic Press 1964.

[7] HERSHENSON., H. M.: Ultraviolett and Visible Absorption Spectra (ultraviolette und sichtbare Absorptionsspektren). – New York: Academic Press 1966.

[8] RAMIREZ/MUNOZ, I.: Atomic Absorption Spectroscopy (Atomabsorptionsspektroskopie). – Amsterdam: Elsevier Publ. Co. 1968.

[9] Nonlinear Spectroscopy (Nichtlineare Spektroskopie). Herausgeber N. BLOEMBERGEN. – Amsterdam: North Holland Publ. Co. 1977.

[10] LETOCHOW, W. S.: Laserspektroskopie (WTB Nr. 165). – Berlin: Akademie-Verlag 1977. (Übersetzung aus d. Russ.)

[11] SCHÄFER, F.P.: Organic Dyes in Lasertechnology (Organische Farbstoffe in der Lasertechnologie). In: Topics in Applied Physics. – Berlin/Heidelberg/New York: Springer-Verlag 1976. S. 2 ff.

[12] HULF, L.; DE SHAZER, L. G.: Saturation of optical transitions in organic compounds by laser flux (Sättigung optischer Übergänge in organischen Verbindungen durch Laserbestrahlung). – JOSA 60 (1970) 2, 157–165.

[13] KITTEL, Ch.: Einführung in die Festkörperphysik. – Leipzig: Akademische Verlagsgesellschaft Geest & Portig K.-G. 1973.

Adaptive Optik

Adaptive Optik ist eine Entwicklungsrichtung in der modernen Hochleistungsoptik, die Elemente aus den Gebieten Optik und Elektronik kombiniert. Die Entwicklung setzte ein durch die Forderung nach Erhöhung des Auflösungsvermögens von Teleskopen, das durch die statistischen Störungen in der Erdatmosphäre begrenzt ist. Erste Vorschläge dazu kamen 1953 von H. W. BABCOCK [1] und J. G. BAKER. Erste Experimente zur nichtlinearen adaptiven Optik (Phasenkonjugation unter Verwendung von nichtlinearen optischen Effekten) wurden 1972 von ZELDOVICH u. a. [4] und NOSACH u. a. [5] durchgeführt.

Sachverhalt

Aufgabe eines adaptiv-optischen Systems ist die Echtzeit-Kontrolle und Veränderung der optischen Wellenfronten im System zur Optimierung der Leistungsfähigkeit des Systems beim Vorhandensein statistischer Störungen.

Lineare Optik. Das System beinhaltet einen Regelkreis mit den Elementen Messung der Leistungsparameter des Systems, elektronische Verarbeitung und Ableitung von Korrekturdaten, Korrektur der Wellenfront.

Vier typische Grundschaltungen adaptiv-optischer Systeme sind in Abb. 2 dargestellt. Ziel der in Abb. 2a, b gezeigten Systeme ist es, ein Maximum der Lichtintensität auf einem Zielobjekt zu erreichen, wenn das verwendete Licht (meist Laserstrahlung) ein gestörtes optisches System durchläuft. Als Meßgröße wird die von einer kleinen Fläche des Zielobjektes reflektierte sphärische Welle („Glint") verwendet. Im Fall der Phasenkonjugation (a) durchläuft diese Welle das gestörte System in entgegengesetzter Richtung und erfährt somit die gleichen Störungen wie die einfallende Welle. Nach Ermittlung der Wellenfrontabweichungen wird die konjugierte Phase dieser Abweichungen als Größe zur Vorverzerrung der Wellenfront ausgegeben. Die Störungen kompensieren dann genau die Vorverzerrung zu der gewünschten Form der Wellenfront.

Beim Apertur-„tagging" (b) wird die Wellenfront vor dem Durchgang durch das gestörte System durch Testverzerrungen vordeformiert und iterativ das Maximum der „Glint"-Intensität ermittelt.

Die in Abb. 2c und d dargestellten Systeme sind analog zu denen in Abb. 2a und b mit dem Unterschied, daß hier im allgemeinen selbstleuchtende polychromatische Lichtquellen vorliegen und die Wellenfrontkorrektur nach dem gestörten System erfolgt.

Als Verfahren zur direkten Wellenfrontanalyse kommen in Frage: AC-Interferometrie, Shearinginterferometrie, Phasenkontrastverfahren, Hartmanntest. Zur indirekten Bewertung der Wellenfront werden Größen gemessen und berechnet, die bei idealer Wellenfront ein Maximum annehmen, wie die „Glint"-Intensität oder eine Bildschärfefunktion. Die Wellenfrontänderungen erfolgen dann durch sequentielles oder frequenzgeteiltes („multidither") Apertur-„tagging". Zur Korrektur der Wellenfront müssen örtlich verschiedene Phasenverschiebungen ausgeführt werden. Dazu kann eine Anordnung von akustooptischen Deflektoren verwendet werden. Eine weitere Möglichkeit bietet eine Anordnung von einzelnen Kristallen, die unter Einwirkung eines elektrischen Feldes ihre Brechzahl ändern (z. B. $Bi_{12}SiO_{20}$, PLZT, Ferroelektrika). Die wenigsten Probleme bereiten aktive Spiegel, die meist piezoelektrisch oder elektrostatisch gesteuert ihre Gestalt ändern können. Dazu gehören: Kontinuierliche Dünnplattenspiegel, Membranspiegel, segmentierte und monolithische Spiegel.

Nichtlineare Optik. Eine Phasenkonjugation ist möglich unter Verwendung von nichtlinearen optischen Effekten (Vier-Wellen-Mischung, induzierte Brillouin-Streuung, induzierte Raman-Streuung [6]). Der prinzipielle Vorteil im Vergleich zu den linearen Systemen besteht darin, daß die Korrektur der Wellenfront automatisch erfolgt, d. h., die Aufgaben Wellenfrontvermessung, Verarbeitung und Wellenfrontkorrektur werden von dem nichtlinearen Medium in Echtzeit durchgeführt.

Kennwerte, Funktionen (für lineare Systeme)

Verstellbereich und -frequenz der Phase werden durch die zu lösende Aufgabe bestimmt (Abb. 1). Die Parameter aktiver Spiegel hängen vom Spiegeltyp ab (Tab. 1).

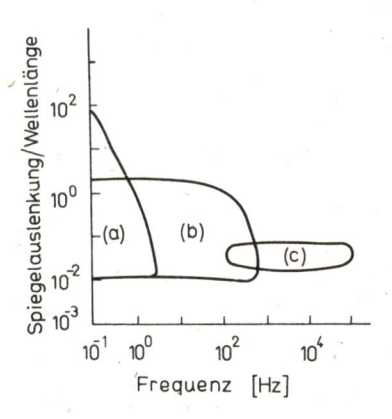

Abb. 1 Arbeitsbereiche für aktive Spiegel (nach HARDY [2])
a) Abbildungsregelung großer Spiegel
b) atmosphärische Kompensation
c) Apertur-„tagging"

Tabelle 1 *Parameter aktiver Spiegel (nach* HARDY [2])

Typ	Erregeranordnung	Flächendurchmesser	Flächenauslenkung	Frequenzbereich
monolitisch	100 Elemente	60 mm	1 μm	20 kHz
segmentiert	18 Elemente kreisförmig	je 6 mm	1 μm	14 kHz
Membran	53 Elemente kreisförmig	25 mm	3 μm	5 kHz
dünne Platte	37 Elemente kreisförmig	100 mm	0,56 μm	30 kHz

Anwendungen [3]

Bei Arbeiten mit Hochleistungslasern treten neben Luftturbulenzen auch durch den Laser selbst erzeugte thermische und durch die verwendeten Optiken bedingte Störungen auf. Die Kompensation aller dieser Störungen ist eine wichtige Anwendung adaptiver Optik, z. B. bei den Experimenten zur lasergesteuerten Kernfussion zur Maximierung der Energie auf dem Target. Die Korrektur der Wellenfront führt auch auf dem Gebiet der Laserkommunikation zu erheblichen Verbesserungen.

An Teleskopen zur astronomischen Forschung kann adaptive Optik zur Verbesserung von Lichtstärke und Winkelauflösung führen. Anwendungen optischer Anordnungen im Weltraum erfordern leichte und stabile Strukturen, die durch adaptive Optik realisierbar sind.

Zur Zeit erprobte adaptiv-optische Systeme entsprechen den in Abb. 2 schematisch dargestellten Anordnungen.

Phasenkonjugierendes COAT. Die Funktion eines COAT-Systems (coherent optical adaptive technique) zur Energiekonzentration eines CO_2-Lasers ($\lambda = 10,6$ μm) auf ein Target mit der Methode der Phasenkonjugation (entsprechend Abb. 2a) wurde an einer 7,9 km langen Strecke demonstriert [7]. Als Phasenstellelement wird eine Anordnung von akustooptischen Deflektoren verwendet, die gleichzeitig Bestandteil des zur Messung verwendeten Heterodyn-Interferometers sind.

„Multidither" COAT. Ein solches System zur Energiekonzentration (entsprechend Abb. 2b) mit 18 kreisförmig angeordneten aktiven Elementen wurde erfolgreich mit einem Argonlaser ($\lambda = 488$ nm) über eine Entfernung von ca. 100 m getestet [8]. Die 18 Kanäle werden abgestuft mit Frequenzen von 8 bis 32 kHz gewobbelt („multidither"), so daß der Beitrag jedes Kanals am Empfänger, der die „Glint"-Intensität registriert, festgestellt werden kann („tagging"). In jeden Kanal eingeführte Phasenverschiebungen werden dann beibehalten, wenn sie zur Erhöhung der „Glint"-Intensität führen.

RTAC. Mit einem RTAC-System (real-time atmospheric compensation) (entsprechend Abb. 2c) wurde die Winkelauflösung eines 30-cm-Teleskops auf 70% des theoretisch möglichen Wertes erhöht [9]. Als Referenzlichtquelle wurde dabei ein He-Ne-Laser verwendet. Ein monolithischer Spiegel mit 21 Elementen diente als aktives Element. Die Wellenfront wurde mit einem Weißlicht-AC-Shearinginterferometer gemessen.

Bildschärfeverbesserung. Mit einem aktiven 19-Elemente-Dünnplattenspiegel konnte bei einem 36-cm-Teleskop die Bildschärfe auf der Basis von Apertur-„tagging" (entsprechend Abb. 2d) erhöht werden [10]. Am Beispiel des Sirius wurde eine Verbesserung der Winkelauflösung von mehreren Bogensekunden auf weniger als eine Bogensekunde festgestellt.

Phasenkonjugation mit nichtlinearen optischen Effekten [6]. Erfolgreiche Experimente wurden durchgeführt zur optimalen Ausleuchtung von Targets, zur Kompensation von Phasenverzerrungen in Laserresonatoren, zur Kompensation von Modendispersion in Mehrmodenfasern bei der Bildübertragung, zur kontaktlosen und linsenfreien Projektionsphotolithographie und zur Bildverstärkung.

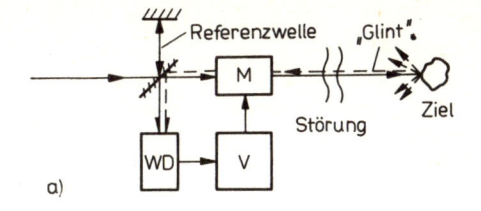

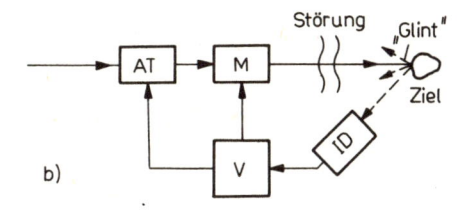

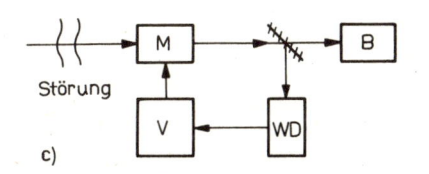

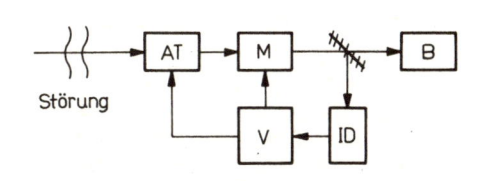

Abb. 2 Typen adaptiv-optischer Systeme
M – Wellenfrontmodulator, WD – Wellenfrontdetektor, ID – Intensitätsdetektor, B – Bildempfänger, V – elektronische Verarbeitung, AT – Apertur-„tagger"

Literatur

[1] BABCOCK, H. W.: The possibility of compensating astronomical seeing (Die Möglichkeit der Kompensation astronomischer Beobachtungen). Publ. Astron. Soc. Pac. **65** (1953) 229–236.

[2] HARDY, J. W.: Active optics: A new technology for the control of light (Aktive Optik: Eine neue Technik zur Steuerung von Licht). Proc. IEEE **66** (1978) 651–697.

[3] Proc. SPIE 141, Adaptive optical components (Adaptivoptische Komponenten). Hrsg.: S. HOLLY, L. JAMES. – Bellingham: 1978.

[4] ZELDOVIČ, B. JA.; POPOVIČ, V. I.; RAGULSKIJ, V. V.; FAISULOV, F. S.: O svasi meždu volnovym frontam otražonnovo i vozbuždajutschevo sveta pri vynuždennovo rassejanija Mandelschtama-Brilljuena (Zur Kopplung der Wellenfronten des reflektierten und anregenden Lichtes bei der induzierten Brillouinstreuung). – Pisma v ŽETF **15** (1972) 3, 160–164.

[5] NOSACH, O. JU.; POPOVIČ, V. I.; RAGULSKIJ, V. V.; FAISULOV, F. S.: Kompensatija fasovich uskaženij v ussilivajucej srede s pomotschy brilljuenovskovo serkala (Kompensation von Phasenverzerrungen im verstärkenden Medium mit Hilfe eines Brillouinspiegels). Pisma v ŽET F **16** (1972) 11, 617–621.

[6] PEPPER, D. M.: Nonlinear Optical Phase Conjugation (Nichtlineare optische Phasenkonjugation). Optical Engin. **21** (1982) 2, 156–183.

[7] HAYES, C. L.; BRANDEWIE, R. A.; DAVIS, W. C.; MEVERS, G. E.: Experimental test of an infrared phase conjugation adaptive array (Experimenteller Test einer adaptiven Anordnung zur Phasenkonjugation im Infrarot). J. Opt. Soc. Amer. **67** (1977) 269–277.

[8] PEARSON, J. E.: Atmospheric turbulence compensation using coherent optical adaptive techniques (Kompensation atmosphärischer Turbulenzen mittels kohärent-optischer adaptiver Verfahren). Appl. Opt. **15** (1976) 622–631.

[9] HARDY, J. W.; LEFEBVRE, J. E.; KOLIOPOULOS, C. L.: Real time atmospheric compensation (Atmosphärische Echtzeit-Kompensation). J. Opt. Soc. Amer. **67** (1977) 360–369.

[10] MC CALL, S. L.; BROWN, T. R.; PASSNER, A.: Improved optical stellar image using a real time phase correction system: Initial results (Verbesserte stellare optische Abbildung mittels eines Echtzeit-Phasenkorrektursystems: Erste Ergebnisse). The Astrophysical J. **211** (1977) 463–468.

Optische Aktivität

Die optische Aktivität, d. h. Drehung der Polarisationsebene, wurde 1811 durch ARAGO bei Quarz und 1815 durch BIOT bei Zucker entdeckt. Während bei Kristallen die Ursache der optischen Aktivität in der Enantiomorphie zu suchen ist (BIOT 1812), entsteht selbige im Falle von Flüssigkeiten und Gasen durch die Asymmetrie der Moleküle selbst. Eine in der jüngsten Vergangenheit nachgewiesene geringe optische Aktivität von atomaren Gasen ist auf die Paritätsverletzung infolge schwacher Wechselwirkung zurückzuführen [1].

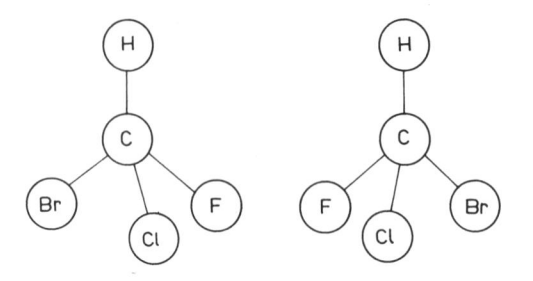

Abb. 1 Spiegelbildliche Isomere eines asymmetrischen Moleküls

Sachverhalt

Die optische Aktivität wird auch als natürliche optische Drehung, Rotationspolarisation oder Gyration bezeichnet. Ein optisches Medium wird als rechts (links) drehend bezeichnet, wenn die Polarisationsebene – gegen die Lichtquelle betrachtet – rechtsherum (linksherum) gedreht wird. Die Drehung der Polarisationsebene von linear polarisiertem Licht entsteht dadurch, daß rechts und links zirkular polarisierte Komponenten im optisch aktiven Medium unterschiedliche Ausbreitungsgeschwindigkeiten aufweisen. Die optische Aktivität ist ein Effekt erster Ordnung der räumlichen Dispersion.

Im Gegensatz zum Faraday-Effekt ist die Drehrichtung auf die Ausbreitungsrichtung bezogen, d. h., bei einer stehenden Welle ist die Gesamtdrehung null.

Die Größe des Drehwinkels der Polarisationsebene hängt von der Art des Mediums ab, ist seiner Länge proportional und ist im allgemeinen von der Wellenlänge und auch von der Temperatur abhängig. Die Messung erfolgt mittels Polarimeter (siehe *Polarisation des Lichtes*).

Die optische Aktivität von Flüssigkeiten und Gasen liegt in der Eigenschaft der Moleküle ohne Inversionszentrum und mit nichtebener Struktur begründet, in zwei spiegelbildlichen Atomanordnungen (optische Isomere) mit gleichen physikalischen und chemischen Parametern aufzutreten. Meist handelt es sich dabei um Moleküle organischer Verbindungen mit mindestens einem Kohlenstoffatom, dessen Valenzen durch vier verschiedene Atome oder Radikale abgesättigt sind, z. B verschiedene Zuckerarten, Kampfer und Weinsäure. Auf Abb. 1 ist dies am Beispiel von CHFClBr skizziert. Beide Isomere drehen die Polarisationsebene gleich stark, aber in entgegengesetzte Richtungen. Sind beide Arten in gleicher Menge vorhanden (razematisches Gemisch), so verschwindet die summarische optische Aktivität. Während in der unbelebten Natur fast nur Razemate vorkommen (Zustand maximaler Entropie), sind biologisch aktive Stoffe in allen lebenden Organismen als reine Antipoden vertreten.

Bei Kristallen beruht die optische Aktivität meist auf einer schraubenförmigen Anordnung der Atome im Gitter. Spiegelbildliche Kristalle nennt man enantiomorph. Selbige verlieren in Lösungen (z. B. $Li_2SO_4 \cdot H_2O$) ihr Drehvermögen. Wichtige optisch aktive Kristalle sind neben Quarz HgS, $NaClO_3$ und $NaBrO_3$.

Durch eine schraubenförmige Aneinanderreihung dünner doppelbrechender Plättchen (Reuschsche Glimmerkombination [2]) läßt sich ein optisch stark drehendes Medium künstlich herstellen.

Die Schraubenstruktur von cholesterinischen Flüssigkristallen hat eine große optische Aktivität zur Folge, die bis zu 40 000° pro mm betragen kann [3].

Kennwerte, Funktionen

Spezifische Drehung $[\alpha]$: $[\alpha] = \frac{100\alpha}{lc}$ (in Kreisgrad/mm); α – Drehwinkel, l – Schichtdicke, c – Konzentration.
Molekulares Drehvermögen $[m]$:
$[m] = [\alpha] \cdot \frac{Molekulargewicht}{100}$

In der Sacharimetrie wird häufig die Maßeinheit Grad Sugar (°S) verwendet. 100 °S entsprechen bei einer Wellenlänge von 546,1 nm einer spezifischen Drehung von 40,690 °/mm und bei 589,25 nm von 34,620 °/mm.

Rotationsdispersion α:
nach Boltzmann $\alpha = A/\lambda^2 + B/\lambda^4 + C/\lambda^6 + ...$;
Biotsche Formel $\alpha = A/\lambda^2$ (λ – Wellenlänge).

Optische Aktivität kann nur in folgenden Kristallklassen auftreten: 1, 2, 22, 3, 32, 4, 42, 6, 62, 23, 43.
Die spezifische Drehung des zur Klasse 32 gehörenden Quarzes beträgt bei 20 °C bei ausgewählten Wellenlängen nachfolgende Werte [4]:

λ (in nm)	687	589	527	486	397
$[\alpha]$ (in °/mm)	15,75	21,71	27,54	32,76	51,19

Anwendungen

Die Anwendungen liegen im wesentlichen bei empfindlichen Konzentrations- und Temperaturbestimmungsmethoden sowie bei Strukturuntersuchungen.
Konzentrationsbestimmung. Die Konzentration eines optisch aktiven Stoffes in Lösung läßt sich aus der Größe der Drehung der Polarisationsebene ermitteln. Die modernen Halbschatten- und Modulationspolarimeter erlauben eine Messung bis zu einer Genauigkeit von 10^{-2} bis 10^{-3} Grad, so daß hinsichtlich Genauigkeit, Einfachheit und Schnelligkeit diese Methode eine große praktische Bedeutung aufweist [5, 6]. Neben der pharmazeutischen Industrie bei der Herstellung von Kampfer, Kokain, Nikotin usw. wird die Drehung der Polarisationsebene vor allem in der Zuckerindustrie angewendet. Dabei kann nach Standardisierung der Meßbedingungen die Konzentration des Zuckers auf der Skala unmittelbar in Prozenten abgelesen werden. 100 °S entsprechen einer wäßrigen Lösung von 26,000 g reiner Saccharose in 100 ml Lösung (bei 20 °C in einem 200 mm langen Röhrchen).
Temperaturbestimmung. Cholesterinische Flüssigkeitskristalle weisen zwischen Schmelz- und Klärpunkt eine sehr große optische Aktivität auf. Kleine Temperaturänderungen haben dabei einen großen Einfluß auf die Schraubenstruktur, speziell den Gangunterschied, wodurch auch die optische Aktivität bestimmt wird. In ausgewählten Temperaturbereichen läßt sich die Temperatur bis zu einer Genauigkeit von 0,001 Grad durch Messung der optischen Aktivität ermitteln [3].
Reinheitsbestimmung. Hier wird der Effekt ausgenutzt, daß Verunreinigungen den Schmelzpunkt ändern. Kleinste Mengen der zu untersuchenden Substanz werden geschmolzen – in der Flüssigphase soll keine optische Aktivität vorhanden sein – und unter dem Polarisationsmikroskop beobachtet [5]. Der Schmelzpunkt zeichnet sich durch ein Dunkelwerden des Gesichtsfeldes, der Erstarrungspunkt durch das Hervortreten farbiger Kriställchen aus dem dunklen Gesichtsfeld aus.
Bestimmung von Isotopenzusammensetzungen. Da sich die optische Aktivität bei der Substitution von Wasserstoff durch Deuterium ändert, ist somit eine Möglichkeit gegeben, das H/D-Verhältnis von optisch aktiven Kohlenwasserstoffen zu ermitteln [5].
Nachweis der Paritätsverletzung. Unlängst [7, 8] konnte bei Gasen aus Schwermetallatomen eine geringe optische Aktivität nachgewiesen werden. Diese hat ihre Ursache in der Verletzung der C- oder CP-Invarianz infolge der schwachen Wechselwirkung von Elektronen mit dem Atomkern. Gegenwärtig liegt die Größe des Effektes nur wenig über der Nachweisgrenze, jedoch ergeben sich Möglichkeiten, die Gültigkeit der Weinberg-Salam-Theorie der elektroschwachen Wechselwirkung zu überprüfen.

Literatur

[1] NOVIKOV, V. N.; SUZKOV, O. PÜ.; KHRIPLOVIČ, I. B.: Optičeskaya aktivnost parov tyazolych metallov – proyavleniye slabovo vsaimodeystviya elektronov s nuklonamu (Optische Aktivität von Schwermetalldämpfen – ein Ausdruck der schwachen Wechselwirkung der Elektronen mit den Nukleonen). Žh. éksper. teor. Fiz. 71 (1976) Nr. 5 (11) 1665–1679.

[2] REUSCH, E.; Pogg. Ann. 138, 5. Reihe, Bd. 18 (1896) 628 ff.

[3] PIKIN, S. A.; BLINOV, L. M.: Židkiye Kristally (Flüssige Kristalle). Bd. 20 Bibliotecka „Kvant" – Moskva: Nauka 1982.

[4] Physikalisches Wörterbuch. Hrsg.: W. H. WESTPHAL. – Berlin/Göttingen/Heidelberg: Springer-Verlag 1952.

[5] Brockhaus ABC der Optik. Hrsg.: K. MÜTZE. – Leipzig: VEB F. A. Brockhaus-Verlag 1961.

[6] SHEWANDROW, N. D.: Die Polarisation des Lichtes. WTB Bd. 44. – Berlin: Akademie-Verlag 1973. (Übers. aus d. Russ.).

[7] LEWIS, L. L.; HOLLISTER, J. H.; SOREIDE, D. C.; LINDAHL, E. G.; FORTSON, E. N.: Upper limit on parity-nonconserving optical rotation in atomic bismut (Obere Grenze der paritätsverletzenden optischen Rotation in atomarem Bi). – Phys. Rev. Letters 39 (1977) Nr. 13, 795–798.

[8] BARKOV, L. M.; ZOLOTORYOV, M. S.: Izmerenye opticeskoy aktivnosti parov wismuta (Messung der optischen Aktivität von Bi-Dämpfen). Pisma v ŽETF 28 (1978) Nr. 8, 544–548.

Optische Anisotropie-Effekte

Die Doppelbrechung in Kristallen wurde erstmals von E. BARTHOLINUS im Jahre 1669 am Kalkspat $CaCO_3$ entdeckt. Von CH. HUYGENS wurde diese Erscheinung eingehend untersucht und mit Hilfe einer formellen Theorie beschrieben [1]. D. F. ARAGO entdeckte 1811 die chromatische Polarisation (Veränderlichkeit der Farbe von Kristallplättchen). Diese Effekte konnten erst erschöpfend in der von A. FRESNEL 1821 veröffentlichten Transversalwellentheorie erklärt werden [2]. Der lineare Dichroismus wurde erstmals anfangs des 19. Jh. bei Einkristallen des Halbedelsteins Turmalin gefunden. Den zirkularen Dichroismus entdeckte 1896 A. COTTON [3]. 1846 gelang M. FARADAY der Nachweis, daß ein äußeres Magnetfeld, das parallel zur Lichtausbreitung orientiert ist, eine Drehung der Polarisationsebene hervorrufen kann [4]. 1907 wurde die transversale Doppelbrechung im Magnetfeld von A. COTTON und H. MOUTON beobachtet [5]. Von F. WEIGERT wurde 1919 die durch linear polarisiertes Licht induzierte optische Anisotropie von Silberchloridemulsionen nachgewiesen [6]. Die optische Anisotropie wird ausgenutzt, um zum einen polarisiertes Licht zu erzeugen und zum anderen auf optischem Wege physikalische Eigenschaften der entsprechenden Medien zu erforschen.

Sachverhalt

Unter optischer Anisotropie von Festkörpern, Flüssigkeiten und Gasen versteht man die Abhängigkeit der optischen Eigenschaften dieser Medien von der Polarisationsrichtung des wechselwirkenden Lichtes. Sie wird durch die spezielle räumliche Anordnung der Atome, Ionen oder Moleküle bedingt. Dies kann bei Kristallen der Fall sein. Die optische Anisotropie kann aber auch durch äußere elektrische (siehe *Elektrooptische Effekte*) bzw. magnetische Felder, bei Flüssigkristallen durch spezielle Orientierung bezüglich der Begrenzungsflächen, durch mechanische Beanspruchung oder auch durch Strahlungsfelder selbst hervorgerufen werden.

Doppelbrechung in Kristallen. Die Doppelbrechung beruht darauf, daß ein auf den Kristall fallender Lichtstrahl in zwei Komponenten zerlegt wird, wobei eine dem Snelliusschen Brechungsgesetz genügt (ordentlicher Strahl), die andere hingegen im Medium einen richtungsabhängigen Brechungsindex aufweist (außerordentlicher Strahl). Beide Strahlen sind senkrecht zueinander linear polarisiert. Zur Klassifizierung des anisotropen optischen Verhaltens dient der sogenannte Indexellipsoid oder Indikatrix, der entsteht, wenn in der zur jeweiligen Strahlrichtung senkrechten Ebene vom Koordinatenursprung aus in zwei zueinander senkrechten Richtungen der Brechungsindex des ordentlichen und außerordentlichen Strahls aufgetra-

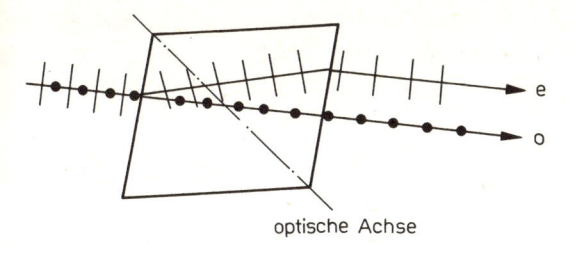

Abb. 1 Strahlenverlauf beim Durchtritt unpolarisierten Lichtes durch einen optisch einachsigen Kristall o – ordentlicher, e – außerordentlicher Strahl. Es erfolgt eine Strahlversetzung.

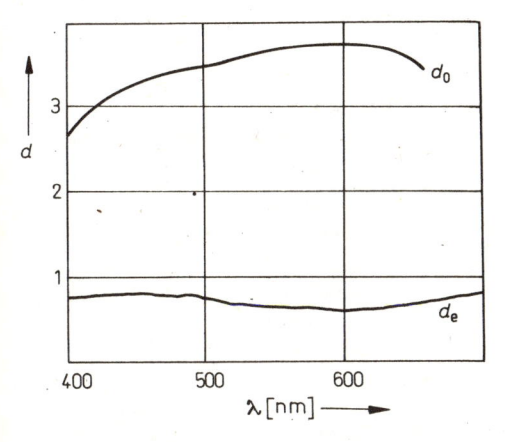

Abb. 2 Dichroismus einer schwarzen 0,2 mm dicken Turmalin-Platte für senkrecht zur optischen Achse einfallendes Licht ($d = 5,5\,n\chi l/\lambda$) [15]

gen werden. Aus den Indexellipsoiden ist ersichtlich, ob es sich um ein optisch ein- oder zweiachsiges Medium handelt (vgl. Kennwerte, Funktionen). Bei Ausbreitung des Lichtes längs der optischen Achsen tritt keine Doppelbrechung auf, senkrecht hierzu ist sie maximal. Wenn bei einachsigen Kristallen $n_o < n_e$ gilt, so bezeichnet man sie als optisch positiv, bei $n_o > n_e$ als optisch negativ ($n_o(n_e)$ – Brechungsindex des ordentlichen (außerordentlichen) Strahls). Ebenen, die die optische Achse enthalten, werden als Hauptschnitte bezeichnet. Auf Abb. 1 ist der typische Strahlenverlauf im Hauptschnitt eines Kalkspatrhomboeders bei senkrechtem Lichteinfall skizziert [7].

Die bis jetzt hier betrachtete Form der Doppelbrechung wird präziser auch lineare Doppelbrechung genannt (Aufspaltung in linear polarisierte Komponenten). Daneben existiert die zirkulare Doppelbrechung, bei der im Medium entgegengesetzt zirkular polarisierte Komponenten unterschiedliche Ausbreitungsgeschwindigkeiten haben, was zu einer Drehung der Polarisationsebene von linear polarisiertem Licht führt (siehe *Optische Aktivität*).

Dichroismus. Die Abhängigkeit der Lichtabsorption von der Polarisation wird als Dichroismus bezeichnet. Doppelbrechende Kristalle zeigen im Absorptionsbereich Dichroismus, wobei im allgemeinen infolge des Resonanzcharakters der Absorption ordentlicher und außerordentlicher Strahl bei verschiedenen Frequenzen absorbiert werden. Daher stammt der Begriff „Dichroismus" (Zweifarbigkeit).

Auch nichtkristalline Stoffe können dichroitisch sein, wenn anisotrope Moleküle eine bevorzugte Orientierung einnehmen, z. B. bei nematischen Flüssigkristallen, die aus Molekülen mit langen Ketten konjugierter π-Elektronen bestehen. Auch die Orientierung polymerer Moleküle von Folien infolge starker mechanischer Ausdehnung in eine Richtung kann eine hohe anisotrope Absorption hervorrufen [1] (Abb. 2).

Selektive Reflexion. Diese Erscheinung wird bei cholesterinischen Flüssigkristallen beobachtet. Sind die Achsen der cholesterinischen Schraubenstruktur parallel zum einfallenden Licht orientiert und ist die Lichtwellenlänge gleich der Ganghöhe, so wird eine zirkular polarisierte Komponente reflektiert, während die entgegengesetzt dazu zirkular polarisierte Komponente in das Medium eindringen kann [8].

Magnetooptische Effekte

a) Faraday-Effekt (magneto-induzierte zirkulare Doppelbrechung). Ein sich parallel zu den Feldlinien eines homogenen Magnetfeldes in einem Medium ausbreitender linear polarisierter Lichtstrahl ändert seine Polarisationsebene, wobei der Drehwinkel proportional zur magnetischen Feldstärke (außerhalb von Resonanzen) und zur durchstrahlten Schichtdicke ist.

Im Gegensatz zur natürlichen optischen Aktivität bezieht sich beim Faraday-Effekt die Drehrichtung nicht auf die Ausbreitungsrichtung, sondern auf die Richtung des magnetischen Feldstärkevektors, so daß nach Hin- und Rücklauf einer Welle durch eine Faraday-Zelle der Drehwinkel verdoppelt wird.

b) Cotton-Mouton-Effekt. Dieser Effekt ist das magnetische Analogon zum elektrischen Kerr-Effekt und ergibt sich, wenn die magnetische Feldrichtung senkrecht zur Lichtausbreitung orientiert ist. Die induzierte Ausrichtung der magnetischen Momente in Feldrichtung beim Medium führt zu einer linearen Doppelbrechung, wobei die Phasendifferenz zwischen parallel und senkrecht zu den magnetischen Feldlinien polarisierten Lichtstrahlen proportional der Länge und außerhalb der Resonanz dem Quadrat der magnetischen Feldstärke ist. Das Verhalten in Resonanznähe wird als Voigt-Effekt bezeichnet.

Optisch induzierte Anisotropie. Eine Silberchlorid-Emulsion wird mit unpolarisiertem blauen Licht vorbelichtet. Nach einer zweiten Belichtung mit linear polarisiertem roten Licht zeigt die Emulsion sowohl lineare Doppelbrechung als auch linearen Dichroismus, wobei die optische Achse parallel zur Polarisationsrichtung des zweiten Strahls orientiert ist (Weigert-Effekt [6]). Unlängst konnte gezeigt werden, daß bei Belichtung mit zwei zueinander orthogonal zueinander linear polarisierten Strahlen weißen Lichtes eine optische Anisotropie entsteht [9].

Auch in gasförmigen Medien kann eine optische Anisotropie induziert werden, wobei aber infolge der Kleinheit dieses Effektes dies gegenwärtig nur in Resonanznähe meßbar ist. Mit einem intensiven Laserstrahl, der linear [10] (zirkular [11]) polarisiert ist, wird lineare (zirkulare) Doppelbrechung erzeugt, die mit einem linear polarisierten Probestrahl nachgewiesen werden kann. Bei einem einzigen, elliptisch polarisierten Laserstrahl kann bei Ausbreitung in isotropen Medien eine von der Elliptizität abhängige Ellipsendrehung (selbstinduzierte zirkulare Doppelbrechung) und -deformation (selbstinduzierter zirkularer Dichroismus) auftreten, was als polarisationsspektroskopische Methode mit stehender Welle genutzt werden kann [12].

Kennwerte, Funktionen

Klassifizierung der optischen Anisotropie [13] (Tab. 1)

Doppelbrechung bei $\lambda = 589{,}3$ nm [7] (Tab. 2)

Frequenzabhängigkeit der Doppelbrechung bei Kalkspat [14] (Tab. 3)

Grad des Dichroismus D:

$$D = \frac{K_\parallel - K_\perp}{K_\parallel + K_\perp} \qquad (1)$$

$K_\parallel$ ($K_\perp$) – Absorptionskoeffizient bei Polarisationsrichtung, die maximale (minimale) Absorption liefert.

Faraday-Effekt:

$$\chi = R \cdot l \cdot H, \qquad (2)$$

H – magnetische Feldstärke, l – Länge, χ – Drehwinkel, R – Verdetsche Konstante (material-, frequenz- und temperaturabhängig), T – Temperatur in °C [13]; CS_2: $R(T) = 0{,}000724 \, (1 - 1{,}69 \cdot 10^{-3} \, T)$ °/(cm·Gauss), H_2O: $R(T) = 0{,}000218 \, (1 - 3{,}2 \cdot 10^{-5} \, T - 3{,}2 \cdot 10^{-6} \, T^2)$ °/cm·Gauss).

Drehwinkel bei 589 nm und 10^4 Gauss bei 1 cm Dicke [13] (Tab. 4)

Im Infrarot-Bereich zeigen Granate eine große Drehung [22]. Bei $\lambda = 1500\ldots5000$ nm und 10^4 Gauss ist bei YIG der Drehwinkel 175°/cm.

Cotton-Mouton-Effekt (Tab. 5):

$$\Delta\varphi = C \cdot l \cdot H^2,$$

$\Delta\varphi$ – Phasendifferenz zwischen parallel und senkrecht zu H polarisiertem Strahl, C – Cotton-Mouton-Konstante, T – Temperatur in °C, λ – Wellenlänge in nm [13].

Tabelle 1

Kristallographische Symmetrie	Triklin	Monoklin	Rhombisch	Trigonal Tetragonal Hexagonal	Kubisch
Dielektrische Achsen	drei mit d. Farbe veränderl. Achsen	eine feste, zwei mit der Farbe veränd. Achsen	drei feste Achsen	eine feste, zwei frei drehbare Achsen	drei frei drehbare Achsen
Indikatrix	dreiachsiger Ellipsoid			Rotationsellepsoid	Kugel
Optische Achsen	zweiachsig			einachsig	isotrop.

Tabelle 2

	n_o	n_e	$n_e - n_o$
Kalkspat	1,6584	1,4864	− 0,1720 (optisch negativ)
Quarz	1,5442	1,5533	+ 0,0091 (optisch positiv)

Tabelle 3

λ/nm	n_o	n_e
760	1,6500	1,4826
589	1,6585	1,4864
355	1,6627	1,4884
397	1,6832	1,4977

Tabelle 4

H_2O (25 °C)	2°10′
CS_2 (25 °C)	6°55′
Quarz	2°46′
O_2 (1 at)	0,0559′
H_2 (1 at)	0,537′
CO_2 (1 at)	0,0862′
Fe	$1{,}3 \cdot 10^5$ °
Ni	$5 \cdot 10^4$ °

Tabelle 5

Flüssigkeit	T	λ	$C \cdot 10^{13}$ (cm^{-1} Gauss^{-1})
Azeton	20,2	578	37,6
Benzol	26,5	580	7,5
Chloroform	17,2	578	− 65,8
Schwefelkohlenstoff	28,0	580	− 4,0
Toluol	19,4	589	6,7
Nitrobenzol	16,3	578	23,5

Anwendungen

Erzeugung linear polarisierten Lichtes. Bei einem Polarisationsprisma wird die Doppelbrechung ausgenutzt, um die beiden senkrecht zueinander linear polarisierten Komponenten zu separieren. Beim Nicolschen Prisma, dem Glan-Thompson-Prisma und dem Ahrensprisma erscheint nur eine Polarisationskomponente im Gesichtsfeld, beim Rochon-Prisma, dem Sénarmont-Prisma, dem Wollaston-Prisma und dem Dove-Prisma alle beide [7]. Das Nicol-Prisma ist auf Abb. 3 dargestellt. Ein zerschnittenes Kalkspatrhomboeder wird verklebt, so daß der ordentliche Strahl Totalreflexion erleidet und an der Seitenfläche absorbiert wird [1].

Bei Polarisationsfolien werden dichroitische Kristalle, die in Kunststoffolien eingebettet sind, elektrisch oder magnetisch ausgerichtet. Es lassen sich damit großflächige Polaroidfilter mit einem Polarisationsgrad von mehr als 99% herstellen [7].

Erzeugung eines beliebigen Polarisationszustandes. Man verwendet hierzu meist dünne Plättchen aus Quarz, Islandspat oder Glimmer, wobei die optische Achse senkrecht zur Lichtausbreitung orientiert ist. Aus linear polarisiertem Licht läßt sich bei geeigneter Orientierung einer $\lambda/4$-Platte (Phasensprung von $\pi/2$ zwischen ordentlichem und außerordentlichem Strahl) elliptisch polarisiertes Licht beliebiger Elliptizität herstellen. Mittels einer nachfolgenden $\lambda/2$-Platte kann die Orientierung der Polarisationsellipse verändert werden.

Um den Chromatismus (Farbselektivität) der Phasenplatten zu kompensieren, konstruiert man selbige für spezielle Anwendungen aus Schichten verschiedener polymerer Stoffe [1].

Spannungsoptik. Isotrope durchsichtige Körper können unter dem Einfluß äußerer mechanischer Einwirkung – wie Druck oder Streckung – doppelbrechend werden. Bei einseitiger Beanspruchung spielt die ausgezeichnete Richtung die Rolle der optischen Achse. Bei nicht zu großen Spannungen ist der Brechungsindexunterschied zwischen Strahlen orthogonaler Polarisation der pro Flächeneinheit wirkenden Kraft proportional. Für die Beobachtung unter gekreuzten Polarisatoren läßt sich somit über die Spannungsverteilung im Material urteilen. Da diese Methode sich gut bewährt hat, werden bei undurchsichtigen Werkstoffen Modelle aus durchsichtigem Material hergestellt und diese optisch untersucht [1, 7].

Phasenanpassung in der nichtlinearen Optik. Für eine effektive Frequenzumwandlung durch nichtlineare optische Effekte macht es sich erforderlich, daß die Phasengeschwindigkeiten von zwei Lichtwellen unterschiedlicher Frequenz im nichtlinearen Medium gleich sind, was aber infolge Dispersion meist nicht der Fall ist. Bei einer ausgewählten Neigung der optischen Achse von bestimmten einachsigen Kristallen zum Wellenvektor des Lichtes kann jedoch erreicht werden, daß die Synchronisierungsbedingung erfüllt ist, d. h., der Brechungsindex des ordentlichen Strahls bei der einen Frequenz ist gleich dem des außerordentlichen Strahls bei der anderen. Dies wird z.B. bei der Erzeugung der zweiten Harmonischen im optisch negativen Kristall KH_2PO_4 (KDP) ausgenutzt [16].

Temperaturmessung mittels Flüssigkristallen. Da sich gewöhnlich bei cholesterinischen Flüssigkristallen der Gangunterschied der Spiralstruktur bei Temperaturänderung von ein paar Grad um einige hundert Nanometer ändert, kann die selektive Reflexion zur Temperaturmessung benutzt werden, wobei eine bestimmte Färbung einer bestimmten Temperatur zugeordnet wird. Beispielsweise kann durch Auflegen einer dünnen Folie, die aus einer schwarzen Unterlage und einer cholesterinischen Schicht besteht, auf die Körperhaut eines Menschen großflächig die Temperaturverteilung gemessen werden [8] (siehe Abb. 4). Auch bei der Werkstoffprüfung ist großflächige Oberflächentemperaturmessung mittels Flüssigkristallen von Bedeutung [17].

Bestimmte Flüssigkristalle zeigen eine so starke Temperaturabhängigkeit, daß bei Temperaturänderungen um 10^{-2} oder sogar 10^{-3} Grad eine deutliche Farbänderung der selektiven Reflexion auftritt [8].

Strukturuntersuchungen von größeren Molekülen. In ne-

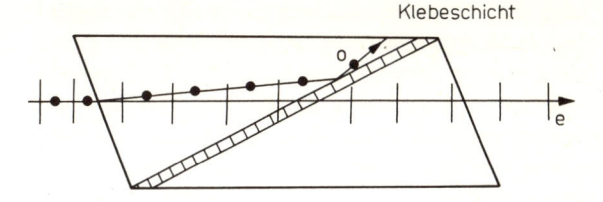

Abb. 3 Prinzip des Nicolschen Polarisationsprismas

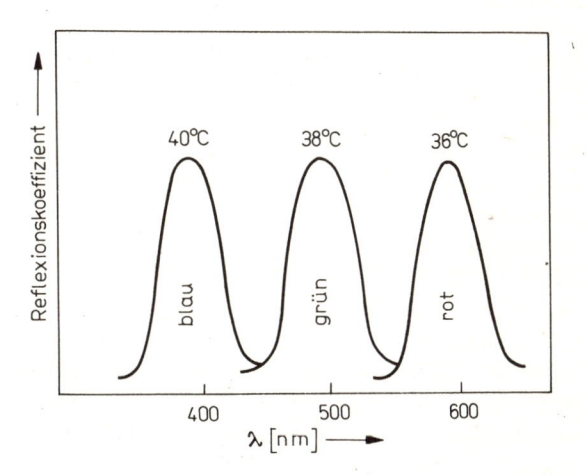

Abb. 4 Charakteristische Wellenlängenabhängigkeit der selektiven Reflexion eines cholesterinischen Flüssigkristalls bei verschiedenen Temperaturen

matischen Flüssigkristallen können sich bestimmte längere Moleküle (z. B. Farbstoffmoleküle) lösen. Dabei wird deren Orientierung fixiert. Bei Variation der Polarisationsebene von einfallender resonanter Strahlung ist es möglich, die Polarisationsrichtungsabhängigkeit des Absorptionskoeffizienten (Dichroismus) des eingelagerten Farbstoffes zu ermitteln, was wiederum wichtige Informationen über dessen Elektronenstruktur liefert [8].

Entkopplung gegenläufiger Lichtstrahlen mittels Faraday-Effekt. Bei laserspektroskopischen Untersuchungen in einem stehenden Wellenfeld macht es sich meist erforderlich, dafür zu sorgen, daß die rücklaufende Welle – auch nicht teilweise – auf die Lichtquelle zurückfällt, da ansonsten unliebsame Rückkopplungserscheinungen auftreten [18]. Mit der auf Abb. 5 skizzierten Anordnung wird linear polarisiertes Licht vor und nach dem Passieren der Absorptionszelle jeweils um 45° in seiner Schwingungsebene gedreht, so daß die rücklaufende Welle danach orthogonal zur einfallenden polarisiert ist und den Polarisator nicht durchlaufen kann. Derartige Faraday-Isolatoren werden auch in Laser-Verstärker-Systemen zur Entkopplung der einzelnen Verstärkerstufen eingesetzt.

Ausnutzung der selbstinduzierten zirkularen Doppelbrechung für intensitätsabhängige Schalter. Da außerhalb der Resonanz in einem Medium die selbstinduzierte Drehung der Polarisationsellipse von intensiver Laserstrahlung proportional ihrer Intensität ist, kann dieser Effekt benutzt werden, um durch intensitätsabhängige Verluste in einem Laser-Resonator ein passives „mode-locking" zu erzielen. Ein mögliches Schema ist auf Abb. 6 zu sehen [19]. Mittels zweier $\lambda/4$-Platten, zwischen denen sich das nichtlineare Medium (z. B. CS_2) befindet, wird aus linear polarisiertem Licht elliptisch polarisiertes erzeugt und mittels entsprechender Justierung der Platten erreicht, daß bei einer definierten Strahlungsintensität die rücklaufende Welle den Polarisator ohne Verlust durchlaufen kann. Bezüglich ähnlicher Anordnungen zur Impulsformung siehe [20, 21].

Anwendung für dekorative Zwecke. Wenn eine durchsichtige anisotrope Platte zwischen zwei Polarisatoren gebracht wird, dann treten Strahlen, die unter verschiedenen Winkeln einfallen, unterschiedlich gefärbt aus, da die Phasenverschiebung vom Einfallswinkel abhängt. Dies kann für farbige Reklame sehr effektvoll sein, speziell, wenn die Platte ein Mosaik repräsentiert und der eine Polarisator sich langsam dreht und dadurch periodische Verfärbungen hervorruft [1].

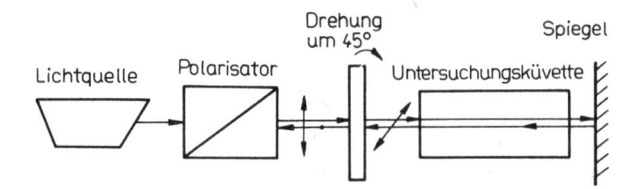

Abb. 5 Polarisationssperre für rücklaufende Welle mittels Faraday-Rotation

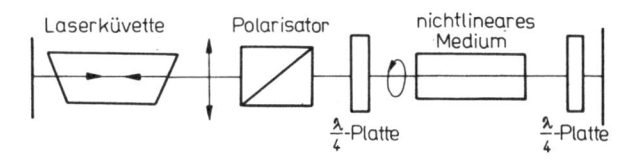

Abb. 6 Nichtlineare Ellipsenrotation zur Güteschaltung

Literatur

[1] SHEWANDROW, N. D.: Die Polarisation des Lichtes. WTB Bd. 44. – Berlin: Akademie-Verlag 1973. (Übers. aus d. Russ.)
[2] Die Schöpfer der physikalischen Optik. WTB Bd. 195. Hrsg.: H. PAUL. – Berlin: Akademie-Verlag 1977.
[3] COTTON, A.; Ann. Chim. Physique **8** (1896) 360ff.
[4] BORN, M.: Optik. 2. Aufl. – Berlin/Heidelberg/New York: Springer-Verlag 1965. S. 353.
[5] BORN, M.: Optik. 2. Aufl. – Berlin/Heidelberg/New York: Springer-Verlag 1965. S. 362.
[6] WEIGERT, F.; Verk. dtsch. Phys. Ges. **21** (1919) 479ff.
[7] Brockhaus ABC Physik. – Leipzig: VEB F. A. Brockhaus Verlag 1973.
[8] PIKIN, S. A.; BLINOV, L. M.: Židkiye Kristally (Flüssigkristalle). Bibliotecka „Kvant" Bd. 20. – Moskva: Nauka 1982.
[9] ATTIA, M.; DEBRUS, S.; HENRIOT, M. P.; MAY, M.: Anisotropy induced in a silver chloride emulsion by two successive beams of white light perpendicularly polarized (Die durch zwei aufeinander folgende, senkrecht zueinander polarisierte Strahlen weißen Lichtes induzierte Anisotropie in einer Silberchloridemulsion). Optics Commun. **45** (1983) Nr. 4, 235–240.
[10] STERT, V.; FISCHER, R.: Doppler-free polarization spectroscopy using linear polarized light (Dopplerfreie Polarizationsspektroskopie unter Verwendung linear polarisierten Lichtes). Appl. Phys. **17** (1978) 151–154.
[11] WIEMAN, C.; HÄNSCH, T. W.: Doppler – free laser polarization spectroscopy (Dopplerfreie Laser-Polarisationsspektroskopie). Phys. Rev. Letters **36** (1976) 20, 1170–1173.
[12] RADLOFF, W.; RITZE, H.-H.: Competition effects in Dopplerfree intracavity polarization spectroscopy (Konkurrenzeffekte in der dopplerfreien Polarisationsspektroskopie im Laserresonator). Optics Commun. **35** (1980) 2, 203–208.
[13] BORN, M.: Optik. 2. Aufl. – Berlin/Heidelberg/New York: Springer-Verlag 1965. S. 232.

[14] Lexikon der Physik. Hrsg.: H. Franke. – Stuttgart: Frankh'sche Verlagsbuchhandlung 1950.

[15] Born, M.; Wolf, E.: Principles of Optics (Gesetze der Optik). 3. Auflage. – Oxford/London/Edinburgh/New York/Paris/Frankfurt/Main: Pergamon Press 1965.

[16] Klimontowitsch, J.L.: Laser und Nichtlineare Optik. – BSB B.G. Teubner Verlagsgesellschaft 1971. (Übers. aus d. Russ.)

[17] Kopp, W.U.: Flüssige Kristalle und ihre Anwendung in der Werkstoffprüfung. – Prakt. Metallographie 9 (1972) Nr. 7, 370–382.

[18] Letokhov, V.S.; Čebotayev, V.P.: Prinzipy nelineynoy lasernoy spektroskopii (Prinzipien der nichtlinearen Laserspektroskopie). – Moskva: Isdatelstvo Nauka 1975.

[19] Sala, K.; Richardson, M.C.; Isenor, N.R.: Passive Q switching and mode locking with optical Kerr effect modulator (Passive Güteschaltung und Modensynchronisation mittels optischem Kerr-Effekt-Modulator). – IEEE J. Quantum Electronics QE-13 (1977) 11, 915–917.

[20] Murphy, D.V.; Chang, R.K.: Pulse stretching of Q-switched laser emission by intracavity nonlinear ellipse rotation (Impulsverlängerung der gütegeschalteten Laseremission durch nichtlineare Ellipsenrotation im Resonator). Optics Commun. 23 (1977) 268–272.

[21] Massey, G.A.; Shanmuganathan, K.: Nonlinear interferometers for laser pulse shaping (Nichtlineare Interferometer für die Laserimpulsformung). Opt. Engin. 17 (1978) 247–253.

[22] Pressley, R.J.: Handbook of Lasers with Selected Data on Optical Technology (Laserhandbuch mit ausgewählten Daten zur optischen Technologie). – Cleveland: Chemical Rubber & Co. 1971.

Lichtbeugung (Diffraktion)

Unter Lichtbeugung versteht man die Änderung der Ausbreitungsrichtung des Lichtes, die nicht auf Brechung, Reflexion oder Streuung zurückzuführen ist. Lichtbeugung ist allein durch die Wellennatur des Lichtes bedingt. Sie tritt immer dann auf, wenn das Licht in seiner freien Ausbreitung behindert wird.

Ein erster Hinweis auf das Beugungsphänomen geht auf Leonardo da Vinci (1452–1519) zurück. Eine genauere Beschreibung der Beugungserscheinungen findet sich jedoch erst in einem Buch von F.M. Grimaldi (1618–1663), das 1665, zwei Jahre nach seinem Tod, erschien. Grimaldi untersuchte eingehend die Abweichung des Lichtes vom geometrischen Strahlengang, ohne für diese Erscheinung eine Erklärung geben zu können. Obwohl viele andere, darunter Newton, diese Untersuchungen fortführten, vergingen über 150 Jahre, bis J. Fresnel (1788–1827) den engen Zusammenhang zwischen Beugung und Interferenz erkannte und beide Erscheinungen auf Grund der Wellentheorie des Lichtes deutete [1].

Mit der Erklärung der Beugung (und der Interferenz) wurde zum erstenmal die Wellentheorie des Lichtes überzeugend bewiesen.

Eine wichtige Rolle spielte die Lichtbeugung bei der optischen Abbildung. Sie tritt bei allen optisch abbildenden Instrumenten in der Bildebene und deren Umgebung auf. Die wohl wichtigste Anwendung findet die Beugungstheorie bei der Berechnung des Auflösungsvermögens optischer Instrumente.

Sachverhalt

Nach der geometrischen Optik oder Strahlenoptik breitet sich das Licht strahlenförmig, d. h. geradlinig aus. Folglich sollten Hindernisse, die einer freien Ausbreitung des Lichtes entgegenstehen, einen scharf begrenzten Schatten ergeben, und sonst sollte in jedem Punkt des Raumes die Helligkeit herrschen, die dort auch ohne ein Hindernis vorhanden wäre.

Tatsächlich treten jedoch deutlich sichtbare Abweichungen von den Gesetzen der geometrischen Optik auf, wenn die Dimension des Hindernisses bzw. der in ihm vorhandenen Öffnungen nicht mehr groß gegen die Wellenlänge des Lichtes ist.

In solchen Fällen treten im Schattengebiet sowie außerhalb helle und dunkle, bei weißem oder genauer nichtmonochromatischem Licht auch farbige Streifen auf, die annähernd parallel entlang der Schattengrenze verlaufen. Ihre Form hängt von der konkreten Gestalt des Hindernisses zwischen Lichtquelle und Beobachtungsort ab.

Diese vom Standpunkt der Strahlenoptik nicht zu erwartende Abweichung von der geradlinigen Lichtausbreitung bezeichnet man als Beugung, die dabei entstehenden streifenförmigen Intensitätsverhältnisse als Beugungserscheinungen oder Beugungsbilder.

Für eine mathematisch strenge Beschreibung der Beugung ist die Lösung der entsprechenden Wellengleichung mit Randbedingungen, die vom Charakter der Hindernisse abhängen, nötig. Diese Aufgabe erweist sich als äußerst schwierig und aufwendig und ist nur für wenige besondere Formen der beugenden Öffnungen bzw. Objekte gelungen [2–6].

Deswegen ist es oft günstiger, das Beugungsbild auf grafischem Wege nach dem Verfahren der Fresnel-Zonen oder der Cornu-Spirale zu ermitteln. Es sei hier auf die Fachliteratur [3–5] verwiesen.

In einigen praktisch interessanten Fällen lassen sich jedoch die Beugungserscheinungen bereits in einer völlig ausreichenden Näherung mit Benutzung des Huygenschen Prinzipes [3, 4] zusammen mit dem Youngschen Interferenzprinzip behandeln und verstehen.

Nach HUYGENS kann jeder Punkt der Wellenausbreitung als Ausgangspunkt neuer Kugelwellen, sogenannter Elementarwellen angesehen werden. Bei ungehinderter Ausbreitung ergibt sich durch die Überlagerung aller Elementarwellen eine neue ebene Welle, da sich alle seitlichen Anteile durch Interferenz aufheben. Ist diese Auslöschung durch Interferenz als Folge einer Störung in der Wellenausbreitung (Hindernis) nicht möglich, ergeben sich die typischen streifenförmigen Lichterscheinungen auch im strahlenoptischen Schattengebiet.

Seine quantitative Formulierung findet das Huygensche Prinzip durch die Kirchhoffsche Formel. Auf Beugungsprobleme angewandt [3, 5] liefert diese Formel einen Ausdruck für die Amplituden (und durch deren Quadrat auch für die Intensitäten), der durch das Beugungsintegral wesentlich bestimmt ist. Eine in der Beugungsoptik häufig verwendete dimensionslose Zahl ist die Fresnel-Zahl N. Sie ist besonders für die Realisierung von Lasern, die in einer Mode schwingen, von Bedeutung. Bei $N \gg 1$ gilt die Näherung der geometrischen Optik. Mit abnehmendem N steigen die Beugungsverluste.

Bei der Beugung unterscheidet man, abgesehen von den Unterschieden, die durch die konkrete Gestalt der die Beugung verursachenden Hindernisse bedingt sind, zwischen der Fraunhoferschen und der Fresnelschen Beugung.

Fraunhofersche Beugung oder Beugung paralleler Strahlen ist die Beugung ebener Wellen. Lichtquelle und Beobachtungspunkt sind stets unendlich weit von dem Hindernis entfernt, an dem die Beugung erfolgt. Im Experiment erreicht man diese Beugung, indem die Lichtquelle in den Brennpunkt einer Sammellinse gebracht und das Beugungsbild in der Brennpunktebene einer zweiten, hinter dem Hindernis befindlichen Sammellinse betrachtet wird. Mathematisch wird die Fraunhofersche Beugung durch die Entwicklung des Beugungsintegrals in erster Näherung beschrieben.

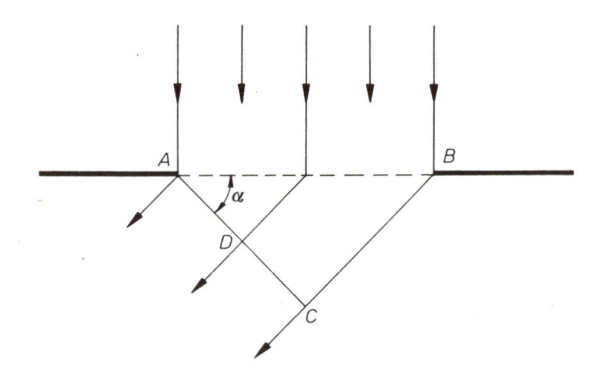

Abb. 1 Erzeugung der Fraunhoferschen Beugungserscheinung

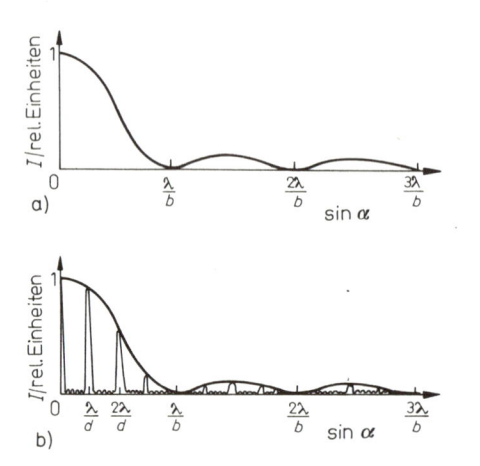

Abb. 2 Helligkeitsverteilung bei der Beugung monochromatischen Lichtes a) am Einzelspalt und b) an 6 Spalte (Nebenmaxima überhöht)

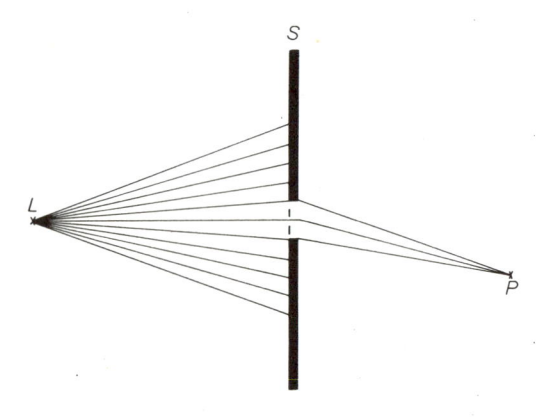

Abb. 3 Fresnelsche Beugung an einer engen Blende

Das Zustandekommen der Fraunhoferschen Beugung ist mit Hilfe des Huygenschen Prinzips wie folgt zu verstehen (vgl. Abb. 1). In der Spaltebene AB ist das senkrecht einfallende parallele Licht überall in gleicher Phase. Nach HUYGENS ist jeder Punkt der Spaltebene Ausgangspunkt neuer Kugelwellen, aus denen sich die neue Wellenfront zusammensetzt. Betrachtet man nun aus dem gebeugten Licht ein Lichtbündel, welches mit der Richtung des einfallenden Lichtes den Winkel α bildet, so sind die einzelnen Strahlen des Bündels in der Wellenebene AC nicht mehr in gleicher Phase. Sie haben bis zur Ebene AC verschieden lange Wege zurückgelegt, so daß zwischen ihnen ein Gangunterschied besteht. Beträgt dieser Gangunterschied zwischen A und D (entsprechend dann auch zwischen D und C und allen äquivalenten Punkten) $\lambda/2$, so löschen sich alle Strahlen durch Interferenz aus, wenn diese im Brennpunkt einer Linse vereinigt werden. Bei einem Gangunterschied von λ erfolgt eine Verstärkung durch Interferenz, so daß sich dunkle und helle Streifen (bei unterschiedlichen Wellenlängen farbige) ergeben, die sogenannten Beugungsbilder.

In Richtung der einfallenden ebenen Welle ergibt sich die größte Helligkeit. Alle in dieser Richtung verlaufenden Strahlen sind in der Wellenebene immer in Phase, d. h., sie besitzen keinen Gangunterschied. Folglich wird in Ausbreitungsrichtung der ebenen Welle diese nicht durch Interferenz geschwächt.

Abbildung 2a zeigt die Verteilung der Helligkeit im Beugungsbild eines Spaltes bei monochromatischem Licht.

Fresnelsche Beugung ist die Lichtbeugung, bei deren Berechnung die Krümmung der Wellenfront der einfallenden sowie der gebeugten Welle (z. B. Kugelwellen) nicht vernachlässigt werden kann. Fresnelsche Beugung tritt somit immer dann ein, wenn sich Lichtquelle und Beobachtungsschirm in einem endlichen Abstand zu dem beugenden Hindernis befinden. Bei der Fresnelschen Beugung erhält man ein Beugungsbild des Hindernisses. Im Gegensatz dazu liefert die Fraunhofersche Beugung das Beugungsbild der Lichtquelle.

Eine qualitative Beschreibung der Fresnelschen Beugung gestattet wieder das Huygensche Prinzip in Verbindung mit der Interferenz.

Eine punktförmige Lichtquelle L befindet sich in einem Abstand vor einem Schirm, in dem sich eine kleine Öffnung befindet (Abb. 3). Nach dem Huygenschen Prinzip wird diese Öffnung selbst zu einer Lichtquelle, von der aus nach allen Richtungen Licht ausgeht, das unter sich interferenzfähig ist. In einem beliebigen Punkt P hinter dem Schirm schneiden sich somit Strahlen, die von allen einzelnen Punkten der Öffnung herrühren, jedoch bis zum Punkt P verschieden lange Wege zurückgelegt, also Gangunterschiede gegeneinander gewonnen haben. Die Lichtwirkung im Punkt P hängt nun davon ab, ob die einzelnen Strahlen sich auf Grund ihrer Gangunterschiede im Mittel gegenseitig verstärken oder schwächen. Im Ergebnis entsteht in einer der Schirmebene parallelen Beobachtungsebene das Beugungsbild der Öffnung.

Eine wichtige Aussage der Beugungstheorie ist das Babinetsche Theorem. Es besagt, daß das Beugungsbild einer Öffnung in einem Schirm im wesentlichen

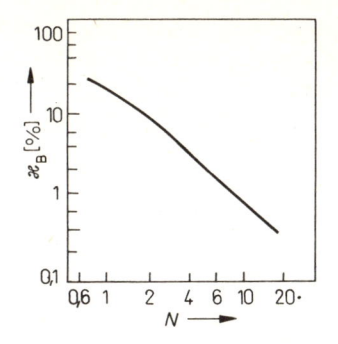

Abb. 4 Beugungsverluste χ_B eines Resonators mit ebenen kreisrunden Spiegeln als Funktion der Fresnel-Zahl für die Grundmode

die gleiche Struktur besitzt, wie das Beugungsbild eines Schirmes mit der Gestalt der Öffnung. Hiernach ist z. B. das Beugungsbild eines Haares dasselbe wie das eines Spaltes derselben Breite wie das Haar dick ist. Die Bedeutung des Babinetschen Theorems liegt darin, daß damit die Beugung an Öffnungen, auf die an Schirmen zurückzuführen ist und umgekehrt, also jeweils nur eine Klasse von beugenden Hindernissen zu untersuchen ist.

Von der Beugung an kleinen Teilchen, die von der Größenordnung der Lichtwellenlänge sind, ist die Streuung des Lichtes an noch kleineren Teilchen zu unterscheiden, bei der das Licht aus seiner ursprünglichen Richtung abgelenkt wird, ohne daß zwischen den einzelnen abgelenkten Strahlen Phasenbeziehungen bestehen, die zu Interferenzerscheinungen Veranlassungen geben (siehe *Streuung*).

Kennwerte, Funktionen

Fresnel-Zahl für einen ebenen Resonator mit kreisförmigen Spiegeln:

$$N = \frac{r^2}{\lambda L} \quad \text{ganze Zahl,} \tag{1}$$

r – Spiegelradius, L – Spiegelabstand, λ – Lichtwellenlänge.

Cornu-Spirale (Abb. 5, 6): Die Gleichung der Cornu-Spirale ist in Parameterform durch die Fresnel-Integrale bestimmt [7]:

$$C(v) = \int_0^v \cos\left(\frac{\pi}{2}\xi^2\right) d\xi; \quad S(v) = \int_0^v \sin\left(\frac{\pi}{2}\xi^2\right) d\xi, \tag{2}$$

$$v = \sqrt{\frac{2}{\lambda L}}(x - x_0),$$

L – Abstand zwischen der Schirmfläche und dem Beobachtungspunkt, x_0 – Koordinate des Beobachtungs-

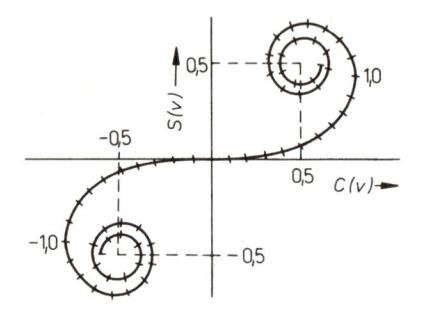

Abb. 5 Cornu-Spirale

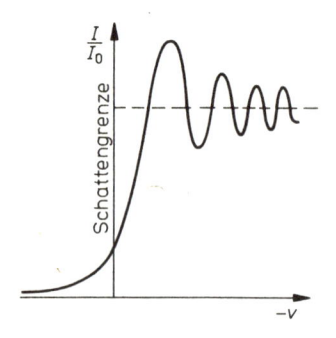

Abb. 6 Intensitätsverteilung bei der Fresnel-Beugung an einer Kante, berechnet mittels der Cornu-Spirale

punktes, x – laufende Koordinate der Punkte der Wellenfront; die x-Achse verläuft in der Schirmebene senkrecht zum Rand des Schirmes.

Fraunhofersche Beugung an einem Spalt bei senkrechtem Lichteinfall [4]: Intensitätsverteilung

$$I(\alpha) = \frac{\sin^2\left(\frac{\pi b}{\lambda}\sin\alpha\right)}{\left(\frac{\pi b}{\lambda}\sin\alpha\right)^2} I_0, \qquad (3)$$

I_0 – einfallende Intensität, α – Beugungswinkel, b – Spaltbreite.
Die Minima der Beugungsverteilung liegen bei

$$\sin\alpha = \frac{k\lambda}{b} \quad (k - \text{ganze Zahl}), \qquad (4)$$

die Maxima in den Richtungen $\sin\alpha = 0$; 1,43 λ/b; 2,459 λ/b; 3,471 λ/b; ...

Bei mehr als zwei Spalten gleicher Breite und gleichen Abstandes entsteht ein Beugungsbild, das sich der Intensitätsverteilung des Einzelspaltes unterordnet. Die Helligkeitsverteilung besteht aus Haupt- und Nebenmaxima (Abb. 2).

Hauptmaxima: $\sin\alpha = \frac{m\lambda}{d}$; $m = 0, 1, 2, ...$ $d = a + b$;

a – Spaltabstand.

Anwendungen

Von grundlegender Bedeutung sind die Beugungserscheinungen bei der Bestimmung des Auflösungsvermögens optischer Baugruppen und Instrumente, wie Gitter, Prismen, Fernrohre und Mikroskope [3, 4] (Tab. 1).

Tabelle 1 Auflösungsvermögen optischer Instrumente

Optisches Instrument	Auflösungsvermögen $\lambda/\delta\lambda$ im sichtbaren Spektralbereich
Interferometer	einige 10^6
Gitter	einige $10^5 - 10^6$
Prisma	$\approx 10^4$

Sterninterferometer nach MICHELSON [4]. Das Sterninterferometer nach MICHELSON dient zur Messung des Winkelabstandes von Doppelsternen sowie des Winkeldurchmessers von Sternen. Die Messungen beruhen auf der Tatsache, daß die Beugungsbilder beider Sterne eines Doppelsternsystems infolge ihres Winkelabstandes δ etwas gegeneinander verschoben sind und nicht miteinander interferieren, da das Licht von verschiedenen Lichtquellen herrührt. Beobachtet man durch einen Doppelspalt und verändert den Spaltabstand a so, daß die Helligkeitsmaxima des ersten Systems mit den Helligkeitsminima des zweiten Systems zusammenfallen, dann verschwindet die Interferenzerscheinung. Für den Winkelabstand δ der beiden Lichtquellen gilt (für kleine Winkel) die Beziehung $\delta = \frac{\lambda}{2a}$. Für große Spaltabstände a kann das Auflösungsvermögen einer solchen Anordnung beträchtlich werden. Ein Abstand der Eintrittsspalte von $a = 5$ m (Mont Wilson Observatory) gestattet bei einer Lichtwellenlänge von $\lambda = 550$ nm eine Messung des Winkelabstandes bis herab zu $\delta = 0'',02$.

Große Spaltabstände (bis zu 20 m) werden erreicht durch Ersatz der Eintrittsspalte durch zwei bewegliche Spiegel, die über zwei feste Hilfsspiegel die beiden Lichtbündel in das Objektiv des Fernrohres reflektieren. Man hat so die in Abb. 7 dargestellte Anordnung.

Auch eine ausgedehnte Lichtquelle gibt durch die Überlagerung der den einzelnen Punkten der Oberfläche zukommenden Beugungsbilder mit wachsendem Spaltabstand ein Verschwinden der Interferenzstreifen. Auf diese Weise kann der Winkeldurchmesser der Lichtquelle bestimmt werden.

Auf diese Weise gelang es zuerst 1819 ANDERSON, einige Doppelsterne aufzulösen, und MICHELSON und PEASE, den Durchmesser einiger Fixsterne zu bestimmen [8].

Ähnliche Methoden können auch zur *Bestimmung der Entfernung kleiner Teilchen mit dem Mikroskop* benutzt werden. Solche Messungen sind für die Kolloidchemie von größter Wichtigkeit.

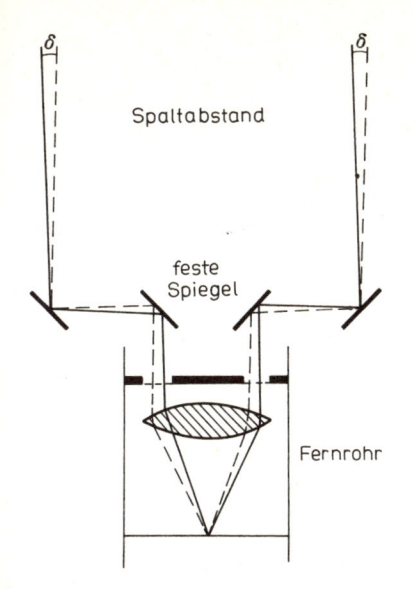

Abb. 7 Sterninterferometer zur Bestimmung des Winkelabstandes von Doppelsternen und des Sterndurchmessers

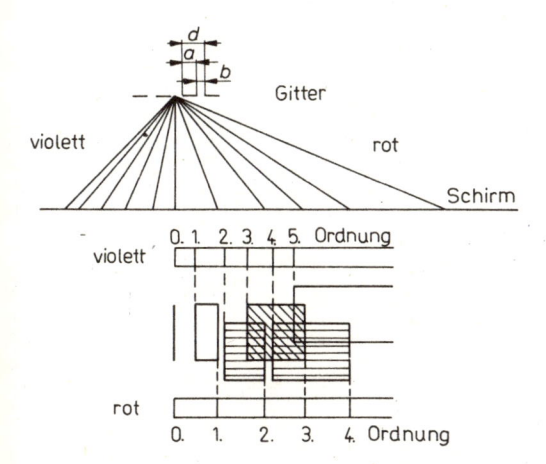

Abb. 8 Gitterspektren verschiedener Ordnung bei Fraunhoferscher Beugung

Optische Gitter (Beugungsgitter) [3, 4, 9]. Eine breite Nutzung erfährt die Beugung an regelmäßigen Anordnungen von untereinander gleichartig beugenden Elementen, sogenannten optischen Gittern oder Beugungsgittern, zur Gewinnung von Beugungsspektren (Abb. 8). FRAUNHOFER war der erste, der Gitter mit Hilfe von parallel gespannten Drähten anfertigte. Später benutzte FRAUNHOFER Glasplatten, die er mit einer Schicht Ruß oder Silber überzog, in welche er durchsichtige Linien ritzte.

Das Beugungsbild eines solchen Gitters entspricht dem einer Vielzahl gleicher Spalte (vgl. Abb. 2b), das durch die Überlagerung des Beugungsbildes eines einzelnen Spaltes mit den Beugungsbildern aller anderen Spalte entsteht. Im allgemeinen wird neben dem Beugungsbild der nullten Ordnung auch die Beugungsbilder erster, zweiter, ... Ordnung beobachtet, jedoch nimmt ihre Lichtintensität mit steigender Ordnungszahl m ab (Abb. 8).

Da die Beugung wellenlängenabhängig ist, wird einfallendes weißes Licht durch das Gitter in allen Ordnungen außer der nullten spektral zerlegt. Der violette Teil des Spektrums wird wenig, der rote stark abgelenkt, und die Ablenkung ist proportional der Wellenlänge.

Das Auflösungsvermögen eines Gitters $\lambda/\delta\lambda = nm$ ist das Produkt von Strichzahl n und Ordnungszahl. Die größte gebräuchliche Strichzahl liegt bei einigen 10^5, so daß das Auflösungsvermögen je nach beobachtbarer Beugungsordnung einige 10^5 bis 10^6 beträgt. Es liegt damit in der Größenordnung reiner Interferenzinstrumente (z. B. Lummer-Platte), das Gitter hat jedoch den Vorzug, große Teile des Spektrums auf einmal zu liefern.

Je nach der Art der Beugungselemente und deren periodischer Anordnung unterscheidet man Strich-, Stufen-, Phasen- und Echelettegitter [10]. Beugungsgitter können als Transmissionsgitter und als Reflexionsgitter hergestellt werden.

Zweidimensionale Gitter, also solche mit zwei Gitterkonstanten sind die Kreuzgitter. Schließlich seien noch die Raumgitter genannt, die von z. B. für die Beugung von Röntgenstrahlen benutzten Kristallen gebildet werden. Modernste Entwicklungen auf dem Gebiet der Beugungsgitter sind die holografischen Gitter (siehe *Holografie*).

Beugungsgitter werden auf Plan- und Konkavflächen aufgebracht. Plangitter benötigen eine zusätzliche Abbildungsoptik und werden vorwiegend im sichtbaren und infraroten Spektralbereich angewendet. Konkavgitter [10] vermitteln gleichzeitig mit der spektralen Zerlegung eine optische Abbildung. Ihr Anwendungsgebiet ist der vakuumviolette Spektralbereich, wo man wegen des geringen Reflexionsvermögens und der kleinen Durchlässigkeit der optischen Materialien ohne Abbildungsoptiken auskommen muß.

Gitterspektralapparat [3, 4, 9]. Gitterspektralapparate – Gitterspektroskop, Gitterspektrograph und Gitterspektrometer – sind Geräte für spektroskopische Messungen, welche auf der Wellenabhängigkeit des Lichtes an optischen Gittern beruhen. Da die Lage der Helligkeitsmaxima von der Wellenlänge abhängt, wird weißes oder allgemein Licht verschiedener Wellenlänge durch das Gitter in allen Ordnungen außer der nullten spektral zerlegt (vgl. Abb. 8). Hierauf beruht die wichtige Anwendung der Beugungsgitter als Grundbestandteil von Spektralapparaten.

Der Vorzug der Messung mit Hilfe von Beugungsgittern liegt vor allem darin, daß durch Anwendung geeigneter Gitter (Reflexionskonkavgitter) die Zwischenschaltung von Linsen zu vermeiden ist, wodurch die Messung in Wellenlängengebieten möglich wird, die sonst wegen der Absorption der Linsenmaterialien usw. unzugänglich sind (vgl. auch Abschnitt Optische Gitter).

Für Präzisionsmessungen im sichtbaren und nahe angrenzenden Gebieten gewinnen heute wegen ihres größeren Auflösungsvermögens (einige 10^6) die Interferometer immer mehr an Bedeutung.

Fresnelsche Zonenplatte [5]. Die Fresnelsche Zonenplatte ist eine ebene Kreisscheibe, bei der die geradzahligen Fresnelschen Zonen (bezogen auf einen bestimmten Licht- und Beobachtungspunkt) zugedeckt (oder absorbierend) sind und die ungeradzahligen frei (durchsichtig) bleiben (oder umgekehrt). Dadurch wird erreicht, daß sich die Beiträge aller frei gelassenen Zonen durch Interferenz verstärken. Die Zonenplatten wirken wie Linsen. Eine maximale Lichtstärke im Beobachtungspunkt wird dabei erreicht, wenn die Fresnelschen Zonen nicht abgedeckt, sondern in ihnen eine zusätzliche Gangdifferenz von $\lambda/2$ hervorgerufen wird, so daß auch sie im Bildpunkt phasengleich wirken.

Von Bedeutung sind Fresnelsche Zonenplatten z. B. bei der Fokussierung von Röntgenlicht, da hier die im Sichtbaren üblichen Fokussierungselemente, wie Linsen und Prismen, nicht mehr anwendbar sind.

Messung der Wellenlänge von Licht [4]. Da die Lage der Helligkeitsmaxima und -Minima der Beugungsbilder von der Lichtwellenlänge abhängen (siehe Kennwerte, Funktionen), kann durch äußerst präzise ausführbare Messung des Beugungswinkels die Lichtwellenlänge mit sehr großer Genauigkeit bestimmt werden. Darüber hinaus ist es bei Verwendung von Beugungsgittern möglich, Wellenlängenunterschiede außerordentlich genau, bis auf einige 10^{-5}, zu bestimmen. Solche Verfahren eignen sich besonders zur relativen Ausmessung von Absorptionslinien.

Literatur

[1] Die Schöpfer der physikalischen Optik. WTB Bd. 195. Hrsg. H. Paul. – Berlin: Akademie-Verlag 1977. S. 223–238

[2] Pohl, R. W.: Optik und Atomphysik. – Berlin/Göttingen/Heidelberg: Springer-Verlag 1963.

[3] Born, M.; Wolf, E.: Principles of Optics (Prinzipien der Optik). – Oxford: Pergamon Press 1968.

[4] Born, M.: Optik. 2. Aufl. – Berlin/Heidelberg/New York: Springer-Verlag 1965.

[5] Sommerfeld, A.: Vorlesungen über theoretische Physik. Bd. 4: Optik. – Leipzig: Akademische Verlagsgesellschaft Geest & Porling K.-G. 1964.

[6] v. Laue, M.: Interferenz und Beugung elektromagnetischer Wellen. In: Handbuch der Experimentalphysik. Bd. 18. – Leipzig: 1928.

[7] Jahnke, E.; Emde, F.: Funktionentafeln mit Formeln und Kurven. – Leipzig/Berlin: B. G. Teubner 1909.

[8] Riekher, R.: Fernrohre und ihre Meister. – Berlin: VEB Verlag Technik 1957.

[9] Stroke, G. W.: Ruling, testing and use of optical Graings for High-Resolution Spectroscopy (Herstellung, Prüfung und Anwendung optischer Gitter für die hochauflösende Spektroskopie). Prog. Optics 2 (1963) 3–74.

[10] ABC der Optik. Hrsg. K. Mütze. – Leipzig: VEB F. A. Brockhaus Verlag 1961.

Bildwandlung

Die erste (mechanische) Bildwandlung und Übertragung bewegter Bilder wurde von P. NIPKOW vorgenommen. Mittels einer rotierenden Metallscheibe (Nipkow-Scheibe) mit quadratischen Löchern längs einer Spirale wurde eine punkt- und zeilenförmige Führung eines Lichtstrahls zwecks Bildabtastung bewirkt. Die dem Bildinhalt entsprechenden Helligkeitsschwankungen wurden über eine Photozelle in Stromimpulse verwandelt und über Kabel oder drahtlos an einen Empfänger gesendet. Dieser steuerte eine Lichtquelle, deren Helligkeitsschwankungen mittels einer synchron laufenden zweiten Nipkow-Scheibe zum Ausgangsbild zusammengesetzt wurden. Heute wird das mechanische Abtastverfahren durch elektronische ersetzt; die Zerlegung des Bildes in Punkte und Zeilen bleibt dabei weitgehend erhalten.

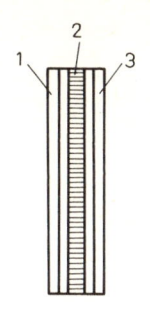

Abb. 1 Proximity – Bildverstärkungsanordnung
1 – Durchsichtkathode, 2 – Mikrokanalplatte ($10^2 \div 10^3$ Kanäle pro mm^2), 3 – Leuchtschirm

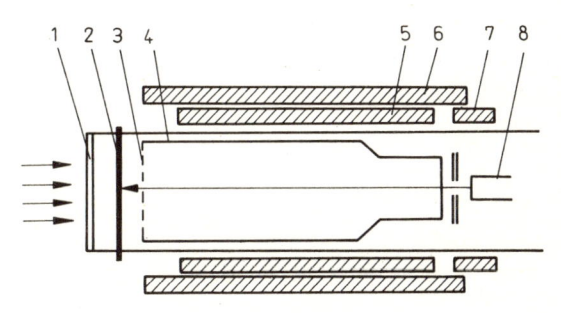

Abb. 2 Vidikon mit Si-Multidiodentarget
1 – Eintrittsfenster, 2 – Si-Multidiodentarget, 3 – Feldnetz, 4 – Anode, 5 – Ablenkspule, 6 – Fokussierspule, 7 – Justierspule, 8 – Strahlerzeugungssystem

Sachverhalt

Unter dem Begriff Bildwandlung ist zu verstehen eine Reihe verschiedener Vorgänge bzw. Möglichkeiten [1] der

- Überführung eines optischen Bildes in ein helligkeitsverstärktes optisches Bild auf photoelektrischem Wege, ggf. mit Zeitauflösung,
- Umwandlung einer optischen Abbildung in ein Ladungsbild (photo- und pyroelektrische Fernsehbildaufnahmetechnik),
- Umsetzung eines visuell nicht sichtbaren Bildes (Röntgen-, UV-, IR-Strahlung) in den sichtbaren Spektralbereich.

Bildwandlung (Bildverstärkung) wird mittels photoelektrischer Bildwandler (BW) und Bildverstärker (BV) praktisch verwirklicht. Sie enthalten als wesentliche Funktionselemente Durchsichtsphotokathode, Verstärkungs- und Zeitablenkungsanordnungen sowie Leuchtschirm, wobei die Abbildung auf jedem Flächenelement des Leuchtschirms eindeutig einem Flächenelement der Durchsichtkathode zugeordnet sein muß. Die Bildwandlung kann in einem starren Maßstab mit dem Ziel einer hohen Lichtverstärkung erfolgen. Hierfür nutzt man u. a. die eng benachbarte (proximity) Anordnung von planparalleler Photokathode, Mikrokanalvervielfacherplatte (MCP) und Leuchtschirm mit elektrostatischer Ladungsträgerüberführung (Abb. 1). Ein variabler Abbildungsmaßstab wird durch elektronenoptische Abbildung von der Photokathode auf den Leuchtschirm erreicht (siehe Abb. 2).

Kennwerte, Funktionen

Die Güte der Bildwandlung wird durch das Auflösungsvermögen der BW oder BV, der Zahl der noch getrennt erkennbaren schwarz-weißen Linienpaaren (Lp/mm), bestimmt.

Eine Übersicht über die Eigenschaften einiger photoelektrischer Bildwandler und Bildverstärker wird in Tab. 1, S. 528, gegeben [2].

Weitere Kenngrößen sind u. a. der Dynamikbereich, mit dem unterschiedliche Bildpunktintensitäten verarbeitet werden können, und die Zeitauflösung. Letztere kann durch die Folgefrequenz der Bildabfrage bei elektronenoptischer Abbildung ($10^{-2}...10^{-5}$ s), durch optische bzw. elektronenoptische Verschlüsse ($10^{-4}...10^{-10}$ s) oder nach dem Streakprinzip ($10^{-8}...10^{-12}$ s) [3] realisiert werden.

Anwendungen

Bildaufnahmeröhren. Die Entwicklung der Bildaufnahmeröhren wurde u. a. durch die Anwendung in der Fernsehtechnik vorangetrieben (Vidikon, Superorthikon). In den Röhren werden Helligkeitsverteilungen eines optischen Bildes in ein entsprechendes Poten-

Tabelle 1

Ausführung	Durchmesser der Empfängerfläche [mm]	Elektrooptische Abbildung	Lichtverstärkung [cd/lm]	Ortsauflösung (Bildmitte) [Lp/mm]
1	2	3	4	5
BW-Diode elektrostatisch fokussiert	10...25	1:0,75...1:1 fest	0,4...>0,6	60...80
BW-Diode Proximity-Anordnung	18...75	1:1 fest	25...50	25...35
BV-Diode (BVD) elektrostatisch fokussiert	18...25	~1:1 fest	28...35	60...65
BV-Diode magnetisch fokussiert	40...160	~1:1 fest	60...125	75...90
BV-Tetrode (BVT) elektrostatisch fokussiert	38	1:0,3...1:0,7 variabel	200...300	30...40
BV, zweistufig Kaskade BVT + BVD, Fiberoptik	30...38	1:0,3...1:0,6 variabel	3500...4000	25...30
BV, zweistufig magnetisch fokussiert	40...144		1500...4000	55...60
BV, dreistufig Kaskade 3. BVD, Fiberoptik	18...25	1:0,8...1:1 fest	1200	30...35
MCP-BV, einstufig elektrostatisch fokussiert	18...50	1:0,6...1:0,8	$10^2...>10^4$ [1]	20...30
MCP-BV, einstufig Proximity-Anordnung	18...40	1:1 fest	$10^2...>5 \cdot 10^4$ [1]	~25

[1] MCP-Verstärkung

tialrelief auf einem elektrischen Ladungsspeichertarget überführt, das von einem abtastenden Elektronenstrahl zeilenweise ausgewertet und in eine zeitliche Folge elektrischer Impulse umgesetzt wird [4]. Als Beispiel sei das Vidikon mit Si-Multidiodentarget (Abb. 2) genannt.

Die Nachweisempfindlichkeit des Si-Multidiodenvidikons läßt sich um Faktoren $10^2...10^3$ durch Vorschaltung eines elektrostatischen Bildwandlersystems erhöhen. Durch den Einsatz von pyroelektrischen Vidikons ist der Bereich hoher spektraler Empfindlichkeit bis weit in das Infrarote ($\lambda > 10$ µm) auszudehnen.

Bevorzugte Anwendung: Wärmeverlustmessung an Wohngebäuden, Nacht- und Nebelsichtgeräte für Transportwesen und Luftfahrt, Detektion von gerichteter Infrarotstrahlung in wissenschaftlichen Laboratorien.

Röntgenbildwandler. Zur Erhöhung der Sicherheit der Auswertung der in der medizinischen Diagnostik anfallenden Röntgenbilder erfolgt eine Umsetzung der Bilder in den sichtbaren Spektralbereich (z. B. durch Fluoreszenz) und eine anschließende Bildverstärkung.

Literatur

[1] KRIESER, J.: Aufbau, Wirkungsweise und Ausführungsformen von Bildverstärkern. Internat. Elektr. Rdsch. 27 (1973) 8, 143–147, 169–173, 196–198.
[2] Wissensspeicher Lasertechnik. – Leipzig: VEB Fachbuchverlag 1982. S. 87.
[3] BRADLEY, D. J.: Recent developments in picosecond photochronoscopie (Neuere Entwicklungen in der Pikosekunden-Fotochronoskopie). Optics and Laser Technol. 11 (1979) 1, 23–28.
[4] GÖLLNITZ, H., u. a.: Vakuumelektronik. – Berlin: Akademie-Verlag 1978.

Optische Bistabilität

W. E. LAMB, JR., wies schon 1964 auf ein bistabiles Verhalten beim Gaslaser im Zwei-Frequenz-Betrieb hin [1]. Von H. SEIDEL [2] sowie von A. SZÖKE, V. DANEU, J. GOLDHAR und N. A. KURNIT [3] wurde 1969 erstmals eine optisch bistabile Anordnung mit einem sättigbaren Absorber in einem Fabry-Perot-Resonator vorgeschlagen. Die erste experimentelle Realisierung eines bistabilen Elements wurde 1976 von H. M. GIBBS, S. L. MC CALL und T. N. C. VENKATESAN unter Benutzung eines nichtlinearen dispersiven Mediums (Natrium-Dampf) erreicht [4]. Seitdem gewinnt das Phänomen der optischen Bistabilität zunehmend an physikalischem Interesse; zugleich werden verstärkte Anstrengungen unternommen, um geeignete bistabile Bauelemente für die optische Informationsverarbeitung zu entwickeln.

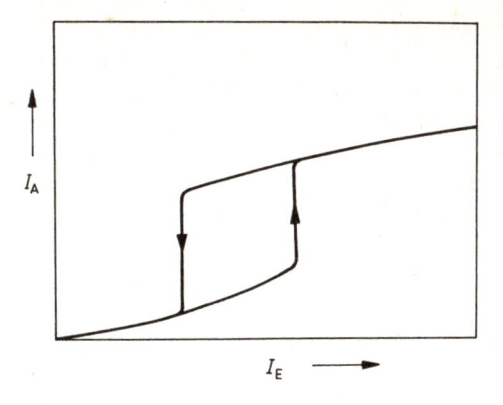

Abb. 1 Typische Kennlinie für ein optisch bistabiles Bauelement

Sachverhalt

Für ein optisch bistabiles System ist charakteristisch, daß in einem bestimmten Bereich der eingegebenen Lichtintensität (I_E) zwei Möglichkeiten für die Intensität des Ausgangssignals (I_A) existieren, d. h., die Übertragungsfunktion weist einen Hysteresezyklus auf (siehe Abb. 1). Zur Realisierung dieses Verhaltens macht es sich zum einen erforderlich, daß zwischen Ausgangs- und Eingangssignal durch ein optisch nichtlineares Medium eine nichtlineare Abhängigkeit hervorgerufen wird, zum anderen muß eine Rückkopplung vorhanden sein, die eine „Gedächtnis"-Funktion erfüllt. Wird diese Rückkopplung durch den inneren Zustand des Systems selbst erzeugt (mit rein optischen Mitteln, z. B. Resonator), spricht man von intrinsischer Bistabilität. Wird dagegen das Ausgangssignal gemessen und dem System als elektrisches Signal wieder zugeführt, so bezeichnet man dies als hybride Bistabilität [5]. Nachfolgend seien drei wichtige Anordnungen, die intrinsische Bistabilität aufweisen, kurz vorgestellt:

Resonator mit sättigbarem Absorber (absorptive Bistabilität) [2, 3, 6]. Wird Laserstrahlung in einen mit intensitätsabhängigen Verlusten (gesättigte Ein-Quanten-Absorption) ausgestatteten Resonator eingekoppelt, so kann einmal die Transmission gering (durch hohe Verluste des nicht gesättigten Absorbers ist die Intensität im Resonator klein) oder groß (hohe Intensität im Resonator durch geringe Verluste infolge Absorptionssättigung) sein.

Mit Kerr-Medium gefüllter Resonator (dispersive Bistabilität) [4, 6, 7]. Die in eine Fabry-Perot-Resonator eingekoppelte Lichtintensität hängt von der optischen Resonatorlänge ab und weist bei hoher Güte schmale Resonanzen auf (vgl. Abb. 2). Die sich im Resonator einstellende Intensität wird durch die Projektionen der Schnittpunkte dieser Resonanzkurve mit der Geraden, die die infolge des optischen Kerr-Effektes (siehe *Nichtlineare Optische Effekte*) auftretende lineare Abhängigkeit des Brechungsindex von der Intensität charakterisiert, bestimmt. Dabei sind die Intensitäten I_1 und I_3 stabil, I_2 hingegen instabil. Es läßt sich zeigen, daß im Vergleich zur absorptiven Bistabilität hier geringere Laserintensitäten zum Erzielen einer Hysterese vonnöten sind.

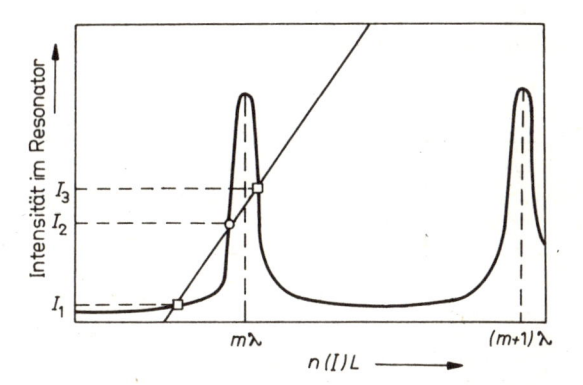

Abb. 2 Abstimmkurve eines Fabry-Perot-Resonators mit nichtlinearem Medium ($n(I)$ – intensitätsabhängiger Brechungsindex, L – Resonatorlänge, □ – stabiler, ○ – instabiler Arbeitspunkt)

Reflexion und Brechung an der Grenzfläche zwischen linearem und nichtlinearem Medium [8, 9]. Bei Totalreflexion dringt ein kleiner Teil der auftreffenden Strahlung in das optisch dünnere Medium ein. Weist dieses jedoch einen intensitätsabhängigen Brechungsindex auf, so kann ein bisher totalreflektierter Strahl durch das zweite Medium hindurchgehen, so daß die Intensitätsabhängigkeit des Übergangs Totalreflexion-Transmission Hysteresecharakter zeigt. Im Vergleich zu einer Resonatoranordnung sind hier wesentlich kürzere Schaltzeiten zwischen den stabilen Zuständen zu erwarten; selbige wird hier nur begrenzt durch die Einstellzeit der Kerr-Nichtlinearität.

Hybride optisch bistabile Systeme sind zur Mikroelektronik kompatibel. Im Vergleich zu intrinsischen

Bauelementen werden geringere Lichtintensitäten benötigt, da sich auf elektrooptischem Wege wesentlich höhere Nichtlinearitäten erzeugen lassen, z. B. beim Resonator mit innerer Kerr-Zelle oder beim hybriden optisch bistabilen Koppler [10]. Auf der Basis von optoelektronischen Bauelementen kann auch unter Ausnutzung elektrischer Nichtlinearitäten von Laser- und Photodiode optische Bistabilität erzielt werden [11].

Kennwerte, Funktionen [12]

Unlängst wurde bei Zimmertemperatur excitonische intrinsische Bistabilität eines GaAs-GaAlAs-Supergitter-Etalons beobachtet [23]. Bei Schaltzeiten von 20...40 nsec lagen die benötigten Intensitäten bei $1 \text{ mW}/(\mu\text{m})^2$.

Tabelle 1

	Typ	Verlustleistung pro Bit [W]	Schaltzeit [s]	Schaltenergie [J]
intrinsisch	CS_2 mit Resonator	$3 \cdot 10^5$	$5 \cdot 10^{-4}$	
	Na-Dampf mit Resonator	10^{-2}	10^{-5}	10^{-7}
	GaAs (120 K) mit Resonator	$2 \cdot 10^{-1}$	$4 \cdot 10^{-8}$	$8 \cdot 10^{-9}$
	Nichtlineare Grenzfläche Glas – CS_2	$2 \cdot 10^5$	$2 \cdot 10^{-12}$	$4 \cdot 10^{-7}$
hybrid	$LiNbO_3$ mit Resonator	10^{-5}	$5 \cdot 10^{-8}$	$5 \cdot 10^{-13}$
	Flüssigkristallmatrix	$5 \cdot 10^{-7}$	$4 \cdot 10^{-2}$	$2 \cdot 10^{-8}$

Anwendungen

Prinzipielle physikalische Untersuchungen. Optisch bistabile Phänomene sind von großem theoretischen Interesse, da hierbei ein sich weitab vom thermodynamischen Gleichgewicht befindliches System analytisch beschreiben läßt, wo Phasenübergänge stattfinden und das „Chaos" studiert werden kann („chaotische" Emission im Ringresonator durch fortgesetzte Periodenverdopplung [13, 14]). Auch ist die Bistabilität interessant bezüglich Fragen der Photonenstatistik, wie „Bunching"-„Antibunching" [15] sowie die für Präzisionsmessungen eventuell bedeutsamen „squeezed states" [16].
Bauelemente für die optische Informationsverarbeitung. Bistabile optische Bauelemente lassen sich je nachdem, in welchem Teil der Kennlinie (Abb. 1) sie betrieben werden, für verschiedene Aufgaben einsetzen [17], z.B. als optische Schalter oder Speicher für digitale Informationen, als optische Impulsverstärker, als optische Begrenzer (experimentell konnte eine Impulsschwankung von 15:1 auf 4% begrenzt werden [12]), als optische Diskriminatoren, als optische Clipper oder als optische „UND"- bzw. „ODER"-Gatter.

Intrinsische bistabile Elemente für Speicherzwecke sind nur für relativ kurze Speicherzeiten interessant, da zur Informationserhaltung ein konstantes Eingangssignal vonnöten ist. Bei einem 200 ps dauernden Eingangsimpuls von 589 nm konnte eine Einschaltzeit von 1 ns und eine Ausschaltzeit von 40 ns beobachtet werden [18]. Eine Reduzierung der Abmessungen der Bauelemente bis in den Bereich der Wellenlänge kann zur Verringerung der optischen Schaltenergie und der Schaltzeit führen, ein Schritt in diese Richtung bedeutet die Verwendung von Halbleiterlasern mit inhomogener Anregung [19, 20]. Intrinsische Bauelemente sind gegenüber elektrischen Störungen, wie EMP, unempfindlich.

Während bei intrinsischen Anordnungen die möglichen Schaltzeiten gegenwärtig bei 1 ps liegen, erwartet man bei hybriden Anordnungen ca. 50 ps [12]. Bei Benutzung von Photoelementen werden jedoch deren Zeitkonstanten von mehr als 1 ns bestimmend.

Trotz der relativ langen Schaltzeiten sind Flüssigkristalle als hybride Bauelemente speziell für die Bildverarbeitung von Interesse, da eine große Anzahl von Signalen parallel verarbeitet werden kann [21, 22].

Abschließend soll kurz eine hybride Anordnung vorgestellt werden, die als bistabiler Koppler wirkt [10]: In einem elektrooptischen $LiNbO_3$-Kristall befinden sich zwei Lichtleiter; durch Anlegen einer Spannung an die Steuerelektroden können die Brechungs-

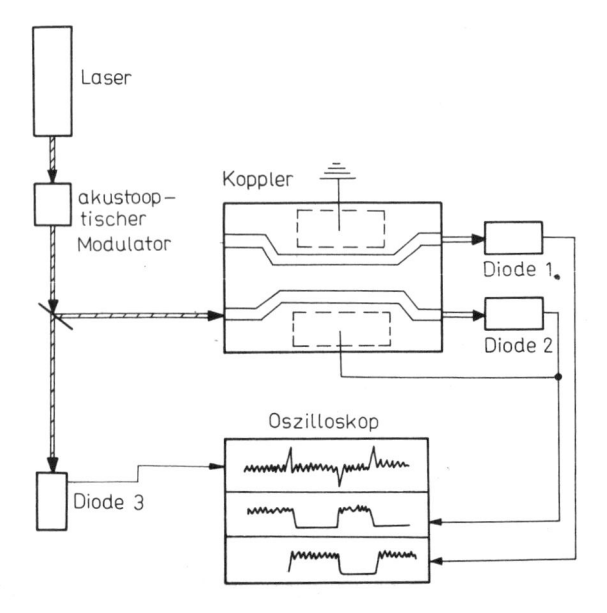

Abb. 3 Hybrider optisch bistabiler Koppler

indizes so modifiziert werden, daß das Licht von einem Leiter in den anderen gekoppelt wird. Durch Rückkopplung über die beiden Photodioden 1 und 2 entsteht eine Hysterese-Kennlinie. Auf Abb. 3 ist skizziert, wie die durch den akustooptischen Modulator aufgeprägten Signalspitzen die Kopplung zwischen den Lichtleitern hin- und herschalten.

Literatur

[1] LAMB, JR., W. E.: Theory of an optical maser (Theorie eines optischen Masers). Phys. Rev. 134 (1964) A 1429–1450.

[2] SEIDEL, H.: Bistable optical circuit using saturable absorber within resonant cavity (Bistabiler optischer Kreis unter Verwendung eines sättigbaren Absorbers innerhalb eines Resonators). US-Patent 3 610 731 (1969).

[3] SZÖKE, A.; DANEU, V.; GOLDHAR, J.; KURNIT, N. A.: Bistable optical element and its applications (Bistabiles optisches Element und seine Anwendungen). Appl. Phys. Letters 15 (1969) 376–379.

[4] GIBBS, H. M.; MC CALL, S. L.; VENKATESAN, T. N. C.: Differential gain and bistability using a sodium-filled Fabry-Perot interferometer (Differentielle Verstärkung und Bistabilität mittels eines mit Natrium gefüllten Fabry-Perot-Interferometers). Phys. Rev. Letters 36 (1976) 1135–1138.

[5] BISELLI, E.; KOCH, H.: Optische Bistabilität. Laser und Optoelektronik 14 (1982) 1, 11–14.

[6] MC CALL, S. L.: Instabilities in continuious – wave light propagation in absorbing media (Instabilitäten bei cw-Lichtausbreitung in absorbierenden Medien). Phys. Rev. A9 (1974) 1515–1523.

[7] VENKATESAN, T. N. C.; MC CALL, S. L.: Optical bistability and differential gain between 85 and 296 °K in a Fabry-Perot containing ruby (Optische Bistabilität und differentielle Verstärkung zwischen 85 und 296 °K in einem Fabry-Perot-Resonator, der Rubin enthält). Appl. Phys. Letters 30 (1977) 282–284.

[8] KAPLAN, A. E.: Gisteresisnoye otrażenye i prelomlenye na nelineynoy granize – novoy klass effektov v nelineynoy optike (Die hysteresisartige Reflexion und Brechung an einer nichtlinearen Grenzfläche – eine neue Klasse von Effekten in der nichtlinearen Optik). Pisma v ŻETF 24 (1976) 3, 132–137.

[9] SMITH, P. W.; HERMANN, J.-P.; TOMLINSON, W. J.; MALONEY, P. J.: Optical bistability at a nonlinear interface (Optische Bistabilität an einer nichtlinearen Grenzfläche). Appl. Phys. Letters 35 (1979) 11, 846–848.

[10] SCHNAPPER, A.; PAPUCHON, M.; PUECH, C.: Remotely controlled integrated directional coupler switch (Ferngesteuerter integrierter direkter Kopplungsschalter). J. Quantum Electronics QE-18 (1981) 3, 332–335.

[11] OGAWA, Y.; ITO, H.; INABA, H.: New bistable optical device using semiconductor laser diode (Neuer bistabiler optischer Baustein unter Benutzung einer Halbleiterlaserdiode). Jap. J. appl. Phys. 20 (1981) 9, L 646–L 648.

[12] SMITH, P. W.; TOMLINSON, W. J., IEEE Spectrum 18 (1981) 6, 26.

[13] NAKATSUKA, H.; ASAKA, S.; ITOH, H.; IKEDA, K.; MATSUOKA, M.: Observation of bifurcation to chaos in an all-optical bistable system (Beobachtung einer Verzweigung zum Chaos in einem voll-optischen bistabilen System). Phys. Rev. Letters 50 (1983) 2, 109–112.

[14] LUGIATO, L. A.; NARDUCCI, L. M.; BANDY, D. K.; PENNISE, C. A.: Self-pulsing and chaos in mean-field model of optical bistability (Selbstpulsieren und Chaos im Mittelfeld – Modell der optischen Bistabilität). Optics Commun. 43 (1982) 4, 281–286.

[15] DRUMMOND, P. D.; WALLS, D. F.: Quantum theory of optical bistability I. Nonlinear polarizability model (Quantentheorie der optischen Bistabilität. I. Modell der nichtlinearen Polarisierbarkeit). J. Phys. A: Math. Gen. Phys. 13 (1980) 725–736.

[16] LUGIATO, L. A.; STRINI, G.: On the squeezing obtainable in parametric oscillators and bistable absorption (Über das in parametrischen Oszillatoren und bei bistabiler Absorption auftretende „Squeezing"). Optics Commun. 41 (1982) 1, 67–70.

[17] GARMIRE, E., Soc. Photo-Opt. Instrum. Enging. 176 (1979) 12.

[18] GIBBS, H. M.; MC CALL, S. L.; VENKATESAN, T. N. C.; GOSSARD, A. C.; PASSNER, A.; WIEGMANN, W., Appl. Phys. Letters 35 (1979) 451ff.

[19] KAWAGUCHI, H.; IWANE, G., Electronics Letters 17 (1981) 167.

[20] HARDER, CH.; LAU, K. Y.; YARIO, A.: Bistability and negative resistance in semiconductor lasers (Bistabilität und negative Resistenz in Halbleiterlasern). Appl. Phys. Letters 40 (1982) 2, 124–126.

[21] BOYD, G. D.; CHENG, J.; NGO, P. D. T.: Liquid-crystal orientational bistability and nematic storage effect (Orientierungsbistabilität in Flüssigkristallen und nematischer Speicher-Effekt). Appl. Phys. Letters 36 (1980) 7, 556–558.

[22] THURSTON, R. N.; CHENG, J.; BOYD, G. D.: Optical properties of a new bistable twisted nematic liquid crystal boundary layer display (Optische Eigenschaften einer neuen bistabilen verdrillten nematischen Flüssigkristallgrenzschichtanzeige). J. appl. Phys. 53 (1982) 6, 4463–4479.

[23] GIBBS, H. M.; TARNG, S. S.; JEWELL, J. L.; WEINBERGER, D. A.; TAI, K.: Room-temperature excitonic optical bistability in a GaAs-GaAlAs superlattice etalon (Excitonische optische Bistabilität bei Raumtemperatur in einem GaAs-GaAlAs-Supergitter). Appl. Phys. Letters 41 (1982) 3, 221–222.

Brechung des Lichtes (Refraktion)

Die Brechung des Lichtes wird überall dort beobachtet, wo Licht von einem Medium in ein anderes übergeht.

Die genaueren Zusammenhänge bei der Lichtbrechung wurden zuerst von SNELL (SNELLIUS), 1591 bis 1626, erkannt. Er fand das Brechungsgesetz um 1618. Weiteren Kreisen wurde dieses Gesetz aber erst durch DESCARTES bekannt, der es 1637 in seiner *Dioptrik* [1], wohl unabhängig von SNELLIUS, in der heute gültigen Form veröffentlichte.

Die ersten Versuche, ein Brechungsgesetz zu finden, gehen jedoch bereits auf den Alexandriner PTOLEMÄUS zurück, dessen Messungen der Brechungswinkel an Wasser und Glas überliefert sind.

In der Entwicklung der physikalischen Optik kommt der Erscheinung der Brechung besondere Bedeutung zu, da sie sowohl mit der Vorstellung von Lichtteilchen (NEWTON, 1643 bis 1727), als auch vom Standpunkt der Wellennatur des Lichtes (HUYGENS, 1629 bis 1695) erkärt werden kann [1].

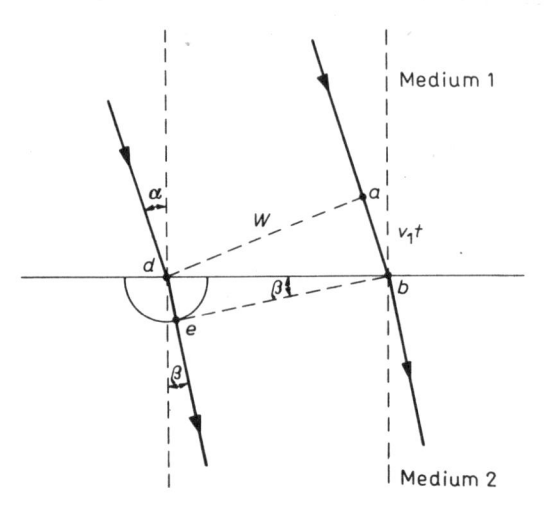

Abb. 1 Zur Ableitung des Brechungsgesetzes

Sachverhalt

Beim Übergang von Lichtwellen von einem durchsichtigen Medium in ein anderes wird die Richtung des Lichtes geändert. Ein Teil der Lichtwelle wird reflektiert und ein Teil davon gebrochen. Hervorgerufen wird diese Erscheinung durch die in einem homogenen isotropen Medium auftretende Änderung der Ausbreitungsgeschwindigkeit (Phasengeschwindigkeit) v des Lichtes relativ zu der im Vakuum c, bedingt durch das erzwungene Mitschwingen der Atome bzw. Moleküle (Polarisation) des Mediums (siehe *Lichtstreuung*). Das Verhältnis der Lichtgeschwindigkeit c im Vakuum zur Phasengeschwindigkeit v des Lichtes im Medium definiert den absoluten Brechungsindex n (Brechzahl) dieses Mediums. Sein Zahlenwert ist damit ein Maß für den Widerstand, den eine Lichtwelle im betreffenden Medium gegen ihre Ausbreitung erfährt. Zur Verdeutlichung:

Eine ebene Lichtwelle wird beim Übertritt vom Medium 1 in das Medium 2 gebrochen, wenn sie in 1 und 2 verschiedene Ausbreitungsgeschwindigkeiten v_1 und v_2 ($< v_1$) besitzt. Wird für die Ausbreitung der Wellenfront W von a nach b (Abb. 1) die Zeit t benötigt, so ist $\overline{ab} = v_1 t$. In der gleichen Zeit aber hat die nach dem Huygensschen Prinzip vom Punkt d ausgehende Elementarwelle im Medium 2 nur den Radius $\overline{de} = v_2 t$ zurückgelegt. Infolgedessen muß die Wellenfront einen Knick erleiden, es stellt sich eine neue Ausbreitungsrichtung des Lichtes im Medium 2 ein.

Aus geometrischen Betrachtungen ergibt sich damit das Snelliussche Brechungsgesetz, das besagt, daß das Produkt aus der Brechzahl und dem Sinus des Winkels vor ($n_1 \sin\alpha$) und nach ($n_2 \sin\beta$) der Grenzfläche gleich ist. Das Verhältnis $n_{21} = n_2/n_1$ definiert den relativen Brechungsindex. Er gibt das Verhältnis der Phasengeschwindigkeiten des Lichtes in den beiden Medien an ([2–4]). Ist dieses Verhältnis > 1, so erfolgt die Brechung an einem optisch dichteren Medium, anderenfalls an einem optisch dünneren Medium.

Die Größe n ist in jedem Medium außer im Vakuum von der Frequenz des Lichtes (Dispersion) und dem Zustand des Mediums (Temperatur, Dichte usw.) abhängig.

Wesentlich komplizierter sind die Verhältnisse bei der Brechung an optisch anisotropen Medien (vorzugsweise Kristallen). In anisotropen Medien hängt der Brechungsindex zusätzlich von der Fortpflanzungsrichtung des Lichtes und der Polarisation (Doppelbrechung) ab [5]. Für optisch einachsige Kristalle ist zwischen dem ordentlichen Strahl, Brechzahl n_0, und dem außerordentlichen Strahl, Brechzahl n_e, zu unterscheiden (siehe *optische Anisotropie-Effekte* und Tab. 2).

Zur Charakterisierung absorbierender Medien wird der komplexe Brechungsindex eingeführt [3].

Da die Erscheinung der Brechung eng mit der Polarisierbarkeit der einzelnen Atome bzw. Moleküle der betrachteten Medien verknüpft ist (siehe *Streuung*), erfolgt damit einmal eine teilweise Polarisierung der Strahlung, und zum anderen treten bei genügend hohen Strahlungsleistungen Effekte höherer Ordnung in der Polarisation auf: Der Brechungsindex hängt von der Intensität des Lichtes ab.

Solche Effekte sind der Pockels-Effekt, der optische Kerr-Effekt und die Selbstfokussierung.

Kennwerte, Funktionen

Brechungsindex (Brechzahl):

$$n = c/v, \quad (1)$$

c Lichtgeschwindigkeit im Vakuum, v Ausbreitungsgeschwindigkeit (Phasengeschwindigkeit) des Lichtes im Medium. Bei Vernachlässigung der Dispersion gilt die Maxwell-Relation

$$n = \sqrt{\varepsilon}, \quad (2)$$

ε Dielektrizitätskonstante.

Tabelle 1 *Brechzahlen verschiedener durchsichtiger Medien für Licht der Wellenlänge $\lambda = 0{,}65$ µm bei 20 °C*

Medium	Brechzahl
Flußspat	1,43
Quarzglas	1,46
leichtes Kronglas	1,51
Steinsalz	1,54
leichtes Flintglas	1,60
schweres Flintglas	1,74
Diamant	2,40

Tabelle 2 *Brechzahlen einiger optisch einachsiger Kristalle*

Kristall	Brechzahl n_o	n_e	Wellenlänge in µm
ADP	1,54592	1,49698	0,3662878
BaTiO$_3$	2,47600	2,41280	0,5321
CdSe	2,64480	2,66070	0,80
CdS	2,628	2,637	0,535
LiNbO$_3$	2,2407	2,1580	1,20
KDP	1,52909	1,48409	0,3662878
ZnO	1,9197	1,933	2,00

Tabelle 3 *Brechzahlen ausgewählter Gase für $\lambda = 590$ nm*

Substanz	Brechzahl
Luft	1,000294
Wasserstoff H$_2$	1,000138
Kohlendioxid CO$_2$	1,000449
Kohlenmonoxid CO	1,000340

Snelliussches Brechungsgesetz:

$$\frac{\sin\alpha}{\sin\beta} = \frac{v_1}{v_2} = \frac{n_2}{n_1} = n_{21}, \quad (3)$$

$$n_1 \sin\alpha = n_2 \sin\beta, \quad (4)$$

α – Einfallswinkel, β – Brechungswinkel, $v_{1,2}$ – Phasengeschwindigkeit des Lichtes im Medium 1,2, $n_{21} = \dfrac{n_2}{n_1}$ relativer Brechungsindex.

Anwendungen

Von grundlegender Bedeutung ist die Brechung des Lichtes bei der Realisierung der optischen Abbildung mittels Linsen wie auch der Strahlführung und -ablenkung.

Linsen [4, 5]. Eine Linse ist ein von zwei gekrümmten Flächen oder von einer gekrümmten Fläche und einer Ebene begrenzter Körper aus durchsichtigem Material (meist Glas) mit genau definierter brechender Wirkung. Die Linse verändert den Öffnungswinkel eines Strahlenbündels und erzeugt eine optische Abbildung. Nach der Art der abbildenden Wirkung wird zwischen einer Sammellinse und einer Zerstreuungslinse unterschieden.

Sammellinsen oder Positivlinsen (Abb. 2a) verringern die Divergenz (das Auseinanderlaufen) eines Strahlenbündels oder verwandeln sie in eine Konvergenz. Im letzteren Fall entsteht eine reelle Abbildung.

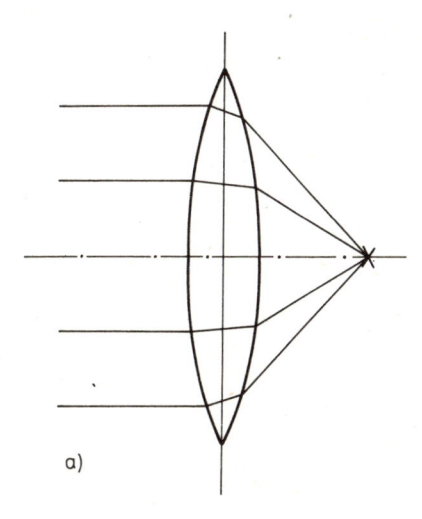

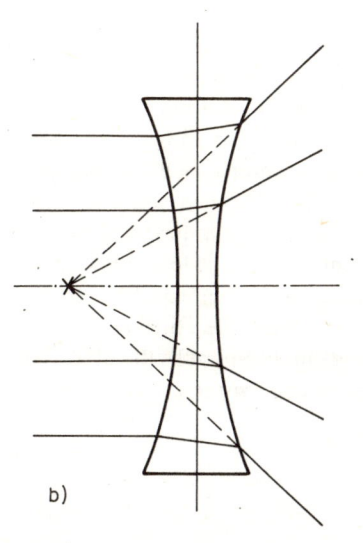

Abb. 2 Wirkung einer Sammellinse a) und einer Zerstreuungslinse b)

Sammellinsen sind deshalb für optische Instrumente unentbehrlich.

Zerstreuungslinsen oder Negativlinsen (Abb. 2b) vergrößern die Divergenz eines Lichtstrahles. Die Abbildung bleibt stets virtuell. Solche Linsen dienen vorwiegend zum Ausgleich von Abbildungsfehlern optischer Systeme. Im Gegensatz zu den Sammellinsen ist bei den Zerstreuungslinsen die Mittendicke immer kleiner als die Randdicke.

Je nach der Abbildungsaufgabe werden Linsen in verschiedenen Formen gefertigt (für eine Übersicht siehe [6]).

Herstellung polarisierten Lichtes [2] (siehe *Reflexion*). Man erhält teilweise polarisiertes Licht aus natürlichem Licht durch Brechung und Reflexion an durchsichtigen, isotropen Medien. Vollständig polarisiertes Licht entsteht bei der Doppelbrechung an anisotropen Kristallen (siehe *optische Anisotropie-Effekte*).

Da der in einer Glasplatte gebrochene Lichtstrahl teilweise linear polarisiert ist, kann man eine Glasplatte als Polarisator benutzen. Dabei nimmt bei Verwendung einer größeren Zahl N aufeinandergeschichteter Platten der Polarisationsgrad bei gleichzeitiger Schwächung der durchgelassenen Lichtintensität zu (bei $N=15$ beträgt der Polarisationsgrad 98,5 % und die Abnahme der Lichtintensität durch Reflexionsverluste, für $n=1,5$, 54,3 %).

Optische Wellenleiter [7]. Optische Wellenleiter bestehen aus Glasfasern mit einer nach außen abnehmenden Brechzahl, so daß infolge von Totalreflexion das Licht innerhalb der Faser geführt wird. Mittels optischer Wellenleiter wird die optische Nachrichtenübertragung realisiert, die zu den perspektivisch besonders aussichtsreichen Anwendungen des Lasers zählt.

Strahlführung und -ablenkung. Breiteste Anwendung findet die Brechung des Lichtes gemeinsam mit der Lichtreflexion als Methode der optischen Strahlführung und -ablenkung. Hierbei wird das Licht als die Gesamtheit gerader Strahlen (geometrische Optik) behandelt, deren Richtung sich an den Grenzflächen zweier Medien entsprechend den Gesetzen der Reflexion und der Brechung ändert. Auf diese Weise läßt sich ein Lichtstrahl an jeden beliebigen Punkt des Raumes leiten, kann er zerlegt, fokussiert oder aufgeweitet werden. Typische Elemente der optischen Strahlführung sind: Spiegel, Blenden, planparallele Platten, Linsen und Prismen.

Literatur

[1] Die Schöpfer der physikalischen Optik. WTB, Bd. 195. Hrsg. H. Paul. – Berlin: Akademie-Verlag 1977.
[2] Born, M.: Optik. 2. Aufl. – Berlin/Heidelberg/New York: Springer-Verlag 1965.
[3] Pohl, R. W.: Optik und Atomphysik. – Berlin/Göttingen/Heidelberg: Springer-Verlag 1963.
[4] Grimsehl, E.: Lehrbuch der Physik. Bd. III: Optik. – Leipzig: BSB B. G. Teubner Verlagsgesellschaft 1978.
[5] Born, M.; Wolf, E.: Principles of Optics (Prinzipien der Optik). – Oxford: Pergamon Press 1968.
[6] ABC der Optik. – Leipzig: VEB F. A. Brockhaus Verlag 1961.
[7] Kube, E.: Informationsübertragung mit Lichtleitern-Stand und Entwicklungstendenzen. msr **22** (1979) 482–490.

Dispersion des Lichtes

Als Dispersion des Lichtes bezeichnet man die Zerlegung des Lichtes in seine Farbkomponenten. Im allgemeinen ist die Dispersion die Abhängigkeit einer physikalischen Größe von der Wellenlänge bzw. der Frequenz des Lichtes.

Die ersten Hinweise für eine Erklärung der Dispersion gab 1821 FRESNEL [1] durch Heranziehung der molekularen Struktur der Stoffe.

Sachverhalt

Die Dispersion des Lichtes tritt bei der Ausbreitung von Licht in Stoffen auf, deren Brechzahl n sich mit der Lichtwellenlänge λ ändert. Die Abhängigkeit der Brechzahl von der Wellenlänge ist bedingt durch das erzwungene Mitschwingen der Atome und Moleküle, was zu einer Phasenverschiebung und somit zu einer Änderung der Ausbreitungsgeschwindigkeit v der Lichtwelle in einem Medium relativ zur Ausbreitungsgeschwindigkeit c von Licht im Vakuum führt.

Man nennt diese Form der Dispersion auch Brechungsdispersion, versteht aber im allgemeinen unter Dispersion diese Art der Lichtzerlegung. Die Farbzerlegung des Lichtes kann jedoch ebensogut durch Beugung des Lichtes verursacht werden. Neben der Abhängigkeit der Brechzahl von der Frequenz (zeitliche Dispersion) ist auch eine Abhängigkeit vom Wellenvektor (räumliche Dispersion) beobachtbar (z. B. bei der optischen Aktivität), die jedoch im allgemeinen sehr gering ist. In der Nachbarschaft von Absorptionslinien zeigt die Abhängigkeit der Brechzahl von der Lichtwellenlänge einen charakteristischen Verlauf (Abb. 1).

Die Dispersion wird als normal bezeichnet, wenn der Brechungsindex mit steigender Frequenz zunimmt (mit wachsender Wellenlänge abnimmt), also $dn/d\lambda < 0$ gilt. Anderenfalls heißt die Dispersion anomal. Normale Dispersion tritt auf in genügend großer Entfernung von Resonanzstellen (Absorptionslinien), anomale Dispersion hingegen innerhalb von Absorptionsbanden.

Bei sichtbarem Licht nimmt die Ausbreitungsgeschwindigkeit in durchsichtigen Stoffen (normale Dispersion) mit wachsender Frequenz, also in der Richtung von Rot über Gelb, Grün, Blau bis Violett, stetig ab. Die Brechzahl $n = \dfrac{c}{v}$ nimmt daher in der gleichen Richtung stetig zu; rotes Licht wird wenig, violettes Licht wird stark gebrochen.

In einem optisch homogenen und isotropen Medium, dessen Polarisation im Feld einer Lichtwelle ausschließlich auf Elektronen beruht, gilt für die Dispersion, wenn keine Absorption auftritt die Gl. (1). Für Gase genügt es oft, eine oder zwei Resonanzen im UV-Bereich zu betrachten. Die dann für den gesamten sichtbaren Spektralbereich in guter Näherung geltende Dispersionsbeziehung läßt sich in Form der Gl. (2) mit Hilfe sogenannter Dispersionskonstanten a und b (vgl. Tab. 1) darstellen.

Tabelle 1 Dispersionskonstanten für Wasserstoff, Sauerstoff und Luft zwischen $\lambda = 436$ nm und $\lambda = 8680$ nm bei 0 °C und 101,325 10^3 Pa

Gas	$a \cdot 10^8$	$b \cdot 10^8$	λ_0^2 in 10^{-8} cm^2
Wasserstoff	27216	211,2	0,007760
Sauerstoff	52842	369,9	0,007000
Luft	57642	327,7	0,005685

Ausführlich wird die Dispersion in [2–4] beschrieben. Eine genauere Behandlung vom Standpunkt der Quantenmechanik ist in [5] gegeben.

Kennwerte, Funktionen

Materialdispersion: $D_m = dn/d\lambda$, $n = \dfrac{v}{c}$ Brechzahl, λ Wellenlänge (vgl. Abb. 2, Tab. 2),
Winkeldispersion: $D_w = d\vartheta/d\lambda$, ϑ Ablenkungswinkel;
Lineardispersion: $D_l = ds/d\lambda$, s Länge des Spektrums;
Dispersionsbeziehung:

$$\frac{n^2 - 1}{n^2 + 2} = \frac{N_0 e^2}{3m \varepsilon_0} \sum_k \frac{f_k}{\omega_k^2 - \omega^2}. \quad (1)$$

Näherungsweise gilt:

$$n^2 - 1 = a + \frac{b}{\lambda^2 - \lambda_0^2}, \quad (2)$$

v – Ausbreitungsgeschwindigkeit des Lichtes im Medium, $N_0 f_k$ – Zahl der Elektronen mit der Schwingungsresonanz bei ω_k, $\omega = 2\pi c/\lambda$ Kreisfrequenz des Lichtes, e – Elektronenladung, m – Masse des Elektrons, ε_0 – Dielektrizitätskonstante des Vakuums.

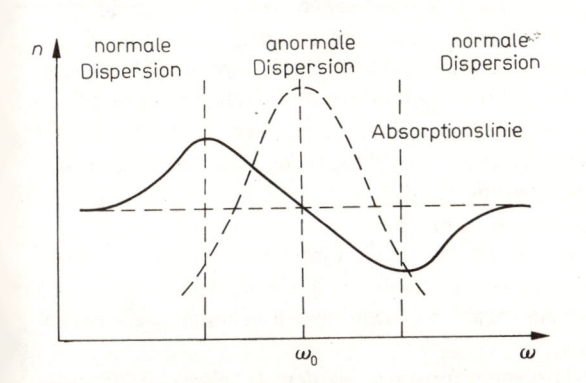

Abb. 1 Charakteristischer Verlauf einer Dispersionskurve um eine optische Resonanz bei ω_0

Tabelle 2 Dispersion einiger Gläser

Wellenlänge in nm	768,2	643,8	546,1	480,0	404,7
Borkron BK 7 BK 518/639	1,51135	1,51460	1,51859	1,52272	1,53015
Kron K 14 K 526/584	1,51838	1,52192	1,52634	1,53094	1,53935
Schwerkron SK 16 SK 622/600	1,61368	1,61778	1,62287	1,62816	1,63778
Lanthankron SSK 10 AK 696/533	1,68512	1,69013	1,69649	1,70320	1,71555
Tiefflint LLF 8 TF 535/448	1,52555	1,53008	1,53584	1,4203	1,55370
Kurzflint KzFS 3 KzF 577/517	1,56786	1,57227	1,57773	1,58344	1,59398
Lanthanschwerflint LaSF 834/299	1,81116	1,82103	1,83427	1,84896	1,87824
Flint F 11 F 625/357	1,61035	1,61670	1,62507	1,63421	1,65231
Schwerflint SF 10 SF 734/281	1,71286	1,72198	1,73430	1,74809	1,77595

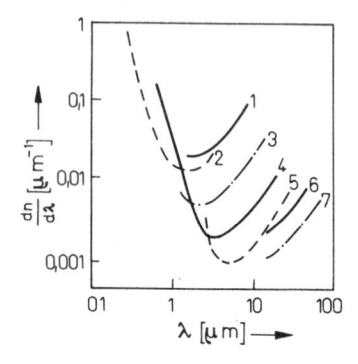

Abb.2 Materialdispersion verschiedener Prismenmaterialien (1-LiF, 2-Quarz, ordentlicher Strahl, 3-CaF$_2$, 4-NaCl, 5-KBr, 6-KRS5, 7-CSJ)

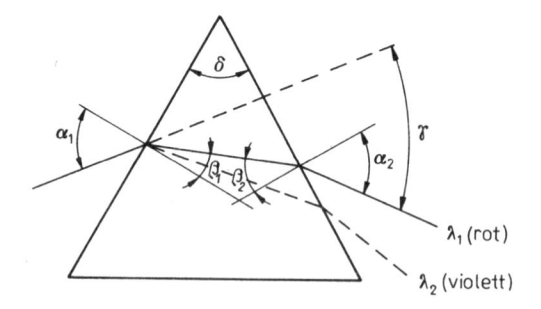

Abb.3 Strahlengang für rotes und violettes Licht durch ein Dispersionsprisma (schematisch)

Von besonderer Bedeutung für die Synthese optischer Systeme ist die Abbe-Zahl ν [6]

$$\nu = \frac{n_e - 1}{n_F - n_C}, \qquad (3)$$

n_e – Hauptbrechzahl für Hg-Linie bei der Wellenlänge $\lambda_e = 546,07$ nm, n_F n_C – Hauptdispersion, bezogen auf die Cd-Linien F' (480,0 nm) und C' (643,8 nm).

Anwendungen

Hauptanwendung findet die Dispersion bei der spektralen Untersuchung von Licht. Besonders wirksam und physikalisch gut nutzbar ist die Farbzerlegung beim Durchgang des Lichtes durch ein Prisma. Man nennt Prismen mit diesem Anwendungszweck Dispersionsprismen.

Dispersionsprismen [4, 7]. In der Abb. 3 ist die Wirkungsweise eines Dispersionsprismas schematisch dargestellt. Dispersionsprismen enthalten im einfachsten Fall zwei brechende Flächen, die den für die Dispersion wirksamen brechenden Winkel δ einschließen. Beim Eintritt eines Lichtstrahles aus Luft in das Prisma wird der Lichtstrahl zum Einfallslot hin gebrochen, beim Austritt erfolgt die Brechung weg vom Einfallslot. Infolge dieser zweifachen Brechung erfährt der Lichtstrahl eine Ablenkung. Der Ablenkungswinkel γ hat die Größe
$\gamma = (\alpha - \beta_1) + (\alpha_2 - \beta_2)$.

Hierin ist der äußere Einfallswinkel α für alle Wellenlängen gleich, während die Winkel β_1, β_2 und α_2 von der Brechzahl $n(\lambda)$ nach dem Brechungsgesetz abhängen.

Dispersionsprismen werden je nach gewünschter Anwendung in einer großen Variationsbreite hergestellt. Für einen Überblick verweisen wir auf [8].

Prismenspektralapparat [3]. Bei Prismenspektralapparaten nutzt man die spektrale Zerlegung des Lichtes durch Dispersionsprismen. Sie eignen sich besonders für Messungen über größere Wellenlängenbereiche. Im Bereich normaler Dispersion ($dn/d\lambda < 0$) beträgt das Auflösungsvermögen $\lambda/d\lambda = -p\,dn/d\lambda = -pD_m$, wobei p die Basislänge des Prismas angibt.

Herstellung quasimonochromatischen Lichtes. Wie beim Monochromator kann man bei jedem Spektrum einen begrenzten Frequenzbereich ausblenden und, wenn nötig, diesen Vorgang wiederholen.

Dispersionsfilter nach CHRISTIANSEN. Bei Dispersionsfiltern macht man sich die unterschiedliche Dispersion verschiedener optischer Medien zu nutze. Ein solches Filter besteht im allgemeinen aus einer Flüssigkeit in einer Küvette, die dazu mit einem Pulver aus optischem Glas gefüllt ist. Durch ein derartiges Filter wird dann im wesentlichen nur Licht der Wellenlänge λ_0 gelassen (Tab. 3), bei der sich die Dispersionskurven der Flüssigkeit und des optischen Glases schneiden, also beide Stoffe die gleiche Brechzahl haben. Licht anderer Wellenlängen kann infolge der unzähligen Reflexionen an den vielen Grenzflächen zwischen Flüssigkeit und Glaspulver das Filter kaum passieren.

Tabelle 3 Herstellung quasimonochromatischen Lichtes durch Filterung des Lichtes von Metalldampflampen

Licht-quelle	Filter	Wellenlänge in nm
Hg	Schott VG 2, BG 12	365
Tl	Schott VG 2, GG 2	378
Hg	Zeiss C	436
Cs	Schott GG 2, BG 12	456
Zn	Schott GG 5, BG 12	468
Cd	Schott GG 8, Agfa 44	509
Tl	Agfa 44	535
Hg	Zeiss B	546
Hg	Zeiss A	577
Na	Schott OG 2	589
Zn	Schott RG 1	636
Cd	Schott RG 1	644

Heute werden im sichtbaren Spektralbereich Dispersionsfilter mit einer Halbwertsbreite von ca. 3 nm erreicht. Die Durchlässigkeit beträgt dabei 90 % [9].

Lichtleiternachrichtenübertragung [10]. Die Dispersion des Fasermaterials bewirkt (selbst bei Einmodenfasern) wegen der endlichen spektralen Breite des optischen Signales einen Laufzeiteffekt, der proportional zu $d^2n/d\lambda^2$ ist und die Übertragungskapazität begrenzt. Aus diesem Grunde werden Datenübertragungen bei 1,3 µm vorgenommen, weil bei dieser Wellenlänge für Quarzglas $d^2n/d\lambda^2 = 0$ gilt.

Literatur

[1] FRESNEL, A.: Oeuvres, **2** (1821) 483.
[2] BORN, M.; WOLF, E.: Principles of Optics (Prinzipien der Optik). – Oxford: Pergamon Press 1968.
[3] POHL, R. W.: Optik und Atomphysik. – Berlin/Göttingen/Heidelberg: Springer-Verlag 1963.
[4] BORN, M.: Optik. 2. Aufl. – Berlin/Heidelberg/New York: Springer-Verlag 1965.
[5] DAWYDOW, A. S.: Quantenmechanik. 6. Aufl. – Berlin: VEB Deutscher Verlag der Wissenschaften 1981.
[6] BUSSEMER, P. u. a.: Zu einigen phänomenologischen Aspekten der optischen Dispersion in Festkörpern. Exper. Tech. Phys. **31** (1983) 1, 21–31.
[7] SAWYER, R. A.: Experimental Spectroscopy (Experimentelle Spektroskopie). – New York: Prentice-Hall Inc. 1951.
[8] ABC der Optik. Herausgeber K. MÜTZE. – Leipzig: VEB F. A. Brockhaus Verlag 1961.
[9] KOROLEW, F. A.; KLEMENTEWA, A. J.: Dispersionslichtfilter hoher Monochromasie. Exper. Tech. Phys. **3** (1955) 1, 44–47. (Übers. aus d. Russ.)
[10] GLASER, W.: Lichtleitertechnik. – Berlin: VEB Verlag Technik 1981.

Doppler-Effekt

Die Beeinflussung der Frequenz von Schall- und Lichtwellen durch eine Relativbewegung von Quelle und Beobachter wurde zuerst von DOPPLER (1803–1853) in dem nach ihm benannten Prinzip vorhergesagt.

Die ersten Messungen des Doppler-Effekts an Emissionslinien im optischen Bereich gelangen 1892 MICHELSON; sie sind von SCHÖNROCK ausführlich diskutiert worden.

Im Jahre 1905 konnte STARK den Doppler-Effekt im Licht leuchtender Kanalstrahlteilchen zeigen.

Der akustische Doppler-Effekt wurde zuerst von BUYS-BALLOT 1845 durch Versuche im fahrenden Eisenbahnzug vorgeführt.

Der Doppler-Effekt hat als Mittel zur Messung von Geschwindigkeiten grundlegende Bedeutung.

Sachverhalt

Als Doppler-Effekt [1, 2] wird die Erscheinung bezeichnet, daß sich die Frequenzen von Schall und elektromagnetischen Wellen, die ein Beobachter wahrnimmt, verändern, wenn sich Wellenzentrum und Beobachter gegeneinander bewegen. Dies gilt für jede Art von Wellen und damit auch für Licht.

Das Zustandekommen des Doppler-Effekts läßt sich anschaulich wie folgt erklären: Bewegt sich der Beobachter auf eine Schallquelle zu, dann wird der Ton höher, da mehr Schallwellen je Sekunde auf das Ohr treffen und folglich eine höhere Frequenz als die tatsächliche wahrgenommen wird. Bei Entfernung von der Schallquelle wird hingegen ein Tieferwerden des Tones festgestellt, da nun weniger Schallwellen das Ohr erreichen, die Frequenz also abnimmt.

Die Größe der Frequenzverschiebung hängt dabei vom Verhältnis der Geschwindigkeit der Relativbewegung v zur Phasengeschwindigkeit der Wellenausbreitung v_w ab. Sie ist näherungsweise proportional zu v/v_w, wenn sich Quelle und Beobachter auf einer Geraden bewegen (longitudinaler Doppler-Effekt) bzw. proportional zu $(v/v_w)^2$, wenn sich Quelle und Beobachter senkrecht zueinander bewegen (transversaler Doppler-Effekt). Der transversale Doppler-Effekt tritt in der Akustik nicht auf. Eine strenge theoretische Behandlung des Doppler-Effekts für elektromagnetische Wellen ist allgemein nur im Rahmen der speziellen Relativitätstheorie möglich [3, 4].

Der Doppler-Effekt ist bei Schallquellen (akustischer Doppler-Effekt) und bei Lichtquellen (optischer Doppler-Effekt) besonders deutlich zu beobachten. So ist der akustische Doppler-Effekt als Veränderung der Geräusche eines schnell vorüberfahrenden Rennwagens oder einer vorbeifahrenden pfeifenden Lokomotive wahrnehmbar; von hohen Tönen beim Nähern zu tiefen Tönen beim Entfernen.

Wegen der Größe der Lichtgeschwindigkeit kann der optische Doppler-Effekt allerdings nur spektroskopisch nachgewiesen werden. So wird die Rotverschiebung (siehe Kennwerte und Funktionen) der Spektrallinien bei Sternen oder kosmischen Nebeln als Doppler-Effekt gedeutet, d. h., die Verminderung der Lichtfrequenz wird darauf zurückgeführt, daß sich die Sterne oder Nebel von der Erde entfernen.

Kennwerte, Funktionen

v_0 – Schwingungsfrequenz bei ruhender Quelle und ruhendem Beobachter; u – Schallgeschwindigkeit im Medium; c – Lichtgeschwindigkeit im Vakuum. Für weitere Bezeichnungen siehe Abb. 1.

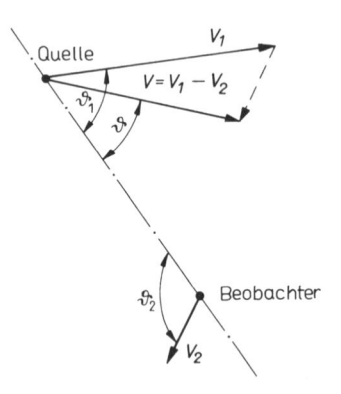

Abb. 1

Akustischer Doppler-Effekt. Frequenz, die der Beobachter wahrnimmt:

$$v = v_0\left(1 - \frac{v}{u}\cos\vartheta\right);$$

für $\cos\vartheta > 0$ (Quelle und Beobachter entfernen sich voneinander) gilt $\vartheta < \vartheta_0$, für $\cos\vartheta < 0$ (Quelle und Beobachter nähern sich einander) gilt $\vartheta > \vartheta_0$.

Optischer Doppler-Effekt. Frequenz, die der Beobachter wahrnimmt:

$$\vartheta = \vartheta_0 \frac{\sqrt{1 - \dfrac{v^2}{c^2}}}{1 + \dfrac{v}{c}\cos\vartheta};$$

für $\vartheta = 0$ (Quelle und Beobachter bewegen sich voneinander fort) gilt
$\vartheta < \vartheta_0, \lambda > \lambda_0$ (Rotverschiebung);
für $\vartheta = \pi$ (Quelle und Beobachter bewegen sich aufeinander zu) gilt
$\vartheta > \vartheta_0, \lambda < \lambda_0$ (Violettverschiebung);
für $\vartheta = \dfrac{\pi}{2}, \vartheta = \dfrac{3\pi}{2}$ (Bewegung senkrecht zueinander) gilt $v/c \ll 1$ (kein Doppler-Effekt), $v/c \lesssim 1$ (transversaler Doppler-Effekt).

Anwendungen

Doppler-Verbreiterung von Spektrallinien [1, 2, 5]. Die experimentell beobachteten Linienbreiten sind im allgemeinen wesentlich größer als die natürlichen Linienbreiten. Eine Ursache hierfür ist die Doppler-Verschiebung. Die strahlenden Atome oder Moleküle nehmen an der Wärmebewegung teil und verändern somit ihre Lage gegenüber dem Meßgerät mit verschiedenen Geschwindigkeiten und in unterschiedlichen Richtungen. Infolge des dadurch auftretenden Doppler-Effekts tritt eine Frequenzverschiebung der Linien auf, und zwar um so stärker, je intensiver die Wärmebewegung, d. h. je höher die Temperatur des Gases ist.

Die Frequenzverschiebung ist dabei abhängig von der Geschwindigkeitsverteilung der Atome bzw. Moleküle. Infolgedessen ist die ausgestrahlte Frequenz die Summe über alle Atome bzw. Moleküle und ergibt eine inhomogen verbreiterte Spektrallinie. Diese Erscheinung wird als Doppler-Verbreiterung bezeichnet. Für diese gilt

$$\delta\omega_D = \frac{2\omega_0}{c}\left(\frac{2kT}{M}\ln 2\right)^{\frac{1}{2}} = 7{,}16\cdot 10^{-7}\,\omega_0\left(\frac{T}{A_r}\right)^{\frac{1}{2}}; \quad (1)$$

dabei ist M die Masse des Atoms, A_r seine relative Masse, k die Boltzmann-Konstante, T die absolute Temperatur, c die Lichtgeschwindigkeit im Vakuum und ω_0 die Kreisfrequenz der Spektrallinien. $\delta\omega_D$ ist am größten bei leichten Atomen (siehe Tab. 1).

Tabelle 1   Doppler-Breite einiger Spektrallinien ausgewählter Elemente

Element	Temperatur in °C	Wellenlänge in nm	Doppler-Breite in nm
H	50	656,3	0,0047
		486,1	0,0061
O	600	615,8	0,0025
Na	250	615,4	0,0013
		498,4	0,0010
Zn	900	636,2	0,0014
		481,1	0,0011
Cd	280	643,8	0,00066
		480,0	0,00079
Hg	140	579,1	0,00033
		435,8	0,00046
Tl	250	535,1	0,00030

Während einerseits durch Messung der Doppler-Verbreiterung die in den genannten Beziehungen enthaltenen Kenngrößen bestimmt werden können (siehe folgende Anwendung), tritt andererseits die Doppler-Verbreiterung bei spektroskopischen Untersuchungen vielfach als störender Effekt in Erscheinung. Es wurden deshalb Verfahren entwickelt, um eine Doppler-Verbreiterung zu vermeiden bzw. zu beseitigen. (Verwendung eingefangener, d. h. nahezu ruhender Ionen [6], Messung an Atomen mit definierter Geschwindigkeit $v=0$ oder $v=\text{constant}$, Atom- oder Molekularstrahlen [6]).

Temperaturmessungen [3]. Die Doppler-Verbreiterung wird (siehe oben) durch die Frequenzverschiebung infolge der Wärmebewegung strahlender Atome oder Moleküle bewirkt. Sie ist daher eine reine Funktion der Temperatur (Tab. 2), so daß umgekehrt aus der Linienbreite, also aus spektroskopischen Untersuchungen, die Temperatur des emittierenden Atomgases ermittelt werden kann.

Tabelle 2   Dopplerbreite für zwei Temperaturen

Element	Wellenlänge in nm	Doppler-Breite in nm	
		19 °C	−147 °C
He	587,6	0,00180	0,00108
Ne	585,2	0,00080	0,00050
Kr	557,0	0,00041	0,00026

So ergibt sich für die interferenzspektroskopische Bestimmung von Ionentemperaturen in einem Plasma mit Plasmadichten bis zu $10^{11}\,\text{cm}^{-3}$ (für solche Dichten ist der Stark-Effekt vernachlässigbar) die Beziehung

$$T = 2\cdot 10^{12}\,A_r\left(\frac{\delta\omega_0}{\omega_0}\right)^2, \quad (2)$$

die unmittelbar aus der Formel für die Doppler-Breite folgt.

Geschwindigkeitsmessungen. Die am häufigsten angewendete Methode der Geschwindigkeitsmessung beruht auf der Ausnutzung der infolge des Doppler-Effekts auftretenden Frequenzverschiebung bei der Reflexion und Streuung an bewegten Objekten.

Für die Messung der Geschwindigkeit z. B. von Kraftfahrzeugen werden im allgemeinen dm- und cm-Wellen benutzt. Neuerdings verdrängt jedoch zunehmend der Laser die klassischen Frequenzbereiche und eröffnet dazu ganz neue Möglichkeiten der Geschwindigkeitsmessung (für eine Übersicht und Zitate siehe

Tabelle 3

Anwendung	Parameter		
	Meßbereich	Reichweite	Teilchengröße
Aluminium-Strangpreßanlagen	0,2…7700 mm/s	20 m	
Landegeschwindigkeit von Flugzeugen	130…400 km/h	500 m	
Ausstoß von Raketentriebwerken	<1300 m/s		1 μm ⌀

[7]). Einige Beispiele für mittels Laser ausgeführte Geschwindigkeitsmessungen sind in Tab. 3 zusammengestellt. Neben der eigentlichen Geschwindigkeitsmessung sind auch Turbulenzmessungen an strömenden Substanzen möglich.

Von grundlegender Bedeutung ist der *Doppler-Effekt in der Astronomie zur Bestimmung der Geschwindigkeit, mit der sich ferne Galaxien von der Erde fortbewegen.* Gemessen wird dabei die Rotverschiebung ihrer Spektren. Nach HUBBLE ist die Rotverschiebung der Spektrallinien der Strahlung von fernen Galaxien in erster Näherung proportional der Entfernung (Hubble-Effekt). Wird die Rotverschiebung als Doppler-Effekt gedeutet, ergibt sich aus dem aktuellen Wert der Hubble-Konstante von 10^{-18} s^{-1} eine „Fluchtgeschwindigkeit" der Galaxien von rund 55 km s^{-1} je 1 Million Lichtjahren Entfernung [3].

Der longitudinale Doppler-Effekt findet eine wichtige Anwendung in *Mößbauer-Spektrometern* [8].

Literatur

[1] BORN, M.: Optik. 2. Aufl. – Berlin/Heidelberg/New York: Springer-Verlag 1965.
[2] GILL, T. P.: The Doppler Effect (Der Doppler-Effekt). – London: Logos-Press 1965.
[3] MELCHER, H.: Relativitätstheorie. 5. Aufl. – Berlin: VEB Deutscher Verlag der Wissenschaften 1978.
[4] PAPAPETROU, A.: Spezielle Relativitätstheorie. 5. Aufl. – Berlin: VEB Deutscher Verlag der Wissenschaften 1975.
[5] LETOCHOW, W. S.: Laserspektroskopie. WTB Nr. 165. – Berlin: Academie-Verlag 1977.
[6] DEMTRÖDER, W.: Laser Spectroscopy (Laserspektroskopie). – Berlin/Heidelberg/New York: Springer-Verlag 1981.
[7] Wissensspeicher Lasertechnik. – Leipzig: VEB Fachbuchverlag 1982.
[8] Brockhaus ABC Physik. – Leipzig: VEB F. A. Brockhaus Verlag 1973.

Elektrooptische Effekte

Die durch ein transversales elektrisches Feld induzierte lineare Doppelbrechung wurde 1875 von J. KERR an dünnen Glasplatten zwischen Metallelektroden entdeckt [1]. 1879 gelang ihm der Nachweis dieses Effektes an Flüssigkeiten. Die durch elektrische Felder verursachte Umorientierung nematischer Flüssigkristalle und die damit verbundene optische Anisotropieänderung wurde 1933 von V. V. FREEDERICHSZ [2] nachgewiesen. Die elektrische Beeinflussung der optischen Aktivität in nematischen Flüssigkristallen mit einer verdrillten Struktur entdeckten im Jahre 1971 M. SCHADT und W. HELFRICH [3]. 1970 beobachtete F. J. KAHN [4], daß elektrische Felder die Frequenzabhängigkeit der selektiven Reflexion in colesterinischen Flüssigkristallen beeinflussen. Die elektrooptische dynamische Streuung in nematischen Medien entdeckte 1968 G. H. HEILMEIER [5].

Sachverhalt

Unter elektrooptischen Effekten versteht man die Änderung der optischen Eigenschaften von Substanzen im elektrischen Feld.

Der elektrooptische *Kerr-Effekt* beruht auf einer durch starke elektrische Felder (im kV-Bereich), deren Feldlinien senkrecht zur Lichtausbreitung verlaufen, induzierten linearen Doppelbrechung in durchsichtigen Medien, wie Flüssigkeiten und Gasen, aber auch in Festkörpern. Beim Kerr-Effekt ist der Brechungsindexunterschied zwischen den zueinander senkrecht polarisierten Komponenten dem Quadrat der elektrischen Feldstärke proportional. Die induzierte Doppelbrechung besteht aus einem temperaturunabhängigen Anteil infolge der direkten feldinduzierten Deformation der Moleküle des Mediums (Voigtscher Beitrag) und einem mit steigender Temperatur abnehmenden Beitrag, der von der Umorientierung der Moleküle herrührt. Bei Zimmertemperatur dominiert meist der Orientierungseffekt, der sich in Zeiten von 10^{-10} bis 10^{-8} Sekunden einstellt [6]. Man unterscheidet positiv und negativ doppelbrechende Substanzen, je nachdem, ob die parallel zum elektrischen Feld polarisierte Komponente den größeren Brechungsindex hat als die senkrecht dazu polarisierte oder umgekehrt. Eine Substanz kann nur dann negativ doppelbrechend werden, wenn sie aus Molekülen mit einem permanenten Dipolmoment besteht und außerdem das elektrische Moment senkrecht zur Achse der größten Polarisierbarkeit steht [7].

Beim *Pockels-Effekt* (auch linearer elektrooptischer Effekt genannt) ändert sich die induzierte Doppelbrechung linear mit der elektrischen Feldstärke. Es gibt den longitudinalen (elektrisches Feld in Ausbreitungsrichtung, totaler Phasenunterschied von der Spannung abhängig) und den transversalen linearen optischen Effekt (elektrisches Feld senkrecht zur Ausbreitungsrichtung).

Der Pockels-Effekt ist das elektrische Analogon zum *Faraday-Effekt* (siehe *Optische Anisotropie-Effekte*); er tritt aus Symmetriegründen praktisch nur in kristallen ohne Inversionszentrum auf. Unter Berücksichtigung der Wechselwirkung des Lichtes mit magnetischen Dipolen existiert der lineare elektrooptische Effekt auch in Medien mit Inversionszentrum, ist aber extrem klein; unlängst konnte er in Gasen (CH_3Cl) nachgewiesen werden [8].

Befindet sich ein nematischer Flüssigkristall, bei dem die Moleküle durch entsprechende Behandlung der Begrenzungsflächen homogen in eine Richtung orientiert sind, in einem homogenen elektrischen Feld, so kann bei entsprechendem Verlauf der Feldlinien die Ordnung der nematischen Schicht in der Weise gestört werden, daß in der Schichtmitte eine starke Umorientierung auftritt, die zu den Begrenzungsflächen geringer wird. Mit wachsender elektrischer Feldstärke kann die Umorientierung bis zu 90° im gesamten nematischen Medium mit Ausnahme einer dünnen Schicht in Nähe der Oberfläche betragen. Ein solches Verhalten wird als Freederichsz-Effekt bezeichnet [2, 9] und besitzt bezüglich der elektrischen Feldstärke einen Schwellcharakter. Auf Abb. 1 ist die Umorientierung durch ein elektrisches Feld für zwei Fälle skizziert: Einmal sind die Moleküle längs zur Begrenzungsfläche orientiert und werden in Richtung der Feldlinien abgelenkt (a), zum anderen sind die Moleküle senkrecht zur Oberfläche angeordnet und werden senkrecht zu den Feldlinien ausgerichtet (b) [9]. Beim *Schadt-Helfrich-Effekt* [3] benutzt man verdrillte nematische Kristalle, deren Moleküle wie auf Abb. 1a angeordnet sind, jedoch mit dem Unterschied, daß die Orientierung an den Begrenzungsflächen zueinander orthogonal ist. Bei ausgeschaltetem elektrischen Feld wird bei senkrechtem Lichteinfall die Polarisationsebene von linear polarisiertem Licht um 90° gedreht, mit wachsender elektrischer Feldstärke führt die Umorientierung nach M. SCHADT und W. HELFRICH [3] zu einer Verringerung der optischen Aktivität.

Ein äußeres elektrisches Feld ist auch in der Lage, die Spiralstruktur von cholesterinischen Flüssigkristallen zu deformieren. Durch elektro-induzierte Änderung der Spiralganghöhe kann das Maximum der selektiven Reflexion frequenzmäßig variiert werden [9]. Übersteigt die elektrische Feldstärke einen Schwellwert, so verwandelt sich das cholesterinische Medium in ein nematisches [9].

Bei der elektrooptischen dynamischen Streuung entsteht in einem nematischen Flüssigkristall oberhalb einer elektrischen Schwellfeldstärke in Bereichen bis zu einigen Mikrometern eine Störung der nematischen Ordnung durch eine entstehende turbulente

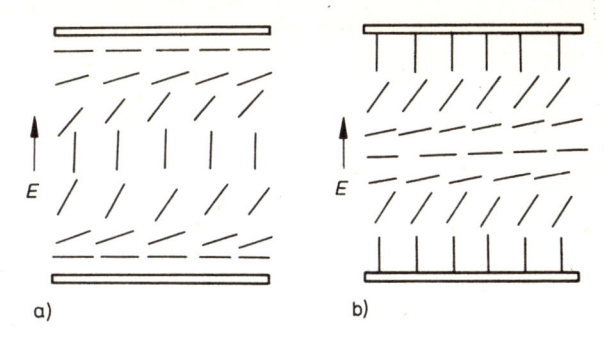

Abb. 1 Freederichsz-Effekt bei unterschiedlicher Ausgangsorientierung der Moleküle
a) – horizontale Orientierung b) – vertikale Orientierung

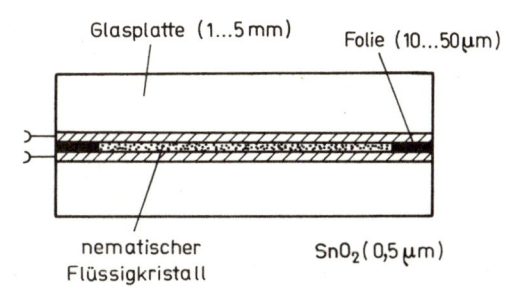

Abb. 2 Prinzipielle Anordnung einer Flüssigkristall-Zelle, die auf dem Prinzip der elektrooptischen dynamischen Streuung basiert

Strömung, die mit einem Stromfluß gekoppelt ist. Da sich an den Grenzflächen dieser Bereiche der Brechungsindex sprunghaft ändert, wird bei Einfall weißen Lichtes infolge Lichtstreuung das Medium milchig weiß. Mit der auf Abb. 2 skizzierten Anordnung kann durch Anlegen einer Spannung eine Flüssigkristall-Schicht vom lichtdurchlässigen in den lichtundurchlässigen Zustand übergeführt werden.

Kennwerte, Funktionen

*Tabelle 1 Kerr-Konstanten
für verschiedene Flüssigkeiten und Glassorten
für 20 °C und $\lambda = 589$ nm [7] in $cm \cdot V^{-2}$*

	$B \cdot 10^{+12}$
Benzol	0,67
Schwefelkohlenstoff	3,57
Chloroform	−3,82
Wasser	5,22
Chlorbenzol	11,1
Nitrotoluol	137
Nitrobenzol	245
Flintglas Nr³ 0 3031	0,032
Flintglas Nr³ 0 4818	0,100
Flintglas Nr³ S 350	0,16

Tabelle 2   Kerr-Konstanten für einige Gase bei 1 at und $\lambda = 589$ nm [7]

Gasart	Temp. °C	$B \cdot 10^{15}$ in cm · V^{-2}
Schwefelkohlenstoff	56,7	4,00
Äthyläther	62,7	−0,73
Äthylenoxid	19,5	−1,93
Azeton	83,1	5,98
Äthylchlorid	18,0	10,02

Elektrooptischer Kerr-Effekt

Kerrsches Gesetz: $\Delta\varphi = \dfrac{(n_\parallel - n_\perp)l}{\lambda} = B \cdot l \cdot E^2$;   (1)

$n_\parallel, n_\perp$ – Brechungsindizes parallel und senkrecht zum elektrischen Feld, $\Delta\varphi$ – Phasenunterschied zwischen senkrecht zueinander polarisierten Wellen, λ – Lichtwellenlänge, l – Länge des Mediums, B – Kerr-Konstante (siehe Tab. 1 und 2), E – elektrische Feldstärke.

Befindet sich eine Kerr-Zelle zwischen gekreuzten Nicolsschen Prismen und haben deren Durchlaßrichtungen einen Winkel von 45° zu den Feldlinien des Kondensators, so ist die Lichtintensität nach Passieren der Anordnung

$I = I_0 \cdot \sin^2\left(\dfrac{1}{2} B l E^2\right)$;   (2)

I_0 – anfängliche Lichtintensität.

Freederichsz- und Schadt-Helfrich-Effekt

Schichtdicken: 5...50 µm,
Betriebsspannungen: 1,5...10 V.

Tabelle

Werte [10]	Freederichsz-Effekt	Schadt-Helfrich-Effekt
Kontrast	50:1	50:1
Einschaltzeit	5 ms	2 ms
Ausschaltzeit	20 ms	100 ms

Elektrooptische dynamische Streuung

Schichtdicken: 5...10 µm,
Betriebsspannung: 20 V,
Zahl der Streuzentren: $10^8...10^9$ cm^{-3},
Einschaltzeit: 10 ms,
Ausschaltzeit: 100 ms,
Kontrast: 1:50,
Mindeststromdichte: 5...20 µAcm^{-2}.

Anwendungen

Kerr-Effekt zur Modulation von Lichtströmen. Mit der auf Abb. 3 skizzierten Anordnung können Spannungsschwankungen in Lichtintensitätsänderungen transformiert werden. Zweckmäßigerweise bilden die Feldlinien des Kondensators mit der Durchlaßrichtung des linken Polarisators einen Winkel von 45°. Die Modulationstiefe kann durch Drehung des rechten Polarisators verändert werden; meist verwendet man jedoch gekreuzte Nicols. Stromschwankungen werden linear in Lichtintensitätsänderungen umgewandelt, wenn die Ungleichung $B l E^2 \ll 1$ erfüllt ist. Die angelegte Spannung liegt im kV-Bereich. Als nichtlineares Medium wird meist Nitrobenzol bei Wellenlängen, die kürzer als 430 nm sind, ist im UV-Bereich eine Phenyl-Senföl-Füllung brauchbar.

Wegen der hohen Grenzfrequenz von etwa 10^9 Hz wird der Kerr-Effekt für den Bildfunk ausgenutzt (Karolus-Zelle [11]) sowie auch für die Lichttelegraphie.

Eine weitere Anwendungsmöglichkeit besteht als Kerr-Zellen-Verschluß in der Kurzzeitphotographie, wobei ein Sperrfaktor von 1 : 10^4 erreicht werden kann.

Hochspannungsmessung mittels Kerr-Effekt. Infolge der quadratischen Abhängigkeit zwischen Gangunterschied und Feldstärke tritt bei einer angelegten Wechselspannung ein Gleichrichtungseffekt auf. Durch Messung der mittleren Lichtintensität nach Passieren einer zwischen gekreuzten Nicols sich befindenden Kerr-Zelle lassen sich, ohne daß ein Stromfluß erforderlich ist, Spannungsmessungen im Kilovoltbereich bei Frequenzen bis zu 100 MHz durchführen [12].

Messung der Lichtgeschwindigkeit. Während bei der Bestimmung der Lichtgeschwindigkeit mittels mechanischer Modulationsmethoden Meßstrecken von einigen Kilometern benötigt werden, erreicht man die gleiche Genauigkeit mittels einer auf dem elektrooptischen Kerr-Effekt beruhenden Lichtsperre bei einer Meßlänge von etwa 3 m [13].

Räumliche und Phasenmodulation von Licht mittels Pokkels-Effekt. Ein linear polarisierter Lichtstrahl, der senkrecht auf einen doppelbrechenden Kristall fällt und unter einem uniradialen Azimutwinkel polarisiert ist, wird im Kristall entweder nur zum außerordentlichen oder ordentlichen Strahl, d. h., er wird entweder abgelenkt oder nicht. In einem vorgeschalteten KDP-Kristall wird infolge des linearen elektrooptischen Effektes eine zusätzliche Doppelbrechung hervorgerufen, so daß bei angelegter Spannung die Polarisationsebene um 90° gedreht wird. Mittels dieses elektrooptischen Umschalters kann nun in dem nachfolgenden anisotropen Kristall eine Umwandlung von einem ordentlichen in den außerordentlichen Strahl erfolgen und umgekehrt. Somit können Lichtstrahlen in Zeiten von 10^{-9} s abgelenkt werden.

Die Ausnutzung für die Phasenmodulation ist von Bedeutung für die optische Informationsübertragung

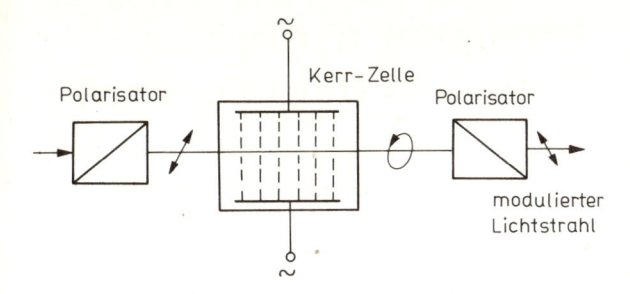

Abb. 3 Kerr-Zelle zwischen zwei Polarisatoren zur Lichtmodulation

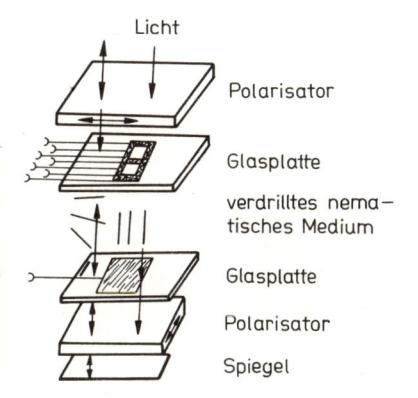

Abb. 4 Schema einer Flüssigkristall-Anzeige

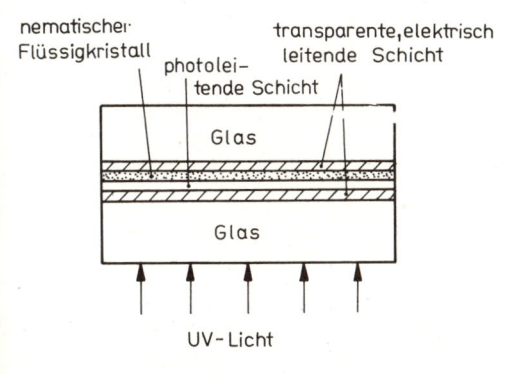

Abb. 5 UV-Bildwandler

(Modulationsfrequenzen bis in den GHz-Bereich). Für die integrierte Optik ist es günstig, den transversalen Effekt (Abhängigkeit des Modulationsgrades von der Dicke der wellenleitenden Schicht) zu verwenden [15].

Schadt-Helfrich-Effekt für Ziffernanzeige und optische Verschlüsse. Auf Abb. 4 ist das typische Schema einer Flüssigkristallanzeige angegeben [9]: Ein um 90° verdrillter nematischer Flüssigkristall befindet sich zwischen gekreuzten Polarisatoren – dies sind praktisch dünne Polarisationsfolien –, hinter einem Polarisator befindet sich ein Spiegel. Einfallendes natürliches Licht wird dann nach Passieren des ersten Polarisators nahezu vollständig reflektiert. An den Begrenzungsflächen des Flüssigkristalls sind durchsichtige Elektroden angebracht, eine durchgehende und eine aus einzeln zuschaltbaren Segmenten bestehende. Bei Anlegen einer Spannung „dunkeln" infolge Schadt-Helfrich-Effekt die entsprechenden Stellen. Der Vorteil gegenüber der Ausnutzung der elektrooptischen dynamischen Streuung liegt in der relativ geringen Betriebsspannung (1,5...5 V) und der Tatsache begründet, daß es sich hier um einen reinen Feldeffekt handelt, bei dem kein Stromfluß erforderlich ist.

Mittels Schadt-Helfrich-Zelle zwischen gekreuzten Polarisatoren lassen sich auch Verschlüsse für Photoapparate und Datendrucker realisieren. Im Vergleich zum Kerr-Effekt sind jedoch die Schaltzeiten wesentlich länger (siehe Kennwerte, Funktionen).

Mehrfarbige Anzeige mit cholesterinischen Flüssigkristallen. Bei Feldstärkeabhängigkeit der Ganghöhe cholesterinischer Stoffe kann die Farbe des selektiv reflektierten Lichtes beliebig variiert werden. Gegenwärtig sind Bemühungen im Gange, dies für Farbfernseher auszunutzen, ein befriedigendes Ergebnis wurde aber noch nicht erzielt. Als Problem tritt vor allem die relativ starke Temperaturabhängigkeit der Färbung auf [9] (siehe *Optische Anisotropie-Effekte*).

Dynamische Streuung für flache Bildschirme. Als Ziel der Entwicklung wird eine Matrix von über 500 Zeilen und Spalten angestrebt, bei der jedes Element einzeln und dabei kontinuierlich (Grauwerte) angesteuert werden kann. Zur Zeit sind sowohl die erreichbaren Bildpunktzahlen, die Schaltzeiten und auch der Kontrast noch unzureichend [14].

Dynamische Streuung für Bildwandler und Bildverstärker. Bei Anbringung einer zusätzlichen photoleitenden Schicht zwischen Elektrode und Flüssigkristall kann die elektrooptische dynamische Streuung zur Bildwandlung und Bildverstärkung sowohl für IR- (Nachtsichtgeräte), UV- bzw. Röntgenstrahlung genutzt werden. Das Schema eines UV-Bildwandlers ist auf Abb. 5 angegeben.

Bestimmung der Molekülstruktur durch Messung der Kerrkonstanten. Aus den Kerr-Konstanten lassen sich häufig Schlüsse bezüglich des Molekülbaus ziehen. Beispielsweise ergibt sich, daß CH_3OH keine gestreckte, sondern eine gewinkelte Struktur aufweist, da ansonsten die Kerr-Konstante groß und positiv sein müßte, tatsächlich ist sie aber praktisch Null [7]. Auch bei anderen Molekülen wie $(C_2H_5)_2O$ oder C_3H_7Cl liefern Kerr-Effekt-Messungen zusammen mit Depolarisationsgrad-Messungen wesentliche Hinweise hinsichtlich des Molekülbaus [7].

Literatur

[1] BORN, M.: Optik. 2. Aufl. – Berlin/Heidelberg/New York: Springer-Verlag 1965. S. 365.

[2] FREEDERICHSZ, V. V.; ZOLINA, V.: The orientation of an anisotropic liquid (Die Orientierung einer anisotropen Flüssigkeit). Trans. Faraday Soc. **29** (1933) 919–930.

[3] SCHADT, M.; HELFRICH, W.: Voltage-dependent optical activity of a twisted nematic liquid crystal (Spannungsabhängige optische Aktivität eines verdrillten nematischen Flüssigkristalls). Appl. Phys. Letters **18** (1971) 4, 127–128.

[4] KAHN, F. J.: Electric-field-induced color changes and pitch dilation in cholesteric liquid crystals (Farbänderungen und Steigungserweiterung in cholesterinischen Flüssigkristallen, welche durch ein elektrisches Feld induziert werden). Phys. Rev. Letters **24** (1970) 5, 209.

[5] HEILMEIER, G. H.: Dynamic scattering in nematic liquid crystals (Dynamische Streuung in nematischen Flüssigkristallen). Appl. Phys. Letters **13** (1968) 1, 1ff.

[6] BORN, M.: Optik. 2. Aufl. – Berlin/Heidelberg/New York: Springer-Verlag 1965. S. 370.

[7] BORN, M.: Optik. 2. Aufl. – Berlin/Heidelberg/New York: Springer-Verlag 1965. S. 369.

[8] BUCKINGHAM, A. D.; SHATWELL, R. A.: Linear electro-optic effect in gases (Linearer elektrooptischer Effekt in Gasen). Phys. Rev. Letters **45** (1980) 1, 21–23.

[9] PIKIN, S. A.; BLINOV, L. M.: Židkye Kristally (Flüssigkristalle). Bibliotecka „Kvant" Bd. 20. – Moskva: Nauka 1982.

[10] BOILER, A. u. a.: Low electrooptic threshold in new liquid crystals (Niedrige elektrooptische Schwelle in neuen Flüssigkristallen). Proc. IEEE **60** (1972) 8, 1002–1003.

[11] N. N.: Digital steuerbares Lichtablenksystem. – VDI-Z. **113** (1971) 5, 345.

[12] EDER, F. X.: Moderne Meßmethoden der Physik. Teil III. 3. Aufl. – Berlin: VEB Deutscher Verlag der Wissenschaften 1972. S. 141–142.

[13] SHEWANDROW, N. D.: Die Polarisation des Lichtes. WTB Bd. 44. – Berlin: Akademie-Verlag 1973. (Übers. aus d. Russ.)

[14] N. N.: Internat. Elektr. Rdsch. **26** (1972) 96.

[15] TAMIR, T.: Integrated Optics (Integrierte Optik). Topics in Applied Physics. Bd. 7. – Berlin/Heidelberg/New York: Springer Verlag 1979.

Erzeugung der zweiten Optischen Harmonischen

Die Erzeugung der zweiten optischen Harmonischen (second harmonic generation – SHG) war der erste nichtlineare optische Effekt, der mit Laserlicht beobachtet wurde (FRANKEN, HILL, PETERS und WEINREICH 1961 [1]). Als effektive Methode der Frequenztransformation von kohärenter Strahlung hat dieser Effekt in der Lasertechnik eine breite Anwendung gefunden.

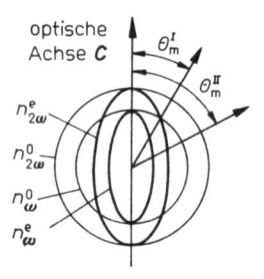

Abb. 1 Winkelabhängigkeit der Brechungsindizes für ordentlich (n^0) und außerordentlich (n^e) polarisiertes Licht der Frequenzen ω_1 und $2\omega_1$ in negativ einachsigen Kristallen. In der Einstrahlrichtung Θ_m^I und Θ_m^{II} ist eine Phasenanpassung nach Typ I bzw. Typ II möglich.

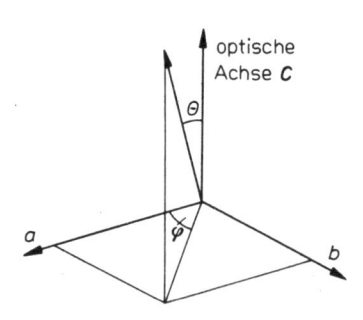

Abb. 2 Lage der Phasenanpassungswinkel Θ und φ in bezug auf die kristallographischen Achsen eines optisch einachsigen Kristalls

Tabelle 1 Parameter der Phasenanpassung für zwei typische nichtlineare Kristalle (1,06 µm → 0,53 µm)

Kristall	KD_2PO_4 (DKDP)	$LiNbO_3$	Maßeinheit
Winkel Θ_m	40,5	90	Grad
Temperatur	25	165	°C
Winkeltoleranz	1,7 mrad cm	47 mrad (cm)$^{1/2}$	
Temperaturtoleranz	6,7	0,6	°C cm
Wellenlängentoleranz	65	2,3	Å cm

Sachverhalt

Eine Laserlichtwelle mit der Kreisfrequenz ω_1 erzeugt in einem Medium ohne Inversionssymmetrie eine Polarisationswelle mit der Kreisfrequenz $2\omega_1$, die ihrerseits eine elektromagnetische Welle mit der Kreisfrequenz der zweiten optischen Harmonischen bei $2\omega_1$ hervorruft. Die Phasengeschwindigkeit der Polarisationswelle im Medium wird durch den Brechungsindex der Grundwelle n_1, diejenige der zweiten optischen Harmonischen durch n_2 bestimmt. Für eine effektive Energieübertragung müssen die Polarisationswelle und die zweite optische Harmonische gleiche Phasengeschwindigkeit haben, woraus $n_1 = n_2$ folgt. Aus dieser Forderung und dem Impulserhaltungssatz ergibt sich die Phasenanpassungsbedingung in Form der Differenz der Wellenzahlvektoren $\Delta k = 2k_1 - k_2 \equiv 0$, die durch geeignete Wahl von Ausbreitungs- und Polarisationsrichtung der Grundwelle in ausgewählten, optisch anisotropen Kristallen erfüllt werden kann. In einem optisch negativ einachsigen Kristall mit dem ordentlichen Brechungsindex $n^0(\Theta)$ gibt es eine ausgezeichnete Richtung mit dem Winkel Θ_m^I zur optischen Achse, für den der Brechungsindex der ordentlich polarisierten Grundwelle gleich dem Brechungsindex der außerordentlich polarisierten zweiten Harmonischen ist $n_1^0 = n_2^e(\Theta_m^I)$ (siehe Abb. 1). Zwischen beiden Wellen besteht in dieser Ausbreitungsrichtung eine feste Phasenbeziehung. Diese Art der Phasenanpassung wird als Typ I bezeichnet. Besteht die einfallende Grundwelle aus einem ordentlich und einem außerordentlich polarisierten Anteil, so ist unter dem Winkel Θ_m^{II} eine Phasenanpassung (Typ II, $\frac{1}{2}[n_1^e(\Theta_m^{II}) + n_1^0] = n_2^e(\Theta_m^{II})$) möglich. In einigen Kristallen kann die Phasenanpassung unter Ausnutzung der Temperaturabhängigkeit der Brechungsindizes unter dem Winkel $\Theta_m = 90°$ realisiert werden. In dieser Richtung ist im Vergleich zu Richtungen $\Theta_m \ne 90°$ die Erfüllung der Phasenanpassung unkritisch (siehe Toleranzbereich für Θ_m in Tab. 1). Neben der stark ausgeprägten Abhängigkeit der Intensität der zweiten optischen Harmonischen vom Phasenanpassungswinkel Θ gibt es eine vergleichsweise schwache Abhängigkeit vom Winkel φ, der durch die Projektion der Einstrahlrichtung in die (x,y)-Ebene und die x-Achse gebildet wird. Beide Winkel legen die optimale Einstrahlrichtung relativ zu den Kristallachsen fest (siehe Abb. 2).

Kennwerte, Funktionen

Unter der Voraussetzung ebener monochromatischer Wellen gilt bei kleinen Umwandlungsraten für die Intensitäten I die Beziehung [2]

$$\frac{I(2\omega_1)}{I(\omega_1)} = \left(\frac{2\omega_1^2 |d_{\text{eff}}|^2 L^2}{n_1^2 n_2^2 c^3 \varepsilon_0 A}\right) P(\omega_1) \left[\frac{\sin(\Delta k L/2)}{\Delta k L/2}\right]^2, \quad (1)$$

wobei ω_1 die Frequenz der Grundwelle, n den Brechungsindex, A den Strahlquerschnitt und c die Lichtgeschwindigkeit bezeichnen. Die Umwandlungsrate wird von der Leistung der Grundwelle $P(\omega_1)$, der Kristallänge L, der effektiven quadratischen Nichtlinearität d_{eff} und der Phasenanpassung $\Delta k = 2k_1 - k_2$ bestimmt. Die Abhängigkeit der Phasenanpassung von der Variation des Winkels Θ (bedingt durch die Divergenz der Grundwelle und die Winkeleinstellgenauigkeit des Kristalls), der Wellenlänge λ (verursacht durch die Linienbreite der Grundwelle) und der Temperatur T wird für einen optisch negativ einachsigen Kristall durch

$$\Delta \Theta = \frac{0.44 \, \lambda_1^0 n_1^0 / L}{(n_2^0 - n_2^e) \sin 2\Theta_m}, \quad (2)$$

$$\Delta \lambda = \frac{0.44 \, \lambda_1}{L(\partial n_1^0/\partial \lambda_1 - \partial n_2^e(\Theta)/2\partial \lambda_2)}, \quad (3)$$

$$\Delta T = \frac{0.44 \, \lambda_1}{L \, d(n_2^e - n_1^0)/dT} \quad (4)$$

ausgedrückt. Außerhalb dieser Parameterbereiche sinkt die Intensität der zweiten optischen Harmonischen auf Werte ab, die kleiner als die Hälfte ihres Maximalwertes sind. Der Grad der Phasenanpassung ist durch die Phasenkohärenzlänge $L_K = \lambda_1/4 \, |n_2 - n_1|$ gekennzeichnet, die den Abstand von der Eintrittsfläche des Kristalls angibt, bei der die Intensität $I(2\omega_1)$ maximal wird. Der Winkel Θ_m^I zwischen Ausbreitungsrichtung und optischer Achse, unter dem die Phasenanpassung Typ I für einen optisch negativ einachsigen Kristall erfüllt ist, ergibt sich aus

$$\frac{1}{[n_1^0]^2} = \frac{1}{[n_2(\Theta_m^I)]^2} = \frac{\cos^2 \Theta_m^I}{[n_2^0]^2} + \frac{\sin^2 \Theta_m^I}{[n_2^e]^2}. \quad (5)$$

Die Wirkungsgrade der Frequenzverdopplung liegen bei Verwendung von Nano- und Pikosekundenimpulsen um 80 %, bei der Frequenzwandlung der Strahlung kontinuierlich arbeitender Laser im Resonator um 100 % und außerhalb um < 1 %.

Anwendungen

Erzeugung kurzwelliger kohärenter Strahlung. Die Erzeugung der zweiten optischen Harmonischen von Laserstrahlung stellt eine effektive Methode der Frequenztransformation in den kurzwelligen Spektralbereich dar. So kann z. B. die Strahlung eines Nd:YAG-Lasers ($\lambda_1 = 1{,}06$ µm) durch Frequenzverdopplung in einem KDP-Kristall in den sichtbaren ($\lambda_2 = 0{,}53$ µm) und durch eine erneute Verdopplung in einem DKDP-Kristall in den ultravioletten Spektralbereich ($\lambda_4 = 0{,}265$ µm) transformiert werden. Abstimmbare kurzwellige Laserstrahlung wird durch Frequenzverdopplung der Strahlung abstimmbarer Farbstofflaser erzeugt.

Impulslängenbestimmung im Pikosekundenbereich [3]. Die Impulslänge von Pikosekundenimpulsen kann aus ihrer Autokorrelationsfunktion ermittelt werden. Eine weit verbreitete Methode der Bestimmung der Autokorrelationsfunktion von Pikosekundenimpulsen basiert auf der Erzeugung der zweiten optischen Harmonischen mit nichtkollinearer Phasenanpassung (siehe auch *nichtlineare optische Effekte*). Zu diesem Zweck wird ein Pikosekundenimpuls in zwei Teilimpulse gleicher Intensität aufgeteilt und unter einem Winkel γ in einem quadratisch nichtlinearen Kristall überlagert (vgl. Abb. 3). Der Kristall ist derart orientiert, daß

Bei leistungsstarken Pikosekundenimpulsen von Festkörperlasern ist die Bestimmung der Impulsbreite von einem einzelnen Impuls von Interesse. In diesem Fall wird die Autokorrelationsfunktion aus der Intensitätsverteilung der zweiten optischen Harmonischen in der Ebene senkrecht zur Winkelhalbierenden bestimmt. Um eine hohe Zeitauflösung mit dieser Methode zu erreichen, müssen die Teilimpulse mit einer Optik im Querschnitt aufgeweitet werden. Unter der Voraussetzung, daß die optische Länge des Impulses kleiner als ein Drittel des Durchmessers der aufgeweiteten Strahlen ist, gilt folgender Zusammenhang zwischen der räumlichen Halbwertsbreite d des frequenzverdoppelten Signals und der Impulsdauer τ des Pikosekundenimpulses:

$$\tau = \frac{K\, d \sin \gamma/2}{c_1^0}. \qquad (6)$$

c_1^0 ist die Gruppengeschwindigkeit des eingestrahlten Impulses mit ordentlicher Polarisation und K ein Faktor, der von der Impulsform abhängt. Für die Zeitauflösung werden Werte zwischen 0,1 ps und 0,5 ps erreicht.

Literatur

[1] Franken, P. A.; Hill, A. E.; Peters, W.; Weinrich, G.: Generation of optical harmonics (Erzeugung optischer Harmonischer). Phys. Rev. Letters 7 (1961) 118.

[2] Brunner, W.; Junge, K. (Autorenkollektiv): Wissensspeicher „Lasertechnik". 1. Aufl. – Leipzig; VEB Fachbuchverlag 1982. S.259.

[3] Kolmeder, C.; Zinth, W.; Kaiser, W.: Second Harmonic Beam Analysis, a Sensitive Technique to Determine the Duration of Single Ultrashort Laser Pulses (Strahlanalyse der zweiten Harmonischen, eine empfindliche Technik zur Bestimmung der Dauer einzelner ultrakurzer Laserimpulse). Optics Commun. 30 (1979) 453–457.

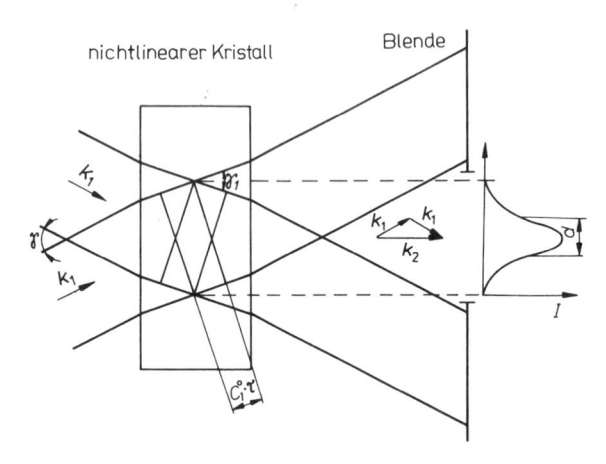

Abb. 3 Strahlengang bei der Impulslängenmessung mit der Methode der nichtkollinearen Frequenzverdopplung

eine nichtkollineare Wechselwirkung beider Teilimpulse eine Frequenzverdopplung in Richtung der Winkelhalbierenden $\gamma/2$ hervorruft. Das Signal der zweiten optischen Harmonischen wird in Abhängigkeit von der zeitlichen Verzögerung der Teilimpulse gegeneinander registriert. Diese Art der Aufzeichnung einer Autokorrelationsfunktion eignet sich besonders bei Impulsen, die mit hoher Folgefrequenz von kontinuierlich arbeitenden Pikosekunden-Farbstofflasern erzeugt werden.

Fluoreszenz

Leuchterscheinung, bedingt durch die allgemein als Lumineszenz bezeichnete Abstrahlung (Emission) von Licht nach vorangegangener Anregung.

Die Bezeichnung Fluoreszenz kommt von Fluorit (oder Flußspat, CaF_2), einem Mineral, das die Leuchterscheinung der Fluoreszenz in einer ausgeprägten Weise zeigt und an dem sie zuerst 1851 von Stokes beobachtet wurde.

Besonders die Fluoreszenz von Festkörpern wird in der Technik vielfältig angewendet.

Sachverhalt

Die Abstrahlung von Licht durch Atome, Moleküle oder Ionen infolge einer Anregung durch Beschuß mit Elektronen oder anderen geladenen Teilchen oder bei Bestrahlung mit sichtbarem Licht, UV-Licht, Röntgen- und Gammastrahlen, die als Fluoreszenz bezeichnet wird, zeigt folgende Charakteristika: (i) sie erfolgt mit konstanter Intensität während der Anregung, (ii) das Abklingen der Lichtintensität nach Beendigung der Anregung erfolgt gemäß einer Exponentialfunktion der Zeit (Abklingzeit 10^{-8} bis 10^{-9} s) und (iii) sie gehorcht der Stokesschen Regel, die besagt, daß die emittierte Strahlung nicht kurzwelliger als die erregende Strahlung sein kann. Erfolgt eine zusätzliche Energiezufuhr durch thermische Stöße, können auch antistokessche Fluoreszenzlinien auftreten [1-3].

Die einfachste und übersichtlichste Art der Fluoreszenz ist die in verdünnten Gasen und Dämpfen beobachtete Resonanzfluoreszenz, d.h. die direkte Umkehr des Absorptionsprozesses, wenn weitere Energieniveaus zwischen dem angeregten Zustand und dem Grundzustand fehlen. Da der bei der Anregung erreichte Zustand nur in den Grundzustand zurückverwandelt werden kann, ist die Frequenz der emittierten Strahlung gleich der der anregenden Strahlung. Ist die mittlere Lebensdauer des angeregten Zustandes klein gegenüber der Zeit zwischen zwei thermischen Stößen, wird eine Fluoreszenzausbeute (siehe Kennwerte und Funktionen) von $\approx 100\%$ erreicht.

Die Resonanzfluoreszenz bildet jedoch einen Sonderfall. Im allgemeinen sind die Verhältnisse komplizierter und noch nicht vollständig geklärt. So erfolgt die Rückkehr zum Grundzustand gewöhnlich in Form von Kaskadenübergängen (Abb. 1, S. 548). Es erscheinen dann auch die zu den Differenzen der beteiligten Energieniveaus gehörenden Spektrallinien im Fluoreszenzlicht. Man beobachtet Linien-, Banden- und kontinuierliche Fluoreszenzspektren.

Hinzu kommt die Erscheinung der sensibilisierten Fluoreszenz, bei der eine Fluoreszenz nur bei Anwesenheit eines stoßenden Partners auftritt. Hierbei wird die Energie eines angeregten Atoms oder Moleküls durch einen Stoß auf ein anderes Atom oder Molekül übertragen, welches nun seinerseits Fluoreszenzlicht abstrahlt. Eine solche Energieübertragung ist zwischen Atomen oder Molekülen gleicher Sorte und zwischen verschiedenen Atomen und Molekülen möglich; Voraussetzung ist jedoch das Bestehen einer Energieresonanz zwischen den stoßenden Partnern.

Zeigt umgekehrt das gestoßene Atom oder Molekül keine Fluoreszenz, kommt es zur Fluoreszenzlöschung.

Stoffe, die nach entsprechender Energieabsorption die Eigenschaft der Fluoreszenz zeigen, heißen *Luminophore*.

Kennwerte, Funktionen

Zerfallsgesetz der Fluoreszenz:

$$I = I_0 \exp - (t/\tau), \tag{1}$$

I – Lichtintensität zur Zeit t, I_0 – Lichtintensität bei Beendigung der Anregung der Fluoreszenz, τ – mittlere Lebensdauer des angeregten Zustandes des Luminophors (10^{-9} s bis 10^{-8} s).

Fluoreszenz- oder Fluoreszenzquantenausbeute Φ (siehe Tab. 1):

Tabelle 1 Quantenausbeute der Fluoreszenz bei Zimmertemperatur

Substanz	Lösungsmittel	Farbe des Fluoreszenzlichtes	Fluoreszenzausbeute in %
Uranin	Alkohol	grüngelb	70
Uranin	Wasser	grüngelb	84
Eosin	Wasser	gelb	16
Erythrosin	Wasser	orange	2
Rubren	Benzol	rot	≈ 100
Anthracen	Benzol	blau	29
Benzol	Hexan	ultraviolett	11
Fluoren	Hexan	ultraviolett	≈ 100
Methylenblau	Alkohol	rot	2
Anthracen	reiner Kristall	violett	≈ 100
Naphthacen	reiner Kristall	gelb	4
Naphthacen	Anthracen	gelbgrün	≈ 100
Äthioporphyrin	Äther	rot	1
Rhodamin B	Cellulose-Acetat	rot	62
Rhodamin B	Gelatin	rot	21
$K_2Pt(CN)_4$	Wasser	grün	4 bis 5
KTlCl	Kristalle	ultraviolett und blau	80
ZnS: (Cu) od. (Ag)	Kristalle	grün (blau)	≈ 100
Zn_2SiO_4: (Mn)	Kristalle	grün	25 bis 70
$ZnBeSiO_4$: (Mn)	Kristalle	orange	25 bis 55
$CdSiO_4$	Kristalle	rosagelb	55
$CaWO_4$	Kristalle	blau	70
$CdBe_2O_4$	Kristalle	rosa	66

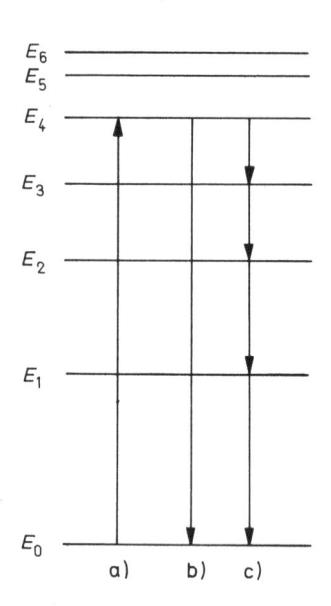

$$\Phi = \frac{\text{Zahl der Photonen der Fluoreszenzstrahlung}}{\text{Zahl der absorbierten Photonen des anregenden Lichtes}} \cdot \quad (2)$$

Abb. 1 Resonanzfluoreszenz b) und Kaskadenübergänge c) nach einer Anregung a)

Anwendungen

Vielfältige Anwendung findet die Fluoreszenz sowohl im wissenschaftlichen als auch im technischen Bereich.

Fluoreszenzspektroskopie [4]. Wenn die Anregung mittels Laser erfolgt, ist die Fluoreszenzspektroskopie mit einem räumlichen Auflösungsvermögen bis zu 10^{-6} cm^{-3}, einer Empfindlichkeit bis zu einem Atom oder Molekül und einer zeitlichen Auflösung bis zu 10^{-9} s die empfindlichste Methode der linearen Spektroskopie. Fluoreszenzspektroskopie kann erfolgreich angewendet werden, wenn die Desaktivierung angeregter Niveaus durch Fluoreszenz erfolgt. Das ist bevorzugt im sichtbaren und UV-Bereich der Fall. Die Fluoreszenzspektroskopie gestattet sowohl den Nachweis geringer Konzentrationen von Atomen bzw. Molekülen oder Radikalen (Spektralanalyse) als auch Untersuchungen der Reaktionskinetik über die Messung der Reaktionsgeschwindigkeitskonstanten.

Fluoreszenzmikroskopie [5]. Bei der Fluoreszenzmikroskopie nutzt man das Fluoreszenzlicht, das die meisten organischen Stoffe bei Anregung mit UV-Strahlung emittieren. Damit ist häufig eine Unterscheidung von Strukturen möglich, die im sichtbaren Licht nicht beobachtbar sind.

Fluoreszenzanalyse (Fluoreszenzspektralanalyse) [6]. Die Erscheinung der Fluoreszenz bei vielen Stoffen, besonders der organischen aromatischen Verbindungen, ermöglicht die Verwendung dieser Eigenschaft zur chemischen Analyse. Die Erkennung der Substanzen wird dabei wesentlich durch die Kenntnis der jeweiligen Fluoreszenzspektren erleichtert.

Besonders einfach ist der Nachweis geringster Mengen eines fluoreszierenden Stoffes in einem nichtfluoreszierenden Medium.

Quantitative Bestimmungen sind bis zu einigen Hundert Atomen je cm^3 möglich.

Fluoreszenzindikatoren [6]. Fluoreszenzindikatoren sind fluoreszenzfähige Substanzen (Luminophore), deren Fluoreszenz von physikalischen oder chemischen Bedingungen abhängen, so daß bei einer Änderung dieser Bedingungen ein Umschlagen der Farbe der Fluoreszenz oder deren Verschwinden beobachtet werden kann. Solche Bedingungen können z. B. der pH-Wert einer Lösung (siehe Tab. 2), die Temperatur oder die Wasserstoffionen-Konzentration sein.

Tabelle 2 Farbänderung einiger Fluoreszenzindikatoren in Abhängigkeit vom pH-Wert

Verbindung	Farbänderung	pH-Wert
Methylacridon	grün-violett	0 bis 1,5
Benzoflavin	gelb-grün	0,3 bis 1,7
Äsculin	farblos-blau	1,5 bis 2,0
Äthoxyacridon	grün-violett	1,2 bis 3,2
Salicylsäure	farblos-blau	2,5 bis 3,5
α-Naphthylamin	farblos-blau	3,4 bis 4,8
Acridon	grün-violett	4,9 bis 5,1
Chinin	blau-violett	5,9 bis 6,1
Umbelliferon	farblos-blau	6,5 bis 7,6
α-Naphthol-Sulfonsäure	blau-violett	8 bis 9
β-Naphthol-Sulfonsäure	blau-violett	9 bis 10
Chinin	violett-farblos	9,5 bis 10
α-Naphthionsäure	blau-grün	9 bis 11
β-Naphthionsäure	blau-violett	12 bis 13

Fluoreszenzindikatoren werden erfolgreich als Indikatoren der Azidität verwendet oder dort, wo die Gegenwart verschieden gefärbter Substanzen die Erkennung des Umschlagpunktes von Farbindikatoren unmöglich macht.

Technische Anwendungen. Breite technische Anwendung findet die Erscheinung der Fluoreszenz bei der Sichtbarmachung sonst unsichtbarer elektromagnetischer und Korpuskularstrahlung in Leuchtstofflampen, auf Röntgendurchleuchtungsschirmen und auf Leuchtschirmen in Fernsehbildröhren und anderen Kathodenstrahlröhren [7].

Auch fluoreszierende Lacke und Farben sind wichtige Anwendungen der Fluoreszenz. Sie ermöglichen z. B. das rechtzeitige und deutliche Erkennen von Verkehrszeichen bei Dunkelheit.

Literatur

[1] PRINGSHEIM, P.: Fluoreszenz und Phosphoreszenz. – Berlin: Springer-Verlag 1928.
[2] BANDOW, F.: Lumineszenz. – Stuttgart: Wiss. Verlagsgesellschaft 1950.
[3] POHL, R. W.: Optik und Atomphysik. – Berlin/Heidelberg/New York: Springer-Verlag 1965.
[4] LETOCHOW, W. S.: Laserspektroskopie. WTB Nr. 165. – Berlin: Akademie-Verlag 1977.
[5] HAITINGER, M.: Fluoreszenz-Mikroskopie. – Leipzig: Academische Verlagsgesellschaft 1938.
[6] DANCKWORTT, P. W.: Lumineszenzanalyse. – Leipzig: Academische Verlagsgesellschaft 1949.
[7] v. ARDENNE, M.: Tabellen zur angewandten Physik. Bd. I. – Berlin: VEB Deutscher Verlag der Wissenschaften 1975, S. 185.

Holografie

Die Holografie ist ein optisches Verfahren zur Aufzeichnung und Wiedergabe räumlicher Strukturen, das auf der Interferenz des Lichtes beruht. Das Prinzip der Holografie wurde 1948...1951 von D. GABOR [1] entwickelt und nach Erfindung des Lasers Anfang der 60er Jahre von E. N. LEITH und J. UPATNIEKS [2] entscheidend vervollkommnet.

Sachverhalt [3, 4]

Bei kohärenter Beleuchtung eines Objektes ist seine optisch erfaßbare Information in der durch Transmission, Reflexion, Beugung oder Streuung beeinflußten Welle in Form der Amplituden- und Phasenverteilung enthalten. Wird der so erhaltenen Welle $O(x, y, z)$ (komplexe Darstellung) eine zweite kohärente Welle $R(x, y, z)$ (Referenzwelle) überlagert, so entsteht durch Interferenz eine Intensitätsverteilung

$$I(x,y,z) = |O(x,y,z) + R(x,y,z)|^2$$
$$= |O|^2 + |R|^2 + OR^* + O^*R, \qquad (1)$$

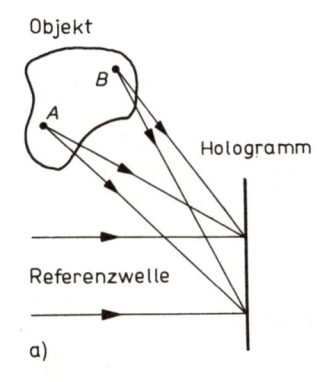

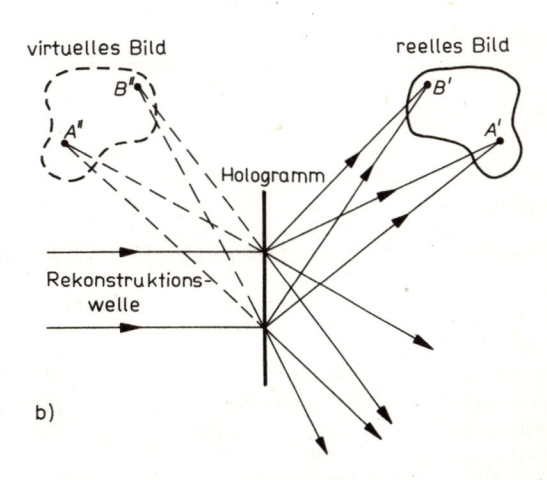

Abb. 1 Holografische Aufnahme (a) und Rekonstruktion (b)

die von Amplitude und Phase der beiden Wellen abhängt (* konjugiert komplex). Registrierung dieser Intensitätsverteilung in einer Ebene mit einem quadratischen Empfänger (z. B. fotografische Schicht) liefert das Hologramm. Ist die Amplitudentransparenzverteilung des Hologramms der Intensitätsverteilung Gl. (1) proportional, entsteht bei Einfall einer rekonstruierenden Welle, die mit $R(x,y,z)$ identisch ist, durch Beugung an der Hologrammstruktur

$$B \sim (|O|^2 + |R|^2) R + |R|^2 O + R^2 O^* . \qquad (2)$$

Der erste Term enthält die Rekonstruktionswelle, d. h. ungebeugtes Licht, der zweite die Objektwelle. Letzterer liefert ein virtuelles Bild des Objektes, substituiert es also vollkommen einschließlich räumlicher Tiefe und paralaktischer Erscheinungen. Der dritte Term enthält die konjugierte Objektwelle und liefert ein reelles, pseudoskopisches Bild des Objektes.

Aufnahme und Rekonstruktion sind schematisch in Abb. 1 dargestellt. Zur Veranschaulichung sollen zwei Punkte A, B des Objektes mit unterschiedlichem Abstand von der Hologrammebene betrachtet werden. Das virtuelle Bild (A'', B') ist durch das Hologramm hindurch zu beobachten. Das reelle Bild (A', B') ist in seiner Tiefe zum Objekt invertiert.

Kennwerte, Funktionen [4]

Die Grundstruktur eines Hologramms ist eine Gitterstruktur. Das Auflösungsvermögen des Hologrammaufzeichnungsmaterials muß mindestens so groß sein wie die größtmögliche im Hologramm vorkommende Ortsfrequenz (Kehrwert der Gitterkonstanten). Diese kann mehr als 2 000 Linien/mm betragen. Für einen mittleren Winkel von 30° zwischen Objekt- und Referenzwelle muß die Schicht über 800 mm^{-1} auflösen, wenn zur Aufzeichnung ein He-Ne-Laser ($\lambda = 0{,}633$ µm) verwendet wird.

Bei hohen Ortsfrequenzen und großer Dicke des Aufzeichnungsmaterials ist die Rekonstruktion ein räumliches Beugungsproblem (Volumenhologramm), sonst spricht man von ebenen Hologrammen. Fallen Objekt- und Referenzwelle von der gleichen Seite auf das Aufzeichnungsmaterial ein, entsteht die rekonstruierte Welle im Durchlicht – Transmissionshologramm, andernfalls im reflektierten Licht – Reflexionshologramm.

Wird die Information in Form einer Modulation der optischen Dichte gespeichert, liegt ein Amplitudenhologramm vor. Bei Modulation des optischen Weges (Dicke, Brechzahl) spricht man von einem Phasenhologramm.

Eine weitere Größe zur Charakterisierung eines Aufzeichnungsmaterials ist der mögliche Beugungswirkungsgrad (η), der die Helligkeit des rekonstruierten Objektes bestimmt:

$$\eta = \frac{\text{Intensität in der 1. Beugungsordnung}}{\text{Einfallende Intensität}} . \qquad (3)$$

Theoretisch ist bei Amplitudenhologrammen $\eta = 7{,}2\%$, bei ebenen Phasenhologrammen $\eta = 33{,}9\%$ und bei Volumen-Phasenhologrammen $\eta = 100\%$ möglich.

Einige in Frage kommende Aufzeichnungsmaterialien sind in Tab. 1 aufgeführt.

An die mechanische Stabilität eines Aufbaus zur Hologrammaufzeichnung werden hohe Anforderungen gestellt. Schon Schwankungen in der Größenordnung der Wellenlänge während des Aufzeichnungsprozesses zerstören oder beeinträchtigen das aufgezeichnete Hologramm.

Anwendungen [3]

Als Lichtquelle in der Holografie werden wegen der notwendigen Kohärenz und spektralen Energiedichte in der Regel Laser verwendet (He-Ne-, Ar-Kr-, He-Cd-, Farbstofflaser).

Zur Rekonstruktion kann auch monochromatisches Licht natürlicher Lichtquellen verwendet werden. Bei Volumenhologrammen ist z. T. eine Weißlichtrekonstruktion möglich. Die laterale Ausdehnung von Hologrammen liegt je nach Anwendung zwischen ca. 1 mm und 1 m.

Holografisch-optische Elemente. Die Eigenschaft eines

Tabelle 1 Holografische Aufzeichnungsmaterialien (nach [10])

Material	Empfindlichkeitsbereich	Belichtung für max. η	max. η	Auflösungsvermögen
Ag-Halogenid (gebleicht)	400 nm ... 700 nm	10^{-4} mJcm^{-2} 10^{-3} mJcm^{-2}	6,5% 50%	~6000 mm^{-1}
Fotoresist	UV, blau	500 mJcm^{-2}	90%	<3000 mm^{-1}
Fotopolymer	UV, sensib.-bar	1000 mJcm^{-2}	90%	<2000 mm^{-1}
Dichromat-Gelatine	350 nm ... 520 nm (sensib. 633 nm)	20 mJcm^{-2}	90%	>3000 mm^{-1}
LiNbO$_3$ Fe-dot.	400 nm ... 700 nm	1000 mJcm^{-2}	60%	~1500

Hologramms, eine gespeicherte Welle vollständig zu rekonstruieren, ermöglicht es, Hologramme zu erzeugen, die die Funktion eines herkömmlichen optischen Elements besitzen, z. B. Linse, Gitter [5]. Aus der Kenntnis der zu erzeugenden Welle läßt sich die Struktur des Hologramms auch berechnen. Ein nach den Berechnungen hergestelltes synthetisches Hologramm liefert eine nahezu ideale Welle für Vergleichszwecke, z. B. in der Interferometrie.

Große Bedeutung haben holografisch erzeugte Gitter auf Fotoresistschichten erlangt. Es lassen sich hochwertige Gitter mit hoher Ortsfrequenz und großem Beugungswirkungsgrad herstellen [9]. Mit geeignet modifizierten Wellen bei der Aufzeichnung können diese Gitter auch abbildende und korrigierende Eigenschaften besitzen. Wichtige Anwendungen liegen in der Spektroskopie, der integrierten Optik und der Laserabstimmung.

Datenverarbeitung. Die Tatsache, daß bei der holografischen Aufnahme die Information eines Objektpunktes im allgemeinen über das gesamte Hologramm verteilt ist, gibt die Möglichkeit, viele Informationen auf kleinem Raum zu speichern, ohne daß Staub oder Kratzer Teile davon zerstören [6].

Eine der beiden in Form des Hologramms gespeicherten Wellen kann nur richtig rekonstruiert werden, wenn die andere zur Rekonstruktion verwendet wird. Diese Filterwirkung kann ausgenutzt werden, um bestimmte in einem Hologramm gespeicherte Strukturen in einer Vorlage zu erkennen. Zum anderen läßt sich eine auf diese Weise kodiert gespeicherte Information gegen unbefugten Zugriff sichern.

Hologramminterferometrie [7]. Einer holografischen Aufnahme wird bei gleichbleibender Anordnung von Objekt und Hologramm eine zweite überlagert, bei der durch Veränderung des Objektes die Phasenverteilung in der Objektwelle verändert wurde. Da bei der holografischen Rekonstruktion auch die Phasenbeziehungen des Objektes richtig wiedergegeben werden, ist bei gleichzeitiger Rekonstruktion beider Aufnahmen das Bild des Objektes mit Inferferenzstreifen versehen. Diese entstehen durch die Interferenz der beiden rekonstruierten verschiedenen Objektwellen. Die Auswertung der Interferenzen gibt Auskunft über die Veränderungen des Objektes mit Genauigkeiten von Bruchteilen der verwendeten Wellenlänge. Anwendungen sind Verformungsmessungen (z. B. Zylinder von Kfz.-Motoren bei Temperaturänderung, Ermittlung der Schwingungsknoten vibrierender Teile), Material- und Bauteilprüfung (z. B. Autoreifen), Plasmaanalyse, Vermessung von Temperatur- und Dichteverteilungen, ballistische Untersuchungen, Untersuchungen biologischer Objekte.

Weitere Anwendungen. Weitere Anwendungen sind Speicherung und Darstellung räumlicher Objekte, Hologrammikroskopie [11], holografische Endoskopie, dynamische Holografie, Farbholografie.

Holografie ist auch mit nichtoptischen kohärenten Wellen möglich, z. B. Ultraschall-, Mikrowellen [8]. Heute sind außerdem holografische Untersuchungen mit anderen Wellen, wie Röntgen-, Elektronen- oder Neutronenstrahlung, bekannt.

Literatur

[1] GABOR, D.: A new microscopic principle (Ein neues mikroskopisches Prinzip). Nature **161** (1948) 777.
[2] LEITH, E. N.; UPATNIEKS, J.: Reconstructed wavefronts and communication theorie (Rekonstruierte Wellenfronten und Nachrichtentheorie). J. Opt. Soc. Amer. **52** (1962) 1123–1130.
[3] COLLIER, R. J.; BURCKHARDT, C. B.; LIN, L. H.: Optical holography (Optische Holografie). – New York/London: Academic Press 1971.
[4] LENK, H.: Holografie. In: Fortschritte der experimentellen und theoretischen Biophysik. Hrsg.: W. BEIER. – Leipzig: VEB Georg Thieme 1971. Heft 9, 2. erw. Aufl.
[5] CLOSE, D. H.: Holographic optical elements (Holografisch-optische Elemente). Opt. Engin. **14** (1975) 5, 408–419.
[6] KNIGHT, G. R.: Holographic memories (Holografische Speicher). Opt. Engin. **14** (1975) 5, 453–459.
[7] DÄNDLIKER, R.: Heterodyne holographic interferometry (Holografische Heterodyninterferometrie). In: Progress in Optics. Hrsg.: E. WOLF. – Amsterdam/London: North-Holland Publ. Co. 1980. Bd. XVII, S. 3–84.
[8] ERF, R. K.: Holographic nondestructive testing (Zerstörungsfreie holografische Prüfung). – New York/London: Academic Press 1974.
[9] HUTLEY, M. C.: Diffraction gratings (Beugungsgitter). – London: Academic Press 1982.
[10] KURTZ, R. L.; OWEN, R. B.: Holographic recording materials. – a review (Holografische Aufzeichnungsmaterialien – ein Überblick). Opt. Engin. **14** (1975) 5, 393–408.
[11] v. ARDENNE, M.: Tabellen zur angewandten Physik. Bd. I. – Berlin: VEB Deutscher Verlag der Wissenschaften 1975, S. 525 (Beugungsmikroskop).

Interferenz

Als optische Interferenz wird die Abschwächung und Verstärkung der Intensität im Gebiet zweier oder mehrerer sich überlagernder Lichtwellen bezeichnet. Erste Interferenzerscheinungen (Farbe dünner Blättchen) wurden von R. BOYLE und R. HOOKE im 17. Jahrhundert beobachtet. Eine qualitative Darstellung des Interferenzprinzips erfolgte 1801 durch T. YOUNG. Die Verbindung zwischen dem Huygensschen Prinzip der Elementarwellen und dem Interferenzprinzip stellte 1818 A. J. FRESNEL her. Durch die Interferenzexperimente wurde die Wellennatur des Lichtes endgültig klargestellt.

Sachverhalt [1]

Für die Feldstärke einer ebenen linear polarisierten Lichtwelle, die sich in z-Richtung ausbreitet, gilt in komplexer Schreibweise

$$E(z,t) = E_0 \, e^{i\varphi(z) - i \cdot 2\pi \nu t} \qquad (1)$$

(ν Frequenz der Wellenbewegung, E_0 Amplitude und $\varphi(z) = \frac{2\pi}{\lambda} nz + \varphi_0$ Phase zum Zeitpunkt t, λ Wellenlänge, n Brechzahl).

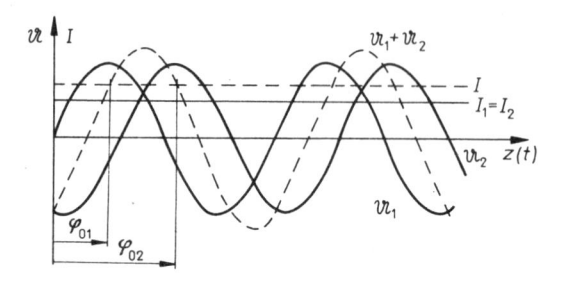

Abb. 1 Interferenz zweier ebener Wellen, die sich in z-Richtung ausbreiten

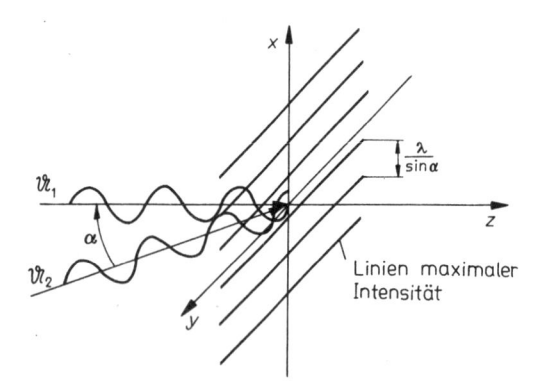

Abb. 2 Interferenz zweier ebener Wellen, deren Ausbreitungsrichtungen um den Winkel α in der x-z-Ebene gegeneinander geneigt sind

Die Intensität dieser Welle ist das Zeitmittel ihres Energiestroms senkrecht zur betrachteten Fläche und proportional zum Betragsquadrat von E:

$$I = |E|^2 = EE^* = E_0^2 \, . \qquad (2)$$

Wird einer solchen Welle E_1 eine zweite gleichartige Welle E_2 überlagert, so gilt für die Intensität

$$I = |E_1 + E_2|^2 = I_1 + I_2 + 2\sqrt{I_1 I_2} \cdot \cos(\varphi_{01} - \varphi_{02}) \, . \qquad (3)$$

Hieraus folgt, daß die sich ergebende Intensität nicht einfach die Summe der Einzelintensitäten ist, sondern je nach der relativen Phasenlage der beiden Wellen vergrößert oder verkleinert wird (Abb. 1). Diese Erscheinung wird als Interferenz bezeichnet. Maximale Intensität ergibt sich für die Phasendifferenzen $\varphi_1 - \varphi_2 = 2k\pi$, minimale für $\varphi_1 - \varphi_2 = (2k+1)\pi$, mit $\pm k = 0, 1, 2, \ldots$.

Für den bisher betrachteten Fall der parallel laufenden Wellen ist die Intensität ortsunabhängig. Wird nun die Ausbreitungsrichtung der zweiten Welle gegenüber der ersten um den Winkel α geneigt (siehe Abb. 2), dann ist für die zweite Welle zu schreiben

$$E_2(x,z,t) = E_{02} \cdot e^{i \cdot \frac{2\pi}{\lambda}(x \sin\alpha + z\cos\alpha) + i\,\varphi_{02}} \, e^{-2\pi i \nu t}, \qquad (4)$$

und für die Intensität der überlagerten Wellen gilt

$$I(x,z) = I_1 + I_2 + 2\sqrt{I_1 I_2}$$
$$\cos\left[\frac{2\pi}{\lambda}(x\sin\alpha + z\cos\alpha) + \varphi_{02} - \varphi_{01}\right]. \qquad (5)$$

Die in einer Ebene x, y z.B. bei $z = 0$ zu beobachtende Intensitätsverteilung der Interferenz ist ein in x-Richtung cosinusförmig moduliertes Gitter, dessen Gitterlinien in y-Richtung verlaufen (Abb. 2).

Die Überlagerung anderer Wellenformen ergibt andere kompliziertere Interferenzmuster.

Die Interferenzerscheinung ist zeitlich stabil, solange die Korrelation zwischen beiden Wellen erhalten bleibt. Die Wellen werden als kohärent bezeichnet. Änderungen von relativer Phasenlage, Frequenz oder Amplitude führen zur Veränderung der Interferenz. Wird in dem zuerst betrachteten Fall der Welle E_1 eine zweite Welle überlagert, deren Frequenz ν_2 um $\Delta \nu$ von ν_1 verschieden ist, so ergibt sich ein zeitlich periodisch veränderliches Interferenzmuster:

$$I(t) = (I_1 + I_2)\left[1 + V\cos(\varphi_{01} - \varphi_{02} + 2\pi \Delta\nu \, t)\right], \qquad (6)$$

das beobachtet werden kann, solange die Schwebungsfrequenz $\Delta\nu$ kleiner als die obere Empfänger-Grenzfrequenz ist (V Kontrast).

Da senkrecht zueinander polarisierte Wellen nicht interferieren, führt die Veränderung der Polarisationsrichtung einer Welle zur Kontrastabnahme des Interferenzmusters. Es tragen dann nur die parallel zueinander verlaufenden Komponenten der Polarisation zur Interferenz bei. Natürliches Licht ist im allgemeinen unpolarisiert.

Von einer natürlichen Lichtquelle ausgehendes Licht besteht aus einzelnen Wellenzügen, die von verschiedenen Atomen ausgesandt werden. Die Emissionsdauer dieser Wellenzüge liegt in der Größenordnung von 10^{-8} s. Jeder emittierte Wellenzug ist unabhängig von jedem anderen, so daß zeitlich stabile Phasenbeziehungen zwischen ihnen nur in dem genannten Zeitraum bestehen. Daher sind keine Interferenzen zwischen zwei von verschiedenen Lichtquellen herrührenden Wellen zu beobachten, wenn die (aus Intensitätsgründen) notwendigen Beobachtungszeiten groß sind im Vergleich zu 10^{-8} s.

Um Interferenzen zu beobachten, ist es daher notwendig, daß die überlagerten Wellen vom gleichen atomaren Strahler der Lichtquelle ausgesandt werden. In einer Interferenzanordnung wird das mittels einer Strahlenteilung erreicht, durch die eine von einem Punkt ausgehende Lichtwelle in Teilwellen zerlegt wird, die nach Durchlaufen verschiedener optischer Wege überlagert werden. Auf diese Weise werden feste Phasenbeziehungen zwischen den Teilwellen erreicht, und Interferenzen sind zu beobachten. Die Interferenzerscheinungen für jeden anderen Punkt der Lichtquelle werden der ersten inkohärent überlagert, d. h. die Intensitäten addieren sich. Ist ein zweiter, Strahlung der gleichen Frequenz aussendender Lichtquellenpunkt nur wenig vom ersten betrachteten entfernt, so unterscheiden sich die durch die Strahlteilung erzeugten Wegdifferenzen und damit die relativen Phasenlagen der Teilwellen für beide Punkte praktisch nicht. Es entsteht das gleiche Interferenzmuster. Das Licht ist räumlich kohärent. Für weiter entfernte Lichtquellenpunkte unterscheiden sich die Wegdifferenzen der Teilwellen immer stärker von der ersten, so daß sich auch unterschiedliche Interferenzmuster ergeben. Die Überlagerung aller Intensitäten hat daher zur Folge, daß das Interferenzmuster kontrastärmer wird (partielle räumliche Kohärenz), bis es schließlich bei ausgedehnten Lichtquellen ganz verschwindet (räumliche Inkohärenz).

Geht von einer Punktlichtquelle weißes Licht aus, so sind beobachtete Interferenzen im allgemeinen farbig, weil die Bedingung zum Erhalt maximaler Intensität bei Interferenz wellenlängenabhängig ist. Weißlichtinterferenzen werden nur für die optische Wegdifferenz Null der überlagerten Wellen erhalten.

Kennwerte, Funktionen

Räumliche Kohärenz. Die Möglichkeit, mittels einer ausgedehnten Lichtquelle Interferenzen zu erzeugen, wird durch die räumliche Kohärenz der Lichtquelle bestimmt. Interferenzen sind zu beobachten, wenn für die Lichtquelle die Bedingung

$$a \, \Theta \leq \frac{\lambda}{2} \tag{7}$$

erfüllt ist (a lineare Ausdehnung der Lichtquelle, Θ Öffnungswinkel der zur Interferenz beitragenden Lichtbündel). Eine Besonderheit in dieser Hinsicht stellt der Laser dar. Auf Grund der extremen Richtungsbündelung (Θ sehr klein) kann der Strahl eines in einem Transversalmodus schwingenden Lasers über den gesamten Querschnitt als räumlich kohärent angesehen werden!

Zeitliche Kohärenz. Die zeitliche Kohärenz einer Lichtquelle begrenzt die Wegdifferenz in einem Interferometer, bis zu der noch Interferenzen beobachtbar sind. Diese Strecke l wird als Kohärenzlänge bezeichnet, die Zeit zum Durchlaufen der Strecke als Kohärenzzeit τ:

$$\tau = \frac{l}{c}. \tag{8}$$

Diese Größen hängen von der spektralen Linienbreite $\Delta\lambda$ bzw. von der Frequenzbreite $\Delta\nu$ der Linie einer Lichtquelle ab:

$$l = \frac{\lambda^2}{\Delta\lambda} = \frac{c}{\Delta\nu}. \tag{9}$$

Beispiele für Kohärenzlängen:
Grüne Spektrallinie einer Hg-Dampflampe bei mittlerem Druck $\quad l \approx 10 \, \mu m$
Gasentladungslampe $\quad l \approx 30$ cm
He-Ne-Laser im Vielmodenbetrieb $\quad l \approx 30$ cm
Laser im Einmodenbetrieb $\quad l \approx 100$ km

Der Kontrast der Intensitätsverteilung eines Interferenzmusters, das durch Überlagerung zweier monochromatischer Wellen entsteht, ist vom Kohärenzgrad γ_{12} ($\gamma_{12} \leq 1$) dieser beiden Wellen abhängig:

$$V = \frac{I_{max} - I_{min}}{I_{max} + I_{min}} = \frac{2\sqrt{I_1 I_2}}{I_1 + I_2} \gamma_{12}. \tag{10}$$

Er wird maximal bei vollständiger Kohärenz ($\gamma_{12} = 1$) und $I_1 = I_2$.

Anwendungen

Dünne Schichten [3]. Eine gleichmäßig dicke durchsichtige Schicht mit der Dicke d und der Brechzahl n_1 wird zwischen zwei Materialien mit den Brechzahlen n_0 und n_s angeordnet. Fällt eine Welle E auf diese Schicht ein, so erfolgt eine Mehrfachreflexion an den Grenzflächen und ergibt eine Anzahl von reflektierten Wellen $R_1, R_2, \ldots$ und eine Anzahl von durchgehenden Wellen $T_1, T_2, \ldots$ (Abb. 3). Diese interferieren miteinander. Die Intensität des gesamten reflektierten Lichts ist dann

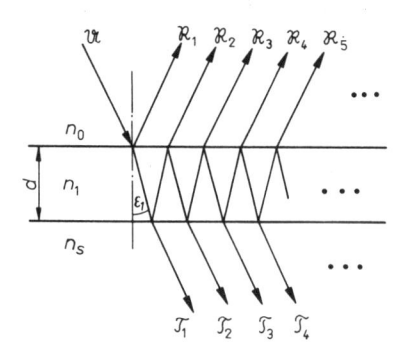

Abb. 3 Interferenz an einer dünnen Schicht

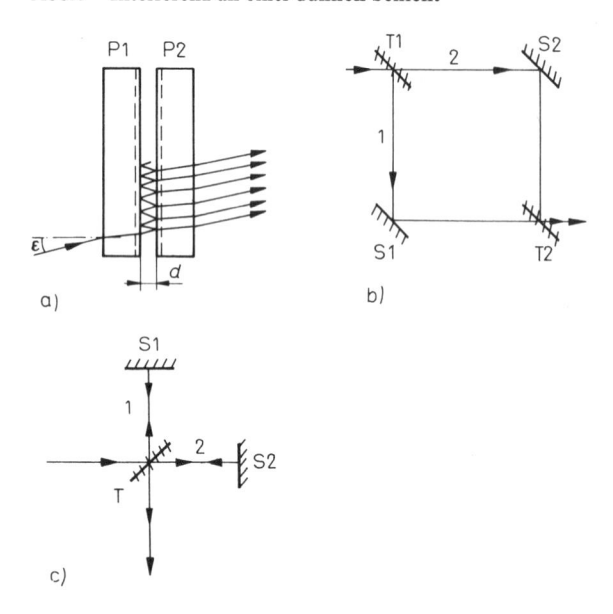

Abb. 4 Interferometer-Grundschaltungen
P1, P2 innen verspiegelte Glasplatten;
SL, S2 Spiegel; T1, T2 Strahlenteiler
a) Fabry-Perot-Interferometer
b) Mach-Zehnder-Interferometer
c) Michelson-Interferometer

$$I_R = |E|^2 \cdot \frac{r_1^2 + r_s^2 + 2 r_1 r_s \cos 2\varphi}{1 + r_1^2 r_s^2 + 2 r_1 r_s \cos 2\varphi} \quad (11)$$

und die des durchgehenden

$$I_T = |E|^2 \cdot \frac{(1 - r_1^2)(1 - r_s^2)}{1 + r_1^2 r_s^2 + 2 r_1 r_s \cos 2\varphi}. \quad (12)$$

Darin sind r_1, r_s die Reflexionskoeffizienten für die Feldstärke der Welle an den Grenzflächen n_0/n_1 und n_1/n_s und φ die Phasenänderung beim Durchgang durch die Schicht:

$$\varphi = \frac{2\pi}{\lambda} \cdot n_1 d \cos \varepsilon_1. \quad (13)$$

Ein Minimum der reflektierten Intensität tritt auf, wenn φ ein geradzahliges Vielfaches von $\pi/2$ ist, d. h., $n_1 d$ ist bei senkrechtem Lichteinfall ein geradzahliges Vielfaches von $\lambda/4$.

Für $n_1^2 = n_0 \cdot n_s$ wird die Intensität I_R zu Null. Damit ist eine *Entspiegelung optischer Flächen* für eine Wellenlänge möglich. Eine Entspiegelung für mehrere Wellenlängen wird durch Aufbringen mehrerer Schichten mit unterschiedlicher Dicke d_i und Brechzahl n_i erreicht. Ebenso läßt sich durch geeignete Schichtenauswahl das Reflexionsvermögen erhöhen. Beispiele für Ver- und Entspiegelung sind in Tab. 1 angegeben.

Tabelle 1 Ver- und Entspiegelung von Glas ($n = 1,52$) in Luft mit Hilfe dünner Schichten bei senkrechtem Lichteinfall nach [3]

Art der Beschichtung	Brechzahl	Dicke	Reflexionsgrad	
unbeschichtet	—	—	4 %	
1 Schicht MgF$_2$	1,38	0,10 μm	< 2,3 % für $\lambda = 400$ nm ... 700 nm Min. 1,3 % bei 550 nm	
4 Schichten MgF$_2$ ZrO$_2$ MgF$_2$ ZrO$_2$	1,38 2,10 1,38 2,10	0,078 μm 0,109 μm 0,026 μm 0,011 μm	≤ 0,01 % für $\lambda = 430$ nm ... 650 nm	hochbrechende Schicht an der Glasfläche
9 Schichten abwechselnd MgF$_2$ und ZnS	1,38 2,30	0,083 μm 0,050 μm	> 90 % für $\lambda = 400$ nm ... 550 nm	

Auf diese Weise werden Reflexions- oder Transmissions-Interferenzfilter hergestellt, die nur einen eng begrenzten Spektralbereich (ca. 1 nm) durchlassen bzw. reflektieren. Besondere Bedeutung haben reflexmindernde Schichten für den infraroten Spektralbereich, da die hier verwendeten Substanzen oft eine sehr große Brechzahl besitzen. So kann der Transmissionsgrad von Germanium bei $\lambda = 2$ μm ($n_s = 4{,}1$) durch Überziehen mit einer SiO-Schicht ($n_1 = 1{,}9$) der optischen Dicke $n_1 d = \dfrac{\lambda}{4}$ von 0,46 auf 0,90 verbessert werden [2].

Mit Hilfe von Mehrfachschichten sind sogenannte Kaltlichtspiegel herstellbar, die im sichtbaren gut reflektieren (nahe 100 %), aber das infrarote Licht durchlassen (~ 80 %).

Interferenzspektroskopie. Ähnlich der Wirkungsweise einer dünnen Schicht ist die eines Fabry-Perot-Interferometers (Abb. 4 a). Einfallendes Licht wird zwischen den mit Hilfe von dünnen Schichten hochverspiegelten parallelen Glasplatten P1, P2 mehrfach reflektiert (p-mal), so daß am Ausgang Vielstrahlinterferenzen entstehen.

Trifft eine monochromatische Welle mit verschiedenen Einfallsrichtungen auf das Interferometer, so entstehen für alle Richtungen, die der Bedingung

$$\cos \varphi = m \frac{\lambda}{2nd} \quad (14)$$

genügen, scharf begrenzte Intensitätsmaxima (m ist

eine ganze Zahl (Ordnungszahl) und n bezeichnet die Brechzahl zwischen den Platten). Bei gegebenem Plattenabstand d erzeugt also jede Wellenlänge λ einen charakteristischen Satz von hellen Linien. Auf diese Weise ist die Feinstruktur von Spektrallinien zu bestimmen.

Das gleiche wird bei konstantem Einfallswinkel ε durch Veränderung der optischen Weglänge $n \cdot d$ erreicht.

Der spektrale Abstand $d\lambda$ zweier noch auflösbarer Linien ist dabei gegeben durch

$$d\lambda = \frac{\lambda}{mp}. \qquad (15)$$

Auflösungen $\frac{\lambda}{d\lambda}$ in der Größenordnung 10^8 sind auf diese Weise möglich [4]. Große Bedeutung, besonders im infraroten Spektralbereich, besitzt die *Fourier-Spektroskopie* [5]. Die vom Gangunterschied Δ in einem Zweistrahlinterferometer (z. B. Abb. 4b, c) abhängige Intensität am Interferometerausgang ist für ein kleines spektrales Intervall $d\sigma$ proportional zu

$$dI(\Delta) = B(\sigma) d\sigma \cdot \cos 2\pi \sigma \Delta \qquad (16)$$

($B(\sigma)$ spektrale Intensitätsverteilung der Strahlungsquelle, $\sigma = \frac{1}{\lambda}$ Wellenzahl) (vgl. Gl. (3)).

Für die gesamte Intensität gilt:

$$I(\Delta) = \int_0^\infty B(\sigma) \cos 2\pi \sigma \Delta \, d\sigma. \qquad (17)$$

Dieser Ausdruck ist die Kosinus-Komponente der Fourier-Transformierten von $B(\sigma)$. So gilt auch

$$B(\sigma) = \int_0^\infty I(\Delta) \cos 2\pi \sigma \Delta \, d\Delta. \qquad (18)$$

Aufzeichnen der Intensität als Funktion des Gangunterschiedes und nachfolgende Fourier-Transformation liefert die gesuchte Funktion $B(\sigma)$. Auflösungen $\frac{\lambda}{d\lambda}$ von 10^6 sind möglich.

Interferenzmessungen [11]. Eine intensitätsbestimmende Größe im Interferometer ist die relative Phase

$$\Delta \varphi = \frac{2\pi}{\lambda} ns \qquad (19)$$

zwischen den überlagerten Wellen. Die drei in Gl. (19) enthaltenen physikalischen Größen können daher auch interferometrisch bestimmt werden. Die wichtigsten dafür verwendeten Interferometer-Grundanordnungen sind in Abb. 4 dargestellt. Die Bestimmung der Phasendifferenz $\Delta \varphi$ in bezug auf einen Ausgangszustand erfolgt dabei meist auf folgende Weise: In Interferometertypen, wie in Abb. 4b, c dargestellt, wird durch leichtes Verkippen der Spiegel erreicht, daß die Ausbreitungsrichtungen der aus dem Interferometer tretenden Wellen nach Durchlaufen der Wege 1 und 2 um einen Winkel α gegeneinander geneigt sind. Man erhält Interferenzstreifen. Wird im Weg 1 oder 2 eine zusätzliche Phasendifferenz $\Delta \varphi$ erzeugt, so verschieben sich die Interferenzstreifen proportional zu $\Delta \varphi$ (Gl. (5)). Die Streifenverschiebung ist also ein Maß für die zu messende Phasendifferenz.

Verschieden davon ist die Auswertung bei Fabry-Perot-Interferometern (Abb. 4a) für Wellenlängenuntersuchungen (vgl. 2.).

a) *Brechzahlmessung.* Die Brechzahl n eines durchsichtigen Objektes des Dicke d ist dadurch zu bestimmen, daß dieses in einem der Wege 1 oder 2 des Interferometers angeordnet wird. Erhalten wir dann eine Interferenzstreifenverschiebung von

$$\delta = k \cdot \lambda = (n-1) d, \qquad (20)$$

woraus sich bei bekannter Dicke d die Brechzahl direkt berechnen läßt. Ist d unbekannt, kann das Objekt nacheinander in zwei Substanzen mit unterschiedlicher Brechzahl n_1 und n_2 gebracht werden. So ergibt sich n zu:

$$n = \frac{n_1 k_2 - n_2 k_1}{k_2 - k_1}. \qquad (21)$$

Anwendungen zur Messung von Brechzahl oder Brechzahländerungen sind Homogenitätsprüfung durchsichtiger Substanzen, Ermittlung der Druckverteilung von Luftströmungen im Windkanal (Die Brechzahl der Luft ist eine Funktion des Druckes.), Untersuchung der Elektronendichte im Plasma, biologische und medizinische Untersuchungen.

b) *Längenmessung.* Die Verschiebung eines Spiegels z. B. eines Michelson-Interferometers um den Betrag l führt zur Verschiebung eingestellter Interferenzstreifen. Die Zahl k der durchlaufenden Streifen ist gleich der Länge l in Wellenlängeneinheiten

$$l = k \cdot \frac{\lambda}{2}. \qquad (22)$$

Durch Auszählen und Interpolation lassen sich Längen mit einer Genauigkeit von ca. 1 nm erreichen. Größere Wege sind jedoch in einem Meßschritt nur mit Lichtquellen großer Kohärenzlänge (Laser) zu vermessen.

Ein automatisches Laserwegmeßsystem von HEWLETT PACKARD erlaubt Messungen bis zu ca. 20 m mit einer theoretischen Genauigkeit von 0,1 nm [6]. Dieses Meßsystem nutzt die Tatsache, daß bei Überlagerung zweier Wellen mit etwas verschiedener Frequenz (Heterodyne-Interferometer) die zeitabhängige optische Phasendifferenz (vgl. Gl. (6)) in eine elektronische Phasendifferenz umgewandelt wird.

c) *Messung der Form von Wellenfronten und Oberflächen* [10]. Wird in einem Interferometer (z. B. Abb. 4c) die von einer Fläche reflektierte Welle als Bezugs- (oder Referenz-) Welle (Weg 1) verwendet, so wird die

Intensitätsverteilung am Interferometerausgang durch die Form der Wellenfront der anderen Welle (Weg 2) bestimmt. Aus dem so entstandenen Interferogramm läßt sich die Phasendifferenz zwischen Referenz- und Testwelle in der Empfängerebene ermitteln.

Die Testwellenfront kann durch optische Bauelemente in Transmission oder Reflexion beeinflußt werden. Durch Interferogrammauswertung ist somit ihre berührungslose Prüfung relativ zur Referenzwelle mit großer Genauigkeit möglich [7]. Moderne Verfahren liefern unter Ausnutzung von Flächenempfängern in wenigen Sekunden (Echtzeitinterferometrie) die lokalen relativen Abweichungen eines optischen Bauelements von einer Bezugsgröße mit Genauigkeiten von wenigen Tausendstel der verwendeten Wellenlänge [8, 9]. Mit speziellen Verfahren ist auch eine absolute Prüfung optischer Systeme möglich [7].

d) *Wellenlängenmessung*. Eine Messung der Wellenlänge λ ist durch Vergleich mit einer bekannten Wellenlänge λ_0 möglich. Dazu kann ein Michelson-Interferometer verwendet werden, bei dem ähnlich wie bei der Wegmessung ein Spiegel verschoben wird. Aus der Anzahl k_0 und k der gleichzeitig durchlaufenden Interferenzstreifen für beide Wellenlängen λ_0 und λ ergibt sich:

$$\frac{\lambda}{\lambda_0} = \frac{k_0}{k}. \qquad (23)$$

Auf diese Weise sind Genauigkeiten von $\frac{\lambda}{\Delta\lambda} > 10^8$ zu erreichen [14]. Bei kurzen Lichtimpulsen ist diese Methode nicht anwendbar. Hier kann die Wellenlänge durch sukzessive Annäherung aus den Daten mehrerer Interferometer mit verschiedener spektraler Auflösung ermittelt werden. In einer Anordnung mit drei Fabry-Perot-Interferometeern konnte eine Auflösung von $\frac{\lambda}{\Delta\lambda} \approx 10^7$ erreicht werden [15].

Interferenzmikroskopie [12, 13]. Ein Interferenzmikroskop ist die Kombination von Interferometer und Mikroskop. Auf diese Weise können Interferenzen an mikroskopischen Objekten beobachtet und vermessen werden. Die Objekte können lichtdurchlässig oder reflektierend sein.

Ähnlich wie beim *Phasenkontrastverfahren* (siehe dort) werden hier Phasenstrukturen sichtbar gemacht. Aus dem beobachteten Interferenzmuster lassen sich Brechzahl oder Dicke des Objektes ermitteln. Die dabei erreichbare Tiefenauflösung liegt in der Größenordnung der seitlichen Auflösung von Elektronenmikroskopen.

Anwendungsgebiete sind Untersuchungen von technischen Oberflächen, Kristallen, Flüssigkeiten, biologischen und medizinischen Objekten.

Literatur

[1] BORN, M.; WOLF, E.: Principles of optics (Grundlagen der Optik). 5. Aufl. – Oxford: Pergamon Press 1975.

[2] FRANÇON, M.: Moderne Anwendungen der physikalischen Optik. – Berlin: Akademie-Verlag 1971.

[3] MACLEOD, H. A.: Thin-film optical filters (Optische Dünnschichtfilter). – London: A. Hilger Ltd. 1969.

[4] Tech memo for Fabry-Perot interferometry (Technische Abhandlung über Fabry-Perot-Interferometrie). Firmenschrift: Burleigh Instruments, Inc., Burleigh Park, Fishers, New York 14453.

[5] CHAMBERLAIN, J.: The principles of interferometric spectroscopy (Die Grundlagen der interferometrischen Spektroskopie). – Chichester: John Wiley & Sons 1979.

[6] BURGWALD, G. M.; KRUGER, W. P.: An instant-on laser for length measurement (Ein instant-on Laser für die Längenmessung). – Hewlett Packard J. 21 (1970) 14–22.

[7] SCHULZ, G.; SCHWIDER, J.: Interferometric testing of smooth surfaces (Interferometrische Prüfung glatter Oberflächen). In: Progress in Optics. Hrsg.: E. WOLF. – Amsterdam/London: North-Holland Publ. Co. 1976. Bd. XIII, S. 95–166.

[8] BRUNING, J. H.; HERRIOTT, D. R.; GALLAGHER, J. E.; ROSENFELD, D. P.; WHITE, A. D.; BRANGACCIO, D. J.: Digital wavefront measuring interferometer for testing optical surfaces and lenses (Digitales Wellenfront-Meßinterferometer zur Prüfung optischer Oberflächen und Linsen). Appl. Optics 13 (1974) 11, 2693–2703.

[9] MASSIE, N. A.: Real-time digital heterodyn interferometry: A system (Digitale Echtzeit-Heterodyninterferometrie: Ein System). Appl. Optics 19 (1980) 1, 154–160.

[10] Optical shop testing (Prüfung in der Optikwerkstatt). – Hrsg.: D. MALACARA. – New York: John Wiley & Sons 1978.

[11] DYSON, J.: Interferometry as a measuring tool (Interferometrie als Meßmittel). – London: The Machinery Publishing Co. Ltd. 1970.

[12] KRUG, W.; RIENITZ, J.; SCHULZ, G.: Beiträge zur Interferenzmikroskopie. – Berlin: Akademie-Verlag 1961.

[13] BEYER, H.: Theorie und Praxis der Interferenzmikroskopie. – Leipzig: Akademische Verlagsgesellschaft Geest & Portig K.-G. 1974.

[14] HALL, J. L.; LEE, S. A.: Interferometric real-time display of cw dye laser wavelength with sub-Doppler accuracy (Interferometrische Echtzeit-Darstellung der Wellenlänge eines Dauerstrich-Farbstofflasers mit Sub-Doppler-Genauigkeit): Appl. Phys. Letters 29 (1976) 367–370.

[15] FISCHER, A.; KULLMER, R.; DEMPTRÖDER, W.: Computer controlled Fabry-Perot wavemeter (Rechnergesteuertes Fabry-Perot-Wellenlängenmeßgerät). Opt. Commun. 39 (1981) 5, 277–282.

Laser

Der Effekt der Lichtverstärkung durch stimulierte Emission von Strahlung (*L*ight *a*mplification by *s*timulated *e*mission of *r*adiation – Laser) einschließlich der dadurch ausgelösten selbsterregten Oszillation wurde 1960 durch T.H. MAIMAN mit dem ersten Laser, einem Rubin-Festkörperlaser, demonstriert. Diesem Ereignis gingen umfassende theoretische Untersuchungen zur Quantenelektronik voraus. Sie begannen 1917 mit der Einführung der stimulierten Emission bei der Wechselwirkung elektromagnetischer Strahlung mit Atomsystemen durch A. EINSTEIN, führten über Vorschläge zur Verstärkung durch stimulierte Emission von V. A. FABRIKANT (1951), J. WEBER (1953) sowie N. G. BASOV und A. M. PROCHOROV (1954/55) zum ersten NH$_3$-Gasstrahlmaser durch I. P. GORDON, H. J. ZEIGER und C. H. TOWNES (1954). Die Verstärkung durch stimulierte Emission im optischen Bereich diskutierten A. L. SCHAWLOW und C. H. TOWNES 1958. Den Ideen zum Bau eines Gaslasers (A. JAVAN 1959) und eines Halbleiterlasers (N. G. BASOV, B. M. WUL, J. N. POPOV 1959) folgten deren Realisierung durch A. JAVAN, W. R. BENNETT JR. und D. R. HERRIOTT (1961) bzw. M. I. NATHAN, W. P. DUNCKE, G. BURNS, F. M. DILL JR. und G. LASHER (1962). Den ersten Farbstofflaser stellten P. P. SOROKIN und J. R. LANKARD 1966 vor.

Die von Lasern erzeugte Strahlung stellt für die Wissenschaft und Technik ein äußerst wertvolles Experimentier- und Arbeitsmittel dar, das auf Grund seines hohen Kohärenzgrades und der extremen Energiedichte neue Erkenntnisse und Anwendungen bei der Wechselwirkung von Licht und Materie ermöglicht.

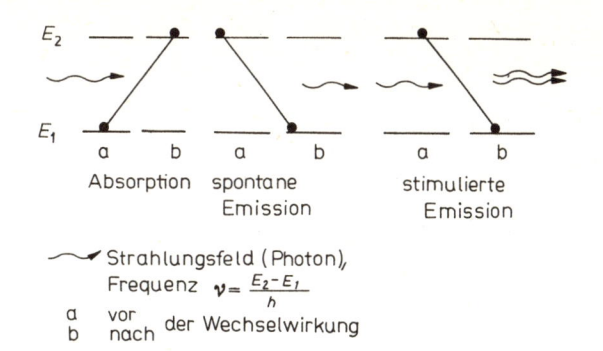

Abb.1 Schematische Darstellung der Absorption, spontaner und stimulierter Emission

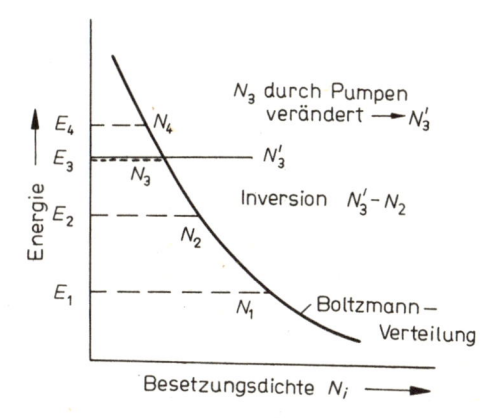

Abb.2 Besetzungsdichte N_i für Niveaus mit der Energie E_i ($i = 1, 2, 3, 4$) im Falle einer Boltzmann-Verteilung und bei Vorliegen einer Inversion (schematisch)

Sachverhalt

Der Lasereffekt beinhaltet die Verstärkung eines elektromagnetischen Strahlungsfeldes durch stimulierte Emission in einem Atomsystem bis hin zur selbsterregten Oszillation und damit Herausbildung der charakteristischen Laserstrahlung. Sie entsteht als Folge der Wechselwirkung des verstärkten Strahlungsfeldes mit einer Resonanzstruktur, dem optischen Resonator für den Fall, daß durch die Verstärkung die Verluste überkompensiert werden [1–4].

Wirkt ein Strahlungsfeld der (Kreis) Frequenz ω_{21} auf ein Atom, das zur Vereinfachung durch zwei Energiezustände E_1, E_2 charakterisiert sei, so tritt mit einer Wahrscheinlichkeit w_{12} eine Absorption eines Lichtquants der Energie $\hbar\omega_{21} = E_2 - E_1$ auf (vgl. Abb. 1). Die Gesamtwahrscheinlichkeit für den Absorptionsprozeß eines Atomsystems hängt dabei neben der Übergangswahrscheinlichkeit für einen Absorptionsprozeß w_{12} von der Anzahl N_1 der Atome im Grundzustand in der Form $W_{ab} = w_{12} \cdot N_1$ ab. Nach der Absorption befindet sich das Atomsystem im angeregten Zustand E_2, der ohne äußere Einwirkung nach einer mittleren Verweilzeit durch spontane Emission eines Lichtquantes der Energie $\hbar\omega_{21} = E_2 - E_1$ zerfällt. Wird jedoch ein Übergang vom Anregungszustand E_2 in den Grundzustand durch ein äußeres Strahlungsfeld geeigneter Energie, Frequenz ω_{21}, erzwungen (induziert, stimuliert), so kommt es zur stimulierten Emission. Für die Gesamtwahrscheinlichkeit der stimulierten Emission gilt in Analogie zur Absorption $W_{\text{ind}} = w_{21} \cdot N_2$, wobei w_{21} die Wahrscheinlichkeit für den Übergang eines Atoms aus dem Anregungszustand in den Grundzustand durch stimulierte Emission darstellt und N_2 die Anzahl der Atome im Anregungszustand bezeichnet. Das stimuliert emittierte Licht wird phasengerecht in die gleiche Richtung wie das stimulierende Strahlungsfeld sowie mit identischer Frequenz und Polarisation abgestrahlt, während die spontane Emission ohne Vorzugsrichtung gleichmäßig in alle Raumrichtungen erfolgt. Die Art der Beeinflussung eines Strahlungsfeldes durch ein Atomsystem hängt damit von der Differenz zwischen induzierten Emissions- und Absorptionsakten, und, da die Übergangswahrscheinlichkeiten für die Absorption und stimulierten Emission gleich sind, $w_{12} = w_{21}$, letztlich von der Differenz der Besetzungszahlen von Anregungs- und Grundzustand $\Delta N = N_2 - N_1$ ab. Ist

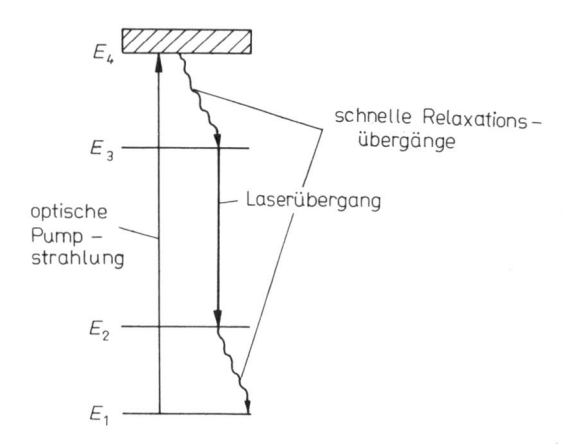

Abb. 3 Energienniveauschema für Laseremission (Vierniveausystem)

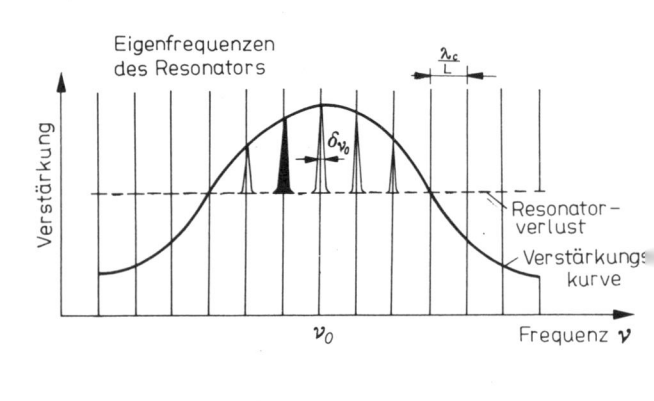

Abb. 4 Eigenschwingungen eines Lasers bei gegebener Verstärkungskurve und Resonatorverlusten

$\Delta N < 0$, so wird das Strahlungsfeld geschwächt, da die Zahl der Absorptionen überwiegt. Dieser Fall liegt bei allen Systemen vor, die im thermischen Gleichgewicht stehen (Temperaturstrahler, Gasentladung): Nach der Boltzmannschen Verteilungsfunktion befinden sich stets mehr Atome im unteren Energiezustand als in dem darüberliegendem (Abb. 2). Überwiegen in einem Atomsystem jedoch die Atome im angeregten Zustand, dann dominieren die stimulierten Emissionsakte, und das induzierende Strahlungsfeld wird verstärkt. Dieser Zustand der Besetzungszahlen ist den natürlichen Besetzungsverhältnissen entgegengesetzt und wird als Inversionszustand bezeichnet. Um eine Verstärkung eines Strahlungsfeldes durch stimulierte Emission zu erreichen, muß ein Atomsystem im Inversionszustand vorliegen (1. Laserbedingung).

Eine Inversion ist auf die verschiedenste Weise zu erreichen: Durch optische Einstrahlung, durch Stöße in Gasentladungen, durch Stromdurchgang in pn-Übergängen oder auch durch chemische Reaktionen.

Eine typische Art der Erzeugung eines Inversionszustandes ist das optische Pumpen eines 4-Niveausystems, wobei folgende Bedingungen zu erfüllen sind (vgl. Abb. 3): Die Lebensdauer des Zustandes E_3 muß größer sein (metastabiler Zustand) als diejenige von E_4 bzw. E_2, und die Übergänge $E_4 \rightarrow E_3$ sowie $E_2 \rightarrow E_1$ müssen mit hoher Ausbeute und sehr schnell erfolgen. Unter diesen Bedingungen wird die Energie, die in Form von Licht mit der Energie $\hbar\omega_{41} = E_4 - E_1$ dem Atomsystem zugeführt wird, in E_3 gespeichert. Da der Übergang $E_2 \rightarrow E_1$ sehr schnell erfolgt, d. h., das Niveau E_2 ist praktisch unbesetzt, stellt sich ein Inversionszustand zwischen E_3 und E_2 ein, so daß eine einfallende Lichtwelle mit $\hbar\omega_{32} = E_3 - E_2$ verstärkt wird. Medien, in denen ein Inversionszustand erzeugt werden kann, werden auch als aktive Medien bezeichnet. Praktische Bedeutung haben neben Festkörpern einschließlich Halbleitern vor allem Gase und Farbstofflösungen erlangt.

Zur Erzeugung der „einfallenden" Welle mit der notwendigen Frequenz ist für eine entsprechende Intensität der spontan bei dieser Frequenz erzeugten Strahlung zu sorgen. Das wird erreicht, indem das Medium in einen optischen Resonator angeordnet wird. Die Dimensionen optischer Resonatoren sind in der Regel sehr viel größer als die Wellenlänge des Laserlichtes, so daß sie durch eine Vielzahl von Eigenschwingungen (Moden) zu charakterisieren sind. Wird ein aktives Medium im Inversionszustand in einem optischen Resonator angeordnet, so entsteht eine Rückkopplung des verstärkten Strahlungsfeldes. Dabei werden nur diejenigen Eigenschwingungen des optischen Resonators verstärkt, die innerhalb der Verstärkungsbandbreite, gegeben durch die Linienbreite des aktiven Atoms, liegen (vgl. Abb. 4). Übersteigt die Verstärkung des Strahlungsfeldes durch stimulierte Emission pro Resonatordurchgang die Verluste pro Resonatordurchgang (2. Laserbedingung), so kommt es zur selbsterregten Laseroszillation. Die Verluste des Laserresonators sind durch Beugungs-, Streu- und Auskoppelverluste gekennzeichnet.

Ursprung der selbsterregten Laseroszillation ist, im Photonenbild betrachtet, ein spontan emittiertes Photon, dessen Frequenz und Richtung einer Eigenschwingung des optischen Resonators entspricht. Dieses Photon induziert im invertierten Medium die Emission weiterer Photonen mit gleichen Parametern. Durch die Rückkopplung infolge der Resonatorstruktur und den erneuten Durchgang durch das invertierte Medium wächst die Intensität in den Eigenschwingungen des optischen Resonators mit den kleinsten Verlusten (lawinenartig) exponentiell bis zum Erreichen einer Sättigung (durch Abbau der Inversion) an. Als Folge der Sättigung tritt eine Amplitudenstabilisierung der erzeugten Strahlung auf.

Je nach Anregungsart und aktivem Medium unterscheiden wir verschiedene Lasertypen, welche kontinuierlich (cw, coutinous wave) oder im Impulsregime arbeiten. Als wesentliche Lasertypen (Tab. 1, 2) sind zu unterscheiden [5] der Festkörperlaser (Abb. 5, Tab. 3),

Tabelle 1 Wesentliche Lasertypen

Typ	Aktives Medium	Art des Pumpens	Betriebs-regime	Wellenlänge (µm)	Bemerkungen
1	2	3	4	5	6
Festkörperlaser	Rubin ($Al_2O_3:Cr^{3+}$)	Optisch (Blitzlampen)	Imp. cw	0,6943, 06929	
	Nd-Glas (Nd^{3+})		Imp.	1,06 (0,92; 1,37)	
	Nd-YAG (Nd^{3+})		Imp. cw	1,06	
	$YAl_5O_{12}:Gd^{3+}$		Imp.	0,3146	λ minimal
	: Vielzahl von		⋮	⋮	
	: Medien				
	Ba (Y, Er) $F_8 : D_y^{3+}$		Imp.	3,0220	λ maximal (Temperatur: 77 K)
Gaslaser	N_2	Gasentladung	Imp.	0,337	
	KrF		Imp.	0,248	
	Ar^+		cw	0,4545–0,5281	10 Linien
	He-Ne		cw	0,6328; 1,1523; 3,3913	
	CO_2		Imp. cw	10,6 (9–11)	300 Linien
	H_2O		Imp. cw	27,97; 118,59	
	H_2		Imp.	0,1161	λ minimal
	Vielzahl von Medien		⋮	⋮	
	…				
	CH_3Br		Imp.	1965,34	λ maximal
Farbstofflaser	Komplizierte Farbstoff-moleküle (Cumarine, Xanthene, Oxazine u. a.) in Lösung	Optisch (Blitzlampen, Laser)	Imp.	0,32–1,285	Farbstoffwechsel abstimmbar über ≲ 150 nm (abhängig vom Farbstoff)
Halbleiterlaser (Injektionslaser)	GaAs	Stromdurchgang in pn-Übergang	Imp, cw	0,84 (0,90–0,82)	
	(Pb, Sn) Te		cw	6,5–32	verschiedene Pb und Sn-Anteile
	(Al, Ga) As		Imp.	0,69	
	Vielzahl von Medien		⋮		
	(Pb, Sn) Se		Imp.	18,0	

Tabelle 2 Weitere Lasertypen

Typ	Aktives Medium	Art des Pumpens	Betriebs-regime	Wellenlängen-bereich (µm)	Bemerkungen
Farbzentrenlaser	Farbzentren in Kristallen	Optisch	Imp, cw	1–3	
Freie Elektronenlaser	Elektronenstrahl	Bewegung im Magnetfeld		3	kürzere λ scheinen möglich
Chemische Laser	Verschiedenste Moleküle	Chemische Reaktionen	Imp.		
Rekombinationslaser	Verschiedenste Ionen	Ionisierung in Hoch-temperatur-Plasmen	Imp.	1	λ im Röntgenbereich möglich

Abb. 5 Prinzipaufbau eines Festkörperlasers

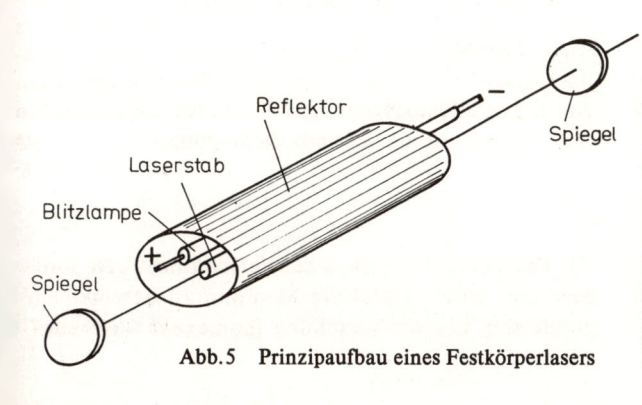

Tabelle 3 Parameter ausgewählter Festkörperlaser

Aktives Medium	Wellenlänge µm	Leistung W	Impulslänge ns
Rubin	0,694		
cw		10^2	—
gepulst		10^5	10
Nd-YAG	1,06		
cw		$5 \cdot 10^2$	—
gepulst		10^6	10
Nd-Glas	1,06		
gepulst		10^5–10^8	10^3

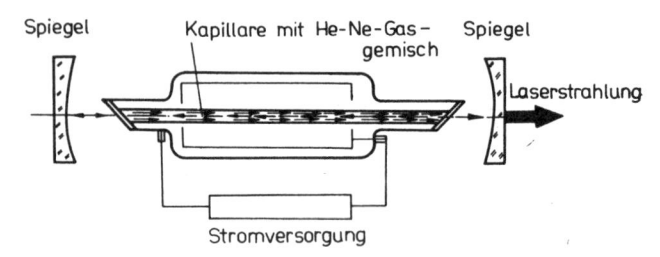

Abb. 6 Prinzipaufbau eines He-Ne-Gaslasers

Tabelle 4 Parameter ausgewählter Gaslaser

Aktives Medium	Wellenlänge μm	Leistung W	Impulslänge ns
He-Ne	0,6328; 1,15; 3,39	10^{-2}	—
Stickstoff	0,337; 1	10^6	0,1–10
Exciplex	0,248	10^7	15...30
CO_2-TEA	10,6	10^{10}	0,1–10^8
H_2	0,116	10^3	0,5
CH_3Br	1965,34	10^{-3}	$1,5 \cdot 10^5$ μs

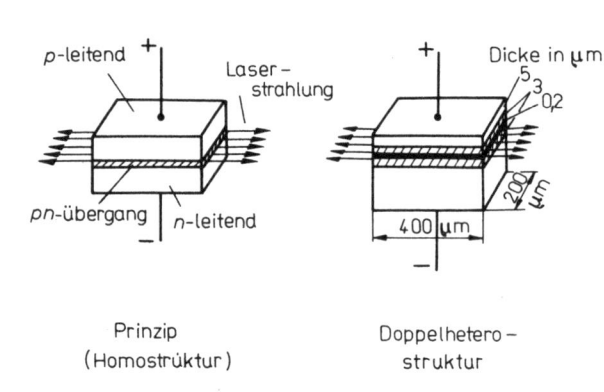

Abb. 7 Schematischer Aufbau eines Injektionslasers

Tabelle 5 Parameter eines GaAs Halbleiterlasers in Doppelheterostruktur

Betriebsart	Wellenlänge μm	Leistung W	Impulslänge ns
cw	0,82	0,01	—
gepulst	0,85	0,2	350

Tabelle 6 Ausgewählte Parameter von Farbstofflasern

Farbstofflaser	Wellenlängen- bereich μm	Leistung W	Impulslänge s
kontinuierlicher	0,390–1,010	0,1–1	—
Blitzlampen	0,335–1,000	10^4–10^6	$(0,3–3) \cdot 10^{-6}$
Nanosekunden	0,320–1,285	10^5–10^6	$(5–20) \cdot 10^{-9}$

der Gaslaser (Abb. 6, Tab. 4), der Halbleiterlaser (Abb. 7, Tab. 5) und der Farbstofflaser (Tab. 6).

Durch optische Güteschalter im Resonator lassen sich kurze Impulse im Nanosekundenzeitbereich mit Impulsleistungen um 1 GW erzeugen. Noch kürzere Impulse ($10^{-14} - 10^{-11}$ s) können mit dem Verfahren zur Kopplung longitudinaler Eigenschwingungen (mode-locking) erreicht werden.

Die Eigenschaften der erzeugten Laserstrahlung unterscheiden sich grundlegend von denjenigen thermischer Strahlungsquellen. Hervorzuheben sind hohe spektrale Energiedichte (bei teilweiser Abstimmbarkeit der Frequenz (Farbstofflaser!)), eine extreme Monochromasie, eine große zeitliche und räumliche Kohärenz, Amplitudenstabilität und die Möglichkeit, kürzeste Lichtimpulse zu erzeugen.

Kennwerte, Funktionen

Die theoretische Beschreibung des Laservorganges erfolgt vielfach mit Hilfe von Bilanzgleichungen und liefert Aussagen zur Verstärkung, Schwellenbedingung, Intensitäten und Zeitverhalten [1].

$$\Delta N = N_2 - N_1 > 0 \quad 1. \textit{Laserbedingung} \quad (1)$$

(N_2, N_1 Besetzungszahlen von oberen und unterem Laserniveau)
Wesentliche Kenngrößen: A spontane Emissionswahrscheinlichkeit (s^{-1});

$B = \dfrac{c^3}{8\pi \, V \, v^2 \, \delta v}$ A Einstein-Koeffizient (Strahlungsfeld der Frequenz v, Linienbreite δv im Volumen V);
u Strahlungsenergiedichte (Energie pro Volumeneinheit und Frequenzintervall);

$$n = \dfrac{c^3}{h \, v^3} u \quad \text{Photonenzahl.} \quad (2)$$

Beim Durchlauf durch ein invertiertes Medium ($\Delta N > 0$) gilt für die Photonenzahl nach der Strecke $z = ct$: $n(z) = n(0) \, e^{(g - \alpha_i)z}$
(α_i innere Verluste pro Längeneinheit, $g = \dfrac{B \Delta N}{c}$ optischer Gewinn („gain")).
Kleinsignal-Verstärkung e^{gz}. Bei einer Resonatorlänge L und dem Reflexionsvermögen R_1, R_2 für die (Resonator-) Spiegel gilt als Schwellenbedingung

$$g = \alpha_i + \dfrac{1}{2L} \ln(R_1 R_2)^{-1} \quad 2. \textit{Laserbedingung.} \quad (3)$$

Die Frequenzabhängigkeit der Verstärkungskurve wird bestimmt durch das aktive Medium, zu beschreiben durch eine Lorentz-Verteilung (homogene Verbreiterung):

$$f(\nu) = \frac{2}{\pi \, \delta \nu_N} \frac{1}{1 + 4\left(\dfrac{\nu_0 - \nu}{\delta \nu_N}\right)^2} \qquad (4)$$

(ν_0 Zentrumsfrequenz, $\delta\nu_N$ Linienbreite).
Gauss-Verteilung, speziell für Gaslaser (inhomogene Verbreiterung):

$$f(\nu) = \frac{3}{\delta\nu_D} \sqrt{\frac{\ln 2}{\pi}} \exp\left[-\left(\frac{2(\nu_0-\nu)}{\delta\nu_D}\sqrt{\ln 2}\right)^2\right] \qquad (5)$$

($\delta\nu_D$ Doppler-Verbreiterung).

Im Laser schwingen innerhalb der Verstärkungskurve alle Eigenschwingungen an, die der Bedingung (3) genügen.
Abstand der Eigenschwingungen:

$$\Delta\nu = \frac{c}{2L} \quad (L \text{ Resonatorlänge}). \qquad (6)$$

Zahl der anschwingenden Eigenschwingungen	Lasertyp
10^5	Festkörperlaser
50	Gaslaser
10^5	Farbstofflaser
20	Injektionslaser

Linienbreite einer Eigenschwingung:

$$\delta\nu = \frac{\pi h \nu}{P} \delta\nu_R^2 \qquad (7)$$

($\delta\nu_R$ Frequenzbreite des Resonators, P Ausgangsleistung).
Kohärenzlänge:

$$l_K = \frac{c}{2\delta\nu}, \qquad (8)$$

$l_K \lesssim 10^5$ km für He-Ne-Laser (Idealfall), $l_K \approx 0{,}1$ mm für thermische Lichtquellen.
Winkeldivergenz der Ausstrahlung:

$$\Theta = \frac{\lambda}{d} \quad \text{(beugungsbegrenzt)} \qquad (9)$$

(d Strahldurchmesser),
$\Theta \approx 0{,}5$ mrad für He-Ne-Laser, $\Theta \approx 20°$ für Injektionslaser.
Fokussierung der Strahlung: Möglich auf einen Brennfleckdurchmesser $D = 2{,}44\,\dfrac{\lambda f}{d}$ (praktisch erreichbar $\gtrsim 2\lambda$) (f Brennweite der Optik, λ Wellenlänge).
Synchronisierung von M Eigenschwingungen gibt eine Impulsbreite $\Delta t = \dfrac{1}{\Delta\nu M}$ ($\gtrsim 10^{-12}$ s); Maximalintensität $I_{max} = I_i M^2$ (I_i Intensität einer Eigenschwingung).

Anwendungen (vgl. Tab. 7)

Tabelle 7 Laseranwendungen

Anwendungsbereich	Lasertyp
Materialbearbeitung (Schweißen, Trennen, Bohren, Gravieren u. a.)	CO_2-Laser, Nd-Glas, Nd-YAG, Rubin, Ar^+, N_2
Fluchtung und Steuerung Geschwindigkeitsmessung	He-Ne
Längenmessung Nachrichtentechnik	Halbleiterlaser
Holografie, Meßtechnik Laserspektroskopie	Farbstofflaser, He-Ne, CO_2
Laserchemie Medizin und Biologie	CO_2, Nd-YAG, Ar^+
Optoelektronik	Halbleiterlaser
Hochgeschwindigkeitsphotografie	Rubin, Nd-Glas, Nd-YAG
Kernfusion	Nd-Glas, CO_2

Wissenschaftliche Anwendungen

a) *Laserspektroskopie.* Zu den ersten Anwendungsgebieten, die mit der Laserentwicklung eng verknüpft sind, gehören die *nichtlineare Optik* (siehe dort) und die Laserspektroskopie [6]. In der Spektroskopie führte die Einführung des Lasers zur Erweiterung klassischer spektroskopischer Verfahren und zur Entwicklung leistungsfähiger neuer Methoden mit denen die Grenzen der klassischen Absorptionsspektroskopie hinsichtlich spektralen Auflösungsvermögens und ihrer Nachweisempfindlichkeit um mehrere Größenordnungen erweitert wurden. Der Nachweis der absorbierten Lichtenergie erfolgt dabei, je nach Verfahren, über die Messungen der Transmission, der Fluoreszenz oder direkt über den optoakustischen (siehe *Optoakustischer Effekt*) oder optothermischen Effekt (siehe *Optothermischer Effekt*). Wegen der hohen Monochromasie der Laserstrahlung ist das Auflösungsvermögen nicht mehr durch die Grenzen des Spektralgeräts, sondern durch die Linienbreite des zu untersuchenden Energieübergangs begrenzt. Mit der Methode der *Intracavity-Absorptionsspektroskopie,* bei der die Probe im Resonator eines Lasers mit breiter Verstärkungskurve (z. B. Farbstofflaser) angeordnet ist, wird gegenüber der direkten Transmissionsmessung eine Empfindlichkeitssteigerung um 2 bis 5 Größenordnungen erzielt.

Zu den neuen Methoden der Laserspektroskopie gehört die *hochauflösende Spektroskopie* innerhalb der Doppler-Breite von Gasen. Die einzelnen Techniken, wie Molekularstrahl-, Sättigungs- oder Zweiphotonenspektroskopie erreichen ein spektrales Auflösungsvermögen $\dfrac{\lambda}{\Delta\lambda}$ von 10^8–10^9 (Spitzenwert 10^{11}). Damit ist z. B. die Untersuchung der Hyperfeinstruktur und der Strahlungs- und Stoßverbreiterung von Atom- bzw. Molekülspektren möglich. Eine umfangreiche Anwendung findet der Laser ebenfalls in der Raman-Spektroskopie mit ihren verschiedenen Varianten, u. a. zum Nachweis von Oberflächeneffekten.

Mit der *zeitlich hochauflösenden Laserspektroskopie* sind Energie- und Phasenrelaxationsvorgänge in Materie im Zeitbereich zwischen 10^{-14}–10^{-10} s zu untersuchen. Zu den Anwendungsgebieten zählen die Festkörperphysik (Lebensdauerbestimmung von Polaritonen, optische Phononen oder Excitonen hoher Dichte), die Fotochemie (Energieübertragungsmechanismen an Molekülen in Lösung, Messung der Geschwindigkeitskonstanten chemischer Reaktionen) und die Biologie (Fotosynthese, Sehvorgang). Das Prinzip der Zeitmessung besteht in der Anregung eines Vorgangs mit einem ultrakurzen Laserlichtimpuls und der nachfolgenden Registrierung des zeitlichen Zerfalls des angeregten Zustandes anhand der Emission, Absorption oder Raman-Streuung der Probe. Zur zeitlichen Auflösung der Emissionsvorgänge im Pikosekundenbereich dienen Bildwandlerkameras oder optisch geschaltete Kerr-Zellen-Verschlüsse mit Zeitauflösungen von ≈ 1 ps.

Der zeitliche Verlauf von Absorptionsänderungen ist mit Teststrahlmethoden zu vermessen, bei denen der Absorptionszustand mit zeitlich gegenüber dem Anregungsimpuls verzögerten Testimpulsen abgefragt wird. Ein zeitliches Auflösungsvermögen von 10^{-12} s–10^{-13} s wird erreicht.

Eine Möglichkeit zur Kontrolle der Umweltverschmutzung bietet die LIDAR (*Light Detection and Ranging*)-Methode (Tab. 8), mit der Atome und Moleküle auf große Entfernungen (bis zu etwa 100 km) nachgewiesen werden [7]. Das Prinzip beruht auf der Resonanz-Raman- oder Rayleigh-Streuung eines Laserlichtimpulses an Verunreinigungen in der Atmosphäre. Der zurückgestreute Laserlichtimpuls wird von der Bodenstation registriert und gibt Aufschluß über Art und Konzentration der Verunreinigung.

Tabelle 8 Beispiele für LIDAR-Experimente

Effekt	Nachweisempfindlichkeit	Entfernung
Resonanzstreuung	10^3 Na-Atome/cm^3	90 km
Raman-Streuung	$5 \cdot 10^{-8}$ SO$_2$-Moleküle	3 km
Resonanzabsorption	10^{-6} NO$_2$-Moleküle	4 km

b) *Nichtlineare Optik.* Ausschließlich mit einem Laser sind Untersuchungen im Bereich der Nichtlinearen Optik [6] (Frequenztransformation u. v. a. m.) möglich (siehe unter *Optische Nichtlineare Effekte*).

c) *Laserfotochemie.* Auf diesem Gebiet wird der Laser eingesetzt zur Initiierung von chemischen Reaktionen allgemein wie auch zur selektiven Initiierung von speziellen chemischen Reaktionen einschließlich der selektiven stufenweisen Ionisation von Atomen [8]. Damit ist in speziellen chemischen Reaktionen eine Erhöhung der Reaktionsgeschwindigkeit oder auch eine Stimulierung der Reaktion zu erreichen. Als Beispiele genannt seien die Reaktionen:

$Br + HCl^* \rightarrow HBr + Cl$
(Reaktionsgeschwindigkeit höher),
$N_2F_4^* + 4NO \rightarrow 4FNO + N_2$ (Stimulierung),
$BCl_3^* + SiF_4 \rightarrow BCl_2F + SiF_3Cl$ (Stimulierung)
(* kennzeichnet die mittels Laser angeregten Moleküle). Die Bedeutung der selektiven Ionisation liegt auf den Gebieten der Isotopenanreicherung und Stoffreinigung.

Isotopentrennung: Selektive Anregung und anschließende Ionisation in einem Atomstrahl. Die Ionen werden dann mittels elektrischen Feldes aus dem Strahl abgetrennt. U. a. verwendet für die Uranisotopen-Trennung. Ausbeute für ^{235}U $2 \cdot 10^{-3}$ gr/h.

Stoffreinigung: Von Bedeutung für die Gewinnung von Reinststoffen, wie sie als Ausgangssubstanzen für die Mikroelektronik notwendig sind. Das Prinzip besteht in der selektiven Umwandlung der Verunreinigung in Stoffe, welche sich z. B. chemisch leicht aus der Reinstsubstanz entfernen lassen.

Beispiele: Reinigung von SiH_4 von PH_3, ArH_3, Reinigung von $AsCl_3$ von $C_2H_4Cl_2$.

Die genannten laserchemischen Anwendungen befinden sich allerdings noch weitgehend im Laborstadium. Eine großtechnische Anwendung ist allgemein nicht abzusehen und kommt nur für spezielle Prozesse in Betracht. Einer dieser Prozesse ist die PVC-Herstellung, wo der Laser auch heute schon großtechnisch genutzt wird.

d) *Medizin.* Für diagnostische und therapeutische Zwecke werden leistungsstarke CO$_2$-Laser, Nd-YAG-Laser und Argonionenlaser im Dauerstrichbetrieb bevorzugt eingesetzt (siehe z. B. [9]).

Der CO$_2$-Laser dient in der Chirurgie als Laserskalpell. Bei der CO$_2$-Laserwellenlänge von 10,6 µm zeigt Gewebswasser eine sehr hohe Absorption, so daß es im Laserstrahlfokus zur explosionsartigen Verdampfung des Wassers und zur Verkohlung des Gewebes kommt. Der Gewebsschnitt zeichnet sich durch einen dünnen (≈ 40 µm) Nekrosewall aus. Außerdem tritt eine spontane Koagulation durchtrennter Blutgefäße (bis $\varnothing$ 1 mm) auf. Von besonderem Vorteil sind die berührungsfreie Bearbeitung, ein geringer Blutverlust gegenüber dem Skalpell (bis zu 90 %) und ein verminderter postoperativer Schmerz.

Die Nd-YAG-Laserstrahlung zeichnet sich durch eine relativ große Eindringtiefe in Gewebeschichten (3 mm–5 mm) aus. Sie eignet sich zur Koagulation von Blutungen und zur Nekrotisierung von Gewebe.

Die Argonlaserstrahlung wird stark vom Hämoglobin absorbiert und wird deshalb zur Behandlung stark durchbluteten Gewebes benutzt. Andererseits wird diese Strahlung nur gering durch Wasser absorbiert, so daß Eingriffe am Augenhintergrund möglich werden. Da mit der erfolgreichen Entwicklung von Lichtleitfasern für 10,6 µm nunmehr für alle drei Laserarten die Möglichkeit der flexiblen Strahlungsübertragung besteht, können auch therapeutische Maßnahmen in Körperhöhlen durchgeführt werden (endoskopische Fotokoagulation).

e) *Laserfusion.* Durch vielfach verstärkte Laserstrahlung sind in Hochleistungslaseranlagen Energien bis 10^4 Joule (in 10^{-9} s), d. h. Leistungen von 10^{13} W und bei entsprechender Fokussierung Leistungsdichten bis zu 10^{18} W/cm² zu erzeugen. Damit erfolgt die symmetrische Aufheizung eines D-T-gefüllten Targets (Durchmesser $\leq 0,5$ mm), womit extrem hohe Temperaturen (erreicht wurden bis heute $\approx 50 \cdot 10^6$ K) wie auch Dichten (≈ 100 gr/cm³) zu erreichen sind [10]. Angestrebt werden Temperaturen von 10^8 K bei *gleichzeitigen* Dichten von 10^4 gr/cm³, um thermonukleare Reaktionen

$$D + T \rightarrow He^4 + n + 17,6 \text{ MeV}$$

auszulösen, die mehr Energie liefern, als für die Aufheizung des Targets notwendig ist („break even"-Bedingung). Es ist damit zu rechnen, daß dies in den nächsten 10 Jahren erreicht wird. Die entsprechenden Hochleistungslaseranlagen sollen Energien bis zu 10^6 Joule besitzen.

Anwendungen in der Technik [5]. Die vielseitigen Einsatzmöglichkeiten der Laser in der Technik gründen sich zum einen auf die hohen möglichen Energiedichten der Laserstrahlung, die zu neuartigen Technologien der Materialbearbeitung führen und zum anderen auf die hohe zeitliche und räumliche Kohärenz als Voraussetzung für die Nachrichtenübertragung und Metrologie.

a) *Materialbearbeitung.* Möglich in der Materialbearbeitung mittels Laser sind Bohren, Schweißen, Härten, Trennen, Gravieren u. a. Wesentlich für die Effektivität der Wechselwirkung der Laserstrahlung mit dem Werkstoff ist das Absorptionsvermögen des Materials, das von der Wellenlänge und der Intensität abhängt. Oberhalb einer kritischen Intensitätsschwelle zeigen die meisten Materialien eine anomale Absorption, d. h., ihr Absorptionsvermögen steigt stark an. Aus diesem Grund wird bei Verwendung gepulster Laserstrahlung ein Startimpuls mit einer Impulsdauer von 10 µs und einer Intensität $> 10^7$ W/cm² zur Erhöhung der Materialabsorption eingesetzt. Dem Startimpuls folgt der eigentliche Arbeitsimpuls, der entsprechend der gewünschten Bearbeitung zeitlich und intensitätsmäßig geformt ist. Die Wirkung der Laserstrahlung beim Trennen und Bohren besteht im Aufschmelzen und Verdampfen des Materials 0,05–0,1 µm unterhalb der Oberfläche. In dem erhitzten Volumen entsteht kurzzeitig ein hoher Druck (10^8 Pa), der zum explosionsartigen Herausschleudern des geschmolzenen Materials führt. Zum Präzisionsbohren müssen Laser im Grundmodebetrieb verwendet werden. Die starke Fokussierbarkeit ermöglicht das Bohren kleinster Löcher mit $\varnothing \gtrsim 3$ µm. Bevorzugt eingesetzt werden die Laser zum Bohren von sprödem Material wie Diamant, Rubin, Hartmetall und Keramik. Zum Schweißen werden geringe Leistungsdichten (10^6–10^7 W/cm²) benötigt, da hierbei die Dampfphase vermieden werden muß. Der Schweißvorgang kann sowohl mit kontinuierlicher als auch mit gepulster Laserstrahlung durchgeführt werden (Impulslänge ≤ 10 ms). Die bei der Wärmebehandlung (z. B. Härten) erreichten Temperaturen liegen unterhalb der Materialschmelztemperatur, und entsprechend gering sind die Leistungsdichten. Mit der Strahlung eines CO_2-Lasers sind bei Ausgangsleistungen $N \approx 5$ kW Härtetiefen von ≤ 1 mm zu erreichen. Der Abschreckvorgang ist vielfach wegen der Wärmeleitung innerhalb des Werkstücks nicht an ein Kühlmittel gebunden (selbstabschreckend).

Besondere Bedeutung erlangte in jüngster Zeit die Mikromaterialbearbeitung und Oberflächenveredlung.

Als Lasertypen werden vor allem leistungsstarke Nd-YAG-Laser und CO_2-Laser im gepulsten oder kontinuierlichen Betrieb eingesetzt. Für die Bearbeitung im Mikrobereich werden Argonlaser und Festkörperlaser verwendet.

b) *Metrologie. Fluchtung.* Die geringe Divergenz der Laserstrahlung, bevorzugt verwendet wird der He-Ne-Laser, die durch eine Aufweitungsoptik minimiert werden kann, ermöglicht ihren Einsatz als optische Bezugslinie oder -ebene in der geodätischen Meß- und Kontrolltechnik (Fluchtungslaser, Lasernivellier, Lasertheodolit), bei Bau- und Montagearbeiten (z. B. Wohnungsbau) sowie als Leit- und Steuerstrahl zur automatischen Führung von Baumaschinen (Planierraupen, Tunnelbohrmaschinen).

Geschwindigkeitsmessung. Bei der Reflexion oder Streuung von Laserlicht der Frequenz v_L an bewegten Objekten tritt infolge des *Doppler-Effekts* (siehe dort) eine Frequenzverschiebung auf. Wegen der Kleinheit dieser Frequenzverschiebung erfolgt ihr Nachweis mit der Methode des optischen Überlagerungsempfangs. Die reflektierte Strahlung wird gemeinsam mit einem Teil der Laserstrahlung auf einen Empfänger zur Überlagerung gebracht, wobei eine Schwebungsfrequenz nachgewiesen wird. Für die Frequenzänderung Δv gilt unter der Voraussetzung $v \ll c$

$$\Delta v = v_L \frac{v}{c} (\cos\alpha + \cos\beta),$$

wobei α den Einfallswinkel und β den Beobachtungswinkel bezogen auf die Bewegungsrichtung des Objektes bezeichnet. v ist die Objektgeschwindigkeit.

Geschwindigkeitsmessungen wurden nach diesem Grundprinzip im Bereich von 0,2 mm/s–400 km/h bei Entfernungen der Meßobjekte zwischen 20 m und 500 m durchgeführt. Als Anwendungsbeispiele seien die Bestimmung der Landegeschwindigkeit von Flugzeugen, Transportgeschwindigkeit glühenden Walzgutes sowie Strömungsgeschwindigkeitsprofile in einem

Rohr genannt. Als Lichtquellen werden He-Ne-Laser und CO_2-Laser verwendet.

Messung von Winkelgeschwindigkeiten (Lasergyroskop). Die Meßanordnung verwendet einen Ringlaser, der mit dem rotierenden System verbunden ist. Durch eine Drehung vergrößert sich die Umlaufzeit für eine Lichtwelle, die in Drehrichtung im Resonator umläuft. Für die entgegengesetzt zur Drehrichtung umlaufende Lichtwelle verkleinert sich die Umlaufzeit. Den Änderungen der Umlaufzeiten entsprechen eine Verlängerung bzw. Verkürzung des Resonators, so daß sich die Resonanzfrequenz des Resonators ändert und eine Frequenzaufspaltung $\Delta \nu$ zwischen den entgegengesetzt umlaufenden Laserwellen von der Größe

$$\Delta \nu = \nu_{\circlearrowleft} - \nu_{\circlearrowright} = \frac{4A}{L\lambda} \Omega,$$

L Resonatorlänge, A Fläche des Ringlasers, Ω Winkelgeschwindigkeit, λ Wellenlänge, entsteht. Mit dem Lasergyroskop sind Winkelgeschwindigkeiten von 10^{-2} °/h nachweisbar. Diese hohe Empfindlichkeit verbunden mit der geringen Störanfälligkeit führten zu seiner Anwendung als Navigationsinstrument in der Raumfahrt.

c) *Optische Nachrichtenübertragung.* Nachrichtenübertragung mittels Licht ist seit langem bekannt, erlangte aber erst mit der Entwicklung des Lasers die Bedeutung, die sie heute besitzt und dazu führen wird, das Prinzip der zukünftigen Nachrichtenübertragung zu bestimmen (siehe *Optische Informationsübertragung*).

d) *Weitere Anwendungen.* Eine Vielzahl weiterer Laseranwendungen nutzen die verschiedenen Eigenschaften der Strahlung (Kurzzeitverhalten, Bündelungsfähigkeit, Kohärenz und Energiedichte).

Einige von diesen seien genannt in der *Holografie* (als aufzeichnende und auslesende Strahlung) zur Prüfung von Flächen, Autoreifen, Spracherkennung, Fingerabdrücken, Werkstücken u. v. a. m.; *Fotografie* zur Realisierung extrem kurzer Belichtungszeiten; *Halbleiterphysik* zur Ausheilung von Versetzungen und Unregelmäßigkeiten in Festkörpern (Laserannealing); *Rechentechnik* als logisches ja-nein-Element und zur Speicherung; *Zeichenerkennung* als Abtaststrahl (Laserabtastcode für Laser); *Video- und Audiotechnik* zur Abtastung von optischen Video- und Audio-Platten.

Literatur

[1] Brunner, W.; Radloff, W.; Junge, K.: Quantenelektronik – Eine Einführung in die Physik des Lasers. – Berlin: VEB Deutscher Verlag der Wissenschaften 1975.
[2] Paul, H.: Lasertheorie I, II. – Berlin: Akademie-Verlag 1969.
[3] Weber, H.; Herziger, G.: Laser. Grundlagen und Anwendungen. – Weinheim/Bergstr.: Physik Verlag 1972.
[4] Tradowsky, K.: Laser kurz und bündig. – Würzburg: Vogel Verlag 1968.
[5] Wissensspeicher Lasertechnik. – Leipzig: VEB Fachbuch-Verlag 1982.
[6] Schubert, M.; Wilhelmi, B.: Einführung in die nichtlineare Optik I, II. – Leipzig: BSB B.G. Teubner Verlagsgesellschaft 1971.
[7] Bowman, M. R.; Gibson, A. J.; Sandford, M. C. W., Nature 221 (1969) 456.
[8] Güsten, H.: Isotopentrennung durch Laser-Photochemie. – Physik in unserer Zeit 11 (1977) 33–43.
[9] Sakurai, Y.: Medizinische Anwendungen von Lasern in Japan. Laser und Elektrooptik 4 (1972) 2, 51.
[10] Basov, N. G.: Laser steuern Kernfusion. Wiss. u. Fortschr. 29 (1979) 220–225.

Lumineszenz

Die Bezeichnung Lumineszenz (siehe hierzu auch *Fluoreszenz*) wurde 1889 von E. WIEDEMANN für alle Fälle von Lichtemission eingeführt, deren Ursache nicht nur in der Temperatur der Stoffe liegt. Die Art der Anregung der Lumineszenz führte im zeitlichen Verlauf ihrer Entdeckung zur Unterscheidung verschiedener Arten der Lumineszenz:

Photolumineszenz – Anregung durch Licht,
Chemolumineszenz – Anregung durch chemische Energie,
Biolumineszenz – Anregung durch Lebensprozesse,
Tribolumineszenz – Anregung durch mechanische Zerstörung,
Elektrolumineszenz – Anregung durch elektrische Felder (Destriau-Effekt),
Thermolumineszenz – Anregung durch Temperaturprozesse.

Eine Unterscheidung zwischen Fluoreszenz und Phosphoreszenz als Formen der Lumineszenz wurde durch subjektive Beurteilung der Abklingzeiten der Lumineszenz getroffen [1].

Sachverhalt

Das physikalische Prinzip der Lumineszenz entspricht dem der Fluoreszenz: Durch einen der oben genannten Vorgänge erfolgt eine Anregung vom energetischen Zustand 1 in den Zustand 2 (Abb. 1, a). Nach einer durch äußere Einflüsse oder spontane Ursachen bedingten Zeit wird die aufgenommene Energie wieder abgegeben. Die Emission der Energie in Form von Strahlung zurück auf das Grundniveau 1 wird als Resonanzfluoreszenz bezeichnet (b). In isolierten Atomen ist die Strahlung auf zwei (eventuell mehreren) Frequenzen beobachtbar: Es tritt eine Relaxation über ein Zwischenniveau 3 auf (c). In Kristallgittern ist die Emission auf im Vergleich zur anregenden Strahlung energieärmeren Wellenlängen typisch, da hier ein Teil der Anregungsenergie in Wärme umgewandelt werden kann (d). Auch die Aufnahme von Schwingungsenergie oder von durch Stoßpartner übertragener Energie vor Abstrahlung ist möglich, so daß ein energiereicheres Lichtquant emittiert wird (e).

Ein langes Nachleuchten, die Phosphoreszenz, wird durch ein nahe dem Zustand 2 gelegenes metastabiles Niveau m hervorgerufen (f) oder durch einen Zustand in der verbotenen Energiezone zwischen Valenz- und Leitungsband von Halbleitern. Erst das Wiedererreichen des Niveaus 2 läßt dann eine Rekombination in den Grundzustand 1 zu. Die Entleerung des Speicherniveaus kann durch Temperaturerhöhung (Thermolumineszenz) oder durch Einstrahlung einer dem Niveauabstand $m \leftrightarrow 2$ entsprechenden Energie stimuliert werden. Eine Möglichkeit der Erzeugung von Speicherniveaus ist die Einlagerung von definierten Beimengungen fremder Atome in das Kristallgitter [2].

Die Anregung der Moleküle kann unter Umständen so stark sein, daß das betrachtete System nicht nur in einen angeregten Zustand übergeht, sondern auch eine Ionisierung bzw. eine Trennung der Partner eintritt. In diesem Fall spricht man bei der Wiedervereinigung von einer Rekombinationsfluoreszenz. Die Röntgenfluoreszenz ist ein Beispiel für Rekombinationsstrahlung.

Kennwerte, Funktionen

Bei Lumineszenz in schwach miteinander wechselwirkenden Molekülen folgt die Intensität der emittierten Strahlung nach Abschalten der Anregung dem Gesetz:

$$I_L = I_0 \cdot e^{-\alpha t}, \qquad (1)$$

(I_0 Emissionsintensität zum Zeitpunkt des Abschaltens der Anregung $t = 0$, α ist eine molekülspezifische Konstante).

In Kristallgittern ist die Rekombinationswahrscheinlichkeit abhängig von der Zahl der freien Elektronen und der Zahl der Löcher,

$$I_L = I_0 / (1 - t\sqrt{\beta I_0})^2, \qquad (2)$$

β ist eine Material-Konstante. Es gilt außerdem:

$I_{\text{Fluoreszenz}} \sim I_{\text{Anregung}}$ (in den meisten Fällen),

$I_{\text{Fluoreszenz}} \sim$ Konzentration.

Die quantitative Fluoreszenzanalyse erfordert besondere Hilfsmittel in Form einer Standardfluoreszenz. Zu beachten ist: Die Lumineszenz von nicht oder schwach wechselwirkenden Atomen oder Molekülen (Gase, Dämpfe) widerspiegelt das Niveauschema. Bei kondensierter Materie treten verstärkt Störungen in Erscheinung, die sich in einer Anhebung der Energie der Elektronen (Anti-Stokessche Lumineszenz) oder in Frequenzverschiebung äußern.

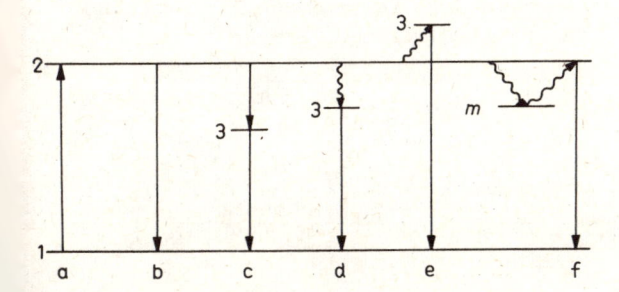

Abb. 1 Verschiedene Formen der Lumineszenz

Anwendungen

Lumineszenzspektralanalyse. In den zu analysierenden Stoffen wird Lumineszenz durch ultraviolettes Licht, z. B. von Quarz-Quecksilberlampen hervorgerufen. Durch Intensitätsmessung des Fluoreszenzlichtes ist eine quantitative Analyse möglich. In Lösungen werden Nachweisgrenzen bis zu 10^{-14} g der untersuchten Materie erreicht.

Leuchtstoffe mit einer besonderen spektralen Verteilung werden dort eingesetzt, wo es gilt, optische oder Teilchenstrahlung aus verschiedenen Energiebereichen in sichtbares Licht umzuwandeln (Leuchtstoffröhre, Bildschirm etc.).

Szintillationszähler werden im Rahmen der Kernphysik zum Nachweis von Korpuskular-, γ- oder Röntgenstrahlung genutzt. Die beim Auftreffen der hochenergetischen Strahlung auf phosphoreszierende Materialien erzeugten Lumineszenzblitze werden gezählt und dienen als Maß für die Energie.

Lumineszenzdioden besitzen einen in Durchlaßrichtung betriebenen pn-Übergang [3]. Durch Dotierung wird dafür gesorgt, daß bei Injektion von Ladungsträgern in Folge von Rekombination Strahlung abgegeben wird. Ein typisches Material für Leuchtdioden ist GaAs (Wirkungsgrad bis zu 20%). Lumineszenzdioden finden u. a. Anwendung bei der optischen Informationsübertragung. Die Information wird der Leuchtstärke der Diode schnell und leicht über den Diodenstrom aufgeprägt. Eine rasterförmige Anordnung von Lumineszenzdioden ermöglicht Ziffernanzeige.

Farbzentrenlumineszenz. Das Emissionsspektrum der Lumineszenz kann unter Umständen sehr breitbandig sein. Das ist z.B. der Fall, wenn im Kristall eine starke Elektron-Phonon-Wechselwirkung vorliegt (F-Zentren in Alkalihalogenidkristallen). Bei Erzeugung von stimulierter Emission kann die Emissionsfrequenz (Laserfrequenz) über die gesamte Breite des Lumineszenzspektrums abgestimmt werden. Man erhält den durchstimmbaren Farbzentrenlaser [2].

Literatur

[1] PRINGSHEIM, P.: Fluorescence and Phosphorescence. (Fluoreszenz und Phosphoreszenz). – New York: Interscience Publ. 1949.

[2] LITFIN, G., WELLING, H.: Colour Center Lasers (Farbzentrenlaser). In: Laser Advances and Applications. Proc. of the IV National Quant. Electr. Conf., Heriot-Watt Univ., Edinbourgh, Sept. 1979.

[3] ELION, G. R., ELION, H. A.: Fiber Optics in Communications Systems (Faseroptik in Kommunikationssystemen). Electro-Optics Series, V. 2. New York and Basel 1978.

Optische Informationsübertragung

Die Verwendung von optischen Signalen (sichtbare oder unsichtbare) zur Übermittlung von Nachrichten über größere Entfernungen ist schon seit Jahrtausenden bekannt. Die optische Nachrichtentechnik in früheren Zeiten unterscheidet sich von der modernen u.a. ganz wesentlich dadurch, daß in dem modernen optischen Übertragungssystem Licht verwendet wird, das für das menschliche Auge nicht wahrnehmbar ist, in allen Systemen davor diente meist das Auge als Empfänger, so daß sichtbares Licht benutzt werden mußte.

Die Entwicklung der optischen Informationsübertragung nahm erst mit der Entwicklung des Lasers einen weltweit rasanten Verlauf. Durch das Vorhandensein einer Lichtquelle mit ausgezeichneten Kohärenzeigenschaften und einer minimalen Strahldivergenz eröffnete sich die Möglichkeit der Übertragung von großen Informationsmengen über große Entfernungen. Da eine Informationsübertragung durch die Atmosphäre durch Regen, Nebel oder Schnee oftmals großen Störungen unterworfen ist, gelangte die optische Nachrichtenübertragung erst mit Entwicklung von dämpfungsarmen Lichtwellenleitern zu umfassender praktischer Bedeutung. Die parallel dazu verlaufenden Entwicklungen auf dem Gebiet der Halbleiterlaser als Sendebauelemente und der Festkörperempfangsbauelemente haben dazu geführt, daß etwa ab 1980 praktisch alle Schwierigkeiten beim Aufbau von Hochleistungs-Informationsübertragungssystemen überwunden waren [1, 2].

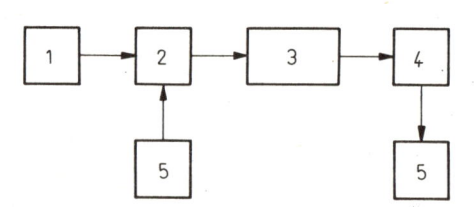

Abb. 1 Blockschema eines Systems zur optischen Nachrichtenübertragung
1 – Lichtquelle, 2 – Lichtmodulator, 3 – Übertragungsstrecke, 4 – Lichtempfänger, 5 – Signal

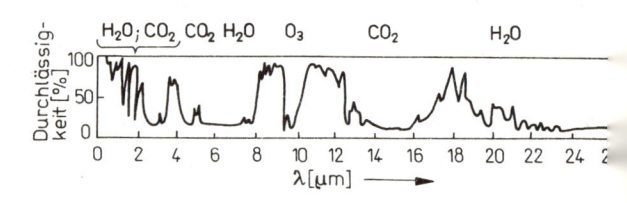

Abb. 2 Molekulare Absorption im optischen Bereich

Sachverhalt

Einführung. Die optischen Nachrichtenübertragungssysteme arbeiten mit Trägerfrequenzen von 10^{13} Hz...10^{15} Hz, entsprechend einer Wellenlänge von $\lambda = 33$ μm...0,33 μm. Die Auswahl der Wellenlänge für das Nachrichtenübertragungssystem hängt von der nachrichtentechnischen Aufgabenstellung (Modulationsbandbreite und Übertragungsentfernung), insbesondere von der zur Verfügung stehenden Lichtquelle und deren Modulierbarkeit, von dem vorgesehenen Übertragungsmedium (Luft; Glasfasern) und der Art des optischen Empfängers ab. Prinzipiell besteht ein System zur optischen Nachrichtenübertragung aus sechs Komponenten (Abb. 1). Bei der Verwendung von Halbleiterlasern entfällt der äußere Modulator, da die Aufprägung der Informationen über den Anregungsstrom erfolgt. Da in den meisten Anwendungsfällen die Aufgabe darin besteht, große Entfernung zu überwinden, kommt dem Übertragungsmedium eine entscheidende Bedeutung zu.

Übertragungsmedium. Bei der Übertragung von einem Punkt zum anderen wird das Licht im wesentlichen entweder durch die Erdatmosphäre oder durch ein lichtleitendes Medium, den Lichtwellenleiter (optischer Wellenleiter) gesendet.

a) *Übertragung durch Erdatmosphäre.* Neben den durch die Divergenz der Strahlung bedingten geometrischen Verlusten muß man bei der Strahlausbreitung durch die Erdatmosphäre vor allem Verluste durch Absorption (Abb. 2), Streuung und Brechung berücksichtigen.

Die Gesamtverluste durch die Summe aller Effekte werden durch Messungen über längere Zeiträume bei verschiedenen atmosphärischen Bedingungen und unterschiedlichen Wellenlängen ermittelt. Einen Überblick über die zu erwartenden Dämpfungen bei den üblichen Arbeitswellenlängen $\lambda = 0,6328$ μm (He-Ne-Laser) und $\lambda = 10,6$ μm (CO_2-Laser) zeigt Tab. 1 [3].

Tabelle 1 Atmosphärische Strahldämpfung bei 0,6328 μm (He-Ne-Laser) und 10,6 μm (CO_2-Laser)

Ursache	Dämpfungen in db/km	
	0,6328 μm	10,6 μm
Molekulare Absorption	0,5...10	0,5
Mie-Streuung Dunst	1...2	0,5...1
Nebel: leicht	3...5	1...2
Nebel: mittel	8...10	2...3
Nebel: stark	>20	>5
Regen: leicht	2...4	1...2
Regen: mittel	8...10	1...4
Regen: stark	>20	>6
Schnee: leicht	5...7	1...3
Schnee: mittel	12...15	3...5
Schnee: stark	>30	>8

Anm.: In der Nachrichtentechnik wird die Dämpfung meist in db/km angegeben. x db/km bedeutet, daß die Intensität auf einer Strecke von 1 km um den Faktor $10^{\frac{x}{10}}$ gedämpft wird.

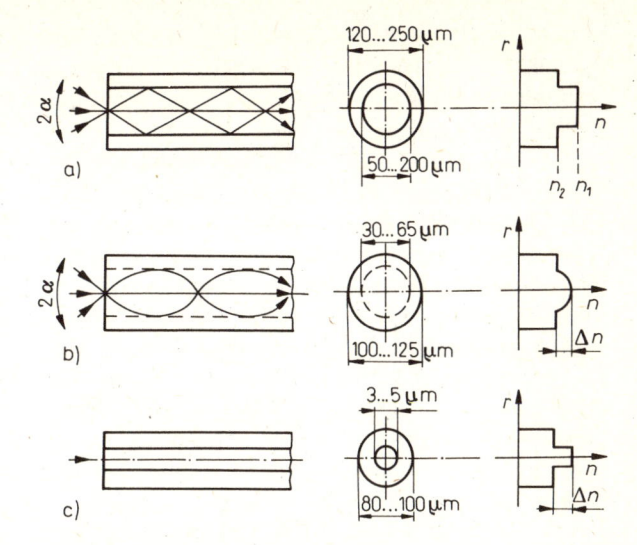

Abb. 3 Einige Typen von Lichtleitern
a) Stufenindexprofil, b) Gradientenindexprofil,
c) Einmoden-Lichtleiter

b) *Übertragung durch Lichtwellenleiter.* Lichtwellenleiter bestehen aus Glasfasern mit einem sogenannten Kern und einem Mantel, wobei der Kernbereich eine höhere Brechzahl (n_K) besitzt als der umgebende Mantelbereich (n_M), d. h. $n_M < n_K$. Infolge von Totalreflexion wird das Licht innerhalb des Faserkerns geführt. Je nach Struktur der Lichtleiter kommen verschiedene Ausbreitungsmechanismen in Betracht (Abb. 3). Man unterscheidet Mehrmoden-Lichtleiter mit Stufenindexprofil, bei denen die Brechzahl im Kernbereich konstant und gegenüber dem Mantelbereich meist um ca. 1% größer ist, Mehrmoden-Lichtleiter mit Gradientenindexprofil, bei denen die Strahlung wellenförmig um die Faserachse geführt wird, und Monomode-Lichtleiter mit Stufenindexprofil, die einen so geringen Kerndurchmesser besitzen, daß nur noch ein Wellenmodus ausbreitungsfähig ist.

Eine wichtige optische Größe ist die numerische Apertur (NA), die den Winkel kennzeichnet, innerhalb dessen die Faser an ihrer Stirnfläche Lichtwellen aufnehmen und weiterleiten kann. Typische Werte von NA liegen zwischen 0,2...0,3. Lichtstrahlen, die sich unter verschiedenen Winkeln zur Faserachse fortpflanzen (Moden!), durchlaufen unterschiedliche Weglängen, was unterschiedliche Laufzeiten zur Folge hat. Die Laufzeitunterschiede zwischen den einzelnen Strahlen führen auf Grund der Modendispersion zur Bandbreitenbegrenzung. Neben der Modendispersion muß bei der Ermittlung der Übertragungsbandbreite noch die Materialdispersion berücksichtigt werden. Da alle Lichtquellen, die für die Lichtleiterübertragung eingesetzt werden, eine endliche Spektralbreite $\Delta\lambda$ besitzen, unterscheidet sich die Gruppengeschwindigkeit zwischen der niedrigeren und der höheren Wellenlänge. Die hervorgerufenen Laufzeitunterschiede durch diese Materialdispersion sind für SiO_2

als Kernmaterial in Abb. 4 dargestellt. Typische Übertragungsbandbreiten liegen zwischen 50 Mbit/s·km (Multimoden-Stufenindexlichtleiter) und 100 Gbit/s·km (Monomoden-Lichtleiter).

Neben der hohen Übertragungsbandbreite wird für den Lichtleiter eine minimale Dämpfung gefordert. Die Hauptursachen für diese Dämpfung sind die Absorption, die Materialstreuung und mögliche Strahlungsverluste. Ausschlaggebend für die Absorption sind im Quarzglas noch vorhandene Restverunreinigungen, speziell OH- und Metallionen. Tabelle 2 gibt einen Überblick über den Einfluß dieser Verunreinigungen auf die Dämpfung. Bei den üblichen Arbeitswellenlängen um 0,85 µm, 1,3 µm und 1,55 µm haben Lichtleiter Dämpfungsminima (sogenannte *optische Fenster*); siehe Abb. 5.

Wesentlich für gute Übertragungseigenschaften eines Lichtleiters sind neben der geringen Dispersion und Dämpfung minimale Schwankungen der geometrischen Abmessungen von Kern und Mantel und minimale Abweichungen vom theoretischen Verlauf des Brechungsindexprofils.

Verbindung für optische Wellenleiter. Die Verbindungstechnik unterscheidet lösbare Steckverbindungen und nicht lösbare Spleißverbindungen, bei denen Klebe- und Schmelzverfahren zum Einsatz kommen. Die Stecker-Verbindungen erfordern höchste Präzision bei der Herstellung der Stecker und Buchsen und bei der Konfektionierung mit dem Lichtleiter. Abbildung 6 zeigt eine Reihe möglicher Fehler bei der Zusammenfügung zweier Lichtleiter, die zu einer wesentlichen Erhöhung der Dämpfung führen können.

Sendelichtquellen. Für die optische Informationsübertragung im Wellenlängenbereich von 0,4 µm bis max. 30 µm kommen Lumineszenzdioden (LEDs) und Laser im gesamten Wellenlängenbereich in Betracht. Auf Grund der optischen Fenster in der Atmosphäre und im Lichtleiter werden nahezu ausschließlich He-Ne-Laser ($\lambda = 0,63$ µm), CO_2-Laser ($\lambda = 10,6$ µm) und Halbleiterinjektionslaser eingesetzt, letztere wegen der kleinen Bauweise, des hohen Wirkungsgrades bei der Umwandlung von elektrischen in optische Signale und wegen der guten Modulationseigenschaften bis zu sehr hohen Frequenzen ausschließlich für die Lichtleiterverbindungen. Bei den drei optischen Fenstern (siehe Abb. 5) kommen zum Einsatz: GaAlAs- bzw. InGaAsP/InP-Dioden, von denen es eine Vielzahl von Ausführungsformen gibt. Tabelle 3 enthält die Kenndaten einer typischen Burrus-LED. Tabelle 4 gibt einen Überblick über einige Eigenschaften einer Auswahl von kommerziell erhältlichen Dauerstrichlasern.

Die Entscheidung zwischen LED oder HL-Laser hängt von der benötigten Ausgangsleistung und der Modulationsbandbreite ab, wobei der Einsatz von Lasern wegen der starken Temperaturabhängigkeit der Emissionswellenlänge, Ausgangsleistung und Schwell-

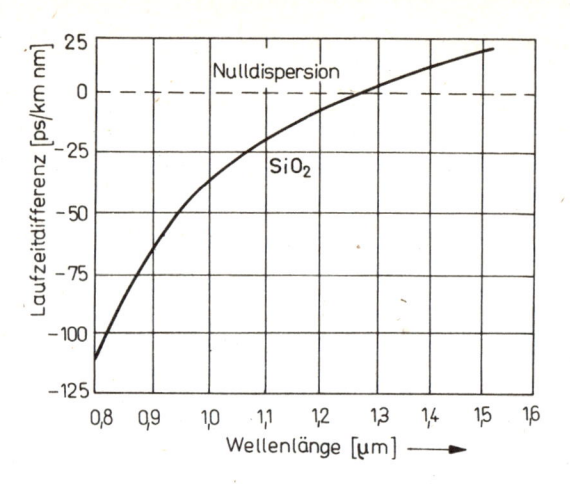

Abb. 4 Laufzeitdifferenzen auf Grund der Materialdispersion für Quarzglas

Tabelle 2 Zusatzverluste in db/km bei 850 nm für 1 ppm Verunreinigung

Verunreinigung	SiO_2 (Quarzglas)
Fe	130
Cu	22
Cr	1300
Co	24
Ni	27
Mn	60
V	2500

Problem: Zusatzdämpfung durch Wassergehalt (OH-Ionen) −1 ppm−

Typ *Maxima*:
$\lambda = 0,95$ µm   72 db/km
$\lambda = 1,23$ µm   150 db/km
$\lambda = 1,37$ µm   2900 db/km

Aber auch Minima: „Fenster"

Anm.: 1 ppm entspricht einem Faktor von 10^{-6}.

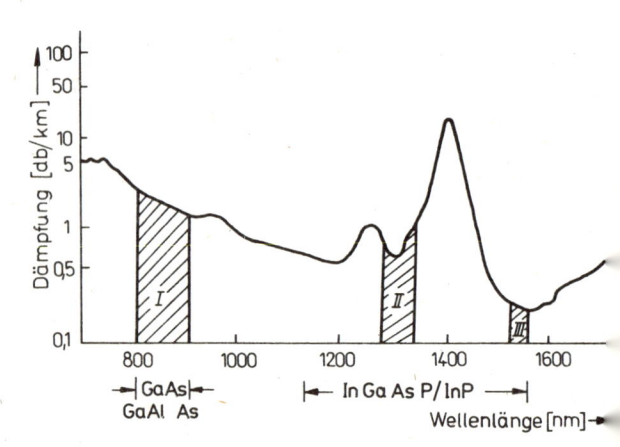

Abb. 5 Spektraler Dämpfungsverlauf einer schwach Ge-dotierten Quarzglasfaser
I – Sende- und Empfangselemente auf GaAlAs-Basis,
II – Spektralbereich mit verschwindender Dispersion,
III – Spektralbereich mit minimaler Dämpfung

Tabelle 3   Kenndaten einer typischen Burrus-LED aus AlGaAs

Wellenlänge	0,8...0,9 µm
Δλ (spektr. Br.)	40...60 µm
Strahlende Fläche	Ø 40...80 µm
Mod. Bandbreite	5...50 MHz
Lichtleistung insges.	2...10 mW
einkoppelbar in GI-LWL	20...50 µW
Lebensdauer	>10^5 h

Tabelle 4   Überblick über Eigenschaften von einigen z. Z. kommerziell erhältlichen Dauerstrichhalbleiterlasern bei Raumtemperatur

Wellenlänge (µm)	spektrale Breite (nm)	Ausgangs- leistg. (mW)	Schwellen- strom (mA)	Anstiegs- zeit (ns)	Typ	Hersteller
0,15...0,85	2,5	2,5	100	2	V 294 P	AEG-Telef.
0,78...0,85	1	7	90		Go 1 S	General optronics
0,8...0,88	0,1	7	35	0,1	SCW-20	Laser Diode Labs
0,78	<1	3	50	0,3	ML-4001	Mitsubishi
1,3	<1	7	100...150	1	GOXL	General Optronics
1,3	1	5	70	<1	HLP 5400 U	Hitachi
1,3	<2	7	100	<0,2	QL5-1300	Lasertron
1,5	<2	5	100	<0,2	QL5-1500	Lasertron

satz gelangen [4]. Für $\lambda = 1,3$ µm bzw. $\lambda = 1,55$ µm werden auch Empfänger auf GaAs-Basis eingesetzt.

Repeater. Auf Grund der Verluste und der Dispersion der Lichtleiter tritt eine Dämpfung und eine Verformung der sich ausbreitenden Impulse ein, so daß nach einer gewissen Entfernung eine Regenerierung der Impulse notwendig ist. Diese wird in einem Repeater durchgeführt, wobei die Aufgabe dieses Gerätes in der Verstärkung und Formung der Impulse besteht.

strom sehr aufwendige Temperaturstabilisierungen zur Folge hat. Typische Ausgangsleistungen liegen zwischen 3 und 10 mW, Modulationsbandbreiten von 1...2 GHz sind möglich.

Modulation. Bei der Modulation einer Lichtquelle, d.h. dem Aufprägen der zu übertragenden Information auf den Lichtstrahl, unterscheidet man zwischen der äußeren und der direkten Modulation. Beim Einsatz von Gaslasern für die Lichtleiternachrichtenübertragung setzt man Kristalle als äußere Modulatoren ein, die auf der Basis des elektrooptischen Effektes arbeiten. Bei der direkten Modulation wird die Strahlung direkt über die Anregung der Lichtquelle moduliert, d.h., die Lichtquelle sendet selbst das modulierte Licht aus. Direkt moduliert werden LEDs und Injektionslaser. Die Modulation erfolgt in der Regel als Amplitudenmodulation, wobei diese analog (AM) oder digital (z. B. PCM) erfolgen kann.

Empfänger. Der Nachweis der modulierten Lichtstrahlung bei gleichzeitiger Demodulation, d. h. Wiedergewinnung der aufgeprägten Information, erfolgt mit opto-elektronischen Empfängern (Detektoren). Die wesentlichsten Kenngrößen sind eine hohe Ansprechempfindlichkeit bei den Arbeitswellenlängenbereichen, eine hohe Zeitauflösung, geringes Rauschen und eine minimale Verzerrung. Für den Einsatz in Lichtleiterverbindungen wird eine einfache Ankoppelmöglichkeit an den Lichtleiter gefordert. Diese Forderungen werden am besten von den Photodetektoren auf Halbleiterbasis erfüllt, wobei am häufigsten PIN-Photodioden oder Avalanche-Photodioden auf Si- bzw. Ge-Basis, je nach Arbeitswellenlänge, zum Ein-

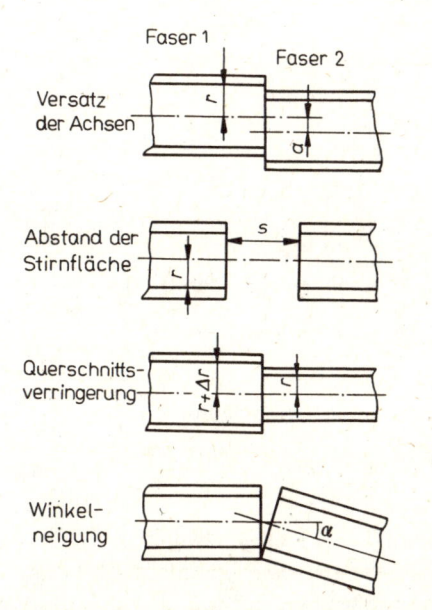

Abb. 6   Mögliche Fehler bei Lichtleiterkopplung

Kennwerte und Funktionen

Empfangsleistung P_E in einer Entfernung R bei atmosphärischer Ausbreitung:

$$P_E = P_S \cdot \frac{A_S A_E}{\lambda^2 R^2} \qquad (1)$$

(P_S – Sendeleistung, A_S, A_E – Sende- und Empfangsapertur, λ – Wellenlänge).

Intensität I eines Lichtstrahles in einer Entfernung R bei Berücksichtigung von Absorption, Streuung und Brechung

$$I = I_0 \cdot e^{-\delta R} \qquad (2)$$

(I_0 – ausgesendete Intensität),

$$\delta = \delta_1 + \delta_2 + \delta_3 \text{ (Dämpfungskoeffizient)}, \qquad (3)$$

δ_1 kennzeichnet die molekulare Absorption, δ_2 kennzeichnet die Verluste durch Streuung an Molekülen, Rauch- und Staubteilchen, Dunst, Nebel, Regen oder Schnee, δ_3 kennzeichnet die Streuung an Brechzahlschwankungen (z. B. infolge von Luftturbulenzen).

Numerische Apertur NA:

$$NA = \sin\alpha_{max} = \sqrt{n_K^2 - n_M^2} \qquad (4)$$

Zahl der Moden (M) im Lichtleiter:

$$M = 0{,}5 \left(\frac{\pi \cdot d \cdot (NA)}{\lambda} \right)^2 \qquad (5)$$

(d – Kerndurchmesser, λ – Lichtwellenlänge).

Einwelligkeitsbedingung für Lichtleiter:
Zur Bestimmung des Kerndurchmessers bei Monomode-Lichtleitern

$$\frac{2\pi d}{\lambda} \cdot \sqrt{n_K^2 - n_M^2} \leq 2{,}4 \qquad (6)$$

Typische Werte für d: $d \approx 5\ldots 10$ µm!

Kernbrechzahl $n_K(r)$ bei Gradientenindex-Lichtleitern:

$$n_K(r) = n_0 \cdot \sqrt{1 - 2\Delta\left(\frac{r}{a}\right)^2} \qquad (7)$$

($n_0 = n(0)$ – Brechungsindex in Kernmitte, a – Radius des Lichtleiterkerns, $\Delta = \frac{n_0 - n_a}{n_0}$).

Laufzeitunterschied $\Delta\tau$ zwischen dem langsamsten und schnellsten Modus (Modendispersion):

$$\Delta\tau \approx \frac{L}{c} \cdot \frac{(NA)^2}{2 n_K} \qquad (8)$$

(L – Lichtleiterlänge, c – Lichtgeschwindigkeit).

Laufzeitunterschied Δt zwischen der niedrigsten und größten Wellenlänge bezogen auf $\Delta\lambda$:

$$\Delta t = -\frac{\Delta\lambda \cdot L}{c} \cdot \left(\lambda \frac{d^2 n_k}{d\lambda^2} \right) \qquad (9)$$

($\Delta\lambda$ – Spektrale Breite der Quelle).

Lichtleistung $P(z)$ im Lichtleiter:

$$P(z) = P(0) e^{-\alpha_D \cdot z} \qquad (10)$$

($P(0)$ – Lichtleistung an Anfang des Lichtleiters, α_D – Dämpfungskoeffizient (abhängig von verschiedenen Dämpfungsmechanismen), Z – Lichtleiterlänge).

Anwendungen

Lichtleiterübertragungssysteme. Die häufigsten Anwendungen der Lichtleiter findet man derzeitig in Lichtleiterübertragungssystemen, bei denen man in Abhängigkeit vom jeweiligen Anwendungsfall zwischen der Kurzstrecken- und der Weitstreckenübertragung unterscheidet. Eine Übersicht über mögliche Einsatzgebiete der Lichtleiter-Informationsübertragung zeigt Abb. 7 [5]. Bei den Kurzstreckenlichtleiter-Systemen beträgt die Streckenlänge im allgemeinen zwischen einigen Metern und einigen hundert Metern, in Ausnahmefällen bis zu wenigen Kilometern. Diese Systeme werden vorwiegend für industrielle Anwendungen, z. B. als Datenbus-Systeme zur Rechnersteuerung oder in Automatisierungsanlagen eingesetzt. Es werden analoge oder digitale Signale bis max. 10 MHz benötigt. Die eingesetzten Lichtleiter haben große Kerndurchmesser (200 µm und mehr), und es können Lichtleiterdämpfungen bis zu 50 db/km zugelassen werden.

Weitstrecken-Lichtleiterinformationsübertragung umfaßt alle Hochleistungsnachrichtensysteme mit Streckenlängen über 10 km, einschließlich der Datenübertragungssysteme mit Bit-Raten über 10 Mbit/s und Übertragungslängen von ebenfalls 10 km und mehr.

Die Lichtleiterübertragungssysteme werden bezüglich ihrer Leistungsfähigkeit oftmals durch den Systemparameter „Bandbreite–mal–Länge–Produkt" (in MHz·km bzw. Mbit/s·km) charakterisiert. Weitstreckensysteme mit 100 Gbit/s·km und mehr sind in jüngster Zeit realisiert worden [6] (siehe auch Abb. 8). Als Lichtleiter kommen Gradientenindexlichtleiter mit Dämpfungen zwischen 0,7 und 4 db/km bei einer Arbeitswellenlänge von $\lambda = 0{,}85$ µm bzw. $\lambda = 1{,}3$ µm zum Einsatz. Höchstleistungssysteme arbeiten bei $\lambda = 1{,}55$ µm, und es werden Monomode-Lichtleiter mit Dämpfungen von ca. 0,2 db/km eingesetzt. Streckenlängen von über 100 km ohne Repeater sind realisiert worden.

Um die Zahl der gleichzeitig zu übertragenden Informationen zu erhöhen, werden mehrere Lichtleiter zu Lichtleiterkabeln zusammengefaßt. Typisch sind 2-, 4-, 8- und 16adrige Kabel. Abbildung 9 zeigt einige Konstruktionsformen von Kabeln. Für den Aufbau von Lichtleiterübertragungssystemen stehen international für die derzeitig dominierenden Wellenlängenbereiche $\lambda = 0{,}85$ µm und $\lambda = 1{,}3$ µm alle notwendigen Elemente, also Lichtleiter, Sende- und Empfangsdioden, Verbindungselemente, Ansteuer- und Nachweiselektronik kommerziell zur Verfügung. Für $\lambda = 1{,}55$ µm sind z. Z. Versuchssysteme aufgebaut worden.

Nichtlineare optische Effekte in Fasern [7]. Durch die geringen Querschnitte der Fasern werden bereits bei relativ geringen eingekoppelten Laserleistungen hohe

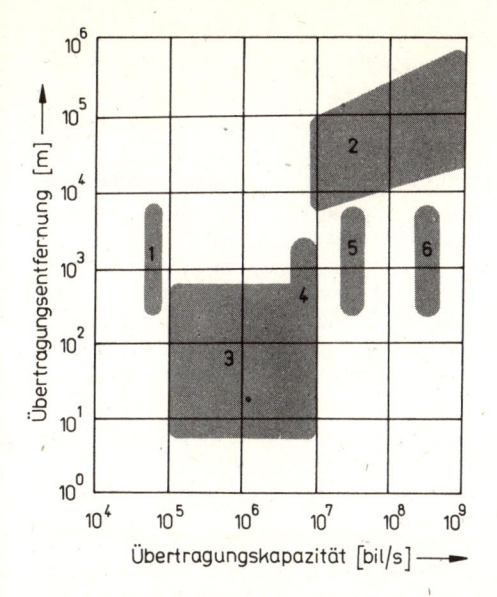

Abb. 7 Einsatzgebiete der Lichtleiter-Informationsübertragung 1 – Telefonübertragung, 2 – PCM-Nachrichtensysteme (Telefonie), 3 – industrielle Datenübertragung, 4 – industrielle Fernsehanlagen, 5 Telefonie + Fernsehen mit 1 bzw. 2 Auswahlkanälen, 6 – Kabelfernsehen mit 12...20 Auswahlkanälen

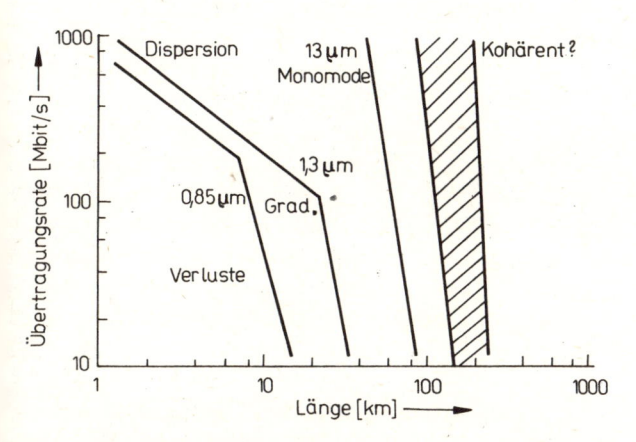

Abb. 8 Maximal mögliche Übertragungsraten in Abhängigkeit von der Übertragungslänge

Intensitäten erreicht, was zum Auftreten nichtlinearer optischer Effekte führt. Eine weitere Besonderheit des Verlaufs derartiger Effekte in Fasern ist die Realisierung großer Wechselwirkungslängen bei geringen Verlusten ohne Beugungseinfluß. Nichtlineare optische Effekte in Fasern sind von Bedeutung wegen ihres Einflusses auf die Ausbreitung von Impulsen (insbesondere Impulsverbreiterung und -verkürzung), der Möglichkeit, auf ihrer Grundlage spezielle Komponenten für die optische Informationsübertragung und integrierte Optik zu entwickeln (z. B. Frequenztransformation, abstimmbare Raman-Laser, optische Schalter, Phasenkonjugation zur Kompensation von Modendispersion in der Bildübertragung [8]) und als Methode zur Charakterisierung von Wellenleitermaterialien (z. B. Raman-Streuung, sogenannte „optical time domain reflectrometry").

Für zukünftige Übertragungssysteme mit hoher Übertragungskapazität werden Solitonen (formstabile Impulse) Bedeutung erlangen, die im Zusammenspiel von Selbst-Phasenmodulation und anomaler Dispersion in Fasern gebildet werden können, in Einmoden-Systemen erscheinen Übertragungsraten von 1 Tbit/s über 30 km möglich [9, 10]. Durch geeignete Kombination eines modensynchronisierten Lasers mit einer Glasfaser gelang die Realisierung eines sogenannten Solitonen-Lasers, dessen Impulsdauer einstellbar und dessen Impulsform vorgegeben ist [11].

Fiber-Sensoren. Ein weiteres großes Anwendungsgebiet für die Lichtleiter sind die sogenannten Fiber-Sensoren [12]. Fiber-Sensoren haben gegenüber der bisherigen Technik eine Reihe von Vorteilen. Sie sind empfindlicher, sie sind auf Grund ihrer Geometrie vielseitiger einsetzbar und sie sind immun gegenüber hohen elektrischen Spannungen, elektromagnetischen Störungen (Störimpulse), hohen Temperaturen, Korrosion und weiteren äußeren Einflüssen.

Fiber-Sensoren werden eingesetzt zum Nachweis von Positions-, Druck-, Temperatur-, Magnetfeld-, Schallfeld- und Rotationsänderungen, wobei die physikalischen Störungen auf den Lichtleiter zum Nach-

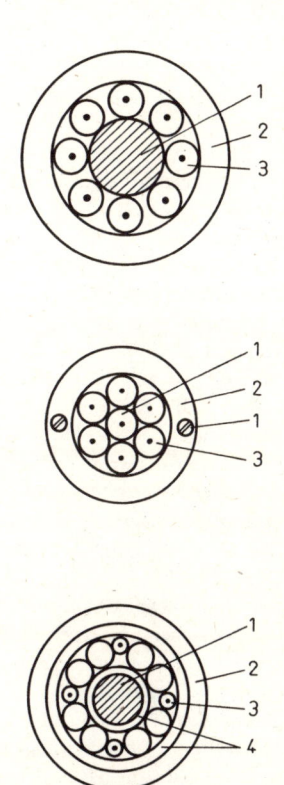

Abb. 9 Aufbau von Lichtleiterkabeln
1 – Stabilisierung, 2 – Schutzhülle, 3 – Lichtleiter,
4 – Schutzhülle

571

weis der Änderungen ausgenutzt werden [13]. Sensoren sind sehr verbreitet in der industriellen Prozeßkontrolle, wobei der Anwendungsbereich von sehr einfachen Schaltern bzw. Zählern bis zu hochempfindlichen Nachweiseinrichtungen für die oben genannten Effekte reicht.

Die große Zahl der einzelnen Ausführungsformen läßt sich grundsätzlich in Amplituden- oder Phasensensoren (interferometrische Sensoren) unterteilen.

Bei *Amplitudensensoren* wird der physikalische Effekt ausgenutzt, um die Intensität des Lichts im Lichtleiter direkt zu modulieren. Der Vorteil dieses Typs liegt in der einfachen Konstruktion und in der Kompatibilität mit der Multimode-Lichtleiter-Technologie. Ebenso sind die Anforderungen an die Empfindlichkeit in den meisten praktischen Fällen nicht zu extrem, so daß die Gruppe von Sensoren eine breite Anwendung gefunden hat.

Die *Phasen-* (oder *interferometrischen*) *Sensoren*, die zum Nachweis von z. B. magnetischen, akustischen oder Rotationsänderungen eingesetzt werden, sind theoretisch um Größenordnungen empfindlicher als die bisherigen Technologien. Sie werden dort eingesetzt, wo geometrische Vielseitigkeit und hohe Empfindlichkeit erforderlich sind. Allerdings sind noch eine Reihe experimenteller Probleme beim Nachweisprozeß (Rauschen!) zu lösen. Außerdem sind diese Sensoren derzeitig noch sehr teuer.

Literatur

[1] KERSTEN, R.Th.: Einführung in die Optische Nachrichtentechnik (Physikalische Grundlagen, Einzelelemente und Systeme). – Berlin/Heidelberg/New York: Springer-Verlag 1983.

[2] KOPPATZ, P.: Optische Informationsübertragung Wissensspeicher Lasertechnik. Kap. 4.3. – Leipzig: VEB Fachbuchverlag 1982.

[3] CHU, T.S.; HOGG, D.C.: Effect of Precipitation on Propagation at 0,63, 3,5 and 10,6 Micron (Einflüsse von Niederschlägen auf die Ausbreitung bei 0,63 µm, 3,5 µm und 10,6 µm). BSTJ **47** (1968) 5, 723–759.

[4] ZUCKER, J.: Choose detectors for their differences to suit different fiber-optic-system (Die Auswahl verschiedener Empfänger zur richtigen Anpassung an die unterschiedlichen Lichtleitersysteme). Electronic Design **28** (1980) 4, 165–169.

[5] REHAHN, J.P. u.a.: Technische und ökonomische Vorbereitung des praktischen Einsatzes von Lichtleiter-Nachrichtensystemen. Fernmeldetechnik **19** (1979) 5, 178–184.

[6] –: AT&T tests gigabit system (AT&T testet ein Gigabit-Lichtleitersystem). Photonics Spectra **18** (1984) 3, 31.

[7] LIN, CH.: Nonlinear optics in fibers and near-infrared frequency conversion (Nichtlineare Optik in Fibern und Frequenztransformation im nahen Infraroten). SPIE **355** (1983) 17–26.

[8] DUNNING, G.J.; LIND, R.C.: Demonstration of image transmission through fibers by optical phase conjugation (Demonstration der Bildübertragung durch Fibern durch optische Phasenkonjugation). Optics Letters **7** (1982) 11, S.558–560.

[9] HASEGAWA, A.; KODAMA, Y.: Signal transmission by optical solitons in monomode fiber (Signalübertragung mit optischen Solitonen in Einmoden-Fibern). Proc. IEEE **69** (1981) 9, 1145–1150.

[10] MOLLENAUER, L.F.; STOLEN, R.H.: Solitons in optical fibers (Solitonen in optischen Fibern). Laser Focus **18** (1982) 4, 193–198.

[11] MOLLENHAUER, L.F.; STOLEN, R.H.: The soliton laser (Der Solitonen-Laser). Optics Letters **9** (1984) 1, 13–15.

[12] GIALLORENZI, T.G. et. al.: Optical Fiber Sensor Technology (Sensor-Technologie auf der Basis von Lichtleitern). IEEE J. Quantum Electronics Vol. **QE-18**, 4 (1982) 626–665.

[13] KROHN, D.A.; VINARUB, E.I.: Fiber Optics invade process control (Lichtleitertechnik dringt in die Prozeßkontrolle ein). Photonics Spectra vol. **18** (1984) 2, 51–57.

Optische Nichtlineare Effekte

Sie treten bei der Wechselwirkung von intensiver Laserstrahlung mit Materie auf. Bereits 1899 hat Voigt [1] optische Nichtlinearitäten vorhergesagt, aber erst mit der Entwicklung der Laser ab 1961 konnten nichtlineare optische Effekte umfassend nachgewiesen und untersucht werden. Zu den ersten entdeckten Effekten gehören die Erzeugung der zweiten optischen Harmonischen der Rubinlaserstrahlung in Quarz durch Franken, Hill, Peters und Weinreich (1961), der Nachweis der Zweiphotonenabsorption durch Kaiser, Garrett und Wood (1961) sowie die Beobachtung des induzierten Raman-Effekts durch Woodbury und Ng (1962). Im Zusammenhang mit dem Einsatz der Laser in Wissenschaft und Technik finden nichtlineare optische Effekte umfangreiche Anwendungen [2].

Sachverhalt

Laserlichtwellen erreichen elektrische Feldstärken zwischen 10^6 V/cm und 10^9 V/cm. In dieser Größenordnung liegen die in Materie auf Valenzelektronen wirkenden atomaren Feldstärken ($\sim 10^8$ V/cm bzw. 10^7 V/cm in Halbleitern).

Prinzipien der linearen Optik werden bei der Wechselwirkung derartiger Lichtwellen mit Materie verletzt. So wird der Brechungsindex des Mediums intensitätsabhängig, unterschiedliche Wellen beeinflussen einander bei der Ausbreitung in einem nichtlinearen Medium (Verletzung des Superpositionsprinzips) oder Lichtwellen mit neuen Frequenzen entstehen beim Durchgang intensiver Laserstrahlung durch ein Medium. Eine elektromagnetische Welle mit der Feldstärke E erzeugt in einem optisch nichtlinearen Medium eine dielektrische Polarisation P, die sich in Näherung nach Potenzen der elektrischen Feldstärke entwickeln läßt:

$$P = \underbrace{\varepsilon_0\, \chi^{(1)}\, E}_{P^L} + \underbrace{\varepsilon_0\, \chi^{(2)}\, EE + \varepsilon_0\, \chi^{(3)}\, EEE + \ldots}_{P^{NL}} \quad . \quad (1)$$

Neben der linearen Polarisation P^L wird bei hohen Feldstärkewerten ein nichtlinearer Polarisationsanteil P^{NL} wirksam. Entsprechend den Maxwellschen Gleichungen erzeugt jede Polarisationskomponente ein elektrisches Feld. Die dielektrischen Suszeptibilitäten $\chi^{(n)}$ sind Tensoren $(n+1)$ter Stufe. Sie stellen den Zusammenhang zwischen der elektrischen Feldstärke der einfallenden Lichtwelle und der Polarisation des Mediums her. Optische nichtlineare Effekte treten auf in Festkörpern, Flüssigkeiten, Gasen und Plasmen.

Die Symmetrie des Mediums, enthalten in den dielektrischen Suszeptibilitäten $\chi^{(n)}$, bestimmt, welcher der nichtlinearen Polarisationsanteile als niedrigste Nichtlinearität auftritt. Nichtlineare Suszeptibilitäten gerader Ordnung haben in Dipolnäherung nur in Kristallen ohne Inversionssymmetrie von Null verschiedene Werte.

Unterschiedliche Ordnungen der Nichtlinearität beschreiben verschiedene Effekte (vgl. Tab 1).

Tabelle 1   Effekte der nichtlinearen Optik

Effekt	Suszeptibilität
optische Frequenzmischung	$\chi^{(2)}$
Erzeugung der II. Harmonischen	$\chi^{(2)}$
Erzeugung von Summen- und Differenzfrequenzen	$\chi^{(2)}$
parametrische Verstärkung	$\chi^{(2)}$
Vierwellenmischung	$\chi^{(3)}$
Erzeugung der III. Harmonischen	$\chi^{(3)}$
intensitätsabhängiger Brechungsindex	$\chi^{(3)}$
Selbstfokussierung	$\chi^{(3)}$
Selbstphasenmodulation	$\chi^{(3)}$
optischer Kerr-Effekt	$\chi^{(3)}$
Pockels-Effekt	$\chi^{(3)}$
Zweiphotonenabsorption	$\chi^{(3)}$
sättigbare Absorption	$\chi^{(3)}$
induzierter Raman-Effekt	$\chi^{(3)}$
induzierte Brillouin-Streuung	$\chi^{(3)}$

Für eine hohe Effektivität nichtlinearer Prozesse ist bei sogenannten parametrischen Effekten die Erfüllung der Phasenanpassungsbedingung notwendig. Diese erfordert eine Übereinstimmung der Phasengeschwindigkeit der durch eine Lichtwelle im Medium hervorgerufenen nichtlinearen Polarisationswelle mit der Phasengeschwindigkeit der erzeugten Lichtwelle. Bei der kollinearen Wechselwirkung zweier Wellen in optisch einachsigen Kristallen wird die Doppelbrechung zur Erfüllung der Phasenanpassungsbedingung genutzt (siehe *Erzeugung der zweiten optischen Harmonischen*). In den Fällen der nichtkollinearen Wechselwirkung muß ein bestimmter Winkel zwischen den wechselwirkenden Wellen im Medium eingehalten werden (siehe *Raman-Effekt*; CARS-Methode). Vornehmlich

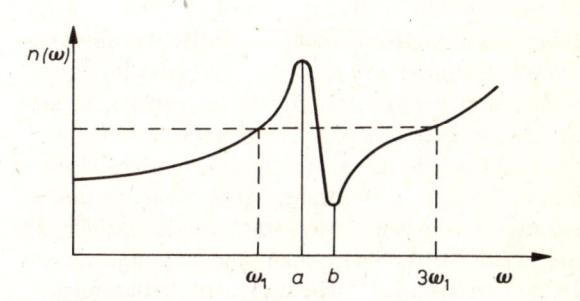

Abb. 1   Erfüllung der Phasenanpassungsbedingung unter Ausnutzung der anomalen Dispersion bei der Erzeugung der dritten Harmonischen.
Zwei Frequenzen können die gleiche Brechzahl haben, wenn sie durch ein Gebiet anomaler Dispersion (a–b) getrennt sind.

in Flüssigkeiten, Gasen und Dämpfen läßt sich die anomale Dispersion zur Erfüllung der Phasenanpassungsbedingung ausnutzen (siehe Abb. 1).

Optische Frequenzmischung. Werden in einem nichtlinearen Medium mehrere Laserwellen unterschiedlicher Frequenz überlagert, so kommt es zu einer Frequenzmischung. Dabei entstehen neben den Harmonischen auch Summen- und Differenzfrequenzen. In quadratisch nichtlinearen Medien (doppelbrechenden Kristallen) können durch Summen- bzw. Differenzfrequenzbildung zweier Wellen mit den Frequenzen ω_1 und ω_2 neue Wellen bei den Frequenzen $\omega_3 = \omega_1 + \omega_2$ bzw. $\omega_3 = \omega_1 - \omega_2$ erzeugt werden. Der Spezialfall $\omega_1 = \omega_2$ liefert die zweite optische Harmonische der eingestrahlten Wellen mit $\omega_3 = 2\omega_1$.

In kubisch nichtlinearen Medien lassen sich durch eine Vierwellenmischung Wellen mit Frequenzkombinationen $\omega_4 = \omega_1 \pm \omega_2 \pm \omega_3$ erzeugen. Als Sonderfälle sind die Bildung der dritten optischen Harmonischen mit $\omega_4 = 3\omega_1$ ($\omega_1 = \omega_2 = \omega_3$) und die Antistokes-Raman-Streuung von Bedeutung.

Der Wirkungsgrad der Frequenzmischung steigt an, wenn die eingestrahlten Laserfrequenzen oder eine ihrer Kombinationen mit der Frequenz eines Ein- oder Mehrphotonenübergangs des Mediums übereinstimmen und dadurch eine resonante Erhöhung der nichtlinearen Suszeptibilität entsteht (resonante Frequenzmischung). Da für die Realisierung der einzelnen Frequenzmischungen strenge Phasenanpassungsbedingungen einzuhalten sind, kann mit einem hohen Wirkungsgrad nur jeweils eine Welle bei einer Frequenzkombination erzeugt werden.

Zur *parametrischen Verstärkung* einer Lichtwelle kommt es, wenn die Signalwelle (ω_S) auf Kosten einer intensiven Pumpwelle (ω_P) in einem quadratisch nichtlinearen Kristall verstärkt wird. Auch dieser Prozeß erfordert die Einhaltung der Phasenanpassungsbedingungen. Neben der Pump- und Signalwelle entsteht eine Hilfswelle mit der Frequenz ω_H. Für eine vorgegebene Richtung zwischen Pumpstrahl und Kristall ist die Verstärkung nur einer Frequenzkombination $\omega_P = \omega_S + \omega_H$ möglich.

Intensitätsabhängiger Brechungsindex. Die von einer Laserwelle in einem Medium induzierte nichtlineare Polarisation dritter Ordnung führt zu einem intensitätsabhängigen Beitrag $\Delta n(I)$ zum Brechungsindex $n(\omega)$.

Selbstfokussierung. Eine ortsabhängige Intensitätsverteilung über den Laserstrahlquerschnitt verursacht in einem nichtlinearen Medium eine ortsabhängige Brechzahl. An der Stelle maximaler Intensität tritt die größte Brechzahl auf. Licht aus Querschnittsbereichen mit geringer Intensität wird in Richtung der Zone mit höherer Intensität abgelenkt. Überwiegt diese Strahlablenkung gegenüber der Beugung, so setzt eine Querschnittseinengung ein. Der Gleichgewichtszustand ist erreicht, wenn der mit kleiner werdendem Querschnitt ansteigende Einfluß der Beugung die Strahlablenkung kompensiert. Es bildet sich ein Kanal aus ($\varnothing \approx 50$ µm), der aus kleineren Lichtkanälen besteht, in denen Leistungsdichten bis zu 10^5 MW/cm² entstehen.

Selbstphasmodulation. Als Folge der trägheitslosen Änderung des intensitätsabhängigen Anteils zum Brechungsindex eines Mediums ($< 10^{-14}$ s) tritt beim Durchgang eines intensiven Laserlichtimpulses eine Phasenmodulation auf, die sich in einer Verbreiterung des Frequenzspektrums des Impulses äußert.

Optischer Kerr-Effekt. In einem isotropen Medium wird durch einen linear polarisierten, intensiven Laserimpuls eine Doppelbrechung induziert.

Zweiphotonenabsorption. Für Laserlichtintensitäten oberhalb 10^6 W/cm² kann ein Energiezustand eines Mediums durch die simultane Absorption zweier Photonen angeregt werden.

Stimulierte Brillouin-Streuung. Sie entsteht an Dichteschwankungen (z. B. Schallwellen) in Kristallen oder Flüssigkeiten. Diese Dichteschwankungen werden durch die eingestrahlte Laserwelle selbst induziert. Die stimulierte Brillouin-Streuung trägt ähnliche Züge wie die stimulierte Raman-Streuung.

Kennwerte, Funktionen

Geeignete Medien zur Erzeugung nichtlinearer optischer Effekte zeichnen sich durch eine hohe Transparenz im interessierenden Wellenlängenbereich, eine hohe optische Belastbarkeit, die in vielen Fällen notwendige Möglichkeit zur Erfüllung der Phasenanpassungsbedingung sowie durch hohe Werte für die effektive Nichtlinearität aus. Die effektive Nichtlinearität leitet sich aus den nichtlinearen Suszeptibilitäten unter Berücksichtigung der räumlichen Symmetrie des Mediums, der Ausbreitungsrichtung der wechselwirkenden Wellen in bezug auf die kristallografischen Achsen (bei Kristallen) und die Polarisationsrichtungen der Wellen ab. Für die Wechselwirkung dreier Wellen mit den Frequenzen $\omega_3, \omega_2, \omega_1$ und den zugehörigen Polarisationsvektoren e_3, e_2, e_1 ist sie in quadratisch nichtlinearen Medien definiert als [2]

$$d_{\text{eff}} = \frac{1}{2} \sum_{i,j,k} e_{3i}\, \chi_{ijk}^{(2)}(-\omega_3; \omega_1, \omega_2)\, e_{1j} e_{2k}. \qquad (2)$$

Frequenzmischung: vgl. Tabelle 2.

Tabelle 2 Parameter der Vierwellenmischung zur Erzeugung von kohärenter Strahlung im vakuumultravioletten (VUV) Spektralbereich [3]

	Pumpstrahlung	VUV-Strahlung
Wellenlänge (nm)	550–670	110–210
Leistung (W)	10^6–$5 \cdot 10^6$	1–10; 10^3 [1)]
Medium		Krypton, Xenon, Quecksilber

[1)] Für zweiphotonenresonante Frequenzmischung

Parametrische Verstärkung: Die Intensität der Signal- (I_S) und der Hilfswelle (I_H) wächst mit zunehmender Wechselwirkungslänge L im nichtlinearen Kristall. Gleichzeitig nimmt die Intensität der Pumpwelle (I_P) ab. Bei erfüllter Phasenanpassungsbedingung gilt für die Intensitätsverläufe [2]:

$$I_S = 2\,I_{S0}\,\sinh^2(\Gamma L) + I_{S0},$$

$$I_H = \frac{2\,\omega_H}{\omega_S}\,I_{S0}\,\sinh^2(\Gamma L) + \frac{\omega_H}{\omega_S}\,I_{S0}, \quad (3)$$

$$\Gamma^2 = \frac{2\,\omega_H\,\omega_S\,|d_{\text{eff}}|^2}{n_S\,n_H\,n_P\,\varepsilon_0\,c^3}\,I_P,$$

wobei I_{S0} die Eingangssignalintensität, $n_{S;H;P}$ die Brechzahlen bei den Frequenzen $\omega_{S;H;P}$, c die Lichtgeschwindigkeit und ε_0 die elektrische Feldkonstante bezeichnen. Parametrische Verstärkung wurde mit verschiedenen Kristallen und Pumpwellenlängen im Bereich von 0,2 µm bis 5 µm realisiert (vgl. Tab. 3).

Tabelle 3 Parameter ausgewählter optisch parametrischer Oszillatoren (siehe Anwendungen) [4]

Kristall	KDP	LiNbO$_3$	Prostit
Pumpwellenlänge (µm)	0,355	0,532	1.054
Abstimmbereich (µm)	0,45–1,4	0,66–2,7	1,4–5
Wirkungsgrad (%)	15	3,5	1
Impulsdauer (ps)	25	25	5
Bandbreite (cm^{-1})	6–8	10	50

Intensitätsabhängiger Brechungsindex: Der effektive Brechungsindex n_{eff} in einem nichtlinearen Medium setzt sich aus dem Brechungsindex der linearen Optik n und einem intensitätsabhängigen Anteil $\Delta n(I)$ zusammen:

$$n_{\text{eff}} = n + \Delta n \text{ mit } \Delta n = \frac{n_2\,I}{n\,c\,\varepsilon_0}, \quad (4)$$

wobei n_2 die nichtlineare Brechzahl bezeichnet (vgl. Tab. 4).

Tabelle 4 Typische Werte für n_2

Substanz	$n_2\,[\text{m}^2\,\text{V}^{-2}]$
Flüssigkeiten	$10^{-22}\ldots10^{-20}$
Gläser	$10^{-22}\ldots10^{-21}$
CS$_2$	$2\cdot10^{-20}$

Optischer Kerr-Effekt: Für die optisch induzierte Doppelbrechung folgt:

$$\delta n_\| - \delta n_\perp = \frac{3}{2}\Delta n, \quad (5)$$

wobei $\delta n_\|$ und $\delta n_\perp$ die Brechzahländerungen parallel und senkrecht zum elektrischen Feldvektor des Laserimpulses bezeichnen. Geeignete Medien für schnelle Kerr-Zellenschalter sind CS$_2$ und Nitrobenzen mit Relaxationszeiten der optisch induzierten Doppelbrechung von 2 ps bzw. 28 ps.

Selbstfokussierung: Bedingt durch die Beugung existiert für die Selbstfokussierung eine kritische Schwellenleistung [2]

$$P_K = \frac{\varepsilon_0\,n^3\,c\,\lambda^2}{4\pi\,n_2}. \quad (6)$$

Die Selbstfokussierungslänge L_F ist gegeben durch

$$L_F = \frac{r\sqrt{n}}{2\sqrt{\Delta n}} \quad (7)$$

mit r als Radius des Laserstrahls. Für das aktive Material typischer Neodymglaslaser liegt die Selbstfokussierungslänge zwischen 20 cm und 40 cm und die Schwellenleistung bei 1 MW.

Selbstphasenmodulation: Für die Frequenzverbreiterung eines Laserimpulses mit der Halbwertsbreite τ durch Selbstphasenmodulation in einem Medium der Länge L gilt

$$\Delta\omega = \frac{\omega\,L\,\Delta n}{c\,\tau}. \quad (8)$$

Brillouin-Streuung: Die relative Frequenzverschiebung zwischen Laserwelle und gestreuter Welle

$$\omega_{BS} - \omega_L = \pm\frac{2v}{v_L}\,\omega_L\,\sin\frac{\vartheta}{2} \quad (9)$$

hängt vom Verhältnis der Schallgeschwindigkeit v zur Ausbreitungsgeschwindigkeit der Laserwelle v_L im Medium und vom Winkel ϑ zwischen einfallender und gestreuter Welle ab.

Anwendungen

Erzeugung von frequenzveränderlicher kohärenter Strahlung. Mit der Methode der Summen- und Differenzfrequenzbildung kann abstimmbare kohärente Strahlung im VUV-Bereich bis 110 nm und im IR-Bereich bis etwa 25 µm erzeugt werden. Besonders effektiv gelingt die Bildung von spektral schmalbandiger VUV-Strahlung mit der resonanten Vierwellenmischung in Edelgasen und Metalldämpfen [3]. Als Pumplichtquellen werden Nd:YAG-lasergepumpte Farbstofflaser eingesetzt. Der in Tab. 2 angegebene Spektralbereich kann durch resonante oder nichtresonante Frequenzmischung überstrichen werden. Im Falle der resonanten Mischung werden die Kombinationen $\omega_{VUV} = 2\omega_{UV} \pm \omega_v$ ausgenutzt, wobei $\omega_{UV} = 2\omega_L$ (mit ω_L als Frequenz der Farbstofflaserstrahlung) zweiphotonenresonant und ω_v variabel ist.

Fluoreszenz up-conversion. Die optische Frequenzmischung liegt dem „Fluoreszenz up-conversion Tor" zugrunde, das zur zeitlichen Auflösung von gepulster Laser- bzw. Fluoreszenzstrahlung eingesetzt wird. Bei dieser Methode werden der zu untersuchende Probeimpuls mit ω_2 und ein Pumpimpuls mit ω_1 in einem quadratisch nichtlinearen Kristall überlagert. Durch geeignete Wahl der Einstrahlrichtung beider Impulse in bezug auf die Kristallachsen entsteht im Überlappungsbereich die Summenfrequenz mit $\omega_3 = \omega_1 + \omega_2$, die registriert wird. Durch schrittweise optische Verzögerung beider Impulse gegeneinander (1 ps = 0,3 mm Wegstrecke in Luft) kann der zeitliche Verlauf des Probeimpulses abgetastet werden. Für die Fluoreszenzstrahlung wirkt der nichtlineare Kristall als wellenlängenselektives Element. Anstelle der Summenfrequenzbildung $\omega_1 + \omega_2$ kann auch die erzeugte Differenzfrequenz $\omega_3 = \omega_1 - \omega_2$ zum Nachweis verwendet werden. Welche der beiden Varianten zur Anwendung kommt, hängt von den Eigenschaften des verwendeten nichtlinearen Kristalls und von dem für den Nachweis günstigsten Spektralbereich ab. Die erreichbare Zeitauflösung entspricht der Breite der Pumpimpulse. Ein grundlegender Vorzug dieser Methode besteht darin, daß Licht, das im infraroten Spektralbereich nur mit großem Aufwand registriert werden kann, in den sichtbaren Spektralbereich transformiert wird und dort mit empfindlichen Empfängern nachweisbar ist [5].

Optisch parametrischer Oszillator [6]. Der optisch parametrische Oszillator (OPO) stellt die wichtigste Anwendung der parametrischen Verstärkung dar. Die bei der Einstrahlung einer Pumpwelle in einen Kristall spontan entstehenden Lichtwellen passender Frequenz haben eine geringe Intensität. Da außerdem die parametrische Verstärkung pro Kristalldicke klein ist, sind große Wechselwirkungslängen für eine hohe Verstärkung notwendig. Deshalb wird der Kristall in einem Resonator angeordnet (siehe Abb. 2). Bei jedem Durchgang durch den Kristall werden die Signalwelle mit ω_S und die Hilfswelle mit ω_H bei Anwesenheit der Pumpwelle verstärkt. Ähnlich wie beim Laser kommt es zu einem Anschwingen des OPO, wenn die Verstärkung die Verluste pro Durchgang übersteigt. Das System liefert kohärente Laserstrahlung mit den Frequenzen ω_S und ω_H. Die Notwendigkeit der Phasenanpassung hat zur Folge, daß bei Änderungen der Temperatur des Kristalls und damit des Brechungsindex ein anderes Frequenzpaar ω_S und ω_H entsteht. Der OPO ist eine spektral abstimmbare Lichtquelle. Der wesentliche Unterschied zum Laser besteht darin, daß die zur Selbsterregung gelangenden Frequenzen ω_S und ω_H nicht durch eine atomare oder molekulare Resonanz, sondern durch die Phasenanpassungsbedingung bestimmt sind. Die Pumpstrahlung wird zumeist von leistungsstarken Lasern, die Impulse im Nano- und Pikosekundenbereich erzeugen, geliefert (Nd-YAG-Laser). Mit dem OPO läßt sich kohärente Strahlung vom sichtbaren bis in den infraroten Spektralbereich (0,42 μm bis 16 μm) erzeugen. Dabei sind auch im infraroten Spektralbereich im Impulsbetrieb hohe Leistungen realisierbar. So liefert ein $LiNbO_3$-Kristall,

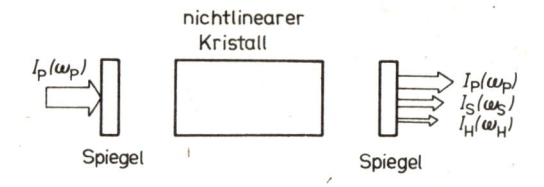

Abb. 2 Durch kohärentes Pumplicht der Intensität $I_P(\omega_P)$ werden im parametrischen Oszillator zwei neue Wellen mit den Intensitäten $I_S(\omega_S)$ und $I_H(\omega_H)$ erzeugt.

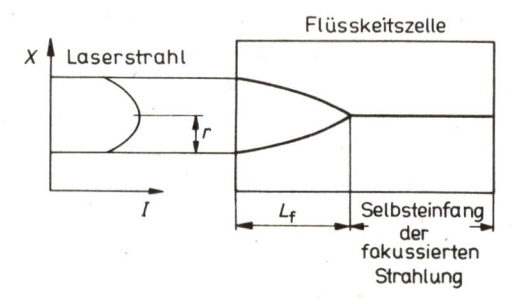

Abb. 3 Selbstfokussierung von Laserstrahlung. r Strahlradius, L_F Selbstfokussierungslänge

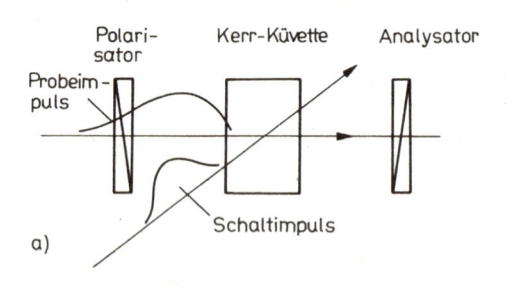

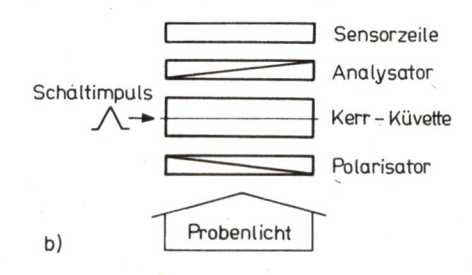

Abb. 4 Longitudinal a) und transversal b) geschalteter Kerr-Zellenverschluß

der von Nd-YAG-Laserimpulsen mit einer Breite von 15 ns und einer Wellenlänge von 1,06 μm gepumpt wird, im Abstimmbereich zwischen 1,4 μm und 4,4 μm eine Ausgangsleistung von 10^2-10^3 kW bei einem Wirkungsgrad von 40 %.

Selbstfokussierung. Die Selbstfokussierung kann als Störeffekt bei der Ausbreitung intensiver Laserlichtimpulse mit Zeitdauern zwischen 10^{-12} s und 10^{-8} s durch Medien mit großer Nichtlinearität und bei

Wechselwirkungslängen, die größer als die Selbstfokussierungslänge (siehe Abb. 3) sind, zu lokalen Materialzerstörungen führen. Damit ist die Selbstfokussierung ein begrenzender Faktor beim Aufbau leistungsstarker Lasersysteme.

In Flüssigkeiten wird die Selbstfokussierung genutzt, um hohe lokale Feldstärken und damit eine Steigerung der Effektivität nichtlinearer Prozesse zu erhalten. Eine Anwendung findet diese Methode bei der Erzeugung intensiver Laserstrahlung mit dem stimulierten Raman-Streuprozeß und bei der Erzeugung eines spektralen Kontinuums.

Phasenmodulation. Als unerwünschter Störfaktor tritt die Phasenmodulation bei der Ausbreitung intensiver Laserstrahlung in nichtlinearen Medien auf. Sie trägt z. B. bei der Erzeugung eines Zuges von Pikosekundenimpulsen durch Festkörperlaser dazu bei, daß sich das Frequenzspektrum der zuletzt erzeugten Pikosekundenimpulse gegenüber den ersten ungünstig verbreitert. Mit der spektralen Ausdehnung ist eine zeitliche Verbreiterung der Pikosekundenimpulse verbunden.

Die gezielte Ausnutzung der Selbstphasenmodulation in Verfahren zur Impulskompression ermöglicht die Erzeugung kürzester Lichtimpulse (3×10^{-14} s) [7]. In Lasersystemen kann die Selbstphasenmodulation zum mode-locking-Betrieb führen.

Bei der Übertragung von Laserlicht über Lichtleiterkabel können Feldstärkewerte erreicht werden, die Anlaß zu unerwünschter Selbstphasenmodulation der zu übertragenden Lichtwelle geben.

Optischer Kerr-Effekt. Seine wichtigste Anwendung findet der optische Kerr-Effekt im optischen Tor, das zur zeitaufgelösten Spektroskopie im Piko- und Subpikosekundenbereich eingesetzt wird. Die Hauptbestandteile einer Toranordnung sind neben der Pikosekundenlichtquelle eine optische Verzögerungsstrecke sowie die optisch geschaltete Kerr-Zelle (siehe Abb. 4a). Die Kerr-Zelle setzt sich aus zwei zueinander gekreuzten Polarisatoren, zwischen die eine Küvette mit einem Kerr-Medium angeordnet ist, zusammen. Das zu untersuchende Probenlicht kann den Kerr-Zellenverschluß erst dann passieren, wenn in der Kerr-Küvette mit einem intensiven Laserlichtimpuls eine Doppelbrechung induziert wird. Von der Laserimpulsdauer und der Relaxationszeit der Doppelbrechung hängt die Öffnungszeit des Kerr-Zellenverschlusses ab. Sie beträgt bei Verwendung von Impulsen eines Pikosekunden-Neodymglaslasers unter Ausnutzung der optisch induzierten Doppelbrechung in CS_2 6 ± 2 ps. Durch schrittweises Verstellen der optischen Verzögerungsstrecke kann ein unbekannter Probenimpulsverlauf abgetastet werden. Die Transmission T des Kerr-Zellenverschlusses läßt sich aus

$$T = \sin^2\left(\frac{3}{2} \pi \Delta n \frac{L}{\lambda}\right) \tag{10}$$

berechnen, wobei L die Wechselwirkungslänge in der Kerr-Küvette und λ die Wellenlänge des Probenlichtes bezeichnen.

Neben der longitudinalen Schaltgeometrie ist der transversal geschaltete optische Kerr-Zellenverschluß in Kombination mit einer Sensorzeile oder Matrix eine leistungsfähige Anordnung der zeitaufgelösten Spektroskopie (siehe Abb. 4b). Das zu untersuchende Probenlicht muß über die gesamte Breite der Schaltküvette aufgeweitet werden. Die doppelbrechende Zone folgt dem Laserschaltimpuls und bewegt sich als Schlitz mit einer Breite, die der Impulsbreite entspricht, durch die Küvette.

Das optische Tor wird in der Ultrakurzzeitspektroskopie zur Untersuchung kurzlebiger Fluoreszenzen eingesetzt. Darüber hinaus ermöglicht es mit seiner zweidimensionalen Öffnung die Fotografie schnellster Vorgänge mit einer Zeitauflösung im Pikosekundenbereich. Diese Technik wurde unter Laborbedingungen verwendet, um durch gezielte Streulichtunterdrückung Objekte hinter streuenden Medien sichtbar zu machen (optisches Radar).

Aus den Untersuchungen zum Zeitverhalten der Doppelbrechung in Substanzen können mit der Methode des optischen Kerr-Effekts die materialspezifischen Konstanten $\chi^{(3)}$ bestimmt werden [8].

Zweiphotonenabsorptionsspektroskopie. Die Zweiphotonenabsorption erweitert als spektroskopische Methode die Möglichkeiten der Spektroskopie der Einphotonenanregung [9]. Während Einphotonenübergänge in Dipolnäherung nur zwischen Niveaus ungleicher Parität erlaubt sind, treten Zweiphotonenprozesse zwischen Niveaus gleicher Parität auf. Weiterhin können mit der Zweiphotonenabsorption Niveaus von Teilchen untersucht werden, die sich innerhalb einer Absorptionsbande einer Wirtsmatrix befinden und deshalb mit der Einphotonenspektroskopie nicht erreichbar sind. Der Nachweis der Zweiphotonenabsorption erfolgt über die Registrierung der Absorption oder der Fluoreszenz vom angeregten Zustand.

Bei der Absorptionsmethode werden eine starke monochromatische Laserwelle und ein spektrales Kontinuum auf die Probe gegeben. Im spektral aufgelösten Kontinuum erscheint bei der Frequenz, die einem resonanten Zweiphotonenübergang entspricht, eine Absorptionslinie.

Die Zweiphotonenspektroskopie von Gasen ermöglicht innerhalb der Doppler-Linienbreite den Nachweis der homogenen Linienbreite, wenn die doppelte Laserfrequenz mit dem Zentrum der Doppler-verbreiterten Linie zusammenfällt (siehe *Optische Sättigungseffekte*).

Zur Bestimmung der Dauer ultrakurzer Laserlichtimpulse ($< 10^{-10}$ s) kann die Messung der zweiphotonenangeregten Fluoreszenz ausgenutzt werden. Ein Laserlichtimpuls wird in zwei Teilimpulse gleicher Intensität aufgespalten und in einem Medium mit einem resonanten Zweiphotonenübergang gegenläufig überlagert. Die fluoreszierende Überlagerungsfläche beider Impulse liefert eine Information über die Impulsdauer.

Stimulierte Brillouin-Streuung. Die stimulierte Brillouin-Streuung bietet die Möglichkeit, Informationen über die Wechselwirkung zwischen einer Lichtwelle und einem kompakten atomaren System zu erhalten. Mit ihr werden Kenngrößen für Schallwellen in Medien gewonnen. Insbesondere können in Kristallen Änderungen der Schallgeschwindigkeit in Abhängigkeit von der Orientierung bestimmt werden.

Eine Apparatur zur Beobachtung der stimulierten Brillouin-Streuung überlagert das in Rückwärtsrichtung gestreute Licht mit dem einfallenden Laserlicht in einem Fabry-Perot Interferometer [10].

Literatur

[1] VOIGT, W.: Zur Theorie der Einwirkung eines elektrostatischen Feldes auf die optischen Eigenschaften der Körper. Ann. Phys. Chemie **69** (1899) 297.
[2] BRUNNER, W.; JUNGE, K. (Autorenkollektiv): Wissensspeicher Lasertechnik. – Leipzig: VEB Fachbuchverlag 1982.
[3] WALLENSTEIN, R.: Erzeugung von frequenzveränderlicher kohärenter VUV-Strahlung. Laser und Optoelektronik **3** (1982) 29–39.
[4] PISKARSKAS, A.: Broadly tunable ps und sub-ps pulses (In einem weiten Wellenlängenbereich abstimmbare Pikosekunden und Subpikosekundenimpulse). Proc. II. Internat. Symp. – Reinhardsbrunn 1980, S. 2–13.
[5] VORONIN, E. S.; STRIZEVSKIJ, V. L.: Parametriceskoe preobrazovanie infrakrasnovo islucenija i evo primenenie (Parametrische Transformation von Infrarotstrahlung und ihre Anwendung). Usp. fiz. Nauk. **127** (1979) 99–133.
[6] PAUL, H.: Nichtlineare Optik II. WTB Nr. 100. – Berlin: Akademie Verlag 1973.
[7] GRISCHKOWSKY, D.; BALANT, A. C.: Optical pulse compression with reduced wings (Optische Impulsverkürzung mit reduzierten Flanken). – Picosecond Phenomena III. Hrsg. K. B. Eisenthal et al. – Berlin/Heidelberg/New York: Springer-Verlag 1982. S. 123–125.
[8] ETCHEPARE, J.; GRILLON, G.; ASTIER, R.; MARTIN, J. L.; BRUNEAU, C.; ANTONETTI, A.: Time resolved measurement of nonlinear suszeptibilities by optical Kerr-effekt (Zeitaufgelöste Messung der nichtlinearen Suszeptibilitäten mit dem optischen Kerr-Effekt). ibid., 217–220.
[9] LETOCHOW, W. S.: Laserspektroskopie WTB Nr. 165. – Berlin: Akademie-Verlag 1977.
[10] SCHUBERT, M.; WILHELMI, B.: Einführung in die Nichtlineare Optik. Teil I. – Leipzig: BSB B. G. Teubner Verlagsgesellschaft 1971.

Optoakustischer Effekt

Der optoakustische Effekt wurde 1881 von ALEXANDER G. BELL während seiner Arbeiten an einem optischen Telephon, dem Photophon, gefunden, als er zeigen konnte, daß auf einen in einem Glaskolben eingeschlossenen absorbierenden Körper auftreffendes amplitudenmoduliertes Sonnenlicht Schallwellen in der Gasatmosphäre des Kolbens mit der Modulationsfrequenz des Lichtes hervorruft [1]. Nach der Entwicklung geeigneter Mikrophone wurde 1938 durch VIENGEROV mit weiterführenden Untersuchungen des optoakustischen Effektes begonnen [2]. Besondere Bedeutung erlangte der Effekt seit der Entdeckung der Laserlichtquellen.

Sachverhalt

Befindet sich ein optische Strahlung absorbierendes Gas in einem geschlossenen Gefäß und wird die aufgenommene Energie nicht in Form von Strahlung reemittiert, so führt diese Energie nach der Gaszustandsgleichung über eine Erwärmung des Mediums zu einer Erhöhung des Druckes im Gefäß (siehe *optoakustischer Effekt;* Abb. 1, [3]). Wird ein fester (absorbierender) Körper oder eine Flüssigkeit in einer geschlossenen Gaszelle angeordnet, so überträgt sich die nach Strahlungsabsorption erfolgende Erwärmung des Körpers auf das Gas und ruft ebenfalls einen Druckanstieg hervor (siehe *photoakustischer Effekt,* Abb. 2; [3]).

Mittels optoakustischer Effekte lassen sich sehr kleine absorbierte Leistungen bis zu 10^{-9} W nachweisen [4]. Eine prinzipielle Grenze wird der Nachweisempfindlichkeit durch das Untergrundsignal, hervorgerufen durch eine parasitäre Strahlungsabsorption an den Fenstern und den Wänden der Gaszelle, gesetzt [5]. Dieses Signal läßt sich in gewissen Grenzen kompensieren.

Kennwerte, Funktionen

Das optoakustische Signal S_{OA} ist proportional der absorbierten Strahlungsleistung P: $S_{OA} \sim \alpha P$.

Zur Bestimmung der absoluten Größe des Absorptionskoeffizienten α muß daher eine separate Leistungsmessung durchgeführt werden. Den prinzipiellen Aufbau eines optoakustischen/photoakustischen Meßplatzes zeigt Abb. 3.

Nachweisempfindlichkeit: $\approx 10^{-10}$ Wcm^{-1} Hz$^{-1/2}$ [4];
Untergrundsignal: parasitäre Absorption an Oberflächen des Gefäßes; $(10^2...10^3)$ größer als prinzipielle Nachweisgrenze;
Absorptionslänge: ca. 10^{-1} m

Erschütterungs- und Körperschallempfindlichkeit sind erheblich. Das Signal ist abhängig von der Wärmekapazität des zu untersuchenden Gases.

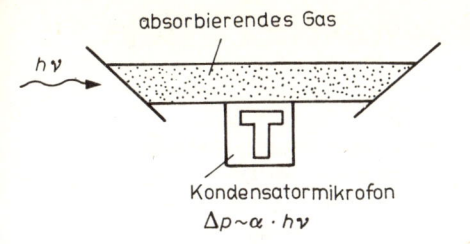

Abb. 1 Optoakustischer Effekt

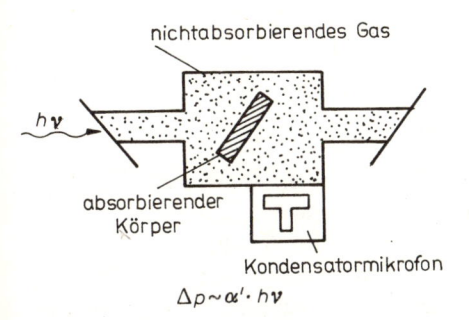

Abb. 2 Photoakustischer Effekt

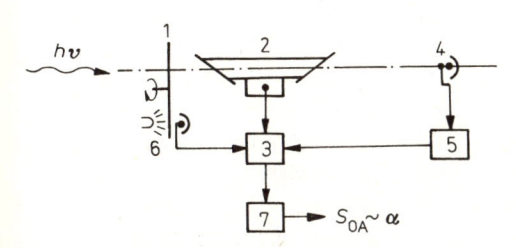

Abb. 3 Optoakustischer/photoakustischer Meßplatz
(1 – Modulator, 2 – optoakustischer Empfänger,
3 – phasenempfindlicher Gleichrichter, Quotientenbildner,
4 – Leistungsmesser, 5 – Vorverstärker,
6 – Referenzsignal, 7 – Signalaufzeichnung)

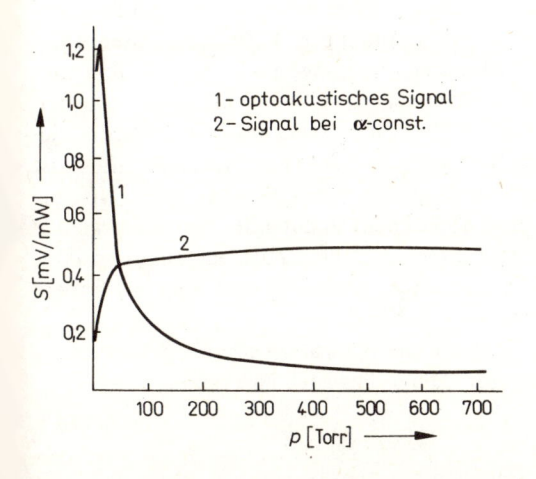

Abb. 4 Absorbierte Energie in Abhängigkeit vom Gasdruck

Der optoakustische Effekt ist nur dann wirksam, wenn die vom Gas aufgenommene Energie nicht an die Gefäßwände weitergeleitet wird. Daher verschwindet bei kleinen Gasdrücken die Proportionalität der Druckschwankungen zur absorbierten Energie (siehe Abb. 4).

Anwendungen

Der optoakustische Effekt findet u. a. in der Spektroskopie von Flüssigkeiten, Gasen und festen Körpern sowie bei der Lichtleistungsmessung Verwendung.
Goley-Zelle. Eine optisch schwarze dünne Membrane absorbiert moduliertes Licht. Ein durch die Membrane abgeschlossenes Gas erwärmt sich; die entstehenden Druckschwankungen sind der Lichtleistung proportional.

Messung geringer Fremdgaskonzentrationen in atmosphärischer Luft

a) Eine von K. F. LUFT [6] entwickelte Variante eines optoakustischen Detektors mit zwei durch ein Kondensatormikrofon getrennten absorbierenden Zellen findet bis heute breite Verwendung in der Spektroskopie der Atmosphäre. Eine der beiden Zellen ist mit dem zu untersuchenden Gasgemisch gefüllt, die andere mit sauberem Gas. Nach Einstrahlung von Licht auf einer für das zu untersuchende Gas optisch resonanten Wellenlänge entsteht ein Differenzdrucksignal, das der Konzentration des interessierenden Gases proportional ist. Sind beide Zellen identisch aufgebaut, wird das Untergrundsignal weitestgehend eliminiert.

b) Sehr hohe Nachweisempfindlichkeit von Atmosphärenverunreinigungen wurden durch Verwendung relativ intensiver Laserstrahlung (CO-, CO_2-Laser) erzielt. So gelang z. B. der Nachweis von NH_3 in Luft bis in den ppb-Bereich hinein [7].

Resonante optoakustische Empfänger. Unter Verwendung resonanter optoakustischer Zellen gelingt es, hohe Empfindlichkeiten bei relativ geringem Untergrundsignal zu erzielen. Die transversalen oder longitudinalen akustischen Resonanzen verursachen Signalüberhöhungen um die Güte der Resonanz, stellen jedoch erhöhte Anforderungen an die Stabilität der Modulationsfrequenz der Strahlung. Offene Systeme sind möglich.

Für die *spektroskopische Untersuchung nichttransparenter oder stark lichtstreuender Körper* (Puder, Rauch) ist der photoakustische Effekt die z. Z. am häufigsten verwendete Methode. Eine Übersicht über eine Vielzahl von Anwendungsmöglichkeiten bietet die Arbeit [3].

Weitere Anwendungen des Effektes. Raman-Spektroskopie [8], Fourier-Spektroskopie [9], Kurzzeitspektroskopie angeregter Zustände mit ns-Auflösung [10].

Literatur

[1] BELL, A. G.: On the Production and Reproduction of Sound by Light (Zur Erzeugung und Reproduktion von Schall durch Licht). Amer. J. Sci. **20** (1880) 305–324.

[2] VIENGEROV, M. L.: Dokl. Akad. Nauk SSSR **19** (1938) 687.

[3] ROSENCWAIG, A.: Photoacoustic Spectroscopy (Photoakustische Spektroskopie) Adv. in Electronics and Electron Phys. Vol. 46, Acad. Press Inc. 1978.

[4] KREUZER, L. B.; PATEL, C. K. N.: Nitric oxide air pollution: Detection by optoacoustic spectroscopy (Luftverschmutzung durch Nitridoxyde: Nachweis mittels optoakustischer Spektroskopie). Science **173** (1971) 45.

[5] HARTUNG, C.; JURGEIT, R.: Fonovoi signal v optoakusticeskom detektore (Das Untergrundsignal im optoakustischen Empfänger). Kvant. Elektr. **6** (1979) 7, 1564.

[6] LUFT, K. F.: Über eine neue Methode der registrierenden Gasanalyse mit Hilfe der Absorption ultraroter Strahlung ohne spektrale Zerlegung. Z. tech. Phys. **24** (1943) 97–104.

[7] ADAMOVICZ, R. F.; KOO, K. P.: Characteristics of a photacoustic air pollution detector at CO_2 laser frequencies. (Charakteristika eines photoakustischen Detektors von Luftverunreinigungen auf CO_2-Laser-Frequenzen). Appl. Optics **18** (1979) 17, 2938.

[8] WEST, G. A.; BARRETT, J. J.: Pure rotational stimulated Raman photoacoustic spectroscopy (Rotationsstimulierte photoakustische Raman-Spektroskopie). Optics Letters **4** (1979) 12, 395.

[9] FARROW, M. M., u. a.: Fourier-transform photoacoustic spectroscopy (Photoakustische Fourier-Spektroskopie). Appl. Phys. Letters **33** (1978) 8, 735.

[10] ROCKLEY, M. G.; DEVIN, J. P.: Observation of a nonlinear photoacoustic signal with potential application to nanosecond time resolution (Der Nachweis eines nichtlinearen photoakustischen Signals mit potentieller Anwendungsmöglichkeit für Nanosekunden – Zeitauflösung). Appl. Phys. Letters **31** (1977) 1, 24.

Optogalvanischer Effekt

Im Jahre 1928 fand F. M. PENNING eine Abhängigkeit zwischen dem Lampenstrom bzw. der Lampenspannung einer Ne-Glimmentladung und der Einstrahlung monochromatischen Lichtes durch optische Beeinflussung (Fotoionisation) von Atomübergängen [1]. Diese, Optogalvanischer Effekt genannte Erscheinung, erlangte mit der Entwicklung des Lasers besondere Bedeutung, wo er für den Farbstofflaser für dessen absolute Wellenlängeneichung [2] und in der Spektroskopie verwendet wird.

Sachverhalt

In einer Gasentladung einer Hohlkatodenlampe, die eine Glimmentladung darstellt, werden durch Elektronenstoß (bzw. durch Ionenstoß) Atome angeregt. Von diesen angeregten Zuständen aus kann entweder eine Ionisierung oder eine Emission erfolgen. Strahlt man nun mit der Frequenz der Emissionslinie ein, so wird sich die Besetzung der entsprechenden Niveaus ändern, da einmal die Wahrscheinlichkeit für die Absorption gleich der für die stimulierte Emission ist, das obere Niveau aber in der Gasentladung wesentlich stärker besetzt ist als das untere. Dieser Eingriff in die Besetzungsverhältnisse der beteiligten Niveaus bedingt jedoch bei einer stationären Glimmentladung eine Veränderung des Ionisierungszustandes des Plasmas, da die einzelnen Ionisierungsmechanismen verschieden an den einzelnen Niveaus angreifen.

Der neue Ionisierungszustand hängt dabei u. a. vom Abstand des Niveaus zur Ionisationsgrenze und von den Zeitkonstanten der einzelnen Ionisierungsmechanismen ab. Die Veränderung des Ionisierungszustandes im Plasma der Hohlkatodenlampenentladung wirkt sich nun auf den Spannungsabfall an der Lampe aus, der nachgewiesen werden kann.

Eine besondere Rolle bei der Ionisierung spielen bei den Hohlkatodenlampen die metastabilen Zustände der Edelgasfüllungen. Bei diesen Gasen erfolgen die atomaren Übergänge im sichtbaren Spektralbereich (einschließlich VUV und nahes IR) von den metastabilen Zwischenniveaus bzw. den darüberliegenden Niveaus aus. Der optogalvanische Effekt ist hier besonders gut zu beobachten, da diese Niveaus nur wenige Elektronenvolt unter der Ionisationsgrenze liegen, und die metastabilen Zustände aufgrund ihrer großen Lebensdauer stärker besetzt sind als andere Zustände.

Der Nachweis des optogalvanischen Effektes erfolgt nach dem in Abb. 1 dargestellten Prinzip.

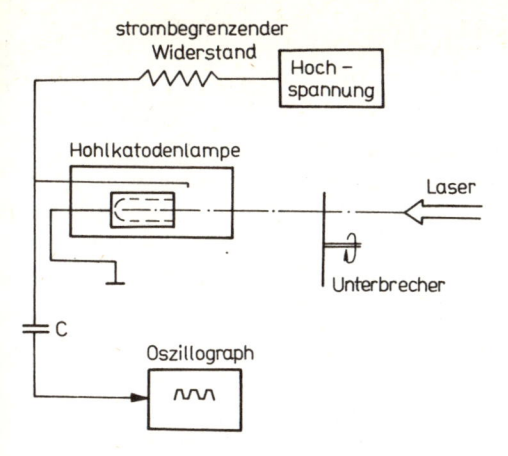

Abb. 1 Experimenteller Aufbau zum Nachweis des optogalvanischen Effektes

Kennwerte, Funktionen

Der optogalvanische Effekt ist ein direkter Absorptionsnachweis.
Zeitauflösung $\gtrsim 10^{-10}$ s (bestimmt durch die Lebensdauer der wechselwirkenden Niveaus);
Nachweisempfindlichkeit $\gtrsim 3 \cdot 10^{-2}$ Atome/cm³ [3] (bei Verwendung von metastabilen Atomzuständen). Bei Molekülen ist der Effekt nur schwach ausgeprägt.

Anwendungen

Direkte Kalibrierung der Wellenlänge und der optischen Bandbreite von Farbstofflasern. Mittels Strahlenteiler werden einige Prozent des Laserlichtes in eine Hohlkathodenlampe gelenkt. Ein lock-in Verstärker registriert die Änderung des Lampenstroms bei Übereinstimmung der Laserfrequenz mit der Frequenz einer Emissionslinie. Im Falle von cw-Lasern werden Frequenzen für die Amplitudenmodulation des Laserlichtes (siehe Abb. 1) zwischen 10 Hz und 2 kHz verwendet [4]. Eine absolute Wellenlängeneichung von gepulsten Farbstofflasern ist in [5] beschrieben. Eine Genauigkeit der Wellenlängeneinstellung von $5 \cdot 10^{-6}$, entsprechend $\pm 1,5$ pm, wurde erreicht. Ein Katalog von Eichlinien ist aus [6] zu entnehmen.
Nachweis von geringen Gaskonzentrationen in Flammen [7]. In einer Luft-C_2H_2-Flamme wurde Na bis zu Konzentrationen von 2 ppb (Signal/Rausch-Verhältnis > 20) nachgewiesen. Die mittels in der Flamme angebrachten Elektroden bestimmbare Leitfähigkeit des Plasmas wird durch Einstrahlung einer mit Übergängen in den Na-Atomen resonanten Farbstofflaserstrahlung (500 W cm^{-2} nm^{-1}) verändert.
Der optogalvanische Effekt in kleinen Molekülen. In Molekülgasentladungen können Übergänge aus Grund- und metastabilen Zuständen untersucht werden. Möglich ist die Bestimmung der räumlichen- und Geschwindigkeitsverteilung von Molekülen in der Gasentladung mit Hilfe des optogalvanischen Effektes [8].
Anwendung in der hochauflösenden Spektroskopie [9–11]. Der optogalvanische Effekt kann für den Nachweis dopplerfreier Absorption verwendet werden, im Rahmen der Sättigungsspektroskopie [10] für die Vermessung der natürlichen Linienbreiten (durchgeführt für einige Übergänge im Neon). Um Deformationen der Linienformen und Frequenzverschiebungen durch Entladungsfelder zu vermindern, wurde eine Entladungsröhre mit großem Durchmesser (1,6 cm) genutzt. Bei Laserleistungen zwischen 15 mW/cm² und 100 W/cm² wurden Linienbreiten von 60 MHz ($\lambda = 2,2$ µm) aufgelöst.

Eine weitere Möglichkeit der dopplerfreien Spektroskopie bietet die optogalvanische *level-crossing-Spektroskopie* (Nullfeldzerfall von Zeemann-Niveaus). Ein in bestimmter Richtung zur Polarisation des angeregten Lichtfeldes ausgerichtetes Magnetfeld verursacht Änderungen im Absorptionskoeffizienten. Die Form des magnetfeldabhängigen Signals widerspiegelt die natürliche Linienform [11].

Literatur

[1] PENNING, F. M.: Demonstratic van een nievw photoelektrisch Effekt (Demonstration eines neuen photoelektrischen Effektes). Physica **8** (1928) 137.

[2] KING, D. S., u. a.: Direct calibration of laser wavelength and bandwidth using the optogalvanic effect in hollow cathode lamps (Direkte Eichung der Laserwellenlänge und der Bandbreite mit Hilfe des optogalvanischen Effektes in Hohlkathodenlampen). Appl. Optics **16** (1977) 2617.

[3] KELLER, R. A.; ZALEWSKI, E.-F.: Noise considerations, signal magnitudes and detection limits in a hollow cathode discharge by optogalvanic spectroscopy (Rauschbetrachtungen, Signalamplituden und Nachweisgrenzen mit dem optogalvanischen Effekt in einer Hohlkathodenentladung) Appl. Optics **19** (1980) 19, 3301.

[4] KING, D. S.; SCHENCK, P. K.: Optogalvanic spectroscopy (Optogalvanische Spektroskopie). Laser Focus **3** (1978) 50.

[5] MICHAILOV, E., u. a.: Elektronisch gesteuerte, absolute Wellenlängeneichung von Impulsfarbstofflasern mit Optogalvanischem Effekt. Feingerätetechnik **31** (1982) 6, 251.

[6] KELLER, R. A., u. a.: Atlas for optogalvanic wavelength calibration (Atlas für optogalvanische Wellenlängeneichung). Appl. Optics **19** (1980) 836.

[7] GREEN, R. B., u. a.: Opto-galvanic detection of species in flames (Optogalvanischer Nachweis von Substanzen in Flammen). J. Amer. Chem. Soc. **98** (1976) **26**, 8517.

[8] FELDMANN, D.: Opto-galvanic spectroscopy of some molecules in discharges: NH_2, NO_2, H_2 an N_2 (Optogalvanische Spektroskopie einiger Moleküle in der Entladung: NH_2, NO_2, H_2 und N_2). Opt. Commun. **29** (1979) 1, 67.

[9] BEHRENS, H. O.; GUTHÖHRLEIN, G. H.; HÄHNER, B.: Optogalvanische Spektroskopie. Laser und Elektro-Optik **14** (1982) 1, 27–30.

[10] JACKSON, D. J., u. a.: Doppler-free optogalvanic spectroscopy using an infrared color center laser (Dopplerfreie optogalvanische Spektroskopie mit einem infraroten Farbzentrenlaser). Opt. Commun. **37** (1981) 1, 23–26.

[11] HANNAFORD, P., SERIES, G. W.: Determination of hyperfine structures in ground an excited atomic levels by level-crossing optogalvanic spectroscopy: Application to ^{89}Y. (Bestimmung der Hyperfeinstruktur in Grund- und angeregten Atomniveaus mittels level-crossing – optogalvanischer Spektroskopie. Anwendung auf ^{89}Y). Phys. Rev. Letters **48** (1982) 19, 1326–1329.

Optothermischer Effekt

Der optothermische Effekt wurde erstmalig als Methode zum Nachweis geringer optischer Absorptionen 1973 von L.-G. ROSENGREN beschrieben [1]. Experimentelle Anwendungen des Effektes in der linearen und hochauflösenden Spektroskopie von molekularen Gasen im infraroten Spektralbereich sind seit 1978 bekannt [2, 3].

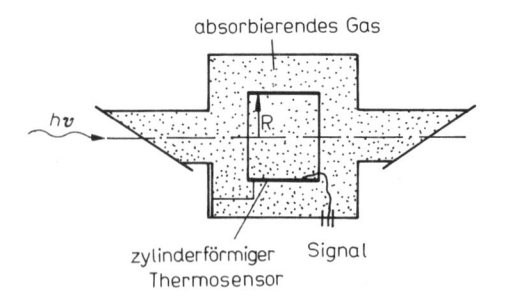

Abb. 1   Optothermischer Effekt

Sachverhalt

Die meisten in der Gasphase vorliegenden Moleküle sind durch strahlungslose Relaxation der im infraroten Spektralbereich angeregten Niveaus gekennzeichnet. Die Anregungsenergie wird durch gaskinetische Stöße oder durch Wechselwirkung an Oberflächen in Wärme umgesetzt. Im Gegensatz zum optoakustischen Empfänger, in dem die Erwärmung zur Erzeugung von Druckschwankungen dient, wird im optothermischen Empfänger die Temperaturschwankung des Gases mit Thermosensoren (pyroelektrische Detektoren, Bolometer o. ä.) direkt gemessen. Zum Nachweis von optischer Absorption wird üblicherweise ein amplitudenmodulierter Laserstrahl in eine Gaszelle eingestrahlt (Abb. 1). Die am Ort der Anregung durch Stoßprozesse entstandene Wärme wird durch Diffusion in die Umgebung abgeführt. Befindet sich in einem definierten Abstand R' zur Wärmequelle ein Thermosensor mit hinreichend großer Wärmekapazität, so ist dessen Temperaturerhöhung ein direktes Maß für die im durchstrahlten Volumen absorbierte Lichtleistung oder Energie. Ist der Gasdruck in der Zelle so klein, daß keine Stöße zwischen den Partikeln stattfinden, gelangen die angeregten Moleküle direkt auf die Oberfläche des Sensors. Bei vielen Molekülen ist die Wahrscheinlichkeit der Relaxation auf Oberflächen nach einem Stoß sehr groß, so daß auch hier die Temperaturerhöhung des Sensors ein Maß für die absorbierte Leistung oder Energie ist. Zur Eliminierung der Abhängigkeit des am optothermischen Empfänger gebildeten Signals von der Lichtleistung P wird eine separate Messung von P und eine Quotientenbildung ausgeführt (siehe Abb. 3, *optoakustischer Effekt*).

Kennwerte, Funktionen

Ist der Abstand zwischen Wärmequelle und Sensor

$$R' < (\lambda RT/2\omega p C_p)^{1/2} \quad (1)$$

(λ – Wärmeleitung, R – Universelle Gaskonstante, T – absolute Temperatur, ω – Modulationsfrequenz des Lichtes, p – Gasdruck, C_p – Wärmekapazität bei konstantem Druck), so ist die *Temperaturänderung* des Sensors proportional der absorbierten Leistung P:

$$S_{0T} \sim \alpha P. \quad (2)$$

Nachweisempfindlichkeit: ca. $2 \cdot 10^{-9}\,\text{Wcm}^{-1}\,\text{Hz}^{-1/2}$ mit pyroelektrischen PVF_2-Folien als Sensor [3].

Das Untergrundsignal wird durch Streulicht hervorgerufen; kann jedoch prinzipiell eliminiert werden.

Absorptionslänge: ca. 10^{-2} m.

Erschütterungs- und *Körperschallempfindlichkeit* sind geringer als im optoakustischen Empfänger.

Das *Signal* ist unabhängig von der Wärmekapazität des zu untersuchenden Gases.

Praktisch realisierter Gasdruckbereich: $1\,\text{Pa} \leq p \leq 10^5\,\text{Pa}$.

Die Abhängigkeit der Sensortemperatur und der Phase des Signals vom Gasdruck für eine gegebene Konstruktion ist in Abb. 2 dargestellt ($R' = 10^{-2}$ m, $\omega = 170$ Hz).

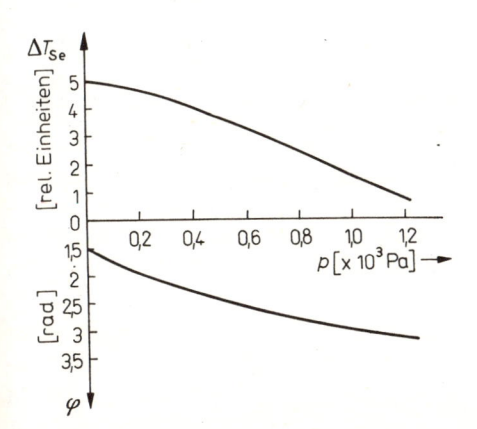

Abb. 2 Abhängigkeit der Sensortemperatur und der Phase des Signals vom Gasdruck

Anwendungen

Der optothermische Effekt wird zum Nachweis geringer linearer und gesättigter Absorptionen verwendet. Als Lichtquellen werden cw- und Impulslaser eingesetzt.

Nachweis geringer Gaskonzentrationen

a) Für $R' \approx 10^{-3}$ m, $\omega \sim 10^2$ Hz ist (1) bis 10^5 Pa befriedigt. Bei diesen Parametern gelang unter Verwendung eines cw-CO_2-Lasers (R 30, 9,2 µm) der Nachweis von NH_3-Konzentrationen in atmosphärischer Luft bis zu einigen ppb, wobei der Empfänger als offenes System betrieben werden konnte [4].

b) Zur Aufzeichnung von Absorptionsspektren mit durchstimmbaren Lasern liegt die notwendige Gasmenge beträchtlich unter der für eine gleiche Nachweisgrenze erforderlichen Menge bei Transmissionsspektroskopie [5].

Subdopplerspektroskopie

a) Durch Erzeugung einer intensiven stehenden Lichtwelle kann optische Sättigung des resonanten Übergangs hervorgerufen werden. Im optothermischen Signal wird dann ein schmales Maximum beobachtet [3]. Anwendung in der Laserstabilisierung möglich.

b) Das Einbringen eines Thermosensors in einen Überschallmolekularstrahl ermöglicht den empfindlichen Nachweis von Absorption in gekühlten Molekülen. In [6] wurde bei Verwendung eines Halbleiterbolometers als Thermosensor eine Nachweisgrenze von $10^{-12}\,\text{W cm}^{-1}\,\text{Hz}^{-1/2}$ erreicht.

Nachweis der pro Molekül absorbierten Zahl von Quanten. Es findet ein Impulslaser Verwendung; gemessen wird die pro Laserimpuls im durchstrahlten Volumen absorbierte Energie (ein pro Impuls zeitlich gemitteltes Signal). Sind das durchstrahlte Volumen und die Teilchenkonzentrationen bekannt, so ist die Temperaturschwankung $\Delta T_{\text{sensor}} = k \cdot \eta$ [7]. η ist die Zahl der pro Molekül im Mittel absorbierten Quanten, k ist ein unabhängig meßbarer Proportionalitätsfaktor. Bedeutung: Untersuchung angeregter Molekülzustände im stoßfreien Fall.

Literatur

[1] ROSENGREN, L.-G.: Technical Report Nr. 32. Universität Göteborg/Sweden (1973).

[2] HARTUNG, C.; JURGEIT, R.: Issledovanije svoistv optotermiceskogo prijomnika (Untersuchung der Eigenschaften des optothermischen Empfängers). Kvant. Elektr. 5 (1978) 8, 1825.

[3] HARTUNG, C., u. a.: Sub-Doppler Optothermal Spectroscopy (Optothermische Spektroskopie mit Sub-Dopplerauflösung). Appl. Phys. 23 (1980) 407.

[4] HARTUNG, C., u. a.: Ispolsovanije optotermiceskogo prijomnika dlja opredelenija malych konzentrazij (Nutzung des optothermischen Empfängers zur Bestimmung geringer Konzentrationen). Mater. d. VIII Vavilov-Konferenz. Novosibirsk/UdSSR 1984.

[5] HARTUNG, C., u. a.: Absorptionsmessung mit dem optothermischen Empfänger bei Atmosphärendruck. Exper. Tech. Phys. 31 (1983) 137.

[6] GOUGH, T. E., u. a.: Infrared Spectroscopy of Molecular Beams. (Infrarotspektroskopie von Molekularstrahlen). Appl. Phys. Letters 30 (1977) 7, 338.

[7] FRANCKE, K.-P., u. a.: Bestimmung der Energieeinspeisung bei Multiphotonenabsorption. Materialien ILA 4. Leipzig, Oktober 1981.

Phasenkontrast

Das Phasenkontrastverfahren ist eine spezielle Methode der optischen Abbildung, bei der kleine (sonst unsichtbare) Phasenänderungen des Lichts, die durch das Objekt erzeugt werden, sichtbar gemacht werden. Das Verfahren wurde 1932 von F. ZERNIKE [1] entwickelt und wird hauptsächlich in der Mikroskopie angewendet.

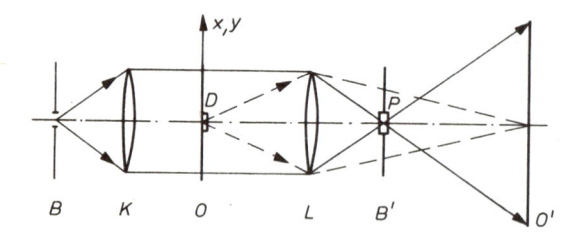

Abb. 1 Schema einer Phasenkontrast-Anordnung
— ungebeugtes, -- gebeugtes Licht

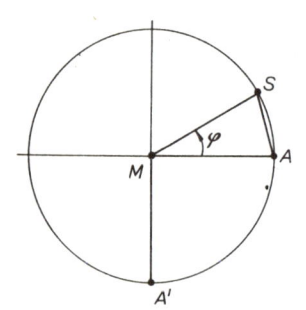

Abb. 2 Fresnel-Diagramm

Sachverhalt [2–4]

Aus Abb. 1 ist die Wirkungsweise des Phasenkontrastverfahrens zu entnehmen. Von einer kleinen Blendenöffnung in der Ebene B ausgehendes Licht wird mit Hilfe des Kondensors K in ein paralleles Lichtbündel umgewandelt, das auf das transparente Objekt O trifft. O wird mit dem Objektiv L in O' abgebildet. In der Ebene B' erzeugt dabei das unbeeinflußt durch O gehende Licht ein Bild der durch die Öffnung in B gebildeten Lichtquelle. Ein Detail D des Phasenobjektes O beugt das durchgehende Licht ab, so daß es in der Ebene B' auf einer größeren Fläche verteilt wird. Aus der Interferenz des gebeugten mit dem ungebeugt durch O gehenden Licht entsteht in O' das Bild von O.

In komplexer Schreibweise kann die Lichtwelle unmittelbar hinter dem Phasenobjekt durch:

$$U(x,y) = U_0 \, e^{i\,\varphi(x,y)} \qquad (1)$$

beschrieben werden. Im Fresnel-Diagramm (Abb. 2) wird diese Größe als Vektor um einen Ursprung M dargestellt. U_0 kennzeichnet die Länge, φ die Richtung dieses Vektors. Für ein Phasenobjekt ist U_0 konstant. Von einem Objektpunkt zum anderen ändert sich also nur die Phase φ, d. h., die Spitze des Vektors bewegt sich auf einem Kreis mit dem Radius U_0 um M. Für das unbeeinflußt durchgehende Licht gilt $\varphi = \text{konst.} = 0$. Ruft das Detail D des Objektes die Phasenverschiebung φ hervor und wird der entsprechende Vektor $\overline{MS}$ in die beiden Vektoren $\overline{MA}$ und $\overline{AS}$ zerlegt, so kennzeichnet $\overline{MA}$ das unbeeinflußte Licht, und $\overline{AS}$ beschreibt den am Phasendetail D gebeugten Lichtanteil. Trägt das gesamte vom Objekt ausgehende Licht zur Abbildung bei, gilt diese Beschreibung auch für die Bildebene O'. Die Intensität in einem Bildpunkt ist das Betragsquadrat der Summe beider Vektoren:

$$I = |\overline{MA} + \overline{AS}|^2 = |\overline{OM}|^2 = U_0^2 = \text{konst.} \qquad (2)$$

Hieraus erkennen wir, daß für das gesamte Bild die Intensität konstant, das Detail D also nicht sichtbar ist.

Eine zusätzliche Phasenplatte P in der Ebene B' so angeordnet, daß das gesamte nicht vom Objekt gebeugte Licht durch diese Platte geht, ergibt für diesen Lichtanteil eine zusätzliche Phasenverschiebung ψ. Das gebeugte Licht verteilt sich in B' über eine größere Fläche und wird durch die Phasenplatte nur unwesentlich beeinflußt.

Für den Fall, daß das Detail D nur eine kleine Phasenverschiebung φ ergibt, steht der Vektor $\overline{AS}$ nahezu senkrecht auf $\overline{MA}$. Wird die Phasenplatte so ausgewählt, daß sie eine Phasenverzögerung von $\psi = -\pi/2$ erzeugt, ist der Vektor des ungebeugten Lichts im Bild um $-\pi/2$ gedreht – $\overline{MA'}$. Aus Gl. (2) folgt damit:

$$I_D = |\overline{MA'} + \overline{AS}|^2 \approx (\overline{MA'} - \overline{AS})^2 \approx U_0^2 (1 - 2\varphi). \qquad (3)$$

Im Bild des Details ist die Intensität also gegenüber der Umgebung um 2φ geringer, das Detail damit sichtbar.

Kennwerte, Funktionen

Ist die Phasenverzögerung ψ kleiner Null, verringert sich die Intensität des Details – negativer Phasenkontrast. Für ψ größer Null vergrößert sich die Intensität des Details – positiver Phasenkontrast.

Der Kontrast des Bildes

$$K = \frac{I_{\max} - I_{\min}}{I_{\max} + I_{\min}} = \left| \frac{\varphi}{1 - \varphi} \right| \qquad (4)$$

kann erhöht werden, wenn die Phasenplatte das ungebeugte Licht zusätzlich absorbiert.

Für den Fall φ, ψ beliebig, gilt für den Bildkontrast (t Transparenz der Phasenplatte)

$$K = \left| \frac{1 - \cos\varphi + t[\cos(\psi - \varphi) - \cos\psi]}{1 - \cos\varphi + t[\cos(\psi - \varphi) - \cos\psi] + t^2} \right|. \qquad (5)$$

Dieser erreicht sein Maximum, wenn

$$t = \frac{\sin \varphi}{\sin(\varphi - \psi)} \qquad (6)$$

oder $t = 0$ (Dunkelfeldabbildung) erfüllt ist.

Bei größer werdenden Details tritt der Phasenkontrast infolge des zugrunde liegenden Beugungsmechanismus nur noch als Randeffekt (Halo-Effekt) auf.

Anwendungen [2]

Das Hauptanwendungsgebiet des Phasenkontrastverfahrens ist die Mikroskopie. Zum Kondensor für die Objektbeleuchtung gehört dabei auch die Beleuchtungsblende (B in Abb. 1), die meist als Ring ausgebildet ist, wodurch das Auflösungsvermögen des Mikroskops besser ausgenutzt wird. Die Phasenplatte, die dann ebenfalls die Form eines Ringes besitzt, befindet sich innerhalb des Objektivs auf einer gesonderten Glasplatte oder auf der Fläche einer Objektivlinse. Die Phasenverschiebung wird durch Heraussätzen eines Teils der Glasfläche oder Aufbringen geeigneter Schichten realisiert. Das Verfahren wird auch im Auflicht angewendet.

Mit dem Phasenkontrastverfahren können noch Strukturen nachgewiesen werden, die die Phase nur gering (wenige Grad) ändern. Es wird im wesentlichen für qualitative Untersuchungen eingesetzt.

Farbiger Phasenkontrast. Die vom Objekt erzeugte Phasenänderung φ sowie die Phasenverschiebung durch die Phasenplatte ψ sind abhängig von der Wellenlänge des zur Beleuchtung verwendeten Lichts. Nach Gl. (5) ist damit auch der erreichte Kontrast wellenlängenabhängig. Bei Weißlichtbeleuchtung erscheint so ein farbloses Phasenobjekt in farbigem Phasenkontrastbild.

Da die Wellenlängenunterschiede bei der Phasenverschiebung durch die Phasenplatte mit der Größe dieser Verschiebung zunehmen, tritt eine deutliche Färbung nur bei großen ψ auf. ψ in der Größenordnung von 2π hat sich als günstig erwiesen.

Der farbige Phasenkontrast wird z. B. zur Analyse von Feinstaubgemischen ausgenutzt.

Refraktometrie. Zur Brechzahlbestimmung kleiner Phasenobjekte werden diese in ein Einbettungsmittel gegeben. Angleichen der Brechzahl des Einbettungsmittels an die des Phasenobjektes führt zum Verschwinden des Phasenkontrastes. Die Brechzahl des Einbettungsmittels kann dann in einem Refraktometer gemessen werden. Der Halo-Effekt wirkt in diesem Fall begünstigend auf die Erkennung der Brechzahlgleichheit. Auf diese Weise sind Brechzahlunterschiede bis zu 10^{-4} in günstigen Fällen noch nachweisbar.

Anwendungen in Biologie, Mikrobiologie und Medizin. Mit Hilfe des Phasenkontrastverfahrens können an lebenden Strukturen Untersuchungen durchgeführt werden, ohne daß das Präparat eingefärbt werden muß. Das bringt neben Arbeitsersparnis auch den Vorteil, daß das Präparat nicht durch Färbung gefährdet oder seine Strukturen verfälscht werden.

Das Verfahren wird erfolgreich angewendet in der Zytologie, Hämatologie, bei Untersuchungen von Gewebe-, Bakterien-, Pilzkulturen u. a.

Weitere Anwendungen. Das Phasenkontrastverfahren kann zur Untersuchung von thermodynamischen Phasenänderungen (z. B. Konzentrationsdifferenzen) verwendet werden.

Weitere Anwendungen sind aus der Metallurgie und der Mineralogie bekannt. So können Strukturuntersuchungen an Metallen, Metallegierungen und Kristallen durchgeführt werden.

Ebenfalls läßt sich die Oberflächenmikrostruktur bearbeiteter Materialien sichtbar machen.

Literatur

[1] ZERNIKE, F.: Beugungstheorie des Schneidenverfahrens und seiner verbesserten Form der Phasenkontrastmethode. Physica 1 (1934), 689–704.

[2] BEYER, H.: Theorie und Praxis des Phasenkontrastverfahrens. – Leipzig: Akademische Verlagsgesellschaft Geest & Portig K.-G. 1965.

[3] FRANÇON, M.: Moderne Anwendungen der physikalischen Optik. – Berlin: Akademie-Verlag 1971.

[4] WOLTER, H.: Schlieren-, Phasenkontrast- und Lichtschnittverfahren. In: Handbuch der Physik. Hrsg.: S. FLÜGGE. – Berlin/Göttingen/Heidelberg: Springer-Verlag 1956. Bd. XXIV, S. 555–645.

Polarisation des Lichtes

Die Polarisation des Lichtes ist Ausdruck des Vektorcharakters des Strahlungsfeldes. Der Begriff „Polarisation" als Seitlichkeit von Lichtteilchen wurde erstmals von I. NEWTON im Rahmen der Korpuskulartheorie des Lichtes geprägt [1]. Wegen der relativ geringen Polarisationsempfindlichkeit des menschlichen Auges wurde die Lichtpolarisation erst im Jahre 1808 durch E. L. MALUS experimentell beobachtet, als er durch ein Stück Islandspat das von einer Glasoberfläche reflektierte Sonnenlicht betrachtete.
A. FRESNEL fand im Jahre 1816, daß senkrecht zueinander polarisierte Strahlen nicht miteinander interferieren [2]. Dies war der entscheidende Durchbruch zur Anerkennung der Transversalwellentheorie des Lichtes. Die Lichtpolarisation ist eine nützliche Eigenschaft, um mit hoher Präzision das Verhalten optisch anisotroper Medien zu erforschen.

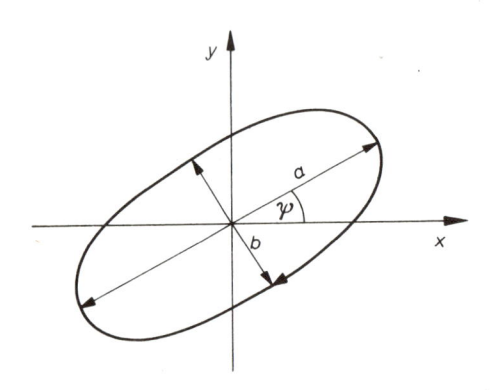

Abb. 1 Projektionsbild für elliptisch polarisiertes Licht

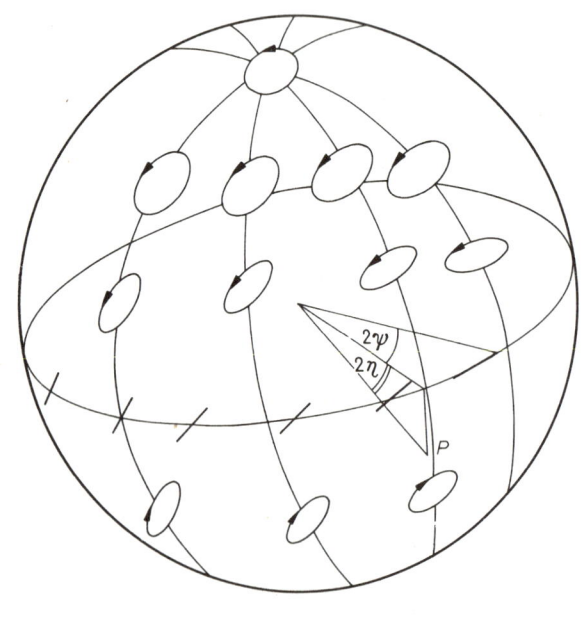

Abb. 2 Darstellung der Poincaré-Kugel. Den beiden Polen entspricht jeweils entgegengesetzt zirkular polarisiertes Licht, lineare Polarisation ist am Äquator anzutreffen.

Sachverhalt

Die Polarisation ist eine charakteristische Eigenschaft eines transversalen Wellenfeldes. Ein Lichtstrahl wird als vollständig polarisiert bezeichnet, wenn die Komponenten der elektrischen und magnetischen Feldstärke in zwei aufeinander senkrecht stehenden Richtungen in einer festen Phasenbeziehung zueinander stehen.

Ist dieser Phasenunterschied gleich Null, dann bezeichnet man das Licht als linear polarisiert, da sich dann die Komponenten zu einer Schwingung konstanter Richtung und Amplitude zusammensetzen. Vereinbarungsgemäß gibt die Polarisationsrichtung die Schwingungsrichtung des elektrischen Feldstärkevektors an. Senkrecht hierzu verläuft die Polarisationsebene.

Ist der Phasenunterschied $\pi/2$ und haben die aufeinander senkrecht stehenden Komponenten gleiche Amplituden, dann nennt man das Licht zirkular polarisiert, da dann der Endpunkt des resultierenden Schwingungsvektors mit konstanter Winkelgeschwindigkeit auf einem Kreis den Strahl umläuft. In der klassischen Betrachtungsweise bezeichnet man Licht als rechts (links) zirkular polarisiert, wenn sich für einen dem Strahl entgegenblickenden Beobachter die Spitze des Feldstärkevektors in (gegen den) Uhrzeigersinn bewegt. In der Quantentheorie ist die Definition genau umgekehrt [3], da dort bei einem rechts (links) zirkular polarisierten Photon die Spinprojektion auf die Ausbreitungsrichtung $+1$ (-1) beträgt.

Bei beliebigem Phasenwinkel und verschiedenen Komponenten erhalten wir elliptisch polarisiertes Licht. (Der Endpunkt des Schwingungsvektors beschreibt eine Ellipse.) Das Verhältnis der beiden Hauptachsen der Ellipse ($b/a = |\tan\eta|$) wird als Elliptizität bezeichnet (Abb. 1). Die Orientierung der großen Hauptachse sei durch den Winkel ψ gegeben.

Eine anschauliche Darstellung aller möglichen Polarisationsarten erfolgt mit Hilfe der Poincaré-Kugel [3, 4]. Bei Einführung geographischer Koordinaten (Länge 2ψ und Breite 2η) entspricht jeder Punkt auf der Kugeloberfläche einer Polarisationsellipse, deren Azimut ψ und Elliptizität $\tan\eta$ beträgt (vgl. Abb. 2).

Bei vollständig polarisiertem Licht läßt sich jeder Polarisationszustand mit Hilfe eines doppelbrechenden Mediums, das in geeigneten Richtungen einen entsprechenden Phasensprung erzeugt, in einen beliebigen anderen überführen.

Neben der Charakterisierung polarisierten Lichtes durch zwei orthogonal zueinander orientierte Feldstärkekomponenten ist auch die Zerlegung in zwei entgegengesetzt zirkular polarisierte Komponenten möglich.

Wenn die elektromagnetischen Schwingungen in allen Richtungen der senkrecht zur Ausbreitungsrichtung des Lichtstrahls liegenden Ebene regellos erfolgen, d.h., keine definierte Phasenbeziehung zwischen zwei orthogonalen Feldstärkekomponenten besteht, so daß bei zeitlicher Mittelung keine Polarisationsrichtung bevorzugt ist, so spricht man von natürlichem oder unpolarisiertem Licht. Eine Mischung von natürlichem und vollständig polarisiertem Licht wird als teilweise polarisiertes Licht bezeichnet.

Während thermische Lichtquellen im allgemeinen natürliches Licht erzeugen, ist die Laserstrahlung vollständig polarisiert, bei Verwendung einer Laser-Medium-Küvette mit Brewster-Fenstern linear polarisiert.

Es gibt verschiedene Möglichkeiten, aus natürlichem Licht polarisiertes zu erzeugen:

Erzeugung durch Reflexion. Bei schräger Reflexion von unpolarisiertem Licht an durchsichtigen isotropen Körpern ist der reflektierte Strahl teilweise polarisiert, wobei vorwiegend die senkrecht zur Einfallsebene schwingende Komponente reflektiert wird (siehe *Reflexion des Lichtes*).

Erzeugung durch Brechung. Der durch ein isotropes durchsichtiges Medium gebrochene Lichtstrahl ist stets nur teilweise polarisiert, bei einer Glasplatte unter dem Brewster-Winkel sind dies 7%. Durch mehrmalige Brechung an einem Glasplattensatz kann polarisiertes Licht mit einem Polarisationsgrad von über 99% hergestellt werden [5] (siehe *Brechung des Lichtes*).

Erzeugung durch Doppelbrechung. In optisch anisotropen Medien wird der einfallende Lichtstrahl, falls er sich nicht in Richtung der optischen Achse ausbreitet, in den ordentlichen und außerordentlichen Strahl zerlegt, die zueinander senkrecht polarisiert sind und in Abhängigkeit von der Ausbreitungsrichtung und der Weglänge räumlich separierbar sind (siehe *Optische Anisotropie-Effekte*).

Erzeugung durch Dichroismus. Bestimmte doppelbrechende Kristalle zeigen eine polarisationsabhängige Absorption. Bei genügender Schichtdicke ist das Licht nahezu vollständig polarisiert (siehe *Optische Anisotropie-Effekte*).

Erzeugung durch Streuung. Wegen der Transversalität des Strahlungsfeldes ist das senkrecht zum einfallenden Strahl gestreute Licht linear polarisiert (siehe *Lichtstreuung*).

Im allgemeinsten Fall läßt sich der Polarisationszustand der Strahlung als eine Überlagerung von natürlichem und elliptisch polarisiertem Licht beschreiben. Zur Polarisationsanalyse genügt ein Analysator (der eine bestimmte Polarisationsrichtung herausfiltert) in Verbindung mit einem Lambdaviertelplättchen. Über die Strategie der Untersuchung des Polarisationszustandes ist auf Seite 1193 von [5] nachzuschauen.

Kennwerte, Funktionen

Polarisationsgrad P: Bestimmt sich aus maximaler Intensität (I_{max}) und minimaler Intensität (I_{min}) der transmittierten Strahlung nach Passieren eines Analysators.

$$P = \frac{I_{max} - I_{min}}{I_{max} + I_{min}}. \tag{1}$$

Depolarisationsgrad $D = \frac{2 I_{min}}{I_{max} + I_{min}}.$ (2)

Polarisationsgröße oder *-verhältnis* $P' = \frac{I_{max}}{I_{min}}.$ (3)

Natürliches Licht: $P = 0 \quad D = +1 \quad P' = +1;$
vollständig linear
polarisiertes Licht: $P = +1 \quad D = 0 \quad P' = \infty.$

Darstellung elliptisch polarisierten Lichtes (gegeben durch ψ, η) durch orthogonale Feldstärkekomponenten der Amplituden E_x und E_y sowie die Phasen φ_x und φ_y (vgl. Abb. 1):

$$\tan \eta = \frac{2 E_x E_y \sin(\varphi_y - \varphi_x)}{E_x^2 + E_y^2 + \sqrt{(E_x^2 + E_y^2)^2 + 4 E_x^2 E_y^2 \cos^2(\varphi_y - \varphi_x)}}$$

$$\tan 2\psi = \frac{2 E_x E_y \cos(\varphi_y - \varphi_x)}{E_x^2 - E_y^2}; \tag{4}$$

Darstellung elliptisch polarisierten Lichtes durch zirkular polarisierte Komponenten der Amplituden E_+ und E_- sowie die Phasen (bezogen auf x-Richtung in Abb. 1) φ_+, φ_-:

$$\tan \eta = \frac{E_+ - E_-}{E_+ + E_-},$$
$$2\psi = \varphi_- - \varphi_+; \tag{5}$$

Stokessche Parameter zur Beschreibung des Polarisationszustandes einer ebenen monochromatischen Welle [4]: s_0^2-Intensität

$$s_x = s_0 \cos 2\psi \cos 2\eta$$
$$s_y = s_0 \cos 2\psi \sin 2\eta \tag{6}$$
$$s_z = s_0 \sin 2\psi;$$

s_x, s_y, s_z Projektionen eines Punktes auf der Oberfläche einer Poincaré-Kugel (siehe Abb. 2) auf ein kartesisches Koordinatensystem.

Die Änderung des Polarisationszustandes von elliptisch polarisiertem Licht, das sich senkrecht zur Achse eines optisch einachsigen Mediums ausbreitet, wobei zwischen x- und y-Achse (Positionierung, siehe Abb. 1) der Phasensprung φ erzeugt wird, wird durch folgende Relationen beschrieben:

$$\sin 2\eta_1 = \sin 2\eta_0 \cos \varphi + \cos 2\eta_0 \sin 2\psi_0 \sin \varphi,$$
$$\cos 2\psi_1 \cos 2\eta_1 = \cos 2\psi_0 \cos 2\eta_0. \tag{7}$$

Hier ist η_0, ψ_0 die Charakterisierung der Polarisationsellipse vor und η_1, ψ_1 nach Passieren der Phasenplatte.

Anwendungen

Polarisationsmikroskop. Im Unterschied zu einem gewöhnlichen optischen Mikroskop wird hier das zu untersuchende Objekt mit linear polarisiertem Licht beleuchtet, das mittels eines Polarisationskondensors (Polarisator) erzeugt wird. Nach Passieren des Objektes wird das Licht mit einem zweiten Polarisator (Analysator), der drehbar ist, untersucht. Bei der orthoskopischen Beobachtung wird paralleles Licht verwendet, die optisch anisotropen Objekte erscheinen in Abhängigkeit von der Doppelbrechung in Polarisationsfarben. Es kann die Lichtbrechung, die Winkel, die Dicke und die Gangunterschiede an Kristallen bestimmt werden [5]. Bei der konoskopischen Beobachtung wird das Objekt mit konvergentem Licht bestrahlt und mittels der Amici-Bertrandschen Linse die in der Objektivbrennebene entstandene Interferenzerscheinung bei gekreuztem Polarisator und Analysator betrachtet. Dabei können Aufschlüsse über die Richtungsabhängigkeit der Doppelbrechung gewonnen werden, es kann ermittelt werden, ob der Kristall optisch ein- oder zweiachsig ist [5].

Das Polarisationsmikroskop ist ein hochwertiges Meßinstrument für Mineralogen, Geologen und Chemiker zur Untersuchung der optischen Anisotropie von Stoffen.

Astronomie. Das Licht verschiedener kosmischer Objekte erweist sich in vielen Fällen als mehr oder weniger stark polarisiert. Durch Untersuchung des Polarisationszustandes können wertvolle Informationen über den Zustand von Planeten, Monden, Sternen, Nebel, interplanetarer und interstellarer Materie gewonnen werden [3].

So läßt sich aus der Polarisation des von Planeten und Monden reflektierten Sonnenlichtes ermitteln, wie die Oberfläche beschaffen ist, welche Dichte die Atmosphäre aufweist, wie dick die Wolkenschicht ist usw. Bei der Untersuchung der Sonnenflecken ist eine durch Zeeman-Effekt hervorgerufene Polarisation festzustellen, wodurch die Struktur des Sonnenmagnetfeldes näher erforscht werden kann. Aus der Polarisation des Sternenlichtes lassen sich Rückschlüsse auf kosmischen Staub und interstellare Magnetfelder ziehen.

Orientierung bei bedeckter Sonne. Der Polarisationsgrad des Lichtes des blauen Himmels ist für verschiedene Punkte des Himmelsgewölbes unterschiedlich, er kann zwischen 0 und 85% betragen. Am höchsten ist er für das Licht von den Stellen des Himmels, die mit dem Beobachter und der Sonne einen rechten Winkel bilden. Bienen haben offensichtlich eine große Empfindlichkeit gegenüber der Lichtpolarisation, da sie nur einen Teil des Himmels zu sehen brauchen, um die Richtung der Sonne festzustellen [3].

Kontrasterhöhung bei Farbfotografien. Der Polarisationsgrad des an Wolken gestreuten Lichtes ist relativ klein. Somit kann unter Zuhilfenahme eines Polaroids der Kontrast der Wolken relativ zum Himmel erhöht werden [3].

Messung der Luftverschmutzung. Mit Hilfe genauer Polarisationsmessungen kann man die Verschmutzung der Atmosphäre durch Aerosole u. ä. untersuchen. Auch können damit aus großen Entfernungen auf dem Hintergrund des Himmels Waldbrände entdeckt werden [3].

Auslöschung störender Reflexe. Das von welligen Wasseroberflächen reflektierte Licht ist vorzugsweise in horizontaler Richtung linear polarisiert. Mit einem Analysator mit senkrechter Durchlaßrichtung lassen sich diese störenden Reflexionen herabmindern, was z. B. bei der Navigation mittels Sextanten ausnutzbar ist [3].

Bei Betrachtung eines Tafelbildes durch eine Polarisationsfolie mit horizontaler Durchlaßrichtung können die durch schrägen Lichteinfall verursachten Blenderscheinungen unterdrückt werden.

Lichtsperrsysteme. Versieht man Scheinwerfer und Scheiben von Autos mit Polarisationsfiltern, die um einen Winkel von 45° im Uhrzeigersinn gegen die Senkrechte geneigt sind, so sieht der Fahrer gut den von den eigenen Scheinwerfern beleuchteten Weg. Das Blendlicht der entgegenkommenden Autos wird hingegen ausgelöscht [3].

Auch die lichttechnische Ausrüstung eines Mitarbeiters, der z. B. gleichzeitig einen Oszillografenschirm beobachten und mit einer Tischlampe lesen muß, kann dahingehend verbessert werden, daß Beleuchtung und Bildschirm mit zueinander orthogonalen Polarisationsfiltern ausgerüstet werden, so daß der Kontrast des Schirmes nicht durch das Lampenlicht beeinträchtigt wird [3].

Kontinuierliche Intensitätsänderung. Durch zwei Polarisatoren kann mittels Drehung die Intensität von einem Maximum (parallel) bis zur praktischen Dunkelheit (gekreuzt) kontinuierlich geregelt werden [3]. Dabei ändert sich die Intensität gleichmäßig über den Strahlquerschnitt; der Querschnitt selbst bleibt unverändert.

Logische Operationen in optischen Rechenmaschinen. Zwei zirkular polarisierte Strahlen von gleicher Intensität können in Abhängigkeit von ihrem Polarisationssinn nach Addition entweder zirkular oder linear polarisiertes Licht ergeben. Dies kann als Tabelle eines dualen Systems logischer Entscheidungen genutzt werden [3].

Stereoskopische Darstellungen. Hierbei können die Abbildungen für beide Augen mit zueinander orthogonaler Polarisationsrichtung auf einen Bildschirm projiziert werden. Ein Betrachter mit einer Polarisationsbrille (Polarisationsfilter für beide Augen zueinander orthogonal) kann dann mit jedem Auge eine andere Abbildung sehen [3].

Polarisationslumineszenz. Bei resonanter Anregung eines Mediums durch linear polarisiertes Licht gibt der Polarisationsgrad der Fluoreszenzstrahlung Auskunft über die Art der Wechselwirkung zwischen Atomen bzw. Molekülen. Energiemigration ist im allgemeinen mit Depolarisationserscheinungen verbunden. Auf Abb. 3 ist der Polarisationsgrad der Lumineszenz von Fluoreszin im Lösungsmittel Glyzerin in Abhängigkeit von der Fluoreszin-Konzentration aufgetragen. Daraus lassen sich die charakteristischen Abstände zwischen den Molekülen bestimmen, bei denen eine Energieübertragung stattfindet. Diese Methode hat speziell bei der Untersuchung biologischer Mikroobjekte Bedeutung [3], bei Zeitauflösung der Lumineszenz-Strahlung kann außerdem die Geschwindigkeit der Orientierungsrelaxation ermittelt werden.

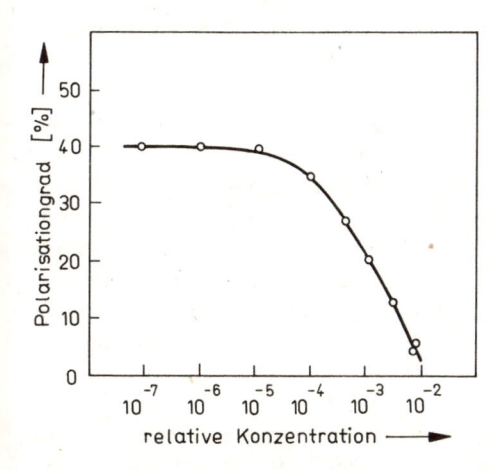

Abb. 3 Polarisationsgrad der Lumineszenz von Fluoreszin in Abhängigkeit von dessen Konzentration in Lösung [3]

Polarisationsspektroskopie. Bei dieser spektroskopischen Methode induziert ein Laserstrahl eine optische Anisotropie, die durch einen Probestrahl, der meist linear polarisiert ist, abgefragt wird. Da man sehr genau die Beeinflussung der Probestrahlpolarisation messen kann, ist es möglich, im Vergleich zur konventionellen Absorptionsspektroskopie ein größeres Signal-zu-Rausch-Verhältnis zu erzielen [6]. Des weiteren können bei der Untersuchung atomarer bzw. molekularer Gase Informationen über die Rotationsquantenzahlen der resonanten Niveaus gewonnen werden.

Literatur

[1] Newton, I.: Optics or a treatise of the reflections, refractions, inflections and colours of light (Optik oder eine Abhandlung über die Reflexionen, Brechungen, Beugungen und die Farben des Lichtes). – New York: Dover Publ. 1952. (Nachdruck)

[2] Die Schöpfer der physikalischen Optik. WTB Bd. 195. Hrsg. H. Paul. – Berlin: Akademie-Verlag 1977.

[3] Shewandrow, N. D.: Die Polarisation des Lichtes. WTB Bd. 44 – Berlin: Akademie-Verlag 1973. (Übers. aus d. Russ.) – v. Ardenne, M.: Z. techn. Phys. 17 (1936) 332.

[4] Born, M.; Wolf, E.: Principles of Optics (Gesetze der Optik). 3. Aufl. – Oxford/London/Edinburgh/New York/Paris/Frankfurt/Main: Pergamon Press 1965.

[5] Brockhaus ABC Physik. – Leipzig: VEB F. A. Brockhaus Verlag 1973.

[6] Demtröder, W.: Laser Spectroscopy (Laserspektroskopie). (Springer Series in chemical Physics. Vol. 5). – Berlin/Heidelberg/New York: Springer-Verlag 1981.

Raman-Effekt

Der Raman-Effekt (auch Smekal-Raman-Effekt) wurde 1923 von A. SMEKAL [1] vorausgesagt und 1926 von C. W. RAMAN [2] experimentell nachgewiesen. Er gehört zur Klasse der Lichtstreueffekte. Seine praktische Anwendung findet er in der Raman-Spektroskopie, die bis zur Mitte der vierziger Jahre für Strukturuntersuchungen eingesetzt, danach jedoch weitgehend von der Infrarotspektroskopie verdrängt wurde. Mit der Entwicklung der Lasertechnik und der Entdeckung der stimulierten Raman-Streuung durch WOODBURY und NG (1962) gewann er im Rahmen der Laser-Raman-Spektroskopie erneut an Bedeutung.

Sachverhalt

Spontane Raman-Streuung. Trifft monochromatisches Licht der Kreisfrequenz ω_0 auf eine Substanz, so zeigt die spektrale Zerlegung des gestreuten Lichtes neben der Erregerlinie mit ω_0 weitere, zumeist schwache Linien bei $\omega_0 \pm \omega_R$, deren Zahl, spektrale Lage und Intensität von der verwendeten Substanz abhängen. ω_R bezeichnet die charakteristische Frequenz einer Anregung der Substanz, wie z. B. Schwingungen oder Rotationen eines Moleküls. Diese Raman-Linien können in bezug auf die Erregerlinie sowohl bei kleineren Frequenzwerten ω_S (Stokes-Linien) als auch bei größeren ω_{AS} (Antistokes-Linien) auftreten.

Nach der Wellentheorie des Lichtes entstehen die frequenzverschobenen Linien bei einer Modulation der einfallenden Lichtwelle mit den Eigenfrequenzen der Substanz. Eine Theorie der Polarisierbarkeit der Moleküle, die auf einer klassischen Betrachtungsweise beruht und den Raman-Effekt bezüglich der Schwingungen und Rotationen der Moleküle in der flüssigen und gasförmigen Phase beschreibt, wurde von G. PLACZEK [3] entwickelt. R. LOUDON [4] erarbeitete eine entsprechende Theorie für die Raman-Streuung in festen Körpern.

Abbildung 1 zeigt den Prozeß der spontanen Raman-Streuung an Hand des vereinfachten Termschemas eines Moleküls. Die Energie eines Moleküls, das sich in den Niveaus E_0 oder E_1 befindet, wird bei der Wechselwirkung mit einem Photon der Energie $\hbar\omega_0$ auf die Werte $E_0 + \hbar\omega_0$ bzw. $E_1 + \hbar\omega_0$ angehoben. Wenn das Molekül bei diesen Werten kein erlaubtes Energieniveau besitzt, wird das Photon gestreut. Kehrt dabei das Molekül nicht in den Ausgangszustand zurück, so hat es entweder Energie vom Photon aufgenommen oder einen Teil seiner Energie an das Photon abgegeben. Im Spektrum des Streulichtes erscheinen, bezogen auf die Frequenz des Anregungslichtes, entsprechende Streulichtkomponenten bei geringeren (Stokes-Komponenten) bzw. bei höheren (Antistokes-Komponenten) Frequenzen.

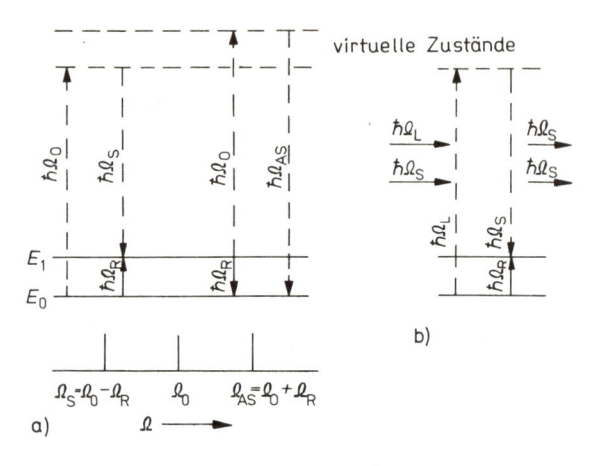

Abb. 1 Spontane a) und stimulierte b) Raman-Streuung am Beispiel eines Molekül-Termschemas. Die durchgezogenen Pfeile entsprechen den tatsächlichen, die unterbrochenen den virtuellen Molekülübergängen.

Stimulierte Raman-Streuung. Bei hohen Intensitäten der anregenden Laserstrahlung tritt die Raman-Streuung als stimulierter Prozeß auf. Streukomponenten der spontanen Raman-Streuung werden durch induzierte Übergänge verstärkt. An dem vereinfachten Termschema eines Moleküls ist in Abb. 1b der Prozeß der stimulierten Raman-Streuung dargestellt. Ein Photon der Energie $\hbar\omega_L$ regt das Molekül in einen virtuellen Energiezustand an. Das gleichzeitig eintreffende (spontan oder schon induziert erzeugte) Photon mit der Energie $\hbar\omega_S$ induziert in dem angeregten Molekül einen Übergang in den Energiezustand E_1, wobei ein zweites Photon mit der Energie $\hbar\omega_S$ gebildet wird. Im Ergebnis dieses Prozesses entsteht neben stimulierter Stokes-Strahlung ein angeregter Schwingungszustand des Moleküls, der das Ausgangsniveau einer stimulierten Antistokes-Komponente mit der Energie $\hbar\omega_L + \hbar\omega_R = \hbar\omega_{AS}$ ist.

Während die Phasenanpassung bei der Entstehung der stimulierten Stokes-Strahlung keine entscheidende Rolle spielt – die Impulsdifferenz zwischen den wechselwirkenden Photonen wird von der Substanz aufgenommen – muß sie bei der Herausbildung der Antistokes-Strahlung berücksichtigt werden. Die vektorielle Summe der Wellenzahlvektoren muß gleich Null sein: $2K_L - K_S - K_{AS} = O$. Wegen der Dispersion des Mediums ist diese Bedingung nur für bestimmte Winkel zwischen Stokes-, Antistokes- und Laserstrahlrichtung zu erfüllen. Hieraus ergibt sich, daß die Antistokes-Strahlung ringförmig um die Laserstrahlrichtung ausgestrahlt wird.

Die Streustrahlung der stimulierten Raman-Streuung unterscheidet sich wesentlich von derjenigen des spontanen Raman-Prozesses. So steigt die Intensität der Stokes-Strahlung bei höheren Anregungsintensitäten nicht mehr linear, sondern exponentiell (bei Auftreten der Selbstfokussierung in der Probe sprunghaft) an. Neben der ersten Stokes- oder Antistokes-Komponente treten auch Linien höherer Ordnung mit Intensitäten, die unter Sättigungsbedingungen mit der Laserintensität vergleichbar sind, auf. Während bei der spontanen Raman-Streuung infolge der Anharmonizität des Potentials die Linien nicht äquidistant liegen, ist der Abstand zwischen den Raman-Linien der stimulierten Raman-Streuung exakt durch die Molekülschwingungsfrequenz ω_R gegeben. Die Streustrahlung des stimulierten Raman-Prozesses ist kohärent, diejenige der spontanen Ramanstreuung dagegen inkohärent.

Kennwerte, Funktionen

Anregungsformen einer Substanz, die zur Bildung von Raman-Linien beitragen, sind in Flüssigkeiten und Gasen vorwiegend Schwingungen, Rotationen, Kopplungen von Schwingungen und Rotationen, Elektronenübergänge sowie in Festkörpern Gitterschwingungen (akustische und optische Phononen), interne quantisierte Anregungen (Polaritonen, Magnonen, Plasmonen) und Elektronen in Landau-Niveaus.

Typische Werte für die Frequenzverschiebung zwischen Raman-Streulicht und Erregerlicht liegen für Molekülschwingungen unter $3000\ cm^{-1}$, für Gitterschwingungen in Kristallen zwischen $100\ cm^{-1}$ und $1000\ cm^{-1}$ und für Rotationen von Gasen unter $100\ cm^{-1}$.

Für die Dauer des Stoßprozesses gilt $\tau < 10^{-12}$ s. Der Depolarisationsgrad $\varrho = I_\perp / I_\parallel$ ($I_\perp$ ist die Intensität der Streustrahlung, die senkrecht zur Polarisationsrichtung des Erregerstrahls gemessen wird und $I_\parallel$ diejenige, die parallel dazu gemessen wird) ist durch Anisotropien der Molekülgestalt bestimmt und stellt ein wichtiges Kriterium für die Zuordnung der Raman-Linien zu charakteristischen Schwingungsformen dar. Für vollsymmetrische Schwingungen gilt $0 < \varrho < 3/4$ und für nicht vollsymmetrische Schwingungen $\varrho = 3/4$.

Spontane Raman-Streuung. Die gestreute Intensität I_{St} ist direkt proportional zur Erregerintensität I_0, zur durchstrahlten Probenlänge L, zum Quadrat der Änderung der Polarisierbarkeit $\partial \alpha / \partial q$ (mit q als Normalkoordinate der Schwingung) und umgekehrt proportional zur 4. Potenz der Wellenlänge des Anregungslichtes.

$$I_{ST} \sim I_0 L \left(\frac{\partial \alpha}{\partial q}\right)^2 \left(\frac{1}{\lambda}\right)^4 . \tag{1}$$

Für das Verhältnis von Antistokes- zu Stokes-Intensität einer Linie gilt

$$\frac{I_{AS}}{I_S} = \left(\frac{\omega_0 + \omega_R}{\omega_0 - \omega_R}\right)^4 \exp\left(\frac{\hbar \omega_R}{kT}\right) \tag{2}$$

mit ω_R als der Kreisfrequenz der Raman-Verschiebung. Die Streustrahlung ist inkohärent und sehr schwach. Das Verhältnis von Raman-Intensität I_S zur Anregungsintensität I_0 beträgt $I_S/I_0 \approx 10^{-6}$ bis 10^{-8}.

Stimulierte Raman-Streuung. Sie tritt für Laserintensitäten I_L oberhalb $1\ MW/cm^2$ auf. Spontan entstehende Stokes-Strahlung I_S wird auf der Wechselwirkungslänge L exponentiell verstärkt [6]:

$$I_{SS} = I_S \exp(g\, I_L\, L) . \tag{3}$$

Für den Gewinnfaktor g der Stokes-Welle mit ω_S gilt

$$g = \frac{2\omega_S\, \chi_R^{(3)}}{n_S\, n_L\, c^2\, \varepsilon_0} , \tag{4}$$

wobei die Raman-Suszeptibilität $\chi_R^{(3)}$ durch

$$\chi_R^{(3)} = \frac{(2\pi)^3\, c^4\, n_L\, \varepsilon_0\, N}{\pi\, n_S\, \omega_L\, \omega_S^3\, \hbar\, \Delta \omega_R} \left(\frac{d\sigma}{d\Omega}\right) \tag{5}$$

mit $d\sigma/d\Omega$ als differentiellem Wirkungsquerschnitt, $\Delta \omega_R$ spontane Linienbreite, n_L, n_S Brechzahl für die Laser- bzw. Stokes-Frequenz gegeben ist.

Werte für den Gewinnfaktor unter stationären Bedingungen in Flüssigkeiten liegen bei $g \sim 0{,}002$ cm/MW.

Anwendungen

Der Raman-Effekt bildet die physikalische Grundlage für die Raman-Spektroskopie, die eine leistungsfähige Methode zur Sturkturuntersuchung von Substanzen ist. Schwingungsarten, die symmetriebedingt Ramaninaktiv sind, können in vielen Fällen mit der Infrarotspektroskopie erfaßt werden. Beide Spektroskopiearten ergänzen daher einander. Die Kenntnis möglichst aller Schwingungsfrequenzen eines Moleküls bildet die Voraussetzung für die Entwicklung von Strukturmodellen.

Aus den Frequenzabständen zwischen Anregungs- und Streulicht sind die Frequenzen charakteristischer Eigenschwingungen eines Moleküls zu bestimmen und Aussagen über Bindungsverhältnisse, Bindungswinkel und Kraftkonstanten zu erhalten. Die Rotations-Raman-Linien geben zusätzlich Meßwerte von Trägheitsmomenten und Atomabständen und liefern Informationen über die Rotations-Schwingungs-Wechselwirkung.

Raman-Spektroskopie [7]. Raman-Spektrometer bestehen aus einer schmalbandigen Anregungslichtquelle, einer Probenküvette und einem Spektrographen mit Nachweiseinrichtung.

Bis zur Mitte der sechziger Jahre dominierten Quecksilberhochdruck- und Quecksilberniederdrucklampen als Anregungslichtquellen. Heute werden zu diesem Zweck überwiegend Laser eingesetzt. Die wesentlichen Vorteile der Laser-Strahlung liegen in der um mehrere Größenordnungen höheren Strahlungsdichte, die eine Verkürzung der Meßzeiten von Stunden auf Minuten bis hinab zu 10^{-9} bis 10^{-12} s ermöglicht, in der geringeren Linienbreite (Quecksilberniederdruckbrenner: bei $\lambda = 435{,}8$ nm, $\Delta\tilde{\nu} = 0{,}3$ cm^{-1}; Argon-Laser: bei $\lambda = 514{,}5$ nm, $\Delta\tilde{\nu} = 0{,}001$ cm^{-1} mit Etalon im Resonator), die eine Messung kleinster Raman-Verschiebungen erlaubt, in ihrer geringen Divergenz, der Polarisation sowie dem Fehlen eines kontinuierlichen Untergrundes. Die hohe Monochromasie und geringe Divergenz der Laser-Strahlung ermöglichen bei der hochauflösenden Spektroskopie in Gasen die Messung innerhalb der Doppler-Breite von Rotations-Raman-Linien. Zur spektralen Zerlegung und zum Nachweis der Streustrahlung werden Gitter-Doppel- und Dreifachmonochromatoren in Kombination mit photoelektrischen Empfängern eingesetzt.

Neben der bisher beschriebenen spontanen Raman-Streuung gibt es eine Reihe von Raman-Prozessen, deren umfassende Untersuchung und Anwendung erst durch die Verwendung von Laserlichtquellen ermöglicht wurde. Zu ihnen zählen [6] die Resonanz-Raman-Streuung, die Inverse Raman-Streuung, die Hyper-Raman-Streuung, der Raman-induzierte Kerr-Effekt, die stimulierte Raman-Streuung sowie die aktive Raman-Streuung.

Zur letzteren gehört die kohärente Antistokes-Raman-Streuung, die für eine breite praktische Anwendung von großem Interesse ist.

Kohärente Antistokes-Raman-Streuung (CARS) [8]. Als nichtlinearer optischer Prozeß 3. Ordnung ist sie gleichermaßen auf isotrope und anisotrope Medien anwendbar. Bei der CARS-Spektroskopie erzeugen zwei Laserwellen mit den Frequenzen ω_1 und ω_2 ($\omega_1 > \omega_2$), deren Differenzfrequenz $\Delta\omega = \omega_R = \omega_1 - \omega_2$ mit der Frequenz einer Raman-aktiven Schwingung der Probe übereinstimmt, kohärente Schwingungen, an denen eine Probenwelle (meist ω_1) gestreut wird. Im Ergebnis der Wechselwirkung entsteht eine kohärente Strahlung mit der Frequenz $\omega_{AS} = 2\omega_1 - \omega_2$ (siehe Abb. 2a). Durch Veränderung der Frequenzdifferenz $\Delta\omega = \omega_1 - \omega_2$ (gewöhnlich wird ω_1 festgehalten und ω_2 variiert) können nacheinander alle Raman-aktiven Schwingungen angeregt und aufgezeichnet werden, so daß ein vollständiges Raman-Spektrum des Mediums entsteht. Für die Umwandlungseffektivität η gilt [6]

$$\eta = \frac{I_{AS}}{I_2} = \frac{\omega_{AS}^2 \left|\chi_{CARS}^{(3)}\right|^2}{4c^4 \varepsilon_0^2 \, n_{AS} \, n_1^2 \, n_2} I_1^2 L^2 \left(\frac{\sin \Delta k L/2}{\Delta k L/2}\right)^2, \quad (6)$$

wobei I die Intensität der einzelnen Strahlen mit den Frequenzen ω_1, ω_2 oder ω_{AS} bezeichnet, L der Wechselwirkungslänge der Strahlen im Medium entspricht, $\Delta k = 2k_1 - k_2 - k_{AS}$ die Beziehung der Wellenzahlen der als ebene Wellen betrachteten Strahlen ausdrückt und $\chi_{CARS}^{(3)}$ die kubische Suszeptibilität darstellt, die

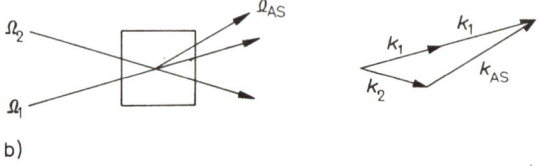

Abb. 2 Molekül-Termschema a) und Strahlengang bei der nichtkollinearen Phasenanpassung b) für die CARS

bei Vernachlässigung nichtresonanter Anteile mit $\chi_R^{(3)}$ (Gl. 5) übereinstimmt. Bei erfüllter Phasenanpassungsbedingung $\Delta k = 0$ wird für eine gegebene Wechselwirkungslänge die Umwandlungseffektivität maximal. Die Phasenanpassung läßt sich durch nichtkollineare Wechselwirkung erreichen (siehe Abb. 2b).

Als Lichtquellen werden abstimmbare Farbstofflaser verwendet. Die CARS-Methode eignet sich gut zur Untersuchung stark fluoreszierender Proben oder von Vorgängen mit starker Untergrundstrahlung (Messungen in Flammen und Gasen). Die Verwendung von ultrakurzen Lichtimpulsen als Anregungsstrahlung ermöglicht die Bestimmung von Phasen- und Energierelaxationszeiten. Tabelle 1 gibt einen Vergleich wichtiger Parameter für die spontane Raman-Streuung und die CARS.

Tabelle 1 Parameter für die spontane Raman-Streuung und die kohärente Antistokes-Raman-Streuung (siehe Anwendungen) [5]

Größe (Einheit)	Spontane Raman-Streuung	CARS
Spektrale Auflösung (cm^{-1})	5...0,1	5...10^{-3}
Registrierzeit (s)	10^3...10^{-6}	10^2...10^{-11}
Anregungsintensität (W/cm^2)	10^3...10^6	10^6...10^9
Probenvolumen (cm^3)	10^{-2}...10^{-6}	10^{-2}...10^{-6}
Nachweisempfindlichkeit (mol/l)	10^{-1}...10^{-4}	10^{-1}...10^{-2}

Laser-Raman-Mikrosonde [9]. Die Kombination einer Laserlichtquelle mit einem Lichtmikroskop, das an einen Monochromator mit Bildverstärker und Nachweiseinrichtung angekoppelt ist, ermöglicht es, Raman-Spektren von mikroskopischen Bereichen mit einem Durchmesser von etwa 10 µm aufzunehmen. Darüber hinaus kann mit der Laser-Raman-Mikrosonde die Verteilung einer bestimmten Raman-aktiven Verbindung, Molekülgruppe oder Bindung in der Probe untersucht werden. Dazu wird das gesamte Gesichtsfeld des Mikroskops ausgeleuchtet und die Probe durch ein schmalbandiges Filter im Licht einer bestimmten Raman-Linie betrachtet.

Raman-Temperaturmessung an Gasen [10]. Diesem Verfahren liegt die Temperaturabhängigkeit der Raman-Linien zugrunde. Das Verhältnis der Intensitäten von Anti-Stokes-Komponente und Stokes-Komponente eines Raman-aktiven Überganges wird bei der spontanen Raman-Streuung nach Gl. (2) durch den Boltzmann-Faktor mitbestimmt, der die Probentemperatur enthält. Eine Messung der Intensitäten I_{AS} und I_S liefert daher bei bekannten Frequenzwerten die Temperatur der Probe.

Eine andere Methode der Temperaturbestimmung bei Verbrennungsprozessen nutzt die CARS-Spektroskopie. Die CARS-Spektren ändern sich mit zunehmender Probentemperatur in charakteristischer Weise. So treten z.B. in den CARS-Spektren von N_2 mit zunehmender Temperatur ausgeprägte Rotationsstrukturen auf. Ein Vergleich der experimentellen Spektren mit berechneten erlaubt eine Genauigkeit der Temperaturbestimmung von ~ 1 % [11]. Die Raman-Thermometrie wird zur Bestimmung von Flammtemperaturen an Ölbrennern und Gasturbinen eingesetzt.

Erzeugung neuer Frequenzen. Die stimulierte Raman-Streuung bietet die Möglichkeit, abstimmbare kohärente Strahlung vom vakuumultravioletten bis in das infrarote Spektralgebiet zu erzeugen. Die Wellenlängenabstimmung wird durch Verwendung abstimmbarer Pumplaser (Farbstofflaser) oder die Verschiebung der Raman-Niveaus im Falle des Spin-Flip-Lasers realisiert. In günstigen Fällen können die Umwandlungsraten 50 % erreichen. Besonders effektiv ist die Raman-Verschiebung in H_2. Mit unterschiedlichen Excimerlasern als Pumplichtquelle lassen sich in H_2 Stokes- und Antistokes-Komponenten der Pumplaserstrahlung im Wellenlängenbereich zwischen 138 nm und 657 nm und mit Farbstofflasern, die im nahen Infraroten abstimmbar sind, Stokes-Komponenten bis etwa 10 µm erzeugen.

Literatur

[1] SMEKAL, A.: Zur Quantentheorie der Dispersion. Naturwissenschaften 43 (1923) 873.
[2] RAMAN, C.V.: A New Radiation (Eine neue Strahlung). Indian J. Phys. 2 (1928) 387.
[3] PLACZEK, G.: Handbuch der Radiologie. Ed. E. MARX. – Leipzig: Akademische Verlagsgesellschaft Geest & Portig K.-G. 1934. Vol. VI, Teil 2, S.205.
[4] LOUDON, R.: The Raman Effect in Crystals (Der Raman-Effekt in Kristallen). Adv. Phys. 13 (1964) 423; 14 (1965) 621.
[5] SCHMID, E.D., u.a.: Proceedings of the Sixth International Conference on Raman Spectroscopy, Bangladore 1978. – London: Heyden 1978.
[6] BRUNNER, W.; JUNGE, K. (Autorenkoll.) Wissensspeicher Lasertechnik 1. Aufl. – Leipzig: VEB Fachbuchverlag 1982. S.270.
[7] WEBER, A.: Topics in Current Physics: Raman Spectroscopy of Gases and Liquids (Raman Spektroskopie von Gasen und Flüssigkeiten). – Springer-Verlag: Berlin/Heidelberg/New York: 1979.
[8] ANDERSON, H.C.; HUDSON, B.S.: Coherent Anti-Stokes Raman Scattering (kohärente Antistokes-Raman-Streuung). Molecular Spectrosc. 5 (1978) 142.
[9] DELHAYE, M.; DHAMELINCOURT, P.: Raman Microprobe and Microscope with Laser Excitation (Raman Mikroprobenanalyse und Mikroskop mit Laseranregung). – J. Raman Spectrosc. 3 (1975) 33.
[10] LAPP, M.; PENNY, C.M. (Eds.): Laser Raman Gas Diagnostics (Laser Raman Gasdiagnostik). – New York: Plenum Press 1974.
[11] HALL, R.J.: Combust. Flame 35 (1980) 47.

Reflexion des Lichtes

Die Reflexion des Lichtes wird überall dort beobachtet, wo Licht von einem Medium in ein anderes übergeht (vgl. auch *Brechung des Lichtes*). Das Reflexionsgesetz wurde bereits im frühen Altertum entdeckt. Es findet sich als Naturgesetz bei ARISTOTELES, 384 bis 322 v. u. Z. und EUKLID, etwa 300 v. u. Z. Jedoch erst im 19. Jahrhundert gelang FRESNEL, 1788 bis 1827, die Ableitung der nach ihm benannten Gesetze über die Intensität und Polarisation der durch Reflexion und Brechung entstehenden Strahlen [1].

Sachverhalt

Fällt eine ebene elektromagnetische Welle auf die Grenzfläche zweier durchsichtiger Stoffe (siehe Abb. 1), so tritt ein Teil der Welle in das zweite Medium ein (gebrochene Welle), während die restliche Intensität in das erste Medium zurückgeworfen, reflektiert wird (reflektierte Welle) [2, 3]. Dabei kann das gerichtet auffallende Licht in viele Richtungen zerstreut zurückgestrahlt werden oder erneut gerichtet sein. Die erste Art der Reflexion heißt diffuse Reflexion. Sie tritt an rauhen Oberflächen auf (Rauhigkeiten sind in der Größenordnung der Lichtwellenlänge). Für die gerichtete Reflexion oder auch Spiegelung gilt das Reflexionsgesetz, wonach der Winkel φ zwischen der reflektierten Welle und dem Einfallslot auf die Grenzfläche (Reflexionswinkel) gleich dem entsprechenden Winkel φ für die einfallende Welle (Einfallswinkel) ist.

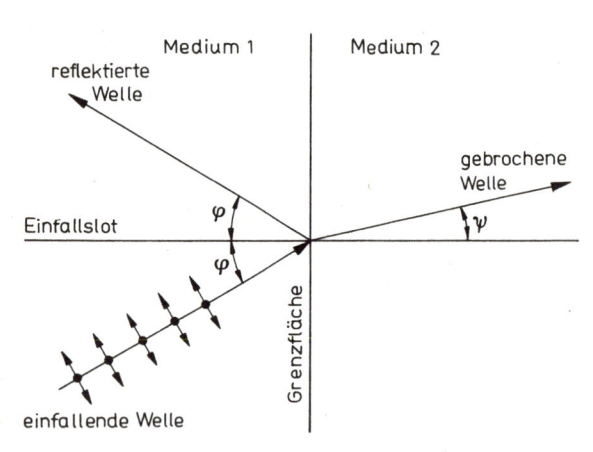

Abb. 1 Reflexion und Brechung ebener Wellen an einer Grenzfläche. Die Polarisationsebene ist durch ·
für die TM-Welle (magnetischer Vektor schwingt senkrecht zur Bildebene)
und durch ↕
für die TE-Welle (magnetischer Vektor schwingt in der Bildebene)
dargestellt.

Die Änderung der Ausbreitungsrichtungen im ersten und zweiten Medium geben das Reflexions- sowie Brechungsgesetz, die beide unmittelbar aus dem Huygenschen Prinzip folgen. Die Bestimmung der Intensitäten der reflektierten und der gebrochenen Welle erfolgt nach den Maxwellschen Gleichungen und den Stetigkeitsbedingungen, die besagen, daß an einer Grenzfläche die Tangentialkomponenten der elektrischen und magnetischen Feldstärke stetig ineinander übergehen.

Erfolgt der Lichteinfall auf die Grenzfläche unter dem Winkel $\varphi \neq 0$ (schräger Lichteinfall), ist zwischen transversalen magnetischen Wellen (TM-Wellen; der magnetische Vektor schwingt in einer Ebene, die auf der Einfallsebene senkrecht steht, der elektrische Vektor schwingt parallel zur Einfallsebene; vgl. Abb. 1) und transversalen elektrischen Wellen (TE-Welle; der elektrische Vektor schwingt in einer Ebene, die auf der Einfallsebene senkrecht steht) zu unterscheiden. In jedem Fall gilt jedoch das Brechungsgesetz.

Für den Übergang von Licht von einem optisch dichteren Medium in ein optisch dünneres (siehe *Brechung des Lichtes*) tritt mit größer werdendem Einfallswinkel der Fall ein, daß sich aus dem Brechungsgesetz kein reeller Brechungswinkel ψ mehr ergibt; es liegt Totalreflexion vor. Das Experiment zeigt, daß für Einfallswinkel, die größer als der Grenzwinkel der Totalreflexion $\sin \varphi_G = n_2/n_1$ sind, das Licht vollständig reflektiert wird [2]. Dem Grenzwinkel φ_G entspricht im optisch dünneren Medium ein streifender, d. h. der Grenzfläche parallel verlaufender Strahl.

Erfolgt die Reflexion an der Grenzfläche absorbierender Medien, so werden die Verhältnisse komplizierter (Metalloptik, siehe z. B. [3]).

Kennwerte, Funktionen

Die Fresnelschen Formeln für ebene, linear polarisierte Wellen sind in Tab. 1 zusammengefaßt (die Feldvektoren werden mittels der Amplitude a und der Phase δ durch $a \exp i\delta$ dargestellt).

Anwendungen

Wie auch der Brechung kommt der Reflexion des Lichtes bei der Realisierung der optischen Abbildung und bei der Konstruktion optischer Elemente eine grundlegende Bedeutung bei. Optische Elemente, deren Wirkung ganz wesentlich auf der Erscheinung der Reflexion beruht, sind alle Arten von Reflexionsspiegeln und Reflexionsschichten, Reflexionsgitter und Reflexionsprismen [2]. Andererseits sind häufig Reflexionen bei optischen Systemen unerwünscht, da sie die Lichtdurchlässigkeit sowie die Helligkeit der Ab-

Tabelle 1

Allgemeiner Fall $\varphi \neq 0$

	Einfallende Welle	Reflektierte Welle	Durchgelassene Welle
		TM-Welle	
Amplitude a	a_o	$a_r = a_o \dfrac{\tan(\varphi - \psi)}{\tan(\varphi + \psi)}$	$a_d = a_o \dfrac{2 \sin\psi \cos\varphi}{\sin(\varphi + \psi)\cos(\varphi - \psi)}$
Phase δ	0	π für $a_r > 0$ 0 für $a_r < 0$	0
Intensität I	$a_o^2 = I_o$	$a_r^2 = I_r$	$a_d^2 = a_o^2 - a_r^2 = I_d$
		TE-Welle	
Amplitude a	a_o	$a_r = a_o \dfrac{\sin(\psi - \varphi)}{\sin(\psi + \varphi)}$	$a_d = a_o \dfrac{2 \sin\psi \cos\varphi}{\sin(\psi + \varphi)}$
Phase δ	0	π für $a_r > 0$ 0 für $a_r < 0$	0
Intensität I	$a_o^2 = I_o$	$a_r^2 = I_r$	$a_d^2 = I_d$

Brechungswinkel $\sin\psi = \dfrac{n_1}{n_2} \sin\varphi$

Reflexionskoeffizient $R = I_r/I_o$

Transmissionskoeffizient $T = I_d/I_o$

Polarisationsgrad der reflektierten Welle

$$P_r = \frac{I_{r,TE} - I_{r,TM}}{I_{r,TE} + I_{r,TM}} = \frac{R_{TE} - R_{TM}}{R_{TE} + R_{TM}}$$

Polarisationsgrad der durchgelassenen Welle

$$P_d = \frac{I_{d,TM} - I_{d,TE}}{I_{d,TM} + I_{d,TE}} = \frac{R_{TE} - R_{TM}}{2 - (R_{TE} + R_{TM})}$$

Senkrechter Einfall $\varphi = 0$
Der Unterschied zwischen der TM- und der TE-Welle verschwindet.

	Einfallende Welle	Reflektierte Welle	Durchgelassene Welle
Amplitude a	a_o	$a_r = a_o \dfrac{n_2 - n_1}{n_2 + n_1}$	$a_d = a_o \dfrac{2n_1}{n_1 + n_2}$
Phase δ	0	π für $n_2 > n_1$ 0 für $n_2 < n_1$	0
Intensität I	$a_o^2 = I_o$	$a_r^2 = I_r$	$a_d^2 = I_d$

Reflexion unter dem Brewster-Winkel $\varphi_B = \arctan(n_2/n_1)$
Reflektierter und gebrochener Strahl stehen senkrecht aufeinander

	Einfallende Welle	Reflektierte Welle	Durchgelassene Welle
	TM-Welle		
Amplitude a	a_o	0	a_o
Phase δ	0	0	0
Intensität I	$a_o^2 = I_o$	0	$I_d = I_o$
		TE-Welle siehe $\varphi \neq 0$	

Totalreflexion $\sin\psi > (n_1/n_2) \sin\varphi$

	Einfallende Welle	Reflektierte Welle	Durchgelassene Welle
		TM-Welle	
Amplitude a	a_o	a_o	0
Phase δ	0	$\tan\dfrac{\delta}{2} = \dfrac{\sqrt{n_1^4 \sin^2\varphi - n_1^2 n_2^2}}{n_2^2 \cos\varphi}$	0
Intensität I	$a_o^2 = I_o$	I_o	0
		TE-Welle	
Amplitude a	a_o	a_o	0
Phase δ	0	$\tan\dfrac{\delta}{2} = \dfrac{\sqrt{n_1^4 \sin^2\varphi - n_1^2 n_2^2}}{n_1^2 \cos\varphi}$	0
Intensität I	$a_o^2 = I_0$	I_o	0

bildungen beträchtlich schwächen können (siehe Tab. 2). Aus diesem Grunde ist einiger Aufwand zur Beseitigung unerwünschter Reflexionen notwendig [5].

Tabelle 2 Reflexionsverluste in % beim Übergang des Lichtes von Luft in ein Medium mit der Brechzahl n für senkrechten und nahezu senkrechten Lichteinfall

n	1,3	1,4	1,5	1,6	1,7	1,8	1,9	2,0	2,1	2,2
R in %	1,7	2,8	4,0	5,3	6,7	8,2	9,6	11,1	12,6	14,2

Die Polarisation des Lichtes bei der Reflexion und Brechung, Brewstersches Gesetz und Herstellung linear polarisierten Lichtes [4, 2]. Bei der Reflexion an der Grenzfläche zweier durchsichtiger Medien sind die Reflexionskoeffizienten der TE-Welle und der TM-Welle verschieden; dieses trifft bei jedem Einfallswinkel, außer bei $\varphi = 0$ oder $\varphi = \pi/2$ zu (vgl. Kennwerte und Funktionen). Fällt daher natürliches Licht auf die Grenzfläche, so werden die reflektierte sowie die gebrochene Welle partiell linear polarisiert. In der reflektierten herrschen die TE-Wellen, in der gebrochenen die TM-Wellen vor.

Genügt der Einfallswinkel der Bedingung $\tan\varphi_B = n_2/n_1$, so ist $R_{TM} = 0$; das reflektierte Licht wird ganz in der Einfallsebene polarisiert sein (Brewstersches Gesetz). Der Winkel φ_B heißt Brewster-Winkel. Beim Brewster-Winkel stehen der reflektierte und der gebrochene Strahl senkrecht aufeinander. Die Polarisation des gebrochenen Strahles ist dabei maximal, aber bei weitem nicht vollständig (für gewöhnliches Glas etwa 15%). Durch die Reflexion unter dem Brewster-Winkel wird jedoch keine vollständige lineare Polarisation des Lichtes erreicht, da die Grenzflächen im allgemeinen nicht die nötige Reinheit und Spannungsfreiheit besitzen. Aus diesem Grunde ist die Herstellung linear polarisierten Lichtes durch Reflexion im sichtbaren Spektralgebiet von geringerem praktischen Interesse, hat aber Bedeutung im ultraroten Spektralbereich.

Infolge der vielfachen Reflexionen und Brechungen kann beim Durchgang von Licht durch einen Satz von N planparalleler Platten der Polarisationsgrad jedoch noch deutlich erhöht werden (mit $N=15$ wird ein Polarisationsgrad von 98,5% erreicht).

Entspiegelung (Reflexionsminderung) [5–7]. Eine wirksame, nahezu vollständige Entspiegelung wird durch eine oder mehrere dünne Schichten aus dielektrischem, also durchsichtigem Material erreicht. Die Dicke dieser Schichten beträgt im allgemeinen ein Viertel der Lichtwellenlänge. Sie werden unter Benutzung verschiedener Verfahren [5] auf die Oberfläche von optischen Bauelementen aufgebracht. Die genaue Wirkung solcher Schichten ergibt sich auf Grund der Lichtauslöschung oder Lichtverstärkung durch Interferenz.

Mit dielektrischen Schichtsystemen läßt sich das Reflexionsverhalten von Licht an der Grenzfläche zwischen Luft und einem Medium, im allgemeinen Glas, vielfältig verändern. Auf diese Weise lassen sich optische Bauelemente mit gewünschten spektralen Eigenschaften (Filter, Spiegel usw.) herstellen, die darüber hinaus fast keine Absorptionsverluste verursachen.

Wellenleitung [8, 9]. Die Totalreflexion ist der Grundprozeß für die Leitung von Licht in ebenen Wellenleitern und Fasern, wie sie in der Lichtleiternachrichtenübertragung und in der Integrierten Optik verwendet werden.

Totalreflexionsspektroskopie [10]. Da bei der Totalreflexion das Licht in das optisch dünnere Medium eindringt, wird diese Erscheinung auch in der Absorptionsspektroskopie ausgenutzt, indem die zu untersuchende Substanz (z. B. Flüssigkeit) auf die totalreflektierende Grenzfläche oder als Superstrat einer wellenleitenden Schicht angebracht wird.

Ellipsometrie [11]. In der Ellipsometrie wird die Änderung des Polarisationszustandes des Lichtes an Grenzflächen vermessen, die in Reflexion (oder aber auch in Transmission) auftritt. Sie ist sehr empfindlich und erlaubt die Untersuchung von submonomolekularen Schichten, Übergangsschichten und stark absorbierenden Materialien (z. B. Metallen). Entsprechend breit ist das Spektrum der Anwendungen: Physik, Chemie, Biologie, Materialwissenschaften, Herstellung optischer Systeme, mechanische Bearbeitung von Metallen usw.

Literatur

[1] Die Schöpfer der physikalischen Optik. WTB, Bd. 195. Hrsg. H. PAUL. – Berlin: Akademie-Verlag 1977.
[2] BORN, M.: Optik. 2. Aufl. – Berlin/Heidelberg/New York: Springer-Verlag 1965.
[3] POHL, R. W.: Optik und Atomphysik. – Berlin/Göttingen/Heidelberg: Springer-Verlag 1963.
[4] SHEWANDROW, N. D.: Die Polarisation des Lichtes. WTB, Bd. 44. – Berlin: Akademie-Verlag 1973 (Übers. aus d. Russ.)
[5] MAYER, H.: Physik dünner Schichten. – Stuttgart: Wiss. Verlagsgesellschaft 1950.
[6] KNITTL, Z.: Optics of thin films (Optik dünner Schichten). – New York: Wiley 1976.
[7] MUSSET, A.; THELEN, A., Prog. Optics **8** (1970) 201.
[8] GLASER, W.: Lichtleitertechnik – Eine Einführung. – Berlin: VEB Verlag Technik 1981.
[9] KUBE, E.: Informationsübertragung mit Lichtleitern-Stand und Entwicklungstendenzen. msr **22** (1979) 9, 482–490.
[10] HARRICK, N. J.: Internal Reflection Spectroscopy (Totalreflexions-Spektroskopie). – New York: Interscience Publishers 1967.
[11] AZZAM, R. M. A.; BASHARA, N. M.: Ellipsometry and polarized light (Ellipsometrie und polarisiertes Licht). – Amsterdam/New York: North Holland Pub. Co. 1977.

Optische Sättigungseffekte

Die Sättigung der Absorption wurde im Mikrowellenbereich erstmals 1946 von C. H. TOWNES bei NH_3 experimentell gefunden [1]. Die Amplitudenstabilität der Laserstrahlung ist auf den Einfluß der Emissionssättigung zurückzuführen, was im optischen Bereich erstmals durch den von T. H. MAIMAN 1960 gebauten Rubinlaser realisiert werden konnte [2]. Ein tieferes Verständnis der Sättigungseffekte beim Gaslaser erlaubte die von W. E. LAMB 1964 erschienene Arbeit [3]. G. BRET und F. GIRES setzten 1964 den Rubinlaser ein, um gesättigte Absorption in verschiedenen Gläsern zu erzielen [4], in organischen Farbstoffen gelang dies 1965 A. SZABO [5]. Im gleichen Jahr beobachtete H. KOGELNIK die durch den gesättigten Brechungsindex hervorgerufene linsenähnliche Wirkung [6]. Die heute zur Verfügung stehenden intensiven Laserquellen erlauben es, den Sättigungseffekt in einer Vielzahl von Strahlungsübergängen in Gasen, Flüssigkeiten und Festkörpern nachzuweisen.

Sachverhalt

Als optische Sättigungseffekte bezeichnet man die bei resonanter Wechselwirkung von intensiver Strahlung durch spürbare Umbesetzungen in Quantensystemen im Vergleich zum Kleinsignalverhalten hervorgerufene Verringerung von Absorptions- und Emissionskoeffizienten sowie des Resonanzbeitrages der Dispersion.

Ein-Photonen-Absorption von monochromatischer Strahlung in Zwei-Niveau-Systemen

a) *Homogene Verbreiterung*. Bei kleinen Strahlungsintensitäten (lineare Absorption) wird die Resonanzbreite durch die inverse Phasenrelaxationszeit T_2^{-1} bestimmt. Kommt die Intensität in die Größenordnung der Sättigungsintensität, wird durch die optische Anregung des oberen Niveaus, die im Linienzentrum am größten ist, der Absorptionskoeffizient verringert; seine Frequenzabhängigkeit ist nach wie vor lorentzförmig, wobei die Linienbreite zunimmt („power broadening"). Bei sehr großen Intensitäten wird der Absorptionskoeffizient beliebig klein, die Resonanzbreite ist dann proportional zur Wurzel aus der Strahlungsintensität.

b) *Inhomogene Verbreiterung*. Hier wechselwirkt mit dem Strahlungsfeld nur eine bestimmte Gruppe von absorbierenden Teilchen. Bei kleinen Intensitäten wird deren Breite durch T_2^{-1} charakterisiert, bei größeren wird ein Loch in die Verteilung „gebrannt" (selektive Sättigung), bei Dopplerverbreiterung spricht man vom „Bennett hole" [7, 8]. Gleichzeitig werden infolge „power broadening" immer mehr Teilchen in den Absorptionsprozeß einbezogen, so daß der Absorptionskoeffizient mit steigender Intensität langsamer abnimmt als bei homogener Verbreiterung.

Gesättigte Emission bei kohärenten Strahlungsquellen. In invertierten Medien zeigt der Emissionskoeffizient die gleiche Intensitätsabhängigkeit wie im Fall der Absorption.

Bei Gaslasern mit Fabry-Perot-Resonator (stehende Welle), die ein inhomogen verbreitertes Emissionsprofil aufweisen, werden durch Inversionsabbau von hin- und rücklaufender Welle spiegelsymmetrisch zum Zentrum der z-Komponente der Geschwindigkeitsverteilung der emittierenden Atome zwei „Bennett holes" „eingebrannt", deren nichtlineare Wechselwirkung bei Resonanz zu einer Vertiefung im Verstärkungsprofil des Lasers führt (Lamp-dip [3, 8]).

Bei einem Laser im Mehrmodenbetrieb hängt im allgemeinen die Sättigungsintensität einer Mode von der Intensität der anderen ab, was im Verhältnis homogener zu inhomogener Verbreiterung sowie bei stehender Welle je nach Lage des aktiven Mediums relativ zu den Knoten und Bäuchen der einzelnen Moden zu einer mehr oder minder starken Modenkonkurrenz führt, die eine Reduzierung der Zahl der angeregten Eigenschwingungen hervorruft [3, 8–10].

Sättigung der Dispersion. Der Resonanzbeitrag des Brechungsindex ändert sich spürbar, wenn die Lichtintensität in die Größenordnung der Sättigungsintensität kommt. In genügendem Abstand vom Linienzentrum ist die Brechungsindexänderung proportional zur Intensität und liefert einen Beitrag zum optischen Kerr-Effekt (siehe *Optische Nichtlineare Effekte*). Bei einem Gauß-Profil des Strahls kann dadurch Selbstfokussierung hervorgerufen werden [11].

Beim Laser führt die Dispersionssättigung des emittierenden Übergangs zu einer intensitätsabhängigen „Abstoßung" der Laserfrequenz von der Medium-Übergangsfrequenz („frequency pushing" [3, 8]).

Sättigung im Impulsbetrieb. Ist die Impulslänge groß gegen T_1, tritt quasistationäres Verhalten auf.

Liegt die Impulsdauer zwischen T_2 und T_1, wird das Sättigungsverhalten durch die Impulsenergie und nicht durch die Intensität bestimmt. Es tritt hier eine Impulsverformung ein, bei Absorption (Emission) wird die Vorderflanke stärker abgebaut (aufgebaut) als die Rückflanke.

Für Impulse, die kürzer als T_2 sind, siehe *kohärente optische Transient-Effekte*.

Sättigung bei Kaskadenübergängen. Hier bestimmt das Verhältnis der Übergangsdipolmomente der einzelnen Stufen, ob strahlungsinduzierte Umbesetzungen zu Transmissionserhöhungen (positive Sättigung) oder -verringerungen (negative Sättigung) führen. Bei einem harmonischen Oszillator liegt lineare Absorption vor, beim anharmonischen positive Sättigung [12].

Kennwerte, Funktionen

Ein-Quanten-Absorption:
homogen verbreitert

$$\alpha(I) = \frac{\alpha_0[1 + (\Delta\omega T_2)^2]}{1 + I/I_S + (\Delta\omega T_2)^2}, \quad (1)$$

inhomogen verbreitert und laufende Welle

$$\alpha(I) = \alpha_0(1 + I/I_S)^{-\frac{1}{2}}; \quad (2)$$

anharmonischer Oszillator, inhomogen verbreitert [12]

$$\alpha(I) = \alpha_0(1 + I/I_S)^{-\frac{1}{3}}; \quad (3)$$

$\alpha(I)$ – intensitätsabhängiger Absorptionskoeffizient, α_0 – Kleinsignal-Absorptionskoeffizient, I – Strahlungsintensität, I_S – Sättigungsintensität, $\Delta\omega$ – Resonanzverstimmung, T_2 – Phasenrelaxationszeit (transversale Relaxationszeit),

$$I_S^{-1} = \frac{4\pi^2 |\mu_{12}|^2}{h^2}\left(\frac{1}{\Gamma_{11}} + \frac{1}{\Gamma_{22}}\right) T_2,$$

h – Plancksche Konstante, μ_{12} – Übergangsdipolmoment zwischen den Niveaus „1" und „2", Γ_{11}, Γ_{22} – Energierelaxationsraten der resonanten Niveaus, bei $\Gamma_{11} = \Gamma_{22} \equiv 2T_1^{-1}$: T_1 – longitudinale Relaxationszeit.
Charakteristische Sättigungsintensitäten:
Farbglasscheiben: 10^3 W/cm² [4], Organische Farbstoffe: $10^{-2}...10^4$ W/cm² [13], Infrarot-Übergänge bei molekularen Gasen im mTorr-Bereich: $10^{-3}...10$ W/cm².

Anwendungen

Dopplerfreie Spektroskopie hoher Auflösung. Ist die homogene Linienbreite klein gegen die inhomogene, so erhält man beim Durchstimmen zweier gegenläufiger Wellen über das Zentrum eines dopplerverbreiterten Übergangs im Linienzentrum der Absorption eine Sättigungsresonanz, die so schmal wie die homogene Linienbreite ist, den sogenannten inversen Lamb-dip [14]; vgl. Abb. 1. Bei Schwingungs-Rotationsübergängen von molekularen Gasen im µTorr-Bereich ist die homogene Breite so klein, daß eine Frequenzauflösung von etwa 1 kHz erzielt werden kann. So wurde mit einem CO_2-waveguide-Laser bei einem Strahldurchmesser von 3,6 cm mittels einer 18 m langen Absorptionszelle ein Auflösungsvermögen von 1,2...1,7 kHz im 10 µm-Wellenlängenbereich erreicht, damit wurde die Hyperfein- und Superhyperfein-Struktur von SF_6 präzise vermessen [15]. Mittels eines bei 3,39 µm arbeitenden He-Ne-Lasers wurde bei 1...3 kHz Auflösung die Hyperfeinstruktur der P(7)-Komponente der v_3-Schwingung von Methan vermessen. Dabei wurde auch die durch den Photonen-Rückstoß-Effekt entstehende Aufspaltung sichtbar [16].

Schmale Sättigungsresonanzen zur Frequenzstabilisierung. Ein Laser mit einer inneren Absorptionszelle, welche mit einem Gas unter sehr niedrigem Druck gefüllt ist und die Beobachtung eines inversen Lamb-dips gestattet, wird elektronisch auf maximale Intensität eingepegelt. Dabei kann die erhaltene Laserlinienbreite noch klein gegen die Breite der Absorptionssättigungsresonanz werden. Für 3,39 µm konnte eine Laserlinie des He-Ne-Lasers mittels einer CH_4-Zelle auf 7 Hz Genauigkeit stabilisiert werden [16], bei 10,6 µm wurde mittels OsO_4-Stabilisierung bei einem CO_2-Laser eine Emissionsbreite von 1,5 Hz erzielt [15].

Untersuchung von Stoßprozessen in Gasen.. Durch Messung der Druckabhängigkeit von Höhe und Breite des inversen Lamb-dip ist es möglich, die Rolle von elastischen, unelastischen sowie phasenzerstörenden Stößen zu ermitteln, was z. B. bei Auswertung der nichtlinearen Druckabhängigkeit der CH_4-Resonanz bei 3,39 µm gelang [14, 17]. Gleichzeitig können Aussagen über den differentiellen Streuquerschnitt gewonnen und die Van-der-Waalsschen Konstanten bestimmt werden.

Bei Verwendung zweier gegenläufiger Wellen unterschiedlicher Frequenz gibt die außerhalb des Dopplerprofilzentrums entstehende Sättigungsresonanz Aufschluß über die Geschwindigkeitsabhängigkeit des Stoßquerschnittes (für NH_3 vgl. [18]).

Mittels stoßinduzierter Doppelresonanzen können spezielle Rotationsrelaxationsprozesse untersucht werden [19].

Sättigbare Absorber zur Impulserzeugung. Ein sättigbarer Absorber (meist ein Farbstoff) innerhalb eines Laserresonators kann als passiver Güteschalter wirken, da der Absorptionskoeffizient bei höheren Intensitäten stark abnimmt und dadurch Riesenimpulse erzeugt werden können [13]. Eine selektive Sättigung führt außerdem zur Modenselektion [20].

Die gesättigte Absorption innerhalb eines Laserre-

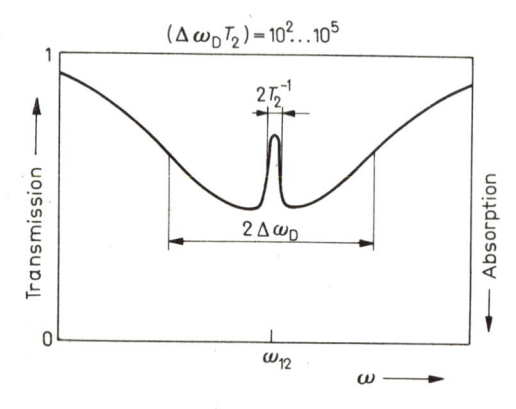

Abb. 1 Frequenzabhängigkeit der Absorption beim Durchstimmen über einen dopplerverbreiterten Übergang (ω – Laserfrequenz, ω_{12} – Molekülübergangsfrequenz, $\Delta\omega_D$ – Doppler-Breite)

sonators wird auch dazu benutzt, um stabilen Impulsfolgebetrieb mit reproduzierbarer Impulsform zu erzielen [21, 22].

Ausnutzung der Besonderheiten der Emissionssättigung beim Mehrmodenbetrieb in der Intracavity-Spektroskopie.
Bei einem Laser im Mehrfrequenzbetrieb mit großer Modenkonkurrenz wirken sich die durch ein im Resonator befindliches absorbierendes Medium hervorgerufenen frequenzabhängigen Verluste empfindlich auf ihr Intensitätsverhältnis aus [23], so daß das Absorptionsspektrum mit wesentlich höherer Nachweisempfindlichkeit vermessen werden kann [24]. Diese Methode eignet sich sowohl für den kontinuierlichen als auch den Impulsbetrieb.

Opto-optische Modulation (optischer Transistor). Durchlaufen zwei Lichtstrahlen unterschiedlicher Intensität einen Laserverstärker oder -oszillator, so können infolge Überkreuz-Sättigung Intensitätsschwankungen des schwachen Strahls große Amplitudenänderungen des intensiven hervorrufen [25]. Bis jetzt konnte dabei ein differentieller Gewinn von 10 erzielt werden [26].

Literatur

[1] TOWNES, C. H.; SCHAWLOW, A. L.: Microwave Spectroscopy (Mikrowellen-Spektroskopie). – New York/London/Toronto: Mc Graw-Hill Publ. Co. 1955. S.373.

[2] MAIMAN, T. H.; Brit. Com. & Elektr. 7 (1960) 674 ff.

[3] LAMB, JR., W. E.: Theory of an optical maser (Theorie eines optischen Masers). Phys. Rev. **134** (1964), A 1429–A 1450.

[4] BRET, G.; GIRES, F.: Giant-pulse laser and light amplifier using variable transmission coefficient glasses as light switches (Riesenimpulslaser und Lichtverstärker unter Verwendung von Gläsern mit veränderlichen Transmissionskoeffizienten als Lichtschalter). Appl. Phys. Letters **4** (1964) 10, 175–176.

[5] ARMSTRONG, J. A.: Saturable optical absorption in phthalocyanine dyes (Gesättigte optische Absorption in Phthalozyanin-Farbstoffen). J. appl. Phys. **36** (1965) 2, 471–473.

[6] KOGELNIK, H.: On the propagation of Gaussian beams of light through lenslike media including those with a loss or gain variation (Über die Ausbreitung Gaußscher Lichtstrahlen durch linsenähnliche Medien einschließlich solcher mit Verlust – oder Verstärkungsvariation). Appl. Optics **4** (1965) 12, 1562–1569.

[7] BENNETT, JR. W. R.: Gaseous optical masers (Optische Gasmaser). – Appl. Optics Suppl. **1** (1962) 24–62.

[8] PAUL, H.: Lasertheorie I. WTB Bd. 53. – Berlin: Akademie-Verlag 1969.

[9] TANG, C. L.; STATZ, H.; DE MARS, G.: Spectral output and spiking behaviour of solid-state lasers (Spektraler Output und Spike-Verhalten bei Festkörperlasern). J. appl. Phys. **34** (1963) 8, 2289–2295.

[10] HAKEN, H.; SAUERMANN, H.: Nonlinear interaction of laser modes (Nichtlineare Wechselwirkung von Lasermoden). Z. Phys. **173** (1963) 3, 261–275.

[11] KELLEY, P. L.: Self-focusing of optical beams (Selbstfokussierung optischer Strahlen). Phys. Rev. Letters **15** (1965) 26, 1005–1008.

[12] JUDD, O. P.: A quantitative comparison of multiple-photon absorption in polyatomic molecules (Ein quantitativer Vergleich der Mehrquantenabsorption in vielatomigen Molekülen). J. Chem. Physik **71** (1979) 11, 4515–4530.

[13] Ross, D.: Laser, Lichtverstärker und -oszillatoren. – Frankfurt/Main: Akademische Verlagsgesellschaft 1966.

[14] LETOKHOV, V. S.; CEBOTAYEV, V. P.: Prinzipy nelineynoy lasernoy spektroskopii (Prinzipien der nichtlinearen Laserspektroskopie). – Moskva: Isd. Nauka 1975.

[15] SALOMON, CH.; BRÉANT, CH.; VAN LERBERGHE, A.; CAMY, G.; BORDÉ, CH. J.: A phase-locked waveguide CO_2 laser for broadband saturation spectroscopy with KHz resolution and absolute frequency accuracy. First observation of superhyperfine structures in the ν_3 band of SF_6 (Ein phasengelockter Wellenleiter-CO_2-Laser für Breitband-Sättigungsspektroskopie mit KHz-Auflösung und absoluter Frequenzgenauigkeit. Erste Beobachtung der Superhyperfein-Strukturen in der ν_3-Bande von SF_6). Appl. Phys. **B 29** (1982) 3, 153–155.

[16] BAGAYEV, S. N.; VASILENKO, L. S.; GOLDORT, V. G.; DMITRIYEV, A. K.; DYCHKOV, A. S.; CHEBOTAYEV, V. P.: A tunable laser at $\lambda = 3{,}39$ um with line width of 7 Hz used in investigating a hyperfine structure of the $F_2^{(2)}$ line of methane (Ein abstimmbarer Laser bei $\lambda = 3{,}39$ um mit einer Linienbreite von 7 Hz, der zur Untersuchung der Hyperfeinstruktur der $F_2^{(2)}$-Linie von Methan benutzt wurde). Appl. Phys. **13** (1977) 291–297.

[17] BAGAYEV, S. N.; BAKLANOV, E. V.; ČEBOTAYEV, V. P.: Ismerenye sečeniy uprugovo rassenyia v gase metodami lasernoy spektroskopii (Messung der elastischen Streuquerschnitte im Gas mit Methoden der Laserspektroskopie). Pisma v ŽETF **16** (1972) 1, 15–18.

[18] MATTICK, A. T.; SANCHEZ, A.; KURNIT, N. A.; JAVAN, A.: Velocity dependence of collision-broadening cross section observed in an infrared transition of NH_3 gas at room temperature (Geschwindigkeitsabhängigkeit des Stoßverbreiterungsquerschnitts, der bei einem Infrarotübergang von gasförmigem NH_3 bei Zimmertemperatur beobachtet wurde). Appl. Phys. Letters **23** (1973) 12, 675–678.

[19] BREWER, R. G.; SHOEMAKER, R. L.; STENHOLM, S.: Collisioninduced optical double resonance (Stoßinduzierte optische Doppelresonanz). Phys. Rev. Letters **33** (1974) 2, 63–66.

[20] RÖSS, D.: Selectively saturable organic dyestuffs as optical switches and optical impulse (Selektiv sättigbare organische Farbstoffe als optische Schalter optischer Impulse). Z. Naturf. **20 a** (1965) 5, 696–700.

[21] NEW, G. H. C.: Mode-locking of quasi-continuous lasers (Modensynchronisation quasi-kontinuierlicher Laser). Optics Commun. **6** (1972) 2, 188–192.

[22] ARTHURS, E. G.; BRADLEY, D. J.; RODDIE, A. G.: Passive mode locking of flashlamp-pumped dye lasers tunable between 580 and 700 nm (Passive Modensynchronisation von zwischen 580 und 700 nm abstimmbaren Blitzlampengepumpten Farbstofflasern). Appl. Phys. Letters **20** (1972) 3, 125–127.

[23] BRUNNER, W.; PAUL, H.: Selective intracavity absorption using short pumping pulses (Selektive Absorption innerhalb eines Laserresonators bei Pumpen mit kurzen Impulsen). Ann. Phys. 32 (1975) 5, 366–374.
[24] ACKERMANN, D.; BOGATOV, A. P.; ELISEEV, P. G.; RAAB, S.; SVERDLOV, B. N.: Inžekzionnyi laser c difrakzionnoy rešotkoy v resonatore (Injektionslaser mit Beugungsgitter im Resonator). Kvant. Elektr. 1 (1974) 5, 1145–1149.
[25] GRAY, R. W.; CASPERSON, L. W.: Optooptic modulation based on gain saturation (Eine auf Verstärkungssättigung beruhende opto-optische Modulation). IEEE J. Quantum Electronics QE-14 (1978) 11, 893–900.
[26] N.N., IEEE Spektrum 18 (1981) 26.

Streuung des Lichtes

Die Lichtstreuung wurde zuerst 1868 von TYNDALL in trüben Medien beobachtet. Auf dem Boden der klassischen Beugungstheorie wurde für dielektrische Kugeln, deren Radius klein gegen die Lichtwellenlänge ist, die Theorie durch Lord RAYLEIGH gegeben.

Technische Anwendung findet die Lichtstreuung einmal bei der Sichtbarmachung nicht selbstleuchtender Substanzen, wodurch sie optischen Untersuchungs- und Beobachtungsmethoden zugänglich werden. Zum anderen ist das bei der Streuung entstehende polarisierte Licht von Interesse.

Sachverhalt

Unter Lichtstreuung versteht man die durch kleine Teilchen bewirkte Ablenkung des Lichtes von seiner ursprünglichen Ausbreitungsrichtung, infolge der es zu einem nicht selbständigen Leuchten des bestrahlten Mediums kommt.

Elektrische Dipole werden unter dem Einfluß einer einfallenden Lichtwelle zu erzwungenen Schwingungen angeregt und strahlen dabei Sekundärwellen ab. Kleine Teilchen, bis herab zu Molekülen und Atomen, senden folglich, wenn sie von Licht getroffen werden, eine Sekundärstrahlung aus. Ist die räumliche Anordnung solcher Teilchen ideal regelmäßig, so werden die Komponenten der Sekundärstrahlung, deren Ausbreitungsrichtung von der ursprünglichen abweichen, durch Interferenz ausgelöscht, das Licht breitet sich geradlinig aus. Tatsächlich ist die Anordnung der Moleküle an sich oder infolge der Wärmebewegung (Dichteschwankungen) nicht ideal regelmäßig, das einfallende Licht wird von seiner ursprünglichen Ausbreitungsrichtung abgelenkt, gestreut.

Man hat zwei Arten der Streuung zu unterscheiden. Die Streuung heißt *elastisch*, wenn zwischen der Auf-

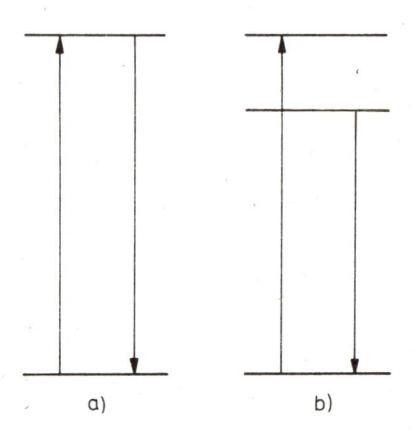

Abb. 1 Elastische a) und unelastische b) Streuung

nahme der Strahlungsenergie und der Ausstrahlung der Sekundärwelle Frequenz und Phase erhalten bleiben (Abb. 1a). Als Folge des dann synchronen Mitschwingens der atomaren Dipole ist die gestreute Welle teilweise polarisiert. Führt ein Teil der einfallenden Welle zu einer Anregung des Mediums, besitzt die Streustrahlung eine entsprechend kleinere Frequenz (Abb. 1b), und die Streuung heißt *unelastisch*. Hierzu gehören der Raman-Effekt, der Compton-Effekt, die Phosphoreszenz und verwandte Erscheinungen.

(Häufig werden die zwei verschiedenen Arten der Streuung als *kohärent* bzw. *inkohärent* bezeichnet. Im Hinblick auf die Interpretation der Kohärenz durch die moderne Physik (z. B. [1]) kann diese Bezeichnung jedoch leicht mißverstanden werden.)

Die elastische Lichtstreuung, bei der die Frequenz erhalten bleibt, wird im allgemeinen nach ihrem Entdecker als Tyndall-Effekt bezeichnet.

Die Charakteristik des elastisch gestreuten Lichtes hängt in starkem Maße von der Größe der streuenden Teilchen ab. Die Streuung von Licht an Teilchen, die klein gegen die Wellenlänge des Lichtes sind, nennt man Rayleigh-Streuung, während die Lichtstreuung an kugelförmigen Teilchen, deren Radien in der Größenordnung der Lichtwellenlänge liegen, als Mie-Streuung bezeichnet wird.

Lord RAYLEIGH konnte, ausgehend von den Maxwell-Gleichungen, zeigen [2], daß die Intensität des gestreuten Lichtes unter der Voraussetzung, daß die streuenden Teilchen klein gegen die Lichtwellenlänge sind, umgekehrt proportional zu λ^4 ist, wenn λ die Lichtwellenlänge bezeichnet (Rayleigh-Gesetz).

Bei Durchgang weißen Lichtes durch ein so streuendes Medium wird daher im gestreuten Licht die kürzerwellige, im durchgehenden Licht die längerwellige Strahlung vorherrschen. Aus der Rayleigh-Streuung läßt sich somit die Blaufärbung des Himmels erklären.

Weiterhin ist die Rayleigh-Streuung durch eine vollständige Symmetrie des Streulichtes in und entgegen der Lichtrichtung gekennzeichnet, das einfallende Licht wird also gleich stark nach vorn und nach hinten gestreut (Abb. 2a). Das in die Symmetrieebene gestreute Licht ($\vartheta = 90°$) ist vollständig polarisiert.

Ist der Durchmesser der streuenden Teilchen mit der Wellenlänge des Lichtes vergleichbar, so wird die Abhängigkeit der Intensität des gestreuten Lichtes von der Lichtwellenlänge geringer. Es verschwindet die Symmetrie der Streustrahlung in Richtung des einfallenden Lichtes (Abb. 2b und c). Man beobachtet überwiegend eine Vorwärtsstreuung, also in Richtung des einfallenden Lichtes. Diese Erscheinung nennt man Mie-Effekt [2].

Für die Intensität des gestreuten Lichtes in Abhängigkeit vom Streuwinkel (Streufunktion) ergibt sich eine recht komplizierte Abhängigkeit vom Mieschen Streuparameter a, die nur numerisch bestimmt werden

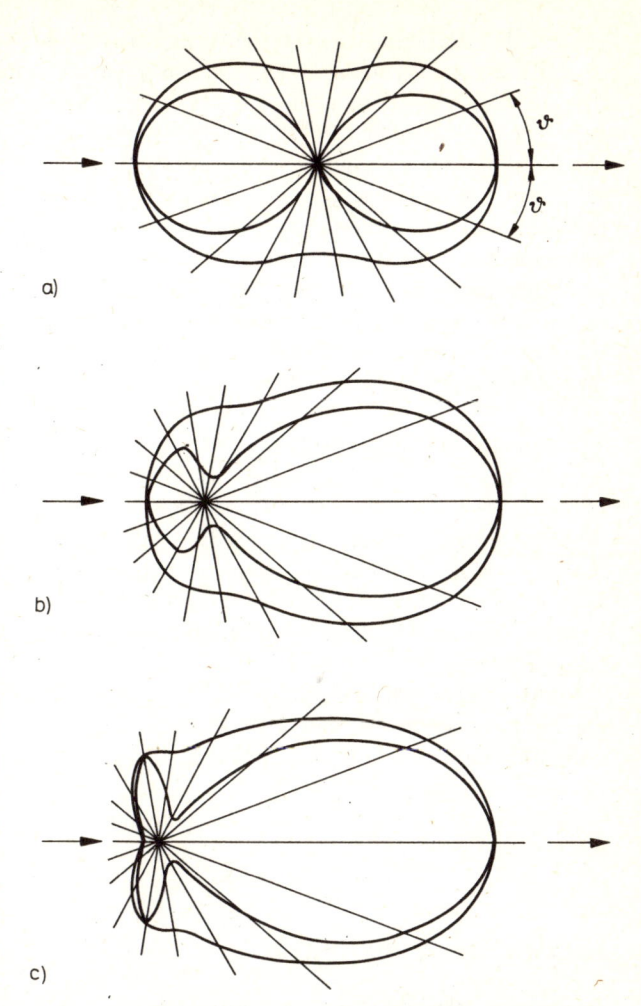

Abb. 2 Strahlendiagramm für Goldkügelchen. Qualitativ aufgetragen sind die Gesamtintensität des Streulichtes (umhüllende Kurve) und die des unpolarisierten Anteils als Funktion des Beobachtungswinkels ϑ für monochromatisches Licht.
a) sehr kleiner Radius b) $r = 0,08$ μm, c) $r = 0,09$ μm

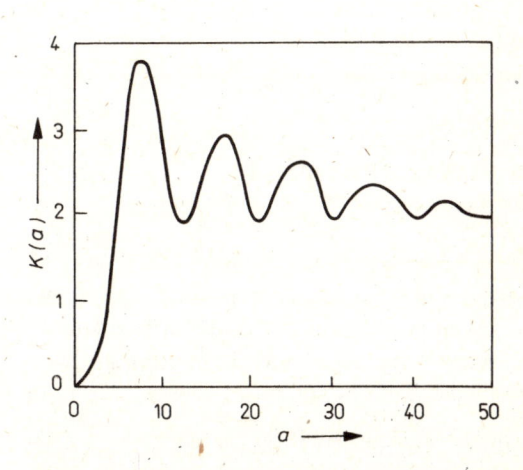

Abb. 3 Streuquerschnitt von Wassertröpfchen ($n = 1,33$) als Funktion des Streuparameters

kann. Durch Integration der Mieschen Streufunktion über den ganzen Streuraum erhält man den Streukoeffizienten der Mie-Streuung d_M, der dem Streuquerschnitt $K(a)$ proportional ist. $K(a)$ ist ein reiner Zahlenfaktor und gibt an, um wieviel die durch Streuung an einem Kügelchen verursachte Schwächung eines parallelen Strahlenbündels größer ist als die reine Abschattung durch den Querschnitt des Kügelchens. Dieser Zahlenfaktor läßt sich ohne Kenntnis von d_M berechnen. Aus einer Darstellung des Streuquerschnitts über dem Mieschen Streuparameter (Abb. 3) kann d_M für jeden Radius und jede Wellenlänge ermittelt werden.

Durch die Streuung verringert sich die Intensität einer Lichtwelle in dem Maße, wie sich die Welle im Medium ausbreitet. Zur quantitativen Beschreibung der Strahlungsschwächung dient der Extinktionskoeffizient h, definiert durch das Lambertsche Gesetz. Im Falle der Lichtstreuung an Luft heißt der Extinktionskoeffizient auch Rayleighscher Streukoeffizient oder Luftstreukoeffizient.

Von der Vorwärtsstreuung (Mie-Effekt) gelangt man zur Beugung, wenn die vom Licht getroffenen Teilchen die Größenordnung der Lichtwellenlänge erreichen und überschreiten.

Ausführliche Abhandlungen der Lichtstreuung findet man in [2–5].

Kennwerte, Funktionen

Rayleighsche Streufunktion für natürliches Licht an 1 cm³ Luft:

$$\sigma(\vartheta) = 2\pi^2 (n^2(\lambda) - 1)^2 (1 + \cos^2 \vartheta)/N\lambda^4, \quad (1)$$

$\sigma(\vartheta)$ – Intensität des gestreuten Lichtes, ϑ – Streuwinkel, N – Zahl der Luftmoleküle in einem cm³, λ – Lichtwellenlänge, $n(\lambda)$ – Brechungsindex der Luft.

Miescher Streuparameter:

$$a = 2\pi r/\lambda \quad (2)$$

(r – Radius des Kügelchens).

Streukoeffizient der Mie-Streuung:

$$d_M = \pi r^2 K(a) \quad (3)$$

($K(a)$ – Streuquerschnitt (Abb. 3)).

Lambertsches Gesetz:

$$I = I_0 e^{-hd},$$

I_0 – Intensität des einfallenden Lichtes, d – Dicke des durchstrahlten Mediums, h – Extinktionskoeffizient.

Extinktionskoeffizient für ideale Gase: *Rayleigh-Streukoeffizient* oder *Luftstreukoeffizient* (Abb. 4)

$$h(\lambda) = 8\pi^3 (n^2(\lambda) - 1)^2 / 3N\lambda^4. \quad (4)$$

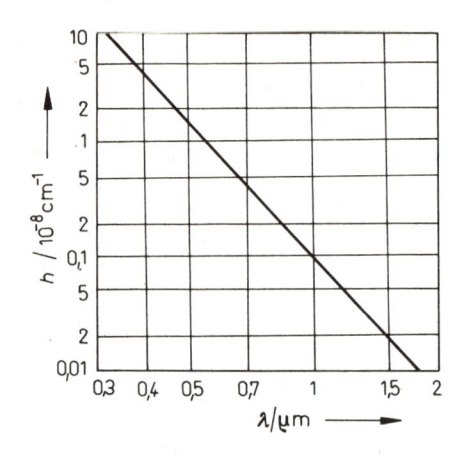

Abb. 4 Abhängigkeit des Rayleigh-Streukoeffizienten von der Wellenlänge

Anwendungen

Tyndallometer (Nephelometrie), Gerät zur Messung des Streulichtes eines Mediums. Sendet man durch ein trübes Medium einen Lichtkegel, dann kann man ihn infolge des zerstreuten Lichtes von der Seite sehen (Tyndall-Kegel). Man mißt das gestreute Licht entweder direkt durch photometrischen Vergleich der Helligkeit des Streulichtes an zwei Stellen des Tyndallkegels oder durch Vergleich mit Zerstreuungsgläsern oder Flüssigkeiten bekannter Streuung.

Die Gesamtheit solcher Untersuchungen bezeichnet man als Nephelometrie. Allgemeine Meßgrößen sind: a) die spektrale Intensität des durchgehenden Lichtes; b) die Abhängigkeit der Streulichtintensität der Wellenlänge λ vom Streuwinkel; c) die Abhängigkeit des spektralen Polarisationsgrades vom Streuwinkel.

Nephelometrische Untersuchungen gestatten die Bestimmung von Größe und Gestalt streuender Teilchen. Darüber hinaus sind die Teilchendichte (Loschmidtsche Zahl) [4] und die Anisotropie (Kerr-Konstante) [2] streuender Substanzen experimentell bestimmbar.

In jüngerer Zeit ist die Nephelometrie in Verbindung mit dem Einsatz von Laserlichtquellen von zunehmendem Interesse bei der Bestimmung und Beobachtung von Verunreinigungen in der Erdatmosphäre [6].

Ultramikroskop [2]. Gerät zum Nachweis kleiner Objekte (in der Größenordnung von 10^{-6} cm). Hierbei ist die Beobachtungsrichtung senkrecht zur Richtung der Beleuchtung des zu untersuchenden Gegenstandes. Es werden nicht die durchgehenden, sondern durch die Mikropartikel gestreuten Lichtstrahlen (Tyndallkegel) beobachtet (Abb. 5). Mit Hilfe der Ultramikroskopie können zwar die Form oder Details der untersuchten Objekte nicht mehr aufgelöst werden, wohl aber können sie nachgewiesen und ihre Bewegung verfolgt werden. Das ultramikroskopische Verfahren ist das klassische Verfahren zur Untersuchung von Kolloiden.

Streulichtmethode zur Geschwindigkeitsmessung [7]. Die Geschwindigkeitsmessung mittels Laserlicht, die auf der Ausnutzung der Doppler-Verschiebung der Lichtfrequenz bei der Reflexion an bewegten Objekten (siehe *Doppler-Effekt*) beruht, hat den Nachteil stark eingeschränkter Einsatzmöglichkeit, da nicht alle zu messenden Objekte reflektieren. Zur Messung wird daher vielfach das Streulicht verwendet (Abb. 6). Es können auf diese Weise insbesondere auch strömende Gase und Flüssigkeiten vermessen werden, wenn diese eine genügende Konzentration von Streuzentren besitzen. Der Meßbereich beginnt bei Geschwindigkeiten von 0,1 m/s, und die Methode gestattet bei einem Meßvolumen von ca. 10 µm Ausdehnung die Bestimmung von Strömungsprofilen und Turbulenzmessungen.

Beobachtung und Registrierung ionisierender Teilchen und Quanten [8]. Die Sichtbarmachung von Spuren hochenergetischer Teilchen in der Nebelkammer (Wilson-Kammer, Blasenkammer) erfolgt mittels des Tyndall-Effektes. Das in die Kammer eindringende Teilchen ionisiert den in der Kammer befindlichen übersättigten Wasserdampf längs seiner Bahn. Die dabei entstehenden Ionen bilden Kondensationskeime für Wassertröpfchen, die bei geeigneter Beleuchtung durch ihr Streulicht sichtbar werden.

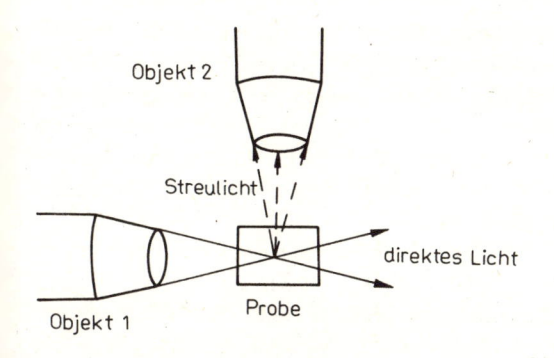

Abb. 5 Schema eines Ultramikroskopes

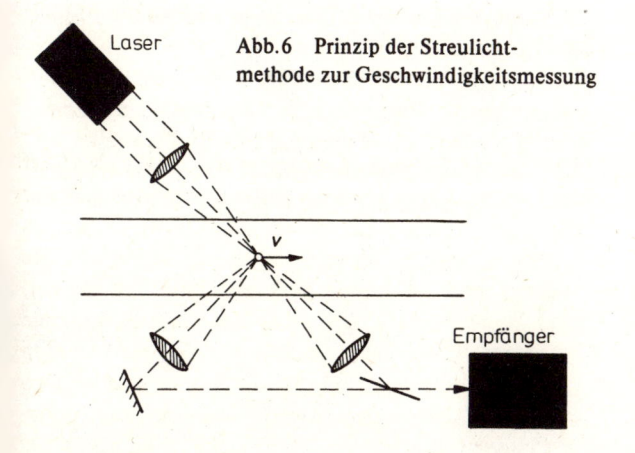

Abb. 6 Prinzip der Streulichtmethode zur Geschwindigkeitsmessung

Nachweis und Herstellung von polarisiertem Licht. Im sichtbaren Spektralbereich und in den ihm benachbarten Bereichen ist die Rayleigh-Streuung sowohl zum Nachweis als auch zur Herstellung polarisierter Strahlung zu benutzen. Wird natürliches (unpolarisiertes) Licht in ein streuendes Medium eingestrahlt, so ist nach RAYLEIGH die Sekundärwelle senkrecht zur Ausbreitungsrichtung des eingestrahlten Lichtes vollständig linear polarisiert (vgl. auch Abb. 2), d. h., das streuende Medium wirkt wie ein Polarisator. Tatsächlich sind die Verhältnisse sehr viel komplizierter und abhängig von der Art und Größe der streuenden Teilchen [2]. Als streuende Substanzen werden im allgemeinen trübe Medien, wie Aerosole (Rauch, Nebel), Emulsionen bzw. kolloidale Lösungen verwendet. Mit einem gleichfalls aus einem streuenden Medium bestehenden Analysator kann die linear polarisierte Streustrahlung nachgewiesen werden.

Grundsätzliche Bedeutung gewinnt die Erzeugung polarisierten Lichtes mit Hilfe der Streuung im Röntgenbereich. Im Röntgenbereich kann nur mit Streuung polarisiert werden. Allerdings gilt auch das nur in einem ausgezeichneten Wellenlängenbereich, indem der Streukoeffizient, bezogen auf die Dichte des streuenden Mediums, einen nahezu konstanten Wert besitzt. Das gilt für Stoffe mit Atomgewichten < 30.

Lichtleiternachrichtenübertragung [9]. Wegen der Abnahme der Rayleigh-Streuung mit zunehmender Wellenlänge (d. h. geringer werdende Dämpfung) wird bei langen Übertragungsstrecken der Übergang zu höheren Lichtfrequenzen angestrebt (siehe *Dispersion des Lichtes*).

Literatur

[1] VINSON, J. F.: Optische Kohärenz. WTB. Nr. 85. – Berlin: Akademie-Verlag 1971. (Übers. aus d. Franz.)
[2] BORN, M.: Optik. 2. Aufl. – Berlin/Heidelberg/New York: Springer-Verlag 1965.
[3] BORN, M.; WOLF, E.: Principles of Optics (Prinzipien der Optik). – Oxford: Pergamon Press 1968.
[4] POHL, R. W.: Optik und Atomphysik. – Berlin/Göttingen/Heidelberg: Springer-Verlag 1963.
[5] VAN DE HULST, H.C.: Light Scattering by Small Particles (Lichtstreuung an kleinen Teilchen). – New York: John Wiley & Sons 1957.
[6] ZUEV, V. E.: Laser sounding of atmosphere (Laser-Abtastung der Atmosphäre). 5. Vavilov-Konferenz über nichtlineare Optik. Novosibirsk 1977.
[7] ANGUS, J. C.; MORROW, D. L.; DUNNING, J. W.; FRENCH, M.J.: Motion measurement by laser Doppler techniques (Bewegungsmessungen mit Hilfe des Doppler-Effektes). Ind. engng. Chem. **61** (1969) 2, 8–20.
[8] Brockhaus ABC Physik. – Leipzig: VEB F. A. Brockhaus Verlag 1972.
[9] GLASER, W.: Lichtleitertechnik. – Berlin: VEB Verlag Technik 1981.

Kohärente optische Transient-Effekte

Die Untersuchung dieser Effekte wurde durch die Verwendung intensiver Impuls-Lichtquellen möglich. Im optischen Bereich wurden erstmals beobachtet die selbstinduzierte Transparenz von S. L. McCall und E. L. Hahn 1967 [1, 2], das Photonenecho von N. A. Kurnit, I. D. Abella und S. R. Hartmann 1964 [3], die optische Nutation von G. B. Hocker und C. L. Tang 1968 [4], der freie Induktionszerfall 1971 von R. G. Brewer und R. L. Shoemaker [5, 6] und das schnelle adiabatische Passieren 1970 von D. Grischkowsky [7]. Diese Effekte eignen sich u. a. dazu, um Relaxationsprozesse in Festkörpern und Gasen detaillierter studieren zu können.

Sachverhalt

Die kohärenten Transient-Effekte ergeben sich theoretisch aus speziellen Lösungen der Maxwell-Bloch-Gleichungen infolge Wechselwirkung von Strahlungsfeldimpulsen mit Zwei- (oder auch Drei-) Niveau-Systemen. Experimentell wurden sie in der Regel zuerst im Radiofrequenzbereich in Spin-Systemen entdeckt (siehe z. B. [8]). Im optischen Frequenzbereich wurden sie nach 1960 unter Verwendung geeigneter Laser realisiert [9]. Eine wichtige Voraussetzung für das Auftreten dieser Klasse von Effekten ist die kohärente resonante Wechselwirkung monochromatischer Strahlung mit atomaren bzw. molekularen Systemen, dies bedeutet, daß die Phasenrelaxationszeit groß im Vergleich zum Beobachtungszeitraum sein muß.

Selbstinduzierte Transparenz (SIT). SIT bedeutet, daß kurze, intensive, kohärente Laserimpulse unter bestimmten Bedingungen in resonanten absorbierenden Medien nicht absorbiert werden. Während ein Impuls mit einer Fläche $\Theta_0 < \pi$ absorbiert wird, bildet sich bei Ausbreitung eines Ausgangsimpulses mit $\pi < \Theta_0 < 3\pi$ im Medium ein 2π-Impuls mit einer sech-Form heraus [9]. Bei Impulsen mit $\Theta_0 > 3\pi$ ist eine Zerlegung in mehrere 2π-Impulse zu beobachten [10]. Diese 2π-Impulse haben eine stationäre Form und Größe, sie breiten sich in Absorbern langsamer, in invertierten Medien schneller als die Phasengeschwindigkeit des Lichtes aus. Als nichtlineare Medien werden neben Festkörpern (mit flüssigem Helium gekühlter Rubinstab [1]) auch Metalldämpfe (Rubidium [11]) oder molekulare Gase (SF_6 [12]) verwendet. Im Unterschied zu den folgenden vier Effekten bildet sich die SIT erst durch die Ausbreitung des Impulses in einem Medium heraus.

Photonenecho. Dieses Phänomen ist bei inhomogen verbreiterten Übergängen zu beobachten. Mit einem $\pi/2$-Impuls wird dem Medium eine makroskopische Polarisation aufgeprägt, die jedoch nach Impulsende infolge des Auseinanderlaufens der Phasen der einzelnen Oszillatoren schnell abklingt. Mit einer Verzögerung von T nach dem ersten Impuls sorgt ein π-Impuls für die Phasenumkehr der einzelnen schwingenden Dipole, so daß sich die Zeit T später wieder eine makroskopische Polarisation herausbildet, die durch die emittierte Strahlung (Echo-Effekt) nachgewiesen werden kann [9]. Das Echo-Signal ist dabei dem Quadrat der wechselwirkenden Teilchen proportional.

Optische Nutation (ON). Hier werden durch einen intensiven stufenförmigen Lichtimpuls die resonanten Atome zu synchronen Rabi-Oszillationen (Nutation des Bloch-Vektors) veranlaßt, was zu periodischer Absorption und Emission führt. Bei vorhandener inhomogener Verbreiterung erfährt das Nutationssignal eine Dämpfung [9] (Einfluß nichtresonanter Atome). Häufig ist es bei polaren Molekülen günstiger, eine kontinuierliche Strahlungsquelle zu verwenden und mittels Stark-Effekt die molekularen Niveaus in Resonanz zu bringen („Stark switching" [6]).

Freier Induktionszerfall (FID – „Free Induction Decay"). Wird ein elektrisches Feld, welches die Molekülniveaus in Resonanz mit einem stationären Strahlungsfeld gebracht und somit zu einer ON geführt hat, plötzlich ausgeschaltet, so entsteht danach eine Schwebung im Absorptionsverhalten (FID), da die Moleküle mit ihrer Eigenfrequenz weiterschwingen. Die Schwebungsfrequenz ist gleich der Stark-Verschiebung. Bei inhomogener Verbreiterung sind diese Schwebungen gedämpft, sie klingen mit der inversen Rabi-Frequenz ab [9]. Waren die Moleküle vor dem Ausschalten des elektrischen Feldes einer resonanten Strahlungseinwirkung mit einer Fläche von mehr als 2π ausgesetzt, ist die Einhüllende dieser gedämpften Schwebungen oszillationsartig moduliert („Oscillatory FID" [13]).

Schnelles adiabatisches Passieren („Adiabatic Rapid Passage" – ARP). Befindet sich ein Zwei-Niveau-System anfangs im Grundzustand und wird die Frequenz einer zu Beginn nichtresonanten Strahlung über die Übergangsfrequenz hinweggestimmt, wobei der Bloch-Vektor nur in einem sehr schmalen Kegel um die Rabi-Frequenz präzessiert (ARP), so wird als Ergebnis der Bloch-Vektor um 180° gedreht und eine vollständige Inversion erzielt [9].

Transient-Effekte bei Zwei-Photonen-Übergängen. Bei Zwei-Quanten-Übergängen in Drei-Niveau-Systemen wurden studiert und experimentell nachgewiesen die SIT [14, 15], das Photonenecho [16], die ON [17], der FID [17, 18] sowie das ARP [19].

Kennwerte, Funktionen

Definition der *Impulsfläche*:
$$\Theta = \frac{2\pi \mu_{12}}{\hbar} \int_{-\infty}^{+\infty} \xi(t)\, dt, \quad (1)$$

$\xi(t)$ – Feldstärkeamplitude der Strahlung, μ_{12} – Dipolübergangsmatrixelement zwischen den Niveaus „1" und „2", $\hbar$ – Plancksche Konstante.

Impulsform eines sich infolge SIT herausbildenden stabilen 2π-Impulses:

$$\varepsilon(t) = \frac{\hbar}{\pi \mu_{12} \tau} \operatorname{sech} \frac{t}{\tau} \quad \left(\operatorname{sech} x = \frac{2}{e^x + e^{-x}}\right). \quad (2)$$

Verwendete Impulslängen: Klein gegen Phasenrelaxationszeit T_2 (siehe *optische Sättigungseffekte*);
SIT bei Metalldämpfen [11]: Impulslänge: 5...10 ns, Wechselwirkungslänge: 1...10 mm, Atomdichte: $10^{11}...10^{13}$ Atome/cm³.
ON, FID bei SF_6, CH_3F, NH_2D [4, 6]:
Laserstrahlleistungsdichte: 100...300 W/cm², ON-Periode: ca. 500 ns, FID-Schwebungsperiode: ca. 100 ns, Dauer des FID-Signals: ca. 1 µs,
ARP-Bedingung [7]:

$$\frac{2\pi \mu_{12} \xi}{h T_2} \ll \frac{d \Delta(t)}{dt} \ll \left(\frac{2\pi \mu_{12} \xi}{h}\right)^2 + \Delta^2(t), \quad (3)$$

$\Delta(t)$ – zeitabhängige Resonanzverstimmung.

Anwendungen

Impulsverkürzung mittels SIT in absorbierenden Medien. Ein Impuls mit $\Theta_0 \lesssim 3\pi$ wird bei Ausbreitung in einem passiven Absorber in einen 2π-Impuls verwandelt und dabei verkürzt. (Die Absorption ist mit maximal 10% vernachlässigbar.) Anschließend wird mittels Fokussierung die Intensität erhöht, so daß wieder $\Theta_0 \lesssim 3\pi$ gilt; das Medium wird erneut durchlaufen usw. So konnte durch mehrmaligen Durchlauf eine Impulsverkürzung von etwa einer Größenordnung erzielt werden [20].

Erzielung hoher Frequenzauflösungen durch Photonenecho. Während konventionellerweise das Auflösungsvermögen im relaxationsfreien Fall durch die inverse Impulsdauer bestimmt wird, ist es beim Photonenecho von der Größenordnung T^{-1} (T – Zeit zwischen den Impulsen), d. h., das gleiche Auflösungsvermögen kann hier mit wesentlich kürzeren Impulsen erzielt werden ($\tau \ll T$).

Beispielsweise konnte ein relatives Auflösungsvermögen von $1,2 \cdot 10^{11}$ erzielt werden, bei den Kristallen $YAlO_3:Pr^{3+}$ wurde die homogene Linienbreite zu 2 kHz und bei $La:Pr^{3+}$ zu 5 kHz bestimmt [21].

Bestimmung des Typs des Rotationsüberganges in Gasen. Infolge der Entartung bezüglich der magnetischen Quantenzahl treten verschiedene Rabi-Frequenzen auf, so daß aus dem ON- und auch FID-Signal Übergänge im P, R- von denen im Q-Zweig unterscheidbar sind, bei kleinen Rotationsquantenzahlen können diese auch bestimmt werden [22]. Außerdem kann beim FID eine hohe Nachweisempfindlichkeit erzielt werden, wenn zwischen rechts und links zirkularer Polarisation hin und her geschaltet wird („Polarization switching" – PFID [23]). Ein ähnliches Verhalten ist auch beim Photonenecho anzutreffen, wenn für die Impulse verschieden polarisiertes Licht verwendet wird [24].

ARP zur Inversionserzeugung. Während bei vollständiger resonanter Anregung des oberen Niveaus mittels π-Impuls die erforderliche Energie vom Übergangsdipolment des betreffenden Übergangs abhängig ist, braucht bei ARP Intensität und Durchstimmgeschwindigkeit nur einer Ungleichung zu genügen (siehe Kennwerte, Funktionen). Beim Durchstimmen der Anregungsfrequenz über einen inhomogen verbreiterten Übergang kann der obere Zustand vollständig besetzt werden; dies wurde experimentell z. B. durch „Starkswitching" bei NH_3-Dämpfen nachgewiesen [25].

Spektroskopie innerhalb der homogenen Linienbreite. Das Photonenecho-Signal ist exponentiell gedämpft, die Dämpfungskonstante beträgt T_2^{-1}. Bei ausreichender Empfindlichkeit sind Frequenzaufspaltungen, die kleiner als T_2^{-1} sind, bei Variation von T aus der Modulation der Echo-Amplitude erkennbar [26, 27].

Bestimmung von Relaxationsraten mittels Photonen-Echo. Durch Änderung der Impulsverzögerung T ist aus dem exponentiellen Dämpfungsverhalten die Phasenrelaxationszeit T_2 sehr genau bestimmbar [28]. Wendet man die Technik der sogenannten Carr-Purcell-Echos an, d. h., nimmt man eine größere Zahl von Impulsen, so kann man auch die Energierelaxationszeit T_1 und in molekularen Gasen den Einfluß von elastischen geschwindigkeitsändernden Stößen bestimmen [29, 30].

Literatur

[1] Mc Call, S. L.; Hahn, E. L.: Self-induced transparency by pulsed coherent light (Selbstinduzierte Transparenz durch kohärente Lichtimpulse). Phys. Rev. Letters **18** (1967) 21, 908–911.

[2] Mc Call, S. L.; Hahn, E. L.: Self-induced transparency (Selbstinduzierte Transparenz). Phys. Rev. **183** (1969) 2, 457–485.

[3] Kurnit, N. A.; Abella, I. D.; Hartmann, S. R.: Observation of a photon echo (Beobachtung eines Photonen-Echos). Phys. Rev. Letters **13** (1964) 19, 567–568.

[4] Hocker, G. B.; Tang, C. L.: Observation of the optical transient nutation effect (Beobachtung des optischen Transient-Nutationseffektes). Phys. Rev. Letters **21** (1968) 9, 591–594.

[5] BREWER, R. G.; SHOEMAKER, R. L.: Photon echo and optical nutation in molecules (Photonenecho und optische Nutation in Molekülen). Phys. Rev. Letters 27 (1971) 631–634.

[6] BREWER, R. G.; SHOEMAKER, R. L.: Optical free induction decay (Optischer freier Induktionszerfall). Phys. Rev. A6 (1972) 6, 2001–2007.

[7] GRISCHKOWSKY, D.: Self-focusing of light by potassium vapor (Selbstfokussierung von Licht in Kaliumdämpfen). Phys. Rev. Letters 24 (1970) 16, 866–869.

[8] HAHN, E. L.: Spin echoes (Spin-Echos). – Phys. Rev. 80 (1950) 4, 580–594.

[9] ALLEN, L.; EBERLY, J. H.: Optical Resonance and Two-Level Atoms (Optische Resonanz und Zwei-Niveau-Atome). – New York/London/Sydney/Toronto: John Wiley & Sons 1975.

[10] LAMB, JR., G. L.: Propagation of ultrashort optical pulses (Ausbreitung ultrakurzer Lichtimpulse). Phys. Letters 25A (1967) 3, 181–182.

[11] GIBBS, H. M.; SLUSHER, R. E.: Peak amplification and breakup of a coherent optical pulse in a simple atomic absorber (Maximum-Verstärkung und Abbruch eines kohärenten optischen Impulses in einem einfachen Absorber). Phys. Rev. Letters 24 (1970) 12, 638–641.

[12] PATEL, C. K. N.; SLUSHER, R. E.: Self-induced transparency in gases (Selbstinduzierte Transparenz in Gasen). Phys. Rev. Letters 19 (1967) 18, 1019–1022.

[13] SCHENZLE, A.; WONG, N. C.; BREWER, R. G.: Oscillatory free-induction decay (Oszillierender freier Induktionszerfall). Phys. Rev. A21 (1980) 3, 887–895.

[14] BELENOV, E. M.; POLUEKTOV, I. A.: Kogerentnyie effekty pri rasprostranenii ultrakorotkovo impulsa sveta v srede s dvuchfotonnym rezonansnym pogloščenyem (Kohärente Effekte bei Ausbreitung eines ultrakurzen Lichtimpulses in einem Medium mit resonanter Zwei-Photonen-Absorption). Ž. èksper. teor. Fiz. 56 (1969) 4, 1407–1411.

[15] GVARDŽALADSE, T. L.; GRASYOUK, A. Z.; KOVALENKO, V. A.: Samoprosračnost v arsenide galliya pri douchfotonnom vsaimodeystvii s ultrakorotkym svetovym impulsom (Selbstinduzierte Transparenz in Galliumarsenid bei Zwei-Photonen-Wechselwirkung mit einem ultrakurzen Lichtimpuls). Ž. èksper. teor. Fiz 64 (1973) 2, 446–452.

[16] FLUSBERG, A.; MOSSBERG, T.; KACHRU, R.; HARTMANN, S. R.: Observation and relaxation of the two-photon echo in Na vapor (Beobachtung und Relaxation des Zwei-Photonen-Echos im Na-Dampf). Phys. Rev. Letters 41 (1978) 5, 305–308.

[17] LOY, M. M. T.: Measurement of two-photon relaxation time by Stark switching (Messung der Zwei-Photonen-Relaxationszeit mittels Stark-Effekt-Schaltung). Phys. Rev. Letters 39 (1977) 4, 187–190.

[18] LIAO, P. F.; BJORKHOLM, J. E.; GORDON, J. P.: Observation of two-photon optical free-induction decay in atomic sodium vapor (Beobachtung des Zwei-Photonen-optischen-freien Induktionszerfalls im atomaren Natriumdampf). Phys. Rev. Letters 39 (1977) 1, 15–18.

[19] GRISCHKOWSKY, D.; LOY, M. M. T.; LIAO, P. F.: Adiabatic following model for two-photon transitions: Nonlinear mixing and pulse propagation (Modell des adiabatischen Passierens für Zwei-Photonen-Übergänge: Nichtlineare Mischung und Impulsausbreitung). Phys. Rev. A12 (1975) 6, 2514–2533.

[20] GIBBS, H. M.; SLUSHER, R. E.: Optical pulse compression by focusing in a resonant absorber (Optische Impulsverkürzung durch Fokussieren in einen resonanten Absorber). Appl. Phys. Letters 18 (1971) 11, 505–507.

[21] MACFARLANE, R. M.; SHELBY, R. M.; SHOEMAKER, R. L.: Ultrahigh-resolution spectroscopy. Photon echos in $YAlO_3:Pr^{3+}$ and $LaF_3:Pr^{3+}$ (Spektroskopie extrem hoher Auflösung: Photonenechos in $YAlO_3:Pr^{3+}$ und $LaF_3:Pr^{3+}$). Phys. Rev. Letters 43 (1979) 23, 1726–1730.

[22] ALEKSEEV, A. I.; BASHAROV, A. M.: Optical nutation and free induction in degenerate systems (Optische Nutation und freie Induktion in entarteten Systemen). J. Phys. B: At. Mol. Phys. 15 (1982) 4269–4282.

[23] LEVENSON, M. D.: Coherent optical transients observed by polarization switching (Kohärente optische Transient-Effekte, die bei Polarisationsumschaltung beobachtet wurden). Chem. Phys. Letters 64 (1979) 3, 495–498.

[24] GORDON, J. P.; WANG, C. H.; PATEL, C. K. N.; SLUSHER, R. E.; TOMLINSON, W. J.: Photon echoes in gases (Photonenechos in Gasen). Phys. Rev. 179 (1969) 2, 294–309.

[25] LOY, M. M. T.: Observation of population inversion by optical adiabatic rapid passage (Beobachtung einer Besetzungsinversion durch optisches schnelles adiabatisches Passieren). Phys. Rev. Letters 32 (1974) 814–817.

[26] GRISCHKOWSKY, D.; HARTMANN, S. R.: Behavior of electron-spin echoes and photon echoes in high fields (Verhalten von Elektronenspin-Echos und Photonenechos in starken Feldern). Phys. Rev. B2 (1970) 1, 60–74.

[27] CHEN, Y. C.; CHIANG, K.; HARTMANN, S. R.: Photon echo relaxation in $LaF_3:Pr^{3+}$ (Photonen-Echo-Relaxation in $LaF_3:Pr^{3+}$). Optics Commun. 29 (1979) 2, 181–185.

[28] PATEL, C. K. N.; SLUSHER, R. E.: Photon echoes in gases (Photonenechos in Gasen). Phys. Rev. Letters 20 (1968) 20, 1087–1089.

[29] SCHMIDT, J.; BERMAN, P. R.; BREWER, R. G.: Coherent transient study of velocity-changing collisions (Kohärentes Transient-Studium der geschwindigkeitsändernden Stöße). Phys. Rev. Letters 31 (1973) 18, 1103–1106.

[30] BERMAN, P. R.; LEVY, J. M.; BREWER, R. G.: Coherent optical transient study of molecular collisions: Theory and observations (Kohärentes optisches Transient-Studium von molekularen Stößen: Theorie und Beobachtungen). Phys. Rev. A11 (1975) 5, 1668–1688.

Photographische Effekte

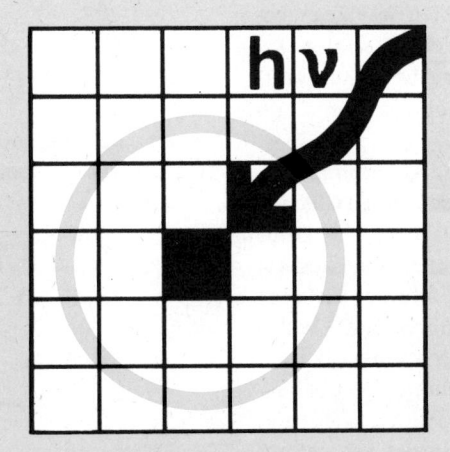

Absorption und Lichtstreuung in der photographischen Schicht

Mangels Kenntnis der tatsächlichen Zusammenhänge bei der Wechselwirkung des Lichtes mit den Silberhalogenidkörnern der photographischen Schicht ging man früher von der Annahme der Gültigkeit des Beerschen Gesetzes aus, d. h. von einer exponentiellen Abnahme der Bestrahlungsstärke im Innern der Schicht mit zunehmender Schichttiefe. Später versuchte man, das Problem durch Anwendung der Transporttheorie auf die Energietransportvorgänge in der photographischen Schicht zu lösen. Dabei erkannte METZ die entscheidende Bedeutung der Grenzflächeneffekte für die Ausbildung der tatsächlichen wirksamen Bestrahlungsstärkeverteilung in der Schicht. Seine auf die Eddington-Milne-Näherung der Transportgleichung und Monte-Carlo-Rechnungen zum Energietransport in der Schicht gegründete Theorie erklärt sowohl die tatsächliche *Tiefenverteilung der Belichtung* in der Schicht als auch die *Verteilung der effektiven Belichtung im Diffusionslichthof* (siehe *Lichthof*) [1].

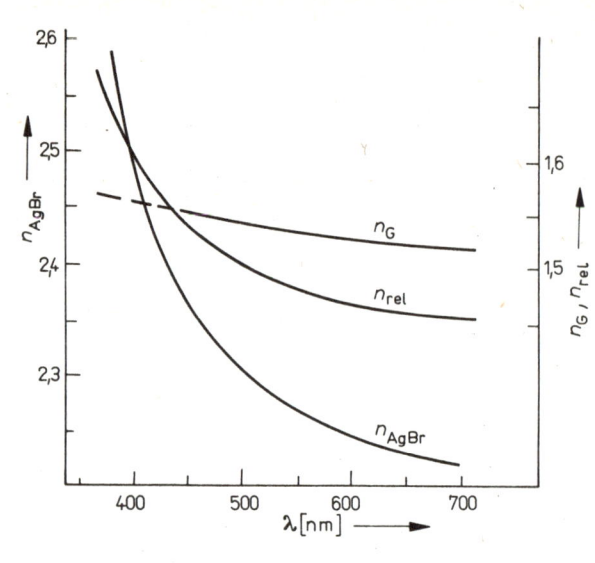

Abb. 1 Brechungsindex von AgBr und Gelatine und relativer Brechungsindex (nach [2]).

Sachverhalt

Die Wechselwirkung eines bei der Belichtung einfallenden Photons mit der photographischen Schicht besteht in einer Folge von zufälligen Ereignissen. Ob und an welchem Ort das Photon nach seinem Eintritt in die Schicht erstmals auf ein Silberhalogenidkorn stößt, ist eine Frage der mittleren freien Weglänge (gegeben als Kehrwert des Extinktionskoeffizienten K_e) des Photons in der Schicht. Von der Absorptionswahrscheinlichkeit α hängt es dann ab, ob das Photon absorbiert oder gestreut wird.

Der relative, auf die geometrische Querschnittsfläche des Kornes bezogene Streuquerschnitt Q_s läßt sich nach der Streutheorie von MIE aus dem Verhältnis von Korndurchmesser d zur Lichtwellenlänge λ sowie aus den Brechzahlen des Kornes n und der Gelatine n_G berechnen (Abb. 1). Er ist maßgeblich für die Wahrscheinlichkeitsverteilung $i(\vartheta)$ der Streuwinkel bei der Streuung am Einzelkorn (= elementare Streuindikatix). Nach dem Streuakt legt das Photon wiederum eine durch K_e beeinflußte Strecke in der Schicht zurück bis zur nächsten Kollision mit einem Korn usw. bis es schließlich entweder von irgendeinem Korn in der Schicht absorbiert worden ist oder die Schicht durch eine ihrer beiden Grenzflächen verlassen hat.

In der Praxis ist die Anzahl der einfallenden Photonen stets außerordentlich hoch ($\sim 10^9/mm^2$ und mehr). Die räumliche Verteilung der Absorptionsorte aller so zur Absorption gelangten Photonen ist, ebenso

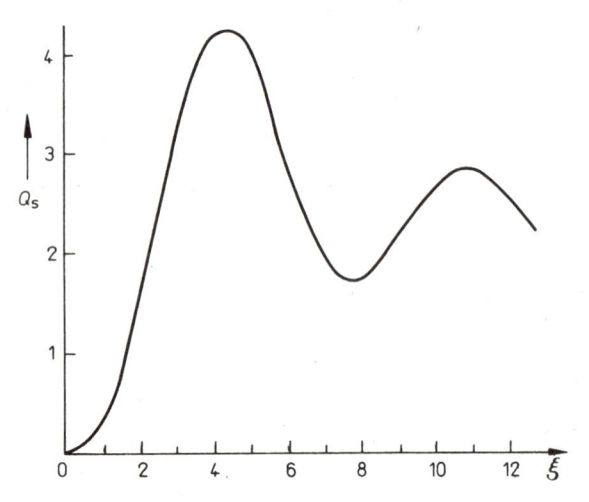

Abb. 2 Relativer Streuquerschnitt als Funktion des Teilchengrößenparameters nach Gl. (2); (nach [2]).

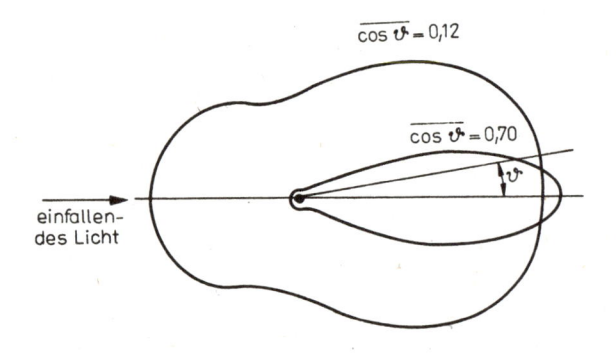

Abb. 3 Die beiden repräsentativen Streuindikatrices (nach [2]).

wie die die Einzelergebnisse bestimmenden Wahrscheinlichkeiten, für die jeweilige Schicht charakteristisch (*Tiefenverteilung, Punkt-* bzw. *Linienbildfunktion*).

Durch die Mehrfachstreuung und den Einfluß der Grenzfläche kommt es zu zwei bemerkenswerten Effekten:

a) Jedes Photon wird den Körnern der Schicht wiederholt zur Absorption angeboten. Bei gleicher Absorptionswahrscheinlichkeit α ist eine Schicht also um so empfindlicher, je mehr Streuakte im Mittel je Photon auftreten. Hieraus erklärt sich das Auftreten von Werten > 1 der relativen Tiefenverteilung $e(z)$ der Bestrahlungsstärke (Abb. 5).

b) Ein Teil der gestreuten Photonen verläßt die Schicht wieder nach außen, ohne daß von dort Streulicht zurückkommen könnte. Dadurch wird die Bestrahlungsstärke örtlich abgesenkt, so daß sich ihr Maximum nicht direkt unter der Schichtoberfläche, sondern ein Stück tiefer befindet (vgl. Abb. 5).

Kennwerte, Funktionen

Die Vorgänge bei der Absorption und Lichtstreuung in der photographischen Schicht, quantitativ bestimmt durch die drei *optischen Konstanten* K_e, α und $\overline{\cos \vartheta}$, sind einer direkten Messung nicht zugänglich. BODE und REUTHER [2] konnten jedoch die Zusammenhänge zwischen den optischen Konstanten und den Emulsions- und Schichtparametern weitgehend aufklären. (Weitere Angaben siehe auch [1,3]).

Der Extinktionskoeffizient K_e. In photographischen Silberhalogenid-Gelatineschichten ist der Streukoeffizient K_s sehr viel größer als der Absorptionskoeffizient K_a. Deshalb gilt näherungsweise:

$$K_e = \frac{3p}{2\varrho_{AgX}} \cdot \frac{Q_s}{\overline{d}} \qquad (1)$$

mit p = Packungsdichte und ϱ_{AgX} = Dichte des Silberhalogenids in der Schicht und $\overline{d}$ = Durchmesser der dem mittleren Kornvolumen gleichen Kugel. Abbildung 2 zeigt den Zusammenhang des Streuquerschnittes Q_s mit den Emulsionsparametern in Form eines zusammengefaßten Teilchengrößenparameters

$$\xi = 2\pi \frac{d}{\lambda} \cdot (n - n_G) . \qquad (2)$$

Der Anisotropieparameter $\overline{\cos \vartheta}$. Nach BODE und REUTHER [2] genügt es, zwischen den zwei folgenden Fällen zu unterscheiden (Abb. 3):

a) überwiegend isotrope Streuung am Einzelkorn, beschreibbar mit $\overline{\cos \vartheta} = 0{,}70$, zutreffend für $\overline{d} > 0{,}3 \lambda$;

b) überwiegend anisotrope Streuung am Einzelkorn, beschreibbar mit $\overline{\cos \vartheta} = 0{,}12$, zutreffend für $\overline{d} < 0{,}3 \lambda$.

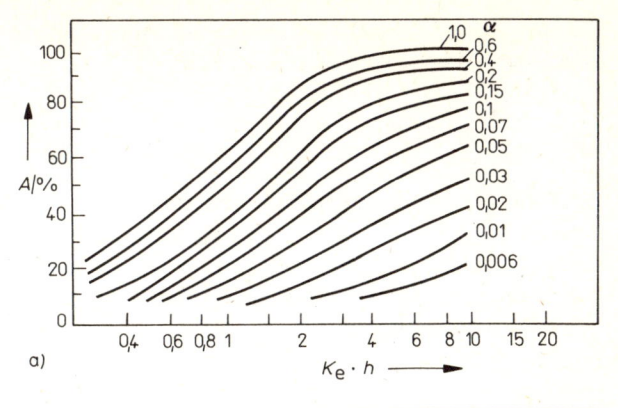

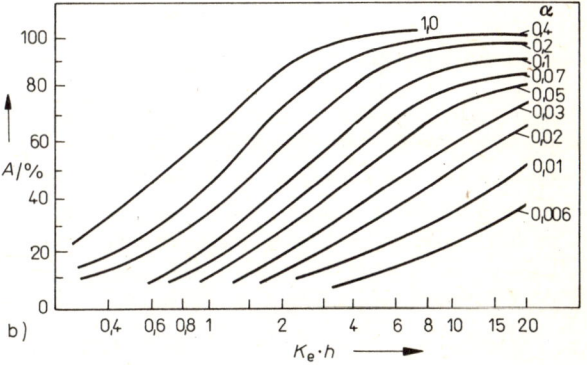

Abb. 4 Absorption als Funktion der Extinktion, Parameter ist die Absorptionswahrscheinlichkeit α
a) Kurvenschar zur α-Bestimmung für Schichten mit $d < 0{,}3 \lambda$,
b) Kurvenschar zur α-Bestimmung für Schichten mit $d > 0{,}3 \lambda$; (nach [2]).

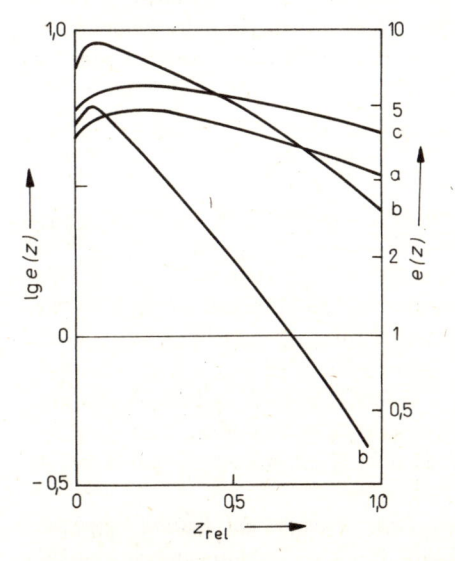

Abb. 5 Tiefenverteilung der relativen Bestrahlungsstärke $e(z)$ in der Schicht
(Würfelförmige AgBr-Körner mit 0,35 μm Kantenlänge)
a) $\lambda = 436$ nm: Auftrag = 2 g Ag/m²;
b) $\lambda = 436$ nm: Auftrag = 10 g Ag/m²;
c) $\lambda = 546$ nm: Auftrag = 2 g Ag/m²;
d) $\lambda = 546$ nm: Auftrag = 10 g Ag/m²;
(nach METZ [1]).

Absorptionswahrscheinlichkeit α. Über die Abhängigkeiten der Absorptionswahrscheinlichkeit

$$\alpha = \frac{K_a}{K_a + K_s} = \frac{K_a}{K_e} \qquad (3)$$

für die beiden genannten Fälle des Anisotropieparameters siehe Abb. 4. Der (ohne Reflexionslichthofschutz gemessene) Absorptionsgrad A hängt dabei mit dem Remissionsgrad R und dem Transmissionsgrad T folgendermaßen zusammen:

$$A + R + T = 1. \qquad (4)$$

Anwendungen

Bestimmung der optischen Konstanten. Hierzu nutzt man die zwischen der Streulichtverteilung im Innern der Schicht und den meßbaren optischen Eigenschaften der Schicht, Remissionsgrad R, Transmissionsgrad T, parallele Transparenz $T^{\|}$ (Meßstrahlengänge wie bei *Körnung und Körnigkeit*, Abb. 1; siehe daselbst) sowie der Schichtdicke bestehenden Beziehungen.

Für die Bestimmung von K_e benötigt man den Wert der parallelen Transparenz und die Schichtdicke h:

$$K_e = -\frac{\ln T^{\|}}{h}. \qquad (5)$$

Mit K_e sowie A aus Gl. (4) läßt sich dann α aus den Diagrammen Abb. 4 ablesen.

Zur Gewinnung eines konkreten Wertes des Anisotropieparameters empfiehlt sich folgendes Vorgehen: Bestimmung der Größe α^* mit Hilfe des entsprechenden Diagramms von METZ [1] und anschließende Berechnung nach

$$\overline{\cos \vartheta} = \frac{1 - \alpha/\alpha^*}{1 - \alpha}. \qquad (6)$$

Bei allem kommt es auf korrekte Berücksichtigung der Grenzflächenbedingungen sowohl bei der Messung (meist Fresnel-Reflexion an beiden Grenzflächen) als auch für den Anwendungsfall (meist mit Reflexionslichthofschutz) an.

Physikalische Optimierung photographischer Schichten (siehe *Helligkeitswiedergabe*). Für genauere Optimierungsrechnungen ist die exakte Kenntnis der Lichtverteilung in der Schicht (Tiefenverteilung, Lichthof) erforderlich.

Berechnung der Tiefenverteilung der Bestrahlungsstärke. Hierfür sind Monte-Carlo-Rechnungen zweckmäßig [1]. Ergebnisse siehe Abb. 5. Prinzipiell ist die Berechnung auch für Mehrschichtenfilme möglich.

Direkte Berechnung von Linienbildfunktion (siehe *Lichthof*) *und MÜF der Lichtstreuung* (siehe *photographische Modulationsübertragung*) mittels Monte-Carlo-Rechnung [1,4–7]. Die Methode ist auch für Mehrschichtenfilme anwendbar [8]. Eine andere Berechnungsmethode führt über eine Berechnung der Isophoten zur Linienbildfunktion [9].

Berechnung der Parameter ϱ und k der Linienbildfunktion bzw. der MÜF der Lichtstreuung. Mit den optischen Konstanten (siehe oben) gelten folgende Zusammenhänge [1]:

$$\varrho = \frac{\alpha^*}{A}\left(1 - e^{-K_e^* h}\right) \text{ mit } K_e^* = K_e \frac{\alpha}{\alpha^*}, \qquad (7)$$

$$k = \frac{2 \ln 10}{K_e^* \sqrt{1-\alpha^*}} \sqrt{\frac{1-\varrho}{3\varrho}}. \qquad (8)$$

Wissenschaftliche Untersuchungen zur Absorption und Lichtstreuung am Einzelkorn siehe [10,11].

Literatur

[1] METZ, H.-J., Diplomarbeit. IWP der TH München 1964; Dissertation. TH Aachen 1968; Photogr. Korresp. **106** (1970) 37, 55, 69.
[2] BODE, A.; REUTHER, R., J. Signal AM **2** (1974) 229.
[3] KLEIN, E., Photogr. Korresp. **93** (1957) 51.
[4] DE BELDER, M. et al., J. Opt. Soc. Amer. **55** (1965) 1261.
[5] WOLFE, R.N. et al., J. Opt. Soc. Amer. **58** (1968) 1245.
[6] DE PALMA, J.J.; GASPER, J., Phot. Sci. Engng. **16** (1972) 181.
[7] BODE, A.; REUTHER, R., J. Signal AM **3** (1975) 45.
[8] LINKE, P., Diplomarbeit. TU Dresden, Sektion Physik 1973.
[9] SCHARF, M., Internat. Congr. Phot. Sci. Dresden 1974, 3/07.
[10] SCHINZ, P., Dissertation. TU Dresden 1977.
[11] SOLMAN, L.R., J. Phot. Sci. **31** (1983) 114.

Belichtungseffekte

Als Belichtungseffekte bezeichnet man zusammenfassend alle Abweichungen von der Reziprozitätsregel bei photographischen Materialien, die unter komplexeren Belichtungsbedingungen auftreten, als der eigentliche Reziprozitätsfehler (siehe *Schwarzschild-Effekt*). Die meisten photographischen Belichtungseffekte sind seit langem bekannt. Dennoch gelten die Fragen des Wirkungsmechanismus teilweise als noch nicht endgültig geklärt.

Sachverhalt (Systematik nach [1])

Sensibilisierungseffekte. Sensibilisierung (abgek.: Sens.) bedeutet hier eine irgendwie bewirkte *Empfindlichkeitssteigerung* (entsprechend einer Linksverschiebung der Schwärzungskurve nach Abb. 1). Man unterscheidet nach Abfolge der Verfahrensschritte zwischen:

a) *Hypersensibilisierung*: Sens. durch *Vor*belichtung oder *Vor*behandlung der photographischen Schicht vor der Aufnahme, (nicht verwechseln: gleichnamiges Verfahren bei der spektralen Sensibilisierung),

b) *Latensifikation*: Sens. durch *Nach*belichtung oder *Nach*behandlung der photographischen Schicht zwischen Aufnahme und Entwicklung.

Desensibilisierungseffekte. Desensibilisierung (abgek.: Des.) bedeutet hier eine irgendwie bewirkte *Empfindlichkeitsverminderung* (entsprechend einer Rechtsverschiebung der Schwärzungskurve nach Abb. 1). Durch die Des. kann es zu Schwärzungsverminderungen bis zur vollständigen *Bildumkehr*, d. h. zur Erzeugung eines photographischen Positivs anstatt des normalerweise entstehenden Negativs, kommen.

Einen Bezug zu den Sensibilisierungseffekten (siehe oben) stellt die (nur grob gültige) Regel von WOOD her, wonach zwei nacheinander einwirkende Agentia aus der Reihe „scherender Druck – Röntgenstrahlung – Lichtblitze – normales Licht" eine Des. bewirken, wenn das erste Agens in dieser Reihe vor dem zweiten steht bzw. eine Sens. im umgekehrten Fall. (Mechanischer Druck kann ebenso wie Belichtung Silberhalogenidkörner entwickelbar machen).

Latentbildabbaueffekte. Im Unterschied zu den vorigen wird hier nicht die Erzeugung des latenten Bildes beeinflußt, sondern ein vorgegebenes Latentbild *abgebaut*, wodurch ebenfalls *Bildumkehr* möglich ist. Die Übergänge zu Desensibilisierungseffekten sind z. T. fließend.

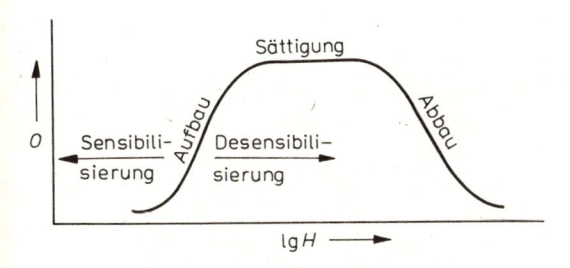

Abb. 1 Erläuterung der Belichtungseffekte anhand der Schwärzungskurve einer solarisierenden Schicht (frei nach [26]).

Kennwerte, Funktionen

Auf quantitative Angaben über Größe der Effekte muß hier verzichtet werden, weil die dazu führenden Bedingungen in jedem Fall entschieden zu speziell sind. Die folgenden Tabellen enthalten qualitative Angaben über die Bedingungen, unter denen die verschiedenen Effekte auftreten.

Tabelle 1 Sensibilisierungseffekte

Wesentliche Voraussetzung	Behandlung		Belichtung	Auswirkung	Effektname
blauempfindliche Auskopieremulsion	aktinische Vorbelichtung (auch Röntgenbestrahlung) oder: Einbringen von kolloidalem Ag in das Korn		inaktinische Zweitbelichtung	spektrale Sens. der Schicht durch die Vorbehandlung	*Becquerel-Effekt*
—	Erstbelichtung:	unterschwellig t kurz[1] E hoch	normale bildmäßige Belichtung	Hypersensibilisierung bzw. Latensifikation der Schicht	*Weinland-Effekt* (=Sublatentbildeffekt)
	Vor- oder Nachbehandlung mit	Wasser			*Wassereffekt*
		anderen[2] Substanzen			*Russel-Effekte*

[1] t = Bestrahlungsdauer, E = Bestrahlungsstärke bzw. Beleuchtungsstärke
[2] z. B. Hg, NH_3, H_2O_2, Au-Salze und andere anorganische und organische Verbindungen

Tabelle 2   Desensibilisierungseffekte

Wesentliche Voraussetzung	Erstbelichtung	Zwischenbehandlung	Zweitbelichtung	Entwicklung	Auswirkung	Effektname
reiner Cl.-E.: Erstbelichtung unterschwellig	t sehr kurz E sehr hoch	—	t lang E niedrig	normal	Umkehr, wenn Erstbelichtg. bildmäßig	*Clayden-Effekt*
solarisierende Schicht	t lang, bis zur Schulter der Schwärzungskurve		t kurz, E hoch oder: Röntgenbestrahlung oder: t lang bei Tieftemperatur		Des., evtl. Umkehr	*Lang-Kurz-Desensibilisierung* (engl.: LID) [2]
—	bildmäßig	Anentwicklung	diffus	während oder nach Zweitb.	partielle oder totale Umkehr	*Sabattier-Effekt*
spez. Schicht mit sehr kl. γ u. D_{max}[1] für normale Entwicklung		Entw. b. pH < 6 oder: Wasser oder: Ag-Salz		normal	totale Umkehr	*Innenbildumkehr* [3], vgl. Abb. 2
—	bildmäßige starke Durchbelicht. der Schicht	Oxydationsmittel [2] („Bleichen")				*Albert-Effekt*
dynamischer Druck scherender Druck		—	bildmäßig		Des., evtl. Umkehr	(Friktionseffekt)
statischer Druck hydraulischer Druck pneumatischer Druck				Korninnenentwicklung	Sens.	*Druckeffekte*

[1] γ = max. Anstieg der Schwärzungskurve, D_{max} = Maximalschwärzung
[2] z. B. Salpetersäure, Chromsäure, Ferricyanid usw.

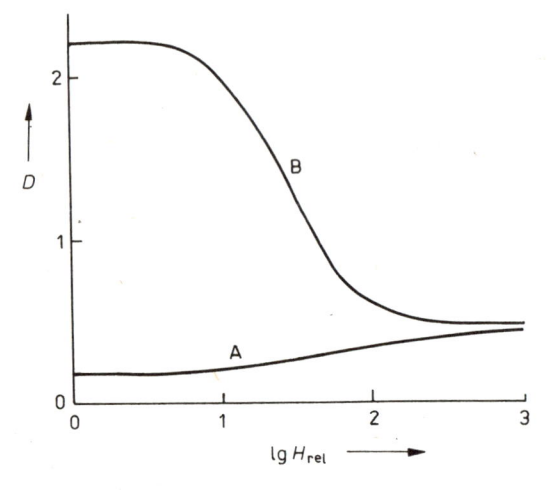

Abb. 2   Innenbildumkehr: A – das flache Negativ der Erstbelichtung, B – Positiv bei diffuser Zweitbelichtung während der Entwicklung (nach [27]).

Anwendungen

Steigerung der Lichtempfindlichkeit (Hypersensibilisierung und Latensifikation [8, 9]; weitgehend überholt).
Gradationswandel in Kopiermaschinen (Weinland-E.).
Auskopierprozeß (Becquerel-E., Clayden-E. [10, 11]).
Erweiterung des photographierbaren Spektralbereiches (Herschel-Effekt, Seebeck-Effekt; überholt).
Umkehrverfahren für Duplizierung und Direktpositiv (Desensibilisierungs- und Latentbildabbaueffekte [12–21]).
Reprotechnik. Subtraktion von Bildern [22], Farbmaskierung [23, 24], Rasterung [25] u. a.

Literatur

[1] FRIESER, H.; HAASE, G.; KLEIN, E.: Die Grundlagen der photographischen Prozesse mit Silberhalogeniden. – Frankfurt a. M.: Akademische Verlagsgesellschaft 1968. Bd. 3. Kapitel 8 (mit ausführlicher Bibliographie).
[2] MAURER, R. E.; YULE, J. A. C., J. Opt. Soc. Amer. 42 (1952) 402.
[3] ARENS, H., Z. wiss. Phot. 44 (1949) 44, 51, 172; 45 (1950) 1.
[4] ARENS, H., Z. wiss. Phot. 32 (1934) 32; 34 (1935) 125.
[5] YULE, J. A. C.; MAURER, R. E., Phot. Sci. Engng. 8 (1964) 289.
[6] FARNELL, G. C.; BIRCH, D. C., J. photogr. Sci. 27 (1979) 145.

Tabelle 3 Latentbildabbaueffekte

Wesentliche Voraussetzung	Erstbelichtung	Zwischen-Behandlung	Zweit-Belichtung	Entwicklung	Auswirkung	Effektname
Abwesenheit von Br-Akzeptoren bei der Belichtung	bildmäßig bis an das Ende des Sättig.-Gebietes		bildmäßig weiter im Abbaugebiet	Entw. mit nur wenig Ag-Hal.-Solvens	totale Umkehr	*Solarisation*
solarisierende Schicht mit $\gamma_h \gg \gamma_n$ $D_{max,h} \gg D_{max,n}$ [1)]	überschwellig $t \leq 1$ s E hoch		$t \geq 1$ s E niedrig			*Intensitätsumkehreffekt* (engl.: LID (!) od. flash-Villard-effect)[4]
—	Röntgen-od. γ-Str., $E \cdot t$ hinreichend groß		weiß oder aktinisch		Schwärzungs-minderung	*Villard-Effekt* [5] (Villard-Abbau, engl.: X-ray-Villard-effect)
	dito, $E \cdot t$ klein	—				*Villard-Desensibilisierung* (engl.: X-ray-Clayden-effect)
Emuls. ohne Zusatz				normal		*Herschel-Effekt* [6, 7]
Oxydationsmittelzusatz in Emuls.			inaktinisch			sensibilisierter H.-E.
Farbstoffzusatz						spektral sensibilisierter Herschel-Effekt
	aktinisch	Langzeitige thermische Wirkung, auch Zimmertemperatur				*Fading*
—		—			Schwärzungs-erhöhung	positiver *Herschel-Effekt*
		Bad in Chromsäure	inaktinisch			*Debot-Effekt*
			inaktinisch während der Entwicklung		Schwärzungs-Umkehr	*Nyblin-Effekt*
sehr feinkörnige Schicht (Lippmann-Schicht)		—	inaktinisch mit polarisiertem Licht	Auskopierprozeß	Schwärzung ist doppelbrechend u. dichroitisch	*Weigert-Effekt*
Ag-Halogenid ohne Bindemittel	farbig, UV u. IR dabei fernhalten		—		identische Wiedergabe d. Farbe	*Seebeck-Effekt*

[1)] *Indices: h. = bei hoher, n. = bei niedriger Bestrahlungsstärke*

[7] KURIK, M. V.; PIVEN, B. T., Fiz. tverd. tela (Leningrad) **21** (1979) 3441.
[8] BURTON, P.C., Photogr. J. **86B** (1946) 62.
[9] BURTON, P.C.; BERG, W.F., Photogr. J. **86B** (1946) 2.
[10] WEYDE, E., Z. wiss. Phot. **48** (1953) 45.
[11] WEYDE, E.; SCHAUM, G.; STRACKE, W., D. P. 899586 (1949).
[12] DAY, K. H.; KOHLER, R. S., Phot. Sci. Engng. **8** (1964) 336.
[13] FORST, D. J.; ARMSTRONG, C.; KOHLER, R. J., Phot. Sci. Engng. **11** (1967) 279.
[14] NEPELA, D.A.; ENDWELL, N.Y., U.S.P. 326641 (1966).
[15] ARENS, H.; EGGERT, J, D.P. 749864 (1938).
[16] BROOKER, L.; LARE, E.J.VAN, OS 1597528 (USA 1967).
[17] Eastman Kodak Co., Austral. P. 422565 (1967).
[18] GILMAN, P. B. JR.; RALEIGH, R. G. u. a. OS 3367805 (1973).
[19] SHIBA, K.; AMANO, H., F.P. 2133951 (Japan 1971).
[20] FURUYA, T.; IBE, Y. u.a., OS 2330602 (Japan 1972).
[21] HINATA, M.; SHIBA, K., OS 2363308 (Japan 1972).
[22] HANSON, W.T., J. Phot. Sci. **25** (1977) 189.
[23] YULE, J.A.C., U.S.P. 2444867 (1945).
[24] HOWE, D.J., U.S.P. 2691580 (1953).
[25] YULE, J.A.C.; MAURER, R.E., U.S.P. 2691586 (1952).
[26] TOMAMICHEL, F., Reprographie. Z. ges. Kop. u. Vervielf. tech. **4** (1964) 9.
[27] MEES, C.E.K.: The Theory of the Photographic Process. 3rd. ed.-New York: MacMillan Co.; London: Collier-MacMillan 1966. S.161.

Bildfixierung und -stabilisierung

Bereits 1819 entdeckte J. F. Herschel die Löslichkeit von Silberchlorid in Natriumthiosulfatlösungen. Daguerre und Talbot benutzten zu Beginn ihrer Arbeiten Natriumchlorid zum Fixieren, erst später verwendeten sie Thiosulfat. Auf die Vorteile des Ammoniumthiosulfats wies Spiller schon im Jahre 1868 hin, und Lumiere und Seyewetz veröffentlichten 1908 ihre Untersuchungsergebnisse über die beschleunigende Wirkung von Ammoniumchloridzusätzen zum Natriumthiosulfat-Fixierbad. Während Ammoniumchlorid für den Ansatz von Schnellfixierbädern ständig zur Verfügung stand, wurden Ammoniumthiosulfat selbst und daraus hergestellte Fixiersalzpackungen oder -konzentrate erst nach 1945 angeboten.

Sachverhalt

Für die Entwicklung des photographischen Bildes wird nur ein Teil des Silberhalogenids in photographischen Materialien benötigt. Das unentwickelte, die Trübung der Schicht verursachende Silberhalogenid stört die Auswertung des Bildes und macht das Bild bei weiterer Lichteinwirkung durch Dunkelfärbung unbrauchbar. Das restliche Silberhalogenid muß aus der Schicht entfernt oder durchsichtig und lichtunempfindlich gemacht werden.

Durch Fixieren wird Silberhalogenid in eine wasserlösliche Komplexverbindung übergeführt, die zum Teil in das Fixierbad diffundiert, zum Teil bei der Wässerung aus der Schicht entfernt wird. Als Fixiermittel werden fast ausschließlich Natrium- und Ammoniumthiosulfat verwendet. Für die Komplexbildung ist Thiosulfat im Überschuß notwendig, um die Bildung schwerlöslicher Komplexe zu verhindern (siehe Gleichungen 1 bis 4). Um Anfärbungen durch Entwickleroxidationsprodukte und dichroitischen Schleier zu vermeiden, sind Fixierbäder für Schwarzweiß-Materialien durch Zusatz von Essigsäure oder sauren Sulfiten sauer eingestellt, so daß die Entwicklung sofort abgestoppt wird. Zusatz von Sulfit verringert die Zersetzung des Thiosulfats unter Schwefelabscheidung in saurer Lösung (siehe Gl. 5).

Fixiergeschwindigkeit und Fixierdauer sind von den Eigenschaften der photographischen Schicht, der Zusammensetzung des Fixierbads und von Temperatur und Bewegung des Bades abhängig.

Beim Stabilisieren wird das unentwickelte Silberhalogenid in Komplexverbindungen übergeführt, die in der Schicht verbleiben und gegen Wärme, Licht und Feuchtigkeit relativ beständig sind. Thiosulfate, Thiocyanate und Thioharnstoff und seine Derivate als Komplexbildner ergeben wasserlösliche, organische Komplexbildner mit Mercaptogruppen wie z. B. Thioglycolsäure oder Thiosalicylsäure wasserunlösliche Silberhalogenidkomplexe. Ein häufig eingesetztes Stabilisierungsmittel ist Ammoniumthiocyanat. Auswahl des Komplexbildners und seine Konzentration in der Schicht bestimmen Beständigkeit gegenüber Licht und Feuchtigkeit und die Wirkung auf die mechanisch-physikalischen Eigenschaften der Schicht.

Die Haltbarkeit der Schichten nach der sehr kurzen Stabilisierung mit 5 bis 30 Sekunden Dauer erreicht nicht die Haltbarkeit normal fixierter und gewässerter Schichten und wird bei Zweibadpapieren mit 5 Jahren angegeben. Durch nachträgliches Fixieren und Wässern stabilisierter Schichten nach erfolgter Auswertung können normale Haltbarkeiten erreicht werden.

Kennwerte, Funktionen

Je nach den Konzentrationsverhältnissen entstehen beim Fixieren die folgenden Silberthiosulfatkomplexe:

$$2\,AgBr + Na_2S_2O_3 \rightarrow \underset{\text{unlöslich}}{Ag_2S_2O_3} + 2\,NaBr, \qquad (1)$$

$$AgBr + Na_2S_2O_3 \rightarrow \underset{\text{schwer löslich}}{Na[Ag(S_2O_3)]} + NaBr, \qquad (2)$$

$$Na[Ag(S_2O_3)] + Na_2S_2O_3 \rightarrow \underset{\text{leicht löslich}}{Na_3[Ag(S_2O_3)_2]}, \qquad (3)$$

$$Na_3[Ag(S_2O_3)_2] + Na_2S_2O_3 \rightarrow \underset{\text{leicht löslich}}{Na_5[Ag(S_2O_3)_3]}. \qquad (4)$$

Die Zersetzung von Thiosulfat in saurer Lösung ist stark vom pH-Wert abhängig:

$$S_2O_3^{2-} + H^+ \rightarrow HSO_3^- + S \qquad (5)$$

Die Abbildungen 1 und 2 zeigen die prinzipielle Abhängigkeit der Klärzeit von der Thiosulfatkonzentration des Fixierbades und die Abnahme der Thiosulfatkonzentration in der Schicht von der Wässerungsdauer.

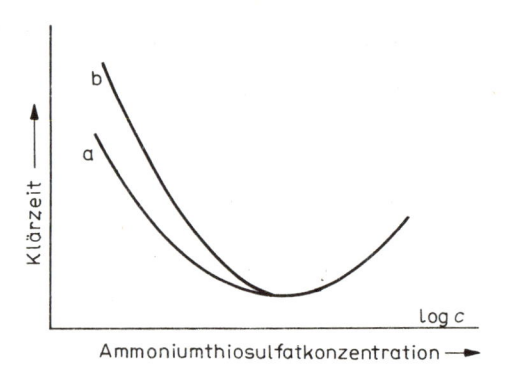

Abb. 1 Abhängigkeit der Klärzeit von der Ammoniumthiosulfatkonzentration eines Schnellfixierbades für einen Negativaufnahmefilm: a bewegt, b unbewegt

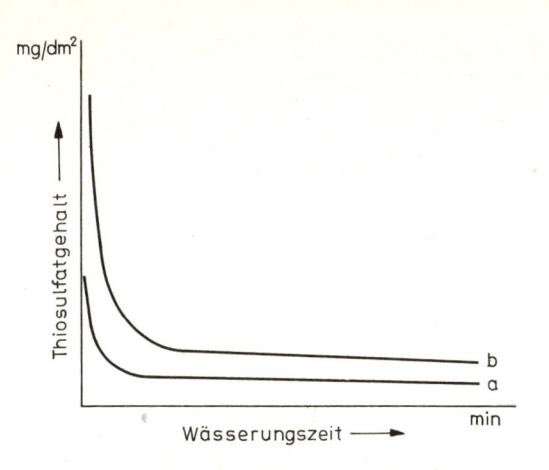

Abb. 2 Abhängigkeit des Auswässerungsgrades von der Wässerungszeit bei Photopapieren: a papierstark, b kartonstark

Tabelle 1 Zulässiger Restthiosulfatgehalt in verarbeiteten Schichten
(nach HAIST, G.: Modern Photographic Process.)

Filmmaterial	für normale Haltbarkeit (20 Jahre) mg/dm^2	für Archivzwecke mg/dm^2
Kinenegativfilm	3,1	0,8
Kinepositivfilm	0,8	0,15
Röntgenfilm (Werte für eine Emulsionsschicht)	3,8...6,2	0,8

Anwendungen

Fixierbäder für die Schwarzweiß-Photographie werden als saure Fixierbäder, Härtefixierbäder und Schnellfixierbäder eingesetzt.
Saure Fixierbäder enthalten Natriumthiosulfat und zum Ansäuern Essigsäure, Borsäure, Natriumhydrogensulfit oder Kaliumdisulfit sowie Sulfit zur Unterdrückung der Thiosulfatzersetzung, vor allem bei Verwendung von Säuren zur pH-Wert-Einstellung.
Härtefixierbäder enthalten zusätzlich Kalium- bzw. Chromalaun oder Aluminiumsulfat bzw. -chlorid und haben bei maschineller Verarbeitung oder bei der Heißtrocknung Bedeutung, wenn die bei der Herstellung der Schichten erzielte Härtung nicht ausreichend ist.
Bei *Schnellfixierbädern* wird der Fixiervorgang durch Zusatz von Ammoniumchlorid stark beschleunigt, Nachteile sind geringere Ausnutzbarkeit und Korrosion metallischer Geräte. Schnellfixierbäder mit Ammoniumthiosulfat haben den Vorteil wesentlich kürzerer Fixierzeiten, einer höheren Belastbarkeit des Fixierbades mit Silbersalzen und einer schnelleren Auswässerung der Silberkomplexverbindungen.
Die *Klärzeit* eines photographischen Materials in einem Fixierbad ist die Dauer vom Eintauchen der Schicht bis zum Verschwinden der Trübung. Die insgesamt notwendige Fixierdauer entspricht der doppelten Klärzeit. Ein Fixierbad ist ausgenutzt und muß erneuert werden, wenn die im Frischzustand bestimmte Klärzeit auf den dreifachen Wert angestiegen ist. Der zulässige Silbergehalt eines Fixierbades liegt bei der Verarbeitung von Filmen bei 5 bis 10 g/l und bei der Verarbeitung von Photopapieren bei 2 bis 6 g/l; die oberen Grenzen gelten für die Verwendung von Ammoniumthiosulfat.

Ausgenutzte Fixierbäder können durch elektrolytische Entsilberung regeneriert werden und sind nach Zusatz von Thiosulfat und Hydrogensulfit wieder einsetzbar. Chemische Abscheidung des Silbers mit unedlen Metallen, Natriumdithionit oder Rongalit dient zur Rückgewinnung des Silbers, das entsilberte Fixierbad wird verworfen. Bei maschineller Verarbeitung wird durch Zulauf von frischem oder konzentrierterem Fixierbad die Zunahme des Silbergehalts und die Abnahme des Säuregrades begrenzt.

Der Silbergehalt kann mit käuflichen Testpapieren oder mit Kaliumiodidlösung kontrolliert werden. Ein Fixierbad ist noch brauchbar, wenn Kaliumiodidlösung kein Silberiodid ausfällt.

Von einer gründlichen *Wässerung* nach dem Fixieren hängt entscheidend die Haltbarkeit der verarbeiteten Materialien ab. Das Wässern zur Entfernung von Silberhalogenidkomplexen und Thiosulfatresten aus der Schicht wird durch hohe Turbulenz und in geringerem Maße durch Temperaturerhöhung beschleunigt. Neutralsalzgehalt im Wässerungswasser beschleunigt ebenfalls das Wässern gegenüber sehr weichem oder destilliertem Wasser. Bei zu sauren pH-Werten der Bäder wird die Wässerung bei Photopapieren durch Adsorption der Fixierbadbestandteile am Papierfilz stark verlangsamt (siehe Abb. 2). Ein Natriumcarbonatbad nach dem Fixieren und das Vermeiden zu saurer Unterbrecher- und Fixierbäder bei der Papierverarbeitung beschleunigt das Auswässern. Ungenügende Wässerung führt bei der Lagerung der verarbeiteten Schichten zu Fleckenbildung durch Zersetzung von Thiosulfatkomplexen und Reaktion des Bildsilbers mit Thiosulfat. Der Auswässerungsgrad kann durch Prüfung des Waschwassers auf Thiosulfatgehalt durch Kaliumpermanganatentfärbung und durch Bestimmung des Restthiosulfatgehalts gewässerter Schichten kontrolliert werden. Tabelle 1 gibt für ausgewählte Filmmaterialien den zulässigen Restthiosulfatgehalt an.

Das *Stabilisieren* wird außer bei bestimmten Spezialverfahren hauptsächlich bei der Verarbeitung von Photopapieren in Verbindung mit der Aktivierungsverarbeitung als Zweibadverfahren angewendet. Zweibadpapiere enthalten Entwicklersubstanzen in der Schicht. An Stelle des Entwickelns tritt das Aktivieren im alkalischen Aktivatorbad. Mit dem folgenden Stabilisieren ergibt sich eine Gesamtverarbeitungszeit von 10 bis 60 Sekunden. Bei Verwendung einfacher Verarbeitungsgeräte werden die Lösungen an die Schicht angetragen, so daß sich die Papierunterlage nicht vollsaugt und die Papiere wenige Sekunden nach Verlassen des Gerätes trocken sind.

Literatur

[1] Autorenkollektiv: Handbuch der Fototechnik. Hrsg. G. Teicher. 6. Aufl. – Leipzig: VEB Fotokinoverlag 1974.
[2] Autorenkollektiv: Fotografische Verfahren mit Silberhalogeniden. Hrsg. W. Walther. 1. Aufl. – Leipzig: VEB Fotokinoverlag 1983.
[3] Autorenkollektiv: Die Grundlagen der photographischen Prozesse mit Silberhalogeniden. Hrsg. H. Frieser, G. Haase, E. Klein. 1. Aufl. – Frankfurt/Main: Akademische Verlagsgesellschaft 1968.
[4] Haist, G.: Modern Photographic Processing. 1. Aufl. – New York: John Wiley & Sons 1979.
[5] Junge, K. W.; Hübner, G.: Fotografische Chemie. 3. Aufl. – Leipzig: VEB Fotokinoverlag 1979.
[6] Mutter, E.: Kompendium der Photographie. 1. Aufl. – Berlin-Borsigwalde: Verlag für Radio-Foto-Kinotechnik. Bd.1 (1958), Bd.2 (1962), Bd.3 (1963).

Diazotypie

Die Diazotypie zählt zu den älteren und erfolgreichsten silberfreien reprographischen Verfahren. Alle Grundlagen für die klassische Diazotypie waren schon im vorigen Jahrhundert bekannt. Im Jahre 1858 hatte Griess in England die Aryldiazoniumverbindung entdeckt; die auf ihrer Basis mögliche Bildung von Arylazofarbstoffen (Azokupplung) wurde erstmals in London 1864 gezeigt. Die Diazotypie ist in gewissem Sinne ein Nebenergebnis der in dieser Zeit entstandenen, kommerziell wie wissenschaftlich sehr erfolgreichen Chemie der synthetischen Farbstoffe.

Erste Untersuchungen zur Lichtempfindlichkeit von Diazoniumverbindungen wurden schon 1884 publiziert. In den dreißiger Jahren dieses Jahrhunderts kamen anwendungsreife Diazotypie-Materialien (Lichtpauspapiere, schon 1923) auf den Markt (Fa. Kalle, Wiesbaden). Seit dieser Zeit finden Diazomedien lebhaften Absatz; sie bestechen durch ihr großes informationstechnisches Leistungsvermögen und ihre einfache Handhabbarkeit (Übersichtsarbeiten siehe [1–8]).

In den siebziger Jahren wurden eine Anzahl neuer Konzepte für die Erweiterung von Leistungsvermögen und Anwendbarkeit der Diazomedien erarbeitet [8–10].

Sachverhalt

Mit dem Terminus „Diazotypie" werden reprographische Verfahren zusammengefaßt, die im Informationsprägungsschritt die Lichtempfindlichkeit von „Diazo"-Verbindungen nutzen. Viele chemische Verbindungen mit Diazo-Strukturelementen sind photoreaktiv (siehe Tab. 1). Dem photochemischen Primärschritt (entweder Photolyse oder Photoisomerisierung) folgen immer ein oder mehrere nichtphotochemische Prozeßschritte. An der Visualisierung und/oder Stabilisierung des Bildes sind nur thermische Reaktionen beteiligt.

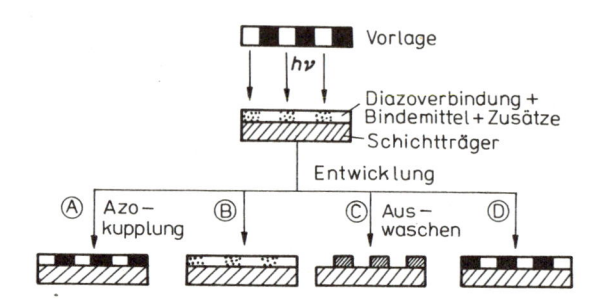

Abb.1 Die wichtigsten Verfahren der Diazotypie
A Klassische Diazotypie (Farbstoffaufbau); B Vesicularverfahren (Aufbau eines Bläschenbildes); C Auswaschverfahren (Bildung einer Reliefstruktur; hier: Positiv); D Metallbilderzeugung durch physikalische Entwicklung

Tabelle 1 Übersicht über die bei der Informationsaufzeichnung verwendeten Diazoverbindungen

Lichtempfindliche Diazoverbindung	Primäre Photolyseprodukte	Endprodukte (abhängig vom Reaktionsmedium)	λ_{max} in nm
R–C₆H₄–N≡N| X⊖ Diazoniumsalze	C₆H₅⊕ + N₂ Arylkationen	R–C₆H₄–OH, R–C₆H₄–X, R–C₆H₄–R	260…700
o-Chinondiazide (R–C₆H₄(=O)–N₂)	R–C₆H₄–O Ketocarbene	R-Cyclopentadien-H, COOR' (R'≙H, Alkyl)	300…450
R¹R²C=N₂ Diazoverbindungen	R¹R²C| + N₂ Carbene	Dimerisierungs-, Insertions- und Additionsprodukte	300…600
R–N̄–N≡N| Azide	R–N̄ + N₂ Nitrene	Dimerisierungs-, Insertions- u. Additionsprod.	260…400
Ar–N=N–X (trans) Aryldiazoverbindungen	Ar–N=N–X (cis) Aryldiazoverbindung	Spaltung in Ar–N₂⊕–X⊖ ↓ + Kuppler Azofarbstoff	350…450

Nach *Art der entstehenden Aufzeichnung* kann man die Diazosysteme zweckmäßig einteilen in

Farbstoffaufbau-Systeme (klassische „Diazotypie") [1–7]. Die nicht photolytisch zersetzten Diazoniumsalze kuppeln im Visualisierungsschritt zu Azofarbstoffen (Abb. 1.A).

Vesicular-Systeme [11,12]. Der photolytisch entstandene, in der Polymerschicht eingeschlossene gasförmige Stickstoff wird zum Aufbau eines Bläschenbildes benutzt (Abb. 1.B).

Polymersysteme auf Diazobasis. Durch Photoreaktion an einer Diazonium- oder Diazoverbindung werden bestimmte Eigenschaften (Löslichkeit, Adhäsion) einer Polymerschicht belichtungsabhängig verändert (Abb. 1.C).

Kombinationen. Photochemische Umwandlung von Diazoverbindungen und physikalische Entwicklung (Abb. 1.D)

Je nach *Systemaufbau* ist zu unterscheiden in

Allkomponenten-Systeme (z. B. Vesicular-Systeme oder Thermo-Diazofilme). Sämtliche erforderlichen Substanzen sind im verarbeitungsbereiten Material schon installiert; die Verarbeitung von Allkomponenten-Systemen erfolgt ohne externe chemische Prozesse.

Sogenannte *„Zweikomponenten-Systeme".* Farbstoffaufbau-Systeme, die sowohl Diazoniumverbindung als auch Kuppler in dem Material von vornherein enthalten.

Sogenannte *„Einkomponenten-Systeme".* Farbstoffaufbau-Systeme, bei denen die Materialien keinen Kuppler enthalten; Kuppler werden beim Visualisierungsprozeß (Entwicklung) eingebracht.

Man kennt sowohl Diazosysteme mit positiver als auch solche mit negativer Helligkeitsübertragung. Die Verarbeitung der Materialien kann trocken, „halbtrocken" (d.h. mit sehr geringen Flüssigkeitsmengen) oder auch naß, d.h. durch „Bäder", erfolgen. Dem allgemeinen Trend entsprechend gewinnen trocken verarbeitbare Materialien (All- und Zweikomponenten-Systeme) immer mehr an Bedeutung.

Kennwerte, Funktionen

In den meisten handelsüblichen Diazo-Farbstoffaufbau- und Vesicular-Systemen wird ein Aryldiazoniumsalz der folgenden Strukturen eingesetzt:

Als *Farbkuppler* werden vorwiegend verwendet: Amide bzw. Anilide der Cyanessig- oder Acetessigsäure (gelb), Resorcin oder Resorcinderivate (braun), Pyrazolone (rot bzw. purpur), 2,3-Dihydroxynaphthalen oder Amide bzw. Anilide der 2-Hydroxy-3-naphthoesäure (blau).

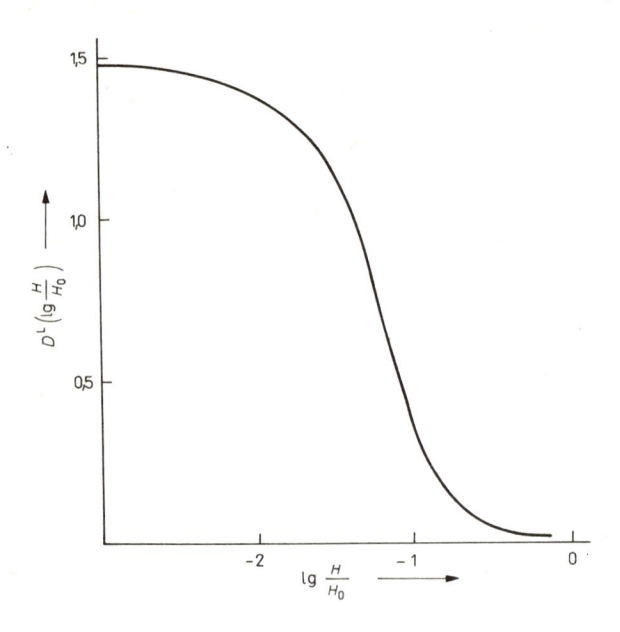

Abb. 2 Charakteristische Kurve eines Diazomikrofilms

Die Bildfarbstoffe sind Arylazofarbstoffe oder ihre tautomeren Hydrazone.

Für Diazomikrofilme vom Universaltyp sind folgende Parameter charakteristisch:
- Farbstoffaufbauprinzip,
- Positivmaterial, Charakteristische Kurve (siehe Abb. 2),
- Bildfarbton: Blauschwarz, rötliches Schwarz, Neutralschwarz,
- Polyesterunterlage: 100...180 µm stark,
- Stärke der aktinischen Schicht: 4...8 µm,
- Spektrale Empfindlichkeit: ≤ 450 nm,
- Grenzbelichtung (reziproke Empfindlichkeit): 150...300 m Jcm^{-2} (Hg-Licht),
- maximale visuelle Dichte: 1,5...1,9,
- minimale visuelle Dichte: $\leq 0,08$,
- Gradation (vis.): 1,3...1,8,
- Auflösungsvermögen: ≥ 1000 mm^{-1},
- Eignung für Mikroformen mit Abbildungsmaßstäben: $\beta_{lin} = 40...50$,
- Verarbeitbarkeit in Processoren,
- Weiterduplizierfähigkeit: mindestens 3–4 Generationen.

Bei Vesicular-Systemen wird der bei der photolytischen Zersetzung von Diazoniumverbindungen entstehende Stickstoff zum Bildaufbau genutzt, indem durch ein abgestimmtes Fließ- und Permeationsverhalten der Polymermatrix dafür gesorgt wird, daß der Stickstoff im Verarbeitungsregime (kurzzeitiges Erhitzen auf $T \geq 100$ °C) in Form kleiner Bläschen in der Schicht eingefangen wird [11–12]. Diese Bläschen wirken beim Durchtritt des Lichts im Film als Streuzentren; der Kontrast entsteht durch Streueffekte.

Anwendungen

Als globales Haupteinsatzgebiet der Diazosysteme kommen unterschiedliche monochrome Reproduktions- und Kopierprozesse in Frage, wobei sich im Zusammenwirken mit anderen Medien und Verfahren, namentlich mit der Elektrophotographie, günstige, völlig silberfreie Systemlösungen ergeben. Diazomedien werden eingesetzt in der

Reprographie einschließlich Lichtpauserei (Lichtpauspapiere, Lichtpausfilme, Farbfolien),
Polygraphie (Proofmedien, Zwischenduplikate, Diazid-Druckplatten),
Mikrofilmdupliziertechnik (Farbstoffaufbau- und Vesicular-Filme),
Photoproduktion (sogenannte Transfilme für die Mikroelektronik-Technologie usw.).

Wenn auf dem Gebiet der Reprographie wertmäßig schon seit etwa 1970 mehr silberfreie als Silberhalogenid-Medien eingesetzt werden, hat die Diazotypie dabei einen beträchtlichen Anteil. Durch ihre vielseitige Anwendbarkeit und das günstige Gebrauchswert-Kosten-Verhältnis haben sie seit mehr als 50 Jahren bis heute eine gleichbleibende Bedeutung für die reprographischen Zwecke und werden ständig weiterentwickelt. Colortüchtige Diazosysteme [8] befinden sich noch im Laborstadium.

Literatur

[1] Kosar, J.: Light-sensitive Systems. – London/New York: The Focal Press 1964. S. 194–320, 321–357.
[2] Dinaburg, M. S.: Photosensitive Diazo Compounds. – New York: The Focal Press 1964.
[3] Munder, J.: Diazotypie und verwandte Prozesse – Plenarvortrag zum 4. Internat. Kongreß für Reprographie und Information. – Hannover 1975, Papers I, S. 120 ff.
[4] Šeberstov, V. I.: Osnovy technologii svetočuvstvidelnych fotomaterialov. – Moskva: Chimija 1977. S. 429–459.
[5] Mchitarov, R. A.; Orešin, M. M.; Gordina, T. A.; Platoškin, A. M., Usp. naučn. fotogr. (Moskva) 19 (1978) 5.
[6] Cope, O. J., J. appl. Phot. Engng. 8 (1982) 190.
[7] Böttcher, H.; Epperlein, J.: Moderne photographische Systeme. – Leipzig: VEB Deutscher Verlag für Grundstoffindustrie 1983. Kap. 3.2.
[8] Marx, J.; Epperlein, J.; Walkow, F.: J. Signalaufzeichnungsmat. 11 (1983) 83; Epperlein, J.; Becker, H. G. O.; Israel, G.; Walkow, F.; Marx, J.: J. Signalaufzeichnungsmat. 11 (1983) 403.
[9] Epperlein, J.: Bild und Ton (Leipzig) 36 (1983) 13; Wiss. Z. TU Dresden 34 (1985) 17.
[10] Becker, H. G. O.: J. Signalaufzeichnungsmat. 3 (1975) 381; Wiss. Z. TH Leuna-Merseburg 16 (1974) 322; 20 (1978) 253.
[11] Nagornij, V. I.; Čibisova, N. P.: Usp. naučn. fotogr. 19 (1978) 32.
[12] Ram, A. T.: J. appl. Phot. Engng. 8 (1982) 204.

Elektrophotographie

Die Elektrophotographie ist ein silberfreies Aufzeichnungsverfahren, dessen grundlegende Prinzipien 1938 von Carlson vorgestellt wurden [1], und das durch die Arbeiten am Batelle Memorial Institute, Columbus Ohio, in den Jahren 1944–1948 zur Anwendungsreife gebracht wurde. Das ursprüngliche (und auch heute am meisten verwendete) Konzept nutzt den Effekt der Photoleitung, um auf einer hochohmigen großflächigen Schicht durch bildmäßige Belichtung ein Ladungsmuster zu erzeugen und dieses durch elektrostatisch aufgeladene Pulverteilchen („Toner") sichtbar zu machen. Von der Elektrophotographie – besonders im angelsächsischen Schrifttum auch als Xerographie (griechisch: trockenes Schreiben) bezeichnet – wird heute in der Kopier- und Rückvergrößerungstechnik, in der nichtmechanischen Drucktechnik, zur Herstellung von Druckmatrizen und von Mikrofilmen Gebrauch gemacht. Unter Verwendung von Röntgen- oder Gammastrahlen wird die Elektrophotographie zur Aufnahme medizinischer Objekte und zur zerstörungsfreien Werkstoffprüfung eingesetzt (Elektroradiographie).

Sachverhalt

Kernstück fast aller elektrophotographischen Verfahren ist eine dünne Photoleiterschicht, die im allgemeinen auf einem leitenden Träger aufgebracht ist. Die bei der Absorption von Licht ablaufenden Photoprozesse erzeugen in den belichteten Gebieten bestimmte elektrische Zustände oder Eigenschaften, die mittels physikalischer oder chemischer Methoden sichtbar gemacht (visualisiert) werden können.

Die einzelnen Varianten der Elektrophotographie unterscheiden sich darin, von welcher Art der photoinduzierte elektrische Zustand ist (z.B. Veränderung der Ladungsdichte, des elektrostatischen Potentials, der elektrischen Leitfähigkeit oder der Polarisation) und wie dieser Zustand sichtbar gemacht wird (z.B. Aufbringung geladener Farbteilchen von außen, Wanderung eingebauter photoaktiver Pigmente, strukturelle Veränderung der Oberfläche). Von der Vielzahl der Möglichkeiten werden hier nur die elektrostatischen Verfahren mit äußerer Entwicklung (konventionelle Elektrophotographie) betrachtet, die als einzige der Varianten große technische Bedeutung erlangt haben. Für einen Überblick über die unkonventionelle Elektrophotographie siehe [2, 3].

Die Vorgänge bei den einzelnen, nacheinander ablaufenden Schritten verdeutlicht Abb. 1. Durch eine Koronaentladung wird zunächst die Oberfläche des Photoleiters elektrostatisch aufgeladen. Mit der anschließenden bildmäßigen Belichtung werden Photoladungsträger erzeugt, die die Oberflächenladung an den belichteten Stellen abbauen, so daß ein latentes Potentialbild entsteht. Gegensinnig geladene, auf die

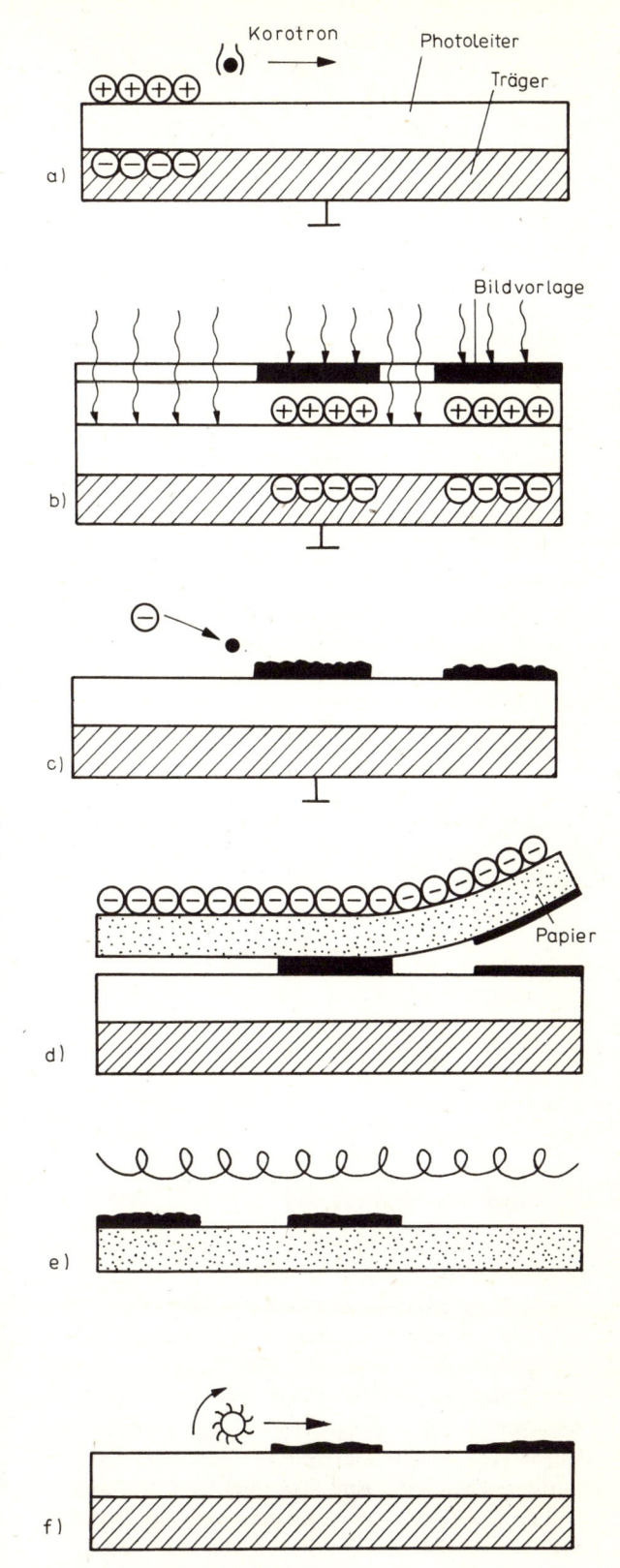

Abb. 1 Prozeßschritte beim indirekten Verfahren [4]
a) Aufladung, b) bildmäßige Belichtung, c) Visualisierung der bildmäßigen Ladungsverteilung („Entwickeln"), d) Umdruck des Tonerbildes durch Andruck und Koronaentladung, e) Fixieren des Tonerbildes auf dem Sekundärbildträger, f) Reinigung der Photoleiteroberfläche von Resttoner

Schicht gebrachte Toner-Farbteilchen (meist thermoplastischer Natur) werden durch die Oberflächenladungen festgehalten. Bei direkten Verfahren wird das Tonerbild unmittelbar auf der Photoleiterschicht fixiert. Bei indirekten (Übertragungs-) Verfahren wird durch Andrücken mit Unterstützung durch eine rückseitige Koronaaufladung das Bild auf einen Sekundärträger übertragen, und der Toner wird dort durch Erwärmen auf dem Papier aufgeschmolzen. Auf dem Photoleiter verbliebene Ladung wird durch eine Wechselspannungskorona-Entladung und verbliebenes Pulver durch Abbürsten entfernt. Damit ist die Photoleiterschicht für einen neuen Zyklus bereit. Durch Aufbringung der Photoleiterschicht auf einer rotierenden Trommel oder auf einem umlaufenden Band ist ein kontinuierlicher Ablauf möglich. Beim Übertragungsverfahren kann mit gewöhnlichem Papier gearbeitet werden, dafür ist der gerätemäßige Aufwand relativ groß; das direkte Verfahren erfordert Spezialpapier, dafür ist das Gerät einfacher.

Statt des entwickelten Bildes kann auch das latente Ladungsbild auf einen hochohmigen Sekundärbildträger (z. B. Isolatorfolie) übertragen und dort entwickelt und fixiert werden (TESI-Verfahren; TESI – transfer of electrostatic images).

Kennwerte, Funktionen

Schichteigenschaften.

Hohe Aufladbarkeit der Oberfläche:
$> 10^{-7}$ As · cm^{-2};
geringe Dunkelleitfähigkeit:
$\leq 10^{-13}$ Ω^{-1} cm^{-1};
große Photoleitfähigkeit:
$\geq 10^{-10}$ Ω^{-1} cm^{-1};
möglichst vollständige Entladbarkeit durch Belichtung (geringes Restpotential);
thermische Stabilität und mechanische Festigkeit.

Photoleiter. Im technischen Einsatz dominiert beim Umdruckprozeß amorphes Selen. Zur Verbesserung der Spektralverteilung der Lichtempfindlichkeit wird es meist dotiert, oder es werden Legierungen mit Arsen oder Tellur verwendet. Die Schichten (Dicke 10...50 µm) werden durch thermisches Verdampfen erzeugt und im allgemeinen auf Aluminiumtrommeln aufgebracht. Andere geeignete und angewendete anorganische Photoleiter sind CdS (meist mit Cu dotiert) und ZnO. CdS-Schichten werden durch Aufdampfen, Sputtern oder durch Versprühen von geeigneten Lösungen mit thermischer Nachbehandlung hergestellt, ZnO-Schichten durch Auftragen von Bindemitteldispersionen. Beim direkten Prozeß werden überwiegend die billig herzustellenden ZnO-Bindemittelschichten, die auf leitfähigem Papier aufgetragen werden, verwendet. In steigendem Maße kommen auch organische Photoleiterschichten zur Anwendung, speziell Poly-N-vinylcarbazol und der Komplex daraus mit 2,4,7-Trinitrofluorenon. Neuerdings werden auch amorphe hydrogenisierte Siliziumschichten eingesetzt. Eine Eigenschaftsverbesserung, speziell der Lichtempfindlichkeit, wird mit Mehrschicht-Photoleitersystemen erreicht, bei denen die Erzeugung der Photoladungsträger in einer ersten und der Ladungstransport vorwiegend in einer zweiten Schicht erfolgt.

Schichtaufladung. Zwei gebräuchliche Aufladevorrichtungen (Korotron und Skorotron) zeigt Abb. 2. Die ionisierten Luftmoleküle schlagen sich zum Teil auf der Photoleiteroberfläche nieder und laden sie damit auf. Maximal ist ein Oberflächenpotential von etwa 1000 V erreichbar, gearbeitet wird meist mit Potentialen von mehreren Hundert Volt. Die Wirksamkeit der Koronaaufladung ist entscheidend für die Prozeßzeit. Mit der Oberflächenaufladung werden Ladungen entgegengesetzter Polarität an der Grenzfläche Substrat-Photoleiter induziert (vgl. Abb. 1).

Belichtung. Wegen der beschränkten Empfindlichkeit der Photoschichten wird mit intensiven Lichtquellen (Halogenlampen, Blitzröhren u. a.) gearbeitet. In Bürokopiergeräten benutzt man meist Spiegeloptiken, bei denen entweder das Original oder die Spiegel bewegt werden, in geringerem Umfang werden Faseroptiken und Mehrfachlinsensysteme angewendet.

Entwicklung. Im einfachsten Fall wird Tonerpulver (Teilchendurchmesser ca. 10 µm) durch eine auf Hochspannung liegende Metalldüse in den Entwicklungsraum gedrückt. Die Tonerteilchen folgen den Feldlinien, wie sie über der Schicht bestehen, und

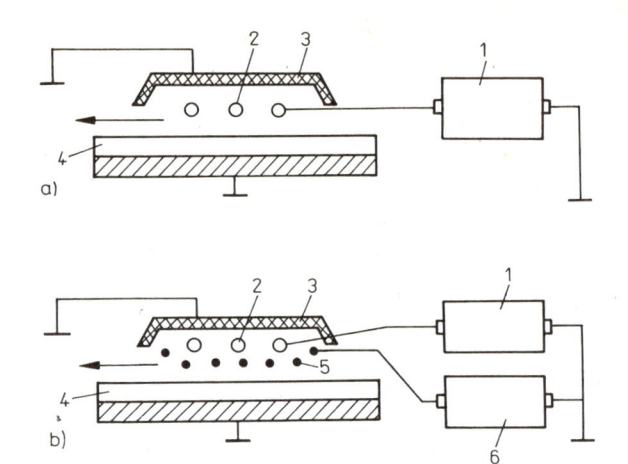

Abb. 2 a) *Korotron*: Unter dem geerdeten Schutzschild (3) befinden sich drei dünne (20...100 µm) Wolframdrähte (2), die mit einer 6...7 kV liefernden Hochspannungsquelle (1) verbunden sind. Der Photoleiter (4) wird dicht unter dem Korotron hinwegbewegt (Abstand 0,5...2 mm). b) *Skorotron*: Wie Korotron; zusätzlich ist aber ein Steuergitter (5) eingebaut, dessen sieben Drähte mit einer Quelle niederer Spannung (6) verbunden sind, wodurch das Aufladepotential geregelt werden kann (nach [2]).

schlagen sich entsprechend ihrer Polarität an den inneren oder äußeren Rändern von geladenen Flächen nieder. Für das Haften der Tonerteilchen ist nur das in den Außenraum tretende Feld wirksam. Es hat vor einer Kante – vom Zentrum der belichteten Fläche aus gesehen – einen Maximalwert, geht an der Kante durch Null und erreicht jenseits einen Minimalwert (Abb. 3 a). Da über Flächen das Feld im Außenraum weitgehend verschwindet, werden die Kanten bevorzugt entwickelt. Durch Einführung einer Entwicklerelektrode (Abb. 3 b) werden die Feldlinien aufgerichtet, und der Randeffekt wird weitgehend unterdrückt. Der Randeffekt ist nützlich bei der Wiedergabe von Schrift sowie zur Verschärfung der Wiedergabe geringer Dichteunterschiede bei der Radiographie.

Variabler ist die „Kaskadenentwicklung", bei der Zweikomponententoner eingesetzt werden. Die Tonerteilchen werden mit sehr viel größeren Trägerteilchen, die sich triboelektrisch aufladen lassen, gemischt, so daß die Toner- an den Trägerteilchen haften. Beim Rutschen über die Photoleiteroberfläche mit dem Ladungsbild werden Tonerteilchen von ihren Trägern losgeschlagen und bleiben dort an der Photoleiteroberfläche haften, wo Feldlinien austreten.

Die Größe der Trägerperlen (0,1...0,5 mm) macht es unmöglich, die Entwicklerelektrode genügend nahe heranzubringen, um die Feldlinien völlig aufzurichten. Eine Halbtonwiedergabe kann durch Rasterung der Bildvorlage erzwungen werden, allerdings geht dadurch die Maximaldichte zurück.

Viele Vorteile – u. a. die unmittelbare Möglichkeit der Halbtonwiedergabe – weist die „Magnetbürstenentwicklung" auf. Dabei ist die Trägersubstanz ferromagnetisch, so daß sie sich mit dem Toner an einem Magnetpol entlang der magnetischen Feldlinien anordnet und eine weichbürstenartige Struktur bildet, mit der die anhaftenden Tonerteilchen auf die Photoleiteroberfläche aufgetragen werden können (Abb. 4). Gewöhnlich enthalten die Tonerteilchen selbst die ferromagnetische Komponente, so daß auf die Trägerteilchen verzichtet werden kann (Einkomponenten-Magnetbürstenentwicklung).

Statt auf trockenem Wege kann der Toner aus einer hochisolierenden organischen Trägerflüssigkeit heraus, in der er suspendiert ist, auf der Schicht abgeschieden werden (Flüssigentwicklung). Dabei wird der Effekt der Elektrophorese ausgenutzt.

Fixierung. Die feste Verankerung der Tonerteilchen auf dem Bildträger kann durch Druck, Wärme oder chemische Reaktion erfolgen. Am verbreitetsten ist die Wärmeanwendung z. B. beim Durchlaufen des Papiers zwischen beheizten Walzen oder durch IR-Strahlung, wobei die Tonerteilchen partiell aufschmelzen. Sofern die zu fixierenden Flächen klein sind, kann ein Lichtblitz die nötige Energie liefern.

Wiedergabeeigenschaften. Die Wiedergabe einer elektrophotographisch aufgezeichneten Information kann bei

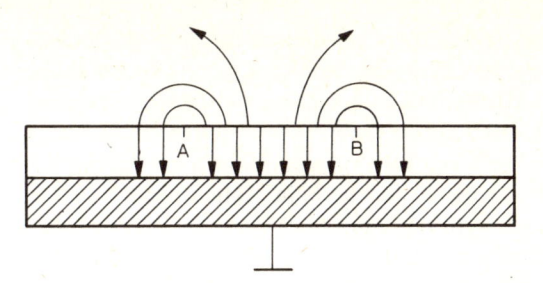

Abb. 3 a) Verlauf des elektrischen Feldes an einer unbelichteten Stelle $\overline{AB}$ (schematisch);

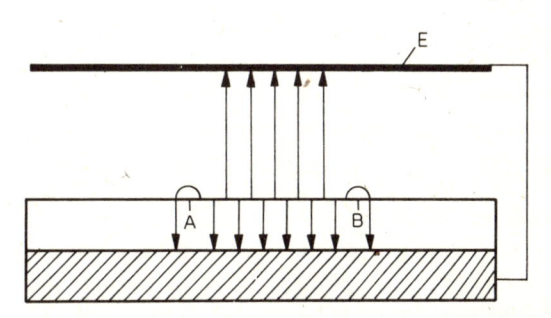

b) Verstärkung der Vertikalkomponente des Feldes im Außenraum durch Einführen einer Entwicklungselektrode (nach [4])

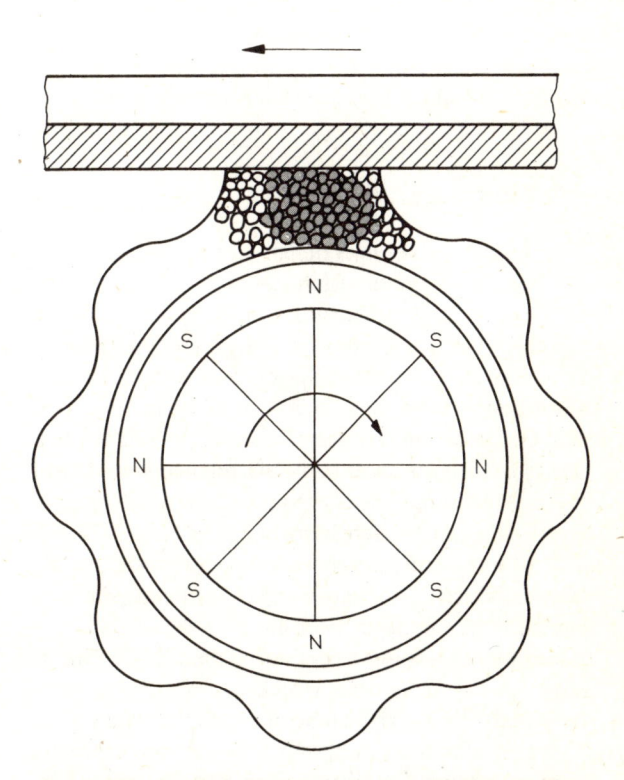

Abb. 4 Schema der Magnetbürstenentwicklung. Der mehrpolige Permanentmagnet rotiert innerhalb einer Hülse. Der Toner wird z. B. durch eine zweite Magnetwalze aus einem Reservoir aufgenommen und an die Entwicklerwalze angetragen.

Schnellbewertungen visuell durch die Prüfung von Testmusterwiedergaben erfolgen. U. a. kann damit das (subjektiv beeinflußte) Auflösungsvermögen bestimmt werden. Für eine objektive Bewertung ist die Messung einer Reihe von Abhängigkeiten nötig [5]. Die elektrophotographische Dichte D in Abhängigkeit von der Belichtung H gibt Aufschluß über die Dichtewiedergabe innerhalb größerer Flächenbereiche. Die Modulationsübertragungsfunktion (siehe *Photographische Modulationsübertragung*) läßt Aussagen über die Wiedergabe eng benachbarter scharfer Linien in Abhängigkeit von der Liniendichte zu. Sie bestimmt weitgehend die Informationskapazität elektrophotographischer Prozesse. Die besondere Rolle des Randeffektes wird durch Einführung eines Randeffektfaktors berücksichtigt, der das Verhältnis von Maximaldichte am Rande eines breiten Streifens zur Minimaldichte in der Mitte des Streifens angibt. Schließlich wird die Wiedergabe durch makroskopische Fehler beeinflußt. Sie kommen speziell durch Ungleichmäßigkeiten der Photoleiterschicht zustande, die entweder von der Herstellung her bestehen oder durch die mechanische und elektrische Belastung der Schichten im zyklischen Prozeß entstehen.

Die genannten Größen sind stark vom Verfahren und von den verwendeten Substanzen abhängig, beim Toner z. B. von der Art bzw. dem Aufbau der Tonerteilchen, von der mittleren Tonergröße und der Größenverteilung der Tonerpartikel. Es lassen sich deshalb nur grobe Mittelwerte oder auch erreichte Spitzenwerte für die Wiedergabeeigenschaften angeben.

Anwendungen

Kopiergeräte. In kommerziellen Kopiergeräten laufen die einzelnen Verfahrensschritte automatisiert hintereinander ab. Die Arbeitsweise eines elektrophotographischen Bürokopierers, der mit Selen-beschichteter Trommel im Umdruckverfahren und mit Trockentoner arbeitet, zeigt Abb. 5. Auf dem Weltmarkt wird eine Großzahl von Geräten mit unterschiedlichen Leistungsparametern angeboten. Sie reichen vom dezentralen Arbeitskopierer bis zum zentralen Kopierautomaten, u. a. mit Kopiergeschwindigkeit bis zu 120 Kopien/Minute, stufenloser Verkleinerungsmöglichkeit, automatisiertem Vorlagenwechsel, beidseitigem Kopieren, Sortieren der Kopien [6]. Der Trend geht zum „intelligenten Kopierer", der neben dem Kopieren u. a. auch die Funktion eines Druckers (von EDV-gerechten Daten sowie von Texten) übernehmen kann.

Die elektrophotographische polychrome Aufzeichnung, mit denen Colorkopien von Farbdias oder Farbnegativen hergestellt werden können, ist unter Nutzung verschiedener elektrophotographischer Verfahren mehrfach vorgestellt worden, jedoch bisher mit unbefriedigender Bildqualität. Bessere elektrophotographische Colorsysteme sind in der Zukunft zu erwarten. Für die Reproduktion von Landkarten, bei der die Farbübereinstimmung mit dem Original nur bedingt gefordert wird, besteht jedoch bereits jetzt (vor allem im militärischen Bereich) ein Anwendungsgebiet.

Elektrophotographischer Film. In Anlehnung an den konventionellen Silberhalogenidfilm lassen sich auch elektrophotographische Filme herstellen. Sie bestehen im allgemeinen aus drei übereinanderliegenden transparenten Schichten, dem Filmträger (Polyesterunterlage), einer leitfähigen Schicht (meist auf der Basis von metallischen Aufdampfschichten) und der Photoleiterschicht. Ein Kameraeinsatz, der ja ein spezielles Gerätesystem bedingt, konnte sich bisher nicht durchsetzen. Elektrophotographische Filme kommen aber in der Mikrofilmtechnik und als Reprofilm zur Anwendung. Vorteilhaft für die Mikrofilmtechnik ist die Möglichkeit der Aktualisierung der eingeschriebenen Information; der Film *kann* jederzeit wieder sensibilisiert (aufgeladen) werden, so daß eine zusätzliche Einschreibung vorgenommen werden *kann* [7]. In der Reproduktionstechnik ist es möglich, durch elektrophotographischen Reprofilm den Silberhalogenidfilm vielfach zu ersetzen. Wegen ihrer relativ großen Lichtempfindlichkeit (die etwa der von mäßig empfindlichen Silberhalogenidfilmen gleich kommt) sind Filme auf der Basis von Cadmiumsulfid besonders geeignet. Bei Verwendung speziell abgestimmter Toner wird ein extremes Auflösungsvermögen von 10 000 Linien/mm erreicht, wenn die Photoleiterschicht aus dünnen säulenartigen Kristallen besteht, deren anisotrope kristallographische Achse senkrecht zur Unterlage gerichtet ist [8]. Die spektrale Empfindlichkeit derartiger Filme erlaubt es, sie zur Farbreproduktion zu verwenden.

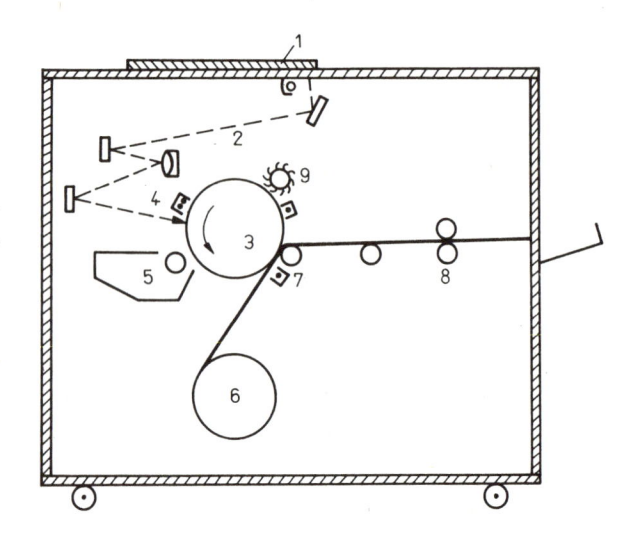

Abb. 5 Prinzipskizze eines Bürokopiergerätes mit Trockentoner-Entwicklung. 1 Originalvorlage, 2 Abbildungsoptik mit Schlitzbelichtung, 3 Trommel mit Photoleiter beschichtet, 4 Skorotron, 5 Entwickler, 6 Papierrolle, 7 Umdruck des Tonerbildes, 8 Fixierung, 9 Reinigung der Photoleiterschicht mit Wechselspannungskorotron und Fellbürste

Druckformen. Bei den direkten Verfahren wird das elektrophotographische Bild unmittelbar auf der (Flach-) Druckplatte erzeugt. Der aufgeschmolzene Toner ergibt die oleophilen Bildstellen, über die die Farbübertragung erfolgt, während die Nichtbildstellen durch eine spezielle Behandlung hydrophiliert werden. Sowohl Zinkoxid- wie Cadmiumsulfid-Offsetplatten kommen zur Anwendung. Die erreichbaren Auflagen liegen in der Größenordnung von 100000. In zunehmendem Maße wird das Bild nicht mehr als Ganzes aufbelichtet, sondern von einem Laser zeilenweise übertragen (Scanning-Belichtung). Ein Leselaser leuchtet das Bild zeilenweise aus. Die dabei auftretende Lichtreflexion, sie erfolgt hauptsächlich an den nichtbedruckten Stellen, wird erfaßt und in ein elektrisches Signal umgesetzt, das seinerseits einen Schreiblaser moduliert, der die abgetastete Hell-Dunkel-Folge von der Vorlage nun in die Offset-Platte einschreibt. Wegen der gegenüber Diazo- und Photopolymerisationsschichten höheren Empfindlichkeit der elektrophotographisch arbeitenden Druckplatten sind bei letzteren nur schwächere Schreiblaser nötig.

Elektroradiographie. Unter Beibehaltung des Prinzips der Radiographie mit Röntgen- oder γ-Strahlen erfolgen die Aufnahmen auf elektrographischem Wege. Obwohl damit Silberhalogenid-Röntgenfilme mit ihrem hohen Silbergehalt abgelöst werden können, erfolgt die Anwendung der Elektroradiographie bisher nur punktuell, da speziell in der medizinischen Diagnostik die notwendige höhere Strahlendosis von Nachteil ist. Auch ist die Aussagefähigkeit elektroradiographischer Ausnahmen und üblicher Röntgenaufnahmen unterschiedlich. Erstere haben dort ihre Vorteile, wo durch den Randeffekt geringe Objektkontraste, auf die es z. B. in der Mammographie und in der Skelett- und Weichteildiagnostik ankommt, hervorgehoben werden [9]. Für spezielle Einsatzfälle wirkt sich günstig aus, daß die Photoleiterschichten erst kurz vor der Aufnahme ihre Empfindlichkeit erhalten, so daß sie durch eine vorangehende Bestrahlung mit Licht oder mit ionisierender Strahlung nicht unbrauchbar werden, wie es bei Röntgenfilmen auf Silberhalogenidbasis der Fall ist. Elektrophotographische Geräte für die Defektoskopie (speziell von Schweißnähten) und für die medizinische Diagnostik werden auf dem Weltmarkt angeboten.

Literatur

[1] CARLSON, G. F.: History of Electrostatic Recording. In: J. H. DESSAUER, H. E. CLARK,: Xerography and Related Processes. – London/New York: Focal Press 1965. Kap. I.

[2] SCHAFFERT, R. M.: Electrophotography. 2. Aufl. – London/New York: Focal Press 1975; WEIGL, J. W.: Electrophotographie. Angew. Chemie **89** (1977) 386–406.

[3] BÖTTCHER, H.; EPPERLEIN, J.: Moderne photographische Systeme. – Leipzig: VEB Deutscher Verlag für Grundstoffindustrie 1983.

[4] SÜPTITZ, P.: Physikalische Grundlagen der Elektrophotographie. Wiss. u. Fortschr. **20** (1970) 366–406.

[5] SCHLEUSENER, M.: Wiedergabe und physikalische Eigenschaften elektrophotographischer Prozesse. Bild u. Ton **35** (1982) 246–249.

[6] STOTTMEISTER, H.-W.: Einige Aspekte zu indirekten elektrofotografischen Verfahren in Kopiergeräten. Bild u. Ton **34** (1981) 311–313.

[7] BILKE, W.-D.: Elektrofotografische Verfahren. V. Bild u. Ton **33** (1980) 37–45.

[8] MADDEN, J. F.: KC-Film. A Solid State Camera Speed Photographic Film. SPIE J. **123** (1977) 86ff.

[9] BIEL, H.; KOBBA, CH.: Elektroröntgenographie in der Mammografie. Medizintechnik **20** (1980) 45–50, 71–76;
ROSENKRANZ, G.; HERBST, J.: Xerografie – auch für Radiologie? Bild u. Ton **31** (1978) 165–171.

Entwicklungseffekte

Als Entwicklungseffekte bezeichnet man zusammenfassend alle Abweichungen von der Reziprozitätsregel (siehe *Schwarzschild-Effekt*), die in ursächlichem Zusammenhang mit den Vorgängen bei der Entwicklung stehen. Die Mehrzahl dieser Effekte wurde in der Zeit um 1900 entdeckt.

Sachverhalt (Systematik in Anlehnung an [1])

Konzentrationsunterschiedseffekte. Bei der photochemischen Entwicklung herkömmlicher photographischer Schichten müssen die aktiven Entwicklersubstanzen nach erfolgter Kontaktierung der Schichtoberfläche mit dem Entwicklermedium (Bad, Paste) zunächst durch die Gelatineschicht hindurch zu den belichteten Silberhalogenidkörnern hin*diffundieren*, bevor dort die eigentliche *Redox-Reaktion* erfolgen kann. Die Folge davon ist die Ausbildung komplizierter, einer ständigen zeitlichen Änderung unterworfener *Konzentrationsfelder* der einzelnen Entwicklerbestandteile und der Reaktionsprodukte der Entwicklung in der Schicht sowie auch im unmittelbar angrenzenden Medium.

Vereinfachend wird meist nur die Existenz *zweier* Konzentrationsfelder angenommen:
- eines Konzentrationsfeldes „des Entwicklers", dessen Quellen gleichmäßig auf der Schichtoberfläche verteilt sind und dessen Senken der augenblicklich vorhandenen Entwicklungskeimverteilung entsprechen;
- eines Konzentrationsfeldes „des Entwickleroxydationsproduktes", bei dem die Lage der Quellen und Senken gegenüber denen des Entwicklers gerade vertauscht ist (siehe Abb. 1).

Im einzelnen sind folgende Effekte zu unterscheiden:

a) *Schleiereffekt.* *Gradationsverflachung* aufgrund der Tatsache, daß die stark belichteten Stellen nach einer gewissen Entwicklungszeit einen Entwickler geringerer Aktivität enthalten als die schwach belichteten Stellen.

b) *Zwischenbildeffekt* (= Interimageeffekt, „vertikaler Eberhard-Effekt"). Auswirkung des Schleiereffektes bei farbigen *Mehrschichtmaterialien*. Eine Teilschicht zeigt unterschiedliche Gradation, je nachdem, ob die benachbarten Teilschichten ebenfalls belichtet sind oder nicht.

c) *Bromkali- und Entwicklerstreifen* (= Richtungseffekte). Von stark bzw. schwach belichteten Stellen ausgehende helle Säume bzw. dunkle Ränder, die sich unter dem Einfluß äußerer Kräfte (Schwerkraft, Laminarströmung) streifig über größere Schichtbereiche fortsetzen können.

d) *Perforationseffekt.* Diese spezielle Form der Entwicklerstreifen entsteht dadurch, daß „durch die Perforationslöcher von Filmstreifen zusätzlich frischer Entwickler von der nichtentwickelnden Filmseite hindurchtritt" [1].

e) *Eberhard-Effekt* (siehe *Nachbareffekt*).

f) *Kostinsky-Effekt* (siehe *Nachbareffekt*).

Abhängigkeit der Entwicklungskinetik von der Belichtungszeit

a) *Kron-Effekt.* Der Reziprozitätsfehler (siehe *Schwarzschild-Effekt*) ist abhängig von der Entwicklungszeit. Demzufolge ist die *Entwicklungskinetik* umgekehrt auch abhängig von der Belichtungszeit.

b) *Cabannes-Hoffmann-Effekt.* Wird eine Belichtung bei hoher Bestrahlungsstärke durchgeführt, dann erfolgt die Entwicklung des Bildsilbers langsamer als bei einer entsprechenden Belichtung mit geringer Bestrahlungsstärke. Diese Aussage ist implizit im Kron-Effekt mit enthalten.

Beeinflussung der Entwicklungskinetik durch Substanzen

a) *Lainer-Effekt.* Baden der Schicht in Jodidlösung vor der Entwicklung oder Jodidzusatz (0,02...0,2 %) [2] zum Entwickler kann eine Beschleunigung der Entwicklung durch Verkürzung der Induktionsperiode bewirken.

b) *Sterry-Effekt.* Baden der Schicht (photographische Papiere, Diapositive) in Kaliumbichromatlösung (0,5 %) [2] und kurze Zwischenwässerung vor der Entwicklung bewirkt eine *starke Gradationsminderung*.

Beeinflussung der Entwicklungskinetik durch die Temperatur

a) *Temperatureffekt.* Temperaturerhöhung beschleunigt die Entwicklung. Zu hohe Entwicklungstemperatur kann die Schicht zerstören, zu niedrige Temperatur unterbindet die Reaktionsfähigkeit des Entwicklers.

Effekte durch Einwirkungen auf die Gelatineschicht

a) *Längeneffekt.* Änderung der *Abmessungen* von Bildteilen infolge Gelatineausdehnung bei bestimmten Trockenbedingungen.

b) *Abplattung der Farbkörner.* Die bei der Farbentwicklung in der Umgebung entwickelnder Silberhalogenidkörner entstehenden Farbstoffwolken werden bei der anschließenden Trocknung entsprechend deren Schrumpfungsgrad in Schichttiefenrichtung verkürzt.

c) *Gelatineeffekt.* Die *Gerbwirkung* verschiedener Entwickleroxydationsprodukte führt dazu, daß belichtete und unbelichtete Schichtstellen bei der Trocknung unterschiedlich stark schrumpfen. Dadurch kommt es zu Lageveränderungen des Bildsilbers bei der Trocknung.

d) *Ross-Effekt.* Auswirkung des Gelatineeffektes an kleinen Bildelementen. Die Auswirkung kann je nach Art des Entwicklers verschieden sein (Abb. 2).

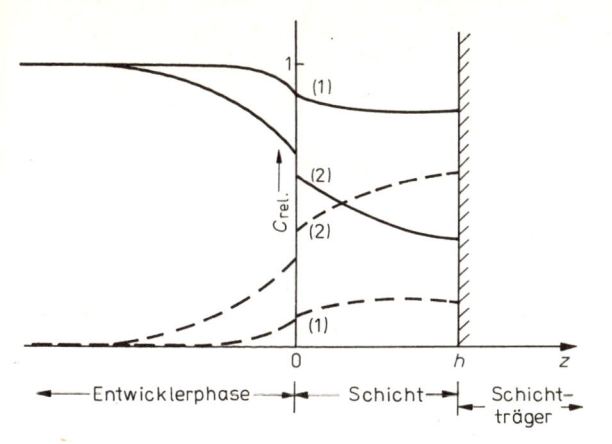

Abb. 1 Schematische Darstellung der Konzentrationsverläufe innerhalb und außerhalb der Schicht. (———) Entwicklerkonzentration; (– – –) Oxydationsproduktekonzentration. (1) bei schwacher, (2) bei starker Belichtung (nach [1])

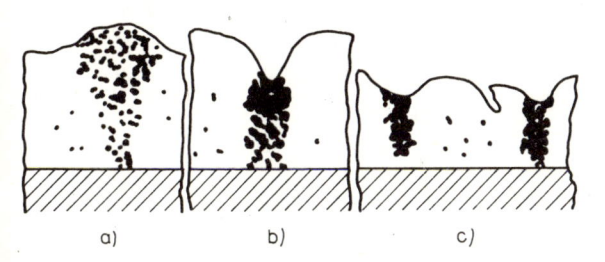

Abb. 2 Ross-Effekt: Mikroquerschnitte von Sternaufnahmen

a) Hydrochinonentwickler, b) Pyrogallolentwickler, c) Risse in der Emulsion zwischen Bildpunkten bei Entwicklung mit Pyrogallolentwickler (nach [9])

Tabelle 1 Gemessene Diffusionskonstanten in Gelatine

Substanz	$c_{Substanz}$	$c_{Gelatine}$	$D/10^{-6} cm^2 s^{-1}$	
p-Amino-phenol			0,169	
p-Phenyl-endiamin			0,185	H. Iwano [3] (1969)
Hydro-chinon			0,0695	
Metol			0,125	Reckziegel (1955)
	0,01 molar		1,43	Bljumberg/Davydkin (1963)
	0,01...0,2 molar	3...15%	3...5	Dannowski (1972) ref.: [4]
KBr	0,1 normal	5%	16	Ziegert (1971)
	0,1 normal	10%	15	Krause (1973) ref.: [5]
	0,5 normal	10%	150	
	1 normal	10%	670	
Na_2SO_3	0,1 normal	3...15%	2...10	Weber [6] (1971)

Kennwerte, Funktionen

Die Vielfalt der möglichen Entwicklerzusammensetzungen, der Entwicklungsbedingungen und der auch noch maßgeblichen Schichteigenschaften macht das System hinsichtlich der Entwicklungseffekte fast unüberschaubar.

Die relative experimentelle Unzugänglichkeit wichtiger Systemparameter, wie Diffusionskonstanten und Reaktionsgeschwindigkeiten, stand bisher einer durchgängig quantitativen Behandlung der Entwicklungseffekte entgegen. Eine zusätzliche Schwierigkeit ist dabei die Konzentrationsabhängigkeit der Diffusionskonstanten (vgl. Tab. 1).

Anwendungen

Für viele photographische Anwendungen sind Entwicklungseffekte durchaus störende Fehlerquellen, deren Beseitigung mit mehr oder weniger Aufwand betrieben werden muß. Beispielsweise erfordert der Temperatureffekt bei der Entwicklung mancher Farbfilme eine Thermostatierung innerhalb einer Toleranz von ± 0,25 K. Nicht die Konzentrationsunterschiedseffekte, aber ihr Grundprinzip wird angewendet im *Silbersalzdiffusionsverfahren* (siehe daselbst) [7].

Die *Sofortbildphotographie* nach dem Verfahren von Land [8] ist aus dem Silbersalzdiffusionsverfahren hervorgegangen.

Der *Temperatureffekt* wird in Form von Hochtemperaturentwicklungsverfahren bis etwa 50 °C ausgenutzt. Voraussetzung sind spezielle Schichten, die dies aushalten.

Der *Gelatineeffekt* spielt eine Rolle in der Drucktechnik.

Literatur

[1] Frieser, H.; Haase, G.; Klein, E.: Die Grundlagen der photographischen Prozesse mit Silberhalogeniden. – Frankfurt a. M.: Akademische Verlagsgesellschaft 1968. Bd. 2, Abschn. 4.3.

[2] Mutter, E.: Kompendium der Photographie. 1. Bd. – Berlin: Verlag für Radio-Foto-Kinotechnik 1957. S. 219.

[3] Iwano, H., Bull. Chem. Soc. Japan **42** (1969).

[4] Böttcher, E., Diplomarbeit. TU Dresden, Sektion Physik 1974.

[5] Krause, H.-M., Diplomarbeit. TU Dresden, Sektion Physik 1973.

[6] Weber, Ch., Diplomarbeit. TU Dresden, Sektion Physik 1971.

[7] Rott, A.; Weyde, E.: Photographic Silver Halogenide Diffusion Process. – London/New York: Focal Press 1972.

[8] Land, E., Phot. Sci. Engng. **16** (1972) 347.

[9] Mees, C. E. K.: The Theory of the Photographic Process. 6. Aufl. – New York: MacMillan Co. 1952. S. 908.

Farbentwicklung

Im Zusammenhang mit der Suche nach praktikablen farbphotographischen Verfahren wurde von FISCHER und SIEGRIST [1–3] die sogenannte Chromogenentwicklung ausgearbeitet, mit der die photographische (Schwarzweiß-)Entwicklung einer Silberhalogenid-Gelatine-Emulsion mit einem oxidativen Farbstoffaufbau-Prozeß auf Basis der Oxidationsprodukte der als Entwickler gewählten p-Phenylendiamine verknüpft wird. Dieses Prinzip bildet eine Grundlage der meisten modernen Colorfilme (Agfa-/Orwocolor [4,5], Kodachrome [5,6], Kodacolor, Eastmancolor u.v.a.). Die praktische Anwendung der Chromogenentwicklung gelang allerdings erst 1935 mit dem Kodachrome-Verfahren (MANNES und GODOWSKY [6]) und 1936 mit dem Agfacolor-Verfahren auf Grundlage diffusionsfester Farbkuppler nach SCHNEIDER und FRÖHLICH [4, 5, 15].

Heute werden für Kinozwecke und für fast die gesamte Coloramateur-Photographie (mit Ausnahme der Sofortbildphotographie) Colorfilme, die nach dem Prinzip der Fischerschen Chromogenentwicklung verarbeitet werden, eingesetzt. Auch die Filme der Typen Orwocolor und Orwochrom werden chromogen entwickelt.

Sachverhalt

Das Prinzip der Chromogenentwicklung (FISCHER-Entwicklung) [1–3, 7–11, 14] besteht darin, die selektive Reduktion des Silberhalogenids (AgX*) durch ein N,N-disubstituiertes p-Phenylendiamin mit einer oxidativen Farbbildungsreaktion zu verknüpfen (siehe Gleichungen (1)–(4)).

$$2\,AgX^* + \underset{R_2}{\overset{R_1}{>}}N{-}\!\!\bigcirc\!\!{-}NH_2 + OH^-$$

$$\longrightarrow 2\,Ag + 2X^- + \underset{R_2}{\overset{R_1}{>}}\overset{\oplus}{N}{=}\!\!\bigcirc\!\!{=}NH + H_2O$$

(R_1, R_2: Alkyl- bzw. funktionalisierte Alkylgruppen)
Das Chinondiiminkation ist mesomeriestabilisiert

$$\underset{R_2}{\overset{R_1}{>}}\overset{\oplus}{N}{=}\!\!\bigcirc\!\!{=}NH \longleftrightarrow \underset{R_2}{\overset{R_1}{>}}N{-}\!\!\bigcirc\!\!{-}\overset{\oplus}{N}H$$

und reagiert, z. B. mit aktiven Methylenverbindungen (*Kupplern* [8–11]), zunächst zu Leucoformen:

$$\underset{R_2}{\overset{R_1}{>}}N{-}\!\!\bigcirc\!\!{-}\overset{\oplus}{N}H + H_2C\!\!\underset{Y}{\overset{X}{<}} + OH^- \xrightarrow{-H_2O} \underset{R_2}{\overset{R_1}{>}}N{-}\!\!\bigcirc\!\!{-}\underset{H}{\overset{H}{N}}{-}C\!\!\underset{Y}{\overset{X}{<}}$$

In einem folgenden Oxidationsschritt wird die Leucoform zum eigentlichen Bildfarbstoff umgewandelt:

$$\underset{R_2}{\overset{R_1}{>}}N{-}\!\!\bigcirc\!\!{-}\underset{H}{\overset{H}{N}}{-}C\!\!\underset{Y}{\overset{X}{<}} + \underset{R_2}{\overset{R_1}{>}}\overset{\oplus}{N}{=}\!\!\bigcirc\!\!{=}NH + OH^-$$

$$\longrightarrow \underset{R_2}{\overset{R_1}{>}}N{-}\!\!\bigcirc\!\!{-}N{=}C\!\!\underset{Y}{\overset{X}{<}} + \underset{R_2}{\overset{R_1}{>}}N{-}\!\!\bigcirc\!\!{-}NH_2 + H_2O$$

Die Entwicklersubstanz und ihr Oxidationsprodukt sind diffusionsfähig (siehe z. B. [12]), die Bildfarbstoffe dagegen in der Schicht immobil.

Nach der Anordnung der Kupplungsstelle im Kuppler unterscheidet man [10]:
- offenkettige Methylenkuppler,
- zyklische Methylenkuppler,
- Methinkuppler,
- Iminkuppler.

Aus offenkettigen und zyklischen (Pyrazolone) Methylenverbindungen entstehen Azomethine. Auch Phenole und Naphthole werden als Kuppler verwendet; es bilden sich Chinonimin- bzw. Indoanilinfarbstoffe

$$\underset{R_2}{\overset{R_1}{>}}N{-}\!\!\bigcirc\!\!{-}NH_2 + \text{(Phenol mit R)} \xrightarrow[-4H_2O]{-4e,+4OH^-} \underset{R_2}{\overset{R_1}{>}}N{-}\!\!\bigcirc\!\!{-}N{=}\!\!\bigcirc\!\!{=}O$$

Kuppler vom Phenol- bzw. Naphtholtyp mit unsubstituierter Kupplungsstelle bzw. Kuppler des Typs X-CH$_2$-Y nennt man Vieräquivalentkuppler, weil theoretisch vier Oxidationsäquivalente erforderlich sind für die Bildung eines Mols Farbstoff (praktisch werden 4,3–5,0 Oxidationsäquivalente benötigt). Zweiäquivalentkuppler dagegen enthalten an der Kupplungsstelle eine Abgangsgruppe Z, so daß sich folgende Bruttoreaktion ergibt

$$\underset{R_2}{\overset{R_1}{>}}N{-}\!\!\bigcirc\!\!{-}NH_2 + \underset{Z}{\overset{H}{>}}C\!\!\underset{Y}{\overset{X}{<}} \xrightarrow{-2e,+3OH^-}$$

$$\underset{R_2}{\overset{R_1}{>}}N{-}\!\!\bigcirc\!\!{-}N{=}C\!\!\underset{Y}{\overset{X}{<}} + Z^- + 3H_2O$$

Häufig wird Z so gewählt, daß es als abgespaltenes Z^- eine photographische Funktion (z. B. Regulierung der Entwicklungsgeschwindigkeit: DIR-Kuppler) besitzt.

Die zahlreichen colorphotographischen Systeme, die die Chromogenentwicklung benutzen, können nach Art und Einbringung der Kuppler eingeteilt werden (Tab. 1). Für blaugrüne Bildfarbstoffe werden α-Naphthole oder Phenole, für Purpurfarbstoffe Pyrazolone und für Gelbfarbstoffe β-Ketoanilide verwendet (Abb. 1). Meist sind die Kuppler in submikroskopisch kleinen Tröpfchen einer hochsiedenden, nicht mit

Tabelle 1 Hauptsächliche Typen und Einbringungsverfahren von Farbkupplern

Typ	Einbringung	Formelbeispiel
1. Hydrophiler Fettrestkuppler (Agfa-Kuppler)	gelöst in wäßrig-alkalischem Medium	(Naphthol-NHCO-Struktur mit SO_3H und $N(CH_3)(C_{18}H_{37})$)
2. Hydrophober Fettrestkuppler (Perutz-Kuppler)	mechanische Dispergierung der in niedrigsiedendem organischem Lösungsmittel gelösten Kuppler	(Naphthol mit $CO-N(CH_3)(C_{17}H_{35})$)
3. Hydrophober Ölkuppler (Kodak-Kuppler)	gelöst in einem Hochsieder-Tiefsieder-Lösungsmittelgemisch, mechanisch dispergiert	(Naphthol-NH-CO-CH(C_2H_5)-O-Aryl mit tert.-Alkylgruppen)
4. Polymerkuppler	Nach 1. oder 2.	(Polymerstruktur mit $NH-CO-CH_2-CO-R'$)

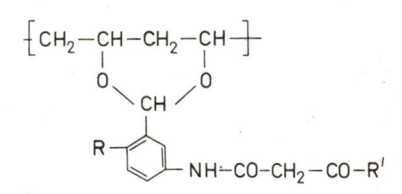

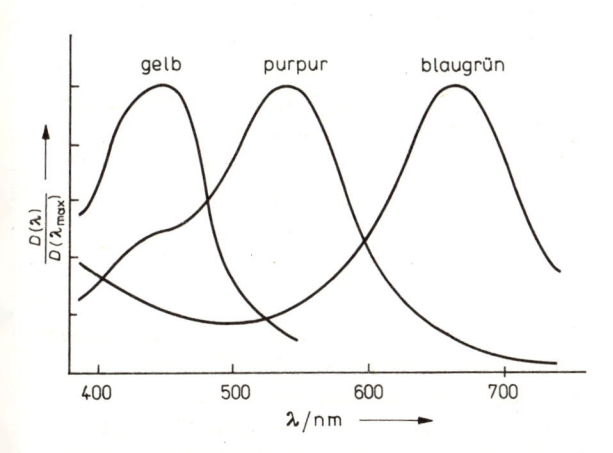

Abb. 1 Spektraler Dichteverlauf bei einem Colorpositivfilm

Tabelle 2 Hauptbestandteile eines Chromogenentwicklers (ORWOcolor 17) [13] auf 1 l

N,N-Diethyl-p-phenylendiaminsulfat	4 g
Kaliumcarbonat	75 g
Natriumsulfit	3 g
Kaliumbromid	2 g
Hydroxylammoniumsulfat	1,5 g
Kalkschutzmittel A 901	3 g

Wasser mischbaren Flüssigkeit dispergiert (Ölkuppler), wodurch weder die Kuppler selbst noch die aus ihnen entstehenden Farbkuppler ihren Ort in der photographischen Schicht verlassen können. Bei Kodachrome-Filmen werden die Kuppler erst beim Verarbeitungsprozeß in die Schicht gebracht [6, 16].

Kennwerte, Funktionen

Die wichtigsten Prozeßparameter bei der Farbentwicklung sind:

– Zusammensetzung des Entwicklungsbades (sie wird gewöhnlich vom Filmhersteller vorgeschrieben; siehe z. B. Tab. 2),
– Temperatur des Entwicklungsbades (der Trend geht zu Prozessen bei Temperaturen um 40 °C),
– Verweilzeit im Entwicklungsbad (einige Minuten).

Die wichtigsten heute verwendeten Farbentwicklersubstanzen faßt Tab. 3 zusammen.

Tabelle 3 Wichtige Entwicklersubstanzen für die Chromogenentwicklung

R_1	R_2	R_3	Kurzbezeichnung	Eingesetzt als
C_2H_5	C_2H_5	H	TSS, T 22	Sulfat
C_2H_5	C_2H_4OH	H	T 32	Sulfat
C_2H_5	C_2H_5	CH_3	CD 2	Hydrochlorid
C_2H_5	$C_2H_4NHSO_3CH_3$	CH_3	CD 3	Sulfat-Hydrat
C_2H_5	C_2H_4OH	CH_3	CD 4	Sulfat
C_4H_9	$C_4H_8SO_3H$	H	Ac 60	Sulfat

Anwendungen

Die Farbentwicklung ist der entscheidende Prozeßschritt bei der Verarbeitung aller Colormaterialien, die nach dem Prinzip der Chromogenentwicklung funktionieren, mithin fast aller Coloramateur- und sämtlicher Colorkinematerialien (mit Ausnahme von Hydrotypie- bzw. Technicolor-Verfahren) sowie der meisten Colorpapiere.

Generell wird ein starker Trend zur weltweiten Vereinheitlichung von Colorverarbeitungen beobachtet.

Praktisch wird die Farbentwicklung in zentralen Verarbeitungseinrichtungen (Kopierwerken, Colorlabors, Bilderfabriken) in Entwicklungsmaschinen bei kontinuierlichem Film- bzw. Papierdurchlauf durchgeführt; die Prozesse laufen mit hohem Automatisierungsgrad und unter beträchtlichem Kontrollaufwand ab. Eine dezentrale Durchführung, bei der auch Tank- oder Trommelentwicklungsgeräte zum Einsatz kommen, ist möglich.

Um die Wirksubstanzen der Entwicklungsbäder voll auszunutzen und gleichmäßig gute Ergebnisse zu erhalten, muß der Substanzverbrauch geeignet kompensiert werden (Rejuvenierung). Die gesamte Prozeßgestaltung wird normalerweise vom Filmhersteller bis ins Detail vorgeschrieben, um optimale Ergebnisse zu sichern.

Literatur

[1] FISCHER, R.: DRP 257 160 (14.06.11).
[2] FISCHER, R.; SIEGRIST, H.: DRP 253 335 (07.02.12).
[3] FISCHER, R.; SIEGRIST, H.: Photogr. Korresp. **50** (1914) 208.
[4] DRP 746 135; DRP 725 872.
[5] KOSHOFER, G.: Farbfotografie, Bde. 2 und 3. – München: Verlag Laterna Magica 1981.
[6] USP 1 516 824; USP 1 659 148.
[7] EGGERS, I.: ICPS Zürich 1961. – London: The Focal Press 1961. S. 207.
[8] EGGERS, I.: Chimia **15** (1961) 499.
[9] LEVKO'EV, I. I.: J. Signal AM **4** (1976) 73.
[10] WALTHER, W. (Hrsg.): Fotografische Verfahren mit Silberhalogeniden. – Leipzig: Fotokinoverlag 1983. 110–128.
[11] BÖTTCHER, H.; EPPERLEIN, J.: Moderne photographische Systeme. – Leipzig: VEB Deutscher Verlag für Grundstoffindustrie 1983. S. 142–160.
[12] WOLF, E.: J. Signal AM **2** (1974) 279.
[13] ORWO-Rezepte (Ausgabe 1978): VEB Filmfabrik Wolfen.
[14] TONG, L. K. J. et al.: J. Amer. Chem. Soc. **79** (1957) 583, 592, 4305, 4310; **90** (1968) 5154; **93** (1971) 1347, 1394.
[15] EPPERLEIN, J: 50 Jahre Farbfilm. – Bild und Ton **39** (1986) 264.
[16] MANNES, L. D.; GODOWSKY, L.: J SMPTE **25** (1935) 6, 25. – ASHTON, G.: Brit. J. Phot. **132** (1985). 418.

Farbphotographie

Wunsch und Bemühen nach Photographie in natürlichen Farben sind so alt wie die Photographie insgesamt. Bereits im 19. Jahrhundert waren alle physikalischen Prinzipien farbphotographischer Verfahren ausgearbeitet worden (MAXWELL, DUCOS DU HAURON, CH. CROS).

Praktisch die gesamte moderne Farbphotographie [1–15] ist mit den Silberhalogenid-Systemen verknüpft. LIPPMANN stellte 1891 in Paris die sogenannte Interferenzphotographie vor (1908 Nobelpreis für Physik); er verwendete eine Schicht einer extrem feinkörnigen und daher wenig empfindlichen Emulsion auf spiegelnder Unterlage. Chancenreicher erwiesen sich die etwa seit 1890 intensiv bearbeiteten Rasterverfahren (Autochrome-Kornrasterplatte der Gebrüder LUMIERE ab 1907; Agfacolor-Kornrasterplatte ab 1916; Linsenrastermaterial nach LIESEGANG, BERTHON, KELLER-DORIAN ab 1909; Linienrastermaterial ab 1910, bis 1958 als Dufaycolor noch produziert), die aber mit der Entwicklung moderner Mehrschichtfilme (Kodachrome 1935 nach MANNES und GODOWSKY [3, 6], Agfacolor 1936 nach SCHNEIDER, FRÖHLICH u. a. [7–9] sowie Kodacolor-Materialien ab 1942), die mit → Farbentwicklung (Chromogenentwicklung) arbeiten, völlig verdrängt wurden.

Der erste farbige Spielfilm nach dem Agfacolor-Prinzip wurde am 31.10.41 uraufgeführt. Seither wurden die Mehrschichtfilme intensiv weiterentwickelt, vor allem in Richtung Empfindlichkeit, Farb- und Detailwiedergabe [8–15].

Ab 1963 wurde das Farbmaterialsortiment durch Kopiermaterialien nach dem Silberfarbbleichprinzip und durch → Farbstoffdiffusions-Verfahren (Colorsofortbild-Photographie) ergänzt. 1977 stellte LAND einen farbigen „Sofortschmalfilm" nach einem Linienrasterverfahren (Polavision) vor.

Sachverhalt

Ein Grundprinzip aller modernen farbphotographischen Verfahren ist die selektive Registrierung dreier Spektralgebiete (Farbauszüge), gewöhnlich des Blau-, Grün- und Rotanteils. Bei den sogenannten Spreizverfahren werden diese drei Teilinformationen durch Filter(wechsel) bzw. Strahlteilung in der Kamera oder durch mit dem Film verbundene Filter (Korn- oder Linienrasterverfahren) erzeugt. Dagegen verwenden die sogenannten Siebverfahren nur einen Strahlengang und ein Filmmaterial, das (mindestens) drei selektiv für blaues, grünes und rotes Licht empfindliche Einzelschichten enthält (Abb. 1).

Heute werden für die Farbphotographie fast ausschließlich Mehrschichtmaterialien eingesetzt; Bausteinwahl und Verarbeitung bewirken die Umsetzung der Belichtung in drei bildmäßige Farbstoffverteilungen. Gewöhnlich wird das Blauregistrat mit einem Gelbfarbstoff, das Grünregistrat mit einem Pupurfarbstoff und das Rotregistrat mit einem Blaugrünfarbstoff verknüpft (Substraktivverfahren); es entsteht bei nor-

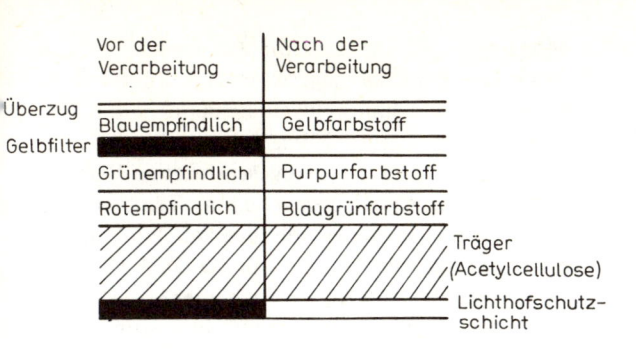

Abb.1   Schichtaufbau und Wirkprinzip eines einfachen Farbfilms

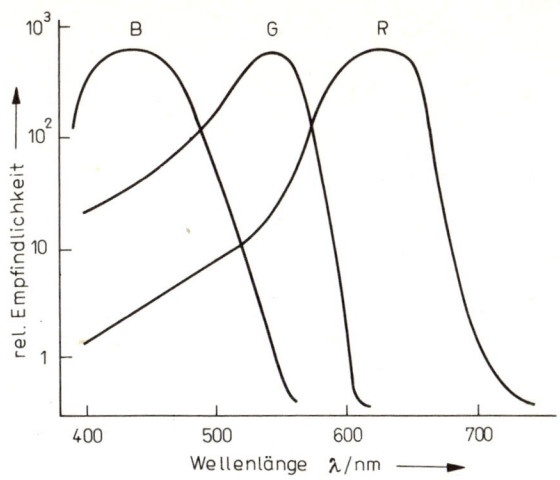

Abb.2   Verlauf der spektralen Empfindlichkeit für die drei Einzelschichten eines Colornegativfilms für Amateurzwecke

maler Chromogenentwicklung ein Farbnegativ (Abb. 1), das als Vorlage für den Kopierprozeß dient.

Bei Umkehrverarbeitung werden die spektralen Anteile in den drei Farbauszugschichten entsprechend ihrer Intensität registriert und zunächst in Schwarz-Weiß-Negative umgewandelt. An den nicht belichteten Stellen verbleibt das unentwickelte Silberhalogenid, das nun durch diffuse Zweitbelichtung oder auf chemischem Wege entwickelbar gemacht wird; danach erfolgt die eigentliche Farbentwicklung, wobei Farbstoffe und metallisches Silber entstehen. In weiteren Verarbeitungsschritten wird das Silber gebleicht (oxidiert) und ausfixiert. Es verbleibt das Farbstoffbild, die Umkehrverarbeitung führt zu einem Positiv.

Kennwerte, Funktionen

Colorphotographische Materialien werden gekennzeichnet durch

- Wirkprinzip (z. B. Mehrschichtfarbfilm mit Chromogenentwicklung, → *Farbentwicklung*, → *Farbstoffdiffusion*),
- spektrale Empfindlichkeitslage (Abb.2),
- Helligkeitswiedergabe (Negativ, Umkehr) und die Charakteristischen Kurven für die Spektraldrittel Blau (B), Grün (G) und Rot (R): Colornegativmaterialien besitzen gewöhnlich flache Gradation (Abb. 3), Umkehr- und Positivmaterialien dagegen steile Gradation (Abb.4),
- Detailwiedergabeeigenschaften und (Farb-)Körnigkeit sowie
- Farbwiedergabe (Absorptionsverhalten eines modernen Colorpositiv-Kinefilms siehe Abb. 5).

Einzelheiten enthalten die Datenblätter der Filmhersteller.

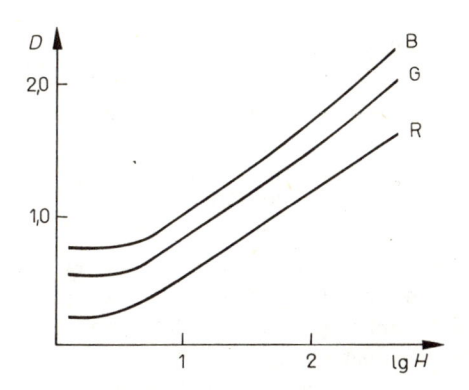

Abb.3   Charakteristische Kurve für die Einzelschichten eines Colornegativmaterials für Amateurzwecke

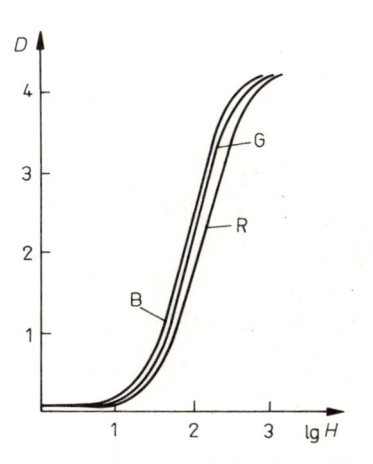

Abb.4   Charakteristische Kurven für die blau-(B), grün-(G) und rot-(R)empfindliche Schicht eines Colorpositivmaterials für Kinezwecke

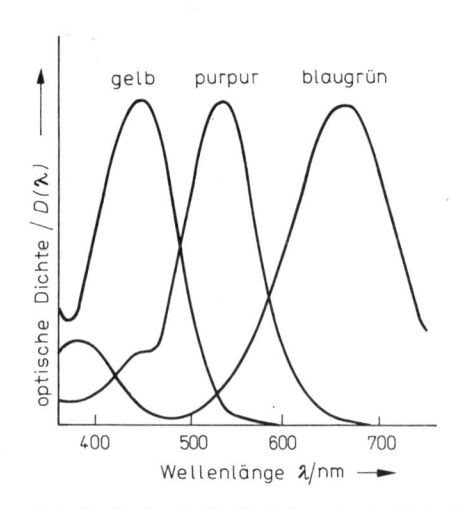

Abb. 5 Spektrale Verläufe der Einzelschichtabsorptionen eines Colorpositivmaterials

Anwendungen

Die Farbphoto- bzw. -kinematographie findet ihre Haupteinsatzgebiete auf dem Amateursektor, in der professionellen Kinematographie, in der Polygraphie und im Fernsehen.

Die moderne Coloramateurphotographie wird zu etwa 80% mit Colornegativfilm/Colorpapier oder Colorumkehrmaterial (Diafilm) betrieben. Dabei dominiert in fast allen Ländern als Weg zum Colorbild die Prozeßfolge Colornegativ-Kopierprozeß-Colorpapier gegenüber Colorumkehrprozessen (Diapositive) und Colorsofortbild-Photographie.

Die Empfindlichkeit moderner Colornegativmaterialien liegt bei 20...31 DIN; die höherempfindlichen Filme eignen sich zur „available-light-photography". Durch einen komplizierteren Schichtaufbau (Abb. 6) wird ein günstiges Verhältnis von Empfindlichkeit und Detailwiedergabeeigenschaften erreicht.

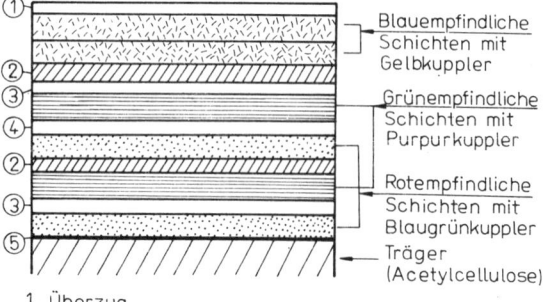

1. Überzug
2. Gelbfilter
3. Zwischenschicht
4. Verstärkungsschicht
5. Lichthofschutzschicht

Abb. 6 Aufbau eines modernen Colornegativ-Filmes (Variante). Gesamtschichtdicke 24 µm (ohne Träger)

Moderne Colorfilme sind für den Einsatz in hochentwickelten Kameras eingerichtet; die Konfektionierungen (Formate) sind weltweit standardisiert; die optimale Verarbeitung der Filme bzw. Papiere erfordert die exakte Einhaltung der vorgeschriebenen Verarbeitungsbedingungen (Konzentrationen, Temperaturen, Verweilzeiten usw.), die gewöhnlich von den Materialherstellern vorgegeben werden (für die DDR vgl. [16]).

In der professionellen Kinematographie wird fast ausschließlich das Colornegativ-Colorpositiv-Verfahren, ggf. über ein oder mehrere Duplizierstufen, angewandt; die Amateurschmalfilmtechnik dagegen bevorzugt Colorumkehrfilme. Auch für die Fernsehproduktionen, die über Filmaufnahmen realisiert werden, setzt man Colorumkehrmaterialien und zunehmend Colornegativmaterialien ein.

Literatur

[1] WALL, E. J.: The History of Three Color Photography. – Boston: 1925.
[2] CORNWALL-CLYNE, A.: Color Cinematography 3. Ed. – London: Chapman & Hall 1951.
[3] FRIEDMANN, J. S.: History of Color Photography 4. Ed. – London/New York: Focal Press 1968.
[4] BAIER, W.: Quellendarstellungen zur Geschichte der Photographie 5. Aufl. – Leipzig: Fotokinoverlag 1980. S. 367 ff.
[5] HANSON, W. T.: Phot. Sci. Engng. 21 (1977) 293.
[6] MANNES, L. D.; GODOWSKY, L.: USP 1 516 824; USP 1 659 148; USP 1 954 452; USP 1 969 469; USP 2 113 329; J. SMPTE 25 (1935), 6, 65.
[7] SCHNEIDER, W.; WILMANNS, G. et. al.: DRP 746 135 (1935), DRP 725 872 (1935).
[8] MEYER, K.: Chem. Techn. 8 (1955) 7; Bild und Ton 13 (1960) 14, 35, 56; PIETRZOK, H.: Bild und Ton 28 (1975) 19, 51; EPPERLEIN, J.: Bild und Ton 39 (1986) 264.
[9] BERGER, H.: Agfacolor 9. Aufl. – Wuppertal: Girardet 1972.
[10] SCHULTZE, W.: Farbenphotographie und Farbfilm. – Berlin/Göttingen/Heidelberg: Springer-Verlag 1962.
[11] BARCHET, H.-M.: Chemie photographischer Prozesse. – Berlin: Akademie-Verlag 1965.
[12] MUTTER, E.: Farbphotographie. – Wien/New York: Springer-Verlag 1967.
[13] KOSHOFER, G.: Farbfotografie, Bd. 1–3. – München: Verlag Laterne Magica 1981.
[14] WALTHER, W. (Hrsg.): Fotografische Verfahren mit Silberhalogeniden. – Leipzig: Fotokinoverlag 1983. S. 15–29, 239–384.
[15] BÖTTCHER, H.; EPPERLEIN, J.: Moderne photographische Verfahren. – Leipzig: VEB Deutscher Verlag für Grundstoffindustrie 1983. S. 37–44, 136–168.
[16] ORWO-Rezepte-Vorschriften zur Behandlung fotografischer Materialien. Ausgabe 1978. VEB Filmfabrik Wolfen.

Farbstoffdiffusion

Im Jahre 1963 brachte die Firma Polaroid (USA) erstmals ein farbphotographisches System („Polacolor") auf den Markt, dem als Wirkprinzip die gesteuerte Farbstoffdiffusion (ROGERS [1]) zugrunde lag. Das System wurde mehrfach weiterentwickelt (1972: „SX-70"-System [2], 1980: „Time Zero Supercolor"; 1986: „Polaroid Image System"). 1976 stellte die Firma Kodak ein alternatives, mit den Polaroid-Systemen nicht kompatibles Farbstoffdiffusions-System („Kodak Instant" [3], weiterentwickelt zu „Kodamatic" und „Trimprint") vor. Auf Grund der kurzen Zugriffszeit zum fertigen Bild nennt man derartige Systeme häufig „Colorsofortbild-Systeme", treffender ist allerdings „one-step-photography" [2, 6]. In der UdSSR und in Japan wurden ebenfalls derartige Colorsofortbild-Systeme entwickelt. Das Prinzip der bildmäßig gesteuerten Farbstoffdiffusion bildet auch die Grundlage einiger anderer spezieller Colorkopiermaterialien („Kodak Ektaflex PCT", „Agfachrome Speed" [11] u. a.). Übersichtsarbeiten: [4–10].

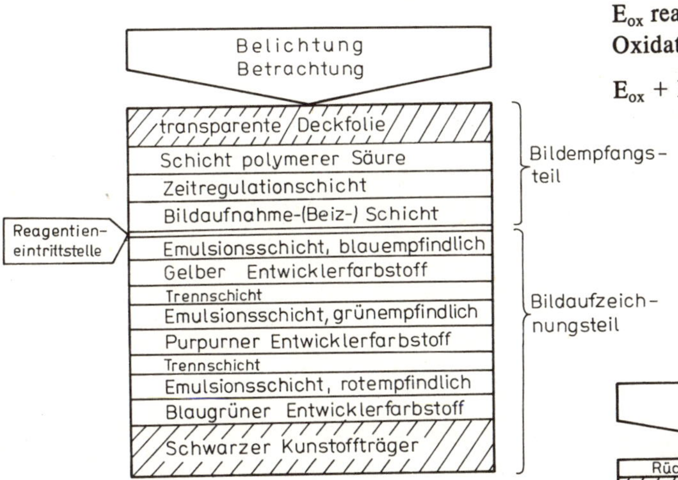

Sachverhalt

Während in herkömmlichen photographischen Materialien das endgültige Bild jeweils in der Schicht entsteht, die ursprünglich die lichtempfindliche Silberhalogenid-Gelatine-Emulsion enthielt, trifft für alle Farbstoffdiffusions-Verfahren gleichermaßen zu, daß das fertige Bild in einer speziellen Bildempfangsschicht entsteht, indem Bildfarbstoffe in diese Empfangsschicht, belichtungsabhängig gesteuert in Art und Menge, diffundieren.

Die einzelnen Farbstoffdiffusions-Systeme unterscheiden sich vor allem in der (Farbstoff-)Chemie und bei den eingesetzten Silberhalogenid-Emulsionen. Gewöhnlich werden blau-, grün- und rotempfindliche AgX-Emulsionen eingesetzt, denen jeweils benachbart Schichten mit organischen Verbindungen P, die gelbe, purpurne bzw. blaugrüne Farbstoffstrukturen enthalten, zugeordnet sind. Bei der photographischen Entwicklung der exponierten AgX-Emulsionen entsteht an den entwicklungsfähigen AgX-Kristallen (AgX*) eine bildmäßige Verteilung von metallischem Silber und Entwickleroxidationsprodukt (E_{ox}):

$$2\,AgX^* + E \rightarrow 2\,Ag + E_{ox} + 2\,X^-. \tag{1}$$

E_{ox} reagiert mit P im Sinne einer Redoxreaktion unter Oxidation zu P_{ox}:

$$E_{ox} + P \rightarrow E + P_{ox}. \tag{2}$$

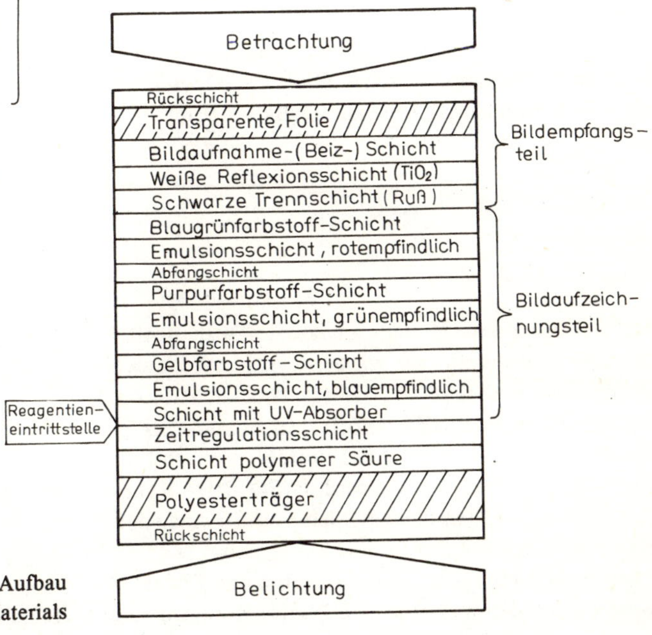

Abb. 1 Schematischer Aufbau eines Polaroid-Colorsofortbild-Materials

Abb. 2 Schematischer Aufbau eines Kodak-Colorsofortbild-Materials

Damit die Redoxreaktion zwischen dem entwicklungsfähigen Silberhalogenid (AgX*) in den spektral selektiv lichtempfindlichen Emulsionsschichten und den dazugehörigen Bildfarbstoffen, die sich in jeweils benachbarten Schichten (Abb. 1 und 2) befinden, hinreichend effektiv ablaufen kann, wird als E ein sogenannter Hilfsentwickler (auxiliary developer, messenger developer, electron transfer agent ETA) verwendet (z. B. Tolylhydrochinon), der den Redoxprozeß zwischen AgX und P vermittelt:

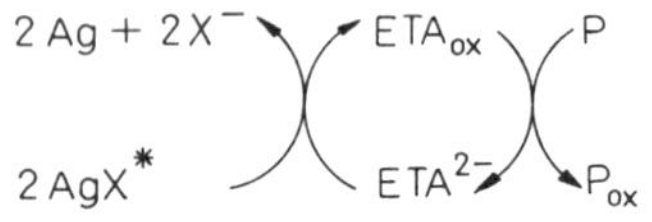

$$2Ag^- + 2X^- \diagup ETA_{ox} \diagup P$$
$$2AgX^* \diagdown ETA^{2-} \diagdown P_{ox}$$

In den modernen Polaroid-Systemen (Abb. 1) werden für P Strukturen des Typs

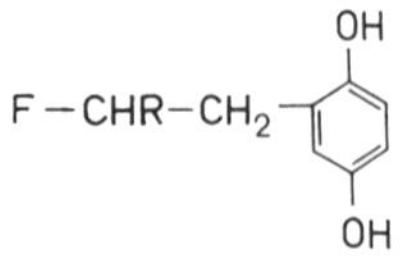

F—CHR—CH$_2$—C$_6$H$_3$(OH)$_2$

verwendet (sogenannte *Entwicklerfarbstoffe, dye developer* [1, 2]), wobei F eine gelbe, purpurne bzw. blaugrüne Metallkomplex-Farbstoffstruktur bedeutet. P$_{ox}$ entspricht das p-Benzochinon. Während unveränderte Verbindungen P unter Prozeßbedingungen (stark basisches Milieu) diffusionsfähig sind und in die Bildempfangsschicht wandern können, kann P$_{ox}$ kaum diffundieren.

Bei den Kodak-Systemen (Abb. 2) werden im Unterschied zu den Polaroid-Varianten Direktumkehremulsionen eingesetzt, d. h., AgX-Körner dieser Art verlieren (!) durch Belichtung ihre Entwickelbarkeit, unbelichtete Körner dagegen reagieren im Sinne von Gl. (1–3). Wiederum wird den einzelnen Emulsionsschichten jeweils eine Schicht mit diffusionsfesten Verbindungen (P') mit Farbstoff-Strukturelementen F' zugeordnet. P' kann – schematisch vereinfacht – durch eine Struktur (R: sogenannte Ballastgruppe)

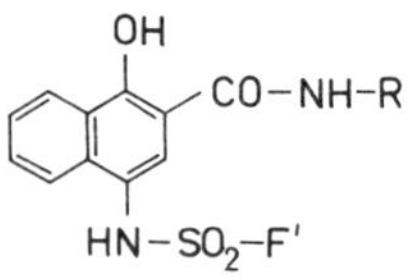

Naphthalin-OH / CO—NH—R / HN—SO$_2$—F'

beschrieben werden. P' dient als farbstoffabspaltender Precursor (sogenannte *dye releaser* [3]), F' wird durch Arylazoarene realisiert. P'$_{ox}$ ist das entsprechende p-Naphthochinonimin, das sofort zum immobilen p-Naphthochinon und dem diffusionsfähigen Farbstoffrest F'-SO$_2$-NH$_2$ hydrolysiert wird. F'-SO$_2$-NH$_2$ diffundiert in die Bildempfangsschicht und wird dort festgelegt.

Sowohl bei den Polaroid- als auch bei den Kodakvarianten wird der automatische Verarbeitungsprozeß dadurch ausgelöst, daß nach der Belichtung der Schichtverband mit einer stark alkalischen, pastösen Verarbeitungsflüssigkeit getränkt wird, die nach Zerquetschen eines beutelartigen Vorratsgefäßes mittels zweier Walzen dosiert und gleichmäßig über die Filmfläche verteilt wird (weitere Einzelheiten siehe [2–9]).

Kennwerte, Funktionen

Farbstoffdiffusionsverfahren liefern binnen 1–3 min nach Belichtung fertige, stabile, vollformatige Coloraufsichtsbilder. In den Typen „Polacolor 2" und „SX-70" sowie deren Weiterentwicklungen werden spezielle Metallkomplex-Bildfarbstoffe (Abb. 3) eingesetzt, die neben hoher Farbbrillanz auch eine hohe Lichtstabilität des fertigen Colorbildes garantieren.

Das Material wird gewöhnlich in Form von Filmpacks aus (10) Einzelblättern konfektioniert. Es werden relativ hochempfindliche Emulsionen verwendet; mit 20...27 DIN sind Colorsofortbild-Materialien nach dem Farbstoffdiffusionsprinzip in der Empfindlichkeit vergleichbar mit konventionellen Colornegativ- bzw. Colorumkehrmaterialien. Allerdings ist das Auflösungsvermögen von Sofortbildmaterial infolge des die

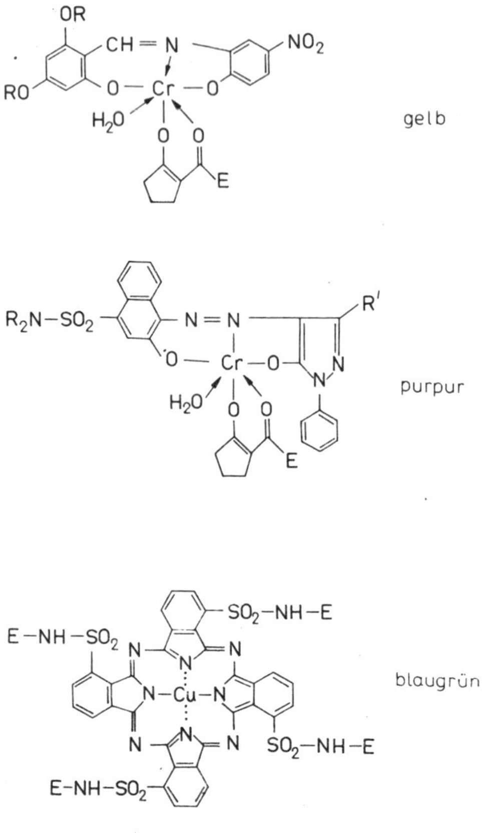

Abb. 3 Bildfarbstoffe in modernen Polaroid-Colorsofortbild-Systemen
E: Entwicklergruppierung (Hydrochinonderivat)

Modulationsübertragung verschlechternden Einflusses der Diffusionsprozesse geringer als bei klassischen Materialien.

Ein Colorsofortbild ist wesentlich teurer als ein gewöhnliches Colorpapierbild oder ein Colordia.

Anwendungen

Colorsofortbild-Materialien erfordern spezielle Kameras. Moderne Sofortbildkameras sind mit Belichtungsautomatik, Blitztechnik, leistungsfähigere Modelle auch mit automatischer Scharfeinstellung ausgerüstet.

Haupteinsatzgebiete sind die Amateurphotographie und Teilbereiche der professionellen Photographie. Mit Zusatzgeräten kann die Sofortbildtechnik sehr zweckmäßig für Nah- und Mikroaufnahmen, zur Dokumentation von oszillographischen u. a. Bildschirminformationen, zur Aufzeichnung von Röntgenaufnahmen, für die Porträtphotographie und die Anfertigung von Ausweisen mit Farbphoto des Inhabers usw. eingesetzt werden. Häufig wird die Sofortbildphotographie neben anderen photographischen Systemen zu Kontrollzwecken verwendet. Auch die Herstellung von Colorprints von Dias ist möglich [11].

Literatur

[1] Rogers, H.G.: USP 2 983 606 (1954/1961); J. Phot. Sci. **22** (1974) 138.
[2] Land, E.H.: Phot. Sci. Engng. **16** (1972) 247; Photogr. J. **114** (1974) 338.
[3] Hanson, W.T. jr.: Phot. Sci. Engng. **20** (1976) 155; J. Phot. Sci. **25** (1977) 189.
[4] Weisflog, J.: Bild und Ton **29** (1976) 273, 335.
[5] Majboroda, V.D.: Ž. naučn. i prikl. fotogr. i kin. **21** (1976) 459.
[6] Land, E. H.; Rogers, H. G.; Walworth, V. K.: In: Sturge, J. M. (Ed.): Neblette's Handbook of Photography and Reprography. - New York: Van Nostrand Co. - Reinhold 1977.
[7] Walther, W. (Hrsg.): Fotografische Verfahren mit Silberhalogeniden. - Leipzig: Fotokinoverlag 1983. S.367–378.
[8] Böttcher, H.; Epperlein, J.: Moderne photographische Systeme. - Leipzig: VEB Deutscher Verlag für Grundstoffindustrie 1983. S.163–168.
[9] Van De Sande, C.C.: Angew. Chem. **95** (1983) 165.
[10] Nickel, V.: Chem. in uns. Zeit **19** (1985) 1.
[11] Peters, M.: J. Imaging Technol. **11** (1985) 101.

Helligkeitswiedergabe

Eine objektgemäße Helligkeitswiedergabe, bildmäßig getreu oder abgewandelt, ist das Grundanliegen photographischer Informationsaufzeichnung überhaupt. Kennlinie der Helligkeitswiedergabe (bei herkömmlicher Schwarz-Weiß-Photographie) ist die *Schwärzungskurve*[1]). Die Schwärzungskurve ist eine *Prozeßkennlinie*.

Erste theoretische Untersuchungen zur Erklärung des typischen Verlaufes der Schwärzungskurve wurden 1922, möglicherweise unabhängig voneinander, von Toy, Svedberg sowie von Silberstein und Trivelli veröffentlicht.

Statistische Modelle auf der Basis der Poisson-Statistik des Photoneneinfanges haben seither eine erhebliche Weiterentwicklung erfahren [1, 2]. Bei diesen Modellen werden belichtungs- und entwicklungsabhängige Einflüsse nicht explizit berücksichtigt (siehe *Belichtungseffekte* und *Entwicklungseffekte*). Gerth [3] bezieht den Reziprozitätsfehler und die Reaktionskinetik mit ein.

Eine hervorragende Einführung in die Problematik gibt das Buch [2] von Dainty und Shaw.

Sachverhalt

Die Schwärzungskurve beschreibt makroskopisch den Zusammenhang zwischen dem Logarithmus der Belichtung H und der unter gegebenen Prozeßbedingungen erhaltenen Schwärzung (optischen Dichte) D (Abb. 1). Sie ist Ergebnis des Zusammenwirkens mehrerer, z.T. äußerst komplizierter Effekte und Prinzipe:

– Quanteneinfangstatistik,
– Einflüsse der statistischen Verteilungen von Größe, Kornempfindlichkeit und Lage der Körner in der Schicht,

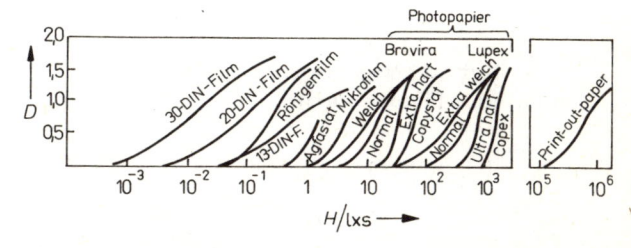

Abb. 1 Schwärzungskurven verschiedener photographischer Materialien im absoluten Maßstab nebeneinander aufgetragen (nach [12])

---

[1]) Oberbegriff: *Dichtekurve* (Schwärzung = optische Dichte des Bildsilbers [11]), speziell bei farbenphotographischen und Nichtsilber-Prozessen; für engere Spektralbereiche: *Farbdichtekurven*. Infolge neuerer Bestrebungen zur Nomenklaturbereinigung werden diese sachlich korrekten Bezeichnungen zunehmend durch den unprägnanten Begriff „Charakteristische Kurve" ersetzt.

In zusammengesetzten Prozessen ergibt sich durch Kombination der Dichtekurven der Teilprozesse als Kennlinie der Helligkeitswiedergabe die sogenannte „Kopiekurve".

- Tiefenverteilung der Belichtung in der Schicht,
- entwicklungsabhängige Vergrößerung der Kornfläche vom Silberhalogenidkorn zum Silberkorn,
- Deckkraft, d. h. korngrößen- und kornstrukturabhängige optische Wirksamkeit der entwickelten Körner.

Außer der Kornvergrößerung bei der Entwicklung sind alle diese Einwirkungen wellenlängenabhängig.

Kennwerte, Funktionen

Modell von DAINTY *und* SHAW [2].

$$D = D_{max}\left\{1 - \frac{1}{\bar{a}}\sum_a \beta_a\, a\left[\sum_Q \alpha_Q(1 - p_{Q,a})\right]\right\} \quad (1)$$

mit a = Kornfläche, Q = zur Entwickelbarkeit des Korns notwendige Anzahl von absorbierten Belichtungsquanten. Weitere Erläuterungen siehe im folgenden. Dieses Schwärzungskurvenmodell ist besonders einfach und zugleich erweiterungsfähig.

Voraussetzungen dieses Modells sind:
- Gültigkeit der Nuttingschen Schwärzungsformel bis hin zur Maximalschwärzung (siehe *Körnung und Körnigkeit*):

$$D_{max} = \log e \cdot \frac{N_A}{A}\bar{a}, \quad (2)$$

mit (N_A/A) = flächenbezogene Kornzahldichte, $\bar{a}$ = mittlere wirksame Kornfläche.
- Statistische Unabhängigkeit der Verteilungen der Kornempfindlichkeit α_Q und der Korngrößenverteilung β_a voneinander.
- Strenge Proportionalität zwischen Einfangquerschnitt und geometrischen Querschnitt der Körner.

Quanteneinfangstatistik. Die Anwendung der Poisson-Statistik liefert für die Kornentwickelbarkeitswahrscheinlichkeit $p_{Q,a}$:

$$p_{Q,a} = 1 - \sum_{r=0}^{Q-1} \frac{q^r e^{-q}}{r!} \quad (3)$$

mit $q = \bar{q}\cdot a/\bar{a}$ (Fremdabsorptionsgebiet) bzw. $q = \bar{q}\cdot v/\bar{v}$ (Eigenabsorptionsgebiet); $\bar{q}$ = mittlere Anzahl Belichtungsquanten je Korn, proportional der Belichtung H; $\bar{v}$ = mittleres Volumen eines Kornes.

Nach VOLKE [4] ist $p_{Q,a}$ noch weiter zurückführbar auf statistische Wahrscheinlichkeiten elementarer Prozesse.

Einflüsse statistischer Verteilungen. Bei normaler Emulsionstechnologie sind die Korngrößen einer photographischen Schicht logarithmisch-normalverteilt [1]; siehe Abb. 2:

$$\beta_a = \frac{\lg e}{\sqrt{2\pi}\,\sigma_{\lg a}\cdot a}\cdot \exp\left[-\frac{1}{2}\left(\frac{\lg a - \lg a_0}{\sigma_{\lg a}}\right)^2\right], \quad (4)$$

$\sigma_{\lg a}$ = *Standardabweichung*[1)] der Größe $\lg a$. Die Korndurchmesser d sind dann ebenfalls logarithmisch-normalverteilt mit $\frac{d}{d_0} = \left(\frac{a}{a_0}\right)^{1/2}$; $\sigma_{\lg d} = \frac{1}{2}\sigma_{\lg a}$. Zusammenhang der *häufigsten Korngröße* a_0 mit der *mittleren Korngröße* $\bar{a}$:

$$a_0 = \bar{a}\cdot \exp\left[-\frac{1}{2}\left(\frac{\sigma_{\lg a}}{\lg e}\right)^2\right]. \quad (5)$$

Typische Parameterwerte für unentwickelte photographische Schichten sind: $0{,}1\,\mu m \leq d_0 \leq 1\,\mu m$; $0{,}05 \leq \sigma_{\lg d} \leq 0{,}15$.

Mit speziellen Methoden lassen sich auch mondisperse Körper erzeugen (Abb. 3) bzw. beliebig andere Verteilungen ermischen.

Die *Kornempfindlichkeitsverteilung* α_Q ist experimentell schwer zugänglich; evtl. logarithmisch-normal [1]

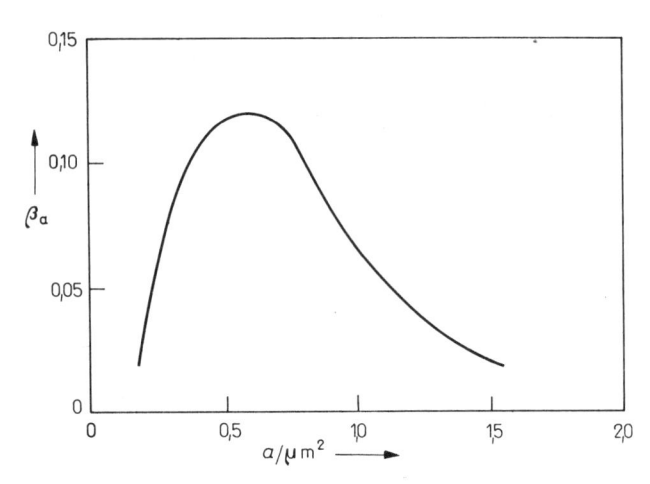

Abb. 2 Typische Korngrößenverteilung eines mittelempfindlichen Filmes (nach [2])

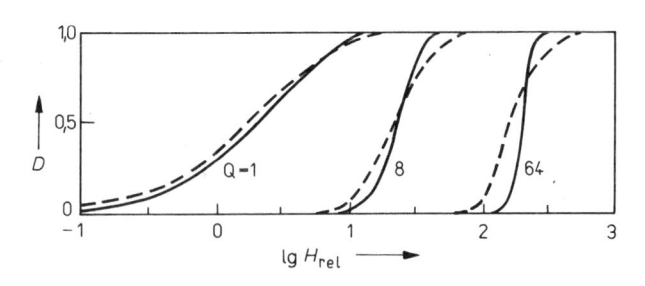

Abb. 3 Berechnete Schwärzungskurven für Körner mit einheitlicher Kornempfindlichkeit. (– – –) mit Korngrößenverteilung aus Abb. 2; (——) monodispers; (nach [2])

[1)] In der Literatur findet sich häufig die mathematisch nicht korrekte Schreibweise $\lg \sigma_a$.

oder negativ-binominal [2]. Die Verteilung ist diskret (Q ganzzahlig).

Tiefenverteilung der Belichtung. (Siehe *Absorption und Lichtstreuung in der photographischen Schicht.*) Mathematische Behandlung: Elementarschichtzerlegung [1].

Kornvergrößerung bei der Entwicklung und Deckkraft. Die Berücksichtigung beider Effekte kann durch einen pauschalen Kornvergrößerungsfaktor η erfolgen. Anstelle von a ist dann die optisch wirksame Fläche a_e der entwickelten Körner in obige Gleichungen einzuführen:

$$a_e = \eta a; \quad \bar{a}_e = \eta \bar{a}. \tag{6}$$

An sich ist die Deckkraft $\mathcal{D} = P^{-1} = D/m_A$ (P – „Photometrische Konstante", D – Schwärzung, m_A – Flächenmasse des Bildsilbers) jedoch stark abhängig von der Korngröße und anderen Einflüssen [5]. NELSON [6] fand zwischen m_A und D den empirischen Zusammenhang:

$$m_A = P \cdot D^n \tag{7}$$

(P hier in der Bedeutung eingeschränkt auf eine tatsächliche Konstante, n – Nichtlinearitätsexponent).

Anwendungen

Empirische Optimierung photographischer Schichten. Dabei wird ausgehend von einer der Zielvorstellung nahekommenden Emulsion die Rezeptur schrittweise empirisch solange verändert, bis die geforderte Kennlinie erreicht wird. Da eine bestimmte Schwärzungskurve durchaus mit verschiedenen Parameterkonstellationen erreichbar ist, wird es möglich, außer der Helligkeitswiedergabe noch hinsichtlich weiterer Kriterien zu optimieren.

Physikalische Schichtoptimierung. Durch Anwendung hinreichend genauer mathematisch-physikalischer Modelle läßt sich ein Teil der sehr material- und zeitaufwendigen Versuchsgüsse bei der Schichtoptimierung einsparen. In der Regel erfordert dies den Einsatz von Großrechnern.

Bildauswertung und Bildverarbeitung. Es steht oftmals die Aufgabe, die durch Nichtlinearitäten der Prozeßkennlinien verursachten Fehler in der Helligkeitswiedergabe nachträglich mit Hilfe geeigneter Approximationen zu korrigieren.

Beispiele für empirische Schwärzungskurvenformeln:

a) $$D = \frac{\gamma w}{0{,}6} \lg \left(10^{\frac{0{,}6 \lg(H/H_i)}{w}} + 1 \right) \text{(LUTHER [7])} \tag{8}$$

mit γ – Anstieg des gradlinigen Teiles, w – Weichheit, H_i – Belichtung an der Stelle der Inertia [12];

b) $$D = D_Z + (D_{max} - D_Z) \cdot \tanh \left(\frac{\gamma}{D_{max} - D_Z} \lg \frac{H}{H_Z} \right) \text{([8])} \tag{9}$$

mit Index Z für die Koordinaten des Zentralpunktes;

c)
$$D = \begin{cases} D_{min} + \gamma \left(0{,}18 \dfrac{H}{H_i} - 0{,}05 \right) & \text{für } 0{,}28 \leq \dfrac{H}{H_i} \leq 2{,}4 \\[6pt] D_{min} + \gamma \dfrac{0{,}18 H/H_i - 0{,}05}{0{,}10 H/H_i + 0{,}76} & \text{für } 2{,}4 \leq \dfrac{H}{H_i} \leq 7{,}9 \\[6pt] D_{min} + \gamma \dfrac{0{,}18 H/H_i - 0{,}05}{0{,}146 H/H_i + 0{,}50} & \text{für } 7{,}9 \leq \dfrac{H}{H_i}, \end{cases} \tag{10}$$

wobei die Koeffizienten als Mittelwerte aus Untersuchungen an vielen unterschiedlichen Filmen erhalten wurden [9].

Zahlreiche weitere Beispiele für empirische Näherungen finden sich in der Literatur [10].

Literatur

[1] FRIESER, H.; KLEIN, E., Agfa-Mitt. III (1961) 15.
[2] DAINTY, J. C.; SHAW, R.: Image Science. – London/New York/San Francisco: Academic Press 1974.
[3] GERTH, E., Z. wiss. Phot. **60** (1967) 106; J. Signal AM **1** (1973) 259; **6** (1978) 421.
[4] VOLKE, CHR., J. Signal AM **1** (1973) 461.
[5] VOLKE, CHR.; ELSZNER, CHR., Z. wiss. Phot. **64** (1970) 7.
[6] NELSON, C. N., Phot. Sci. Engng. **15** (1971) 82.
[7] LUTHER, R., Trans. Faraday Soc. **19** (1923) 340.
[8] NESTERUK, W. F.; PORFIRJEVA, N. N., Ž. nauč. i prikl. fotogr. i kin. **16** (1971) 321.
[9] BARANOV, G. S.; KLJUJENKOVA, E. I., Ž. nauč. i prikl. fotogr. i kin. **17** (1972) 261.
[10] GERTH, E., Bild und Ton **31** (1978) 357.
[11] FISCHER, R.; VOGELSANG, K.: Größen und Einheiten in Physik und Technik. 3. Aufl. – Berlin: Verlag Technik 1983, S. 36, 77.
[12] FRIESER, H.: Photographische Informationsaufzeichnung. – London/New York: Focal Press; München/Wien: R. Oldenbourg – Verlag 1975, S. 41.

Körnung und Körnigkeit

Die großformatige Photographie der ersten Blütezeit, zweite Hälfte des 19. Jahrhunderts, kannte noch keine Probleme mit der Körnigkeit. Diese wurden erst aktuell mit dem Trend zu immer kleineren Aufnahmeformaten, mit der Schaffung immer empfindlicherer und damit grobkörnigerer Aufnahmematerialien und speziell bei der Realisierung immer stärkerer Verkleinerungen in der Mikrographie und ähnlichen Anwendungen.

Der erste Körnigkeitsmesser wurde 1920 von JONES und DEISCH gebaut. EGGERT und KÜSTER wendeten 1934 als erste den *Callier-Effekt* zur Bestimmung der Körnigkeit an, und 1935 veröffentlichte SELWYN eine bis heute anerkannte Theorie der Schwärzungsschwankung. Von SIEDENTOPF wurde schließlich auch der quantitative Zusammenhang zwischen Schwärzungsschwankung und Korngrößenverteilung abgeleitet [1].

Sachverhalt

Jede bildmäßige photographische Aufzeichnung setzt voraus, daß das Aufzeichnungsmaterial strukturiert ist, um eine eindeutige Positionierung der Information zu bewirken. Im Falle der herkömmlichen Silberhalogenid-Gelatineschichten besteht die Struktur aus im Schichtvolumen unregelmäßig verteilten Mikrokristallen (Körnern) und wird „das Korn" genannt. Andere Beispiele sind die „Pixel"-Struktur („Pixel" = **pi**ctorial **el**ement (engl.)) der Festkörper-Bildsensoren oder die Molekülstruktur in Diazoschichten, für welche sich unter allgemeineren Voraussetzungen ganz analoge Zusammenhänge ergeben, wie die hier speziell für Silberhalogenid-Gelatineschichten dargestellten [2].

Körnung. Das Korn der photographischen Schicht ist ursächlich beteiligt an der Entstehung einer ebenfalls körnigen Struktur des entwickelten Silberbildes, objektiv meßbar als *Körnung* (engl.: granularity). Maßzahlen für die Körnung können abgeleitet werden aus der Standardabweichung bei der Schwärzungsmessung mit einer kleinen Meßblende an gleichmäßig belichteten und entwickelten Feldern.

Callier-Effekt. Als *Callier-Effekt* bezeichnet man den Sachverhalt, daß photographische Silberkörner das Licht streuen. Dadurch hängt das Ergebnis einer Schwärzungsmessung von der Geometrie des Strahlenganges im Meßgerät ab. Grenzfälle sind der *parallel-diffuse* Strahlengang (kleinster Wert der Schwärzung) und der *parallel-parallele* Strahlengang (größter Wert der Schwärzung); siehe Abb. 1.

Körnigkeit. Die subjektiv empfundene Auswirkung der Körnung bei visueller Betrachtung ist die *Körnigkeit* (eng.: graininess). Für quantitative Untersuchungen werden beispielsweise Grenzvergrößerungen bestimmt, die dem Übergang zwischen visueller Erkennbarkeit und Nichterkennbarkeit der körnigen Struktur entsprechen. Zwischen Körnigkeit und Callier-Effekt bestehen quantitative Zusammenhänge [1].

Kennwerte, Funktionen

Ebenso, wie in der Nuttingschen Formel für die Schwärzung,

$$D = \lg e \cdot \frac{N_{A,e}}{A} \bar{a}_e \qquad (1)$$

($N_{A,e}$ – Anzahl der entwickelten Körner in A; $\bar{a}_e$ – mittlere Fläche der entwickelten Silberkörner) läßt sich auch für die Standardabweichung der Schwärzung, bei Messung mit einer Meßblende der Fläche A,

$$\sigma_D = \lim_{m \to \infty} \sqrt{\frac{1}{m-1} \sum_{i=1}^{m} (D_i - \bar{D})^2}, \qquad (2)$$

ein Zusammenhang mit den sie bestimmenden Schichtparametern angeben:

$$\sigma_D^2 = \lg e \cdot \frac{\bar{a}_e}{A} D \left[1 + \left(\frac{\sigma_a}{\bar{a}_e}\right)^2\right] \quad \text{(SIEDENTOPF [3])}. \qquad (3)$$

Darin ist σ_a die Standardabweichung der hier als normalverteilt betrachteten Flächen a_e. Es gelten dieselben Voraussetzungen, wie für die Nuttingsche Formel:
– absolute Opazität der Körner,
– hinreichend kleiner Raumerfüllungsgrad des Bildsilbers, so daß die bei der Herleitung benötigte gegenseitige Unabhängigkeit der Schwärzungen der Elementarschichten gewährleistet ist.

Implizit ist in Gl. (3) das *Selwyn-Gesetz* enthalten:

$$G = \sigma_D \cdot \sqrt{A} = \text{const. bei Variation von } A. \qquad (4)$$

G heißt Selwyn-Körnung.

Eine verbesserte Theorie der Körnung realer Systeme gibt SAUNDERS [4], siehe auch Gl. (8).

Die Ortsfrequenzanalyse der örtlichen Schwärzungsschwankungen führt auf das Wiener-Spektrum [5].

Als *Callier-Quotient* bezeichnet man die Größe

$$C = D^{\|}/D^{\#} \qquad (5)$$

mit $D^{\|}$ = *parallele Schwärzung*, Meßprinzip gemäß Abb. 1a und $D^{\#}$ = *diffuse Schwärzung*, Meßprinzip gemäß Abb. 1b.

(Im erweiterten Sinne gilt die Bezeichnung Callier-Quotient auch für $C^{(A)} = D^{(A)}/D^{\#}$ bei beliebiger Lichtbündelapertur A [6].)

Die Zahl

$$K = 100 \, lg \, C_{(D^{\#} = 0{,}5)} \quad \text{(KÜSTER [7])} \qquad (6)$$

heißt *Körnigkeitszahl*, weil sie für nicht zu kleine

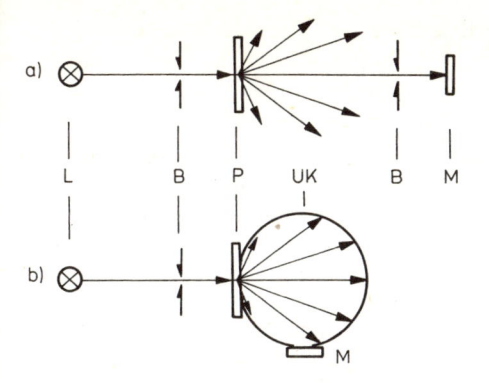

Abb. 1 Strahlengänge bei der Schwärzungsmessung, schematisch; a) parallel-parallel, b) parallel-diffus
L – Lampe, B – Blende, P – Probe, UK – Ulbrichtsche Kugel, M – Meßempfänger.

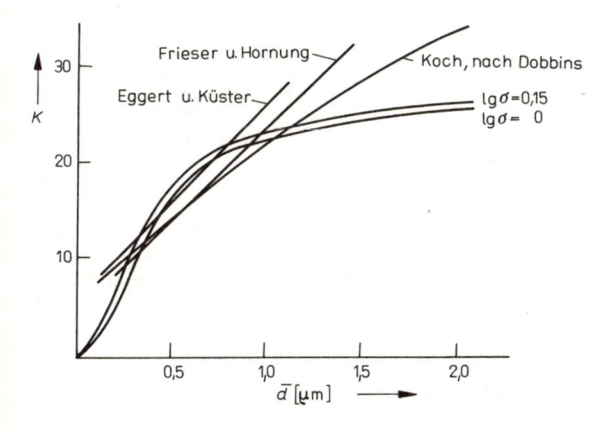

Abb. 2 Abhängigkeit der Körnigkeitszahl vom mittleren Korndurchmesser (Glühlampenlicht mit $T_V = 3\,000$ K, spektrale Empfindlichkeitsverteilung des Empfängers: $V(\lambda)$ (nach [8]).

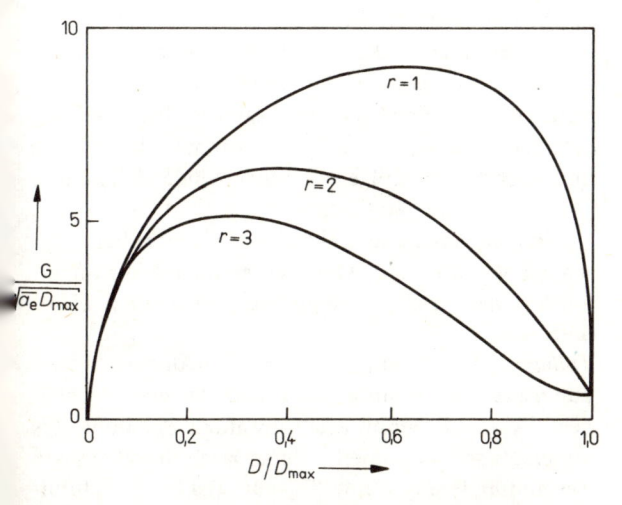

Abb. 3 Theoretische Abhängigkeit der Farbfilm-Selwyn-Körnung von der Dichte, dargestellt für $N_K = 500$ und drei Parameterwerte r (nach [4]).

K-Werte sehr gut mit dem Körnigkeitsmaß V_G (250; 0,5), d. h. der Grenzvergrößerung für 250 mm Betrachtungsabstand und $D^\# = 0,5$ korreliert [1]:

$$V_G (250; 0,5) = 114/K. \qquad (7)$$

Der quantitative Zusammenhang zwischen K und der Korngröße d wurde von KLUGE und HEIMBRODT [8] abgeleitet (Abb. 2). Zum Vergleich sind die empirischen Ansätze anderer Autoren eingezeichnet.

Anwendungen

Körnungsmessung. Die exakteste Methode zur Bestimmung der Schwärzungsschwankung ist die Anwendung der Definitionsgleichung (2). Die Messung der Werte D_i erfolgt mikrophotometrisch an beliebigen, einander jedoch nicht überlappenden Stellen der Probe. Zur rationellen Messung werden Spezial-Mikrophotometer angewendet [1, 9] oder auch Elektronenmikroskope [12].

Körnung zusammengesetzter Prozesse. Die Fortpflanzung der Körnung in zusammengesetzten Prozessen ist ein außerordentlich kompliziertes Problem, welches bei der Optimierung solcher Prozesse beachtet werden muß [10].

Körnung von Farbfilmen. Die Dichteabhängigkeit der Selwyn-Körnung von Farbfilmen ist eine sehr viel kompliziertere Funktion als Gln. (3,4); siehe Abb. 3:

$$G = \left\{ \lg e \cdot \bar{a}_e D_{max} \left[1 - \frac{D}{D_{max}} - N_K \left(\frac{D}{D_{max}} \right)^r \ln \left(\frac{D}{D_{max}} \right) \right] \right\}^{1/2}, \qquad (8)$$

N_K – Anzahl der in Farbstoff umgewandelten Kupplertröpfchen je Entwicklungszentrum, r – Systemkonstante [4].

Materialkennzeichnung. Eine standardgerechte Materialkennzeichnung hinsichtlich der Körnung erfolgt durch Angabe des RMS-Wertes (DDR-Standard TGL 143-410/02)

$$\text{RMS} = 1000\; \sigma_D^\# (1,0; \varnothing 24) \qquad (9)$$

$\sigma_D^\#$ = auf diffuse Schwärzungsmessung bezogene Standardabweichung, gemessen mit einer kreisförmigen Meßblende vom Durchmesser 24 μm bei einer mittleren diffusen Schwärzung von 1,0. Wird aus praktischen Gründen zur Messung ein anderer Durchmesser gewählt, so ist anschließend nach Gl. (4) auf 24 μm umzurechnen.

Materialkennzeichnung bezüglich Körnigkeit. Zur Bestimmung von K werden die Schwärzungen $D^{\|}$ und $D^\#$ zweckmäßig mit einer speziellen Apparatur (Callier-Meter) [1] gemessen. Die Meßwerte ergeben in der Darstellung $D^{\|} = f(D^\#)$ annähernd eine Gerade.

Systemoptimierung. Ein Kriterium zur Optimierung bestimmter Informationsaufzeichnungssysteme (Mikrofilmtechnik, Satellitenphotographie u. a.) ist das Signalrauschverhältnis (SRV):

$$\text{SRV} = \Delta D/\sigma_D \qquad (10)$$

ΔD – Schwärzungsdifferenz als Signalgröße, σ_D – Standardabweichung als Rauschgröße. Beide Bestandteile sind abhängig von der Detailgröße (bzw. Ortsfrequenz) und dem Schwärzungsniveau [11].

Systemvergleich. Ein Kriterium, anhand dessen die Effektivität unterschiedlichster Bilddetektoren, wie z. B. Film und Fernsehaufnahmeröhre verglichen werden kann, ist die DQE (detective quantum efficiency, Informationelle Quantenausbeute) [2]:

$$\text{DQE} = \frac{(\text{SRV})^2}{(\text{SRV}_{\text{idealer Detektor}})^2} = \frac{(\lg e)^2 \, g^2}{(q_A/A) \, G^2}. \qquad (11)$$

Darin ist $g = dD/d\lg H$ der Anstieg der Dichtekurve (siehe *Helligkeitswiedergabe*) und G die Selwyn-Körnung in dem durch die Belichtungsgröße q_A/A (= Anzahl der Belichtungsquanten pro Fläche) gegebenen Arbeitspunkt. Die DQE eines Systems hängt ebenfalls von der Ortsfrequenz und vom Niveau der Bestrahlung ab.

Literatur

[1] FRIESER, H.: Photographische Informationsaufzeichnung. – London, New York: Focal Press; München/Wien: R. Oldenbourg Verlag 1975.
[2] DAINTY, J. C.; SHAW, R. Image Science. – London/New York/San Francisco: Academic Press 1974.
[3] SIEDENTOPF, H., Phys. Z. **38** (1937) 454.
[4] SAUNDERS, A. E., J. Phot. Sci. **29** (1981) 51.
[5] HOESCHEN, D.; MIRANDÉ, W., Phot. Sci. Engng. **24** (1980) 275.
[6] GÖRISCH, R., Z. wiss. Phot. **48** (1953) 85.
[7] KÜSTER, A., Veröff. Agfa III (1933) 93.
[8] KLUGE, G.; HEIMBRODT, W., J. Signal AM **8** (1980) 19.
[9] RIVA, CH., Photogr. Korresp. **105** (1969) 111, 128, 143, 159.
[10] OHNESORGE, A., Dissertation. TU Dresden 1974.
[11] BIEDERMANN, K.; FRIESER, H., Optik **23** (1965) 75.
[12] V. ARDENNE, M.: Z. angew. Photogr. **2** (1940) 14.

Lichthof

Alten Literaturquellen zufolge [1] sollen schon um 1865 CAREY-LEA und RUSSEL die Ursache des (*Reflexions*-) *Lichthofes* erkannt und beschrieben haben. 1890 erschienen dann drei Arbeiten von ABNEY, CORNU und von v. GOTHARD zu diesem Thema, die vermutlich ohne die Kenntnis dieser Vorläufer entstanden sind. DRECKER konnte 1903 die Lichtverteilung im Reflexionslichthof mit Hilfe der Fresnelschen Reflexionstheorie herleiten. Das wissenschaftliche Interesse am Reflexionslichthof ließ nach, als sich die Anwendung von *Lichthofschutzschichten* allgemein durchzusetzen begann.

Wie SCHEFFER und MEES nachwiesen, ist für das Auflösungsvermögen der photographischen Schicht der *Diffusionslichthof* maßgeblich. Bereits 1898 hatte SCHEINER eine Formel angegeben, derzufolge der Diffusionslichthof einem Exponentialabfall gehorcht. Die genaue quantitative Untersuchung mit Hilfe der Mikrophotometrie führte später zu der Formulierung des Frieserschen Ansatzes der *Linienbildfunktion* (Nomenklatur nach TGl 34622/01 (1978)) photographischer Schichten und damit direkt zur *photographischen Modulationsübertragungsfunktion* (siehe *Photographische Modulationsübertragung*).

Die quantitativen Auswirkungen der Lichthöfe an einfachen Testobjekten werden in einer Reihe unterschiedlicher Meßverfahren zur Bestimmung der Parameter der Linienbildfunktion bzw. des Reflexionslichthofes verwendet.

Sachverhalt

Diffusionslichthof. Durch die gemeinsame Wirkung von *Absorption und Lichtstreuung* in der photographischen Schicht (siehe daselbst) entsteht bei der Belichtung um jeden Bildpunkt herum im Innern der Schicht ein rotationssymmetrischer Diffusionslichthof, innerhalb dessen die effektive Bestrahlungsstärke radial nach außen hin abnimmt (Abb. 1). Der Diffusionslichthof stellt sich im entwickelten Bild als eine entsprechend breite *Verwaschungszone* dar. Diese Breite ist begrenzt durch die der Empfindlichkeitsgrenze des Materials entsprechende Isophotenfläche im Innern der Schicht und wächst demzufolge mit zunehmender Belichtung [2].

Die Lichtverteilung im Innern der Schicht bei anderen als punktförmigen Objekten ergibt sich als Superposition der zu allen Bildpunkten gehörenden Lichthöfe.

Trübungseffekt. Der Lichthof eines Punktobjektes wird durch die Superposition des Lichthofes eines in kleinem Abstand befindlichen zweiten Punktobjektes asymmetrisch deformiert. Die so bewirkte scheinbare Abstandsänderung heißt *Trübungseffekt* (engl.: turbidity-effect) (Abb. 1c).

Reflexionslichthof. Das vom Bildpunkt in alle Richtungen ausgehende Streulicht gelangt zum Teil auch an

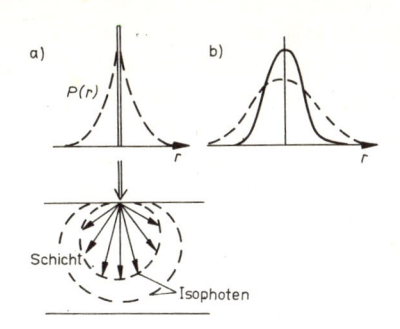

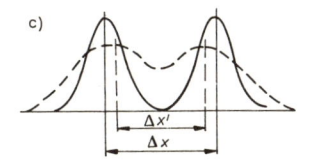

Abb. 1 Diffusionslichthof: (——) äußere Belichtung, (– – –) innere Belichtung.
a) Entstehung des Diffusionslichthofes und Punktbildfunktion; b) Lichthof eines auf die Schicht optisch abgebildeten Punktobjektes; c) Trübungseffekt

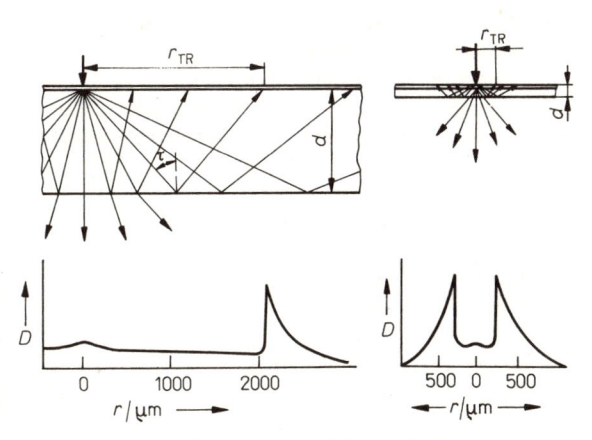

Abb. 2 Reflexionslichthof (nach [1]) für Glas- und Filmunterlage.

die Unterseite der Schicht und von dort in den Schichtträger, an dessen Rückseite es entsprechend dem Fresnelschen Reflexionsgesetz in die Schicht zurück reflektiert wird und dort, sofern die Belichtung insgesamt stark genug ist, photographisch wirksam wird. Die typische Erscheinung ist ein ringförmiges Gebilde, dessen Durchmesser von der Dicke des Schichtträgers in Verbindung mit dem *Totalreflexionswinkel* an der Grenzfläche Schichtträger-Luft bestimmt wird (Abb. 2).

Daneben werden unter Umständen auch außerordentliche Reflexionslichthöfe infolge der Reflexion an einer inneren Grenzschicht beobachtet [3].

Kennwerte, Funktionen

Mathematische Beschreibung des Diffusionslichthofes ist die *Punktbildfunktion P(r)* bzw. als eindimensionales Pendant die *Linienbildfunktion L(x)*. Es gilt allgemein [4], daß sich diese Funktionen stets aus zwei Anteilen unterschiedlicher physikalischer Bedeutung zusammensetzen:

$$P(r) = \varrho\, P^{\|}(r) + (1-\varrho)\, P^{\#}(r);$$
$$L(x) = \varrho L^{\|}(x) + (1-\varrho)\, L^{\#}(x). \quad (1)$$

$P^{\|}(r)$ bzw. $L^{\|}(r)$ beschreiben den Beitrag des direkt ungestreut wirksamen Anteiles des Lichtes (Diracsche Deltafunktion, $P^{\|}(r) = \delta(r)$; $L^{\|}(x) = \delta(x)$). Dagegen beschreiben $P^{\#}(r)$ bzw. $L^{\#}(x)$ den eigentlichen Diffusionslichthof.

$P^{\#}(r)$ bzw. $L^{\#}(x)$ lassen sich für Silberhalogenid-Gelatine-Schichten mit einer für die meisten Anwendungen ausreichenden Genauigkeit durch folgende Ansätze darstellen:

$$P^{\#}(r) = \frac{2}{\pi}\, a^2\, K_0(2ar), \quad (2)$$

$$L^{\#}(x) = a\, e^{-2a|x|} \quad \text{(Frieser [5])} \quad (3)$$

mit $a = \ln 10/k$; k – Zehntelwertsbreite der Linienbildfunktion; $K_0(...)$ – Macdonaldsche Funktion (modifizierte Besselsche Funktion).

Für sehr hohe Genauigkeitsansprüche:

$$P^{\#}(r) = \frac{2}{\pi} a^2 \frac{1}{\Gamma(1-\mu)\,(ar)^\mu} K_\mu(2ar) \quad \text{(Gilmore [6])} \quad (4)$$

$$L^{\#}(x) = \frac{2a(a|x|)^{1/2-\mu}}{\pi^{1/2}\,\Gamma(1-\mu)} K_{1/2-\mu}(2a|x|). \quad (5)$$

Für die verschiedenen photographischen Schichten halten sich die Parameterwerte in den Grenzen von

$$0 \leq \varrho < 1;\ 10 \leq \frac{a}{\text{mm}^{-1}} \leq 5\cdot 10^2;\ 0 \leq \mu \leq 1/2. \quad (6)$$

Zusammenhänge: Die Verteilung der effektiven Belichtung $H'(x,y)$ in der Schicht ergibt sich bei vorgegebener äußerer Belichtungsverteilung $H(x,y)$ durch folgende Faltung:

$$H'(x,y) = H(x,y) * P(x,y)$$
$$= \iint\limits_{-\infty}^{+\infty} H(x-x', y-y')\, P(\sqrt{x'^2+y'^2})\, dx'\, dy'; \quad (7)$$

eindimensional:

$$H'(x) = \int\limits_{-\infty}^{+\infty} H(x-x')\, L(x')\, dx'. \quad (8)$$

Anwendungen

Bestimmung der Größe k (siehe zu Gl. (2)) *durch mikroskopische Messung der Spaltbildverbreiterungskurve* [5, 7]. k ist der Anstieg des geradlinigen Teiles der gemessenen Kurve $b = f(\lg H)$;

$$k = \Delta b / \Delta \lg H. \tag{9}$$

Methode der photographischen Diffusimetrie nach ISTOMIN [8]. Das Testobjekt nach ISTOMIN enthält opake Striche unterschiedlicher Breite b, wobei das helle Umfeld in dem einen Fall so begrenzt ist, daß kein Reflexionslichthof wirken kann, im anderen Fall wird der Reflexionslichthof wirksam. Das Testobjekt wird im direkten Kontakt mit unterschiedlicher Belichtung H auf die zu untersuchende Schicht kopiert. Die mikrophotometrisch bestimmten Schwärzungen D in Strichmitte und im Umfeld werden zwecks Interpolation über $\lg H$ aufgetragen und für jede Strichbreite der Wert von $\Delta \lg H = \lg H - \lg H_{\text{Umfeld}}$ an der Stelle $D = 1{,}0$ abgelesen. Aus der Darstellung $\Delta \lg H = f(b)$ lassen sich dann sowohl k als auch ϱ und darüber hinaus der Einfluß des Reflexionslichthofes auf $k \to k_{\text{r}}$ entnehmen (Abb. 3). Weitere Methoden siehe in der Literatur [9–11].

Reflexionslichthofschutz [12]. Der Reflexionslichthof läßt sich durch Maßnahmen bei der Filmherstellung fast vollständig beheben. Solche Maßnahmen sind:

a) Unterbindung der Grenzflächenreflexion (absorbierende Schicht an der Rückseite des Schichtträgers);

b) Unterbindung des Lichtzutritts zur hinteren Grenzfläche (absorbierende Zwischenschicht);

c) Dämpfung des Reflexionslichtes (Anfärbung des Schichtträgermaterials).

Bildschärfeoptimierung [13]. Maßnahmen bei der Filmherstellung zur Verringerung des Diffusionslichthofes können sein:

a) Erhöhung der Packungsdichte des Silberhalogenids in der Schicht;

b) Anfärbung der Emulsion;

c) Verringerung der Schichtdicke.

Literatur

[1] DRECKER, J., Z. wiss. Phot. **1** (1903) 183.
[2] ZEITLER, E., Photogr. Korresp. **93** (1957) 115.
[3] MÜLLER, R., J. Signal AM **7** (1979) 163.
[4] REUTHER, R.; SCHMIDT, F., J. Signal AM **3** (1975) 5.
[5] FRIESER, H., Kinotechnik **17** (1935) 168.
[6] GILMORE, H. F., J. Opt. Soc. Amer. **57** (1967) 75.
[7] FRIESER, H., Photogr. Korresp. **91** (1955) 69; **92** (1956) 51, 183; 3. Sonderheft (1958) 20.
[8] ISTOMIN, G. A., J. Signal AM **1** (1973) 7.
[9] GRETENER, E., Z. wiss. Phot. **38** (1939) 248.
[10] KUJAWA, G. v., Veröff. Agfa II (1931) 104.
[11] SZÜCS, M., Photogr. Korresp. **100** (1963) 117.
[12] SCHARF, M.; MEISEL, U.; BÖTTCHER, H., J. Signal AM **9** (1981) 357.
[13] MEISEL, U.; SCHARF, M.; BÖTTCHER, H.; SCHLAFKE, H., J. Signal AM **7** (1979) 45.

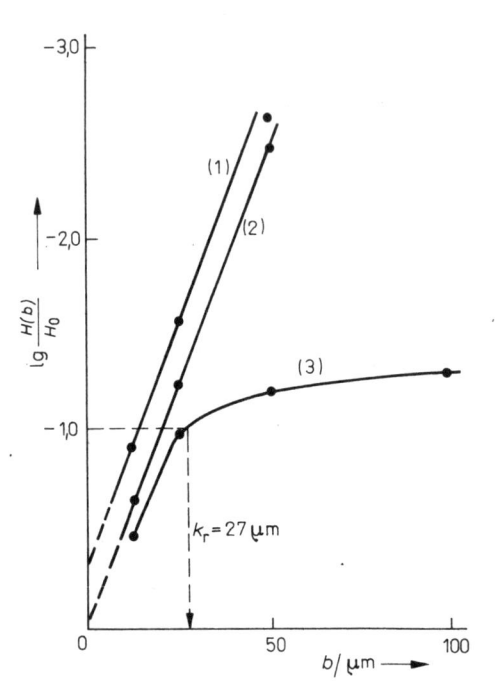

Abb. 3 Zur Methode der photographischen Diffusionsmetrie.
(1) Kontrastfunktion des Kodak Color Positivfilmes Typ 5385, gemessen mit Grünfilter ($k = 22$ µm, $\varrho = 0{,}50$); (2) Kontrastfunktion eines Filmes (nur Diffusionslichthof, $k = 22$ µm, $\varrho = 0$); (3) Kontrastfunktion desselben Filmes wie (2), einschließlich Reflexionslichthof ($k_{\text{r}} = 27$ µm); (aus [8]).

Nachbareffekt
(= Eberhard-Effekt)

1912 berichtete der Astronom G. EBERHARD in einer bedeutenden Arbeit [1] über Schwärzungsveränderungen durch *gegenseitige Beeinflussung benachbarter Felder* unterschiedlicher Schwärzung während der Entwicklung. Später wurde der Priorität EBERHARDS an dieser Entdeckung heftig und unsachlich widersprochen von SEEMANN, dessen 1909 veröffentlichte Beobachtungen jedoch nicht den Eberhardschen Nachbareffekt, sondern die Entwickler- bzw. Bromkalistreifen betrafen. Überhaupt führte die Vielfalt der Erscheinungsformen des Nachbareffektes zu einiger Begriffsverwirrung, die trotz wiederholter Bemühungen um Systematisierung auch heute nicht restlos überwunden ist [2].

Übertragungstheoretisch gesehen, ist der Nachbareffekt ein *Rückkopplungsprozeß*, der der konsequenten linear-übertragungs-theoretischen Behandlung der photographischen Informationsaufzeichnung im Wege steht (siehe *Photographische Modulationsübertragung*).

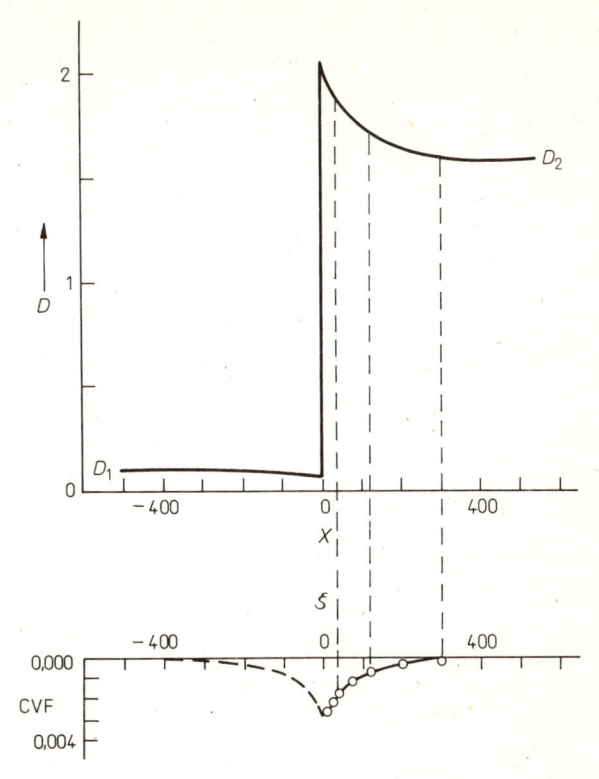

Abb. 1 Nachbareffekt an einer Hell-Dunkel-Kante und chemische Verwaschungsfunktion (nach [4])

Sachverhalt

Unterschiedlich stark belichtete Stellen einer photographischen Schicht stellen für den Prozeß der photographischen Entwicklung Zonen verschieden starken Entwicklerverbrauches dar, zwischen denen sich, sofern sie eng benachbart sind, während der Entwicklung *Konzentrationsgefälle* des Entwicklers und seiner Oxydationsprodukte ausbilden. Die Gefälle streben sich durch *Querdiffusion* in der Schicht auszugleichen. So gelangt zusätzlich frischer Entwickler an die Stellen großen Verbrauches und beschleunigt dort die Entwicklung, während die Nachbarzone an frischem Entwickler verarmt, wodurch die schon geringe Entwicklung dort noch verzögert wird. Ebenso gelangen infolge entstehender Konzentrationsgefälle Reaktionsprodukte an die Stellen geringen Verbrauches und hemmen dort die Entwicklung, während durch die Abdiffusion die Entwicklung am Entstehungsort weniger gehemmt wird. Beide Effekte wirken sich im gleichen Sinn als *Schwärzungsüberhöhung auf der stark belichteten und Schwärzungsverminderung auf der weniger belichteten Seite* im Grenzgebiet zwischen unterschiedlich entwickelnden Bildelementen aus [3]. Die mathematische Beschreibung dieses Sachverhaltes ist die Nachbareffektgleichung (Gl. (3)).

Der Nachbareffekt tritt prinzipiell an jedem beliebigen, genügend kleinen Bildelement auf, speziell z. B. an Hell-Dunkelkanten (Abb. 1). In diesem Fall spricht man vom *Kanteneffekt*, wobei dieser noch in den *Randeffekt* (die Schwärzungsüberhöhung) und den *Saumeffekt* (die Schwärzungsverminderung) unterteilt werden kann. Die an Strich- und Spaltbildern sowie an kleinen Kreis- oder Quadratflächen durch Überlagerung der Kanteneffekte einander gegenüberliegender

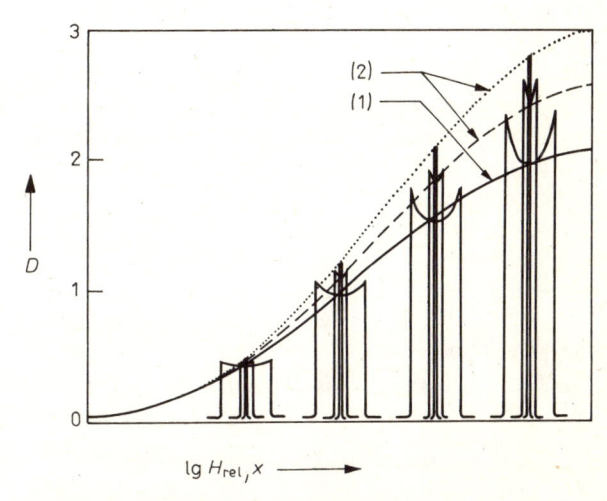

Abb. 2 Nachbareffekt bei der Abbildung von Spaltbildern unterschiedlicher Breite. (1) Makroschwärzungskurve; (2) Mikroschwärzungskurven für zwei Detailgrößen (nach [4]).

Kanten verursachten abstandsabhängigen Änderungen der Schwärzung in der Mitte des betreffenden Elementes (Abb. 2) nennt man auch *Durchmessungseffekte*. (Manche Autoren verstehen unter dem Namen Eberhard-Effekt nur die Durchmessereffekte.)

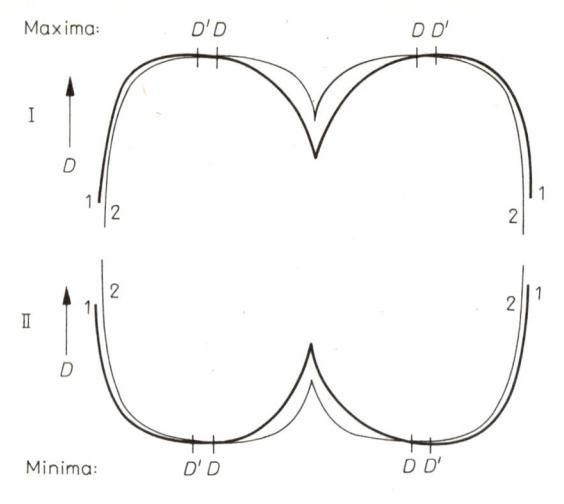

Abb. 3 Kostinsky-Effekt
I Der Kostinsky-Effekt an dunklen Feldern auf hellem Grund, II Der Kostinsky-Effekt an hellen Feldern auf dunklem Grund;
1 Die stark gezeichnete Kurve zeigt den Schwärzungsverlauf unter dem Einfluß des Kostinsky-Effektes,
2 Die fein gezeichnete Kurve zeigt den Schwärzungsverlauf, wie er ohne Effekt zu erwarten wäre nach Maßgabe der Belichtungsverhältnisse;
D' und D sind die entsprechenden Schwärzungszentren;
(nach [9]).

Kostinsky-Effekt. Der Kostinsky-Effekt ist ein Fehler in der Abstandsmessung dicht benachbarter punkt- oder linienförmiger Objektabbilder, verursacht durch den Nachbareffekt, der infolge der einseitigen Nachbarschaft des anderen in jedem der Objektabbilder eine entgegengerichtete Verschiebung der Schwärzungsschwerpunkte bewirkt (Abb. 3).

Verwandte Erscheinungen. Nachbareffektähnliche Phänomene (Entwickler- und Bromkalistreifen, Perforationseffekt, Gelatineeffekt, Ross-Effekt), die *nicht* durch *Diffusion in der Schicht* verursacht sind, sowie nachbareffektanaloge Effekte in *schichtvertikaler* Richtung (Schleiereffekt, Zwischenbildeffekt) sollten tunlichst nicht zum Nachbareffekt gezählt werden (siehe *Entwicklungseffekte*).

Kennwerte, Funktionen

Die mathematische Beschreibung des Nachbareffektes geht davon aus, daß die in einem Punkt (x,y) der Schicht erzeugte Flächenmasse des Bildsilbers m_A Ergebnis zweier gegensätzlicher Wirkungen ist, nämlich einer als ungehemmt gedachten *Entwicklung* (Index u) und einer simultanen *Entwicklungshemmung* (Index h):

$$m_A(x,y) = m_{A,u}(x,y) - m_{A,h}(x,y). \qquad (1)$$

Für großflächige Bildelemente sind diese Terme als ortsunabhängig konstant annehmbar. Die in diesem Fall erhaltene bzw. bei kleineren Bildelementen laut Schwärzungskurve eigentlich erwartete (Makro-) Flächenmasse $\bar{m}_A$ genügt folgendem impliziten Zusammenhang [4]:

$$m_{A,u}(x,y) = \bar{m}_A(x,y) + (B_0/P) \cdot \bar{m}_A^2(x,y), \qquad (2)$$

worin P die photometrische Konstante (siehe *Helligkeitswiedergabe*) und B_0 eine die Stärke des Nachbareffektes charakterisierende Konstante ist.

Die allgemeine Nachbareffektgleichung lautet [3]:

$$m_A(x,y) = \bar{m}_A(x,y)\left[1 + \frac{1}{P} \cdot \left(B_0 \bar{m}_A(x,y) - \iint\limits_{-\infty}^{+\infty} m_A(x',y')\,\mathrm{CVF}\,(x-x', y-y')\,\mathrm{d}x'\,\mathrm{d}y'\right)\right]. \qquad (3)$$

Diese Integralgleichung enthält im Integranden neben der zu berechnenden Verteilung $m_A(x,y)$ selbst (Rückkopplung) noch die sogenannte Chemische Verwaschungsfunktion, deren eindimensionale Version folgendermaßen lautet [3]:

$$\mathrm{CVF}(x) = (B_0/a) \cdot \exp(-2|x|/a); \qquad (4)$$

a ist eine für die Reichweite des Nachbareffektes charakteristische Länge.

Damit ergibt sich als *Nachbareffektgleichung* für eindimensionale Bildverteilungen:

$$m_A(x) = \bar{m}_A(x) \cdot \left[1 + \frac{B_0}{P} \cdot \left(\bar{m}_A(x) - \frac{e^{-2x/a}}{a}\int_{-\infty}^{x} m_A(x')\,e^{2x'/a}\,\mathrm{d}x' - \frac{e^{2x/a}}{a}\int_{x}^{+\infty} m_A(x')\,e^{-2x'/a}\,\mathrm{d}x'\right)\right]. \qquad (5)$$

Für einige Spezialfälle ist diese Integralgleichung exakt lösbar. In anderen Fällen führen Iteration oder „Rückwärtsrechnung" zu brauchbaren Näherungslösungen [3].

Beispiel ideale Kante:

$$\bar{m}_A(x) = \begin{cases} \bar{m}_{A,1} & \text{für } x \geq 0 \text{ (Rand)}, \\ \bar{m}_{A,2} & \text{für } x \leq 0 \text{ (Saum)}; \end{cases}$$

Lösung der Nachbareffektgleichung:

$$m_A(x) = \begin{cases} \bar{m}_{A,1} + (\bar{m}_{A,1} - \bar{m}_{A,2})\dfrac{B_0 \bar{m}_{A,1}}{P} \cdot \dfrac{\exp(-x/b_1)}{1 + b_2/b_1} & \text{für } x \geq \\ \bar{m}_{A,2} - (\bar{m}_{A,1} - \bar{m}_{A,2})\dfrac{B_0 \bar{m}_{A,2}}{P} \cdot \dfrac{\exp(x/b_2)}{1 + b_1/b_2} & \text{für } x \leq 0, \end{cases}$$
$$(6)$$

mit $b_1 = \dfrac{a}{2\sqrt{1 + B_0 \bar{m}_{A,1}/P}}$; $b_2 = \dfrac{a}{2\sqrt{1 + B_0 \bar{m}_{A,2}/P}}$

Beispiel idealer Strich bzw. Spalt der Breite $2d$:

$$\tilde{m}_A(x) = \begin{cases} \tilde{m}_{A,1} & \text{für } |x| \leq d \text{ (Strich bzw. Spalt)}, \\ \tilde{m}_{A,2} & \text{für } |x| \geq d \text{ (Umgebung)}. \end{cases}$$

Lösung der Nachbareffektgleichung für die Änderung der Flächenmasse des Silbers in Strich- (bzw. Spalt-) mitte, $x = 0$:

$$m_A(0) - \tilde{m}_{A,1} = \frac{(\tilde{m}_{A,1} - \tilde{m}_{A,2}) \cdot B_0 \tilde{m}_{A,1}/P}{\cosh(d/b_1) + (b_2/b_1) \cdot \sinh(d/b_1)}. \quad (7)$$

Aufgrund von Ergebnissen zu unterschiedlichen Materialien [3] lassen sich für die in der Praxis vorkommenden Normalfälle folgende Größenordnungen der Nachbareffektparameter annehmen: $a \sim (30...70)$ μm; $B_0 \sim 0{,}2...0{,}6$.

Die Berechnung der Verteilung des Bildsilbers beim Kostinsky-Effekt geschieht ebenfalls nach Gl. (3). Die Formeln gelten nicht für Nachbareffekte grundsätzlich anderer photographischer Prozesse (z. B. Silberhalogenidaufdampfschichten [5], Elektrophotographie [6]).

Anwendungen

Präzisionsmeßverfahren mittels photographischer Aufnahme erfordern oft unumgänglich auch genaue quantitative Berücksichtigung der durch den Nachbareffekt bewirkten Verzerrungen im gemessenen Schwärzungsverlauf (z. B. Astronomie, Fernerkundung der Erde, Spektralanalyse).

Präziser Ausgleich der durch Nachbareffekt bewirkten Veränderungen ist gegebenenfalls erforderlich bei der Erzeugung hochgenauer Mikrostrukturen auf photographischem Wege (z. B. Maskenherstellung für die Mikroelektronik).

Die bildschärfeverbessernde Wirkung des Nachbareffektes kann zur Aufbesserung unscharfer Aufnahmen ausgenutzt werden.

Unterschiedliche Stärke und Reichweite des Nachbareffektes lassen sich durch Variation der Entwickler und Entwicklungsbedingungen erhalten [2]. Insbesondere kann durch Wahl eines geeigneten Entwicklers und möglichst turbulente Entwicklerbewegung an der Schichtoberfläche ein Nachbareffekt fast gänzlich beseitigt werden. (Turbulente Entwicklerbewegung fördert die Zufuhr frischen Entwicklers und mindert so die Verarmung in der Schicht.)

Entwicklungsverfahren zur Erzeugung besonders starken Nachbareffektes sind beispielsweise die Pastenentwicklung [7] oder die Fortsetzung der Entwicklung außerhalb des Entwicklerbades (Herausnahme nach kurzer Anentwicklung).

In Kombination mit anderen Maßnahmen läßt sich mit Hilfe des Nachbareffektes eine Detailfilterung durchführen [8].

Literatur

[1] EBERHARD, G., Phys. Z. **13** (1912) 288.
[2] HANSSON, N., Arkiv för Astronomi Bd. I. Nr. 28 (1954).
[3] GÖRGENS, E.; REUTHER, R., J. Signal AM **5** (1977) 187.
[4] NELSON, C. N., Phot. Sci. Engng. **15** (1971) 82.
[5] BAKARDJIEVA-ENEVA, J.; KARADJOW, G., J. Signal AM **1** (1973) 417.
[6] SCHAFFERT, R. M.: Elektrophotography. – London/New York 1965. S. 27–28.
[7] EHN, D. C.; SILEVITCH, M. B., J. Opt. Soc. Amer. **64** (1974) 667.
[8] LAU, E., Bild und Ton **22** (1969) 196.
[9] JUNKES, J., Z. wiss. Phot. **36** (1937) 217.

Optische Entwicklung

Im Zusammenhang mit der Entwicklung der sogenannten Radikalphotographie [1–7] wurde entdeckt, daß bei geeigneten Schichtrezepturen ein durch die bildmäßige Belichtung erzeugtes Farbstoffbild beträchtlich verstärkt werden kann, wenn dieses Farbstoffbild einer diffusen (nichtbildmäßigen) Belichtung mit Licht der Wellenlängen der Bildfarbstoffabsorption ausgesetzt wird. Diese Erscheinung wurde optische Entwicklung (optical development, OD) genannt. Treffender ist die Bezeichnung „photochemische Verstärkung". Im Zusammenhang mit der intensiven Suche nach höherempfindlichen silberfreien photo- bzw. reprographischen Systemen nehmen die OD-Systeme eine Vorrangstellung ein.

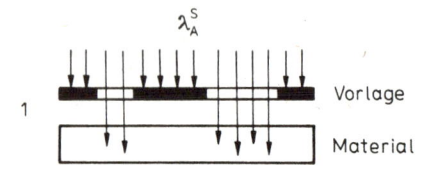

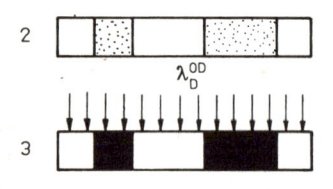

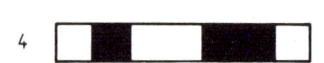

Abb. 1 Prinzip der optischen Entwicklung
1 bildweise Belichtung, 2 erzeugtes latentes Bild,
3 optische Entwicklung,
4 Fixierung (chemisch oder thermisch)

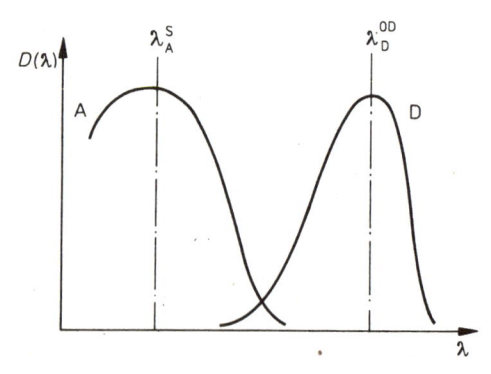

Abb. 2 Spektrallagen und Arbeitswellenlängen eines OD-Systems

Sachverhalt

Prinzip der optischen Entwicklung ist die (bildweise) Prägung eines latenten Farbstoffbildes, bei dem der Farbstoff als effektiver optischer Sensibilisator für den weiteren Aufbau des Farbstoffbildes geeignet ist. Damit wird die klassische Prozeßfolge photo- bzw. reprographischer Systeme möglich (Abb. 1):

a) Informationsprägung mit aktinischem Licht der Wellenlänge λ_A^S: Ergebnis dieser Prozeßstufe ist ein latentes (Farbstoff-)Bild,

b) Visualisierung der Information („Entwicklung") im Sinne einer kräftigen Verstärkung des latenten Bildes durch eine diffuse Belichtung mit Licht der Wellenlänge λ_D^{OD},

c) Stabilisierung („Fixierung") der Aufzeichnung.

Voraussetzung für die Funktionsfähigkeit des Konzeptes ist die passende Lage der Spektralbereiche bzw. Arbeitswellenlängen für bildweise Aufzeichnung (λ_A^S) und Verstärkung (λ_D^{OD}) (Abb. 2). Gewöhnlich wird λ_A^S in den UV- oder blauen bzw. grünen Spektralbereich gelegt, während für λ_D^{OD} der rote oder der nahe IR-Bereich gewählt wird (daher auch das Synonym red-light-development, RLD).

Als aktinische Substanzen werden vornehmlich Tetrabromkohlenstoff, CBr_4, oder bestimmte Tribrommethylverbindungen, wie $RCBr_3$, verwendet. Häufig muß eine spektrale Sensibilisierung vorgenommen werden, entweder durch Zusatz eines sensibilisierenden Farbstoffs S oder durch Bildung geeigneter Charge-Transfer-Komplexe zwischen CBr_4 und einem passenden Donor D. CBr_4 wird durch kurzwelliges Licht (UV) homolytisch gespalten [5, 6, 8]:

$$CBr_4 \xrightarrow{h\nu} CBr_3^\cdot + Br^\cdot .$$

Charge-Transfer-Komplexe reagieren gemäß

$$[CBr_4...D] \xrightarrow{h\nu} [CBr_4...D]^* \rightleftharpoons CBr_4^{\cdot -} + D^{\cdot +},$$
$$CBr_4^{\cdot -} \longrightarrow CBr_3^\cdot + Br^- .$$

Mit den Spaltprodukten, die (außer Br^-) sehr reaktiv sind, lassen sich eine Anzahl Folgereaktionen bewerkstelligen, vorzugsweise *Radikalprozesse, Redoxprozesse, Bildung von* HBr.

Für OD-Systeme ist es erforderlich, den Farbstoffaufbauprozeß so zu gestalten, daß

– der entstehende (Latent-)Bildfarbstoff Sensibilisatoreigenschaften hat und
– der gewählte Farbstoffaufbauprozeß überhaupt sensibilisierbar ist.

Aus der Vielzahl der Varianten sei hier die Bildung von o-Hydroxyarylvinyl-pyryliumsalzen aus Spiropyranen [9] angeführt:

Typische Rezepturen enthalten folgende Komponenten:

- Tetrabromkohlenstoff (evtl. im Gemisch mit Iodoform) oder eine Tribrommethylverbindung in hoher Konzentration,
- Sensibilisator (z. B. einen Cyaninfarbstoff),
- Farbstoffvorstufen (Precursoren),
- Bindemittel (z. B. Poly-N-vinylcarbazol oder Polystyren),
- Zusätze (empfindlichkeitserhöhende, schleiersenkende, stabilisierende Substanzen).

In verschiedenen Fällen ist eine autokatalytische Prozeßführung (Abb. 3 und 4) möglich, wodurch ein latentes, aus dem Bildfarbstoff D bestehendes Farbstoffbild erforderlichenfalls auf Dichten $D(\lambda_D) > 3$ optisch verstärkt wird (die praktisch erreichbaren Verstärkungsfaktoren betragen 10...200). Vielfach läuft die optische Entwicklung überhaupt erst oder wesentlich effektiver ab, wenn eine bestimmte Mindesttemperatur erreicht bzw. überschritten wird; man spricht daher exakter von „optisch-thermischer Entwicklung". Die Fixierung des OB-Bildes erfolgt entweder thermisch (CBr_4 entweicht aus der Schicht) oder durch Lösungsmittel(gemische).

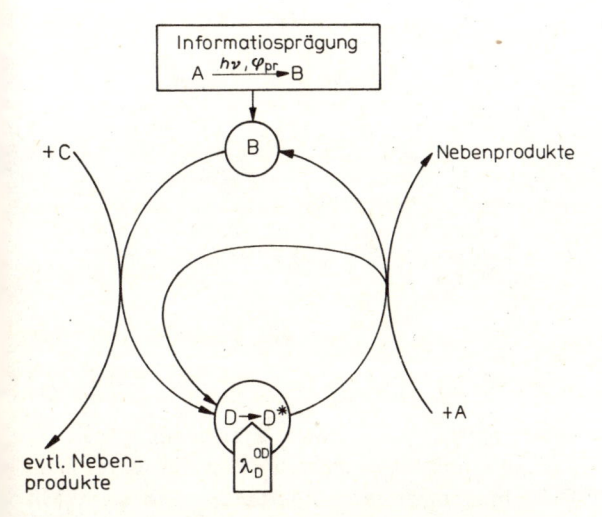

Abb. 3 Schema des optischen Verstärkungsprozesses

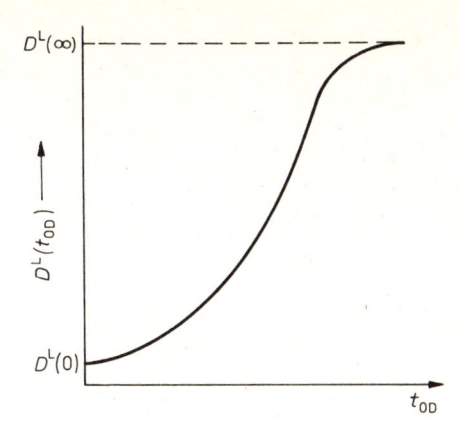

Abb. 4 Zur Kinetik der optischen Entwicklung

Kennwerte, Funktionen

Charakteristisch für OD-Systeme sind

- relativ hohe praktische Empfindlichkeit (erforderliche Belichtung 5 mJ · cm^{-2}; bei hochgezüchteten Systemen bis ≤ 1 µJ · cm^{-2}),
- homogene (d. h. kornfreie) Bildstruktur und sehr hohes Auflösungsvermögen (> 500 mm^{-1}, häufig > 1000 mm^{-1}),
- ausgezeichnete sensitometrische Eigenschaften bzw. große Variationsmöglichkeiten in den reprographischen Eigenschaften.

Für den Film „Horizons E 714" wurden folgende Angaben publiziert [10]:

- Spektrale Empfindlichkeit: UV;
- erforderliche informationsprägende Belichtung: 5 mJ · cm^{-2};
- optische Entwicklung: $\lambda_D^{OD} = 600...800$ nm;
- Fixierung: thermisch, 80 s bei 150 °C;
- Bildfarbton: schwarz;
- maximale optische Dichte: 2,5;
- Kontrast: ≈ 3;
- Auflösungsvermögen: 600...1500 mm^{-1}.

Anwendungen

OD-Systeme werden in Form von Filmen, d. h. auf transparenter flexibler Unterlage, und als Papiere eingesetzt. Die spektrale Empfindlichkeit ist gewöhnlich selektiv auf eine UV-Lichtquelle (Hg-Hochdrucklampen) oder Laser abgestimmt. Höchstempfindliche Systeme (Grenzbelichtung < 1 µJ · cm^{-2}) wurden auch vereinzelt für Primäraufzeichnungen eingesetzt. Das Hauptanwendungsgebiet von OD-Systemen bildet die Reprographie im weitesten Sinne, insbesondere die vielen Kopierprozesse [1-4, 7, 9, 10]. Auch für Proofing-Prozesse wurden OD-Systeme empfohlen.

Weitere Einsatzgebiete sind die unterschiedlichen Maskenherstellungsprozesse in der Elektronik/Mikroelektronik-Industrie und die Duplizierung von Luft- oder Satellitenaufnahmen, wobei besonders die günstigen sensitometrischen Eigenschaften und die hervorragenden Detailwiedergabeeigenschaften derartiger Systeme zur Wirkung kommen, wie z. B. bei der Erzeugung höherer Generationen von Kopien und Duplikaten.

Spezielle Rezepturen (z.B. [11]) lassen sich auch für die Elektronenstrahlaufzeichnung einsetzen.

Literatur

[1] Sprague, R. H. et. al.: Phot. Sci. Engng. 5 (1961) 98; 8 (1964) 91, 95 9 (1965) 133.
[2] Kosar, J.: Light-Sensitive Systems. – John Wiley & Sons: New York/London/Sidney 1965. S. 361–370.
[3] Jacobson, K. I.; Jacobson, R. E.: Imaging Systems. – London/New York: Focal Press 1976. S. 223–243.
[4] Murray, R. D.: In: I. M. Sturge (Ed.): Neblette's Handbook of Photography and Reprography. – New York: Van Nostrand Co. – Reinhold 1977. 7. Ed. S. 443–451.
[5] Kozenkov, V. M.; Maštalir, N. N.; Baračevskij, U. A.: Usp. fotogr. nauk 19 (1978) 142–151.
[6] Grišina, A. D.; Vannikov, A. V.: Usp. chimii 48 (1979) 1393.
[7] Böttcher, H.; Epperlein, J.: Moderne photographische Systeme. – Leipzig: VEB Deutscher Verlag für Grundstoffindustrie 1983. S. 227–234.
[8] Vetter, E.; Gey, E. et al.: J. Signalaufzeichnungsmat. 9 (1981) 321; 10 (1982) 441; 12 (1984) 411.
[9] Willems, J.F. et al.: Ber. Bunsenges. 80 (1976) 1196.
[10] Lawton, W. R.: In: Papers of „Novel imaging Systems" Symposium, SPSE Inc. 1969, S. 63.
[11] Hermanns, T. E.; Delzenne, G. A.: Brit. Pat. 1422157 (1972).
[12] Vannikov, A. V.: In: Neserebrjannye fotografičeskije processy, S. 146–173. – Leningrad 1984: Chimija

Photochromie

Die Erscheinung der Photochromie wurde erstmals 1899 durch Marckwald [1] am 2,3,4,4-Tetrachlor-1-keto-naphthalen [2] untersucht. Seither wurde eine beträchtliche Anzahl photochromer Verbindungen bzw. Systeme aus etwa 50 Stoffklassen (anorganische und organische) entdeckt und beschrieben. Besonders nach 1960 entstand ein starkes industrielles Engagement in der Photochromie-Forschung (Übersichtsarbeiten [3–10], Fachbücher [11–13]). Inzwischen wurde eine Anzahl photochromer Medien (Filme, Papiere, Gläser) in die Produktion überführt.

Sachverhalt

Photochromie ist die durch Strahlung (UV, sichtbares Licht, IR) hervorgerufene *reversible* Änderung des UV-VIS-Absorptionsverhaltens eines Systems, das durch diese Strahlungswirkung vom Zustand A in einen Zustand B übergeht. Mindestens einer der beiden Zustände A oder B des Systems muß Licht im sichtbaren Bereich des Spektrums absorbieren (Abb. 1), womit die notwendige Abgrenzung zu jenen photoreversiblen Systemen getroffen wird, deren beide Zustände A und B ausschließlich im UV-Bereich des Spektrums absorbieren (Phototropie).

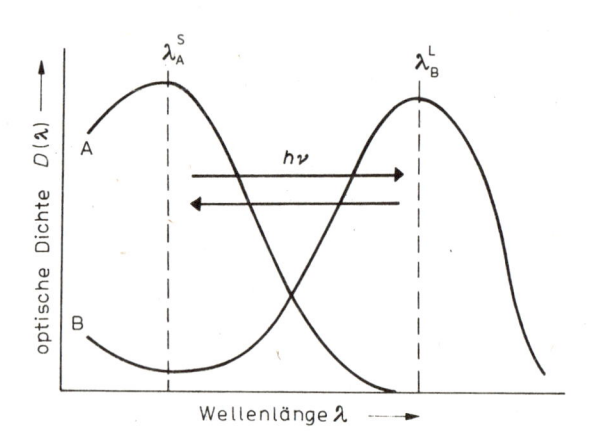

Abb. 1 Absorptionsverhältnisse bei einem normalphotochromen System

$$A(\lambda_A^S) \overset{h\nu}{\rightleftarrows} B(\lambda_B^L) \qquad (1)$$

Für ein normal-photochromes System gilt $\lambda_A^S < \lambda_B^L$.

B kann einen oder mehrere (thermodynamisch instabile bzw. metastabile) Reaktanden verkörpern. Mit Reaktion (1) ändern sich nicht nur (Elektronen-)Struktur und UV-VIS-Spektralverhalten, sondern im allgemeinen auch thermodynamische Größen (wie

Enthalpie, Schmelzpunkt), optische (Brechungsindex), elektrische (Leitfähigkeit, Photoleitfähigkeit) sowie andere Eigenschaften (z. B. die Eignung als Sensibilisator). Photochrome Systeme sind häufig auch thermochrom.

Kennwerte, Funktionen

Charakteristisch für photochrome Systeme ist ihre Reversibilität, wobei in mindestens einer Richtung die Umwandlung durch Licht (allein) möglich ist. Hinsichtlich der Reversibilität unterscheidet man verschiedene Typen: Das photochrome System kann *photoreversibel* sein, d. h., die Farbform B geht durch Bestrahlung mit Licht größerer Wellenlänge als die der Anregungsstrahlung in die farblose (bei kürzeren Wellenlängen absorbierende) Form A zurück (*optisches Bleichen*). Mit dem Begriff *thermoreversibel* dagegen bezeichnet man ein photochromes System, welches beim Erwärmen bzw. spontan bei Raumtemperatur in die Ausgangsform A zurückgeht (*thermisches Bleichen*). Viele photochrome Systeme sind sowohl photo- als auch thermoreversibel:

$$A \underset{h\nu_{2,T}}{\overset{h\nu_1}{\rightleftarrows}} B \qquad (2)$$

Den Fall, daß die Ausgangsform A gefärbt ist bzw. längerwellig absorbiert sowie bei Bestrahlung in eine farblose bzw. kürzerwellig absorbierende Form B übergeht und auf photochemischem oder thermischem Wege die farbige Form A zurückbildet, bezeichnet man als *inverse Photochromie*.

Sind mehr als zwei Formen durch photochemische Reaktionen reversibel miteinander verknüpft, spricht man von *Multiphotochromie*. In den meisten Fällen werden die eigentlichen Photochromiereaktionen in mehr oder weniger starkem Maße von Neben- bzw. Folgereaktionen irreversibler Natur begleitet, wodurch sich ein photochromes System nicht beliebig oft umschalten läßt *(Ermüdung, fatigue)*.

Photochromie kann sowohl vorwiegend auf photochemischen als auch auf photophysikalischen Prozessen beruhen. Photochrome Effekte werden in fluiden und festen Lösungen wie auch in Kristallen beobachtet. Die hauptsächlichsten Systeme mit Photochromie-Effekten sind:

- Systeme, bei denen die Eigenschaftsänderungen durch photochemische Reaktionen (Molekül- bzw. Bindungsänderungen) erfolgen,
- Systeme, die infolge von Triplett-Triplett-Übergängen Photochromie zeigen, sowie Systeme, die bei hochintensiver Belichtung (Laserstrahl) durch Besetzungsinversion ausbleichen,
- Systeme, deren Photochromie durch Festkörpereffekte hervorgerufen wird.

Die gegenwärtig wichtigsten photochromen Stoffklassen sind:

- die Silberhalogenide (submikroskopisch fein in Glas dispergiert), die reversibel photolysierbar sind [14–15],

$$2\,AgX \overset{h\nu}{\rightleftarrows} 2\,Ag + X_2 ; \qquad (3)$$

- die Spiropyrane [16–18], die einer intramolekularen Valenztautomerie (heterolytische Bindungsspaltung) unterliegen (4)

Photochrome Systeme arbeiten ohne Verstärkung. Photochemische und thermische Nebenreaktionen wirken häufig umsatzvermindernd. Entsprechend liegen die Grenzbelichtungen (= reziproke Empfindlichkeiten) photochromer Medien meist im Bereich von $1000\,mJ \cdot cm^{-2}$. Mit ausgewählten Triarylmethan- oder Spiropyran-Bindemittel-Kombinationen können Werte von $10...100\,mJ \cdot cm^{-2}$ erreicht werden. Das Auflösungsvermögen photochromer Filme oder Gläser homogener Struktur ist gewöhnlich sehr hoch ($\geq 1000\,mm^{-1}$).

Anwendungen

Der Vorzug photochromer Systeme ist, daß Schreiben, Lesen und Löschen nur Licht bzw. Wärme und keine sonstige chemische Verarbeitung erfordern. Die Prozeßfolge ist mehrfach zyklisch durchführbar (Abb. 2). Photochrome Medien finden bevorzugt dort Einsatz, wo es auf Reversibilität (bzw. Korrekturmöglichkeiten) ankommt oder Verarbeitungsprozesse unerwünscht sind.

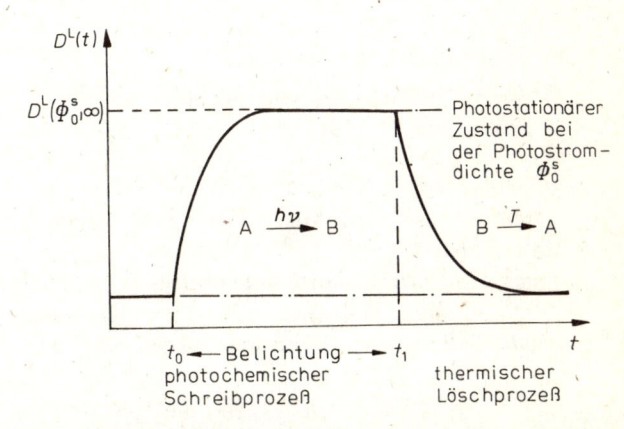

Abb. 2 Zeitlicher Verlauf der optischen Dichte *D* eines photochromen Systems bei einem Schreib-Lösch-Zyklus. $D(\infty)$ entspricht dem stationären Zustand, der beim Einstrahlen mit einer bestimmten Photonenstromdichte erreicht wird.

Die für die Anwendung bei reversibler Speicherung wichtige Größe der Zyklenzahl wird in der Hauptsache durch den Anteil irreversibler Nebenreaktionen begrenzt, aber auch durch thermische Löschprozesse, durch die Forderung nach hohen optischen Dichten bzw. Kontrasten, durch die Art des Bindemittels, die Komponentenreinheit, die Arbeitswellenlängen und Bestrahlungsintensitäten sowie durch die Atmosphäre und die Temperatur der Lagerung. Die Zyklenzahl ist daher eine typische Systemgröße. Bei Spiropyranen, Reaktion (4), werden Zyklenzahlen von etwa 20–100 erreicht. Photochrome Substanzen auf Basis von Triplett-Photochromie sowie Photochrome aufgrund von Festkörpereffekten (z. B. Silberhalogenid-Gläser) gestatten theoretisch unbegrenzt viele Zyklen. Bei Thymin und einigen anderen zyklobutanbildenden Systemen wurden 10^3 Zyklen beobachtet. Auch Acridiciniumverbindungen, Azine und Fulgide liefern hohe Zyklenzahlen.

Für die meisten Anwendungen benötigt man eine zeitweilig (licht-)stabile Aufzeichnung (photoreversible photochrome Systeme zeigen aber beim Leseprozeß Rückreaktion B → A). Durch geeignete Bausteinwahl und abgestimmte Prozeßbedingungen (geringe Leselichtintensität, Arbeitstemperatur unterhalb des Glaspunktes des polymeren Bindemittels, Einsatz thermoreversibler Systeme usw.) kann man jedoch ein weitgehend zerstörungsfreies Lesen der Information (NDRO: non destructive read out) vornehmen.

Die Vorschläge für Anwendungsmöglichkeiten photochromer Systeme sind vielfältiger Natur [8, 11–13]. Ein Schwerpunkt im Einsatz photochromer Systeme liegt bei Materialien zur Informationsaufzeichnung, -speicherung und -verarbeitung. Dazu können photochrome Systeme appliziert werden in molekulardispersen Verteilungen in Polymeren bzw. Polymergemischen, in Copolymerisaten und Polykondensaten mit photochromen Struktureinheiten, in Dispersionen, in fluiden Lösungen (Mikroverkapselung), in kristallinen Schichten, als Sprays, als Aufdampfschichten, als Adsorbate.

Die wichtigsten Einsatzgebiete sind

– *Photochemischer Sektor*. Filme für Prüfzwecke, Polygraphie, Kopierprozesse, photochrome Zeichenfolien, Holographie;
– *Mikrofilmtechnik*: Zwischenträger (beim PCMI-Verfahren der NCR) oder Mikrofilmmaterial, Ultramikrofilm-Material;
– *aktive Lichtfilter*. Photochrome Brillen, Filme für Kontrastbeeinflussung (siehe Abb. 3), Lichtschutzfolien, Einrichtungen zum Schutz gegen hochintensive Lichtblitze.

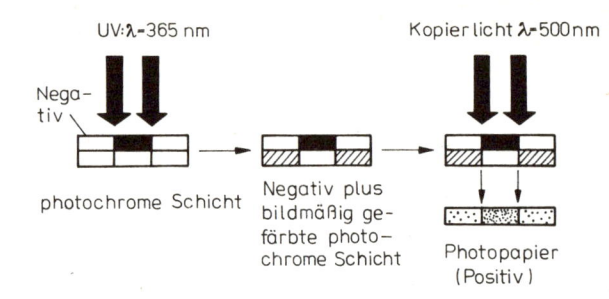

Abb. 3 Kontrastausgleich mit einer photochromen Schicht

Literatur

[1] MARCKWALD, W., Z. phys. Chem. 30 (1899) 140.
[2] KOKTÜM, G.; GREINER, G., Ber. Bunsenges. phys. Chem. 77 (1973) 459.
[3] BROWN, G. H.; SHAW, W. G., Rev. pure appl. Chem. 11 (1961) 2.
[4] DESSAUER, R.; PARIS, J. P., Adv. Photochem. 1 (1963) 275.
[5] EXELBY, R.; GRINTER, R., Chem. Rev. 65 (1965) 247.
[6] BERTRAND, A., Rev. Inst. Franc. Petrole 21 (1966) 100.
[7] DÄHNE, S., Z. wiss. Phot. 62 (1968) 183.
[8] EPPERLEIN, J.; HOFMANN, B., J. Signal AM 1 (1973) 395; 2 (1974) 5; 4 (1976) 155.
[9] BARAČEVSKIJ, V. A. u. a.: Žurn. vsesojuzn. chim. obšč. im. Mendele'eva 19 (1974) 423; Usp. naučn. fotogr. 19 (1978) 108.
[10] PRACHAŘ, J.; MISTR, A., Chem. listy 67 (1973) 1149.
[11] DORION, G. H.; WIEBE, A. F.: Photochromism – Optical and Photographic Applications. – London: Focal Press 1970.
[12] BROWN, G. H. (Ed.): Photochromism – Techniques of Chemistry. Vol. III. – New York: Wiley Inerscience 1971.
[13] BARAČEVSKIJ, V. A.; LAŠKOV, G. I.; ZECHOMSKIJ, V. A.: Fotochromism i 'evo primeneni'e. – Moskva: Chimija 1977.
[14] ARMISTEAD, W. H.; STOOKEY, S. D.: USP 3208860 (1962).
[15] VEIT, M., Mitt. Bl. Chem. Ges. DDR 29 (1982) 49.
[16] FISCHER, E.; HIRSHBERG, Y., J. Chem. Soc. 1952, 4522.
[17] BERTELSON, R. C., in [12], S. 49–294.
[18] LENOBLE, C.; BECKER, R. S., J. phys. Chem. 90 (1986) 62.

Photographischer Elementarprozeß

Obwohl die Lichtempfindlichkeit der Silbersalze schon lange bekannt ist und in der Photographie ihre hervorragende Anwendung findet (siehe *Schwarzweiß-Photographie*), blieb die Entstehung eines latenten (unsichtbaren) und doch entwickelbaren Bildes lange rätselhaft. Ältere Theorien des photographischen Elementarvorganges konnten immer nur einzelne Züge aufklären (vgl. [1]). Die erste Theorie, die auf den Erkenntnissen der modernen Festkörperphysik aufbaut und die in ihren Grundzügen noch heute gültig ist, stammt von Mott und Gurney [2]. Sie beruht auf dem Zusammenwirken von elektronischen Prozessen und ionischen Prozessen. Zur Klärung von Feinheiten haben besonders die Arbeiten von Mitchell beigetragen. Da mit den atomistischen Vorstellungen, die vielfach aus den Eigenschaften von Makrokristallen abgeleitet wurden, nicht jeder an Silberhalogenid-Bindemittel-Schichten gewonnene Einzelbefund befriedigend erklärt werden kann, behaupten sich auch statistisch-thermodynamische Modelle.

Sachverhalt

Träger der Lichtempfindlichkeit sind bei den konventionellen photographischen Verfahren Silberhalogenidkristalle, vorwiegend AgBr und AgCl. In den photographischen Bindemittelschichten liegen sie in Form von Mikrokristallen vor mit Unterschieden in der Größe, der kristallographischen Form und der Art und der Verteilung von Fremdstoffen (siehe *Schwarzweiß-Photographie*). Ihr Verhalten bei Belichtung wird durch den pH-Wert, den pAg-Wert und den Fremdstoffgehalt des Bindemittels, in dem die Mikrokristalle (Körner) dispergiert sind, wesentlich beeinflußt. Die Komplexität der Einflußgrößen wird dadurch eleminiert, daß Grundlagenkenntnisse an einfacheren sogenannten Modellsubstanzen (Makrokristalle, Aufdampfschichten u. a.) gewonnen werden. Dabei ergab sich, daß sich die kubischen Silberhalogenide (AgCl, AgBr) durch die Existenz einer Frenkel-Fehlordnung im Kationenteilgitter, d. h. durch die (thermodynamisch bedingte) Existenz von Silberionen auf Zwischengitterplätzen und von Silberionenlücken auszeichnen.

Der photographische Elementarprozeß wird eingeleitet durch die Absorption von Lichtquanten. Während der äußerste langwellige Absorptionsausläufer durch indirekte Exzitonenübergänge zustande kommt, entspricht die Absorption im übrigen der Anregung eines Elektrons vom Br-Ion ins Leitungsband, wobei im Valenzband ein Defektelektron (chemisch identisch mit einem Br-Atom) zurückbleibt:

$$Br^- \xrightarrow{h\nu} e^- + Br.$$

Elektron und Defektelektron sind kurzzeitig im Kristallgitter beweglich, wobei das von der Kristalloberfläche ins Innere reichende Randschichtpotential dafür sorgt, daß beide Ladungsträgerarten räumlich getrennt und an verschiedenen Stellen eingefangen werden. In der Diskussion befinden sich speziell die Natur der Einfangstellen und die Reihenfolge der weiteren Schritte [3]. Sicher dürfte sein, daß das Elektron sich mit einem beweglichen Silberion (Ag_i^+) zu einem Silberatom verbindet,

$$Ag_i^+ + e^- \rightarrow Ag,$$

und das Defektelektron entweder an Fehlstellen im Kristall gebunden wird oder als Brom den Kristall verläßt.

Eine besondere Bedeutung kommt bei dem Aufbau eines Latentbildkeims den Empfindlichkeits- oder Reifkeimen zu, die im Verlauf der chemischen Reifung (siehe *Schwarzweiß-Photographie*) an der Kornoberfläche entstanden sind. Eine mehrfache Wiederholung des elektronischen und ionischen Einzelschrittes an der gleichen Stelle führt dann zum Latentbildkeim. Dabei handelt es sich um ein genügend großes Aggregat von Silberatomen, das stabil und entwickelbar ist, d. h. als „Elektrode" die Reduktion der Silberionen durch den Entwickler zu katalysieren vermag (siehe *Schwarzweiß-Entwicklung*).

Die minimale Größe derartiger Latentbildkeime hängt vom Silberhalogenidkorn und seiner Umgebung ab. Unter speziellen Bedingungen genügen vier Silberatome. Eine direkte (elektronenmikroskopische) Beobachtung der unentwickelten Latentbildkeime ist bisher nicht gelungen. Bei fortgesetzter Belichtung bilden sich makroskopische Silberzentren, die zu einer Verfärbung des Schichtsystems bzw. des Kristalls führen (Print-out-Effekt; siehe auch *Photolyse*).

Angesichts einiger im atomistischen Modell noch nicht befriedigend gelösten Feinheiten, ist die Bildung von Latentbildkeimen auch als spezieller Fall eines Keimbildungsvorganges in einem durch die Belichtung an Silber übersättigten Silberhalogenidkristall betrachtet worden [4]. Mit den dabei zur Anwendung kommenden thermodynamisch-statistischen Methoden läßt sich eine große Zahl von Effekten erklären, allerdings unter Verzicht auf spezifische Vorstellungen, wie sie mit den Mitteln der modernen Festkörperphysik erzielt wurden.

Alle Versuche, den photographischen Elementarprozeß an anderen Substanzen als den Silberhalogeniden zu verwirklichen, sind gescheitert. Der Grund ist in den unikalen Eigenschaften der AgCl- und AgBr-Kristalle zu suchen. Die Kationenfrenkelfehlordnung im Verein mit der Photoleitung, die die Voraussetzungen zur Bildung von Metallatom-Clustern darstellen, kommen in keiner anderen ähnlichen Substanz vor.

Kennwerte, Funktionen

Optische Absorption. Der Absorptionskoeffizient von AgCl- und AgBr-Kristallen ist stark abhängig von der Temperatur und der Wellenlänge (Abb. 1). Wegen der Absorption im Blauen sehen bei Zimmertemperatur AgBr-Kristalle gelb aus. Durch Dotierungen entstehen langwellige Absorptionsausläufer (chemische Sensibilisierung). Die Ausweitung des nutzbaren Empfindlichkeitsbereiches photographischer Schichten nach größeren Wellenlängen hin erfolgt durch Anfärben der Silberhalogenidkörner mit geeigneten Farbstoffen, von denen aus eine Elektronen- oder Energieübertragung in die Körner möglich ist (siehe *Spektrale Sensibilisierung*).

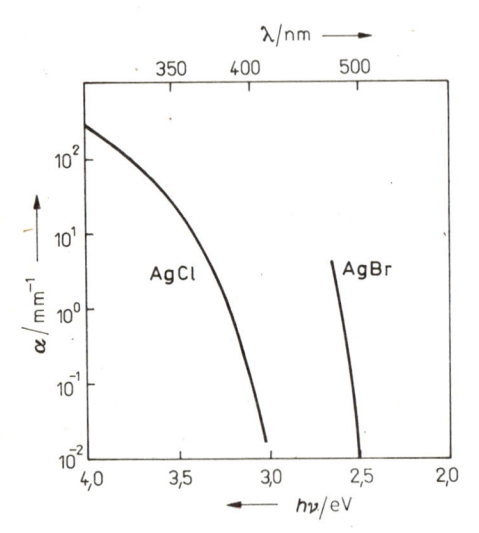

Abb. 1 Absorptionskoeffizient α von AgCl (a) und AgBr (b) in Abhängigkeit von der Photonenenergie $h\nu$ (a) nach Y. OKAMOTO (Nachr. Akad. Wiss. Göttingen, IIa Math., Physik 14 (1956) 275); (b) nach K. MEINIG, J. METZ und J. TELTOW (phys. status solidi 2 (1962) 1556)

Bei der Absorption von Photonen sehr großer Energie (Röntgen- und γ-Quanten) entstehen in der photographischen Schicht Sekundärelektronen, die nach Energieabgabe durch weitere Ionisationsprozesse in gleicher Weise zum Latentbildaufbau beitragen wie Elektronen, die durch Band-Band-Übergänge entstanden sind. Bei Einwirkung geladener Korpuskularstrahlen werden neben Gitterfehlern durch Ionisationsprozesse auch bewegliche Elektronen erzeugt, die ebenfalls zur Latentbildentstehung beitragen. Im Falle eines Neutronenbeschusses erfolgt eine Ionisation des Silberhalogenids und damit die Erzeugung freier Elektronen über Rückstoßkerne.

Elektrische Eigenschaften. Für den Ablauf des photographischen Elementarprozesses sind sowohl die Eigenschaften der ionischen wie der elektronischen Ladungsträger von Bedeutung. Für große Kristalle und Zimmertemperatur wurden die in Tab. 1 angegebenen Werte gemessen. Für die Mikrokristalle der photographischen Emulsion, die einerseits mit Dotierungen behaftet sind bzw. Mischkristalle darstellen und bei denen andererseits sich die Randschichten stark auswirken, werden die Werte stark modifiziert. So sinkt z. B. die Ionenleitung um Größenordnungen ab.

Tabelle 1 Elektrische Transporteigenschaften von AgCl und AgBr bei Zimmertemperatur

	AgCl	AgBr
Dunkel-(ionen-)Leitfähigkeit	$\approx 7 \cdot 10^{-10} \Omega^{-1} cm^{-1}$	$\approx 7 \cdot 10^{-9} \Omega^{-1} cm^{-1}$
Beweglichkeit der Photoelektronen	50 cm^2/Vs	80 cm^2/Vs
Beweglichkeit der Defektelektronen	0,4 cm^2/Vs	$\leq$ 1 cm^2/Vs
Lebensdauer der Photoelektronen	0,1…10 µs	0,1…10 µs

Anwendungen

Der photographische Elementarprozeß, der zum Aufbau des latenten Bildes führt, ist die notwendige Vorstufe für das entwickelte photographische Bild. Die daraus resultierenden photographischen Anwendungen werden in den meisten Schlagworten dieses Kapitels abgehandelt. Eine darüber hinausgehende Anwendung betrifft die Sichtbarmachung unsichtbarer Photos.

Ist ein latentes Bild zwar vorhanden, aber so schwach ausgeprägt, daß eine photographische Entwicklung allenfalls zu stark unterbelichteten Bildern führen würde, so kann das latente Bild intern verstärkt werden [5]. Dazu wird das photographische Material vor der Entwicklung mit einer Thioharnstoff enthaltenden Lösung behandelt, bei der der Schwefel zumindest teilweise in Form des radioaktiven Schwefelisotops S 35 vorliegt. Im Anschluß an die chemische Reaktion mit den Silberzentren belichtet die weiche β-Strahlung die Umgebung und schafft damit neue Latentbildzentren. Anwendungen ergeben sich dort, wo Aufnahmen prinzipiell nur in stark unterbelichteter Form gewonnen werden können (z. B. bei speziellen astronomischen Aufnahmen) oder wo eine Belichtung bzw. Bestrahlung niedrig gehalten werden muß (Medizin).

Literatur

[1] v. Angerer, E.; Joos, K.: Wissenschaftliche Photographie. 7. Aufl. – Leipzig: Akademische Verlagsgesellschaft Geest & Portig KG. 1959.
[2] Gurney, A. W.; Mott, N. F., Proc. Roy. Soc. London A **164** (1938) 151.
[3] Hamilton, J. F.: Toward a Quantitative Latent-Image Theory. Phot. Sc. Engng. **26** (1982) 263–269.
[4] Granzer, F.; Moisar, E: Der photographische Elementarprozeß in Silberhalogeniden. Physik in unserer Zeit **12** (1981) 22, 36.
[5] US Pat. 4.101.780. – Techn. Rdsch. Bern **71** (1979) 3, 27.

Photographische Modulationsübertragung

Theoretische Untersuchungen von Gretener im Zusammenhang mit der Entwicklung des Linsenrasterfilmes sowie die experimentellen und theoretischen Arbeiten von Schmidt, Küster und Schmidt und von Frieser zur Sensitometrie des Tonfilmes führten nach 1930 zu ersten Ansätzen einer photographischen *Übertragungsfunktion*, in Analogie zum Frequenzgang in der Nachrichtentechnik. Diese Übertragungsfunktion fand später, mit der Entwicklung der optischen Übertragungstheorie durch Duffieux (1946) sowie der Informationstheorie überhaupt (Gabor 1946/47, Wiener 1948, Shannon 1949) noch eine viel weitergehende Begründung und Weiterentwicklung (Arbeiten von Linfoot, Fellget, Blanc-Lapiere, Toraldo di Francia und Elias; 1953–1955).

Starken Einfluß auf die weitere Entwicklung der Theorie hatten das Fernsehen, die Raumfahrt- und Luftbildtechnik. Besondere Verdienste an der Weiterentwicklung der Theorie im Blick auf Film und Fernsehen hat O. H. Schade ; [1–3].

Entsprechend der Nomenklaturempfehlung der I. C. O. von 1961 [4] wird die komplexe *optische Übertragungsfunktion*, wenn sie sich, wie bei der photographischen Schicht, allein auf den Modul bezieht, als *Modulationsübertragungsfunktion* (MÜF; engl., frz.: MTF) bezeichnet; vgl. TGL 34622/01 (1978).

Der *Systemcharakter* der MÜF ermöglicht die durchgängige quantitative Beschreibung der Detailwiedergabe in zusammengesetzten optisch-photographischen Systemen, einschließlich eventueller elektronischer Übertragungsglieder, unter der Bedingung der *Linearität* aller Übertragungsschritte. Viele Arbeiten wurden seither über die Grenzen und Erweiterungsmöglichkeiten der Übertragungstheorie im Falle nichtlinearer Effekte durchgeführt.

Sachverhalt

Lineare Übertragung bei der photographischen Aufzeichnung. Wie an anderer Stelle beschrieben (siehe *Lichthof*), ergibt sich die Verteilung der effektiven Belichtung $H'(x,y)$ in der Schicht bei der Einwirkung einer äußeren Belichtung $H(x,y)$ als *Superposition* der zu allen Bildpunkten gehörigen *Lichthöfe*. Das dafür maßgebliche *Faltungsintegral* (siehe *Lichthof*, Gl. (7,8)) geht durch Anwendung des Faltungssatzes (Fourier) in ein einfaches *Produkt* über, und zwar im eindimensionalen Fall in:

$$F'(R) = F(R) \cdot M(R), \tag{1}$$

wobei $F'(R)$ und $F(R)$ die Ortsfrequenzspektren der Verteilungen $H'(x)$ und $H(x)$ sind und $M(R)$ die Fourier-Transformierte der Linienbildfunktion $L(x)$. Die MÜF $M(R)$ beschreibt die Abhängigkeit des Modulationsübertragungsgrades von der Ortsfrequenz R (vgl. TGL 34622/01 (1978)), und Gl.(1) ist ihre Definitionsgleichung.

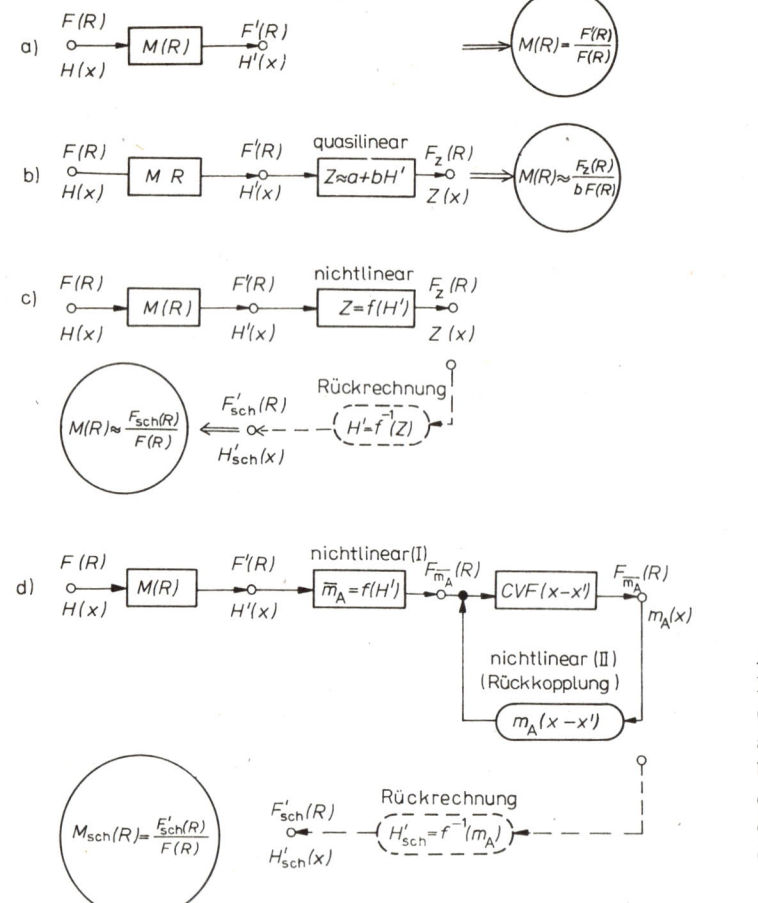

Abb. 1
Photographische Modulationsübertragung (schematisch)
a) lineare Übertragung,
b) quasilineare Übertragung,
c) Übertragung mit nichtlinearer Kennlinie,
d) Übertragung mit Nachbareffekt (Rückkopplung)

Der Übergang $H(x,y) \rightarrow H'(x,y)$ ist, infolge des Energieerhaltungsprinzips, ein linearer Prozeß, so daß für die MÜF der Lichtstreuung die lineare Übertragungstheorie voll gültig ist (Abb. 1a, Abb. 2).

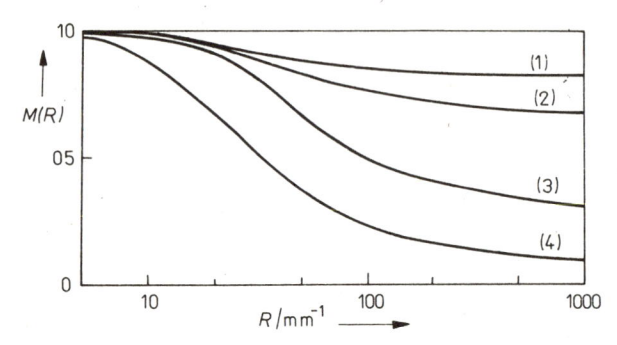

Abb. 2 MÜF der Lichtstreuung einiger photographischer Schichten (mit Monte-Carlo-Rechnung, berechnet für monochromatisches Licht der angegebenen Wellenlängen; (1), (2), (4) nach [5]). (1) Kodak HR 1 (546 nm), (2) ORWO LO 2 (488 nm), (3) Fuji-Mikrofilm (605 nm), (4) ORWO NP 27 (436 nm).

Nichtlineare Effekte bei der photographischen Aufzeichnung

a) *Nichtlineare Prozeßkennlinie.* Die Nichtlinearität der Kennlinie des photographischen Aufzeichnungsprozesses ist prinzipieller Natur. Dabei ist es gleichgültig, ob als Output-Größe, je nach Anwendungszweck, die Transparenz, die Schwärzung (siehe *Helligkeitswiedergabe*), die Amplitudentransparenz oder die Flächenmasse des Bildsilbers in Betracht kommt. Alle die genannten Output-Größen stehen untereinander und mit der effektiven Belichtung H' in nichtlinearer Beziehung (Abb. 3).

Formal läßt sich eine gegebene Verteilung der Output-Größe (hier allgemein mit Z bezeichnet) in jeder beliebigen Gestalt auch fouriertransformieren, nur ist der Zusammenhang zwischen den so erhaltenen Fourier-Spektren niemals einfach, sondern jede der unendlich vielen Fourier-Komponenten des einen ist mit prinzipiell jeder der unendlich vielen Fourier-Komponenten des anderen Spektrums verknüpft. Die Anwendung der linearen Übertragungstheorie auf den photographischen Aufzeichnungsprozeß als Ganzes ist somit streng nicht möglich.

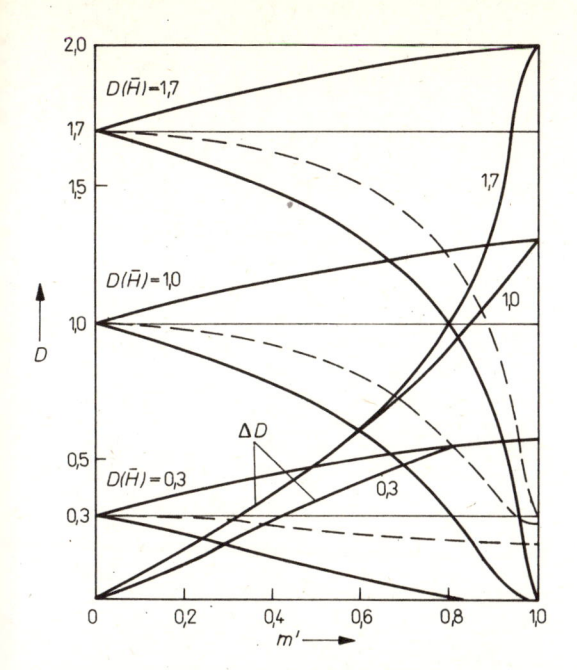

Abb. 3 a) Maximal- und Minimal-Schwärzung, Schwärzungsdifferenz ΔD und Schwärzung der Mittleren Transparenz (– – –) in Abhängigkeit von der Modulation der Belichtung für verschiedene Mittelwerte der Belichtung, deren Schwärzung $D(\bar{H})$ angegeben ist. Schwärzungskurve: Luthersche Näherung (siehe *Helligkeitswiedergabe*): Gamma = 1,0; $w = 0,25$ (nach BIEDERMANN [2])

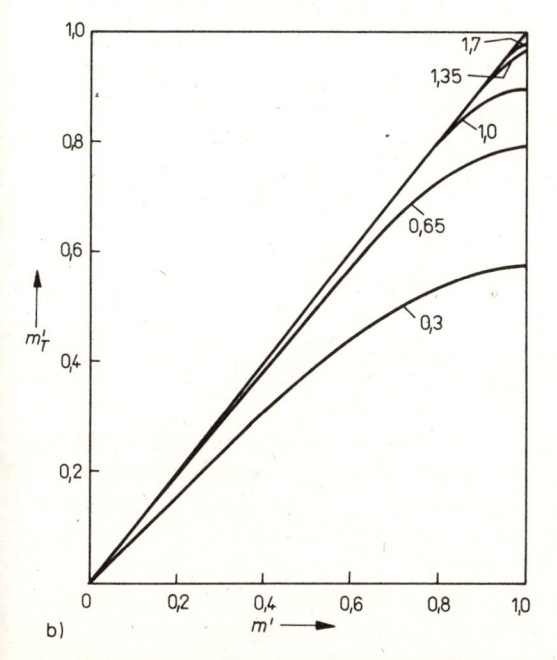

b) Modulation der Transparenz m'_T in Abhängigkeit von der Modulation der Belichtung m'. Dieselben Bedingungen wie a) (nach BIEDERMANN [2]).

Es gibt zwei Möglichkeiten, trotzdem mit einer Beschreibung durch die lineare Übertragungstheorie auszukommen:

1. Beschränkung auf genügend kleine Auslenkungen, so daß der Zusammenhang Output-Größe $Z = f(H')$ mit ausreichender Genauigkeit als linear angenommen werden kann (quasilineare Übertragung). In diesem Falle ist das MÜF-Konzept durchgängig zur Prozeßbeschreibung verwendbar (Abb. 1 b);

2. Rückrechnung der Output-Größe Z über die (makroskopische) Prozeßkennlinie in Terme der effektiven Belichtung, H'. Damit wird die Nichtlinearität der Prozeßkennlinie aus dem Übertragungsproblem eliminiert (Abb. 1 c). Die so erhaltene MÜF wird scheinbare MÜF der Lichtstreuung, $M_{sch}(R)$, genannt. Ihre Anwendung zur durchgängigen Prozeßbeschreibung erfordert gegebenenfalls zusätzliche Korrekturen entsprechend dem Einfluß der Nichtlinearität der Kennlinie.

b) *Nachbareffekteinfluß*. Scheinbare MÜF und MÜF der Lichtstreuung stimmten völlig miteinander überein, gäbe es nicht noch einen weiteren, durch die Rückrechnung nicht eliminierbaren nichtlinearen Einfluß, den *Nachbareffekt* (siehe daselbst). Seine Auswirkung im Übertragungsprozeß läßt sich als eine *Rückkopplung* interpretieren [1]. Die bei der Entwicklung entstehende Verteilung der Flächenmasse des Bildsilbers $m_A(x)$ wirkt, entsprechend der Nachbareffektgleichung (siehe *Nachbareffekt*), Gl. (3)), auf die weitere Entwicklung ständig zurück. Zum Beispiel geschieht dies auch bei der Aufzeichnung cosinusförmig modulierter Belichtungsverteilungen (Sinusraster), wie sie bei der MÜF-Messung häufig verwendet werden, bei denen infolge der Nichtlinearität des Effektes nicht nur der Modulationsgrad verändert, sondern auch das Belichtungsprofil $H'(x) \rightarrow H'_{sch}(x)$ mehr oder weniger *deformiert* wird (Auftreten von höheren Harmonischen der Input-Cosinusverteilung) (Abb. 1d).

Formal läßt sich von der scheinbaren MÜF eine „MÜF des Nachbareffektes" abspalten, gemäß:

$$M_{NE}(R) = M_{sch}(R)/M(R), \qquad (2)$$

wobei beachtet werden muß, daß diese Funktion nicht einfach wie eine MÜF der linearen Übertragungstheorie behandelt werden darf, da sie nicht unabhängig vom Schwärzungsniveau und von der jeweils vorhandenen Input-Modulation sowie der MÜF der Lichtstreuung selbst ist (Abb. 4).

c) *Einfluß der Objektivapertur auf die MÜF der Schicht*. Wegen der relativ großen Schichtdicke photographischer Silberhalogenid-Gelatineschichten kann der Übertragungsprozeß bei Belichtung mit einem Objektiv großer Apertur nicht entsprechend der linearen Übertragungstheorie einfach durch das Produkt aus der MÜF des Objektivs und der MÜF der Schicht beschrieben werden. Vielmehr bildet sich im Innern der Schicht je nach Maßgabe der numerischen Apertur des Objektivs, der Schichtdicke, der Streueigenschaften der Schicht und der eventuellen Defokussierung anstatt eines Bildpunktes ein „Lichtkegel" aus, was sich insbesondere bei höheren Ortsfrequenzen als eine zusätzliche Verschlechterung des Modulationsübertragungsgrades auswirkt (Abb. 5).

d) *Modulationsübertragung bei der Elektrophotographie.* Auch bei der *Elektrophotographie* (siehe daselbst) läßt sich (im einfachsten Falle) voraussetzen, daß der Prozeß der Aufbelichtung und der dadurch verursachten bildmäßigen Lokalisierung von Oberflächenladungen im übertragungstheoretischen Sinne linear ist. Für die Folgeprozesse, wie die Toneranlagerung bei der Xerographie, die Elektrophorese bei der elektrophotographischen Flüssigentwicklung, die Deformation bei der photothermoplastischen Aufzeichnung, die Partikelbewegung beim Migrationsverfahren usw. ist jedoch nicht direkt die Ladungsverteilung maßgeblich, sondern das von ihr aufgebaute elektrische Feld sowie der Gradient dieses Feldes und eventuell noch weitere verfahrensspezifische Einflüsse. Die Folge dieser sehr komplizierten Zusammenhänge ist ein mehr oder weniger ausgeprägter Hochpaßcharakter der MÜF, etwa wie beim Nachbareffekt.

Bei den Tonerverfahren (Xerographie, Flüssigentwicklung) kann dieser Nichtlinearität durch geeignete Anordnung von speziellen Gegenelektroden bei der Entwicklung in gewissen Grenzen entgegengewirkt werden [8].

In extremer Weise wirkt sich die Nichtlinearität des elektrophotographischen Prozesses bei den photothermoplastischen Schichten aus (Abb. 6). Diese Schichten eignen sich daher vornehmlich zur Wiedergabe feiner Details, nicht aber zur Halbtonwiedergabe.

e) *Photographische Aufzeichnung mit Diskretiierung des Bildes (z. B. Bildrasterung, Bildabtastung mit CCD-Matrix).* Bei diskretisierender Bildaufzeichnung treten insbesondere zwei nichtlineare Einflüsse in Erscheinung:

1. lokal sehr unterschiedliche Punkt- bzw. Linienbildfunktionen, die das Konzept einer linearen MÜF überhaupt in Frage stellen. Einen theoretischen Ausweg bietet die statistische Mittelung über alle Möglichkeiten auftretender Linienbilder und anschließende Fourier-Transformation dieser mittleren Linienbildfunktion [10];
2. eine als *Aliasing* bezeichnete Ortsfrequenzspiegelung, welche bei Ortsfrequenzen auftritt, die größer sind als die von der Empfängerstruktur bestimmte Nyquist-Ortsfrequenz. Dieser nichtlineare Effekt wird dadurch verhindert, daß das Ortsfrequenzspektrum bereits vor der Aufzeichnung durch ein spezielles Übertragungsglied mit geeigneter MÜF (Tiefpaß) entsprechend beschnitten wird, so daß kritische Ortsfrequenzen nicht mehr vorhanden sind [11].

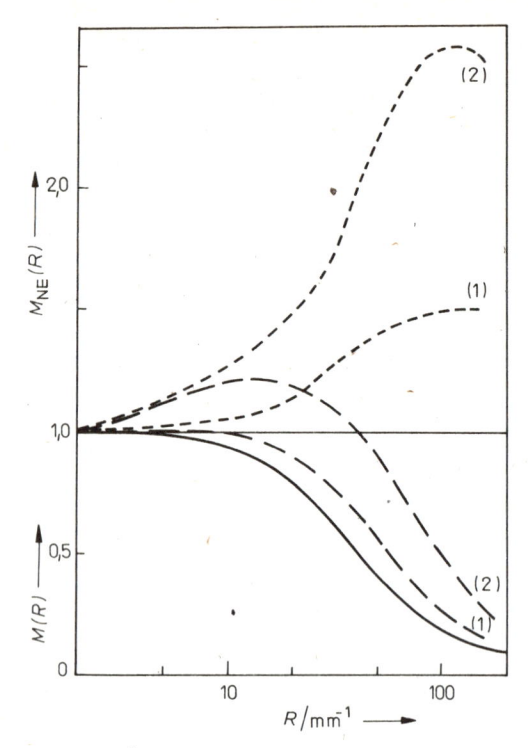

Abb. 4 MÜF des Filmes Kodak Panatomic-X bei Entwicklung mit geringem und mit starkem Nachbareffekt.
(—) $M(R)$ (eigene Messung); (– –) $M_{sch}(R)$ (nach [6]); (-·-) $M_{NE}(R)$ nach Gl. (2).
Entwicklung: (1) Kodak D 19, 4 min, 20 °C; (2) Kodak D 76, 1 : 4, 7 min, 20 °C.

Kennwerte, Funktionen

Aus der Linienbildfunktion des Lichthofes (siehe daselbst) erhält man durch Fourier-Transformation die MÜF der Lichtstreuung:

$$M(R) = \varrho + \frac{1-\varrho}{1+(\pi R/a)^2} \quad \text{(FRIESER [2])} \quad (3)$$

Für sehr hohe Genauigkeitsansprüche ist die Verwendung eines dreiparametrigen Ansatzes nicht zu umgehen:

$$M(R) = \varrho + \frac{1-\varrho}{[1+(\pi R/a)^2]^{1-\mu}}. \quad \text{(GILMORE [12])} \quad (4)$$

(Bedeutung der Parameter siehe *Lichthof*).

Den Modulationsübertragungsgrad für eine einzelne Ortsfrequenz erhält man unter Anwendung von Gl. (1) auf eine cosinusförmige Belichtungsverteilung

$$H(x) = \bar{H}[1 + m\cos(2\pi Rx)], \quad (5)$$

bei der die lineare Übertragung auf die Bildverteilung

$$H'(x) = \bar{H}[1 + m'\cos(2\pi Rx)] \quad (5a)$$

führt; zu

$$M(R) = \frac{m'}{m}, \tag{6}$$

worin m und m' die Objektmodulation und die Bildmodulation entsprechend der Definition: „Modulation = Kontrast der Cosinus-Verteilung" darstellen:

$$m = \frac{H_{max} - H_{min}}{H_{max} + H_{min}} \; ; \; m' = \frac{H'_{max} - H'_{min}}{H'_{max} + H'_{min}}. \tag{7}$$

Gleichungen (5–7) sind zugleich als Meßvorschrift für die experimentelle Bestimmung der MÜF aufzufassen.

Ungeachtet der Nichtlinearität der Kennlinie läßt sich formal eine „Transparenz-MÜF" angeben:

$$M_T(R) = \frac{1}{m} \cdot \frac{T_{max} - T_{min}}{T_{max} + T_{min}} = \frac{1}{m} \tanh\left[\frac{\ln 10}{2} \cdot \Delta D\right] \tag{8}$$

(alle Größen abhängig von R). Ergebnisse quantitativer Berechnungen über den Zusammenhang von Transparenzmodulation und Modulation der Belichtung bei Negativverfahren und bei Positivverfahren finden sich in [27], S. 537...543, s. a. Abb. 3.

Die Transparenz-MÜF hängt wegen der Nichtlinearität u. a. vom Photometerstrahlengang, insbesondere von der numerischen Apertur, ab. Mit dem (verallgemeinerten) Callier-Quotienten $C^{(A)}$ (siehe *Körnung und Körnigkeit*) lautet diese Abhängigkeit [13]

$$M_T(R,A) = \frac{1}{m} \frac{[1 + mM_{T\#}(R)]^{C^{(A)}} - [1 - mM_{T\#}(R)]^{C^{(A)}}}{[1 + mM_{T\#}(R)]^{C^{(A)}} + [1 - mM_{T\#}(R)]^{C^{(A)}}}. \tag{9}$$

Andere Möglichkeiten zur Berücksichtigung nichtlinearer Kennlinien sind der Literatur zu entnehmen [2, 14].

Als Näherungsformel für die „MÜF des Nachbareffektes" gibt NELSON [6] an:

$$M_{NE}(R) \approx 1 + D^n (1,05 + 0,15 D^n) (B_0 - \widetilde{CVF}(R)) \tag{10}$$

(Bedeutung der Größen siehe *Helligkeitswiedergabe*, Gl. (7) und siehe *Nachbareffekt*, Gl. (4)). D ist hier das mittlere Schwärzungsniveau und $\widetilde{CVF}$ die Fourier-Transformierte der CVF.

Andere Möglichkeiten zur Berücksichtigung des Nachbareffektes sind der Literatur zu entnehmen [2, 15, 16].

Der Einfluß der Objektivapertur bei der Aufzeichnung auf dicke Schichten läßt sich für den Fall, daß der Parameter $\varrho \to 0$ verschwindet, beschreiben durch

$$M(R,A) = [1 + (\pi R/a)^2 (1 + \varkappa^2 A^2)]^{-1} \text{ (LANGNER [17])}, \tag{11}$$

worin A die numerische Apertur ist und $\varkappa$ eine empirische, von der Schicht abhängende Konstante. Eine andere Möglichkeit der Beschreibung ist in [18] angegeben. Noch günstiger, weil frei von einschränkenden Annahmen, ist eine Berechnung des Apertureinflusses

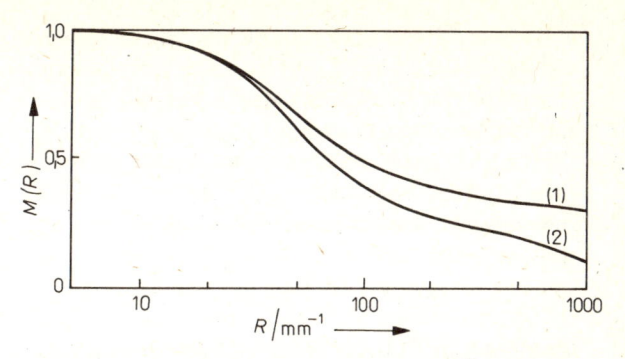

Abb. 5 Apertureinfluß des Objektivs auf die MÜF der Lichtstreuung einer dicken Schicht (Fuji-Mikrofilm, 605 nm, Monte-Carlo-Rechnung [7]). Numerische Apertur: (1) $A = 0$, (2) $A = 0,09$, entsprechend Blendenzahl 5,6

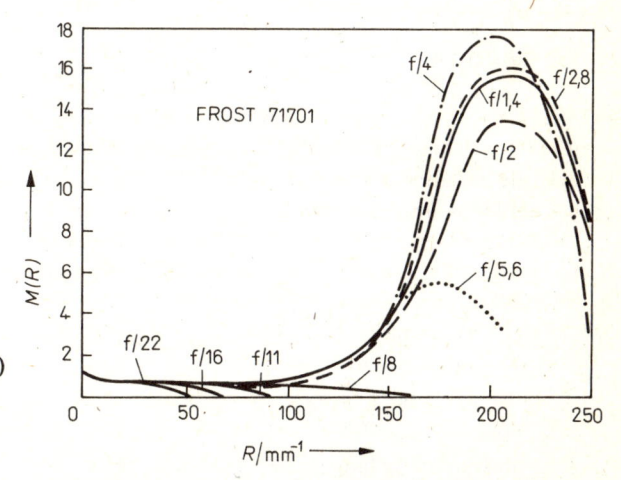

Abb. 6 Modulationsübertragungskurven bei photothermoplastischer Aufzeichnung (nach [9]). Kurvenparameter: Blendeneinstellung am Aufnahmeobjektiv

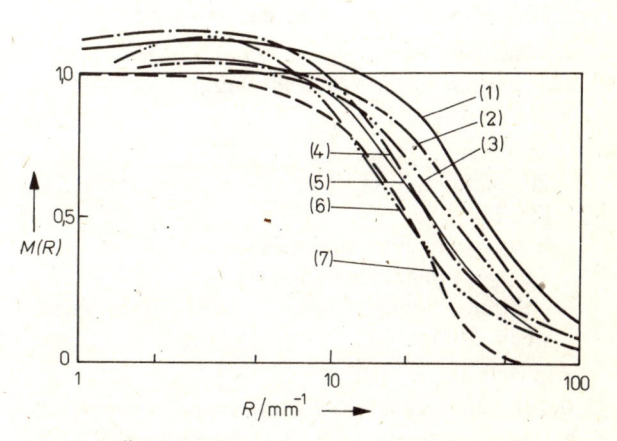

Abb. 7 MÜF einiger Colorbild-Aufzeichnungsmaterialien (1) Eastman Negativ Film 5293, (2) Agfacolor N 100 S und N 80 L professional, (3) Gevachrome T. 7.10, (4) Kodacolor VR 1000, (5) Agfachrome R 100 S professional, (6) VNF 7250 (Fernsehaufnahmefilm), (7) CCD-Matrix (geometrischer Anteil; Stand 1982) (nach [10], Quellen siehe dort).

mit Hilfe der Monte-Carlo-Rechnung [7] (siehe Abb. 5).

Angaben über die Modulationsübertragung in der Elektrophotographie findet man u. a. in [19–21].

Für den Zusammenhang zwischen dem geometrischen Anteil der MÜF einer CCD-Matrix und den Rezeptorabstand d auf der Matrix wurde folgende Beziehung abgeleitet [10]:

$$M_{geom}(R) = e^{-7,1\,(d.R)^2}. \tag{12}$$

Damit läßt sich für das Auflösungsvermögen der Matrix (ohne die Einflüsse der Belichtungsoptik und der nachfolgenden Signalverarbeitung) unter Berücksichtigung des Kell-Faktors [11] folgender Wert abschätzen:

$$R_{AV} = (0,57/d) \cdot (\text{Kell-Faktor}). \tag{13}$$

Anwendungen

Messung der MÜF photographischer Aufzeichnungsmedien. Hierzu sind zahlreiche Varianten entwickelt worden, die aufgrund der unvermeidlichen Nichtlinearitäten und des unterschiedlichen Herangehens an das Nichtlinearitätsproblem zu recht unterschiedlichen Ergebnissen führen können. Einige dieser Methoden sind [22]:

- Sinusrasteraufbelichtung nach dem Tonfilm-Prinzip (Sprossenschrift);
- Sinusrasteraufbelichtung nach dem Zweistrahl-Interferenzprinzip;
- Kontaktaufbelichtung von Rechteckgittern;
- Kantenaufbelichtung und Kantenbildanalyse;
- Gewinnung der Parameter des MÜF-Ansatzes aus anderen Messungen (z.B. Spaltbildverbreitung, Diffusimetrie, siehe *Lichthof*, oder aus Transmissions- und Remissionsmessungen, siehe *Absorption und Lichtstreuung in der photographischen Schicht*).

Durchgängige Berechnung der Detailwiedergabe optisch-photographischer Systeme und Systemoptimierung. Beispiele hierfür sind:

- Luftbildphotographie [23];
- kinematographische Aufnahme und Wiedergabe [24, 25];
- Fernsehaufnahme und -wiedergabe [24];
- Röntgenaufnahmesysteme [26];
- elektronisch-magnetische Bildaufzeichnungssysteme [10, 11]

und viele andere mehr.

Gezielte Manipulation von Ortsfrequenzspektren. Hauptanwendungsgebiet ist die Bildverarbeitung (z.B. [27]).

Qualitätskennzeichnung und -vergleich photographischer Materialien (Abb. 7 zeigt einige Beispiele).

Literatur

[1] RÖHLER, R.: Informationstheorie in der Optik. – Stuttgart: Wissenschaftliche Verlagsgesellschaft 1967.
[2] FRIESER, H.: Photographische Informationsaufzeichnung. – London/New York: Focal Press; München/Wien: R.Oldenbourg Verlag 1975.
[3] DAINTY, J.C.; SHAW, R.: Image Science. – London/New York/San Francisco: Academic Press 1974.
[4] I. C. O. (gez. INGELSTAM, E.) Optik **18** (1961) 657; J.SMPTE **71** (1972) 94.
[5] BODE, A.; REUTHER, R., J. Signal AM **3** (1975) 45.
[6] NELSON, C.N., Phot. Sci. Engng. **15** (1971) 82.
[7] GÖRGENS, E.; REUTHER, R., Internat. Congr. Reprographie Prag 1979, S–3.1 (Microfiche).
[8] SCHAFFERT, R. M.: Electrophotography. – London/New York: Focal Press 1975.
[9] URBACH, J.C., Jap. J. appl. Phys. **4** Suppl. I (1965) 208.
[10] GÖRGENS, E.; JEHMLICH, G., J. Signal AM **12** (1984) 283.
[11] REIMERS, U., Fernseh- und Kinotechnik **35** (1981) 287; **36** (1982) 299.
[12] GILMORE, H.F., J. Opt. Soc. Amer. **57** (1967) 75.
[13] GÖRGENS, E., Dissertation. TU Dresden 1976.
[14] POSPÍŠIL, J., Optik **29** (1969) 608.
[15] KRISS, M. A.; NELSON, C. A.; EISEN, F. C., Phot. Sci. Engng. **18** (1974) 131.
[16] GÖRGENS, E.; REUTHER, R., J. Signal AM **5** (1977) 251.
[17] LANGNER, G., J. Phot. Sci. **11** (1963) 150.
[18] GÖRGENS, E.; REUTHER, R., J. Signal AM **3** (1975) 67.
[19] WITTE, J. C.; SZCZEPANIK, J. F., J. appl. Phot. Engng. **4** (1978) 52.
[20] SCHLEUSENER, M., Wiss. Z. TH Magdeburg **24** (1980) 47.
[21] KING, T.K.; NELSON, O. L.; SAHYUN, M. R. V., Phot. Sci. Engng. **24** (1980) 93.
[22] GÖRGENS, E.; REUTHER, R., Photogr. Korresp. **107** (1971) 222.
[23] MACDONALD, D. E., NBS Circular Washington **526** (1954) 23.
[24] SCHADE, O.H., J.SMPTE **56** (1951) 137; **58** (1952) 181; **61** (1953) 97; **64** (1955) 593; **73** (1964) 81.
[25] BARNA, T., 3. Techn. Konf. SMPTE New York (1968) 103–16.
[26] VOLKE, CHR., J. Signal AM **5** (1977) 201.
[27] KLETTE, R., Bild und Ton **36** (1983) 5, 37.

Photolyse

Im ursprünglichen Sinne wird unter Photolyse (Photospaltung, Photodissoziation, Photozersetzung) die Zersetzung einer chemischen Verbindung durch Licht verstanden. Solche chemischen Wirkungen des Lichts waren schon im Altertum bekannt (z. B. sonnenlichtinduziertes oxidatives Bleichen von Geweben). Im 19. Jahrhundert verwendete man bereits häufig Sonnenlicht für eine Vielzahl von synthetischen und anderen Reaktionen (SCHÖNBERG [1]). Ein bekanntes Beispiel ist die photochemische Bildung von Phosgen $COCl_2$, die mit einer Photolyse $Cl_2 \xrightarrow{h\nu} 2\,Cl$ beginnt. Photolytische Reaktionen als Initiierungsschritte wichtiger Reaktionen (z. B. Photochlorierungen) wurden gut untersucht; sie werden technisch in großem Maßstab angewandt.

In der Photo- bzw. Reprographie kennt man mehrere Verfahren, die im Primärschritt auf Photolyseprozessen beruhen; die wichtigsten sind die Silberhalogenid-Photographie (→ *Schwarzweiß-Photographie*), die → *Diazotypie*, verschiedene Startreaktionen für bestimmte → *Photopolymerisationen* und die Perhalogenid-Systeme.

Im weiteren Sinne stellt auch die photoinduzierte Ladungsträgererzeugung in elektrophotographischen Schichten (→ *Elektrophotographie*) eine Photolyse dar.

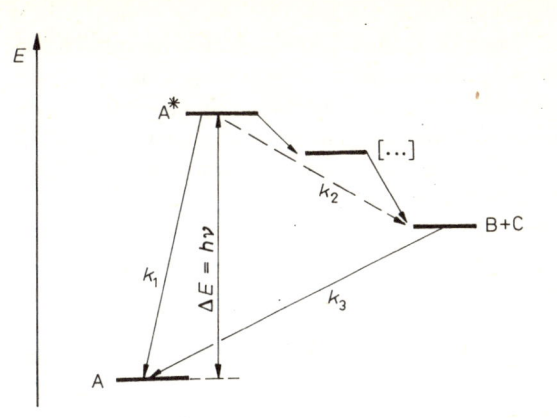

Abb. 1 Energieverhältnisse und Reaktionswege bei der Photolyse (vereinfacht, schematisch)

Sachverhalt

Im engeren Sinne bedeutet Photolyse die Zersetzung von Molekülen, Komplexverbindungen bzw. Festkörpern A in Spaltprodukte B, C, ... durch Lichtenergie. Gewöhnlich ist mindestens eines der Spaltprodukte chemisch sehr reaktiv und wird gezielt für Folgereaktionen genutzt.

Die Photolyse verläuft aus einem (oder über einen) elektronisch angeregten Zustand A* (vgl. Abb. 1) gemäß

$$A \underset{k_1}{\overset{h\nu}{\rightleftharpoons}} A^*$$

$$A^* \xrightarrow{k_2} B + C \text{ oder } B^* + C$$

$$B + C \xrightarrow{k_3} A.$$

Bei der Photolyse von (zweiatomigen) Molekülverbindungen können drei mechanistisch unterschiedliche Fälle beobachtet werden [2]:

1. Durch Lichtabsorption wird ein höheres Schwingungsniveau des S_1-Zustandes (S_1: erster Singulettzustand) erreicht, das oberhalb der Konvergenzgrenze $K(S_1)$ dieses Zustandes liegt (Abb. 2). Bei der Dissoziation aus diesem angeregten Zustand entsteht ein Bruchstück im photoangeregten Zustand (B^*) und ein Bruchstück im Grundzustand (C).

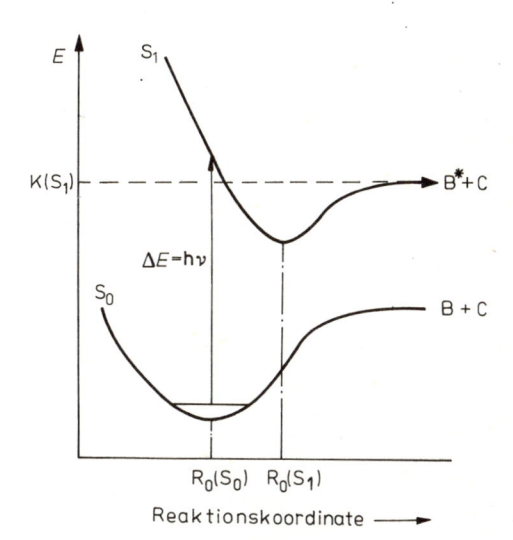

Abb. 2 Photolytische Dissoziation eines Moleküls A in B + C aus einem bindenden S_1-Zustand (R_0 = Gleichgewichtskoordinate)

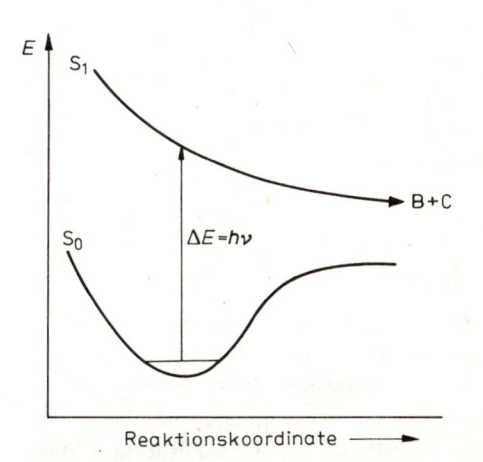

Abb. 3 Photolytische Dissoziation eines Moleküls A in B + C aus einem antibindendem S_1-Zustand

2. Durch Lichtabsorption wird ein elektronisch angeregter Zustand (normalerweise S$_1$) besetzt, dessen Potentialkurve kein Energieminimum besitzt. Die Lichtabsorption führt, sofern nicht ein Internal-Conversion-Prozeß S$_1 \to$ S$_0$ begünstigt ist, immer zur Spaltung des Moleküls (Abb. 3).

3. Im dritten Fall liegt eine Kombination der vorgenannten Sachverhalte vor. Durch Lichtabsorption wird wie gewöhnlich der S$_1$-Zustand besetzt, dessen Potentialkurve, die bindenden Charakter besitzt, von einer anderen Potentialkurve (S$_2$) im Punkt P geschnitten wird. Wird bei Lichtanregung ein Niveau etwa gleich oder höher als P erreicht, kann das System mit einer bestimmten Übergangswahrscheinlichkeit vom S$_1$- zum S$_2$-Zustand übergehen, aus dem dann die Spaltung des Moleküls erfolgt. Dieser Fall wird *Prädissoziation* genannt (Abb. 4).

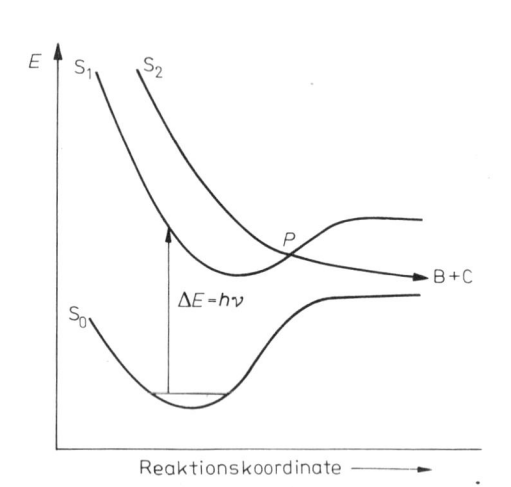

Abb. 4 Photolytische Dissoziation eines Moleküls A in B + C nach einem Prädissoziationsmechanismus

Im Falle mehratomiger Moleküle liegen wesentlich kompliziertere Potentialhyperflächen, d. h. Abhängigkeiten der Energie von den Reaktions- bzw. Kernkoordinaten, vor. Daher sind die Aufklärung der molekularen Zerfallsprozesse und ihre Zuordnung häufig sehr schwierig [2, 10].

Photolysen können direkt oder auch sensibilisiert (S: Sensibilisator) erfolgen:

$$S \underset{}{\overset{h\nu}{\rightleftharpoons}} S^*$$

$$A + S^* \to A^* + S$$

Für die photolytische Spaltung eines Moleküls A muß die Energie des absorbierten Photons $h\nu$ zum Bindungsbruch in A ausreichen. Praktisch nutzbare Effekte werden jedoch erst bei hinreichend kleinen Geschwindigkeitskonstanten (k_1, k_3) der Rückreaktionen erreicht. Vereinfacht ergibt sich in Differentialschreibweise folgendes Geschwindigkeitsgesetz [3, 4]:

$$-\frac{dc_A}{dt} = +\frac{dc_B}{dt} = +\frac{dc_C}{dt} = \varphi \, \sigma_A c_A \Phi - k_3 c_B c_C;$$

c_i sind die Konzentrationen, σ_A ist der Absorptionsquerschnitt von A, φ die wahre Quantenausbeute der Photolysereaktion, Φ die Photonenstromdichte, k_3 die Geschwindigkeitskonstante der Rekombinationsreaktion.

Anwendungen

Wichtige Klassen von Photolysereaktionen sind:

Die *Zersetzung von Schwermetallsalzen*, namentlich von Halogeniden (z. B. Silberhalogeniden [9]):

$$\text{MeX}_n \xrightarrow{h\nu} \text{Me} + \frac{n}{2} X_2.$$

Die *Bildung ungeladener nichtradikalischer Spaltprodukte* (Sonderfall: Photozykloeliminierung, Photoextrusion von N_2, CO, CO_2):

$$RN_3 \xrightarrow{h\nu} R\text{-}N | + N_2.$$

$$\begin{array}{c} R_1 \\ R_2 \end{array}\!\!C\!\!\begin{array}{c} N \\ \| \\ N \end{array} \xrightarrow{h\nu} \begin{array}{c} R_1 \\ R_2 \end{array}\!\!Cl + N_2$$

Die *homolytische Zersetzung organischer Verbindungen* (es entstehen Radikale):

$$A_2 \xrightarrow{h\nu} 2 \, A^\cdot, \quad AB \xrightarrow{h\nu} A^\cdot + B^\cdot.$$

Die *heterolytische Zersetzung organischer Verbindungen* (es entstehen Ionen):

$$AB \xrightarrow{h\nu} A^+ + B^- \quad \text{bzw.} \quad A^- + B^+.$$

Die *intramolekulare Photolyse* als Sonderfall: Ringöffnungsreaktion:

$$\overset{\frown}{A\,B} \xrightarrow{h\nu} A\text{—}B.$$

Photolyse-Reaktionen werden hauptsächlich auf drei Gebieten in technischem Umfang eingesetzt:

1. *In der chemischen Synthese* [1, 5–7] in Form von Startreaktionen für Photohalogenierungen (auch als Radikalkettenreaktion)

$$X_2 \xrightarrow{h\nu} 2 \, X^\cdot,$$
$$X^\cdot + RH \longrightarrow R^\cdot + HX,$$
$$R^\cdot + X_2 \longrightarrow RX + X^\cdot \text{ usw.}$$

oder photochemischen Sulfochlorierungen, Photooximierungen usw. oder auch zur Erzeugung hochreaktiver Intermediate wie Carbenen (aus Ketenen oder Diaziden) oder Nitrenen (aus Aziden).

2. *In Photopolymer-Systemen als Starter* (vgl. [8]) für Polymerisations- bzw. photoinduzierte Vernetzungsreaktionen (z. B. die photolytische Bildung von Bisnitrenen aus Bisaziden)

$$A_2 \xrightarrow{h\nu} 2 A^{\cdot},$$
$$A^{\cdot} + M \longrightarrow AM^{\cdot},$$
$$AM^{\cdot} + M \longrightarrow AM_2^{\cdot}.$$

3. *In photo- oder reprographischen Aufzeichnungsmaterialien,* namentlich in der Silberhalogenid-Photographie, in der *Diazotypie,* bei den Chinondiazid-Novolak-Photopolymersystemen (Positiv-Photokopierlakken) und verschiedenen Perhalogenid-Systemen (→ *Optische Entwicklung*).

Literatur

[1] Schönberg, A.; Schenck, G. O.; Neumüller, O. A.: Preparative Organic Photochemistry. – Berlin/Heidelberg/Wien: Springer-Verlag 1968.
[2] Autorenkollektiv: Einführung in die Photochemie. – Berlin: VEB Deutscher Verlag der Wissenschaften 1976. S. 203–236.
[3] Mauser, H.: Formale Kinetik. – Düsseldorf: Bertelsmann 1974. S. 47, 128 ff.
[4] Epperlein, J.; Trabitzsch, R.: Bild und Ton 35 (1982) 311.
[5] Margaretha, P.: Preparative Organic Photochemistry. – Berlin: Akademie-Verlag 1982. S. 13–25.
[6] Autorenkollektiv: Organikum. 14. Aufl. – Berlin: VEB Deutscher Verlag der Wissenschaften. – Berlin: 1975. S. 182, 187.
[7] Scala, A. A.: J. Chem. Educat. 49 (1972) 573.
[8] Baumann, H.; Timpe, H.-J.; Böttcher, H.: Z. Chem. 23 (1983) 197.
[9] Bakai, A. S.; Turkin, A. A.: Ž. naučn. i prikl. fotogr. i kin. 31 (1986) 81.
[10] Simons, J. P.: J. Phys. Chem. 88 (1984) 1287.

Photopolymerisation und Photovernetzung

Die photoinduzierte Änderung von Eigenschaften (z. B. Löslichkeit) von polymeren Naturstoffen wurde schon im 19. Jahrhundert für bildmäßige Aufzeichnungen genutzt (Asphalthärtung, 1826 durch Niepce; Gelatinehärtung durch Bichromat/Licht, Talbot 1852 und Ponto). Etwa ab 1950 setzte weltweit eine intensive Forschung ein [1–10]. Heute bilden Photopolymer-Systeme ein wesentliches Hilfsmittel der elektronischen bzw. mikroelektronischen (Photolacke und Photolackfilme) [11–13] und der polygraphischen Industrie (Druckplatten) [14, 15] und werden in zunehmendem Maße auch zur direkten Bildaufzeichnung eingesetzt.

Sachverhalt

Die Informationsaufzeichnung mit Photopolymer-Systemen beruht darauf, daß die photochemische Bildung und Modifizierung von Polymeren in hochviskosen bzw. festen Schichten zur bildmäßigen Modulation verschiedener chemischer oder physikalischer Eigenschaften (Löslichkeiten, Adhäsion, Hydrophilie, Klebrigkeit, Permeabilität, Leitfähigkeit, Phasenaufbau, Brechungsindex) führen kann [9, 10].

Praktisch besonders wichtig sind Photopolymer-Systeme, die beim Belichten ihre Löslichkeit in bestimmten Lösungsmitteln verändern: Wird durch Licht eine Löslichkeitsverringerung erreicht, spricht man von Negativsystemen, im Falle der lichtinduzierten Solubilisierung von Positivsystemen; in beiden Fällen erhält man Reliefstrukturen (Abb. 1).

Andere Visualisierungs- bzw. Verarbeitungsmöglichkeiten (Abb. 2) für Photopolymer-Systeme sind die

– mechanische Trennung belichteter und unbelichteter Bezirke, da die bildmäßige Belichtung eine Änderung der Adhäsion bewirkt („peel-apart"-Prinzip) oder
– die Erzeugung, Beseitigung oder Modifizierung gefärbter Bezirke durch Aufbau, Umwandlung oder Abbau von Farbstoffen bzw. Farbstoffübertragung (z. B. Tonerung) bzw.
– die Erzeugung von Beugungsbildern (Phasenmedien) durch optische, thermische oder anderweitige Fixierung der belichtungsabhängig entstandenen Änderungen von Brechungsindex, Phasenstruktur, Kristallinität usw.

Allen Photopolymer-Systemen liegt eines der folgenden allgemeinen Wirkprinzipien zugrunde:
– Photochemische Bildung von Polymeren durch direkte Photopolymerisation bzw. photoinitiierte Polymerisation und/oder
– photochemische Modifizierung von Polymeren, d. h. photochemische bzw. photoinduzierte Vernetzung,

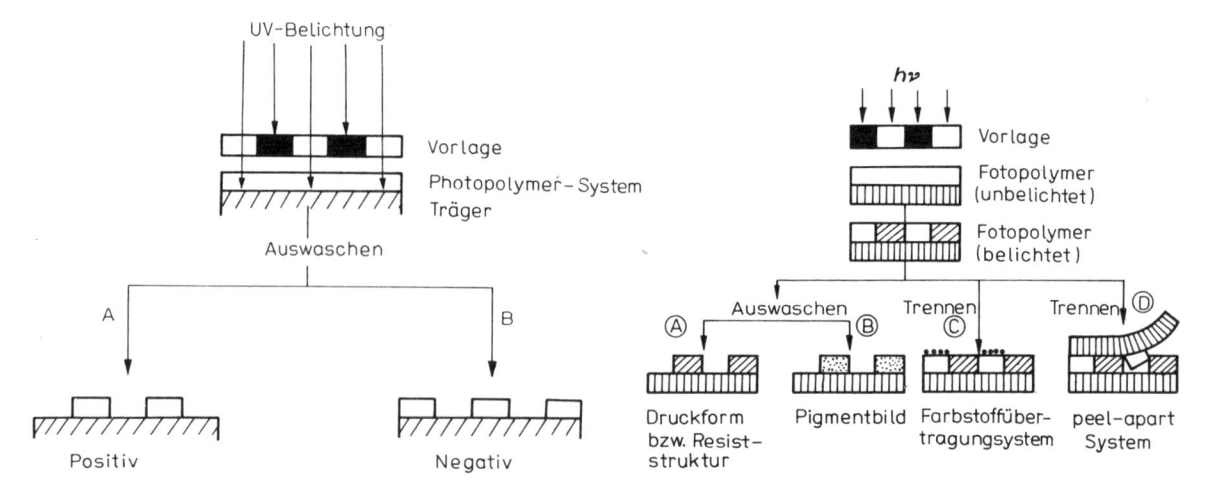

Abb. 1 Erzeugung einer Reliefstruktur
A mit positiv arbeitendem Photolack, B mit negativ arbeitendem Photolack

Abb. 2 Einsatzmöglichkeiten von Photopolymer-Systemen

photochemische Umwandlung von Polymeren (z. B. Photosolubilisierung) oder photochemischer Abbau von Polymeren (Photodegradation, Photodepolymerisation).

Von den aufgeführten Möglichkeiten besitzt die Photopolymerisation, d. h. die photochemische Überführung von niedermolekularen Verbindungen (Mono- bzw. Oligomeren) in höhermolekulare Verbindungen, eine besondere Bedeutung, da dabei die durch Belichtung erzielbaren Eigenschaftsänderungen, insbesondere Löslichkeitsänderungen, besonders groß sind.

Kennwerte, Funktionen

Die meisten Photopolymer-Systeme enthalten folgende Komponenten [6, 9]:

Komponenten	Funktion
1. Initiatoren	Primärreaktand, bedingt die allgemeine Empfindlichkeit
2. Sensibilisatoren	Empfindlichkeit spektral erweiternd und/oder allgemein erhöhend
3. Mono- bzw. Oligomere	Substrat, Sekundärreaktand, Änderung von Löslichkeit, Adhäsion usw.
4. Bindemittel (Basispolymer)	bedingt die mechanischen und Oberflächeneigenschaften
5. Zusätze – Weichmacher – Inhibitoren – Oxidationsschutzmittel – Farbstoffe/Pigmente	Modifizierung des Systems, Erzielung höherer Gebrauchswerteigenschaften (Lagerstabilität u. a.) Kontrasterzeugung
6. Lösungsmittel(reste)	Einfluß auf Reaktionsgeschwindigkeit möglich

Photopolymer-Systeme werden im allgemeinen angewendet als aktinische Schichten von wenigen Mikrometern Stärke. Bei Photolackschichten, auch Photolackfilmen, sind UV-Belichtungen von $0{,}01\ldots1\,\text{J}\cdot\text{cm}^{-2}$ erforderlich. Für Sonderzwecke wurden auch wesentlich empfindlichere Systeme ($\approx 1\,\mu\text{J}\cdot\text{cm}^{-2}$) entwickelt. Gegenwärtig am verbreitetsten sind Systeme, die mit Lösungsmitteln bzw. Lösungsmittelgemischen verarbeitet werden (Tab. 1).

Anwendungen

Photopolymer-Systeme werden hauptsächlich eingesetzt für Druckplatten, als Photolacke und Photolackfilme sowie im Reprosektor als aktinische Schichten in Bildaufzeichnungsmedien [9], weiterhin außerhalb der Reprographie in strahlungshärtbaren Überzügen (radiation curing), Schichten, Druckfarben usw.

Ein photolithographischer Prozeß unter Verwendung von (zunächst flüssigem) Photopolymer besteht aus folgenden Schritten [11–13, 21]

– Aufbringen (Aufschleudern, Tauchen, Sprühen) auf das gereinigte Substrat;
– Justieren (Positionieren) des Substrats gegenüber der aufzubelichtenden Vorlage;
– Belichten;
– Herauslösen der löslich gewordenen Stellen der Photolackschicht;
– Nachbehandeln (Trocknen, Nachhärten);
– Nutzung der entstandenen Reliefstruktur.

In der Mikroelektronik wird an den freigelegten Stellen durch Ätzen die Schutz- (z. B. Oxid-)Schicht auf dem Halbleiter entfernt, anschließend wird eine Dotierung durchgeführt oder die Stellen werden bedampft. Vom Photolack bedeckt gebliebene Teile blei-

Tabelle 1 Photopolymer-Systeme zur Informationsaufzeichnung

Bild	Eigenschaftsänderung durch Belichtung	Verarbeitung nach Belichtung	Hauptsächliche Anwendungen
1. Reliefbild	Löslichkeit	Auswaschen	Photolacke, Photolackfilme Dry-Film-Photoresist
	Adhäsion	peel-apart-Entwicklung (bildmäßige Delaminierung)	Dry-Film-Resist
2. Farbübertragungselemente	Löslichkeit	Auswaschen	Druckplatten
	Adhäsion	peel-apart-Entwicklung	Flachdruckformen
	Diffusionsverhalten	Ätzung	Gravure-Resist-Film
	Klebrigkeit	Tonen	Farbkopien, Colorproofing
3. Beugungsbild	Brechungsindex Phasenbildung Kristallinität	Lösungsmittel- bzw. optische Fixierung	holografische Aufzeichnung
4. Farbstoffbild	Löslichkeit	Auswaschen pigmentierter Schichtbezirke	Kontakt-Printfilm
	Adhäsion	peel-apart-Verarbeitung pigmentierter Polymerschichten	Reproduktion technischer Zeichnungen
	Optische Dichte Diffusionsverhalten	Optische Fixierung Farbkupplung	Farbstoff-print-out-Systeme Colorprint-Systeme

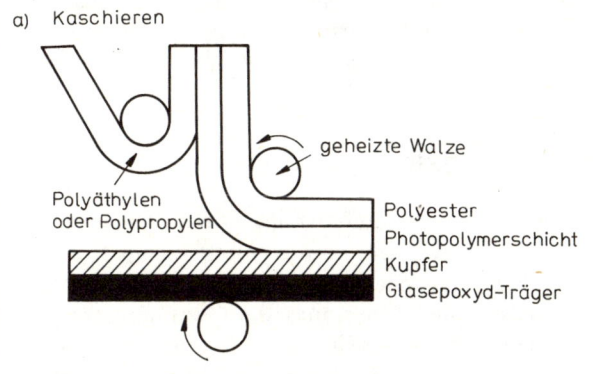

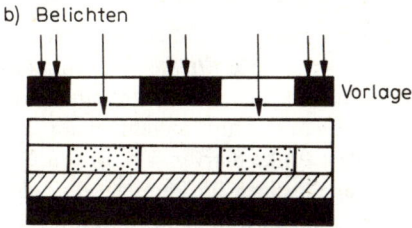

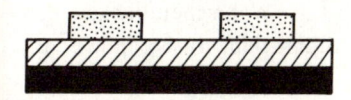

Abb. 3 Verfahrensschritte bei der Photolackfilm-Technologie

ben geschützt *(Photoresist)*. Die Verminderung der Strukturbreiten unter ca. 1 µm erfordert den Einsatz extrem kurzwelliger Strahlung (tiefes UV, Röntgen) oder von Partikeln (Elektronen, Ionen). Für sie sind die meisten Photopolymere wenig empfindlich. Es wurden spezielle strahlenempfindliche Systeme organischer Polymere entwickelt [16, 19, 20], doch werden dann auch anorganische Polymere einsatzfähig [17]. Im Labormaßstab wurden Linienbreiten von 100 Å erreicht.

Bei Photolackfilmen sind folgende Schritte notwendig (Abb. 3):

– Aufkaschieren der Photolack- und Trägerschicht bei gleichzeitiger Entfernung der Polyolefin-Deckschicht,
– Positionieren und Belichten (UV),
– Entfernen der Deckschicht und Entwickeln des Reliefs,
– Weiterverarbeitung mit Standardtechnologie.

Bei Druckplatten [14, 15], Photolacken und Reprofilmen [14] ist häufig eine prozeß- und materialspezifische Verarbeitung erforderlich; betreffs Einzelheiten muß auf Spezialliteratur über Photopolymermedien verwiesen werden [11, 12, 14, 15 19, 21, 22].

Literatur

[1] GATES, W.E.F., Brit. P. 566795 (1943).
[2] HEPHER, M.: The Photo-Resist Story. J. Phot. Sci. **12** (1964) 181.
[3] KOSAR, J.: Light-sensitive Systems. – New York/London: John Wiley & Sons 1965. S. 194–320.
[4] DE SCHRIJVER, F. C.; BOENS, N.; PUT, J., Adv. Photochem. **10** (1979) 359.
[5] WILLIAMS, J. L. R., Fortschr. Chem. Forsch. **13/2** (1969/70) 227;
WILLIAMS, J.L.R. et al., Pure appl. Chem. **49** (1977) 523.

[6] BARZYNSKI, H.; PENZIEN, K.; VOLKERT, O., Chemiker-Ztg. **96** (1972) 545.
[7] JURRE, T.A.; ŠABUROV, V.V.; ELCOV, A.V., Ž. vses. chim. obšč. im. Mendele'eva **19** (1974) 412.
[8] ŠERSTJUK, V.P., Usp. fotogr. nauk **19** (1978) 65.
[9] BÖTTCHER, H.; EPPERLEIN, J.: Moderne photographische Systeme. – Leipzig: VEB Deutscher Verlag für Grundstoffindustrie 1983. S.204–225.
[11] DE FOREST, W. F.: Photoresists-Materials and Processes. – New York: McGraw – Hill Publ. Co.1975.
[12] BOGENSCHÜTZ, A.F. (Hrsg.) Fotolacktechnik. – Saulgau: Eugen G.Leuze Verlag 1975.
[13] STEPPAN, H.; BUHR, G.; VOLLMANN, H., Angew. Chem. **94** (1982) 471.
[14] ZIEGLER, P.: Der Polygraph **32** (1979) 1102, 1600.
[15] POVINELL, R.J. (Ed.): Applications of Photopolymers. – Washington SPSE Publ. 1970.
[16] SCHNABEL, W.; SOTOBAYASHI, H., Progr. Polymer Sci. **9** (1983) 297.
JENSEN, J.E., Solid State Technol. **27** (1984) 145.
BOKOV, Ju. S., Foto-, Elektrono- i rentgenorezisty. – Moskva: Radio 1982.
[17] SOANE, D. A.; HELLER, A. (Ed.): Inorganic Resist Systems. Proc. Electrochem. Soc. **82–9** (1982).
[18] BARGON, J.: Lithographic Materials. – In: BARGON, J. (Ed.): Methods and Materials in Microelectronic Technology. – Plenum Publ. Corp. 1984.
[19] BOWDEN, H. J.: ACS Symp. Series **266** (1984) 39–117.
[20] SPIE Proc. **333** (1982); **393** (1983); **448** (1983); **471** (1984); **537** (1985); **632** (1986).
[21] SPIE Proc. **80** (1976); **100** (1977); **135** (1978); **174** (1979); **221** (1980); **275** (1981); **334** (1983); **394** (1983); **470** (1984); **538** (1985); **633** (1986).
[22] SPIE Proc. **469** (1984); **539** (1985); **631** (1986).

Schwarzschild-Effekt

und andere direkte Äußerungen des *Reziprozitätsfehlers*

1862 formulierten BUNSEN und ROSCOE das *Reziprozitätsgesetz*, wonach die photochemische Wirkung einer Strahlung allein von der Strahlenmenge, d.h. vom Produkt aus Bestrahlungsstärke und Bestrahlungsdauer abhängt, nicht aber von der Größe beider Faktoren im einzelnen. Schon vorher war jedoch bekannt, daß diese Aussage für photographisch erzeugte Schwärzungen nur bedingt zutrifft. Sowohl für sehr lange als auch für sehr kurze Belichtungszeiten wurden Abweichungen festgestellt. Der Astronom SCHWARZSCHILD stellte 1899 speziell für den *Langzeitfehler* das nach ihm benannte Schwärzungsgesetz auf.

Der von ABNEY gefundene *Intermittenzeffekt* läßt sich ebenfalls, wie SILBERSTEIN und WEBB nachweisen konnten, allein auf den Reziprozitätsfehler zurückführen [1].

Systematische Untersuchungen über die Abhängigkeit des Reziprozitätsfehlers von der Temperatur u.a. haben entscheidend zur Fundierung der heute gültigen Vorstellungen über Entstehung und Natur des *latenten Bildes* beigetragen.

Sachverhalt

Langzeitfehler (= *Schwarzschild-Effekt*). Bei Belichtungen im Bereich sehr *niedriger* Bestrahlungsstärken ist die Photoelektronen-Erzeugungsrate im Silberhalogenidkristall und damit auch die Geschwindigkeit des Keimwachstums gering. Viele der entstehenden instabilen Subkeime zerfallen, noch bevor sie sich durch Einfang weiterer Elektronen und Silberionen stabilisieren können. Die Folge ist ein *Effektivitätsverlust* des photographischen Prozesses, der sich in einer Abnahme der Empfindlichkeit mit abnehmender Bestrahlungsstärke äußert (linke Kurvenäste in Abb. 1).

Kurzzeitfehler. Bei Belichtungen im Bereich sehr *hoher* Bestrahlungsstärken kann das entstehende plötzliche Überangebot an Photoelektronen von den einzelnen Empfindlichkeitszentren aufgrund ihrer begrenzten Elektronenverbrauchsrate nicht schnell genug verkraftet werden. Damit wächst die Wahrscheinlichkeit, daß auch weniger aktive Störstellen, insbesondere im Korninnern, Elektronen einfangen und Keime bilden. Es entstehen also außerordentlich viele Keime, von denen ein Teil nicht über das Stadium instabiler Subkeime hinaus gelangt und schließlich wieder zerfällt. Die im Korninnern gebildeten Keime entziehen sich darüber hinaus dem Zugriff einer normalen Entwicklung. Die Folge ist ebenfalls ein *Effektivitätsverlust*, eine Empfindlichkeitsabnahme mit zunehmender Bestrahlungsstärke (rechte Kurvenäste in Abb. 1).

Ultrakurzzeiteffekt. Diese Bezeichnung wird häufig für die mit dem Kurzzeitfehler zwangsläufig einhergehende *Gradationsverflachung* gebraucht.

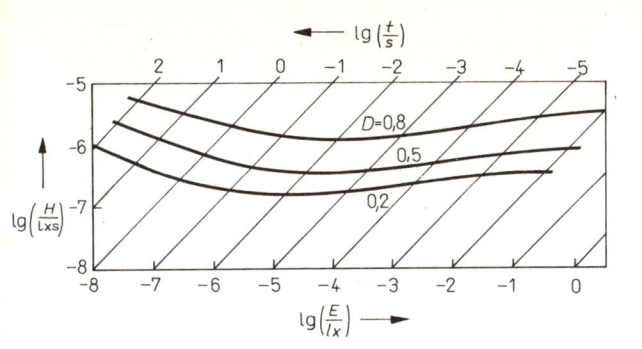

Abb. 1 Reziprozitätsfehler des Filmes „FOTO 130" (nach Angaben aus [6])

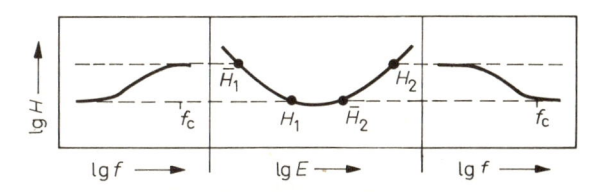

Abb. 2 Frequenzabhängigkeit des Intermittenzeffektes; links: bei niedrigen, rechts: bei hohen Bestrahlungsstärken, Mitte: Reziprozitätsfehlerkurve; (nach [3])

Intermittenzeffekt. Infolge des Reziprozitätsfehlers werden bei gleicher gesamter Strahlungsmenge nicht notwendig auch gleiche Schwärzungen erzeugt, wenn die eine Belichtung kontinuierlich in einem Zuge und die andere Belichtung intermittierend erfolgt.

Temperatureffekt. Allgemein wird hierunter die Temperaturabhängigkeit obiger Erscheinungen verstanden, speziell jedoch die damit zusammenhängende starke *Empfindlichkeitsabnahme* beim Übergang zu tiefen Temperaturen, erklärbar durch das Einfrieren der Beweglichkeit der Zwischengitter-Silberionen.

Kennwerte, Funktionen

In der Kronschen Darstellung des Reziprozitätsfehlers [2] werden über dem Logarithmus der Bestrahlungsstärke (bzw. Beleuchtungsstärke) E die Logarithmen derjenigen Produkte $H = E \cdot t$ miteinander zu einem Kurvenzug (*Isodense*) verbunden, die zur gleichen Schwärzung gehören. Abbildung 1 zeigt den typischen Verlauf für ein Material mit Langzeit- und Kurzzeitfehler (Erläuterung s. o.). Aus der Darstellung sind die optimale Belichtung (Kurvenminimum) sowie der „unkritische" Bereich der Belichtung (annähernd horizontales Stück) ablesbar.

Die optimale Belichtung liegt in der Regel für alle Isodensen etwa bei der gleichen Belichtungszeit.

Das Schwarzschildsche Schwärzungsgesetz besagt, daß gleiche Schwärzungen erhalten werden für

$$E \cdot t^p = \text{const.} \qquad (1).$$

Darin ist p der „Schwarzschild-Exponent". Die zugehörige Darstellung im Kronschen Diagramm wäre eine Gerade, Anstieg $1 - \dfrac{1}{p}$. Der Fall der Gültigkeit des Reziprozitätsgesetzes ist mit $p = 1$ enthalten; Gl. (1) trifft in der Regel nur als Näherung im Bereich geringster Bestrahlungsstärken zu. Allgemein ist jedoch p nicht als konstant anzusehen. Auch verbesserte Schwärzungsformeln anderer Autoren (vgl. [3]) sind nicht allgemeingültig.

Die durch eine intermittierende Belichtung erzeugte Schwärzung liegt zwischen den zwei Schwärzungen, die bei kontinuierlicher Belichtung einmal bei derselben Bestrahlungsstärke E und zum anderen bei einer dem zeitlichen Mittelwert bei der intermittierenden Belichtung entsprechenden Bestrahlungsstärke $\bar{E}$ erzeugt werden. Dieser zweite Grenzfall tritt ein, sobald die Lichtwechselfrequenz f einen kritischen Wert f_c übersteigt, deren Wert von der Emulsion abhängt (Abb. 2).

Der Reziprozitätsfehler insgesamt hängt ab sowohl von der Emulsionsherstellung, als auch von der Art der Belichtung und der Art der Entwicklung. Insbesondere verschiebt sich bei Belichtungen bei niedrigen Temperaturen das Minimum der Kurve zunehmend nach links, wobei die Kurve gleichzeitig auch flacher wird. Im Bereich der ursprünglichen optimalen Belichtung bedeutet dies eine Empfindlichkeitsabnahme.

Beispielsweise beträgt die Empfindlichkeit bei der Temperatur der flüssigen Luft (87 K) noch 7% und bei der Temperatur des flüssigen Wasserstoffs (20 K) nur noch 4% gegenüber Zimmertemperatur [4]. Ein Reziprozitätsfehler wurde bei diesen tiefen Temperaturen nicht mehr festgestellt.

Anwendungen

Das wissenschaftliche und technische Interesse am Reziprozitätsfehler ist hauptsächlich darauf gerichtet, die damit einhergehenden Effektivitätsminderungen zu vermeiden, auszugleichen oder wenigstens quantitativ zu erfassen.

Hochwertige Schwarz-Weiß-Aufnahmematerialien weisen derzeit eine optimale Belichtung bei ca. $3 \cdot 10^{-2}$ s und einen unkritischen Belichtungsbereich von ca. $5 \cdot 10^{-4}$ s bis 1 s auf. Mit Rücksicht auf die engeren Toleranzen bei Farbfilmen werden diese in zwei Versionen gefertigt, und zwar als Tageslichtfilm, optimale Belichtung bei ca. 10^{-2} s, unkritischer Belichtungsbereich von ca. 10^{-3} s bis $3 \cdot 10^{-2}$ s, und als Kunstlichtfilm, optimale Belichtung bei ca. 1 s, unkritischer Belichtungsbereich von ca. $3 \cdot 10^{-2}$ s bis 10 s.

Für Belichtungen außerhalb des unkritischen Belichtungsbereiches sind in der Regel entsprechende Belichtungs- und Farbkorrekturen unumgänglich (z. B.

Langzeitbelichtungen in der Astronomie, Computerblitz-Aufnahmen usw.).

Besonders hinzuweisen ist auf die Vielzahl der unterschiedlichen graphischen Darstellungsmöglichkeiten, denen man in der Literatur zum Reziprozitätsfehler begegnet.

Die mehr wissenschaftlich orientierte Literatur bevorzugt Isodensendarstellungen, und zwar neben der Kronschen Darstellung z. B. auch die Darstellungen

$\log E = f(\log t)$ (= Arenssche Schwärzungsfläche),
$\log H = f(\log t)$ bzw. $\Delta E_V = f(\log t)$,

aber auch

$p = f(\log t)$ oder: Empfindlichkeitszahl $n = f(\log t)$.

Dagegen werden in der mehr technisch orientierten Literatur und auch in Datenblättern der Filmhersteller bevorzugt direkt die erforderlichen Belichtungszeiten

$t = f(t_{meß})$ bzw. $\log t = f(\log t_{meß})$

beziehungsweise die erforderlichen Korrekturwerte

$\Delta T_V = f(t_{meß})$ oder $\Delta A_V = f(t_{meß})$

angegeben. E_V, T_V und A_V sind die besonders in der amerikanischen Fachliteratur üblichen, standardisierten, dual-logarithmischen Skalen der Belichtung („exposure value"), der Belichtungszeit („time value") und der Blendenwerteinstellung der Aufnahmekamera („aperture value") [5]. Alle diese Darstellungen sind ineinander umrechenbar.

Literatur

[1] FRIESER, H.; HAASE, G.; KLEIN, E.: Die Grundlagen der photographischen Prozesse mit Silberhalogeniden. Bd. 3, Kap. 8. – Frankfurt a. M.: Akademische Verlagsgesellschaft 1968.

[2] KRON, E.: Publ. Astrophys. Observ. Potsdam Nr. 67; **22** (1913) 1, und in: Jahrbuch für Photographie und Reproduktionstechnik. Bd. 28, S. 6. Hrsg. J. M. EDER. – Halle/S.: W. Knapp-Verlag 1914.

[3] MEES, C. E. K.: The Theory of the Photographic Process. 3rd. ed. Chapter 7. – New York: MacMillan Co.; London: Collier MacMillan 1966.

[4] BERG, W. F.; MENDELSSOHN, K., Proc. Roy. Soc. (London) **168 A** (1938) 168.

[5] VIETH, G.: Meßverfahren der Photographie. – München/Wien: R. Oldenbourg Verlag; London/New York: Focal Press 1974. S. 344.

[6] GORCHOWSKI, JU. N.; BARANOVA, V. P.: Eigenschaften der Schwarz-Weiß-Fotofilme. – Moskau: Jzd. Nauka 1970.

Schwarzweiß-Entwicklung

Die ersten Entwickler in der Anfangszeit der Photographie waren saure physikalische Entwickler: HUNT hatte 1844 den Eisensulfat-, TALBOT den Pyrogallol-Entwickler eingeführt. 1862 entdeckt RUSSEL die Bedeutung alkalischer Substanzen für die Entwicklungsbeschleunigung. Die Einführung der zum Teil noch heute verwendeten Entwicklersubstanzen begann mit Hydrochinon (ABNEY, 1880), Brenzcatechin (EDER und TODT, 1880), p-Phenylendiamin und p-Aminophenol (ANDRESEN, 1891). Die Fa. HAUFF läßt sich 1891 Metol, Glycin und Amidol patentieren. Erst 1940 wird mit dem Phenidon durch KENDALL eine der heute wichtigsten Entwicklersubstanzen entdeckt.

Sachverhalt

Die Schwarzweiß-Entwicklung von Silberhalogenidmaterialien verstärkt das durch die Belichtung entstandene latente Bild zum sichtbaren negativen oder positiven Bild. Durch eine chemische Reaktion wird – ausgehend von den Latentbildzentren (siehe *Photographischer Elementarprozeß*) – das Silberhalogenid zu metallischem Silber reduziert. Da bereits ein Latentbildkeim genügt, um einen Silberhalogenidkristall entwickelbar zu machen, resultiert durch die Entwicklung ein Verstärkungsfaktor von 10^8 bis 10^9.

Die Reduktion von Silberionen aus der Kristallphase wird als chemische, die Reduktion von Silberionen aus der Lösungsphase als physikalische Entwicklung bezeichnet (siehe Abb. 1). Die gebräuchlichen Entwickler sind chemische Entwickler; durch aus der photographischen Schicht in Lösung gegangene Silberionen ist die physikalische Entwicklung je nach Zusammensetzung der Entwickler und der Entwicklungsdauer mitbeteiligt.

Entwicklerlösungen bestehen aus folgenden Grundbestandteilen: Entwicklersubstanz als Reduktionsmittel, Konservierungsmittel, Beschleuniger, Antischleiermittel, Wasser als Lösungsmittel. Die wichtigsten heute gebräuchlichen Entwicklersubstanzen sind organische Substanzen, meist Derivate des Benzens oder heterocyclische Verbindungen. Als Konservierungsmittel wird fast ausschließlich Natriumsulfit oder ein anderes Sulfit eingesetzt. Sulfit setzt sich mit den bei der Entwicklung oder bei der Luftoxidation entstehenden Entwickleroxidationsprodukten zu Sulfonsäuren um. Alkalisch wirkende Substanzen (Carbonate, Borate, Phosphate, Alkalihydroxide) sind für die Einstellung des pH-Werts der Entwicklerlösung notwendig und regeln die Entwicklungsgeschwindigkeit. Kaliumbromid und organische Klarhalter verzögern die Schleierentwicklung (d. h. die Entwicklung unbelichteter Bildteile) wesentlich stärker als die belichteter Bildteile. Weitere Zusätze können unerwünschte

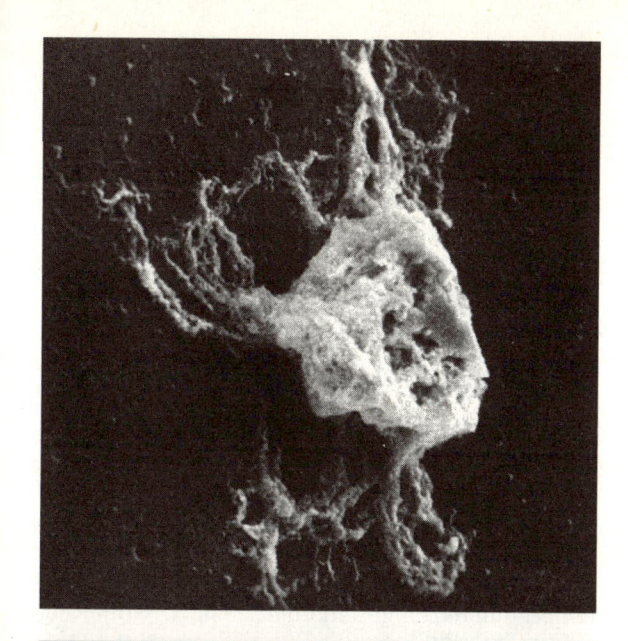

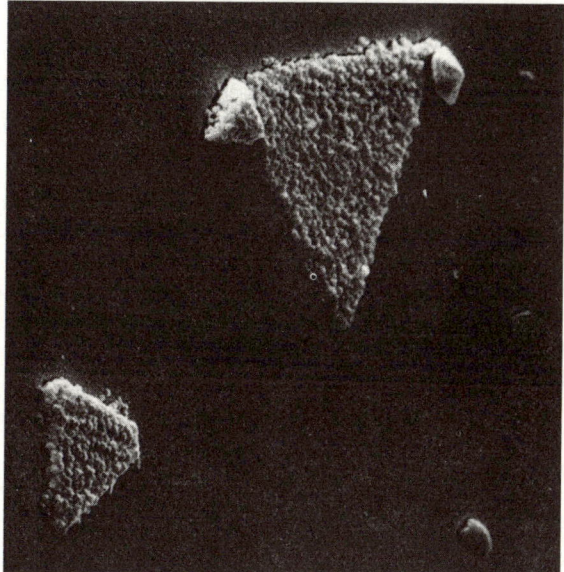

Nebenwirkungen vermeiden oder spezielle Wirkungen erzielen: Kalkschutzmittel, Härtungsmittel, Desensibilisatoren, beschleunigende und empfindlichkeitssteigernde Verbindungen.

Von großem Einfluß auf die Entwicklungsgeschwindigkeit sind außer Entwicklerzusammensetzung und Schichteigenschaften die Temperatur und die Bewegung des Entwicklers bzw. des Filmmaterials (siehe Abb. 2).

Kennwerte, Funktionen

Wichtige Entwicklersubstanzen für die Schwarzweiß-Entwicklung sind:

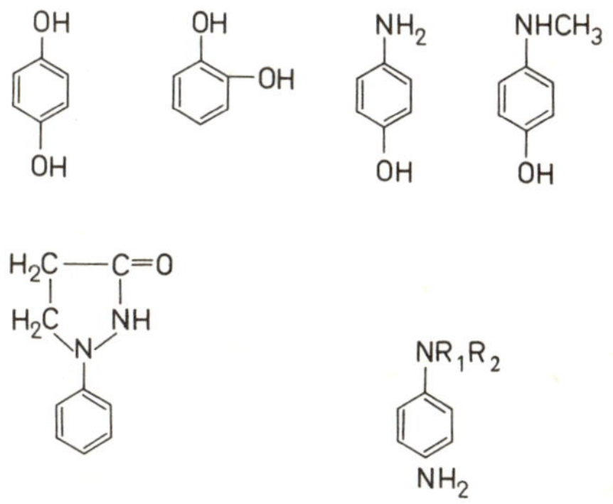

(In der Reihenfolge von oben links nach unten rechts: Hydrochinon, Brenzcatechin, p-Aminophenol, p-Methylaminophenol (Metol), 1-Phenylpyrazoliden (Phenidon), p-Phenylendiaminderivate)

In den meisten gebräuchlichen Schwarzweiß-Entwicklern werden die Kombinationen Phenidon-Hydrochinon oder Metol-Hydrochinon verwendet. Phenidon und Metol sind geschützte Bezeichnungen, die sich allgemein eingeführt haben. p-Phenylendiaminderivate werden in der Schwarzweiß-Photographie für die Feinstkornentwicklung eingesetzt, durch Verdünnen abstimmbare Entwickler enthalten p-Aminophenol.

Entwicklerreaktionen bei der Entwicklung von Silberhalogenid und bei der Luftoxidation:
Entwicklung von Silberhalogenid:

Abb. 1 Entwickeltes Silberkorn nach chemischer (a) und nach physikalischer Entwicklung (b); elektronenmikroskopische Aufnahmen

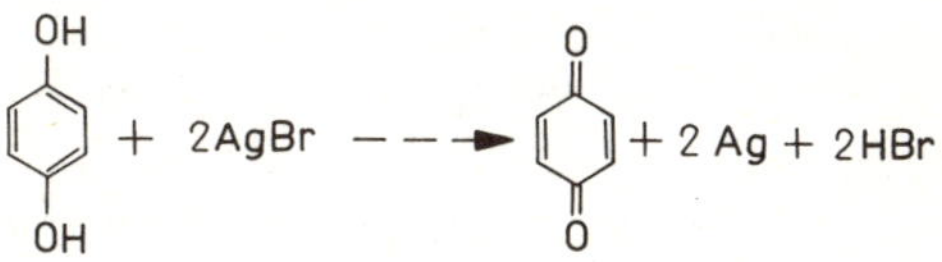

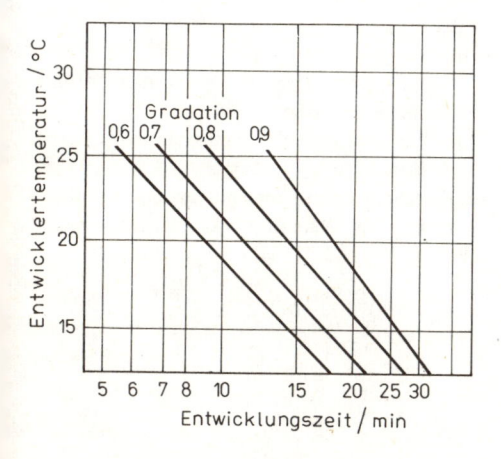

Abb. 2 Abhängigkeit der Gradation von Temperatur und Entwicklungszeit für einen Negativaufnahmefilm

Reaktion der Entwicklersubstanz mit Luftsauerstoff (Autoxidation):

$$\text{C}_6\text{H}_4(\text{OH})_2 + \text{O}_2 \dashrightarrow \text{C}_6\text{H}_4\text{O}_2 + \text{H}_2\text{O}_2$$

$$\text{Na}_2\text{SO}_3 + \text{H}_2\text{O}_2 \rightarrow \text{Na}_2\text{SO}_4 + \text{H}_2\text{O}$$

Umsetzung des Entwickleroxidationsprodukts mit Natriumsulfit:

$$\text{C}_6\text{H}_4\text{O}_2 + \text{Na}_2\text{SO}_3 + \text{H}_2\text{O} \dashrightarrow \text{C}_6\text{H}_3(\text{OH})_2\text{SO}_3\text{Na} + \text{NaOH}$$

Chinon als Entwickleroxidationsprodukt katalysiert die Autoxidation, die Entfernung durch Reaktion mit Sulfit erhöht die Haltbarkeit des Entwicklers.

Anwendungen

Die photographischen Materialien werden durch Eintauchen, Besprühen oder durch Antragen der Entwicklerlösung bzw. bei Pastenentwicklern durch Beschichten entwickelt. Für die individuelle Verarbeitung und für kleine Stückzahlen haben Schale, Dose und Tank ihre Bedeutung behalten. Für großen Durchsatz von Filmen und Photopapieren in Rollen- und Blattform dominiert die maschinelle Verarbeitung, die außer der Entwicklung die folgenden Verarbeitungsstufen Fixieren, Wässern und Trocknen einschließt. Neben ihrer größeren Kapazität haben die maschinellen Verfahren den Vorteil einer höheren Verarbeitungssicherheit durch konstante Bedingungen (Temperatur, Bewegung, Regenerierung der Bäder).

Entwicklerrezeptur und Entwicklungsbedingungen müssen die für ein Film-Entwickler-System geforderten Ergebnisse wie Gradation, Empfindlichkeitsausnutzung, Minimaldichte, Maximaldichte, Abbildungsschärfe garantieren. Diese Aufgabenstellung erfordert unterschiedliche Schwarzweiß-Entwicklerrezepturen, die auf einer kleinen Anzahl von Entwicklersubstanzen basieren (vor allem Phenidon, Metol, Hydrochinon, p-Phenylendiaminderivate).

Universalentwickler können durch verschieden starkes Verdünnen den unterschiedlichen Anforderungen angepaßt werden.

Negativentwickler werden für sehr unterschiedliche Aufgabengebiete als Kontrast-, Ausgleichs-, Feinkorn-Ausgleichs- und Feinstkornentwickler sowie als Spezialentwickler eingesetzt.

Kontrastentwickler sind kräftig arbeitende Entwickler für die Röntgen- und Reprophotographie und viele wissenschaftlich-technische Materialien.

Ausgleichsentwickler gleichen durch Entwicklung zu flacher Gradation den Dichteumfang des Negativmaterials dem Kopierumfang der Positivpapiere an (vor allem für Großformataufnahmen).

Feinkorn-Ausgleichsentwickler für bildmäßige Aufnahmen in der Kleinbildtechnik erzielen Feinkornwirkung durch ausgeprägte Ausgleichswirkung bei niedriger Alkalität.

Bei *Feinstkornentwicklern* (echte Feinkornentwickler) wird durch Verwendung von p-Phenylendiaminderivaten das Silberhalogenidkorn angelöst und der Anteil der physikalischen Entwicklung stark erhöht.

Bei *Positiventwicklern* für die Verarbeitung von Photopapieren erlaubt ein großer Entwicklungsspielraum den Ausgleich von Fehlbelichtungen. Der Bildton wird oft durch besondere Zusätze beeinflußt.

Für *Schnellentwicklungsverfahren* wird die Entwicklung durch Optimierung der Entwicklerrezeptur und Temperaturerhöhung stark beschleunigt. Notwendig sind eine Beschleunigung auch der weiteren Verarbeitungsstufen und für Schnellverarbeitung geeignete Filmmaterialien und Verarbeitungsgeräte. Eine weitere Beschleunigung wird mit Materialien erreicht, die die Entwicklersubstanzen in der lichtempfindlichen Schicht oder in einer Hilfsschicht enthalten.

Bei *Spezialentwicklungsverfahren* werden entweder normale Entwicklungsergebnisse durch einen speziellen vorteilhaften Verfahrensweg erreicht oder das spezielle Verfahren führt zu einem nur auf diesem Wege erreichbaren Ergebnis. Wichtige Spezialentwickler sind Fixierentwickler, Hellichtentwickler, gerbende Entwickler, Lithentwickler.

Literatur

[1] Autorenkollektiv: Die Grundlagen der photographischen Prozesse mit Silberhalogeniden. Hrsg.: H. FRIESER, G. HAASE, E. KLEIN. 1. Aufl. – Frankfurt/Main: Akademische Verlagsgesellschaft 1968.
[2] Autorenkollektiv: Handbuch der Fototechnik. Hrsg.: G. TEICHER. 6. Aufl. – Leipzig: VEB Fotokinoverlag 1974.
[3] Autorenkollektiv: Fotografische Verfahren mit Silberhalogeniden. Hrsg.: W. WALTHER. 1. Aufl. – Leipzig: VEB Fotokinoverlag 1983.
[4] HAIST, G.: Modern Photographic Processing. 1. Aufl. – New York: John Wiley & Sons 1979.
[5] JUNGE, K. W.; HÜBNER, G.: Fotografische Chemie. 3. Aufl. – Leipzig 1979.
[6] MUTTER, E.: Kompendium der Photographie. 1. Aufl. – Berlin: Verlag für Radio-Foto-Kinotechnik. Bd. 1 (1958); Bd. 2 (1962); Bd. 3 (1963).

Schwarzweiß-Photographie

Das erste technisch angewandte photographische Verfahren mit lichtempfindlichen Silbersalzen von DAGUERRE auf der Basis von Silberiodid wurde 1839 vom französischen Staat erworben und veröffentlicht. Das durch die Belichtung entstandene latente Bild wurde durch Einwirkung von Quecksilberdämpfen zum sichtbaren Bild entwickelt (Daguerreotypie). Kurze Zeit später, 1841, fand TALBOT ein Negativ-Positiv-Verfahren mit Papier als Träger, das mit lichtempfindlichen Silbersalzlösungen getränkt wurde; zum Kopieren wurde das Negativ durch Einwachsen durchscheinend gemacht. Das von ARCHER entwickelte nasse Kollodiumverfahren (1851) wurde für Jahrzehnte das beherrschende Verfahren für die photographische Praxis. Dabei wurde das Kaliumiodid oder -bromid enthaltende Kollodium, eine Lösung von Nitrocellulose in einem Alkohol-/Äthergemisch, auf Glasplatten vergossen, durch Baden in Silbernitratlösung lichtempfindlich gemacht und noch in nassem Zustand belichtet und entwickelt. 1871 führte MADDOX die Gelatine als Bindemittel für die Silberhalogenidkristalle ein, und wenig später begann die fabrikmäßige Herstellung von Trockenplatten. EASTMAN entwickelte 1884 Papierrollfilme mit abziehbarer Bildschicht, und GOODWIN fand 1887 den ersten durchsichtigen, biegsamen und unzerbrechlichen Schichtträger auf Nitrocellulosebasis. Die weitere Entwicklung führte durch Erhöhung der spektralen und der Eigenempfindlichkeit, durch Verbesserung der Feinkörnigkeit sowie der Haltbarkeit und der mechanisch-physikalischen Eigenschaften zu wesentlich verbesserten photographischen Aufnahmematerialien auf ebenfalls verbesserten Schichtträgern. Dazu trugen die Entdeckung der spektralen Sensibilisierung, die Weiterentwicklung der Silberhalogenid-Gelatine-Emulsionen und Verbesserungen der Entwickler bei. Ein entscheidender Qualitätssprung wurde durch den Zusatz von komplexen Goldsalzen bei der chemischen Reifung der Emulsion in Verbindung mit der Entdeckung der stabilisierenden Wirkung der Indolizine erzielt. Schwarzweiß-Negativ- und Positiv-Materialien stehen heute für die unterschiedlichsten Anwendungszwecke, z.T. in hochspezialisierter Form, zur Verfügung.

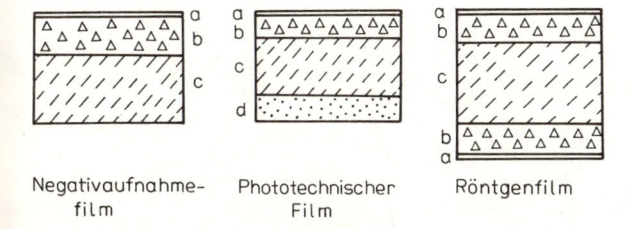

Abb. 1 Schichtaufbau photographischer Schwarzweiß-Materialien (nicht maßstabgerecht)
a) Überzug, b lichtempfindliche Schicht, c Unterlage, d Rückschicht (Lichthofschutzschicht)

Sachverhalt

Photographie ist eine Bezeichnung für Verfahren, durch Strahlungsenergie ein haltbares, reelles Bild auf strahlungsempfindlichen Schichten zu erzeugen. Bei der Schwarzweiß-Photographie werden die Objekthelligkeiten durch abgestufte Grautöne wiedergegeben. Die wichtigste strahlungsempfindliche Verbindungsklasse sind die Silberhalogenide (AgCl, AgBr, AgI), die meist in gemischter Form als mikroskopisch kleine Kristalle in einem Bindemittel (Gelatine) dispergiert sind. Die Bildsubstanz bei der Schwarzweiß-Photographie mit Silberhalogeniden ist das durch die photographische Entwicklung abgeschiedene metallische Silber.

Die wichtigsten Stufen des photographischen Verfahrens mit Silberhalogeniden sind: Herstellung der photographischen Schicht, Belichtung der Schicht (Photoapparat, Filmkamera u. a.), Verarbeitung der belichteten Schicht zum haltbaren, auswertbaren Bild.

Die Schichtherstellung umfaßt die Emulsionsherstellung und das Aufbringen der Emulsion auf einen Träger. Die Silberhalogenide werden durch Umsetzung eines löslichen Silbersalzes ($AgNO_3$) mit einer Alkalihalogenidlösung in Gegenwart eines Bindemittels gefällt, das als Schutzkolloid die Zusammenballung der kleinen Kristalle verhindert. Diese Suspension, allgemein als photographische Emulsion bezeichnet, bildet in der ersten oder physikalischen Reifung ihre endgültige Korngrößenverteilung aus: durch Erwärmen nach der Fällung wachsen die großen Kristalle auf Kosten der kleinen. Nach Erstarren, Wässern und erneutem Aufschmelzen folgt die zweite oder chemische Reifung (Nachreifung). Durch die Wirkung chemischer Sensibilisatoren, die in der Gelatine enthalten sind oder zugesetzt werden, entstehen dabei an der Oberfläche der Kristalle die Reif- oder Empfindlichkeitskeime. Die unterschiedlichen Eigenschaften der photographischen Emulsionen werden durch unterschiedliche Fäll- und Reifbedingungen und die verwendeten Zusätze erhalten. Weitere Zusätze werden vor dem Beguß, dem Auftragen der aufgeschmolzenen Emulsion auf einen Träger, zugegeben, dazu gehören Sensibilisatoren (siehe *Spektrale Sensibilisierung*), Stabilisatoren, Härtungsmittel u. a.

Träger für die als Schicht vergossene photographische Emulsion sind Glas, Film, Papier und textile Unterlagen. Die vorherrschenden Filmunterlagen sind Acetylcellulose und maßhaltigere, ebenfalls schwer entflammbare Thermoplaste wie Polycarbonate und Polyester, z. B. Polyethylenterephthalat.

Eine Gelatineschicht als Überzug schützt vor mechanischen Einflüssen. Zur Vermeidung des Reflexionslichthofs (siehe *Lichthof*) wird die Unterlage angefärbt, oder es werden gefärbte Rückschichten bzw. Zwischenschichten angetragen (siehe Abb. 1).

Nach der Belichtung der photographischen Schicht

folgt die Verarbeitung zum Aufbau eines sichtbaren, auswertbaren und haltbaren Bildes im Schwarzweiß-Prozeß mit den Verarbeitungsstufen Entwickeln (siehe *Schwarzweiß-Entwicklung*) – Unterbrechen oder Zwischenwässern – Fixieren (siehe *Bildfixierung und -stabilisierung*) – Wässern – Trocknen.

Kennwerte, Funktionen

Die charakteristische Kurve oder Schwärzungskurve (siehe Abb. 2) stellt die Abhängigkeit der entwickelten optischen Dichte vom Logarithmus der Belichtung dar. Bei konstanten Belichtungs- und Entwicklungsbedingungen gibt sie wichtige Eigenschaften eines photographischen Materials quantitativ wieder, z. B. Empfindlichkeit und Gradation (siehe *Helligkeitswiedergabe*).

Wichtige Kennwerte ausgewählter photographischer Schwarzweiß-Materialien sind in den folgenden Übersichten zusammengestellt.

	Durchschnittlicher Korndurchmesser der Silberhalogenide µm
Negativaufnahmefilm, hochempfindlich	1,7
Negativaufnahmefilm, mittelempfindlich	0,8
Positivfilm	0,7
Phototechnischer Film	0,4

	Schichtdicke µm	Silbergehalt g/m²
Negativaufnahmefilm	20	4...6
als Dünnschichtfilm	7...10	
Positivfilme	10	2...3
Photographische Papiere	3...6	1...2,5

	Unterlagenstärke µm
Acetylcellulose	
Rollfilm	80...100
Kleinbild-, Schmal-, Kinefilm	120...140
Planfilm	180...250
Polyester	100...180

Am Beispiel von ORWO-Schwarzweiß-Negativaufnahmefilmen werden Empfindlichkeit, Auflösungsvermögen AV und Körnigkeit als K-Zahl (siehe *Körnung und Körnigkeit* und *Photographische Modulationsübertragung*) verglichen:

	Empfindlichkeit DIN	AV Linien/mm	K-Zahl
NP 15	15	111	22
NP 20	20	83	28
NP 27	27	63	37

Zum Vergleich wird das Auflösungsvermögen der sehr unempfindlichen, praktisch kornlosen Mikratplatte LP 1 mit über 500 Linien/mm angegeben.

Anwendungen

Die wichtigsten Konfektionierungsformen der photographischen Materialien sind der Plan- oder Blattfilm und der Rollfilm mit seinen speziellen Formen Kine-, Kleinbild-, Kleinstbildfilm und verschiedenen Schmalfilmkonfektionierungen.

Eine Übersicht über die Anwendungsgebiete der Schwarzweiß-Photographie wird als Übersicht der wichtigsten dafür zur Verfügung stehenden Photomaterialien gegeben.

Bildmäßige Photographie. Negativ- und Umkehrfilme für die Aufnahme, Duplizier- und Kopiermaterialien als Filme und Photopapiere.

Wissenschaftliche und technische Anwendungen. Kernspuremulsionen, Materialien für Spektroskopie im sichtbaren Spektralbereich und Ultraviolettbereich sowie für die Massenspektroskopie, Materialien für Langzeitbelichtungen in der Raman-Spektroskopie und in der Astrophotographie sowie für die Holographie, die Laserphotographie und die Elektronenmikroskopie.

Materialien für die Röntgenphotographie. Röntgenfilme für den Einsatz in der Materialprüfung und in der Medizin ohne und mit Verstärkerfolien und Röntgenschirmbildfilme.

Materialien für die Mikrodokumentation und für die Reprophotographie für die Druckformenherstellung.

Weitere wichtige Materialien sind Luftbildfilme und topographische Platten für das Vermessungswesen, Registrierfilme und -papiere, Infrarotmaterialien, Spezialmaterialien für Silbersalzdiffusionsverfahren.

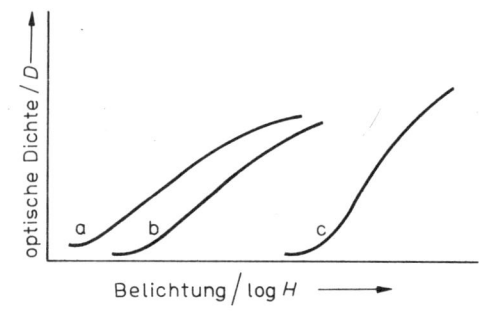

Abb. 2 Charakteristische Kurven photographischer Schwarzweiß-Materialien
a Negativaufnahmefilm, hochempfindlich, b Negativaufnahmefilm, mittelempfindlich, c Positivfilm

Literatur

[1] Autorenkollektiv: Die Grundlagen der photographischen Prozesse mit Silberhalogeniden. Hrsg. H. Frieser, G. Haase, E. Klein. 1. Aufl. – Frankfurt/Main: Akademische Verlagsgesellschaft 1968.

[2] Autorenkollektiv: Handbuch der Fototechnik. Hrsg. G. Teicher. 6. Aufl. – Leipzig: VEB Fotokinoverlag 1974.

[3] Autorenkollektiv: Fotografische Verfahren mit Silberhalogeniden. Hrsg. W. Walther. 1. Aufl. – Leipzig: VEB Fotokinoverlag 1983.

[4] Junge, K. W.; Hübner, G.: Fotografische Chemie. 3. Aufl. – Leipzig: VEB Fotokinoverlag 1979.

[5] Mutter, E.: Kompendium der Photographie. 1. Aufl. – Berlin: Verlag für Radio-Foto-Kinotechnik. Bd. 1 (1958); Bd. 2 (1962); Bd. 3 (1963).

Silbersalzdiffusions-Verfahren

Die Silbersalzdiffusion wurde 1938 etwa gleichzeitig und unabhängig von Weyde [1–3] und von Rott [3] als Effekt erkannt, mit dem die Sofortherstellung von Kopien möglich ist, und es wurden von ihnen entsprechende *Silbersalzdiffusions-Verfahren* (engl.: *d*iffusion *t*ransfer *r*eversal, DTR) ausgearbeitet.

Grundlage ist ein spezieller photographischer Entwicklungseffekt, wonach Entwicklungs- und Fixierprozeß derart gesteuert werden können, daß belichtete Silberhalogenid-Körner rasch zu metallischem Silber reduziert, unbelichtete Körner dagegen unter Komplexbildung schnell gelöst werden, so daß die gelösten Silberkomplexe in eine benachbarte Empfangsschicht diffundieren und dort unter Vermittlung von Entwicklungskeimen reduzierend bei Abscheidung metallischen Silbers zersetzt werden können.

Zuerst wurde das Silbersalzdiffusions-Verfahren für Bürokopierzwecke (1939 Copex-Autorapid-Papier, 1947 Umkehrpapier Diaversal, 1949 Copyrapid-Papier) und später als Grundlage der Schwarz-Weiß-Sofortbildphotographie (Land, 1947 [4–7]) eingesetzt. Inzwischen wurde das Silbersalzdiffusions-Verfahren in vielfältig weiterentwickelter Form auch für phototechnische Zwecke (z. B. Copyproof), für die Druckformenherstellung, für die Luftbildphotographie (Kodak Bimat) und einige andere Anwendungsgebiete genutzt [3, 5–8]. 1976 brachte die Fa. Polaroid (USA) für die Schwarz-Weiß-Sofortbildphotographie erstmals ein Einblatt-Filmmaterial (Typ 667 mit 36 DIN Empfindlichkeit) auf den Markt.

Sachverhalt

Der Informationsprägungsschritt ist wie in der klassischen → (Silberhalogenid-)*Schwarzweiß-Photographie* die belichtungsabhängige Bildung von Entwicklungskeimen auf oder in den AgX-Emulsionskriställchen – latentes Bild. Die Spezifik liegt in der darauffolgenden Verarbeitung (Abb. 1).

Während die belichteten AgX-Körner im Verarbeitungsprozeß einer speziellen Negativentwicklung unterzogen werden, wird im Sinne einer Fixierentwicklung das an den unbelichteten Stellen vorhandene, nicht entwickelte AgX durch Thiosulfat komplexbildend gemäß

$$AgX + n\,S_2O_3^{2-} \longrightarrow [Ag(S_2O_3)_n]^{(2n-1)-} + X^-$$

gelöst ($n = 2,3$). Der wasserlösliche Thiosulfatoargentat-Komplex diffundiert in eine Empfangsschicht (Positivschicht), die Entwicklungskeime K (meist kolloidales Silber, Silbersulfid oder Metallsulfide bzw. -selenide) enthält. Unter Einwirkung einer Entwicklersubstanz (E^{2-}) und Alkali kommt es in der Empfangsschicht, katalysiert durch die Keime K, zur

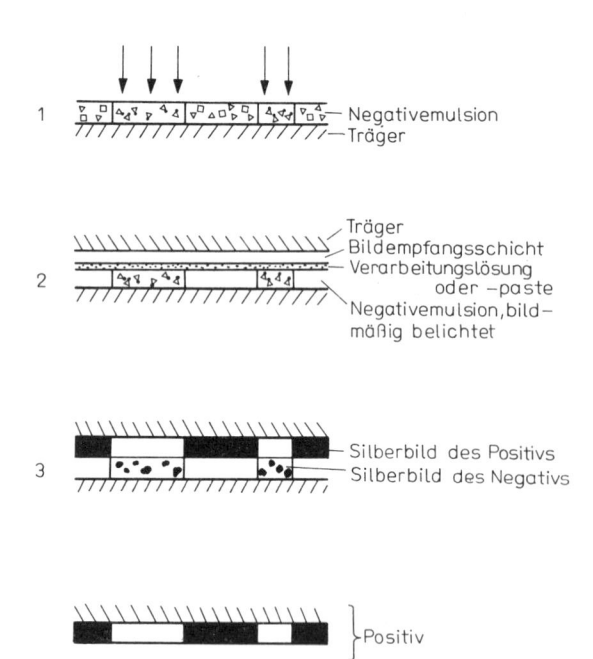

Abb. 1 Wirkungsweise des Silbersalzdiffusions-Verfahrens
1 bildmäßige Belichtung (in den belichteten Bereichen entstehen an den AgX-Körnern entwicklungsfähige Keime)
2 Aufbringen von Positivmaterial und Verarbeitungslösung
3 Ablauf der chemischen Prozesse (in der Bildempfangsschicht wird das von den nichtbelichteten Stellen her eindiffundierende Thiosulfatoargentat zu Silber reduziert; im Negativ entsteht an den belichteten Stellen ein Silberbild)
4 Trennung von Positiv und Negativ

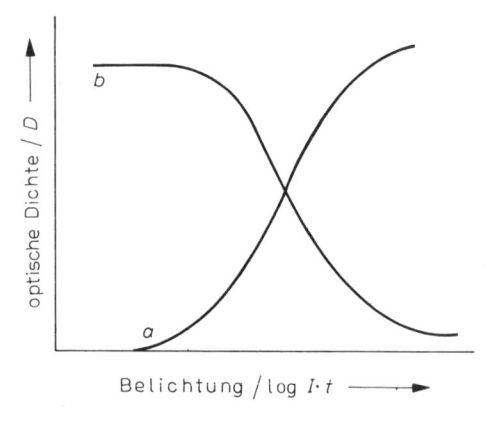

Abb. 2 Charakteristische Kurven von Negativ- (a) und Positivschicht (b)

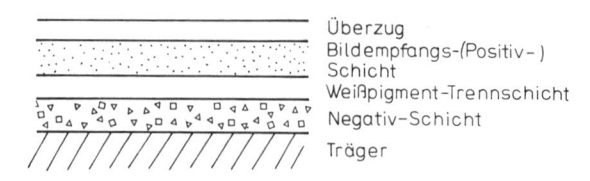

Abb. 3 Einblattmaterial-Variante

Zersetzung des Silberkomplexes unter Bildung metallischen Silbers entsprechend

$$2\left[\mathrm{Ag}(\mathrm{S}_2\mathrm{O}_3)_n\right]^{(2n-1)-} + E^{2-} \xrightarrow{K} \mathrm{Ag} + E_{ox} + n\,\mathrm{S}_2\mathrm{O}_3^{2-}$$

Als Entwicklersubstanzen kommen Hydrochinon oder auch aliphatische Reduktionsmittel in Frage. Häufig sorgen bestimmte Zusätze (z. B. heterozyklische Mercaptoverbindungen) für eine spezielle, sehr deckkräftige Abscheidungsform des Silbers, die einen tiefschwarzen Bildfarbton liefert; es entsteht ein Positiv (Abb. 2). Eine gesonderte Fixierung ist nicht erforderlich, da das Positiv keine lichtempfindlichen Substanzen enthält.

Bilden Negativ und Positiv zwei getrennte Materialien, spricht man von Zweiblattverfahren. Einblattmaterialien dagegen enthalten Negativ- und Positivschicht auf einem gemeinsamen Träger, die Negativ-Positiv-Trennung erfolgt bei Amateur-Sofortbildmaterialien optisch durch eine weiße Pigmentschicht (Abb. 3).

Kennwerte, Funktionen

Materialien für das Zweiblattverfahren, wie sie vorwiegend für die Anfertigung von Bürokopien im Reflexkopierverfahren angewandt werden, sind gewöhnlich orthochromatisch sensibilisiert, mit Filterfarbstoffen versehen und von geringer Lichtempfindlichkeit, so daß sie auch bei gedämpftem Raumlicht verarbeitbar sind. Verschiedene phototechnische Materialien für den professionellen Einsatz sind höherempfindlich.

Als Einblattverfahren arbeitet das Diaversal-Umkehrpapier (Fa. Gevaert, 1947), das vornehmlich zur Vergrößerung von Positiven (z. B. Diapositiven) oder zur Duplizierung von Röntgenaufnahmen eingesetzt werden kann. Diaversal-Material trägt auf der Unterlage die Bildempfangsschicht und darüber eine ungehärtete Aufnahmeschicht. Nach dem Belichten und der Behandlung mit einem speziellen Fixierentwickler wird die obere Schicht mit warmem Wasser abgewaschen. Das positive Bild, das in der Empfangsschicht entstanden ist, kann durch besondere Nachbehandlung noch verstärkt und sensibilisiert werden.

Die Materialien für die Schwarzweiß-Sofortbildphotographie erreichen sehr hohe Empfindlichkeiten (bis 41 DIN) bei relativ geringem Silberauftrag. Sie werden als Roll-, Plan- oder Packfilme konfektioniert. Das fertige Bild liegt, abhängig vom Materialtyp und von der Temperatur, binnen 15 s bis 2 min vor. Das Auflösungsvermögen im Positiv erreicht meist nur relativ geringe Werte (15...40 mm^{-1}), die aber ausreichen für normalformatige Schwarzweiß-Aufsichtsbilder. Die Gradation ist je nach Materialtyp unterschiedlich, flach bis steil; für Amateur-Sofortbildmaterial gewöhnlich relativ flach ($g \approx 1,2$). Die meisten Materialien liefern Unikate, nur bei einigen Materialien besteht die Möglichkeit, das Negativ speziell zu behandeln (Klären usw.), um es als Kopiervorlage für weitere Positive einsetzen zu können.

Anwendungen

Die Anwendungen des Silbersalzdiffusions-Prinzips sind sehr vielfältig [3, 5, 7, 8]. Im Überblick sind zu nennen
- Bürokopiermaterialien,
- andere Kopier-, Vervielfältigungs- und Spezialpapiere,
- Druckfolien (auf Aluminiumunterlage),
- Materialien für die Reproduktionsphotographie,
- Proofmedien für die Polygraphie,
- Amateur-Sofortbildfilme,
- Sofortbildmaterialien zur Anfertigung von Diapositiven,
- Dokumentation von Bildschirminformationen, Oszillogrammen usw.,
- Sondermaterialien für die Bildschirm-Röntgenphotographie,
- Sondermaterialien für die Luftbild- und Satellitenphotographie.

Der Einsatz geschieht zweckmäßigerweise in speziellen Kopiergeräten, Reprogeräten und verschiedenen Typen von Sofortbildkameras.

Literatur

[1] WEYDE, E.: Z. Naturf. **6a** (1951) 381.
[2] WEYDE, E.: Wiss. Veröffentl. der Agfa-Laboratorien. Bd. I. – Leverkusen/München 1955: Springer-Verlag. S.262.
[3] ROTT, A.; WEYDE, E.: Photographic Silver Halide Diffusion Processes. – Focal Press: London/New York 1972.
[4] LAND, E. H.: Phot. J. **90A** (1950) 7; J. Opt. Soc. Amer. **37** (1947) 61.
[5] HILL, T. T.: In: STURGE, J. M. (Ed.): Neblette's Handbook of Photography and Reprography. 7. Ed. – New York: Van Nostrand Co. – Reinhold 1977. S.247–257.
[6] KRASNIJ-ADMONI, L. V.; GAFM, S. I.: Ž. naučn. i prikl. fotogr. i kin. **21** (1976) 299.
[7] LAND, E. H.; ROGERS, H. G.; WALWORTH, V. K.: In: STURGE, J. M. (Ed.): Neblette's Handbook of Photography and Reprography. 7. Ed. – New York: Van Nostrand Co. – Reinhold 1977. S.273–318.
[8] WEISFLOG, J.: Bild und Ton **29** (1976) 173, 335.

Spektrale Sensibilisierung

1873 fand H. W. VOGEL, daß sich die Lichtempfindlichkeit von photographischen Materialien durch Farbstoffe nach dem Langwelligen hin erweitern läßt. Er verwendete zunächst Textilfarbstoffe, unter denen sich besonders Eosin und Erythrosin auszeichneten, mit denen eine Lichtempfindlichkeit photographischer Materialien im gelben und grünen Spektralbereich erreicht werden konnte. Der Effekt wird heute als spektrale Sensibilisierung bezeichnet und damit von der chemischen Sensibilisierung unterschieden, bei der durch Fremdstoffeinsatz, z. B. spurenweises Zugeben von bestimmten Goldverbindungen bei Silberhalogenidemulsionen, eine Erhöhung der Eigenempfindlichkeit erreicht wird. Bei der spektralen Sensibilisierung photographischer Schichten werden die Silberhalogenidkörner mit Farbstoffen angefärbt, die Licht geeigneter Wellenlänge absorbieren. Es zeigte sich, daß neben den Silberhalogeniden auch andere lichtempfindliche Systeme, wie Zinkoxid, Diazoniumsalze, die selbst nur im UV und im violetten Bereich lichtempfindlich sind, sensibilisierbar sind. Die größte Bedeutung hat der Effekt der spektralen Sensibilisierung jedoch für die Silberhalogenid-Photographie behalten.

Seit etwa 1900 werden für die spektrale Sensibilisierung synthetische Farbstoffe benutzt; sie ermöglichen eine Erweiterung des Empfindlichkeitsbereiches von Silberhalogenid-Bindemittel-Schichten bis ins nahe IR. 1937 wurde eine langwellige Grenze der Lichtempfindlichkeit von etwa 1,2 µm erreicht, 1953 von über 1,3 µm. Einer weiteren Ausdehnung sind zumindest bei einer Verwendung bei Zimmertemperatur Grenzen gesetzt, da dann bereits die Wärmeenergie zur Latentkeimbildung ausreicht.

Sachverhalt

Silberhalogenidkristalle absorbieren Licht nur bis zu einer maximalen Wellenlänge von etwa 410 nm bei AgCl, 480 nm bei AgBr und 540 nm bei AgBr/AgI. Längerwelliges Licht kann von den unsensibilisierten Silberhalogeniden weder aufgenommen noch photographisch adäquat wiedergegeben werden. Um trotzdem eine photographische Aufzeichnung auch mit relativ langwelligem Licht zu ermöglichen, wird die weiterreichende Absorption der Farbstoffe genutzt, wobei die aufgenommene Anregungsenergie auf das bilderzeugende lichtempfindliche Medium, z. B. AgBr, übertragen wird. Dies setzt voraus, daß sich die Farbstoffmoleküle sehr dicht am Kristall befinden und im allgemeinen unmittelbar auf der Kristalloberfläche (meist durch Ionen- oder Dipolwechselwirkung) adsorbiert sind. Für die Form der Übertragung konnte sich die Vorstellung eines einheitlichen Mechanismus bisher nicht durchsetzen. Da gesichert ist, daß Farbstoffmoleküle bis zu hundert Sensibilisierungsakte durchführen können, kommt eine chemische Reaktion, bei der der Farbstoff verbraucht wird, nicht in Betracht. Ein Teil der Experimente ist mit der Vorstellung einer *Energieübertragung* im Sinne eines klassischen Resonanzphänomens erklärbar. Dies ist dann möglich, wenn sich das Fluoreszenzspektrum des Farbstoffs mit dem Absorptionsspektrum des Silberhalogenids überlappt. Derartige Resonanzphänomene, bei denen im günstigsten Fall (Singulett-Singulett-Energieübertragung) Abstände von 5–10 nm überbrückt werden, wurden experimentell nachgewiesen und werden theoretisch verstanden (Förster-Mechanismus) [1, 2]. Aber nicht alle Beobachtungen sind mit diesem Mechanismus deutbar. Durch systematische Untersuchungen ist gesichert, daß auch Sensibilisierungen durch eine *Elektronenübertragung* zustande kommen. Dabei müssen die Energieniveaus des Farbstoffs eine geeignete Lage zu Valenz- und Leitungsband des Silberhalogenids haben [3, 4].

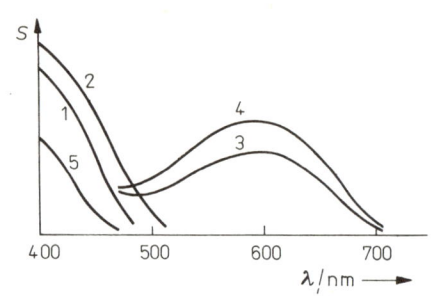

Abb. 1 Änderung der Empfindlichkeit S einer AgBr-Emulsion durch Sensibilisierung (schematisch)
1 Eigenempfindlichkeit, 2 chemische Sensibilisierung, 3 spektrale Sensibilisierung, 4 Supersensibilisierung, 5 Desensibilisierung

Kennwerte, Funktionen

Die für eine optimale Sensibilisierung benötigten Farbstoffkonzentrationen sind sehr gering ($10^{-3}...10^{-6}$ der Konzentration des Silberhalogenids). Höhere Konzentrationen setzen in vielen Fällen den Sensibilisierungseffekt herab und vermindern die Eigenempfindlichkeit des Silberhalogenids, wirken also als Desensibilisatoren. Durch geringe Zusätze geeigneter anderer Stoffe, die selbst nicht unbedingt Sensibilisatoren sein müssen, kann die Sensibilisierung gesteigert (Über- oder Supersensibilisierung) oder geschwächt (Antisensibilisierung) werden (Abb. 1). Steigernd kann sich auch ein Baden sensibilisierter Schichten in Wasser oder in alkalischen Lösungen auswirken (Hypersensibilisierung). Als Lösungsmittel für die Farbstoffe dienen Alkohole, in speziellen Fällen auch Wasser.

Da gute Sensibilisatoren einer Vielzahl von Bedingungen genügen müssen, neben der Wirksamkeit für einen bestimmten Spektralbereich ist zu nennen gute Adsorption, lange Haltbarkeit, Verträglichkeit mit den Bestandteilen der lichtempfindlichen Schicht, Auswaschbarkeit, ist ihre Zahl begrenzt. Als Ergebnis umfangreicher, jahrzehntelanger Untersuchungen auf dem Gebiet der Farbstoffe sind heute jedoch einige Hundert Sensibilisatoren bekannt, die den sehr unterschiedlichen spektralen Anforderungen gerecht werden. Ein einzelner Farbstoff ist jedoch im allgemeinen nicht in der Lage, das ganze sichtbare Spektrum in gleicher Weise optimal zu sensibilisieren. Sofern dies erwünscht ist, wie z.B. bei bestimmten Schwarz/Weiß-Aufnahmematerialien, hilft man sich, indem mehrere Farbstoffe gleichzeitig eingesetzt werden, von denen jeder für einen Teilbereich des sichtbaren Spektrums empfindlich ist. Von der chemischen Struktur her sind die heute zur Anwendung kommenden Sensibilisatorfarbstoffe fast ausschließlich Polymethine, bei denen die Methingruppe ($-CH=$) mit sehr unterschiedlichen heterozyklischen Ringsystemen verknüpft ist. Von besonderer Bedeutung ist die Untergruppe der Cyanine mit der allgemeinen Struktur

$$\overset{\frown}{N}-C=CH-(CH=CH)_n-\overset{\frown}{C}=\overset{\oplus}{N}$$
$$\,|\qquad\qquad\qquad\qquad\qquad\quad\;|$$
$$R\qquad\qquad\qquad\qquad\qquad\quad R'$$

Die verknüpfenden Bogen sollen darauf hinweisen, daß es sich um Bestandteile des Chinolinsystems handelt, doch werden auch andere Systeme (wie Thiazol, Pyrrol, Imidazol, Oxazol) zur Herstellung von Cyanin-Farbstoffen verwendet. Damit die Sensibilisatoren gegenüber anderen Emulsionszusätzen besonders der Colormaterialien stabil sind, hat sich ein Ersatz der N-Alkyl-Gruppen durch Alkylsäuregruppen bewährt. – Außer den Cyaninfarbstoffen sind auch Merocyaninfarbstoffe gut geeignet.

Je langkettiger der Polymethinfarbstoff ist, um so mehr verschiebt sich das Sensibilisierungsmaximum nach dem Infraroten. Zum Beispiel wird der Spektralbereich 670...720 nm durch ein Pentamethin der folgenden Form sensibilisiert:

[Struktur: Bis(benzoselenazol)-Pentamethin mit C_2H_5-Gruppen, Br$^-$ Gegenion]

Für einen Überblick über die Chemie der Sensibilisatoren siehe [5, 6].

Der Sensibilisatorverbrauch pro Bild oder Film ist sehr gering, z.B. wird pro Kleinbilddia etwa $1,5 \cdot 10^{-6}$ g und pro Super-8-Film (15 m) etwa $3 \cdot 10^{-4}$ g Sensibilisator eingesetzt, trotzdem übersteigt der Gesamtumsatz von Farbstoffen, die für Zwecke der spektralen Sensibilisierung verwendet werden, in der Welt eine Tonne pro Jahr [5].

Anwendungen

Bei Schwarz/Weiß-Aufnahmematerialien dient die spektrale Sensibilisierung zur Ausdehnung des Empfindlichkeitsbereichs. Je nach dem Umfang wird dabei zwischen ortho- und panchromatischer Sensibilisierung unterschieden. Orthochromatisches Material ist bis zum Gelb-Grünen hin empfindlich, panchromatisches Material für das gesamte sichtbare Spektrum (Abb. 2).

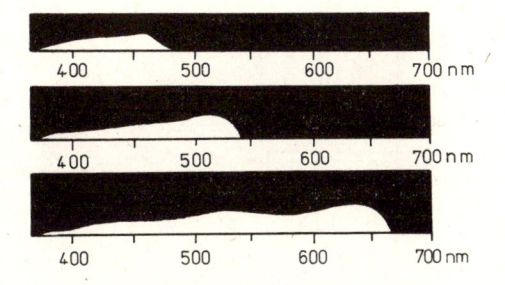

Abb. 2 Empfindlichkeitsspektren
oben: unsensibilisierte AgBr-Emulsion;
Mitte: orthochromatische Emulsion;
unten: panchromatische Emulsion (nach MATEJEC, R.: Photogr. Korresp. **97** (1961) 51)

Eine existentielle Bedeutung hat die spektrale Sensibilisierung für die Farbphotographie. Beim subtraktiven Farbverfahren, nach dem alle modernen Farbverfahren arbeiten (siehe *Farbphotographie*), soll jede der drei Emulsionen, die sich auf einem Schichtträger befinden, nur für eine der drei Grundfarben, blau, grün oder rot, empfindlich sein. Dafür werden Sensibilisatoren verwendet, die möglichst enge Sensibilisierungsmaxima aufweisen. So haben die eingesetzten Rotsensibilisatoren im Grün eine breite Lücke. Bei den orthochromatischen (Grün-) Sensibilisatoren ist eine Restempfindlichkeit in den anderen Spektralbereichen nur schwer zu vermeiden.

Die Einbringung der Sensibilisatorfarbstoffe in eine Emulsion ist relativ einfach. Der Sensibilisator wird in Methanol oder einem anderen mit Wasser mischbaren Lösungsmittel gelöst und vor dem Vergießen der Emulsion dieser unter Rühren zugegeben. Für Einzelfälle kann eine Sensibilisierung auch durch nachträgliches Baden des photographischen Materials in verdünnten Farbstofflösungen erfolgen. Dabei besteht jedoch die Gefahr, daß die Empfindlichkeit über der Fläche nicht homogen ist.

Literatur

[1] CALVERT, J. G.; PITTS, J. N.: Photochemistry. New York: John Wiley & Sons 1967.
[2] BÖTTCHER, H.; EPPERLEIN, J.: Moderne photographische Systeme. Leipzig: VEB Deutscher Verlag für Grundstoffindustrie 1983.
[3] CAROLL, B. H.: Phot. Sci. Engng. **21** (1977) 4, 151–163.
[4] DÄHNE, S.: Spektrale Sensibilisierung photochemischer Prozesse. J. Signal AM **9** (1981) 1, 5–18.
[5] RIESTER, O.: Spektrale Sensibilisierung. In: Photographie, aus: Ullmanns Encyklopädie der technischen Chemie. 4. Aufl., Band 18. – Weinheim: Verlag Chemie 1979.
[6] WALTHER, W.: Fotografische Verfahren mit Silberhalogeniden. – Leipzig: VEB Fotokinoverlag 1983.

Thermographie und Photothermographie

Der Begriff Thermographie [1–4, 17] wird in unterschiedlichen Bedeutungen verwendet; hauptsächlich wird unter Thermographie die Aufzeichnung mittels wärmesensitiver schichtförmiger Medien verstanden. Führt man derartigen Systemen beim Kopiervorgang oder durch einen anderen Prozeß Wärme zu, kommt es zu einer Temperaturerhöhung in bildmäßiger Verteilung; der Bildaufbau (Visualisierung) geschieht durch rein thermische Prozesse.

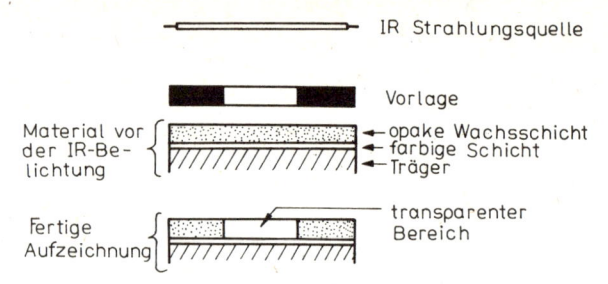

Abb. 1 Prinzip der thermographischen Aufzeichnung mittels Wachsschmelzpapier

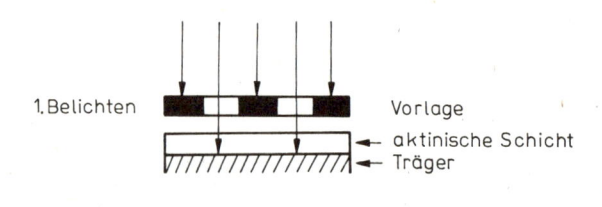

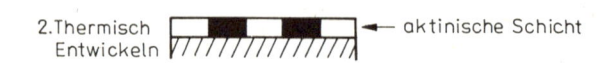

Abb. 2 Verfahrensschritte bei der photothermographischen Aufzeichnung

Sachverhalt

Je nach Art der Prozesse unterscheidet man
- physikalisch arbeitende thermographische Systeme,
- chemisch arbeitende thermographische Systeme,
- kombinierte Systeme und Sonderverfahren.

Physikalische Systeme. Zu den einfachsten Vertretern zählen Systeme mit schmelzbarer Deckschicht. Das Material besteht aus einem Träger (Papier), einer farbigen oder schwarzen Zwischenschicht und einem zunächst lichtundurchlässigen (opaken) Überzug (Wachs). Das Wärmebild entsteht durch Absorption der Strahlung an den Bildstellen der Vorlage; es wird durch Wärmeleitung der Reaktionsschicht mitgeteilt. Bei Wärmeeinwirkung schmilzt die Wachsschicht und wird transparent; die darunterliegende gefärbte bzw. schwarze Schicht wird sichtbar. Man erhält ein Positiv (s. Abb. 1). Das Material bleibt wärmeempfindlich!

Andere, im wesentlichen physikalisch arbeitende thermographische Systeme nutzen die thermisch induzierbaren
- Änderungen der Phasenstruktur,
- Löslichkeitsänderungen,
- Oberflächenmodifizierungen,
- Transferprozesse,
- Schmelzen bzw. Verdampfen von dünnen Metallschichten oder Farbstoffen.

Die für die bildmäßige Modulation eines thermographischen Materials erforderliche Wärme kann direkt (z. B. durch geheizte Typen, „Thermodruck"), durch IR-Strahlung oder auch indirekt (durch Umwandlung von Lichtenergie in Wärme durch Absorption) zugeführt werden. In letzterem Falle sind Substanzen mit passender spektraler Absorption und intensive Lichtquellen – z. B. Blitzbelichtung oder Laser – erforderlich.

Thermographisch-chemische Systeme. Viele thermographische Medien arbeiten mit thermochemischen Reaktionen [1–6]. Durch Wärmeeinwirkung werden direkt oder indirekt geeignete chemische Reaktionen zwischen zwei oder mehreren farblosen Ausgangskomponenten ausgelöst (*Thermoreaktionssysteme*):

$A + B \rightarrow C \ldots$

Bei direkter thermischer Reaktion wird ein chemischer Prozeß unmittelbar durch Wärme (Temperaturerhöhung) ausgelöst, bei indirekter thermischer Reaktion wird die bildformende Reaktion durch thermisch initiierte Vereinigung der Reaktanden (z. B. durch Schmelzen einer Komponente oder Beseitigung von Trennschichten, Diffusion) ermöglicht.

Photothermographische Systeme. Unter photothermographischen Systemen [7] werden Reaktionssysteme verstanden, die zur Informationsaufzeichnung bildmäßige Belichtung und (nichtbildmäßige) Wärmeeinwirkung (entweder bei der Belichtung oder erst danach für die Visualisierung) benötigen (siehe Abb. 2). In den bevorzugten Ausführungsvarianten werden photochemisch-bildmäßig entweder

- Metallkeime (Ag, Pb, Pd u. a.) erzeugt oder
- Reaktanden zersetzt bzw. festgelegt oder
- metallorganische (z. B. Organotellurverbindungen [8–10]) bzw. Übergangsmetallkomplexe [11–13] zersetzt.

Kennwerte, Funktionen

Thermographische Systeme benötigen normalerweise Belichtungen von $0,1 \ldots 1,0 \, \text{J} \cdot \text{cm}^{-2}$, sind also relativ wenig empfindlich. Das Auflösungsvermögen beträgt – bedingt durch die Wärmeleitung in der Schicht – im allgemeinen nur 5 bis 10 mm^{-1}, kann aber bei spezieller Systemauslegung und Prozeßführung (Blitz- bzw. Laserbelichtung) auch relativ hohe Werte (≥ 100 mm^{-1}) erreichen [14]. Die Bildgüte hängt in starkem Maße von den Prozeßbedingungen (IR-Kontrast der Vorlage, Temperaturregime, Transfervorgang) ab. Photothermographische Systeme dagegen erreichen hohe praktische Empfindlichkeiten (Grenzbelichtungswerte bis in den Bereich von J/cm^2).

Anwendungen

Die Thermographie behauptet dank der Einfachheit der Geräte, der leichten Bedienung, des raschen Zugriffs (1–10 s) zum fertigen Bild und der günstigen Kosten ihren Platz auf dem Bürokopiersektor, z. B. für Reflexkopien oder für die Reproduktion von Strichvorlagen (z. B. technischen Zeichnungen). Auch für die thermische Drucktechnik (thermal printers) werden thermographische Medien vorteilhaft eingesetzt. Vorlagen für Overhead-Projektoren und Dias lassen sich mit fixierbarem Thermographie-Material elegant herstellen. Druckformen für niedrige Auflagen können ebenfalls thermographisch erzeugt werden (siehe Abb. 3). Moderne Anwendungen sind die Mikrofilmaufnahmetechnik und Datenaufzeichnung mit Hilfe von Lasern.

Eine verbreitete Ausführungsform der Photothermographie („Dry Silver"®) [15] benutzt Silberseifen RCOOAg mit aufgefälltem AgX als aktinisches Medium. Mit AgX-Sensibilisatoren kann der gesamte sichtbare Bereich des Spektrums erfaßt werden. Bei Belichtung entsteht aus AgX metallisches, katalytisch aktives Silber, das bei Erwärmung die Reaktion des RCOOAg mit einem geeigneten, in der Schicht befindlichen Reduktionsmittel R'H$_2$ auslöst:

$$2\ RCOOAg + R'H_2 \xrightarrow{Ag} 2\ Ag + 2\ RCOOH + R'\ .$$

Das Verfahren arbeitet trocken. Das fertige Bild ist bei Zimmertemperatur stabil.

Die thermische Reduktion von Silberseifen (vorwiegend Silberbehenat) mit 1-Naphtholen (z. B. 4-Methoxy-1-naphthol) als Reduktionsmittel kann verhindert werden, wenn durch photochemische Reaktion das Naphthol beseitigt wird:

(„Dual Spectrum"®-Verfahren) [16]: Normalerweise wird dieser photothermographische Prozeß zweistufig realisiert. Die aktinische Substanz (Naphthol plus Sensibilisator) wird in einem Blatt (Zwischennegativ) untergebracht (das meist in Reflexanordnung belichtet wird). An den unbelichteten Stellen bleibt das Reduktionsmittel unverändert und kann im folgenden Prozeßschritt durch Kontakt in die Silberbehenat- und eine Phenol- (weiteres Reduktionsmittel) enthaltende Empfängsschicht transferiert werden, in der bei höherer Temperatur die bildmäßige Ag-Abscheidung stattfindet. Es entsteht ein Positiv.

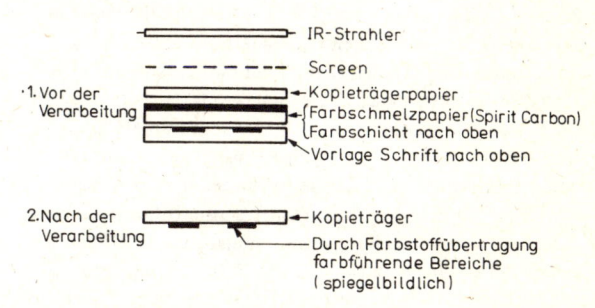

Abb. 3 Anfertigung von Umdruckoriginalen auf thermographischem Wege

Literatur

[1] GOLD, R.: Thermography – A state of Art Review SPSE Symp. on Unconvent. Photogr. Systems. – Washington 1964, Papers S. 1–52.
[2] KOSAR, J.: Light-sensitive Systems. – New York/London: John Wiley & Sons 1965. S. 402–419.
[3] JACOBSON, K. I.; JACOBSON, R. I.: Imaging Systems. – London/New York: Focal Press 1976. S. 135–142.
[4] BRINCKMAN, E. et al.: Unconventional Imaging Processes. – London/New York: Focal Press 1978. S. 123–131.
[5] BÖTTCHER, H.; EPPERLEIN, J.: Moderne photographische Systeme. – Leipzig: VEB Deutscher Verlag für Grundstoffindustrie 1983. S. 257–263.
[6] GEYER, S.; MAYER, R., Wiss. Z. Techn. Univ. Dresden **26** (1977) 95.
[7] BÖTTCHER, H.; EPPERLEIN, J., a. a. O. S. 261–263.
[8] CHANG, Y. C.; OVSHINSKY, R. S.; CITKOWSKI, R. W.: DT-OS 2 446 108 (1974/1975); CHANG, Y.C.; OVSHINSKY, R.S.; STRAND, D.A.: DT-OS 2 436 132 (1974/1975).
[9] NIXON, W. E.; MITCHELL, J. W., Phot. Sci. Engng. **22** (1978) 111.
[10] JANSSENS, W.; HEUGEBAERT, F., 5. Internat. Congr. Reprogr. Information. Prag 1979. Papers.
[11] SHEPPARD, G.E.; VANSELOW, W.: J. Amer. Chem. Soc. **52** (1930) 3468; USP 1 976 302.
[12] BENTON, A.; CUNNINGHAM, G. L.: J. Amer. Chem. Soc. **57** (1935) 2227.
[13] SPENCER, H. E.; HILL, J. E.: Phot. Sci. Engng. **16** (1972) 234.
[14] CHER, M.: Phot. Sci. Engng. **18** (1974) 541.
[15] HARRIMAN, B.R.: SPSE Symp. Unconvent. Photogr. Systems. Washington 1967.
[16] USP 3 094 417; Brit. P. 1 172 425.
[17] SLUZKIN, A. A. u. a.: Ž naučn, i prikl. fotogr. i kin. **26** (1981) 304.

Umkehrentwicklung

Das erste technisch genutzte photographische Verfahren mit Silberhalogeniden, die Daguerreotypie, führte direkt zu einem Positivbild, wenn auch nicht über eine Umkehrentwicklung im heutigen Sinne. Die Möglichkeit einer Bildumkehrung durch zweifache Belichtung und Entwicklung mit Auflösung des zuerst entwickelten Silberbildes beschrieb 1862 RUSSEL. Kurze Zeit später empfahl SIMPSON das Verfahren zur Herstellung von Duplikatnegativen. Eine erste technische Nutzung fand die Umkehrentwicklung für die Lumiereschen Autochromplatten, die wegen ihrer unregelmäßigen Kornstruktur nicht kopiert werden können; das gleiche gilt für Linien- und Linsenrasterverfahren. Ökonomische Gründe bedingten die Umkehrentwicklung mit dem Aufkommen der Schmalfilmkinetechnik und der Farbumkehrfilme, zumal meist nur ein Unikat benötigt wird. Ökonomische und Qualitätsgründe waren auch maßgebend für den Einsatz des Umkehrverfahrens beim Fernsehen.

Sachverhalt

Bei der Umkehrentwicklung werden Negativbild und Positivbild in der gleichen Schicht erzeugt. Das bei der Entwicklung des Negativs nicht verbrauchte Silberhalogenid wird zum Positiv entwickelt. Die Helligkeitsverteilung des Negativs wird umgekehrt. Grundsätzlich sind dazu die Verarbeitungsstufen Erstentwickeln – Bleichen – Zweitbelichten – Zweitentwickeln notwendig.

Im Erstentwickler entsteht entsprechend der Belichtung das Negativbild. Im Bleich- oder Umkehrbad wird das Bildsilber des Negativbildes durch Oxidation zu einem löslichen Silbersalz aus der Schicht entfernt. Das folgende Klärbad ist nicht für den weiteren Bildaufbau, aber für die Beseitigung von beim Bleichen entstandenen Anfärbungen der Schicht notwendig. Beim diffusen Zweitbelichten wird das restliche Silberhalogenid entwickelbar gemacht und im Zweitentwickler zum Positivbild entwickelt. Fixieren und Schlußwässern sowie Zwischenwässern zwischen den Verarbeitungsstufen vervollständigen den Verarbeitungsgang.

Das Negativbild muß zu einem höheren Kontrast als bei bildmäßigen Aufnahmen auf Negativmaterial entwickelt werden. Der Silbergehalt der Umkehrmaterialien muß so eingestellt sein, daß einerseits die Maximaldichte des Positivs noch ausreichend hoch ist und andererseits die höchsten Lichter des Objekts im Negativ zur Maximaldichte entwickeln und damit im Positiv klar erscheinen. Bei vergleichbarer Empfindlichkeit der Materialien sind Umkehrbilder wesentlich feinkörniger als Bilder nach dem Negativ-Positiv-Verfahren, da bei der Erstentwicklung die großen Silberhalogenidkörner bevorzugt entwickelt werden und sich das Positivbild aus den restlichen kleineren Silberhalogenidkörnern aufbaut.

Vom Verfahren mit Umkehrentwicklung müssen Verfahren unterschieden werden, die auf anderem Wege unter Ausnutzung photographischer Effekte und von Übertragungseffekten direkt zum positiven Bild führen, z. B. Direktpositivverfahren unter Ausnutzung des Sabattier- oder des Solarisations-Effekts, Silbersalzdiffusionsverfahren (siehe *Silbersalzdiffusion*) und eine Reihe von Verfahren ohne Silberhalogenid als lichtempfindliche Substanz.

Kennwerte, Funktionen

Abbildung 1 stellt die für den Bildaufbau notwendigen Verarbeitungsstufen schematisch dar. Abbildung 2 zeigt die charakteristischen Kurven des Negativ- und des Positivbildes am Beispiel eines Umkehrpapieres.

Chemische Reaktionen beim Bleichen mit Kaliumdichromat:

$$K_2Cr_2O_7 + 5\,H_2SO_4 + 2\,Ag \rightarrow Ag_2SO_4 + Cr_2(SO_4)_3 + K_2SO_4 + O_2 + 5\,H_2O, \qquad (1)$$

mit Kaliumpermanganat:

$$2\,KMnO_4 + 8\,H_2SO_4 + 10\,Ag \rightarrow 5\,Ag_2SO_4 + K_2SO_4 + 2\,MnSO_4 + H_2O. \qquad (2)$$

Chemische Reaktionen beim Entstehen der Schichtanfärbungen mit Kaliumdichromat:

$$K_2Cr_2O_7 + H_2SO_4 \xrightarrow{\text{Gelatine}} Cr_2O_3 + K_2SO_4 + H_2O + 1\tfrac{1}{2}\,O_2 \qquad (3)$$

mit Kaliumpermanganat:

$$2\,KMnO_4 + H_2SO_4 \xrightarrow{\text{Gelatine}} 2\,MnO_2 + K_2SO_4 + H_2O + 1\tfrac{1}{2}\,O_2. \qquad (4)$$

Anwendungen

Umkehrfilme für die Schwarzweiß-Photographie werden hauptsächlich als Kleinbild- und Schmalfilme mit verschiedenen Empfindlichkeiten angeboten. Bestimmte Fernsehspezialfilme können sowohl zum Negativ wie auch zum Umkehrpositiv entwickelt werden. Umkehrkopierfilme werden zur Herstellung von Duplikaten von Negativ- und Positivfilmen, Umkehrpapiere für Dokumentationszwecke und z. B. für Schnellverfahren zur Paßbildherstellung verwendet.

Die normale Umkehrverarbeitung entspricht dem angegebenen Schema. Der Erstentwickler für die Entwicklung zum Negativ ist ein kräftig arbeitender Metol-Hydrochinon- oder Phenidon-Hydrochinon-Entwickler, der ein Silberhalogenidlösungsmittel, meist

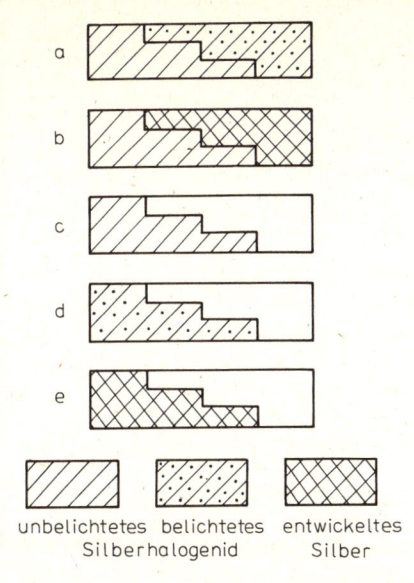

Abb. 1 Schema der Verarbeitungsstufen des Umkehrverfahrens
a Bildbelichtung, b Erstentwicklung, c Bleichen (Umkehren), d diffuse zweite Belichtung, e Zweitentwicklung

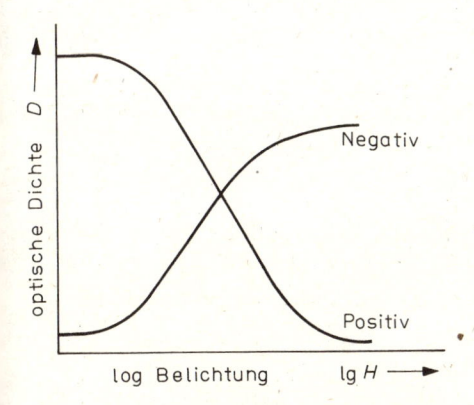

Abb. 2 Charakteristische Kurven eines Umkehrpapiers
a Negativentwicklung, b Umkehrentwicklung

den die Oxide in die löslichen Sulfate überführt (siehe Gl. (3) und (4)). Bei der Zweitbelichtung soll bei der quantitativen Umkehrung alles noch vorhandene Silberhalogenid entwickelbar gemacht werden. Mit differenzierter Zweitbelichtung können Fehlbelichtungen ausgeglichen werden. Bei Überbelichtung erfolgt kräftige Zweitbelichtung, da nur wenig Silberhalogenid für das Positivbild zur Verfügung steht. Entsprechend wird bei Unterbelichtung die Zweitbelichtung reduziert, um das Positivbild nicht zu dicht werden zu lassen. Der Zweitentwickler ist wie der Erstentwickler ein kräftig arbeitender Metol-Hydrochinon- oder Phenidon-Hydrochinon-Entwickler, enthält aber kein Silberhalogenidlösungsmittel. Durch Entwicklerrezeptur und Entwicklungszeit kann das Ergebnis auch bei dieser Verarbeitungsstufe noch beeinflußt werden. Fixieren und Schlußwässern sind die letzten Naßverarbeitungsschritte auch beim Umkehrverfahren.

Die Zweitbelichtung kann wegfallen, wenn die Silberhalogenidkörner für das Positivbild chemisch verschleiert werden, z. B. durch Zusatz von Hydrazinen zum Entwickler oder zu einem speziellen Bad. Eine Reduktion aller Silberhalogenidkörner ohne Zweitbelichtung wird auch durch ein nicht selektiv wirkendes Reduktionsmittel im Zweitentwickler erreicht, z. B. durch Metallborhydride. Eine weitere Methode ist die Umwandlung des Silberhalogenids in Silbersulfid nach dem Klären, wodurch stark braun gefärbte Bilder entstehen.

Kaliumthiocyanat, enthält. Das durch Ändern der Entwicklungszeit gesteuerte Lösen von Silberhalogenid beeinflußt die Maximaldichte, wodurch sich bei Schichten, die einen höheren Silbergehalt aufweisen als für die geforderte Maximaldichte notwendig ist, Fehlbelichtungen ausgleichen lassen. Das Bleichbad, auch als Umkehrbad bezeichnet, enthält als Oxidationsmittel für das Bildsilber des Negativs Kaliumdichromat oder Kaliumpermanganat in schwefelsaurer Lösung (siehe Gl. (1) und (2)). Das entstehende wasserlösliche Silbersulfat diffundiert aus der Schicht. Durch Reaktion von Kaliumdichromat bzw. Kaliumpermanganat mit der Gelatine entstehen grünes Chromtrioxid bzw. braunes Mangandioxid, die die Schicht anfärben und im Klärbad entfernt werden. Durch Natriumsulfit oder Natriumhydrogensulfit wer-

Literatur

[1] Autorenkollektiv: Handbuch der Fototechnik. Hrsg.: G. Teicher. 6. Aufl. – Leipzig: VEB Fotokinoverlag 1974.
[2] Autorenkollektiv: Fotografische Verfahren mit Silberhalogeniden. Hrsg.: W. Walther. 1. Aufl. – Leipzig: VEB Fotokinoverlag 1983.
[3] Autorenkollektiv: Die Grundlagen der photographischen Prozesse mit Silberhalogeniden. Hrsg.: H. Frieser, G. Haase, E. Klein. 1. Aufl. – Frankfurt/Main: Akademische Verlagsgesellschaft 1968.
[4] Haist, G.: Modern Photographic Processing. 1. Aufl. – New York: John Wiley & Sons 1979.
[5] Junge, K. W.; Hübner, G.: Fotografische Chemie. 3. Aufl. – Leipzig: VEB Fotokinoverlag 1979.
[6] Mutter, E.: Kompendium der Photographie. Bd. 2, 1. Aufl. – Berlin-Borsigwalde: Verlag für Radio-Foto-Kinotechnik 1962.

Physiologische Effekte

Einführung

Wollten wir dieses Kapitel im wörtlichen Sinne verstehen und abhandeln, so dürfte die Vielzahl der bekannten Effekte das Anliegen dieses Buches sprengen: die durch physikalische Einwirkungen auf die biologische Materie beobachtbaren „Effekte" umfassen eine solche Fülle von Reaktionen der lebenden Substanz gegenüber mit ihr in Wechselwirkung tretenden stofflichen, energetischen und informationellen Prozessen, daß die Summe dieser Reaktionen bekanntlich ein gut Teil des Lebensvorganges selbst ausmacht.

Unsere Aufgabe konnte es daher nur sein, eine Auswahl vorzunehmen und uns dabei auf jene Effekte zu beschränken, die für den Leser dieses Buches im Hinblick auf die Beobachtung und Wahrnehmung in der wissenschaftlichen Arbeit, damit aber auf den Erkenntnisprozeß wie auch auf die Beherrschung des Nutzungsprozesses technischer Mittel Bedeutung erlangen können und die als solche einem durchaus unerwarteten, überraschenden Reagieren organismischer Funktionen auf die Einwirkung physikalischer Sachverhalte entsprechen.

Dem Physiologen ist es geläufig, daß die Reaktionen der lebenden Materie auf *Reize* niemals durch die äußere Reizkonstellation allein bedingt sind, sondern daß *Eigenschaften und aktueller Funktionszustand des reagierenden Systems* mindestens ebenbürtige Bedeutung gewinnen. Bezogen auf die Informationsverarbeitung im Nervensystem des Menschen, die hier unsere Aufmerksamkeit finden soll, erhellt die existierende Kausalkette

– Reiz (z. B. auch *physikalischer Sachverhalt*),
– Erregung (*physiologisches Korrelat* des Reizes),
– Empfindung und Wahrnehmung (*physiologisch-psychologische Korrelate* der Erregung),

diesen Zusammenhang wie die sich darin abbildenden Möglichkeiten des Entstehens „physiologischer Effekte" und erklärt zugleich das spezifische Bedingtsein der Erfaßbarkeit (Meßbarkeit) dieser Effekte mittels physikalischer, „objektiv"-physiologischer, „subjektiv"-physiologisch-psychologischer Methodik.

Die so gewählte Beschränkung auf jene informationsverarbeitenden Prozesse gibt der Darstellung physiologischer Effekte im Bereich des Gesichtssinnes, des „visuellen Analysators" des Nervensystems eine besondere Wichtung; sie sind naturgemäß von ihrer psychischen Entsprechung nicht immer sauber zu trennen. Ihre Existenz sich ins Bewußtsein zu bringen, bewahrt den Beobachter naturwissenschaftlich-technischer Prozesse vor Fehleinschätzungen und -interpretationen, wie es ihn schützt vor der Konzeption technischer Lösungen, die den Leistungen der menschlichen Sinne inadäquat wären.

Erkenntnisgewinnung und -umsetzung sind potentiell also gleichermaßen durch diese Effekte belastet – die Wissenschaftsgeschichte der Entdeckungen und Erfindungen ist nicht gerade arm an derart entstandenen Irrtümern, wie reich sie andererseits auch Entdeckung, Kennzeichnung und geschickte Nutzung solcher Effekte in sich birgt.

Die hier gebotene Zusammendrängung auf Typisches, Wesentliches, auch Beispielbehaftetes und Verallgemeinerbares will in diesem Sinne als Hilfe, Hinweis und Anregung verstanden sein; für erforderlich werdendes tieferes Studium dieser „physiologischen Effekte" sei auf das für dieses Kapitel geschlossen dargestellte weiterführende Schrifttum verwiesen.

Literatur

[1] LULLIES, H.; TRINCKER, D.: Taschenbuch der Physiologie. Bd. III/1, 2. – Jena: VEB Gustav Fischer Verlag 1974/1977.
[2] RÜDIGER, W. (Hrsg.): Lehrbuch der Physiologie. – Berlin: VEB Verlag Volk und Gesundheit 1978.
[3] SCHMIDT, R. F.; THEWS, G.: Physiologie des Menschen. – Berlin/Heidelberg/New York: Springer-Verlag 1977.
[4] SCHOBER, H.: Das Sehen. – Leipzig: Fachbuchverlag 1970.
[5] TRENDELENBURG, W.: Der Gesichtssinn. Lehrbuch der Physiologie in zusammenhängenden Einzeldarstellungen. – Berlin: Springer-Verlag 1943.
[6] ZWICKER, E.; FELDTKELLER, R.: Das Ohr als Nachrichtenempfänger. – Stuttgart: S. Hirzel Verlag 1967.

Adaptation

Im allgemeinsten biologischen Sinne ist Adaptation (lat. *adaptere* – sich anpassen) die Fähigkeit der lebenden Materie, ihr komplexes reaktives Verhalten auf von außen einwirkende Reize, sofern diesen Relevanz für ihren Fortbestand zukommt, abzustimmen. Im engeren, physiologischen Verständnis ist Adaptation die Fähigkeit bestimmter informationsverarbeitender Prozesse im Nervensystem (*Sinne*), ihre Empfindlichkeit gegenüber einem Reiz der einwirkenden Reizintensität anzupassen. Adaptation ist damit Ausdruck des biologisch verursachten Effektes, daß ein über die Zeit hinreichend anhaltender Reiz, der z.B. als physikalischer oder chemischer Sachverhalt qualitativ wie quantitativ eindeutig bestimmbar wird, nicht auch zu zeitinvarianter Reizantwort (Erregung, Empfindung, Wahrnehmung,) führt. Die Reizschwelle folgt dabei der Reizintensität in für die verschiedenen Sinne charakteristischem Ausmaß und Zeitgang. Adaptation bewirkt dadurch eine Erhöhung der Leistungsfähigkeit eines Sinnes.

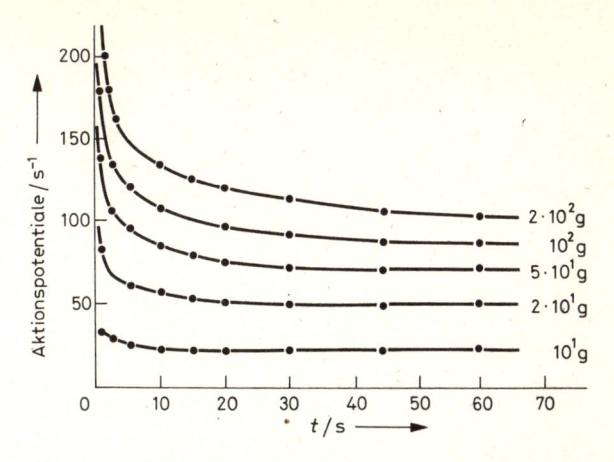

Abb. 1 „Objektiv-sinnesphysiologische" Messung der Adaptation. Adaptations-Zeitgänge der Aktionspotentialfrequenz: Antwortverhalten von *Mechanorezeptoren* („Muskelspindeln") bei Dehnungsreizen verschiedener jeweils konstant gehaltener Reizintensität (10...200 g). Typisches PD-Verhalten (aus [1]).

Sachverhalt

Adaptation ist ein objektiver, mittels physiologischer Methoden nachweisbarer Vorgang. Der biologische Meßwertaufnehmer (Rezeptor) antwortet auf einen (überschwelligen) Reiz mit Änderungen des Polarisationszustandes seiner Zellmembran, die dem Vorgang der Informationskodierung entsprechen. Diese Änderungen werden als elektrische Potentialdifferenzen meßbar und treten nacheinander als *lokale Erregung* (analog-kontinuierliche Umsetzung der Reizintensität) und als *fortgeleitete Erregung* (analog-diskrete Umsetzung der Reizintensität) auf. Die so erfolgende *Transformation des Reizes* in eine *Erregung* (physiologisches Korrelat des Reizes) generiert als Ausgangssignal des Rezeptors eine der Reizintensität proportionale Frequenz von Aktionspotentialen („spikes"). In zugeordneten Zentren des Nervensystems erfolgt sodann die Verarbeitung dieses Signals, die schließlich zur *Empfindung* und zur *Wahrnehmung* (psychisches Korrelat der Erregung) führt.

Ist diese „Proportionalmessung" überlagert durch eine „Differentialquotientenmessung" (1. Abl. nach der Zeit), handelt es sich um Adaptation: obwohl die Reizintensität konstant bleibt, klingt die Aktionspotentialfrequenz näherungsweise exponentiell ab (Abb. 1). Die meisten Rezeptoren des menschlichen Organismus produzieren eine Meßwertanzeige, die der Addition einer Proportionalmessung und einer Differentialquotientenmessung entspricht („PD-Fühler"). Adaptation begünstigt also insbesondere die Wahrnehmung zeitlicher Änderungen von Reizintensitäten. Naturgemäß läßt sich Adaptation auch mit subjektiv-sinnesphysiologischer, psychologischer Methodik nachweisen (siehe Abb. 2).

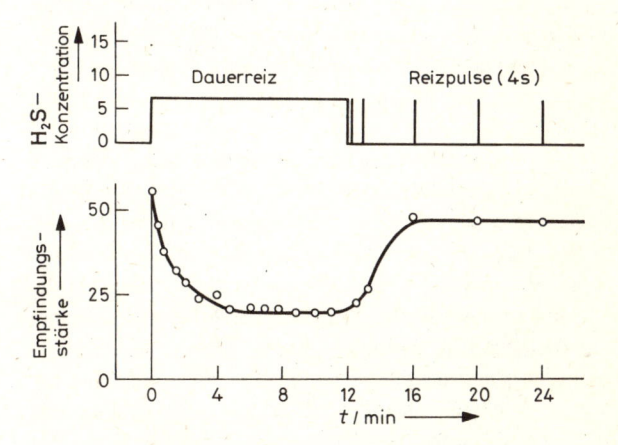

Abb. 2 „Subjektiv-sinnesphysiologische" Messung der Adaptation. Adaptation einer *Geruchsempfindung*. Oben: Reizintensität (H_2S-Konzentration) in 2 Applikationsvarianten. Unten: subjektiv angegebene Empfindungsintensität (Mittelwerte von 4 Probanden aus je 10 Versuchen); Zeitgänge der Adaptation auf den Dauerreiz (li.) und der Deadaptation unter gepulsten Reizen (aus [3])

Kennwerte, Funktionen

Die konkrete Kennzeichnung des Adaptationsverhaltens einzelner Sinne soll hier vor allem dem Gesichtssinn (Photorezeptoren) und nur andeutungsweise auch dem Gehörsinn (Akustorezeptoren) gelten.

Adaptation der Photorezeptoren. Die in der menschlichen Retina lokalisierten Photorezeptoren entsprechen strukturell und funktionell zwei verschiedenen Systemen: *photopisches* (sogenannte Zapfen; „Tagessehen") und *skotopisches* (sogenannte Stäbchen; „Dämmerungssehen") *System*. Beide unterscheiden sich insbesondere durch ihre verschiedene spektrale Empfindlichkeit (Helligkeitswerte mit Empfindlichkeitsmaximum bei $\lambda = 560$ nm für das photopische, bei $\lambda = 510$ nm für das skotopische System; vgl. auch Abb. 1, Farbensehen), sowie dadurch, daß das photopische System zusätzlich die Wahrnehmung von Farben ermöglicht (siehe *Farbensehen*). Im Intensitätsbereich von der Absolutschwelle ($10^{-6} \ldots 10^{-5}$ asb; 1 asb = 0,32 cd $\cdot$ m^{-2}) bis in den Bereich von $10^{-2} \ldots 10^{-1}$ asb ist allein das skotopische System in Funktion; im Übergangsgebiet von $\approx 5 \cdot 10^{-2} \ldots 10$ asb arbeiten beide Systeme gemeinsam (*mesopisches Sehen*); im Intensitätsbereich darüber bis zur Schwelle der absoluten Blendung ($\approx 10^6$ asb) ist ausschließlich das photopische System tätig.

Die Adaptation der Photorezeptoren ist ihre Anpassung an eine bestimmte Strahlungsintensität (Leuchtdichte). Der *Adaptationsvorgang* führt mit einem bestimmten Zeitbedarf zum *Adaptationszustand*, der einer bestimmten Empfindlichkeit der Photorezeptoren entspricht. Er ändert sich, wenn sich die Leuchtdichte ändert. Am Adaptationsvorgang sind sowohl photochemische (Sehsubstanzen) als auch nervale Regulationsmechanismen beteiligt.

Der Zeitbedarf des Adaptationsvorganges ist um so größer, je größer die Unterschiede der aufeinanderfolgenden durchschnittlichen Leuchtdichten sind. Der Übergang auf ein höheres Leuchtdichteniveau wird als *Hell-Adaptation*, der auf ein niedrigeres als *Dunkel-Adaptation* bezeichnet. Bei abgeschlossenem Adaptationsvorgang entsprechen die Hell-Adaptationen dem Arbeitsbereich des photopischen, die Dunkel-Adaptationen dem des skotopischen Systems. Das photopische System adaptiert relativ rasch (Adaptationsdauer: einige s...8 min), das skotopische deutlich langsamer (Adaptationsdauer: 30 min...viele h; vgl. Abb. 3 und Tab. 1).

Der Adaptationszustand ist von direktem Einfluß auf das Intensitäts- sowie das räumliche und zeitliche Auflösungsvermögen (siehe *Unterschiedsempfindlichkeit*) und auf das *Farbensehen* (siehe dort).

Adaptation der Akustorezeptoren. Die akustischen Rezeptoren des menschlichen Gehörsinnes („äußere" und „innere Haarzellen") befinden sich im sogenannten Cortischen Organ, das in der Schnecke (Cochlea) des Innenohres untergebracht ist. Sie sind ihrer Natur nach Mechanorezeptoren für den Schalldruck, vermögen aber zugleich, die Schallfrequenz zu analysieren. Ihr Arbeitsbereich wird durch das sogenannte Hörfeld (*Hörfläche*) beschrieben (siehe Abb. 3, Unterschiedsempfindlichkeit). Er umfaßt einen Intensitätsbereich von 0...$\approx$ 130 dB, einen Frequenzbereich von $\approx 2 \cdot 10^{-2} \ldots \approx 2 \cdot 10$ kHz. Die Adaptation der Akustorezeptoren muß im Zusammenhang mit dem komplexen informationsverarbeitenden Prozeß des Gehörsinnes (Hörbahn, Hörzentrum) betrachtet werden. Sie arbeitet ebenso wie die Adaptation der Photorezeptoren

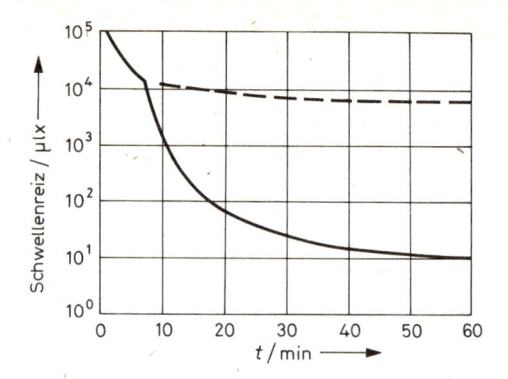

Abb. 3 Zeitgang der *Dunkel-Adaptation* des menschlichen Auges (aus [1]); vgl. auch Tab. 1. Untere Funktion (starke Linie): normales Verhalten des photopischen und skotopischen Systems mit dem charakteristischen Knick bei ≈ 6 min (Kohlrausch). Bis zum Knick Adaptation des photopischen, danach des skotopischen Systems. Obere Funktion (gebrochene Linie): Verhalten bei totaler Nachtblindheit – der Empfindlichkeitszuwachs durch das skotopische System fehlt.

Tabelle 1 Relative Empfindlichkeitsänderung der Photorezeptoren des normalen menschlichen Auges als Funktion des Dunkeladaptations-Prozesses (aus [4]).

Dauer der Dunkel-Adaptation/min	1	5	10	15	20	25	30	40	60
Auf den Wert 60 min bezogene Empfindlichkeit/%	0,3	2	5	25	60	80	90	95	100

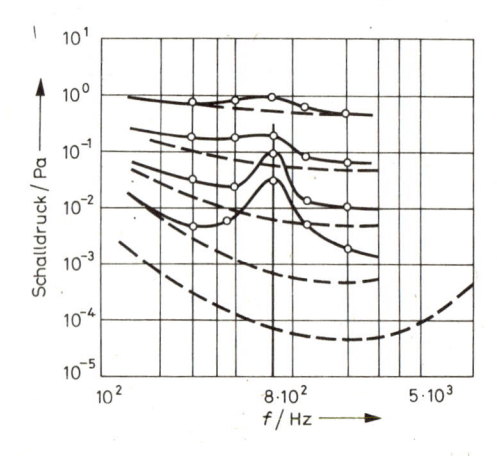

Abb. 4 Adaptation des *auditiven Analysators* des menschlichen Nervensystems (aus [1]). Gebrochene Linien: „Kurven gleicher Lautheit" beim Gesunden; kontinuierliche Linien: „Kurven gleicher Lautheit" nach erfolgter Adaptation an einen Prüfton von 800 Hz mit als Senkrechter angegebener Lautstärke.

nach dem Funktionsprinzip eines PD-Fühlers. Sie äußert sich vor allem darin, daß eine charakteristische Anhebung der Hörschwelle meßbar wird (siehe Abb. 4). Das Ausmaß der Schwellenänderung ist abhängig vom Intensitätsniveau, es betrifft aber vor allem nicht nur die für die betreffende Frequenz „zuständigen" Rezeptoren, sondern auch die benachbarten Frequenzen.

Anwendungen

Die unter den Bedingungen des täglichen Lebens ständig auftretenden Änderungen der verschiedenen Reizpegel verdeutlichen die unmittelbar praktische Bedeutung, die dem Prinzip der Adaptation – im wesentlichen einer Arbeitsbereichseinstellung – zukommt. Dabei können teils erhebliche, dem Unkundigen durchaus als überraschend imponierende Veränderungen („Effekte") der Gesamtleistungsfähigkeit eines Sinnes auftreten.

Adaptation der Photorezeptoren. Die Leistungsfähigkeit des „visuellen Analysators" des menschlichen Nervensystems wird in bezug auf die Unterschiedsempfindlichkeit gegenüber der Intensität sowie der räumlichen und zeitlichen Struktur des Reizes besonders eindrucksvoll durch den Adaptationszustand betroffen. Für die *Intensitäts-Trennschärfe* (Helligkeits-, Graustufenwahrnehmung; „densitometrische" bzw. „fotometrische" Auflösung) steht der gesamte Bereich von 660 Graustufen keinesfalls gleichzeitig zur Verfügung, vielmehr werden durch Adaptation Teilbereiche eingestellt, die in mittlerer Adaptationslage 30...32 Stufen, in Bereichen darüber als auch darunter nur etwa 20 Stufen und weniger verfügbar machen (vgl. Abb. 10, Unterschiedsempfindlichkeit).

Die *örtliche Trennschärfe* („geometrische" Auflösung) kann optimal nur bei Hell-Adaptation genutzt werden, da die größte Auflösung im photopischen System (Fovea centralis der Retina; vgl. Abb. 2, Unterschiedsempfindlichkeit) realisiert ist. Bei zunehmender Dunkel-Adaptation wird daher der Retinaort des schärfsten Sehens praktisch blind. Weil aber die parafoveale Randzone (Teil des skotopischen Systems) die größte Verteilungsdichte der skotopischen Rezeptoren mit der maximalen Empfindlichkeit aufweist (vgl. Abb. 2, Unterschiedsempfindlichkeit), gelingt es, diesen Verlust an geometrischer Auflösung durch das Erlernen des *parafovealen Betrachtens* intensitätsschwacher Lichtquellen, das z.B. Röntgenologen sehr geläufig ist, teilweise zu kompensieren. Es handelt sich dabei um die bewußte Nutzung eines ringförmigen Bezirks der Retina, dessen Ausdehnung sich im Bereich 10...25° Abweichung von der Blicklinie erstreckt.

Auch die *zeitliche Trennschärfe* des photopischen und skotopischen Systems ist in typischer Weise verschieden. Die sogenannte Flimmerverschmelzungsfrequenz (siehe *Unterschiedsempfindlichkeit*) liegt um so niedriger, je geringer die Lichtintensität und je fortgeschrittener die Dunkel-Adaptation ist. Sie steigt mit zunehmender Leuchtdichte und Hell-Adaptation nahezu um den Faktor 10 an. Aus diesem Sachverhalt ergeben sich die bekannten Konsequenzen für die Film- und Fernsehtechnik, aber auch für die Verwendung diskontinuierlicher optischer Signale in vielen weiteren Bereichen des täglichen Lebens.

Dabei macht sich im Adaptationsverlauf der Funktionsübergang vom photopischen auf das skotopische System im Leuchtdichtebereich von $\approx 2 \cdot 10^{-2} ... \approx 50$ asb sowie im Zeitbereich von 3...10 min der Dunkel-Adaptation besonders kritisch bemerkbar: *Dämmerungsblindheit.* Das Sehen unter diesen Bedingungen bereitet oft erheblich größere Schwierigkeiten als das Sehen bei höheren oder niedrigeren Leuchtdichten und nach längerer oder kürzerer Anpassung; dies hat weitreichende praktische Bedeutung z.B. für das Arbeiten an Meßgeräten mit optischer Anzeige, an Bildschirmen usw.

Ferner ist zu berücksichtigen, daß der Adaptationsprozeß im Jugendalter schneller und ausgiebiger verläuft als im Auge des älteren Menschen und daß sich auch das Gesichtsfeld beim dunkel-adaptierten Auge etwas enger als beim helladaptierten Auge darstellt.

Darüberhinaus ist das Sehvermögen im Dunklen bei roter Beleuchtung schlecht, bei blaugrüner Beleuchtung am besten (vgl. Abb. 1 Farbensehen); dagegen kann rotes Licht, das das skotopische System nicht reizt ($\lambda > 630$ nm; vgl. Abb. 1, Farbensehen), vorteilhaft für die Vorbereitung auf das Arbeiten im Dunklen genutzt werden, z. B. unter Verwendung einer „Dunkel-Adaptations-(Rotglas)Brille". Sie stört den Adaptationsvorgang des skotopischen Systems nicht, erlaubt aber eine hinreichend gute Ausführung entsprechender Tätigkeiten.

Von zunehmender Dunkel-Adaptation wird auch der Vorgang der *Akkommodation* betroffen. Das menschliche Auge gelangt mit abnehmender Leuchtdichte immer stärker in den Zustand der Kurzsichtigkeit (*Nachtmyopie*), und zugleich rückt auch der Nahpunkt immer weiter hinaus, so daß scheinbare Alterssichtigkeit auftritt (*Nachtpresbyopie*), bis schließlich bei einer Intensität von $\approx 10^{-2}$ asb praktisch kein Akkommodationsvermögen mehr besteht.

Nachtblindheit (Hemeralopie) ist ein Verlust der Fähigkeit zur Dunkel-Adaptation (vgl. Abb. 3), der graduell unterschiedlich ausgeprägt sein kann und zurückzuführen ist auf eine Störung des in den skotopischen Rezeptoren ablaufenden Rhodopsin-(„Sehpurpur"-)Stoffwechsels, in dem Vitamin A eine Rolle spielt.

Von praktischer Bedeutung ist ebenfalls die *Adaptationsblendung.* Durch die Trägheit des Adaptationsvorganges führt jeder sprunghafte Anstieg der Leuchtdichte zu einer Herabsetzung der Sehleistung (abrupter Verlust an Unterschiedsempfindlichkeit). Dies gilt unter Berücksichtigung der verschiedenen Adaptationsgeschwindigkeiten nicht nur in Richtung Hell-Adaptation, sondern auch in Richtung Dunkel-Adaptation („umgekehrte Adaptationsblendung"). Mit fortschreitender Dunkel-Adaptation wird die Blendgefahr größer. Punktförmige Lichtquellen wirken dann blendend, wenn sie das durchschnittliche Leuchtdichteniveau (Adaptationspegel) um den Faktor $8 \cdot 10^3$ übertreffen. Blendung ist deshalb besonders gefährlich, weil die Herabsetzung der Sehleistung den blendenden Reiz meist für längere Zeit überdauert. Dies kann ggf. bis zu irreversiblen Schädigungen der Rezeptoren führen (Lichtkoagulation).

Die Dunkel-Adaptation wird sowohl durch Ermüdung als auch durch O_2-Mangelzustände erschwert. Von großem Einfluß ist der Adaptationszustand naturgemäß auf das Farbensehen (siehe dort).

Bezüglich ihrer Anwendung spielt die *Adaptation der Akustorezeptoren* gegenüber der Adaptation der Photorezeptoren für unsere Darstellung eine vergleichsweise geringe Rolle. Wie beschrieben, rücken die „Kurven gleicher Lautheit" (*Isophone*) im Adaptationsbereich näher zusammen, d. h., daß bei gleichem Anstieg der Intensität im adaptierten Zustand ein stärkeres Anwachsen der absoluten Empfindlichkeit mit einer Zunahme der Unterschiedsempfindlichkeit verbunden ist. Die insgesamt zur Verfügung stehenden Stufen der Unterschiedsempfindlichkeit werden auf einen enger begrenzten Intensitätsbereich konzentriert, während unterhalb und oberhalb dieses Teilbereiches die Unterschiedsempfindlichkeit außerordentlich gering wird.

Das Absinken der oberen Hörgrenze mit zunehmendem Lebensalter gewinnt kaum praktische Bedeutung, da der normale Sprachbereich (vgl. Abb. 3, Unterschiedsempfindlichkeit) davon nicht berührt ist; die sich ebenfalls als Funktion des Lebensalters verändernde Hörschwelle, die zur Altersschwerhörigkeit (Presbyakusis) führt, ist demgegenüber schon von größerem Belang (vgl. auch *Unterschiedsempfindlichkeit*).

Literatur

siehe „Einführung".

Farbensehen

Farbensehen ist die Fähigkeit der lebenden Materie, mit Hilfe hochspezialisierter Photorezeptoren elektromagnetische Strahlung des Wellenlängenbereiches von $\lambda \approx 380...780$ nm (Gesichtssinn des Menschen) nach ihrer Wellenlänge zu unterscheiden und zu einer farbigen „Empfindung" werden zu lassen; sie ist eine Leistung des photopischen Systems (siehe *Adaptation, Unterschiedsempfindlichkeit*) samt seiner zugeordneten neuronalen Verarbeitungsmechanismen (Abb. 1). Diese Empfindung äußert sich in einem *kontinuierlichen Übergang* von Violett (kurzwelliges Ende) über Blau, Grün, Gelb und Rot (langwelliges Ende); die empfundenen Farben entsprechen den Spektralfarben des Sonnenlichts auf der Erdoberfläche, sind aber ergänzt durch die im natürlichen Spektrum nicht vorkommenden *Purpurtöne* zwischen Rot und Blau (Abb. 2, siehe Umschlagsinnenseite).

Sachverhalt

Die physiologisch-psychologische „Farbwirkung" einer Strahlung wird als ihre *Farbvalenz* bezeichnet. Während sich unbunte Farben (Weiß...Grau...Schwarz) allein durch ihre Helligkeit („Graustufen") voneinander unterscheiden, ist die Farbvalenz bunter Farben durch drei voneinander unabhängige Größen charakterisiert: Farbton – Sättigung – Helligkeit.

Das von den *Farbtönen* gebildete Kontinuum läßt sich qualitativ als *Farbenkreis* darstellen (OSTWALD, HERING; siehe Abb. 2), wobei jedoch die unterscheidbaren Farbtöne nicht gleichmäßig auf die Wellenlängen verteilt sind; so liegt eine hohe Auflösung besonders in den Bereichen 480...490 nm (Blaustufen) und 570...610 nm (Gelb-Rot-Stufen) vor.

Die *Sättigung* einer Farbe wird durch Beimischung der unbunten Farbvalenzen Weiß...Schwarz determi-

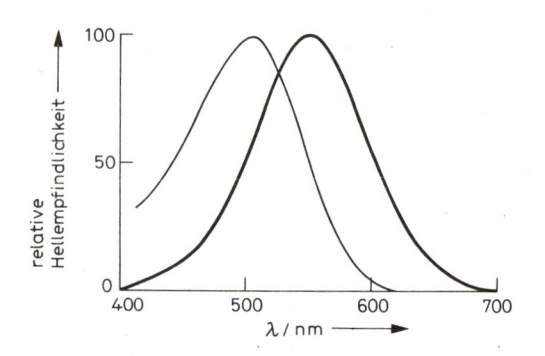

Abb. 1 Relative spektrale Empfindlichkeit des photopischen (starke Linie) und des skotopischen (schwache Linie) Systems für das Helligkeits-(„Graustufen"-)Sehen des Menschen. Widerspiegelung der Adaptationszustände Dunkel-Adaptation (li.) und Hell-Adaptation (re.). Die Verschiebung wird als *Purkinje-Phänomen* bezeichnet (aus [1]).

niert: Weiß-Beimischung reduziert die Sättigung einer Farbempfindung. Auch hier besteht eine starke Abhängigkeit von den spektralen Wellenlängen: die Sättigung ist am höchsten im Rot-, Gelb- und Violett-Bereich.

Farbton und Sättigung bestimmen zusammen die *Farbart* (z. B. Rot...Rotrosa...Rosa...). Die Strahlungsintensität (Leuchtdichte), mit der den Photorezeptoren eine Farbart angeboten wird, ist die *Helligkeit* – auch „Dunkelstufe" genannt – der Farbempfindung.

Im Spektrum und im Purpurbereich läßt die Empfindung eigentlich nur vier wirklich reine Farbvalenzen zu. Sie wurden von HERING als *Urfarben* bezeichnet: ein reines Rot, das der Gegenfarbe von $\lambda = 510$ nm entspricht; ein reines Gelb bei $\lambda = 568 \pm 1$ nm; ein reines Grün bei $\lambda = 504{,}5 \pm 0{,}5$ nm; ein reines Blau bei $\lambda = 468 \pm 1{,}2$ nm.

Beim Studium von Effekten des Farbensehens ist stets davon auszugehen, daß die Methoden zur Kennzeichnung des Farbensehens nicht physikalischer, sondern ausschließlich physiologisch-psychologischer Natur sind. Ein typischer psycho-physischer Effekt des Farbensehens ist die sogenannte *additive Farbenmischung*. Sie kommt zustande, wenn Strahlung verschiedener Farbvalenz auf die gleichen Photorezeptoren trifft oder wenn die Lichtströme die Netzhaut nicht gleichzeitig, sondern in periodischen Wechseln oberhalb der Farbflimmergrenze (siehe *Unterschiedsempfindlichkeit*) erreichen. Die Gesetzmäßigkeiten dieser Farbenmischung gehen auf GRASSMANN und auf MAXWELL zurück:

1. Für das Aussehen der Farbmischung ist lediglich das Aussehen der in der Mischung benutzten Farbvalenzen, nicht aber ihre physikalische Entstehung maßgebend.

2. Zur Kennzeichnung einer Farbvalenz sind drei voneinander unabhängige Größen notwendig und hinreichend oder anders formuliert: Zwischen vier beliebig wählbaren Farben besteht immer eine Beziehung, die sich in Form einer linearen Gleichung ausdrücken läßt, z. B.

$$a\{F_1\} + b\{F_2\} + c\{F_3\} \cong d\{F_4\},$$

die sogenannte „Empfindungsgleichung".
$F_{1...3}$ – Primärvalenzen, F_4 – Mischvalenz, a...d – Gewichtungsfaktoren, $\cong$ bedeutet „empfindungsgleich".

Die Mischvalenz kann entweder durch Mischung der drei Primärvalenzen in ganz bestimmten und eindeutigen Verhältnissen erzeugt werden („eigentliche Farbenmischung"), oder es können zwei der Primärvalenzen so miteinander gemischt werden, daß sie einer bestimmten Mischung zwischen der Mischvalenz und der dritten Primärvalenz im Aussehen vollkommen gleich sind („uneigentliche Farbenmischung").

3. Die stetige Veränderung des Anteils einer Komponente der Farbmischung führt auch zu einer stetigen Veränderung des Aussehens des Farbgemisches.

Die Graßmannschen Regeln und ihre speziellen Weiterentwicklungen sind vor allem Grundlage der *Farbvalenzmetrik*, die die Aufgabe hat, eindeutige Zusammenhänge zwischen den physikalisch meßbaren Eigenschaften der Strahlung (Wellenlänge, Intensität) und den psycho-physisch zu bestimmenden drei Eigenschaften der Farbvalenz herzustellen. Dazu sind international gültige Standards geschaffen worden, von denen hier lediglich das *Farbendreieck* (Abb. 3, siehe Umschlagsinnenseite) erwähnt sei.

Durch mikrospektrofotometrische und elektrophysiologische Messungen an den für die Farbempfindung primär zuständigen photopischen Rezeptoren ist nachgewiesen, daß sie sich nach ihrem wellenlängenspezifischen Empfindlichkeitsmaximum in drei Klassen einteilen lassen (Abb. 4, siehe Umschlaginnenseite): den *Rot-* ($\lambda \approx 700$ nm), den *Grün-* ($\lambda \approx 546$ nm) und den *Blau-* ($\lambda \approx 435$ nm) *Typ*. Darauf gründet sich die Theorie des *trichromatischen Farbensehens* beim Menschen (YOUNG, HELMHOLTZ), die in Übereinstimmung mit den Farbenmischregeln steht. Die sogenannte Gegenfarbentheorie des Farbensehens (HERING) geht von folgenden Beobachtungen aus: entsprechend den Regeln der additiven Farbenmischung gelingt es, durch Mischung nur zweier monochromatischer „Lichter", deren Wellenlängen in einem bestimmten, jeweils spezifischen Verhältnis zueinander stehen, ein reines Weiß zu erzeugen: Solche Farbvalenzpaare werden als *Gegenfarben* („Kompensativfar-

Tabelle 1   Gegenfarben (aus [1]; vgl. auch Abb. 2 und 3)

Farbvalenz	λ/nm	Gegenfarbe	λ/nm
Gelb	580,0	Blau	479,7
Goldgelb	595,0	Grünblau (Türkis)	488,6
Orange	610,0	Seegrün (Blaugrün)	491,7
Ziegelrot	650,0	Blaugrün	493,6
Hochrot	700,0	Blaugrün	493,9
Purpur (keine Spektralfarbe)		Grün	550,0
Blauviolett	400,0	Gelbgrün	569,8
Indigoblau	440,0	Grüngelb	570,5

ben") bezeichnet (Tab. 1). Diese Gegenfarben sind zugleich auch „Kontrastfarben". In der örtlichen Nachbarschaft des auf die Retina treffenden „Farbreizes" ($\cong$ Simultankontrast) oder zeitlich auf den „Farbreiz" als Nachbild folgend ($\cong$ Sukzessivkontrast) wird als Kontrastfarbe immer die Gegenfarbe wahrgenommen. Diese Kontrasterscheinungen sind farbspezifische neuronale Antworten in den den photopischen Rezeptoren unmittelbar nachgeschalteten Neuronensystemen. Zur Deutung der gegenwärtig verfügbaren experimentellen Befunde bietet sich daher eine sinnvolle Synthese beider Theorien an.

Kennwerte, Funktionen

Das Farbensehen ist in sehr charakteristischer Weise von der Strahlungsintensität und vom Adaptationszustand der Photorezeptoren (siehe *Adaptation*) abhängig.

Bei alleiniger Funktion des skotopischen Systems nahe der Absolutschwelle des Sehens (siehe *Unterschiedsempfindlichkeit*) erscheint das „Lichtspektrum" farblos und überdies am langwelligen Ende verkürzt (vgl. Abb. 1). Wächst die Leuchtdichte an bis zur Überschreitung der Schwelle des photopischen Systems, setzt das Farbensehen mit der Unterscheidung von drei ineinander übergehenden Farbtönen ein: Rot ($\lambda = 760...570$ nm), Grün ($\lambda = 570...480$ nm), Blauviolett ($\lambda = 480...380$ nm), sogenanntes *Brücke-Bezoldsches Phänomen*. Mit steigender Leuchtdichte nimmt die Zahl der unterscheidbaren Farbtöne mehr und mehr zu. Im Bereich $5 \cdot 10^{-1}...10^4$ asb, der dem rein photopischen Sehen entspricht, erreicht die Anzahl der unterscheidbaren Farbtöne des Spektrums 160...180, nach Zuzählung der Purpurtöne ≈ 200. Werden dazu sämtliche Unterschiede der Sättigung und Helligkeit gezählt, so resultiert eine Gesamtzahl von $\approx 6 \cdot 10^5$ Farbvalenz-„Stufen", die der menschliche Gesichtssinn zu unterscheiden vermag. Steigt die Leuchtdichte auf $10^5...10^6$ asb, so reduziert sich die Anzahl der unterscheidbaren Farbtöne wieder. Bei absoluter Blendung können nur noch ein stark ungesättigtes Gelb und Blauviolett wahrgenommen werden (sogenanntes *Bezold-Abneysches Phänomen*).

Die Wahrnehmungsgrenzen unterliegen z. T. erheblichen inter- ja selbst intraindividuellen Schwankungen und sind zudem altersabhängig (siehe Tab. 2). Als Extremwerte finden sich für die Wahrnehmungsgrenzen des Menschen bei sehr hoher Intensität der Strahlung Angaben von $\lambda = 313$ nm („schwach lavendelblau") und $\lambda = 830$ nm („tiefstes Rot").

Tabelle 2 Durchschnittlicher Alternsgang der unteren Wahrnehmbarkeitsgrenze des Farbensehens beim Menschen (nach [4])

Lebensalter/Jahre	Wellenlänge/λ
0...34	300...313
34...43	313...350
43...67	350...393
>67	>400

Anwendungen

Von unmittelbar praktischer Bedeutung sind die vorkommenden *Störungen des menschlichen Farbensehens*, die graduell unterschiedlich auftreten (Funktionsschwäche...Funktionsausfall in allen denkbaren individuellen Kombinationen) und jede der drei Typen des photopischen Systems betreffen können; zur (stark vereinfachten) Terminologie siehe Tab. 3.

Tabelle 3 Etwas vereinfachte Terminologie der Störungen des menschlichen Farbensehens („Farbenfehlsichtigkeit")

Betroffener Rezeptor-Typ	Funktionsschwäche („Anomale Trichromasie")	Partieller Funktionsausfall („Dichromasie")
Rot	Protanomalie „Rotschwäche"	Protanopie „Rotgrünblindheit 1. Form"
Grün	Deuteranomalie „Grünschwäche"	Deuteranopie „Rotgrünblindheit 2. Form"
Blau	Tritanomalie „Blauschwäche"	Tritanopie „Blaugelbblindheit"

Der uneingeschränkt Farbtüchtige wird in diesem Zusammenhang als „normaler Trichromat" bezeichnet. Beim anomalen Trichromaten ist die Menge der unterscheidbaren Farbvalenzen reduziert. Der dichromate Mensch kann lediglich zwei Farbtöne voneinander unterscheiden, die ausreichen, um alle Farbtöne seines Farbenraumes zu beschreiben. Bei vorliegender „Monochromasie" können ausschließlich Graustufen unterschieden werden. Die Verwechslung von Rot-Grün (Prot- bzw. Deuteranomalie, Prot- bzw. Deuteranopie) ist die am häufigsten vorkommende Farbenfehlsichtigkeit (etwa 8% aller Männer, 0,4% aller Frauen), während eine Blau-Gelb-Störung sehr selten anzutreffen ist und die Monochromasie sich nur bei 0,01% der Bevölkerung findet.

Weiterhin von praktischem Belang ist insbesondere die *Farbadaptation* („Stimmung des Auges"). Werden Farbreize beobachtet, während das gesamte Gesichtsfeld unter der Wirkung einer physikalisch nicht neutralen Beleuchtung (sichtbare Wellenlängen nicht energiegleich) steht, so ändert sich das Aussehen der einzelnen Farben, nicht aber ihre Valenz. Sie werden in der Regel in Richtung auf die Gegenfarbe des umstimmenden Lichts verschoben und verlieren zugleich an Sättigung.

Das erwähnte Auflösungsvermögen für die Farbvalenzen, das vor allem durch die Leuchtdichte und den Adaptationszustand bestimmt wird, ist darüberhinaus von weiteren biologischen Einflüssen abhängig. Insbesondere Ermüdung als auch O_2-Mangel setzen die Unterschiedsempfindlichkeit für Farbart und Helligkeit beträchtlich herab. Intraindividuelle Schwankungen der Leistungsfähigkeit des Farbensehens treten ferner tageszeitlich, auch jahreszeitlich bedingt, sowie durch die Einwirkung von Genußgiften und Medikamenten auf.

Bei sehr kurz dauernden (individuell unterschiedlich definiert!) als farbig wahrgenommenen Reizen können lediglich die „Urfarben" (Rot, Gelb, Grün, Blau), jedoch keine Zwischentöne erkannt werden. Darüberhinaus erscheinen die Farben stark ungesättigt (Gelb-Weiß-Verwechslung).

Durch die Existenz der beschriebenen Bezold-Abney- und Brücke-Bezold-Phänomene verhält sich der normale Trichromat ähnlich wie ein Dichromat, im äußersten Falle wie ein Monochromat,

- bei extrem hohen Leuchtdichten und sehr geringer Sättigung wie ein Rot-Grün-Verwechsler,
- bei sehr niedrigen Leuchtdichten (an der unteren Intensitätsgrenze des Farbensehens) wie ein Blau-Gelb-Verwechsler.

Als *chromatische Aberration* bezeichnet man einen Effekt, der dadurch entsteht, daß Strahlung kürzerer Wellenlänge im optischen System des menschlichen Auges stärker gebrochen wird als Strahlung größerer Wellenlänge. Bezogen auf Weiß ist die Brechkraft des Auges für monochromatisches Rot um $\approx 0{,}5$ D zu gering, für monochromatisches Blau um $\approx 0{,}5$ D zu groß; auf Rot muß also etwas stärker akkommodiert werden als auf Blau. Die verschiedenen Wellenlängenbereiche können daher im physikalischen Sinne nicht gleichzeitig zu einem scharfen Retinabild umgesetzt werden.

Auch die Art des Strahleneintritts durch die Aperturblende Pupille übt einen Einfluß auf die Farbwahrnehmung, das „Aussehen" der Farben, aus. Zwischen der in der optischen Achse des Auges einfallenden monochromatischen Strahlung und der achsenferner einfallenden kommt es zu einer spektralen Verschiebung in den längeren Wellenlängenbereich, z. B. von Blaugrün nach Gelbgrün (*Stiles-Crawford-Effekt II*).

Praktische Bedeutung kann ebenfalls dem Effekt der *Benham-Fechner-Flimmerfarben* zukommen. Dabei tritt unter örtlich-zeitlich intermittierender Darbietung von Weiß oder von monochromatischer spektraler Strahlung im Frequenzbereich der Flimmerverschmelzung (siehe *Unterschiedsempfindlichkeit*) die Wahrnehmung vieler verschiedener Farben auf, obgleich der physikalische Sachverhalt dafür fehlt. Für die Entstehung dieser Flimmerfarben sind Interaktionen zwischen Neuren der Retina verantwortlich.

Darüberhinaus verdient das sogenannte *Purkinje-Phänomen* (Abb. 1) besondere Beachtung: die Leuchtdichte unterschiedlich gefärbter, im Tagessehen gleich hell wirkender Felder erscheint in der Dämmerung und Nacht verschieden – die in kurzwelligerem „Licht" leuchtenden Felder werden gegenüber den langwelliger leuchtenden Feldern als heller wahrgenommen. Daraus ergibt sich die praktisch wichtige Forderung, bei entsprechenden Beobachtungen (z. B. fotometrische Messungen, Bildschirmarbeiten usw.) das Leuchtdichtegebiet zwischen $\approx 5 \cdot 10^{-2} ... 10$ asb („Zwielichtsehen", mesopisches Sehen; siehe *Adaptation*) zu vermeiden.

Das *Gesichtsfeld* des menschlichen Auges ist für das Farbensehen typisch konfiguriert (Abb. 5, siehe Umschlaginnenseite): entsprechend der retinalen Verteilung der photopischen und skotopischen Rezeptoren (siehe *Unterschiedsempfindlichkeit*) stellt sich das farbige Gesichtsfeld gegenüber dem unbunten Gesichtsfeld deutlich kleiner dar; außerdem weist die farbig empfindende Retinaperipherie dichromatisches Farbensehen auf (Blau-Gelb-Grenze, Rot-Grün-Grenze), und erst im Zentrum der Retina ist Trichromasie gewährleistet. Zudem nimmt die Sättigung der Farben gegen die Peripherie des Gesichtsfeldes stetig ab.

Nicht unerwähnt soll schließlich das sogenannte *Farbigsehen* („Chromatopie") bleiben. Die dabei wahrgenommenen Farbverschiebungen können ebenso in Veränderungen der *Farbfilterwirkung* der brechenden Medien des Auges liegen (z. B. Blausehen nach Entfernung des Gelbfilters Linse) wie durch *Giftwirkungen* bedingt sein (wie etwa Rotsehen bei Jod-, Gelbsehen bei Santoninvergiftung).

Auf die hinlänglich bekannten Gefahren der Retinaschädigung durch hohe Intensität der Strahlung im nahen Ultraviolett sowie der Linsenschädigung im nahen Infrarot soll hier nicht näher eingegangen werden.

Literatur

siehe „Einführung".

Unterschiedsempfindlichkeit

Die Unterschiedsempfindlichkeit eines „Sinnes", synonym auch als Unterschiedsschwelle, Unterscheidungsschwelle, Auflösungsvermögen, Trennschärfe bezeichnet, charakterisiert das Leistungsvermögen des diesem Sinne immanenten Informationsverarbeitungsprozesses bezüglich seiner spezifischen Reaktion auf Unterschiede der Intensität wie der räumlichen und zeitlichen Struktur eines einwirkenden Reizes. Die Unterschiedsempfindlichkeit ist ein Maß für jene kleinste Änderung eines Reizparameters, die zu einer meßbaren Änderung der Erregung bzw. der Empfindung führt.

Sachverhalt

Erste Versuche, die Unterschiedsempfindlichkeit quantitativ zu erfassen, gehen auf den Physiologen E. H. WEBER (1795–1878) zurück. Er hatte experimentell gefunden, daß bei den meisten Sinnesorganen, insbesondere beim Tastsinn und Gehörsinn, die für eine Empfindlichkeitsänderung benötigte Änderung der Reizintensität immer in einem bestimmten, jeweils gleichen Verhältnis zur Grundreizintensität steht: $\Delta I/I = K$. (I – Reizintensität). Diese sogenannte *Webersche Regel* (1834) wurde durch G. Th. FECHNER 1859/60 für den Bedarf des Psychologen weiterentwickelt durch Integration der Gleichung $\Delta I/I = \text{const.} = 1/E$ und daraus der Satz abgeleitet, daß die „Empfindungsstärke" (E) proportional dem Logarithmus der Reizintensität anwächst:

$$E = a \lg I + b$$

(a, b – Konstanten der Reizqualität und des Rezeptortyps). FECHNER formulierte diesen Zusammenhang als *psychophysisches Grundgesetz*. Er wird heute als *Weber-Fechnersche Regel* bezeichnet.

Inzwischen ist längst erkannt, daß das darin sich offenbarende, mit großer Allgemeingültigkeit angenommene Prinzip der „Konstanz der relativen Unterschiedsempfindlichkeit" jedoch nur in einem Bereich mittlerer Reizintensitäten Gültigkeit besitzt und auch für diesen Bereich nur näherungsweise zutrifft; vgl. Abb. 1 sowie Adaptation. Bei allen niedrigen und hohen Reizintensitäten sind für meßbare Unterschiedsstufen wesentlich größere Intensitätsänderungen erforderlich.

Die beste Annäherung an die physiologisch realisierten verschiedenen Übertragungsfunktionen der Sinne läßt sich durch eine Potenzfunktion erreichen (S. S. STEVENS, 1960):

$$F, E = K(S - S_0)^n$$

(F – z. B. Aktionspotentialfrequenz als Maß der Erregung), E – Empfindungsstärke, $S - S_0$ – überschwelliger Reiz, Reizintensität, n – ein für jeden Rezeptortyp charakteristischer positiver Wert). Die Funktion gilt für die „objektiv-sinnesphysiologische" Messung (F) gleichermaßen wie für die „subjektiv-sinnesphysiologische" Messung (E). Die für die einzelnen Sinne experimentell gewonnenen Werte von n weisen die verschiedenen Anstiegssteilheiten der Kennlinien aus; der höchste Wert konnte für die Schmerz-, der niedrigste für die Photorezeptoren gefunden werden.

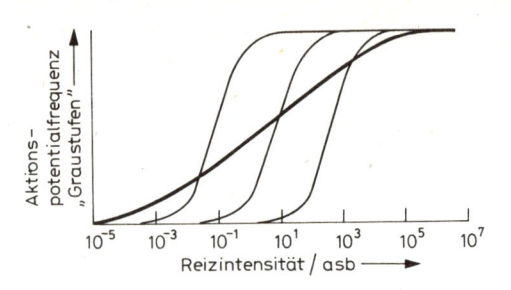

Abb. 1 Intensitäts-Unterschiedsempfindlichkeit des visuellen Analysators des menschlichen Nervensystems (nach [1]). Starke Linie: sogenannte *statische Kennlinie* (Kurve nach Weber-Fechner) bei „mitgehender" Adaptation der Photorezeptoren (beim Aufsuchen der nächsten Stufe der Unterschiedsempfindlichkeit ist das Auge auf die vorhergehende adaptiert). Drei schwache Linien; Beispiele sogenannter *dynamischer Kennlinien* bei „festgehaltener" Adaptation (Adaptation an eine konstante Leuchtdichte). Alle Unterschiedsstufen sind auf einen eng begrenzten Adaptationsbereich zusammengedrängt.

Kennwerte, Funktionen

Absolutschwelle. Die absolute Empfindlichkeitsschwelle, auch als „Nullschwelle" oder „einfache Schwelle" bezeichnet, gibt an, welche Intensität des adäquaten Reizes (optimale Reizqualität für einen Sinn) gerade eben zum Ansprechen des betreffenden Sinnes führt. Sie wird im allgemeinen als Schwellen-Intensität des Reizes erfaßt (reziproker Wert der Empfindlichkeit); vgl. auch Abb. 2. Da die Nullschwelle psychophysische Dimension besitzt, ist sie keinesfalls nur von der Natur des Reizes und dessen quantitativ faßbaren Parametern (Intensität, zeitliche und räumliche Struktur) und von den physiologischen Reaktionskonstanten des betreffenden Sinnes abhängig, sondern wird darüberhinaus insbesondere durch den Adaptationszustand (siehe *Adaptation*), durch die biologische Variabilität der Medien, die den Rezeptoren vorgeschaltet sein können (z. B. Hornhaut, Linse, Mittelohrapparat) sowie durch Aufmerksamkeitsgrad, Erfahrung usw. beeinflußt, so daß es durchaus schwierig ist, für die präzise Angabe von Kennwerten der Nullschwelle alle notwendigen Randbedingungen zu berücksichtigen.

Die absolute Empfindungsschwelle wird für die

Farbenkreis

Farbtafel I

CIE – Normfarbtafel

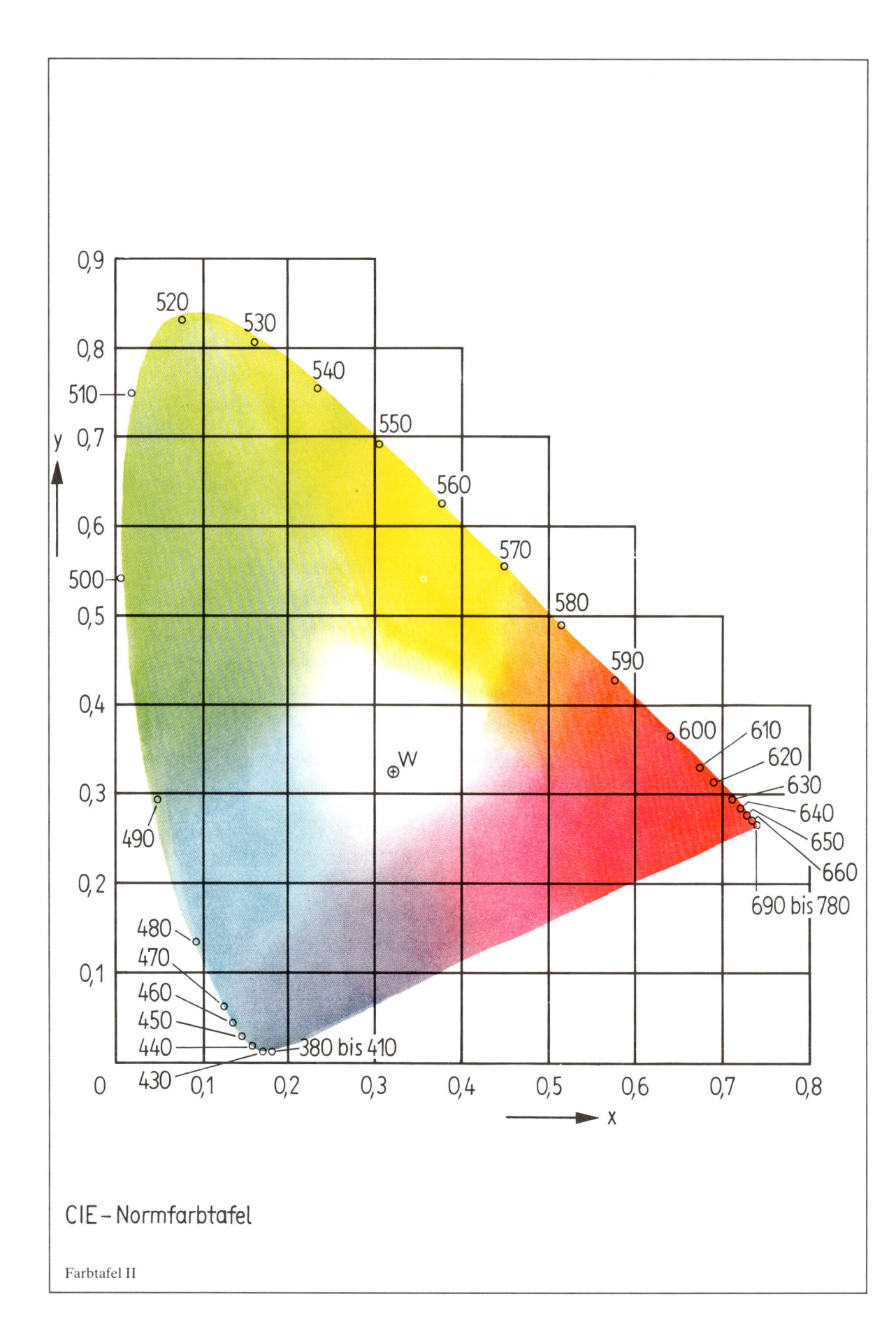

Farbtafel II

Farbtafel III

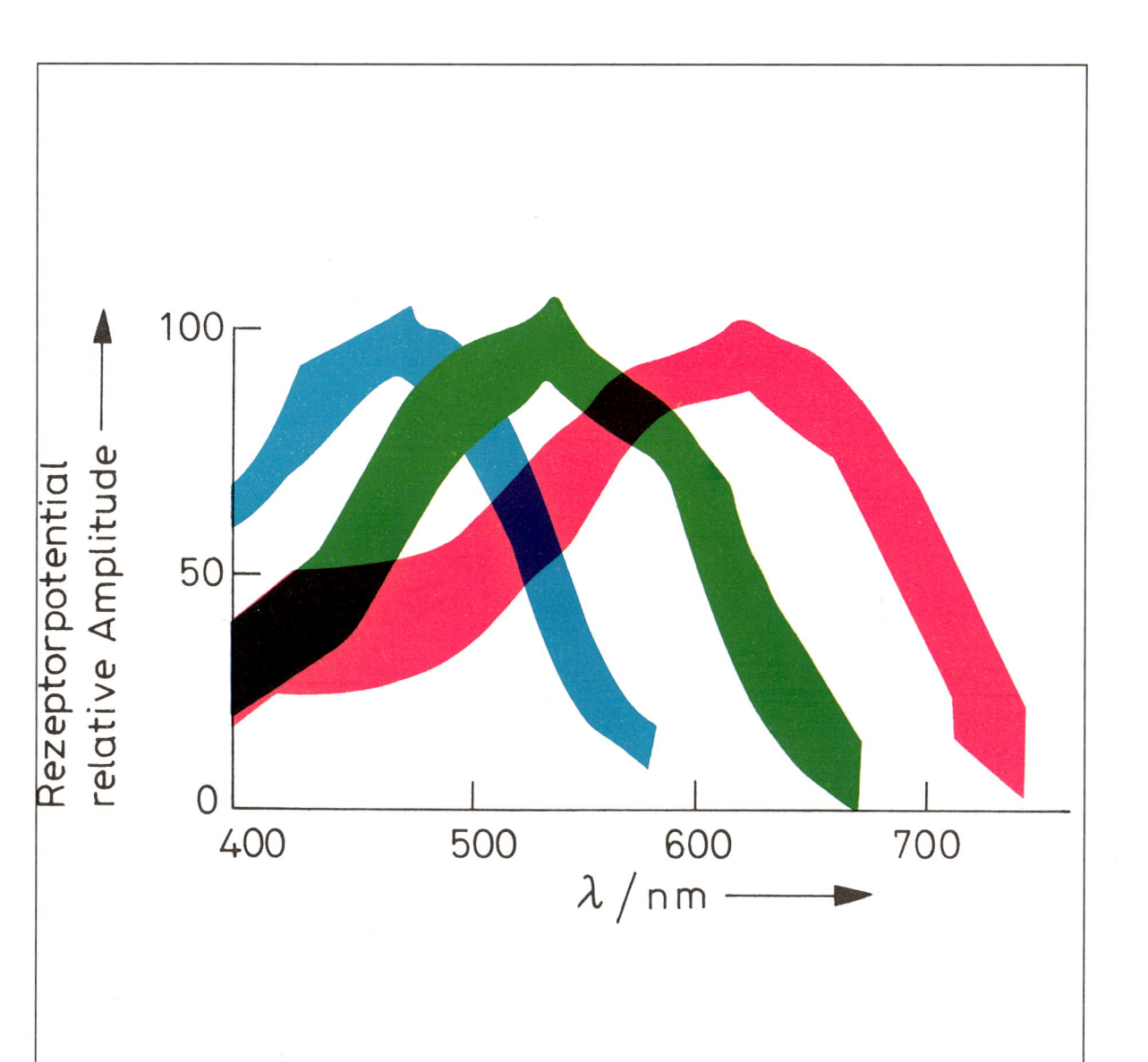

Farbtafel IV

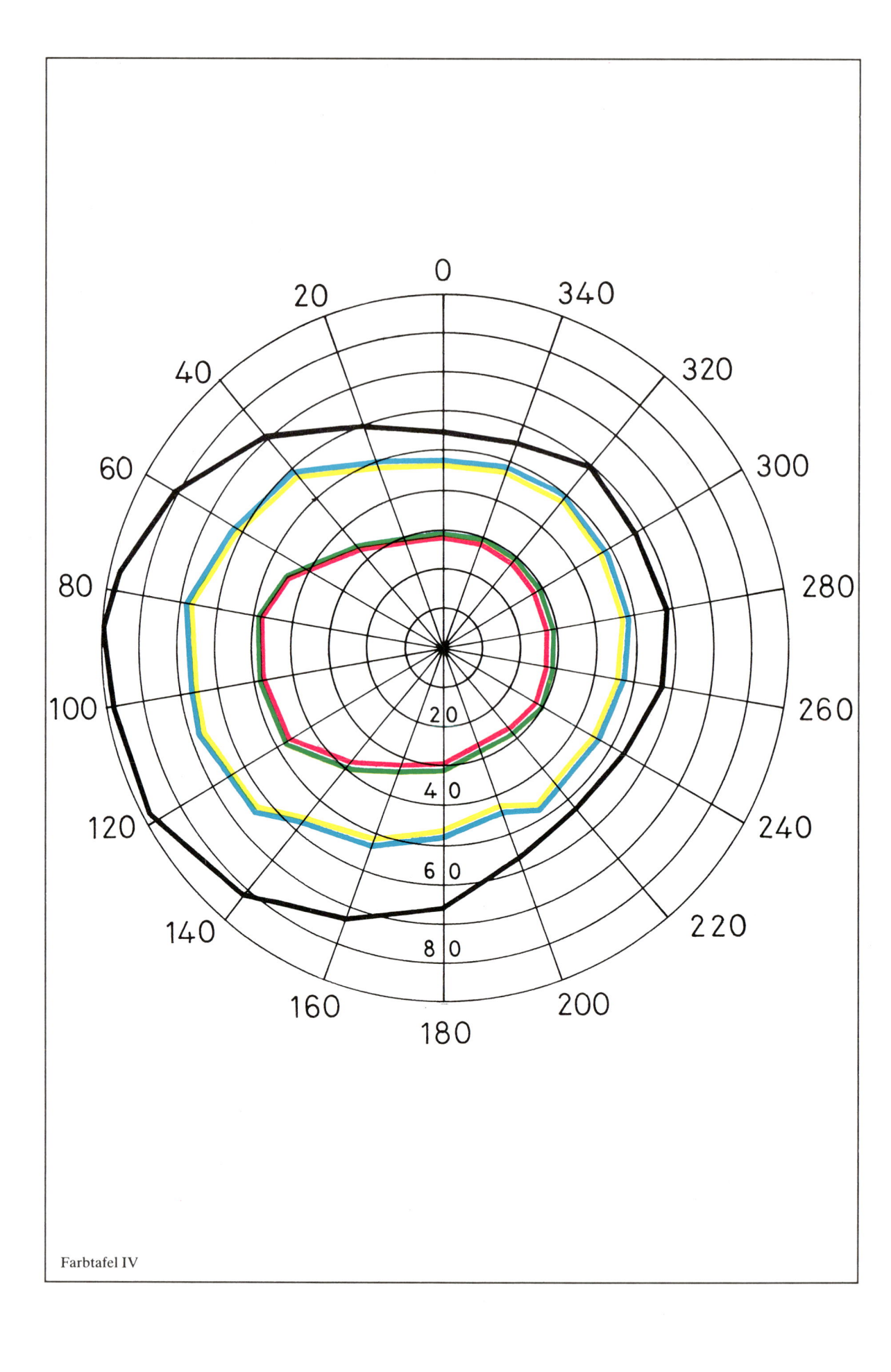

Photorezeptoren bei $\lambda = 512$ nm mit $\approx 3{,}6 \cdot 10^{-17}$ J, für die *Akustorezeptoren* bei $f = 3{,}2$ kHz mit $\approx 0{,}5 \cdot 10^{-21}$ J, für die *Mechanorezeptoren* der Haut (Drucksinn) mit $0{,}02\ldots0{,}4 \cdot 10^{-7}$ J angegeben [1, 4].

Wegen ihres relativen Charakters läßt sich dagegen die Unterschiedsempfindlichkeit exakter angeben. *Intensitäts-Unterschiedsempfindlichkeit*: Die für die *Photorezeptoren* charakteristischen Kennwerte der densitometrischen Auflösung sind infolge ihres unmittelbaren Gebundenseins an den Adaptationszustand bereits unter „Adaptation" (siehe dort) dargestellt. Die Unterschiedsempfindlichkeit der *Akustorezeptoren* ist eine Funktion des Schalldrucks. Mit wachsendem Schalldruck steigt die Empfindlichkeit gegen Amplitudenschwankungen von Sinustönen – die Unterschiedsempfindlichkeit beträgt bei 20 dB etwa 10%, bei 100 dB etwa 1% (vgl. auch Abb. 4, Adaptation). *Räumliche Unterschiedsempfindlichkeit:* Die geometrische Auflösungsgüte bzw. die örtliche Trennschärfe des visuellen Systems ist zunächst durch den *Photorezeptoren-Raster* (vgl. Abb. 2) auf der Retina bestimmt (Verteilungsdichte der Zapfen und Stäbchen), der jedoch sehr inhomogen ist (für Zapfen nur in der Mitte der Fovea centralis mit einer höchsten Verteilungsdichte von $\approx 1{,}6 \cdot 10^5$ mm^{-2}, für Stäbchen mit einer solchen von $\approx 1{,}8 \cdot 10^5$ mm^{-2} nur in ringförmiger, „parafovealer" Zone, die 5...6 mm von der Fovea entfernt ist). Die Feinheit des Rasters entspricht jedoch lediglich dann der Verteilungsdichte der Rezeptoren, wenn die Rezeptorsignale dem informationsverarbeitenden Zentrum auch einzeln zugeleitet werden („1:1-Projektion"). Dies ist aber nur bei einer vergleichsweise sehr geringen Anzahl von Zapfen der Fall ($\approx 4{,}8 \cdot 10^3$), vielmehr nimmt die Zahl der auf eine Nervenfaser konvergierenden Rezeptoren von der Fovea nach der Peripherie der Netzhaut stetig zu. Ferner sind die „Abbildungsfehler" des Auges zu berücksichtigen; einmal die auf der Retina entstehenden Zerstreuungskreise (Beugungsscheibchen), die dazu führen, daß eine annähernd punktförmige Lichtquelle bei mittlerer Pupillenweite sich unscharf auf 4...6 Zapfen abbildet und zum anderen, daß pupillenrandnahe einfallende Strahlen zu schiefem Strahleneinfall auf die Fovea führen (*Stiles-Crawford-Effekt I*) und die Streuung ihrerseits begünstigen – weitere „Fehler" der brechenden Medien des Auges treten hinzu. Die räumliche Unterschiedsempfindlichkeit ist also nicht allein durch die Struktur des Rezeptoren-Rasters erklärbar; sie wird vielmehr definitiv durch die Funktion nachgeschalteter, noch in der Retina befindlicher Neuren (*Kontrastverstärkung*) dimensioniert. Beim menschlichen Auge beträgt die so erzielte Unterschiedsempfindlichkeit 45...90". Als Standardwert der Praxis (*Sehschärfe*) ist 1′ festgelegt.

Der räumlichen Unterschiedsempfindlichkeit des visuellen Systems entspricht die *Tonhöhen-Unterschiedsempfindlichkeit* des auditiven Systems mit ähn-

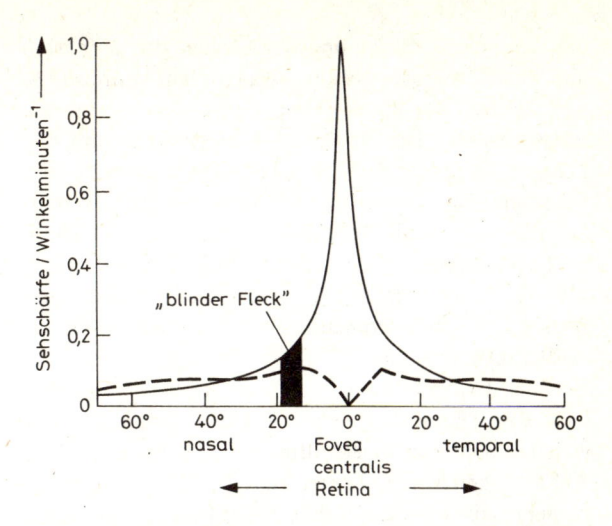

Abb. 2 Abhängigkeit der *Sehschärfe* vom Ort im Gesichtsfeld (Widerspiegelung des Photorezeptorenrasters in der Retina). Ausgezogene Linie: photopisches, gebrochene Linie: skotopisches System (aus [3])

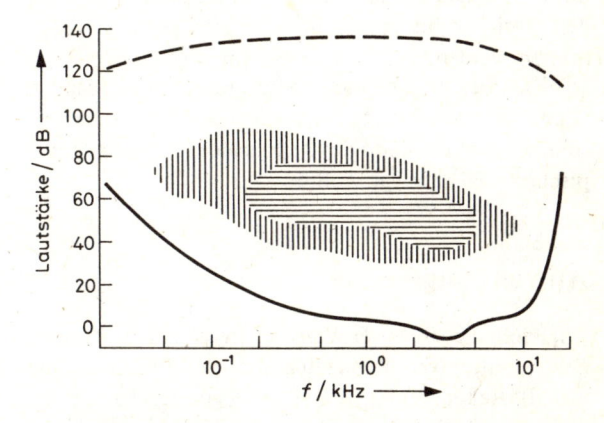

Abb. 3 *Hörfläche* des Menschen (nach [6]). Ausgezogene Linie: Hörschwelle, gebrochene Linie: Schmerzgrenze, dazwischen sind die „Kurven gleicher Lautheit" (vgl. Abb. 4 Adaptation) zu denken. Vertikal schraffiertes Feld: Bereich der Musik, horizontal schraffiertes Feld: Bereich der Sprache.

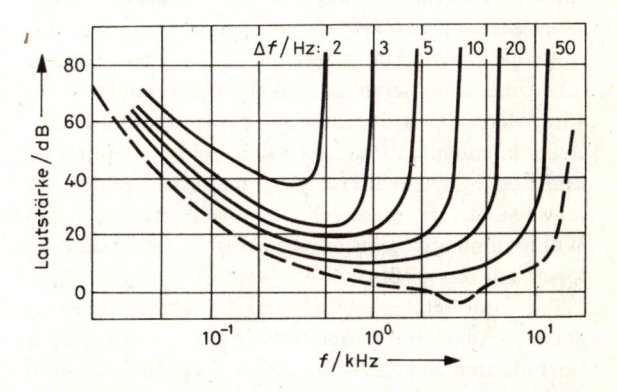

Abb. 4 Grenzwerte der *Tonhöhen-Unterschiedsschwelle* (Frequenzhub Δf) als Funktion des Schalldruckes (hier Lautstärke/dB) und der Tonhöhe (f/kHz) in der menschlichen Hörfläche (gebrochene Linie: Nullschwelle: vgl. auch Abb. 3); aus [6].

lich komplexen Beziehungen zwischen den Funktionen des Rezeptoren-Rasters (Haarzellen-Anordnung) und denen nachgeschalteter neuronaler Verarbeitungsprozesse. Die Tonhöhen-Unterschiedsempfindlichkeit („Frequenzhub Δf") ist eine Funktion der Frequenz des untersuchten Tones als auch seines Schalldruckes (vgl. Abb. 4). Auf das Oktavintervall 1...2 kHz entfallen bei einem mittleren Schalldruck von 50...70 dB z. B. ≈ 231 Unterschiedsempfindlichkeits-Stufen, entsprechend einer Unterschiedsempfindlichkeit von $\approx 3\%$.

Zeitliche Unterschiedsempfindlichkeit. Infolge der Trägheit der Photorezeptoren („Empfindungszeit" zwischen Reizbeginn und Auftreten der Empfindung in Abhängigkeit von Reizintensität: 20...150 ms) erfolgt in den Pausen zwischen diskontinuierlichen Lichtreizen kein vollständiger Erregungsrückgang. Reizintensität und -dauer bestimmen daher, ob die Empfindung als Reizfolge eine diskontinuierliche ist oder zu einer kontinuierlichen verschmolzen wird. Die Frequenz, mit der diskontinuierlich angebotene Lichtreize durch den Gesichtssinn als kontinuierlicher Dauerreiz empfunden werden, ist die *Flimmerverschmelzungsfrequenz* (FVF). Sie ist abhängig vom Adaptationszustand (siehe *Adaptation*) und liegt für das skotopische System wesentlich niedriger (3...12 s^{-1}) als für das photopische ($\approx 65\ s^{-1}$); vgl. Abb. 5.

Anwendungen

Obgleich die *Weber-Fechnersche Regel* zur umfassenden quantitativen Kennzeichnung der Reiz-Reizantwort-Beziehung eines Sinnes nicht genügt, hat sie für viele praktische Anwendungen doch eine gewisse Rolle gespielt. So führte sie z. B. zur dB-Skala der Akustik oder zur Bezeichnung der Sternhelligkeit nach dem Logarithmus des objektiven Intensitätsverhältnisses.

Intensitäts-Unterschiedsempfindlichkeit (Leuchtdichte-Unterschiedsempfindlichkeit) der Photorezeptoren. Von unmittelbar praktischer Bedeutung ist die Tatsache, daß die Unterschiedsempfindlichkeit dann am größten wird, wenn der Beobachter auf das durchschnittliche Leuchtdichteniveau seines Gesichtsfeldes adaptiert ist und das Gesichtsfeld eine gleichmäßige Leuchtdichte aufweist. Unter diesen Bedingungen ist auch die Wahrnehmungsgeschwindigkeit für Leuchtdichteunterschiede am größten.

Die Unterschiedsempfindlichkeit hat bei ausgeglichenem Adaptationszustand des Auges ihr Maximum im mittleren Leuchtdichtebereich ($\approx 2 \cdot 10^2...10^4$ asb). Hier ist sie annähernd konstant und beträgt $\approx 1...2\%$ der herrschenden Gesichtsfeld-Leuchtdichte.

Die Unterschiedsempfindlichkeit nimmt an den einzelnen Stellen der Retina verschiedene Werte an. Bei Hell-Adaptation liegt das Maximum in der Fovea

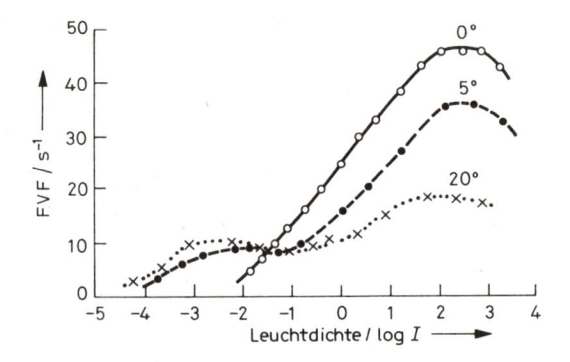

Abb. 5 Grenzfrequenzen der *Flimmerverschmelzungsfrequenz* (FVF) als Funktion der Leuchtdichte (log I) und des gereizten Retinaortes (0°: Fovea centralis, 5°: parafoveale Übergangszone, 20°: Retina-Peripherie). Kurvenabschnitte $> -1{,}5$ skotopisches, $< -$ photopisches System (aus [1])

centralis, bei Dunkeladaptation in einem ringförmig um die Fovea gelegenen Gebiet (vgl. auch *Adaptation* sowie Abb. 2).

Die Unterschiedsempfindlichkeit ist beim Tagessehen für parafoveales Sehen rund 15mal schlechter als beim fovealen Sehen. Sie ist abhängig von der Wellenlänge.

Auch eine Abhängigkeit der Unterschiedsempfindlichkeit von der Größe des betrachteten Feldes („Testfeldes") sowie von dessen Randunschärfe ist von praktischer Wichtigkeit (Genauigkeit in Röntgenologie, Fotometrie, Pyrometrie usw.). In der Regel steigt die Unterschiedsempfindlichkeit mit zunehmender Testfeldgröße, Konstanz wird erst bei Raumwinkeln von $\approx 1°$ unter Helladaptation, von $\approx 10°$ unter Dunkeladaptation erreicht. Zu einer Verschlechterung der Unterschiedsempfindlichkeit durch die Randunschärfe kommt es dann, wenn die unscharfe Zone des Testfeldes einen Raumwinkel von $> 7'$ (foveales Tagessehen) bzw. von $> 20'$ (Dämmerungssehen) erreicht.

Räumliche Unterschiedsempfindlichkeit („Sehschärfe"). Das Auflösungsvermögen des Auges für zwei benachbarte punktförmige selbstleuchtende Objekte sinkt bei Betrachtung gegen einen dunklen Hintergrund mit der zunehmenden Leuchtdichte beider Objekte (Regel von BERGER und BUCHTHAL). Bei konstant gehaltener Leuchtdichte der beiden Objektpunkte steigt das Auflösungsvermögen mit der Leuchtdichte des Umfeldes (Satz von FIORENTI). Für die Auflösung von zwei benachbarten Lichtpunkten ist lediglich das Verhältnis zwischen ihrer Leuchtdichte und der des Umfeldes, nicht aber die absolute Leuchtdichte der beiden Punkte verantwortlich (Satz von OGLE; zit. nach [4]).

Die Sehschärfe hängt wesentlich ab von den in Anspruch genommenen Rezeptoren, also vom Abbildungsort auf der Retina (vgl. Abb. 2). Beim Stäbchensehen (Dunkeladaptation) beträgt die Sehschärfe nur ungefähr 1/10 des für das Zapfensehen (Helladaptation) geltenden Wertes. Möglichste Verringerung der optischen „Abbildungsfehler" des Auges zusammen mit einem Pupillendurchmesser von 3...4 mm führen zum besten geometrischen Auflösungsvermögen [4].

Wie viele andere Funktionen des visuellen Analysators nimmt auch die Sehschärfe mit zunehmendem Lebensalter ab. Tabelle 1 gibt die relativen Durchschnittswerte der räumlichen Unterschiedsempfindlichkeit des menschlichen Gesichtssinnes („Sehschärfe") als Funktion des Lebensalters (nach [4]) an.

Tabelle 1

Lebensalter	Sehschärfe/%
20	100
40	90
60	74
80	47

Wie bereits erwähnt (siehe *Adaptation*), wird das Ortsauflösungsvermögen des Auges in hohem Maße vom Adaptationszustand bestimmt. Bei Dunkeladaptation wird der Höchstwert der Sehschärfe bereits bei einer Leuchtdichte von 1 asb erreicht. Mit zunehmender Helladaptation steigt die Sehschärfe zunächst mit der Objektleuchtdichte weiter an, aber nur dann, wenn der Helladaptationszustand der Objektleuchtdichte entspricht, gelingt es, die Sehschärfe bis zu einem Optimum zu steigern. Bei absoluter Blendung kommt es dann zu einer Verringerung der Sehschärfe (nach [4]).

Von praktischer Bedeutung für beleuchtungstechnische Fragen ist die Tatsache, daß die Sehschärfe auch eine Funktion der spektralen Zusammensetzung des Lichtreizes darstellt. Sie ist im monochromatischen Natriumlicht um $\approx 13\%$, im Quecksilberdampflicht um $\approx 21\%$ größer als im weißen Licht. Dies liegt vor allem an den „Abbildungsfehlern" (chromatische Aberration, Stiles-Crawford-Effekt II; siehe *Farbensehen*) des Auges, nicht an den retinalen Verarbeitungsprozessen.

Zeitliche Unterschiedsempfindlichkeit der Photorezeptoren. Oberhalb der FVF angebotene Wechselreize rufen die gleiche Empfindung hervor wie ein Dauerreiz, bei dem die in den Wechselreizen vorhandene Lichtmenge gleichmäßig über die gesamte Einwirkungszeit verteilt ist (Talbot-Plateauscher Satz; nach [1, 4]). Dies ist von großer praktischer Bedeutung für die Wechselstrombeleuchtung, die Film- und Fernsehtechnik, die Flimmerphotometrie.

Die FVF an einer bestimmten Netzhautstelle steigt mit der Leuchtdichtedifferenz der beiden wechselnden Reize $I_1 \cdot I_2$:

$$FVF = a \lg(I_1 - I_2) + b$$

(Satz nach HERRY-PORTER). a, b sind Konstanten für Zapfen und Stäbchen (vgl. auch Abb. 5).

Bei Wechselreizen, die knapp unterhalb der FVF angeboten werden, ist die Lichtempfindung stärker als bei einem Einzelreiz. Unter sonst gleichen Bedingungen ist die FVF um so niedriger, je größer die relative Länge des Hellreizes wird.

Literatur

siehe „Einführung".

Wahrnehmungstäuschungen

Die Wahrnehmungstäuschungen, auch *Sinnestäuschungen* genannt, verdeutlichen in besonderem Maße die Tatsache, daß die Wechselwirkung eines wohl definierbaren physikalischen Sachverhalts mit einer Sinnesleistung zu einem nicht berechenbaren Resultat führen kann. Empfindung und Wahrnehmung vermitteln den Eindruck eines Widerspruchs zur objektiven Realität. Bei tieferer Analyse stellt sich dieser Widerspruch jedoch als ein scheinbarer dar. Er erklärt sich in aller Regel aus *physikalisch-physiologischen Mängeln* der Leistungsfähigkeit eines Sinnes, die ihrerseits objektiv beschreibbar sind (z.B. Vorgang des Reizantransports durch das bilderzeugende, der Retina vorgelagerte System des menschlichen Auges), und er erklärt sich aus den *physiologisch-psychologischen Charakteristika* der neuronalen Verarbeitungsmechanismen eines Sinnes (z.B. Störungen der Korrelation aktuell einlaufender Daten und gespeicherter Daten für die Wahrnehmung, wenn aktuelle Reizbedingungen auftreten, die außerhalb des Erfahrungsbereiches liegen). Wahrnehmungstäuschungen können daher zu erheblicher praktischer Bedeutung gelangen.

Sachverhalt

Wegen ihrer vorrangigen Relevanz für Beobachten und Gestalten sollen hier ausschließlich die *visuellen Wahrnehmungstäuschungen* Berücksichtigung finden. Sie betreffen hauptsächlich das Form- und Gestalterkennen und widerspiegeln sich am häufigsten im Augenmaß, in Größen- und Entfernungs-Täuschungen, in Bewegungstäuschungen, in den sogenannten geometrisch-optischen Täuschungen und in den psychologischen Täuschungen im engeren Sinne (z. B. räumliche Inversion, Gestaltergänzung).

Augenmaß. Die Maßbeziehungen im Sehraum des Menschen gründen sich im wesentlichen auf den Vergrößerungsmaßstab, mit dem das Bild auf der Retina vorliegt. Dieser Vergrößerungsmaßstab ist, vorwiegend aus physikalisch-physiologischen Gründen, nicht konstant. Zahlreiche „Abbildungsfehler" des dioptrischen Apparates sowie die Nichtübereinstimmung zwischen abbildendem System und der gegenseitigen Zuordnung der Photorezeptoren sind dafür die wichtigsten – sie werden bei einäugigem wie bei beidäugigem Sehen gleichermaßen wirksam. Darüberhinaus greifen psychische Einflüsse auf den retinalen Vergrößerungsmaßstab nicht unerheblich ein.

Für das sogenannte Augenmaß gelten die folgenden Grundregeln (nach [4]):

a) Das Halbieren einer Strecke nach Augenmaß bei streng einäugigem Sehen ist mit einem systematischen Teilungsfehler behaftet. Er tritt entweder so auf, daß bei horizontalen Strecken der nasenseitige Teil, bei vertikalen Strecken der obere Teil als zu klein bemessen wird (*Kundtscher Teilungstyp*, bei der Mehrzahl der Menschen) oder er tritt so auf, daß der schläfenseitige Teil der horizontalen und der untere Teil der vertikalen Strecken zu klein bemessen wird (*Münsterbergscher Teilungstyp*).

b) Die Größe des Teilungsfehlers ist der Länge der zu teilenden Strecke proportional. Bei Horizontalen beträgt er $\approx 1\%$ der Streckenlänge, solange diese nicht unter $1°$ absinkt. Bei kürzeren Strecken wird der Fehler größer und erreicht für Streckenlängen $< 20'$ einen konstanten Wert von $\approx 11''$ (*Volkmannsche Teilungsregel*).

c) Vertikale oder schräg gelegene Strecken führen bei einäugiger Teilung zu einem größeren Teilungsfehler.

d) Bei binokularem Sehen resultieren im allgemeinen wesentlich kleinere Fehler als bei monokularem, insbesondere deshalb, weil die beiden Augen eines Beobachters in der Regel jeweils einem verschiedenen Teilungstyp angehören und sich die Fehler kompensieren.

e) Neben den Längenmaßen spielen auch die Winkelmaße eine bedeutende Rolle. Bei monokularer Betrachtungsweise ist der scheinbare Sehwinkel für eine Strecke von deren Lage im Gesichtsfeld abhängig. Er ist um so kleiner, je mehr die Strecke an der Peripherie, um so größer, je mehr sie im Zentrum des Gesichtsfeldes liegt.

Die Einteilung nach Augenmaß ist also sowohl orts- wie auch winkelabhängig. Durch Kenntnis der für ihn gültigen Verhältnisse kann der einzelne Beobachter sein Augenmaß erheblich verbessern.

Geometrisch-optische Täuschungen. Sie sind fast ausnahmslos psycho-physischen Ursprungs, entstehen also auf der Ebene neuronaler Verarbeitungsmechanismen und beziehen sich auf das Aussehen geometrischer Figuren. Dadurch beeinflussen sie auch das Augenmaß (z. B. Schätzen von Strecken) und gewinnen praktische Bedeutung für das wahrnehmungs-, empfindungsgerechte Konstruieren und Gestalten. Die wichtigsten geometrisch-optischen Täuschungen sind folgende (nach [4, 5]):

a) Geteilte Linien erscheinen länger als ungeteilte, schraffierte Flächen größer als nicht schraffierte (z. B. *Bottische Täuschung*: Abb. 1a).

b) Spitze Winkel werden in ihrer Größe stets überschätzt. Befinden sich im Sehfeld sehr viele gleichgroße spitze Winkel, dann erscheinen gerade Linien, die diese Winkel schneiden, aus ihrer Richtung abgelenkt (z. B. *Heringsche Täuschung*: Abb. 1b).

c) Ist eine schrägstehende, gerade Linie von einem schmalen Rechteck unterbrochen, scheint die Fortsetzung der Linie parallel verschoben zu sein (z. B. *Poggendorffsche Täuschung*, die an aufrecht stehenden Balken mit schrägen Stützen gut zu beobachten ist; vgl. Abb. 1c).

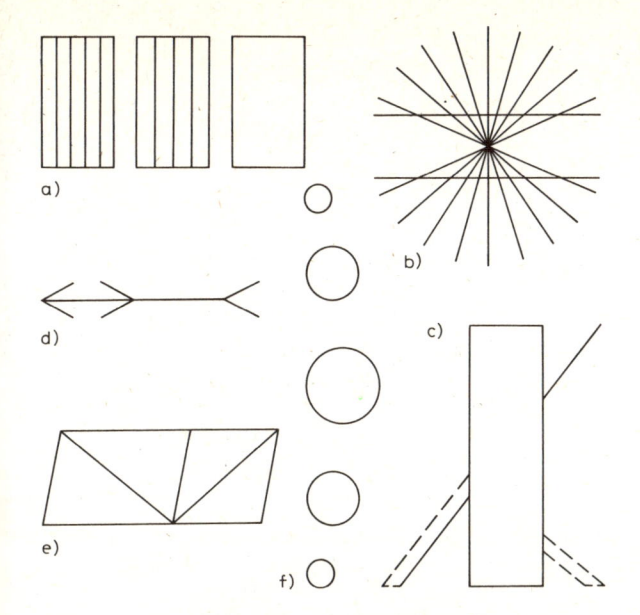

Abb. 1 *Geometrisch-optische Täuschungen* (nach [4, 5]). a – *Bott*ische Täuschung (parallele Geraden lassen die kürzere Seite eines Rechtecks größer erscheinen), b – *Hering*sche Täuschung (die zwei das Strahlenbündel schneidenden, parallelen Geraden erwecken den Eindruck ihres Gekrümmtseins), c – *Poggendorff*sche Täuschung (nach ihrem Rechteckdurchgang wirkt die Gerade parallel nach oben verschoben), d – *Müller-Lyer*sche Streckentäuschung (die linke Hälfte der halbierten Geraden wird als kürzer empfunden), e – *Müller-Lyer*sche Diagonaltäuschung (die rechte Diagonale erscheint kürzer), f – *Lipps*sche Tangententäuschung (die Tangente an alle fünf Kreise ist scheinbar zum Mittelkreis hin gekrümmt)

d) Kleine Flächen, Strecken oder Winkel können in der Nähe kleinerer gleichartiger Gebilde größer, in der Nähe größerer gleichartiger Gebilde kleiner erscheinen (z. B. *Müller-Lyer*sche Strecken- bzw. Diagonal-Täuschung: Abb. 1 d, e, *Lipps*sche Tangententäuschung: Abb. 1 f).

Die geometrisch-optischen Täuschungen wirken um so kompletter, je flüchtiger man sie betrachtet. Dennoch führen sie in der Regel zur Beurteilung „falsch" des Resultats einer exakt vorgenommenen geometrischen Konstruktion.

Größentäuschung. Sie betrifft die scheinbare Größe der im Sehfeld vorhandenen Gegenstände, wird bei scheinbarer Vergrößerung *Makropsie*, bei scheinbarer Verkleinerung *Mikropsie* genannt und wirkt sich besonders auf die Entfernungsschätzung aus. Die scheinbare Objektgröße ist nämlich vor allem durch die vorgestellte Objektentfernung bestimmt und ermöglicht so dem Gesichtssinn, einen näherkommenden Gegenstand trotz der daraus resultierenden Vergrößerung des Retinabildes in konstanter Größe zu empfinden. Von wesentlichem Einfluß darauf sind die Akkommodation, die Pupillenweite und die Konvergenzreaktion beider Augen [4]. Erhöhung von Akkommodation und Konvergenz sowie Verengung der Pupille über das der tatsächlichen Objektentfernung entsprechende Maß hinaus führt zur Mikropsie und umgekehrt.

Ein Zusammenhang zwischen Größentäuschung und *Entfernungstäuschung* ergibt sich vor allem daraus, daß die scheinbare Objektgröße („Sehgröße") mit der (erfahrenen) ungefähren tatsächlichen Objektgröße verglichen wird und daraus eine Entfernungsvorstellung entsteht. Bei groben Unterschieden zwischen der wirklichen und der vorgestellten (geschätzten) Entfernung kann es daher zu erheblicher Täuschung über die Objektgröße kommen. Praktische Relevanz gewinnen diese Wahrnehmungstäuschungen auch beim Gebrauch optischer Instrumente (siehe [4]).

Bewegungstäuschungen. Sie treten als *Scheinbewegungen* von ruhenden Objekten wie auch als *falsch gedeutete Relativbewegungen* auf und können ebenfalls von erheblichem praktischen Belang sein. So führen die kleinen willkürlichen Fixationsbewegungen des Auges („physiologischer Fixationsnystagmus") beim starren Fixieren eines punktförmigen Objektes zum *Punktschwanken* bzw. *Punktwandern* – einer Scheinbewegung des fixierten Punktes, die die Genauigkeit des Beobachtens, in Sonderheit des Zielens und Peilens, wesentlich beeinflußt. Scheinbewegungen entstehen auch dann, wenn einzelne, nahezu gleich aussehende geometrische Figuren zeitlich nacheinander dicht benachbarten Retinaorten angeboten werden. Einzelne, statische Phasen „verschmelzen" zu einem kontinuierlichen Bewegungsablauf (Trickfilm). Diese Empfindung bleibt auch dann bestehen, wenn die Bildfrequenz unterhalb der Flimmerverschmelzungsfrequenz (siehe *Unterschiedsempfindlichkeit*) liegt. Eine allgemein bekannte Scheinbewegung liegt auch in den *stroboskopischen Phänomenen* vor, die entstehen, wenn eine rotierende Figur im Wechsellicht beobachtet wird. Das empfundene Bewegungsbild kann von der Wirklichkeit sehr stark abweichen und z. B. auch zur Unfallgefahr (rotierende Maschinenteile) werden. Andererseits lassen sich die stroboskopischen Phänomene in der Meßtechnik zur Untersuchung streng periodischer Schwingungen nutzen.

Bei der falschen Beurteilung von *Relativbewegungen* handelt es sich darum, daß einmal der bewegte Teil für feststehend, zum anderen der feststehende Teil für bewegt gehalten wird. Der Beobachter nimmt dabei in aller Regel die *egozentrische Position* ein. Stets empfindet er sich selbst so lange in Ruhe, bis ihn wesentliche Umstände zu einer anderen Auffassung führen. Auf diese Weise kann es zu absurdesten Fehleinschätzungen real ablaufender Bewegungen kommen.

Als *entoptische Täuschungen* bezeichnet man Empfindungen, die auf Schattenbilder (Beugungsbilder) von innerhalb des Auges (zwischen Hornhaut und Retina) gelegenen Objekten zurückgehen und in den Sehraum projiziert werden. Die bekanntesten unter ihnen sind die *Mouches volantes,* die aus den Gefäßen ausgetretenen, im Flüssigkeitsfilm zwischen Glaskör-

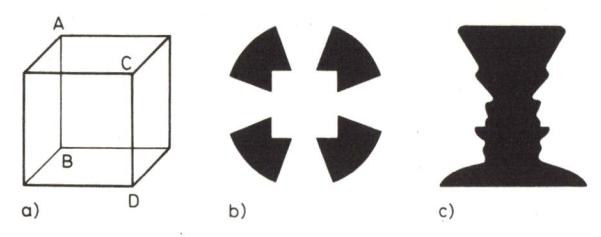

Abb. 2 *Visuelle Inversions- und Gestaltergänzungs-Täuschungen* (nach [3, 4]. a – Inversionstäuschung bei einem in Parallelperspektive gezeichneten Würfel (nach längerer Betrachtung liegt abwechselnd die Kante AB oder die Kante CD vorn, b – visuelle Gestaltergänzung (es wird ein weißes Quadrat gesehen), c – Inversionstäuschung bei der *Rubin*schen Vase (es erscheinen abwechselnd zwei menschliche Profile bzw. eine Vase; bei Inversionstäuschungen ist es unmöglich, jeweils beide Eindrücke gleichzeitig wahrzunehmen).

per und Retina schwimmenden Blutkörperchen entsprechen, sowie die *Purkinjesche Aderfigur*, die nur unter bestimmten Bedingungen wahrzunehmen ist und einem Abbild der die Retina versorgenden Blutgefäße entspricht. Charakteristisch für die entoptischen Erscheinungen ist ihre Flüchtigkeit. Versucht man, sie zu fixieren, verschwinden sie. Dennoch vermögen sie bei Beobachtungen außerordentlich störend zu wirken und wegen ihres gelegentlich besonders deutlichen Hervortretens Anlaß für Fehlinterpretationen des beobachteten Vorganges zu geben.

Die *psychologischen visuellen Täuschungen* im engeren Sinne führen zu Fehldeutungen von Sachverhalten in der Umwelt, die insbesondere durch Erfahrungen mitbestimmt werden, auf dem Boden scheinbarer Analogien oder Ähnlichkeiten entstehen, nicht unwesentlich von der individuellen Persönlichkeitsstruktur geprägt sind und so weit gehen können, daß Objekte „gesehen" werden, die in Wirklichkeit gar nicht vorhanden sind. Aus der naturgemäß großen Gruppe solcher Wahrnehmungstäuschungen seien hier lediglich die *visuellen Inversionstäuschungen* (vgl. Abb. 2a, c) sowie die visuellen *Gestaltergänzungstäuschungen* (vgl. Abb. 2b), die auch unmittelbar praktische Bezüge aufweisen, genannt.

Literatur

siehe „Einführung".

Wärmetechnische Effekte

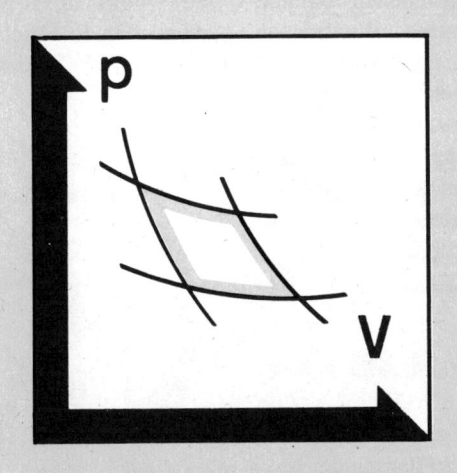

Emission von Wärmestrahlung

Obwohl unter Emission ganz allgemein das Aussenden einer Wellen- oder Teilchenstrahlung verstanden wird, soll hier nur von dem Wellenlängengebiet des elektromagnetischen Strahlungsspektrums die Rede sein, in dem die allgemein als „Wärmestrahlung" bekannte Erscheinung auftritt. Der Begriff „Wärmestrahlung" ist physikalisch nicht exakt definiert und soll deshalb durch den Wellenlängenbereich von 0,8 µm...ca. 50 µm charakterisiert werden.

Die ersten Vorstellungen zur Emission von Strahlung wurden gelegentlich der Beschreibung der Eigenschaften des Lichtes veröffentlicht. NEWTON (1643–1727) entwickelte die erste umfassende Lichttheorie als Emissionstheorie und betrachtete das Licht als einen von der Lichtquelle emittierten Stoff. Über HUYGENS (1629–1695) Wellentheorie, die elektromagnetische Wellentheorie von MAXWELL (1831–1879) und die Erkenntnis vom Dualismus von Welle und Korpuskel wurde der Vorgang der Emission im höheren Sinne durch das Korpuskelmodell in der Quantenfeldtheorie aufgehoben.

Den Wellenlängenbereich jenseits von 0,8 µm entdeckte HERSCHEL 1800 im Sonnenlicht, und in der Folgezeit verstärkten sich die Bemühungen für die Entwicklung von Sendern und Empfängern für dieses Gebiet.

Sachverhalt

Emission im vorgenannten Sinne tritt auf, wenn Elektronen der Atome „angeregt" wurden. Nach BOHR können die Elektronen den Atomkern nur auf den durch die Quantenbedingungen vorgeschriebenen Bahnen ohne Strahlungsaussendung umlaufen. Werden sie durch Energiezufuhr auf energiereichere Bahnen gehoben (angeregt), so werden sie nach kurzer Verweilzeit unter Abgabe von Strahlungsquanten wieder in energieärmere Bahnen zurückkehren. Frequenz bzw. Wellenlänge der Strahlungsquanten können aus der Energiedifferenz ΔW zwischen energiereicherer und energieärmerer Bahn bestimmt werden:

$$f = \frac{\Delta W}{h}$$

mit f = Frequenz, ΔW = Energiedifferenz, h = Planck-Kostante (Wirkungsquantum) = $6{,}626 \cdot 10^{-34}$ J·s. Für die „Anregung" gibt es mehrere Möglichkeiten:

a) *Thermische Anregung.* Infolge Vergrößerung der Molekularbewegung werden durch Stöße zwischen den Atomen Elektronen auf energiereichere Bahnen „gehoben".

b) *Photoanregung.* Elektronen werden durch auftreffende Photonen auf energiereichere Bahnen gebracht.

c) *Elektrische Anregung.* Beim Durchgang des elektrischen Stromes durch Gase kommt es durch im Feld stark beschleunigte Elektronen oder Ionen zu Zusammenstößen mit Atomen oder Molekülen, deren Elektronen dadurch in einen angeregten Zustand versetzt werden.

Die nach der Anregung folgende Emission kann entweder *spontan*, d. h. ohne äußeren Anlaß, oder *induziert*, d. h. durch Einwirkung einer elektromagnetischen Strahlung, erfolgen.

Die als elektromagnetische Welle emittierte Energie kann in vielerlei Erscheinungsformen auftreten. Ihre Frequenz- und Wellenlängenbereiche sind im „Elektromagnetischen Strahlungsspektrum" fixiert (siehe dort). Infrarote (oder ultrarote) Strahlung entsteht vorwiegend durch thermische Anregung und wird deshalb oft auch als *Wärmestrahlung* bezeichnet. Sie ist eine Eigenschaft aller Körper, die sich oberhalb der Temperatur des absoluten Nullpunktes befinden. Die Strahlung ist um so intensiver, je wärmer der Körper ist. Die Emission von Wärmestrahlung folgt den allgemeinen Gesetzmäßigkeiten für die Emission elektromagnetischer Strahlung.

Kennwerte, Funktionen

Emissionsgrad. Der Emissionsgrad ist das Verhältnis zwischen der spezifischen Ausstrahlung, die der betreffende Strahler bei der Wellenlänge λ und der Temperatur T ausstrahlt und derjenigen des schwarzen Körpers (der Transmissionsgrad τ ist dabei verabredungsgemäß Null)

$$\varepsilon(\lambda, T) = \frac{M(\lambda, T)}{M(\lambda, T)_{SK}}.$$

Strahlt ein Objekt bei jeder Wellenlänge den maximal möglichen Energiebetrag ab, so nennt man es bezüglich seiner Strahlereigenschaften einen *schwarzen Körper*.

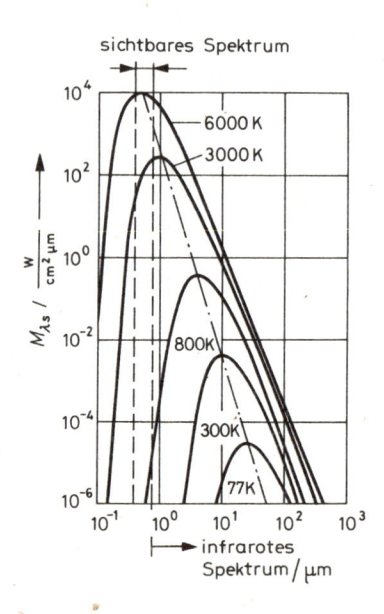

Abb. 1

Kirchhoffsches Gesetz. Bei jeder fest gewählten Wellenlänge und Temperatur ist das Verhältnis des Emissionsvermögens zum Absorptionsvermögen eines Körpers gleich dem Emissionsvermögen des schwarzen Körpers gleicher Wellenlänge und Temperatur

$$\frac{\varepsilon(\lambda, T)}{\alpha(\lambda, T)} = S(\lambda, T)\,.$$

Plancksches Strahlungsgesetz. Die spektrale spezifische Ausstrahlung eines Schwarzen Strahlers ($\varepsilon_{SK} = 1$)

$$M_{\lambda S} = \frac{c_1}{\lambda^5} \frac{1}{e^{c_2/\lambda T} - 1} \quad \text{(Abb. 1)}$$

mit c_1
(1. Strahlungskonstante) = $3{,}741832 \cdot 10^{-16}\ \mathrm{W \cdot m^2}$
und c_2
(2. Strahlungskonstante) = $1{,}438786 \cdot 10^{-2}\ \mathrm{K \cdot m}$.

Stefan-Boltzmannsches Gesetz. Die Gesamtstrahlung des Schwarzen Strahlers ist proportional der vierten Potenz seiner Temperatur

$$M = \sigma \cdot T^4$$

mit σ = Stefan-Boltzmann-Konstante
= $5{,}67 \cdot 10^{-8}\ \mathrm{Wm^{-2}K^{-4}}$.

Anwendungen

Die Tatsache, daß die Gesamtstrahlung eines Körpers der 4. Potenz seiner Temperatur proportional ist, wird für *Wärmestrahler* genutzt, indem man eine, nach Wärmestrahlungsgesichtspunkten optimale, aber möglichst hohe Temperatur wählt.

Wärmestrahlungsemission wird genutzt zum *Heizen, Trocknen, Backen, Braten* und *in technologischen Verfahrensabläufen der Industrie.*

Körper, die gut emittieren sollen, werden an den Oberflächen geschwärzt, während umgekehrt Körper, die keine Wärme abstrahlen (bzw. auch aufnehmen) sollen, blanke Oberflächen erhalten.

In der *Pyrometrie* wird über eine Strahlungsmessung die Oberflächentemperatur von Körpern bestimmt, wobei seit einigen Jahren nicht mehr nur der Hochtemperaturbereich (> ca. 600 K) im Vordergrund steht.

Eine Temperaturbestimmung aus einer Strahlungsmessung ist immer dann leicht möglich, wenn der strahlende Körper ein schwarzer Körper ist ($\varepsilon = 1$). Ist der Emissionsgrad $\varepsilon < 1$, müssen spezielle Meßverfahren (z.B. Verhältnispyrometrie, spezielle Kalibrierung, emissionsgraderhöhende Maßnahmen u. ä.) angewendet werden. Meßgeräte, die die Oberflächentemperatur an einem Punkt berührungslos messen, werden allgemein *Pyrometer* genannt. Mit Infrarot-Bildgeräten ist eine flächenhafte Messung und Darstellung der Strahlungsverteilung möglich. Das wird in Industrie, Medizin, Raumfahrt und Militärtechnik zur Objekterkennung, Identifizierung und Diagnostizierung genutzt.

Literatur

[1] Kuchling, H.: Phys. 14. Aufl. – Leipzig: VEB Fachbuchverlag 1976.

[2] Wolf, F.: Grundzüge der Physik. – Karlsruhe: Verlag G. Braun 1963.

[3] Gerlach, W.: Physik. – Frankfurt a. M.: Fischer-Bücherei GmbH 1967.

[4] Bergmann-Schaefer: Lehrbuch der Experimentalphysik. Bd. III, Optik. – Berlin: Walter de Gruyter & Co. 1966

[5] Höfling, O.: Mehr Wissen über Physik. – Köln: Aulis-Verlag Deubner & Co. KG, 1970.

[6] Walther, L.; Gerber, D.: Infrarotmeßtechnik. II. Aufl. – Berlin: VEB Verlag Technik 1983.

[7] „Das Pyrovarsystem". Prospekt des VEB Meßgerätewerk „Erich Weinert" Magdeburg, 1982.

[8] Brockhaus ABC Physik. – Leipzig: VEB F. A. Brockhaus Verlag 1972.

Energietransformation

Bereits in der Antike war es gelungen, aus Energie niederer Qualität hochwertige Energie, z. B. Arbeit, zu erzeugen. So wurde aus Wärme, die durch die Verbrennung fossiler Brennstoffe bereitgestellt wurde, mechanische Arbeit für das Öffnen und Schließen der Tempeltore gewonnen, wobei natürlich Wärme bei niederer Temperatur an die Umgebung abgegeben werden mußte. Viele Teilschritte waren jedoch noch notwendig, um aus diesem diskontinuierlichen Prozeß eine kontinuierlich arbeitende universell einsetzbare Dampfmaschine zu entwickeln. Ein wichtiger Meilenstein in dieser Entwicklung, der als die Geburtsstunde der Dampfmaschine gilt, war Watts Patent, das am 5. Januar 1769 erteilt wurde [1]. Die Entwicklung einer Theorie für die Transformation von Energie begann erst 50 Jahre später mit CARNOT 1824, CLAPEYRON 1834, CLAUSIUS 1850 [2–4] und war Ausgangspunkt für die Entwicklung der Technischen Thermodynamik als Energielehre [5]. Die Energietransformation hat seither einen Aufschwung erlebt wie kaum eine andere Technikdisziplin. Sie war eine wesentliche Basis der Industrialisierung und ist gegenwärtig die Grundlage für eine effektive Energieversorgung der Volkswirtschaft, für die rationale Energieanwendung, insbesondere in der Stoffwirtschaft, und für die Sekundärenergienutzung. Für die Transformation von Wärme wurde der Begriff Transformation erstmals 1933 von NESSELMANN veröffentlicht [6].

Sachverhalt

Die in der Natur vorhandenen Energieformen Arbeit, Wärme, Enthalpie (thermische Enthalpie, chemische Enthalpie, kinetische Energie, potentielle Energie) elektrische Energie, Strahlung u. a. sind teilweise oder vollständig ineinander umwandelbar. Hierbei sind zwei Arten von Energiewandlungen zu unterscheiden:
Einfache Energiewandlungen. Bei diesen Prozessen wird das Temperaturniveau einer Energie abgesenkt, deshalb sind zwei Temperaturniveaus (z. B. für Wechselwirkungen zwischen einem betrachteten System und seiner Umgebung) ausreichend. Zu solchen Prozessen gehört die Wärmeübertragung, die Drosselung, chemische Reaktionen. Im Grenzfall erfolgt nur die Absenkung des Temperaturniveaus für einen Teil der umgewandelten Energie z. B. durch Reibung, während die Qualität (das Temperaturniveau) der übrigen Energie erhalten bleibt, z. B. bei der Umwandlung der kinetischen Energie des Windes in mechanische Arbeit.

So verstand der Mensch schon in einem sehr frühen Entwicklungsstadium die von der Natur lokal aufgebauten Potentialdifferenzen zur einfachen Energiewandlung zu nutzen, Erzeugung von Niedertemperaturwärme mit Hilfe von Brennstoffen, Umwandlung von Arbeit in Wärme durch Reibung. Diese Prozesse waren grundsätzlich irreversibel, d. h., daß der Ausgangszustand ohne in der Umgebung Veränderungen zu hinterlassen nicht wiederhergestellt werden konnte. Erst mit der Nutzung der Wind- und der Wasserkraft gelang dem Menschen die Umwandlung von kinetischer bzw. potentieller Energie in mechanische Energie, d. h. die Energiewandlung ohne Abwertung der Energiequalität für einen Teil der Energie.
Energietransformation. Bei der Energietransformation erfolgt die Anhebung des Temperaturniveaus einer Energie, wobei natürlich entsprechend den Grundgesetzen der Thermodynamik das Temperaturniveau einer weiteren Energie abgesenkt werden muß, es sind also mindestens drei Temperaturniveaus erforderlich. Die Energietransformation besteht häufig aus mehreren einfachen Energieumwandlungen mit entsprechenden Energieabwertungen. Diese Irreversibilitäten sind die Ursache dafür, daß ein größerer Betrag an Energie auf ein niederes Temperaturniveau abgewertet werden muß als theoretisch entsprechend dem Betrag und der Temperatur der aufgewerteten Energie benötigt.

Bei der Energietransformation sind in Abhängigkeit von dem Temperaturniveau, auf das eine Energie gehoben wird, grundsätzlich zwei Arten von Prozessen zu unterscheiden (Abb. 1):

a) Die Aufwertung einer Energie vom mittleren zum oberen Temperaturniveau auf Kosten der Abwertung einer weiteren Energie vom mittleren auf das untere Temperaturniveau, *Energiedisproportionierung*. Als einfachstes Beispiel einer Disproportionierung von Energie ist die Entspannung eines Gases oder Dampfes in einer Kolbenmaschine oder Turbine, d. h. mit Arbeitserzeugung, zu nennen.

b) Anhebung des Temperaturniveaus einer Energie vom unteren auf das mittlere Temperaturniveau bei Abwertung einer weiteren Energie vom oberen auf das mittlere Temperaturniveau, *Energiesynproportionierung*, beispielsweise die Verdichtung eines Gasstromes in einem Kompressor, der Dampfstrahlprozeß.

Bei Prozessen mit mehr als drei Temperaturniveaus können sowohl Syn- als auch Disproportionierungsprozesse stattfinden.

Kennwerte, Funktionen

Zur Beurteilung der Qualität der Energie kann wegen seiner Anschaulichkeit die verallgemeinerte Temperatur, die thermodynamische Mitteltemperatur als einheitliches Maß verwendet werden. Druckänderungen aber auch Konzentrations- oder Stoffänderungen sind, da sie sich beispielsweise in einer Änderung der Kondensations- bzw. Siedetemperatur mit der damit verbundenen Energieabgabe oder -aufnahme auf diesem Temperaturniveau niederschlagen, leicht auf der Temperaturskala der Energie abzubilden. Je höher die Temperatur einer Energie ist, desto größer ist deren

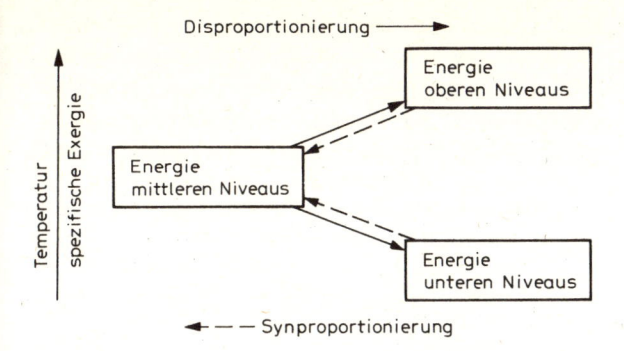

Abb. 1 Grundschema der Energietransformation

Arbeitsfähigkeit, deren spezifische Exergie (Abb. 2). Reine Exergie (Arbeit, elektrische Energie, potentielle und kinetische Energie) sind deshalb als Energie unendlich hoher Temperatur auffaßbar.

Für ideales Gas kann die mittlere Temperatur der Energieaufnahme bei der isobaren Aufheizung als logorithmische Mitteltemperatur berechnet werden;

$$T_m = \frac{T_1 - T_2}{\ln \frac{T_1}{T_2}}.$$

Generell für alle Stoffe oder Stoffströme ist diese thermodynamische Mitteltemperatur als Verhältnis der Enthalpieänderung zur Entropieänderung definiert

$$T_m = \frac{\Delta h}{\Delta s}.$$

Für Transformationsprozesse gilt, wie für alle stationären Energiewandlungen, daß die zugeführte Exergie größer als die abgegebene Exergie ist (im reversiblen Grenzfall liegt Gleichheit vor).

$$\frac{T_{m_1} - T_u}{T_{m_1}} \dot{Q}_1 \geqq \frac{T_{m_2} - T_u}{T_{m_2}} \dot{Q}_2 + \frac{T_{m_3} - T_u}{T_{m_3}} \dot{Q}_3,$$

wobei für Q auch die Enthalpieänderung eines Stoffstromes bei isobarer Zustandsänderung stehen kann. Diese Betrachtungsweise kann auch auf nichtisobare Prozesse ausgedehnt werden, jedoch ist in diesem Falle T_m nur noch ein Qualitätsmaß der Energie und hat mit der tatsächlichen Temperatur eines Stoffstromes nichts mehr gemein.

Für den Spezialfall, daß eine Temperatur mit der Umgebungstemperatur zusammenfällt, ergibt sich

$$\frac{\frac{T_{m_1} - T_u}{T_{m_1}}}{\frac{T_{m_2} - T_u}{T_{m_2}}} \geqq \frac{\dot{Q}_2}{\dot{Q}_1} = \varepsilon.$$

Der Wärmestrom $\dot{Q}_3 = \dot{Q}_1 - \dot{Q}_2$ kann positive und negative Werte annehmen. Damit gelten also für die Transformation von Wärme nur scheinbar andere Gesetzmäßigkeiten als für die Transformation von Elektroenergie

$$\frac{U_1}{U_2} \geqq \frac{I_2}{I_1}.$$

Wegen der Konstanz der Energiequalität vor und nach der Transformation $T_{m_1} = T_{m_2} = \infty$ gilt

$$1 \geqq \frac{U_2 I_2}{U_1 I_1} = \varepsilon.$$

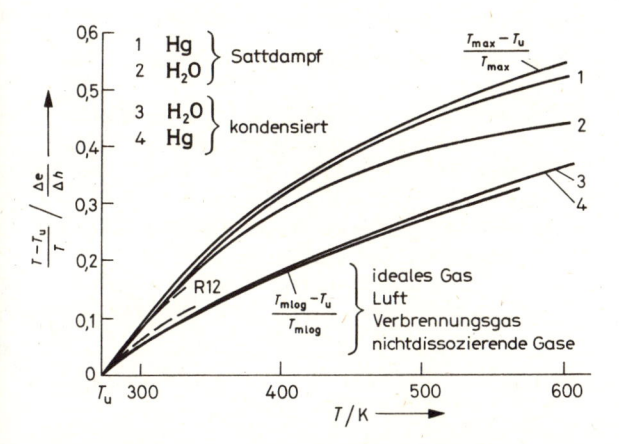

Abb. 2 Abhängigkeit der Energiequalität von der Temperatur

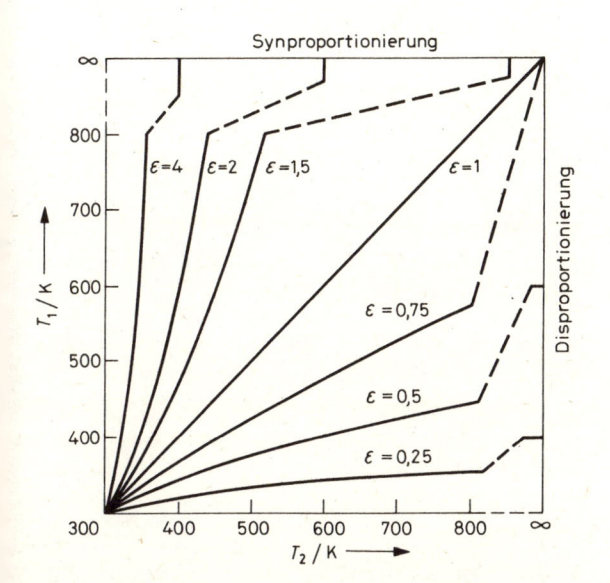

Abb. 3 Erreichbare Energieverhältnisse bei der reversiblen Syn- und Disproportionierung in Abhängigkeit von den Temperaturniveaus

Die Gesamtheit der reversiblen Syn- und Disproportionierungsprozesse oberhalb der Umgebungstemperatur wurde in Abb. 3 dargestellt. Das bei irreversiblen Transformationsprozessen auftretende Energieverhältnis ε ist entsprechend kleiner als aus Abb. 3 zu entnehmen.

Anwendungen

Wie bereits festgestellt, erfolgt die energetische Versorgung der gesamten Volkswirtschaft in hohem Maße auf der Basis von Energietransformationsprozessen. So wird die Erzeugung von Elektroenergie, mechanischer Energie, Wärme und Kälte sowie die gemeinsame Produktion von mehreren Energiearten, z. B. Elektroenergie und Wärme fast ausschließlich über Kreisprozesse realisiert [7, 8].

Wegen der Einheit von Stoff-und Energiewandlung besitzt die Energietransformation in der stoffwandelnden Industrie, insbesondere in der chemischen Industrie, eine große Bedeutung, wobei sowohl Synproportionierungsprozesse als auch Disproportionierungsprozesse auftreten.

Bei einigen Stoffwandlungsprozessen ist die Art des Energietransformationsprozesses abhängig von der Exothermie oder Endothermie des stofflichen Prozesses. Dies gilt vor allem für die Absorption und Desorption, Extraktion, Adsorption, Eindampfung, Trocknung, Destillation, Rektifikation und die thermisch-chemische Reaktion. Beispielsweise ist die Desorption bei Prozessen mit negativer Mischungsenthalpie (Exothermie) der Disproportionierung zuzuordnen [9].

Darüber hinaus gibt es eine ganze Reihe von Prozessen, die im Bereich positiver absoluter Temperaturen eindeutig Syn- bzw. Disproportionierung darstellen. So gehören zu der Energiesynproportionierung solche volkswirtschaftlich bedeutungsvollen Prozesse wie die Kompression von Gasen und Dämpfen, die Elektrolyse, der Peltier-Prozeß sowie alle Prozesse der Kälteerzeugung im Bereich niederer Temperaturen, da diese Prozesse mit wertvollster Energie ($T=\infty$), also Elektroenergie oder mechanischer Energie, angetrieben werden. Aber auch der Dampfstrahlprozeß, bei dem mit Hilfe eines Treibdampfes ein Niederdruckdampf angesaugt und auf ein mittleres Druck- und damit Kondensationstemperaturniveau verdichtet wird, ist stets ein Synproportionierungsprozeß.

Anderseits sind alle Prozesse, die im Bereich positiver absoluter Temperaturen arbeiten und die Erzeugung von Elektroenergie oder mechanischer Energie zum Ziele haben, grundsätzlich Disproportionierungsprozesse. Dazu gehören Entspannungsprozesse mit Arbeitserzeugung, galvanische Prozesse zur Stromerzeugung sowie Prozesse in Thermoelementen und Photoelementen. Die Irreversibilitäten, die bei diesen Prozessen auftreten [10] sowie die Aufwendungen für entsprechende Anlagen sind sehr unterschiedlich, so daß der günstige Wirkungsgrad für diese Prozesse zwischen 70–80% z. B. für Kompression und Entspannung und wenigen Prozent für Dampfstrahler sowie Thermo- und Photoelemente schwankt.

Literatur:

[1] Watt, J., Englisches Patent Nr. 913 vom 5.1.1769.
[2] Carnot, S.: Reflexions sur la puissance motrice du feu et sur les maschines propres á dé ve lopper cette puissance. – Paris Bacheher 1824.
[3] Clapeyron, E.: Memoire sur la pussance motrice de la chaleur. J. Ecole Polytech. 14 (1834) 23, 153.
[4] Clausius, R.: Über die bewegende Kraft der Wärme und die Gesetze, die sich daraus für die Wärmelehre selbst ableiten lassen. Pogg. Ann. Phys. Chem. 79 (1850) 368, 500.
[5] Krug, K.: Zur Herausbildung der Technischen Thermodynamik am Beispiel der wissenschaftlichen Schule von G. A. Zeuner. NTM Schriftenreihe Gesch. Naturwiss. Technik Med., Leipzig 18 (1981) 2, 79–97.
[6] Nesselmann, K.: Theorie der Wärmetransformation. Wiss. Veröff. Siemens Konz. 12 (1933) 89.
[7] Hebecker, D.: Zur Klassifikation von Kreisprozessen der Energietransformation. Wiss. Z. TH Leuna–Merseburg 25 (1983) 4, 485–492.
[8] Sokolov, E. Ja.; Brodjanskii, V. M.: Energetičeskie osnovy transformazii tepla i processov ochlažgenija. – Moskva: Energoizdat 1981.
[9] Hebecker, D.: Energietransformation, in Vorbereitung.
[10] Bosnjaković, F.: Technische Thermodynamik I und II. 5. Aufl. – Dresden: Verlag Theodor Steinkopf 1971.

Erzeugung hoher Drücke

Für die Abgrenzung hoher Drücke von niedrigen Drücken gibt es keine allgemein akzeptierten Definitionen. Der unterhalb des Atmosphärendruckes liegende Druckbereich ($< 10^5$ Pa) wird üblicher Weise als „Vakuum" bezeichnet.

Der hier zu beschreibende Druckbereich bezieht sich auf Drücke $> 10^8$ Pa, wie sie vor allem für die Hochdrucktechnik sowie die Geo- und Kosmoswissenschaften interessant sind. Das betrifft besonders den Einfluß hoher Drücke auf die Änderung physikalischer, chemischer oder kristallographischer Eigenschaften von Festkörpern. Grundlegende Beiträge zum Einsatz und zur Weiterverbreitung der Hochdruckphysik stammen von P. W. Bridgman [1], dem für diese Leistungen 1946 der Nobelpreis verliehen wurde. Die Entwicklung besserer Werkstoffe für den Druckkammerbau und gelungene Diamantsynthesen beeinflußten seit den 50er Jahren nachhaltig den Einsatz hoher Drücke in Forschung und Industrie [2–7].

Sachverhalt

Für die Hochdruckphysik ist typisch, daß theoretische und experimentelle Erkenntnisse äußerst eng mit technologischen Problemen verknüpft sind. Das resultiert aus der Sonderstellung dieser Methode, die unikaler geräte- und verfahrenstechnischer Lösungen bedarf. Man kann alle bisher entwickelten Verfahren, hohe Drücke zu erzeugen, nach der Art, wie der Druck auf die Probe wirksam wird, wie folgt unterteilen (vgl. Tab. 1, S. 703):

Beim *hydrostatischen Verfahren* wirkt der Druck über ein flüssiges oder gasförmiges Druckübertragungsmittel zeitlich konstant und von allen Seiten in gleicher Höhe auf die Probe. Für Drücke bis ca. 0,5 GPa stehen *Kompressoren* zur Verfügung. Der Enddruck wird dann durch einen oder mehrere Multiplikatorstufen erreicht, in denen die Druckerhöhung durch den Übergang zu einem kleineren Kolbenquerschnitt erzielt wird. Die Erzeugung höherer hydrostatischer Drücke geschieht mit Hilfe von *Stempel-Zylinder-Kammern*. Durch eine hydraulische Presse wird der Stempel mit einer Dichtung direkt in den ölgefüllten zylindrischen Hohlraum gepreßt.

Bei einem anderen hydrostatischen Druckerzeugungsverfahren wird eine flüssigkeitsgefüllte hermetisch abgeschlossene Hochdruckkammer erhitzt, so daß im Inneren durch die Zunahme des Dampfdruckes ein Überdruck entsteht. Für spezielle Anwendungen ist eine Druckkammer mit konstantem Volumen erforderlich. Die Druckkammer ist dabei von der eigentlichen Druckerzeugung räumlich getrennt; die Verbindung erfolgt über Stahlkapillaren.

Die maximal erreichbaren Drücke werden durch die Festigkeit der Materialien von Kammer und Stempel sowie Dichtungsprobleme an den beweglichen Teilen und Durchführungen für Meßleitungen begrenzt. Eine weitere Grenze ist dadurch gegeben, daß die Viskosität der Flüssigkeiten mit zunehmendem Druck ansteigt, bis sie schließlich in den festen Zustand übergehen. Die optimale Funktion der Druckkammer ist von der exakten Dichtung der Stempel abhängig. Bei deren Anordnung geht man vom Prinzip der nichtgestützten Fläche aus.

Eine theoretisch nicht ganz klar fixierte Situation liegt bei den *quasihydrostatischen Drücken* vor: Hierbei wird ein festes Druckmedium über die Elastizitätsgrenze hinaus bis in den plastischen Bereich deformiert, so daß plastisches Fließen einsetzt und sich das Material flüssigkeitsähnlich verhält. Die einfachsten quasihydrostatischen Druckkammern benutzen das *opposed-anvil-Prinzip* (Abb. 1). Beide Stempel laufen in einer Achse und drücken auf eine sehr dünne Probenscheibe, die seitlich von einem Dichtungsring umgeben ist. Dieser Dichtungsring hat gleichzeitig die Funktion eines Druckübertragungsmittels. Die Doppelfunktion solcher Materialien für den Einsatz in quasihydrostatischen Druckkammern erfordert demnach gleichzeitig eine hohe Kompressibilität, plastisches Fließen bei relativ geringen Drücken und gleichzeitig eine so hohe innere Reibung, daß keine nennenswerte Extrusion auftritt. Bei speziellen opposed-anvil-Typen werden Stempel aus Diamant eingesetzt für lichtoptische und Röntgenuntersuchungen.

Logische Weiterentwicklungen der opposed-anvil-Kammern stellen die *belt- und girdle-Kammern* dar (Abb. 2). Sie bestehen aus einem zentralen Hartmetallgesenk (Wolframcarbid und Kobalt) und einer Reihe von Stahlspannungsringen. Bei der *Vielstempel-Kammer* sind tetraedrische und kubische Anordnungen der

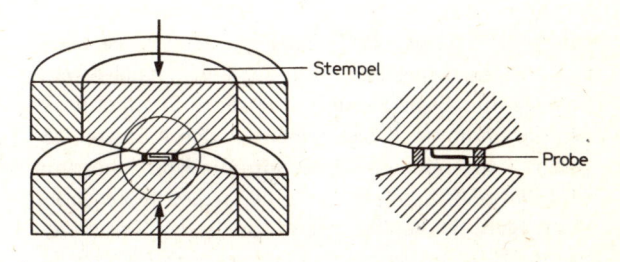

Abb. 1 Hochdruckkammer vom opposed-anvil-Typ

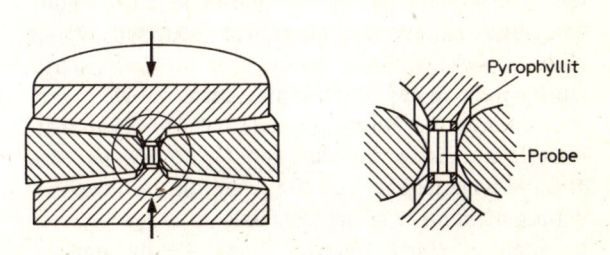

Abb. 2 belt – Hochdruckkammer

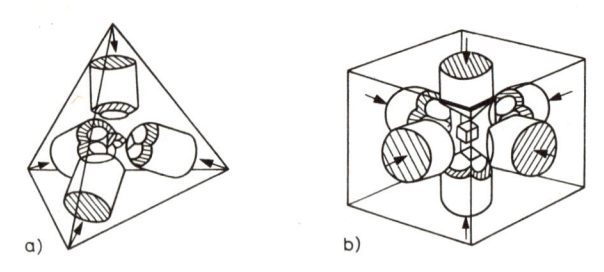

Abb. 3 Vielstempel – Kammer mit tetraedrischer und kubischer Anordnung der Stempel

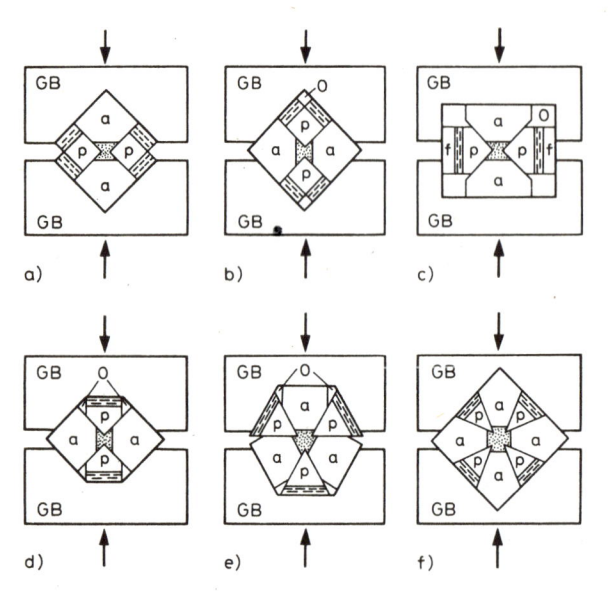

Abb. 4 Multi-anvil-sliding-Systeme

Stempel gebräuchlich (Abb. 3 a, b). Die Druckerzeugung auf dem tetraedrischen bzw. würfelförmigen Probenraum ist relativ aufwendig, da für jeden Stempel bzw. jedes Stempelpaar in der Regel eine Presse benötigt wird. Eine spezielle Form der Vielstempel-Anordnung ist die *Kugel-Kammer*. Die sechs Stempel besitzen die Form von Kugelsegmenten, deren Spitzen abgeschnitten sind. Von diesen wird die Kraft über acht würfelförmige Stempel auf eine oktaedrische Probe übertragen. Schließlich gehört zu diesen Kammertypen ein bisher experimentell nur wenig realisiertes System von gleitenden Stempelanordnungen. Die Vorteile liegen vor allem in der günstigen Übertragung von Preßkraft auf die gleitenden Stempel. Dieses *multi-anvil-sliding-System* könnte eine Möglichkeit zur Überschreitung der Druckgrenzen sein, wie sie gegenwärtig durch die Festigkeitswerte der Druckkammermaterialien gesetzt werden (Abb. 4). Bei *dynamischen Drücken* ist gegenüber den statischen die zeitliche Änderung nicht mehr zu vernachlässigen. Dabei betrachtet man in einem engeren Sinne als dynamische Drücke die Drücke beim Durchgang von *Stoßwellen* durch ein Medium. Dabei bestehen aus der Sicht der experimentellen Technik und der Anwendungen erhebliche Unterschiede zwischen Stoßwellen in Gasen und in kondensierter Materie. In Gasen werden in Folge der hohen Kompressibilität nur geringe Drücke (< 1 GPa) erreicht. Für die Erzeugung von Stoßwellen in kondensierter Materie steht eine Reihe unterschiedlicher, recht aufwendiger Methoden zur Verfügung. Sehr hohe Drücke werden vorwiegend durch Detonationswellen erzeugt, bzw. es werden durch Explosion beschleunigte mechanische Teile (Platten, Projektile) eingesetzt. Bei der Einschätzung der Leistungsfähigkeit und Aufwendigkeit muß jedoch berücksichtigt werden, daß neben der Schwierigkeit bei der Stoßwellenerzeugung auch hohe Anforderungen an die Meßtechnik gestellt werden.

Die Druckmessung ist mit der Druckerzeugung eng verknüpft. Für den hydrostatischen Bereich kann problemlos mit Manganin-Manometern gemessen werden. Unter quasihydrostatischen Bedingungen ist die Druckmessung problematisch. Man bestimmt für jede Druckkammer unter Benutzung bekannter Druckfixpunkte eine Druck-Kalibrierungskurve (Tab. 2).

Kennwerte, Funktionen

$p = -\left(\dfrac{\partial E}{\partial V}\right)_T$ *(thermische Zustandsgleichung)*;

$p = p_0 + \gamma E_{vib}/V$ *(Mie-Grüneisen-Gleichung)*

(γ – Grüneisen-Parameter);

$p'/p - V'/V = [(\chi - 1)/2] [(1 + p'/p)(V'/V + 1)]$
  (Hugoniotsche Zustandsgleichung);

$K = -V\left(\dfrac{\partial p}{\partial V}\right)_T$ *(Bulk-Modul)*.

Tabelle 2 Beispiele für Druckkalibrierungspunkte

Schmelzpunkte des Quecksilbers bei 0 °C:		0,76 GPa
Schmelzpunkte des Quecksilbers bei 22 °C:		1,18 GPa
I–II – Übergang von Wismut		2,55 „
I–II – „ „ Thallium		3,67 „
II–III – „ „ Cäsium		4,2 „
I–II – „ „ Barium		5,5 „
III–V – „ „ Wismut		7,4 „
I–II – „ „ Zinn		9,4 „
– – „ „ Eisen		11,0 „
I–II – „ „ Blei		13,0 „
metallischer Übergang „Galliumphosphid"		22,5 „
Übergang der Legierung	$Fe_{15}Co$	15,0 „
„ „ „	$Fe_{20}Co$	19,0 „
„ „ „	$Fe_{40}Co$	29,0 „
„ „ „	$Fe_{16}V$	38,5 „
„ „ „	$Fe_{20}V$	51,0 „

Tabelle 1 Erreichbare Druckwerte mit unterschiedlichen Verfahren

Hydrostatische Verfahren		Quasihydrostatische Verfahren	
Gas	2 GPa	belt-Kammer	15 GPa
Oel	3 GPa	opposed-anvil	100 GPa
Äthanol/Methanol	10 GPa	Kugel-Kammer	150 GPa
		Schockwelle	10–400 GPa

Die angegebenen Werte werden entscheidend vom wirksamen Volumen beeinflußt. Bei gleichzeitiger Anwendung hoher Temperaturen erniedrigen sich die maximal erreichbaren Druckwerte teilweise enorm.

Anwendungen

Die Wirkungsweise des Druckes auf das Medium ist unterschiedlich und hat so auch die entscheidenden Anwendungen geformt. Durch Druckeinfluß werden dabei Gitterabstände bzw. der Abstand anderer Wechselwirkungsparameter, durch die die Stärke der Wechselwirkungen beeinflußt werden kann, variiert (vgl. Tab. 3, S. 704). Die Druckanwendung auf feste Phasen führt zur gezielten Herstellung bestimmter Strukturen. In gleicher Weise ist die Anwendung hoher Drücke für die Oberflächenbehandlung und Formgebung von Bedeutung. Einen Überblick über den Einsatz von Hochdruck-Untersuchungen in den verschiedenen Bereichen der Forschung gibt Tab. 4. Nachfolgend sind die wichtigsten praktischen Anwendungsgebiete hoher Drücke zusammengestellt.

Halbleiter. Halbleitende Substanzen gehen bei entsprechenden Drücken in den metallischen Zustand über (siehe Tab. 5). Der druckinduzierte Übergang zur metallischen Leitfähigkeit geht meist sehr rapide vor sich.

Supraleiter. Hohe Drücke werden zum Auffinden neuer Hochdruckmodifikationen mit supraleitenden Eigenschaften eingesetzt. Weniger als 30 Elemente zeigen bei Normaldruck supraleitende Eigenschaften. Bei Drücken bis 20 GPa kommen 14 weitere Elemente hinzu, darunter Silicium, Germanium, Selen, Tellur, Phosphor und Arsen. Wichtig ist das Erreichen höhe-

Tabelle 5 Übergangsdrücke von Halbleitersubstanzen in den metallischen Zustand

Verbindung	Übergangsdruck [GPa]
GaP	50
BP	40
BN	226
AlN	90
GaN	87
SiC	64

Tabelle 4 Hochdruck-Untersuchungen in der Forschung

Metalle
Kompressibilität, Zustandsgleichungen
Beeinflussung der Fermiflächen, elektrische Leitfähigkeit
Supraleitung
Diffusion, Strukturübergänge
Metall-Isolator-Übergänge
Einfluß auf die EMK von Thermoelementen
Hallkonstante

Halbleiter
Beeinflussung der Bandstruktur
Ionisationsenergie, Störzellenzustände
Übergänge amorphe – kristalline Halbleiter
IR-Spektroskopie (Absorptionskante)
Hallkonstante und Beweglichkeit; Magnetophoneffekt
Strukturuntersuchungen, Diffusionsvorgänge

Dielektrika, Ionenkristalle
Polymorphe Phasenübergänge, neue HD-Strukturen
Druckabhängigkeit der Gitterkonstanten
Dielektrische Polarisation, Dielektrizitätskonstante, Brechungsindex
piezo- und ferroelektrische Eigenschaften (T_C)
Hyperfeinstruktur der s-Zustände, Kernresonanz
Kompressibilität, elastische Konstanten, v_p, v_s,
Kristallisation bei Polymeren

Ferro- und Antiferromagnetika
Druckabhängigkeit der Magnetisierung
magnetische Phasenübergänge (T_C, T_N)
Mößbauereffekt
Elektronenspinresonanz – Spinwellenuntersuchungen

Gesteine, Mineralien
elektrische, thermische Leitfähigkeit, v_p, v_s
Strukturuntersuchungen, Rheologie, HD-Synthese
Kompressibilität, Zustandsgleichungen

Gase
Kompressibilität, Zustandsgleichungen
spezifische Wärmen
Schallgeschwindigkeit, Viskosität
Wärmeleitfähigkeit
thermische Diffusion
spektroskopische Untersuchungen im IR
Dielektrizitätskonstante, Brechungsindex
Verfestigung unter hohem Druck

Flüssigkeiten
Kompressibilität, Zustandsgleichungen
Viskosität
Wärmeleitfähigkeit, Diffusion
Spektroskopie
Dielektrizitätskonstante, Brechungsindex
Hydrothermalsynthese (in großem Umfang vor allem in der Mineralogie)
spezielle Untersuchungen an zahlreichen Elektrolytlösungen und -schmelzen (Dissoziationskonstante, Leitfähigkeit)
spezielle Untersuchungen am Wasser, insbesondere im überkritischen Bereich
(Dichte, Leitfähigkeit, Dissoziation, Dielektrizitätskonstante, Hochdruckphasen, Zustandsdiagramm)

Tabelle 3   Beispiele für Modifikationsänderungen unter Druck

	Normaldruckmodifikation			Umwandlung		Hochdruckmodifikation		
Formel	Name	Symmetrieklasse	Gittertyp	10^8 Pa	°C	Symmetrieklasse	Gittertyp (Name)	KZ
C	Graphit	6/mm	Graphit 3 + 1	60	1250	m3m	Diamant	4
Sn	Zinn, weiß	4/mm	weißes Zinn 6	115	20	m3m	kub. raumz.	8
BN	Bornitrid	6/mm	Graphit 3 + 1	60	1300	kubisch	(Borazon)	4
SiO_2	Quarz	32	Quarz 4	20	500	2/m	(Coesit)	4
SiO_2	Coesit	2/m	4	125	1200	4/m	Rutil (Stishovit)	6
NaCl	Steinsalz Natriumchlorid	m3m	NaCl 6	100	20	m3m	CsCl	8
AgCl	Chlorargyrit, Silberchlorid	m3m	NaCl 6	85	20	m3m	CsCl oder Hg_2Cl_2	8
AlAl (SiO_5)	Sillimanit	mmm	Al: 6 + 4	17	1200	1	$Al_2(O/SiO_4)$	Al: 6 + 6
$CdTiO_3$	Cadmiumtitanat	3	Ilmenit 6 (Cd)	12	600	m3m	Perowskit	12 (Cd)
$CaCO_3$	Calcit	3m	Kalkspat 6	6	20	mmm	Aragonit	9

Tabelle 6   Supraleitende Materialien unter hohen Drücken und Temperaturen

Material	P(GPa)	T(°C)	Gitter	T_c[K]
MoN	4,0	1000	hex.	14,8
$NbRu_3$	10,0	1350	kub.	16,0
Nb_3Ga	5,0	750	kub.	16,6
Nb_3Ge	9,0	1400/2000	kub.	22,3
Nb_3Sn	50,0	2000	kub.	19,0
La_2S_3	3–10,0	1800	?	14,5
$Y_{.7}Th_{.3}C_{1.55}$	2,0	1450	tetr.	17,0

rer Sprungtemperaturen unter erhöhten Drücken (Tab. 6). Theoretische Untersuchungen lassen erwarten, daß metallischer Wasserstoff supraleitende Eigenschaften besitzt. Es wurden Sprungtemperaturen von 100–300 °K abgeschätzt, was zu erheblichen Konsequenzen in der Technik führen würde.

Hochdrucksynthesen. Die 1953 erstmals durchgeführte *Diamantsynthese* gehört gegenwärtig zu den ökonomisch wichtigsten Anwendungen der Hochdrucktechnologie. In Abhängigkeit von der gewünschten Korngröße und den eingesetzten Katalysatoren werden bei der industriellen Diamantsynthese ca. 5,5 GPa und 1400–1500 °C angewendet. Diese Synthese wird routinemäßig in vielen Ländern beherrscht bis zu Korngrößen von 0,8 mm. Die Herstellung preiswerter großer Diamanten gelingt gegenwärtig nicht. Eine Alternative dazu bilden für viele technische Anwendungen *polykristalline Diamantkörper*, wie sie in geringen Mengen auch in der Natur als *Carbonados* vorkommen. Gleiche hochdrucktechnische Voraussetzungen gelten für die Synthese von kubischem Bornitrid; die notwendigen Drücke und Temperaturen liegen bei 6 GPa und 1600 °C. Sowohl hinsichtlich Härte als auch der Möglichkeit polykristalline Körper herzustellen, bietet Bornitrid eine ähnliche Einsatzbreite in der Technik wie Diamant.

Die Hochdrucksynthese ist auch im hydrothermalen Bereich von Bedeutung. Hier steht die Synthese von *Quarz* im Vordergrund. Für derartige Zwecke werden in der Regel *Autoklaven* eingesetzt. Gegenwärtig stellt die Synthese von Edelsteinen (z. B. Smaragd) ein wichtiges Feld dar.

Hochdruckchemie. In der chemischen Industrie werden bei vielen technisch wichtigen Verfahren hohe Drücke angewendet. Sie dienen dabei grundsätzlich zur Beeinflussung der Reaktionsgeschwindigkeit bzw. der Lage des Gleichgewichtes mit dem Ziel der Erhöhung der Ausbeute. Als Beispiele seien die Ammoniaksynthese und die Herstellung von Hochdruckpolyäthylen genannt.

Isostatisches Pressen. Man unterscheidet zwischen dem isostatischen Kaltpressen und dem isostatischen Heißpressen (Drucksintern). Das *isostatische Kaltpressen* hat gegenüber dem einfachen konventionellen mechanischen Pressen den Vorteil, daß die Preßlinge eine höhere Homogenität besitzen. Außerdem können in einfacherer Weise recht komplizierte Teile hergestellt werden. Die Anwendung konzentriert sich auf die Pulvermetallurgie, z. B. Hartstoffe, die keramische Industrie, z. B. Hochspannungskeramik, Porzellan, die Formung von Sprengstoffen und Kunststoffen sowie die Herstellung von Kohleformkörpern, z. B. Elektroden.

Beim *isostatischen Heißpressen* wird gegenüber dem Kaltpressen mit einem Inertgas gearbeitet. Die Temperaturen liegen bei maximal 1800 °C, der Druck beträgt maximal 0,3 GPa. Mit diesem weitaus aufwendigeren Verfahren erreicht man für die eingesetzten Materialien eine noch höhere Dichte.

Hydrostatisches Strangpressen. Dieses auch unter *Extrusion* bekannte Verfahren der Werkstoffverformung gehört gleichfalls zu den ökonomisch intensivsten Anwendungen hoher Drücke in der Technik. Das zu bearbeitende Material – meist in Stangenform – wird in einer Hochdruckkammer über die Elastizitätsgrenze

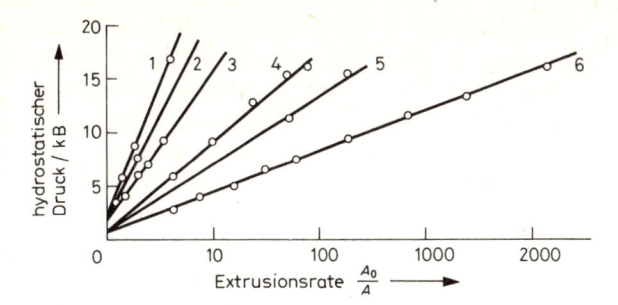

Abb. 5 Extrusionsraten verschiedener Materialien.
1 Schnelldrehstahl;
2 Stahl 0,35 C
3 Stahl 0,15 C
4 Kupfer 99,9%
5 AlCuMg-Legierung
6 Aluminium 99,5%

Literatur

[1] BRIDMAN, P. W.: The Physics of High Pressure. – London: G. Bell & Sons 1949.
[2] EDELMANN, C.: Druckmessung und Druckerzeugung. – Berlin: Akademie-Verlag 1982.
[3] HAMANN, S. D.: Physico-Chemical Effects of High Pressure. – London: Butterworths 1957.
[4] ULMER, C. G.: Research Techniques for High Pressure and High Temperature. – Berlin/Heidelberg/New York: Springer Verlag 1971.
[5] BRADLEY, C. C.: High Pressure Methods in Solid State Research. – London: Butterworths 1969.
[6] BRADLEY, R. S.: Advances in High Pressure Research. – New York: Academic Press 1969.
[7] TOMIZUKA, C. T.: Physics of Solids at High Pressure. – New York: Academic Press 1965.

gebracht und dann im plastischen Zustand durch eine Düse in die gewünschte Form gepreßt. Die angewendeten Drücke richten sich nach den Eigenschaften des eingesetzten Metalls und liegen maximal bei 2 GPa. Abbildung 5 vermittelt einen Eindruck der Leistungsfähigkeit dieses Verfahrens. Besonders bietet sich das Verfahren zum Ziehen feinster Drähte bis 0,015 mm an.

Explosionsumformung. Damit lassen sich u. a. metallische Werkstoffe, auch wenn sie als unverschweißbar gelten, innig miteinander verbinden. Der Mechanismus besteht im Erzeugen einer Druckwelle über der Verbindungsfläche durch die Detonation des Sprengstoffes. Die hohe Umformgeschwindigkeit von 5000–12000 m/s und der Druck von 20–40 GPa bei Detonation des Sprengstoffes erzeugen in der Verbindungsfläche eine so hohe Energie, daß sich der Werkstoff im submikroskopischen Bereich wie ein Plasma verhält.

Anwendungen hoher Drücke in den Geowissenschaften. Bei der Untersuchung der physikalischen Eigenschaften der Minerale und Gesteine als Grundlage für die Kenntnis deren Genese sind Hochdruckexperimente notwendig, die den betreffenden Tiefenbereich charakterisieren. Die exakte Kenntnis der Druck- und Spannungsverhältnisse ist unabdingbar für die Projektierung von Schachtanlagen, Untergrundspeichern, Tunnels, Großbauten und Talsperren sowie deren Überwachung. Die Kenntnis des Druckverhaltens tieferer Erdschichten gibt uns wichtige Rückschlüsse z. B. auf die physikalischen Vorgänge bei Brucherscheinungen, die uns wiederum beim Verständnis von Erdbebenvorgängen helfen. Schließlich ist die obere Schicht unserer Erde (Lithosphäre) unser Rohstoff- und Energielieferant. Die exakte Kenntnis der dort ablaufenden Vorgänge in ihrer Komplexität ist nur durch eine systematische Laboruntersuchung unter den extremen Druck- und Temperaturbedingungen zu erhalten.

Erzeugung von Temperaturen < 1 K

Bis herab zu ca. 5 mK haben sich flüssiges ^{3}He und ^{3}He-^{4}He Lösungen als Kältemittel durchgesetzt. Durch die in den Flüssigkeiten auftretenden Quanteneffekte ergeben sich Besonderheiten gegenüber den bei höheren Temperaturen verwendeten Kälteprozessen. Die Nutzung der Lösungswärme von ^{3}He beim Übergang aus der mit ^{3}He konzentrierten in die verdünnte Phase zur Kälteerzeugung wurde 1962 von LONDON, CLARKE und MENDOZA [1] vorgeschlagen.

Sachverhalt

Das Isotop ^{3}He wird durch radioaktiven β-Zerfall von Tritium (Halbwertszeit 12,5 Jahre) erhalten, das wiederum in Kernreaktoren durch Neutronenbeschuß von Lithium erzeugt wird. Aufgrund seiner hohen Nullpunktsenergie und geringen zwischenatomaren Wechselwirkungsenergie bleibt ^{3}He bis zum absoluten Nullpunkt flüssig. Durch Verdampfung von flüssigem ^{3}He können Temperaturen von 2 K–0,3 K erzeugt werden. Bei 0,3 K ist der Dampfdruck bereits so klein, daß die Kälteleistung nicht ausreicht, um die unvermeidlichen Wärmelecks zu kompensieren.

Temperaturen von 0,6 K bis 5 mK werden durch die Lösung von ^{3}He in ^{4}He erreicht. ^{3}He-^{4}He-Lösungen sind oberhalb 0,8 K beliebig mischbar. Unterhalb 0,8 K tritt abhängig von der Konzentration eine Entmischung in zwei flüssige Phasen entsprechend dem in Abb. 1 dargestellten Phasendiagramm auf. Die obere, ^{3}He-reiche Phase besteht unterhalb 0,1 K aus nahezu reinem ^{3}He (> 0,99997), in der unteren ^{4}He-reichen Phase bleibt bis zur Temperatur Null eine endliche Löslichkeit von 0,064 ^{3}He erhalten.

Unterhalb der λ-Kurve ist das ^{4}He superflüssig. Seine Eigenschaften werden durch die Bose-Einstein-Statistik bestimmt, die den Übergang in den quantenmechanischen Grundzustand begünstigt. Die Entropie und die Energie von verdünnten ^{3}He-Lösungen wird weitgehend durch das Verhalten der ^{3}He-Atome bestimmt, die gemeinsam mit den noch vorhandenen Phononen die normalflüssige Komponente der Lösung bilden. Bei ihrer Bewegung wechselwirken die ^{3}He-Atome nicht mit der superflüssigen ^{4}He-Komponente, und die Wechselwirkung zwischen den ^{3}He-Atomen kann wegen ihrer großen mittleren Abstände ebenfalls vernachlässigt werden. Bei tiefen Temperaturen T verhält sich die ^{3}He-Komponente wie ein entartetes ideales Fermi-Gas. Die Entropie der ^{3}He-Lösungen wächst mit Abnahme der ^{3}He-Konzentration. Der Übergang von ^{3}He aus der konzentrierten in die verdünnte Phase ist mit einer Lösungswärme von 84 T^2 Ws/mol K^2 verbunden und kann zur Kälteerzeugung ausgenutzt werden.

Eine weitere Möglichkeit zur Kälteerzeugung besteht in der adiabatischen Verfestigung von flüssigen ^{3}He aufgrund der negativen Schmelzwärme von ^{3}He im Temperaturbereich < 0,3 K. Diese als Pomerantschuk-Effekt [2] bezeichnete Kühlmethode gestattet die Erzeugung von Temperaturen bis herab zu 1 mK. Ihre Anwendung hat gegenüber der ^{3}He-Lösungskältemaschine und der Kernkühlung nur geringe Bedeutung.

Kennwerte, Funktionen

Eigenschaften bei tiefsten Temperaturen T:

		^{3}He	6 %ige ^{3}He Lösung
Spezifische Wärme:	Ws/mol K^2	25 T	107 T;
Molvolumen:	m^3/mol	3,69 · 10^{-5}	43,0 · 10^{-5};
Zähigkeit:	NsK^2/m^2	2,2 · 10^{-5} T^{-2}	0,3 · 10^{-5} T^{-2}
Wärmeleitung:	W/m	33 · 10^{-5} · T^{-1}	24 · 10^{-5} T^{-1}
Bindungsenergie:	Ws/mol	21	21.

Anwendungen

^{3}He-Lösungskältemaschine. Die ersten ^{3}He-Lösungskältemaschinen wurden von DAS u. a. [3] sowie NEGANOV, BORISOV und LIBURG [4] gebaut.

In Abb. 2 ist das Prinzip der kontinuierlich arbeitenden ^{3}He-Lösungskältemaschine dargestellt. Mit einer Treibdampfpumpe wird nahezu reines ^{3}He aus dem Verdampfer abgepumpt, auf ca. 5 · 10^3 Pa komprimiert und nach entsprechender Vorkühlung an flüssigem Helium bei 1,2 K kondensiert. Dann wird es am Verdampfer und im Wärmetauscher weiter abgekühlt und

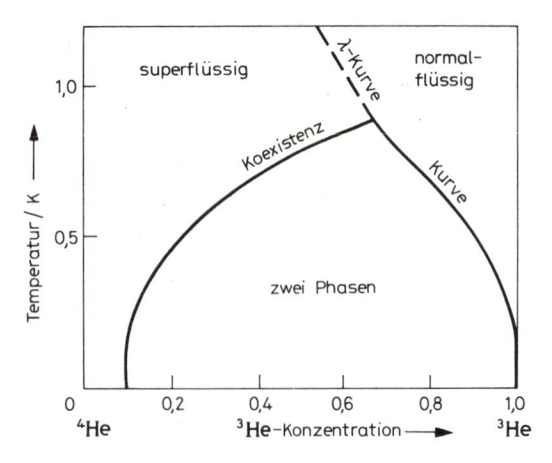

Abb. 1 Phasendiagramm von ^{3}He-^{4}He-Lösungen

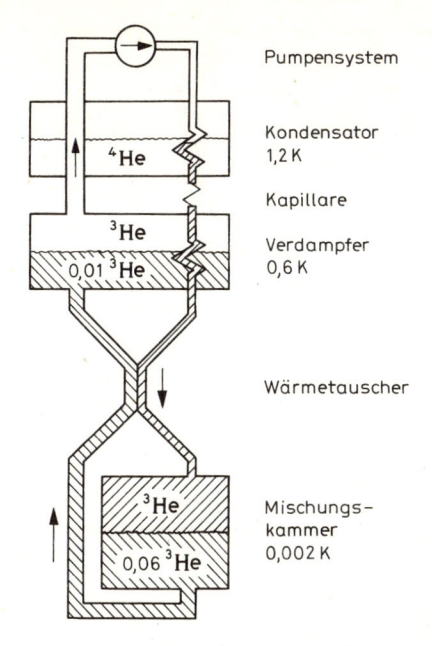

Abb. 2 Schema der ³He-Lösungskältemaschine

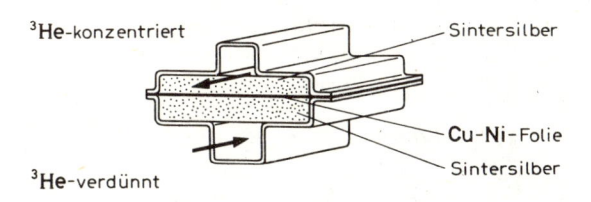

Abb. 3 Schema eines Sintersilber-Wärmeaustauschers

tritt in den oberen Teil der Mischungskammer ein. Die Kapillare dient der Reduzierung des Druckes auf 1 Pa. In der Mischungskammer geht das ³He unter Aufnahme von Wärme in die mit ³He verdünnte Phase über und strömt aufgrund eines Konzentrationsgradienten durch den Wärmetauscher wieder zurück in den Verdampfer, wo es durch Wärmezufuhr verdampft und von der Treibdampfpumpe abgesaugt wird. Als günstigste Temperatur im Verdampfer haben sich 0,6 K erwiesen. Der Gleichgewichtsdruck in der Dampfphase, die aus nahezu reinem ³He besteht, beträgt bei dieser Temperatur 1 Pa. Mit einer Treibdampfpumpe von 500 l/s Saugleistung kann eine ³He-Zirkulationsrate von $1 \cdot 10^{-4}$ mol/s aufrechterhalten werden. Der Partialdruck des ⁴He ist noch so klein, daß nur wenig ⁴He verdampft und das superflüssige ⁴He in der mit ³He verdünnten Phase zwischen Verdampfer und Mischungskammer praktisch nicht an der Zirkulation teilnimmt.

Die maximale Kälteleistung der Mischungskammer ist für einen idealen Wärmetauscher gleich dem Produkt aus ³He-Zirkulationsrate und Lösungswärme und nimmt quadratisch mit abnehmender Temperatur ab. Die tiefste erreichbare Temperatur wird durch die Güte des Wärmetauschers, die Strömungswiderstände in den Rohren und äußere Wärmelecks auf Werte oberhalb 2 mK begrenzt.

Im Wärmetauscher wird das ankommende ³He durch das rückströmende ³He abgekühlt. Der Wärmewiderstand zwischen flüssigem ³He und der Austauscheroberfläche steigt umgekehrt zu der 3. Potenz der Temperatur an. Für die erforderliche Austauscherfläche ergibt sich daraus eine quadratische Abhängigkeit von der reziproken Gleichgewichtstemperatur der Mischungskammer. Zur Erzielung von Temperaturen bis zu 30 mK ist ein Gegenströmer aus zwei ineinandergesteckten Rohren ausreichend. Durch das innere Rohr strömt die konzentrierte Phase, durch den von beiden Rohren gebildeten Zwischenraum die verdünnte Phase. Charakteristische Längen sind ca. 4 m bei 3–4 mm Durchmesser des Außenrohres, woraus sich eine wirksame Austauscherfläche von 0,05 m² ergibt. Für tiefere Temperaturen ist eine wesentliche Erhöhung der Austauscherfläche erforderlich, die durch Aufbringen einer Schicht von gesintertem Kupfer- oder Silberpulver auf die für den Wärmeaustausch wirksamen Oberflächen erreicht werden kann. Von Frossati [5] wurde ein Wärmetauscher aus gesintertem Silberpulver mit Teilchendurchmesser von 400 Å und einer wirksamen Austauscherfläche von 200 m² verwendet. Bei einer ³He-Zirkulationsrate von $1{,}4 \cdot 10^{-4}$ mol/s wurde eine tiefste Temperatur von 2 mK erreicht. Der schematische Aufbau ist in Abb. 3 angegeben. Um den Strömungswiderstand zu senken, strömt das ³He durch einen von Sintersilber freien Kanal. Die große Wärmeleitfähigkeit in der Flüssigkeit sichert eine gute Wärmeableitung zum Sintersilber. Die Gesamtlänge des Wärmetauschers beträgt 1 m. Zur besseren Raumausnutzung wird er aus vier ringförmigen Segmenten mit 8,5 cm Innendurchmesser gebildet, die zu einer Spirale in Reihe geschaltet sind.

Literatur

[1] London, H.; Clarke, G. R.; Mendoza, E.: Osmotic Pressure of ³He in Liquid ⁴He, with Proposals for a Refrigerator to Work Below 1 K. Phys. Rev. **128** (1962) 1992–2005.

[2] Lounasmaa, O. V.: Experimental Principles and Methods Below 1 K. – London/New York: Academic Press 1974.

[3] Das, P.; de Bruyn Ouboter, R.; Taconis, K. W.: A Realization of a London-Clarke-Mendoza Type Refrigerator. Proc. 9.th Internat. Conf. on Low Temp. Phys. – London: Plenum Press 1965, S. 1253–1255.

[4] Neganov, B. S.; Borisov, N.; Liburg, M.: Metod polučenija sverchniskich temperatur, osnovannyj na rastvorenii ³He v ⁴He. Ž̌h. èksper. teor. Fiz. **50** (1966) 1445–1457.

[5] Frossati, G.: Obtaining Ultralow Temperatures by Dilution of ³He into ⁴He. J. Physique **39** (1978) 1578–1589.

Erzeugung von Temperaturen < 1 mK

Temperaturen unter 1 mK werden durch adiabatische Entmagnetisierung der magnetischen Momente von Atomkernen erzeugt. Diese Methode wurde zunächst unabhängig voneinander von DEBYE [1] und GIAUQUE [2] für paramagnetische Salze zur Kühlung bis zu 1 mK vorgeschlagen. Auf die Möglichkeit der Erzeugung noch tieferer Temperaturen durch den Übergang von paramagnetischen Salzen zu Kernparamagneten wies GORTER [3] hin.

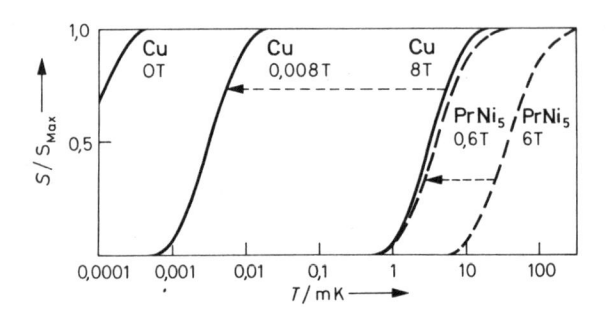

Abb. 1 Kernentropiediagramm von Kupfer und PrNi$_5$
Die Werte für S_{Max} betragen 11,5 J/Kmol (I = 3/2) für Kupfer und 14,9 J/Kmol (I = 5/2) für PrNi$_5$. (– – –) Entmagnetisierungsgeraden

Sachverhalt

Das Prinzip der Anwendung adiabatischer Prozesse zur Kühlung paramagnetischer Systeme beruht darauf, daß die Entropie eines Systems nahezu unabhängiger magnetischer Momente neben der Temperatur vom Magnetfeld abhängt.

Da das magnetische Moment der Atomkerne etwa 2000mal kleiner als das der Atomhülle ist und ihre Wechselwirkung untereinander dem Quadrat der Momente proportional ist, lassen sich die tiefsten Temperaturen durch Entmagnetisierung von Metallen mit einem Kernspin realisieren [4].

In Abb. 1 ist das Entropiediagramm von Kupfer mit Kernspin $I = 3/2$, das sich als geeignetes Material für die Kernkühlung erwiesen hat, dargestellt. Während einer adiabatischen Entmagnetisierung von einem Feld B_a und Temperatur T_a auf B_e bleibt die Entropie konstant, und für die Endtemperatur T_e gilt

$T_e = T_a(B_e/B_a)$.

Wird eine Kupferprobe, ausgehend von 8 T und 10 mK adiabatisch auf ein äußeres Feld Null entmagnetisiert, dann stellt sich eine tiefste Temperatur des Spinsystems von 0,3 µK ein. Diese Temperatur wird durch die vorhandene kleine Wechselwirkung zwischen den einzelnen Kernspins festgelegt und kann durch ein inneres Dipolfeld b beschrieben werden. Für Kupfer ergibt sich ein Wert von 0,3 mT. Eine spontane Ordnung der Kernmomente wird erst unterhalb 50 nK erwartet.

Bei einer Abkühlung des Gesamtsystems muß die Energie des Elektronen- und Phononensystems an das entmagnetisierte Kernspinsystem abgeführt werden. Die Geschwindigkeit der Einstellung eines thermischen Gleichgewichtes innerhalb des Spinsystems der Atomkerne wird durch die Spin-Spin-Relaxationszeit τ_2 und zwischen den Kernspins und den Leitungselektronen durch die Spin-Gitter-Relaxationszeit τ_1 bestimmt. Bei tiefen Temperaturen ist $\tau_2 \ll \tau_1$, und es kann innerhalb einer Probe von einer getrennten Temperatur T_n des Spinsystems und T_e des Elektronensystems gesprochen werden.

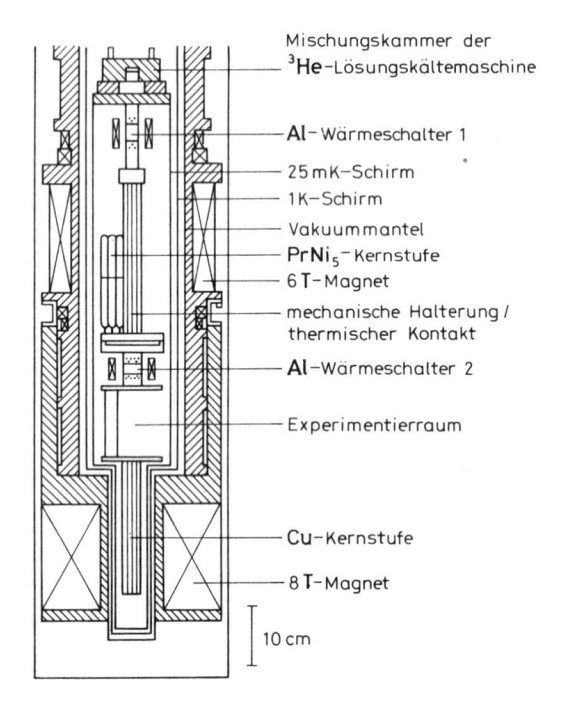

Abb. 2 Zweistufiger Kernentmagnetisierungskryostat [7]

Der Energieaustausch zwischen dem Kernspin- und Elektronensystem erfolgt über die Hyperfeinwechselwirkung zwischen den magnetischen Momenten der Leitfähigkeitselektronen und den Kernen. Die Spin-Gitter-Relaxationszeit $\tau_1 = \chi/T_e$ ist umgekehrt proportional zur Elektronentemperatur T_e mit der Korringakonstante χ als Proportionalitätsfaktor. Für Kupfer ist χ gleich 1,1 sK und für Platin 0,086 sK. Die Kühlung des Phononensystems erfolgt über die Wechselwirkung mit den Elektronen.

Anwendungen

Die erste experimentelle Realisierung der Kernkühlung gelang 1956 KURTI, ROBINSON, SIMON und SPOHR [5], die das Kernspinsystem von Kupfer auf 1 µK kühlten. Dabei waren das Gitter und die Leitungselektronen in thermischem Kontakt mit der Vorkühlstufe bei 12 mK und wurden nicht unter diese Temperatur gekühlt.

EHNHOLM, u.a. [6] koppelten die Kernstufe mit einer ^{3}He-Lösungskältemaschine als Vorkühlstufe und trennten den thermischen Kontakt zwischen der Kernstufe und der Vorkühlstufe vor der adiabatischen Entmagnetisierung mit Hilfe eines supraleitenden Wärmeschalters. Sie erreichten eine tiefste Kernspintemperatur von 50 nK und eine Elektronentemperatur von 250 µK.

Von MUELLER u. a. [7] wurde eine tiefste Elektronentemperatur von 38 µK erreicht. Das Schema des von ihnen entwickelten Entmagnetisierungskryostaten ist in Abb. 2 dargestellt.

Die Anlage besteht aus zwei Kernstufen. Die erste Kernstufe dient zur Vorkühlung der zweiten Stufe, und nur diese Stufe wird zu den tiefsten Temperaturen entmagnetisiert. Die erste Stufe arbeitet dabei oberhalb 5 mK und muß bei diesen relativ hohen Temperaturen große Wärmemengen absorbieren. Als günstigstes Material für diese Stufe haben sich Van Vleck-Paramagnete erwiesen. Das Feld am Kernort wird bei diesen Substanzen durch eine Hyperfeinwechselwirkung beträchtlich gegenüber dem äußeren Magnetfeld erhöht. Dadurch kann bereits bei einer Temperatur von 25 mK, bei der die ^{3}He-Lösungskältemaschine noch eine relativ große Kälteleistung hat, eine große Reduzierung der Entropie und damit eine große Kälteleistung erreicht werden. Zur Erzielung tiefster Temperaturen sind Van Vleck-Paramagnete nicht geeignet, da bei ihnen infolge einer indirekten Austauschwechselwirkung über die Leitungselektronen noch oberhalb 0,1 mK eine spontane Kernordnung eintritt. In unserem Beispiel wurden 60 PrNi$_5$-Stäbe (4,3 mol) verwendet, die zur Vermeidung von Induktionsverlusten gegeneinander isoliert im Arbeitsraum eines 6 T-Supraleitermagneten angeordnet waren.

Über einen thermischen Schalter kann der Wärmekontakt der PrNi$_5$-Stäbe zur Lösungskältemaschine ein- und ausgeschaltet werden. Der Schalteffekt wird durch reines Aluminium realisiert, das durch eine kleine Magnetspule aus dem supraleitenden in den Normalzustand überführt werden kann. Da die Wärmeleitfähigkeit von supraleitendem Aluminium bei tiefen Temperaturen ca. 1000mal kleiner als im normalleitenden Zustand ist, ergibt sich dadurch ein guter Schalteffekt. Eine Verwendung mechanischer Schalter ist wegen der unvermeidlichen Reibungsverluste und Schwingungsverluste nicht möglich.

Die 2. Kernstufe besteht aus 10 mol Kupferstäben von ca. 3 mm Durchmesser in einem Feld von 8 T, das von einem NbTi-Supraleitermagnet erzeugt wird. Die Stäbe sind voneinander isoliert zu einem starren Gitter verbunden und über einen supraleitenden Wärmeschalter aus Aluminium thermisch mit der ersten Kernstufe kontaktiert.

Nach Vorkühlung der beiden magnetisierten Kernstufen auf 25 mK, die insgesamt mehrere Tage dauert, wird der Wärmeschalter 1 geöffnet und das PrNi$_5$ von 6 T auf 0,2 T entmagnetisiert. Dabei kühlt sich das Kupfer der 2. Stufe auf 5 mK in einem Feld von 8 T. Das entspricht einer Reduzierung der Entropie der Kupferkerne gegenüber dem feldfreien Zustand um 27%. Nach Unterbrechung des 2. Wärmeschalters und weiterer Entmagnetisierung des PrNi$_5$ unter 2 mK wird die Kupferstufe auf 0,01 T in ca. 10 h entmagnetisiert. Dabei stellt sich im Experimentierraum eine minimale Temperatur von 38 µK ein, die über 10 Tage unter dem Wert 50 µK gehalten werden kann. Die Elektronen im Zentrum der Kupferkernstufe wurden bis zu 6 µK abgekühlt. Die Differenz in den Temperaturen der Kernstufe und des Experimentierraumes wird durch Wärmeströme infolge von nicht vollständiger thermischer Isolierung von ca. 1 nW verursacht.

Literatur

[1] DEBYE, P.: Einige Bemerkungen zur Magnetisierung bei tiefen Temperaturen. Ann. Physik **81** (1926) 1154–1160.

[2] GIAUQUE, W. F.: A Thermodynamic Treatment of Certain Magnetic Effects. A Proposed Method of Producing Temperatures Considerably Below 1 K. J. Amer. Chem. Soc. **49** (1927) 1864–1870.

[3] GORTER, C. J.: in Debye, P.: Die magnetische Methode zur Erzeugung tiefster Temperaturen. Phys. Z. **35** (1934) 923–928.

[4] LOUNASMAA, O. V.: Experimental Principles and Methods Below 1 K. – London/New York: Academic Press 1974.

[5] KURTI, N.; ROBINSON, F. N.; SIMON, F.; SPOHR, D. A.: Nuclear Cooling. – Nature (London) **178** (1956) 450–453.

[6] EHNHOLM, G. J.; EKSTRÖM, I. P.; JACQUINOT, J. F.; LOPONEN, M. T.; LOUNASMAA, O. V.; SOINI, J. K.: NMR Studies on Nuclear Ordering in Metallic Copper Below 1 µK. J. Low Temp. Phys. 39 (1980) 417–450.

[7] MUELLER, R. M.; BUCHAL, C.; FOLLE, H. R.; KUBOTA, M.; POBELL, F.: A Double-Stage Nuclear Demagnetization Refrigerator. Cryogenics **20** (1980) 395–407.

Josephson-Effekt

Als Josephson-Effekt bezeichnet man den phasenabhängigen Tunnelstrom zwischen zwei schwach gekoppelten Supraleitern. Er wurde 1962 von B. D. JOSEPHSON theoretisch vorausgesagt [1] (Nobelpreis 1973) und danach von verschiedenen Autoren experimentell bestätigt. Bauelemente auf der Basis des Josephson-Effekts finden Anwendung in der Meßtechnik zum Nachweis sehr kleiner elektrischer Spannungen, Ströme, Magnetfelder, magnetischer Suszeptibilitäten, elektromagnetischer Signale, als Spannungsstandard u.a. und sind zum Einsatz in schnellen elektronischen Rechenanlagen vorgesehen.

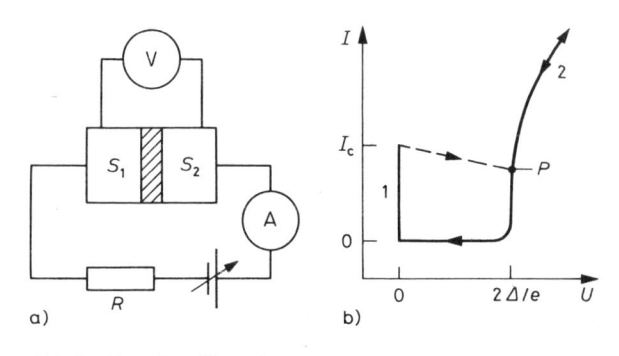

Abb. 1 Josephon-Kontakt
a) prinzipielle Anordnung, b) Strom-Spannungs-Kennlinie: 1 – Josophson-Gleichstrom, 2 – Kennlinie des Einelektronentunnels für zwei gleiche Supraleiter

Sachverhalt

Die Meßanordnung für den Josephson-Effekt ist in Abb. 1a schematisch dargestellt. Die schwache Kopplung zwischen den beiden Supraleitern S_1 und S_2 kann durch eine dünne isolierende, halbleitende oder normalleitende Schicht (SIS, SHS oder SNS), einen Punktkontakt, eine Lotperle auf einem Niobdraht oder durch eine Einschnürung in einer supraleitenden Schicht (etwa 1 µm breit) realisiert werden [2–8].

Besteht zwischen den Elektronenwellenfunktionen der Supraleiter S_1 und S_2 die Phasendifferenz $\varphi_1-\varphi_2$, so ist der Josephson-Tunnelstrom durch Gl. (1) bestimmt. Liegt keine äußere Spannung an, so fließt ein zeitlich konstanter Tunnelstrom von Elektronenpaaren (Cooper-Paare; siehe *Supraleitfähigkeit*) bis zu einem kritischen Strom I_c (*Gleichstrom-Josephson-Effekt*). In einem äußeren Magnetfeld H wird die Phasendifferenz ortsabhängig, und der maximale Tunnelstrom ändert sich periodisch mit H (siehe Gl. (2)) [2–6].

Der *Wechselstrom-Josephson-Effekt* tritt auf, wenn an dem Tunnelelement eine Spannung U anliegt. Dies ist in der Anordnung von Abbildung 1b der Fall, wenn I_c überschritten wird. Dann springt der Strom zum Punkt P auf der Kennlinie des Einelektronentunnelns. Die Spannung U über dem Josephson-Kontakt wird durch die Energielücke Δ der Supraleiter des Kontaktes bestimmt. Neben dem Gleichstrom durch Einelektronentunneln fließt ein supraleitender Wechselstrom $I = I_0 \sin 2\pi f t$ mit einer Frequenz nach Gl. (3). Die damit verbundene hochfrequente elektromagnetische Strahlung ist wegen der geringen Leistung schwierig nachweisbar. Einfacher nachzuweisen ist der umgekehrte Effekt, bei dem ein Josephson-Kontakt mit Mikrowellen der Frequenz f bestrahlt wird. Dabei erscheinen in der I-U-Kennlinie bei den Spannungen $U_n = nhf/2e$ ($n = 1, 2, ...$) Sprünge, deren Größe mit der Strahlungsintensität zunimmt [2–6].

Kennwerte, Funktionen

Funktionen:

$$I = I_0 \sin(\varphi_1 - \varphi_2) \quad (I_0 < I_c), \tag{1}$$

$$I_c(H) = I_c(0)\,\frac{\sin \pi\, \Phi/\Phi_0}{\pi\,\Phi/\Phi_0} \tag{2}$$

(Φ – magnetischer Fluß durch den Tunnelkontakt),

$$f = (2e/h)\,U \tag{3}$$

(h – Plancksches Wirkungsquantum, e – Elementarladung).

Kennwerte:
Flußquant $\Phi_0 = h/2e = 2{,}07 \cdot 10^{-15}$ Wb,
Josephson-Frequenz $2e/h = 4{,}836 \cdot 10^{14}$ Hz/V,
Dicke der Tunnelbarriere d (Bereiche):
SIS-Tunnel: 1...5 nm,
SHS-Tunnel: 1...100 nm,
SNS-Tunnel: 10...100 nm.

Mit SQUID-Anordnungen erreichte Empfindlichkeiten [3, 5, 8, 9]:
Magnetfeld 10^{-14} T,
Spannung 10^{-15} V
(10^{-18} V theoretische Empfindlichkeit),
Strom 10^{-11} A.

Übergangstemperaturen und Energielücken (bei 0 K) einiger häufig verwendeter supraleitender Elemente:

	T_c/K	Δ/meV
Nb	9,25	1,50
Pb	7,20	1,40
V	5,40	0,84
Ta	4,47	0,72
Sn	3,72	0,61
In	3,41	0,54

Häufig verwendete Legierungen:
Sn-Pb, Sn-Pb-Cd, Pb-In, Pb-Tl, Pb-Bi, Nb-Re

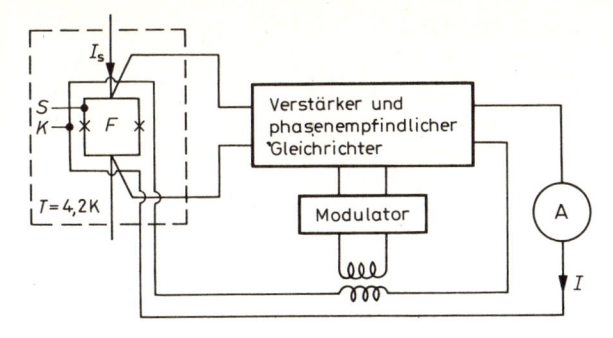

Abb. 2 Prinzip eines Magnetometers mit Doppelkontakt-SQUID (S – SQUID, I_s – Steuerstrom, K – Kompensations- und Modulationsspule)

Anwendungen

SQUID für empfindliche elektrische und magnetische Messungen. Das SQUID (Superconducting Quantum Interference Device) ist ein supraleitender Stromkreis, in dem sich ein oder zwei Josephson-Kontakte befinden. Ausgenutzt wird der nach dem Gleichstrom-Josephson-Effekt bestehende Zusammenhang zwischen dem Suprastrom und dem magnetischen Fluß durch den supraleitenden Stromkreis: durch das SQUID fließt ein Gleichstrom, und die Ausgangsspannung ist eine periodische Funktion des das SQUID durchsetzenden Flusses (siehe Gl. (2)). Über die Strommessung im SQUID können Spannungen, Ströme, Widerstände, Magnetfelder und magnetische Suszeptibilitäten gemessen werden [3, 4, 7, 8]. Hervorzuheben ist das SQUID als empfindlicher Indikator für die Kompensation des magnetischen Flusses (Abb. 2). In dieser Magnetometeranwendung ist der Kompensationsstrom I dem die SQUID-Fläche F durchsetzenden Magnetfluß proportional. Das Gerät arbeitet als Nulldetektor. SQUID-Anordnungen werden in großem Umfang auch mit Wechselspannungen betrieben. Die Empfindlichkeit wird letztlich durch thermisches Rauschen begrenzt. SQUID-Meßgeräte werden vor allem in der Meßtechnik für kleine Signale, in der Geologie (Gradiometer), aber auch in der Medizin (Magnetokardiographie) verwendet [2–8].

Spannungsstandard und Bestimmung von e/h. Der Wechselstrom-Josephson-Effekt gestattet hochempfindliche und genaue Spannungsmessungen, da diese auf eine Frequenzmessung zurückgeführt werden (vgl. Gl. (3)). Gegenwärtig werden Josephson-Elemente bereits als Spannungsstandard verwendet [3]. Mit großer Präzision ist auch der Quotient e/h meßbar.

Thermometrie im Bereich 10^{-2} K...10 K. Das mittlere Quadrat der Rauschspannung eines Widerstandes ist der Temperatur direkt proportional (Nyquist-Formel). Die Rauschspannung wird zur Modulation des Josephson-Wechselstromes verwendet, dessen meßbare Frequenzverbreiterung dann proportional zur Temperatur ist. Die Methode beruht auf ersten Prinzipien und eignet sich als Primärstandard. Die Genauigkeit beträgt 0,1 % [3, 9].

Erzeugung, Nachweis und Verarbeitung von Mikrowellen. Der Wechselstrom-Josephson-Effekt kann zur Erzeugung und zum Nachweis von elektromagnetischer Strahlung ausgenutzt werden. Die obere Frequenzgrenze liegt bei einigen THz (fernes Infrarotgebiet). Es wurden verschiedene Josephson-Bauelemente für die Mikrowellentechnik vorgeschlagen: Oszillatoren, Modulatoren, parametrische Verstärker [3, 5, 7, 10].

Schalter und Speicher in der Kryorechentechnik. Verschiedene logische Schalt- und Speicherelemente für die elektronische Rechentechnik sind auf der Basis des Josephson-Effektes entwickelt worden. Ihre Vorzüge sind extrem kurze Schaltzeiten (ca. 10^{-10} s), niedriger Energieverbrauch (Leistung ~ 1 µW pro Element) und hohe Packungsdichte. Wegen des notwendigen Aufwandes zur Erzeugung der tiefen Temperaturen ist ein ökonomischer Einsatz nur in Großrechenanlagen zu erwarten [9–11]. Gegenwärtig werden kleinere Prototypen erprobt [11].

Literatur

[1] JOSEPHSON, B. D.: Possible new effects in superconductive tunneling. Phys. Letters **1** (1962) 251.

[2] KULIK, I. O.; JANSON, I. K.: Josephson-Effekt in supraleitenden Tunnelstrukturen (in Russ.). – Moskau: Nauka 1970.

[3] SOLYMAR, L.: Superconductive tunneling and applications. – London: Chapman & Hall Ltd. 1972.

[4] BUCKEL, W.: Supraleitung. – Berlin: Akademie-Verlag 1973.

[5] WALDRAM, J. R.: The Josephson effects in weakly coupled superconductors. Rep. Progr. Phys. **39** (1976) 751–821.

[6] BARONE, A., PATERNO, G.: Physics and applications of the Josephson effect. – New York: John Wiley 1982 (in Russ.: Moskau: Mir 1984)

[7] SQUID – Superconducting quantum interference devices and their application. Hrsg.: H. D. HAHLBOHM, H. LÜBBIG. – Berlin/New York: Walter de Gruyter 1977.

[8] WAGNER, H.: Anwendungsbeispiele der Josephson-Effekte in Meßtechnik und Medizin. Physik Schule **20** (1982) 10, 401–408.

[9] WOLF, P.: Low-temperature superconducting electronic and computer circuits. Cryogenics **18** (1978) 478–482.

[10] JUTZI, W.: Applications of Josephson-technology. In: Festkörperprobleme XXI. Advances in Solid State Physics, Hrsg.: J. TREUSCH. – Braunschweig: Friedr. Vieweg u. Sohn GmbH. 1981. S. 403–432.

[11] ANACKER, W.: Josephson computer technology: An IBM research project. – IBM J. Res. Develop. **24** (1980) 107–112.

Joule-Thomson-Effekt

In den 50er Jahren des vorigen Jahrhunderts führten J. P. Joule und W. Thomson (der spätere Lord Kelvin) Versuche zur Entspannung von Gasen durch, indem sie in einem gut wärmeisolierten Rohr durch einen porösen Pfropfen Luft, N_2, O_2, CO_2 und H_2 bei Druckunterschieden bis zu 0,6 MPa und Ausgangstemperaturen im Bereich 4...100 °C strömen ließen [1]. Sie beobachteten Temperaturänderungen der Gase (Erwärmung oder Abkühlung) bei dieser Entspannung, die nach ihnen allgemein Joule-Thomson-Effekt genannt werden.

Der Joule-Thomson-Effekt wird heute bei nahezu allen technischen Verfahren zur Verflüssigung tiefsiedender Gase benutzt und hat Bedeutung erlangt für die Messung kalorischer Stoffdaten von Gasen, Flüssigkeiten und deren Gemischen.

Sachverhalt

Beim Drosseln eines beliebigen Gasstroms unter den Bedingungen thermischer Isolierung gegenüber der Umgebung liefert bei vernachlässigbarer kinetischer Energie des Gasstroms (in der Praxis noch bis etwa 40 m/s Strömungsgeschwindigkeit der Fall) der 1. Hauptsatz der Thermodynamik die Bilanz

$$dh = 0,$$

d. h., die Drosselung verläuft isenthalp.

Das vollständige Differential der Enthalpie $h(T,p)$ nimmt die Form

$$dh = \left(\frac{\partial h}{\partial T}\right)_p dT + \left(\frac{\partial h}{\partial p}\right)_T dp = 0 \quad (1)$$

an. Als Temperaturänderung ∂T bei differentieller Druckabsenkung ∂p erhält man den differentiellen Joule-Thomson-Effekt μ zu

$$\mu = \left(\frac{\partial T}{\partial p}\right)_h = -\frac{(\partial h/\partial p)_T}{(\partial h/\partial T)_p}. \quad (2)$$

Verknüpft man die Definitionsgleichung

$$T \, ds = dh - v \, dp$$

der Entropie mit (1), ergibt sich

$$ds = \frac{1}{T}\left(\frac{\partial h}{\partial T}\right)_p dT + \frac{1}{T}\left[\left(\frac{\partial h}{\partial p}\right)_T - v\right] dp.$$

Wegen der Gleichheit der gemischten partiellen Ableitungen des totalen Differentials ds ist

$$\frac{\partial}{\partial p}\left[\frac{1}{T}\left(\frac{\partial h}{\partial T}\right)_p\right]_T = \frac{\partial}{\partial T}\left\{\frac{1}{T}\left[\left(\frac{\partial h}{\partial p}\right)_T - v\right]\right\}_p$$

und damit

$$\left(\frac{\partial h}{\partial p}\right)_T = v - T\left(\frac{\partial v}{\partial T}\right)_p. \quad (3)$$

Andererseits gilt

$$\left(\frac{\partial h}{\partial T}\right)_p = c_p, \quad (4)$$

so daß sich aus (2) mit (3) und (4) für den differentiellen Joule-Thomson-Effekt eines beliebigen Gases der Zustandsgrößen T, v, c_p

$$\mu = \left(\frac{\partial T}{\partial p}\right)_h = \frac{1}{c_p}\left[T\left(\frac{\partial v}{\partial T}\right)_p - v\right] \quad (5)$$

ergibt.
Für das ideale Gas ist

$$T\left(\frac{\partial v}{\partial T}\right)_p = T \cdot \frac{R}{p} = v$$

und damit stets

$$\mu = dT = 0.$$

Der Joule-Thomson-Effekt tritt nur für das reale Gas auf, in dem die zwischenmolekularen Wechselwirkungskräfte nicht verschwinden.

Man bezeichnet als positiven Joule-Thomson-Effekt die Abkühlung des realen Gases bei Entspannung ($\mu > 0$, da $\partial T < 0$ und $\partial p < 0$)

$$\left(\frac{\partial T}{\partial p}\right)_h > 0,$$

als negativen Joule-Thomson-Effekt

$$\left(\frac{\partial T}{\partial p}\right)_h < 0,$$

wenn sich das Gas bei Entspannung erwärmt.

Zustände p, T mit

$$\mu = \left(\frac{\partial T}{\partial p}\right)_h = 0$$

liegen auf der Inversionskurve, dem geometrischen Ort aller sogenannten Inversionspunkte.

Die zugehörige Inversionstemperatur kann aus (3) abgeleitet werden:

$$T_{\text{inv}} = v\left(\frac{\partial v}{\partial T}\right)_p. \quad (6)$$

Die Gleichung für die Inversionskurve lautet analog

$$T\left(\frac{\partial v}{\partial T}\right)_p = v. \quad (7)$$

Zur Verdeutlichung des Sachverhalts der Zustandsbereiche mit Erwärmung bzw. Abkühlung bei Entspannung kann der 12,6-Potentialansatz von Lennard und Jones für die zwischenmolekularen Wechselwirkungskräfte herangezogen werden. Er läßt die abstoßenden Kräfte mit r^{-12} (r – mittlerer Molekülabstand im Gas), die anziehenden mit r^{-6} verschwinden:

$$u_{\text{pot}}(r) = \frac{A}{r^{12}} - \frac{B}{r^6}.$$

A und B sind gasspezifische Konstanten. Der qualitative Zusammenhang kann für differentielle Entspannung ($\partial p \to 0$) Abb. 1 entnommen werden.

Bereich $r < r_0$: Potential der überwiegenden Abstoßungskräfte wird frei, also Erwärmung bei Entspannung (negativer differentieller Joule-Thomson-Effekt);

Bereich $r = r_0 = \sqrt[6]{B/A}$: keine Wechselwirkungskräfte, keine Temperaturänderung bei Entspannung (Inversionspunkt);

Bereich $r > r_0$: Arbeit gegen das Potential der überwiegenden Anziehungskräfte muß geleistet werden, also Abkühlung bei Entspannung (positiver differentieller Joule-Thomson-Effekt).

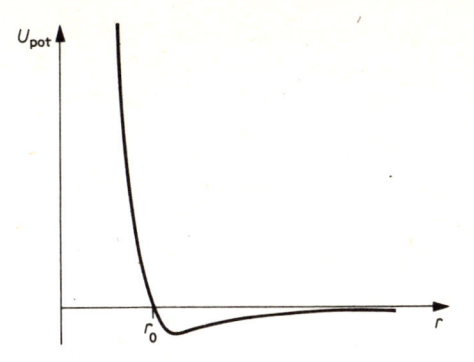

Abb. 1 Prinzipieller Verlauf der zwischenmolekularen Wechselwirkungskräfte im Gas nach dem Potentialansatz von LENNARD/JONES

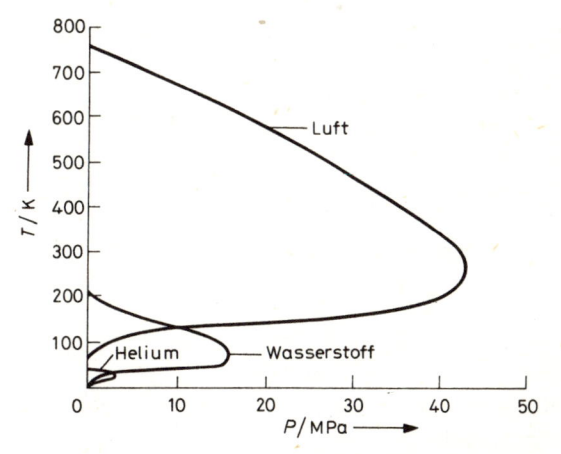

Kennwerte, Funktionen

Bezieht man die Zustandsgrößen p, v, T auf die gasspezifischen Werte am kritischen Punkt, kann mit den so erhaltenen sogenannten reduzierten Werten $\pi = p/p_k$, $\varphi = v/v_k$ und $\tau = T/T_k$ eine allgemeine Zustandsgleichung geschrieben werden. So lautet z. B. die van der Waalssche Gleichung dann [2]

$$\left(\pi + \frac{3}{\varphi^2}\right)\left(\varphi - \frac{1}{3}\right) = \frac{8}{3}\tau \tag{8}$$

und der (7) analoge Ausdruck für die Inversionskurve

$$\tau\left(\frac{\partial \varphi}{\partial \tau}\right)_\pi - \varphi = 0 . \tag{7a}$$

Nach Ausführung der Differentiationen in (7a) mit (8) ergibt sich die allgemeingültige Inversionskurve des differentiellen Joule-Thomson-Effektes für van der Waals-Gase zu

$$\pi = 24\sqrt{\tau} - 12\tau - 27 . \tag{9}$$

Das ist eine Parabel, die bei $\tau = 3$ ihr Maximum $\pi = 9$ hat. Der höchstmögliche Inversionsdruck ist also $p_{inv} = 9 p_k$. Für π, $p \to 0$ ergeben sich die Lösungen $\tau_1 = 0,75$ und $\tau_2 = 6,75$. τ_2 ist die maximale Inversionstemperatur für alle Gase. Gemessen wurden für Luft mit $T_k = 132,6$ K $T_{inv} = 760$ K, also $\tau = T_{inv}/T_k = 5,7$.
Inversionskurven des differentiellen Joule-Thomson-Effektes für Luft, Wasserstoff und Helium zeigt Abb. 2 [3]. Innerhalb des zur Ordinate eingeschlossenen Gebietes findet Abkühlung statt, rechts davon Erwärmung. Wasserstoff muß also mindestens auf 202 K, Helium auf etwa 40 K abgekühlt werden (p und $\Delta p \to 0$), für $p > 0$ liegen diese Temperaturen noch niedriger.

Im T,s-Diagramm gehören zu den Maxima der Isenthalpen jeweils die Wertepaare p, T der Inversionskurve.

Der technische Drosselvorgang erstreckt sich stets über einen endlichen Druckbereich $\Delta p > 0$, so daß

Abb. 2 Inversionskurven des differentiellen Joule-Thomson-Effektes für Luft, Wasserstoff und Helium

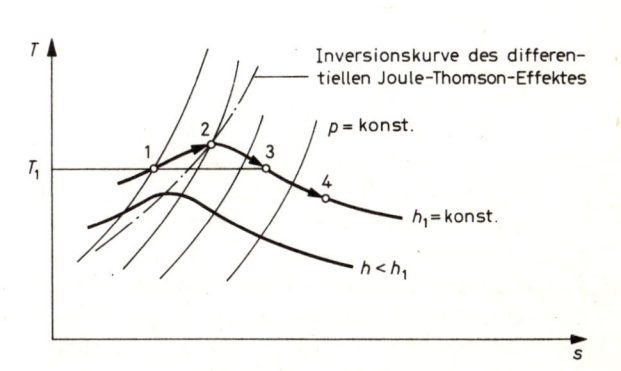

Abb. 3 Joule-Thomson-Effekt im T,s-Diagramm

	differentieller Joule-Thomson-Effekt	integraler Joule-Thomson-Effekt
negativ	im Punkt 1 ($dT > 0$)	Entspannung von 1 nach 2 ($\Delta T > 0$)
Inversion	im Punkt 2 ($dT = 0$)	Entspannung von 1 nach 3 ($\Delta T = 0$)
positiv	im Punkt 3 und 4 ($dT < 0$)	Entspannung von 1 nach 4 ($\Delta T < 0$)

die tatsächliche Temperaturänderung ΔT_{tats} als Summe des bisher beschriebenen differentiellen Effektes über die gesamte Drucksenkung ergibt. Der Quotient $\frac{\Delta T_{tats}}{\Delta p}$ wird als integraler Joule-Thomson-Effekt bezeichnet (Abb. 3). Man kann ΔT_{tats} leicht im T,s-Diagramm bestimmen, indem für die Isenthalpe die zum Ausgangs- und Enddruck gehörenden Temperaturen abgelesen werden.

Anwendungen

Verflüssigung von Gasen. Der Joule-Thomson-Effekt wird in nahezu allen technischen Verfahren zur Verflüssigung von tiefsiedenden Gasen benutzt. Das Drosselventil ist dabei das entscheidende Element, um von einer Temperatur $T < T_{inv}$ ins Dampf-Flüssigkeits-Zweiphasengebiet zu entspannen.

Durch Koppelung mit regenerativer Vorkühlung in einem Wärmeübertrager („Gegenströmer") wird in der sogenannten Joule-Thomson-Stufe oder Linde-Baugruppe (benannt nach C. v. Linde, der damit erstmals 1895 Luft verflüssigte) der Ausgangspunkt vor der Entspannung im Drosselventil zu niedrigeren Temperaturen gelegt, wodurch
- die Entspannung bis ins Zweiphasengebiet möglich wird,
- die energetischen Verluste der Drosselentspannung klein gehalten werden.

In Abb. 4 sind Schaltbilder und T,s-Diagramm des einfachen Linde-Prozesses dargestellt. Die spezifische Kälteleistung q_0 des Prozesses beträgt [4]

$$q_0 \sim (h_6 - h_1),$$

wird also nur positiv, wenn der integrale Joule-Thomson-Effekt bereits für das sogenannte warme Ende des Gegenströmers positiv ist (vgl. Entspannung von 2 nach 3 oder 4 in Abb. 3), nicht erst für den Zustand vor dem Drosselventil. Ist das nicht der Fall (He, H_2 bei Umgebungstemperatur!), muß durch äußere oder prozeßinterne Vorkühlung für das Unterschreiten von T_{inv} an dieser Stelle im Kälteprozeß gesorgt werden. Beispiel ist ein ausgeführter He-Verflüssiger (Abb. 5). Die Vorkühlung erfolgt im Prozeß durch Entspannungsmaschinen E_1, E_2, die Joule-Thomson-Stufe ist deutlich zu erkennen.

Messung kalorischer Eigenschaften von Gasen und Flüssigkeiten. Hier wird die Tatsache konstanter Enthalpie bei der Drosselentspannung ausgenutzt, indem Gase (Flüssigkeiten) aus Bereichen mit bekannten Parametern (p_1, T_1, h_1, $c_{p,1}$) entspannt und den mit vergleichsweise geringem meßtechnischen Aufwand zugänglichen Drücken $p_{n,j}$ und Temperaturen $T_{n,j}$ nach der Entspannung Enthalpiewerte (spezifische Wärmekapazitäten c_p) genau zugeordnet werden können (Abb. 6).

Die so erhaltenen Isenthalpen sind in T,s-, p,T-

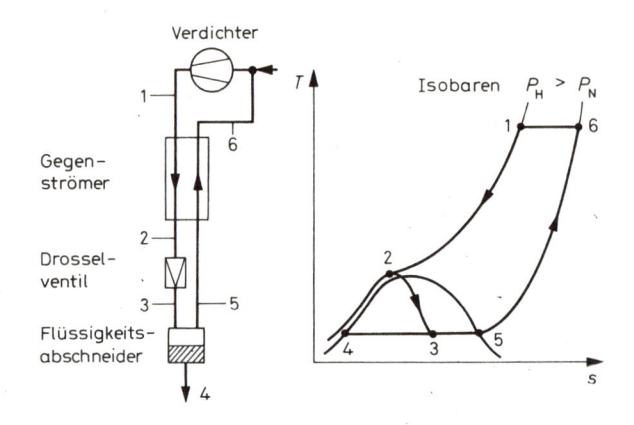

Abb. 4 Schaltbild und Darstellung im T,s-Diagramm für den einfachen Lindeprozeß mit Nutzung des Joule-Thomson-Effekts zur Abkühlung und Teilverflüssigung im Prozeßschritt $2 \to 3$.

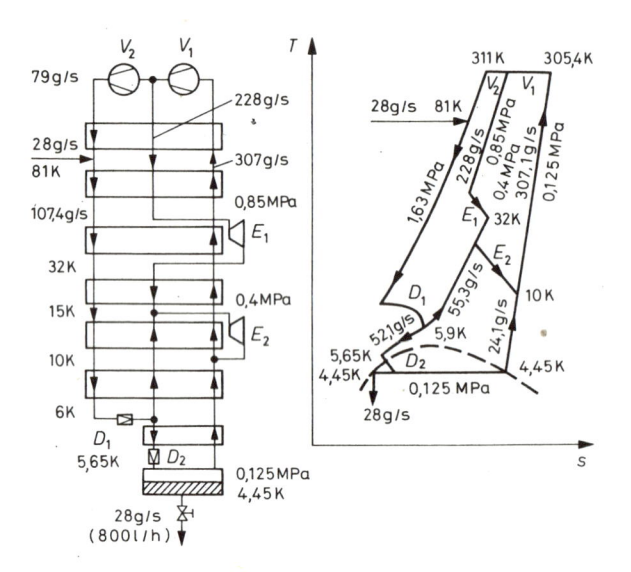

Abb. 5 800 l/h – Heliumverflüssiger der Firma Sulzer, Schweiz [5]

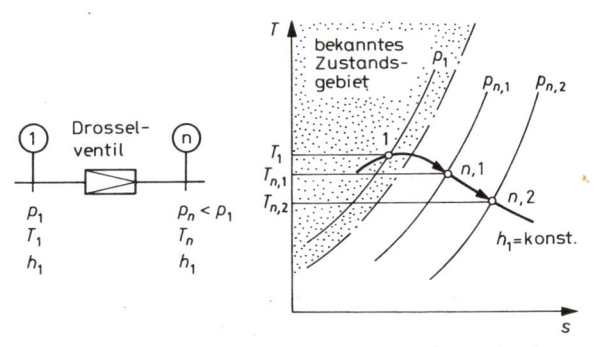

Abb. 6 Prinzip der Bestimmung kalorischer Daten durch Messung des Joule-Thomson-Effektes.

oder h, T-Diagrammen leicht auswertbar und bilden die Grundlage für das Aufstellen von oder Vergleichen mit Zustandsgleichungen in unbekannten oder nicht gesicherten Parameterbereichen. Von Bedeutung ist das vor allem für Stoffgemische, aber auch für die Extrapolation bis hin zu Idealgasenthalpien $h(p \rightarrow 0)$.

Auch der umgekehrte Schluß vom (bekannten) Zustand n, j auf 1 ist über $h = $ konst. möglich.

Beispiele für die Bestimmung von Zustandsgrößen aus der Messung des Joule-Thomson-Effektes sind u. a. in [6–8] zu finden.

Literatur

[1] THOMSON, W.; JOULE, J. P.: Phil. Trans. Roy. Soc. London (1853) 357; (1854) 321; (1862) 579.
[2] ELSNER, N.: Grundlagen der Technischen Thermodynamik, 6. Aufl. – Berlin: Akademie-Verlag 1985.
[3] HAUSEN, H.: Erzeugung sehr tiefer Temperaturen, Gasverflüssigung und Zerlegung von Gasgemischen. Handbuch der Kältetechnik. Bd. VIII. – Berlin/Göttingen/Heidelberg: Springer-Verlag 1957.
[4] JUNGNICKEL, H.; AGSTEN, R.; KRAUS, W. E.: Grundlagen der Kältetechnik, 2. Aufl. – Berlin: VEB Verlag Technik 1985.
[5] TREPP, C.: Annexe 1966-5 Bull. IIR, 215.
[6] KOEPPE, W.: Exper. Tech. Phys. 4 (1956) 278.
[7] GLADUN, A.: Z. phys. Chem. 247, 178 (1971); Cryogenics 6 (1966) 31; 7 (1967) 286.
[8] KNAPP, H.: Proc. XIVth Internat. Congr. Refr. Moscow 1975, vol. II, 101.

Kaltgasmaschine

In der Mitte des 18. Jahrhunderts stellte HOELL eine starke Abkühlung bei der Entspannung von Luft unter Arbeitsleistung fest, was auch CULLEN beim Evakuieren von Luft schon beobachtet hatte. WILCKE erhärtete diese Tatsachen durch systematische Versuche, und CARNOT formulierte 1824 bereits deutlich die analogen Effekte der Gaserwärmung bei Verdichtung und Gasabkühlung bei schneller Ausdehnung [1].

Die erste Kaltluftmaschine baute der amerikanische Arzt GORRIE 1844 zur Klimatisierung einer Station für Fieberkranke in Florida. Von SIEMENS stammt der Vorschlag der Vorkühlung der verdichteten Luft durch entspannte, noch kalte Luft, der heute als Regenerativprinzip allgemein angewandt wird. KIRK führte 1862 Luft im geschlossenen Prozeß und konnte nach dem Prinzip der „linkslaufenden" Heißluftmaschine erstmals eine technisch brauchbare Kaltluftmaschine bauen.

Kaltgasmaschinen wurden später im Temperaturbereich bis $-50\,°C$ durch kompaktere Kaltdampfmaschinen verdrängt, die den Effekt des *Verdampfens* zur Kälteerzeugung nutzen. Eine große Bedeutung fanden sie aber zur Erzeugung tiefer Temperaturen und, gekoppelt mit der Anwendung des *Joule-Thomson-Effektes*, zur Gasverflüssigung und Gasgemischzerlegung. Mit Turbomaschinen werden sie zur Erzeugung von Lufttemperaturen bis $-80\,°C$ eingesetzt und neuerdings auch wieder in Sonderfällen für die Klimatisierung vorgeschlagen [2].

Sachverhalt

Kaltgasmaschinen verwirklichen thermodynamisch linkslaufende Kreisprozesse, in denen durch Leistung von äußerer Arbeit in einer Kolben- oder Turboentspannungsmaschine ein Gas abgekühlt wird.

Als Kälteleistung $\dot{Q}_0$ steht zur Verfügung

a) derjenige Wärmestrom, der bei isothermer Entspannung (in Abb. 1 von 1 nach 2) zugeführt werden kann oder

b) die fühlbare Wärme des kalten Gases zwischen der erreichten tiefsten Temperatur nach der isentropen Entspannung (1→3, in der Praxis polytropen Entspannung 1→4) und der Ausgangstemperatur.

Im Fall b) ist oft die erreichbare Abkühlung T_1-T_3 bzw. T_1-T_4 wichtiger als die Größe der Kälteleistung. Beispiel sind die Gasverflüssigungsverfahren, wo Entspannungsmaschinen zur Gasvorkühlung in Verbindung mit dem *Joule-Thomson-Effekt* in der unmittelbaren Verflüssigungsstufe eingesetzt sind. Das Kaltgasprinzip bleibt auch dann erhalten.

Im Interesse geringsten Arbeitsaufwands versucht man die Verdichtung isotherm zu führen, gegebenenfalls durch Zylinderkühlung oder mehrstufige Gestaltung mit Zwischenkühlung.

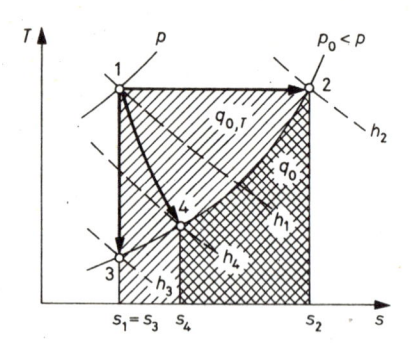

Abb. 1 Entspannung mit Leistung äußerer Arbeit im T,s-Diagramm 1 → 2 isotherme Entspannung,
spezifische Kälteleistung $q_{0,T}$
1 → 2 ideale, isentrope Entspannung mit maximaler Temperaturabsenkung
1 → 4 polytroper Verlauf der wirklichen Entspannung in Entspannungsmaschinen,
spezifische Kälteleistung q_0

Kennwerte, Funktionen

Prozesse mit isothermer Entspannung. Einige theoretische Kreisprozesse für Kaltgasmaschinen mit isothermer Entspannung sind in Abb. 2 dargestellt. Zur energetischen Bewertung definiert man als Leistungszahl ε den Quotienten von „Nutzen" Kälteleistung (bei der isothermen Entspannung 4 → 1) und Aufwand an Verdichtungsleistung (2 → 3)

$$\varepsilon = \frac{\dot{Q}_0}{P}. \tag{1}$$

Carnot-, Ackeret-Keller- und Stirling-Prozeß erreichen die maximale („Carnot"-)Leistungszahl

$$\varepsilon_C = \frac{T_0}{T - T_0}. \tag{2}$$

Zur Beurteilung ausgeführter Prozesse bezieht man die Leistungszahl ε nach der Definition (1) bei vergleichbaren Temperaturen auf ε_C nach (2) und erhält den Gütegrad ν:

$$\nu = \frac{\varepsilon}{\varepsilon_C}. \tag{3}$$

Für tiefe Temperaturen, d.h. $T_0 \ll T$, hat vor allem der Stirling-Prozeß volumetrische Vorteile: die je Arbeitsraumvolumen erzielbare Kälteleistung ist wesentlich größer als beim Carnot-Prozeß (Abb. 3).

Prozesse mit isentroper (polytroper) Entspannung. Bezeichnet man analog zum Joule-Thomson-Effekt die differentielle Abkühlung bei isentroper Entspannung mit

$$\mu_s = \left(\frac{\partial T}{\partial p}\right)_p, \tag{4}$$

so wird mit

$$\mu_s = -\left(\frac{\partial s}{\partial p}\right)_T \bigg/ \left(\frac{\partial s}{\partial T}\right)_p,$$

$$\left(\frac{\partial s}{\partial T}\right)_p = \frac{c_p}{T}$$

und

$$\left(\frac{\partial s}{\partial p}\right)_T = -\left(\frac{\partial v}{\partial T}\right)_p$$

schließlich

$$\mu_s = \frac{T}{c_p}\left(\frac{\partial v}{\partial T}\right)_p. \tag{5}$$

Ausführlicheres hierzu in [4]. Zur Bestimmung von $\frac{\partial v}{\partial T}$ können die bekannten Zustandsgleichungen eingesetzt werden. Für das ideale Gas (Gaskonstante – R, Isentropenexponent – $\varkappa$) gilt speziell

$$\left(\frac{\partial v}{\partial T}\right)_p = \frac{R}{p}$$

und

$$c_p = \frac{\varkappa}{\varkappa - 1} R,$$

so daß (5) zu dem einfachen Ausdruck

$$\mu_s = \frac{T}{p} \cdot \frac{\varkappa - 1}{\varkappa} \tag{6}$$

wird. Durch isentrope Entspannung kann also – im Gegensatz zur isenthalpen Drosselung – auch das ideale Gas abgekühlt werden. μ_s nimmt, wie aus (6) sofort abgeschätzt werden kann, mit sinkendem Druck und steigender Temperatur zu.

Wichtige Kreisprozesse mit isentroper Entspannung sind der Joule-Prozeß (Grundlage der Kaltluftmaschinen), Dreieckprozeß (der ideale Prozeß der Gasabkühlung) und der isotherm-isobar ablaufende Idealprozeß der Gasverflüssigung, der die für den technischen Vergleich bedeutsame minimale Verflüssigungsarbeit w_{min} realisiert (Abb. 4).

Der Betrag von w_{min} berechnet sich als Kreisprozeßarbeit aus der Differenz von bei der isothermen Verdichtung abzuführenden Wärmemenge $T_1(s_1 - s_3)$ und Verflüssigungsenthalpie $h_1 - h_3$:

$$w_{min} = h_3 - h_1 - T_1(s_3 - s_1). \tag{7}$$

w_{min} entspricht damit der Exergie im Zustand 3, wenn auf 1 als Umgebungszustand bezogen wird. Die technische Arbeit bei der Verdichtung 1 → 2 wird im Idealprozeß bei der Entspannung 2 → 3 vollständig zurückgewonnen und geht also in die Bilanz nicht ein.

Der Gütegrad von Kaltgasmaschinen mit Verflüssigung wird mit w_{min} gebildet:

$$\nu = \frac{w_{min}}{w_{aktuell}}. \tag{8}$$

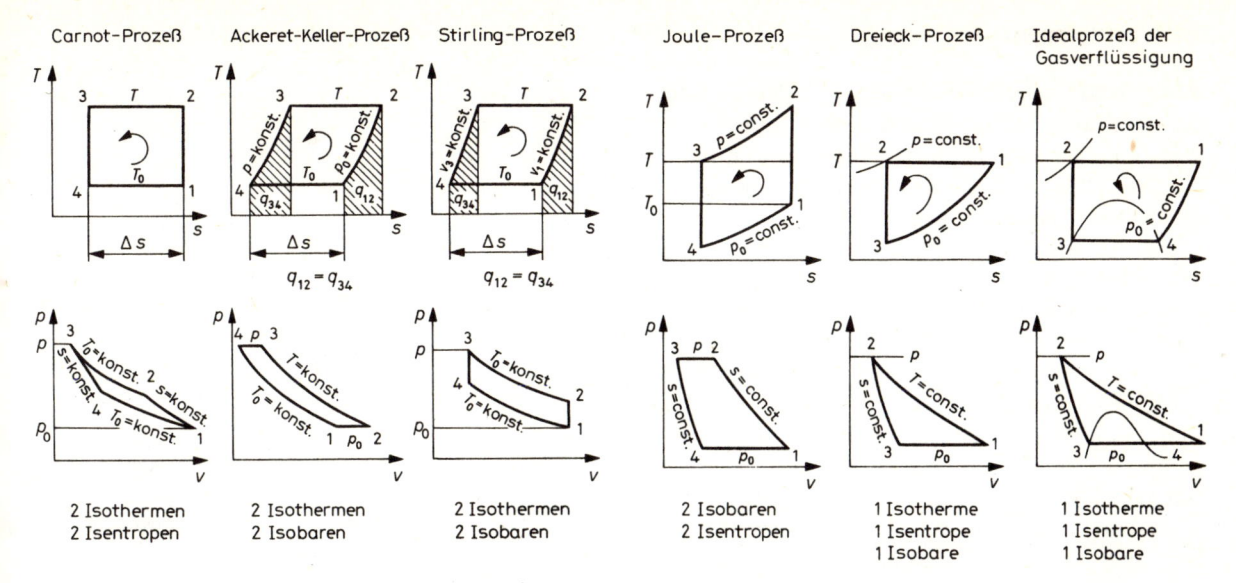

Abb. 2 Kreisprozesse für Kaltgasmaschinen mit isothermer Entspannung

Abb. 4 Kreisprozesse für Kaltgasmaschinen mit isentroper Entspannung

Tabelle 1 Minimale Verflüssigungsarbeit w_{min} für tiefsiedende Gase. Zum Vergleich sind Kreisprozeßarbeit w_C und Gütegrad v_C des Carnot-Prozesses derselben Kälteleistung angegeben. Ausgangspunkt der Verflüssigung $T_1 = 300$ K, $p_1 = 0,1$ MPa

Gas	Normalsiede-temperatur K	w_{min} kJ/kg	kWh/m³ [1)]	kWh/l [2)]	w_C kJ/kg	$v_C = w_{min}/w_C$
Propan	231,2	142	0,071	0,023	158	0,90
Methan	111,7	1096	0,196	0,129	1540	0,71
Sauerstoff	90,2	636	0,227	0,202	945	0,68
Luft	80,9	724	0,234	0,176	1141	0,63
Stickstoff	77,4	767	0,239	0,172	1242	0,62
Wasserstoff	20,4	11950	0,266	0,235	54770	0,22
Helium	4,2	6820	0,334	0,237	109450	0,06

[1)] kWh je m³ Gas bei 300 K und 0,1 MPa
[2)] kWh je l Flüssigkeit bei 0,1 MPa

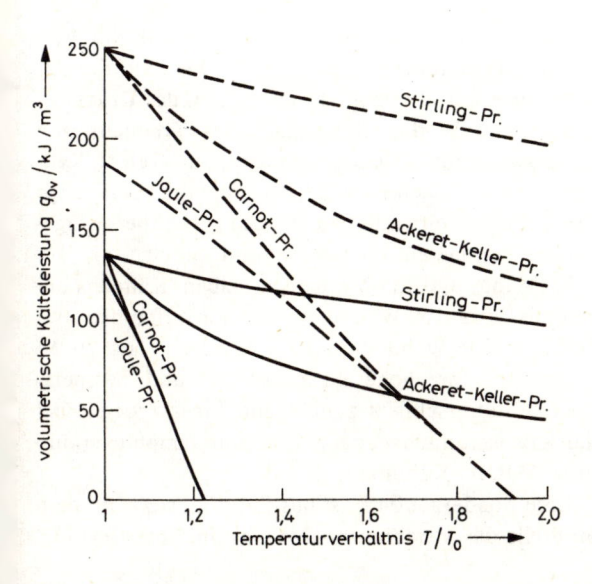

Er liegt für ausgeführte Anlagen (Luft, N_2, CH_4) im Bereich 0,15...0,30. Der Carnot-Prozeß muß die gesamte Kälteleistung $h_1 - h_3$ bei T_3 aufbringen und benötigt somit einen höheren Aufwand als der Idealprozeß der Gasverflüssigung.

Beträge der minimalen Verflüssigungsarbeit für einige technisch bedeutsame tiefsiedende Gase können Tab. 1 entnommen werden. Zusätzlich ist der Gütegrad des Carnot-Prozesses nach Definition (8) angegeben, der aus dem genannten Grund mit sinkender Normalsiedetemperatur immer ungünstiger wird.

Abb. 3 Volumetrische Kälteleistung von Kaltgasprozessen
--- Druckverhältnis $p/p_0 = 10$
— $p/p_0 = 2$
$p_0 = 0,1$ MPa, $\varkappa = 1,4$ (ideales Gas), $q_{0,v} = (h_1 - h_4)/(v_1 - v_3)$

Anwendungen

Stirling-Gaskältemaschinen. In den 50er Jahren wurde der linksläufige Stirling-Prozeß (Abb. 2) in der Firma Philips, Niederlande, zur technischen Reife entwickelt [5]. Durch Einfügen eines thermischen Regenerators werden tiefe Temperaturen erreicht.

Das Konstruktionsprinzip mit gegeneinander beweglichem Kolben 1 und Verdränger 3, den Wärmeübertragern 8 zum Abführen der Verdichtungswärme bzw. 6 für das Zuführen der Kälteleistung zeigt Abb. 5. Zunächst bewegt sich bei stillstehendem Verdränger der Kolben aufwärts; im Verdichtungsraum 4 wird die Kompressionswärme über 8 abgeführt. Danach transportiert der Verdränger das Gas durch den (vom Vortakt kalten) Regenerator in den Entspannungsraum 5, wo es durch gemeinsame Abwärtsbewegung von Kolben und Verdränger expandiert. Der Verdränger schiebt schließlich das kalte Gas über Wärmeübertrager 6 und den (nun warmen) Regenerator zurück in den Verdichtungsraum. Auch bei der antriebsbedingten sinusförmigen Bewegung von Kolben und Verdränger kann die Carnot-Leistungszahl des Stirling-Prozesses theoretisch erreicht werden, ausgeführte Maschinen liegen ($T_0 \approx 80$ K) bei etwa $v = 0{,}5$.

Das Arbeitsgas, meist He oder H_2, wird im Prozeß nicht verflüssigt. Übliche Druckverhältnisse schwanken bei mittleren Absolutwerten von 2 MPa um $p/p_0 = 2$.

Stirling-Gaskältemaschinen werden eingesetzt

- zum Kondensieren von Gasen im Temperaturbereich 80...150 K (Luft, Sauerstoff, Methan bis etwa 40 l/h Flüssigkeit)
- zur Aufrechterhaltung konstanter Temperaturen an Kryopumpflächen, tiefzukühlenden Strahlungsempfängern u. ä.
- zur Abkühlung von Gasströmen, z. B. in Heliumverflüssigern.

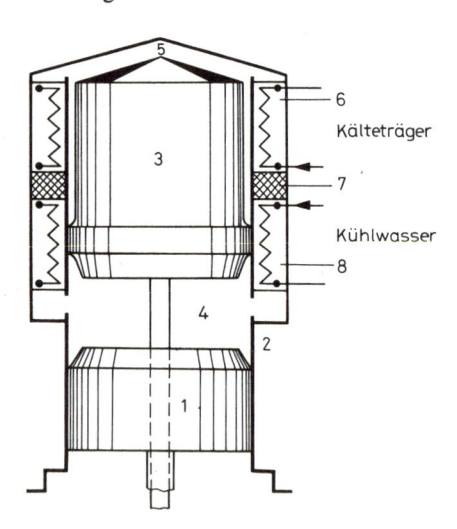

Abb. 5 Konstruktionsprinzip ausgeführter Stirling-Gaskältemaschinen

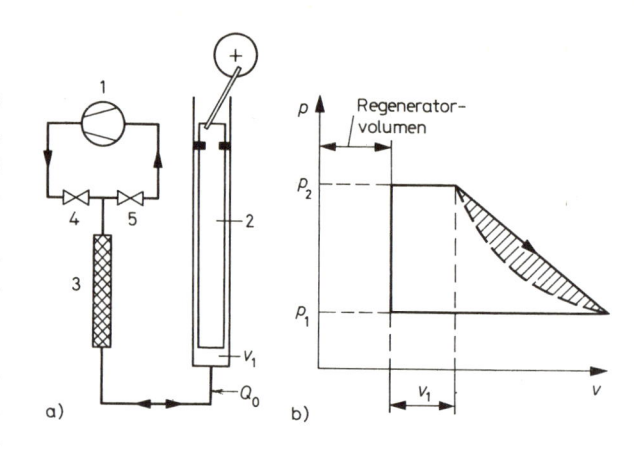

Abb. 6 Kaltgasmaschine nach McMahon/Gifford
a) Apparateanordnung
b) vereinfachter Prozeßablauf im p,V-Indikatordiagramm des Entspannungsraums

Temperaturen bis etwa 12 K können durch mehrstufige Ausführung erreicht werden. Es existieren mittlerweile zahlreiche Sonderkonstruktionen, z. B. solche mit magnetischem Antrieb [6].

McMahon-Gifford-Maschine. Im Kaltgasprozeß ist nach dem im Jahre 1959 vorgeschlagenen Verfahren [7] die Kolbenentspannungseinrichtung direkt mit dem Regenerator verbunden. Der Kreisprozeß wird nicht mehr von allen Arbeitsgasanteilen vollständig durchlaufen (Abb. 6).

Das Druckgas vom meist separat angeordneten Verdichterteil 1 gelangt über Einlaßventil 4 und Regenerator 3, wo es abkühlt, in den Entspannungsraum V_1, der vollständig mit Gas vom Druck p_2 gefüllt wird. Jetzt schließt Ventil 4, und der Expansionshub des Verdrängers 2 sorgt für die Temperaturabsenkung des Arbeitsgases (meist He). Im Totpunkt des Verdrängers wird Auslaßventil 2 geöffnet und das kalte Gas nach Aufnahme der Kälteleistung $\dot{Q}_0$ und Regeneratorabkühlung ausgeschoben.

Ausgeführte Maschinen arbeiten oft mit im Verdränger angeordneten Regenerator. Die Zahl der Arbeitsspiele mit etwa 50...150 je Minute, das Druckverhältnis um 2, die Möglichkeit des Trennens von Druckgasbereitung und kaltgehendem Teil („Kaltkopf") ermöglichen hohe Betriebssicherheit und lange Laufzeiten (Weltraumtechnik!), die gegenüber energetischen Parametern im Vordergrund stehen.

McMahon-Gifford-Maschinen haben Kälteleistungen bis etwa 100 W und werden einstufig bis etwa 80 K, zweistufig bis etwa 10 K (Kälteleistung 10 W) ausgeführt. Ihre hohe Zuverlässigkeit und Temperaturstabilität erschließt zunehmend Einsatzgebiete bei der Kryovakuumerzeugung, Strahlungsempfängerkühlung, SQUID-Kühlung u. a.

Eine Sonderbauform ist das Pulsationsrohr, in dem an Stelle des Verdrängers eine Gassäule schwingt [3].

Kaltluftmaschine. Kaltluftmaschinen arbeiten nach dem Joule-Prozeß, der zur Erreichung tieferer Temperaturen um eine interne Wärmeübertragung, die erwähnte „Regenerierung", modifiziert wird: Bevor das Gas entspannt wird, gelangt es in einen Gegenströmer, bei großen Luftmengen oft Regenerator, wo es isobar durch den kalten Niederdruckgasstrom abgekühlt wird (Abb. 7a). Der reale Prozeßverlauf ist in Abb. 7b dargestellt, q_0 ist die Kälteleistung, q_{23} der an die Umgebung abzuführende Wärmebetrag. Verdichtung und Entspannung erfolgen mit $\Delta s > 0$, ΔT sind im Wärmeübertrager notwendige Temperaturdifferenzen, die Wärmemengen q_{34} und q_{61} entsprechen einander. Als Beispiel stellt Abb. 7c die sowjetische Turbokaltluftmaschine MTChM 1-25 dar, die zur Bewältigung der großen Luftmengen mit Turbomaschinen, Regeneratoren anstelle des Gegenströmers und offen auf die Atmosphäre arbeitet (Ansaugen bei 0, Ausblasen bei 6). Dadurch entfällt der Kühler des Bildteils a, allerdings muß im Bereich unterhalb Atmosphärendruck gearbeitet werden [3].

Kaltluftmaschinen kommen zur Anwendung für die Abkühlung großer Mengen zäher Materialien vor deren Zerkleinerung (z. B. Gummi), zur Kühlung von Schächten, auch von Flugzeugkabinen (dort steht die bereits verdichtete Luft der Triebwerke zur Verfügung), zur Zwangskühlung von Lagerräumen, großer Gußstücke o. ä., auch für Klimaprüfschränke im Temperaturbereich $-80\ldots-150\,°C$.

Verflüssiger. Nach einem Vorschlag von CLAUDE 1902 werden zur notwendigen Gasvorkühlung in technischen Verflüssigungsverfahren Entspannungsmaschinen eingesetzt, die

– in weiten Bereichen weniger verlustbehaftet als das einfache Drosselventil arbeiten und
– die Gasabkühlung auch oberhalb der Inversionsbedingungen realisieren können.

Die unmittelbare Verflüssigungsstufe wird wegen betrieblicher Schwierigkeiten mit Flüssigkeitsschlägen in Entspannungsmaschinen meist als Linde-Baugruppe Gegenströmer – Drosselventil ausgeführt. Das in Abb. 8 dargestellte Verfahren liegt in dieser prinzipiellen Form nahezu allen technischen und großtechnischen Verflüssigungsverfahren (Luft, N_2, H_2, He; z. T. auch CH_4) zugrunde. Wie zu erkennen ist, wird der hohe Prozeßdruck im Punkt 2 des idealen Verflüssigungsprozesses (Abb. 4) durch thermische Regenerierung umgangen.

Die Entspannungsmaschine (in Kolbenbauart, bei großen Durchsätzen Turbinen) wird durch den Entspannungswirkungsgrad η charakterisiert, der die Enthalpiedifferenz bei tatsächlicher, polytroper Entspannung zu der bei isentropem Prozeßverlauf ins Verhältnis setzt (Abb. 1):

$$\eta_s = \frac{h_1 - h_4}{h_1 - h_3}.$$

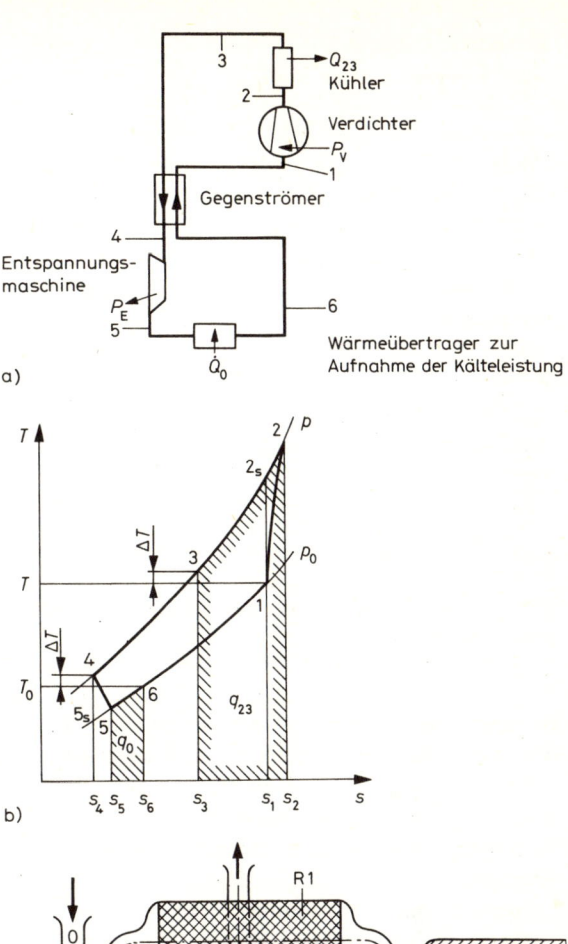

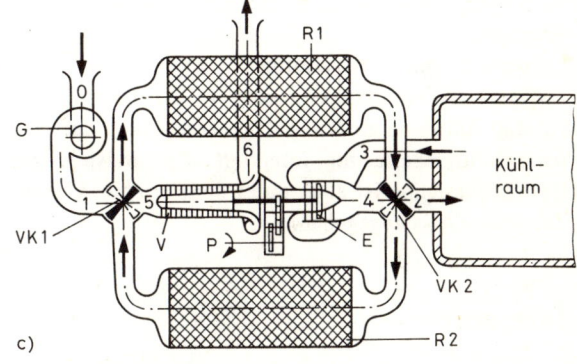

Abb. 7 Kaltluftmaschine
a) Apparateschaltbild (Joule-Prozeß mit thermischer Regenerierung)
b) Realer Prozeßablauf im T,s-Diagramm
c) Ausgeführte Anlage: Turbokaltluftmaschine MTChM 1–25
Kälteleistung $\dot{Q}_0 = 26$ kW, Kaltluftdurchsatz $\dot{m} = 0{,}95$ kg/s,
Luftabkühlung von $+15\,°C$ auf $-80\,°C$,
E – Turboentspannungsmaschine, R 1, R 2-Regeneratoren,
V – Turboverdichter, VK 1, VK 2-Ventilkammern zur Luftstromsteuerung, G-Gebläse

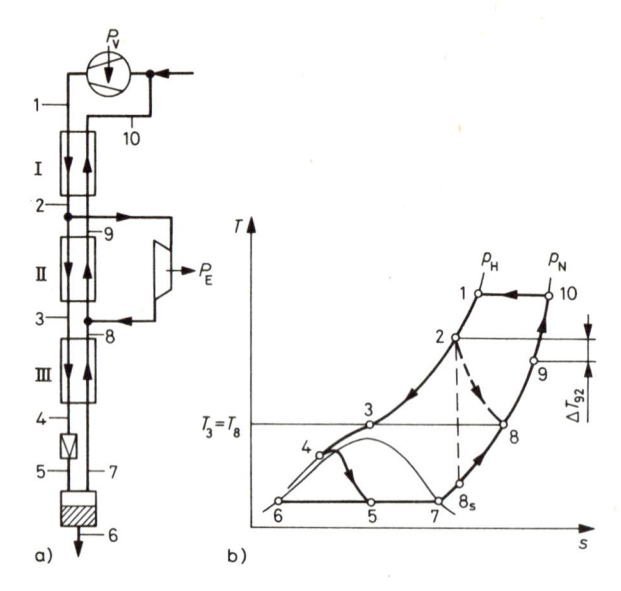

Abb. 8 Verflüssigungsverfahren mit Entspannungsmaschine (Claude-Verfahren)

Er liegt für ausgeführte Maschinen im Bereich 0,6...0,9. Die Entspannungsmaschinenarbeit $w_{t,E} = h_1 - h_4$ (Abb. 1) wird bei großen Anlagen zurückgewonnen (Vorverdichtung, Generatorantrieb), nur bei He-Verflüssigern werden zumeist Bremsverdichter eingesetzt.

Prozesse mit Entspannungsmaschinen zur Luft-, Erdgas-, He-Verflüssigung sind in [3] beschrieben. Häufig sind sie in großen Anlagenkomplexen der Tieftemperaturgaszerlegung integriert. Ein Beispiel zur He-Verflüssigung ist auch unter dem Stichwort *Joule-Thomson-Effekt* angegeben.

Literatur

[1] PLANK, R.: Handbuch der Kältetechnik. Bd. I. Entwicklung/Wirtschaftliche Bedeutung/Werkstoffe. – Berlin/Göttingen/Heidelberg: Springer-Verlag 1954.
[2] HENATSCH, A.; SCHMIDT, M.: Luft- und Kältetechnik 18 (1982) 3, 163–165.
[3] JUNGNICKEL, H.; AGSTEN, R.; KRAUS, W. E.: Grundlagen der Kältetechnik, 2. Aufl. – Berlin: VEB Verlag Technik 1985.
[4] PLANK, R.: Handbuch der Kältetechnik. Bd. II. Thermodynamische Grundlagen. – Berlin/Göttingen/Heidelberg: Springer-Verlag 1953.
[5] KÖHLER, J. W. L.; JONKERS, C. O.: Philips' tech. Rdsch. 15 (1954) 11, 303–315; 15 (1954) 12, 345–355.
[6] HAARHUIS, G. J.: Cryogenics 18 (1970) 12, 656–658.
[7] GIFFORD, W. E.; MCMAHON, H. O.: Proc. 10th Internat. Congr. Refr. Copenhagen 1959. Vol. I, 100.

Kreisprozesse

Kreisprozesse sind Prozesse der Energietransformation, bei denen ein Arbeitsmittel eine geschlossene oder zumindest als geschlossen denkbare Folge von Zustandsänderungen durchläuft.

Der historisch erste und nach wie vor bedeutungsvollste Kreisprozeß ist der Dampfkraftprozeß, der, von JAMES WATT zu einer gewissen technischen Reife gebracht, damals einen Wirkungsgrad von ca. 4% erreichte [1]. Ihm folgte mit der Brüdenkompression, 1833 von PELLETON [2] zur Anwendung in der Zuckerproduktion vorgeschlagen, und dem Kaltdampfprozeß von PERKINS [3] die Umkehrung, die Wärme- bzw. Kälteerzeugung mit mechanischer Energie. Die Absorptionswärmepumpe wurde 1859 von CARRE [4] vorgeschlagen und ist in den ersten Jahrzehnten des 20. Jahrhunderts durch ALTENKIRCH [5] und NESSELMANN [6] umfassend untersucht und dargestellt worden. Die Umgehung eines zusätzlichen Arbeitsmittels, des Wasserdampfes, durch unmittelbare Nutzung der heißen gasförmigen Verbrennungsprodukte zur Arbeitserzeugung begann mit dem Gasmotor (LENOIR, 1860) und führte über den Ottoviertaktmotor (N. OTTO, 1876), den Dieselmotor, (R. DIESEL, 1897), die Gasturbine (KUSMINSKI, 1897) zum Düsentriebwerk und zum magnetohydrodynamischen Generator (MHD-Generator).

Sachverhalt

Ziel der Anwendung von Kreisprozessen ist es, den energetischen Zustand der Umgebung zu verändern. So können durch Austausch von Arbeit und Wärme mit der Umgebung (aus der Sicht des Kreisprozesses) Wärme (Heizdampf) und Kälte (Kühlsole) auf einem bestimmten Temperaturniveau bzw. Arbeit (Elektroenergie) für die Erfüllung technologischer Aufgabenstellungen zur Verfügung gestellt werden.

Entsprechend dem 1. Hauptsatz der Thermodynamik ist die Summe der ausgetauschten Arbeit und Wärme gleich Null.

$$\sum_{i=1}^{n} Q_i + \sum_{i=1}^{n} W_i = 0 \quad \text{im einfachsten Fall} \quad Q_{zu} = Q_{ab} + W.$$

Der zweite Hauptsatz der Thermodynamik ergibt

$$-\sum_{i=1}^{n} \frac{Q_i}{T_{m_i}} \geq 0 \quad \text{im einfachsten Fall} \quad \frac{Q_{ab}}{T_{m_{ab}}} \geq \frac{Q_{zu}}{T_{m_{zu}}},$$

wobei zugeführte Wärme positiv ist und T_{m_i} die (thermodynamische) Mitteltemperatur der Energiezufuhr darstellt. Arbeit ist entropiefrei, ist also thermodynamisch Wärme unendlich hoher Temperatur gleichwertig, $\frac{Q}{T_\infty} = 0$, deshalb ist sie in der Formulierung des 2. Hauptsatzes nicht enthalten.

Somit können arbeitsfreie und arbeitsbehaftete

Kreisprozesse einheitlich aus der Sicht der Energietransformation betrachtet werden. Früher übliche Unterteilungen von Kreisprozessen in Rechts- und Linksprozesse, entsprechend der beim Durchlaufen der Zustandspunkte im T,s- und h,s-Diagramm sich für mechanische und mechanisch-thermische Kreisprozesse ergebenden Drehbewegung, drücken nicht das Wesen der Kreisprozesse aus. Im folgenden soll eine Klassifizierung der Kreisprozesse nach der Art der Energietransformation (Synproportionierung und Disproportionierung), nach der Beschaffenheit des Arbeitsmittels und der damit verbundenen Art der zu durchlaufenden Zustandsänderungen und der eingesetzten Energien sowie nach den bereitgestellten Energiearten vorgenommen werden. Danach sind zu unterscheiden [7]:

a) Kreisprozesse, die bei mittlerem Temperaturniveau Wärme aufnehmen und diese teilweise bei niederer und teilweise bei höherer Temperatur abgeben (Energiedisproportionierung).

Abb. 1 Kreisprozesse

b) Kreisprozesse, bei denen im oberen und unteren Temperaturniveau Wärme aufgenommen und bei mittlerer Temperatur bereitgestellt wird (Energiesynproportionierung).

Vielfach wird auch die Aufnahme bzw. Abgabe von Wärme auf mehreren Temperaturniveaus realisiert (Abb. 1). Die wesentlichen Unterschiede, die sich aus der Beschaffenheit des Arbeitsmittels ergeben, sind aus der Gegenüberstellung im p,v-; T,s-; h,s- und h,ξ-Diagramm (Abb. 2) ersichtlich.

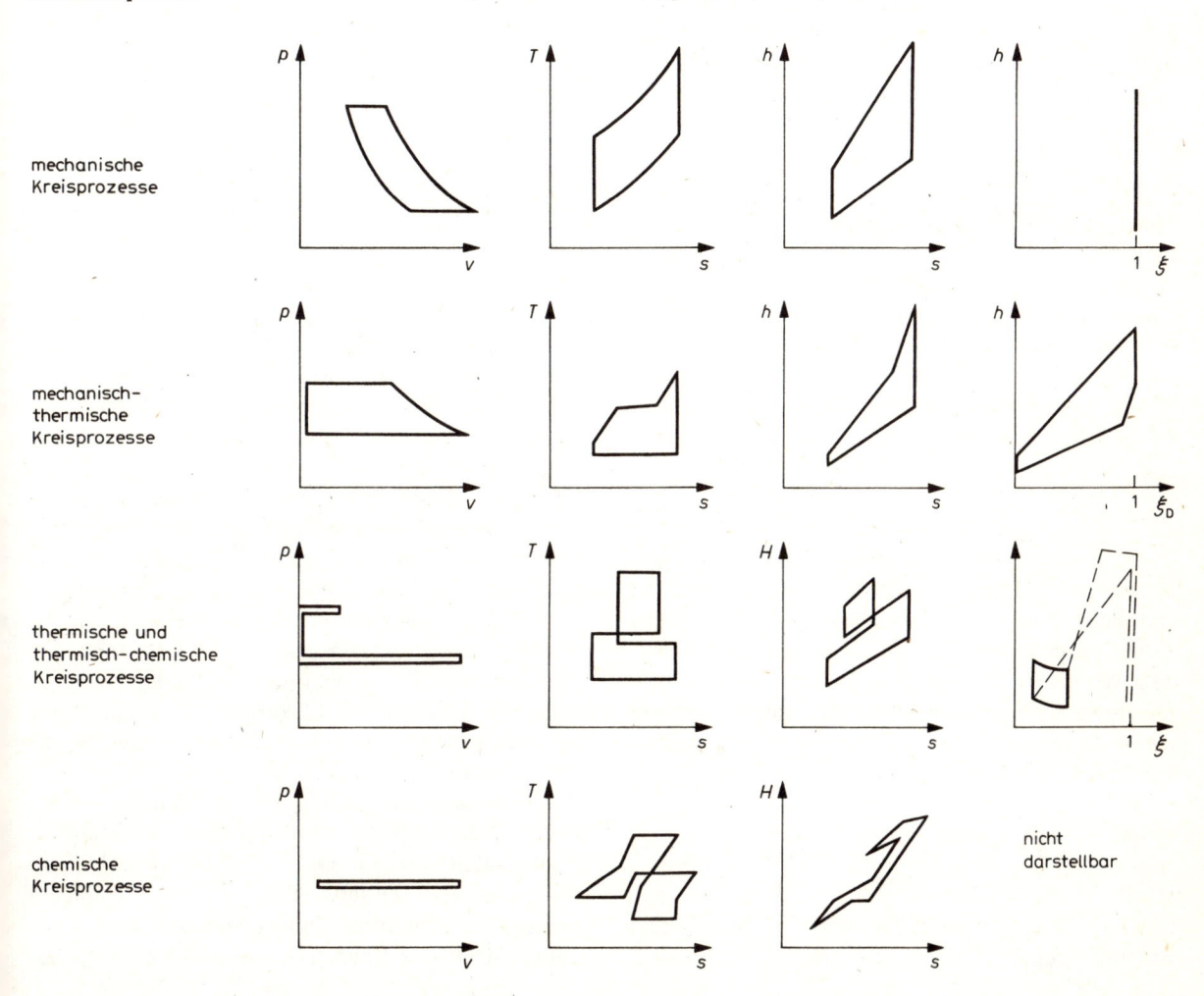

Abb. 2 p, v-; T, s-; h, s- und h, ξ-Diagramm für verschiedene Kreisprozesse

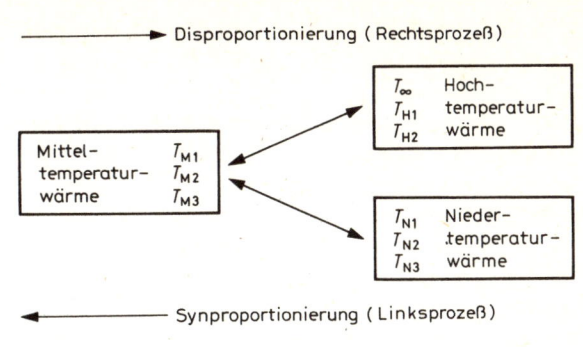

Die Anwendung eines Arbeitsmittels, das im gesamten Kreisprozeß in einer Phase vorliegt, erfordert die Arbeitswechselwirkung zwischen Kreisprozeß und Umgebung zur mechanischen Kompression und Entspannung (mechanische Kreisprozesse). Wird eine Arbeitswechselwirkung mit der Umgebung durch thermische Effekte ersetzt, z. B. thermische Verdichtung durch Kondensation, so kann von einem mechanisch-thermischen Kreisprozeß gesprochen werden. Ausschließlich thermische Wechselwirkungen mit der Umgebung liegen bei thermischen Kreisprozessen vor, da bei Vernachlässigung der Pumpenarbeit sowohl Verdichtung als auch Entspannung auf thermischem Wege, durch Kondensation und Verdampfung bzw. Absorption und Desorption, erfolgt. Wird das wesentliche Merkmal mechanischer und thermischer Kreisprozesse, die Arbeit mit mindestens zwei Druckniveaus, beibehalten, die Verdichtung und Entspannung jedoch durch Umsetzung bzw. Bildung einer Gasphase mit Hilfe von chemischen Reaktionen realisiert, liegen thermisch-chemische Kreisprozesse vor. Kreisprozesse können durch Anwendung chemischer Reaktionen auch prinzipiell auf einem Druckniveau (Vernachlässigung von Druckdifferenzen für den Transport zwischen den Behältern) durchgeführt werden (chemische Kreisprozesse). Diese Klassifikation ist fortzusetzen mit Gruppen von Kreisprozessen, die zur Zeit noch nicht existieren, aber denkbar sind, z. B. mechanisch-chemische, elektrisch-thermische, elektrisch-chemische Kreisprozesse.

Kennwerte, Funktionen

Aufbauend auf den fundamentalen Aussagen von CARNOT und weiterführenden Arbeiten kann der Anteil einer Wärme, der in einem Kreisprozeß zwischen der Temperatur des Wärmebehälters und der Umgebungstemperatur maximal in Arbeit umgewandelt werden kann, ermittelt werden

$$\frac{N}{Q} = \frac{T - T_u}{T}.$$

Dieser Ausdruck ist, obwohl er häufig mit Carnot-Wirkungsgrad bezeichnet wird, nicht als Wirkungsgrad zu verstehen, da er die maximal gewinnbare spezifische Arbeit darstellt also nur bei einem Kreisprozeß mit dem Wirkungsgrad $\eta = 1$ (reversibler Kreisprozeß) erreichbar ist. Die exakte Wirkungsgraddefinition, die identisch ist mit der des exergetischen Wirkungsgrades, lautet für arbeitserzeugende Kreisprozesse

$$\eta = \eta_{ex} = \frac{N}{Q\dfrac{T-T_u}{T}} \leq 1 \quad \text{bzw.} \quad \eta = \frac{N}{\dot{m}_B\, e_B};$$

mit $\dot{m}_B$ – Brennstoffdurchsatz und e_B – spezifischer Brennstoffexergie, falls der Kreisprozeß mit fossilen Brennstoffen betrieben wird. Der erreichbare Wirkungsgrad liegt bei Kraftwerken um 30–38 %, bei Dieselmotoren um 40–45 %, bei Gasturbinen um 25 %. Allgemein für alle arbeits- und wärmeangetriebenen und arbeits- und wärmeerzeugenden Kreisprozesse gilt

$$\eta = \frac{\left(\sum N_i + \sum Q_i \dfrac{T_i - T_u}{T_i}\right) \text{Nutzen}}{\left(\sum N_j + \sum Q_j \dfrac{T_j - T_u}{T_j}\right) \text{Aufwand}},$$

wobei sich durch Nullsetzung einzelner Terme die Wirkungsgrade spezieller Kreisprozesse ergeben.

Häufig werden zur Charakterisierung von Kreisprozessen auch praxisorientierte, thermodynamisch weniger exakte Bewertungsgrößen verwendet, wie die Leistungsziffer für Kompressionswärmepumpen und das Wärmeverhältnis für die Wärmesyn- und -disproportionierung.

$$\varepsilon = \frac{\dot{Q}_{\text{Nutz}}}{N}, \quad \xi = \frac{\dot{Q}_{\text{Nutz}}}{\dot{Q}_{\text{Heiz}}}.$$

Für den anlagentechnischen Aufwand maßgeblich ist der auf den Arbeitsmitteldurchsatz bezogene Nutzen, spezifische Heizleistung bzw. spezifische Kreisprozeßarbeit. Für den Dampfkraftprozeß erreichen diese Werte von 1500–2000 kJ/kg. Das Wechselspiel zwischen Wirkungsgrad und spezifischer Kreisprozeßarbeit wird in Kreisprozeßcharakteristiken gegenübergestellt und gestattet Aussagen zu einer optimalen Prozeßgestaltung [8].

Anwendungen

Obwohl eine Vielzahl von Kreisprozessen untersucht wurde, haben nur wenige Grundtypen Eingang in die industrielle Praxis gefunden. In den Tabellen 1 und 2 wurden die wesentlichsten Dis- und Synproportionierungsprozesse zusammengestellt, wobei die meisten keine oder zumindest noch keine Überführung in die Praxis erfahren haben. Bezüglich der volkswirtschaftlichen Bedeutung stehen die mechanischen und mechanisch-thermischen Kreisprozesse mit großem Abstand an der Spitze aller Kreisprozesse. Während die mechanischen Kreisprozesse vorrangig im Transportwesen Straßen-, See- und Luftverkehr zum Einsatz kommen, erfolgt fast die gesamte Elektroenergieerzeugung auf der Basis des Clausius-Rankine-Prozesses, des Dampfkraftprozesses. Das ist auch der Grund dafür, daß bei diesem Prozeß eine Vielzahl von Maßnahmen zur Erhöhung der Effektivität und der Intensität realisiert wurden, daß Anlagen bis zu 500 MW Turbinenleistung realisiert wurden. Effektive Kohlenstaubfeuerungen, Zwangsdurchlaufdampferzeuger und Einwelle-Viergehäuse-Kondensationsturbinen wurden

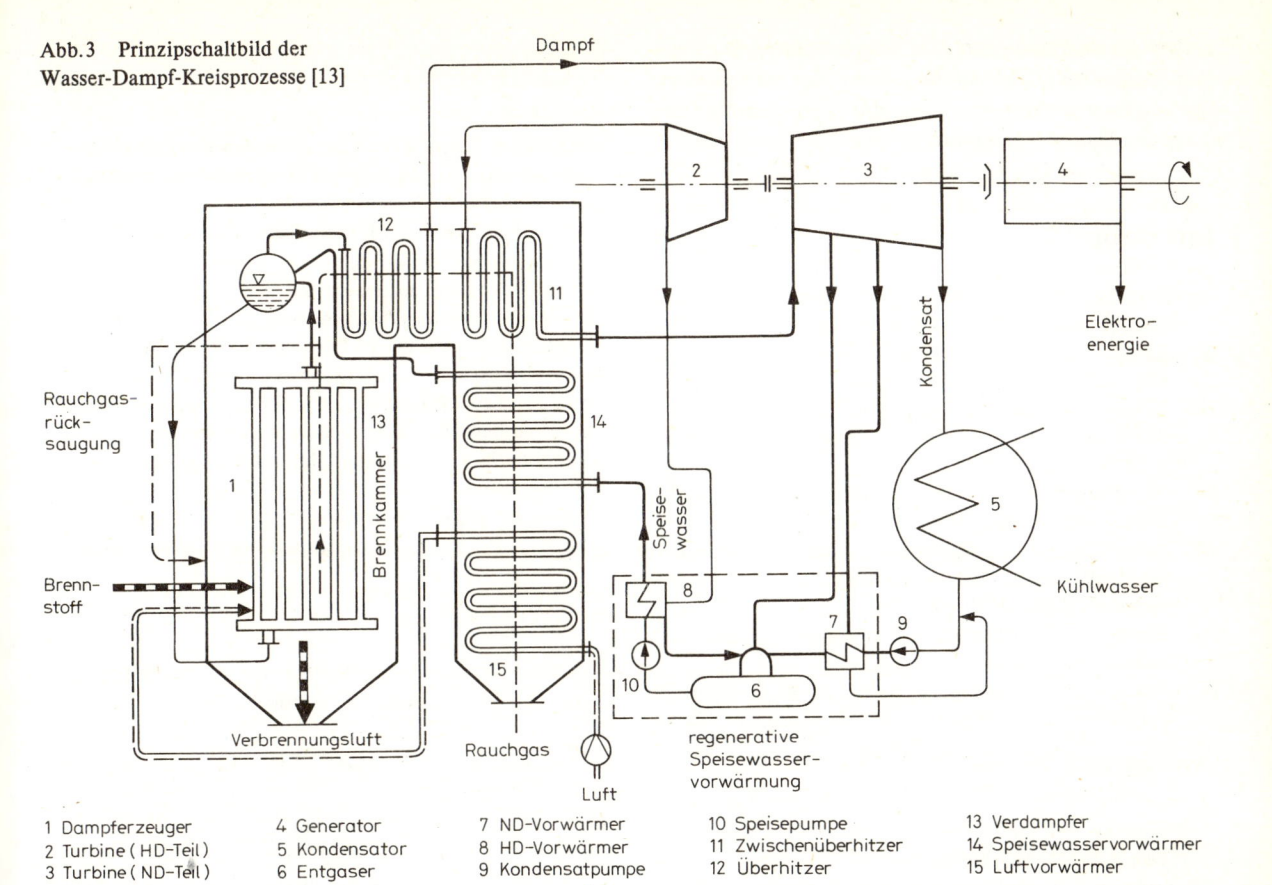

Abb. 3 Prinzipschaltbild der Wasser-Dampf-Kreisprozesse [13]

1	Dampferzeuger	4	Generator	7	ND-Vorwärmer	10	Speisepumpe
2	Turbine (HD-Teil)	5	Kondensator	8	HD-Vorwärmer	11	Zwischenüberhitzer
3	Turbine (ND-Teil)	6	Entgaser	9	Kondensatpumpe	12	Überhitzer

13	Verdampfer					
14	Speisewasservorwärmer					
15	Luftvorwärmer					

Tabelle 1   Disproportionierungsprozesse

Kreisprozesse	Arbeit u. Eletroenergie	Wärme	Kälte
mechanische KP	Gasturbine Ottomotor Dieselmotor MHD-Generator	Wirbelkammer [9]	nicht entwickelt
mechanisch-thermische KP	Clausius-Rankine Prozeß ORC-Prozeß	nicht entwickelt (Wärme-Kraftkopplung)	nicht entwickelt
thermische KP	Absorptionskraftanlage	Absorptions- und Adsorptionswärmetransformator	Kältevermehrer [10]
Chemisch-thermische KP	Koenemannprozeß	Chemosorptionswärmetransformator thermochemische Wasserstofferzeugung [11]	nicht entwickelt
Chemisch KP	nicht entwickelt		nicht entwickelt

Tabelle 2   Synproportionierungsprozesse

Kreisprozesse	Arbeit/Elektroenergie	Wärme	Kälte
mechanische KP	—	Gaskompressionswärmepumpe	Kaltluft- und Kaltgasprozesse
mechanisch-thermische KP	—	Dampfkompressions- und Dampfstrahlwärmepumpe	Kaltdampfkompressionsprozeß Dampfstrahlkälteanlage
thermische KP	—	Absorptions- und Adsorptionswärmepumpe	Absorptionskälteanlage
thermisch-chemische KP	—	Chemosorptionswärmepumpe	Chemosorptionskälteanlage
chemische KP	—	thermochemische Verbrennung [12]	nicht entwickelt

entwickelt und eingesetzt [13]. Zur Erhöhung der thermodynamischen Effektivität wird die regenerative Speisewasservorwärmung und die Zwischenüberhitzung des Dampfes angewendet (Abb. 3).

Literatur

[1] Watt, J., Englische Patent Nr. 913 vom 5.1.1769 und Nr. 1321 vom 12.3.1782.
[2] Pelletan, P., Journal Conaiss usuelles (1834) 249.
[3] Perkins, J., Englisches Patent Nr. 6662 vom 14.2.1835.
[4] Carre, F., Französisches Patent Nr. 41958 von 1859.
[5] Altenkirch, E.: Absorptionskälteanlagen. – Berlin: VEB Verlag Technik 1954.
[6] Nesselmann, K.: Theorie der Wärmetransformation. Wiss. Veröff. Siemens Konz. 12 (1933) 89
[7] Hebecker, D.; Zur Klassifikation von Kreisprozessen der Energietransformation. Wiss. Z. TH Leuna-Merseburg 25 (1983) 4, 485–492.
[8] Elsner, N.; Grundlagen der Technischen Thermodynamik. – Berlin: Akademie-Verlag 1980.
[9] Jungnickel, H.; Agsten, R.; Kraus, W. E.: Grundlagen der Kältetechnik – Berlin: VEB Verlag Technik 1980.
[10] Nesselmann, K., Z. ges. Kälte-Industrie 42 (1935) 11, 2/3–216.
[11] Knoche, K. F., Stand der Arbeiten zur Wasserstofferzeugung mit nuklearer Prozeßwärme. Chem.-Ing.-Techn. 49 (1977) 3, 238–242.
[12] Knoche, K. F.; Richter, K.: Reversibilisierung der Verbrennung durch Zwischenschaltung geeigneter Reaktionen. BWK 19 (1967) 1, 39ff.
[13] Autorenkollektiv: Betrieb von Wärmekraftwerken, Teil 1 und 2. – Leipzig: VEB Deutscher Verlag für Grundstoffindustrie 1981.

Kryopumpe

Auf die Möglichkeit der Vakuumerzeugung durch Adsorption von Gasen an gekühlter Aktivkohle haben schon 1874 Tait und Dewar [1] hingewiesen. Dewar [2] nutzte diesen Effekt später in seinen Metallaufbewahrungsgefäßen für flüssigen H_2 zur Erzeugung des Isolationsvakuums aus. Auch Kondensationspumpen sind in Form von Kühlfallen zur Verbesserung des Vakuums schon viele Jahrzehnte im Einsatz. Jedoch erst die Weltraumprojekte, die Vakuumpumpen mit sehr hohem Saugvermögen erforderten, führten zu einer verstärkten Nutzung der Kryopumpen. Nach den ersten Berichten über größere Kryopumpen von Lasarev [3] und Bailey [4] begann ihr kommerzieller Bau in den 70er Jahren.

Große Bedeutung haben die Kryopumpen bei der Erzeugung des UHV [5, 6] und treibmittelfreier Vakua erlangt.

Sachverhalt

Phänomenologische Beschreibung. Beim Auftreffen von Gasen auf hinreichend tief gekühlte Flächen wird ihre thermische Energie so weit verringert, daß sie durch Kondensation, Adsorption oder Kryotrapping auf ihnen festgehalten werden. Für die meisten Gase liegt der Dampfdruck bereits bei 20 K unterhalb von 10^{-9} Pa. Bei Ne wird dieser Wert erst bei 6 K, für H_2 bei 2,8 K und für ^{4}He bei 0,3 K erreicht. Mit Hilfe eines Adsorptionsmittels kann durch Kryosorption der Gleichgewichtsdruck eines Gases gegenüber seinem Dampfdruck bei gleicher Temperatur wesentlich verringert werden. Dadurch lassen sich Ne und H_2 bereits bei $T \approx 20$ K und He bei $T \approx 4$ K effektiv pumpen.

Als Adsorptionsmittel sind Aktivkohle oder Molekularsiebe aber auch Gaskondensate (z. B. CO_2, Ar) geeignet [7].

Beim Kryotrapping wird das nichtkondensierbare Gas durch Einlassen eines kondensierbaren Gases (Ar, CO_2) sowohl durch Kryosorption als auch durch Einschluß in das Kondensat gebunden.

Allgemeine technische Anordnung und Randbedingungen. Kryopumpen bestehen im wesentlichen aus einer Kryofläche ($T \leq 20$ K), an der die Gase kondensiert oder adsorbiert werden können und die zur Verringerung ihrer thermischen Belastung durch 80 K-Flächen abgeschirmt ist. Nach der Art der Kühlung unterscheidet man: Bad-, Verdampfer- und Refrigeratorkryopumpen (siehe Abb. 1). Dabei wird die Badpumpe mit flüssigem N_2(78 K) und fl. H_2(20,4 K) oder fl. He(4,2 K) gekühlt. Die Refrigeratorkryopumpen werden mit einem zweistufigen Refrigerator (meist nach Gifford-McMahon, seltener nach Stirling) betrieben.

Kryopumpen arbeiten hinsichtlich der Gasart selektiv. Da sie die anfallenden Gase nur speichern, müssen sie nach einer Grenzbeladung regeneriert werden (meist reichen 293 K...330 K).

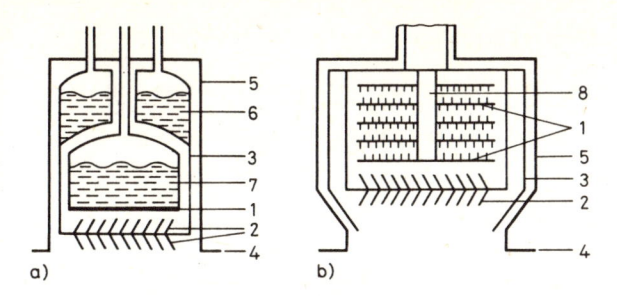

Abb.1 Schematische Darstellung einer
a) Bad- und b) Refrigeratorkryopumpe
1 – Kondensations- bzw. Sorptionsfläche (T = 20 K),
2 – Baffle (80 K), 3 – 80 K-Flächen, 4 – Anschlußflansch,
5 – Pumpgehäuse, 6 – fl.N_2(78 K), 7 – fl.H_2(20,4 K) oder
fl.He(4,2 K), 8 – zweistufiger Refrigerator

Kennwerte, Funktionen

Enddruck. Der Enddruck p_e einer Kondensationspumpe ist durch den Dampfdruck p_s der am tiefsten siedenden Gaskomponente bestimmt. Dabei gilt:

$$p_e = p_s \cdot (T/T_K)^{1/2} ; \quad (1)$$

T – Temperatur der Rezipientenwände, T_K – Temp. der Kryofläche.

Der Enddruck einer Kryosorptionspumpe ist gleichfalls durch (1) gegeben, wenn anstelle des Dampfdruckes der Gleichgewichtsdruck aus der Adsorptionsisotherme eingesetzt wird.

Saugvermögen. Bei einer Kondensationspumpe ergibt sich aus der kinetischen Gastheorie im Molekularströmungsbereich ein theoretisches Saugvermögen S von

$$S = A \cdot s_{th} = A \cdot \bar{v}/4 = 36,4 \cdot A \cdot (T_g/M)^{1/2} / m^3 s^{-1};$$

A – Kryofläche, M – Molekulargewicht, $\bar{v}$ – thermische Geschwindigkeit, T_g – Gastemperatur.

Es ist für $p \geq 10\, p_e$ auch experimentell unabhängig vom Druck und bleibt trotz der Reduzierung durch Baffle höher als für jeden anderen Pumpentyp.

Tabelle 1 s_{th} für einige Gase für T_g = 293 K

Gas	H_2	He	H_2O	Ne	N_2, CO	O_2	Ar	CO_2
$s_{th}/m^3/sm^2$	440	311	147	139	118	110	99	94

Betriebsparameter. Im HV-Bereich besitzen kommerzielle Kryopumpen ununterbrochene Betriebsdauern von Wochen bis Monaten. Ihre Saugleistung im Dauerbetrieb liegt für Luft und H_2 zwischen 0,1 Pam^3/s...0,2 Pam^3/s.

Zum Kaltfahren müssen Kryopumpen vorevakuiert werden. Der Startdruck sollte im Bereich 10^{-2} Pa...10^2 Pa liegen.

Die kommerziellen Refrigeratorkryopumpen besitzen Abkühlzeiten zwischen 70 min...180 min.

Anwendungen

Die Kryopumpen zeichnen sich durch drei Eigenschaften besonders aus:
– die Erzeugung treibmittelfreier Vakua,
– die Erzielung höchster Saugvermögen,
– die Erzeugung von UHV.

Die Forderungen vieler Anwender in Wissenschaft und Technik gerade hinsichtlich dieser Eigenschaften führten zu einer umfangreichen kommerziellen Entwicklung der Kryopumpen, so daß gegenwärtig Refrigeratorkryopumpen mit Saugvermögen von 0,4 m^3/s bis zu 55 m^3/s angeboten werden. Sie können in Kosten und Zuverlässigkeit mit Diffusions- und Turbomolekularpumpen konkurrieren und sind bei hohen Saugvermögen diesen überlegen [8].

Zur Entfernung von H_2, Ne und He muß man reine Kondensationspumpen mit einer Ionenzerstäuber-, Turbomolekular- oder am einfachsten mit einer Kryosorptionspumpe kombinieren. Kommerzielle Refrigeratorkryopumpen, deren Kryofläche mit Aktivkohle belegt ist und die zwischen 12 K...15 K betrieben werden, erreichen Enddrücke zwischen 10^{-6} Pa...10^{-8} Pa.

Zu den wichtigsten Anwendern von Kryopumpen zählen die Dünnschichtherstellung, die Mikroelektronik, Teilchenbeschleuniger, die thermonukleare Fusion, Oberflächenanalysengeräte, die Erzeugung von extremen UHV und die Weltraumforschung mit Saugvermögen bis zu einigen 10^4 m^3/s. Weitere Einsatzgebiete sind aus der Vakuum-Metallurgie, der chemischen Verfahrenstechnik, der Gefriertrocknung und der Kryo-Energietechnik bekannt [8].

Mikroelektronik und dünne Schichten. Die verschiedensten Verfahren zur Herstellung und Bearbeitung optischer, elektronischer sowie materialvergütender dünner Schichten z. B. durch Aufdampfen im HV, durch Kathodenzerstäubung (sputtering) oder bei der Bearbeitung mit Ionen- oder Elektronenstrahlen fordern kohlenwasserstofffreie Vakua, um eine hohe Qualität der Schichten bzw. Strukturen zu erhalten. Dabei werden bei den Hochvakuumverfahren im allgemeinen an den Druck in der Beschichtungs- oder Strahlanlage keine besonderen Forderungen gestellt (Arbeitsdruck: 10^{-5} Pa...10^{-2} Pa). Bei den Verfahren mit Inertgas (Ar) liegt der Arbeitsdruck zwischen 10^{-2} Pa...10^2 Pa. Das erfordert ein hohes Saugvermögen für Argon, was z.B. von Getterpumpen nicht erreicht wird. Dagegen ist bei Kryopumpen das Saugvermögen für Ar mit dem von N_2 vergleichbar. Außerdem stellt das Ar-Kondensat ein gutes Adsorptionsmittel für H_2, Ne und He dar, was zu einer Erhöhung der Pumpkapazität und des Saugvermögens der Kryopumpe für diese Gase führt. Aus diesen Gründen werden gegenwärtig mindestens 80% aller kommerziellen Sputteranlagen mit Kryopumpen ausgeliefert.

Bei industriellem Einsatz spielt die Frage der Chargenzeit eine nicht unwesentliche Rolle. Die Kryopumpen haben dabei den Vorteil, daß man bei gleichem Pumpenanschluß auf Grund ihres höheren Saugvermögens kürzere Chargenzeiten erreicht. Dabei wird in der Literatur ausführlich über Erfahrungen des Einsatzes sowohl von Bad- [8, 9] als auch von Refrigeratorkryopumpen [8, 10, 11] bei Chargenprozessen berichtet.

Erzeugung von UHV. Zur Erzeugung von UHV werden die Refrigeratorkryopumpen mit Enddrücken von 10^{-8} Pa in geringerem Umfange eingesetzt, da sie im allgemeinen nur bis ca. 370 K ausheizbar sind. Im Druckbereich $p \leq 10^{-8}$ Pa werden vorwiegend Badkryopumpen verwendet, die man mit flüssigem He bei 4,2 K oder 2,3 K betreibt. Dabei werden teilweise extreme He-Standzeiten von etwa 200 Tagen bei einem H_2-Saugvermögen von 4,5 m³/s mit 12 l He-Vorrat erreicht [6]. Die Pumpen werden z. B. in Teilchenbeschleunigern zur Erzielung von Vakua unter 10^{-10} Pa eingesetzt. Sie werden aber auch bei verschiedenen Methoden der Oberflächenanalyse, des Kalibrierens von Vakuummetern und Massenspektrometern verwendet.

Der Vorteil der Kryopumpen bei der UHV-Erzeugung gegenüber Turbomolekular- oder Ionenzerstäuberpumpen liegt in ihrem hohen Saugvermögen auch gerade für H_2.

Literatur

[1] TAIT, P. G.; DEWAR, J., Proc. Roy. Soc. (Edinburgh) **8** (1874) 348.
[2] DEWAR, J.: Collected Papers. – Cambridge: Cambridge University Press 1927.
[3] LAZAREV, B. G.; BOROVIK, E. S.; FEDOROVA, M. F.; CIN, N. M., Ukr. fiz. Ž. **2** (1957) 176.
[4] BAILEY, B. M.; CHUAN, R. L., Trans. Nat. Vac. Symp. **5** (1958) 262.
[5] JÄCKEL, M.; KNÖNER, R., Elektrie **33** (1979) 367.
[6] BENVENUTI, C., Proc. 7th Internat. Vac. Congr. (Wien 1977) 1.
[7] EDELMANN, C.; SCHNEIDER, H. G.: Vakuumphysik- und Technik. – Leipzig: Akademische Verlagsgesellschaft Geest & Portig K.G. 1978. S.230–242.
[8] HAEFER, R. A.: Kryo-Vakuumtechnik. – Berlin/Heidelberg/New York: Springer-Verlag 1981.
[9] FRELLER, H., Proc. 7th Internat. Vac. Congr. (Wien 1977) 2019.
[10] DENNISON, R. W.; GRAY, G. R., J. Vac. Sci. Technol. **16** (1979) 728.
[11] VISSER, J.; SCHEER, J. J., J. Vac. Sci. Technol. **16** (1979) 734.

Prinzipien der Temperaturmessung

(ausführliche Darstellung in [1], [2])

Die Maßeinheit der thermodynamischen Temperatur ist das Kelvin ($\{T\}$ = K). In dieser Skala wird die Temperatur vom absoluten Nullpunkt aus angegeben [3].

Definition der Temperatureinheit (1954): 1 Kelvin ist der 273,16te Teil der thermodynamischen Kelvin-Temperatur des Wassertripelpunktes.

Im praktischen Gebrauch wird die thermodynamische Celsius-Skala (geht auf einen Vorschlag von CELSIUS (1742) zurück) verwendet.
Es gilt: $\vartheta = T - T_0$ $T_0 = 273{,}15$ K; $\{\vartheta\}$ = °C.
In der angelsächsischen Literatur wird auch die Rankine-Skala verwendet, die ebenfalls vom absoluten Nullpunkt aus mißt: 1 Rankine ist der 491,682te Teil der thermodynamischen Rankine-Temperatur des Wassertripelpunktes. Es gilt: 1 K = 1,8 deg R.

Sachverhalt

Die Temperatur ist eine physikalische Größe, die den Grad der Erwärmung eines Körpers charakterisiert. Die Temperaturmessung basiert auf dem Prinzip, daß im thermodynamischen Gleichgewicht das System „Meßobjekt – Temperaturfühler" die gleiche Temperatur hat.

Folgende Forderungen existieren je nach Einsatzgebiet an den Temperaturfühler:

– hohe Empfindlichkeit,
– reproduzierbare Wiedergabe,
– analytisch leicht darstellbarer Zusammenhang zwischen Meßgröße und Temperatur,
– automatisch funktionsfähig,
– registrierbar,
– gut kontaktierbar mit dem Meßobjekt,
– geringe Wärmekapazität,
– schnell ansprechbar,
– mechanisch stabil.

Beim jeweiligen Einsatz ist zu beachten, ob eine Abhängigkeit von Prozeßparametern (z. B. Druck p, Magnetfeld B, elektrisches Feld E) vorliegt.

Zur Temperaturmessung sind prinzipiell alle Größen geeignet, die sich gesetzmäßig mit der Temperatur ändern. Je nachdem, welchen Stellenwert die angegebenen Forderungen für das jeweilige Meßproblem haben, ist die Meßfühlerart auszuwählen. Man kann zwei Gruppen von Meßfühlern unterscheiden. Die 1. Gruppe liefert die thermodynamische Temperatur und kann damit als Primärthermometer verwendet werden. Folgende temperaturabhängige Eigenschaften werden in der Thermometrie eingesetzt:

$p(T)$ bei konstantem Volumen ⎫ des idealen
$V(T)$ bei konstantem Druck   ⎭ Gases (Abb.1)

p – Druck, V – Volumen;
$\chi(T)$ mit χ – magnetische Suszeptibilität,
$\dot{q}(T)$ [1]) mit $\dot{q}$ – Strahlungsleistung,
$U(T)$ [1]) mit U – Thermospannung (Abb. 4),
$v(T)$ im Gas [2]) mit v – Schallgeschwindigkeit,
$\overline{\Delta U^2}(T)$ [2]) mit $\overline{\Delta U^2}$ – mittleres Rauschspannungsquadrat eines Widerstandes.

In der zweiten Gruppe werden die temperaturabhängigen physikalischen Eigenschaften zusammengestellt, die als Sekundärthermometer benutzt werden und die einer Kalibrierung bedürfen, wobei definierte Fixierpunkte in der IPTS –68 (verbesserte Ausgabe von 1975) [4] festgelegt sind.

$R(T)$ von Metallen und Halbleitern (R – Widerstand (Abb. 2 und 3)),
$\varepsilon(T)$ von Ferroelektrika und Glaskeramiken (ε – Dielektrizitätskonstante),
$\nu(T)$ mit ν – Kernresonanzfrequenz,
$\dot{q}(T)$ mit $\dot{q}$ – Gesamtstrahlungsleistung,
$\dot{q}_\lambda(T)$ mit $\dot{q}_\lambda$ – Teilstrahlungsleistung.

Thermocolore (Farbänderungen in Abhängigkeit von der Temperatur [2, 5])

Als definierende Fixpunkte werden festgelegte Gleichgewichtszustände zwischen den Phasen reiner Stoffe verwendet [4].

Auswahl einiger Fixpunkte:	T/K
Tripelpunkt des Gleichgewichtswasserstoffes	13,81
Tripelpunkt des Sauerstoffes	54,381
Tripelpunkt des Argons	83,798
Tripelpunkt des Wassers	273,16
Erstarrungspunkt des Zinns	505,1181
Erstarrungspunkt des Goldes	1337,58

[1]) In der Praxis nicht als Primärthermometer verwendbar
[2]) Verwendung in speziellen Fällen

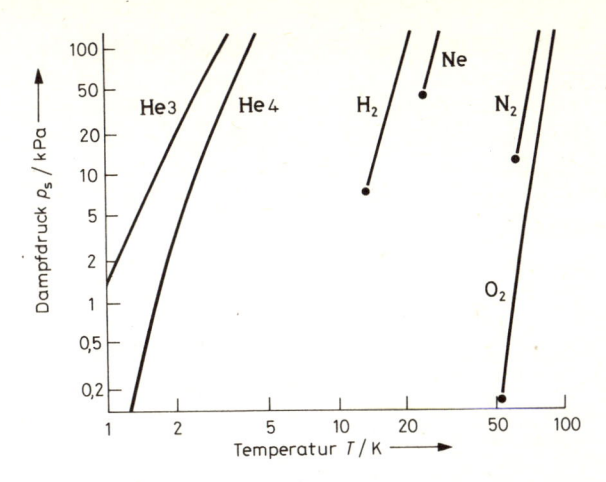

Abb. 1 Temperaturabhängigkeit des Dampfdruckes verschiedener Gase

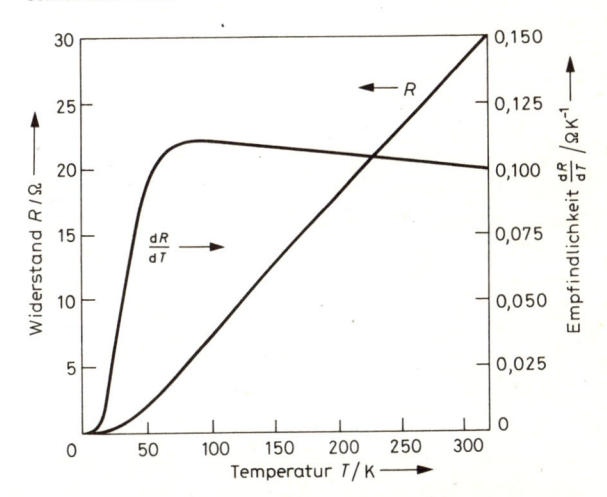

Abb. 2 Temperaturabhängigkeit des Widerstandes und des Temperaturkoeffizienten des Widerstandes von Platin (aus [1])

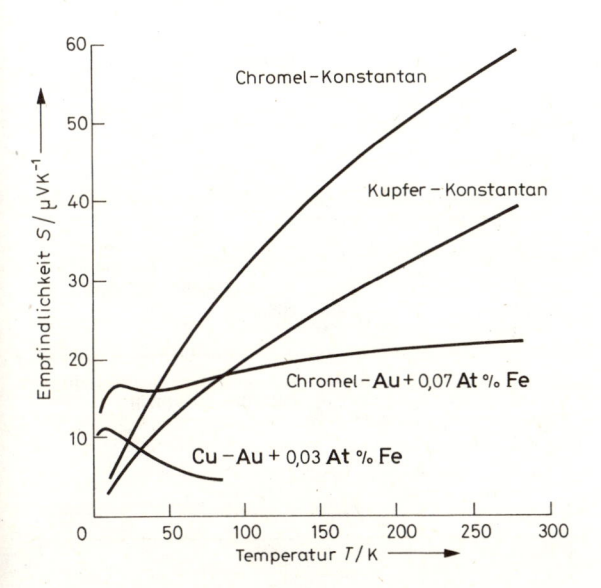

Abb. 4 Die Thermokraft einiger Thermoelementkombinationen für Temperaturen $T < 300$ K

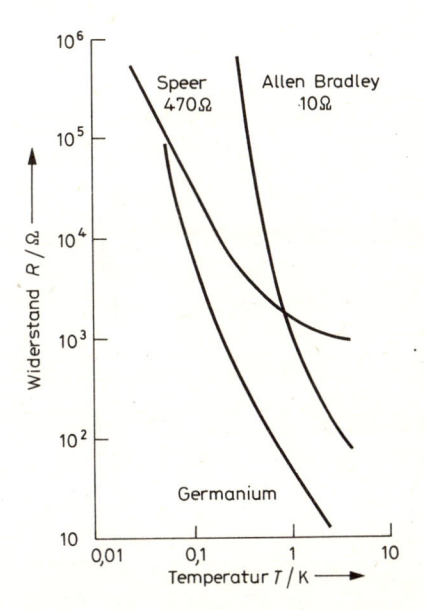

Abb. 3 Temperaturabhängigkeit des Widerstandes verschiedener Halbleitermaterialien (aus [7])

Kennwerte, Funktionen, Anwendung

Thermometertyp/ Meßgröße	Einsatzgebiet	analytische Darstellung	Empfindlichkeit	Genauigkeit	Ansprechzeit	Bemerkungen A-registrierbare Größe B-nicht registrierbar
Gasthermometer (He-Gas) $V(T)$ $p(T)$	> 2 K (Primärthermometer)	$p = \text{const.}\ T = T_B \dfrac{V(T)}{V_B(T_B)}$ $V = \text{const.}\ T = T_B \dfrac{p(T)}{p(T_B)}$ T_B – Bezugstemperatur (exakte Messungen verlangen Korrekturen)	abhängig von Aufwand der Korrekturen		> 60 s	B große räumliche Abmessung komplizierter Meßvorgang
Dampfdruckthermometer $p_s(T)$	z. B. He³: 0,3 K–3 K He⁴: 0,6 K–4,2 K	$\log p = A - \dfrac{B}{T}$ (Kirchhoff-Rankinsche Gleichung) A, B – Konstanten			≈ 60 s	A eng begrenzte Einsatzbereiche, bevorzugt für $T < 273{,}15$ K
Sättigungsdruck	H₂ (Gleichgewicht): 14 K–21,6 K N₂: 60 K–130 K O₂: 55 K–150 K Methan > 90 K Äthan: > 100 K		26,6 kPa/K 10,7 kPa/K			
Flüssigkeitsthermometer $V(T)$	z. B. Hg: −39 °C–625 °C Pentan −200 °C–20 °C Toluol: −70 °C–100 °C		bis zu 0,01 K (Beckmann-Thermometer)	> 0,01 K	> 60 s	B Messung erfordert keine weiteren Hilfsmittel, einfache Bedienung
Widerstandsthermometer $R(T)$	Metalle (dR/dT > 0) Pt, Cu, Ni, Fe > 20 K	$R(T) = \sum_n a_n T^n$ a_n – Konstanten	≈ 0,1 Ω/K	> 0,01 K	> 0,4 s	A Pt-Thermometer sehr gut reproduzierbare Werte Meßgröße ist magnetfeldabhängig
	Halbleiter (dR/dT < 0) Ge, Kohlewiderstände (Si) < 30 K	z. B. $\log R + \dfrac{K}{\log R} = A + \dfrac{B}{T}$ K, A, B – Konstanten	bis zu 10^{-7} K [6]	> 10^{-3} K	> 10^{-3} s	A druck- und magnetfeldabhängige Meßgröße
	Thermistoren −100 °C −300 °C	$R = Ae^{B/T}$ A, B – Konstanten		± 0,2 K	≈ 0,3 s	A sehr gute Empfindlichkeit
Thermoelemente, $U(T)$ Thermospannung	z. B. Au-Fe/Cu 1 K–60 K Au-Fe/Chromel: > 1 K	$U(T) = \sum_i A_i (T - T_o)^i$ T_o – Referenztemperatur A_i – Konstanten	≈ 18 µV/K		> 5 µs [8]	A besonders zur Oberflächentemperaturbestimmung geeignet; genaue Messung von Temperaturdifferenzen
	Au-Fe/NbTi: 0,02 K–7 K [9] Cu/Konstantan: 20 K–630 K Platin/Rhodiumplatin: < 2000 °C		≈ 30 µV/K −60 µV/K ≈ 12 µV/K		> 0,1 K	
Dioden $U(T)$ des pn-Überganges	z. B. Ga-As 2 K–300 K		≈ 2 mV/K			

Thermo-metertyp/ Meßgröße	Einsatzgebiet	analytische Darstellung	Empfind-lichkeit	Genauig-keit	An-sprech-zeit	Bemerkungen A-registrierbare Größe B-nicht registrierbar
Kapazitive Thermometer (z. B. Glas-Keramik) [19] $\varepsilon(T)$	(0,3 K) 5 K – 72 K (300 K)		≈ 250 pF/K	± 13 mK	≈ 3 s	geringe Eigenaufheizung (10^{-12} W), magnetfeldunabhängige Meßgröße ($\approx 0,1\%$ Änderung bei $B = 14$ Tesla)
Strahlungs-thermometer [10, 11] Gesamtstrahlungsthermometer	$> 100\,°C$	$\dot{q} = \sigma \varepsilon T^4$ $\dot{q}$ – Strahlungsleistung/Fläche σ – Strahlungskonstante ε – Emissionsvermögen		± 15 K		A Anschluß an Temperatur-skala ist notwendig; berührungslose Messung, Darstellung von Wärmebildern möglich
Teilstrahlungsthermometer[1]	$> 600\,°C$ (mit thermischen Empfängern) $-30\,°C$ (mit Photonenempfänger)	$\dot{q} = f(\lambda, T)$ λ – Wellenlänge (Die Temperatur wird aus der in einem engen Wellenlängenbereich ausgesandten Strahlung bestimmt).		± 20 K bei $2000\,°C$		
Farbpyrometer	$> 1000\,°C$	$U = B \cdot T$ (B-Konst.) U – Verhältnis der Strahlungsleistung zweier Wellenlängenbereiche		± 15 K		
Akustisches Thermometer [12, 13] $v(T)$ in He^4-Gas	2 K – 20 K (Primärthermometer)	$v = \sqrt{\varkappa RT/M}$ für $p \to 0$ $\varkappa = c_p/c_V$ $c_{p,V}$ – spezifische Wärme bei konstantem Druck bzw. Volumen R – allgemeine Gaskonstante M – Molmasse p – Druck		≈ 2 mK		B große räumliche Abmessung, komplizierter Meßvorgang, druckabhängige Meßgröße
Kernresonanzthermometer $v(T)$	12 K – 500 K	komplizierter analytischer Zusammenhang	≈ 1 kHz/K für $T > 0,1\,\Theta_D$ Θ_D – Debye-Temperatur			lange Meßdauer
Gamma-Anisotropie von Co^{66} [18] $I(\vartheta, T)$	$< 0,3$ K	$I(\vartheta, T)$ – Gamma-Strahlung ϑ – Emissionswinkel				
Rauschthermometer [14–16] $\overline{\Delta U^2}(T)$	0,1 K – 3000 K	$\overline{\Delta U^2}(T) = 4kTR\Delta f$ ($hf \ll kT$) k – Boltzmann-Konstante h – Plancksches Wirkungsquantum $\overline{\Delta U^2}(T)$ – mittleres Rauschspannungsquadrat R – Widerstand Δf – Frequenzbereich		$> 0,1\%$		A Meßgröße ist unabhängig von thermisch-mechanischer Belastung, Einsatz in Kernreaktoren
Magnetische Thermometer [17] $\chi(T)$ paramagnetischer Salze	z. B. Cl$_2$Mg$_3$(NO$_3$)$_{12}$ · 24 H$_2$O (Primärthermometer)	$\chi(T) = C/T$ C – Curie-Konstante bzw. $\chi(T) = C/(T + \Delta) = C/T^*$ T^* – magnetische Temperatur	einige 10^{-4} K	1 % – 2 %		B

[1] Über Fluoreszenz-Thermometrie siehe [20].

Literatur

[1] HENNING, F.; MOSER, H.: Temperaturmessung, 3. Aufl. – Leipzig: Johann Ambrosius Barth Verlag 1977.
[2] EDER, F.X.: Moderne Meßmethoden der Physik. Teil 2, 2. Aufl. – Berlin: VEB Deutscher Verlag der Wissenschaften 1956.
[3] C.I.P.M., Metrologia 5 (1969) 35.
[4] C.I.P.M., Metrologia 12 (1976) 7.
[5] v. ARDENNE, M.: Tabellen zur angewandten Physik. Bd. III, Berlin: VEB Deutscher Verlag der Wissenschaften 1973.
[6] AHLERS, G., Phys. Rev. A3 (1971) 696.
[7] GAMOTA, G.: Cryogenics below liquid H_2-temperatures. In: Adv. in Cryog. Eng., Vol. 18, Plenum Press 1973.
[8] DAHLBERG, R.: Z. Naturf. B10a (1955) 953.
[9] ARMBRÜSTER, H.; KIRK, W. P., Physica 107B, (1981) 335.
[10] WALTHER, L.; GERBER, D.: Infrarotmeßtechnik. – Berlin: VEB Verlag Technik 1981.
[11] ENGEL, F.: Temperaturmessung mit Strahlungspyrometern. Reihe Automatisierungstechnik. Band 157. – Berlin: VEB Verlag Technik 1974
[12] PLUMB, H.; CATALAND, G., Metrologia 2 (1966) 127.
[13] COLCLOUGH, A.R.: Metrologia 9 (1973) 75.
[14] NYQUIST, N.: Phys. Rev. 32 (1928) 110.
[15] GARRISON, I. B.; LAWSON, A. W., Rev. Sci. Instrum. 20 (1949) 785.
[16] STORM, L., Z. angew. Phys. 28 (1970) 331.
[17] RUBIN, L.G.: Cryogenics 10 (1970) 14.
[18] BERGLUND, P.M., J. low. Temp. Phys. 6 (1972) 357.
[19] LAWLESS, W.N., Rev. sci. Instrum. 42 (1971) 561.
[20] WICKERSHEIM, K. A.; ALVES, R. V.: Fluoroptic Thermometry. In: N. N.: Biomedical Thermology. – New York: Liss 1982, S. 547–554.

Pyroelektrischer Effekt

Der griechische Philosoph THEOPHRASTUS beschrieb vor 2 300 Jahren ein Material, das nach heutigem Sprachgebrauch pyroelektrische Eigenschaften besaß und offenbar Turmalin war. 1703 erhitzten niederländische Juweliere Turmalinkristalle und entdeckten, daß diese zunächst Asche anzogen und später nach Abkühlung abstießen. 1727 deutete LINNÉ diese Eigenschaften des Turmalin als ein elektrisches Phänomen, und BREWSTER führte dafür 1824 den Terminus Pyroelektrizität (griech.: pyro – Wärme) ein. 1921 entdeckte VALASEK die Ferroelektrizität als Eigenschaft spezieller pyroelektrischer Stoffe mit durch äußere elektrische Felder umschaltbarer Polarisationsrichtung. 1938 nutzte YEOU TA den pyroelektrischen Effekt erstmals zum Nachweis elektromagnetischer Strahlung. Seit 1965 erscheinen in steigender Zahl Berichte über pyro- und ferroelektrische Materialien und deren Applikation als Strahlungsdetektor.

Sachverhalt

Als Pyroelektrizität bezeichnet man das Erscheinen positiver bzw. negativer elektrischer Ladungen auf entgegengesetzt orientierten Oberflächenbereichen von polarisierten dielektrischen Materialien infolge einer Temperaturänderung dT [K], von deren Geschwindigkeit die Intensität des Effekts abhängt. Den pyroelektrischen Effekt zeigen Kristalle mit spontaner Polarisation P_{sp} [C/cm²] (Polarisation ohne äußeres elektrisches Feld) unterhalb einer bestimmten Temperatur, der Curietemperatur T_C. Die 10 polaren Kristallklassen tragen die Bezeichnungen: 1, 2, 3, 4, 6, m, mm2, 3m, 4mm bzw. 6mm.

$$\frac{\partial P_{sp}}{\partial T} = p \, [\text{C cm}^{-2} \text{K}^{-1}] \tag{1}$$

(p – pyroelektrischer Koeffizient).

Die Umkehrung des pyroelektrischen Effekts nennt man den *elektrokalorischen Effekt*: Anlegen eines elektrischen Feldes oder Polarisationsänderung führen zu einer Temperaturänderung. *Wahrer (primärer) pyroelektrischer Effekt*: Änderung der Kristallstruktur infolge Temperaturänderung. *Sekundärer pyroelektrischer Effekt*: Deformation des Kristalls bei Temperatur- ohne Kristallstrukturänderung.

$$p = p_{\text{primär}} + p_{\text{sekundär}} \tag{2}$$

Kennwerte, Funktionen

Pyroelektrische Materialien. Aus der nicht mehr zu übersehenden Zahl pyroelektrischer Materialien haben sich nur wenige in praktischen Anwendungen durchgesetzt (siehe Tab. 1).

Tabelle 1 Pyroelektrische Materialien

Material	Bemerkungen	T_C [K]	$p \times 10^8$ [C cm^{-2} K^{-1}]	ε_r	c_V [J cm^{-3} K^{-1}]	d [g cm^{-3}]	$\tan \delta$	ϱ [Ω cm]	Literatur
Triglyzin-sulfat TGS	wasserlöslicher Einkristall in verschiedenen Modifikationen	322	3	40	2,62	1,69	0,02	10^{13}	[3]
LiTaO$_3$	Einkristall	891	1,65	47	3,13	7,45	<0,001	>10^{14}	[3]
LiNbO$_3$	Einkristall	1483	0,6	29	2,88	4,64	<0,001	>10^{14}	[3]
Sr$_{1-x}$Ba$_x$Nb$_2$O$_6$ SBN	Einkristall x = 0,52	389	6,5	380	2,3	5,2	0,003	>10^{10}	[1, 2]
NaNO$_2$	hygroskopischer Einkristall	437	1,2	8	2,1	2,1	—	—	[3]
modifiziertes Bleizirkonat	Keramik	473	3,5	250	2,6	—	0,005	10^8 bis 10^{11}	[4]
Pb$_5$Ge$_3$O$_{11}$	Einkristall	450	0,95	50	2,5	6,62	0,0003	$7 \cdot 10^{10}$	[5]
Polyvinylidenfluorid PVDF	Polymerfolie	>373	0,3	10	2,4	—	0,03	10^{14}	[1]

T_C = Curietemperatur
ε_r = relative Dielektrizitätskonstante
c_V = volumenspezifische Wärmekapazität
d = Dichte
$\tan \delta$ = dielektrischer Verlustfaktor
ϱ = spezifischer elektrischer Widerstand

Bei diesen Materialien handelt es sich vorwiegend um Ferroelektrika, die aus einer Vielzahl einzelner Domänen mit unterschiedlicher Polarisationsrichtung bestehen, deren Gesamteffekt Null ist. Diese Domänen müssen erst (evtl. bei erhöhter Temperatur, um die Koerzitivfeldstärke herabzusetzen) durch äußere elektrische Felder parallel ausgerichtet werden, um sie als Materialien mit hohem pyroelektrischen Koeffizienten einsetzen zu können. Demselben Zweck dient ein zusätzliches Recken von Polymeren.

Anwendungen

Wichtigste Anwendung: Nachweis elektromagnetischer Strahlung. Der pyroelektrische Strahlungsdetektor besteht aus einer dünnen (2–50 µm) Scheibe eines pyroelektrischen Materials, deren Flächen mit Metallelektroden versehen sind. Die Polarisationsachse des Materials ist daher zumeist senkrecht zu den Elektrodenflächen orientiert. An diesem kapazitiven Detektorelement kann im allgemeinen keine Spannung abgegriffen werden, da die innere Polarisation durch Oberflächenladungen und Leckströme zwischen den Flächen neutralisiert wird. Der Pyrodetektor kann deshalb nur schneller ablaufende Temperaturänderungen nachweisen, als der verlustbedingte Ladungsausgleich selbst vor sich geht.

Fällt z. B. auf ein Detektorelement ein mit der Kreisfrequenz $\omega = 2\pi f$ [Hz] modulierter Strahlungsfluß $\Phi = \Phi_0 e^{j\omega t}$ [W], so erfährt dieses eine entsprechende Temperaturänderung, die abhängig ist von der Wärmekapazität des Elements C_T [J K^{-1}], seinem Emissionsfaktor ε, der Empfängerflächengröße A [cm^2] und dem Wärmeleitwert G_T [W K^{-1}], über den das Detektorelement mit der Umgebung verbunden ist. Nach dem Einschwingen des Systems erhält man

$$T(t) = \frac{\varepsilon\, \Phi_0\, e^{j\omega t}}{G_T + j\omega C_T} \quad [K]. \tag{3}$$

Verbindet man die Elektroden des Elements, so fließt der Strom

$$i = \frac{dq}{dt} = p A \frac{dT}{dt} \quad [A] \tag{4}$$

(q – Ladung [C]).

Aus den Gleichungen (3) und (4) ergibt sich die Stromempfindlichkeit eines Pyrodetektors zu

$$S_i(\omega) = \left|\frac{i}{\Phi}\right| = \frac{\varepsilon p A \omega}{G_T (1 + \omega^2 \tau_T^2)^{1/2}} \quad [AW^{-1}] \tag{5}$$

(vgl. Abb. 1)

($\tau_T = C_T G_T^{-1}$ [s] – thermische Zeitkonstante).

Häufig wird der Detektor mit einer Impedanzwandlerschaltung mit einem JFET in Drainschaltung (Abb. 2a) betrieben. Die Signalspannung v ist der erzeugten pyroelektrischen Ladung proportional (Ersatzschaltbild Abb. 2b)

$$v = \frac{i}{G_E + j\omega C_E} \quad [V] \tag{6}$$

(G_E bzw. $1/R_g$ [S] – elektrischer Leitwert, C_E [F] – elektrische Kapazität).

Aus Gleichungen (3) und (6) folgt die Spannungsempfindlichkeit (Abb. 3)

$$S_v(\omega) = \left|\frac{v}{\Phi}\right|$$
$$= \frac{\varepsilon p A \omega}{G_T G_E (1+\omega^2\tau_T^2)^{1/2}(1+\omega^2\tau_E^2)^{1/2}} \text{ [VW}^{-1}\text{]} \quad (7)$$

($\tau_E = C_E G_E^{-1}$ [s] – elektrische Zeitkonstante).

Durch τ_E ist bei entsprechendem Empfindlichkeitsverlust die Ansprechgeschwindigkeit des pyroelektrischen Detektors frei wählbar (Nachweis hochfrequent modulierter Strahlung bis in den GHz-Bereich – Hochleistungslaserimpulse).

Die Nachweisgrenze des Detektors ist durch die rauschäquivalente Leistung (noise equivalent power) NEP

$$\text{NEP} = \frac{\text{Summe aller Rauschspannungsbeiträge}}{S_v} \text{ [W Hz}^{-1/2}\text{]}$$

bzw. die spezifische Detektivität $D^* = A^{1/2} \cdot \text{NEP}^{-1}$ [cm Hz$^{1/2}$ W^{-1}] gegeben. Die Beträge der verschiedenen Rauschquellen, insbesondere ihre Frequenzabhängigkeit, müssen im einzelnen analysiert werden [3].

Die Materialwahl für den Detektoreinsatz ist abhängig z. B. von Empfängerflächengeometrie, Arbeitsfrequenz, Temperaturbereich, Temperaturabhängigkeit der Empfindlichkeit, Strahlungsleistung, Preis, Verarbeitbarkeit zu dünnen Chips (Empfindlichkeit steigt mit abnehmender Dicke wegen der kleineren Wärmekapazität), Verfügbarkeit u. a..

Vorteile des pyroelektrischen Detektors: Wellenlängenunabhängige Empfindlichkeit, reine Wechsellichtempfindlichkeit, kurze Ansprechzeit, Funktion bei Raumtemperatur.

Einzelelementdetektor: $D^* = 10^8...5 \cdot 10^9$ cm Hz$^{1/2}$ W^{-1}, häufig in kleinem Transistorgehäuse mit Frontfenster (Spektralbereichseinengung), Pyroelementfrontfläche evtl. mit Absorptionsschicht.

Pyroelektrische Zeilenanordnung: Kleine Pyroelemente aufgereiht mit einer elektronischen Ausleseschaltung (z. B. ladungsgekoppelte Anordnung – CCD – charge coupled device) verbunden.

Pyroelektrische CCD-Matrix: Zweidimensionale Anordnung pyroelektrischer Elemente mit elektronischer Ausleseschaltung.

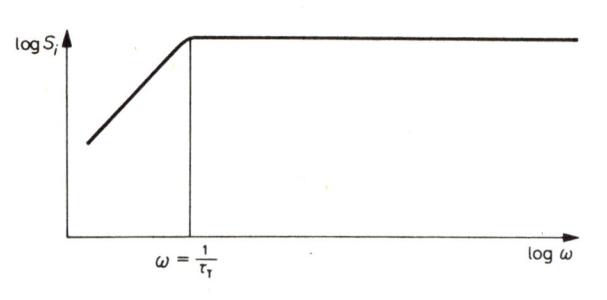

Abb. 1

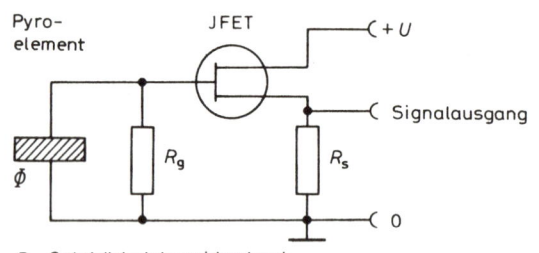

R_g Gatehöchstohmwiderstand
R_s Sourcewiderstand
U Betriebsspannung
a)

b)

Abb. 2

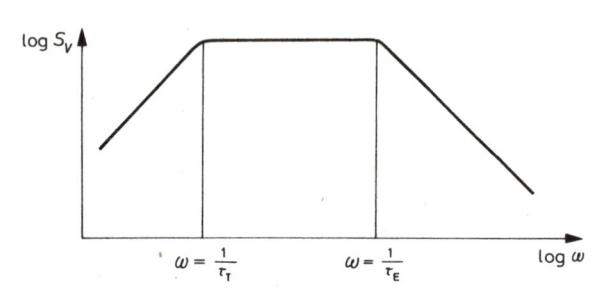

Abb. 3

Pyroelektrisches Vidicon: Vidiconbildaufnahmeröhre mit pyroelektrischem Target. Temperaturunterschiede des Thermobildes von minimal 0,2 K sind auflösbar.

Einsatz in: Pyrometern, Radiometern, Fouriertransformationsspektrometern, Laserleistungs- und -energiemetern, Gasanalysegeräten, Thermografiegeräten, Alarmierungs- und Sicherungssystemen, Feuermeldern u. v. a..

Literatur

[1] PORTER, S. G.: A brief guide to pyroelectric detectors. Ferroelectrics 33 (1981) 193–206.
[2] KREMENČUGSKIJ, L. S.; ROJCINA, O. V.: Piroelektričeskie priemniki izlučenija. P.T.E. (1976) 3, 7–23.
[3] STEINHAGE, P. W.: Heimann GmbH Wiesbaden: Untersuchung des pyroelektrischen Effektes von Ferroelektrika im Hinblick auf ihre Verwendung in thermischen Detektoren. Bundesministerium für Forschung und Technologie, Forschungsbericht T 75–05, April 1975.
[4] Plessey Co Ltd., British Patent Nr. 15 14 472 (1978).
[5] JONES, G. R.; SHAW, N.; VERE, A. W.: Pyroelectric properties of Lead Germanate, Electronics Letters 8 (1972) 14, S. 345–346.

Restwiderstand von Metallen

1908 war KAMERLINGH ONNES in Leiden die erste Verflüssigung von Helium und damit die experimentelle Erschließung des nur wenige Grade vom absoluten Nullpunkt entfernten Temperaturgebietes gelungen. Die ersten von ihm durchgeführten Untersuchungen waren Widerstandsbestimmungen an Gold und Platin. Er fand, daß sich der elektrische Widerstand mit fallender Temperatur nicht dem Werte Null, sondern einem endlichen, praktisch temperaturunabhängigen Wert näherte und folgerte, daß die Existenz dieses „Restwiderstandes" auf Verunreinigungen im Metall zurückzuführen sei [1].

Postuliert wurde die Existenz eines Restwiderstandes bereits 1864 durch MATTHIESSEN und VOIGT [2] aus Widerstandsmessungen bei höheren Temperaturen.

Der Restwiderstand hat Bedeutung erlangt auf dem Gebiet der Charakterisierung der Reinheit und Perfektion metallisch leitender Materialien und unter bestimmten Randbedingungen als Analysenmethode bei Präparationsprozessen. Er kann Informationen über die mittlere freie Weglänge der Ladungsträger liefern.

Sachverhalt

Der in einem metallischen Realkristall beim Übergang $T \to 0$ beobachtete Widerstand wird als Restwiderstand (RW) bezeichnet. Ein ideales Gitter setzt für $T \to 0$ dem elektrischen Strom keinen Widerstand entgegen. Die verbleibenden Nullpunktschwingungen erzeugen wegen fehlender Energie- und Impulsübertragung auf das System der Leitungselektronen keinen Widerstand. Der RW entsteht durch die Streuung der Ladungsträger an allen Abweichungen von der Gitterperiodizität, bedingt z. B. durch

- chemische Verunreinigungen (substitutionelle und interstitielle),
- physikalische Kristallbaufehler (Isotopengemisch, Leerstellen, Zwischengitteratome, Versetzungen, Stapelfehler, Korngrenzen),
- Kristalloberflächen (Oberflächeneffekt bzw. size-effect).

Darüber hinaus können magnetisch bedingte Widerstandsbeiträge auftreten (äußere Magnetfelder, Eigenmagnetfeld des Meßstroms, Kondoeffekt durch magnetische Verunreinigungen).

Der durch Oberflächeneffekt und Magnetfeldeffekte korrigierte Restwiderstand stellt somit ein summarisches, qualitatives Maß für die chemische Reinheit und physikalische Gitterperfektion dar, welches für konkrete Bedingungen eichbar ist. Ausscheidungen anderer Phasen werden vom Restwiderstand nur bedingt erfaßt.

Bei der Messung ist dem Restwiderstand stets ein thermisch bedingter Widerstandsanteil, der Idealwiderstand, überlagert Gl. (1). Durch dessen nichtlineare Überlagerung mit dem Restwiderstand (Ungültigkeit der Matthiessenschen Regel Gl. (3)) ist eine Extrapolation des Restwiderstands aus Messungen bei höheren Temperaturen nicht möglich. Die Proben befinden sich während der RW-Bestimmung zweckmäßigerweise direkt im flüssigen Helium (realisierbarer Temperaturbereich $1,5\,\text{K} \leq T \leq 4,2\,\text{K}$) innerhalb eines Kryostaten. Die Widerstandsmessung erfolgt meist mittels einer 4-Sonden-Technik. Induktiv ist die Messung kontaktlos möglich. Wechselstrommessungen werden durch den Skineffekt bei reinem Material beeinträchtigt, Gleichstrommessungen werden durch zeitlich sich ändernde Thermospannungen erschwert, welche die Meßspannung größenordnungsmäßig übertreffen können. Für reine Materialien sind Spannungsnachweisgrenzen von $10^{-8} - 10^{-9}$ V anzustreben.

Kennwerte, Funktionen

Für den experimentell bestimmbaren Gesamtwiderstand $\varrho(T)$ einer Probe bei der Temperatur T ist der Ansatz geeignet [3]:

$$\varrho(T) = \varrho_0 + \varrho_i(T) + \Delta\varrho_0(T) + \sum \Delta\varrho_n(T) , \qquad (1)$$

ϱ_0 – Restwiderstand, $\varrho_0 \sim \sum c_i$, c_i – Defektkonzentration i, $\varrho_i(T)$ – Idealwiderstand, $\varrho_i \sim T^5$ für $T < \Theta/10$ (Elektron-Phonon-Streuung), $\varrho_i \sim T^2$ (Elektron-Elektron-Streuung), $\Delta\varrho_0(T)$ – Wechselwirkungsterm zwischen ϱ_0 und $\varrho_i(T)$, $\Delta\varrho_d(T)$ – Widerstand infolge Oberflächenstreuung

$$\Delta\varrho_d = \alpha \frac{\varrho_0 \lambda}{d} \qquad (2)$$

nach NORDHEIM [4], d – Probendurchmesser, λ – mittlere freie Weglänge, $\Delta\varrho_m(T)$ – Widerstand durch magnetische Wirkungen.

Bei Vernachlässigung der Terme $\Delta\varrho_0$, $\Delta\varrho_d$, $\Delta\varrho_m$ ergibt sich aus (1):

$$\varrho(T) = \varrho_0 + \varrho_i(T) \quad \textit{(Matthiessensche Regel)}. \qquad (3)$$

Aus der grundlegenden Formel für die elektrische Leitfähigkeit von Metallen $\sigma = (12\pi^3 \hbar)^{-1} e^2 \int \lambda \, dS_F$ folgt für $\sigma = \varrho_0^{-1}$

$$\bar{\lambda} = \frac{12\pi^3 \hbar}{e^2} \cdot \frac{1}{\varrho_0 S_F} \qquad (4)$$

mit $\bar{\lambda}$ als mittlere freie Weglänge der Ladungsträger aufgrund von Gitterdefekten und -verunreinigungen (S_F – Fermi-Fläche). Das Restwiderstandsverhältnis r_0 entsteht durch Bezug des RW auf den Widerstand bei Raumtemperatur (meist $T_0 = 20\,°C$)

$$r_0 = \frac{\varrho_0}{\varrho(293,15\,\text{K})} \approx \frac{R_0}{R(293,15\,\text{K})}, \qquad (5)$$

wodurch der im Verhältnis zu den elektrischen Größen nur ungenau meßbare Geometriefaktor der Proben eliminiert wird unter Vernachlässigung der thermischen Ausdehnung der Proben.

Anwendungen

Summarische Charakterisierung einer Metallprobe. Die Angabe des spezifischen Restwiderstandsverhältnisses nach Gl. (5) zur allgemeinen zerstörungsfreien Charakterisierung der Reinheit und kristallinen Ordnung metallischer Materialien hat sich allgemein durchgesetzt. Der Wertebereich von r_0^{-1} erstreckt sich dabei von ca. 2 für Legierungen bis zu einigen Hunderttausend bei reinsten Einkristallen ($r_0 = 1 \cdot 10^{-6}$ für Mo-Einkristalle nach [5]). Dem Vorteil der Erfassung sämtlicher Gitterstörungen (jedoch mit unterschiedlichen Gewichtsfaktoren) steht der Nachteil der fehlenden Aussage über deren Art und Quantität gegenüber. Letztlich ist der RW eine Aussage über die mittlere freie Weglänge λ der Ladungsträger im jeweiligen Material, deren Betrag nach Gl. (4) bei bekannter Fermi-Fläche ermittelt werden kann. Unabhängig davon können Angaben über λ aus dem bei Restwiderstandsbestimmungen beobachtbaren size-effect gemacht werden (z. B. für zylindrische Proben nach Gl. (2)).

Analysenmethode für Dotierungen bzw. chemische Verunreinigungen. Für zahlreiche Dotierungselemente (i) in unterschiedlichen Wirtsgittern konnte ein linearer Zusammenhang zwischen Konzentration der homogen verteilten und atomar gelösten Dotierung bzw. Verunreinigung und dem Restwiderstandsverhältnis r_0 gefunden werden:

$$c_i = K_i r_0 + b . \qquad (6)$$

Die Proportionalitätsfaktoren K_i sind für viele Elementkombinationen experimentell ermittelt. Für das Wirtsmetall Nb enthält als Beispiel Tab. 1 die Werte für K_i für 20 Dotierungselemente. Im allgemeinen gilt, daß der Beitrag zu r_0 je Dotierungsatom mit dem Gruppenabstand im Periodensystem zwischen Wirtsmetall und Dotierungselement wächst (Linde-Norburysche Regel).

Tabelle 1 Proportionalitätsfaktoren K_i zwischen Dotierungskonzentration verschiedener Elemente und ihrem Beitrag zu r_0 im Wirtsmetall Niob nach Gl. (6) (nach [6] und [7])

K_i/At.%	3,3	2,8	3,2	20	8,3	7,1	13	17	14	6
Element	C	N	O	H	Si	Os	Ir	W	Cu	Pd
K_i/At.%	5	20	17	10	3,6	50	50	10	11	14
Element	Ru	Cr	Mo	Re	Al	V	Ta	Hf	Ti	Zr

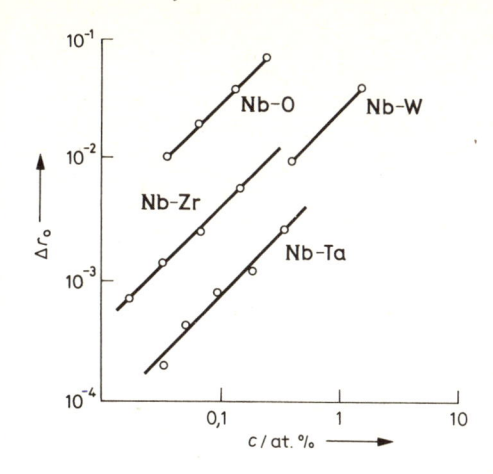

Abb. 1 Abhängigkeit des Restwiderstandbeitrages Δr_0 von der Dotierungskonzentration c einiger Elemente in Nb (nach [8])

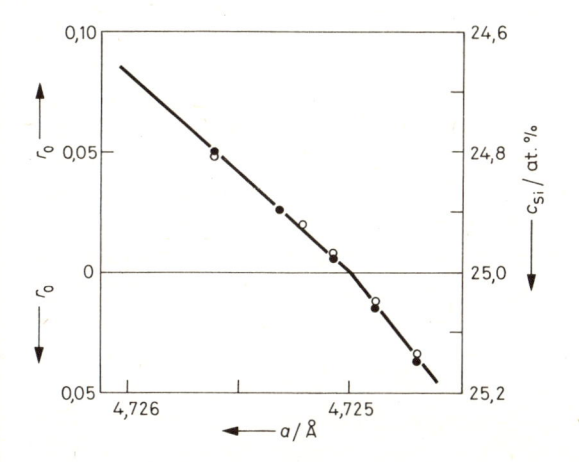

Abb. 2 Zusammenhang zwischen r_0, Gitterkonstante a und stöchiometrischer Zusammensetzung für zwei V_3Si-Einkristalle (nach [9])

weiterzubehandelnden Material vorgenommen werden. Zur quantitativen Auswertung müssen die jeweiligen Relationen Widerstandsänderung – Materialeffekt der Literatur entnommen oder selbst unter Hinziehung geeigneter Analysenmethoden bestimmt werden (Abb. 1).

Nachweis für den Grad stöchiometrischer Zusammensetzungen. Da die stöchiometrische Zusammensetzung unter sonst gleichen Darstellungsbedingungen den Zustand größter Ordnung darstellt, erreicht der Restwiderstand in diesem Fall ein Minimum. Stöchiometrieabweichungen in beiden Richtungen erhöhen den Restwiderstand. Beispielsweise wurden an der A15-Phase V_3Si mittels Restwiderstandsmessungen Stöchiometrieabweichungen bis 0,05 At.% nachgewiesen (Abb. 2).

Literatur

[1] ONNES, H. K., Comm. Leiden, Suppl. 34 (1913).
[2] MATTHIESSEN, A.; VOIGT, C., Ann. Phys. R. 2 **122** (1864) 19.
[3] BERTHEL, K.-H., Dissertation TU Dresden 1965.
[4] NORDHEIM, L., Act. Sci. A. Ind. No. 131, Paris (1934).
[5] BERTHEL, K.-H.; ELEFANT, D., Wiss. Ber. ZFW Dresden, Nr. 1 (1974) 2.
[6] ALEKSANDROV, B. N. et. al., Fiz. nizk. temp. **7** (1981) 1289.
[7] SCHULZE, K. K., J. Metals **33** (1981) 33.
[8] BARTHEL, J. et al., Fiz. met. metalloved. **35** (1973) 921.
[9] JURISCH, M.; BERTHEL, K.-H.; ULLRICH, H.-J., phys. status solidi (a) **44** (1977) 277.

Unter der Voraussetzung, daß sich bei den Proben eines Untersuchungsmaterials nur eine Dotierung bzw. Verunreinigung ändert, ist die Restwiderstandsbestimmung als genaue quantitative Analysenmethode für diese Dotierung geeignet. Ist diese Dotierung groß im Verhältnis zu den anderen Gitterstörungen, eignet sich die Restwiderstandsbestimmung als absolute Analysenmethode.

Kontrolle von Präparationsmethoden. Restwiderstandsbestimmungen sind einsetzbar zur Kontrolle der Einzelschritte einer Präparationskette, bestehend aus einer Kombination folgender Teilbehandlungen: Charakterisierung des Ausgangsmaterials – chemische Reinigungsverfahren – Reinigungsschmelze-Zonenschmelze-Vakuumglühungen – Dotierungen – Abschrecken – mechanische Umformungen – Strahleneinwirkung – Erholungsverfahren. Die Kontrolle ist zerstörungsfrei und verunreinigungsfrei, kann also am

Siedeverzug

Der als Siedeverzug bezeichnete Effekt tritt bei der Entstehung der gasförmigen Phase innerhalb der flüssigen Phase auf. Die bei der Bildung einer neuen innerhalb einer bestehenden Phase wirkenden Gesetze wurden von VOLMER und WEBER 1926 entdeckt [1] und von VOLMER 1939 umfassend dargestellt [2]. Über die Weiterentwicklung dieser Theorie finden sich u. a. Angaben in [3].

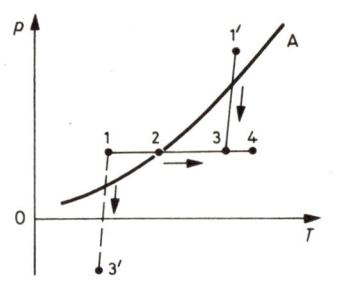

Abb. 1 Vorgänge zur Erzeugung metastabiler Flüssigkeiten

Sachverhalt

Befindet sich eine siedende Flüssigkeit mit ihrem Dampf im stabilen thermodynamischen Gleichgewicht, so sind die Temperaturen und die Drücke in beiden Phasen gleich: $T' = T'' = T_s$ und $p' = p'' = p_s$. Zwischen dem Siededruck p_s und der Siedetemperatur T_s besteht die umkehrbar eindeutige Funktion $p_s = f(T_s)$ bzw. $T_s = \varphi(p_s)$, deren Bild im p,T-Schaubild als Dampfdruckkurve bezeichnet wird (Kurve A in den Abbildungen 1 und 2). Wird dem Stoff mit der Anfangstemperatur $T_1 < T_s(p_1)$ (Punkt 1, Abb. 1), bei der er als stabile Flüssigkeit vorliegt, unter konstant bleibendem Druck $p = p_1$ Wärme zugeführt, so setzt in einigen Fällen das Sieden nicht beim Erreichen der Temperatur $T_s(p)$ ein (Punkt 2), sondern erst bei der Temperatur $T_4 > T_s(p)$ (Punkt 4); es tritt ein *Siedeverzug* auf.

Bei einer Temperatur T_3 mit $T_s < T_3 < T_4$ (Punkt 3) befindet sich die als überhitzt bezeichnete Flüssigkeit in einem metastabilen Gleichgewichtszustand. Das metastabile Gleichgewicht wird jeweils nur für einen bestimmten Zeitraum τ_1, der Lebensdauer der überhitzten Flüssigkeit, aufrechterhalten. Der Punkt 3 kann unter anderem auch vom Punkt 1' aus durch adiabate Entspannung erreicht werden. Durch einen solchen Vorgang läßt sich zum Beispiel vom Zustand 1 aus eine metastabile Flüssigkeit mit negativem Druck herstellen (Punkt 3').

Ziel der Theorie und der Experimente zur Kinetik der Bildung der gasförmigen Phase innerhalb der flüssigen Phase ist die Ermittlung

a) der maximal erreichbaren Temperatur bei gegebenem Druck bzw. des minimalen Druckes bei gegebener Temperatur und

b) der mittleren Lebensdauer einer überhitzten Flüssigkeit in Abhängigkeit von Druck und Temperatur.

Der metastabile Zustand wird bis zu dem Zeitpunkt bestehen bleiben, an dem erstmalig inmitten der Flüssigkeit Dampfbläschen (sogenannte Keime) entstanden sind, bei denen gleichzeitig folgende drei Gleichgewichtsbedingungen erfüllt sind:

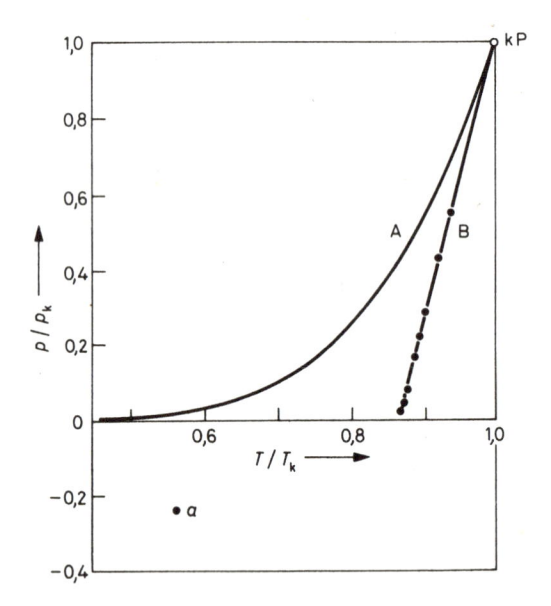

Abb. 2 Dampfdruckkurve (Kurve A), erreichte Überhitzungstemperaturen (Kurve B), erreichter negativer Druck (Punkt a) für *Argon*

1. Gleichheit der Temperatur

$$T' = T'' = T, \tag{1}$$

2. mechanisches Gleichgewicht zwischen dem kugelförmigen Dampfbläschen und der Flüssigkeit:

$$p'' = p' + \frac{2\sigma}{r}, \tag{2}$$

3. Gleichheit der chemischen Potentiale der dampfförmigen und der flüssigen Phase, was auf die Näherungsbeziehung

$$p'' - p' = (p_s - p')(1 - v_s'/v_s'') \tag{3}$$

Keime mit einem diese Bedingungen gewährleistenden Radius r^* nennt man kritische Keime. Keime mit einem Radius $r < r^*$ werden kleiner, solche mit einem Radius $r > r^*$ wachsen ständig weiter und leiten das Sieden ein.

In den Gleichungen (1) bis (3) bedeuten T', p' – Temperatur und Druck der Flüssigkeit, T'', p'' – Temperatur und Druck des Dampfes im Keim, σ – Grenzflächenspannung in der Phasengrenzfläche, r – Radius des Keimes, p_s – Siededruck bei der Temperatur T, v_s', v_s'' – spezifisches Volumen der Flüssigkeit und des Dampfes bei p_s und T.

Keime der dampfförmigen Phase entstehen in der Flüssigkeit durch Fluktuationen (siehe hierzu [4]). In Anwendung der durch die statistische Physik bereitgestellten Gesetzmäßigkeiten über die statistische Verteilung thermodynamischer Grundgrößen wurden Beziehungen für die mittlere Anzahl J_1 der pro Zeit und Volumen gebildeten kritischen Keime abgeleitet (siehe hierzu [3, 5]). Daraus läßt sich die mittlere Lebensdauer $\bar{\tau}$ des metastabilen Zustandes im Volumen V berechnen. Nach [5] gilt für viele reine Flüssigkeiten die Näherungsbeziehung

$$\ln\left(\frac{\bar{\tau} \cdot V}{s \cdot m^3}\right) \approx W^*/(k \cdot T) - 88 \qquad (4)$$

mit

$$W^* = \frac{16 \pi \sigma^3}{3(p_s - p')^2 (1 - v_s'/v_s'')^2} . \qquad (5)$$

Hierin bedeuten $\bar{\tau}$ – Erwartungswert der Zeitdauer bis zum Auftreten krit. Keime in s, V – Flüssigkeitsvolumen in m^3, W^* – Keimbildungsarbeit für den kritischen Keim in J, k – Boltzmann-Konstante in J/K. Die Größe $\bar{\tau}$ nimmt bei Erhöhung der Temperatur um 1 K um 2 bis 9 Größenordnungen ab, so daß sich eine ziemlich scharfe Grenze für die erreichbare Überhitzungstemperatur ergibt (Kurve B in Abb. 2). Die in Abb. 2 markierten Punkte sind gemessene Werte für flüssiges Argon [5]. Dabei stellt Punkt a einen erreichten Zustand mit negativem Druck dar.

Bilden sich die Keime nicht im Flüssigkeitsinnern, sondern an den Begrenzungsflächen zu einer dritten Phase (Teilchen eines anderen Stoffes – sogenannte Fremdkeime – oder Gefäßwände), so wird infolge der linsenförmigen Gestalt des Keims der kritische Radius bereits bei einer kleineren Masse des Keims erreicht. Dadurch wird auch die Keimbildungsarbeit kleiner als nach Gl. (5), wodurch sich gemäß Gl. (4) die Zeit $\bar{\tau}$ um mehrere Zehnerpotenzen verringert und somit nur noch eine geringe Überhitzung möglich ist. Die Zeit $\bar{\tau}$ wird auch verringert, wenn die Flüssigkeit einem Strom geladener Teilchen ausgesetzt wird.

Kennwerte, Funktionen

Umfangreiches Datenmaterial findet man in [5]. Die in Tab. 1 und Abb. 2 enthaltenen Daten sind daraus entnommen.

Tabelle 1 Erreichte Überhitzungstemperatur für verschiedene Stoffe bei den angegebenen Drücken

Stoff	Chem. Formel	p MPa	T_s K	$T_{\text{Ü}}$ K	$T_{\text{Ü}} - T_s$ K
Argon	Ar	0,1	87,2	130,8	43,6
Krypton	Kr	0,4	140,6	182,5	41,9
Xenon	Xe	0,5	199,0	254,1	55,1
Sauerstoff	O_2	0,69	113,6	136,2	22,6
Chlor	Cl_2	0,88	303,3	371,0	68,7
Pentan	$CH_3 \cdot (CH_2)_3 \cdot CH_3$	0,1	309,3	419,3	110,0
Benzen	C_6H_6	0,1	353,3	505,2	151,9
Wasser	H_2O	0,1	373,1	575,2	202,1
Wasser	H_2O	2,5	496,1	583,2	87,1
Fluortrichlormethan (R 11)	$CFCl_3$	0,1	297,0	417,5	120,5

Anwendungen

Blasenkammer [6]. Die von GLASER [7] im Jahre 1952 erfundene Blasenkammer ist das gegenwärtige Hauptanwendungsgebiet des Effektes „Siedeverzug". Sie dient zum Nachweis und zur Bestimmung der Eigenschaften von Elementarteilchen und ist in der Regel einem Teilchenbeschleuniger nachgeschaltet. In einer Kammer (Volumen bis zu 1 m^3) mit teilweise durchsichtigen Wänden befindet sich eine Flüssigkeit (Wasserstoff, Deuterium, Helium, Propan, Freon, Xenon u. a.) oder ein Flüssigkeitsgemisch. In der Kammer kann ein homogenes Magnetfeld vorhanden sein. Periodisch (Periodendauer 0,1 bis 1 s) wird der Druck in der Flüssigkeit durch Vergrößerung des Kammervolumens unter den Siededruck abgesenkt (z.B. bei Deuterium mit einer Temperatur von 32 K von 0,75 MPa auf 0,2 MPa). In die entstandene metastabile Flüssigkeit wird ein Strahl der zu messenden Teilchen eingeschossen, wobei sich längs der Spur jedes Teilchens eine Kette kleiner Dampfbläschen bildet. Nachdem diese eine ausreichende Größe (ca. 0,1 mm) erreicht haben (10^{-4} bis 10^{-3} s nach dem Einbringen der Teilchen), werden aus mindestens zwei Richtungen fotographische Aufnahmen des Kammerinhaltes angefertigt. Danach wird der Druck wieder auf den Ausgangswert erhöht, wonach die Bläschen verschwinden und die Anlage für den nächsten Zyklus bereitsteht. Die Auswertung der Aufnahmen (Bestimmung der räumlichen Koordinaten der Teilchenspuren, der Dichte der Bläschen auf der Spur u. a.) liefert Aussagen über die Eigenschaften und das Verhalten der eingebrachten Teilchen.

Der Effekt „Siedeverzug" tritt bei einer Reihe weiterer technischer Anlagen und Prozesse auf, wobei er in den meisten Fällen unerwünschte Auswirkungen hat. Beim Verdampfen von Flüssigkeiten zur Stofftrennung oder in Energieanlagen kann er eine Verringerung des Wärmestroms und damit der Leistung der

Anlage zur Folge haben. Bei Verdampfungskühlung kann er zu einer Verschlechterung des Kühleffektes führen. Die bei strömenden Flüssigkeiten auftretende Kavitation ist ebenfalls mit diesem Effekt verknüpft.

Literatur

[1] VOLMER, M.; WEBER, A., Z. phys. Chem. **119** (1926) 277.
[2] VOLMER, M.: Kinetik der Phasenbildung. – Dresden: Verlag Theodor Steinkopff 1939.
[3] SKRIPOV, V. P.: Metastabil'naja židkost' (Metastabile Flüssigkeit). – Moskva: Izd. Nauka 1972.
[4] LANDAU, I. D.; LIFSCHITZ, E. M.: Statistische Physik. Teil 1, 5. Aufl. – Berlin: Akademie-Verlag 1979. (Übers. aus d. Russ.).
[5] SKRIPOV, V. P., u. a.: Teplofizičeskie svojstva židkostej v metastabil'nom sostojani. (Thermophysikalische Eigenschaften von Flüssigkeiten im metastabilen Zustand). – Moskva: Atomizdat 1980.
[6] ALEKSANDROV, JU. A., u. a.: Puzyŕkovye kamery (Blasenkammern). – Moskva: Gosatomizdat 1963.
[7] GLASER, D. A.: Phys. Rev. **87** (1952) 665.

Supraleitfähigkeit

Die Supraleitfähigkeit wurde von KAMERLINGH ONNES 1911 an Quecksilber entdeckt [1]. Die theoretische Erklärung des Effekts gelang erst viel später. Wesentlich für das Verständnis waren die phänomenologischen Theorien von LONDON (1935) und GINZBURG und LANDAU (1950). Die mikroskopische Theorie der Supraleitung wurde von BARDEEN, COOPER und SCHRIEFFER 1957 entwickelt (BCS-Theorie) [2–4]. Supraleitung wurde bisher in 27 metallischen Elementen und in weit über 1 000 Legierungen und Verbindungen nachgewiesen [5–7]. Die höchste beobachtete Übergangstemperatur liegt gegenwärtig bei 23 K. Theoretische Voraussagen einer Raumtemperatur-Supraleitfähigkeit haben sich bisher nicht bestätigt. Die Supraleitung wird heute hauptsächlich zur verlustarmen Erzeugung hoher Magnetfelder sowie für verschiedene Aufgaben in der physikalischen Meßtechnik angewendet.

Sachverhalt

Als Supraleitfähigkeit bezeichnet man das widerstandslose Fließen eines elektrischen Stromes. Bei der Abkühlung eines Supraleiters springt sein elektrischer Widerstand bei der Übergangstemperatur T_c auf den Wert Null (Abb. 1). Der supraleitende Zustand existiert unterhalb T_c als thermodynamisch stabiler Zustand, solange der Strom I und ein äußeres Magnetfeld H bestimmte kritische Werte I_c und H_c nicht überschreiten. Bei Abwesenheit von Magnetfeldern ist der Übergang vom normalleitenden in den supraleitenden Zustand bei T_c eine Phasenumwandlung 2. Art, die mit einem Sprung in der Wärmekapazität verbunden ist. Neben dem verschwindenden elektrischen Widerstand unterscheidet sich der supraleitende Zustand in vielen anderen Eigenschaften wesentlich vom normalleitenden Zustand (z. B. Wärmekapazität, Wärmeleitfähigkeit, magnetische und optische Eigenschaften, Absorption von Ultraschall und elektromagnetischer Strahlung, Tunneleffekte) [2, 3, 5].

Nach der mikroskopischen Theorie ist der supraleitende Zustand durch die Existenz eines Vielelektronenkondensats charakterisiert, das durch eine quantenmechanische Wellenfunktion mit einer Phase φ beschrieben wird, die über makroskopische Bereiche kohärent ist. Das Kondensat wird aus gebundenen Leitungselektronenpaaren gebildet (Cooper-Paare). Die Phasenkohärenz ist die Ursache für beobachtbare makroskopische Quantenphänomene, z. B. die magnetische Flußquantisierung und den *Josephon-Effekt* [2, 5]. Eine weitere fundamentale Aussage der Theorie ist die Existenz einer Energielücke Δ im Quasiteilchenanregungsspektrum, die eng mit einer Reihe experimentell beobachtbarer Größen zusammenhängt; z. B. gilt nach der BCS-Theorie $\Delta(0) = 1{,}76\, kT_c$

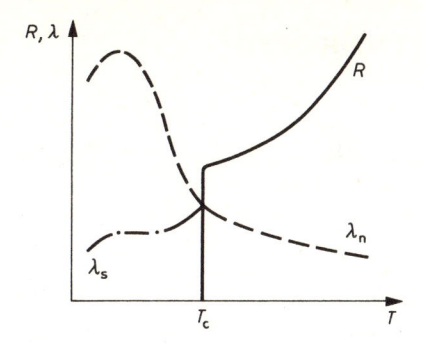

Abb. 1 Verhalten des elektrischen Widerstandes R und der Wärmeleitfähigkeit λ eines Supraleiters in der Umgebung von T_c (schematisch)

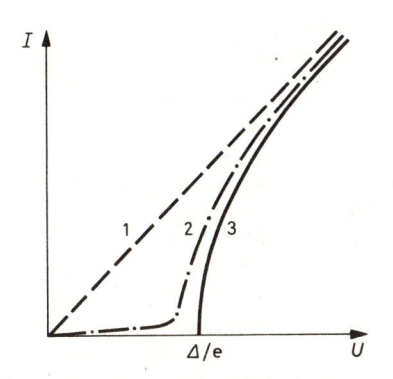

Abb. 2 Strom-Spannungs-Kennlinien eines Tunnelkontakts zwischen Supraleiter und Normalleiter (1 : $T > T_c$, 2 : $T < T_c$, 3 : $T = 0$ K)

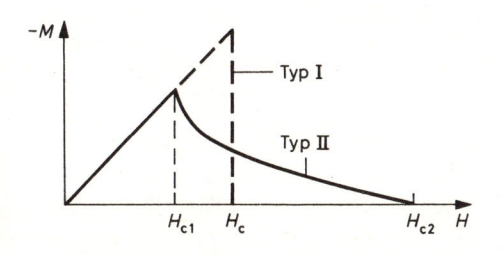

Abb. 3 Magnetisierung als Funktion des Magnetfeldes (für ideale Supraleiter, ohne Entmagnetisierung)

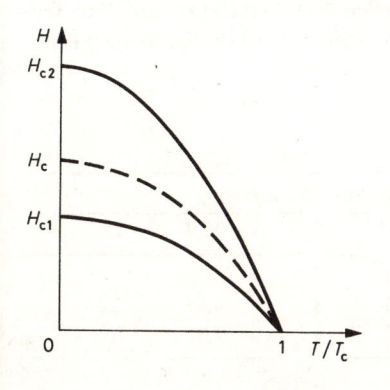

Abb. 4 Kritische Magnetfelder als Funktion der Temperatur

(k – Boltzmann-Konstante). Am deutlichsten zeigt sich die Energielücke in der Strom-Spannungs-Kennlinie eines Tunnelkontakts zwischen Normal- und Supraleiter (vgl. Abb. 2) mit einer dünnen Isolatorschicht (Dicke 1...5 nm) als Tunnelbarriere. Infolge der Energielücke im Anregungsspektrum des Supraleiters fließt bei $T \to 0$ ein Strom erst oberhalb der Spannung $U = \Delta/e$ (e – Elementarladung).

Wichtige Kenngrößen eines Supraleiters sind die Eindringtiefe λ, die Kohärenzlänge ξ und der dimensionslose Ginzburg-Landau-Parameter $\varkappa = \lambda/\xi$. λ charakterisiert die Eindringtiefe äußerer Magnetfelder, und ξ ist ein Maß für die räumliche Ausdehnung der Cooper-Paare. Der Wert von $\varkappa$ wächst mit zunehmender Verunreinigung des Supraleiters.

Hinsichtlich ihres Verhaltens im Magnetfeld unterscheidet man zwei Typen von Supraleitern:

Typ I – Supraleiter ($\varkappa < 1/\sqrt{2}$). Im supraleitenden Zustand ($H < H_c$) wird das Magnetfeld vollständig aus dem Inneren des Supraleiters herausgedrängt (Meißner-Ochsenfeld-Effekt: idealer Diamagnetismus; siehe Abb. 3). Es klingt im Supraleiter innerhalb einer Oberflächenschicht (Dicke λ) exponentiell ab. Besitzt die Probe wegen ihrer Geometrie einen von Null verschiedenen Entmagnetisierungsfaktor, so kann das äußere Magnetfeld bereits bei Feldstärken $H < H_c$ in die Probe eindringen. Es bildet sich der Zwischenzustand aus, in dem größere normal- und supraleitende Bereiche nebeneinander existieren. Die Temperaturabhängigkeit des kritischen Magnetfeldes ist näherungsweise parabolisch (siehe Abb. 4 und Gl. (1)).

Nach der Silsbee-Regel wird in einem supraleitenden Draht die kritische Stromstärke gerade dann erreicht, wenn das Magnetfeld des Suprastromes an der Oberfläche den Wert H_c hat.

Typ II – Supraleiter ($\varkappa > 1/\sqrt{2}$) verhalten sich in schwachen Magnetfeldern ($H < H_{c1}$) wie Typ I – Supraleiter. Oberhalb des unteren kritischen Magnetfeldes H_{c1} (siehe Gl. (2)) durchdringt das Magnetfeld zunehmend den Supraleiter. Die Supraleitung verschwindet erst oberhalb des oberen kritischen Magnetfeldes H_{c2} (siehe Gl. (3)), wo das Magnetfeld vollständig eingedrungen ist und den supraleitenden Zustand zerstört hat. Der Zustand zwischen H_{c1} und H_{c2} wird als gemischter Zustand (Šubnikov-Phase) bezeichnet. Er ist dadurch charakterisiert, daß das Magnetfeld den Supraleiter in Form eines Flußquantengitters durchdringt. Der magnetische Fluß ist nicht homogen, sondern bildet ein Gitter aus Flußlinien, wobei jede Flußlinie ein Flußquant Φ_0 enthält (siehe Gl. (4)). Im Idealfall ist es ein regelmäßiges Dreiecksgitter (vgl. [5, 7]).

Fließt im gemischten Zustand eines Typ II – Supraleiters ein elektrischer Strom, so treten in der Regel ein elektrischer Widerstand und Wärmeverluste auf. Die Ursache dafür ist die Bewegung des Flußliniengit-

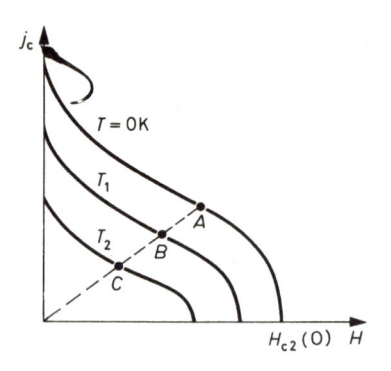

Abb. 5 Abhängigkeit des kritischen Stromes eines Typ II-Supraleiters vom Magnetfeld für verschiedene Temperaturen (qualitativ; $T_1 < T_2 < T_c$); – – – Ladekennlinie einer Magnetspule (A, B, C – kritische Ströme und maximale Feldstärken dieser Spule)

ters infolge der Kraftwirkung zwischen Magnetfeld und Strom (Lorentz-Kraft). Die Flußlinienbewegung kann durch eine genügend große Konzentration von Haftzentren im Supraleiter (Strukturdefekte wie Punktdefekte, Versetzungen, Korngrenzen, Ausscheidungen u. a.) verhindert werden, wodurch auch in Typ II – Supraleitern ein verlustloser Stromfluß erreicht werden kann. Letzterer ist im Magnetfeld bis zu einer kritischen Stromdichte j_c möglich [8].

Technisch verwendbare Supraleiter für Magnetspulen werden durch die Werte von T_c und H_{c2} sowie die Kennlinie der Abhängigkeit j_c vom Magnetfeld charakterisiert. Als Werkstoffe dienen in erster Linie verformbare Legierungen aus Nb-Ti und die spröden intermetallischen Verbindungen Nb_3Sn und V_3Ga. Die Herstellungsweise von Leiterwerkstoffen aus Legierungen und Verbindungen ist wegen ihrer differenzierten mechanischen Eigenschaften sehr unterschiedlich. Im Produktionsprozeß ist eine Optimierung der Kennwerte durch Zusätze anderer Elemente, durch Verformung, Wärmebehandlung, thermodynamische Stabilisierung des Leitermaterials u. a. notwendig. Die in Abb. 5 dargestellte Magnetfeldabhängigkeit von j_c ist eine idealisierte Kurve. Die beobachteten j_c-H-Kurven sind vielfältig und können Besonderheiten zeigen, z.B. einen steilen Abfall der j_c-Werte bereits bei geringen Feldstärken, ein Plateau der Stromdichte bei mittleren Feldstärken oder eine Spitze von j_c unterhalb von H_{c2}. Diese Effekte werden durch die oben genannten Verfahren beeinflußt [7, 9].

Kennwerte, Funktionen

Funktionen

$$H_c(T) = H_c(0)\,(1 - (T/T_c)^2), \quad (1)$$

$$H_{c1} = \frac{H_c}{\sqrt{2}}\,(\ln\varkappa + 0{,}3), \quad (2)$$

$$H_{c2} = \sqrt{2}\,\varkappa\,H_c, \quad (3)$$

$$\Phi_0 = h/2e = 2{,}07 \cdot 10^{-15}\,\text{Wb} \quad (4)$$

(h – Plancksches Wirkungsquantum).

Kennwerte einiger supraleitender Elemente[1]:

Tabelle 1 (Typ I – Supraleiter, außer Nb und V) [2, 5, 6, 7]

	T_c/K	$\mu_0 H_c$/mT	λ/nm	$\varkappa$	Δ/meV
Pb	7,20	80,3	39	0,4	1,40
Ta	4,47	82,9		0,34	0,72
α-Hg	4,15	41,1	40		0,83
Sn	3,72	30,5	51	0,2	0,61
In	3,41	28,2	64	0,1	0,54
Tl	2,38	17,8	92	0,3	0,37
Al	1,18	10,5	50	0,03	0,18
Nb	9,25	206	47	0,8	1,50
V	5,40	140		0,85	0,84

Kennwerte supraleitender Legierungen und Verbindungen[1]:

Tabelle 2 (Typ II – Hochfeldsupraleiter; Angabe von $H_{c2}(4{,}2\,\text{K})$) [6. 7, 9]

	T_c/K	$\mu_0 H_{c2}$/T	λ/nm	ξ/nm	Δ/meV
$Nb_{50}Ti_{50}$	9,3	14	300	~4	1,5
ZrV_2	8,5	9,5			
Nb_3Ge	23	35	~150	~3	3,9
Nb_3Sn	18,3	25	170	~3	3,3
V_3Si	17,0	24	~150	~3	2,5
V_3Ga	15,9	21			
NbN	15,0	18	~200	~3	~2,4
$PbMo_6S_8$	12,6	45			

Typische j_c-Werte technischer Supraleiter (auf den Gesamtquerschnitt des Leitermaterials bezogene Stromdichte):

Tabelle 3

Material	$j_c/10^8\,\text{Am}^{-2}$ bei $\mu_0 H =$			
	5 T	9 T	12 T	15 T
$Nb_{50}Ti_{50}$	9,2	3,3	—	—
Nb_3Sn	19,0	8,8	4,6	2,2
V_3Ga	16,0	8,2	5,0	3,0

[1] Kennwerte beziehen sich auf $T = 0$ K.

Anwendungen

Supraleitende Magnetspulen. Supraleitende Magnetspulen benötigen keine Energie zum Aufrechterhalten des Magnetfeldes. Werden sie supraleitend kurzgeschlossen, fließt ein Dauerstrom. Energie wird benötigt zur Abkühlung auf die Betriebstemperatur $T < T_c$, meist durch flüssiges Helium bei 4,2 K, und zur Kompensation der thermischen Isolationsverluste. Die erreichbaren Feldstärken und die Eigenschaften von Magnetspulen werden u. a. bestimmt durch j_c einschließlich der Ladekennlinie der Spule ($H = Kj$, K – Spulenkonstante; siehe Abb. 5) und durch die Stabilität des Leitermaterials, die Temperatur, die Geometrie der Wicklung und die gespeicherte magnetische Energie. Supraleiterwerkstoffe aus verformbaren NbTi-Legierungen und den intermetallischen Verbindungen Nb_3Sn und V_3Ga finden Anwendung als Ein- und Mehrkernleiter in Draht- und Bandform, zusammengesetzte Kabel oder Schichtbänder. Eine Verbindung mit Kupfer, Aluminium, Stahl oder anderen Werkstoffen führt zur elektrischen und thermischen Stabilisierung bzw. zu höherer mechanischer Festigkeit. Die Stabilisierung ist notwendig, damit Flußsprünge und Ummagnetisierungsverluste sowie andere Störungen nicht zum vorzeitigen Übergang in den normalleitenden Zustand führen (Degradation). Die bei einem solchen Übergang freiwerdende Energie muß durch besondere Schutzmaßnahmen abgeleitet werden, um einer Zerstörung der Spule vorzubeugen. Der mechanischen Festigkeit von Leitermaterial und Spule kommt große Bedeutung zu, da auf die stromdurchflossenen Leiter im Magnetfeld starke Kräfte wirken [5, 7, 9–11].

Anwendungsbeispiele.

a) *Wissenschaftlicher Gerätebau*: Festkörperphysik (Untersuchungen in hohen Magnetfeldern), Hochenergiephysik (Blasenkammer, ringförmige Teilchenbeschleuniger, Speicherringe), Hochleistungselektronenmikroskope. Kommerziell verfügbar sind NbTi-Magnetspulen bis ca. 9 Tesla sowie Nb_3Sn- und V_3Ga-Spulen bis 17,5 Tesla [5, 7, 9, 11].

b) *Industrie*: Es laufen Untersuchungen zur Anwendung supraleitender Magnete in Motoren, magnetischen Lagerungen und Abschirmungen sowie für die Magnetscheidung zur Rohstoffaufbereitung [5, 7, 9, 11].

c) *Energietechnik*: Es sind bereits Prototypen von supraleitenden Generatoren vorgestellt worden. Weitere Anwendungen sollen Magnete für MHD-Generatoren und Kernfusionsreaktoren sowie für Energiespeicherspulen betreffen [7, 9, 11].

d) *Transportwesen*: Mit magnetisch gelagerten Schwebezügen für Hochgeschwindigkeitsbahnen kann in den Bereich bis 500 km/h vorgestoßen werden. Es existieren Versuchsstrecken [7, 9].

e) *Medizintechnik*: Erzeugung von hohen Magnetfeldern für die Kernspintomographie, womit Schichtbilder von Weichteilgeweben mit hohem Kontrast dargestellt werden können [14, 15].

Energieübertragungskabel. Sie sind geplant zur Einspeisung großer Energiemengen in Ballungsgebiete. In Entwicklung sind Gleich- und Wechselstromkabel. Bei Wechselstromkabeln treten Hystereseverluste auf. Große Bedeutung kommt der Kabelkonstruktion und den Kühlmittelkreisläufen zu. Supraleitende Kabel sollen bei Übertragungsleistungen oberhalb von 2...3 GVA ökonomischer als normalleitende Kabel sein [5, 7, 9, 11].

Meßtechnische Anwendungen [5, 7, 12]

a) *Magnetometer* (siehe *Josephson-Effekt*: SQUID)

b) *Verstärker und Modulatoren.* Für Verstärker wird die mit Kryotrons mögliche Stromverstärkung ausgenutzt, eine Verstärkerstufe bis zu Frequenzen von 10^6 Hz aufzubauen. Bei tiefen Temperaturen zu messende kleine Gleichspannungen werden vorteilhaft mit einem Kryotronmodulator zerhackt und mit normaler Wechselspannungstechnik nachgewiesen. Es wird eine Spannungsempfindlichkeit bis etwa 10^{-11} V infolge des extrem kleinen Innenwiderstandes erreicht. Für Spannungsmessungen mit SQUIDs siehe *Josephson-Effekt*.

c) *Strahlungsmesser (Bolometer).* Ausnutzung der starken Temperaturabhängigkeit des elektrischen Widerstandes auf der Übergangskurve vom normal- zum supraleitenden Zustand. Die Anwendung ist bis zum fernen Infrarot möglich (50 μm...1 mm). Es können schwache Leistungen (bis $5 \cdot 10^{-12}$ W) und kurzzeitige Impulse (bis $2 \cdot 10^{-13}$ Ws) nachgewiesen werden.

d) *Thermometrie*: Von einigen reinen Metallen werden die scharfen Übergangskurven des elektrischen Widerstandes in den supraleitenden Zustand als Temperaturfixpunkte verwendet.

e) *Wärmeschalter.* Der Unterschied der Wärmeleitung λ im normal- und im supraleitenden Zustand gestattet es, Wärmeschalter zu bauen, die in Tiefsttemperaturanlagen verwendet werden. Für reine Metalle gilt $\lambda_n > \lambda_s$ (siehe Abb. 1). Der normalleitende Zustand wird durch ein Magnetfeld $H > H_c$ eingestellt. Für einen Bleidraht erhält man beispielsweise bei 0,1 K ein Verhältnis $\lambda_n/\lambda_s \sim 5000$.

f) *Gravimeter.* Wegen des Meißner-Ochsenfeld-Effektes kann ein Supraleiter in einem geeignet geformten Magnetfeld in der Schwebe gehalten werden (vgl. [5]). Bei entsprechender Dimensionierung der Anordnung lassen sich sehr kleine Schwerkraftänderungen im Bereich $\Delta g/g \sim 10^{-10}...10^{-11}$ nachweisen. Dabei können für die Drift pro Tag Werte in der Größenordnung 10^{-10} erreicht werden. In der Regel werden Schwebekörper aus Blei oder Niob verwendet [13].

g) *Hohlraumresonatoren.* In Hochfrequenzfeldern zeigen supraleitende Werkstoffe einen elektrischen

Widerstand, der bei Frequenzen $f \ll 2\Delta/h$ klein ist und mit sinkender Temperatur abnimmt. In supraleitenden Hohlräumen können elektromagnetische Schwingungen angeregt werden, und im Bereich von cm-Wellen übernehmen Hohlraumresonatoren die Funktion elektrischer Schwingkreise. Durch die extrem kleine Dämpfung werden große Güteverhältnisse Q bis 10^{11} erreicht (Q – Verhältnis der gespeicherten Hochfrequenzenergie zu der pro Periode in Wärme umgewandelten Energie). Anwendung finden Hohlraumresonatoren in der Hochfrequenztechnik und für Linearbeschleuniger.

h) *Phononensender und -empfänger.* Der Einelektronen-Tunneleffekt kann zur Aussendung und zum Empfang von sehr hochfrequenten monochromatischen Phononen ausgenutzt werden. Die erreichbaren Frequenzen sind mit den Energielücken der am Tunnelkontakt eingesetzten Supraleiter verbunden. Die Methode kann in der Phononenspektroskopie zur Untersuchung von Anregungszuständen in festen Körpern eingesetzt werden.

i) *Strahlungsempfänger für Mikrowellen* (siehe *Josephson-Effekt*).

j) *Supraleitende Abschirmungen.* Durch den Meißner-Ochsenfeld-Effekt werden Magnetfelder in Typ I – Supraleitern bis H_c und in Typ II – Supraleitern bis H_{c1} vollständig abgeschirmt. Die Abschirmwirkung oberhalb von H_{c1} wird in Typ II – Supraleitern durch den kritischen Strom und die Wandstärke des Materials bestimmt. Supraleitende Abschirmungen werden neben den üblichen ferromagnetischen benutzt.

Schalter und Speicher für die Rechentechnik

a) *Kryotron.* In einem Kryotron wird durch ein äußeres Magnetfeld vom supra- in den normalleitenden Zustand umgeschaltet. Durch die damit verbundene Widerstandsänderung kann ein Strom gesteuert und so eine binäre Information ein- oder ausgelesen werden. Es lassen sich logische Schalt- und Speicherelemente auf der Basis von Draht- bzw. Schichtkryotrons aufbauen. Der Vorteil der supraleitenden Elemente ist der extrem kleine Wärmeumsatz beim Schalten. Dadurch wird eine sehr hohe Packungsdichte möglich. Wegen der relativ langen Schaltzeiten ($10^{-4}...10^{-7}$ s) kommen sie für moderne Großrechner nicht mehr in Betracht. Kryotrons finden in der Meßtechnik Anwendung (siehe oben: Verstärker und Modulatoren).

b) *Josephson-Effekt-Anwendungen* (siehe dort).

Literatur

[1] KAMERLINGH ONNES, H.: Further experiments with liquid helium. IV. The resistance of pure mercury at helium temperatures. Comm. Leiden **120b** (1911) 3–5.
[2] LYNTON, E. A.: Superconductivity. – London: Methuen and Co. Ltd. 1969 (in Russ.: Moskau: Mir 1971).
[3] PARKS, R. D.: Superconductivity. – New York: Marcel Dekker Inc. 1969.
[4] STOLZ, H.: Supraleitung. – Berlin: Akademie-Verlag 1979.
[5] BUCKEL, W.: Supraleitung. – Berlin: Akademie-Verlag 1973.
[6] ROBERTS, B. W.: J. Physical and Chemical Reference Data **5** (1976) 3, 581–821; Properties of Selected Superconductive Materials, 1978 Supplement, N. B. S. Technical Note 983.
[7] HENKEL, O.; SAWITZKIJ, E. M. (Hrsg.): Supraleitende Werkstoffe. – Leipzig: Deutscher Verlag für Grundstoffindustrie 1982.
[8] CAMPBELL, A. M.; EVETTS, J. E.: Critical currents in superconductors. – London: Taylor and Francis Ltd. 1972 (in Russ.: Moskau: Mir 1975).
[9] FONER, S.; SCHWARTZ, B. B. (Hrsg.): Superconductor materials science: metallurgy, fabrication and application. – New York: Plenum Press 1981.
[10] BRECHNA, H.: Superconducting magnet systems. – Berlin/Heidelberg/New York: Springer-Verlag; München: Bergmann-Verlag 1973 (in Russ.: Moskau: Mir 1976).
[11] Beiträge aus der Kryotechnik (Zusammenstellung von Übersichtsartikeln: Autorenkollektiv). – Elektrie **31** (1977) 11, 583–612 und 12, 645–661.
[12] WILLIAMS, J. E. C.: Superconductivity and its applications. – London: Pion Ltd. 1970 (in Russ.: Moskau: Mir 1973).
[13] GOODKIND, J. M.; WARBURTON, R. J.: Superconductivity applied to gravimetry. – IEEE Trans. Magnetics **MAG-11** (1975) 2, 708–711.
[14] BOTTOMLEY, P. A.: NMR imaging techniques and applications: A review. – Rev. Sci. Instr. **53** (1982) 9, 1319–1337.
[15] PFANNENSTIEL, P., MEVES, M. (Hrsg.): Die NMR-Tomographie. – Stuttgart/New York: Georg Thieme Verlag 1984.

Zu neuesten Ergebnissen bei Hochtemperatur-Supraleitern siehe:

[16] BEDNORZ, J. G., MÜLLER, K. A.: Z. Phys. **B64** (1986), 189.
[17] ANDRES, K.: Eine neue Klasse von Hochtemperatursupraleitern. Naturwissenschaften **74** (1987) 8, 362–366.
[18] RIETSCHEL, H.: Keramische Hochtemperatur-Supraleiter. Phys. Bl. **43** (1987) 9, 357–363.

Thermodiffusion

Die Thermodiffusion wurde zuerst experimentell in flüssigen Systemen entdeckt. 1856 wies LUDWIG darauf hin, daß er bei der Untersuchung von Natriumsulfatlösungen, die er an verschiedenen Stellen eines ungleich beheizten Gefäßes entnommen hat, Konzentrationsunterschiede gefunden habe. 1879 bis 1881 wurde dieser Effekt von SORET erneut überprüft, indem er ein vertikal stehendes, mit verschiedenen Salzlösungen gefülltes Rohr an seinem unteren Ende kühlte und oben beheizte.

Im Gegensatz zum Ludwig-Soret-Effekt wurde die Thermodiffusion bei Gasen theoretisch vor ihrem experimentellen Nachweis vorausgesagt, und zwar von CHAPMAN und ENSKOG (1911 bis 1917) im Ergebnis gaskinetischer Untersuchungen. Der erste experimentelle Nachweis gelang CHAPMAN und DVOSSON 1917 an Mischungen von Wasserstoff mit Kohlendioxid sowie Wasserstoff mit Schwefeldioxid. Der zur Thermodiffusion gehörende inverse Effekt ist der Wärmetransport durch Konzentrationsgradienten. Er existiert ebenfalls und ist bereits 1873 von DUFOUR entdeckt worden. Genauer untersucht wurde der Diffusionsthermoeffekt jedoch erst 1942–1949 von CLUSIUS und WALDMANN. Übrigens sagt auch die Theorie von CHAPMAN und ENSKOG diese Erscheinung voraus.

Sachverhalt

Liegt in einem sich im thermischen Gleichgewicht befindlichen fluiden binären Gemisch keine einheitliche Zusammensetzung vor, bewegen sich die Gemischkomponenten dem vorhandenen Konzentrationsgradienten gemäß in entgegengesetzten Richtungen, so daß sich im Ergebnis dieses Prozesses die anfänglich vorhandenen Konzentrationsunterschiede allmählich verringern und schließlich ganz aufheben. Diesen Vorgang bezeichnet man als *gewöhnliche Diffusion*.

Wird jedoch einer ursprünglich gleichförmigen binären fluiden Mischung ein nicht gleichförmiges Temperaturfeld aufgeprägt, so daß sich in der Mischung unterschiedliche Temperaturen einstellen, dann wird dadurch eine relative Bewegung der Gemischkomponenten zueinander ausgelöst. Diesen Prozeß nennt man *Thermodiffusion*. Er führt zum Aufbau eines Konzentrationsgradienten im Gemisch, wobei die dadurch eintretende gewöhnliche Diffusion versucht, diesen Gradienten wieder abzubauen, bis sich schließlich ein stationärer Gemischzustand einstellt, in dem der Trenneffekt der Thermodiffusion durch den gewöhnlichen Diffusionsstrom ausgeglichen wird.

Im Ergebnis dieses Prozesses löst somit ein dem binären Gemisch aufgeprägter Temperaturgradient die Bildung eines Konzentrationsgradienten aus. Da beide Einflüsse gleichzeitig wirksam sind, tritt demnach die Thermodiffusion immer mit ihrem inversen Phänomen auf, dem Diffusionsthermoeffekt. Die dadurch im binären Gemisch ausgelösten Stoffbewegungen transportieren dabei die Komponente mit den schwereren Molekülen gewöhnlich in der Richtung fallender Temperatur, während die Komponente mit den leichteren Molekülen zu Orten höherer Temperatur wandert. Dadurch tritt eine Entmischung der beiden beteiligten Stoffe auf, bis eine stationäre Konzentrationsdifferenz als Folge des vorhandenen Temperaturgradienten im Gemisch aufgebaut ist.

Kennwerte, Funktionen

Der gleichzeitige Ablauf von gewöhnlicher Diffusion und Thermodiffusion in einem binären fluiden Gemisch wird durch die Fundamentalgleichung

$$v_1 - v_2 = -\frac{1}{\psi_1 \psi_2} \left(D \operatorname{grad} \psi_1 + D_T \frac{\operatorname{grad} T}{T} \right)$$

beschrieben. Darin sind v_1, v_2 – die mittleren (thermischen) Geschwindigkeiten der beiden Partikelarten [m/s], ψ_1, ψ_2 – die Molanteile der beiden Gemischpartner ($\psi_1 + \psi_2 = 1$), T – die absolute örtliche Gemischtemperatur [K], D – der Koeffizient der gewöhnlichen Diffusion [m²/s], D_T – der Thermodiffusionskoeffizient [m²/s].

Mit Einführung des *Thermodiffusionsverhältnisses* $k_T = D_T/D$ folgt aus der Fundamentalgleichung für den stationären Nichtgleichgewichtszustand ($v_1 - v_2 = 0$) die Beziehung

$$\operatorname{grad} \psi_1 = -k_T \frac{\operatorname{grad} T}{T},$$

wonach das Vorhandensein eines Temperaturgradienten im Gemisch stets mit der Existenz eines Konzentrationsgradienten verbunden ist und umgekehrt. Die Integration der letzten Gleichung zwischen den Temperaturen $T = T'$ und $T = T$ liefert für die *Konzentrationsverschiebung*

$$\psi_1 - \psi_1' = k_T \ln \frac{T'}{T},$$

aus deren gemessenen Werten das zugehörige Thermodiffusionsverhältnis k_T berechnet werden kann. Für $T < T'$ ist $\psi_1 > \psi_{1'}$, d. h. (1) bedeutet die schwerere Komponente, die sich im Bereich der unteren Temperatur anreichert. Durch den Vergleich der experimentell ermittelten Werte für die Konzentrationsverschiebung mit berechneten Werten hat man eine elegante Methode an der Hand, die der Berechnung zugrunde liegenden theoretischen Ansätze zur Beschreibung der Wechselwirkungskräfte zwischen den ungleichen Molekülen in einem binären Gasgemisch kritisch einzuschätzen.

Allerdings wird wegen der starken Konzentrationsabhängigkeit das Thermodiffusionsverhältnis k_T in der Regel durch seine reduzierte Größe, den *Thermodiffu-*

sionsfaktor $\alpha = k_T/\psi_1\psi_2$ ersetzt. Dessen Abhängigkeit von der Gemischkonzentration ist wesentlich geringer. Mit der Temperatur nimmt α normalerweise zu. Für (H_2/N_2)-, (H_2/D_2)- und (N_2/O_2)-Gemische fand man aus Versuchen $\alpha(H_2/N_2) \approx 0{,}3$; $\alpha(H_2/D_2) \approx 0{,}2$ und $\alpha(N_2/O_2) \approx 0{,}02$, um einige bekannte Beispiele zu nennen. Für das flüssige Gemisch *n*-Hexan/*n*-Oktan ist $\alpha \approx 0{,}6$; für C_6H_6/C_6D_6 ist $\alpha \approx 0{,}2$.

Anwendungen

Die Thermodiffusion kann zur fast vollständigen Trennung der Komponenten einer Gasmischung, z. B. eines Isotopengemisches, angewendet werden, wobei CLUSIUS und DICKEL die Vervielfachung des elementaren Trenneffektes mit Hilfe des nach ihnen benannten Trennrohres gelang. Dieses stellt ein vertikal angeordnetes, über viele Meter langes schlankes Rohr von 15 bis 20 cm Innendurchmesser dar, dessen Außenwand von Wasser gekühlt wird. In der Rohrachse befindet sich ein elektrisch auf 300 bis 500 °C beheizter Draht. Der auf diese Weise senkrecht zur Rohrachse erzeugte starke Temperaturgradient ruft in dem im Rohr befindlichen Gas- bzw. Isotopengemisch sowohl eine Trennung der Komponenten durch horizontale Thermodiffusion hervor als auch einen Konvektionsstrom nach oben in der heißen Rohrachse und nach unten längs der gekühlten Außenwand. Dadurch ändert sich kontinuierlich die Gemischzusammensetzung, was zu einer wesentlichen Verstärkung des durch die Thermodiffusion allein erzielten Entmischungseffektes führt. Das schwerere Isotop sinkt nach unten und wird dort entnommen, während das leichtere in der Rohrachse aufsteigende Isotop am oberen Rohrende abgezogen wird. Auf diese Weise gelang es CLUSIUS und DICKEL 1939, in einem 36 m langen Rohr ein Isotopengemisch von 25% $H^{37}Cl$ und 75% $H^{35}Cl$ fast vollkommen zu trennen und pro Tag 8 cm³ $H^{37}Cl$ mit einem Reinheitsgrad von 99,4% zu gewinnen [1]. Theoretisch wurde das Trennrohrverfahren von WALDMANN untersucht [2]. Eine analoge Verstärkung der Thermodiffusionswirkung durch eine Konvektionsströmung wird bei der Trennung mit einer in einem geschlossenen Gehäuse rotierenden Scheibe erzielt [3]. Der Vorteil besteht darin, daß die erzwungene Konvektionsströmung unabhängig vom Temperaturgradienten im Spalt ist und frei wählbar eingestellt werden kann.

Viele weitere Reindarstellungen von Isotopen folgten. Besonders hingewiesen sei noch auf die Darstellung des seltenen Isotops ^{21}Ne mit Hilfe des Trennrohrverfahrens aus dem natürlichen polynären Isotopengemisch, die CLUSIUS und Mitarbeitern 1956 gelang [4]. Dabei wurde auf den Kunstgriff der Hilfsgase zurückgegriffen. Als solche verwendete man deuterierte Methane mit der mittleren molaren Masse von 19,5 kg/kmol, die zusätzlich in das Trennrohr als Hilfskomponente eingeführt wurden und sich während der Wechselwirkungen mit dem Isotopengemisch quasi wie ein drittes Isotop verhalten.

Die erforderliche extreme Länge des Trennrohres wird durch Reihenschaltung einzelner ca. 3 m langer Trennrohre erreicht, wobei zu deren Verbindung untereinander das in ihnen diffundierende Isotopengemisch zwischen dem oberen Ende des einen und dem unteren Ende des nächsten Trennrohres mit einer sogenannten Gasschaukel hin- und hergeschoben wird.

Die größte Thermodiffusionsanlage, bestehend aus 2100 Rohren, wurde während des 2. Weltkrieges in Oak Ridge gebaut und diente zur Herstellung von Uran mit 0,86% ^{235}U [5]. Bemerkenswert ist, daß die Anreicherung in der flüssigen Phase erfolgte, wobei als Prozeßfluid Uranhexafluorid verwendet wurde. Dieses größte Experiment war auch gleichzeitig das einzige, das zu einer nennenswerten Konzentrationsänderung durch Thermodiffusion in der flüssigen Phase führte.

Ausführliche Verzeichnisse über die wichtigsten Veröffentlichungen zum Effekt der Thermodiffusion, in die auch die früheren Arbeiten mit einbezogen sind, findet man in [5–8].

Literatur

[1] CLUSIUS, K.; DICKEL, G., Z. phys. Chem., Abt. B **44**. (1939) 397, 451.

[2] WALDMANN, L.: Zur Theorie des Isotopentrennverfahrens von Clusius und Dickel. Z. Phys. **114** (1939) 53.

[3] ZEIBIG, H.: Isotopentrennung von Gasen durch Thermodiffusion mit einer in einem geschlossenen Gehäuse rotierenden Scheibe. TH Aachen, Dissertation 1966.

[4] CLUSIUS, K., u. a. „Das Trennrohr". Z. Naturf. **11a** (1956) 702.

[5] VASARU, G.; MÜLLER, G.; REINHOLD, G.; FODOR, T.: The Thermal Diffusion Column. – Berlin: VEB Deutscher Verlag der Wissenschaften 1969.

[6] GREW, K. E.; IBBS, T. L.: Thermodiffusion in Gasen. – Berlin: VEB Deutscher Verlag der Wissenschaften 1962.

[7] WALDMANN, L.: Transporterscheinungen in Gasen vom mittleren Druck. In: Handbuch der Physik. Hrsg.: S. FLÜGGE. – Berlin/Göttingen/Heidelberg. Springer-Verlag 1958. Band 12.

[8] ABRAMENKO, T. N.; ZOLOTUCHINA, A. F.; ŠAŠKOV, E. A.: Termičeskaja diffuzijà v gazach. – Minsk: Nauka i Technika 1982.

Thermoelastische Effekte

Elastische Deformationen eines Stoffes sind mit thermischen Erscheinungen verbunden und umgekehrt.

Während die geometrische Veränderung fester Körper mit der Veränderung ihrer Temperatur schon lange Zeit bekannt ist, ist die Temperaturänderung, die ein Körper bei mechanischer Belastung erfährt, erst 1830 von WEBER in einem klassischen Experiment (siehe Sachverhalt) gemessen worden. JOULE baute 1859 die Theorie dazu aus und EDLUND verbesserte 1861 und 1865 die Genauigkeit der Messungen.

Sachverhalt

Ein Körper erfährt bei konstant gehaltenen äußeren Kräften durch einen Temperatureinfluß Änderungen seiner Abmessungen. Bei einer Erwärmung eines Körpers vergrößert sich die Amplitude der schwingenden Moleküle. Das drückt sich makroskopisch in einer Vergrößerung des erwärmten Körpers aus. Deshalb ist der Längen-Temperaturkoeffizient α bei festen Körpern positiv (Ausnahme: Elaste, Kautschuk und kautschukartige Massen).

Für lineare Gebilde, z. B. Drähte, gilt:

$$l = l_0 (1 + \alpha \Delta T)$$

mit l = Länge nach der Temperaturänderung, l_0 = Länge vor der Temperaturänderung, α = Längen-Temperaturkoeffizient, ΔT = Temperaturänderung $T - T_0$.

Der Längen-Temperaturkoeffizient α ist material- und gering temperaturabhängig. Tabellenwerte gelten, wenn nicht besonders angegeben, im allgemeinen im Bereich von 0 °C bis 100 °C mit genügender Genauigkeit.

Für räumliche Gebilde, deren Abmessungen in allen Raumrichtungen von der gleichen Größenordnung sind, gilt:

$$V = V_0 (1 + 3 \alpha \Delta T).$$

3α wird als Volumen-Temperaturkoeffizient γ bezeichnet.

Ein Körper erfährt bei adiabatischer mechanischer Belastung eine Temperaturveränderung. Ist sein Volumen-Temperaturkoeffizient positiv, so erniedrigt sich seine Temperatur und umgekehrt. Es gilt:

$$\Delta T = -\gamma T \cdot \frac{\Delta \sigma}{c}$$

mit $\Delta \sigma$ = Spannungsänderung, c = Wärmekapazität pro Volumen.

Zur Ermittlung der Temperaturänderung eines Drahtes hat WEBER folgenden Versuch durchgeführt:

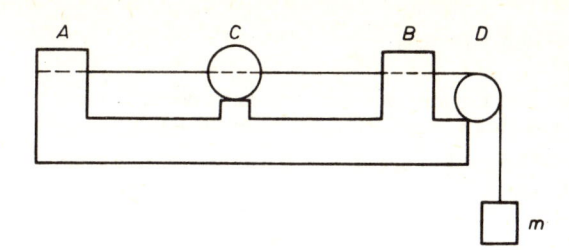

Abb. 1

Ein Metalldraht wurde bei A eingespannt, durch C und B sowie über die Rolle D geführt und mit der Masse m belastet. Die Länge $\overline{AC}$ war gleich der Länge $\overline{CB}$. Im Draht herrschte damit überall die gleiche Zugspannung σ_Z. Wurde der Draht bei B und C geklemmt und jede Hälfte zu Schwingungen angeregt, so wurde jeweils die gleiche Resonanzfrequenz gemessen. Danach wurde B wieder geöffnet, die Masse m vergrößert und B wieder geschlossen. Um das Experiment oft wiederholen zu können, war Vorsorge getroffen, daß der Draht beim Klemmen nicht beschädigt wurde. Wurde jetzt C für kurze Zeit (0,25 s) geöffnet, so stieg die Spannung im Draht $\overline{AC}$ plötzlich an, während sie in $\overline{CB}$ um denselben Betrag abfiel. Die wachsende Spannung in $\overline{AC}$ kühlte den Draht ab, während sich $\overline{CB}$ umgekehrt verhielt. Wurde jetzt die jeweilige Resonanzfrequenz gemessen, so ergaben sich Differenzen zu den Ausgangswerten.

Zusammen mit Experimenten zur Bestimmung der Beziehung zwischen Spannung und Temperatur konnten daraus die Temperaturänderungen des Drahtes berechnet werden. Diese lagen bei 1 K bis 2 K.

Da die Volumenänderung sehr klein war, konnte daraus der Betrag der spezifischen Wärme bei konstantem Volumen berechnet und mit dem Betrag bei konstantem Druck verglichen werden.

Kennwerte, Funktionen

Linearer Längen-Temperaturkoeffizient α zwischen 0 °C und 100 °C

Tabelle 1

Stoff	$\alpha \cdot 10^{-6} \, K^{-1}$	Stoff	$\alpha \cdot 10^{-6} \, K^{-1}$
Quarzglas	0,5	Nickel	13
Diamant	1,3	Kupfer, Gold	14
Invar		Stahl	16
(66 % Fe, 36 % Ni)	2	Messing	18
Glas,		Silber	20
Labortherm S.	3,3	Aluminium	23
Holz ∥ Faser	6	Zinn	27
Graphit	8	Blei	31
Platin	9	Eis (−10 °C)	54
Gußeisen	10	Hartgummi	80

Anwendungen

Bimetalle. Ein aus zwei verschiedenen Metallen hergestelltes Werkstück, das sich auf Grund der unterschiedlichen Temperaturkoeffizienten bei Erwärmung krümmt.

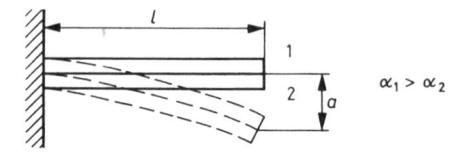

Für kleine Auslenkungen gilt:

$$a = \frac{3}{4}(\alpha_1 - \alpha_2)\frac{l^2}{b} \cdot \Delta T$$

mit l – Länge des Streifens, b – Breite des Streifens, ΔT – Temperaturänderung $T - T_0$, α_1, α_2 – Längen-Temperaturkoeffizient des Metalls 1 bzw. 2. Da l mit dem Quadrat in die Größe der Auslenkungen eingeht, versucht man, die Streifen möglichst lang zu gestalten (Spirale).

Bimetallstreifen werden vorwiegend zur Temperaturregelung eingesetzt.

Angepaßte Temperaturkoeffizienten. Zahlreich sind in der Technik die Beispiele, wo es auf angepaßte Temperaturkoeffizienten ankommt. Vorwiegend beim Verbinden verschiedener Werkstoffe, wie Metall und Plastwerkstoff oder Metall und Glas, muß diese Anpassung hergestellt werden. Oft ist dabei nicht nur der Zahlenwert der Temperaturkoeffizienten ausschlaggebend, es muß auch ihre Temperaturabhängigkeit in Grenzen übereinstimmen. Das ist z. b. bei Vakuumdurchführungen, bei denen Drähte im Glas eingeschmolzen sind, der Fall. Auch bei der Herstellung von Laborglaskörpern, die aus verschiedenen Glassorten hergestellt werden sollen, kann eine Anpassung der Temperaturkoeffizienten erforderlich sein. Größere Differenzen im Temperaturkoeffizienten können durch Verwendung mehrerer Glassorten mit jeweils fast angepaßtem Temperaturkoeffizienten überwunden werden.

Ausdehnung von Eisenbahnschienen. Um das Auftreten von Schienenstößen zu vermeiden und damit die Laufruhe von Schienenfahrzeugen zu verbessern, können die einzelnen Schienenstücke verschweißt werden. Bei Erwärmung der Schienen können dann sehr große Kräfte auftreten, die zum Ausknicken der Schienen führen können, wenn diese Kräfte nicht vom Unterbau aufgenommen werden können.

Zum Effekt „Erwärmung durch mechanische Beanspruchung" sind keine Anwendungen bekannt geworden.

Literatur

[1] Joos, G.: Lehrbuch der theoretischen Physik. 11. Aufl. – Leipzig: Akademische Verlagsgesellschaft Geest & Portig K.G..
[2] Gerlach, W.: Physik. – Frankfurt/Main: Fischer-Bücherei GmbH 1960.
[3] Recknagel, A.: Physik, Schwingungen und Wellen, Wärmelehre. – Berlin: VEB Verlag Technik 1981.
[4] Mende, D.; Simon, G.: Physik. – Leipzig: VEB Fachbuchverlag 1981.
[5] Schatt, W.: Einführung in die Werkstoffwissenschaft. 3. Aufl. – Leipzig: VEB Fachbuchverlag 1977.
[6] Flügge, S.: Handbuch der Physik: Bd. VI a/1. – Berlin/Heidelberg/New York: Springer-Verlag 1973.
[7] Nowacki, W.: Thermoelasticity. – Reading/Mass.: Addison-Wesley 1962.
[8] Weber, W.: Über die spezifische Wärme fester Körper, insbesondere der Metalle. Ann. Phys. Chem., second series **20** (1830) 177–213.
[9] Joule, J.-P.: On some thermo-dynamic properties of solids. Phil. Trans. Roy. Soc. (London) **149** (1859) 91–131.
[10] Edlund, E.: Untersuchung über die bei Volumenveränderung fester Körper entstehenden Wärme-Phänomene sowie deren Verhältnisse zu der dabei geleisteten mechanischen Arbeit. Ann. Phys. Chem. (Poggendorf), second series **114** (1861) 1–40.
[11] Edlund, E.: Quantitative Bestimmung der bei Volumenveränderung der Metalle entstehenden Wärmephänomene und des mechanischen Wärme-Äquivalents, unabhängig von der inneren Arbeit des Metalls. Ann. Phys. Chem. (Poggendorf), second series **126** (1865) 539–579.
[12] Tomlinson, H.: Internal Friction of Metals. Phil. Trans. Roy. Soc. (London) **177** (1886) Part II, 802–807.
[13] Thompton, J. O.: Über das Gesetz der elastischen Dehnung. Ann. Phys. Chem., Neue Folge **44** (1891) 555–576.
[14] Grüneisen, E. A.: Über das Verhalten des Gußeisens bei kleiner elastischer Dehnung. Deutsche Physikalische Gesellschaft **8** (1906) 469–477.

Verdampfen, Kondensieren

Diese Änderungen des Aggregatzustandes sind seit jeher bekannte, vielseitig genützte Vorgänge von erstrangiger wirtschaftlicher Bedeutung. Seit dem 18. Jahrhundert gibt es quantitative Erkenntnisse darüber. Sie sind mit dem Namen des Edinburgher Chemieprofessors BLACK verbunden. Er erfaßte die Vorgänge beim Schmelzen und Verdampfen quantitativ und führte den Begriff der latenten Wärme ein.

Im 19. Jahrhundert gelang es, mit Hilfe des von CLAUSIUS eingeführten Entropiebegriffes den Zusammenhang zwischen Temperatur, Druck, Verdampfungswärme und Volumenänderung exakt zu beschreiben. (CLAUSIUS, CLAPEYRON).

Insbesondere wurde das Verhalten des Wassers eingehend erforscht, weil es der „Arbeitsstoff" der im allergrößten Ausmaße betriebenen Dampfkraftprozesse ist. Für die in der Kältetechnik benützten Arbeitsstoffe, die „Kältemittel" ist das Phasenverhalten ein wichtiges Kriterium der Brauchbarkeit. Auch die Kryotechnik benötigt für die Berechnung von Apparaten darüber genaue Daten.

Sachverhalt

Für ein einfaches, qualitatives Modell genügt die Berücksichtigung der folgenden Einflüsse:

- Dichteunterschied von Dampf und Flüssigkeit,
- Existenz einer definierten Geschwindigkeitsverteilung der Teilchen sowohl in der Flüssigkeit als auch im Dampf,
- Anziehungskräfte zwischen den Teilchen.

Wegen des in einiger Entfernung vom kritischen Punkt großen Dichteunterschiedes sind die Wirkungen der Anziehungskräfte in der Flüssigkeit wesentlich größer. Daher wirkt die Oberfläche als Potentialschwelle, die im Mittel nur von schnellen Teilchen (Atomen bzw. Molekülen) überwunden werden kann. Dadurch verarmt die Flüssigkeit an schnellen Teilchen, d. h., sie kühlt sich ab, wenn dafür gesorgt wird, daß die Teilchen nicht wieder zurückkehren können. Das geschieht beim Verdunsten (Trocknen) durch ihre Wegführung in einem neutralen Gas, beim Verdampfen durch die Ableitung derselben.

In Dampfkesseln, in Kälteanlagen u. a. m. wird durch Wärmezufuhr die Temperatur und damit der Druck konstant erhalten. Bei höheren Wärmestromdichten findet die Verdampfung unmittelbar an der Heizfläche durch Bildung von Dampfblasen statt (Sieden). Dann kommt noch der Einfluß der Oberflächenspannung hinzu. Sie übt auf die entstehenden Blasen den Druck $p = 2\sigma/r$ aus. Wenn man auch nicht auf $r = 0$ extrapolieren darf, würde aber auch schon bei sehr kleinen Blasen das Blasenwachstum durch den Gegendruck verhindert. Es müssen also noch andere Einflüsse vorhanden sein. Das können z. b. kleinste neutrale Gasblasen, Fremdkörperchen aber auch statistische Schwankungen sein. Sind diese Einflüsse gering, so tritt die Erscheinung des Siedeverzuges auf, der in der Blasenspurkammer meßtechnisch genützt wird.

Die Kondensation ist die Umkehrung des Verdampfens durch Wärmeentzug. Auch dabei kann es zur Verzögerung der Phasenkeimbildung kommen. Das wird meßtechnisch in der Nebelkammer nach WILSON verwertet. Näheres darüber bei M. VOLMER [1] und R. BECKER [2].

Kennwerte, Funktionen

Folgen wir BECKER (a. a. O.) bei der Untersuchung eines Raumes (S, U, V, T, p), dessen Temperatur durch ein nach außen isoliertes Bad, dessen Druck durch einen belasteten Kolben konstant gehalten werden. Wird von dem untersuchten Raum eine virtuelle Wärmemenge abgegeben, so gilt für das Gesamtsystem (Entropie $\bar{S}$) wegen $\delta Q = -\delta U - p \delta V$, und weil definitionsgemäß die freie Enthalpie $G = U + pV - TS$ ist:

$$T\delta\bar{S} = -\delta U - p\delta V + T\delta S$$

$$\delta\bar{S} = -\frac{1}{T}\delta(U + pV - TS)$$

$$\delta\bar{S} = -\frac{1}{T}\delta G.$$

Da im Gleichgewicht die Variation der Entropie verschwinden muß, ist es im Falle $p,T = $ const durch das Minimum der freien Enthalpie gekennzeichnet.

Wenn nur eine Komponente vorhanden ist, gibt es nur die Möglichkeit zur Änderung der freien Enthalpie, wenn die Substanz auf zwei oder mehr Phasen verteilt ist, weil dann die Verteilung geändert werden kann. Bezeichnen wir die Phasen mit (a) und (b), so ist eine virtuelle Änderung von G

$$\delta G = \left(\frac{\partial G^{(a)}}{\partial N^{(a)}}\right)\delta N^{(a)} + \left(\frac{\partial G^{(b)}}{\partial N^{(b)}}\right)\delta N^{(b)}.$$

Im geschlossenen System muß aber $\delta N^{(a)} = -\delta N^{(b)}$ sein. Mithin kann G nur verschwinden, wenn gilt

$$\frac{\partial G^{(a)}}{\partial N^{(a)}} = \frac{\partial G^{(b)}}{\partial N^{(b)}}.$$

Da das Chemische Potential μ mit $\mu_i = \frac{dG_i}{dN_i}$ definiert ist, kommt für das Einkomponentensystem $\mu = \frac{dG}{dN}$ und mithin

$$\mu^{(a)} = \mu^{(b)} \text{ bzw. } d\mu^{(a)} = d\mu^{(b)};$$

da nun auch $G = \mu N$ ist, also $dG = \mu dN + N d\mu$, so ergibt der Vergleich mit der allgemein für dG geltenden Beziehung

$$dG = -SdT + Vdp + \sum_i \mu_i \, dN_i,$$

$$d\mu = -\frac{S}{N}dT + \frac{V}{N}dp, \text{ und mit } \frac{S}{N} = s \text{ und } \frac{V}{N} = v$$

folgt $-s^{(a)}dT + v^{(a)}dp = -s^{(b)}dT + v^{Tb)}dp$

und letztlich $\dfrac{dp}{dT} = \dfrac{s^{(a)} - s^{(b)}}{v^{(a)} - v^{(b)}}$.

Das ist die für alle Phasenumwandlungen streng gültige Gleichung von CLAUSIUS-CLAPEYRON. Speziell für den Dampfdruck folgt

$$\frac{dp}{dT} = \frac{s'' - s'}{v'' - v'} \text{ oder da } (s'' - s') T = r_T: \frac{dP}{dT} = \frac{r_T}{T(v'' - v')}.$$

Wenn man folgende sehr grobe Vereinfachungen macht:

r_T = const, $v'' \gg v'$, $v'' = RT/p$

sowie mit der Abkürzung $b = r/R$ und der Integrationskonstanten a arbeitet, ergibt sich die Gleichung

$$\ln p = a - \frac{b}{T} \quad \text{(Augustsche Gleichung)},$$

die von AUGUST auf empirischen Wege erhalten wurde. Man braucht nur zwei gute Meßwerte, um die Dampfdruckkurve in einem $\ln p, \dfrac{1}{T}$ - Diagramm als Gerade einzeichnen zu können. Diese stellt das Verhalten bis nahe zum kritischen Punkt erstaunlich gut (Abb. 1) dar, weil r_T und $v'' - v'$ bei steigendem T gleichsinnig kleiner werden. Beim Vorliegen einer genügenden Anzahl von Messungen verwendet man oft die Beziehung

$$\ln p = a - \frac{b}{T} + c \ln T + dT + eT^2 + fT^3.$$

Für die meisten wichtigen Stoffe sind die Dampfdruckkurven mit hoher Genauigkeit gemessen worden und liegen tabelliert oder als Programme vor. So z.B. für Wasserdampf bei ELSNER [3].

Gemische. Für den Dampfdruck von Gemischen genügt oft der Ansatz von RAOULT für ideale Gemische (keine Wechselwirkungskräfte). Die Dampfdrücke der Komponenten bei der Temperatur T werden mit den jeweiligen Molenbrüchen multipliziert, und diese Produkte werden zum Gesamtdruck addiert

$$p_{(\text{ges})T} = \psi'_1 \, p_{1(T)} + \psi'_2 \, p_{2(T)} \ldots + \psi'_n p_{n(T)}$$

mit der Nebenbedingung $\sum_n \psi'_n = 1$.

Die Zusammensetzung des Dampfes ergibt sich zu:

$$\psi''_i = \frac{\psi'_i \, p_{i(T)}}{p_{(\text{ges})T}} \text{ mit } \sum_n \psi''_n = 1.$$

Besonders einfach wird $p_{(\text{ges})T}$, wenn die eine Komponente eines Zweistoffsystemes einen sehr niedrigen

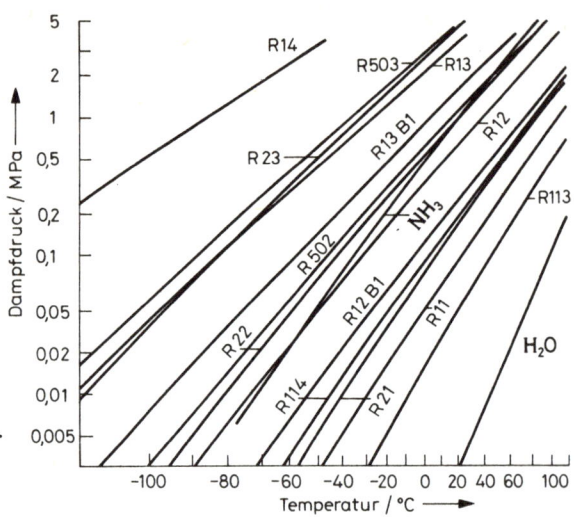

Abb. 1 Dampfdruckkurven von Kältemitteln

Dampfdruck hat, also wenn $p_{1(T)} \gg p_{2(T)}$, dann ist nämlich $p_{(\text{ges})T} = \psi'_i \, p_{1(T)}$. Durch die Wechselwirkungskräfte können beträchtliche Abweichungen vom idealen Verhalten eintreten. Zum Beispiel Azeotropismus, d. h. die Erscheinung, daß Flüssigkeit und Dampf die gleiche Konzentration haben, obwohl die eine Komponente leichter „flüchtig" ist und deshalb im Dampf mit höherer Konzentration auftreten müßte. Für viele technisch wichtige Gemische liegen Tabellen oder Kurventafeln mit dem Druck als Parameter vor (auch in Programmform). Näheres dazu bei E. HALA und andere [4] sowie bei W. B. KOGAN und W. M. FRIEDMANN [5].

Wärmeübertragung beim Verdampfen, Sieden und Kondensieren. Dabei spielen neben den oben angeführten Einflüssen noch die Zähigkeit, die Wärmeleitfähigkeit, die Strömungsform und -geschwindigkeit, die Geometrie der Wärmeübertrager u. a. eine Rolle. Es muß auf Speziallitertur verwiesen werden, z. B. R. GREGORIG [6].

Anwendungen

Reine Stoffe

a) *Dampfkraftwerke.* Sehr reines Wasser wird in Rohrsystemen verdampft und bei hohem Druck überhitzt, in Dampfturbinen zur Erzeugung mechanischer Energie entspannt, in Rückkühlwerken kondensiert und mittels Speisepumpen dem Kreislauf zur Verdampfung wieder zugeführt (Kondensationsbetrieb); Über Kraftwerke siehe K. SCHRÖDER [7].

b) *Heizkraftwerke.* Wie in Dampfkraftwerken. Die Entspannung in der Turbine wird bei Temperaturen um 150 °C abgebrochen und die Restwärme an Fernwärmesysteme abgegeben.

c) *Meßtechnik.* Die genaue Messung der Siedetemperatur eines offenen Systemes gestattet es, den atmosphärischen Druck zu bestimmen. Dazu benutzte (auch transportabel gestaltete) Apparate heißen *Hypsometer*.

d) *Kältetechnik, Wärmepumpe.* Führt man die Verdampfung bei tiefer Temperatur durch und kondensiert den durch Kompression auf höheren Druck gebrachten Dampf bei höheren Temperaturen, so wird die bei tiefer Temperatur aufgenommene Wärmemenge, vermehrt um die Kompressionsarbeit, bei der höheren Temperatur abgegeben. In günstigen Fällen kann die abgegebene Wärmemenge ein Vielfaches der Kompressionsarbeit sein. Näheres bei H. Jungnickel u. a. [8] sowie G. Heinrich u. a. [9].

Gemische

Stofftrennung. Die verschiedene Zusammensetzung von Flüssigkeit und Dampf eines siedenden Gemisches wird benutzt, um Flüssigkeiten in ihre Bestandteile zu zerlegen. Einfaches Eindampfen führt nur zur nahezu vollständigen Trennung, wenn der Dampfdruck der einen Komponente (von Zweistoffsystemen) sehr klein ist, wie z. B. beim Eindampfen von Salzlösungen, bei der Gewinnung von Trinkwasser aus Meerwasser. Sonst muß durch Kaskadenwiederholung des Vorganges (Destillation, Rektifikation) die gewünschte Trennung erreicht werden. Das geht auch mit der entsprechenden Anzahl von Rektifizierapparaten für Mehrstoffgemische, wenn es die Stoffeigenschaften zulassen, z. B. nicht beim Vorliegen von azeotropen Gemischen. Speziell für Prozesse der Kälte- und Tieftemperaturtechnik (Gewinnung von Sauerstoff, Stickstoff und Edelgasen) siehe näheres bei H. Jungnickel [8] sonst bei Schuberth, H. [10].

Literatur

[1] Volmer, M.: Kinetik der Phasenbildung. – Dresden: Verlag Th. Steinkopff 1939.
[2] Becker, R.: Theorie der Wärme. – Berlin/Göttingen/Heidelberg: Springer-Verlag 1955.
[3] Elsner, N.: Grundlagen der Technischen Thermodynamik. – Berlin: Akademie-Verlag 1973.
[4] Hala, E., u. a.: Gleichgewicht Flüssigkeit – Dampf. – Berlin: Akademie-Verlag 1960.
[5] Kogan, W. B.; Fridman, W. M.: Handbuch der Dampf-Flüssigkeits- Gleichgewichte. – Berlin: VEB Deutscher Verlag der Wissenschaften 1961.
[6] Gregorig, R.: Wärmeaustausch und Wärmeaustauscher. – Aarau und Frankfurt/Main: Verlag Sauerländer 1973.
[7] Schröder, K.: Große Dampfkraftwerke. 4 Bde. – Berlin/Heidelberg/New York: Springer Verlag 1959–1968.
[8] Jungnickel, H. u. a.: Grundlagen der Kältetechnik. – Berlin: VEB Verlag Technik 1980.
[9] Heinrich, G. u. .. Wärmepumpenanwendung in Industrie, Landwirtschaft, Gesellschafts- und Wohnungsbau. – Berlin: VEB Verlag Technik 1982.
[10] Schuberth, H.: Thermodynamische Grundlagen der Destillation und Extraktion I. – Berlin: VEB Deutscher Verlag der Wissenschaften 1972.

Wärmeisolation

- Hochvakuumisolation, angewendet im Dewargefäß: 1881 von WEINHOLD erfunden, 1890 von DEWAR verbessert.
- Metall-Dewar-Gefäß von HEYLANDT 1915 patentiert
- Vakuumvielschichtisolation („Superisolation") 1951 von PETERSON erfunden [1].

Sachverhalt

Die Wärmeisolation hat die Aufgabe der Verringerung der Wärmeströme von der Umgebung zu einem niedrigen Temperaturniveau bzw. von einem hohen Temperaturniveau zur Umgebung mit dem Ziel der Energie- und Kosteneinsparung. Sie ist sowohl bei hohen als auch bei tiefen Temperaturen notwendig, da der Wärmestrom proportional mit dem Temperaturunterschied zur Umgebung wächst.

Isolationsarten

1. Hochvakuumisolation mit Strahlungsschirmen bzw. mit gekühlten Strahlungsschirmen oder Kühlgefäß
2. Isolation mit porösen Materialien (Isolationsraum nicht evakuiert), Materialien: Mineral- oder Schlackenwolle, Glasfaserwatte, Pulver, Schaumstoffe, Schaumglas
3. Isolation mit porösen Materialien (Isolationsraum evakuiert), Materialien: Pulver, Mikroglaskugeln
4. Vakuumvielschichtisolation
5. Feststoffisolation

Phänomenologische Beschreibung (vgl. Abb. 1)

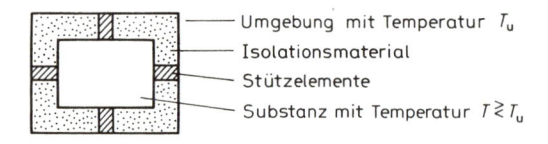

Abb. 1 Schema einer Isolation

Auftretende Wärmeströme

- Wärmeleitung durch den Festkörper (Stützelemente, feste und poröse Materialien)
- Wärmeleitung durch das im Isolationsraum befindliche Gas
- Konvektion
- Wärmestrahlung

Möglichkeiten der Reduzierung der Wärmeströme
Festkörperwärmeleitung: Verwendung schlecht wärmeleitender Materialien wie X-Stahl, Glas, Kunststoffe, Keramik

Konvektion, Gasleitung: Reduzierung des Gasdruckes auf $p = 10^{-3}$ Pa

Wärmestrahlung: Verwendung von Materialien mit niedrigem Emissionskoeffizienten, Verringerung der effektiv wirkenden Temperaturdifferenz (Strahlungsschirme)

Allgemeine technische Anordnung

a) *Hochvakuumisolation* (vgl. Abb. 2)

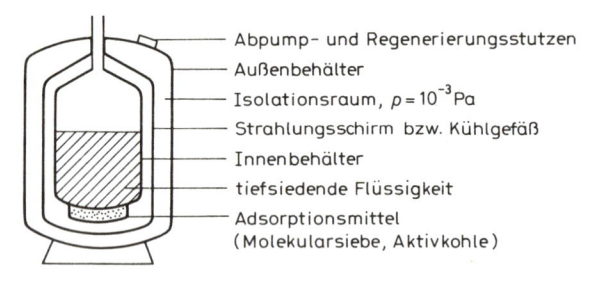

Abb. 2 Aufbewahrungsgefäß für kryogene Flüssigkeiten

b) *Isolation mit porösen Materialien* (Isolationsraum nicht evakuiert [2])

Merkmale: Gas: Luft unter Normaldruck bzw. bei Anwendung von Schaumstoffen mit geschlossenen Zellen das darin enthaltene Treibgas (CO_2, Pentan)

- Konvektion ausgeschaltet;
- effektives Wärmeleitvermögen geringfügig größer als das der ruhenden Luft;
- Festkörperwärmeleitung durch große Anzahl von Wärmeübergängen zwischen den Einzelelementen stark reduziert.

c) *Isolation mit porösen Materialien* (Isolationsraum evakuiert [3])

Merkmale:

- Gasdruck: $p = 10^{-2}$ Pa;
- Konvektion und Gasleitung ausgeschaltet;
- effektives Wärmeleitvermögen ist um eine Größenordnung niedriger als das der entsprechenden Isolation unter Normaldruck;
- effektives Wärmeleitvermögen wird durch Festkörperleitung und Strahlung bestimmt;
- Strahlung läßt sich durch Zusatz von Metallpulvern (max. 30 Vol.-% nach [4]) bzw. durch Einsatz aluminiumbeschichteter Glaskugeln reduzieren [5];
- Festkörperleitung kann durch Materialien geringer Schüttdichte weiter verringert werden (Glashohlkugeln erreichen Werte von minimal 100 kgm^{-3} nach [6]).

Vakuumvielschichtisolation [7, 8]. Aufbau: alternierende Folge von Abstandshaltern und Strahlungsschirmen

Abstandshalter: 1 µm bis 5 µm starke Glasfasern, die möglichst bindemittelfrei zu Papieren oder Vliesen verarbeitet sind.

Strahlungsschirme: Aluminiumfolien (6 µm bis 12 µm stark), zweiseitig mit Aluminium bedampfte Kunststoffolien.

optimale Packungsdichte: 20 bis 30 Schichten pro cm.

Vorteile: Aufbewahrungsbehälter für kryogene Flüssigkeiten mit Siedetemperaturen $T < 78$ K (Ne, H_2, He) sind ohne zusätzliche Stickstoffkühlung einsetzbar.

Nachteile: – nur bei einfachen Geometrien anwendbar, – Vorbehandlungs- und Wickeltechnologie sehr aufwendig, – Wärmeleitfähigkeit hängt stark vom Restgasdruck zwischen den Schichten und vom mechanischen Kontaktdruck ab.

Feststoffisolation. Zu isolierende Substanz wird mit kompakten, schlecht wärmeleitenden und entsprechend den auftretenden Temperaturen hochschmelzenden Materialien umkleidet (Kunststoffe, Glas, X-Stahl, Keramiken).

Kennwerte, Funktionen [9] (vgl. Tab. 1)

Tabelle 1

Material	Randbeding.	$\bar{\lambda}$/Wcm^{-1}K^{-1}	Schüttdichte, Packungsdichte/kgm^{-3}
Mineralwolle		$2,8...4,0 \cdot 10^{-2}$	100...300
Glaswatte		$3,2 \cdot 10^{-2}$	130
Silikagel		$2,8...3,5 \cdot 10^{-2}$	130
Aerosil	$p = 101$ kPa	$1,6 \cdot 10^{-2}$	60...100
Perlit	$T = 180$ K	$2,5...3,4 \cdot 10^{-2}$	40...100
PUR-Hartschaum		$2,3 \cdot 10^{-4}$	40...45
Schaumpolystyrol		$5,2 \cdot 10^{-4}$	
Perlit	$p = 10^{-1}$ bis 1 Pa $T_i = 80$ K $T_a = 300$ K	$2,4 \cdot 10^{-5}$	40...100
Perlit	$p = 10^{-1}$ bis 1 Pa $T_i = 80$ K $T_a = 300$ K mit Zusatz von Metallpulver	$3...5 \cdot 10^{-6}$	40...100
Vielschichtisolation	$p = 10^{-3}$ Pa $T_i = 80$ K $T_a = 300$ K	$2...3 \cdot 10^{-6}$	40...70
Vielschichtisolation (nach [10])	$p = 10^{-3}$ Pa $T_i = 40$ K $T_a = 300$ K mit Aktivkohle zwischen den Schichten	$6 \cdot 10^{-8}$	40...70

Formeln zur Berechnung der Wärmeströme

a) *Wärmestromdichte zwischen zwei Flächen durch Wärmeleitung der Restgase im Bereich der Molekularströmung*

(mittlere freie Weglänge $\gg$ Flächenabstand):

$$\dot{q}/\text{Wcm}^{-2} = 1{,}83 \cdot 10^{-3} \frac{\varkappa+1}{\varkappa-1} \alpha_{\text{red}} \frac{T_2/\text{K} - T_1/\text{K}}{\sqrt{M/\text{gmol}^{-1} \cdot T/\text{K}}} \cdot p/\text{Pa}, \quad (1)$$

$\dot{q}$: Wärmestromdichte in Wcm^{-2}, $\varkappa$: Adiabatenexponent, α_{red} – reduzierter Akkomodationskoeffizient, T_1, T_2 – Temperaturen der Flächen in K, M – Molmasse in gmol^{-1}, p – Druck des Gases in Pa.

b) *Strahlungswärmestrom zwischen zwei sich völlig umschließenden Körpern mit den Flächen A_1 und A_2 ($A_2 > A_1$):*

$$\dot{Q} = \frac{\sigma A_1}{\frac{1}{\varepsilon_1} + \frac{A_1}{A_2}\left(\frac{1}{\varepsilon_2} - 1\right)} (T_2^4 - T_1^4), \quad (2)$$

$\dot{Q}$ – Wärmestrom, $\sigma - 5{,}77 \cdot 10^{-12}$ Wcm^{-2}K^{-4}, A_1, T_1 – Fläche und Temperatur des inneren Körpers, A_2, T_2 – Fläche und Temperatur des äußeren Körpers, ε_1, ε_2 – Emissionskoeffizient der inneren, äußeren Fläche.

c) *Strahlungswärmestrom in einer Vielschichtisolation*

$$\dot{Q} = \frac{1}{n+1} \cdot \dot{Q}_0, \quad (3)$$

$\dot{Q}$ – Strahlungswärmestrom, n – Anzahl der reflektierenden Folien, $\dot{Q}_0$ – Strahlungswärmestrom nach Beziehung (2)

d) *Wärmestrom über Rohre, Stützen und Aufhängungen*:

$$\dot{Q} = \bar{\lambda} \frac{A}{l} (T_2 - T_1),$$

$\dot{Q}$ – Wärmestrom, $\bar{\lambda}$ – mittleres Wärmeleitvermögen zwischen den Temperaturen T_1 und T_2, A – Querschnittsfläche, l – Länge, T_1, T_2 – Temperaturen

e) *Strahlungsleitvermögen von Schüttgütern* (Pulver, Glaskugeln, nach [11]):

$$\lambda_s = \frac{2f + \varepsilon(1-f)}{(2-\varepsilon)(1-f)} \frac{4C \cdot d}{100} \left(\frac{T}{100}\right)^3, \quad (5)$$

λ_s – Strahlungsleitvermögen, f – Durchlaßzahl = Hohlraumanteil der Schüttung, ε – Emissionskoeffizient des Schüttgutes, $C - 5{,}77 \cdot 10^{-4}$ Wcm^{-2}K^{-4}, d – Durchmesser der Schüttgutelemente, T – Temperatur.

Anwendungen (vgl. Tab. 2)

Tabelle 2

Gebiet	Isolationsart
Physik und Technik tiefer Temperaturen	
– Aufbewahrungs- und Transportgefäße für kryogene Flüssigkeiten (He, H$_2$, Ne, N$_2$, O$_2$)	Hochvakuum- und Vakuumvielschichtisolation
– Kryostaten, Leitungen	
– Tanks	Pulverisolation
Kältetechnik Kühlräume, -wagen, -container, -schränke, -truhen	Schaumstoffe
Energetik Dampf- und Wasserleitungen	Glas- und Mineralwatte
Bauwesen Isolation von Gebäuden	Glasfasermatten
Chemieindustrie Leitungen in großtechnischen Anlagen	Schaumstoffe Glas- und Mineralwatte
Raumfahrt	Vakuumvielschichtisolation, Feststoffisolation

Literatur

[1] PETERSON, P.: The Heat-Tight Vessel. Office of Naval Intelligence Translation No. 1·147 (1953). University of Lund/Sweden.
[2] KAGANER, M. G.: Wärmeisolation in der Tieftemperaturtechnik. – Moskau: Verlag Mašinostroenije 1966.
[3] WEISHAUPT, J.; SELLMAIER, A.: Isolierung von großtechnischen Tieftemperaturanlagen. Linde-Berichte aus Technik und Wissenschaft **11** (1961) 3–13.
[4] HUNTER, B. J.: Metal powder additives in evacuated powder insulation. Adv. in Cryogenic Engng. **5** (1960) 146; – New York: Plenum Press 1960.
[5] KLUGE, B.; KNÖNER, R.: Wärmeübertragung in Glaskugelschüttungen bei tiefen Temperaturen. Exper. Technik Physik **31** (1983) 2, 169–178.
[6] CUNNINGTON, G. R.; TIEN, C. L.: Heat transfer in microsphere cryogenic insulation, Adv. in Cryogenic Engng. **18** (1973) 103; – New York: Plenum Press 1973.
[7] HNILICKA, M. P.: Engineering aspects of heat transfer in multilayer reflective insulation and performance of NRC-insulation. Adv. in Cryogenic Engng. **5** (1960) 199; – New York: Plenum Press 1960.
[8] KROPSCHOT, R. H.; SCHRODT, J. E.; FULK, M. M.; HUNTER, B. J.: Multiple-layer insulation. Adv. in Cryogenic Engng. **5** (1960) 189; – New York: Plenum Press 1960.
[9] FASTOWSKI, W. G.; PETROWSKI, J. W.; ROWINSKI, A. E.: Kryotechnik. – Berlin: Akademie-Verlag 1970.
[10] SCURLOCK, R. G.; SAULL, B.: Cryogenics **16** (1976) 303–311.
[11] VORTMEYER, D.: Wärmestrahlung in Schüttungen. Habilitation. Düsseldorf 1966.

Wärmeleitung bei tiefen Temperaturen

Sachverhalt

Die Wärmeleitung des Festkörpers wird durch verschiedene Transportmechanismen bedingt, wobei die Beiträge durch die quasifreien Elektronen (λ_e) bzw. durch die Phononen (λ_{Ph}) (Phonon – Quant der thermisch zu Kollektivschwingungen anregbaren Gitterteilchen) wesentlich die Wärmeleitung bestimmen [1–4].

In reinen Metallen gilt:

$$\lambda(T) = \lambda_e(T) + \lambda_{Ph}(T) \approx \lambda_e(T).$$

In Legierungen gilt:

$$\lambda(T) = \lambda_e(T) + \lambda_{Ph}(T).$$

Im Dielektrikum gilt:

$$\lambda(T) = \lambda_{Ph}(T).$$

Im Halbleiter gilt:

$$\lambda(T) = \lambda_e(T) + \lambda_{Ph}(T) + \lambda_{bip}(T),$$

λ_{bip} – Beitrag zum Wärmetransport durch bipolare Thermodiffusion (d. h. durch Bildung und Rekombination von Elektron-Lochzuständen [5]).
Die Temperaturabhängigkeit und die Größe der Wärmeleitfähigkeiten (λ_e, λ_{Ph}) enthalten Informationen über die den Wärmetransport begrenzenden Streuprozesse, die durch Defekte (Punktdefekte, Korngrenzen, Versetzungen u. a.), durch die Gitterschwingungen (Phononen) und durch die quasifreien Leitungselektronen verursacht werden.

Kennwerte, Funktionen

Beitrag der Elektronen zur Wärmeleitfähigkeit λ_e

$$T \leq \Theta_D \qquad \lambda_e^{-1} = \frac{\beta}{T} + \alpha T^2 \frac{J_5(\Theta_D/T)}{J_5(T \to 0)}$$

(Θ_D – Debye-Temperatur, α – Elektron-Phonon-Streukoeffizient, β – Elektron-Störstellen-Streukoeffizient, $J_5(\Theta_D/T) = \int\limits_0^{\Theta_D/T} \frac{x^5 e^x}{(e^x - 1)^2} \, dx$ (tabelliertes Integral, z. B. in [6], $J_5(T \to 0) = 124{,}4$.))

Es gelten folgende Beziehungen:

$$\beta = \frac{\varrho_0}{L_0}$$

(ϱ_0 – spezifischer elektrischer Widerstand, $L_0 = 2{,}45 \cdot 10^{-8} \, \text{W}\Omega/\text{K}^2$ (Lorenz-Zahl));

$$\alpha = \frac{A}{L_0} \frac{3}{4\pi^2} (2n_a)^{2/3} J_5 (T \to 0) \frac{1}{\Theta_D^3}$$

(A – Elektron-Phonon-Streukoeffizient des temperaturabhängigen spezifischen elektrischen Widerstandes, n_a – Anzahl der freien Elektronen/Atom);

$$T \ll \Theta_D, \lambda_e^{-1} = \frac{\beta}{T} + \alpha T^2, \ T \gg \Theta_D, \lambda_e^{-1} = \frac{A}{4\Theta_D L_0}.$$

Beitrag der Phononen zur Wärmeleitfähigkeit λ_{Ph}

$$\lambda_{Ph} = \frac{1}{3} c_{Ph} v_s^2 \langle \tau_{eff} \rangle$$

(c_{Ph} – spezifische Wärmekapazität der Phononen/Volumen, v_s – Schallgeschwindigkeit).

$$\langle \tau_{eff} \rangle = \frac{\int_0^{\Theta_D/T} \tau_{eff} \frac{x^4 e^x}{(e^x-1)^2} dx}{\int_0^{\Theta_D/T} \frac{x^4 e^x}{(e^x-1)^2} dx}$$

$$\tau_{eff}^{-1} = \sum_i \tau_i^{-1},$$

τ_i – Relaxationszeit des jeweiligen Streuprozesses für die Phononen ($\tau_i = f(\omega)$).

$$x = \frac{\hbar \omega}{k_B T}$$

($\hbar$ – Plancksches Wirkungsquantum, k_B – Boltzmannsche Konstante, ω – Frequenz der Phononen.)
Die spezielle Frequenzabhängigkeit des jeweiligen Streuprozesses bestimmt die Temperaturabhängigkeit der Wärmeleitfähigkeit λ_{Ph}. Dominiert bei dem Wärmetransport ein bestimmter Streuprozeß, so ist die entsprechende Temperaturabhängigkeit experimentell beobachtbar (Abb. 2, Tab. 1).

Tabelle 1

Streuprozeß	$\tau_i(\omega)$	$\lambda_i(T)$ für $T \ll \Theta_D$	$\lambda_i(T)$ für $T > \Theta_D$
Phonon-Probendimension, Korngrenzen	$A\omega^0$	T^3	T^0
Phonon-Versetzung	$D\omega^{-1}$	T^2	T^0
Phonon-Punktdefekte, Isotope	$B\omega^{-4}$	T^{-1}	T^0
Phonon-Phonon	$CT^n e^{\Theta_D/\alpha T}$ $n = 1\dots 3$ $\alpha = 1{,}5\dots 3$		T^{-1}
Phonon-quasifreies Elektron (in Metallen, Legierungen und Halbleitern)	$E\omega^{-1}$ (für $q \cdot l_e \gg 1$) q – Wellenzahl der Phononen l_e – mittlere freie Weglänge der Elektronen	T^2	T^0

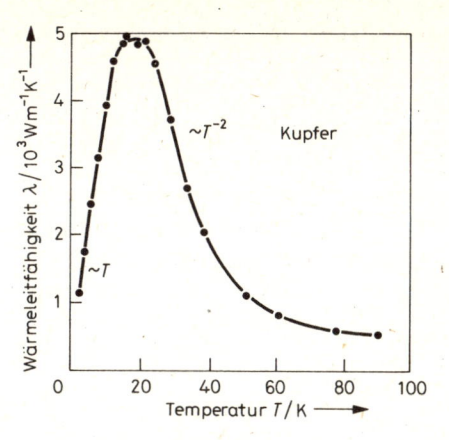

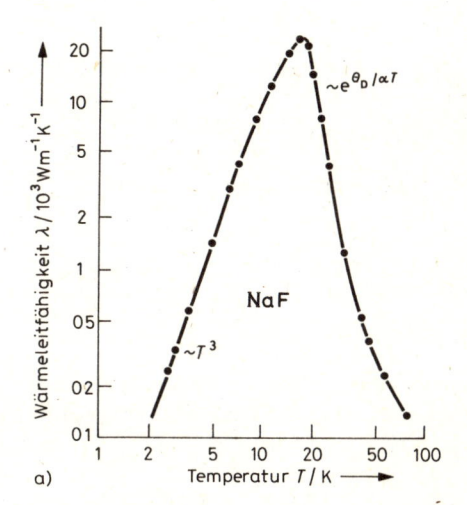

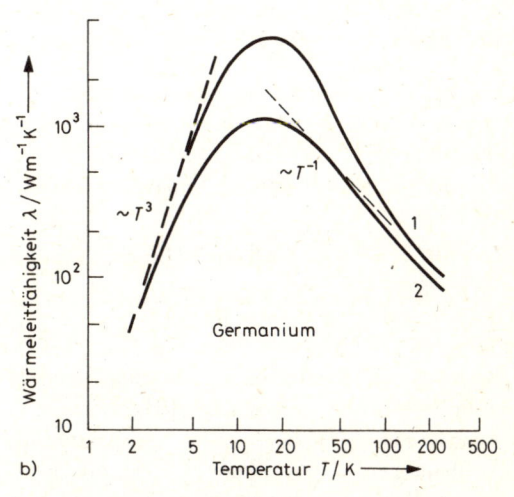

Abb. 1 Die Temperaturabhängigkeit der Wärmeleitfähigkeit von Kupfer (aus [7])

Abb. 2 a) Die Temperaturabhängigkeit der Wärmeleitfähigkeit von NaF (aus [7]),
b) Die Temperaturabhängigkeit der Wärmeleitfähigkeit von Ge (aus [7])
Kurve 1 – Ge (96 % Ge^{74})
Kurve 2 – natürliches Ge (20 % Ge^{70}, 27 % Ge^{72}, 8 % Ge^{73}, 37 % Ge^{74}, 8 % Ge^{76})

Beitrag der bipolaren Thermodiffusion zur Wärmeleitfähigkeit λ_{bip} (Abb. 3)

$$\lambda_{bip} = L_0\, T \frac{2\,\sigma_+\sigma_-}{\sigma_+ + \sigma_-}\left(\frac{\Delta E_0}{2k_B T} + 2 + r\right)^2$$

(σ_+, σ_- – elektrische Leitfähigkeit der Löcher bzw. der Elektronen, ΔE_0 – Energielücke, r – Exponent der Energieabhängigkeit der mittleren freien Weglänge der Ladungsträger ($l \sim E^r$) (z. B. $r = 0$ für Ladungsträger im Atomgitter mit Valenzbindung).

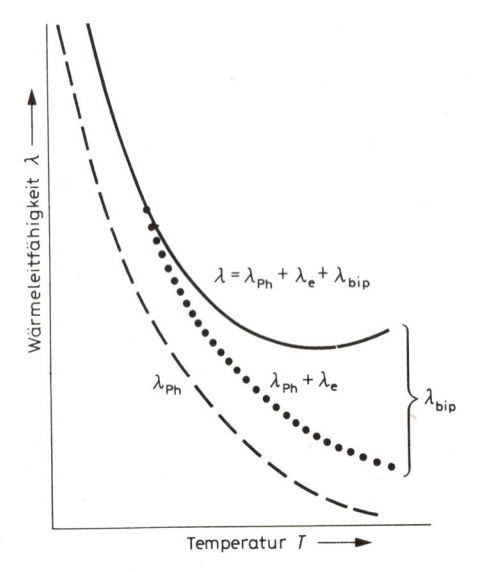

Abb. 3 Einfluß der bipolaren Thermodiffusion auf die Temperaturabhängigkeit der Wärmeleitfähigkeit bei Temperaturen $T > \Theta_D$ (Θ_D – Debye-Temperatur) aus [4]

Literatur

[1] BERMAN, R.: Thermal Conduction in Solids. – Oxford: University Press 1976.
[2] PARROTT, J. E.; STUCKES, A. D.: Thermal conductivity of solids. – London: Pion Ltd. 1975.
[3] OSKOTSKIJ, V. S.; SMIRNOV, I. A.: Defekty v kristallach i teploprovodnost'. – Leningrad: Izdatel'stvo Nauka 1972.
[4] SMIRNOV, I. A.; TAMARČENKO, V. I.: Elektronnaja teploprovodnoct' v metallach i poluprovodnikach. – Leningrad: Izdatel'stvo Nauka 1977.
[5] JOFFE, A. F.: Physik der Halbleiter. – Berlin: Akademie-Verlag 1958 (Übers. aus d. Russ.).
[6] WILSON, A. H.: The Theory of Metals. Cambridge: University Press 1954.
[7] KITTEL, CH.: Einführung in die Festkörperphysik. Leipzig: Akademische Verlagsgesellschaft Geest & Portig K.-G. 1973 (Übers. aus d. Engl.)

Anwendungen

Analysenmethode (Laborverfahren) bzgl. folgender Größen:
– Reinheit: Messung des Elektron-Störstellen-Streukoeffizienten β bzw. des Phonon-Punktdefekt-Streukoeffizienten B
– Versetzungsdichte: Messung des Phonon-Versetzungsstreukoeffizienten D

Meßverfahren zur Bestimmung der
  a) *Debyetemperatur* (enthalten im Elektron-Phonon-(α) bzw. im Phonon-Phonon-Streukoeffizienten C);
  b) *Elektron-Phonon-Wechselwirkung* (enthalten im Elektron-Phonon-(α) bzw. Phonon-Elektron-Streukoeffizienten A);
  c) *Energielücke der Halbleiter* (enthalten im λ_{bip}).

Genaue Kenntnis der Wärmeleitfähigkeit verschiedener Materialien für einen effektiven Werkstoffeinsatz (Forderung nach wärmeisolierenden bzw. gut wärmeleitenden Eigenschaften).

Wärmepumpe

Die Umkehrung des von CARNOT im Jahre 1824 angegebenen Kreisprozesses [1] zu einem Linksprozeß führte 1834 durch das Patent von PERKINS [2] zum Geburtsjahr der modernen Kaltdampfmaschine [3]. Das Arbeitsprinzip der Wärmepumpe, Wärme mit Hilfe eines thermodynamischen Kreisprozesses auf ein höheres Temperaturniveau zu pumpen, hat erstmalig THOMSON (Lord KELVIN) im Jahre 1852 vorgeschlagen [4] und als reversible Heizung bezeichnet. Von wem die Wortschöpfung „Wärmepumpe" stammt, ist nicht festzustellen; sie wurde deutschsprachig zum ersten Mal von FLÜGEL [5] und als „heat pumps" von KRAUS [6] benutzt [7].

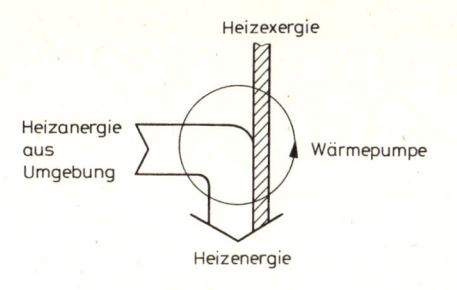

Abb. 1 Heizprozeß mit idealer Wärmepumpe [8]

Sachverhalt

Wärmepumpen werden für Heizungsaufgaben eingesetzt. Heizprozesse mit mäßiger Temperatur erfordern ein Gemisch von Exergie und Anergie. Die bei der Umgebungstemperatur T_U mit der Heiztemperatur T_H zugeführte Heizwärme Q_H besteht aus der Heizexergie E_Q

$$E_Q = Q_H \frac{T_H - T_U}{T_H}$$

und aus der Heizanergie B_Q

$$B_Q = Q_H \frac{T_U}{T_H}.$$

Heizwärme kann auch, z. B. bei Verbrennungsprozessen, aus reiner Exergie, d. h. mit einem verschwenderischen Primärenergieaufwand durch Irreversibilitäten erzeugt werden. Die thermodynamisch beste Durchführung eines Heizprozesses wäre die reversible Mischung von aus Primärenergie gewonnener Exergie mit aus der Umgebung aufgenommener Anergie, entsprechend Abb. 1 [8].

Der gegen das natürliche Temperaturgefälle ablaufende Vorgang erfordert eine Wärmetransformation mit Hilfe eines Kreisprozesses. Nach dem 2. Hauptsatz der Thermodynamik sind bei der nahezu reversiblen Transformation von Wärme Wechselwirkungen auf mindestens drei Temperaturniveaus erforderlich [9]. Der den Wärmepumpen zugrunde liegende, im T,S-Diagramm gegen den Uhrzeigersinn links verlaufende Kreisprozeß, wird als wärmetechnischer Effekt von [10] „Exergiebeimischung" genannt und von [9] mit „Synproportionierung" bezeichnet (siehe Abb. 2). Dem steht der wärmetechnische Effekt der „Exergieseparation" [10] bzw. der „Disproportionierung" [9] entgegen, der durch einen rechtsverlaufenden Kreisprozeß verwirklicht wird, wie ebenfalls aus Abb. 2 hervorgeht.

Eine Wärmepumpe ist damit eine Einrichtung, die einen Wärmestrom bei niedriger Temperatur und

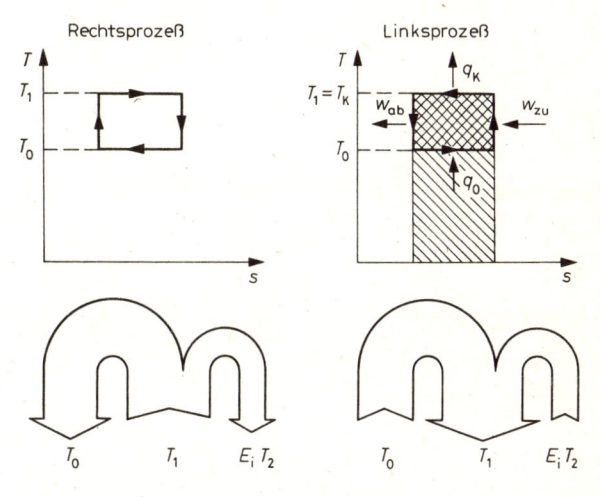

Abb. 2 Energietransformation durch Kreisprozesse

außerdem den zum Betreiben notwendigen höherwertigen Energiestrom aufnimmt und beide Energieströme auf mittleren Temperaturniveau als Nutzwärmestrom abgibt. Wärmepumpenprozeß und Kältemaschinenprozeß unterscheiden sich nur durch die Art der Nutzung. Eine Einrichtung nennt man

– Kältemaschine, wenn die entzogene Wärmeenergie bei niedriger Temperatur, die Kälteleistung $\dot{Q}_0$, der gewünschte Nutzen ist;
– Wärmepumpe, wenn die abgegebene Wärmemenge bei der höheren Temperatur, die Heizleistung $\dot{Q}_H$, der gewünschte Nutzen ist, aber auch, wenn sowohl die kalte als auch die warme Seite gleichzeitig oder alternativ genutzt werden [11]

Wärmepumpen können nach dieser Definition mit unterschiedlichen Prozeßverläufen, Arbeitsmitteln und eingesetzten Energiearten verwirklicht werden. Abbildung 3 zeigt in einer Übersicht die Prinzipschaltungen der wichtigsten Arten technisch genutzter Wärmepumpen, wobei die Kaltdampfmaschine die weiteste Verbreitung gefunden hat. Charakteristisch ist, daß bei allen Arten von Wärmepumpen, wie in Abb. 3 hervorgehoben wurde, trotz unterschiedlicher Prozeßverläufe, Arbeitsmittel und Energiearten, funktionell gleichartig wirkende Baueinheiten den Kreisprozeß verwirklichen, durch

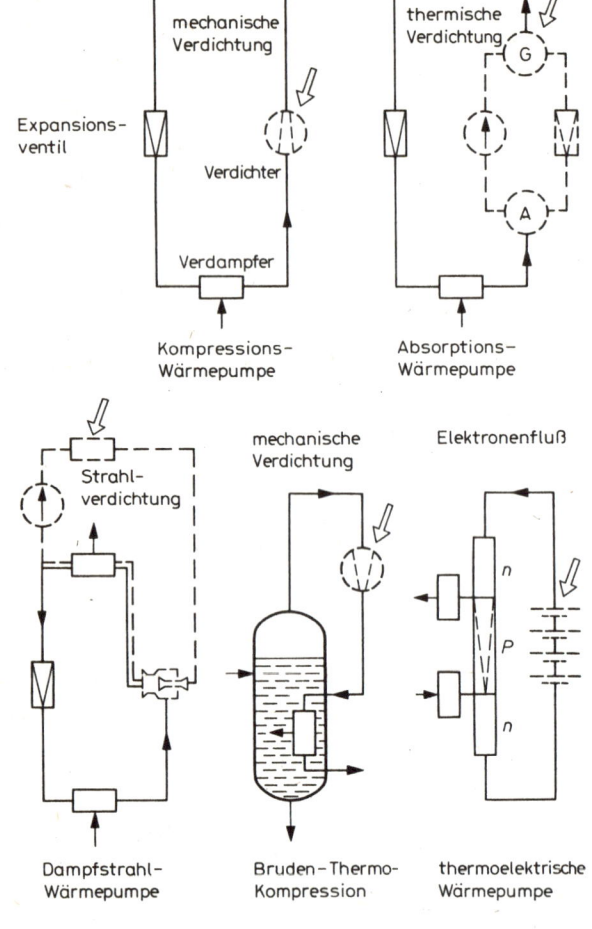

Abb. 3 Prinzipschaltungen verschiedener Wärmepumpen

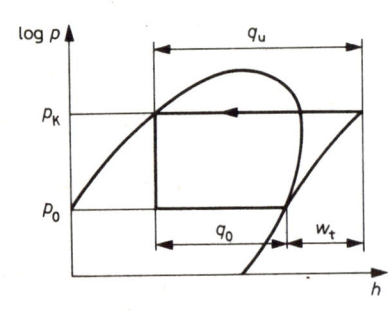

Abb. 4 Kaltdampfmaschinenprozeß im lg p,h-Diagramm

- den Wärmeübertrager zur Aufnahme des niedertemperierten Wärmestromes,
- die Baueinheit zur Übertragung des hochwertigen Antriebsenergiestromes bzw. zur Anhebung des Prozeß-Potentials,
- den Wärmeübertrager zur Abfuhr des mittelwertigen Nutzenergiestromes,
- die Baueinheit zur Expansion bzw. zur Senkung des Prozeß-Potentials.

Lediglich die Thermokompression wird als offener Prozeß ohne Expansion realisiert. Der Prozeßverlauf wird am Beispiel des Kompressions-Kaltdampfmaschinen-Prozesses erläutert (siehe Abb. 3).

Der als Wärmequelle dienende Energieträger ist mit dem Kreisprozeß über den Verdampfer gekoppelt. Im Verdampfer wird das flüssige Kältemittel verdampft und dabei die erforderliche Verdampfungswärme der Wärmequelle entzogen. Das verdampfte Kältemittel wird im Kreisprozeß vom Verdichter angesaugt, auf den Kondensationsdruck mit höherer Temperatur komprimiert und dem Kondensator zugeführt. Die durch die Kondensation des Dampfes freiwerdende Wärmeenergie wird an die Wärmesenke, z. B. ein Heiznetz, abgegeben. Das flüssige Kältemittel wird über das Expansionsventil in den Verdampfer zurückgeführt. Im Expansionsventil entspannt sich das Kältemittel vom Druck des Kondensators auf den Druck des Verdampfers, so daß die Ausgangsbedingungen des Kreisprozesses wieder erreicht sind. Bei der Absorptionswärmepumpe wird der mechanische Verdichter durch einen thermischen Verdichter in Form eines Lösungsmittelkreislaufes mit Generator G (Austreiber) und Absorber A ersetzt. Anstelle der elektrischen Antriebsenergie wird dem Generator eine thermische Energie zugeführt.

Kennwerte, Funktionen

Der ideale Carnotsche Kreisprozeß mit zwei isothermen und zwei isentropen Zustandsverläufen, in Abb. 2 im T, S-Diagramm dargestellt, kann im realen Wärmepumpenprozeß nur grob angenähert werden. Das Verhältnis von nutzbarer Wärme q_K zur aufgewendeten Arbeit $\omega = \omega_{Zu} - \omega_{ab}$ wird als Carnot-Leistungszahl ε_c der mechanisch angetriebenen Wärmepumpe bezeichnet.

$$\varepsilon_c = \frac{q_K}{\omega}.$$

Die im T, S-Diagramm sichtbaren Rechtecke entsprechen den Energiemengen, so daß sich ergibt

$$\varepsilon_c = \frac{T_K}{T_K - T_0}.$$

Der reale Kreisprozeß wird häufig mit Hilfe des lg p, h-Diagramms berechnet, welches für alle gebräuchlichen Arbeitsmittel, die Kältemittel genannt werden, vorliegt und aus dem die Enthalpiedifferenzen als Strecken entnommen werden können. Durch den Trockenprozeß in Abb. 4 wird die Verdichtung aus dem Naßdampfgebiet in den Bereich des trocken gesättigten Dampfes mit isentroper Verdichtung verlegt und die isentrope durch eine isenthalpe Entspannung mit Expansionsventil ersetzt.

Der reale Kreisprozeß berücksichtigt die Nichtum-

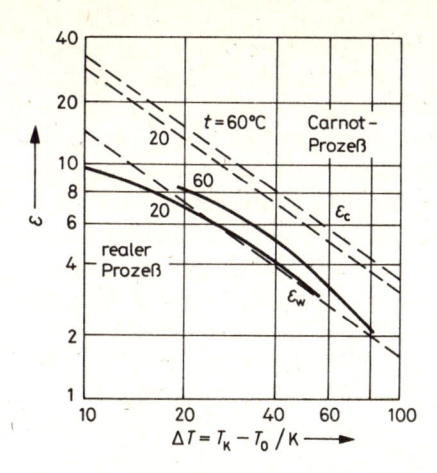

Abb. 5 Ideale und reale Leistungszahlen bei verschiedenen Temperaturdifferenzen [12]

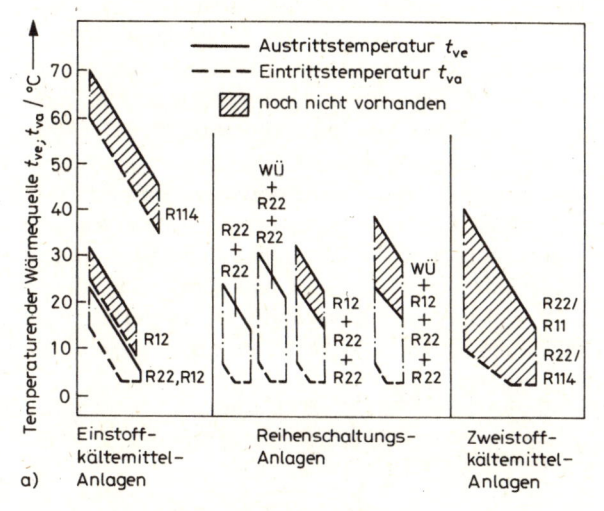

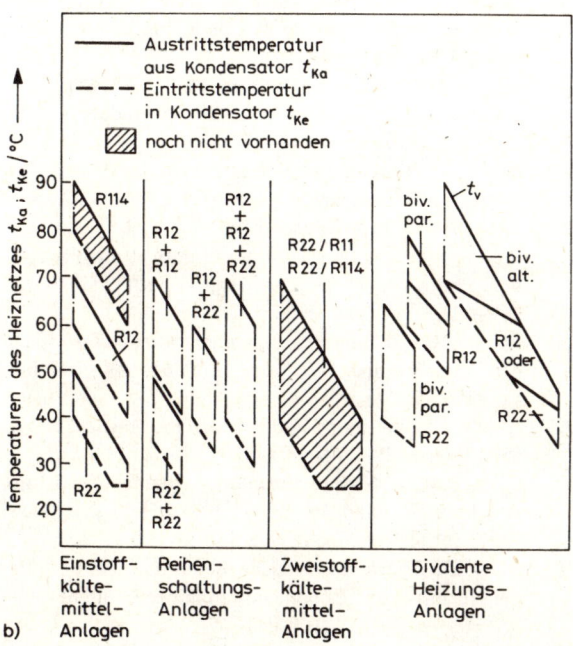

Abb. 6 Einsatz von Wärmepumpen im Temperaturbereich der Wärmequelle und des Heiznetzes

kehrbarkeit bei allen vier Zustandsänderungen sowie Überhitzung und Unterkühlung. Auf der Grundlage des realen Verlaufes des Kreisprozesses ergibt sich aus dem Verhältnis der nutzbaren Wärme über den Kondensator zur aufgewendeten Arbeit über den Verdichter die reale Leistungszahl der Wärmepumpe ε_w. Der Carnotsche Gütegrad ν_M wird dann aus dem Verhältnis der realen zur idealen Leistungszahl gebildet

$$\nu_M = \frac{\varepsilon_w}{\varepsilon_c}.$$

Im Bereich der Anwendung von Wärmepumpen können mit Kompression-Kaltdampfmaschinenprozessen Gütegrade zwischen

$$\nu_M = 0{,}5 \ldots 0{,}6$$

erreicht werden. Abbildung 5 zeigt ideale und reale Leistungszahlen bei Temperaturdifferenzen zwischen Kondensationstemperaturen T_K und Verdampfungstemperaturen T_0 von 10 bis 80 K [12].

Eine bessere Anpassung des inneren Wärmepumpenprozesses an die äußeren Bedingungen der endlichen Stoffströme mit nichtisothermen Temperaturverlauf kann durch Annäherung an den Lorenz-Prozeß, der anstelle der zwei Isothermen durch zwei polytrope Zustandsänderungen verwirklicht wird, erreicht werden. Eine derartige Annäherung ist durch die Reihenschaltung mehrerer Kompressionswärmepumpen (Reihenschaltungsanlagen), durch stufenweise Kondensation und Verdampfung oder durch Verdampfung und Kondensation bei sich verändernden (gleitenden) Temperaturen mit Hilfe von nichtazeotopen Zweistoffkältemitteln zu erreichen. Durch die Annäherung an den Lorenz-Prozeß werden die Irreversibilitäten in den Wärmeübertragern verringert.

Wärmepumpen mit dem wärmeangetriebenen Absorptions-Kaltdampfmaschinen-Prozeß (siehe Abb. 3) werden nach dem Verhältnis der nutzbaren Wärmemengen über den Kondensator Q_K und Absorber Q_A zu der über den Lösungsmittelkreislauf im Austreiber aufgewendeten Wärmemenge Q_G mit dem Wärmeverhältnis ξ beurteilt. Das Carnot-Wärmeverhältnis ergibt sich unter Berücksichtigung der drei Temperaturniveaus

$$\xi_c = \frac{\dfrac{1}{T_0} - \dfrac{1}{T_G}}{\dfrac{1}{2T_0} - \dfrac{1}{T_K}}.$$

Bei realen Absorptionswärmepumpen ist der Gütegrad ν_A zu berücksichtigen, so daß sich das Wärmverhältnis der Absorptionswärmepumpe ergibt

$$\xi_A = \nu_A \, \xi_c.$$

Für das Kältemittel NH_3 und das Lösungsmittel H_2O wird für Groß-Absorptionswärmepumpen von [13]

$v_A = 0{,}75$ und für Klein-Absorptionswärmepumpen nach [14] $v_A = 0{,}5...0{,}6$ angegeben.

Als Kältemittel kommen R 12 (CCl_2F_2), R 22 ($CHClF_2$), R 114 (CCl_2F_4) und Ammoniak (NH_3) zum Einsatz. Für diese Arbeitsstoffe sowie für unterschiedliche Schaltungsarten sind in Abb. 6 die Einsatzbereiche von Wärmepumpen hinsichtlich der Temperaturen der Wärmequelle und der Temperaturen des Heiznetzes angegeben.

Anwendungen

HALDENE berichtet in [15] über die 1928 konzipierte und danach erprobte erste Heiz-Kühlanlage mit Kaltdampfkreislauf. Mehrere Groß- und Kleinwärmepumpen in USA und auch eine Haushalt-Wärmepumpe in Schottland im Jahre 1927 wurden realisiert, bis 1938 in Zürich die erste großtechnisch genutzte Wärmepumpe für Gebäudeheizung Europas entstand [16].
Die industrielle Anfertigung und Anwendung von Wärmepumpenaggregaten begann etwa 1950 in USA [17], aber erst nach 1975 in Europa. In den 70er Jahren entstanden in der UdSSR die ersten Wärmepumpenanlagen, insbesondere mit kombinierter Kälte-Wärme-Kopplung [18–20]. Nach den Untersuchungen von HÄUSSLER [21] ist seit 1971 die erste Wärmepumpe in der DDR in Betrieb [22]. Der Experimentalbau „Komplexe Energienutzung mit Wärmepumpen" wurde im Dezember 1978 in Dresden fertiggestellt und danach in der DDR eine breite technische Anwendung, insbesondere von Großwärmepumpen eingeleitet [23].

Wärmepumpenanlagen haben sich für Heizungsaufgaben bei der Substitution von Heizöl und elektrischer Direktheizung, bei Ausnutzung von Sekundärenergie, bei der Kälte-Wärme-Kopplung aber auch mit Einkopplung von Umweltenergie bewährt.
Da sich die Heiznetztemperaturen mit sinkender Außentemperatur bei gegebenen Heizflächen erhöhen müssen, sinken die Leistungszahlen mit sinkender Außentemperatur. Deshalb kommen bivalente Wärmepumpenanlagen zum Einsatz, bei denen das Heiznetz mit zwei Wärmeerzeugern versorgt wird. Oberhalb einer bestimmten Außentemperatur (dem Umschaltpunkt) arbeitet nur die Wärmepumpe. Unterhalb des Umschaltpunktes sind zwei Fahrweisen der Wärmeerzeuger möglich:
– bivalent paralleler Betrieb
– bivalent alternativer Betrieb.
In ausgeführten Anlagen sind noch komplexere Fahrweisen mit mehreren Umschaltpunkten und mehreren Heiznetzen sinnvoll, um einen möglichst hohen Jahresenergieanteil über die Wärmepumpen abzudecken.

Anlagen zur Ausnutzung von Sekundärenergie mit Wärmepumpen werden sowohl in der Industrie als auch in der Landwirtschaft eingesetzt. Eine Anlage zur Ausnutzung der Wärme der Gülle und Stallabluft wurde 1983 in einer Milchviehanlage der LPG Melaune in Betrieb genommen. Bei ständigem Kühlbedarf sollte immer eine gleichzeitige und bei Klimaanlagen eine wechselseitige Kälte-Wärme-Kopplung realisiert werden. Kälte-Wärme-Kopplungen haben sich mit zweistufigen Maschinen und mit Kaskaden-Schaltungen bewährt.

Eine innere Kälte-Wärme-Kopplung hat sich mit Luftströmen, die erst gekühlt und anschließend über dem Kondensator erwärmt werden, in Form von Entfeuchtungswärmepumpen für Trocknungsaufgaben, insbesondere in der Landwirtschaft – aber auch in der Industrie, durchgesetzt.
Wärmepumpen kommen in der Tier- und Pflanzenproduktion, in der Lebensmittelproduktion, in Kulturbauten, z. B. zur Beheizung der Semperoper in Dresden, in Sportbauten, in Schwimmhallen und in Kaufhallen zum Einsatz. Auch bei der zentralen Wärmeversorgung im Inselbetrieb ist mit Wärmepumpen eine Rücklaufauskühlung mit Erhöhung der Transportkapazität von Versorgungsleitungen und gleichzeitiger Einkopplung von Abwärme in den Rücklauf möglich. In Einfamilienhäusern und bei der wohnungsweisen Heizung werden sich bivalente Wärmepumpenanlagen durchsetzen, wenn der Umschaltpunkt unterhalb $-2\,°C$ liegt, die Antriebsleistung kleiner 2 kW ist und der Aufwand für fossile Energieträger durch den Nutzer auf 5 bis 10 % des bisherigen Bedarfes zurückgeht.

Literatur

[1] CARNOT, S.: Reflexions sur la puissance motrice du feu et sur les maschines propres á dé ve lopper cette puissance. – Paris: Bachelier, 1824.

[2] PERKINS, I.: Patentanmeldung am 14. 8. 1834. Englische Patenterteilung Nr. 6662 „Apparatus for Producing Cold and Cooling Fluids" vom 14. 2. 1835.

[3] PLANK, R.: Handbuch der Kältetechnik. 1. Bd. – Berlin/Göttingen/Heidelberg: Springer-Verlag 1954. S. 52.

[4] THOMSON, W.: On the economy of the heating and cooling of buildings by meaus of currents of air. Proz. of the Philosophical Soz. (Glasgow) **3** (1852) Dez. 269–272.

[5] FLÜGEL, G.: Wärmewirtschaft und Anwendungsformen der Wärmepumpe. Z-VD **64** (1920) 64, 954–958 und 47, 986/989.

[6] KRAUS, F.: Heat-pump in the theory and practice. Power **53** (1921) 2, 289–300.

[7] CUBE, H. L. VON: Die Wärmepumpe. Handbuch der Kältetechnik. 6. Band/Teil A. – Berlin/Heidelberg/New York: Springer-Verlag 1969. S. 468.

[8] RANT, Z.: Thermodynamische Bewertung der Verluste bei technischen Energieumwandlungen. Brennstoff-Wärme-Kraft **16** (1964) 9, 453–457.

[9] HEBECKER, D.: Zur Klassifikation von Kreisprozessen der Energietransformation. Wiss. Z. TH Leuna-Merseburg **25** (1983) 4, 485–492.

[10] STEIMLE, F.: Energie, ihre Erscheinungsformen und ihre Bewertung. Klima-Kälte-Heizung **11** (1983) 5, 488–490.

[11] CUBE, H. L. VON; STEIMLE, F.: Wärmepumpen, Grundlagen und Praxis. – Düsseldorf: VDI-Verlag 1978.

[12] RECKNAGEL, H.; SPRENGER, E.: Taschenbuch für Heizung und Klimatechnik 77/78. 59. Ausgabe. – München/Wien: R. Oldenbourg Verlag 1977.

[13] EDER, W.; MOSER, F.: Die Wärmepumpe in der Verfahrenstechnik. – Wien: Springer-Verlag 1979.

[14] ROODBURGER, A. H.: Die gasbeheizte Absorptions-Wärmepumpe. Gaswärme international **28** (1979) 4, 216–220.

[15] HALDANE, T. G.; CHEM, L.: Using of the refrigeretion plant for heating purpose. Ice and Cold storage. Bd. 33 (1930) Dez. S. 332–34.

[16] EGLI, M.: Die Wärmepumpenheizung des Züricher Rathauses. Bull SEV 1938 Nr. 11.

[17] PIETSCH, I.: The Unitary Heat Pump Industry, 25, Kears of Progress. ASHRE Iomal **19** (1977) 15–18.

[18] MUSCHELIŠVILI, A. I.; VEZIRIŠVILI, O. S.; CHOŠTARIJA, A. G.: Effektivnost' kompleksnogo primenenija teplonasosnych ustanovok v čajanoj promyšlennosti Gruzii. – Choldil'naja technika **6** (1974) 16–20.

[19] DANILOV, R. L.; DEDKOVA, G. A., Teplonasosnaja ustanovka dlja pasterizacii i ochlaždenija mobka. – Cholodil'naja technika **6** (1975) 7–9.

[20] GOMELAURI, V. I., Teplonasosnaja ustanovka dlja teplochladosnadženija kurortnogo zala v Picunde. – Choldil'naja technika **10** (1977) 43–46.

[21] HÄUSSLER, W.: Untersuchungen über die Wärmepumpe. Wiss. Z. TH Dresden **5** (1955/56) 6, 1059–1078.

[22] HEINRICH, G.; NAJORK, H.; NESTLER. W.: Wärmepumpen für Industrie, Landwirtschaft und Gesellschaftsbau. – Berlin: VEB Verlag Technik 1978.

[23] HEINRICH, G.; NAJORK, H.; NESTLER, W.: Wärmepumpenanwendung in Industrie, Landwirtschaft, Gesellschafts- und Wohnungsbau. – Berlin: VEB Verlag Technik 1982.

Wärmerohr

Im Juni 1944 wurde GAUGLER (USA) ein Patent erteilt, daß „... die Wärmeaufnahme oder, mit anderen Worten, die Verdampfung von Flüssigkeit an einem über der Kondensationszone gelegenen Punkt ohne zusätzlichen Aufwand für die Flüssigkeitsförderung ab Kondensatorniveau" zum Ziel hatte [1]. In Kühlschränken sollte das flüssige Kältemittel durch Kapillarkräfte transportiert werden. Dieses Prinzip blieb jedoch zum damaligen Zeitpunkt erfolglos und geriet in Vergessenheit.

Erst 20 Jahre später, im Zusammenhang mit der stürmischen Entwicklung der Raumfahrt, wurde unter Leitung von GROVER [2] damit begonnen, den nunmehr als Wärmerohr bezeichneten „idealen" Wärmeleiter systematisch zu untersuchen und für praktische Aufgaben nutzbar zu machen.

Die in den vergangenen zwei Jahrzehnten vor allem in den USA, der UdSSR, Großbritannien und der BRD intensiv vorangetriebenen Entwicklungsarbeiten schafften die Voraussetzung für den sich heute vollziehenden vielfältigen Einsatz des Wärmerohres zur Lösung wärmetechnischer Aufgaben in Wissenschaft und Technik.

Sachverhalt

Das Wärmerohr ist ein evakuiertes, hermetisch abgeschlossenes System (Abb. 1), dessen Innenwandungen mit einer Kapillarstruktur ausgekleidet sind. Diese Struktur ist mit einem flüssigen Wärmeträger gesättigt.

Nach ihrer *Funktion* wird das Wärmerohr in drei Bereiche unterteilt: In der Heizzone verdampft bei Wärmezufuhr Wärmeträger aus der Kapillarstruktur. Der Dampf strömt durch eine eventuell vorhandene wärmeisolierte Transportzone und kondensiert in der Kühlzone unter Abgabe seiner Verdampfungswärme. Das Kondensat wird durch die Saugwirkung der Kapillarstruktur zur Heizzone zurücktransportiert.

Aus dem Funktionsprinzip lassen sich die wesentlichen *Eigenschaften und Vorteile* des Wärmerohrs gegenüber konventionellen Wärmetransportsystemen ableiten:

- hohe effektive Wärmeleitfähigkeit (beträgt je nach Ausführung das 10^2- bis 10^4-fache der Wärmeleitfähigkeit von Kupfer),
- geringe Masse bei großer Leistungsübertragung,
- Einsatzmöglichkeiten sowohl unter Schwerkrafteinwirkung als auch unter den Bedingungen der Schwerelosigkeit im breiten Temperaturspektrum,
- Umkehrbarkeit des Übertragungsprozesses,
- einfacher konstruktiver Aufbau,
- kein zusätzlicher Energieaufwand für den Wärmeträgertransport, keine sich bewegenden Teile,
- geringer Wartungsaufwand, Zuverlässigkeit.

Als Wärmerohr werden auch Wärmeübertrager bezeichnet, die sich von dem o. g. System dadurch unterscheiden, daß in ihnen die Kondensatrückführung nicht oder nur teilweise durch Kapillarkräfte realisiert wird. Zu den verbreitetsten Konstruktionen dieser Art gehören *Fliehkraft-* (Bild 1a) und *Gravitationswärmerohre (Thermosiphon).* Letztere besitzen keine Kapillarstruktur und sind deshalb nur mit Schwerkraftunterstützung funktionsfähig. Bei Fliehkraftwärmerohren ist der Innenraum konisch gearbeitet. Die bei Rotation entstehenden Fliehkräfte treiben das Kondensat in die Heizzone [4, 12].

Durch besondere Maßnahmen lassen sich Wärmerohre als Temperaturkontrolleinrichtungen bzw. thermische Schaltelemente (Diode, Zweiwegeschalter) ausbilden. Breiten Einsatz haben *gasregulierte Wärmerohre* (Abb. 1b) gefunden. Ihre Thermostabilisierungseigenschaften beruhen auf der Volumenänderung einer in den Dampfraum eingeführten, genau dosierten Gasmenge in Abhängigkeit vom Dampfdruck des Wärmeträgers. Das Gas behindert den Kondensationsprozeß auf einem bestimmten Abschnitt der Kühlzone und beeinflußt dadurch entscheidend den thermischen Widerstand des Wärmerohrs, der bei variablen Betriebsparametern einer Änderung der Dampfraumtemperatur entgegenwirkt. Weiterführende Literatur dazu siehe [3–5, 9, 10].

Kennwerte, Funktionen

Die Auslegung von Wärmerohren erfolgt in der Regel unter Voraussetzung bekannter Randbedingungen für die Wärmezufuhr in der Heizzone und die Wärmeabgabe in der Kühlzone. Bei der Auswahl von Wärmeträger, Werkstoffen und Kapillarstruktur sind neben Leistungsdaten eine Reihe zusätzlicher Einflußgrößen, wie z. B. Lebensdauer, Einwirkung von Potentialfeldern, Anfahrbedingungen, technologische und ökonomische Kriterien zu berücksichtigen.

Grenzen des Energietransports im Wärmerohr (Abb. 2)

a) Von entscheidender Bedeutung für die Übertragungsleistung ist das *Transportvermögen der Kapillarstruktur.* Sind die Druckänderungen in Flüssigkeit (Δp_F) und Dampf (Δp_D) einschließlich der hydrostatischen Druckdifferenz (Δp_{Hyd}) gleich der maximalen Kapillardruckdifferenz (Δp_{Kap}), d. h.

$$\Delta p_F + \Delta p_D + \Delta p_{Hyd} + \Delta p_{Kap} = 0, \quad (1)$$

so ist ihr Grenzwert erreicht. Eine weitere Steigerung der Heizleistung führt zum Austrocknen der Kapillarstruktur in der Heizzone.

Aus der Druckbilanzgleichung läßt sich der maximal übertragbare Wärmestrom $\dot{Q}_{max}$ ermitteln. Unter bestimmten Voraussetzungen [3–5] gilt die Beziehung

$$\dot{Q}_{KS,max} = \frac{8}{L_H + L_K + 2L_T} \left(\frac{\varrho_F \sigma_F r}{F} \right)$$
$$\times \left(\frac{K \cdot A_{KS}}{D_{eff}} \right) \left(1 - \frac{\Delta p_{Hyd}}{\Delta p_{Kap}} \right) \quad (2)$$

mit L_H, L_K, L_T – Länge der Heiz-, Kühl- und Transportzone, $\varrho_F, \sigma_F, r, \mu_F$ – Dichte, Oberflächenspannung, Verdampfungswärme und dynamische Viskosität des Wärmeträgers, K, A_{KS}, D_{eff} – Permeabilität, Querschnittsfläche und effektiver Porendurchmesser der Kapillarstruktur;

$$\frac{\Delta p_{Hyd}}{\Delta p_{Kap}} = \frac{D_{eff} \varrho g L \sin \varphi}{4 \sigma}$$

mit g – Gravitationskonstante, L – Länge des Wärmerohrs, φ – Neigungswinkel des Wärmerohrs im Verhältnis zur Horizontalen).

b) Im für den flüssigen Wärmeträger unteren Temperaturbereich wird der axiale Wärmestrom durch die Strömungsverhältnisse im Dampfraum (viskose Strömung) begrenzt. Nach BUSSE [7] gilt für die sogenannte *Viskositätsgrenze*

$$\dot{Q}_{V,max} = \frac{A_D}{64} \frac{d_D^2 r}{\mu_D L_{eff}} \varrho_{D,o} p_{D,o} \quad (3)$$

mit d_D, A_D – Dampfraumdurchmesser und -querschnittsfläche, L_{eff} – effektive Wärmerohrlänge, $\mu_D, \varrho_{D,o}, p_{D,o}$ – dynamisch Viskosität, Dichte und Druck des Dampfes am Heizzonenaustritt.

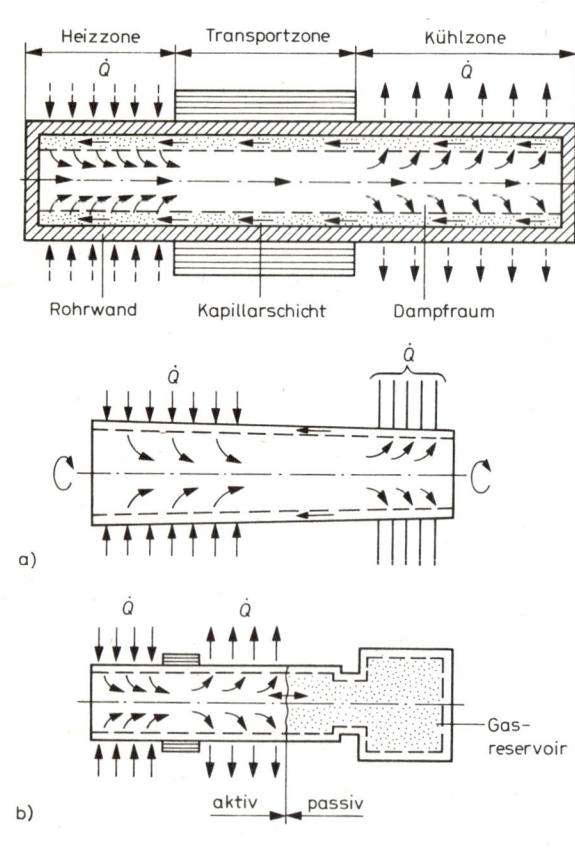

Abb. 1 Schematische Darstellung eines Wärmerohrs
a) Fliehkraftwärmerohr b) Gasreguliertes Wärmerohr

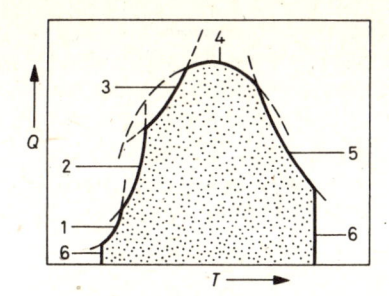

Abb. 2 Leistungsgrenzen von Wärmerohren
1 – Viskositätsgrenze,
2 – Schallgeschwindigkeitsgrenze,
3 – Dampf-Flüssigkeits-Wechselwirkungsgrenze,
4 – Kapillartransportgrenze,
5 – max. Heizflächenbelastung,
6 – Temperaturgrenzen

c) Der mit zunehmender Heizleistung anwachsende Massenstrom bewirkt eine Geschwindigkeitserhöhung der Dampfströmung. Mit Erreichen der Schallgeschwindigkeit am Heizzonenaustritt wird eine weitere Leistungssteigerung ausgeschlossen, woraus gemäß [7] für die *Schallgeschwindigkeitsgrenze* folgt,

$$\dot{Q}_{S,max} = 0{,}474 \, A_D \, r \sqrt{\varrho_{D,o} \cdot p_{D,o}} \, . \quad (4)$$

d) Die Wechselwirkung zwischen Dampf und Flüssigkeit an der Phasengrenzfläche kann zum Mitreißen von Flüssigkeitsteilchen und als dessen Folge zum Austrocknen der Kapillarstruktur führen. Die Dampf-Flüssigkeits-Wechselwirkungsgrenze ist nach MARCUS [8] durch den Ausdruck

$$\dot{Q}_{DF,max} = A_D \, r \sqrt{\frac{\varrho_0 \, \sigma_F}{D_{eff}}} \quad (5)$$

definiert.

e) Bei der Auslegung von Wärmerohren ist die *maximale radiale Wärmestromdichte* in der Heizzone zu berücksichtigen. Beim Überschreiten eines kritischen Wertes führt die intensive Verdampfung zur Bildung von örtlichen Dampfpolstern. Der damit verbundene Temperaturanstieg in der Wand kann zum „burn out" führen. Von MARCUS [8] wird zur Berechnung der kritischen radialen Wärmestromdichte die Gleichung

$$q_{r,krit} = \frac{\lambda_{eff} \, \Delta T_{krit}}{d_i \ln \frac{d_D}{d_i}} \quad (6)$$

vorgeschlagen. Hierin bedeuten λ_{eff} – Wärmeleitfähigkeit der gesättigten Kapillarstruktur, ΔT_{krit} – kritischer Temperaturgradient in der Kapillarstruktur, d_i – Rohrinnendurchmesser.

Im Ergebnis experimenteller Untersuchungen wurden jedoch für unterschiedliche Strukturen und Wärmeträger z. T. erhebliche Abweichungen vom theoretisch ermittelten Wert $q_{r,krit}$ festgestellt.

Der Literatur entnommene *Orietierungswerte axialer und radialer Wärmestromdichten* für ausgewählte Wärmeträger und Kapillarstrukturen bei horizontalen Wärmerohrbetrieb sind in Tab. 1 aufgeführt:

Tabelle 1 Typische Leistungsdaten von Wärmerohren

Wärmeträger	$\dot{q}_{ax}$, W/cm²	$\dot{q}_{rad}$, W/cm²	Kapillarstruktur
N_2	10…20	0,1…1	Netz, Metallfaser
CH_3OH	30…90	0,3…3	Metallfaser
NH_3	200…400[1)]	5…15	verschieden;[1)] Arterien
H_2O	300…1500[1)]	25…100[2)]	[xx)] verschieden, [x)] Arterien, Gewinderillen, Metallfaser
Na	2000…8000[1)]	200…400	verschieden;[x)] Ringspalt

[1)] empfohlen für bestimmte Legierungen

Thermischer Widerstand. Innerhalb der Leistungsgrenzen des Wärmerohrs wird das Wärmeübertragungsverhalten durch den thermischen Gesamtwiderstand R_{WR} charakterisiert. Dieser resultiert aus den in Abb. 3 dargestellten thermischen Einzelwiderständen von Wand, gesättigter Kapillarstruktur und Phasenübergang in der Heizzone (R_1, R_2, R_3), Dampfströmung (R_4) sowie Phasenübergang, gesättigter Kapillarstruktur und Wand in der Kühlzone (R_5, R_6, R_7):

$$R_{WR} = \sum_{i=1}^{7} R_i = \frac{\bar{T}_H - \bar{T}_K}{\dot{Q}}, \, K/W \, .$$

In der Regel läßt sich der thermische Widerstand bei Phasenübergang (R_3, R_5) und Dampfströmung (R_4) vernachlässigen. Unbedeutend ist auch der aus den Wärmeleiteigenschaften der Konstruktionsmaterialien resultierende axiale Wärmestrom ($\dot{q} \lambda$) im Verhältnis zur gesamten Übertragungsleistung. Als Verbindungselement zwischen Wärmequelle und -senke sind bei

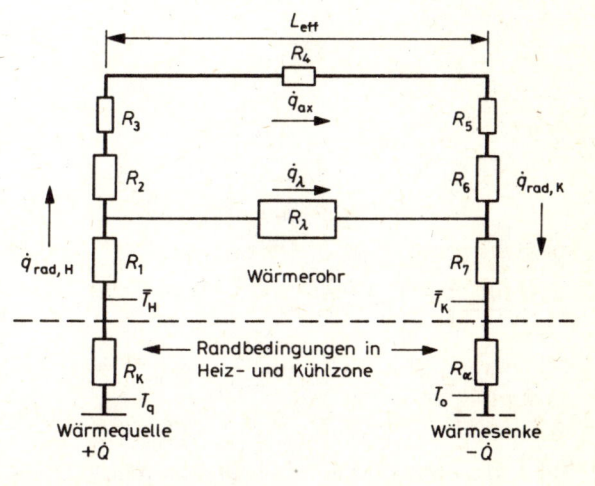

Abb. 3 Schema der thermischen Widerstände

wärmetechnischen Berechnungen in jedem Fall die zusätzlichen, von konstruktiven und Wärmeaustauschbedingungen abhängigen thermischen Widerstände (R_K, R_α) zu berücksichtigen, die u. U. den Wert von R_{WR} um Größenordnungen übertreffen.

Wärmeträger und Werkstoffe. Die gegenwärtigen Einsatzmöglichkeiten für Wärmerohre liegen in Abhängigkeit von Wärmeträgermedium und Werkstoffen im Temperaturbereich 4 K < T < 2 500 K.

Grundsätzliche *Auswahlkriterien* für den Wärmeträger im vorgegebenen Betriebstemperaturbereich sind:
- hohe Verdampfungswärme, Oberflächenspannung und Dichte, geringe dynamische Viskosität sowie gute Benetzungseigenschaften hinsichtlich der Kapillarstruktur,
- thermische und chemische Beständigkeit,
- chemische Verträglichkeit mit den eingesetzten Werkstoffen.

Den Einfluß der physikalischen Eigenschaften des flüssigen Wärmeträgermediums auf das axiale Leistungsvermögen verdeutlicht Gl. (2). Der als *Transportfaktor* $N_F = \dfrac{\varrho_F \sigma_F r}{F \mu_F}$ bezeichnete Parameter ist in Abb. 4 für einige typische Wärmeträger in Abhängigkeit von der Betriebstemperatur aufgetragen. Die maximale Wärmestromdichte $q_{KS,max}$ ist bei horizontaler Anordnung des Wärmerohrs nach [3] proportional zum Faktor N_F:

$$q_{KS,max} \approx 10^{-5} N_F, \text{W/cm}^2.$$

Zur Erzielung einer langen Lebensdauer ist die *chemische Verträglichkeit* der Werkstoff/Wärmeträger-Kombinationen von vorrangiger Bedeutung. Die im Verlauf physikalisch-chemischer Reaktionen mögliche Gasbildung bzw. das Ausfällen von festen Stoffen führt im Wärmerohr zur Behinderung der Wärme-Stoff-Übertragung und schließlich zur völligen Funktionsuntüchtigkeit. Die Verträglichkeit der in Tab. 2 aufgeführten Werkstoff/Wärmeträger-Kombinationen kann bei hohen Reinheitsgrad auf Grund der Ergebnisse von Langzeituntersuchungen ($\tau > 10^4$ h) als gesichert angenommen werden.

Kapillarstrukturen. Wichtigstes Konstruktionselement des Wärmerohrs ist seine Kapillarstruktur. Wie aus den Gleichungen (2), (5), (6) sowie Abb. 3 hervorgeht, beeinflussen die Strukturparameter (Permeabilität, effektiver Porendurchmesser, Querschnittsfläche, Wärmeleitfähigkeit), die Leistungsgrenzen ($\dot{q}_{rad,max}$; $\dot{q}_{ax,max}$) und den thermischen Widerstand (R_{WR}) wesentlich. Voraussetzung für die Übertragung großer Wärmeströme bei geringem Temperaturgradienten sind hohe Durchlässigkeit K ($K \sim \varepsilon \cdot r_{hyd}^2$; ε – Porosität; r_{hyd} – hydraulischer Radius) bei geringem Porendurchmesser D_{eff} und guter Wärmeleitfähigkeit λ_{eff} der Kapillarstruktur. Diesen Anforderungen werden in besonderem Maße gesinterte Metallfaserkapillarstrukturen (Abb. 5) gerecht. Ihre Transportparameter sind in [11] beschrieben.

Eine gründliche Analyse der Vor- und Nachteile unterschiedlichster Kapillarstrukturen (Längs- oder Gewinderillen, Gewebe, Netze, gesinterte Strukturen, Arterien) einschließlich ihrer Kombinationsvarianten überschreitet den Rahmen dieses Beitrags (siehe dazu [3, 4, 6]).

Tabelle 2 Betriebstemperaturbereich ausgewählter Wärmeträger und empfohlene Wärmeträger/Werkstoff-Kombinationen (Angaben nach [4, 6]

Wärmeträger	Temperaturbereich n°C	Werkstoff
Tieftemperaturwärmerohre		
N_2	−205...−170	Al, Cu, Fe, Ni, Edelstahl
CH_4	−180...−120	Al, Cu, Edelstahl
Freon R 13, R 23	−120...−20	Cu, Edelstahl
Freon R 22	−90...40	Cu, Edelstahl
Niedertemperaturwärmerohre		
NH_2	−60...60	Fe, Al, Ni, Ti, Stahl, Edelstahl, Keramik
Azeton	−20...100	Cu, Al, Ni, Quarz, Keramik, Edelstahl[x)]
CH_3OH	0...120	Cu, Ti, Ni, Fe, Quarz, Edelstahl[x)]
H_2O	30...200	Cu, Ni, Ti, Keramik, Edelstahl[x)]
Mitteltemperaturwärmerohre		
Dowtherm-A	150...320	Cu, Ni, Keramik, Edelstahl
Hg	200...600	Edelstahl
Hochtemperaturwärmerohre		
Cs	350...800	Edelstahl, Nb + 1% Zr
Ka	400...900	Ni, Edelstahl
Na	600...1100	Edelstahl[x)] ($t < 800$°C); Nb + 1% Zr ($t = 850$°C)
Li	1000...1700	Legierung W 26 Re
Ag	1600...2300	W ($t = 1900$°C, $\tau = 100$ h)

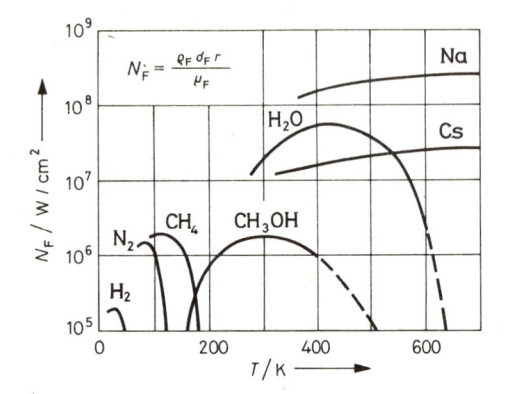

Abb. 4 Transporteigenschaften ausgewählter Wärmeträger in Abhängigkeit von der Betriebstemperatur

Abb. 5 Kapillarstruktur aus gesinterten Metallfasern 75fach vergrößert (Material: Cu; Faserlänge: 3 mm, Faserdurchmesser: 40 µm; $\varepsilon = 0{,}8$)

Anwendungen

Auf Grund bereits erwähnter Eigenschaften ist es möglich, Wärmerohre bei der Lösung folgender Aufgabenstellungen einzusetzen:

- Übertragung großer Wärmeleistungen bei kleinem Temperaturgefälle,
- Trennung von Wärmequelle und Wärmesenke,
- Transformation der Wärmestromdichte,
- Ebnung von Temperaturfeldern, Glätten von Spitzentemperaturen,
- Thermostabilisierung und -regulierung von Objekten bei veränderlicher thermischer Belastung.

Anwendungsbeispiele lassen sich neben der Raumfahrt u. a. aus der Elektronik und dem Gerätebau (Kühlung bzw. Thermostatierung von Bauteilen), dem Energiewesen und Maschinenbau (Wärmeabfuhr von Rotoren elektrischer Maschinen und Transformatorspulen, Thermoionengeneratoren), der Verfahrenstechnik, Metallurgie, Glas- und chemischen Industrie (Schaffung isothermer Temperaturfelder, Kühlung), der Medizin (Tieftemperaturskalpell, Schwangerschaftsunterbrechung), dem Automobilbau (Kraftstoffvergaser) als auch der Heizungs-, Lüftungs- und Klimatechnik (Wärmerückgewinnung, Thermostaten) anführen. An den folgenden drei Beispielen soll die Effektivität des Wärmerohreinsatzes verdeutlicht werden.

Kühlung elektronischer Bauelemente. Die zu kühlenden Objekte werden auf der Wärmerohroberfläche befestigt. Dabei ist der Kontaktwiderstand zwischen Bauelement und Wärmerohr so gering wie möglich zu halten. Häufig empfiehlt sich die Anwendung von Wärmerohren mit rechteckigem Querschnitt bzw. Wärmerohrplatten. In [11] wird ein solches Wärmerohr zur Kühlung von 6 Integralschaltkreisen ($\dot{Q}_{ges} = 120$ W) mit folgenden Parametern beschrieben. Material: Cu; Wärmeträger: H_2O; Außenmaße $400 \times 20 \times 5$ mm; $L_H = 160$ mm, $L_K = 80$ mm (Kühlzone mit aufgesetzten Lamellen); Kapillarstruktur: gesinterte Metallfasern, Schichtdicke 0,7 mm, $\varepsilon = 0{,}78$; Wärmeabgabe: erzwungene Luftkonvektion ($V_L = 3$ m/s; $t_L = 25$ °C); Gesamtwiderstand: $R_{WR} = 0{,}15$ K/W; spezifischer Widerstand (Temperaturdifferenz ($\bar{T}_H - \bar{T}_K$) bezogen auf Wärmestromdichte in der Heizzone): $R_{sp} = 5{,}3 \cdot 10^{-4}$ m² K/W; Oberflächentemperatur der Schaltkreise: $t \leq 70$ °C bei $\dot{Q}_{ges} = 120$ W; $\dot{Q}_{max} > 200$ W.

Vorteile gegenüber herkömmlichen Kühlsystemen sind: niedrigere Betriebstemperaturen, verringerte Masse, Isothermie, Temperaturstabilisierung durch hohe Wärmeinertion, rationelleres Anordnungsschema elektronischer Bauteile, zentralisierte Wärmeabfuhr außerhalb der elektronischen Apparatur bei räumlich verteilten Wärmequellen.

Kühlung von Elektromotoren. In [11, 12] u. a. werden Untersuchungsergebnisse von Gleichstrom- und Asynchronmotoren unterschiedlicher Leistung (1...30 kW) vorgestellt, deren Rotoren als Fliehkraftwärmerohr ausgeführt wurden. Danach lassen sich auf Grund der wesentlich besseren Wärmeabgabebedingungen gegenüber herkömmlichen Motoren folgende *Vorteile* erzielen: Erhöhung des Wirkungsgrades um 1,5 – 2,5%, Steigerung der motorspezifischen Leistung in Abhängigkeit vom Motortyp um 15 – 200%, Erweiterung des regelbaren Drehzahlbereiches, erhebliche Materialeinsparungen.

Wärmerückgewinnung. Mit Wärmerohren bestückte Wärmeübertrager finden u. a. in Lüftungs- und Klimaanlagen Verwendung. Derartige Wärmeübertrager zeichnen sich durch hohen thermischen Wirkungsgrad, bakteriensichere Trennung der Zu- und Abluftströme, einfachen konstruktiven Aufbau, Umkehrbarkeit des Übertragungsprozesses sowie gute Regulierbarkeit aus.

Hersteller von mit Thermosiphons (Material: St 35, Wärmeträger: NH_3) ausgerüsteten Wärmeübertragern zur Wärmerückgewinnung im Temperaturbereich -20 °C...$+40$ °C ist der VEB (B) Kombinat Landschafts- und Grünanlagenbau Mühlhausen.

Literatur

[1] GAUGLER, R. S.: Heat transfer device. US-Patent Nr. 2350348, 1944.
[2] GROVER, G. M.; COTTER, T. P.; ERICKSON, G. F.: Structures of very high thermal conductance. J. appl. Phys. 35 (1964) 1990.
[3] CHI, S. W.: Heat pipe: Theory and practice. – Washington: Hemisphere Publishing Corporation 1976.
[4] DUNN, P. D.; REAY, D. A.: Heat pipes. – Oxford: Pergamon Press 1976.

[5] Vasiliev, L. L. u. a.: Nizkotemperaturnye teplovye truby. – Minsk: Nauka i tehnika 1976.
[6] Ivanovskij, M. N. u. a.: Technologičeskie osnovy teplovyh trub. – Moskau: Atomizdat 1980.
[7] Busse, C. A.: Theory of ultimate heat transfer limit of cylindrical heat pipes. Internat. J. Heat and Mass Transfer **16** (1973) 169–186.
[8] Marcus, B. D.: Theory and design of variable conductance heat pipes. NASA CR-2018, 1972.
[9] Bienert, W. B.: Primenenie teplovyh trub dlâ regulirovniâ temperatury. In: Teplovye truby. – Moskau: Mir 1972. S. 349–370.
[10] Müller, R.: Untersuchung des Betriebsverhaltens von Wärmerohren mit Gas-Flüssigkeits-Lösungen. Wiss. Z. TU Dresden **32** (1983) 2, 175–179.
[11] Semena, M. G.: Opyt primeneniâ teplovyh trub v tehnike. Obsestvo „Znanie" USSR – Kiev: Energetika 1979.
[12] Kuharskij, M. P. u. a.: Ohlaždenie élektričeskih mašin c pomoš'û centrobežnyh teplovyh trub. Élektrotehničeskaâ promyšlennost'. Ser. Élektričeskie mašiny, 1979, vyp. 10 (104), 18–22.

Namenverzeichnis

Abella, I. D.   604
Abney, W. de W.   638, 664
Adams, W. G.   426
Altenkirch, E.   722
Alvarez, L. W.   132, 223
Anderson, C. D.   23, 184
Arago, D. F.   514, 516
Archer, F. S.   667
Arnot, F. L.   237
Archimedes   483
Aston, F. W.   110, 243
Auger, P.   25
Austin, L.   232
Auth, J.   353

Backhaus, G.   452
Bahadur, K.   66
Baker, J. G.   512
Barcock, H. W.   512
Bardeen, J.   363, 438, 740
Barkhausen, R.   317
Barkla, C. G.   42, 213
Bartholinus, E.   516
Basov, N. G.   557
Bauschinger, J.   452
Becker, E. W.   107
Bennett (jr.), W. R.   557
Bequerel, H.   14, 31, 132
Berg   360
Berthon   628
Bethe, H.   42, 184, 251
Biot, J. B.   514
Black, J. B.   747
Blanc-Lapiere   651
Blewett, J. P.   258
Bloch, E.   146
Blochin, M. A.   163
Böer, K. W.   347
Bohr, N.   119, 129
Boltzmann, L.   251
Borrmann, G. B.   136
Bose, J. C.   426
Bothe, W.   251
Boyle, R.   552
Brady, E. L.   274
Bragg, W. H.   39, 51
Brattain, W. H.   363, 438
Braun, F.   387
Bret, G.   597
Brewer, R. G.   604
Brewster, D.   732
Bridgman, P. W.   707
Brillouin, L.   282
Broglie, L. de   51, 56
Budker, G. I.   247, 258
Buehler, W. J.   461
Buff, H.   299
Burns, G.   557

Burstein, E.   390
Busch, H.   243
Buys-Ballot, C. H.   538

Campbell, N. R.   30
Carey-Lea   638
Carlson, G. F.   619
Carnot, S.   698, 715, 757
Carre,   722
Cars,   592
Castaing, R.   163
Cavendish, H.   192
Celsius, A.   728
Cerenkov, P. A.   47
Chadwick, J.   14, 76, 175
Chalmers, T. A.   263
Chandrasekhar, S.   249
Chang, L. C.   461
Chapmann   743
Christphilos, N.   265
Clapeyron, E.   698, 749
Clarke, E. V.   706
Clausius, R.   698, 749
Clusius, K.   107, 745
Coates, W. M.   211
Cockroft, J. D.   265
Compton, A. H.   49
Condon, E. U. D.   132
Cooper, A. S.   738
Cornu, M. A.   638
Coster, D.   211, 272
Cotton, A.   516
Coulomb, Ch.   78
Crooks, W.   55, 78
Cros, Ch.   628
Cullen   715
Curie, I.   132
Curie, M.   14, 31, 132, 175
Curie, P.   14, 31, 132

Daguerre, L.   614, 667
Dainty, J. C.   633
Daniell, J. F.   93
Davies, J. A.   113
Davisson, C.   51
Davy, H.   78
Davydov, A. S.   387
Day, R. E.   426
Debye, P.   93, 282, 708
Dehmelt, H. G.   146
Deisch   636
Dember, H.   408
Dempster, A.   110
Descartes, R.   532
Destrian, G.   338
Deubner, A.   341
Deutsch, M.   274

Dickel, G. 107
Diesel, R. 722
Dill (jr.), F. M. 557
Dingle, R. B. 146, 447
Domeij, B. 113
Doppler, Ch. 538
Dorfmann, J. G. 146, 447
Drecker, J. 638
Druyvesteyn, M. J. 272
Ducos du Hauron, L. 628
Duffieux, P. M. 651
Dufour, L. 743
Duncke, W. P. 557
Duncumb, P. 163
Dzelepov, B. S. 184

Eastman, G. 667
Eberhard, G. 641
Eder, F. X. 664
Eggert, J. 636
Einstein, A. 188, 49, 367, 557
Elias 651
Elsasser, W. 51
Enskog 743
Erginsoy, C. 113
Ering, J. A. 305
Esaki, L. 442
Ettingshausen, A. v. 429
Eve, A. S. 49
Ewald, A. W. 51

Fabrikat, V. A. 557
Fajans, F. 132
Faraday, M. 93, 326, 360, 387
Fellget 651
Fermi, E. 129, 172, 251, 263
Firsov, Ju. A. 381
Fischer, R. 626
Flagmeyer, R. 136
Flerov, G. N. 129, 132
Flügel, G. 757
Flügge, S. 129
Foucault, L. 324
Fowler, R. H. 208, 221
Francia, T. di 651
Frank, I. M. 47, 270
Franken, P. A. 544, 573
Franz, W. 347
Frauenfelder, H. 274
Freederichz, V. V. 540
Frenkel, J. I. 64, 129, 299, 387, 403, 458, 485
Fresnel, A. J. 516, 535, 552, 586
Friedrich, W. 39
Frieser, H. 651
Fringsheim, P. 68
Frisch, O. 129
Fröhlich, A. 626, 628
Fujino, N. 163

Gabor, D. 549, 651

Galilei, G. 458
Gamov, G. 132, 442
Garrett, C. G. B. 573
Gaugain 299
Gaugler, R. S. 759
Geiger, H. 99
Geist, V. 136
Germer, L. H. 61
Gerth, E. 633
Giauque, W. F. 708
Gibson, A. F. 408
Giese, W. 103
Gilbert, W. 103
Gilfrisch, J. V. 461
Ginzburg, V. L. 270, 740
Gires, F. 597
Glicksmann, M. 410
Godowky, L. D. 626, 628
Goldey, J. H. 432
Goldstein, E. 55, 78, 95
Gomer, R. 64
Goodwin, H. 667
Gordon, J. P. 557
Görlich, P. 353
Gorrie 715
Gorter, C. J. 708
Gothard, v. 638
Graaff, R. J. v. d. 265
Gray, J. A. 49
Greninger, A. B. 461
Gretener 651
Griess, P. 616
Griffith, J. H. E. 146
Grimaldi, F. M. 521
Grischkowsky, D. 604
Grove, W. R. 71
Grover, G. M. 759
Gudden, B. 405
Gunn, J. B. 350
Gurewič, V. L. 381

Haas, A. de 423
Hahn, E. L. 604
Hahn, O. 129
Hall, E. H. 356
Hallwachs, W. 188
Hanle, W. 81
Hänsch, H. J. 347
Hansen, P. A. 146
Hartmann, S. R. 604
Heil, O. 341
Heilmeier, G. H. 540
Heisenberg, W. 175
Heitler, W. 42, 184
Helfrich, W. 540
Helmholtz, H. von 93
Henry, R. W. 132
Herriott, D. R. 557
Herschel, J. F. 614
Herzt, H. 55, 107, 188
Herzog, R. 243
Heylandt 750

Hill, A. E. 544, 573
Hintenberger, H. 243
Hittorf, J. W. 55, 78
Hocker, G. B. 604
Hoell 715
Holonyak, N. 432
Hooke, R. 552
Hückel, E. 93
Hunt, R. 664
Huygens, Ch. 516, 532, 696

Ivanenkov, D. D. 175

Javan, A. 557
Joffé, A. F. 387, 420
Johutsi 284
Joliot, F. 18, 132, 175
Joliot-Curie, I. 18
Jones, C. 636
Joule, J. P. 297, 712

Kahn, F. J. 540
Kaiser, P. K. 573
Kamerlingh Onnes, H. 735, 740
Keldys, L. V. 347
Keller-Dorian 628
Kelvin (of Largs), Lord, siehe Thomson, W.
Kennard, E. H. 272
Kerr, J. 540
Kirk 715
Klein, O. B. 50
Knipping, P. 39
Kogelnik, H. 597
Kossel, W. 136
Kourganoff, V. 249
Kraus, F. 755
Kronig, R. 272
Krüger, H. 146
Kuczynski, G. C. 485
Kumakhov, M. A. 139
Kümmel, U. 347
Knudsen, M. 68
Kundt, A. 68
Kurcatov, I. V. 132
Kurnit, N. A. 604
Kusminski 720
Küster, A. 636, 651

Lamb, W. E. 597
Landau, E. 740
Langmuir, J. 68, 198
Lankard, J. R. 557
Larkins, F. P. 86
Lasher, G. 557
Laue, M. von 39, 51, 213
Lawrence, E. O. 265
Leith, E. N. 549
Lenard, P. 55
Lendes, O. 163

Lenoir, J. J. E. 720
Lidsky, L. M. 83
Liesegang, R. E. 628
Lilienfeld, J. E. 341
Lind, A. E. 211
Lindhard, J. 90, 113, 139
Linfoot 651
Linné, K. von 732
Lips, E. M. H. 492
Livingston, M. S. 265
London, F. 706
Lorentz, H. A. 276
Losev, O. V. 163
Luce, J. S. 83
Ludwig, G. 745
Lumiere, A. 614, 628
Lundquist, O. 211

Maddox, R. L. 667
Maiman, T. H. 557, 597
Malus, E. L. 586
Mannes, L. D. 626, 628
Marckwald, W. 646
Marsden, E. 99
Mattauch, J. 243
Matteuci, P. A. 313
Matthiessen, A. 733
Maxwell, J. C. 628, 696
McBain, J. W. 240
McCall, S. L. 604
McCelland, J. A. 251
McMillan, E. M. 265
Meer, S. van der 247
Meitner, L. 76, 129, 132
Mendoza, E. 706
Metz, H. J. 608
Meyer, E. 360
Meyeren, W. von 30
Mie, G. 320
Miller, O. 317
Moll, J. L. 432
Mooradian, V. G. 461
Moss, T. S. 390
Mößbauer, R. L. 168
Mott, N. F. 387
Mouton, H. 516
Müller, E. W. 64, 66
Mysovskij, L. V. 132

Nahrwold, R. 68
Nathan, M. I. 557
Neel, L. 142
Nelson, R. S. 113
Nernst, W. 429
Nesselmann, K. 698, 722
Neumann, J. von 251
Newton, I. 521, 532, 586, 696
Ng, W. K. 573, 590
Niepce, J. N. 659
Nishina, Y. 50
Nordheim, L. W. 387, 208, 221

Nosach, O. Ju. 512

Ohl, R. S. 413
Oppenheimer, R. 66
Ornstein 251
Orowan, E. 458, 479
Otto, N. 722
Ovshinsky, S. R. 396

Packard, M. 146
Paschen, F. 83
Pauli, W. 132, 142
Pelleton, P. 720
Peltier, J. 339
Penning, F. M. 580
Perkins, J. 720, 757
Peters, W. 544, 573
Peterson, P. 750
Petrcak, K. A. 129, 132
Plücker, J. 55
Philibert, J. 163
Plücker, J. 30, 78
Picard, J. 200
Pietsch, E. 30
Pines, B. J. 485
Pirani, M. 55
Pohl, R. W. 68, 405
Polany, M. 458, 479
Ponto 659
Popov, J. N. 367, 557
Pound, R. V. 146
Prager, W. 452
Priestley, J. 192
Prochorov, A. M. 557
Ptolemäus, C. 532
Purcell, E. M. 146

Raman, C. W. 590
Ramberg, E. C. 272
Rankine, W. J. M. 728
Rayleigh, Lord, siehe Strutt, J. W.
Read, T. A. 461
Reed, S. J. B. 163
Reid 51
Reuss 287
Richardson, O. W. 208
Ritter, J. W. 78
Rogers, H. G. 631
Röntgen, W. C. 14, 31, 42, 213
Roosbrock, W. van 403
Roscoe, H. E. 662
Rosenblum 116
Rosengren, L.-G. 582
Rosseland, S. 25
Rott, A. 669
Rusinov, L. I. 132
Ruska, E. 243
Russel, C. 638, 664, 676
Rutherford, E. 76, 99, 103, 119, 132, 251
Ryftin, J. A. 318

Ryvkin, S. M. 400

Sadler, C. L. 213
Sadovskiij, V. D. 492
Sasaki, W. 418
Schade, O. H. 651
Schadt, M. 540
Schawlow, A. L. 557
Scheil, E. 461
Scheiner, Ch. 638
Scheffer 638
Schmidt 251
Schmidt, H. 651
Schneider, W. 626, 628
Schönrock 538
Schottky, W. 221, 292, 299, 387, 426
Schrieffer, J. 740
Schüler, H. 83
Schwarz, H. 30
Schwarzschild, K. 662
Schweidler, E. von 132
Schwinger, J. 202
Sears, F. W. 282
Seemann, H. 641
Selwyn, 636
Seyewetz, A. 614
Shannon, C. E. 651
Shaw, R. 633
Sherman, J. 163
Shibuya, M. 418
Shiraiwa, T. 163
Shockley, W. 363, 432, 438, 447
Shoemaker, R. L. 604
Siedentopf, H. 636
Siegbahn, M. 211, 272
Siegrist, H. 626
Siemens, W. v. 192, 715
Sigmund, P. 71
Silberstein 633, 662
Smakula, A. 68
Smekal, A. 590
Smirnov, L. V. 492
Smith, W. 405
Snellius, R. W. 532
Soddy, F. 110, 132
Sokolov, J. N. 492
Soret 745
Sorokin, P. P. 557
Spiller, J. 614
Stark, J. 276
Starke, H. 232
Stenstrom, W. 211, 272
Stern, O. 51
Stokes, G. G. 547
Straßmann, F. 129
Strutt, J. W. (Lord Raylaigh) 600
Sumbaev, O. I. 211
Svedberg, T. 633
Szabo, A. 597
Szilard, L. 263

Talbot, W. H. F.   614, 659, 664, 667
Tamm, I. E.   47
Tang, C. L.   604
Tannenbaum, M.   432
Taylor, G. I.   479
Teller, E.   172
Theophrastus   732
Thomson, J. J.   51, 55, 103, 110, 113, 265
Thomson, W. (Lord Kelvin)   383, 712, 757, 728
Todt   664
Torrey, H. C.   146
Townes, C. H.   597, 557
Toy   633
Tresca, H.   479
Trivelli   633
Tulinov, A. F.   113
Tyndall, J.   600

Uhlenbeck, G. E.   251
Ulam, S. M.   251
Upatnieks, J.   549
Urey, H. C.   107

Valadares   116
Valasek, J.   730
Vavilov, S. I.   47
Veksler, V. I.   265
Villard, P.   76
Villari, E.   313
da Vinci, L.   458, 521
Vogel, H. W.   671
Voigt, W.   573, 735
Volmer, M.   736
Volta, A.   93
Vul, B. M.   367

Wagner, C.   299
Waldmann, L.   743
Walton, E. T. S.   265

Warburg, E.   305
Washburn   107
Webb   662
Weber, J.   557
Weber, W.   475, 738
Wedell, R.   139
Wehner, G. K.   71
Weigert, F.   516
Weinhold, A. F.   750
Weinreich, G.   544, 573
Weizsäcker, C. F. v.   132
Wentzel, G.   272
Weyde, E.   669
Wheeler, J. A.   129, 172
Wiedemann, E.   565
Wien, W.   95
Wiener, N.   651
Wilcke, J. C.   715
Wiley, R. C.   461
Wilson, C. T. R.   387
Winkler, J. H.   200
Wöhler, A.   471
Wood, R. W.   81, 573
Woodbury, E. J.   573, 590
Wul, B. M.   557

Yeon Ta   730
Young, T.   552
Yukawa, H.   172

Zavoiski, E. K.   146
Zeeman, P.   276
Zeiger, H. J.   557
Zener, C.   329
Zeldovich, B. J.   512
Zerener, H.   198
Zernike, F.   584
Zuber   107
van Zuilen, H.   492

Sachverzeichnis

AAS 163, 166
$A^{III}B^V$ 418
Abbau des Katodenmaterials 71
–, strahlenchemischer 77
– von Makromolekülen 37
Abbaugeschwindigkeit 238
Aberration, chromatische 687
–, sphärische 503
Aberrationen 503
–, chromatische 503
Abbesche Sinusbedingung 505
Abbildung 243
–, Gaußsche 503
–, optische 502, 533
–, –, Filterung 507
–, paraxiale optische 504
– von Festkörperoberflächen 221
– von Laserstrahlen 508
Abbildungsfehler des Auges 689
Abbildungsgleichung 504
Abbildungsmaßstab, lateraler 504
Abbremsung von Neutronen 17
–, nukleare 32
Abfälle, strahlentechnische Behandlung 77
abgestrahlte Leistung 371
Abhängigkeit der Entwicklungskinetik 624
Abkühlkonstante, thermische 361
Ablenkmagnet des Speicherringes 259
Ablenkmagnete, supraleitende 267
Ablenkung im elektrischen Feld 245
– im magnetischen Feld 245
Abplattung der Farbkörner 624
Abregung von Anregungszuständen der Atomkerne 76
Abregungsmechanismus 185
Abrieb 77
abschaltbare Thyristoren 435
Abschirmanordnungen 14, 16
Abschirmmaterial 14, 16, 17
Abschirmradius, Thomas-Fermischer 113
Abschirmung 322
– elektromagnetisch erzeugter Felder 145
– für γ-Strahlung 16
– ionisierender Strahlung 14
– von α-Strahlung 16
– von β-Strahlung 16
– von Neutronen 17
Abschirmungen, elektromagnetische 329
–, supraleitende 744
absolute Empfindlichkeitsschwelle 688
Absorber, sättigbare 598
Absorption 14, 168, 242, 240, 347, 353
– des Lichtes 509
– durch freie Ladungsträger 408
– in der photographischen Schicht 608
–, nichtlineare 511
–, optische 650
–, photoelektrische 213
– von Lichtquanten 405
Absorptionskante 390

Absorptionskoeffizient 348, 406, 509, 609
–, linearer 15
–, spektraler 249
Absorptionskorrektion 163
Absorptionsprozesse 16
Absorptionsquerschnitt 45
–, makroskopischer 177
Absorptionsspektroskopie 510
Absorptionsspektrum 214
Absorptionswahrscheinlichkeit 610
Absorptionswärmepumpe 722, 758
abstimmbarer Laser 140
abstimmbares optisches Filter 283
Abstimmungsrate 371
Abtasten mit einem Laserstrahl 349
Abtöten von Kleinlebewesen 77
– von Schädlingen 77
Abwässer, Hygienisierung 77
Abweichungen von der Reziprozitätsregel 611, 624
Acetylensynthese 194
Achromate 505
Achse, physikalisch ausgezeichnete 202
Ackeret-Prozeß 718
Adaption 681
Adaptionsbildung 683
adaptive Optik 512
additive Farbenmischung 685
Aderfigur, Purkinjesche 694
adiabatische Entmagnetisierung 146
– Verfestigung 706
adiabatischer Hall-Effekt 357
Adsorbate 64
Adsorbatmoleküle 236
Adsorbatschicht, monoatomare 240
–, monomolekulare 240
Adsorbatteilchen 64
Adsorption 77, 240, 242, 726
Adsorptionsisothermen 241
Adsorptionsrate 240
Adsorptionsvorgänge 222
Aerosoldetektoren AID 206
Aerosole 206, 227
Aerosolteilchen 206
AES 187
Airy-Funktion 348
Akkommodation 683
Akkumulatoren 94, 301
– (ab 1967) mit Festelektrolyten 299
Aktivationsanalyse 118
aktive RC-Filter 318
Aktivierung 18, 159
–, elektrische 91
– mit Gammastrahlung 19
– mit geladenen Teilchen 18, 19
–, nachträgliche 22
– mit Neutronen 18
– mit γ-Strahlen 18
Aktivierungsanalyse 20, 77, 127, 135, 178
–, chemische 21

Aktivierungsanalyse, Empfindlichkeit 20
Aktivierungsausbeute 20
Aktivierungsdetektor 21
Aktivierungsempfindlichkeit 20
Aktivierungsenergie 28, 392, 456
– der Donatoren 393
Aktivierungsgleichung 20
Aktivierungsquerschnitt 22
Aktivierungssonde 176
Aktivität 19, 132, 133, 160
–, optische 514
–, Präparate hoher spezifischer 264
Aktivkohle 242
akustische Energiedichte 280
– Oberflächenwellen 281
akustoelektrische Effekte 286, 382, 401
– Stromdichte 280
akustoelektrischer Schwächungskoeffizient 280
Akustoelektronik 281
akustomagnetischer Effekt 447
akustooptischer Effekt 282
– Gütefaktor 283
Akustorezeptoren 682, 684
Akzeptoren 151, 392, 393
Albert-Effekt 611
$Al_xGa_{1-x}As/GaAs$ 369
Aliasing 654
Alkalihalogenide 380
Alpha-Strahlung 14, 95, 132
–, Abschirmung 16
Alphateilchen 14, 98, 132, 223
–, Reichweite 16
–, Streuung 99
Alphazerfall 132
AlSb 415
Altersschwerhörigkeit 684
Aluminium 344
Amateur-Sofortbildfilme 671
ambipolare Diffusion 336
ambipolarer Diffusionskoeffizient 404
amorphe Filme 299
– Glasschichten 397
–, hydrogenisierte Si-Schicht 417
– Legierung durch Implantation 92
– Materialien 396
– Metalle 460
– Nitride 340
– Oxide 340
amorphes Targetmaterial 42
Amorphisierung 27
amphoter dotierbar 374
Analog Memories 94
Analysatorkristall 181, 218
Analyse von Fluoreszenzstrahlung 41
– der Oberflächenstruktur 27
–, quantitative chemische 26
–, standardfreie 166
– von Röntgenwellenlängen 40
– von Stoffen 77
– von Stoffgemischen 77
– von Streustrahlung 41
Analysenmeßtechnik 132, 162, 163, 255
Analysenmethode für Dotierungen 736

Analysenproben, Elementanalyse ausgedehnter 256
Analyseverfahren, chemische 94
Analysezellen, elektrochemische 301, 302
Analysierstärke 204
Änderung der Fluoreszenzausbeute 86
Anergie 757
angepaßte Temperaturkoeffizienten 748
angeregte Kernzustände, Lebensdauer 113, 115
– Moleküle 32
Angiokardiographie 261
Anisotropie 418
– der Energiebandstruktur 385
– der Leitfähigkeit 418
–, optisch induzierte 517
Anisotropie-Effekte, optische 516
Anisotropienachweis 419
Anisotropieparameter 609
Annihilation 23, 76, 118, 185
– des Positroniums 118
– von Positronen 44, 185
Annihilationsquanten 24
Annihilationsstrahlung 23
Annihilationstargets 44
Anlagerungskoeffizient 206
Anlagerungsquerschnitt 207
Anodenfall 79
anomaler Hall-Effekt 392
Anregung 34, 57, 206
– aus Störstellen 408
–, elektrische 696
–, kalte 136
–, optische 368
–, thermische 696
Anregungsenergie 240
–, Übertragung 186
Anregungslicht, Polarisation 278
Anregungsschema 116
Anregungsschichten 368
Anregungszustände der Atomkerne, Abregung 76
Anreicherungsfaktoren 264
Ansprechfunktionen von Gammaspektrometern 257
Antiferromagnetismus 142, 143
Antikoinzidenz 307
Antiphasengrenzen 466
Antiprotonen 248
Antiprotonen-Speicherringbeschleuniger 248
Antisensibilisierung 672
Anti-Stokes-Lumineszenz 378, 380
Anti-Stokes-Raman-Streuung, kohärente 592
Antiteilchen 172, 184, 185
Antrieb, Magneto-Plasma-Dynamischer 85
Anwendung, digitale der Tunneldiode 445
Anwendungen, technologische 62
Anzeige 376
Anzeigelampen 187
Apertur 505
–, numerische 505, 567
Apertur-„tagging" 511, 513
aplanatisch 505
Apochromate 505
Appearance Potential Spectroscopy (APS) 236
APS 236
Äquivalentdosis 16

771

äquivalente Rauschbasis 293
– Rauschleistung NEP 414
Arbeitsplatzüberwachung 208
Arcatom-Schweißen 198
Arenssche Schwärzungsfläche 664
ARP 604
Arrhenius-Gleichung 29
Art der chemischen Bindung 170
Aschegehaltsbestimmung an Kohle 78
$As_yP_{1-y}InP$ 369
Assoziation 93
assoziative Ionisation 104, 186
Astigmatismus 503
Astrophysik 274
athermische Rekombination 34
– Umordnung 34
atmosphärische Fenster 416
Atomabsorptionsspektrometrie (AAS) 163
Atomabstand 53
Atomabstände im Kristallgitter 180
Atomanordnung 53
atomare Fehlstellen 465
– Schicht 241
– Struktur komplizierter Verbindungen 67
Atome, Chemie heißer 263, 265
–, chemischer Austausch 154
–, Elektronenstruktur hochionisierter 225
–, elektronisch angeregte 32
–, exotische 172, 225
–, heiße 263, 265
–, ionisierte 86
–, markierte 159
–, Nachweis 106
–, Spektrallinien 276
Atomemissionsspektralanalyse 163
Atomformamplitude 181
Atomhülle 276
Atomhülleneffekte 211
Atomkanäle 113
Atomkern, Kernladungszahl 76
–, Massenzahl 76
–, Ordnungszahl 76
Atomkerne, Abregung von Anregungszuständen 76
–, Ladungsverteilung 173
–, Niveauschema 118
–, orientierte, statistisches magnetisches Feld in Gasen 83
–, Zustandsschema 118
Atomketten 113
Atomphysik 274
Atompositionen 41
Atomsonden-Feldionenmikroskopie 65, 66, 67
Atomspektrallinien, Frequenzen 276
Atomspektren 278
Atomspektroskopie 163, 166, 261
Atomstrahlquellen 203
Atomumgebung, Struktur 275
Ätzen 227
–, elektrolytisches 94
Ätztiefe 228
Aufbaufaktor 15, 251, 253
Aufdampfen 240
Aufdampfmaterial 69
Auflagendicke 256

Auflösung 229, 261
–, densiometrische 683
– der Röntgenlithographie 262
–, fotometrische 683
–, laterale 26
Auflösungsgrenze 262
Auflösungsgrenzen ionenoptischer Linsen 246
Auflösungsverfahren, geometrisches 691
Auflösungsvermögen 688
–, energetisches 172
Auflöten 387
Aufnahmen, Aufbesserung unscharfer 643
Aufrechterhaltung des Vakuums 242
Aufspaltung der Energieniveaus 274, 276
– der Spektrallinien 276
–, magnetische 169
Aufstäuben 240
Auftrieb 483
Auge, Abbildungsfehler 689
Augenmaß 692
Auger-Effekt 25, 237, 263, 353
Auger-Elektronen 26, 133, 189, 232
Auger-Elektronenemission 27
–, Quellen 87
Auger-Elektronenspektroskopie 26, 74
Auger-Kaskaden 272, 273
Auger- Photoelektronenspektroskopie 212
Auger-Prozeß 25
Auger-Raten 87
–, Verminderung 87
Auger-Übergänge 25, 86, 213, 216
–, Intensitätsänderung 86
Augustsche Gleichung 750
Ausbeute 233, 264
– „aligned" 114
– an charakteristischer Röntgenstrahlung 216
– an Sekundärelektronen 233
– „random" 114
–, 100 eV– 33
Ausdehnungskoeffizienten, thermische 137
Ausgangskanal 123
Ausgleichsentwickler 666
Ausheilkristallisationsvorgänge 24
Ausheilprozeduren 102
Ausheilung 91, 115
– von Materialdefekten 27
–, thermische 102
Auskopierungsprozeß 612
Ausscheidungsbildung in Legierungen 180
Außenschalenvakanzen 87
–, Röntgensatelliten bei 211
Außenwandmessungen 77
Ausscheidungen 24
äußere positive Säule 84
äußeres elektrisches Feld 221
– Magnetfeld 276
Austausch, chemischer 108, 109
–, – von Atomen 154
Austausch-Effekt 30
Austauschprozesse 225
Austauschreaktionen 264
austenitischer Stahl 34
Austrittsarbeit 208, 221, 222, 343, 388

Austrittspupille 505
Autoionisation 103, 186
Autoionisationsübergänge 86
Autoionisationszustände 273
autokatalytische Prozeßführung 645
Autoklaven 704
automatische Fokussierung von Elektronenstrahlen 320
Autophasierung 265
Autoradiographie 162
Avalanche-Durchblick 332
Avalanche-Effekt 332, 366, 414, 443
Avalanche-Injektionsdiode 334
Avalanche-Photodiode 334, 335
axiale Kanalisierung 113
Azbel-Kaner-Resonanzen 447
Azbel-Kaner-Zyklotron 447
Azeotropismus 750

Babinetsches Theorem 523
Backbending-Effekt 116
Backwarddiode 443
Bahndrehimpuls 277
Bahn-Zeeman-Effekt 151
ballistischer Transport 344
Band-Band-Rekombination 368
Bandenspektrum 509
Bändermodell 209, 387, 392
Bandlücke (engl. Gap) 367, 393
Bandstruktur des Halbleiters 332
Bandstruktur-Anisotropie 385
Bandstrukturen, zweidimensionale 425
Bandüberlappung 442
Bandverbiegung 388
Bariumoxidschicht 210
Barkhausen-Rauschen 295
Barriere 388
Barrierenhöhe 389, 427
Barytbeton 17, 18
Basisschaltung 438
–, Stromverstärkungsfaktoren 433
Bauelemente, chemotronische 302
–, elektronenoptisch aktive 56
–, Herstellung mikroelektronischer 96, 227
–, Kühlung elektronischer 765
–, ladungsgekoppelt 428
–, Strukturierung mikroelektronischer 71
Baumladungszone, Dicke 388
Bauschinger-Effekt 452
Bauschinger-Kennzahl 452
Bayard-Alpert-Quellen 239
Bedampfung, plasmagestützte reaktive 85
Bedeckungsgrad 241
Beeinflussung von Materialeigenschaften 88
Beersche Gesetze 608
Behälterauskleidungen 35
Behandlung, strahlentechnische von Abfällen 77
–, thermomechanische (TMB) 492
Beilby-Schicht 53
Belichtung, optimale 663
–, Tiefenverteilung 608
Belichtungsbereich, unkritischer 663
Belichtungseffekte 611
belt- und girdle-Kammern 701

benachbarte Elemente 182
Benham-Fechner-Flimmerfarben 687
Bennett-Kriterium, modifiziertes 411
Bequerel-Effekt 611
Bereich, subatomarer 224
Berg-Barrett-Verfahren 41
Bernoullische Gleichung 463
Beschichtung im industriellen Maßstab 71
Beschleuniger 19, 243
–, elektrostatische 19, 226, 265, 268
– für Elektronen 267
– für Makroteilchen 268
– für schwere Ionen 267
–, lineare 265
– mit fortschreitenden Wellen 266
– mit stehenden Wellen 266
Beschleunigeranlagen für schwere Ionen 223
Beschleunigerbrüten 174
Beschleunigerkomplex 267
Beschleunigertechnik 265
Beschleunigung der freien Elektronen 56
– in Magnetfeldern des interstellaren Raumes 224
Beschleunigungsanlagen 18
Besetzungsinversion 367, 368, 390
besetzungsinvertierte Halbleiter 391
Bestimmung der Driftbeweglichkeit 366
– der optischen Konstanten 610
– von Oberflächen 242
bestrahltes Metall 36
Bestrahlung 263
–, Erzeugung von Defekten 32
– von Enzymen 77
– von Futtermitteln 77
– von Gewürzen 77
– von Metallen, Dimensionsänderungen 36
– von Nahrungsmitteln 77
–, Werkstoffverhalten unter 35
Bestrahlungseffekte in Festkörpern 31
bestrahlungsinduzierte Versprödung 37
bestrahlungsinduziertes Kriechen 37
Bestrahlungstechnik 257
Bestrahlungszeit 19
Beta-Strahlung 14, 132
–, Abschirmung 16
–, Reichweite 255
–, Transport 256
Beta-Teilchen 14
Betatron 18, 19, 62, 218, 267
Betatronschwingungen 247, 267
Betazerfall 132
BET-Isotherme 242
Betrachten, parafoveales 683
Betriebsfestigkeitsuntersuchungen 474
Betriebsspannung, Reduktion 187
Betriebsverhalten von Hochvakuumsystemen 158
Bettische Täuschung 692
Beugung von Elektronen 51
–, Fraunhofersche 522
–, Fresnelsche 523
– von Neutronen 177
Beugungsdiagramme 52
Beugungsfehler 245
Beugungsgitter 525

Beugungsordnung 53
Beugungsringe 53
Beugungsuntersuchungen 261
Beugungswirkungsgrad 550
Beweglichkeit, molekulare 151, 154
Beweglichkeiten 344
Beweglichkeitsbestimmung 337
bewegte Domänengrenzen 262
- Materie, Wellennatur 51
- Versetzungen 262
Bewegungstäuschung 693
Bewegungsvorgänge 77
Bezirke, Weißsche 305
Bezold-Abneysches Phänomen 686
BF_3-Zähler 176
BF_3-Zählrohr 181
Biegefestigkeit 77
Bild, latentes 649, 662
-, reelles 502
-, virtuelles 502
Bildaufnahmeröhren 190
Bildauswertung 635
Bildfarbstoffe 626
Bildfeldwölbung 503
Bildfernübertragung 60
Bildfixierung 614
Bildkontrast 235
Bildröhren 59
Bildschärfeoptimierung 638
Bildschirmdisplays 59
Bildschirme 380
Bildstabilisierung 614
Bildumkehrung 676
Bildung freier Radikale 32
Bildverarbeitung 635
Bildverstärker 527
Bildwandler 60, 190
-, Empfindlichkeit 190
-, photoelektrischer 527
Bildwandlung 527
Bimetalle 748
Bindung, Art der chemischen 170
-, chemische 214, 263
Bindungsenergie 214
- des Elektrons 25
-, Differenzen 233
- von Oberflächenionen 64
Bindungsenergiezuwachs 212
Bindungsfestigkeit definierter Gitterbausteine 67
Bindungswinkel 27
Binion-Pumpe 242
Biochemie 262
biochemische Systeme, Stoffströme 112
Biologie 261
biologisches Gewebe, Elementkonzentration 174
Biomagnetismus 83
biomedizinische Bereiche 231
Biomembran 262
Biowissenschaften 111
bipolare Thermodiffusion 756
bipolarer Transistor 341, 366, 438
Bipolar-Transistoren 92
Bi-Sb 430

$Bi_{1-x}Sb_x$ 410
Bistabilität, absorptive 529
-, dispersive 529
-, hybride 529
-, intrinsische 529
-, optische 529
bivalente Wärmepumpenanlagen 760
Blanket 46
Blasenkammer 106, 185, 739
Bleiakkumulator 94
Bleichalkogeniden 368
Bleichbad 677
Bleiglasfenster 17
Bleisalzlaser 371
Bleischutzkleidung 17
Bleiziegel 17
Blenden 503
Blendung 682
Blister 92
Blochsche Gleichungen 148
Blockierbereich 432
Blockierkennlinie 433
Blockierspannungswert 433
Blockierungseffekt 95, 113
Blockwand 143
Blutfluß 24
Blutgefäße 261
BMSR-Technik 132
Bodenfeuchte 178
Bodenfeuchtedefizit 178
Bodenfeuchtespeicherung 178
Bogenentladung 192, 210, 223, 250
Bogenregime, Hohlkatoden 83
Bogenstrom 198
Bohm-Diffusion 196
Bohrlochsonden 179
Bohrsches Magneton 150, 277, 424
Bolometer 743
Boltzmannsche Verteilungsfunktion 393
Boltzmann-Transportgleichung 251, 252
Bootstrap-Effekt 317
Boral 17
Borate 380
Borgehalt 256
borierter Graphit 17
Borstahl 17
Borverbindungen 17
Bragg-Maximum 128, 231
Bragg-Reflexe 39
Bragg-Reflexion 39, 136, 177, 180
Bragg-Spektrometer 218
Bragg-Streuung 180
Bragg-Winkel 40, 136
Braggsche Gleichung 39, 51
Brandwarntechnik 206
Braunsche Röhre 59
Brechkraft 504
Brechung 587
- des Lichtes 532
- von Neutronen 177
Brechungsindex 48, 88, 347, 532, 610
-, intensitätsabhängiger 574
- von Metallen 68

Breite der verbotenen Zone 393
Breit-Wigner-Formel 125, 127
Bremsquerschnitt 89
Bremsstrahlung 15, 16, 19, 42, 56, 124, 184, 213, 218, 251
–, inkohärente 42
–, kohärente 42, 44, 139
– und Übergangsstrahlung 270
Bremsvermögen 177, 254
Brennelement 46
Brenner 202
Brennfleck des Elektronenstrahles 319
Brennstoffe, fossile 724
Brennstoffzellen 299, 301
Brennweite 246
Brewstersches Gesetz 594
Bridgeman-Relation 429
Brille 506
Brillouin-Funktion 142, 144
Brillouin-Streuung, stimulierte 574
Bromkalistreifen 624
Bruchdehnung von Stählen 37
Bruchzähigkeit 460
Brücke-Bezoldsches Phänomen 686
Brüdenkompression 722
Brünauer-Emmett-Teller-Isotherme 242
brute-force-Methode 204
Brüten 45, 127
Brüter, schneller 46
Brutmaterial 45, 46
Brutreaktionen 45, 121
Brutreaktor, schneller 45, 46
–, thermischer 46
Brutstoff 45
Brutverhältnis 46
Brutzyklus 121
„bubble"-Domänenspeicher 145
Bubbles 92
Bündeltaille 508
Buntmetallurgie 220
Burgers-Vektor 466
Bürokopiergeräte 620
Bürokopiermaterialien 671
Burstein-Effekt, dynamischer 390, 391

Cabannes-Hoffmann-Effekt 624
Callier-Effekt 636
Carnot-Prozeß 718
Carnotscher Kreisprozeß 758
CdS 340, 374, 380, 415
CdS-Photowiderstände 407
CdTe 349
Čerenkov-Detektor 48
Čerenkov-Effekt 47
Čerenkov-Licht 47
Čerenkov-Strahlung 48
Ceto-Getter 242
Chalcogenid-Gläser 396
Channeltron 234
Charakter, statistischer des Kernzerfalls 133
charakteristische Kurven 635, 668, 676
– Röntgenstrahlung 133, 180, 211
– Röntgenwellenlängen 40
Chauchois-Spektrometer 218

Chelatkomplexe 264
Chemie heißer Atome 263, 265
chemische Aktivierungsanalyse 21
– Analyseverfahren 94
– Bindung 214, 263
– –, Art 170
– Gleichgewichte 112
– Isotopentrennung 263
– Isotopieeffekte 111
– Reaktionen 77
– Reaktionskinetik 112
– Sensoren 346
– Verbindungen, Nachweis 26
– Verschiebung 153, 211, 212
– Verunreinigungen 735
– Verwaschungsfunktion 642
– Zerstäubung 71
– Zusammensetzung 212
chemischer Austausch 108, 109
– – von Atomen 154
– Zustand 263
Chemisorption 240, 242
Chemoionisation 104, 186
chemotronische Bauelemente 302
Chopper 177, 181
chromatische Aberrationen 503, 687
Chromatographie 264
Chromatopie 687
Chromogenentwicklung 626, 629
CIDNP 154
Clausius-Clapeyron, Gleichung von 750
Clausius-Clapeyronsche Dampfdruckformel 69
Clausius-Rankine-Prozeß 724
Clayden-Effekt 611
Cluster 28, 237
CMOS-Technik 345
CO_2-Laser 408
Coloramateur-Photographie 626
Colorbild 630
Colorfilme 626, 630
Colormaterialien 628
Colornegativfilm 630
Colorpapier 630
colorphotographische Materialien 629
Colorumkehrmaterial 630
Colorverarbeitung 628
Compoundkern 115, 125, 175
Compoundkern-Mechanismus 124
Compoundkernreaktion 264
Compton-Effekt 49, 76, 188, 251
Compton-Kante 185
Compton-Profile 50
Compton-Spektrometer 308
Compton-Spektroskopie 50
Compton-Streuung 49, 252
– in der Lasertechnik 50
Compton-Tomograph 50
Computertomographie 218
Cornu-Spirale 522
Coster-Kronig-Übergänge 25, 86, 213, 216, 272
–, Intensitätsänderung 86
Cotton-Mouton-Effekt 517
Coulomb-Abstoßung 263

Coulomb-Anregung 116, 123, 125
Coulomb-Barriere 125, 224
Coulomb-Streuung 100
Coulomb-Wechselwirkung 25, 233
Coulometrie 94
Crosslinking 37
Curie-Gesetz 142, 144
Curietemperatur 142, 305, 733
Curie-Weiss-Beziehung 142
CVD (chemical vapor deposition) 394
CVF 642, 655

Daguerreotypie 667
Dämmerungsblindheit 683
Dämmerungssehen 681
Dampfdruckformel, Clausius-Clapeyronsche 69
Dampfdruckthermometer 730
Dampfkraftwerke 750
Dauerstrichbetrieb 367, 370, 371
Dauermagnete 306
Debot-Effekt 613
de Broglie-Wellenlänge 56, 245
Debye-Scherrer-Ringdiagramme 52
Debye-Scherrer-Ringe 53
Debye-Scherrer-Verfahren 41
Debye-Temperatur 168, 756
Deckschichten, monomolekulare 238
Defektannihilation 34
Defektcluster 29
Defekte 27, 151
–, Erzeugung 98
Defektelektronen 392
Defekterzeugung 27
Defektkonzentration 24, 27
Defektprofile 102
Defektreaktionen, sekundäre 34
Defektroskopie 78, 623
Defektuntersuchungen 24
Defektverteilungen in implantierten Kristallen 114
definierte Gitterbausteine, Bindungsfestigkeit 67
– –, Masse 67
Definitionshelligkeit, Strehlsche 505
Deflektorzelle 283
Defokussierung 245
Deformationspotentiale 382
Deformationspotentialstreuung 402
degradation 37
Dehnbarkeit, elastische 29
Dekanalisierung 114
Dember-Effekt 336, 353, 403
–, longitudinaler 336
–, Spannungsempfindlichkeit 337
–, transversaler 336
densiometrische Auflösung 683
Deplazierungskaskaden 27
Depolarisation 81, 82
–, Stoßquerschnitte 82
Desensibilisierungseffekte 611
Desorption 240
–, thermische 240
Desorptionsenergie 64
Destillation 108, 109
Detailfilterung 643

Detailwiedergabe 651
Detektivität 414
–, spektrale Verteilung 351
Detektor, idealer 415
Detektoren 134
–, Eichung 261
Detektor-Matrizen 428
Detektorrauschen 414
Detektorsystem, ortsempfindliches 229
Detektorsysteme 226
Detektor-Zeilen 428
Deuteranomalie 686
Deuteranopie 686
Deuteriumlampe 112
Deuterium-Tritium-Pellet, Kernfusion in einem 227
Deuteronen 98, 223
Dewargefäße 242
Diafilm 630
Diagnose, medizinische 24
Diagnoseverfahren, nuklearmedizinische 77
Diagnostik chemischer Verbindungen 273
–, medizinische 261
Dialysetechnik 228
diamagnetische Resonanz 146
Diamantsynthese 704
Diazomikrofilme 618
Diazoniumverbindungen 616
Diazotypie 616
–, klassische 617
Dichroismus 517, 587
Dichtekurve 635
Dichtemeßtechnik 257
Dichtemessung 484
Dichteschwingungen der Neutronen 116
– – Protonen 116
Dichtheitsprüfung 77
Dichtungswerkstoffe 35
– der Raumladungszone 388
Dicke von Oberflächenbeschichtung 274
dicke Substrate, Schichten 101
Dickenmeßtechnik 257
Dickenmessungen 78, 178
Dielektrika 284
dielektrische Relaxationszeit, Maxwellsche 363
– Schichten 88
Dielektrizitätskonstante 270, 347
Differentiation, elektronische 26
differentieller Querschnitt 50
– Wirkungsquerschnitt 123, 126
Diffraktion 521
Diffusimetrie, photographische 640
Diffusion 77, 88, 112, 162, 455
–, ambipolare 410
–, gewöhnliche 745
–, thermische 91
diffusion transfer reversal 669
Diffusionsbarrieren 69
Diffusionsgleichungen 162, 253, 364
Diffusionskoeffizienten 162, 395
Diffusionslänge 254, 336, 364
Diffusionslichthof 608, 638
Diffusionsnäherung 249, 255
Diffusionsprozesse 219

Diffusionsstromanteil 365
Diffusionstheorie 251
Diffusionsthermoeffekt 745
Diffusionszeit 23
digitale Anwendung der Tunneldiode 445
Dimensionsänderungen der Metalle durch Bestrahlung 36
Dingle-Temperatur 424
Diode, Z- 330, 443
Dioden, lichtemittierende 373
Diodenpumpen 242
Dioden-Target 416
Dipol-Dipol-Wechselwirkung der Kerne 152
Dipolmoment, magnetisches 173, 276
Dipolpolarisation 285
direkte Halbleiter 374, 379
– Halbleitermaterialien 370
– Heizung 69
– Kernreaktionen 124
– Reaktionen 125
DIR-Kuppler 626
Disklinationen 466
Dispersion, anomale 535
– des Lichtes 535
–, normale 535
Dispersionsprismen 536
Dispersionssättigung 597
Display 376
Displazierung, Schwellenenergie 33
– von Gitteratomen 33
Dissoziation 93, 200, 206
– in Elektrolyten 103
dissoziative Ionisation 104, 186
Dissoziationsenergie 240
Domänen 347, 351, 733
– (Weissche Bezirke) 142
Domänengrenzen, bewegte 262
Domänenspeicher 145
Domänenstruktur 229
Domänenwände 466
Donatoren 151, 392
–, Aktivierungsenergie 393
Doppelbrechung 532, 587
– in Kristallen 516
Doppelinjektion 363
Doppelkatode 83
Doppelleerstellen 24
Doppelresonanzeffekte 153
Doppelresonanzverfahren 203, 278
Doppelstreuexperiment 202
Doppler-Effekt 139, 168, 259, 538
dopplerfreie Spektroskopie 598
Doppler-Verbreiterung 539
Doppler-Verschiebung 49
Dorn-Effekt 289
Dosimetrie 255
Dosis-Aufbaufaktoren 17
Dosisleistung 14, 16
Dotieren 392, 394
Dotierung durch Bestrahlung mit thermischen Neutronen 394
–, homogene 394
– von Halbleiterkristallen 88
– – Halbleitern 99

Dotierungen 151
–, Analysenmethoden 736
Dotierungseffekt 29
Dotierungsprofile 219
Dotierverfahren in der Halbleiter-Technologie 91
DQE (detective quantumefficiency, Informationelle Quantenausbeute)
Drahtisolierungen, Wärmeformbeständigkeit 37
Drain-Dotierung 92
Drainspannung 343
Drainstrom 343
Drehanodenröhren 218
Drehdisklinationen 466
Drehimpuls 277
– des Kerns 116
–, Erhaltungssatz 274
Drehkorngrenzen 466
Dreiachsenspektrometer 181
Dreibandenprinzip 201
Dreieckprozeß 718
Driftbeweglichkeit 356
–, Bestimmung 366
Driftgeschwindigkeit 351
Driftröhren 266
Driftstrecken 266
Druck, magnetischer 196
–, negativer 739
Druckdiffusion 108, 109
Drücke, dynamische 702
–, hohe 701
–, quasihydrostatische 701
Druckeffekte 611
Druckfolien 671
Druckformen 623
Druckionisation 103
Druck-Kalibrierungskurve 702
Druckluftschalter 80
Druckmeßkapseln 286
Druckmessungen 314
Druckplatten 660
Druckwasserreaktoren 131
Druckwirkung 198
Dry Silver 675
D-Schicht der Ionosphäre 107
Dual-Spectrum-Verfahren 675
Dunkeladaption 682
Dunkelentladung 79
Dunkelstrom 413
Dunkelstufe 685
dünne Schichten 52, 240
– –, Herstellung 69, 74
– –, Strukturierung 70
Dünnfilm-Elektrolumineszenz 338
Dünnfilm-Solarzellen 417
Dünnschicht-Analyse 238
Dünnschichttechnik 69
Duoplasmatronquellen 89, 239
Durchbruch 366
–, zweiter 441
Durchbruchkennlinie 411
Durchbruchspannung 79, 433
Durchflußmengenmessung 162
Durchlaßbereich 433

Durchlaßkennlinie 433
Durchlaßrichtung 364, 366
Durchmessungseffekte 641
Durchschaltzeit 433
Durchschlagsspannung, elektrische 186
Durchstrahlungselektronenbeugung (TED) 53
Durchstrahlungselektronenmikroskopie 53, 236
Durchstrahlungsmethode 135
Durchstrahlungsmikroskop 60
Düse 198
Dynamik des Moleküls 276
dynamische Drücke 702
– Prozesse in Festkörpern, Untersuchung 180
dynamischer Burstein-Effekt 390, 391
Dynatronröhre 234

Early-Effekt 441
EAROM 345
Eberhard-Effekt 641
–, vertikaler 624
EBIC (Electron-Beam-Induced-Current)-Methode 389
ECL (Emitter-coupled logia)-Technik 446
Edelgase, Reinigung 31
Edelgasverbindungen 194
Edison-Akkumulator 94
EEPROM 345
Effekt, akustoelektrischer 280, 382, 401
–, akustomagnetischer 447
–, akustooptischer 282
–, äußerer lichtelektrischer 188
–, elektrokalorischer 732
–, magnetoakustischer 447
–, magnetoelastischer 313
–, optoakustischer 578
–, optogalvanischer 580
–, optothermischer 582
–, oszillatorischer 383
–, photoakustischer 578, 579
–, photoelektromagnetischer 382, 403
–, physiologischer 680
–, piezoelektrischer 477
–, thermoelektrischer 420
Effekte, elektrokinetische 287
–, elektrooptische 276, 540
–, elektroviskose 291
–, nichtlineare bei der photographischen Aufzeichnung 652
–, optische nichtlineare 573
–, thermoelastische 747
–, thermomagnetische 400, 429
–, transversale thermomagnetische 400
effektive Elektronenmasse 424
– Ladungsträgermasse 381
– Masse 347, 408, 425, 447
– Richardson-Konstanten 388
– Termdichte im Leitfähigkeitsband 388
effektiver Landé-Faktor 381
effektives Magnetfeld am Kernort 169, 170
Effektivität, thermomagnetische 324
Effektivitätskennzahl 399
Eichung von Detektoren 261
Eigendrehimpuls 277
Eigenhalbleiter 363

Eigenschaften, kristalline 174
–, magnetische 174
Eigenspannung 497
Eigenstörstellen 392
eigentliche Farbenmischung 685
Eikonalgleichung 503
Einblattverfahren 670
Eindiffusion 394
Eindringtiefe 226, 329, 395
einfache Energieumwandlungen 698
Einfachionisation 103
Einfachkoinzidenz 307
Einfachleerstellen 24
Einfangquerschnitt 17
Einfangreaktionen 256
Einfangzentren 24
Eingangskanal 123
Eingangsstufen, hochohmige 346
Eingruppentheorie 255
Einkristallziehen 198
Einmodenbetrieb 371
Ein-Photonen-Absorption 597
Einraststrom 433
Einschaltzeit 433
Einschlüsse 218
Einschlußparameter 196, 197
Einschlußzeiten 121, 197
Einstein-Gleichung 188
Einteilchenniveaus 116
Eintrittspupille 505
Einzelatom 82
Einzellinse, elektrostatische 244, 246
Eisengranat-Kristallschichten 229
Eiweißmoleküle 182, 228
elastische Dehnbarkeit 29
– Neutronenstreuung 16
– Streuung 113, 123, 175
– –, inkohärente 178
– –, kohärente 178
– Streuungen 17, 49
elastischer Streuprozeß 25
Elektrete 284
elektrische Aktivierung 91
– Anregung 696
– Durchschlagsspannung 186
– Feldgradienten 275
– Gasaufzehrung 30
– Leitfähigkeit 363
– – der Erdatmosphäre 106
– – der Flamme 103
– –, totale 299
– Linsen 56
– Quadrupolmomente 173
– Stromdichte 364
– Ströme, Fluß durch Gase 78
elektrischer Feldgradient 169, 170
– Lichtbogen 198
Elektroabsorptionsspektrum 349
elektrochemische Analysezellen 301, 302
– Spannungsquellen 93
– Stromquellen 94, 301
elektrochemisches Gleichgewicht 93
Elektroelektrete 285

Elektrographie 619
Elektrogravemetrie 94
elektrokalorischer Effekt 732
elektrokinetische Effekte 287
Elektrokrackung von Methan 194
Elektrolumineszenz 338, 378, 389
Elektrolyse 108, 109
Elektrolysezellen 301
Elektrolyte 93, 206, 349
–, Dissoziation 103
elektrolytische Oxidation 94
– Stromleitung 93
– Wasserzersetzung 94
elektrolytisches Ätzen 94
elektromagnetisch erzeugte Felder, Abschirmung 145
– – –, Formung 145
– – –, Führung 145
– – –, Verstärkung 145
elektromagnetische Abschirmungen 329
– Strahlung 200, 258
– –, Emission 47
– Strahlungsenergie 23
– Trennung 108
Elektromotoren, Kühlung 765
Elektron 23, 25, 265
–, Bindungsenergie 25
–, Spin 174
Elektron-Ion-Rekombination 206
Elektron-Kern-Doppelresonanz 151
Elektron-Loch-Paare 405
Elektron-Loch-Paarerzeugung 332
Elektron-Loch-Steuerung 410
Elektron-Phonon-Kopplung 382
Elektron-Phonon-Relaxationszeit 402
Elektron-Phonon-Wechselwirkung 381
Elektron-Photon-Schauer 185
electrone shake off 264
Elektronen 206, 251
–, Beschleuniger für 267
–, Beschleunigung freier 56
–, elastisch reflektierte 232, 233
–, Feldemission 442
–, freie 208
–, heiße 350, 354
–, Impulsverteilung 50
– mit charakteristischen Energieverlusten 233
–, monoenergetisch beschleunigte 55
–, quasielastisch reflektierte 232, 233
–, Röntgenquanten 87
–, rückdiffundierte 232
–, rückgesteuerte 232
–, rückgestreute 233
–, schnell bewegte 42
–, Separation 271
–, thermische Emission 208
–, Transmission monoenergetischer 253
– und Löcher, Lebensdauer 405
–, vom Festkörper emittierte 232
Elektronenaffinität 388
Elektronenanlagerungsdetektor (ECD) 206
Elektronen-Atom-Bremskontinuum 200
Elektronenatome 213
Elektronenaustrittsarbeit 388

Elektronenbeschuß 25
Elektronenbeschleuniger 19, 55, 62, 181
Elektronenbeugung 51
–, niederenergetische 52
Elektronenbeugungsgeräte 210
Elektronenbeweglichkeit 392
Elektronenbindungsenergie 189
Elektronendichte 23, 273
– am Kernort 169
Elektronendichteverteilung 53
Elektronendichtewelle 280
Elektroneneinfang 132, 211, 213
Elektronenemission 56, 221
– an kalten Metallen 221
–, ionenstrahlinduzierte 237
Elektronen-Energieverlust-Spektroskopie 235
Elektronenhülle 32
–, gemeinsame zweier Kerne 225
–, Umordnungsprozeß 272
–, Vakanzen 86
–, Wechselwirkung 32
Elektronenhüllen, Umordnungsprozesse 225
Elektronen-Ionen-Bremskontinuum 200
Elektronen-Ionen-Ringe 273
Elektronenkühlung 247
Elektronenmasse, effektive 424
Elektronenmikroskop 55, 60, 210, 235, 243, 246
–, linsenloses 222
Elektronenmikroskopie 70, 261
Elektronenmikrosonden 210
Elektronenoptik 55, 243
elektronenoptisch aktive Bauelemente 56
elektronenoptischer Bildwandler 60
Elektronenresists in der Mikroelektronik 38
Elektronenresonanz, paramagnetische 146, 203
Elektronenröhren 210, 243
Elektronenspin 277
Elektronenspinpolarisation (CIDEP) 151
Elektronenspinresonanz-Spektroskopie (ESR) 32
Elektronenstoßanregung 201
Elektronenstoßdesorption 240
Elektronenstoßionisation 273
Elektronenstrahl 318
–, Brennfleck 319
–, Stromdichteverteilung im fokussierten 319
Elektronenstrahlen 95, 196, 221, 243, 368
–, automatische Fokussierung 320
–, Reflexion 232
Elektronenstrahlführung 56
Elektronenstrahlionenquellen 273
Elektronenstrahllithographie 62
Elektronenstrahlmikroanalyse (ESMA) 163, 164, 166, 219, 257
Elektronenstrahlquellen 56, 222
Elektronenstrom 198
Elektronenstruktur von Atomen 191
– hochionisierter Atome 225
Elektronensynchrotron 62, 258, 267
Elektronentemperatur 425
Elektronentheorie, klassische 276
Elektronentransfer 350
Elektronentransport 251, 253
Elektronenübergänge in ionisierten Atomen, Intensitätsände-

rungen 86
—, nichtstrahlende 273
—, strahlende 86
—, strahlungslose 86, 87
Elektronenübertragung 672
Elektronenvakanz 263
Elektronenvolt 268
Elektronenwellenlänge 53
Elektronenwolke 266
Elektronenzustandsdichte, lokale 27
elektronisch angeregte Atome 32
— — Moleküle 32
elektronische Differentiation 26
— Fehlstellen 465
— Sensoren 247
— Zustände 467
elektronisches Rauschen 292
elektronukleare Methode 127
elektrooptischer Effekt 276, 540
Elektroosmose 291
Elektrophorese 289
Elektrophotographie, Modulationsübertragung 656
elektrophotographische Entwicklung 620
elektrophotographischer Film 622
Elektroradiographie 623
Elektroreflexion 349
Elektroreflexionsspektrum 349
Elektroschweißen 80
elektrostatische Beschleuniger 19, 265, 268
— Einzellinsen 244, 246
— Kräfte 240
— Lautsprecher 286
— Linsen 243
elektrostatischer Quadrupol 244
Elektrostriktion 477
Elektrosynthese 94
elektroviskose Effekte 291
Elektrowärme 297
Elementanalyse 219, 236
— ausgedehnter Analysenproben 256
Elementanalysenmethoden 273
Elementaranalyse 26, 154
elementare Streuindikatrix 608
— Wechselwirkungsarten 122
Elementarprozeß, photographischer 649
Elementarprozesse 251
Elementarteilchen, Energiebestimmung 271
Elementarteilchenphysik 226
Elementarteilchen-Spur 106
Elementarteilchenstrahlen, meistgenutzte 55
Elementarzelle 40, 53
—, Symmetrie 41
Elemente, benachbarte 182
—, ionenoptische 266
—, künstliche 223
—, Positionsbestimmung leichter 182
Elementkonzentration 179, 237
— in biologischem Gewebe 174
Elementsymbol 226
Ellipsometrie 594
ELS 235
Elterndiagrammlinien 272
Emission elektromagnetischer Strahlung 47

Emission geladener Teilchen 95
—, induzierte 78
—, rückstoßfreie 168
—, stimulierte 367, 368
—, thermische 221
—, — von Elektronen 208
Emissionselektronenmikroskop (EEM) 62, 191, 235
Emissionsgrad 696
Emissionskoeffizient 200
—, spektraler 249
Emissionsmikroskop 62, 97
Emissionsniveau 221
Emissionsspektren 211, 213, 272
Emissionsstrom 208, 221
Emissionsstromdichte 209
Emissionstheorie, thermische 388
Emissionswahrscheinlichkeit, Winkelabhängigkeit 274
Emitter 366, 438
—, Kapazitäten 440
Emitterschaltung 439
Emitterwirkungsgrad 439
Empfänger 569
—, resonante optoakustische 579
Empfindlichkeit 207, 217
— der Aktivierungsanalyse 20
—, spektrale 189
— von Bildwandlern 190
— von Photozellen 190
Empfindlichkeitsgrenze 414
Empfindlichkeitskeim 649
Empfindlichkeitsschwelle, absolute 688
Empfindung 680
Empfindungsgleichung 685
Empfindungsstärke 688
Emulsion, photographische 667
ENDOR 151
ENDOR-Spektroskopie 151
endotherme Kernreaktionen 124
energetisches Auflösungsvermögen 172
Energie 757
— der optischen Photonen 333
— — Strahlung 14
—, kinetische 268
—, spezifische 226
—, thermische 16
Energieabhängigkeit des Wirkungsquerschnittes des Mößbauer-Effektes 170
Energiebandstruktur 382
—, Anisotropie 385
Energiebestimmung bei Elementarteilchen 271
Energiebreite 168
Energiedekrement 177
Energiedichte, akustische 280
Energiedisproportionierung 698
Energiedissipation 33
Energiedosis 16, 76
Energiehaushalt der Sterne 121
Energielücke 332, 370, 374, 390, 740
—, Halbleiter mit ortsabhängiger 391
Energieniveau, Aufspaltung 274, 276
Energieniveaus, Multiplizität 272
Energiequalität 699
Energie-Reichweite-Beziehungen 88

Energierelaxationszeit 405
Energieschärfe 226
Energieschwelle für Stoßionisation 333
Energiespektrum 392
Energiesynproportionierung 698
Energie-Tiefe-Beziehung 99, 100
Energietransformation 723
Energietransport in Sternatmosphären 249
Energieübertragung 672
Energieübertragungskabel 743
Energieumwandlungen, einfache 698
Energieverhältnisse 699
Energieverlust geladener Teilchen 254
–, spezifischer 32, 100
Energieverlustanalyse (ELS) 62
Energieverlustspektroskopie, hochauflösende 235
Energiezuwachs 224
Energy Loss Spectroscopy 235
Energy Spike 33
entartete Halbleiter, stark dotierte 390
entartetes ideales Fermi-Gas 706
Entartung 393, 394
Entfernungstäuschung 693
Entfeuchtungswärmepumpen 760
Entladung, Säule 79
–, unselbständige 79
Entladungen, chemische Reaktionen in elektrischen 192
Entladungsplasma 78, 80
Entladungstypen 78
Entmagnetisierung, adiabatische 146
Entmischung von Gläsern 262
Entmischungseffekt 107
entoptische Täuschungen 693
Entspannung, isentrope 718
–, isotherme 718
Entspiegelung optischer Flächen 554
Entspiegelungsschichten 69
Entwicklerstreifen 624
Entwicklung, elektrophotographische 620
–, optische 644
–, optisch-thermische 645
–, photographische (chemisch und physikalisch) 664
–, Schwarz-Weiß- 664
Entwicklungsbäder 628
Entwicklungseffekte 624
Entwicklungskinetik, Abhängigkeit 624
Enzyme, Bestrahlung 77
epitaktische Rekristallisation 29
Epitaxie 394
– aus flüssigen Gasen 352
Epitaxiebeziehung 53
Epitaxieprozeß 29
Epitaxietechnik 438
Epitaxie-Transistor 440
epithermische Neutronen 176
EPR 146, 150
EPR-Spektrometer 150
EPR-Technik 174
Erbanlagen 77
Erdatmosphäre, elektrische Leitfähigkeit 106
Erden, seltene 339
Erhaltungssatz des Drehimpulses 274
Erinnerungseffekt 30

Ermüdung 647
–, mechanische 471
Ermüdungsgrenze 473
Ermüdungsriefen 472
Erregung 680
–, fortgeleitete 681
–, lokale 681
Ersatzschaltung der Tunneldiode 444
Erscheinung, magnetooptische 276
Erscheinungen, thermoelektrische 420
Erzeugung 213
– der zweiten optischen Harmonischen 544
– des Vakuums 242
– von Defekten 98
– – – durch Bestrahlung 32
– – Ladungsträgern 78
– – Temperaturen < 1 K 706
– – UHV 727
Esaki-Strom 442
ESCA 191
Escape-Peak 185
E-Schicht der Ionosphäre 107
ESMA 163, 220
Ettingshausen-Effekt 357
Ettingshausen-Kühler 403
Ettingshausen-Nernst-Detektoren 325
Ettingshausen-Nernst-Effekt 323, 402
–, longitudinaler 323
–, transversaler 323
Ettingshausen-Nernst-Koeffizient 324
Ewald-Kugel 52
Excitonenbanden 349
Exergie 699
Eximer-Zustände 200
Exoelektronen 156
exotherme Kernreaktionen 124
exotische Atome 172
Explosionsumformung 704
exponentielles Schwächungsgesetz 15, 16, 76
Exposition von Resistschichten 98
Extinktionskoeffizient 609
Extinktionskonturen 54
Extraktion 264
extrem schnelle Logik-Systeme 352
Extrusionen 472

Fabry-Perot-Resonator 368
Fading 613
Faraday-Becher 96, 226
Faraday-Effekt 517
Faradaysche Gesetze 93
Farbadaption 686
Farbauszüge 628
Farbdichtekurve 635
Farbendreieck 685
Farbenkreis 684
Farbenmischung, additive 685
–, eigentliche 685
–, uneigentliche 685
Farbensehen 684, 686
–, Gegenfarbentheorie 685
–, trichromatisches 685
Farbentwicklung 626, 627, 628

Farbfehler 245
Farbkörner, Abplattung 624
Farbkuppler 627
–, diffusionsfester 626
Farbphotographie 628
Farbstoffaufbau-Systeme 617
Farbstoffbild 645
Farbstoffdiffusion 631
Farbstoffe 671
Farbstofflaser 560
Farbton 684
Farbvalenz 684
Farbvalenzmetrik 688
Farbzentren 151
Farbzentrenlaser 566
fast-slow-Koinzidenz-Spektrometer 308
fatigue 647
Fechnersche Weber-Regel 688
Fehlordnung der Ionenkristalle 299
Fehlstellen 218
–, atomare 465
–, elektronische 465
Feinkorn-Ausgleichsentwickler 666
Feinstäube 208
Feinstkornentwickler 666
feinstkristalline Oberflächen 53
Feinstrukturaufspaltung 277
Feinstrukturaufspaltungen der Spektren 151
Feinstruktur-Konstanten 83
–, Sommerfeldsche 359
Feinstruktur-Multiplett 277
Feld, Ablenkung im elektrischen 245
–, – – magnetischen 245
–, äußeres elektrisches 221
–, elektrisches 243
–, magnetisches 243, 275
–, statisches magnetisches orientierter Atomkerne in Gasen 83
Felddesorption 64, 67
Felddesorptionsmikroskop 66, 67
Feldeffekt 341
Feldeffekttransistor 341, 363
–, unipolarer 341
Feldelektronenemission 66, 221
Feldelektronenmikroskop 66, 222
Feldemission 56, 156, 221
–, innere 221
– von Elektronen 442
Feldemissions-Katoden 229
Feldemissions-Ultravakuum-Rasterelektronenmikroskop 222
Felder, Abschirmung elektromagnetisch erzeugter 145
–, Formung – – 145
–, Führung – – 145
– in Proben 174
–, magnetische Wirkung auf Resonanzstrahlung 81
–, Verstärkung elektromagnetisch erzeugter 145
Feldgradient, elektrischer 169, 170, 275
–, Symmetrie 275
Feldionenmikroskop 64, 66, 67, 97
Feldionisation 66, 67, 96, 103, 106
Feldplatte 385
Feldsteuerung in kollektorlosen Gleichstrommotoren 358

Feldstromanteil 365
Feldverdampfung 64, 65, 67
Feldverdrängung 321
FEM 222
Fenster, atmosphärische 416
Fensterglas, Wärmereflexion 69
Fermialter-Methode 256
Fermi-Energie 189, 208, 221, 393, 424
Fermi-Energiefläche 383
Fermi-Flächen 24
Fermi-Gas, entartetes, ideales 706
Fermi-Kugel 24
Fermi-Niveau 368, 387
– E_F 364
Fermische Verteilungsfunktion 393
Fernsehaufnahmetechnik 60
Fernsehbild 59
Fernsehbildröhre 59, 210, 243, 265
Fernsehröhre 55
Ferraris-Instrument 327
Ferraris-Motor 327
Ferraris-Zähler 327
Ferrimagnet 143, 182
ferrimagnetische Substanzen 145
Ferrimagnetismus 142
Ferritkernspeicher 145, 306
Ferrit-Perlit-Umwandlung 493
Ferroelektrika 477, 733
ferroelektrische Materialien 340
Ferroelektrizität 732
Ferromagnetika 203
ferromagnetische Resonanz 146
– Substanzen 145
Ferromagnetismus 142
Festelektrolyte 94, 299
Festelektrolyten, Akkumulatoren mit 299
Festelektrolytzellen 299
Festigkeit 458, 497
– der Legierung 183
Festkörper, Bestrahlungseffekte 31
–, Ionenleitung 93
–, kristalline 392
–, Mikrostrukturen 224
–, Plasma 410
Festkörperanalytik 218
Festkörpereffekt 203
Festkörperelektrolytspeicher 94
Festkörper-Ionenleiter-Bauelemente 94
Festkörperionenquelle 70
Festkörperlaser 558
Festkörperoberflächen 64, 71, 187
–, Abbildung 221
–, Mikrobearbeitung 228
Festkörperphysik 274
Festkörperschaltkreise, integrierte 394
Festkörperverdampfung 68
Festkörperzerstäubung 69, 71, 74, 95, 96, 237
Feststoffisolation 752
Festwertspeicher, löschbare 345
–, UV-löschbare 345
Feuchte des Kieses 178
– – Sandes 178
Feuchtemeßsonden 256

Feuchtemessung 178, 256
ff-Übergang 200
fg-Übergang 200
Fiber-Sensoren 571
FID 149
Film, elektrophotographischer 622
Filme, amorphe 299
–, photographische 668
Filter 69
–, abstimmbares optisches 283
Filterfolie 227
Filterung bei der optischen Abbildung 507
Filtration 264
Filtrationsvorgänge, Homogenität 77
Fixierbad 614
flache Störstellen 393
Flächen, Entspiegelung optischer 554
Flächenfehler 466, 468
Flächenmassebestimmung 256
Flächentransistor, legierter 438
Flashverdampfung 70
flash-Villard-effect 613
Fließbedingung 453
Fließgrenzfläche 453
Fließkurve 425
Fließspannung 479
Flikker-Rauschen 292
Flimmerfarben, Benham-Fechner- 687
Flimmerverschmelzungsfrequenz 683; 690 (Abb. 5), 690
Flotation 484
Fluchtung 563
Flugzeit-Massenspektrometer 67
Flugzeitmessung 226
Flugzeitmethode 181
Flugzeitspektrometrie 177
Fluktuationen 739
Fluoreszenz 547, 548, 565
– up-conversion 575
Fluoreszenzausbeute 216, 217
–, Änderung 86, 87
Fluoreszenzkorrelation 163
Fluoreszenzstrahlung, Analyse 41
Fluß elektrischer Ströme durch Gase 78
Flußdichte 14, 19
flüssige Gase, Epitaxie 352
– Phase, Verdampfung 68
flüssiges Natriummetall, Kühlung 46
Flüssigentwicklung 621
Flüssigkeit, metastabile 738
–, stabile 738
–, überhitzte 738
Flüssigkeiten, Ionenleitung 93
Flüssigkeitskristallanzeigen 376
Flüssigkeitskristalle 340
Flüssigkeitsoberfläche 65
Flüssigmetallkühlung 45
Flüssigphasenepitaxie 369
Flußquantisierung, magnetische 740
Flußrichtung 366
Flußverdrängung 321
fokussierter Elektronenstrahl, Stromdichteverteilung 319
Fokussierung 243
– im magnetischen Längsfeld 244

Fokussierung in magnetischen Querfeldern 244
– mit magnetischen Quadrupolen 245
–, starke 265, 267
Folgefließfläche 453
Folgefrequenz 226
Folien, Wärmeformbeständigkeit 37
Folienschrumpfung 77
förderliche Vergrößerung 506
Formel von Breit-Wigner 125, 127
– – Klein und Nishina 50
Formfaktor, magnetischer 181
Formgedächtniseffekt 462
Forminstabilität 196
Formung elektromagnetisch erzeugter Felder 145
Forschung, biologische und medizinische 227
Forschungsreaktoren 180
fortgeleitete Erregung 681
fossile Brennstoffe 724
fotoelastische Konstante 283
Fotoelektrete 285
Fotolithographie 507
fotometrische Auflösung 683
Fotoobjektive 507
Foucault-Ströme 326
Fourier-Spektroskopie 555
foveales Sehen 690
Fragmentierung 123
Fraunhofersche Beugung 522
Franz-Keldysh-Effekt 347
Freedericksz-Effekt 540
freie Elektronen 208
– –, Beschleunigung 56
Freie-Elektronen-Laser 259
freie Induktion 149
– Ionen 93
– Neutronen 176
– mittlere Weglänge 736
– Oberflächen 466
– Radikale 32, 151
– –, Bildung 32
freier Induktionszerfall (FID) 604
freies Neutron 18
– Wasser 178
frei-frei-Strahlung 121, 200
frei-gebunden-Strahlung 200
Fremdatom 465
Fremdatome 24, 392, 393
–, Identifizierung 99
Fremdatomeinlagerungen 137
Frenkel-Defekt 465
Frenkel-Gleichung 64
Frequenz, kritische 271
Frequenzen der Atomspektrallinien 276
Frequenzgrenze f_m eines MOSFET 344
Frequenzmischung, optische 573
Frequenzstabilisierung 598
Frequenzthyristoren 437
Frequenzverdopplung 546
Fresnelsche Beugung 523
– Zonenplatte 526
Fresnel-Zahl 522
Fresnel-Zonen 522
Freundlich-Isotherme 241

783

Friktionseffekt 611
F_1-Schicht der Ionosphäre 107
F_2-Schicht - - 107
Führung elektromagnetisch erzeugter Felder 145
Füllstandsmeßtechnik 257
Füllstandsmessung 484
Funkenerosion 80
Funkenkammer 106
Fusion 224
-, hybride 121
-, Laser- 197
-, magnetische 127
-, thermonukleare 119
Fusionsforschung 274
Fusionsplasmen 120, 196, 197
Fusionsreaktion 223
Fusionsreaktionen 123, 125, 127
Fusionsreaktor 212
Fusionsreaktoren 36, 120
-, Plasmen 87
Fusionsreaktormaterialien, Strahlenschädigung 37
Futtermittel, Bestrahlung 77
F-Zentren 465

(Ga, Al)As 394
GaAlAs 371
GaAlAs/GaAs-Laserdioden 371
$Ga_{1-x}Al_xSb$ 333
GaAs 344, 349, 350, 379, 386, 394, 415, 438, 440
GaAs-Feldeffekt-Transistoren 92, 389
GaAs-GaAlAs 417
Ga(As,P) 394
GaAs, semiisolierendes 394
GaAs-Basis 346
GaAs-LED 380
GaAs-MES-Fet 389
$GaAs_{1-x}P_x$ 374
GaAsP/InP-Dioden 371
GaAsP/InP-Doppelheterostrukturlaser 371
GaAs-pn-Injektionslaser 367
GaAs-Schaltkreise 389
Ga-Flüssigkeits-Ionenquelle 98
Galliumarsenid 333
Galliumphosphat 333
galvanische Zellen 299
Galvanisieren 387
galvanomagnetische und thermoelektrische Messungen 431
Galvanotechnik 94
Gamma-Gamma-Karottage 78
Gamma-Gamma-Kaskade 274
Gammaquanten, gestreute 49
-, Kaskade zweier 274
Gammascintigraphie 24
Gammaspektrometer, Ansprechfunktionen 257
Gammaspektrum, Liniencharakter 76
Gammastrahlen 76, 116, 132
-, Aktivierung 18
-, monoenergetische 43
-, Quelle 77, 140
-, Resonanzabsorption 118
-, Streuung 49
gammastrahlende Nuklide 257
Gammastrahlung 14, 15, 49, 76, 99, 117, 132, 168, 184, 213

Gammastrahlung, Abschirmung 16
-, Aktivierung 19
-, Quelle monochromatischer 140
-, sekundäre 16
-, Wellenlängenanalyse 41
Gamma-Therapie 77
Gammaübergänge 263
GaN 374
Gantmacher- oder Radiofrequenzgrößeneffekt
GaP 348, 380, 394
GaP:N 368
Gas, ionisiertes 206
-, strömendes 198
Gasanalysenmeßtechnik 206
Gasaufzehrung, elektrische 30
Gasaustausch 30
Gaschromatographie 187, 207, 208
Gasdruckmessung 242
Gase, flüssige, Epitaxie 352
-, Fluß elektrischer Ströme durch 78
-, Ionenleitung 93
-, Verflüssigung 714
Gasentladungen 55, 71, 78, 95, 223
- in Schaltstrecken 80
Gasentladungseinrichtungen 73
Gasentladungskatode 83
Gasentladungslampen 201
Gasentladungslichtquellen 78, 80, 201
Gasentladungsstrahler 201
Gasentladungstechnik 196
Gasentladungstyp 83
gasförmige Phase 738
Gaskonzentrationen, Nachweis geringer 583
Gaslaser 78, 80, 201, 560
Gasleitung 752
Gasphase 206
Gasthermometer 736
Gate-Kapazität 342
Gate-Silicium 344
Gatterverzögerungszeiten 389
Gauss-Effekt 383
Gauss-Moment 505
Gaußsche Abbildung 503
$Ge_{20}As_{30}Te_{50}$ 397
gebunden-gebunden-Strahlung 200
Gedächtniseffekt 461
Gedächtnisschalter 397
Gefügeätzung 74
Gegenfarben 685
Gegenfarbentheorie des Farbensehens 685
Gegenfeldanalysator 26
Gegenstrom-U-Zentrifuge 109
Gehaltsbestimmung in Flüssigkeiten und Schüttgütern 256
Geiger-Müller-Zählrohr 106
geladene Teilchen, Emission 95
Gelatineeffekt 624
Gelatinehärtung durch Bichromat/Licht 659
Gele 242
Genchirurgie 262
Generation, unipolare 405
Generationsprozeß 353
Generator, magnetohydrodynamischer 78
Generatoren 444

Generatoren, thermoelektrische 422
Genese geologischer Objekte 112
genetisch verknüpftes Nuklidpaar 264
Geochronologie 112
geologische Objekte, Genese 112
geometrische Optik 502
geometrische Resonanz 447
geometrisches Auflösungsverfahren 691
geometrisch-optische Täuschungen 692
geordnete Phasen 171
gepulste Neutronenquelle 177
– Neutronenstrahlung 181
Germanium 333, 366, 410, 415, 418, 440
Germanium-Hochfrequenztransistor mit diffundierter Basis 438
Germanium-Magnetoiden 387
Gesamtbahndrehimpuls 277
Gesamtdrehimpuls 277
Gesamtspin 277
geschlossener Kernbrennstoffkreislauf 46
Geschwindigkeitsmessung 563
– bei der Teilchenerzeugung 247
Geschwindigkeitsverteilung der Ladungsträger 384
Geschwulstbehandlung 77
Gesetz, Kirchhoffsches 697
–, Stefan-Boltzmannsches 697
Gesetze, Faradaysche 93
gesteuerter Gleichrichter 434
gestreute Gammaquanten, Wellenlängenverschiebung 49
Getter 240
Getterfilm 242
Gettermaterial 70
Gewebe, biologisches, Elementkonzentration 174
Gewichtsmessungen 314
Gewinn 368
gewöhnliche Diffusion 745
Gewürze, Bestrahlung 77
g-Faktoren 278
gf-Übergang 200
gg-Übergang 200
Gitterabmessungen 53
Gitteratome, Displazierung 33
Gitterbausteine, Bindungsfestigkeit definierter 67
–, Masse – 67
Gitterfehlanpassung 369
Gitterfehler 27
Gitterfehlordnung 90
Gitterkonstante 40, 41, 53, 137
Gitterplätze, Lokalisierung 115
Gitterquellen 136
Gitterschwingungen 180, 381
–, kollektive 233
Gitterstörungen 392
Gläser 27
–, Verfärbung 77
Glasschichten, amorphe 397
glatter Materialabtrag 74
Gleichgewicht, elektrochemisches 93
–, radioaktives 133
–, thermodynamisches 382, 738
Gleichgewichte, chemische 112
Gleichgewichtsionisation 103
Gleichgewichtsisotopieeffekte 111

Gleichgewichtsuntersuchungen 112
gleichrichtende Kontakte 389
Gleichrichter 78
–, gesteuerter 434
Gleichrichterdioden 366
Gleichrichtung, magnetische 357
Gleichstrommotoren, Feldsteuerung in kollektorlosen 358
Gleichung, Augustsche 750
–, Bernoullische 463
–, Braggsche 39
– von CLAUSIUS-CLAPEYRON 750
Gleichungen, Blochsche 148
Gleitbänder, persistente 471
Glimmentladung 193, 200
–, normale 79
–, subnormale 79
Glimmlampen 30, 80, 187
Glimmlicht 79
Glimmregime, Hohlkatode im 83
Glimmröhre 30
Glucose-Ausnutzung 24
Glühemission 56, 208, 209, 221
Glühkatoden-Entladung 30
Glühkatoden-Ionisationsmanometer 30
Glühkatodenquellen 89
Goley-Zelle 579
Gouy-Schicht 288
Grabenbildung 75
Gradationswandel 612
Gradientenindex-Lichtleiter 570
Graphit, borierter 17
Gravimeter 743
Gravitationsfeld der Erde 176
Grenzflächenpolarisation 285
Grenzflächenreaktionen 219
Grenzflächenspannung 739
Grenzfrequenz 375, 444
Grenzgeschwindigkeit 48
Grenzschichtzustände 339
Grenzwellenlänge 391
Größentäuschung 693
Großionen 206
Großwinkelkorngrenzen 28, 466
Grundgesetz, psychophysisches 688
Grundgitterabsorption 403, 405
Grundgitterabsorptionskante 347
Grundlagenforschung, kernphysikalische 226
–, strahlenbiologische 231
Grundzustand 116
Gunn-Dioden 352
Gunn-Effekt 349, 350, 351, 419
Gunn-Elemente 350
Gütefaktor, akustooptischer 283
G-Wert 38
Gyrationsbewegung 195
Gyrationsfrequenz 196
Gyrations-Radius 196
gyromagnetisches Verhältnis 274, 277

Haarnadelkatoden 210
Hadronenatom 172
Haftkoeffizient 240
Haftstellen 404

Haftzentren 34
Halbkugelanalysator 26
halbleitende Schichten 69
Halbleiter 206, 332
-, Bandstruktur 332
-, besetzungsinvertiert 391
-, direkte 374, 379
-, Dotierung 99
-, Implantation 91
-, indirekte 374, 379
-, Leitfähigkeit 77
- mit ortsabhängiger Energielücke 391
-, Schaltverhalten 77
-, semiisolierende 363
-, stark dotierte, entartete 390
-, verbotene Zone 392
Halbleiterbauelemente 59, 88
Halbleiterdetektoren 217, 218, 226
Halbleiterdioden 332
Halbleiterdünnschicht-Feldeffekttransistor 341
Halbleiterinjektionslaser 568
Halbleiter-Kristall, Dotierung 88
Halbleiterlaser 560
Halbleiterlegierungen 400
Halbleitermaterialien, direkte 370
-, Leitungstyp 422
Halbleiterphotodioden 415
Halbleiter-Photoeffekt 188, 190, 413
Halbleitertechnologie 91, 228
-, Dotierverfahren 91
Halbwertsbreite 168
Halbwertszeit 132, 133, 160
Hall-Beweglichkeit 356
Hall-Effekt 356, 382
-, adiabatischer 357
-, anomaler 392
-, isothermer 357
-, planarer 357
Hall-Effekt-Isolator 359
Hall-Effekt-Zirkulator 359
Hall-Element-Leseköpfe 359
Hall-Element-Tatstaturen 359
Hall-Feld 383, 384
Hall-Generator 358
Hall-Koeffizienten 356, 357
Hall-Multiplikator 359
Hall-Sonden 358, 395
Hall-Spannung 356
Hallwachs-Effekt 188
Halo-Effekt 585
Halogenmetalldampflampen 80
Halterung, magnetische 121, 195
Haltestrom 433
Hanle-Effekt 81, 278
Hanle-Experiment 81
Hanle-Kurven 81
Hanle-Signale 83
Härte 29, 77, 460
Härtefixierbäder 615
hartmagnetische Substanzen 145
Hartree-self-consistent-field-Methode 272
Hartstoffschichten 85
Hartstrahltechnik, medizinische 43

Härtung 88
Häufigkeit, natürliche 107
-, relative 110
Hauptstrahl 505
Hauteffekt 321
heiße Atome 263, 265
- Elektronen 350, 354
- Synthese 265
heißes Plasma 212
Heißleiter 360
Heißpressen, isostatische 704
Heizkraftwerke 750
Heizung, direkte 69
-, indirekte 69
-, thermoelektrische 401
Helium-Reaktion 121
Helladaption 682
Helligkeit 684
Helligkeitswiedergabe 633
³He-Lösungskältemaschine 706
Henry-Isotherme 241
Heringsche Täuschung 692
Herschel-Effekt 613
Herstellung dünner Schichten 69, 74
- mikroelektronischer Bauelemente 96
- - Schaltkreise 91
Hertz-Knudsen-Formel 68, 69
Heterolaser 369
heterolytische Zersetzung 658
Heterostrukturen 367
Heteroübergänge 374, 391
-, isotype 426
-, pn- 374, 413
³He-Zählrohr 176, 181
HF-Leistungen 352
HF-Linearbeschleuniger 266
HF-Plasma 198
HF-Plasmastrahl 198
Hg Cd Te 405
Hg Cd Te-Detektor 415
$Hg_{1-x}Cd_x$Te-Photodioden 416
High-Energy-Electron-Diffraction (Heed) 52
High Resolution Electron Energy Loss Spectroscopy 235
Hintergrundstrahlung 414
hochauflösende Spektroskopie 561, 581
Hochdosis-Neutronenbestrahlung 34
hochdotierte, nichthomogene Strukturen 425
hochdotierter pn-Übergang 442
Hochdruckentladung 198
Hochdrucklampen 202
Hochdruck-Plasmalichtquellen 250
-, Strahlungstransport in 250
Hochdrucksynthesen 704
hochenergetische Strahlung, Wechselwirkung mit Festkörpern 31
Hochfelddomänen 349
Hochfrequenzionenquellen 89
Hochfrequenz-Linearbeschleuniger 264
Hochfrequenzquellen 239
Hochfrequenzverhalten von Transistoren 440
Hochinjektionsfall 366, 440
hochionisierte Plasmen 63
Hochleistungs-Ionenquellen 224

hochohmige Eingangsstufen 346
Hochrate-Zerstäubungsquellen 71, 74
Hochspannung 266
Hochspannungsgleichrichter 59
Höchstdrucklampen 202
Höchstfrequenzgleichrichter 444
Höchstfrequenzleistungsverstärker 59
Hochstrombögen 79
Hoch-ß-System 196
Hochtemperatur-Plasma-Physik 195
Hochtemperatur-Plasmen 196
Hochvakuum 56
Hochvakuumisolation 752
Hochvakuumsysteme, Betriebsverhalten 158
Hochvakuumtechnik 74
Höckerspannung 443
Höckerstrom 443
hohe Drücke 701
Höhenstrahlung, Ionisation 106
Hohlkatoden-Bogenentladung 83
Hohlkatodeneffekt 56, 83
Hohlkatodenentladung 210
Hohlkatoden-Glimmentladung 83
Hohlkatoden im Bogenregime 83
Hohlraum, Strahlungsdichte 249
Hohlräume 218
Hohlraumresonator 266
hollow-pinch 412
Holografie 549
holografisch-optische Elemente 550
Hologramm 549
Hologramminterferometrie 551
homogene Dotierung 394
– Implantation 91
– Verbreiterung 597
Homogenität von Filtrationsvorgängen 77
– – Katalysatorvorgängen 77
– – Legierungen 77
– – Mahlvorgängen 77
– – Mischungen 77
– – reaktionskinetischen Vorgängen 77
homolytische Zersetzung 658
Homoübergänge, pn- 373, 413
Hörfeld 682
Hörfläche 689 (Abb. 2)
Hörgrenze 684
Hornbeck-Molnar-Prozeß 104
Hörschwelle 684
Hubble-Effekt 540
Hugoniotsche Zustandsgleichung 702
Hüls-Reaktor 194
Huygenssches Prinzip 522, 532
hybride Fusion 121
Hybridreaktor, myonenkatalytischer 174
Hybridreaktoren 128
Hybridtechnik 441
hydrodynamisches Paradoxon 463
hydrostatisch 701
hydrostatische Strangpresse 704
Hygienisierung von Abwässern 77
Hyperfeinfeld, magnetisches 276
Hyperfeinstrukturaufspaltung 211
Hyperfeinstrukturaufspaltungen der Spektren 151

Hyperfeinstruktur-Konstanten 83
– der Mesoröntgenlinie 173
Hyperfeinwechselwirkungen 168, 170, 211, 709
–, magnetische 145, 275
Hypersensibilisierung 611, 672
Hysterese 143, 305
–, magnetische 305
Hysterese-Meßwerte 306
Hysteresemotor 306
Hystereseschleife 305, 475
–, mechanische 473
Hystereseverluste 305
Hysteresis 85

idealer Detektor 415
Idealstruktur 465
Idealwiderstand 736
Identifizierung von Fremdatomen 99
IGFET (insolated gate) 342
Ikonoskop 190
ILS 235
Immersionslinse 244
IMPATT (Impad, Ionization Avalanche and Transit Time) 334
Impedanzwandlung 438
Implantation, homogene 91
–, in Halbleitern 91
– in Metalle 92
Implantationsanlagen 89
implantierte Ionen 89
– Kristalle, Defektverteilungen 114
Impulsneutronenquellen 181
Impulsrelaxationszeit 408, 447
Impulsverteilung der Elektronen 50
InAs 344, 358
in-beam-Spektroskopie 118
Indikatoren 110
–, radioaktive 159
Indikatormethode 22, 77
indirekte Halbleiter 374, 379
– Heizung 69
– Spin-Spin-Wechselwirkung 153
Indizes, Millersche 39
INDOR 153
Induktion, freie 149
Induktionsbeschleunigung 267
Induktionszerfall, freier 604
induktive Schichtdickenmessung 328
induzierte Emission 78
– Kernspaltung 129
inelastische Neutronenstreuung 181
– Streuung 381
Inertgasbestrahlung 38
Informationsaufzeichnung 648
–, photographische 633
Informationsspeicherung 145
Informationsübertragung, optische 563, 566
Infrarotspektroskopie 371
Infrarotstrahlung 190
$In_xGa_{1-x}As_yP_{1-y}$ 374
$In_{0,71}Ga_{0,29}As_{0,61}P_{0,39}$ 375
$In_{1-x}Ga_xAs$-Photodioden 416
inhomogene Verbreiterung 597

Injektion 363, 368, 432, 433, 438, 440
Injektionslaser 367
Injektionslumineszenz 373, 378
Injektionsstrom 375
inkohärente Bremsstrahlung 42
– Phasengrenzen 466
– Streuung 180
Innenbildumkehr 611
Innenschalenionisation 103
innere Konversion 25, 76, 116, 132, 184, 185, 263
– Paarbildung 116, 132, 185
– positive Säule 84
– Quantenausbeute 379
– Reibung 475
innerer Photoeffekt 413
innermolekulare Interferenzen 53
Innerschalenvakanz 86, 213, 272, 273
Innerschalenvakanzen, Röntgensatelliten bei 212
Innerschalenvakanzkonfigurationen 272
InP 352, 374, 394
InSb 386, 405, 410
InSb Hg Cd Te 390
in-situ-Untersuchungen während Strukturveränderungen 262
Integratoren 317
integrierte Festkörperschaltkreise 394
integrierter Schaltkreis 38
Intensität 43, 226
intensitätsabhängiger Brechungsindex 574
Intensitätsänderung von Auger-Übergängen 86
– von Coster-Kronig-Übergängen 86
– von strahlungslosen Übergängen 86
Intensitätsänderungen bei Elektronenübergängen in ionisierten Atomen 86
– von Röntgenübergängen 86
Intensitätsmessung von Kern- und Elementarteilchen 106
Intensitäts-Trennschärfe 683
Intensitätsumkehreffekt 613
Intensitäts-Unterschiedsempfindlichkeit 688 (Abb. 1), 689
Intensitätsverteilung, spektrale 259
Interelementanregung 164
Interelementeffekt 163
Interferenz 552
Interferenzbedingung für stehende Wellen 368
Interferenzeffekte, magnetooptische 81
Interferenzen, innermolekulare 53
–, intramolekulare 53
Interferenzfilter 554
Interferenzmaxima 39
Interferenzphänomen kohärent angeregter Quantenzustände 82
Interferenzphotographie 628
Interferenzprinzip, Youngsches 522
Interferometer 553
Interimageeffekt 624
Intermittenzeffekt 663
interstellare Magnetfelder, schwache 83
Intervalenzbandabsorption 408
Intracavity-Absorptionsspektroskopie 561
intramolekulare Interferenzen 53
– Photolyse 658
Intrusionen 472
inverse Magnetostriktion 313

inverse Photochromie 647
Inversion 342
Inversionsdichte 393
Inversionskanal 343
Inversionskurven 713
Inversionszustand 557
Ion-Atom-Stöße 213, 225, 273
Ion-Atom-Wechselwirkung 99
Ion Beam Mixing 92
Ion-Elektron-Stöße 99
Ionen auf Zwischengitterplätzen 93
–, freie 93
–, implantierte 89
–, leichte, Strahlkühlung 248
–, Reichweite von schweren 225
–, schwere 98, 267
–, schwere, Beschleunigeranlagen 223
–, Sekundärreaktionen 32
–, Verdampfung positiver 64
– verschiedener Masse 110
Ionenart 226
Ionenätzung 75, 96
–, selektive 74
Ionenaustausch 109, 264
Ionenaustauscher 35
Ionenbeschuß 25
Ionenbeweglichkeit 93
Ionenenergie 226
„ionengestützte" Verdampfung 70
Ionen-Getterpumpen 240, 242
Ionengitterfehlordnung 299
Ionengraphie 97
Ionenimplantation 88, 94, 95, 98, 99, 113, 237, 394, 438
Ionenkristalle 93
–, Fehlordnung 295
Ionenleitung 93
– in Festkörpern 93
– in Flüssigkeiten 93
– in Gasen 93
Ionenmasse 226
Ionennitrieren 194
Ionenoptik 243
ionenoptische Elemente 266
– Linsen 246
Ionenquelle 95, 212, 265, 273
Ionenquellen 229, 243
– polarisierter Teilchen 202
Ionensonde 97
Ionenstoßdesorption 240
Ionenstrahl-Abbildungsverfahren 97
Ionenstrahlantriebe 98
Ionenstrahl-Böschungsschnitt 74
Ionenstrahleinrichtungen 74
Ionenstrahlen 94, 95, 196, 243
–, energiereiche 223
–, künstliche 95
–, natürliche 95
Ionenstrahllithographie 88, 98, 115
Ionenstrahlmaterialabtrag 96
Ionenstrahlmikrosonden 74, 97
Ionenstrahlresists in der Mikroelektronik 38
Ionenstreuspektroskopie (ISS) 97
Ionenstreuung 95, 97, 99, 237

Ionenstrom 226
Ionenstromdichte 226
Ionentriebwerke 106
Ionen-Verdampferpumpen 242
Ionenwanderung 93, 108
Ionenzerstäuberpumpen 30, 242
Ionenzerstäubung 91, 242
Ion-Ion-Rekombination 206
Ionisation 34, 57, 103, 217
–, assoziative 104, 186
–, dissoziative 104, 186
– durch hohen Druck 103
– durch Höhenstrahlung 106
– durch Kontakt mit der Oberfläche 103
– durch Photonenstoß 103
– durch starke elektrische Felder 103
– durch Teilchenstoß 103
– innere Schalen 103
–, spezifische 32
–, Teilchen- und Strahlungsnachweis 106
–, thermische 103
Ionisationsbremsung 19, 32, 254
Ionisationsenergie 198
Ionisationsgrad 226
Ionisationskammer 78, 106, 176, 206, 217
– mit interner Strahlungsquelle 207
Ionisationskammern 226
Ionisationsprozesse 211
Ionisationsquerschnitt 216
Ionisationsrauchdetektor (IRD) 206
Ionisationsverlust 18
ionisierende Strahlung 14
– –, Abschirmung 14
– Teilchen 414
ionisierte Atome 86
ionisiertes Gas 206
Ionisierung 103, 271
–, thermische 105
Ionisierungsarbeit 240
Ionisierungskoeffizienten 104, 187, 332, 333
–, Townsendsche 186
Ionisierungsquelle, sekundäre 186
Ionisierungsquerschnitt 104
Ionisierungswahrscheinlichkeit 104
Ionization Loss Spectroscopy 235
Ionosphäre, Schichten 107
Irrgarten-Struktur 228
IR-Spektroskopie 236
isentrope Entspannung 718
Isochronzyklotron 266, 268
isoelektronische Störstelle 374, 394
– Zentren 380
Isoenergieflächen, nichtsphärische 418
Isolation mit porösen Materialien 752
Isolationsvernetzung 77
Isolatoren 93, 228
Isolator-Halbleiter-Grenzfläche 338
Isolatorschichten 69
Isomere 132
isomerer Zustand 19
Isomerieverschiebung 168, 170, 173
Isophone 684
Isospin 205

isostatische Heißpresse 704
– Kaltpressen 704
Isotherme 242
isotherme Entspannung 718
isothermer Hall-Effekt 375
Isotonenverschiebungen 173
Isotop 110
isotope Moleküle 107
– Markierung 77
– Nuklide 110
Isotope, radioaktive 110
–, relative Massendifferenz 111
–, stabile 110
Isotopenaustauschmethoden 112
Isotopenaustauschreaktionen 159
Isotopenhäufigkeit 237
Isotopentrennung 95, 107, 112, 562
–, chemische 263
Isotopenverdünnungsanalyse 112
Isotopenverschiebungen 173
Isotopenzusammensetzung 112, 154
Isotopie 110, 132
Isotopieeffekte 107, 110, 111, 211
–, chemische 111
–, kinetische 111
Isotopieeinflüsse 211
isotype Heteroübergänge 426

jj-Kopplung 25
Jod-Absorptionskante 261
Johann-Spektrometer 218
Johannson-Spektrometer 218
Johnson-Rauschen 292
Josephson-Effekt 442, 710, 740
Josephson-Tunnelstrom 710
Joule-Prozeß 718
Joulesche Wärme 297
– Wärmeentwicklung 399
Joule-Thomson-Effekt 712, 715

Kabelisolierungen 35
–, Wärmeformbeständigkeit 37
Kalium-Argon-Methode 135
Kaltdampfmaschine 757
kalte Anregung 136
– Neutronen 176
Kältemaschine 757
Kältemittel 760
Kältetechnik 751
Kälte-Wärme-Kopplung 760
Kaltgasmaschine 715
Kaltkatodenentladung 30, 242
Kaltlichtspiegel 554
Kaltluftmaschine 721
Kaltpressen, isostatisch 704
Kaltverformung 27, 29
Kanal MOSFET, n- 342
Kanal, n- 342
kanalartige Öffnungen 227
Kanalisierung, axiale 113
–, planare 113
Kanalisierungseffekte 90, 91, 100, 113
Kanalleitung 139

Kanal-SEV 234
Kanalstrahlen 95, 110
Kanalstrahlrohr 96
Kanalverkürzung 343
Kanteneffekt 641
Kanteneffekte 235
Kaonen, Vielfacherzeugung 225
Kaonenatome 172
Kapazitäten der Emitter 440
– – Kollektorsperrschicht 440
Kapazitäts-Spannungs-Methode 389
kapazitive Thermometer 731
Kapillarkräfte 762
Kapillarstruktur 761
Karottage 257
Kaskade 34, 273
– zweier Gammaquanten 274
Kaskadenentwicklung 621
Kaskadengenerator 265
Kaskadenschauer 185
Katalysator der Kernfusion 173
Katalysatorfallen 242
Katalysatorforschung 236
Katalysatorvorgänge, Homogenität 77
Katalyse 170, 187, 240
Katalyseforschung 54, 222
Katheter 261
Kationenverteilung 182
Katodenfall 79
Katodenglimmlicht 79
Katodenkanal 95
Katodenmaterial, Abbau 71
Katodenstrahlen 55, 213, 265
Katodenstrahlröhre 340
Katodentemperatur 209
Katodenzerstäubung 71, 75, 98, 236, 387
Katodolumineszenz 378, 380
Kegel, Machscher 47
Keildisklinationen 466
Keimbildung 67
Keimbildungsarbeit 739
Keimbildungsmechanismus 28
Keime, kritische 738
K-Einfang 25
Keller-Prozeß 718
Kennlinie 366
Kennliniengleichung 365
Kennziffer, thermoelektrische 422
Keramiken, polykristalline 299
Kern, Drehimpuls 116
–, Trägheitsmoment 116
Kern- und Elementarteilchen, Intensitätsmessung 106
– – Elementarteilchenphysik 265
Kernabregung 76
Kernanregung 116, 123, 205
Kernbrennquerschnitt 89
Kernbrennstoff 127, 131, 197
Kernbrennstoffkreislauf, geschlossener 46
Kernchemie 112
Kerne, Dipol-Dipol-Wechselwirkung 152
–, orientierte 205
Kernenergetik 112, 127
Kernenergie 129

Kernenergie, Werkstoffprobleme 227
Kernenergieanlagen 255
Kernenergieerzeugung 131
Kernfusion 119, 123, 125, 195, 230
– in einem Deuterium-Tritium-Pellet 227
–, Katalysator 173
–, kontrollierte 173
–, Zündtemperatur 195
Kernfusionsreaktoren 121
Kern-g-Faktor 278
Kerngruppen, magnetische 154
Kernisomere 264
Kernisomerie 116, 117, 132
Kern-Kern-Stöße 223
–, relativistische 225
Kernkräfte 224
Kernkraftwerk 129
Kernladungszahl des Atomkerns 76
Kernmagneton 150, 274, 278
Kernmaterial 45
Kernmaterie 223
Kernoberfläche, Steifigkeit 116
Kernobst 45
Kernorientierung 204
Kernphotoeffekt 43, 44, 76, 140
Kernphysik 112
kernphysikalische Grundlagenforschung 226
Kernpolarisation 204
Kernprozeß 18
Kernquadrupolresonanz 146
Kernreaktionen 18, 19, 43, 76, 102, 113, 116, 118, 119, 122, 178, 203, 223, 224, 252, 263, 265
–, direkte 124
–, endotherme 123
–, exotherme 124
–, Minimalenergie zur Auslösung 224
– mit Neutronen 175
–, Strahlenschäden 33
Kernreaktionsprodukt, Trennung von Targetmaterial und 264
Kernreaktor 18, 31, 45, 129, 130, 176, 230, 255
Kernreaktor-Materialien 92
Kernresonanz 43, 146, 203
Kernresonanzspektroskopie, magnetische 204
Kernrotationen 116
Kernspaltung 45, 127, 129, 173, 175
–, induzierte 129
–, spontane 129, 442
–, thermische 130
Kernspektroskopie 116
Kernspin 278
– $I = 3/2$ 708
Kernspur-Ätztechnik 229
Kernspuremulsionen 224
Kernspur-Mikrofilter 226, 227
Kernspur-Technik 227
Kernstrahlungsdetektoren 88, 91, 134, 160
Kernstrahlungsmeßgeräte 21
Kernstrahlungsmeßtechnik 132
Kernstrahlungsteilchen, schnelle geladene 48
Kernstreuamplitude 181, 182
Kernstreuung 180
Kernsynthesewaffe 121

Kerntechnik 257
Kernträgheitsmoment 117
Kernumwandlung 119, 265
Kernverschmelzung 120, 223
Kern-Zeeman-Effekt 278
Kernzerfall 25, 76, 116, 132, 133, 205
Kernzustände, Lebensdauer angeregter 113, 115
Kerr-Effekt 347, 540
–, optischer 574
Kettenreaktion 45, 129, 130
Kies, Feuchte 178
Kikuchi-Linien 54
Kinematikfaktor 100
kinematische Verfestigung 452, 453
Kinematographie 630
kinetische Energie 268
– Isotopieeffekte 111
– Transportgleichung 251
Kippkorngrenzen 466
Kirchhoffsche Formel 522
Kirchhoffsches Gesetz 697
Kirkendall-Effekt 456
klassische Elektrodynamik 47
– Elektronentheorie 276
Kleinionen 206
Kleinionenanlagerung 206
Kleinlebewesen, Abtöten 77
Kleinsignal-Verstärkung 560
Kleinwinkelablenkung, korrelierte 113
Kleinwinkelkorngrenzen 28, 466
Klinik 24
Klystron 59, 243
Knight-Shift 146
Knight-Verschiebung 153
Kobaltspiegel 203
Koerzitivkraft 305
kohärent 368
– angeregte Quantenzustände, Interferenzphänomen 82
kohärente Antistokes-Raman-Streuung 592
– Bremsstrahlung 42, 44, 139
– Laserstrahlung 378
– optische Transient-Effekte 604
Kohärenz der Quantenzustände 82
–, räumliche 553
–, zeitliche 553
Kohärenzgrad 553
Kohärenzlänge 42, 553
Kohärenzzeit 553
Kohle, Aschegehaltsbestimmung 78
Kohlenstoff-Stickstoff-Zyklus 121
Kohleprospektion 179
Koinzidenz 307
–, örtliche 307
–, verzögerte 307
Koinzidenzgrenzen 466
Koinzidenzrate 274
Koinzidenzspektrometer, fast-slow- 308
Kollektivbeschleuniger 266
Kollektivmodell 116
Kollektorspannung, maximal zugelassene 441
Kollektorsperrschicht, Kapazitäten 440
Kollektorstrom 438
kollimierte Strahlenbündel 15

kollineare Magnetstrukturen 142
Kollodiumverfahren, nasses 667
Koma 503
Kompensation 309, 310, 393
– des Phasenganges 310
Kompensationspendel 310
Kompensationsverfahren 312
Komperator 313
komplizierte Verbindungen, atomare Struktur 67
Kompressoren 701
Kompressionswärmepumpen 724, 759
Kondensation 726
Kondensationskoeffizient 240
Kondensatormikrofone 286
Kondensieren 749
kondensierte Materie 180
Kondoeffekt 735
Konservieren 77
Konstante, photoelastische 283
–, photometrische 635
Konstanten, Bestimmung der optischen 610
–, optische 609
–, optische für Metalle 272
Kontakt, Strom-Spannungs-Kennlinie 388
Kontakte, gleichrichtende 388
–, Ohmsche 388, 389
kontaktlose Widerstandsänderung 385
kontaktloses Steuern 386
Kontaktmaterialien für Silizium 389
Kontakt-Mikro-Radiographie 261
Kontaktpotentiale 354
Kontakttherapie 77
Kontaktwiderstand 387
kontinuierliche Strahlung 200
Kontinuitätsgleichung 363
Kontrast 655
Kontrastbeeinflussung 648
Kontrastentwickler 666
Kontrastfarben 685
Kontrastfunktion 640
Kontrastmittel 261
Kontrolle von Präparationsmethoden 737
kontrollierte Kernfusion 173
Konvektion 752
Konversion, innere 25, 76, 116, 132, 184, 185, 213, 263
Konversionselektronen 118
Konversionsverhältnis 46
Konverter, thermoionischer 106
Konvolver 218
Konzentration des Elements 237
Konzentrationsbestimmungen 163
Konzentrationserhöhung der Ladungsträger 406
Konzentrationsprofil 26, 91
Konzentrations-Tiefenprofil 238
Konzentrationsunterschiedseffekte 624
Konzentrationsverschiebung 745
Konzept, CCD- 416
Koordinationszahlen 53
Kopiekurve 635
Kopiergeräte 622
Kopierprozesse 648
Kornempfindlichkeitsverteilung 634
Kornentwickelbarkeitswahrscheinlichkeit 634

Körner 28
Korngrenzen 34, 466
Korngrößenverteilung 634, 636
Körnigkeit 636
Körnung 636
Kornverfeinerung 482
Kornvergrößerung bei der Deckkraft 635
– bei der Entwicklung 635
Koronaelektrete 285
Koronaentladung 193, 619
Koronaglimmentladung 79
Korona-Reaktoren 195
Korotron 620
Körper, ZNS- 338
korrelierte Kleinwinkelablenkung 113
Korringakonstante x 708
Korrosion 77, 88, 94, 187
korrosionsbeständige Metallschichten 92
Korrosionsforschung 54, 222
Korrosionsprozesse 219, 240
Korrosionsschutz 69
kosmische Strahlung 224
Kossel-Effekt 136
Kossel-Kegel 136
Kossel-Linien 136
Kossel-Reflexe 136
Kossel-Technik 137
Kostinsky-Effekt 642
Kraft, thermomagnetische 324
Kräfte, elektrostatische 240
–, zwischenmolekulare 24
Kraftmessungen 314
Kramers-Formel 200
Kramers-Kronig-Relation 347
Kreisbeschleuniger 266
Kreisprozesse 700, 722
Kriechen 37, 475
–, bestrahlungsinduziertes 37
Kriechverhalten der Werkstoffe 230
Kristallachse 113
Kristallatome, Wärmeschwingungen 140
Kristallbaufehler 41, 54, 137, 465, 735
Kristalle, Doppelbrechung 516
–, implantierte, Defektverteilungen 114
Kristallenergie 143
Kristallgitter 39
–, Atomabstände 180
kristalline Eigenschaften 174
– Festkörper 392
– Substanzen 53
Kristallisation 27, 262
– aus der Schmelze 401
Kristallitachsen, Orientierungsverteilung 183
Kristalljustierung 44
Kristallmonochromatoren 213
Kristalloberfläche 64
Kristallographie 262
kristallographische Struktur 222
Kristall-Paarspektrometer 185
Kristallpotentiale 140
Kristallstruktur 52, 180
Kristallstrukturuntersuchungen 182
Kristallsystem 53

Kristalltemperatur 208
Kristallwachstum 67, 222, 240
Kristallwasser 178
kritische Keime 738
– Photonenenergie 259
– Spannungsintensität 460
– Stromdichte 742
– Wellenlänge 259
kritischer Strom 710
kritisches Magnetfeld 741
Kron-Effekt 624
Kronsches Diagramm 663
Kryoelektrete 285
Kryopumpe 726
Kryosorptionspumpe 240, 242
Kryotrapping 726
Kryotron 744
Kühlung elektronischer Bauelemente 765
– mit flüssigem Natriummetall 46
–, stochastische 247
–, thermoelektrische 400
–, thermomagnetische 430
– von Elektromotoren 765
Kumakhov-Strahlung 139
Kundtscher Teilungstyp 692
künstlich radioaktives Nuklid 18
künstliche Elemente 223
– Ionenstrahlen 95
– Radioaktivität 20
Kupferoxid 360
Kurven, charakteristische 668, 676
Kurzkanal-FET 343
Kurzstrecken-Radaranlage 351
Kurzzeitfehler 662
Kurzzeit-Fluoreszenz-Spektroskopie 261

ladungsgekoppelte Bauelemente 428
Ladungs-Masse-Verhältnis 224
Ladungsrelief der Signalplatte 318
Ladungssymmetrie 205
Ladungsträger, Absorption durch freie 408
–, Erzeugung 78
–, Geschwindigkeitsveränderung 384
–, Konzentrationserhöhung 406
–, Neutralisierung 206
–, primäre 79
Ladungsträgeranreicherung 388
Ladungsträgerdichten 207
Ladungsträgergradienten 336
Ladungsträgerkonzentration 358, 424
Ladungsträgermasse, effektive 381
Ladungsträger-Streuprozesse 425
Ladungsträgerstreuung 431
Ladungsträgerverarmung 388
Ladungsträgerverluste 196
Ladungstransferbauelemente, monolithische 428
Ladungstransport an Phasengrenzen 93
Ladungsverschiebe-Bauelemente 346
Ladungsverteilung der Atomkerne 173
Ladungszustand der Nukleonen 205
Lagerstättenforschung 112
Lainer-Effekt 624
Lambert-Beersches-Gesetz 509

Lamb-Shift-Quellen 203
Landau-Niveaus 381, 423, 448
Landé-Faktor 82, 277, 424
–, effektiver 381
Längeneffekt 624
Längen-Temperaturkoeffizient 747
Lang-Kurz-Desensibilisierung 611
Langmuir-Effekt 103
Langmuir-Isotherme 241
– für Adsorption mit Dissoziation 241
Längsfeld, Fokussierung im magnetischen 244
–, magnetisches 246
Lang-Verfahren 41
langwellige Grenze der Photoleitung 407
Langzeitfehler 662
Läppmittelrest 219
Larmor-Frequenz 147, 275
Larmor-Präzession 274, 277
Larmor-Radius 196
Laser 82, 557
–, abstimmbare 140
–, Materialbearbeitung mittels 563
Laserannealing 564
Laser-Ausheilung 102, 262
Laserbedingung 560
Lasereffekt 367, 557
Laserfotochemie 562
Laserfusion 197, 563
Lasergyroskop 563
Laserimpulse 196, 197
Laserisotopentrennung 108
Laser-Lichtquellen 85
Laser-Monitore 409
Laserspektroskopie 561
Laserstrahl, Abtasten mit einem 349
Laserstrahlen, Abbildung 508
Laserstrahlung 80
–, kohärente 378
–, Modulation 349
Lasertechnik, Compton-Streuung 50
Latensifikation 611
Latentbildabbaueffekte 611
Latentbildkeim 649, 664
latente Spur 226
latentes Bild 662
laterale Auflösung 26
lateraler Abbildungsmaßstab 504
Lateraltransistoren 441
Laue-Diagramm 41
Laue-Gleichungen 51
Laue-Intensitätsstacheln 52, 53
Laufzeitfrequenz 351
Laufzeitmessungen 366
Laufzeitröhren 59
Lautsprecher, elektrostatische 286
Lawinendiode 334
Lawinendurchbruch 332, 333, 441
Lawineneffekt 443
Lawinen-Laufzeitdiode 334
Lawinen-Photodiode 334
Lawson-Kriterium 121, 197
LCD (Liquid Crystal Display) 376
lebende Zellen 261

Lebensdauer 274
– angeregter Kernzustände 113, 115
– der Elektronen und Löcher 405
– im Nanosekundengebiet 276
–, mittlere 23
– von Quantenzuständen 82
Lebensdauererhöhung, Methoden 474
Lebensdauerkurven 473
Lebensdauervorhersage 474
Lebensmitteltechnik 22
Leckratenbestimmung 162
Leclanche-Element 94
LED 568
LEED 187
–, springpolarisierte (SPLEED) 54
leere Vergrößerung 506
Leerstellen 27, 465
Leerstellenbildungsenergie 24
Leerstellen-Cluster 28
Leerstellenkaskaden 263
Legendresche Polynome 274
Legierung 88
–, amorphe, durch Implantation 92
–, Festigkeit 183
Legierungen mit Fernordnungen 183
–, Homogenität 77
Legierungsbildung 222
Legierungsdiffusionstransistor 438
leichte Elemente, Positionsbestimmung 182
Leichtwasserreaktoren 46
Leistung, abgestrahlte 371
Leistungs-MOSFET 346
Leistungsreaktoren 255
Leistungsschottkydioden 388
Leistungsverstärkung 440
Leitbahnen 69
Leitfähigkeit 392, 399
–, Anisotropie 418
–, elektrische 363
–, – der Erdatmosphäre 106
–, – der Flamme 103
–, totale elektrische 299
– von Halbleitern 77
Leitfähigkeiten 93
Leitfähigkeitsband 392
–, effektive Termdichte 393
Leitfähigkeitsmodulation 357
Leitungselektronen 151, 208
–, angeregte 233
Leitungstyp 358
Leitungstyp von Halbleitermaterialien 422
Lenard-Gesetz 253
Leuchtdichte-Unterschiedsempfindlichkeit 690
Leuchtdioden 380
– für den sichtbaren Spektralbereich 380
Leuchtröhren 80, 187
Leuchtstofflampen 80, 200, 201, 380
Leuchtzellen 339
Leuchtzentren 339
Leuchtzusätze 250
Level-Crossing (LC) 81, 83
level-crossing-Spektroskopie 581
Licht, Absorption 509

Licht, Brechung 532
—, Dispersion 535
—, linear polarisiertes 594
—, Polarisation 514, 586
—, Reflexion 594
—, Streuung 600
Lichtabsorption 657
Lichtbeugung 521
Lichtbogen, elektrischer 198
lichtemittierende Dioden 373
Lichtempfindlichkeit 649, 671
—, Steigerung 612
Lichtfrequenz, Veränderung 284
Lichtgeschwindigkeit 47
Lichthof 638
Lichtlaufzeit 408
Lichtleiter 88
Lichtleiternachrichtentechnik 374
Lichtleiternachrichtenübertragung 367, 371, 376, 415
Lichtleiterübertragungssysteme 570
Lichtleitfasern auf SiO_2-Basis 416
Lichtquanten 188
—, Absorption 405
—, Streuung 49
Lichtquelle, spektroskopische 85
Lichtreflexion, stark reduzierte 228
Lichtschachtbauelement 376
Lichtschutzfolien 648
Lichtstreuung, MÜF 610, 652
— in der photographischen Schicht 608
Lichttransformation 201
Lichtvektoreffekt 189
Lichtwellenleiter 567
lichtzündbare Thyristoren 437
LID 613
Lidar 562
Linde-Norburysche Regeln 736
linear polarisiertes Licht 594
Linearbeschleuniger 18, 19, 98, 218
— für Uran-Ionen 224
linearer Absorptionskoeffizient 15
— Schwächungskoeffizient 15, 16, 76
Linienbildfunktion 610, 638, 651
Linienbreite 25, 371
—, natürliche 82, 169
—, spektrale 553
Liniencharakter des Gammaspektrums 76
Linienfehler 465, 468
Linienspektrum 509
Linienverbreiterungen 25
Linse, kurze magnetische 246
—, lange magnetische 246
Linsen 533
—, elektrische 56, 243
—, elektrostatische 243
—, gekoppelte dünne 246
—, ionenoptische 246
—, magnetische 56, 243, 244
Linsenschädigung 687
Lippsche Tangententäuschung 693
Lithiumionen-Leiter 301
Löcher 392
Löcherbeweglichkeit 392

Lock-in-Technik 26
Logik-Systeme, extrem schnelle 352
lokale Elektronenzustandsdichte 27
— Erregung 681
— Symmetriestörung 172
Lokalisierung von Gitterplätzen 115
Lokal-Oszillatoren 351
longitudinale MPE 381
— Relaxationszeit 148
longitudinaler Dember-Effekt 336, 337
— Ettingshausen-Nernst-Effekt 323
Lorentz-Kraft 58, 196, 245, 356, 383, 403, 410, 447
Lorenz-Zahl 754
löschbare Festwertspeicher (EPROM) 354
Lösungsgleichgewichte 112
Lösungswärme, ^{3}He-^{4}He- 706
Löten 198
Low-Energy-Electron-Diffraction (LEED) 51, 54
Low-Power-Schottky-TTL 389
LSA-Betrieb 351
LSA-Betriebsart 350
L-S-Kopplung 277
Luftbestrahlung 38
Lumineszenz 232, 237, 353, 378
—, Formen 565
Lumineszenzdioden 373, 375, 566
Lumineszenzspektralanalyse 566
Lumineszenzstrahlung 59
—, Wellenlänge 374
Luminophore 547
Lungenembolie 276
Lungenfunktion 24
Lungenödem 50

Machscher Kegel 47
Magnetband 143, 306
Magnetbürstenentwicklung 621
Magnete, permanente 196
Magnetfeld 274
—, äußeres 276
—, effektives am Kernort 169, 170
—, „eingefrorenes" 195
—, helikales 197
—, kritisches 741
—, phonondrag-Effekt 402
—, phonon drag im quantisierenden 402
—, poloidales 197
Magnetfeldeinschluß 195
Magnetfelder des interstellaren Raumes, Beschleunigung 224
—, Messung 385
—, schwache interstellare 83
—, ultraschwache 83
Magnetfeldglühung 145
Magnetfeldrichtung 274
Magnetfeldstärke am Kernort 172
Magnetic Resonance (TMR) 155
magnetisch geordnete Struktur 182
magnetische Aufspaltung 169
— Dipolmomente 173
— Eigenschaften 174
— Fallen 195
— Felder, Wirkung auf Resonanzstrahlung 81

magnetische Flußquantisierung 740
- Fusion 127
- Gleichrichtung 357
- Halterung 121
- Hyperfeinwechselwirkungen 145, 275
- Hysterese 305
- Kerngruppen 154
- Kernresonanz 146, 203
- Kernresonanzspektroskopie 204
- Linsen 56, 244
- Momente 172
- Multipol-Konfiguration 196
- Ordnung 142, 172
- Paarspektrometer 185
- Resonanz 145, 146
- Sperrschicht 386
- Spiegel 195
- Streuamplitude 181
- Streuung 180
- Suszeptibilität 142
- Thermometer 731
magnetischer Formfaktor 181
- Quadrupol 246
magnetisches Dipolmoment 276
- Feld, inneres 247
- Längsfeld 246
- Moment 142, 146, 176, 202, 274, 277
- - des Neutrons 180
Magnetisierung 142
magnetoakustischer Effekt 447
Magnetodioden 357, 386
magnetoelastische Wandler 314
magnetoelastischer Effekt 313
Magnetoelektrete 285
magneto-hydrodynamische Theorie 195
magneto-hydrodynamischer Generator 78
- Operator 81
Magnetokardiographie 711
Magnetometer 83, 711
Magneton, Bohrsches 150, 277, 424
magnetooptische Erscheinung 276
- Interferenzeffekte 81
Magnetophon-Effekt 381, 383, 431, 448
Magneto-Plasma-Dynamischer Antrieb 85
Magnetoplasmen 196
Magneto-Seebeck-Effekt 402, 430, 431
Magnetostriktion 143, 145
-, inverse 313
Magnetowiderstand 382, 402
-, oszillatorischer 423, 424
-, transversaler 383
Magnetowiderstandseffekt 383
Magnetplatte 145
Magnetron 59
Magnetspulen, supraleitende 743
Magnetstrukturen, kollineare 142
-, nichtkollineare 142
Magnonen 142, 181
Magnonenzustände 467
Magnus-Isotherme 241
Mahlvorgänge, Homogenität 77
Majoritätsträger 363
Majoritätsträgerbauelemente 388

Majoritätsträgerinjektion 363
Makropsie 693
makroskopischer Absorptionsquerschnitt 177
- Querschnitt 16
- Streuquerschnitt 177
- Wirkungsquerschnitt 254
Makromoleküle, Abbau 37
-, Vernetzung 37
Makroteilchen, Beschleuniger für 268
Malter-Effekt 156, 223
Malter-Emitter 156
Malter-Schichten 156
Mammographie 218, 623
markierte Atome 159
Markierung 77, 112, 118, 159
-, isotope 77
-, nichtisotope 77
Markierungssubstanz 22
μ^+-Markierungen 174
Martensit-Phasengrenzen 462
Martensitumwandlung 492
Masken 98, 115, 395
Maskierung 91, 394
Masse definierter Gitterbausteine 67
-, effektive 347, 408, 425, 447
-, Ionen verschiedener 110
Masse-Energie-Äquivalenz 268
Massendifferenz, relative der Isotope 111
Massenschwächungskoeffizient 16, 215, 251
Massenspektrographen 243, 265
Massenspektrometer 67, 106
Massenspektroskopie 95, 97
Massentrennung 97
Massenwirkungsgesetz 393
Massenzahl des Atomkerns 76
Massenzuwachs, relativistischer 268
Materialabtrag, glatter 74
- durch Zerstäubung 73, 74
Materialanalyse 95
Materialbearbeitung 80, 95
- mittels Laser 563
Materialdefekte 27
-, Ausheilung 27
Materialdicken 218
Materialeigenschaften, Beeinflussung 88
-, Veränderung 88
Materialien, amorphe 396
-, ferroelektrische 340
-, Isolation poröser 752
-, supraleitende, Sprungtemperatur 92
Materialkontrast 191, 235
Materialmodifizierung 95
Materie, bewegte 51
-, kondensierte 180
-, Struktur 224
Materiewelle 56
Matrix 237
Matrix-Adressierung 340
Matrix-Atome des Substratgitters 64
Matrixeffekte 163, 216, 220
Matthiessensche Regel 736
maximale Reichweite 15

maximaler Wirkungsgrad von pn-Homoübergang-Solarzellen 415
Maximalfrequenz 351
Maxwellsche dielektrische Relaxationszeit 363
McMahon-Gifford-Maschine 720
mechanische Ermüdung 471
– Hystereseschleife 473
– Spannungen 137
Mechanismus der direkten Kernreaktionen 124
Mechanoelektrete 285
Medien, photochrome 646
– (Metalle), stark absorbierende 272
–, Sterilisation biologischer 228
Medizin 228, 231
medizinische Diagnose 24
– Diagnostik 261
– Hartstrahltechnik 43
Medizin-Neutronentherapie 178
mehrfach besetzbare Terme 393
Mehrfach-Implantation 91
Mehrfachionisation 103
–, direkte 273
–, indirekte 273
Mehrfachkoinzidenz 307
Mehrfarben-LEDs 376
Mehrgruppentheorie 256
Mehrmoden-Lichtleiter 567
Mehrphotonenabsorption 511
Mehrschichtfilme 628
Mehrschichtmaterialien 628
Mehrteilchenreaktion 123
Meißner-Ochsenfeld-Effekt 741
meistgenutzte Elementarteilchenstrahlen 55
Membrandiffusion 108, 109
Memory-Effekt 30, 31
MES-FET (Metal-Semiconductor FET) 246
mesoatomare Prozesse 172
Mesoatome 172
Mesochemie 174
mesomolekulare Prozesse 172
Mesomoleküle 173
Mesonenfabrik 127, 174
mesophisches Sehen 682
Mesoröntgenlinien, Hyperfeinstruktur 173
Mesoröntgenstrahlung 172
Mesowasserstoff 172
Meßausbeute 21
Meßempfindlichkeit 20
Messen 309, 715
Meßkomperator 313
Meßtechnik, betriebliche 257
Messung der Dichte 78
– der Dicke 78
– der Füllstandshöhe 78
– der MÜF 656
– von Gasdrücken 242
– von Magnetfeldern 385
–, zerstörungsfreie
Messungen, galvanomagnetische und thermoelektrische 431
Metall, bestrahltes 36
Metall-Basis-Transistor 330
Metalldewargefäß 242
Metalle, amorphe 460

Metalle, Brechungsindex 68
–, Dimensionsänderungen durch Bestrahlung 36
–, Restwiderstand 735
–, Verschleißfestigkeit 92
Metallfilmkatoden 210
Metallfolienfenster 57
Metall-Halbleiter-Kontakte 387, 427
Metall-Halbleiter-Übergang 330
Metallhalogenide 250
metallischer Werkstoff 480
Metall-Isolator-Struktur 349
Metallkatoden 209
Metall-Kapillar-Katoden 210
Metallographie 75
Metallschichten, korrosionsbeständige 92
–, oberflächenpassivierte 92
Metallschmelzen 53
Metallspiegel 68
metamagnetische Substanzen 143
metastabile Flüssigkeit 738
Metazentrum 484
Methode, elektronukleare 127
Metrologie 563
Mg-Ti-Spinell 360
MHD 195, 196
MHD-Generator 105
MHD-Instabilität 196
Mie-Streuung 601
Mikroakustik 281
Mikroanalyse 91, 238
Mikrobearbeitung von Festkörperoberflächen 228
– für das Schmelzen 62
– – – Schweißen 62
– – – Verdampfen 62
Mikrobiologie 228
Mikroelektronik 115, 341, 394
–, Ionenstrahlresists 38
–, Elektronenresists 38
–, Röntgenresists 38
mikroelektronische Bauelemente, Herstellung 96
– –, Strukturierung 71
– Schaltkreise, Herstellung 91
Mikrofilmduplitziertechnik 618
Mikrofilmtechnik 648
Mikrokristalle 649
Mikroleistungselektronik 345
Mikroprozessoren 341, 344
Mikropsie 693
Mikrorißbildung 472
Mikroskop 261, 506
Mikroskopie 226
–, Röntgendiagnostik und 261
Mikrostrahl 226
Mikrostruktur 473
Mikrostrukturen im Festkörper 224
Mikrostrukturierung 75, 226
Mikrotron 19, 62, 267
Mikrowellenmessung 361
Mikro-Zonen-Linse 261
militärische Anwendungen 262
Miller-Effekt 317
Millersche Indizes 39
minimale Verflüssigungsarbeit 718

Minimalenergie zur Auslösung von Kernreaktionen 224
Minoritätsträger 363, 364
Minoritätsträgerextraktion 364
Minoritätsträgerinjektion 363
Minoritätsträgerlebensdauer 363, 439
Minoritätsträgerspeicherung 380
MIS (Metal-Insulator-Semiconductor) 426
Mischgetter 242
Mischkristalle 394
–, pseudobinäre 374
Mischphasenfehlordnung 299
Mischungen, Homogenität 77
Mischungsregeln 497
Mischungsuntersuchungen 161
MISFET (Metal Insulator Semiconductor) 342
Mitteldruck-Glimmentladungen 202
mittlere freie Weglänge 254, 333, 736
– Lebensdauer 23
Mn, aktiviert mit 380
Mn-Markierungen 174
Mn-System 174
Moden 368
Modenabstand 371
Moderator 255
Moderatoren 130, 177
Moderatortemperatur 180
modifiziertes Bennett-Kriterium 410
Modulation 359, 371, 569, 655
– von Laserstrahlung 349
– der Reflexe 349
Modulationsbandbreite 371
Modulationsspektroskopie 349
Modulationsübertragung in der Elektrophotographie 656
–, photographische 651
Modulationsübertragungsfunktion 505, 638, 651
Moduln, relaxierte 475
–, unrelaxierte 475
Molekül, Dynamik 276
Molekularbiologie 151
molekulare Beweglichkeit 151, 154
Molekularmagnete 305
Molekularsiebe 242
Molekular-Strahl-Epitaxie (MBE) 54
Moleküle 151
–, angeregte 32
–, elektronisch angeregte 32
–, isotope 107
–, Nachweis 106
–, neutrale 32
–, Rotationszustände 252
–, Vibrationszustände 252
Molekülgeometrie 154
Molekül-Kontinua 200
Molekülstrukturen 112
Molekülzustände 82
Moment, magnetisches 110, 142, 146, 176, 274, 277
–, – des Neutrons 180
Monochromasie 686
monochromatische Gammastrahlung, Quelle 140
– Röntgenstrahlung, Quelle 140
monochromatischer Neutronenstrahl 180
Monochromatisierung der Primärstrahlung 41
monoenergetisch beschleunigte Elektronen 55

monoenergetische Neutronen 19, 176
– γ-Strahlen 43
monolithisch 376
monolithische Ladungstransferbauelemente 428
– Verstärker 281
Monomode-Lichtleiter 567, 568
Monopolübergänge 185
Monoschicht 240, 241
Monte-Carlo-Methode 251, 254, 257
MOS (Metal-Oxide-Semiconductor) 426
Moseley-Gesetz 214
MOSFET (Metal-Oxide-Semiconductor Field-Effect-Transistor) 341
Mößbauer-Effekt 118, 145, 168, 261
–, Energieabhängigkeit des Wirkungsquerschnittes 170
–, Wahrscheinlichkeit 170
Mößbauer-Isotop 168
Mößbauer-Spektrometer 169
Mößbauer-Spektroskopie 168
Mößbauer-Spektrum 168
Moss-Burstein-Effekt 390
Moss-Burstein-Faktor 390
Moss-Burstein-Verschiebungen 349
MOS-Transistoren 92
Mouches volantes 693
MPE, longitudinale 381
–, transversale 381
MTF (modulation transfer function) 651
müdungstypische Versetzungsanordnung 471
MÜF 651
– der Lichtstreuung 610, 652
– – –, scheinbare 653
– des Nachbareffektes 653
– einer CCD-Matrix 656
–, Messung 656
Müller-Lyersche Täuschung 693
Multiphotochromie 647
Multiphotonenionisation 103
Multiplettaufspaltung 278
Multiplikation des Photostromes 332
Multiplikationsfaktor 333
Multiplizität der Energieniveaus 272
Multipol-Konfiguration, magnetische 196
Multipolordnung 117, 185
Münsterbergscher Teilungstyp 692
Müonen 127
Müonenatome 124
Müonenkatalyse 127
Müonenröntgenanalyse 128
Mutation, optische 604
Mutationen 262
Mutternuklid 132
Muttersubstanz 160
Myon, Spin 174
Myonenatome 126, 172, 213
Myonenkatalyse 173
myonenkatalytischer Hybridreaktor 174
Myonenspinrotation 174
myonische Röntgenstrahlung 172

Nachbareffekt 641, 653
–, MÜF 653
Nachentladungen 157

Nachrichtentechnik, optische 566
Nachtblindheit 683
Nachtmyopie 683
Nachtpresbyopie 683
nachträgliche Aktivierung 22
Nachweis von Atomen und Molekülen 106
– chemischer Verbindungen 26
– geringer Gaskonzentrationen 583
– linear polarisierter Strahlung 337
– von Photonen 234
– von Röntgenstrahlen 217
– von Spurengasen 372
Nachweisempfindlichkeit 24, 27, 77, 261
– des PED 187
Nachweisgrenze 21, 26, 191, 207
– der SIMS 238
Nachwirkung 475
nackte Kerne 224
Nahordnung 171
Nahordnungseffekt 180
Nahordnungserscheinungen 182
Nahrungsmittel, Bestrahlung 77
Natriumhochdrucklampen 80
Natriumionen-Leiter 300
Natriummetall, flüssiges 46
Natriumniederdrucklampen 80, 202
natürliche Häufigkeit 107
– Ionenstrahlen 95
– Linienbreite 82, 169
– radioaktive Strahlen 76
– Radioaktivität 116
– Radionuklide 134
– Zerfallsreihen 110
Natururan 108
Nebelkammer 25, 106
Néel-Temperatur 142
Negativentwickler 666
negativer differentieller Widerstand 444
negativer Druck 739
– Widerstand 350
Nernst-Einstein-Gleichung 299
Nernst-Ettingshausen-Effekt 382, 429, 430
Nernst-Ettingshausen-Thermoelemente 431
Nernst-Lampe 299
Netzebene 39
netzgelöschte Schaltungen 434
neutrale Moleküle 32
Neutralisierung von Ladungsträgern 206
Neutron 175
–, freies 18
–, magnetisches Moment 180
Neutronen 14, 16, 32, 252
–, Abbremsung 17
–, Abschirmung 17
–, Aktivierung 18
–, Beugung 177
–, Brechung 177
–, Dichteschwingungen 116
–, Dotierung durch Bestrahlung mit thermischen 392
–, epithermische 176, 255
–, freie 176
–, kalte 176
–, Kernreaktionen 175

Neutronen, mittelschnelle 255
–, monoenergetische 19, 176
–, polarisierte 180
–, Reflexion 177
–, schnelle 36, 176, 255
–, Streuung thermischer 178
–, thermische 18, 40, 176, 180, 252, 255
–, Transmission thermischer 256
–, Transport schneller 256
–, ultrakalte 176, 252
Neutronenabsorber 17
Neutronenabsorptionsquerschnitt 256
Neutronenaktivierungsanalyse (NAA) 164, 166, 261
Neutronenausbeute 45
Neutronenbestrahlung 230
Neutronenbeugung 180
Neutronenbremsung 177, 178
neutronendefizile Radionuklide 264
Neutronendetektoren 181, 256
Neutroneneinfang 45, 123, 175
Neutroneneinfangreaktion 18, 263
Neutroneneinfang-γ-Spektrometrie 165
Neutronenemission 132
Neutronenenergiebestimmung 177
Neutronenfluß 18
Neutronengeneratoren 19, 176, 256
Neutronenkernreaktionen 175
Neutronenkleinwinkelstreuung 180, 182
Neutronenkollimation 177
Neutronenleiter 181
Neutronenmoderator 108
Neutronennachweis 176
Neutronenpolarisation 177
Neutronenquelle 18, 127, 176
–, gepulste 177
Neutronenradiographie 183
Neutronenradionuklidquellen 19
Neutronen-Schicksale 255
Neutronenstrahl, monochromatischer 180
Neutronenstrahlbrechung 176
Neutronenstrahlen 175
–, gepulste 181
–, polarisierte 203
Neutronenstrahlung, Wellenlängenanalyse 41
Neutronenstreuapparatur 181
Neutronenstreuung 145, 180, 181
–, elastische 16
–, inelastische 181
–, unelastische 165
Neutronen-Transport 252
Neutronenüberschuß 225
Neutronenwaffe 121
Neutronenzahl 110
n-Ga As 424
n-Ga Sb 408
n-Germanium 337
NiCd-Akkumulator 94
Nichtdiagrammröntgenlinien 212
Nichtentartung 393
Nichterhaltung der Parität 204
Nichtgleichgewichtselektronen 339
Nichtgleichgewichtsionisation 103
Nichtgleichgewichtsplasma 411

Nichtgleichgewichtsträger 336, 353
nichtisotope Markierung 77
nichtkollineare Magnetstrukturen 142
nichtlineare Absorption 511
– Effekte bei der photographischen Aufzeichnung 652
– optische Effekte in Fasern 570
– Trägerkombination 410
nichtreziproker Vierpol 359
nichtsphärische Isoenergieflächen 418
nichtstrahlende Rekombination 379
Niederdruckbogenentladung 80
Niederdrucklampen 201
niederenergetische Elektronenbeugung (LEED) 52
Niedertemperaturprozeß 91
Niedrig-β-System 196
n-In As 408
n-In Sb 354, 408
Nipkow-Scheibe 527
NiSi 389
Nitinol 462
Nitride, amorphe 340
Nitridschichten 74
Nitrieren 74
Niveauschema der Atomkerne 118
n-Leitung 392
n-MOSFET vom Ausreicherungstyp 342
n-MOSFET vom Verarmungstyp 342
NMR 146, 150, 151, 276
NMR-Relaxationszeit 149
NMR-Spektrometer 150
NMR-Technik 174, 204
NMR-Tomographie 155
Normalbeton 18
normale Glimmentladung 79
normal-photochromes System 646
NQR
n-Si 424
NTC-Thermistoren 360
nukleare Abbremsung 32
Nuklearmedizin 132
nuklearmedizinische Diagnoseverfahren 77
Nukleonen, Ladungszustand 205
–, Vielfacherzeugung 225
Nukleonenzahl 226
Nuklid, künstlich radioaktives 18
–, radioaktives 18
Nuklide 110
–, isotope 110
–, radioaktive 110
Nuklidpaar, genetisch verknüpftes 264
Nulleistungsreaktoren 45
Nullkippspannung 433
Nullpunktverschiebungen 310
numerische Apertur 505, 567
Nuttingsche Formel 636
Nyblin-Effekt 613
Nyquist-Rauschen 292

Oberfläche 52
Oberflächen mit feinsten Metallnadeln 229
–, feinstkristalline 53
–, freie 466
–, Reaktion auf 52

Oberflächenanalyse 62
Oberflächenanalysemethoden 239
Oberflächenanalytik 191
Oberflächenatome, Bindungsenergie 64
Oberflächenbeschichtung, Dicke 274
Oberflächenbestimmung 242
Oberflächendeformationen 116
Oberflächendiffusion 222
Oberflächenionisation 103
Oberflächenkombinationsgeschwindigkeit 404, 406
Oberflächen-Leckströme 366
oberflächenpassivierte Metallschichten 92
Oberflächenphysik 54
Oberflächenplasmonenpeaks 235
Oberflächenrauhigkeit 272
Oberflächenschutz 69
Oberflächenschwingungen 116
Oberflächenstruktur 54, 228
–, Analyse 27
–, elektrisch superisolierende 228
Oberflächentopographie 52
Oberflächenuntersuchungen 219
Oberflächenveredlung 194
Oberflächenwellen, akustische 281
Oberflächenzustände 151, 341, 344
Objektivapertur, Einfluß 655
Occlusion 240
OD-Systeme 644
OES 163, 166
Öffnungen, kanalartige 227
Öffnungsfehler 245
Öffnungswinkel 504
Ohmsche Kontakte 388, 389
Ölfilme 53
Ölkuppler 627
Ölschalter 80
Onsagerscher Reziprozitätssatz 287
Operator, magnetohydrodynamischer 80
Optik, adaptive 511
– der Röntgenstrahlen 216
–, geometrische 503
–, Phasenanpassung in der nichtlinearen 519
optimale Belichtung 663
Optimierung photographischer Schichten 610
optisch induzierte Anisotropie 517
– parametrischer Oszillator 576
optisch-thermische Entwicklung 645
optische Abbildung 502, 533
– Absorption 650
– Aktivität 514
– Anisotropieeffekte 516
– Anregung 368
– Bistabilität 529
– Dicke 249
– Effekte in Fasern, nichtlineare 570
– Entwicklung 644
– Fenster 568
– Frequenzmischung 573
– Informationsübertragung 563, 566
– Konstanten 609
– Nachrichtentechnik 566
– nichtlineare Effekte 573
– Nutation (ON) 604

799

optische Phonone 381
– Sättigungseffekte 597
– Übertragungstheorie 651
– Wege 553
– Weglänge 503, 555
optischer Kerr-Effekt 574
– Transistor 598
optisches Pumpen 204, 278
optoakustischer Effekt 578
Optoelektronik 394
optogalvanischer Effekt 580
Optokoppler 376
optothermischer Effekt 582
Orbitalelektronen 32
Orbitron-Pumpe 242
Ordnung, magnetische 142, 172
Ordnungszahl 132
– des Atomkerns 76
Ordnungszahlkorrektion 163
Ordnungszustand 53
Organoelementverbindungen 264
orientierte Kerne 205
Orientierung 137
Orientierungskontrast 191, 235
Orientierungsverteilung der Kristallitachsen 183
Orthikon 190
Orthopositronium 23
örtliche Koinzidenz 307
– Trennschärfe 683, 689
Ortsfrequenz 550
Ortsfrequenzen 508
Ortsfrequenzspektren 651
Oszillator, optisch parametrischer 576
Oszillatorenschaltung 444
oszillatorischer Effekt 383
– Magnetowiderstand 423, 424
Oszillographen 59
Oszillographenröhren 59, 210, 265
Overhauser-Effekt 203
Overshoding 344
Oxidation 394
–, elektrolytische 94
– von Metallchloriden 194
Oxide, amorphe 340
Oxidionen-Leiter 300
Oxidkatoden 210
Oxidschichten 74, 237
Ozonsynthese 194

Paaraxialstrahlen 56
Paarbildung 184, 251, 252
–, innere 116, 132, 185
Paarbildungseffekt 76, 184
Paarerzeugung 23, 184
Paarerzeugung, Stoßionisation mit 332
Paarspektrometer, magnetische 185
Paarvernichtung 185
Paläotemperaturbestimmung 112
Palladium-Kontakt 242
parafoveales Betrachten 683
– Sehen 690
paramagnetische Elektronenresonanz 146, 203
paramagnetische Störstellen 151

Paramagnetismus 142
parametrische Verstärkung 574
Parapositronium 23
paraxiale optische Abbildung 504
Paraxialstrahlen 503
Parität 204
–, Nichterhaltung 204
Paritätsverletzung 515
Partialdruck 94
Partialdruckmessung 94
PAS 202
Paschen-Back-Effekt 278
Pauli-Matrizen 202
Pauli-Paramagnetismus 142, 146
$Pb_{1-x}Sn_xSe$ 374
PbSnTe 371, 390
$Pb_{0,75}Sn_{0,25}Te$ 390
$Pb_{1-x}Sn_xTe$ 374, 379
$Pb_{1-x}Sn_xTe$-Photodioden 416
$PbS_{1-x}Se$ 374
PCM 569
PCMI-Verfahren 648
Pd_2Si 389
PED, Nachweisempfindlichkeit 187
Peierls-Spannung 459
Peltier-Effekt 399, 420, 430
Peltier-Koeffizienten 399
Peltier-Kühlelemente 395
Peltier-Kühler 370
Peltier-Kühlung 402
Peltier-Wärme 399
PEM-Effekt 353
–, stationärer 403
– und Photoleitung, Zeitkonstante 404
PEM-Kurzschlußstrom 403
Penning-Effekt 186
Penning-Effekt-Detektor 183, 187
Penning-Füllung 202
Penningionenquellen 89
Penning-Ionisation 82, 104, 186
Penning-Ionisations-Elektronenspektroskopie 187
Penning-Mischungen 186, 202
Penning-Oberflächenionisation 187
Penning-Quellen 239
Penning-Reaktanten 186
Penning-Spektroskopie 187
Perforationseffekt 624
periodische Strahlenablenkung 91
permanente Magnete 196
Permanentmagnet 145
Permeable Base Transistor 389
persistente Gleitbänder 471
Pflanzen, Wasserverbrauch 178
p-GaAs 408
p-Ge 408
Phänomen, Bezold-Abneysches 686
–, Brücke-Bezoldsches 686
Phase 552, 555
–, gasförmige 738
–, Verdampfung über die flüssige 68
Phasen, geordnete 172
Phasenanalyse 171
–, röntgenographische 165

Phasenanpassung in der nichtlinearen Optik 519
Phasenanpassungsbedingung 544
Phasenbildung 740
Phasengang, Kompensation 310
Phasengeschwindigkeit 48
Phasengrenzen 466
–, inkohärente 466
–, kohärente 466
–, Ladungstransport 93
–, Stoffumsatz 93
Phasenkeimbildung 749
Phasenkonjugation 512, 513
Phasenkontrast 584
Phasenmodulation von Licht 542
Phasenplatte 584
Phasenübergänge 24, 154
Phasenumwandlung 112, 137, 224
–, Strukturen 172
phonondrag-Effekt im Magnetfeld 402
phonondrag im quantisierenden Magnetfeld 402
Phononen 172, 181, 233, 235, 353
–, optische 381
phononendrag-Effekt 401
Phononenemission 353
Phononenenergien 180
Phononenlaser 280
Phononenzustände 467
Phonon-Phonon-Relaxationszeit 402
Phonon-Phonon-Streuung, schwache 401
Phonon-Phonon-Wechselwirkung 402
Phononspektrum 381
Phosphate 380
Phosphoreszenz 47, 565
Photoaktivierung 19
photoakustischer Effekt 578, 579
Photoanregung 696
Photochemie 108
–, klassische 109
–, Laser 109
photochrome Medien 646
Photochromie 646
–, inverse 647
Photodegradation 660
Photodepolymerisation 660
Photodesorption 240
Photodetektor 414
Photodiode 413, 438
Photodioden, Zeitkonstante 414
Photodissoziation 657
Photoeffekt 25, 49, 56, 76, 188, 252
–, äußerer 188
–, innerer 188, 413
–, selektiver 189
Photoeffekte 234
photoelektrische Absorption 213
photoelektrischer Bildwandler 527
photoelektromagnetischer Effekt 382, 403
Photoelektron 25
Photoelektronen 188
Photoelektronenspektroskopie 191
–, UV- 261
Photoelement 413
Photo-EMK 354

Photographie 667
photographische Diffusimetrie 640
– Emulsion 667
– Informationsaufzeichnung 633
– Modulationsübertragung 651
– Platten 31
– Registrierung 217
photographischer Elementarprozeß 649
Photo-Hall-Effekt 353, 355
photoinitiierte Polymerisation 659
Photoinjektion 363
Photoionisation 103, 188
Photoisomerisierung 616
Photokatode 59, 190
Photokernreaktion 123
Photokopierlacke 395
Photolacke 660
Photolackfilme 660
Photolackschichten 660
Photoleiter 620
Photoleitung 353, 355, 405
–, langwellige Grenze 407
μ-Photoleitung 354, 355
Photolithographie 38, 438, 440
photolithographischer Prozeß 660
photolithographisches Verfahren 394
Photolumineszenz 378
Photolyse 616, 657
–, intramolekulare 658
Photolysereaktionen 658
photometrische Konstante 635
Photon 353
Photon-drag-Effekt 354, 408
Photon-drag-Tensor 409
Photonen 251
–, Energie der optischen 333
–, Nachweis 234
–, Rückstreuung 257
–, Transport energiereicher 257
Photonendetektor 48
Photonenecho 604
Photonenenergie, kritische 259
Photonenlebensgeschichten 257
Photonenstoßionisation 273
Photonenstrahlung, Transmission 257
Photonentransport 251, 253
Photon Factory 260
Photopeak 185
Photopolymerisation 57, 659
Photopolymermedien 661
Photoproduktion 618
Photoresists 38
Photorezeptoren 681
Photos, Sichtbarmachung unsichtbarer 650
Photosolubilisierung 660
Photospaltung 657
Photospannungen 336, 426
Photostrom 190
–, Multiplikation 332
Photothermographie 674
photothermographische Systeme 674
Phototropie 646
Photovernetzung 57, 659

Photovervielfacher 190, 234
Photowiderstände 406
Photozelle 190
Photozellen, Empfindlichkeit 190
Photozersetzung 657
physikalische Zerstäubung 71
physiologischer Effekt 680
Physisorption 240, 242
Pichromasie 686
Pick-up Elektroden 247
piezoelektrischer Effekt 477
θ-Pinch 196, 410
Pinch, thermischer 412
Pinche 195
Pinch-Effekt 196, 410
Pinchentladungen 79, 195, 196
pinch-off 342
pin-Dioden 444
P in Si 395
P-Invarianz 204
Pionen, Vielfacherzeugung 225
Pionenatome 172
Pioneneinfang 123
Pirani-Vakuummeter 362
Pixel 636
planare Kanalisierung 113
planarer Hall-Effekt 357
Planartechnik 438
Planckscher Strahler 249
Plancksches Strahlungsgesetz 200, 697
Plasma 195, 198, 200
–, Aufheizung 195
– des Festkörpers 410
–, Einschließung 195
–, heißes 212
–, Trägheitseinschluß 195
Plasmaabtragen 198
Plasmaanzeigesysteme 187, 201, 202
Plasmaätzen 194
Plasmabrenner 198
Plasmachemie 78, 198
–, nichtthermische 192
–, thermische 192
plasmachemische Schichtherstellung 194
– Stoffumwandlung 93, 94
– Stoffwandlung 192
Plasmadichte 96
plasmaelektrische Stoffwandlung 192
Plasmafokus 196
plasmagestützte reaktive Bedampfung 85
Plasmahalterung 195
Plasmakatalyse 194
Plasmakörnen 198
Plasmametallurgie 194
Plasmaofen 192
Plasmaphysik 225
Plasmapyrolyse 192
Plasmaquellen 87
Plasmaschmelzbohren 198
Plasmaschmelzen 198
Plasmaschneiden 198
Plasmaschnur 412
Plasmaschweißen 198

Plasmaspritzen 198
Plasmastrahl 80
Plasmastrahlen 198
Plasmastrahlerzeuger 80
Plasmastrahlprozeß 194
Plasmastrahlungsquellen 200
Plasmastrahlverfahren, industriell genutztes 198
Plasmatemperaturbestimmung 44
Plasmatemperaturen 197
plasmathermische Stoffwandlung 192
Plasmatriebwerk 85
Plasmatron 74, 78, 194
Plasmatron-Zerstäubungsquellen 73
Plasmawarmspanen 198
Plasmazündtechnik 198
Plasmen in Fusionsreaktoren 87
Plasmen, hochionisierte 63
Plasmonen 233
plastische Zone 472
Plastizität 479
Platten, photographische 31
p-Leitung 392
Plumbikon 190
p^+n-Diode 366
pn-Homoübergang-Solarzelle, maximaler Wirkungsgrad 415
pn-Photoeffekt 353, 355, 413
pn-Übergang, hochdotierter 442
pn-Übergänge 393, 394
Pockels-Effekt 374, 540
Poggendorfsche Täuschung 692
Poissonsche Raumladungsgleichung 363
Polarisation 202, 204, 260, 477
–, atomare 285
–, äußere 285
– der Synchrotronstrahlung 261
– der Übergangsstrahlung 270
– der Zeeman-Komponente 277
– des Anregungslichtes 278
– – Lichtes 514, 586
–, spontane 732
Polarisationsgrad 81, 82
Polarisationsparameter 202
Polarisationstransfer 204
polarisierte Neutronen 180
– Neutronenstrahlen 203
– Targets 202
Polarographie 94
Polfiguren 41
Poliermittelrest 219
Polygraphie 618
polykristalline Keramiken 299
Polymere, Strahlenschäden 37
Polymerisation, photoinitiierte 659
Polymerwerkstoffe 37
Polynome, Legendresche 274
Pomerantschuk-Effekt 706
Poren 227
Porenbildung, mikroskopische 230
Porendurchmesser 227
Positionsbestimmung leichter Elemente 182
Positionssensor 358
positive Ionen, Verdampfung 64

positive Säule 201
– –, äußere 84
– –, innere 84
Positiventwickler 666
positiver Herschel-Effekt 613
Positron 174, 184
–, Annihilation 185
Positronen 23, 42, 251
–, Annihilation 44
Positronen-Computer-Tomographie 24
Positronenemissionstomographie 128
Positronenerzeugung 185
Positronium 23, 172
–, Annihilation 118
Positroniumzerfall 24
Potentialbarrieren 64, 426
Potentialtopfmodell 208, 221
Potentialwall 221
Präparate hoher spezifischer Aktivität 264
Präparationsmethoden, Kontrolle 737
Präzession des Quadrupolmomentes 275
Präzisionsbohren 563
Presbyakusis 684
primäre Ladungsträger 79
Primärelektronenanregung 26
Primärelemente 94
Primärionen 237
Primärstöße 34
Primärstrahlung, Monochromatisierung 41
Primärvakanz 272
Primärzellen 301
Print-out-Effekt 649
Probenstrombild 235
Produktion mikroelektronischer Bauelemente 227
Proofmedien 618, 671
Proportionalzähler 176, 217
Proportionalzählrohr 218
Prospektion 179
Protanomalie 686
Protanopie 686
Protonen 98, 223
–, Dichteschwingungen 116
Protonenbeschleuniger 181, 223
Protonenemission 132
Protonen-Speicherring-Beschleuniger 248
Protonenstreuung 128
Protonentransmissionsmikroskopie 97
Protonenzahl 110
Proton-Proton-Kette 121
Prozesse, mesoatomare 172
–, mesomolekulare 172
–, Untersuchung dynamischer in Festkörpern 180
Prozeßführung, autokatalytische 645
Prozeßkontrolle 262
pseudobinäre Mischkristalle 374
Pseudoresonanzen 382
psychophysisches Grundgesetz 688
p-Te 402
Pt_2Si 389
Pulvermetallurgie 485
Pumpen 368
–, optisches 204, 278
Pumpquellen 351

Punch-trough 441
Punktbildfunktion 639
Punktbildverwaschungsfunktion 505
Punktfehler 465, 468
Punktschwanken 693
Punktwandern 693
Purkinje-Phänomen 684, 687
Purkinjesche Aderfigur 694
PVC-Chlorierung 77
Pyrometer 697
pyroelektrischer Strahlungsdetektor 733
Pyroelektrizität 732

Quadrupol, elektrostatischer 244
–, magnetischer 246
Quadrupolaufspaltung 168, 170
Quadrupole, Fokussierung magnetischer 245
Quadrupolfrequenz 275
Quadrupolmoment 275
–, Präzession 275
Quadrupolmomente, elektrische 173
Quadrupolwechselwirkung 275
Quantenausbeute 189, 406
–, innere 379
Quanteneffekte 343, 344
Quanteneinfangstatistik 634
Quanten-Hall-Effekt 359
Quantenmechanik 392
Quantenzustände, kohärent angeregte 82
–, Kohärenz 82
–, Lebensdauer 82
Quantifizierung im Magnetfeld 423
quantitative chemische Analyse 26
quantitative Stoffanalytik 112
Quarks, Gluonen 224
Quarkstruktur 205
Quasi-Atome 225
Quasi-Fermi-Niveaus 367, 390
quasihydrostatische Drücke 701
Quecksilberhochdrucklampen 80, 200
Quelle 243
– für weiche Röntgenstrahlen 271
– monochromatischer Gammastrahlung 140
– – Röntgenstrahlung 140
– von Gammastrahlen 140
– von Röntgenstrahlen 140
– von Röntgenstrahlung 213
Quellen für die Auger-Elektronenemission 87
– – Röntgenelektronenemission 87
Quenching 82
–, Stoßquerschnitte 82
Quenchung 192
Querfelder, Fokussierung in magnetischen 244
Querschnitt, differentieller 50
–, makroskopischer 16
Q-Wert 124, 127

Racetrack-Mikrotron 267
Radarbildröhren 59
radiale Wärmestromdichte 763
Radiator 48
Radiatoren 271
–, periodisch angeordnete 271

Radikale   24, 227
–, freie   32, 151
Radikalphotographie   644
Radikalprozesse   644
radioaktive Indikatoren   159
– Isotope   110
– Nuklide   110
– Strahlen, natürliche   76
– Substanzen   132
radioaktiver Zerfall   160
radioaktives Gleichgewicht   133
– Nuklid   18
Radioaktivität   18, 132
–, künstliche   20
–, natürliche   116
Radiographie   50, 134, 183, 231
Radioindikatoren   135
Radiokarbonmethode   134
Radiolyse   170
radiolytische Zersetzung   264
radiometrische Sensoren   134
radiometrisches Verfahren   206
Radionuklidbatterien   135
Radionuklide   77, 128, 132, 159, 213, 257
–, gammastrahlende   257
–, natürliche   134
–, neutronendefizile   264
Radionuklidgeneratoren   135, 159, 160
Radionuklidneutronenquellen   21
Radionuklidquelle   176
Radionuklidtechnik   132
Radiotherapie   231
Radiotracer   135
Raman-Effekt   590
Raman-Spektroskopie   236, 591
Raman-Steuerung   382
Raman-Streuung, spontane   590
–, stimulierte   590
Randeffekt   641
Rasterelektronenmikroskop (REM)   60, 219, 222, 389
Rasterelektronenmikroskopie   75, 235
Rasterionenmikroskop   97
Rastermikroskop   60
Raster-Röntgenmikroskop   261
Raster-Tunnelmikroskop   62
Rasterverfahren   628
Rauminversion   204
Raumladung   245, 363
raumladungsbegrenzte Ströme   363
Raumladungsgleichung, Poissonsche   363
Raumladungsneutralität   364
Raumladungspolarisation   285
Raumladungszone   364, 388
–, Dicke   388
räumliche Kohärenz   553
– Unterschiedsempfindlichkeit   689
Rauschabstimmung   293
Rauschanpassung   293
rauscharmer Verstärker   445
Rauschen im Detektor   414
–, elektronisches   292
–, 1f-   292
–, thermisches   292

Rauschen, weißes   292
Rauschladung, äquivalente   293
Rauschleistung   292
– NEP, äquivalente   414
Rauschthermometer   731
Rauschzahl   293
Rayleigh-Streuung   252, 601
Reaktionen auf Oberflächen   52
–, chemische   77
–, – in elektrischen Entladungen   192
–, direkte   125
–, thermonukleare   125
Reaktionsabläufe   170
Reaktionsausbeute   18
Reaktionsenergie   124, 127
Reaktionsgeschwindigkeiten   154
Reaktionskinetik   52
–, chemische   112
reaktionskinetische Vorgänge, Homogenität   77
Reaktionsmechanismus   123, 205
Reaktionsquerschnitt   175
Reaktionsrate   19
reaktive Bedampfung, plasmagestützte   85
– Verdampfung   70
reaktives Zerstäuben   74
Reaktor, schneller   255
Reaktoren   181
–, schnelle   36
–, thermische   35, 45, 131, 255
Reaktorkern   46
Reaktorkühlmittel   35, 108
Reaktormoderator   125
Reaktornuklide   128
Reaktorstrahlenschädigung, Simulation
Reaktorwerkstoffe, Strahlenbelastung   35
Rechentechnik   711
redlight-development   644
Redox-Reaktionen   170
Reduktion der Betriebsspannung   187
– von Eisenerzen   194
reelles Bild   502
Referenzelemente   444
Reflexe, Modulation   349
Reflexion   368, 587
–, Braggsche   39, 136
– der Ordnung n 39
– des Lichtes   594
–, selektive   517
– von Elektronenstrahlen   232
– von Neutronen   177
Reflexionselektronenbeugung (RHEED)   54
Reflexionskoeffizient   406
Reflexionslichthofschutz   640
Reflexionsverstärker   445
Reflexkopierverfahren   670
Refraktometrie   585
Regel, Linde-Norburysche   736
–, Matthiessensche   736
– von Wood   611
–, Weber-Fechnersche   688
–, Webersche   688
Regelschaltungen, Stellglieder   362
Registrierung, photographische   217

Reibung, innere 475
Reichweite 14, 58, 89, 228
– geladener Teilchen 254
–, maximale 15
– von α-Teilchen 16
– von β-Strahlung 255
– von Neutronen 230
– von schweren Ionen 225, 230
–, wohldefinierte der Schwerionenstrahlen 231
Reifung 667
Reinheitsbestimmung 515
Reinigung von Edelgasen 31
Reiz 680
Rekombination 206, 353, 378, 439
–, athermische 34
–, nichtstrahlende 379
–, spontane 368
–, strahlende 374, 379, 394, 406
–, thermische 34
– über Zellen 353
– – Zentren 406
Rekombinationsfluoreszenz 565
Rekombinationskoeffizient 206
Rekombinationsmechanismus 405
Rekombinationsprozesse 87
Rekombinationsrate 365
Rekombinationsstrahlung im komprimierten Plasma 411
Rekombinationsstrom 365
Rekombinationsstromdichte 365
Rekristallisation 27, 28, 91, 102, 481
–, epitaktische 29
Rekristallisationstextur 28
Rekristallisationsvorgänge 24
Relativbewegungen 693
relative Häufigkeit 110
– Massendifferenz der Isotope 111
relativer Streuquerschnitt 608
relativistische Schwerionenstrahlen 226
relativistischer Massenzuwachs 268
Relativitätstheorie 23
Relaxation 25, 351, 378
Relaxationszeit 755
–, longitudinale 148
–, Maxwellsche dielektrische 363
–, transversale 148
relaxierte Moduln 475
Remanenz 305
Reorganisationseffekte 86
Repeater 569
Replika-Technik 228
Reproduktionsphotographie 671
Reprographie 618, 645
Resistschichten, Exposition 98
resonante optoakustische Empfänger 579
Resonanz, diamagnetische 146
–, ferromagnetische 146
–, geometrische 447
–, magnetische 145, 146
Resonanzabsorption 19, 168, 169
– der Gammastrahlen 118
Resonanzbedingung 168
Resonanzdetektor 21, 177
Resonanzfluoreszenz 547, 565

Resonanzfluoreszenzstrahlung 168, 169
Resonanz-Ionisationsspektroskopie 106
Resonanzreaktionen 124
Resonanzstrahlung 270
–, Wirkung magnetischer Felder auf 81
Resonator 368
Resonatorlänge 368
Restkern 116
Restmagnetismus 305
Reststrahlenschäden 29
Restwiderstand von Metallen 735
Retention 264
Retinaschädigung 687
reversible Speicherung 647
Rezeptor 681
Reziprozitätsfehler 662
Reziprozitätsgesetz 662
Reziprozitätsregel, Abweichung 611, 624
Reziprozitätssatz, Onsagerscher 287
RFA 163, 220
RhSi 389
Richardson-Effekt 208, 221
Richardson-Konstanten, effektive 388
Richtfunknetze, Sender 351
Richtungseffekte 624
Richtungskorrelationsmessung 205
Richtungsquantisierung 277
Riesenresonanz 20, 116
Ringbeschleuniger 224, 265, 267
Rißausbreitung 472
Rißausbreitungsgeschwindigkeit 473
Risse 218
RMS-Wert 637
Röhre, Braunsche 59
Röhren 190
Röhrentechnik 59
Röntgenabsorptionsspektroskopie 261
Röntgenabsorptionsspektrum 213
Röntgenbeugung 53
Röntgenbildverstärker 190, 218
Röntgenbremsstrahlung 59
Röntgendefektoskopie 218
Röntgendiagnostik 43, 218
– und Mikroskopie 261
Röntgendiffraktometrie 165
Röntgenelektronenemission, Quellen 87
Röntgenemission 102
Röntgenemissionsspektren 87, 211
Röntgenemissionsspektrum 213
Röntgenenergieänderungen 211
Röntgenfluoreszenz 257
Röntgenfluoreszenzanalyse (RFA) 128, 163, 166, 219, 261
–, quantitative 258
Röntgenfluoreszenzanregung 137
Röntgenfluoreszenzspektren 212
Röntgenintensitätsverhältnisse 86
Röntgeninterferenzen 136
Röntgenkleinwinkelstreuung 262
Röntgenlinien 211
Röntgenlithographie 262
–, Auflösung 262
Röntgenmikroanalysator 62
Röntgenmikroanalyse 74

Röntgenmikroskop 262
Röntgenmikroskopie 261
röntgenographische Phasenanalyse 165
Röntgen-Photoelektronenspektroskopie 191, 212, 261
Röntgenproduktionsquerschnitt 216
Röntgenquanten 189
– von Elektronen 87
Röntgenresists in der Mikroelektronik 38
Röntgenröhren 43, 59, 213
Röntgensatelliten bei Innenschalenvakanzen 212
– bei Außenschalenvakanzen 211
Röntgensatellitenlinien 272, 273
Röntgenschirme 380
Röntgenspektroskopie 214
–, UV- 261
–, weiche 261
Röntgenstrahlbeugung 180, 182
Röntgenstrahlen 39, 55, 213, 232, 237, 251, 265
–, Nachweis 217
–, Optik 216
–, Quelle 140
–, – für weiche 271
–, Spektrometrie 217
Röntgenstrahlimpulse 59
Röntgenstrahllithographie 140
Röntgenstrahlung 15, 25, 42, 49, 113, 116, 206, 213
–, Ausbeute an charakteristischer 216
–, außerirdische 212
–, charakteristische 133, 180, 211, 213, 257
–, elektronische 213
–, myonische 172
–, Quelle 213
–, – monochromatischer 140
–, Wellenlängenanalyse 41
Röntgenstrukturanalyse 140, 261
Röntgentechnik 59
Röntgentherapie 218
Röntgentopographie 41, 262
Röntgenübergänge 86, 213, 216
–, Intensitätsänderungen 86
Röntgenübergangsrate 86
Röntgenwellenlängen, Analyse 40
–, charakteristische 40
Ross-Effekt 624
Rotationsbande 116
Rotationsbanden-Zustände 117
Rotationszustände der Moleküle 252
Rückkopplungsprozeß 641
Rückstoß 263
Rückstoßenergie 263, 264
rückstoßfreie Emission 168
Rückstoßimplantation 275
Rückstoßimpuls 168
Rückstoßmarkierung 265
Rückstoßprotonen 176, 178
Rückstoßprotonen-Spektrometer 177
Rückstreuausbeute 114
Rückstreuelektronenstrombild 235
Rückstreuspektrum 114
Rückstreuung 102
Rückstreuung von Betastrahlung 257
– von Photonen 257
rückwärtssperrende Thyristortrioden 434

Russel-Effekt 611
Russel-Saunders-Kopplung 25, 277
Rutherford-Rückstreuung 113, 114
Rutherford-Streugesetz 251
Rutherford-Streuquerschnitt 100
Rutherford-Streuung 126
Rutherford-Weitwinkelstreuung 113
RWM-Mechanismus 350
Ryftin-Effekt 318

Sabattier-Effekt 611
Sägezahngeneratoren 318
Saha-Eggert-Gleichung 103, 105
Sammellinse 244
Sand, Feuchte 178
Sasaki-Shibuya-Effekt 418
Satellitenlinien 211
Satellitenspektroskopie 212
sättigbare Absorber 598
Sättigung 388, 684
Sättigungsaktivität 264
Sättigungsdampfdruck 68, 69
Sättigungseffekte, optische 597
Sättigungsfall 366
Sättigungsstrom 221, 388
Sättigungsstromdichte 221
Sauerstoffverbrauch 24
Saugvermögen 240
Säule 79
–, äußere positive 84
– der Entladung 79
–, innere positive 84
–, positive 201
Saumeffekt 641
Säuren 227
Scaling down 344
Scanning-Auger-Elektronen-Spektrometer 222
Schadenszone 226
Schädlinge, Abtöten 77
Schadt-Helfrich-Effekt 540
Schalenmodell 116
Schaltbögen 78
Schalteffekte in dünnen Schichten 396
Schalter 444
Schaltfunke 79
Schaltkreis, integrierter 38
Schaltkreise 394
–, Herstellung mikroelektronischer 91
Schaltkreisinspektion 235
Schaltlichtbogen 79
Schaltnetzteile 388
Schaltstrecken, Gasentladungen 80
Schaltungen, netzgelöschte 434
Schaltverhalten 433
– von Halbleitern 77
Schaltzustand 376
Schaumbildung 37
Scheinbewegungen 693
Schicht, atomare 241
–, dünne 52, 240
–, photographische 608
–, strahlungsempfindliche 38
Schichtaufstäubung 97

Schichtdickenmessung, induktive 328
Schichten auf dicken Substraten 101
–, CdS-Cu$_2$S- 417
–, dielektrische 88
–, halbleitende 69
–, Herstellung dünner 69, 74
–, Optimierung photographischer 610
–, Strukturierung dünner 70
Schichtgetter 242
Schichtherstellung, plasmachemische 194
Schicksale der Neutronen 255
Schleier 467
Schleiereffekt 624
Schleusenspannung 433, 444
Schmelzen 68, 198, 262
–, Mikrobearbeitung 62
Schmierstoffe 35
Schmucksteine, Verfärbung 77
Schmutzabstoßung von Textilien 77
Schneidkeil 488
schnell bewegte Elektronen 42
schnelle geladene Kernstrahlungsteilchen 48
– Neutronen 36, 176
– Reaktoren 36
– Schottky-TTL 388
Schnellentwicklungsverfahren 666
schneller Brüter 46
– Brutreaktor 45, 46
– Reaktor 255
schnelles adiabatisches Passieren 604
Schnellfixierbäder 615
Schnellspaltfaktor 46
Schnittgeschwindigkeit 490
Schnittkraft 490
Schottky-Diode 330
– zur Gleichrichtung höchstfrequenter elektrischer Felder 427
Schottky-Dioden 388, 428, 444
Schottky-Dioden-FET-Logik (SDFL) 389
Schottky-Effekt 64, 221
Schottky-Kontakt 374, 426
Schottky-TTL, schnelle 388
Schottky-Übergänge 388
Schutzgasatmosphäre 29
schwache interstellare Magnetfelder 83
– Phonon-Phonon-Streuung 401
Schwächungsgesetz 215, 251, 253
–, exponentielles 15, 16, 76
Schwächungskoeffizient, akustoelektrischer 28
–, linearer 15, 16, 76, 215, 251
–, zeitabhängiger 275
Schwarzmetallurgie 220
Schwarzschild-Effekt 562
Schwarzschildsches Schwärzungsgesetz 663
Schwärzungsfläche, Arenssche 664
Schwärzungsgesetz, Schwarzschildsches 663
Schwärzungskurve 633, 668
Schwärzungsschwankung 636
Schwarzweiß-Entwicklung 664
Schwarzweiß-Photographie 667
Schwarzweiß-Sofortbildphotographie 669
Schweißen 198
–, Mikrobearbeitung 62

Schwellenenergie 127, 177, 332
– der Displazierung 33
Schwellenfeldstärke 351
Schwellenspannung 351
Schwellpotential-Spektroskopie 236
Schwellstrom 368
Schwellstromdichte 369
Schwellung 230
Schwellwertdetektor 21, 49
Schwellwertschalter 445
Schwellwertsonde 21
schwere Ionen 98
Schwerionenbeschleuniger 212, 223
Schwerionenkollektivbeschleuniger 273
Schwerionen-Lithographie 229
Schwerionen-Mikroskopie 229
Schwerionen-Raster-Mikroskopie 229
Schwerionenstoßexperiment 211
Schwerionenstrahl, gepulster 226
Schwerionenstrahlen 98, 223, 224
–, hochenergetische 230
–, relativistische 226
Schwerionenstrahlung 97
Schwerwasser 130
Schwimmen 483
Schwindung 485
Schwingfrequenz, maximale 440
Schwingquarz 478
Schwingungsaufnehmer 286
Schwyn-Körnung 636
Sedimentationspotential 289
Seebeck-Effekt 399, 402, 420, 429, 613
Seebeck-Koeffizienten 399, 420
Sehen, foveales 690
–, mesophisches 682
–, parafoveales 690
Sehschärfe 689, 690
Sektorfokussierung 266
sekundäre Defektreaktionen 34
– γ-Strahlung 16
– Ionisierungsquelle 186
Sekundärelektronen 59, 113, 223, 232, 237
–, echte 232, 233
Sekundärelektronenausbeute 156
Sekundärelektronemission 56, 233
Sekundärelektronenspektroskopie 233, 234
Sekundärelektronenspektrum 232
Sekundärelektronenvervielfacher (SEV) 48, 59, 190, 234
Sekundärionen 237
Sekundärionenausbeute 237
Sekundärionen-Massenspektrometrie 74
Sekundärionen-Massenspektroskopie 71, 91, 97, 238
–, dynamische 238
–, statische 239
Sekundärionen-Mikroskop 239
Sekundärionen-Mikrosonde 239
Sekundärreaktionen der Ionen 32
Sekundärstrahlung 14, 17
Sekundärteilchen 251
Selbstdiffusion 154, 162
selbstinduzierte Transparenz (SIT) 604
Selbstjustage 345
Selbstphasenmodulation 574

selektive Ionenätzung 74
– Reflexion 517
seltene Erden 339
semiisolierende Halbleiter 363
semiisolierendes GaAs 394
Sendelichtquellen 568
Sender in Richtfunknetzen 351
Senderöhre 243
sensibilisierter Herschel-Effekt 613
Sensibilisierung, orthochromatische 673
–, panchromatische 673
–, spektrale 671
Sensibilitätseffekte 611
Sensoren 441
–, chemische 346
–, elektronische
–, radiometrische 134
Separation von Elektronen 271
SEV, diskrete 234
–, Dunkelstrom 234
–, kontinuierliche Dynode 234
– mit Szintallationskristalle 234
–, offene 234
SF_6-Schalter 80
SGT 345
shake-off-Prozeß 273
SHG 544
Shockleyscher Sonderfall eines pn-Überganges 365
Shubnikov-de Haas-Effekt 383, 423, 431
Si-Avalanche-Dioden 377
Sibirische Schlangen 259
SiC 374
Sichtbarmachung unsichtbarer Photos 650
Siedeverzug 738, 749
Siedewasserreaktoren 131
Signalplatte 318
–, Ladungsrelief 318
Signalrauschverhältnis 638
Silberhalogenide 647, 649
Silberionen-Leiter 300
Silbersalzdiffusionsverfahren 625, 669
Silikate 380
Silikatindustrie 220
Silizium 333, 394, 415, 416, 418, 438, 440
Silizium-Diffusionstechnologie 341
Silizium, Kontaktmaterialien 389
Silsbee-Regel 741
SIMS 187, 238
Simulation der Reaktorstrahlenschädigung 37
– von Strahlenschäden 230
Si_3N_4 394
Singuletterme 277
Sinne, Übertragungsfunktion 688
Sinnestäuschungen 692
Sintern 485
Sinusbedingung, Abbesche 505
SiO_2 394
SiO_2-Markierung 438
Si-Planartechnik 366
Si-Schichten, amorphe hydrogenisierte 417
Skineffekt 276, 320, 447
Skorotron 620
Sofortbildphotographie 625

Solarelemente 88, 91
Solarisation 613
Solarzelle, Wirkungsgrad η 416
Solarzellen 415, 427, 428
Solenoid 244
Solitonen 571
Sollbahn 247
Soller-Kollimatoren 218
Sollkreis 267
Sommerfeldsche Feinstrukturkonstante 359
Sonnenwind 75, 95, 98
Sorption 240
Sorptionsfallen 240, 242
Sorptionsmittel 240
Sorptionspumpen 240, 242
Source-Dotierung 92
Spallationsreaktionen 123, 127
Spaltbildverbreiterung 640
Spaltfragmente 176
Spaltkammer 176
Spaltmaterial 45, 46
Spaltneutronen 16
Spaltnuklide 128
Spaltnuklidgemisch 108
Spaltprodukte 176
Spaltquerschnitte 45, 130, 176
Spaltspektrum 18
Spaltung 173
–, spontane 132
Spanen 488
Spannungen, mechanische 136
Spannungsanalyse 41
Spannungs-Dehnungskurve 497, 658
–, zyklische 473
Spannungsdurchbrüche 157
Spannungsdurchschlag 223
Spannungsempfindlichkeit 414
– des Dember-Effektes 337
Spannungsfelder 467
Spannungsintensität, kritische 460
Spannungskonzentration 459, 497
Spannungsmessungen 314
Spannungsoptik 519
Spannungsquellen, elektrochemische 93
Spannungsrelaxation 475
Spannungsstandard 711
Spannungsteiler, veränderbare 362
Speicherring 258
–, Ablenkmagnet 259
Speicherringbeschleuniger 247, 259
Speicherschaltkreise 344
Speicherschichten 69
–, magneto-optische 229
Speicherung, reversible 647
spektral sensibilisierter Herschel-Effekt 613
Spektralbereich, Leuchtdiode für den sichtbaren 380
spektrale Intensitätsverteilung 259
spektrale Linienbreite 553
– Sensibilisierung 671
– Strahldichte 249
– Verteilung der Detektivität 391
spektraler Absorptionskoeffizient 249
– Emmissionskoeffizient 249

Spektrallinien 200
–, Aufspaltung 276
– von Atomen 276
Spektrometer, energiedispersive 217
–, wellenlängen- bzw. kristalldispersive 217
Spektrometrie von Röntgenstrahlen 217
Spektroskopie 261
–, dopplerfreie 598
–, hochauflösende 581
– unterhalb der Dopplerbreite 372
spektroskopische Lichtquelle 85
Spektrum, charakteristisches 189
Sperrbereich 432
Sperrichtung 364, 366
Sperrkennlinie 433
Sperrschicht, magnetische 386
Sperrschichten 426
Sperrschichtfeldeffekt-Transistor 342
Sperrschicht-Photoeffekt 190, 353, 416, 426
Sperrschichtpolarisation 285
Sperrträgheit 388
Sperrverzugszeit 434
spezifische Energie 226
– Energieverluste 100
– Ionisation 32
spezifischer Energieverlust 32
– Widerstand 360
sphärische Aberration 503
Spiegel 69
–, magnetische 195
Spiegelmaschine 196
Spiegelreaktionen 205
Spiegelung 594
Spin 202
– des Elektrons 174
– des Myons 174
–, Teilchensystem mit 202
Spinabhängigkeit 205
Spin-Bahn-Kopplung 25, 151
Spin-Bahn-Wechselwirkung 151, 278
Spin-Echo-Verfahren 149
Spinell-Typ-Struktur 182
Spin-Gitter-Relaxationszeit 148
Spin-Gitter-Wechselwirkung 147
Spingläser 144
Spinkorrelation 204
Spinmarker 151
Spin-MPE 382
Spin-Orientierung 278
Spin-Phasengedächtnis-Relaxationszeit 148
spinpolarisierte LEED (SPLEED) 54
Spin-Spin-Kopplung 151
Spin-Spin-Relaxationszeit 148
Spin-Spin-Wechselwirkung, indirekte 153
Spiropyrane 647
Spitzen, nadelartige 229
Spitzendetektor 387
Spitzendiode 426
Spitzenkatode 222
Spitzenkontakte 341
Spitzentransistor 363
spontane Kernspaltung 129, 442
– Polarisation 732

spontane Raman-Streuung 590
– Rekombination 368
– Spaltung 132
Spreizverfahren 628
Spritzkatoden-Entladung 158
Sprungtemperatur 93
– in supraleitenden Materialien 92
Spurengase, Nachweis 372
Sputtering 89, 91
Sputtern 73, 387
Sputterquellen 89
SQUID (Superconducting Quantum Interference Devise) 711
stabile Flüssigkeit 738
– Isotope 110
Stabilisierung 444
–, photographische 615
– von Gleichspannungen 362
Stabilisierungsschaltungen 444
Stahl, austenitischer 34
–, Bruchdehnung 37
Standardabweichung 133
standardfreie Analyse 166
Stapelfehler 24, 466
stark dotierte, entartete Halbleiter 390
Stark-Effekt 347
stationärer REM-Effekt 403
statisches Kennlinienfeld 433
– magnetisches Feld orientierter Atomkerne in Gasen 83
statistischer Charakter des Kernzerfalls 133
Staubdetektor SD 206
Staubkonzentration 207
Staubmessung 206
Stefan-Boltzmannsches Gesetz 697
Stegbreite 345
Steifigkeit der Kernoberfläche 116
Steigerung der Lichtempfindlichkeit 612
Steigerungen 467
Steile 410
Stellarator 197
Stellglieder in Regelschaltungen 362
Sterilisation biologischer Medien 228
Sterilisieren 77
Sternatmosphären, Energietransport 249
Sterne, Energiehaushalt 121
Stern-Gerlach-Methode 203
Sterninterferometer 524
Stern-Potential 288
Sternschicht 288
Sternspektren 225
Sterry-Effekt 624
Steuern, kontaktloses 386
Steuerstromeinspeisung 433
Stickstoff 380
Stiles-Crawford-Effekt I 689
– II 687
stimulierte Brillouin-Streuung 574
– Emission 367, 368
– Raman-Streuung 590
Stirling-Gaskältemaschinen 720
Stirling-Prozeß 718
stochastische Kühlung 247
Stöchiometrieabweichungen 737

Stöchiometrieänderungen 137
Stoffanalyse 77
Stoffanalytik 112
Stoffgemische, Analyse 77
Stoffreinigung 562
Stoffströme in biochemischen Systemen 112
– – technischen Systemen 112
Stofftrennung 751
Stoffumsatz an Phasengrenzen 93
Stoffumwandlung, plasmachemische 93, 94, 192
Stoffwandlung 78
–, plasmaelektrische 192
–, plasmathermische 192
Stoffwechselvorgänge 77
Störaktivität 21
Störeffekt 431
Störleitung 392
Störleitungsbänder 394
Störsicherheit 445
Störstellen 360
–, Anregungen 408
–, flache 393
–, isoelektronische 374, 394
–, paramagnetische 151
Störstellenabsorption 405
Störstellenanalytik 151
Störstellenerschöpfung 393
Störstellenleitung 392
Störstrahlung 256
Störungen 686
Stöße, elastische 237
– mit Orbitalelektronen 32
–, unelastische 237
Stoßionisation 103, 213, 332, 411, 414
–, Energieschwelle 333
– mit Paarerzeugung 332
Stoßionisationsplasma 411
Stoßkaskaden 33, 95, 226, 233, 237
Stoßprozesse 95, 272
Stoßquerschnitte für Depolarisation 82
– für Quenching 82
Stoßwellen 702
Stoßzeit 424
Strahlaufweitung 245
Strahldichte, spektrale 249
Strahlen, natürliche radioaktive 76
Strahlenablenkung, periodische 91
Strahlenbelastung 14
– der Reaktorwerkstoffe 35
Strahlenbeständigkeit 33, 35, 37
Strahlenbiologie 31, 118
strahlenbiologische Bereiche 231
strahlenbiologische Grundlagenforschung 231
Strahlenbündel, kollimierte 15
Strahlenchemie 31, 32, 118
strahlenchemische Synthese 77
strahlenchemischer Abbau 77
strahlende Elektronenübergänge 86
– Rekombination 374, 379, 394, 406
Strahleneinwirkung 255
Strahlenquellen 128
Strahlenresistenz 230
Strahlenschäden 88, 89, 90, 113, 138

Strahlenschäden durch Kernreaktionen 33
– in Polymeren 37
–, Simulation 230
Strahlenschädencluster 29
Strahlenschädigung 31, 227, 261
– in Fusionsreaktormaterialien 37
Strahlenschutz 17, 255, 257
Strahlenskalpell 262
Strahlentechnik 255
strahlentechnische Behandlung von Abfällen 77
Strahlenteiler 69
Strahlentherapie 62, 128
Strahlenvernetzung 31
Strahlfokussierung 243
Strahlführung 56
Strahlintensitäten 226
Strahlkühlung 247
– von leichten Ionen 248
Strahlleitungen 243
Strahlleitungssystem 267
Strahlteilung 628
Strahlung 368
–, Abschirmung ionisierender 14
–, elektromagnetische 47, 200, 258
–, Energie 14
–, frei-frei- 200
–, frei-gebunden- 200
–, gebunden-gebunden- 200
–, hochenergetische, Wechselwirkung mit Festkörpern 31
–, intensitätsschwache 190
–, ionisierende 14
–, kontinuierliche 200
–, kosmische 224
–, Nachweis linear polarisierter 337
–, Wirkung auf Stoffe 18
Strahlungsarten 270
Strahlungsausbreitung 249
Strahlungsbremsung 19, 254
Strahlungsdämpfung 267
Strahlungsdetektoren 217, 274
Strahlungsdichte des Hohlraumes 249
Strahlungsdiffusion 249, 250
Strahlungseinfang 123, 125
Strahlungselektrete 285
Strahlungsempfänger 510
–, thermoelektrische 422
strahlungsempfindliche Schicht 38
Strahlungsenergie, elektromagnetische 23
Strahlungsfeld 14, 17
Strahlungsgesetz, Plancksches 697
Strahlungsintensität 14
Strahlungslabor 258
Strahlungslänge 43
strahlungslose Elektronenübergänge 86, 87
– Übergänge, Intensitätsänderung 86
strahlungsloser Übergang 25
Strahlungsmeßtechnik 255
Strahlungsnormal 261
Strahlungsquelle 17, 18
–, Ionisationskammer mit internen 207
Strahlungsquellen, gefahrloser Umgang 14
strahlungsresistenter Werkstoff 31
Strahlungsschäden 29, 274

810

Strahlungsschutz 14
Strahlungsthermometer 731
Strahlungstransport 14, 200, 216, 249, 250, 251
– in heißem Glas 250
– in Hochdruck-Plasmalichtquellen 250
Strahlungstransportgleichung 18, 249, 253
Strahlungstransporttheorie 252
Strahlungsübergang 116
Strahlungswärmeleitung 250
Strangpresse, hydrostatische 704
Streamer-Mechanismus 79
Strehlsche Definitionshelligkeit 505
Streifenbreite 440
Streuamplitude 176
–, magnetische 181
Streuamplitudendifferenz 182
Streufaktoren 384
Streuindikatrix, elementare 608
Streukoeffizient 609
Streumechanismen 332
Streuphasen 138
Streuprozeß, elastischer 25
–, unelastischer 25, 99
Streuprozesse 16, 754
Streuquerschnitt 176
–, makroskopischer 177
–, relativer 608
Streustrahlung 17
–, Analyse 41
Streuung 587
– des Lichtes 600
–, elastische, inkohärente 178
–, elastische, kohärente 178
–, inelastische 381
–, inkohärente 180
–, magnetische 180
– thermischer Neutronen 180
–, unelastische 123
– von α-Teilchen 99
– von Gammastrahlen 49
– von Lichtquanten 49
Streuungen, elastische 17, 49, 113, 123, 175
Strom, kritischer 710
Stromdichte, akustoelektrische 280
–, elektrische 364
–, kritische 742
Stromdichteverteilung im fokussierten Elektronenstrahl 319
Ströme, raumladungsbeschränkte 363
Stromempfindlichkeit 414
strömendes Gas 198
Stromleitung, elektrolytische 93
Stromoszillationen 411
Stromquellen, elektrochemische 94, 301
Strom-Spannungs-Kennlinie des Kontakts 388
Stromverdrängung 321
Stromverdrängungsläufer 322
Stromverstärkungen 234, 438, 439
Stromverstärkungsfaktoren in Basisschaltungen 433
Strudel 467
Struktur, atomare komplizierter Verbindungen 67
– der Atomumgebung 275

Struktur der Materie 225
–, kristallographische 222
–, magnetisch geordnete 182
Strukturdefekte 24
strukturelle Phasenumwandlung 172
Strukturen, hochdotierte, nichthomogene 424
Strukturfaktor 53
Strukturierung dünner Schichten 70
– mikroelektronischer Bauelemente 71
Strukturuntersuchung in Festkörpern 180
Strukturveränderungen, zeitabhängige in-situ Untersuchungen während 262
Stufenionisation 103
Stufenversetzungen 24, 466
subatomarer Bereich 224
Subdopplerspektroskopie 583
Sublatentbildeffekt 611
Sublimationspumpen 70
Sublimieren 68
Submikrometerstruktur 62, 75
Subniveau 277
subnormale Glimmentladung 79
Substanzen, ferrimagnetische 145
–, ferromagnetische 145
–, hartmagnetische 145
–, kristalline 53
–, metamagnetische 143
–, radioaktive 132
–, weichmagnetische 145
Substitutionsstörstelle 392
Substrate, dicke, Schichten 101
Substratgitter, Matrix-Atome 64
Subtraktivverfahren 628
Summenkoinzidenz 309
superflüssig ^{4}He 706
Superhyperfeinstruktur 151
Superikonoskop 190
Superionenleiter 93, 94, 299
Superisolation (Vakuumvielschichtisolation) 752
Supernovaausbrüche 224
Superorthikon 190, 527
Superplastizität 480
Super-Schottky-Diode 426
Supersensibilisierung 672
supraleitende Ablenkmagnete 267
– Abschirmungen 744
– Magnetspulen 743
– Materialien, Sprungtemperatur 92
– Wärmeschalter 709
Supraleiter 403
– Typ I 741
– Typ II 741
Supraleitfähigkeit 710, 740
Suszeptibilität, magnetische 142
swelling 36, 37, 230
Symmetrie 137
– der Elementarzelle 41
Symmetrieachse des Feldgradienten 275
Symmetrieprinzipien 204
Symmetriestörung, lokale 172
Synchronisationsstrahlung 261
Synchrotron 98, 267
Synchrotronprinzip 265

Synchrotronstrahlung 42, 62, 192, 218, 220, 247
–, Polarisation 261
Synchrotronstrahlungsbündel 259
Synchrotronstrahlungsquellen 259
Synchrotronstreuung 258
Synchrozyklotron 98, 174, 267
Synthese, heiße 265
– metallkeramischer Verbindungen 194
–, strahlenchemische 77
– von Ozon 194
System, normal-photochromes 646
systematischer Teilungsfehler 692
Systeme AsSeTe 397
– AsTeTl 397
–, biochemische, Stoffströme 112
–, geschlossene 195
–, offene 195
–, photothermographische 674
–, technische Stoffströme 112
–, thermographisch-chemische 674
Systemoptimierung 638
Szilard-Chalmers-Effekt 159, 263
Szintillationsdetektoren 217, 218, 257
Szintillationsmeßköpfe 176
Szintillationszähler 185, 380

Tagessehen 681
Taktizität 154
Talspannung 443
Tammsche Zustände 426
Tandem-Generatoren 203
Tandem-Van-de-Graaff-Generator 268
Tangententäuschung, Lippsche 693
Tantal 209
Target 56, 95, 122, 243
Targetkerne 122
Targetmaterial 19, 263
–, amorphes 42
– und Kernreaktionsprodukt, Trennung von 264
Targets, polarisierte 202
–, Zerstäubung als Teilchenquelle 73
Täuschung, Bottische 692
–, Heringsche 692
–, Müller-Lyersche 693
–, Poggendorffsche 692
Täuschungen, entoptische 693
–, geometrisch-optische 692
Technik, I^2l- 441
technische Systeme, Stoffströme 112
technologische Anwendungen 62
Teilchen 184
–, Aktivierung mit geladenen 18, 19
–, Energieverlust geladener 254
–, geladene, Emission 95
–, ionisierende 414
–, Reichweite geladener 254
Teilchen-Antiteilchenpaar 23
Teilchenbeschleuniger 42, 95, 98, 223, 243, 245
Teilchenbeschleunigung, kollektive 212
Teilchenenergie 268
Teilchenerzeugung, Geschwindigkeitsverteilung 247
Teilchenseparation 271
Teilchenstrahl 243

Teilchensystem mit Spin 202
Teilchen- und Strahlungsnachweis durch Ionisation 106
Teilungsfehler, systematischer 692
Teilungsregel, Volkmansche 692
Teilungstyp, Kundtscher 692
–, Münsterbergscher 692
Teleskop 506
Temperaturbestimmung 172, 515
Temperatureffekt 624, 663
Temperaturen, Erzeugung (< 1 K) 706
Temperaturgradienten 429
Temperaturkoeffizienten 444
–, angepaßte 748
Temperaturkompensation 362
Temperaturmessung 422, 728
Temperatursensor 361
Temperaturstrahlung 378
Temperung 29, 91, 101
Tensorcharakter 408
Term 277
Terme, mehrfach besetzbare 393
TESI-Verfahren 620
TeV-Bereich 267
TE-Welle 574
Textilien, Schmutzabstoßung 77
Textur 41, 145
Texturinhomogenitäten 183
Texturuntersuchungen 183
Thermalisationszeit 23
Thermalisierung 23
thermische Abkühlkonstante 361
– Anregung 696
– Ausdehnungskoeffizienten 137
– Ausheilung 102
– Diffusion 91
– Emission 221
– – von Elektronen 208
– Emissionstheorie 388
– Energie 16
– Ionisation 103
– Ionisierung 105
– Kernspaltung 130
– Neutronen 18, 40, 176, 180
– –, Streuung 180
– Reaktoren 35, 45, 131, 255
– Rekombination 34
– Umordnung 34
thermischer Brutreaktor 46
– Pinch 412
– Widerstand 763
thermisches Rauschen 292
Thermistorwerkstoffe 360
Thermodiffusion 108, 109, 745
–, bipolare 756
Thermodiffusionsfaktor 745, 746
Thermodiffusionsverhältnisse 745
thermodynamischer Kreisprozeß 757
thermodynamisches Gleichgewicht 387, 738
thermoelastische Effekte 747
thermoelektrische Erscheinungen 420
– Generatoren 422
– Heizung 401
– Kennziffer 422

thermoelektrische Kühlung 400
– Strahlungsempfänger 422
– und magnetische Messungen 431
– Wandler 422
thermoelektrischer Effekt 420
Thermoelement 420, 730
Thermogeneratoren 395
Thermographie 674
thermographisch-chemische Systeme 674
thermoionischer Konverter 106
Thermolyse 170
thermomagnetische Effekte 400, 429
– Effektivität 324
– Kraft 324
– Kühlung 430
thermomagnetischer Verstärker 325
thermomechanische Behandlung (TMB) 492
Thermometer, kapazitive 731
Thermometrie 711, 743
thermonukleare Fusion 119
– Reaktionen 125
Thermoreaktionssysteme 674
Thermosensoren 582
Thermospannung 401, 421
Thomas-Fermi-Potential 113
Thomas-Fermischer Abwehrradius 113
Thomas-Fokussierung 266
Thomson-Effekt 399
Thorium 210
Thrombose, vasculare 276
Thyratron 78, 80
Thyristor 394, 432
–, Zündbedingung 433
Thyristoreffekt 432
Thyristoren, lichtzündbare 437
Thyristortriode 434
Thyristortrioden, rückwärtssperrende 434
Thyristron, abschaltbares 435
Tiefenabbildungsmaßstab 504
Tiefenprofil 99, 261
Tiefenverteilung 100
– der Belichtung 608
Tiefpaß 318
T-Invarianz 204
TM-Wellen 594
Tochterkern 116
Tochternuklid 132
Tochtersubstanz 160
TOF-Massenspektrometer 67
Tokamak 78, 196
Tokamak-Hybridreaktor 174
Tomographie 218
Tonaufnehmer 286
Toner 620
Tonhöhen-Unterschiedsempfindlichkeit 689
Tonhöhen-Unterschiedsschwelle 689 (Abb. 4)
Topical 155
Topografie-Effekte 235
Topographiekontrast 191
Topologie 95
totale elektrische Leitfähigkeit 299
Totalreflexion 176, 181, 594
Totalreflexionsspektroskopie 596

Townsend-Entladung 79, 187
Townsend-Mechanismus 79
Townsendsche Ionisierungskoeffizienten 186
Tracer 110
Tracerisotop 108
Tracermethode 77
Tracertechnik 112
Trägeraufheizung 383
Trägerbeweglichkeit 358, 384
Trägergas 207
Trägerkombination, nichtlineare 410
Trägermultiplikation 334
Trägertemperatur 419
Trägheitseinschluß 195
– von Plasma 195
Trägheitsfusion 127
Trägheitsmoment des Kerns 116
transfer of electrostatic images 620
Transfilme 618
Transient-Effekte, kohärent optische 604
Transistor 394, 438
–, bipolarer 341, 366, 438
–, optischer 598
Transistoreffekt 366
Transistoren, Hochfrequenzverhalten 440
Transistor-Transistor-Logik 441
Transistor-Transistor-Logik-Schaltkreise (TTL) 388
Translationsbrücke 53
Transmission monoenergetischer Elektronen 253
Transmission thermischer Neutronen 256
– von Photonenstrahlung 257
Transmissionselektronenmikroskop (TEM) 60
Transmissionselektronenmikroskopie (TEM) 54, 74
Transmissionsmessung 257
Transparenz, selbstinduzierte 604
Transparenz-MÜF 655
Transport 251
–, ballistischer 344
– energiereicher Photonen 257
– schneller Neutronen 256
– von β-Strahlung 256
Transportfaktor 439
Transportgleichung 14, 16
–, kinetische 251
Transportprozesse 112
Transporttheorie für Elektronen 251
– für Neutronen 251
Transportvorgänge 77
Transportweglänge 254
Transuranelemente 223, 225
transversale magnetische Widerstandsänderung 383
– MPE 381
– Relaxationszeit 148
– thermomagnetische Effekte 400
transversaler Dember-Effekt 336
– Ettingshausen-Nernst-Effekt 323
– Magnetowiderstand 383
treibmittelfreie Vakua 727
Trennelement 107
Trennfaktor 107
Trennprozeß 112
Trennrohrverfahren 746
Trennschärfe 688

Trennschärfe, Intensität 683
—, örtliche 683, 689
—, zeitliche 683
Trennung, elektromagnetische 108
— von Targetmaterial und Kernreaktionsprodukt 264
Triacs (bidirektionale Thyristoren) 434
Triboelektrete 285
trichromantisches Farbensehen 685
Trichromasie 686
Trink- und Abwasserreinigung 195
Trinkwasser 227
Triodenpumpen 242
Triplettzustände 151
Tritanomalie 686
Tritanopie 686
Trübungseffekt 638
Tubuslänge 506
Tumorbekämpfung 128
Tumorherde 231
Tumorsuche 128
Tumorzellen 178, 218
Tunneldiode 330, 442, 443
—, digitale Anwendung 445
—, Ersatzschaltung 444
Tunneleffekt 221, 338, 347, 366, 740
Tunnelströme 427
turbidity-effect 638
Turbinenschaufel 182
Tyndall-Effekt 601
Tyndall-Kegel 602

Übergang, strahlungsloser 25
Übergangsfrequenz 440
Übergangsmetalle, Silicide 389
Übergangsmetallionen 151
Übergangsmetallkomplexe 151
Übergangsstrahlung 270
—, Bremsstrahlung und 270
—, kritische Frequenz 271
—, Polarisation 270
—, Spektral- und Winkelverteilung 270
Übergangstemperatur 740
Übergangswahrscheinlichkeit 25
überhitzte Flüssigkeit 738
Überkompensation 309
Überlappung von Zuständen 81, 82
Überschall-Gasstrahl 224
Übersensibilisierung 672
Übertragung von Anregungsenergie 186
Übertragungsfunktionen der Sinne 688
Übertragungstheorie, optische 651
UHV, Erzeugung 727
UHV-Technik 240
UKW-Technik 266
Ultrahochvakuum 52, 53, 210, 222, 388
—, Erzeugung 727
ultrakalte Neutronen 176
Ultrakurzzeiteffekt 662
Ultraschalleistungsmessung 361
ultraschwache Magnetfelder 83
Ultraviolett-Photoelektronenspektroskopie 191
Ultrazentrifuge 108
Umdruckprozeß 620

Umformung 481
Umformvermögen 480
Umkehrentwicklung 676
Umkehrverfahren 612
Umladungsprozesse 225, 267
Umlaufzeit 268
Ummagnetisierung 262
Umordnung, athermische 34
—, thermische 34
Umordnungsionisation 104, 186
Umordnungsprozeß der Elektronenhülle 272
Umordnungsprozesse in den Elektronenhüllen 225
—, strahlungslose 272
Umordnungsvorgänge 27
Umwegfaktor 255
Umweltüberwachung 220
uneigentliche Farbenmischung 685
unelastische Neutronenstreuung 165
— Streuprozesse 25, 99
— Streuung 123
unipolare Generation 405
unipolarer Feldeffekttransistor 341
Unipolarmaschine 328
Unipolartechnik 341
Universalentwickler 666
unkritischer Belichtungsbereich 663
unrelaxierte Moduln 475
unselbständige Entladung 79
Unterdruck 463
Unterschiedsempfindlichkeit 688
—, Intensität 689
—, räumliche 689
—, zeitliche 690, 691
Unterschiedsschwelle 688
Untersuchung, zeitabhängige in-situ 262
— der Struktur in Festkörpern 180
— dynamischer Prozesse in Festkörpern 180
Up-Conversion 380
UPS 191
Urandioxid 360
Uran-Ionen 224
Uranisotop 108
Uranprospektion 179
Urdox 360
Urfarben 685
UV-Ionisation 107
UV-löschbarer Festwertspeicher 345
UV-Photoelektronenspektroskopie 261
UV-Röntgenspektroskopie 261

Vakanz-Cluster 28
Vakanzen 86
— in der Elektronenhülle 86
Vakanzmultiplikationsprozesse 273
Vakua, treibmittelfreie 727
Vakuumapparaturen 210
Vakuum-Aufrechterhaltung 242
Vakuumbestrahlung 38
Vakuumerzeugung 31, 242, 726
Vakuummäntel 242
Vakuumniveau 208, 221
Vakuumtechnik 70
Vakuumvielschichtisolation (Superisolation) 752

Valenzband 25, 392
Valenzkräfte 240
van-de-Graaff-Generatoren 218, 266, 268
van-der-Waals-Kräfte 240
van-Vleck-Paramagnete 709
van-Vleckscher-Paramagnetismus 142
vasculare Thrombose 276
Vavilov-Čerenkov-Strahlung 270
veränderbare Spannungsteiler 362
Veränderung der Lichtfrequenz 284
– – Materialeigenschaften 88
$A^{III}B^V$-Verbindungen 394
Verbindungen, Diagnostik chemischer 273
Verbindungshalbleiter 91
verbotene Zone, Breite 393
– – des Halbleiters 392
Verbreiterung, homogene 597
–, inhomogene 597
Verbund 496
Verdampfen 68, 749
–, Mikrobearbeitung 62
Verdampferpumpen 70
Verdampfung über die flüssige Phase 68
–, ionengestützte 70
– positiver Ionen 64
–, reaktive 70
Verdampfungsgetter 242
Verdichtung 486
Verdünnungsmethode 161
Verdunsten 749
Verfahren der freien Induktion 149
–, photolithographisches 394
Verfärbung von Gläsern 77
– von Schmucksteinen 77
Verfestigung, adiabatische 706
–, kinematische 452, 453
Verflüssiger 721
Verflüssigung von Gasen 714
Verflüssigungsarbeit, minimale 718
Verformungsanisotropie 453
Vergrößerung 505
–, förderliche 506
–, leere 506
Verlagerungskaskade 90
Verminderung der Auger-Raten 87
Verneuil-Verfahren 198
Vernetzung 33
– von Makromolekülen 37
Vernichtungsquanten 24
Verschiebung, chemische 153, 211, 212
Verschleiß 77
Verschleißfestigkeit von Metallen 92
Verschleißforschung 22
Verschleißminderung 69
Verschleißschutzschichten 460
Versetzungen 34, 466
–, bewegte 262
Versetzungsanordnung, müdungstypische 471
Versetzungsdichte 28, 138
Versetzungslinien 28
Versetzungsringe 28, 37
Versprödung 37
–, bestrahlungsinduzierte 37

Verstärker 444
Verstärker, AOW- 281
–, monolithische 281
–, rauscharme 445
–, thermomagnetischer 325
Verstärkerröhre 265
Verstärkung des latenten Bildes 650
– elektromagnetisch erzeugter Felder 145
Verteilungsfunktion, Boltzmannsche 393
–, Fermische 393
Verteilungsfunktionen 255
Verteilungsgleichgewichte 112
Verteilungskoeffizienten 394
Verunreinigungen 392
–, chemische 735
Verwaschungsfunktion, chemische 642
Verweilzeiten 112
Verweilzeitmessung 161
Verweilzeitverhalten 77
Verzeichnung 503
verzögerte Koinzidenz 307
Vesicular-Systeme 617
Vibrationsbande 116
Vibrationszustände der Moleküle 252
Vidikon 190, 527
Vidikon-Prinzip 428
Vieldrahtzählerkammer 106
Vielfacherzeugung von Nukleonen, Pionen, Kaonen 225
Vielfachionisation 103
Vielfachionisationsprozesse 272
Vielfachionisationsquerschnitte 273
Vielfachreflexionsmeßzellen 372
Vielfachvakanzzustände 86, 273
Vielfachwechselwirkungen, atomare 255
Vielstempel-Kammer 701
Vieltalstruktur 448
Vielteilchenzustände 116
Viergruppentheorie 256
Vierpol, nichtreziproker 359
Vierschichtdiode 437
Villard-Abbau 613
Villard-Desensibilisierung 613
virtuelles Bild 502
Virusarten 228
Viskosität 291
visuelle Wahrnehmungstäuschungen 692
VLSI 394
VLSI-Schaltkreis 262
VMOS 346
VMOS-Leistungs-Fet 346
Voids 24, 34, 37
Volantes, Mouches 693
Volkmannsche Teilungsregel 692
Volterra-Prozeß 466
Volumenfehler 467
Volumenhologramm 550
Volumen-Photo-EMK 355
Volumenplasmonenpeaks 235
Volumen-Temperaturkoeffizient 747
Volumenvergrößerung 36
Vorgänge, Homogenität reaktionskinetischer 77
Vorkoinzidenz 307
Vorratskatoden 210

Wachstumsbeziehung 178
Wachstumshemmung 77
Wachstumsstimulierung 77
Wahrnehmung 680
Wahrnehmungstäuschungen 692
–, visuelle 692
Wahrscheinlichkeit des Mößbauer-Effektes 170
Wanderfeldröhre 59
Wanderosion 98
Wanderwelle 266
Wandler, magnetoelastische 314
–, thermoelektrische 422
Wärme, Joulesche 297
Wärmedurchbruch 94
Wärmeentwicklung, Joulesche 399
Wärmeformbeständigkeit von Drahtisolierungen 37
– von Folien 37
– von Kabelisolierungen 37
Wärmeisolation 752
Wärmeleitfähigkeit 362
Wärmeleitung 389, 455, 752, 754
Wärmepumpe 401, 751, 757
Wärmepumpenanlagen, bivalente 760
Wärmereflexion von Fensterglas 69
Wärmerohr 761
Wärmerückgewinnung 765
Wärmeschalter 743
–, supraleitende 709
Wärmeschwingungen der Kristallatome 140
Wärmestromdichte, radiale 763
Wärmeströme 753
Wärmetransformation 757
Wärmeübertragung 750
Wasser, freies 178
Wassereffekt 611
Wasserstoffbombe 121
Wasserstoffgehalt 178
Wässerung 615
Wasserverbrauch der Pflanzen 178
Wasserzersetzung, elektrolytische 94
Weber-Fechnersche Regel 688
Webersche Regel 688
Wechselwirkung hochenergetischer Strahlung mit Festkörpern 31
– mit der Elektronenhülle 32
–, zwischenmolekulare 154
Wechselwirkungsarten, elementare 121
Wechselwirkungsprozesse 251, 255
Wege, optische 553
Weglänge, mittlere freie 233, 254, 333, 736
–, optische 503, 555
weichmagnetische Substanzen 145
Weigert-Effekt 517, 613
Weinland-Effekt 611
Weinreich-Beziehung 28
weißes Rauschen 292
Weißsche Bezirke 305
Wellen, Beschleuniger mit fortschreitenden 266
–, – mit stehenden 266
–, Interferenzbedingung für stehende 368
Wellenaberration 505
Wellenlänge 51, 552
– der Lumineszenzstrahlung 374

Wellenlänge, kritische 259
Wellenlänge-Multiplex 377
Wellenlängenanalyse von Gammastrahlung 41
– von Neutronenstrahlung 41
– von Röntgenstrahlung 41
Wellenlängeneichung 580
Wellenlängenmessung 556
Wellenlängenverschiebung gestreuter Gammaquanten 49
Wellenleitereffekt 369
Wellennatur der bewegten Materie 51
Wellenzahl 555
Wendelkatoden 210
Werkstoff, metallischer 480
–, strahlungsresistenter 31
Werkstofforschung 62, 261
Werkstoff-Modifikation 62
Werkstoffprobleme in der Kernenergie 227
Werkstoffprüfung 43
Werkstoffverhalten unter Bestrahlung 35
Werkzeugverschleiß 491
Wheatstone-Normalelement 94
Wideröe-Bedingung 267
Widerstand, negativer 350
–, negativer differentieller 444
–, spezifischer 360
–, thermischer 763
Widerstände 91
Widerstandsänderung, kontaktlose 385
Widerstandsschichten 69
Widerstandsthermometer 730
Widerstandsveränderung, transversale magnetische 383
Wien-Filter 95
Wiener Spektrum 636
Wiggler 259
Wigner-Energie 467
Winkelabhängigkeit der Emissionswahrscheinlichkeit 274
Winkelkorrelation des e^+e^--Paares 185
–, Methode der gestörten 276
–, Störung 275
Winkelkorrelationen 118, 145, 274, 275
Winkelkorrelationsfunktion 274
Winkelverteilung 260
Wirbelstrom 326
Wirbelstrombremse 328
Wirbelstromverlust 326
Wirkung magnetischer Felder durch Resonanzstrahlung 81
Wirkungsgrad 375, 724
– η einer Solarzelle 415
–, maximaler von pn-Homoübergang-Solarzellen 415
Wirkungsquerschnitt 15, 19, 25, 43, 123, 184, 186, 205, 256
–, differentieller 123, 126
–, makroskopischer 253, 254
Wobblung 91
Wöhler-Kurve 471
Wolfram 209
Wood, Regel von 611
WSi_2 389

Xenonlampen 80
Xerographie 619
XPS 191
X-ray-Clayden-effect 613
X-ray-Villard-effect 613

X-Strahlen 213
X-Strahlung 31
Youngsches Interferenzprinzip 522
Y_2O_3-ZnS 339

ZAF-Korrektion 169
Zähigkeit 455
α-Zähler 380
β-Zähler 380
Zählrohre 78
Z-Diode 334
Zeeman-Aufspaltung 82, 203, 276
Zeeman-Effekt 146, 274, 276
–, anomaler 278
–, normaler 277
Zeeman-Energie 276
Zeeman-Unterniveaus 82
Zeitkonstante von PEM-Effekt und Photoleitung 404
– – Photodioden 414
Zeitkonstanten 353
zeitliche Kohärenz 553
– Trennschärfe 683
– Unterschiedsempfindlichkeit 690, 691
Zeitumkehr 204
Zellen, galvanische 299
–, lebende 261
–, Rekombination über 353
Zellorganellen 261
Zellschädigung 231
Zener-Effekt 221, 329
Zener-Strom 442
Zentren, isoelektronische 380
–, Rekombination über 406
Zeolithe 242
α-Zerfall 442
Zerfall, radioaktiver 160
Zerfallsgesetz 19
Zerfallskonstante 19, 133, 160
Zerfallsreihen, natürliche 110
Zerfallsschema 116
Zerfallsspektroskopie 132
Zersetzung, heterolytische 658
–, homolytische 658
–, radiolytische 264
Zerstäuben zur Beschichtung im industriellen Maßstab 71
–, reaktives 74
Zerstäuberpumpen 74
Zerstäubung 71, 89, 98
–, chemische 71
–, Materialabtrag 73, 74
–, physikalische 71
– von Targets als Teilchenquelle 73
Zerstäubungsausbeute 71
Zerstäubungsrate 237
zerstörungsfreie Messung 159

Zeta-Potential 289
Ziffernanzeige 376
Zink-Sauerstoffkomplex 380
Zirkulator 445
$Zn_xCd_{1-x}S$ 380
ZnS 339, 374, 380
ZnSe 339, 374
Zone, plastische 472
–, verbotene des Halbleiters 392
Zonenfloatingtechnik 438
Zonenschmelzen 438
Z-Pinch 196, 410
Zündbedingung des Thyristors 433
Zündspannung 187, 201
Zündtemperatur 195
Zündverzögerungswinkel 434
Zündvorgang 433
Zusammensetzung, chemische 212
Zustand, chemischer 263
–, isomerer 19
–, plasmaähnlicher, aus Quarks und Gluonen 224
Zustände, elektronische 467
–, Tammsche 426
–, Überlappung 81, 82
Zustandsdichte 390
Zustandsdichtemasse 422
Zustandsgleichung, Hugoniotsche 702
Zustandsgrößen 715
Zustandsschema der Atomkerne 118
Zweibadpapiere, photographische 615
Zweiblattverfahren 670
zweidimensionale Bandstrukturen 425
Zweiphotonenabsorption 574
Zweistoffsysteme 257
Zweitbelichtung 677
Zweiteilchenzerfall 76
Zwei-Weg-Formgedächtniseffekt 462
Zwillingsgrenzen 467
Zwischenbildeffekt 624
Zwischengitteratome 24, 27, 28, 465
Zwischengitterplatz 393
Zwischenkern 175
zwischenmolekulare Kräfte 24
– Wechselwirkungen 154
Zwischentalstreuung 419
zyklische Spannungs-Dehnungskurve (ZSD) 473
Zyklotron 18, 24, 98, 223, 265, 267
–, klassisches 266
Zyklotronfrequenz 196, 382, 424
Zyklotronnuklide 128
Zyklotronresonanz 146, 447
Zyklotronresonanz-Detektor 355
Zyklotronresonanzfrequenz 355
Zylinderspiegelanalysator 26

Notizen

Notizen

Notizen

M

Maggi-Righi-Leduc-Effekt
Magnetische Ordnung
Magnetische Resonanz
Magnetoelastischer Effekt
Magnetophonon-Effekt
Magneto-Widerstand
Magnus-Effekt
Majorana-Effekt
Malter-Effekt
Markierung
Marx-Effekt
Matrix-Effekte
Maxwell-Effekt
Mechanische Ermüdung
Meissner-Effekt
Metall-Halbleiter-Kontakt
Miller-Effekt
Mößbauereffekt
Moss-Burstein-Effekt
Myonenatome

N

Nachbareffekt
Nachwirkung
Nernsteffekt
Neutronenstrahlen
Neutronenstreuung

O

Optische Aktivität
Optische Bistabilität
Optische Entwicklung
Optische Informationsübertragung
Optische nichtlineare Effekte
Optische Sättigungseffekte
Optoakustischer Effekt
Optogalvanischer Effekt
Optothermischer Effekt
Overhauser-Effekt
Ovshinsky-Effekt

P

Paarbildungseffekt
Panum-Effekt
Paschen-Back-Effekt
Peltier-Effekt
Penning-Effekt
Phasenkontrast
Phonon-Drag-Effekt
Photochromie
Photoeffekt
Photoelektromagnetischer Effekt
Photographischer Elementarprozeß
Photographische Modulationsübertragung
Photoleitung
Photolyse
Photon Drag-Effekt
Photopolymerisation und Photovernetzung
Piezoelektrischer Effekt
Pinch-Effekt
Plasmachemische Stoffwandlung
Plasmahalterung
Plasmastrahlen
Plasmastrahlung
Plastizität
pn-Leitung
pn-Photoeffekt
Polarisation des Lichtes
Polarisation
Poole-Frenkel-Effekt
Portevin-Le Chatelier-Effekt
Prinzipien für Temperaturmessung
Pyroelektrischer Effekt
Purkinje-Effekt

Q

Quincke-Effekt

R

Ramaneffekt
Ramsauer-Effekt
Reflexion des Lichtes
Rehbinder-Effekt
Rekombination
Rekristallisation